Y0-BYB-317

Beilsteins Handbuch der Organischen Chemie

Beilsteins Handbuch der Organischen Chemie

Vierte Auflage

Drittes und Viertes Ergänzungswerk

Die Literatur von 1930 bis 1959 umfassend

Herausgegeben vom
Beilstein-Institut für Literatur der Organischen Chemie
Frankfurt am Main

Bearbeitet von

Hans-G. Boit

Unter Mitwirkung von

Oskar Weissbach

Erich Bayer · Marie-Elisabeth Fernholz · Volker Guth · Hans Härter
Irmgard Hagel · Ursula Jacobshagen · Rotraud Kayser · Maria Kobel
Klaus Koulen · Bruno Langhammer · Dieter Liebegott · Richard Meister
Annerose Naumann · Wilma Nickel · Burkhard Polenski · Annemarie Reichard
Eleonore Schieber · Eberhard Schwarz · Ilse Sölken · Achim Trede · Paul Vincke

Siebzehnter Band

Fünfter Teil

Springer-Verlag Berlin · Heidelberg · New York 1975

ISBN 3-540-07310-8 Springer-Verlag, Berlin · Heidelberg · New York
ISBN 0-387-07310-8 Springer-Verlag, New York · Heidelberg · Berlin

Library of Congress Catalog Card Number: 22—79
Printed in Germany

Satz, Druck und Bindearbeiten: Universitätsdruckerei H. Stürtz AG Würzburg

Seite **4222**, Zeile **7**—**14** v. o. Der Artikel ist zu streichen.

Seite **4277**, Zeile **16**—**10** v. u. Die dort beschriebene Verbindung ist als 16-Methyl-oxacyclohexadecan-2-on ($C_{16}H_{30}O_2$) zu formulieren (vgl. *Tulloch*, Lipids **5** [1970] 247, 249).

Seite **4299**, Zeile **17** v. o. An Stelle von „2-*tert*-Butylimino-3-cyclohexyl-6-methyl-[1,3]oxazin-4-on" ist zu setzen „2-*tert*-Butylimino-3-cyclohexyl-6-methyl-2,3-dihydro-[1,3]oxazin-4-on".

Seite **4344**, Textzeile **19** v. u. An Stelle von „(E III **6** 376)" ist zu setzen „(E III **5** 376)".

Seite **4346**, Zeile **7** v. o. An Stelle von „**(±)-5,8*syn*-Dimethyl-**" ist zu setzen „**(±)-5,8*anti*-Dimethyl-**".

Seite **4370**, Textzeile **14**—**8** v. u. Die dort beschriebene Verbindung ist als (*R*)-5,5-Dimethyl-4-[3-methyl-but-1-en-*c*-yl]-dihydro-furan-2-on ((*R*)-3-[α-Hydroxy-isopropyl]-6-methyl-hept-4*c*-ensäure-lacton; Formel XXXI) zu formulieren (*Crombie et al.*, Soc. **1963** 4957, 4960; *Sasaki et al.*, Bl. chem. Soc. Japan **42** [1969] 3582, 3584).

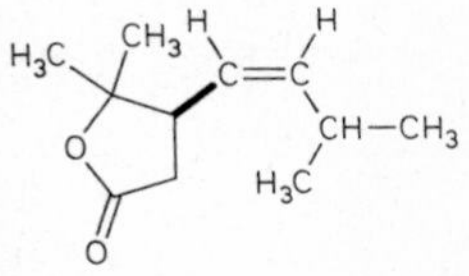

XXXI

Seite **4370**, Textzeile **7**—**1** v. u. Die dort beschriebene Verbindung ist als (±)-5,5-Dimethyl-4-[3-methyl-but-1-en-*c*-yl]-dihydro-furan-2-on ((±)-3-[α-Hydroxy-isopropyl]-6-methyl-hept-4*c*-ensäure-lacton; Formel XXXI + Spiegelbild) zu formulieren (*Crombie et al.*, Soc. **1963** 4957, 4960; *Sasaki et al.*, Bl. chem. Soc. Japan **42** [1969] 3582, 3584).

Seite **4383**, Zeile **20**—**16** v. u. An Stelle des Passus „beim Behandeln ... 1020, 1023)." ist zu setzen „beim Behandeln von 5,9-Dimethyl-deca-4,8-diensäure (Kp_5: 163°; n_D^{20}: 1,474) mit Ameisensäure und wenig Schwefelsäure (*Mondon, Erdmann*, Ang. Ch. **70** [1958] 399; s. a. *Ohloff, Schade*, Ang. Ch. **70** [1958] 24). — Krystalle; F: 48—50° (*Oh., Sch.*), 49—50° [aus Pentan] (*Mo., Er.*)."

Seite **4384**, Zeile **9**—**13** v. o. Der Passus „Neben dem ... [1958] 399)." ist zu streichen.

Seite **4384**, Textzeile **17**—**16** v. u. Der Passus „Über eine ... Stereoisomeren." ist zu streichen.

Seite **4404**, Zeile **23** v. u. Die Angabe „310 nm [62%ig. wss. Schwefelsäure]" ist zu streichen.

Seite **4455**, Zeile **12**—**4** v. u. Die dort beschriebene Verbindung ist als 5-Anilino-furfural-phenylimin-hydrochlorid ($C_{17}H_{14}N_2O \cdot HCl$) zu formulieren (*Saikachi, Shimamura*, J. pharm. Soc. Japan **80** [1960] 41; C. A. **1960** 13092).

Seite **4457**, Zeile **18**—**25** v. o. Die dort beschriebene Verbindung ist als 5-Anilino-furfural-phenylimin-hydrobromid ($C_{17}H_{14}N_2O \cdot HBr$) zu formulieren (*Saikachi, Shimamura*, J. pharm. Soc. Japan **80** [1960] 41; C. A. **1960** 13092).

Seite **4485**, Zeile **14** v. o. An Stelle von „wss. Formaldehyd" ist zu setzen „Paraformaldehyd".

Seite **4503**, Zeile **4** v. u. bis Seite **4504** Zeile **2** v. o. Die dort beschriebene Verbindung (F: 42°) ist als 1-[4-Chlor-[2]furyl]-äthanon ($C_6H_5ClO_2$) zu formulieren, da in der zu ihrer Herstellung verwendeten Ausgangsverbindung nicht 3-Chlor-furan-2-carbonylchlorid, sondern 4-Chlor-furan-2-carbonylchlorid (E III/IV **18** 3977) vorgelegen hat.

Seite **4504**, Textzeile **3**—**6** v. o. Die dort beschriebene Verbindung (F: 218°) ist als 1-[4-Chlor-[2]furyl]-äthanon-[2,4-dinitro-phenylhydrazon] ($C_{12}H_9ClN_4O_5$) zu formulieren.

Seite **4533**, Zeile **26**—**29** v. o. An Stelle des Passus „Das bei der Bestrahlung ... [1963] 2956)." ist zu setzen „In dem von *Paternò* (G. **44** I [1914] 151, 162) bei der Bestrahlung mit Sonnenlicht erhaltenen, bei 270—280° schmelzenden Di-

meren hat nach *Yates, Jorgenson* (Am. Soc. **85** [1963] 2956, 2963) 2,4,8,10-Tetramethyl-3,9-dioxa-pentacyclo[6.4.0.$0^{2,7}$.$0^{4,11}$.$0^{5,10}$]dodecan-6,12-dion als Hauptbestandteil vorgelegen; über die Konstitution des Dimeren vom F: 183° (E I 152, 154; *Giua, Civera*, G. **81** [1951] 875) s. *Yates, MacGregor*, Canad. J. Chem. **51** [1973] 1267, 1273, 1276; *MacGregor*, Mol. Photochem. **6** [1974] 101, 102, 104.

Seite **4552**, Zeile **17** v. o. An Stelle von „Zinkchlorid" ist zu setzen „Zinn(II)-chlorid".

Seite **4696**, Zeile **26**—**27** v. o. An Stelle von „Hexahydro-furo[3,2-*b*]pyran" ist zu setzen „1,6-Dioxa-spiro[4.4]nonan (über diese Verbindung s. *Farlow et al.*, Am. Soc. **56** [1934] 2498)".

Seite **4713**, Zeile **7** v. u. Nach „Formel XII" ist einzufügen „(H 306)".

Seite **4714**, Zeile **20**—**19** und **17** v. u. An Stelle von „2-Methyl-oxocan-5-on" ist zu setzen „2-Methyl-1,6-dioxa-spiro[4.4]nonan".

Seite **4729**, Zeile **8**—**9** v. o. An Stelle von „1ξ-[2]Furfuryl-pent-1-en-3-on" ist zu setzen „1ξ-[2]Furyl-pent-1-en-3-on".

Seite **4734**, Textzeile **5**, **13**, **15**, **18** und **20** v. o. An Stelle von „5,6,7,8-Tetrahydro-benzo[*b*]thiophen-2-carbaldehyd" **ist** zu setzen „4,5,6,7-Tetrahydro-benzo[*b*]thiophen-2-carbaldehyd".

Seite **4734**, Textzeile **6** v. o. An Stelle von „5,6,7,8-Tetrahydro-benzo[*b*]thiophen" ist zu setzen „4,5,6,7-Tetrahydro-benzo[*b*]thiophen".

Seite **4734**, Textzeile **8** v. o. An Stelle von „2-Jod-5,6,7,8-tetrahydro-benzo[*b*]thiophen" ist zu setzen „2-Jod-4,5,6,7-tetrahydro-benzo[*b*]thiophen".

Seite **4757** Anm. 1. An Stelle von „S. 183" ist zu setzen „5183".

Seite **4767**, Textzeile **8**—**1** v. u. Die dort beschriebene Verbindung ist nicht als 1-Cyclopropyl-2-[2,4-dicyclopropyl-4-methyl-oxetan-2-yl]-äthanon (1,3,5-Tricyclopropyl-3,5-epoxy-hexan-1-on), sondern als 1,3,5-Tricyclopropyl-3-methyl-pentan-1,5-dion (Formel XXXII) zu formulieren (*Nefedow et al.*, Izv. Akad. S.S.S.R. Ser. chim. **1972** 896; engl. Ausg. S. 849).

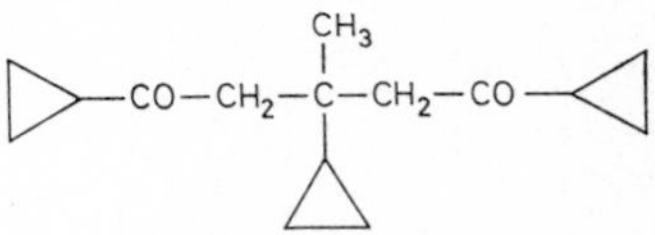

XXXII

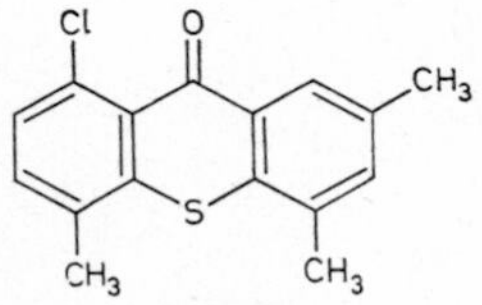

XXXIII

Mitarbeiter der Redaktion

Helmut Appelt
Gerhard Bambach
Klaus Baumberger
Elise Blazek
Kurt Bohg
Kurt Bohle
Reinhard Bollwan
Jörg Bräutigam
Ruth Brandt
Eberhard Breither
Lieselotte Cauer
Edgar Deuring
Ingeborg Deuring
Reinhard Ecker
Walter Eggersglüss
Irene Eigen
Adolf Fahrmeir
Hellmut Fiedler
Franz Heinz Flock
Ingeborg Geibler
Friedo Giese
Libuse Goebels
Gerhard Grimm
Karl Grimm
Friedhelm Gundlach
Maria Haag
Alfred Haltmeier
Franz-Josef Heinen
Erika Henseleit
Karl-Heinz Herbst
Ruth Hintz-Kowalski
Guido Höffer
Eva Hoffmann
Werner Hoffmann
Gerhard Hofmann
Hans Hummel
Günter Imsieke
Gerhard Jooss
Klaus Kinsky
Heinz Klute
Ernst Heinrich Koetter
Irene Kowol
Gisela Lange
Sok Hun Lim
Lothar Mähler
Gerhard Maleck
Kurt Michels
Ingeborg Mischon
Klaus-Diether Möhle
Gerhard Mühle
Heinz-Harald Müller
Ulrich Müller
Peter Otto
Hella Rabien
Peter Raig
Walter Reinhard
Gerhard Richter
Hans Richter
Evemarie Ritter
Lutz Rogge
Günter Roth
Liselotte Sauer
Siegfried Schenk
Max Schick
Gundula Schindler
Joachim Schmidt
Gerhard Schmitt
Thilo Schmitt
Peter Schomann
Wolfgang Schütt
Wolfgang Schurek
Wolfgang Staehle
Wolfgang Stender
Karl-Heinz Störr
Josef Sunkel
Hans Tarrach
Elisabeth Tauchert
Otto Unger
Mathilde Urban
Rüdiger Walentowski
Georg Waltereit
Hartmut Wehrt
Hedi Weissmann
Frank Wente
Ulrich Winckler
Günter Winkmann
Renate Wittrock
Günter Zimmermann

Inhalt

Dritte Abteilung

Heterocyclische Verbindungen

(Fortsetzung)

1. Verbindungen mit einem Chalkogen-Ringatom

III. Oxo-Verbindungen

A. Monooxo-Verbindungen

Abkürzungen und Symbole für physikalische Grössen und Einheiten[1])

Å	Ångström-Einheiten (10^{-10} m)
at	technische Atmosphäre(n) (98066,5 N·m^{-2} = 0,980665 bar = 735,559 Torr)
atm	physikalische Atmosphäre(n) (101325 N·m^{-2} = 1,01325 bar = 760 Torr)
C_p (C_p^0)	Wärmekapazität (des idealen Gases) bei konstantem Druck
C_v (C_v^0)	Wärmekapazität (des idealen Gases) bei konstantem Volumen
d	Tag(e)
D	1) Debye (10^{-18} esE·cm) 2) Dichte (z. B. D_4^{20}: Dichte bei 20°, bezogen auf Wasser von 4°)
D (R—X)	Energie der Dissoziation der Verbindung RX in die freien Radikale R• und X•
E	Erstarrungspunkt
EPR	Elektronen-paramagnetische Resonanz (= Elektronenspin-Resonanz)
F	Schmelzpunkt
h	Stunde(n)
K	Grad Kelvin
Kp	Siedepunkt
$[M]_\lambda^t$	molares optisches Drehungsvermögen für Licht der Wellenlänge λ bei der Temperatur t
min	Minute(n)
n	1) bei Dimensionen von Elementarzellen: Anzahl der Moleküle pro Elementarzelle 2) Brechungsindex (z. B. $n_{656,1}^{15}$: Brechungsindex für Licht der Wellenlänge 656,1 nm bei 15°)
nm	Nanometer (= mμ = 10^{-9} m)
pK	negativer dekadischer Logarithmus der Dissoziationskonstante
s	Sekunde(n)
Torr	Torr (= mm Quecksilber)
α	optisches Drehungsvermögen (z. B. α_D^{20}: ... [unverd.; l = 1]: Drehungsvermögen der unverdünnten Flüssigkeit für Licht der Natrium-D-Linie bei 20° und 1 dm Rohrlänge)
[α]	spezifisches optisches Drehungsvermögen (z. B. $[\alpha]_{546}^{23}$: ... [Butanon; c = 1,2]: spezifisches Drehungsvermögen einer Lösung in Butanon, die 1,2 g der Substanz in 100 ml Lösung enthält, für Licht der Wellenlänge 546 nm bei 23°)
ε	1) Dielektrizitätskonstante 2) Molarer dekadischer Extinktionskoeffizient
μ	Mikron (10^{-6} m)
°	Grad Celcius oder Grad (Drehungswinkel)

[1]) Bezüglich weiterer, hier nicht aufgeführter Symbole und Abkürzungen für physikalisch chemische Grössen und Einheiten s. International Union of Pure and Applied Chemistry Manual of Symbols and Terminology for Physicochemical Quantities and Units (1969) [London 1970]; s. a. Symbole, Einheiten und Nomenklatur in der Physik (Vieweg-Verlag, Braunschweig).

Weitere Abkürzungen

A.	Äthanol
Acn.	Aceton
Ae.	Diäthyläther
alkal.	alkalisch
Anm.	Anmerkung
B.	Bildungsweise(n), Bildung
Bd.	Band
Bzl.	Benzol
Bzn.	Benzin
bzw.	beziehungsweise
Diss.	Dissertation
E	Ergänzungswerk des Beilstein-Handbuches
E.	Äthylacetat
Eg.	Essigsäure (Eisessig)
engl. Ausg.	englische Ausgabe
Gew.-%	Gewichtsprozent
H	Hauptwerk des Beilstein-Handbuches
konz.	konzentriert
korr.	korrigiert
Me.	Methanol
opt.-inakt.	optisch inaktiv
PAe.	Petroläther

Py.	Pyridin
RRI	The Ring Index [2. Aufl. 1960]
RIS	The Ring Index [2. Aufl. 1960] Supplement
S.	Seite
s.	siehe
s. a.	siehe auch
s. o.	siehe oben
sog.	sogenannt
Spl.	Supplement
stdg.	stündig
s. u.	siehe unten
Syst. Nr.	System-Nummer (im Beilstein-Handbuch)
Tl.	Teil
unkorr.	unkorrigiert
unverd.	unverdünnt
verd.	verdünnt
vgl.	vergleiche
W.	Wasser
wss.	wässrig
z.B.	zum Beispiel
Zers.	Zersetzung

In den Seitenüberschriften sind die Seiten des Beilstein-Hauptwerks angegeben, zu denen der auf der betreffenden Seite des vorliegenden Ergänzungswerks befindliche Text gehört.

Die mit einem Stern (*) markierten Artikel betreffen Präparate, über deren Konfiguration und konfigurative Einheitlichkeit keine Angaben oder hinreichend zuverlässige Indizien vorliegen. Wenn mehrere Präparate in einem solchen Artikel beschrieben sind, ist deren Identität nicht gewährleistet.

Stereochemische Bezeichnungsweisen

Übersicht

Präfix	Definition in §	Symbol	Definition in §
allo	5c, 6c	c	4
altro	5c, 6c	c_F	7a
anti	9	D	6
arabino	5c	D_g	6b
cat_F	7a	D_r	7b
cis	2	D_s	6b
endo	8	(E)	3
ent	10d	L	6
erythro	5a	L_g	6b
exo	8	L_r	7b
galacto	5c, 6c	L_s	6b
gluco	5c, 6c	r	4c, d, e
glycero	6c	(r)	1a
gulo	5c, 6c	(R)	1a
ido	5c, 6c	(R_a)	1b
lyxo	5c	(R_p)	1b
manno	5c, 6c	(s)	1a
meso	5b	(S)	1a
rac	10d	(S_a)	1b
racem.	5b	(S_p)	1b
ribo	5c	t	4
syn	9	t_F	7a
talo	5c, 6c	(Z)	3
threo	5a	α	10a, c
trans	2	α_F	10b, c
xylo	5c	β	10a, c
		β_F	10b, c
		ξ	11a
		Ξ	11b
		(Ξ)	11b
		(Ξ_a)	11c
		(Ξ_p)	11c

§ 1. a) Die Symbole (*R*) und (*S*) bzw. (*r*) und (*s*) kennzeichnen die absolute Konfiguration an Chiralitätszentren (Asymmetriezentren) bzw. „Pseudoasymmetriezentren" gemäss der „Sequenzregel" und ihren Anwendungsvorschriften (*Cahn, Ingold, Prelog*, Experientia **12** [1956] 81; Ang. Ch. **78** [1966] 413, 419; Ang. Ch. internat. Ed. **5** [1966] 385, 390; *Cahn, Ingold*, Soc. **1951** 612; s. a. *Cahn*, J. chem. Educ. **41** [1964] 116, 508). Zur Kennzeichnung der Konfiguration von Racematen aus Verbindungen mit mehreren Chiralitätszentren dienen die Buchstabenpaare (*RS*) und (*SR*), wobei z. B. durch das Symbol (1*RS*:2*SR*) das aus dem (1*R*:2*S*)-Enantiomeren und dem (1*S*:2*R*)-Enantiomeren bestehende Racemat spezifiziert wird (vgl. *Cahn, Ingold, Prelog*, Ang. Ch. **78** 435; Ang. Ch. internat. Ed. **5** 404).

Beispiele:
(*R*)-Propan-1,2-diol [E IV **1** 2468]
(1*R*:2*S*:3*S*)-Pinanol-(3) [E III **6** 281]
(3a*R*:4*S*:8*R*:8a*S*:9*s*)-9-Hydroxy-2.2.4.8-tetramethyl-decahydro-4.8-methano-azulen [E III **6** 425]
(1*RS*:2*SR*)-1-Phenyl-butandiol-(1.2) [E III **6** 4663]

b) Die Symbole (R_a) und (S_a) bzw. (R_p) und (S_p) werden in Anlehnung an den Vorschlag von *Cahn, Ingold* und *Prelog* (Ang. Ch. **78** 437; Ang. Ch. internat. Ed. **5** 406) zur Kennzeichnung der Konfiguration von Elementen der axialen bzw. planaren Chiralität verwendet.

Beispiele:
(R_a)-1,11-Dimethyl-5,7-dihydro-dibenz[*c*, *e*]oxepin [E III/IV **17** 642]
(R_a:S_a)-3.3′.6′.3″-Tetrabrom-2′.5′-bis-[((1*R*)-menthyloxy)-acetoxy]-2.4.6.2″.4″.6″-hexamethyl-*p*-terphenyl [E III **6** 5820]
(R_p)-Cyclohexanhexol-(1*r*.2*c*.3*t*.4*c*.5*t*.6*t*) [E III **6** 6925]

§ 2. Die Präfixe *cis* und *trans* geben an, dass sich in (oder an) der Bezifferungseinheit [1]), deren Namen diese Präfixe vorangestellt sind, die beiden Bezugsliganden [2]) auf der gleichen Seite (*cis*) bzw. auf den entgegengesetzten Seiten (*trans*) der (durch die beiden doppeltgebundenen Atome verlaufenden) Bezugsgeraden (bei Spezifizierung der Konfiguration an einer Doppelbindung) oder der (durch die Ringatome festgelegten) Bezugsfläche (bei Spezifizierung der Konfiguration an einem Ring oder einem Ringsystem) befinden. Bezugsliganden sind

1) bei Verbindungen mit konfigurativ relevanten Doppelbindungen die von Wasserstoff verschiedenen Liganden an den doppelt-gebundenen Atomen,
2) bei Verbindungen mit konfigurativ relevanten angularen Ringatomen die exocyclischen Liganden an diesen Atomen,
3) bei Verbindungen mit konfigurativ relevanten peripheren Ringatomen die von Wasserstoff verschiedenen Liganden an diesen Atomen.

Beispiele:
β-Brom-*cis*-zimtsäure [E III **9** 2732]
trans-*β*-Nitro-4-methoxy-styrol [E III **6** 2388]
5-Oxo-*cis*-decahydro-azulen [E III **7** 360]
cis-Bicyclohexyl-carbonsäure-(4) [E III **9** 261]

§ 3. Die Symbole (*E*) und (*Z*) am Anfang des Namens (oder eines Namensteils) einer Verbindung kennzeichnen die Konfiguration an der (den) Doppelbindung(en), deren Stellungsbezeichnung bei Anwesenheit von

---

[1]) Eine Bezifferungseinheit ist ein durch die Wahl des Namens abgegrenztes cyclisches, acyclisches oder cyclisch-acyclisches Gerüst (von endständigen Heteroatomen oder Heteroatom-Gruppen befreites Molekül oder Molekül-Bruchstück), in dem jedes Atom eine andere Stellungsziffer erhält; z. B. liegt im Namen Stilben nur eine Bezifferungseinheit vor, während der Name 3-Phenyl-penten-(2) aus zwei, der Name [1-Äthyl-propenyl]-benzol aus drei Bezifferungseinheiten besteht.

[2]) Als „Ligand" wird hier ein einfach kovalent gebundenes Atom oder eine einfach kovalent gebundene Atomgruppe verstanden.

mehreren Doppelbindungen dem Symbol beigefügt ist. Sie zeigen an, dass sich die — jeweils mit Hilfe der Sequenzregel (s. § 1a) ausgewählten — Bezugsliganden[2]) der beiden doppelt gebundenen Atome auf den entgegengesetzten Seiten (*E*) bzw. auf der gleichen Seite (*Z*) der (durch die doppelt gebundenen Atome verlaufenden) Bezugsgeraden befinden.

Beispiele:

(*E*)-1,2,3-Trichlor-propen [E IV **1** **748**]
(*Z*)-1,3-Dichlor-but-2-en [E IV **1** **786**]

§ 4. a) Die Symbole *c* bzw. *t* hinter der Stellungsziffer einer C,C-Doppelbindung sowie die der Bezeichnung eines doppelt-gebundenen Radikals (z. B. der Endung „yliden") nachgestellten Symbole -(*c*) bzw. -(*t*) geben an, dass die jeweiligen „Bezugsliganden" [2]) an den beiden doppelt-gebundenen Kohlenstoff-Atomen cis-ständig (*c*) bzw. trans-ständig (*t*) sind (vgl. § 2). Als Bezugsligand gilt auf jeder der beiden Seiten der Doppelbindung derjenige Ligand, der der gleichen Bezifferungseinheit[1]) angehört wie das mit ihm verknüpfte doppelt-gebundene Atom; gehören beide Liganden eines der doppelt-gebundenen Atome der gleichen Bezifferungseinheit an, so gilt der niedrigerbezifferte als Bezugsligand.

Beispiele:

3-Methyl-1-[2.2.6-trimethyl-cyclohexen-(6)-yl]-hexen-(2*t*)-ol-(4) [E III **6** **426**]
(1*S*:9*R*)-6.10.10-Trimethyl-2-methylen-bicyclo[7.2.0]undecen-(5*t*) [E III **5** **1083**]
5α-Ergostadien-(7.22*t*) [E III **5** **1435**]
5α-Pregnen-(17(20)*t*)-ol-(3β) [E III **6** **2591**]
(3*S*)-9.10-Seco-ergostatrien-(5*t*.7*c*.10(19))-ol-(3) [E III **6** **2832**]
1-[2-Cyclohexyliden-äthyliden-(*t*)]-cyclohexanon-(2) [E III **7** **1231**]

b) Die Symbole *c* bzw. *t* hinter der Stellungsziffer eines Substituenten an einem doppelt-gebundenen endständigen Kohlenstoff-Atom eines acyclischen Gerüstes (oder Teilgerüstes) geben an, dass dieser Substituent cis-ständig (*c*) bzw. trans-ständig (*t*) (vgl. § 2) zum „Bezugsliganden" ist. Als Bezugsligand gilt derjenige Ligand [2]) an der nicht-endständigen Seite der Doppelbindung, der der gleichen Bezifferungseinheit angehört wie die doppelt-gebundenen Atome; liegt eine an der Doppelbindung verzweigte Bezifferungseinheit vor, so gilt der niedriger bezifferte Ligand des nicht-endständigen doppelt-gebundenen Atoms als Bezugsligand.

Beispiele:

1*c*.2-Diphenyl-propen-(1) [E III **5** **1995**]
1*t*.6*t*-Diphenyl-hexatrien-(1.3*t*.5) [E III **5** **2243**]

c) Die Symbole *c* bzw. *t* hinter der Stellungsziffer 2 eines Substituenten am Äthylen-System (Äthylen oder Vinyl) geben die cis-Stellung (*c*) bzw. die trans-Stellung (*t*) (vgl. § 2) dieses Substituenten zu dem durch das Symbol *r* gekennzeichneten Bezugsliganden an dem mit 1 bezifferten Kohlenstoff-Atom an.

Beispiele:

1.2*t*-Diphenyl-1*r*-[4-chlor-phenyl]-äthylen [E III **5** **2399**]
4-[2*t*-Nitro-vinyl-(*r*)]-benzoesäure-methylester [E III **9** **2756**]

d) Die mit der Stellungsziffer eines Substituenten oder den Stellungsziffern einer im Namen durch ein Präfix bezeichneten Brücke eines Ringsystems kombinierten Symbole *c* bzw. *t* geben an, dass sich der Substituent oder die mit dem Stamm-Ringsystem verknüpften Brückenatome auf der gleichen Seite (*c*) bzw. der entgegengesetzten Seite (*t*) der „Bezugsfläche" befinden wie der Bezugsligand [2]) (der auch aus einem Brückenzweig bestehen kann), der seinerseits durch Hinzufügen des Symbols *r* zu seiner Stellungsziffer kenntlich gemacht ist. Die „Bezugsfläche" ist durch die Atome desjenigen Ringes (oder Systems von ortho/peri-anellierten Ringen) bestimmt, an dem alle Liganden gebunden sind, deren Stellungsziffern die Symbole *r*, *c* oder *t* aufweisen. Bei einer aus mehreren isolierten Ringen oder Ringsystemen bestehenden Verbindung kann jeder Ring bzw. jedes Ringsystem als gesonderte Bezugsfläche für Konfigurationskennzeichen fungieren; die zusammengehörigen (d. h. auf die gleichen Bezugsflächen bezogenen) Sätze von Konfigurationssymbolen *r*, *c* und *t* sind dann im Namen der Verbindung durch Klammerung voneinander getrennt oder durch Strichelung unterschieden (s. Beispiele 3 und **4** unter Abschnitt e).

Beispiele:

1*r*.2*t*.3*c*.4*t*-Tetrabrom-cyclohexan [E III **5** 51]
1*r*-Äthyl-cyclopentanol-(2*c*) [E III **6** 79]
1*r*.2*c*-Dimethyl-cyclopentanol-(1) [E III **6** 80]

e) Die mit einem (gegebenenfalls mit hochgestellter Stellungsziffer ausgestatteten) Atomsymbol kombinierten Symbole *r*, *c* oder *t* beziehen sich auf die räumliche Orientierung des indizierten Atoms (das sich in diesem Fall in einem weder durch Präfix noch durch Suffix benannten Teil des Moleküls befindet). Die Bezugsfläche ist dabei durch die Atome desjenigen Ringsystems bestimmt, an das alle indizierten Atome und gegebenenfalls alle weiteren Liganden gebunden sind, deren Stellungsziffern die Symbole *r*, *c* oder *t* aufweisen. Gehört ein indiziertes Atom dem gleichen Ringsystem an wie das Ringatom, zu dessen konfigurativer Kennzeichnung es dient (wie z. B. bei Spiro-Atomen), so umfasst die Bezugsfläche nur denjenigen Teil des Ringsystems [3]), dem das indizierte Atom nicht angehört.

Beispiele:

2*t*-Chlor-(4a*rH*.8a*tH*)-decalin [E III **5** 250]
(3a*rH*.7a*cH*)-3a.4.7.7a-Tetrahydro-4*c*.7*c*-methano-inden [E III **5** 1232]
1-[(4a*R*)-6*t*-Hydroxy-2*c*.5.5.8a*t*-tetramethyl-(4a*rH*)-decahydro-naphthyl-(1*t*)]-2-[(4a*R*)-6*t*-hydroxy-2*t*.5.5.8a*t*-tetramethyl-(4a*rH*)-decahydronaphthyl-(1*t*)]-äthan [E III **6** 4829]
4*c*.4'*t*'-Dihydroxy-(1*rH*.1'*r*'*H*)-bicyclohexyl [E III **6** 4153]
6*c*.10*c*-Dimethyl-2-isopropyl-(5*rC*^{1})-spiro[4.5]decanon-(8) [E III **7** 514]

§ 5. a) Die Präfixe *erythro* bzw. *threo* zeigen an, dass sich die jeweiligen „Bezugsliganden" an zwei Chiralitätszentren, die einer acyclischen Bezifferungseinheit [1]) (oder dem unverzweigten acyclischen Teil einer komplexen Bezifferungseinheit) angehören, in der Projektionsebene

[3]) Bei Spiran-Systemen erfolgt die Unterteilung des Ringsystems in getrennte Bezugssysteme jeweils am Spiro-Atom.

auf der gleichen Seite (*erythro*) bzw. auf den entgegengesetzten Seiten (*threo*) der „Bezugsgeraden“ befinden. Bezugsgerade ist dabei die in „gerader Fischer-Projektion“ [4]) wiedergegebene Kohlenstoff-Kette der Bezifferungseinheit, der die beiden Chiralitätszentren angehören. Als Bezugsliganden dienen jeweils die von Wasserstoff verschiedenen extracatenalen (d. h. nicht der Kette der Bezifferungseinheit angehörenden) Liganden [2]) der in den Chiralitätszentren befindlichen Atome.

Beispiele:
threo-Pentan-2,3-diol [E IV **1** 2543]
threo-2-Amino-3-methyl-pentansäure-(1) [E III **4** 1463]
threo-3-Methyl-asparaginsäure [E III **4** 1554]
erythro-2.4'.α.α'-Tetrabrom-bibenzyl [E III **5** 1819]

b) Das Präfix ***meso*** gibt an, dass ein mit 2n Chiralitätszentren (n = 1, 2, 3 usw.) ausgestattetes Molekül eine Symmetrieebene aufweist. Das Präfix ***racem.*** kennzeichnet ein Gemisch gleicher Mengen von Enantiomeren, die zwei identische Chiralitätszentren oder zwei identische Sätze von Chiralitätszentren enthalten.

Beispiele:
meso-Pentan-2,4-diol [E IV **1** 2543]
racem.-1.2-Dicyclohexyl-äthandiol-(1.2) [E III **6** 4156]
racem.-(1*rH*.1'*r*'*H*)-Bicyclohexyl-dicarbonsäure-(2*c*.2'*c*') [E III **9** 4020]

c) Die „Kohlenhydrat-Präfixe“ ***ribo, arabino, xylo*** und ***lyxo*** bzw. ***allo, altro, gluco, manno, gulo, ido, galacto*** und ***talo*** kennzeichnen die relative Konfiguration von Molekülen mit drei Chiralitätszentren (deren mittleres ein „Pseudoasymmetriezentrum“ sein kann) bzw. vier Chiralitätszentren, die sich jeweils in einer unverzweigten acyclischen Bezifferungseinheit [1]) befinden. In den nachstehend abgebildeten „Leiter-Mustern“ geben die horizontalen Striche die Orientierung der wie unter a) definierten Bezugsliganden an der jeweils in „abwärts bezifferter vertikaler Fischer-Projektion“ [5]) wiedergegebenen Kohlenstoff-Kette an.

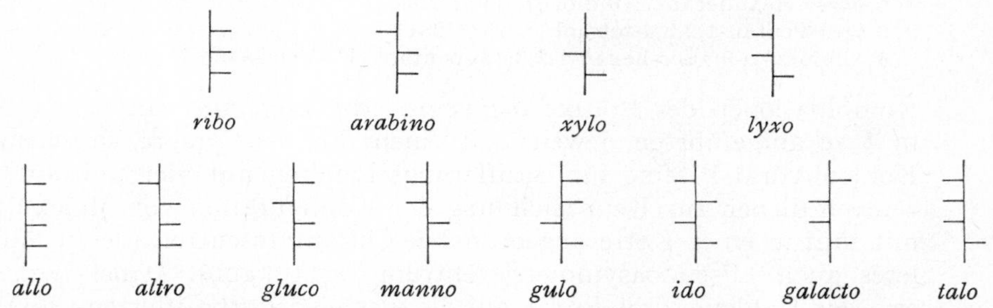

[4]) Bei „gerader Fischer-Projektion“ erscheint eine Kohlenstoff-Kette als vertikale oder horizontale Gerade; in dem der Projektion zugrunde liegenden räumlichen Modell des Moleküls sind an jedem Chiralitätszentrum (sowie an einem Zentrum der Pseudoasymmetrie) die catenalen (d. h. der Kette angehörenden) Bindungen nach der dem Betrachter abgewandten Seite der Projektionsebene, die extracatenalen (d. h. nicht der Kette angehörenden) Bindungen nach der dem Betrachter zugewandten Seite der Projektionsebene hin gerichtet.

Beispiele:
ribo-2,3,4-Trimethoxy-pentan-1,5-diol [E IV **1** 2834]
galacto-Hexan-1,2,3,4,5,6-hexaol [E IV **1** 2844]

§ 6. a) Die „Fischer-Symbole" D bzw. L im Namen einer Verbindung mit einem Chiralitätszentrum geben an, dass sich der Bezugsligand (der von Wasserstoff verschiedene extracatenale Ligand; vgl. § 5a) am Chiralitätszentrum in der „abwärts-bezifferten vertikalen Fischer-Projektion" [5]) der betreffenden Bezifferungseinheit [1]) auf der rechten Seite (D) bzw. auf der linken Seite (L) der das Chiralitätszentrum enthaltenden Kette befindet.

Beispiele:
D-Tetradecan-1,2-diol [E IV **1** 2631]
L-4-Hydroxy-valeriansäure [E III **3** 612]

b) In Kombination mit dem Präfix *erythro* geben die Symbole D und L an, dass sich die beiden Bezugsliganden (s. § 5a) auf der rechten Seite (D) bzw. auf der linken Seite (L) der Bezugsgeraden in der „abwärts-bezifferten vertikalen Fischer-Projektion" der betreffenden Bezifferungseinheit befinden. Die mit dem Präfix *threo* kombinierten Symbole D_g und D_s geben an, dass sich der höherbezifferte (D_g) bzw. der niedrigerbezifferte (D_s) Bezugsligand auf der rechten Seite der „abwärts-bezifferten vertikalen Fischer-Projektion" befindet; linksseitige Position des jeweiligen Bezugsliganden wird entsprechend durch die Symbole L_g bzw. L_s angezeigt.
In Kombination mit den in § 5c aufgeführten konfigurationsbestimmenden Präfixen werden die Symbole D und L ohne Index verwendet; sie beziehen sich dabei jeweils auf die Orientierung des höchstbezifferten (d. h. des in der Abbildung am weitesten unten erscheinenden) Bezugsliganden (die in § 5c abgebildeten „Leiter-Muster" repräsentieren jeweils das D-Enantiomere).

Beispiele:
D-*erythro*-Nonan-1,2,3-triol [E IV **1** 2792]
D_s-*threo*-2.3-Diamino-bernsteinsäure [E III **4** 1528]
L_g-*threo*-Hexadecan-7,10-diol [E IV **1** 2636]
D-*lyxo*-Pentan-1,2,3,4-tetraol [E IV **1** 2811]
6-Allyloxy-D-*manno*-hexan-1,2,3,4,5-pentaol [E IV **1** 2846]

c) Kombinationen der Präfixe D-*glycero* oder L-*glycero* mit einem der in § 5c aufgeführten, jeweils mit einem Fischer-Symbol versehenen Kohlenhydrat-Präfixe für Bezifferungseinheiten mit vier Chiralitätszentren dienen zur Kennzeichnung der Konfiguration von Molekülen mit fünf in einer Kette angeordneten Chiralitätszentren (deren mittleres auch „Pseudoasymmetriezentrum" sein kann). Dabei bezieht sich das Kohlenhydrat-Präfix auf die vier niedrigstbezifferten Chiralitätszentren nach der in § 5c und § 6b gegebenen Definition, das Präfix D-*glycero* oder L-*glycero* auf das höchstbezifferte (d. h. in der Abbildung am weitesten unten erscheinende) Chiralitätszentrum.

[5]) Eine „abwärts-bezifferte vertikale Fischer-Projektion" ist eine vertikal orientierte „gerade Fischer-Projektion" (s. Anm. 4), bei der sich das niedrigstbezifferte Atom am oberen Ende der Kette befindet.

Beispiel:
D-*glycero*-L-*gulo*-Heptit [E IV **1** 2854]

§ 7. a) Die Symbole c_F bzw. t_F hinter der Stellungsziffer eines Substituenten an einer mehrere Chiralitätszentren aufweisenden unverzweigten acyclischen Bezifferungseinheit [1]) geben an, dass sich dieser Substituent und der Bezugssubstituent, der seinerseits durch das Symbol r_F gekennzeichnet wird, auf der gleichen Seite (c_F) bzw. auf den entgegengesetzten Seiten (t_F) der wie in § 5a definierten Bezugsgeraden befinden. Ist eines der endständigen Atome der Bezifferungseinheit Chiralitätszentrum, so wird der Stellungsziffer des „catenoiden" Substituenten (d. h. des Substituenten, der in der Fischer-Projektion als Verlängerung der Kette erscheint) das Symbol cat_F beigefügt.

b) Die Symbole D_r bzw. L_r am Anfang eines mit dem Kennzeichen r_F ausgestatteten Namens geben an, dass sich der Bezugssubstituent auf der rechten Seite (D_r) bzw. auf der linken Seite (L_r) der in „abwärtsbezifferter vertikaler Fischer-Projektion" wiedergegebenen Kette der Bezifferungseinheit befindet.

Beispiele:
Heptan-1,2r_F,3c_F,4t_F,5c_F,6c_F,7-heptaol [E IV **1** 2854]
D_r-1cat_F.2cat_F-Diphenyl-1r_F-[4-methoxy-phenyl]-äthandiol-(1.2c_F) [E III **6** 6589]

§ 8. Die Symbole *exo* bzw. *endo* hinter der Stellungsziffer eines Substituenten an einem dem Hauptring [6]) angehörenden Atom eines Bicycloalkan-Systems geben an, dass der Substituent der Brücke [6]) zugewandt (*exo*) bzw. abgewandt (*endo*) ist.

Beispiele:
2*endo*-Phenyl-norbornen-(5) [E III **5** 1666]
(±)-1.2*endo*.3*exo*-Trimethyl-norbornandiol-(2*exo*.3*endo*) [E III **6** 4146]
Bicyclo[2.2.2]octen-(5)-dicarbonsäure-(2*exo*.3*exo*) [E III **9** 4054]

§ 9. a) Die Symbole *syn* bzw. *anti* hinter der Stellungsziffer eines Substituenten an einem Atom der Brücke [6]) eines Bicycloalkan-Systems oder einer Brücke über einem ortho- oder ortho/peri-anellierten Ringsystem geben an, dass der Substituent demjenigen Hauptzweig)[6] zugewandt (*syn*) bzw. abgewandt (*anti*) ist, der das niedrigstbezifferte aller in den Hauptzweigen enthaltenen Ringatome aufweist.

Beispiele:
1.7*syn*-Dimethyl-norbornanol-(2*endo*) [E III **6** 236]
(3a*S*)-3*c*.9*anti*-Dihydroxy-1*c*.5.5.8a*c*-tetramethyl-(3a*rH*)-decahydro-1*t*.4*t*-methano-azulen [E III **6** 4183]

[6]) Ein Brücken-System besteht aus drei „Zweigen", die zwei „Brückenkopf-Atome" miteinander verbinden; von den drei Zweigen bilden die beiden „Hauptzweige" den „Hauptring", während der dritte Zweig als „Brücke" bezeichnet wird. Als Hauptzweige gelten

1. die Zweige, die einem ortho- oder ortho/peri-anellierten Ringsystem angehören (und zwar a) dem Ringsystem mit der grössten Anzahl von Ringen, b) dem Ringsystem mit der grössten Anzahl von Ringgliedern),
2. die gliedreichsten Zweige (z. B. bei Bicycloalkan-Systemen),
3. die Zweige, denen auf Grund vorhandener Substituenten oder Mehrfachbindungen Bezifferungsvorrang einzuräumen ist.

(3a*R*)-2*c*.8*t*.11*c*.11a*c*.12*anti*-Pentahydroxy-1.1.8*c*-trimethyl-4-methylen-(3a*rH*.4a*cH*)-tetradecahydro-7*t*.9a*t*-methano-cyclopenta[*b*]heptalen [E III **6** 6892]

b) In Verbindung mit einem stickstoffhaltigen Funktionsabwandlungssuffix an einem auf „-aldehyd" oder „-al" endenden Namen kennzeichnen *syn* bzw. *anti* die cis-Orientierung bzw. trans-Orientierung des Wasserstoff-Atoms der Aldehyd-Gruppe zum Substituenten X der abwandelnden Gruppe =N-X, bezogen auf die durch die doppeltgebundenen Atome verlaufende Gerade.

Beispiel:

Perillaaldehyd-*anti*-oxim [E III **7** 567]

§10. a) Die Symbole α bzw. β hinter der Stellungsziffer eines ringständigen Substituenten im halbrationalen Namen einer Verbindung mit einer dem Cholestan [E III **5** 1132] entsprechenden Bezifferung und Projektionslage geben an, dass sich der Substituent auf der dem Betrachter abgewandten (α) bzw. zugewandten (β) Seite der Fläche des Ringgerüstes befindet.

Beispiele:

3β-Chlor-7α-brom-cholesten-(5) [E III **5** 1328]
Phyllocladandiol-(15α.16α) [E III **6** 4770]
Lupanol-(1β) [E III **6** 2730]
Onocerandiol-(3β.21α) [E III **6** 4829]

b) Die Symbole α_F bzw. β_F hinter der Stellungsziffer eines an der Seitenkette befindlichen Substituenten im halbrationalen Namen einer Verbindung der unter a) erläuterten Art geben an, dass sich der Substituent auf der rechten (α_F) bzw. linken (β_F) Seite der in „aufwärtsbezifferter vertikaler Fischer-Projektion" [7]) dargestellten Seitenkette befindet.

Beispiele:

3β-Chlor-24α_F-äthyl-cholestadien-(5.22*t*) [E III **5** 1436]
24β_F-Äthyl-cholesten-(5) [E III **5** 1336]

c) Sind die Symbole α, β, α_F oder β_F nicht mit der Stellungsziffer eines Substituenten kombiniert, sondern zusammen mit der Stellungsziffer eines angularen Chiralitätszentrums oder eines Wasserstoff-Atoms — in diesem Fall mit dem Atomsymbol *H* versehen (α*H*, β*H*, α_F*H* bzw. β_F*H*) — unmittelbar vor dem Namensstamm einer Verbindung mit halbrationalem Namen angeordnet, so kennzeichnen sie entweder die Orientierung einer angularen exocyclischen Bindung, deren Lage durch den Namen nicht festgelegt ist, oder sie zeigen an, dass die Orientierung des betreffenden exocyclischen Liganden oder Wasserstoff-Atoms (das — wie durch Suffix oder Präfix ausgedrückt — auch substituiert sein kann) in der angegebenen Weise von der mit dem Namensstamm festgelegten Orientierung abweicht.

Beispiele:

5-Chlor-5α-cholestan [E III **5** 1135]
5β.14β.17β*H*-Pregnan [E III **5** 1120]

---

[7]) Eine „aufwärts-bezifferte vertikale Fischer-Projektion" ist eine vertikal orientierte „gerade Fischer-Projektion" (s. Anm. 4), bei der sich das niedrigstbezifferte Atom am unteren Ende der Kette befindet.

Dritte Abteilung

Heterocyclische Verbindungen

(Fortsetzung)

III. Oxo-Verbindungen

A. Monooxo-Verbindungen

Monooxo-Verbindungen $C_nH_{2n-2}O_2$

Oxo-Verbindungen $C_3H_4O_2$

Oxetan-2-on, 3-Hydroxy-propionsäure-lacton, Propan-3-olid, *β*-Propiolacton $C_3H_4O_2$, Formel I (E I 130).

B. Beim Einleiten von Keten und Formaldehyd in Lösungen von Zinkchlorid oder von Aluminiumchlorid und Zinkchlorid in Aceton oder in 3-Hydroxy-propionsäure-lacton (*Goodrich Co.*, D.B.P. 842195 [1950], 848806 [1950]; D.R.B.P. Org. Chem. 1950–1951 **6** 1474, 1477; U.S.P. 2356459 [1944], 2424589 [1947]; *Hagemeyer*, Ind. eng. Chem. **41** [1949] 765, 767; s. a. *Eastman Kodak Co.*, U.S.P. 2450116, 2450117, 2450118 [1947], 2450131 [1946], 2450134 [1947]; *Union Carbide & Carbon Corp.*, U.S.P. 2580714 [1949]).

Reinigung: *Goodrich Co.*, U.S.P. 2602802 [1950].

Das Molekül ist planar (*Kwak et al.*, J. chem. Physics **25** [1956] 1203; *Dürig*, Spectrochim. Acta **19** [1963] 1225). Atomabstände und Bindungswinkel (aus der Elektronenbeugung bzw. aus dem Mikrowellenspektrum ermittelt): *Bregman, Bauer*, Am. Soc. **77** [1955] 1955, 1964; *Kwak et al.* ^1H-^1H-Spin-Spin-Kopplungskonstanten: *Abraham*, Soc. [B] **1968** 173; s. a. *Anderson*, Phys. Rev. [2] **102** [1956] 151, 162. Dipolmoment: 3,8 D (*Gresham et al.*, Am. Soc. **70** [1948] 998), 4,18 D [aus dem Mikrowellenspektrum] (*Kwak et al.*). Rotationskonstanten: *Kwak et al.*

F: −31,2° (*Hagemeyer*, Ind. eng. Chem. **41** [1949] 765, 768), −33,4° (*Gresham et al.*, Am. Soc. **70** [1948] 998), −35° (*Goodrich Co.*, D.B.P. 842195 [1950]). E: −33,36° (*Tyler, Beesing*, Anal. Chem. **24** [1952] 1511), −33,4° (*Long, Purchase*, Am. Soc. **72** [1950] 3267). Kp_{750}: 150° [Zers.] (*Gr. et al.*); Kp_{20}: 61° (*Goodrich Co.*, U.S.P. 2602802 [1950]); Kp_{10}: 51° (*Ha.*; *Gr. et al.*). D_0^{20}: 1,1489 (*Ha.*); D_4^{20}: 1,1460 (*Gr. et al.*; *Goodrich Co.*, U.S.P. 2602802). Molvolumen bei 20°: *Walker*, J. appl. Chem. **2** [1952] 470, 476. Standard-Bildungsenthalpie: −71 kcal·mol^{-1} (*Linnell, Noyes*, Am. Soc. **72** [1950] 3863). Verbrennungswärme: *Li.*, *No.* n_D^{20}: 1,4135 (*Ha.*), 1,4131 (*Gr. et al.*), 1,4130 (*Eastman Kodak Co.*, U.S.P. 2450134 [1947]). n_D^{25}: 1,4117 (*Searles et al.*, Am. Soc. **75** [1953] 71). ^1H-NMR-Spektrum: *Abraham*, Soc. [B] **1968** 173; s. a. *Anderson*, Phys. Rev. [2] **102** [1956] 151, 162. Mikrowellenspektrum von 18 GHz bis 34 GHz (Stark-Effekt): *Kwak et al.*, J. chem. Physics **25** [1956] 1203. IR-Spektrum (CCl_4; 2–13 μ): *Bartlett, Rylander*, Am. Soc. **73** [1951] 4275, 4278. CO-Valenzschwingungsbande von flüssigem (1835 cm^{-1}) und von gasförmigem (1866 cm^{-1}) 3-Hydroxy-propionsäure-lacton: *Li.*, *No.*; von in Tetrachlormethan gelöstem (1841 cm^{-1}) und von in Methanol gelöstem (1834 cm^{-1}) 3-Hydroxy-propionsäure-lacton: *Se. et al.* Löslichkeit in Wasser bei 25°: 37 Vol.-% (*Gr. et al.*). Wärmetönung beim Vermischen mit äquimolaren Mengen Chloroform bei 25°: *Se. et al.* Kryoskopische Konstante (Acetanhydrid): *Ty.*, *Be.* IR-spektroskopische Indizien für die Bildung von Wasserstoff-Brücken mit Methanol: *Se. et al.*

Über das chemische Verhalten von 3-Hydroxy-propionsäure-lacton s. *Zaugg*, Org. Reactions **8** [1954] 305, 331, 342. Quantenausbeute der Photolyse (λ: 253,7 nm) von flüssigem 3-Hydroxy-propionsäure-lacton bei 0° und 25° (Bildung von Kohlenmonoxid, Kohlendioxid, Äthylen und Acetaldehyd): *Linnell, Noyes*, Am. Soc. **72** [1950] 3863. Massenspektrum: *Friedman, Long*, Am. Soc. **75** [1953] 2832, 2834.

Geschwindigkeitskonstante der Hydrolyse in Wasser, auch in Gegenwart von Salzen, bei 12°, 25° und 37°: *Long, Purchase*, Am. Soc. **72** [1950] 3267; in Wasser bei 25°: *Bartlett, Small*, Am. Soc. **72** [1950] 4867; in wss. Salpetersäure (3,9 m und 6,7 m), in wss. Schwefelsäure (2 m bis 5 m) und in wss. Perchlorsäure (1,8 m bis 5,4 m) bei 25°: *Long, Pu.*; *Long et al.*, J. phys. Chem. **55** [1951] 829, 831; in wss. Natronlauge bei 0°

und 7°: *Long, Pu.*; bei 25°: *Ba., Sm.* Bildung von Bis-[2-carboxy-äthyl]-äther beim Erhitzen mit Wasser: *Eastman Kodak Co.*, U.S.P. 2466419 [1949]. Geschwindigkeitskonstante der Reaktionen beim Behandeln mit wss. Lösungen von Natriumthiosulfat, Natriumacetat, Natriumthiocyanat, Natriumchlorid, Natriumbromid und Natriumjodid bei 25°: *Ba., Sm.*; s. a. *Liang, Bartlett*, Am. Soc. **80** [1958] 3585, 3590. Bildung von 3-Chlor-propionsäure beim Behandeln mit Natriumchlorid in Wasser: *Gresham et al.*, Am. Soc. **70** [1948] 999. Beim Behandeln mit Natriumhydrogensulfid in Wasser sind 3-Mercapto-propionsäure und Bis-[2-carboxy-äthyl]-sulfid erhalten worden (*Gr. et al.*, Am. Soc. **70** 1000). Reaktionen mit Thionylchlorid und mit Phosphor(V)-chlorid unter Bildung von 3-Chlor-propionylchlorid: *Gresham et al.*, Am. Soc. **72** [1950] 72. Reaktion mit Ammoniak unter Bildung von *β*-Alanin und 3-Hydroxy-propionsäure-amid sowie analoge Reaktionen mit primären und sekundären Aminen: *Gresham et al.*, Am. Soc. **73** [1951] 3168. Reaktion mit Hydroxylamin in Wasser unter Bildung von 3-Hydroxy-propionohydroxamsäure: *Vagelos et al.*, J. biol. Chem. **234** [1959] 765, 766.

Beim Erhitzen mit Buta-1,3-dien und Kaliumcarbonat auf 200° ist Cyclohex-3-en-carbonsäure erhalten worden (*Gresham et al.*, Am. Soc. **76** [1954] 609). Bildung von Acrylophenon, 3-Hydroxy-1-phenyl-propan-1-on und 3-Phenyl-propionsäure beim Behandeln mit Benzol und Aluminiumchlorid: *Nagakubo et al.*, J. chem. Soc. Japan Pure Chem. Sect. **78** [1957] 1209; C. A. **1960** 5456; s. a. *Goodrich Co.*, U.S.P. 2587540 [1950]. Reaktion mit Methanol unter Bildung von 3-Hydroxy-propionsäure-methylester und 3-Methoxy-propionsäure sowie analoge Reaktionen mit anderen Alkoholen und mit Phenolen: *Gresham et al.*, Am. Soc. **70** [1948] 1004, **71** [1949] 661; *Bartlett, Rylander*, Am. Soc. **73** [1951] 4273. Beim Behandeln mit Pentan-2,4-dion und wss. Natronlauge ist 4-Acetyl-5-oxo-hexansäure erhalten worden (*Gresham et al.*, Am. Soc. **73** [1951] 2345). Bildung von 5-Oxo-4,5-diphenyl-valeriansäure beim Erhitzen mit Desoxybenzoin und Kalium-*tert*-butylalkohol: *Cragoe et al.*, J. org. Chem. **23** [1958] 971, 979. Reaktion mit Natrium-benzolsulfinat in Wasser unter Bildung von 3-Benzolsulfonyl-propionsäure: *Goodrich Co.*, U.S.P. 2659752 [1951]. Reaktionen mit primären und sekundären Aminen s. o. Geschwindigkeitskonstante der Reaktionen mit Anilin und mit einigen in der Position 4 substituierten Anilinen in Wasser bei 25°: *Liang, Bartlett*, Am. Soc. **77** [1955] 530. Beim Behandeln mit 2-Amino-pyridin in Aceton ist 2-Amino-1-[2-carboxy-äthyl]-pyridinium-betain, beim Erwärmen mit 2-Amino-pyridin und wss. Salzsäure ist hingegen 3,4-Dihydro-pyrido[1,2-*a*]pyrimidin-2-on erhalten worden (*Hurd, Hayao*, Am. Soc. **77** [1955] 117, 119). Reaktion mit Methylmagnesiumjodid in Äther unter Bildung von But-3-en-2-on und 3-Jod-propionsäure: *Gresham et al.*, Am. Soc. **71** [1949] 2807.

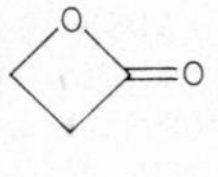

I 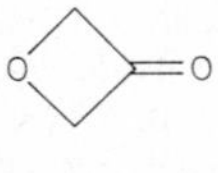 II 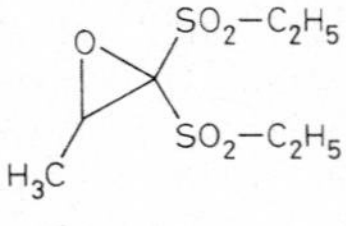 III 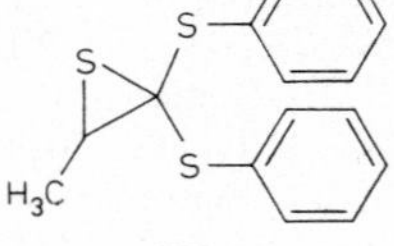 IV

Oxetan-3-on $C_3H_4O_2$, Formel II.

B. Beim Behandeln von Chloracetylchlorid mit Diazomethan in Äther, Behandeln des Reaktionsgemisches mit Methanol und wss. Kaliumcarbonat-Lösung und Erhitzen des danach isolierten Reaktionsprodukts mit Essigsäure (*Marshall, Walker*, Soc. **1952** 467, 475).

Kp_{150}: 58–60° (*Du Pont de Nemours & Co.*, U.S.P. 3297719 [1964]).

Charakterisierung als 2,4-Dinitro-phenylhydrazon ($C_9H_8N_4O_5$; hellorangefarbene Krystalle [aus A.]; F: 152–153° und 152–155°): *Du Pont*; *Ma., Wa.*

(±)-2,2-Bis-äthansulfonyl-3-methyl-oxiran, (±)-1,1-Bis-äthansulfonyl-1,2-epoxy-propan $C_7H_{14}O_5S_2$, Formel III.

B. Beim Behandeln von 1,1-Bis-äthylmercapto-propen mit Peroxybenzoesäure in Chloroform (*Rothstein*, Soc. **1940** 1550, 1552).

Krystalle (aus E.); F: 75–77°.

Beim Erwärmen mit wss. Salzsäure ist eine Verbindung $C_6H_{14}O_4S_2$ (Krystalle [aus E.]; F: 109–110°) erhalten worden.

(±)-3-Methyl-2,2-bis-phenylmercapto-thiiran, (±)-1,2-Epithio-1,1-bis-phenylmercapto-propan $C_{15}H_{14}S_3$, Formel IV.

B. Beim Behandeln von Trithiokohlensäure-diphenylester mit Diazoäthan in Äther (*Schönberg et al.*, B. **65** [1932] 289, 292).

Krystalle (aus $CHCl_3$ + PAe.); F: 64–67°.

(±)-Oxirancarbaldehyd, (±)-2,3-Epoxy-propionaldehyd, (±)-Glycidaldehyd $C_3H_4O_2$, Formel V.

B. Beim Behandeln von Acrylaldehyd mit wss. Wasserstoffperoxid bei pH 8,0–8,5 (*Payne*, Am. Soc. **81** [1959] 4901, 4903) sowie mit wss. Natriumhypochlorit-Lösung oder wss. Calciumhypochlorit-Lösung (*Shell Devel. Co.*, U.S.P. 2887498 [1956]).

Kp: 112–113°; Kp_{100}: 57–58° (*Pa.*, Am. Soc. **81** 4903). D_4^{20}: 1,126 (*Payne*, Am. Soc. **80** [1958] 6461). n_D^{20}: 1,4185 (*Pa.*, Am. Soc. **80** 6461), 1,4198 (*Pa.*, Am. Soc. **81** 4903). IR-Banden (5,7–11,7 μ): *Pa.*, Am. Soc. **81** 4903.

(±)-Oxirancarbaldehyd-diäthylacetal, (±)-1,1-Diäthoxy-2,3-epoxy-propan, (±)-2,3-Epoxy-propionaldehyd-diäthylacetal $C_7H_{14}O_3$, Formel VI (H 234; E II 286).

B. Aus Acrylaldehyd-diäthylacetal mit Hilfe von Hypochlorigsäure in Wasser (*Weisblat et al.*, Am. Soc. **75** [1953] 5893, 5895).

Kp_{13}: 60–64°; n_D^{25}: 1,4128 (*We.*).

Beim Behandeln mit Kaliumthiocyanat in wss. Äthanol ist 2,3-Epithio-propionaldehyd-diäthylacetal erhalten worden (*Wright*, Am. Soc. **79** [1957] 1694).

V: O-ring–CHO; VI: O-ring–CH(OC_2H_5)$_2$; VII: O-ring–CH=N–X; VIII: S-ring–CH(OC_2H_5)$_2$

V VI VII VIII

(±)-Oxirancarbaldehyd-oxim, (±)-2,3-Epoxy-propionaldehyd-oxim $C_3H_5NO_2$, Formel VII (X = OH).

B. Aus (±)-2,3-Epoxy-propionaldehyd und Hydroxylamin (*Payne*, Am. Soc. **81** [1959] 4901, 4903).

Kp_1: 48–49°. Das Oxim neigt zu spontaner, explosionsartiger Polymerisation.

(±)-Oxirancarbaldehyd-[*O*-acetyl-oxim], (±)-2,3-Epoxy-propionaldehyd-[*O*-acetyl-oxim] $C_5H_7NO_3$, Formel VII (X = O-CO-CH_3).

B. Beim Behandeln des im vorangehenden Artikel beschriebenen Oxims mit Acetanhydrid (*Payne*, Am. Soc. **81** [1959] 4901, 4903).

Kp_1: 60–65°. n_D^{20}: 1,4647.

Beim Erhitzen unter 50 Torr auf 140° ist Oxirancarbonitril erhalten worden.

(±)-Oxirancarbaldehyd-[2,4-dinitro-phenylhydrazon], (±)-2,3-Epoxy-propionaldehyd-[2,4-dinitro-phenylhydrazon] $C_9H_8N_4O_5$, Formel VII (X = NH-$C_6H_3(NO_2)_2$).

B. Aus (±)-2,3-Epoxy-propionaldehyd (*Payne*, Am. Soc. **81** [1959] 4901, 4903).

F: 96–98° und (nach Wiedererstarren bei weiterem Erhitzen) F: ca. 150°. Beim Erhitzen auf höhere Temperaturen erfolgt explosionsartige Zersetzung.

(±)-Thiirancarbaldehyd-diäthylacetal, (±)-1,1-Diäthoxy-2,3-epithio-propan, (±)-2,3-Epithio-propionaldehyd-diäthylacetal $C_7H_{14}O_2S$, Formel VIII.

B. Beim Behandeln von (±)-2,3-Epoxy-propionaldehyd-diäthylacetal mit Kaliumthiocyanat in wss. Äthanol (*Wright*, Am. Soc. **79** [1957] 1694).

Kp_{14}: 84°. n_D^{20}: 1,4613.

Oxo-Verbindungen $C_4H_6O_2$

Dihydro-furan-2-on, 4-Hydroxy-buttersäure-lacton, Butan-4-olid, γ-Butyrolacton $C_4H_6O_2$, Formel IX auf S. 4162 (H 234; E I 130; E II 286).

B. Beim Erhitzen von Butan-1,4-diol mit einem Chrom(III)-oxid enthaltenden Kupfer-

Katalysator bis auf 200° (*Reppe et al.*, A. **596** [1955] 1, 158, 178). Aus Butan-1,4-diol mit Hilfe von Acetobacter-Kulturen (*Weinessigfabr. A. Enenkel*, D.B.P. 929543 [1949]). Beim Erhitzen von But-3-in-1-ol mit Distickstoffoxid in Cyclohexan unter 300 at auf 300° (*Buckley, Levy*, Soc. **1951** 3016). Beim Behandeln von Cyclobutanon mit Peroxy=benzoesäure in Chloroform (*Friess, Frankenburg*, Am. Soc. **74** [1952] 2679). Bei der Hydrierung von Succinylchlorid an Palladium-Katalysatoren bei 170° bzw. 220° (*Fröschl, Maier*, M. **59** [1932] 256, 267; *Fröschl, Danoff*, J. pr. [2] **144** [1936] 217, 222). Beim Behandeln von 3-Chlor-propan-1-ol mit Kaliumcyanid in wss. Äthanol und anschliessend mit wss. Kalilauge (*Boorman, Linstead*, Soc. **1933** 577, 578). Beim Erwärmen von Bern=steinsäure-äthylester-chlorid mit Natriumboranat in Dioxan (*Chaikin, Brown*, Am. Soc. **71** [1949] 122, 124) oder mit Natrium-trimethoxyboranat in Äther (*Schlesinger, Brown*, U.S.P. 2683721 [1952]). Bei der Hydrierung von Maleinsäure-anhydrid an einem Nickel-Chrom-Molybdän-Katalysator bei 275°/70 at (*Du Pont de Nemours & Co.*, U.S.P. 2772291 [1953]), an Raney-Kobalt bei 200°/140 at (*Du Pont de Nemours & Co.*, U.S.P. 2772292 [1953]) oder an einem Nickel-Molybdän-Katalysator bei 200°/300 at (*Du Pont de Nemours & Co.*, U.S.P. 2772293 [1953]).
Beim Behandeln von Tetrahydrofuran mit wss. Salpetersäure (D: 1,34) und Benzol bei 25° (*Moschkin*, Trudy Sovešč. Vopr. Ispolz. Pentozan. Syrja Riga 1955 S. 225, 244; C. A. **1959** 15048) oder mit Wasser und einem Kupferoxid-Chromoxid-Katalysator unter Stickstoff oder Wasserstoff bei 280°/200 at (*BASF*, D.B.P. 849104 [1950]; D.R.B.P. Org. Chem. 1950–1951 **6** 1480). Beim Behandeln von Malonsäure-diäthylester mit 2-Chlor-äthanol und Aluminiumchlorid in Chloroform und Erwärmen des Reaktionsgemisches mit wss. Salzsäure (*Raha*, Am. Soc. **76** [1954] 622; s. a. *Michael, Weiner*, Am. Soc. **58** [1936] 999, 1002).

In der Carbonyl-Gruppe mit Sauerstoff-18 markiertes 4-Hydroxy-buttersäure-lacton ist beim Behandeln von 4-Hydroxy-buttersäure-lacton mit Sauerstoff-18 angereichertem Wasser und Schwefelsäure erhalten worden (*Long, Friedman*, Org. Synth. Isotopes **1958** 1874).

Das Molekül ist nicht planar (*Legon*, Chem. Commun. **1970** 838). Dipolmoment (ε; Bzl.): 4,09 D (*Huisgen, Ott*, Tetrahedron **6** [1959] 253, 256), 4,12 D (*Marsden, Sutton*, Soc. **1936** 1383, 1389), 4,13 D (*Sukigara et al.*, Tetrahedron **4** [1958] 337, 339), 3,82 D (*Longster, Walker*, Trans. Faraday Soc. **49** [1953] 228, 229). Rotationskonstanten: *Le.*

Krystalle; F: –48° (*Boorman, Linstead*, Soc. **1933** 577, 578), –43,53° (*McKinley, Copes*, Am. Soc. **72** [1950] 5331). Kp: 204° (*Walker*, J. appl. Chem. **2** [1952] 470, 474), 203° (FIAT Final Report, Nr. 945, S. 8); Kp_{20}: 91–92° (*Reppe et al.*, A. **596** [1955] 1, 178); Kp_{12}: 83,5° (*Bo., Li.*). Dampfdruck bei Temperaturen von 0° (0,35 Torr) bis 203° (760 Torr): FIAT Final Report, S. 9, 10; bei 25°: 3,2 Torr (*Hölemann, Hasselmann*, Forschungsber. Nordrhein-Westfalen Nr. 109 [1954] 8); bei Temperaturen von 119° (50,1 Torr) bis 201° (708,0 Torr): *McK., Co.* Kritische Temperatur: 436,5°; kritischer Druck: 35 at (FIAT Final Report, S. 12). D_4^{20}: 1,1299 (*Bo., Li.*); D_{20}^{20}: 1,1297 (FIAT Final Report, S. 8); D_4^{25}: 1,1254 (*McK., Co.*). Viscosität bei 25°: 0,01751 $g \cdot cm^{-1} \cdot s^{-1}$ (*Harris*, U.S. Atomic Energy Comm. UCRL-8381 [1958] 6, 35). Verdampfungsenthalpie (aus der Dampfdruckkurve bei 100–203° berechnet): 9,765 $kcal \cdot mol^{-1}$ (FIAT Final Report, S. 9). Wärmekapazität C_p [$cal \cdot g^{-1} \cdot grad^{-1}$] von flüssigem 4-Hydroxy-buttersäure-lacton bei 20°: 0,383; von gasförmigem 4-Hydroxy-buttersäure-lacton bei Temperaturen von 100° (0,305) bis 500° (0,521): FIAT Final Report, S. 11. Bildungsenthalpie: FIAT Final Report, S. 11. Verbrennungsenthalpie: FIAT Final Report, S. 9. n_D^{20}: 1,4353 (*Buckley, Levy*, Soc. **1951** 3016), 1,4354 (*Bo., Li.*), 1,4366 (FIAT Final Report, S. 8); n_D^{25}: 1,4348 (*McK., Co.*). IR-Spektrum (1–15 μ) von flüssigem 4-Hydroxy-buttersäure-lacton: *Mecke et al.*, B. **90** [1957] 975, 979, 981; IR-Spektrum (2–12 μ) einer Lösung in Tetrachlormethan: *Birkofer, Hartwig*, B. **87** [1954] 1189, 1192. CO-Valenzschwingungsbande: 1783 cm^{-1} [CCl_4] bzw. 1771 cm^{-1} [Me.] (*Searles et al.*, Am. Soc. **75** [1953] 71). Raman-Spektrum: *Me. et al.*, l. c. S. 977. UV-Spektrum (230–300 nm) von flüssigem 4-Hydroxy-buttersäure-lacton sowie einer Lösung in Wasser: *Schurz, Stübchen*, Z. El. Ch. **61** [1957] 754, 757. Dielektrizitätskonstante bei 20°: 39,1 (FIAT Final Report, S. 12).

Lösungsvermögen für Natriumbromid, Natriumjodid, Kaliumjodid und Calciumchlorid bei 25°: *Harris*, U.S. Atomic Energy Comm. UCRL-8381 [1958] 33, 39; für Kohlen=

dioxid und für Acetylen bei 0° bis 90°: *Schay et al.*, Period. polytech. **2** [1958] 1, 19. Verteilung zwischen Wasser und Benzin: *Long et al.*, J. phys. Chem. **55** [1951] 813, 816. Volumenänderung beim Vermischen mit Glutaronitril: *Phibbs*, J. phys. Chem. **59** [1955] 349. Wärmetönung beim Vermischen mit Wasser bei 20°: FIAT Final Report, Nr. 945, S. 12; mit äquimolaren Mengen Chloroform bei 25°: *Searles et al.*, Am. Soc. **75** [1953] 71; mit Glutaronitril bei 28°: *Ph.* 4-Hydroxy-buttersäure-lacton ist hygroskopisch (*Cleland, Stockmayer*, J. Polymer Sci. **17** [1955] 473, 475). IR-spektroskopische Indizien für die Bildung von Wasserstoff-Brücken mit Methanol: *Se. et al.*

Massenspektrum: *Friedman, Long*, Am. Soc. **75** [1953] 2832, 2834.

Flammpunkt: FIAT Final Report, Nr. 945, S. 12. Bildung von Bernsteinsäure bei der elektrochemischen Oxydation (Blei-Anode) in wss. Schwefelsäure bei 60°: *Dancinger Oil & Refineries Inc.*, U.S.P. 2420954 [1941]. Beim Behandeln mit Brom (2 Mol) und Phosphor ist 2,4-Dibrom-butyrylbromid erhalten worden (*Plieninger*, B. **83** [1950] 265, 267; s. a. *Wagner et al.*, Am. Soc. **77** [1955] 5140, 5142; *Dow Chem. Co.*, U.S.P. 2530348 [1946]). Geschwindigkeitskonstante der Hydrolyse (Bildung von 4-Hydroxy-buttersäure) in wss. Salzsäure (0,01 m bis 0,09 m) bei 25°, 39° und 50°: *Coffin, Long*, Am. Soc. **74** [1952] 5767. Geschwindigkeitskonstante der Hydrolyse in wss. Salzsäure (0,1 m bis 4 m) und in wss. Perchlorsäure (0,1 m bis 3,3 m), auch nach Zusatz von Natriumchlorid bzw. Natriumperchlorat, bei 0°, 5° und 25°: *Long et al.*, J. phys. Chem. **55** [1951] 829, 834. Gleichgewichtskonstante des Reaktionssystems 4-Hydroxy-buttersäure-lacton + $H_2O \rightleftharpoons$ 4-Hydroxy-buttersäure in wss. Salzsäure (0,01 m bis 0,09 m) bei 25°, 39° und 50°: *Co., Long.* Geschwindigkeitskonstante der Hydrolyse in Wasser bei 0° und 15°: *Hegan, Wolfenden*, Soc. **1939** 508. Geschwindigkeitskonstante der Hydrolyse in wss. Natronlauge und in wss. Kaliumcarbonat-Lösung bei 0°: *Pohoryles, Sarel*, C. r. **245** [1957] 2321; in wss. Natronlauge (0,1n) bei Raumtemperatur(?): *Hall et al.*, Am. Soc. **80** [1958] 6420, 6421; in Natriumhydroxid enthaltendem 60%ig. wss. Dioxan bei 0°: *Huisgen, Ott*, Tetrahedron **6** [1959] 253, 261, 266; in Natriumhydroxid enthaltendem 43%ig. wss. Aceton bei 10°, 20° und 30°: *Stevens, Tarbell*, J. org. Chem. **19** [1954] 1996, 1999. Geschwindigkeit der Hydrolyse in Wasser bei 100°: *Boorman, Linstead*, Soc. **1933** 577, 580. Einstellung eines Gleichgewichts mit But-3-ensäure beim Behandeln mit wss. Schwefelsäure (60%ig) bei Raumtemperatur: *Bo., Li.*, l. c. S. 578. Einstellung eines Gleichgewichts mit 4-Hydroxy-buttersäure beim Behandeln mit wss. Salzsäure bei 100°: *Bo., Li.* Beim Leiten des Dampfes im Gemisch mit Schwefelwasserstoff über Aluminiumoxid bei 350° (*Jur'ew et al.*, Ž. obšč. Chim. **22** [1952] 509, 511; engl. Ausg. S. 573) sowie beim Erhitzen mit Schwefelwasserstoff und Natriumsulfid auf 200° (*BASF*, D.B.P. 859456 [1942]) ist Dihydro-thiophen-2-on erhalten worden. Bildung von Pyrrolidin-2-on beim Erhitzen mit Ammoniak auf 200° bzw. 230°: *Späth, Lintner*, B. **69** [1936] 2727, 2728; *Reppe et al.*, A. **596** [1955] 1, 200; beim Leiten des Dampfes im Gemisch mit Ammoniak über Aluminiumoxid bei 350°: *Ju. et al.*

Beim Erwärmen mit Benzol und Aluminiumchlorid sind 3,4-Dihydro-2*H*-naphthalin-1-on und 4-Phenyl-buttersäure (*Truce, Olson*, Am. Soc. **74** [1952] 4721) bzw. 1,4-Bis-[3-carboxy-propyl]-benzol und 4-Phenyl-buttersäure (*Reppe et al.*, A. **596** [1955] 1, 219) erhalten worden. Bildung von 4-Hydroxy-buttersäure-äthylester bzw. von 4-Äthoxy-buttersäure-äthylester beim Behandeln mit Äthanol und Schwefelsäure bei Raumtemperatur bzw. bei 160°: *Meerwein et al.*, B. **89** [1956] 2060, 2077. Reaktion mit Anisol in Gegenwart von Polyphosphorsäure unter Bildung von 4-Hydroxy-1-[4-methoxy-phenyl]-butan-1-on: *House, McCaully*, J. org. Chem. **24** [1959] 725. Beim Behandeln mit Natrium-methanthiolat in Toluol und Erhitzen des Reaktionsprodukts (Natrium-Verbindung des 2-Methylmercapto-tetrahydro-furan-2-ols [$C_5H_{10}O_2S$]?) auf 165° ist 4-Methylmercapto-buttersäure erhalten worden (*Plieninger*, B. **83** [1950] 265, 267). Reaktion mit Äthylenoxid in Tetrachlormethan in Gegenwart des Borfluorid-Äther-Addukts unter Bildung von 1,4,6-Trioxa-spiro[4.4]nonan: *Bodenbenner*, A. **623** [1959] 183, 188. Bildung von 4,7-Dihydroxy-3-methyl-indan-1-on beim Erhitzen mit Hydrochinon, Aluminiumchlorid und Natriumchlorid auf 200°: *Bruce et al.*, Soc. **1953** 2403, 2404. Beim Erhitzen mit Schwefelkohlenstoff und Natriumsulfid auf 175° ist Dihydro-thiophen-2-on erhalten worden (*BASF*, D.B.P. 809557 [1949]; D.R.B.P. Org. Chem. 1950—1951 **6** 1613). Reaktion mit Methylamin bei 200° bzw. bei 280° unter Bildung von 4-Hydroxy-buttersäure-methylamid bzw. 1-Methyl-pyrrolidin-2-on: *Späth, Lintner*, B. **69** [1936] 2727, 2729; s. a. *Re. et al.* Bildung von 1-Methyl-pyrrolidin-2-on bzw.

von 1-Phenyl-pyrrolidin-2-on beim Leiten im Gemisch mit Methylamin bzw. mit Anilin über Aluminiumoxid-Katalysatoren bei 250° bzw. 300°: *Gen. Aniline & Film Corp.*, U.S.P. 2267757 [1939]. Bildung von 1-Phenyl-pyrrolidin-2-on beim Erhitzen mit Anilin unter Entfernen des entstehenden Wassers: *Meyer, Vaughan*, J. org. Chem. **22** [1957] 1554, 1557. Beim Erhitzen mit Anthranilsäure-methylester ist 5,6-Dihydro-4b,11b-diaza-benz[*e*]aceanthrylen-7,12-dion erhalten worden (*Astill, Boekelheide*, Am. Soc. **77** [1955] 4079, 4081; *Möhrle, Seidel*, B. **106** [1973] 1595, 1596; s. a. *McCall et al.*, Soc. [C] **1970** 1126).

Verbindung mit Borfluorid. *B.* Aus den Komponenten (*Reppe et al.*, A. **596** [1955] 1, 179). Neben Äthylfluorid beim Erwärmen von 2-Äthoxy-dihydro-furanylium-tetrafluoroborat auf 90° (*Meerwein et al.*, B. **89** [1956] 2060, 2071). — Krystalle; F: 72—73° (*Me. et al.*), 60—62° (*Re. et al.*). $Kp_{0,05}$: 75° (*Re. et al.*).

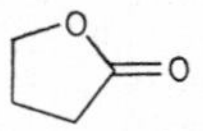

IX 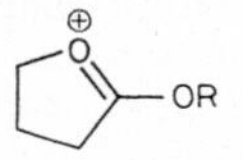 X 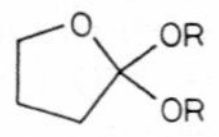 XI 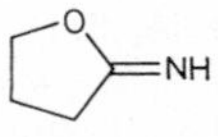 XII

2-Methoxy-dihydro-furanylium $[C_5H_9O_2]^+$, Formel X (R = CH_3) und Mesomere.

Tetrafluoroborat $[C_5H_9O_2]BF_4$. *B.* Beim Behandeln von 4-Hydroxy-buttersäure-lacton mit Trimethyloxonium-tetrafluoroborat (*Meerwein et al.*, B. **89** [1956] 2060, 2071). — Krystalle (aus Nitrobenzol); F: 60—62°. — Beim Behandeln mit Natriummethylat in Methanol und Dichlormethan ist 2,2-Dimethoxy-tetrahydro-furan erhalten worden (*Me. et al.*, l. c. S. 2073).

2,2-Dimethoxy-tetrahydro-furan $C_6H_{12}O_3$, Formel XI (R = CH_3).

B. Beim Behandeln von 2-Methoxy-dihydro-furanylium-tetrafluoroborat mit Natriummethylat in Methanol und Dichlormethan (*Meerwein et al.*, B. **89** [1956] 2060, 2073).

Kp_{10}: 42,5—44°.

Beim Behandeln mit Borfluorid sind 2-Methoxy-dihydro-furanylium-tetrafluoroborat und Trimethylborat erhalten worden (*Me. et al.*, l. c. S. 2074).

2-Äthoxy-dihydro-furanylium $[C_6H_{11}O_2]^+$, Formel X (R = C_2H_5) und Mesomere.

Tetrafluoroborat $[C_6H_{11}O_2]BF_4$. *B.* Beim Behandeln von 4-Brom-buttersäure-äthylester mit Silber-tetrafluoroborat in Nitromethan (*Meerwein et al.*, Ar. **291** [1958] 541, 553). Beim Behandeln von 4-Äthoxy-butyrylfluorid mit Borfluorid in Äther (*Meerwein et al.*, B. **89** [1956] 2060, 2076). Neben 4-Äthoxy-buttersäure-äthylester aus 4-Hydroxy-buttersäure-lacton und Triäthyloxonium-tetrafluoroborat (*Me. et al.*, B. **89** 2071). — Hygroskopische Krystalle (aus *o*-Tolunitril); F: 43—44° (*Me. et al.*, B. **89** 2076). — Reaktion mit Natriumjodid in Acetonitril unter Bildung von 4-Jod-buttersäure-äthylester und wenig Äthyljodid: *Me. et al.*, B. **89** 2071. Bei langem Behandeln mit Äthanol ist 4-Äthoxy-buttersäure-äthylester (*Me. et al.*, B. **89** 2077), beim Behandeln mit Natriumäthylat in Äthanol und Dichlormethan sowie beim Behandeln mit Äthanol und Ammoniak ist 2,2-Diäthoxy-tetrahydro-furan (*Me. et al.*, B. **89** 2073) erhalten worden. Bildung von 2-Isopropoxy-dihydro-furanylium-tetrafluoroborat beim Behandeln mit Isopropylalkohol sowie Bildung von Triisobutylen (Kp_{14}: 58—61°) und kleineren Mengen 4-Äthoxy-buttersäure-*tert*-butylester beim Behandeln mit *tert*-Butylalkohol: *Me. et al.*, B. **89** 2072. Beim Behandeln mit 1 Mol *p*-Toluidin in Äther ist 2-*p*-Tolylimino-tetrahydro-furan-tetrafluoroborat, beim Erwärmen mit überschüssigem *p*-Toluidin in Dichlormethan ist 4-*p*-Toluidino-buttersäure-*p*-toluidid erhalten worden (*Me. et al.*, B. **89** 2076).

2,2-Diäthoxy-tetrahydro-furan $C_8H_{16}O_3$, Formel XI (R = C_2H_5).

B. Beim Behandeln von 2-Äthoxy-dihydro-furanylium-tetrafluoroborat mit Natriumäthylat in Äthanol und Dichlormethan oder mit Äthanol und Ammoniak (*Meerwein et al.*, B. **89** [1956] 2060, 2073).

Kp_{10}: 60—61,5°.

Beim Behandeln mit dem Borfluorid-Äther-Addukt sowie beim Erwärmen mit Triäthyloxonium-tetrafluoroborat ist 2-Äthoxy-dihydro-furanylium-tetrafluoroborat erhalten worden. Überführung in 4-Äthoxy-buttersäure-äthylester durch Behandlung mit Schwefelsäure oder anderen Säuren: *Me. et al.*, l. c. S. 2078.

2-Isopropoxy-dihydro-furanylium $[C_7H_{13}O_2]^+$, Formel X (R = $CH(CH_3)_2$) und Mesomere.

Tetrafluoroborat $[C_7H_{13}O_2]BF_4$. *B.* Beim Behandeln von 2-Äthoxy-dihydro-furanylium-tetrafluoroborat mit Isopropylalkohol (*Meerwein et al.*, B. **89** [1956] 2060, 2072). — Krystalle (aus CH_2Cl_2 + Ae.); F: 63° [Zers.].

(±)-2-*sec*-Butoxy-dihydro-furanylium $[C_8H_{15}O_2]^+$, Formel X (R = $CH(CH_3)$-CH_2-CH_3) und Mesomere.

Tetrafluoroborat $[C_8H_{15}O_2]BF_4$. *B.* Beim Behandeln von 2-Äthoxy-dihydro-furanylium-tetrafluoroborat mit (±)-*sec*-Butylalkohol (*Meerwein et al.*, B. **89** [1956] 2060, 2072). — F: 49—50°.

2-Imino-tetrahydro-furan, Dihydro-furan-2-on-imin, 4-Hydroxy-butyrimidsäure-lacton C_4H_7NO, Formel XII.

Über eine Verbindung, für die diese Konstitution in Betracht kommt, s. E III **3** 584 im Artikel 4-Hydroxy-butyronitril.

***N*-Dihydro[2]furyliden-*p*-toluidin, Dihydro-furan-2-on-*p*-tolylimin** $C_{11}H_{13}NO$, Formel I.

Tetrafluoroborat $C_{11}H_{13}NO \cdot HBF_4$. *B.* Beim Behandeln von 2-Äthoxy-dihydro-furanylium-tetrafluoroborat mit *p*-Toluidin (1 Mol) in Äther (*Meerwein et al.*, B. **89** [1956] 2060, 2076). — Krystalle (aus 1,2-Dichlor-äthan); F: 127°. — Beim Behandeln mit 4-Chlor-anilin in Dichlormethan ist 4-[4-Chlor-anilino]-buttersäure-*p*-toluidid-tetrafluoroborat erhalten worden.

(±)-[2-Äthoxy-tetrahydro-[2]furyl]-triäthyl-phosphonium $[C_{12}H_{26}O_2P]^+$, Formel II (R = C_2H_5).

Tetrafluoroborat $[C_{12}H_{26}O_2P]BF_4$. *B.* Beim Behandeln von 2-Äthoxy-dihydro-furanylium-tetrafluoroborat mit Triäthylphosphin in Dichlormethan (*Horner, Nippe*, B. **91** [1958] 67, 72). — Krystalle, die zwischen 60° und 100° schmelzen.

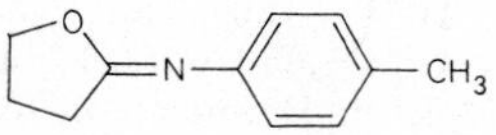

I 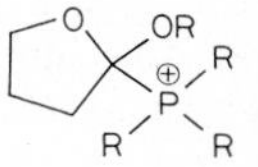 II 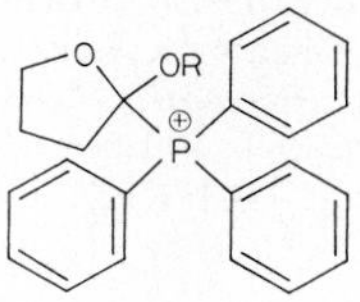 III 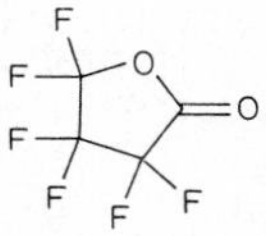 IV

(±)-[2-Isopropoxy-tetrahydro-[2]furyl]-triphenyl-phosphonium $[C_{25}H_{28}O_2P]^+$, Formel III (R = $CH(CH_3)_2$).

Tetrafluoroborat $[C_{25}H_{28}O_2P]BF_4$. *B.* Beim Behandeln von 2-Isopropoxy-dihydro-furanylium-tetrafluoroborat mit Triphenylphosphin in Dichlormethan (*Horner, Nippe*, B. **91** [1958] 67, 72). — Krystalle (aus A.); F: 160°.

Hexafluor-dihydro-furan-2-on, Hexafluor-4-hydroxy-buttersäure-lacton $C_4F_6O_2$, Formel IV.

B. Neben Hexafluor-1,3-dijod-propan beim Erhitzen von Silber-hexafluorglutarat mit Jod auf 120° (*Hauptschein, Grosse*, Am. Soc. **73** [1951] 2461; *Hauptschein et al.*, Am. Soc. **74** [1952] 1974).

F: −59°; Kp: 18° (*Kirshenbaum et al.*, Anal. Chem. **24** [1952] 1361; *Ha. et al.*). $D_4^{-42,2}$: 1,6889; $D_4^{-32,4}$: 1,6646 (*Ha. et al.*). IR-Spektrum (2—16 μ) des Dampfes: *Ha. et al.*

Beim Behandeln mit wss. Alkalilauge ist Tetrafluorbernsteinsäure erhalten worden (*Ha. et al.*; *Ha., Gr.*). Reaktion mit Äthanol unter Bildung von Tetrafluorbernsteinsäure-diäthylester: *Ha. et al.*

(±)-3-Chlor-dihydro-furan-2-on, (±)-2-Chlor-4-hydroxy-buttersäure-lacton $C_4H_5ClO_2$, Formel V.

B. Beim Einleiten von Chlor in 4-Hydroxy-buttersäure-lacton bei 140—170° (*Reppe et al.*, A. **596** [1955] 1, 186; s. a. *BASF*, D.B.P. 810025 [1948]; D.R.B.P. Org. Chem. 1950—1951 **6** 1491). Bildung beim Erhitzen von (±)-2,4-Dichlor-buttersäure: *Dow Chem. Co.*, U.S.P. 2530348 [1946].

Kp_{23}: 127—128°; $Kp_{0,5}$: 91—93° (*BASF*). Kp_{20}: 125°; $Kp_{0,5}$: 90—93° (*Re. et al.*). Kp_4: 98—100°; D^{25}: 1,361; n_D^{25}: 1,469 (*Dow Chem. Co.*). D^{22}: 1,352; n_D^{22}: 1,468 (*CIBA*, U.S.P. 2361968 [1942]).

Beim Behandeln mit Chlorwasserstoff enthaltendem Äthanol ist 2,4-Dichlor-buttersäure-äthylester erhalten worden (*Re. et al.*). Reaktion mit (±)-3-Chlor-propan-1,2-diol in Tetrachlormethan in Gegenwart des Borfluorid-Äther-Addukts unter Bildung von 9-Chlor-2-chlormethyl-1,4,6-trioxa-spiro[4.4]nonan (n_D^{20}: 1,4893): *Bodenbenner*, A. **623** [1959] 183, 189.

3,3-Dichlor-dihydro-furan-2-on, 2,2-Dichlor-4-hydroxy-buttersäure-lacton $C_4H_4Cl_2O_2$, Formel VI.

B. Beim Einleiten von Chlor in 4-Hydroxy-buttersäure-lacton bei 200° (*BASF*, D.B.P. 810025 [1948]; D.R.B.P. Org. Chem. 1950—1951 **6** 1491; *Reppe et al.*, A. **596** [1955] 1, 188).

Kp_{17}: 127—130° (*Re. et al.*); Kp_{14}: 110—115° (*BASF*).

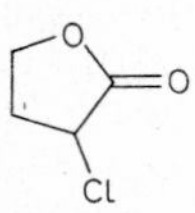

V 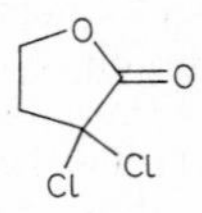 VI 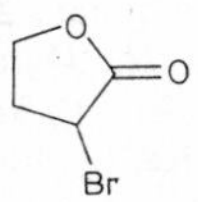 VII 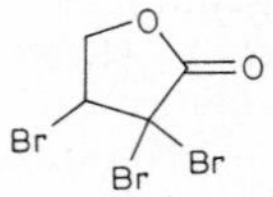 VIII 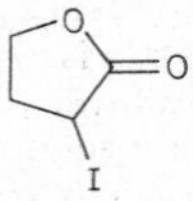 IX

(±)-3-Brom-dihydro-furan-2-on, (±)-2-Brom-4-hydroxy-buttersäure-lacton $C_4H_5BrO_2$, Formel VII.

B. Aus (±)-2,4-Dibrom-buttersäure beim Erhitzen unter vermindertem Druck auf 130° (*Plieninger*, B. **83** [1950] 265, 267; s. a. *Dow Chem. Co.*, U.S.P. 2530348 [1946]; s. a. *Livak et al.*, Am. Soc. **67** [1945] 2218, 2219) sowie beim Erwärmen mit Wasser (*Pl.*). Aus (±)-2-Oxo-tetrahydro-furan-3-carbonsäure-äthylester bei der Umsetzung mit Brom, Hydrolyse und Decarboxylierung (*CIBA*, U.S.P. 2361968 [1942]).

Kp_{20}: 137—140° (*Klosterman, Painter*, Am. Soc. **69** [1947] 1674), 130—135° (*Pl.*); Kp_{14}: 125° (*Judge, Price*, J. Polymer Sci. **41** [1959] 435, 436). D^{18}: 1,883 (*CIBA*); D_{20}^{20}: 1,826 (*Pl.*). n_D^{18}: 1,5062 (*CIBA*); n_D^{25}: 1,5030 (*Ju., Pr.*). IR-Banden im Bereich von 3,4 μ bis 11,2 μ: *Ju., Pr.*, l. c. S. 442.

(±)-3,3,4-Tribrom-dihydro-furan-2-on, (±)-2,2,3-Tribrom-4-hydroxy-buttersäure-lacton $C_4H_3Br_3O_2$, Formel VIII.

Diese Konstitution kommt der früher (H **17** 234) als 3,4,4-Tribrom-dihydro-furan-2-on („α.β.β-Tribrom-butyrolacton") beschriebenen Verbindung (F: 63—64°) zu (*Owen, Sultanbawa*, Soc. **1949** 3105, 3107).

(±)-3-Jod-dihydro-furan-2-on, (±)-4-Hydroxy-2-jod-buttersäure-lacton $C_4H_5IO_2$, Formel IX.

B. Aus (±)-2-Chlor-4-hydroxy-buttersäure-lacton mit Hilfe von Kaliumjodid (*CIBA*, U.S.P. 2361968 [1942]).

D^{18}: 2,10. n_D^{18}: 1,568.

(±)-3-Azido-dihydro-furan-2-on, (±)-2-Azido-4-hydroxy-buttersäure-lacton $C_4H_5N_3O_2$, Formel X.

B. Beim Erwärmen von (±)-2-Brom-4-hydroxy-buttersäure-lacton mit Natriumazid in Äthanol (*Frankel et al.*, Soc. **1959** 3642).

$Kp_{0,3}$: 83—85°. D^{20}: 1,3861. n_D^{20}: 1,4827.

Dihydro-thiophen-2-on, 4-Mercapto-buttersäure-lacton C_4H_6OS, Formel XI.

B. Beim Erhitzen von 4-Mercapto-buttersäure bis auf 195° (*Holmberg, Schjånberg*, Ark. Kemi **14** A Nr. 7 [1940] 1, 8; *Korte, Löhmer*, B. **90** [1957] 1290, 1292). Aus 4-Hydroxy-buttersäure-lacton beim Leiten im Gemisch mit Schwefelwasserstoff über einen Aluminiumoxid-Katalysator bei 350° (*Jur'ew et al.*, Ž. obšč. Chim. **22** [1952] 509, 511; engl. Ausg. S. 573), beim Erhitzen mit Schwefelkohlenstoff und Natriumsulfid auf 175° (*BASF*, D.B.P. 809557 [1949]; D.R.B.P. Org. Chem. 1950—1951 **6** 1613), beim Erhitzen mit Schwefelwasserstoff und Natriumsulfid auf 200° (*BASF*, D.B.P. 859456 [1949]) sowie beim Erhitzen mit Schwefelwasserstoff, Benzol und Natriumsulfid auf 250° (*BASF*, D.B.P. 859456).

Kp_{52}: 110,5° (*Ju. et al.*); Kp_{20}: 90–92° (*BASF*, D.B.P. 859456); Kp_4: 56–57° (*Stevens, Tarbell*, J. org. Chem. **19** [1954] 1996, 2001); $Kp_{3,5}$: 55–56° (*Ho., Sch.*). D_4^{20}: 1,1635 (*Ju. et al.*), 1,1750 (*St., Ta.*), 1,1778 (*Ho., Sch.*). n_D^{20}: 1,5189 (*Ju. et al.*), 1,5241 (*Snyder, Alexander*, Am. Soc. **70** [1948] 217), 1,5242 (*Ho., Sch.*); n_D^{29}: 1,5240 (*St., Ta.*). UV-Absorptionsmaximum: 235 nm (*St., Ta.*), 236 nm (*Ko., Lö.*).

Geschwindigkeitskonstante der Hydrolyse in wss. Salzsäure (0,02n bis 0,1n) bei 25°, 35° und 45°: *Schjånberg*, B. **75** [1942] 468, 470. Gleichgewichtskonstante des Reaktionssystems Dihydro-thiophen-2-on + H_2O ⇌ 4-Mercapto-buttersäure in wss. Salzsäure (0,02n bis 0,1n) bei 25°, 35° und 45°: *Sch.* Geschwindigkeitskonstante der Hydrolyse in Natriumhydroxid enthaltendem 43%ig. wss. Aceton bei 10°, 20° und 30°: *St., Ta.*, l. c. S. 1999; s. a. *Sch.*, l. c. S. 476.

Verbindung mit Quecksilber(II)-chlorid. F: 118,5° [aus A.] (*Ju. et al.*).

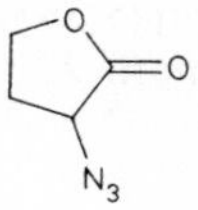

X 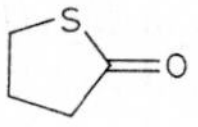 XI 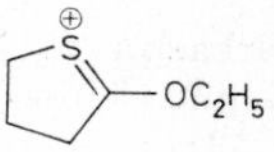 XII 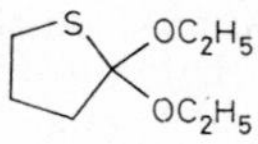 XIII

2-Äthoxy-dihydro-thiophenylium $[C_6H_{11}OS]^+$, Formel XII und Mesomere.

Tetrafluoroborat $[C_6H_{11}OS]BF_4$. *B.* Beim Behandeln von Dihydro-thiophen-2-on mit Triäthyloxonium-tetrafluoroborat (*Meerwein et al.*, B. **89** [1956] 2060, 2073). — Krystalle (aus CH_2Cl_2); F: 75–77°.

2,2-Diäthoxy-tetrahydro-thiophen $C_8H_{16}O_2S$, Formel XIII.

B. Beim Behandeln von 2-Äthoxy-dihydro-thiophenylium-tetrafluoroborat mit Natriumäthylat in Äthanol (*Meerwein et al.*, B. **89** [1956] 2060, 2075).

Kp_{14}: 94–98°. D^{20}: 1,037. n_D^{20}: 1,4765.

Dihydro-furan-3-on, *β*-Furanidon $C_4H_6O_2$, Formel I.

B. Aus (±)-Tetrahydro-furan-3-ol beim Leiten über einen Kupferoxid-Chromoxid-Katalysator bei 200–250° (*BASF*, D.B.P. 858563 [1952]; *Reppe et al.*, A. **596** [1955] 1, 183), beim Erhitzen mit Benzophenon und Aluminiumisopropylat unter 35 Torr auf 150° (*Wynberg*, Am. Soc. **80** [1958] 364) sowie beim Behandeln einer Lösung in Äther mit Natriumdichromat und wss. Schwefelsäure (*Wy.*; *Jur'ew et al.*, Doklady Akad. S.S.S.R. **86** [1952] 91, 93; C. A. **1953** 7478; Ž. obšč. Chim. **24** [1954] 1239; engl. Ausg. S. 1225).

Kp_{760}: 139,4–139,8° (*Ju. et al.*), 137–138° (*Hawkins*, Soc. **1959** 248, 252); Kp_{739}: 136–136,5° (*Wy.*); Kp_9: 34–35° (*BASF*; *Re. et al.*). D_4^{20}: 1,1124 (*Ju. et al.*). n_D^{20}: 1,4366 (*Ha.*), 1,4384 (*Ju. et al.*); n_D^{21}: 1,4347 (*Wy.*).

3,3-Diäthoxy-tetrahydro-furan, Dihydro-furan-3-on-diäthylacetal $C_8H_{16}O_3$, Formel II.

B. Beim Behandeln von Dihydro-furan-3-on mit Orthoameisensäure-triäthylester in Gegenwart von Schwefelsäure (*Korobizyna et al.*, Ž. obšč. Chim. **25** [1955] 1571, 1572; engl. Ausg. S. 1531).

Kp_{30}: 87–88°. D_4^{20}: 0,9930. n_D^{20}: 1,4279.

Dihydro-furan-3-on-oxim $C_4H_7NO_2$, Formel III (X = OH).

B. Aus Dihydro-furan-3-on und Hydroxylamin (*Korobizyna et al.*, Ž. obšč. Chim. **25** [1955] 563, 564; engl. Ausg. S. 531; *BASF*, D.B.P. 858563 [1952]; *Reppe et al.*, A. **596** [1955] 1, 183).

Krystalle; F: 66° (*BASF*; *Re. et al.*), 64–65° (*Ko. et al.*). Kp_2: 78–78,5° (*Ko. et al.*); $Kp_{0,4}$: 64° (*BASF*).

I II III IV

Dihydro-furan-3-on-[2,4-dinitro-phenylhydrazon] $C_{10}H_{10}N_4O_5$, Formel III ($X = NH\text{-}C_6H_3(NO_2)_2$).

B. Aus Dihydro-furan-3-on und [2,4-Dinitro-phenyl]-hydrazin (*Jur'ew et al.*, Doklady Akad. S.S.S.R. **86** [1952] 91, 93; C. A. **1953** 7478; *Wynberg*, Am. Soc. **80** [1958] 364; *Hawkins*, Soc. **1959** 248, 252).

Krystalle; F: 159–161° [aus A.] (*Ha.*), 155,5–156,2° (*Wy.*), 155° [aus A.] (*Ju. et al.*).

Dihydro-furan-3-on-semicarbazon $C_5H_9N_3O_2$, Formel III ($X = NH\text{-}CO\text{-}NH_2$).

Krystalle (aus A.); F: 164–165° (*Jur'ew et al.*, Doklady Akad. S.S.S.R. **86** [1952] 91, 93; C. A. **1953** 7478).

Dihydro-furan-3-on-thiosemicarbazon $C_5H_9N_3OS$, Formel III ($X = NH\text{-}CS\text{-}NH_2$).

B. Aus Dihydro-furan-3-on und Thiosemicarbazid (*Korobizyna et al.*, Ž. obšč. Chim. **25** [1955] 563; engl. Ausg. S. 531).

Krystalle (aus wss. A.); F: 194–195°.

3,3-Bis-äthylmercapto-tetrahydro-furan, Dihydro-furan-3-on-diäthyldithioacetal $C_8H_{16}OS_2$, Formel IV.

B. Beim Behandeln von Dihydro-furan-3-on mit Äthanthiol unter Einleiten von Chlorwasserstoff (*Korobizyna et al.*, Ž. obšč. Chim. **25** [1955] 1571, 1573; engl. Ausg. S. 1531).

Kp_2: 93–93,5° (im Stickstoff-Strom). D_4^{20}: 1,0806. n_D^{20}: 1,5230.

3,3-Bis-äthansulfonyl-tetrahydro-furan $C_8H_{16}O_5S_2$, Formel V.

B. Beim Erwärmen einer Lösung von 3,3-Bis-äthylmercapto-tetrahydro-furan in Essigsäure mit wss. Wasserstoffperoxid (*Korobizyna et al.*, Ž. obšč. Chim. **25** [1955] 1571, 1573; engl. Ausg. S. 1531).

F: 109,5–110° [aus Eg.].

V VI VII VIII

Dihydro-thiophen-3-on C_4H_6OS, Formel VI.

B. Beim Behandeln von 1-Chlor-4-jod-butan-2-on mit Natriumsulfid in wss. Äthanol im Wasserstoff-Strom unter Lichtausschluss (*Karrer, Schmid*, Helv. **27** [1944] 116, 120). Beim Erwärmen von 3-Oxo-tetrahydro-thiophen-2-carbonsäure-methylester oder von 4-Oxo-tetrahydro-thiophen-3-carbonsäure-methylester mit wss. Schwefelsäure (*Woodward, Eastman*, Am. Soc. **68** [1946] 2229, 2234; s. a. *Ka., Sch.*, l. c. S. 123; *Buchman, Cohen*, Am. Soc. **66** [1944] 847). Beim Erhitzen des Natrium-Salzes der (±)-4-Oxo-tetrahydro-thiophen-2-carbonsäure mit Natronkalk unter vermindertem Druck (*Larsson*, Svensk kem. Tidskr. **66** [1954] 114).

Kp: 175° (*Hoffmann-La Roche*, Schweiz. P. 227975 [1942]); Kp_{24}: 84–85° (*Ka., Sch.*); Kp_{15}: 74,5° (*Wo., Ea.*, Am. Soc. **68** 2234); Kp_7: 58,2–58,4° (*Woodward, Eastman*, Am. Soc. **66** [1944] 849).

Beim Behandeln mit Amylnitrit und wss. Salzsäure ist 2,4-Bis-hydroxyimino-dihydro-thiophen-3-on erhalten worden (*Schmid*, Helv. **27** [1944] 127, 141).

Dihydro-thiophen-3-on-oxim C_4H_7NOS, Formel VII ($X = OH$).

B. Aus Dihydro-thiophen-3-on und Hydroxylamin (*Karrer, Kieso*, Helv. **27** [1944]

1285).

Krystalle; F: 36°.

Dihydro-thiophen-3-on-[2,4-dinitro-phenylhydrazon] $C_{10}H_{10}N_4O_4S$, Formel VII ($X = NH\text{-}C_6H_3(NO_2)_2$).

B. Aus Dihydro-thiophen-3-on und [2,4-Dinitro-phenyl]-hydrazin (*Buchman, Cohen*, Am. Soc. **66** [1944] 847).

F: 179° [Zers.].

Dihydro-thiophen-3-on-semicarbazon $C_5H_9N_3OS$, Formel VII ($X = NH\text{-}CO\text{-}NH_2$).

B. Aus Dihydro-thiophen-3-on und Semicarbazid (*Karrer, Schmid*, Helv. **27** [1944] 116, 120; *Buchman, Cohen*, Am. Soc. **66** [1944] 847; *Larsson*, Svensk kem. Tidskr. **66** [1954] 114).

Krystalle; F: 196° [Zers.] (*Bu., Co.*), 191—192° (*La.*), 191—192° [Zers.; aus W.] (*Ka., Sch.*).

(±)-2,2,3,3,4,5,5-Heptachlor-4-trichlormethylmercapto-tetrahydro-thiophen $C_5Cl_{10}S_2$, Formel VIII.

B. Aus Hexachlor-2,5-dihydro-thiophen beim Behandeln mit Trichlormethansulfenyl= chlorid im UV-Licht sowie beim Erwärmen mit Trichlormethansulfenylchlorid in Benzol unter Zusatz von Dibenzoylperoxid (*Prey, Gutschik*, M. **90** [1959] 551, 553).

$Kp_{0,1}$: 78—82°.

3,3-Bis-äthylmercapto-tetrahydro-thiophen, Dihydro-thiophen-3-on-diäthyldithioacetal $C_8H_{16}S_3$, Formel IX.

B. Beim Behandeln von Dihydro-thiophen-3-on mit Äthanthiol unter Einleiten von Chlorwasserstoff (*Karrer, Kieso*, Helv. **27** [1944] 1285; *Barkenbus, Midkiff*, J. org. Chem. **16** [1951] 1047).

Kp_{12}: 154° (*Ka., Ki.*); $Kp_{2,5}$: 112—114° (*Ba., Mi.*). n_D^{25}: 1,5669 (*Ba., Mi.*).

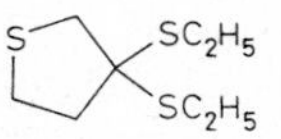

IX 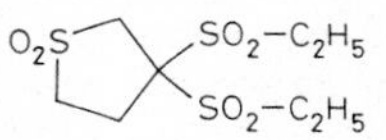 X 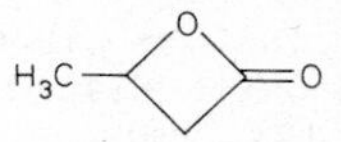 XI 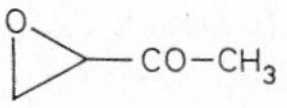 XII

3,3-Bis-äthansulfonyl-1,1-dioxo-tetrahydro-1λ⁶-thiophen, 3,3-Bis-äthansulfonyl-tetra= hydro-thiophen-1,1-dioxid $C_8H_{16}O_6S_3$, Formel X.

B. Beim Behandeln einer Lösung von 3,3-Bis-äthylmercapto-tetrahydro-thiophen in Benzol mit Kaliumpermanganat und wss. Schwefelsäure (*Karrer, Kieso*, Helv. **27** [1944] 1285; s. a. *Barkenbus, Midkiff*, J. org. Chem. **16** [1951] 1047).

Krystalle; F: 197° [aus A.] (*Ka., Ki.*), 192,5—193,5° (*Ba., Mi.*).

(±)-4-Methyl-oxetan-2-on, (±)-3-Hydroxy-buttersäure-lacton, (±)-Butan-3-olid, β-Butyrolacton $C_4H_6O_2$, Formel XI (E I 130; E II 286).

B. Bei der Hydrierung von Diketen (3-Hydroxy-but-3-ensäure-lacton) an Raney-Nickel in Benzol bei 60°/50 at (*Iwakura et al.*, J. chem. Soc. Japan Pure Chem. Sect. **75** [1954] 314, 317; C. A. **1957** 11246; *Hagemeyer*, Ind. eng. Chem. **41** [1949] 765, 766) oder an Palladium in Äthylacetat bei 0° (*A. Wacker*, D.B.P. 957480 [1952]; U.S.P. 2763664 [1953]). Beim Behandeln von Acetaldehyd mit Keten in Gegenwart von Borfluorid in Äther (*Goodrich Co.*, U.S.P. 2356459 [1941]; D.B.P. 842195 [1941]; D.R.B.P. Org. Chem. 1950—1951 **6** 1474) oder in Gegenwart von Zinkchlorid in Äther (*Ha.*, l. c. S. 768; *Quadbeck*, Ang. Ch. **68** [1956] 361, 368, 370; s. a. *Eastman Kodak Co.*, U.S.P. 2450133 [1947], 2462357 [1948], 2469110 [1946], 2469690 [1946].

Kp_{50}: 86—87° (*Union Carbide & Carbon Corp.*, U.S.P. 2580714 [1949]); Kp_{29}: 69,5° bis 71,5°; Kp_{21}: 63—65° (*Iw. et al.*); Kp_{10}: 54° (*Eastman Kodak Co.*, U.S.P. 2469110). Raman-Spektrum: *Taufen, Murray*, Am. Soc. **67** [1945] 754, 755. UV-Spektrum (2,2,4-Trimethyl-pentan; 240—280 nm): *Calvin et al.*, Am. Soc. **63** [1941] 2174, 2175.

Kinetik und Mechanismus der Hydrolyse in wss. Lösungen vom pH —2 bis pH 12 bei 25°: *Olson, Miller*, Am. Soc. **60** [1938] 2687. Geschwindigkeitskonstante der Hydro=

lyse in wss. Lösungen vom pH 7 bis pH 10 bei 20—35°: *Olson, Youle,* Am. Soc. **73** [1951] 2468. Mechanismus der Hydrolyse in mit $H_2{}^{18}O$ angereicherten sauren und alkalischen wss. Lösungen vom pH —0,9 bis pH 14 bei 25°: *Olson, Hyde,* Am. Soc. **63** [1941] 2459.

(±)-Acetyloxiran, (±)-3,4-Epoxy-butan-2-on $C_4H_6O_2$, Formel XII.

B. Beim Behandeln von But-3-en-2-on mit wss. Natriumhypochlorit-Lösung unter Einleiten von Kohlendioxid (*BASF*, D.B.P. 805757 [1948]; D.R.B.P. Org. Chem. 1950—1951 **6** 1107) oder mit *tert*-Butylhydroperoxid in Benzol in Gegenwart von wss. Tetramethylammonium-hydroxid-Lösung (*Yang, Finnegan,* Am. Soc. **80** [1958] 5845, 5847).

Kp: 138° (*BASF*); Kp_{77}: 71,5°; Kp_{30}: 46° (*Yang, Fi.*). n_D^{19}: 1,4228 (*Yang, Fi.*). IR-Banden: 1718 cm^{-1}, 925 cm^{-1} und 870 cm^{-1} (*Yang, Fi.*).

Beim Erwärmen mit wss. Schwefelsäure ist Butandion erhalten worden (*BASF*).

(±)-2-Methyl-oxirancarbaldehyd, (±)-α,β-Epoxy-isobutyraldehyd $C_4H_6O_2$, Formel I.

B. Aus Methacrylaldehyd beim Behandeln mit wss. Wasserstoffperoxid bei pH 8—8,5 (*Payne,* Am. Soc. **81** [1959] 4901, 4904) sowie beim Behandeln mit wss. Calciumhypochlorit-Lösung (*Shell Devel. Co.,* U.S.P. 2887498 [1956]).

Kp_{80}: 52—53° (*Pa.*).

(±)-2-Methyl-oxirancarbaldehyd-[2,4-dinitro-phenylhydrazon], (±)-α,β-Epoxy-isobutyraldehyd-[2,4-dinitro-phenylhydrazon] $C_{10}H_{10}N_4O_5$, Formel II.

B. Aus (±)-α,β-Epoxy-isobutyraldehyd und [2,4-Dinitro-phenyl]-hydrazin (*Payne,* Am. Soc. **81** [1959] 4901, 4904).

F: 137—138°.

***Opt.-inakt. 3-Methyl-oxirancarbaldehyd, 2,3-Epoxy-butyraldehyd** $C_4H_6O_2$, Formel III.

B. Beim Behandeln von *trans*-Crotonaldehyd mit wss. Calciumhypochlorit-Lösung (*Shell Devel. Co.,* U.S.P. 2887498 [1956]) oder mit alkal. wss. Natriumhypochlorit-Lösung (*Schaer,* Helv. **41** [1958] 614, 618). Beim Erwärmen von opt.-inakt. 2,3;6,7-Diepoxy-octan-4,5-diol (F: 138—140°) mit Blei(IV)-acetat in Pentan (*Kögl, Veldstra,* A. **552** [1942] 1, 33).

Kp_{400}: 87—88° (*Kögl, Ve.*). Kp_{100}: 66—68°; D_4^{22}: 1,029; n_D^{20}: 1,4185 (*Sch.*). IR-Spektrum (4000—600 cm^{-1}): *Sch.,* l. c. S. 616. UV-Absorptionsmaximum (Heptan): 302 nm (*Sch.*).

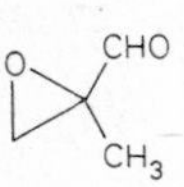

I 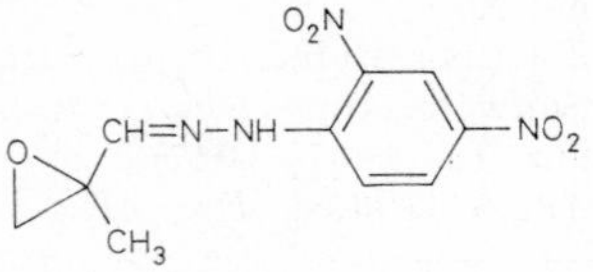 II 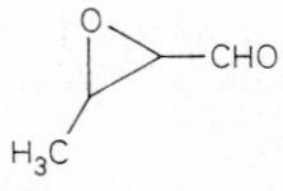 III 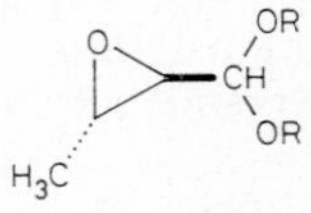 IV

(±)-*trans*-3-Methyl-oxirancarbaldehyd-diäthylacetal, (2*RS*,3*SR*)-1,1-Diäthoxy-2,3-epoxy-butan, (2*RS*,3*SR*)-2,3-Epoxy-butyraldehyd-diäthylacetal $C_8H_{16}O_3$, Formel IV ($R = C_2H_5$) + Spiegelbild.

B. Neben kleineren Mengen einer Verbindung vom Kp_{18}: 75—77° beim Behandeln von *trans*-Crotonaldehyd-diäthylacetal mit Peroxybenzoesäure in Chloroform (*Fourneau, Chantalou,* Bl. [5] **12** [1945] 845, 863).

Kp_{760}: 137—138°; Kp_{18}: 43—45°.

Beim Erhitzen mit Dimethylamin, Benzol und wenig Wasser auf 150° ist 1-Äthoxy-3-dimethylamino-butan-1,2-diol (Kp_{18}: 76—78°) erhalten worden.

(±)-*trans*-2-Diacetoxymethyl-3-methyl-oxiran, (2*RS*,3*SR*)-1,1-Diacetoxy-2,3-epoxy-butan $C_8H_{12}O_5$, Formel IV ($R = CO\text{-}CH_3$) + Spiegelbild.

B. Beim Behandeln von 1,1-Diacetoxy-but-2*t*-en mit Peroxybenzoesäure in Chloroform (*Sasaki,* Sci. Rep. Tohoku Univ. [I] **42** [1958] 31, 33; C. A. **1959** 18856).

Kp_{15}: 118—121°. [*Rogge*]

Oxo-Verbindungen $C_5H_8O_2$

Tetrahydro-pyran-2-on, 5-Hydroxy-valeriansäure-lacton, Pentan-5-olid, δ-Valero=lacton $C_5H_8O_2$, Formel V (H 235; E II 287).

B. Beim Behandeln von Tetrahydrofuran mit Kohlenmonoxid und Wasser in Gegenwart von Kobalt-Katalysatoren bei 160°/200 at (*Reppe et al.*, A. **582** [1953] 87, 106, 111, 116; s. a. *Bhattacharyya, Nandi*, Ind. eng. Chem. **51** [1959] 143, 144). Neben grösseren Mengen 4-Hydroxy-2-methyl-buttersäure-lacton beim Behandeln von But-3-en-1-ol mit Kohlenmonoxid und Wasser in Gegenwart von Tetracarbonylnickel bei 280° (*Reppe, Kröper*, A. **582** [1953] 38, 50, 66). Aus 5-Hydroxy-valeraldehyd beim Behandeln mit Luft in Gegenwart von Kobaltacetat bei 80–90° (*Imp. Chem. Ind.*, U.S.P. 2429799 [1945]), beim Behandeln mit Essigsäure und wss. Wasserstoffperoxid (*Rasmussen, Brattain*, Am. Soc. **71** [1949] 1073, 1079) sowie beim Behandeln mit Mangan(IV)-oxid in Chloroform (*Highet, Wildman*, Am. Soc. **77** [1955] 4399). Beim Behandeln von Glutar=aldehyd mit Aluminiumisopropylat (0,02 Mol) in Tetrachlormethan (*Shell Devel. Co.*, U.S.P. 2526702 [1948]). Neben Substanzen von hohem Molekulargewicht beim Erhitzen von 5-Chlor-valeronitril mit Wasser auf 180° oder mit konz. wss. Salzsäure auf 100° (*Reppe et al.*, A. **596** [1955] 1, 92, 125). Beim Behandeln von 5-Acetoxy-valeronitril mit 60%ig. wss. Schwefelsäure bei 100° (*Taniyama et al.*, J. Chem. Soc. Japan Ind. Chem. Sect. **59** [1956] 543; C. A. **1958** 3811). Beim Behandeln von Cyclopentanon mit Peroxy=essigsäure in Aceton oder Äthylacetat (*Starcher, Phillips*, Am. Soc. **80** [1958] 4079, 4080, 4082) oder mit Peroxybenzoesäure in wasserhaltigem Chloroform unter Lichtausschluss (*Friess*, Am. Soc. **71** [1949] 2571). Weitere Bildungsweisen s. im Artikel 5-Hydroxy-valeriansäure (E III **3** 613).

Dipolmoment (ε; Bzl.): 4,22 D (*Huisgen, Ott*, Tetrahedron **6** [1959] 253, 256).

F: –12,5° (*Linstead, Rydon*, Soc. **1933** 580, 583). Kp: 229–229,5° (*Bagnall et al.*, Am. Soc. **73** [1951] 4794, 4798); Kp_{40}: 145–146° (*Friess*, Am. Soc. **71** [1949] 2571, 2572); Kp_{24}: 124° (*Smith, Fuzek*, Am. Soc. **71** [1949] 415, 416); Kp_{10}: 97° (*Huisgen, Ott*, Tetrahedron **6** [1959] 253, 256); Kp_4: 88° (*Li., Ry.*), 83° (*Starcher, Phillips*, Am. Soc. **80** [1958] 4079, 4080). D_4^{20}: 1,1081 (*Li., Ry.*); D_4^{25}: 1,104 (*Schniepp, Geller*, Am. Soc. **69** [1947] 1545). n_D^{20}: 1,4568 (*Li., Ry.*), 1,4575 (*Sm., Fu.*); n_D^{25}: 1,4553 (*Sch., Ge.*); n_D^{30}: 1,4540 (*St., Ph.*). IR-Banden im Bereich von 2,8 μ bis 13,4 μ: *Rasmussen, Brattain*, Am. Soc. **71** [1949] 1073, 1077. CO-Valenzschwingungsbande: 1750 cm^{-1} [CS_2], 1732 cm^{-1} [$CHCl_3$] (*Jones et al.*, Canad. J. Chem. **37** [1959] 2007, 2011), 1748 cm^{-1} [CCl_4], 1733 cm^{-1} [Me.] (*Searles et al.*, Am. Soc. **75** [1953] 71). Wärmetönung beim Vermischen mit äquimolaren Mengen Chloroform bei 25°: *Se. et al.* IR-spektroskopische Indizien für die Bildung von Wasserstoff-Brücken mit Methanol: *Se. et al.*

Kleine Mengen Mineralsäure beschleunigen die Umwandlung von 5-Hydroxy-valerian=säure-lacton in Substanzen von hohem Molekulargewicht (*Bagnall et al.*, Am. Soc. **73** [1951] 4794, 4798; vgl. H **17** 235; E III **3** 614). Bildung von Glutarsäure beim Erwärmen mit Kaliumpermanganat in alkal. wss. Lösung: *Ba. et al.* Überführung in Valeriansäure durch Hydrierung an Nickel in Wasser nach Zusatz von Jod bei 200–280°/120 at: *Reppe et al.*, A. **582** [1953] 87, 100. Beim Erhitzen mit Kohlen=monoxid, Wasser, Tetracarbonylnickel, Jod und wenig Wismut(III)-jodid auf 265° sind Adipinsäure sowie kleine Mengen Valeriansäure und Valeriansäure-anhydrid erhalten worden (*Re. et al.*, l. c. S. 101). Überführung in Piperidin-2-on durch Erhitzen mit Ammoniak unter Wasserstoff auf 230°: *Longley et al.*, Am. Soc. **74** [1952] 2012, 2015. Geschwindigkeitskonstante der Hydrolyse in wss. Natronlauge (0,1 n) bei Raumtemperatur(?): *Hall et al.*, Am. Soc. **80** [1958] 6420, 6422, 6423; in Natrium=hydroxid enthaltendem 60%ig. wss. Dioxan bei 0°: *Huisgen, Ott*, Tetrahedron **6** [1959] 253, 261. Über die Hydrolyse in Wasser bei 100° s. *Lindstead, Rydon*, Soc. **1933** 580, 586. Gleichgewicht mit 5-Hydroxy-valeriansäure in wss. Salzsäure bei 100°: *Li., Ry.*

Reaktion mit (±)-Epichlorhydrin in Tetrachlormethan in Gegenwart des Borfluorid-Äther-Addukts unter Bildung von 2-Chlormethyl-1,4,6-trioxa-spiro[4.5]decan (n_D^{20}: 1,4718): *Bodenbenner*, A. **623** [1959] 183, 184, 189. Reaktion mit Benzaldehyd in Äther in Gegenwart von Natriumäthylat unter Bildung von 3-Benzyliden-tetrahydro-pyran-2-on (F: 58°): *Pinder*, Soc. **1952** 2236, 2240. Beim Erhitzen mit *o*-Phenylendiamin auf 230° ist 1,2,3,4-Tetrahydro-pyrido[1,2-*a*]benzimidazol, beim Erhitzen mit 1,2-Diamino-naphthalin in Chlorbenzol auf 230° sind eine wahrscheinlich als 4-[3*H*-Naphth[1,2-*d*]imidazol-2-yl]-

butan-1-ol zu formulierende Verbindung (F: 172–174°) und kleinere Mengen 8,9,10,11-Tetrahydro-naphth[1',2';4,5]imidazo[1,2-*a*]pyridin erhalten worden (*Mosby*, J. org. Chem. **24** [1959] 419).

Charakterisierung durch Überführung in 5-Hydroxy-valeriansäure-amid (F: 108–109° bzw. F: 108°): *Thomas, Wilson*, Am. Soc. **73** [1951] 4803; *Zürn*, A. **631** [1960] 56, 59.

V VI VII VIII IX

2,2-Dimethoxy-tetrahydro-pyran $C_7H_{14}O_3$, Formel VI.

B. Bei der Hydrierung von 2,2-Dimethoxy-3,4-dihydro-2*H*-pyran an Raney-Nickel (*McElvain, McKay*, Am. Soc. **77** [1955] 5601, 5603).

Kp_{739}: 164,5–165°; Kp_{20}: 69–70°. D_4^{25}: 1,029. n_D^{25}: 1,4298.

(±)-5-Jod-tetrahydro-pyran-2-on, (±)-5-Hydroxy-4-jod-valeriansäure-lacton $C_5H_7IO_2$, Formel VII.

In dem früher (s. H 235) unter dieser Konstitution beschriebenen, als γ-Jod-δ-valerolacton bezeichneten Präparat hat (±)-4-Hydroxy-5-jod-valeriansäure-lacton vorgelegen (*van Tamelen, Shamma*, Am. Soc. **76** [1954] 2315; s. a. *Berti*, G. **81** [1951] 305, 307 Anm. 3).

5,5-Dinitro-tetrahydro-pyran-2-on, 5-Hydroxy-4,4-dinitro-valeriansäure-lacton $C_5H_6N_2O_6$, Formel VIII.

B. Beim Erhitzen von 5-Hydroxy-4,4-dinitro-valeriansäure-methylester mit wss. Salzsäure (*Klager*, J. org. Chem. **16** [1951] 161).

Krystalle (aus Ae.); F: 78–79°.

Tetrahydro-thiopyran-2-on, 5-Mercapto-valeriansäure-lacton C_5H_8OS, Formel IX.

B. Beim Erhitzen von 5-Mercapto-valeriansäure auf 160° (*Schjånberg*, B. **74** [1941] 1751, 1755) oder auf 260° (*Korte, Löhmer*, B. **91** [1958] 1397, 1401). Beim Erhitzen von [3-Mercapto-propyl]-malonsäure auf 110° (*Schjånberg*, Svensk kem. Tidskr. **53** [1941] 282, 284). Bei der Hydrierung eines Gemisches von Lävulinsäure und Schwefel an Kobaltpolysulfid in Benzol bei 150–200°/100–140 at (*Farlow et al.*, Ind eng. Chem. **42** [1950] 2547). Beim Erhitzen von 5-Hydroxy-valeriansäure-lacton mit Schwefelwasserstoff und wenig Natriumcarbonat auf 170° (*BASF*, D.B.P. 859456 [1942]).

Kp_{25}: 150–152° (*BASF*); Kp_{12}: 105–106° (*Sch.*, B. **74** 1755); $Kp_{2,5}$: 79–80° (*Sch.*, B. **74** 1755); $Kp_{0,8}$: 70–72° (*Ko., Lö.*). D_4^{20}: 1,1550 (*Sch.*, B. **74** 1756). n_D^{20}: 1,5314 (*Sch.*, B. **74** 1756).

Geschwindigkeitskonstante der Hydrolyse in wss. Salzsäure (0,01 n bis 0,1 n) bei 25°, 35° und 45° sowie der Hydrolyse in wss. Natronlauge (0,1 n) bei 45°: *Schjånberg*, B. **75** [1942] 468, 479–481.

Dihydro-thiopyran-3-on C_5H_8OS, Formel X.

B. Beim Erhitzen von 3-Oxo-tetrahydro-thiopyran-2(oder 4)-carbonsäure-äthylester (aus 4-Äthoxycarbonylmethylmercapto-buttersäure-äthylester hergestellt) mit wss. Schwefelsäure (*Leonard, Figueras*, Am. Soc. **74** [1952] 917, 919; *Fehnel*, Am. Soc. **74** [1952] 1569, 1572).

Kp_{18}: 101–102°; Kp_5: 77–80° (*Fe.*); Kp_4: 80° (*Le., Fi.*). n_D^{20}: 1,5290 (*Le., Fi.*).

Beim Behandeln mit amalgamiertem Zink und wss. Salzsäure ist 2-Methyl-tetrahydrothiophen erhalten worden (*Le., Fi.*).

Dihydro-thiopyran-3-on-oxim C_5H_9NOS, Formel XI (X = OH).

B. Aus Dihydro-thiopyran-3-on und Hydroxylamin (*Leonard, Figueras*, Am. Soc. **74** [1952] 917, 919).

Krystalle (nach Sublimation bei 85°/0,3 Torr); F: 77–77,5°.

Dihydro-thiopyran-3-on-semicarbazon $C_6H_{11}N_3OS$, Formel XI (X = NH-CO-NH_2).

B. Aus Dihydro-thiopyran-3-on und Semicarbazid (*Leonard, Figueras*, Am. Soc.

74 [1952] 917, 919; *Fehnel*, Am. Soc. **74** [1952] 1569, 1572).

Krystalle; F: 166,5—167° [korr.; aus W.] (*Le.*, *Fi.*), 165—166° [aus A.] (*Fe.*).

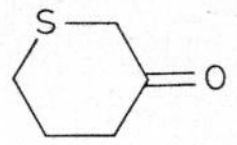

X 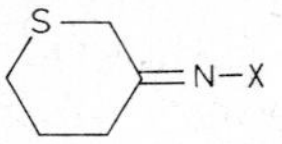 XI 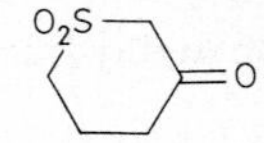 XII 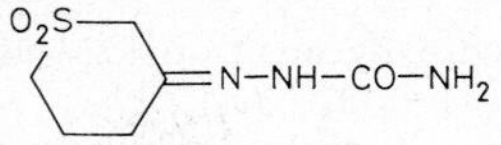 XIII

1,1-Dioxo-dihydro-1λ⁶-thiopyran-3-on $C_5H_8O_3S$, Formel XII.

B. Beim Erwärmen von 4-Methansulfonyl-buttersäure-äthylester mit Natriumäthylat in Toluol (*Truce*, *Knospe*, Am. Soc. **77** [1955] 5063, 5066). Beim Behandeln einer Lösung von Dihydro-thiopyran-3-on in Essigsäure und Acetanhydrid mit wss. Wasserstoff= peroxid (*Fehnel*, Am. Soc. **74** [1952] 1569, 1572).

Krystalle (aus A.); F: 141—142° [unkorr.] (*Tr.*, *Kn.*), 140—140,5° (*Fe.*).

1,1-Dioxo-dihydro-1λ⁶-thiopyran-3-on-semicarbazon $C_6H_{11}N_3O_3S$, Formel XIII.

B. Aus 1,1-Dioxo-dihydro-1λ⁶-thiopyran-3-on und Semicarbazid (*Fehnel*, Am. Soc. **74** [1952] 1569, 1572; *Truce*, *Knospe*, Am. Soc. **77** [1955] 5063, 5066).

Krystalle (aus W.); F: 206—207° [Zers.] (*Fe.*), 205—206° [unkorr.] (*Tr.*, *Kn.*).

Tetrahydro-pyran-4-on $C_5H_8O_2$, Formel I (E I 131; E II 287; dort als Tetrahydro-pyron-(4) und als Tetrahydro-γ-pyron bezeichnet).

B. Beim Erwärmen von Pent-4-en-2-in-1-ol [E III **1** 2022] (*Nasarow*, *Torgow*, Izv. Akad. S.S.S.R. Otd. chim. **1947** 495, 499; C. A. **1948** 7735) oder von 1,5-Dimethoxy-pent-2-in (*Wartanjan*, *Tošunjan*, Izv. Armjansk. Akad. Ser. chim. **11** [1958] 177, 180; C. A. **1959** 3047) mit wss. Schwefelsäure und Quecksilber(II)-sulfat. Beim Behandeln von 5-Acetoxy-pent-1-en-3-on mit Schwefelsäure und Quecksilber(II)-sulfat (*Mazojan et al.*, Izv. Armjansk. Akad. Ser. chim. **11** [1958] 421, 424; C. A. **1959** 21653). Beim Behandeln von Tetrahydro-pyran-4-ol mit Chrom(VI)-oxid und Wasser (*Blood et al.*, Soc. **1952** 2268, 2271) oder mit Alkalidichromat und wss. Schwefelsäure (*Baker*, Soc. **1944** 296, 300; *Farberow et al.*, Doklady Akad. S.S.S.R. **99** [1954] 793, 795; Ž. obšč. Chim. **25** [1955] 133, 135; engl. Ausg. S. 119; *Hanschke*, B. **88** [1955] 1053, 1055; *Olsen*, *Bredoch*, B. **91** [1958] 1589, 1594). Bei der Hydrierung von Pyran-4-on an Palladium/Strontium= carbonat in Methanol bei Raumtemperatur unter 3 at bzw. 12 at (*Cawley*, *Plant*, Soc. **1938** 1214, 1216; *Sorkin et al.*, Helv. **31** [1948] 65, 69) sowie an Raney-Nickel ohne Lösungsmittel bei 100°/60 at (*Blanchard*, *Paul*, C. r. **200** [1935] 1414) oder in Äthanol bei Raumtemperatur unter Normaldruck (*Cornubert et al.*, Bl. **1950** 36, 37).

Kp: 166—166,5° (*Na.*, *To.*), 164,7° (*Connolly*, Soc. **1944** 338); Kp_{20}: 73° (*Ba.*); Kp_{18}: 67—69° (*Cornubert*, *Robinet*, Bl. [4] **53** [1933] 565, 569), 67—68° (*Fa. et al.*); Kp_{15}: 65—66° (*Ha.*), 65° (*Bl. et al.*); Kp_{13}: 60—61° (*Cor. et al.*); Kp_{11}: 57—59° (*Ol.*, *Br.*). $D^{12,5}$: 1,0921 (*Cor. et al.*); D_4^{20}: 1,0844 (*Fa. et al.*), 1,0825 (*Ol.*, *Br.*), 1,0758 (*Ha.*); $D_4^{24,5}$: 1,0795 (*Cor.*, *Ro.*). $n_D^{12,5}$: 1,4545 (*Cor. et al.*); n_D^{20}: 1,4551 (*Ol.*, *Br.*), 1,4548 (*Na.*, *To.*), 1,4531 (*Ha.*), 1,4510 (*Fa. et al.*); $n_D^{24,5}$: 1,4529 (*Cor.*, *Ro.*). IR-Spektrum (2,5—15 μ): *Ol.*, *Br.*

Bildung von 3-Carboxymethoxy-propionsäure beim Behandeln mit wss. Salpetersäure (vgl. E II 287): *Baker*, Soc. **1944** 296, 301. Beim Erwärmen mit *N*-Brom-succinimid (1 Mol) in Tetrachlormethan unter Bestrahlung mit UV-Licht sind 3-Brom-tetrahydro-pyran-4-on und kleinere Mengen 3,5-Dibrom-tetrahydro-pyran-4-on (S. 4172) erhalten worden (*Sprague*, Am. Soc. **79** [1957] 2275, 2279; s. a. *Sorkin et al.*, Helv. **31** [1948] 65, 69). Bildung von Oxepan-4-on und kleineren Mengen 1,6-Dioxa-spiro[2.5]octan beim Behandeln einer Lösung in Methanol mit Diazomethan in Äther: *Ol.*, *Br.*

Tetrahydro-pyran-4-on-oxim $C_5H_9NO_2$, Formel II (X = OH) (E II 287).

B. Aus Tetrahydro-pyran-4-on und Hydroxylamin (*Cornubert et al.*, Bl. **1950** 36, 37; *Farberow et al.*, Doklady Akad. S.S.S.R. **99** [1954] 793, 795; Ž. obšč. Chim. **25** [1955] 133, 135; engl. Ausg. S. 119).

Krystalle; F: 87—88° (*Co. et al.*), 87,5° (*Fa. et al.*). Kp_{13}: 110—111° (*Co. et al.*); Kp_6: 99—100° (*Fa. et al.*).

Tetrahydro-pyran-4-on-[4-nitro-phenylhydrazon] $C_{11}H_{13}N_3O_3$, Formel II (X = NH-C_6H_4-NO_2).

B. Aus Tetrahydro-pyran-4-on und [4-Nitro-phenyl]-hydrazin (*Cawley*, *Plant*, Soc.

1938 1214, 1216).
Orangebraune Krystalle (aus A.); F: 186°.

Tetrahydro-pyran-4-on-[2,4-dinitro-phenylhydrazon] $C_{11}H_{12}N_4O_5$, Formel II ($X = NH\text{-}C_6H_3(NO_2)_2$).

B. Aus Tetrahydro-pyran-4-on und [2,4-Dinitro-phenyl]-hydrazin (*Baker*, Soc. **1944** 296, 300; *Blood et al.*, Soc. **1952** 2268, 2271; *Farberow et al.*, Doklady Akad. S.S.S.R. **99** [1954] 793, 795; Ž. obšč. Chim. **25** [1955] 133, 135; engl. Ausg. S. 119; *Hanschke*, B. **88** [1955] 1053, 1055).

Krystalle (aus A.); F: 187,5° (*Ha.*), 187° (*Bl. et al.*), 186,5–187° (*Fa. et al.*), 186–187° (*Ba.*).

Tetrahydro-pyran-4-on-semicarbazon $C_6H_{11}N_3O_2$, Formel II ($X = NH\text{-}CO\text{-}NH_2$).

B. Aus Tetrahydro-pyran-4-on und Semicarbazid (*Mazojan et al.*, Izv. Armjansk. Akad. Ser. chim. **11** [1958] 421, 424; C. A. **1959** 21653).

Krystalle (aus A.); F: 153°.

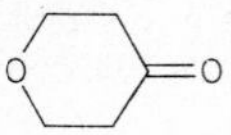

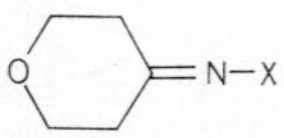

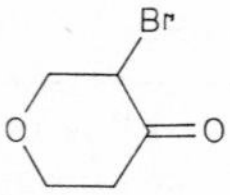

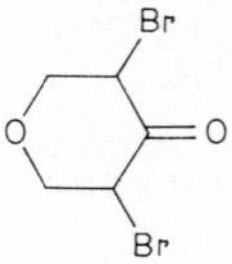

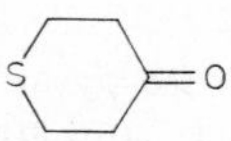

I II III IV V

Tetrahydro-pyran-4-on-[4-phenyl-semicarbazon] $C_{12}H_{15}N_3O_2$, Formel II ($X = NH\text{-}CO\text{-}NH\text{-}C_6H_5$) (E I 131).

B. Aus Tetrahydro-pyran-4-on und 4-Phenyl-semicarbazid (*Baker*, Soc. **1944** 296, 301; *Nasarow, Torgow*, Izv. Akad. S.S.S.R. Otd. chim. **1947** 495, 499; C. A. **1948** 7735; *Hanschke*, B. **88** [1955] 1053, 1055).

Krystalle (aus A.); F: 171,5° (*Ba.*), 170–171° (*Na.*, *To.*; *Ha.*).

Tetrahydro-pyran-4-on-thiosemicarbazon $C_6H_{11}N_3OS$, Formel II ($X = NH\text{-}CS\text{-}NH_2$).

B. Aus Tetrahydro-pyran-4-on und Thiosemicarbazid (*Hanschke*, B. **88** [1955] 1053, 1055).

Krystalle (aus Me.); F: 161–162°.

(±)-3-Brom-tetrahydro-pyran-4-on $C_5H_7BrO_2$, Formel III.

B. Neben kleineren Mengen 3,5-Dibrom-tetrahydro-pyran-4-on (s. u.) beim Erwärmen von Tetrahydro-pyran-4-on mit *N*-Brom-succinimid (1 Mol) in Tetrachlormethan unter Bestrahlung mit UV-Licht (*Sprague*, Am. Soc. **79** [1957] 2275, 2279).

Kp_2: 76–80°.

Beim Erwärmen mit Thioacetamid in Äthanol ist 2-Methyl-6,7-dihydro-4*H*-pyrano[4,3-*d*]thiazol erhalten worden.

***Opt.-inakt. 3,5-Dibrom-tetrahydro-pyran-4-on** $C_5H_6Br_2O_2$, Formel IV.

B. Neben grösseren Mengen 3-Brom-tetrahydro-pyran-4-on beim Erwärmen von Tetrahydro-pyran-4-on mit *N*-Brom-succinimid (1 Mol) in Tetrachlormethan unter Bestrahlung mit UV-Licht (*Sorkin et al.*, Helv. **31** [1948] 65, 69; *Sprague*, Am. Soc. **79** [1957] 2275, 2279).

Krystalle (aus A.); F: 159–161° [unkorr.] (*Sp.*), 156–157° [unkorr.; Block] (*So. et al.*).

Bildung von Pyran-4-on beim Erhitzen mit Pyridin: *So. et al.* Beim Erwärmen mit Thioformamid (Überschuss) in Äther ist 6,7-Dihydro-4*H*-pyrano[4,3-*d*]thiazol erhalten worden (*So. et al.*).

Tetrahydro-thiopyran-4-on C_5H_8OS, Formel V (E II 287; dort als 1-Thio-tetrahydropyron-(4) bezeichnet).

B. Beim Behandeln von 1-Brom-5-chlor-pentan-3-on mit Natriumsulfid in Äther unter Zusatz von Methanol (*Rolla et al.*, Ann. Chimica **42** [1952] 507, 514). Beim Erhitzen von 4-Oxo-tetrahydro-thiopyran-3-carbonsäure-methylester mit wss. Schwefelsäure

(*Fehnel, Carmack*, Am. Soc. **70** [1948] 1813, 1814; *Barkenbus et al.*, J. org. Chem. **16** [1951] 232, 238; *Traverso*, B. **91** [1958] 1224, 1227) oder mit wss. Schwefelsäure und Essigsäure (*Onesta, Castelfranchi*, G. **89** [1959] 1127, 1134).

Krystalle; F: 65–67° [aus Diisopropyläther] (*Läuger et al.*, Helv. **42** [1959] 2379, 2382), 65–67° (*Naylor*, Soc. **1949** 2749, 2753), 64–65° [aus PAe.] (*Ro. et al.*), 61–62° [aus PAe.] (*Cardwell*, Soc. **1949** 715, 717). UV-Spektrum (A.; 210–330 nm; λ_{max}: 235 nm und 283 nm): *Fehnel, Carmack*, Am. Soc. **71** [1949] 84, 87, 91.

Beim Behandeln mit Phosphor(V)-chlorid in Benzol und Behandeln des Reaktionsprodukts mit Wasser ist Thiopyran-4-on erhalten worden (*Arndt, Bekir*, B. **63** [1930] 2393, 2395; *Ro. et al.*; *Tr.*). Bildung von Thiepan-4-on und 1-Oxa-6-thia-spiro[2.5]octan beim Behandeln einer Lösung in Methanol mit Diazomethan: *Overberger, Katchman*, Am. Soc. **78** [1956] 1965, 1967.

Tetrahydro-thiopyran-4-on-oxim C_5H_9NOS, Formel VI (X = OH) (E II 287).

B. Aus Tetrahydro-thiopyran-4-on und Hydroxylamin (*Barkenbus et al.*, J. org. Chem. **20** [1955] 871, 873).

Krystalle (aus $CHCl_3$ + Bzn.); F: 84–85°.

Tetrahydro-thiopyran-4-on-[2,4-dinitro-phenylhydrazon] $C_{11}H_{12}N_4O_4S$, Formel VI (X = NH-$C_6H_3(NO_2)_2$) (E II 288).

B. Aus Tetrahydro-thiopyran-4-on und [2,4-Dinitro-phenyl]-hydrazin (*Barkenbus et al.*, J. org. Chem. **16** [1951] 232, 236; *Rolla et al.*, Ann. Chimica **42** [1952] 507, 515).

Krystalle; F: 186° [aus E.] (*Ro. et al.*), 181–182° [unkorr.] (*Ba. et al.*).

Tetrahydro-thiopyran-4-on-thiosemicarbazon $C_6H_{11}N_3S_2$, Formel VI (X = NH-CS-NH_2).

B. Aus Tetrahydro-thiopyran-4-on und Thiosemicarbazid (*Bernstein et al.*, Am. Soc. **73** [1951] 906, 908).

Krystalle (aus A.); F: 143–144° [unkorr.].

1,1-Dioxo-tetrahydro-1λ^6-thiopyran-4-on $C_5H_8O_3S$, Formel VII (E II 287; dort als 1-Thio-tetrahydropyron-(4)-*S*-dioxid bezeichnet).

B. Beim Behandeln einer Lösung von Tetrahydro-thiopyran-4-on in Essigsäure mit wss. Wasserstoffperoxid (*Fehnel, Carmack*, Am. Soc. **70** [1948] 1813, 1815; vgl. E II 287). Beim Erhitzen von 1,1-Dioxo-1λ^6-thiopyran-4-on mit Essigsäure und Zink-Pulver (*Fe.*, *Ca.*, Am. Soc. **70** 1815).

F: 171° (*Truce, Simms*, J. org. Chem. **22** [1957] 617, 620), 170° [unkorr.; Zers.] (*Barkenbus et al.*, J. org. Chem. **16** [1951] 232, 237). UV-Spektrum (A.; 210–335 nm; λ_{max}: 290 nm): *Fehnel, Carmack*, Am. Soc. **71** [1949] 231, 233, 237.

Hydrierung an Raney-Nickel in Wasser bei 110°/100 at unter Bildung von 1,1-Dioxo-tetrahydro-1λ^6-thiopyran-4-ol: *Fehnel, Lackey*, Am. Soc. **73** [1951] 2473, 2474, 2477. Beim Erhitzen mit wss. Salzsäure und amalgamiertem Zink sind 3,6-Dihydro-2*H*-thiopyran-1,1-dioxid und wenig Tetrahydro-thiopyran-1,1-dioxid erhalten worden (*Fe.*, *La.*). Reaktion mit 1 Mol bzw. 2 Mol Brom in Essigsäure unter Bildung von 3-Brom-1,1-dioxo-tetrahydro-1λ^6-thiopyran-4-on bzw. von 3,5-Dibrom-1,1-dioxo-tetrahydro-1λ^6-thiopyran-4-on (S. 4174): *Fe.*, *Ca.*, Am. Soc. **70** 1815, 1816; s. a. *Arndt, Bekir*, B. **63** [1930] 2393, 2395.

S⟨⟩=N–X O₂S⟨⟩=O O₂S⟨⟩=N–X H₃C–S⊕⟨⟩=O

VI VII VIII IX

1,1-Dioxo-tetrahydro-1λ^6-thiopyran-4-on-oxim $C_5H_9NO_3S$, Formel VIII (X = OH).

B. Aus 1,1-Dioxo-tetrahydro-1λ^6-thiopyran-4-on und Hydroxylamin (*Barkenbus et al.*, J. org. Chem. **20** [1955] 871, 873; *Barkenbus, Wuellner*, Am. Soc. **77** [1955] 3866; *Truce, Simms*, J. org. Chem. **22** [1957] 617, 620).

Krystalle; F: 197–201° (*Tr.*, *Si.*), 197,8° [Zers.; aus Me.] (*Ba. et al.*; *Ba.*, *Wu.*).

1,1-Dioxo-tetrahydro-1λ^6-thiopyran-4-on-[2,4-dinitro-phenylhydrazon] $C_{11}H_{12}N_4O_6S$, Formel VIII (X = NH-$C_6H_3(NO_2)_2$).

B. Aus 1,1-Dioxo-tetrahydro-1λ^6-thiopyran-4-on und [2,4-Dinitro-phenyl]-hydrazin

(*Barkenbus et al.*, J. org. Chem. **16** [1951] 232, 237).
F: 244,5—246,5° [unkorr.; Zers.].

1-Methyl-4-oxo-tetrahydro-thiopyranium $[C_6H_{11}OS]^+$, Formel IX (E II 288; dort als Methyl-[γ-oxo-pentamethylen]-sulfonium bezeichnet).

Jodid $[C_6H_{11}OS]I$ (E II 288). Krystalle (aus Me. + Ae.) mit 1 Mol Methanol; F: 82—85° [Zers.] (*Cardwell*, Soc. **1949** 715, 718). — Reaktion mit 2-Nitro-propan in Gegenwart von äthanol. Kaliumäthylat unter Bildung von 6-Methyl-1-methylmercapto-6-nitro-heptan-3-on sowie Reaktion mit Malonsäure-diäthylester in Gegenwart von äthanol. Kaliumäthylat unter Bildung von [5-Methylmercapto-3-oxo-pentyl]-malonsäure-diäthylester: *Ca.*

4,4-Dimethoxy-1-methyl-tetrahydro-thiopyranium $[C_8H_{17}O_2S]^+$, Formel X (R = CH_3).

Jodid $[C_8H_{17}O_2S]I$. *B.* Beim Behandeln von Tetrahydro-thiopyran-4-on mit Orthoameisensäure-trimethylester und wenig Toluol-4-sulfonsäure und Behandeln des Reaktionsprodukts mit Methyljodid (*Cardwell*, Soc. **1950** 1059, 1060). Neben kleinen Mengen 1-Methyl-4-oxo-tetrahydro-thiopyranium-jodid beim Erwärmen von Tetrahydro-thiopyran-4-on mit Methanol und Methyljodid (*Ca.*). — Krystalle (aus A.); F: 123—125° [unkorr.; Zers.].

4,4-Diäthoxy-1-methyl-tetrahydro-thiopyranium $[C_{10}H_{21}O_2S]^+$, Formel X (R = C_2H_5).

Jodid $[C_{10}H_{21}O_2S]I$. *B.* In kleiner Menge beim Erwärmen von Tetrahydro-thiopyran-4-on mit Äthanol und Methyljodid (*Cardwell*, Soc. **1950** 1059, 1060). — Krystalle (aus Propan-1-ol); F: 120—120,5° [unkorr.; Zers.].

(±)-3-Brom-tetrahydro-thiopyran-4-on C_5H_7BrOS, Formel XI.

B. Beim Erwärmen von Tetrahydro-thiopyran-4-on mit *N*-Brom-succinimid in Tetrachlormethan (*Sprague*, Am. Soc. **79** [1957] 2275, 2281).

Wenig beständig.

Beim Behandeln mit Thioacetamid in Äthanol ist 2-Methyl-6,7-dihydro-4*H*-thiopyrano[4,3-*d*]thiazol erhalten worden.

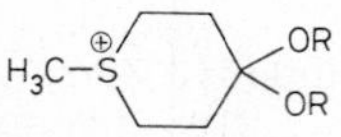

X 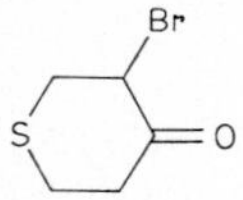 XI 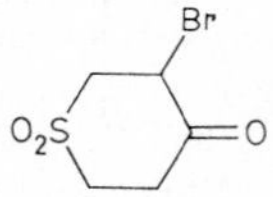 XII 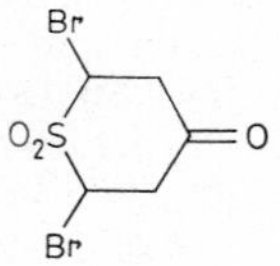 XIII

(±)-3-Brom-1,1-dioxo-tetrahydro-1λ⁶-thiopyran-4-on $C_5H_7BrO_3S$, Formel XII.

B. Beim Behandeln von 1,1-Dioxo-tetrahydro-1λ⁶-thiopyran-4-on mit Brom in Essigsäure (*Fehnel, Carmack*, Am. Soc. **70** [1948] 1813, 1816).

Krystalle (aus Eg.); F: 182—183° [korr.].

***Opt.-inakt. 2,6-Dibrom-1,1-dioxo-tetrahydro-1λ⁶-thiopyran-4-on** $C_5H_6Br_2O_3S$, Formel XIII.

B. Beim Behandeln einer Lösung von 1,1-Dioxo-1λ⁶-thiopyran-4-on in Essigsäure mit Bromwasserstoff (*Fehnel, Carmack*, Am. Soc. **70** [1948] 1813, 1815).

Krystalle; F: 130—133° [korr.; Zers.].

Beim Erhitzen mit Wasser oder Essigsäure erfolgt Zersetzung.

***Opt.-inakt. 3,5-Dibrom-1,1-dioxo-tetrahydro-1λ⁶-thiopyran-4-on** $C_5H_6Br_2O_3S$, Formel I (X = H).

B. Beim Erwärmen von 1,1-Dioxo-tetrahydro-1λ⁶-thiopyran-4-on mit Brom in Essigsäure (*Arndt, Bekir*, B. **63** [1930] 2393, 2395; *Fehnel, Carmack*, Am. Soc. **70** [1948] 1813, 1815).

Krystalle (aus Eg.); F: 220—222° [korr.; Zers.] (*Fe., Ca.*), 220° [Zers.] (*Ar., Be.*).

Bei kurzem Erwärmen mit Natriumacetat in Aceton ist 1,1-Dioxo-1λ⁶-thiopyran-4-on erhalten worden (*Fe., Ca.*; s. a. *Ar., Be.*).

***Opt.-inakt. 2,3,5,6-Tetrabrom-1,1-dioxo-tetrahydro-1λ^6-thiopyran-4-on** $C_5H_4Br_4O_3S$, Formel I (X = Br).

B. Beim Behandeln von 1,1-Dioxo-1λ^6-thiopyran-4-on mit Brom in Chloroform (*Fehnel, Carmack*, Am. Soc. **70** [1948] 1813, 1815).

F: 195—198° [korr.; Zers.].

Beim Behandeln mit heisser Essigsäure erfolgt partielle Umwandlung in 3,5-Dibrom-1,1-dioxo-1λ^6-thiopyran-4-on.

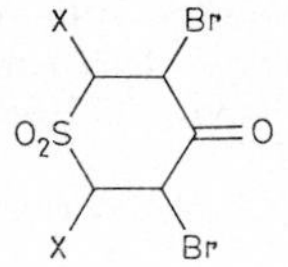

I 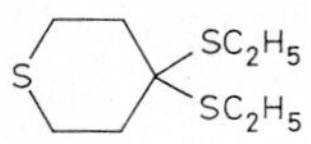 II 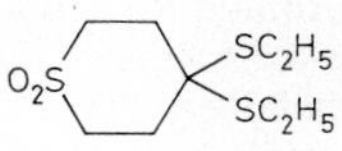 III 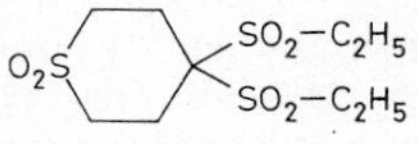 IV

4,4-Bis-äthylmercapto-tetrahydro-thiopyran, Tetrahydro-thiopyran-4-on-diäthyldithioacetal $C_9H_{18}S_3$, Formel II.

B. Beim Behandeln von Tetrahydro-thiopyran-4-on mit Äthanthiol unter Einleiten von Chlorwasserstoff (*Barkenbus, Midkiff*, J. org. Chem. **16** [1951] 1047).

Kp_2: 112—114°. n_D^{25}: 1,5635.

4,4-Bis-äthylmercapto-tetrahydro-thiopyran-1,1-dioxid, 1,1-Dioxo-tetrahydro-1λ^6-thiopyran-4-on-diäthyldithioacetal $C_9H_{18}O_2S_3$, Formel III.

B. Beim Behandeln von 1,1-Dioxo-tetrahydro-1λ^6-thiopyran-4-on mit Äthanthiol unter Einleiten von Chlorwasserstoff (*Barkenbus, Midkiff*, J. org. Chem. **16** [1951] 1047).

Kp_2: 172—175°. n_D^{25}: 1,5505.

4,4-Bis-äthansulfonyl-1,1-dioxo-tetrahydro-1λ^6-thiopyran, 4,4-Bis-äthansulfonyl-tetrahydro-thiopyran-1,1-dioxid $C_9H_{18}O_6S_3$, Formel IV.

B. Beim Erwärmen von 4,4-Bis-äthylmercapto-tetrahydro-thiopyran mit wss. Schwefelsäure und mit wss. Kaliumpermanganat-Lösung (*Barkenbus, Midkiff*, J. org. Chem. **16** [1951] 1047).

Krystalle (aus wss. Acn. oder aus Acn. + A.); F: 170,5—171,5°.

(±)-2-Methyl-dihydro-thiophen-3-on C_5H_8OS, Formel V.

B. Beim Erhitzen von opt.-inakt. 5-Methyl-4-oxo-tetrahydro-thiophen-3-carbonsäure-äthylester mit wss. Schwefelsäure (*Karrer, Schmid*, Helv. **27** [1944] 124, 126; *Buchman, Cohen*, Am. Soc. **66** [1944] 847).

Kp_{28}: 82° (*Bu., Co.*).

An der Luft nicht beständig (*Bu., Co.*). Beim Erhitzen mit amalgamiertem Zink, wss. Salzsäure und Toluol ist Bis-[3-oxo-pentyl]-sulfid erhalten worden (*Schmid, Schnetzler*, Helv. **34** [1951] 894, 896).

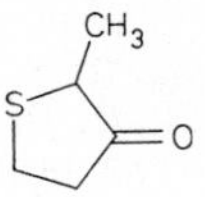

V 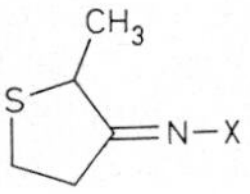 VI 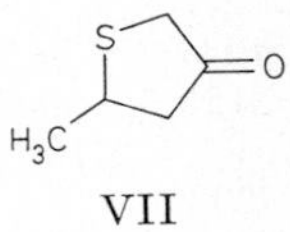 VII 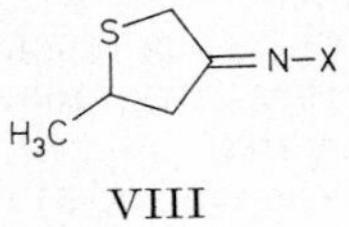 VIII

(±)-2-Methyl-dihydro-thiophen-3-on-[2,4-dinitro-phenylhydrazon] $C_{11}H_{12}N_4O_4S$, Formel VI (X = NH-$C_6H_3(NO_2)_2$).

B. Aus (±)-2-Methyl-dihydro-thiophen-3-on und [2,4-Dinitro-phenyl]-hydrazin (*Buchman, Cohen*, Am. Soc. **66** [1944] 847).

F: 161—162°.

(±)-2-Methyl-dihydro-thiophen-3-on-semicarbazon $C_6H_{11}N_3OS$, Formel VI (X = NH-CO-NH_2).

B. Aus (±)-2-Methyl-dihydro-thiophen-3-on und Semicarbazid (*Karrer, Schmid*, Helv.

27 [1944] 124, 127; *Buchman, Cohen*, Am. Soc. **66** [1944] 847).
Krystalle; F: 185–186° (*Bu., Co.*), 183–184° [Zers.; aus W.] (*Ka., Sch.*).

(±)-5-Methyl-dihydro-thiophen-3-on C_5H_8OS, Formel VII.

B. Beim Behandeln von (±)-4-Brom-1-chlor-pentan-2-on mit wss. Natriumsulfid-Lösung unter Durchleiten von Stickstoff (*Roche Prod. Ltd.*, U.S.P. 2408519 [1944]). Beim Erhitzen von opt.-inakt. 5-Methyl-3-oxo-tetrahydro-thiophen-2-carbonsäure-methylester (*Martani*, Ric. scient. **29** [1959] 520, 523, 524) oder eines Gemisches von opt.-inakt. 5-Methyl-3-oxo-tetrahydro-thiophen-2-carbonsäure-äthylester und 2-Methyl-4-oxo-tetrahydro-thiophen-3-carbonsäure-äthylester (*Larsson, Dahlström*, Svensk kem. Tidskr. **57** [1945] 248) mit wss. Schwefelsäure.

Als Semicarbazon (s. u.) charakterisiert.

(±)-5-Methyl-dihydro-thiophen-3-on-semicarbazon $C_6H_{11}N_3OS$, Formel VIII (X = NH-CO-NH_2).

B. Aus (±)-5-Methyl-dihydro-thiophen-3-on und Semicarbazid (*Roche Prod. Ltd.*, U.S.P. 2408519 [1944]; *Larsson, Dahlström*, Svensk kem. Tidskr. **57** [1945] 248; *Martani*, Ric. scient. **29** [1959] 520, 524).

5-Methyl-dihydro-furan-2-on, 4-Hydroxy-valeriansäure-lacton, Pentan-4-olid, γ-Valerolacton $C_5H_8O_2$.

a) **(*S*)-5-Methyl-dihydro-furan-2-on, (*S*)-4-Hydroxy-valeriansäure-lacton** $C_5H_8O_2$, Formel IX (E II 288).

Diese Konfiguration ist dem früher (E II 288) beschriebenen (–)-γ-Valerolacton auf Grund seiner genetischen Beziehung zu (*S*)-4-Hydroxy-valeriansäure (E III **3** 612) zuzuordnen.

b) **(±)-5-Methyl-dihydro-furan-2-on, (±)-4-Hydroxy-valeriansäure-lacton** $C_5H_8O_2$, Formel IX + Spiegelbild (H 235; E I 131; E II 288).

B. Aus Pent-4-ensäure (*Linstead, Rydon*, Soc. **1933** 580, 583) oder aus Pent-3*t*-ensäure (*Boorman, Linstead*, Soc. **1933** 577, 579; s. a. *Fittig, Mackenzie*, A. **283** [1894] 82, 96) bei kurzem Erhitzen mit 50%ig. wss. Schwefelsäure sowie bei mehrtägigem Behandeln mit 60%ig. wss. Schwefelsäure bei Raumtemperatur. Beim Erhitzen von Pent-3*t*-ennitril mit konz. wss. Salzsäure (*Du Pont de Nemours & Co.*, U.S.P. 2509859 [1944]) oder mit wss. Schwefelsäure (*Delaby, Lecomte*, Bl. [5] **4** [1937] 1007, 1011). Aus Lävulinsäure bei der Hydrierung an Kupferoxid-Chromoxid bei 200° (*Quaker Oats Co.*, U.S.P. 2787852 [1935]) sowie bei der elektrochemischen Reduktion in wss. Natronlauge (*Berkengeĭm, Dankowa*, Ž. obšč. Chim. **9** [1939] 924, 929; C. A. **1940** 368). Bei der Hydrierung von 4-Hydroxy-pent-3*t*-ensäure-lacton an Raney-Nickel in Äthanol (*Rasmussen, Brattain*, Am. Soc. **71** [1949] 1073, 1079). Bei der Hydrierung von (±)-4-Hydroxy-pent-2*c*-ensäure-lacton an Platin in Äthanol (*Jacobs, Scott*, J. biol. Chem. **87** [1930] 601, 608) oder an Palladium/Kohle in Methanol (*Jones et al.*, Canad. J. Chem. **37** [1959] 2007, 2009). Weitere Bildungsweisen s. im Artikel (±)-4-Hydroxy-valeriansäure (E III **3** 612).

Krystalle; F: –36° (*Boorman, Linstead*, Soc. **1933** 577, 578), –37° (*Linstead, Rydon*, Soc. **1933** 580, 583). Kp_{760}: 207,5°; Kp_{400}: 182,3°; Kp_{100}: 136,5°; Kp_{10}: 79,8° (*Leonard*, Ind. eng. Chem. **48** [1956] 1331, 1341); Kp_{754}: 205,75–206,25° (*Ubbelohde*, Pr. roy. Soc. [A] **152** [1935] 378, 400); Kp_{68}: 125,3° (*Schuette, Thomas*, Am. Soc. **52** [1930] 2028); Kp_{28}: 102–103° (*Bo., Li.*); Kp_{21}: 97,5° (*Allen et al.*, Am. Soc. **61** [1939] 843); Kp_{12}: 84° (*Hückel, Gelmroth*, A. **514** [1934] 233, 245). Dampfdruckgleichung für den Temperaturbereich von 70° bis 160°: *Sch., Th.*, l. c. S. 2028. D_4^0: 1,072; D_4^{14}: 1,057 (*Delaby, Lecomte*, Bl. [5] **4** [1937] 1007, 1011); $D_4^{19,5}$: 1,0532 (*Hü., Ge.*); D_4^{20}: 1,0526 (*Al. et al.*), 1,0529 (*Bo., Li.*); D_4^{25}: 1,0465 (*Schuette, Thomas*, Am. Soc. **52** [1930] 3010), 1,0500 (*Glickman, Cope*, Am. Soc. **67** [1945] 1012, 1014). n_D^{18}: 1,4346 (*De., Le.*); n_D^{20}: 1,4322 (*Bo., Li.*), 1,4330 (*Al. et al.*); n_D^{25}: 1,4303 (*Sch., Th.*, l. c. S. 3010); $n_{587,6}^{18,4}$: 1,4341 (*Hü., Ge.*). IR-Banden von unverdünntem (±)-4-Hydroxy-valeriansäure-lacton im Bereich von 2,8 μ bis 13,4 μ: *Rasmussen, Brattain*, Am. Soc. **71** [1949] 1073, 1077. IR-Banden im Bereich von 5 μ bis 16 μ: *De., Le.*, l. c. S. 1014. CO-Valenzschwingungsbande: 1790 cm^{-1} [CS_2], 1775 cm^{-1} [$CHCl_3$] (*Jones et al.*, Canad. J. Chem. **37** [1959] 2007, 2011). Lösungsvermögen für Natriumjodid und Kaliumjodid bei 25°: *Harris*, U.S. Atomic Energy Comm. UCRL-8381 [1958] 34, 39.

Massenspektrum: *Friedman, Long,* Am. Soc. **75** [1953] 2832, 2834.

Flammpunkt: *Leonard,* Ind. eng. Chem. **48** [1956] 1331, 1341. Druckhydrierung an Raney-Nickel bei 230–250° unter Bildung von 2-Methyl-tetrahydro-furan: *Hayashi et al.,* J. chem. Soc. Japan Ind. Chem. Sect. **57** [1954] 67; C. A. **1955** 11554. Bei der Druckhydrierung an Bariumoxid enthaltendem Kupferoxid-Chromoxid bei 250° (*Rohm & Haas Co.,* U.S.P. 2091800 [1931]; *Folkers, Adkins,* Am. Soc. **54** [1932] 1145, 1146; *Christian et al.,* Am. Soc. **69** [1947] 1961) oder an Kupferoxid/Chromoxid bei 160–235° bzw. bei 200–240° (*Hachihama, Imoto,* J. Soc. chem. Ind. Japan Spl. **45** [1942] 19; *Ha. et al.*) ist Pentan-1,4-diol als Hauptprodukt erhalten worden. Überführung in 4-Hydroxy-valeraldehyd bzw. in Pentan-1,4-diol durch Behandlung mit Lithiumalanat (0,25 Mol bzw. Überschuss) in Tetrahydrofuran bzw. in Äther: *Arth,* Am. Soc. **75** [1953] 2413; *Nystrom, Brown,* Am. Soc. **70** [1948] 3738. Geschwindigkeitskonstante der Hydrolyse beim Behandeln mit Natriumhydroxid in Wasser, in wss. Methanol (10–99%ig), in wss. Äthanol (5–90%ig) und in wss. Aceton (10–60%ig) bei 0° bis 50°: *Tommila, Ilomäki,* Acta chem. scand. **6** [1952] 1249, 1253; in Wasser und in wss. Äthanol (21,5–60%ig) bei 0°, 15° und 25°; *Hegan, Wolfenden,* Soc. **1939** 508; in wss. Aceton (43%ig) bei 10°, 20° und 30°: *Stevens, Tarbell,* J. org. Chem. **19** [1954] 1996, 1999, 2002. Geschwindigkeitskonstante der Hydrolyse in wss. Natronlauge (0,1n) bei Raumtemperatur (?): *Hall et al.,* Am. Soc. **80** [1958] 6420, 6422; in wss. Kaliumcarbonat-Lösung bei 0°: *Pohoryles, Sarel,* C. r. **245** [1957] 2321. Geschwindigkeit der Hydrolyse in Wasser bei 100°: *Boorman, Linstead,* Soc. **1933** 577, 580; *Linstead, Rydon,* Soc. **1933** 580, 586. Geschwindigkeit der Hydrolyse in wss. Salzsäure (0,3n) bei 100°: *Le.* Gleichgewicht mit 4-Hydroxy-valeriansäure in Gegenwart von wss. Salzsäure bei 100°: *Li., Ry.*; *Bo., Li.* Einstellung eines Gleichgewichts mit Pent-3-ensäure beim Behandeln mit kalter wss. Schwefelsäure (60%ig): *Bo., Li.,* l. c. S. 579. Beim Erhitzen mit Zinkchlorid und Ammoniak auf 220° ist 5-Methyl-pyrrolidin-2-on erhalten worden (*Späth, Lintner,* B. **69** [1936] 2727, 2729).

Reaktion mit Benzol in Gegenwart von Aluminiumchlorid unter Bildung von 4-Phenyl-valeriansäure (vgl. H 235): *Christian,* Am. Soc. **74** [1952] 1591. Reaktion mit Toluol in Gegenwart von Aluminiumchlorid unter Bildung von 4-*p*-Tolyl-valeriansäure und 4,7-Dimethyl-3,4-dihydro-2*H*-naphthalin-1-on (vgl. H 235): *Phillips,* Am. Soc. **77** [1955] 3658. Bei kurzem Erhitzen mit Hydrochinon, Aluminiumchlorid und Natriumchlorid auf 200° ist 3-Äthyl-4,7-dihydroxy-indan-1-on erhalten worden (*Bruce et al.,* Soc. **1953** 2403, 2404, 2406). Bildung von 1-Dodecyl-5-methyl-pyrrolidin-2-on beim Erhitzen mit Dodecylamin: *Zienty, Steahly,* Am. Soc. **69** [1947] 715.

Verbindung mit Borfluorid $C_5H_8O_2 \cdot BF_3$. Kp_{20}: 110–111° (*I. G. Farbenind.,* D.R.P. 739579 [1939]; D.R.P. Org. Chem. **6** 1269; *Reppe et al.,* A. **596** [1955] 1, 160, 179).

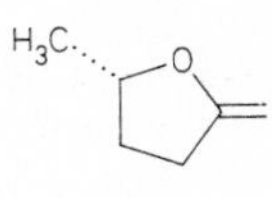

IX 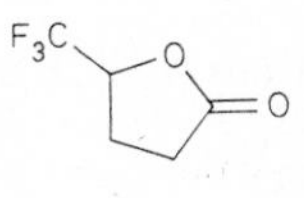 X 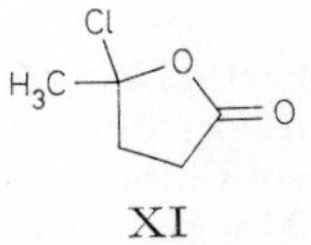 XI 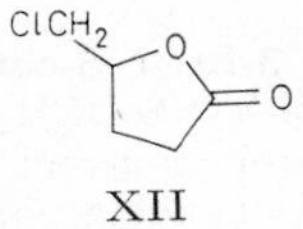 XII

(±)-5-Trifluormethyl-dihydro-furan-2-on, (±)-5,5,5-Trifluor-4-hydroxy-valeriansäure-lacton $C_5H_5F_3O_2$, Formel X.

B. Bei der Hydrierung von (±)-5,5,5-Trifluor-4-hydroxy-pent-2*c*-ensäure-lacton an Platin in Äther (*Groth,* J. org. Chem. **24** [1959] 1709, 1714).

Kp_{25}: 78–79°. D_4^{20}: 1,413. n_D^{20}: 1,3748.

(±)-5-Chlor-5-methyl-dihydro-furan-2-on, (±)-4-Chlor-4-hydroxy-valeriansäure-lacton $C_5H_7ClO_2$, Formel XI (H **17** 236 [dort als γ-Chlor-γ-methyl-butyrolacton und als γ-Chlor-γ-valerolacton bezeichnet]; s. a. E III **3** 1223).

Diese auch als Lävulinsäure-chlorid angesehene Verbindung (s. E III **3** 1223) liegt bei Raumtemperatur nach Ausweis des IR-Spektrums (*Cason, Reist,* J. org. Chem. **23** [1958] 1492, 1494; *Sterk,* M. **99** [1968] 1770) und des ^{1}H-NMR-Spektrums (*Schmid, Weiler,* Canad. J. Chem. **43** [1965] 1242, 1244; *St.*) überwiegend als (±)-4-Chlor-4-hydroxy-valeriansäure-lacton vor.

B. Beim Behandeln von Lävulinsäure mit Thionylchlorid unterhalb 50° (*Langlois, Wolff,* Am. Soc. **70** [1948] 2624; *Ca., Re.*).

(±)-5-Chlormethyl-dihydro-furan-2-on, (±)-5-Chlor-4-hydroxy-valeriansäure-lacton $C_5H_7ClO_2$, Formel XII (H 236; E I 131; dort als γ-Chlormethyl-butyrolacton und als δ-Chlor-γ-valerolacton bezeichnet).

Beim Erwärmen mit Benzol und Aluminiumchlorid (*Beyer*, B. **70** [1937] 1101, 1102, 1106) sind 4,5-Diphenyl-valeriansäure sowie kleinere Mengen 5-Phenyl-valeriansäure und 9,10-Bis-[3-carboxy-propyl]-anthracen, beim Erwärmen mit Toluol und Aluminium=chlorid (*Beyer*, B. **70** [1937] 1482, 1483, 1487) sind 4,5-Di-*p*-tolyl-valeriansäure (Hauptprodukt), 5-*p*-Tolyl-valeriansäure sowie kleine Mengen 4-[3,6-Dimethyl-[9]anthryl]-buttersäure und 4-[2,6-Dimethyl-[9]anthryl]-buttersäure erhalten worden.

***Opt.-inakt. 3-Chlor-5-chlormethyl-dihydro-furan-2-on, 2,5-Dichlor-4-hydroxy-valerian=säure-lacton** $C_5H_6Cl_2O_2$, Formel I (vgl. E I 131; dort als α-Chlor-γ-chlormethyl-butyro=lacton und als α.δ-Dichlor-γ-valerolacton bezeichnet).

B. Beim Behandeln von Allylmalonsäure-diäthylester mit Sulfurylchlorid und Erhitzen des Reaktionsprodukts mit Essigsäure und konz. wss. Salzsäure (*Gaudry, Godin*, Am. Soc. **76** [1954] 139, 141; *Talbot et al.*, Canad. J. Chem. **34** [1956] 911, 912).

Kp_5: 137–140° (*Ga., Go.*). Kp_2: 118–121°; n_D^{20}: 1,495 (*Ta. et al.*).

***Opt.-inakt. 3-Brom-5-methyl-dihydro-furan-2-on, 2-Brom-4-hydroxy-valeriansäure-lacton** $C_5H_7BrO_2$, Formel II.

B. Beim Eintragen von Brom in ein Gemisch von (±)-4-Hydroxy-valeriansäure-lacton und Phosphor(III)-bromid bei 100° (*Dow Chem. Co.*, U.S.P. 2530348 [1946], 2557779 [1947]; *Sudo*, J. chem. Soc. Japan Pure Chem. Sect. **80** [1959] 924, 929, 932; C. A. **1961** 4529).

Kp_{20}: 130–133° (*Sudo*). Kp_7: 120–125°; D^{25}: 1,595; n_D^{25}: 1,4905 (*Dow Chem. Co.*).

(±)-5-Brommethyl-dihydro-furan-2-on, (±)-5-Brom-4-hydroxy-valeriansäure-lacton $C_5H_7BrO_2$, Formel III (H 236; dort als γ-Brommethyl-butyrolacton und als δ-Brom-γ-valerolacton bezeichnet).

B. Aus (±)-4,5-Dibrom-valeriansäure beim Erhitzen unter vermindertem Druck (*BASF*, D.B.P. 860203 [1951]).

Kp_{26}: 165°.

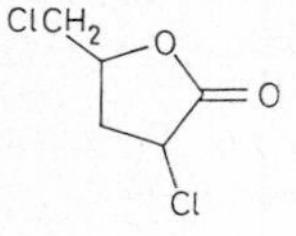

I 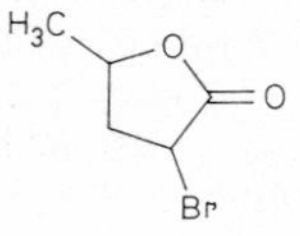 II 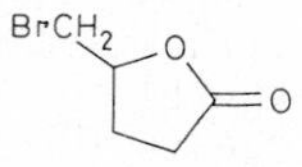 III 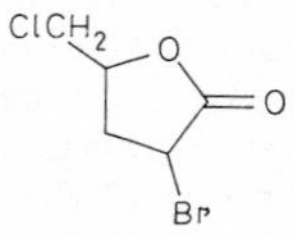 IV 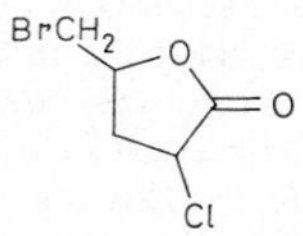 V

***Opt.-inakt. 3-Brom-5-chlormethyl-dihydro-furan-2-on, 2-Brom-5-chlor-4-hydroxy-valeriansäure-lacton** $C_5H_6BrClO_2$, Formel IV (vgl. H 237; dort als α-Brom-γ-chlor=methyl-butyrolacton und als δ-Chlor-α-brom-γ-valerolacton bezeichnet).

B. Beim Behandeln von Allylmalonsäure mit *N*-Brom-succinimid in Chloroform, Erwärmen des Reaktionsprodukts mit Sulfurylchlorid und Erhitzen des danach erhaltenen Reaktionsprodukts unter vermindertem Druck (*Gaudry, Godin*, Am. Soc. **76** [1954] 139, 141).

Kp_3: 136–140°.

***Opt.-inakt. 5-Brommethyl-3-chlor-dihydro-furan-2-on, 5-Brom-2-chlor-4-hydroxy-valeriansäure-lacton** $C_5H_6BrClO_2$, Formel V.

B. Beim Erwärmen von opt.-inakt. 5-Brommethyl-2-oxo-tetrahydro-furan-3-carbon=säure-äthylester (Kp_3: 153–154°) mit Sulfurylchlorid, Behandeln des Reaktionsprodukts mit Essigsäure und konz. wss. Salzsäure und Erhitzen des danach erhaltenen Reaktionsprodukts unter vermindertem Druck (*Gaudry, Godin*, Am. Soc. **76** [1954] 139, 141).

Kp_3: 136–138°.

***Opt.-inakt. 3-Brom-5-brommethyl-dihydro-furan-2-on, 2,5-Dibrom-4-hydroxy-valerian=säure-lacton** $C_5H_6Br_2O_2$, Formel VI.

B. Beim Behandeln von Allylmalonsäure in Chloroform mit Brom und Erhitzen des

Reaktionsprodukts unter vermindertem Druck (*Gaudry, Godin*, Am. Soc. **76** [1954] 139, 141).

Kp_3: 159–161°.

4-Jod-5-methyl-dihydro-furan-2-on, 4-Hydroxy-3-jod-valeriansäure-lacton $C_5H_7IO_2$, Formel VII.

Eine wenig beständige opt.-inakt. Verbindung (λ_{max} [$CHCl_3$]: 5,59 μ) dieser Konstitution ist beim Behandeln von Pent-3*t*-ensäure mit wss. Natriumhydrogencarbonat-Lösung und mit einer wss. Lösung von Jod und Kaliumjodid erhalten worden (*van Tamelen, Shamma*, Am. Soc. **76** [1954] 2315).

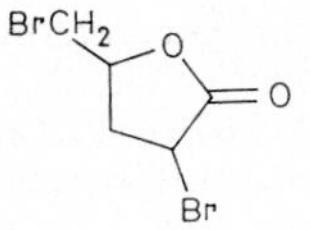

VI 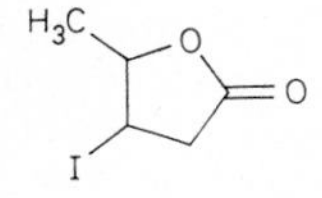 VII 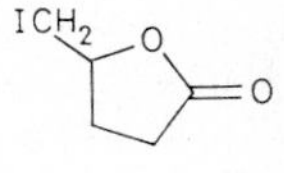 VIII 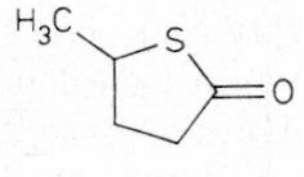 IX 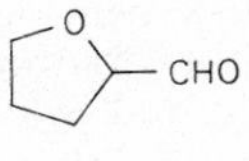 X

5-Jodmethyl-dihydro-furan-2-on, (±)-4-Hydroxy-5-jod-valeriansäure-lacton $C_5H_7IO_2$, Formel VIII.

Diese Konstitution kommt der früher (s. H 235) als 5-Hydroxy-4-jod-valeriansäurelacton („γ-Jod-δ-valerolacton") beschriebenen Verbindung zu (*van Tamelen, Shamma*, Am. Soc. **76** [1954] 2315; s. a. *Berti*, G. **81** [1951] 305, 307 Anm. 3).

B. Beim Behandeln von Pent-4-ensäure mit wss. Natriumhydrogencarbonat-Lösung und einer wss. Lösung von Jod und Kaliumjodid (*v. Ta., Sh.*) oder mit Jodcyan in Chloroform (*Arnold, Lindsay*, Am. Soc. **75** [1953] 1048).

$Kp_{0,2}$: 91°; n_D^{25}: 1,5385 (*Ar., Li.*).

(±)-5-Methyl-dihydro-thiophen-2-on, 4-Mercapto-valeriansäure-lacton C_5H_8OS, Formel IX (E I 131; dort als 5-Oxo-2-methyl-tetrahydrothiophen bezeichnet).

B. Beim Erhitzen von (±)-4-Mercapto-valeriansäure auf 160° (*Schjånberg*, B. **74** [1941] 1751, 1753). Neben 4-Mercapto-valeriansäure beim Erhitzen von Lävulinsäure mit Schwefel und Wasserstoff in Gegenwart von Kobaltpolysulfid unter 70–140 at auf 150–200° (*Farlow et al.*, Ind. eng. Chem. **42** [1950] 2547; *Du Pont de Nemours & Co.*, U.S.P. 2402613 [1939], 2402639 [1940]).

Kp_8: 85–86° (*Sch.*, B. **74** 1754); Kp_6: 70–71° (*Stevens, Tarbell*, J. org. Chem. **19** [1954] 1996, 2001). D_4^{20}: 1,0975 (*Sch.*, B. **74** 1754), 1,0962 (*St., Ta.*). n_D^{20}: 1,5039 (*St., Ta.*), 1,5028 (*Sch.*, B. **74** 1754). UV-Absorptionsmaximum (A.): 234 nm (*St., Ta.*).

Geschwindigkeitskonstante der Hydrolyse in wss. Salzsäure (0,02n bis 0,1n) bei 25°, 35° und 45°: *Schjånberg*, B. **75** [1942] 468, 477. Gleichgewichtskonstante des Reaktionssystems 5-Methyl-dihydro-thiophen-2-on + H_2O ⇌ 4-Mercapto-valeriansäure in wss. Salzsäure (0,02n bis 0,1n) bei 25°, 35° und 45°: *Sch.*; in Natriumhydroxid enthaltendem 43%ig. wss. Aceton bei 10°, 20° und 30°: *St., Ta.*; s. a. *Sch.*, l. c. S. 478.

(±)-Tetrahydro-furan-2-carbaldehyd, (±)-Tetrahydrofurfural, (±)-Tetrahydrofurfurol $C_5H_8O_2$, Formel X (E II 289).

B. Beim Leiten von (±)-Tetrahydrofurfurylalkohol im Gemisch mit feuchter Luft über Silber bei 500° (*Imp. Chem. Ind.*, Brit.P. 593617 [1945]; D.B.P. 815969 [1950]; D.R.B.P. Org. Chem. 1950–1951 **6** 2323; *Bremner et al.*, Soc. **1949** Spl. 25; *Colonge, Girantet*, Bl. **1962** 1002, 1003). In kleiner Menge aus (±)-Tetrahydrofurfurylalkohol beim Leiten über einen Kupferoxid-Chromoxid-Katalysator bei 300–350° (*Wilson*, Soc. **1945** 52, 57) sowie beim Behandeln mit Natriumdichromat und wss. Schwefelsäure (*Hinz et al.*, B. **76** [1943] 676, 681, 688). Beim Erwärmen von (±)-Tetrahydrofurfural-diäthylacetal mit verd. wss. Salzsäure (*Minné, Adkins*, Am. Soc. **55** [1933] 299, 305). Beim Erwärmen von opt.-inakt. 2,3-Dichlor-tetrahydro-pyran (S. 53) in alkal. wss. Lösung (*Paul*, C. r. **218** [1944] 122).

Kp_{760}: 145° (*Br. et al.*); Kp: 136–138° (*Potts, Robinson*, Soc. **1955** 2675, 2686); Kp_{29}: 45–47° (*Hinz et al.*); Kp_{15}: 43° (*Br. et al.*). D_4^{20}: 1,0874 (*Bremner, Robertson*, Soc. **1949** Spl. 27). n_D^{20}: 1,4473 (*Br., Ro.*), 1,4475 (*Po., Ro.*). Azeotrop mit Wasser: *Br. et al.*

Beim Aufbewahren sowie beim Behandeln mit Wasser erfolgt Umwandlung in 2-[α-Hydroxy-tetrahydro-furfuryl]-tetrahydro-furan-2-carbaldehyd [n_D^{20}: 1,476] (*Br.*, *Ro.*; *Kamenškiĭ*, *Ungurean*, Ž. prikl. Chim. **33** [1960] 2121, 2122; engl. Ausg. S. 2089; s. dagegen *Colonge*, *Girantet*, Bl. **1962** 1002). Gleichgewichtskonstante der Bildung von Acetalen beim Behandeln mit Methanol, Äthanol und anderen Alkoholen in Gegenwart von Chlorwasserstoff bei 25°: *Mi.*, *Ad.*

Charakterisierung als Dimedon-Kondensationsprodukt (Bis-[4,4-dimethyl-2,6-dioxo-cyclohexyl]-tetrahydro[2]furyl-methan; F: 148°): *Po.*, *Ro.*

(±)-2-Diäthoxymethyl-tetrahydro-furan, (±)-Tetrahydrofurfural-diäthylacetal $C_9H_{18}O_3$, Formel XI (R = C_2H_5) (E II 289).

B. Neben kleineren Mengen 2-Vinyloxymethyl-tetrahydro-furan beim Behandeln von (±)-Tetrahydrofurfurylalkohol mit Äthyl-vinyl-äther in Gegenwart von Quecksilber(II)-acetat und Schwefelsäure bei −20° (*Du Pont de Nemours & Co.*, U.S.P. 2579412 [1950]). Neben 2-Äthoxymethyl-tetrahydro-furan bei der Hydrierung von Furfural-diäthylacetal an Nickel bei 175°/125 at (*Covert et al.*, Am. Soc. **54** [1932] 1651, 1655).

Kp: 194,5° (*Co. et al.*, l. c. S. 1656); Kp_2: 112−115° (*Du Pont*). n_D^{21}: 1,4578 (*Du Pont*).

(±)-2-Dibutoxymethyl-tetrahydro-furan, (±)-Tetrahydrofurfural-dibutylacetal $C_{13}H_{26}O_3$, Formel XI (R = $[CH_2]_3$-CH_3).

B. Aus (±)-Tetrahydrofurfural und Butan-1-ol (*Minné*, *Adkins*, Am. Soc. **55** [1933] 299, 308).

$Kp_{9,5}$: 114°.

(±)-2-[Bis-pentyloxy-methyl]-tetrahydro-furan, (±)-Tetrahydrofurfural-dipentylacetal $C_{15}H_{30}O_3$, Formel XI (R = $[CH_2]_4$-CH_3).

B. Aus (±)-Tetrahydrofurfural und Pentan-1-ol (*Minné*, *Adkins*, Am. Soc. **55** [1933] 299, 308).

$Kp_{9,5}$: 145°.

(±)-2-[Bis-hexyloxy-methyl]-tetrahydro-furan, (±)-Tetrahydrofurfural-dihexylacetal $C_{17}H_{34}O_3$, Formel XI (R = $[CH_2]_5$-CH_3).

B. Aus (±)-Tetrahydrofurfural und Hexan-1-ol (*Minné*, *Adkins*, Am. Soc. **55** [1933] 299, 308).

Kp_{15}: 167−173°. n_D: 1,4433.

(±)-Bis-phenäthyloxy-tetrahydro[2]furyl-methan, (±)-Tetrahydrofurfural-diphenäthyl-acetal $C_{21}H_{26}O_3$, Formel XI (R = CH_2-CH_2-C_6H_5).

B. Aus (±)-Tetrahydrofurfural und Phenäthylalkohol (*Minné*, *Adkins*, Am. Soc. **55** [1933] 299, 308).

Kp_3: 195−198°. n_D: 1,5342.

(±)-Bis-[3-phenyl-propoxy]-tetrahydro[2]furyl-methan, (±)-Tetrahydrofurfural-[bis-(3-phenyl-propyl)-acetal] $C_{23}H_{30}O_3$, Formel XI (R = $[CH_2]_3$-C_6H_5).

B. Aus (±)-Tetrahydrofurfural und 3-Phenyl-propan-1-ol (*Minné*, *Adkins*, Am. Soc. **55** [1933] 299, 308).

$Kp_{9,5}$: 226°.

(±)-Bis-[2-äthoxy-äthoxy]-tetrahydro[2]furyl-methan, (±)-Tetrahydrofurfural-[bis-(2-äthoxy-äthyl)-acetal] $C_{13}H_{26}O_5$, Formel XI (R = CH_2-CH_2-O-C_2H_5).

B. Bei der Hydrierung von Furfural-bis-[2-äthoxy-äthylacetal] an Nickel bei 150°/130−200 at (*Minné*, *Adkins*, Am. Soc. **55** [1933] 299, 306).

Kp_4: 135°. D_4^{25}: 1,0095. n_D: 1,4403.

***Opt.-inakt. Acetoxy-[2-acetoxy-äthoxy]-tetrahydro[2]furyl-methan, 1-Acetoxy-2-[α-acetoxy-tetrahydro-furfuryl]-äthan** $C_{11}H_{18}O_6$, Formel XII (R = CH_2-CH_2-O-CO-CH_3).

B. Beim Erwärmen von (±)-2-Tetrahydro[2]furyl-[1,3]dioxolan mit Acetanhydrid und wenig Zinkchlorid (*Hinz et al.*, Reichsamt Wirtschaftsausbau Chem. Ber. **1942** 1043, 1055).

Kp_{10}: 156−158°.

(±)-2-Diacetoxymethyl-tetrahydro-furan, (±)-Tetrahydrofurfurylidendiacetat $C_9H_{14}O_5$, Formel XII (R = CO-CH_3) (E II 289).

B. Aus 2-Diacetoxymethyl-furan bei der Hydrierung an Raney-Nickel in Essigsäure in Gegenwart von Natriumaluminat bei 88–98°/80 at (*Szarvasi*, C. r. **243** [1956] 907) sowie (neben anderen Verbindungen) bei der Hydrierung an Nickel/Kieselgur bei 160° (*Burdick, Adkins*, Am. Soc. **56** [1934] 438, 440). Bei der Hydrierung von opt.-inakt. 2-Diacetoxymethyl-5-methoxy-2,5-dihydro-furan an Raney-Nickel in Methanol (*Potts, Robinson*, Soc. **1955** 2675, 2686). Neben anderen Verbindungen beim Behandeln von 3,4-Dihydro-2*H*-pyran mit Blei(IV)-acetat in Benzol (*Hurd, Edwards*, J. org. Chem. **19** [1954] 1319, 1321).

Kp_{27}: 124–126° (*Po., Ro.*); Kp_2: 99–101° (*Sz.*). D_4^{20}: 1,1687 (*Sz.*). n_D^{18}: 1,4455 (*Sz.*); n_D^{20}: 1,4370 (*Po., Ro.*).

Beim Erhitzen mit Acetylchlorid und Zinkchlorid ist 1,1,5-Triacetoxy-2-chlor-pentan erhalten worden (*Sz.*).

Bis-tetrahydrofurfuryloxy-tetrahydro[2]furyl-methan, Tetrahydrofurfural-bis-tetrahydrofurfurylacetal $C_{15}H_{26}O_5$, Formel XIII.

Über eine opt.-inakt. Verbindung ($Kp_{9,5}$: 163°) dieser Konstitution s. *Minné, Adkins*, Am. Soc. **55** [1933] 299, 308.

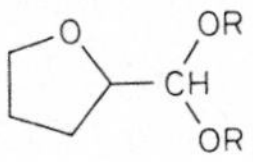

XI 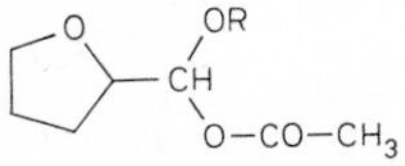 XII 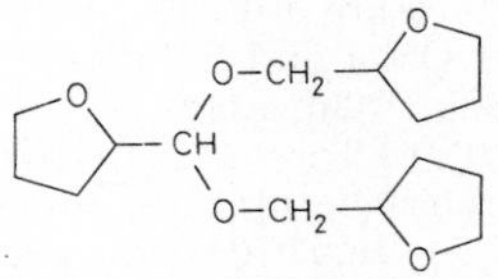 XIII 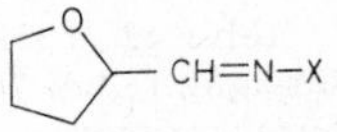 XIV

(±)-Tetrahydro-furan-2-carbaldehyd-oxim, (±)-Tetrahydrofurfural-oxim $C_5H_9NO_2$, Formel XIV (X = OH) (E II 289).

B. Aus (±)-Tetrahydrofurfural und Hydroxylamin (*Paul*, C. r. **218** [1944] 122).

Kp_{17}: 118–119°. D_{15}^{21}: 1,127. n_D^{21}: 1,4801.

(±)-Tetrahydro-furan-2-carbaldehyd-[4-nitro-phenylhydrazon], (±)-Tetrahydrofurfural-[4-nitro-phenylhydrazon] $C_{11}H_{13}N_3O_3$, Formel XIV (X = NH-C_6H_4-NO_2).

B. Beim Behandeln von (±)-2,5-Dihydroxy-valeraldehyd-[4-nitro-phenylhydrazon] mit wss.-methanol. Salzsäure (*Gerecs, Egyed*, Acta chim. hung. **19** [1959] 195, 202). Beim Behandeln von (±)-*trans*-3-Chlor-tetrahydro-pyran-2-ol (E IV **1** 4003) mit [4-Nitro-phenyl]-hydrazin in wss. Salzsäure oder wss. Essigsäure (*Ge., Eg.*, l. c. S. 201; *Charlesworth, Giesinger*, Canad. J. Chem. **34** [1956] 376, 380). Beim Behandeln von opt.-inakt. 3-Brom-tetrahydro-pyran-2-ol (E III **1** 3219) mit [4-Nitro-phenyl]-hydrazin in Äthanol und Essigsäure (*Ch., Gi.*, l. c. S. 380). Beim Behandeln von opt.-inakt. Tetrahydro-pyran-2,3-diol mit [4-Nitro-phenyl]-hydrazin-hydrochlorid in Wasser (*Ge., Eg.*, l. c. S. 197, 201).

Krystalle; F: 145–147° [aus wss. Me.] (*Ge., Eg.*), 146° [aus Me.] (*Ch., Gi.*). Absorptionsspektrum (A.; 220–460 nm): *Hurd, Edwards*, J. org. Chem. **19** [1954] 1319, 1320.

(±)-Tetrahydro-furan-2-carbaldehyd-[2,4-dinitro-phenylhydrazon], (±)-Tetrahydrofurfural-[2,4-dinitro-phenylhydrazon] $C_{11}H_{12}N_4O_5$, Formel XIV (X = NH-$C_6H_3(NO_2)_2$).

a) **(±)-Tetrahydrofurfural-[2,4-dinitro-phenylhydrazon] vom F: 135°.**

B. Beim Behandeln von (±)-Tetrahydrofurfural mit [2,4-Dinitro-phenyl]-hydrazin und wss. Salzsäure bei 0° (*Hinz et al.*, B. **76** [1943] 676, 680, 687; *Bremner et al.*, Soc. **1949** Spl. 25). Beim Behandeln von (±)-*trans*-3-Chlor-tetrahydro-pyran-2-ol (E IV **1** 4003) oder von opt.-inakt. 3-Brom-tetrahydro-pyran-2-ol (E III **1** 3219) mit [2,4-Dinitro-phenyl]-hydrazin und wss. Salzsäure (*Charlesworth, Giesinger*, Canad. J. Chem. **34** [1956] 376, 380; *Gerecs, Egyed*, Acta chim. hung. **19** [1959] 195, 201).

Gelbe Krystalle; F: 135–136° [aus A.] (*Hinz et al.*), 134° [aus A] (*Br, et al.*), 133° bis 134° [aus A.] (*Ch., Gi.*), 133–134° [aus Me.] (*Hurd, Edwards*, J. org. Chem. **14** [1949] 680, 686), 130–131° [aus E.+A.] (*Wilson*, Soc. **1945** 52, 57). In Pyridin-Lösung, langsamer in wss. Lösung, erfolgt Umwandlung in das unter b) beschriebene 2,4-Dinitro-phenylhydrazon (*Hinz et al.*).

b) **(±)-Tetrahydrofurfural-[2,4-dinitro-phenylhydrazon] vom F: 204°.**

B. Bei kurzem Erhitzen von (±)-Tetrahydrofurfural mit [2,4-Dinitro-phenyl]-hydrazin und wss.-äthanol. Salzsäure (*Hinz et al.*, B. **76** [1943] 676, 687).

Rote Krystalle (aus A.); F: 204°.

(±)-Tetrahydro-furan-2-carbaldehyd-[benzyl-phenyl-hydrazon], (±)-Tetrahydrofurfural-[benzyl-phenyl-hydrazon] $C_{18}H_{20}N_2O$, Formel XIV (X = $N(C_6H_5)$-CH_2-C_6H_5) (E II 289).

B. Bei kurzem Erwärmen von (±)-*trans*-3-Chlor-tetrahydro-pyran-2-ol (E IV **1** 4003) oder opt.-inakt. 3-Brom-tetrahydro-pyran-2-ol (E III **1** 3219) mit *N*-Benzyl-*N*-phenyl-hydrazin-hydrochlorid in wss. Äthanol (*Charlesworth, Giesinger*, Canad. J. Chem. **34** [1956] 376, 380).

Krystalle (aus Me.); F: 74–75° (*Hurd, Edwards*, J. org. Chem. **14** [1949] 680, 686; *Ch., Gi.*).

3-Methyl-dihydro-furan-2-on, 4-Hydroxy-2-methyl-buttersäure-lacton $C_5H_8O_2$.

a) **(*R*)-3-Methyl-dihydro-furan-2-on, (*R*)-4-Hydroxy-2-methyl-buttersäure-lacton** $C_5H_8O_2$, Formel I.

Über die Konfiguration s. *Seidel et al.*, Helv. **44** [1961] 598, 601.

B. Beim Erhitzen von [(2*S*)-*cis*-4-Methyl-tetrahydro-pyran-2-yl]-diphenyl-methanol (S. 1643) mit Benzolsulfonsäure auf 130°, Behandeln einer Lösung des Reaktionsprodukts in Tetrachlormethan mit Ozon und Erhitzen des erhaltenen Ozonids mit Wasser (*Seidel, Stoll*, Helv. **42** [1959] 1830, 1836, 1842).

Flüssigkeit; bei 70–80°/12 Torr destillierbar (*Se., St.*).

Charakterisierung durch Überführung in (*R*)-4-Hydroxy-2-methyl-buttersäure-hydrazid (F: 116–117°; $[\alpha]_D$: –48,9° [$CHCl_3$]): *Se., St.*

b) **(±)-3-Methyl-dihydro-furan-2-on, (±)-4-Hydroxy-2-methyl-buttersäure-lacton** $C_5H_8O_2$, Formel I + Spiegelbild (H 237; dort als 2-Methyl-butanolid-(4.1) und als α-Methyl-butyrolacton bezeichnet).

Diese Verbindung hat auch in einem von *Šarytschewa et al.* (Ž. obšč. Chim. **27** [1957] 2994, 2995; engl. Ausg. S. 3023, 3024) als (±)-5-Hydroxy-3-methyl-pentan-2-on formulierten Präparat (Kp_{20}: 83–85,7°) vorgelegen (*Štepanow*, Ž. obšč. Chim. **30** [1960] 2437; engl. Ausg. S. 2422).

B. Neben kleineren Mengen 5-Hydroxy-valeriansäure-lacton beim Erhitzen von But-3-en-1-ol mit Kohlenmonoxid, Wasser und Tetracarbonylnickel auf 280° (*Reppe, Kröper*, A. **582** [1953] 38, 50, 66). Neben anderen Verbindungen beim Erhitzen von Tetrahydrofuran mit Kohlenmonoxid, Wasser, Jod, Tetracarbonylnickel und Nickel(II)-chlorid auf 260° (*Reppe et al.*, A. **582** [1953] 87, 88, 91, 98, 108). Beim Erhitzen von (±)-2-Methyl-4-phenoxy-buttersäure mit wss. Bromwasserstoffsäure, anschliessenden Erhitzen mit wss. Kalilauge und erneuten Erhitzen mit wss. Bromwasserstoffsäure (*Lukeš, Dědek*, Collect. **23** [1958] 1981, 1982). Beim Erwärmen von (±)-4-Acetoxy-2-methyl-butyronitril mit wss. Natronlauge und Erhitzen des Reaktionsprodukts mit wss. Schwefelsäure (*Marvel, Brace*, Am. Soc. **70** [1948] 1775). Beim Erhitzen von 2-Methyl-acetessigsäure-äthylester mit Äthylenoxid und Kaliumacetat auf 110° (*Štepanow*, Ž. obšč. Chim. **25** [1955] 2480, 2483; engl. Ausg. S. 2369). Beim Erhitzen von [2-Chlor-äthyl]-methyl-malonsäure-diäthylester mit wss. Natronlauge und Erhitzen der Reaktionslösung mit wss. Schwefelsäure (*Adams, Rogers*, Am. Soc. **63** [1941] 228, 234). Beim Behandeln von (±)-2-Acetyl-4-hydroxy-buttersäure-lacton mit Methylbromid und mit Natriummethylat in Methanol (*Reppe et al.*, A. **582** 199, **596** [1955] 1, 184). Beim Erhitzen von (±)-3-Methyl-2-oxo-tetrahydro-furan-3-carbonsäure auf 150° (*Seidel, Stoll*, Helv. **42** [1959] 1830, 1837, 1843).

Kp: 201–202° (*Št.*, Ž. obšč. Chim. **25** 2483), 200° (*Cavallito, Haskell*, Am. Soc. **68** [1946] 2332), 197° (*Ma., Br.*); Kp_{745}: 200–201° (*Ad., Ro.*); Kp_{40}: 103–105° [unkorr.] (*Lu., Dě.*); Kp_{11}: 73–74° (*Se., St.*); Kp_8: 70° (*Ca., Ha.*). D_4^{20}: 1,0500 (*Št.*, Ž. obšč. Chim. **25** 2483), 1,0570 (*Ma., Br.*); D_4^{26}: 1,047 (*Ad., Ro.*). n_D^{20}: 1,4311 (*Št.*, Ž. obšč. Chim. **25** 2483), 1,4320 (*Ma., Br.*); n_D^{24}: 1,4282 (*Ad., Ro.*). IR-Banden im Bereich von 2,8 μ bis 15,1 μ: *Se., St.*, l. c. S. 1837.

Beim Erhitzen mit Methylamin auf 280° ist 1,3-Dimethyl-pyrrolidin-2-on erhalten worden (*Ad., Ro.*; *Lu., De.*).

Charakterisierung durch Überführung in (±)-4-Hydroxy-2-methyl-buttersäure-hydrazid (F: 96,5–97°): *Se., St.*

I II III IV V

(±)-3-Chlormethyl-dihydro-furan-2-on, (±)-2-Chlormethyl-4-hydroxy-buttersäure-lacton $C_5H_7ClO_2$, Formel II.

B. Beim Erwärmen von (±)-3-Hydroxymethyl-dihydro-furan-2-on mit Thionylchlorid und wenig Zinkchlorid in Benzol (*Claeson*, Ark. Kemi **12** [1958] 63, 65).

Kp_1: 91—94°.

(±)-4-Methyl-dihydro-thiophen-3-on C_5H_8OS, Formel III.

B. Beim Erhitzen von (±)-4-Methyl-3-oxo-tetrahydro-thiophen-2-carbonsäure-äthylester (Kp_{13}: 128—131°) mit wss. Schwefelsäure (*Larsson*, Svensk kem. Tidskr. **57** [1945] 24, 26).

Kp_{18}: ca. 77—78° (*La.*).

Charakterisierung als Semicarbazon (F: 198—199° [Zers.] [s. u.]): *La.*

Ein Präparat von ungewisser Einheitlichkeit (Semicarbazon: F: 192,5—193,5° [Zers.] ist beim Erwärmen eines Gemisches von 3-Oxo-tetrahydro-thiophen-2-carbonsäure-äthylester und 4-Oxo-tetrahydro-thiophen-3-carbonsäure-äthylester mit Natriumäthylat in Äthanol und mit Methyljodid und Behandeln des Reaktionsprodukts mit wss. Schwefelsäure erhalten worden (*Karrer, Schmid*, Helv. **27** [1944] 116, 118, 123).

(±)-4-Methyl-1,1-dioxo-dihydro-1λ⁶-thiophen-3-on $C_5H_8O_3S$, Formel IV.

B. Beim Erwärmen von 3-Methoxy-4-methyl-2,5-dihydro-thiophen-1,1-dioxid mit wss. Schwefelsäure (*Eigenberger*, J. pr. [2] **127** [1930] 307, 330).

Krystalle (aus A.); F: 180°.

(±)-4-Methyl-1,1-dioxo-dihydro-1λ⁶-thiophen-3-on-phenylhydrazon $C_{11}H_{14}N_2O_2S$, Formel V.

B. Aus (±)-4-Methyl-1,1-dioxo-dihydro-1λ⁶-thiophen-3-on und Phenylhydrazin (*Eigenberger*, J. pr. [2] **127** [1930] 307, 330).

Krystalle (aus Eg.); F: 167°.

(±)-4-Methyl-dihydro-thiophen-3-on-semicarbazon $C_6H_{11}N_3OS$, Formel VI.

B. Aus (±)-4-Methyl-dihydro-thiophen-3-on und Semicarbazid (*Larsson*, Svensk kem. Tidskr. **57** [1945] 24, 27).

Krystalle (aus E.); F: 198—199° [Zers.].

(±)-4-Chlor-4-methyl-1,1-dioxo-dihydro-1λ⁶-thiophen-3-on-oxim $C_5H_8ClNO_3S$, Formel VII.

B. Beim Behandeln von 3-Methyl-2,5-dihydro-thiophen-1,1-dioxid in Chloroform mit Nitrosylchlorid, Kupfer(I)-chlorid und wenig Wasser (*Krug et al.*, J. org. Chem. **23** [1958] 212, 215).

Krystalle (aus $CHCl_3$); F: ca. 148—152°.

Beim Behandeln mit äthanol. Kalilauge ist 4-Methyl-1,1-dioxo-1λ⁶-thiophen-3-on erhalten worden.

(±)-4-Methyl-dihydro-furan-2-on, (±)-γ-Hydroxy-isovaleriansäure-lacton $C_5H_8O_2$, Formel VIII (E II 289; dort als 2-Methyl-butanolid-(1.4) und als β-Methyl-butyrolacton bezeichnet).

B. Beim Erhitzen von (±)-γ-Hydroxy-isovaleriansäure mit wss. Salzsäure (*Owen, Sultanbawa*, Soc. **1949** 3089, 3097). Neben anderen Verbindungen bei der Hydrierung von 2-Acetoxy-4-hydroxy-3-methyl-*cis*-crotonsäure-lacton an Platin in Äthylacetat (*Fleck et al.*, Helv. **33** [1950] 130, 136).

Kp_{14}: 89° (*Ow., Su.*); Kp_{11}: 77—79° (*Fl. et al.*), 76—76,5° (*Seidel, Stoll*, Helv. **42** [1959]

1830, 1844). D_4^{20}: 1,0583 (*Se., St.*). n_D^{20}: 1,4327 (*Ow., Su.*), 1,4339 (*Se., St.*). IR-Banden im Bereich von 2,8 μ bis 14,7 μ: *Se., St.*, l. c. S. 1837.

Charakterisierung durch Überführung in γ-Hydroxy-isovaleriansäure-hydrazid (F: 91–92°): *Fl. et al.*; *Se., St.*

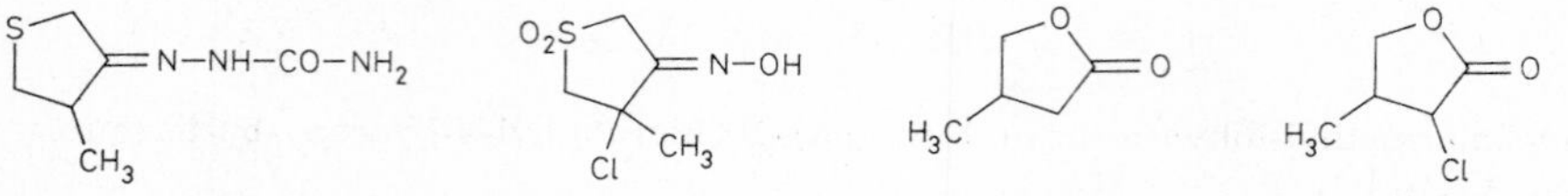

VI VII VIII IX

3-Chlor-4-methyl-dihydro-furan-2-on, α-Chlor-γ-hydroxy-isovaleriansäure-lacton $C_5H_7ClO_2$, Formel IX.

Gemische der beiden Racemate dieser Konstitution sind beim Erwärmen von (±)-*erythro*-α,γ-Dihydroxy-isovaleriansäure-γ-lacton und von (±)-*threo*-α,γ-Dihydroxy-isovaleriansäure-γ-lacton mit Pyridin und Thionylchlorid erhalten worden (*Fleck, Schinz*, Helv. **33** [1950] 140, 144).

Tetrahydro-furan-3-carbaldehyd $C_5H_8O_2$, Formel X.

Ein als 2,4-Dinitro-phenylhydrazon $C_{11}H_{12}N_4O_5$ (gelbe Krystalle [aus wss. A.]; F: 121°): charakterisiertes Präparat von unbekanntem opt. Drehungsvermögen ist aus Des-*N*-methyl-tetrahydro-desoxynupharidin (Syst. Nr. 4192) mit Hilfe von Ozon erhalten worden (*Arata et al.*, J. pharm. Soc. Japan **77** [1957] 232, 234; C. A. **1957** 11344).

(±)-4-Äthyl-oxetan-2-on, (±)-3-Hydroxy-valeriansäure-lacton, (±)-Pentan-3-olid $C_5H_8O_2$, Formel XI.

Herstellung aus Propionaldehyd und Keten in Gegenwart von Borsäure-triäthylester: *Eastman Kodak Co.*, U.S.P. 2469110 [1946]; in Gegenwart von Metaphosphorsäure-äthylester: *Eastman Kodak Co.*, U.S.P. 2450131 [1946].

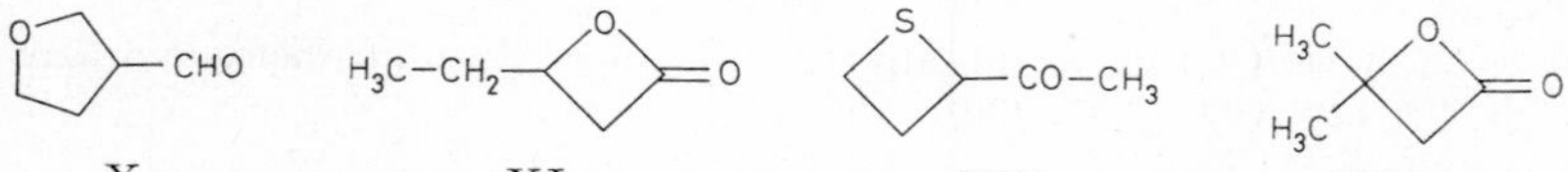

X XI XII XIII

(±)-2-Acetyl-thietan, (±)-1-Thietan-2-yl-äthanon C_5H_8OS, Formel XII.

B. Neben anderen Verbindungen beim Erwärmen von *N*-[4-Amino-2-methyl-pyrimidin-5-ylmethyl]-*N*-[1-thietan-2-yliden-äthyl]-formamid (F: 136°) mit wss. Salzsäure (*Yonemoto*, J. pharm. Soc. Japan **77** [1957] 1128, 1130; C. A. **1958** 5420).

Kp_7: 49°. IR-Spektrum (2–15 μ): *Yo.*, l. c. S. 1131.

Beim Behandeln mit Natriumboranat in Methanol ist 1-Thietan-2-yl-äthanol (Kp_{22}: 97°) erhalten worden.

4,4-Dimethyl-oxetan-2-on, β-Hydroxy-isovaleriansäure-lacton $C_5H_8O_2$, Formel XIII.

B. Beim Einleiten von Keten in Aceton in Gegenwart des Borfluorid-Äther-Addukts (*Hagemeyer*, Ind. eng. Chem. **41** [1949] 765, 768; *Gresham et al.*, Am. Soc. **76** [1954] 486; s. a. *Eastman Kodak Co.*, U.S.P. 2450116, 2450117, 2450118 [1947], 2450131 [1946], 2450133 [1947], 2450134 [1947], 2462357 [1948], 2469110 [1946], 2518662 [1948], 2585223 [1949]).

F: −26,5° bis −26° (*Gr. et al.*). Kp_{10}: 55° (*Eastman Kodak Co.*, U.S.P. 2469110, 2518662), 54° (*Ha.*), 49–51° (*Gr. et al.*). D_4^{20}: 0,9898 (*Gr. et al.*). n_D^{20}: 1,4092 (*Gr. et al.*).

In Gegenwart von konz. Schwefelsäure oder des Borfluorid-Äther-Addukts erfolgt Umwandlung in Substanzen von hohem Molekulargewicht (*Gr. et al.*). Druckhydrierung an Raney-Nickel bei 130–150° unter Bildung von Isovaleriansäure: *Eastman Kodak Co.*, U.S.P. 2484486 [1946]. Beim Behandeln mit Wasser sind 2-Methyl-propen und β-Hydroxy-isovaleriansäure erhalten worden (*Liang, Bartlett*, Am. Soc. **80** [1958] 3585, 3586; s. a.

Gr. et al.). Geschwindigkeitskonstante der Reaktionen beim Behandeln mit Wasser und mit wss. Perchlorsäure (0,1 m bis 3,65 m), auch nach Zusatz von Kaliumchlorid und Kaliumnitrat, bei 25°: *Li.*, *Ba.* Bildung von 6,6-Dimethyl-2-thioxo-tetrahydro-[1,3]thiazin-4-on beim Behandeln mit wss. Ammoniumdithiocarbamat-Lösung: *Gr. et al.*

(±)-4-Chlormethyl-4-methyl-oxetan-2-on, (±)-γ-Chlor-β-hydroxy-isovaleriansäure-lacton $C_5H_7ClO_2$, Formel I.

B. Beim Einleiten von Keten in eine Borfluorid enthaltende Lösung von Chloraceton in Äther bei −15° (*Cornforth*, Soc. **1959** 4052, 4057).

Krystalle (aus Ae.); F: 24−25°. Bei 36−42°/0,003 Torr destillierbar.

I II III IV

4,4-Dimethyl-thietan-2-on, β-Mercapto-isovaleriansäure-lacton C_5H_8OS, Formel II.

B. Beim Behandeln von β-Brom-isovalerylchlorid mit Schwefelwasserstoff und Triäthylamin in Äther (*Lin'kowa et al.*, Doklady Akad. S.S.S.R. **127** [1959] 564; Pr. Acad. Sci. U.S.S.R. Chem. Sect. **124−129** [1959] 579). Beim Behandeln von Triäthylammonium-[β-mercapto-isovalerat] mit Chlorameisensäure-äthylester und Triäthylamin in Chloroform (*Lin'kowa et al.*, Izv. Akad. S.S.S.R. Otd. chim. **1955** 569; engl. Ausg. S. 507).

$Kp_{1,5}$: 33−34°; D_{20}^{20}: 1,0425; n_D^{20}: 1,4865 (*Li. et al.*, Izv. Akad. S.S.S.R. Otd. chim. **1955** 570).

***Opt.-inakt. 3,4-Dimethyl-oxetan-2-on, 3-Hydroxy-2-methyl-buttersäure-lacton** $C_5H_8O_2$, Formel III (E II 289; dort als 2-Methyl-butanolid-(3.1), als α-Methyl-β-butyrolacton und als α.β-Dimethyl-propiolacton bezeichnet).

B. Beim Erhitzen von opt.-inakt. 2,3-Dimethyl-4-oxo-oxetan-3-carbonsäure (hergestellt aus (±)-[1-Hydroxy-äthyl]-methyl-malonsäure durch Erhitzen) unter vermindertem Druck auf Temperaturen oberhalb 100° (*Michael, Ross*, Am. Soc. **55** [1933] 3684, 3695).

Kp_{15}: 80°.

3,3-Bis-chlormethyl-oxetan-2-on, 2,2-Bis-chlormethyl-3-hydroxy-propionsäure-lacton $C_5H_6Cl_2O_2$, Formel IV.

B. Beim Erhitzen des Silber-Salzes bzw. des Blei(II)-Salzes der 3-Chlor-2,2-bis-chlormethyl-propionsäure unter 0,3 Torr auf 110−150° bzw. auf 165−200° (*Imp. Chem. Ind.* U.S.P. 2853474 [1955]).

Krystalle (aus Hexan + Bzl.); F: 36°.

(±)-2-Acetyl-2-methyl-oxiran, (±)-3,4-Epoxy-3-methyl-butan-2-on $C_5H_8O_2$, Formel V.

B. Beim Behandeln von 3-Methyl-but-3-en-2-on mit wss. Natronlauge, Magnesiumsulfat und wss. Wasserstoffperoxid (*Publicker Comm. Alcohol Co.*, U.S.P. 2431718 [1945]) oder mit *tert*-Butylhydroperoxid in Benzol nach Zusatz von methanol. Tetramethylammoniumhydroxid-Lösung (*Yang, Finnegan*, Am. Soc. **80** [1958] 5845, 5847).

F: −47° bis −45° (*Publicker Comm. Alcohol Co.*). Kp: 130−132° (*Publicker Comm. Alcohol Co.*); Kp_{44}: 54° (*Yang, Fi.*). D^{20}: 0,9476 (*Publicker Comm. Alcohol Co.*). n_D^{19}: 1,4193 (*Yang, Fi.*); n_D^{20}: 1,4192 (*Publicker Comm. Alcohol Co.*). IR-Banden: *Yang, Fi.* In Wasser lösen sich bei 23° 24%; Lösungsvermögen für Wasser bei 23°: 5% (*Publicker Comm. Alcohol Co.*).

(±)-2-[2,2-Diäthoxy-äthyl]-2-methyl-oxiran, (±)-β,γ-Epoxy-isovaleraldehyd-diäthylacetal $C_9H_{18}O_3$, Formel VI.

B. Beim Behandeln von 3-Methyl-but-3-enal-diäthylacetal mit Peroxyphthalsäure in

Äther (*Cornforth, Firth*, Soc. **1958** 1091, 1098).

Kp_{17}: 83–84° (*Co., Fi.*).

Reaktion mit Ammoniak in Wasser oder in Methanol unter Bildung von γ-Amino-β-hydroxy-isovaleraldehyd-diäthylacetal: *Co., Fi.* Beim Erhitzen mit wss. Schwefelsäure ist 3-Methyl-furan erhalten worden (*Cornforth*, Soc. **1958** 1310).

***Opt.-inakt. 2-Acetyl-3-methyl-oxiran, 3,4-Epoxy-pentan-2-on** $C_5H_8O_2$, Formel VII.

B. Beim Behandeln einer Lösung von Pent-3-en-2-on (Kp: 121–122°; n_D^{17}: 1,4390) in Methanol mit wss. Wasserstoffperoxid und wss. Natronlauge (*Tischtschenko et al.*, Ž. obšč. Chim. **29** [1959] 809, 812; engl. Ausg. S. 795).

Kp_{14}: 48°; Kp_{11}: 44–45°. D_4^{20}: 0,9818. n_D^{20}: 1,4162. UV-Spektrum (A.; 220–340 nm): *Ti. et al.*

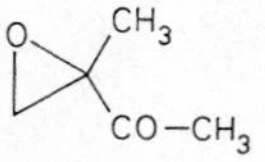

V 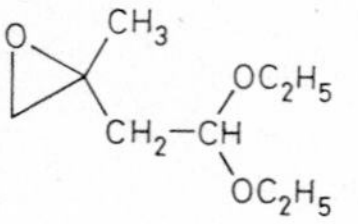 VI 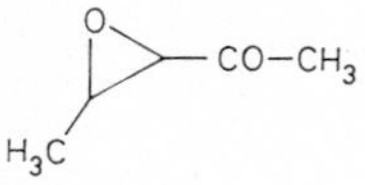 VII 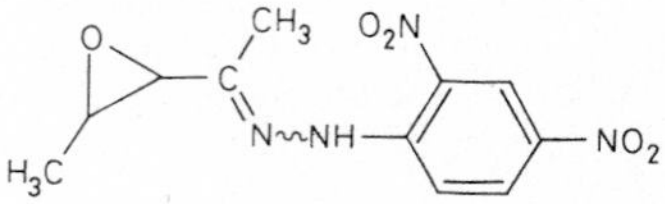 VIII

***Opt.-inakt. 3,4-Epoxy-pentan-2-on-[2,4-dinitro-phenylhydrazon]** $C_{11}H_{12}N_4O_5$, Formel VIII.

B. Aus dem im vorangehenden Artikel beschriebenen Keton und [2,4-Dinitro-phenyl]-hydrazin (*Tischtschenko et al.*, Ž. obšč. Chim. **29** [1959] 809, 812; engl. Ausg. S. 795).

Orangefarbene Krystalle (aus A. + E.); F: 241–242°. [*K. Grimm*]

Oxo-Verbindungen $C_6H_{10}O_2$

Oxepan-2-on, 6-Hydroxy-hexansäure-lacton, Hexan-6-olid $C_6H_{10}O_2$, Formel IX (E II 290; dort auch als ε-Caprolacton bezeichnet).

B. Beim Einleiten von Keten in Tetrahydrofuran in Gegenwart von Borfluorid oder Schwefelsäure (*Du Pont de Nemours & Co.*, U.S.P. 2443451 [1946]). Beim Erhitzen von Hexan-1,6-diol mit Kupferoxid-Chromoxid bis auf 230° (*Du Pont de Nemours & Co.*, U.S.P. 2178761 [1935], 2182991 [1937]) oder mit einem Chrom(III)-oxid enthaltenden Kupfer-Katalysator auf 220° (*I.G. Farbenind.*, D.R.P. 704237 [1938]; D.R.P. Org. Chem. **6** 1250; s. a. *Reppe et al.*, A. **596** [1955] 1, 160, 180). Beim Einleiten von Ozon in eine mit Schwefelsäure versetzte Lösung von Cyclohexanon in Tetrachlormethan (*Continental Oil Co.*, U.S.P. 2872456 [1957]). Beim Behandeln von Cyclohexanon mit Peroxyessigsäure in Aceton (*Starcher, Phillips*, Am. Soc. **80** [1958] 4079, 4082), mit Peroxybenzoesäure in wasserhaltigem Chloroform (*Friess*, Am. Soc. **71** [1949] 2571, 2572) oder mit Monoperoxyphthalsäure in Äther (*Karrer, Haab*, Helv. **32** [1949] 973). Aus 6-Hydroxyhexansäure beim Erhitzen bis auf 210° (*Van Natta et al.*, Am. Soc. **56** [1934] 455, **58** [1936] 183) sowie beim Erwärmen mit wenig Benzolsulfonsäure in Benzol (*Stoll, Rouvé*, Helv. **18** [1935] 1087, 1091, 1114). Aus Adipinsäure-monoäthylester bei der Hydrierung an Kupferoxid-Chromoxid bei 225–250°/140 at sowie beim Erwärmen des Kalium-Salzes des Adipinsäure-monoäthylesters mit Natrium und Äthanol (*Sayles, Degering*, Am. Soc. **71** [1949] 3161, 3163). Aus Hexan-1,6-diol mit Hilfe von Essig-Bakterien: *Weinessigfabr. A. Enenkel*, D.B.P. 929543 [1949]. — In dem von *Marvel, Birkhimer* (E II 290) beim Erwärmen von 6-Brom-hexansäure mit Natriumäthylat in Äthanol erhaltenen Präparat hat nicht 6-Hydroxy-hexansäure-lacton, sondern 6-Hydroxy-hexansäure-äthylester vorgelegen (*Van Na. et al.*, Am. Soc. **56** 455).

Über die Konformation s. *Huisgen, Ott*, Tetrahedron **6** [1959] 253, 263. Dipolmoment (ε; Bzl.): 4,45 D (*Hu., Ott*, l. c. S. 256).

F: 5° (*Hu., Ott*, l. c. S. 265), 0° (*St., Ro.*, l. c. S. 1105), –1,3° (*St., Ph.*). Kp_{10-11}: 104–106° (*Hu., Ott*); Kp_{10}: 108° [unkorr.] (*St., Ph.*); Kp_9: 98–100° (*St., Ro.*); Kp_2: 98–99° (*Van Na. et al.*, Am. Soc. **56** 455). D_4^{20}: 1,0693 (*St., Ro.*); D_4^{24}: 1,0698 (*Van Na. et al.*, Am. Soc. **56** 455). n_D^{20}: 1,4605 (*St., Ro.*); n_D^{24}: 1,4608 (*Van Na. et al.*, Am. Soc. **56** 455); n_D^{30}: 1,4605 (*St., Ph.*). IR-Banden (Film) im Bereich von 5,5 μ bis 10 μ: *Hu., Ott*, l. c. S. 264.

Beim Erhitzen auf 150° erfolgt Umwandlung in Substanzen von hohem Molekulargewicht (*Van Na. et al.*, Am. Soc. **56** 455). Geschwindigkeitskonstante der Hydrolyse in wss. Natronlauge (0,1n) bei Raumtemperatur (?): *Hall et al.*, Am. Soc. **80** [1958] 6420, 6422; in Natriumhydroxid enthaltendem 60%ig. wss. Dioxan bei 0°: *Hu.*, *Ott*, l. c. S. 261.

Charakterisierung durch Überführung in 6-Hydroxy-hexansäure-hydrazid (F: 114° bis 115°): *Van Na. et al.*, Am. Soc. **56** 456; *Fr.*

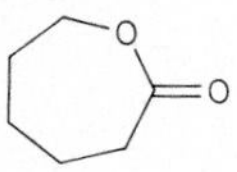

IX 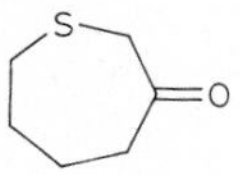 X 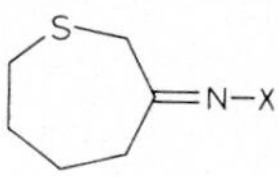 XI 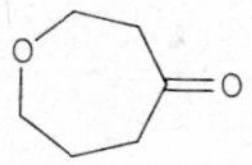 XII 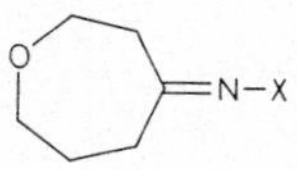 XIII

Thiepan-3-on $C_6H_{10}OS$, Formel X.

B. Beim Behandeln von 5-Äthoxycarbonylmethylmercapto-valeriansäure-äthylester mit Natriumäthylat in Toluol und Erwärmen des erhaltenen 3-Oxo-thiepan-2(oder4)-carbonsäure-äthylesters ($C_9H_{14}O_3S$; $Kp_{0,9}$: 102°; n_D^{20}: 1,5177) mit wss. Schwefelsäure (*Leonard*, *Figueras*, Am. Soc. **74** [1952] 917, 919).

F: 20,5–21°. $Kp_{0,55}$: 54°. n_D^{20}: 1,5285.

Beim Erhitzen mit wss. Salzsäure und amalgamiertem Zink ist 2-Methyl-tetrahydrothiopyran erhalten worden (*Le.*, *Fi.*, l. c. S. 920).

Thiepan-3-on-oxim $C_6H_{11}NOS$, Formel XI (X = OH).

B. Aus Thiepan-3-on und Hydroxylamin (*Leonard*, *Figueras*, Am. Soc. **74** [1952] 917, 919).

Krystalle; F: 96–97°. Bei 85°/0,15 Torr sublimierbar.

Thiepan-3-on-[*O*-benzoyl-oxim] $C_{13}H_{15}NO_2S$, Formel XI (X = O-CO-C_6H_5).

B. Beim Behandeln von Thiepan-3-on-oxim mit Benzoylchlorid und wss. Natronlauge (*Leonard*, *Figueras*, Am. Soc. **74** [1952] 917, 919).

Krystalle (aus Bzn.); F: 91–92°.

Thiepan-3-on-semicarbazon $C_7H_{13}N_3OS$, Formel XI (X = NH-CO-NH_2).

B. Aus Thiepan-3-on und Semicarbazid (*Leonard*, *Figueras*, Am. Soc. **74** [1952] 917, 919).

Krystalle (aus Me.); F: 189,5–190° [korr.].

Oxepan-4-on $C_6H_{10}O_2$, Formel XII.

B. Aus Tetrahydro-pyran-4-on und Diazomethan (*Olsen*, *Bredoch*, B. **91** [1958] 1589, 1594).

Kp_8: 68°. D_4^{20}: 1,0682. n_D^{20}: 1,4611. IR-Spektrum (2,5–15 μ): *Ol.*, *Br.*, l. c. S. 1590.

Oxepan-4-on-[2,4-dinitro-phenylhydrazon] $C_{12}H_{14}N_4O_5$, Formel XIII (X = NH-$C_6H_3(NO_2)_2$).

B. Aus Oxepan-4-on und [2,4-Dinitro-phenyl]-hydrazin (*Olsen*, *Bredoch*, B. **91** [1958] 1589, 1595).

F: 173–174° [aus Me.].

Oxepan-4-on-[4-phenyl-semicarbazon] $C_{13}H_{17}N_3O_2$, Formel XIII (X = NH-CO-NH-C_6H_5).

B. Aus Oxepan-4-on und 4-Phenyl-semicarbazid (*Olsen*, *Bredoch*, B. **91** [1958] 1589, 1595).

F: 168–169° [aus A.].

Thiepan-4-on $C_6H_{10}OS$, Formel I.

B. Beim Behandeln von Tetrahydro-thiopyran-4-on mit Methyl-nitroso-carbamidsäure-äthylester und Bariumoxid in Methanol (*Overberger*, *Katchman*, Am. Soc. **78** [1956] 1965, 1967).

$Kp_{1,5}$: 72–75°. D_4^{20}: 1,1351. n_D^{23}: 1,5299.

Thiepan-4-on-[2,4-dinitro-phenylhydrazon] $C_{12}H_{14}N_4O_4S$, Formel II.

B. Aus Thiepan-4-on und [2,4-Dinitro-phenyl]-hydrazin (*Overberger, Katchman*, Am. Soc. **78** [1956] 1965, 1967).

Krystalle (aus A.); F: 189,5—191° [korr.].

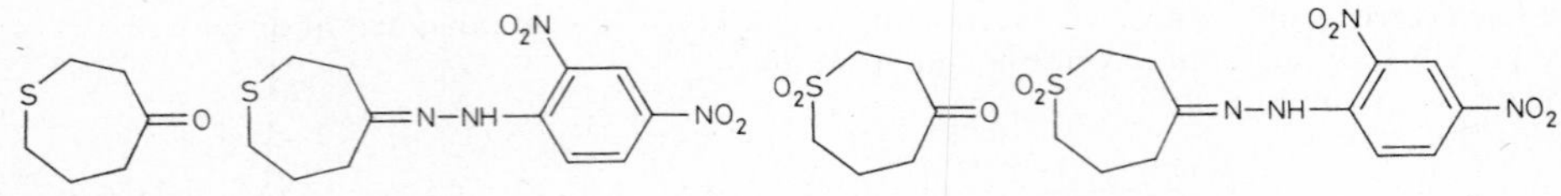

I II III IV

1,1-Dioxo-1λ⁶-thiepan-4-on $C_6H_{10}O_3S$, Formel III.

B. Beim Behandeln von Thiepan-4-on mit Ameisensäure und wss. Wasserstoffperoxid (*Overberger, Katchman*, Am. Soc. **78** [1956] 1965, 1968).

Krystalle (aus A.); F: 121,5—123° [korr.].

1,1-Dioxo-1λ⁶-thiepan-4-on-[2,4-dinitro-phenylhydrazon] $C_{12}H_{14}N_4O_6S$, Formel IV.

B. Aus 1,1-Dioxo-1λ⁶-thiepan-4-on und [2,4-Dinitro-phenyl]-hydrazin (*Overberger, Katchman*, Am. Soc. **78** [1956] 1965, 1968).

Krystalle (aus A. + CH_2Cl_2); F: 218—220° [korr.].

***Opt.-inakt. 3,5-Dibrom-1,1-dioxo-1λ⁶-thiepan-4-on** $C_6H_8Br_2O_3S$, Formel V.

B. Aus 1,1-Dioxo-1λ⁶-thiepan-4-on und Brom (*Overberger, Katchman*, Am. Soc. **78** [1956] 1965, 1968).

Krystalle (aus Eg.); F: 156,7—157,7° [korr.].

(±)-2-Methyl-tetrahydro-pyran-4-on $C_6H_{10}O_2$, Formel VI.

B. Beim Erwärmen von Hexa-1,5-dien-3-in mit wss. Methanol, Quecksilber(II)-sulfat und Schwefelsäure (*Nasarow, Sarezkaja*, Izv. Akad. S.S.S.R. Otd. chim. **1942** 200, 203, 204; C. A. **1945** 1619; *Nasarow et al.*, Ž. obšč. Chim. **28** [1958] 2757, 2759; engl. Ausg. S. 2781, 2783). Beim Erwärmen von (±)-Hex-5-en-3-in-2-ol mit Quecksilber(II)-sulfat und wss. Schwefelsäure (*Na., Sa.*, l. c. S. 208; *Nasarow et al.*, Izv. Akad. S.S.S.R. Otd. chim. **1943** 50, 53; C. A. **1944** 1729). Beim Erwärmen von 1-Acetoxy-hex-4-en-3-on (Kp_1: 75—77°; n_D^{20}: 1,4585) oder von (±)-1,5-Diacetoxy-hexan-3-on mit wss. Schwefelsäure (*Nasarow et al.*, Ž. obšč. Chim. **27** [1957] 1818, 1825; engl. Ausg. S. 1884, 1889, 1890). Beim Erwärmen von Hexa-1,4(?)-dien-3-on (E III **1** 3043, **7** 4882) mit wss. Schwefelsäure und Ameisensäure (*Na., Sa.*, l. c. S. 201, 207). Aus opt. inakt. 2-Methyl-tetrahydro-pyran-4-ol (Kp_{20}: 99—100°) mit Hilfe von Kaliumdichromat (*Hanschke*, B. **88** [1955] 1053, 1057).

Kp_{750}: 169—170° (*Nasarow, Wartanjan*, Ž. obšč. Chim. **21** [1951] 374, 377; engl. Ausg. S. 413, 415); Kp_{13}: 61° (*Ha.*); Kp_9: 51—52° (*Na., Sa.*). D_4^{20}: 1,0229 (*Na., Sa.*), 1,0199 (*Ha.*). n_D^{20}: 1,4469 (*Ha.*), 1,4450 (*Na., Sa.*).

Beim Erwärmen mit Methylamin in Wasser ist 1,2-Dimethyl-piperidin-4-on, beim Erwärmen mit Dimethylamin in Wasser ist 1,5-Bis-dimethylamino-hexan-3-on erhalten worden (*Nasarow et al.*, Ž. obšč. Chim. **23** [1953] 1990, 1992; engl. Ausg. S. 2105, 2107).

(±)-2-Methyl-tetrahydro-pyran-4-on-[2,4-dinitro-phenylhydrazon] $C_{12}H_{14}N_4O_5$, Formel VII (X = NH-$C_6H_3(NO_2)_2$).

B. Aus (±)-2-Methyl-tetrahydro-pyran-4-on und [2,4-Dinitro-phenyl]-hydrazin (*Hanschke*, B. **88** [1955] 1053, 1057; *Nasarow et al.*, Ž. obšč. Chim. **27** [1957] 606, 611; engl. Ausg. S. 675, 679; *Colonge, Varagnat*, Bl. **1964** 2499, 2501).

Krystalle; F: 151—152° (*Na. et al.*), 140° [aus Methylcyclohexan bzw. Cyclohexan] (*Ha.*; *Co., Va.*). Absorptionsmaximum (Isooctan): 344 nm (*Na. et al.*).

(±)-2-Methyl-tetrahydro-pyran-4-on-semicarbazon $C_7H_{13}N_3O_2$, Formel VII (X = NH-CO-NH_2).

B. Aus (±)-2-Methyl-tetrahydro-pyran-4-on und Semicarbazid (*Nasarow, Sarezkaja*, Izv.

Akad. S.S.S.R. Otd. chim. **1942** 200, 204; C.A. **1945** 1619; *Colonge, Varagnat,* Bl. **1964** 2499, 2501).

Krystalle (aus wss. A.); F: 176° (*Co., Va.*), 169—170° (*Na., Sa.*).

(±)-2-Methyl-tetrahydro-pyran-4-on-[4-phenyl-semicarbazon] $C_{13}H_{17}N_3O_2$, Formel VII (X = NH-CO-NH-C_6H_5).

B. Aus (±)-2-Methyl-tetrahydro-pyran-4-on und 4-Phenyl-semicarbazid (*Hanschke,* B. **88** [1955] 1053, 1057).

Krystalle (aus A.); F: 193°.

(±)-2-Methyl-tetrahydro-pyran-4-on-thiosemicarbazon $C_7H_{13}N_3OS$, Formel VII (X = NH-CS-NH_2).

B. Aus (±)-2-Methyl-tetrahydro-pyran-4-on und Thiosemicarbazid (*Hanschke,* B. **88** [1955] 1053, 1057).

Krystalle (aus W.); F: 150,8°.

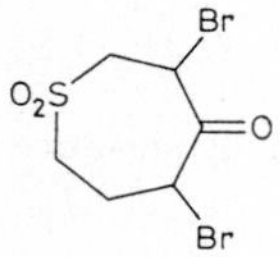

V 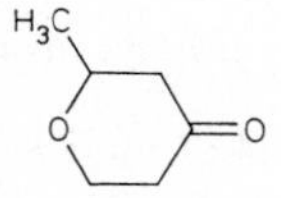 VI 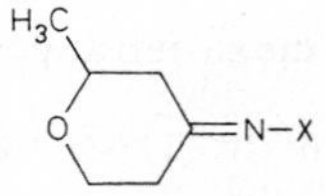 VII 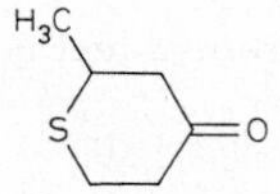 VIII 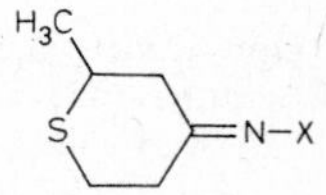 IX

(±)-2-Methyl-tetrahydro-thiopyran-4-on $C_6H_{10}OS$, Formel VIII.

B. Beim Behandeln von (±)-1-Brom-5-chlor-hexan-3-on mit Natriumsulfid in Äthanol und Äther (*Rolla et al.,* Ann. Chimica **42** [1952] 507, 515). Beim Behandeln von Hexa-1,4(?)-dien-3-on (E III **1** 3043, **7** 4882) mit Schwefelwasserstoff in Äthanol (*Nasarow et al.,* Ž. obšč. Chim. **19** [1949] 2148, 2152; engl. Ausg. S. a 621, a 625; *Nasarow et al.,* Ž. obšč. Chim. **22** [1952] 984, 987; engl. Ausg. S. 1039, 1041). Beim Behandeln von (±)-3-[2-Methoxycarbonyl-äthylmercapto]-buttersäure-methylester mit Natriummethylat in Äther und Behandeln des Reaktionsgemisches mit wss. Schwefelsäure (*Barkenbus et al.,* J. org. Chem. **16** [1951] 232, 236).

Kp_{12}: 82,5° (*Na. et al.,* Ž. obšč. Chim. **19** 2152); Kp_2: 41—45° (*Ba. et al.*). D_4^{20}: 1,0877 (*Na. et al.,* Ž. obšč. Chim. **19** 2152). n_D^{20}: 1,5094 (*Na. et al.,* Ž. obšč. Chim. **19** 2152); n_D^{25}: 1,5125 (*Ba. et al.*).

(±)-2-Methyl-tetrahydro-thiopyran-4-on-[2,4-dinitro-phenylhydrazon] $C_{12}H_{14}N_4O_4S$, Formel IX (X = NH-$C_6H_3(NO_2)_2$).

B. Aus (±)-2-Methyl-tetrahydro-thiopyran-4-on und [2,4-Dinitro-phenyl]-hydrazin (*Barkenbus et al.,* J. org. Chem. **16** [1951] 232, 236; *Rolla et al.,* Ann. Chimica **42** [1952] 507, 515)).

Krystalle; F: 145—146° [aus E.] (*Ro. et al.*), 143—145° [unkorr.] (*Ba. et al.*).

(±)-2-Methyl-tetrahydro-thiopyran-4-on-semicarbazon $C_7H_{13}N_3OS$, Formel IX (X = NH-CO-NH_2).

B. Aus (±)-2-Methyl-tetrahydro-thiopyran-4-on und Semicarbazid (*Nasarow et al.,* Ž. obšč. Chim. **19** [1949] 2148, 2152; engl. Ausg. S. a 621, a 625).

Krystalle (aus Me.); F: 168°.

(±)-2-Methyl-1,1-dioxo-tetrahydro-1λ^6-thiopyran-4-on $C_6H_{10}O_3S$, Formel X.

B. Aus (±)-2-Methyl-tetrahydro-thiopyran-4-on mit Hilfe von Kaliumpermanganat (*Nasarow et al.,* Ž. obšč. Chim. **19** [1949] 2148, 2152; engl. Ausg. S. a 621, a 625).

Krystalle (aus Me. + Bzl.); F: 80°.

***Opt.-inakt. 3-Brom-2-methyl-1,1-dioxo-tetrahydro-1λ^6-thiopyran-4-on** $C_6H_9BrO_3S$, Formel XI.

B. Neben der im folgenden Artikel beschriebenen Verbindung beim Behandeln von (±)-2-Methyl-1,1-dioxo-tetrahydro-1λ^6-thiopyran-4-on mit Brom und Bromwasserstoff in Essigsäure (*Nasarow et al.,* Ž. obšč. Chim. **22** [1952] 1405, 1408; engl. Ausg. S. 1449,

1451).
F: 170—174° [unreines Präparat].

***Opt.-inakt. 5-Brom-2-methyl-1,1-dioxo-tetrahydro-1λ⁶-thiopyran-4-on** $C_6H_9BrO_3S$, Formel XII.
B. s. im vorangehenden Artikel.
Krystalle (aus Me.) mit 1,5 Mol Methanol; F: 187,5—188° (*Nasarow et al.*, Ž. obšč. Chim. **22** [1952] 1405, 1408; engl. Ausg. S. **1449**, 1451).

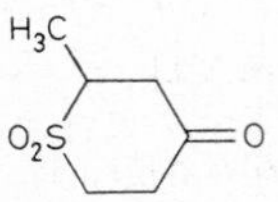

X 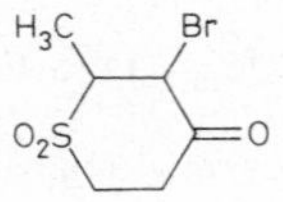 XI 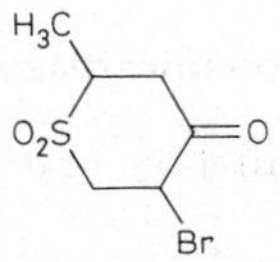 XII 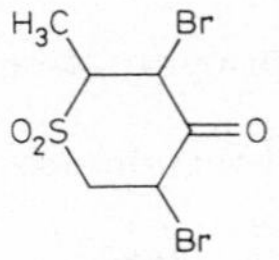 XIII 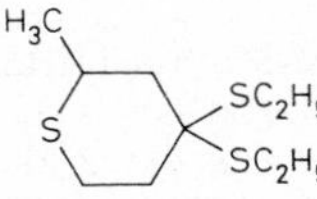 XIV

***Opt.-inakt. 3,5-Dibrom-2-methyl-1,1-dioxo-tetrahydro-1λ⁶-thiopyran-4-on** $C_6H_8Br_2O_3S$, Formel XIII.
B. Aus (±)-2-Methyl-1,1-dioxo-tetrahydro-1λ⁶-thiopyran-4-on und Brom in Essigsäure (*Nasarow et al.*, Ž. obšč. Chim. **22** [1952] 990, 993; engl. Ausg. S. 1045, 1047).
Krystalle (aus Eg.); F: 219—219,5°.

(±)-4,4-Bis-äthylmercapto-2-methyl-tetrahydro-thiopyran, (±)-2-Methyl-tetrahydro-thiopyran-4-on-diäthyldithioacetal $C_{10}H_{20}S_3$, Formel XIV.
B. Beim Behandeln von (±)-2-Methyl-tetrahydro-thiopyran-4-on mit Äthanthiol unter Einleiten von Chlorwasserstoff (*Barkenbus, Midkiff*, J. org. Chem. **16** [1951] 1047).
Kp_2: 112—114°. n_D^{25}: 1,5552.

(±)-4,4-Bis-äthansulfonyl-2-methyl-1,1-dioxo-tetrahydro-1λ⁶-thiopyran, (±)-4,4-Bis-äthansulfonyl-2-methyl-tetrahydro-thiopyran-1,1-dioxid $C_{10}H_{20}O_6S_3$, Formel I.
B. Aus (±)-4,4-Bis-äthylmercapto-2-methyl-tetrahydro-thiopyran mit Hilfe von Kaliumpermanganat (*Barkenbus, Midkiff*, J. org. Chem. **16** [1951] 1047).
Krystalle (aus Acn. + A.); F: 165—167°.

(±)-6-Methyl-dihydro-pyran-3-on $C_6H_{10}O_2$, Formel II.
B. Aus Hex-5-en-2-in-1-ol mit Hilfe von Quecksilber(II)-sulfat in Wasser (*Varagnat, Colonge*, C. r. **247** [1958] 1206).
Kp_{27}: 56°. D_4^{25}: 1,023. n_D^{25}: 1,4430.

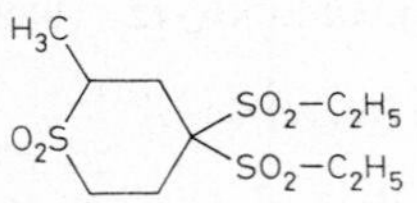

I 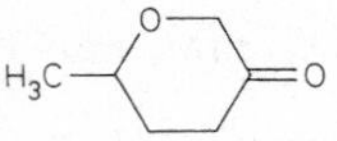 II 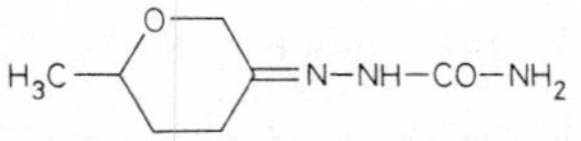 III 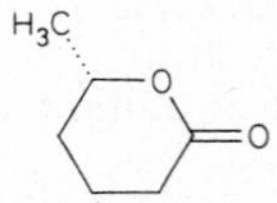 IV

(±)-6-Methyl-dihydro-pyran-3-on-semicarbazon $C_7H_{13}N_3O_2$, Formel III.
B. Aus (±)-6-Methyl-dihydro-pyran-3-on und Semicarbazid (*Varagnat, Colonge*, C. r. **247** [1958] 1206).
F: 180° [aus Bzl.].

6-Methyl-tetrahydro-pyran-2-on, 5-Hydroxy-hexansäure-lacton, Hexan-5-olid $C_6H_{10}O_2$ (in der Literatur auch als δ-Caprolacton bezeichnet).

a) **(*S*)-6-Methyl-tetrahydro-pyran-2-on, (*S*)-5-Hydroxy-hexansäure-lacton** $C_6H_{10}O_2$, Formel IV.
Konfigurationszuordnung: *Kuhn, Kum*, B. **95** [1962] 2009.
B. Bei der Hydrierung von (*S*)-6-Methyl-5,6-dihydro-pyran-2-on an Palladium/Barium-sulfat in Äthanol (*Kuhn, Jerchel*, B. **76** [1943] 413, 416).

F: 31°; Kp_{15}: 105—106°; $[\alpha]_D^{19}$: —51,4° [A.; c = 5] (*Kuhn, Je.*).

b) **(±)-6-Methyl-tetrahydro-pyran-2-on, (±)-5-Hydroxy-hexansäure-lacton** $C_6H_{10}O_2$, Formel IV + Spiegelbild (H 237).

B. Beim Erhitzen von 3-Chlor-propionsäure mit Propen, Propionsäure, Wasser und wenig Pyrogallol auf 320° (*BASF*, D.B.P. 962429 [1955]). Beim Erhitzen von (±)-5-Hydroxy-hexansäure-äthylester mit Polyphosphorsäure (*Korte, Machleidt*, B. **88** [1955] 1676, 1679). Aus 5-Oxo-hexansäure beim Behandeln mit wss. Natronlauge und Natrium-Amalgam und anschliessenden Ansäuern (*Linstead, Rydon*, Soc. **1934** 1994, 2000) sowie bei der Hydrierung an Raney-Nickel bei 120°/200 at (*Ko., Ma.*) oder in Äther bei 60°/100 at (*Nenitzescu, Nescoin*, Am. Soc. **72** [1950] 3483, 3485). Bei der Hydrierung von 6-Methyl-3,4-dihydro-pyran-2-on an Nickel/Aluminiumoxid bei 180—200° (*Schuscherina et al.*, Ž. obšč. Chim. **26** [1956] 750, 754; engl. Ausg. S. 861, 864). Bei der Hydrierung von (±)-6-Methyl-5,6-dihydro-pyran-2-on an Platin in Äthanol (*Kuhn, Jerchel*, B. **76** [1943] 413, 417).

Krystalle; F: 18° (*Li., Ry.*), 17—18° (*Kuhn, Je.*). Kp_{23}: 114—116° (*Sch. et al.*); Kp_{14}: 107° (*Li., Ry.*), 106—107° (*Kuhn, Je.*); $Kp_{0,05}$: 63—64° (*Ko., Ma.*). D_4^{20}: 1,0443 (*Li., Ry.*), 1,0162 (*Sch. et al.*). n_D^{20}: 1,4451 (*Li., Ry.*), 1,4425 (*Sch. et al.*).

Beim Behandeln mit Ameisensäure-äthylester und Natrium in Äther ist 6-Methyl-2-oxo-tetrahydro-pyran-3-carbaldehyd (⇌ 3-Hydroxymethylen-6-methyl-tetrahydro-pyran-2-on) erhalten worden (*Ko., Ma.*, l. c. S. 1677, 1680).

Charakterisierung durch Überführung in 5-Hydroxy-hexansäure-amid (F: 74°): *Alder et al.*, B. **74** [1941] 905, 914.

(±)-6-Jodmethyl-tetrahydro-pyran-2-on, (±)-5-Hydroxy-6-jod-hexansäure-lacton $C_6H_9IO_2$, Formel V.

B. Beim Behandeln von Hex-5-ensäure mit wss. Natriumhydrogencarbonat-Lösung, Kaliumjodid und Jod (*van Tamelen, Shamma*, Am. Soc. **76** [1954] 2315).

Krystalle (aus A. + PAe.); F: 39—40°.

(±)-Tetrahydro-pyran-2-carbaldehyd $C_6H_{10}O_2$, Formel VI.

B. Bei der Hydrierung von (±)-3,4-Dihydro-2*H*-pyran-2-carbaldehyd an Platin in Methanol (*Alder, Rüden*, B. **74** [1941] 920, 923).

Kp_{760}: 156—159°.

(±)-Tetrahydro-pyran-2-carbaldehyd-oxim $C_6H_{11}NO_2$, Formel VII (X = OH).

B. Bei der Hydrierung von (±)-3,4-Dihydro-2*H*-pyran-2-carbaldehyd-oxim an Palladium in Äther (*Scherlin et al.*, Ž. obšč. Chim. **8** [1938] 22, 29; C. **1939** I 1971).

Kp_{8-9}: 102—104°.

ICH₂ O O — V; O CHO — VI; O CH=N—X — VII; CH₃ O O — VIII

(±)-Tetrahydro-pyran-2-carbaldehyd-[2,4-dinitro-phenylhydrazon] $C_{12}H_{14}N_4O_5$, Formel VII (X = NH-$C_6H_3(NO_2)_2$).

B. Aus (±)-Tetrahydro-pyran-2-carbaldehyd und [2,4-Dinitro-phenyl]-hydrazin (*Owen, Peto*, Soc. **1956** 1146, 1151; *Timmons*, Soc. **1957** 2613, 2622).

Gelbe Krystalle (aus Dioxan); F: 164° (*Owen, Peto*; *Ti.*). Absorptionsmaxima: 355 nm [A.]; 360 nm [$CHCl_3$] (*Owen, Peto*; s. a. *Ti.*, l. c. S. 2617); 436 nm [A. + $CHCl_3$ + wss. Natronlauge] (*Ti.*).

(±)-Tetrahydro-pyran-2-carbaldehyd-semicarbazon $C_7H_{13}N_3O_2$, Formel VII (X = NH-CO-NH_2).

B. Aus (±)-Tetrahydro-pyran-2-carbaldehyd und Semicarbazid (*Alder, Rüden*, B. **74** [1941] 920, 923). Bei der Hydrierung von (±)-3,4-Dihydro-2*H*-pyran-2-carbaldehyd-semicarbazon an Palladium in Äthanol (*Scherlin et al.*, Ž. obšč. Chim. **8** [1938] 22, 29; C. **1939** I 1971).

Krystalle (aus E. bzw. wss. A.); F: 154° (*Al.*, *Rü.*; *Sch. et al.*).

(±)-3-Methyl-tetrahydro-pyran-4-on $C_6H_{10}O_2$, Formel VIII.

B. Beim Behandeln von opt.-inakt. 3-Methyl-tetrahydro-pyran-4-ol mit Chrom(VI)-oxid und wss. Schwefelsäure (*Hanschke*, B. **88** [1955] 1048, 1051; *Farberow et al.*, Ž. obšč. Chim. **27** [1957] 2806, 2812, 2814; engl. Ausg. S. 2841, 2846, 2848).

Kp_{20}: 70–72° (*Ha.*); Kp_8: 44–47° (*Fa. et al.*). D_4^{20}: 1,0102 (*Ha.*). n_D^{20}: 1,4505 (*Ha.*), 1,4492 (*Fa. et al.*).

(±)-3-Methyl-tetrahydro-pyran-4-on-[2,4-dinitro-phenylhydrazon] $C_{12}H_{14}N_4O_5$, Formel IX (R = $C_6H_3(NO_2)_2$).

B. Aus (±)-3-Methyl-tetrahydro-pyran-4-on und [2,4-Dinitro-phenyl]-hydrazin (*Farberow et al.*, Ž. obšč. Chim. **27** [1957] 2806, 2812; engl. Ausg. S. 2841, 2846).

F: 193,5° [aus A.].

(±)-3-Methyl-tetrahydro-pyran-4-on-semicarbazon $C_7H_{13}N_3O_2$, Formel IX (R = CO-NH_2).

B. Aus (±)-3-Methyl-tetrahydro-pyran-4-on und Semicarbazid (*Hanschke*, B. **88** [1955] 1048, 1052).

F: 184–184,5° [aus W.].

(±)-3-Methyl-tetrahydro-pyran-4-on-thiosemicarbazon $C_7H_{13}N_3OS$, Formel IX (R = CS-NH_2).

B. Aus (±)-3-Methyl-tetrahydro-pyran-4-on und Thiosemicarbazid (*Hanschke*, B. **88** [1955] 1048, 1052).

F: 164° [aus Me.].

(±)-3-Methyl-tetrahydro-thiopyran-4-on $C_6H_{10}OS$, Formel X.

B. Beim Behandeln von (±)-*β*-[2-Methoxycarbonyl-äthylmercapto]-isobuttersäure-methylester mit Natriummethylat in Äther und Behandeln des Reaktionsgemisches mit wss. Schwefelsäure (*Barkenbus et al.*, J. org. Chem. **16** [1951] 232, 236).

$Kp_{1,5}$: 43–48°. n_D^{25}: 1,5175.

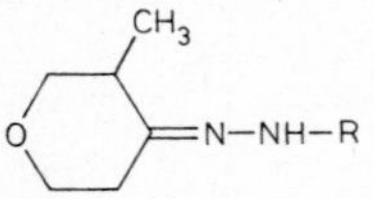

IX 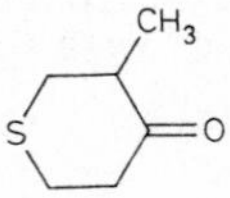 X 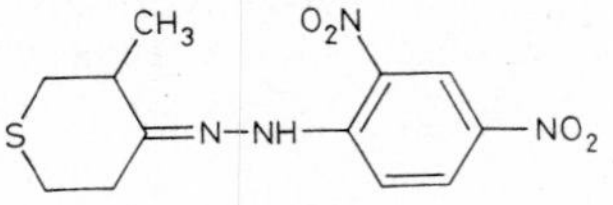 XI 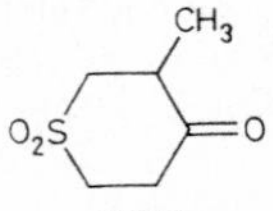 XII

(±)-3-Methyl-tetrahydro-thiopyran-4-on-[2,4-dinitro-phenylhydrazon] $C_{12}H_{14}N_4O_4S$, Formel XI.

B. Aus (±)-3-Methyl-tetrahydro-thiopyran-4-on und [2,4-Dinitro-phenyl]-hydrazin (*Barkenbus et al.*, J. org. Chem. **16** [1951] 232, 236).

F: 163–165° [unkorr.].

(±)-3-Methyl-1,1-dioxo-tetrahydro-1λ⁶-thiopyran-4-on $C_6H_{10}O_3S$, Formel XII.

B. Beim Behandeln einer Lösung von (±)-3-Methyl-tetrahydro-thiopyran-4-on in Essigsäure mit wss. Wasserstoffperoxid (*Barkenbus et al.*, J. org. Chem. **16** [1951] 232, 237).

F: 119–120° [unkorr.].

(±)-3-Methyl-1,1-dioxo-tetrahydro-1λ⁶-thiopyran-4-on-[2,4-dinitro-phenylhydrazon] $C_{12}H_{14}N_4O_6S$, Formel I.

B. Aus (±)-3-Methyl-1,1-dioxo-tetrahydro-1λ⁶-thiopyran-4-on und [2,4-Dinitro-phenyl]-hydrazin (*Barkenbus et al.*, J. org. Chem. **16** [1951] 232, 237).

F: 245–247° [unkorr.; Zers.].

(±)-4,4-Bis-äthylmercapto-3-methyl-tetrahydro-thiopyran, (±)-3-Methyl-tetrahydro-thiopyran-4-on-diäthyldithioacetal $C_{10}H_{20}S_3$, Formel II.

B. Beim Behandeln von (±)-3-Methyl-tetrahydro-thiopyran-4-on mit Äthanthiol unter Einleiten von Chlorwasserstoff (*Barkenbus, Midkiff,* J. org. Chem. **16** [1951] 1047).

Kp_2: 114–116°. n_D^{25}: 1,5625.

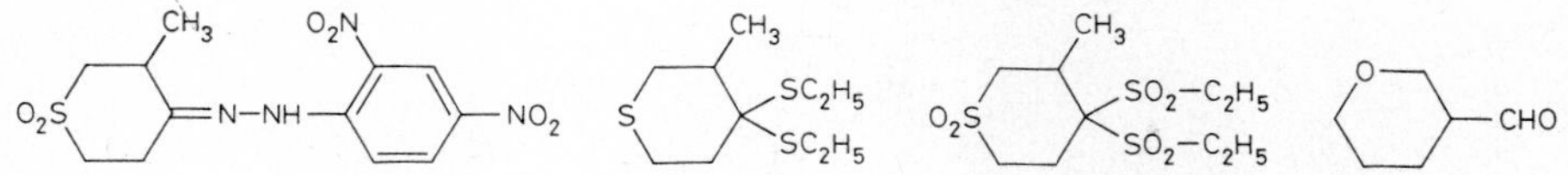

I II III IV

(±)-4,4-Bis-äthansulfonyl-3-methyl-1,1-dioxo-tetrahydro-1λ⁶-thiopyran, (±)-4,4-Bis-äthansulfonyl-3-methyl-tetrahydro-thiopyran-1,1-dioxid $C_{10}H_{20}O_6S_3$, Formel III.

B. Beim Behandeln von (±)-4,4-Bis-äthylmercapto-3-methyl-tetrahydro-thiopyran mit Kaliumpermanganat und wss. Schwefelsäure (*Barkenbus, Midkiff,* J. org. Chem. **16** [1951] 1047).

Krystalle (aus Acn. + A.); F: 163–165°.

(±)-Tetrahydro-pyran-3-carbaldehyd $C_6H_{10}O_2$, Formel IV.

B. Bei der Hydrierung von 5,6-Dihydro-2*H*-pyran-3-carbaldehyd an Raney-Nickel in Äthanol unter Druck bzw. an Platin in Äthanol (*Shell Devel. Co.,* U.S.P. 2514156 [1946]; *Hall,* Chem. and Ind. **1955** 1772).

Kp_{761}: 179–181° (*Shell Devel. Co.*); $Kp_{10,5}$: 69–70° (*Hall*); Kp_7: 54–55° (*Shell Devel. Co.*). D_4^{20}: 1,0609 (*Shell Devel. Co.*). n_D^{20}: 1,4578 (*Shell Devel. Co.*), 1,4533 (*Hall*).

(±)-Tetrahydro-pyran-3-carbaldehyd-[2,4-dinitro-phenylhydrazon] $C_{12}H_{14}N_4O_5$, Formel V.

B. Aus (±)-Tetrahydro-pyran-3-carbaldehyd und [2,4-Dinitro-phenyl]-hydrazin (*Hall,* Chem. and Ind. **1955** 1772).

Orangefarbene Krystalle (aus A.); F: 154–155°.

(±)-4-Methyl-tetrahydro-pyran-2-on, (±)-5-Hydroxy-3-methyl-valeriansäure-lacton $C_6H_{10}O_2$, Formel VI (E II 290).

B. Beim Erhitzen von 3-Methyl-pentan-1,5-diol mit Kupferoxid-Chromoxid auf 200° (*Longley et al.,* Am. Soc. **74** [1952] 2012, 2014; *Longley, Emerson,* Org. Synth. Coll. Vol. IV [1963] 677).

Kp_{20}: 119–120° (*de Graaff, van de Kolk,* R. **77** [1958] 224, 232); Kp_{15}: 110–111° (*Lo. et al.; Lo., Em.*). D_{25}^{25}: 1,044 (*Lo. et al.*). n_D^{20}: 1,4510 (*de G., v. de Kolk*); n_D^{25}: 1,4495 (*Lo. et al.; Lo., Em.*).

Beim Behandeln mit Ameisensäure-äthylester und Kalium in Äther und Xylol ist 4-Methyl-2-oxo-tetrahydro-pyran-3-carbaldehyd (⇌ 3-Hydroxymethylen-4-methyl-tetrahydro-pyran-2-on) erhalten worden (*Korte et al.,* B. **92** [1959] 884, 889).

Tetrahydro-pyran-4-carbaldehyd $C_6H_{10}O_2$, Formel VII.

B. Bei der Hydrierung von Tetrahydro-pyran-4-carbonylchlorid an partiell desaktiviertem Palladium/Bariumsulfat in Xylol (*Prelog, Cerkovnikov,* Collect. **7** [1935] 430, 431, **9** [1937] 22, 24). Beim Erhitzen von 1,6-Dioxa-spiro[2.5]octan mit Zinkchlorid (*Olsen, Bredoch,* B. **91** [1958] 1589, 1596).

Kp_{11}: 74–77° (*Pr., Ce.,* Collect. **7** 432).

Beim Aufbewahren erfolgt Umwandlung in ein Dimeres [$C_{12}H_{20}O_4$; Krystalle (aus Me.), F: 218–223°] (*Ol, Br.*) bzw. in ein Trimeres [$C_{18}H_{30}O_6$; Krystalle (aus A.), F: 221° (geschlossene Kapillare)], das sich durch Destillation in Tetrahydro-pyran-4-carbaldehyd zurückverwandeln lässt (*Pr., Ce.,* Collect. **7** 430, 433).

Tetrahydro-pyran-4-carbaldehyd-phenylhydrazon $C_{12}H_{16}N_2O$, Formel VIII (X = NH-C_6H_5).

B. Aus Tetrahydro-pyran-4-carbaldehyd und Phenylhydrazin (*Prelog, Cerkovnikov,*

Collect. **7** [1935] 430, 432).

Krystalle (aus Me.); F: 93—94°. An der Luft erfolgt Rotfärbung.

V VI VII VIII

Tetrahydro-pyran-4-carbaldehyd-[2,4-dinitro-phenylhydrazon] $C_{12}H_{14}N_4O_5$, Formel VIII (X = NH-$C_6H_3(NO_2)_2$).

B. Aus Tetrahydro-pyran-4-carbaldehyd und [2,4-Dinitro-phenyl]-hydrazin (*Prelog, Cerkovnikov*, Collect. **7** [1935] 430, 433; *Olsen, Bredoch*, B. **91** [1958] 1589, 1596).

Orangefarbene Krystalle; F: 166—168° [aus Me.] (*Ol., Br.*), 163° [aus A.] (*Pr., Ce.*).

Tetrahydro-pyran-4-carbaldehyd-semicarbazon $C_7H_{13}N_3O_2$, Formel VIII (X = NH-CO-NH_2).

B. Aus Tetrahydro-pyran-4-carbaldehyd und Semicarbazid (*Prelog, Cerkovnikov*, Collect. **7** [1935] 430, 433; *Olsen, Bredoch*, B. **91** [1958] 1589, 1596).

Krystalle; F: 194—196° [aus W.] (*Ol., Br.*), 191° [aus A.] (*Pr., Ce.*).

(±)-5-Äthyl-dihydro-thiophen-3-on $C_6H_{10}OS$, Formel IX.

B. Beim Erwärmen von (±)-4-Brom-1-chlor-hexan-2-on mit Natriumsulfid in Benzol (*Roche Prod. Ltd.*, U.S.P. 2408519 [1944]).

Kp_{12}: 72—73°.

5-Äthyl-dihydro-furan-2-on, 4-Hydroxy-hexansäure-lacton, Hexan-4-olid $C_6H_{10}O_2$, Formel X (X = H) (in der Literatur auch als γ-Caprolacton bezeichnet).

a) **(−)-5-Äthyl-dihydro-furan-2-on, (−)-4-Hydroxy-hexansäure-lacton** $C_6H_{10}O_2$.

B. Beim Erhitzen von Terrestrinsäure ((+)(Ξ)-7-Äthyl-2-[(*R*)-1-hydroxy-äthyl]-4-oxo-4,5,6,7-tetrahydro-oxepin-3-carbonsäure-lacton; F: 89°; $[\alpha]_{546}^{20}$: +61,1° [W.]) mit wss. Schwefelsäure unter Stickstoff (*Birkinshaw, Raistrick*, Biochem. J. **30** [1936] 2194, 2197).

Kp: 219° [unkorr.]. D_{20}^{20}: 1,027. n_D^{20}: 1,4393. $[\alpha]_{546}^{20}$: −58,1° [unverd.]; $[\alpha]_{546}^{20}$: −57,4° [W.; c = 2].

b) **(±)-5-Äthyl-dihydro-furan-2-on, (±)-4-Hydroxy-hexansäure-lacton** $C_6H_{10}O_2$ (H 238; E II 290).

B. Beim Erhitzen von (±)-Hexan-1,4-diol mit einem Chrom-Kupfer-Katalysator auf 180° (*I.G. Farbenind.*, D.R.P. 734568 [1938]; D.R.P. Org. Chem. **6** 1253; *Reppe et al.*, A. **596** [1955] 1, 160, 179). Beim Erhitzen von Hex-3*t*-ensäure oder von Hex-2*t*-ensäure (E III **2** 1317, **7** 4885) mit wss. Schwefelsäure (*Linstead*, Soc. **1932** 115, 122). Beim Erwärmen von Hex-5-ensäure mit Polyphosphorsäure auf 70° (*Riobé*, C. r. **247** [1958] 1016). Beim Erhitzen von Hex-3*t*-ennitril mit wss. Schwefelsäure (*Delaby, Lecomte*, Bl. [5] **4** [1937] 1007, 1011). Bei der Hydrierung von (±)-4-Hydroxy-hex-5-ensäure-lacton an Platin in Äthanol (*Russell, VanderWerf*, Am. Soc. **69** [1947] 11).

Kp_{18}: 100—102° (*Re. et al.*); Kp_{14}: 103° (*Ri.*); Kp_{10}: 86° (*Li.*). D_4^{15}: 1,031 (*Ri.*); D_4^{20}: 1,0261 (*Li.*). n_D^{15}: 1,4433; n_D^{20}: 1,4387 (*Li.*). IR-Banden im Bereich von 7 μ bis 16 μ: *De., Le.*, l. c. S. 1014.

Geschwindigkeit der Hydrolyse in Wasser bei 100°: *Boorman, Linstead*, Soc. **1933** 577, 580.

Charakterisierung durch Überführung in 4-Hydroxy-hexansäure-hydrazid (5-Äthyl-2-hydrazino-tetrahydro-furan-2-ol; F: 75°): *Ri.*

(±)-5-Äthyl-5-chlor-dihydro-furan-2-on, (±)-4-Chlor-4-hydroxy-hexansäure-lacton $C_6H_9ClO_2$, Formel XI.

Diese auch als 4-Oxo-hexanoylchlorid angesehene Verbindung liegt bei Raumtemperatur nach Ausweis des IR-Spektrums überwiegend als (±)-4-Chlor-4-hydroxy-hexansäure-lacton vor (*Cason, Reist,* J. org. Chem. **23** [1958] 1492, 1494).

B. Beim Behandeln von 4-Oxo-hexansäure mit Thionylchlorid unterhalb 50° (*Ca., Re.,* l. c. S. 1496).

Kp_4: 65°; IR-Banden (CCl_4; 5,65 und 5,94 μ): *Ca., Re.,* l. c. S. 1496.

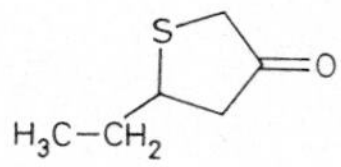

IX 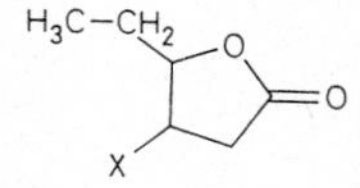 X 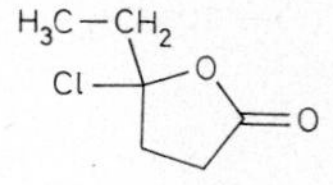 XI 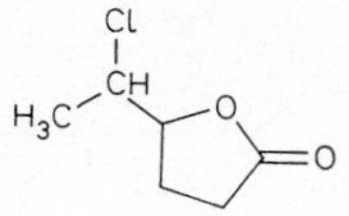 XII

***Opt.-inakt. 5-Äthyl-4-chlor-dihydro-furan-2-on, 3-Chlor-4-hydroxy-hexansäure-lacton** $C_6H_9ClO_2$, Formel X (X = Cl).

Präparate (a) Krystalle [aus Bzl.], F: 175°; b) Kp_5: 80°), in denen eine opt.-inakt. Verbindung oder ein Gemisch der beiden Racemate dieser Konstitution vorgelegen hat, sind aus Hex-3*t*-ensäure beim Behandeln einer Lösung in Äther mit wss. Hypochlorigsäure, beim Behandeln mit Äthylhypochlorit in Tetrachlormethan sowie beim Behandeln einer Lösung in Hexan (oder Äther) mit Chlor erhalten worden (*Bloomfield, Farmer,* Soc. **1932** 2062, 2064, 2067, 2071).

***Opt.-inakt. 5-[1-Chlor-äthyl]-dihydro-furan-2-on, 5-Chlor-4-hydroxy-hexansäure-lacton** $C_6H_9ClO_2$, Formel XII.

B. Bei der Hydrierung von 5-Chlor-4-hydroxy-hex-2-ensäure (E III **3** 696) an Platin in Wasser (*Ingold et al.,* Soc. **1934** 79, 85).

F: ca. 10°. Kp_{756}: 243°; Kp_{16}: 130—132°.

(±)-5-Äthyl-dihydro-thiophen-2-on, (±)-4-Mercapto-hexansäure-lacton $C_6H_{10}OS$, Formel I.

B. Beim Erhitzen von (±)-4-Mercapto-hexansäure auf 160° (*Schjånberg,* Svensk kem. Tidskr. **53** [1941] 282, 283).

Kp_8: 100—101°.

Geschwindigkeitskonstante der Hydrolyse in wss. Salzsäure (0,05n und 0,1n) bei 25°, 35° und 45°: *Schjånberg,* B. **75** [1942] 468, 479. Gleichgewichtskonstante des Reaktionssystems (±)-5-Äthyl-dihydro-thiophen-2-on + $H_2O \rightleftharpoons$ 4-Mercapto-hexansäure in wss. Salzsäure (0,05n und 0,1n) bei 25°, 35° und 45°: *Sch.*

(±)-2-Acetyl-tetrahydro-furan, (±)-1-Tetrahydro[2]furyl-äthanon $C_6H_{10}O_2$, Formel II (E II 290).

B. Beim Erwärmen von (±)-Tetrahydro-furan-2-carbamid mit Methylmagnesiumchlorid in Äther (*Fieser et al.,* Am. Soc. **61** [1939] 1849, 1853). Beim Erhitzen von (±)-3-Oxo-3-tetrahydro[2]furyl-propionsäure-äthylester mit wss. Natronlauge und Erhitzen der erhaltenen (±)-3-Oxo-3-tetrahydro[2]furyl-propionsäure mit wss. Schwefelsäure (*Adkins et al.,* Am. Soc. **71** [1949] 3622, 3629).

Kp_{740}: 160,5—161,5° (*Ad. et al.*); Kp_{10}: 52,3—54,8° (*Fi. et al.*). n_D^{25}: 1,4361 (*Ad. et al.,* l. c. S. 3624). Redoxpotential: *Ad. et al.,* l. c. S. 3624.

Bei der Umsetzung mit [2,4-Dinitro-phenyl]-hydrazin sind ein gelbes 2,4-Dinitro-phenylhydrazon ($C_{12}H_{14}N_4O_5$; Krystalle [aus A.]; F: 135—136° [korr.]) und ein rotes 2,4-Dinitro-phenylhydrazon ($C_{12}H_{14}N_4O_5$; Krystalle [aus A.; F: 122—124° [korr.]) erhalten worden (*Fi. et al.,* l. c. S. 1854).

(±)-3-Äthyl-dihydro-furan-2-on, (±)-2-Äthyl-4-hydroxy-buttersäure-lacton $C_6H_{10}O_2$, Formel III (H 238).

B. Beim Erhitzen von Äthyl-[2-hydroxy-äthyl]-malonsäure-diäthylester mit wss. Natronlauge und anschliessend mit wss. Schwefelsäure (*Meincke, McElvain,* Am. Soc. **57** [1935] 1443). Beim Erwärmen von Äthyl-[2-vinyloxy-äthyl]-malonsäure-diäthylester mit äthanol. Kalilauge und Erhitzen des Reaktionsprodukts auf 180° (*Nelson, Cretcher,* Am.

Soc. **52** [1930] 3702). Beim Erhitzen von (±)-3-Äthyl-2-oxo-tetrahydro-furan-3-carbon= säure-äthylester mit wss. Schwefelsäure (*Pakendorf*, *Matschuš*, Doklady Akad. S.S.S.R. **29** [1940] 576; C. r. Doklady **29** [1940] 577).

Kp_{758}: 214° (*Pa.*, *Ma.*); Kp_{740}: 213–216° (*Me.*, *McE.*); Kp_{12}: 124° (*Pa.*, *Ma.*).

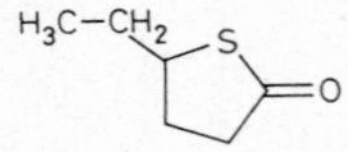

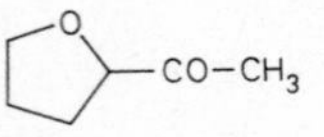

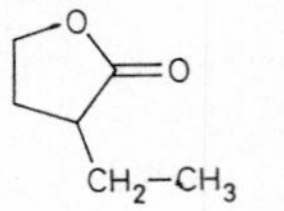

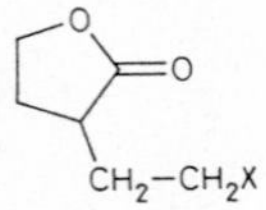

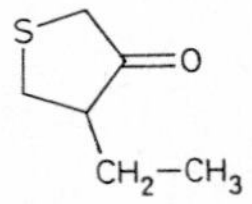

(±)-3-[2-Chlor-äthyl]-dihydro-furan-2-on, (±)-2-[2-Chlor-äthyl]-4-hydroxy-butter= säure-lacton $C_6H_9ClO_2$, Formel IV (X = Cl).

B. Beim Erhitzen von (±)-3-[2-Hydroxy-äthyl]-dihydro-furan-2-on mit wss. Salzsäure auf 120° (*Pakendorf*, Doklady Akad. S.S.S.R. **27** [1940] 956, 959; C. r. Doklady **27** [1940] 956, 959). Beim Erhitzen von Bis-[2-hydroxy-äthyl]-malonsäure-dilacton mit wss. Salz= säure auf 140° (*Pakendorf*, Doklady Akad. S.S.S.R. **25** [1939] 393; C. r. Doklady **25** [1939] 392).

Kp_{28}: 156–157°; n_D^{22}: 1,4746 (*Pa.*, Doklady Akad. S.S.S.R. **25** 394). Kp_5: 145°; n_D^{24}: 1,4712 (*Pa.*, Doklady Akad. S.S.S.R. **27** 959).

(±)-3-[2-Brom-äthyl]-dihydro-furan-2-on, (±)-2-[2-Brom-äthyl]-4-hydroxy-butter= säure-lacton $C_6H_9BrO_2$, Formel IV (X = Br).

B. Beim Erhitzen von (±)-4-Brom-2-[2-brom-äthyl]-buttersäure unter 6 Torr (*Hanousek*, *Prelog*, Collect. **4** [1932] 259, 265). Beim Erhitzen von Bis-[2-hydroxy-äthyl]-malonsäure-dilacton mit wss. Bromwasserstoffsäure (*Pakendorf*, Doklady Akad. S.S.S.R. **25** [1939] 393; C. r. Doklady **25** [1939] 392).

Kp_{25}: 168–169° (*Pa.*). $D_4^{13,8}$: 1,5577 (*Ha.*, *Pr.*). $n_{656,3}^{12,4}$: 1,5030; $n_D^{12,3}$: 1,5058; $n_{486,1}^{12,4}$: 1,5131; $n_{434,0}^{12,4}$: 1,5195 (*Ha.*, *Pr.*); n_D^{21}: 1,5230 (*Pa.*).

Beim Erhitzen mit Anilin ist 3-[2-Anilino-äthyl]-1-phenyl-pyrrolidin-2-on erhalten worden (*Prelog*, *Hanousek*, Collect. **6** [1934] 225, 226, 230).

(±)-3-[2-Jod-äthyl]-dihydro-furan-2-on, (±)-4-Hydroxy-2-[2-jod-äthyl]-buttersäure-lacton $C_6H_9IO_2$, Formel IV (X = I).

B. Beim Erhitzen von Bis-[2-hydroxy-äthyl]-malonsäure-dilacton mit wss. Jodwasser= stoffsäure (*Pakendorf*, Doklady Akad. S.S.S.R. **25** [1939] 393; C. r. Doklady **25** [1939] 392).

Kp_{25}: 178–180°; Kp_5: 154° (*Pa.*).

(±)-4-Äthyl-dihydro-thiophen-3-on $C_6H_{10}OS$, Formel V.

B. Beim Erhitzen von opt.-inakt. 4-Äthyl-3-oxo-tetrahydro-thiophen-2-carbonsäure-äthylester mit wss. Schwefelsäure (*Ghosh et al.*, Soc. **1945** 705).

Flüssigkeit; bei 85°/21 Torr destillierbar. Als 2,4-Dinitro-phenylhydrazon (s. u.) charakterisiert.

(±)-4-Äthyl-dihydro-thiophen-3-on-[2,4-dinitro-phenylhydrazon] $C_{12}H_{14}N_4O_4S$, Formel VI.

B. Aus (±)-4-Äthyl-dihydro-thiophen-3-on und [2,4-Dinitro-phenyl]-hydrazin (*Ghosh et al.*, Soc. **1945** 705).

Gelbe Krystalle (aus A.); F: 137°.

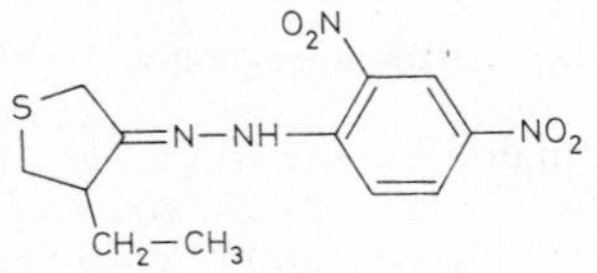

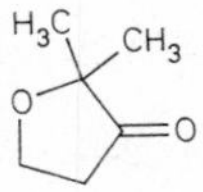

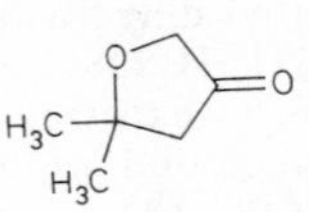

2,2-Dimethyl-dihydro-furan-3-on $C_6H_{10}O_2$, Formel VII.

Ein unter dieser Konstitution beschriebenes, als Semicarbazon $C_7H_{13}N_3O_2$ (Krystalle [aus Bzl. + Me.], F: 207°) charakterisiertes Keton (bei 40–50°/10 Torr destillierbar) ist beim Erhitzen von 4-Hydroxy-4-methyl-pent-1-en-3-on mit [1,1′]Bi[cyclohex-1-enyl] und wenig Hydrochinon erhalten worden (*Bergmann et al.*, J. org. Chem. **17** [1952] 1331, 1334, 1338).

5,5-Dimethyl-dihydro-furan-3-on $C_6H_{10}O_2$, Formel VIII.

B. Beim Erwärmen von 4-Methyl-pent-2-in-1,4-diol mit Quecksilber(II)-sulfat in Wasser (*Colonge et al.*, Bl. **1958** 211, 217).

Kp_{15}: 43–45°. D_4^{19}: 0,998. n_D^{19}: 1,4300.

Beim Behandeln mit Kaliumhydroxid in Äther ist 3′-Hydroxy-5,5,5′,5′-tetramethyl-hexahydro-[2,3′]bifuryl-3-on erhalten worden.

5,5-Dimethyl-dihydro-furan-3-on-semicarbazon $C_7H_{13}N_3O_2$, Formel IX.

B. Aus 5,5-Dimethyl-dihydro-furan-3-on und Semicarbazid (*Colonge et al.*, Bl. **1958** 211, 217).

F: 183° [aus A.].

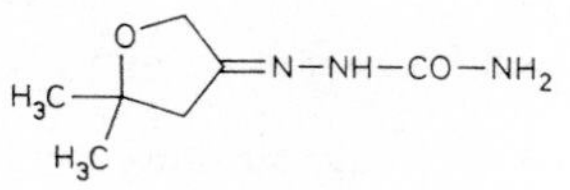

IX 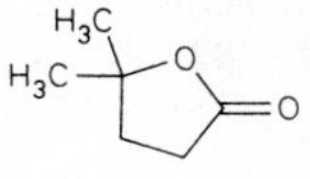 X 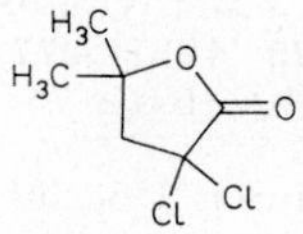 XI 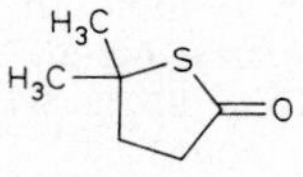 XII

5,5-Dimethyl-dihydro-furan-2-on, 4-Hydroxy-4-methyl-valeriansäure-lacton $C_6H_{10}O_2$, Formel X (H 238; E I 132; E II 290; dort als 2-Methyl-pentanolid-(2,5), als $\gamma.\gamma$-Dimethyl-butyrolacton und als Isocaprolacton bezeichnet).

B. Beim Behandeln von Lävulinsäure-äthylester mit Methylmagnesiumjodid in Äther und Benzol, Erwärmen der vom Äther befreiten Reaktionslösung und anschliessenden Behandeln mit wss. Schwefelsäure (*Arnold et al.*, Am. Soc. **69** [1947] 2322, 2323). Beim Behandeln von Lävulinsäure-butylester mit Methylmagnesiumbromid in Äther, Erwärmen des nach der Hydrolyse (wss. Ammoniumchlorid-Lösung) erhaltenen Reaktionsprodukts mit äthanol. Kalilauge und Ansäuern des Reaktionsgemisches mit Schwefelsäure (*Johnson, Johnson*, Am. Soc. **62** [1940] 2615, 2618). Aus Lävulinsäure-cyclohexylester und Methylmagnesiumjodid (*Frank et al.*, Am. Soc. **70** [1948] 1379). Beim Erhitzen von 4-Methyl-4-nitro-valeriansäure oder von 4-Methyl-4-nitro-valeriansäure-äthylester mit wss. Salzsäure (*Rohm & Haas Co.*, U.S.P. 2839538 [1953]; *Westfahl*, Am. Soc. **80** [1958] 3428). Beim Erhitzen von Methallylmalonsäure-diäthylester mit wss. Salzsäure auf 120° und Erhitzen des Reaktionsgemisches bis auf 195° (*Stevens, Tarbell*, J. org. Chem. **19** [1954] 1996, 2000). Beim Erhitzen von 4-Methyl-pent-3-ensäure mit wss. Schwefelsäure (*Linstead*, Soc. **1932** 115, 124).

F: 9–9,5° (*Jo., Jo.*), 9° (*Li.*). Kp_{750}: 207°; Kp_{14}: 87° (*Jo., Jo.*); Kp_{5-6}: 74–76° (*St., Ta.*); Kp_3: 68° (*Li.*). D_4^{20}: 1,0125 (*Li.*), 1,0122 (*St., Ta.*). n_D^{20}: 1,4337 (*Li.*); n_D^{25}: 1,4320 (*Jo., Jo.*); n_D^{29}: 1,4335 (*St., Ta.*). CO-Valenzschwingungsbande von Lösungen in Schwefelkohlenstoff: 1785 cm^{-1} [CS_2], 1775 cm^{-1} [$CHCl_3$] (*Jones et al.*, Canad. J. Chem. **37** [1959] 2007, 2011), 1778 cm^{-1} [CCl_4] (*Lavie et al.*, Am. Soc. **81** [1959] 3062).

Geschwindigkeitskonstante der Hydrolyse in Natriumhydroxid enthaltendem wss. Aceton (43%ig) bei 10°, 20° und 30°: *St., Ta.*, l. c. S. 1998, 1999. Geschwindigkeit der Hydrolyse in Wasser bei 100°: *Boorman, Linstead*, Soc. **1933** 577, 580. Beim Behandeln mit Benzol und 0,5 Mol Aluminiumbromid (*Späth, Kainrath*, B. **71** [1938] 1662, 1665) bzw. 1 Mol Aluminiumchlorid (*Ar. et al.*) ist 4-Methyl-4-phenyl-valeriansäure, beim Behandeln mit Benzol und 4 Mol Aluminiumchlorid (*Ar. et al.*) ist hingegen 4,4-Dimethyl-3,4-dihydro-2*H*-naphthalin-1-on erhalten worden.

3,3-Dichlor-5,5-dimethyl-dihydro-furan-2-on, 2,2-Dichlor-4-hydroxy-4-methyl-valeriansäure-lacton $C_6H_8Cl_2O_2$, Formel XI.

B. Beim Erhitzen von 2,2,4-Trichlor-4-methyl-valeriansäure-äthylester mit Eisen(III)-

chlorid auf 120° (*U.S. Rubber Co.*, U.S.P. 2569064 [1949]).

Krystalle (aus Hexan); F: 58–59°.

5,5-Dimethyl-dihydro-thiophen-2-on $C_6H_{10}OS$, Formel XII.

B. Beim Erhitzen von (±)-2-Imino-5,5-dimethyl-tetrahydro-thiophen-3-carbonsäure-äthylester mit wss. Natronlauge und Erhitzen des Reaktionsprodukts, zuletzt unter 100 Torr (*Stevens, Tarbell,* J. org. Chem. **19** [1954] 1996, 2001).

Kp_3: 55–56°; D_4^{20}: 1,0577; n_D^{29}: 1,4992 (*St., Ta.*, l. c. S. 2002). UV-Absorptionsmaximum (A.): 235 nm (*St., Ta.*, l. c. S. 2002).

Geschwindigkeitskonstante der Hydrolyse in Natriumhydroxid enthaltendem wss. Aceton (43%ig) bei 10°, 20° und 30°: *St., Ta.*, l. c. S. 1998, 1999.

***Opt.-inakt. 4,5-Dimethyl-dihydro-furan-2-on, 4-Hydroxy-3-methyl-valeriansäure-lacton** $C_6H_{10}O_2$, Formel XIII (vgl. H 239).

B. Beim Behandeln von 3-Methyl-pent-2*c*(oder 2*t*)-ensäure (E III **2** 1326), von 3-Methyl-pent-3*c*-ensäure (konfigurativ nicht einheitliches Präparat [E III **2** 1328]) oder von (±)-3-Hydroxy-3-methyl-valeriansäure mit wss. Schwefelsäure (*Kon et al.*, Soc. **1934** 599, 600, 604). Beim Erhitzen von (±)-3-Hydroxy-3-methyl-valeriansäure-äthylester mit wss. Schwefelsäure (*Obata,* J. pharm. Soc. Japan **73** [1953] 1298, 1299; C. A. **1955** 175). Beim Behandeln von 3-Methyl-4-oxo-valeriansäure mit Wasser und Natrium-Amalgam (*Nenitzescu et al.*, B. **70** [1937] 277, 279, 282; vgl. H **3** 337).

Kp_{19}: 95,5–97° (*Ob.*); Kp_3: 75° (*Kon et al.*). $D_4^{20,4}$: 1,0163 (*Kon et al.*). $n_D^{20,4}$: 1,4352 (*Kon et al.*).

Charakterisierung durch Überführung in 4-Hydroxy-3-methyl-valeriansäure-hydrazid (F: 106°): *Ob.*

***Opt.-inakt. 3,5-Dimethyl-dihydro-furan-2-on, 4-Hydroxy-2-methyl-valeriansäure-lacton** $C_6H_{10}O_2$, Formel XIV (H 239).

B. Beim Erhitzen von 2-Methyl-pent-2*t*-ensäure (E III **2** 1323) oder von 2-Methyl-pent-3-ensäure (E III **2** 1324) mit wss. Schwefelsäure (*Boorman, Linstead,* Soc. **1935** 258, 260, 267). Beim Behandeln einer Lösung von (±)-Pent-3-in-2-ol in Äthanol, Wasser und Essigsäure mit Tetracarbonylnickel in Äthanol bei 75°, Hydrieren der erhaltenen 4-Hydroxy-2-methyl-pent-2-ensäure ($C_6H_{10}O_3$; bei 85–90°/10^{-5} Torr destillierbar; n_D^{14}: 1,4908; 4-Nitro-benzylester $C_{13}H_{15}NO_5$: Krystalle [aus Bzl. + Bzn.], F: 98°) an Platin in Methylacetat und Erhitzen des Reaktionsprodukts (*Jones et al.*, Soc. **1951** 48, 51).

F: –36°; Kp_{10}: 81°; D_4^{20}: 1,0036; n_D^{20}: 1,4289 (*Bo., Li.*). Kp_{18}: 110°; $Kp_{0,1}$: 50°; n_D^{15}: 1,4296 (*Jo. et al.*).

Charakterisierung durch Überführung in 4-Hydroxy-2-methyl-valeriansäure-hydrazid (F: 118°): *Bo., Li.*; *Jo. et al.*

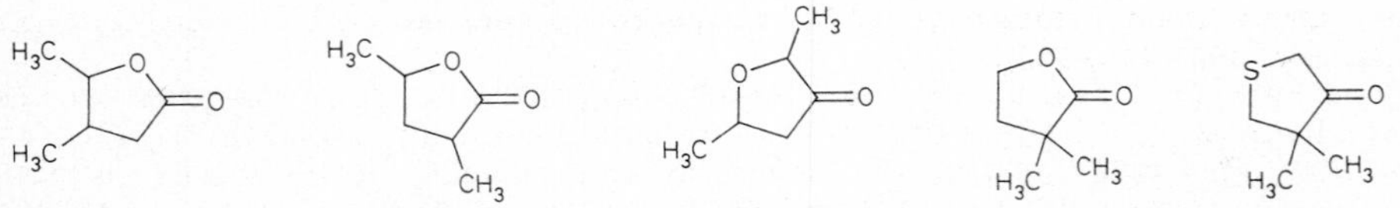

XIII XIV XV XVI XVII

***Opt.-inakt. 2,5-Dimethyl-dihydro-furan-3-on** $C_6H_{10}O_2$, Formel XV (vgl. E I 132).

B. Aus Hex-3-in-2,5-diol (E III **1** 2271) beim Behandeln mit Quecksilber(II)-sulfat und wss. Schwefelsäure (*Jur'ew et al.*, Ž. obšč. Chim. **28** [1958] 2168, 2169; engl. Ausg. S. 2207, 2208; vgl. E I 132) sowie beim Erhitzen mit Quecksilber(II)-sulfat und wss. Phosphorsäure (*Reppe et al.*, A. **596** [1955] 1, 38, 68).

Kp_{150}: 94–95° (*Re. et al.*); Kp_{11}: 41°; D_4^{20}: 0,9792; n_D^{20}: 1,4252 (*Ju. et al.*).

3,3-Dimethyl-dihydro-furan-2-on, 4-Hydroxy-2,2-dimethyl-buttersäure-lacton $C_6H_{10}O_2$, Formel XVI (H 239).

B. Beim Eintragen von Isobuttersäure-äthylester in äther. Tritylnatrium-Lösung und

Einleiten von Äthylenoxid in das Reaktionsgemisch (*Hudson, Hauser*, Am. Soc. **63** [1941] 3156, 3162). Beim Erhitzen von 2,2-Dimethyl-4-phenoxy-buttersäure oder von 2,2-Dimethyl-4-phenoxy-butyronitril mit wss. Bromwasserstoffsäure und Erhitzen des Reaktionsgemisches mit wss. Kalilauge und anschliessend mit wss. Bromwasserstoffsäure (*Lukeš, Dědek*, Chem. Listy **51** [1957] 2139, 2141; Collect. **23** [1958] 1981, 1983).

Kp_{744}: 198—199° [unkorr.]; Kp_{27}: 92,5—93,5°; n_D^{20}: 1,4313 (*Lu., Dě.*).

4,4-Dimethyl-dihydro-thiophen-3-on $C_6H_{10}OS$, Formel XVII.

B. Beim Erhitzen von (±)-4,4-Dimethyl-3-oxo-tetrahydro-thiophen-2-carbonsäure-äthylester mit wss. Schwefelsäure (*Truce, Knospe*, Am. Soc. **77** [1955] 5063, 5067).

Kp_{20}: 78°. n_D^{25}: 1,4948.

4,4-Dimethyl-1,1-dioxo-dihydro-1λ⁶-thiophen-3-on $C_6H_{10}O_3S$, Formel I.

B. Beim Erwärmen von 3-Methansulfonyl-2,2-dimethyl-propionsäure-äthylester mit Natriumäthylat in Benzol (*Truce, Knospe*, Am. Soc. **77** [1955] 5063, 5066).

Krystalle (aus PAe. + A.); F: 130—131° [unkorr.].

4,4-Dimethyl-dihydro-furan-2-on, 4-Hydroxy-3,3-dimethyl-buttersäure-lacton $C_6H_{10}O_2$, Formel II (H 240; E II 290).

B. Beim Erhitzen von Disilber-[3,3-dimethyl-glutarat] mit Jod (*Pattison, Saunders*, Soc. **1949** 2745, 2747).

F: 57,5°. Kp_{10}: 79,3°.

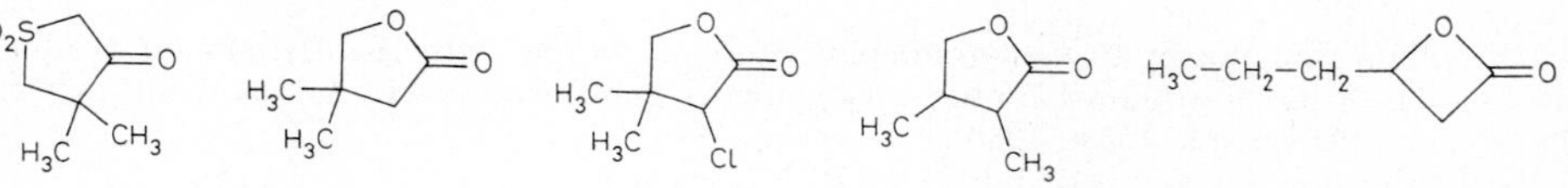

I II III IV V

(±)-3-Chlor-4,4-dimethyl-dihydro-furan-2-on, (±)-2-Chlor-4-hydroxy-3,3-dimethyl-buttersäure-lacton $C_6H_9ClO_2$, Formel III.

B. Beim Behandeln von DL-Pantolacton ((±)-2,4-Dihydroxy-3,3-dimethyl-buttersäure-4-lacton) mit Thionylchlorid, Pyridin und Äther und Erhitzen des Reaktionsprodukts auf 130° (*Hilton et al.*, Weeds **7** [1959] 381, 383).

Amorph; F: 71,5°. Kp_{14}: 120—121°. IR-Banden im Bereich von 1790 cm^{-1} bis 660 cm^{-1}: *Hi. et al.*

***Opt.-inakt. 3,4-Dimethyl-dihydro-furan-2-on, 4-Hydroxy-2,3-dimethyl-buttersäure-lacton** $C_6H_{10}O_2$, Formel IV.

B. Bei der Hydrierung von 4-Hydroxy-2,3-dimethyl-*cis*-crotonsäure-lacton an Palladium/Strontiumcarbonat in Äthanol (*Ames et al.*, Soc. **1954** 375, 379).

Kp_1: 65—68°. n_D^{20}: 1,4342. IR-Banden im Bereich von 3600 cm^{-1} bis 700 cm^{-1}: *Ames et al.*

(±)-4-Propyl-oxetan-2-on, (±)-3-Hydroxy-hexansäure-lacton, (±)-Hexan-3-olid $C_6H_{10}O_2$, Formel V (in der Literatur auch als β-Caprolacton bezeichnet).

B. Beim Einleiten von Keten in äther. Butyraldehyd-Lösung in Gegenwart von Montmorillonit (*Union Carbide & Carbon Corp.*, U.S.P. 2580714 [1949]; s. a. *Eastman Kodak Co.*, U.S.P. 2462357 [1948]; *Hagemeyer*, Ind. eng. Chem. **41** [1949] 765, 768).

Kp_5: 62—63°; $D_{15,6}^{30}$: 0,977; n_D^{30}: 1,4203 (*Union Carbide & Carbon Corp.*).

Geschwindigkeitskonstante der Reaktion mit Thiosulfat in wss. Dimethylformamid (75%ig) bei 25°: *Liang, Bartlett*, Am. Soc. **80** [1958] 3585, 3590.

Charakterisierung durch Überführung in 3-Hydroxy-hexansäure-anilid (F: 145,5° bis 147°): *Union Carbide & Carbon Corp.*

(±)-4-Isopropyl-oxetan-2-on, (±)-3-Hydroxy-4-methyl-valeriansäure-lacton $C_6H_{10}O_2$, Formel VI.

B. Beim Einleiten von Keten in eine mit Uranyl(VI)-chlorid versetzte Lösung von Iso=

butyraldehyd in Diisopropyläther (*Eastman Kodak Co.*, U.S.P. 2585223 [1949]).
Kp_{10}: 110—113°.

(±)-4-Äthyl-4-methyl-oxetan-2-on, (±)-3-Hydroxy-3-methyl-valeriansäure-lacton $C_6H_{10}O_2$, Formel VII.

B. Aus Butanon und Keten in Gegenwart des Borfluorid-Äther-Addukts (*Hagemeyer*, Ind. eng. Chem. **41** [1949] 765, 768; s. a. *Eastman Kodak Co.*, U.S.P. 2462357 [1948]).

Kp_{10}: 60—61° (*Ha.*).

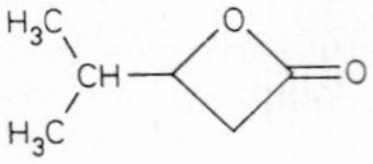

VI 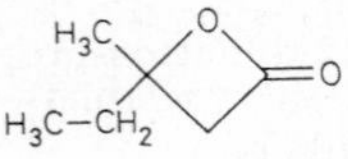 VII 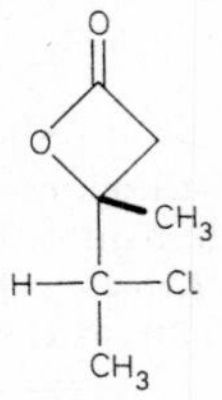 VIII 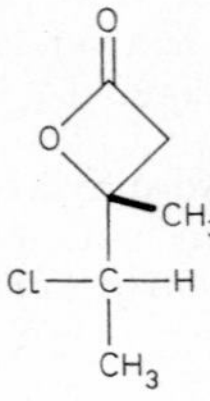 IX 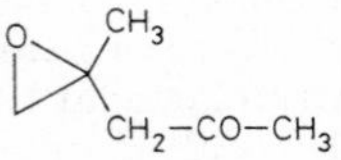 X

4-[1-Chlor-äthyl]-4-methyl-oxetan-2-on, 4-Chlor-3-hydroxy-3-methyl-valeriansäure-lacton $C_6H_9ClO_2$.

a) **(3*RS*,4*RS*)-4-Chlor-3-hydroxy-3-methyl-valeriansäure-lacton,** Formel VIII + Spiegelbild.

B. Neben dem unter b) beschriebenen Stereoisomeren beim Einleiten von Keten in äther. (±)-3-Chlor-butanon-Lösung in Gegenwart des Bortrifluorid-Äther-Addukts (*Cornforth*, Soc. **1959** 4052, 4054, 4055).

Krystalle (aus Cyclohexan); F: 71—72°.

Beim Erwärmen mit Natriummethylat in Methanol ist (3*RS*,4*SR*)-3,4-Epoxy-3-methyl-valeriansäure-methylester (Kp_{16}: 65—67°; n_D^{21}: 1,4230) erhalten worden.

b) **(3*RS*,4*SR*)-4-Chlor-3-hydroxy-3-methyl-valeriansäure-lacton,** Formel IX + Spiegelbild.

B. s. bei dem unter a) beschriebenen Stereoisomeren.

Krystalle (aus Cyclohexan); F: 56—57° (*Cornforth*, Soc. **1959** 4052, 4054, 4055).

Beim Erwärmen mit Natriummethylat in Methanol ist (3*RS*,4*RS*)-3,4-Epoxy-3-methyl-valeriansäure-methylester (Kp_{16}: 69—72°; n_D^{21}: 1,4230) erhalten worden.

(±)-4,5-Epoxy-4-methyl-pentan-2-on $C_6H_{10}O_2$, Formel X.

Die Identität eines von *Nasarow*, *Achrem* (Ž. obšč. Chim. **20** [1950] 2183, 2186, 2190; engl. Ausg. S. 2267, 2270, 2274) beschriebenen Präparats (2,4-Dinitro-phenylhydrazon: F: 102—103°) ist ungewiss.

Authentisches (±)-4,5-Epoxy-4-methyl-pentan-2-on (Kp_{24}: 71—72°; D_4^{20}: 1,0056; n_D^{20}: 1,4212; 2,4-Dinitro-phenylhydrazon: rote Krystalle [aus A.], F: 90—91°) ist beim Behandeln von 4-Methyl-pent-4-en-2-on mit Peroxyessigsäure in Äther erhalten worden (*Tischtschenko*, *Makowezkiĭ*, Židkofaz. Okisl. nepredeln. org. Soedin. Nr. 1 [1961] 113, 116; C. A. **57** [1962] 16523).

***Opt.-inakt. 3-Propyl-oxirancarbaldehyd, 2,3-Epoxy-hexanal** $C_6H_{10}O_2$, Formel XI.

B. Beim Behandeln von Hex-2-enal mit alkal. wss. Natriumhypochlorit-Lösung (*Schaer*, Helv. **41** [1958] 614, 617).

Kp_{20}: 63°. D_4^{20}: 0,962. n_D^{20}: 1,4292. IR-Spektrum (4000—600 cm^{-1}): *Sch.*, l. c. S. 616. UV-Absorptionsmaximum (Heptan): 302 nm.

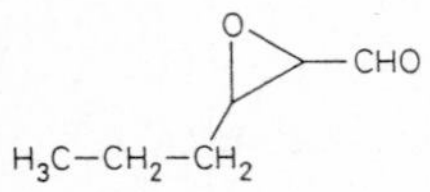

XI 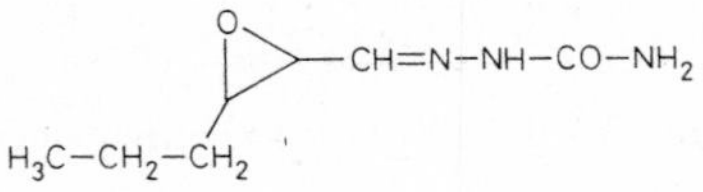 XII 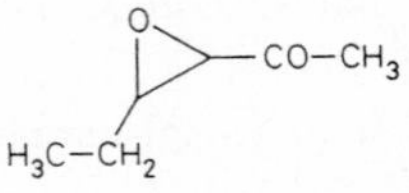 XIII

***Opt.-inakt. 3-Propyl-oxirancarbaldehyd-semicarbazon, 2,3-Epoxy-hexanal-semicarbazon** $C_7H_{13}N_3O_2$, Formel XII.

B. Aus dem im vorangehenden Artikel beschriebenen Aldehyd und Semicarbazid (*Schaer*, Helv. **41** [1958] 614, 617).

F: 107–108° [korr.; Kofler-App.; aus wss. A.].

***Opt.-inakt. 3,4-Epoxy-hexan-2-on** $C_6H_{10}O_2$, Formel XIII.

B. Beim Behandeln von Hex-3-en-2-on (E III **1** 2994) mit wss.-methanol. Natronlauge und wss. Wasserstoffperoxid (*Tischtschenko et al.*, Ž. obšč. Chim. **29** [1959] 809, 813; engl. Ausg. S. 795, 798).

Kp_{14}: 60–61°; Kp_{12}: 56–56,5°. D_4^{20}: 0,9723. n_D^{20}: 1,4252. UV-Absorptionsmaximum (A.): 285 nm.

***Opt.-inakt. 3,4-Epoxy-hexan-2-on-[2,4-dinitro-phenylhydrazon]** $C_{12}H_{14}N_4O_5$, Formel I.

B. Aus dem im vorangehenden Artikel beschriebenen Keton und [2,4-Dinitro-phenyl]-hydrazin (*Tischtschenko et al.*, Ž. obšč. Chim. **29** [1959] 809, 813; engl. Ausg. S. 795, 798).

Orangefarbene Krystalle (aus A. + E.); F: 223–224°.

3-Äthyl-2-methyl-oxirancarbaldehyd, 2,3-Epoxy-2-methyl-valeraldehyd $C_6H_{10}O_2$, Formel II.

UV-Absorptionsmaxima (Cyclohexan) eines Präparats unbekannter Herkunft: 302 nm und 309 nm (*Kirrmann, Cantacuzène*, C. r. **248** [1959] 1968).

3-Äthyl-2-methyl-oxirancarbaldehyd-dimethylacetal, 2,3-Epoxy-1,1-dimethoxy-2-methyl-pentan, 2,3-Epoxy-2-methyl-valeraldehyd-dimethylacetal $C_8H_{16}O_3$, Formel III ($R = CH_3$).

Diese Konstitution kommt der nachstehend beschriebenen, von *Lichtenberger, Naftali*, (Bl. [5] **4** [1937] 325, 330) als 2,3-Dimethoxy-2-methyl-valeraldehyd, von *Kirrmann, Krausz* (C. r. **225** [1947] 582; s. a. *Krausz*, A. ch. [12] **4** [1949] 825) als 2-Äthyl-3,4-dimethoxy-3-methyl-oxetan angesehenen opt.-inakt. Verbindung zu (*Searles et al.*, J. org. Chem. **22** [1957] 919).

B. Beim Behandeln von opt.-inakt. 2,3-Dichlor-2-methyl-valeraldehyd (Kp_{13}: 67°; $n_D^{19,5}$: 1,4586 bzw. Kp_{20}: 78°; n_D^{20}: 1,4540) mit Natriummethylat in Methanol (*Li.*, *Na.*; *Se. et al.*).

Kp_{12}: 67°; $D_4^{18,5}$: 0,961; $n_D^{18,5}$: 1,4196 (*Li.*, *Na.*). Kp_{20}: 84–85°; n_D^{20}: 1,4192 (*Se. et al.*). IR-Banden im Bereich von 1270 cm^{-1} bis 890 cm^{-1}: *Se. et al.*

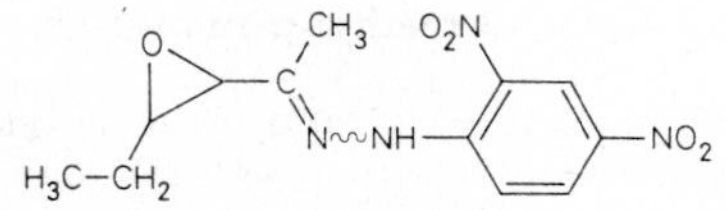

I 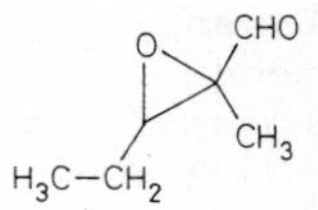 II 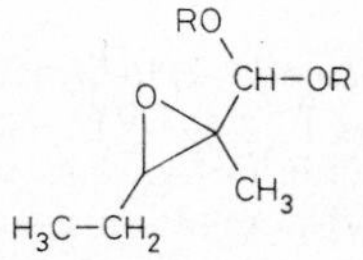 III

3-Äthyl-2-methyl-oxirancarbaldehyd-diäthylacetal, 1,1-Diäthoxy-2,3-epoxy-2-methyl-pentan, 2,3-Epoxy-2-methyl-valeraldehyd-diäthylacetal $C_{10}H_{20}O_3$, Formel III ($R = C_2H_5$).

Diese Konstitution kommt der nachstehend beschriebenen, ursprünglich (*Lichtenberger, Naftali*, Bl. [5] **4** [1937] 325, 330) als 2,3-Diäthoxy-2-methyl-valeraldehyd angesehenen opt.-inakt. Verbindung zu (s. *Searles et al.*, J. org. Chem. **22** [1957] 919).

B. Beim Behandeln von opt.-inakt. 2,3-Dichlor-2-methyl-valeraldehyd (Kp_{13}: 67°; $n_D^{19,5}$: 1,4586) mit Natriumäthylat in Äthanol (*Li.*, *Na.*).

Kp_{12}: 81°; D_4^{20}: 0,931; n_D^{20}: 1,4200 (*Li.*, *Na.*).

3-Äthyl-2-methyl-oxirancarbaldehyd-dipropylacetal, 2,3-Epoxy-2-methyl-1,1-dipropoxy-pentan, 2,3-Epoxy-2-methyl-valeraldehyd-dipropylacetal $C_{12}H_{24}O_3$, Formel III ($R = CH_2\text{-}CH_2\text{-}CH_3$).

Diese Konstitution kommt der nachstehend beschriebenen, ursprünglich (*Lichtenberger, Naftali*, Bl. [5] **4** [1937] 325, 330) als 2-Methyl-2,3-dipropoxy-valeraldehyd angesehenen opt.-inakt. Verbindung zu (s. *Searles et al.*, J. org. Chem. **22** [1957] 919).

B. Beim Behandeln von opt.-inakt. 2,3-Dichlor-2-methyl-valeraldehyd (Kp_{13}: 67°; $n_D^{19,5}$: 1,4586) mit Natriumpropylat in Propan-1-ol (*Li.*, *Na.*).

Kp_{12}: 104°; D_4^{26}: 0,919 (?); n_D^{26}: 1,4241 (*Li.*, *Na.*).

(±)-3-Acetyl-2,2-dimethyl-oxiran, (±)-3,4-Epoxy-4-methyl-pentan-2-on $C_6H_{10}O_2$, Formel IV (E I 132; E II 291).

B. Aus Mesityloxid (4-Methyl-pent-3-en-2-on) beim Behandeln mit wss. Wasserstoffperoxid, wss. Natronlauge und Magnesiumsulfat (*Publicker Comm. Alcohol Co.*, U.S.P. 2431718 [1945]; s. a. *Nasarow, Achrem*, Ž. obšč. Chim. **20** [1950] 2183, 2189; engl. Ausg. S. 2267, 2269, 2273), beim Behandeln mit *tert*-Butylhydroperoxid in Benzol unter Zusatz von methanol. Tetramethylammoniumhydroxid-Lösung (*Yang, Finnegan*, Am. Soc. **80** [1958] 5845, 5847) sowie beim Behandeln eines Gemisches mit Äther mit *N*-Bromsuccinimid in Wasser (*Guss, Rosenthal*, Am. Soc. **77** [1955] 2549).

F: −2° bis −1° (*Publicker Comm. Alcohol Co.*). Kp_{29}: 69−70° (*Publicker Comm. Alcohol Co.*); Kp_{22}: 62° (*Na.*, *Ach.*). D_4^{20}: 0,9715 (*Na.*, *Ach.*), 0,9707 (*Publicker Comm. Alcohol Co.*). n_D^{20}: 1,4238 (*Publicker Comm. Alcohol Co.*), 1,4223 (*Na.*, *Ach.*).

Beim Leiten über Aluminiumoxid bei 250° ist 3-Methyl-butan-2-on erhalten worden (*House, Wasson*, Am. Soc. **78** [1956] 4394, 4396, 4399). Bildung von 2,2-Dimethyl-3-oxo-butyraldehyd beim Behandeln mit Borfluorid in Äther: *Ho.*, *Wa.* Hydrierung an Raney-Nickel in Isopropylalkohol bei 100°/105 at unter Bildung von 4-Methyl-pentan-2,3-diol (Hauptprodukt; Gemisch der Stereoisomeren), 4-Methyl-pentan-2-on und 3-Hydroxy-4-methyl-pentan-2-on (?): *Bergmann*, J. appl. Chem. **1** [1951] 380.

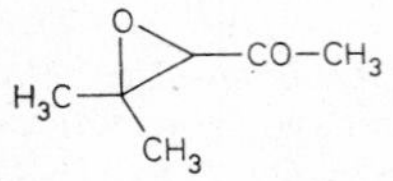

IV 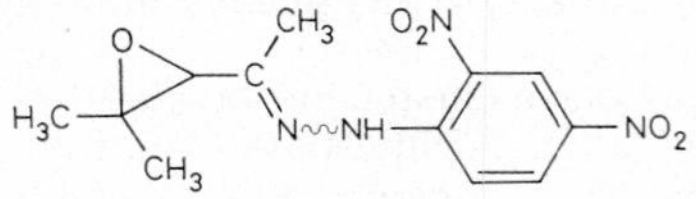 V 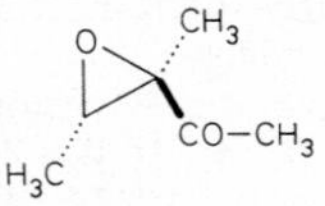 VI

(±)-3,4-Epoxy-4-methyl-pentan-2-on-[2,4-dinitro-phenylhydrazon] $C_{12}H_{14}N_4O_5$, Formel V.

B. Aus (±)-3,4-Epoxy-4-methyl-pentan-2-on und [2,4-Dinitro-phenyl]-hydrazin (*Nasarow, Achrem*, Ž. obšč. Chim. **20** [1950] 2183, 2190).

Orangefarbene Krystalle (aus A.); F: 130−131°.

(±)-2*r*-Acetyl-2,3*t*-dimethyl-oxiran, (3*RS*,4*SR*)-3,4-Epoxy-3-methyl-pentan-2-on $C_6H_{10}O_2$, Formel VI + Spiegelbild.

B. Beim Behandeln von 3-Methyl-pent-3*c*-en-2-on (s. E III **1** 3001 Anm. 1) oder von 3-Methyl-pent-3*t*-en-2-on (E III **1** 3001) mit wss. Wasserstoffperoxid, Methanol und Natronlauge (*House, Ro*, Am. Soc. **80** [1958] 2428, 2433). Beim Behandeln von (±)-3-Methyl-pent-3*t*-en-2-ol mit Peroxyessigsäure in Dichlormethan und Behandeln des Reaktionsprodukts mit Chrom(VI)-oxid und Pyridin (*Ho.*, *Ro*).

$Kp_{120-125}$: 93−94,5°; n_D^{28}: 1,4141 (*Ho.*, *Ro*). ^{1}H-NMR-Spektrum: *Chamberlain*, Anal. Chem. **31** [1959] 56, 74.

Beim Behandeln mit [2,4-Dinitro-phenyl]-hydrazin in Äthanol unter Zusatz von Schwefelsäure ist $4t_F$-Äthoxy-$3r_F$-hydroxy-3-methyl-pentan-2-on-[2,4-dinitro-phenylhydrazon] (F: 196,5−198°) erhalten worden (*Ho.*, *Ro*). [*Staehle*]

Oxo-Verbindungen $C_7H_{12}O_2$

Oxocan-2-on, 7-Hydroxy-heptansäure-lacton, Heptan-7-olid $C_7H_{12}O_2$, Formel VII.

B. Aus Cycloheptanon beim Behandeln mit Trifluorperoxyessigsäure in Dichlormethan unter Zusatz von Natriumdihydrogenphosphat (*Huisgen, Ott*, Tetrahedron **6** [1959] 253, 265), beim Erwärmen mit Peroxyessigsäure in Äthylacetat (*Starcher, Phillips*, Am. Soc. **80** [1958] 4079, 4082) sowie bei mehrtägigem Behandeln mit Peroxybenzoesäure in wasserhaltigem Chloroform (*Friess*, Am. Soc. **71** [1949] 2571, 2572).

Über die Konformation s. *Hu.*, *Ott*, l. c. S. 263. Dipolmoment (ε; Bzl.): 3,70 D (*Hu.*, *Ott*, l. c. S. 256).

Kp_{11}: 80—82° (*Hu.*, *Ott*); Kp_5: 70° (*St.*, *Ph.*). n_D^{30}: 1,469 (*St.*, *Ph.*). IR-Banden im Bereich von 5,5 μ bis 10 μ: *Hu.*, *Ott*, l. c. S. 264.

Geschwindigkeitskonstante der Hydrolyse in Natriumhydroxid enthaltendem wss. Dioxan (60%ig) bei 0°: *Hu.*, *Ott*.

Charakterisierung durch Überführung in 7-Hydroxy-heptansäure-hydrazid (F: 123° bzw. F: 123,5—124°): *Fr.*; *St.*, *Ph.*

Thiocan-5-on $C_7H_{12}OS$, Formel VIII.

B. Beim Erhitzen von Bis-[3-carboxy-propyl]-sulfid mit Kalium-*tert*-butylat in Xylol und Erwärmen des Reaktionsprodukts mit wss. Salzsäure (*Leonard et al.*, Am. Soc. **81** [1959] 504, **82** [1960] 4075, 4081; *Overberger*, *Lusi*, Am. Soc. **81** [1959] 506; *Overberger et al.*, Am. Soc. **84** [1962] 2814, 2816).

Dipolmoment: 3,81 D [ε; Bzl.], 3,80 D [ε; Tetrachlormethan] (*Le. et al.*).

Krystalle (aus Ae. + Bzn.); F: 53,2—54,2° (*Le. et al.*), 50—52° (*Ov. et al.*). Kp_{19}: 120—123° (*Ov.*, *Lusi*). IR-Banden (CCl_4) im Bereich von 1703 cm^{-1} bis 1408 cm^{-1}: *Le. et al.*, Am. Soc. **82** 4081. Abhängigkeit der Lage der CO-Valenzschwingung vom Lösungsmittel: *Le. et al.*, Am. Soc. **82** 4077; *Ov. et al.* UV-Absorptionsmaximum: 226 nm [Cyclohexan], 229 nm [Acetonitril], 236 nm [Me.], 238 nm [A.], 242 nm [W.] (*Le. et al.*, Am. Soc. **82** 4080).

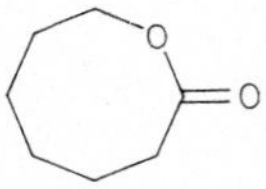

VII 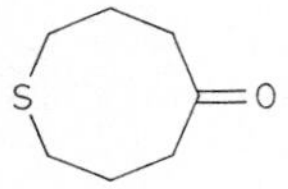 VIII 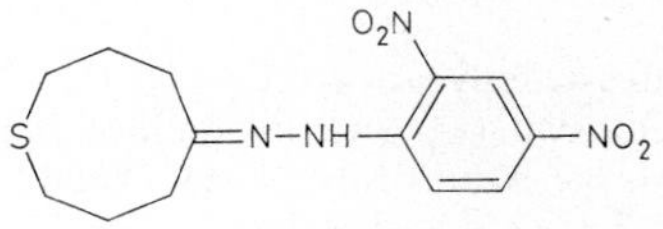 IX 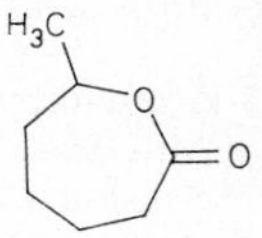 X

Thiocan-5-on-[2,4-dinitro-phenylhydrazon] $C_{13}H_{16}N_4O_4S$, Formel IX.

B. Aus Thiocan-5-on und [2,4-Dinitro-phenyl]-hydrazin (*Overberger et al.*, Am. Soc. **84** [1962] 2814, 2817).

F: 194—195° [aus A.].

(±)-7-Methyl-oxepan-2-on, (±)-6-Hydroxy-heptansäure-lacton, (±)-Heptan-6-olid $C_7H_{12}O_2$, Formel X.

B. Beim Behandeln von (±)-2-Methyl-cyclohexanon mit Peroxyessigsäure in Aceton oder Äthylacetat (*Starcher*, *Phillips*, Am. Soc. **80** [1958] 4079, 4081).

Kp_5: 94°. n_D^{30}: 1,4558.

(±)-5-Methyl-oxepan-2-on, (±)-6-Hydroxy-4-methyl-hexansäure-lacton $C_7H_{12}O_2$, Formel XI.

B. Beim Erwärmen von 4-Methyl-cyclohexanon mit Peroxyessigsäure in Aceton oder Äthylacetat (*Starcher*, *Phillips*, Am. Soc. **80** [1958] 4079, 4081).

Kp_5: 103° [unkorr.]. n_D^{30}: 1,4558.

(±)-2-Äthyl-tetrahydro-pyran-4-on $C_7H_{12}O_2$, Formel XII.

B. Beim Erwärmen von opt.-inakt. 2-Äthyl-tetrahydro-pyran-4-ol (Kp_{16}: 108°; n_D^{20}: 1,4589) mit Chrom(VI)-oxid und wss. Schwefelsäure (*Hanschke*, B. **88** [1955] 1053, 1058). Beim Erwärmen von (±)-Hept-6-en-4-in-3-ol mit Quecksilber(II)-sulfat und wss. Schwefelsäure (*Nasarow et al.*, Izv. Akad. S.S.S.R. Otd. chim. **1943** 50, 53; C. A. **1944** 1729).

Kp_{12}: 81°; D_4^{20}: 0,9981; n_D^{20}: 1,4499 (*Ha.*). Kp_4: 41—42°; n_D^{20}: 1,4488 (*Na. et al.*).

(±)-2-Äthyl-tetrahydro-pyran-4-on-[2,4-dinitro-phenylhydrazon] $C_{13}H_{16}N_4O_5$, Formel XIII (R = $C_6H_3(NO_2)_2$).

B. Aus (±)-2-Äthyl-tetrahydro-pyran-4-on und [2,4-Dinitro-phenyl]-hydrazin (*Hansch-*

ke, B. **88** [1955] 1053, 1058).

Gelbe Krystalle (aus A.); F: 107°.

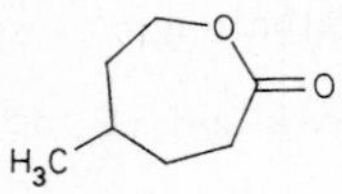

XI 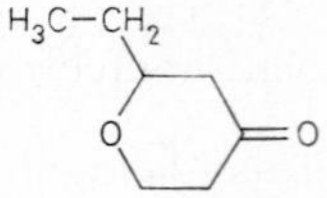 XII 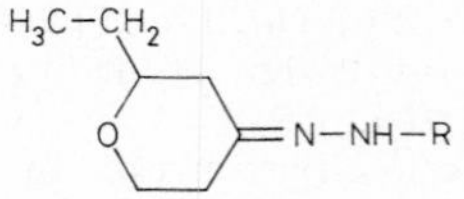 XIII 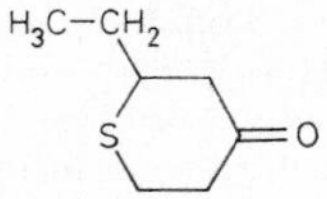 XIV

(±)-2-Äthyl-tetrahydro-pyran-4-on-semicarbazon $C_8H_{15}N_3O_2$, Formel XIII (R = $CO\text{-}NH_2$).

B. Aus (±)-2-Äthyl-tetrahydro-pyran-4-on und Semicarbazid (*Nasarow et al.*, Izv. Akad. S.S.S.R. Otd. chim. **1943** 50, 54; C. A. **1944** 1729; *Hanschke*, B. **88** [1955] 1053, 1058).

F: 135–136° [aus Me.] (*Na. et al.*), 131° [aus W.] (*Ha.*).

(±)-2-Äthyl-tetrahydro-pyran-4-on-[4-phenyl-semicarbazon] $C_{14}H_{19}N_3O_2$, Formel XIII (R = $CO\text{-}NH\text{-}C_6H_5$).

B. Aus (±)-2-Äthyl-tetrahydro-pyran-4-on und 4-Phenyl-semicarbazid (*Hanschke*, B. **88** [1955] 1053, 1058).

Krystalle (aus A.); F: 142–144°.

(±)-2-Äthyl-tetrahydro-thiopyran-4-on $C_7H_{12}OS$, Formel XIV.

B. Beim Behandeln von (±)-1-Brom-5-chlor-heptan-3-on mit Natriumsulfid in Äther und Methanol (*Traverso*, Ann. Chimica **45** [1955] 657, 665).

Öl; bei 95–105°/15 Torr destillierbar.

(±)-2-Äthyl-tetrahydro-thiopyran-4-on-[2,4-dinitro-phenylhydrazon] $C_{13}H_{16}N_4O_4S$, Formel I.

B. Aus (±)-2-Äthyl-tetrahydro-thiopyran-4-on und [2,4-Dinitro-phenyl]-hydrazin (*Traverso*, Ann. Chimica **45** [1955] 657, 665).

F: 124–126°.

(±)-6-Äthyl-tetrahydro-pyran-2-on, (±)-5-Hydroxy-heptansäure-lacton, (±)-Heptan-5-olid $C_7H_{12}O_2$, Formel II (H 240).

B. Beim Erwärmen von Schwefelsäure enthaltender (±)-5-Hydroxy-heptansäure in Benzol (*Zook, Knight*, Am. Soc. **76** [1954] 2302).

Kp_1: 68–69°. n_D^{20}: 1,4545.

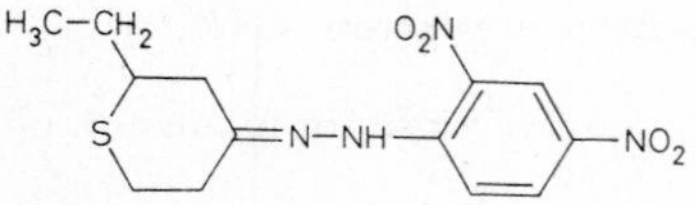

I 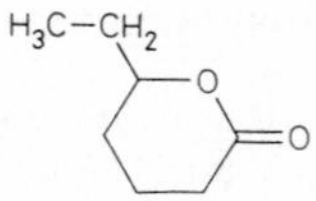 II 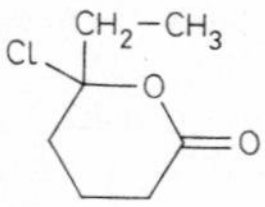 III 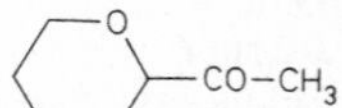 IV

(±)-6-Äthyl-6-chlor-tetrahydro-pyran-2-on, (±)-5-Chlor-5-hydroxy-heptansäure-lacton $C_7H_{11}ClO_2$, Formel III.

Eine Verbindung dieser Konstitution hat nach Ausweis des IR-Spektrums in dem nachstehend beschriebenen, auch als 4-Oxo-heptanoylchlorid formulierten Präparat als Hauptbestandteil vorgelegen (*Cason, Reist*, J. org. Chem. **23** [1958] 1492, 1494, 1675).

B. Aus 5-Oxo-heptansäure und Thionylchlorid (*Ca., Re.*, l. c. S. 1496; *Tatibouët, Fréon*, C. r. **248** [1959] 3447).

Kp_4: 80° (*Ta., Fr.*); Kp_4: 65° (*Ca., Re.*, l. c. S. 1496).

(±)-2-Acetyl-tetrahydro-pyran, (±)-1-Tetrahydropyran-2-yl-äthanon $C_7H_{12}O_2$, Formel IV.

B. Beim Behandeln von (±)-2-Äthinyl-tetrahydro-pyran mit Quecksilber(II)-sulfat und wss. Schwefelsäure (*Gouin*, C. r. **245** [1957] 2302).

Kp_{32}: 87°. D_4^{16}: 1,003. n_D^{16}: 1,4460.

(±)-1-Tetrahydropyran-2-yl-äthanon-[2,4-dinitro-phenylhydrazon] $C_{13}H_{16}N_4O_5$, Formel V.

B. Aus (±)-1-Tetrahydropyran-2-yl-äthanon und [2,4-Dinitro-phenyl]-hydrazin (*Gouin*, C. r. **245** [1957] 2302).

F: 139°.

(±)-5-Äthyl-tetrahydro-pyran-2-on, (±)-4-Hydroxymethyl-hexansäure-lacton, (±)-4-Äthyl-5-hydroxy-valeriansäure-lacton $C_7H_{12}O_2$, Formel VI.

B. Neben 2-Äthyl-glutarsäure beim Behandeln von (±)-4-Formyl-hexannitril mit wss. Kalilauge (*Farbenfabr. Bayer*, U.S.P. 2768962 [1954]).

$Kp_{0,2}$: 64–66°.

4-Acetyl-tetrahydro-pyran, 1-Tetrahydropyran-4-yl-äthanon $C_7H_{12}O_2$, Formel VII.

B. Beim Behandeln von Tetrahydro-pyran-4-carbonylchlorid mit Methylzinkjodid in Toluol (*Prelog et al.*, Collect. **10** [1938] 399, 402). Beim Behandeln von Tetrahydro-pyran-4-carbonitril mit Methylmagnesiumhalogenid in Äther und anschliessend mit wss. Salzsäure (*Henze, McKee*, Am. Soc. **64** [1942] 1672).

Kp_{144}: 205–207° [korr.]; Kp_{15}: 91–92° (*He., McKee*); Kp_{15}: 90–94° (*Pr. et al.*). D_4^{20}: 1,0243 (*He., McKee*). Oberflächenspannung bei 20°: 35,8 $g \cdot s^{-2}$ (*He., McKee*). n_D^{20}: 1,4530 (*He., McKee*).

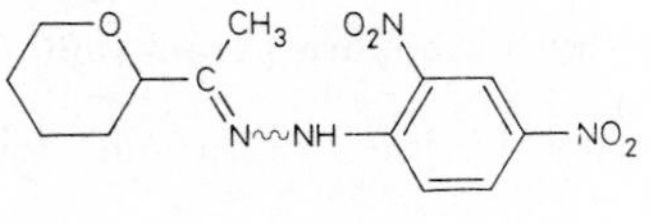

V 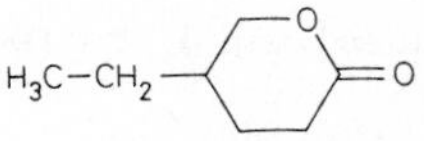 VI 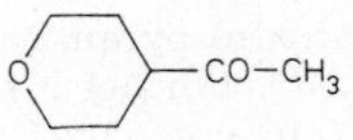 VII 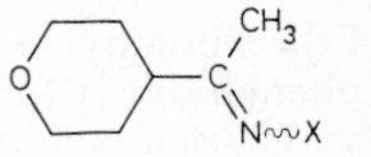 VIII

1-Tetrahydropyran-4-yl-äthanon-oxim $C_7H_{13}NO_2$, Formel VIII (X = OH).

B. Aus 1-Tetrahydropyran-4-yl-äthanon und Hydroxylamin (*Prelog*, A. **545** [1940] 229, 235).

Krystalle (aus PAe.); F: 54–55°.

1-Tetrahydropyran-4-yl-äthanon-[2,4-dinitro-phenylhydrazon] $C_{13}H_{16}N_4O_5$, Formel VIII (X = $NH-C_6H_3(NO_2)_2$).

B. Aus 1-Tetrahydropyran-4-yl-äthanon und [2,4-Dinitro-phenyl]-hydrazin (*Prelog et al.*, Collect. **10** [1938] 399, 402; *Henze, McKee*, Am. Soc. **64** [1942] 1672).

Krystalle; F: 160–161° [korr.] (*He., McKee*), 160–160,5° [aus A.] (*Pr. et al.*).

1-Tetrahydropyran-4-yl-äthanon-semicarbazon $C_8H_{15}N_3O_2$, Formel VIII (X = $NH-CO-NH_2$).

B. Aus 1-Tetrahydropyran-4-yl-äthanon und Semicarbazid (*Henze, McKee*, Am. Soc. **64** [1942] 1672).

F: 178° [korr.].

4-Bromacetyl-tetrahydro-pyran, 2-Brom-1-tetrahydropyran-4-yl-äthanon $C_7H_{11}BrO_2$, Formel IX.

B. Beim Behandeln einer Lösung von 2-Diazo-1-tetrahydropyran-4-yl-äthanon in Äther mit wss. Bromwasserstoffsäure (*Harnest, Birger*, Am. Soc. **65** [1943] 370).

Krystalle (nach Sublimation bei 50°/1 Torr); F: 50–53°.

2,2-Dimethyl-tetrahydro-pyran-4-on $C_7H_{12}O_2$, Formel X.

B. Beim Erwärmen von 2-Methyl-hex-5-en-3-in-2-ol oder von 5-Methyl-hexa-1,4-dien-3-on mit Quecksilber(II)-sulfat und wss. Schwefelsäure (*Elisarowa, Nasarow*, Izv. Akad. S.S.S.R. Otd. chim. **1940** 223, 230; C. A. **1942** 746; *Nasarow, Elisarowa*, Izv. Akad. S.S.S.R. Otd. chim. **1941** 423, 428; C. A. **1942** 1295; *Nasarow, Torgow*, Ž. obšč. Chim. **18** [1948] 1332, 1336; C. A. **1949** 2161). Beim Erwärmen von 1,5-Dichlor-5-methyl-hexan-3-on mit Wasser (*Nasarow, Nagibina*, Izv. Akad. S.S.S.R. Otd. chim. **1943** 206, 211; C. A. **1944** 1730). Beim Erwärmen von 1-Hydroxy-5-methyl-hex-4-en-3-on oder von 1-Acetoxy-5-methyl-hex-4-en-3-on mit wss. Schwefelsäure (*Nasarow et al.*, Ž. obšč. Chim. **27** [1957] 1818, 1825; engl. Ausg. S. 1884, 1889, 1890).

Kp: 178,5—179° (*El.*, *Na.*); Kp_{10}: 58—61° (*Na.*, *Na.*, l. c. S. 210); Kp_3: 48—52° (*Medwed, Kabatschnik*, Izv. Akad. S.S.S.R. Otd. chim. **1957** 1357, 1360; engl. Ausg. S. 1375, 1378). D_4^{20}: 0,9926 (*Me.*, *Ka.*). n_D^{20}: 1,4483 (*Me.*, *Ka.*), 1,4473 (*El.*, *Na.*), 1,4462 (*Na.*, *Na.*).

Reaktion mit Chlorwasserstoff bei 78° unter Bildung von 5-Chlor-5-methyl-hex-1-en-3-on: *Na.*, *El.*, l. c. S. 427. Bildung von 5-Acetoxy-5-methyl-hex-1-en-3-on beim Erhitzen mit Acetanhydrid und Schwefelsäure auf 190°: *Na.*, *El.*, l. c. S. 428. Beim Erwärmen mit Methylamin in Wasser ist 1,2,2-Trimethyl-piperidin-4-on, beim Erwärmen mit Dimethylamin in Wasser ist 1-Dimethylamino-5-methyl-hex-4-en-3-on, beim Erhitzen mit Anilin auf 160° ist 2,2-Dimethyl-tetrahydro-pyran-4-on-phenylimin erhalten worden (*Nasarow et al.*, Ž. obšč. Chim. **23** [1953] 1990, 1993; engl. Ausg. S. 2105, 2107).

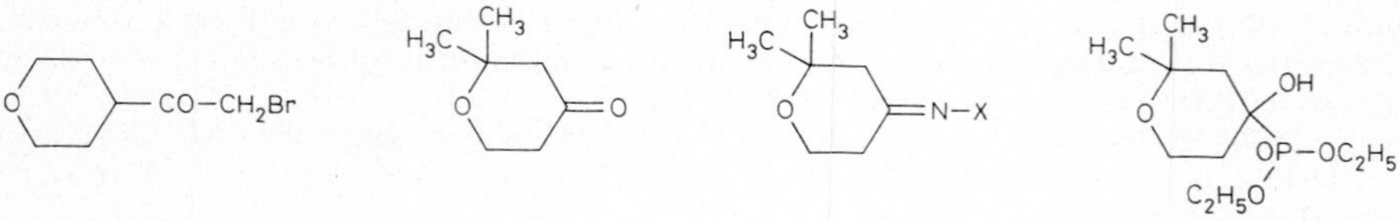

IX X XI XII

[2,2-Dimethyl-tetrahydro-pyran-4-yliden]-anilin, 2,2-Dimethyl-tetrahydro-pyran-4-on-phenylimin $C_{13}H_{17}NO$, Formel XI (X = C_6H_5).

B. Beim Erhitzen von 2,2-Dimethyl-tetrahydro-pyran-4-on mit Anilin auf 160° (*Nasarow et al.*, Ž. obšč. Chim. **23** [1953] 1990, 1993; engl. Ausg. S. 2105, 2107).

Kp_2: 109—110°. D_4^{20}: 1,0360. n_D^{20}: 1,5413.

2,2-Dimethyl-tetrahydro-pyran-4-on-[2,4-dinitro-phenylhydrazon] $C_{13}H_{16}N_4O_5$, Formel XI (X = NH-$C_6H_3(NO_2)_2$).

B. Aus 2,2-Dimethyl-tetrahydro-pyran-4-on und [2,4-Dinitro-phenyl]-hydrazin (*Nasarow et al.*, Ž. obšč. Chim. **27** [1957] 606, 611; engl. Ausg. S. 675, 679).

F: 143—146°; UV-Absorptionsmaximum (Isooctan): 344 nm.

2,2-Dimethyl-tetrahydro-pyran-4-on-semicarbazon $C_8H_{15}N_3O_2$, Formel XI (X = NH-CO-NH_2).

B. Aus 2,2-Dimethyl-tetrahydro-pyran-4-on und Semicarbazid (*Nasarow et al.*, Ž. obšč. Chim. **27** [1957] 1818, 1825; engl. Ausg. S. 1884, 1889; *Elisarowa, Nasarow*, Izv. Akad. S.S.S.R. Otd. chim. **1940** 223, 230; C. A. **1942** 746).

F: 165,5° (*El.*, *Na.*), 165° (*Na. et al.*).

(±)-[4-Hydroxy-2,2-dimethyl-tetrahydro-pyran-4-yl]-phosphonsäure-diäthylester $C_{11}H_{23}O_5P$, Formel XII.

B. Beim Behandeln von 2,2-Dimethyl-tetrahydro-pyran-4-on mit Diäthylphosphonat und Natriummethylat in Methanol (*Medwed, Kabatschnik*, Izv. Akad. S.S.S.R. Otd. chim. **1957** 1357, 1362; engl. Ausg. S. 1375, 1379).

Krystalle (aus Bzn.); F: 75—76°.

(±)-[4-Amino-2,2-dimethyl-tetrahydro-pyran-4-yl]-phosphonsäure-diäthylester $C_{11}H_{24}NO_4P$, Formel I (R = H).

B. Beim Behandeln von 2,2-Dimethyl-tetrahydro-pyran-4-on mit Diäthylphosphonat und Ammoniak (*Medwed, Kabatschnik*, Izv. Akad. S.S.S.R. Otd. chim. **1957** 1357, 1360;

engl. Ausg. S. 1375, 1378).
$Kp_{0,01}$: 79—81°. D_4^{20}: 1,1088. n_D^{20}: 1,4691.

(±)-[2,2-Dimethyl-4-propionylamino-tetrahydro-pyran-4-yl]-phosphonsäure-diäthylester $C_{14}H_{28}NO_5P$, Formel I (R = $CO\text{-}CH_2\text{-}CH_3$).

B. Beim Behandeln der im vorangehenden Artikel beschriebenen Verbindung mit Propionylchlorid, Pyridin und Benzol (*Medwed, Kabatschnik,* Izv. Akad. S.S.S.R. Otd. chim. **1957** 1357, 1361; engl. Ausg. S. 1375, 1379).

F: 97° [aus Ae.].

2,2-Dimethyl-tetrahydro-thiopyran-4-on $C_7H_{12}OS$, Formel II (X = O).

B. Beim Behandeln von 5-Methyl-hexa-1,4-dien-3-on mit einer Lösung von Schwefelwasserstoff in Natriumacetat enthaltendem Äthanol (*Nasarow, Kusnezowa,* Izv. Akad. S.S.S.R. Otd. chim. **1948** 118, 120; C. A. **1948** 7738). Beim Erwärmen von Bis-[1,1-dimethyl-3-oxo-pent-4-enyl]-sulfid mit methanol. Kalilauge (*Nasarow et al.,* Ž. obšč. Chim. **18** [1948] 1493, 1497; C. A. **1949** 2163).

Krystalle (aus PAe.); F: 28—29°; Kp_{11}: 85° (*Na., Ku.*). Kp_{10}: 77—79°; n_D^{19}: 1,4965 (*Nasarow, Golowin,* Ž. obšč. Chim. **26** [1956] 483, 488, 489; engl. Ausg. S. 507, 511).

2,2-Dimethyl-tetrahydro-thiopyran-4-on-semicarbazon $C_8H_{15}N_3OS$, Formel II (X = $N\text{-}NH\text{-}CO\text{-}NH_2$).

B. Aus 2,2-Dimethyl-tetrahydro-thiopyran-4-on und Semicarbazid (*Nasarow, Kusnezowa,* Izv. Akad. S.S.S.R. Otd. chim. **1948** 118, 120; C. A. **1948** 7738).

F: 186—187° [aus A.].

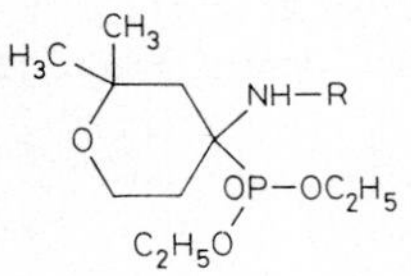

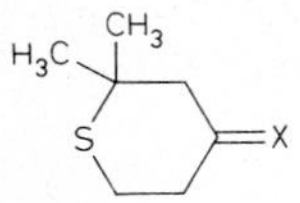

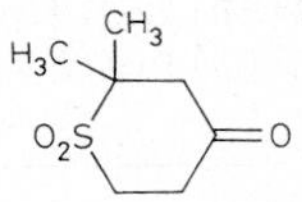

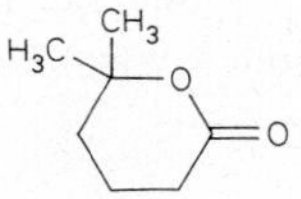

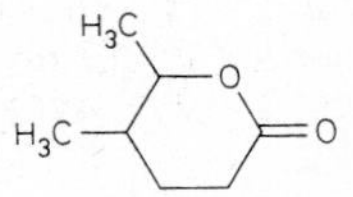

I II III IV V

2,2-Dimethyl-1,1-dioxo-tetrahydro-1λ⁶-thiopyran-4-on $C_7H_{12}O_3S$, Formel III.

B. Beim Behandeln einer Lösung von 2,2-Dimethyl-tetrahydro-thiopyran-4-on in Aceton mit Kaliumpermanganat und wss. Schwefelsäure (*Nasarow, Kusnezowa,* Izv. Akad. S.S.S.R. Otd. chim. **1948** 118, 121; C. A. **1948** 7738). Beim Behandeln einer Lösung von 2,2-Dimethyl-tetrahydro-thiopyran-4-on in Essigsäure mit wss. Wasserstoffperoxid (*Na., Ku.,* l. c. S. 121).

Krystalle (aus wss. A.); F: 110—111°.

6,6-Dimethyl-tetrahydro-pyran-2-on, 5-Hydroxy-5-methyl-hexansäure-lacton $C_7H_{12}O_2$, Formel IV (E II 291).

B. Beim Erwärmen von 5-Methyl-hexansäure mit wss. Kalilauge und Kaliumpermanganat und Erhitzen des Reaktionsprodukts mit wss. Salzsäure (*Linstead, Rydon,* Soc. **1933** 580, 585). Beim Behandeln von 5-Methyl-hex-4-ensäure mit wss. Schwefelsäure [60%ig] (*Li., Ry.*). Beim Behandeln von Glutarsäure-anhydrid mit Methylmagnesiumjodid in Äther und Benzol (*Komppa, Rohrmann,* A. **509** [1934] 259, 264). Beim Erhitzen von 3-Hydroxy-propionsäure mit Isobutylen und wenig Propionsäure auf 320° (*BASF,* D.B.P. 962429 [1955]).

Krystalle; F: 28° und F: 8° [instabile Modifikation] (*Li., Ry.*). Kp_{760}: 220—222°; Kp_{13}: 113—115° (*Ko., Ro.*). Kp_{19}: 119°; Kp_3: 90°; D_4^{20}: 1,0111; n_D^{20}: 1,4497 (*Li., Ry.*).

Geschwindigkeit der Hydrolyse in Wasser bei 100°: *Li., Ry.,* l. c. S. 586. Gleichgewicht mit 5-Hydroxy-5-methyl-hexansäure in Gegenwart von wss. Salzsäure bei 100°: *Li., Ry.* Gleichgewicht mit 5-Methyl-hex-4-ensäure bei 216°: *Li., Ry.,* l. c. S. 585; bei 150—180°/1—3000 at: *Fawcett, Gibson,* Soc. **1934** 386, 389, 395.

***Opt.-inakt. 5,6-Dimethyl-tetrahydro-pyran-2-on, 5-Hydroxy-4-methyl-hexansäure-lacton** $C_7H_{12}O_2$, Formel V.

B. Bei der Hydrierung von 5-Hydroxy-4-methyl-hex-4*t*-ensäure-lacton an einem Nickel-Aluminiumoxid-Katalysator bei 200° (*Lewina et al.*, Ž. obšč. Chim. **24** [1954] 1439, 1443; engl. Ausg. S. 1423, 1426). Aus (±)-4-Methyl-5-oxo-hexansäure beim Behandeln mit wss. Natronlauge, mit Nickel-Aluminium-Legierung und anschliessend mit wss. Schwefelsäure sowie beim Behandeln mit wss. Natriumhydrogencarbonat-Lösung, mit Natriumboranat und anschliessend mit wss. Salzsäure (*Dev, Rai*, J. Indian chem. Soc. **34** [1957] 266, 270).

Kp_8: 107–109°; D_4^{20}: 1,0222; n_D^{20}: 1,4550 (*Le. et al.*). $Kp_{1,5}$: 85°; $D_4^{25,5}$: 1,013; $n_D^{25,5}$: 1,4520 (*Dev, Rai*).

***Opt.-inakt. 5,6-Dibrom-5,6-dimethyl-tetrahydro-pyran-2-on, 4,5-Dibrom-5-hydroxy-4-methyl-hexansäure-lacton** $C_7H_{10}Br_2O_2$, Formel VI.

B. Beim Behandeln von 5-Hydroxy-4-methyl-hex-4*t*-ensäure-lacton mit Brom in Tetrachlormethan (*Lewina et al.*, Ž. obšč. Chim. **24** [1954] 1439, 1443; engl. Ausg. S. 1423, 1426).

Krystalle (aus PAe.); F: 63°.

***Opt.-inakt. 4,6-Dimethyl-tetrahydro-pyran-2-on, 5-Hydroxy-3-methyl-hexansäure-lacton** $C_7H_{12}O_2$, Formel VII.

B. Bei der Hydrierung von (±)-5-Hydroxy-3-methyl-hex-2*c*-ensäure-lacton an Raney-Nickel in Dioxan bei 56 at/100° sowie bei der Hydrierung von (±)-5-Hydroxy-3-methyl-hex-3*c*-ensäure-lacton an Raney-Nickel bei 70 at/50° (*Young*, Am. Soc. **71** [1949] 1346). Bei der Hydrierung von 5-Hydroxy-3-methyl-hexa-2*c*,4*t*-diensäure-lacton an Palladium in Äther (*Wiley, Hart*, Am. Soc. **77** [1955] 2340).

Kp_3: 83–86°; $D_{15,6}^{30}$: 1,020; n_D^{30}: 1,4437 (*Yo.*). Kp_1: 69–70°; n_D^{30}: 1,4427 (*Wi., Hart*). IR-Banden (CCl_4) im Bereich von 1733 cm^{-1} bis 1138 cm^{-1}: *Wiley, Esterle*, J. org. Chem. **22** [1957] 1257, 1259.

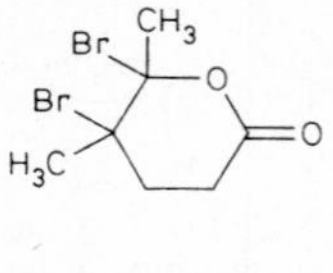

VI 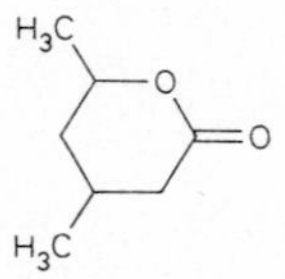 VII 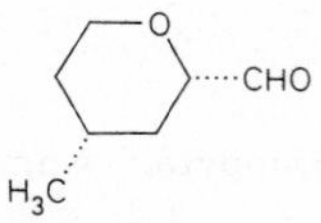 VIII 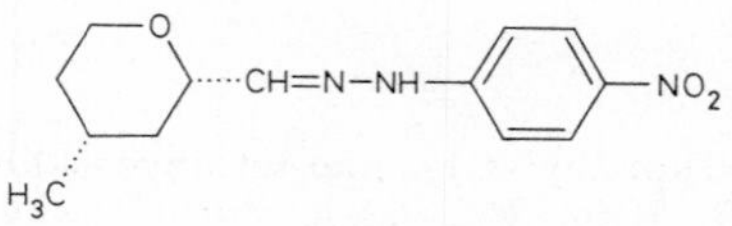 IX

(2*S*)-*cis*-4-Methyl-tetrahydro-pyran-2-carbaldehyd $C_7H_{12}O_2$, Formel VIII.

Diese Konstitution und Konfiguration kommt der nachstehend beschriebenen, ursprünglich (*Seidel, Stoll*, Helv. **42** [1959] 1830, 1836) als [3-Methyl-tetrahydro-[2]furyl]-acetaldehyd ($C_7H_{12}O_2$) angesehenen Verbindung zu (vgl. *Seidel et al.*, Helv. **44** [1961] 598, 601).

B. Beim Behandeln einer Lösung von (2*S*)-*cis*-4-Methyl-2-[2-methyl-propenyl]-tetrahydro-pyran (S. 204) in Tetrachlormethan mit Ozon und Erhitzen des mit Wasser versetzten Reaktionsprodukts bis auf 150° (*Se., St.*, l. c. S. 1841).

Als 4-Nitro-phenylhydrazon (s. u.) isoliert.

(2*S*)-*cis*-4-Methyl-tetrahydro-pyran-2-carbaldehyd-[4-nitro-phenylhydrazon] $C_{13}H_{17}N_3O_3$, Formel IX.

B. Aus dem im vorangehenden Artikel beschriebenen Aldehyd und [4-Nitro-phenyl]-hydrazin (*Seidel, Stoll*, Helv. **42** [1959] 1830, 1841).

Gelbbraune Krystalle (aus Me.); F: 166–166,5° [unkorr.].

***Opt.-inakt. 2,5-Dimethyl-tetrahydro-pyran-4-on** $C_7H_{12}O_2$, Formel X.

B. Beim Eintragen von 2-Methyl-hexa-1,5-dien-3-in in ein heisses Gemisch von Quecksilber(II)-sulfat, Schwefelsäure und wss. Methanol (*Nasarow et al.*, Ž. obšč. Chim. **28** [1958] 2757, 2762; engl. Ausg. S. 2781, 2785).

Kp_{680}: 171—173°; D_4^{20}: 1,0190; n_D^{20}: 1,4486 (*Na. et al.*, Ž. obšč. Chim. **28** 2762). Kp_{30}: 87—89°; n_D^{20}: 1,4483 (*Nasarow et al.*, Ž. obšč. Chim. **23** [1953] 1990, 1992; engl. Ausg. S. 2105, 2106).

Beim Erwärmen mit Methylamin in Wasser ist 1,2,5-Trimethyl-piperidin-4-on, beim Erwärmen mit Dimethylamin in Wasser ist 5-Dimethylamino-2-methyl-hex-1-en-3-on, beim Erhitzen mit Anilin und Wasser ist 2,5-Dimethyl-1-phenyl-piperidin-4-on erhalten worden (*Na. et al.*, Ž. obšč. Chim. **23** 1992).

***Opt.-inakt. 2,5-Dimethyl-tetrahydro-pyran-4-on-semicarbazon** $C_8H_{15}N_3O_2$, Formel XI.

B. Aus dem im vorangehenden Artikel beschriebenen Keton (Präparat von Kp_{680}: 171° bis 173°) und Semicarbazid (*Nasarow et al.*, Ž. obšč. Chim. **28** [1958] 2757, 2762; engl. Ausg. S. 2781, 2785).

F: 169,5—170,5°.

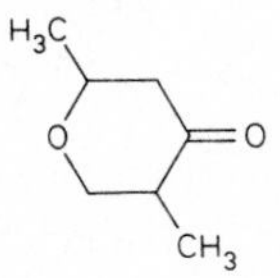

X 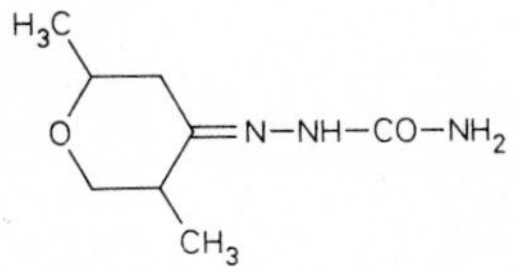 XI 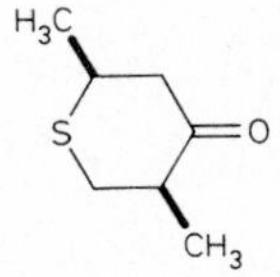 XII 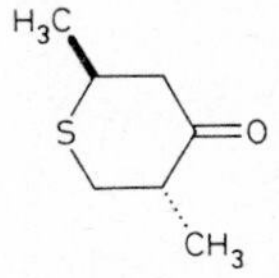 XIII

2,5-Dimethyl-tetrahydro-thiopyran-4-on $C_7H_{12}OS$.

a) **(±)-*cis*-2,5-Dimethyl-tetrahydro-thiopyran-4-on** $C_7H_{12}OS$, Formel XII + Spiegelbild.

B. Neben dem unter b) beschriebenen Stereoisomeren beim Behandeln eines Gemisches von 2-Methyl-hexa-1,4(?)-dien-3-on (E IV **1** 3551), Natriumacetat und Äthanol mit Schwefelwasserstoff (*Nasarow et al.*, Ž. obšč. Chim. **19** [1949] 2148, 2152; engl. Ausg. S. a 621, a 626).

Kp_{23}: 104—105°. n_D^{19}: 1,5035.

Beim Erwärmen mit Natriummethylat enthaltendem Methanol ist *trans*-2,5-Dimethyl-tetrahydro-thiopyran-4-on erhalten worden.

b) **(±)-*trans*-2,5-Dimethyl-tetrahydro-thiopyran-4-on** $C_7H_{12}OS$, Formel XIII + Spiegelbild.

B. Beim Erwärmen von 1,5-Dimercapto-2-methyl-hexan-3-on mit Natriumacetat enthaltendem Äthanol (*Nasarow et al.*, Ž. obšč. Chim. **19** [1949] 2148, 2156; engl. Ausg. S. a 621, a 629). Weitere Bildungsweise s. bei dem unter a) beschriebenen Stereoisomeren.

Krystalle (aus A. oder PAe.); F: 71°.

(±)-*trans*-2,5-Dimethyl-tetrahydro-thiopyran-4-on-oxim $C_7H_{13}NOS$, Formel I (X = OH) + Spiegelbild.

B. Aus (±)-*trans*-2,5-Dimethyl-tetrahydro-thiopyran-4-on und Hydroxylamin (*Nasarow, Kusnezowa*, Izv. Akad. S.S.S.R. Otd. chim. **1953** 506, 509; engl. Ausg. S. 455, 457).

Krystalle (aus A.); F: 131—132°.

2,5-Dimethyl-tetrahydro-thiopyran-4-on-[2,4-dinitro-phenylhydrazon] $C_{13}H_{16}N_4O_4S$.

a) **(±)-*cis*-2,5-Dimethyl-tetrahydro-thiopyran-4-on-[2,4-dinitro-phenylhydrazon]** $C_{13}H_{16}N_4O_4S$, Formel II + Spiegelbild.

B. Aus (±)-*cis*-2,5-Dimethyl-tetrahydro-thiopyran-4-on und [2,4-Dinitro-phenyl]-hydrazin (*Nasarow et al.*, Ž. obšč. Chim. **19** [1949] 2148, 2154; engl. Ausg. S. a 621, a 627).

Orangefarbene Krystalle (aus A.). F: 142—143°.

b) **(±)-*trans*-2,5-Dimethyl-tetrahydro-thiopyran-4-on-[2,4-dinitro-phenylhydrazon]** $C_{13}H_{16}N_4O_4S$, Formel I (X = NH-$C_6H_3(NO_2)_2$) + Spiegelbild.

B. Aus (±)-*trans*-2,5-Dimethyl-tetrahydro-thiopyran-4-on und [2,4-Dinitro-phenyl]-hydrazin (*Nasarow et al.*, Ž. obšč. Chim. **19** [1949] 2148, 2154; engl. Ausg. S. a 621, a 626).

Gelbe Krystalle (aus A.); F: 188°.

(±)-*trans*-2,5-Dimethyl-tetrahydro-thiopyran-4-on-semicarbazon $C_8H_{15}N_3OS$, Formel I (X = NH-CO-NH_2) + Spiegelbild.

B. Aus (±)-*trans*-2,5-Dimethyl-tetrahydro-thiopyran-4-on und Semicarbazid (*Nasarow et al.*, Ž. obšč. Chim. **19** [1949] 2148, 2153; engl. Ausg. S. a **621**, a **626**).

Krystalle (aus A.); F: 173–174°.

(±)-*trans*-2,5-Dimethyl-tetrahydro-thiopyran-4-on-thiosemicarbazon $C_8H_{15}N_3S_2$, Formel I (X = NH-CS-NH_2) + Spiegelbild.

B. Aus (±)-*trans*-2,5-Dimethyl-tetrahydro-thiopyran-4-on und Thiosemicarbazid (*Nasarow, Kusnezowa*, Izv. Akad. S.S.S.R. Otd. chim. **1953** 506, 511; engl. Ausg. S. 455, 459).

Krystalle (aus A.); F: 162–163°.

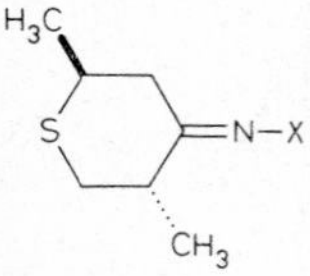

I 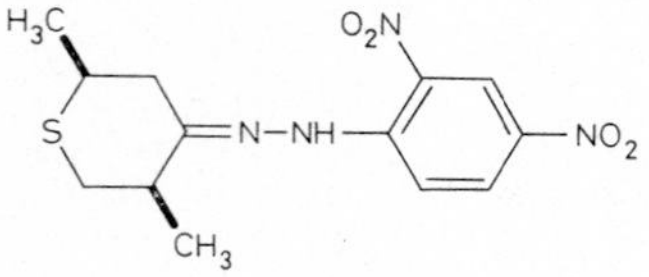 II 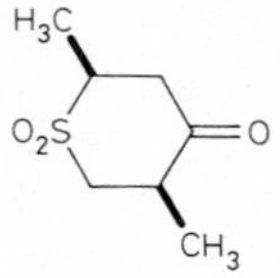 III 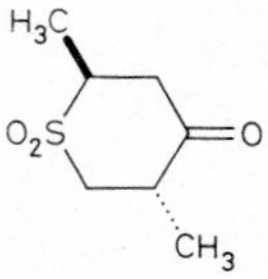 IV

2,5-Dimethyl-1,1-dioxo-tetrahydro-1λ^6-thiopyran-4-on $C_7H_{12}O_3S$.

a) **(±)-*cis*-2,5-Dimethyl-1,1-dioxo-tetrahydro-1λ^6-thiopyran-4-on** $C_7H_{12}O_3S$, Formel III + Spiegelbild.

B. Beim Behandeln einer Lösung von (±)-*cis*-2,5-Dimethyl-tetrahydro-thiopyran-4-on in Aceton mit Kaliumpermanganat und Schwefelsäure (*Nasarow et al.*, Ž. obšč. Chim. **19** [1949] 2148, 2155; engl. Ausg. S. a 621, a 628).

Krystalle (aus A.); F: 103–104°.

Beim Erwärmen mit wenig Natriummethylat enthaltendem Methanol erfolgt Umwandlung in das unter b) beschriebene Stereoisomere.

b) **(±)-*trans*-2,5-Dimethyl-1,1-dioxo-tetrahydro-1λ^6-thiopyran-4-on** $C_7H_{12}O_3S$, Formel IV + Spiegelbild.

B. Beim Behandeln einer Lösung von (±)-*trans*-2,5-Dimethyl-tetrahydro-thiopyran-4-on in Aceton mit Kaliumpermanganat und Schwefelsäure (*Nasarow et al.*, Ž. obšč. Chim. **19** [1949] 2148, 2155; engl. Ausg. S. a 621, a 628). Weitere Bildungsweise s. bei dem unter a) beschriebenen Stereoisomeren.

Krystalle (aus A.); F: 138°.

(±)-*trans*-2,5-Dimethyl-1,1-dioxo-tetrahydro-1λ^6-thiopyran-4-on-oxim $C_7H_{13}NO_3S$, Formel V (X = OH) + Spiegelbild.

B. Aus (±)-*trans*-2,5-Dimethyl-1,1-dioxo-tetrahydro-1λ^6-thiopyran-4-on und Hydroxylamin (*Nasarow, Kusnezowa*, Izv. Akad. S.S.S.R. Otd. chim. **1953** 506, 509; engl. Ausg. S. 455, 457).

Krystalle (aus A.); F: 194–195°.

(±)-*trans*-2,5-Dimethyl-1,1-dioxo-tetrahydro-1λ^6-thiopyran-4-on-semicarbazon $C_8H_{15}N_3O_3S$, Formel V (X = NH-CO-NH_2) + Spiegelbild.

B. Aus (±)-*trans*-2,5-Dimethyl-1,1-dioxo-tetrahydro-1λ^6-thiopyran-4-on und Semicarbazid (*Nasarow, Kusnezowa*, Izv. Akad. S.S.S.R. Otd. chim. **1953** 506, 512; engl. Ausg. S. 455, 459).

Krystalle (aus W.); F: 217–218°.

(±)-*trans*-2,5-Dimethyl-1,1-dioxo-tetrahydro-1λ^6-thiopyran-4-on-thiosemicarbazon $C_8H_{15}N_3O_2S_2$, Formel V (X = NH-CS-NH_2) + Spiegelbild.

B. Aus (±)-*trans*-2,5-Dimethyl-1,1-dioxo-tetrahydro-1λ^6-thiopyran-4-on und Thiosemicarbazid (*Nasarow, Kusnezowa*, Izv. Akad. S.S.S.R. Otd. chim. **1953** 506, 511; engl. Ausg. S. 455, 459).

Krystalle (aus W.); F: 241°.

(±)-3ξ-Brom-2*r*,5*t*-dimethyl-1,1-dioxo-tetrahydro-1λ⁶-thiopyran-4-on $C_7H_{11}BrO_3S$, Formel VI + Spiegelbild.

B. Neben 5-Brom-2,5-dimethyl-1,1-dioxo-tetrahydro-1λ⁶-thiopyran-4-on (s. u.) beim Behandeln von (±)-*trans*-2,5-Dimethyl-1,1-dioxo-tetrahydro-1λ⁶-thiopyran-4-on mit Brom in Essigsäure oder in Bromwasserstoff enthaltender Essigsäure (*Nasarow et al.*, Ž. obšč. Chim. **22** [1952] 990, 994; engl. Ausg. S. 1045, 1048).

F: 199—200° [aus Acn.].

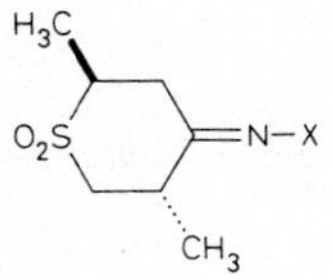

V 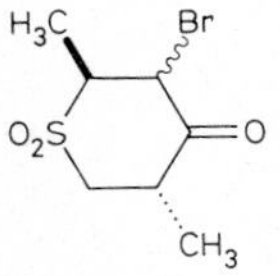 VI 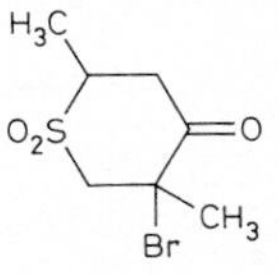 VII 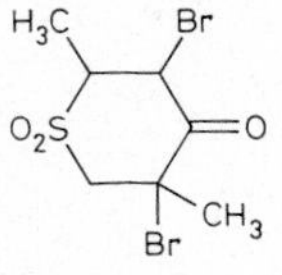 VIII 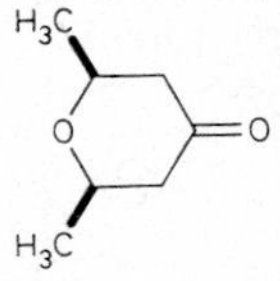 IX

***Opt.-inakt. 5-Brom-2,5-dimethyl-1,1-dioxo-tetrahydro-1λ⁶-thiopyran-4-on** $C_7H_{11}BrO_3S$, Formel VII.

B. s. im vorangehenden Artikel.

Krystalle (aus A.); F: 144—145° (*Nasarow et al.*, Ž. obšč. Chim. **22** [1952] 990, 994; engl. Ausg. S. 1045, 1048).

***Opt.-inakt. 3,5-Dibrom-2,5-dimethyl-1,1-dioxo-tetrahydro-1λ⁶-thiopyran-4-on** $C_7H_{10}Br_2O_3S$, Formel VIII.

B. Beim Erwärmen von (±)-*trans*-2,5-Dimethyl-1,1-dioxo-tetrahydro-1λ⁶-thiopyran-4-on mit Brom in Essigsäure (*Nasarow et al.*, Ž. obšč. Chim. **22** [1952] 990, 993; engl. Ausg. S. 1045, 1048).

Krystalle (aus Acn.); F: 184,5—185°.

***cis*-2,6-Dimethyl-tetrahydro-pyran-4-on** $C_7H_{12}O_2$, Formel IX (E I 132; E II 291).

Über die Konfiguration s. *Eskenazi et al.*, Bl. **1971** 2951, 2954. *cis*-2,6-Dimethyl-tetrahydro-pyran-4-on hat auch in einem von *Delépine, Amiard* (C. r. **219** [1944] 265) als (±)-*trans*-2,6-Dimethyl-tetrahydro-pyran-4-on angesehenen Präparat vorgelegen (*Cameron, Schütz*, Soc. [C] **1968** 1801).

B. Bei der Hydrierung von 2,6-Dimethyl-pyran-4-on an Palladium in Methanol bei 60° (*de Vrieze*, R. **78** [1959] 91). Bei der Hydrierung von 2,6-Dimethyl-pyran-4-on an einem Palladium enthaltenden Nickel-Katalysator in Äthanol und Behandlung des erhaltenen Gemisches von 2*r*,6*c*-Dimethyl-tetrahydro-pyran-4*c*-ol und 2*r*,6*c*-Dimethyl-tetrahydro-pyran-4*t*-ol mit Chrom(VI)-oxid und wss. Schwefelsäure (*de Vrieze*, R. **66** [1947] 486, 489; s. a. *Cornubert et al.*, Bl. **1950** 40, 41). Beim Erhitzen von (±)-2*r*,6*c*-Dimethyl-4-oxo-tetrahydro-pyran-3-carbonsäure (F: 96°) mit Wasser (*De.*, *Am.*).

Kp_{760}: 170,5—171,5° [unkorr.]; D_4^{20}: 0,9742; n_D^{20}: 1,4435 (*Ballard et al.*, Am. Soc. **72** [1950] 5734, 5737). Kp_{14}: 59—62°; D_4^0: 0,9968; D_4^{14}: 0,9856; n_D^{14}: 1,447 (*De.*, *Am.*). $Kp_{11,5}$: 54—55°; D_4^{16}: 0,9819; n_D^{16}: 1,4424 (*de Vr.*, R. **66** 490). $D^{12,5}$: 0,9835; $n_D^{12,5}$: 1,4423 (*Co. et al.*). UV-Absorptionsmaximum (A.): 276 nm (*de Vr.*, R. **78** 93).

***cis*-2,6-Dimethyl-tetrahydro-pyran-4-on-oxim** $C_7H_{13}NO_2$, Formel X (X = OH).

B. Aus *cis*-2,6-Dimethyl-tetrahydro-pyran-4-on und Hydroxylamin (*Delépine, Amiard*, C. r. **219** [1944] 265; *Cornubert et al.*, Bl. **1950** 40, 42).

Krystalle; F: 93° [aus W.] (*De.*, *Am.*), 92—93° [aus Bzn.] (*Co. et al.*).

***cis*-2,6-Dimethyl-tetrahydro-pyran-4-on-[2,4-dinitro-phenylhydrazon]** $C_{13}H_{16}N_4O_5$, Formel X (X = NH-$C_6H_3(NO_2)_2$).

B. Aus *cis*-2,6-Dimethyl-tetrahydro-pyran-4-on und [2,4-Dinitro-phenyl]-hydrazin (*de Vrieze*, R. **66** [1947] 486, 490; *Ballard et al.*, Am. Soc. **72** [1950] 5734, 5737).

F: 177—178° [aus A.] (*de Vr.*), 174,3—174,6° [unkorr.] (*Ba. et al.*).

***cis*-2,6-Dimethyl-tetrahydro-pyran-4-on-semicarbazon** $C_8H_{15}N_3O_2$, Formel X (X = NH-CO-NH_2).

B. Aus *cis*-2,6-Dimethyl-tetrahydro-pyran-4-on und Semicarbazid (*Delépine, Amiard*, C. r. **219** [1944] 265).

F: 194–195° [Block] bzw. F: 185–186° [Kapillare].

***Opt.-inakt. 2,6-Bis-trichlormethyl-tetrahydro-pyran-4-on** $C_7H_6Cl_6O_2$, Formel XI.

B. Beim Behandeln von 3-Oxo-glutarsäure mit Chloral-hydrat und wss. Natrium=hydrogencarbonat-Lösung (*Caujolle et al.*, Bl. **1950** 22).

F: 126°.

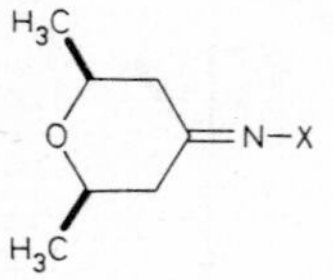

X 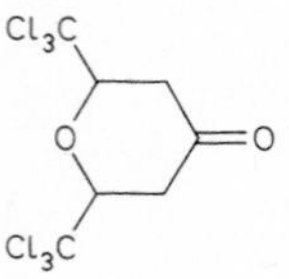 XI 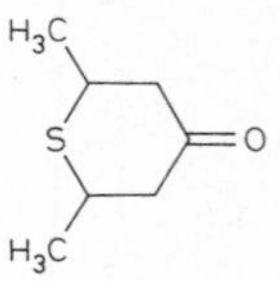 XII 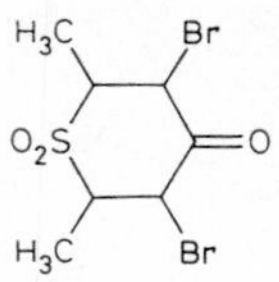 XIII

***Opt.-inakt. 2,6-Dimethyl-tetrahydro-thiopyran-4-on** $C_7H_{12}OS$, Formel XII.

B. 1) Beim Erhitzen von (±)-2*r*,6*c*(?)-Dimethyl-4-oxo-tetrahydro-thiopyran-3-carbon=säure-methylester (F: 86°) mit Wasser auf 170° (*Arndt*, Rev. Fac. Sci. Istanbul [A] **13** [1948] 57, 64). 2) Beim Erhitzen von (±)-2*r*,6*c*(?)-Dimethyl-4-oxo-tetrahydro-thio=pyran-3-carbonsäure-methylester (F: 86°) mit Wasser auf 220° (*Ar.*). 3) Beim Behandeln von opt.-inakt. 1,1,2,6-Tetramethyl-4-oxo-piperidinium-jodid (nicht charakterisiert) mit Natriumsulfid in Wasser (*Horak et al.*, Acta chim. hung. **21** [1959] 97, 101). 4) Beim Erwärmen von opt.-inakt. 2,6-Dichlor-heptan-4-on (Kp_{15}: 60–75°) oder von opt.-inakt. 6-Chlor-hept-2-en-4-on (Kp_{15}: 70–80°) mit Natriumsulfid bzw. Natriumhydrogensulfid in Methanol und Äther (*Rolla et al.*, Ann. Chimica **42** [1952] 507, 516, 518). 5) Beim Erhitzen von opt.-inakt. 2,6-Dimethyl-4-oxo-tetrahydro-thiopyran-3-carbonsäure-methyl=ester (nicht charakterisiert) mit Wasser (*Barkenbus et al.*, J. org. Chem. **16** [1951] 232, 236, 238). 6) Beim Erwärmen von opt.-inakt. 2,6-Dimethyl-4-oxo-tetrahydro-thiopyran-3,5-dicarbonsäure-diäthylester (F: 142°) mit wss. Salzsäure und Essigsäure (*Horák, Černý*, Collect. **18** [1953] 379, 381).

1) Krystalle (aus PAe.), F: 38,5°; Kp_{16}: 93–94°; Semicarbazon ($C_8H_{15}N_3OS$): Krystalle (aus A.), F: 196° (*Ar.*). — 2) Kp_{16}: 93–94°; Semicarbazon, F: 184° [aus A.] (*Ar.*). — 3) Kp_{11}: 79–82°; n_D^{22}: 1,4961; Semicarbazon, F: 189–191° [Kofler-App.] (*Ho. et al.*). — 4) Kp_{15}: 95–100°; 2,4-Dinitro-phenylhydrazon ($C_{13}H_{16}N_4O_4S$), F: 184° (*Ro. et al.*). — 5) $Kp_{2,5}$: 46–49°; n_D^{25}: 1,4906; 2,4-Dinitro-phenylhydrazon, F: 160–162° (*Ba. et al.*). — 6) Kp_{14}: 88°; n_D^{25}: 1,4990; Semicarbazon, F: 183°; 2,4-Dinitro-phenylhydrazon, F: 182° (*Ho., Če.*).

***Opt.-inakt. 3,5-Dibrom-2,6-dimethyl-1,1-dioxo-tetrahydro-1λ⁶-thiopyran-4-on** $C_7H_{10}Br_2O_3S$, Formel XIII.

B. Beim Behandeln einer Lösung von opt.-inakt. 2,6-Dimethyl-tetrahydro-thiopyran-4-on (F: 38,5°) in Essigsäure mit wss. Wasserstoffperoxid und Behandeln des Reaktionsprodukts mit Brom in Essigsäure (*Arndt*, Rev. Fac. Sci. Istanbul [A] **13** [1948] 57, 65).

Krystalle; F: 250° [Zers.].

***Opt.-inakt. 4,4-Bis-äthylmercapto-2,6-dimethyl-tetrahydro-thiopyran, 2,6-Dimethyl-tetrahydro-thiopyran-4-on-diäthyldithioacetal** $C_{11}H_{22}S_3$, Formel I.

B. Beim Behandeln von opt.-inakt. 2,6-Dimethyl-tetrahydro-thiopyran-4-on ($Kp_{2,5}$: 46–49°; n_D^{25}: 1,4906) mit Äthanthiol unter Einleiten von Chlorwasserstoff (*Barkenbus, Midkiff*, J. org. Chem. **16** [1951] 1047).

$Kp_{1,5}$: 108–110°. n_D^{25}: 1,5418.

***Opt.-inakt. 4,4-Bis-äthansulfonyl-2,6-dimethyl-1,1-dioxo-tetrahydro-1λ⁶-thiopyran, 4,4-Bis-äthansulfonyl-2,6-dimethyl-tetrahydro-thiopyran-1,1-dioxid** $C_{11}H_{22}O_6S_3$, Formel II.

B. Beim Erwärmen des im vorangehenden Artikel beschriebenen Präparats mit

Kaliumpermanganat und wss. Schwefelsäure (*Barkenbus, Midkiff*, J. org. Chem. **16** [1951] 1047).

Krystalle (aus Acn. + A. oder aus Acn. + W.); F: 199,5–200,5°.

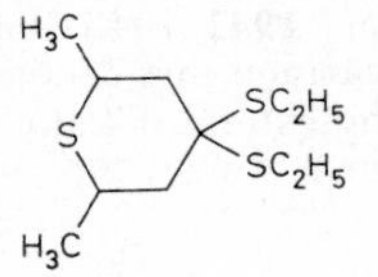

I 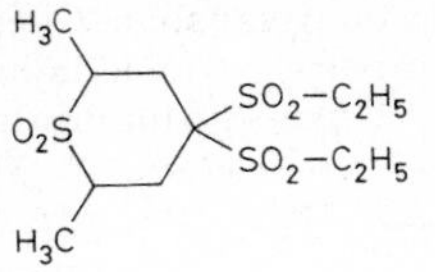 II 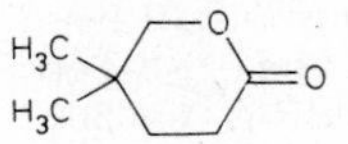 III 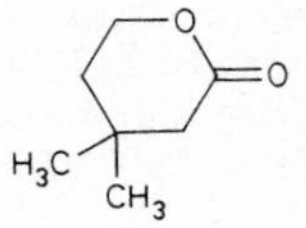 IV

5,5-Dimethyl-tetrahydro-pyran-2-on, 5-Hydroxy-4,4-dimethyl-valeriansäure-lacton $C_7H_{12}O_2$, Formel III.

B. Bei der Hydrierung von 5-Hydroxy-4,4-dimethyl-pent-2*c*-ensäure-lacton an Palladium in Äthanol (*Bowman, Cavalla*, Soc. **1954** 1171, 1174). Beim Erwärmen von 5-Hydroxy-4,4-dimethyl-valeronitril mit wss. Kalilauge, folgenden Ansäuern und Destillieren (*Julia, Rouault*, Bl. **1959** 1833, 1838).

Kp_{12}: 105–105,5°; n_D^{17}: 1,4527 (*Ju., Ro.*). $Kp_{0,7}$: 64°; n_D^{20}: 1,4520 (*Bo., Ca.*).

4,4-Dimethyl-tetrahydro-pyran-2-on, 5-Hydroxy-3,3-dimethyl-valeriansäure-lacton $C_7H_{12}O_2$, Formel IV (H 241; E II 292).

B. Beim Behandeln von 3,3-Dimethyl-glutarsäure-anhydrid mit Äthanol und Natrium (*Rydon*, Soc. **1936** 593, 594; vgl. H 241).

F: 29°. Kp_{20}: 118–120°; $Kp_{1,5}$: 89–90°.

(±)-5-Propyl-dihydro-thiophen-3-on $C_7H_{12}OS$, Formel V.

B. Beim Erhitzen von (±)-4-Oxo-2-propyl-tetrahydro-thiophen-3-carbonsäure-äthylester mit wss. Schwefelsäure und Essigsäure (*Baker et al.*, J. org. Chem. **12** [1947] 138, 145).

Kp_{12}: 98°.

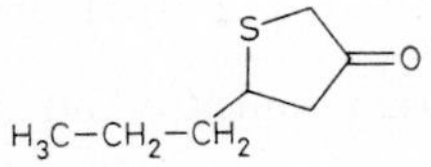

V 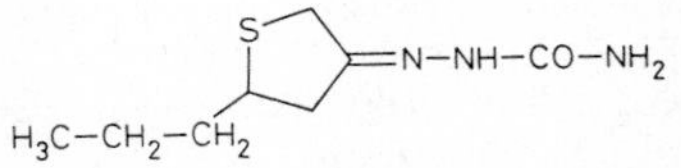 VI 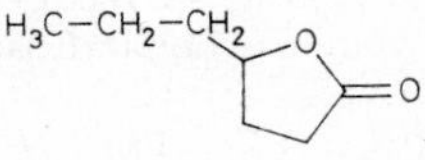 VII

(±)-5-Propyl-dihydro-thiophen-3-on-semicarbazon $C_8H_{15}N_3OS$, Formel VI.

B. Aus (±)-5-Propyl-dihydro-thiophen-3-on und Semicarbazid (*Baker et al.*, J. org. Chem. **12** [1947] 138, 145).

Krystalle (aus wss. A.); F: 161–162°.

(±)-5-Propyl-dihydro-furan-2-on, (±)-4-Hydroxy-heptansäure-lacton, (±)-Heptan-4-olid $C_7H_{12}O_2$, Formel VII (H 241; E II 292).

B. Beim Erhitzen von 4-Oxo-heptansäure mit Aluminiumisopropylat in Toluol (*Perlin, Purves*, Canad. J. Chem. **31** [1953] 227, 234). Neben anderen Verbindungen beim Erwärmen von Hept-5*t*-ensäure mit Polyphosphorsäure auf 70° (*Riobé*, C. r. **247** [1958] 1016). Beim Behandeln von 4-Oxo-buttersäure-methylester mit Propylmagnesiumbromid in Äther bei –30° und Erwärmen des nach der Hydrolyse erhaltenen Reaktionsprodukts in Benzol mit Schwefelsäure (*Zook, Knight*, Am. Soc. **76** [1954] 2302).

Kp_{10}: 103° (*Papa et al.*, J. org. Chem. **16** [1951] 253, 257).

Ein 4-Hydroxy-heptansäure-lacton-Präparat (Kp_2: 61–62°; D_{20}^{20}: 0,9948; n_D^{20}: 1,4405) von unbekanntem opt. Drehungsvermögen ist beim Erhitzen von D-*glycero*-D-*gulo*-Heptonsäure-4-lacton mit wss. Jodwasserstoffsäure und Phosphor erhalten worden (*Perlin, Purves*, Canad. J. Chem. **31** [1953] 227, 231).

(±)-5-[3-Chlor-propyl]-dihydro-furan-2-on, (±)-7-Chlor-4-hydroxy-heptansäure-lacton $C_7H_{11}ClO_2$, Formel VIII.

B. Aus (±)-3-Tetrahydro[2]furyl-propionsäure-äthylester (*Hinz, Meyer*, Reichsamt Wirtschaftsausbau Chem. Ber. **1942** 241, 248, 249) oder aus (±)-4,7-Dihydroxy-heptansäure-4-lacton (*Hinz et al.*, Reichsamt Wirtschaftsausbau Chem. Ber. **1942** 1043) beim Behandeln mit Chlorwasserstoff bei Siedetemperatur sowie beim Erwärmen mit Thionylchlorid. Beim Erhitzen von (±)-3-Tetrahydro[2]furyl-propionsäure-äthylester mit Thionylchlorid und Zinkchlorid bis auf 200° (*Moldenhauer et al.*, A. **580** [1953] 169, 175).

Kp_{10}: 160° (*Hinz, Me.*; *Hinz et al.*); $Kp_{0,01}$: 104–106° (*Mo. et al.*).

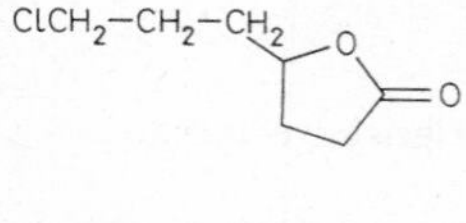

VIII 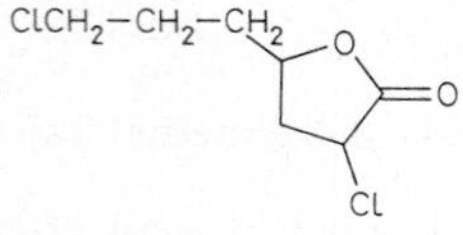 IX 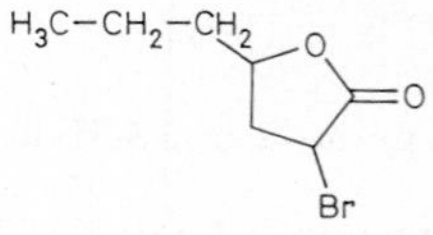 X 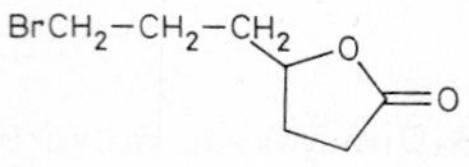 XI

***Opt.-inakt. 3-Chlor-5-[3-chlor-propyl]-dihydro-furan-2-on, 2,7-Dichlor-4-hydroxy-heptansäure-lacton** $C_7H_{10}Cl_2O_2$, Formel IX.

B. Neben 2-Chlor-3-tetrahydro[2]furyl-propionylchlorid (Kp_8: 104°) beim Behandeln von opt.-inakt. 2-Chlor-3-tetrahydro[2]furyl-propionsäure (F: 69–70°) mit Phosphor(V)-chlorid (*Hinz et al.*, Reichsamt Wirtschaftsausbau Chem. Ber. **1942** 1043).

Kp_{10}: 185°; Kp_5: 169°.

***Opt.-inakt. 3-Brom-5-propyl-dihydro-furan-2-on, 2-Brom-4-hydroxy-heptansäure-lacton** $C_7H_{11}BrO_2$, Formel X.

B. Beim Erwärmen von (±)-4-Hydroxy-heptansäure-lacton mit Brom und Phosphor (*Keimatsu et al.*, J. pharm. Soc. Japan **50** [1930] 653, 657; dtsch. Ref. S. 99; C. A. **1930** 5022).

Kp_3: 108–109°.

(±)-5-[3-Brom-propyl]-dihydro-furan-2-on, (±)-7-Brom-4-hydroxy-heptansäure-lacton $C_7H_{11}BrO_2$, Formel XI.

B. Aus (±)-4,7-Dibrom-heptansäure (E III **2** 773) beim Behandeln mit wss. Natriumhydrogencarbonat-Lösung sowie beim Erhitzen ohne Zusatz (*Paul*, C. r. **212** [1941] 398, 400).

Kp_{10}: 173–175° (*Paul*); $Kp_{2,5}$: 158–160° (*Albanesi, Towaglieri*, Chimica e Ind. **41** [1959] 189, 193). D_{15}^{7}: 1,478; n_D^{7}: 1,5040 (*Paul*).

(±)-3-Propyl-dihydro-furan-2-on, (±)-2-[2-Hydroxy-äthyl]-valeriansäure-lacton, (±)-4-Hydroxy-2-propyl-buttersäure-lacton $C_7H_{12}O_2$, Formel XII.

B. Beim Erwärmen von Propyl-[2-vinyloxy-äthyl]-malonsäure-diäthylester mit äthanol. Kalilauge und Erhitzen des nach dem Versetzen mit wss. Salzsäure isolierten Reaktionsprodukts auf 180° (*Nelson, Cretcher*, Am. Soc. **52** [1930] 3702). Beim Behandeln der Natrium-Verbindung des Propylmalonsäure-diäthylesters mit Äthylenoxid in Äthanol, Erhitzen der Reaktionslösung mit wss. Kalilauge und Erhitzen des nach dem Behandeln mit wss. Schwefelsäure isolierten Reaktionsprodukts unter vermindertem Druck (*Rothstein*, Bl. [5] **2** [1935] 80, 85).

Kp: 230–235°; D_4^{25}: 1,008 (*Ne., Cr.*). Kp_{15}: 107°; D_4^{20}: 1,0021; n_D^{20}: 1,4410 (*Ro.*).

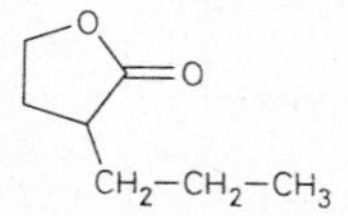

XII 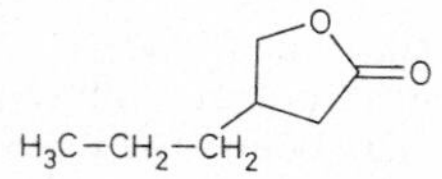 XIII 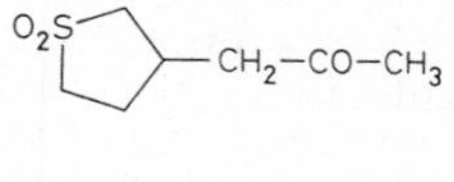 XIV 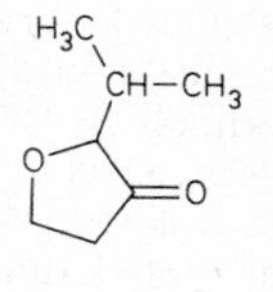 XV

(±)-4-Propyl-dihydro-furan-2-on, (±)-3-Hydroxymethyl-hexansäure-lacton, (±)-4-Hydroxy-3-propyl-buttersäure-lacton $C_7H_{12}O_2$, Formel XIII.

B. Beim Behandeln von 3-Propyl-glutarsäure-imid mit alkal. wss. Natriumhypochlorit-Lösung, Behandeln der mit wss. Salzsäure versetzten Reaktionslösung mit Silbernitrit und anschliessenden Erwärmen (*Clutterbuck et al.*, Biochem. J. **31** [1937] 987, 999). Bei der Hydrierung von (±)-5-Hydroxy-4-*trans*-propenyl-5*H*-furan-2-on (3-Formylhexa-2*t*,4*t*-diensäure) an Palladium in Wasser (*Cl. et al.*, l. c. S. 998).

Kp_{20}: 110–112°; Kp_{18}: 104–106°.

Charakterisierung durch Überführung in 4-Hydroxy-3-propyl-buttersäure-[*N'*-phenylhydrazid] (F: 115°): *Cl. et al.*

(±)-[1,1-Dioxo-tetrahydro-1λ⁶-[3]thienyl]-aceton $C_7H_{12}O_3S$, Formel XIV.

B. Beim Behandeln von 2,5-Dihydro-thiophen-1,1-dioxid mit Aceton und wss. Äthyltrimethyl-ammonium-hydroxid-Lösung (*Brit. Celanese Ltd.*, U.S.P. 2810728 [1952]).

Krystalle; F: 42°.

(±)-2-Isopropyl-dihydro-furan-3-on $C_7H_{12}O_2$, Formel XV.

B. Neben 4-Hydroxy-2-isopropyl-dihydro-furan-3-on (n_D^{20}: 1,4570) bei der Hydrierung von opt.-inakt. 1,2;4,5-Diepoxy-5-methyl-hexan-3-on ($Kp_{2,5}$: 80°; n_D^{20}: 1,4560) an Raney-Nickel in Äthanol (*Nasarow et al.*, Izv. Akad. S.S.S.R. Otd. chim. **1957** 80, 86; engl. Ausg. S. 85, 90).

Kp_{737}: 166–166,5°; Kp_{20}: 74,5–74,7°; D_4^{20}: 0,9551; n_D^{20}: 1,4252 (*Na. et al.*). IR-Spektrum (5–16,7 μ): *Nahum*, A. ch. [13] **3** [1958] 108, 128.

(±)-2-Isopropyl-dihydro-furan-3-on-semicarbazon $C_8H_{15}N_3O_2$, Formel I.

B. Aus (±)-2-Isopropyl-dihydro-furan-3-on und Semicarbazid (*Nasarow et al.*, Izv. Akad. S.S.S.R. Otd. chim. **1957** 80, 86; engl. Ausg. S. 85, 90).

Krystalle (aus Acn. + Hexan); F: 127–128°.

(±)-5-Isopropyl-dihydro-furan-2-on, (±)-4-Hydroxy-5-methyl-hexansäure-lacton $C_7H_{12}O_2$, Formel II (H 241).

B. Beim Behandeln von 5-Methyl-4-oxo-hexansäure mit Wasser und Natrium-Amalgam und Erhitzen der Reaktionslösung mit wss. Salzsäure (*Linstead, Rydon*, Soc. **1933** 580, 584; s. a. *Birkinshaw et al.*, Biochem. J. **30** [1936] 394, 407). Bei der Hydrierung von (±)-4-Hydroxy-5-methyl-hex-5-en-2-insäure an Platin in Äthylacetat (*Raphael*, Soc. **1947** 805, 807).

Kp: 227–230° (*Bi. et al.*). Kp_{20}: 106–108°; n_D^{20}: 1,4390 (*Ra.*). Kp_{15}: 98°; D_4^{20}: 1,0023; n_D^{20}: 1,4410 (*Li., Ry.*).

Über das Gleichgewicht mit 4-Hydroxy-5-methyl-hexansäure in Gegenwart von wss. Salzsäure bei 100° s. *Li., Ry.*

Charakterisierung durch Überführung in 4-Hydroxy-5-methyl-hexansäure-[*N'*-phenylhydrazid] (F: 126°): *Bi. et al.*

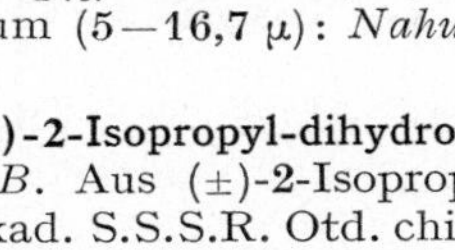

I 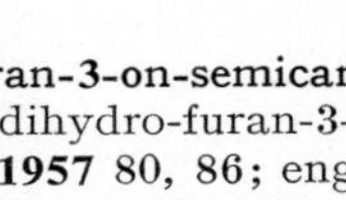 II 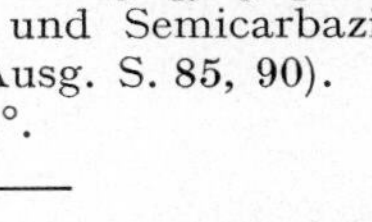 III 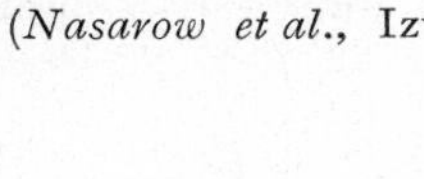 IV

(±)-4-Isopropyl-dihydro-furan-2-on, (±)-3-Hydroxymethyl-4-methyl-valeriansäure-lacton, (±)-4-Hydroxy-3-isopropyl-buttersäure-lacton $C_7H_{12}O_2$, Formel III.

B. Beim Erwärmen von (±)-3-Chlor-4-hydroxy-buttersäure-lacton mit Aceton, Magnesium, Äther und Benzol, Erhitzen des nach dem Behandeln mit wss. Salzsäure erhaltenen Reaktionsprodukts mit Acetanhydrid und Erwärmen des danach isolierten Reaktionsprodukts mit Äthanol und Natrium (*CIBA*, U.S.P. 2361968 [1942]).

Kp_{16}: 145°.

(±)-5-Äthyl-5-methyl-dihydro-furan-3-on $C_7H_{12}O_2$, Formel IV.

B. Beim Erwärmen von (±)-4-Methyl-hex-2-in-1,4-diol mit Quecksilber(II)-sulfat in Wasser (*Colonge et al.*, Bl. **1958** 211, 217).

Kp_{17}: 60°. $D_4^{16,5}$: 0,988. $n_D^{18,5}$: 1,4390.

(±)-5-Äthyl-5-methyl-dihydro-furan-3-on-semicarbazon $C_8H_{15}N_3O_2$, Formel V.

B. Aus (±)-5-Äthyl-5-methyl-dihydro-furan-3-on und Semicarbazid (*Colonge et al.*, Bl. **1958** 211, 217).

Krystalle (aus A.); F: 156°.

5-Äthyl-5-methyl-dihydro-furan-2-on, 4-Hydroxy-4-methyl-hexansäure-lacton $C_7H_{12}O_2$.

Über die Konfiguration der Stereoisomeren s. *Vlad, Souček*, Collect. **27** [1962] 1726; *Felix et al.*, Helv. **46** [1963] 1513, 1519, **47** [1964] 918.

a) **(*R*)-5-Äthyl-5-methyl-dihydro-furan-2-on, (*R*)-4-Hydroxy-4-methyl-hexansäure-lacton** $C_7H_{12}O_2$, Formel VI.

B. Beim Erhitzen von (*R*)-4-Hydroxy-4-methyl-hexansäure (*Kenyon, Symons*, Soc. **1953** 3580, 3583). Beim Behandeln einer Lösung von (*R*)-3,7,11-Trimethyl-dodeca-6*t*,10-dien-3-ol („(+)-Dihydronerolidol" [E IV **1** 2294]) in Methylacetat mit Ozon und Behandeln des Reaktionsprodukts mit Kaliumpermanganat in wss. Essigsäure (*Vlad, Souček*, Collect. **27** [1962] 1726, 1728).

Kp_{55}: 152–154°; D_4^{22}: 1,0070; n_D^{22}: 1,4400; $[\alpha]_D^{22}$: +10,1° [unverd.] (*Vlad, So.*). $Kp_{0,1}$: 64°; α_D^{20}: +7,15° [unverd.; l = 0,5] (*Ke., Sy.*).

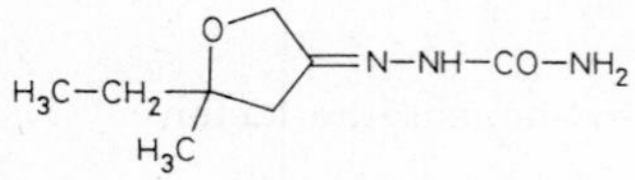

V 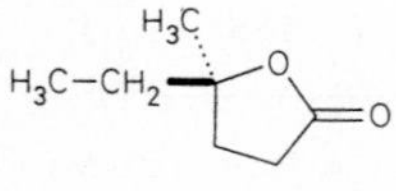 VI 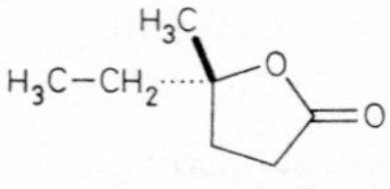 VII 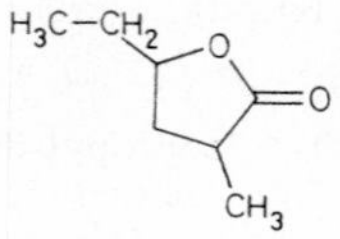 VIII

b) **(*S*)-5-Äthyl-5-methyl-dihydro-furan-2-on, (*S*)-4-Hydroxy-4-methyl-hexansäure-lacton** $C_7H_{12}O_2$, Formel VII.

B. Beim Erhitzen von (*S*)-4-Hydroxy-4-methyl-hexansäure (*Kenyon, Symons*, Soc. **1953** 3580, 3583). Beim Behandeln einer Lösung von (*S*)-3,7-Dimethyl-oct-6-en-3-ol („(–)-Dihydrolinalool" [E IV **1** 2187]) in Methylacetat mit Ozon und Behandeln des Reaktionsprodukts mit Kaliumpermanganat in wss. Essigsäure (*Vlad, Souček*, Collect. **27** [1962] 1726, 1728).

Kp_{50}: 145–150°; D_4^{22}: 1,0036; n_D^{22}: 1,4377; $[\alpha]_D^{20}$: –10,3° [unverd.; l = 1?] (*Vlad, So.*). $Kp_{0,5}$: 64°; α_D^{20}: –7,2° [unverd.; l = 0,5] (*Ke., Sy.*).

c) **(±)-5-Äthyl-5-methyl-dihydro-furan-2-on, (±)-4-Hydroxy-4-methyl-hexansäure-lacton** $C_7H_{12}O_2$, Formel VI + VII (H 241; E II 292).

B. Beim Erhitzen von (±)-4-Hydroxy-4-methyl-hexansäure (*Kenyon, Symons*, Soc. **1953** 3580, 3583). Beim Behandeln von Lävulinsäure-äthylester (*Cason et al.*, J. org. Chem. **13** [1948] 239, 243) oder von Lävulinsäure-cyclohexylester (*Frank et al.*, Am. Soc. **70** [1948] 1379) mit Äthylmagnesiumbromid in Äther und Benzol und Erhitzen des Reaktionsprodukts. Beim Behandeln von (±)-2-Äthyl-2-methyl-tetrahydro-furan mit wss. Kaliumpermanganat-Lösung (*Faworskaja et al.*, Ž. obšč. Chim. **20** [1950] 854, 866; engl. Ausg. S. 891, 901). Aus (±)-5-Äthyl-5-methyl-2-oxo-tetrahydro-furan-3-carbonsäure-äthylester durch Hydrolyse und Decarboxylierung (*Rothstein, Ficini*, C. r. **234** [1952] 1694).

Kp: 220–221°; D_4^0: 1,0191; D_4^{18}: 1,0025; D_4^{20}: 1,0009; $n_{656,3}^{18}$: 1,4401 (*Fa. et al.*). Kp_{25}: 117–117,5°; n_D^{27}: 1,4380 (*Ca. et al.*). Kp_{22}: 113°; D_4^{20}: 1,0025; n_D^{20}: 1,4420 (*Ro., Fi.*). $Kp_{0,5}$: 65° (*Ke., Sy.*).

Beim Erhitzen mit Phosphor(V)-oxid ist 2,3-Dimethyl-cyclopent-2-enon erhalten worden (*Fr. et al.*).

5-Äthyl-3-methyl-dihydro-furan-2-on, 4-Hydroxy-2-methyl-hexansäure-lacton $C_7H_{12}O_2$, Formel VIII (vgl. H 242).

Ein Präparat (Kp_2: 48—49°; D_{20}^{25}: 0,9806; n_D^{25}: 1,4332) von unbekanntem opt. Drehungsvermögen ist beim Erwärmen eines Gemisches von 2-Hydroxymethyl-D-gluconsäure und 2-Hydroxymethyl-D-mannonsäure („*d*-Fructo-heptonsäure") mit wss. Jodwasserstoffsäure und Phosphor erhalten worden (*Perlin, Purves*, Canad. J. Chem. **31** [1953] 227, 235).

***Opt.-inakt. 5-[2-Brom-äthyl]-3-methyl-dihydro-furan-2-on, 6-Brom-4-hydroxy-2-methyl-hexansäure-lacton** $C_7H_{11}BrO_2$, Formel IX.

B. Aus opt.-inakt. Hexan-1,3,5-tricarbonsäure (F: 95°) beim Behandeln des Silber-Salzes mit Brom in Tetrachlormethan und Erhitzen des Reaktionsprodukts (*Zahn, Schäfer*, B. **92** [1959] 736, 742).

$Kp_{0,01}$: 73°.

***Opt.-inakt. 5-Äthyl-4-jod-3-methyl-dihydro-furan-2-on, 4-Hydroxy-3-jod-2-methyl-hexansäure-lacton** $C_7H_{11}IO_2$, Formel X.

B. Beim Behandeln von (±)-2-Methyl-hex-3-ensäure (n_D^{20}: 1,4388) mit wss. Natriumhydrogencarbonat-Lösung und mit einer wss. Lösung von Jod und Kaliumjodid (*Payne*, J. org. Chem. **24** [1959] 1830, 1832).

Krystalle (aus PAe.); F: 28—30°.

(±)-*cis*-3-Äthyl-4-chlormethyl-dihydro-furan-2-on, (±)-*erythro*-2-Äthyl-3-chlormethyl-4-hydroxy-buttersäure-lacton, (±)-Pilopylchlorid $C_7H_{11}ClO_2$, Formel XI + Spiegelbild.

B. Beim Behandeln von (±)-Pilopalkohol ((±)-*erythro*-2-Äthyl-4-hydroxy-3-hydroxymethyl-buttersäure-lacton) mit Thionylchlorid und Pyridin (*Preobrashenski et al.*, B. **68** [1935] 844, 846).

$Kp_{0,8}$: 92°.

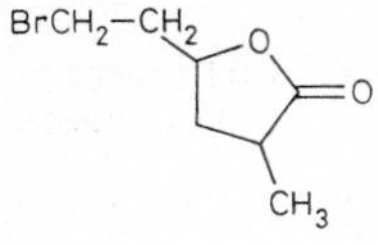

IX 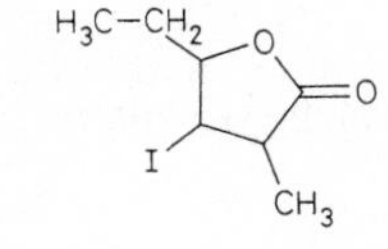 X 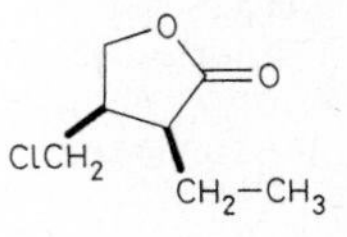 XI 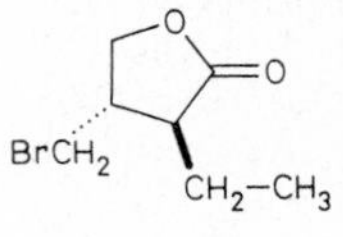 XII

(±)-*trans*-3-Äthyl-4-brommethyl-dihydro-furan-2-on, (±)-*threo*-2-Äthyl-3-brommethyl-4-hydroxy-buttersäure-lacton, (±)-Isopilopylbromid $C_7H_{11}BrO_2$, Formel XII + Spiegelbild.

B. Beim Behandeln von (±)-Isopilopalkohol ((±)-*threo*-2-Äthyl-4-hydroxy-3-hydroxymethyl-buttersäure-lacton) mit Phosphor(III)-bromid in Chloroform (*Preobrashenski et al.*, B. **67** [1934] 710, 713; *Brochmann-Hanssen et al.*, J. Am. pharm. Assoc. **40** [1951] 61, 65).

Kp_2: 122—124° (*Br.-Ha. et al.*); $Kp_{0,06}$: 91° (*Pr. et al.*).

(±)-*trans*-3-Äthyl-4-jodmethyl-dihydro-furan-2-on, (±)-*threo*-2-Äthyl-4-hydroxy-3-jodmethyl-buttersäure-lacton, (±)-Isopilopyljodid $C_7H_{11}IO_2$, Formel I + Spiegelbild.

B. Beim Behandeln von (±)-Isopilopylbromid (s. o.) mit Natriumjodid in Aceton (*Preobrashenski et al.*, B. **67** [1934] 710, 713).

$Kp_{0,13}$: 94°.

(±)-4,5,5-Trimethyl-dihydro-furan-2-on, (±)-4-Hydroxy-3,4-dimethyl-valeriansäure-lacton $C_7H_{12}O_2$, Formel II (H 242).

B. Beim Erhitzen von *trans*-Crotonsäure mit Isopropylalkohol und wenig Benzophenon im UV-Licht (*Dulou et al.*, C. r. **249** [1959] 429). Beim Erhitzen des Silber-Salzes der (±)-2,2,3-Trimethyl-glutarsäure mit Jod bis auf 150° (*Ruzicka et al.*, Helv. **25** [1942] 188, 198).

F: 12°; Kp_{760}: 219°; $Kp_{0,05}$: 34°; n_D^{17}: 1,4402 (*Du. et al.*). Kp_{12}: 94–95° (*Ru. et al.*).

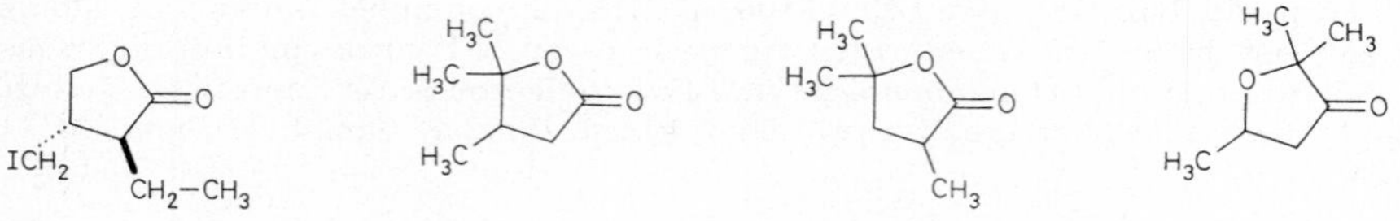

I II III IV

(±)-3,5,5-Trimethyl-dihydro-furan-2-on, (±)-4-Hydroxy-2,4-dimethyl-valeriansäure-lacton $C_7H_{12}O_2$, Formel III (H 242).

B. Beim Erhitzen von 2,4-Dimethyl-4-nitro-valeriansäure-methylester mit konz. wss. Salzsäure (*Rohm & Haas Co.*, U.S.P. 2839538 [1953]; *Cannon et al.*, Am. Soc. **81** [1959] 1660, 1663).

F: 49–50°.

(±)-2,2,5-Trimethyl-dihydro-furan-3-on $C_7H_{12}O_2$, Formel IV.

B. Beim Erwärmen von 2-Methyl-hex-5-en-3-in-2-ol oder von (±)-2-Methyl-hex-3-in-2,5-diol mit Quecksilber(II)-sulfat und wss. Schwefelsäure (*Nasarow, Torgow*, Ž. obšč. Chim. **18** [1948] 1332, 1336; C. A. **1949** 2161). Beim Erwärmen von 2-Hydroxy-2-methyl-hex-4-en-3-on (n_D^{20}: 1,4585) oder von (±)-2,5-Dihydroxy-2-methyl-hexan-3-on mit Quecksilber(II)-sulfat und wss. Schwefelsäure (*Nasarow, Mazojan*, Ž. obšč. Chim. **27** [1957] 2951, 2956; engl. Ausg. S. 2984, 2988).

Kp: 145°; D_4^{20}: 0,9488; n_D^{20}: 1,4212 (*Na., To.*). Kp_{677}: 138–140°; Kp_{10}: 37–39°; D_4^{20}: 0,9501; n_D^{20}: 1,4225 (*Na., Ma.*).

(±)-2,2,5-Trimethyl-dihydro-furan-3-on-[2,4-dinitro-phenylhydrazon] $C_{13}H_{16}N_4O_5$, Formel V (X = NH-$C_6H_3(NO_2)_2$).

B. Aus (±)-2,2,5-Trimethyl-dihydro-furan-3-on und [2,4-Dinitro-phenyl]-hydrazin (*Nasarow, Mazojan*, Ž. obšč. Chim. **27** [1957] 2951, 2956; engl. Ausg. S. 2984, 2988).

Krystalle (aus A.); F: 105–106°.

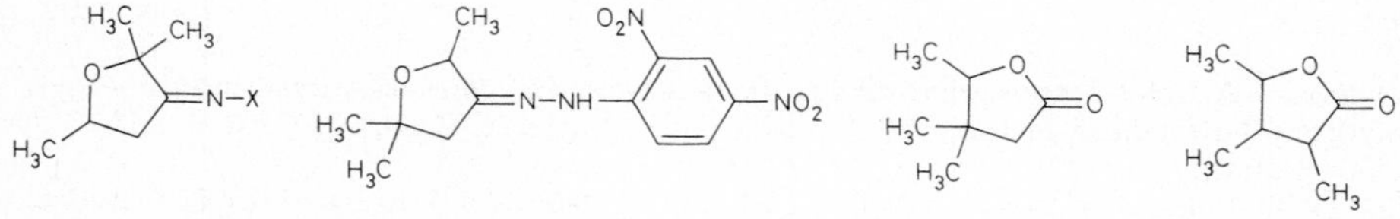

V VI VII VIII

(±)-2,2,5-Trimethyl-dihydro-furan-3-on-semicarbazon $C_8H_{15}N_3O_2$, Formel V (X = NH-CO-NH_2).

B. Aus (±)-2,2,5-Trimethyl-dihydro-furan-3-on und Semicarbazid (*Nasarow, Torgow*, Ž. obšč. Chim. **18** [1948] 1332, 1336; C. A. **1949** 2161).

Krystalle (aus wss. Me.); F: 172–172,5°.

(±)-2,5,5-Trimethyl-dihydro-furan-3-on-[2,4-dinitro-phenylhydrazon] $C_{13}H_{16}N_4O_5$, Formel VI.

F: 100–101° (*Nasarow et al.*, Ž. obšč. Chim. **27** [1957] 606, 611; engl. Ausg. S. 675, 679). UV-Absorptionsmaximum (Isooctan): 341 nm.

(±)-4,4,5-Trimethyl-dihydro-furan-2-on, (±)-4-Hydroxy-3,3-dimethyl-valeriansäure-lacton $C_7H_{12}O_2$, Formel VII.

B. Beim Erhitzen des Silber-Salzes der (±)-2,3,3-Trimethyl-glutarsäure mit Jod bis auf 150° (*Ruzicka et al.*, Helv. **25** [1942] 188, 203).

Kp_{10}: 88–89°.

***Opt.-inakt. 3,4,5-Trimethyl-dihydro-furan-2-on, 4-Hydroxy-2,3-dimethyl-valeriansäure-lacton** $C_7H_{12}O_2$, Formel VIII.

B. Beim Erwärmen von opt.-inakt. 3-Hydroxy-2,3-dimethyl-valeriansäure-äthylester (Kp_{34}: 91–95°) mit wasserhaltiger Schwefelsäure (*Obata*, J. pharm. Soc. Japan **73** [1953] 1298; C. A. **1955** 175). Bei der Hydrierung von (±)-4-Hydroxy-2,3-dimethyl-pent-3*t*-en=säure-lacton oder von opt.-inakt. 2,3-Dimethyl-4-oxo-valeriansäure-methylester (n_D^{25}: 1,4273) an Raney-Nickel in Äther bei 120°/130 at (*Adams et al.*, Am. Soc. **61** [1939] 2819).

Kp_{20}: 106–107°; D_4^{27}: 0,987; n_D^{19}: 1,4382; n_D^{29}: 1,4348 (*Ad. et al.*). Kp_{19}: 99–100° (*Ob.*).

***Opt.-inakt. 2,4,5-Trimethyl-dihydro-furan-3-on** $C_7H_{12}O_2$, Formel IX.

B. Beim Erwärmen von opt.-inakt. 4,5-Epoxy-4-methyl-hex-2-in (S. 303) mit wss. Schwefelsäure (*Perweew, Kudrjaschowa*, Ž. obšč. Chim. **24** [1954] 1375, 1379; engl. Ausg. S. 1357, 1360).

Kp_4: 48–49°. D_4^{20}: 0,9592. n_D^{20}: 1,4560.

(±)-3,3,5-Trimethyl-dihydro-furan-2-on, (±)-4-Hydroxy-2,2-dimethyl-valeriansäure-lacton $C_7H_{12}O_2$, Formel X (H 242).

B. Beim Behandeln von 2,2-Dimethyl-4-oxo-valeriansäure mit Äthanol und Natrium und anschliessenden Erwärmen mit wss. Schwefelsäure (*Hoch, Karrer*, Helv. **37** [1954] 397, 401).

Krystalle (aus Ae. + PAe.); F: 49–51°.

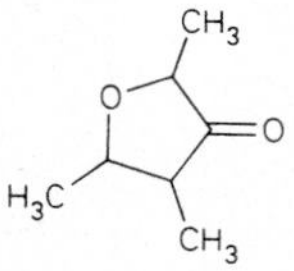

IX 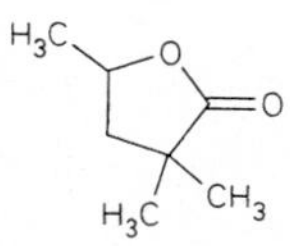 X 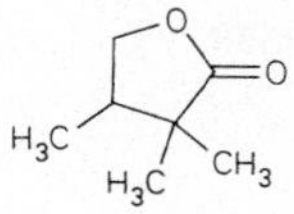 XI 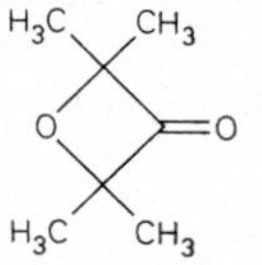 XII

(±)-3,3,4-Trimethyl-dihydro-furan-2-on, (±)-4-Hydroxy-2,2,3-trimethyl-buttersäure-lacton $C_7H_{12}O_2$, Formel XI (H 243).

B. Bei der Hydrierung von 4*c*-Hydroxy-2,2,3-trimethyl-but-3-ensäure-lacton an Platin in Äthanol (*Jacobs, Scott*, J. biol. Chem. **93** [1931] 139, 147).

Kp: 204–206°; Kp_{14}: 92–94°.

2,2,4,4-Tetramethyl-oxetan-3-on $C_7H_{12}O_2$, Formel XII.

B. Beim Erwärmen von 3-Hydroxy-2,2,4,4-tetramethyl-oxetan-3-carbonsäure mit Blei(IV)-acetat in Chloroform (*Murr et al.*, Am. Soc. **77** [1955] 4430; s. a. *Sandris, Ourisson*, Bl. **1956** 958, 966).

Krystalle (nach Sublimation); F: 48° (*Murr et al.*), 47–49° (*Sa., Ou.*). Bei 116–120° destillierbar (*Murr et al.*). UV-Absorptionsmaximum (A.): 300 nm (*Sa., Ou.*).

2,2,4,4-Tetramethyl-oxetan-3-on-oxim $C_7H_{13}NO_2$, Formel I (X = OH).

B. Aus 2,2,4,4-Tetramethyl-oxetan-3-on und Hydroxylamin (*Murr et al.*, Am. Soc. **77** [1955] 4430).

F: 186–187° [unkorr.].

2,2,4,4-Tetramethyl-oxetan-3-on-[2,4-dinitro-phenylhydrazon] $C_{13}H_{16}N_4O_5$, Formel I (X = NH-$C_6H_3(NO_2)_2$).

B. Aus 2,2,4,4-Tetramethyl-oxetan-3-on und [2,4-Dinitro-phenyl]-hydrazin (*Murr*

et al., Am. Soc. **77** [1955] 4430).
F: 128° [unkorr.].

(±)-Isovaleryloxiran, (±)-1,2-Epoxy-5-methyl-hexan-3-on $C_7H_{12}O_2$, Formel II.

B. Bei der Hydrierung von (±)-1,2-Epoxy-5-methyl-hex-4-en-3-on an Palladium in Äthanol (*Nasarow, Achrem*, Ž. obšč. Chim. **22** [1952] **442, 445**; engl. Ausg. S. **509, 510**). Beim Behandeln einer Lösung von 5-Methyl-hex-1-en-3-on in Dioxan mit wss. Wasserstoff≈peroxid und wss. Natronlauge (*Na., Ach.*, l. c. S. 446).

Kp_{22}: 77°; Kp_{12}: 67°. D_4^{20}: 0,9624. n_D^{20}: 1,4340.

Hydrierung an Platin in Äthanol unter Bildung von 1-Hydroxy-5-methyl-hexan-3-on: *Na., Ach.* Beim Erwärmen mit wss. Schwefelsäure sind 1,2-Dihydroxy-5-methyl-hexan-3-on und 5-Methyl-hexan-2,3-dion erhalten worden.

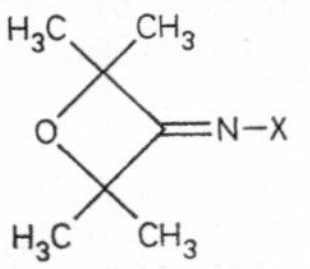

I 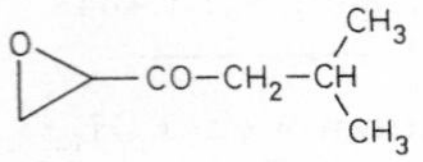 II 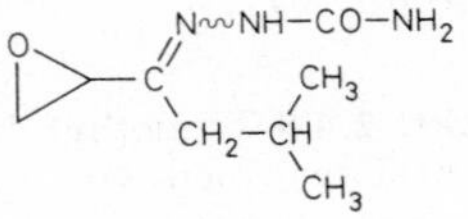 III

(±)-1,2-Epoxy-5-methyl-hexan-3-on-semicarbazon $C_8H_{15}N_3O_2$, Formel III.

B. Aus (±)-1,2-Epoxy-5-methyl-hexan-3-on und Semicarbazid (*Nasarow, Achrem*, Ž. obšč. Chim. **22** [1952] **442, 445**; engl. Ausg. S. **509, 511**).

Krystalle; F: 98° [Zers.].

(±)-2-Butyryl-2-methyl-oxiran, (±)-1,2-Epoxy-2-methyl-hexan-3-on $C_7H_{12}O_2$, Formel IV.

B. Bei der Hydrierung von (±)-1,2-Epoxy-2-methyl-hex-4-en-3-on (Kp_2: 49°; n_D^{20}: 1,4525) an Raney-Nickel in Äthanol (*Nasarow et al.*, Ž. obšč. Chim. **25** [1955] 725, 732; engl. Ausg. S. 691, 696).

Kp_9: 57–58°. D_4^{20}: 0,9556. n_D^{20}: 1,4275.

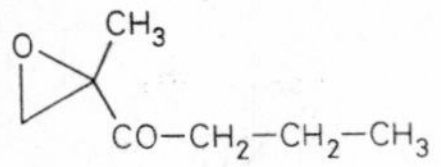

IV 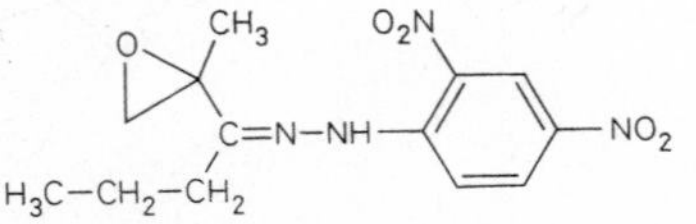 V 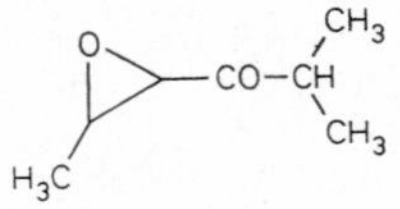 VI

(±)-1,2-Epoxy-2-methyl-hexan-3-on-[2,4-dinitro-phenylhydrazon] $C_{13}H_{16}N_4O_5$, Formel V.

B. Aus (±)-1,2-Epoxy-2-methyl-hexan-3-on und [2,4-Dinitro-phenyl]-hydrazin (*Nasarow et al.*, Ž. obšč. Chim. **25** [1955] 725, 733; engl. Ausg. S. 691, 696).

Krystalle (aus A.); F: 203°.

***Opt.-inakt. 2-Isobutyryl-3-methyl-oxiran, 4,5-Epoxy-2-methyl-hexan-3-on** $C_7H_{12}O_2$, Formel VI.

B. Bei der Hydrierung von opt.-inakt. 4,5-Epoxy-2-methyl-hex-1-en-3-on (Kp_3: 43°; n_D^{20}: 1,4482) an Raney-Nickel in Äthanol (*Nasarow et al.*, Ž. obšč. Chim. **25** [1955] 725, 733; engl. Ausg. S. 691, 697).

Kp_{12}: 62°. D_4^{20}: 0,9494. n_D^{20}: 1,4294.

***Opt.-inakt. 4,5-Epoxy-2-methyl-hexan-3-on-[2,4-dinitro-phenylhydrazon]** $C_{13}H_{16}N_4O_5$, Formel VII.

B. Aus dem im vorangehenden Artikel beschriebenen Keton und [2,4-Dinitro-phenyl]-hydrazin (*Nasarow et al.*, Ž. obšč. Chim. **25** [1955] 725, 734; engl. Ausg. S. 691, 697).

Krystalle (aus A.); F: 129–130°.

***Opt.-inakt. 2-Acetyl-3-propyl-oxiran, 3,4-Epoxy-heptan-2-on** $C_7H_{12}O_2$, Formel VIII.

B. Beim Behandeln einer Lösung von Hept-3*t*-en-2-on in Methanol mit wss. Wasserstoffperoxid und wss. Natronlauge (*Tischtschenko et al.*, Ž. obšč. Chim. **29** [1959] 809, 813; engl. Ausg. S. 795, 799).

Kp_5: 54,5—55°. D_4^{20}: 0,9518. n_D^{20}: 1,4292. UV-Spektrum (A.; 200—350 nm): *Ti. et al.*

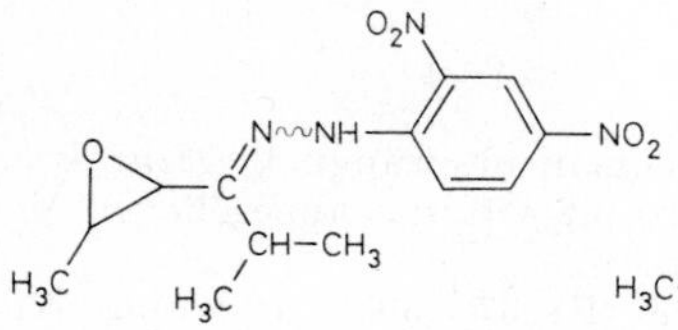

VII 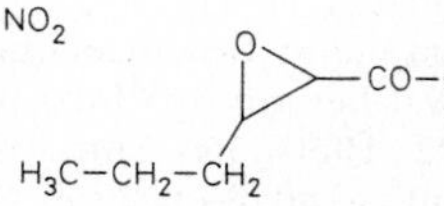 VIII 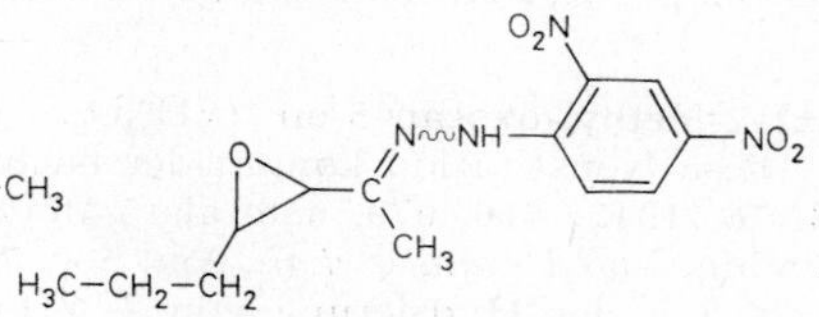 IX

***Opt.-inakt. 3,4-Epoxy-heptan-2-on-[2,4-dinitro-phenylhydrazon]** $C_{13}H_{16}N_4O_5$, Formel IX.

B. Aus dem im vorangehenden Artikel beschriebenen Keton und [2,4-Dinitro-phenyl]-hydrazin (*Tischtschenko et al.*, Ž. obšč. Chim. **29** [1959] 809, 814; engl. Ausg. S. 795, 799).

Orangegelbe Krystalle (aus A.); F: 141—142°.

***Opt.-inakt. 2-Acetyl-3-isopropyl-oxiran, 3,4-Epoxy-5-methyl-hexan-2-on** $C_7H_{12}O_2$, Formel X.

B. Beim Behandeln von 5-Methyl-hex-3*t*-en-2-on mit Methanol, wss. Wasserstoffperoxid und wss. Natronlauge (*Tischtschenko et al.*, Ž. obšč. Chim. **29** [1959] 809, 815; engl. Ausg. S. 795, 800).

Kp_9: 54—55°. D_4^{20}: 0,9589. n_D^{20}: 1,4275. UV-Spektrum (A.; 200—350 nm): *Ti. et al.*

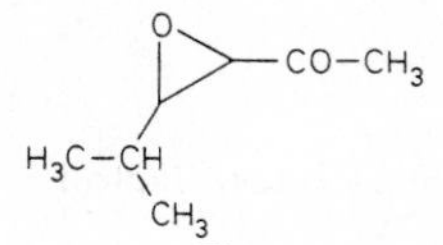

X 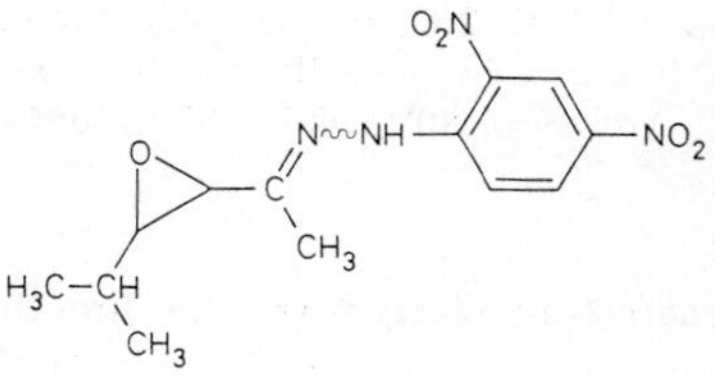 XI 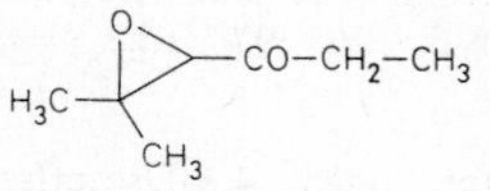 XII

***Opt.-inakt. 3,4-Epoxy-5-methyl-hexan-2-on-[2,4-dinitro-phenylhydrazon]** $C_{13}H_{16}N_4O_5$, Formel XI.

B. Aus dem im vorangehenden Artikel beschriebenen Keton und [2,4-Dinitro-phenyl]-hydrazin (*Tischtschenko et al.*, Ž. obšč. Chim. **29** [1959] 809, 815; engl. Ausg. S. 795, 800).

Gelbe Krystalle (aus A.); F: 141°.

(±)-2,2-Dimethyl-3-propionyl-oxiran, (±)-4,5-Epoxy-5-methyl-hexan-3-on $C_7H_{12}O_2$, Formel XII.

B. Beim Behandeln einer Lösung von 5-Methyl-hex-4-en-3-on in Methanol mit wss. Wasserstoffperoxid und wss. Natronlauge (*Nasarow, Achrem*, Ž. obšč. Chim. **22** [1952] 442, 448; engl. Ausg. S. 509, 513).

$Kp_{21,5}$: 77—78°. n_D^{20}: 1,4315. [*Koetter*]

Oxo-Verbindungen $C_8H_{14}O_2$

Oxonan-2-on, 8-Hydroxy-octansäure-lacton, Octan-8-olid $C_8H_{14}O_2$, Formel I.

B. Beim Behandeln von Cyclooctanon mit Peroxybenzoesäure in Chloroform (*Friess, Frankenburg*, Am. Soc. **74** [1952] 2679) oder mit Trifluor-peroxyessigsäure und Dinatriumhydrogenphosphat in Dichlormethan (*Huisgen, Ott*, Tetrahedron **6** [1959] 253, 265).

Über die Konformation s. *Hu., Ott*, l. c. S. 263. Dipolmoment (ε; Bzl.): 2,25 D (*Hu., Ott*, l. c. S. 256).

Kp_{10-11}: 72—73° (*Hu.*, *Ott*). IR-Banden im Bereich von 5,5 μ bis 10 μ: *Hu.*, *Ott*, l. c. S. 264.

Geschwindigkeitskonstante der Hydrolyse in Natriumhydroxid enthaltendem 60%ig. wss. Dioxan bei 0°, 11° und 20°: *Hu.*, *Ott*, l. c. S. 261.

Charakterisierung durch Überführung in 8-Hydroxy-octansäure-hydrazid (F: 131° bis 132°): *Fr.*, *Fr.*; *Hu.*, *Ott*, l. c. S. 266.

(±)-2-Methyl-oxocan-5-on $C_8H_{14}O_2$, Formel II.

Diese Konstitution kommt der nachstehend beschriebenen, ursprünglich (*Hinz et al.*, B. **76** [1943] 676, 679, 686) als 5-Methyl-hexahydro-furo[3,2-*b*]pyran angesehenen Verbindung zu (*Alexander et al.*, Am. Soc. **72** [1950] 550 Anm. 5).

B. Bei der Hydrierung von 4-[2]Furyl-but-3-en-2-on (F: 37—39°) an Kupferoxid-Chromoxid in Äthanol bei 110—135°/130 at (*Al. et al.*; s. a. *Hinz et al.*).

Kp_{760}: 157—158° (*Hinz et al.*); Kp_{46}: 80° (*Al. et al.*). D_4^{25}: 0,9854 (*Al. et al.*). n_D^{25}: 1,4412 (*Al. et al.*).

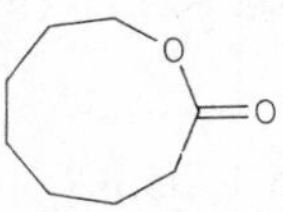

I 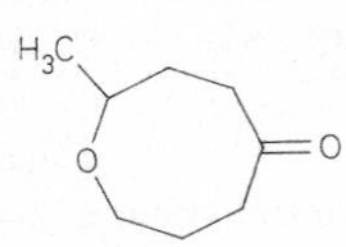 II 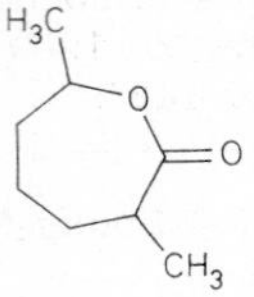 III 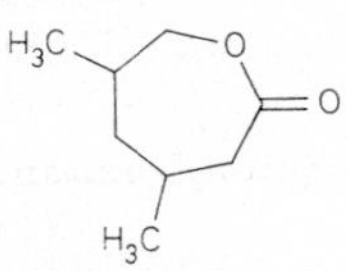 IV 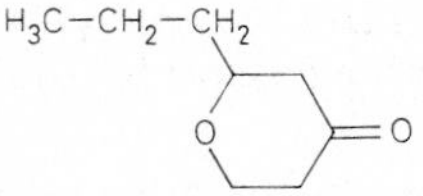 V

***Opt.-inakt. 3,7-Dimethyl-oxepan-2-on, 6-Hydroxy-2-methyl-heptansäure-lacton** $C_8H_{14}O_2$, Formel III.

B. Beim Erwärmen von opt.-inakt. 2,6-Dimethyl-cyclohexanon (aus 2,6-Dimethylphenol über 2,6-Dimethyl-cyclohexanol hergestellt) mit Peroxyessigsäure in Aceton oder Äthylacetat (*Starcher*, *Phillips*, Am. Soc. **80** [1958] 4079, 4081).

Kp_5: 96—97°. n_D^{30}: 1,456.

***Opt.-inakt. 4,6-Dimethyl-oxepan-2-on, 6-Hydroxy-3,5-dimethyl-hexansäure-lacton** $C_8H_{14}O_2$, Formel IV.

B. Beim Erwärmen von opt.-inakt. 3,5-Dimethyl-cyclohexanon (aus 3,5-Dimethylphenol über 3,5-Dimethyl-cyclohexanol hergestellt) mit Peroxyessigsäure in Aceton oder Äthylacetat (*Starcher*, *Phillips*, Am. Soc. **80** [1958] 4079, 4081).

Kp_2: 93°. n_D^{30}: 1,4548.

(±)-2-Propyl-tetrahydro-pyran-4-on $C_8H_{14}O_2$, Formel V.

B. Beim Erwärmen von (±)-Oct-7-en-5-in-4-ol mit Quecksilber(II)-sulfat und wss. Schwefelsäure (*Nasarow et al.*, Izv. Akad. S.S.S.R. Otd. chim. **1943** 50, 54; C. A. **1944** 1729). Beim Behandeln von (±)-4-Methoxy-1-[2-propyl-tetrahydro-pyran-4-yliden]-butan-2-on mit Kaliumpermanganat in Wasser (*Wartanjan et al.*, Izv. Armjansk. Akad. Ser. chim. **17** [1964] 196, 198; C. A. **61** [1964] 8262).

Kp_{18}: 88—90° (*Na. et al.*); Kp_{10}: 76—78° (*Wa. et al.*, Izv. Armjansk. Akad. Ser. chim. **17** 198). D_4^{20}: 0,9843 (*Na. et al.*). n_D^{20}: 1,4535 (*Na. et al.*), 1,4510 (*Wa. et al.*, Izv. Armjansk. Akad. Ser. chim. **17** 198).

Charakterisierung als Semicarbazon: F: 150—151° (*Wa. et al.*, Izv. Armjansk. Akad. Ser. chim. **17** 198), 148—148,5° (*Na. et al.*), 148° (*Wartanjan et al.*, Chimija geterocikl. Soedin. **1966** 670, 673; engl. Ausg. S. 510, 512).

Ein ebenfalls als (±)-2-Propyl-tetrahydro-pyran-4-on angesehenes Präparat (Kp_{13}: 97°; D_4^{20}: 0,9740; n_D^{20}: 1,4501; 2,4-Dinitro-phenylhydrazon $C_{14}H_{18}N_4O_5$: gelbe Krystalle [aus A.], F: 158°; Semicarbazon $C_9H_{17}N_3O_2$: Krystalle [aus W.], F: 173°; 4-Phenyl-semicarbazon $C_{15}H_{21}N_3O_2$: Krystalle [aus A.], F: 175°; Thiosemicarbazon $C_9H_{17}N_3OS$: Krystalle [aus wss. Me.], F: 123°) ist beim Erwärmen von opt.-inakt.

2-Propyl-tetrahydro-pyran-4-ol (Kp_{13}: 119—121°; n_D^{20}: 1,4682) mit Kaliumdichromat und Schwefelsäure erhalten worden (*Hanschke*, B. **88** [1955] 1053, 1058).

(±)-2-Propyl-tetrahydro-pyran-4-on-semicarbazon $C_9H_{17}N_3O_2$, Formel VI.

B. Aus (±)-2-Propyl-tetrahydro-pyran-4-on und Semicarbazid (*Nasarow et al.*, Izv. Akad. S.S.S.R. Otd. chim. **1943** 50, 54; C. A. **1944** 1729; *Wartanjan et al.*, Izv. Armjansk. Akad. Ser. chim. **17** [1964] 196, 198; C. A. **61** [1964] 8262; Chimija geterocikl. Soedin. **1966** 670, 673; engl. Ausg. S. 510, 512).

F: 150—151° (*Wa. et al.*, Izv. Armjansk. Akad. Ser. chim. **17** 198), 148—148,5° (*Na. et al.*), 148° (*Wa. et al.*, Chimija geterocikl. Soedin. **1966** 673).

Über ein ebenfalls als (±)-2-Propyl-tetrahydro-pyran-4-on-semicarbazon angesehenes Präparat vom F: 173° s. im vorangehenden Artikel.

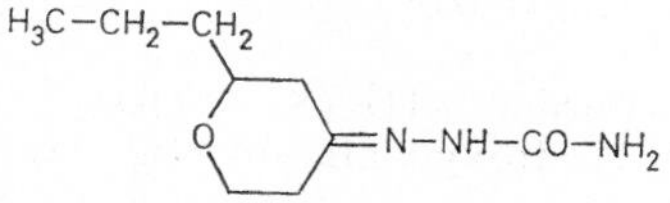

VI 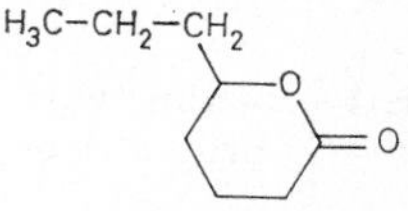 VII 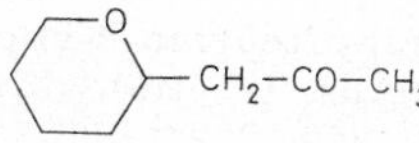 VIII

(±)-6-Propyl-tetrahydro-pyran-2-on, (±)-5-Hydroxy-octansäure-lacton, (±)-Octan-5-olid $C_8H_{14}O_2$, Formel VII.

B. Beim Behandeln von (±)-5-Hydroxy-octansäure-methylamid mit Bariumhydroxid in Wasser und Erhitzen der erhaltenen (±)-5-Hydroxy-octansäure (*Lukeš, Černý*, Collect. **24** [1959] 2722, 2723, 2725).

Kp_{12}: 115—117°.

(±)-2-Acetonyl-tetrahydro-pyran, (±)-Tetrahydropyran-2-yl-aceton $C_8H_{14}O_2$, Formel VIII.

B. Beim Behandeln einer wss. Lösung von (±)-Tetrahydro-pyran-2-ol (E IV 4002) mit Aceton und wss. Natronlauge (*Colonge, Corbet*, C. r. **245** [1957] 974; Bl. **1960** 283, 285). Beim Erwärmen von (±)-2-Tetrahydropyran-2-yl-acetessigsäure-äthylester mit Barium= hydroxid in wss. Äthanol (*Anliker et al.*, Am. Soc. **79** [1957] 220, 224).

Kp_{41}: 106—108° (*An. et al.*); Kp_{20}: 92° (*Co., Co.*). D_4^{18}: 0,989 (*Co., Co.*); D^{32}: 0,9732 (*An. et al.*). n_D^{18}: 1,4485 (*Co., Co.*); n_D^{32}: 1,4450 (*An. et al.*).

(±)-Tetrahydropyran-2-yl-aceton-[2,4-dinitro-phenylhydrazon] $C_{14}H_{18}N_4O_5$, Formel IX ($X = NH-C_6H_3(NO_2)_2$).

B. Aus (±)-Tetrahydropyran-2-yl-aceton und [2,4-Dinitro-phenyl]-hydrazin (*Anliker et al.*, Am. Soc. **79** [1957] 220, 224).

Krystalle (aus wss. Me.); F: 97—98°.

(±)-Tetrahydropyran-2-yl-aceton-semicarbazon $C_9H_{17}N_3O_2$, Formel IX ($X = NH-CO-NH_2$).

B. Aus (±)-Tetrahydropyran-2-yl-aceton und Semicarbazid (*Colonge, Corbet*, Bl. **1960** 283, 285).

F: 137° [aus Bzl.].

(±)-3-Propyl-tetrahydro-pyran-2-on, (±)-5-Hydroxy-2-propyl-valeriansäure-lacton $C_8H_{14}O_2$, Formel X.

B. Aus (±)-5-Brom-2-propyl-valeriansäure (*Carothers et al.*, Am. Soc. **54** [1932] 761, 771, 772).

Kp_{10}: 118—120°. D_4^{20}: 0,9929. n_D^{20}: 1,4585.

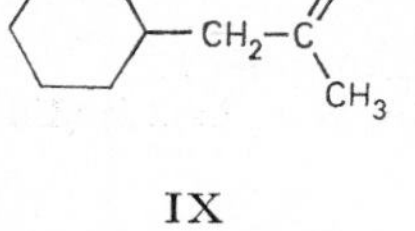

IX 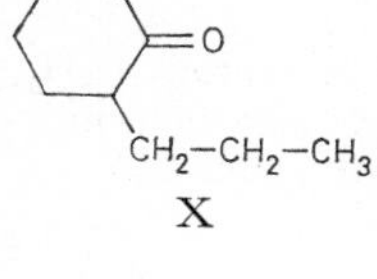 X 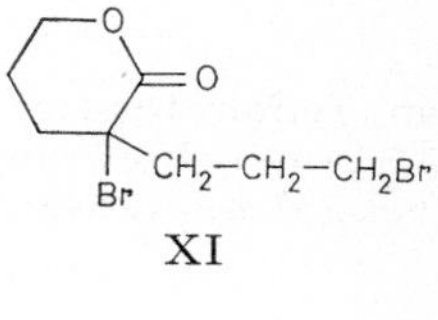 XI 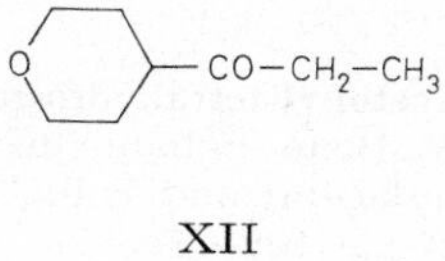 XII

(±)-3-Brom-3-[3-brom-propyl]-tetrahydro-pyran-2-on, (±)-2-Brom-2-[3-brom-propyl]-5-hydroxy-valeriansäure-lacton $C_8H_{12}Br_2O_2$, Formel XI.

B. Beim Behandeln von 3,4,6,7-Tetrahydro-2*H*,5*H*-pyrano[2,3-*b*]pyran mit Brom in Tetrachlormethan (*McElvain, McMay*, Am. Soc. **77** [1955] 5601, 5605).

$Kp_{0,2}$: 160—162° [partielle Zers.].

4-Propionyl-tetrahydro-pyran, 1-Tetrahydropyran-4-yl-propan-1-on $C_8H_{14}O_2$, Formel XII.

B. Beim Behandeln von Tetrahydro-pyran-4-carbonylchlorid mit Äthylzinkjodid in Toluol (*Prelog et al.*, Collect. **10** [1938] 399, 402). Beim Behandeln von Tetrahydro-pyran-4-carbonitril mit Äthylmagnesiumhalogenid in Äther und anschliessendem Hydrolysieren (*Henze, McKee*, Am. Soc. **64** [1942] 1672).

Kp_{20}: 101° [korr.] (*He., McKee*); Kp_{15}: 103° (*Pr. et al.*). D_4^{20}: 1,0016 (*He., McKee*). Oberflächenspannung bei 20°: 37,2 $g \cdot s^{-2}$ (*He., McKee*). n_D^{20}: 1,4541 (*He., McKee*).

1-Tetrahydropyran-4-yl-propan-1-on-oxim $C_8H_{15}NO_2$, Formel XIII (X = OH).

B. Aus 1-Tetrahydropyran-4-yl-propan-1-on und Hydroxylamin (*Prelog*, A. **545** [1940] 229, 239).

Krystalle (aus PAe.); F: 56—57°.

1-Tetrahydropyran-4-yl-propan-1-on-[2,4-dinitro-phenylhydrazon] $C_{14}H_{18}N_4O_5$, Formel XIII (X = NH-$C_6H_3(NO_2)_2$).

B. Aus 1-Tetrahydropyran-4-yl-propan-1-on und [2,4-Dinitro-phenyl]-hydrazin (*Prelog et al.*, Collect. **10** [1938] 399, 402; *Henze, McKee*, Am. Soc. **64** [1942] 1672).

Orangefarbene Krystalle; F: 146—147° [korr.] (*He., McKee*), 146—146,5° [aus A.] (*Pr. et al.*).

1-Tetrahydropyran-4-yl-propan-1-on-semicarbazon $C_9H_{17}N_3O_2$, Formel XIII (X = NH-CO-NH_2).

B. Aus 1-Tetrahydropyran-4-yl-propan-1-on und Semicarbazid (*Henze, McKee*, Am. Soc. **64** [1942] 1672).

F: 151° [korr.].

XIII XIV XV

4-Propionyl-tetrahydro-thiopyran, 1-Tetrahydrothiopyran-4-yl-propan-1-on $C_8H_{14}OS$, Formel XIV.

B. Beim Eintragen von Tetrahydro-thiopyran-4-carbonylchlorid in ein Gemisch von Cadmiumchlorid und Äthylmagnesiumbromid in Äther (*Cockburn, McKay*, Am. Soc. **76** [1954] 5703).

Kp_9: 115°. n_D^{25}: 1,5046.

1-Tetrahydrothiopyran-4-yl-propan-1-on-[2,4-dinitro-phenylhydrazon] $C_{14}H_{18}N_4O_4S$, Formel XV.

B. Aus 1-Tetrahydrothiopyran-4-yl-propan-1-on und [2,4-Dinitro-phenyl]-hydrazin (*Cockburn, McKay*, Am. Soc. **76** [1954] 5703).

Orangefarbene Krystalle (aus A.); F: 133—136°.

4-Acetonyl-tetrahydro-pyran, Tetrahydropyran-4-yl-aceton $C_8H_{14}O_2$, Formel I.

B. Beim Behandeln von Tetrahydropyran-4-yl-acetylchlorid mit Methylzinkjodid in Äthylacetat und Toluol (*Prelog et al.*, A. **545** [1940] 229, 243).

Kp_{10}: 102—105°.

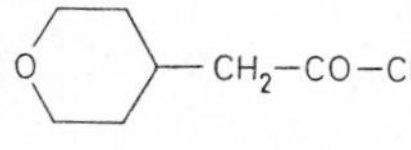

I 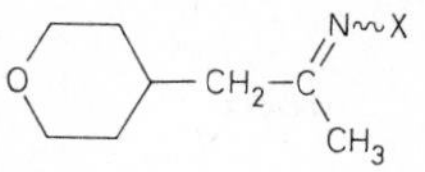 II 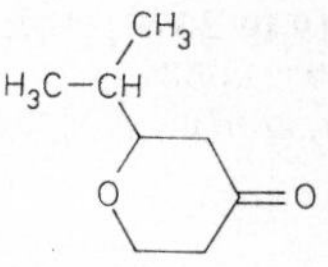 III 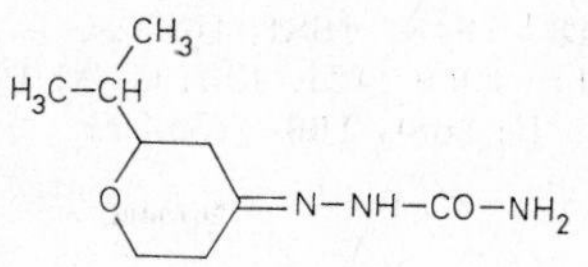 IV

Tetrahydropyran-4-yl-aceton-oxim $C_8H_{15}NO_2$, Formel II (X = OH).

B. Aus (±)-Tetrahydropyran-4-yl-aceton und Hydroxylamin (*Prelog et al.*, A. **545** [1940] 229, 244).

Krystalle (aus PAe.); F: 37–38°.

Tetrahydropyran-4-yl-aceton-[2,4-dinitro-phenylhydrazon] $C_{14}H_{18}N_4O_5$, Formel II (X = NH-$C_6H_3(NO_2)_2$).

B. Aus Tetrahydropyran-4-yl-aceton und [2,4-Dinitro-phenyl]-hydrazin (*Prelog et al.*, A. **545** [1940] 229, 244).

Orangegelbe Krystalle (aus A.); F: 135–136°.

(±)-2-Isopropyl-tetrahydro-pyran-4-on $C_8H_{14}O_2$, Formel III.

B. Beim Erwärmen von (±)-2-Methyl-hept-6-en-4-in-3-ol mit Quecksilber(II)-sulfat und wss. Schwefelsäure in Aceton (*Nasarow, Bachmutškaja*, Ž. obšč. Chim. **20** [1950] 2179, 2182; engl. Ausg. S. 2263, 2265; s. a. *Nasarow et al.*, Izv. Akad. S.S.S.R. Otd. chim. **1943** 50, 54; C. A. **1944** 1729).

Kp_{760}: 193–194° (*Na., Ba.*). D_4^{20}: 0,9822 (*Na., Ba.*). n_D^{20}: 1,4495 (*Na., Ba.*).

(±)-2-Isopropyl-tetrahydro-pyran-4-on-semicarbazon $C_9H_{17}N_3O_2$, Formel IV.

B. Aus (±)-2-Isopropyl-tetrahydro-pyran-4-on und Semicarbazid (*Nasarow, Bachmutškaja*, Ž. obšč. Chim. **20** [1950] 2179, 2182; engl. Ausg. S. 2263, 2265).

Krystalle (aus A.); F: 165°.

(±)-6-Isopropyl-tetrahydro-pyran-2-on, (±)-5-Hydroxy-6-methyl-heptansäure-lacton $C_8H_{14}O_2$, Formel V.

B. Beim Erhitzen von (±)-5-Hydroxy-6-methyl-heptansäure-äthylester mit Polyphosphorsäure unter 12 Torr (*Korte et al.*, B. **91** [1958] 759, 764).

Kp_{12}: 110–112°. UV-Absorptionsmaximum (Me.): 209 nm (*Ko. et al.*).

(±)-2-Äthyl-2-methyl-tetrahydro-pyran-4-on $C_8H_{14}O_2$, Formel VI.

B. Als Hauptprodukt beim Erwärmen von 1-Methoxy-5-methyl-hept-4-en-3-on (E III **1** 3273) mit wss. Salzsäure und Aceton (*Nasarow, Elisarowa*, Izv. Akad. S.S.S.R. Otd. chim. **1947** 647, 653; C. A. **1948** 7736). Beim Erwärmen von (±)-3-Methyl-hept-6-en-4-in-3-ol mit Aceton, Quecksilber(II)-sulfat und wss. Schwefelsäure (*Na., El.*, Izv. Akad. S.S.S.R. Otd. chim. **1947** 650). Beim Erwärmen von 5-Methyl-hepta-1,4-dien-3-on (E III **1** 3048; E IV **1** 3556) mit Aceton, Quecksilber(II)-sulfat und wss. Schwefelsäure (*Nasarow et al.*, Izv. Akad. S.S.S.R. Otd. chim. **1943** 50, 52; C. A. **1944** 1729; *Na., El.*, Izv. Akad. S.S.S.R. Otd. chim. **1947** 650). Beim Behandeln von 1-Acetoxy-5-methyl-hept-4-en-3-on mit Quecksilber(II)-sulfat und wss. Schwefelsäure (*Mazojan et al.*, Izv. Armjansk. Akad. Ser. chim. **11** [1958] 421, 423; C. A. **1959** 21653). Beim Erwärmen von (±)-5-Chlor-5-methyl-hept-1-en-3-on mit Wasser (*Nasarow, Elisarowa*, Ž. obšč. Chim. **18** [1948] 1681, 1683; C. A. **1949** 2576). Beim Erwärmen von opt.-inakt. 2-Äthyl-2-methyl-tetrahydro-pyran-4-ol mit Kaliumdichromat und konz. Schwefelsäure (*Hanschke*, B. **88** [1955] 1053, 1060).

Kp_{14}: 84–85° (*Ha.*); Kp_{12}: 81–82° (*Na. et al.*); Kp_6: 62–64° (*Na., El.*, Ž. obšč. Chim. **18** 1683). D_4^{17}: 0,9939 (*Na. et al.*); D_4^{20}: 1,0015 (*Ha.*). n_D^{17}: 1,4557 (*Na. et al.*); n_D^{20}: 1,458 (*Ha.*); n_D^{25}: 1,4520 (*Na., El.*, Ž. obšč. Chim. **18** 1683).

(±)-2-Äthyl-2-methyl-tetrahydro-pyran-4-on-semicarbazon $C_9H_{17}N_3O_2$, Formel VII.

B. Aus (±)-2-Äthyl-2-methyl-tetrahydro-pyran-4-on und Semicarbazid (*Nasarow, Elisarowa*, Izv. Akad. S.S.S.R. Otd. chim. **1947** 647, 650; C. A. **1948** 7736; Ž. obšč. Chim.

18 [1948] 1681, 1683; C. A. **1949** 2576; *Mazojan et al.*, Izv. Armjansk. Akad. Ser. chim. **11** [1958] 421, 423; C. A. **1959** 21653).

F: 168–169° (*Na.*, *El.*; *Ma. et al.*).

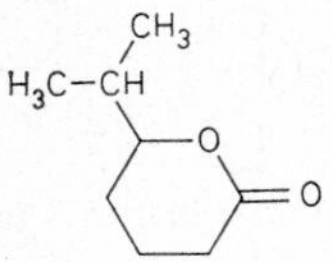

V 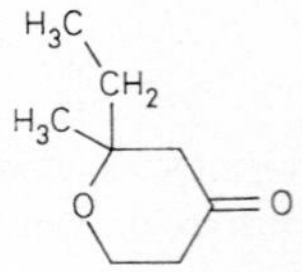 VI 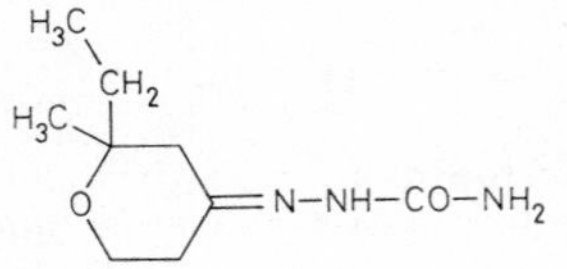 VII 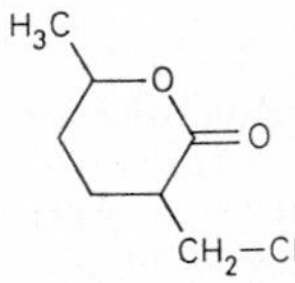 VIII

***Opt.-inakt. 3-Äthyl-6-methyl-tetrahydro-pyran-2-on, 2-Äthyl-5-hydroxy-hexansäure-lacton** $C_8H_{14}O_2$, Formel VIII.

Ein durch Überführung in 2-Äthyl-5-hydroxy-hexansäure-hydrazid vom F: 98° charakterisiertes Präparat (Kp_{12}: 110–111°; $Kp_{2,5}$: 78–79°; D_4^0: 0,9988; D_4^{20}: 0,9828; n_D^{15}: 1,4492) ist bei der Hydrierung von opt.-inakt. 2,6-Dimethyl-5,6-dihydro-2*H*-pyran-3-carbonsäure (F: 91° [E I **18** 437]) an Platin in Essigsäure, ein durch Überführung in 2-Äthyl-5-hydroxy-hexansäure-hydrazid vom F: 155° charakterisiertes Präparat (Kp_2: 73–73,5°; D_4^0: 0,9982; D_4^{20}: 0,9836; n_D^{17}: 1,4470) ist bei der Hydrierung von (±)-3-[(*Ξ*)-Äthyliden]-6-methyl-tetrahydro-pyran-2-on (Kp_3: 92–93°; n_D^{19}: 1,4770) an Platin in Äther erhalten worden (*Badoche*, A. ch. [11] **19** [1944] 405, 410, 414).

***Opt.-inakt. 2-Äthyl-6-methyl-tetrahydro-thiopyran-4-on** $C_8H_{14}OS$, Formel IX.

B. Beim Behandeln von opt.-inakt. 2,6-Dichlor-octan-4-on (Kp_{15}: 80–90°) mit Natriumsulfid in Methanol und Äther sowie beim Behandeln von (±)-6-Chlor-oct-2*t*-en-4-on oder von (±)-2-Chlor-oct-5-en-4-on (Kp_{15}: 85–100°) mit Natriumhydrogensulfid in Methanol und Äther (*Traverso*, Ann. Chimica **45** [1955] 657, 664, 665).

Kp_{15}: 110–115°.

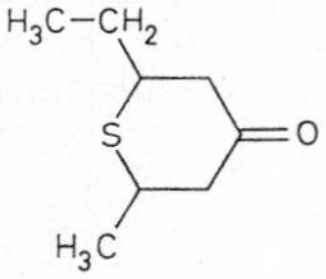

IX 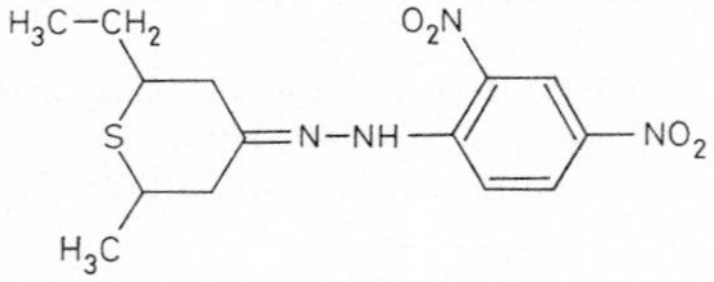 X 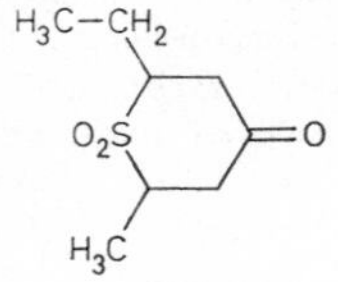 XI

***Opt.-inakt. 2-Äthyl-6-methyl-tetrahydro-thiopyran-4-on-[2,4-dinitro-phenylhydrazon]** $C_{14}H_{18}N_4O_4S$, Formel X.

B. Aus dem im vorangehenden Artikel beschriebenen Keton und [2,4-Dinitro-phenyl]-hydrazin (*Traverso*, Ann. Chimica **45** [1955] 657, 665).

F: 144–146°.

***Opt.-inakt. 2-Äthyl-6-methyl-1,1-dioxo-tetrahydro-1λ⁶-thiopyran-4-on** $C_8H_{14}O_3S$, Formel XI.

B. Beim Behandeln einer Lösung von opt.-inakt. 2-Äthyl-6-methyl-tetrahydro-thiopyran-4-on (s. o.) in Essigsäure mit wss. Wasserstoffperoxid (*Traverso*, Ann. Chimica **45** [1955] 657, 667).

Krystalle; F: 125–127°. Hygroskopisch.

***Opt.-inakt. 2-Acetyl-6-methyl-tetrahydro-pyran, 1-[6-Methyl-tetrahydro-pyran-2-yl]-äthanon** $C_8H_{14}O_2$, Formel XII.

B. Bei der Hydrierung von (±)-1-[6-Methyl-3,4-dihydro-2*H*-pyran-2-yl]-äthanon an Palladium/Calciumcarbonat in Methanol (*Alder et al.*, B. **74** [1941] 905, 912).

Kp_{12}: 64°.

***Opt.-inakt. 1-[6-Methyl-tetrahydro-pyran-2-yl]-äthanon-semicarbazon** $C_9H_{17}N_3O_2$, Formel XIII.

B. Aus dem im vorangehenden Artikel beschriebenen Keton und Semicarbazid (*Alder et al.*, B. **74** [1941] 905, 912).

Krystalle (aus A.); F: 175°.

4,6,6-Trimethyl-tetrahydro-pyran-2-on, 5-Hydroxy-3,5-dimethyl-hexansäure-lacton $C_8H_{14}O_2$.

a) **(*R*)-4,6,6-Trimethyl-tetrahydro-pyran-2-on, (*R*)-5-Hydroxy-3,5-dimethyl-hexansäure-lacton** $C_8H_{14}O_2$, Formel XIV.

B. Beim Behandeln von (*S*)-3-Methyl-glutarsäure-methylester-chlorid (E III **2** 1732) mit Methylmagnesiumjodid in Äther bei −15°, Erwärmen des nach der Hydrolyse erhaltenen Reaktionsprodukts mit wss. Kalilauge und anschliessenden Behandeln mit wss. Salzsäure (*Ahlquist et al.*, Ark. Kemi **14** [1959] 171, 176, 191).

Bei 220−230° destillierbar. D_4^{23}: 0,982. n_D^{23}: 1,4473. $[\alpha]_D^{19}$: +45,4° [Me.; c = 2].

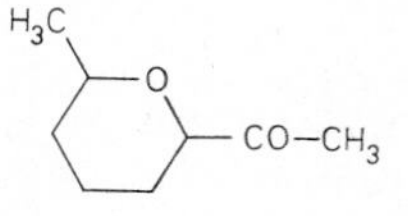

XII 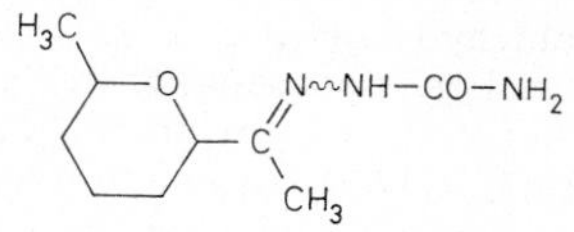 XIII 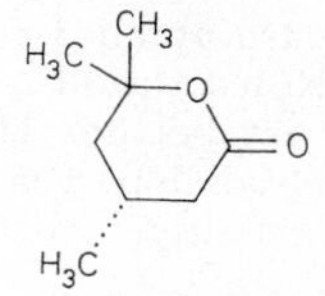 XIV 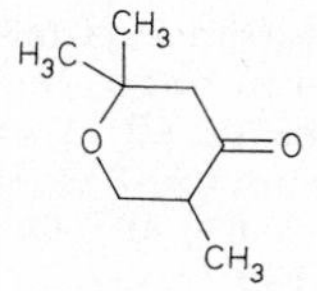 XV

b) **(±)-4,6,6-Trimethyl-tetrahydro-pyran-2-on, (±)-5-Hydroxy-3,5-dimethyl-hexansäure-lacton** $C_8H_{14}O_2$, Formel XIV + Spiegelbild.

B. Bei der Hydrierung von 5-Hydroxy-3,5-dimethyl-hex-3*c*-ensäure-lacton an Raney-Nickel bei 80°/200 at (*Korte, Machleidt*, B. **88** [1955] 1676, 1682).

Krystalle (aus PAe.); F: 32,5−35°.

(±)-2,2,5-Trimethyl-tetrahydro-pyran-4-on $C_8H_{14}O_2$, Formel XV.

B. Beim Erwärmen von 2,5-Dimethyl-hexa-1,4(?)-dien-3-on (E IV **1** 3558) mit Ameisensäure und wasserhaltiger Phosphorsäure (*Nasarow, Bachmutškaja*, Izv. Akad. S.S.S.R. Otd. chim. **1947** 205, 211; C. A. **1948** 7733).

Kp_9: 65−66°. D_4^{20}: 0,9763. n_D^{20}: 1,4435.

(±)-2,2,5-Trimethyl-tetrahydro-pyran-4-on-semicarbazon $C_9H_{17}N_3O_2$, Formel I.

B. Aus (±)-2,2,5-Trimethyl-tetrahydro-pyran-4-on und Semicarbazid (*Nasarow, Bachmutškaja*, Izv. Akad. S.S.S.R. Otd. chim. **1947** 205, 211; C. A. **1948** 7733).

F: 153−154° [aus wss. Me.].

(±)-2,2,6-Trimethyl-dihydro-pyran-3-on $C_8H_{14}O_2$, Formel II.

B. Beim Erwärmen von 2-Methyl-hept-6-en-3-in-2-ol mit Quecksilber(II)-sulfat in Wasser (*Varagnat, Colonge*, C. r. **247** [1958] 1206, 1208).

Kp_{27}: 71°. D_4^{25}: 0,961. n_D^{25}: 1,4405.

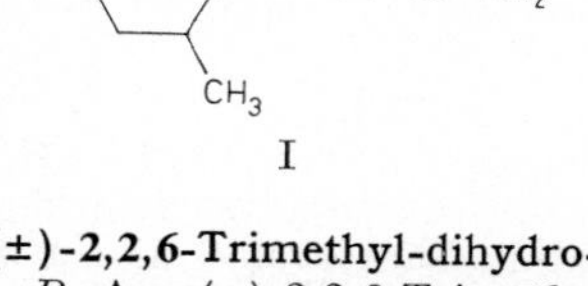

I 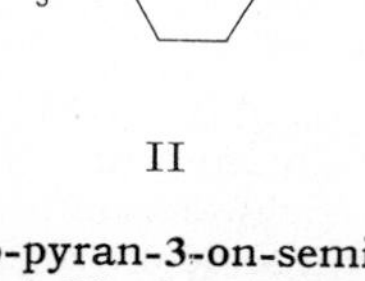 II 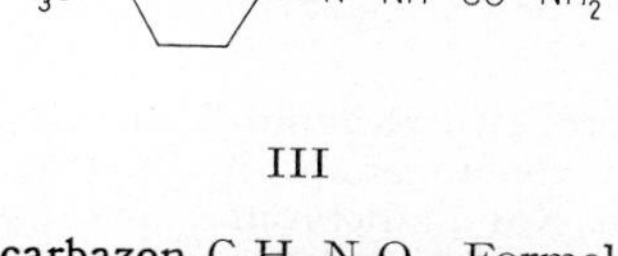 III 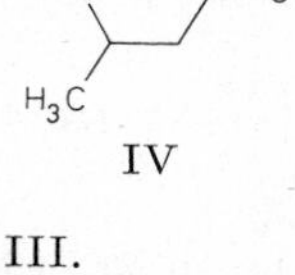 IV

(±)-2,2,6-Trimethyl-dihydro-pyran-3-on-semicarbazon $C_9H_{17}N_3O_2$, Formel III.

B. Aus (±)-2,2,6-Trimethyl-dihydro-pyran-3-on und Semicarbazid (*Varagnat, Colonge*, C. r. **247** [1958] 1206, 1208).

F: 211° [aus Bzl.].

2,3,6-Trimethyl-tetrahydro-thiopyran-4-on $C_8H_{14}OS$, Formel IV.

Zwei opt.-inakt. Ketone (a) Kp_8: 79°; D_4^{20}: 1,0288; n_D^{20}: 1,4963; in ein Semicarbazon $C_9H_{17}N_3OS$ vom F: 173° [aus A.] überführbar; b) in ein Semicarbazon $C_9H_{17}N_3OS$ vom F: 135° [aus A.] überführbar) sind beim Einleiten von Schwefelwasserstoff in mit Natriumacetat versetzte äthanol. Lösungen von 3-Methyl-hepta-2,5-dien-4-on (Kp_8: 57–59° bzw. Kp_8: 67–68° [E IV **1** 3556; s. a. E III **1** 3047]) erhalten worden (*Nasarow et al.*, Ž. obšč. Chim. **19** [1949] 2148, 2150, 2156; engl. Ausg. S. a 621, a 623, a 629).

***Opt.-inakt. 2,3,6-Trimethyl-1,1-dioxo-tetrahydro-1λ⁶-thiopyran-4-on** $C_8H_{14}O_3S$, Formel V.

B. Beim Behandeln einer Lösung von opt.-inakt. 2,3,6-Trimethyl-tetrahydro-thiopyran-4-on (Kp_8: 79°; n_D^{20}: 1,4963 [s. o.]) in Aceton mit Kaliumpermanganat und wss. Schwefelsäure (*Nasarow et al.*, Ž. obšč. Chim. **19** [1949] 2148, 2158; engl. Ausg. S. a 621, a 630).

Krystalle (aus A.); F: 128°.

2,6-Dimethyl-tetrahydro-pyran-3-carbaldehyd $C_8H_{14}O_2$, Formel VI.

Ein unter dieser Konstitution beschriebenes opt.-inakt. Präparat (Kp_8: 65–68°; D_{20}^{20}: 0,9870; n_D^{20}: 1,4464) ist bei der Hydrierung von opt.-inakt. 2,6-Dimethyl-5,6-dihydro-2*H*-pyran-3-carbaldehyd (Kp: 195,2°; n_D^{20}: 1,4750) an einem Nickel-Silicium-Katalysator bei 65°/40–65 at erhalten worden (*Carbide & Carbon Chem. Corp.*, U.S.P. 2368186 [1942]).

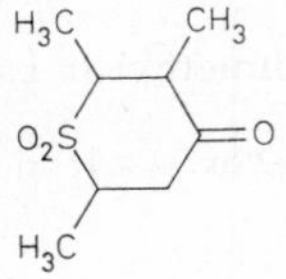

V 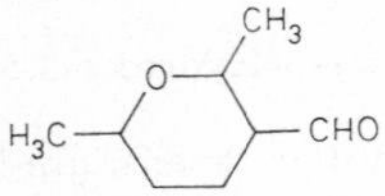 VI 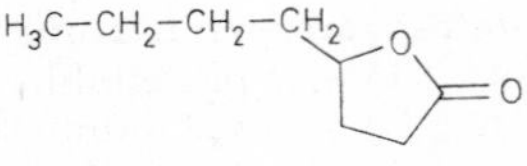 VII 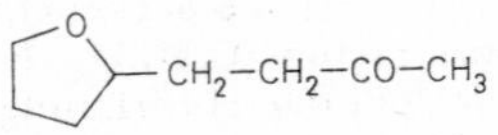 VIII

(±)-5-Butyl-dihydro-furan-2-on, (±)-4-Hydroxy-octansäure-lacton, (±)-Octan-4-olid $C_8H_{14}O_2$, Formel VII (H 244; E I 133).

B. Beim Behandeln von (±)-1,2-Epoxy-hexan mit der Natrium-Verbindung des Malonsäure-diäthylesters in Äthanol, Erhitzen der Reaktionslösung mit wss. Alkalilauge und Erhitzen des Reaktionsprodukts unter vermindertem Druck (*Rothstein*, Bl. [5] **2** [1935] 1936, 1941). Beim Erhitzen von Oct-3*t*-ennitril mit wss. Schwefelsäure (*Delaby, Lecomte*, Bl. [5] **4** [1937] 1007, 1011). Beim Erwärmen von Oct-5*t*-ensäure mit Polyphosphorsäure auf 70° (*Riobé*, C. r. **247** [1958] 1016). Beim Erhitzen von 4,7-Dioxo-octansäure mit wss. Salzsäure, amalgamiertem Zink und Toluol (*Terai, Tanaka*, Bl. chem. Soc. Japan **29** [1956] 822). Beim Erwärmen von 4-Oxo-4-[2]thienyl-buttersäure mit wss. Natronlauge und Nickel-Aluminium-Legierung (*Papa et al.*, J. org. Chem. **14** [1949] 723, 726; s. a. *Badger et al.*, Soc. **1959** 440, 442).

Kp_{20}: 132–134° (*De., Le.*); Kp_{16}: 127° (*Ro.*); Kp_{10}: 116–117° (*Papa et al.*); Kp_2: 84–85° (*Papa et al.*). D_4^0: 0,991 (*De., Le.*); D_4^{19}: 0,9796 (*Ro.*); $D_4^{19,5}$: 0,977 (*De., Le.*). n_D^{19}: 1,4451 (*Ro.*; *De., Le.*); n_D^{24}: 1,4422 (*De., Le.*); n_D^{25}: 1,4420 (*Papa et al.*). IR-Banden im Bereich von 7 μ bis 15,6 μ: *De., Le.*, l. c. S. 1014.

Charakterisierung durch Überführung in (±)-4-Hydroxy-octansäure-hydrazid (F: 79° bis 80°): *Te., Ta.*; in (±)-4-Hydroxy-octansäure-[*N'*-phenyl-hydrazid] (F: 108–108,5° [korr.]): *Papa et al.*

(±)-4-Tetrahydro[2]furyl-butan-2-on $C_8H_{14}O_2$, Formel VIII (E II 292).

B. Beim Erwärmen von opt.-inakt. 4-Tetrahydro[2]furyl-butan-2-ol (Kp_{24}: 122–131°; n_D^{22}: 1,4519) mit Kaliumdichromat und wss. Schwefelsäure (*Matsui et al.*, Bl. chem. Soc. Japan **26** [1953] 194, 196; *Ponomarew et al.*, Naučn. Ežegodnik Saratovsk. Univ. **1954** 495; C. A. **1960** 1480).

Kp_{58}: 122,5–124° (*Po. et al.*); Kp_{28}: 112–115° (*Ma. et al.*). D_4^{20}: 0,9832 (*Po. et al.*). n_D^{20}: 1,4463 (*Po. et al.*); n_D^{27}: 1,4414 (*Ma. et al.*).

(±)-4-Tetrahydro[2]furyl-butan-2-on-oxim $C_8H_{15}NO_2$, Formel IX (X = OH).

B. Aus (±)-4-Tetrahydro[2]furyl-butan-2-on und Hydroxylamin (*Ponomarew et al.*, Naučn. Ežegodnik Saratovsk. Univ. **1954** 495; C. A. **1960** 1480).

$Kp_{6,5}$: 133–134°. n_D^{20}: 1,4786.

IX X XI XII

(±)-4-Tetrahydro[2]furyl-butan-2-on-[2,4-dinitro-phenylhydrazon] $C_{14}H_{18}N_4O_5$, Formel IX (X = NH-$C_6H_3(NO_2)_2$).

B. Aus (±)-4-Tetrahydro[2]furyl-butan-2-on und [2,4-Dinitro-phenyl]-hydrazin (*Matsui et al.*, Bl. chem. Soc. Japan **26** [1953] 194, 196; *Barry, McCormick*, Pr. Irish Acad. **59** B [1958] 345, 348).

Krystalle; F: 86–87° [aus A.] (*Ba., McC.*), 76,5–78,5° (*Ma. et al.*).

(±)-3-Butyl-dihydro-furan-2-on, (±)-2-[2-Hydroxy-äthyl]-hexansäure-lacton, (±)-2-Butyl-4-hydroxy-buttersäure-lacton $C_8H_{14}O_2$, Formel X.

B. Beim Einleiten von Äthylenoxid in eine Suspension der Natrium-Verbindung des Butylmalonsäure-diäthylesters in Äthanol bei –15°, Erwärmen des Reaktionsgemisches mit wss. Kalilauge und Erhitzen des Reaktionsprodukts unter vermindertem Druck (*Rothstein*, Bl. [5] **2** [1935] 80, 85).

Kp_{16}: 124°. D_4^{19}: 0,9836. n_D^{19}: 1,4440.

(±)-5-Isobutyl-dihydro-furan-2-on, (±)-4-Hydroxy-6-methyl-heptansäure-lacton $C_8H_{14}O_2$, Formel XI (H 244).

B. Bei aufeinanderfolgender Umsetzung von Acrylaldehyd mit Chlorwasserstoff oder Bromwasserstoff, mit Isobutylmagnesiumbromid und mit Kupfer(I)-cyanid und anschliessender Behandlung mit wss. Schwefelsäure (*Darzens*, C. r. **288** [1949] 185). Beim Erhitzen von 6-Methyl-hept-3-ennitril mit wss. Schwefelsäure (*Delaby, Lecomte*, Bl. [5] **4** [1937] 1007, 1011).

Kp_{16}: 120–123,5° (*De., Le.*); Kp_{12}: 121–122° (*Da.*). D_4^0: 0,992 (*De., Le.*); D_4^{19}: 0,978 (*De., Le.*). n_D^{16}: 1,4470 (*De., Le.*). IR-Banden im Bereich von 7 μ bis 15,4 μ: *De., Le.*, l. c. S. 1014.

(±)-3-Isobutyl-dihydro-furan-2-on, (±)-2-[2-Hydroxy-äthyl]-4-methyl-valeriansäure-lacton, (±)-4-Hydroxy-2-isobutyl-buttersäure-lacton $C_8H_{14}O_2$, Formel XII.

B. Beim Behandeln einer Suspension der Natrium-Verbindung des Isobutylmalonsäure-diäthylesters in Äthanol mit Äthylenoxid in Toluol, Erwärmen des Reaktionsgemisches mit wss. Kaliumcarbonat-Lösung und Erhitzen des Reaktionsprodukts unter vermindertem Druck (*L. Ja. Brjušowa, E. Šimanowškaja, A. Ul'janowa*, Sintezy dušistych Veščestv [Moskau 1939] S. 165, 172, 173; C. A. **1942** 3784).

Kp_{52}: 138–140°. n_D^{20}: 1,4210.

(±)-5-*tert*-Butyl-dihydro-furan-2-on, (±)-4-Hydroxy-5,5-dimethyl-hexansäure-lacton $C_8H_{14}O_2$, Formel I.

B. Bei der Hydrierung von (±)-4-Hydroxy-5,5-dimethyl-hex-2*c*-ensäure-lacton an Platin in Äthanol (*Hill et al.*, Am. Soc. **59** [1937] 2385).

Kp_{12}: 112°.

(±)-4-*tert*-Butyl-dihydro-furan-2-on, (±)-3-Hydroxymethyl-4,4-dimethyl-valeriansäure-lacton, (±)-3-*tert*-Butyl-4-hydroxy-buttersäure-lacton $C_8H_{14}O_2$, Formel II.

In den früher (s. H 244, E II 293) sowie in den von *Newman, Rosher* (J. org. Chem. **9**

[1944] 221, 224), *Morton et al.* (Am. Soc. **72** [1950] 3785, 3790) und *Dubois, Maroni-Barnaud* (Bl. **1953** 949, 951) unter dieser Konstitution beschriebenen Präparaten hat 4-Hydroxy-3,3,4-trimethyl-valeriansäure-lacton (S. 4232) vorgelegen (*Korotkow et al.*, Ž. obšč. Chim. **30** [1960] 2298, 2300; engl. Ausg. S. 2278, 2280; *Burgstahler, Wetmore*, J. org. Chem. **26** [1961] 3516, 3517).

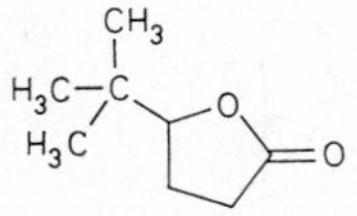

I 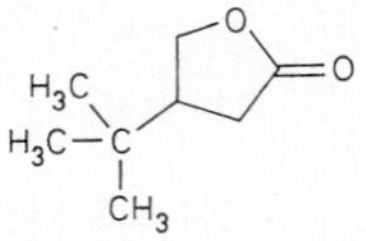 II 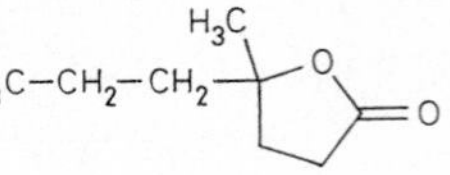 III 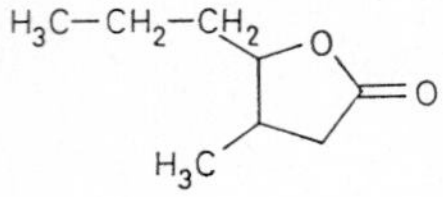 IV

(±)-5-Methyl-5-propyl-dihydro-furan-2-on, (±)-4-Hydroxy-4-methyl-heptansäure-lacton $C_8H_{14}O_2$, Formel III.

B. Beim Behandeln von Lävulinsäure-äthylester mit Propylmagnesiumbromid in Äther und Benzol und Erhitzen des Reaktionsprodukts (*Cason et al.*, Am. Soc. **66** [1944] 1764, 1765; s. a. *Obata*, J. pharm. Soc. Japan **73** [1953] 1301, 1302; C. A. **1955** 176; *Rai, Dev*, J. Indian chem. Soc. **34** [1957] 178, 181).

Kp_{25}: 128—129° [unkorr.] (*Ca. et al.*); Kp_{20}: 126—127° [unkorr.] (*Rai, Dev*); Kp_{16}: 116—117° (*Ob.*). n_D^{29}: 1,4397 (*Rai, Dev*).

Überführung in 2-Äthyl-3-methyl-cyclopent-2-enon durch Erhitzen mit Polyphosphorsäure: *Rai, Dev.* Beim Erwärmen mit Thionylchlorid in Benzol und Behandeln des Reaktionsgemisches mit Chlorwasserstoff enthaltendem Äthanol ist 4-Chlor-4-methyl-heptansäure-äthylester erhalten worden (*Ca. et al.*).

***Opt.-inakt. 4-Methyl-5-propyl-dihydro-furan-2-on, 4-Hydroxy-3-methyl-heptansäure-lacton** $C_8H_{14}O_2$, Formel IV.

B. Beim Behandeln von opt.-inakt. 3-Methyl-heptan-1,4-diol (E IV **1** 2596) mit Natriumdichromat und wss. Essigsäure (*Glacet*, A. ch. [12] **2** [1947] 293, 331). Bei der Hydrierung des Natrium-Salzes der (±)-3-Methyl-4-oxo-heptansäure an Raney-Nickel in wss. Äthanol und Erwärmen des Reaktionsprodukts mit wss. Schwefelsäure (*Gl.*, l. c. S. 335).

Kp_{14}: 116,5—117,5°; D_4^{24}: 0,971; n_D^{24}: 1,4410 [Präparat aus 3-Methyl-heptan-1,4-diol]. $Kp_{10,5}$: 111,5—113°; D_4^{13}: 0,978; n_D^{13}: 1,4439 [Präparat aus 3-Methyl-4-oxo-heptansäure]. Raman-Spektrum: *Gl.*, l. c. S. 350.

***Opt.-inakt. 5-Methyl-3-propyl-dihydro-furan-2-on, 4-Hydroxy-2-propyl-valeriansäure-lacton** $C_8H_{14}O_2$, Formel V (vgl. H 244).

B. Bei der Hydrierung von opt.-inakt. 3-Allyl-5-methyl-dihydro-furan-2-on (Kp: 237° bis 239°) an Palladium in wss. Natronlauge (*Wessel, Gara*, Magyar gyogysz. Tars. Ert. **14** [1938] 17, 20; dtsch. Ref. S. 69; C. **1938** I 2702). Bei der Hydrierung von (±)-5-Methyl-3-prop-2-inyl-5*H*-furan-2-on oder von (±)-5-Methyl-3-prop-2-inyl-3*H*-furan-2-on an Palladium in Methanol (*Schulte, Nimke*, Ar. **290** [1957] 597, 603).

Kp_{10}: 108—109°; n_D^{20}: 1,438 (*Sch., Ni.*). D^{15}: 0,975 (*We., Gara*).

Charakterisierung durch Überführung in 4-Hydroxy-2-propyl-valeriansäure-hydrazid (F: 138°): *Sch., Ni.*

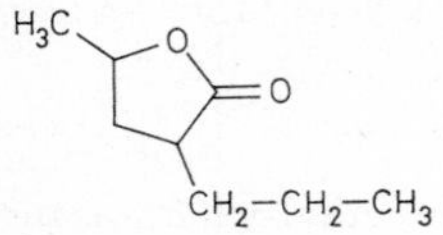

V 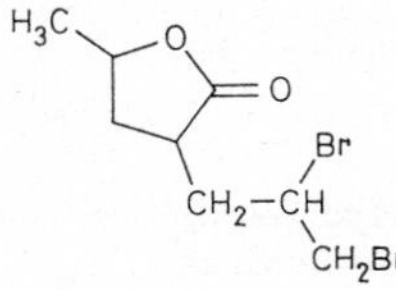 VI 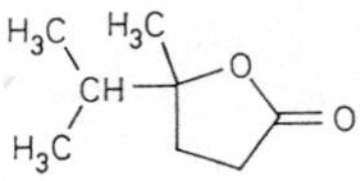 VII 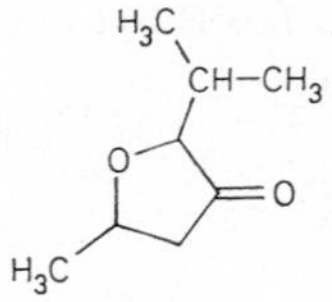 VIII

***Opt.-inakt. 3-[2,3-Dibrom-propyl]-5-methyl-dihydro-furan-2-on, 2-[2,3-Dibrom-propyl]-4-hydroxy-valeriansäure-lacton** $C_8H_{12}Br_2O_2$, Formel VI.

B. Aus opt.-inakt. 3-Allyl-5-methyl-dihydro-furan-2-on (Kp: 237—239°) und Brom (*Wessel, Gara,* Magyar gyogysz. Tars. Ert. **14** [1938] 17, 20; dtsch. Ref. S. 69; C. **1938** I 2702).

Zers. oberhalb 100°. D^{15}: 1,597.

(±)-5-Isopropyl-5-methyl-dihydro-furan-2-on, (±)-4-Hydroxy-4,5-dimethyl-hexansäure-lacton $C_8H_{14}O_2$, Formel VII (H 244).

B. Beim Erhitzen von 2-Methyl-butan-2-ol mit Acrylsäure unter Zusatz von Propion= säure und 4-Amino-phenol auf 315° (*BASF,* D.B.P. 962428 [1954]). Beim Behandeln von Lävulinsäure-äthylester mit Isopropylmagnesiumbromid in Äther und Benzol (*Levin et al.,* Am. Soc. **69** [1947] 1830; *Frank et al.,* Am. Soc. **70** [1948] 1379; *Obata,* J. pharm. Soc. Japan **73** [1953] 1301, 1302; C. A. **1955** 176). Beim Behandeln von (±)-2-Isopropyl-2-methyl-tetrahydro-furan mit wss. Kaliumpermanganat-Lösung (*Fa= worškaja et al.,* Ž. obšč. Chim. **23** [1953] 1878, 1882; engl. Ausg. S. 1985, 1989). Aus (±)-5-Isopropyl-5-methyl-2-oxo-tetrahydro-furan-3-carbonsäure-äthylester durch Hydro= lyse und Decarboxylierung (*Rothstein, Ficini,* C. r. **234** [1952] 1694).

Kp_{16}: 116° (*Fr. et al.*); Kp_{13}: 110° (*Ro., Fi.*); Kp_8: 97° (*Fa. et al.*). D_4^{17}: 0,9862 (*Ro., Fi.*); D_4^{20}: 0,9970 (*Fa. et al.*); D_{20}^{20}: 0,991 (*Fr. et al.*). n_D^{17}: 1,4473 (*Ro., Fi.*); n_D^{20}: 1,4500 (*Fa. et al.*); n_D^{20}: 1,4460 (*Fr. et al.*).

Beim Erhitzen mit Phosphor(V)-oxid unter vermindertem Druck sind 4,5,5-Trimethyl-cyclopent-2-enon und 3,4-Dimethyl-cyclohex-2-enon(?) (E III **7** 251) erhalten worden (*Fr. et al.*).

***Opt.-inakt. 2-Isopropyl-5-methyl-dihydro-furan-3-on** $C_8H_{14}O_2$, Formel VIII.

B. Beim Erwärmen von (±)-2-Methyl-hept-6-en-4-in-3-ol mit wasserhaltiger Phosphor= säure (*Nasarow, Bachmutškaja,* Ž. obšč. Chim. **20** [1950] 2179, 2181; engl. Ausg. S. 2263, 2265).

Kp_{760}: 170—173°; Kp_{16}: 68—70°. D_4^{20}: 0,9604. n_D^{20}: 1,4440.

***Opt.-inakt. 2-Isopropyl-5-methyl-dihydro-furan-3-on-semicarbazon** $C_9H_{17}N_3O_2$, Formel IX.

B. Aus dem im vorangehenden Artikel beschriebenen Keton und Semicarbazid (*Na= sarow, Bachmutškaja,* Ž. obšč. Chim. **20** [1950] 2179, 2181; engl. Ausg. S. 2263, 2265).

Krystalle (aus A.); F: 200°.

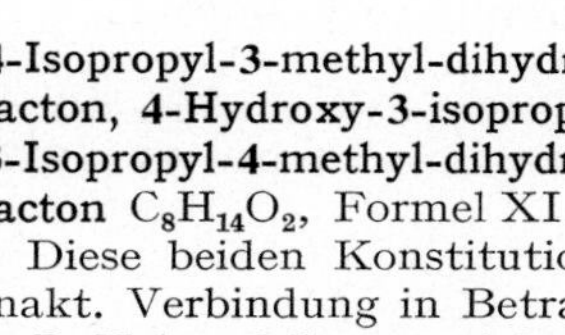

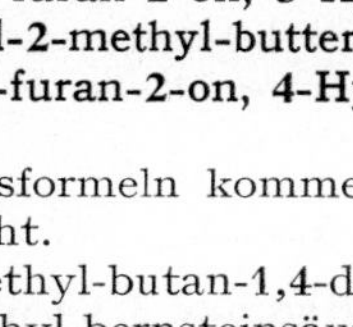

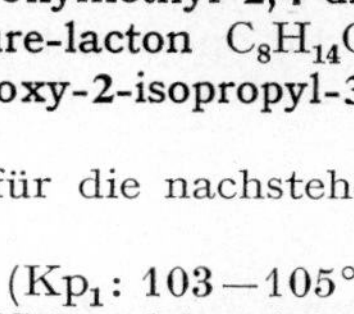

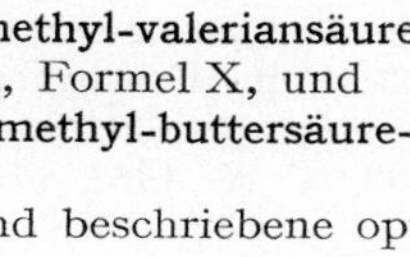

IX X XI XII

4-Isopropyl-3-methyl-dihydro-furan-2-on, 3-Hydroxymethyl-2,4-dimethyl-valeriansäure-lacton, 4-Hydroxy-3-isopropyl-2-methyl-buttersäure-lacton $C_8H_{14}O_2$, Formel X, und **3-Isopropyl-4-methyl-dihydro-furan-2-on, 4-Hydroxy-2-isopropyl-3-methyl-buttersäure-lacton** $C_8H_{14}O_2$, Formel XI.

Diese beiden Konstitutionsformeln kommen für die nachstehend beschriebene opt.-inakt. Verbindung in Betracht.

B. Neben 2-Isopropyl-3-methyl-butan-1,4-diol (Kp_1: 103—105°) beim Behandeln von opt.-inakt. 2-Isopropyl-3-methyl-bernsteinsäure (Schmelzbereich: 105—120° [H **2** 706]) mit Lithiumalanat in Äther (*Marvel, Fuller,* Am. Soc. **74** [1952] 1506, 1508).

Kp_1: 60—62°. n_D^{20}: 1,4447.

5,5-Diäthyl-dihydro-furan-2-on, 4-Äthyl-4-hydroxy-hexansäure-lacton $C_8H_{14}O_2$, Formel XII (H 245; E I 133; E II 293).

B. Beim Behandeln von Succinylchlorid mit Diäthylcadmium in Benzol (*Cason, Reist,* J. org. Chem. **23** [1958] 1668, 1670, 1672).

Kp_9: 103,5°. n_D^{25}: 1,4469.

Charakterisierung durch Überführung in 4-Äthyl-4-hydroxy-hexansäure-hydrazid (F: 75–76°): *Ca., Re.*

***Opt.-inakt. 3,5-Diäthyl-dihydro-furan-2-on, 2-Äthyl-4-hydroxy-hexansäure-lacton** $C_8H_{14}O_2$, Formel I (vgl. E II 293).

B. Beim Erwärmen von opt.-inakt. 2-Äthyl-3-hydroxy-hexansäure-äthylester (Kp_6: 88–89°) mit wss. Schwefelsäure (*Obata,* J. pharm. Soc. Japan **73** [1953] 1295; C. A. **1955** 175). Beim Erwärmen von 2-Äthyl-hex-3ξ-ensäure (Kp_{15}: 125–128°; $n_D^{22,5}$: 1,4510) mit Ameisensäure und konz. Schwefelsäure (*Wiemann et al.,* Bl. **1959** 1412, 1414).

Kp_{13}: 120–121°; $D_4^{17,5}$: 0,996; $n_D^{17,5}$: 1,4420 (*Wi. et al.*). Kp_5: 88–90° (*Ob.*).

Charakterisierung durch Überführung in 2-Äthyl-4-hydroxy-hexansäure-hydrazid (F: 147–148°): *Wi. et al.,* l. c. S. 1413, 1414.

***Opt.-inakt. 3-Äthyl-4-[2-brom-äthyl]-dihydro-furan-2-on, 2-Äthyl-5-brom-3-hydroxy=methyl-valeriansäure-lacton** $C_8H_{13}BrO_2$, Formel II.

B. Beim Erwärmen von opt.-inakt. 3-Äthyl-4-[2-hydroxy-äthyl]-dihydro-furan-2-on (Kp_3: 160–161°) mit Phosphor(III)-bromid in Chloroform (*Preobrashenskiĭ, Kuleschowa,* Ž. obšč. Chim. **15** [1945] 237, 240; C. A. **1946** 2147; *Brockmann-Hanssen et al.,* J. Am. pharm. Assoc. **40** [1951] 61, 65).

Kp_8: 160° (*Pr., Ku.*); Kp_2: 125–127° (*Br.-H. et al.*).

***Opt.-inakt. 2-Äthyl-2,5-dimethyl-dihydro-furan-3-on** $C_8H_{14}O_2$, Formel III.

B. Beim Erwärmen von (±)-5-Hydroxy-5-methyl-hept-2-en-4-on (Kp_{10}: 74–75°; n_D^{20}: 1,4595) mit Quecksilber(II)-sulfat und wss. Schwefelsäure (*Nasarow, Mazojan,* Ž. obšč. Chim. **27** [1957] 2951, 2957; engl. Ausg. S. 2984, 2988).

Kp_{677}: 155–157°; Kp_{10}: 50–51°. D_4^{20}: 0,9461. n_D^{20}: 1,4290. Mit Wasserdampf flüchtig.

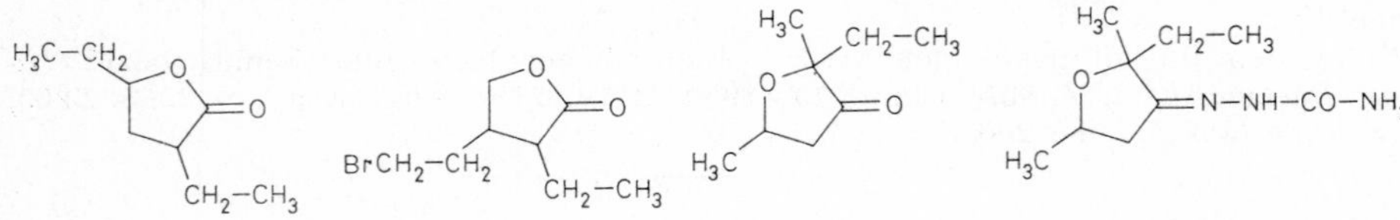

I II III IV

***Opt.-inakt. 2-Äthyl-2,5-dimethyl-dihydro-furan-3-on-semicarbazon** $C_9H_{17}N_3O_2$, Formel IV.

B. Aus dem im vorangehenden Artikel beschriebenen Keton und Semicarbazid (*Nasarow, Mazojan,* Ž. obšč. Chim. **27** [1957] 2951, 2957; engl. Ausg. S. 2984, 2988).

F: 115–116° [aus A.].

***Opt.-inakt. 3-Äthyl-4,5-dimethyl-dihydro-furan-2-on, 2-Äthyl-4-hydroxy-3-methyl-valeriansäure-lacton** $C_8H_{14}O_2$, Formel V.

B. Beim Erwärmen von opt.-inakt. 2-Äthyl-3-hydroxy-3-methyl-valeriansäure-äthyl=ester (Kp_{23}: 106–109°) mit wss. Schwefelsäure (*Obata,* J. pharm. Soc. Japan **73** [1953] 1298; C. A. **1955** 175).

Kp_{23}: 132–132,5°.

4,4,5,5-Tetramethyl-dihydro-furan-2-on, 4-Hydroxy-3,3,4-trimethyl-valeriansäure-lacton $C_8H_{14}O_2$, Formel VI.

Diese Verbindung hat auch in den früher (s. H 244, E II 293) sowie in den von *Newman, Rosher* (J. org. Chem. **9** [1944] 221, 224), *Morton et al.* (Am. Soc. **72** [1950] 3785,

3790) und *Dubois, Maroni-Barnaud* (Bl. **1953** 949, 951) als (±)-3-*tert*-Butyl-4-hydroxy-buttersäure-lacton angesehenen Präparaten vorgelegen (*Korotkow et al.*, Ž. obšč. Chim. **30** [1960] 2298, 2300; engl. Ausg. S. 2278, 2280; *Burgstahler, Wetmore*, J. org. Chem. **26** [1961] 3516, 3517).

B. Beim Erhitzen von 3-*tert*-Butyl-but-3-ensäure mit wss. Schwefelsäure (*Mo. et al.*). Beim Erhitzen von 3,4,4-Trimethyl-hex-2-endisäure auf 220° (*Baumgarten*, Am. Soc. **75** [1953] 979, 982). Beim Erhitzen von (±)-3-Hydroxy-3,4,4-trimethyl-valeriansäure mit wss. Schwefelsäure (*Ne., Ro.*; *Du., Ma.-B.*; *Bu., We.*).

Krystalle; F: 100—100,7° [aus Hexan] (*Mo. et al.*), 99—100° [aus wss. A. bzw. PAe.] (*Ne., Ro.*; *Ba.*; *Du., Ma.-B.*).

2,2,5,5-Tetramethyl-dihydro-furan-3-on $C_8H_{14}O_2$, Formel VII (E I 133).

B. Aus 2,5-Dimethyl-hex-3-in-2,5-diol beim Erwärmen mit Quecksilber(II)-sulfat in Wasser (*Richet*, A. ch. [12] **3** [1948] 317, 320; *Leonard et al.*, J. org. Chem. **21** [1956] 1402; vgl. E I 133), beim Erwärmen mit Quecksilber(II)-sulfat in wss. Schwefelsäure (*Nasarow, Mazojan*, Ž. obšč. Chim. **27** [1957] 2951, 2958; engl. Ausg. S. 2984, 2989; *Newman, Reichle*, Org. Synth. Coll. Vol. V [1973] 1024), beim Erhitzen mit Borfluorid in Essigsäure unter Zusatz von Phosphorsäure oder von Quecksilber(II)-acetat (*Sal'kind, Baranow*, Ž. obšč. Chim. **10** [1940] 1432, 1434; C. A. **1941** 3628) sowie beim Erwärmen mit Methanol oder mit Essigsäure unter Zusatz eines aus Quecksilber(II)-oxid, dem Borfluorid-Äther-Addukt und Trichloressigsäure bereiteten Katalysators (*Froning, Hennion*, Am. Soc. **62** [1940] 653, 655). Beim Erwärmen von 2-Hydroxy-2,5-dimethyl-hex-4-en-3-on oder von 2,5-Dihydroxy-2,5-dimethyl-hexan-3-on mit Quecksilber(II)-sulfat in wss. Schwefelsäure (*Na., Ma.*). Beim Leiten von (±)-2,2,5,5-Tetramethyl-tetrahydro-furan-3-ol über einen Chrom(III)-oxid enthaltenden Kupfer-Katalysator bei 200° (*Reppe et al.*, A. **596** [1955] 1,158, 183).

Kp_{50}: 71° (*Fr., He.*); Kp_{11}: 42—43° (*Na., Ma.*); $Kp_{5,5}$: 40,5—42° (*Sa., Ba.*). D^{20}: 0,9255 (*Fr., He.*); D_0^{24}: 0,9250 (*Sa., Ba.*). n_D^{20}: 1,4197 (*Fr., He.*), 1,4215 (*Na., Ma.*); n_D^{24}: 1,4230 (*Sa., Ba.*). IR-Spektrum (2—15 μ): *Tamate*, J. chem. Soc. Japan Pure Chem. Sect. **78** [1957] 1293, 1294; C. A. **1960** 476. Raman-Spektrum: *Ri.*, l. c. S. 350. UV-Spektrum (W.; 250—365 nm; λ_{max}: 294 nm): *Korobizyna et al.*, Ž. obšč. Chim. **25** [1955] 1394, 1396, 1397; engl. Ausg. S. 1341, 1342, 1343. UV-Absorptionsmaxima: 301 nm, 310 nm und 321 nm [Isooctan] (*Ko. et al.*, Ž. obšč. Chim. **25** 1397), 294 nm [A.] (*Sandris, Ourisson*, Bl. **1956** 958, 965). Magnetische Susceptibilität [$cm^3 \cdot mol^{-1}$]: $-96{,}6 \cdot 10^{-6}$ (*Pascal*, A. ch. [8] **25** [1912] 289, 345); $-91{,}9 \cdot 10^{-6}$ (*Pacault*, A. ch. [12] **1** [1946] 527, 569).

Überführung in 2,2,5,5-Tetramethyl-furan-3,4-dion durch Erhitzen mit Selendioxid in Dioxan: *Korobizyna et al.*, Ž. obšč. Chim. **24** [1954] 188, 190 Anm.; engl. Ausg. S. 191, 193 Anm. Beim Behandeln einer Lösung in Äther und Methanol mit Diazomethan in Äther sind 2,2,6,6-Tetramethyl-dihydro-pyran-3-on (Hauptprodukt) und 2,2,6,6-Tetramethyl-tetrahydro-pyran-4-on erhalten worden (*Korobizyna et al.*, Ž. obšč. Chim. **29** [1959] 691; engl. Ausg. S. 686). Bildung von 1,1,4,4-Tetramethyl-3,4-dihydro-1*H*-naphthalin-2-on, 2-Hydroxy-2,5-dimethyl-5-phenyl-hexan-3-on und 1-[1,3,3-Trimethyl-indan-1-yl]-äthanon (?) beim Erwärmen mit Benzol und Aluminiumchlorid: *Bruson et al.*, Am. Soc. **80** [1958] 3633, 3635.

2,2,5,5-Tetramethyl-dihydro-furan-3-on-oxim $C_8H_{15}NO_2$, Formel VIII (X = OH) (E I 134).

Beim Erhitzen mit wss. Schwefelsäure unter Stickstoff sind 3-Methyl-crotonsäure, Aceton und Ammoniak erhalten worden (*Hennion, O'Brien*, Am. Soc. **71** [1949] 2933).

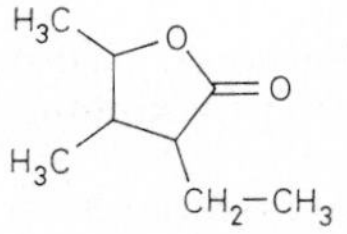

V 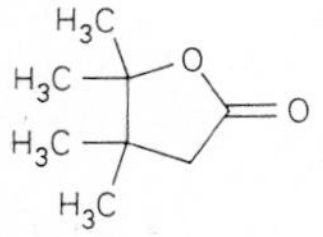 VI 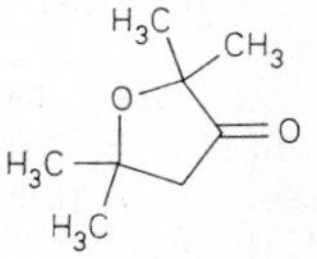 VII 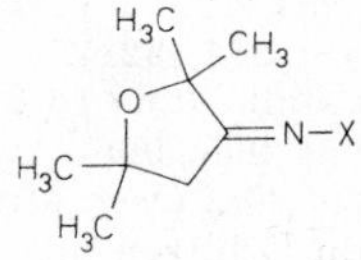 VIII

2,2,5,5-Tetramethyl-dihydro-furan-3-on-[2,4-dinitro-phenylhydrazon] $C_{14}H_{18}N_4O_5$, Formel VIII (X = $NH\text{-}C_6H_3(NO_2)_2$).

B. Aus 2,2,5,5-Tetramethyl-dihydro-furan-3-on und [2,4-Dinitro-phenyl]-hydrazin (*Sandris, Ourisson*, Bl. **1956** 958, 966).

F: 178—179° [unkorr.; aus Bzl. + A.]. UV-Absorptionsmaxima (A.): 228 nm und 358 nm.

2,2,5,5-Tetramethyl-dihydro-furan-3-on-semicarbazon $C_9H_{17}N_3O_2$, Formel VIII (X = $NH\text{-}CO\text{-}NH_2$) (E I 134).

B. Aus 2,2,5,5-Tetramethyl-dihydro-furan-3-on und Semicarbazid (*Reppe et al.*, A. **596** [1955] 1, 158, 183; *Nasarow, Mazojan*, Ž. obšč. Chim. **27** [1957] 2951, 2958; engl. Ausg. S. 2984, 2989).

F: 195° [aus Me.] (*Re. et al.*), 189—190° (*Na., Ma.*).

(±)-4-Chlor-2,2,5,5-tetramethyl-dihydro-furan-3-on $C_8H_{13}ClO_2$, Formel IX.

B. Beim Behandeln von 2,2,5,5-Tetramethyl-dihydro-furan-3-on mit Chlor in Tetrachlormethan (*Richet*, A. ch. [12] **3** [1948] 317, 339). Beim Einleiten von Chlor in 3-Acetoxy-2,2,5,5-tetramethyl-2,5-dihydro-furan (*Korobizyna et al.*, Doklady Akad. S.S.S.R. **114** [1957] 327, 329; Pr. Acad. Sci. U.S.S.R. Chem. Sect. **112–117** [1957] 497, 499).

Kp_{760}: 184,5° (*Ri.*); Kp_8: 65—66° (*Ko. et al.*). D^{18}: 1,0925 (*Ri.*); D_4^{20}: 1,0820 (*Ko. et al.*). n_D^{18}: 1,447 (*Ri.*); n_D^{20}: 1,4470 (*Ko. et al.*). Raman-Spektrum: *Ri.*, l. c. S. 350.

4,4-Dichlor-2,2,5,5-tetramethyl-dihydro-furan-3-on $C_8H_{12}Cl_2O_2$, Formel X.

B. Neben kleinen Mengen 4,4-Dichlor-2,5-dihydroxy-2,5-dimethyl-hexan-3-on beim Einleiten von Chlor in eine wss. Lösung von 2,5-Dimethyl-hex-3-in-2,5-diol (*Hennion, Wolf*, Am. Soc. **62** [1940] 1368, 1370).

Kp_6: 84—86°. D^{20}: 1,243. n_D^{20}: 1,4880.

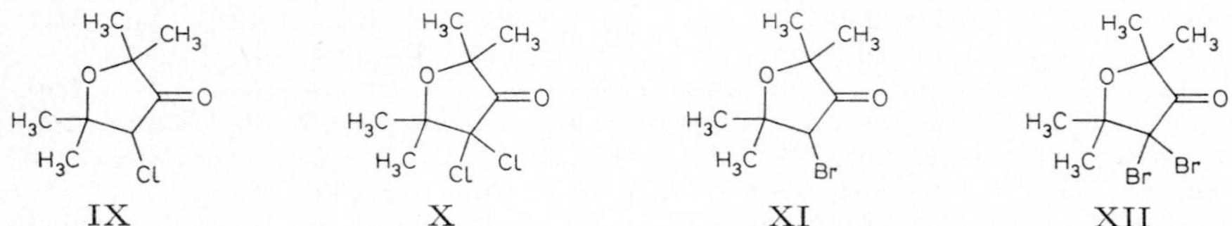

(±)-4-Brom-2,2,5,5-tetramethyl-dihydro-furan-3-on $C_8H_{13}BrO_2$, Formel XI.

B. Beim Behandeln von 2,2,5,5-Tetramethyl-dihydro-furan-3-on mit Brom (1 Mol) ohne Lösungsmittel (*Richet*, A. ch. [12] **3** [1948] 317, 321) oder in Tetrachlormethan (*Leonard et al.*, J. org. Chem. **21** [1956] 1402).

Kp_{760}: 197,5° (*Ri.*); Kp_{25}: 106° (*Ri.*); Kp_{18}: 90° (*Ri.*); Kp_{15}: 87—89° (*Le. et al.*). D^{10}: 1,315 (*Ri.*). n_D^{10}: 1,4730 (*Ri.*), 1,4719 (*Le. et al.*). Raman-Spektrum: *Ri.*, l. c. S. 350.

Bildung von Octamethyl-[3,3']bifuryliden-4,4'-dion beim Erhitzen mit Natriumsulfid auf 140°: *Korobizyna et al.*, Ž. obšč. Chim. **29** [1959] 2190, 2193; engl. Ausg. S. 2157, 2159. Beim Erhitzen mit wss. Natriumcarbonat-Lösung, wss. Kaliumcarbonat-Lösung oder wss. Kalilauge sind 2,2,5,5-Tetramethyl-dihydro-furan-3-on, 2,2,5,5-Tetramethyl-furan-3,4-dion, Octamethyl-[3,3']bifuryliden-4,4'-dion, 3-Hydroxy-2,2,4,4-tetramethyl-oxetan-3-carbonsäure und eine möglicherweise als 2,2,4,4-Tetramethyl-oxetan-3-carbonsäure ($C_8H_{14}O_3$) zu formulierende Verbindung erhalten worden (*Richet et al.*, Bl. **1947** 693, 695; *Ri.*, l. c. S. 328).

4,4-Dibrom-2,2,5,5-tetramethyl-dihydro-furan-3-on $C_8H_{12}Br_2O_2$, Formel XII.

B. Aus 2,2,5,5-Tetramethyl-dihydro-furan-3-on und Brom [2 Mol] (*Richet*, A. ch. [12] **3** [1948] 317, 321).

Krystalle (aus CCl_4); F: 52° (*Ri.*), 50—51° [nach Sublimation] (*Sandris, Ourisson*, Bl. **1956** 958, 966). Raman-Spektrum: *Ri.*, l. c. S. 350. UV-Absorptionsmaximum (A.): 314 nm (*Sa., Ou.*). Mit Wasserdampf flüchtig (*Ri.*).

Beim Erhitzen mit wss. Kalilauge ist 3-Hydroxy-2,2,4,4-tetramethyl-oxetan-3-carbonsäure erhalten worden (*Ri.*, l. c. S. 332, 337).

***Opt.-inakt. 3,3,4,5-Tetramethyl-dihydro-furan-2-on, 4-Hydroxy-2,2,3-trimethyl-valeriansäure-lacton** $C_8H_{14}O_2$, Formel I.

B. Neben grösseren Mengen 2,2,3-Trimethyl-valeriansäure bei der Hydrierung von 4-Hydroxy-2,2,3-trimethyl-pent-3-ensäure-lacton an Platin in Äthanol (*Jacobs, Scott*, J. biol. Chem. **93** [1931] 139, 145).

Kp_{33}: 121–123°.

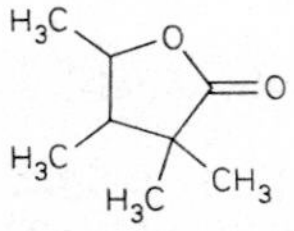

I 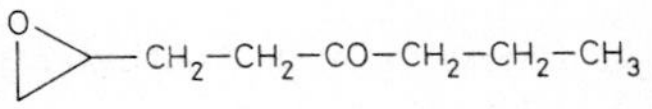 II 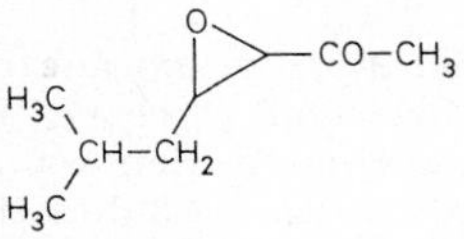 III

(±)-1-Oxiranyl-hexan-3-on, (±)-7,8-Epoxy-octan-4-on $C_8H_{14}O_2$, Formel II.

B. Beim Erwärmen von Butyraldehyd mit (±)-3,4-Epoxy-but-1-en und Dibenzoyl-peroxid (*Monsanto Chem.* Co., U.S.P. 2720530 [1953]).

Kp_{10}: 62–63°. n_D^{25}: 1,469.

***Opt.-inakt. 2-Acetyl-3-isobutyl-oxiran, 3,4-Epoxy-6-methyl-heptan-2-on** $C_8H_{14}O_2$, Formel III.

B. Beim Behandeln einer Lösung von 6-Methyl-hept-3-en-2-on (Kp_{10}: 64,5–65°; n_D^{19}: 1,4430) in Methanol mit wss. Wasserstoffperoxid und wss. Natronlauge (*Tischtschenko et al.*, Ž. obšč. Chim. **29** [1959] 809, 816; engl. Ausg. S. 795, 801).

Kp_{15}: 84°; Kp_1: 57°. D_4^{20}: 0,9317. n_D^{20}: 1,4303. UV-Spektrum (A.; 250–330 nm; λ_{max}: 285 nm): *Ti. et al.*, l. c. S. 811.

Beim Erhitzen mit wss. Schwefelsäure sind 6-Methyl-heptan-2,3-dion (Hauptprodukt) und 3,4-Dihydroxy-6-methyl-heptan-2-on (F: 65–67°) erhalten worden.

***Opt.-inakt. 3,4-Epoxy-6-methyl-heptan-2-on-[2,4-dinitro-phenylhydrazon]** $C_{14}H_{18}N_4O_5$, Formel IV.

B. Aus dem im vorangehenden Artikel beschriebenen Keton und [2,4-Dinitro-phenyl]-hydrazin (*Tischtschenko et al.*, Ž. obšč. Chim. **29** [1959] 809, 816; engl. Ausg. S. 795, 801).

Gelbe Krystalle (aus A.); F: 135–136°.

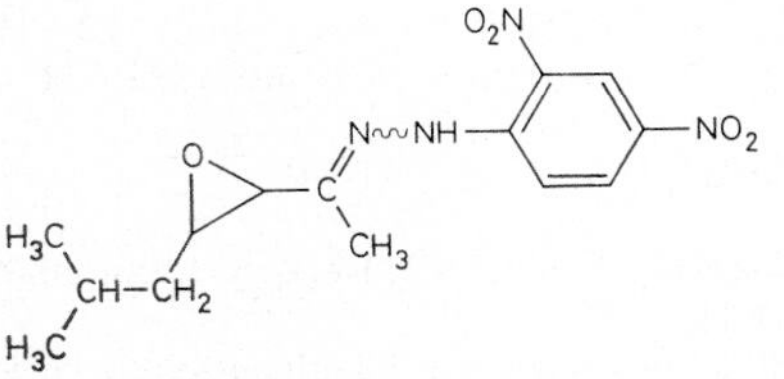

IV 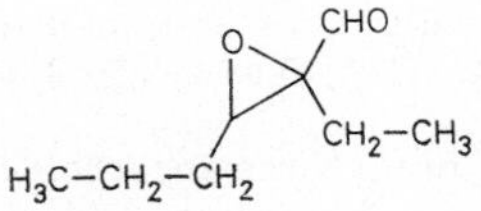 V

***Opt.-inakt. 2-Äthyl-3-propyl-oxirancarbaldehyd, 2-Äthyl-2,3-epoxy-hexanal** $C_8H_{14}O_2$, Formel V.

B. Neben anderen Verbindungen beim Behandeln von 2-Äthyl-hex-2*t*-enal mit alkal. wss. Natriumhypochlorit-Lösung (*Schaer*, Helv. **41** [1958] 560, 565, 614, 617).

Kp_9: 63°. D_4^{20}: 0,932. n_D^{22}: 1,4322. IR-Spektrum (3500–600 cm^{-1}): *Sch.*, l. c. S. 616. UV-Absorptionsmaximum (Heptan): 303 nm.

***Opt.-inakt. 2-Äthyl-2,3-epoxy-hexanal-[2,4-dinitro-phenylhydrazon]** $C_{14}H_{18}N_4O_5$, Formel VI.

B. Aus dem im vorangehenden Artikel beschriebenen Aldehyd und [2,4-Dinitro-phenyl]-hydrazin (*Schaer*, Helv. **41** [1958] 614, 617).

F: 111–112° [korr.; Kofler-App.; aus wss. A.].

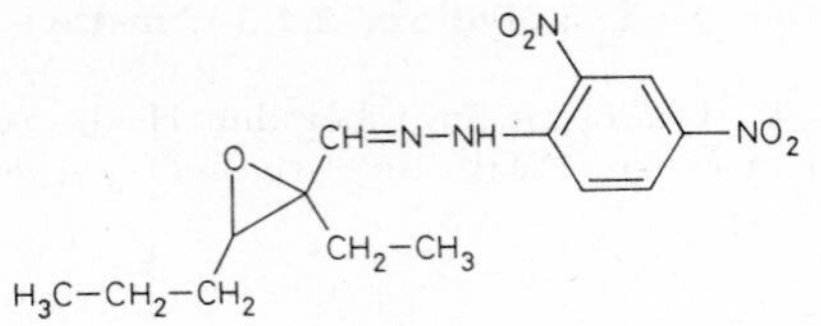

VI 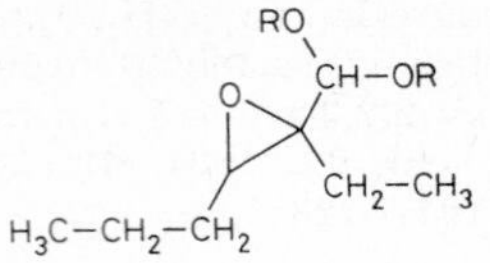 VII

2-Äthyl-3-propyl-oxirancarbaldehyd-dimethylacetal, 2-Äthyl-2,3-epoxy-hexanal-dimethylacetal $C_{10}H_{20}O_3$, Formel VII (R = CH_3).

Diese Konstitution kommt auch einer von *Lichtenberger, Naftali* (Bl. [5] **4** [1937] 325, 327) als 2-Äthyl-2,3-dimethoxy-hexanal, von *Krausz* (A. ch. [12] **4** [1949] 811, 823, 825) als 3-Äthyl-2,3-dimethoxy-4-propyl-oxetan angesehenen opt.-inakt. Verbindung zu (*Searles et al.*, J. org. Chem. **22** [1957] 919, 921).

B. Beim Behandeln von opt.-inakt. 2-Äthyl-2,3-dichlor-hexanal (E IV **1** 3346) mit Natriummethylat in Methanol (*Li., Na.*, l. c. S. 329; *Kr.*; *Se. et al.*, l. c. S. 922). Beim Erwärmen von opt.-inakt. 2-Äthyl-3-chlor-1,2-epoxy-1-methoxy-hexan (Kp_{30}: 123° bis 125°; n_D^{20}: 1,4470) mit Natriummethylat in Methanol (*Se. et al.*).

Kp_{25}: 107–108°; n_D^{20}: 1,4285 (*Se. et al.*, l. c. S. 922). Kp_{17}: 95° (*Kr.*). Kp_{13}: 87°; D_4^{16}: 0,947; n_D^{16}: 1,4304 (*Li., Na.*, l. c. S. 331). IR-Banden im Bereich von 1310 cm^{-1} bis 890 cm^{-1}: *Se. et al.* Raman-Spektrum: *Kirrmann, Lichtenberger*, C. r. **206** [1938] 1259.

Beim Erhitzen mit wss. Schwefelsäure ist 2-Äthyl-2,3-dihydroxy-hexanal (Kp_{15}: 130° bis 135°; n_D^{20}: 1,5206) erhalten worden (*Se. et al.*, l. c. S. 922).

2-Äthyl-3-propyl-oxirancarbaldehyd-diäthylacetal, 2-Äthyl-2,3-epoxy-hexanal-diäthylacetal $C_{12}H_{24}O_3$, Formel VII (R = C_2H_5).

Diese Konstitution kommt vermutlich der nachstehend beschriebenen, ursprünglich (*Lichtenberger, Naftali*, Bl. [5] **4** [1937] 325, 327, 331) als 2,3-Diäthoxy-2-äthyl-hexanal angesehenen opt.-inakt. Verbindung zu (vgl. *Searles et al.*, J. org. Chem. **22** [1957] 919).

B. Beim Behandeln von opt.-inakt. 2-Äthyl-2,3-dichlor-hexanal (E IV **1** 3346) mit Natriumäthylat in Äthanol (*Li., Na.*).

Kp_4: 87–88°; D_4^{21}: 0,909; n_D^{21}: 1,4269 (*Li., Na.*).

2-Äthyl-3-propyl-oxirancarbaldehyd-dipropylacetal, 2-Äthyl-2,3-epoxy-hexanal-dipropylacetal $C_{14}H_{28}O_3$, Formel VII (R = CH_2-CH_2-CH_3).

Diese Konstitution kommt vermutlich der nachstehend beschriebenen, ursprünglich (*Lichtenberger, Naftali*, Bl. [5] **4** [1937] 325, 327, 331) als 2-Äthyl-2,3-dipropoxy-hexanal angesehenen opt.-inakt. Verbindung zu (vgl. *Searles et al.*, J. org. Chem. **22** [1957] 919).

B. Beim Behandeln von opt.-inakt. 2-Äthyl-2,3-dichlor-hexanal (E IV **1** 3346) mit Natriumpropylat in Propan-1-ol (*Li., Na.*).

Kp_3: 97°; D_4^{20}: 0,915; n_D^{20}: 1,4350 (*Li., Na.*).

2-Äthyl-3-propyl-oxirancarbaldehyd-dibutylacetal, 2-Äthyl-2,3-epoxy-hexanal-dibutylacetal $C_{16}H_{32}O_3$, Formel VII (R = $[CH_2]_3$-CH_3).

Diese Konstitution kommt vermutlich der nachstehend beschriebenen, ursprünglich (*Lichtenberger, Naftali*, Bl. [5] **4** [1937] 325, 327, 331) als 2-Äthyl-2,3-dibutoxy-hexanal angesehenen opt.-inakt. Verbindung zu (vgl. *Searles et al.*, J. org. Chem. **22** [1957] 919).

B. Beim Behandeln von opt.-inakt. 2-Äthyl-2,3-dichlor-hexanal (E IV **1** 3346) mit Natriumbutylat in Butan-1-ol (*Li., Na.*).

Bei 70°/1 Torr unter partieller Zersetzung destillierbar; D_4^{20}: 0,919; n_D^{20}: 1,4380 [Rohprodukt] (*Li., Na.*).

***Opt.-inakt. 2-Acetyl-2-methyl-3-propyl-oxiran, 3,4-Epoxy-3-methyl-heptan-2-on** $C_8H_{14}O_2$, Formel VIII.

B. Beim Behandeln einer Lösung von 3-Methyl-hept-3-en-2-on (Kp_{20}: 84–85°; n_D^{19}: 1,4465) in Methanol mit wss. Wasserstoffperoxid und wss. Natronlauge (*Tischtschenko et al.*, Ž. obšč. Chim. **29** [1959] 809, 817; engl. Ausg. S. 795, 802).

Kp_4: 51–52°. D_4^{20}: 0,9298. n_D^{20}: 1,4325. UV-Spektrum (A.; 250–360 nm; λ_{max}: 290 nm):

Ti. et al., l. c. S. 811.

Beim Erhitzen mit wss. Schwefelsäure ist eine als 4-Methyl-heptan-2,3-dion angesehene Verbindung (E IV **1** 3711) erhalten worden.

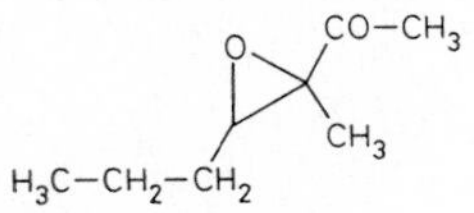

VIII 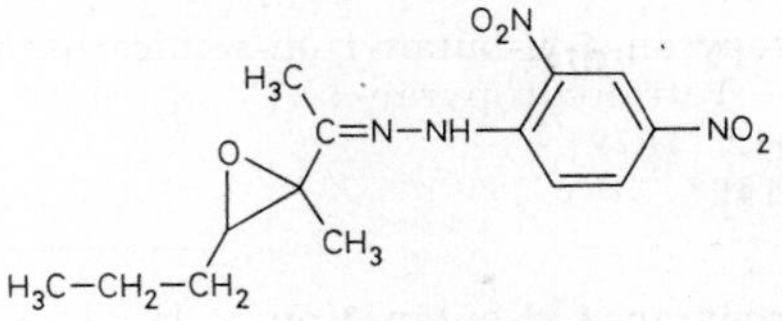 IX

***Opt.-inakt. 3,4-Epoxy-3-methyl-heptan-2-on-[2,4-dinitro-phenylhydrazon]** $C_{14}H_{18}N_4O_5$, Formel IX.

B. Aus dem im vorangehenden Artikel beschriebenen Keton und [2,4-Dinitro-phenyl]-hydrazin (*Tischtschenko et al.*, Ž. obšč. Chim. **29** [1959] 809, 817; engl. Ausg. S. 795, 802).

Orangefarbene Krystalle (aus A.); F: 110°.

Oxo-Verbindungen $C_9H_{16}O_2$

Oxecan-2-on, 9-Hydroxy-nonansäure-lacton, Nonan-9-olid $C_9H_{16}O_2$, Formel X.

B. Beim Erwärmen von 9-Brom-nonansäure mit Kaliumcarbonat in Butanon (*Hunsdiecker, Erlbach*, B. **80** [1947] 129, 134). In kleiner Menge neben 1,11-Dioxa-cycloeicosan-2,12-dion und 1,11,21-Trioxa-cyclotriacontan-2,12,22-trion beim Erwärmen von 9-Hydroxy-nonansäure mit Benzolsulfonsäure in Benzol (*Stoll, Rouvé*, Helv. **18** [1935] 1087, 1118).

Über die Konformation s. *Huisgen, Ott*, Tetrahedron **6** [1959] 253, 263. Dipolmoment (ε; Bzl.): 2,01 D (*Hu., Ott*, l. c. S. 256).

Krystalle; F: 31–31,5° [aus Me. bei –50°] (*Hu., Er.*), 24–26,5° (*St., Ro.*). Kp_{13}: 93° (*Hu., Er.*); Kp_{10-11}: 86–87° (*Hu., Ott*); Kp_5: 74° (*St., Ro.*, l. c. S. 1105). D_4^{20}: 1,013 (*St., Ro.*); D_4^{40}: 0,9995 (*Hu., Er.*). $n_D^{21,9}$: 1,4691 (*St., Ro.*). IR-Banden eines Films im Bereich von 5,5 μ bis 10 μ: *Hu., Ott*, l. c. S. 264.

Geschwindigkeitskonstante der Hydrolyse beim Behandeln mit Natriumhydroxid enthaltendem 60%ig. wss. Dioxan bei 0°, 60°, 67° und 75°: *Hu., Ott*, l. c. S. 261, 263.

(±)-7-Isopropyl-oxepan-2-on, (±)-6-Hydroxy-7-methyl-octansäure-lacton $C_9H_{16}O_2$, Formel XI.

B. Beim Erwärmen von (±)-2-Isopropyl-cyclohexanon mit Peroxyessigsäure in Aceton oder Äthylacetat (*Starcher, Phillips*, Am. Soc. **80** [1958] 4079, 4081).

Kp_5: 107°. n_D^{30}: 1,4604.

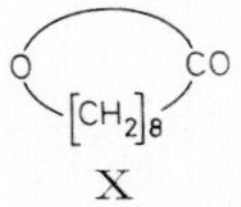

X 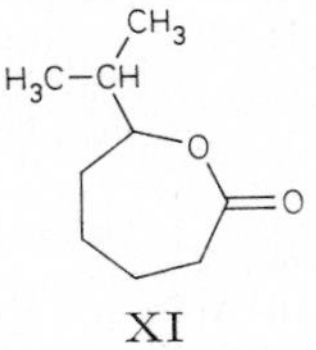 XI 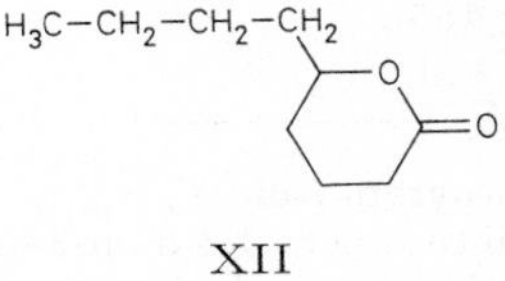 XII 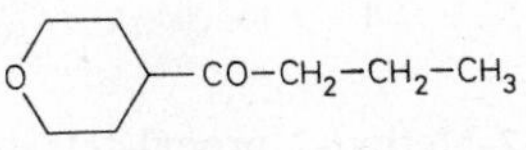 XIII

(±)-6-Butyl-tetrahydro-pyran-2-on, (±)-5-Hydroxy-nonansäure-lacton, (±)-Nonan-5-olid $C_9H_{16}O_2$, Formel XII.

B. Beim Behandeln von (±)-5-Hydroxy-nonansäure-methylamid mit Bariumhydroxid in Wasser und Ansäuern der Reaktionslösung mit Schwefelsäure (*Lukeš, Černý*, Chem. Listy **51** [1957] 1862, 1866; Collect. **23** [1958] 946, 951).

$Kp_{0,1}$: 73°. D_4^{20}: 0,9871. n_D^{20}: 1,4562.

4-Butyryl-tetrahydro-pyran, 1-Tetrahydropyran-4-yl-butan-1-on $C_9H_{16}O_2$, Formel XIII.

B. Bei der Behandlung von Tetrahydro-pyran-4-carbonitril mit Propylmagnesiumhalogenid in Äther und anschliessenden Hydrolyse (*Henze, McKee*, Am. Soc. **64** [1942] 1672).

Kp_5: 85–88°. D_4^{20}: 0,9828. n_D^{20}: 1,4545.

1-Tetrahydropyran-4-yl-butan-1-on-semicarbazon $C_{10}H_{19}N_3O_2$, Formel I.

B. Aus 1-Tetrahydropyran-4-yl-butan-1-on und Semicarbazid (*Henze, McKee*, Am. Soc. **64** [1942] 1672).

F: 145–146° [korr.].

1-Tetrahydropyran-4-yl-butan-2-on $C_9H_{16}O_2$, Formel II.

B. Beim Behandeln von Tetrahydropyran-4-yl-acetylchlorid mit Äthylzinkjodid in Äthylacetat und Toluol (*Prelog et al.*, A. **545** [1940] 229, 245).

Kp_9: 109°.

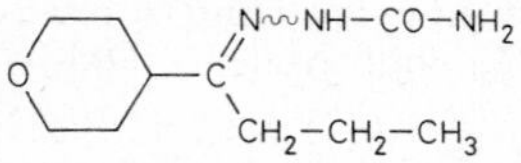

I 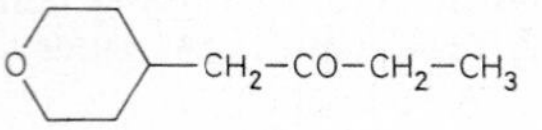 II 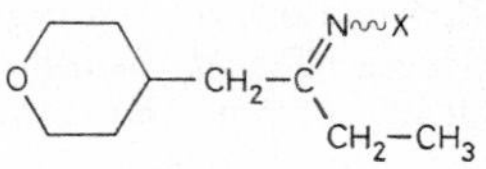 III

1-Tetrahydropyran-4-yl-butan-2-on-oxim $C_9H_{17}NO_2$, Formel III (X = OH).

B. Aus 1-Tetrahydropyran-4-yl-butan-2-on und Hydroxylamin (*Prelog et al.*, A. **545** [1940] 229, 246).

Kp_8: 148–154°.

1-Tetrahydropyran-4-yl-butan-2-on-[2,4-dinitro-phenylhydrazon] $C_{15}H_{20}N_4O_5$, Formel III (X = NH-$C_6H_3(NO_2)_2$).

B. Aus 1-Tetrahydropyran-4-yl-butan-2-on und [2,4-Dinitro-phenyl]-hydrazin (*Prelog et al.*, A. **545** [1940] 229, 246).

Gelbe Krystalle (aus A.); F: 117–118°.

***Opt.-inakt. 3-Tetrahydropyran-2-yl-butan-2-on** $C_9H_{16}O_2$, Formel IV.

B. Aus 5-Hydroxy-valeraldehyd und Butanon in Gegenwart von Alkalihydroxid (*Colonge, Corbet*, C. r. **245** [1957] 974; Bl. **1960** 283, 285).

Kp_{20}: 104°; Kp_{12}: 93°. D_4^{27}: 0,973. n_D^{27}: 1,4490.

(±)-6-Isobutyl-tetrahydro-pyran-2-on, (±)-5-Hydroxy-7-methyl-octansäure-lacton $C_9H_{16}O_2$, Formel V.

B. Bei der Umsetzung von 3-Halogen-propionaldehyd mit Isobutylmagnesiumhalogenid, Behandlung des erhaltenen 1-Halogen-5-methyl-hexan-3-ols mit der Natrium-Verbindung des Malonsäure-diäthylesters, anschliessenden Hydrolyse und Decarboxylierung (*Darzens*, C. r. **228** [1949] 185).

Kp_{12}: 134–135°.

(±)-2-Methyl-2-propyl-tetrahydro-pyran-4-on $C_9H_{16}O_2$, Formel VI.

B. Beim Erwärmen von 5-Methyl-octa-1,4-dien-3-on mit Aceton, Quecksilber(II)-sulfat und wss. Schwefelsäure (*Nasarow et al.*, Izv. Akad. S.S.S.R. Otd. chim. **1943** 50, 53; C. A. **1944** 1729).

Kp_{11}: 93–95°. D_4^{16}: 0,9730. n_D^{16}: 1,4575.

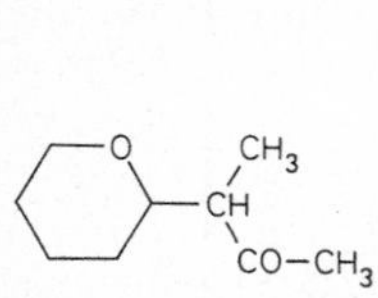

IV 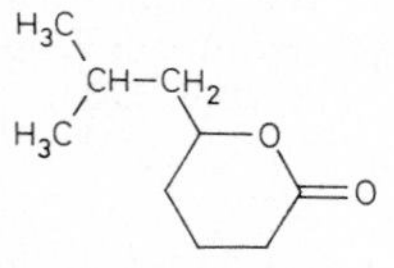 V 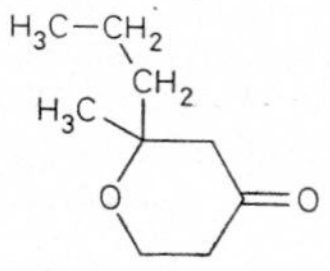 VI 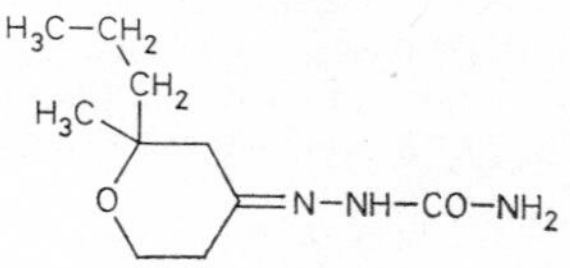 VII

(±)-2-Methyl-2-propyl-tetrahydro-pyran-4-on-semicarbazon $C_{10}H_{19}N_3O_2$, Formel VII.

B. Aus (±)-2-Methyl-2-propyl-tetrahydro-pyran-4-on und Semicarbazid (*Nasarow et al.*, Izv. Akad. S.S.S.R. Otd. chim. **1943** 50, 53; C. A. **1944** 1729).

F: 148–149° [aus Me.].

6,6-Diäthyl-tetrahydro-pyran-2-on, 5-Äthyl-5-hydroxy-heptansäure-lacton $C_9H_{16}O_2$, Formel VIII.

B. Neben 5-Oxo-heptansäure (Hauptprodukt) und Nonan-3,7-dion beim Erwärmen von Glutaroylchlorid mit Diäthylcadmium in Benzol und Behandeln einer äther. Lösung des Reaktionsprodukts mit wss. Natriumcarbonat-Lösung und anschliessend mit Säure (*Cason, Reist*, J. org. Chem. **23** [1958] 1675, 1677). Beim Behandeln von 5-Äthyl-5-hydroxy-heptansäure-methylamid mit Bariumhydroxid in Wasser und Ansäuern der Reaktionslösung mit Schwefelsäure (*Lukeš, Černý*, Chem. Listy **51** [1957] 1862, 1867; Collect. **23** [1958] 946, 952).

Kp_{10}: 123° (*Ca., Re.*); Kp_1: 74–76° (*Lu., Če.*). D_4^{20}: 1,0039 (*Lu., Če.*). n_D^{20}: 1,4639 (*Lu., Če.*); n_D^{25}: 1,4614 (*Ca., Re.*).

***Opt.-inakt. 2,6-Diäthyl-tetrahydro-thiopyran-4-on** $C_9H_{16}OS$, Formel IX.

B. Beim Behandeln von opt.-inakt. 3,7-Dichlor-nonan-5-on (Kp_{15}: 80–85°) oder von (±)-7-Chlor-non-3ξ-en-5-on (Kp_{15}: 65–75°) mit Natriumsulfid bzw. Natriumhydrogensulfid in Äther und Methanol (*Traverso*, Ann. Chimica **45** [1955] 657, 664, 666).

Bei 110–120°/15 Torr destillierbar.

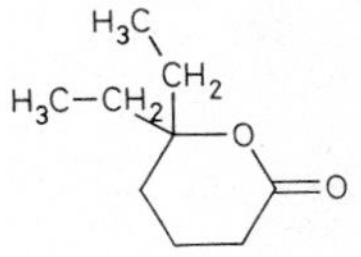

VIII 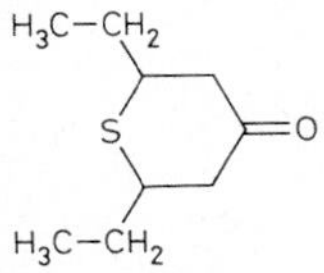 IX 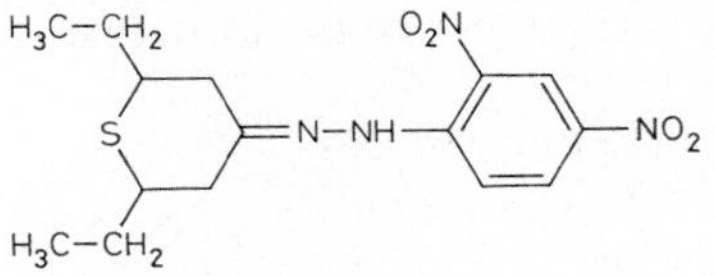 X

***Opt.-inakt. 2,6-Diäthyl-tetrahydro-thiopyran-4-on-[2,4-dinitro-phenylhydrazon]** $C_{15}H_{20}N_4O_4S$, Formel X.

B. Aus dem im vorangehenden Artikel beschriebenen Keton und [2,4-Dinitro-phenyl]-hydrazin (*Traverso*, Ann. Chimica **45** [1955] 657, 666).

F: 131–132°.

5,5-Diäthyl-tetrahydropyran-2-on, 4-Äthyl-4-hydroxymethyl-hexansäure-lacton, 4,4-Diäthyl-5-hydroxy-valeriansäure-lacton $C_9H_{16}O_2$, Formel XI.

B. Bei der Hydrierung des Natrium-Salzes der 4-Äthyl-4-formyl-hexansäure (4,4-Diäthyl-glutaraldehydsäure) an Raney-Nickel in wss. Natronlauge bei 120–140°/100 at und Behandlung des Reaktionsprodukts mit wss. Salzsäure (*Bruson, Riener*, Am. Soc. **66** [1944] 56, 58).

$Kp_{2,5}$: 101°. D_4^{25}: 1,0064. n_D^{25}: 1,4634.

4,5-Diäthyl-tetrahydro-pyran-2-on, 3-Äthyl-4-hydroxymethyl-hexansäure-lacton, 3,4-Diäthyl-5-hydroxy-valeriansäure-lacton $C_9H_{16}O_2$.

a) **(±)-*cis*-4,5-Diäthyl-tetrahydro-pyran-2-on, (±)-*threo*-3-Äthyl-4-hydroxymethyl-hexansäure-lacton** $C_9H_{16}O_2$, Formel XII + Spiegelbild.

B. Beim Behandeln von *cis*-3,4-Diäthyl-cyclopentanon mit Peroxybenzoesäure in wasserhaltigem Chloroform (*Battersby, Garrat*, Soc. **1959** 3512, 3518).

Kp_{20}: 146–148° [Rohprodukt].

b) **(±)-*trans*-4,5-Diäthyl-tetrahydro-pyran-2-on, (±)-*erythro*-3-Äthyl-4-hydroxymethyl-hexansäure-lacton** $C_9H_{16}O_2$, Formel XIII + Spiegelbild.

B. Beim Behandeln von (±)-*trans*-3,4-Diäthyl-cyclopentanon mit Peroxybenzoesäure in wasserhaltigem Chloroform (*Battersby, Garrat*, Soc. **1959** 3512, 3520).

Kp_{20}: 140° [Rohprodukt].

XI XII XIII XIV

4,4-Diäthyl-tetrahydro-pyran-2-on, 3,3-Diäthyl-5-hydroxy-valeriansäure-lacton $C_9H_{16}O_2$, Formel XIV (E II 293).

Ein Präparat (Kp_{20-22}: 136–138°), in dem vermutlich diese Verbindung vorgelegen hat, ist beim aufeinanderfolgenden Behandeln von 3,3-Diäthyl-glutarsäure-mono-chlorid (Kp_{15-20}: 140–145°; aus 3,3-Diäthyl-glutarsäure-mono-äthylester und Thionylchlorid hergestellt) mit Diazomethan in Äther, mit Ammoniak in Äthanol und mit wss. Silbernitrat-Lösung, Erhitzen des gebildeten Säureamids mit wss. Kalilauge und Ansäuern der Reaktionslösung erhalten worden (*Tewari, Tewari*, Pr. nation. Acad. India **17** A [1948] 11, 16, 18).

***Opt.-inakt. 2-Äthyl-3,6-dimethyl-tetrahydro-thiopyran-4-on** $C_9H_{16}OS$, Formel I.

B. Beim Einleiten von Schwefelwasserstoff in eine mit Natriumacetat versetzte Lösung von 5-Methyl-octa-2(?),5-dien-4-on (Kp_{14}: 80–82° [E IV **1** 3563]) in Äthanol (*Nasarow et al.*, Ž. obšč. Chim. **19** [1949] 2148, 2158; engl. Ausg. S. a 621, a 631).

$Kp_{4,5}$: 81°. D_4^{20}: 1,0150. n_D^{20}: 1,4938.

I II III IV

***Opt.-inakt. 2-Äthyl-3,6-dimethyl-tetrahydro-thiopyran-4-on-semicarbazon** $C_{10}H_{19}N_3OS$, Formel II.

B. Aus dem im vorangehenden Artikel beschriebenen Keton und Semicarbazid (*Nasarow et al.*, Ž. obšč. Chim. **19** [1949] 2148, 2158; engl. Ausg. S. a 621, a 631).

F: 150,5° [aus A.].

***Opt.-inakt. 2-Äthyl-3,6-dimethyl-1,1-dioxo-tetrahydro-1λ⁶-thiopyran-4-on** $C_9H_{16}O_3S$, Formel III.

B. Beim Behandeln von opt.-inakt. 2-Äthyl-3,6-dimethyl-tetrahydro-thiopyran-4-on ($Kp_{4,5}$: 81°) mit Aceton, Kaliumpermanganat und wss. Schwefelsäure (*Nasarow et al.*, Ž. obšč. Chim. **19** [1949] 2148, 2159; engl. Ausg. S. a 621, a 632).

Kp_4: 133°. n_D^{17}: 1,4960.

***Opt.-inakt. 2-Äthyl-3,6-dimethyl-1,1-dioxo-tetrahydro-1λ⁶-thiopyran-4-on-semicarbazon** $C_{10}H_{19}N_3O_3S$, Formel IV.

B. Aus dem im vorangehenden Artikel beschriebenen Keton und Semicarbazid (*Nasarow et al.*, Ž. obšč. Chim. **19** [1949] 2148, 2159; engl. Ausg. S. a 621, a 632).

Krystalle (aus A.); F: 189°.

***Opt.-inakt. 4-Äthyl-3,5-dimethyl-tetrahydro-pyran-2-on, 3-Äthyl-5-hydroxy-2,4-dimethyl-valeriansäure-lacton** $C_9H_{16}O_2$, Formel V.

B. Neben anderen Verbindungen beim Erhitzen von 2-Methyl-pent-2*t*-enal mit wss. Natronlauge bis auf 200° (*Häusermann*, Helv. **34** [1951] 1483, 1485, 1487; *Blanc et al.*,

Helv. **47** [1964] 725, 732, 736).
Kp_{10}: 118—119°; D_4^{22}: 0,9913; n_D^{21}: 1,4611 (*Bl. et al.*).

3,3,6,6-Tetramethyl-tetrahydro-pyran-2-on, 5-Hydroxy-2,2,5-trimethyl-hexansäure-lacton $C_9H_{16}O_2$, Formel VI.
B. Neben grösseren Mengen 2,2-Dimethyl-5-oxo-hexansäure-methylester beim Behandeln von 4-Chlorcarbonyl-2,2-dimethyl-buttersäure-methylester mit Dimethylcadmium in Benzol (*Ensor, Wilson,* Soc. **1956** 4068, 4071).
Krystalle (aus Bzn.); F: 80,5—81,5°.

2,2,6,6-Tetramethyl-dihydro-pyran-3-on $C_9H_{16}O_2$, Formel VII.
B. Als Hauptprodukt beim Behandeln von 2,2,5,5-Tetramethyl-dihydro-furan-3-on in Äther und Methanol mit Diazomethan in Äther (*Korobizyna et al.,* Ž. obšč. Chim. **29** [1959] 691; engl. Ausg. S. 686). Als Hauptprodukt beim Erwärmen von 2,6-Dimethyl-hept-5-en-3-in-2-ol mit Quecksilber(II)-sulfat und Wasser (*Varagnat, Colonge,* C. r. **247** [1958] 1206; Bl. **1964** 2499, 2501).
Kp_{16}: 68° (*Va., Co.*); Kp_9: 62—63° (*Ko. et al.*). D_4^{20}: 0,9529 (*Ko. et al.*); D_4^{25}: 0,941 (*Va., Co.*). n_D^{20}: 1,4413 (*Ko. et al.*); n_D^{25}: 1,4421 (*Va., Co.*).

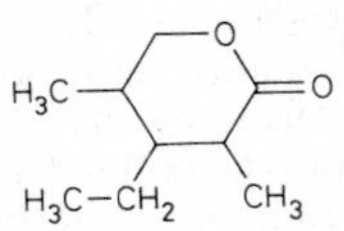

V 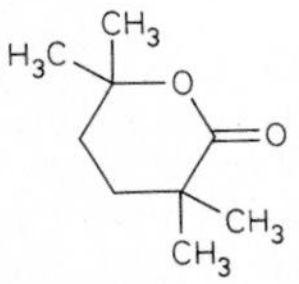 VI 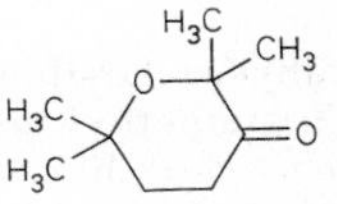 VII 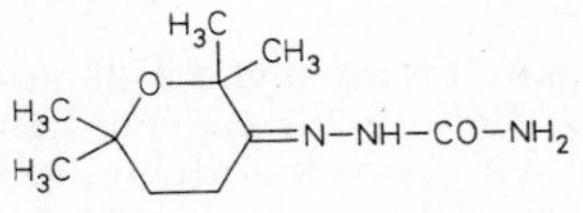 VIII

2,2,6,6-Tetramethyl-dihydro-pyran-3-on-semicarbazon $C_{10}H_{19}N_3O_2$, Formel VIII.
B. Aus 2,2,6,6-Tetramethyl-dihydro-pyran-3-on und Semicarbazid (*Varagnat, Colonge,* C. r. **247** [1958] 1206; Bl. **1964** 2499, 2501; *Korobizyna et al.,* Ž. obšč. Chim. **29** [1959] 691; engl. Ausg. S. 686).
F: 225° [Block] (*Va., Co.*), 210° [geschlossene Kapillare] (*Va., Co.,* Bl. **1964** 2503), 198° [offene Kapillare] (*Ko. et al.; Va., Co.,* Bl. **1964** 2503).

2,2,6,6-Tetramethyl-tetrahydro-pyran-4-on $C_9H_{16}O_2$, Formel IX.
B. Beim Einleiten von Chlorwasserstoff in 2,6-Dimethyl-hepta-2,5-dien-4-on und Erwärmen des Reaktionsprodukts mit Wasser (*Nasarow, Nagibina,* Izv. Akad. S.S.S.R. Otd. chim. **1943** 206, 212; C. A. **1944** 1730). Neben grösseren Mengen 2,6-Dimethyl-hepta-2,5-dien-4-on und kleineren Mengen 6-Hydroxy-2,6-dimethyl-hept-2-en-4-on beim Erhitzen von 2,6-Dihydroxy-2,6-dimethyl-heptan-4-on mit wss. Schwefelsäure (*Conolly,* Soc. **1944** 338).
F: 12,8°; Kp: 186°; Kp_{15}: 70°; D_4^{20}: 0,9485; n_D^{20}: 1,4432 (*Co.*).

2,2,6,6-Tetramethyl-tetrahydro-pyran-4-on-oxim $C_9H_{17}NO_2$, Formel X (X = OH).
B. Aus 2,2,6,6-Tetramethyl-tetrahydro-pyran-4-on und Hydroxylamin (*Conolly,* Soc. **1944** 338).
F: 101°.

2,2,6,6-Tetramethyl-tetrahydro-pyran-4-on-[2,4-dinitro-phenylhydrazon] $C_{15}H_{20}N_4O_5$, Formel X (X = NH-$C_6H_3(NO_2)_2$).
B. Aus 2,2,6,6-Tetramethyl-tetrahydro-pyran-4-on und [2,4-Dinitro-phenyl]-hydrazin (*Conolly,* Soc. **1944** 338).
Orangefarbene Krystalle (aus A.); F: 171—173°.

2,2,6,6-Tetramethyl-tetrahydro-pyran-4-on-semicarbazon $C_{10}H_{19}N_3O_2$, Formel X (X = NH-CO-NH_2).
B. Aus 2,2,6,6-Tetramethyl-tetrahydro-pyran-4-on und Semicarbazid (*Korobizyna*

et al., Ž. obšč. Chim. **29** [1959] 691; engl. Ausg. S. 686).
F: 219—220° [Zers.; aus W.].

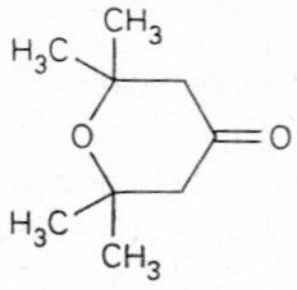

IX 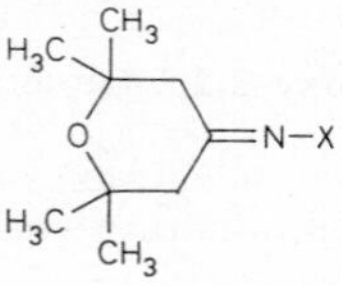 X 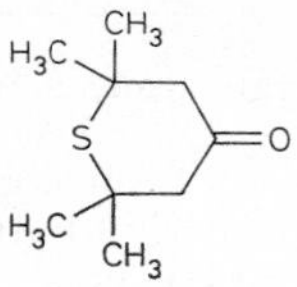 XI 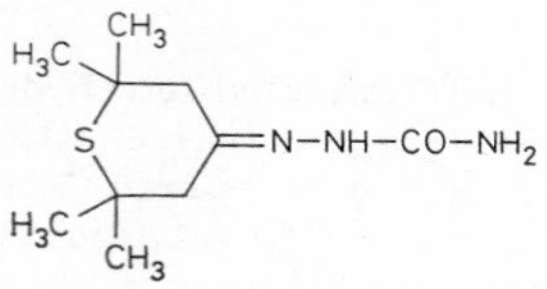 XII

2,2,6,6-Tetramethyl-tetrahydro-thiopyran-4-on $C_9H_{16}OS$, Formel XI.

B. Beim Erwärmen von 2,6-Dimethyl-hepta-2,5-dien-4-on mit äthanol. Kalilauge unter Einleiten von Schwefelwasserstoff (*Arndt*, Rev. Fac. Sci. Istanbul [A] **13** [1948] 57, 60; *Naylor*, Soc. **1949** 2749, 2754).

Kp_{16}: 98° (*Ar.*); Kp_{14}: 92° (*Na.*); Kp_{13}: 93° (*Ar.*); Kp_4: 74° (*Ar.*). n_D^{20}: 1,4895 (*Na.*).

2,2,6,6-Tetramethyl-tetrahydro-thiopyran-4-on-semicarbazon $C_{10}H_{19}N_3OS$, Formel XII.

B. Aus 2,2,6,6-Tetramethyl-tetrahydro-thiopyran-4-on und Semicarbazid (*Arndt*, Rev. Fac. Sci. Istanbul [A] **13** [1948] 57, 60; *Naylor*, Soc. **1949** 2749, 2754).

Krystalle; F: 216° (*Ar.*), 212° [aus A.] (*Na.*).

2,2,6,6-Tetramethyl-1,1-dioxo-tetrahydro-1λ⁶-thiopyran-4-on $C_9H_{16}O_3S$, Formel I.

B. Beim Erhitzen von 2,2,6,6-Tetramethyl-tetrahydro-thiopyran-4-on mit Essigsäure und wss. Wasserstoffperoxid (*Arndt*, Rev. Fac. Sci. Istanbul [A] **13** [1948] 57, 60).

Krystalle (aus W.) mit 0,5 Mol H_2O; die wasserfreie Verbindung schmilzt bei 90° (*Ar.*).

Beim Erhitzen mit wss. Salzsäure und amalgamiertem Zink sind 2,2,6,6-Tetramethyl-1,1-dioxo-tetrahydro-1λ^6-thiopyran-4-ol und 2,2,6,6-Tetramethyl-3,6-dihydro-2*H*-thio=pyran-1,1-dioxid erhalten worden (*Fehnel, Lackey*, Am. Soc. **73** [1951] 2473, 2476, 2478).

(±)-5-Pentyl-dihydro-furan-2-on, (±)-4-Hydroxy-nonansäure-lacton, Nonan-4-olid $C_9H_{16}O_2$, Formel II (H 245).

B. Beim Behandeln von (±)-1,2-Epoxy-heptan mit der Natrium-Verbindung des Malon=säure-diäthylesters in Äthanol, Erwärmen der Reaktionslösung mit wss. Alkalilauge und Erhitzen des Reaktionsprodukts unter vermindertem Druck (*Rothstein*, Bl. [5] **2** [1935] 1936, 1941). Beim Hydrieren von (±)-2,2,4-Trichlor-nonansäure-äthylester an Raney-Nickel in wss. Kalilauge und anschliessenden Ansäuern mit wss. Schwefelsäure (*Dupont et al.*, Bl. **1955** 1101, 1104, 1106). Beim Erwärmen von Non-3-ensäure (E III **2** 1348) mit wss. Schwefelsäure (*Zaar*, Ber. Schimmel **1929** 299, 305). Beim Erhitzen von Non-3-ennitril (E III **2** 1348) mit wss. Schwefelsäure (*Delaby, Lecomte*, Bl. [5] **4** [1937] 1007, 1011). Beim Erhitzen von 4,7-Dioxo-nonansäure mit wss. Salzsäure, amalgamiertem Zink und Toluol (*Terai, Tanaka*, Bl. chem. Soc. Japan **29** [1956] 822).

Kp_{20}: 147,5—148,5° (*De., Le.*); Kp_{13}: 136° (*Ro.*); Kp_6: 121—122° (*Du. et al.*); Kp_4: 113—114° (*Zaar*); $Kp_{2,5}$: 107—108° (*Zaar*). D_4^0: 0,979 (*De., Le.*); D_4^{17}: 0,966 (*De., Le.*); $D_4^{19,5}$: 0,9672 (*Ro.*); D_4^{20}: 0,976 (*Du. et al.*). n_D^{19}: 1,4482 (*De., Le.*); $n_D^{19,5}$: 1,4462 (*Ro.*); n_D^{20}: 1,460 (*Du. et al.*). IR-Banden im Bereich von 7 μ bis 15,5 μ: *De., Le.*, l. c. S. 1014.

Beim Erhitzen mit wasserfreier Schwefelsäure (*Maschmeijer*, D.R.P. 667156 [1934]; Frdl. **23** 278), wasserfreier Phosphorsäure (*Schimmel & Co.*, D.R.P. 693863 [1936]; D.R.P. Org. Chem. **6** 1540) oder aktivierter Bleicherde (*I.G. Farbenind.*, D.R.P. 625758 [1934]; Frdl. **22** 340) ist 2-Butyl-cyclopent-2-enon erhalten worden.

Charakterisierung durch Überführung in 4-Hydroxy-nonansäure-hydrazid (F: 84° bzw. F: 83°): *Ro.*; *Te., Ta.*; *Du. et al.*

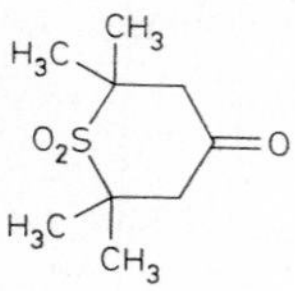

I 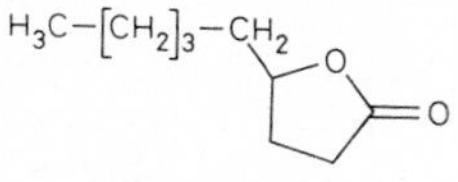 II 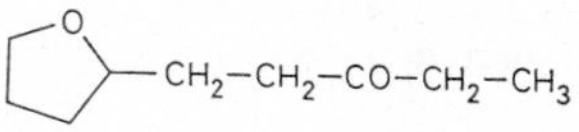 III

(±)-1-Tetrahydro[2]furyl-pentan-3-on $C_9H_{16}O_2$, Formel III.

B. Beim Behandeln von opt.-inakt. 1-Tetrahydro[2]furyl-pentan-3-ol (S. 1166) mit Kaliumdichromat und Schwefelsäure (*Ponomarew et al.*, Naučn. Ežegodnik Saratovsk. Univ. **1954** 495; C. A. **1960** 1480).

Kp_{45}: 131–133°. D_4^{20}: 0,9709. n_D^{20}: 1,4469.

(±)-1-Tetrahydro[2]furyl-pentan-3-on-oxim $C_9H_{17}NO_2$, Formel IV.

B. Aus (±)-1-Tetrahydro[2]furyl-pentan-3-on und Hydroxylamin (*Ponomarew et al.*, Naučn. Ežegodnik Saratovsk. Univ. **1954** 495; C. A. **1960** 1480).

Kp_4: 127–128°. n_D^{20}: 1,4771.

(±)-5-Tetrahydro[2]furyl-pentan-2-on $C_9H_{16}O_2$, Formel V.

B. Beim Behandeln einer Lösung von opt.-inakt. 5-Tetrahydro[2]furyl-pentan-2-ol (S. 1166) in Essigsäure mit Kaliumdichromat und wss. Schwefelsäure (*Onesta et al.*, G. **86** [1956] 178, 183).

$Kp_{0,5}$: 60°. D_4^{20}: 0,9706. n_D^{18}: 1,4509.

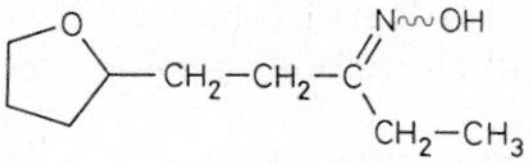

IV 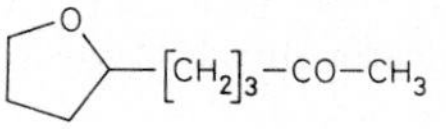 V 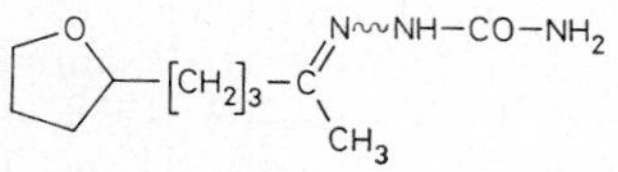 VI

(±)-5-Tetrahydro[2]furyl-pentan-2-on-semicarbazon $C_{10}H_{19}N_3O_2$, Formel VI.

B. Aus (±)-5-Tetrahydro[2]furyl-pentan-2-on und Semicarbazid (*Onesta et al.*, G. **86** [1956] 178, 183).

F: 136–137°.

5-Tetrahydro[3]furyl-pentan-2-on $C_9H_{16}O_2$, Formel VII.

Ein unter dieser Konstitution beschriebenes, als Semicarbazon $C_{10}H_{19}N_3O_2$ (Krystalle [aus wss. A.], F: 142,5°) charakterisiertes Keton (bei 125–135°/3 Torr destillierbar) ist aus Nupharamin (4-[(2*S*)-6*c*-[3]Furyl-3*t*-methyl-[2*r*]piperidyl]-2-methyl-butan-2-ol) auf mehrstufigem Wege erhalten worden (*Arata, Ohashi*, J. pharm. Soc. Japan **77** [1957] 229, **79** [1959] 127, 128; C. A. **1957** 11344, **1959** 10215; *Ohashi*, J. pharm. Soc. Japan **79** [1959] 734; C. A. **1959** 22032).

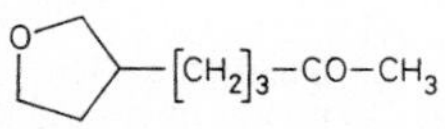

VII 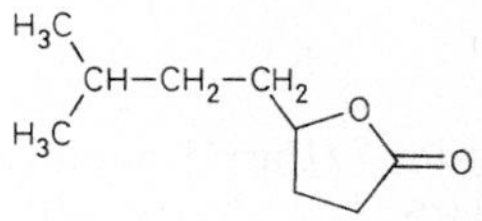 VIII 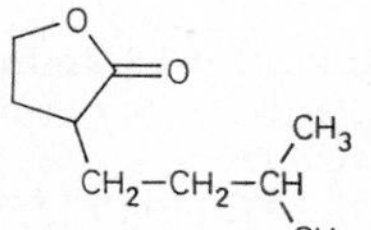 IX

(±)-5-Isopentyl-dihydro-furan-2-on, (±)-4-Hydroxy-7-methyl-octansäure-lacton $C_9H_{16}O_2$, Formel VIII.

B. Beim Behandeln von (±)-1,2-Epoxy-5-methyl-hexan mit der Natrium-Verbindung des Malonsäure-diäthylesters in Äthanol, Erwärmen der Reaktionslösung mit wss. Alkalilauge und Erhitzen des Reaktionsprodukts unter vermindertem Druck (*Rothstein*, Bl. [5] **2** [1935] 1936, 1942). Beim Hydrieren des Natrium-Salzes der 4,4-Bis-äthansulfonyl-7-methyl-octansäure an Raney-Nickel in wss. Natronlauge bei 220°/175 at und anschliessenden Ansäuern (*Cronyn*, Am. Soc. **74** [1952] 1225, 1230).

Kp_{16}: 135° (*Ro.*); Kp_6: 117–118° (*Cr.*). D_4^{20}: 0,9620 (*Ro.*). n_D^{20}: 1,4452 (*Ro.*); n_D^{25}: 1,4415 (*Cr.*).

(±)-3-Isopentyl-dihydro-furan-2-on, (±)-2-[2-Hydroxy-äthyl]-5-methyl-hexansäure-lacton, (±)-4-Hydroxy-2-isopentyl-buttersäure-lacton $C_9H_{16}O_2$, Formel IX.

B. Beim Einleiten von Äthylenoxid in eine Suspension der Natrium-Verbindung des Isopentylmalonsäure-diäthylesters in Äthanol bei −15°, Erwärmen des Reaktionsgemisches mit wss. Kalilauge und Erhitzen des Reaktionsprodukts unter vermindertem Druck (*Rothstein*, Bl. [5] **2** [1935] 80, 85). Bei der Hydrierung von 3-Isopentyliden-dihydro-furan-2-on an Platin in Methanol (*Zimmer, Rothe*, J. org. Chem. **24** [1959] 28, 31). Beim Erwärmen von (±)-3-Isopentyl-2-oxo-tetrahydro-furan-3-carbonsäure-äthylester mit wss. Schwefelsäure (*Pakendorf, Matschuš*, Doklady Akad. S.S.S.R. **29** [1940] 576; C. r. Doklady **29** [1940] 577).

Kp_{15}: 129° (*Ro.*); Kp_9: 118–120° (*Pa., Ma.*); Kp_5: 83–84° (*Zi., Ro.*). D_4^{21}: 0,9662 (*Ro.*). n_D^{20}: 1,4477 (*Zi., Ro.*), 1,4455 (*Ro.*; *Pa., Ma.*).

(±)-5-Butyl-5-methyl-dihydro-furan-2-on, (±)-4-Hydroxy-4-methyl-octansäure-lacton $C_9H_{16}O_2$, Formel X.

B. Beim Behandeln von Lävulinsäure-äthylester mit Butylmagnesiumbromid in Äther und Benzol und Erhitzen des Reaktionsprodukts (*Frank et al.*, Am. Soc. **70** [1948] 1379; *Cason et al.*, J. org. Chem. **13** [1948] 239, 243, 244). Aus (±)-5-Butyl-5-methyl-2-oxo-tetrahydro-furan-3-carbonsäure-äthylester durch Hydrolyse und Decarboxylierung (*Rothstein, Ficini*, C. r. **234** [1952] 1694).

Kp_{14}: 128° (*Ro., Fi.*); Kp_{15}: 125–126° (*Ca. et al.*). D_4^{24}: 0,9661 (*Ro., Fi.*). n_D^{24}: 1,4554 (*Ro., Fi.*); n_D^{27}: 1,4410 (*Ca. et al.*).

Überführung in 3-Methyl-2-propyl-cyclopent-2-enon durch Erhitzen mit Phosphor(V)-oxid: *Fr. et al.* Hydrierung an Kupferoxid-Chromoxid bei 150–250°/200–280 at unter Bildung von 4-Methyl-octan-1,4-diol, 4-Methyl-octan-1-ol und 4-Methyl-octansäure-[4-methyl-octylester]: *Ca. et al.*, l. c. S. 241, 246.

***Opt.-inakt. 5-Butyl-4-methyl-dihydro-furan-2-on, 4-Hydroxy-3-methyl-octansäure-lacton** $C_9H_{16}O_2$, Formel XI.

B. Beim Erwärmen von (±)-3-Hydroxy-3-methyl-octansäure-äthylester mit wss. Schwefelsäure (*Obata*, J. pharm. Soc. Japan **73** [1953] 1298; C. A. **1955** 175).

Kp_5: 93–94°.

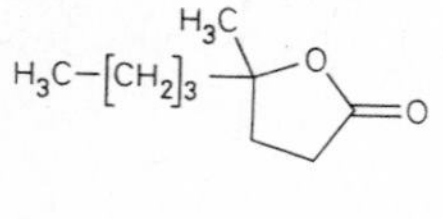

X 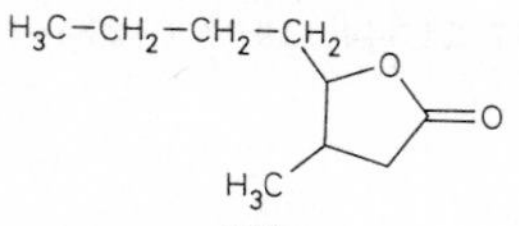 XI 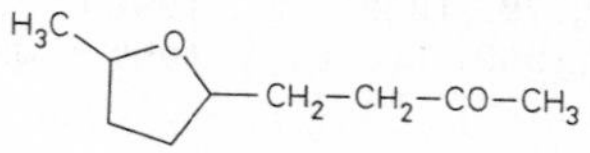 XII

***Opt.-inakt. 4-[5-Methyl-tetrahydro-[2]furyl]-butan-2-on** $C_9H_{16}O_2$, Formel XII.

B. Bei der Hydrierung von (±)-4-[5-Methyl-4,5-dihydro-[2]furyl]-butan-2-on an Palladium/Kohle (*Bel'skiĭ, Wol'nowa*, Izv. Akad. S.S.S.R. Ser. chim. **1967** 1383, 1385; engl. Ausg. S. 1342, 1343). Über ein bei der Hydrierung von 4-[5-Methyl-[2]furyl]-butan-2-on an Platin in Äthylacetat erhaltenes Präparat s. *Alder, Schmidt*, B. **76** [1943] 183, 187, 193.

Kp_8: 90–92°; D_4^{20}: 0,9555; n_D^{20}: 1,4468 (*Be., Wo.*).

4-Butyl-3-methyl-dihydro-furan-2-on, 3-Hydroxymethyl-2-methyl-heptansäure-lacton, 3-Butyl-4-hydroxy-2-methyl-buttersäure-lacton $C_9H_{16}O_2$, Formel I, und **3-Butyl-4-methyl-dihydro-furan-2-on, 2-[β-Hydroxy-isopropyl]-hexansäure-lacton, 2-Butyl-4-hydroxy-3-methyl-buttersäure-lacton** $C_9H_{16}O_2$, Formel II.

Diese beiden Konstitutionsformeln kommen für das nachstehend beschriebene opt.-inakt. Lacton in Betracht.

B. Neben 2-Butyl-3-methyl-butan-1,4-diol ($Kp_{0,8}$: 109–111°) beim Behandeln von opt.-inakt. 2-Butyl-3-methyl-bernsteinsäure (Schmelzbereich: 85–105°) mit Lithiumalanat in Äther (*Marvel, Fuller*, Am. Soc. **74** [1952] 1506, 1508).

Kp_1: 69–72°. n_D^{20}: 1,4434.

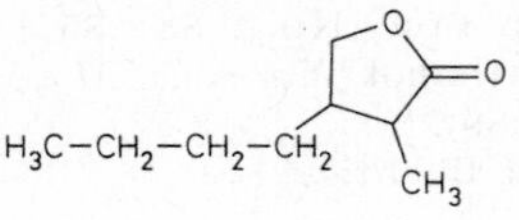

I 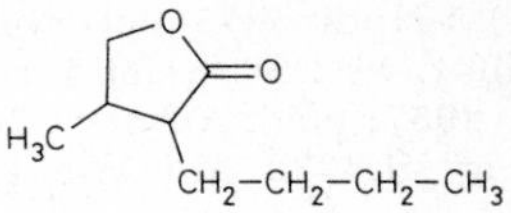 II 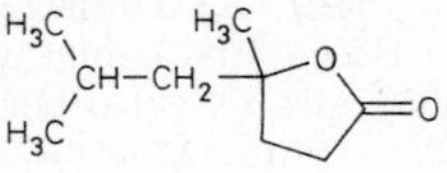 III

(±)-5-Isobutyl-5-methyl-dihydro-furan-2-on, (±)-4-Hydroxy-4,6-dimethyl-heptansäure-lacton $C_9H_{16}O_2$, Formel III.

B. Aus Lävulinsäure-äthylester und Isobutylmagnesiumbromid (*Obata*, J. pharm. Soc. Japan **73** [1953] 1301; C. A. **1955** 176). Aus (±)-5-Isobutyl-5-methyl-2-oxo-tetrahydro-furan-3-carbonsäure-äthylester durch Hydrolyse und Decarboxylierung (*Rothstein, Ficini*, C. r. **234** [1952] 1694).

Kp_{21}: 124–125° (*Ob.*); Kp_9: 111° (*Ro., Fi.*). D_4^{20}: 0,9654 (*Ro., Fi.*). n_D^{20}: 1,4457 (*Ro., Fi.*).

(±)-5-*tert*-Butyl-5-methyl-dihydro-furan-3-on $C_9H_{16}O_2$, Formel IV.

B. Beim Erwärmen von (±)-4,5,5-Trimethyl-hex-2-in-1,4-diol mit Quecksilber(II)-sulfat und Wasser (*Colonge et al.*, Bl. **1958** 211, 217).

Kp_{20}: 85°. D_4^{23}: 0,973. n_D^{23}: 1,4490.

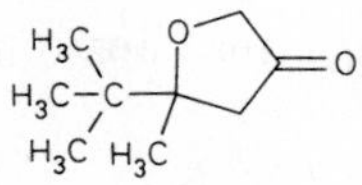

IV 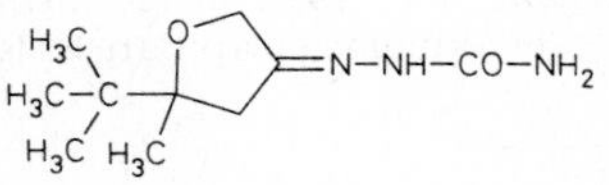 V 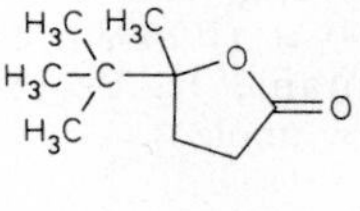 VI 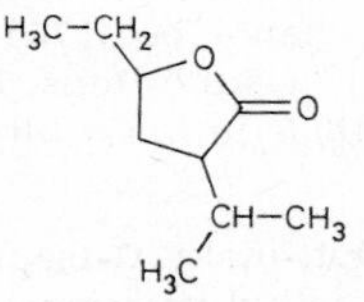 VII

(±)-5-*tert*-Butyl-5-methyl-dihydro-furan-3-on-semicarbazon $C_{10}H_{19}N_3O_2$, Formel V.

B. Aus (±)-5-*tert*-Butyl-5-methyl-dihydro-furan-3-on und Semicarbazid (*Colonge et al.*, Bl. **1958** 211, 217).

F: 180° [aus wss. A.].

(±)-5-*tert*-Butyl-5-methyl-dihydro-furan-2-on, (±)-4-Hydroxy-4,5,5-trimethyl-hexan-säure-lacton $C_9H_{16}O_2$, Formel VI.

B. Beim Behandeln von 5-*tert*-Butyl-5-methyl-tetrahydro-furan-2-ol [E IV **1** 4055] mit Chrom(VI)-oxid und Essigsäure (*Mosher, Preiss*, Am. Soc. **75** [1953] 5605, 5607).

n_D^{20}: 1,4531.

***Opt.-inakt. 5-Äthyl-3-isopropyl-dihydro-furan-2-on, 4-Hydroxy-2-isopropyl-hexansäure-lacton** $C_9H_{16}O_2$, Formel VII.

B. Beim Erwärmen von opt.-inakt. 3-Hydroxy-2-isopropyl-hexansäure-äthylester (Kp_6: 88–92°) mit wss. Schwefelsäure (*Obata*, J. pharm. Soc. Japan **73** [1953] 1295; C. A. **1955** 175).

Kp_{24}: 112–113°.

***Opt.-inakt. 3-Äthyl-5-isopropyl-dihydro-furan-2-on, 2-Äthyl-4-hydroxy-5-methyl-hexan-säure-lacton** $C_9H_{16}O_2$, Formel VIII.

B. Beim Erwärmen von opt.-inakt. 2-Äthyl-3-hydroxy-5-methyl-hexansäure-äthyl-ester (Kp_6: 96–99°) mit wss. Schwefelsäure (*Obata*, J. pharm. Soc. Japan **73** [1953] 1295; C. A. **1955** 175).

Kp_{10}: 101–103°.

***Opt.-inakt. 2,5-Dimethyl-2-propyl-dihydro-furan-3-on** $C_9H_{16}O_2$, Formel IX.

B. Beim Erwärmen von (±)-5-Hydroxy-5-methyl-oct-2-en-4-on (Kp_{10}: 83—85°; n_D^{20}: 1,4605) mit Quecksilber(II)-sulfat, wss. Schwefelsäure und Äthanol (*Nasarow, Mazojan,* Ž. obšč. Chim. **27** [1957] 2951, 2957; engl. Ausg. S. 2984, 2989).

Kp_{10}: 63—65°. D_4^{20}: 0,9387. n_D^{20}: 1,4332. Mit Wasserdampf flüchtig.

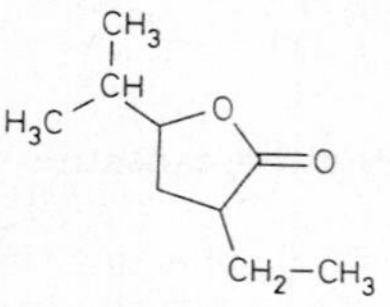

VIII 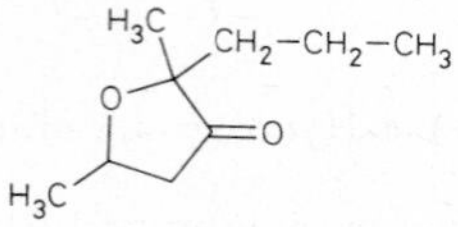 IX 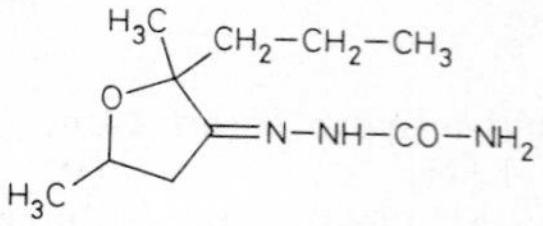 X 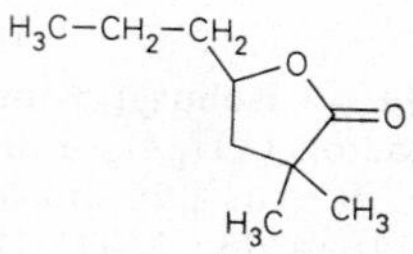 XI

***Opt.-inakt. 2,5-Dimethyl-2-propyl-dihydro-furan-3-on-semicarbazon** $C_{10}H_{19}N_3O_2$, Formel X.

B. Aus dem im vorangehenden Artikel beschriebenen Keton und Semicarbazid (*Nasarow, Mazojan,* Ž. obšč. Chim. **27** [1957] 2951, 2957; engl. Ausg. S. 2984, 2989).

F: 146—148° [aus A.].

(±)-3,3-Dimethyl-5-propyl-dihydro-furan-2-on, (±)-4-Hydroxy-2,2-dimethyl-heptansäure-lacton $C_9H_{16}O_2$, Formel XI.

B. Bei der Hydrierung von 4-Oxo-2,2-dimethyl-heptansäure an Raney-Nickel in Methanol bei 175°/100 at (*Warren, Weedon,* Soc. **1958** 3972, 3978).

Krystalle (aus Pentan); F: 28—29° [evakuierte Kapillare]. Kp_{15}: 106—108°. n_D^{22}: 1,4355 [unterkühlte Schmelze].

***Opt.-inakt. 3-Isopropyl-4,5-dimethyl-dihydro-furan-2-on, 4-Hydroxy-2-isopropyl-3-methyl-valeriansäure-lacton** $C_9H_{16}O_2$, Formel XII.

B. Beim Erwärmen von opt.-inakt. 3-Hydroxy-2-isopropyl-3-methyl-valeriansäure-äthylester (Kp_{29}: 122—126°) mit wss. Schwefelsäure (*Obata,* J. pharm. Soc. Japan **73** [1953] 1298; C. A. **1955** 175).

Kp_4: 77—78°.

(±)-3,3-Diäthyl-5-methyl-dihydro-furan-2-on, (±)-2,2-Diäthyl-4-hydroxy-valeriansäure-lacton $C_9H_{16}O_2$, Formel XIII.

B. Beim Behandeln von (±)-3,3-Diäthyl-5-methyl-dihydro-furan-2-on-imin mit wss. Mineralsäure oder äthanol. Alkalilauge (*Raffauf,* Am. Soc. **74** [1952] 4460).

Kp_{19}: 108—112°.

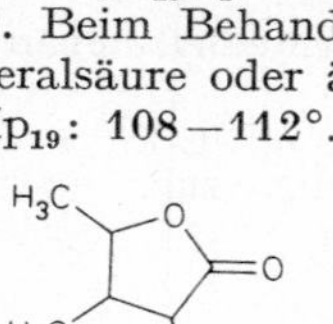

XII 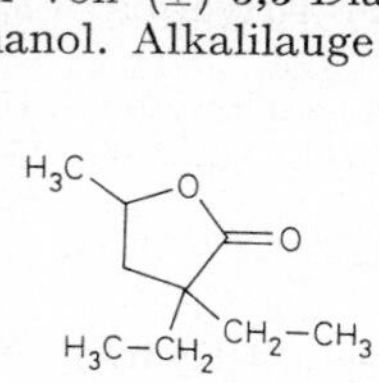 XIII 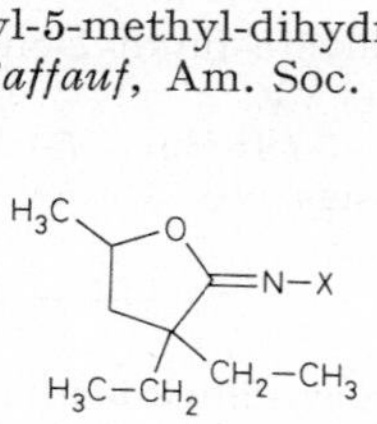 XIV 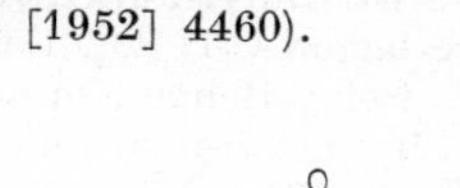 XV

(±)-3,3-Diäthyl-2-imino-5-methyl-tetrahydro-furan, (±)-3,3-Diäthyl-5-methyl-dihydro-furan-2-on-imin, 2,2-Diäthyl-4-hydroxy-valerimidsäure-lacton $C_9H_{17}NO$, Formel XIV (X = H).

B. Beim Behandeln von 2,2-Diäthyl-pent-4-ennitril mit konz. Schwefelsäure (*Raffauf,* Am. Soc. **74** [1952] 4460).

Kp_{10}: 80—82°.

(±)-3,3-Diäthyl-2-benzolsulfonylimino-5-methyl-tetrahydro-furan, *N*-[3,3-Diäthyl-5-methyl-dihydro-[2]furyliden]-benzolsulfonamid $C_{15}H_{21}NO_3S$, Formel XIV ($X = SO_2\text{-}C_6H_5$).

B. Aus (±)-3,3-Diäthyl-5-methyl-dihydro-furan-2-on-imin (*Raffauf,* Am. Soc. **74**

[1952] 4460).
Krystalle (aus A.); F: 113—115°.

(±)-4-Hexyl-oxetan-2-on, (±)-3-Hydroxy-nonansäure-lacton, (±)-Nonan-3-olid $C_9H_{16}O_2$, Formel XV.

B. Beim Einleiten von Keten in ein Gemisch von Heptanal und wenig Dibenzoylperoxid bei 85° (*Shell Devel. Co.*, U.S.P. 2513615 [1947]).

[*Staehle*]

Oxo-Verbindungen $C_{10}H_{18}O_2$

Oxacycloundecan-2-on, 10-Hydroxy-decansäure-lacton, Decan-10-olid $C_{10}H_{18}O_2$, Formel I.

B. Beim Erwärmen von 10-Brom-decansäure mit Kaliumcarbonat in Butanon (*Hunsdiecker, Erlbach*, B. **80** [1947] 129, 134). Neben anderen Verbindungen beim Erwärmen von 10-Hydroxy-decansäure mit Benzolsulfonsäure in viel Benzol (*Stoll, Rouvé*, Helv. **18** [1935] 1087, 1118). Neben grösseren Mengen 1,12-Dioxa-cyclodocosan-2,13-dion beim Erhitzen von polymerer 10-Hydroxy-decansäure mit Magnesiumchlorid-hexahydrat unter 1 Torr auf 270° (*Spanagel, Carothers*, Am. Soc. **58** [1936] 654).

Über die Konformation s. *Huisgen, Ott*, Tetrahedron **6** [1959] 253. Dipolmoment (ε; Bzl.): 1,88 D (*Hui., Ott*, l. c. S. 256).

Krystalle; F: 6,4° [aus Me.] (*Hun., Er.*), 6,0° (*Sp., Ca.*), 4—5° (*St., Ro.*). Kp_{15}: 113° bis 115° (*Sp., Ca.*); Kp_{13}: 114° (*Hun., Er.*); Kp_{10-11}: 100° (*Hui., Ott*). D_4^{20}: 1,0038 (*Hun., Er.*); D_4^{33}: 0,9926 (*Sp., Ca.*); D_4^{40}: 0,9888 (*Hun., Er.*). n_D^{33}: 1,4655 (*Sp., Ca.*). IR-Banden im Bereich von 5,5 μ bis 10 μ: *Hui., Ott*, l. c. S. 264.

Geschwindigkeitskonstante der Hydrolyse in Natriumhydroxid enthaltendem 60%ig. wss. Dioxan bei 60°, 67° und 75°: *Hui., Ott*, l. c. S. 261.

Oxacycloundecan-6-on $C_{10}H_{18}O_2$, Formel II.

B. Beim Leiten von (±)-7-Hydroxy-oxacycloundecan-6-on im Stickstoff-Strom über Aluminiumoxid/Asbest bei 400° und Hydrieren des Reaktionsprodukts an Palladium in Äthanol (*Prelog et al.*, Helv. **33** [1950] 1937, 1947).

Bei 110°/10 Torr destillierbar.

Semicarbazon s. u.

O ⌒ CO / $[CH_2]_9$ — I; O $[CH_2]_4$ CO $[CH_2]_5$ — II; O $[CH_2]_4$ C=N—NH—CO—NH_2 $[CH_2]_5$ — III; $H_3C-CH_2-CH_2-CH_2$, O, =O — IV

Oxacycloundecan-6-on-semicarbazon $C_{11}H_{21}N_3O_2$, Formel III.

B. Aus Oxacycloundecan-6-on und Semicarbazid (*Prelog et al.*, Helv. **33** [1950] 1937, 1947).

Krystalle (aus Me.); F: 178—180° [korr.].

(±)-7-Butyl-oxepan-2-on, (±)-6-Hydroxy-decansäure-lacton, (±)-Decan-6-olid $C_{10}H_{18}O_2$, Formel IV.

B. Bei der Hydrierung von 6-Oxo-decansäure an Raney-Nickel in Äthanol bei 125°/140 at (*Holmquist et al.*, Am. Soc. **78** [1956] 5339).

Kp_3: 117°. n_D^{25}: 1,4564.

***Opt.-inakt. 7-*sec*-Butyl-oxepan-2-on, 6-Hydroxy-7-methyl-nonansäure-lacton** $C_{10}H_{18}O_2$, Formel V.

B. Aus opt.-inakt. 2-*sec*-Butyl-cyclohexanon (nicht charakterisiert) mit Hilfe von

Peroxyessigsäure (*Starcher, Phillips*, Am. Soc. **80** [1958] 4079, 4081, 4082).
Kp_4: 113°. n_D^{30}: 1,4625.

(4*R*,7*Ξ*)-7-Isopropyl-4-methyl-oxepan-2-on, (3*R*,6*Ξ*)-6-Hydroxy-3,7-dimethyl-octansäure-lacton $C_{10}H_{18}O_2$, Formel VI.

Die folgenden Angaben beziehen sich auf ein aus (−)-Menthon mit Hilfe von Kalium≠peroxodisulfat und Schwefelsäure erhaltenes Präparat (s. H **17** 246; E III **3** 652 [im Artikel 6-Hydroxy-3.7-dimethyl-caprylsäure]).

Dipolmoment (ε; Bzl.): 4,33 D (*Marsden, Sutton*, Soc. **1936** 1383, 1389).

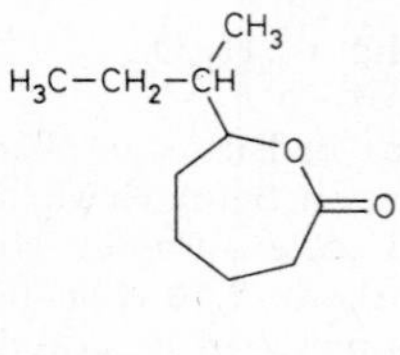

V 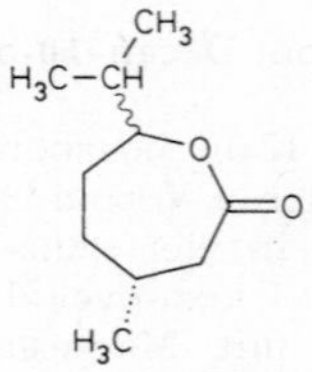 VI 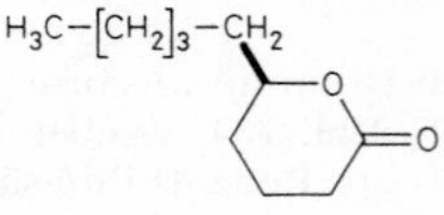 VII 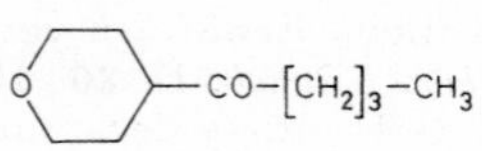 VIII

(+)-6-Pentyl-tetrahydro-pyran-2-on, (+)-5-Hydroxy-decansäure-lacton, (+)-Decan-5-olid $C_{10}H_{18}O_2$, Formel VII oder Spiegelbild.

B. Bei der Hydrierung von Massoialacton ((—)-5-Hydroxy-dec-2*c*-ensäure-lacton) an Platin in Essigsäure (*Meijer*, R. **59** [1940] 191, 195, 197) oder an Palladium/Barium≠sulfat in Äthanol (*Cavill et al.*, Austral. J. Chem. **21** [1968] 2819, 2822).

$Kp_{0,02}$: 117—120°; $D_4^{27,5}$: 0,9540; n_D^{26}: 1,4537 (*Me.*). $[\alpha]_D$: +39,7° [Lösungsmittel nicht angegeben] (*Me.*).

4-Valeryl-tetrahydro-pyran, 1-Tetrahydropyran-4-yl-pentan-1-on $C_{10}H_{18}O_2$, Formel VIII.

B. Bei der Behandlung von Tetrahydro-pyran-4-carbonitril mit Butylmagnesium≠halogenid in Äther und anschliessenden Hydrolyse (*Henze, McKee*, Am. Soc. **64** [1942] 1672).

Kp_5: 100°. D_4^{20}: 0,9700. n_D^{20}: 1,4551.

1-Tetrahydropyran-4-yl-pentan-1-on-[2,4-dinitro-phenylhydrazon] $C_{16}H_{22}N_4O_5$, Formel IX (X = NH-$C_6H_3(NO_2)_2$).

B. Aus 1-Tetrahydropyran-4-yl-pentan-1-on und [2,4-Dinitro-phenyl]-hydrazin (*Henze, McKee*, Am. Soc. **64** [1942] 1672).

F: 99°.

1-Tetrahydropyran-4-yl-pentan-1-on-semicarbazon $C_{11}H_{21}N_3O_2$, Formel IX (X = NH-CO-NH_2).

B. Aus 1-Tetrahydropyran-4-yl-pentan-1-on und Semicarbazid (*Henze, McKee*, Am. Soc. **64** [1942] 1672).

F: 180° [korr.].

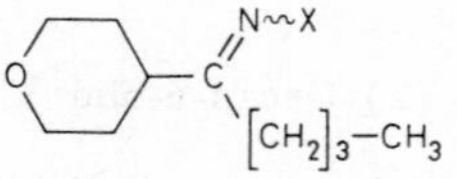

IX 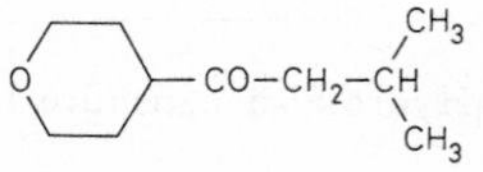 X 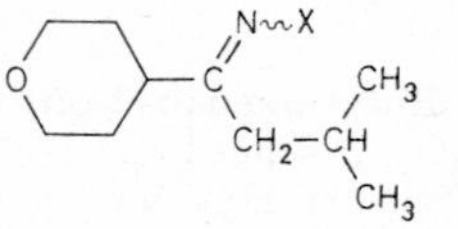 XI

4-Isovaleryl-tetrahydro-pyran, 3-Methyl-1-tetrahydropyran-4-yl-butan-1-on $C_{10}H_{18}O_2$, Formel X.

B. Bei der Behandlung von Tetrahydro-pyran-4-carbonitril mit Isobutylmagnesium≠halogenid in Äther und anschliessenden Hydrolyse (*Henze, McKee*, Am. Soc. **64** [1942]

1672).

Kp_6: 90—92°. D_4^{20}: 0,9648. Oberflächenspannung bei 20°: 33,2 g·s^{-2}. n_D^{20}: 1,4545.

3-Methyl-1-tetrahydropyran-4-yl-butan-1-on-[2,4-dinitro-phenylhydrazon] $C_{16}H_{22}N_4O_5$, Formel XI (X = NH-$C_6H_3(NO_2)_2$).

B. Aus 3-Methyl-1-tetrahydropyran-4-yl-butan-1-on und [2,4-Dinitro-phenyl]-hydrazin (*Henze, McKee,* Am. Soc. **64** [1942] 1672).

F: 122° [korr.].

3-Methyl-1-tetrahydropyran-4-yl-butan-1-on-semicarbazon $C_{11}H_{21}N_3O_2$, Formel XI (X = NH-CO-NH_2).

B. Aus 3-Methyl-1-tetrahydropyran-4-yl-butan-1-on und Semicarbazid (*Henze, McKee,* Am. Soc. **64** [1942] 1672).

F: 187—188° [korr.].

***Opt.-inakt. 4-Butyryl-2-methyl-tetrahydro-pyran, 1-[2-Methyl-tetrahydro-pyran-4-yl]-butan-1-on** $C_{10}H_{18}O_2$, Formel XII.

B. Bei der Hydrierung von (±)-1-[2-Methyl-3,6-dihydro-2*H*-pyran-4-yl]-but-3-en-1-on an Platin in Äthanol (*Nasarow, Wartanjan,* Ž. obšč. Chim. **21** [1951] 374, 378; engl. Ausg. S. 413, 417).

Kp_8: 94—95°. D_4^{20}: 0,9541. n_D^{20}: 1,4510.

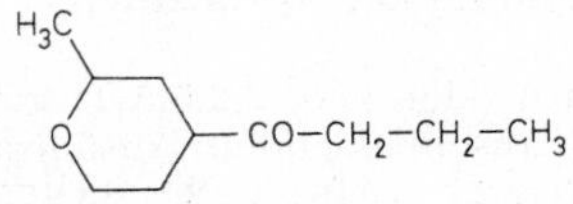

H3C; O; CO—CH2—CH2—CH3

XII

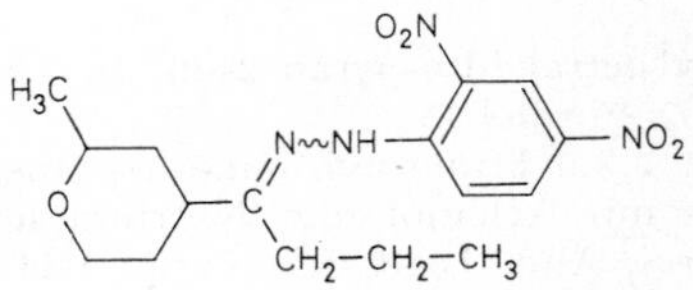

H3C; O; C; N〰NH; O2N; NO2; CH2—CH2—CH3

XIII

H3C—CH2—CH2—CH2; O; O; H3C

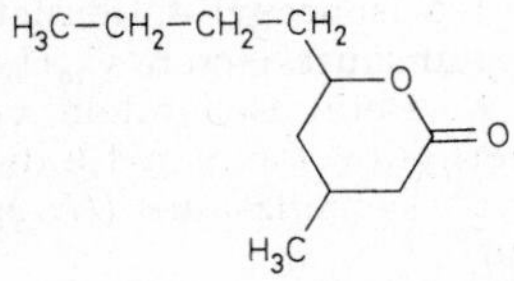

XIV

***Opt.-inakt. 1-[2-Methyl-tetrahydro-pyran-4-yl]-butan-1-on-[2,4-dinitro-phenylhydrazon]** $C_{16}H_{22}N_4O_5$, Formel XIII.

B. Aus dem im vorangehenden Artikel beschriebenen Keton und [2,4-Dinitro-phenyl]-hydrazin (*Nasarow, Wartanjan,* Ž. obšč. Chim. **21** [1951] 374, 378; engl. Ausg. S. 413, 417).

F: 121—122° [aus A.].

***Opt.-inakt. 6-Butyl-4-methyl-tetrahydro-pyran-2-on, 5-Hydroxy-3-methyl-nonansäure-lacton** $C_{10}H_{18}O_2$, Formel XIV.

B. Bei der Hydrierung von 6-Butyl-4-methyl-pyran-2-on (*Wiley, Esterle,* J. org. Chem. **22** [1957] 1257) oder von (±)-6-Butyl-4-methyl-5,6-dihydro-pyran-2-on (*Wiley, Ellert,* Am. Soc. **79** [1957] 2266, 2271) an Palladium/Kohle in Äther.

Kp_4: 114°; n_D^{10}: 1,4517 (*Wi., Es.*; *Wi., El.*). IR-Banden (CCl_4) im Bereich von 1736 cm^{-1} bis 1170 cm^{-1}: *Wi., Es.*; *Wi., El.*

***Opt.-inakt. 6-Isobutyl-4-methyl-tetrahydro-pyran-2-on, 5-Hydroxy-3,7-dimethyl-octansäure-lacton** $C_{10}H_{18}O_2$, Formel I.

B. Bei der Hydrierung von 6-Isobutyl-4-methyl-pyran-2-on an Palladium/Kohle in Äther (*Wiley, Esterle,* J. org. Chem. **22** [1957] 1257). Bei der Hydrierung von (±)-5-Hydroxy-3,7-dimethyl-oct-2-ensäure-äthylester (aus Isovaleraldehyd und 4-Brom-3-methyl-crotonsäure-äthylester [Kp_{19}: 107—109°] mit Hilfe von Zink hergestellt) an Platin in Methanol, Behandlung mit wss. Kalilauge und anschliessenden Behandlung mit wss. Salzsäure (*Canonica, Martinolli,* G. **83** [1953] 431, 446).

Kp_5: 110°; $n_D^{20(?)}$: 1,4484 (*Wi., Es.*); IR-Banden (CCl_4) im Bereich von 1739 cm^{-1} bis 1147 cm^{-1}: *Wi., Es.* — Flüssigkeit; bei 70—80°/1 Torr destillierbar (*Ca., Ma.*).

***Opt.-inakt. 3-Äthyl-6-propyl-tetrahydro-pyran-2-on, 2-Äthyl-5-hydroxy-octansäure-lacton** $C_{10}H_{18}O_2$, Formel II.

B. Bei der Hydrierung von 3-Äthyl-6-propyl-pyran-2-on an Palladium in Aceton (*Koschetkow, Gottich,* Ž. obšč. Chim. **29** [1959] 1324, 1327; engl. Ausg. S. 1297, 1299).

Kp_1: 83—83,5°. D_4^{20}: 0,9796. n_D^{20}: 1,4550.

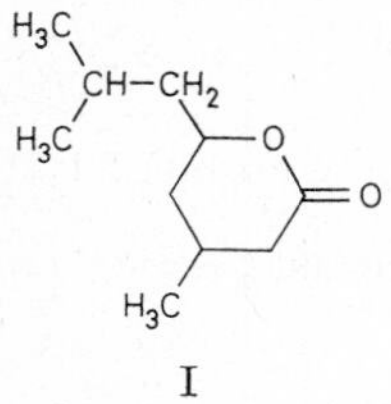

I 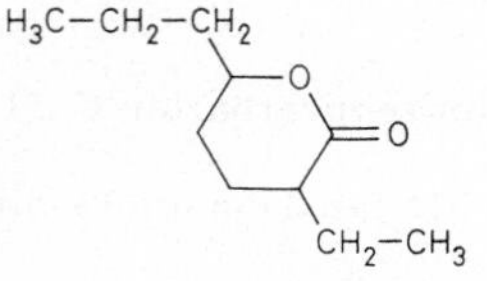 II 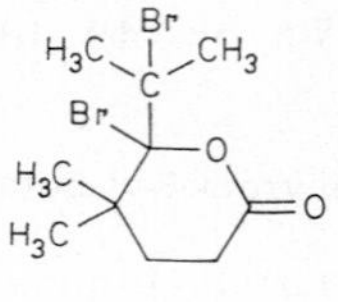 III 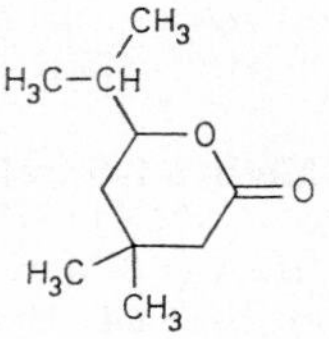 IV

(±)-6-Brom-6-[α-brom-isopropyl]-5,5-dimethyl-tetrahydro-pyran-2-on, (±)-5,6-Dibrom-5-hydroxy-4,4,6-trimethyl-heptansäure-lacton $C_{10}H_{16}Br_2O_2$, Formel III.

B. Aus 6-Isopropyliden-5,5-dimethyl-tetrahydro-pyran-2-on und Brom in Äther bei —10° (*Lewina et al.*, Doklady Akad. S.S.S.R. **113** [1957] 820, 822; Pr. Acad. Sci. U.S.S.R. Chem. Sect. **112—117** [1957] 321, 323).

Beim Aufbewahren wird Bromwasserstoff abgegeben. Beim Behandeln mit Wasser ist 6-Brom-4,4,6-trimethyl-5-oxo-heptansäure erhalten worden.

(±)-6-Isopropyl-4,4-dimethyl-tetrahydro-pyran-2-on, (±)-5-Hydroxy-3,3,6-trimethyl-heptansäure-lacton $C_{10}H_{18}O_2$, Formel IV.

B. Beim Behandeln von 3,3,6-Trimethyl-5-oxo-heptansäure oder von 2,2,5,5-Tetramethyl-cyclohexan-1,3-dion mit Äthanol und Natrium und anschliessenden Ansäuern mit wss. Salzsäure (*Hirsjärvi*, Ann. Acad. Sci. fenn. [A II] Nr. 23 [1946] 1, 22, 23, 75, 79).

Kp_{16}: 123,5—124°; Kp_7: 109°. D_4^{20}: 0,9593. $n_D^{18,6}$: 1,4537.

***Opt.-inakt. 2-Acetyl-2,5,6-trimethyl-tetrahydro-pyran, 1-[2,5,6-Trimethyl-tetrahydro-pyran-2-yl]-äthanon** $C_{10}H_{18}O_2$, Formel V.

B. Bei der Hydrierung von (±)-1-[2,5,6-Trimethyl-3,4-dihydro-2*H*-pyran-2-yl]-äthanon mit Hilfe von Platin (*Dreux*, Bl. **1955** 521, 523).

Kp_{745}: 180°; Kp_{18}: 74—75°. D_4^{27}: 0,951. n_D^{27}: 1,4413.

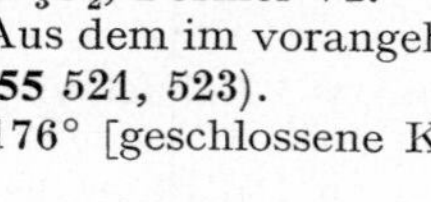

V 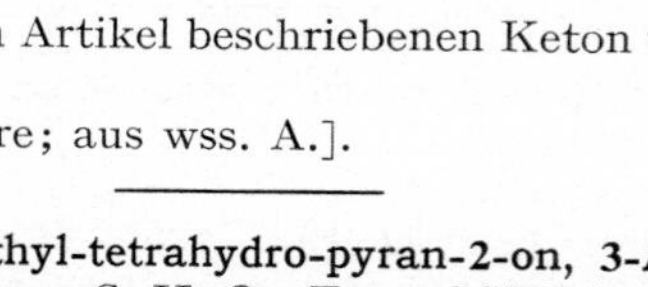 VI 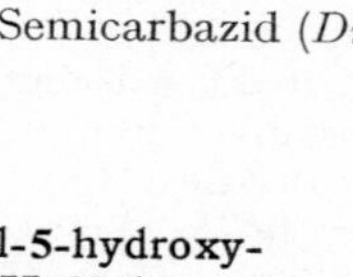 VII

***Opt.-inakt. 1-[2,5,6-Trimethyl-tetrahydro-pyran-2-yl]-äthanon-semicarbazon** $C_{11}H_{21}N_3O_2$, Formel VI.

B. Aus dem im vorangehenden Artikel beschriebenen Keton und Semicarbazid (*Dreux*, Bl. **1955** 521, 523).

F: 176° [geschlossene Kapillare; aus wss. A.].

***Opt.-inakt. 4-Äthyl-3,5,5-trimethyl-tetrahydro-pyran-2-on, 3-Äthyl-5-hydroxy-2,4,4-trimethyl-valeriansäure-lacton** $C_{10}H_{18}O_2$, Formel VII (vgl. E II 294).

B. Neben anderen Verbindungen beim Behandeln von 2-Methyl-pent-2*t*-enal mit Isobutyraldehyd und wss. Natronlauge, zuletzt unter Erhitzen bis auf 180° (*Häusermann*, Helv. **34** [1951] 1482, 1490; vgl. E II 294).

Kp_{16-17}: 140°. D_4^{20}: 0,9845. n_D^{24}: 1,4602.

(±)-5-Hexyl-dihydro-furan-2-on, (±)-4-Hydroxy-decansäure-lacton, (±)-Decan-4-olid $C_{10}H_{18}O_2$, Formel VIII (H 246; E II 294).

B. Beim Erhitzen von (±)-4-Brom-decansäure-äthylester unter 55 Torr bis auf 180° (*Kharasch et al.*, Am. Soc. **70** [1948] 1055, 1057). Beim Erwärmen von (±)-3-Hydroxy-decansäure-äthylester mit wss. Schwefelsäure (*Obata*, J. pharm. Soc. Japan **73** [1953] 1295; C. A. **1955** 175). Beim Erhitzen von Dec-3-ennitril (E III **2** 1353) mit wss. Schwefelsäure (*Delaby, Lecomte*, Bl. [5] **4** [1937] 1007, 1011). Bei der Hydrierung von 4-Oxo-decansäure an Raney-Nickel in Äthanol bei 135°/70 at und Destillation des Reaktionsprodukts (*Patrick, Erickson*, Org. Synth. Coll. Vol. IV [1963] 432).

Kp_{17}: 156° (*De., Le.*); Kp_3: 118–120° (*Ob.*); $Kp_{2,5}$: 109–110° (*Pa., Er.*); $Kp_{0,2}$: 84° (*Kh. et al.*). D_4^0: 0,965; D_4^{21}: 0,952 (*De., Le.*). $n_D^{19,5}$: 1,4508 (*De., Le.*); n_D^{20}: 1,4489 (*Kh. et al.*); n_D^{25}: 1,4470 (*Pa., Er.*). IR-Banden im Bereich von 7 μ bis 15 μ: *De., Le.*, l. c. S. 1014.

$H_3C-[CH_2]_4-CH_2$ (Dihydrofuranon-Ring, =O)

VIII

(Tetrahydrofuran-Ring)$-CH_2-CH_2-CO-CH_2-CH_2-CH_3$

IX

(±)-1-Tetrahydro[2]furyl-hexan-3-on $C_{10}H_{18}O_2$, Formel IX.

B. Aus opt.-inakt. 1-Tetrahydro[2]furyl-hexan-3-ol mit Hilfe von Kaliumdichromat und Schwefelsäure (*Ponomarew et al.*, Naučn. Ežegodnik Saratovsk. Univ. **1954** 495; C. A. **1960** 1480). Bei der Hydrierung von 1-[2]Furyl-hex-1-en-3-on (Kp_{14}: 137°) an Platin in Äthanol in Gegenwart von Eisen(II)-sulfat (*Ponomarew, Selenkowa*, Sbornik Statei obšč. Chim. **1953** 1115, 1118; C. A. **1955** 5425).

Kp_{42}: 140–144° (*Po. et al.*); Kp_4: 108–110° (*Po., Se.*). D^{20}: 0,9614 (*Po. et al.*). n_D^{20}: 1,4498 (*Po., Se.*), 1,4501 (*Po. et al.*).

(±)-1-Tetrahydro[2]furyl-hexan-3-on-oxim $C_{10}H_{19}NO_2$, Formel X (X = OH).

B. Aus (±)-1-Tetrahydro[2]furyl-hexan-3-on und Hydroxylamin (*Ponomarew et al.*, Naučn. Ežegodnik Saratovsk. Univ. **1954** 495; C. A. **1960** 1480).

Kp_3: 135–136°. n_D^{20}: 1,4760.

(±)-1-Tetrahydro[2]furyl-hexan-3-on-[2,4-dinitro-phenylhydrazon] $C_{16}H_{22}N_4O_5$, Formel X (X = NH-$C_6H_3(NO_2)_2$).

B. Aus (±)-1-Tetrahydro[2]furyl-hexan-3-on und [2,4-Dinitro-phenyl]-hydrazin (*Ponomarew, Selenkowa*, Sbornik Statei obšč. Chim. **1953** 1115, 1119; C. A. **1955** 5425).

Krystalle; F: 181–182°.

(±)-6-Tetrahydro[2]furyl-hexan-2-on $C_{10}H_{18}O_2$, Formel XI.

B. Beim Behandeln einer Lösung von opt.-inakt. 6-Tetrahydro[2]furyl-hexan-2-ol in Essigsäure mit Kaliumdichromat und wss. Schwefelsäure (*Onesta et al.*, G. **86** [1956] 178, 186). Bei der Hydrierung von 6-[2]Furyl-hexa-3,5-dien-2-on an Platin oder Palladium in Äthanol in Gegenwart von Eisen(II)-sulfat (*Ponomarew, Selenkowa*, Sbornik Statei obšč. Chim. **1953** 1115, 1118; C. A. **1955** 5425).

Kp_{20}: 136–141° (*Po., Se.*); Kp_1: 95–96° (*On. et al.*). D_4^{14}: 0,9623 (*Po., Se.*); D_4^{20}: 0,9585 (*On. et al.*). n_D^{14}: 1,4570; n_D^{20}: 1,4563 (*Po., Se.*); $n_D^{23,2}$: 1,4515 (*On. et al.*).

(Tetrahydrofuran-Ring)$-CH_2-CH_2-C(=N\sim X)-CH_2-CH_2-CH_3$

X

(Tetrahydrofuran-Ring)$-[CH_2]_4-CO-CH_3$

XI

(Tetrahydrofuran-Ring)$-[CH_2]_4-C(=N\sim NH-CO-NH_2)-CH_3$

XII

(±)-6-Tetrahydro[2]furyl-hexan-2-on-semicarbazon $C_{11}H_{21}N_3O_2$, Formel XII.

B. Aus (±)-6-Tetrahydro[2]furyl-hexan-2-on und Semicarbazid (*Ponomarew, Selenkowa*, Sbornik Statei obšč. Chim. **1953** 1115, 1118; C. A. **1955** 5425; *Onesta et al.*, G. **86** [1956] 178, 186).

Krystalle; F: 113–114° (*Po., Se.*), 110° [aus W.] (*On. et al.*).

(±)-3-Hexyl-dihydro-furan-2-on, (±)-2-[2-Hydroxy-äthyl]-octansäure-lacton, (±)-2-Hexyl-4-hydroxy-buttersäure-lacton $C_{10}H_{18}O_2$, Formel I.

B. Beim Behandeln der Natrium-Verbindung des Hexylmalonsäure-diäthylesters mit Äthylenoxid in Äthanol und Erhitzen des nach der Hydrolyse erhaltenen Reaktionsprodukts unter vermindertem Druck (*Rothstein*, Bl. [5] **2** [1935] 80, 85).

Kp_{16}: 146°. D_4^{21}: 0,9551. n_D^{21}: 1,4480.

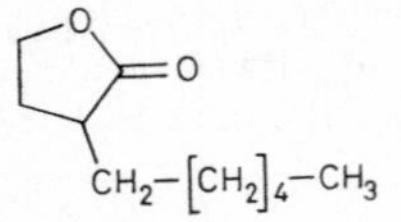

I 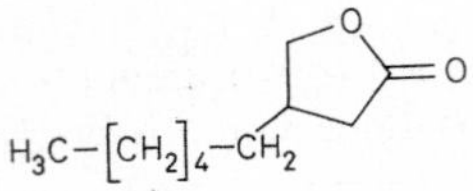 II 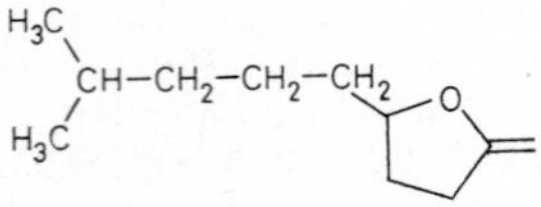 III

(±)-4-Hexyl-dihydro-furan-2-on, (±)-3-Hydroxymethyl-nonansäure-lacton, (±)-3-Hexyl-4-hydroxy-buttersäure-lacton $C_{10}H_{18}O_2$, Formel II.

B. Bei der Hydrierung von 4-Hexyl-5*H*-furan-2-on an Palladium/Kohle in Methanol (*Jones et al.*, Canad. J. Chem. **37** [1959] 2007, 2009).

CO-Valenzschwingungsbande: 1792 cm^{-1} [CS_2], 1777 cm^{-1} [$CHCl_3$] (*Jo. et al.*, l. c. S. 2011).

(±)-5-Isohexyl-dihydro-furan-2-on, (±)-4-Hydroxy-8-methyl-nonansäure-lacton $C_{10}H_{18}O_2$, Formel III.

B. Beim Erwärmen von (±)-1,2-Epoxy-6-methyl-heptan mit der Natrium-Verbindung des Malonsäure-diäthylesters in Äthanol und Erhitzen des nach der Hydrolyse erhaltenen Reaktionsprodukts unter vermindertem Druck (*Rothstein*, Bl. [5] **2** [1935] 1936, 1940, 1942). Beim Erhitzen von 8-Methyl-4,7-dioxo-nonansäure mit wss. Salzsäure und amalgamiertem Zink (*Lukeš, Šrogl*, Collect. **24** [1959] 220, 224).

Kp_{14}: 145° (*Ro.*); Kp_3: 96–97° (*Lu., Šr.*). D_4^{22}: 0,9513 (*Ro.*). n_D^{22}: 1,4462 (*Ro.*).

(±)-3-[2-Äthyl-butyl]-dihydro-furan-2-on, (±)-4-Äthyl-2-[2-hydroxy-äthyl]-hexansäure-lacton $C_{10}H_{18}O_2$, Formel IV.

B. Beim Behandeln der Natrium-Verbindung des [2-Äthyl-butyl]-malonsäure-diäthylesters mit Äthylenoxid in Äthanol und Erhitzen des nach der Hydrolyse erhaltenen Reaktionsprodukts (*Rothstein*, Bl. [5] **2** [1935] 80, 85).

Kp_{16}: 143°. D_4^{20}: 0,9632. n_D^{20}: 1,4525.

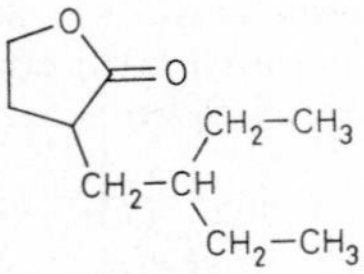

IV 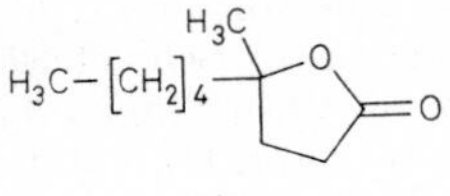 V 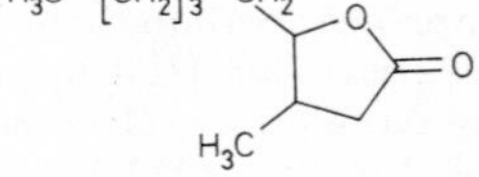 VI

(±)-5-Methyl-5-pentyl-dihydro-furan-2-on, (±)-4-Hydroxy-4-methyl-nonansäure-lacton $C_{10}H_{18}O_2$, Formel V.

B. Beim Behandeln von Lävulinsäure-äthylester mit Pentylmagnesiumbromid in Äther und Benzol und anschliessend mit wss. Schwefelsäure (*LaForge, Barthel*, J. org. Chem. **10** [1945] 222, 224; s. a. *Wiggins, Overend*, Manuf. Chemist **19** [1948] 369; *Obata*, J. pharm. Soc. Japan **73** [1953] 1301; C. A. **1955** 176; *Rai, Dev*, J. Indian chem. Soc. **34** [1957] 178, 180).

Kp_{20}: 141–141,5° (*Ob.*); Kp_{13}: 129–131° [unkorr.] (*Rai, Dev*); Kp_9: 130–132° (*Cason et al.*, J. org. Chem. **13** [1948] 239, 244). n_D^{24}: 1,4427 (*Wi., Ov.*); n_D^{27}: 1,4446 (*Ca. et al.*); n_D^{29}: 1,4447 (*Rai, Dev*).

Beim Behandeln mit Phosphor(V)-oxid (*LaF.*, *Ba.*) oder beim Erhitzen mit Poly=phosphorsäure (*Rai*, *Dev*) ist 2-Butyl-3-methyl-cyclopent-2-enon erhalten worden. Hydrierung an Kupferoxid-Chromoxid bei 250°/190–330 at unter Bildung von 4-Methyl-nonan-1-ol und kleinen Mengen 2-Methyl-2-pentyl-tetrahydro-furan: *Ca. et al.*

4-Methyl-5-pentyl-dihydro-furan-2-on, 4-Hydroxy-3-methyl-nonansäure-lacton $C_{10}H_{18}O_2$, Formel VI.

Diese Konstitution kommt vielleicht der nachstehend beschriebenen opt.-inakt. Verbindung zu.

B. Beim Behandeln von opt.-inakt. 4-Hydroxy-2-methoxy-4-methyl-decansäure-lacton (Kp_3: 107–108°; n_D^{20}: 1,4408) mit Phosphor(V)-oxid (*Frank et al.*, Am. Soc. **66** [1944] 4).

Kp_{3-5}: 112–115°. n_D^{20}: 1,4720.

***Opt.-inakt. 5-Methyl-3-pentyl-dihydro-furan-2-on, 2-[2-Hydroxy-propyl]-heptansäure-lacton, 4-Hydroxy-2-pentyl-valeriansäure-lacton** $C_{10}H_{18}O_2$, Formel VII.

B. Beim Erhitzen von (±)-2-Pentyl-pent-4-ensäure mit wss. Schwefelsäure (*v. Braun*, B. **70** [1937] 1250, 1253).

Kp_{10}: 128°.

VII VIII IX

***Opt.-inakt. 3-Methyl-5-pentyl-dihydro-furan-2-on, 4-Hydroxy-2-methyl-nonansäure-lacton** $C_{10}H_{18}O_2$, Formel VIII (vgl. H 246).

B. Beim Erwärmen von opt.-inakt. 3-Hydroxy-2-methyl-nonansäure-äthylester (Kp_6: 124–128°) mit wss. Schwefelsäure (*Obata*, J. pharm. Soc. Japan **73** [1953] 1295; C. A. **1955** 175).

Kp_9: 123–124°.

(±)-5-Isopentyl-5-methyl-dihydro-furan-2-on, (±)-4-Hydroxy-4,7-dimethyl-octansäure-lacton $C_{10}H_{18}O_2$, Formel IX (H 247).

B. Aus (±)-5-Isopentyl-5-methyl-2-oxo-tetrahydro-furan-3-carbonsäure-äthylester durch Hydrolyse und Decarboxylierung (*Rothstein*, *Ficini*, C. r. **234** [1952] 1694).

Kp_{15}: 133–134° (*Moroe et al.*, J. pharm. Soc. Japan **72** [1952] 1172; C. A. **1953** 6337); Kp_{10}: 130° (*Ro.*, *Fi.*). D_4^{26}: 0,9508 (*Ro.*, *Fi.*). n_D^{16}: 1,4559 (*Mo. et al.*); n_D^{26}: 1,4452 (*Ro.*, *Fi.*).

***Opt.-inakt. 5-Isopentyl-4-methyl-dihydro-furan-2-on, 4-Hydroxy-3,7-dimethyl-octan=säure-lacton** $C_{10}H_{18}O_2$, Formel X.

B. Beim Erwärmen von (±)-3-Hydroxy-3,7-dimethyl-octansäure-äthylester mit wss. Schwefelsäure (*Obata*, J. pharm. Soc. Japan **73** [1953] 1298; C. A. **1955** 175).

Kp_5: 107–109° (*Ob.*).

Ein Präparat (Kp_4: 107–108°; D_4^{15}: 0,9584; n_D^{15}: 1,4724) von unbekanntem opt. Drehungsvermögen ist beim Erwärmen von (*Ξ*)-Citronellsäure ((*Ξ*)-3,7-Dimethyl-oct-6-ensäure) mit wss. Schwefelsäure erhalten worden (*Ishikawa*, *Suga*, Rep. scient. Res. Inst. Tokyo **26** [1950] 258; C. A. **1952** 3953).

***Opt.-inakt. 3-Isopentyl-5-methyl-dihydro-furan-2-on, 2-[2-Hydroxy-propyl]-5-methyl-hexansäure-lacton, 4-Hydroxy-2-isopentyl-valeriansäure-lacton** $C_{10}H_{18}O_2$, Formel XI.

B. Beim Erwärmen von opt.-inakt. 2-[2-Hydroxy-propyl]-5-methyl-hexansäure (Kp_5: 91–93°; D_4^{20}: 0,9316; n_D^{20}: 1,4252) mit wss. Schwefelsäure (*L. Ja. Brjušowa*, *E.*

Šimanowškaja, A. Ul'janowa, Sintezy dušistych Veščestv [Moskau 1939] S. 165, **174**; C. A. **1942** 3784).

Kp_{6-7}: 113—114,5°. D_4^{20}: 0,9419. n_D^{20}: 1,4451.

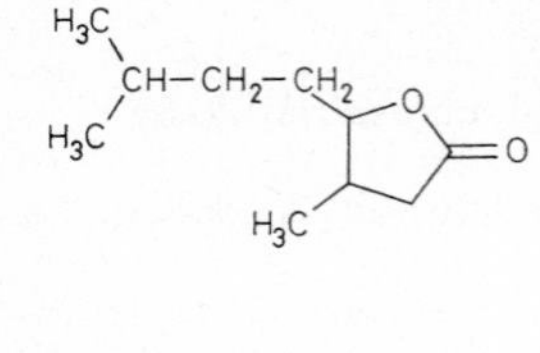

X 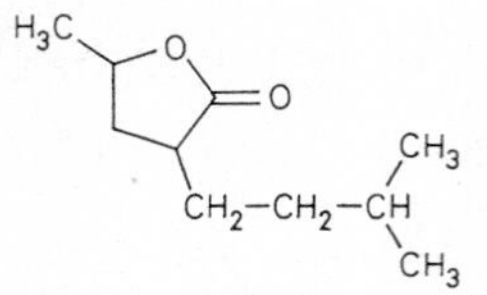 XI 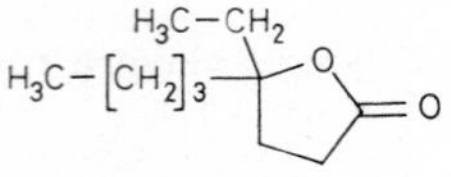 XII

(±)-5-Äthyl-5-butyl-dihydro-furan-2-on, (±)-4-Äthyl-4-hydroxy-octansäure-lacton $C_{10}H_{18}O_2$, Formel XII.

Diese Konstitution wird für die nachstehend beschriebene Verbindung in Betracht gezogen.

B. Neben anderen Verbindungen beim Erhitzen von (±)-4-Äthyl-oct-2-ensäure (Kp_4: 124°; Anilid, F: 59—60°) auf 290° (*Arnold et al.*, Am. Soc. **72** [1950] 4359).

Kp_3: 106°.

***Opt.-inakt. 2,5-Dipropyl-dihydro-furan-3-on** $C_{10}H_{18}O_2$, Formel I.

B. Neben 4-Hydroxy-dec-6-en-5-on ($Kp_{0,5}$: 83°; n_D^{20}: 1,4603) beim Erwärmen von opt.-inakt. Dec-5-in-4,7-diol (Kp_{12}: 154—156°; n_D^{20}: 1,4630) mit wss. Schwefelsäure und Quecksilber(II)-oxid (*Malenok, Šologub,* Ž. obšč. Chim. **25** [1955] 2223; engl. Ausg. S. 2185).

$Kp_{0,5}$: 65—66°. D_4^{20}: 0,9224. n_D^{20}: 1,4398.

***Opt.-inakt. 2,5-Dipropyl-dihydro-furan-3-on-[2,4-dinitro-phenylhydrazon]** $C_{16}H_{22}N_4O_5$, Formel II (X = NH-$C_6H_3(NO_2)_2$).

B. Aus dem im vorangehenden Artikel beschriebenen Keton und [2,4-Dinitro-phenyl]-hydrazin (*Malenok, Šologub,* Ž. obšč. Chim. **25** [1955] 2223, engl. Ausg. S. 2185).

F: 94—95°.

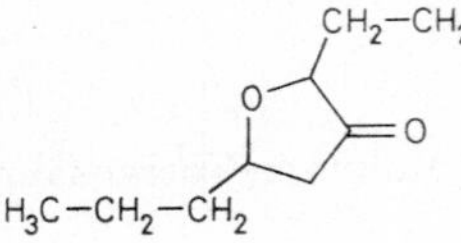

I 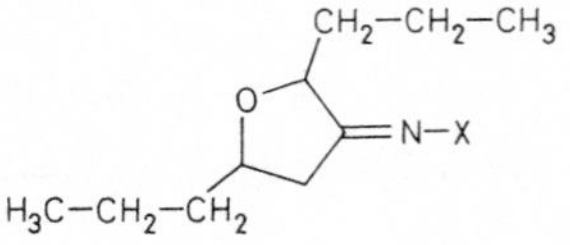 II 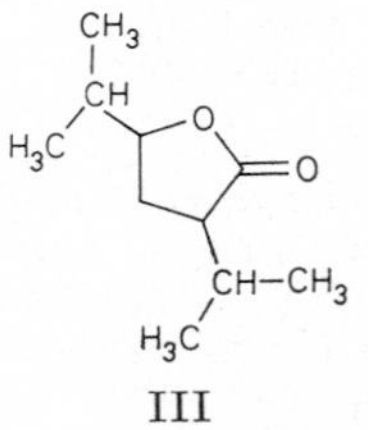 III

***Opt.-inakt. 2,5-Dipropyl-dihydro-furan-3-on-semicarbazon** $C_{11}H_{21}N_3O_2$, Formel II (X = NH-CO-NH_2).

B. Aus opt.-inakt. 2,5-Dipropyl-dihydro-furan-3-on (s. o.) und Semicarbazid (*Malenok, Šologub,* Ž. obšč. Chim. **25** [1955] 2223; engl. Ausg. S. 2185).

F: 103—104°.

***Opt.-inakt. 3,5-Diisopropyl-dihydro-furan-2-on, 4-Hydroxy-2-isopropyl-5-methyl-hexansäure-lacton** $C_{10}H_{18}O_2$, Formel III (vgl. H 247).

B. Neben anderen Verbindungen beim Eintragen von Isovaleraldehyd in eine Lösung von Natriumisopentylat in Isopentylalkohol bei 120—140° (*Ljubomilow,* Ž. obšč. Chim. **26** [1956] 2738, 2739; engl. Ausg. S. 3049, 3050). Beim Erwärmen von opt.-inakt. 3-Hydroxy-2-isopropyl-5-methyl-hexansäure-äthylester (aus Isovaleraldehyd und (±)-α-Brom-isovaleriansäure-äthylester mit Hilfe von Zink hergestellt) mit wss. Schwefelsäure (*Obata,* J. pharm. Soc. Japan **73** [1953] 1295; C. A. **1955** 175; vgl. H 247).

Kp_5: 82—84° (*Ob.*). Kp_4: 98—102°; D_4^{20}: 0,9906; n_D^{20}: 1,4608 (*Lj.*).

(±)-4-Butyl-5,5-dimethyl-dihydro-furan-2-on, (±)-3-[α-Hydroxy-isopropyl]-heptansäure-lacton, (±)-3-Butyl-4-hydroxy-4-methyl-valeriansäure-lacton $C_{10}H_{18}O_2$, Formel IV (H 247).

B. Beim Erhitzen von (±)-3-[α-Hydroxy-isopropyl]-6-oxo-heptansäure-lacton mit einer Lösung von Kaliumhydroxid in Diäthylenglykol und mit wss. Hydrazin bis auf 205° und Ansäuern der mit Wasser versetzten Reaktionslösung (*Arcus, Bennett,* Soc. **1958** 3180, 3185).

$Kp_{1,2}$: 99,5°. n_D^{25}: 1,4470.

Geschwindigkeit der Bildung von Kohlendioxid beim Erhitzen mit wss. Phosphorsäure (D: 1,74) auf 160°: *Ar., Be.*

***Opt.-inakt. 5-Butyl-3,4-dimethyl-dihydro-furan-2-on, 4-Hydroxy-2,3-dimethyl-octansäure-lacton** $C_{10}H_{18}O_2$, Formel V.

B. Beim Erwärmen von opt.-inakt. 3-Hydroxy-2,3-dimethyl-octansäure-äthylester (Kp_6: 108–111°) mit wss. Schwefelsäure (*Obata,* J. pharm. Soc. Japan **73** [1953] 1298; C. A. **1955** 175).

Kp_8: 119–120°.

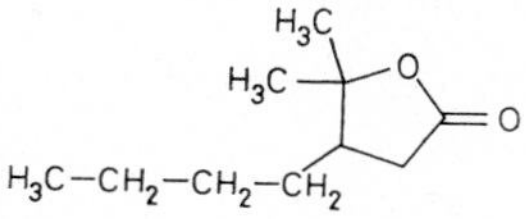

IV 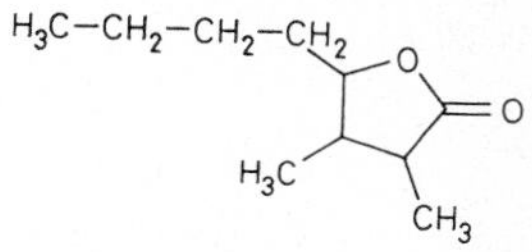 V 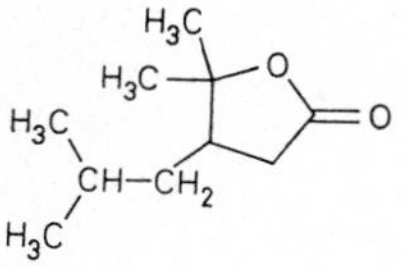 VI

(±)-4-Isobutyl-5,5-dimethyl-dihydro-furan-2-on, (±)-3-[α-Hydroxy-isopropyl]-5-methyl-hexansäure-lacton, (±)-4-Hydroxy-3-isobutyl-4-methyl-valeriansäure-lacton $C_{10}H_{18}O_2$, Formel VI.

Diese Konstitution wird dem nachstehend beschriebenen **(±)-Dihydropyrocin** zugeordnet.

B. Als Hauptprodukt beim Erwärmen von (±)-3(?)-Isopropyl-5-methyl-hexansäure mit wss. Natronlauge und Kaliumpermanganat (*Matsui et al.,* Bl. agric. chem. Soc. Japan **20** [1956] 89, 94).

Krystalle; F: 55°. Kp_8: 119–121°.

(±)-2-Isobutyl-5,5-dimethyl-dihydro-furan-3-on $C_{10}H_{18}O_2$, Formel VII.

B. Neben anderen Verbindungen bei der Hydrierung von 2,2,5,5-Tetramethyl-2,5-dihydro-furo[3,2-*b*]furan (*Dupont et al.,* Bl. **1955** 1078; *Audier,* A. ch. [13] **2** [1957] 105, 112, 126).

Kp_{11}: 80–85° (*Au.*).

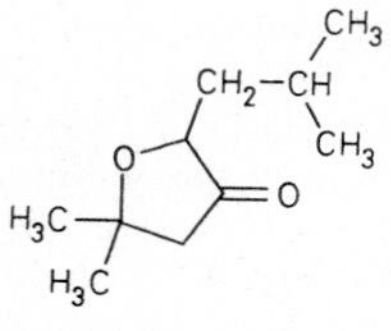

VII 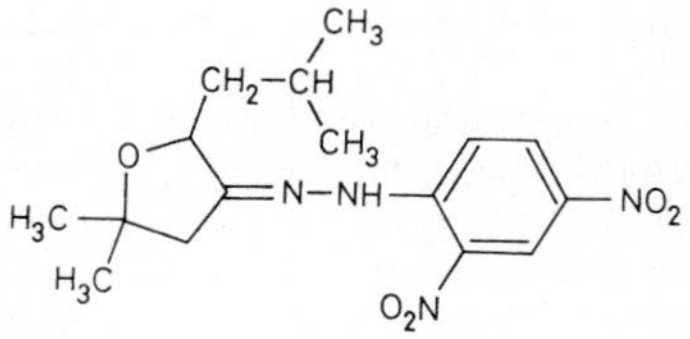 VIII 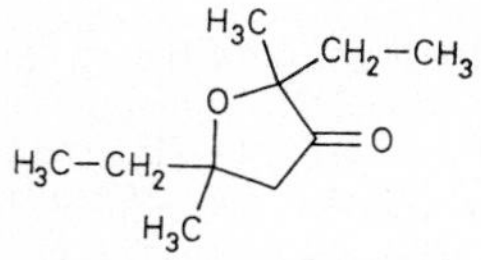 IX

(±)-2-Isobutyl-5,5-dimethyl-dihydro-furan-3-on-[2,4-dinitro-phenylhydrazon] $C_{16}H_{22}N_4O_5$, Formel VIII.

B. Aus (±)-2-Isobutyl-5,5-dimethyl-dihydro-furan-3-on und [2,4-Dinitro-phenyl]-hydrazin (*Dupont et al.,* Bl. **1955** 1078, 1082; *Audier,* A. ch. [13] **2** [1957] 105, 126).

Orangegelbe Krystalle; F: 99–100° (*Du. et al.*; *Au.*).

***Opt.-inakt. 2,5-Diäthyl-2,5-dimethyl-dihydro-furan-3-on** $C_{10}H_{18}O_2$, Formel IX (vgl. E I 135).

B. Beim Erhitzen von opt.-inakt. 3,6-Dimethyl-oct-4-in-3,6-diol (nicht charakterisiert) mit wss. Quecksilber(II)-sulfat-Lösung(*Korobizyna et al.*, Ž. obšč. Chim. **24** [1954] 188, 190; engl. Ausg. S. 191, 193; *Leonard et al.*, J. org. Chem. **21** [1956] 1402; vgl. E I 135). Beim Erhitzen von opt.-inakt. 3-Hydroxy-3,6-dimethyl-oct-5-en-4-on (Kp_{10}: 94—96°; n_D^{20}: 1,4640) mit wss.-äthanol. Schwefelsäure und Quecksilber(II)-sulfat (*Nasarow, Mazojan*, Ž. obšč. Chim. **27** [1957] 2951, 2959; engl. Ausg. S. 2984, 2990).

Kp: 192—195°; n_D^{25}: 1,4349 (*Le. et al.*). Kp_{25}: 90—91°; D_4^{20}: 0,9316; n_D^{20}: 1,4383 (*Ko. et al.*, Ž. obšč. Chim. **24** 190). $Kp_{10,5}$: 72—74°; n_D^{20}: 1,4378 (*Na., Ma.*) UV-Spektrum (Isooctan; 250—365 nm; λ_{max}: 301 nm, 310 nm und 322 nm): *Korobizyna et al.*, Ž. obšč. Chim. **25** [1955] 1394, 1395; engl. Ausg. S. 1341. UV-Absorptionsmaxima (Heptan): 267 nm, 280 nm, 299 nm, 309 nm und 320 nm (*Ko. et al.*, Ž. obšč. Chim. **25** 1397).

***Opt.-inakt. 2,5-Diäthyl-2,5-dimethyl-dihydro-furan-3-on-[2,4-dinitro-phenylhydrazon]** $C_{16}H_{22}N_4O_5$, Formel X.

B. Aus opt.-inakt. 2,5-Diäthyl-2,5-dimethyl-dihydro-furan-3-on (s. o.) und [2,4-Dinitro-phenyl]-hydrazin (*Nasarow et al.*, Ž. obšč. Chim. **27** [1957] 606, 611; engl. Ausg. S. 675, 679).

Krystalle; F: 131—132°. UV-Absorptionsmaximum (Isooctan): 341 nm.

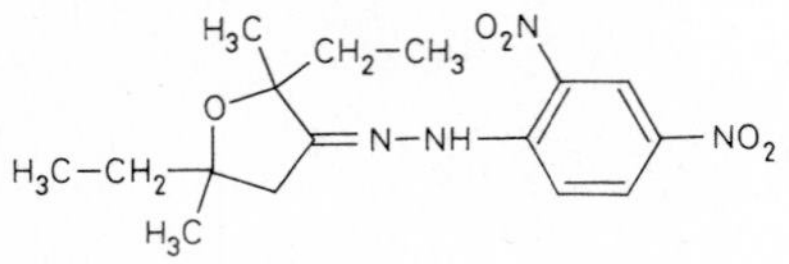

X 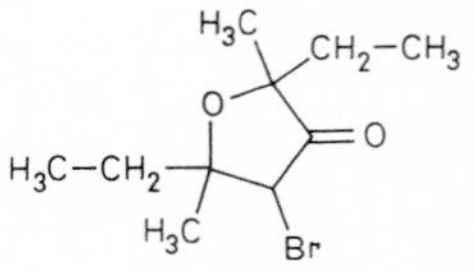 XI 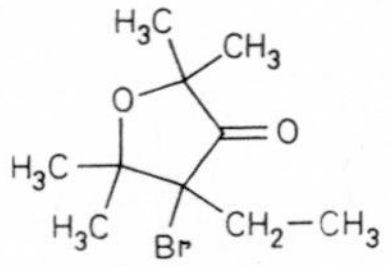 XII

***Opt.-inakt. 2,5-Diäthyl-4-brom-2,5-dimethyl-dihydro-furan-3-on** $C_{10}H_{17}BrO_2$, Formel XI.

B. Beim Behandeln von opt.-inakt. 2,5-Diäthyl-2,5-dimethyl-dihydro-furan-3-on (Kp: 192—195°; n_D^{25}: 1,4349) mit Brom in Tetrachlormethan (*Leonard et al.*, J. org. Chem. **21** [1956] 1402).

Kp_2: 78°. n_D^{25}: 1,4714.

(±)-4-Äthyl-4-brom-2,2,5,5-tetramethyl-dihydro-furan-3-on $C_{10}H_{17}BrO_2$, Formel XII.

B. Beim Behandeln von 4,4-Dibrom-2,2,5,5-tetramethyl-dihydro-furan-3-on mit Äthylmagnesiumbromid in Äther (*Richet*, A. ch. [12] **3** [1948] 317, 325).

Kp_{16}: 105—107°. D^{10}: 1,318. n_D^{11}: 1,4740.

Oxo-Verbindungen $C_{11}H_{20}O_2$

Oxacyclododecan-2-on, 11-Hydroxy-undecansäure-lacton, Undecan-11-olid $C_{11}H_{20}O_2$, Formel I.

B. Beim Erwärmen von 11-Brom-undecansäure mit Kaliumcarbonat in Butanon (*Hunsdiecker, Erlbach*, B. **80** [1947] 129, 134). Neben anderen Verbindungen beim Erwärmen von 11-Hydroxy-undecansäure mit Benzolsulfonsäure in viel Benzol (*Stoll, Rouvé*, Helv. **18** [1935] 1087, 1119). Neben 1,13-Dioxa-cyclotetracosan-2,14-dion beim Erhitzen von polymerer 11-Hydroxy-undecansäure mit Magnesiumchlorid-hexahydrat unter vermindertem Druck auf 270° (*Spanagel, Carothers*, Am. Soc. **58** [1936] 654).

Über die Konformation s. *Huisgen, Ott*, Tetrahedron **6** [1959] 253. Dipolmoment (ε; Bzl.): 1,86 D (*Hui., Ott*, l. c. S. 256).

Krystalle; F: 3,0° (*Sp., Ca.*), 2,4° [aus Me.] (*Hun., Er.*), 0° (*St., Rou.*). Kp_{730}: 249° (*Stoll, Bolle*, Helv. **21** [1938] 1547, 1548); Kp_{15}: 126—127° (*Sp., Ca.*); Kp_{14}: 124°; Kp_5: 103° (*Hun., Er.*); $Kp_{0,04}$: 58—60° (*St., Rou.*). D_4^{16}: 0,9928 (*St., Rou.*); D_4^{20}: 0,9925 (*Hun., Er.*); D_4^{33}: 0,9812 (*Sp., Ca.*); D_4^{40}: 0,9775 (*Hun., Er.*). n_D^{16}: 1,4727 (*St., Rou.*); n_D^{33}: 1,4662 (*Sp., Ca.*). IR-Banden im Bereich von 5,5 μ bis 10 μ: *Hu., Ott*, l. c. S. 264.

Geschwindigkeitskonstante der Hydrolyse in Natriumhydroxid enthaltendem 60%ig. wss. Dioxan bei 51°, 60° und 69,5°: *Hui.*, *Ott.*, l. c. S. 261.

(±)-6-Hexyl-tetrahydro-pyran-2-on, (±)-5-Hydroxy-undecansäure-lacton, (±)-Undecan-5-olid $C_{11}H_{20}O_2$, Formel II.

B. Beim Behandeln von (±)-2-Hexyl-cyclopentanon mit einem Gemisch von konz. Schwefelsäure, Kaliumperoxodisulfat und Kaliumsulfat und Erwärmen des Reaktionsprodukts mit wss. Schwefelsäure (*Stoll, Bolle*, Helv. **21** [1938] 1547, 1550).

$Kp_{10,5}$: 152—155°. $D_4^{17,3}$: 0,9687. n_D^{18}: 1,4620.

4-Hexanoyl-tetrahydro-pyran, 1-Tetrahydropyran-4-yl-hexan-1-on $C_{11}H_{20}O_2$, Formel III.

B. Bei der Behandlung von Tetrahydro-pyran-4-carbonitril mit Pentylmagnesium=halogenid in Äther und anschliessenden Hydrolyse (*Henze, McKee*, Am. Soc. **64** [1942] 1672).

Kp_5: 106—107°. D_4^{20}: 0,9589. Oberflächenspannung bei 20°: 33,3 g·s⁻². n_D^{20}: 1,4573.

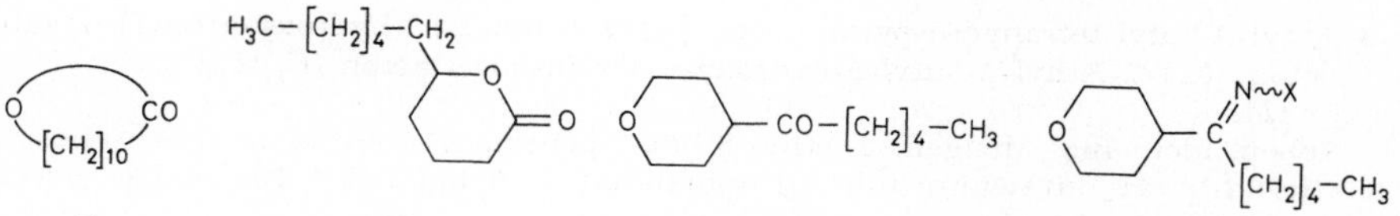

I II III IV

1-Tetrahydropyran-4-yl-hexan-1-on-[2,4-dinitro-phenylhydrazon] $C_{17}H_{24}N_4O_5$, Formel IV (X = NH-$C_6H_3(NO_2)_2$).

B. Aus 1-Tetrahydropyran-4-yl-hexan-1-on und [2,4-Dinitro-phenyl]-hydrazin (*Henze, McKee*, Am. Soc. **64** [1942] 1672).

F: 89—90°.

1-Tetrahydropyran-4-yl-hexan-1-on-semicarbazon $C_{12}H_{23}N_3O_2$, Formel IV (X = NH-CO-NH_2).

B. Aus 1-Tetrahydropyran-4-yl-hexan-1-on und Semicarbazid (*Henze, McKee*, Am. Soc. **64** [1942] 1672).

F: 117° [korr.].

4-Methyl-1-tetrahydropyran-4-yl-pentan-1-on $C_{11}H_{20}O_2$, Formel V.

B. Bei der Behandlung von Tetrahydro-pyran-4-carbonitril mit Isopentylmagnesium=halogenid in Äther und anschliessenden Hydrolyse (*Henze, McKee*, Am. Soc. **64** [1942] 1672).

Kp_7: 116—117°. D_4^{20}: 0,9562. Oberflächenspannung bei 20°: 32,9 g·s⁻². n_D^{20}: 1,4567.

4-Methyl-1-tetrahydropyran-4-yl-pentan-1-on-[2,4-dinitro-phenylhydrazon] $C_{17}H_{24}N_4O_5$, Formel VI (X = NH-$C_6H_3(NO_2)_2$).

B. Aus 4-Methyl-1-tetrahydropyran-4-yl-pentan-1-on und [2,4-Dinitro-phenyl]-hydr=azin (*Henze, McKee*, Am. Soc. **64** [1942] 1672).

F: 134—135° [korr.].

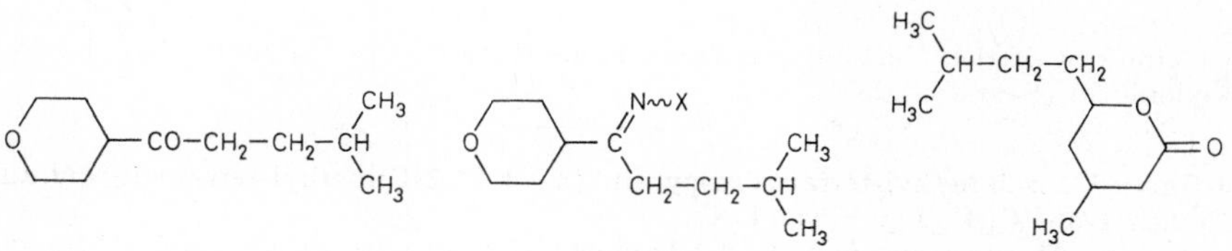

V VI VII

4-Methyl-1-tetrahydropyran-4-yl-pentan-1-on-semicarbazon $C_{12}H_{23}N_3O_2$, Formel VI ($X = NH\text{-}CO\text{-}NH_2$).

B. Aus 4-Methyl-1-tetrahydropyran-4-yl-pentan-1-on und Semicarbazid (*Henze, McKee*, Am. Soc. **64** [1942] 1672).

F: 158—159° [korr.].

Berichtigung zu E II **17** S. 294, Zeile 22 v. o.: An Stelle von „4-Methyl-undecanolid-(5.1)" ist zu setzen „4-Methyl-decanolid-(5.1)".

***Opt.-inakt. 6-Isopentyl-4-methyl-tetrahydro-pyran-2-on, 5-Hydroxy-3,8-dimethyl-nonansäure-lacton** $C_{11}H_{20}O_2$, Formel VII.

B. Bei der Hydrierung von 6-Isopentyl-4-methyl-pyran-2-on an Palladium/Kohle in Äther (*Wiley, Esterle*, J. org. Chem. **22** [1957] 1257).

Kp_1: 89°. n_D: 1,4509. IR-Banden (CCl_4) im Bereich von 1736 cm^{-1} bis 1161 cm^{-1}: *Wi., Es.*

(±)-3-Äthyl-3-butyl-tetrahydro-pyran-2-on, (±)-2-Äthyl-2-[3-hydroxy-propyl]-hexansäure-lacton, (±)-2-Äthyl-2-butyl-5-hydroxy-valeriansäure-lacton $C_{11}H_{20}O_2$, Formel VIII.

B. Neben kleineren Mengen 2-Äthyl-2-butyl-pentan-1,5-diol beim Behandeln von (±)-2-Äthyl-2-butyl-glutarsäure mit Lithiumalanat in Äther bei —15° (*Noyce, Denney*, Am. Soc. **72** [1950] 5743).

$Kp_{4,5}$: 114—115°. D_4^{25}: 0,9699. n_D^{25}: 1,4620.

(±)-5-Äthyl-5-butyl-tetrahydro-pyran-2-on, (±)-4-Äthyl-4-hydroxymethyl-octansäure-lacton, (±)-4-Äthyl-4-butyl-5-hydroxy-valeriansäure-lacton $C_{11}H_{20}O_2$, Formel IX (X = H).

B. Beim Erhitzen von (±)-4-Äthyl-4-hydroxymethyl-octannitril mit wss. Kalilauge und Ansäuern des Reaktionsgemisches (*Cason et al.*, J. org. Chem. **24** [1959] 292, 296). Bei der Hydrierung der Natrium-Salze der (±)-4-Äthyl-4-formyl-octansäure oder der (±)-4-Äthyl-4-formyl-oct-5-ensäure in wss. Natronlauge an Raney-Nickel bei 125° bzw. 130° unter Druck und Behandlung der Reaktionsgemische mit wss. Salzsäure (*Bruson, Riener*, Am. Soc. **66** [1944] 56).

Kp_7: 145—147° (*Ca. et al.*); $Kp_{3,5}$: 124° (*Br., Ri.*). D_4^{25}: 0,9747 (*Br., Ri.*). n_D^{25}: 1,4635 (*Br., Ri.*); n_D^{26}: 1,4634 (*Ca. et al.*).

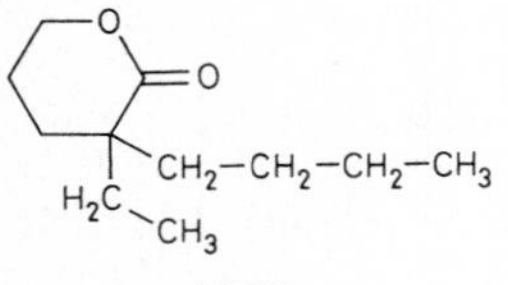

VIII 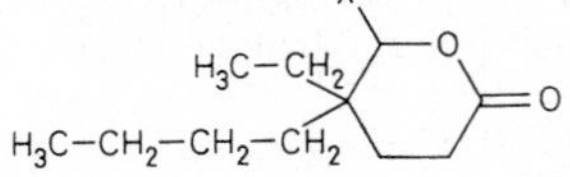 IX 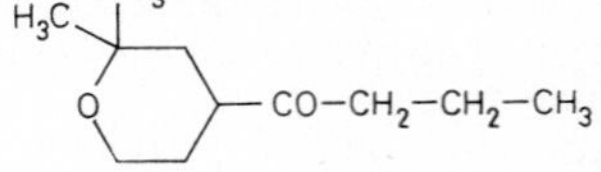 X

5-Äthyl-5-butyl-6-chlor-tetrahydro-pyran-2-on, 4-Äthyl-4-[chlor-hydroxy-methyl]-octansäure-lacton, 4-Äthyl-4-butyl-5-chlor-5-hydroxy-valeriansäure-lacton $C_{11}H_{19}ClO_2$, Formel IX (X = Cl).

Über eine opt.-inakt. Verbindung dieser Konstitution s. im Artikel 4-Äthyl-4-formyl-octanoylchlorid (Syst. Nr. 281).

(±)-4-Butyryl-2,2-dimethyl-tetrahydro-pyran, (±)-1-[2,2-Dimethyl-tetrahydro-pyran-4-yl]-butan-1-on $C_{11}H_{20}O_2$, Formel X.

B. Bei der Hydrierung von 1-[2,2-Dimethyl-3,6-dihydro-2*H*-pyran-4-yl]-but-2ξ-en-1-on (S. 4630) an Platin in Äthanol (*Nasarow, Torgow*, Ž. obšč. Chim. **18** [1948] 1338,

1344; C. A. **1949** 2161).
Kp_8: 108—111°. D_4^{20}: 0,9580. n_D^{20}: 1,4578.

(±)-1-[2,2-Dimethyl-tetrahydro-pyran-4-yl]-butan-2-on $C_{11}H_{20}O_2$, Formel XI (X = O).

B. Bei der Hydrierung von 1-[(Ξ)-2,2-Dimethyl-tetrahydro-pyran-4-yliden]-but-3-en-2-on (n_D^{20}: 1,4925) an Platin in Äthanol (*Nasarow, Torgow*, Ž. obšč. Chim. **18** [1948] 1338, 1341; C. A. **1949** 2161).

Kp_{15}: 118—120°. D_4^{20}: 0,9592. n_D^{20}: 1,4587.

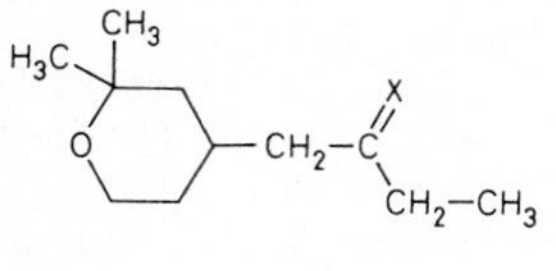

XI 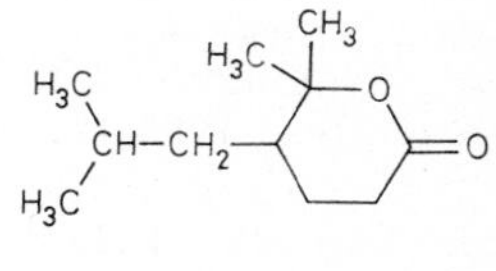 XII 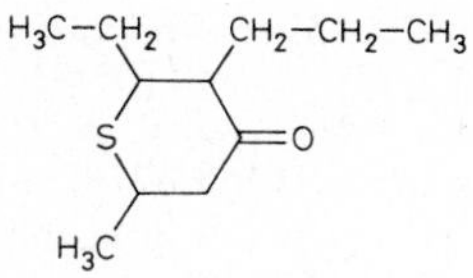 XIII

(±)-1-[2,2-Dimethyl-tetrahydro-pyran-4-yl]-butan-2-on-semicarbazon $C_{12}H_{23}N_3O_2$, Formel XI (X = N-NH-CO-NH_2).

B. Aus (±)-1-[2,2-Dimethyl-tetrahydro-pyran-4-yl]-butan-2-on und Semicarbazid (*Nasarow, Torgow*, Ž. obšč. Chim. **18** [1948] 1338, 1341; C. A. **1949** 2161).

Krystalle (aus wss. Me.); F: 118—119°.

(±)-5-Isobutyl-6,6-dimethyl-tetrahydro-pyran-2-on, (±)-4-[α-Hydroxy-isopropyl]-6-methyl-heptansäure-lacton, (±)-5-Hydroxy-4-isobutyl-5-methyl-hexansäure-lacton $C_{11}H_{20}O_2$, Formel XII.

B. Bei der Hydrierung von (±)-4-[α-Hydroxy-isopropyl]-6-methyl-hept-5-ensäure-lacton an Platin in Äthylacetat (*Katsuda et al.*, Bl. agric. chem. Soc. Japan **22** [1958] 185, 193).

Kp_2: 88—89°. n_D^{20}: 1,4487.

***Opt.-inakt. 2-Äthyl-6-methyl-3-propyl-tetrahydro-thiopyran-4-on** $C_{11}H_{20}OS$, Formel XIII.

B. Beim Behandeln von 5-Propyl-octa-1,5-dien-4-on (Kp_6: 86—88°; n_D^{23}: 1,4880) mit Natriumacetat enthaltendem Äthanol unter Einleiten von Schwefelwasserstoff (*Nasarow et al.*, Ž. obšč. Chim. **19** [1949] 2148, 2159; engl. Ausg. S. a 621, a 632).

Kp_8: 113°. D_4^{20}: 0,9864. n_D^{20}: 1,4892.

3-Isopropyl-2,2,6-trimethyl-tetrahydro-pyran-4-on-[2,4-dinitro-phenylhydrazon] $C_{17}H_{24}N_4O_5$, Formel I.

Absorptionsmaximum (Isooctan) eines bei 85—86° schmelzenden Präparats unbekannter Herkunft: 344 nm (*Nasarow et al.*, Ž. obšč. Chim. **27** [1957] 606, 611; engl. Ausg. S. 675, 679).

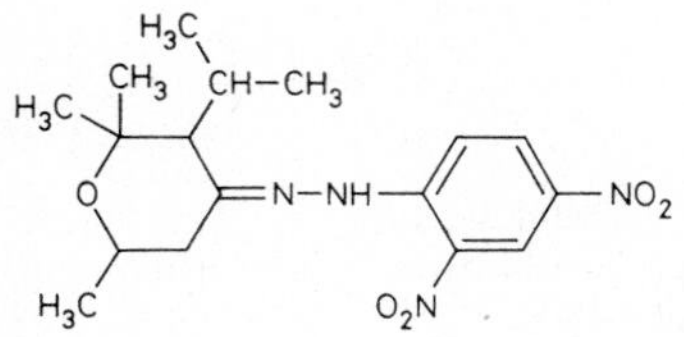

I 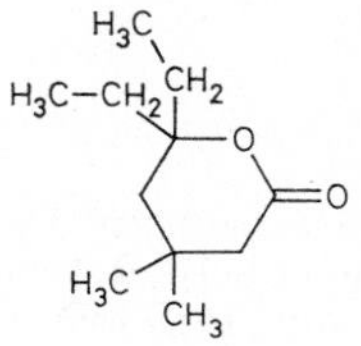 II 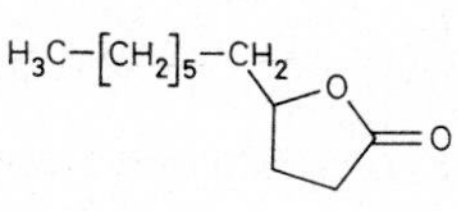 III

6,6-Diäthyl-4,4-dimethyl-tetrahydro-pyran-2-on, 5-Äthyl-5-hydroxy-3,3-dimethyl-heptansäure-lacton $C_{11}H_{20}O_2$, Formel II.

B. Neben 3,3-Dimethyl-5-oxo-heptansäure beim Behandeln von 3,3-Dimethyl-glutarsäure-anhydrid mit Äthylmagnesiumbromid in Äther und Benzol (*Komppa, Rohrmann*,

A. **509** [1934] 259, 265).
Kp_{17}: 117,5—119°. Mit Wasserdampf flüchtig.

5-Heptyl-dihydro-furan-2-on, 4-Hydroxy-undecansäure-lacton, Undecan-4-olid $C_{11}H_{20}O_2$, Formel III.

a) **(+)-5-Heptyl-dihydro-furan-2-on, (+)-4-Hydroxy-undecansäure-lacton** $C_{11}H_{20}O_2$.

B. Bei der Hydrierung von Isonemotinsäure ((—)-4-Hydroxy-undeca-6,8,10-triin-säure) oder von Isonemotinsäure-lacton an Platin in Äthanol (*Bu'Lock et al.*, Soc. **1956** 3767, 3770). Bei der Hydrierung von (+)-Nemotinsäure ((+)-4-Hydroxy-undeca-5,6-dien-8,10-diinsäure) an Platin in Essigsäure (*Bu'Lock et al.*, Soc. **1955** 4270, 4275).

Öl; n_D^{20}: 1,4540 (*Bu'L. et al.*, Soc. **1955** 4275), 1,4516 (*Bu'L. et al.*, Soc. **1956** 3770). $[\alpha]_D^{17}$: +29° [A.; c = 2] (*Bu'L. et al.*, Soc. **1955** 4275); $[\alpha]_D^{20}$: +31° [A.; c = 1] (*Bu'L. et al.*, Soc. **1956** 3770).

b) **(±)-5-Heptyl-dihydro-furan-2-on, (±)-4-Hydroxy-undecansäure-lacton** $C_{11}H_{20}O_2$ (H 247; E II 294).

B. Beim Erwärmen von Undec-3-ennitril (E III **2** 1368) mit wss. Schwefelsäure (*Delaby, Lecomte*, Bl. [5] **4** [1937] 1007, 1011). Bei der Umsetzung von (±)-1,2-Epoxy-nonan mit der Natrium-Verbindung des Malonsäure-diäthylesters, anschliessenden Hydrolyse und Decarboxylierung (*Rothstein*, Bl. [5] **2** [1935] 1936, 1940, 1942).

$Kp_{15,5}$: 167—168,6° (*De., Le.*); Kp_{13}: 164—166° (*Bu'Lock et al.*, Soc. **1955** 4270, 4275), 162° (*Ro.*); Kp_9: 145—146° (*Yumoto, Ishikawa*, Rep. Gov. ind. Res. Inst. Nagoya **2** [1953] 56, 59; C. A. **1956** 16674). D_4^0: 0,955; $D_4^{18,5}$: 0,942 (*De., Le.*); D_4^{20}: 0,9494 (*Ro.*), D_4^{20}: 0,9442; D_4^{25}: 0,9398; D_4^{30}: 0,9362 (*Yu., Ish.*). n_D^{19}: 1,4514 (*De., Le.*); n_D^{20}: 1,4529 (*Yu., Ish.*), 1,4514 (*Bu'L. et al.*), 1,4512 (*Ro.*); n_D^{25}: 1,4510; n_D^{30}: 1,4495 (*Yu., Ish.*). IR-Banden im Bereich von 7 μ bis 15,4 μ: *De., Le.*, l. c. S. 1014.

Beim Erhitzen mit Bleicherde (*I.G. Farbenind.*, D.R.P. 625758 [1934]; Frdl. **22** 340), mit Schwefelsäure (*Chem. Fabr. Maschmeijer*, D.R.P. 667156 [1934]; Frdl. **23** 278) oder mit Phosphorsäure (*Ishikawa et al.*, Sci. Rep. Tokyo Bunrika Daigaku [A] **3** [1940] 293, 299; s. a. *Schimmel & Co.*, D.R.P. 693863 [1936]) ist 2-Hexyl-cyclopent-2-enon, beim Erhitzen mit Phosphor(V)-oxid (*Frank et al.*, Am. Soc. **70** [1948] 1379) sind 2-Hexyl-cyclopent-2-enon und kleinere Mengen 5-Hexyl-cyclopent-2-enon erhalten worden. Druckhydrierung an einem Kupfer-Chromoxid-Katalysator bei 280° unter Bildung von Undecan-1,4-diol: *Tide Water Assoc. Oil Co.*, U.S.P. 2473406 [1946].

Charakterisierung durch Überführung in 4-Hydroxy-undecansäure-hydrazid (F: 94° bis 95°): *Ro.*

Verbindung mit Borfluorid $C_{11}H_{20}O_2 \cdot BF_3$. Bei 20 Torr unter partieller Zersetzung destillierbar (*I.G.Farbenind.*, D.R.P. 739579 [1939]; D.R.P. Org. Chem. **6** 1269).

(±)-1-Tetrahydro[2]furyl-heptan-3-on $C_{11}H_{20}O_2$, Formel IV.

B. Beim Behandeln von opt.-inakt. 1-Tetrahydro[2]furyl-heptan-3-ol mit Kaliumdichromat und Schwefelsäure (*Ponomarew et al.*, Naučn. Ežegodnik Saratovsk. Univ. **1954** 495; C. A. **1960** 1480).

Kp_{10}: 124,5—126,5°. D^{20}: 0,9458. n_D^{20}: 1,4499.

IV: Tetrahydrofuryl—CH_2—CH_2—CO—$[CH_2]_3$—CH_3

V: Tetrahydrofuryl—CH_2—CH_2—C(=N∿OH)—$[CH_2]_3$—CH_3

(±)-1-Tetrahydro[2]furyl-heptan-3-on-oxim $C_{11}H_{21}NO_2$, Formel V.

B. Aus (±)-1-Tetrahydro[2]furyl-heptan-3-on und Hydroxylamin (*Ponomarew et al.*, Naučn. Ežegodnik Saratovsk. Univ. **1954** 495; C. A. **1960** 1480).

Kp_3: 147—148°. n_D^{20}: 1,4708.

(±)-1-Tetrahydro[2]furyl-heptan-4-on $C_{11}H_{20}O_2$, Formel VI.

B. Beim Behandeln einer Lösung von opt.-inakt. 1-Tetrahydro[2]furyl-heptan-4-ol in Essigsäure mit wss. Natriumdichromat-Lösung (*Notari et al.*, G. **89** [1959] 1139, 1146).

Kp_{14}: 128°. D_4^{20}: 0,9594. n_D^{20}: 1,4536.

3-Heptyl-dihydro-furan-2-on, 2-[2-Hydroxy-äthyl]-nonansäure-lacton, 2-Heptyl-4-hydroxy-buttersäure-lacton $C_{11}H_{20}O_2$.

a) **(*R*?)-3-Heptyl-dihydro-furan-2-on, (*R*?)-2-[2-Hydroxy-äthyl]-nonansäure-lacton** $C_{11}H_{20}O_2$, vermutlich Formel VII.

B. Beim Behandeln einer Lösung von (*R*?)-4-Heptyl-3-methylen-tetrahydro-pyran-2-on (S. 4387) in Essigsäure und Äthylacetat mit Ozon bei −25° und Erwärmen der Reaktionslösung mit wss. Wasserstoffperoxid (*Bowden et al.*, Soc. **1959** 1662, 1663, 1667).

$[\alpha]_D^{18}$: −12° [$CHCl_3$].

Charakterisierung durch Überführung in (*R*?)-2-[2-Hydroxy-äthyl]-nonansäure-hydrazid (F: 138°; $[\alpha]_D^{18}$: −21° [Py.]): *Bo. et al.*

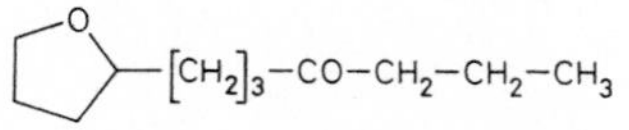

VI 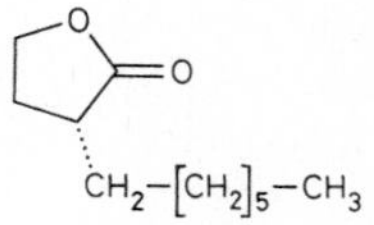 VII 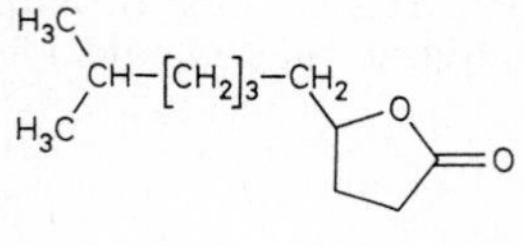 VIII

b) **(±)-3-Heptyl-dihydro-furan-2-on, (±)-2-[2-Hydroxy-äthyl]-nonansäure-lacton** $C_{11}H_{20}O_2$, Formel VII + Spiegelbild.

B. Beim Behandeln der Natrium-Verbindung des Heptylmalonsäure-diäthylesters mit Äthylenoxid in Äthanol, anschliessenden Erwärmen mit wss. Kalilauge und Erhitzen des Reaktionsprodukts unter vermindertem Druck (*Rothstein*, Bl. [5] **2** [1935] 80, 85). Gewinnung aus dem unter a) beschriebenen Enantiomeren durch Erhitzen mit Natriumäthylat in Äthanol: *Bowden et al.*, Soc. **1959** 1662, 1667.

Kp_{15}: 156°; $D_4^{23,5}$: 0,9439; $n_D^{23,5}$: 1,4488 (*Ro.*).

Charakterisierung durch Überführung in (±)-2-[2-Hydroxy-äthyl]-nonansäure-hydrazid (F: 127—127,5°): *Bo. et al.*

(±)-5-[5-Methyl-hexyl]-dihydro-furan-2-on, (±)-4-Hydroxy-9-methyl-decansäure-lacton $C_{11}H_{20}O_2$, Formel VIII.

B. Beim Erhitzen von 9-Methyl-4,7-dioxo-decansäure mit wss. Salzsäure, amalgamiertem Zink und Toluol (*Terai, Tanaka*, Bl. chem. Soc. Japan **29** [1956] 822).

Kp_2: 121°. D_4^{20}: 0,941. n_D^{20}: 1,4500.

(±)-5-Methyl-1-tetrahydro[2]furyl-hexan-3-on $C_{11}H_{20}O_2$, Formel IX.

B. Bei der Hydrierung von 1-[2]Furyl-5-methyl-hexa-1,4-dien-3-on (Kp_3: 132—134°) an Nickel in Äthanol bei 150°/25 at (*Wienhaus, Leonhardi*, Ber. Schimmel **1929** 223, 230). Bei der Hydrierung von 1-[2]Furyl-5-methyl-hex-1-en-3-on an Nickel (*Balandin, Ponomarew*, Doklady Akad. S.S.S.R. **100** [1955] 917, 918; C. A. **1956** 1746).

Kp_3: 103—106°; D^{20}: 0,939; n_D^{20}: 1,44982 (*Wi., Le.*).

(±)-5-[4,4-Dimethyl-pentyl]-dihydro-furan-2-on, (±)-4-Hydroxy-8,8-dimethyl-nonansäure-lacton $C_{11}H_{20}O_2$, Formel X.

B. Beim Erhitzen von 8,8-Dimethyl-4,7-dioxo-nonansäure mit wss. Salzsäure und amalgamiertem Zink (*Lukeš, Šrogl*, Collect. **24** [1959] 220, 224).

Kp_5: 107—109°.

(±)-5-Hexyl-5-methyl-dihydro-furan-2-on, (±)-4-Hydroxy-4-methyl-decansäure-lacton $C_{11}H_{20}O_2$, Formel XI (X = H).

B. Beim Behandeln von Lävulinsäure-äthylester mit Hexylmagnesiumbromid in Äther und Benzol und anschliessend mit wss. Schwefelsäure (*Frank et al.*, Am. Soc. **66** [1944] 4; s. a. *Obata*, J. pharm. Soc. Japan **73** [1953] 1301; C. A. **1955** 176; *Rai, Dev*, J. Indian chem. Soc. **34** [1957] 178, 180). Bei der Hydrierung von (±)-4-Hydroxy-4-methyl-dec-2-insäure an Platin in Äthylacetat (*Leese, Raphael*, Soc. **1950** 2725, 2727). Beim Erhitzen von opt.-inakt. 2-Hexyl-2-methyl-5-oxo-tetrahydro-furan-3-carbonsäure in Gegenwart von Ka=

liumhydrogensulfat bis auf 280° (*Elliott*, Soc. **1956** 2231, 2240). Aus (±)-5-Hexyl-5-methyl-2-oxo-tetrahydro-furan-3-carbonsäure-äthylester durch Hydrolyse und Decarboxylierung (*Rothstein, Ficini*, C. r. **234** [1952] 1694).

Kp_{18}: 159–160° [unkorr.] (*Rai, Dev*); Kp_{11}: 148–149° (*Ro., Fi.*); $Kp_{7,5}$: 136–137° [unkorr.] (*Cason et al.*, J. org. Chem. **13** [1948] 239, 244); Kp_{4-5}: 120–125° (*Fr. et al.*); $Kp_{0,5}$: 112° (*Le., Ra.*). D_4^{20}: 0,950 (*Fr. et al.*); D_4^{28}: 0,9412 (*Ro., Fi.*). n_D^{20}: 1,4487 (*Fr. et al.*; *Le., Ra.*); n_D^{27}: 1,4470 (*Ca. et al.*); n_D^{28}: 1,4469 (*Ro., Fi.*); n_D^{29}: 1,4460 (*Rai, Dev*).

Beim Leiten über auf 300° erhitztes Silicagel (*Givaudan & Cie.*, D.R.P. 639455 [1935]; Frdl. **23** 281), beim Behandeln mit Phosphor(V)-oxid (*Fr. et al.*; *Ro., Fi.*; *El.*) sowie beim Erhitzen mit Phosphorsäure (*Rai, Dev*) ist 3-Methyl-2-pentyl-cyclopent-2-enon erhalten worden. Hydrierung an Kupferoxid-Chromoxid bei 250°/190–330 at unter Bildung von 4-Methyl-decan-1-ol und kleinen Mengen 2-Hexyl-2-methyl-tetrahydro-furan: *Ca. et al.*

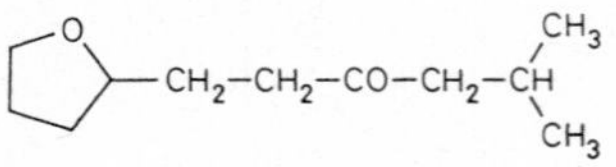

IX 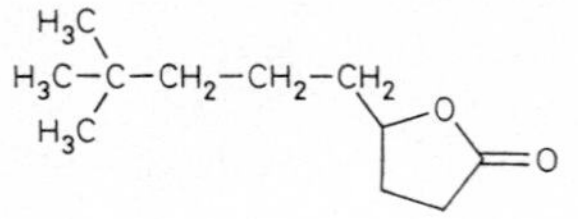 X 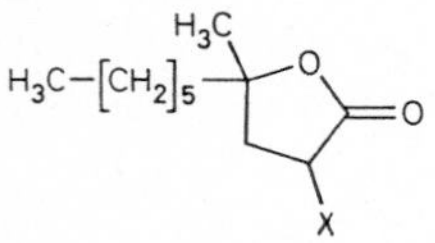 XI

***Opt.-inakt. 3-Brom-5-hexyl-5-methyl-dihydro-furan-2-on, 2-Brom-4-hydroxy-4-methyl-decansäure-lacton** $C_{11}H_{19}BrO_2$, Formel XI (X = Br).

B. Beim Behandeln von (±)-4-Hydroxy-4-methyl-decansäure-lacton mit Brom in Tetrachlormethan unter Bestrahlung mit UV-Licht (*Frank et al.*, Am. Soc. **66** [1944] 4, 6).

Kp_3: 135–136°; Kp_1: 121–122°. D_4^{20}: 1,243. n_D^{20}: 1,4890.

***Opt.-inakt. 3-Hexyl-5-methyl-dihydro-furan-2-on, 2-[2-Hydroxy-propyl]-octansäure-lacton, 2-Hexyl-4-hydroxy-valeriansäure-lacton** $C_{11}H_{20}O_2$, Formel XII.

B. Beim Erhitzen von (±)-2-Hexyl-pent-4-ensäure mit wss. Schwefelsäure (*v. Braun*, B. **70** [1937] 1250, 1252).

Kp_{14}: 153°.

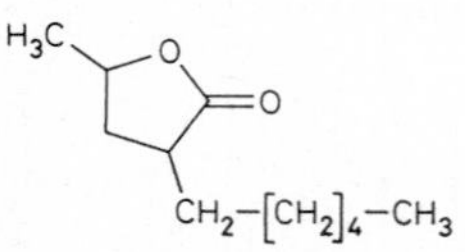

XII 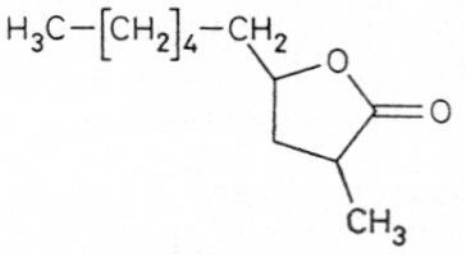 XIII 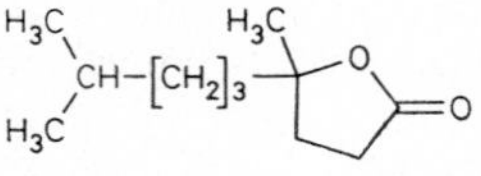 XIV

***Opt.-inakt. 5-Hexyl-3-methyl-dihydro-furan-2-on, 4-Hydroxy-2-methyl-decansäure-lacton** $C_{11}H_{20}O_2$, Formel XIII.

B. Beim Erhitzen von opt.-inakt. 4-Brom-2-methyl-decansäure-äthylester ($Kp_{0,1}$: 92°; n_D^{20}: 1,4570) unter 55 Torr bis auf 180° (*Kharasch et al.*, Am. Soc. **70** [1948] 1055, 1059).

$Kp_{0,02}$: 73–74°. n_D^{20}: 1,4460.

(±)-5-Isohexyl-5-methyl-dihydro-furan-2-on, (±)-4-Hydroxy-4,8-dimethyl-nonansäure-lacton $C_{11}H_{20}O_2$, Formel XIV.

B. Beim Behandeln von Lävulinsäure-äthylester mit Isohexylmagnesiumbromid in Äther und Benzol und anschliessend mit wss. Schwefelsäure (*Obata*, J. pharm. Soc. Japan **73** [1953] 1301; C. A. **1955** 176; *Lukeš, Zobáčová*, Collect. **22** [1957] 1649, 1651).

Kp_5: 113–114° (*Ob.*); Kp_1: 108–109° [unkorr.] (*Lu., Zo.*).

***Opt.-inakt. 5-Isopentyl-3,4-dimethyl-dihydro-furan-2-on, 4-Hydroxy-2,3,7-trimethyl-octansäure-lacton** $C_{11}H_{20}O_2$, Formel I.

B. Beim Erwärmen von opt.-inakt. 3-Hydroxy-2,3,7-trimethyl-octansäure-äthylester

(Kp_8: 115—118°) mit wss. Schwefelsäure (*Obata*, J. pharm. Soc. Japan **73** [1953] 1298; C. A. **1955** 175).

Kp_6: 120—121°.

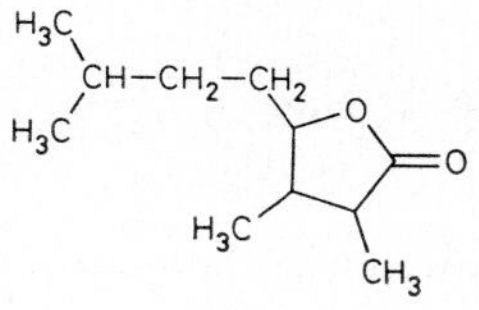

I 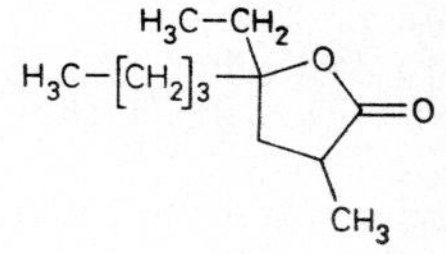 II 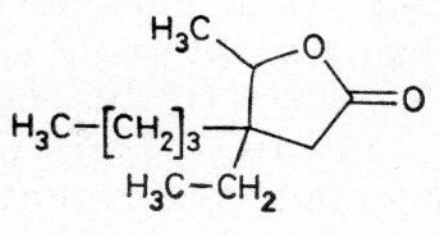 III

***Opt.-inakt. 5-Äthyl-5-butyl-3-methyl-dihydro-furan-2-on, 4-Äthyl-4-hydroxy-2-methyl-octansäure-lacton** $C_{11}H_{20}O_2$, Formel II.

B. Beim Erhitzen einer Lösung von (±)-4-Äthyl-2-methyl-oct-3-ensäure ($Kp_{0,9}$: 106° bis 107,5°; n_D^{25}: 1,4521) in Äthylenglykol mit konz. Schwefelsäure (*Cason, Rinehart*, J. org. Chem. **20** [1955] 1591, 1594, 1601; s. a. *Rinehart, Perkins*, Org. Synth. Coll. Vol. IV [1963] 444, 446). Bei 3-tägigem Erwärmen von (±)-4-Äthyl-2-methyl-oct-3-ensäure-äthylester (Kp_5: 94—95°; n_D^{25}: 1,4396) mit Chlorwasserstoff enthaltendem Äthanol (*Ca., Ri.*).

$Kp_{4,3}$: 115—117°; n_D^{25}: 1,4462 [Präparat aus (±)-4-Äthyl-2-methyl-oct-3-ensäure-äthylester].

***Opt.-inakt. 4-Äthyl-4-butyl-5-methyl-dihydro-furan-2-on, 3-Äthyl-3-[1-hydroxy-äthyl]-heptansäure-lacton, 3-Äthyl-3-butyl-4-hydroxy-valeriansäure-lacton** $C_{11}H_{20}O_2$, Formel III.

B. Beim Behandeln einer Lösung von opt.-inakt. 3-Äthyl-3-butyl-2,6-dimethyl-3,4-dihydro-2*H*-pyran (Kp_1: 85—88°; n_D^{25}: 1,4592) in Tetrachlormethan mit Ozon, anschliessenden Behandeln mit wss. Wasserstoffperoxid und mit wss. Natronlauge und Ansäuern des Reaktionsgemisches (*Rabjohn et al.*, J. org. Chem. **21** [1956] 285).

Kp_1: 135—136°. n_D^{25}: 1,4454.

***Opt.-inakt. 3-Äthyl-5-butyl-4-methyl-dihydro-furan-2-on, 2-Äthyl-4-hydroxy-3-methyl-octansäure-lacton** $C_{11}H_{20}O_2$, Formel IV.

B. Beim Erwärmen von opt.-inakt. 2-Äthyl-3-hydroxy-3-methyl-octansäure-äthylester (Kp_{17}: 119—121°) mit wss. Schwefelsäure (*Obata*, J. pharm. Soc. Japan **73** [1953] 1298; C. A. **1955** 175).

Kp_8: 129—131°.

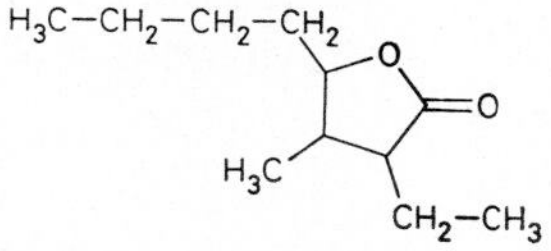

IV 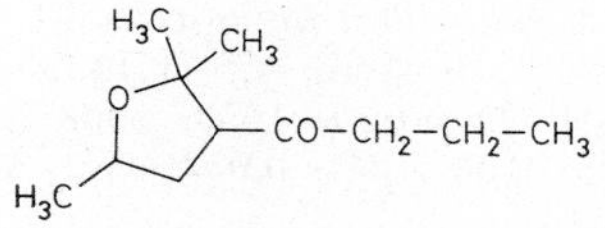 V

***Opt.-inakt. 3-Butyryl-2,2,5-trimethyl-tetrahydro-furan, 1-[2,2,5-Trimethyl-tetrahydro-[3]furyl]-butan-1-on** $C_{11}H_{20}O_2$, Formel V.

B. Bei der Hydrierung von (±)-1-[2,2,5-Trimethyl-2,5-dihydro-[3]furyl]-but-2-en-1-on (Kp_5: 88—90°; n_D^{20}: 1,4890) an Platin in Äthanol (*Nasarow et al.*, Ž. obšč. Chim. **27** [1957] 2961, 2968; engl. Ausg. S. 2992, 2997).

Kp_4: 77—79°. D_4^{20}: 0,9249. n_D^{20}: 1,4450.

Oxo-Verbindungen $C_{12}H_{22}O_2$

Oxacyclotridecan-2-on, 12-Hydroxy-dodecansäure-lacton, Dodecan-12-olid $C_{12}H_{22}O_2$, Formel VI.

B. Beim Erwärmen von 12-Brom-dodecansäure mit Kaliumcarbonat in Butanon

(*Hunsdiecker, Erlbach*, B. **80** [1947] 129, 134). Neben anderen Verbindungen beim Erwärmen von 12-Hydroxy-dodecansäure mit Benzolsulfonsäure in viel Benzol (*Stoll, Rouvé*, Helv. **18** [1935] 1087, 1120).

Über die Konformation s. *Huisgen, Ott*, Tetrahedron **6** [1959] 253. Dipolmoment (ε; Bzl.): 1,86 D (*Hui., Ott*, l. c. S. 256).

Krystalle; F: 2° [aus Me.] (*Hun., Er.*), 0° (*St., Ro.*). Kp_{10-11}: 130° (*Hui., Ott*); $Kp_{7,2}$: 121°; Kp_3: 111° (*Hun., Er.*); $Kp_{0,25}$: 88–90° (*St., Ro.*). D_4^{20}: 0,9807 (*Hun., Er.*); $D_4^{24,6}$: 0,9743 (*St., Ro.*); D_4^{40}: 0, 9660 (*Hun., Er.*). n_D^{25}: 1,4697 (*St., Ro.*). IR-Banden im Bereich von 5,5 μ bis 10 μ: *Hui., Ott*, l. c. S. 264.

Geschwindigkeitskonstante der Hydrolyse in Natriumhydroxid enthaltendem 60%ig. wss. Dioxan bei 50°, 60° und 69°: *Hui., Ott*, l. c. S. 261.

Oxacyclotridecan-7-on $C_{12}H_{22}O_2$, Formel VII.

B. Beim Erhitzen von (±)-8-Hydroxy-oxacyclotridecan-7-on mit Essigsäure, Zink und wss. Salzsäure (*Prelog et al.*, Helv. **33** [1950] 1937, 1941, 1947).

Bei 70°/0,005 Torr destillierbar.

VI VII VIII IX

Oxacyclotridecan-7-on-semicarbazon $C_{13}H_{25}N_3O_2$, Formel VIII.

B. Aus Oxacyclotridecan-7-on und Semicarbazid (*Prelog et al.*, Helv. **33** [1950] 1937, 1941, 1947).

Krystalle (aus Me.); F: 180–181° [korr.].

4-Heptanoyl-tetrahydro-pyran, 1-Tetrahydropyran-4-yl-heptan-1-on $C_{12}H_{22}O_2$, Formel IX.

B. Bei der Behandlung von Tetrahydro-pyran-4-carbonitril mit Hexylmagnesiumhalogenid in Äther und anschliessenden Hydrolyse (*Henze, McKee*, Am. Soc. **64** [1942] 1672).

Kp_6: 134–135° [korr.]. D_4^{20}: 0,9446. n_D^{20}: 1,4569.

1-Tetrahydropyran-4-yl-heptan-1-on-semicarbazon $C_{13}H_{25}N_3O_2$, Formel X.

B. Aus 1-Tetrahydropyran-4-yl-heptan-1-on (*Henze, McKee*, Am. Soc. **64** [1942] 1672).

F: 161° [korr.].

***Opt.-inakt. 2-[1-Äthyl-pentyl]-tetrahydro-pyran-4-on** $C_{12}H_{22}O_2$, Formel XI.

B. Beim Erwärmen von opt.-inakt. 2-[1-Äthyl-pentyl]-tetrahydro-pyran-4-ol ($Kp_{1,8}$: 130–131°; D_4^{20}: 0,9396; n_D^{20}: 1,4655) mit Kaliumdichromat und wss. Schwefelsäure (*Hanschke*, B. **88** [1955] 1053, 1058).

$Kp_{0,5}$: 105–106°. D_4^{20}: 0,9430. n_D^{20}: 1,4596.

X XI XII

***Opt.-inakt. 2-[1-Äthyl-pentyl]-tetrahydro-pyran-4-on-[4-phenyl-semicarbazon]** $C_{19}H_{29}N_3O_2$, Formel XII (X = NH-CO-NH-C_6H_5).

B. Aus dem im vorangehenden Artikel beschriebenen Keton und 4-Phenyl-semicarbazid (*Hanschke*, B. **88** [1955] 1053, 1058).

F: 117° [aus Me.].

***Opt.-inakt. 5-Hexyl-6-methyl-tetrahydro-pyran-2-on, 4-[1-Hydroxy-äthyl]-decansäure-lacton, 4-Hexyl-5-hydroxy-hexansäure-lacton** $C_{12}H_{22}O_2$, Formel I.

B. Bei der Hydrierung von (±)-4-Acetyl-decansäure mit Hilfe eines Nickel-Katalysators (*Below, Dil'man*, Chim. Nauka Promyšl. **2** [1957] 135; C. A. **1958** 6182).

Kp_4: 130—131°. D_4^{20}: 0,9538. n_D^{20}: 1,4611.

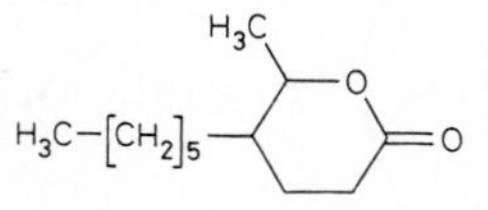

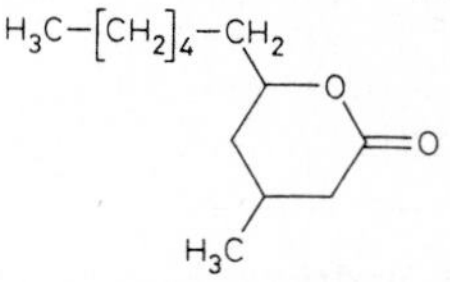

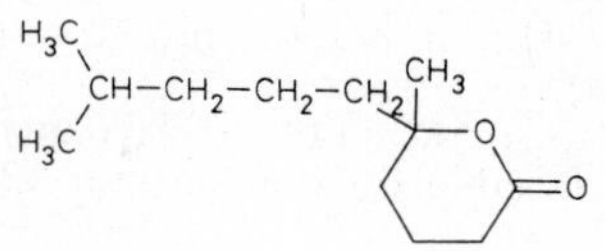

I II III

***Opt.-inakt. 6-Hexyl-4-methyl-tetrahydro-pyran-2-on, 5-Hydroxy-3-methyl-undecansäure-lacton** $C_{12}H_{22}O_2$, Formel II.

B. Bei der Hydrierung von 6-Hexyl-4-methyl-pyran-2-on an Palladium/Kohle in Äther (*Wiley, Esterle*, J. org. Chem. **22** [1957] 1257).

Kp_1: 89°. n_D: 1,4545. IR-Banden (CCl_4) im Bereich von 1739 cm^{-1} bis 1161 cm^{-1}: *Wi., Es.*

(±)-6-Isohexyl-6-methyl-tetrahydro-pyran-2-on, (±)-5-Hydroxy-5,9-dimethyl-decansäure-lacton $C_{12}H_{22}O_2$, Formel III.

B. Neben 5,9-Dimethyl-dec-4-ensäure (Hauptprodukt; *S*-Benzyl-isothiuronium-Salz, F: 131°) beim Erhitzen von [3,7-Dimethyl-oct-2-enyl]-malonsäure (F: 38°) bis auf 160° (*Mondon*, B. **89** [1956] 2750, 2753, 2755).

$Kp_{0,2}$: 110—114° [unreines Präparat].

(±)-4-Isohexyl-4-methyl-tetrahydro-pyran-2-on, (±)-3-[2-Hydroxy-äthyl]-3,7-dimethyl-octansäure-lacton, (±)-5-Hydroxy-3-isohexyl-3-methyl-valeriansäure-lacton $C_{12}H_{22}O_2$, Formel IV.

B. Beim Erhitzen von 3-Isohexyl-3-methyl-glutarsäure-anhydrid mit Natrium und Äthanol bis auf 135° (*Rakshit et al.*, Soc. **1956** 790, 792).

Kp_8: 146°.

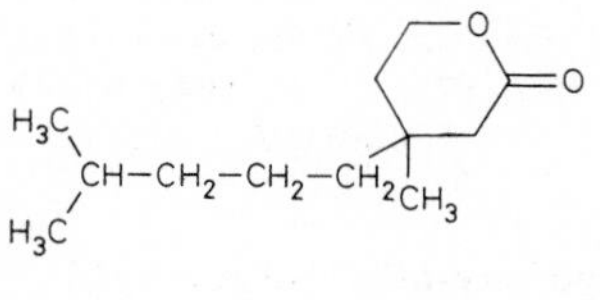

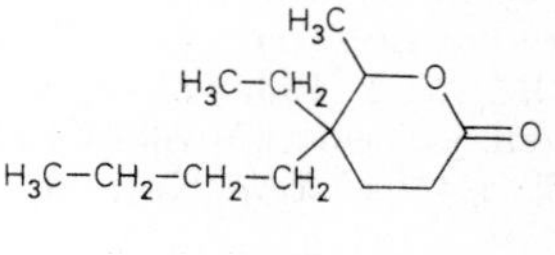

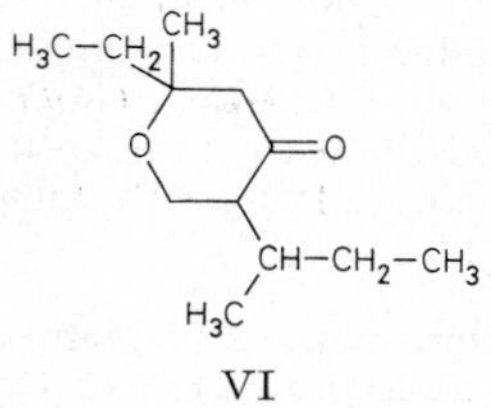

IV V VI

***Opt.-inakt. 5-Äthyl-5-butyl-6-methyl-tetrahydro-pyran-2-on, 4-Äthyl-4-[1-hydroxy-äthyl]-octansäure-lacton, 4-Äthyl-4-butyl-5-hydroxy-hexansäure-lacton** $C_{12}H_{22}O_2$, Formel V.

B. Beim Erwärmen von opt.-inakt. 4-Äthyl-4-[1-hydroxy-äthyl]-octannitril (Kp_1: 147—156°; n_D^{25}: 1,4680) mit wss. Natronlauge und Ansäuern des Reaktionsgemisches (*Rabjohn et al.*, J. org. Chem. **21** [1956] 285).

Kp_2: 134—136°. n_D^{25}: 1,4690.

***Opt.-inakt. 2-Äthyl-5-*sec*-butyl-2-methyl-tetrahydro-pyran-4-on** $C_{12}H_{22}O_2$, Formel VI.

B. Bei der Hydrierung von opt.-inakt. 2-Äthyl-2-methyl-5-[1-methyl-propenyl]-tetrahydro-pyran-4-on (Kp_2: 63—64°; n_D^{20}: 1,4528) an Platin in Essigsäure (*Nikitin, Segel'man*, Ž. obšč. Chim. **29** [1959] 1898, 1902; engl. Ausg. S. 1868).

Kp_2: 80—82°. D_4^{20}: 0,9283. n_D^{20}: 1,4450.

***Opt.-inakt. 3,5-Diäthyl-4-propyl-tetrahydro-pyran-2-on, 2-Äthyl-4-hydroxymethyl-3-propyl-hexansäure-lacton, 2,4-Diäthyl-5-hydroxy-3-propyl-valeriansäure-lacton** $C_{12}H_{22}O_2$, Formel VII.

B. Neben anderen Verbindungen beim Erhitzen von 2-Äthyl-hex-2*t*-enal mit wss. Natronlauge bis auf 200° (*Häusermann*, Helv. **34** [1951] 1482, 1483, 1488). Beim Behandeln von opt.-inakt. 1,3-Diäthyl-2-hydroxy-4-propyl-cyclobutancarbaldehyd ($Kp_{0,3}$: 84–92°; n_D^{25}: 1,46) mit wss.-methanol. Kalilauge (*Nielsen*, Am. Soc. **79** [1957] 2518, 2522).

Kp_{11}: 147–149°; D_4^{20}: 0,9655; n_D^{18}: 1,4660 (*Hä.*). Kp_{10}: 152–156°; n_D^{25}: 1,4613 (*Ni.*). IR-Banden im Bereich von 3,5 μ bis 13 μ: *Ni.*

(±)-5-Octyl-dihydro-furan-2-on, (±)-4-Hydroxy-dodecansäure-lacton, (±)-Dodecan-4-olid $C_{12}H_{22}O_2$, Formel VIII (E II 294).

B. Bei der Umsetzung von (±)-1,2-Epoxy-decan mit der Natrium-Verbindung des Malonsäure-diäthylesters, anschliessenden Hydrolyse und Decarboxylierung (*Rothstein*, Bl. [5] **2** [1935] 1936, 1940, 1942).

$Kp_{0,5}$: 130°. D_4^{20}: 0,9383. n_D^{20}: 1,4522.

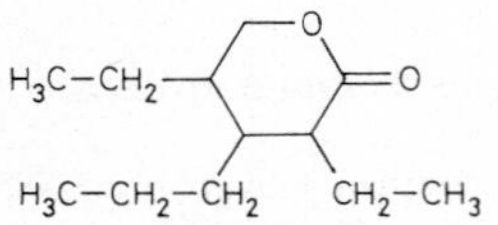

VII 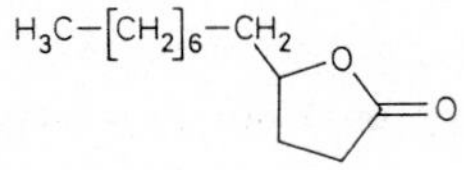 VIII 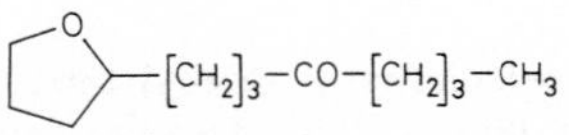 IX

(±)-1-Tetrahydro[2]furyl-octan-4-on $C_{12}H_{22}O_2$, Formel IX.

B. Beim Behandeln einer Lösung von opt.-inakt. 1-Tetrahydro[2]furyl-octan-4-ol in Essigsäure mit wss. Natriumdichromat-Lösung (*Notari et al.*, G. **89** [1959] 1139, 1146).

Kp_7: 122°. D_4^{20}: 0,9495. n_D^{20}: 1,4548.

(±)-3-Octyl-dihydro-furan-2-on, (±)-2-[2-Hydroxy-äthyl]-decansäure-lacton, (±)-4-Hydroxy-2-octyl-buttersäure-lacton $C_{12}H_{22}O_2$, Formel X.

B. Beim Erhitzen von [2-Hydroxy-äthyl]-octyl-malonsäure (aus der Natrium-Verbindung des Octylmalonsäure-diäthylesters und Äthylenoxid hergestellt) unter vermindertem Druck (*Rothstein*, Bl. [5] **2** [1935] 80, 85; *L. Ja. Brjušowa, E. Šimanowškaja, A. Ul'janowa*, Sintezy dušistych Veščestv [Moskau 1939] S. 165, 172; C. A. **1942** 3784).

$Kp_{0,5}$: 123°; D_4^{23}: 0,9367; n_D^{23}: 1,4504 (*Ro.*). Kp_4: 147–148°; n_D: 1,4550 (*Br.*, *Ši.*, *Ul.*).

***Opt.-inakt. 3-[1-Methyl-heptyl]-dihydro-furan-2-on, 2-[2-Hydroxy-äthyl]-3-methyl-nonansäure-lacton** $C_{12}H_{22}O_2$, Formel XI.

B. Beim Erhitzen von (±)-[2-Hydroxy-äthyl]-[1-methyl-heptyl]-malonsäure (aus der Natrium-Verbindung des (±)-[1-Methyl-heptyl]-malonsäure-diäthylesters und Äthylenoxid hergestellt) unter vermindertem Druck (*L. Ja. Brjušowa, E. Šimanowškaja, A. Ul'janowa*, Sintezy dušistych Veščestv [Moskau 1939] S. 165, 172; C. A. **1942** 3784).

Kp_{10}: 92–93°.

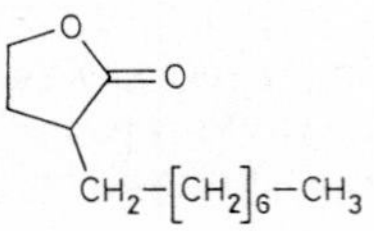

X 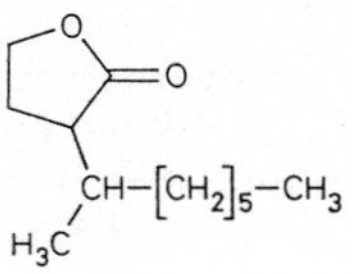 XI 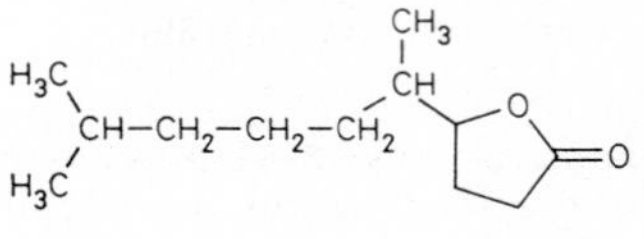 XII

***Opt.-inakt. 5-[1,5-Dimethyl-hexyl]-dihydro-furan-2-on, 4-Hydroxy-5,9-dimethyl-decansäure-lacton** $C_{12}H_{22}O_2$, Formel XII.

B. Beim Behandeln von (±)-5,9-Dimethyl-dec-3-ensäure (Kp_{13}: 162°; n_D^{19}: 1,4540) mit konz. Schwefelsäure (*Rydon*, Soc. **1939** 1544, 1547).

Kp_{13}: 158–162°. n_D^{23}: 1,4619.

***Opt.-inakt. 3-[1,5-Dimethyl-hexyl]-dihydro-furan-2-on, 2-[2-Hydroxy-äthyl]-3,7-dimethyl-octansäure-lacton** $C_{12}H_{22}O_2$, Formel I.

B. Beim Erwärmen von (±)-[2-Äthoxy-äthyl]-[1,5-dimethyl-hexyl]-malonsäure-diäthylester mit Kaliumäthylat in Äthanol, Versetzen des Reaktionsgemisches mit Wasser, Erhitzen der erhaltenen Säure auf 220° und anschliessenden Behandeln mit Benzol, Pyridin und Thionylchlorid (*Dutta*, J. Indian chem. Soc. **19** [1942] 79, 82).

Kp_4: 125°.

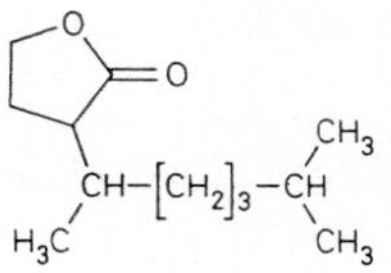

I 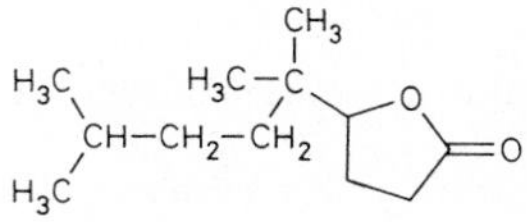 II 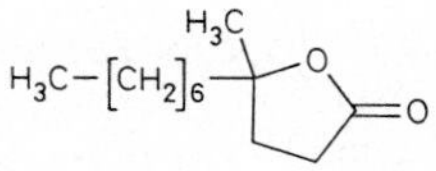 III

(±)-5-[1,1,4-Trimethyl-pentyl]-dihydro-furan-2-on, (±)-4-Hydroxy-5,5,8-trimethyl-nonansäure-lacton $C_{12}H_{22}O_2$, Formel II.

B. Bei der Hydrierung von (±)-4-Hydroxy-5,5,8-trimethyl-non-6*t*-ensäure-lacton an Platin in Äthylacetat (*Katsuda, Chikamoto*, Bl. agric. chem. Soc. Japan **22** [1958] 330, 333).

Kp_5: 129–130°. n_D^{20}: 1,4565.

(±)-5-Heptyl-5-methyl-dihydro-furan-2-on, (±)-4-Hydroxy-4-methyl-undecansäure-lacton $C_{12}H_{22}O_2$, Formel III.

B. Beim Behandeln von Lävulinsäure-äthylester mit Heptylmagnesiumbromid in Äther und anschliessend mit wss. Schwefelsäure, Erwärmen des Reaktionsprodukts mit äthanol. Kalilauge und Erwärmen des danach isolierten Reaktionsprodukts mit wss. Schwefelsäure (*Obata*, J. pharm. Soc. Japan **73** [1953] 1301; C. A. **1955** 176; s. a. *Rai, Dev*, J. Indian chem. Soc. **34** [1957] 178, 180; *Brjušowa, Korė*, Ž. prikl. Chim. **12** [1939] 1457, 1460; C. A. **1940** 6232).

$Kp_{12,5}$: 165–167° (*Rai, Dev*); Kp_5: 134–135° (*Ob.*); Kp_3: 140–140,5° (*Br., Korė*, l. c. S. 1458). D_4^{20}: 0,934 (*Br., Korė*). n_D^{20}: 1,4544 (*Br., Korė*); n_D^{29}: 1,4482 (*Rai, Dev*).

Beim Erhitzen mit wss. Phosphorsäure (D: 1,7) unter 120 Torr (*Br., Korė*) sowie beim Erwärmen mit Polyphosphorsäure (*Rai, Dev*) ist 2-Hexyl-3-methyl-cyclopent-2-enon erhalten worden.

***Opt.-inakt. 3-Heptyl-5-methyl-dihydro-furan-2-on, 2-[2-Hydroxy-propyl]-nonansäure-lacton, 2-Heptyl-4-hydroxy-valeriansäure-lacton** $C_{12}H_{22}O_2$, Formel IV.

B. Beim Erhitzen von (±)-2-Heptyl-pent-4-ensäure mit wss. Schwefelsäure (*v. Braun*, B. **70** [1937] 1250, 1252).

Kp_{17}: 170–172° (*v. Br.*).

Beim Erhitzen eines Präparats vom Kp_6: 150–152° mit Bleicherde ist 5-Heptyl-cyclopent-2-enon erhalten worden (*I.G. Farbenind.*, D.R.P. 625758 [1934]; Frdl. **22** 340).

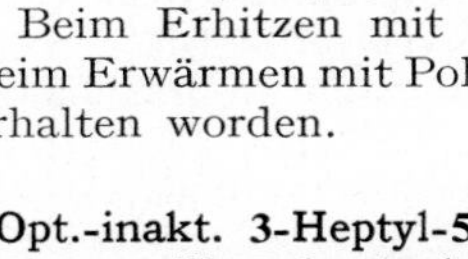

IV 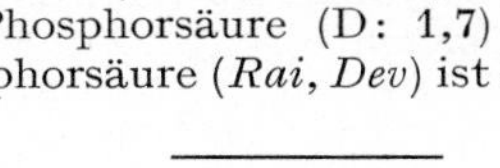 V 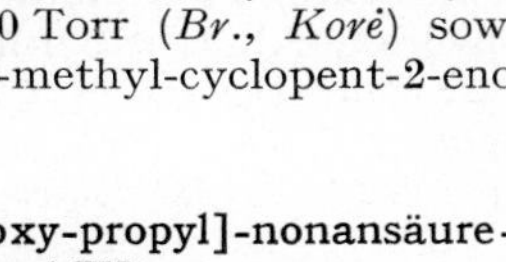 VI

(±)-5-Methyl-5-[5-methyl-hexyl]-dihydro-furan-2-on, (±)-4-Hydroxy-4,9-dimethyl-decansäure-lacton $C_{12}H_{22}O_2$, Formel V.

B. Beim Behandeln von Lävulinsäure-äthylester mit 5-Methyl-hexylmagnesiumbromid in Äther und anschliessend mit wss. Schwefelsäure, Erwärmen des Reaktionsprodukts mit äthanol. Kalilauge und Erwärmen des danach isolierten Reaktionsprodukts mit wss. Schwefelsäure (*Obata*, J. pharm. Soc. Japan **73** [1953] 1301; C. A. **1955** 176).

Kp_5: 124–125°.

***Opt.-inakt. 3-Äthyl-5-hexyl-dihydro-furan-2-on, 2-Äthyl-4-hydroxy-decansäure-lacton** $C_{12}H_{22}O_2$, Formel VI.

B. Beim Erhitzen von opt.-inakt. 2-Äthyl-4-brom-decansäure-äthylester ($Kp_{0,6}$: 108°; n_D^{20}: 1,4576) unter 55 Torr bis auf 180° (*Kharasch et al.*, Am. Soc. **70** [1948] 1055, 1057).

$Kp_{0,4}$: 114°. n_D^{20}: 1,4480.

***Opt.-inakt. 2,4-Di-*tert*-butyl-4-chlor-1,1-dioxo-dihydro-1λ⁶-thiophen-3-on** $C_{12}H_{21}ClO_3S$, Formel VII.

B. Beim Erwärmen von opt.-inakt. 2,4-Di-*tert*-butyl-4-hydroxy-1,1-dioxo-dihydro-1λ⁶-thiophen-3-on (F: 82–83°) mit Phosphor(V)-chlorid in Chloroform (*Backer, Strating*, R. **56** [1937] 1069, 1072, 1085).

F: ca. 156° [aus PAe.].

***Opt.-inakt. 3,5-Di-*tert*-butyl-dihydro-furan-2-on, 2-*tert*-Butyl-4-hydroxy-5,5-dimethyl-hexansäure-lacton** $C_{12}H_{22}O_2$, Formel VIII (X = H).

B. Bei der Hydrierung von (±)-3,5-Di-*tert*-butyl-5*H*-furan-2-on oder von (±)-3,5-Di-*tert*-butyl-3*H*-furan-2-on an Palladium in Äthanol (*Wiberg, Hutton*, Am. Soc. **76** [1954] 5367, 5369, 5370).

F: 82–83° [nach Sublimation]. UV-Absorptionsmaximum: 224 nm.

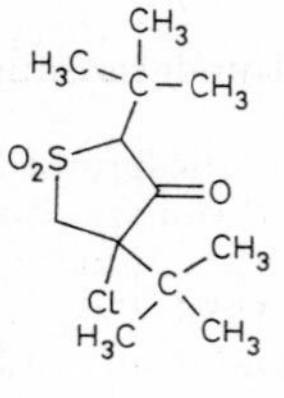

VII 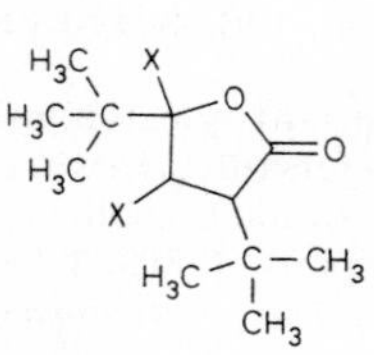 VIII 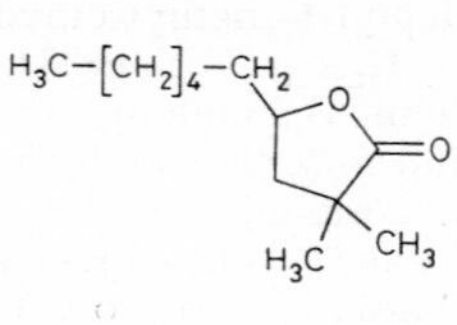 IX

***Opt.-inakt. 4,5-Dibrom-3,5-di-*tert*-butyl-dihydro-furan-2-on, 3,4-Dibrom-2-*tert*-butyl-4-hydroxy-5,5-dimethyl-hexansäure-lacton** $C_{12}H_{20}Br_2O_2$, Formel VIII (X = Br).

B. Beim Behandeln von (±)-3,5-Di-*tert*-butyl-3*H*-furan-2-on mit Brom in Tetrachlormethan (*Wiberg, Hutton*, Am. Soc. **76** [1954] 5367, 5369).

F: 112,5–113,2° [korr.; aus Hexan]. An feuchter Luft wird Bromwasserstoff abgegeben.

(±)-5-Hexyl-3,3-dimethyl-dihydro-furan-2-on, (±)-4-Hydroxy-2,2-dimethyl-decansäure-lacton $C_{12}H_{22}O_2$, Formel IX.

B. Beim Erhitzen von (±)-4-Brom-2,2-dimethyl-decansäure-methylester unter 55 Torr bis auf 180° (*Kharasch et al.*, Am. Soc. **70** [1948] 1055, 1057).

$Kp_{0,3}$: 83–84°. n_D^{20}: 1,4436.

***Opt.-inakt. 3-Äthyl-5-isopentyl-4-methyl-dihydro-furan-2-on, 2-Äthyl-4-hydroxy-3,7-dimethyl-octansäure-lacton** $C_{12}H_{22}O_2$, Formel X.

B. Beim Erwärmen von opt.-inakt. 2-Äthyl-3-hydroxy-3,7-dimethyl-octansäure-äthylester (Kp_8: 124–125°) mit wss. Schwefelsäure (*Obata*, J. pharm. Soc. Japan **73** [1953] 1298; C. A. **1955** 175).

Kp_5: 120–122°.

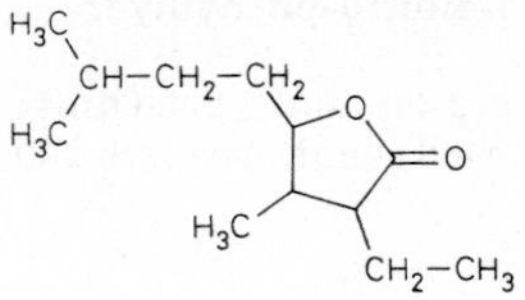

X 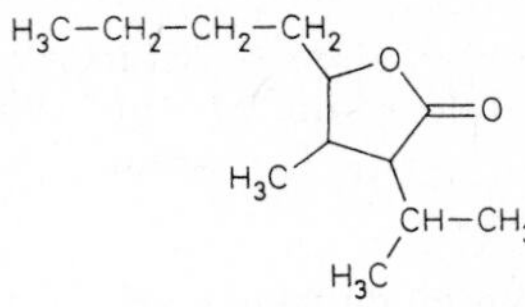 XI 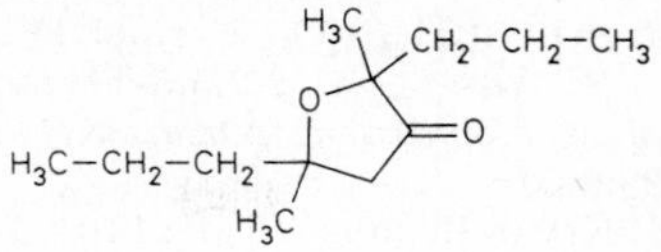 XII

*Opt.-inakt. **5-Butyl-3-isopropyl-4-methyl-dihydro-furan-2-on, 4-Hydroxy-2-isopropyl-3-methyl-octansäure-lacton** $C_{12}H_{22}O_2$, Formel XI.

B. Beim Erwärmen von opt.-inakt. 3-Hydroxy-2-isopropyl-3-methyl-octansäure-äthylester (Kp_5: 120–123°) mit wss. Schwefelsäure (*Obata*, J. pharm. Soc. Japan **73** [1953] 1298; C. A. **1955** 175).

Kp_8: 119–120°.

---

*Opt.-inakt. **2,5-Dimethyl-2,5-dipropyl-dihydro-furan-3-on** $C_{12}H_{22}O_2$, Formel XII.

B. Beim Erhitzen von opt.-inakt. 4,7-Dimethyl-dec-5-in-4,7-diol (F: 50–53°) mit Quecksilber(II)-sulfat und Wasser (*Korobizyna et al.*, Ž. obšč. Chim. **27** [1957] 1792, 1793; engl. Ausg. S. 1859).

Kp_2: 77,5–78,5°. D_4^{20}: 0,9176. n_D^{20}: 1,4435.

(±)-3-Butyryl-2,2,5,5-tetramethyl-tetrahydro-furan, (±)-1-[2,2,5,5-Tetramethyl-tetrahydro-[3]furyl]-butan-1-on $C_{12}H_{22}O_2$, Formel I.

B. Bei der Hydrierung von 1-[2,2,5,5-Tetramethyl-2,5-dihydro-[3]furyl]-but-2-en-1-on an Platin in Äthanol (*Nasarow et al.*, Ž. obšč. Chim. **27** [1957] 2961, 2967; engl. Ausg. S. 2992, 2996).

Kp_4: 77–78°. D_4^{20}: 0,9069. n_D^{20}: 1,4425.

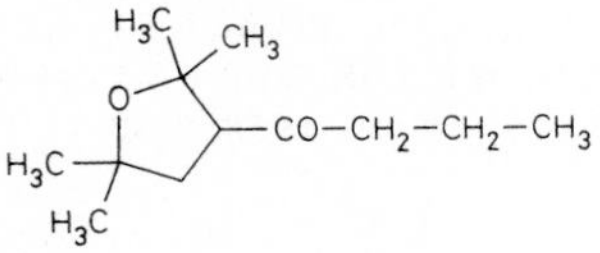

I 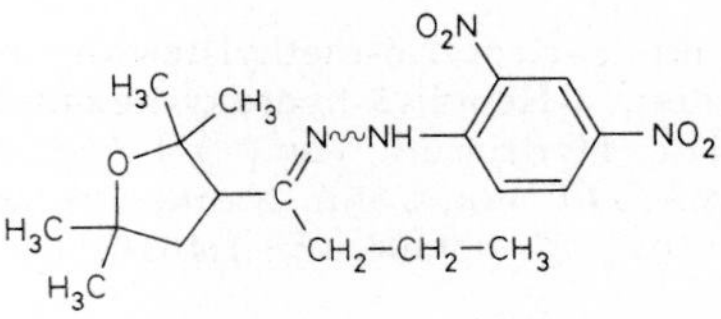 II

(±)-1-[2,2,5,5-Tetramethyl-tetrahydro-[3]furyl]-butan-1-on-[2,4-dinitro-phenylhydrazon] $C_{18}H_{26}N_4O_5$, Formel II.

B. Aus (±)-1-[2,2,5,5-Tetramethyl-tetrahydro-[3]furyl]-butan-1-on und [2,4-Dinitro-phenyl]-hydrazin (*Nasarow et al.*, Ž. obšč. Chim. **27** [1957] 2961, 2967; engl. Ausg. S. 2992, 2996).

Krystalle (aus A.); F: 138–140°.

(±)-1-[2,2,5,5-Tetramethyl-tetrahydro-[3]furyl]-butan-2-on $C_{12}H_{22}O_2$, Formel III.

B. Bei der Hydrierung von 1-[2,2,5,5-Tetramethyl-dihydro-[3]furyliden]-but-3-en-2-on an Platin in Äthanol (*Nasarow et al.*, Ž. obšč. Chim. **27** [1957] 2961, 2966; engl. Ausg. S. 2992, 2996).

Kp_5: 85–86°. D_4^{20}: 0,9235. n_D^{20}: 1,449.

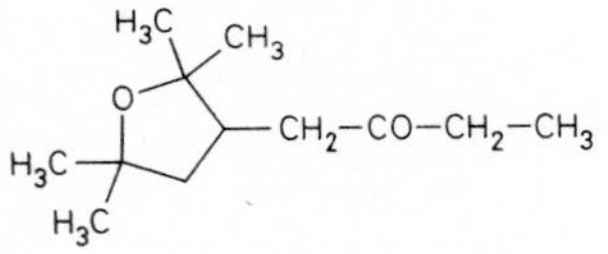

III 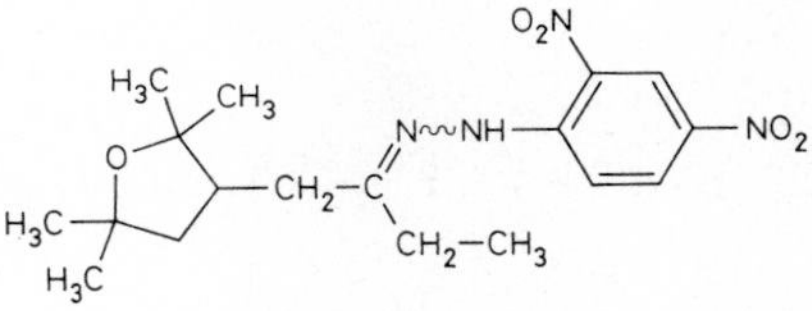 IV

(±)-1-[2,2,5,5-Tetramethyl-tetrahydro-[3]furyl]-butan-2-on-[2,4-dinitro-phenylhydrazon] $C_{18}H_{26}N_4O_5$, Formel IV.

B. Aus (±)-1-[2,2,5,5-Tetramethyl-tetrahydro-[3]furyl]-butan-2-on und [2,4-Dinitro-phenyl]-hydrazin (*Nasarow et al.*, Ž. obšč. Chim. **27** [1957] 2961, 2966; engl. Ausg. S. 2992, 2996).

Krystalle (aus A.); F: 140–142°.

Oxo-Verbindungen $C_{13}H_{24}O_2$

Oxacyclotetradecan-2-on, 13-Hydroxy-tridecansäure-lacton, Tridecan-13-olid $C_{13}H_{24}O_2$, Formel V (E II 294).

B. Beim Erwärmen von 13-Brom-tridecansäure mit Kaliumcarbonat in Butanon (*Hunsdiecker, Erlbach*, B. **80** [1947] 129, 135). Neben 1,15-Dioxa-cyclooctacosan-2,16-dion beim Erwärmen von 13-Hydroxy-tridecansäure mit Benzolsulfonsäure in viel Benzol (*Stoll, Rouvé*, Helv. **18** [1935] 1087, 1120).

Über die Konformation s. *Huisgen, Ott*, Tetrahedron **6** [1959] 253. Dipolmoment (ε; Bzl.): 1,86 D (*Hui., Ott*, l. c. S. 256).

Krystalle; F: 27,5° [aus Me.] (*Hun., Er.*), 26° (*Ruzicka, Giacomello*, Helv. **20** [1937] 548, 557). Kp_{10-11}: 143° (*Hui., Ott*); $Kp_{3,8}$: 122° (*Hun., Er.*). D_4^{33}: 0,9590 (*Ru., Gi.*); D_4^{40}: 0,9569 (*Hun., Er.*); D_4^{46}: 0,950 (*Ru., Gi.*). IR-Banden im Bereich von 5,5 μ bis 10 μ: *Hui., Ott*, l. c. S. 264.

Geschwindigkeitskonstante der Hydrolyse in Natriumhydroxid enthaltendem 60%ig. wss. Dioxan bei 60°, 67° und 75,5°: *Hui., Ott*, l. c. S. 261.

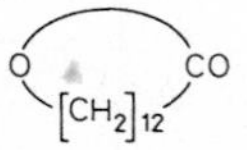

V 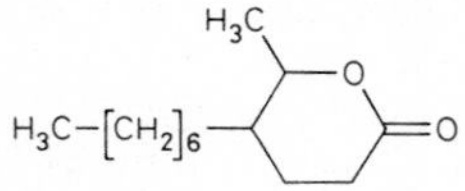 VI 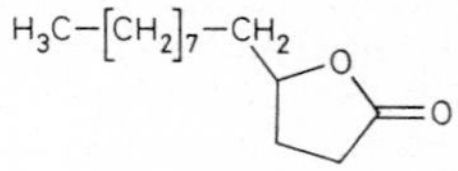 VII

***Opt.-inakt. 5-Heptyl-6-methyl-tetrahydro-pyran-2-on, 4-[1-Hydroxy-äthyl]-undecansäure-lacton, 4-Heptyl-5-hydroxy-hexansäure-lacton** $C_{13}H_{24}O_2$, Formel VI.

B. Bei der Hydrierung von (±)-4-Acetyl-undecansäure mit Hilfe eines Nickel-Katalysators (*Below, Dil'man*, Chim. Nauka Promyšl. **2** [1957] 135; C. A. **1958** 6182).

Kp_2: 146°. D_4^{20}: 0,9366. n_D^{20}: 1,4610.

(±)-5-Nonyl-dihydro-furan-2-on, (±)-4-Hydroxy-tridecansäure-lacton, (±)-Tridecan-4-olid $C_{13}H_{24}O_2$, Formel VII (E II 295).

B. Bei der Umsetzung von (±)-1,2-Epoxy-undecan mit der Natrium-Verbindung des Malonsäure-diäthylesters, anschliessenden Hydrolyse und Decarboxylierung (*Rothstein*, Bl. [5] **2** [1935] 1936, 1940, 1942). Beim Erhitzen von Tridec-3-ennitril (E III **2** 1372) mit wss. Schwefelsäure (*Delaby, Lecomte*, Bl. [5] **4** [1937] 1007, 1011).

E: ca. 0° (*De., Le.*). Kp_{13}: 186,5–187,5° (*De., Le.*); $Kp_{0,45}$: 142–143° (*Ro.*). D_4^{20}: 0,9312 (*Ro.*); D_4^{23}: 0,926 (*De., Le.*). n_D^{20}: 1,4532 (*Ro.*); n_D^{23}: 1,4543 (*De., Le.*). IR-Banden im Bereich von 7 μ bis 15 μ: *De., Le.*, l. c. S. 1014.

(±)-1-Tetrahydro[2]furyl-nonan-4-on $C_{13}H_{24}O_2$, Formel VIII.

B. Beim Behandeln einer Lösung von opt.-inakt. 1-Tetrahydro[2]furyl-nonan-4-ol in Essigsäure mit wss. Natriumdichromat-Lösung (*Notari et al.*, G. **89** [1959] 1139, 1146).

Kp_3: 107°. D_4^{20}: 0,9426. n_D^{20}: 1,4559.

VIII IX X

(±)-3-Nonyl-dihydro-furan-2-on, (±)-2-[2-Hydroxy-äthyl]-undecansäure-lacton, (±)-4-Hydroxy-2-nonyl-buttersäure-lacton $C_{13}H_{24}O_2$, Formel IX.

B. Beim Behandeln der Natrium-Verbindung des Nonylmalonsäure-diäthylesters mit Äthylenoxid in Äthanol, anschliessenden Erwärmen mit wss. Kalilauge und Erhitzen des Reaktionsprodukts unter vermindertem Druck (*Rothstein*, Bl. [5] **2** [1935] 80, 85).

F: 28°. $Kp_{0,56}$: 143°. D_4^{23}: 0,9301. n_D^{23}: 1,4515.

(±)-5-Methyl-5-octyl-dihydro-furan-2-on, (±)-4-Hydroxy-4-methyl-dodecansäure-lacton $C_{13}H_{24}O_2$, Formel X.

B. Beim Behandeln von Lävulinsäure-äthylester mit Octylmagnesiumbromid in Äther und anschliessend mit wss. Schwefelsäure, Erwärmen des Reaktionsprodukts mit äthanol. Kalilauge und Erwärmen des danach isolierten Reaktionsprodukts mit wss. Schwefelsäure (*Obata*, J. pharm. Soc. Japan **73** [1953] 1301; C. A. **1955** 176).

Kp_5: 145–146°.

***Opt.-inakt. 5-Methyl-3-octyl-dihydro-furan-2-on, 2-[2-Hydroxy-propyl]-decansäure-lacton, 4-Hydroxy-2-octyl-valeriansäure-lacton** $C_{13}H_{24}O_2$, Formel XI.

B. Beim Erhitzen von (±)-2-Octyl-pent-4-ensäure mit wss. Schwefelsäure (*v. Braun*, B. **70** [1937] 1250, 1252).

Krystalle, F: 40°. Kp_{16}: 196°.

***Opt.-inakt. 5-Hexyl-3-isopropyl-dihydro-furan-2-on, 4-Hydroxy-2-isopropyl-decansäure-lacton** $C_{13}H_{24}O_2$, Formel XII.

B. Beim Erhitzen von opt.-inakt. 4-Brom-2-isopropyl-decansäure-methylester ($Kp_{0,03}$: 84–85°; n_D^{20}: 1,4608) unter 55 Torr bis auf 180° (*Kharasch et al.*, Am. Soc. **70** [1948] 1055, 1057, 1059).

n_D^{20}: 1,4508.

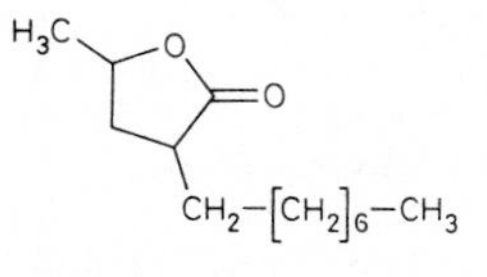

XI 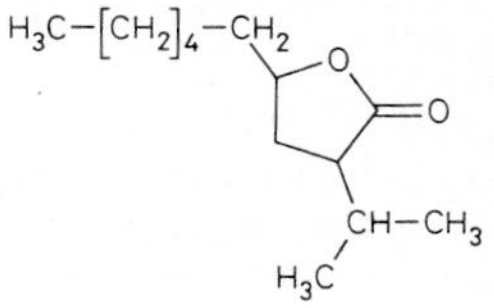 XII 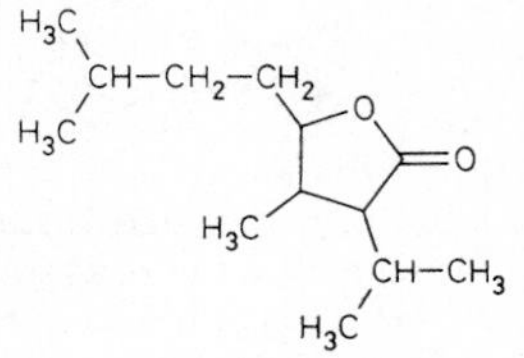 XIII

***Opt.-inakt. 5-Isopentyl-3-isopropyl-4-methyl-dihydro-furan-2-on, 4-Hydroxy-2-isopropyl-3,7-dimethyl-octansäure-lacton** $C_{13}H_{24}O_2$, Formel XIII.

B. Beim Erwärmen von opt.-inakt. 3-Hydroxy-2-isopropyl-3,7-dimethyl-octansäure-äthylester (Kp_7: 129–132°) mit wss. Schwefelsäure (*Obata*, J. pharm. Soc. Japan **73** [1953] 1298; C. A. **1955** 175).

Kp_7: 118–119°.

Oxo-Verbindungen $C_{14}H_{26}O_2$

Oxacyclopentadecan-2-on, 14-Hydroxy-tetradecansäure-lacton, Tetradecan-14-olid $C_{14}H_{26}O_2$, Formel I (E II 295)[1]).

B. Beim Erwärmen von 14-Brom-tetradecansäure mit Kaliumcarbonat in Butanon (*Hunsdiecker, Erlbach*, B. **80** [1947] 129, 135). Beim Erhitzen von 14-Hydroxy-tetradecansäure unter vermindertem Druck auf 200° und Erhitzen des Reaktionsprodukts mit Glycerin und Kaliumsebacat unter vermindertem Druck auf 180° (*Below et al.*, Trudy Inst. sint. nat. dušist. Veščestv Nr. 4 [1958] 3, 13; C. A. **1959** 15 969). Neben 1,16-Dioxa-cyclotriacontan-2,17-dion beim Erwärmen von 14-Hydroxy-tetradecansäure mit Benzolsulfonsäure in Benzol (*Stoll, Rouvé*, Helv. **18** [1935] 1087, 1121). Neben kleineren Mengen

---

[1]) Berichtigung zu E II 295, Zeile 22 von unten: An Stelle von „Tetradecanolid-(13.1)" ist zu setzen „Tetradecanolid-(14.1)".

1,16-Dioxa-cyclotriacontan-2,17-dion beim Erhitzen von polymerer 14-Hydroxy-tetradecansäure mit Magnesiumchlorid-hexahydrat unter 1 Torr auf 270° (*Spanagel, Carothers*, Am. Soc. **58** [1936] 654).

Krystalle [aus Me.] (*Hu., Er.*). F: 33–33,7° (*Hu., Er.*), 29–30° (*Soc. An. Naef & Cie.*, D.R.P. 511884 [1928]; Frdl. **17** 215; *Be. et al.*). Kp_{15}: 165° (*Soc. An. Naef & Cie.*); Kp_7: 142–143° (*Be. et al.*); $Kp_{3,5}$: 135° (*Hu., Er.*); $Kp_{0,2}$: 106–109° (*St., Ro.*). D_4^{33}: 0,9528 (*Soc. An. Naef & Cie.*); D_4^{40}: 0,9479 (*Hu., Er.*). n_D^{33}: 1,4662 (*Soc. An. Naef & Cie.*).

(±)-5-Decyl-dihydro-furan-2-on, (±)-4-Hydroxy-tetradecansäure-lacton, (±)-Tetradecan-4-olid $C_{14}H_{26}O_2$, Formel II.

B. Bei der Umsetzung von (±)-1,2-Epoxy-dodecan mit der Natrium-Verbindung des Malonsäurediäthylesters, anschliessenden Hydrolyse und Decarboxylierung (*Rothstein*, Bl. [5] **2** [1935] 1936, 1940, 1943). Beim Erhitzen von 4-Oxo-tetradecansäure mit Äthanol und Natrium auf 150° und Erhitzen der erhaltenen 4-Hydroxy-tetradecansäure mit wss. Salzsäure (*Robinson*, Soc. **1930** 745, 748). Beim Erwärmen von (±)-3-Hydroxy-tetradecansäure-äthylester mit wss. Schwefelsäure (*Obata*, J. pharm. Soc. Japan **73** [1953] 1925; C. A. **1955** 175).

Krystalle; F: 30–31° [aus Me.] (*Rob.*), 29° (*Rot.*). Kp_{13}: 194° (*Rot.*); Kp_3: 161–163° (*Ob.*); $Kp_{0,3}$: 140° (*Rot.*).

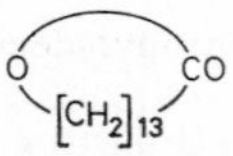

I 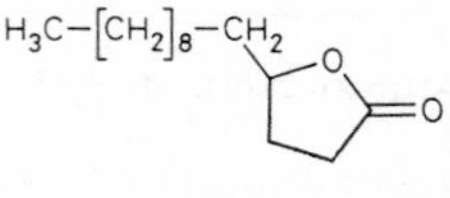 II 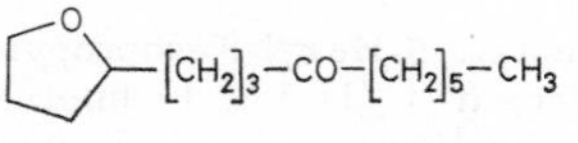 III

(±)-1-Tetrahydro[2]furyl-decan-4-on $C_{14}H_{26}O_2$, Formel III.

B. Beim Behandeln einer Lösung von opt.-inakt. 1-Tetrahydro[2]furyl-decan-4-ol in Essigsäure mit wss. Natriumdichromat-Lösung (*Notari et al.*, G. **89** [1959] 1139, 1147).

Kp_6: 144°. D_4^{20}: 0,9377. n_D^{20}: 1,4575.

(±)-3-Decyl-dihydro-furan-2-on, (±)-2-[2-Hydroxy-äthyl]-dodecansäure-lacton, (±)-2-Decyl-4-hydroxy-buttersäure-lacton $C_{14}H_{26}O_2$, Formel IV.

B. Beim Behandeln der Natrium-Verbindung des Decylmalonsäure-diäthylesters mit Äthylenoxid in Äthanol, anschliessenden Erwärmen mit wss. Kalilauge und Erhitzen des Reaktionsprodukts unter vermindertem Druck (*Rothstein*, Bl. [5] **2** [1935] 80, 85).

F: 34°. $Kp_{0,56}$: 143°.

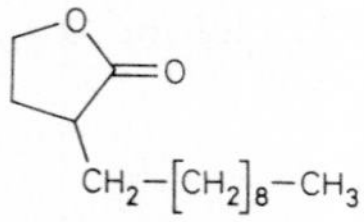

IV 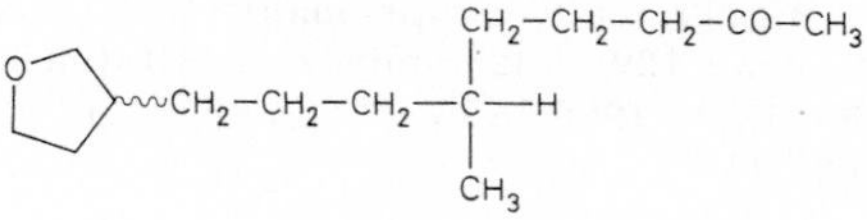 V

(*R*)-6-Methyl-9-[(*Ξ*)-tetrahydro[3]furyl]-nonan-2-on $C_{14}H_{26}O_2$, Formel V.

Bildung aus (*R*)-2,6-Dimethyl-9-[(*Ξ*)-tetrahydro[3]furyl]-nonan-2-ol (S. 1179) durch Dehydratisierung und anschliessende Ozonolyse: *Arata, Ohashi*, J. pharm. Soc. Japan **77** [1957] 229; C. A. **1957** 11344; *Ohashi*, J. pharm. Soc. Japan **79** [1959] 729, 733; C. A. **1959** 22032.

Kp_4: 124–128° (*Oh.*). IR-Spektrum (4000–650 cm^{-1}): *Narisada*, J. pharm. Soc. Japan **77** [1957] 321; C. A. **1957** 9322.

(6*R*)-6-Methyl-9-[(*Ξ*)-tetrahydro[3]furyl]-nonan-2-on-semicarbazon $C_{15}H_{29}N_3O_2$, Formel VI.

B. Aus dem im vorangehenden Artikel beschriebenen Keton und Semicarbazid (*Arata*,

Ohashi, J. pharm. Soc. Japan **77** [1957] 229; C. A. **1957** 11344; *Ohashi*, J. pharm. Soc. Japan **79** [1959] 729, 733; C. A. **1959** 22032).

Krystalle; F: 69–71,5° (*Ar.*, *Oh.*), 69,5° (*Oh.*).

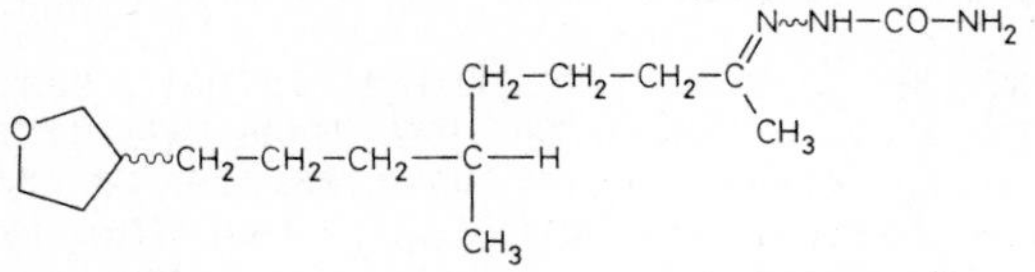

VI 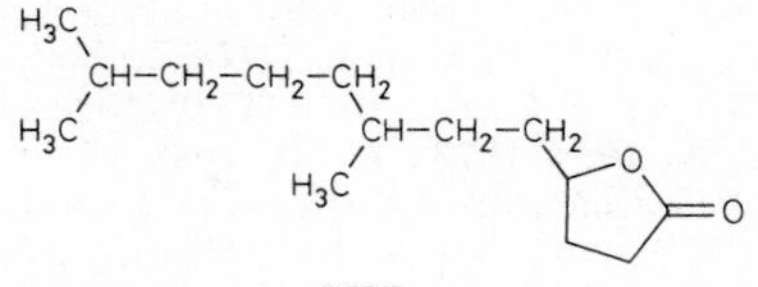 VII

***Opt.-inakt. 5-[3,7-Dimethyl-octyl]-dihydro-furan-2-on, 4-Hydroxy-7,11-dimethyl-dodecansäure-lacton** $C_{14}H_{26}O_2$, Formel VII.

B. Beim Erwärmen von (±)-7,11-Dimethyl-dodec-3-ennitril (E III **2** 1374) mit wss. Schwefelsäure (*Delaby*, *Lecomte*, Bl. [5] **4** [1937] 1007, 1011, 1014).

Kp_{10}: 179–181,5°. D_4^0: 0,935; D_4^{17}: 0,922. $n_D^{11,5}$: 1,4600. IR-Banden im Bereich von 7 μ bis 15,4 μ: *De.*, *Le.*

***Opt.-inakt. 5-[2,6-Dimethyl-heptyl]-5-methyl-dihydro-furan-2-on, 4-Hydroxy-4,6,10-trimethyl-undecansäure-lacton** $C_{14}H_{26}O_2$, Formel VIII.

B. Beim Behandeln von (±)-6,10-Dimethyl-4-oxo-undecansäure-äthylester mit Methylmagnesiumjodid in Äther, Erwärmen des erhaltenen Esters mit äthanol. Kalilauge und Erhitzen des Reaktionsprodukts mit wss. Schwefelsäure (*Dutta*, J. Indian chem. Soc. **26** [1949] 545, 548).

Kp_6: 135–140°; Kp_3: 125–130°.

Beim Erhitzen mit Phosphor(V)-oxid auf 140° ist 2-[1,5-Dimethyl-hexyl]-3-methyl-cyclopent-2-enon erhalten worden.

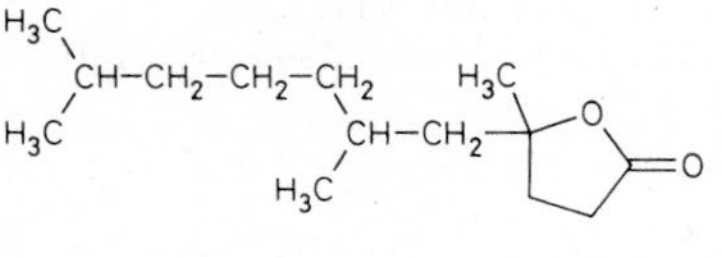

VIII 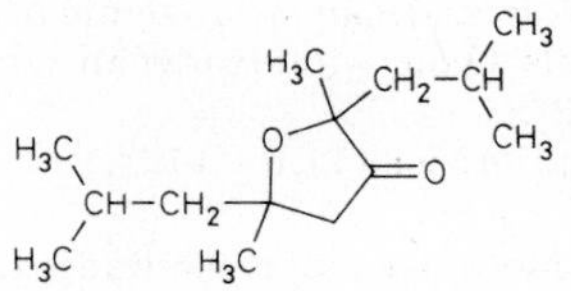 IX

***Opt.-inakt. 2,5-Diisobutyl-2,5-dimethyl-dihydro-furan-3-on** $C_{14}H_{26}O_2$, Formel IX.

B. Beim Erhitzen von opt.-inakt. 2,4,7,9-Tetramethyl-dec-5-in-4,7-diol (F: 55–57,5°) mit Quecksilber(II)-sulfat und Wasser (*Korobizyna et al.*, Ž. obšč. Chim. **27** [1957] 1792, 1793; engl. Ausg. S. 1859).

Kp_7: 107–107,5°. D_4^{20}: 0,9034. n_D^{20}: 1,4447.

Oxo-Verbindungen $C_{15}H_{28}O_2$

Oxacyclohexadecan-2-on, 15-Hydroxy-pentadecansäure-lacton, Pentadecan-15-olid, Exaltolid, Tibetolid $C_{15}H_{28}O_2$, Formel X (E II 295).

B. Beim Erwärmen von 15-Brom-pentadecansäure mit Kaliumcarbonat in Butanon (*Hunsdiecker*, *Erlbach*, B. **80** [1947] 129, 135). Beim Erhitzen von 15-Hydroxy-pentadecansäure unter vermindertem Druck auf 220° und Erhitzen des Reaktionsprodukts mit Glycerin und Kaliumsebacat unter 2–5 Torr auf 200° (*Below et al.*, Trudy Inst. sint. nat. dušist. Veščestv Nr. 4 [1958] 3, 18; C. A. **1959** 15969). Aus 15-Hydroxy-pentadecansäure beim Erwärmen mit Benzolsulfonsäure in viel Benzol (*Stoll*, *Rouvé*, Helv. **17** [1934] 1283, 1285, 1287), beim Behandeln mit Thionylchlorid in Petroläther oder Benzol sowie beim Erwärmen mit Benzol und konz. Schwefelsäure (*Firmenich & Cie.*, D.R.P. 681961 [1934]; U.S.P. 2202437 [1934]). Beim Erhitzen von (±)-15-Hydroxy-pentadecansäure-[2,3-dihydroxy-propylester] mit einer aus Glycerin und Natrium bereiteten Lösung (*Givaudan &*

Cie., D.R.P. 691971 [1937]; D. R.P. Org. Chem. **6** 1264; *Givaudan-Delawanna Inc.*, U.S.P. 2234551 [1937]). Beim Leiten von 15-Formyloxy-pentadecansäure oder von 15-Formyloxy-pentadecansäure-methylester über Titan(IV)-oxid bei 300° (*Stoll, Bolle*, Helv. **31** [1948] 98).

Über die Konformation s. *Huisgen, Ott*, Tetrahedron **6** [1959] 253. Dipolmoment (ε; Bzl.): 1,86 D (*Hui., Ott*, l. c. S. 256).

Krystalle [aus Me.] (*Hun., Er.*). F: 37–38° (*Schering A.G.*, D.R.P. 727051 [1939]), 37–37,5° (*Hun., Er.*), 37,0° (*Serpinškiĭ et al.*, Ž. fiz. Chim. **28** [1954] 1969, 1971, 1973; C. A. **1956** 4573; Trudy Inst. sint. nat. dušist. Veščestv Nr. 4 [1958] 125, 129), 34–35° (*Be. et al.*), 32° (*Ruzicka, Giacomello*, Helv. **20** [1937] 548, 557). Kp_{10-11}: 169° (*Hui., Ott*, l. c. S. 256); Kp_2: 137° (*Hun., Er.*); $Kp_{0,2}$: 112–114° (*Schering A.G.*); $Kp_{0,06}$: 111–112° (*St., Ro.*); $Kp_{0,03}$: 102–103° (*St., Bo.*). Dampfdruck bei Temperaturen von 15° ($1,45 \cdot 10^{-4}$ Torr) bis 60° ($1,23 \cdot 10^{-2}$ Torr) bzw. bei Temperaturen von 16,5° ($1,63 \cdot 10^{-4}$ Torr) bis 46,8° ($4,0 \cdot 10^{-3}$ Torr): *Se. et al.*, Ž. fiz. Chim. **28** 1973; Trudy Inst. sint. nat. dušist. Veščestv Nr. 4 129. D_4^{33}: 0,9462 (*St., Ro.*); D_4^{40}: 0,9401 (*Hun., Er.*); D_4^{52}: 0,932 (*Ru., Gi.*). n_D^{31}: 1,4670 (*St., Ro.*).

Geschwindigkeitskonstante der Hydrolyse in Natriumhydroxid enthaltendem 60%ig. wss. Dioxan bei 60°, 67° und 74°: *Hui., Ott*, l. c. S. 261.

Oxacyclohexadecan-6-on $C_{15}H_{28}O_2$, Formel XI.

B. Neben 1,11(oder 1,17)-Dioxa-cyclodotriacontan-6,22-dion (Semicarbazon: F: 182,5° bis 183°) beim Erhitzen des Cer-Salzes der 11-[4-Carboxy-butyloxy]-undecansäure (*Stoll, Scherrer*, Helv. **19** [1936] 735, 741).

$Kp_{0,05}$: 120–121°. D_4^{21}: 0,9543. n_D^{21}: 1,4743.

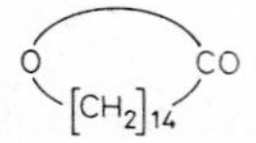

X 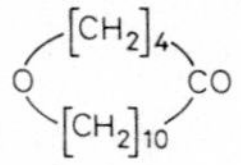 XI 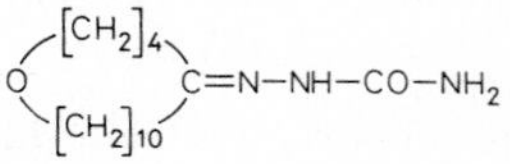 XII 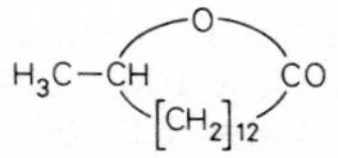 XIII

Oxacyclohexadecan-6-on-semicarbazon $C_{16}H_{31}N_3O_2$, Formel XII.

B. Aus Oxacyclohexadecan-6-on und Semicarbazid (*Stoll, Scherrer*, Helv. **19** [1936] 735, 742).

Krystalle; F: 171,5–172°.

(±)-15-Methyl-oxacyclopentadecan-2-on, (±)-14-Hydroxy-pentadecansäure-lacton, (±)-Pentadecan-14-olid $C_{15}H_{28}O_2$, Formel XIII.

B. Neben kleinen Mengen 15,30-Dimethyl-1,16-dioxa-cyclotriacontan-2,17-dion (F: ca. 100°) beim Erwärmen von (±)-14-Hydroxy-pentadecansäure mit Benzolsulfonsäure in viel Benzol (*Stoll, Gardner*, Helv. **17** [1934] 1609, 1612).

$Kp_{0,1}$: 108–109° (*Stoll, Rouvé*, Helv. **18** [1935] 1087, 1123); $Kp_{0,1}$: 105–105,5° (*St., Ga.*). D_4^{20}: 0,9448 (*St., Ro.*). n_D^{18}: 1,4687 (*St., Ga.*).

(±)-14-Methyl-oxacyclopentadecan-2-on, (±)-14-Hydroxy-13-methyl-tetradecansäure-lacton $C_{15}H_{28}O_2$, Formel I.

B. Beim Behandeln des Natrium-Salzes der opt.-inakt. 14-Hydroxy-13-methyl-tetradecansäure mit (±)-3-Chlor-propan-1,2-diol und Erhitzen des Reaktionsprodukts mit wenig Natriummethylat in Glycerin (*Givaudan & Cie.*, D.R.P. 691971 [1937]; D.R.P. Org. Chem. **6** 1264; *Givaudan-Delawanna Inc.*, U.S.P. 2234551 [1937]).

Kp_3: 137°. D^{20}: 0,955. n_D^{20}: 1,4711.

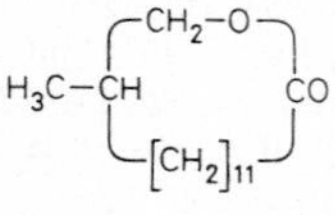

I 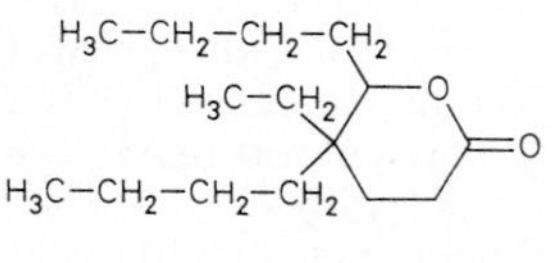 II 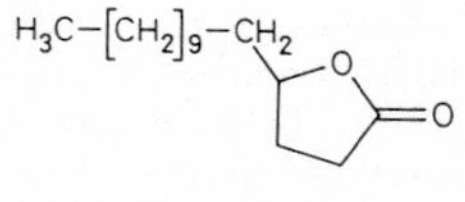 III

***Opt.-inakt. 5-Äthyl-5,6-dibutyl-tetrahydro-pyran-2-on, 4-Äthyl-4-butyl-5-hydroxy-nonansäure-lacton** $C_{15}H_{28}O_2$, Formel II.

B. Beim Erhitzen von opt.-inakt. 4-Äthyl-4-butyl-5-hydroxy-nonannitril (Kp_4: 171,5°; n_D^{28}: 1,4641) mit wss. Kalilauge und Ansäuern des Reaktionsgemisches (*Cason et al.*, J. org. Chem. **24** [1959] 392, 396).

$Kp_{1,5}$: 142,7°. n_D^{26}: 1,4681.

(±)-5-Undecyl-dihydro-furan-2-on, (±)-4-Hydroxy-pentadecansäure-lacton, (±)-Pentadecan-4-olid $C_{15}H_{28}O_2$, Formel III.

B. Beim Erhitzen von 4-Oxo-pentadecansäure mit Aluminiumisopropylat in Isopropylalkohol (*Bowman, Fordham*, Soc. **1951** 2753, 2757). Bei der Umsetzung von (±)-1,2-Epoxy-tridecan mit der Natrium-Verbindung des Malonsäure-diäthylesters, anschliessenden Hydrolyse und Decarboxylierung (*Rothstein*, Bl. [5] **2** [1935] 1936, 1940, 1943).

F: 32° (*Ro.*), 25° [aus Bzn.] (*Bo., Fo.*). $Kp_{0,8}$: 155—157° (*Bo., Fo.*); $Kp_{0,43}$: 159° (*Ro.*). n_D^{20}: 1,4590 (*Bo., Fo.*).

(±)-3-Undecyl-dihydro-furan-2-on, (±)-2-[2-Hydroxy-äthyl]-tridecansäure-lacton, (±)-4-Hydroxy-2-undecyl-buttersäure-lacton $C_{15}H_{28}O_2$, Formel IV.

B. Beim Behandeln der Natrium-Verbindung des Undecylmalonsäure-diäthylesters mit Äthylenoxid in Äthanol, anschliessenden Behandeln mit wss. Kalilauge und Erhitzen des Reaktionsprodukts unter vermindertem Druck (*Rothstein*, Bl. [5] **2** [1935] 80, 85).

F: 40°. $Kp_{0,8}$: 155°.

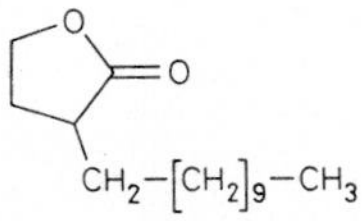

IV 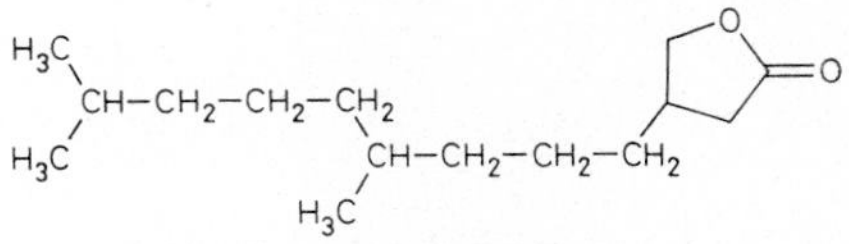 V

4-[4,8-Dimethyl-nonyl]-dihydro-furan-2-on, 3-Hydroxymethyl-7,11-dimethyl-dodecansäure-lacton $C_{15}H_{28}O_2$, Formel V.

Diese Konstitution kommt dem nachstehend beschriebenen Hydroxynupharansäure-lacton zu (*Narisada*, J. pharm. Soc. Japan **77** [1957] 321; C. A. **1957** 9322).

B. Beim Behandeln von 3-[4,8-Dimethyl-nonyl]-tetrahydro-furan (Anhydronupharandiol; aus Desoxynupharidin [Syst. Nr. 4194] hergestellt) mit Chrom(VI)-oxid in Essigsäure (*Arata*, J. pharm. Soc. Japan **77** [1957] 225, 227; C. A. **1957** 11343).

Kp_3: 151—153° (*Ar.*). IR-Spektrum (2,5—15 μ): *Na.*

(±)-5-Decyl-5-methyl-dihydro-furan-2-on, (±)-4-Hydroxy-4-methyl-tetradecansäure-lacton $C_{15}H_{28}O_2$, Formel VI.

B. Beim Behandeln von Lävulinsäure-äthylester mit Decylmagnesiumbromid in Äther und Benzol und anschliessend mit wss. Schwefelsäure (*Cason et al.*, Am. Soc. **66** [1944] 1764, 1766). Beim Behandeln von 4-Oxo-tetradecansäure-äthylester mit Methylmagnesiumjodid in Äther, Erhitzen des Reaktionsprodukts mit wenig Jod, anschliessenden Behandeln mit äthanol. Kalilauge und Erhitzen des Reaktionsprodukts mit wss. Schwefelsäure (*Asano et al.*, J. pharm. Soc. Japan **70** [1950] 202, 208; C. A. **1950** 7229).

Kp_5: 179—181° (*Ca. et al.*); Kp_{2-3}: 136—138° (*As. et al.*).

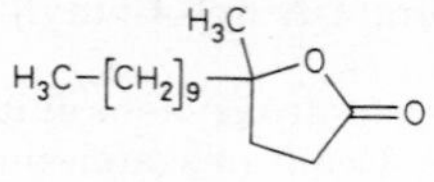

VI 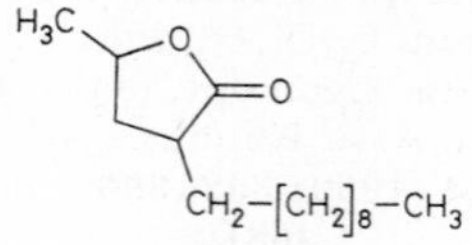 VII

***Opt.-inakt. 3-Decyl-5-methyl-dihydro-furan-2-on, 2-[2-Hydroxy-propyl]-dodecansäure-lacton, 2-Decyl-4-hydroxy-valeriansäure-lacton** $C_{15}H_{28}O_2$, Formel VII.

B. Beim Erhitzen von (±)-2-Decyl-pent-4-ensäure mit wss. Schwefelsäure (*v. Braun*, B. **70** [1937] 1250, 1251).

F: 46°. Kp_{16}: 203—205°.

***Opt.-inakt. 5-[3,7-Dimethyl-octyl]-4-methyl-dihydro-furan-2-on, 4-Hydroxy-3,7,11-trimethyl-dodecansäure-lacton** $C_{15}H_{28}O_2$, Formel VIII.

B. Beim Behandeln von opt.-inakt. 3,7,11-Trimethyl-dodec-1-in-3-ol (Kp_1: 97—99°; n_D^{20}: 1,4487) mit Brom in Petroläther unter Bestrahlung mit UV-Licht, Erhitzen des Reaktionsgemisches mit Toluol-4-sulfonsäure und anschliessend mit äthanol. Kalilauge (*Nasarow et al.*, Izv. Akad. S.S.S.R. Otd. chim. **1958** 1354, 1360; engl. Ausg. S. 1306, 1311).

$Kp_{0,03}$: 87—88,5°. D_4^{18}: 0,925. n_D^{18}: 1,4524.

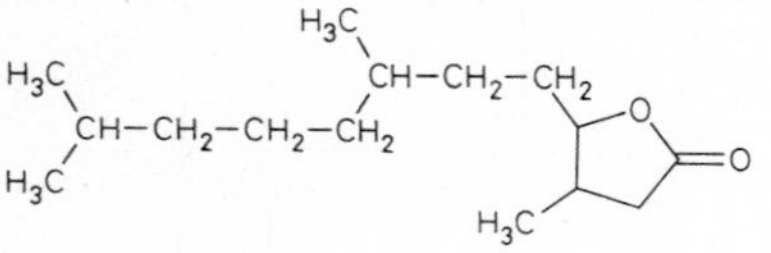

VIII 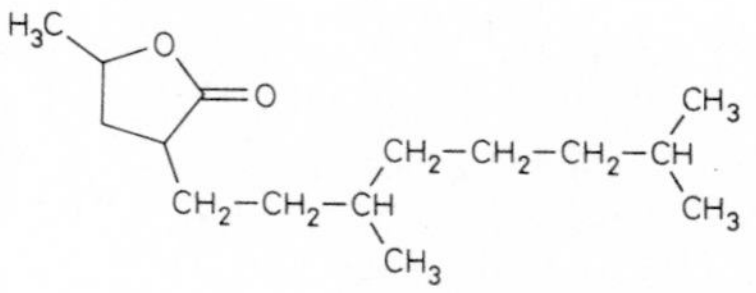 IX

***Opt.-inakt. 3-[3,7-Dimethyl-octyl]-5-methyl-dihydro-furan-2-on, 2-[2-Hydroxy-propyl]-5,9-dimethyl-decansäure-lacton** $C_{15}H_{28}O_2$, Formel IX.

B. Beim Erhitzen von opt.-inakt. 2-[3,7-Dimethyl-octyl]-pent-4-ensäure ($Kp_{0,1}$: 165°) mit wss. Schwefelsäure (*v. Braun*, B. **70** [1937] 1250, 1252).

Kp_{13}: 193°.

Oxo-Verbindungen $C_{16}H_{30}O_2$

Oxacycloheptadecan-2-on, 16-Hydroxy-hexadecansäure-lacton, Hexadecan-16-olid $C_{16}H_{30}O_2$, Formel X (E II 296) [1]).

B. Aus Oxacycloheptadec-10-en-2-on durch Hydrierung (*Hunsdiecker*, Naturwiss. **30** [1942] 587). Beim Erwärmen von 16-Brom-hexadecansäure mit Kaliumcarbonat in Butanon (*Hunsdiecker, Erlbach*, B. **80** [1947] 129, 135; *Plesek*, Collect. **22** [1957] 49, 50). Beim Erhitzen von 16-Hydroxy-hexadecansäure auf 220° und Erhitzen des Reaktionsprodukts mit Glycerin und Kaliumsebacat auf 200° (*Below et al.*, Trudy Inst. sint. nat. dušist. Veščestv Nr. 4 [1958] 3, 21; C. A. **1959** 15969). Beim Erwärmen von 16-Hydroxy-hexadecansäure mit Benzolsulfonsäure in viel Benzol (*Stoll, Rouvé*, Helv. **17** [1934] 1283, 1285, 1286, **18** [1935] 1087, 1121) oder mit Thionylchlorid, Benzol und *N,N*-Dimethyl-anilin (*Firmenich & Cie.*, D.R.P. 681961 [1934]; Frdl. **24** 219; U.S.P. 2202437 [1934]).

Krystalle; F: 35,5—36,5° [aus Me.] (*Hu., Er.*), 34—35° (*St., Ro.*, Helv. **18** 1121), 33,5° (*Etabl. Roure-Bertrand Fils & Justin Dupont*, D.B.P. 820300 [1950]; D.R.B.P. Org. Chem. 1950—1951 **6** 1481, 1484). $Kp_{2,5}$: 127—129° (*Etabl. Roure-Bertrand Fils &*

---

[1]) Berichtigung zu E II 296, Zeile 2 von oben: An Stelle von „Hexanolid-(16.1)" ist zu setzen „Hexadecanolid-(16.1)".

Justin Dupont); Kp_1: 128° (*Hu.*, *Er.*); $Kp_{0,01}$: 105–107° (*St.*, *Ro.*, Helv. **18** 1121). D_4^{33}: 0,9397 (*St.*, *Ro.*, Helv. **17** 1287); D_4^{37}: 0,9324 (*Etabl. Roure-Bertrand Fils & Justin Dupont*); D_4^{40}: 0,9325 (*Hu.*, *Er.*). $n_D^{21,5}$: 1,4699 (*St.*, *Ro.*, Helv. **17** 1287); n_D^{34}: 1,4662 (*Etabl. Roure-Bertrand Fils & Justin Dupont*).

X XI XII

(±)-16-Methyl-oxacyclohexadecan-2-on, (±)-15-Hydroxy-hexadecansäure-lacton, (±)-Hexadecan-15-olid $C_{16}H_{30}O_2$, Formel XI, und **(±)-3-Methyl-oxacyclohexadecan-2-on, (±)-15-Hydroxy-2-methyl-pentadecansäure-lacton** $C_{16}H_{30}O_2$, Formel XII.

Diese beiden Konstitutionsformeln kommen für die nachstehend beschriebene Verbindung in Betracht.

B. Beim Erwärmen einer Lösung von (±)-2-Methyl-cyclopentadecanon in Benzin mit Kaliumperoxodisulfat und wss. Schwefelsäure (*Ruzicka*, D.R.P. 511884 [1928]; Frdl. **17** 215; s. a. *Stoll*, *Gardner*, Helv. **17** [1934] 1609, 1611).

Kp_{15}: 178°; D_4^{33}: 0,9301; n_D^{33}: 1,4611 (*Ru.*).

(±)-15-Methyl-oxacyclohexadecan-2-on, (±)-15-Hydroxy-14-methyl-pentadecansäure-lacton $C_{16}H_{30}O_2$, Formel I, und **(±)-4-Methyl-oxacyclohexadecan-2-on, (±)-15-Hydroxy-3-methyl-pentadecansäure-lacton** $C_{16}H_{30}O_2$, Formel II.

Diese beiden Konstitutionsformeln kommen für die nachstehend beschriebene Verbindung in Betracht.

B. Beim Erwärmen einer Lösung von (±)-3-Methyl-cyclopentadecanon in Benzin mit Kaliumperoxodisulfat und wss. Schwefelsäure (*Ruzicka*, D.R.P. 511884 [1928]; Frdl. **17** 215).

Kp_{15}: 180°. D_4^{33}: 0,9305. n_D^{33}: 1,4614.

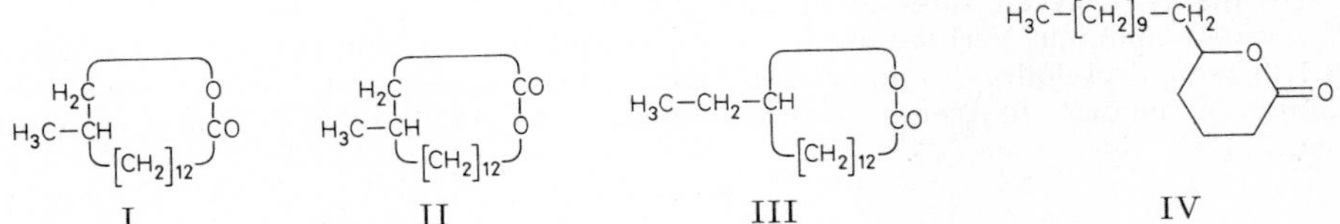

15-Äthyl-oxacyclopentadecan-2-on, 14-Hydroxy-hexadecansäure-lacton, Hexadecan-14-olid $C_{16}H_{30}O_2$, Formel III.

Die folgenden Angaben beziehen sich auf ein Präparat von unbekanntem opt. Drehungsvermögen.

B. Beim Erwärmen von 14-Hydroxy-hexadecansäure (aus Bienenwachs isoliert) mit Naphthalin-2-sulfonsäure in Benzol (*Toyama*, *Hirai*, Fette Seifen **53** [1951] 556).

Bei 140–150°/3 Torr destillierbar. D_4^{20}: 0,9368. n_D^{20}: 1,4690.

(±)-6-Undecyl-tetrahydro-pyran-2-on, (±)-5-Hydroxy-hexadecansäure-lacton, (±)-Hexadecan-5-olid $C_{16}H_{30}O_2$, Formel IV.

B. Beim Behandeln von 5-Oxo-hexadecansäure mit Äthanol und Natrium und Erhitzen des Reaktionsprodukts mit wss. Salzsäure (*Robinson*, Soc. **1930** 745, 748).

Krystalle (aus PAe.); F: 29,5–30°.

(±)-5-Dodecyl-dihydro-furan-2-on, (±)-4-Hydroxy-hexadecansäure-lacton, (±)-Hexadecan-4-olid $C_{16}H_{30}O_2$, Formel V.

B. Beim Erhitzen von Hexadec-3-ennitril (E III **2** 1376) mit wss. Schwefelsäure (*Delaby*, *Lecomte*, Bl. [5] **4** [1937] 1007, 1011). Beim Behandeln von 4-Oxo-hexadecansäure mit wss. Alkalilauge und Natrium-Amalgam (*Houston*, Am. Soc. **69** [1947] 517).

Krystalle (aus PAe.), F: 40,7—41,3° (*Ho.*). E: 35°; Kp_4: 184—185° (*De.*, *Le.*).

Eine ebenfalls als 4-Hydroxy-hexadecansäure-lacton angesehene Verbindung (F: 82—83° [aus A.]) von unbekanntem opt. Drehungsvermögen ist aus Wurzeln von Desmodium gangeticum isoliert worden (*Avasthi*, *Tewari*, J. Am. pharm. Assoc. **44** [1955] 625, 628).

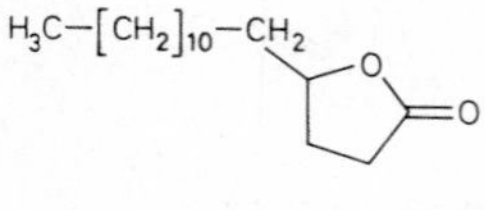

V 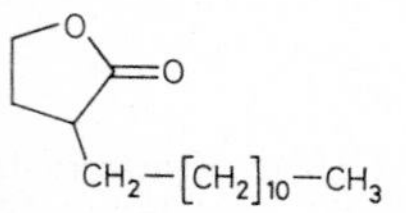 VI 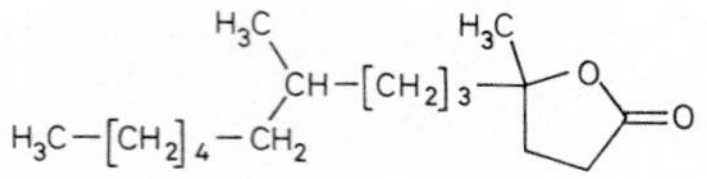 VII

(±)-3-Dodecyl-dihydro-furan-2-on, (±)-2-[2-Hydroxy-äthyl]-tetradecansäure-lacton, (±)-2-Dodecyl-4-hydroxy-buttersäure-lacton $C_{16}H_{30}O_2$, Formel VI.

B. Beim Behandeln der Natrium-Verbindung des Dodecylmalonsäure-diäthylesters mit Äthylenoxid in Äthanol, anschliessenden Erwärmen mit wss. Kalilauge und Erhitzen des Reaktionsprodukts unter vermindertem Druck (*Rothstein*, Bl. [5] **2** [1935] 80, 85).

F: 46°. $Kp_{0,5}$: 165°.

***Opt.-inakt. 5-Methyl-5-[4-methyl-decyl]-dihydro-furan-2-on, 4-Hydroxy-4,8-dimethyl-tetradecansäure-lacton** $C_{16}H_{30}O_2$, Formel VII.

B. Beim Behandeln von Lävulinsäure-äthylester mit (±)-4-Methyl-decylmagnesium-bromid in Äther und Benzol (*Cason et al.*, J. org. Chem. **16** [1951] 1170, 1174).

Kp_1: 150—151°. n_D^{25}: 1,4523.

Bei der Hydrierung an Kupferchromit bei 250°/190—330 at ist 4,8-Dimethyl-tetradecan-1-ol ($Kp_{1,5}$: 133—134,5°; n_D^{23}: 1,4496) erhalten worden.

***Opt.-inakt. 5-[4,8-Dimethyl-nonyl]-5-methyl-dihydro-furan-2-on, 4-Hydroxy-4,8,12-trimethyl-tridecansäure-lacton** $C_{16}H_{30}O_2$, Formel VIII.

B. Neben anderen Verbindungen beim Behandeln von opt.-inakt. 4,7-Diacetoxy-3-[3,7,11-trimethyl-dodecyl]-cumarin (F: 64°; „Hexahydro-diacetyl-ammoresinol") mit Kaliumpermanganat in Aceton (*Raudnitz et al.*, B. **69** [1936] 1956, 1959).

$Kp_{0,2}$: 130—135°.

***Opt.-inakt. 5-Decyl-3,5-dimethyl-dihydro-furan-2-on, 4-Hydroxy-2,4-dimethyl-tetradecansäure-lacton** $C_{16}H_{30}O_2$, Formel IX.

B. Beim Erhitzen einer Lösung von (±)-2,4-Dimethyl-tetradec-3-ensäure-äthylester (im Gemisch mit 2,4-Dimethyl-tetradec-2-ensäure-äthylester aus (±)-2-Methyl-dodecanal und (±)-2-Brom-propionsäure-äthylester hergestellt) in Äthylenglykol mit konz. Schwefelsäure (*Cason*, *Rinehart*, J. org. Chem. **20** [1955] 1591, 1604).

$Kp_{1,5}$: 157—158° [unkorr.]. n_D^{25}: 1,4507.

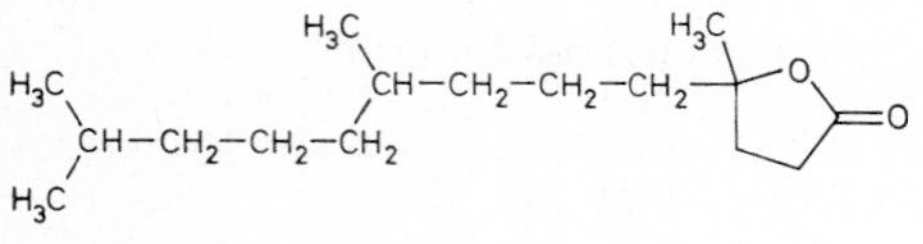

VIII 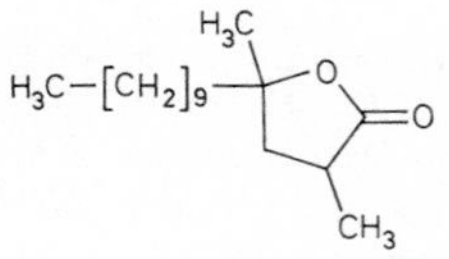 IX 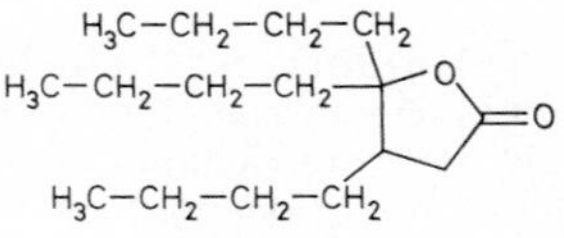 X

(±)-4,5,5-Tributyl-dihydro-furan-2-on, (±)-3,4-Dibutyl-4-hydroxy-octansäure-lacton $C_{16}H_{30}O_2$, Formel X.

B. Neben Butylbernsteinsäure-di-*sec*-butylester (n_D^{20}: 1,4353) beim Behandeln von opt.-inakt. Maleinsäure-di-*sec*-butylester oder von mit Kupfer(I)-chlorid versetztem opt.-inakt.

Fumarsäure-di-*sec*-butylester mit Butylmagnesiumbromid (3 Mol) in Äther (*Nielsen et al.*, Acta chem. scand. **13** [1959] 1943, 1946, 1952).

Kp_1: 143°. n_D^{20}: 1,4600.

***Opt.-inakt. 2,5-Dimethyl-2,5-dipentyl-dihydro-furan-3-on** $C_{16}H_{30}O_2$, Formel XI.

B. Beim Erhitzen von opt.-inakt. 6,9-Dimethyl-tetradec-7-in-6,9-diol (Kp_2: 144—146° [E III **1** 2284]) mit wss. Quecksilber(II)-sulfat-Lösung (*Blomquist, Marvel*, Am. Soc. **55** [1933] 1655, 1662).

Kp_1: 112—113°. D_4^{20}: 0,8977. n_D^{20}: 1,4494.

XI XII

2,2,5,5-Tetrapropyl-dihydro-furan-3-on $C_{16}H_{30}O_2$, Formel XII.

Diese Konstitution kommt der früher (s. E I **17** 21) als Tetrapropyl-2*H*,5*H*-[1]oxolin („4.7-Oxido-4.7-dipropyl-decin-(5)" $C_{16}H_{28}O$) angesehenen Verbindung zu (*Blomquist, Marvel*, Am. Soc. **55** [1933] 1655, 1658).

B. Beim Erhitzen von 4,7-Dipropyl-dec-5-in-4,7-diol mit Quecksilber(II)-sulfat-Lösung (*Bl., Ma.*, l. c. S. 1661; vgl. E I 21).

$Kp_{0,9}$: 96—100°. D_4^{20}: 0,9003. n_D^{20}: 1,4609.

Oxo-Verbindungen $C_{17}H_{32}O_2$

Oxacyclooctadecan-2-on, 17-Hydroxy-heptadecansäure-lacton, Heptadecan-17-olid $C_{17}H_{32}O_2$, Formel I (E II 296)[1]).

B. Beim Erwärmen von 17-Brom-heptadecansäure mit Kaliumcarbonat in Butanon (*Hunsdiecker, Erlbach*, B. **80** [1947] 129, 135). Beim Erhitzen von 17-Hydroxy-heptadecansäure auf 220° und Erhitzen des Reaktionsprodukts mit Glycerin und Kaliumsebacat auf 200° (*Ogordnikowa et al.*, Doklady Akad. S.S.S.R. **90** [1953] 553, 556; C. A. **1955** 12292; *Below et al.*, Trudy Inst. sint. nat. dušist. Veščestv Nr. 4 [1958] 3, 16; C. A. **1959** 15969). Neben kleineren Mengen 1,19-Dioxa-cyclohexatriacontan-2,20-dion beim Erwärmen von 17-Hydroxy-heptadecansäure mit Benzolsulfonsäure in viel Benzol (*Stoll, Rouvé*, Helv. **18** [1935] 1087, 1122).

Krystalle; F: 42—43° [aus Me.] (*Hu., Er.*), 41—42° (*Soc. An. Naef & Cie.*, D.R.P. 511884 [1928]; Frdl. **17** 215), 41° (*Ruzicka, Giacomello*, Helv. **20** [1937] 548, 557), 40—41° (*St., Ro.*; *Be. et al.*). Kp_{15}: 194° (*Soc. An. Naef & Cie.*); $K_{2,8}$: 155° (*Hu., Er.*); $Kp_{0,2}$: 135° bis 138° (*St., Ro.*). D_4^{33}: 0,9325 (*Soc. An. Naef & Cie.*; *Ru., Gi.*); D_4^{50}: 0,919 (*Hu., Er.*); D_4^{61}: 0,914 (*Ru., Gi.*). n_D^{33}: 1,4669 (*Soc. An. Naef & Cie.*).

I II III

(±)-4-Methyl-oxacycloheptadecan-2-on, (±)-16-Hydroxy-3-methyl-hexadecansäure-lacton $C_{17}H_{32}O_2$, Formel II.

B. Beim Erwärmen von (±)-16-Hydroxy-3-methyl-hexadecansäure mit wenig Benzolsulfonsäure oder Toluol-4-sulfonsäure in Benzol (*Firmenich & Cie.*, D.R.P. 681961 [1934];

---

[1]) Berichtigung zu E II 296, Zeile 14 von oben: An Stelle von „Heptanolid-(17.1)" ist zu setzen „Heptadecanolid-(17.1)".

Frdl. **24** 219; U.S.P. 2202437 [1934]).
$Kp_{0,3}$: 120—122°. D_4^{20}: 0,948.

***Opt.-inakt. 6-[4,8-Dimethyl-nonyl]-6-methyl-tetrahydro-pyran-2-on, 5-Hydroxy-5,9,13-trimethyl-tetradecansäure-lacton** $C_{17}H_{32}O_2$, Formel III.

B. Beim Behandeln von 5-Oxo-hexansäure-äthylester mit (±)-4,8-Dimethyl-nonylmagnesium-bromid in Äther und Benzol und anschliessenden Ansäuern (*Lukes, Zobácová*, Collect. **22** [1957] 1649, 1653).

$Kp_{0,08}$: 143—148°.

(±)-5-Dodecyl-5-methyl-dihydro-furan-2-on, (±)-4-Hydroxy-4-methyl-hexadecansäure-lacton $C_{17}H_{32}O_2$, Formel IV.

B. Beim Behandeln des Barium-Salzes der 4-Oxo-hexadecansäure mit Methylmagnesiumjodid in Äther und Erhitzen des Reaktionsprodukts mit wss. Schwefelsäure oder wenig Jod auf 170° (*Asano et al.*, J. pharm. Soc. Japan **70** [1950] 202, 208; C. A. **1950** 7229).

F: 34,5°. Kp_2: 169—171°.

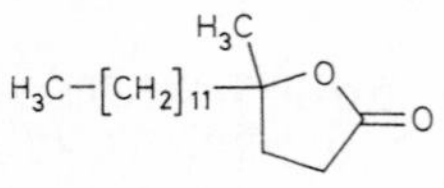

IV 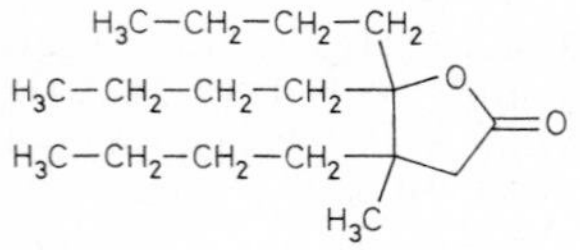 V 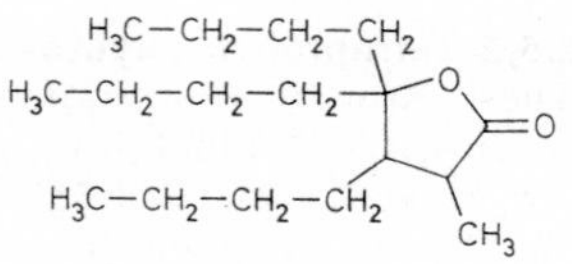 VI

(±)-4,5,5-Tributyl-4-methyl-dihydro-furan-2-on, (±)-3,4-Dibutyl-4-hydroxy-3-methyl-octansäure-lacton $C_{17}H_{32}O_2$, Formel V.

Diese Konstitution kommt vermutlich der nachstehend beschriebenen Verbindung zu.

B. In kleiner Menge beim Behandeln von opt.-inakt. Citraconsäure-di-*sec*-butylester (Methylmaleinsäure-di-*sec*-butylester) mit Butylmagnesiumbromid (3 Mol) in Äther und Erhitzen des Reaktionsprodukts mit äthanol. Kalilauge (*Nielsen et al.*, Acta chem. scand. **13** [1959] 1943, 1946, 1952).

Bei 110—120°/1 Torr destillierbar. n_D^{20}: 1,4665.

***Opt.-inakt. 4,5,5-Tributyl-3-methyl-dihydro-furan-2-on, 3,4-Dibutyl-4-hydroxy-2-methyl-octansäure-lacton** $C_{17}H_{32}O_2$, Formel VI.

Diese Konstitution kommt vermutlich der nachstehend beschriebenen opt.-inakt. Verbindung zu.

B. In kleiner Menge beim Behandeln von opt.-inakt. Mesaconsäure-di-*sec*-butylester (Methylfumarsäure-di-*sec*-butylester) mit Butylmagnesiumbromid in Äther und Erhitzen des Reaktionsprodukts mit äthanol. Kalilauge (*Nielsen et al.*, Acta chem. scand. **13** [1959] 1943, 1946, 1952).

$Kp_{0,7}$: 129°. n_D^{20}: 1,4597.

Oxo-Verbindungen $C_{18}H_{34}O_2$

Oxacyclononadecan-2-on, 18-Hydroxy-octadecansäure-lacton, Octadecan-18-olid $C_{18}H_{34}O_2$, Formel VII.

B. Neben kleineren Mengen 1,20-Dioxa-cyclooctatriacontan-2,21-dion beim Erwärmen von 18-Hydroxy-octadecansäure mit Benzolsulfonsäure in viel Benzol (*Stoll, Rouvé*, Helv. **18** [1935] 1087, 1122) oder mit Toluol-4-sulfonsäure in viel Benzol (*Gupta, Aggarwal*, J. Indian chem. Soc. **33** [1956] 804).

F: 36—37° (*St., Ro.*). $Kp_{0,2-0,3}$: 130—140° (*Gu., Ag.*); $Kp_{0,15}$: 136—138° (*St., Ro.*). D_4^{20}: 0,9344; D_4^{42}: 0,9075 (*St., Ro.*). n_D^{20}: 1,4681 (*St., Ro.*).

(±)-13-Hexyl-oxacyclotridecan-2-on, (±)-12-Hydroxy-octadecansäure-lacton, (±)-Octadecan-12-olid $C_{18}H_{34}O_2$, Formel VIII.

B. Beim Erwärmen von (±)-12-Hydroxy-octadecansäure mit Benzolsulfonsäure in

Benzol (*Stoll, Gardner*, Helv. **17** [1934] 1609, 1612) oder mit Toluol-4-sulfonsäure in Benzol (*Gupta, Aggarwal*, J. Indian chem. Soc. **33** [1956] 804).

Kp_{1-2}: 174–176° (*Gu., Ag.*); $Kp_{0,1}$: 140–145° (*St., Ga.*). D_4^{20}: 0,8902 (*St., Ga.*). n_D^{20}: 1,452 (*St., Ga.*).

(±)-5-Tetradecyl-dihydro-furan-2-on, (±)-4-Hydroxy-octadecansäure-lacton, (±)-Octadecan-4-olid, (±)-γ-Stearolacton $C_{18}H_{34}O_2$, Formel IX (X = H) (H 247; E II 296).

B. Bei der Hydrierung von 4-Oxo-octadecansäure an Raney-Nickel bei 175–200° unter Druck (*Monsanto Chem. Co.*, U.S.P. 2368366 [1942]).

F: 53° (*Kögl, Havinga*, R. **59** [1940] 601, 602). Druck-Fläche-Beziehung monomolekularer Schichten auf Wasser bei 6–20°: *Adam*, Pr. roy. Soc. [A] **140** [1933] 223; bei Raumtemperatur: *Kögl, Havinga*, R. **59** [1940] 323, 327. Oberflächenpotential von monomolekularen Schichten auf wss. Lösungen vom pH 6,4 bei 16°: *Fosbinder, Lessig*, J. Franklin Inst. **215** [1933] 425, 433; auf wss. Lösungen vom pH –1 bis pH 13 bei 18°: *Fosbinder, Rideal*, Pr. roy. Soc. [A] **143** [1934] 61, 66.

Geschwindigkeitskonstante der Hydrolyse in monomolekularen Schichten auf wss. Natronlauge (0,3n bis 2n) bei 5–25°: *Fo., Ri.*, l. c. S. 67; s. a. *Rideal*, Soc. **1945** 423, 424. Geschwindigkeit der Hydrolyse in monomolekularen Schichten auf wss. Natronlauge (1n) bei 17,5°: *Adam*.

O CO [CH2]17 — VII

H3C–[CH2]5–CH O CO [CH2]10 — VIII

X CH H3C–[CH2]11–CH2 O O — IX

***Opt.-inakt. 5-[1-Brom-tetradecyl]-dihydro-furan-2-on, 5-Brom-4-hydroxy-octadecansäure-lacton** $C_{18}H_{33}BrO_2$, Formel IX (X = Br).

B. Beim Behandeln von opt.-inakt. 4-Hydroxy-5-methoxy-octadecansäure-lacton (Stereoisomeren-Gemisch; aus (±)-5-Methoxy-4-oxo-octadecansäure-methylester hergestellt) mit Bromwasserstoff in Essigsäure und konz. Schwefelsäure (*Boughton et al.*, Soc. **1952** 671, 673, 676).

F: 42° [aus PAe.].

(±)-2-Tetradecyl-dihydro-thiophen-3-on $C_{18}H_{34}OS$, Formel X.

B. Neben grösseren Mengen 11-[3-Oxo-tetrahydro-[2]thienyl]-undecansäure beim Erwärmen einer Lösung von (±)-2-[2-Methoxycarbonyl-äthylmercapto]-tridecandisäure-dimethylester in Toluol mit Natriumäthylat in Äthanol und Erhitzen des Reaktionsprodukts mit Essigsäure und wss. Schwefelsäure (*Schmid, Grob*, Helv. **31** [1948] 360, 365, 366).

Krystalle (aus A.); F: 45,5°. Bei 138–145°/0,03 Torr destillierbar.

Beim Erwärmen einer Lösung in Essigsäure mit wss. Wasserstoffperoxid ist Pentadecansäure erhalten worden.

CH2–[CH2]12–CH3 S O — X

CH2–[CH2]12–CH3 S N–NH–CO–NH2 — XI

H3C–CH2 H3C–[CH2]11 O O — XII

(±)-2-Tetradecyl-dihydro-thiophen-3-on-semicarbazon $C_{19}H_{37}N_3OS$, Formel XI.

B. Aus (±)-2-Tetradecyl-dihydro-thiophen-3-on und Semicarbazid (*Schmid, Grob*, Helv. **31** [1948] 360, 367).

Krystalle (aus A.); F: 158°.

(±)-5-Äthyl-5-dodecyl-dihydro-furan-2-on, (±)-4-Äthyl-4-hydroxy-hexadecansäure-lacton $C_{18}H_{34}O_2$, Formel XII.

B. Beim Behandeln von 4-Oxo-hexadecansäure-äthylester mit Äthylmagnesiumjodid in Äther und anschliessend mit verd. wss. Schwefelsäure und Erhitzen des Reaktionsprodukts mit wss. Schwefelsäure oder mit wenig Jod auf 180° (*Asano et al.*, J. pharm. Soc. Japan **70** [1950] 202, 208; C. A. **1950** 7229).

Krystalle (aus wss. A.); F: 30°. Kp_2: 161—163°.

Oxo-Verbindungen $C_{19}H_{36}O_2$

(±)-5-Methyl-5-tetradecyl-dihydro-furan-2-on, (±)-4-Hydroxy-4-methyl-octadecansäure-lacton $C_{19}H_{36}O_2$, Formel I.

B. Beim Behandeln von Lävulinsäure-äthylester mit Tetradecylmagnesiumbromid in Äther und Benzol und Erhitzen des nach der Hydrolyse erhaltenen Reaktionsprodukts (*Cason et al.*, J. org. Chem. **14** [1949] 147, 153).

Krystalle (aus Acn.); F: 45,5—46,7°. Kp_4: 199—200°.

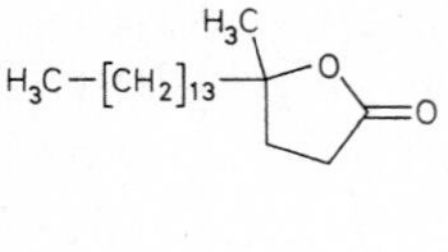

I 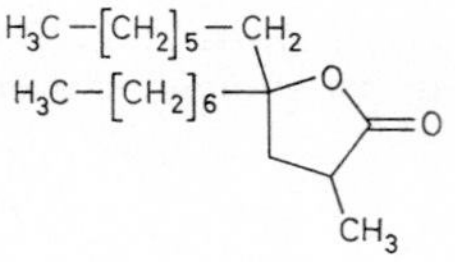 II 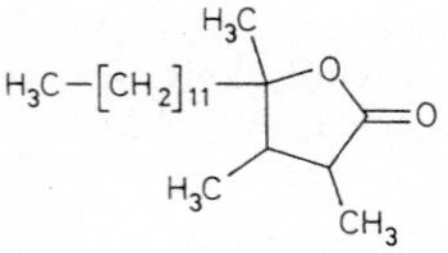 III

(±)-5,5-Diheptyl-3-methyl-dihydro-furan-2-on, (±)-4-Heptyl-4-hydroxy-2-methyl-undecansäure-lacton $C_{19}H_{36}O_2$, Formel II.

B. Neben anderen Verbindungen beim Behandeln von 2-Heptyl-nonanal mit (±)-2-Brom-propionsäure-äthylester und Zink-Pulver, Behandeln des Reaktionsgemisches mit Phosphorylchlorid und Pyridin und Erhitzen einer Lösung des Reaktionsprodukts in Äthylenglykol mit konz. Schwefelsäure (*Cason, Rinehart*, J. org. Chem. **20** [1955] 1591, 1603).

$Kp_{0,5}$: 160—163°. n_D^{25}: 1,4547.

***Opt.-inakt. 5-Dodecyl-3,4,5-trimethyl-dihydro-furan-2-on, 4-Hydroxy-2,3,4-trimethyl-hexadecansäure-lacton** $C_{19}H_{36}O_2$, Formel III.

B. Beim Behandeln von opt.-inakt. 2,3-Dimethyl-4-oxo-valeriansäure-methylester (Kp_{15}: 86,5—88,5°) mit Dodecylmagnesiumbromid in Äther und Benzol und Erhitzen des nach der Hydrolyse erhaltenen Reaktionsprodukts (*Cason et al.*, J. org. Chem. **16** [1951] 1170, 1174).

$Kp_{5,5}$: 203°.

Oxo-Verbindungen $C_{21}H_{40}O_2$

4-Hexyl-3,5-dipentyl-tetrahydro-pyran-2-on, 3-Hexyl-4-hydroxymethyl-2-pentyl-nonansäure-lacton, 3-Hexyl-5-hydroxy-2,4-dipentyl-valeriansäure-lacton $C_{21}H_{40}O_2$, Formel IV.

Ein Gemisch von opt.-inakt. Verbindungen dieser Konstitution hat vermutlich in dem nachstehend beschriebenen Präparat vorgelegen.

B. In kleiner Menge beim Erhitzen von Heptanal mit konz. wss. Natronlauge bis auf 280° (*Häusermann*, Helv. **34** [1951] 1482, 1486, 1491).

Bei 215—229°/10 Torr destillierbar. D_4^{20}: 0,906. n_D^{17}: 1,4581.

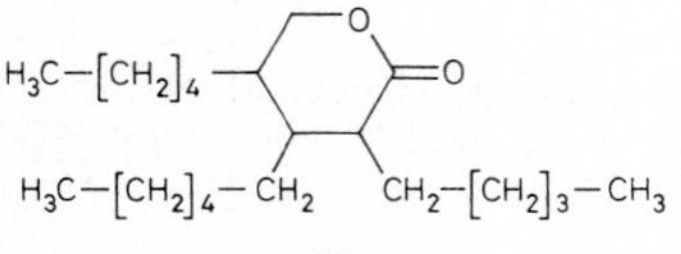

IV 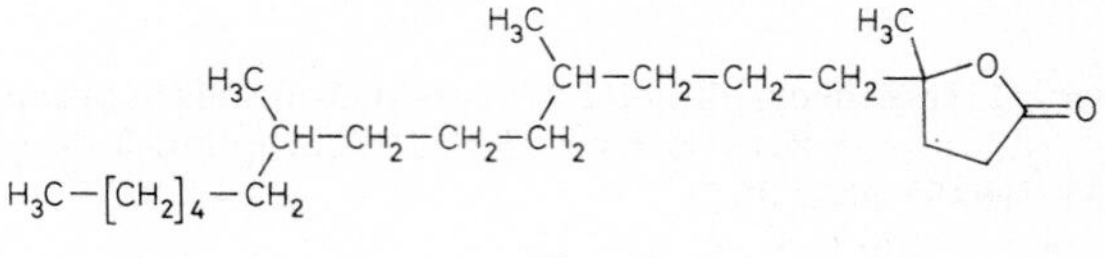 V

***Opt.-inakt. 5-[4,8-Dimethyl-tetradecyl]-5-methyl-dihydro-furan-2-on, 4-Hydroxy-4,8,12-trimethyl-octadecansäure-lacton** $C_{21}H_{40}O_2$, Formel V.

B. Beim Behandeln von Lävulinsäure-äthylester mit opt.-inakt. 4,8-Dimethyl-tetradecylmagnesium-bromid in Äther und Benzol und Erhitzen des nach der Hydrolyse erhaltenen Reaktionsprodukts (*Cason et al.*, J. org. Chem. **16** [1951] 1170, 1175).

Kp_1: 188—190°. n_D^{23}: 1,4604.

(*R*)-5-Methyl-5-[(4*R*,8*R*)-4,8,12-trimethyl-tridecyl]-dihydro-furan-2-on, (4*R*,8*R*,12*R*)-4-Hydroxy-4,8,12,16-tetramethyl-heptadecansäure-lacton $C_{21}H_{40}O_2$, Formel VI.

Konfigurationszuordnung: *Mayer et al.*, Helv. **46** [1963] 963, 965, 971.

B. Neben anderen Verbindungen beim Behandeln von (2*R*,4′*R*,8′*R*)-α-Tocopherol [S. 1436] (*Fernholz*, Am. Soc. **60** [1938] 700, 703; *Merck & Co. Inc.*, U.S.P. 2296709 [1938]), von (2*R*,4′*R*,8′*R*)-β-Tocopherol [S. 1426] (*Emerson*, Am. Soc. **60** [1938] 1741) oder von (2*R*,4′*R*,8′*R*)-γ-Tocopherol [S. 1429] (*Em.*, l. c. S. 1741) mit Chrom(VI)-oxid und wss. Essigsäure.

$[\alpha]_D$: +4,97° [Octan; c = 0,6] (*Ma. et al.*).

Charakterisierung durch Überführung in das *S*-Benzyl-isothiuronium-Salz der (4*R*,8*R*,12*R*)-4-Hydroxy-4,8,12,16-tetramethyl-heptadecansäure (F: 120°; $[\alpha]_D^{22}$: +4,6° [A.] bzw. F: 116—117°): *Fe.*; *Merck & Co. Inc.*; *Em.*

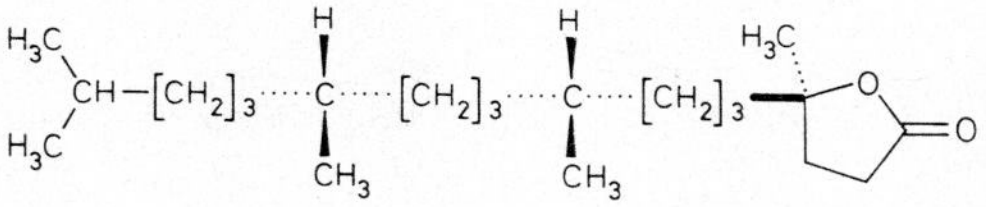

VI 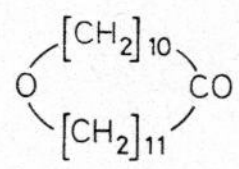 VII

Oxo-Verbindungen $C_{22}H_{42}O_2$

Oxacyclotricosan-12-on $C_{22}H_{42}O_2$, Formel VII.

B. Beim Behandeln von (±)-13-Hydroxy-oxacyclotricosan-12-on mit Essigsäure, wss. Salzsäure und Zink (*Prelog et al.*, Helv. **33** [1950] 1937, 1948).

Bei 160—165°/0,05 Torr destillierbar.

Oxacyclotricosan-12-on-semicarbazon $C_{23}H_{45}N_3O_2$, Formel VIII.

B. Aus Oxacyclotricosan-12-on und Semicarbazid (*Prelog et al.*, Helv. **33** [1950] 1937, 1948).

Krystalle (aus Me.); F: 166—167° [korr.].

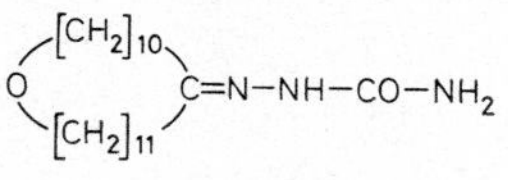

VIII 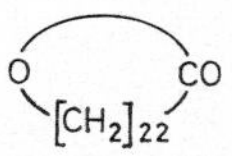 IX 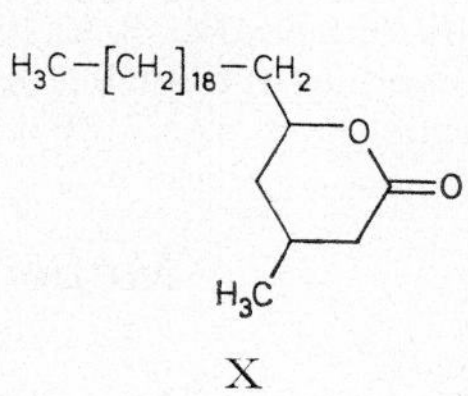 X

Oxo-Verbindungen $C_{23}H_{44}O_2$

Oxacyclotetracosan-2-on, 23-Hydroxy-tricosansäure-lacton, Tricosan-23-olid $C_{23}H_{44}O_2$, Formel IX.

B. Neben kleineren Mengen 1,25-Dioxa-cyclooctatetracontan-2,26-dion beim Erwärmen von 23-Hydroxy-tricosansäure mit Benzolsulfonsäure in viel Benzol (*Stoll, Rouvé*, Helv. **18** [1935] 1087, 1122).

F: 35—36°. $Kp_{0,2}$: 174—176°. $D_4^{18,5}$: 0,9118; $D_4^{39,5}$: 0,8971. $n_D^{18,5}$: 1,4678.

Oxo-Verbindungen $C_{26}H_{50}O_2$

6-Eicosyl-4-methyl-tetrahydro-pyran-2-on, 5-Hydroxy-3-methyl-pentacosansäure-lacton $C_{26}H_{50}O_2$, Formel X.

Eine als **Aparajitin** bezeichnete linksdrehende Verbindung (amorph [aus A.], F: 92° bis 93°), der vermutlich diese Konstitution zukommt, ist aus Blättern von Clitoria ternatea isoliert worden (*Tiwari, Gupta*, J. Indian chem. Soc. **36** [1959] 243).

Oxo-Verbindungen $C_{30}H_{58}O_2$

Oxacyclohentriacontan-2-on, 30-Hydroxy-triacontansäure-lacton, Triacontan-30-olid $C_{30}H_{58}O_2$, Formel XI.

B. Aus 30-Hydroxy-triacontansäure (*Horn, Pretorius*, Chem. and Ind. **1956** R 27).

Krystalle (aus A.); F: 43,8–44,2°. $Kp_{0,5}$: 246–247°.

Oxo-Verbindungen $C_{32}H_{62}O_2$

Oxacyclotritriacontan-2-on, 32-Hydroxy-dotriacontansäure-lacton, Dotriacontan-32-olid $C_{32}H_{62}O_2$, Formel XII.

B. Aus 32-Hydroxy-dotriacontansäure (*Horn, Pretorius*, Chem. and Ind. **1956** R 27).

Krystalle (aus A.); F: 49,0–49,2°. $Kp_{0,5}$: 261–262°.

XI XII XIII XIV

Oxo-Verbindungen $C_{33}H_{64}O_2$

Opt.-inakt. 5-Pentadecyl-4-tetradecyl-dihydro-furan-2-on, 4-Hydroxy-3-tetradecyl-nonadecansäure-lacton $C_{33}H_{64}O_2$, Formel XIII.

B. Beim Behandeln des aus opt.-inakt. 3-Acetoxy-2-tetradecyl-octadecansäure (F: 51° bis 54°) mit Hilfe von Oxalylchlorid hergestellten Säurechlorids mit Diazomethan in Äther, Erwärmen des erhaltenen Diazoketons mit Äthanol und Silberoxid und anschliessend mit Kaliumhydroxid (*Eisner et al.*, Bl. **1955** 212, 217).

Krystalle (aus Acn. + Me.); F: 40°.

Oxo-Verbindungen $C_{45}H_{88}O_2$

***Opt.-inakt. 4-Eicosyl-5-heneicosyl-dihydro-furan-2-on, 3-Eicosyl-4-hydroxy-pentacosansäure-lacton** $C_{45}H_{88}O_2$, Formel XIV.

B. Aus opt.-inakt. 3-Acetoxy-2-eicosyl-tetracosansäure (F: 61–62°) analog der im vorangehenden Artikel beschriebenen Verbindung (*Eisner et al.*, Bl. **1955** 212, 217).

Krystalle (aus Acn.); F: 65–66°. [*K. Grimm*]

Monooxo-Verbindungen $C_nH_{2n-4}O_2$

Oxo-Verbindungen $C_4H_4O_2$

3*H*-Furan-2-on, 4*c*-Hydroxy-but-3-ensäure-lacton, But-3-en-4-olid $C_4H_4O_2$, Formel I und **Furan-2-ol** $C_4H_4O_2$, Formel II.

Diese Formulierungen werden für die nachstehend beschriebene Verbindung von *Böeseken et al.* (R. **50** [1931] 1023, 1031) vorgeschlagen.

B. In kleiner Menge neben 5-Hydroxymethyl-5*H*-furan-2-on (?; $Kp_{0,05}$: 55°) aus Furfurylalkohol mit Hilfe von Peroxyessigsäure (*Bö. et al.*).

Krystalle (aus W.); F: 150–153° (*Bö. et al.*).

Beim Erhitzen mit Phenylhydrazin auf 150° ist 4-Phenylhydrazono-buttersäure-[*N'*-phenyl-hydrazid] (F: 188°) erhalten worden (*Bö. et al.*).

Die Identität eines von *Hodgson, Davies* (Soc. **1939** 806, 807) unter der gleichen Konstitution beschriebenen, beim Erhitzen des Dinatrium-Salzes der 5-Sulfo-furan-2-carbonsäure mit wss. Natronlauge und Kaliumchlorat auf 200° erhaltenen Präparats vom F: 80° sowie der aus ihm von *Hodgson, Davies* (Soc. **1939** 1013) hergestellten, als 5-Nitroso-3*H*-furan-2-on(⇌5-Nitroso-furan-2-ol), als 5-Nitro-3*H*-furan-2-on(⇌5-Nitro-furan-2-ol) und als 5-Amino-furan-2-ol angesehenen Derivate $C_4H_3NO_3$ (F: 176° [aus Ae.]), $C_4H_3NO_4$ (F: 92°) bzw. $C_4H_5NO_2$ (F: 185° [aus Ae.]) ist ungewiss.

2-Acetylimino-2,3-dihydro-furan, *N*-[3*H*-[2]Furyliden]-acetamid $C_6H_7NO_2$, Formel III (R = CO-CH_3), und **2-Acetylamino-furan, *N*-[2]Furyl-acetamid** $C_6H_7NO_2$, Formel IV (R = CO-CH_3) (H 248).

F: 110–112° (*Kuhn, Krüger*, B. **89** [1956] 1473, 1477). IR-Spektrum (KBr; 2–15 μ): *Kuhn, Kr.*

2-Propionylimino-2,3-dihydro-furan, *N*-[3*H*-[2]Furyliden]-propionamid $C_7H_9NO_2$, Formel III (R = CO-CH_2-CH_3), und **2-Propionylamino-furan, *N*-[2]Furyl-propionamid** $C_7H_9NO_2$, Formel IV (R = CO-CH_2-CH_3).

B. Beim Behandeln von [2]Furylisocyanat mit Äthylmagnesiumbromid in Äther (*Singleton, Edwards*, Am. Soc. **60** [1938] 540, 543).

Krystalle (aus wss. A.); F: 80,5–81°. Kp_{12}: 134°.

2-Benzoylimino-2,3-dihydro-furan, *N*-[3*H*-[2]Furyliden]-benzamid $C_{11}H_9NO_2$, Formel III (R = CO-C_6H_5), und **2-Benzoylamino-furan, *N*-[2]Furyl-benzamid** $C_{11}H_9NO_2$, Formel IV (R = CO-C_6H_5).

B. Beim Behandeln von [2]Furylisocyanat mit Phenylmagnesiumbromid in Äther (*Singleton, Edwards*, Am. Soc. **60** [1938] 540, 542).

Krystalle (aus Bzl.); F: 124,5°.

[3*H*-[2]Furyliden]-carbamidsäure $C_5H_5NO_3$, Formel III (R = CO-OH), und **[2]Furylcarbamidsäure** $C_5H_5NO_3$, Formel IV (R = COOH).

Das Kalium-Salz $KC_5H_4NO_3$ (Krystalle [aus W.]) und das Barium-Salz $Ba(C_5H_4NO_3)_2$ (Krystalle [aus W.]) sind beim Behandeln von [2]Furylisocyanat mit Kaliumhydroxid bzw. Bariumhydroxid in Wasser erhalten worden (*Singleton, Edwards*, Am. Soc. **60** [1938] 540, 543).

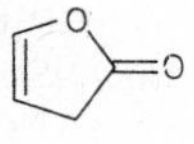

I 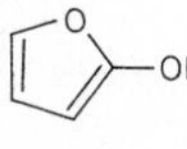 II 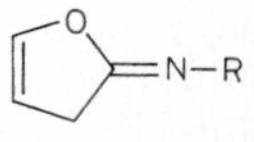 III 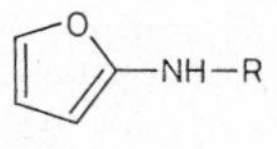 IV

[3*H*-[2]Furyliden]-carbamidsäure-methylester $C_6H_7NO_3$, Formel III (R = CO-OCH_3), und **[2]Furylcarbamidsäure-methylester** $C_6H_7NO_3$, Formel IV (R = CO-OCH_3) (H 248).

B. Beim Behandeln von Kalium-[2]furylcarbamat (s. o.) mit wss. Natronlauge und Dimethylsulfat (*Singleton, Edwards*, Am. Soc. **60** [1938] 540, 543). Beim Eintragen einer äther. Lösung von [2]Furylisocyanat in Methanol (*Si., Ed.*).

Kp_{18}: 115–120°.

***N,N'*-Di-[3*H*-[2]furyliden]-harnstoff** $C_9H_8N_2O_3$, Formel V, und ***N,N'*-Di-[2]furyl-harnstoff** $C_9H_8N_2O_3$, Formel VI.

B. Beim Behandeln von [2]Furylisocyanat mit Wasser (*Singleton, Edwards*, Am. Soc. **60** [1938] 540, 543).

Krystalle (aus wss. A.); F: 190° [Zers.].

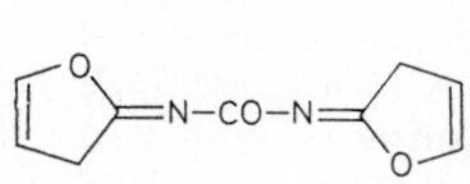

V 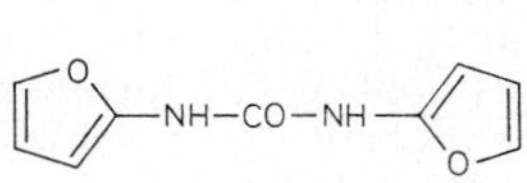 VI 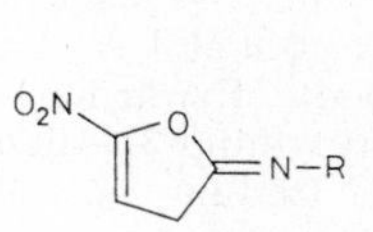 VII 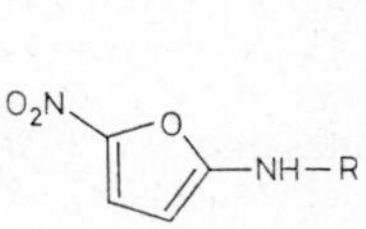 VIII

[5-Nitro-3*H*-[2]furyliden]-carbamidsäure-äthylester $C_7H_8N_2O_5$, Formel VII ($R = CO\text{-}OC_2H_5$), und **[5-Nitro-[2]furyl]-carbamidsäure-äthylester** $C_7H_8N_2O_5$, Formel VIII ($R = CO\text{-}OC_2H_5$).

B. Beim Erwärmen von 5-Nitro-furan-2-carbonylazid mit Äthanol (*Amorosa, Lipparini*, Ann. Chimica **46** [1956] 343, 346).

Hellgelbe Krystalle (aus A.); F: 151—154° [Zers.].

(±)-2-Acetylimino-3,5-dinitro-2,3-dihydro-furan, (±)-*N*-[3,5-Dinitro-3*H*-furyliden]-acetamid $C_6H_5N_3O_6$, Formel IX ($R = CO\text{-}CH_3$), und **2-Acetylamino-3,5-dinitro-furan, *N*-[3,5-Dinitro-[2]furyl]-acetamid** $C_6H_5N_3O_6$, Formel X ($R = CO\text{-}CH_3$).

B. Beim Behandeln von 5-Acetylamino-furan-2-carbonsäure mit Salpetersäure und Acetanhydrid (*Sasaki*, Bl. Inst. chem. Res. Kyoto **33** [1955] 39, 40).

Gelbe Krystalle (aus wss. A.); F: 155°.

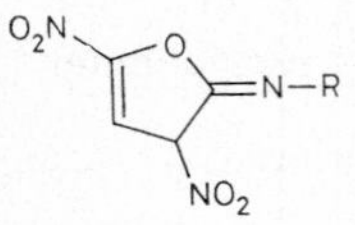

IX 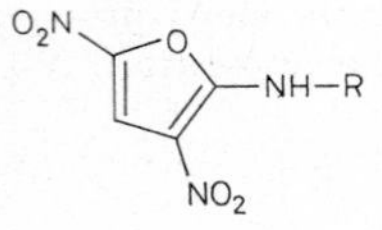 X 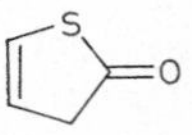 XI 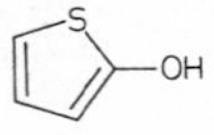 XII 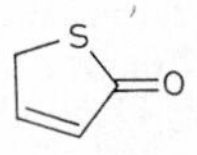 XIII

3*H*-Thiophen-2-on C_4H_4OS, Formel XI, und **Thiophen-2-ol** C_4H_4OS, Formel XII.

Über die Tautomerie sowie über die Formulierung als 5*H*-Thiophen-2-on (Formel XIII) s. *Hurd, Kreuz*, Am. Soc. **72** [1950] 5543, 5545; *Gronowitz, Hoffman*, Ark. Kemi **15** [1960] 499; *Hörnfeldt*, Svensk kem. Tidskr. **80** [1968] 343.

B. Neben [2,2']Bithienyl beim Behandeln einer aus 2-Brom-thiophen (1 Mol), Isopropylbromid (1,5 Mol), Magnesium und Äther hergestellten äther. Lösung von [2]Thienylmagnesiumbromid und Isopropylmagnesiumbromid mit Sauerstoff und anschliessend mit wss. Schwefelsäure (*Hurd, Kr.*). Beim Behandeln von [2]Thienyllithium mit 1,2,3,4-Tetrahydro-[1]naphthylhydroperoxid in Äther (*Hurd, Anderson*, Am. Soc. **75** [1953] 5124). Beim Erhitzen von 4-Oxo-buttersäure mit Phosphor(V)-sulfid (*Mentzer, Billet*, Bl. [5] **12** [1945] 292, 295).

Krystalle; F: 7—9° [nach Destillation]; Kp_{760}: 217—219°; Kp_5: 75°; D_4^{20}: 1,255; n_D^{20}: 1,5644 (*Hurd, Kr.*). IR-Spektrum (CCl_4; 3—12 μ): *Hurd, Kr.* UV-Spektrum (W.; 220 bis 360 nm): *Hurd, Kr.* Löslichkeit bei 25° in Wasser: 6%; in Hexan: 2% (*Hurd, Kr.*).

Reaktion mit Benzaldehyd in Äthanol in Gegenwart von wss. Salzsäure unter Bildung von 5-Benzyliden-5*H*-thiophen-2-on (F: 97,5—98,5°): *Hurd, Kr.*; *Biggerstaff, Stevens*, J. org. Chem. **28** [1963] 733, 736. Beim Behandeln mit wss. Kalilauge und wss. Benzoldiazoniumchlorid-Lösung ist 5-Phenylazo-thiophen-2-ol erhalten worden (*Hurd, Kr.*).

2-Acetylimino-2,3-dihydro-thiophen, *N*-[3*H*-[2]Thienyliden]-acetamid C_6H_7NOS, Formel I ($R = CO\text{-}CH_3$), und **2-Acetylamino-thiophen, *N*-[2]Thienyl-acetamid** C_6H_7NOS, Formel II ($R = CO\text{-}CH_3$) (E I 136).

B. Beim Behandeln von 1-[2]Thienyl-äthanon-oxim mit Phosphor(V)-chlorid in Äther (*Cymerman-Craig, Willis*, Soc. **1955** 1071, 1073; vgl. E I 136). Beim Erhitzen von 5-Acetylamino-thiophen-2-carbonsäure auf 230° (*Gol'dfarb et al.*, Doklady Akad. S.S.S.R. **126** [1959] 86; Pr. Acad. Sci. U.S.S.R. Chem. Sect. **124—129** [1959] 331). Über die Herstellung aus [2]Thienylamin und Acetanhydrid (vgl. E I 136) s. *Lew, Noller*, Am. Soc. **72** [1950] 5715.

Krystalle; F: 162° [unkorr.] (*Hurd, Priestley*, Am. Soc. **69** [1947] 859, 861), 160—160,5° [korr.; aus $CHCl_3$] (*Go. et al.*). UV-Absorptionsmaximum (Hexan oder A.): 264 nm (*Sugimoto et al.*, Bl. Univ. Osaka Prefect. [A] **8** [1959] 71, 72, 74).

Beim Behandeln mit 1 Mol *N*-Chlor-acetamid und wss. Salzsäure ist 2-Acetylamino-5-chlor-thiophen, beim Erwärmen mit überschüssigem *N*-Chlor-acetamid und wss. Salzsäure ist 2-Acetylamino-3,5-dichlor-thiophen erhalten worden (*Hurd, Moffat*, Am. Soc. **73** [1951] 613). Bildung von 5-Acetylamino-thiophen-2-sulfonsäure und 5-Acetylamino-thiophen-2,4-disulfonsäure beim Behandeln mit konz. Schwefelsäure und mit rauchender Schwefelsäure: *Hurd, Pr.*, l. c. S. 863; *Scheibler et al.*, B. **87** [1954] 1184.

2-Thioacetylimino-2,3-dihydro-thiophen, *N*-[3*H*-[2]Thienyliden]-thioacetamid $C_6H_7NS_2$, Formel I (R = CS-CH_3) und **2-Thioacetylamino-thiophen, *N*-[2]Thienyl-thioacetamid** $C_6H_7NS_2$, Formel II (R = CS-CH_3).

B. Beim Erwärmen von 2-Acetylamino-thiophen mit Phosphor(V)-sulfid in Benzol (*Shirjakow, Lewkoew*, Doklady Akad. S.S.S.R. **120** [1958] 1035; Pr. Acad. Sci. U.S.S.R. Chem. Sect. **118–123** [1958] 455).

Krystalle (aus A.); F: 111–112°.

Beim Behandeln mit Kalium-hexacyanoferrat(III) und wss. Natronlauge sind Bis-[*N*-[2]thienyl-acetimidoyl]-disulfid (Hauptprodukt) und 2-Methyl-thieno[2,3-*d*]thiazol erhalten worden.

2-[4-Nitro-benzoylimino]-2,3-dihydro-thiophen, 4-Nitro-benzoesäure-[3*H*-[2]thienyliden=amid] $C_{11}H_8N_2O_3S$, Formel III, und **2-[4-Nitro-benzoylamino]-thiophen, 4-Nitro-benzoesäure-[2]thienylamid** $C_{11}H_8N_2O_3S$, Formel IV.

B. Beim Behandeln von [2]Thienylamin-hexachlorostannat(IV) mit 4-Nitro-benzoyl=chlorid und wss. Natronlauge (*Hurd, Moffat*, Am. Soc. **73** [1951] 613).

Krystalle (aus wss. A.); F: 223–224°.

***N*-[3*H*-[2]Thienyliden]-succinamidsäure** $C_8H_9NO_3S$, Formel I (R = CO-CH_2-CH_2-**COOH**), und ***N*-[2]Thienyl-succinamidsäure** $C_8H_9NO_3S$, Formel II (R = CO-CH_2-CH_2-COOH).

B. Beim Behandeln von [2]Thienylamin (E II 296) mit Bernsteinsäure-anhydrid in Benzol (*Cymerman-Craig et al.*, Soc. **1956** 4114, 4117).

Krystalle (aus Acn. + Bzn.); F: 167,5°.

Beim Erhitzen auf 175° ist *N*-[2]Thienyl-succinimid erhalten worden.

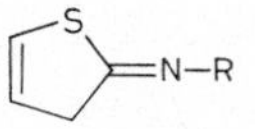

I 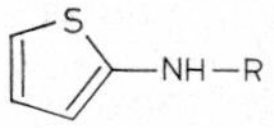 II 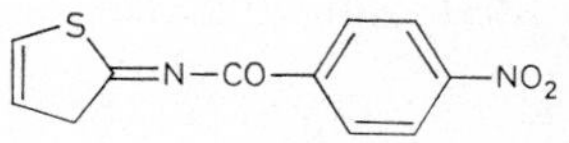 III 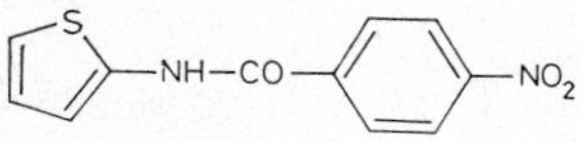 IV

***N*-[3*H*-[2]Thienyliden]-phthalamidsäure** $C_{12}H_9NO_3S$, Formel V, und ***N*-[2]Thienyl-phthalamidsäure** $C_{12}H_9NO_3S$, Formel VI.

B. Beim Behandeln einer Lösung von [2]Thienylamin (E II 296) in Benzol mit Phthal=säure-anhydrid in Aceton (*Cymerman-Craig et al.*, Soc. **1956** 4114, 4116; s. a. *Cymerman-Craig, Willis*, Soc. **1955** 1071, 1074).

Krystalle; F: 185° (*Cy.-Cr. et al.*).

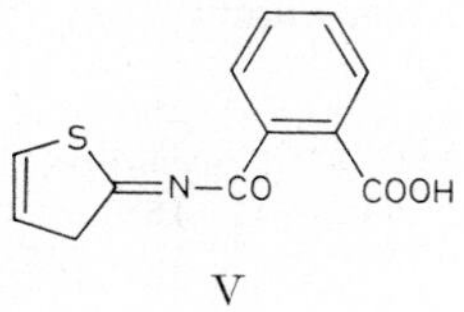

V 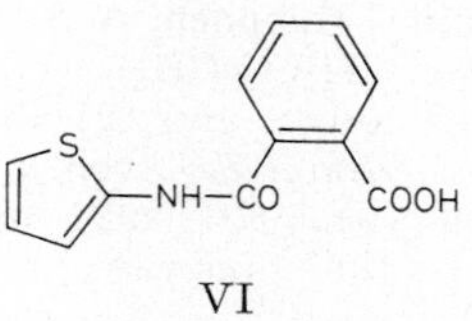 VI

2-Carbamoylimino-2,3-dihydro-thiophen, *N*-[3*H*-[2]Thienyliden]-harnstoff $C_5H_6N_2OS$, Formel I (R = CO-NH_2), und **2-Ureido-thiophen, [2]Thienylharnstoff** $C_5H_6N_2OS$, Formel II (R = CO-NH_2).

B. Aus Thiophen-2-carbonsäure-hydrazid über Thiophen-2-carbonylazid und [2]Thi=enylisocyanat (*Baker et al.*, J. org. Chem. **18** [1953] 138, 150). Beim Erhitzen von 2-Ureido-thiophen-3-carbonsäure mit Ameisensäure (*Ba. et al.*, l. c. S. 149).

Krystalle (aus Toluol); F: 146–147°.

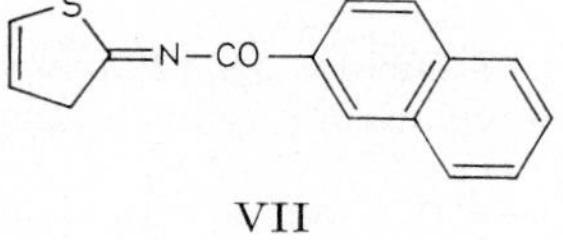

VII 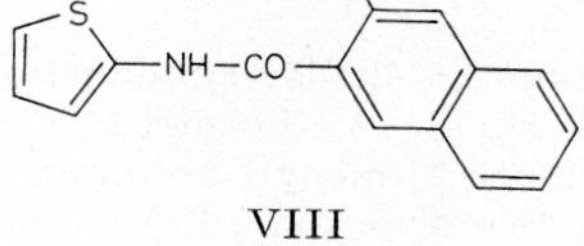 VIII

3-Hydroxy-[2]naphthoesäure-[3*H*-[2]thienylidenamid] $C_{15}H_{11}NO_2S$, Formel VII, und **3-Hydroxy-[2]naphthoesäure-[2]thienylamid** $C_{15}H_{11}NO_2S$, Formel VIII.

B. Beim Behandeln von [2]Thienylamin (E II 296) mit 3-Hydroxy-[2]naphthoyl⸗chlorid, Pyridin und Benzol (*Am. Cyanamid Co.*, U.S.P. 2625552 [1950]).

Krystalle (aus Bzl.).

Acetessigsäure-[3*H*-[2]thienylidenamid] $C_8H_9NO_2S$, Formel I ($R = CO\text{-}CH_2\text{-}CO\text{-}CH_3$), und **Acetessigsäure-[2]thienylamid** $C_8H_9NO_2S$, Formel II ($R = CO\text{-}CH_2\text{-}CO\text{-}CH_3$).

B. Aus [2]Thienylamin (E II 296) und Diketen (S. 4297) in Äther (*Am. Cyanamid Co.*, U.S.P. 2625551 [1950]).

Krystalle (aus Bzl.).

2-[4-Chlor-benzolsulfonylimino]-2,3-dihydro-thiophen, 4-Chlor-benzolsulfonsäure-[3*H*-[2]thienylidenamid] $C_{10}H_8ClNO_2S_2$, Formel IX (X = Cl), und **2-[4-Chlor-benzol⸗sulfonylamino]-thiophen, 4-Chlor-benzolsulfonsäure-[2]thienylamid** $C_{10}H_8ClNO_2S_2$, Formel X (X = Cl).

B. Beim Erhitzen von [2]Thienylamin (E II 296) mit 4-Chlor-benzolsulfonylchlorid und Pyridin (*Hultquist et al.*, Am. Soc. **73** [1951] 2558, 2560).

Krystalle (aus wss. A.); F: 116—117°.

2-Sulfanilylimino-2,3-dihydro-thiophen, Sulfanilsäure-[3*H*-[2]thienylidenamid] $C_{10}H_{10}N_2O_2S_2$, Formel IX ($X = NH_2$), und **2-Sulfanilylamino-thiophen, Sulfanilsäure-[2]thienylamid** $C_{10}H_{10}N_2O_2S_2$, Formel X ($X = NH_2$).

B. Beim Erwärmen von *N*-Acetyl-sulfanilsäure-[2]thienylamid mit wss. Schwefel⸗säure (*Bost, Starnes*, Am. Soc. **63** [1941] 1885) oder mit wss. Natronlauge (*Seemann, Lucas*, Canad. J. Res. [B] **19** [1941] 291, 295; *Berlin et al.*, Svensk kem. Tidskr. **53** [1941] 372).

Krystalle (aus W. oder wss. A.); F: 157—158° (*Be. et al.*), 156,5—157,5° (*Bost, St.*), 155° (*Se., Lu.*).

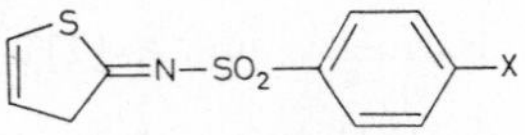

IX 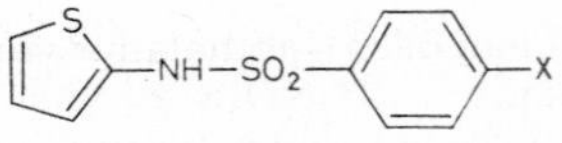 X

2-[*N*-Acetyl-sulfanilylimino]-2,3-dihydro-thiophen, *N*-Acetyl-sulfanilsäure-[3*H*-[2]thien⸗ylidenamid] $C_{12}H_{12}N_2O_3S_2$, Formel IX ($X = NH\text{-}CO\text{-}CH_3$), und **2-[(*N*-Acetyl-sulfanilyl)-amino]-thiophen, *N*-Acetyl-sulfanilsäure-[2]thienylamid** $C_{12}H_{12}N_2O_3S_2$, Formel X ($X = NH\text{-}CO\text{-}CH_3$).

B. Beim Behandeln von [2]Thienylamin (E II 296) mit *N*-Acetyl-sulfaniloylchlorid und Pyridin (*Berlin et al.*, Svensk kem. Tidskr. **53** [1941] 372; *Seemann, Lucas*, Canad. J. Res. [B] **19** [1941] 291, 292; *Bost, Starnes*, Am. Soc. **63** [1941] 1885).

Krystalle; F: 196° [aus wss. Eg. bzw. wss. A.] (*Bost, St.*; *Be. et al.*), 195° [aus Acn. + Ae.] (*Se., Lu.*).

2-Acetylimino-5-chlor-2,3-dihydro-thiophen, *N*-[5-Chlor-3*H*-[2]thienyliden]-acetamid C_6H_6ClNOS, Formel I (X = H), und **2-Acetylamino-5-chlor-thiophen, *N*-[5-Chlor-[2]thienyl]-acetamid** C_6H_6ClNOS, Formel II (X = H).

B. Beim Behandeln von 2-Acetylamino-thiophen mit Sulfurylchlorid in 1,1,2,2-Tetra⸗chlor-äthan (*Cymerman-Craig, Willis*, Soc. **1955** 1071, 1075) oder mit *N*-Chlor-acetamid (1 Mol) in wss. Salzsäure (*Hurd, Moffat*, Am. Soc. **73** [1951] 613).

Krystalle; F: 179° [aus Bzl.] (*Cy.-Cr., Wi.*), 177,5—178° [aus wss. A.] (*Hurd, Mo.*).

Beim Behandeln mit Natrium-[4-nitro-benzoldiazoat] in Essigsäure ist 2-Acetyl⸗amino-5-chlor-3-[4-nitro-phenylazo]-thiophen erhalten worden (*Hurd, Mo.*).

2-Acetylimino-3,5-dichlor-2,3-dihydro-thiophen, *N*-[3,5-Dichlor-3*H*-[2]thienyliden]-acetamid $C_6H_5Cl_2NOS$, Formel I (X = Cl), und **2-Acetylamino-3,5-dichlor-thiophen, *N*-[3,5-Dichlor-[2]thienyl]-acetamid** $C_6H_5Cl_2NOS$, Formel II (X = Cl).

B. Beim Erwärmen von 2-Acetylamino-thiophen mit *N*-Chlor-acetamid in wss. Salz⸗

säure (*Hurd, Moffat*, Am. Soc. **73** [1951] 613).
Krystalle (aus Bzn.); F: 123—124°.

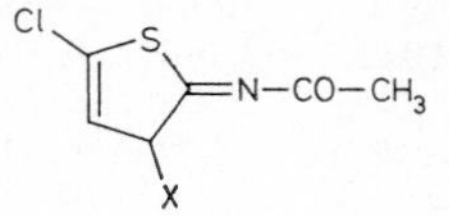

I 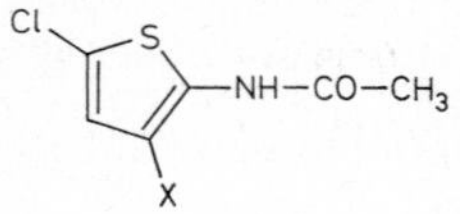 II 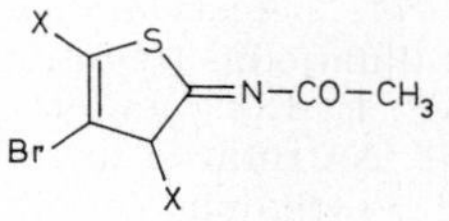 III 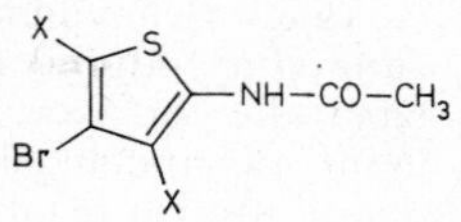 IV

2-Acetylimino-4-brom-2,3-dihydro-thiophen, *N*-[4-Brom-3*H*-[2]thienyliden]-acetamid C_6H_6BrNOS, Formel III (X = H), und **2-Acetylamino-4-brom-thiophen, *N*-[4-Brom-[2]thienyl]-acetamid** C_6H_6BrNOS, Formel IV (X = H).

B. Beim Behandeln von 2-Acetylamino-3,4,5-tribrom-thiophen mit amalgamiertem Aluminium und wasserhaltigem Äther (*Hurd, Priestley*, Am. Soc. **69** [1947] 859, 862).

F: 160°.

2-Acetylimino-3-brom-2,3-dihydro-thiophen, *N*-[3-Brom-3*H*-[2]thienyliden]-acetamid C_6H_6BrNOS, Formel V (X = H), und **2-Acetylamino-3-brom-thiophen, *N*-[3-Brom-[2]thienyl]-acetamid** C_6H_6BrNOS, Formel VI (X = H).

B. Beim Behandeln von 2-Acetylamino-3,5-dibrom-thiophen mit amalgamiertem Aluminium und wasserhaltigem Äther (*Hurd, Priestley*, Am. Soc. **69** [1947] 859, 862).

Charakterisierung durch Überführung in 2-Acetylamino-3-brom-5-[4-nitro-phenylazo]-thiophen (F: 235° [Zers.]) und in 5-Acetylamino-4-brom-[2]thienylquecksilber-chlorid (F: 220° [Zers.]).

2-Acetylimino-3,5-dibrom-2,3-dihydro-thiophen, *N*-[3,5-Dibrom-3*H*-[2]thienyliden]-acetamid $C_6H_5Br_2NOS$, Formel V (X = Br), und **2-Acetylamino-3,5-dibrom-thiophen, *N*-[3,5-Dibrom-[2]thienyl]-acetamid** $C_6H_5Br_2NOS$, Formel VI (X = Br).

B. Beim Behandeln von 2-Acetylamino-thiophen mit Brom in Natriumacetat enthaltender Essigsäure (*Hurd, Priestley*, Am. Soc. **69** [1947] 859, 861) oder mit Brom in Chloroform und Wasser (*Bellenghi et al.*, G. **82** [1952] 773, 806).

Krystalle; F: 142° [unkorr.; aus A.] (*Hurd, Pr.*), 141—142° (*Be. et al.*).

Beim Behandeln mit amalgamiertem Aluminium und wasserhaltigem Äther ist 2-Acetylamino-3-brom-thiophen erhalten worden (*Hurd, Pr.*). Reaktion mit Natrium-[4-nitro-benzoldiazoat] in Essigsäure unter Bildung von 2-Acetylamino-3-brom-5-[4-nitro-phenylazo]-thiophen: *Hurd, Pr.* Bildung von 2-Acetylamino-3-brom-5-nitro-thiophen beim Behandeln mit Salpetersäure, Acetanhydrid und Essigsäure sowie beim Behandeln einer Lösung in Essigsäure mit Stickstoffoxiden: *Priestley, Hurd*, Am. Soc. **69** [1947] 1173.

2-Acetylimino-3,4,5-tribrom-2,3-dihydro-thiophen, *N*-[3,4,5-Tribrom-3*H*-[2]thienyliden]-acetamid $C_6H_4Br_3NOS$, Formel III (X = Br), und **2-Acetylamino-3,4,5-tribrom-thiophen, *N*-[Tribrom-[2]thienyl]-acetamid** $C_6H_4Br_3NOS$, Formel IV (X = Br).

B. Beim Erwärmen von 2-Acetylamino-3,5-dibrom-thiophen mit Brom in Essigsäure (*Hurd, Priestley*, Am. Soc. **69** [1947] 859, 861). Beim Erwärmen des Barium-Salzes der 5-Acetylamino-thiophen-2-sulfonsäure mit Brom in Essigsäure (*Hurd, Pr.*, l. c. S. 863).

Krystalle (aus A.); F: 210° [unkorr.] (*Hurd, Pr.*).

Beim Behandeln mit amalgamiertem Aluminium und wasserhaltigem Äther ist 2-Acetylamino-4-brom-thiophen erhalten worden (*Hurd, Pr.*). Bildung von 2-Acetylamino-3,4-dibrom-5-nitro-thiophen beim Behandeln mit Salpetersäure, Acetanhydrid und Essigsäure: *Priestley, Hurd*, Am. Soc. **69** [1947] 1173.

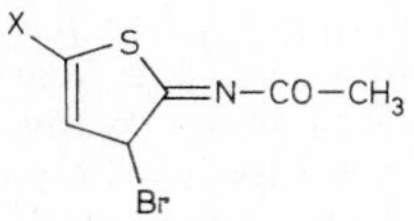

V 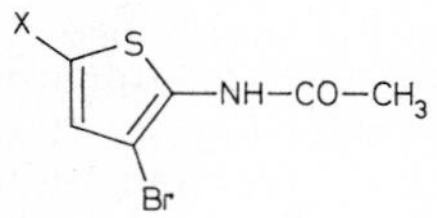 VI 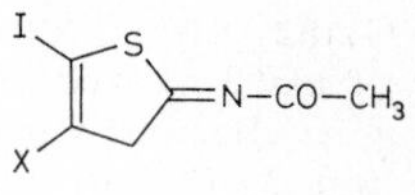 VII 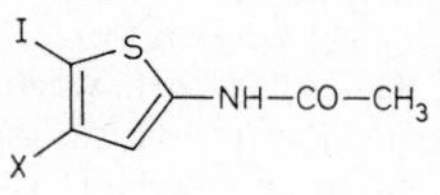 VIII

2-Acetylimino-5-jod-2,3-dihydro-thiophen, *N*-[5-Jod-3*H*-[2]thienyliden]-acetamid C_6H_6INOS, Formel VII (X = H), und **2-Acetylamino-5-jod-thiophen, *N*-[5-Jod-[2]thienyl]-acetamid** C_6H_6INOS, Formel VIII (X = H).

B. Beim Behandeln von 5-Acetylamino-[2]thienylquecksilber-chlorid mit einer wss. Lösung von Jod und Kaliumjodid (*Hurd, Priestley*, Am. Soc. **69** [1947] 859, 861).

Krystalle (aus wss. A.); F: 133° [unkorr.].

Beim Behandeln mit Natrium-[4-nitro-benzoldiazoat] in Essigsäure ist 2-Acetyl=amino-5-[4-nitro-phenylazo]-thiophen erhalten worden.

2-Acetylimino-4-brom-5-jod-2,3-dihydro-thiophen, *N*-[4-Brom-5-jod-3*H*-[2]thienyliden]-acetamid $C_6H_5BrINOS$, Formel VII (X = Br), und **5-Acetylamino-3-brom-2-jod-thiophen, *N*-[4-Brom-5-jod-[2]thienyl]-acetamid** $C_6H_5BrINOS$, Formel VIII (X = Br).

B. Beim Behandeln von 5-Acetylamino-3-brom-[2]thienylquecksilber-chlorid mit einer wss. Lösung von Jod und Kaliumjodid (*Hurd, Priestley*, Am. Soc. **69** [1947] 859, 862).

Krystalle (aus A.); F: 170° [unkorr.].

2-Acetylimino-3-brom-5-jod-2,3-dihydro-thiophen, *N*-[3-Brom-5-jod-3*H*-[2]thienyliden]-acetamid $C_6H_5BrINOS$, Formel IX (X = Br), und **2-Acetylamino-3-brom-5-jod-thiophen, *N*-[3-Brom-5-jod-[2]thienyl]-acetamid** $C_6H_5BrINOS$, Formel X (X = Br).

B. Beim Behandeln von 5-Acetylamino-4-brom-[2]thienylquecksilber-chlorid mit einer wss. Lösung von Jod und Kaliumjodid (*Hurd, Priestley*, Am. Soc. **69** [1947] 859, 862).

Krystalle (aus A.); F: 159° [unkorr.] (*Hurd, Pr.*).

Beim Behandeln mit Salpetersäure, Acetanhydrid und Essigsäure ist 2-Acetylamino-3-brom-5-nitro-thiophen erhalten worden (*Priestley, Hurd*, Am. Soc. **69** [1947] 1173).

2-Acetylimino-3,5-dijod-2,3-dihydro-thiophen, *N*-[3,5-Dijod-3*H*-[2]thienyliden]-acetamid $C_6H_5I_2NOS$, Formel IX (X = I), und **2-Acetylamino-3,5-dijod-thiophen, *N*-[3,5-Dijod-[2]thienyl]-acetamid** $C_6H_5I_2NOS$, Formel X (X = I).

B. Beim Behandeln von 2-Acetylamino-3,5-bis-chloromercurio-thiophen mit einer wss. Lösung von Jod und Kaliumjodid (*Hurd, Priestley*, Am. Soc. **69** [1947] 859, 861).

Krystalle (aus A.); F: 172° [unkorr.].

Beim Behandeln mit amalgamiertem Aluminium und wasserhaltigem Äther ist 2-Acetyl=amino-thiophen erhalten worden (*Hurd, Pr.*, l. c. S. 860).

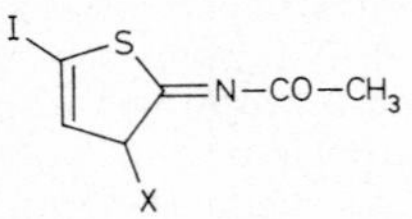

IX 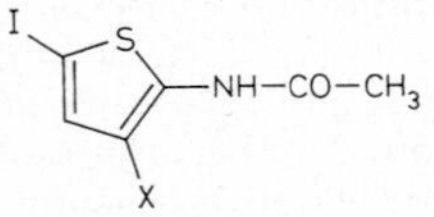 X 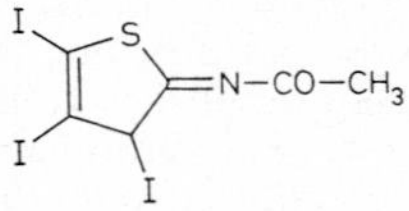 XI 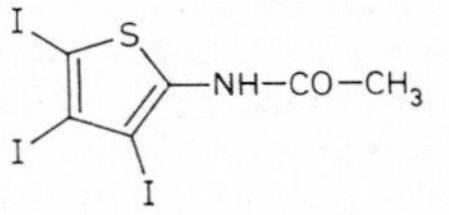 XII

2-Acetylimino-3,4,5-trijod-2,3-dihydro-thiophen, *N*-[3,4,5-Trijod-3*H*-[2]thienyliden]-acetamid $C_6H_4I_3NOS$, Formel XI, und **2-Acetylamino-3,4,5-trijod-thiophen, *N*-[Trijod-[2]thienyl]-acetamid** $C_6H_4I_3NOS$, Formel XII.

B. Beim Behandeln von 2-Acetylamino-3,4,5-tris-chloromercurio-thiophen mit einer wss. Lösung von Jod und Kaliumjodid (*Hurd, Priestley*, Am. Soc. **69** [1947] 859, 861).

Krystalle (aus A.); F: 225° [unkorr.] (*Hurd, Pr.*).

Beim Behandeln mit wss. Salpetersäure (D: 1,4) ist 2-Acetylamino-3,4-dijod-5-nitro-thiophen erhalten worden (*Priestley, Hurd*, Am. Soc. **69** [1947] 1173).

2-Acetylimino-5-nitro-2,3-dihydro-thiophen, *N*-[5-Nitro-3*H*-[2]thienyliden]-acetamid $C_6H_6N_2O_3S$, Formel I (X = H), und **2-Acetylamino-5-nitro-thiophen, *N*-[5-Nitro-[2]thien=yl]-acetamid** $C_6H_6N_2O_3S$, Formel II (X = H).

Nach *Bellenghi et al.* (G. **82** [1952] 773, 805) kommt diese Konstitution der früher (s. E I 137) mit Vorbehalt als 2-Acetylimino-3-nitro-2,3-dihydro-thiophen (⇌2-Acetyl=amino-3-nitro-thiophen) formulierten Verbindung vom F: 165,5—166,5° zu, während die früher (s. E I 138) mit Vorbehalt als 2-Acetylimino-5-nitro-2,3-dihydro-thiophen (⇌2-Acetylamino-5-nitro-thiophen) beschriebene Verbindung vom F: 222—223° als (±)-2-Acetylimino-3-nitro-2,3-dihydro-thiophen [Formel III] (⇌2-Acetyl=

amino-3-nitro-thiophen [Formel IV]) zu formulieren ist.

B. Beim Behandeln von 2-Acetylamino-thiophen mit Salpetersäure und Acetanhydrid unterhalb —15° (*Be. et al.*).

Gelbe Krystalle (aus A.); F: 165°.

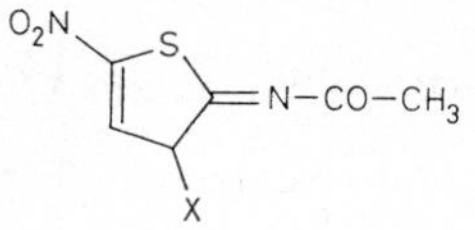

I 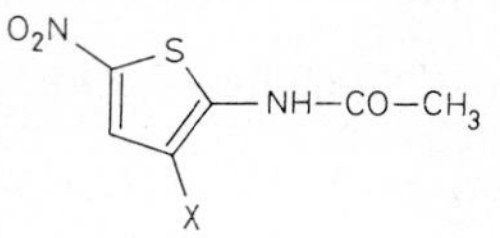 II 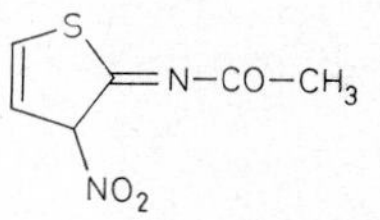 III 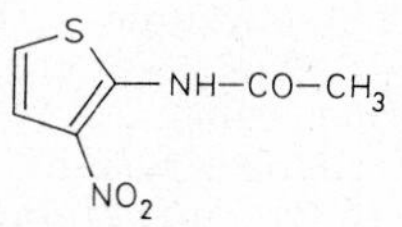 IV

2-Acetylimino-3-brom-5-nitro-2,3-dihydro-thiophen, *N*-[3-Brom-5-nitro-3*H*-[2]thienyliden]-acetamid $C_6H_5BrN_2O_3S$, Formel I (X = Br), und **2-Acetylamino-3-brom-5-nitro-thiophen, *N*-[3-Brom-5-nitro-[2]thienyl]-acetamid** $C_6H_5BrN_2O_3S$, Formel II (X = Br).

B. Aus 2-Acetylamino-3,5-dibrom-thiophen beim Behandeln mit Salpetersäure, Acetanhydrid und Essigsäure sowie beim Behandeln einer Lösung in Essigsäure mit Stickstoffoxiden (*Priestley, Hurd*, Am. Soc. **69** [1947] 1173). Beim Behandeln von 2-Acetylamino-3-brom-5-jod-thiophen mit Salpetersäure, Acetanhydrid und Essigsäure (*Pr., Hurd*).

Gelbe Krystalle (aus A.); F: 207° [Zers.].

2-Acetylimino-3,4-dibrom-5-nitro-2,3-dihydro-thiophen, *N*-[3,4-Dibrom-5-nitro-3*H*-[2]thienyliden]-acetamid $C_6H_4Br_2N_2O_3S$, Formel V (X = Br), und **2-Acetylamino-3,4-dibrom-5-nitro-thiophen, *N*-[3,4-Dibrom-5-nitro-[2]thienyl]-acetamid** $C_6H_4Br_2N_2O_3S$, Formel VI (X = Br).

B. Beim Behandeln von 2-Acetylamino-3,4,5-tribrom-thiophen mit Salpetersäure, Acetanhydrid und Essigsäure (*Priestley, Hurd*, Am. Soc. **69** [1947] 1173).

Gelbe Krystalle (aus A.); F: 206° [Zers.].

2-Acetylimino-4-brom-5-jod-3-nitro-2,3-dihydro-thiophen, *N*-[4-Brom-5-jod-3-nitro-3*H*-[2]thienyliden]-acetamid $C_6H_4BrIN_2O_3S$, Formel VII, und **2-Acetylamino-4-brom-5-jod-3-nitro-thiophen, *N*-[4-Brom-5-jod-3-nitro-[2]thienyl]-acetamid** $C_6H_4BrIN_2O_3S$, Formel VIII.

B. Beim Behandeln von 5-Acetylamino-3-brom-2-jod-thiophen mit Salpetersäure und Essigsäure (*Hurd, Moffat*, Am. Soc. **73** [1951] 613).

Gelbe Krystalle (aus A.); F: 248—248,5° [Zers.].

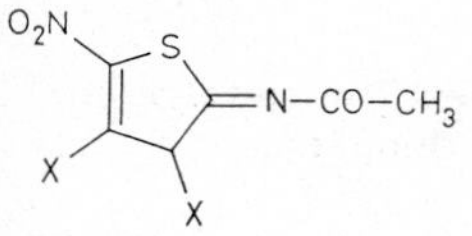

V 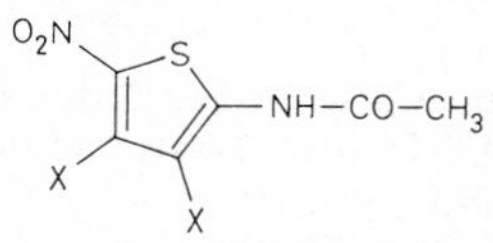 VI 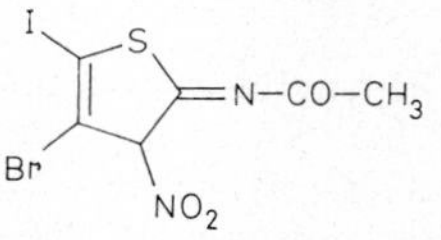 VII 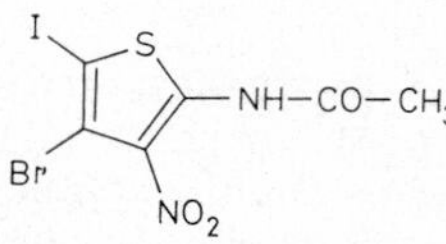 VIII

2-Acetylimino-3,4-dijod-5-nitro-2,3-dihydro-thiophen, *N*-[3,4-Dijod-5-nitro-3*H*-[2]thienyliden]-acetamid $C_6H_4I_2N_2O_3S$, Formel V (X = I), und **2-Acetylamino-3,4-dijod-5-nitro-thiophen, *N*-[3,4-Dijod-5-nitro-[2]thienyl]-acetamid** $C_6H_4I_2N_2O_3S$, Formel VI (X = I).

B. Beim Eintragen von 2-Acetylamino-3,4,5-trijod-thiophen in wss. Salpetersäure [D: 1,4] (*Priestley, Hurd*, Am. Soc. **69** [1947] 1173).

Orangefarbene Krystalle (aus Nitrobenzol); F: 260° [Zers.].

(±)-3,5-Dinitro-3*H*-thiophen-2-on $C_4H_2N_2O_5S$, Formel IX, und **3,5-Dinitro-thiophen-2-ol** $C_4H_2N_2O_5S$, Formel X.

B. Beim Erwärmen von 2-Chlor-3,5-dinitro-thiophen mit Natriumformiat in Methanol (*Hurd, Kreuz*, Am. Soc. **74** [1952] 2965, 2968).

Gelbe Krystalle; bei 50—52° verpuffend [bei schnellem Erwärmen]. Bei 25° nicht beständig; bei —20° haltbar.

Natrium-Verbindung. Rotviolette Krystalle [aus Me.]. Bei 100° noch beständig.

Charakterisierung durch Überführung in 2-Methoxy-3,5-dinitro-thiophen (F: 138° bis 139°): *Hurd, Kr.*

2-Imino-3,5-dinitro-2,3-dihydro-thiophen, 3,5-Dinitro-3*H*-thiophen-2-on-imin $C_4H_3N_3O_4S$, Formel XI (R = H), und **2-Amino-3,5-dinitro-thiophen, 3,5-Dinitro-[2]thienylamin** $C_4H_3N_3O_4S$, Formel XII (R = H).

B. Aus 2-Chlor-3,5-dinitro-thiophen und Ammoniak (*Hurd, Kreuz*, Am. Soc. **74** [1952] 2965, 2966).

Gelbe Krystalle. IR-Spektrum (Nujol; 2—16 μ) sowie Absorptionsspektrum (230 nm bis 420 nm): *Hurd, Kr.*

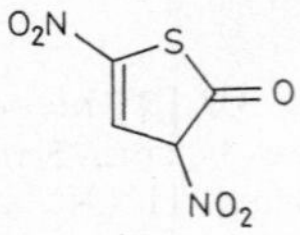

IX 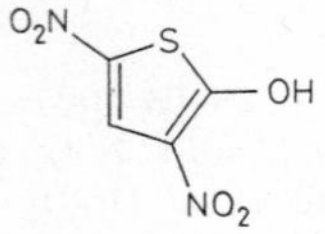 X 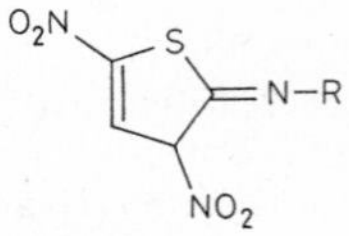 XI 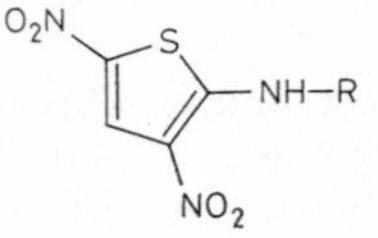 XII

[3,5-Dinitro-3*H*-[2]thienyliden]-anilin, 3,5-Dinitro-3*H*-thiophen-2-on-phenylimin $C_{10}H_7N_3O_4S$, Formel XIII (X = H), und **2-Anilino-3,5-dinitro-thiophen, [3,5-Dinitro-[2]thienyl]-phenyl-amin** $C_{10}H_7N_3O_4S$, Formel XIV (X = H).

B. Beim Behandeln von 2-Chlor-3,5-dinitro-thiophen mit Anilin in Methanol (*Hurd, Kreuz*, Am. Soc. **74** [1952] 2965, 2969).

Orangegelbe Krystalle (aus A.); F: 162—163°. Lösungen in Wasser, in Methanol, in Äthanol und in Aceton sind violett.

***N*-[3,5-Dinitro-3*H*-[2]thienyliden]-4-nitro-anilin, 3,5-Dinitro-3*H*-thiophen-2-on-[4-nitro-phenylimin]** $C_{10}H_6N_4O_6S$, Formel XIII (X = NO_2), und **3,5-Dinitro-2-[4-nitro-anilino]-thiophen, [3,5-Dinitro-[2]thienyl]-[4-nitro-phenyl]-amin** $C_{10}H_6N_4O_6S$, Formel XIV (X = NO_2).

B. Beim Behandeln von 2-Chlor-3,5-dinitro-thiophen mit 4-Nitro-anilin in Methanol (*Hurd, Kreuz*, Am. Soc. **74** [1952] 2965, 2969).

Violette Krystalle; F: 210° [Zers.].

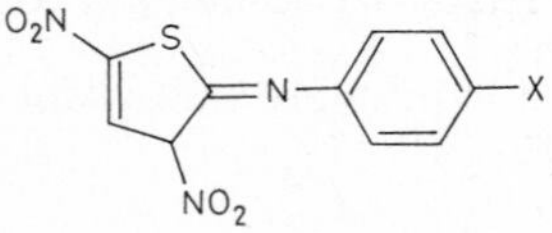

XIII 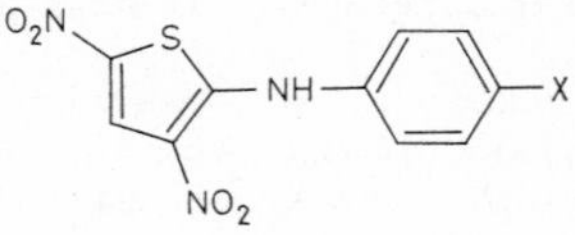 XIV

***N*-[3,5-Dinitro-3*H*-[2]thienyliden]-*p*-toluidin, 3,5-Dinitro-3*H*-thiophen-2-on-*p*-tolylimin** $C_{11}H_9N_3O_4S$, Formel XIII (X = CH_3), und **3,5-Dinitro-2-*p*-toluidino-thiophen, [3,5-Dinitro-[2]thienyl]-*p*-tolyl-amin** $C_{11}H_9N_3O_4S$, Formel XIV (X = CH_3).

B. Beim Behandeln von 2-Chlor-3,5-dinitro-thiophen mit *p*-Toluidin in Methanol (*Hurd, Kreuz*, Am. Soc. **74** [1952] 2965, 2969).

Orangegelbe Krystalle (aus A.); F: 146—147°.

2-Acetylimino-3,5-dinitro-2,3-dihydro-thiophen, *N*-[3,5-Dinitro-3*H*-[2]thienyliden]-acet=amid $C_6H_5N_3O_5S$, Formel XI (R = CO-CH_3), und **2-Acetylamino-3,5-dinitro-thiophen, *N*-[3,5-Dinitro-[2]thienyl]-acetamid** $C_6H_5N_3O_5S$, Formel XII (R = CO-CH_3) (E I 138).

B. Beim Behandeln von 2-Acetylamino-5-nitro-thiophen mit Salpetersäure und Acet=anhydrid unterhalb —2° (*Bellenghi et al.*, G. **82** [1952] 773, 806; vgl. E I 138). Beim Behandeln von 2-Acetylamino-3-brom-5-nitro-thiophen mit Salpetersäure (*Priestley, Hurd*, Am. Soc. **69** [1947] 1173). Aus 2-Acetylamino-3,5-dijod-thiophen beim Behandeln mit Salpetersäure und Acetanhydrid sowie beim Behandeln einer Lösung in Essigsäure mit Stickstoffoxiden und Behandeln des jeweils erhaltenen Reaktionsprodukts mit Salpetersäure (*Pr., Hurd*, l. c. S. 1175). Beim Behandeln einer Lösung von 2-Acetyl=amino-3,5-dibrom-thiophen in Essigsäure mit Stickstoffoxiden (*Pr., Hurd*).

Hellgelbe Krystalle (aus A.); F: 182° (*Be. et al.*), 180° [unkorr.; Zers.] (*Hurd, Priestley*, Am. Soc. **69** [1947] 859, 862, 863).

[5-Brom-3,4-dinitro-3*H*-[2]thienyliden]-anilin, 5-Brom-3,4-dinitro-3*H*-thiophen-2-on-phenylimin $C_{10}H_6BrN_3O_4S$, Formel I, und **2-Anilino-5-brom-3,4-dinitro-thiophen, [5-Brom-3,4-dinitro-[2]thienyl]-phenyl-amin** $C_{10}H_6BrN_3O_4S$, Formel II.

B. Beim Behandeln von 2,5-Dibrom-3,4-dinitro-thiophen mit Anilin in Methanol (*Blatt et al.*, J. org. Chem. **22** [1957] 1588, 1589).

Krystalle (aus Acn. + W.); F: 150,5–151°.

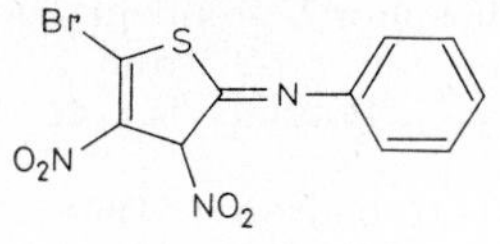

I 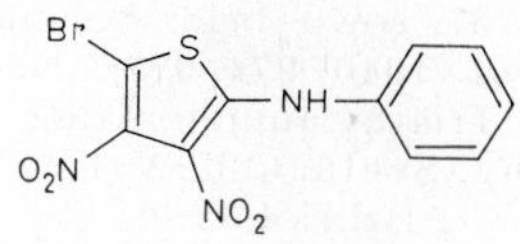 II

2-Acetylimino-4-jod-3,5-dinitro-2,3-dihydro-thiophen, *N*-[4-Jod-3,5-dinitro-3*H*-[2]thienyliden]-acetamid $C_6H_4IN_3O_5S$, Formel III (X = I), und **2-Acetylamino-4-jod-3,5-dinitro-thiophen, *N*-[4-Jod-3,5-dinitro-[2]thienyl]-acetamid** $C_6H_4IN_3O_5S$, Formel IV (X = I).

B. Beim Behandeln von 2-Acetylamino-3,4-dijod-5-nitro-thiophen mit Salpetersäure (*Priestley, Hurd*, Am. Soc. **69** [1947] 1173).

Krystalle (aus Nitrobenzol + A.); F: 195°.

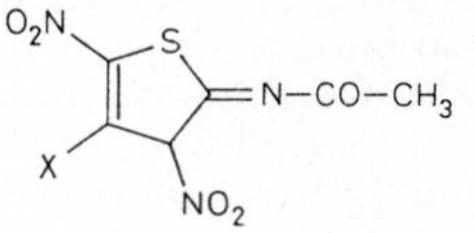

III 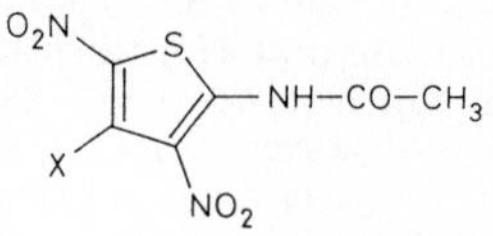 IV 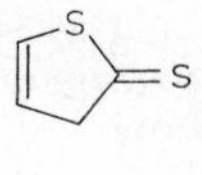 V 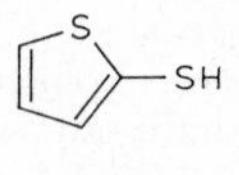 VI

2-Acetylimino-3,4,5-trinitro-2,3-dihydro-thiophen, *N*-[3,4,5-Trinitro-3*H*-[2]thienyliden]-acetamid $C_6H_4N_4O_7S$, Formel III (X = NO_2), und **2-Acetylamino-3,4,5-trinitro-thiophen, *N*-[Trinitro-[2]thienyl]-acetamid** $C_6H_4N_4O_7S$, Formel IV (X = NO_2).

B. Beim Behandeln von 2-Acetylamino-4-jod-3,5-dinitro-thiophen mit Salpetersäure und Schwefelsäure (*Priestley, Hurd*, Am. Soc. **69** [1947] 1173).

Gelbliche Krystalle; F: 140° [unter Explosion].

3*H*-Thiophen-2-thion $C_4H_4S_2$, Formel V und **Thiophen-2-thiol** $C_4H_4S_2$, Formel VI (H 249).

B. Beim Erwärmen von äther. [2]Thienylmagnesiumbromid-Lösung (*Houff, Schuetz*, Am. Soc. **75** [1953] 6316) oder von äther. [2]Thienylmagnesiumjodid-Lösung (*Caesar, Branton*, Ind. eng. Chem. **44** [1952] 122, 123; *Profft*, Ch. Z. **82** [1958] 295, 297) mit Schwefel und anschliessenden Behandeln mit wss. Salzsäure oder wss. Schwefelsäure. Beim Erwärmen von Di-[2]thienyl-disulfid mit wss. Salzsäure und Zink (*Socony-Vacuum Oil Co.*, U.S.P. 2571370 [1950]). Beim Behandeln von Thiophen-2-sulfonylchlorid mit wss. Schwefelsäure und Zink (*Ho., Sch.*).

Kp_5: 54° (*Ho., Sch.*); Kp_1: 63° (*Soper et al.*, Am. Soc. **70** [1948] 2849, 2852 Anm. h). IR-Spektrum von 2 μ bis 14 μ: A.P.I. Res. Project **44** Nr. 569 [1947]; von 3 μ bis 15 μ: *Ca., Br.* Massenspektrum: A.P.I. Res. Project **44** Nr. 162 [1948].

Charakterisierung durch Überführung in 2-[2,4-Dinitro-phenylmercapto]-thiophen (F: 119°): *Ca., Br.*, l. c. S. 124.

5*H*-Furan-2-on, 4-Hydroxy-*cis*-crotonsäure-lacton, But-2-en-4-olid, γ-Crotonolacton $C_4H_4O_2$, Formel VII (H 249; E I 138).

B. Beim Erhitzen von *trans*(?)-Crotonsäure-äthylester mit Selenigsäure in Dioxan und Erhitzen des Reaktionsprodukts (*Mount Sinai Hospital Research. Found*, U.S.P. 2390335 [1941]). Beim Hydrieren von 4-Hydroxy-but-2-insäure an Palladium/Bariumsulfat in Methanol und Erhitzen des Reaktionsprodukts (*Smith, Jones*, Canad. J. Chem. **37** [1959] 2092). Beim Erwärmen von (±)-3,4-Dichlor-buttersäure (*Rambaud et al.*, Bl. **1955** 877, 880; *Rambaud, Ducher*, Bl. **1956** 466, 472) oder von 4-Chlor-*cis*-crotononitril (*Vessière*, Bl. **1959** 1645, 1650) mit wss. Natriumcarbonat-Lösung. Beim Erhitzen von 4-Chlor-*trans*-crotonsäure im Luftstrom auf 220° (*Jacobs, Scott*, J. biol. Chem. **93** [1931] 139, 150). Neben 3,4-Dihydroxy-buttersäure-4-lacton (Hauptprodukt) beim Erwärmen von (±)-3,4-Dihydroxy-butyronitril mit Bariumhydroxid in Wasser, Erwärmen der erhaltenen Barium-Salze mit wss. Schwefelsäure und Erhitzen des danach isolierten Reaktionsprodukts (*Glattfeld et al.*, Am. Soc. **53** [1931] 3164, 3165; s. a. *Rambaud, Ducher*, C. r. **238** [1954] 1231) sowie beim Erwärmen von (±)-3,4-Epoxy-buttersäure-äthylester mit wss. Schwefelsäure (*Ra. et al.*, l. c. S. 882). Aus 3,4-Dihydroxy-buttersäure-4-lacton beim Erhitzen mit Calciumsulfat, Schwefelsäure und Äthanol (*Glattfeld, Stack*, Am. Soc. **59** [1937] 753, 757) sowie beim Behandeln mit Phosphor(V)-oxid in Dioxan (*Glattfeld, Rietz*, Am. Soc. **62** [1940] 974, 977). Beim Erwärmen von (±)-2-Brom-4-hydroxy-buttersäure-lacton mit Triäthylamin in Äther (*Judge, Price*, J. Polymer Sci. **41** [1959] 435, 437; *Price, Judge*, Org. Synth. Coll. Vol. V [1973] 255).

Dipolmoment (ε; Bzl.): 4,62 D (*Sukigara et al.*, Tetrahedron **4** [1958] 337, 339; *Hata*, J. chem. Soc. Japan Pure Chem. Sect. **79** [1958] 1528, 1534; C. A. **1960** 24620; *Murakami et al.*, Mem. Inst. scient. ind. Res. Osaka Univ. **16** [1959] 219, 224).

Krystalle; F: 5° (*Ju., Pr.*; *Gl., St.*), 4–5° [aus Ae.] (*Clauson-Kaas, Elming*, Acta chem. scand. **6** [1952] 560, 563). Kp_{14}: 92–93° (*Ra. et al.*); Kp_{12}: 86–87° (*Sm., Jo.*); Kp_{10}: 85–87° (*Ve.*); $Kp_{3,5}$: 76–77° (*Gl., St.*). D_4^{22}: 1,185; n_D^{22}: 1,4645 (*Ve.*); n_D^{20}: 1,4670 (*Sm., Jo.*); n_D^{25}: 1,4604 (*Ju., Pr.*). IR-Spektrum (3600–600 cm^{-1} bzw. 1900–1550 cm^{-1}): *Sm., Jo.*; *Hata*; *Mu. et al.*; IR-Banden im Bereich von 3,2 μ bis 12,4 μ: *Ju., Pr.*, l. c. S. 442. CO-Valenzschwingungsbanden: 1777,5 cm^{-1} und 1745 cm^{-1} [$CHCl_3$], 1784,5 cm^{-1} und 1742 cm^{-1} [CCl_4] (*Jones et al.*, Canad. J. Chem. **37** [1959] 2007, 2012). Raman-Banden: *Ra. et al.*, l. c. S. 885. UV-Spektrum (A. und Heptan; 210–250 nm): *Sm., Jo.*

Massenspektrum: *Friedman, Long*, Am. Soc. **75** [1953] 2832, 2834. Reaktion mit Phenylhydrazin unter Bildung von 4-Phenylhydrazono-buttersäure-[*N'*-phenyl-hydrazid] (F: 183°): *Cl.-Ka., El.*, l. c. S. 561; s. a. *Gl. et al.*, l. c. S. 3168. Beim Erhitzen mit Äthanol unter Zusatz von wss. Salzsäure auf 115° sind 4-Oxo-buttersäure-äthylester, 4-Äthoxy-4-hydroxy-buttersäure-lacton und 3-Formyl-hept-3-endisäure-diäthylester (n_D^{19}: 1,468), beim Erhitzen mit Butan-1-ol unter Zusatz von wss. Salzsäure auf 116° sind 4-Oxo-buttersäure-butylester, 4-Butoxy-4-hydroxy-buttersäure-lacton, 3-Formyl-hept-3-endisäure-dibutylester (n_D^{19}: 1,467), 4,4-Dibutoxy-buttersäure-butylester und 3-Oxo-oct-4-endisäure-dibutylester (?) erhalten worden (*Ducher*, Bl. **1959** 1259, 1261).

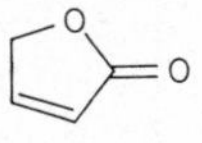

VII 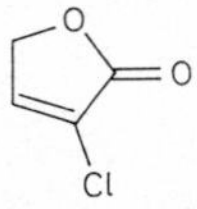 VIII 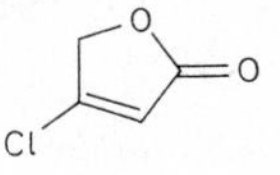 IX 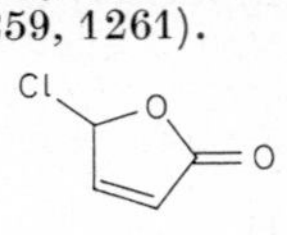 X 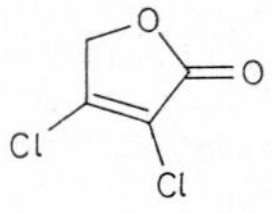 XI

3-Chlor-5*H*-furan-2-on, 2-Chlor-4-hydroxy-*cis*-crotonsäure-lacton $C_4H_3ClO_2$, Formel VIII.

Diese Konstitution kommt der früher (s. H 250) als 4-Chlor-5*H*-furan-2-on („β-Chlor-$\Delta^{\alpha,\beta}$-crotonolacton") angesehenen Verbindung zu, während in der früher (s. H 250) als 3-Chlor-5*H*-furan-2-on („α-Chlor-$\Delta^{\alpha,\beta}$-crotonolacton") beschriebenen Verbindung 4-Chlor-5*H*-furan-2-on vorgelegen hat (*Van der Wal*, Iowa Coll. J. **11** [1936] 128; *Owen, Sultanbawa*, Soc. **1949** 3105, 3107; *Sukigara et al.*, Tetrahedron **4** [1958] 337, 341; *Hata*, J. chem. Soc. Japan Pure Chem. Sect. **79** [1958] 1528, 1534; C. A. **1960** 24620; *Murakami et al.*, Mem. Inst. scient. ind. Res. Osaka Univ. **16** [1959] 219, 224).

B. Beim Erwärmen von opt.-inakt. 3,4-Dichlor-2,5-dimethoxy-tetrahydro-furan-2-carbonsäure-methylester (Isomeren-Gemisch) mit wss. Schwefelsäure (*Hata*, l. c. S. 1536; *Mu. et al.*, l. c. S. 229).

Dipolmoment (ε; Bzl.): 4,83 D (*Su. et al.*, l. c. S. 339; *Hata*; *Mu. et al.*).

Krystalle; F: 27° (*Su. et al.*), 26–27° [aus Ae.] (*Hata*; *Mu. et al.*). IR-Spektrum (1900–1550 cm^{-1}): *Hata*; *Mu. et al.*, l. c. S. 223.

4-Chlor-5*H*-furan-2-on, 3-Chlor-4-hydroxy-*cis*-crotonsäure-lacton $C_4H_3ClO_2$, Formel IX.

Bezüglich der Konstitution s. die Angaben im vorangehenden Artikel.

B. Neben 3-Chlor-4-hydroxy-crotonsäure (F: 154°; Hauptprodukt) beim Behandeln von 4-Hydroxy-but-2-insäure mit wss. Salzsäure (*Hata*, J. chem. Soc. Japan Pure Chem. Sect. **79** [1958] 1528, 1534; C. A. **1960** 24620; *Murakami et al.*, Mem. Inst. scient. ind. Res. Osaka Univ. **16** [1959] 219, 224).

Dipolmoment (ε; Bzl.): 3,57 D (*Sukigara et al.*, Tetrahedron **4** [1958] 337, 339; *Hata*, l. c. S. 1534; *Mu. et al*).

F: 52–53° (*Hata*; *Mu. et al.*), 51–52,5° (*Su. et al.*). IR-Spektrum (1900–1550 cm^{-1}): *Hata*; *Mu. et al.*

Die gleiche Verbindung hat vermutlich in einem von *Hall, Jacobs* (Soc. **1954** 2034, 2038, 2039) beim Erhitzen von 2,4,4,4-Tetrachlor-butyraldehyd-diäthylacetal oder von 4-Methyl-2-[1,3,3,3-tetrachlor-propyl]-[1,3]dioxan mit konz. Schwefelsäure auf 130° erhaltenen, als 4-Chlor-3*H*-furan-2-on (⇌4-Chlor-furan-2-ol) angesehenen Präparat (Krystalle [aus Bzn.]; F: 54°) vorgelegen.

(±)-5-Chlor-5*H*-furan-2-on, (±)-4-Chlor-4-hydroxy-*cis*-crotonsäure-lacton $C_4H_3ClO_2$, Formel X.

B. Beim Behandeln von 2-Acetoxy-furan mit Chlor in Tetrachlormethan bei −40° (*Elming, Clauson-Kaas*, Acta chem. scand. **6** [1952] 565, 567).

Kp_{14}: 91–93°. n_D^{25}: 1,4884.

3,4-Dichlor-5*H*-furan-2-on, 2,3-Dichlor-4-hydroxy-*cis*-crotonsäure-lacton $C_4H_2Cl_2O_2$, Formel XI (H 250).

B. Beim Erwärmen von Mucochlorsäure (Dichlormaleinaldehydsäure ⇌ 3,4-Dichlor-5-hydroxy-5*H*-furan-2-on) mit Aluminiumisopropylat in Isopropylalkohol (*Mowry*, Am. Soc. **75** [1953] 1909).

Krystalle (aus wss. A.); F: 51–52° (*Mo.*, Am. Soc. **75** 1910). UV-Spektrum (A.; 200 nm bis 300 nm): *Mowry*, Am. Soc. **72** [1950] 2535.

Beim Behandeln mit wss. Jodwasserstoffsäure ist 3-Chlor-4-jod-5*H*-furan-2-on, beim Behandeln mit Essigsäure und Zink ist 3-Chlor-5*H*-furan-2-on erhalten worden (*Owen, Sultanbawa*, Soc. **1949** 3105, 3107). Reaktion mit Anilin unter Bildung von 4-Anilino-3-chlor-5*H*-furan-2-on (⇌ 3-Chlor-4-phenylimino-dihydro-furan-2-on): *Owen, Su.*

5,5-Dichlor-5*H*-furan-2-on, 4,4-Dichlor-4-hydroxy-*cis*-crotonsäure-lacton $C_4H_2Cl_2O_2$, Formel I (E I 138).

B. Beim Behandeln von Maleinsäure mit Phosphor(V)-chlorid (*Lutz*, Am. Soc. **52** [1930] 3423, 3436).

Kp_2: 65°.

Beim Behandeln mit Benzol und Aluminiumchlorid ist 4-Hydroxy-4,4-diphenyl-*trans*-crotonsäure erhalten worden.

(±)-3,4,5-Trichlor-5*H*-furan-2-on, (±)-2,3,4-Trichlor-4-hydroxy-*cis*-crotonsäure-lacton, Mucochlorsäure-chlorid $C_4HCl_3O_2$, Formel II (H **3** 728).

In äthanol. Lösungen liegt nach Ausweis des IR-Spektrums nur 3,4,5-Trichlor-5*H*-furan-2-on, nicht aber das tautomere Dichlormaleinaldehydsäure-chlorid vor (*Mowry*, Am. Soc. **72** [1950] 2535).

B. Neben Mucochlorsäure-anhydrid (F: 141–143°) beim Erwärmen von Mucochlorsäure (Dichlormaleinaldehydsäure ⇌3,4-Dichlor-5-hydroxy-5*H*-furan-2-on) mit Thionylchlorid und Zinkchlorid (*Mo.*).

Kp_{21}: 109°. n_D^{20}: 1,5252. UV-Spektrum (A.; 200–300 nm): *Mo.*

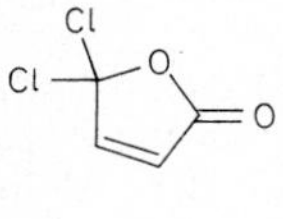

I 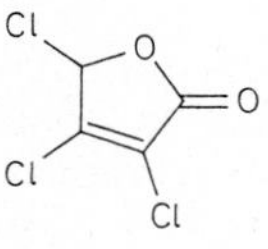 II 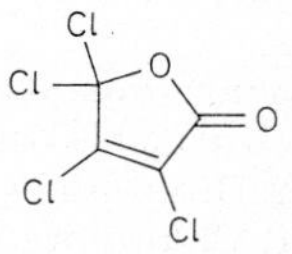 III 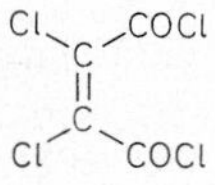 IV 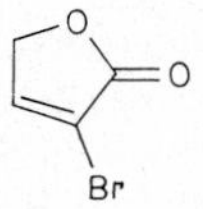 V

Tetrachlor-5*H*-furan-2-on, 2,3,4,4-Tetrachlor-4-hydroxy-*cis*-crotonsäure-lacton $C_4Cl_4O_2$, Formel III, und **Dichlormaleinsäure-dichlorid, Dichlormaleoylchlorid** $C_4Cl_4O_2$, Formel IV (H **2** 754; E I **17** 138).

Präparate, in denen fast ausschliesslich entweder Dichlormaleoylchlorid oder Tetrachlor-5*H*-furan-2-on vorgelegen hat, sind beim Behandeln von Succinylchlorid oder von Chlorfumaroylchlorid mit Chlor unter Zusatz von Eisen-Pulver bei 145° erhalten worden (*Leder*, J. pr. [2] **130** [1931] 255, 258, 269, 270).

a) **Tetrachlor-5*H*-furan-2-on, 2,3,4,4-Tetrachlor-4-hydroxy-*cis*-crotonsäure-lacton** $C_4Cl_4O_2$, Formel III.

Bildung aus Succinylchlorid und aus Chlorfumaroylchlorid s. S. 4295.

D_4^{20}: 1,7074; $n_{656,3}^{20}$: 1,51907; $n_{486,1}^{20}$: 1,53236 (*Leder*, J. pr. [2] **130** [1931] 255, 263).

Beim Erwärmen mit Aluminiumchlorid ist das unter b) beschriebene Isomere erhalten worden. Reaktion mit Anilin in Benzol unter Bildung einer als 5,5-Dianilino-3,4-dichlor-5*H*-furan-2-on angesehenen Verbindung (gelbe Krystalle [aus A.], F: 170°): *Le.*, l. c. S. 258, 274. Reaktion mit Methylmagnesiumbromid unter Bildung von 3,4-Dichlor-5,5-di=methyl-5*H*-furan-2-on: *Le.*, l. c. S. 262, 283.

b) **Dichlormaleoylchlorid** $C_4Cl_4O_2$, Formel IV.

Bildung aus Succinylchlorid und aus Chlorfumaroylchlorid s. S. 4295; Bildung aus Tetrachlor-5*H*-furan-2-on s. bei dem unter a) beschriebenen Isomeren.

D_4^{20}: 1,6723; $n_{656,3}^{20}$: 1,51572; $n_{486,1}^{20}$: 1,53118 (*Leder*, J. pr. [2] **130** [1931] 255, 263).

Reaktion mit Anilin in Benzol unter Bildung von Dichlormaleinsäure-dianilid (?) (farblose Krystalle [aus A.]; F: 193°): *Le.*, l. c. S. 274.

3-Brom-5*H*-furan-2-on, 2-Brom-4-hydroxy-*cis*-crotonsäure-lacton $C_4H_3BrO_2$, Formel V.

Diese Konstitution kommt der früher (s. H 251) als 4-Brom-5*H*-furan-2-on („β-Brom-$\Delta^{\alpha,\beta}$-crotonolacton") angesehenen Verbindung zu, während in der früher (s. H 250) als 3-Brom-5*H*-furan-2-on („α-Brom-$\Delta^{\alpha,\beta}$-crotonolacton") beschriebenen Verbindung 4-Brom-5*H*-furan-2-on vorgelegen hat (*Whiting*, Am. Soc. **71** [1949] 2946; *Owen, Sultanbawa*, Soc. **1949** 3105, 3107; *Sukigara et al.*, Tetrahedron **4** [1958] 337, 340).

B. Beim Behandeln von opt.-inakt. 2,3,4-Tribrom-buttersäure (F: 131°) mit wss.-methanol. Kalilauge (*Owen, Su.*, l. c. S. 3109). Beim Erwärmen von opt.-inakt. 3,4-Di=brom-2,5-dimethoxy-tetrahydro-furan-2-carbonsäure-methylester (Isomeren-Gemisch) mit wss. Schwefelsäure oder mit Chlorwasserstoff enthaltendem Methanol (*Hata*, J. chem. Soc. Japan Pure Chem. Sect. **79** [1958] 1528, 1535; C. A. **1960** 24620; *Murakami et al.*, Mem. Inst. scient. ind. Res. Osaka Univ. **16** [1959] 219, 229).

Dipolmoment (ε; Bzl.): 4,70 D (*Su. et al.*; *Hata*, l. c. S. 1534; *Mu. et al.*, l. c. S. 224).

Krystalle; F: 58,5–60° [aus PAe.] (*Owen, Su.*), 58–59° [aus Ae.] (*Hata*; *Mu. et al.*), 57° (*Su. et al.*). IR-Spektrum (1900–1550 cm⁻¹): *Hata*, l. c. S. 1533; *Mu. et al.*, l. c. S. 223.

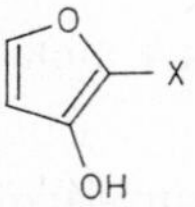

VI 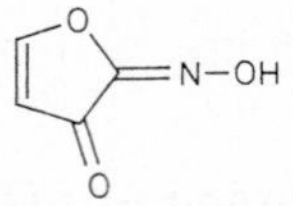 VII 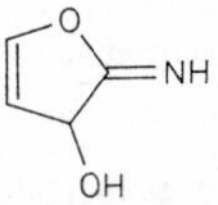 VIII 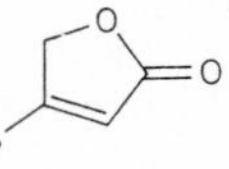 IX 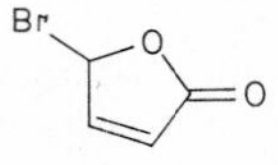 X

4-Brom-5*H*-furan-2-on, 3-Brom-4-hydroxy-*cis*-crotonsäure-lacton $C_4H_3BrO_2$, Formel IX.

Bezüglich der Konstitution s. die Angaben im vorangehenden Artikel.

Dipolmoment (ε; Bzl.): 3,86 D (*Sukigara et al.*, Tetrahedron **4** [1958] 337, 339; *Hata*, J. chem. Soc. Japan Pure Chem. Sect. **79** [1958] 1528, 1533; C. A. **1960** 24620; *Murakami et al.*, Mem. Inst. scient. ind. Res. Osaka Univ. **16** [1959] 219, 224).

F: 77° (*Hata*; *Mu. et al.*; *Su. et al.*). IR-Spektrum (1900–1550 cm^{-1}): *Hata*; *Mu. et al.*, l. c. S. 223.

Als höherschmelzende Modifikation des 4-Brom-5*H*-furan-2-ons (3-Brom-4-hydroxy-*cis*-crotonsäure-lactons) wird von *Mabry* (J. org. Chem. **28** [1963] 1699) ein von *Hodgson, Davies* (Soc. **1939** 806, 808) als 2-Brom-furan-3-ol beschriebenes, beim Behandeln von Furan-2-carbonsäure mit Brom in Chloroform unter Zusatz von Wasser und anschliessenden Erhitzen mit Wasserdampf erhaltenes Präparat (F: 85°) angesehen. Die Identität des aus diesem Präparat von *Hodgson, Davies* (l. c.) mit Hilfe von Natrium-Amalgam und Äthanol erhaltenen vermeintlichen Furan-3-ols (($C_4H_4O_2$; Formel VI [X = H]; Krystalle [aus Ae.], F: 58°) ist ungewiss (*Hofmann et al.*, Helv. **48** [1965] 1322, 1329); dies gilt auch für die von *Hodgson, Davies* (Soc. **1939** 1013) hergestellten, als 2-Nitroso-furan-3-ol [Formel VI (X = NO)] (⇌2-Hydroxyimino-furan-3-on [Formel VII]), als 2-Nitro-furan-3-ol [Formel VI (X = NO_2)] und als 2-Amino-furan-3-ol [Formel VI (X = NH_2)] (⇌2-Imino-2,3-dihydro-furan-3-ol [Formel VIII]) angesehenen Derivate $C_4H_3NO_3$ (Krystalle [aus Ae], F: 151°), $C_4H_3NO_4$ (Krystalle [aus Ae.], F: 76°) bzw. $C_4H_5NO_2$ (Krystalle [aus Ae.], F: 92°).

5-Brom-5*H*-furan-2-on, 4-Brom-4-hydroxy-*cis*-crotonsäure-lacton $C_4H_3BrO_2$, Formel X.

B. Beim Behandeln von 2-Acetoxy-furan mit Brom in Tetrachlormethan (*Elming, Clauson-Kaas*, Acta chem. scand. **6** [1952] 565, 566; *Kemisk. Vaerk Køge*, U.S.P. 2726250 [1951]).

Kp_{10}: 101—102°; $Kp_{1(?)}$: 69—70°. n_D^{25}: 1,5348.

3,4-Dibrom-5*H*-furan-2-on, 2,3-Dibrom-4-hydroxy-*cis*-crotonsäure-lacton $C_4H_2Br_2O_2$, Formel XI (H 251).

B. Neben grösseren Mengen Mucobromsäure (Dibrommaleinaldehydsäure ⇌ 3,4-Di-brom-5-hydroxy-5*H*-furan-2-on) beim Behandeln einer Lösung von 2,3-Dibrom-but-2*t*(?)-en-1,4-diol (F: 116—117°) in Aceton mit Chrom(VI)-oxid und wss. Schwefelsäure (*Dupont et al.*, Bl. **1951** 339).

F: 90—91° [aus A.].

Die bei der Reaktion mit Anilin erhaltene Verbindung (s. H 251; *Du. et al.*) ist nicht als 3-Anilino-4-brom-5*H*-furan-2-on (⇌ 4-Brom-3-phenylimino-dihydro-furan-2-on) (H 403) sondern als 4-Anilino-3-brom-5*H*-furan-2-on (⇌ 3-Brom-4-phenylimino-dihydro-furan-2-on) zu formulieren (*Owen, Sultanbawa*, Soc. **1949** 3105, 3107).

3-Chlor-4-jod-5*H*-furan-2-on, 2-Chlor-4-hydroxy-3-jod-*cis*-crotonsäure-lacton $C_4H_2ClIO_2$, Formel XII.

Diese Konstitution ist der früher (s. H 251) als 4-Chlor-3-jod-5*H*-furan-2-on (3-Chlor-4-hydroxy-2-jod-*cis*-crotonsäure-lacton) beschriebenen Verbindung zuzuordnen (*Owen, Sultanbawa*, Soc. **1949** 3105, 3107).

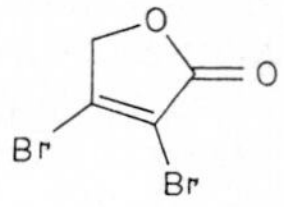

XI 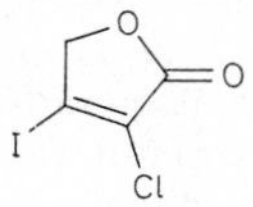 XII 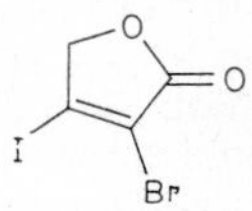 XIII 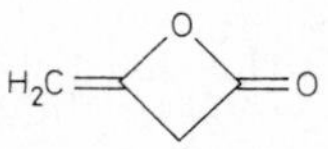 XIV

3-Brom-4-jod-5*H*-furan-2-on, 2-Brom-4-hydroxy-3-jod-*cis*-crotonsäure-lacton $C_4H_2BrIO_2$, Formel XIII.

Diese Konstitution ist der früher (s. H 252) als 4-Brom-3-jod-5*H*-furan-2-on (3-Brom-4-hydroxy-2-jod-*cis*-crotonsäure-lacton) beschriebenen Verbindung zuzuordnen (*Owen, Sultanbawa*, Soc. **1949** 3105, 3107).

4-Methylen-oxetan-2-on, 3-Hydroxy-but-3-ensäure-lacton, But-3-en-3-olid $C_4H_4O_2$, Formel XIV.

Diese Konstitution kommt dem nachstehend beschriebenen, früher (s. H **7** 552; E I **7** 309; E II **7** 525) als Cyclobutan-1,3-dion angesehenen **Diketen** zu (s. E III **1** 2947 sowie *Ford, Richards*, Discuss. Faraday Soc. **19** [1955] 193; *Bader et al.*, Am. Soc. **78** [1956] 2385; *Miller, Carlson*, Am. Soc. **79** [1957] 3995).

B. Beim Einleiten von Keten in Aceton (*Williams, Krynitsky*, Org. Synth. Coll. Vol. III [1955] 508; *Gibaud, Willemart*, Bl. **1955** 620), in Diketen (*Consort. elektrochem. Ind.*, U.S.P. 2216450 [1938]; D.R.P. 700218 [1937]; D.R.P. Org. Chem. **6** 796; *Hoffmann-La Roche.*, U.S.P. 2802872 [1954]; *Farbenfabr. Bayer*, D.B.P. 832440 [1951]; D.R.B.P. Org. Chem. 1950—1951 **6** 1124) oder in ein Gemisch von Diketen und Acetanhydrid (*Distillers Co.*, U.S.P. 2848496 [1956]). Beim Behandeln von Acetylchlorid mit Trimethyl-amin (oder Triäthylamin) in Äther (*Sauer*, Am. Soc. **69** [1947] 2444, 2446). Beim Erhitzen von *N*-Acetyl-phthalimid bis auf 325° (*Hurd, Dull*, Am. Soc. **54** [1932] 2432, 2437). Beim Erhitzen von *N*-Acetyl-carbazol unter 15 Torr auf 110° (*Hurd, Dull*).

Atomabstände und Bindungswinkel (aus dem Röntgen-Diagramm bzw. aus der Elektronenbeugung): *Kay, Katz*, Acta cryst. **11** [1958] 897; *Bauer, Bregman*, Am. Soc. **77** [1955] 1955. Dipolmoment: 3,53 D [ε; Dampf] (*Hurdis, Smyth*, Am. Soc. **65** [1943] 89, 90), 3,31 D [ε; Bzl.] (*Oesper, Smyth*, Am. Soc. **64** [1942] 768, 769), 3,16 D [ε; Bzl.], 3,30 D [ε; CCl_4] (*Angus et al.*, Soc. **1935** 1751, 1754).

F: −6,5° (*Boese*, Ind. eng. Chem. **32** [1940] 16, 17; *Ford, Richards*, Discuss. Faraday Soc. **19** [1955] 193); E: −7,56° (*Johnson, Shiner*, Am. Soc. **75** [1953] 1350, 1354). Monokline Krystalle; Raumgruppe $P2_1/c$; aus dem Röntgen-Diagramm ermittelte Dimensionen der Elementarzelle: a = 4,00 Å; b = 20,67 Å; c = 5,11 Å; β = 101,8°; n = 4 (*Katz, Lipscomb*, Acta cryst. **5** [1952] 313, 316). Kp_{745}: 124,5° (*Taufen, Murray*, Am. Soc. **67** [1945] 754); Kp_{99}: 69,4−69,5° (*Jo., Sh.*); Kp_{100}: 70,0°; Kp_{41}: 50,5°; Kp_{23}: 38,5° (*Angus et al.*, Soc. **1935** 1751, 1754); $Kp_{91,4}$: 69,4−69,5° (*Bader et al.*, Am. Soc. **78** [1956] 2385); Kp_{28}: 43−43,1° (*Hurd, Roe*, Am. Soc. **61** [1939] 3355, 3358). Dampfdruck bei Temperaturen von 16,4° (5 Torr) bis 106,4° (400 Torr): *Dinaburg, Poraĭ-Kochiz*, Ž. prikl. Chim. **28** [1955] 548, 551; engl. Ausg. S. 517; bei 20° (8 Torr): *Bo.* Dichte der Krystalle: ca. 1,3 (*Katz, Li.*). D_{20}^{20}: 1,0897 (*Bo.*); D^{25}: 1,0817 (*Hurd, Roe*). Oberflächenspannung [$g \cdot s^{-2}$] bei 20,4°: 31,82; bei 24,0°: 30,37 (*Hurd, Williams*, Am. Soc. **58** [1936] 962, 968); bei 25°: 33,89 (*Hurd, Roe*). Enthalpie der Bildung aus den Elementen sowie Verbrennungswärmen von flüssigem und von gasförmigem Diketen: *An. et al.*, l. c. S. 1753. n_D^{20}: 1,4379 (*Bo.*), 1,4378 (*Jo., Sh.*), 1,4376 (*Miller, Carlson*, Am. Soc. **79** [1957] 3995), 1,4368 (*Ta., Mu.*). ^{1}H-NMR-Breitlinien-Spektrum sowie zweites Moment im krystallinen Zustand bei 20 K: *Ford, Ri.* ^{1}H-NMR-Spektrum (unverd.) bei 25°: *Bader et al.* IR-Banden von festem Diketen im Bereich von 3180 cm^{-1} bis 812 cm^{-1} bei −40°: *Mi., Ca.* IR-Spektrum von flüssigem Diketen von 3800 cm^{-1} bis 700 cm^{-1}: *Whiffen, Thompson*, Soc. **1946** 1005, 1006. IR-Banden von flüssigem Diketen von 3170 cm^{-1} bis 810 cm^{-1}: *Mi., Ca.*; einer Lösung (CCl_4 oder CS_2) von 3000 cm^{-1} bis 800 cm^{-1}: *Miller, Koch*, Am. Soc. **70** [1948] 1890. IR-Spektrum des Dampfes von 2100 cm^{-1} bis 650 cm^{-1} bei 30−180°: *Mi., Koch.* Raman-Spektrum von flüssigem Diketen: *Kohlrausch, Skrabal*, Pr. Indian Acad. [A] **8** [1938] 424, 425; *Ta., Mu.*, l. c. S. 755; *An. et al.*, l. c. S. 1753; einer Lösung in Tetrachlormethan: *An. et al.* UV-Spektrum von Lösungen in 2.2.4-Trimethyl-pentan (250−360 nm): *Calvin et al.*, Am. Soc. **63** [1941] 2174, 2175; in Cyclohexan (230−340 nm): *Roberts et al.*, Am. Soc. **71** [1949] 843, 845. Elektrolytische Dissoziation in 50%ig. wss. Aceton (pH 4 und pH 6−8) bei 0° und 18°: *Wassermann*, Soc. **1948** 1323. Flüssigkeit-Dampf-Gleichgewicht der binären Systeme mit Essigsäure und mit Acetanhydrid bei 50 Torr: *Di., Po.-Ko.*, l. c. S. 550. Über ein Azeotrop mit Toluol: *L. H. Horsley*, Azeotropic Data II (= Advances in Chemistry Series Nr. 35) [Washington 1962] S. 38.

Über das chemische Verhalten von Diketen s. *Boese*, Ind. eng. Chem. **32** [1940] 16. Dissoziation (Bildung von Keten) bei 650°: *Hurd, Roe*, Am. Soc. **61** [1939] 3355, 3358; s. a. *Rice, Roberts*, Am. Soc. **65** [1943] 1677, 1680; *Bo.*, l. c. S. 21. Massenspektrum: *Long, Friedman*, Am. Soc. **75** [1953] 2837, 2838. Beim Erwärmen mit Natriumphenolat in Benzol sind Dehydracetsäure (3-Acetyl-6-methyl-pyran-2,4-dion), 2,6-Dimethyl-pyran-4-on und 2,6-Bis-[6-methyl-4-oxo-pyran-2-ylmethyl]-pyran-4-on erhalten worden (*Steele et al.*, J. org. Chem. **14** [1949] 460, 465); die zuletzt genannte Verbindung ist vermutlich auch mit einer von *Treibs, Michl* (A. **577** [1952] 129, 138) beim Erhitzen von Diketen unter Zusatz von 3,5-Dimethyl-pyrrol-2-carbonsäure-äthylester oder von 3,5-Dimethyl-pyrrol-2,4-dicarbonsäure-diäthylester erhaltenen Verbindung $C_{19}H_{16}O_6$ vom F: 231° identisch.

Reaktion mit Chlor in Tetrachlormethan unter Bildung von 4-Chlor-acetoacetylchlorid: *Hurd, Abernethy*, Am. Soc. **62** [1940] 1147. Beim Erwärmen mit Essigsäure-[2,4,*N*-trichlor-anilid] in Chloroform und anschliessend mit Äthanol ist 2-Chlor-acetessigsäure-äthylester erhalten worden (*Blomquist, Baldwin*, Am. Soc. **70** [1948] 29). Hydrierung an Raney-Nickel in Benzol oder Dioxan bei 60−70°/20−35 at bzw. bei 120−150°/100 at unter Bildung von 3-Hydroxy-buttersäure-lacton bzw. von Buttersäure: *Hagemeyer*, Ind. eng. Chem. **41** [1949] 765, 766; s. a. *Eastman Kodak Co.*, U.S.P. 2484498 [1946].

Reaktion mit Benzol in Gegenwart von Aluminiumchlorid unter Bildung von Acetophenon: *Packendorff et al.*, B. **66** [1933] 1069, 1073; unter Bildung von 1-Phenyl-butan-1,3-dion: *Hurd, Kelso*, Am. Soc. **62** [1940] 1548; *Boese*, Ind. eng. Chem. **32** [1940] 16, 20. Reaktion mit *O*-Deuterio-methanol: *Johnson, Shiner*, Am. Soc. **75** [1953] 1350, 1354. Reaktion mit Resorcin in Benzol in Gegenwart von Schwefelsäure unter Bildung von 7-Hydroxy-4-methyl-cumarin: *Rall, Perekalin*, Ž. obšč. Chim. **25** [1955] 815, 819; engl. Ausg. S. 781, 784. Beim Behandeln mit Naphthalin-1,4-diol in Benzol in Gegenwart von Pyridin ist 1,4-Bis-acetoacetyloxy-naphthalin, beim Behandeln mit Naphthalin-1,4-diol in Äther und mit Schwefelsäure ist 6-Hydroxy-4-methyl-naphtho[1,2-*b*]pyran-2-on erhalten worden (*Perekalin, Padwa*, Ž. obšč. Chim. **27** [1957] 2584; engl. Ausg. S. 2635). Reaktion mit Aceton in Gegenwart von Toluol-4-sulfonsäure unter Bildung von 2,2,6-Trimethyl-[1,3]dioxin-

4-on: *Carroll, Bader*, Am. Soc. **75** [1953] 5400; *Gaylord, Kay*, Am. Soc. **77** [1955] 6641; *Bader et al.*, J. org. Chem. **21** [1956] 821. 2,2,6-Trimethyl-[1,3]dioxin-4-on hat auch in einem von *Naylor* (Soc. **1945** 244) sowie von *Bal'jan, Schtangeew* (Ž. obšč. Chim. **24** [1954] 238; engl. Ausg. S. 239) bei der Reaktion mit Aceton in Gegenwart von Zinkchlorid erhaltenen, als Acetessigsäure-isopropenylester angesehenen Präparat vorgelegen. Beim Behandeln mit Pentan-2,4-dion ohne Zusatz ist 2,6-Dimethyl-pyran-4-on, beim Behandeln mit Pentan-2,4-dion unter Zusatz von Pyridin ist Dehydracetsäure (3-Acetyl-6-methyl-pyran-2,4-dion), beim Behandeln mit Pentan-2,4-dion unter Zusatz von Schwefelsäure ist 3-Acetyl-2,6-dimethyl-pyran-4-on erhalten worden (*Hamamoto et al.*, J. chem. Soc. Japan Pure Chem. Sect. **79** [1958] 840; C. A. **1960** 4552). Reaktion mit 4-Hydroxy-butan-2-on in Chloroform in Gegenwart von Trimethylamin unter Bildung von Acetessigsäure-[3-oxo-butylester]: *Lacey*, Soc. **1954** 816, 820. Bildung von 3-Acetyl-5,5-dimethyl-5,6-dihydro-pyran-2-on beim Behandeln mit 3-Hydroxy-2,2-dimethyl-propionaldehyd in Toluol unter Zusatz von Triäthylamin: *La.*, l. c. S. 820. Beim Behandeln mit Acetamidin in Äthanol ist 2,6-Dimethyl-3*H*-pyrimidin-4-on, beim Erhitzen mit Thioharnstoff ist 6-Methyl-2-thioxo-1,2-dihydro-3*H*-pyrimidin-4-on erhalten worden (*Lacey*, Soc. **1954** 839, 840, 843). Bildung von 2-*tert*-Butylimino-3-cyclohexyl-6-methyl-[1,3]oxazin-4-on beim Erwärmen mit *tert*-Butyl-cyclohexyl-carbodiimid in Benzol: *Lacey, Ward*, Soc. **1958** 2134, 2140. Reaktion mit *o*-Phenylendiamin in Benzol unter Bildung von 4-Methyl-benzo[*b*][1,4]diazepin-2-on: *Ried, Stahlhofen*, B. **90** [1957] 825, 827. Beim Erwärmen mit 2-Amino-thiophenol in Benzol unter Stickstoff ist 4-Methyl-3*H*-benzo[*b*][1,4]thiazepin-2-on erhalten worden (*Ried, Marx*, B. **90** [1957] 2683, 2687; *Eastman Kodak Co.*, U.S.P. 3125563 [1962]; s. dagegen *Gen. Aniline & Film Corp.*, U.S.P. 2447456 [1945]). Reaktion mit Phenylmagnesiumbromid in Äther unter Bildung von 1,1-Diphenyl-äthanol, Acetophenon und Dehydracetsäure sowie Reaktionen mit anderen Alkylmagnesiumhalogeniden: *Gibaud, Willemart*, Bl. **1956** 432. [*Koetter*]

Oxo-Verbindungen $C_5H_6O_2$

1,1-Dioxo-2,3-dihydro-1λ⁶-thiopyran-4-on $C_5H_6O_3S$, Formel I.

B. Beim Erwärmen von (±)-3-Brom-1,1-dioxo-tetrahydro-1λ⁶-thiopyran-4-on mit Natriumacetat in Aceton (*Fehnel, Carmack*, Am. Soc. **70** [1948] 1813, 1816).

Krystalle (aus Eg.); F: 147—148° [korr.]. Bei vermindertem Druck sublimierbar (*Fe., Ca.*, l. c. S. 1817). Absorptionsspektrum (Dioxan; 220—415 nm): *Fe., Ca.*

1,1-Dioxo-2,3-dihydro-1λ⁶-thiopyran-4-on-oxim $C_5H_7NO_3S$, Formel II.

B. Aus 1,1-Dioxo-2,3-dihydro-1λ⁶-thiopyran-4-on und Hydroxylamin (*Fehnel, Carmack*, Am. Soc. **70** [1948] 1813, 1816).

Krystalle (aus W.); F: 178—179° [korr.; Zers.].

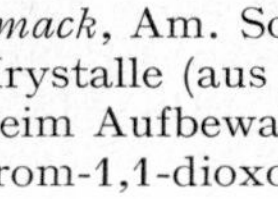

I 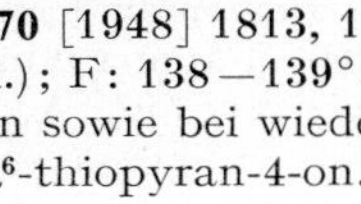 II 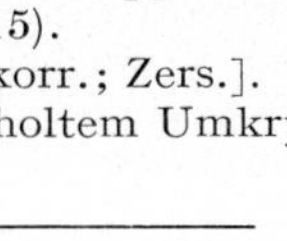 III 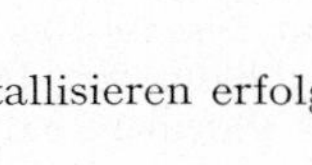 IV 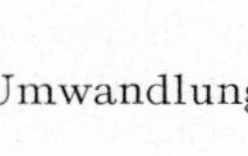 V

(±)-2*r*,3*t*-Dibrom-1,1-dioxo-2,3-dihydro-1λ⁶-thiopyran-4-on, (±)-*trans*-2,3-Dibrom-1,1-dioxo-2,3-dihydro-1λ⁶-thiopyran-4-on $C_5H_4Br_2O_3S$, Formel III + Spiegelbild.

B. Beim Behandeln von 1,1-Dioxo-1λ⁶-thiopyran-4-on mit Brom in Chloroform (*Fehnel, Carmack*, Am. Soc. **70** [1948] 1813, 1815).

Krystalle (aus Bzl.); F: 138—139° [korr.; Zers.].

Beim Aufbewahren sowie bei wiederholtem Umkrystallisieren erfolgt Umwandlung in 3-Brom-1,1-dioxo-1λ⁶-thiopyran-4-on.

2,2-Dimethoxy-3,4-dihydro-2*H*-pyran $C_7H_{12}O_3$, Formel IV.

B. Beim Erhitzen von Keten-dimethylacetal mit Acrylaldehyd auf 150° (*McElvain et al.*, Am. Soc. **76** [1954] 5736, 5737).

Kp_{16}: 60—62°; Kp_7: 47—48°; D_4^{25}: 1,055; n_D^{25}: 1,4427 (*McE. et al.*).

Beim Erhitzen mit Aluminium-*tert*-butylat unter Stickstoff bis auf 185° ist 2-Methoxy-

4*H*-pyran erhalten worden (*McElvain, McKay*, Am. Soc. **77** [1955] 5601, 5603). Hydrierung an Raney-Nickel unter Bildung von 2,2-Dimethoxy-tetrahydro-pyran sowie Hydrierung an Palladium/Kohle in Dioxan unter Bildung von 2,2-Dimethoxy-tetrahydro-pyran und 5,5-Dimethoxy-pentan-1-ol: *MeE., McKay*. Bildung von 5-Oxo-valeriansäure-methylester beim Behandeln mit wss. Salzsäure: *McE. et al.*

5,6-Dihydro-pyran-2-on, 5-Hydroxy-pent-2*c*-ensäure-lacton, Pent-2-en-5-olid $C_5H_6O_2$, Formel V.

B. Bei partieller Hydrierung von 5-Hydroxy-pent-2-insäure an Palladium/Bariumsulfat in Methanol (*Haynes, Jones*, Soc. **1946** 954, 957). Beim Erwärmen von 5-Hydroxy-pent-2-ensäure-äthylester (Kp_{14}: 120°) mit wss. Salzsäure (*Ha., Jo.*).

Kp_{10}: 103° (*Ha., Jo.*); Kp_7: 105° (*Jones et al.*, Canad. J. Chem. **37** [1959] 2007, 2009). n_D^{17}: 1,4827 (*Ha., Jo.*). CO-Valenzschwingungsbande: 1729 cm^{-1} [$CHCl_3$], 1743 cm^{-1} [CCl_4] (*Jo. et al.*, l. c. S. 2011). UV-Absorptionsmaximum: 214 nm [A.] (*Ha., Jo.*, l. c. S. 955), 219,5 nm [Heptan] (*Jo. et al.*).

Ein Präparat (Kp_{760}: 226–228°, Kp_3: 83–85°; D_4^{20}: 1,1439; n_D^{20}: 1,4869), in dem ebenfalls 5,6-Dihydro-pyran-2-on oder aber 3,6-Dihydro-pyran-2-on (5-Hydroxy-pent-3*c*-ensäure-lacton; Formel VI) vorgelegen hat, ist beim Erhitzen von (±)-3,5-Dimethoxy-valeronitril mit wss. Bromwasserstoffsäure erhalten worden (*Coffman*, Am. Soc. **57** [1935] 1981, 1984).

5-Methyl-3*H*-furan-2-on, 4-Hydroxy-pent-3*t*-ensäure-lacton, Pent-3-en-4-olid, α-Angelicalacton $C_5H_6O_2$, Formel VII (H 252; E II 297).

Über die Tautomerie mit 5-Methyl-furan-2-ol (Formel VIII) s. *Langlois, Wolff*, Am. Soc. **70** [1948] 2624.

B. Beim Erhitzen von Lävulinsäure mit wasserhaltiger Phosphorsäure oder Borsäure unter 15 Torr auf 150° (*Helberger et al.*, A. **561** [1949] 215, 219; *Helberger*, D.R.P. 745313 [1941]; D.R.P. Org. Chem. **6** 1257).

Krystalle; F: 18–18,5° (*Schulte et al.*, Ar. **291** [1958] 227, 235), 18° (*Kuehl et al.*, Soc. **1950** 2213, 2216). Erstarrungspunkt: 17,9° (*Leonard*, Ind. eng. Chem. **48** [1956] 1331, 1341). Kp_{760}: 169°; Kp_{400}: 152°; Kp_{100}: 104,6°; Kp_{10}: 51,8° (*Le.*); Kp_7: 45,2° (*Eskola et al.*, Suomen Kem. **20** B [1947] 13, 14; C. A. **1948** 1192). D_4^{20}: 1,0893 (*Es. et al.*); $D_4^{20,4}$: 1,091 (*Ku. et al.*); D_4^{25}: 1,083 (*Le.*). n_D^{20}: 1,4469 (*Es. et al.*); $n_D^{20,4}$: 1,4476 (*Ku. et al.*); n_D^{25}: 1,445 (*Le.*). IR-Spektrum (5,3–6,7 μ): *Iwakura et al.*, J. chem. Soc. Japan Pure Chem. Sect. **78** [1957] 746, 748; C. A. **1960** 5448; IR-Banden der unverdünnten Verbindung im Bereich von 2,6 μ bis 14,3 μ: *Rasmussen, Brattain*, Am. Soc. **71** [1949] 1073, 1077; von Lösungen in Chloroform und in Tetrachlormethan im Bereich von 5,5 μ bis 6 μ: *Jones et al.*, Canad. J. Chem. **37** [1959] 2007, 2011. UV-Spektrum ((2,2-Dimethyl-butan; 205–240 nm): *Langlois, Wolff*, Am. Soc. **70** [1948] 2624. Löslichkeit in Wasser: ca. 3% (*Le.*). Lösungsvermögen für Acetylen: *Le.*

Massenspektrum: *Friedman, Long*, Am. Soc. **75** [1953] 2832, 2834. Beim Erwärmen mit der Natrium-Verbindung des 1-Phenyl-butan-1,3-dions unter Zusatz von Triäthylamin in Äther ist 2,2′-Dimethyl-3′,4′-dihydro-2*H*,2′*H*-[2,3′]bifuryl-5,5′-dion (F: 84,5° bis 85,5°) erhalten worden (*Syhora*, Collect. **26** [1961] 2058; s.a. *Lukeš, Syhora*, Collect. **19** [1954] 1205, 1209; *Staley Mfg. Co.*, U.S.P. 2493374, 2493375 [1946]). Flammpunkt: *Leonard*, Ind. eng. Chem. **48** [1956] 1331, 1341. Geschwindigkeit der Hydrolyse in wss. Salzsäure (0,3 n) bei 100°: *Le.* Druckhydrierung an Bariumoxid enthaltendem Kupferoxid-Chromoxid-Katalysator bei 150° bzw. bei 240° unter Bildung von 4-Hydroxy-valeriansäure-lacton bzw. von Pentan-1,4-diol: *Helberger et al.*, A. **561** [1949] 215, 217, 219. Hydrierung an Platin in Äthanol unter Bildung von Valeriansäure: *Jacobs, Scott*, J. biol. Chem. **87** [1930] 601, 607.

Beim Behandeln mit Methanol in Gegenwart von äther. Diazomethan-Lösung ist Lävulinsäure-methylester, beim Behandeln mit Äthanol in Gegenwart von äther. Diazomethan-Lösung ist Lävulinsäure-äthylester erhalten worden (*Wieland, Rothhaupt*, B. **89** [1956] 1176, 1182). Bildung von Lävulinsäure-methylester und 4-Hydroxy-4-methoxy-valeriansäure-lacton beim Behandeln mit wenig Chlorwasserstoff enthaltendem Methanol und Äther: *Langlois, Wolff*, Am. Soc. **70** [1948] 2624. Reaktion mit Salicylaldehyd in Gegenwart von Triäthylamin unter Bildung von 3-Acetonyl-cumarin: *Marrian, Russell*, Soc. **1946** 753. Bei aufeinanderfolgendem Behandeln mit Acetanhydrid und Borfluorid in Äther bei —20° und mit wss. Natriumacetat-Lösung ist 3-Acetyl-4-difluorboryloxy-pent-3-ensäure (F: 153,5—154,5°) erhalten worden (*Eskola*, Suomen Kem. **28** B [1955] 87, 89). Reaktion mit Cyanwasserstoff in Gegenwart von Quecksilber(II)-acetat unter Bildung von 2-Methyl-5-oxo-tetrahydro-furan-2-carbonitril: *Leonard*, Ind. eng. Chem. **48** [1956] 1331, 1341. Reaktion mit Indol-1(oder 3)-ylmagnesiumjodid in Äther unter Bildung von 1-Indol-1-yl-pentan-1,4-dion: *Katritzky, Robinson*, Soc. **1955** 2481, 2484. Reaktion mit L-Cystein in wss. Äthanol unter Bildung von (3*R*)-7aξ-Methyl-5-oxo-hexahydro-pyrrolo[2,1-*b*]thiazol-3-carbonsäure: *Cavallito, Haskell*, Am. Soc. **67** [1945] 1991, 1993; *Black*, Soc. [C] **1966** 1123, 1126; *Hellström et al.*, Soc. [C] **1968** 392, 397; dementsprechend ist eine von *Cavallito, Haskell* (l. c.) beim Behandeln mit 2-Amino-äthanthiol in wss. Äthanol erhaltene Verbindung $C_7H_{11}NOS$ (Krystalle [aus PAe], F: 37°) wahrscheinlich als 7a-Methyl-tetrahydro-pyrrolo[2,1-*b*]thiazol-5-on zu formulieren.

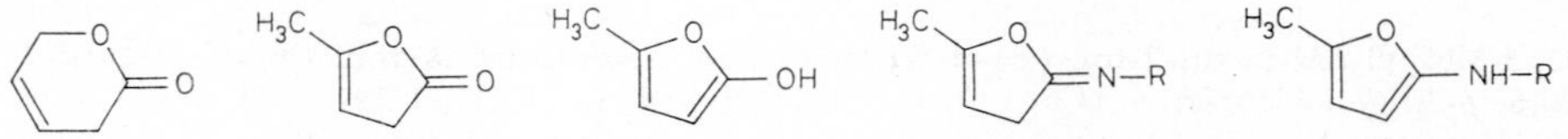

VI VII VIII IX X

2-Benzoylimino-5-methyl-2,3-dihydro-furan, *N*-[5-Methyl-3*H*-[2]furyliden]-benzamid $C_{12}H_{11}NO_2$, Formel IX (R = CO-C_6H_5), und **2-Benzoylamino-5-methyl-furan, *N*-[5-Methyl-[2]furyl]-benzamid** $C_{12}H_{11}NO_2$, Formel X (R = CO-C_6H_5).

B. Beim Behandeln von 5-Methyl-[2]furylisocyanat mit Phenylmagnesiumbromid in Äther bei —50° (*Blomquist, Stevenson*, Am. Soc. **56** [1934] 146, 149).

Krystalle (aus Ae. oder PAe.); F: 75—80°.

[5-Methyl-3*H*-[2]furyliden]-carbamidsäure-methylester $C_7H_9NO_3$, Formel IX (R = CO-OCH_3), und **[5-Methyl-[2]furyl]-carbamidsäure-methylester** $C_7H_9NO_3$, Formel X (R = CO-OCH_3).

B. Beim Erwärmen von 5-Methyl-furan-2-carbonylazid mit Methanol (*Blomquist, Stevenson*, Am. Soc. **56** [1934] 146, 149).

F: 64—66°.

***N,N'*-Bis-[5-methyl-3*H*-[2]furyliden]-harnstoff** $C_{11}H_{12}N_2O_3$, Formel XI, und ***N,N'*-Bis-[5-methyl-[2]furyl]-harnstoff** $C_{11}H_{12}N_2O_3$, Formel XII.

B. Beim Behandeln von 5-Methyl-[2]furylisocyanat mit Wasser unter Luftausschluss (*Blomquist, Stevenson*, Am. Soc. **56** [1934] 146, 149).

Krystalle (aus wss. A.); F: 182° [Block].

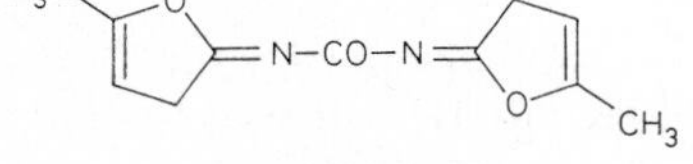

XI 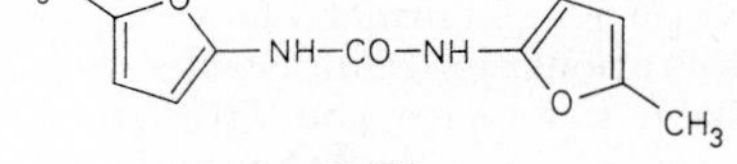 XII

5-Methyl-3*H*-thiophen-2-on C_5H_6OS, Formel I, und **5-Methyl-thiophen-2-ol** C_5H_6OS, Formel II (H 252; dort auch als Thiotenol bezeichnet).

F: —23,5° bis —22,5°; Kp_{15}: 94—96° (*Steinkopf, Thormann*, A. **540** [1939] 1, 4), 93—98° (*Schulte, Jantos*, Ar. **292** [1959] 221, 223). Der früher (s. H 252) angegebene Siedepunkt (Kp_{40}: 85°) bezieht sich auf ein Gemisch (*St., Th.*, l. c. S. 2).

Beim Erwärmen mit Eisen(III)-chlorid-hydrat in Äthanol ist 5,5'-Dimethyl-[3,3']bithienyliden-2,2'-dion (F: 188—190°) erhalten worden (*St., Th.*).

Charakterisierung durch Überführung in 2-Benzoyloxy-5-methyl-thiophen (F: 47° bis 47,5°): *St., Th.*

2-Imino-5-methyl-2,3-dihydro-thiophen, 5-Methyl-3*H*-thiophen-2-on-imin C_5H_7NS, Formel III (R = H), und **2-Amino-5-methyl-thiophen, 5-Methyl-[2]thienylamin** C_5H_7NS, Formel IV (R = H).

B. Beim Erwärmen von 2-Acetylamino-5-methyl-thiophen (S. 4302) mit wss. Salzsäure

(*Chabrier et al.*, Bl. **1946** 332, 338).

Hydrochlorid. Krystalle (aus Isopropylalkohol + Ae.); F: 149—150°. — Beim Behandeln mit wss. Mineralsäuren erfolgt Zersetzung unter Bildung von Schwefelwasserstoff.

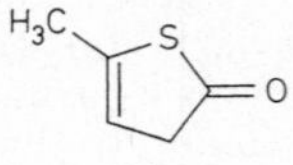

I 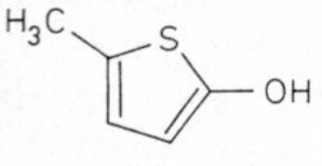 II 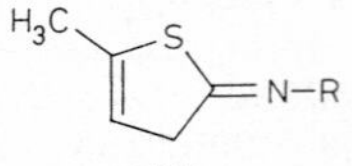 III 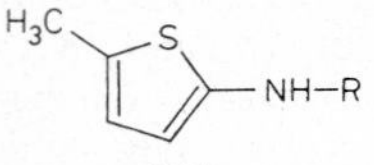 IV

2-Acetylimino-5-methyl-2,3-dihydro-thiophen, *N*-[5-Methyl-3*H*-[2]thienyliden]-acetamid C_7H_9NOS, Formel III (R = CO-CH_3), und **2-Acetylamino-5-methyl-thiophen, *N*-[5-Methyl-[2]thienyl]-acetamid** C_7H_9NOS, Formel IV (R = CO-CH_3).

B. Beim Behandeln von 1-[5-Methyl-[2]thienyl]-äthanon-oxim mit Phosphor(V)-chlorid in Äther (*Chabrier et al.*, Bl. **1946** 332, 338).

F: 167°.

(±)-5-Methyl-5*H*-furan-2-on, (±)-4-Hydroxy-pent-2*c*-ensäure-lacton, (±)-Pent-2-en-4-olid, β-Angelicalacton $C_5H_6O_2$, Formel V (H 253; E I 139; E II 297).

B. Bei partieller Hydrierung von (±)-4-Hydroxy-pent-2-insäure an Palladium/Bariumsulfat in Methanol und Destillation des Reaktionsprodukts (*Haynes*, *Jones*, Soc. **1946** 954, 957). Beim Leiten von 5-Methyl-3*H*-furan-2-on über aktiviertes Aluminiumoxid bei 250° (*Newport Ind.*, U.S.P. 2761869 [1953]).

F: ca. —30° (*Leonard*, Ind. eng. Chem. **48** [1956] 1331, 1341). Kp_{760}: 208°; Kp_{400}: 185°; Kp_{100}: 141°; Kp_{10}: 83,1° (*Le.*); Kp_{760}: 209°; Kp_3: 73° (*Kuehl et al.*, Soc. **1950** 2213, 2216). D_4^{25}: 1,082 (*Le.*); $D_4^{20,4}$: 1,081; $n_D^{20,4}$: 1,4454 (*Ku. et al.*); n_D^{21}: 1,4532 (*Ha.*, *Jo.*); n_D^{25}: 1,4516 (*Friedman*, *Long*, Am. Soc. **75** [1953] 2832, 2833). IR-Spektrum (1900—1500 cm^{-1}): *Iwakura et al.*, J. chem. Soc. Japan Pure Chem. Sect. **78** [1957] 746, 748; C. A. **1960** 5448. IR-Banden ($CHCl_3$ und CCl_4) im Bereich von 1783 cm^{-1} bis 1602 cm^{-1}: *Jones et al.*, Canad. J. Chem. **37** [1959] 2007, 2010. UV-Absorptionsmaximum (A.): 214 nm (*Ha.*, *Jo.*). Lösungsvermögen für Acetylen: *Le.*

Massenspektrum: *Fr.*, *Long*, l. c. S. 2834. Flammpunkt: *Le.* Geschwindigkeit der Hydrolyse in wss. Salzsäure (0,3 n) bei 100°: *Le.* Beim Erwärmen mit Natriummethylat in Xylol enthaltendem Äther sind 4-Hydroxy-4-[2-methyl-5-oxo-tetrahydro-[3]furyl]-pent-2-ensäure (F: 151—151,5°) und 7-Hydroxy-3,4-dimethyl-phthalid (?) (F: 102—102,5°) erhalten worden (*Eskola et al.*, Suomen Kem. **20** B [1947] 13, 15, **30** B [1957] 34; s. a. *Staley Mfg. Co.*, U.S.P. 2493373, 2493374 [1946]). Bildung von 2,2′-Dimethyl-3′,4′-dihydro-2*H*,2′*H*-[2,3′]bifuryl-5,5′-dion (F: 85—85,5°) beim Behandeln mit der Natrium-Verbindung des 1-Phenyl-butan-1,3-dions in Äther: *Syhora*, Collect. **26** [1961] 2058; s. a. E I 139.

(±)-5-Trifluormethyl-5*H*-furan-2-on, (±)-5,5,5-Trifluor-4-hydroxy-pent-2*c*-ensäure-lacton $C_5H_3F_3O_2$, Formel VI.

Konstitutionszuordnung: *Filler*, *Schure*, Canad. J. Chem. **45** [1967] 1018.

B. Beim Erwärmen von Trifluoressigsäure-äthylester mit Bernsteinsäure-diäthylester und Natriumäthylat in Äther und Erwärmen des Reaktionsprodukts mit wss. Schwefelsäure (*Groth*, J. org. Chem. **24** [1959] 1709, 1714).

Kp_{12-13}: 83°; D_4^{20}: 1,444; n_D^{20}: 1,3853 (*Gr.*, l. c. S. 1712).

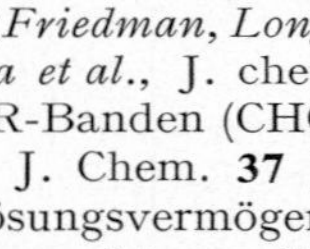

V 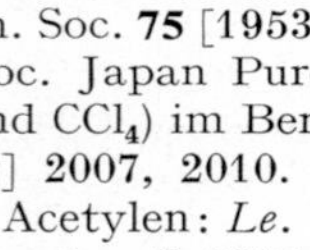 VI 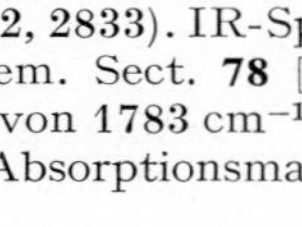 VII 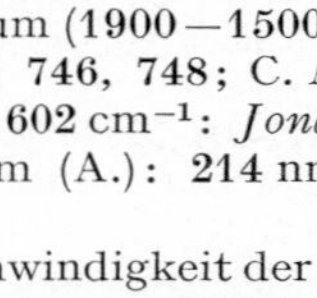 VIII

(±)-4-Brom-5-methyl-5*H*-furan-2-on, (±)-3-Brom-4-hydroxy-pent-2*c*-ensäure-lacton $C_5H_5BrO_2$, Formel VII.

B. Neben anderen Verbindungen beim Erwärmen von (±)-3-Brom-4-oxo-valeriansäure mit Acetanhydrid und Erwärmen des Reaktionsprodukts mit Natriumacetat in Äther (*Shaw*, Am. Soc. **68** [1946] 2510, 2513).

Krystalle (aus E.); F: 51—53°. Kp_5: 80°.

(±)-3,4-Dibrom-5-methyl-5*H*-furan-2-on, (±)-2,3-Dibrom-4-hydroxy-pent-2*c*-ensäure-lacton $C_5H_4Br_2O_2$, Formel VIII (H 253).

Krystalle (aus A. oder W.); F: 70° (*Winogradowa, Schemjakin,* Ž. obšč. Chim. **16** [1946] 709, 718; C. A. **1947** 1208).

Beim Behandeln mit Anilin in Äthanol ist 3-Anilino-2-brom-4-hydroxy-pent-2*c*-ensäure-lacton erhalten worden (*Wi., Sch.*; *Wasserman, Precopio,* Am. Soc. **76** [1954] 1242).

(±)-3,4-Dichlor-5-nitromethyl-5*H*-furan-2-on, (±)-2,3-Dichlor-4-hydroxy-5-nitro-pent-2*c*-ensäure-lacton $C_5H_3Cl_2NO_4$, Formel IX.

B. Beim Behandeln von Mucochlorsäure (Dichlormaleinaldehydsäure) mit Nitromethan und wss.-methanol. Natronlauge (*Mowry,* Am. Soc. **75** [1953] 1909, **76** [1954] 6417).

F: 102° [korr.; Zers.].

3-Methyl-5*H*-furan-2-on, 4-Hydroxy-2-methyl-*cis*-crotonsäure-lacton $C_5H_6O_2$, Formel X.

B. Beim Behandeln von 2,4-Dihydroxy-2-methyl-buttersäure-4-lacton mit Phosphor(V)-oxid (*Cavallito, Haskell,* Am. Soc. **68** [1946] 2332).

Kp_7: 82°; n_D^{20}: 1,465 (*Houff, Sell,* Am. Soc. **74** [1952] 3183). Kp_6: 75°; n_D^{20}: 1,467 (*Ca., Ha.*). UV-Absorption (W.) bei 230—240 nm: *Ca., Ha.*

4-Methyl-5*H*-furan-2-on, 4-Hydroxy-3-methyl-*cis*-crotonsäure-lacton $C_5H_6O_2$, Formel XI.

B. Beim Erhitzen von α-Chlor-γ-hydroxy-isovaleriansäure-lacton (Kp_{12}: 101° bis 105°; n_D^{20}: 1,4641) mit Collidin (*Fleck, Schinz,* Helv. **33** [1950] 146). Aus β,γ-Dihydroxy-isovaleriansäure-γ-lacton beim Behandeln mit Acetanhydrid und Pyridin (*Kuschinsky et al.,* Bio. Z. **327** [1955] 314, 315) sowie beim Erhitzen mit Acetanhydrid (*Fl., Sch.*; *Canbäck,* Svensk farm. Tidskr. **54** [1950] 225, 243). Beim Erhitzen von β-Acetoxy-γ-hydroxy-isovaleriansäure-lacton mit Kaliumhydrogensulfat auf 150° (*Fl., Sch.*).

Kp_{14}: 107—108° (*Ca.*); Kp_{12}: 106—108° (*Ku. et al.*); Kp_{11}: 104—105° (*Fl., Sch.*). D_4^{20}: 1,1190 (*Fl., Sch.*); D_4^{24}: 1,119 (*Colonge, Reymermier,* Bl. **1956** 195, 197). n_D^{20}: 1,4705 (*Ca.*), 1,4761 (*Fl., Sch.*); n_D^{24}: 1,4722 (*Co., Re.*).

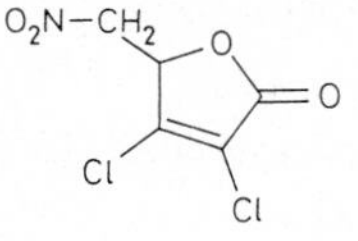

IX 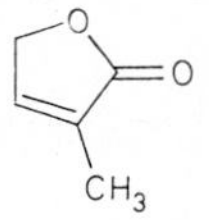 X 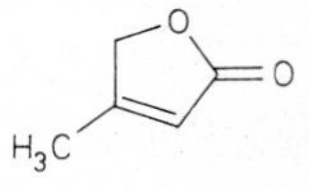 XI 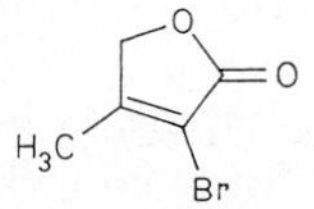 XII

3-Brom-4-methyl-5*H*-furan-2-on, 2-Brom-4-hydroxy-3-methyl-*cis*-crotonsäure-lacton $C_5H_5BrO_2$, Formel XII.

B. Beim Behandeln von 4-Hydroxy-3-methyl-*cis*-crotonsäure-lacton mit Brom in Tetrachlormethan und anschliessenden Erwärmen (*Fleck, Schinz,* Helv. **33** [1950] 146, 149).

$Kp_{0,12}$: 59°. D_4^{20}: 1,6864. n_D^{20}: 1,5305. Hygroskopisch.

2-Formylimino-3-methyl-2,3-dihydro-thiophen, *N*-[3-Methyl-3*H*-[2]thienyliden]-formamid C_6H_7NOS, Formel I (R = CHO), und **2-Formylamino-3-methyl-thiophen, *N*-[3-Methyl-[2]thienyl]-formamid** C_6H_7NOS, Formel II (R = CHO).

B. Beim Behandeln einer Lösung von 3-Methyl-thiophen-2-carbonylchlorid in Aceton mit Natriumazid in Wasser und Erwärmen des Reaktionsprodukts mit Ameisensäure und Chloroform (*Baker et al.,* J. org. Chem. **18** [1953] 138, 151).

Krystalle (aus Heptan); F: 84—86°.

2-Acetylimino-3-methyl-2,3-dihydro-thiophen, *N*-[3-Methyl-3*H*-[2]thienyliden]-acetamid C_7H_9NOS, Formel I (R = CO-CH_3), und **2-Acetylamino-3-methyl-thiophen, *N*-[3-Methyl-[2]thienyl]-acetamid** C_7H_9NOS, Formel II (R = CO-CH_3).

B. Beim Behandeln einer Lösung von 3-Methyl-thiophen-2-carbonylchlorid in Aceton mit Natriumazid in Wasser und Erwärmen des Reaktionsprodukts mit Essigsäure (*Baker et al.,* J. org. Chem. **18** [1953] 138, 151).

Krystalle (aus Heptan); F: 122—124°.

I II III IV

N-[3-Methyl-3H-[2]thienyliden]-N'-phenyl-harnstoff $C_{12}H_{12}N_2OS$, Formel I ($R = CO\text{-}NH\text{-}C_6H_5$), und **N-[3-Methyl-[2]thienyl]-N'-phenyl-harnstoff** $C_{12}H_{12}N_2OS$, Formel II ($R = CO\text{-}NH\text{-}C_6H_5$).

B. Beim Behandeln einer Lösung von 3-Methyl-thiophen-2-carbonylchlorid in Aceton mit Natriumazid in Wasser und Erwärmen des Reaktionsprodukts mit Anilin und Chloroform (*Baker et al.*, J. org. Chem. **18** [1953] 138, 151).

Krystalle (aus wss. Me.); F: 204—206°.

3-Methylen-dihydro-furan-2-on, 2-[2-Hydroxy-äthyl]-acrylsäure-lacton $C_5H_6O_2$, Formel III.

Isolierung aus Erythronium americanum: *Cavallito, Haskell*, Am. Soc. **68** [1946] 2332.

B. Beim Erwärmen von But-3-in-1-ol mit Tetracarbonylnickel in wss.-äthanol. Essigsäure oder in wss.-methanol. Salzsäure (*Jones et al.*, Soc. **1950** 230, 235). Beim Leiten des Dampfes von 3-Hydroxymethyl-dihydro-furan-2-on über Aluminiumoxid bei 350° (*Allied Chem. & Dye Corp.*, U.S.P. 2624723 [1947]).

Kp_{10}: 85—86°; $Kp_{0,45}$: 48—49° (*Allied Chem. & Dye Corp.*); Kp_8: 78—79° (*Ca.*, *Ha.*); $Kp_{0,2}$: 38° (*Jo. et al.*). D_{20}^{20}: 1,1193 (*Allied Chem. & Dye Corp.*); D^{20}: 1,1206 (*Ca.*, *Ha.*). n_D^{20}: 1,470 (*Ca.*, *Ha.*); n_D^{20}: 1,4650 (*Allied Chem. & Dye Corp.*); n_D^{22}: 1,4707 (*Jo. et al.*). UV-Absorption von unverdünntem 3-Methylen-dihydro-furan-2-on sowie einer Lösung in Wasser im Bereich von 220 nm bis 245 nm: *Jo. et al.*, l. c. S. 233; s. a. *Ca.*, *Ha*.

Bei der Umsetzung mit [2,4-Dinitro-phenyl]-hydrazin ist eine Verbindung $C_{11}H_{10}N_4O_5$ (rote Krystalle [aus A.]; F: 190—195° [Zers.]) erhalten worden (*Ca.*, *Ha.*).

(±)-3-Oxa-bicyclo[3.1.0]hexan-2-on, (±)-*cis*-2-Hydroxymethyl-cyclopropancarbonsäure-lacton $C_5H_6O_2$, Formel IV.

B. Beim Erwärmen von opt.-inakt. 2-Acetoxymethyl-cyclopropancarbonsäure-äthylester (Kp_{22}: 128—129°; $n_D^{18,8}$: 1,4429) mit wss. Kalilauge und Destillieren des Reaktionsprodukts bei 62—72°/1,5—2,5 Torr (*D'jakonow, Gušewa*, Ž. obšč. Chim. **22** [1952] 1355, 1361; engl. Ausg. S. 1399, 1404).

Kp_2: 66—70°. D_4^0: 1,199; D_4^{20}: 1,180. n_D^{20}: 1,4652. Raman-Spektrum: *D'j.*, *Gu.*

Oxo-Verbindungen $C_6H_8O_2$

6-Methyl-1,1-dioxo-2,3-dihydro-1λ^6-thiopyran-4-on $C_6H_8O_3S$, Formel V.

B. Beim Erwärmen von 3-Brom-2-methyl-1,1-dioxo-tetrahydro-1λ^6-thiopyran-4-on mit Natriumacetat in Aceton (*Nasarow et al.*, Ž. obšč. Chim. **22** [1952] 1405, 1409; engl. Ausg. S. 1449, 1452).

Krystalle (aus A.); F: 115,5—116°.

6-Methyl-3,4-dihydro-pyran-2-on, 5-Hydroxy-hex-4*t*-ensäure-lacton, Hex-4-en-5-olid $C_6H_8O_2$, Formel VI (H 253).

B. Beim Einleiten von Keten in But-3-en-2-on bei 70—75° (*I.G. Farbenind.*, D.R.P. 723277 [1939]; D.R.P. Org. Chem. **6** 1254; U.S.P. 2265165 [1940]). Beim Erwärmen von Hex-5-insäure oder von Hex-4-insäure mit Zinkcarbonat (*Schulte et al.*, Ar. **291** [1958] 227, 237).

Kp_{15}: 82—83°; Kp_{10}: 72—73°; D_4^{20}: 1,0782; n_D^{20}: 1,4650 (*Schuscherina et al.*, Ž. obšč. Chim. **26** [1956] 750, 754; engl. Ausg. S. 861, 864). Kp_{14}: 78°; n_D^{20}: 1,467 (*Schulte et al.*). Kp_{11}: 71—72°; n_D^{19}: 1,469 (*Kuhn, Jerchel*, B. **76** [1943] 413, 418).

Beim Behandeln mit Brom in Äther bei —10° und Behandeln des Reaktionsprodukts mit Wasser ist 4-Brom-5-oxo-hexansäure erhalten worden (*Lewina et al.*, Doklady Akad. S.S.S.R. **113** [1957] 820, 822; Pr. Acad. Sci. U.S.S.R. Chem. Sect. **112–117** [1957] 321, 323). Hydrierung an Nickel/Aluminiumoxid bei 180—200° unter Bildung von 6-Methyl-tetrahydro-pyran-2-on: *Schusch. et al.* Hydrierung an Platin in Äthanol unter Bildung von Hexansäure: *Schusch. et al.*; *Jacobs, Scott*, J. biol. Chem. **87** [1930] 601, 611.

6-Methyl-5,6-dihydro-pyran-2-on, 5-Hydroxy-hex-2*c*-ensäure-lacton, Hex-2-en-5-olid $C_6H_8O_2$.

a) **(*S*)-6-Methyl-5,6-dihydro-pyran-2-on, (*S*)-5-Hydroxy-hex-2*c*-ensäure-lacton, (+)-Parasorbinsäure** $C_6H_8O_2$, Formel VII (H 255).

Konfigurationszuordnung: *Kuhn, Kum*, B. **95** [1962] 2009; *Lukeš et al.*, Collect. **27** [1962] 735, 736.

Isolierung aus Sorbus aucuparia: *Kuhn, Jerchel*, B. **76** [1943] 413, 415.

Kp_{14}: 104—105°; D_4^{18}: 1,079; n_D^{18}: 1,475; $[\alpha]_D^{18}$: +49,3° [unverd.]; $[\alpha]_D^{19}$: +210° [A.; c = 7]; $[\alpha]_D^{19}$: +188° [50%ig. wss. A.; c = 3] (*Kuhn, Je.*). UV-Spektrum (wss. Schwefelsäure; 215—250 nm): *Tamura*, J. agric. chem. Soc. Japan **32** [1958] 783, 784, 786; C. A. **1959** 14220.

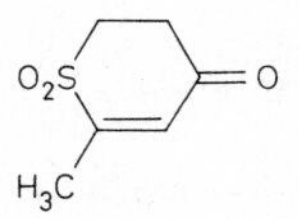

V 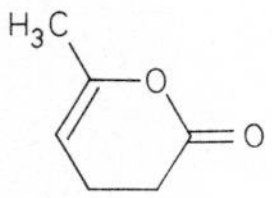 VI 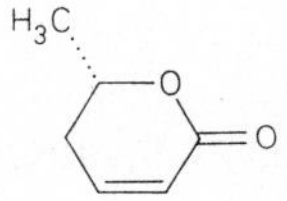 VII 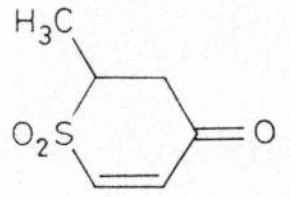 VIII 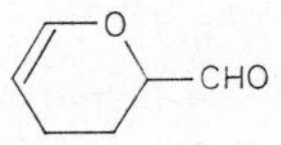 IX

b) **(±)-6-Methyl-5,6-dihydro-pyran-2-on, (±)-5-Hydroxy-hex-2*c*-ensäure-lacton, (±)-Parasorbinsäure** $C_6H_8O_2$, Formel VII + Spiegelbild.

B. Beim partiellen Hydrieren von (±)-5-Hydroxy-hex-2-insäure an Palladium/Bariumsulfat in Methanol und Erhitzen des Reaktionsprodukts unter vermindertem Druck (*Haynes, Jones*, Soc. **1946** 954, 957). Beim Erhitzen von (±)-5-Hydroxy-hex-2-ensäure-äthylester ($Kp_{0,02}$: 54°; n_D^{20}: 1,4583) mit wss. Salzsäure und Erhitzen des Reaktionsprodukts unter vermindertem Druck (*Ha., Jo.*). Beim Erwärmen von opt.-inakt. 3,5-Dibrom-hexansäure (E III **2** 738) mit Wasser und Erhitzen des Reaktionsprodukts unter vermindertem Druck (*Kuhn, Jerchel*, B. **76** [1943] 413, 416).

F: 12,8—13,5° (*Eisner et al.*, Soc. **1953** 1372, 1376). Kp_{15}: 110° (*Ha., Jo.*); Kp_{14}: 104—105° (*Kuhn, Je.*, l. c. S. 414); Kp_{12}: 102,5—103° (*Ei. et al.*); Kp_{10}: 98° (*Pinder*, Soc. **1952** 2236, 2240); $Kp_{0,05}$: 44° (*Ha., Jo.*). n_D^{18}: 1,4710 (*Ei. et al.*), 1,475 (*Kuhn, Je.*); n_D^{19}: 1,4730; $n_D^{20,5}$: 1,4723 (*Ha., Jo.*). UV-Absorptionsmaximum: 214 nm [unverd. ?] (*Pi.*, l. c. S. 2238), 211 nm [A.] (*Ha., Jo.*), 205 nm [A.] (*Ei. et al.*, l. c. S. 1374).

Beim Erhitzen mit wss. Natronlauge ist Hexa-2*t*,4*t*-diensäure, beim Behandeln mit Natriummethylat in Methanol ist Hexa-2*c*,4*t*-diensäure erhalten worden (*Ei. et al.*).

(±)-2-Methyl-1,1-dioxo-2,3-dihydro-1λ⁶-thiopyran-4-on $C_6H_8O_3S$, Formel VIII.

B. Beim Erwärmen von opt.-inakt.-5-Brom-2-methyl-1,1-dioxo-tetrahydro-1λ^6-thiopyran-4-on mit Natriumacetat in Aceton (*Nasarow et al.*, Ž. obšč. Chim. **22** [1952] 1405, 1409; engl. Ausg. S. 1449, 1451).

Krystalle (aus A.); F: 89,5—90°.

(±)-3,4-Dihydro-2*H*-pyran-2-carbaldehyd $C_6H_8O_2$, Formel IX.

Konstitutionszuordnung: *Alder, Rüden*, B. **74** [1941] 920, 921.

B. Beim Erhitzen von Acrylaldehyd in Gegenwart von Hydrochinon in Benzol auf 170° (*Scherlin et al.*, Ž. obšč. Chim. **8** [1938] 22, 28; C. **1939** I 1971; *Al., Rü.*, l. c. S. 922) sowie ohne Lösungsmittel auf 190° (*Shell Devel. Co.*, U.S.P. 2479284 [1947]) oder im Silber-Autoklaven auf 160° (*Schulz, Wagner*, Ang. Ch. **62** [1950] 105, 110).

Kp_{760}: 146°; Kp_{27}: 59° (*Sch. et al.*); Kp_{17}: 52—53° (*Crombie et al.*, Soc. **1956** 136, 142); Kp_{15}: 47,5° (*Hall*, Soc. **1953** 1398, 1400); Kp_{13}: 44°; Kp_{10}: 40—40,5°; D_4^{20}: 1,0796 (*Sch.*

et al.). n_D^{20}: 1,4660 (*Sch. et al.*), 1,4646 (*Cr. et al.*), 1,4637 (*Shell Devel. Co.*, U.S.P. 2537579 [1949]).

Reaktion mit Methanol in Gegenwart von Chlorwasserstoff unter Bildung von 6-Methoxy-tetrahydro-pyran-2-carbaldehyd-dimethylacetal (Kp_{10}: 93—95°; n_D^{20}: 1,4369): *Hall*, Soc. **1953** 1398, 1400. Beim Behandeln mit Essigsäure und wenig Schwefelsäure ist eine als 7-Acetoxy-6,8-dioxa-bicyclo[3.2.1]octan angesehene Verbindung (Kp_1: 78°) erhalten worden (*Shell Devel. Co.*, U.S.P. 2511891 [1948]).

Charakterisierung durch Überführung in [3,4-Dihydro-2*H*-pyran-2-yl]-bis-[4,4-dimethyl-2,6-dioxo-cyclohexyl]-methan (F: 143—144°): *Hall.*

(±)-3,4-Dihydro-2*H*-pyran-2-carbaldehyd-oxim $C_6H_9NO_2$, Formel X (X = OH).

B. Aus (±)-3,4-Dihydro-2*H*-pyran-2-carbaldehyd und Hydroxylamin (*Scherlin et al.*, Ž. obšč. Chim. **8** [1938] 22, 29; C. **1939** I 1971).

Kp_{10}: 101—102°; Kp_8: 99—100°.

(±)-[3,4-Dihydro-2*H*-pyran-2-ylmethylen]-methallyl-amin, (±)-3,4-Dihydro-2*H*-pyran-2-carbaldehyd-methallylimin $C_{10}H_{15}NO$, Formel X (X = CH_2-$C(CH_3)$=CH_2).

B. Beim Erwärmen von (±)-3,4-Dihydro-2*H*-pyran-2-carbaldehyd mit Methallylamin in Benzol unter Entfernen des entstehenden Wassers (*Shell Devel. Co.*, U.S.P. 2566815 [1947]).

Kp_5: 76,4—77,4°. n_D^{20}: 1,4828.

(±)-3,4-Dihydro-2*H*-pyran-2-carbaldehyd-dimethylhydrazon $C_8H_{14}N_2O$, Formel X (X = $N(CH_3)_2$).

B. Aus (±)-3,4-Dihydro-2*H*-pyran-2-carbaldehyd und *N,N*-Dimethyl-hydrazin (*Wiley et al.*, J. org. Chem. **22** [1957] 204, 206).

Kp_8: 98°. n_D^{27}: 1,4970. IR-Banden (CCl_4) im Bereich von 1650 cm^{-1} bis 900 cm^{-1}: *Wi. et al.*

(±)-3,4-Dihydro-2*H*-pyran-2-carbaldehyd-semicarbazon $C_7H_{11}N_3O_2$, Formel X (X = NH-CO-NH_2).

B. Aus (±)-3,4-Dihydro-2*H*-pyran-2-carbaldehyd und Semicarbazid (*Scherlin et al.*, Ž. obšč. Chim. **8** [1938] 22, 29; C. **1939** I 1971; *Alder, Rüden*, B. **74** [1941] 920, 923).

Krystalle; F: 123—124° [aus E.] (*Al., Rü.*), 123° [aus A.] (*Sch. et al.*).

X: CH=N—X; XI: Cl, Cl, CHO; XII: CHO; XIII: CH=N—NH—R

(±)-2,5-Dichlor-3,4-dihydro-2*H*-pyran-2-carbaldehyd $C_6H_6Cl_2O_2$, Formel XI.

B. Beim Erwärmen von 2-Chlor-acrylaldehyd in Gegenwart von Hydrochinon unter Druck auf 75° (*Shell Devel. Co.*, U.S.P. 2479283 [1946]).

Kp_{6-7}: 73—75°.

5,6-Dihydro-2*H*-pyran-3-carbaldehyd $C_6H_8O_2$, Formel XII.

Konstitutionszuordnung: *Hall*, Chem. and Ind. **1955** 1772; *Dumas, Rumpf*, C. r. **242** [1956] 2574.

B. Beim Erwärmen von Acrylaldehyd mit wss. Salzsäure und Toluol (*Shell Devel. Co.*, U.S.P. 2514156 [1946]).

Kp_{760}: 199—200°; Kp_1: 49,2° (*Shell Devel. Co.*); Kp_{16}: 88—90° (*Belleau*, Canad. J. Chem. **35** [1957] 663, 668); Kp_{14}: 81—82° (*Du., Ru.*); Kp_{12}: 77—78° (*Hall*). n_D^{20}: 1,4955 (*Shell Devel. Co.*), 1,4979 (*Hall*). UV-Absorptionsmaximum (A.): 317 nm (*Hall*).

5,6-Dihydro-2*H*-pyran-3-carbaldehyd-[2,4-dinitro-phenylhydrazon] $C_{12}H_{12}N_4O_5$, Formel XIII (R = $C_6H_3(NO_2)_2$).

B. Beim Behandeln von 2-[2-Hydroxy-äthyl]-[1,3]dioxan-4-ol mit [2,4-Dinitro-phenyl]-hydrazin in Schwefelsäure enthaltendem Methanol (*Hall, Stern*, Soc. **1950** 490, 496).

Rote Krystalle; F: 234—235° [Zers.; im vorgeheizten Bad; aus Eg.] (*Hall*, Chem. and Ind. **1955** 1772), 233—234° [unkorr.] (*Belleau*, Canad. J. Chem. **35** [1957] 663, 669), 228° [Zers.; aus Bzl. + E.] (*Hall*, *St.*). UV-Absorptionsmaximum (A.): 376 nm (*Hall*), 377 nm (*Hall*, *St.*).

5,6-Dihydro-2*H*-pyran-3-carbaldehyd-semicarbazon $C_7H_{11}N_3O_2$, Formel XIII (R = CO-NH$_2$).

B. Aus 5,6-Dihydro-2*H*-pyran-3-carbaldehyd und Semicarbazid (*Shell Devel. Co.*, U.S.P. 2514156 [1946]; *Hall*, Chem. and Ind. **1955** 1772).

Krystalle; F: 216—217° (*Hall*), 205—206° [aus A.] (*Shell Devel. Co.*).

5,6-Dihydro-2*H*-thiopyran-3-carbaldehyd C_6H_8OS, Formel I.

B. Beim Erwärmen von Bis-[3,3-diäthoxy-propyl]-sulfid mit wss. Schwefelsäure (*McGinnis, Robinson*, Soc. **1941** 404, 407).

Kp$_{12-15}$: 115—118°.

5,6-Dihydro-2*H*-thiopyran-3-carbaldehyd-[2,4-dinitro-phenylhydrazon] $C_{12}H_{12}N_4O_4S$, Formel II (R = $C_6H_3(NO_2)_2$).

B. Aus 5,6-Dihydro-2*H*-thiopyran-3-carbaldehyd und [2,4-Dinitro-phenyl]-hydrazin (*McGinnis, Robinson*, Soc. **1941** 404, 407).

Orangefarbene Krystalle (aus Py.); F: 247—248°.

S CHO S CH=N—NH—R O O CH$_2$ O O H$_3$C

I II III IV

5,6-Dihydro-2*H*-thiopyran-3-carbaldehyd-semicarbazon $C_7H_{11}N_3OS$, Formel II (R = CO-NH$_2$).

B. Aus 5,6-Dihydro-2*H*-thiopyran-3-carbaldehyd und Semicarbazid (*McGinnis, Robinson*, Soc. **1941** 404, 407).

Krystalle (aus Eg.); F: 226—228°.

3-Methylen-tetrahydro-pyran-2-on, 2-[3-Hydroxy-propyl]-acrylsäure-lacton $C_6H_8O_2$, Formel III.

B. Beim Erwärmen von Pent-4-in-1-ol mit Tetracarbonylnickel in wss.-äthanol. Essigsäure unter Stickstoff (*Jones et al.*, Soc. **1950** 230, 236).

Kp$_{0,07}$: 56,5°. n_D^{18}: 1,4810. UV-Absorption (220—245 nm) einer wss. Lösung: *Jo. et al.*, l. c. S. 233.

4-Methyl-5,6-dihydro-pyran-2-on, 5-Hydroxy-3-methyl-pent-2*c*-ensäure-lacton $C_6H_8O_2$, Formel IV.

B. Beim Erhitzen von Mevalonsäure (3,5-Dihydroxy-3-methyl-valeriansäure) mit Polyphosphorsäure unter vermindertem Druck (*Tschesche, Machleidt*, A. **631** [1960] 61, 68). Beim Erhitzen von (±)-4-Hydroxy-4-methyl-tetrahydro-pyran-2-on mit Kalium≈hydrogensulfat unter 14 Torr (*Cornforth et al.*, Biochem. J. **69** [1958] 146, 152).

Kp$_{14}$: 118—120° (*Co. et al.*); Kp$_{0,05}$: 58° (*Ts.*, *Ma.*). n_D^{21}: 1,4840 (*Co. et al.*). UV-Ab≈sorptionsmaximum (Me.): 217 nm (*Ts.*, *Ma.*).

4-Methyl-3,6-dihydro-pyran-2-on, 5-Hydroxy-3-methyl-pent-3*c*-ensäure-lacton $C_6H_8O_2$, Formel V.

B. Beim Erhitzen von 5-Hydroxy-3-methyl-pent-3*c*-ensäure unter vermindertem Druck (*Cornforth et al.*, Biochem. J. **69** [1958] 146, 154; Soc. **1959** 112, 125).

Kp$_{14}$: 112° (*Co. et al.*, Soc. **1959** 125), 108—110° (*Co. et al.*, Biochem. J. **69** 154).

5-Äthyl-3*H*-furan-2-on, 4-Hydroxy-hex-3*t*-ensäure-lacton, Hex-3-en-4-olid $C_6H_8O_2$, Formel VI (E II 297).

B. Beim Erhitzen von 4-Acetoxy-4-hydroxy-hexansäure-lacton unter 200 Torr auf 200° (*Kuehl et al.*, Soc. **1950** 2213, 2216).

$Kp_{1,5}$: 49°. $D_4^{10,8}$: 1,0662. $n_D^{27,5}$: 1,4548.

(±)-5-Äthyl-5*H*-furan-2-on, (±)-4-Hydroxy-hex-2*c*-ensäure-lacton, (±)-Hex-2-en-4-olid $C_6H_8O_2$, Formel VII (E II 297).

B. Beim Erwärmen von opt.-inakt. 3,4-Dibrom-hexansäure (aus Hex-3*t*-ensäure hergestellt) mit Wasser und Erhitzen des Reaktionsprodukts unter vermindertem Druck (*Kuhn, Jerchel*, B. **76** [1943] 413, 417).

Kp_{19}: 99–100°; n_D^{22}: 1,4561 (*Eisner et al.*, Soc. **1953** 1372, 1379). Kp_{11}: 94–95°; n_D^{21}: 1,462 (*Kuhn, Je.*). $Kp_{1,5}$: 72°; $D_4^{12,3}$: 1,0704; $n_D^{27,6}$: 1,4576 (*Kuehl et al.*, Soc. **1950** 2213, 2217).

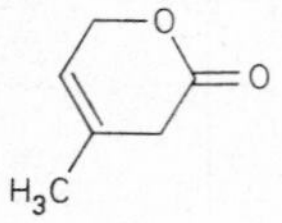

V 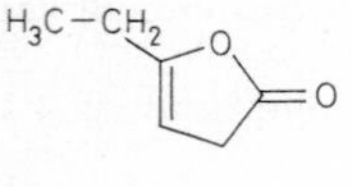 VI 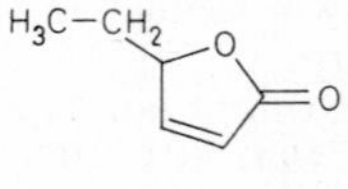 VII 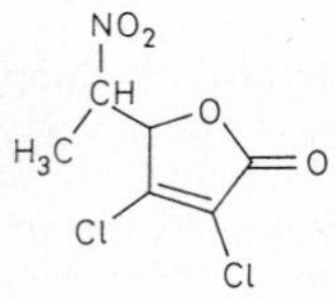 VIII

***Opt.-inakt. 3,4-Dichlor-5-[1-nitro-äthyl]-5*H*-furan-2-on, 2,3-Dichlor-4-hydroxy-5-nitro-hex-2*c*-ensäure-lacton** $C_6H_5Cl_2NO_4$, Formel VIII.

B. Beim Behandeln von Mucochlorsäure (Dichlormaleinaldehydsäure) mit Nitroäthan und wss.-methanol. Natronlauge (*Monsanto Chem. Co.*, U.S.P. 2591589 [1950]; *Mowry*, Am. Soc. **75** [1953] 1909, **76** [1954] 6417).

Krystalle; F: 124° [korr.] (*Mow.*), 121–122° [aus wss. Me.] (*Monsanto Chem. Co.*).

(±)-5-Vinyl-dihydro-furan-2-on, (±)-4-Hydroxy-hex-5-ensäure-lacton, (±)-Hex-5-en-4-olid $C_6H_8O_2$, Formel IX.

B. Beim Erhitzen von (±)-2-Vinyl-cyclopropan-1,1-dicarbonsäure in Stickstoff-Atmosphäre unter 100 Torr auf 170° (*Birch et al.*, J. org. Chem. **23** [1958] 1390; s. a. *Russell, VanderWerf*, Am. Soc. **69** [1947] 11). Beim Erhitzen von opt.-inakt. 4-Hydroxy-2-cyan-hex-5-ensäure-lacton mit wss. Natronlauge (*Zuidema et al.*, Am. Soc. **75** [1953] 294).

F: –15,5°; Kp_{20}: 108–112° (*Bi. et al.*); Kp_2: 75° (*Ru., Va.*); Kp_1: 68–70° (*Zu. et al.*). D_4^{25}: 1,0659 (*Ru., Va.*). n_D^{20}: 1,4601 (*Bi. et al.*); n_D^{25}: 1,4603 (*Ru., Va.*).

5,5-Dimethyl-5*H*-furan-2-on, 4-Hydroxy-4-methyl-pent-2*c*-ensäure-lacton $C_6H_8O_2$, Formel X (H 254).

B. Beim partiellen Hydrieren von 4-Hydroxy-4-methyl-pent-2-insäure an Palladium in Methanol und Erhitzen des Reaktionsprodukts (*Haynes, Jones*, Soc. **1946** 954, 957).

Kp_{72}: 127° (*Jacobs, Scott*, J. biol. Chem. **87** [1930] 601, 610); Kp_{10}: 80° (*Ha., Jo.*). n_D^{18}: 1,4470 (*Ha., Jo.*). IR-Banden ($CHCl_3$ und CCl_4) im Bereich von 1776 cm^{-1} bis 1604 cm^{-1}: *Jones et al.*, Canad. J. Chem. **37** [1959] 2007, 2010. UV-Absorptionsmaximum (A.): 213 nm (*Ha., Jo.*, l. c. S. 955).

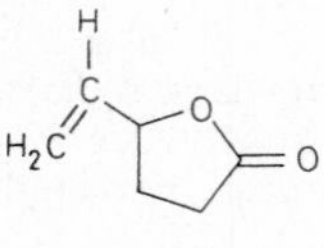

IX 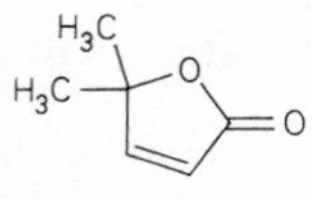 X 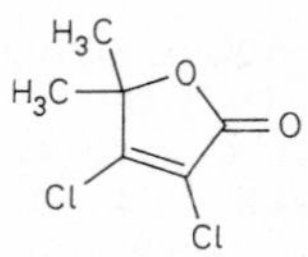 XI 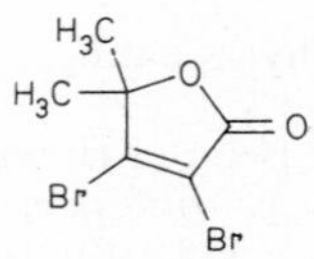 XII

3,4-Dichlor-5,5-dimethyl-5*H*-furan-2-on, 2,3-Dichlor-4-hydroxy-4-methyl-pent-2*c*-ensäure-lacton $C_6H_6Cl_2O_2$, Formel XI.

B. Beim Behandeln von Dichlormaleoylchlorid (Tetrachlor-5*H*-furan-2-on [S. 4296]) mit Methylmagnesiumbromid in Äther (*Leder*, J. pr. [2] **130** [1931] 255, 262, 283). Bildung beim Behandeln von 2,7-Dimethyl-octa-3,5-diin-2,7-diol mit Chlor in Chloroform: *Sal'kind, Mel'tewa,* Ž. obšč. Chim. **18** [1948] 990, 998; C. A. **1949** 130.

Krystalle (aus PAe.); F: 81° (*Le.*; *Sa., Me.*).

3,4-Dibrom-5,5-dimethyl-5*H*-furan-2-on, 2,3-Dibrom-4-hydroxy-4-methyl-pent-2*c*-ensäure-lacton $C_6H_6Br_2O_2$, Formel XII (E I 139).

B. Neben anderen Verbindungen beim Behandeln von 2,7-Dimethyl-octa-3,5-diin-2,7-diol mit Brom-Dampf oder mit Brom in Chloroform, Extrahieren des Reaktionsgemisches mit wss. Natronlauge und Ansäuern des Extrakts (*Sal'kind, Mel'tewa,* Ž. obšč. Chim. **18** [1948] 990, 991, 996; C. A. **1949** 130).

Krystalle (aus Bzl.); F: 129—129,5°. Mit Wasserdampf destillierbar.

4,5-Dimethyl-3*H*-furan-2-on, 4-Hydroxy-3-methyl-pent-3*t*-ensäure-lacton $C_6H_8O_2$, Formel I (E I 139; E II 297).

B. Beim Erhitzen von 3-Methyl-4-oxo-valeriansäure unter Normaldruck (*Jacobs, Scott,* J. biol. Chem. **93** [1931] 139, 146; *Cavallito, Haskell,* Am. Soc. **67** [1945] 1991, 1993).

Kp_{15}: 83—86° (*Ja., Sc.*).

(±)-4,5-Dimethyl-5*H*-furan-2-on, (±)-4-Hydroxy-3-methyl-pent-2*c*-ensäure-lacton $C_6H_8O_2$, Formel II (E I 139; E II 297).

Kp_{13}: 111—112° (*Cavallito, Haskell,* Am. Soc. **67** [1945] 1991, 1993).

(±)-3,5-Dimethyl-3*H*-furan-2-on, (±)-4-Hydroxy-2-methyl-pent-3*t*-ensäure-lacton $C_6H_8O_2$, Formel III.

B. Neben grösseren Mengen 4-Oxo-2-methyl-valeriansäure beim Behandeln von 2-Acetyl-crotonsäure-äthylester (aus Acetaldehyd und Acetessigsäure-äthylester mit Hilfe von Pyridin hergestellt) mit Kaliumcyanid in wss. Äthanol, Erwärmen des vom Äthanol befreiten Reaktionsgemisches mit wss. Salzsäure und Erhitzen des Reaktionsgemisches unter vermindertem Druck (*Huan,* Bl. [5] **5** [1938] 1341, 1343).

Kp_{14}: 90—92°.

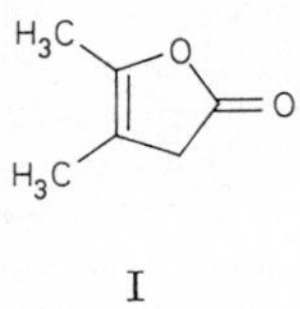

I 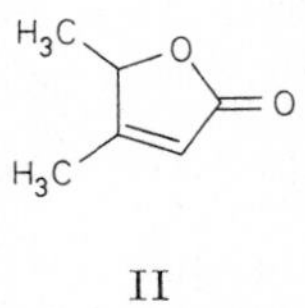 II 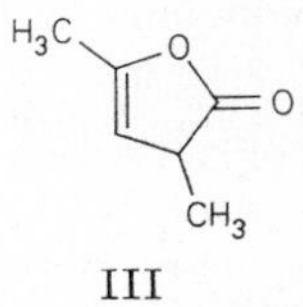 III 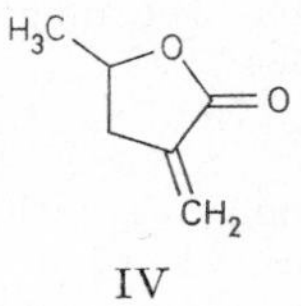 IV

(±)-5-Methyl-3-methylen-dihydro-furan-2-on, (±)-2-[2-Hydroxy-propyl]-acrylsäure-lacton $C_6H_8O_2$, Formel IV.

B. Beim Erwärmen von (±)-Pent-4-in-2-ol mit Tetracarbonylnickel und wss.-methanol. Salzsäure (*Jones et al.,* Soc. **1950** 230, 235). Beim Leiten des Dampfes von opt.-inakt. 3-Hydroxymethyl-5-methyl-dihydro-furan-2-on über Aluminiumoxid bei 350° (*Allied Chem. & Dye Corp.,* U.S.P. 2624723 [1947]).

Kp_8: 77—79°; n_D^{20}: 1,4572 (*Allied Chem. & Dye Corp.*). $Kp_{0,02}$: 33°; n_D^{18}: 1,4596 (*Jo. et al.*).

3,4-Dimethyl-5*H*-furan-2-on, 4-Hydroxy-2,3-dimethyl-*cis*-crotonsäure-lacton $C_6H_8O_2$, Formel V.

B. Beim Behandeln von 2,3-Dimethyl-but-3-ensäure-äthylester mit Brom in *tert*-Butylalkohol, Behandeln des Reaktionsgemisches mit Natriumäthylat in Äthanol und Erhitzen des Reaktionsprodukts (*Adams, Gianturco,* Am. Soc. **79** [1957] 166, 169). Als Hauptprodukt beim Erwärmen von 4-Acetoxy-3-hydroxy-2,3-dimethyl-buttersäure-äthylester (aus Acetoxyaceton und 2-Brom-propionsäure-äthylester hergestellt) mit wss.-äthanol. Natronlauge (*Stewart, Woolley*, Am. Soc. **81** [1959] 4951, 4953). Beim Erhitzen von 3,4-Dimethyl-5-oxo-2,5-dihydro-furan-2-carbonsäure auf 115° (*Ames et al.*, Soc. **1954** 375, 379).

Krystalle; F: 36–38° [aus Ae. + Hexan] (*St., Wo.*), 33–34° [aus Bzl. + PAe.] (*Ames et al.*). Kp_1: 73–75° (*Ames et al.*); $Kp_{0,2}$: 64° (*Ad., Gi.*). UV-Absorptionsmaximum (A.): 213 nm (*Ames et al.*, l. c. S. 377).

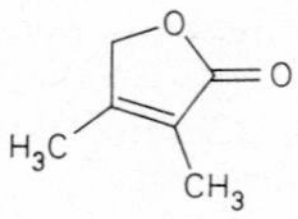

V 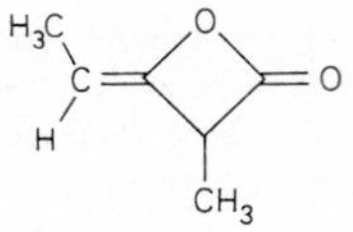 VI 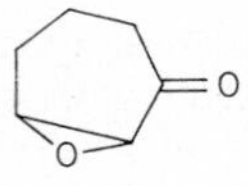 VII

(±)-4-[(*Z*)-Äthyliden]-3-methyl-oxetan-2-on, (±)-3-Hydroxy-2-methyl-pent-3*t*-ensäure-lacton $C_6H_8O_2$, Formel VI.

Diese Konstitution und Konfiguration kommt dem „flüssigen Dimeren des Methylketens" (s. E III **1** 2952) zu (*Bregman, Bauer*, Am. Soc. **77** [1955] 1955, 1956; *Johnson, Shiner*, Am. Soc. **75** [1953] 1350, 1354; *Baldwin*, J. org. Chem. **29** [1964] 1882).

B. Aus dampfförmigem Methylketen an einer mit Paraffinwachs präparierten Gefässwand (*Jenkins*, Soc. **1952** 2563).

E: −49,4°; Kp_{13}: 48–48,5°; D_4^{20}: 0,9926; n_D^{20}: 1,4365 (*Jo., Sh.*). Kp_9: 50–52° (*Hill, Hill*, Am. Soc. **75** [1953] 4591).

Beim Behandeln mit Brom in Tetrachlormethan und Behandeln des Reaktionsprodukts mit Natriumacetat und Äthanol ist eine Verbindung $C_8H_{13}BrO_3$ (Kp_4: 86–88°; D^{20}: 1,3200) erhalten worden (*Hill, Hill*). Hydrierung an Platin in Petroläther unter Bildung von 2-Methyl-valeriansäure und Propionsäure: *Hill, Hill.*

Charakterisierung durch Überführung in 2-Methyl-3-oxo-valeriansäure-amid (F: 83–84°) und in 2-Methyl-3-oxo-valeriansäure-anilid (F: 115–116°): *Hill, Hill.*

(±)-2,3-Epoxy-cyclohexanon $C_6H_8O_2$, Formel VII.

B. Aus Cyclohex-2-enon beim Behandeln einer Lösung in Methanol mit wss. Natronlauge und wss. Wasserstoffperoxid (*Nasarow, Achrem*, Izv. Akad. S.S.S.R. Otd. chim. **1956** 1383, 1387; engl. Ausg. S. 1415, 1418; *House, Wasson*, Am. Soc. **79** [1957] 1488, 1490) sowie beim Behandeln mit *tert*-Butylhydroperoxid in Benzol unter Zusatz von methanol. Tetramethylammoniumhydroxid-Lösung (*Yang, Finnegan*, Am. Soc. **80** [1958] 5845, 5847).

Kp_{15}: 76–78°; Kp_{11}: 74°; n_D^{22}: 1,4736 (*Yang, Fi.*). Kp_{10}: 75–78°; n_D^{25}: 1,4725 (*Ho., Wa.*, l. c. S. 1490). Kp_1: 43,5°; D_4^{20}: 1,1313; n_D^{20}: 1,4720 (*Na., Ach.*). UV-Absorptionsmaximum (A.): 299 nm (*Ho., Wa.*, l. c. S. 1490).

Beim Behandeln mit dem Borfluorid-Äther-Addukt in Benzol und Erwärmen des Reaktionsgemisches mit wss.-äthanol. Natronlauge sind Cyclopentanon und Cyclohexan-1,2-dion erhalten worden (*Ho., Wa.*, l. c. S. 1491).

(±)-2,3-Epoxy-cyclohexanon-semicarbazon $C_7H_{11}N_3O_2$, Formel VIII.

B. Aus (±)-2,3-Epoxy-cyclohexanon und Semicarbazid (*Nasarow, Achrem*, Izv. Akad. S.S.S.R. Otd. chim. **1956** 1383, 1387; engl. Ausg. S. 1415, 1418).

Krystalle; F: 183–185° [Zers.].

(±)-2,3-Epoxy-2-methyl-cyclopentanon $C_6H_8O_2$, Formel IX.

B. Beim Behandeln einer Lösung von 2-Methyl-cyclopent-2-enon in Methanol mit wss. Natronlauge und wss. Wasserstoffperoxid (*Nasarow, Achrem*, Izv. Akad. S.S.S.R. Otd. chim. **1956** 1383, 1385; engl. Ausg. S. 1415, 1416).

Kp_{10}: 56,5–57°. D_4^{20}: 1,0902. n_D^{20}: 1,4537.

Beim Erwärmen mit wss. Salzsäure sind kleine Mengen 3-Methyl-cyclopentan-1,2-dion erhalten worden.

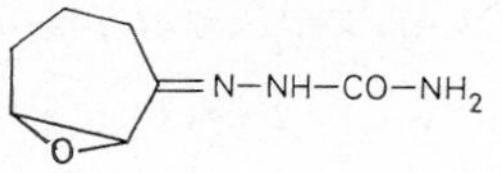

VIII 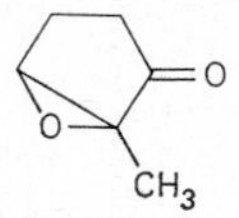 IX 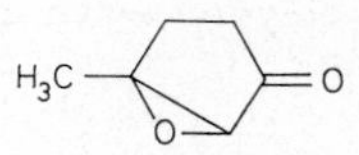 X 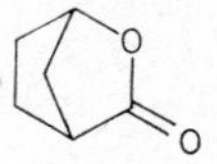 XI

(±)-2,3-Epoxy-3-methyl-cyclopentanon $C_6H_8O_2$, Formel X.

B. Beim Behandeln einer Lösung von 3-Methyl-cyclopent-2-enon in Methanol mit wss. Natronlauge und wss. Wasserstoffperoxid (*House, Wasson*, Am. Soc. **79** [1957] 1488, 1490).

Kp_{20}: 76–78°. n_D^{25}: 1,4471. UV-Absorptionsmaximum (A.): 303 nm.

Beim Behandeln mit dem Borfluorid-Äther-Addukt in Benzol und Erwärmen des Reaktionsgemisches mit wss.-methanol. Natronlauge ist 3-Methyl-cyclopentan-1,2-dion erhalten worden (*Ho., Wa.*, l. c. S. 1492).

(±)-2-Oxa-norbornan-3-on, (±)-*cis*-3-Hydroxy-cyclopentancarbonsäure-lacton $C_6H_8O_2$, Formel XI.

B. Beim Erhitzen von (±)-*cis*-3-Hydroxy-cyclopentancarbonsäure in Dibutylphthalat auf 150° (*Noyce, Fessenden*, J. org. Chem. **24** [1959] 716).

Krystalle; F: 53,7–54,5°. Bei 10 Torr sublimierbar. Kp_{10}: 92–93°. [*Rogge*]

Oxo-Verbindungen $C_7H_{10}O_2$

5-Acetyl-3,6-dihydro-2*H*-thiopyran, 1-[5,6-Dihydro-2*H*-thiopyran-3-yl]-äthanon $C_7H_{10}OS$, Formel I.

B. Beim Erwärmen von (±)-1-[5,6-Dihydro-2*H*-thiopyran-3-yl]-äthanol in Aceton mit Aluminium-*tert*-butylat in Benzol (*McGinnis, Robinson*, Soc. **1941** 404, 407).

Bei 95–103°/1–3 Torr destillierbar.

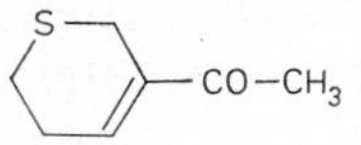

I 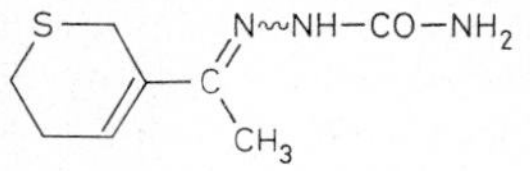 II 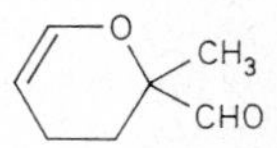 III 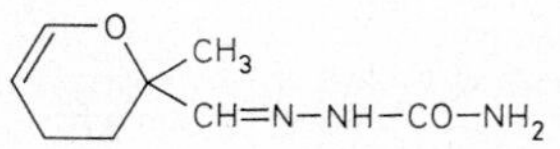 IV

1-[5,6-Dihydro-2*H*-thiopyran-3-yl]-äthanon-semicarbazon $C_8H_{13}N_3OS$, Formel II.

B. Aus dem im vorangehenden Artikel beschriebenen Keton und Semicarbazid (*McGinnis, Robinson*, Soc. **1941** 404, 407).

Krystalle (aus wss. Eg.); F: 227–228°.

(±)-2-Methyl-3,4-dihydro-2*H*-pyran-2-carbaldehyd $C_7H_{10}O_2$, Formel III.

B. Beim Erhitzen von Acrylaldehyd mit Methacrylaldehyd in Gegenwart von Hydrochinon unter 50 at auf 210° (*Shell Devel. Co.*, U.S.P. 2479283 [1946], 2610193 [1949]).

Kp_{90}: 84,4–85,5°. n_D^{20}: 1,455–1,456.

(±)-2-Methyl-3,4-dihydro-2*H*-pyran-2-carbaldehyd-semicarbazon $C_8H_{13}N_3O_2$, Formel IV.

B. Aus (±)-2-Methyl-3,4-dihydro-2*H*-pyran-2-carbaldehyd und Semicarbazid (*Shell Devel. Co.*, U.S.P. 2479283 [1946]).

Krystalle; F: 144,5°.

5,6-Dimethyl-3,4-dihydro-pyran-2-on, 5-Hydroxy-4-methyl-hex-4*t*-ensäure-lacton $C_7H_{10}O_2$, Formel V.

B. Beim Erhitzen von (±)-4-Methyl-5-oxo-hexansäure mit Acetanhydrid und wenig Acetylchlorid (*Lewina et al.*, Ž. obšč. Chim. **24** [1954] 1439, 1442; engl. Ausg. S. 1423, 1426).

Kp_{745}: 210°; Kp_{6-7}: 90°. D_4^{20}: 1,0552. n_D^{20}: 1,4738.

Beim Behandeln mit Brom in Tetrachlormethan ist 5,6-Dibrom-5,6-dimethyl-tetrahydro-pyran-2-on (F: 63°) erhalten worden.

(*S*)-4,6-Dimethyl-3,4-dihydro-pyran-2-on, (*S*)-5-Hydroxy-3-methyl-hex-4*t*-ensäure-lacton $C_7H_{10}O_2$, Formel VI.

B. Beim Erhitzen von (*R*)-3-Methyl-5-oxo-hexansäure [E III **3** 1245] mit Acetanhydrid und Natriumacetat (*Holliday, Polgar*, Soc. **1957** 2934).

Bei 105°/20 Torr destillierbar. n_D^{20}: 1,4489. $[\alpha]_D^{19}$: +49,5° [Bzl.; c = 4].

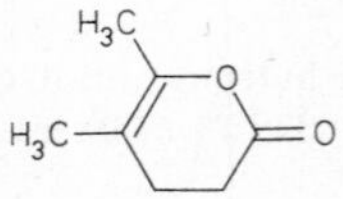

V 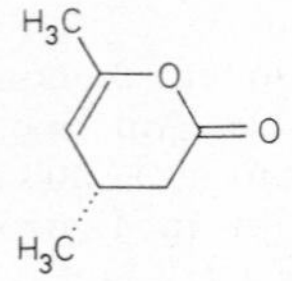 VI 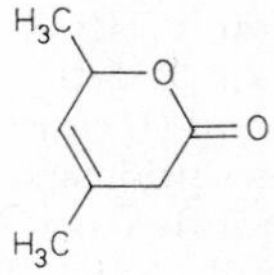 VII 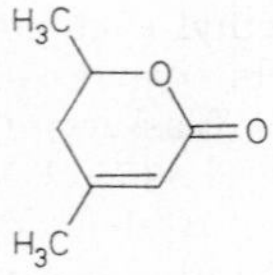 VIII 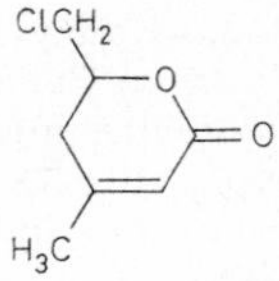 IX

(±)-4,6-Dimethyl-3,6-dihydro-pyran-2-on, (±)-5-Hydroxy-3-methyl-hex-3*c*-ensäure-lacton $C_7H_{10}O_2$, Formel VII.

B. Beim gleichzeitigen Einleiten von Keten und Borfluorid in eine Lösung von Pent-3*t*(?)-en-2-on (E IV **1** 3460) in Äther (*Young*, Am. Soc. **71** [1949] 1346).

Kp_5: 85°. $D_{15,6}^{20}$: 1,043. n_D^{30}: 1,4640.

Hydrierung an Palladium in Methanol unter Bildung von 3-Methyl-hexansäure: *Korte, Machleidt*, B. **88** [1955] 136, 138 Anm. 5a. Beim Behandeln mit Natriummethylat in Äther ist 3-Methyl-hexa-2*c*(?),4*t*-diensäure (F: 106°) erhalten worden (*Ko., Ma.*, l. c. S. 137, 141).

(±)-4,6-Dimethyl-5,6-dihydro-pyran-2-on, (±)-5-Hydroxy-3-methyl-hex-2*c*-ensäure-lacton $C_7H_{10}O_2$, Formel VIII.

B. Beim Behandeln von 3-Methyl-hexa-2*c*(?),4*t*-diensäure (F: 106°) mit konz. Schwefelsäure (*Korte, Machleidt*, B. **88** [1955] 136, 138, 140). Beim Erhitzen von (±)-4,6-Dimethyl-3,6-dihydro-pyran-2-on mit Kaliumcarbonat (*Young*, Am. Soc. **71** [1949] 1346).

Kp_{13}: 125° (*Ko., Ma.*); Kp_5: 105° (*Yo.*). $D_{15,6}^{20}$: 1,045 (*Yo.*). n_D^{30}: 1,4746 (*Yo.*).

(±)-6-Chlormethyl-4-methyl-5,6-dihydro-pyran-2-on, (±)-6-Chlor-5-hydroxy-3-methyl-hex-2*c*-ensäure-lacton $C_7H_9ClO_2$, Formel IX.

B. Beim Behandeln von 4-Brom-3-methyl-crotonsäure-äthylester (Kp_{10}: 103°; $n_D^{20,3}$: 1,4960) mit Chloracetaldehyd und Zink in Benzol (*Szabó, Alkonyi*, Magyar chem. Folyoirat **60** [1954] 212; C. A. **1958** 8044).

Krystalle (aus Ae. + PAe.); F: 39–39,5°.

(±)-3,6-Dimethyl-1,1-dioxo-2,3-dihydro-1λ⁶-thiopyran-4-on $C_7H_{10}O_3S$, Formel X.

B. Beim Erwärmen von (±)-3ξ-Brom-2*r*,5*t*-dimethyl-1,1-dioxo-tetrahydro-1λ⁶-thiopyran-4-on mit Natriumacetat in Aceton (*Nasarow et al.*, Ž. obšč. Chim. **22** [1952] 990, 996; engl. Ausg. S. 1045, 1049).

Krystalle (aus A.); F: 95°.

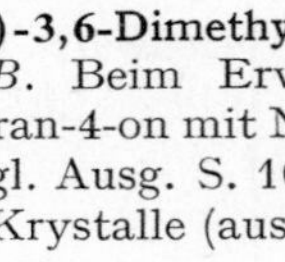

X 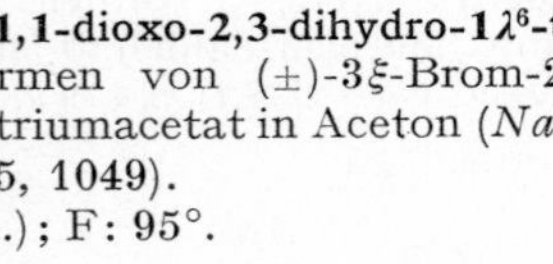 XI 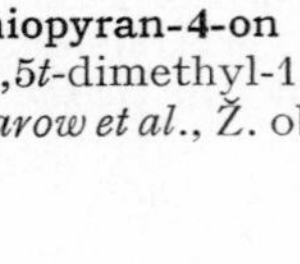 XII 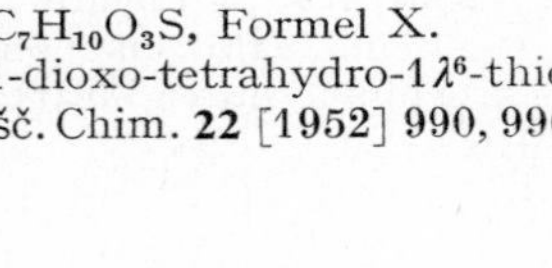 XIII

(±)-3,6-Dimethyl-1,1-dioxo-2,3-dihydro-1λ⁶-thiopyran-4-on-semicarbazon $C_8H_{13}N_3O_3S$, Formel XI.

B. Aus (±)-3,6-Dimethyl-1,1-dioxo-2,3-dihydro-1λ⁶-thiopyran-4-on und Semicarbazid (*Nasarow et al.*, Ž. obšč. Chim. **22** [1952] 990, 996; engl. Ausg. S. 1045, 1050).

F: 206–207° [aus W.].

(±)-2,5-Dimethyl-1,1-dioxo-2,3-dihydro-1λ⁶-thiopyran-4-on $C_7H_{10}O_3S$, Formel XII.

B. Beim Erwärmen von opt.-inakt. 5-Brom-2,5-dimethyl-1,1-dioxo-tetrahydro-1λ⁶-thiopyran-4-on mit Natriumacetat in Aceton (*Nasarow et al.*, Ž. obšč. Chim. **22** [1952] 990, 996; engl. Ausg. S. 1045, 1049).

Krystalle (aus A.); F: 112,5–113°.

(±)-2,5-Dimethyl-1,1-dioxo-2,3-dihydro-1λ⁶-thiopyran-4-on-semicarbazon $C_8H_{13}N_3O_3S$, Formel XIII.

B. Aus (±)-2,5-Dimethyl-1,1-dioxo-2,3-dihydro-1λ⁶-thiopyran-4-on und Semicarbazid (*Nasarow et al.*, Ž. obšč. Chim. **22** [1952] 990, 996; engl. Ausg. S. 1045, 1049).

F: 232–233° [aus W.].

(±)-2,6-Dimethyl-2,3-dihydro-pyran-4-on $C_7H_{10}O_2$, Formel I.

B. Neben *cis*-2,6-Dimethyl-tetrahydro-pyran-4-on [S. 4211] (Hauptprodukt) bei der partiellen Hydrierung von 2,6-Dimethyl-pyran-4-on an Palladium in Äthanol (*de Vrieze*, R. **78** [1959] 91).

Kp_{14}: 85–86°. D_4^{26}: 1,0081. n_D^{26}: 1,4972. UV-Absorptionsmaximum (A.): 263 nm.

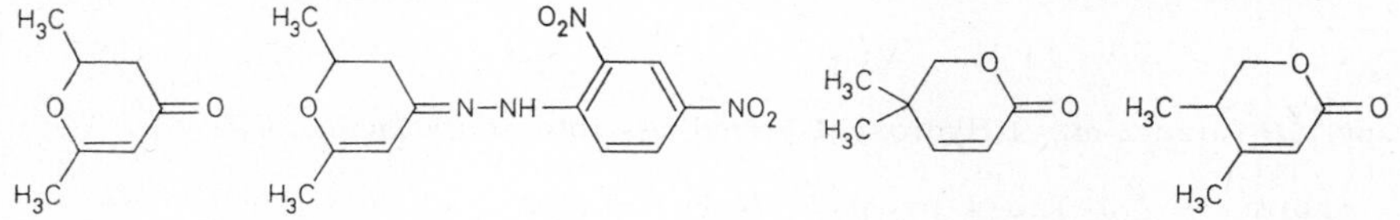

I II III IV

(±)-2,6-Dimethyl-2,3-dihydro-pyran-4-on-[2,4-dinitro-phenylhydrazon] $C_{13}H_{14}N_4O_5$, Formel II.

B. Aus (±)-2,6-Dimethyl-2,3-dihydro-pyran-4-on und [2,4-Dinitro-phenyl]-hydrazin (*de Vrieze*, R. **78** [1959] 91).

Rote Krystalle (aus A.); F: 152°.

5,5-Dimethyl-5,6-dihydro-pyran-2-on, 5-Hydroxy-4,4-dimethyl-pent-2*c*-ensäure-lacton $C_7H_{10}O_2$, Formel III.

Die Identität des von *Silberstein* (H 255) unter dieser Konstitution beschriebenen, aus Hydroxy-pivalinaldehyd und Malonsäure mit Hilfe von äthanol. Ammoniak erhaltenen Präparats (F: 177°) ist ungewiss (*Bowman, Cavalla*, Soc. **1954** 1171, 1172). Eine von *Barnett, Robinson* (Biochem. J. **36** [1942] 357, 361) als 5,5-Dimethyl-5,6-dihydro-pyran-2-on beschriebene, aus Hydroxy-pivalinaldehyd und Malonsäure hergestellte Verbindung (F: 115°) ist als 2-[Hydroxy-*tert*-butyl]-5,5-dimethyl-5,6-dihydro-2*H*-pyran-3-carbonsäure-lacton zu formulieren (*Johnson, Riggs*, Austral. J. Chem. **27** [1974] 2519).

B. Beim Erhitzen von 5,5-Dimethyl-2-oxo-5,6-dihydro-2*H*-pyran-3-carbonitril mit wss. Salzsäure (*Bo., Ca.*, l. c. S. 1174; *Jo., Ri.*, l. c. S. 2523).

$Kp_{0,4}$: 52°; n_D^{20}: 1,4662 (*Bo., Ca.*, l. c. S. 1174). UV-Absorptionsmaximum (W. + A.): 216 nm (*Bo., Ca.*, l. c. S. 1174). ^{1}H-NMR-Absorption und ^{1}H-^{1}H-Spin-Spin-Kopplungskonstanten: *Jo., Ri.*, l. c. S. 2523.

(±)-4,5-Dimethyl-5,6-dihydro-pyran-2-on, (±)-5-Hydroxy-3,4-dimethyl-pent-2*c*-ensäure-lacton $C_7H_{10}O_2$, Formel IV.

B. Beim Erwärmen von opt.-inakt. 5-Acetoxy-3-hydroxy-3,4-dimethyl-valeriansäure-äthylester ($Kp_{0,1}$: 80–82°) mit wss.-äthanol. Natronlauge (*Stewart, Woolley*, Am. Soc. **81** [1959] 4951, 4953).

$Kp_{0,003}$: 34°. IR-Banden im Bereich von 5,8 μ bis 11,6 μ: *St., Wo.*

[4,5-Dihydro-[2]furyl]-aceton $C_7H_{10}O_2$, Formel V, und **1-[4,5-Dihydro-[2]furyl]-propen-2-ol** $C_7H_{10}O_2$, Formel VI.

Die nachstehend beschriebene Verbindung liegt wahrscheinlich überwiegend als 1-[4,5-Dihydro-[2]furyl]-propen-2-ol vor (*Cannon et al.*, J. org. Chem. **17** [1952] 1245, 1246).

B. Beim Eintragen von Aceton und von äther. 4-Hydroxy-buttersäure-lacton-Lösung in eine Suspension von Natriumamid in Äther und Erhitzen des Reaktionsprodukts (*Ca. et al.*, l. c. S. 1248, 1249).

Kp_4: 80—81°. D_4^{25}: 1,0215. n_D^{25}: 1,5041.

(±)-5-Propyl-5*H*-furan-2-on, (±)-4-Hydroxy-hept-2*c*-ensäure-lacton, (±)-Hept-2-en-4-olid $C_7H_{10}O_2$, Formel VII.

B. Bei der Hydrierung von (±)-4-Hydroxy-hept-2-insäure an Palladium/Bariumsulfat in Methanol und Destillation des Reaktionsprodukts (*Haynes, Jones*, Soc. **1946** 954, 957).

$Kp_{0,05}$: 73°. n_D^{18}: 1,4596. UV-Absorptionsmaximum (A.): 214 nm (*Ha., Jo.*, l. c. S. 955).

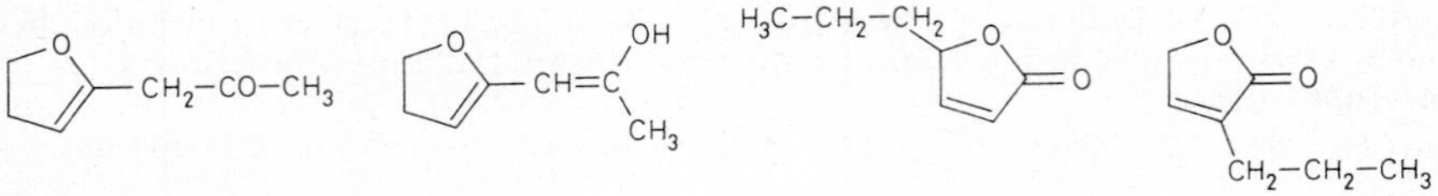

V VI VII VIII

3-Propyl-5*H*-furan-2-on, 4-Hydroxy-2-propyl-*cis*-crotonsäure-lacton $C_7H_{10}O_2$, Formel VIII.

μ-Carbonyl-μ-[5-oxo-4-propyl-5*H*-furan-2,2-diyl]-bis-[tricarbonyl-kobalt] $C_7H_8O_2 \cdot Co_2(CO)_7$, Formel s. E IV **1** 951, Formel VI (R = CH_2-CH_2-CH_3, R' = H). Über die Konstitution s. *Bor*, B. **96** [1963] 2644, 2646. — *B.* Beim Behandeln von Pent-1-in mit Kohlenmonoxid und Octacarbonyldikobalt in Heptan bei 70°/190 at (*Sternberg et al.*, Am. Soc. **81** [1959] 2339, 2341). — Rote Krystalle; F: 75—77° [evakuierte Kapillare] (*St. et al.*). IR-Banden (CS_2 und CCl_4) im Bereich von 2,4 μ bis 15,2 μ: *St. et al.*, l. c. S. 2340.

3-[(*E*)-Propyliden]-4,5-dihydro-furan-2-on, 2-[2-Hydroxy-äthyl]-pent-2*t*-ensäure-lacton $C_7H_{10}O_2$, Formel IX.

B. Neben 2-Äthyl-5-hydroxy-pent-2*t*-ensäure (F: 66—67°) beim Erwärmen von Hex-3-in-1-ol mit Tetracarbonylnickel in einem Gemisch von Äthanol, Wasser und Essigsäure unter Stickstoff (*Yukawa, Hanafusa*, J. chem. Soc. Japan Pure Chem. Sect. **76** [1955] 572, 575; C. A. **1957** 17722; Mem. Inst. scient. ind. Res. Osaka Univ. **12** [1955] 153, 156).

Kp_6: 102—103°. IR-Spektrum (4—13 μ): *Yu., Ha.*

(±)-3-Allyl-4,5-dihydro-furan-2-on, (±)-2-[2-Hydroxy-äthyl]-pent-4-ensäure-lacton $C_7H_{10}O_2$, Formel X.

B. Beim Eintragen von Äthylenoxid in eine Suspension der Natrium-Verbindung des Allylmalonsäure-diäthylesters in Äthanol bei —15°, Behandeln des Reaktionsgemisches mit wss. Kalilauge und Erhitzen des Reaktionsprodukts unter vermindertem Druck (*Rothstein*, Bl. [5] **2** [1935] 80, 85, 86). Beim Eintragen von 2-Chlor-äthanol in eine Suspension der Natrium-Verbindung des Allylmalonsäure-diäthylesters in Äthanol bei 60°, Erwärmen der Reaktionslösung mit methanol. Kalilauge und Erhitzen des Reaktionsprodukts bis auf 160° (*Wiesner et al.*, Am. Soc. **77** [1955] 675, 682).

Kp_{17}: 110° (*Ro.*); Kp_1: 64—69° (*Wi. et al.*). D_4^{22}: 1,0337 (*Ro.*). n_D^{22}: 1,4583 (*Ro.*).

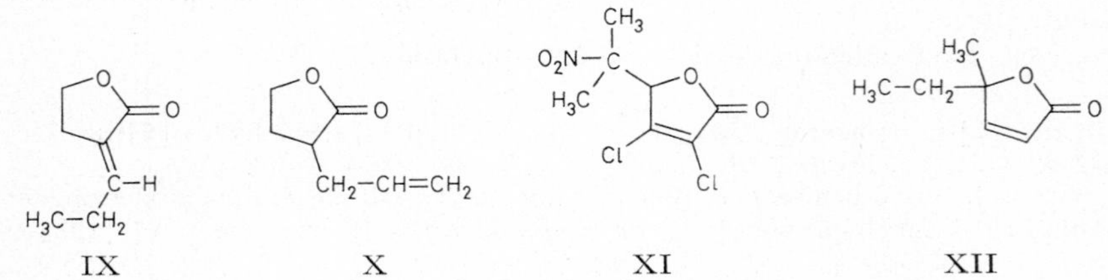

IX X XI XII

(±)-3,4-Dichlor-5-[α-nitro-isopropyl]-5*H*-furan-2-on, (±)-2,3-Dichlor-4-hydroxy-5-methyl-5-nitro-hex-2*c*-ensäure-lacton $C_7H_7Cl_2NO_4$, Formel XI.

B. Beim Behandeln einer Lösung von Mucochlorsäure (Dichlormaleinaldehydsäure) in Methanol mit 2-Nitro-propan und wss. Natronlauge (*Mowry*, Am. Soc. **75** [1953] **1909**).

F: 93°.

(±)-5-Äthyl-5-methyl-5*H*-furan-2-on, (±)-4-Hydroxy-4-methyl-hex-2*c*-ensäure-lacton $C_7H_{10}O_2$, Formel XII.

B. Neben 4-Methyl-hexa-2,3-diensäure beim Erwärmen von (±)-3-Methyl-pent-1-in-3-ol mit Tetracarbonylnickel in Chlorwasserstoff enthaltendem Butan-1-ol und Behandeln des Reaktionsprodukts mit wss.-äthanol. Kalilauge und anschliessend mit Säure (*Jones et al.*, Soc. **1957** **4628**, 4631).

Kp_{17}: 104—105°. n_D^{24}: 1,4485.

(±)-5-Methyl-5-vinyl-dihydro-furan-2-on, (±)-4-Hydroxy-4-methyl-hex-5-ensäure-lacton $C_7H_{10}O_2$, Formel I.

B. Bei der Hydrierung von (±)-4-Hydroxy-4-methyl-hex-5-insäure-lacton an Lindlar-Katalysator in Chinolin enthaltendem Benzol (*Weichet et al.*, Collect. **24** [1959] **1689**, 1691).

Kp_{10}: 89—90°. n_D^{20}: 1,4525.

(±)-3-Äthyl-5-methyl-3*H*-furan-2-on, (±)-2-Äthyl-4-hydroxy-pent-3*t*-ensäure-lacton $C_7H_{10}O_2$, Formel II.

B. Beim Erwärmen von Äthyl-prop-2-inyl-malonsäure oder von (±)-2-Äthyl-pent-4-insäure mit Zinkcarbonat (*Schulte et al.*, Ar. **291** [1958] **227**, 235).

Kp_{17}: 73,5—76,5°. n_D^{20}: 1,4520.

Charakterisierung durch Überführung in (±)-2-Äthyl-4-oxo-valeriansäure-anilid (F: 133,5°): *Sch. et al.*

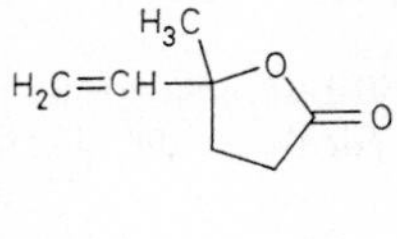

I 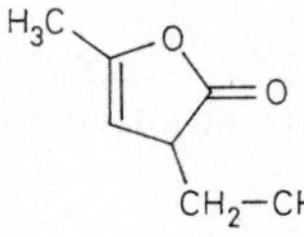 II 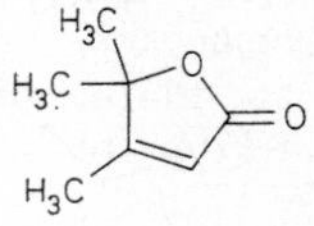 III 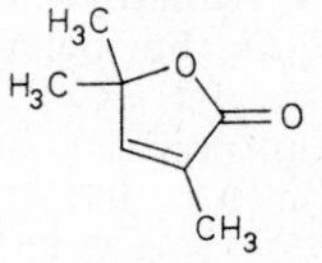 IV

4,5,5-Trimethyl-5*H*-furan-2-on, 4-Hydroxy-3,4-dimethyl-pent-2*c*-ensäure-lacton $C_7H_{10}O_2$, Formel III.

B. Beim Erwärmen von 3-Acetoxy-3-methyl-butan-2-on mit Bromessigsäure-äthylester und Zink in Äther und Erwärmen des Reaktionsprodukts (Gemisch von 4-Acetoxy-3,4-dimethyl-pent-2-ensäure-äthylester [$C_{11}H_{18}O_4$] und 4-Acetoxy-3-hydroxy-3,4-dimethyl-valeriansäure-äthylester [$C_{11}H_{20}O_5$]) mit wss.-äthanol. Natronlauge (*Stewart, Woolley*, Am. Soc. **81** [1959] **4951**, 4952, 4953).

Krystalle (aus Ae. + Hexan); F: 44,5—46,5°.

3,5,5-Trimethyl-5*H*-furan-2-on, 4-Hydroxy-2,4-dimethyl-pent-2*c*-ensäure-lacton $C_7H_{10}O_2$, Formel IV (E I 140).

B. Beim Erhitzen von (±)-3-Hydroxy-3,5,5-trimethyl-dihydro-furan-2-on mit wss. Bromwasserstoffsäure (*Sandris et al.*, Bl. **1954** **1079**).

Krystalle (aus Bzn.); F: 55—56°. UV-Absorptionsmaximum: 267 nm.

5,5-Dimethyl-3-methylen-dihydro-furan-2-on, 2-[β-Hydroxy-isobutyl]-acrylsäure-lacton $C_7H_{10}O_2$, Formel V.

B. Beim Erwärmen einer Lösung von 2-Methyl-pent-4-in-2-ol in Äthanol, Wasser und

Essigsäure mit Tetracarbonylnickel in Äthanol und Erhitzen des Reaktionsprodukts (*Jones et al.*, Soc. **1950** 230, 235).

Kp_1: 45°. n_D^{17}: 1,4561.

(±)-3,4,5-Trimethyl-3*H*-furan-2-on, (±)-4-Hydroxy-2,3-dimethyl-pent-3*t*-ensäure-lacton $C_7H_{10}O_2$, Formel VI (E I 140).

B. Beim Erhitzen von opt.-inakt. 2,3-Dimethyl-4-oxo-valeriansäure auf 250° (*Adams et al.*, Am. Soc. **61** [1939] 2819; vgl. E I 140). Bildung beim Erhitzen von Monocrotalinsäure ((2*R*)-3*t*-Hydroxy-2,3*c*,4*c*-trimethyl-5-oxo-tetrahydro-furan-2*r*-carbonsäure) auf 200°: *Adams et al.*, Am. Soc. **61** [1939] 2822, **64** [1942] 3067.

Kp_{20}: 121° (*Ad. et al.*, Am. Soc. **61** 2821); Kp_1: 82—83° (*Ad. et al.*, Am. Soc. **61** 2823). D_4^{29}: 1,024 (*Ad. et al.*, Am. Soc. **61** 2821). n_D^{19}: 1,4665; n_D^{29}: 1,4640 (*Ad. et al.*, Am. Soc. **61** 2821).

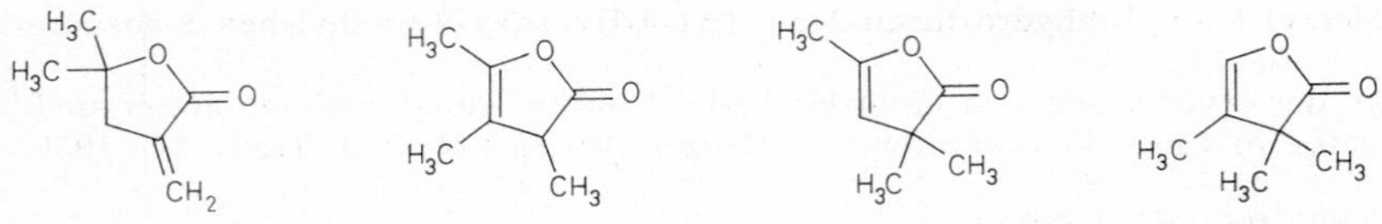

V VI VII VIII

3,3,5-Trimethyl-3*H*-furan-2-on, 4-Hydroxy-2,2-dimethyl-pent-3*t*-ensäure-lacton $C_7H_{10}O_2$, Formel VII (H 256; E II 298).

Beim Behandeln mit Natriummethylat in Methanol und Erhitzen des Reaktionsprodukts auf 150° sind 4-[3,3-Dimethyl-2,5-dioxo-cyclopentyl]-4-hydroxy-2,2-dimethyl-valeriansäure-lacton (F: 154—155°; Hauptprodukt) und 4-Hydroxy-2,2-dimethyl-valeriansäure-lacton erhalten worden (*Eskola et al.*, Suomen Kem. **30** B [1957] 52, 55).

3,3,4-Trimethyl-3*H*-furan-2-on, 4*c*-Hydroxy-2,2,3-trimethyl-but-3-ensäure-lacton $C_7H_{10}O_2$, Formel VIII (H 256).

Bei der Hydrierung an Platin sind 4-Hydroxy-2,2,3-trimethyl-buttersäure-lacton (Hauptprodukt) und 2,2,3-Trimethyl-buttersäure erhalten worden (*Jacobs, Scott*, J. biol. Chem. **93** [1931] 139, 147).

(±)-3-Methyl-1-oxiranyl-but-2-en-1-on, (±)-1,2-Epoxy-5-methyl-hex-4-en-3-on $C_7H_{10}O_2$, Formel IX.

B. Beim Behandeln einer Lösung von 5-Methyl-hexa-1,4-dien-3-on in Aceton mit wss. Wasserstoffperoxid und wss. Natronlauge (*Nasarow, Achrem*, Ž. obšč. Chim. **22** [1952] 442, 444; engl. Ausg. S. 509, 510).

Kp_1: 48,5—49°. D_4^{20}: 1,0247. n_D^{20}: 1,4830.

Beim Behandeln mit wss. Schwefelsäure sind 3-Hydroxy-6,6-dimethyl-tetrahydro-pyran-4-on, 1,2-Dihydroxy-5-methyl-hex-4-en-3-on und eine Verbindung $C_7H_{12}O_3$ (?) (Kp_1: 57—58°; n_D^{21}: 1,4624) erhalten worden (*Na., Ach.*, l. c. S. 446).

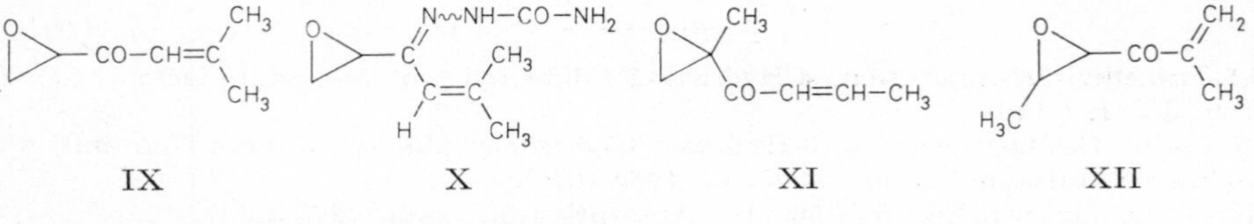

IX X XI XII

(±)-1,2-Epoxy-5-methyl-hex-4-en-3-on-semicarbazon $C_8H_{13}N_3O_2$, Formel X.

B. Aus (±)-1,2-Epoxy-5-methyl-hex-4-en-3-on und Semicarbazid (*Nasarow, Achrem*, Ž. obšč. Chim. **22** [1952] 442, 444; engl. Ausg. S. 509, 510).

F: 132—133° [Zers.].

(±)-2-ξ-Crotonoyl-2-methyl-oxiran, (±)-1,2-Epoxy-2-methyl-hex-4ξ-en-3-on $C_7H_{10}O_2$, Formel XI.

B. Beim Behandeln einer Lösung von 2-Methyl-hexa-1,4*t*(?)-dien-3-on (Kp_{26}: 60–61°; n_D^{18}: 1,4700) in Äther mit Peroxyessigsäure in Essigsäure (*Nasarow et al*, Ž. obšč. Chim. **25** [1955] 725, 732; engl. Ausg. S. 691, 699).

Kp_2: 49°. D_4^{20}: 0,9929. n_D^{20}: 1,4525.

***Opt.-inakt. 2-Methacryloyl-3-methyl-oxiran, 4,5-Epoxy-2-methyl-hex-1-en-3-on** $C_7H_{10}O_2$, Formel XII.

B. Beim Behandeln einer Lösung von 2-Methyl-hexa-1,4*t*(?)-dien-3-on (Kp_{26}: 60–61°; n_D^{18}: 1,4700) in Aceton mit wss. Wasserstoffperoxid und wss. Natronlauge (*Nasarow et al.*, Ž. obšč. Chim. **25** [1955] 725, 733; engl. Ausg. S. 691, 697).

Kp_3: 43°. D_4^{20}: 0,9615. n_D^{20}: 1,4482.

(±)-2,3-Epoxy-2-methyl-cyclohexanon $C_7H_{10}O_2$, Formel I.

B. Beim Behandeln einer Lösung von 2-Methyl-cyclohex-2-enon in Methanol mit wss. Wasserstoffperoxid und wss. Natronlauge (*Nasarow, Achrem*, Izv. Akad. S.S.S.R. Otd. chim. **1956** 1383, 1388; engl. Ausg. S. 1415, 1419; *House, Wasson*, Am. Soc. **79** [1957] 1488, 1490).

Kp_{50}: 80–84° (*Ho.*, *Wa.*); Kp_{16}: 80,5–81° (*Na.*, *Ach.*). D_4^{20}: 1,0753 (*Na.*, *Ach.*). n_D^{20}: 1,4629 (*Na.*, *Ach.*); n_D^{25}: 1,4680 (*Ho.*, *Wa.*). UV-Absorptionsmaximum (A.): 298 nm (*Ho.*, *Wa.*).

Beim Behandeln mit Borfluorid in Benzol ist 2-Acetyl-cyclopentanon erhalten worden (*Ho.*, *Wa.*, l. c. S. 1491).

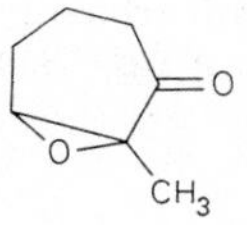

I 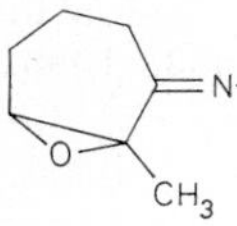 II 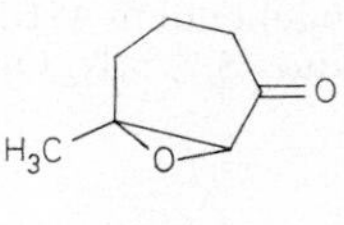 III 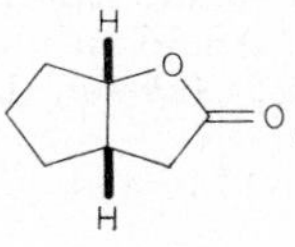 IV

(±)-2,3-Epoxy-2-methyl-cyclohexanon-semicarbazon $C_8H_{13}N_3O_2$, Formel II.

B. Aus (±)-2,3-Epoxy-2-methyl-cyclohexanon und Semicarbazid (*Nasarow, Achrem*, Izv. Akad. S.S.S.R. Otd. chim. **1956** 1383, 1388; engl. Ausg. S. 1415, 1419).

Krystalle; F: 120–124° [Zers.].

(±)-2,3-Epoxy-3-methyl-cyclohexanon $C_7H_{10}O_2$, Formel III.

B. Beim Behandeln einer Lösung von 3-Methyl-cyclohex-2-enon in Methanol mit wss. Wasserstoffperoxid und wss. Natronlauge (*Treibs*, B. **66** [1933] 1483, 1487).

Kp: 201–202°. D^{20}: 1,07. n_D: 1,4621.

Beim Erwärmen mit methanol. Kalilauge ist 2-Methoxy-3-methyl-cyclohex-2-enon erhalten worden.

(±)-*cis*-Hexahydro-cyclopenta[*b*]furan-2-on, (±)-[*cis*-2-Hydroxy-cyclopentyl]-essigsäure-lacton $C_7H_{10}O_2$, Formel IV + Spiegelbild (E II 298).

B. Neben kleineren Mengen [*trans*-2-Hydroxy-cyclopentyl]-essigsäure bei der Hydrierung von (±)-[2-Oxo-cyclopentyl]-essigsäure-äthylester an Raney-Nickel bei 140°/140 at und Behandlung des Reaktionsprodukts mit wss. Kalilauge (*Birch et al.*, J. org. Chem. **23** [1958] 783, 785; s. a. *Hückel, Gelmroth*, A. **514** [1934] 233, 242; *Linstead, Meade*, Soc. **1934** 935, 942). Beim Erwärmen von Cyclopent-1-enyl-essigsäure mit wss. Schwefelsäure (*Noland et al.*, Am. Soc. **81** [1959] 1209, 1216; s. a. *Li.*, *Me.*).

Krystalle; F: –13,5° bis –12° (*No. et al.*), –14,28° [aus Ae.] (*Bi. et al.*), –17,5° (*Hü.*, *Ge.*). Kp_{16}: 124–126° (*Bi. et al.*), 123° (*Hü.*, *Ge.*); $Kp_{0,4}$: 68–69° (*No. et al.*). D^{20}: 1,1200 (*Bi. et al.*); $D_4^{21,4}$: 1,1180 (*Hü.*, *Ge.*). n_D^{20}: 1,4755 (*Bi. et al.*); $n_{656,3}^{21,9}$: 1,47135; $n_{587,5}^{21,9}$: 1,47447; $n_{486,1}^{21,9}$: 1,47942 (*Hü.*, *Ge.*); n_D^{25}: 1,4727 (*No. et al.*).

Bildung von [*trans*-2-Brom-cyclopentyl]-essigsäure-äthylester beim Behandeln mit Äthanol unter Einleiten von Bromwasserstoff: *Weinstock*, Am. Soc. **78** [1956] **4967**, **4969**; s. a. *Li.*, *Me*. Beim Erhitzen mit Methylamin auf 260° sind 1-Methyl-(3a*r*,6a*c*)-hexahydro-cyclopenta[*b*]pyrrol-2-on und eine Verbindung $C_{15}H_{23}NO_3$(?) ($Kp_{0,6}$: 135° bis 137°), beim Erhitzen mit Anilin auf 150° sind Cyclopent-1-enyl-essigsäure-anilid und 1-Phenyl-(3a*r*,6a*c*)-hexahydro-cyclopenta[*b*]pyrrol-2-on, beim Erhitzen mit Anilin auf 220° ist eine Verbindung $C_{13}H_{13}NO$ (?) (Krystalle [aus Me.]; F: 165°) erhalten worden (*Bertho*, *Rödl*, B. **92** [1959] 2218, 2222, 2231).

***Opt.-inakt. 2,3-Epoxy-3,5-dimethyl-cyclopentanon** $C_7H_{10}O_2$, Formel V.

B. Beim Behandeln einer Lösung von (±)-3,5-Dimethyl-cyclopent-2-enon in Methanol mit wss. Wasserstoffperoxid und wss. Natronlauge (*Nasarow*, *Achrem*, Izv. Akad. S.S.S.R. Otd. chim. **1956** 1383, 1386; engl. Ausg. S. 1415, 1418).

Kp_8: 59,5–60°; D_4^{20}: 0,9951; n_D^{20}: 1,4568 [unreines Präparat].

Semicarbazon s. u.

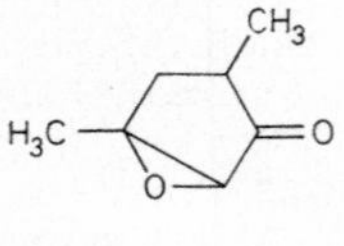

V 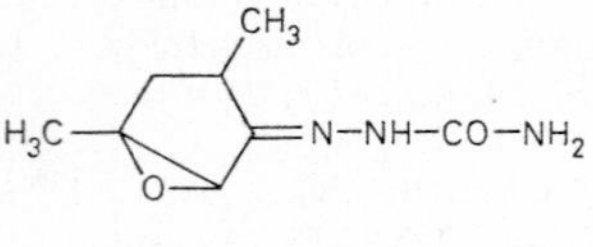 VI 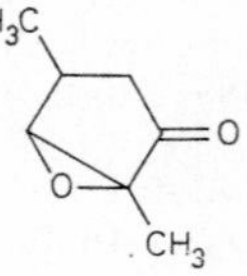 VII 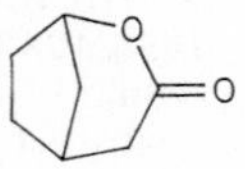 VIII

***Opt.-inakt. 2,3-Epoxy-3,5-dimethyl-cyclopentanon-semicarbazon** $C_8H_{13}N_3O_2$, Formel VI.

B. Aus dem im vorangehenden Artikel beschriebenen Keton und Semicarbazid (*Nasarow*, *Achrem*, Izv. Akad. S.S.S.R. Otd. chim. **1956** 1383, 1386; engl. Ausg. S. 1415, 1418).

F: 173–174° [Zers.].

***Opt.-inakt. 2,3-Epoxy-2,4-dimethyl-cyclopentanon** $C_7H_{10}O_2$, Formel VII.

B. Beim Behandeln einer Lösung von (±)-2,4-Dimethyl-cyclopent-2-enon in Methanol mit wss. Wasserstoffperoxid und wss. Natronlauge (*Nasarow*, *Achrem*, Izv. Akad. S.S.S.R. Otd. chim. **1956** 1383, 1385; engl. Ausg. S. 1415, 1417).

Kp_5: 51°. D_4^{20}: 1,0211. n_D^{20}: 1,4445.

Bei 10-tägigem Behandeln mit wss. Salzsäure ist eine als 3,4-Dimethyl-cyclopentan-1,2-dion oder als 2,4-Dimethyl-cyclopentan-1,3-dion angesehene Verbindung $C_7H_{10}O_2$ (F: 84–87°) erhalten worden.

(±)-2-Oxa-bicyclo[3.2.1]octan-3-on, (±)-[*cis*-3-Hydroxy-cyclopentyl]-essigsäure-lacton $C_7H_{10}O_2$, Formel VIII.

B. Beim Behandeln einer Lösung von (±)-Norbornan-2-on und Bis-trifluoracetyl-peroxid in Dichlormethan mit wasserhaltigem Wasserstoffperoxid (*Rassat*, *Ourisson*, Bl. **1959** 1133, 1135).

F: 64°.

(±)-3-Oxa-bicyclo[3.2.1]octan-2-on, (±)-*cis*-3-Hydroxymethyl-cyclopentancarbonsäure-lacton $C_7H_{10}O_2$, Formel IX.

B. In kleiner Menge neben [*cis*-3-Hydroxy-cyclopentyl]-essigsäure-lacton beim Behandeln einer Lösung von (±)-Norbornan-2-on und Bis-trifluoracetyl-peroxid in Dichlormethan mit wasserhaltigem Wasserstoffperoxid und Dinatriumhydrogenphosphat (*Rassat*, *Ourisson*, Bl. **1959** 1133, 1135).

F: 88–91° [geschlossene Kapillare; durch Sublimation gereinigtes Präparat] (*Meinwald*, *Frauenglass*, Am. Soc. **82** [1960] 5235, 5239).

(±)-6-Oxa-bicyclo[3.2.1]octan-7-on, (±)-*cis*-3-Hydroxy-cyclohexancarbonsäure-lacton $C_7H_{10}O_2$, Formel X (H 256; E II 298).

B. Beim Erwärmen von 3-Hydroxy-benzoesäure mit Äthanol und Natrium und Erhitzen des Reaktionsprodukts auf 170° (*Boorman, Linstead,* Soc. **1935** 258, 262).

Krystalle (aus PAe.); F: 119° (*Bo., Li.*).

Bei mehrtägigem Erhitzen mit Wasser ist ein 87–90% bzw. 83% *cis*-3-Hydroxy-cyclohexancarbonsäure enthaltendes Gleichgewichtsgemisch erhalten worden (*Bo., Li.*; *Grewe et al.,* B. **89** [1956] 1978, 1980). Geschwindigkeitskonstante der Hydrolyse in wss. Natronlauge (pH 10–11): *Hall et al.,* Am. Soc. **80** [1958] 6420, 6422. Geschwindigkeit der Hydrolyse in Wasser bei 100°: *Gr. et al.*; s. a. *Bo., Li.* Bildung von *trans*-3-Brom-cyclohexancarbonsäure beim Einleiten von Bromwasserstoff in ein Gemisch von (±)-*cis*-3-Hydroxy-cyclohexancarbonsäure-lacton und Wasser: *Siegel, Morse,* Am. Soc. **75** [1953] 3857; *Noyce, Weingarten,* Am. Soc. **79** [1957] 3093, 3096; s. a. *Bo., Li.,* l. c. S. 263.

IX X XI XII

4-Brom-6-oxa-bicyclo[3.2.1]octan-7-on, 4-Brom-3-hydroxy-cyclohexancarbonsäure-lacton $C_7H_9BrO_2$.

a) **(±)-4*endo*-Brom-6-oxa-bicyclo[3.2.1]octan-7-on, (±)-4*c*-Brom-3*c*-hydroxy-cyclohexan-*r*-carbonsäure-lacton** $C_7H_9BrO_2$, Formel XI (X = Br) + Spiegelbild.

B. Beim Erhitzen von (±)-4*c*-Brom-3*c*-hydroxy-cyclohexan-*r*-carbonsäure auf 180° (*Grewe et al.,* B. **89** [1956] 1978, 1981, 1987).

Krystalle (aus A.); F: 101°.

b) **(±)-4*exo*-Brom-6-oxa-bicyclo[3.2.1]octan-7-on, (±)-4*t*-Brom-3*c*-hydroxy-cyclohexan-*r*-carbonsäure-lacton** $C_7H_9BrO_2$, Formel XII (X = Br) + Spiegelbild.

B. Beim Eintragen von (±)-Cyclohex-3-encarbonsäure in wss. Natriumcarbonat-Lösung und Behandeln des Reaktionsgemisches mit Brom (*Grewe et al.,* B. **89** [1956] 1978, 1982, 1987).

Krystalle (aus PAe.); F: 106°.

Beim Erhitzen mit wss. Natronlauge ist 3*t*,4*c*-Dihydroxy-cyclohexan-*r*-carbonsäure erhalten worden.

4-Jod-6-oxa-bicyclo[3.2.1]octan-7-on, 3-Hydroxy-4-jod-cyclohexancarbonsäure-lacton $C_7H_9IO_2$.

a) **(±)-4*endo*-Jod-6-oxa-bicyclo[3.2.1]octan-7-on, (±)-3*c*-Hydroxy-4*c*-jod-cyclohexan-*r*-carbonsäure-lacton** $C_7H_9IO_2$, Formel XI (X = I) + Spiegelbild.

B. Beim Behandeln einer Lösung von (±)-3*c*-Hydroxy-4*t*-jod-cyclohexan-*r*-carbonsäure-lacton in Benzol mit Raney-Nickel (*Grewe et al.,* B. **89** [1956] 1978, 1983, 1988).

Krystalle (aus Bzl. + PAe.); F: 109° [Zers.].

b) **(±)-4*exo*-Jod-6-oxa-bicyclo[3.2.1]octan-7-on, (±)-3*c*-Hydroxy-4*t*-jod-cyclohexan-*r*-carbonsäure-lacton** $C_7H_9IO_2$, Formel XII (X = I) + Spiegelbild.

B. Beim Behandeln von (±)-Cyclohex-3-encarbonsäure mit wss. Natriumhydrogencarbonat-Lösung und mit einer wss. Lösung von Jod und Kaliumjodid unter Lichtausschluss (*Grewe et al.,* B. **89** [1956] 1978, 1983, 1988).

Krystalle (aus A. + PAe.); F: 134° [Zers.].

Beim Erhitzen mit wss. Natronlauge ist 3*t*,4*c*-Dihydroxy-cyclohexan-*r*-carbonsäure erhalten worden.

8-Thia-bicyclo[3.2.1]octan-3-on $C_7H_{10}OS$, Formel XIII.

B. Beim Erwärmen von (±)-8,8-Dimethyl-3-oxo-nortropanium-jodid (H **21** 259) mit wss. Natriumsulfid-Lösung (*Horák et al.,* Acta chim. hung. **21** [1959] 97, 100).

Krystalle (nach Sublimation); F: 155–156° [Kofler-App.; geschlossene Kapillare]. Bei 100°/20 Torr sublimierbar.

Semicarbazon s. S. 4320.

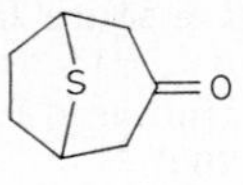

XIII 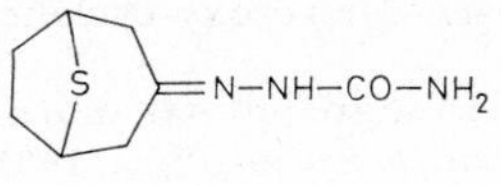 XIV 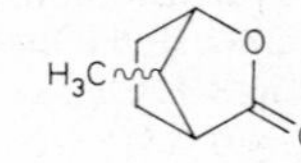 XV 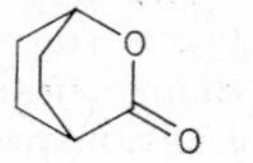 XVI

8-Thia-bicyclo[3.2.1]octan-3-on-semicarbazon $C_8H_{13}N_3OS$, Formel XIV.

B. Aus 8-Thia-bicyclo[3.2.1]octan-3-on und Semicarbazid (*Horák et al.*, Acta chim. hung. **21** [1959] 97, 100).

Krystalle (aus Me.); F: 210—213° [Kofler-App.].

***Opt.-inakt. 7-Methyl-2-oxa-norbornan-3-on, 3*c*-Hydroxy-2ξ-methyl-cyclopentan-*r*-carbonsäure-lacton** $C_7H_{10}O_2$, Formel XV.

B. Neben grösseren Mengen *trans*-2-Methyl-3-oxo-cyclopentancarbonsäure bei der Hydrierung von 2-Methyl-3-oxo-cyclopent-1-encarbonsäure an Palladium/Kohle in Äthanol (*Arendaruk et al.*, Ž. obšč. Chim. **27** [1957] 1312, 1317; engl. Ausg. S. 1398, 1402).

Krystalle; F: 125—127°.

2-Oxa-bicyclo[2.2.2]octan-3-on, *cis*-4-Hydroxy-cyclohexancarbonsäure-lacton $C_7H_{10}O_2$, Formel XVI.

B. Beim Erhitzen von *cis*-4-Hydroxy-cyclohexancarbonsäure (*Hardegger et al.*, Helv. **27** [1944] 793, 797) oder von Gemischen von *cis*-4-Hydroxy-cyclohexancarbonsäure und *trans*-4-Hydroxy-cyclohexancarbonsäure (*Campbell, Hunt*, Soc. **1950** 1379, 1382; *Kilpatrick, Morse*, Am. Soc. **75** [1953] 1846, 1848; *Batzer, Fritz*, Makromol. Ch. **14** [1954] 179, 209; *Noyce, Weingarten*, Am. Soc. **79** [1957] 3098, 3101) mit Acetanhydrid. Bei der Hydrierung von 4-Hydroxy-benzoesäure an Ruthenium und Destillation des Reaktionsprodukts bei 190°/15 Torr (*Hall*, Am. Soc. **80** [1958] 6412, 6419).

Krystalle; F: 128° [korr.; aus Ae.] (*Har. et al.*), 126—127° [nach Sublimation] (*Hall*), 126—126,5° [aus PAe. + Toluol] (*Ba., Fr.*). Im Hochvakuum sublimierbar (*Har. et al.*).

Geschwindigkeitskonstante der Hydrolyse in wss. Natronlauge (pH 10—11): *Hall et al.*, Am. Soc. **80** [1958] 6421, 6422. Geschwindigkeit der Hydrolyse in Wasser bei 100° (Bildung von *cis*-4-Hydroxy-cyclohexancarbonsäure): *Grewe et al.*, B. **89** [1956] 1978, 1980.

Oxo-Verbindungen $C_8H_{12}O_2$

5-Äthyl-6-methyl-3,4-dihydro-pyran-2-on, 4-Äthyl-5-hydroxy-hex-4*t*-ensäure-lacton $C_8H_{12}O_2$, Formel I.

B. Beim Erhitzen von (±)-4-Äthyl-5-oxo-hexansäure mit Acetylchlorid oder mit Acetanhydrid (*Schuscherina et al.*, Ž. obšč. Chim. **29** [1959] 398, 400, 401; engl. Ausg. S. 401, 402, 403).

Kp_8: 94—96°. D_4^{20}: 1,0347. n_D^{20}: 1,4667.

(±)-3-[(Ξ)-Äthyliden]-6-methyl-tetrahydro-pyran-2-on, (±)-2-[3-Hydroxy-butyl]-ξ-crotonsäure-lacton $C_8H_{12}O_2$, Formel II.

B. Neben grösseren Mengen 6-Brom-hept-2-en (E III **1** 826) beim Erwärmen von (±)-2*r*,6*c*-Dimethyl-tetrahydro-pyran-3ξ-carbonsäure (F: 92°; bezüglich der Konfiguration vgl. *Cameron, Schütz*, Soc. [C] **1968** 1801) mit Bromwasserstoff in Essigsäure (*Delépine*, R. **57** [1938] 520, 524; A. ch. [12] **10** [1955] 5, 14).

Kp_{23}: 141—143°.

(±)-2-Acetyl-6-methyl-3,4-dihydro-2*H*-pyran, (±)-1-[6-Methyl-3,4-dihydro-2*H*-pyran-2-yl]-äthanon $C_8H_{12}O_2$, Formel III (E II 298).

B. Als Hauptprodukt beim Erhitzen von But-3-en-2-on in Gegenwart von Hydrochinon auf 145° (*Alder et al.*, B. **74** [1941] 905, 911). Neben But-3-en-2-on (Hauptprodukt) beim Leiten von Butenin im Gemisch mit Wasserdampf über einen Cadmiumphosphat-Calciumphosphat-Katalysator bei 350—400° (*Gorin, Bogdanowa*, Ž. obšč. Chim. **28** [1958]

657, 660; engl. Ausg. S. 640, 642).

Kp_{13}: 68° (*Al. et al.*), 65—72° (*Go.*, *Bo.*).

Semicarbazon s. u.

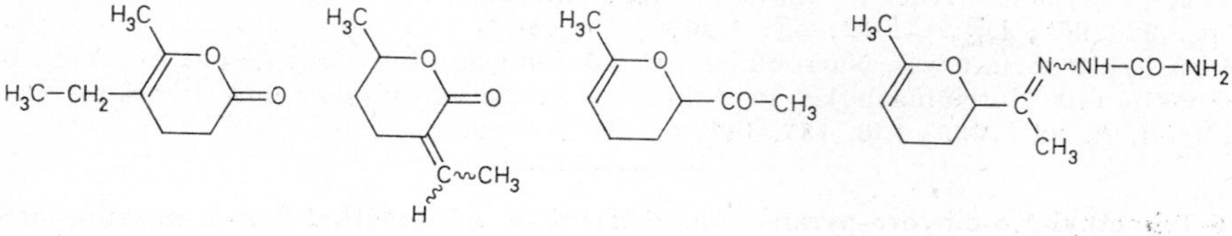

I II III IV

(±)-1-[6-Methyl-3,4-dihydro-2*H*-pyran-2-yl]-äthanon-semicarbazon $C_9H_{15}N_3O_2$, Formel IV.

B. Aus (±)-1-[6-Methyl-3,4-dihydro-2*H*-pyran-2-yl]-äthanon und Semicarbazid (*Alder et al.*, B. **74** [1941] 905, 911; *Gorin, Bogdanowa*, Ž. obšč. Chim. **28** [1958] 657, 660; engl. Ausg. S. 640, 642).

Krystalle; F: 176° [aus A.] (*Al. et al.*), 174—176° (*Go.*, *Bo.*).

5-Acetyl-4-methyl-3,6-dihydro-2*H*-pyran, 1-[4-Methyl-5,6-dihydro-2*H*-pyran-3-yl]-äthanon $C_8H_{12}O_2$, Formel V.

Diese Konstitution wird dem nachstehend beschriebenen Keton zugeordnet (*Treibs*, Ang. Ch. **60** [1948] 289, 291).

B. Neben But-3-en-2-on beim Erhitzen von opt.-inakt. 3-Acetyl-4-hydroxy-4-methyl-tetrahydro-pyran(?) ($Kp_{0,5}$: 67°; Semicarbazon, F: 202°) mit wss. Schwefelsäure (*Tr.*).

Bei 52—62°/1 Torr destillierbar.

Phenylhydrazon $C_{14}H_{18}N_2O$. F: 98—100°.

Semicarbazon $C_9H_{15}N_3O_2$. F: 210—215° [Zers.].

5-Acetyl-4-methyl-3,6-dihydro-2*H*-thiopyran, 1-[4-Methyl-5,6-dihydro-2*H*-thiopyran-3-yl]-äthanon $C_8H_{12}OS$, Formel VI.

B. Beim Erhitzen von Bis-[3-oxo-butyl]-sulfid mit wss. Salzsäure auf 140° (*Murata, Arai*, J. chem. Soc. Japan Ind. Chem. Sect. **59** [1956] 129; C. A. **1957** 1039).

Kp_5: 107—110°. D_4^{20}: 1,1140. n_D^{20}: 1,5301.

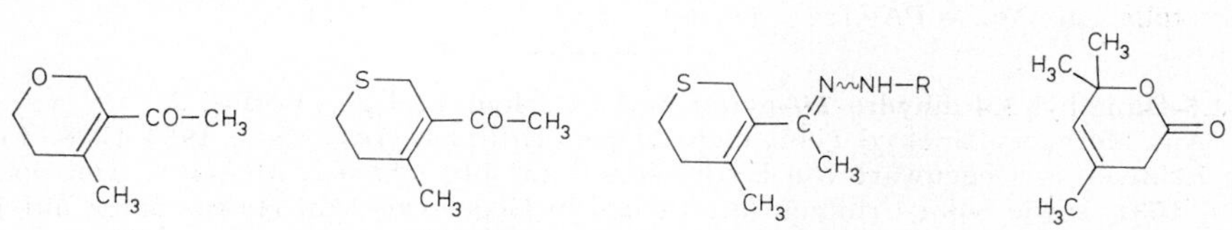

V VI VII VIII

1-[4-Methyl-5,6-dihydro-2*H*-thiopyran-3-yl]-äthanon-[2,4-dinitro-phenylhydrazon] $C_{14}H_{16}N_4O_4S$, Formel VII ($R = C_6H_3(NO_2)_2$).

B. Aus 1-[4-Methyl-5,6-dihydro-2*H*-thiopyran-3-yl]-äthanon und [2,4-Dinitro-phenyl]-hydrazin (*Murata, Arai*, J. chem. Soc. Japan Ind. Chem. Sect. **59** [1956] 129; C. A. **1957** 1039).

Krystalle (aus A.); F: 158—159,5°.

1-[4-Methyl-5,6-dihydro-2*H*-thiopyran-3-yl]-äthanon-semicarbazon $C_9H_{15}N_3OS$, Formel VII ($R = CO\text{-}NH_2$).

B. Aus 1-[4-Methyl-5,6-dihydro-2*H*-thiopyran-3-yl]-äthanon und Semicarbazid (*Murata, Arai*, J. chem. Soc. Japan Ind. Chem. Sect. **59** [1956] 129; C. A. **1957** 1039). Aus Bis-[3-oxo-butyl]-sulfid mit Hilfe von Semicarbazid (*McGinnis, Robinson*, Soc. **1941** 404, 405, 406).

Krystalle (aus A.); F: 227—228° (*McG.*, *Ro.*), 212—214° (*Mu.*, *Arai*).

4,6,6-Trimethyl-3,6-dihydro-pyran-2-on, 5-Hydroxy-3,5-dimethyl-hex-3*c*-ensäure-lacton $C_8H_{12}O_2$, Formel VIII.

B. Beim Behandeln von Mesityloxid (4-Methyl-pent-3-en-2-on) mit Keten in Gegenwart des Borfluorid-Äther-Addukts (*Young*, Am. Soc. **71** [1949] 1346).

Kp_2: 92—93°; $D_{15,6}^{20}$: 1,012; n_D^{30}: 1,4600 (*Yo.*).

Beim Erhitzen mit wss. Natronlauge ist 3,5-Dimethyl-hexa-2*t*,4-diensäure (*Yo.*), beim Behandeln mit Natriumäthylat in Äther ist 3,5-Dimethyl-hexa-2*c*,4-diensäure (*Korte, Machleidt*, B. **88** [1955] 136, 137, 141) erhalten worden.

4,6,6-Trimethyl-5,6-dihydro-pyran-2-on, 5-Hydroxy-3,5-dimethyl-hex-2*c*-ensäure-lacton $C_8H_{12}O_2$, Formel IX (X = H).

Diese Verbindung hat wahrscheinlich auch in dem früher (s. H 257) als 5-Isopropyl-4-methyl-5*H*-furan-2-on („5-Oxo-3-methyl-2-isopropyl-furan-dihydrid-(2.5)") beschriebenen Präparat (Kp_{14}: 111—113°) vorgelegen (*Korte, Scharf*, B. **95** [1962] 443, 445).

B. Beim Erwärmen von 4-Acetoxy-4-methyl-pentan-2-on mit Bromessigsäure-äthylester und Zink in Äther (*Stewart, Woolley*, Am. Soc. **81** [1959] 4951, 4952). Bei mehrtägigem Behandeln von 3,5-Dimethyl-hexa-2*c*,4-diensäure mit konz. Schwefelsäure (*Korte, Machleidt*, B. **88** [1955] 136, 138, 141). Beim Erhitzen von (±)-3-Hydroxy-3,5-dimethyl-hex-4-ensäure-*tert*-butylester mit wss. Salzsäure in Dioxan (*Maroni-Barnaud*, C. r. **248** [1959] 2605).

Kp_{11}: 121° (*Ko., Ma.*); Kp_1: 84—85° (*Ma.-B.*); $Kp_{0,1}$: 50° (*St., Wo.*). D_4^{25}: 1,014 (*Ma.-B.*). n_D^{25}: 1,4720 (*Ma.-B.*). UV-Absorptionsmaximum (A.): 220 nm (*Ma.-B.*).

(±)-6-Chlormethyl-4,6-dimethyl-5,6-dihydro-pyran-2-on, (±)-6-Chlor-5-hydroxy-3,5-dimethyl-hex-2*c*-ensäure-lacton $C_8H_{11}ClO_2$, Formel IX (X = Cl).

B. Beim Behandeln von 4-Brom-3-methyl-crotonsäure-äthylester (Kp_{10}: 103°; $n_D^{20,3}$: 1,4960) mit Chloraceton und Zink in Benzol (*Szabó, Alkonyi*, Magyar chem. Folyoirat **60** [1954] 212; C. A. **1958** 8044).

Krystalle (aus Ae. + PAe.); F: 65,8—66,5°.

(±)-6-Brommethyl-4,6-dimethyl-5,6-dihydro-pyran-2-on, (±)-6-Brom-5-hydroxy-3,5-dimethyl-hex-2*c*-ensäure-lacton $C_8H_{11}BrO_2$, Formel IX (X = Br).

B. Beim Behandeln von 4-Brom-3-methyl-crotonsäure-äthylester (Kp_{10}: 103°; $n_D^{20,3}$: 1,4960) mit Bromaceton und Zink in Benzol (*Szabó, Alkonyi*, Magyar chem. Folyoirat **60** [1954] 212; C. A. **1958** 8044).

Krystalle (aus Ae. + PAe.); F: 59—60°.

(±)-2,5-Dimethyl-3,4-dihydro-2*H*-pyran-2-carbaldehyd $C_8H_{12}O_2$, Formel X.

B. Aus Methacrylaldehyd beim mehrtägigen Erhitzen (*Hall*, Soc. **1953** 1398, 1400), beim Erhitzen in Gegenwart von Hydrochinon auf 140° (*Stoner, McNulty*, Am. Soc. **72** [1950] 1531) sowie beim Erhitzen mit Benzol in Gegenwart von Hydrochinon auf 170° (*Shell Devel. Co.*, U.S.P. 2479283 [1946], 2610193 [1949]).

Kp_{750}: 166° (*St., McN.*); Kp_{100}: 104° (*St., McN.*); Kp_{20}: 63° (*St., McN.*); Kp_{13}: 58° (*Hall*). D_4^{20}: 0,992 (*St., McN.*). n_D^{20}: 1,4540 (*St., McN.*), 1,4533 (*Hall*). Azeotrop mit Wasser: *L. H. Horsley*, Azeotropic Data II (= Advances in Chemistry Series Nr. 35) [Washington 1962] S. 15.

Beim Erwärmen mit wss. Schwefelsäure und Dioxan und Versetzen der Reaktionslösung mit wss. Natronlauge bis pH 7 sind 2-Hydroxy-2,5-dimethyl-adipinaldehyd (Kp_2: 85°; n_D^{30}: 1,4641; Hauptprodukt) und 5-Hydroxy-2,5-dimethyl-tetrahydro-pyran-2-carbaldehyd (?) [Kp_2: 116°; n_D^{30}: 1,4758] (*Union Carbide & Carbon Corp.*, U.S.P. 2694077 [1952]; D.B.P. 945243 [1953]), beim Erwärmen mit wss. Schwefelsäure und Dioxan und Versetzen der Reaktionslösung mit Natriumhydrogencarbonat bis pH 6,5 ist 5,6-Dihydroxy-2,5-dimethyl-hexansäure-6-lacton (?) [6-Hydroxy-3,6-dimethyl-oxepan-2-on; F: 54°] (*Union Carbide Corp.*, U.S.P. 2823211 [1954]) erhalten worden. Bildung von 6-Hydroxy-2,5-dimethyl-tetrahydro-pyran-2-carbonsäure-lacton (Kp_{750}: 209°; n_D^{20}: 1,449) und [2,5-Dimethyl-3,4-dihydro-2*H*-pyran-2-yl]-methanol beim Behandeln mit wss. Natronlauge: *St., McN.* Reaktion mit Methanol in Gegenwart von Chlorwasserstoff unterhalb 4° bzw. bei 40° unter Bildung von 6-Methoxy-2,5-dimethyl-tetrahydro-pyran-

2-carbaldehyd-dimethylacetal (Kp_{10}: 101—102°; n_D^{20}: 1,4399), 7-Methoxy-1,4-dimethyl-6,8-dioxa-bicyclo[3.2.1]octan (Kp_{10}: 80—82°; n_D^{20}: 1,4500) und 6-Methoxy-2,5-dimethyl-tetrahydro-pyran-2-carbaldehyd (?) (Semicarbazon: F: 211°) bzw. von 7-Methoxy-1,4-dimethyl-6,8-dioxa-bicyclo[3.2.1]octan (Kp_{12}: 70°; n_D^{20}: 1,4414): *Hall*, l. c.S. 1399, 1401.

Semicarbazon s. u.

(±)-2,5-Dimethyl-3,4-dihydro-2*H*-pyran-2-carbaldehyd-oxim $C_8H_{13}NO_2$, Formel XI (X = OH).

B. Aus (±)-2,5-Dimethyl-3,4-dihydro-2*H*-pyran-2-carbaldehyd und Hydroxylamin (*Stoner, McNulty*, Am. Soc. **72** [1950] 1531).

Kp_3: 92—95°. D_4^{20}: 1,055. n_D^{20}: 1,489.

IX X XI XII

(±)-[2,5-Dimethyl-3,4-dihydro-2*H*-pyran-2-ylmethylen]-methallyl-amin, (±)-2,5-Dimethyl-3,4-dihydro-2*H*-pyran-2-carbaldehyd-methallylimin $C_{12}H_{19}NO$, Formel XI ($X = CH_2\text{-}C(CH_3)\text{=}CH_2$).

B. Beim Erwärmen von (±)-2,5-Dimethyl-3,4-dihydro-2*H*-pyran-2-carbaldehyd mit Methallylamin in Benzol (*Shell Devel. Co.*, U.S.P. 2566815 [1947]).

$Kp_{1,5}$: 64—65,5°. n_D^{20}: 1,4740.

(±)-[2,5-Dimethyl-3,4-dihydro-2*H*-pyran-2-ylmethylen]-anilin, (±)-2,5-Dimethyl-3,4-dihydro-2*H*-pyran-2-carbaldehyd-phenylimin $C_{14}H_{17}NO$, Formel XI ($X = C_6H_5$).

B. Beim Erwärmen von (±)-2,5-Dimethyl-3,4-dihydro-2*H*-pyran-2-carbaldehyd mit Anilin in Benzol (*Shell Devel. Co.*, U.S.P. 2566815 [1947]).

Kp_1: 110—111°. n_D^{20}: 1,5438.

(±)-2,5-Dimethyl-3,4-dihydro-2*H*-pyran-2-carbaldehyd-semicarbazon $C_9H_{15}N_3O_2$, Formel XI ($X = NH\text{-}CO\text{-}NH_2$).

B. Aus (±)-2,5-Dimethyl-3,4-dihydro-2*H*-pyran-2-carbaldehyd und Semicarbazid (*Shell Devel. Co.*, U.S.P. 2479283 [1946], 2610193 [1949]; *Hall*, Soc. **1953** 1398, 1400).

Krystalle; F: 177° [aus W.] (*Shell Devel. Co.*, U.S.P. 2479283), 175—176° (*Hall*).

5,5-Dimethyl-6-methylen-tetrahydro-pyran-2-on, 5-Hydroxy-4,4-dimethyl-hex-5-ensäure-lacton $C_8H_{12}O_2$, Formel XII.

B. Beim Erwärmen von 4,4-Dimethyl-5-oxo-hexansäure mit Acetylchlorid (*Lewina et al.*, Doklady Akad. S.S.S.R. **106** [1956] 279, 282; Pr. Acad. Sci. U.S.S.R. Chem. Sect. **106–111** [1956] 51, 53; *Schuscherina et al.*, Vestnik Moskovsk. Univ. **12** [1957] Nr. 6, S. 173, 178; C. A. **1959** 2174).

Kp_{10}: 95—96°; D_4^{20}: 1,0380; n_D^{20}: 1,4730 (*Le. et al.*, Doklady Akad. S.S.S.R. **106** 282; *Sch. et al.*).

Beim Behandeln mit Brom in Äther bei —10° und Behandeln des gebildeten 6-Brom-6-brommethyl-5,5-dimethyl-tetrahydro-pyran-2-ons ($C_8H_{12}Br_2O_2$) mit Wasser ist 6-Brom-4,4-dimethyl-5-oxo-hexansäure erhalten worden (*Lewina et al.*, Doklady Akad. S.S.S.R. **113** [1957] 820, 822; Pr. Acad. Sci. U.S.S.R. Chem. Sect. **112–117** [1957] 321).

3,4-Dimethyl-3,4-dihydro-2*H*-pyran-2-carbaldehyd $C_8H_{12}O_2$, Formel I.

Die Identität einer von *Alder et al.* (B. **74** [1941] 926, 928; s. a. *Bayer*, Houben-Weyl **7** Tl. 1 [1954] 130) als 3,4-Dimethyl-3,4-dihydro-2*H*-pyran-2-carbaldehyd angesehenen, beim Erhitzen von *trans*-Crotonaldehyd in Gegenwart von Hydrochinon auf 145° erhaltenen opt.-inakt. Verbindung ist ungewiss (*Wendelin*, M. **102** [1971] 144).

2,6-Dimethyl-5,6-dihydro-2*H*-pyran-3-carbaldehyd $C_8H_{12}O_2$ (vgl. E I 140; E II 298; dort als „dimerer Crotonaldehyd" bezeichnet).

Über die Konfiguration der folgenden Stereoisomeren s. *Cameron, Schütz*, Soc. [C] **1968** 1801; vgl. aber *Späth et al.*, M. **76** [1947] 297, 299, 303; *Delépine*, A. ch. [12] **10** [1955] 5, 16.

a) **(±)-2*r*,6*c*-Dimethyl-5,6-dihydro-2*H*-pyran-3-carbaldehyd, (±)-*cis*-2,6-Dimethyl-5,6-dihydro-2*H*-pyran-3-carbaldehyd** $C_8H_{12}O_2$, Formel II + Spiegelbild.

B. Als Hauptprodukt neben dem unter b) beschriebenen Stereoisomeren beim Erhitzen von *trans*-Crotonaldehyd mit wss. Salzsäure (*Späth et al.*, M. **76** [1947] 297, 299, 304; *Jacques*, A. ch. [11] **20** [1945] 322, 363; *Bemhairer, Irrgang*, A. **525** [1936] 43, 53, 63; vgl. E I 140). Neben *trans*(?)-Crotonaldehyd (Hauptprodukt) und kleineren Mengen Propionaldehyd beim Leiten von (±)-But-3-en-1,2-diol über Aluminiumoxid/Bimsstein bei 310–320° (*Urion*, A. ch. [11] **1** [1934] 5, 20, 35). Beim Erhitzen von opt.-inakt. 4-Hydroxy-2,6-dimethyl-tetrahydro-pyran-3-carbaldehyd (Kp_{10}: 122—123°; Phenylhydrazon: F: 126,5–127°) mit wss. Salzsäure (*Späth et al.*, B. **76** [1943] 722, 728, 732).

Krystalle (aus PAe.); F: 23–24° (*Sp. et al.*, M. **76** 304). Kp_{10}: 77,5°; n_D^{20}: 1,4788; n_D^{25}: 1,4768 (*Sp. et al.*, M. **76** 304). UV-Spektrum (Heptan; 200–350 nm): *Blanc*, Helv. **41** [1958] 625, 628.

Beim Behandeln mit wss. Kaliumpermanganat-Lösung ist 3-[1-Carboxy-äthoxy]-buttersäure (F: 69–71°) erhalten worden (*Sp. et al.*, M. **76** 305). Hydrierung an Raney-Nickel in Methanol unter Bildung von [2*r*,6*c*-Dimethyl-tetrahydro-pyran-3ξ-yl]-methanol (Kp_{12}: 97°; n_D^{16}: 1,4638; 3,5-Dinitro-benzoyl-Derivat: F: 112°): *Badoche*, C. r. **223** [1946] 479.

Oxim und Phenylhydrazon s. S. 4325; 4-Brom-phenylhydrazon, 4-Nitro-phenylhydrazon und Semicarbazon s. S. 4326.

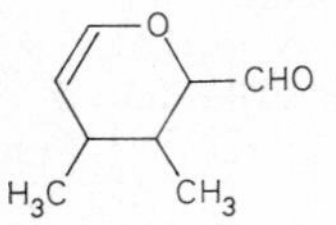

I 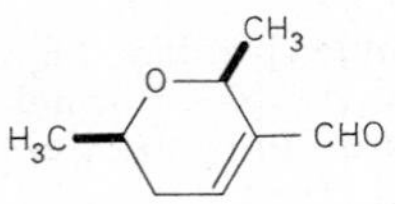 II 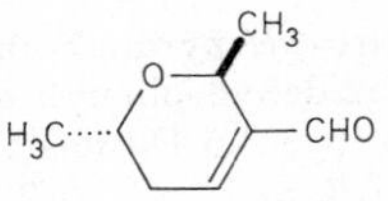 III 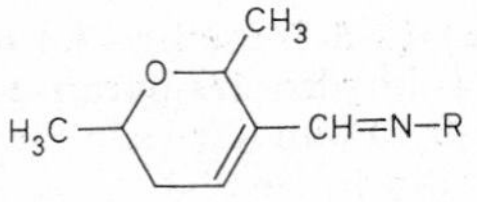 IV

b) **(±)-2*r*,6*t*-Dimethyl-5,6-dihydro-2*H*-pyran-3-carbaldehyd, (±)-*trans*-2,6-Dimethyl-5,6-dihydro-2*H*-pyran-3-carbaldehyd** $C_8H_{12}O_2$, Formel III + Spiegelbild.

Diese Verbindung hat auch in einem von *Losse* (B. **100** [1967] 1266, 1267; Z. anal. Chem. **232** [1967] 180, 183, 186) als 2,4-Dimethyl-3,4-dihydro-2*H*-pyran-3-carbaldehyd ($C_8H_{12}O_2$) angesehenen Präparat (Kp_{18}: 88–91°) vorgelegen (*Cameron, Schütz*, Soc. [C] **1968** 1801).

B. s. bei dem unter a) beschriebenen Stereoisomeren.

F: –21° bis –19° (*Späth et al.*, M. **76** [1947] 297, 301, 308). Kp_{10}: 79° (*Sp. et al.*, l. c. S. 308). n_D^{20}: 1,4810; n_D^{25}: 1,4787 (*Sp. et al.*, l. c. S. 308).

Beim Behandeln mit wss. Kaliumpermanganat-Lösung ist 3-[1-Carboxy-äthoxy]-buttersäure ($Kp_{0,01}$: 160°) erhalten worden (*Sp. et al.*, l. c. S. 309). Hydrierung an Raney-Nickel in Methanol unter Bildung von [2*r*,6*t*-Dimethyl-tetrahydro-pyran-3ξ-yl]-methanol (Kp_2: 84°; n_D^{20}: 1,4621; 3,5-Dinitro-benzoyl-Derivat: F: 124°): *Badoche*, C. r. **224** [1947] 282.

Oxim s. S. 4325; Phenylhydrazon, 4-Nitro-phenylhydrazon und Semicarbazon s. S. 4326.

***Opt.-inakt. Äthyl-[2,6-dimethyl-5,6-dihydro-2*H*-pyran-3-ylmethylen]-amin, 2,6-Dimethyl-5,6-dihydro-2*H*-pyran-3-carbaldehyd-äthylimin** $C_{10}H_{17}NO$, Formel IV ($R = C_2H_5$).

B. Beim Eintragen von opt.-inakt. 2,6-Dimethyl-5,6-dihydro-2*H*-pyran-3-carbaldehyd (Kp_{25}: 95–99°; Gemisch der Stereoisomeren) in eine Lösung von Äthylamin in Äther (*Jacques*, A. ch. [11] **20** [1945] 322, 327).

Kp_{17}: 94 –96°. D^0: 0,9437; D^{15}: 0,9277. n_D^{15}: 1,4905.

***Opt.-inakt. [2,6-Dimethyl-5,6-dihydro-2*H*-pyran-3-ylmethylen]-anilin, 2,6-Dimethyl-5,6-dihydro-2*H*-pyran-3-carbaldehyd-phenylimin** $C_{14}H_{17}NO$, Formel IV (R = C_6H_5).

B. Aus opt.-inakt. 2,6-Dimethyl-5,6-dihydro-2*H*-pyran-3-carbaldehyd (Kp_{25}: 95–99°; Gemisch der Stereoisomeren) und Anilin (*Jacques*, A. ch. [11] **20** [1945] 322, 328).

Kp_4: 146–148°. n_D^{14}: 1,5858.

***Opt.-inakt. *N*-[2,6-Dimethyl-5,6-dihydro-2*H*-pyran-3-ylmethylen]-*o*-toluidin, 2,6-Dimethyl-5,6-dihydro-2*H*-pyran-3-carbaldehyd-*o*-tolylimin** $C_{15}H_{19}NO$, Formel IV (R = C_6H_4-CH_3).

B. Aus opt.-inakt. 2,6-Dimethyl-5,6-dihydro-2*H*-pyran-3-carbaldehyd (Kp_{25}: 95–99°; Gemisch der Stereoisomeren) und *o*-Toluidin (*Jacques*, A. ch. [11] **20** [1945] 322, 329).

Kp_9: 159–162°.

***Opt.-inakt. *N*-[2,6-Dimethyl-5,6-dihydro-2*H*-pyran-3-ylmethylen]-*p*-phenetidin, 2,6-Dimethyl-5,6-dihydro-2*H*-pyran-3-carbaldehyd-[4-äthoxy-phenylimin]** $C_{16}H_{21}NO_2$, Formel IV (R = C_6H_4-OC_2H_5).

B. Aus opt.-inakt. 2,6-Dimethyl-5,6-dihydro-2*H*-pyran-3-carbaldehyd (Kp_{25}: 95–99°; Gemisch der Stereoisomeren) und *p*-Phenetidin (*Jacques*, A. ch. [11] **20** [1945] 322, 329).

Krystalle (aus A.); F: 98–98,5°.

***Opt.-inakt. 4-[2,6-Dimethyl-5,6-dihydro-2*H*-pyran-3-ylmethylenamino]-2-hydroxy-benzoesäure** $C_{15}H_{17}NO_4$, Formel V.

B. Beim Behandeln von opt.-inakt. 2,6-Dimethyl-5,6-dihydro-2*H*-pyran-3-carbaldehyd (Kp_{21}: 97°; vermutlich Gemisch der Stereoisomeren) mit 4-Amino-2-hydroxy-benzoesäure und wss. Natronlauge (*Schering A. G.*, D.B.P. 859154 [1949]).

Ockerfarbene Krystalle; F: 122°.

V VI

***Opt.-inakt. Bis-[2,6-dimethyl-5,6-dihydro-2*H*-pyran-3-ylmethylen]-*p*-phenylendiamin** $C_{22}H_{28}N_2O_2$, Formel VI.

B. Aus opt.-inakt. 2,6-Dimethyl-5,6-dihydro-2*H*-pyran-3-carbaldehyd (Kp_{25}: 95–99°; Gemisch der Stereoisomeren) und *p*-Phenylendiamin (*Jacques*, A. ch. [11] **20** [1945] 322, 329).

Krystalle (aus 2-Methoxy-äthanol); F: 195–196°.

2,6-Dimethyl-5,6-dihydro-2*H*-pyran-3-carbaldehyd-oxim $C_8H_{13}NO_2$ (vgl. E I 140).

a) **(±)-*cis*-2,6-Dimethyl-5,6-dihydro-2*H*-pyran-3-carbaldehyd-oxim** $C_8H_{13}NO_2$, Formel VII (X = OH) + Spiegelbild.

B. Aus (±)-*cis*-2,6-Dimethyl-5,6-dihydro-2*H*-pyran-3-carbaldehyd und Hydroxylamin (*Späth et al.*, B. **76** [1943] 722, 733).

Krystalle (aus wss. Me.); F: 106–107°.

b) **(±)-*trans*-2,6-Dimethyl-5,6-dihydro-2*H*-pyran-3-carbaldehyd-oxim** $C_8H_{13}NO_2$, Formel VIII (X = OH) + Spiegelbild.

B. Aus (±)-*trans*-2,6-Dimethyl-5,6-dihydro-2*H*-pyran-3-carbaldehyd und Hydroxylamin (*Späth et al.*, M. **76** [1947] 301, 308).

Krystalle (aus wss. Me.); F: 100°.

2,6-Dimethyl-5,6-dihydro-2*H*-pyran-3-carbaldehyd-phenylhydrazon $C_{14}H_{18}N_2O$.

a) **(±)-*cis*-2,6-Dimethyl-5,6-dihydro-2*H*-pyran-3-carbaldehyd-phenylhydrazon** $C_{14}H_{18}N_2O$, Formel VII (X = NH-C_6H_5) + Spiegelbild.

B. Aus (±)-*cis*-2,6-Dimethyl-5,6-dihydro-2*H*-pyran-3-carbaldehyd und Phenylhydrazin (*Späth et al.*, B. **76** [1943] 722, 732).

Krystalle (aus Ae. + PAe.); F: 105–106°.

b) **(±)-*trans*-2,6-Dimethyl-5,6-dihydro-2*H*-pyran-3-carbaldehyd-phenylhydrazon** $C_{14}H_{18}N_2O$, Formel VIII (X = NH-C_6H_5) + Spiegelbild.

B. Aus (±)-*trans*-2,6-Dimethyl-5,6-dihydro-2*H*-pyran-3-carbaldehyd und Phenylhydrazin (*Späth et al.*, M. **76** [1947] 301, 308).

Krystalle (aus PAe.); F: 113–114°.

VII VIII IX

(±)-*cis*-2,6-Dimethyl-5,6-dihydro-2*H*-pyran-3-carbaldehyd-[4-brom-phenylhydrazon] $C_{14}H_{17}BrN_2O$, Formel VII (X = NH-C_6H_4-Br) + Spiegelbild.

B. Aus (±)-*cis*-2,6-Dimethyl-5,6-dihydro-2*H*-pyran-3-carbaldehyd und [4-Brom-phenyl]-hydrazin (*Späth et al.*, B. **76** [1943] 722, 732).

Krystalle (aus wss. Me.); F: 101–102°.

2,6-Dimethyl-5,6-dihydro-2*H*-pyran-3-carbaldehyd-[4-nitro-phenylhydrazon] $C_{14}H_{17}N_3O_3$.

a) **(±)-*cis*-2,6-Dimethyl-5,6-dihydro-2*H*-pyran-3-carbaldehyd-[4-nitro-phenylhydrazon]** $C_{14}H_{17}N_3O_3$, Formel VII (X = NH-C_6H_4-NO_2) + Spiegelbild.

B. Aus (±)-*cis*-2,6-Dimethyl-5,6-dihydro-2*H*-pyran-3-carbaldehyd und [4-Nitro-phenyl]-hydrazin (*Späth et al.*, B. **76** [1943] 722, 732).

Krystalle (aus wss. Me.); F: 174–175°.

b) **(±)-*trans*-2,6-Dimethyl-5,6-dihydro-2*H*-pyran-3-carbaldehyd-[4-nitro-phenylhydrazon]** $C_{14}H_{17}N_3O_3$, Formel VIII (X = NH-C_6H_4-NO_2) + Spiegelbild.

B. Aus (±)-*trans*-2,6-Dimethyl-5,6-dihydro-2*H*-pyran-3-carbaldehyd und [4-Nitro-phenyl]-hydrazin (*Späth et al.*, M. **76** [1947] 301, 309).

Orangefarbene Krystalle (aus wss. Me.); F: 170–171°.

2,6-Dimethyl-5,6-dihydro-2*H*-pyran-3-carbaldehyd-semicarbazon $C_9H_{15}N_3O_2$.

a) **(±)-*cis*-2,6-Dimethyl-5,6-dihydro-2*H*-pyran-3-carbaldehyd-semicarbazon** $C_9H_{15}N_3O_2$, Formel VII (X = NH-CO-NH_2) + Spiegelbild.

B. Aus (±)-*cis*-2,6-Dimethyl-5,6-dihydro-2*H*-pyran-3-carbaldehyd und Semicarbazid (*Späth et al.*, B. **76** [1943] 722, 732).

Krystalle (aus W.); F: 203–204°.

b) **(±)-*trans*-2,6-Dimethyl-5,6-dihydro-2*H*-pyran-3-carbaldehyd-semicarbazon** $C_9H_{15}N_3O_2$, Formel VIII (X = NH-CO-NH_2) + Spiegelbild.

B. Aus (±)-*trans*-2,6-Dimethyl-5,6-dihydro-2*H*-pyran-3-carbaldehyd und Semicarbazid (*Späth et al.*, M. **76** [1947] 301, 308).

Krystalle (aus A.); F: 235–236°.

Opt.-inakt. Bis-[*cis*-2,6-dimethyl-5,6-dihydro-2*H*-pyran-3-ylmethylen]-hydrazin, *cis*-2,6-Dimethyl-5,6-dihydro-2*H*-pyran-3-carbaldehyd-azin $C_{16}H_{24}N_2O_2$, Formel IX + Spiegelbild oder Formel X.

B. Aus (±)-*cis*-2,6-Dimethyl-5,6-dihydro-2*H*-pyran-3-carbaldehyd und Hydrazin (*Späth et al.*, B. **76** [1943] 722, 733; M. **76** [1947] 297, 299).

Krystalle (aus Ae.); F: 180–181°.

X XI

6-Chlormethyl-4,4-dimethyl-3,4-dihydro-pyran-2-on, 6-Chlor-5-hydroxy-3,3-dimethyl-hex-4*t*-ensäure-lacton $C_8H_{11}ClO_2$, Formel XI.

B. Beim Erwärmen von 6-Chlor-3,3-dimethyl-5-oxo-hexansäure-äthylester mit der Kalium-Verbindung des Malonsäure-diäthylesters in Benzol (*Šorm, Dolejs*, Collect. **14** [1949] 108, 109, 111).

Krystalle (aus Bzl.); F: 163°. Bei 105°/0,1 Torr sublimierbar.

1-[4,5-Dihydro-[2]furyl]-butan-2-on $C_8H_{12}O_2$, Formel XII, und **1-[4,5-Dihydro-[2]furyl]-but-1-en-2-ol** $C_8H_{12}O_2$, Formel XIII.

Die nachstehend beschriebene Verbindung liegt wahrscheinlich überwiegend als 1-[4,5-Dihydro-[2]furyl]-but-1-en-2-ol (Formel XIII) vor (*Cannon et al.*, J. org. Chem. **17** [1952] 1245, 1246).

B. Beim Eintragen von Butanon und von äther. 4-Hydroxy-buttersäure-lacton-Lösung in eine Suspension von Natriumamid in Äther und Erhitzen des Reaktionsprodukts (*Ca. et al.*, l. c. S. 1248, 1249).

Kp_4: 85–86°. D_4^{25}: 1,0271. n_D^{25}: 1,5014.

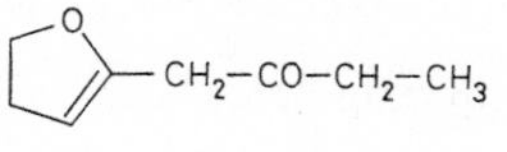

XII 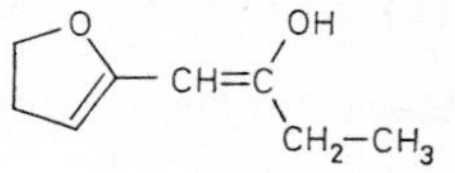 XIII 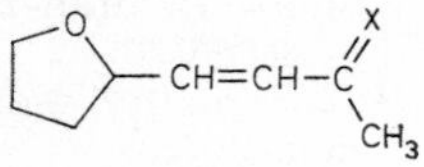 XIV

(±)-4-Tetrahydro[2]furyl-but-3ξ-en-2-on $C_8H_{12}O_2$, Formel XIV (X = O).

B. Beim Behandeln von (±)-Tetrahydrofurfural mit Aceton und wss. Natronlauge (*Kamenškiĭ, Ungurean*, Ž. prikl. Chim. **33** [1960] 2121, 2124; engl. Ausg. S. 2089, 2093; s. a. *Colonge, Girantet*, Bl. **1962** 1002, 1003, 1004). Beim Erwärmen von opt.-inakt. 2-Tetrahydro[2]furyl-[1,3]dioxolan (Kp_{13}: 94–95°) mit wss. Salzsäure und Eintragen des Reaktionsgemisches in ein kaltes Gemisch von Aceton und wss. Natronlauge (*Hinz et al.*, B. **76** [1943] 676, 680, 687).

Kp_2: 93–94°; D_4^{20}: 1,0363; n_D^{20}: 1,4885 (*Ka., Un.*).

Semicarbazon s. u.

(±)-4-Tetrahydro[2]furyl-but-3ξ-en-2-on-semicarbazon $C_9H_{15}N_3O_2$, Formel XIV (X = N-NH-CO-NH_2).

B. Aus dem im vorangehenden Artikel beschriebenen Keton und Semicarbazid (*Colonge, Girantet*, Bl. **1962** 1002, 1004).

Krystalle (aus A.); F: 151°.

4-Butyl-5*H*-furan-2-on, 3-Hydroxymethyl-hept-2*t*-ensäure-lacton, 3-Butyl-4-hydroxy-*cis*-crotonsäure-lacton $C_8H_{12}O_2$, Formel I.

B. Beim Erhitzen von (±)-3-Hydroxy-3-methoxymethyl-heptansäure mit Bromwasserstoff in Essigsäure (*Rubin et al.*, J. org. Chem. **6** [1941] 260, 268).

Kp_1: 102° [korr.]; D_4^{25}: 0,9950; n_D^{25}: 1,4617 (*Ru. et al.*). n_D^{20}: 1,4715 (*Jones et al.*, Canad. J. Chem. **37** [1959] 2007, 2009). IR-Banden ($CHCl_3$ und CCl_4) im Bereich von 1785 cm^{-1} bis 1638 cm^{-1}: *Jo. et al.*, l. c. S. 2010.

(±)-3-[3-Chlor-but-2ξ-enyl]-dihydro-furan-2-on, (±)-5-Chlor-2-[2-hydroxy-äthyl]-hex-4ξ-ensäure-lacton $C_8H_{11}ClO_2$, Formel II.

B. Beim Behandeln einer Suspension der Natrium-Verbindung des [3-Chlor-but-2-enyl]-malonsäure-diäthylesters (E III **2** 1950) mit Äthylenoxid, Erhitzen des erhaltenen 3-[3-Chlor-but-2-enyl]-2-oxo-tetrahydro-furan-3-carbonsäure-äthylesters ($C_{11}H_{15}ClO_4$) mit wss. Kalilauge und Erhitzen des Reaktionsprodukts unter vermindertem Druck (*Prelog et al.*, Helv. **42** [1959] 1301, 1305).

Beim Erhitzen mit 3,4-Dimethoxy-phenäthylamin unter Stickstoff auf 200° sind 5-Chlor-2-[2-hydroxy-äthyl]-hex-4-ensäure-[3,4-dimethoxy-phenäthylamid] (?; $Kp_{0,05}$: 160–170°) und 3-[3-Chlor-but-2-enyl]-1-[3,4-dimethoxy-phenäthyl]-pyrrolidin-2-on (?) erhalten worden.

Charakterisierung durch Überführung in (±)-5-Chlor-2-[2-hydroxy-äthyl]-hex-4-en-säure-[*N'*-phenyl-hydrazid] (F: 135–136° [korr.]): *Pr. et al.*, l. c. S. 1306.

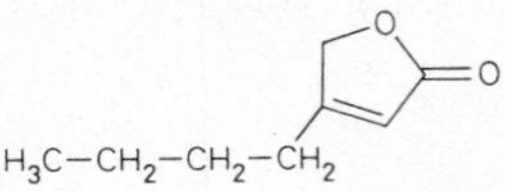

I 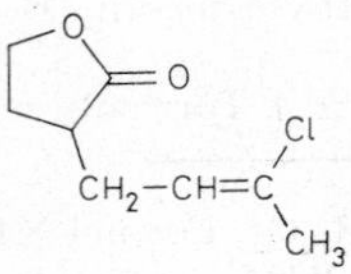 II 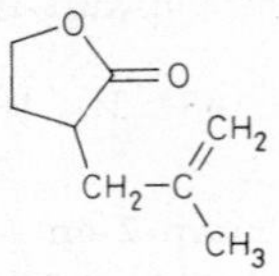 III 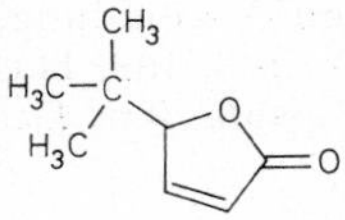 IV

(±)-3-Methallyl-dihydro-furan-2-on, (±)-2-[2-Hydroxy-äthyl]-4-methyl-pent-4-ensäure-lacton $C_8H_{12}O_2$, Formel III.

B. Aus Methallylmalonsäure-diäthylester und Äthylenoxid (*Phillips, Johnson*, Am. Soc. **77** [1955] 5977, 5981).

$Kp_{2,25}$: 85–87°. n_D^{25}: 1,4638.

(±)-5-*tert*-Butyl-5*H*-furan-2-on, (±)-4-Hydroxy-5,5-dimethyl-hex-2*c*-ensäure-lacton $C_8H_{12}O_2$, Formel IV.

B. Aus 5,5-Dimethyl-4-oxo-hexansäure beim Erhitzen auf 250° (*Hill et al.*, Am. Soc. **59** [1937] 2385).

Krystalle (aus PAe.); F: 60–61° (*Hörnfeldt*, Ark. Kemi **29** [1968] 229, 244). Kp: 220° (*Hill et al.*).

(±)-5-Methyl-3-propyl-3*H*-furan-2-on, (±)-4-Hydroxy-2-propyl-pent-3*t*-ensäure-lacton $C_8H_{12}O_2$, Formel V.

B. Beim Erhitzen von (±)-2-Propyl-4-oxo-valeriansäure (*Huan*, Bl. [5] **5** [1938] 1341, 1344).

Kp_{19}: 114–115°. Mit Wasserdampf flüchtig.

***Opt.-inakt. 3-Allyl-5-methyl-dihydro-furan-2-on, 2-[2-Hydroxy-propyl]-pent-4-ensäure-lacton** $C_8H_{12}O_2$, Formel VI.

B. Aus 2-Allyl-pent-4-ensäure beim Erhitzen auf 220° sowie beim Erwärmen mit wss. Salzsäure auf 100° (*Wessel, Gara*, Magyar gyogysz. Tars. Ert. **14** [1938] 17, 19; dtsch. Ref. S. 69; C. **1938** I 2702).

Kp: 237–239°. D^{15}: 1,000.

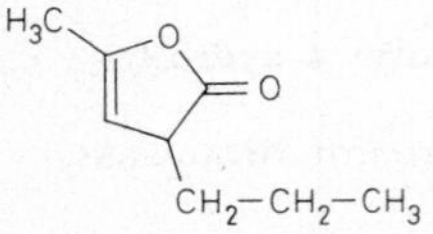

V 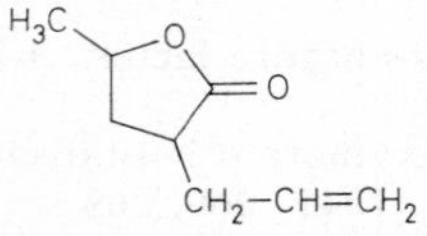 VI 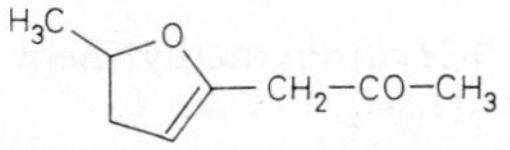 VII 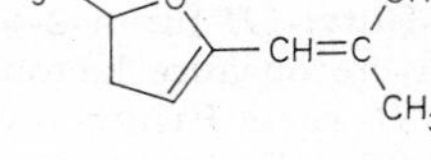 VIII

(±)-[5-Methyl-4,5-dihydro-[2]furyl]-aceton $C_8H_{12}O_2$, Formel VII, und **(±)-1-[5-Methyl-4,5-dihydro-[2]furyl]-propen-2-ol** $C_8H_{12}O_2$, Formel VIII.

Die nachstehend beschriebene Verbindung liegt wahrscheinlich überwiegend als (±)-1-[5-Methyl-4,5-dihydro-[2]furyl]-propen-2-ol (Formel VIII) vor (*Cannon et al.*, J. org. Chem. **17** [1952] 1245, 1246).

B. Beim Eintragen von Aceton und von äther. (±)-4-Hydroxy-valeriansäure-lacton-Lösung in eine Suspension von Natriumamid in Äther und Erhitzen des Reaktionsprodukts (*Ca. et al.*, l. c. S. 1248, 1249).

Kp_4: 79–80°. n_D^{25}: 1,492.

(±)-5-Isopropyl-4-methyl-5*H*-furan-2-on, (±)-4-Hydroxy-3,5-dimethyl-hex-2*c*-ensäure-lacton $C_8H_{12}O_2$, Formel IX.

Die früher (s. H 257) unter dieser Konstitution beschriebene Verbindung („5-Oxo-

3-methyl-2-isopropyl-furan-dihydrid-(2.5)"; Kp_{14}: 111—113°) ist wahrscheinlich als 4,6,6-Trimethyl-5,6-dihydro-pyran-2-on (5-Hydroxy-3,5-dimethyl-hex-2*c*-ensäure-lacton) zu formulieren (*Korte, Scharf*, B. **95** [1962] 443, 445).

(±)-4-Äthyl-5-äthyliden-dihydro-furan-2-on, (±)-3-Äthyl-4-hydroxy-hex-4-ensäure-lacton $C_8H_{12}O_2$, Formel X.

Die früher (s. H 257) unter dieser Konstitution beschriebene Verbindung (Kp_{12}: 190—195°) ist als 4-Äthyl-2-methyl-cyclopentan-1,3-dion (oder Tautomere [s. E III **7** 3234]) zu formulieren (*Woodward, Blout*, Am. Soc. **65** [1943] 562, 564; *Matsui, Hirase*, J. chem. Soc. Japan Pure Chem. Sect. **71** [1950] 426; C. A. **1951** 8984).

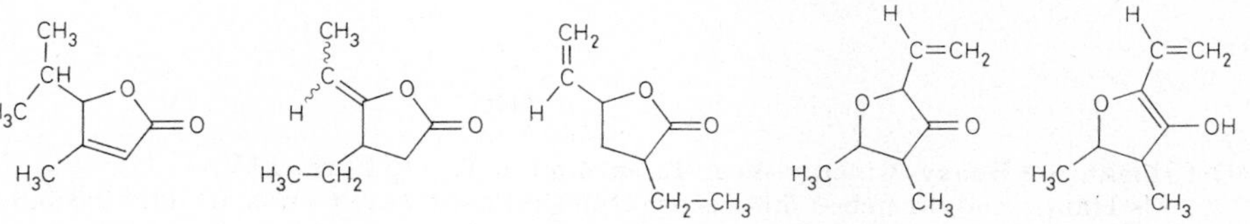

IX X XI XII XIII

***Opt.-inakt. 3-Äthyl-5-vinyl-dihydro-furan-2-on, 2-Äthyl-4-hydroxy-hex-5-ensäure-lacton** $C_8H_{12}O_2$, Formel XI.

B. Beim Erwärmen von opt.-inakt. 3-Äthyl-2-oxo-5-vinyl-tetrahydro-furan-3-carbonsäure-äthylester (Kp_{13}: 147—150°; n_D^{25}: 1,4597) mit wss.-äthanol. Kalilauge und Erhitzen der vom Äthanol befreiten Reaktionslösung mit wss. Schwefelsäure (*Van Zyl, van Tamelen*, Am. Soc. **72** [1950] 1357).

Kp_{14}: 108—110°. n_D^{25}: 1,4562.

***Opt.-inakt. 4,5-Dimethyl-2-vinyl-dihydro-furan-3-on** $C_8H_{12}O_2$, Formel XII, und **4,5-Dimethyl-2-vinyl-4,5-dihydro-furan-3-ol** $C_8H_{12}O_2$, Formel XIII.

Über den Enol-Gehalt des Tautomeren-Gemisches s. *Perweew, Kudrjaschowa*, Ž. obšč. Chim. **24** [1954] 1375, 1376; engl. Ausg. S. 1357, 1358.

B. Neben 3-Methyl-hept-6-en-4-in-2-on beim Behandeln von opt.-inakt. 5,6-Epoxy-5-methyl-hept-1-en-3-in (S. 371) mit wss. Schwefelsäure (*Pe., Ku.*).

Kp_1: 53—54°. D_4^{20}: 0,9903. n_D^{20}: 1,4985.

***Opt.-inakt. 4,5-Dimethyl-2-vinyl-dihydro-furan-3-on-oxim** $C_8H_{13}NO_2$, Formel I.

B. Aus der im vorangehenden Artikel beschriebenen Verbindung und Hydroxylamin (*Perweew, Kudrjaschowa*, Ž. obšč. Chim. **24** [1954] 1375, 1376; engl. Ausg. S. 1357, 1358).

Krystalle (aus A.); F: 129—130°.

3,3,4,5-Tetramethyl-3*H*-furan-2-on, 4-Hydroxy-2,2,3-trimethyl-pent-3*t*-ensäure-lacton $C_8H_{12}O_2$, Formel II (E II 298).

B. Beim Behandeln von 2,2,3-Trimethyl-pent-3-ensäure (Kp_8: 121—124°) mit Brom in Schwefelkohlenstoff und Erhitzen der erhaltenen 3,4-Dibrom-2,2,3-trimethyl-valeriansäure auf 210° (*Cavallito, Haskell*, Am. Soc. **67** [1945] 1991, 1993; vgl. E II 298).

Kp_{13}: 79—80° (*Jacobs, Scott*, J. biol. Chem. **93** [1931] 139, 145).

Bei der Hydrierung an Platin in Äthanol sind 2,2,3-Trimethyl-valeriansäure (Hauptprodukt) und 4-Hydroxy-2,2,3-trimethyl-valeriansäure-lacton erhalten worden (*Ja., Sc.*).

(±)-3-Äthyl-4-[(*Ξ*)-propyliden]-oxetan-2-on, (±)-2-Äthyl-3-hydroxy-hex-3*ξ*-ensäure-lacton $C_8H_{12}O_2$, Formel III.

Diese Konstitution kommt auch dem früher (s. E III **1** 2960) beschriebenen Dimeren des Äthylketens (Kp_{32}: 95—96°; n_D^{25}: 1,4387) zu (*Wear*, Am. Soc. **73** [1951] 2390).

B. Beim Erwärmen von Butyrylchlorid mit Triäthylamin in Äther (*Wear*).

Kp_{31}: 92—95°; n_D^{24}: 1,4385 (*Wear*).

Hydrierung an Raney-Nickel in Äthanol bei 230—300°/200—260 at unter Bildung von 2-Äthyl-hexan-1,3-diol (E IV **1** 2597): *Hill et al.*, Am. Soc. **74** [1952] 3423. Beim Erwärmen mit Lithiumalanat in Äther ist 3-Hydroxymethyl-heptan-4-on erhalten worden (*Wear*). Bildung von Heptan-4-on beim Behandeln mit Bromwasserstoff: *Piekarski*, C. r. **241** [1955] 210.

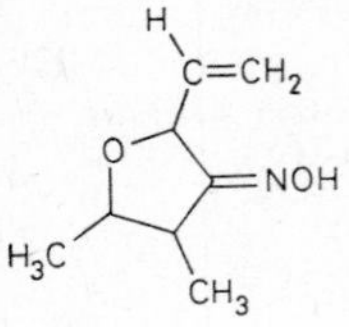

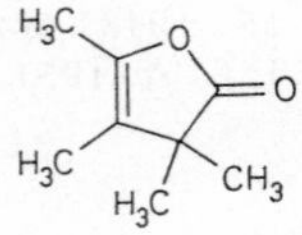

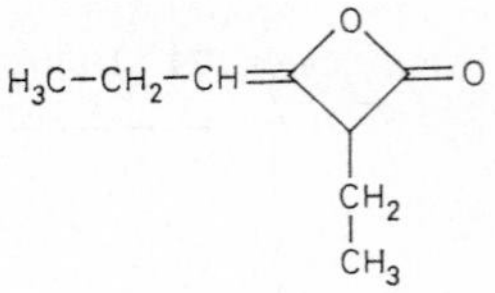

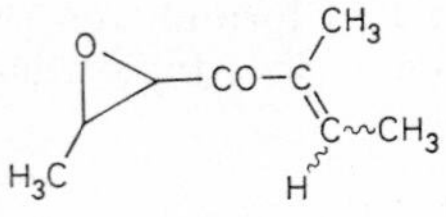

I II III IV

***Opt.-inakt. 5,6-Epoxy-3-methyl-hept-2ξ-en-4-on** $C_8H_{12}O_2$, Formel IV.

B. Als Hauptprodukt neben 5,6-Epoxy-5-methyl-hept-2-en-4-on (s. u.) und 2,3;5,6-Di=epoxy-3-methyl-heptan-4-on (Kp_2: 83—84°; n_D^{20}: 1,4545) beim Behandeln einer Lösung von 3-Methyl-hepta-2ξ,5*t*-dien-4-on (E IV **1** 3556) in Dioxan mit wss. Wasserstoffperoxid und wss. Natronlauge (*Nasarow et al.*, Ž. obšč. Chim. **25** [1955] 725, 730; engl. Ausg. S. 691, 694).

Kp_2: 54—54,5°. D_4^{20}: 0,9916. n_D^{20}: 1,4762.

***Opt.-inakt. 5,6-Epoxy-3-methyl-hept-2ξ-en-4-on-[2,4-dinitro-phenylhydrazon]** $C_{14}H_{16}N_4O_5$, Formel V.

B. Aus dem im vorangehenden Artikel beschriebenen Keton und [2,4-Dinitro-phenyl]-hydrazin (*Nasarow et al.*, Ž. obšč. Chim. **25** [1955] 725, 730; engl. Ausg. S. 691, 695).

Orangefarbene Krystalle (aus A.); F: 178—179°.

***Opt.-inakt. 2-ξ-Crotonoyl-2,3-dimethyl-oxiran, 5,6-Epoxy-5-methyl-hept-2ξ-en-4-on** $C_8H_{12}O_2$, Formel VI.

B. s. o. im Artikel 5,6-Epoxy-3-methyl-hept-2ξ-en-4-on.

Kp_2: 69—71°; D_4^{20}: 1,0091; n_D^{20}: 1,4690 (*Nasarow et al.*, Ž. obšč. Chim. **25** [1955] 725, 730; engl. Ausg. S. 691, 694).

1-Oxa-spiro[3.5]nonan-3-on $C_8H_{12}O_2$, Formel VII.

B. Neben 1-Acetoxyacetyl-cyclohexanol beim Behandeln von (±)-1-Acetoxy-cyclo=hexancarbonylchlorid mit Diazomethan in Äther, Behandeln des Reaktionsprodukts mit methanol. Kalilauge und Erwärmen des erhaltenen Öls mit Essigsäure (*Marshall, Walker*, Soc. **1952** 467, 473).

Kp_{28}: 86°. n_D^{19}: 1,4631. UV-Spektrum (Hexan; 220—320 nm; λ_{max}: 290 nm): *Ma., Wa.*, l. c. S. 470. Scheinbarer Dissoziationsexponent pK'_a: ca. 12,5 (*Ma., Wa.*).

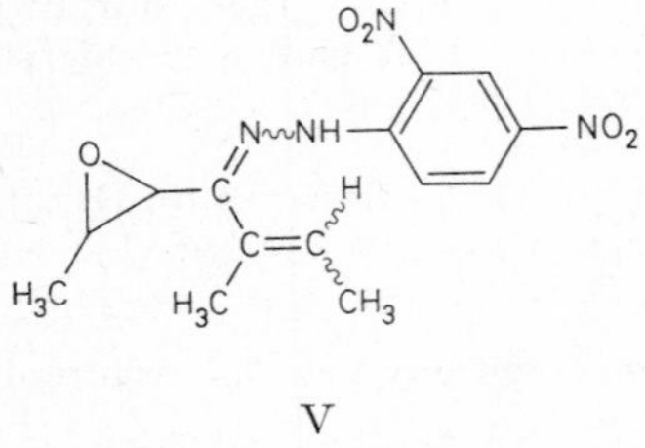

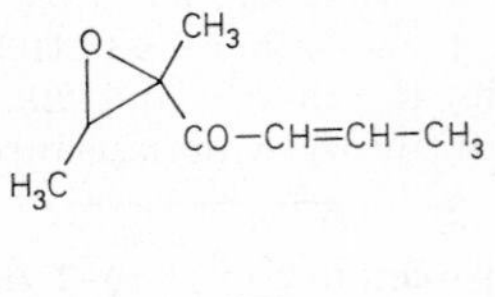

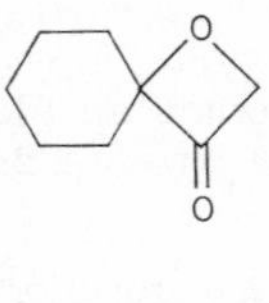

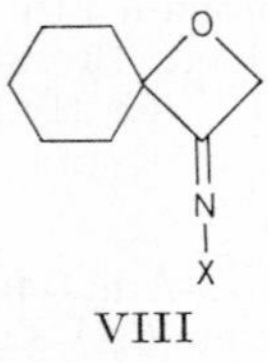

V VI VII VIII

1-Oxa-spiro[3.5]nonan-3-on-[2,4-dinitro-phenylhydrazon] $C_{14}H_{16}N_4O_5$, Formel VIII ($X = NH\text{-}C_6H_3(NO_2)_2$).

B. Aus 1-Oxa-spiro[3.5]nonan-3-on und [2,4-Dinitro-phenyl]-hydrazin (*Marshall*,

Walker, Soc. **1952** 467, 474).

Orangefarbene Krystalle (aus A.); F: 165—167°.

1-Oxa-spiro[3.5]nonan-3-on-semicarbazon $C_9H_{15}N_3O_2$, Formel VIII (X = NH-CO-NH_2).

B. Aus 1-Oxa-spiro[3.5]nonan-3-on und Semicarbazid (*Marshall, Walker*, Soc. **1952** 467, 474).

Krystalle (aus A.); F: 191—194°.

2-Oxa-spiro[4.4]nonan-1-on, 1-[2-Hydroxy-äthyl]-cyclopentancarbonsäure-lacton $C_8H_{12}O_2$, Formel IX.

B. Beim Erwärmen von [1-Carboxy-cyclopentyl]-essigsäure-anhydrid (2-Oxa-spiro[4.4]nonan-1,3-dion) mit Äthanol und Natrium (*Qudrat-i-Khuda, Mukherjee*, J. Indian chem. Soc. **16** [1939] 532, 533).

Kp_{40}: 154°. $D_4^{30,1}$: 1,0751. n_D: 1,46354.

(±)-2,3-Epoxy-cyclooctanon $C_8H_{12}O_2$, Formel X.

B. Beim Behandeln einer Lösung von Cyclooct-2-enon in Methanol mit wss. Wasserstoffperoxid und wss. Natronlauge (*Cope et al.*, Am. Soc. **79** [1957] 3900, 3902, 3905).

F: 92—93° (nach Sublimation). Kp_5: 115—116° [unkorr.].

Hexahydro-cyclopenta[*b*]pyran-2-on, 3-[2-Hydroxy-cyclopentyl]-propionsäure-lacton $C_8H_{12}O_2$.

Über die Konfiguration der folgenden Stereoisomeren s. *Kessar et al.*, J. Indian chem. Soc. **40** [1963] 655, 656.

a) **(±)-*cis*-Hexahydro-cyclopenta[*b*]pyran-2-on, (±)-3-[*cis*-2-Hydroxy-cyclopentyl]-propionsäure-lacton** $C_8H_{12}O_2$, Formel XI + Spiegelbild.

B. Beim Behandeln von (±)-3-[2-Oxo-cyclopentyl]-propionsäure mit Natriumboranat und wss. Natriumhydrogencarbonat-Lösung (*Dev, Rai*, J. Indian chem. Soc. **34** [1957] 266, 267, 272; *Kessar et al.*, J. Indian chem. Soc. **40** [1963] 655, 656).

$Kp_{2,5}$: 122° (*Ke. et al.*); $Kp_{1,5}$: 109° (*Dev, Rai*). $D_4^{25,5}$: 1,101 (*Dev, Rai*). n_D^{24}: 1,4820 (*Ke. et al.*); $n_D^{25,5}$: 1,4825 (*Dev, Rai*).

Beim Erwärmen mit Polyphosphorsäure ist 3,4,5,6-Tetrahydro-2*H*-pentalen-1-on erhalten worden (*Dev, Rai*).

IX X XI XII XIII

b) **(±)-*trans*-Hexahydro-cyclopenta[*b*]pyran-2-on, (±)-3-[*trans*-2-Hydroxy-cyclopentyl]-propionsäure-lacton** $C_8H_{12}O_2$, Formel XII + Spiegelbild.

B. Beim Behandeln einer äthanol. Lösung von (±)-3-[2-Oxo-cyclopentyl]-propionsäure mit Natrium und Erhitzen des Reaktionsprodukts unter vermindertem Druck (*Rapson, Robinson*, Soc. **1935** 1533, 1543; *Kessar et al.*, J. Indian chem. Soc. **40** [1963] 655, 656).

Kp_{18}: 138—139° (*Ra., Ro.*); Kp_{17}: 135—140° (*Ke. et al.*). n_D^{38}: 1,4673 (*Ke. et al.*).

Beim Erhitzen mit Phosphor(V)-chlorid auf 130° und anschliessenden Behandeln mit Äthanol ist 3-[2-Chlor-cyclopentyl]-propionsäure-äthylester (E III **9** 59) erhalten worden (*Ra., Ro.*).

***Opt.-inakt. Hexahydro-cyclopenta[*c*]pyran-3-on, [2-Hydroxymethyl-cyclopentyl]-essigsäure-lacton** $C_8H_{12}O_2$, Formel XIII.

B. Beim Erwärmen von opt.-inakt. 3-Methoxy-octahydro-cyclopenta[*c*]pyran (Kp_{10}: 78°) mit wss. Schwefelsäure, Versetzen des Reaktionsgemisches mit wss. Wasserstoffperoxid und Erhitzen des Reaktionsprodukts unter vermindertem Druck (*Korte et al.*, Tetrahedron **6** [1959] 201, 208, 215).

Kp_{10}: 134—136°. UV-Absorptionsmaximum (Me.): 210,5 nm (*Ko. et al.*).

Hexahydro-benzofuran-2-on, [2-Hydroxy-cyclohexyl]-essigsäure-lacton $C_8H_{12}O_2$ (vgl. E II 299[1])).

Über die Konfiguration der folgenden Stereoisomeren s. *Newman, VanderWerf*, Am. Soc. **67** [1945] 233; *Charlesworth et al.*, Canad. J. Chem. **37** [1959] 877.

a) **(±)-*cis*-Hexahydro-benzofuran-2-on, (±)-[*cis*-2-Hydroxy-cyclohexyl]-essigsäure-lacton** $C_8H_{12}O_2$, Formel I + Spiegelbild.

Diese Verbindung hat vermutlich auch in dem von *v. Braun, Münch* (E II 299) beschriebenen Präparat (Kp_{13}: 129—130°) vorgelegen (*Charlesworth et al.*, Canad. J. Chem. **37** [1959] 877).

B. Beim Erwärmen von Cyclohex-1-enyl-essigsäure-äthylester mit wss. Schwefelsäure (*Ch. et al.*, Canad. J. Chem. **37** 879). Beim Erhitzen von Cyclohex-1-enyl-acetonitril mit wss. Bromwasserstoffsäure, Essigsäure und wss. Schwefelsäure (*Klein*, J. org. Chem. **23** [1958] 1209; Am. Soc. **81** [1959] 3611, 3613). Beim Erhitzen von [1-Hydroxy-cyclohexyl]-essigsäure-äthylester mit wss. Salzsäure (*Charlesworth et al.*, Canad. J. Res. [B] **21** [1943] 55, 57, 62). Beim Erhitzen von (±)-[*trans*-2-(Toluol-4-sulfonyloxy)-cyclohexyl]-acetonitril (bezüglich der Konstitution und Konfiguration dieser Verbindung s. *Lunn et al.*, Canad. J. Chem. **44** [1966] 279) mit wss.-äthanol. Natronlauge, Ansäuern des Reaktionsgemisches mit wss. Salzsäure und Erhitzen des Reaktionsprodukts unter vermindertem Druck (*Brewster, Kucera*, Am. Soc. **77** [1955] 4564). Beim Behandeln von (±)-[2-Oxo-cyclohexyl]-essigsäure mit Wasser und Natrium-Amalgam unter Durchleiten von Kohlendioxid und Erhitzen der mit Schwefelsäure angesäuerten Reaktionslösung (*Ghosh*, J. Indian chem. Soc. **12** [1935] 601). Bei der Hydrierung von (±)-[2-Oxo-cyclohexyl]-essigsäure oder von 5,6,7,7a-Tetrahydro-4*H*-benzofuran-2-on an Platin in Äthanol (*Newman, VanderWerf*, Am. Soc. **67** [1945] 233, 236, 237; s. a. *Cocker, Hornsby*, Soc. **1947** 1157, 1164). Beim Erwärmen von (±)-3ξ-Hydroxy-(4a*r*,8a*c*)-hexahydro-chroman-2-on (F: 140°) mit Natriumdichromat und wss. Schwefelsäure (*Hillyer, Edmonds*, J. org. Chem. **17** [1952] 600, 607).

F: 13,5—15° (*Br., Ku.*), 14,8° (*Ne., VanderW.*). E: —20° (*Ch. et al.*, Canad. J. Chem. **37** 879). Kp_{13}: 129—130° (*Ch. et al.*, Canad. J. Chem. **37** 879); Kp_6: 112° (*Ne., VanderW.*); Kp_3: 108—112° (*Br., Ku.*). D_4^{20}: 1,0923 (*Ne., VanderW.*), 1,0921 (*Ch. et al.*, Canad. J. Chem. **37** 879), 1,0869 (*Br., Ku.*). n_D^{20}: 1,4788 (*Br., Ku.*), 1,4784 (*Ch. et al.*, Canad. J. Chem. **37** 879), 1,4773 (*Ne., VanderW.*). IR-Banden im Bereich von 2945 cm^{-1} bis 800 cm^{-1}: *Kl.*, Am. Soc. **81** 3613.

Geschwindigkeit der Hydrolyse in wss. Natronlauge (0,08n) bei 20°: *Ch. et al.*, Canad. J. Chem. **37** 878.

Charakterisierung durch Überführung in (±)-[*cis*-2-Hydroxy-cyclohexyl]-essigsäure-amid (F: 120—121°) und in (±)-[*cis*-2-Hydroxy-cyclohexyl]-essigsäure-benzylamid (F: 97—98°): *Br., Ku.*

b) **(±)-*trans*-Hexahydro-benzofuran-2-on, (±)-[*trans*-2-Hydroxy-cyclohexyl]-essigsäure-lacton** $C_8H_{12}O_2$, Formel II + Spiegelbild.

Diese Verbindung hat auch in dem von *Coffey* (E II 299) beschriebenen Präparat (F: —5°; Kp_{15}: 138—139°) vorgelegen (*Newman, VanderWerf*, Am. Soc. **67** [1945] 233, 235).

B. Aus 2-Oxo-(3a*r*,7a*t*)-octahydro-benzofuran-3*t*-carbonsäure (E II **18** 321; bezüglich der Konfiguration dieser Verbindung [F: 117—118°] s. *Schemjakin et al.*, Doklady Akad. S.S.S.R. **128** [1959] 744, 745; Pr. Acad. Sci. U.S.S.R. Chem. Sect. **124–129** [1959] 835, 836) beim Erhitzen unter vermindertem Druck (*Glickman, Cope*, Am. Soc. **67** [1945] 1012, 1015) sowie beim Erhitzen bis auf 205° (*Ne., VanderW.*).

Kp_{12}: 131—132° (*Charlesworth et al.*, Canad. J. Chem. **37** [1959] 877, 878); Kp_8: 126° (*Brewster, Kucera*, Am. Soc. **77** [1955] 4564); Kp_6: 118—119° (*Ne., VanderW.*). $D_4^{12,5}$: 1,0926 (*Ne., VanderW.*); D_4^{20}: 1,0868 (*Br., Ku.*), 1,0860 (*Ne., VanderW.*), 1,0859 (*Ch. et al.*). $n_D^{12,5}$: 1,4798 (*Ne., VanderW.*); n_D^{20}: 1,4777 (*Ne., VanderW.*), 1,4768 (*Br., Ku.*), 1,4752 (*Ch. et al.*). IR-Banden im Bereich von 2945 cm^{-1} bis 795 cm^{-1}: *Klein*, Am. Soc. **81** [1959] 3611, 3613.

Überführung in *cis*-Hexahydro-benzofuran-2-on durch Erhitzen mit Essigsäure und wss. Schwefelsäure: *Kl.* Geschwindigkeit der Hydrolyse in wss. Natronlauge (0,08n) bei 20°: *Ch. et al.* Beim Behandeln mit Benzol und Aluminiumchlorid (1 Mol) sind

---

[1]) Berichtigung zu E II **17**, S. 299, Zeile 6 von oben: An Stelle von „Cyclohexen" ist zu setzen „Cyclohexenoxyd".

[3-Phenyl-cyclohexyl]-essigsäure (Hauptprodukt), [*trans*-2-Phenyl-cyclohexyl]-essigsäure (E III **9** 2867) und kleinere Mengen [*trans*-4-Phenyl-cyclohexyl]-essigsäure (E III **9** 2869) erhalten worden (*Phillips, Chatterjee*, Am. Soc. **80** [1958] 1360, 1362).

Charakterisierung durch Überführung in (±)-[*trans*-2-Hydroxy-cyclohexyl]-essigsäure-amid (F: 149,5—150,5°) und in (±)-[*trans*-2-Hydroxy-cyclohexyl]-essigsäure-benzylamid (F: 141—142°): *Br., Ku.*; in (±)-[*trans*-2-Hydroxy-cyclohexyl]-essigsäure-[*N'*-phenyl-hydrazid] (F: 167,5—168,5°): *Gl., Cope.*

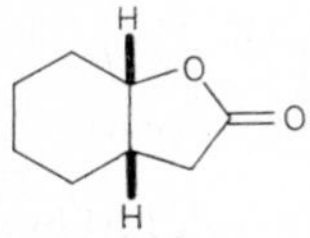

I 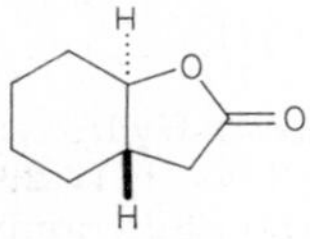 II 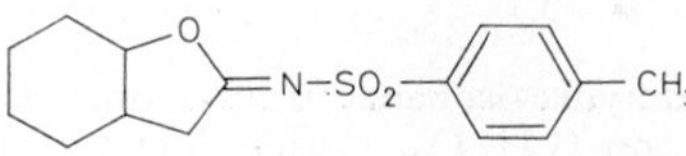 III 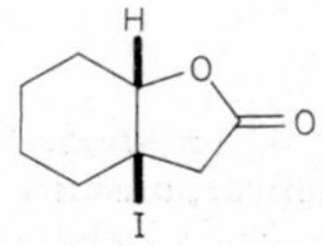 IV

2-[Toluol-4-sulfonylimino]-octahydro-benzofuran, Toluol-4-sulfonsäure-[hexahydro-benzofuran-2-ylidenamid] $C_{15}H_{19}NO_3S$, Formel III.

Eine von *Brewster, Kucera* (Am. Soc. **77** [1955] 4564) unter dieser Konstitution beschriebene opt.-inakt. Verbindung (F: 84,5—85,5°) ist wahrscheinlich als (±)-[*trans*-2-(Toluol-4-sulfonyloxy)-cyclohexyl]-acetonitril zu formulieren (*Lunn et al.*, Canad. J. Chem. **44** [1966] 279).

(±)-3a-Jod-*cis*-hexahydro-benzofuran-2-on, (±)-[2*c*-Hydroxy-1-jod-cyclohex-*r*-yl]-essigsäure-lacton $C_8H_{11}IO_2$, Formel IV + Spiegelbild (E II 299; dort als „Lacton der 1-Jod-2-oxy-cyclohexylessigsäure" bezeichnet).

B. Beim Behandeln von Cyclohex-1-enyl-essigsäure mit wss. Natriumhydrogencarbonat-Lösung und mit einer wss. Lösung von Jod und Kaliumjodid (*Klein*, Am. Soc. **81** [1959] 3611, 3613; vgl. E II 299).

F: 56°. IR-Banden (KBr) im Bereich von 2975 cm^{-1} bis 693 cm^{-1}: *Kl.*

Beim Erwärmen mit wss.-äthanol. Natronlauge ist [2-Oxo-cyclohexyl]-essigsäure erhalten worden.

(±)-7*c*-Jod-(3a*r*,7a*c*)-hexahydro-benzofuran-2-on, (±)-[2*c*-Hydroxy-3*t*-jod-cyclohex-*r*-yl]-essigsäure-lacton $C_8H_{11}IO_2$, Formel V + Spiegelbild.

Konfigurationszuordnung: *Klein*, Am. Soc. **81** [1959] 3611, 3612.

B. Beim Behandeln von (±)-Cyclohex-2-enyl-essigsäure mit wss. Natriumhydrogencarbonat-Lösung und mit einer wss. Lösung von Jod und Kaliumjodid (*van Tamelen, Shamma*, Am. Soc. **76** [1954] 2315; *Kl.*).

Krystalle; F: 65—66° [aus A. + Bzn.] (*v. Ta., Sh.*), 65° (*Kl.*). IR-Banden (KBr) im Bereich von 2975 cm^{-1} bis 688 cm^{-1}: *Kl.*

Bildung von *cis*-3a,4,5,7a-Tetrahydro-3*H*-benzofuran-2-on und Cyclohex-2-enyl-essigsäure beim Erhitzen mit Pyridin: *Kl.* Beim Erwärmen mit der Natrium-Verbindung des Malonsäure-diäthylesters in Äthanol sind 7ξ-Äthoxy-(3a*r*,7a*c*)-hexahydro-benzofuran-2-on ($Kp_{1,5}$: 110—115°), [2-Oxo-(3a*r*,7a*c*)-octahydro-benzofuran-7ξ-yl]-malonsäure-diäthylester (Kp_1: 180—185°) und [2-Oxo-(3a*r*,7a*c*)-octahydro-benzofuran-7ξ-yl]-essigsäure-äthylester (Kp_1: 150—160°) erhalten worden (*Kl.*).

Hexahydro-isobenzofuran-1-on, 2-Hydroxymethyl-cyclohexancarbonsäure-lacton $C_8H_{12}O_2$.

Über die Konfiguration der folgenden Stereoisomeren s. *Christol et al.*, Bl. **1966** 2535, 2536.

a) **(±)-*cis*-Hexahydro-isobenzofuran-1-on, (±)-*cis*-2-Hydroxymethyl-cyclohexancarbonsäure-lacton** $C_8H_{12}O_2$, Formel VI + Spiegelbild (E II 299).

B. Bei der Hydrierung von (±)-*cis*-3a,4,7,7a-Tetrahydro-3*H*-isobenzofuran-1-on an Palladium/Kohle in Äthylacetat (*Christol et al.*, Bl. **1966** 2535, 2539). Beim Behandeln von *cis*-Cyclohexan-1,2-dicarbonsäure-anhydrid mit Lithiumalanat in Äther (*Parrini*, G. **87** [1957] 1147, 1151, 1159).

Kp_{18}: 131—132° (*Ch. et al.*); Kp_8: 121—125° (*Pa.*).

Charakterisierung durch Überführung in *cis*-2-Hydroxymethyl-cyclohexancarbonsäure-hydrazid (F: 105–106°): *Ch. et al.*

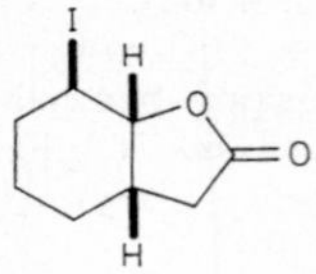

V 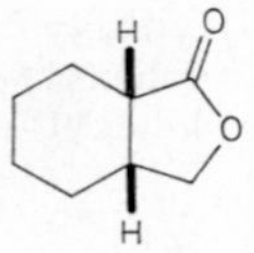 VI 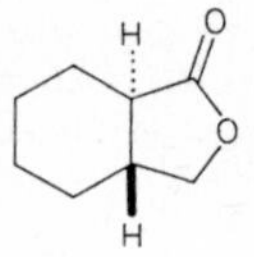 VII 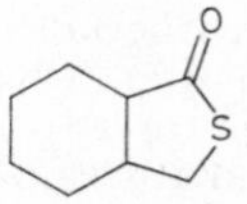 VIII 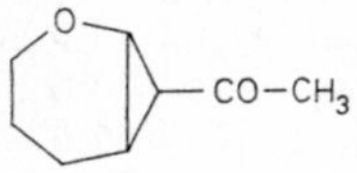 IX

b) **(±)-*trans*-Hexahydro-isobenzofuran-1-on, (±)-*trans*-2-Hydroxymethyl-cyclohexancarbonsäure-lacton** $C_8H_{12}O_2$, Formel VII + Spiegelbild (E II 299).

B. Beim Behandeln von (±)-*trans*-Cyclohexan-1,2-dicarbonsäure-anhydrid mit Lithiumalanat in Äther (*Christol et al.*, Bl. **1966** 2535, 2540).

Kp_{20}: 140°.

Charakterisierung durch Überführung in *trans*-2-Hydroxymethyl-cyclohexancarbonsäure-hydrazid (F: 176°): *Ch. et al.*

***Opt.-inakt. Hexahydro-benzo[*c*]thiophen-1-on**, 2-Mercaptomethyl-cyclohexancarbonsäure-lacton $C_8H_{12}OS$, Formel VIII.

B. Beim Behandeln von opt.-inakt. 2-Hydroxymethyl-cyclohexancarbonsäure-lacton (nicht charakterisiert), mit Natriumhydrogensulfid, Schwefelwasserstoff und Äthanol und Erhitzen des Reaktionsgemisches auf 180° (*Du Pont de Nemours & Co.*, U.S.P. 2097435 [1935]).

Kp_{30}: 150–152°. n_D^{25}: 1,5361.

***Opt.-inakt. 7-Acetyl-2-oxa-norcaran, 1-[2-Oxa-norcaran-7-yl]-äthanon** $C_8H_{12}O_2$, Formel IX.

B. Beim Erwärmen von 3,4-Dihydro-2*H*-pyran mit Diazoaceton und Kupfer(II)-sulfat (*Novák et al.*, Collect. **22** [1957] 1836, 1847).

Kp_{10}: 80–83°.

Semicarbazon s. u.

***Opt.-inakt. 1-[2-Oxa-norcaran-7-yl]-äthanon-semicarbazon** $C_9H_{15}N_3O_2$, Formel X.

B. Aus dem im vorangehenden Artikel beschriebenen Keton und Semicarbazid (*Novák et al.*, Collect. **22** [1957] 1836, 1847).

F: 144° [unkorr.; aus W.].

(±)-1-Acetyl-1,2-epoxy-cyclohexan, (±)-1-[1,2-Epoxy-cyclohexyl]-äthanon $C_8H_{12}O_2$, Formel XI.

B. Beim Behandeln einer Lösung von 1-Cyclohex-1-enyl-äthanon in Methanol mit wss. Wasserstoffperoxid und wss. Natronlauge (*Meinwald, Emerman*, Am. Soc. **78** [1956] 5087, 5091).

Kp_{15}: 84–90°; n_D^{22}: 1,4633 (*Me., Em.*). Kp_8: 70,5–71,5°; D_4^{20}: 1,0526; n_D^{20}: 1,4690 (*Batuew et al.*, Doklady Akad. S.S.S.R. **129** [1959] 1038; Pr. Acad. Sci. U.S.S.R. Chem. Sect. **124–129** [1959] 1089). Raman-Spektrum: *Ba. et al.*

Beim Erhitzen mit wss. Schwefelsäure ist 1-[1,2*c*-Dihydroxy-cyclohex-*r*-yl]-äthanon (F: 53°; bezüglich der Konfiguration dieser Verbindung s. *Achrem*, Izv. Akad. S.S.S.R. Otd. chim. **1962** 845; engl. Ausg. S. 787) erhalten worden (*Me., Em.*).

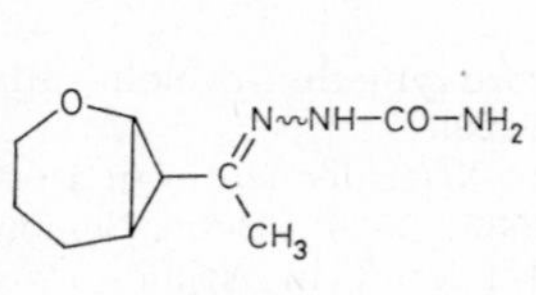

X 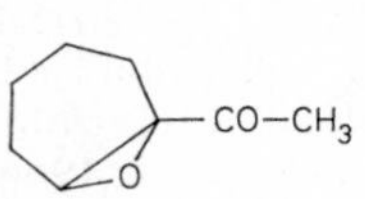 XI 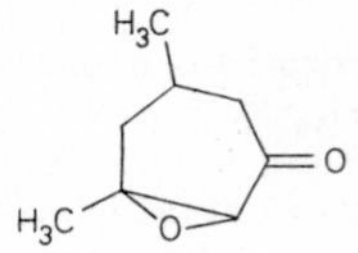 XII 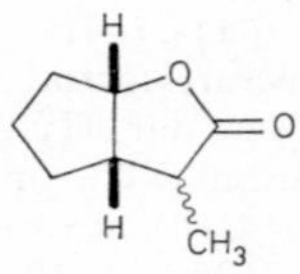 XIII

***Opt.-inakt. 2,3-Epoxy-3,5-dimethyl-cyclohexanon** $C_8H_{12}O_2$, Formel XII.

B. Beim Behandeln einer Lösung von (±)-3,5-Dimethyl-cyclohex-2-enon in Methanol mit wss. Wasserstoffperoxid und wss. Natronlauge (*Treibs*, B. **66** [1933] 1483, 1488).

Kp: 212–215°. D^{20}: 1,025. n_D: 1,4650.

Beim Erwärmen mit methanol. Kalilauge ist 2-Methoxy-3,5-dimethyl-cyclohex-2-enon erhalten worden.

3-Methyl-hexahydro-cyclopenta[*b*]furan-2-on, 2-[2-Hydroxy-cyclopentyl]-propionsäure-lacton $C_8H_{12}O_2$.

a) **(±)-3ξ-Methyl-(3a*r*,6a*c*)-hexahydro-cyclopenta[*b*]furan-2-on** $C_8H_{12}O_2$, Formel XIII + Spiegelbild.

B. Beim Behandeln von opt.-inakt. 2-[2-Oxo-cyclopentyl]-propionsäure (F: 66°) mit Natriumboranat und wss. Natronlauge (*Tanaka*, Bl. chem. Soc. Japan **32** [1959] 1320, 1323).

Kp_2: 73–74°. $D_4^{13,5}$: 1,08462. $n_D^{13,5}$: 1,4712. IR-Spektrum (2–15 μ): *Ta.*, l. c. S. 1322. UV-Spektrum (A.; 210–270 nm; λ_{max}: 215 nm): *Ta.*, l. c. S. 1322.

b) **(±)-3ξ-Methyl-(3a*r*,6a*t*)-hexahydro-cyclopenta[*b*]furan-2-on** $C_8H_{12}O_2$, Formel I + Spiegelbild.

B. Beim Erhitzen von (±)(Ξ)-2-[(1Ξ)-*trans*-2-Hydroxy-cyclopentyl]-propionsäure (F: 58°) mit wenig Schwefelsäure unter 30 Torr bis auf 195° (*Tanaka*, Bl. chem. Soc. Japan **32** [1959] 1320, 1323).

Kp_2: 67°. $D_4^{13,5}$: 1,09688. $n_D^{13,5}$: 1,4725. IR-Spektrum (2–15 μ): *Ta.*, l. c. S. 1322. UV-Spektrum (A.; 210–300 nm; λ_{max}: 213,5 nm): *Ta.*, l. c. S. 1322.

***Opt.-inakt. 6a-Methyl-hexahydro-cyclopenta[*b*]furan-2-on, [2-Hydroxy-2-methyl-cyclopentyl]-essigsäure-lacton** $C_8H_{12}O_2$, Formel II.

B. Aus (±)-[2-Oxo-cyclopentyl]-essigsäure-äthylester mit Hilfe von Methylmagnesium=halogenid (*Ghosh*, Sci. Culture **3** [1937] 120).

$Kp_{3,5}$: 96–97°.

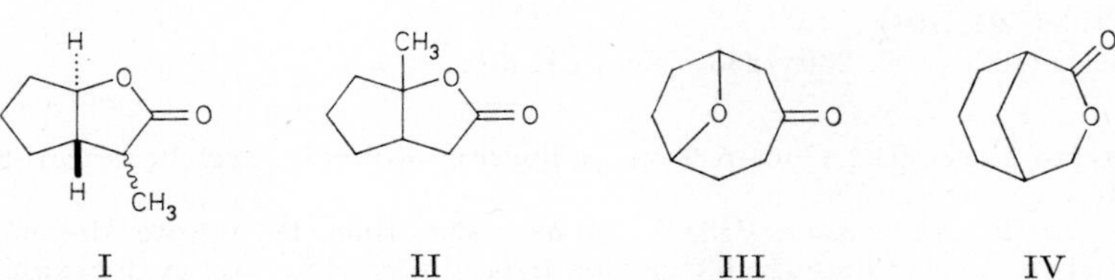

(±)-9-Oxa-bicyclo[4.2.1]nonan-3-on $C_8H_{12}O_2$, Formel III.

B. Beim Behandeln von 3-Aminomethyl-8-oxa-bicyclo[3.2.1]octan ($Kp_{0,3}$: 53° bis 54°; n_D^{25}: 1,4953) mit Natriumnitrit und wss. Phosphorsäure und Behandeln des als Hauptprodukt erhaltenen Gemisches von Hydroxy-Verbindungen mit *N*-Brom-succin=imid in wss. Aceton (*Cope, Anderson*, Am. Soc. **79** [1957] 3892, 3894).

F: 29,5–32° (*Cope et al.*, J. org. Chem. **34** [1969] 2229).

Beim Erhitzen mit Hydrazin-hydrat und Kaliumhydroxid in Diäthylenglykol ist 9-Oxa-bicyclo[4.2.1]nonan erhalten worden (*Co., An.*).

(±)-3-Oxa-bicyclo[3.3.1]nonan-2-on, (±)-*cis*-3-Hydroxymethyl-cyclohexancarbonsäure-lacton $C_8H_{12}O_2$, Formel IV.

Diese Verbindung hat vermutlich als Hauptbestandteil in dem nachstehend beschriebenen Präparat vorgelegen.

B. Bei der Hydrierung von Cyclohexan-*cis*-1,3-dicarbonsäure-anhydrid an einem Nickel-Katalysator bei 280° (*Komppa et al.*, A. **521** [1936] 242, 258).

E: −10° bis −5°. Kp_{762}: 230–231°; Kp_8: 111–113°. D_4^{20}: 1,040–1,043. n_D^{20}: 1,463 bis 1,465.

3-Oxa-bicyclo[3.3.1]nonan-9-on $C_8H_{12}O_2$, Formel V.

B. Beim Behandeln von 3-Oxa-bicyclo[3.3.1]nonan-9*anti*-ol in Äther mit Chrom(VI)-oxid und wss. Essigsäure (*Blomquist, Wolinsky*, Am. Soc. **79** [1957] 6025, 6029).

F: 154—157° [unkorr.] (durch Sublimation gereinigtes Präparat).

3-Oxa-bicyclo[3.3.1]nonan-9-on-[2,4-dinitro-phenylhydrazon] $C_{14}H_{16}N_4O_5$, Formel VI ($X = NH\text{-}C_6H_3(NO_2)_2$).

B. Aus 3-Oxa-bicyclo[3.3.1]nonan-9-on und [2,4-Dinitro-phenyl]-hydrazin (*Blomquist, Wolinsky*, Am. Soc. **79** [1957] 6025, 6029).

Orangegelbe Krystalle (aus A.); F: 220—221° [unkorr.].

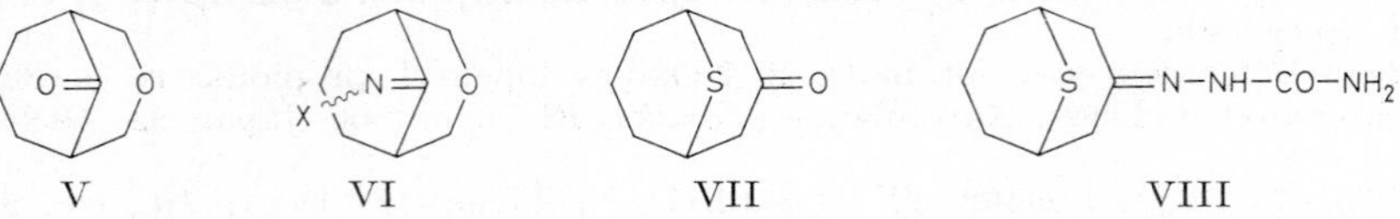

V VI VII VIII

3-Oxa-bicyclo[3.3.1]nonan-9-on-semicarbazon $C_9H_{15}N_3O_2$, Formel VI ($X = NH\text{-}CO\text{-}NH_2$).

B. Aus 3-Oxa-bicyclo[3.3.1]nonan-9-on und Semicarbazid (*Blomquist, Wolinsky*, Am. Soc. **79** [1957] 6025, 6029).

Krystalle (aus wss. A.); F: 222° [unkorr.; nach Zers. von 200° an].

9-Thia-bicyclo[3.3.1]nonan-3-on $C_8H_{12}OS$, Formel VII.

B. Beim Erwärmen von Pseudopelletierin-methojodid (9,9-Dimethyl-3-oxo-9-azonia-bicyclo[3.3.1]nonan-jodid) mit wss. Natriumsulfid-Lösung (*Horák et al.*, Acta chim. hung. **21** [1959] 97, 100).

Krystalle (aus Ae. + PAe.); F: 210—211° [Kofler-App.; geschlossene Kapillare]. Bei 100°/20 Torr sublimierbar.

9-Thia-bicyclo[3.3.1]nonan-3-on-semicarbazon $C_9H_{15}N_3OS$, Formel VIII.

B. Aus 9-Thia-bicyclo[3.3.1]nonan-3-on und Semicarbazid (*Horák et al.*, Acta chim. hung. **21** [1959] 97, 101).

Krystalle (aus Me.); F: 230—233° [Zers.; Kofler-App.].

4-Methyl-6-oxa-bicyclo[3.2.1]octan-7-on, 3-Hydroxy-4-methyl-cyclohexancarbonsäure-lacton $C_8H_{12}O_2$, Formel IX.

Eine ursprünglich (*Lehmann, Paasche*, B. **68** [1935] 1068, 1070) unter dieser Konstitution beschriebene Verbindung (F: 69°) ist als 4*c*-Hydroxy-4*t*-methyl-cyclohexan-*r*-carbonsäure-lacton zu formulieren (*Noyce et al.*, J. org. Chem. **26** [1961] 2101).

(±)-5-Methyl-6-oxa-bicyclo[3.2.1]octan-7-on, (±)-3*c*-Hydroxy-3*t*-methyl-cyclohexan-*r*-carbonsäure-lacton $C_8H_{12}O_2$, Formel X (H 257).

B. Beim Erhitzen von (±)-3*c*-Hydroxy-3*t*-methyl-cyclohexan-*r*-carbonsäure unter vermindertem Druck (*Boorman, Linstead*, Soc. **1935** 258, 265; s. dazu *Mousseron et al.*, C. r. **247** [1958] 382, 385).

Krystalle; F: 45° (*Bo., Li.*). Kp_{20}: 120—121° (*Bo., Li.*).

H3C O O — H3C O O — O H3C H3C O — CH3 O O

IX X XI XII

(±)-6,6-Dimethyl-3-oxa-norpinan-2-on, (±)-3*c*-Hydroxymethyl-2,2-dimethyl-cyclobutan-*r*-carbonsäure-lacton $C_8H_{12}O_2$, Formel XI.

B. Beim Erwärmen von (±)-3*c*-Jodmethyl-2,2-dimethyl-cyclobutan-*r*-carbonsäure mit wss. Natronlauge und Sublimieren des Reaktionsprodukts unter vermindertem Druck (*Trave, Cignarella*, Rend. Ist. lomb. **91** [1957] 329, 336, 343).

Krystalle; F: 100–101° [nach Erweichen bei 89–91°] (durch Sublimation gereinigtes Präparat).

Beim Erwärmen mit wss. Natronlauge ist 3*c*-Hydroxymethyl-2,2-dimethyl-cyclobutan-*r*-carbonsäure (F: 126°) erhalten worden.

1-Methyl-2-oxa-bicyclo[2.2.2]octan-3-on, 4*c*-Hydroxy-4*t*-methyl-cyclohexan-*r*-carbonsäure-lacton $C_8H_{12}O_2$, Formel XII.

Diese Konstitution kommt auch einer ursprünglich (*Lehmann, Paasche*, B. **68** [1935] 1068, 1070) als 3-Hydroxy-4-methyl-cyclohexancarbonsäure-lacton formulierten Verbindung (F: 69°) zu (*Noyce et al.*, J. org. Chem. **26** [1961] 2101).

B. Neben 4-Methyl-cyclohex-3-encarbonsäure (Hauptprodukt) beim Erhitzen von Isopren mit Acrylsäure bis auf 110° (*Le., Pa.*; s. a. *Mousseron et al.*, C. r. **247** [1958] 382, 385). Beim Erhitzen von 4*c*-Hydroxy-4*t*-methyl-cyclohexan-*r*-carbonsäure (*Pascual, Coll*, An. Soc. españ. [B] **49** [1953] 547, 548, 551).

Krystalle; F: 69–71° [aus Ae.] (*Pa., Coll*), 69° [aus PAe. + Ae.] (*Le., Pa.*; *Mo. et al.*).

Oxo-Verbindungen $C_9H_{14}O_2$

6-Methyl-5-propyl-3,4-dihydro-pyran-2-on, 5-Hydroxy-4-propyl-hex-4*t*-ensäure-lacton $C_9H_{14}O_2$, Formel I.

B. Beim Erhitzen von (±)-4-Acetyl-heptansäure mit Acetylchlorid oder mit Acetanhydrid (*Schuscherina et al.*, Ž. obšč. Chim. **29** [1959] 398, 400, 401; engl. Ausg. S. 401, 402, 403).

Kp_3: 84–85°. D_4^{20}: 1,0054. n_D^{20}: 1,4684.

(±)-4-Methyl-6-propyl-3,6-dihydro-pyran-2-on, (±)-5-Hydroxy-3-methyl-oct-3*c*-ensäure-lacton $C_9H_{14}O_2$, Formel II.

B. Beim Einleiten von Keten in eine Borfluorid enthaltende Lösung von Hept-3*t*(?)-en-2-on (E IV **1** 3481) in Äther (*Young*, Am. Soc. **71** [1949] 1346).

$Kp_{3,5}$: 111° [unkorr.]. $D_{15,6}^{20}$: 1,002. n_D^{30}: 1,4660.

I II III IV

(±)-4-Methyl-6-propyl-5,6-dihydro-pyran-2-on, (±)-5-Hydroxy-3-methyl-oct-2*c*-ensäure-lacton $C_9H_{14}O_2$, Formel III.

B. Beim Erwärmen von 4-Butyliden-3-methyl-pentendisäure (F: 127–128°) mit Kupfer(II)-acetat in 2,4-Dimethyl-pyridin (*Wiley, Ellert*, Am. Soc. **79** [1957] 2266, 2270).

Kp_7: 124°. n_D^{30}: 1,4821.

6-Äthyl-4,4-dimethyl-3,4-dihydro-pyran-2-on, 5-Hydroxy-3,3-dimethyl-hept-4*t*-ensäure-lacton $C_9H_{14}O_2$, Formel IV.

B. Beim Erwärmen von 3,3-Dimethyl-5-oxo-heptansäure mit Acetylchlorid (*Desai*, Soc. **1932** 1079, 1082).

Kp_{20}: 99°.

1-[4,5-Dihydro-[2]furyl]-pentan-2-on $C_9H_{14}O_2$, Formel V, und **1-[4,5-Dihydro-[2]furyl]-pent-1-en-2-ol** $C_9H_{14}O_2$, Formel VI.

Die nachstehend beschriebene Verbindung liegt wahrscheinlich überwiegend als 1-[4,5-

Dihydro-[2]furyl]-pent-1-en-2-ol (Formel VI) vor (*Cannon et al.*, J. org. Chem. **17** [1952] 1245, 1246).

B. Beim Eintragen von Pentan-2-on und von äther. 4-Hydroxy-buttersäure-lacton-Lösung in eine Suspension von Natriumamid in Äther und Erhitzen des Reaktionsprodukts (*Ca. et al.*, l. c. S. 1248, 1249).

F: 13°. Kp: 87–88°. D_4^{25}: 1,0060. n_D^{25}: 1,4888.

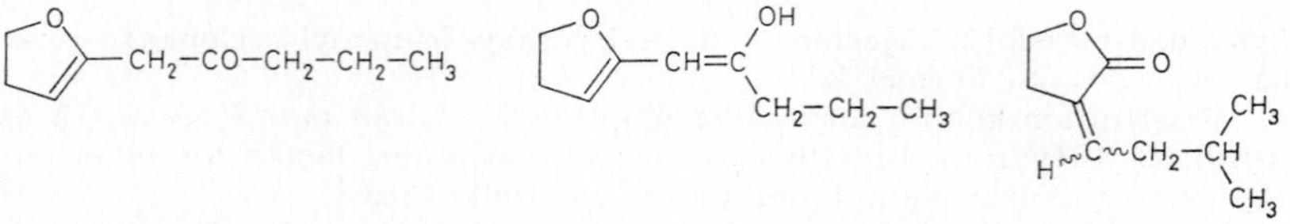

V VI VII

3-[(Ξ)-Isopentyliden]-dihydro-furan-2-on, 2-[2-Hydroxy-äthyl]-5-methyl-hex-2ξ-ensäure-lacton $C_9H_{14}O_2$, Formel VII.

B. Beim Behandeln von 4-Hydroxy-buttersäure-lacton mit Isovaleraldehyd und Natriummethylat in Benzol (*Zimmer, Rothe*, J. org. Chem. **24** [1959] 28, 30, 31).

Kp_3: 99–100°. n_D^{20}: 1,4751.

(±)-3-Butyl-5-methyl-3*H*-furan-2-on, (±)-2-Butyl-4-hydroxy-pent-3*t*-ensäure-lacton $C_9H_{14}O_2$, Formel VIII.

B. Beim Erwärmen von Butyl-prop-2-inyl-malonsäure oder von (±)-2-Butyl-pent-4-insäure mit Zinkcarbonat (*Schulte et al.*, Ar. **291** [1958] 227, 235).

Kp_{14}: 102,5–106°; n_D^{20}: 1,4546.

Charakterisierung durch Überführung in (±)-2-Butyl-4-semicarbazono-valeriansäure (F: 170,5°) und in (±)-2-Butyl-4-oxo-valeriansäure-anilid (F: 99,5°): *Sch. et al.*

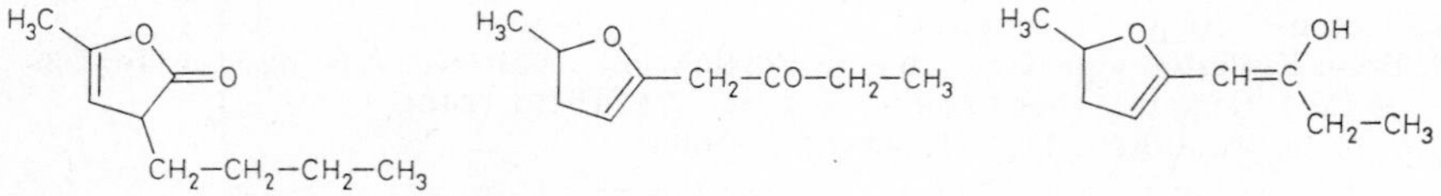

VIII IX X

(±)-1-[5-Methyl-4,5-dihydro-[2]furyl]-butan-2-on $C_9H_{14}O_2$, Formel IX, und **(±)-1-[5-Methyl-4,5-dihydro-[2]furyl]-but-1-en-2-ol** $C_9H_{14}O_2$, Formel X.

Die nachstehend beschriebene Verbindung liegt wahrscheinlich überwiegend als (±)-1-[5-Methyl-4,5-dihydro-[2]furyl]-but-1-en-2-ol (Formel X) vor (*Cannon et al.*, J. org. Chem. **17** [1952] 1245, 1246).

B. Beim Eintragen von Butanon und von äther. (±)-4-Hydroxy-valeriansäure-lacton-Lösung in eine Suspension von Natriumamid in Äther und Erhitzen des Reaktionsprodukts (*Ca. et al.*, l. c. S. 1248, 1249).

Kp_4: 90–91°. n_D^{25}: 1,485.

(±)-3-Isobutyl-5-methyl-3*H*-furan-2-on, (±)-4-Hydroxy-2-isobutyl-pent-3*t*-ensäure-lacton $C_9H_{14}O_2$, Formel XI.

B. Beim Erwärmen von Isobutyl-prop-2-inyl-malonsäure mit Zinkcarbonat (*Schulte et al.*, Ar. **291** [1958] 227, 235).

Kp_{18}: 102,5–105,5°. n_D^{20}: 1,4518.

Charakterisierung durch Überführung in (±)-2-Isobutyl-4-semicarbazono-valeriansäure (F: 189° [Zers.]): *Sch. et al.*

4,4-Dimethyl-5-[(Ξ)-propyliden]-dihydro-furan-2-on, 4-Hydroxy-3,3-dimethyl-hept-4ξ-ensäure-lacton $C_9H_{14}O_2$, Formel XII.

B. Beim Erwärmen von 3,3-Dimethyl-4-oxo-heptansäure mit Acetanhydrid (*Huang*,

Soc. **1957** 1342, 1346).

Bei 60°/0,5 Torr destillierbar. n_D^{24}: 1,4568.

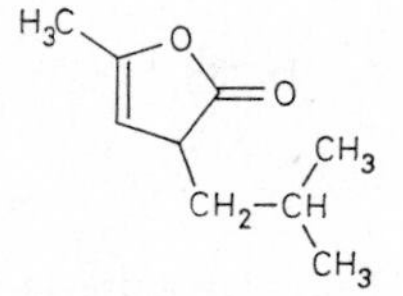

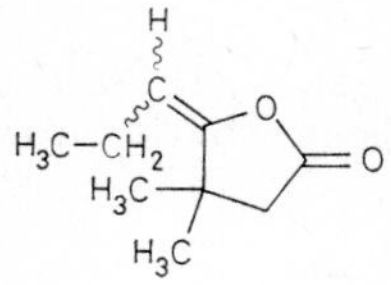

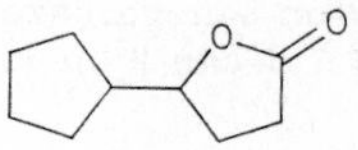

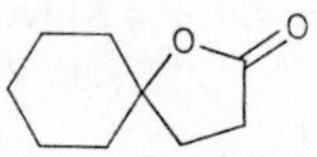

XI XII XIII XIV

***Opt.-inakt. 5-Cyclopentyl-dihydro-furan-2-on, 4-Cyclopentyl-4-hydroxy-buttersäure-lacton** $C_9H_{14}O_2$, Formel XIII.

B. Neben 4-Cyclopentyl-buttersäure (Hauptprodukt) bei der Hydrierung von (±)-5-Cyclopent-1-enyl-dihydro-furan-2-on an Platin in Äthanol (*English, Dayan*, Am. Soc. **72** [1950] 4187).

Kp_5: 126° [korr.]. n_D^{20}: 1,4751.

1-Oxa-spiro[4.5]decan-2-on, 3-[1-Hydroxy-cyclohexyl]-propionsäure-lacton $C_9H_{14}O_2$, Formel XIV (vgl. E II 300).

In dem früher (E II 300) beschriebenen Präparat hat ein Gemisch von 3-[1-Hydroxy-cyclohexyl]-propionsäure-lacton und 3-Cyclohexyliden-propionsäure vorgelegen (*Linstead et al.*, Soc. **1937** 1136, 1138).

B. Beim Behandeln von 3-Cyclohexyliden-propionsäure mit 50%ig. wss. Schwefelsäure (*Li. et al.*, l. c. S. 1140). Beim Behandeln einer Lösung von 3-[1-Hydroxy-cyclohexyl]-propionaldehyd-diäthylacetal in Äther mit Kaliumdichromat und wss. Schwefelsäure (*Raunio, Schroeder*, J. org. Chem. **22** [1957] 570). Beim Erhitzen von 3-[1-Nitro-cyclohexyl]-propionitril mit wss. Salzsäure (*Rohm & Haas Co.*, U.S.P. 2839538 [1953]). Als Hauptprodukt bei der Hydrierung von [1-Hydroxy-cyclohexyl]-propiolsäure an Platin in Äthylacetat (*Mathieson*, Soc. **1951** 177, 179). Beim Behandeln von 1-But-3-enyl-cyclohexanol mit wss. Kaliumpermanganat-Lösung (*Li. et al.*, l. c. S. 1139). Als Hauptprodukt beim Erhitzen von (±)-2-Oxo-1-oxa-spiro[4.5]decan-4-carbonsäure mit wenig Kaliumhydrogensulfat auf 220° (*Johnson, Hunt*, Am. Soc. **72** [1950] 935, 937).

Krystalle, F: 28–29° [aus Bzn.] (*Ma.*), 26° (*Ra., Sch.*); Krystalle (aus PAe.) vom F: 20,5–22°, die sich beim Aufbewahren in eine bei 26–27° schmelzende Modifikation umwandeln (*Jo., Hunt*). $Kp_{0,3}$: 49°; n_D^{30}: 1,4772 (*Ra., Sch.*).

Überführung in 4,5,6,7-Tetrahydro-indan-1-on durch Erwärmen mit Phosphor(V)-oxid und Benzol: *Ma.*, l. c. S. 178, 180.

1-Oxa-spiro[4.5]decan-3-on $C_9H_{14}O_2$, Formel I.

B. Beim Erwärmen von 3-[1-Hydroxy-cyclohexyl]-prop-2-inol mit Quecksilber(II)-sulfat und Wasser (*Colonge et al.*, Bl. **1958** 211, 217).

Kp_{20}: 105–106°. D_4^{20}: 1,070. $n_D^{23,5}$: 1,4786.

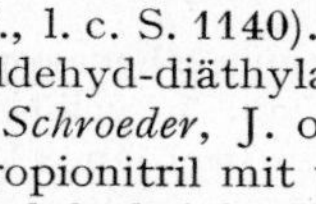

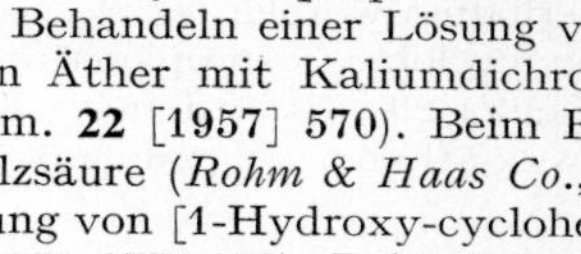

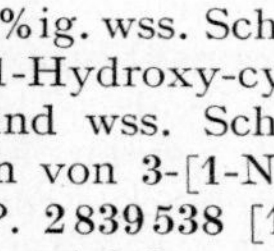

I II III

1-Oxa-spiro[4.5]decan-3-on-semicarbazon $C_{10}H_{17}N_3O_2$, Formel II.

B. Aus 1-Oxa-spiro[4.5]decan-3-on und Semicarbazid (*Colonge et al.*, Bl. **1958** 211, 217).

F: 174° [aus A.].

6-Oxa-spiro[4.5]decan-9-on $C_9H_{14}O_2$, Formel III.

B. Beim Behandeln von (±)-6-Oxa-spiro[4.5]decan-9-ol mit Kaliumdichromat und konz. Schwefelsäure (*Hanschke*, B. **88** [1955] 1053, 1060).

Kp_{10}: 100–102°. D_4^{20}: 1,0251. n_D^{20}: 1,4820.

6-Oxa-spiro[4.5]decan-9-on-semicarbazon $C_{10}H_{17}N_3O_2$, Formel IV.

B. Aus 6-Oxa-spiro[4.5]decan-9-on und Semicarbazid (*Hanschke*, B. **88** [1955] 1053, 1060).

F: 189° [aus A.].

***Opt.-inakt. Hexahydro-chroman-2-on, 3-[2-Hydroxy-cyclohexyl]-propionsäure-lacton** $C_9H_{14}O_2$, Formel V.

B. Bei der Hydrierung von Cumarin an Raney-Nickel in Methylcyclohexan bei 250°/100–200 at (*de Benneville, Connor*, Am. Soc. **62** [1940] 283, 286; s. a. *Nakabayashi*, J. pharm. Soc. Japan **74** [1954] 895, 896; C. A. **1955** 10941). Aus 3-[2-Oxo-cyclohexyl]-propionsäure bei der Hydrierung an Platin in Äthanol (*Cook, Lawrence*, Soc. **1937** 817, 823), bei der Hydrierung des Natrium-Salzes an Raney-Nickel in wss. Natronlauge bei 90°/125 at (*Frank, Pierle*, Am. Soc. **73** [1951] 724, 728), bei der Behandlung mit Natriumboranat und wss. Natriumhydrogencarbonat-Lösung (*Dev, Rai*, J. Indian chem. Soc. **34** [1957] 266, 267, 273) sowie bei der Behandlung mit Wasser und Natrium-Amalgam (*Nenitzescu, Przemetzky*, B. **74** [1941] 676, 679, 686).

Kp_{16}: 144–146°; D_4^{24}: 1,0999; n_D^{24}: 1,4970 (*de Be., Co.*). $Kp_{1,5}$: 110–112°; $D_4^{25,5}$: 1,072; $n_D^{25,5}$: 1,4815 (*Dev, Rai*). Kp_1: 110°; D_{20}^{20}: 1,096; n_D^{20}: 1,4912 (*Fr., Pi.*).

Bei der Hydrierung an Raney-Nickel in Methylcyclohexan bei 250°/100–200 at ist Hexahydrochroman, bei der Hydrierung an Kupferoxid-Chromoxid in Methylcyclohexan bei 250°/200 at sind 2-[3-Hydroxy-propyl]-cyclohexanol (E III **6** 4102; Hauptprodukt) und 3-Cyclohexyl-propan-1-ol erhalten worden (*de Be., Co.*).

Ein ebenfalls als 3-[2-Hydroxy-cyclohexyl]-propionsäure-lacton angesehenes opt.-inakt. Präparat (Krystalle [aus Bzn.]; F: 29–30°) ist beim Erhitzen von 3-Cyclohex-1-enyl-propionsäure-äthylester mit wss.-äthanol. Natronlauge erhalten worden (*Mathieson*, Soc. **1951** 177, 179, 180).

(±)-*trans*-Hexahydro-thiochroman-4-on $C_9H_{14}OS$, Formel VI + Spiegelbild.

Konfigurationszuordnung: *van Bruijnsvoort et al.*, Tetrahedron Letters **1972** 1737.

B. Beim Behandeln von opt.-inakt. 3-Brom-1-[2-chlor-cyclohexyl]-propan-1-on (aus 3-Brom-propionylchlorid und Cyclohexen mit Hilfe von Zinn(IV)-chlorid hergestellt) mit Natriumsulfid in Äther und Methanol (*Traverso*, Ann. Chimica **45** [1955] 657, 666).

Bei 95–115°/1 Torr destillierbar.

2,4-Dinitro-phenylhydrazon s. u.

H2N–CO–NH~N

IV V VI VII

(±)-*trans*-Hexahydro-thiochroman-4-on-[2,4-dinitro-phenylhydrazon] $C_{15}H_{18}N_4O_4S$, Formel VII + Spiegelbild.

B. Aus (±)-*trans*-Hexahydro-thiochroman-4-on und [2,4-Dinitro-phenyl]-hydrazin (*Traverso*, Ann. Chimica **45** [1955] 657, 667).

F: 233°.

Hexahydro-isochroman-3-on, [2-Hydroxymethyl-cyclohexyl]-essigsäure-lacton $C_9H_{14}O_2$.

a) **(±)-*cis*-Hexahydro-isochroman-3-on** $C_9H_{14}O_2$, Formel VIII + Spiegelbild.

B. Bei 10-tägigem Behandeln von *cis*-Hexahydro-indan-2-on mit Peroxybenzoesäure

und Chloroform unter Lichtausschluss (*Stork, Hill*, Am. Soc. **79** [1957] 495, 499).
Kp_4: 115—120°.

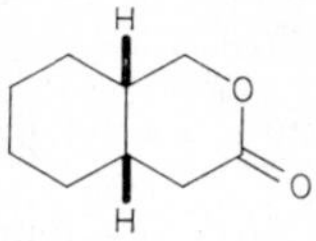

VIII 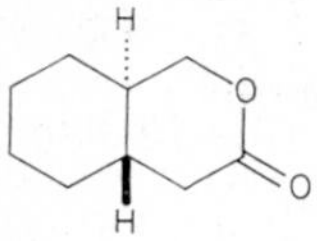 IX 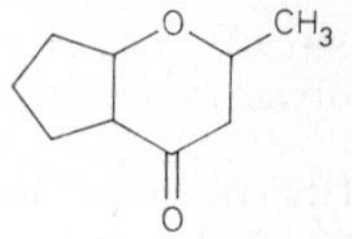 X 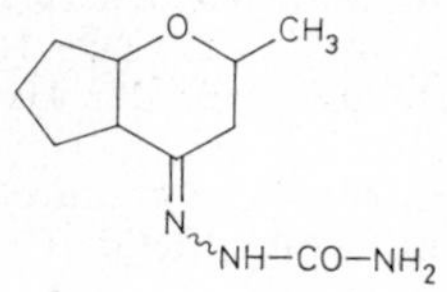 XI

b) **(±)-*trans*-Hexahydro-isochroman-3-on** $C_9H_{14}O_2$, Formel IX + Spiegelbild.

B. Bei 2-tägigem Behandeln von (±)-*trans*-Hexahydro-indan-2-on mit Peroxybenzoe= säure und Chloroform unter Lichtausschluss (*van Tamelen et al.*, Am. Soc. **78** [1956] 4628, 4631). Präparate, in denen vermutlich Gemische mit dem unter a) beschriebenen Stereoisomeren vorgelegen haben, sind bei der Hydrierung von (±)-1,5,6,7,8,8a-Hexa= hydro-isochromen-3-on an Raney-Nickel in Äthanol bei 80°/100 at (*Korte et al.*, Tetra= hedron **6** [1959] 201, 202, 210) sowie beim Erhitzen von (±)-[*cis*-2-Äthoxymethyl-cyclo= hexyl]-acetonitril oder von (±)-[*trans*-2-Äthoxymethyl-cyclohexyl]-acetonitril mit wss. Schwefelsäure (*Ali, Owen*, Soc. **1958** 2111, 2116) erhalten worden.

Krystalle, F: 38,5°; $Kp_{0,1}$: 102—104° (*v. Ta. et al.*).

***Opt.-inakt. 2-Methyl-hexahydro-cyclopenta[*b*]pyran-4-on** $C_9H_{14}O_2$, Formel X.

B. Beim Behandeln von 1-Cyclopent-1-enyl-but-2-en-1-on (E III **7** 547) mit wss. Phosphorsäure (*Nasarow, Burmištrowa*, Izv. Akad. S.S.S.R. Otd. chim. **1947** 51, 59; C. A. **1948** 7732; *Braude, Forbes*, Soc. **1953** 2208, 2216).

Kp_4: 72—73°; D_4^{20}: 1,0438; n_D^{20}: 1,4802 (*Na., Bu.*). $Kp_{0,1}$: 62°; n_D^{24}: 1,4861 (*Br., Fo.*).

***Opt.-inakt. 2-Methyl-hexahydro-cyclopenta[*b*]pyran-4-on-semicarbazon** $C_{10}H_{17}N_3O_2$, Formel XI.

B. Aus dem im vorangehenden Artikel beschriebenen Keton und Semicarbazid (*Nasarow, Burmištrowa*, Izv. Akad. S.S.S.R. Otd. chim. **1947** 51, 60; C. A. **1948** 7732; *Braude, Forbes*, Soc. **1953** 2208, 2216).

Krystalle (aus A.); F: 182° (*Br., Fo.*), 181—182° (*Na., Bu.*). UV-Absorptionsmaximum (A.): 228 nm (*Br., Fo.*).

***Opt.-inakt. 4-Methyl-hexahydro-cyclopenta[*b*]pyran-2-on, 3-[2-Hydroxy-cyclopentyl]-buttersäure-lacton** $C_9H_{14}O_2$, Formel XII.

B. Beim Behandeln von opt.-inakt. 3-[2-Oxo-cyclopentyl]-buttersäure ($Kp_{1,9}$: 154° bis 155°; $n_D^{25,5}$: 1,4790) mit wss. Natronlauge und anschliessend mit Raney-Nickel und Behandeln der Reaktionslösung mit warmer wss. Schwefelsäure (*Jacob, Dev*, J. Indian chem. Soc. **36** [1959] 429, 431).

$Kp_{2,5}$: 124—125° [unkorr.]. $D_4^{29,5}$: 1,0470. $n_D^{29,5}$: 1,4785.

***Opt.-inakt. 4-Methyl-hexahydro-cyclopenta[*c*]pyran-3-on, 2-[2-Hydroxymethyl-cyclo= pentyl]-propionsäure-lacton** $C_9H_{14}O_2$, Formel XIII.

B. Bei der Hydrierung von (±)-4-Methyl-5,6,7,7a-tetrahydro-1*H*-cyclopenta[*c*]pyran-3-on an Raney-Nickel in Äthanol bei 95°/100 at (*Korte et al.*, Tetrahedron **6** [1959] 201, 202, 206, 211).

$Kp_{0,01}$: 71—72°. UV-Absorptionsmaximum (Me.): 210 nm.

3-Methyl-hexahydro-benzofuran-2-on, 2-[2-Hydroxy-cyclohexyl]-propionsäure-lacton $C_9H_{14}O_2$.

a) **(±)-3ξ-Methyl-(3a*r*,7a*c*)-hexahydro-benzofuran-2-on, (±)(Ξ)-2-[(1Ξ)-*cis*-2-Hydroxy-cyclohexyl]-propionsäure-lacton** $C_9H_{14}O_2$, Formel XIV + Spiegelbild.

Die konfigurative Einheitlichkeit des nachstehend beschriebenen Präparats ist ungewiss (s. *Herz, Glick,* J. org. Chem. **29** [1964] 613, 614; *Das Gupta et al.*, Helv. **55** [1972] 2198, 2200).

B. Beim Erwärmen von (±)-2-Cyclohex-1-enyl-propionsäure-äthylester mit wss. Schwefelsäure (*Charlesworth et al.*, Canad. J. Chem. **37** [1959] 877, 879).

Kp_{11}: 131—134°; D_4^{20}: 1,0589; n_D^{20}: 1,4756 (*Ch. et al.*).

Geschwindigkeit der Hydrolyse in wss. Natronlauge (0,08n) bei 20°: *Ch. et al.*, l. c. S. 878.

Charakterisierung durch Überführung in (±)(Ξ)-2-[(1Ξ)-*cis*-2-Hydroxy-cyclohexyl]-propionsäure-hydrazid (F: 136—137°): *Ch. et al.*, l. c. S. 880.

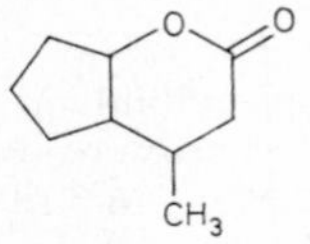

XII 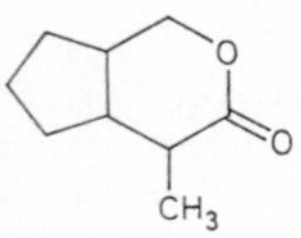 XIII 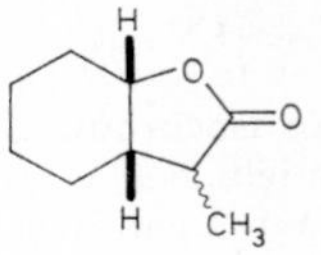 XIV 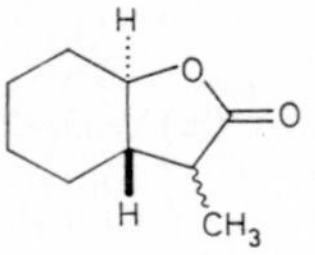 XV

b) **(±)-3ξ-Methyl-(3a*r*,7a*t*)-hexahydro-benzofuran-2-on, (±)(Ξ)-2-[(1Ξ)-*trans*-2-Hydroxy-cyclohexyl]-propionsäure-lacton** $C_9H_{14}O_2$, Formel XV + Spiegelbild.

Die konfigurative Einheitlichkeit des nachstehend beschriebenen Präparats ist ungewiss (s. *Herz, Glick,* J. org. Chem. **29** [1964] 613, 614).

B. Beim Erwärmen von 1,2-Epoxy-cyclohexan mit Malonsäure-diäthylester und Natriumäthylat in Äthanol, Erwärmen des Reaktionsprodukts mit Methyljodid und Benzol, anschliessenden Erhitzen mit wss. Natronlauge und Erhitzen des danach isolierten Reaktionsprodukts auf 220° (*McRae et al.*, Canad. J. Res. [B] **21** [1943] 1, 11). Beim Erhitzen von (±)-2-[1-Hydroxy-cyclohexyl]-propionsäure-äthylester mit wss. Salzsäure (*Charlesworth et al.*, Canad. J. Res. [B] **21** [1943] 55, 62).

Kp_{10}: 125—128°; D_4^{20}: 1,0519; n_D^{20}: 1,4719 (*Charlesworth et al.*, Canad. J. Chem. **37** [1959] 877, 878).

Geschwindigkeit der Hydrolyse in wss. Natronlauge (0,08n) bei 20°: *Ch. et al.*, Canad. J. Chem. **37** 878.

Charakterisierung durch Überführung in (±)(Ξ)-2-[(1Ξ)-*trans*-2-Hydroxy-cyclohexyl]-propionsäure-hydrazid (F: 191—192°): *Ch. et al.*, Canad. J. Chem. **37** 880.

***Opt.-inakt. 7-Brom-3-methyl-hexahydro-benzofuran-2-on, 2-[3-Brom-2-hydroxy-cyclohexyl]-propionsäure-lacton** $C_9H_{13}BrO_2$, Formel I.

B. Als Hauptprodukt neben 2-[2,3-Dibrom-cyclohexyl]-propionsäure (F: 157°) beim Behandeln von opt.-inakt. 2-Cyclohex-2-enyl-propionsäure (Kp_{15}: 143—150°) mit Brom in Chloroform und Behandeln des Reaktionsgemisches mit wss. Natriumhydrogencarbonat-Lösung (*Abe, Sumi,* J. pharm. Soc. Japan **72** [1952] 652, 654; C. A. **1953** 6358).

Krystalle (aus Me.); F: 105°.

7-Methyl-hexahydro-benzofuran-2-on, [2-Hydroxy-3-methyl-cyclohexyl]-essigsäure-lacton $C_9H_{14}O_2$, Formel II.

Diese Konstitution wird der nachstehend beschriebenen opt.-inakt. Verbindung zugeordnet.

B. Beim Erhitzen von (±)-2-Methyl-cyclohexanon mit Mesoxalsäure-diäthylester, anschliessenden Erwärmen mit Acetylchlorid, Hydrieren des Reaktionsprodukts und Erhitzen des erhaltenen Hydrierungsprodukts (*Byk-Guldenwerke*, D.R.P. 590238 [1929]; Frdl. **20** 933).

Kp_{16}: 143—145°.

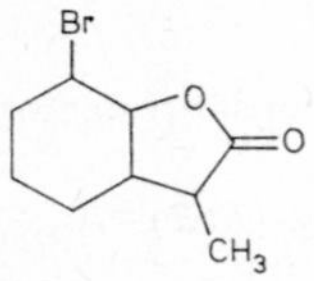

I 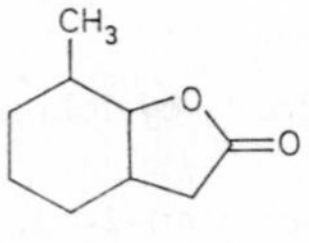 II 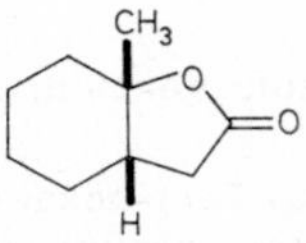 III 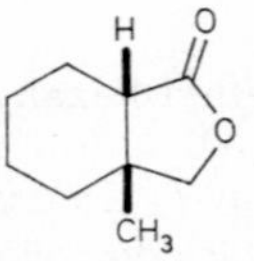 IV

(±)-7a-Methyl-*cis*-hexahydro-benzofuran-2-on, (±)-[2*c*-Hydroxy-2*t*-methyl-cyclohex-*r*-yl]-essigsäure-lacton $C_9H_{14}O_2$, Formel III + Spiegelbild (E II 300; dort als 2-Oxo-8-methyl-oktahydro-cumaron bezeichnet).

Über die Konfiguration s. *Ficini, Maujean*, Bl. **1971** 219, 221.

B. Beim Behandeln von (±)-[2-Oxo-cyclohexyl]-essigsäure-äthylester mit Methyl=magnesiumjodid in Äther und Benzol (*Linstead, Millidge*, Soc. **1936** 478, 484 Anm.; *Fi., Ma.*, l. c. S. 220, 225).

Kp_{15}: 140–141° (*Li., Mi.*); $Kp_{0,7}$: 90° (*Fi., Ma.*). n_D^{17}: 1,4832 (*Fi., Ma.*).

(±)-3a-Methyl-*cis*-hexahydro-isobenzofuran-1-on, (±)-2*c*-Hydroxymethyl-2*t*-methyl-cyclohexan-*r*-carbonsäure-lacton $C_9H_{14}O_2$, Formel IV + Spiegelbild.

B. Beim Behandeln von (±)-1-Methyl-cyclohexan-1*r*,2*c*-dicarbonsäure-anhydrid mit Lithiumalanat in Tetrahydrofuran bei –55° (*Bloomfield, Lee*, J. org. Chem. **32** [1967] 3919, 3922, 3924; s. a. *Linstead, Millidge*, Soc. **1936** 478, 485).

F: 49,8–50,6° [aus PAe.] (*Bl., Lee*).

Beim Erhitzen mit Kaliumcyanid auf 280° und Erhitzen des Reaktionsprodukts mit wss. Salzsäure ist [1-Methyl-2*c*-carboxy-cyclohex-*r*-yl]-essigsäure erhalten worden (*Li., Mi.*).

(±)-7a-Methyl-*cis*-hexahydro-isobenzofuran-1-on, (±)-2*c*-Hydroxymethyl-1-methyl-cyclohexan-*r*-carbonsäure-lacton $C_9H_{14}O_2$, Formel V + Spiegelbild.

B. Beim Behandeln von (±)-1-Methyl-cyclohexan-1*r*,2*c*-dicarbonsäure-2-methylester in Äthanol mit Natrium und flüssigem Ammoniak (*Armarego*, Soc. [C] **1971** 1812, 1816; s. a. *Linstead, Millidge*, Soc. **1936** 478, 485).

F: 39–40°; Kp_5: 80° (*Ar.*).

7,7-Dimethyl-3-oxa-bicyclo[4.2.0]octan-2-on, 2-[2-Hydroxy-äthyl]-3,3-dimethyl-cyclo=butancarbonsäure-lacton $C_9H_{14}O_2$, Formel VI.

Eine rechtsdrehende Verbindung dieser Konstitution hat wahrscheinlich in dem nachstehend beschriebenen Präparat vorgelegen.

B. Beim Behandeln von *cis*-Caryophyllensäure-anhydrid ([(1*Ξ*)-2*c*-Carboxy-4,4-di=methyl-cyclobut-*r*-yl]-essigsäure-anhydrid) mit Äthanol und Natrium, zuletzt bei 130° (*Ramage, Simonsen*, Soc. **1937** 73, 75).

Kp_{20}: 142–146°. n_D^{20}: 1,4728.

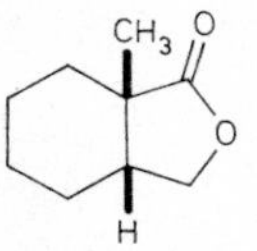

V 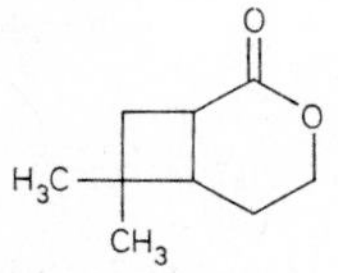 VI 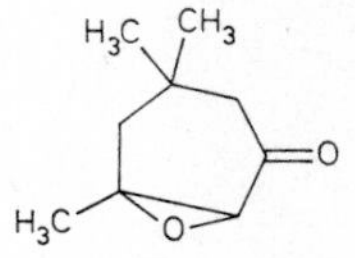 VII 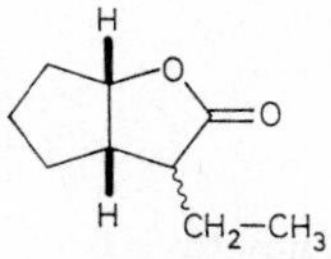 VIII

(±)-2,3-Epoxy-3,5,5-trimethyl-cyclohexanon, (±)-Isophoronoxid $C_9H_{14}O_2$, Formel VII.

B. Beim Behandeln einer Lösung von 3,5,5-Trimethyl-cyclohex-2-enon in Methanol mit wss. Wasserstoffperoxid und wss. Natronlauge (*Treibs*, B. **66** [1933] 1483, 1491; *House, Wasson*, Am. Soc. **79** [1957] 1488, 1489; *Wasson, House*, Org. Synth. Coll. Vol. IV [1963] 58; s. a. *Payne*, J. org. Chem. **24** [1959] 719).

Kp_5: 68–69°; n_D^{20}: 1,4539 (*Pa.*). UV-Absorptionsmaximum (A.): 292 nm (*Ho., Wa.*).

Überführung in 3,5,5-Trimethyl-cyclohexan-1,2-dion durch Behandlung mit wss. Salz=säure: *Pa.* Beim Behandeln mit dem Borfluorid-Äther-Addukt in Benzol sind 1,4,4-Tri=methyl-2-oxo-cyclopentancarbaldehyd (Hauptprodukt), 2,4,4-Trimethyl-cyclopentanon und 3,5,5-Trimethyl-cyclohexan-1,2-dion erhalten worden (*Ho., Wa.*). Bildung von 2-Methoxy-3,5,5-trimethyl-cyclohex-2-enon (Hauptprodukt) und 3,5,5-Trimethyl-cyclo=hexan-1,2-dion beim Erwärmen mit methanol. Kalilauge: *Tr.*

(±)-3ξ-Äthyl-(3a*r*,6a*c*)-hexahydro-cyclopenta[*b*]furan-2-on, (±)(Ξ)-2-[(1Ξ)-*cis*-2-Hydroxy-cyclopentyl]-buttersäure-lacton $C_9H_{14}O_2$, Formel VIII + Spiegelbild.

B. Beim Behandeln von 1,2-Epoxy-cyclopentan mit der Natrium-Verbindung des Äthylmalonsäure-diäthylesters in Äthanol, Erhitzen des Reaktionsgemisches mit wss. Kalilauge und Erhitzen des Reaktionsprodukts unter vermindertem Druck (*Rothstein, Rothstein*, C. r. **209** [1939] 763; s. a. *Rothstein*, Bl. [5] **2** [1935] 80, 85).

Kp_{14}: 128°; $D_4^{19,5}$: 1,0504; $n_D^{19,5}$: 1,4672 (*Ro., Ro.*).

(3a*S*)-3ξ,6*c*-Dimethyl-(3a*r*,6a*c*)-hexahydro-cyclopenta[*c*]furan-1-on, (1*R*)-2*c*-[(Ξ)-1-Hydroxy-äthyl]-5*t*-methyl-cyclopentan-*r*-carbonsäure-lacton $C_9H_{14}O_2$, Formel IX.

Diese Konstitution und Konfiguration kommt dem nachstehend beschriebenen ***cis*-Nepetolacton** zu (*Bates et al.*, Am. Soc. **80** [1958] 3420, 3421).

B. Bei der Hydrierung von Nepetonolacton ((3a*S*)-6*c*-Methyl-3-methylen-(3a*r*,6a*c*)-hexahydro-cyclopenta[*c*]furan-1-on) an Palladium in Äthylacetat (*Ba. et al.*). Neben anderen Verbindungen beim Erwärmen von *cis-trans*-Nepetalacton ((4a*S*)-4,7*c*-Dimethyl-(4a*r*,7a*c*)-5,6,7,7a-tetrahydro-4a*H*-cyclopenta[*c*]pyran-1-on) mit wss. Wasserstoffperoxid und wss. Natronlauge (*McElvain, Eisenbraun*, Am. Soc. **77** [1955] 1599, 1601, 1605).

$Kp_{0,2}$: 74–75°; D_4^{25}: 1,0327; n_D^{25}: 1,4632; $[\alpha]_D^{23}$: −8,4° [$CHCl_3$?] (*McE., Ei.*); n_D^{25}: 1,4652 (*Ba. et al.*).

Beim Erwärmen mit Chrom(VI)-oxid und Essigsäure ist (*S*)-2-Methyl-glutarsäure erhalten worden (*McE., Ei.*). Reaktion mit Phenylmagnesiumbromid in Äther unter Bildung von (1*R*)-1-[(*S*)-1-Hydroxy-äthyl]-2*c*-[α-hydroxy-benzhydryl]-3*t*-methyl-cyclopentan und (1*R*)-1-[(*R*)-1-Hydroxy-äthyl]-2*c*-[α-hydroxy-benzhydryl]-3*t*-methyl-cyclopentan: *McE., Ei.*, l. c. S. 1602, 1605.

7,7-Dimethyl-3-oxa-bicyclo[4.1.1]octan-2-on, 3-[2-Hydroxy-äthyl]-2,2-dimethyl-cyclobutancarbonsäure-lacton $C_9H_{14}O_2$, Formel X.

Eine von *Brus, Peyresblauques* (C. r. **187** [1928] 984) mit Vorbehalt unter dieser Konstitution beschriebene, beim Abbau von (−)-β-Pinen (E III **6** 376) mit Hilfe von Ozon in kleiner Menge erhaltene Verbindung (F: 125–126°) ist wahrscheinlich als (1*R*,1''*R*)-6,6,6'',6''-Tetramethyl-dispiro[norpinan-2,3'-[1,2,4,5]tetroxan-6',2''-norpinan] (Syst. Nr. 3008) zu formulieren (*Overton, Owen*, J.C.S. Perkin I **1973** 226).

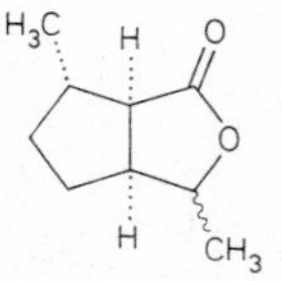

IX 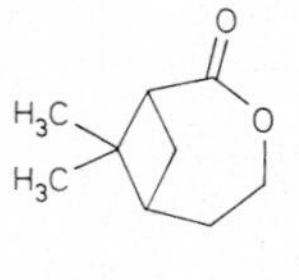 X 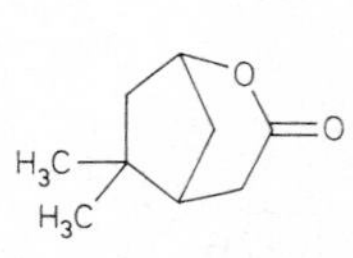 XI 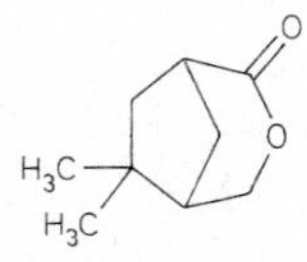 XII

6,6-Dimethyl-2-oxa-bicyclo[3.2.1]octan-3-on, [4-Hydroxy-2,2-dimethyl-cyclopentyl]-essigsäure-lacton $C_9H_{14}O_2$, Formel XI, und **6,6-Dimethyl-3-oxa-bicyclo[3.2.1]octan-2-on, 4-Hydroxymethyl-3,3-dimethyl-cyclopentancarbonsäure-lacton** $C_9H_{14}O_2$, Formel XII.

Diese beiden Konstitutionsformeln kommen für die nachstehend beschriebene Verbindung in Betracht.

B. Beim Behandeln einer Lösung von β-Difenchen (E III **5** 1311) in Tetrachlormethan mit Ozon und Behandeln des Reaktionsprodukts mit Zink-Pulver und Wasser sowie beim Behandeln von (+)-β-Fenchocamphoron [E III **7** 308] mit Peroxomonoschwefelsäure (*Toivonen et al.*, J. pr. [2] **159** [1941] 70, 81, 98, 102).

Krystalle (aus Bzl. + PAe.), F: 118,5°; $[\alpha]_D^{15}$: +16,3° [Bzl.].

(±)-1,8*anti*-Dimethyl-3-oxa-bicyclo[3.2.1]octan-2-on, (±)-3*c*-Hydroxymethyl-1,2*t*-dimethyl-cyclopentan-*r*-carbonsäure-lacton, (±)-Santolid, (±)-Santencampholid $C_9H_{14}O_2$, Formel I + Spiegelbild.

Bei der Hydrierung von (±)-*cis*-Santensäure-anhydrid ((±)-1,2*t*-Dimethyl-cyclopentan-

1*r*,3*c*-dicarbonsäure-anhydrid) an Nickel bei 220—260° (*Komppa*, B. **65** [1932] 1708, 1710; *Enkvist*, J. pr. [2] **137** [1933] 261, 273, 286).

F: 50—51° (*Ko.*), 41—42° [unreines Präparat] (*En.*).

Beim Erhitzen mit Kaliumcyanid auf 230° ist 3-Cyanmethyl-1,2-dimethyl-cyclopentancarbonsäure (F: 105°) erhalten worden (*En.*).

(1Ξ)-4,4-Dimethyl-3-oxa-bicyclo[3.2.1]octan-2-on, (1Ξ)-*cis*-3-[α-Hydroxy-isopropyl]-cyclopentancarbonsäure-lacton, (Ξ)-Dimethylnorcampholid $C_9H_{14}O_2$, Formel II (vgl. H 259; E I 140).

B. Beim Behandeln einer Lösung von [(1*R*,2Ξ)-3,3-Dimethyl-[2]norbornyliden]-essigsäure (F: 126°; $[\alpha]_D$: —78° [$CHCl_3$]) in Chloroform mit Ozon und anschliessenden Behandeln mit Wasser (*Dupont et al.*, Bl. **1951** 1002, 1005).

Krystalle (aus PAe.); F: 96°.

I II III IV V

(±)-1-Äthyl-6-oxa-bicyclo[3.2.1]octan-7-on, (±)-1-Äthyl-3-hydroxy-cyclohexancarbonsäurelacton $C_9H_{14}O_2$, Formel III, und **4-Äthyl-2-oxa-bicyclo[2.2.2]octan-3-on, 1-Äthyl-4-hydroxy-cyclohexancarbonsäure-lacton** $C_9H_{14}O_2$, Formel IV.

Diese beiden Konstitutionsformeln kommen für die nachstehend beschriebene Verbindung in Betracht.

B. Neben 1-Methyl-cyclohexancarbonsäure (Hauptprodukt) beim Behandeln von 2,2-Bis-[4-hydroxy-cyclohexyl]-propan (aus 2,2-Bis-[4-hydroxy-phenyl]-propan durch Hydrierung hergestellt) mit Ameisensäure und Schwefelsäure (*Koch, Haaf*, A. **618** [1958] 251, 266).

Kp_{20}: 130,5°. n_D^{20}: 1,4743.

(±)-1,5-Dimethyl-6-oxa-bicyclo[3.2.1]octan-7-on, (±)-3*c*-Hydroxy-1,3*t*-dimethyl-cyclohexan-*r*-carbonsäure-lacton $C_9H_{14}O_2$, Formel V.

B. Beim Erhitzen von Isopren mit Methacrylsäure-äthylester und wenig Hydrochinon auf 200° und Behandeln des Reaktionsprodukts mit Essigsäure und konz. Schwefelsäure (*Meinwald, Hwang*, Am. Soc. **79** [1957] 2910). Neben 2,2-Dimethyl-6-oxo-heptansäure (Hauptprodukt) beim Behandeln von (±)-α-Cinensäure (2,6,6-Trimethyl-tetrahydro-pyran-2-carbonsäure) mit konz. Schwefelsäure (*Me., Hw.*).

Krystalle (aus PAe.); F: 50—51°.

4,5-Dimethyl-6-oxa-bicyclo[3.2.1]octan-7-on, 3-Hydroxy-3,4-dimethyl-cyclohexancarbonsäure-lacton $C_9H_{14}O_2$.

a) **(±)-4*endo*,5-Dimethyl-6-oxa-bicyclo[3.2.1]octan-7-on, (±)-3*c*-Hydroxy-3*t*,4*c*-dimethyl-cyclohexan-*r*-carbonsäure-lacton** $C_9H_{14}O_2$, Formel VI + Spiegelbild.

B. s. bei dem unter b) beschriebenen Stereoisomeren.

Kp_{20}: 130° (*Mousseron et al.*, C. r. **247** [1958] 382). IR-Spektrum (2—12 μ): *Mo. et al.*, l. c. S. 384.

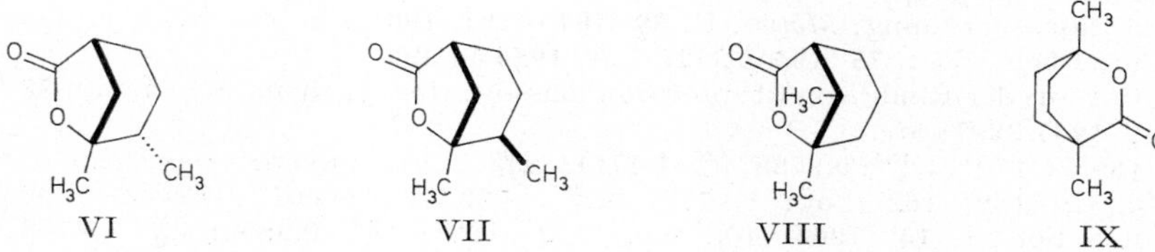

b) **(±)-4*exo*,5-Dimethyl-6-oxa-bicyclo[3.2.1]octan-7-on, (±)-3*c*-Hydroxy-3*t*,4*t*-dimethyl-cyclohexan-*r*-carbonsäure-lacton** $C_9H_{14}O_2$, Formel VII + Spiegelbild.

B. Neben dem unter a) beschriebenen Stereoisomeren beim Erwärmen von (±)-3,4-Dimethyl-cyclohex-3-encarbonsäure mit Ameisensäure (*Mousseron et al.*, C. r. **247** [1958] 382).

F: 85°. IR-Spektrum (2–12 μ): *Mo. et al.*, l. c. S. 384.

(±)-5,8*syn*-Dimethyl-6-oxa-bicyclo[3.2.1]octan-7-on, (±)-3*c*-Hydroxy-2*c*,3*t*-dimethyl-cyclohexan-*r*-carbonsäure-lacton $C_9H_{14}O_2$, Formel VIII.

B. Beim Erwärmen von (±)-2*c*,3-Dimethyl-cyclohex-3-en-*r*-carbonsäure (F: 81°) mit Chlorwasserstoff in Essigsäure (*Kutscherow et al.*, Izv. Akad. S.S.S.R. Otd. chim. **1959** 682, 688; engl. Ausg. S. 652, 657).

Krystalle (aus Ae.); F: 79–80°.

1,4-Dimethyl-2-oxa-bicyclo[2.2.2]octan-3-on, 4*c*-Hydroxy-1,4*t*-dimethyl-cyclohexan-*r*-carbonsäure-lacton $C_9H_{14}O_2$, Formel IX.

B. In kleiner Menge beim Erhitzen von Isopren mit Methacrylsäure-äthylester und wenig Hydrochinon auf 200° und Behandeln des Reaktionsprodukts mit Essigsäure und konz. Schwefelsäure (*Meinwald, Hwang*, Am. Soc. **79** [1957] 2910).

Krystalle (aus PAe.); F: 48–49°. [*Staehle*]

Oxo-Verbindungen $C_{10}H_{16}O_2$

(4*S*,7*Ξ*)-4-Isopropenyl-7-methyl-oxepan-2-on, (3*S*,6*Ξ*)-6-Hydroxy-3-isopropenyl-heptansäure-lacton $C_{10}H_{16}O_2$, Formel X.

Ein Präparat (Kp_2: 93–95°; n_D^{20}: 1,4735) von unbekanntem opt. Drehungsvermögen ist neben kleinen Mengen (1*S*,8*Ξ*)-8,9-Epoxy-*trans*-*p*-menthan-2-on (S. 4353) bei mehrtägigem Behandeln von (–)-Dihydrocarvon (E III **7** 337) mit Monoperoxyphthalsäure in Äther erhalten worden (*Howe et al.*, Soc. **1959** 363, 368).

6-Pentyl-3,4-dihydro-pyran-2-on, 5-Hydroxy-dec-4*t*-ensäure-lacton, Dec-4-en-5-olid $C_{10}H_{16}O_2$, Formel XI.

B. Beim Erhitzen von Oct-2-inylmalonsäure auf 180° und Erwärmen der erhaltenen Dec-4-insäure mit Zinkcarbonat (*Schulte et al.*, Ar. **291** [1958] 227, 237).

Kp_6: 113°. n_D^{21}: 1,4662.

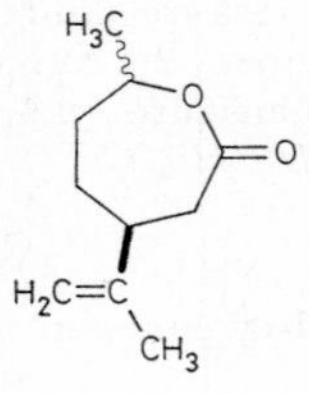

X 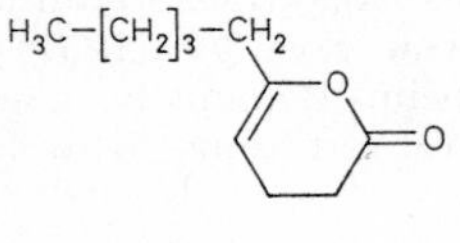 XI 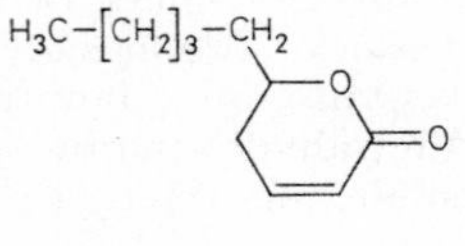 XII

6-Pentyl-5,6-dihydro-pyran-2-on, 5-Hydroxy-dec-2*c*-ensäure-lacton, Dec-2-en-5-olid $C_{10}H_{16}O_2$, Formel XII.

a) **(–)-6-Pentyl-5,6-dihydro-pyran-2-on, (–)-5-Hydroxy-dec-2*c*-ensäure-lacton, Massoialacton** $C_{10}H_{16}O_2$.

Konstitutionszuordnung: *Meijer*, R. **59** [1940] 191, 196; s. a. *Abe, Sato*, J. chem. Soc. Japan Pure Chem. Sect. **75** [1954] 952; C. A. **1954** 14126.

Isolierung aus der Rinde von Cryptocarya massoy: *Abe*, J. chem. Soc. Japan **58** [1937] 246; C. A. **1937** 3207; *Me.*

Kp_{24}: 169,5–170°; $D_4^{27,5}$: 0,9788; n_D^{26}: 1,4714; $[\alpha]_D^{29}$: –94° [unverd. (?)] (*Me.*, l. c. S. 194, 197). Kp_{18-20}: 159–162°; n_D^{21}: 1,4737; $[\alpha]_D^{25}$: –92,7° [unverd.] (*Benoni, Hardebeck*, Arzneimittel-Forsch. **14** [1964] 40). Kp_2: 122–123°; D_4^{20}: 0,9859; n_D^{20}: 1,4718; $[\alpha]_D$:

$-97,3°$ [unverd. ?] (*Abe*). $Kp_{0,5}$: 103—104°; D_4^{21}: 0,9800; n_D^{21}: 1,4722; $[\alpha]_D$: $-95,5°$ [A.; c = 10] (*Crombie*, Soc. **1955** 2535). IR-Spektrum (unverd.; 2—15 μ): *Be.*, *Ha.*

b) **(±)-6-Pentyl-5,6-dihydro-pyran-2-on, (±)-5-Hydroxy-dec-2*c*-ensäure-lacton** $C_{10}H_{16}O_2$.

B. Beim Erwärmen von (±)-5-Hydroxy-dec-2*c*-ensäure-methylester mit wss. Salzsäure (*Crombie*, Soc. **1955** 1007, 1022). Beim Hydrieren von (±)-5-Hydroxy-dec-2-insäure (hergestellt aus (±)-Non-1-in-4-ol durch Umsetzung mit Äthylmagnesiumbromid und mit Kohlendioxid) an Palladium in Methanol und Erhitzen des Reaktionsprodukts (*Abe, Sato*, Bl. chem. Soc. Japan **29** [1956] 88).

Kp_8: 147—149°; D_4^{20}: 0,9787; n_D^{20}: 1,4669 (*Abe, Sato*). $Kp_{0,07}$: 85—86°; D_4^{21}: 0,9785; n_D^{21}: 1,4705 (*Crombie*, Soc. **1955** 2535). IR-Spektrum (unverd.; 2—15 μ): *Benoni, Hardebeck*, Arzneimittel-Forsch. **14** [1964] 40.

5-Butyl-6-methyl-3,4-dihydro-pyran-2-on, 4-Butyl-5-hydroxy-hex-4*t*-ensäure-lacton $C_{10}H_{16}O_2$, Formel XIII.

B. Beim Erhitzen von 4-Acetyl-octansäure mit Acetanhydrid oder Acetylchlorid (*Schuscherina et al.*, Ž. obšč. Chim. **29** [1959] 398, 400, 401; engl. Ausg. S. 401).

Kp_{10}: 126—127°; Kp_3: 87—88°. D_4^{20}: 0,9894. n_D^{20}: 1,4673.

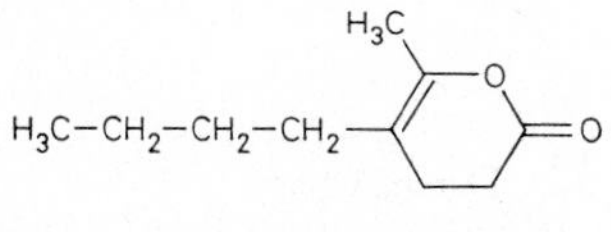

XIII 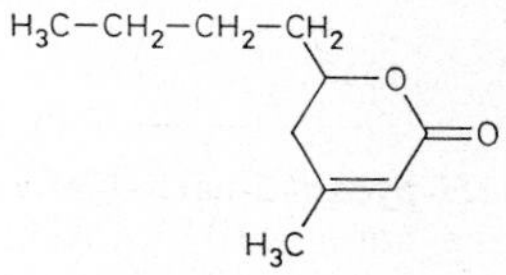 XIV 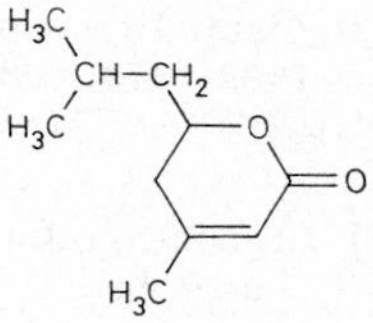 XV

(±)-6-Butyl-4-methyl-5,6-dihydro-pyran-2-on, (±)-5-Hydroxy-3-methyl-non-2*c*-ensäure-lacton $C_{10}H_{16}O_2$, Formel XIV.

B. Beim Erhitzen von opt.-inakt. 2-Butyl-4-methyl-6-oxo-3,6-dihydro-2*H*-pyran-3-carbonsäure (F: 123—124°) mit wenig Kupfer(II)-acetat in 2,4-Dimethyl-pyridin (*Wiley, Ellert*, Am. Soc. **79** [1957] 2266, 2271).

Kp_4: 124°. n_D^{11}: 1,4935.

(±)-6-Isobutyl-4-methyl-5,6-dihydro-pyran-2-on, (±)-5-Hydroxy-3,7-dimethyl-oct-2*c*-ensäure-lacton $C_{10}H_{16}O_2$, Formel XV.

B. Beim Erwärmen des Dikalium-Salzes der 4-Isopentyliden-3-methyl-pentendisäure (F: 149°) in Essigsäure (*Wiley, Ellert*, Am. Soc. **79** [1957] 2266, 2270).

Kp_8: 130—133°. n_D^{26}: 1,4754.

(±)-5-Isopropenyl-2,2-dimethyl-tetrahydro-pyran-4-on $C_{10}H_{16}O_2$, Formel I.

B. Neben 5-[α-Hydroxy-isopropyl]-5′-isopropenyl-2,2,2′,2′-tetramethyl-hexahydro-[3,4′]bipyranyliden-4-on (Kp_2: 137—138°; Hauptprodukt) beim Erwärmen von 5,5′-Bis-[α-hydroxy-isopropyl]-2,2,2′,2′-tetramethyl-hexahydro-[3,4′]bipyranyliden-4-on (F: 128°) mit wss. Schwefelsäure (*Nikitin et al.*, Ž. obšč. Chim. **29** [1959] 1905, 1907; engl. Ausg. S. 1875).

Kp_{20}: 78—79°. D_4^{20}: 0,9330. n_D^{20}: 1,4420.

6-Isopropyliden-5,5-dimethyl-tetrahydro-pyran-2-on, 5-Hydroxy-4,4,6-trimethyl-hept-5-ensäure-lacton $C_{10}H_{16}O_2$, Formel II.

B. Beim Erwärmen von 4,4,6-Trimethyl-5-oxo-heptansäure mit Acetylchlorid (*Lewina et al.*, Doklady Akad. S.S.S.R. **106** [1956] 279, 281; Pr. Acad. Sci. U.S.S.R. Chem. Sect. **106–111** [1956] 51, 53).

Kp_{10}: 111—113°. D_4^{20}: 1,0112. n_D^{20}: 1,4800.

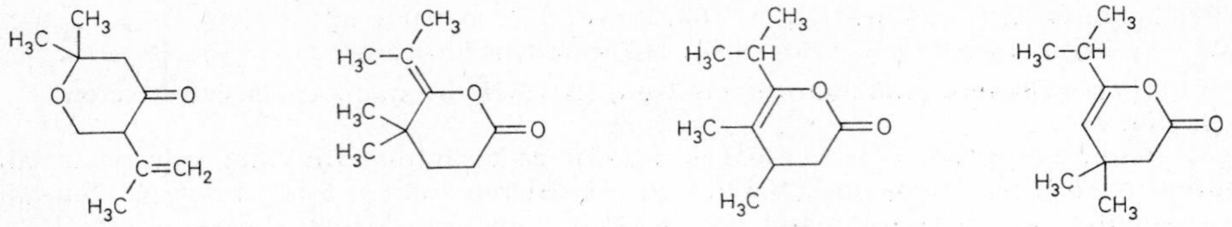

I II III IV

6-Isopropyl-4,5-dimethyl-3,4-dihydro-pyran-2-on, 5-Hydroxy-3,4,6-trimethyl-hept-4*t*-ensäure-lacton $C_{10}H_{16}O_2$, Formel III.

Ein Präparat (Öl; bei 125°/15–20 Torr destillierbar; n_D^{24}: 1,4583) von unbekanntem opt. Drehungsvermögen ist beim Erhitzen von (+)-3,4,6-Trimethyl-5-oxo-heptansäure (aus (–)-β-Dihydroumbellulon [E III **7** 378] hergestellt) mit Acetanhydrid erhalten worden (*Burrows*, *Eastman*, Am. Soc. **79** [1957] 3756, 3759).

Beim Behandeln mit Kaliumpermanganat und Natriumhydrogencarbonat in Wasser ist 4-Hydroxy-3,4,6-trimethyl-5-oxo-heptansäure-lacton (n_D^{20}: 1,4519) erhalten worden.

6-Isopropyl-4,4-dimethyl-3,4-dihydro-pyran-2-on, 5-Hydroxy-3,3,6-trimethyl-hept-4*t*-ensäure-lacton $C_{10}H_{16}O_2$, Formel IV.

B. Beim Erwärmen von 3,3,6-Trimethyl-5-oxo-heptansäure mit Acetylchlorid (*Desai*, Soc. **1932** 1079, 1082).

Kp_{20}: 105°. D_4^{17}: 0,9912. n_D^{19}: 1,4547.

(±)-2,5-Diäthyl-3,4-dihydro-2*H*-pyran-2-carbaldehyd $C_{10}H_{16}O_2$, Formel V.

B. Aus 2-Äthyl-acrylaldehyd beim Aufbewahren (*Schulz*, *Wagner*, Ang. Ch. **62** [1950] 105, 110).

Kp_{760}: 195°; Kp_{12}: 92–93°. D_4^{20}: 0,9771.

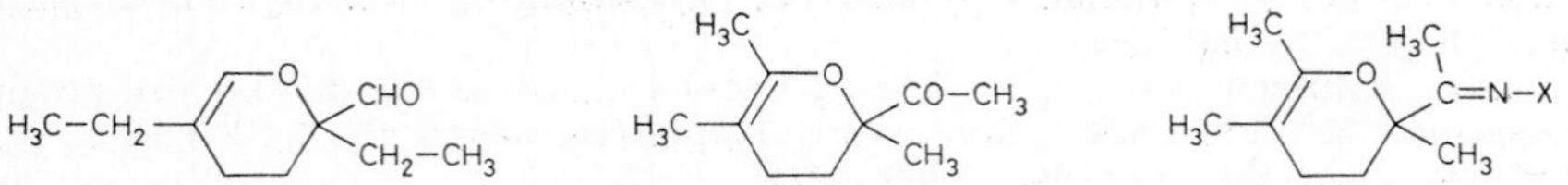

V VI VII

(±)-2-Acetyl-2,5,6-trimethyl-3,4-dihydro-2*H*-pyran, (±)-1-[2,5,6-Trimethyl-3,4-dihydro-2*H*-pyran-2-yl]-äthanon $C_{10}H_{16}O_2$, Formel VI.

Diese Konstitution ist der früher (s. E I **1** 412) als 3,7-Dimethyl-oct-7-en-2,6-dion („2.6-Dimethyl-octen-(1)-dion-(3.7)") angesehenen Verbindung zuzuordnen (*Colonge*, *Dreux*, C. r. **228** [1949] 582; *Dreux*, Bl. **1955** 521, 522).

B. Aus 3-Methyl-but-3-en-2-on beim Erwärmen in Gegenwart von Hydrochinon (*Dr.*; vgl. E I **1** 412). Neben anderen Verbindungen beim Erwärmen von 2-Methyl-but-3-in-2-ol mit Quecksilber(II)-sulfat und wss. Schwefelsäure (*Bergmann*, *Herman*, J. appl. Chem. **3** [1953] 42, 44).

Kp_{750}: 189–190°; Kp_{20}: 86–88°; D_4^{25}: 0,969; n_D^{25}: 1,4572 (*Dr.*). Kp_{14}: 80–81°; D_4^{20}: 0,9449; n_D^{20}: 1,4530 (*Be.*, *He.*).

Beim Behandeln mit Oxalsäure in Wasser ist 1-[6-Hydroxy-2,5,6-trimethyl-tetrahydro-pran-2-yl]-äthanon (E III **1** 3320) erhalten worden (*Dr.*).

(±)-1-[2,5,6-Trimethyl-3,4-dihydro-2*H*-pyran-2-yl]-äthanon-oxim $C_{10}H_{17}NO_2$, Formel VII (X = OH).

B. Aus (±)-1-[2,5,6-Trimethyl-3,4-dihydro-2*H*-pyran-2-yl]-äthanon und Hydroxylamin (*Dreux*, Bl. **1955** 521, 522).

Krystalle (aus wss. Me.); F: 70,5°.

(±)-1-[2,5,6-Trimethyl-3,4-dihydro-2*H*-pyran-2-yl]-äthanon-semicarbazon $C_{11}H_{19}N_3O_2$, Formel VII (X = NH-CO-NH_2).

B. Aus (±)-1-[2,5,6-Trimethyl-3,4-dihydro-2*H*-pyran-2-yl]-äthanon und Semicarbazid

(*Dreux*, Bl. **1955** 521, 522; *Bergmann, Herman*, J. appl. Chem. **3** [1953] 42, 44).
Krystalle; F: 183° [aus wss. A.] (*Dr.*), 181° [Monohydrat; aus Me.] (*Be., He.*).

(±)-5-Hex-3*c*-enyl-dihydro-furan-2-on, (±)-4-Hydroxy-dec-7*c*-ensäure-lacton, (±)-Dec-7*c*-en-4-olid $C_{10}H_{16}O_2$, Formel VIII.

B. Bei der Umsetzung von 4-Oxo-buttersäure-äthylester mit Hex-3*c*-enylmagnesium-chlorid in Äther, Hydrolyse und Destillation (*Stoll, Bolle*, Helv. **21** [1938] 1547, 1551).

$Kp_{0,08}$: 80—81°. $D_4^{20,4}$: 0,977. $n_D^{20,2}$: 1,4649.

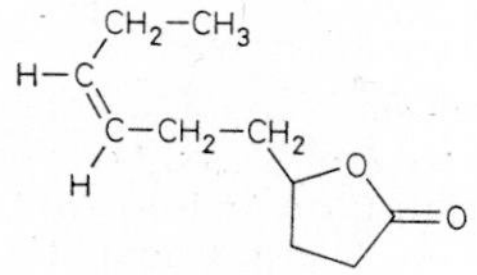

VIII 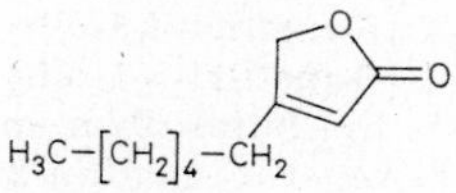 IX

4-Hexyl-5*H*-furan-2-on, 3-Hydroxymethyl-non-2*t*-ensäure-lacton, 3-Hexyl-4-hydroxy-*cis*-crotonsäure-lacton $C_{10}H_{16}O_2$, Formel IX.

B. Beim Erhitzen von 3-Hydroxy-3-methoxymethyl-nonansäure mit Bromwasserstoff in Essigsäure (*Jones et al.*, Canad. J. Chem. **37** [1959] 2007, 2009).

Kp_2: 120—121°. IR-Banden ($CHCl_3$ und CCl_4) im Bereich von 1787 cm^{-1} bis 1639 cm^{-1}: *Jo. et al.*

1-[4,5-Dihydro-[2]furyl]-4-methyl-pentan-2-on $C_{10}H_{16}O_2$, Formel X, und **1-[4,5-Dihydro-[2]furyl]-4-methyl-pent-1-en-2-ol** $C_{10}H_{16}O_2$, Formel XI.

Die nachstehend beschriebene Verbindung liegt wahrscheinlich überwiegend als 1-[4,5-Dihydro-[2]furyl]-4-methyl-pent-1-en-2-ol (Formel XI) vor (*Cannon et al.*, J. org. Chem. **17** [1952] 1245, 1246).

B. Beim Behandeln von 4-Methyl-pentan-2-on mit Natriumamid in Äther und anschliessend mit 4-Hydroxy-buttersäure-lacton und Erhitzen des nach der Hydrolyse erhaltenen Reaktionsprodukts (*Ca. et al.*, l. c. S. 1249).

Kp_4: 105—107°. D_4^{25}: 0,9798. n_D^{25}: 1,4878.

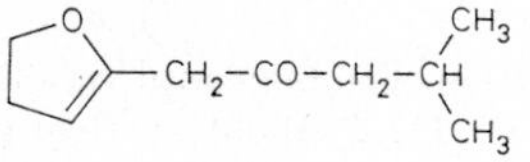

X 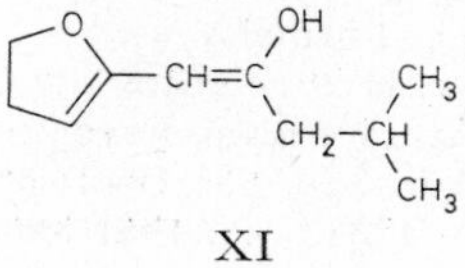 XI

(±)-1-[5-Methyl-4,5-dihydro-[2]furyl]-pentan-2-on $C_{10}H_{16}O_2$, Formel XII, und **(±)-1-[5-Methyl-4,5-dihydro-[2]furyl]-pent-1-en-2-ol** $C_{10}H_{16}O_2$, Formel XIII.

B. Aus Pentan-2-on und (±)-4-Hydroxy-valeriansäure-lacton analog der im vorangehenden Artikel beschriebenen Verbindung (*Cannon et al.*, J. org. Chem. **17** [1952] 1245, 1249).

Kp_4: 101—102°. n_D^{25}: 1,487.

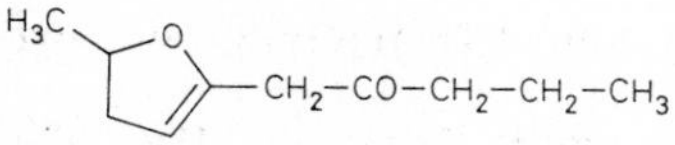

XII 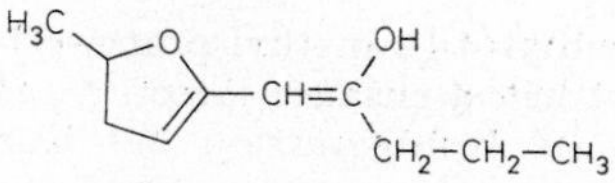 XIII

(±)-3-Isopentyl-5-methyl-3*H*-furan-2-on, (±)-4-Hydroxy-2-isopentyl-pent-3*t*-ensäure-lacton $C_{10}H_{16}O_2$, Formel I.

B. Beim Erhitzen von Isopentyl-prop-2-inyl-malonsäure mit Zinkcarbonat (*Schulte*

et al., Ar. **291** [1958] 227, 235).

Kp_{14}: 107,5—112,5°. n_D^{20}: 1,4519.

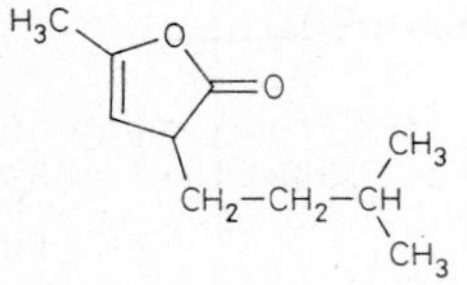

I 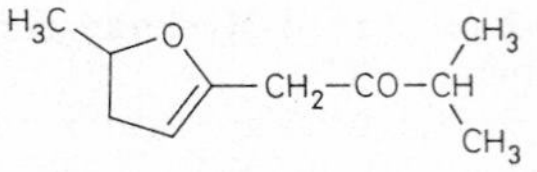 II 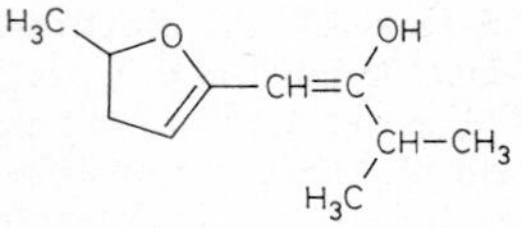 III

(±)-3-Methyl-1-[5-methyl-4,5-dihydro-[2]furyl]-butan-2-on $C_{10}H_{16}O_2$, Formel II, und **(±)-3-Methyl-1-[5-methyl-4,5-dihydro-[2]furyl]-but-1-en-2-ol** $C_{10}H_{16}O_2$, Formel III.

B. Aus 3-Methyl-butan-2-on und 4-Hydroxy-valeriansäure-lacton analog 1-[4,5-Dihydro-[2]furyl]-4-methyl-pentan-2-on [S. 4349] (*Cannon*, J. org. Chem. **17** [1952] 1245, 1249).

Kp_4: 97—98°. n_D^{25}: 1,483.

***Opt.-inakt. 3-Butyl-5-vinyl-dihydro-furan-2-on, 2-Butyl-4-hydroxy-hex-5-ensäure-lacton** $C_{10}H_{16}O_2$, Formel IV.

B. Beim Erwärmen von opt.-inakt. 3-Butyl-2-oxo-5-vinyl-tetrahydro-furan-3-carbonsäure-äthylester (Kp_{11}: 161—164°; n_D^{25}: 1,4611) mit wss.-äthanol. Kalilauge und anschliessend mit wss. Schwefelsäure (*van Zyl, van Tamelen*, Am. Soc. **72** [1950] 1357).

Kp_{14}: 133—135°. n_D^{25}: 1,4567.

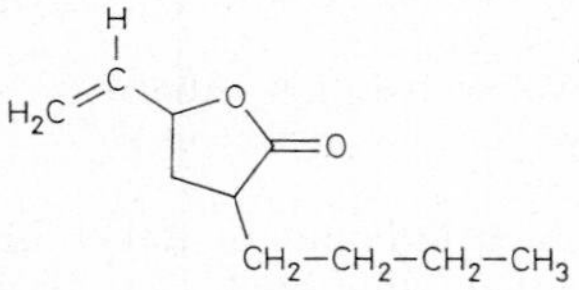

IV 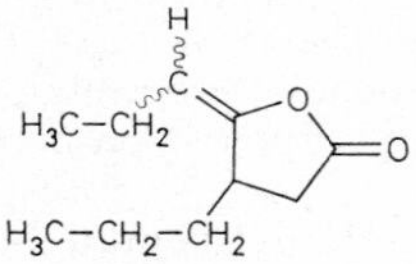 V 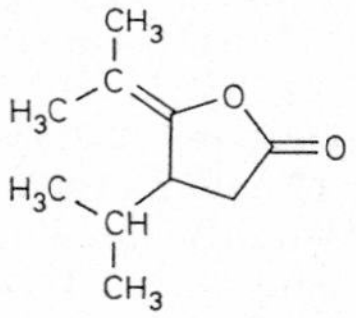 VI

4-Propyl-5-[(Ξ)-propyliden]-dihydro-furan-2-on, 4-Hydroxy-3-propyl-hept-4ξ-ensäure-lacton $C_{10}H_{16}O_2$, Formel V.

Die früher (s. H 261) unter dieser Konstitution beschriebene opt.-inakt. Verbindung ist als (±)-2-Äthyl-4-propyl-cyclopentan-1,3-dion (E III **7** 3255) zu formulieren (*Woodward, Blout*, Am. Soc. **65** [1943] 562; *Matsui, Hirase*, J. chem. Soc. Japan Pure Chem. Sect. **71** [1950] 426; C. A. **1951** 8984).

4-Isopropyl-5-isopropyliden-dihydro-furan-2-on, 4-Hydroxy-3-isopropyl-5-methyl-hex-4-ensäure-lacton $C_{10}H_{16}O_2$, Formel VI.

Die früher (s. H 262) unter dieser Konstitution beschriebene Verbindung ist als (±)-4-Isopropyl-2,2-dimethyl-cyclopentan-1,3-dion (E III **7** 3255) zu formulieren (*Woodward, Blout*, Am. Soc. **65** [1943] 562, 564; *Matsui, Hirase*, J. chem. Soc. Japan Pure Chem. Sect. **71** [1950] 426; C. A. **1951** 8984).

5,5-Dimethyl-4-[2-methyl-propenyl]-dihydro-furan-2-on, 3-[α-Hydroxy-isopropyl]-5-methyl-hex-4-ensäure-lacton $C_{10}H_{16}O_2$.

Über die Konfiguration der Enantiomeren s. *Crombie et al.*, Soc. **1963** 4957, 4960.

a) **(4*R*)-5,5-Dimethyl-4-[2-methyl-propenyl]-dihydro-furan-2-on, (+)-Pyrocin** $C_{10}H_{16}O_2$, Formel VII.

B. Beim Erhitzen von (+)-*cis*-Chrysanthemumsäure ((1*R*)-2,2-Dimethyl-3*c*-[2-methyl-propenyl]-cyclopropan-*r*-carbonsäure) auf 310° (*Crombie, Harper*, Soc. **1954** 470).

Krystalle (aus PAe.); F: 83,5—84,5°. $[\alpha]_D^{20}$: +64° [A.; c = 0,6]; $[\alpha]_D^{20}$: +62° [Ae.; c = 0,8].

b) **(4S)-5,5-Dimethyl-4-[2-methyl-propenyl]-dihydro-furan-2-on, (−)-Pyrocin** $C_{10}H_{16}O_2$, Formel VIII.

Übersicht: *Crombie, Elliott*, Fortschr. Ch. org. Naturst. **19** [1961] 120.

Isolierung aus Blüten von Chrysanthemum cinerariaefolium sowie aus dem daraus gewonnenen Pyrethrum-Extrakt nach dem Erhitzen bis auf 300°: *Nagase, Matsui*, J. agric. chem. Soc. Japan **20** [1944] 249, 252; C. A. **1949** 812; *Matsui*, Bl. Inst. Insect Control Kyoto Nr. 15 [1950] 1, 2.

B. Beim Erhitzen von (+)-*trans*-Chrysanthemumsäure ((1*R*)-2,2-Dimethyl-3*t*-[2-methyl-propenyl]-cyclopropan-*r*-carbonsäure) bis auf 300° (*Harper, Thompson*, J. Sci. Food Agric. **3** [1952] 230, 233; s. a. *Ma.*, l. c. S. 10; *Matsui et al.*, Bl. chem. Soc. Japan **25** [1952] 210, 212). Aus dem aus (+)-Terebinsäure ((*R*)-2,2-Dimethyl-5-oxo-tetrahydro-furan-3-carbonsäure) mit Hilfe von Thionylchlorid hergestellten Säurechlorid bei der Umsetzung mit Isopropylzinkjodid (*Ma. et al.*, l. c. S. 213).

Krystalle; F: 85° [nach Sublimation bei 70°] (*Na., Ma.*), 83,5—84,5° [aus PAe.] (*Ma. et al.*; *Ma.*), 83° [aus PAe.] (*Ha., Th.*). $[\alpha]_D^{21}$: −75,5° [Ae.] (*Ma.*, l. c. S. 2, 11); $[\alpha]_D^{25}$: −57,7° [A.; c = 0,6] (*Ma. et al.*).

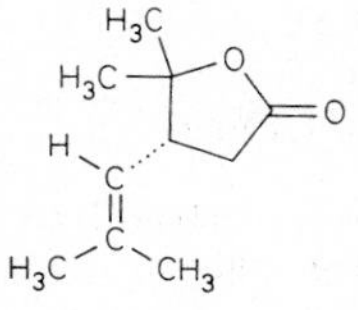

VII 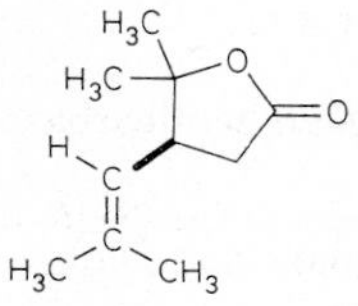 VIII 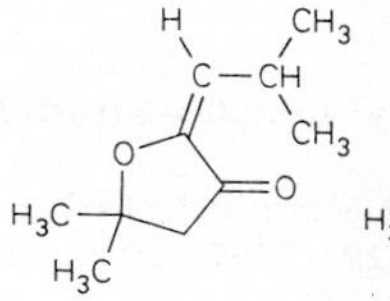 IX 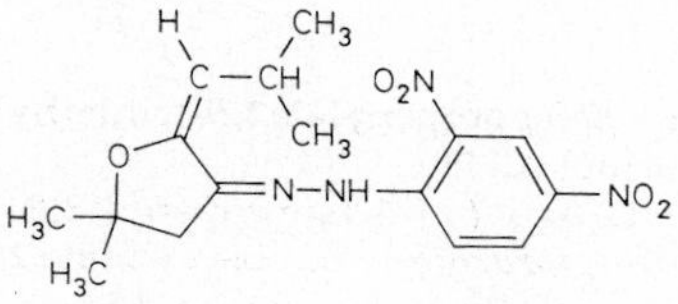 X

c) **(±)-5,5-Dimethyl-4-[2-methyl-propenyl]-dihydro-furan-2-on, (±)-Pyrocin** $C_{10}H_{16}O_2$, Formel VII + VIII.

B. Beim Erhitzen von (±)-*cis*-Chrysanthemumsäure ((±)-2,2-Dimethyl-3*c*-[2-methyl-propenyl]-cyclopropan-*r*-carbonsäure) oder (±)-*trans*-Chrysanthemumsäure ((±)-2,2-Di=methyl-3*t*-[2-methyl-propenyl]-cyclopropan-*r*-carbonsäure) bis auf 400° (*Nagase, Matsui*, J. agric. chem. Soc. Japan **20** [1944] 249; C. A. **1949** 812; *Matsui*, Bl. Inst. Insect Control Kyoto Nr. 15 [1950] 1, 11; *Crombie et al.*, J. Sci. Food Agric. **2** [1951] 421, 427; *Matsui et al.*, Bl. chem. Soc. Japan **25** [1952] 210, 212). Beim Erhitzen von (±)-4,4,7,7-Tetramethyl-3-oxa-norcaran-2-on (S. 4364) unter vermindertem Druck bis auf 275° (*Cr. et al.*, l. c. S. 428). Aus dem aus (±)-Terebinsäure ((±)-2,2-Dimethyl-5-oxo-tetra=hydro-furan-3-carbonsäure) hergestellten Säurechlorid bei der Umsetzung mit Isopropyl=zinkjodid (*Ma. et al.*, l. c. S. 213).

Krystalle; F: 61—62° [aus PAe.] (*Ma. et al.*, l. c. S. 212), 59—60° [aus Ae.] (*Ma.*, l. c. S. 11), 59—60° [aus PAe.] (*Cr. et al.*). Kp_9: 116—119° (*Cr. et al.*).

2-[(E?)-Isobutyliden]-5,5-dimethyl-dihydro-furan-3-on $C_{10}H_{16}O_2$, vermutlich Formel IX.

B. Bei der Hydrierung von 2,2,5,5-Tetramethyl-2,5-dihydro-furo[3,2-*b*]furan an Platin in Äthanol (*Dupont et al.*, Bl. **1955** 1078, 1081; *Audier*, A. ch. [13] **2** [1957] 105, 125).

Kp_{14}: 94—95° (*Du. et al.*, l. c. S. 1080; *Au.*, l. c. S. 111). IR-Spektrum (2—14 μ): *Au.*, l. c. S. 125. Raman-Spektrum: *Au.*, l. c. S. 125.

2-[(E?)-Isobutyliden]-5,5-dimethyl-dihydro-furan-3-on-[2,4-dinitro-phenylhydrazon] $C_{16}H_{20}N_4O_5$, vermutlich Formel X.

B. Aus dem im vorangehenden Artikel beschriebenen Keton und [2,4-Dinitro-phenyl]-hydrazin (*Dupont et al.*, Bl. **1955** 1078, 1082; *Audier*, A. ch. [13] **2** [1957] 105, 125).

Rote Krystalle; F: 181—182° (*Du. et al.*; *Au.*). Absorptionsmaximum: 388 nm (*Au.*, l. c. S. 125).

5-[(Ξ)-Isobutyliden]-4,4-dimethyl-dihydro-furan-2-on, 4-Hydroxy-3,3,6-trimethyl-hept-4ξ-ensäure-lacton $C_{10}H_{16}O_2$, Formel XI.

B. Beim Erhitzen von 3,3,6-Trimethyl-4-oxo-heptansäure mit Acetanhydrid (*Matsui, Hirase*, J. chem. Soc. Japan Pure Chem. Sect. **71** [1950] 426, 428; C. A. **1951** 8984;

s. a. *Matsui*, Bl. Inst. phys. chem. Res. Tokyo **24** [1948] 55, 58; C. A. **1948** 5420).
Kp_{18}: 110–113°; D_4^{29}: 0,9507; n_D^{29}: 1,4439 (*Ma.*, *Hi.*). Kp_{20}: 118–120° (*Ma.*).

(±)-5-Isopropenyl-2,2,5-trimethyl-dihydro-furan-3-on $C_{10}H_{16}O_2$, Formel XII.

B. Beim Erwärmen von 2,6-Dihydroxy-2,5,6-trimethyl-hept-4-en-3-on (F: 81–82°) mit Quecksilber(II)-sulfat und wss.-äthanol. Schwefelsäure (*Nasarow*, *Mazojan*, Ž. obšč. Chim. **27** [1957] 2951, 2960; engl. Ausg. S. 2984, 2991).

Kp_9: 71–73°. D_4^{20}: 0,9436. n_D^{20}: 1,4515.

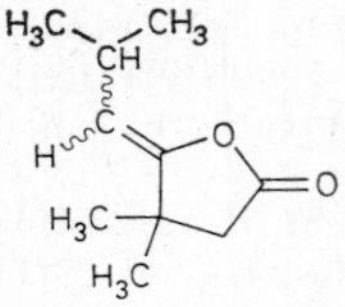

XI 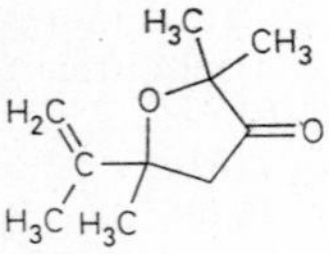 XII 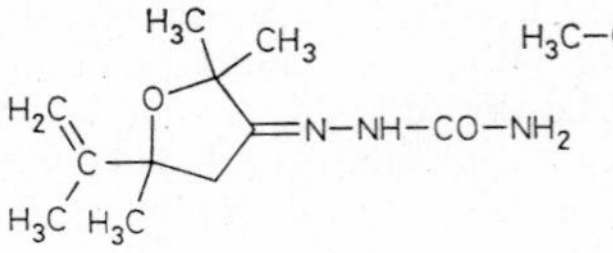 XIII 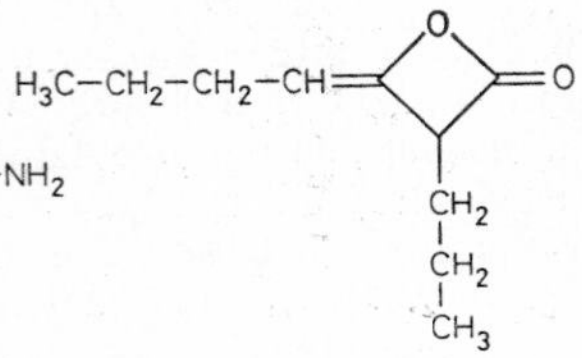 XIV

(±)-5-Isopropenyl-2,2,5-trimethyl-dihydro-furan-3-on-semicarbazon $C_{11}H_{19}N_3O_2$, Formel XIII.

B. Aus (±)-5-Isopropenyl-2,2,5-trimethyl-dihydro-furan-3-on und Semicarbazid (*Nasarow*, *Mazojan*, Ž. obšč. Chim. **27** [1957] 2951, 2960; engl. Ausg. S. 2984, 2991).

Krystalle (aus A.); F: 175–177°.

(±)-4-[(Ξ)-Butyliden]-3-propyl-oxetan-2-on, (±)-3-Hydroxy-2-propyl-hept-3ξ-ensäure-lacton $C_{10}H_{16}O_2$, Formel XIV.

Diese Konstitution ist dem „Dimeren des Propylketens" (s. E III **1** 2984 im Artikel Propylketen) zuzuordnen (*Hill et al.*, Am. Soc. **74** [1952] 3423; s. a. *Enk*, *Spes*, Z. ang. Ch. **73** [1961] 334).

Bei der Hydrierung an Raney-Nickel in Äthanol bei 230–300°/200–250 at ist 2-Propyl-heptan-1,3-diol (Kp_{12}: 98–100°) erhalten worden (*Hill et al.*).

(±)-4-[(Ξ)-Isobutyliden]-3-isopropyl-oxetan-2-on, (±)-3-Hydroxy-2-isopropyl-5-methyl-hex-3ξ-ensäure-lacton $C_{10}H_{16}O_2$, Formel I.

Diese Konstitution ist für das „Dimere des Isopropylketens" (s. E III **1** 2992 im Artikel Isopropylketen) in Betracht zu ziehen (vgl. *Johnson*, *Shiner*, Am. Soc. **75** [1953] 1350; *Enk*, *Spes*, Z. ang. Ch. **73** [1961] 334).

(±)-6-Cyclopentyl-tetrahydro-pyran-2-on, (±)-5-Cyclopentyl-5-hydroxy-valeriansäure-lacton $C_{10}H_{16}O_2$, Formel II.

B. Neben 5-Cyclopentyl-valeriansäure bei der Hydrierung von (±)-5-Cyclopent-1-enyl-5-hydroxy-valeriansäure-lacton an Platin in Äthanol (*English*, *Dayan*, Am. Soc. **72** [1950] 4187).

Kp_3: 128° [korr.]. n_D^{20}: 1,4800.

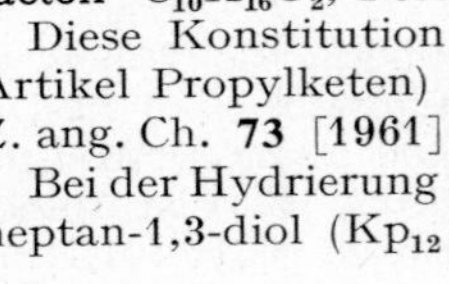

I 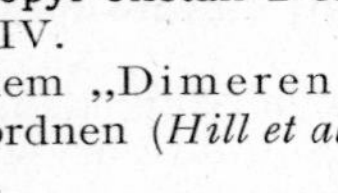 II 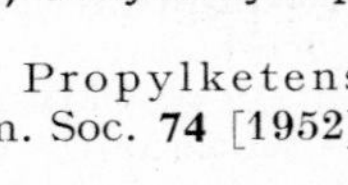 III 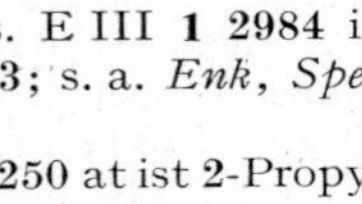 IV

(±)-3-Cyclohexyl-dihydro-furan-2-on, (±)-2-Cyclohexyl-4-hydroxy-buttersäure-lacton $C_{10}H_{16}O_2$, Formel III.

B. Bei der Behandlung von 4-Hydroxy-buttersäure-lacton mit Cyclohexanon und

Natriummethylat in Benzol und Hydrierung des erhaltenen 2-Cyclohexyliden-4-hydroxy-buttersäure-lactons ($C_{10}H_{14}O_2$; bei 170–180°/19 Torr destillierbar) an Raney-Nickel in Methanol bei 100°/200 at (*Reppe et al.*, A. **596** [1955] 158, 183; s. a. *BASF*, D.B.P. 844292 [1951]; D.R.B.P. Org. Chem. 1950–1951 **6** 1489).

Kp_{17}: 162–165°.

(±)-4-Cyclohexyl-dihydro-furan-2-on, (±)-3-Cyclohexyl-4-hydroxy-buttersäure-lacton $C_{10}H_{16}O_2$, Formel IV.

B. Bei der Hydrierung von 3-Cyclohexyl-4-hydroxy-*cis*-crotonsäure-lacton oder von 3-Phenyl-4-hydroxy-*cis*-crotonsäure-lacton an Platin in Äthanol (*Paist et al.*, J. org. Chem. **6** [1941] 273, 285, 286). Beim Erhitzen von (±)-3-Cyclohexyl-3-hydroxy-buttersäure-äthylester (aus 1-Cyclohexyl-äthanon und Bromessigsäure-äthylester mit Hilfe von Zink hergestellt) mit Bromwasserstoff in Essigsäure oder mit Schwefelsäure und Essigsäure (*Blout, Elderfield*, J. org. Chem. **8** [1943] 29, 34).

$Kp_{1,2}$: 124–126° (*Bl., El.*); Kp_1: 121,5–123° (*Pa. et al.*). n_D^{25}: 1,4794 (*Pa. et al.*; *Bl., El.*).

Beim Behandeln mit Brom (1 Mol) in Essigsäure ist 3-[x-Brom-cyclohexyl]-4-hydroxy-buttersäure-lacton ($C_{10}H_{15}BrO_2$; Krystalle [aus Isopentan], F: 63–63,5° erhalten worden (*Bl., El.*).

***Opt.-inakt. 3-Chlor-4-cyclohexyl-dihydro-furan-2-on, 2-Chlor-3-cyclohexyl-4-hydroxy-buttersäure-lacton** $C_{10}H_{15}ClO_2$, Formel V.

B. Beim Erwärmen von opt.-inakt. 2-Chlor-3-cyclohexyl-3-hydroxy-buttersäure-äthylester (E III **10** 37) mit Bromwasserstoff in Essigsäure (*Blout, Elderfield*, J. org. Chem. **8** [1943] 29, 32).

Krystalle (aus Isopentan); F: 131–131,5° [korr.]. $Kp_{0,9}$: 131–135°.

(1*S*,8*Ξ*)-8,9-Epoxy-*trans*-*p*-menthan-2-on $C_{10}H_{16}O_2$, Formel VI.

Diese Konfiguration kommt dem nachstehend beschriebenen **(–)-Dihydrocarvonoxid** zu.

B. Bei der Hydrierung von (+)(4*S*,8*Ξ*)-8,9-Epoxy-*p*-menth-6-en-2-on an Palladium/Bariumcarbonat in Äthanol unter Druck (*Howe et al.*, Soc. **1959** 363, 369). Beim Behandeln von (–)-Dihydrocarvon (E III **7** 337) mit Peroxybenzoesäure in Chloroform (*Clemo, McQuillin*, Soc. **1952** 3839, 3842) oder mit Monoperoxyphthalsäure in Äther, in diesem Fall neben grösseren Mengen (4*S*,7*Ξ*)-4-Isopropenyl-7-methyl-oxepan-2-on (S. 4346) (*Howe et al.*).

Kp_3: 108–110° (*Howe et al.*). $Kp_{0,1}$: 65°; n_D^{20}: 1,4751; $[\alpha]_D$: –13,2° [$CHCl_3$; c = 1] (*Clemo, McQ.*).

Semicarbazon $C_{11}H_{19}N_3O_2$. Krystalle; F: 188° (*Howe et al.*), 187° [aus Me.] (*Clemo, McQ.*).

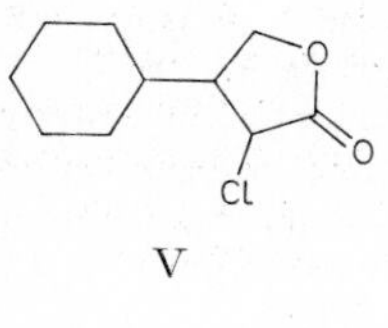

V 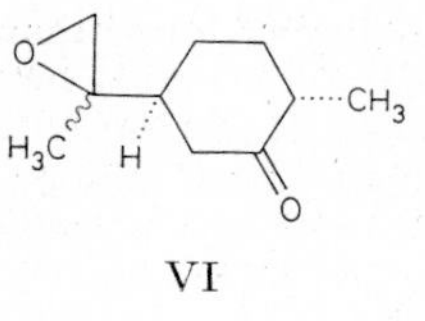 VI 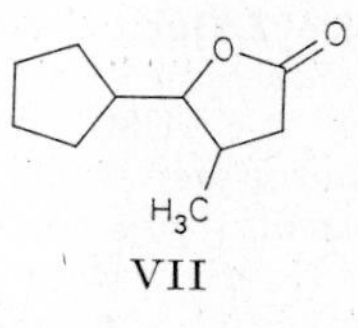 VII 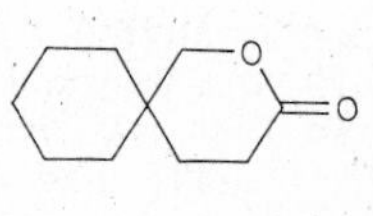 VIII

***Opt.-inakt. 5-Cyclopentyl-4-methyl-dihydro-furan-2-on, 4-Cyclopentyl-4-hydroxy-3-methyl-buttersäure-lacton** $C_{10}H_{16}O_2$, Formel VII.

B. Bei der Hydrierung von opt.-inakt. 4-Cyclopent-2-enyl-4-hydroxy-3-methyl-buttersäure-lacton (F: 39°) an Palladium in Aceton (*v. Braun, Rudolph*, B. **67** [1934] 269, 279).

Kp_{13}: 144°.

2-Oxa-spiro[5.5]undecan-3-on, 3-[1-Hydroxymethyl-cyclohexyl]-propionsäure-lacton $C_{10}H_{16}O_2$, Formel VIII.

B. Beim Erwärmen von 3-[1-Formyl-cyclohexyl]-propionaldehyd mit Kaliummethylat in Methanol (*Berlin, Scherlin*, Ž. obšč. Chim. **8** [1938] 16, 19; C. **1939** I 1971).

$Kp_{0,5}$: 110—112°. D_4^{17}: 1,0800. n_D^{17}: 1,4930.

(±)-2-Methyl-1-oxa-spiro[4.5]decan-4-on $C_{10}H_{16}O_2$, Formel IX.

B. Beim Erwärmen von 1-[1-Hydroxy-cyclohexyl]-but-2-en-1-on (Kp_{10}: 114—116°) mit Quecksilber(II)-sulfat und wss.-äthanol. Schwefelsäure (*Nasarow, Mazojan*, Ž. obšč. Chim. **27** [1957] 2951, 2959; engl. Ausg. S. 2984, 2990).

Kp_{10}: 90—92°; $Kp_{1,5}$: 54—55°. D_4^{20}: 1,0190. n_D^{20}: 1,4685.

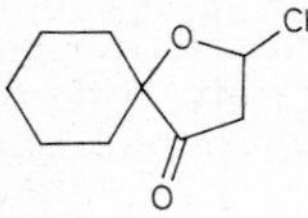

IX 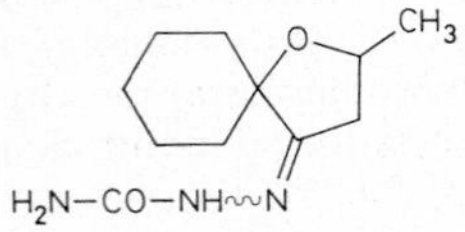 X 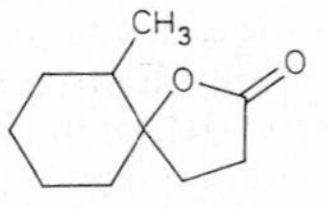 XI 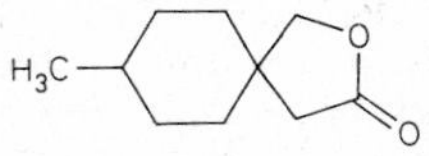 XII

(±)-2-Methyl-1-oxa-spiro[4.5]decan-4-on-semicarbazon $C_{11}H_{19}N_3O_2$, Formel X.

B. Aus (±)-2-Methyl-1-oxa-spiro[4.5]decan-4-on und Semicarbazid (*Nasarow, Mazojan*, Ž. obšč. Chim. **27** [1957] 2951, 2959; engl. Ausg. S. 2984, 2990).

Krystalle (aus A.); F: 199—200°.

***Opt.-inakt. 6-Methyl-1-oxa-spiro[4.5]decan-2-on, 3-[1-Hydroxy-2-methyl-cyclohexyl]-propionsäure-lacton** $C_{10}H_{16}O_2$, Formel XI.

B. Bei der Hydrierung von opt.-inakt. [1-Hydroxy-2-methyl-cyclohexyl]-propiolsäure (F: 135°) an Platin in Äthanol oder an Palladium in Essigsäure (*Bachmann, Raunio*, Am. Soc. **72** [1950] 2530). Beim Erhitzen von opt.-inakt. 6-Methyl-2-oxo-1-oxa-spiro[4.5]decan-4-carbonsäure (F: 107°) in Gegenwart von Glaspulver auf 250° (*Chatterjee, Bhattacharyya*, J. Indian chem. Soc. **34** [1957] 515, 527).

Kp_{11}: 148—152° (*Ba., Ra.*). Kp_4: 130—135° (*Ch., Bh.*).

***8-Methyl-2-oxa-spiro[4.5]decan-3-on, [1-Hydroxymethyl-4-methyl-cyclohexyl]-essigsäure-lacton** $C_{10}H_{16}O_2$, Formel XII.

B. Beim Erwärmen des Silber-Salzes des 1,1-Bis-carboxymethyl-4-methyl-cyclohexans mit Jod auf 100° (*Goldschmidt, Gräfinger*, B. **68** [1935] 279, 282).

$Kp_{0,6}$: 98°.

Beim Behandeln mit Kaliumpermanganat und Bariumhydroxid in Wasser sind zwei [1-Carboxy-4-methyl-cyclohexyl]-essigsäuren vom F: 137° bzw. vom F: 174° erhalten worden.

2,2,6-Trimethyl-1-oxa-spiro[2.5]octan-4-on, 4,8-Epoxy-*p*-menthan-3-on $C_{10}H_{16}O_2$ (vgl. E II 301; dort als 6.8-Oxido-*p*-menthanon-(3) und als Pulegonoxyd bezeichnet).

In dem von *Prileshajew* (s. E II 301) unter dieser Konstitution beschriebenen Präparat (F: 43—44°) hat ein Gemisch der beiden unter a) und b) beschriebenen Stereoisomeren vorgelegen (*Reusch, Johnson*, J. org. Chem. **28** [1963] 2557; *Katsuhara*, J. org. Chem. **32** [1967] 797). — Über die Konfiguration der beiden folgenden Diastereoisomeren s. *Ka.*; s. a. *Djerassi et al.*, Tetrahedron **21** [1965] 163.

a) **(1*R*,4*R*)-4,8-Epoxy-*p*-menthan-3-on, (1*R*)-4,8-Epoxy-*trans*-*p*-menthan-3-on** $C_{10}H_{16}O_2$, Formel I.

B. Neben dem unter b) beschriebenen Diastereoisomeren beim Behandeln von (+)-Pulegon ((*R*)-*p*-Menth-4(8)-en-3-on; $[\alpha]_D$: +16°) mit wss. Wasserstoffperoxid in methanol. Kalilauge (*Treibs*, B. **66** [1933] 1483, 1492). — Trennung der Diastereoisomeren durch fraktionierte Destillation: *Reusch, Johnson*, J. org. Chem. **28** [1963] 2557; s. a. *Katsuhara*, J. org. Chem. **32** [1967] 797.

Krystalle (aus PAe.); F: 55—56° (*Re., Jo.*), 54—55° (*Ka.*). Kp_5: 95—97° (*Re., Jo.*). $[\alpha]_D^{20}$: —18,8° [A.; c = 2] (*Ka.*); $[\alpha]_{700}^{25}$: —24,9°; $[\alpha]_D^{25}$: —14,2°; $[\alpha]_{327}^{25}$: —1177,9°; $[\alpha]_{293}^{25}$: +786,5°; $[\alpha]_{290}^{25}$: +562,3° [jeweils in A.; c = 0,03] (*Re., Jo.*). ^{1}H-NMR-Spektrum (CCl_4)

sowie [1]H-[1]H-Spin-Spin-Kopplungskonstanten: *Re.*, *Jo.* UV-Absorptionsmaxima (Heptan): 209 nm und 303 nm (*Re.*, *Jo.*).

b) **(1*R*,4*S*)-4,8-Epoxy-*p*-menthan-3-on, (1*R*)-4,8-Epoxy-*cis*-*p*-menthan-3-on** $C_{10}H_{16}O_2$, Formel II.

B. s. bei dem unter a) beschriebenen Diastereoisomeren.

Krystalle (aus PAe.); F: 59° (*Reusch, Johnson*, J. org. Chem. **28** [1963] 2557; *Katsuhara*, J. org. Chem. **32** [1967] 797). Kp$_5$: 100–102° (*Re.*, *Jo.*). $[\alpha]_D^{20}$: +46,6° [Me.; c = 0,3] (*Ka.*); $[\alpha]_{700}^{25}$: +32,2°; $[\alpha]_D^{25}$: +50,5°; $[\alpha]_{324}^{25}$: +853,9°; $[\alpha]_{285}^{25}$: −1242,5°; $[\alpha]_{283}^{25}$: −1203° [jeweils in A.; c = 0,03] (*Re.*, *Jo.*). ^{1}H-NMR-Spektrum (CCl_4) sowie [1]H-[1]H-Spin-Spin-Kopplungskonstanten: *Re.*, *Jo.* UV-Absorptionsmaxima (Heptan): 209 nm und 303 nm (*Re.*, *Jo.*).

2-Methyl-hexahydro-chroman-4-on $C_{10}H_{16}O_2$.

a) **(±)-2ξ-Methyl-(4a*r*,8a*t*)-hexahydro-chroman-4-on** $C_{10}H_{16}O_2$, Formel III + Spiegelbild.

B. Beim Erhitzen von (±)-2ξ-Methyl-4-oxo-(4a*r*,8a*t*)-hexahydro-chroman-3-carbonsäure (F: 140–141°) auf Temperaturen oberhalb 140° (*Kidd et al.*, Soc. **1953** 3244, 3247).

Bei 115°/18 Torr destillierbar. n_D^{20}: 1,4862.

2,4-Dinitro-phenylhydrazon $C_{16}H_{20}N_4O_5$. Gelbe Krystalle (aus Me. + E.); F: 218°.

b) Ein opt.-inakt. **2-Methyl-hexahydro-chroman-4-on**-Präparat (Kp$_{7,5}$: 97,5–98°; D_4^{20}: 1,0376; n_D^{20}: 1,4811) von ungewisser konfigurativer Einheitlichkeit ist beim Erwärmen einer Lösung von 1-Cyclohex-1-enyl-but-2-en-1-on (Stereoisomeren-Gemisch) in Aceton mit Quecksilber(II)-sulfat und wss. Schwefelsäure erhalten worden (*Nasarow, Pinkina*, Izv. Akad. S.S.S.R. Otd. chim. **1946** 633, 644; C. A. **1948** 7732).

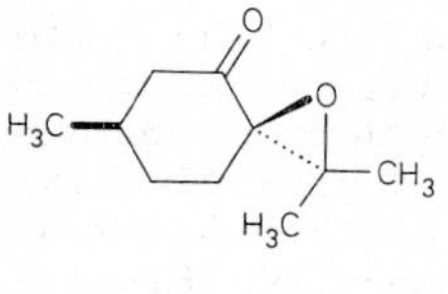

I 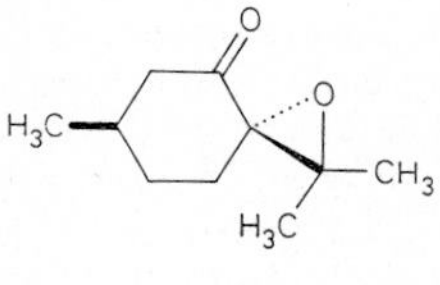 II 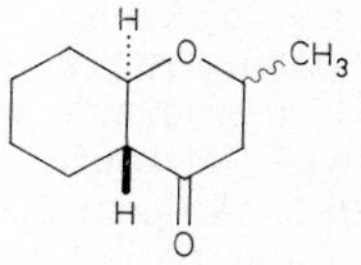 III 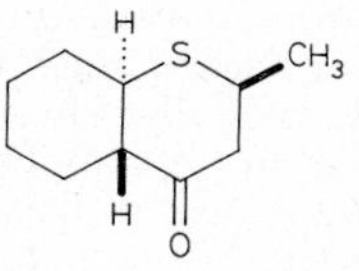 IV

2-Methyl-hexahydro-thiochroman-4-on $C_{10}H_{16}OS$.

Über die Konfiguration der folgenden Stereoisomeren s. *Karaulowa et al.*, Chimija geterocikl. Soedin. **3** [1967] 51; engl. Ausg. S. 36; *Nasarow et al.*, Ž. obšč. Chim. **22** [1952] 1236, 1237; engl. Ausg. S. 1283.

a) **(±)-2*c*(?)-Methyl-(4a*r*,8a*t*)-hexahydro-thiochroman-4-on** $C_{10}H_{16}OS$, vermutlich Formel IV + Spiegelbild.

B. Neben dem unter b) beschriebenen Stereoisomeren beim Behandeln einer Lösung von 1-Cyclohex-1-enyl-but-2-en-1-on (Stereoisomeren-Gemisch) in Natriumacetat enthaltendem Äthanol mit Schwefelwasserstoff und Erhitzen des Reaktionsgemisches (*Nasarow et al.*, Ž. obšč. Chim. **19** [1949] 2148, 2159; engl. Ausg. S. a 621, a 632). Beim Erwärmen des unter b) beschriebenen Stereoisomeren mit Natriummethylat in Methanol (*Na. et al.*).

Krystalle (aus Me.); F: 77,5°.

2,4-Dinitro-phenylhydrazon s. S. 4356 und Semicarbazon s. S. 4357.

b) **(±)-2*t*(?)-Methyl-(4a*r*,8a*t*)-hexahydro-thiochroman-4-on** $C_{10}H_{16}OS$, vermutlich Formel V + Spiegelbild.

B. s. bei dem unter a) beschriebenen Stereoisomeren.

Krystalle (aus Me.); F: 65° (*Nasarow et al.*, Ž. obšč. Chim. **19** [1949] 2148, 2159; engl. Ausg. S. a 621, a 634).

Beim Erwärmen mit Natriummethylat in Methanol ist das unter a) beschriebene Stereoisomere erhalten worden. Reaktion mit Semicarbazid unter Bildung von 2*c*(?)-Methyl-(4a*r*,8a*t*)-hexahydro-thiochroman-4-on-semicarbazon (F: 203–203,5°): *Na. et al.*

2,4-Dinitro-phenylhydrazon s. S. 4357.

2-Methyl-1,1-dioxo-hexahydro-1λ^6-thiochroman-4-on $C_{10}H_{16}O_3S$.

a) **(±)-2*c*(?)-Methyl-1,1-dioxo-(4a*r*,8a*c*)-hexahydro-1λ^6-thiochroman-4-on** $C_{10}H_{16}O_3S$, vermutlich Formel VI + Spiegelbild.

B. Bei der Hydrierung von (±)-2-Methyl-1,1-dioxo-(4a*r*,8a*c*)-4a,5,8,8a-tetrahydro-1λ^6-thiochromen-4-on oder von (±)-2-Methyl-1,1-dioxo-(4a*r*,8a*c*)-4a,5,6,7,8,8a-hexahydro-1λ^6-thiochromen-4-on an Palladium in Dioxan (*Nasarow et al.*, Ž. obšč. Chim. **22** [1952] 1236, 1241; engl. Ausg. S. 1283, 1287). Beim Behandeln von (±)-2*c*(?)-Methyl-1,1-dioxo-(4a*r*,8a*c*)-hexahydro-1λ^6-thiochroman-4ξ-ol (F: 140°) mit Chrom(VI)-oxid in Essigsäure (*Na. et al.*).

Krystalle (aus Bzn.); F: 98°.

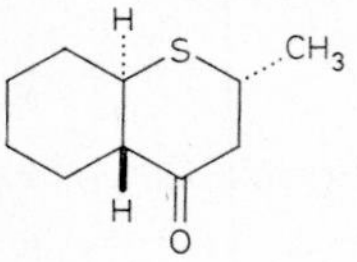

V 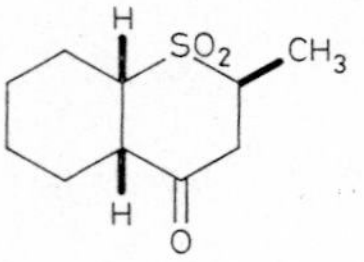 VI 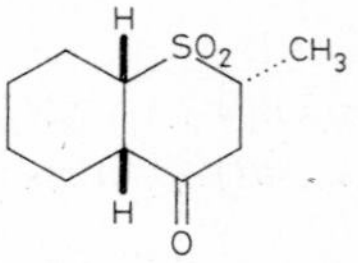 VII 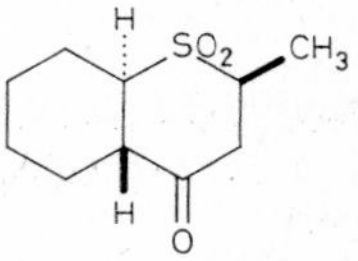 VIII

b) **(±)-2*t*(?)-Methyl-1,1-dioxo-(4a*r*,8a*c*)-hexahydro-1λ^6-thiochroman-4-on** $C_{10}H_{16}O_3S$, vermutlich Formel VII + Spiegelbild.

B. Bei der Hydrierung von (±)-2*t*(?)-Methyl-1,1-dioxo-(4a*r*,8a*c*)-4a,5,8,8a-tetrahydro-1λ^6-thiochroman-4-on (S. 4622) an Palladium in Aceton (*Nasarow et al.*, Ž. obšč. Chim. **22** [1952] 1405, 1409; engl. Ausg. S. 1449, 1452).

Krystalle (aus A.); F: 132,5–133°.

c) **(±)-2*c*(?)-Methyl-1,1-dioxo-(4a*r*,8a*t*)-hexahydro-1λ^6-thiochroman-4-on** $C_{10}H_{16}O_3S$, vermutlich Formel VIII + Spiegelbild.

B. Beim Behandeln einer Lösung von (±)-2*c*(?)-Methyl-(4a*r*,8a*t*)-hexahydro-thio=chroman-4-on (F: 77,5°) in Aceton mit Kaliumpermanganat und wss. Schwefelsäure (*Nasarow et al.*, Ž. obšč. Chim. **19** [1949] 2148, 2161; engl. Ausg. S. a 621, a 635). Beim Behandeln des unter a) beschriebenen Stereoisomeren mit Natriummethylat in Methanol oder mit Äthanol und wss. Salzsäure (*Nasarow et al.*, Ž. obšč. Chim. **22** [1952] 1236, 1241; engl. Ausg. S. 1283, 1287). Aus (±)-2-Methyl-1,1-dioxo-(4a*r*,8a*t*)-4a,5,6,7,8,8a-hexahydro-λ^6-thiochromen-4-on bei der Hydrierung an Palladium in Dioxan sowie beim Erwärmen mit Zink und Essigsäure (*Na. et al.*, Ž. obšč. Chim. **22** 1241). Bei der Hydrierung von (±)-2-Methyl-1,1-dioxo-(4a*r*,8a*c*)-4a,5,8,8a-tetrahydro-1λ^6-thiochromen-4-on an Platin in mit wss. Salzsäure versetzter Essigsäure (*Na. et al.*, Ž. obšč. Chim. **22** 1241). Beim Behandeln von 2-Methyl-1,1-dioxo-5,6,7,8-tetrahydro-1λ^6-thiochromen-4-on mit Zink, Essigsäure und wss. Salzsäure (*Na. et al.*, Ž. obšč. Chim. **22** 1242) Bei der Hydrierung von (±)-2-Methyl-1,1-dioxo-5,6,7,8-tetrahydro-1λ^6-thiochroman-4-on an Palladium in Äthanol und Äther (*Na. et al.*, Ž. obšč. Chim. **22** 1242).

Krystalle (aus A.); F: 157,5–158° (*Na. et al.*, Ž. obšč. Chim. **22** 1242).

d) **(±)-2*t*(?)-Methyl-1,1-dioxo-(4a*r*,8a*t*)-hexahydro-1λ^6-thiochroman-4-on** $C_{10}H_{16}O_3S$, vermutlich Formel IX + Spiegelbild.

B. Beim Behandeln einer Lösung von (±)-2*t*(?)-Methyl-(4a*r*,8a*t*)-hexahydro-thio=chroman-4-on (F: 65°) in Aceton mit Kaliumpermanganat und wss. Schwefelsäure (*Nasarow et al.*, Ž. obšč. Chim. **19** [1949] 2148, 2162; engl. Ausg. S. a 621). Beim Behandeln des unter b) beschriebenen Stereoisomeren mit Natriummethylat in Methanol oder mit Äthanol und wss. Salzsäure (*Nasarow et al.*, Ž. obšč. Chim. **22** [1952] 1405, 1409; engl. Ausg. S. 1449).

Krystalle (aus A.); F: 144–144,5°.

2-Methyl-hexahydro-thiochroman-4-on-[2,4-dinitro-phenylhydrazon] $C_{16}H_{20}N_4O_4S$.

a) **(±)-2*c*(?)-Methyl-(4a*r*,8a*t*)-hexahydro-thiochroman-4-on-[2,4-dinitro-phenyl=hydrazon]** $C_{16}H_{20}N_4O_4S$, vermutlich Formel X (X = NH-$C_6H_3(NO_2)_2$) + Spiegelbild.

B. Aus (±)-2*c*(?)-Methyl-(4a*r*,8a*t*)-hexahydro-thiochroman-4-on (F: 77,5°) und [2,4-Di=nitro-phenyl]-hydrazin (*Nasarow et al.*, Ž. obšč. Chim. **19** [1949] 2148, 2160; engl. Ausg. S. a 621, a 633).

Krystalle (aus Bzl. + Bzn.); F: 223°.

IX X XI XII

b) **(±)-2*t*(?)-Methyl-(4a*r*,8a*t*)-hexahydro-thiochroman-4-on-[2,4-dinitro-phenylhydrazon]** $C_{16}H_{20}N_4O_4S$, vermutlich Formel XI + Spiegelbild.

B. Aus (±)-2*t*(?)-Methyl-(4a*r*,8a*t*)-hexahydro-thiochroman-4-on (F: 65°) und [2,4-Dinitro-phenyl]-hydrazin (*Nasarow et al.*, Ž. obšč. Chim. **19** [1949] 2148, 2161; engl. Ausg. S. a 621, a 634).

Krystalle (aus Bzl. + Bzn.); F: 184° (*Na. et al.*).

(±)-2*c*(?)-Methyl-(4a*r*,8a*t*)-hexahydro-thiochroman-4-on-semicarbazon $C_{11}H_{19}N_3OS$, vermutlich Formel X (X = NH-CO-NH_2) + Spiegelbild.

B. Aus (±)-2*c*(?)-Methyl-(4a*r*,8a*t*)-hexahydro-thiochroman-4-on (F: 77,5°) oder aus (±)-2*t*(?)-Methyl-(4a*r*,8a*t*)-hexahydro-thiochroman-4-on (F: 65°) und Semicarbazid (*Nasarow et al.*, Ž. obšč. Chim. **19** [1949] 2148, 2160; engl. Ausg. S. a 621, a 633).

Krystalle (aus Me.); F: 203–203,5°.

(±)-3ξ-Brom-2*c*(?)-methyl-1,1-dioxo-(4a*r*,8a*t*)-hexahydro-1λ⁶-thiochroman-4-on $C_{10}H_{15}BrO_3S$, vermutlich Formel XII + Spiegelbild.

B. Beim Erwärmen von (±)-2*c*(?)-Methyl-1,1-dioxo-(4a*r*,8a*t*)-hexahydro-1λ⁶-thiochroman-4-on (F: 158°) mit Brom in Essigsäure (*Nasarow et al.*, Ž. obšč. Chim. **22** [1952] 990, 995; engl. Ausg. S. 1045, 1049).

Krystalle (aus A.); F: 215–216°.

(±)-3ξ,4a-Dibrom-2*t*(?)-methyl-1,1-dioxo-(4aξ,8a*r*)-hexahydro-1λ⁶-thiochroman-4-on $C_{10}H_{14}Br_2O_3S$, vermutlich Formel I + Spiegelbild.

B. Beim Erwärmen von (±)-2*c*(?)-Methyl-1,1-dioxo-(4a*r*,8a*t*)-hexahydro-1λ⁶-thiochroman-4-on (F: 158°) mit Brom in Essigsäure (*Nasarow et al.*, Ž. obšč. Chim. **22** [1952] 990, 994; engl. Ausg. S. 1045, 1048).

Krystalle (aus A.); F: 186–187°.

Beim Erwärmen mit Natriumacetat in Aceton ist 2-Methyl-1,1-dioxo-5,6,7,8-tetrahydro-thiochromen-4-on erhalten worden.

***Opt.-inakt. 3-Methyl-hexahydro-chroman-2-on, 3-[2-Hydroxy-cyclohexyl]-2-methyl-propionsäure-lacton** $C_{10}H_{16}O_2$, Formel II.

B. Bei der Hydrierung von 3-Methyl-cumarin an Platin in Essigsäure (*Nakabayashi*, J. pharm. Soc. Japan **74** [1954] 895, 897; C. A. **1955** 10941).

Kp: 252–254°. $D_4^{17,5}$: 1,0560. $n_D^{17,5}$: 1,4672.

I II III IV

***Opt.-inakt. 4-Methyl-hexahydro-chroman-2-on, 3-[2-Hydroxy-cyclohexyl]-buttersäure-lacton** $C_{10}H_{16}O_2$, Formel III.

B. Bei der Hydrierung von 4-Methyl-cumarin an Platin in Essigsäure (*Nakabayashi*, J. pharm. Soc. Japan **74** [1954] 895, 897; C. A. **1955** 10941). Aus opt.-inakt. 3-[2-Oxo-cyclohexyl]-buttersäure (n_D^{24}: 1,4818) beim Behandeln mit wss. Natronlauge und Nickel-

Aluminium-Legierung und anschliessend mit wss. Schwefelsäure sowie beim Behandeln mit Natriumboranat und Natriumhydrogencarbonat in Wasser und anschliessend mit wss. Salzsäure (*Jacob, Dev*, J. Indian chem. Soc. **36** [1959] 429, 433).

Kp: 254—255°; D_4^{20}: 1,0158; n_D^{20}: 1,4713 (*Na.*). $Kp_{2,5}$: 135°; D_4^{21}: 1,0710; n_D^{21}: 1,4870 (*Ja., Dev*).

***Opt.-inakt. 4a-Methyl-hexahydro-chroman-2-on, 3-[2-Hydroxy-1-methyl-cyclohexyl]-propionsäure-lacton** $C_{10}H_{16}O_2$, Formel IV.

B. Bei der Hydrierung des Natrium-Salzes der (±)-3-[1-Methyl-2-oxo-cyclohexyl]-propionsäure an Raney-Nickel in Wasser bei 90°/125 at und Behandlung der Reaktionslösung mit wss. Schwefelsäure (*Frank, Pierle*, Am. Soc. **73** [1951] 724, 729).

Kp_1: 110°; D_{20}^{20}: 1,077; n_D^{20}: 1,4924.

***Opt.-inakt. 5-Methyl-hexahydro-chroman-2-on, 3-[2-Hydroxy-6-methyl-cyclohexyl]-propionsäure-lacton** $C_{10}H_{16}O_2$, Formel V.

B. Bei der Hydrierung von 5-Methyl-cumarin an Platin in Essigsäure (*Nakabayashi*, J. pharm. Soc. Japan **74** [1954] 895, 897; C. A. **1955** 10941).

Kp: 246—250°. D_4^{12}: 1,0428. n_D^{12}: 1,4901.

***Opt.-inakt. 6-Methyl-hexahydro-chroman-2-on, 3-[2-Hydroxy-5-methyl-cyclohexyl]-propionsäure-lacton** $C_{10}H_{16}O_2$, Formel VI.

B. Bei der Hydrierung von 6-Methyl-cumarin an Platin in Essigsäure (*Nakabayashi*, J. pharm. Soc. Japan **74** [1954] 895, 897; C. A. **1955** 10941). Bei der Hydrierung des Natrium-Salzes der opt.-inakt. 3-[5-Methyl-2-oxo-cyclohexyl]-propionsäure (F: 53°) an Raney-Nickel in Wasser bei 90°/125 at und Behandlung der Reaktionslösung mit Schwefelsäure (*Frank, Pierle*, Am. Soc. **73** [1951] 724, 729).

Kp: 263—264°; $D_4^{14,5}$: 1,0246; $n_D^{14,5}$: 1,4822 (*Na.*). Kp_1: 94°; D_{20}^{20}: 1,06; n_D^{20}: 1,4841 (*Fr., Pi.*).

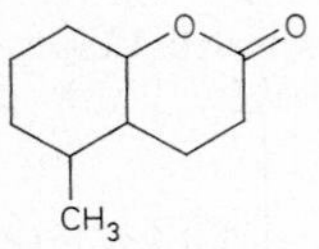

V 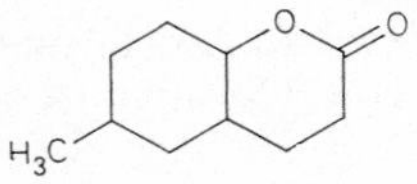 VI 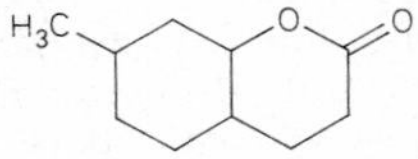 VII 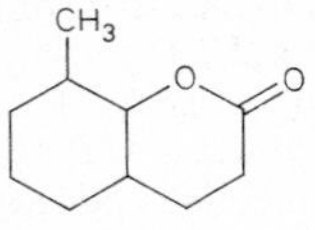 VIII

***Opt.-inakt. 7-Methyl-hexahydro-chroman-2-on, 3-[2-Hydroxy-4-methyl-cyclohexyl]-propionsäure-lacton** $C_{10}H_{16}O_2$, Formel VII.

B. Bei der Hydrierung von 7-Methyl-cumarin an Platin in Essigsäure (*Nakabayashi*, J. pharm. Soc. Japan **74** [1954] 895, 897; C. A. **1955** 10941).

Kp: 275—276°. D_4^{17}: 1,0854. n_D^{17}: 1,4998.

***Opt.-inakt. 8-Methyl-hexahydro-chroman-2-on, 3-[2-Hydroxy-3-methyl-cyclohexyl]-propionsäure-lacton** $C_{10}H_{16}O_2$, Formel VIII.

B. Bei der Hydrierung von 8-Methyl-cumarin an Platin in Essigsäure (*Nakabayashi*, J. pharm. Soc. Japan **74** [1954] 895, 897; C. A. **1955** 10941). Bei der Hydrierung des Natrium-Salzes der opt.-inakt. 3-[3-Methyl-2-oxo-cyclohexyl]-propionsäure (F: 70°) an Raney-Nickel in Wasser bei 90°/125 at und Behandlung der Reaktionslösung mit Schwefelsäure (*Frank, Pierle*, Am. Soc. **73** [1951] 724, 728).

Kp: 263—266°; D_4^{14}: 1,0837; n_D^{14}: 1,4938 (*Na.*). Kp_1: 103—106°; D_{20}^{20}: 1,068; n_D^{20}: 1,4876 (*Fr., Pi.*).

***Opt.-inakt. 8a-Methyl-hexahydro-chroman-2-on, 3-[2-Hydroxy-2-methyl-cyclohexyl]-propionsäure-lacton** $C_{10}H_{16}O_2$, Formel IX.

B. Neben 7a-Methyl-5,6,7,7a-tetrahydro-indan-1-on oder/und 7a-Methyl-2,4,5,6,7,7ahexahydro-inden-1-on (E III 7 580) beim Behandeln von 3-[2-Methyl-cyclohex-1-enyl]-propionylchlorid mit Zinn(IV)-chlorid in Schwefelkohlenstoff und Erhitzen des Reaktionsprodukts mit *N,N*-Diäthyl-anilin (*Chuang et al.*, B. **69** [1936] 1494, 1500).

Kp_9: 135—137°.

***Opt.-inakt. 4-Methyl-hexahydro-isochroman-3-on, 2-[2-Hydroxymethyl-cyclohexyl]-propionsäure-lacton** $C_{10}H_{16}O_2$, Formel X.

B. Bei der Hydrierung von (±)-4-Methyl-1,5,6,7,8,8a-hexahydro-isochromen-3-on an Raney-Nickel in Äthanol bei 80°/95 at (*Korte et al.*, Tetrahedron **6** [1959] 201, 210).

$Kp_{0,001}$: 81—82°. UV-Absorptionsmaximum (Me.): 210 nm.

IX X XI XII

***Opt.-inakt. 4,4-Dimethyl-hexahydro-cyclopenta[*c*]pyran-3-on, 2-[2-Hydroxymethyl-cyclopentyl]-2-methyl-propionsäure-lacton** $C_{10}H_{16}O_2$, Formel XI.

B. Bei der Hydrierung von 4,4-Dimethyl-4,5,6,7-tetrahydro-1*H*-cyclopenta[*c*]pyran-3-on an Raney-Nickel in Äthanol bei 95°/100 at (*Korte et al.*, Tetrahedron **6** [1959] 201, 213).

$Kp_{0,2}$: 81—82°. UV-Absorptionsmaximum (Me.): 210 nm.

4,7-Dimethyl-hexahydro-cyclopenta[*c*]pyran-3-on, 2-[2-Hydroxymethyl-3-methyl-cyclopentyl]-propionsäure-lacton $C_{10}H_{16}O_2$.

Zusammenfassende Darstellung über die folgenden Stereoisomeren („Iridolactone"): *G. W. K. Cavill* in *W. I. Taylor, A. R. Battersby*, Cyclopentanoid Terpene Derivatives [New York 1969] S. 214. Über die Konfiguration s. *Dolejš et al.*, Collect. **26** [1961] 1015, 1017; s. a. *Bates et al.*, Am. Soc. **80** [1958] 3420, 3422; *Cavill, Locksley*, Austral. J. Chem. **10** [1957] 352, 354; *McConnel et al.*, Tetrahedron Letters **1962** 445.

a) **(4a*R*)-4*c*,7*c*-Dimethyl-(4a*r*,7a*c*)-hexahydro-cyclopenta[*c*]pyran-3-on, (+)-Isoiridomyrmecin** $C_{10}H_{16}O_2$, Formel XII.

B. Beim Erwärmen von (*R*)-2,6-Dimethyl-oct-2ξ-endial ($Kp_{0,5}$: 90—95°; $[\alpha]_D^{27}$: +7,7°; aus (*R*)-Citronellal hergestellt) mit Natriummethylat in Methanol und anschliessenden Behandeln mit wss. Salzsäure (*Shell Oil Co.*, U.S.P. 3010997 [1958]; s. a. *Clark et al.*, Tetrahedron **6** [1959] 217, 223). Beim Erwärmen von (*Ξ*)-2-[(1*Ξ*,2*Ξ*, 3*R*)-2-Formyl-3-methyl-cyclopentyl]-propionaldehyd (Isomeren-Gemisch; $Kp_{0,1}$: 74—76°; aus (*R*)-Citronellal hergestellt) mit wss. Natronlauge und Behandeln einer Suspension des Reaktionsprodukts in Äther mit wss. Salzsäure (*Cl. et al.*, l. c. S. 222).

Krystalle (aus Bzn.); F: 58,5—59°; $[\alpha]_D^{26}$: +56° [CCl_4; c = 1] (*Cl. et al.*). $[\alpha]_D^{28}$: +60° [CCl_4; c = 1] (*Jaeger, Robinson*, Tetrahedron Letters **1959** Nr. 15, S. 15, 17).

Beim Erhitzen mit Chinolin erfolgt Epimerisierung zu (−)-Iridomyrmecin [S. 4360] (*Ja., Ro.*).

Charakterisierung durch Überführung in (*S*)-2-[(1*R*)-2*c*-Hydroxymethyl-3*t*-methyl-cyclopent-*r*-yl]-propionsäure-hydrazid (F: 118—119°): *Shell Oil Co.*; *Cl. et al.*

b) **(4a*S*)-4*c*,7*c*-Dimethyl-(4a*r*,7a*c*)-hexahydro-cyclopenta[*c*]pyran-3-on, (−)-Isoiridomyrmecin** $C_{10}H_{16}O_2$, Formel XIII.

Isolierung aus Iridomyrmex nitidus: *Cavill et al.*, Austral. J. Chem. **9** [1956] 288, 292. (−)-Isoiridomyrmecin ist wahrscheinlich auch ein Bestandteil des von *Sakan et al.* (Bl. chem. Soc. Japan **32** [1959] 1154) aus Actinidia polygama gewonnenen sog. Matatabilactons gewesen (*Wolinsky et al.*, Tetrahedron **21** [1965] 1247).

B. Beim Erwärmen von Iridodial [(*Ξ*)-2-[(3*S*)-2*t*(?)-Formyl-3*r*-methyl-cyclopent-*t*(?)-yl]-propionaldehyd; Kp_1: 90—92°; n_D^{19}: 1,4782] (*Ca. et al.*) oder von (*Ξ*)-2-[(1*Ξ*,2*Ξ*,3*S*)-2-Formyl-3-methyl-cyclopentyl]-propionaldehyd [Isomeren-Gemisch; $Kp_{0,15}$: 70—72°;

aus (*S*)-Citronellal hergestellt] (*Clark et al.*, Tetrahedron **6** [1959] 217, 224) mit wss. Natronlauge und Behandeln einer Lösung des jeweiligen Reaktionsprodukts in Äther mit wss. Salzsäure. Beim Erwärmen von (+)-Iridomyrmecin (s. u.) mit Natriummethylat in Methanol (*Cavill, Locksley*, Austral. J. Chem. **10** [1957] 352, 356) oder mit methanol. Kalilauge (*Fusco et al.*, Chimica e Ind. **37** [1955] 251, 255). Beim Erhitzen einer aus sog. Matatabilacton (S. 4359) durch Behandlung mit Alkalilauge und mit Essigsäure erhaltenen, vermutlich als (*R*)-2-[(1*S*)-2*c*-Hydroxymethyl-3*t*-methyl-cyclopent-*r*-yl]-propionsäure zu formulierenden Hydroxycarbonsäure $C_{10}H_{18}O_3$ vom F: 109—110° (*Sa. et al.*).

Konformation im krystallinen Zustand: *McConnell et al.*, Tetrahedron Letters **1962** 445; *Schoenborn, McConnell*, Acta cryst. **15** [1962] 779. Atomabstände und Bindungswinkel (aus dem Röntgen-Diagramm): *Sch., McC.*, l. c. S. 784.

Krystalle; F: 60° (*Sa. et al.*), 58—59° [aus PAe.] (*Ca. et al.*), 58° (*Sch., McC.*), 57,5—58° [aus Bzn.] (*Cl. et al.*), 56,5—57° [aus W.] (*Fu. et al.*). Monoklin; Raumgruppe $P2_1$; aus dem Röntgen-Diagramm ermittelte Dimensionen der Elementarzelle bei —130°: a = 10,09 Å; b = 6,41 Å; c = 7,50 Å; β = 96,4°; n = 2 (*Sch., McC.*). $[\alpha]_D^{17}$: —62° [CCl_4; c = 1] (*Ca., Lo.*, l. c. S. 357); $[\alpha]_D^{19}$: —64° [CCl_4; c = 1] (*Ca. et al.*); $[\alpha]_D^{21}$: —67,6° [CCl_4; c = 0,1] (*Sa. et al.*); $[\alpha]_D^{28}$: —56° [CCl_4; c = 1] (*Cl. et al.*). IR-Spektrum (Nujol; 3—15 μ): *Cl. et al.*, l. c. S. 221. IR-Banden (CCl_4) im Bereich von 3,4 μ bis 10,7 μ: *Ca., Lo.*

Beim Erwärmen mit Natriumäthylat in Äthanol sowie beim Erhitzen mit Kaliumcarbonat in Xylol erfolgt Epimerisierung zu (+)-Iridomyrmecin [s. u.] (*Ca., Lo.*, l. c. S. 357).

Charakterisierung durch Überführung in (*R*)-2-[(1*S*)-2*c*-Hydroxymethyl-3*t*-methyl-cyclopent-*r*-yl]-propionsäure-hydrazid (F: 118—119° bzw. F: 119—120°): *Ca. et al.*; *Sa. et al.*

c) **(±)-4*c*,7*c*-Dimethyl-(4a*r*,7a*c*)-hexahydro-cyclopenta[*c*]pyran-3-on, (±)-Isoiridomyrmecin** $C_{10}H_{16}O_2$, Formel XIII + Spiegelbild.

Herstellung aus gleichen Mengen der Enantiomeren in Petroläther: *Clark et al.*, Tetrahedron **6** [1959] 217, 224.

Krystalle; F: 32—34°.

d) **(4a*R*)-4*t*,7*c*-Dimethyl-(4a*r*,7a*c*)-hexahydro-cyclopenta[*c*]pyran-3-on, (—)-Iridomyrmecin** $C_{10}H_{16}O_2$, Formel XIV.

B. Beim Erhitzen von (+)-Isoiridomyrmecin (S. 4359) mit Chinolin (*Jaeger, Robinson*, Tetrahedron Letters **1959** Nr. 15, S. 14, 17).

Krystalle (aus Bzn.); F: 61—62°. $[\alpha]_D^{29}$: —207° [CCl_4; c = 1]. IR-Spektrum (Nujol; 2—15 μ): *Ja., Ro.*

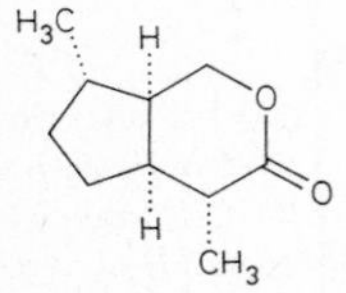

XIII 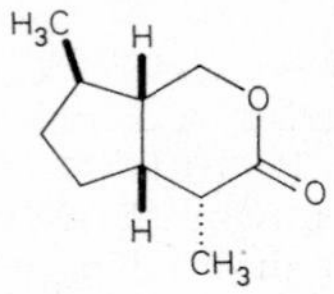 XIV 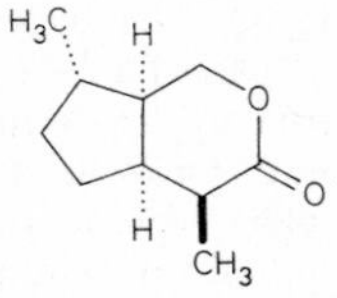 XV 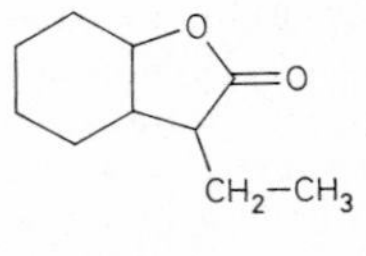 XVI

e) **(4a*S*)-4*t*,7*c*-Dimethyl-(4a*r*,7a*c*)-hexahydro-cyclopenta[*c*]pyran-3-on, (+)-Iridomyrmecin** $C_{10}H_{16}O_2$, Formel XV.

Isolierung aus Iridomyrmex humilis: *Pavan*, Pr. 8. int. Congr. Entomol. Stockholm **1948** 863; Chimica e Ind. **37** [1955] 625, 714; *Pavan, Ronchetti*, Atti Soc. ital. Sci. nat. **94** [1955] 379, 430; *Cavill et al.*, Austral. J. Chem. **9** [1956] 288, 292; (+)-Iridomyrmecin ist wahrscheinlich auch ein Bestandteil des von *Sakan et al.* (Bl. chem. Soc. Japan **32** [1959] 1154) aus Actinidia polygama gewonnenen sog. Matatabilactons gewesen (*Wolinsky et al.*, Tetrahedron **21** [1965] 1247).

Konformation im kristallinen Zustand: *McConnell et al.*, Tetrahedron Letters **1962** 445; Acta cryst. **17** [1964] 472. Atomabstände und Bindungswinkel (aus dem Röntgen-Diagramm): *McC. et al.*

F: 61,5—62,5° [aus PAe.] (*Jaeger, Robinson*, Tetrahedron Letters **1959** Nr. 15, S. 14, 18), 61—62° (*Pa.*, Chimica e Ind. **37** 717), 60—61° (*Fusco et al.*, Chimica e Ind. **37** [1955] 251, 254), 59—60° [aus Bzn.] (*Ca. et al.*). Monoklin; Raumgruppe $P2_1$; aus dem Röntgen-Diagramm ermittelte Dimensionen der Elementarzelle bei —150°: a = 11,96 Å;

b = 5,25 Å; c = 7,48 Å; β = 97,1°; n = 2 (*McC. et al.*). Dichte der Krystalle bei −150°: 1,2 (*McC. et al.*). $Kp_{1,5}$: 104−108° (*Ca. et al.*). n_D^{65}: 1,4607 (*Pa.*, *Ro.*, l. c. S. 437). IR-Spektrum (Nujol; 2,5−15 μ): *Ja.*, *Ro.*, l. c. S. 16. IR-Banden (CCl_4) im Bereich von 3,4 μ bis 10,7 μ: *Cavill*, *Locksley*, Austral. J. Chem. **10** [1957] 352, 356. $[\alpha]_D^{25,5}$: +210° [CCl_4; c = 1] (*Ca.*, *Lo.*). $[\alpha]_D^{20}$: +210° [A.; c = 4] (*Fu. et al.*; *Pa.*, *Ro.*, l. c. S. 437). Löslichkeit in Wasser bei Raumtemperatur (?): 0,2% (*Pa.*, *Ro.*, l. c. S. 436).

Beim Erwärmen mit Natriumäthylat in Äthanol oder mit methanol. Kalilauge sowie beim Erhitzen mit Kaliumcarbonat in Xylol erfolgt Epimerisierung zu (−)-Isoiridomyrmecin [S. 4359] (*Pa.*, *Ro.*, l. c. S. 437; *Fu. et al.*, l. c. S. 255; *Ca.*, *Lo.*, l. c. S. 357).

Charakterisierung durch Überführung in (*S*)-2-[(1*S*)-2*c*-Hydroxymethyl-3*t*-methyl-cyclopent-*r*-yl]-propionsäure-hydrazid (F: 144°): *Fu. et al.*, l. c. S. 254.

f) **(±)-4*t*,7*c*-Dimethyl-(4a*r*,7a*c*)-hexahydro-cyclopenta[*c*]pyran-3-on, (±)-Iridomyrmecin** $C_{10}H_{16}O_2$, Formel XV + Spiegelbild.

B. Aus opt.-inakt. 2-[1-Hydroxy-3-methyl-cyclopentyl]-propionsäure-äthylester (Kp_{30}: 122−124°) über 2-[3-Methyl-cyclopent-1-enyl]-propionsäure und 2-[2-Hydroxymethyl-3-methyl-cyclopentyliden]-propionsäure-lacton (*Korte et al.*, Tetrahedron **6** [1959] 201, 212). Herstellung aus gleichen Mengen der Enantiomeren in Benzin: *Jaeger*, *Robinson*, Tetrahedron Letters **1959** Nr. 15, S. 14, 18.

Krystalle; F: 59,5° (*Ja.*, *Ro.*), 59° [aus PAe.] (*Ko. et al.*). $Kp_{0,3}$: 82° (*Ko. et al.*). IR-Spektrum (CCl_4; 2−16 μ): *Ko. et al.*, l. c. S. 204. UV-Absorptionsmaximum (Me.): 210 nm (*Ko. et al.*).

***Opt.-inakt. 3-Äthyl-hexahydro-benzofuran-2-on, 2-[2-Hydroxy-cyclohexyl]-buttersäure-lacton** $C_{10}H_{16}O_2$, Formel XVI.

B. Beim Erwärmen von (±)-2-[1-Hydroxy-cyclohexyl]-buttersäure-methylester (*C. H. Boehringer Sohn*, D.R.P. 584372 [1930]; Frdl. **20** 2199; U.S.P. 2007813 [1930]) oder von (±)-2-[1-Hydroxy-cyclohexyl]-buttersäure-äthylester (*Obata*, J. pharm. Soc. Japan **73** [1953] 1298; C. A. **1955** 175) mit wss. Schwefelsäure. Beim Erwärmen von (±)-2-Cyclohex-1-enyl-buttersäure-methylester (E III **9** 192) mit wss. Bromwasserstoffsäure (*C. H. Boehringer Sohn*).

Kp_{15}: 145° (*C. H. Boehringer Sohn*); Kp_5: 112−114° (*Ob.*).

Charakterisierung durch Überführung in 2-[2-Hydroxy-cyclohexyl]-buttersäure-hydrazid (F: 134−135°): *Ob.*

***Opt.-inakt. 3,3-Dimethyl-hexahydro-benzofuran-2-on, 2-[2-Hydroxy-cyclohexyl]-2-methyl-propionsäure-lacton** $C_{10}H_{16}O_2$, Formel I.

B. Neben 1-Isopropyl-cyclohexen beim Erwärmen von 2-Cyclohex-1-enyl-2-methyl-propionsäure mit wss. Schwefelsäure (*Cocker*, *Hornsby*, Soc. **1947** 1157, 1165).

F: 48°. Bei 136−140°/10−12 Torr destillierbar.

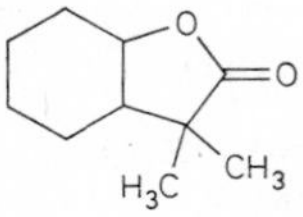

I 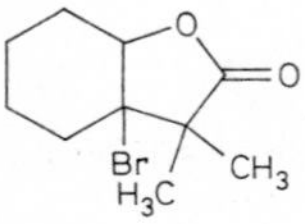 II 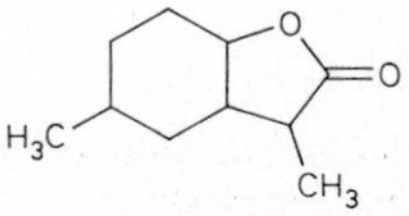 III 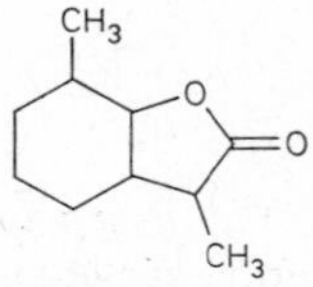 IV

***Opt.-inakt. 3a-Brom-3,3-dimethyl-hexahydro-benzofuran-2-on, 2-[1-Brom-2-hydroxy-cyclohexyl]-2-methyl-propionsäure-lacton** $C_{10}H_{15}BrO_2$, Formel II.

B. Beim Behandeln von 2-Cyclohex-1-enyl-2-methyl-propionsäure mit wss. Natriumcarbonat-Lösung und mit Brom in Wasser (*Cocker*, *Hornsby*, Soc. **1947** 1157, 1165).

Krystalle; F: 59−60° [nach Sublimation].

***Opt.-inakt. 3,5-Dimethyl-hexahydro-benzofuran-2-on, 2-[2-Hydroxy-5-methyl-cyclohexyl]-propionsäure-lacton** $C_{10}H_{16}O_2$, Formel III.

B. Bei der Hydrierung von opt.-inakt. 2-[2-Hydroxy-5-methyl-cyclohex-2-enyl]-

propionsäure-lacton (Kp_{10}: 156—158°) an Palladium in Äthanol (*Rosenmund et al.*, Ar. **287** [1954] 441, 447).

Kp_{10}: 142—143°.

***Opt.-inakt. 3,7-Dimethyl-hexahydro-benzofuran-2-on, 2-[2-Hydroxy-3-methyl-cyclohexyl]-propionsäure-lacton** $C_{10}H_{16}O_2$, Formel IV.

B. Bei der Hydrierung von opt.-inakt. 2-[3-Methyl-2-oxo-cyclohexyl]-propionsäure ($Kp_{0,05}$: 111—113°) an Raney-Nickel in Äthanol bei 120°/130 at (*Korte et al.*, Tetrahedron **6** [1959] 201, 216).

$Kp_{0,05}$: 77—78°. UV-Absorptionsmaximum (Me.): 211 nm.

***Opt.-inakt. 3a,7a-Dimethyl-hexahydro-benzofuran-2-on, [2-Hydroxy-1,2-dimethyl-cyclohexyl]-essigsäure-lacton** $C_{10}H_{16}O_2$, Formel V.

B. Beim Behandeln von (±)-[1-Methyl-2-oxo-cyclohexyl]-essigsäure-äthylester mit Methylmagnesiumjodid in Äther und anschliessend mit verd. wss. Salzsäure, Erwärmen des erhaltenen Öls mit methanol. Kalilauge und Ansäuern des vom Äthanol befreiten Reaktionsgemisches (*Copp, Simonsen*, Soc. **1940** 415, 417).

Krystalle (aus Ae.); F: 73°.

Beim Behandeln mit wss. Salzsäure und amalgamiertem Zink ist [1,2*t*-Dimethyl-cyclohex-*r*-yl]-essigsäure (E III **9** 87) erhalten worden.

5,5-Dimethyl-hexahydro-benzofuran-2-on, [2-Hydroxy-5,5-dimethyl-cyclohexyl]-essigsäure-lacton $C_{10}H_{16}O_2$.

a) **(±)-5,5-Dimethyl-(3a*r*,7a*c*)-hexahydro-benzofuran-2-on , [2*c*-Hydroxy-5,5-dimethyl-cyclohex-*r*-yl]-essigsäure-lacton** $C_{10}H_{16}O_2$, Formel VI + Spiegelbild.

B. Neben kleineren Mengen des unter b) beschriebenen Stereoisomeren beim Erwärmen von (±)-[2*c*-Hydroxy-5,5-dimethyl-cyclohex-*r*-yl]-essigsäure-methylester mit wss. Natronlauge (*Tschudi, Schinz*, Helv. **35** [1952] 1230, 1233). Neben kleineren Mengen [5,5-Dimethyl-cyclohex-1-enyl]-essigsäure-methylester beim Erhitzen von (±)-[2*c*-Hydroxy-5,5-dimethyl-cyclohex-*r*-yl]-essigsäure-methylester mit Kaliumhydrogensulfat auf 180° (*Tsch., Sch.*). Beim Behandeln von [5,5-Dimethyl-cyclohex-1-enyl]-essigsäure mit wss. Schwefelsäure (*Vodoz, Schinz*, Helv. **33** [1950] 1035, 1039; s. a. *Tsch., Sch.*).

$Kp_{0,3}$: 85—86°; D_4^{20}: 1,0354; n_D^{20}: 1,4736 (*Tsch., Sch.*). Kp_{13}: 138—139°; D_4^{17}: 1,0458; n_D^{17}: 1,4801 (*Vo., Sch.*).

Charakterisierung durch Überführung in [2*c*-Hydroxy-5,5-dimethyl-cyclohex-*r*-yl]-essigsäure-hydrazid (F: 134°): *Vo., Sch.*; *Tsch., Sch.*

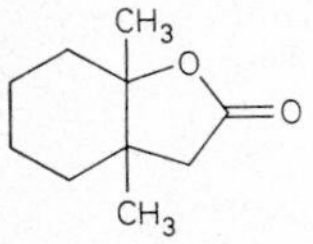

V 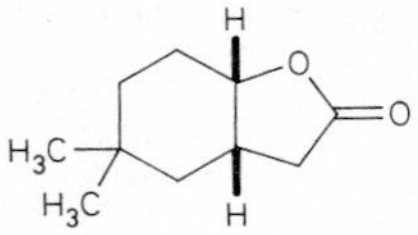 VI 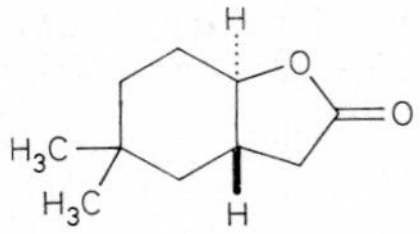 VII 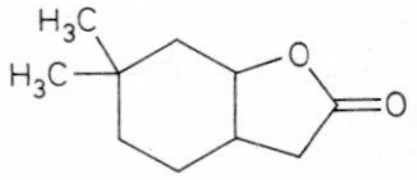 VIII

b) **(±)-5,5-Dimethyl-(3a*r*,7a*t*)-hexahydro-benzofuran-2-on, [2*t*-Hydroxy-5,5-dimethyl-cyclohex-*r*-yl]-essigsäure-lacton** $C_{10}H_{16}O_2$, Formel VII + Spiegelbild.

B. Beim Erwärmen von (±)-[2*t*-Hydroxy-5,5-dimethyl-cyclohex-*r*-yl]-essigsäure-methylester oder von (±)-[2*c*-Hydroxy-5,5-dimethyl-cyclohex-*r*-yl]-essigsäure-methylester mit wss. Salzsäure (*Tschudi, Schinz*, Helv. **35** [1952] 1230, 1234). Beim Erwärmen des unter a) beschriebenen Stereoisomeren mit Thionylchlorid (*Tsch., Sch.*).

Kp_{13}: 137—139°. D_4^{20}: 1,0246. n_D^{20}: 1,4684.

Charakterisierung durch Überführung in [2*t*-Hydroxy-5,5-dimethyl-cyclohex-*r*-yl]-essigsäure-hydrazid (F: 160,5—161°): *Tsch., Sch.*

***Opt.-inakt. 6,6-Dimethyl-hexahydro-benzofuran-2-on, [2-Hydroxy-4,4-dimethyl-cyclohexyl]-essigsäure-lacton** $C_{10}H_{16}O_2$, Formel VIII.

B. Beim Hydrieren des Natrium-Salzes der (±)-[4,4-Dimethyl-2-oxo-cyclohexyl]-

essigsäure an Raney-Nickel in wss. Natronlauge und Erwärmen der Reaktionslösung mit wss. Salzsäure (*Rosenmund et al.*, B. **87** [1954] 1258, 1265).

$Kp_{0,2}$: 100°.

6,7a-Dimethyl-hexahydro-benzofuran-2-on, [2-Hydroxy-2,4-dimethyl-cyclohexyl]-essigsäure-lacton $C_{10}H_{16}O_2$, Formel IX.

Diese Konstitutionsformel kommt für die nachstehend beschriebene opt.-inakt. Verbindung in Betracht.

B. Neben anderen Verbindungen beim Erhitzen von (±)-*trans*-Pinonsäure (E III **10** 2871) mit wss. Phosphorsäure (D: 1,74) auf 165° (*Arcus, Bennett*, Soc. **1958** 3180, 3184).

$Kp_{0,7}$: 102–103°. n_D^{25}: 1,4693.

1,6-Epoxy-*p*-menthan-2-on $C_{10}H_{16}O_2$, Formel X.

Über ein aus nicht charakterisiertem Carvotanaceton (E III **7** 328) mit Hilfe von wss. Wasserstoffperoxid erhaltenes Präparat (Kp_{20}: 118–120°; D^{20}: 1,0129; n_D: 1,4735) von unbekanntem opt. Drehungsvermögen s. *Treibs*, B. **66** [1933] 1483, 1488.

1,2-Epoxy-*p*-menthan-3-on $C_{10}H_{16}O_2$ (vgl. E II 302).

Über die Konfiguration der beiden folgenden Stereoisomeren s. *Klein, Ohloff*, Tetrahedron **19** [1963] 1091, 1094.

a) **(1*R*,4*R*)-1,2-Epoxy-*p*-menthan-3-on, (1*R*)-1,2-Epoxy-*trans*-*p*-menthan-3-on, (+)-Piperitonoxid** $C_{10}H_{16}O_2$, Formel XI.

Weitgehend racemisierte Präparate (s. diesbezüglich *Klein, Ohloff*, Tetrahedron **19** [1963] 1091, 1094), in denen vermutlich auch (1*R*,4*S*)-1,2-Epoxy-*p*-menthan-3-on enthalten gewesen ist (s. *Jackson, Zurqiyah*, Soc. [B] **1966** 49), sind beim Behandeln von Lösungen von (–)-Piperiton ((*R*)-*p*-Menth-1-en-3-on) in wss. Methanol, bzw. wss. Isopropylalkohol mit wss. Wasserstoffperoxid und Alkalilauge erhalten worden (*Treibs*, B. **66** [1933] 610, 615; *Rupe, Refardt*, Helv. **25** [1942] 836, 842; *Kl., Oh.*, l. c. S. 1099). Gewinnung von reinem (1*R*,4*R*)-1,2-Epoxy-*p*-menthan-3-on aus einem solchen Präparat: *Kl., Oh.*

F: 14,5°; D_4^{20}: 1,0008; n_D^{20}: 1,4628; $[\alpha]_D^{20}$: +138,2° [unverd.] (*Kl., Oh.*).

Beim Erhitzen mit wss. Schwefelsäure ist Diosphenol (E III **7** 3249) erhalten worden (*Tr.*, l. c. S. 618). Über die Reaktion mit Dimethylamin in Äthanol s. *Rupe, Re.*, l. c. S. 843.

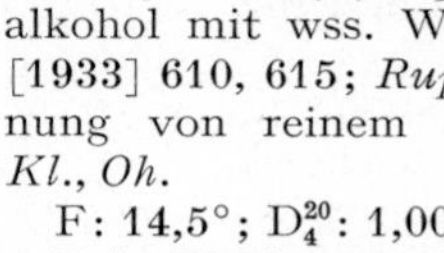

IX 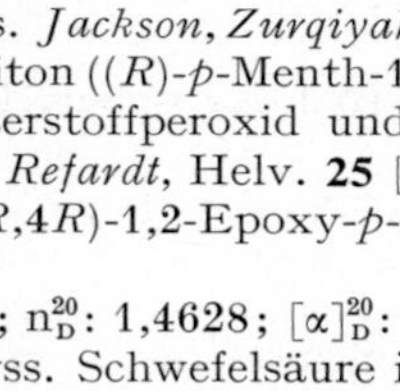 X 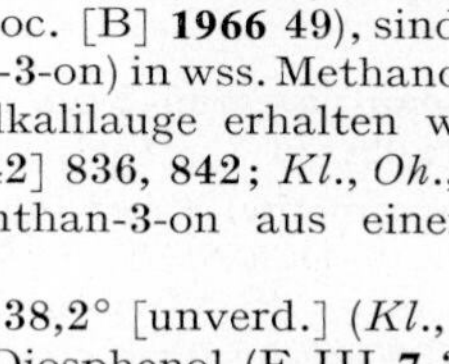 XI 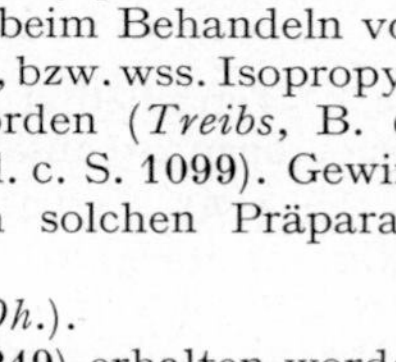 XII

b) **(1*S*,4*S*)-1,2-Epoxy-*p*-menthan-3-on, (1*S*)-1,2-Epoxy-*trans*-*p*-menthan-3-on, (–)-Piperitonoxid,** (–)-Dihydrorotundifolon, (–)-Dihydrolippion $C_{10}H_{16}O_2$, Formel XII.

Isolierung aus dem ätherischen Öl von Mentha sylvestris und von Mentha rotundifolia: *Reitsema, Varnis*, Am. Soc. **78** [1956] 3792; *Reitsema*, J. Am. pharm. Assoc. **47** [1958] 267; von Mentha incana: *Nikolaew, Tschernomorez*, Trudy Chim. prirodn. Soedin. Kišinevsk. Univ. Nr. 2 [1959] 35, 41; C. A. **56** [1962] 552; von Mentha royliana: *Nikolaew, Schwez*, Trudy Chim. prirodn. Soedin. Kišinevsk. Univ. Nr. 2 [1959] 85, 86; C. A. **56** [1962] 1540; von Satureja parvifolia: *Fester et al.*, Bol. Acad. Córdoba Arg. **39** [1956] 375, 383.

B. Bei der Hydrierung von (+)-Rotundifolon ((1*S*)-1,2-Epoxy-*p*-menth-4(8)-en-3-on) an Palladium in Methanol (*Shimizu*, Bl. agric. chem. Soc. Japan **21** [1957] 107, 112).

Krystalle (aus Hexan), F: 14,5–15,5°; Kp_3: 91°; D_{25}^{25}: 1,008; n_D^{20}: 1,4624; $[\alpha]_D^{22}$: –177,0° [A.; c = 1]; α_D: –176,9° [unverd.; l = 1] (*Re., Va.*) UV-Absorptionsmaximum (A.):

296 nm (*Re.*, *Va.*). F: 13—15° [aus PAe.]; Kp_{10}: 101—102°; D_{20}^{20}: 1,0008; n_D^{20}: 1,4624; $[\alpha]_D$: —174,4° [unverd. ?] (*Ni.*, *Tsch.*, l.c. S. 41). F: 14°; Kp_{10}: 103—105°; D_{20}^{20}: 1,0092; n_D^{20}: 1,4638; $[\alpha]_D$: —175,5° [unverd. ?] (*Ni.*, *Sch.*, l.c. S. 85, 88). Kp_2: 90—95°; D_4^{27}: 0,9842; n_D^{27}: 1,4607; $[\alpha]_D^{15}$: —142,5° [Me.; c = 1] (*Sh.*, Bl. agric. chem. Soc. Japan **21** 112; s. a. *Shimizu*, Bl. agric. chem. Soc. Japan **30** [1966] 89).

Beim Erwärmen mit wss. Schwefelsäure ist Diosphenol (E III **7** 3249) erhalten worden (*Re.*, *Va.*).

2,4-Dinitro-phenylhydrazon $C_{16}H_{20}N_4O_5$. F: 115—117° (*Re.*, *Va.*).

Semicarbazon $C_{11}H_{19}N_3O_2$. Krystalle; F: 210° [Zers.; aus E.] (*Sh.*, Bl. agric. chem. Soc. Japan **21** 112), 198—200° (*Ni.*, *Tsch.*; *Ni.*, *Sch.*), 186—187° [aus A.] (*Fe. et al.*, Bol. Acad. Córdoba Arg. **39** 384); Krystalle (aus Me.), F: 203—203,5° [korr.], und Krystalle (aus wss. A.), F: 180,5—181,5° [korr.] (*Re.*, *Va.*, l. c. S. 3793). $[\alpha]_D^{32}$: +206° [$CHCl_3$] (*Fe. et al.*, Bol. Acad. Córdoba Arg. **39** 384). UV-Spektrum (A.; 200—300 nm): *Fe. et al.*, Bol. Acad. Córdoba Arg. **39** 392; Rev. Fac. Ing. quim. Santa Fé **25** [1956] 37, 41.

4-Phenyl-semicarbazon $C_{17}H_{23}N_3O_2$. Krystalle (aus A.); F: 165° (*Fe. et al.*, Bol. Acad. Córdoba Arg. **39** 384). UV-Spektrum (A.; 200—300 nm): *Fe. et al.*, Rev. Fac. Ing. quim. Santa Fé **25** 41.

3,4-Epoxy-*p*-menthan-2-on, Carvenonoxid $C_{10}H_{16}O_2$, Formel I.

Ein opt.-inakt. Präparat (Kp_{20}: 118—122°; D^{20}: 1,007; n_D: 1,4874), in dem vermutlich ein Gemisch von (±)-3,4-Epoxy-*trans*-*p*-menthan-2-on und (±)-3,4-Epoxy-*cis*-*p*-menthan-2-on vorgelegen hat (s. *Jackson*, *Zurqiyah*, Soc. [B] **1966** 49), ist beim Behandeln einer Lösung von (±)-Carvenon ((±)-*p*-Menth-3-en-2-on) in Methanol mit wss. Wasserstoffperoxid und wss. Natronlauge erhalten worden (*Treibs*, B. **66** [1933] 1483, 1489).

4,4,7,7-Tetramethyl-3-oxa-norcaran-2-on, 3-[β-Hydroxy-isobutyl]-2,2-dimethyl-cyclopropancarbonsäure-lacton $C_{10}H_{16}O_2$.

a) **(1*R*)-4,4,7,7-Tetramethyl-3-oxa-norcaran-2-on** $C_{10}H_{16}O_2$, Formel II (in der Literatur auch als (+)-*cis*-Dihydro-chrysanthemo-δ-lacton bezeichnet).

B. Beim Erwärmen von (+)-*cis*-Chrysanthemumsäure ((1*R*)-2,2-Dimethyl-3*c*-[2-methyl-propenyl]-cyclopropan-*r*-carbonsäure) mit wss. Schwefelsäure (*Harper*, *Thomson*, J. Sci. Food Agric. **3** [1952] 230, 233).

Krystalle (aus PAe.); F: 82,5—83,5°. $[\alpha]_D^{18}$: +76,5° [$CHCl_3$; c = 5].

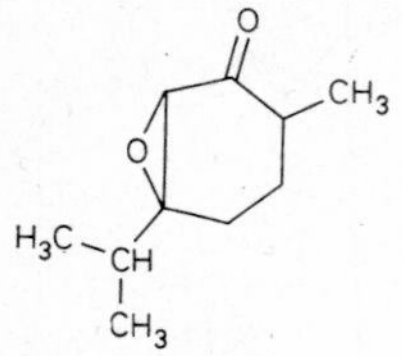

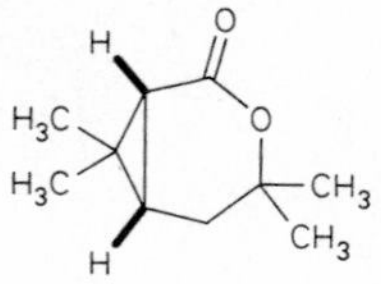

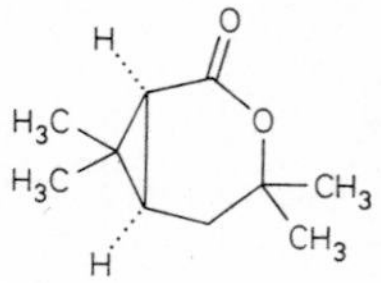

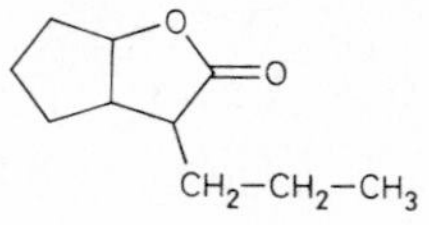

I II III IV

b) **(1*S*)-4,4,7,7-Tetramethyl-3-oxa-norcaran-2-on** $C_{10}H_{16}O_2$, Formel III (in der Literatur auch als (—)-*cis*-Dihydro-chrysanthemo-δ-lacton bezeichnet).

B. Beim Erwärmen von (—)-*cis*-Chrysanthemumsäure ((1*S*)-2,2-Dimethyl-3*c*-[2-methyl-propenyl]-cyclopropan-*r*-carbonsäure) mit wss. Schwefelsäure (*Harper*, *Thompson*, J. Sci. Food Agric. **3** [1952] 230, 233).

Krystalle (aus PAe.); F: 81,5—83°. $[\alpha]_D^{18}$: —77,1° [$CHCl_3$; c = 3].

c) **(±)-4,4,7,7-Tetramethyl-3-oxa-norcaran-2-on** $C_{10}H_{16}O_2$, Formel II + III (in der Literatur auch als (±)-*cis*-Dihydro-chrysanthemo-δ-lacton bezeichnet).

B. Beim Erwärmen von (±)-*cis*-Chrysanthemumsäure ((±)-2,2-Dimethyl-3*c*-[2-methyl-propenyl]-cyclopropan-*r*-carbonsäure) mit wss. Schwefelsäure (*Crombie et al.*, J. Sci. Food Agric. **2** [1951] 421, 426).

Krystalle (aus PAe.); F: 52—53° (*Cr. et al.*). Kp_{23}: 143°; Kp_{16}: 136°; n_D^{20}: 1,4645 [unterkühlte Schmelze] (*Cr. et al.*).

Beim Erhitzen mit wss. Schwefelsäure (2n) wird ein *cis*-Chrysanthemumsäure enthaltendes Gleichgewichtsgemisch erhalten (*Harper, Thompson*, J. Sci. Food Agric. **3** [1952] 230, 231).

***Opt.-inakt. 3-Propyl-hexahydro-cyclopenta[*b*]furan-2-on, 2-[2-Hydroxy-cyclopentyl]-valeriansäure-lacton** $C_{10}H_{16}O_2$, Formel IV.

B. Beim Behandeln von 1,2-Epoxy-cyclopentan mit der Natrium-Verbindung des Propylmalonsäure-diäthylesters in Äthanol, Erwärmen des Reaktionsgemisches mit wss. Kalilauge und Erhitzen des nach dem Ansäuern mit wss. Schwefelsäure erhaltenen Reaktionsprodukts unter vermindertem Druck (*Rothstein, Rothstein*, C. r. **209** [1939] 761). Beim Behandeln von opt.-inakt. 2-Cyclopent-2-enyl-valeriansäure (E III **9** 203) mit Schwefelsäure und anschliessend mit Wasser (*Horclois*, Chim. et Ind. Sonderband 13. Congr. Chim. ind. Lille **1933** 357, 363).

Kp_{14}: 141°; D_4^{23}: 1,0287; n_D^{23}: 1,4660 (*Ro., Ro.*). Kp_5: 124—125° (*Ho.*).

(±)-6,6,6a-Trimethyl-(3a*r*,6a*c*)-hexahydro-cyclopenta[*b*]furan-2-on, (±)-[2*c*-Hydroxy-2*t*,3,3-trimethyl-cyclopent-*r*-yl]-essigsäure-lacton, (±)-Dihydro-*β*-campholenolacton $C_{10}H_{16}O_2$, Formel V + Spiegelbild (H 262; E I 142; E II 302).

Konfigurationszuordnung: *Suga et al.*, Experientia **26** [1970] 1192; *Hirata et al.*, Bl. chem. Soc. Japan **43** [1970] 2588.

B. Beim Behandeln von *β*-Campholensäure ([2,3,3-Trimethyl-cyclopent-1-enyl]-essigsäure) mit wss. Schwefelsäure (*Buchman, Sargent*, J. org. Chem. **7** [1942] 140, 143; vgl. H **10** 24). Beim Erhitzen von (±)-α-Camphenon ((±)-5,5-Dimethyl-6-methylen-norbornan-2-on) mit wasserhaltiger Ameisensäure (*Asahina, Tukamoto*, B. **70** [1937] 584, 587; *Tukamoto*, J. pharm. Soc. Japan **59** [1939] 149, 152, 160). Beim Behandeln von (±)-α-Campholensäure ((±)-[2,2,3-Trimethyl-cyclopent-3-enyl]-essigsäure mit Schwefelsäure enthaltender Essigsäure (*Sauers*, Am. Soc. **81** [1959] 925).

F: 37—38° (*Bu., Sar.*), 35° (*As., Tu.*). Kp_{13}: 126—127° (*Bu., Sar.*); $Kp_{0,55}$: 75,5—78,5° (*Sau.*).

[2*c*-Hydroxy-2*t*,3,3-trimethyl-cyclopent-*r*-yl]-essigsäure-lacton hat vermutlich auch in einem von *Shimamoto, Kagawa* (Rep. scient. Res. Inst. Tokyo **28** [1952] 245, 248; C. A. **1953** 11167) als 6,6,7-Trimethyl-2-oxa-bicyclo[3.2.1]octan-3-on ([4-Hydroxy-2,2,3-trimethyl-cyclopentyl]-essigsäure-lacton $C_{10}H_{16}O_2$; Formel VI) angesehenen, als Dihydrocampholenolacton bezeichneten Präparat (F: 27°; Kp_2: 97°) vorgelegen, das aus (−)-α-Campholensäure-amid ([(*R*)-2,2,3-Trimethyl-cyclopent-3-enyl]-essigsäure-amid) beim Erwärmen mit wss. Salzsäure erhalten worden ist.

V VI VII VIII

***Opt.-inakt. 2-Imino-6,6,6a-trimethyl-hexahydro-cyclopenta[*b*]furan, 6,6,6a-Trimethyl-hexahydro-cyclopenta[*b*]furan-2-on-imin, [2-Hydroxy-2,3,3-trimethyl-cyclopentyl]-acetimidsäure-lacton** $C_{10}H_{17}NO$, Formel VII.

Diese Konstitution kommt vermutlich dem nachstehend beschriebenen, früher (s. H **14** 17 und E I **14** 354) als 6(oder 10)-Amino-bornan-2-on angesehenen **Isoaminocampher** (F: 39°) zu (*Asahina, Tukamoto*, B. **71** [1938] 305, 307; *Tukamoto*, J. pharm. Soc. Japan **59** [1939] 149, 152).

Reaktion mit Hydroxylamin in wss. Äthanol unter Bildung von zwei als Oxime angesehenen Verbindungen $C_{10}H_{17}NO_2$ (a) Krystalle [aus wss. A.], F: 171°; b) Krystalle [aus Bzn.], F: 111°): *As., Tu.*, l. c. S. 309, 310; *Tu.*, l. c. S. 161, 163; vgl. H **14** 18. Beim Behandeln mit Semicarbazid-hydrochlorid und Natriumacetat in Wasser ist eine Verbindung $C_{11}H_{19}N_3O_2$ (Krystalle [aus Bzl.]; F: 170°) erhalten worden, die sich durch Erwärmen mit wss. Oxalsäure in eine Verbindung $C_{11}H_{21}N_3O_3$ (Öl; Natrium-

Salz $NaC_{11}H_{20}N_3O_3$: Krystalle [aus A. + Ae.] mit 1 Mol H_2O, F: 160°; das wasserfreie Salz schmilzt bei 185°) hat überführen lassen (*As.*, *Tu.*, l. c. S. 308, 309; *Tu.*, l. c. S. 161, 162; vgl. E I **14** 354, 365). Überführung in ein Benzolsulfonyl-Derivat $C_{16}H_{21}NO_3S$ (Krystalle [aus Bzn.], F: 108°) durch Behandlung mit Benzolsulfonylchlorid und wss. Kalilauge: *As.*, *Tu.*, l. c. S. 309; *Tu.*, l. c. S. 162.

Oxalat $C_{10}H_{17}NO \cdot C_2H_2O_4$. F: 148° (*As.*, *Tu.*; *Tu.*).

***Opt.-inakt. 6,6,6a-Trimethyl-hexahydro-cyclopenta[*b*]furan-2-thion** $C_{10}H_{16}OS$, Formel VIII.

Diese Konstitution kommt vermutlich der nachstehend beschriebenen, als Dihydro-β-campholeno-thionlacton bezeichneten Verbindung zu.

B. Beim Behandeln von Isoaminocampher (S. 4365) mit Schwefelwasserstoff in Äther (*Asahina*, *Tukamoto*, B. **71** [1938] 305, 310; *Tukamoto*, J. pharm. Soc. Japan **59** [1939] 149, 152, 163).

Krystalle (aus wss. A.); F: 60°.

***Opt.-inakt. 6,6,6a-Trimethyl-hexahydro-cyclopenta[*b*]thiophen-2-on** $C_{10}H_{16}OS$, Formel IX.

Diese Konstitution kommt vermutlich der nachstehend beschriebenen, als Dihydro-β-campholeno-thiollacton bezeichneten Verbindung zu.

B. Beim Erwärmen von [2,3,3-Trimethyl-cyclopent-1-enyl]-thioessigsäure-*O*-äthylester („Dihydro-β-campholen-thionsäure-äthylester") oder von [(*R*)-2,2,3-Trimethyl-cyclopent-3-enyl]-thioessigsäure-*O*-äthylester („Dihydro-α-campholen-thionsäure-äthylester") mit wss. Jodwasserstoffsäure (*Asahina*, *Tukamoto*, B. **71** [1938] 305, 311; *Tukamoto*, J. pharm. Soc. Japan **59** [1939] 149, 152, 164).

Krystalle (aus A. + W.); F: 58°.

5,5-Dimethyl-2-oxa-bicyclo[4.2.1]nonan-3-on, 3-[*cis*-3-Hydroxy-cyclopentyl]-3-methyl-buttersäure-lacton $C_{10}H_{16}O_2$, Formel X.

Ein Präparat (Krystalle [aus Ae.], F: 81,5—82,5°) von unbekanntem opt. Drehungsvermögen ist beim Behandeln von nicht einheitlichem (+)-4,4-Dimethyl-bicyclo[3.2.1]octan-2-on (F: 37°; $[\alpha]_D^{30}$: +14,7° [A.]) mit Essigsäure und wss. Wasserstoffperoxid erhalten worden (*Matsubara*, J. chem. Soc. Japan Pure Chem. Sect. **78** [1957] 719, 720; C. A. **1959** 21716).

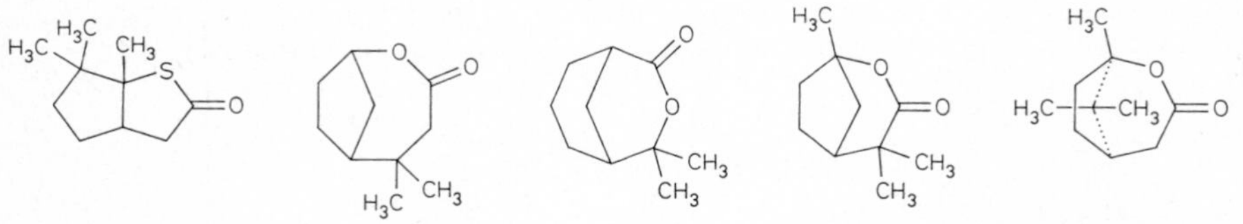

IX X XI XII XIII

(±)-4,4-Dimethyl-3-oxa-bicyclo[3.3.1]nonan-2-on, (±)-*cis*-3-[α-Hydroxy-isopropyl]-cyclohexancarbonsäure-lacton $C_{10}H_{16}O_2$, Formel XI.

B. Beim Behandeln von *cis*-Cyclohexan-1,3-dicarbonsäure-anhydrid mit Methylmagnesiumjodid in Äther und Benzol und anschliessend mit wss. Schwefelsäure (*Komppa*, *Rohrmann*, A. **509** [1934] 259, 268).

Kp_{18}: 143—146°.

(±)-1,4,4-Trimethyl-2-oxa-bicyclo[3.2.1]octan-3-on, (±)-2-[3*c*-Hydroxy-3*t*-methyl-cyclopent-*r*-yl]-2-methyl-propionsäure-lacton $C_{10}H_{16}O_2$, Formel XII (vgl. H 264).

B. Beim Behandeln von (±)-α-Fencholensäure ((±)-2-Methyl-2-[3-methyl-cyclopent-2-enyl]-propionsäure) oder von (±)-γ-Fencholensäure ((±)-2-Methyl-2-[3-methylen-cyclopentyl]-propionsäure) mit konz. Schwefelsäure (*Tarbell*, *Loveless*, Am. Soc. **80** [1958] 1963, 1966).

Krystalle; F: 71,8—72,8° [nach Sublimation].

(1*R*)-1,8,8-Trimethyl-2-oxa-bicyclo[3.2.1]octan-3-on, [(1*R*)-3*c*-Hydroxy-2,2,3*t*-trimethyl-cyclopent-*r*-yl]-essigsäure-lacton $C_{10}H_{16}O_2$, Formel XIII.

Konfigurationszuordnung: *Hirata et al.*, Bl. chem. Soc. Japan **43** [1970] 2588.

B. Beim Behandeln von (1*R*)-Campher mit Peroxyessigsäure in Natriumacetat enthaltender Essigsäure (*Sauers*, Am. Soc. **81** [1959] 925).

Krystalle (aus PAe.), F: 172—174°; $[\alpha]_D^{25}$: —37° [$CHCl_3$] (*Sa.*).

4,4,5-Trimethyl-3-oxa-bicyclo[3.2.1]octan-2-on, 3*c*-[α-Hydroxy-isopropyl]-3*t*-methyl-cyclopentan-*r*-carbonsäure-lacton $C_{10}H_{16}O_2$, Formel I.

Ein als Trimethylnorcampholid bezeichnetes Präparat (Krystalle [aus PAe.]; F: 135—137°) von unbekanntem opt. Drehungsvermögen ist aus nicht charakterisiertem 3,3,4-Trimethyl-2-methylen-norbornan („4-Methyl-camphen") mit Hilfe von Ozon erhalten worden (*Komppa, Nyman*, B. **69** [1936] 334, 340).

(1*R*)-1,8,8-Trimethyl-3-oxa-bicyclo[3.2.1]octan-2-on, (1*R*)-3*c*-Hydroxymethyl-1,2,2-trimethyl-cyclopentan-*r*-carbonsäure-lacton, (—)-α-Campholid $C_{10}H_{16}O_2$, Formel II (H 264; E II 302).

B. Beim Behandeln von (1*R*)-Campher mit Peroxyessigsäure in Essigsäure und Schwefelsäure (*Sauers*, Am. Soc. **81** [1959] 925).

Krystalle (aus PAe.); F: 213° (*Crouch, Lochte*, Am. Soc. **63** [1941] 1331, 1333), 209,5° bis 211,5° [korr.] (*Sa.*). $[\alpha]_D^{25}$: —26° [$CHCl_3$] (*Sa.*); $[\alpha]_D$: —20,2° [A.] (*Vène*, Bl. [5] **9** [1942] 776).

Geschwindigkeit der Hydrolyse in wss. Natronlauge (0,005n) bei 0°: *Salmon-Legagneur, Vène*, Bl. [5] **4** [1937] 448, 458.

(1*S*)-5,8,8-Trimethyl-3-oxa-bicyclo[3.2.1]octan-2-on, (1*S*)-3*c*-Hydroxymethyl-2,2,3*t*-trimethyl-cyclopentan-*r*-carbonsäure-lacton, (+)-β-Campholid $C_{10}H_{16}O_2$, Formel III (H 265; E I 142).

B. Beim Erwärmen von (1*S*)-3*c*-Formyl-2,2,3*t*-trimethyl-cyclopentan-*r*-carbonsäure mit Äthanol und Natrium (*Salmon-Legagneur, Vène*, Bl. [5] **4** [1937] 448, 454). Bei der Hydrierung von (1*S*)-3*c*-Formyl-2,2,3*t*-trimethyl-cyclopentan-*r*-carbonsäure-methylester an Platin in Äthanol und Behandlung des Reaktionsprodukts mit wss. Kalilauge (*Salmon-Legagneur*, Bl. [4] **51** [1932] 807, 815).

Krystalle (aus Bzn.); F: 222° (*Vène*, A. ch. [11] **10** [1938] 194, 212), 218° (*Sa.-Le., Vène*). $[\alpha]_D$: +40,7° [A.] (*Vène*, Bl. [5] **9** [1942] 776).

Geschwindigkeit der Hydrolyse in wss. Natronlauge (0,005n) bei 0°: *Sa.-Le., Vène*, l. c. S. 458.

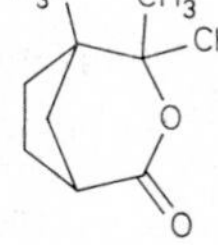

I 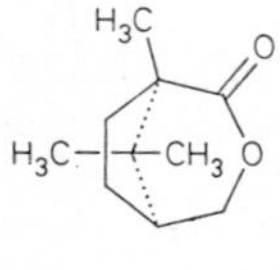 II 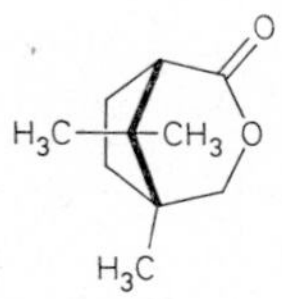 III 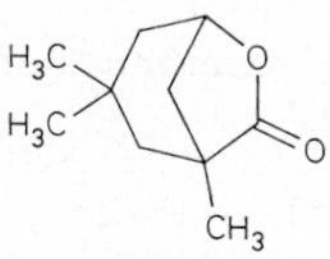 IV 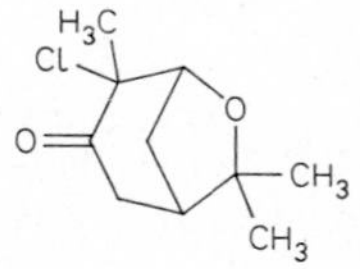 V

(±)-1,3,3-Trimethyl-6-oxa-bicyclo[3.2.1]octan-7-on, (±)-5*c*-Hydroxy-1,3,3-trimethyl-cyclohexan-*r*-carbonsäure-lacton $C_{10}H_{16}O_2$, Formel IV.

B. Beim Erwärmen von (±)-5-Oxo-1,3,3-trimethyl-cyclohexancarbonsäure mit Nickel-Aluminium-Legierung und wss. Natronlauge und Erwärmen der Reaktionslösung mit wss. Salzsäure (*Fusco et al.*, Rend. Ist. lomb. **91** [1957] 170, 179).

Krystalle; F: 43°. Kp_{15}: 131—133°.

1-Chlor-6,8-epoxy-*p*-menthan-2-on $C_{10}H_{15}ClO_2$, Formel V.

Die früher (s. H 265) unter dieser Konstitution beschriebene Verbindung („1-Chlor-

6.8-oxido-*p*-menthanon-(2)") vom F: 74—75,5° ist als (1*RS*,6*RS*)-6-Chlor-1,8-epoxy-*p*-menthan-2-on (S. 4369) zu formulieren (*Wolinsky et al.*, Tetrahedron **27** [1971] 753, 759).

(1Ξ)-4-Isopropyl-1-methyl-2-oxa-norbornan-3-on, (1Ξ)-3*c*-Hydroxy-1-isopropyl-3*t*-methyl-cyclopentan-*r*-carbonsäure-lacton $C_{10}H_{16}O_2$, Formel VI oder (und) Spiegelbild.

B. Beim Behandeln von (1Ξ)-3*c*-Hydroxy-1-isopropyl-3*t*-methyl-cyclopentan-*r*-carbonsäure (E III **10** 42) mit wss. Schwefelsäure unter Durchleiten von Wasserdampf (*Treibs*, B. **63** [1930] 2423, 2426).

Krystalle, F: 26—28° (*Treibs*, B. **64** [1931] 2545, 2549). Kp: 246—248°; Kp_{13}: 118° bis 120°; D_{15}^{20}: 1,010 (*Tr.*, B. **63** 2426). n_D: 1,4602 (*Tr.*, B. **64** 2545).

(±)-1-Isopropyl-4-methyl-2-oxa-norbornan-3-on, (±)-3*c*-Hydroxy-3*t*-isopropyl-1-methyl-cyclopentan-*r*-carbonsäure-lacton $C_{10}H_{16}O_2$, Formel VII (H 265).

B. Beim Erwärmen von (±)-3*c*-Hydroxy-3*t*-isopropyl-1-methyl-cyclopentan-*r*-carbonsäure (E III **10** 41) mit wss. Schwefelsäure (*Treibs*, B. **65** [1932] 163, 166).

Krystalle; F: 4—5°. Kp_{16}: 122—124°. n_D: 1,4631.

***Opt.-inakt. 8-Oxa-bicyclo[5.2.2]undecan-9-on, 4-Hydroxy-cyclononancarbonsäure-lacton** $C_{10}H_{16}O_2$, Formel VIII.

B. Aus opt.-inakt. Bicyclo[5.2.1]decan-10-on (F: 113—115°) mit Hilfe von Trifluorperoxyessigsäure (*Gutsche et al.*, Am. Soc. **80** [1958] 4117).

F: 96—98°.

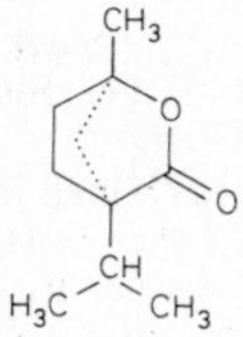

VI 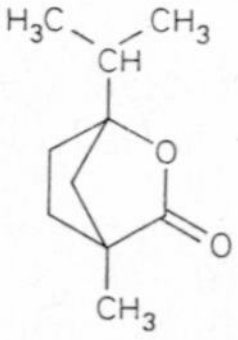 VII 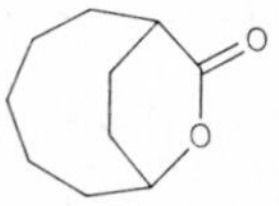 VIII 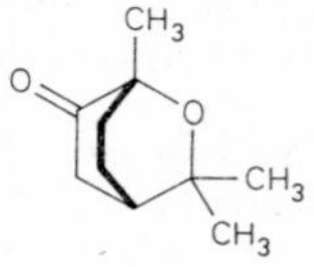 IX 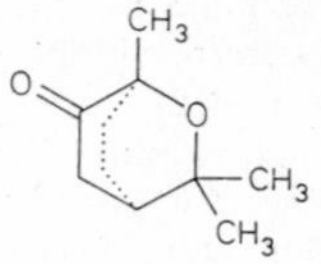 X

1,3,3-Trimethyl-2-oxa-bicyclo[2.2.2]octan-6-on, 1,8-Epoxy-*p*-menthan-2-on $C_{10}H_{16}O_2$.

a) **(1*R*)-1,8-Epoxy-*p*-menthan-2-on,** (+)-Ketocineol $C_{10}H_{16}O_2$, Formel IX.

F: 52°; $[\alpha]_D^{20}$: +54,6° [W.; c = 2] (*Cusmano*, Mem. Accad. Italia **9** [1938] 219, 226).

b) **(1*S*)-1,8-Epoxy-*p*-menthan-2-on,** (−)-Ketocineol $C_{10}H_{16}O_2$, Formel X (E I 143). Die Konfiguration ergibt sich aus der genetischen Beziehung zu (+)-α-Terpineol (E III **6** 246).

F: 52°; $[\alpha]_D^{20}$: −51,3° [W.; c = 2] (*Cusmano*, Mem. Accad. Italia **9** [1938] 219, 226).

c) **(±)-1,8-Epoxy-*p*-menthan-2-on,** (±)-Ketocineol $C_{10}H_{16}O_2$, Formel X + Spiegelbild (E I 143; E II 303).

F: 41—42° [aus W. oder PAe.]; Kp_{760}: 222° (*Cusmano*, Mem. Accad. Italia **9** [1938] 219, 226). UV-Absorptionsmaxima: 305 nm und 314 nm [Cyclohexan], 302 nm [A.] (*Sandris, Ourisson*, Bl. **1958** 338, 344). Schmelzdiagramme der binären Systeme mit Phenol, *p*-Kresol, 2-Nitro-phenol, 2-Methyl-4,6-dinitro-phenol und Resorcin: *Brambilla*, Ann. Chimica applic. **32** [1942] 23, 26—30; mit (1*R*)-Campher: *Brambilla*, Ann. Chimica applic. **29** [1939] 506, 508. Mit Wasserdampf flüchtig (*Cu.*).

Überführung in Isocamphenon (1-[3-Isopropyliden-cyclopent-1-enyl]-äthanon) durch Behandlung mit konz. Schwefelsäure: *Cusmano*, G. **72** [1942] 68, 72. Beim Behandeln mit Natriumamid in Benzol und Einleiten von Kohlendioxid in die Reaktionslösung ist 6-Oxo-1,3,3-trimethyl-2-oxa-bicyclo[2.2.2]octan-5-carbonsäure (F: 103°) erhalten worden (*Gandini*, G. **70** [1940] 438, 442). Bildung von 1,3,3-Trimethyl-3,4-dihydro-1*H*-1,4-äthano-pyrano[3,4-*b*]chinolin beim Erwärmen mit 2-Amino-benzaldehyd in Äthanol unter Zusatz von wss. Natronlauge: *Minardi, Schenone*, Ann. Chimica applic. **49** [1959] 702, 706.

(±)-1,8-Epoxy-*p*-menthan-2-on-oxim, (±)-Ketocineol-oxim $C_{10}H_{17}NO_2$, Formel XI (X = OH) + Spiegelbild (H 266; E I 143).

B. Aus (±)-1,8-Epoxy-*p*-menthan-2-on und Hydroxylamin (*Galli*, Period. Min. **26** [1957] 39, 41).

Krystalle; F: 139–140° (*Ga.*). Orthorhombisch; Raumgruppe $P2_12_12_1$; aus dem Röntgen-Diagramm ermittelte Dimensionen der Elementarzelle: a = 12,839 Å; b = 12,944 Å; c = 6,186 Å; n = 4 (*Ga.*, l. c. S. 49, 53). Dichte der Krystalle: D^{15}: 1,1852 (*Ga.*, l. c. S. 45). pH einer Lösung in Wasser bei 18°: 6,85 (*Gandini, Straneo*, G. **67** [1937] 104, 110).

(±)-[1,3,3-Trimethyl-2-oxa-bicyclo[2.2.2]oct-6-ylidenamino]-guanidin, (±)-1,8-Epoxy-*p*-menthan-2-on-carbamimidoylhydrazon, (±)-Ketocineol-carbamimidoylhydrazon $C_{11}H_{20}N_4O$, Formel XI (X = NH-C(NH$_2$)=NH), und Tautomeres.

B. Aus (±)-1,8-Epoxy-*p*-menthan-2-on und Aminoguanidin (*Cusmano*, G. **72** [1942] 68, 71).

Krystalle (aus Bzl.); F: 200–202°.

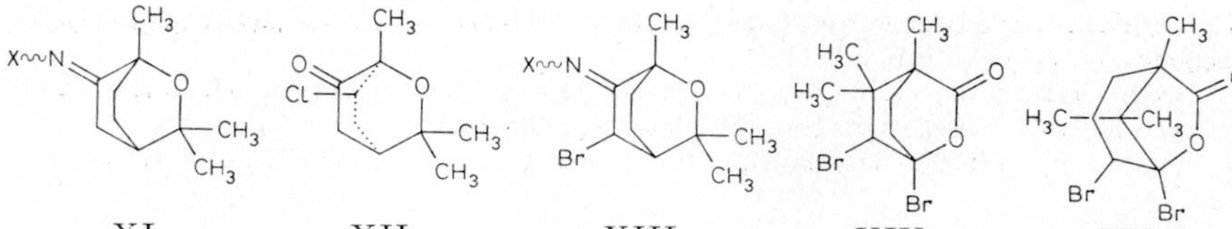

XI XII XIII XIV XV

(1*RS*,6*RS*)-6-Chlor-1,8-epoxy-*p*-menthan-2-on $C_{10}H_{15}ClO_2$, Formel XII + Spiegelbild.

Diese Konstitution und Konfiguration ist der früher (s. H 265) als 1-Chlor-6,8-epoxy-*p*-menthan-2-on beschriebenen Verbindung zuzuordnen (*Wolinsky et al.*, Tetrahedron **27** [1971] 753, 759).

***Opt.-inakt. 3-Brom-1,8-epoxy-*p*-menthan-2-on-oxim** $C_{10}H_{16}BrNO_2$, Formel XIII (X = OH).

B. Aus opt.-inakt. 3-Brom-1,8-epoxy-*p*-menthan-2-on (E I 144) und Hydroxylamin (*Soldi*, G. **62** [1932] 221, 223; *Cusmano*, Mem. Accad. Italia **9** [1938] 219, 238).

Krystalle (aus A.); F: 166° [Zers.] (*Cu.*), 165° (*Soldi*).

Beim Behandeln einer Lösung in Äther mit wss. Natriumnitrit-Lösung und wss. Schwefelsäure sind eine als 3-Brom-1,8-epoxy-*p*-menthan-2-on-nitroimin ($C_{10}H_{15}BrN_2O_3$) formulierte Verbindung (Krystalle [aus PAe.], F: 95°) und eine weitere Verbindung $C_{10}H_{15}BrN_2O_3$ (Krystalle [aus PAe.], F: 75°) erhalten worden (*Minardi*, G. **85** [1955] 646, 649).

***Opt.-inakt. 3-Brom-1,8-epoxy-*p*-menthan-2-on-semicarbazon** $C_{11}H_{18}BrN_3O_2$, Formel XIII (X = NH-CO-NH$_2$).

B. Aus opt.-inakt. 3-Brom-1,8-epoxy-*p*-menthan-2-on (E I 144) und Semicarbazid (*Cusmano*, Mem. Accad. Italia **9** [1938] 219, 238).

Krystalle.

Beim Behandeln mit wss. Alkalilauge ist 1,8-Epoxy-3-hydroxy-*p*-menthan-2-on-semicarbazon (Zers. bei 197–205°) erhalten worden.

1,6-Dibrom-4,5,5-trimethyl-2-oxa-bicyclo[2.2.2]octan-3-on, 3,4-Dibrom-4-hydroxy-1,2,2-trimethyl-cyclohexancarbonsäure-lacton $C_{10}H_{14}Br_2O_2$ Formel XIV.

Diese Konstitution kann dem nachstehend beschriebenen, von *Shive et al.* (Am. Soc. **63** [1941] 2979, 2981) als (±)-3,4-Dibrom-3-hydroxy-1,2,2-trimethyl-cyclohexancarbonsäure-lacton (Formel XV) angesehenen opt.-inakt. Dibromcampholid auf Grund seiner Bildungsweise zugeordnet werden.

B. Beim Behandeln von (±)-3,3-Dibrom-campher mit rauchender Salpetersäure (*Sh. et al.*).

Krystalle (aus A.); F: 138–139°. [*Koetter*]

Oxo-Verbindungen $C_{11}H_{18}O_2$

(±)-6-Hexyl-5,6-dihydro-pyran-2-on, (±)-5-Hydroxy-undec-2*c*-ensäure-lacton, (±)-Undec-2-en-5-olid $C_{11}H_{18}O_2$, Formel I.

B. Bei der Hydrierung von (±)-5-Hydroxy-undec-2-insäure an Palladium/Barium=sulfat in Methanol und Destillation des Reaktionsprodukts (*Abe, Sato*, J. chem. Soc. Japan **75** [1954] 953; C. A. **1955** 9498).

Kp_9: 150–153°. D_4^{20}: 0,9724. n_D^{20}: 1,4705.

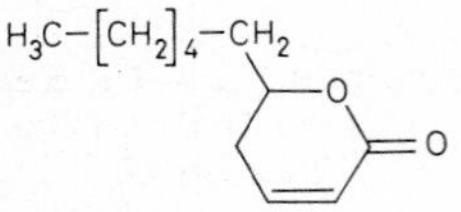

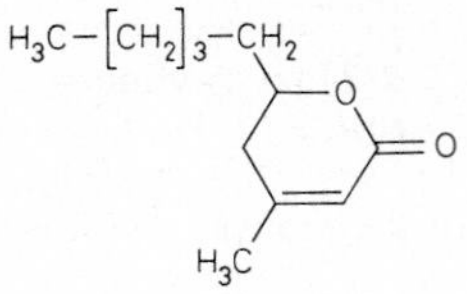

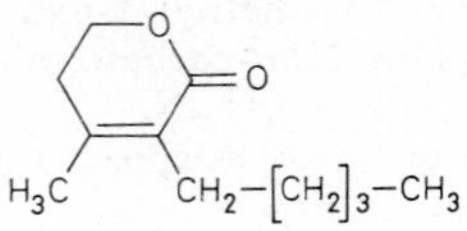

I II III

(±)-4-Methyl-6-pentyl-5,6-dihydro-pyran-2-on, (±)-5-Hydroxy-3-methyl-dec-2*c*-en=säure-lacton $C_{11}H_{18}O_2$, Formel II.

B. Beim Erwärmen von 4-Hexyliden-3-methyl-pentendisäure (F: 110–112°) in Essigsäure (*Wiley, Ellert*, Am. Soc. **79** [1957] 2266, 2270).

Kp_5: 134°. n_D^{25}: 1,4705. IR-Banden (CCl_4) im Bereich von 1727 cm^{-1} bis 1252 cm^{-1}: *Wi., El.*

4-Methyl-3-pentyl-5,6-dihydro-pyran-2-on, 5-Hydroxy-3-methyl-2-pentyl-pent-2*c*-en=säure-lacton $C_{11}H_{18}O_2$, Formel III.

B. Beim Erwärmen von 4-Benzoyloxy-butan-2-on mit (±)-2-Brom-heptansäure-äthylester und Zink in Dioxan, Behandeln der neutralen Anteile des Reaktionsprodukts mit äthanol. Kalilauge und Erhitzen des Reaktionsgemisches mit wss. Schwefelsäure (*Ruzicka et al.*, Helv. **26** [1943] 673, 674, 677).

$Kp_{0,5}$: 105–108°. $D_4^{21,5}$: 0,9834. $n_D^{21,5}$: 1,4788. UV-Absorptionsmaximum: 228 nm.

6,6-Dimethyl-5-[2-methyl-propenyl]-tetrahydro-pyran-2-on, 4-[α-Hydroxy-isopropyl]-6-methyl-hept-5-ensäure-lacton $C_{11}H_{18}O_2$.

a) **(*S*)-6,6-Dimethyl-5-[2-methyl-propenyl]-tetrahydro-pyran-2-on, (*S*)-4-[α-Hydr=oxy-isopropyl]-6-methyl-hept-5-ensäure-lacton** $C_{11}H_{18}O_2$, Formel IV.

B. Beim Erwärmen von (+)-*trans*-Homochrysanthemumsäure ((1*R*)-[2,2-Dimethyl-3*t*-(2-methyl-propenyl)-cycloprop-*r*-yl]-essigsäure) mit wss. Schwefelsäure (*Katsuda, Chikamoto*, Bl. agric. chem. Soc. Japan **22** [1958] 330, 332).

Kp_2: 81–82°. n_D^{20}: 1,4585. $[\alpha]_D^{15}$: +37,2° [A.; c = 2]. IR-Banden im Bereich von 3000 cm^{-1} bis 830 cm^{-1}: *Ka., Ch.*

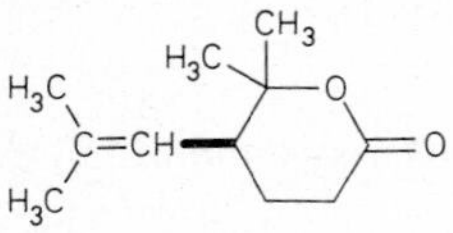

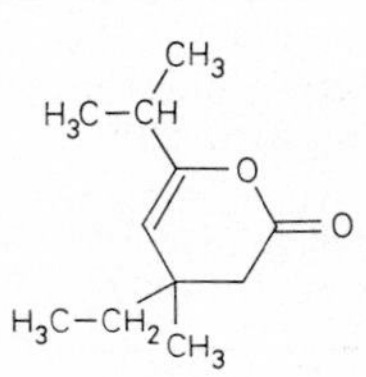

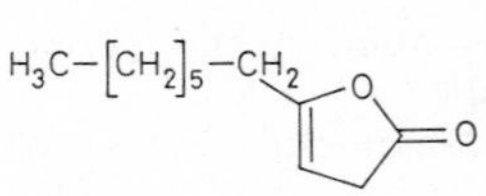

IV V VI

b) **(±)-6,6-Dimethyl-5-[2-methyl-propenyl]-tetrahydro-pyran-2-on, (±)-4-[α-Hydr=oxy-isopropyl]-6-methyl-hept-5-ensäure-lacton** $C_{11}H_{18}O_2$, Formel IV + Spiegelbild.

B. Beim Erhitzen von (±)-2,2-Dimethyl-3*c*-[2-methyl-propenyl]-cyclobutan-*r*-carbon=säure oder von (±)-*trans*-Homochrysanthemumsäure ((±)-[2,2-Dimethyl-3*t*-(2-methyl-propenyl)-cycloprop-*r*-yl]-essigsäure) mit wss. Schwefelsäure (*Katsuda et al.*, Bl. agric. chem. Soc. Japan **22** [1958] 185, 193).

Kp_2: 88°. n_D^{20}: 1,4599. IR-Spektrum (3600–675 cm^{-1}): *Ka. et al.*

(±)-4-Äthyl-6-isopropyl-4-methyl-3,4-dihydro-pyran-2-on, (±)-3-Äthyl-5-hydroxy-3,6-dimethyl-hept-4*t*-ensäure-lacton $C_{11}H_{18}O_2$, Formel V.

B. Beim Behandeln von (±)-3-Äthyl-3,6-dimethyl-5-oxo-heptansäure mit Acetylchlorid (*Desai*, Soc. **1932** 1079, 1086).

Kp_{18}: 110°. D_4^{19}: 0,9920. n_D^{19}: 1,4605.

5-Heptyl-3*H*-furan-2-on, 4-Hydroxy-undec-3*t*-ensäure-lacton, Undec-3-en-4-olid $C_{11}H_{18}O_2$, Formel VI.

B. Beim Erhitzen von 4-Oxo-undecansäure mit Acetanhydrid (*Lukeš, Zobáčová*, Collect. **24** [1959] 3189, 3191).

Kp_{11}: 118–120°; Kp_1: 80°.

1-[4,5-Dihydro-[2]furyl]-heptan-2-on $C_{11}H_{18}O_2$, Formel VII, und **1-[4,5-Dihydro-[2]furyl]-hept-1-en-2-ol** $C_{11}H_{18}O_2$, Formel VIII.

Die nachstehend beschriebene Verbindung liegt wahrscheinlich überwiegend als 1-[4,5-Dihydro-[2]furyl]-hept-1-en-2-ol (Formel VIII) vor (*Cannon et al.*, J. org. Chem. **17** [1952] 1245, 1246).

B. Beim Behandeln von Heptan-2-on mit Natriumamid in Äther, anschliessenden Erwärmen mit 4-Hydroxy-buttersäure-lacton in Äther und Erhitzen des Reaktionsprodukts (*Ca. et al.*, l. c. S. 1248).

F: 28,5°. Kp_4: 118–119° [unkorr.].

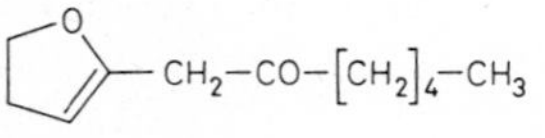

CH₂–CO–[CH₂]₄–CH₃   CH=C(OH)–[CH₂]₄–CH₃

VII 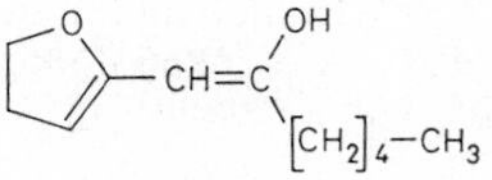   VIII

(±)-5-Hept-4ξ-enyl-dihydro-furan-2-on, (±)-4-Hydroxy-undec-8ξ-ensäure-lacton, (±)-Undec-8ξ-en-4-olid $C_{11}H_{18}O_2$, Formel IX.

B. Beim kurzen Erhitzen von Undeca-4,8-diensäure ($Kp_{0,12}$: 104–107°) mit 80%ig. wss. Schwefelsäure (*Stoll, Bolle*, Helv. **21** [1938] 1547, 1549, 1552).

$Kp_{0,15}$: 95–98°. $D_4^{20,3}$: 1,014. n_D^{20}: 1,4756.

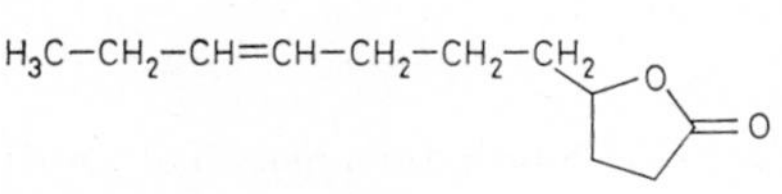

H₃C–CH₂–CH=CH–CH₂–CH₂–CH₂   H₃C–CH₂–CH=CH–CH₂–CH₂ (H₃C)

IX 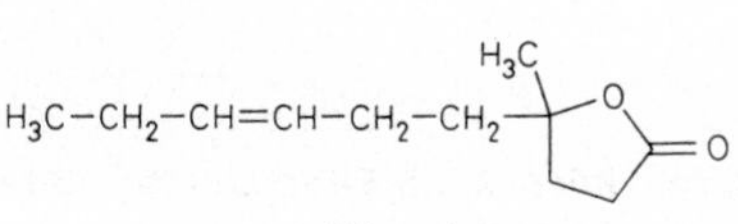   X

(±)-5-Hex-3ξ-enyl-5-methyl-dihydro-furan-2-on, (±)-4-Hydroxy-4-methyl-dec-7ξ-ensäure-lacton $C_{11}H_{18}O_2$, Formel X.

B. Beim Behandeln von Lävulinsäure-äthylester mit Hex-3-enylmagnesiumchlorid (aus 1-Chlor-hex-3-en [E III **1** 807] hergestellt) in Äther (*Stoll, Bolle*, Helv. **21** [1938] 1547, 1550).

$Kp_{8,5}$: 136,5–137°. $D_4^{16,3}$: 0,9668. n_D^{16}: 1,4654.

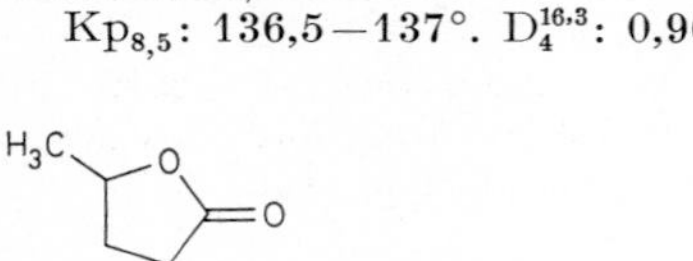

H₃C; CH₂–CH₂–CH=CH–CH₂–CH₃   H₃C; CH₂–CO–CH₂–CH(CH₃)₂   H₃C; CH=C(OH)–CH₂–CH(CH₃)₂

XI 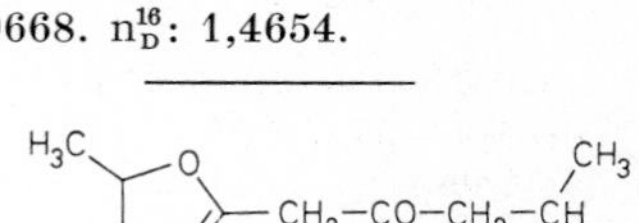   XII 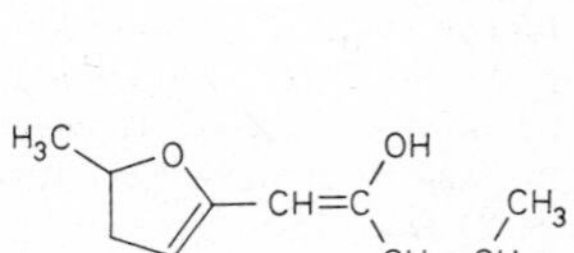   XIII

***Opt.-inakt. 3-Hex-3-enyl-5-methyl-dihydro-furan-2-on, 2-[2-Hydroxy-propyl]-oct-5-ensäure-lacton** $C_{11}H_{18}O_2$, Formel XI.

B. Beim kurzen Erhitzen von (±)-2-Allyl-oct-5-ensäure ($Kp_{0,05}$: 95–96°) mit 80%ig.

wss. Schwefelsäure (*Stoll*, *Bolle*, Helv. **21** [1938] 1547, 1553).

$Kp_{0,18}$: 80°. $D_4^{17,4}$: 0,9530. n_D^{18}: 1,4568.

(±)-4-Methyl-1-[5-methyl-4,5-dihydro-[2]furyl]-pentan-2-on $C_{11}H_{18}O_2$, Formel XII, und **(±)-4-Methyl-1-[5-methyl-4,5-dihydro-[2]furyl]-pent-1-en-2-ol** $C_{11}H_{18}O_2$, Formel XIII.

Die nachstehend beschriebene Verbindung liegt wahrscheinlich überwiegend als 4-Methyl-1-[5-methyl-4,5-dihydro-[2]furyl]-pent-1-en-2-ol (Formel XIII) vor (*Cannon et al.*, J. org. Chem. **17** [1952] 1245, 1246).

B. Aus 4-Methyl-pentan-2-on und (±)-4-Hydroxy-valeriansäure-lacton analog 1-[4,5-Dihydro-[2]furyl]-heptan-2-on [S. 4371] (*Ca. et al.*, l. c. S. 1248).

Kp_4: 111—112,5°. n_D^{25}: 1,484.

(±)-5-Äthyl-5-butyl-3-methyl-5*H*-furan-2-on, (±)-4-Äthyl-4-hydroxy-2-methyl-oct-2*c*-ensäure-lacton $C_{11}H_{18}O_2$, Formel I.

B. Neben anderen Verbindungen beim Erhitzen von opt.-inakt. 4-Äthyl-3-hydroxy-2-methyl-octansäure-äthylester (Kp_5: 122—124°; n_D^{25}: 1,4414) mit Chinolin und Thionylchlorid auf 165° (*Cason*, *Rinehart*, J. org. Chem. **20** [1955] 1591, 1601).

$Kp_{3,8}$: 111°. n_D^{25}: 1,4592. IR-Spektrum (CCl_4; 5,4—15 μ): *Ca.*, *Ri.*, l. c. S. 1595. UV-Spektrum (Hexan oder Heptan; 200—280 nm; λ_{max}: 207,5 nm): *Ca.*, *Ri.*

4-Isopropyliden-2,2,5,5-tetramethyl-dihydro-furan-3-on $C_{11}H_{18}O_2$, Formel II.

B. Beim Erwärmen von 2,2,5,5-Tetramethyl-dihydro-furan-3-on mit Aceton und Natriumäthylat in Äthanol und Benzol (*Tamate*, J. chem. Soc. Japan Pure Chem. Sect. **79** [1958] 494, 497; C. A. **1960** 4530).

Kp_6: 66—67°. $D_4^{12,5}$: 0,9566. $n_D^{12,5}$: 1,4757. IR-Banden im Bereich von 1710 cm^{-1} bis 985 cm^{-1}: *Ta.*

Beim Behandeln mit Kaliumpermanganat in Wasser ist 4-Hydroxy-4-[α-hydroxy-isopropyl]-2,2,5,5-tetramethyl-dihydro-furan-3-on erhalten worden.

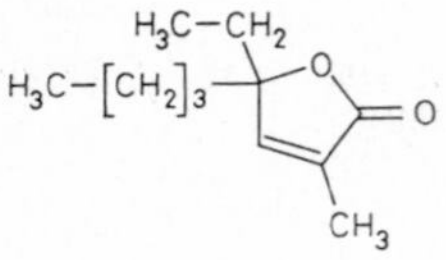

I 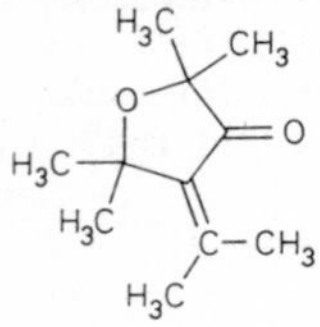 II 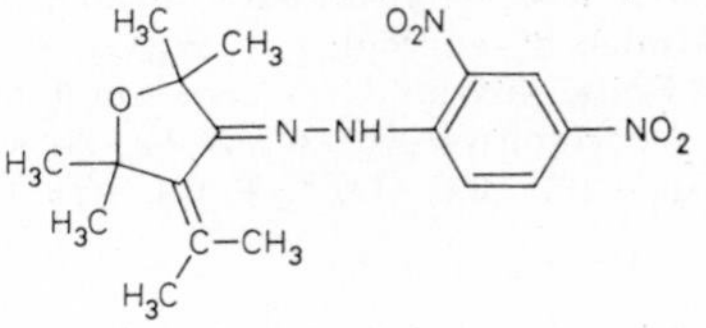 III

4-Isopropyliden-2,2,5,5-tetramethyl-dihydro-furan-3-on-[2,4-dinitro-phenylhydrazon] $C_{17}H_{22}N_4O_5$, Formel III.

B. Aus 4-Isopropyliden-2,2,5,5-tetramethyl-dihydro-furan-3-on und [2,4-Dinitro phenyl]-hydrazin (*Tamate*, J. chem. Soc. Japan Pure Chem. Sect. **79** [1958] 494, 497; C. A. **1960** 4530).

F: 168—169°.

(±)-6-Cyclohexyl-tetrahydro-pyran-2-on, (±)-5-Cyclohexyl-5-hydroxy-valeriansäure-lacton $C_{11}H_{18}O_2$, Formel IV.

B. Bei der Hydrierung von 5-Cyclohexyl-5-hydroxy-pent-2*t*-ensäure an Platin in Äthanol (*English*, *Gregory*, Am. Soc. **69** [1947] 2123). Aus 5-Hydroxy-5-phenyl-pent-2*t*-ensäure-äthylester durch Hydrierung, Hydrolyse und Destillation (*En.*, *Gr.*, l. c. S. 2124).

Krystalle (aus PAe. + E.); F: 59,5—60°.

***Opt.-inakt. 2-Tetrahydrofurfuryl-cyclohexanon** $C_{11}H_{18}O_2$, Formel V.

B. Beim Erhitzen von Cyclohexanon mit (±)-Tetrahydrofurfurylalkohol in Gegenwart eines Kobalt-Katalysators auf 250° (*Du Pont de Nemours & Co.*, U.S.P. 2549520 [1947]).

Kp_5: 122—126°.

IV V VI VII

(±)-5-Cyclohexyl-5-methyl-dihydro-furan-2-on, (±)-4-Cyclohexyl-4-hydroxy-valeriansäure-lacton $C_{11}H_{18}O_2$, Formel VI.

B. Beim Behandeln von Lävulinsäure-äthylester mit Cyclohexylmagnesiumchlorid in Äther und anschliessend mit wss. Schwefelsäure, Erwärmen des Reaktionsprodukts mit äthanol. Kalilauge und Erhitzen der erhaltenen Säure mit wss. Schwefelsäure (*Obata*, J. pharm. Soc. Japan **73** [1953] 1301; C. A. **1955** 176; s. a. *Levin et al.*, Am. Soc. **69** [1947] 1830). Bei mehrtägigem Behandeln von (±)-2-Cyclohexyl-2-methyl-tetrahydrofuran mit wss. Kaliumpermanganat-Lösung (*Fawoŕskaja et al.*, Ž. obšč. Chim. **27** [1957] 937, 940; engl. Ausg. S. 1018, 1020).

Krystalle; F: 59° [aus wss. A.] (*Ob.*), 55—56° (*Le. et al.*; *Fa. et al.*). Kp_2: 120—122° *Le. et al.*).

***Opt.-inakt. 3-Cyclohexyl-5-methyl-dihydro-furan-2-on, 2-Cyclohexyl-4-hydroxy-valeriansäure-lacton** $C_{11}H_{18}O_2$, Formel VII.

B. Beim Erhitzen von (±)-2-Cyclohexyl-pent-4-ensäure mit 70%ig. wss. Schwefelsäure (*v. Braun*, B. **70** [1937] 1250, 1251, 1253).

Kp_{14}: 150—152°.

***Opt.-inakt. 7-Methyl-1-oxa-spiro[5.5]undecan-2-on, 4-[1-Hydroxy-2-methyl-cyclohexyl]-buttersäure-lacton** $C_{11}H_{18}O_2$, Formel VIII.

B. Neben grösseren Mengen 4-[2-Methyl-cyclohex-1-enyl]-buttersäure beim Behandeln von opt.-inakt. 2-Methyl-1-pent-4-enyl-cyclohexanol (Kp_{13}: 122—124°; $n_D^{16,1}$: 1,4789 [E III **6** 335]) mit wss. Natriumcarbonat-Lösung und Kaliumpermanganat und Erhitzen des Reaktionsprodukts mit Oxalsäure unter 7 Torr (*Elliott, Linstead*, Soc. **1938** 660, 663; s. a. *Plentl, Bogert*, J. org. Chem. **6** [1941] 669, 677).

$Kp_{1,5}$: 135° (*El., Li.*). Kp_1: 102—105° (*Pl., Bo.*).

2,2-Dimethyl-1-oxa-spiro[4.5]decan-4-on $C_{11}H_{18}O_2$, Formel IX.

Neben kleinen Mengen eines vermutlich als 2,2-Dimethyl-1-oxa-spiro[4.5]decan-3-on ($C_{11}H_{18}O_2$; Formel X) zu formulierenden Ketons (2,4-Dinitro-phenylhydrazon $C_{17}H_{22}N_4O_5$: orangefarbene Krystalle [aus Bzn. + Bzl.], F: 228,5—229,5°) beim Erhitzen von 1-[3-Hydroxy-3-methyl-but-1-inyl]-cyclohexanol mit Quecksilber(II)-sulfat in Wasser (*Korobizyna et al.*, Ž. obšč. Chim. **29** [1959] 3880, 3882; engl. Ausg. S. 3839, 3841; s. a. *Hill*, J. org. Chem. **27** [1962] 29, 34).

Kp_{57}: 129—131° (*Hill*).

VIII IX X XI

2,2-Dimethyl-1-oxa-spiro[4.5]decan-4-on-oxim $C_{11}H_{19}NO_2$, Formel XI (X = OH).

B. Aus 2,2-Dimethyl-1-oxa-spiro[4.5]decan-4-on und Hydroxylamin (*Hill*, J. org. Chem. **27** [1962] 34).

Krystalle (aus wss. A.); F: 99—100°.

2,2-Dimethyl-1-oxa-spiro[4.5]decan-4-on-[2,4-dinitro-phenylhydrazon] $C_{17}H_{22}N_4O_5$, Formel XI (X = NH-$C_6H_3(NO_2)_2$).

B. Aus 2,2-Dimethyl-1-oxa-spiro[4.5]decan-4-on und [2,4-Dinitro-phenyl]-hydrazin

(*Korobizyna et al.*, Ž. obšč. Chim. **29** [1959] 3880, 3882; engl. Ausg. S. 3839, 3841).
Gelbe Krystalle (aus Me.); F: 159,2—159,3°.

2,2-Dimethyl-1-oxa-spiro[4.5]decan-4-on-semicarbazon $C_{12}H_{21}N_3O_2$, Formel XI (X = NH-CO-NH_2).

B. Aus 2,2-Dimethyl-1-oxa-spiro[4.5]decan-4-on und Semicarbazid (*Hill*, J. org. Chem. **27** [1962] 34).

Krystalle (aus wss. A.); F: 222—223,5°.

***Opt.-inakt. 4,6,6-Trimethyl-1-oxa-spiro[4.4]nonan-2-on, 3-[1-Hydroxy-2,2-dimethyl-cyclopentyl]-buttersäure-lacton** $C_{11}H_{18}O_2$, Formel XII.

B. In mässiger Ausbeute beim Behandeln von 3,8-Dimethyl-nona-2,7-diensäure ($Kp_{0,2}$: 116°) mit Ameisensäure und konz. Schwefelsäure (*Daesslé et al.*, Helv. **40** [1957] 2278, 2284).

Kp_{11}: 135°. D_4^{20}: 1,0288. n_D^{20}: 1,4791.

Beim Behandeln mit Lithiumalanat in Äther und anschliessend mit wss. Salzsäure ist 1-[3-Hydroxy-1-methyl-propyl]-2,2-dimethyl-cyclopentanol (F: 73—75°), bei Verwendung von wss. Schwefelsäure an Stelle der wss. Salzsäure sind 4,6,6-Trimethyl-1-oxa-spiro[4.4]nonan (Kp_{11}: 70—75°) und 3-[5,5-Dimethyl-cyclopent-1-enyl]-butan-1-ol oder 3-[2,2-Dimethyl-cyclopentyliden]-butan-1-ol (Allophanoyl-Derivat, F: 153—154°) erhalten worden.

***Opt.-inakt. 4-Methyl-octahydro-cyclohepta[*b*]pyran-2-on, 3-[2-Hydroxy-cycloheptyl]-buttersäure-lacton** $C_{11}H_{18}O_2$, Formel XIII.

B. Beim Behandeln von opt.-inakt. 3-[2-Oxo-cycloheptyl]-buttersäure ($Kp_{1,5}$: 164°; $n_D^{26,5}$: 1,4850) mit Natriumboranat in alkal. Lösung und anschliessenden Ansäuern (*Jacob, Dev*, Chem. and Ind. **1956** 576).

Kp_1: 130°. n_D^{22}: 1,4910.

Beim Erwärmen mit Polyphosphorsäure ist 3-Methyl-3,4,5,6,7,8-hexahydro-2*H*-azulen-1-on erhalten worden.

***Opt.-inakt. 2,2-Dimethyl-hexahydro-chroman-4-on** $C_{11}H_{18}O_2$, Formel XIV.

B. Beim Erwärmen von 1-Cyclohex-1-enyl-3-methyl-but-2-en-1-on mit Aceton, Quecksilber(II)-sulfat und wss. Schwefelsäure (*Wartanjan, Tschuchadshjan*, Izv. Armjansk. Akad. Ser. chim. **12** [1959] 179, 185; C. A. **1960** 7707).

$Kp_{8,5}$: 102—103°. D_4^{25}: 0,9887. n_D^{25}: 1,4812.

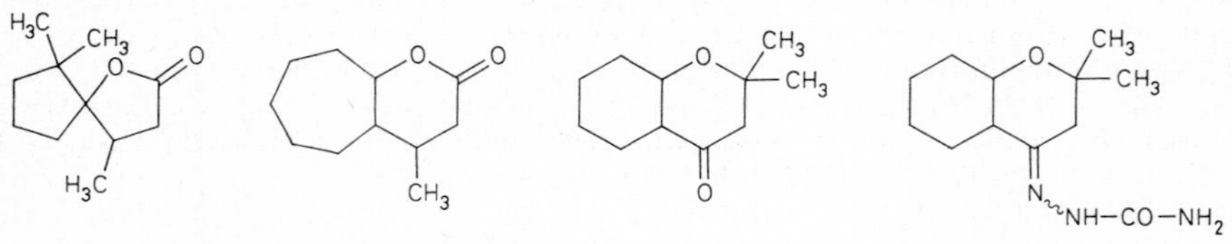

XII XIII XIV XV

***Opt.-inakt. 2,2-Dimethyl-hexahydro-chroman-4-on-semicarbazon** $C_{12}H_{21}N_3O_2$, Formel XV.

B. Aus 2,2-Dimethyl-hexahydro-chroman-4-on und Semicarbazid (*Wartanjan, Tschuchadshjan*, Izv. Armjansk Akad. Ser. chim. **12** [1959] 179, 185; C. A. **1960** 7707).

F: 211°.

2,4a-Dimethyl-1,1-dioxo-hexahydro-1λ^6-thiochroman-4-on $C_{11}H_{18}O_3S$.

a) **(±)-2*c*(?),4a-Dimethyl-1,1-dioxo-(4a*r*,8a*c*)-hexahydro-1λ^6-thiochroman-4-on** $C_{11}H_{18}O_3S$, vermutlich Formel I + Spiegelbild.

B. Bei der Hydrierung von (±)-2,4a-Dimethyl-1,1-dioxo-(4a*r*,8a*c*)-4a,5,8,8a-tetrahydro-1λ^6-thiochromen-4-on an Palladium in Dioxan bei 80° (*Nasarow et al.*, Ž. obšč. Chim. **22** [1952] 1236, 1239, 1243; engl. Ausg. S. 1283, 1285, 1288).

Krystalle (aus A. + Ae.); F: 140,5—141,5°.

b) **(±)-2*t*(?),4a-Dimethyl-1,1-dioxo-(4a*r*,8a*c*)-hexahydro-1λ⁶-thiochroman-4-on** $C_{11}H_{18}O_3S$, vermutlich Formel II + Spiegelbild.

B. Bei der Hydrierung von (±)-2*t*(?),4a-Dimethyl-1,1-dioxo-(4a*r*,8a*c*)-4a,5,8,8a-tetrahydro-1λ⁶-thiochroman-4-on an Palladium in Äthanol (*Nasarow et al.*, Ž. obšč. Chim. **22** [1952] 1236, 1239, 1243; engl. Ausg. S. 1283, 1285, 1289).

Krystalle (aus A.); F: 142—142,5°.

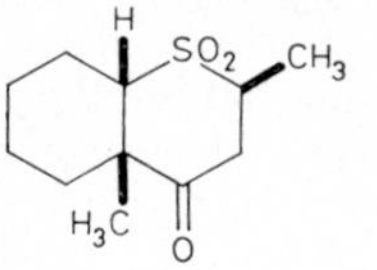

I 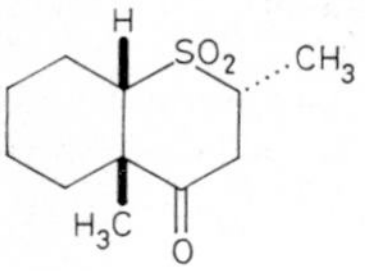 II 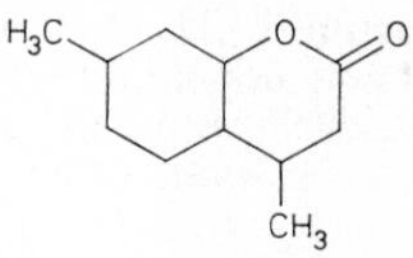 III 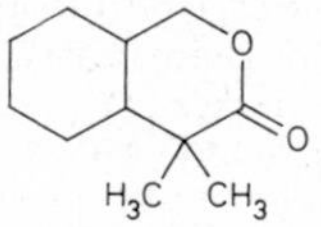 IV

4,7-Dimethyl-hexahydro-chroman-2-on, 3-[2-Hydroxy-4-methyl-cyclohexyl]-buttersäure-lacton $C_{11}H_{18}O_2$, Formel III.

Eine opt.-inakt. Verbindung (Kp_9: 148—150°), der wahrscheinlich diese Konstitution zukommt, ist neben grösseren Mengen 4,7-Dimethyl-hexahydro-chroman (Kp_{38}: 121° bis 122°; n_D^{25}: 1,4672) bei der Hydrierung von 4,7-Dimethyl-cumarin an Raney-Nickel in Methylcyclohexan bei 205—250° erhalten worden (*de Benneville, Connor*, Am. Soc. **62** [1940] 3067, 3069).

***Opt.-inakt. 4,4-Dimethyl-hexahydro-isochroman-3-on, 2-[2-Hydroxymethyl-cyclohexyl]-2-methyl-propionsäure-lacton** $C_{11}H_{18}O_2$, Formel IV.

B. Bei der Hydrierung von 2-[2-Hydroxymethyl-cyclohex-1-enyl]-2-methyl-propionsäure-lacton an Raney-Nickel in Äthanol bei 95°/100 at (*Korte et al.*, Tetrahedron **6** [1959] 201, 213).

$Kp_{0,4}$: 85°. UV-Absorptionsmaximum (Me.): 210 nm.

***Opt.-inakt. 4,7-Dimethyl-hexahydro-isochroman-3-on, 2-[2-Hydroxymethyl-4-methyl-cyclohexyl]-propionsäure-lacton** $C_{11}H_{18}O_2$, Formel V.

B. Bei der Hydrierung von opt.-inakt. 2-[2-Hydroxymethyl-4-methyl-cyclohexyliden]-propionsäure-lacton ($Kp_{0,1}$: 88°) an Raney-Nickel in Äthanol bei 95°/100 at (*Korte et al.*, Tetrahedron **6** [1959] 201, 211).

$Kp_{0,2}$: 92°. UV-Absorptionsmaximum (Me.): 210 nm.

***Opt.-inakt. 2,6,7a-Trimethyl-hexahydro-cyclopenta[*b*]pyran-4-on** $C_{11}H_{18}O_2$, Formel VI.

B. Beim Erwärmen von (±)-1-[2,4-Dimethyl-cyclopent-1-enyl]-but-3-en-1-on mit wss. Schwefelsäure und Quecksilber(II)-sulfat (*Nasarow, Burmistrowa*, Ž. obšč. Chim. **20** [1950] 2021, 2027; engl. Ausg. S. 2091, 2097).

Kp_8: 92,5—93°. D_4^{20}: 0,9927. n_D^{20}: 1,4682.

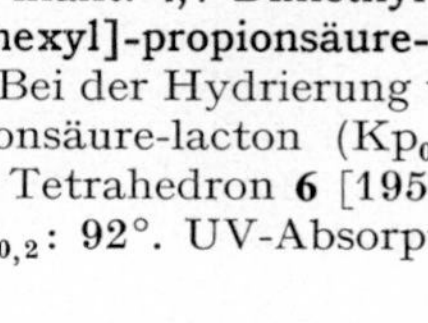

V 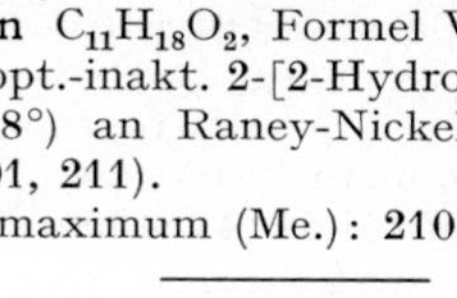 VI 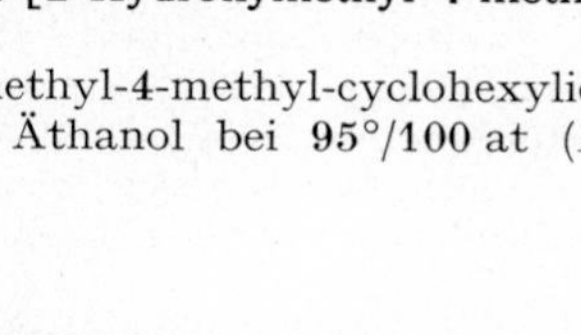 VII

***Opt.-inakt. 2,6,7a-Trimethyl-hexahydro-cyclopenta[*b*]pyran-4-on-semicarbazon** $C_{12}H_{21}N_3O_2$, Formel VII.

B. Aus dem im vorangehenden Artikel beschriebenen Keton und Semicarbazid (*Nasarow, Burmistrowa*, Ž. obšč. Chim. **20** [1950] 2021, 2027; engl. Ausg. S. 2091, 2097).

Krystalle (aus Me.); F: 168—168,5°.

***Opt.-inakt. 3,3,7-Trimethyl-hexahydro-cyclopenta[*c*]pyran-5-on** $C_{11}H_{18}O_2$, Formel VIII.

B. Bei der Hydrierung von (±)-3,3,7-Trimethyl-3,4,6,7-tetrahydro-1*H*-cyclopenta[*c*]pyran-5-on an Platin in Äthanol (*Nasarow, Torgow,* Ž. obšč. Chim. **18** [1948] 1338, 1345; C. A. **1949** 2161).

Bei 110–120°/8 Torr destillierbar. D_4^{20}: 0,9914. n_D^{20}: 1,4675.

***Opt.-inakt. 3-Isopropyl-hexahydro-benzofuran-2-on, 2-[2-Hydroxy-cyclohexyl]-3-methyl-buttersäure-lacton** $C_{11}H_{18}O_2$, Formel IX.

B. Beim Erwärmen von opt.-inakt. 2-[1-Hydroxy-cyclohexyl]-3-methyl-buttersäure-äthylester (Kp_{11}: 132–134°) mit 85%ig. wss. Schwefelsäure (*Obata,* J. pharm. Soc. Japan **73** [1953] 1298; C. A. **1955** 175).

Kp_5: 118–119°.

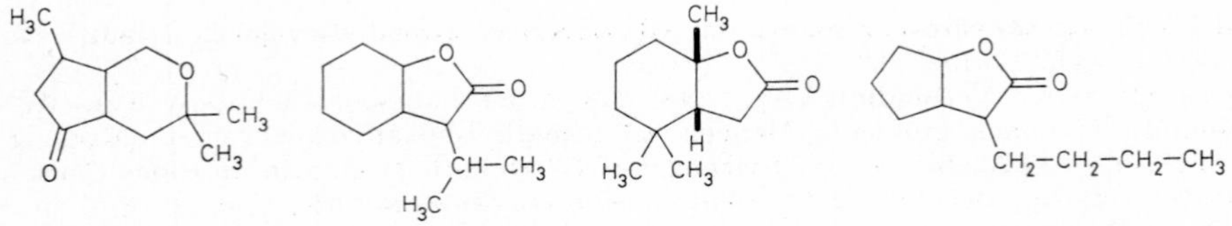

VIII IX X XI

(±)-4,4,7a-Trimethyl-(4a*r*,7a*c*)-hexahydro-benzofuran-2-on, (±)-[2*c*-Hydroxy-2*t*,6,6-trimethyl-cyclohex-*r*-yl]-essigsäure-lacton $C_{11}H_{18}O_2$, Formel X + Spiegelbild.

Diese Konfiguration kommt vermutlich der nachstehend beschriebenen Verbindung zu (vgl. *Ribi, Eugster,* Helv. **52** [1969] 1732).

B. Beim Behandeln von opt.-inakt. [2-Hydroxy-2,6,6-trimethyl-cyclohexyl]-essigsäure (F: 113–115,5°) mit Ameisensäure und wenig Schwefelsäure (*Ohloff, Schade,* B. **91** [1958] 2017, 2019, 2025).

Krystalle (aus PAe.), F: 81,5–82,5°; Kp_1: 108–109° (*Oh., Sch.*).

Ein weiteres opt.-inakt. [2-Hydroxy-2,6,6-trimethyl-cyclohexyl]-essigsäure-lacton-Präparat ($Kp_{8,5}$: 112°; D_4^{22}: 1,028) ist neben [5-Hydroxy-2,2,6-trimethyl-cyclohexyl]-essigsäure-lacton ($Kp_{0,05}$: 46–49°) bei der Hydrierung von opt.-inakt. [2,3-Epoxy-2,6,6-trimethyl-cyclohexyl]-essigsäure-methylester (Kp_{13}: 128,5–130°) an Platin in Essigsäure erhalten worden (*Stoll et al.,* Helv. **33** [1950] 1510, 1511, 1514).

***Opt.-inakt. 3-Butyl-hexahydro-cyclopenta[*b*]furan-2-on, 2-[2-Hydroxy-cyclopentyl]-hexansäure-lacton** $C_{11}H_{18}O_2$, Formel XI.

B. Beim Behandeln von 1,2-Epoxy-cyclopentan mit der Natrium-Verbindung des Butylmalonsäure-diäthylesters in Äthanol, Erwärmen des Reaktionsprodukts mit wss. Kalilauge und Erhitzen des danach isolierten Reaktionsprodukts unter vermindertem Druck (*Rothstein, Rothstein,* C. r. **209** [1939] 761). Beim Behandeln von opt.-inakt. 2-Cyclopent-2-enyl-hexansäure (Kp_4: 138–139°) mit konz. Schwefelsäure und anschliessend mit Wasser (*Horclois,* Chim. et Ind. Sonderband 13. Congr. Chim. ind. Lille 1933 S. 357, 363).

Kp_{16}: 154°; $D_4^{18,5}$: 1,0119; $n_D^{18,5}$: 1,4682 (*Ro., Ro.*). Kp_5: 135–138° (*Ho.*).

***Opt.-inakt. 3-Isobutyl-hexahydro-cyclopenta[*b*]furan-2-on, 2-[2-Hydroxy-cyclopentyl]-4-methyl-valeriansäure-lacton** $C_{11}H_{18}O_2$, Formel XII.

B. Beim Behandeln von 1,2-Epoxy-cyclopentan mit der Natrium-Verbindung des Isobutylmalonsäure-diäthylesters in Äthanol, Erwärmen des Reaktionsprodukts mit wss. Kalilauge und Erhitzen des danach isolierten Reaktionsprodukts unter vermindertem Druck (*Rothstein, Rothstein,* C. r. **209** [1939] 761).

Kp_{15}: 148°. D_4^{21}: 1,0098. n_D^{21}: 1,4685.

***Opt.-inakt. 6,6,9-Trimethyl-2-oxa-bicyclo[3.3.1]nonan-3-on, [5-Hydroxy-2,2,6-trimethyl-cyclohexyl]-essigsäure-lacton** $C_{11}H_{18}O_2$, Formel XIII.

B. Neben [2-Hydroxy-2,6,6-trimethyl-cyclohexyl]-essigsäure-lacton ($Kp_{8,5}$: 112°) bei der Hydrierung von opt.-inakt. [2,3-Epoxy-2,6,6-trimethyl-cyclohexyl]-essigsäure-methylester (Kp_{13}: 128,5—130°) an Platin in Essigsäure (*Stoll et al.*, Helv. **33** [1950] 1510, 1511, 1514).

$Kp_{0,05}$: 46—49°. $D_4^{19,3}$: 1,006.

XII XIII XIV XV

(±)-4,4,5,8*anti*-Tetramethyl-3-oxa-bicyclo[3.2.1]octan-2-on, (±)-3*c*-[α-Hydroxy-isopropyl]-2*t*,3*t*-dimethyl-cyclopentan-*r*-carbonsäure-lacton, (±)-Dimethylsantolid $C_{11}H_{18}O_2$, Formel XIV + Spiegelbild.

B. Beim Behandeln von (±)-*cis*-Santensäure-anhydrid ((±)-1,2*t*-Dimethyl-cyclopentan-1*r*,3*c*-dicarbonsäure-anhydrid mit Methylmagnesiumjodid (2 Mol) in Äther und Toluol (*Komppa, Rohrmann*, A. **521** [1936] 227, 233, 241).

Kp_{15}: 136—138°.

(1*S*)-4ξ,5,8,8-Tetramethyl-3-oxa-bicyclo[3.2.1]octan-2-on, (1*S*)-3*c*-[(*Ξ*)-1-Hydroxy-äthyl]-2,2,3*t*-trimethyl-cyclopentan-*r*-carbonsäure-lacton $C_{11}H_{18}O_2$, Formel XV.

Diese Konstitution und Konfiguration kommt dem nachstehend beschriebenen **β-Methyl-β-campholid** zu.

B. Beim Behandeln von (1*S*)-3*c*-Formyl-2,2,3*t*-trimethyl-cyclopentan-*r*-carbonsäure-methylester mit Methylmagnesiumjodid (4 Mol) in Äther und anschliessend mit wss. Salzsäure (*Vène*, A. ch. [11] **10** [1938] 194, 204).

Krystalle (aus Ae. + Bzn.); F: 178°. Orthorhombisch. Krystalloptik: *Vène*. $[\alpha]_D^{15}$: —47,7° [A.; c = 4].

Geschwindigkeit der Bildung von (1*S*)-3*c*-[(*Ξ*)-1-Hydroxy-äthyl]-2,2,3*t*-trimethyl-cyclopentan-*r*-carbonsäure (F: 135°) beim Behandeln mit wss. Natronlauge (0,1 n) bei 48° sowie mit Natriumhydroxid in 5%ig. wss. Äthanol bei 14°, 19° und 35° bzw. in 20%ig. wss. Äthanol bei 60°: *Vène*, l. c. S. 241. Beim Erwärmen mit Natrium und Äthanol sind kleine Mengen (1*R*)-1*r*-[(*Ξ*)-1-Hydroxy-äthyl]-3*c*-hydroxymethyl-1,2,2-trimethyl-cyclopentan $C_{11}H_{22}O_2$ (Krystalle [aus Ae. + Bzn.], F: 108°; $[\alpha]_D^{13}$: +70,4° [A.; c = 2]) erhalten worden (*Vène*, l. c. S. 229).

(1*R*)-1,4ξ,8,8-Tetramethyl-3-oxa-bicyclo[3.2.1]octan-2-on, (1*R*)-3*c*-[(*Ξ*)-1-Hydroxy-äthyl]-1,2,2-trimethyl-cyclopentan-*r*-carbonsäure-lacton $C_{11}H_{18}O_2$, Formel I.

Diese Konstitution und Konfiguration kommt dem nachstehend beschriebenen **Methylcampholid** zu.

B. Beim Erwärmen von (1*R*)-3*c*-Acetyl-1,2,2-trimethyl-cyclopentan-*r*-carbonsäure mit Äthanol und Natrium und Behandeln des Reaktionsprodukts mit wss. Salzsäure (*Qudrat-i-Khuda*, Soc. **1930** 206, 212).

Krystalle (aus PAe.); F: 100—101°. $[\alpha]_D^{17}$: —44,8° [$CHCl_3$; c = 2].

(±)-1,5,8,8-Tetramethyl-3-oxa-bicyclo[3.2.1]octan-2-on, (±)-3*c*-Hydroxymethyl-1,2,2,3*t*-tetramethyl-cyclopentan-*r*-carbonsäure-lacton $C_{11}H_{18}O_2$, Formel II + Spiegelbild.

B. Bei der Hydrierung von (±)-3-Methyl-camphersäure-anhydrid (1,2,2,3*t*-Tetramethyl-cyclopentan-1*r*,3*c*-dicarbonsäure-anhydrid) an Nickel-Aluminium-Legierung bei

210–220° (*Nametkin, Štukow*, Ž. obšč. Chim. **9** [1939] 2081, 2082; C. **1940** I 3266).

Krystalle (aus wss. A.); F: 193–194°.

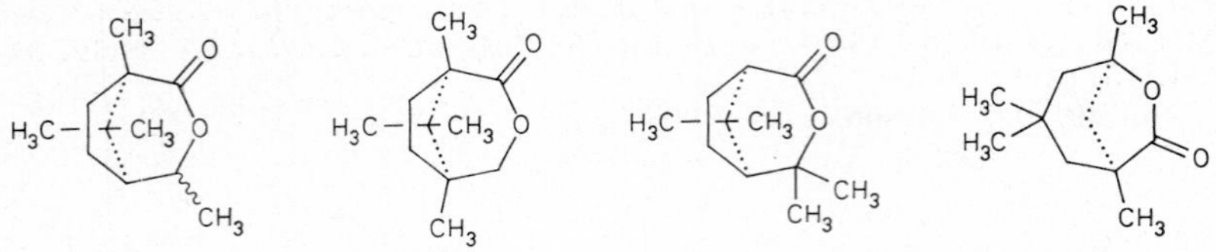

I II III IV

(±)-4,4,8,8-Tetramethyl-3-oxa-bicyclo[3.2.1]octan-2-on, (±)-3c-[α-Hydroxy-isopropyl]-2,2-dimethyl-cyclopentan-r-carbonsäure-lacton, (±)-Dimethylapocampholid $C_{11}H_{18}O_2$, Formel III + Spiegelbild.

B. Neben 3-Isopropyliden-2,2-dimethyl-cyclopentan-carbonsäure beim Behandeln einer Lösung von *cis*-Apocamphersäure-anhydrid (2,2-Dimethyl-cyclopentan-1*r*,3*c*-dicarbonsäure-anhydrid) in Toluol mit Methylmagnesiumjodid (2 Mol) in Äther und Behandeln des Reaktionsgemisches mit wss. Schwefelsäure (*Komppa, Rohrmann*, A. **521** [1936] 227, 228, 236).

Krystalle (aus wss. A.); F: 102–103°.

(±)-1,3,3,5-Tetramethyl-6-oxa-bicyclo[3.2.1]octan-7-on, (±)-3c-Hydroxy-1,3t,5,5-tetramethyl-cyclohexan-r-carbonsäure-lacton $C_{11}H_{18}O_2$, Formel IV + Spiegelbild.

B. Beim Behandeln von (±)-1,3,3-Trimethyl-5-oxo-cyclohexancarbonsäure-methylester mit Methylmagnesiumjodid in Äther und Erwärmen des nach der Hydrolyse erhaltenen Reaktionsprodukts mit wss. Salzsäure (*Fusco et al.*, Rend. Ist. lomb. **91** [1957] 170, 180).

Krystalle (aus wss. Eg.); F: 81°.

Oxo-Verbindungen $C_{12}H_{20}O_2$

(±)-6-Methyl-6-[4-methyl-pent-3-enyl]-tetrahydro-pyran-2-on, (±)-5-Hydroxy-5,9-dimethyl-dec-8-ensäure-lacton $C_{12}H_{20}O_2$, Formel V.

B. Neben grösseren Mengen 5,9-Dimethyl-deca-4*t*,8-diensäure beim Erhitzen von [3,7-Dimethyl-octa-2*t*,6-dienyl]-malonsäure unter 0,05 Torr bis auf 165° (*Dicker, Whiting*, Soc. **1958** 1994, 1997, 1999).

Bei 100–120°/0,01 Torr destillierbar [unreines Präparat].

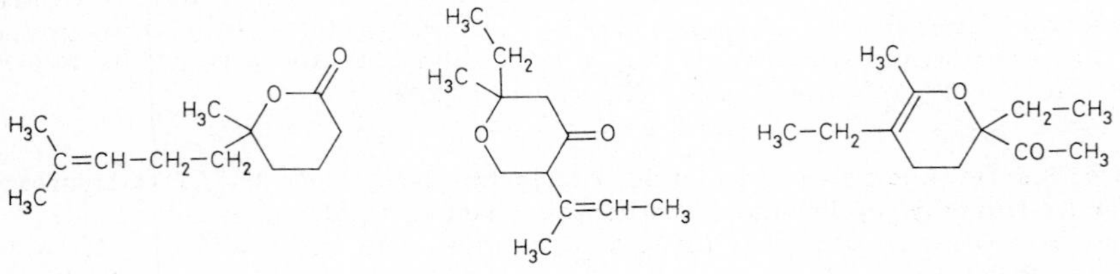

V VI VII

2-Äthyl-2-methyl-5-[1-methyl-propenyl]-tetrahydro-pyran-4-on $C_{12}H_{20}O_2$, Formel VI.

Diese Konstitution wird der nachstehend beschriebenen opt.-inakt. Verbindung zugeordnet (*Nikitin, Segel'man*, Ž. obšč. Chim. **29** [1959] 1898, 1901; engl. Ausg. S. 1868, 1871).

B. Neben grösseren Mengen 2,2'-Diäthyl-5-[1-hydroxy-1-methyl-propyl]-2,2'-dimethyl-5'-[1-methyl-propenyl]-hexahydro-[3,4']bipyranyliden-4-on (Kp_2: 155–156°; n_D^{20}: 1,4975) beim Erwärmen von opt.-inakt. 3,4,7-Trimethyl-non-5-in-3,4,7-triol (Kp_2: 124–126°; n_D^{20}: 1,4810) mit Quecksilber(II)-sulfat in wss. Schwefelsäure (*Ni., Se.*).

Kp_2: 63–64°. D_4^{20}: 0,9397. n_D^{20}: 1,4528.

(±)-2-Acetyl-2,5-diäthyl-6-methyl-3,4-dihydro-2*H*-pyran, (±)-1-[2,5-Diäthyl-6-methyl-3,4-dihydro-2*H*-pyran-2-yl]-äthanon $C_{12}H_{20}O_2$, Formel VII.

B. Aus 3-Äthyl-but-3-en-2-on bei 30-stdg. Erhitzen auf Siedetemperatur (*Colonge, Dreux*, C. r. **228** [1949] 582; *Dreux*, Bl. **1955** 521, 523).

Kp_{74}: 226°; Kp_{24}: 114,5–115°. D_4^{17}: 0,956. n_D^{17}: 1,4630.

(±)-1-[2,5-Diäthyl-6-methyl-3,4-dihydro-2*H*-pyran-2-yl]-äthanon-semicarbazon $C_{13}H_{23}N_3O_2$, Formel VIII.

B. Aus (±)-1-[2,5-Diäthyl-6-methyl-3,4-dihydro-2*H*-pyran-2-yl]-äthanon und Semi= carbazid in wss. Äthanol (*Dreux*, Bl. **1955** 521, 523).

Krystalle (aus wss. A.); F: 122° [geschlossene Kapillare].

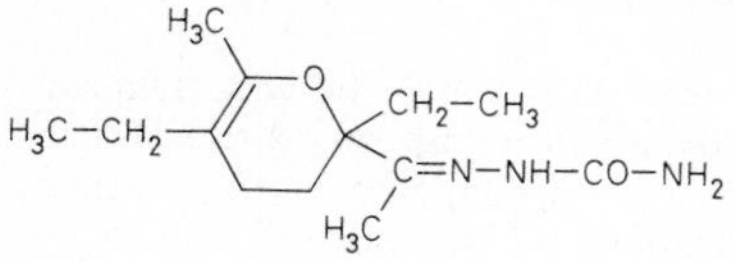

VIII 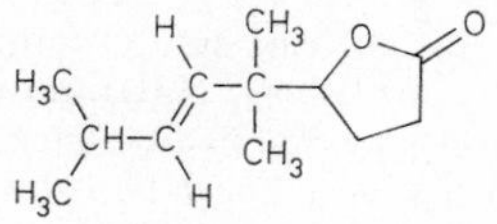 IX

(±)-5-[1,1,4-Trimethyl-pent-2*t*-enyl]-dihydro-furan-2-on, (±)-4-Hydroxy-5,5,8-tri= methyl-non-6*t*-ensäure-lacton $C_{12}H_{20}O_2$, Formel IX.

B. Beim Erhitzen von (±)-3-[2,2-Dimethyl-3*t*-(2-methyl-propenyl)-cycloprop-*r*-yl]-propionsäure mit wss. Schwefelsäure (*Katsuda, Chikamoto*, Bl. agric. chem. Soc. Japan **22** [1958] 330, 333).

$Kp_{3,5}$: 106–107°. n_D^{20}: 1,471. IR-Banden im Bereich von 2950 cm^{-1} bis 970 cm^{-1}: *Ka., Ch.*

Beim Behandeln einer Lösung in Chloroform mit Ozon und anschliessend mit Wasser sind 2-Methyl-2-[5-oxo-tetrahydro-[2]furyl]-propionsäure, Isobutyraldehyd und Iso= buttersäure erhalten worden. Hydrierung an Platin in Äthylacetat unter Bildung von 4-Hydroxy-5,5,8-trimethyl-nonansäure-lacton: *Ka., Ch.*

(±)-1-[5-Methyl-4,5-dihydro-[2]furyl]-heptan-2-on $C_{12}H_{20}O_2$, Formel X, und **(±)-1-[5-Methyl-4,5-dihydro-[2]furyl]-hept-1-en-2-ol** $C_{12}H_{20}O_2$, Formel XI.

Die nachstehend beschriebene Verbindung liegt wahrscheinlich überwiegend als (±)-1-[5-Methyl-4,5-dihydro-[2]furyl]-hept-1-en-2-ol (Formel XI) vor (*Cannon et al.*, J. org. Chem. **17** [1952] 1245, 1246).

B. Aus Heptan-2-on und (±)-4-Hydroxy-valeriansäure-lacton analog 1-[4,5-Dihydro-[2]furyl]-heptan-2-on [S. 4371] (*Ca. et al.*, l. c. S. 1248).

Kp_4: 124–125° [unkorr.]. n_D^{25}: 1,478.

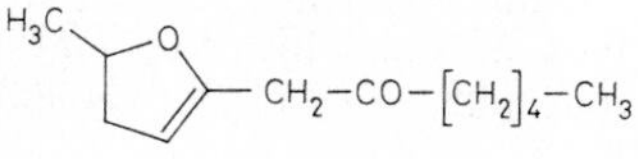

X 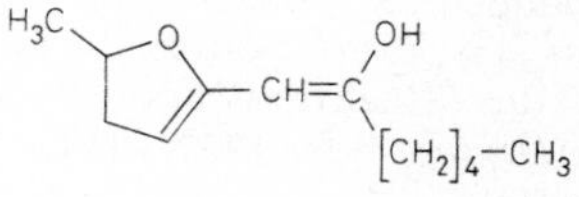 XI 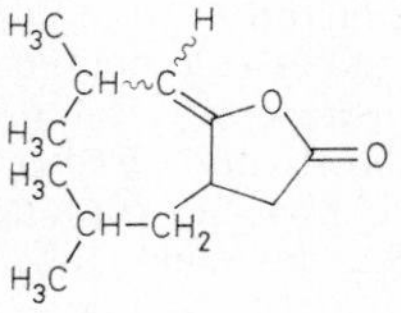 XII

4-Isobutyl-5-[(Ξ)-isobutyliden]-dihydro-furan-2-on, 4-Hydroxy-3-isobutyl-6-methyl-hept-4ξ-ensäure-lacton $C_{12}H_{20}O_2$, Formel XII.

Die früher (s. H 267) unter dieser Konstitution beschriebene, als β-Isobutyl-γ-iso= butyliden-butyrolacton bezeichnete Verbindung (F: 151–152°) ist als (±)-4-Iso= butyl-2-isopropyl-cyclopentan-1,3-dion (⇌(±)-3-Hydroxy-4-isobutyl-2-isopropyl-cyclo= pent-2-enon ⇌(±)-3-Hydroxy-5-isobutyl-2-isopropyl-cyclopent-2-enon [E III 7 3265]) zu formulieren (*Woodward, Blout*, Am. Soc. **65** [1943] 562, 564; *Matsui, Hirase*, J. chem. Soc. Japan Pure Chem. Sect. **71** [1950] 426; C. A. **1951** 8984).

(±)-4,5-Di-*tert*-butyl-5-chlor-5*H*-furan-2-on, (±)-3-*tert*-Butyl-4-chlor-4-hydroxy-5,5-dimethyl-hex-2*c*-ensäure-lacton $C_{12}H_{19}ClO_2$, Formel I.

B. Beim Erwärmen von 3-*tert*-Butyl-5,5-dimethyl-4-oxo-hex-2*c*-ensäure mit Thionylchlorid (*Newman, Kahle,* J. org. Chem. **23** [1958] 666, 669).

Krystalle (aus PAe.); F: 82,2–83°.

(±)-3,5-Di-*tert*-butyl-3*H*-furan-2-on, (±)-2-*tert*-Butyl-4-hydroxy-5,5-dimethyl-hex-3*t*-ensäure-lacton $C_{12}H_{20}O_2$, Formel II.

B. Neben kleinen Mengen 2,2,6,6-Tetramethyl-hept-4-en-3-on (Kp_{29}: 87°; n_D^{25}: 1,4368) bei der Bestrahlung von 1-Diazo-3,3-dimethyl-butan-2-on mit UV-Licht (*Wiberg, Hutton,* Am. Soc. **76** [1954] 5367, 5369).

Krystalle (aus wss. A.); F: 41,5–42°. Bei 109–116°/11 Torr destillierbar. UV-Absorptionsmaximum (A.): 224 nm.

Beim Erhitzen auf 180°, beim Behandeln mit Ammoniak in wss. Dioxan oder beim Erwärmen mit wss. Natronlauge erfolgt Isomerisierung zu 2-*tert*-Butyl-4-hydroxy-5,5-dimethyl-hex-2*c*-ensäure-lacton. Hydrierung an Palladium/Bariumsulfat in Äthanol unter Bildung von 2-*tert*-Butyl-4-hydroxy-5,5-dimethyl-hexansäure-lacton (F: 82–83°): *Wi., Hu.* Beim Erwärmen mit Chlorwasserstoff enthaltendem Methanol sind 2-*tert*-Butyl-5,5-dimethyl-4-oxo-hexansäure und der Methylester dieser Säure erhalten worden.

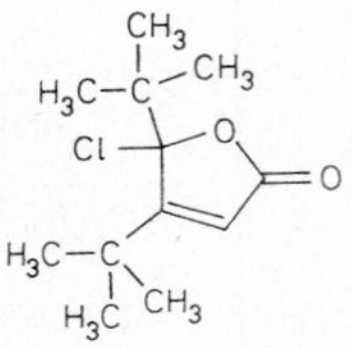

I 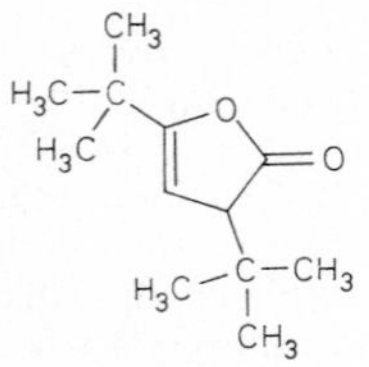 II 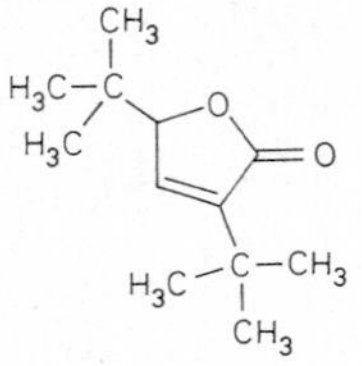 III 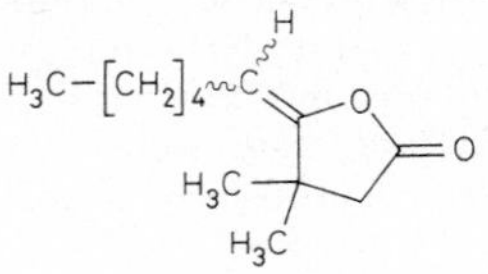 IV

(±)-3,5-Di-*tert*-butyl-5*H*-furan-2-on, (±)-2-*tert*-Butyl-4-hydroxy-5,5-dimethyl-hex-2*c*-ensäure-lacton $C_{12}H_{20}O_2$, Formel III.

B. Beim 3-tägigen Erhitzen von (±)-2-*tert*-Butyl-5,5-dimethyl-4-oxo-hexansäure auf 180° (*Wiberg, Hutton,* Am. Soc. **76** [1954] 5367, 5371). Über weitere Bildungsweisen s. im vorangehenden Artikel.

F: 92,5–93,5° [nach Sublimation]. UV-Absorptionsmaximum (A.): 212 nm.

Hydrierung an Palladium/Bariumsulfat in Äthanol unter Bildung von 2-*tert*-Butyl-4-hydroxy-5,5-dimethyl-hexansäure-lacton (F: 82–83°): *Wi., Hu.*

5-[(Ξ)-Hexyliden]-4,4-dimethyl-dihydro-furan-2-on, 4-Hydroxy-3,3-dimethyl-dec-4ξ-ensäure-lacton $C_{12}H_{20}O_2$, Formel IV.

B. Neben kleineren Mengen 2-Methyl-decan-4-on beim Erwärmen von 3-Methyl-crotonsäure-äthylester mit Heptanal unter Zusatz von Dibenzoylperoxid und unter Stickstoff und Erhitzen des Reaktionsprodukts ($Kp_{0,5}$: 98–105°; n_D^{23}: 1,4382) mit 10%ig. wss. Natronlauge (*Huang,* Soc. **1957** 1342, 1346).

$Kp_{0,5}$: 99–100°. n_D^{23}: 1,4590.

4-[(Ξ)-Butyliden]-2,2,5,5-tetramethyl-dihydro-furan-3-on $C_{12}H_{20}O_2$, Formel V.

B. Beim Erwärmen von 2,2,5,5-Tetramethyl-dihydro-furan-3-on mit Butyraldehyd und wss.-äthanol. Kalilauge (*Tamate,* J. chem. Soc. Japan Pure Chem. Sect. **78** [1957] 1293, 1296; C. A. **1960** 476).

Kp_6: 70–71°. n_D^{16}: 1,4550.

4-[(Ξ)-Butyliden]-2,2,5,5-tetramethyl-dihydro-furan-3-on-[2,4-dinitro-phenylhydrazon] $C_{18}H_{24}N_4O_5$, Formel VI.

B. Aus dem im vorangehenden Artikel beschriebenen Keton und [2,4-Dinitro-phenyl]-hydrazin (*Tamate,* J. chem. Soc. Japan Pure Chem. Sect. **78** [1957] 1293, 1296; C. A.

1960 476).

Orangefarbene Krystalle (aus A.); F: 98–100°.

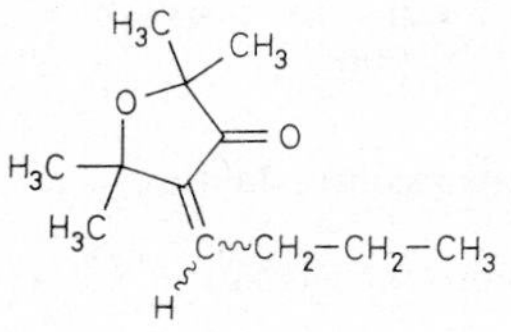

V 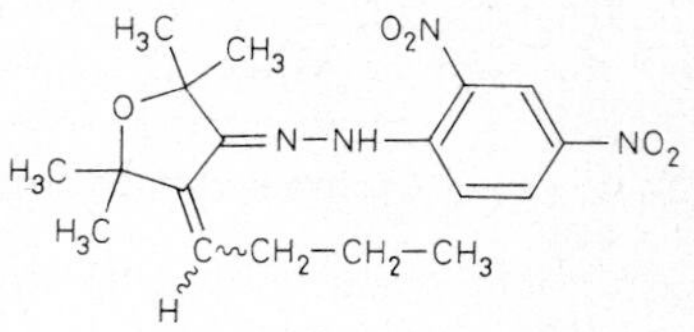 VI 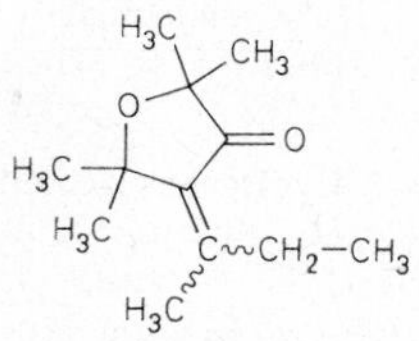 VII

4-[(Ξ)-*sec*-Butyliden]-2,2,5,5-tetramethyl-dihydro-furan-3-on $C_{12}H_{20}O_2$, Formel VII.

B. Beim Erwärmen von 2,2,5,5-Tetramethyl-dihydro-furan-3-on mit Butanon und Natriumäthylat in Äthanol und Benzol (*Tamate*, J. chem. Soc. Japan Pure Chem. Sect. **79** [1958] 494, 497; C. A. **1960** 4530).

Kp_6: 76–78°. D_4^{14}: 0,9456. n_D^{14}: 1,4652.

4-[(Ξ)-*sec*-Butyliden]-2,2,5,5-tetramethyl-dihydro-furan-3-on-[2,4-dinitro-phenyl-hydrazon] $C_{18}H_{24}N_4O_5$, Formel VIII.

B. Aus dem im vorangehenden Artikel beschriebenen Keton und [2,4-Dinitro-phenyl]-hydrazin (*Tamate*, J. chem. Soc. Japan Pure Chem. Sect. **79** [1958] 494, 497; C. A. **1960** 4530).

F: 138–139°.

4-[(Ξ)-Isobutyliden]-2,2,5,5-tetramethyl-dihydro-furan-3-on $C_{12}H_{20}O_2$, Formel IX.

B. Beim Erwärmen von 2,2,5,5-Tetramethyl-dihydro-furan-3-on mit Isobutyraldehyd und wss.-äthanol. Kalilauge (*Tamate*, J. chem. Soc. Japan Pure Chem. Sect. **78** [1957] 1293, 1296; C. A. **1960** 476).

Krystalle; F: 48,5–50°. Kp_7: 82–83°. IR-Spektrum (2–15 μ): *Ta.*

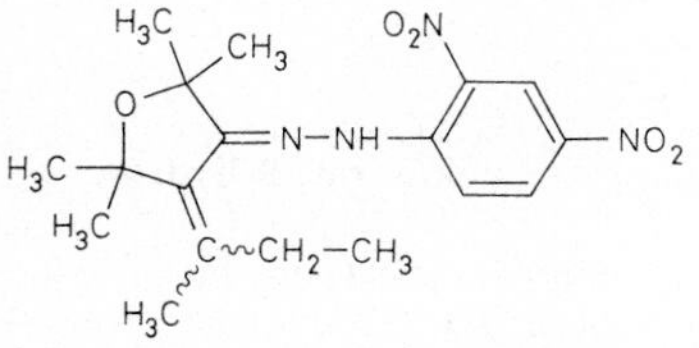

VIII 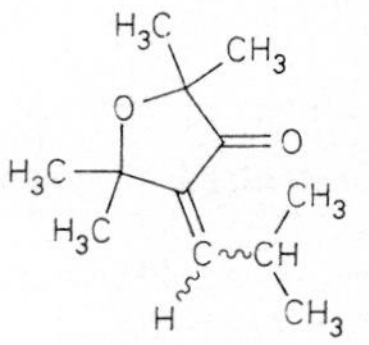 IX 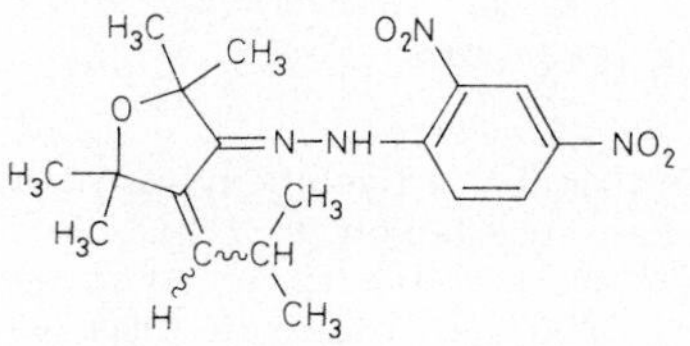 X

4-[(Ξ)-Isobutyliden]-2,2,5,5-tetramethyl-dihydro-furan-3-on-[2,4-dinitro-phenyl-hydrazon] $C_{18}H_{24}N_4O_5$, Formel X.

B. Aus dem im vorangehenden Artikel beschriebenen Keton und [2,4-Dinitro-phenyl]-hydrazin (*Tamate*, J. chem. Soc. Japan Pure Chem. Sect. **78** [1957] 1293, 1296; C. A. **1960** 476).

Orangegelbe Krystalle; F: 146–148°.

(±)-3-Butyl-4-[(Ξ)-pentyliden]-oxetan-2-on, (±)-2-Butyl-3-hydroxy-oct-3ξ-ensäure-lacton $C_{12}H_{20}O_2$, Formel XI.

Diese Konstitution kommt dem E III **1** 2992 (im Artikel Butylketen) und nachstehend beschriebenen „Dimeren des Butylketens" zu (*Hurd, Blanchard*, Am. Soc. **72** [1950] 1461; *Johnson, Shiner*, Am. Soc. **75** [1953] 1350, 1354).

B. Beim Erhitzen von Hex-1-in mit Distickstoffoxid in Cyclohexan unter 500 at auf 300° (*Buckley, Levy*, Soc. **1951** 3016). Beim Behandeln einer Lösung von Hexanoyl-chlorid in Äther mit Triäthylamin (*Hu., Bl.*; *Piekarski*, J. Recherches Centre nation. **8** [1957] 197, 200).

Kp_{26}: 139–140° (*Hu., Bl.*); Kp_4: 115–116° (*Hill, Hill*, Am. Soc. **75** [1953] 4591).

Bei der Hydrierung an Platin in Petroläther sind Hexansäure und 2-Butyl-octansäure

(*Hill, Hill*), bei der Hydrierung an Raney-Nickel in Äthanol bei 230–300°/200–250 at ist 2-Butyl-octan-1,3-diol [Kp_{12}: 125–127°] (*Hill et al.*, Am. Soc. **74** [1952] 3423) erhalten worden.

Charakterisierung durch Überführung in 2-Butyl-3-oxo-octansäure-äthylamid (F: 65,4–66,2°) mit Hilfe von Äthylamin in Äther: *Pi.*, l. c. S. 205, 206.

(±)-7-Cyclohexyl-oxepan-2-on, (±)-6-Cyclohexyl-6-hydroxy-hexansäure-lacton $C_{12}H_{20}O_2$, Formel XII (E I 144).

B. Aus (±)-2-Cyclohexyl-cyclohexanon mit Hilfe von Peroxyessigsäure (*Starcher, Phillips*, Am. Soc. **80** [1958] 4079, 4081, 4082).

F: 58°. $Kp_{3,5}$: 154° [unkorr.].

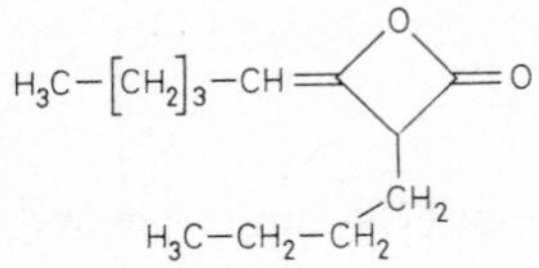

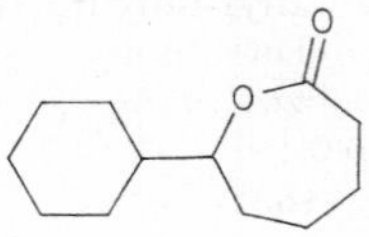

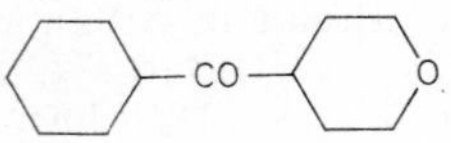

XI XII XIII

4-Cyclohexancarbonyl-tetrahydro-pyran, Cyclohexyl-tetrahydropyran-4-yl-keton $C_{12}H_{20}O_2$, Formel XIII.

B. Beim Behandeln von Tetrahydro-pyran-4-carbonitril mit Cyclohexylmagnesiumhalogenid in Äther und anschliessend mit wss. Salzsäure (*Henze, McKee*, Am. Soc. **64** [1942] 1672).

Kp_5: 142°. D_4^{20}: 1,0262. n_D^{20}: 1,4839.

Cyclohexyl-tetrahydropyran-4-yl-keton-semicarbazon $C_{13}H_{23}N_3O_2$, Formel I.

B. Aus Cyclohexyl-tetrahydropyran-4-yl-keton und Semicarbazid (*Henze, McKee*, Am. Soc. **64** [1942] 1672).

F: 213–214° [korr.].

***Opt.-inakt. 4-Cyclohexyl-6-methyl-tetrahydro-pyran-2-on, 3-Cyclohexyl-5-hydroxy-hexansäure-lacton** $C_{12}H_{20}O_2$, Formel II.

B. Bei der Hydrierung von opt.-inakt. 5-Hydroxy-3-phenyl-hexansäure-lacton (Kp_{19}: 197–200°) an Platin in Äthanol (*Jacobs, Scott*, J. biol. Chem. **93** [1931] 139, 144, 151).

Kp_{20}: 194–198° [konfigurativ nicht einheitliches Präparat].

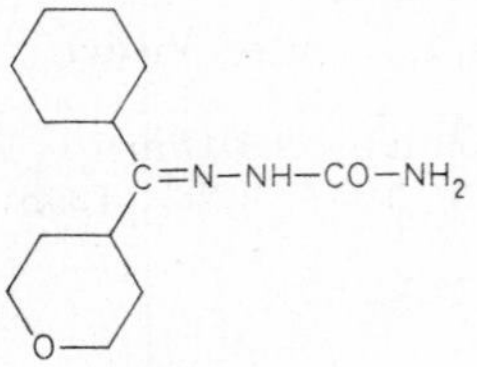

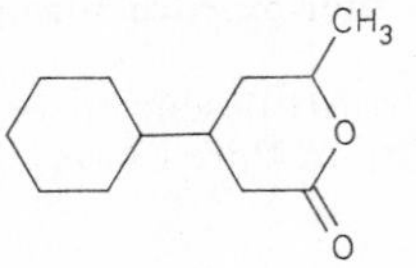

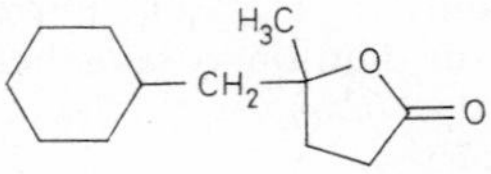

I II III

(±)-5-Cyclohexylmethyl-5-methyl-dihydro-furan-2-on, (±)-5-Cyclohexyl-4-hydroxy-4-methyl-valeriansäure-lacton $C_{12}H_{20}O_2$, Formel III.

B. Beim Behandeln von Lävulinsäure-äthylester mit Cyclohexyl-methylmagnesiumbromid (aus Brommethyl-cyclohexan hergestellt) in Äther und anschliessend mit wss. Schwefelsäure, Erwärmen des Reaktionsprodukts mit äthanol. Kalilauge und Erhitzen des Reaktionsgemisches mit wss. Schwefelsäure (*Obata*, J. pharm. Soc. Japan **73** [1953] 1301; C. A. **1955** 176).

Kp_4: 133–135°.

(±)-4-Cyclohexyl-3,3-dimethyl-dihydro-furan-2-on, (±)-3-Cyclohexyl-4-hydroxy-2,2-dimethyl-buttersäure-lacton $C_{12}H_{20}O_2$, Formel IV.

B. Neben 3-Cyclohexyl-2,2-dimethyl-buttersäure bei der Hydrierung von 4-Hydroxy-2,2-dimethyl-3-phenyl-but-3-ensäure-lacton an Platin in Äthanol (*Jacobs, Scott,* J. biol. Chem. **93** [1931] 139, 144, 148).

Krystalle (aus Ae.); F: 51–52°.

***Opt.-inakt. 4,8-Dimethyl-3-oxa-spiro[5.5]undecan-2-on, [1-(2-Hydroxy-propyl)-3-methyl-cyclohexyl]-essigsäure-lacton** $C_{12}H_{20}O_2$, Formel V.

B. Beim Erwärmen von opt.-inakt. [1-Acetonyl-3-methyl-cyclohexyl]-essigsäure (Kp_2: 161°) mit Äthanol und Natrium und Erhitzen des Reaktionsprodukts unter vermindertem Druck (*Qudrat-i-Khuda, Mukherji,* Soc. **1936** 570, 573).

Kp_4: 187°. $D_4^{29,8}$: 1,0191. $n_D^{29,8}$: 1,4780.

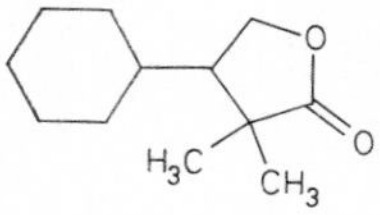

IV 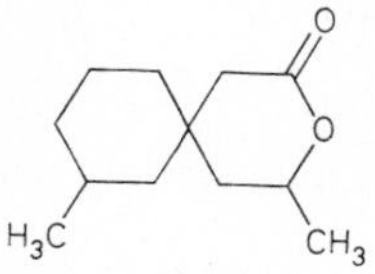 V 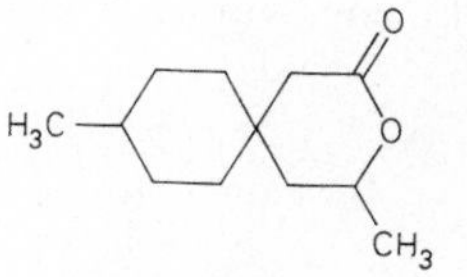 VI 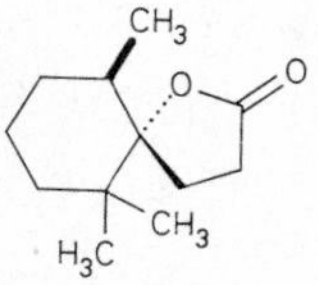 VII

(±)-4,9-Dimethyl-3-oxa-spiro[5.5]undecan-2-on, (±)-[1-(2-Hydroxy-propyl)-4-methyl-cyclohexyl]-essigsäure-lacton $C_{12}H_{20}O_2$, Formel VI.

B. Aus [1-Acetonyl-4-methyl-cyclohexyl]-essigsäure (Kp_6: 183°) analog der im vorangehenden Artikel beschriebenen Verbindung (*Qudrat-i-Khuda, Mukherji,* Soc. **1936** 570, 572).

Kp_3: 142°. $D_4^{30,7}$: 1,0013. $n_D^{30,7}$: 1,4717.

6,6,10-Trimethyl-1-oxa-spiro[4.5]decan-2-on, 3-[1-Hydroxy-2,2,6-trimethyl-cyclohexyl]-propionsäure-lacton $C_{12}H_{20}O_2$.

Über die Konstitution und die Konfiguration der folgenden Stereoisomeren s. *Mondon, Erdmann,* Ang. Ch. **70** [1958] 399.

a) **(±)-6,6,10*t*-Trimethyl-(5*rO*)-1-oxa-spiro[4.5]decan-2-on, (±)-3-[1-Hydroxy-2,2,6*c*-trimethyl-cyclohex-*r*-yl]-propionsäure-lacton** $C_{12}H_{20}O_2$, Formel VII + Spiegelbild.

B. Neben kleineren Mengen des unter b) beschriebenen Stereoisomeren beim Behandeln von 5,9-Dimethyl-deca-4,8-diensäure (nicht charakterisiert) mit wasserhaltiger Phosphorsäure (*Mondon, Erdmann,* Ang. Ch. **70** [1958] 399; s. a. *Mondon, Teege,* B. **91** [1958] 1020, 1023).

Krystalle (aus Pentan); F: 49–50° (*Mo., Er.*).

b) **(±)-6,6,10*c*-Trimethyl-(5*rO*)-1-oxa-spiro[4.5]decan-2-on, (±)-3-[1-Hydroxy-2,2,6*t*-trimethyl-cyclohex-*r*-yl]-propionsäure-lacton** $C_{12}H_{20}O_2$, Formel VIII + Spiegelbild.

B. Aus (±)-3-[1-Hydroxy-2,2,6*t*-trimethyl-cyclohex-*r*-yl]-propiolsäure bei der Hydrierung an Palladium/Kohle in Methanol (*Mondon, Erdmann,* Ang. Ch. **70** [1958] 399) sowie bei der Behandlung mit flüssigem Ammoniak und Natrium (*Newman et al.,* J. org. Chem. **17** [1952] 962, 968). Über eine weitere Bildungsweise s. bei dem unter a) beschriebenen Stereoisomeren.

Krystalle; F: 80–81° (*Ne. et al.*), 80° (*Mo., Er.*).

***Opt.-inakt. 4,4-Dimethyl-octahydro-cyclohepta[*c*]pyran-3-on, 2-[2-Hydroxymethyl-cycloheptyl]-2-methyl-propionsäure-lacton** $C_{12}H_{20}O_2$, Formel IX.

B. Bei der Hydrierung von 2-[2-Hydroxymethyl-cyclohept-1-enyl]-2-methyl-propionsäure-lacton an Raney-Nickel in Äthanol bei 95°/100 at (*Korte et al.,* Tetrahedron **6** [1959] 201, 214).

$Kp_{0,05}$: 80°. UV-Absorptionsmaximum (Me.): 210 nm.

5,5,8a-Trimethyl-hexahydro-chroman-2-on, 3-[2-Hydroxy-2,6,6-trimethyl-cyclohexyl]-propionsäure-lacton $C_{12}H_{20}O_2$.

a) **(±)-5,5,8a-Trimethyl-(4a*r*,8a*c*)-hexahydro-chroman-2-on, (±)-3-[2*c*-Hydroxy-2*t*,6,6-trimethyl-cyclohex-*r*-yl]-propionsäure-lacton** $C_{12}H_{20}O_2$, Formel X + Spiegelbild.

Konfigurationszuordnung: *Šemenowškiĭ et al.*, Izv. Akad. S.S.S.R. Otd. chim. **1963** 558; engl. Ausg. S. 500; *Buchecker et al.*, Helv. **56** [1973] 2548, 2549.

B. Beim Erhitzen von (±)-3-[2*c*-Hydroxy-2*t*,6,6-trimethyl-cyclohex-*r*-yl]-propionsäure unter 80 Torr bzw. 60 Torr auf 160° (*de Tribolet, Schinz*, Helv. **37** [1954] 2184, 2193; *Mondon, Teege*, B. **91** [1958] 1020, 1022, 1024). Neben dem unter b) beschriebenen Stereoisomeren beim Erwärmen von 5,9-Dimethyl-deca-4,8-diensäure (nicht charakterisiert) mit Ameisensäure und wenig Schwefelsäure (*Stork, Burgstahler*, Am. Soc. **77** [1955] 5068, 5075; *Ohloff, Schade*, Ang. Ch. **70** [1958] 24; *Mondon, Erdmann*, Ang. Ch. **70** [1958] 399).

Krystalle [aus Pentan] (*Mo., Te.*). F: 80° (*Mo., Te.*), ca. 74° (*de Tr., Sch.*). $Kp_{0,05}$: 99° (*de Tr., Sch.*). IR-Spektrum (Nujol; 3800—600 cm^{-1}): *de Tr., Sch.*, l. c. S. 2187.

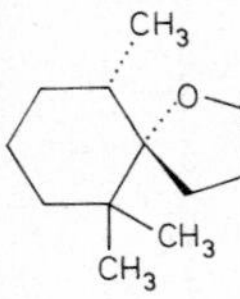

VIII 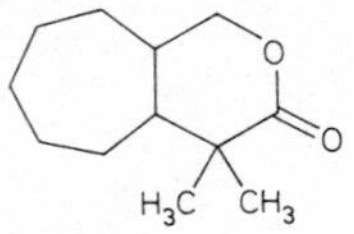 IX 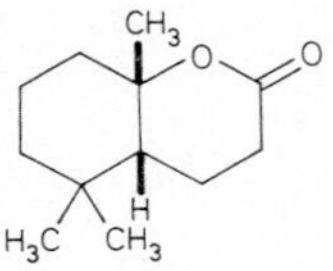 X 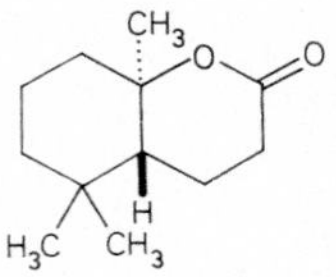 XI

b) **(±)-5,5,8a-Trimethyl-(4a*r*,8a*t*)-hexahydro-chroman-2-on, (±)-3-[2*t*-Hydroxy-2*c*,6,6-trimethyl-cyclohex-*r*-yl]-propionsäure-lacton** $C_{12}H_{20}O_2$, Formel XI + Spiegelbild.

Konfigurationszuordnung: *Šemenowškiĭ et al.*, Izv. Akad. S.S.S.R. Otd. chim. **1963** 558; engl. Ausg. S. 500.

B. Beim Erhitzen von (±)-3-[2*t*-Hydroxy-2*c*,6,6-trimethyl-cyclohex-*r*-yl]-propionsäure unter 60 Torr auf 160° (*Mondon, Teege*, B. **91** [1958] 1020, 1022, 1024). Beim Behandeln von 5,9-Dimethyl-deca-4,8-diensäure (nicht charakterisiert) mit wasserhaltiger Phosphorsäure (*Mo., Te.*, l. c. S. 1023). Über eine weitere Bildungsweise siehe bei dem unter a) beschriebenen Stereoisomeren.

Krystalle (aus Pentan); F: 46° (*Mo., Te.*).

1,1,6-Trimethyl-hexahydro-isochroman-3-on, [8-Hydroxy-*p*-menthan-3-yl]-essigsäure-lacton $C_{12}H_{20}O_2$.

a) **(8a*R*)-1,1,6*c*-Trimethyl-(4a*ξ*,8a*r*)-hexahydro-isochroman-3-on, [(1*R*,3*Ξ*,4*R*)-8-Hydroxy-*p*-menthan-3-yl]-essigsäure-lacton** $C_{12}H_{20}O_2$, Formel XII.

B. Bei der Hydrierung von (8a*R*)-1,1,6*c*-Trimethyl-(8a*r*)-1,5,6,7,8,8a-hexahydro-isochromen-3-on an Platin in Essigsäure (*de Tribolet et al.*, Helv. **41** [1958] 1587, 1594, 1600).

Krystalle (aus PAe.); F: 95°. IR-Spektrum (KBr; 3—16 μ): *de Tr. et al.*

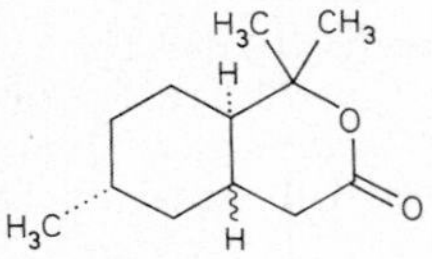

XII 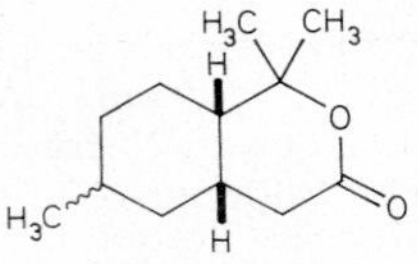 XIII 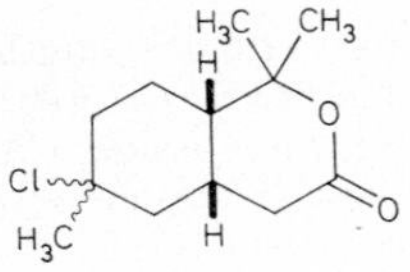 XIV 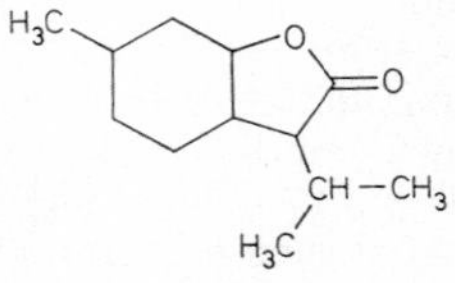 XV

b) **(±)-1,1,6ξ-Trimethyl-(4a*r*,8a*c*)-hexahydro-isochroman-3-on, [(1*Ξ*,3*RS*,4*RS*)-8-Hydroxy-*p*-menthan-3-yl]-essigsäure-lacton** $C_{12}H_{20}O_2$, Formel XIII + Spiegelbild.

B. Bei der Hydrierung von (±)-1,1,6-Trimethyl-(4a*r*,8a*c*)-4a,7,8,8a-tetrahydro-isochroman-3-on an Platin in Essigsäure (*de Tribolet et al.*, Helv. **41** [1958] 1587, 1589, 1599) oder in Äthanol (*Berkoff, Crombie*, Soc. **1960** 3734, 3745).

Krystalle; F: 36° (*de Tr. et al.*). $Kp_{0,1}$: 102° (*de Tr. et al.*). IR-Spektrum (3—16 μ) eines flüssigen Präparats: *de Tr. et al.*

(±)-6ξ-Chlor-1,1,6ξ-trimethyl-(4ar,8ac)-hexahydro-isochroman-3-on, [(1Ξ,3RS,4SR)-1-Chlor-8-hydroxy-p-menthan-3-yl]-essigsäure-lacton $C_{12}H_{19}ClO_2$, Formel XIV + Spiegelbild.

Konstitution und Konfiguration: *Berkoff, Crombie*, Pr. chem. Soc. **1959** 400; Soc. **1960** 3734, 3736.

B. Beim Einleiten von Chlorwasserstoff in eine Lösung von (±)-6t-Hydroxy-1,1,6c-trimethyl-(4ar,8ac)-hexahydro-isochroman-3-on in Essigsäure (*Kuhn, Hoffer*, B. **64** [1931] 1243, 1250; *Be., Cr.*, Pr. chem. Soc. **1959** 400; Soc. **1960** 3736, 3746).

Krystalle (aus Bzl. + PAe.); F: 77—77,5° (*Be., Cr.*, Soc. **1960** 3746).

Beim Erhitzen mit Pyridin sind 1,1,6-Trimethyl-(4ar,8ac)-4a,5,8,8a-tetrahydro-isochroman-3-on und 1,1,6-Trimethyl-(4ar,8ac)-4a,7,8,8a-tetrahydro-isochroman-3-on erhalten worden (*Be., Cr.*, Pr. chem. Soc. **1959** 400; Soc. **1960** 3736, 3746).

***Opt.-inakt. 3-Isopropyl-6-methyl-hexahydro-benzofuran-2-on, 2-[2-Hydroxy-4-methyl-cyclohexyl]-3-methyl-buttersäure-lacton** $C_{12}H_{20}O_2$, Formel XV.

B. Beim Erwärmen von (±)-2-[1-Hydroxy-4-methyl-cyclohexyl]-3-methyl-buttersäure-methylester oder von opt.-inakt. 3-Methyl-2-[4-methyl-cyclohex-1-enyl]-buttersäure (Kp_{12}: 160—162°) mit 70%ig. wss. Schwefelsäure (*C. H. Boehringer Sohn*, D.R.P. 584372 [1930]; Frdl. **20** 2199).

Kp_{12}: 148—152°.

7a-Isopropyl-5-methyl-hexahydro-benzofuran-2-on, [4-Hydroxy-p-menthan-3-yl]-essigsäure-lacton $C_{12}H_{20}O_2$, Formel I.

In den früher (s. E II 303) unter dieser Konstitution beschriebenen, als Lacton der [4-Oxy-p-menthyl-(3)]-essigsäure bezeichneten linksdrehenden Präparaten hat vermutlich ein 6-Isopropyl-1-methyl-2-oxa-bicyclo[3.3.1]nonan-3-on vorgelegen (s. diesbezüglich *Berkoff, Crombie*, Soc. **1960** 3734).

3-Butyl-hexahydro-isobenzofuran-1-on, 2-[1-Hydroxy-pentyl]-cyclohexancarbonsäure-lacton $C_{12}H_{20}O_2$.

a) **(3aS)-3t-Butyl-(3ar,7ac)-hexahydro-isobenzofuran-1-on, (1R)-2c-[(S)-1-Hydroxy-pentyl]-cyclohexan-r-carbonsäure-lacton** $C_{12}H_{20}O_2$, Formel II.

Diese Konfiguration kommt dem E II 303[1]) beschriebenen **β-Dihydrosedanolid** (Dihydrocnidiumlacton) zu (*Nagai et al.*, Tetrahedron **21** [1965] 1701).

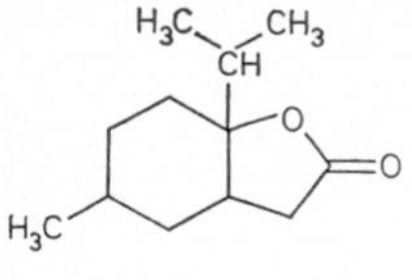

I 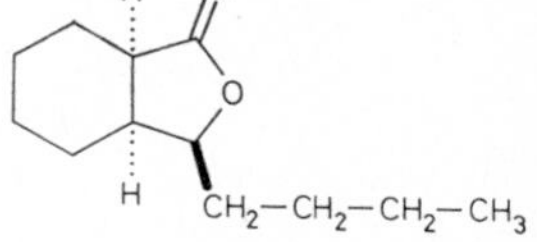 II 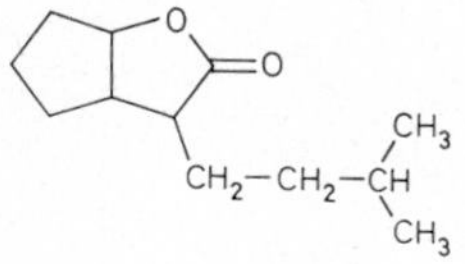 III

b) **(±)-3t-Butyl-(3ar,7ac)-hexahydro-isobenzofuran-1-on, (1RS)-2c-[(SR)-1-Hydroxy-pentyl]-cyclohexan-r-carbonsäure-lacton** $C_{12}H_{20}O_2$, Formel II + Spiegelbild.

Diese Konfiguration kommt dem E II 304 beschriebenen **γ-Dihydrosedanolid** zu (*Nagai, Mitsuhashi*, Tetrahedron **21** [1965] 1433, 1435).

c) **Opt.-inakt. 3-Butyl-hexahydro-isobenzofuran-1-on, 2-[1-Hydroxy-pentyl]-cyclohexancarbonsäure-lacton** $C_{12}H_{20}O_2$ von ungewisser konfigurativer Einheitlichkeit.

B. Bei der Hydrierung von 3-Butyliden-phthalid ($Kp_{2,4}$: 141°; n_D^{20}: 1,5780) an Platin in Essigsäure bei 70° (*Naves*, Helv. **26** [1943] 1281, 1290).

$Kp_{1,3}$: 129°. D_4^{20}: 0,9951. $n_{656,3}^{20}$: 1,4696; n_D^{20}: 1,4719; $n_{486,2}^{20}$: 1,4776.

---

[1]) Berichtigung zu E II. S. 303, Zeile 7 von unten: An Stelle von „α- und γ-Dihydro-" ist zu setzen „α-Dihydro". — S. 304, Zeile 9 von oben: An Stelle von „(Chloroform)" ist zu setzen „(Äthanol)".

***Opt.-inakt. 3-Isopentyl-hexahydro-cyclopenta[*b*]furan-2-on, 2-[2-Hydroxy-cyclopentyl]-5-methyl-hexansäure-lacton** $C_{12}H_{20}O_2$, Formel III.

B. Beim Behandeln von 1,2-Epoxy-cyclopentan mit der Natrium-Verbindung des Isopentylmalonsäure-diäthylesters in Äthanol, Erwärmen des Reaktionsprodukts mit wss. Kalilauge und Erhitzen des danach isolierten Reaktionsprodukts unter vermindertem Druck (*Rothstein, Rothstein*, C. r. **209** [1939] 761).

Kp_{15}: 163°. $D_4^{22,5}$: 0,9972. $n_D^{22,5}$: 1,4688.

6-Isopropyl-1-methyl-2-oxa-bicyclo[3.3.1]nonan-3-on, [1-Hydroxy-*p*-menthan-3-yl]-essigsäure-lacton $C_{12}H_{20}O_2$.

a) **(±)-6*endo*-Isopropyl-1-methyl-2-oxa-bicyclo[3.3.1]nonan-3-on, [(1*RS*,3*SR*,4*RS*)-1-Hydroxy-*p*-menthan-3-yl]-essigsäure-lacton, (±)-[1-Hydroxy-neomenthyl]-essigsäure-lacton** $C_{12}H_{20}O_2$, Formel IV (X = H) + Spiegelbild.

Diese Verbindung (F: 61°) hat vermutlich als Hauptbestandteil in einem von *Kuhn, Hoffer* (B. **64** [1931] 1243, 1251, 1252) beim Abbau von sog. Citrylidenmalonsäure ((*Ξ*)[(1*RS*,3*SR*,4*RS*)-1,8-Dihydroxy-*p*-menthan-3-yl]-malonsäure-dilacton) erhaltenen, als [4-Hydroxy-*p*-menthan-3-yl]-essigsäure-lacton angesehenen Präparat (Kp_{11}: 156° bis 158°) vorgelegen (*Berkoff, Crombie*, Soc. **1960** 3734, 3737, 3738).

b) **(±)-6*exo*-Isopropyl-1-methyl-2-oxa-bicyclo[3.3.1]nonan-3-on, [(1*RS*,3*SR*,4*SR*)-1-Hydroxy-*p*-menthan-3-yl]-essigsäure-lacton, (±)-[1-Hydroxy-isomenthyl]-essigsäure-lacton** $C_{12}H_{20}O_2$, Formel V + Spiegelbild.

Konstitution und Konfiguration: *Berkoff, Crombie*, Soc. **1960** 3734, 3736, 3738 Anm.

B. Beim Erwärmen von opt.-inakt. *p*-Menth-1-en-3-yl-essigsäure (n_D^{19}: 1,4807) mit Bromwasserstoff in Essigsäure und Erwärmen des Reaktionsprodukts mit Pyridin (*de Tribolet et al.*, Helv. **41** [1958] 1587, 1595, 1602; *Be., Cr.*, l. c. S. 3738 Anm.).

Krystalle (aus PAe.); F: 76° (*de Tr. et al.*). IR-Spektrum (KBr; 3—16 μ): *de Tr. et al.*

c) **(−)-6-Isopropyl-1-methyl-2-oxa-bicyclo[3.3.1]nonan-3-on, (−)-[1-Hydroxy-*p*-menthan-3-yl]-essigsäure-lacton** $C_{12}H_{20}O_2$.

Eine linksdrehende Verbindung dieser Konstitution hat vermutlich in den früher (s. E II 303) als [4-Hydroxy-*p*-menthan-3-yl]-essigsäure-lacton beschriebenen Präparaten vorgelegen (s. *Berkoff, Crombie*, Soc. **1960** 3734).

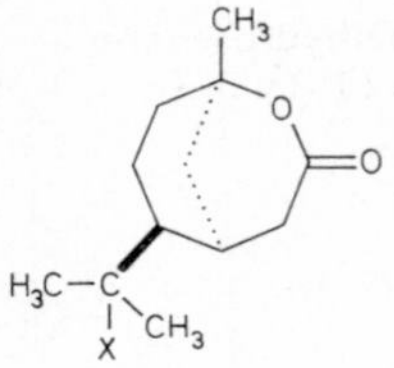

IV 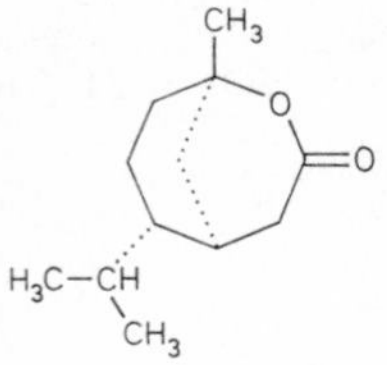 V 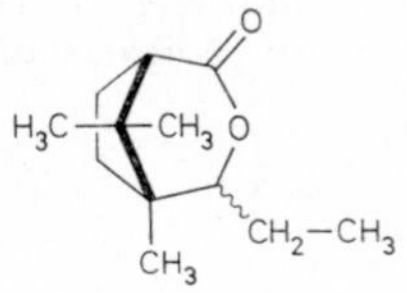 VI 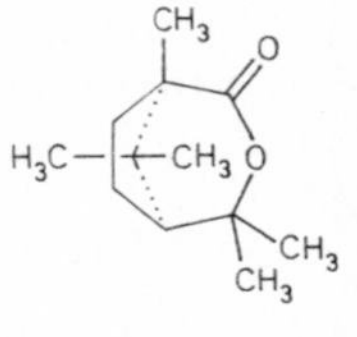 VII

(±)-6*endo*-[α-Chlor-isopropyl]-1-methyl-2-oxa-bicyclo[3.3.1]nonan-3-on, [(1*RS*,3*SR*,4*SR*)-8-Chlor-1-hydroxy-*p*-menthan-3-yl]-essigsäure-lacton, (±)-[8-Chlor-1-hydroxy-neomenthyl]-essigsäure-lacton $C_{12}H_{19}ClO_2$, Formel IV (X = Cl) + Spiegelbild.

Konstitution und Konfiguration: *Berkoff, Crombie*, Pr. chem. Soc. **1959** 400; Soc. **1960** 3734, 3735.

B. Beim Behandeln einer Lösung von (±)-6*endo*-[α-Hydroxy-isopropyl]-1-methyl-2-oxa-bicyclo[3.3.1]nonan-3-on in Essigsäure mit Chlorwasserstoff (*Kuhn, Hoffer*, B. **64** [1931] 1243, 1250; *Be., Cr.*, Pr. chem. Soc. **1959** 400; Soc. **1960** 3743).

Krystalle; F: 90,5—91,5° [aus Bzl. + PAe.] (*Be., Cr.*, Soc. **1960** 3744), 89—90° [aus Ae.] (*Kuhn, Ho.*).

Beim Erhitzen unter vermindertem Druck auf 200° ist 6*endo*-Isopropenyl-1-methyl-2-oxa-bicyclo[3.3.1]nonan-3-on (*Be., Cr.*, Pr. chem. Soc. **1959** 400; Soc. **1960** 3739, 3744; s. a. *Kuhn, Ho.*), beim Erhitzen mit Pyridin ist 6-Isopropyliden-1-methyl-2-oxa-bicyclo[3.3.1]nonan-3-on (*Be., Cr.*, Pr. chem. Soc. **1959** 400; Soc. **1960** 3744) erhalten worden.

(1S)-4ξ-Äthyl-5,8,8-trimethyl-3-oxa-bicyclo[3.2.1]octan-2-on, (1S)-3c-[(Ξ)-1-Hydroxy-propyl]-2,2,3t-trimethyl-cyclopentan-r-carbonsäure-lacton $C_{12}H_{20}O_2$, Formel VI.

Diese Konstitution und Konfiguration kommt dem nachstehend beschriebenen **β-Äthyl-β-campholid** zu.

B. Neben kleinen Mengen (1*S*)-3*c*-Hydroxymethyl-2,2,3*t*-trimethyl-cyclopentan-*r*-carbonsäure-lacton beim Behandeln von (1*S*)-3*c*-Formyl-2,2,3*t*-trimethyl-cyclopentan-*r*-carbonsäure-methylester mit Äthylmagnesiumbromid (4 Mol) in Äther und anschliessend mit wss. Salzsäure (*Vène*, A. ch. [11] **10** [1938] 194, 210).

Krystalle (aus Ae. + Bzn.); F: 78°. Orthorhombisch. Krystalloptik: *Vène*. $[\alpha]_D^{15}$: −81,6° [A.; c = 10].

Geschwindigkeit der Bildung von (1*S*)-3*c*-[(*Ξ*)-1-Hydroxy-propyl]-2,2,3*t*-trimethyl-cyclopentan-*r*-carbonsäure (E III **10** 48) beim Behandeln mit wss. Natronlauge (0,1 n) bei 48°, mit Natriumhydroxid enthaltendem 5%ig. wss. Äthanol bei 14°, 19° und 35° sowie mit Natriumhydroxid enthaltendem 20%ig. wss. Äthanol bei 60°: *Vène*, l. c. S. 241.

(1R)-1,4,4,8,8-Pentamethyl-3-oxa-bicyclo[3.2.1]octan-2-on, (1R)-3c-[α-Hydroxy-isopropyl]-1,2,2-trimethyl-cyclopentan-r-carbonsäure-lacton $C_{12}H_{20}O_2$, Formel VII (H 268; E I 144).

Diese Konstitution und Konfiguration kommt dem H 268, E I 144 und nachstehend beschriebenen **Dimethylcampholid** zu.

B. Neben (1*R*)-3*c*-Isopropenyl-1,2,2-trimethyl-cyclopentan-*r*-carbonsäure beim Behandeln von (1*R*)-*cis*-Camphersäure-anhydrid mit Methylmagnesiumjodid (2 Mol) in Äther und Toluol (*Komppa*, *Rohrmann*, A. **521** [1936] 227, 230, 232, 238; vgl. H 268).

Beim Erhitzen mit wss. Kalilauge auf 300° ist (1*R*)-3*c*-Isopropenyl-1,2,2-trimethyl-cyclopentan-*r*-carbonsäure erhalten worden (*Ko.*, *Ro.*; vgl. H 268).

(±)-5-Äthyl-1,3,3-trimethyl-6-oxa-bicyclo[3.2.1]octan-7-on, (±)-3-Äthyl-3c-hydroxy-1,5,5-trimethyl-cyclohexan-r-carbonsäure-lacton $C_{12}H_{20}O_2$, Formel VIII.

B. Beim Behandeln von (±)-1,3,3-Trimethyl-5-oxo-cyclohexan-carbonsäure-methylester mit Äthylmagnesiumjodid in Äther, Erwärmen des nach der Hydrolyse erhaltenen Reaktionsprodukts mit wss.-äthanol Kalilauge und Erwärmen des danach isolierten Reaktionsprodukts mit wss. Salzsäure (*Fusco et al.*, Rend. Ist. lomb. **91** [1957] 170, 180).

Kp_{15}: 130°.

Oxo-Verbindungen $C_{13}H_{22}O_2$

(R)-4-Heptyl-3-methylen-tetrahydro-pyran-2-on, 2-[(R)-1-(2-Hydroxy-äthyl)-octyl]-acrylsäure-lacton $C_{13}H_{22}O_2$, Formel IX.

Eine Verbindung (λ_{max} [A.]: 212 nm), der wahrscheinlich diese Konfiguration zukommt, ist beim Erwärmen von (3*R*(?))-4*t*-Heptyl-3*r*-[toluol-4-sulfonyloxymethyl]-tetrahydro-pyran-2-on (aus Palitantin [E III **8** 3344] hergestellt) mit Pyridin erhalten worden (*Bowden et al.*, Soc. **1959** 1662, 1667).

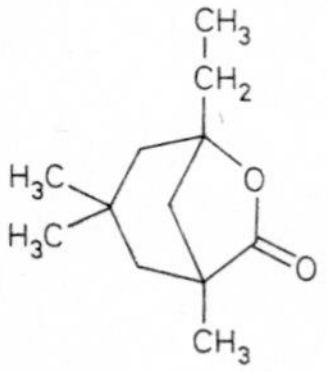

VIII 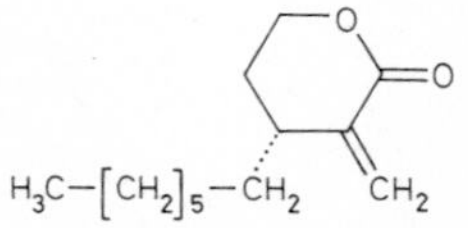 IX 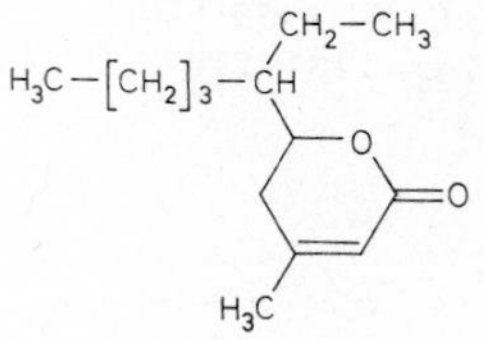 X 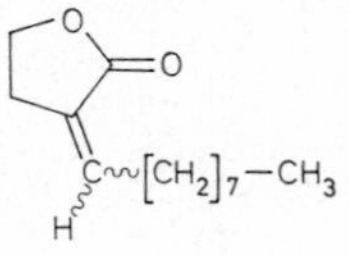 XI

***Opt.-inakt. 6-[1-Äthyl-pentyl]-4-methyl-5,6-dihydro-pyran-2-on, 6-Äthyl-5-hydroxy-3-methyl-dec-2c-ensäure-lacton** $C_{13}H_{22}O_2$, Formel X.

B. Beim Erwärmen von 4-[2-Äthyl-hexyliden]-3-methyl-pentendisäure (F: 148°) mit wenig Kupfer(II)-acetat in 2,4-Dimethyl-pyridin (*Wiley*, *Ellert*, Am. Soc. **79** [1957]

2266, 2271).

Kp$_5$: 141—143°. n_D^{25}: 1,4641.

3-[(Ξ)-Nonyliden]-dihydro-furan-2-on, 2-[2-Hydroxy-äthyl]-undec-2ξ-ensäure-lacton $C_{13}H_{22}O_2$, Formel XI.

B. Beim Behandeln von 4-Hydroxy-buttersäure-lacton mit Nonanal und Natrium-methylat in Benzol (*Reppe et al.*, A. **596** [1955] 1, 183).

Bei 187—194°/20 Torr destillierbar.

(±)-5-Methyl-3-octyl-3*H*-furan-2-on, (±)-4-Hydroxy-2-octyl-pent-3*t*-ensäure-lacton $C_{13}H_{22}O_2$, Formel XII.

B. Beim Erwärmen von (±)-2-Octyl-pent-4-insäure oder von Octyl-prop-2-inyl-malonsäure mit Zinkcarbonat (*Schulte et al.*, Ar. **291** [1958] 227, 234, 235).

Krystalle; F: 23,5°. Kp$_7$: 137°.

2,2,5,5-Tetramethyl-4-[(Ξ)-1-methyl-butyliden]-dihydro-furan-3-on $C_{13}H_{22}O_2$, Formel XIII.

B. Beim Erwärmen von 2,2,5,5-Tetramethyl-dihydro-furan-3-on mit Pentan-2-on und Natriumäthylat in Äthanol und Benzol (*Tamate*, J. chem. Soc. Japan Pure Chem. Sect. **79** [1958] 494, 497; C. A. **1960** 4530).

Kp$_5$: 90—91°. D_4^{14}: 0,9298. n_D^{14}: 1,4675.

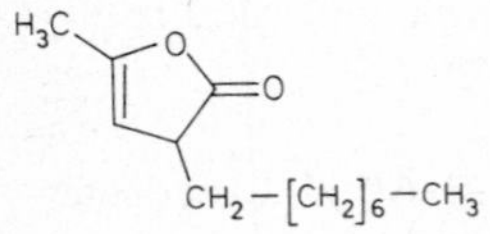

XII 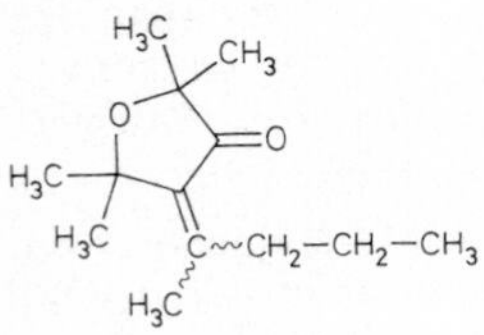 XIII 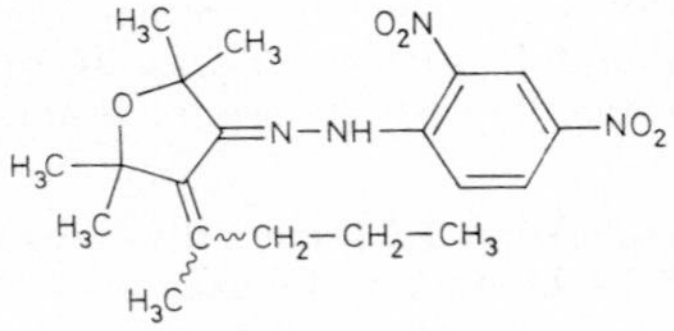 XIV

2,2,5,5-Tetramethyl-4-[(Ξ)-1-methyl-butyliden]-dihydro-furan-3-on-[2,4-dinitro-phenylhydrazon $C_{19}H_{26}N_4O_5$, Formel XIV.

B. Aus dem im vorangehenden Artikel beschriebenen Keton und [2,4-Dinitro-phenyl]-hydrazin (*Tamate*, J. chem. Soc. Japan Pure Chem. Sect. **79** [1958] 494, 497; C. A. **1960** 4530).

F: 130—131°.

(±)-5-[2-Cyclohexyl-äthyl]-5-methyl-dihydro-furan-2-on, (±)-6-Cyclohexyl-4-hydroxy-4-methyl-hexansäure-lacton $C_{13}H_{22}O_2$, Formel I.

B. Beim Behandeln von Lävulinsäure-äthylester mit 2-Cyclohexyl-äthylmagnesium-bromid (aus 2-Cyclohexyl-äthylbromid hergestellt) in Äther und anschliessend mit wss. Schwefelsäure, Erwärmen des Reaktionsprodukts mit äthanol. Kalilauge und Erhitzen des danach isolierten Reaktionsprodukts mit wss. Schwefelsäure (*Obata*, J. pharm. Soc. Japan **73** [1953] 1301; C. A. **1955** 176).

Krystalle; F: 32°. Kp$_5$: 148—149°.

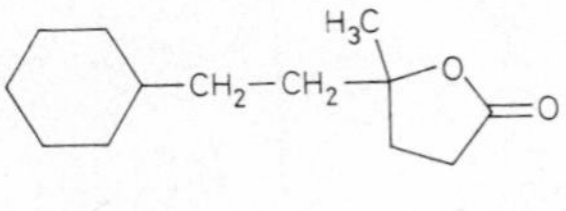

I 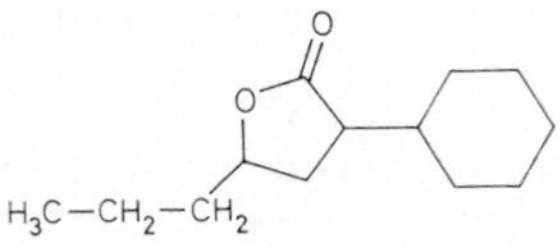 II 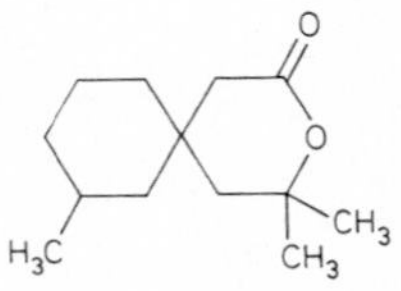 III

***Opt.-inakt. 3-Cyclohexyl-5-propyl-dihydro-furan-2-on, 2-Cyclohexyl-4-hydroxy-heptansäure-lacton** $C_{13}H_{22}O_2$, Formel II.

B. Neben 2-Cyclohexyl-3-tetrahydro-[2]furyl-propionsäure beim Erwärmen von

2-Cyclohex-1-enyl-3-[2]furyl-acrylsäure (F: 151,5—152°) mit Nickel-Aluminium-Legierung und wss. Natronlauge (*Papa et al.*, J. org. Chem. **16** [1951] 253, 258).

Kp_3: 130—132°. n_D^{25}: 1,4795.

***Opt.-inakt. 4,4,8-Trimethyl-3-oxa-spiro[5.5]undecan-2-on, [1-(β-Hydroxy-isobutyl)-3-methyl-cyclohexyl]-essigsäure-lacton** $C_{13}H_{22}O_2$, Formel III.

B. Beim Behandeln von opt.-inakt. [1-Acetonyl-3-methyl-cyclohexyl]-essigsäure-äthylester (Kp_5: 129°; $n_D^{30,6}$: 1,4571) mit Methylmagnesiumjodid in Äther und anschliessend mit wss. Schwefelsäure und Erhitzen des Reaktionsprodukts unter vermindertem Druck (*Qudrat-i-Khuda, Mukherji*, Soc. **1936** 570, 573).

Kp_{10}: 159°. $D_4^{30,5}$: 1,0007. $n_D^{30,5}$: 1,4657.

(±)-4-[2c,3c-Epoxy-2t,6,6-trimethyl-cyclohex-r-yl]-butan-2-on $C_{13}H_{22}O_2$, Formel IV + Spiegelbild.

Über die Konfiguration s. *Ohloff, Mignat*, A. **652** [1962] 115, 119.

B. Bei der Hydrierung von (±)-4*t*-[2*c*,3*c*-Epoxy-2*t*,6,6-trimethyl-cyclohex-*r*-yl]-but-3-en-2-on (S. 4655) an Palladium/Bariumcarbonat in Äthanol (*Prelog, Frick*, Helv. **31** [1948] 2135, 2140). Aus (±)-Dihydro-α-jonon ((±)-4-[2,6,6-Trimethyl-cyclohex-2-enyl]-butan-2-on) mit Hilfe von Monoperoxyphthalsäure (*Stoll et al.*, Helv. **33** [1950] 1502, 1505).

$Kp_{0,1}$: 84—85°; D_4^{16}: 0,9913; n_D^{18}: 1,4730 (*St. et al.*). n_D^{22}: 1,4712 (*Pr., Fr.*).

Hydrierung an Platin in Essigsäure unter Bildung von 3-[3-Hydroxy-butyl]-2,4,4-trimethyl-cyclohexanol (F: 129°): *Pr., Fr.* Bei 3-tägigem Behandeln mit wss.-äthanol. Schwefelsäure ist 2,5,5,8a-Tetramethyl-4a,5,6,7,8,8a-hexahydro-4*H*-chromen-8-ol (?) (n_D^{22}: 1,4930) erhalten worden (*Pr., Fr.*).

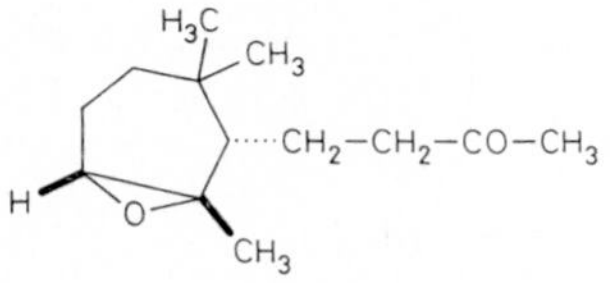

IV

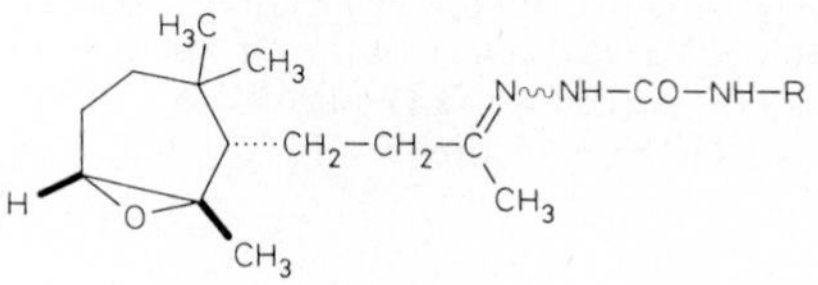

V

(±)-4-[2c,3c-Epoxy-2t,6,6-trimethyl-cyclohex-r-yl]-butan-2-on-semicarbazon $C_{14}H_{25}N_3O_2$, Formel V (R = H).

B. Aus (±)-4-[2*c*,3*c*-Epoxy-2*t*,6,6-trimethyl-cyclohex-*r*-yl]-butan-2-on und Semicarbazid (*Stoll et al.*, Helv. **33** [1950] 1502, 1505).

F: 167—168° [unkorr.].

(±)-4-[2c,3c-Epoxy-2t,6,6-trimethyl-cyclohex-r-yl]-butan-2-on-[4-phenyl-semicarbazon] $C_{20}H_{29}N_3O_2$, Formel V (R = C_6H_5).

B. Aus (±)-4-[2*c*,3*c*-Epoxy-2*t*,6,6-trimethyl-cyclohex-*r*-yl]-butan-2-on und 4-Phenyl-semicarbazid (*Prelog, Frick*, Helv. **31** [1948] 2135, 2140).

Krystalle (aus Me.); F: 167° [unkorr.]. UV-Spektrum (A.; 225—290 nm; λ_{max}: 248 nm): *Pr., Fr.*, l. c. S. 2137.

(1S)-5,8,8-Trimethyl-4ξ-propyl-3-oxa-bicyclo[3.2.1]octan-2-on, (1S)-3c-[(Ξ)-1-Hydroxy-butyl]-2,2,3t-trimethyl-cyclopentan-r-carbonsäure-lacton $C_{13}H_{22}O_2$, Formel VI.

Diese Konstitution und Konfiguration kommt dem nachstehend beschriebenen **β-Propyl-β-campholid** zu.

B. In kleiner Menge neben (1*S*)-3*c*-Hydroxymethyl-2,2,3*t*-trimethyl-cyclopentan-*r*-carbonsäure-lacton und einer vermutlich als (1*R*)-3*c*-[1-Hydroxy-1-propyl-butyl]-1,2,2-trimethyl-cyclopentan-*r*-carbonsäure zu formulierenden Verbindung (F: ca. 115° [E III **10** 50]) beim Behandeln von (1*S*)-3*c*-Formyl-2,2,3*t*-trimethyl-cyclopentan-*r*-carbonsäure-methylester mit Propylmagnesiumbromid (4 Mol) in Äther und anschliessend mit wss. Salzsäure (*Vène*, A. ch. [11] **10** [1938] 194, 217).

Krystalle (aus wss. Me.); F: 41°. $[\alpha]_D^{14}$: −65,9° [A.; c = 4].

Geschwindigkeit der Bildung von (1*S*)-3*c*-[(*Ξ*)-1-Hydroxy-butyl]-2,2,3*t*-trimethyl-cyclopentan-*r*-carbonsäure (F: 112°) beim Behandeln mit Natriumhydroxid in 20%ig. wss. Äthanol bei 60°: *Vène*, l. c. S. 246.

VI VII

(1*S*)-4ξ-Isopropyl-5,8,8-trimethyl-3-oxa-bicyclo[3.2.1]octan-2-on, (1*S*)-3*c*-[(*Ξ*)-α-Hydroxy-isobutyl]-2,2,3*t*-trimethyl-cyclopentan-*r*-carbonsäure-lacton $C_{13}H_{22}O_2$, Formel VII.

Diese Konstitution und Konfiguration kommt wahrscheinlich dem nachstehend beschriebenen **β-Isopropyl-β-campholid** zu.

B. Neben grösseren Mengen (1*S*)-3*c*-Hydroxymethyl-2,2,3*t*-trimethyl-cyclopentan-*r*-carbonsäure-lacton beim Behandeln von (1*S*)-3*c*-Formyl-2,2,3*t*-trimethyl-cyclopentan-*r*-carbonsäure-methylester mit Isopropylmagnesiumbromid (4 Mol) in Äther und anschliessend mit wss. Salzsäure (*Vène*, A. ch. [11] **10** [1938] 194, 220).

Kp_{14}: 163−164°. $[\alpha]_D^{14}$: −40,7° [A.] (unreines Präparat).

***Opt.-inakt. 4-Isohexyl-6-oxa-bicyclo[3.2.1]octan-7-on, 3-Hydroxy-4-isohexyl-cyclohexancarbonsäure-lacton** $C_{13}H_{22}O_2$, Formel VIII.

B. Beim Erwärmen von (±)-4-Isohexyl-cyclohex-3-encarbonsäure mit Ameisensäure (*Mousseron et al.*, C. r. **247** [1958] 382, 386).

F: 45°. IR-Spektrum (2−12 μ): *Mo. et al.*

VIII IX X

(±)-5-Isopropyl-1,3,3-trimethyl-6-oxa-bicyclo[3.2.1]octan-7-on, (±)-3*c*-Hydroxy-3-isopropyl-1,5,5-trimethyl-cyclohexan-*r*-carbonsäure-lacton $C_{13}H_{22}O_2$, Formel IX.

B. Beim Behandeln von (±)-1,3,3-Trimethyl-5-oxo-cyclohexancarbonsäure-methylester mit Isopropylmagnesiumjodid in Äther und anschliessend mit wss. Salzsäure, Erwärmen des Reaktionsprodukts mit wss.-äthanol Kalilauge und Erhitzen des danach isolierten Reaktionsprodukts mit wss. Salzsäure (*Fusco et al.*, Rend. Ist. lomb. **91** [1957] 170, 180).

Kp_{15}: 135°.

4-[1,3,3-Trimethyl-7-oxa-[2]norbornyl]-butan-2-on $C_{13}H_{22}O_2$, Formel X.

Ein als Semicarbazon $C_{14}H_{25}N_3O_2$ (Krystalle [aus wss. Me.], F: 172−173° [unkorr.; evakuierte Kapillare]) charakterisiertes Keton dieser Konstitution von unbekanntem opt. Drehungsvermögen ist beim Behandeln von (−)-1,3,3-Trimethyl-2*exo*-[3-methyl-pent-3*t*-enyl]-7-oxa-norbornan (S. 348) mit Osmium(VIII)-oxid in Äther, anschliessenden Erwärmen mit Mannit und wss. äthanol Natronlauge und Behandeln des Reaktionsprodukts mit Blei(IV)-acetat in Essigsäure erhalten worden (*Caglioti et al.*, Helv. **42** [1959] 2557, 2570).

Oxo-Verbindungen $C_{14}H_{24}O_2$

(±)-2-Acetyl-2,5-diisopropyl-6-methyl-3,4-dihydro-2*H*-pyran, (±)-1-[2,5-Diisopropyl-6-methyl-3,4-dihydro-2*H*-pyran-2-yl]-äthanon $C_{14}H_{24}O_2$, Formel XI.

B. Bei 30-std. Erhitzen von 3-Isopropyl-but-3-en-2-on in Gegenwart von Hydrochinon (*Dreux*, Bl. **1955** 521, 524).

Kp_{11}: 120—121°. D_4^{25}: 0,938. n_D^{25}: 1,4610.

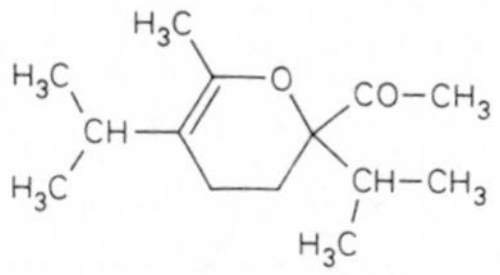

XI 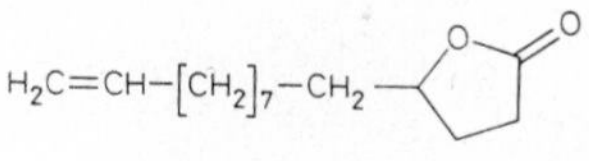 XII

(±)-5-Dec-9-enyl-dihydro-furan-2-on, (±)-4-Hydroxy-tetradec-13-ensäure-lacton, (±)-Tetradec-13-en-4-olid $C_{14}H_{24}O_2$, Formel XII.

B. Beim Behandeln von 4-Oxo-tetradec-13-ensäure mit Natrium und Äthanol bei 150—160° und Erhitzen des Reaktionsprodukts mit wss. Salzsäure (*Robinson*, Soc. **1930** 745, 750).

Krystalle (aus PAe.); F: 26—27°.

***Opt.-inakt. 3-[3,7-Dimethyl-oct-6-enyl]-dihydro-furan-2-on, 2-[2-Hydroxy-äthyl]-5,9-dimethyl-dec-8-ensäure-lacton** $C_{14}H_{24}O_2$, Formel I.

B. Beim Behandeln einer Lösung der Natrium-Verbindung des (±)-[3,7-Dimethyl-oct-6-enyl]-malonsäure-diäthylesters in Äthanol mit Äthylenoxid, Erwärmen des Reaktionsgemisches mit wss. Kalilauge und Erhitzen des nach dem Ansäuern erhaltenen Reaktionsprodukts unter vermindertem Druck (*Rothstein*, Bl. [5] **2** [1935] 80, 85).

$Kp_{0,57}$: 144°. $D_4^{22,5}$: 0,9541. $n_D^{22,5}$: 1,4711.

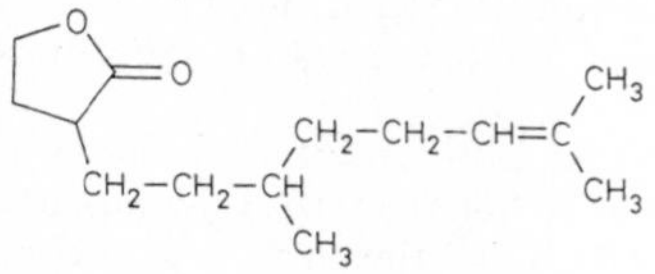

I 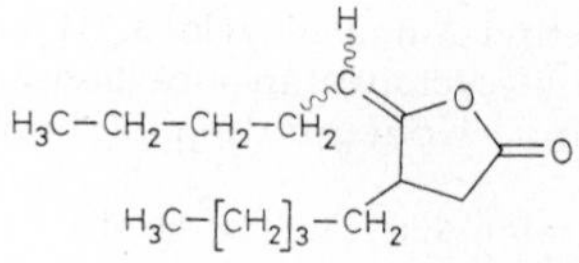 II 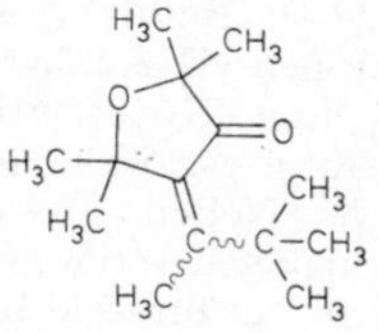 III

(±)-4-Pentyl-5-[(*Ξ*)-pentyliden]-dihydro-furan-2-on, (±)-4-Hydroxy-3-pentyl-non-4ξ-ensäure-lacton $C_{14}H_{24}O_2$, Formel II.

Die früher (s. H 268) unter dieser Konstitution beschriebene, als *β-n*-Amyl-*γ-n*-amyliden-butyrolacton bezeichnete opt.-inakt. Verbindung (F: 111°) ist als 2-Butyl-4-pentyl-cyclopentan-1,3-dion (⇌ 2-Butyl-3-hydroxy-4-pentyl-cyclopent-2-enon ⇌ 2-Butyl-3-hydroxy-5-pentyl-cyclopent-2-enon [E III **7** 3270]) zu formulieren (*Woodward, Blout*, Am. Soc. **65** [1943] 562, 564; *Matsui, Hirase*, J. chem. Soc. Japan Pure Chem. Sect. **71** [1950] 426; C. A. **1951** 8984).

2,2,5,5-Tetramethyl-4-[(*Ξ*)-1,2,2-trimethyl-propyliden]-dihydro-furan-3-on $C_{14}H_{24}O_2$, Formel III.

B. Aus 2,2,5,5-Tetramethyl-dihydro-furan-3-on beim Erwärmen mit 3,3-Dimethyl-butan-2-on und Natriumäthylat in Äthanol und Benzol (*Tamate*, J. chem. Soc. Japan Pure Chem. Sect. **79** [1958] 494, 498; C. A. **1960** 4530).

Kp_7: 71—72°. D_4^{15}: 0,9498. n_D^{16}: 1,4567.

2,2,5,5-Tetramethyl-4-[(*Ξ*)-1,2,2-trimethyl-propyliden]-dihydro-furan-3-on-[2,4-dinitro-phenylhydrazon] $C_{20}H_{28}N_4O_5$, Formel IV (R = $C_6H_3(NO_2)_2$).

B. Aus dem im vorangehenden Artikel beschriebenen Keton und [2,4-Dinitro-phenyl]-

hydrazin (*Tamate*, J. chem. Soc. Japan Pure Chem. Sect. **79** [1958] 494, 498; C. A. **1960** 4530).

F: 187—188°.

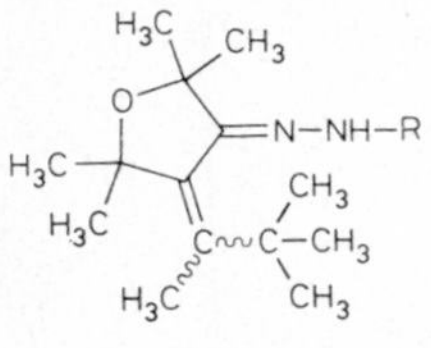

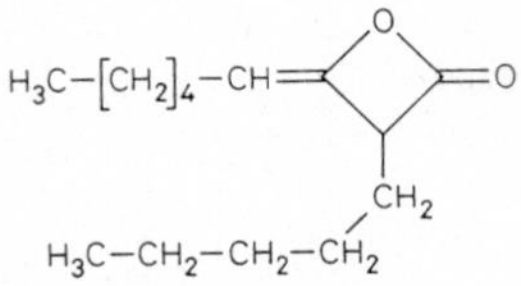

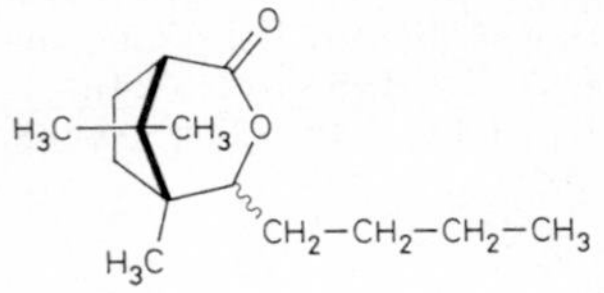

IV V VI

2,2,5,5-Tetramethyl-4-[(Ξ)-1,2,2-trimethyl-propyliden]-dihydro-furan-3-on-semicarbazon $C_{15}H_{27}N_3O_2$, Formel IV (R = CO-NH$_2$).

B. Aus 2,2,5,5-Tetramethyl-4-[(Ξ)-1,2,2-trimethyl-propyliden]-dihydro-furan-3-on (S. 4391) und Semicarbazid (*Tamate*, J. chem. Soc. Japan Pure Chem. Sect. **79** [1958] 494, 498; C. A. **1960** 4530).

F: 188—189°.

(±)-4-[(Ξ)-Hexyliden]-3-pentyl-oxetan-2-on, (±)-3-Hydroxy-2-pentyl-non-3ξ-ensäure-lacton $C_{14}H_{24}O_2$, Formel V.

Diese Konstitution kommt dem nachstehend beschriebenen „Dimeren des Pentylketens" zu.

B. Beim Behandeln von Heptanoylchlorid mit Triäthylamin in Benzol (*Hill et al.*, Am. Soc. **74** [1952] 3423).

Kp_8: 128—130°. D_4^{20}: 0,8463. n_D^{20}: 1,4330.

Bei der Hydrierung an Raney-Nickel in Äthanol bei 230—300°/200—250 at ist 2-Pentyl-nonan-1,3-diol (Kp_{23}: 128—130°) erhalten worden.

(1*S*)-4ξ-Butyl-5,8,8-trimethyl-3-oxa-bicyclo[3.2.1]octan-2-on, (1*S*)-3*c*-[(Ξ)-1-Hydroxy-pentyl]-2,2,3*t*-trimethyl-cyclopentan-*r*-carbonsäure-lacton $C_{14}H_{24}O_2$, Formel VI.

Diese Konstitution und Konfiguration kommt dem nachstehend beschriebenen **β-Butyl-β-campholid** zu.

B. Neben grösseren Mengen (1*S*)-3*c*-Hydroxymethyl-2,2,3*t*-trimethyl-cyclopentan-*r*-carbonsäure-lacton beim Behandeln von (1*S*)-3*c*-Formyl-2,2,3*t*-trimethyl-cyclopentan-*r*-carbonsäure-methylester mit Butylmagnesiumbromid (4 Mol) in Äther und anschliessend mit wss. Salzsäure (*Vène*, A. ch. [11] **10** [1938] 194, 220).

Kp: 178—180°. $[\alpha]_D^{15}$: —52,6° [A.; c = 3].

Oxo-Verbindungen $C_{15}H_{26}O_2$

(2Ξ,3*R*,6Ξ)-6-Isopropyl-3-methyl-2-[(Ξ)-tetrahydrofurfuryl]-cyclohexanon $C_{15}H_{26}O_2$, Formel VII.

B. Bei der Hydrierung von (*R*)-2-[(Ξ)-Furfuryliden]-6-isopropyliden-3-methyl-cyclohexanon (Kp: 168—170°) an Palladium in Äthanol (*Thoms, Soltner*, Ar. **268** [1930] 157, 164).

$Kp_{0,3}$: 160—162°. D_{16}^{16}: 1,0105. n_D: 1,4960.

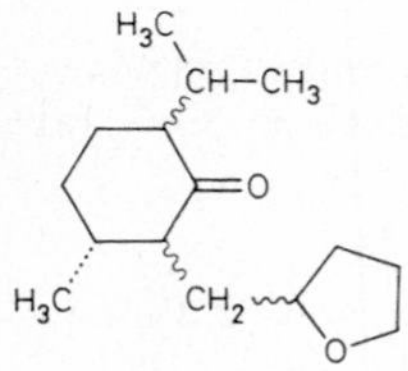

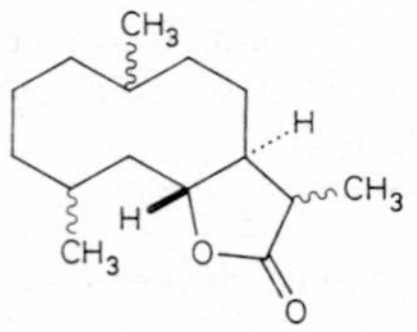

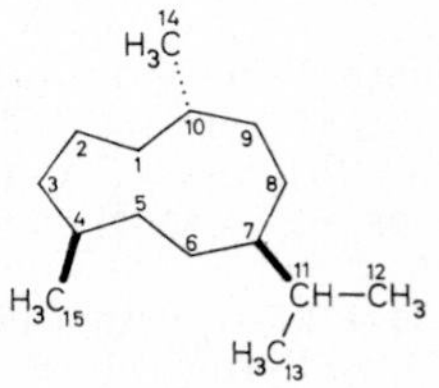

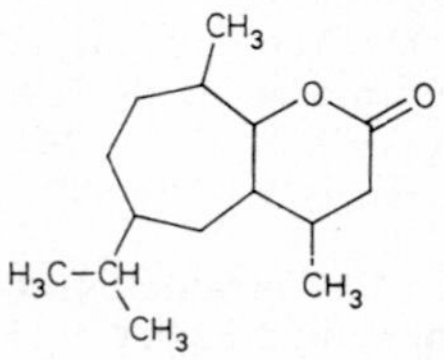

VII VIII IX X

(3aS)-3ξ,6ξ,10ξ-Trimethyl-(3ar,11at)-decahydro-cyclodeca[b]furan-2-on, (Ξ)-2-[(1S)-2t-Hydroxy-4ξ,8ξ-dimethyl-cyclodec-r-yl]-propionsäure-lacton, (11Ξ)-6α-Hydroxy-4ξH,10ξH-germacran-12-säure-lacton[1]) $C_{15}H_{26}O_2$, Formel VIII.

Diese Konstitution und Konfiguration kommt dem nachstehend beschriebenen **Hexahydrocostunolid** zu.

B. Bei der Hydrierung von Costunolid (2-[(1S)-2t-Hydroxy-4,8-dimethyl-cyclodeca-3t,7t-dien-r-yl]-acrylsäure-lacton) an Platin in Essigsäure (*Herout, Šorm*, Chem. and Ind. **1959** 1067; *Herout et al.*, Collect. **26** [1961] 2612, 2614, 2621; s. a. *Rao et al.*, Chem. and Ind. **1958** 1359). Beim Erwärmen von (Ξ)-2-[(1S)-2,2-Äthandiyldimercapto-10t-hydroxy-4ξ,8ξ-dimethyl-cyclodec-r-yl]-propionsäure-lacton (F: 146°; aus Arctiopicrin hergestellt) mit Raney-Nickel in Dioxan (*Suchy et al.*, Chem. and Ind. **1957** 894; Croat. chem. Acta **29** [1957] 247, 252).

Kp_{10}: 160° (*Su. et al.*). $[\alpha]_D^{20}$: +26° [$CHCl_3$; c = 1] (*Su. et al.*).

***Opt.-inakt. 6-Isopropyl-4,9-dimethyl-octahydro-cyclohepta[b]pyran-2-on, 3-[2-Hydroxy-6-isopropyl-3-methyl-cycloheptyl]-buttersäure-lacton** $C_{15}H_{26}O_2$, Formel X.

B. Beim Erhitzen von opt.-inakt. 3-[1-Äthoxycarbonyl-6-isopropyl-3-methyl-2-oxo-cycloheptyl]-buttersäure-äthylester (n_D^{25}: 1,4690) mit Essigsäure und wss. Salzsäure, Behandeln des Reaktionsprodukts mit Natriumboranat in alkal. Lösung und anschliessenden Ansäuern (*Jacob, Dev*, Chem. and Ind. **1956** 576).

Kp_1: 150°. n_D^{22}: 1,4870.

Beim Erwärmen mit Polyphosphorsäure ist 5-Isopropyl-3,8-dimethyl-3,3a,4,5,6,7(oder 3,4,5,6,7,8)-hexahydro-2H-azulen-1-on (Kp_1: 120–125°) erhalten worden.

(+)(3aR)-6ξ-Butyl-3ξ,7t-dimethyl-(3ar,8at)-octahydro-cyclohepta[b]furan-2-on, (+)(Ξ)-2-[(1R)-5ξ-Butyl-2t-hydroxy-4c-methyl-cyclohept-r-yl]-propionsäure-lacton $C_{15}H_{26}O_2$, Formel XI.

B. Neben (+)(Ξ)-2-[(1R)-2t-Hydroxy-4c-methyl-5ξ-(3-oxo-butyl)-cyclohept-r-yl]-propionsäure-lacton ($[\alpha]_D^{20}$: +2,3° [$CHCl_3$]) bei der Hydrierung von Xanthinin ((−)-2-[(1R)-4-((Ξ)-1-Acetoxy-3-oxo-butyl)-7t-hydroxy-5c-methyl-cyclohept-3-en-r-yl]-acrylsäure-lacton [F: 123–124°]) an Platin in Essigsäure und Behandlung des Reaktionsprodukts mit Chrom(VI)-oxid in Essigsäure (*Dolejš et al.*, Collect. **23** [1958] 504, 505, 509).

$[\alpha]_D^{20}$: +34,2° [$CHCl_3$; c = 2].

6-Äthyl-7-isopropyl-3,6-dimethyl-hexahydro-benzofuran-2-on, 2-[4-Äthyl-2-hydroxy-3-isopropyl-4-methyl-cyclohexyl]-propionsäure-lacton $C_{15}H_{26}O_2$.

a) **(3aS)-6c-Äthyl-7t-isopropyl-3c,6t-dimethyl-(3ar,7at)-hexahydro-benzofuran-2-on, (S)-2-[(1S)-4t-Äthyl-2t-hydroxy-3c-isopropyl-4c-methyl-cyclohex-r-yl]-propionsäure-lacton, Tetrahydrosaussurealacton** $C_{15}H_{26}O_2$, Formel XII.

Konstitution und Konfiguration: *Rao et al.*, Tetrahedron **13** [1961] 319; *Simonović et al.*, Tetrahedron **19** [1963] 1061.

B. Bei der Hydrierung von Saussurealacton ((S)-2-[(1S)-2t-Hydroxy-3c-isopropenyl-4c-methyl-4t-vinyl-cyclohex-r-yl]-propionsäure-lacton) an Palladium/Kohle in Äthanol (*Rao et al.*, J. scient. ind. Res. India **17** B [1958] 228).

Krystalle (aus A.); F: 127–128° (*Rao et al.*, J. scient. ind. Res. India **17** B 230), 123–125°; $[\alpha]_D^{27}$: +42° [$CHCl_3$] (*Rao et al.*, Tetrahedron **13** 322).

b) **(+)-2-[4-Äthyl-2-hydroxy-3-isopropyl-4-methyl-cyclohexyl]-propionsäure-lacton** $C_{15}H_{26}O_2$ **vom F: 121–122°; Desoxytetrahydrotemisin.**

B. Beim Erwärmen von Tetrahydrotemisin ((+)-2-[4-Äthyl-2,6-dihydroxy-3-isopropyl-4-methyl-cyclohexyl]-propionsäure-2-lacton [F: 231°]) mit Phosphor(V)-bromid und Behandeln des Reaktionsprodukts mit Essigsäure und Zink-Pulver (*Asahina, Ukita,*

---

[1]) Für den Kohlenwasserstoff (1S,7S)-4-Isopropyl-1,7-dimethyl-cyclodecan (Formel IX) wird die Bezeichnung **Germacran** vorgeschlagen. Die Stellungsbezeichnung bei von Germacran abgeleiteten Namen entspricht der in Formel IX angegebenen.

Bl. chem. Soc. Japan **18** [1943] 338, 343; J. pharm. Soc. Japan **63** [1943] 29, 33).

Krystalle (aus A. oder wss. A.); F: 121–122°. $[\alpha]_D^{26}$: +21,1° [$CHCl_3$; c = 1]; $[\alpha]_D^{27}$: +20,8° [$CHCl_3$; c = 1].

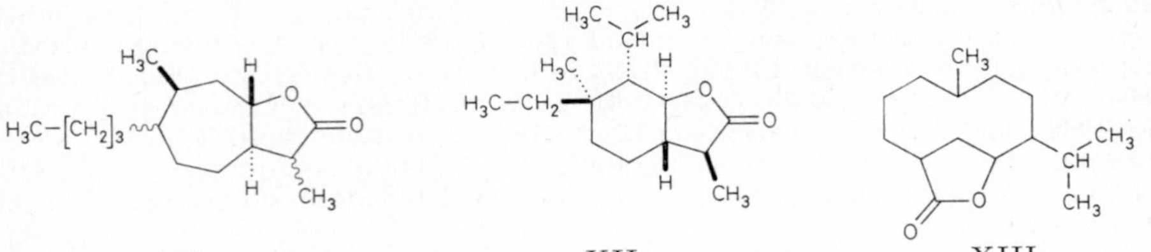

XI XII XIII

(+)-8-Isopropyl-5-methyl-10-oxa-bicyclo[7.2.1]dodecan-11-on, (+)-3-Hydroxy-4-isopropyl-7-methyl-cyclodecancarbonsäure-lacton $C_{15}H_{26}O_3$, Formel XIII, **vom F: 104°; Hexahydroaristolacton.**

B. Bei der Hydrierung von Aristolacton ((+)(3Ξ,4Ξ)-3-Hydroxy-4-isopropenyl-7-methyl-cyclodeca-1*t*,7*t*-diencarbonsäure-lacton [F: 111°]) oder von Isoaristolacton ((−)(3Ξ,4Ξ)-3-Hydroxy-4-isopropenyl-7-methyl-cyclodeca-1*t*,7*c*-diencarbonsäure-lacton [F: 91°]) an Platin in Äthanol (*Stenlake, Williams*, Soc. **1955** 2114, 2118, 2119).

Krystalle (aus PAe.); F: 103,5–104° [unkorr.]. $[\alpha]_D^{17}$: +3° [A.; c = 1].

Oxo-Verbindungen $C_{16}H_{28}O_2$

Oxacycloheptadec-6ξ-en-2-on, 16-Hydroxy-hexadec-5ξ-ensäure-lacton, Hexadec-5ξ-en-16-olid, Δ^5-Isoambrettolid $C_{16}H_{28}O_2$, Formel I.

B. Beim Behandeln des Natrium-Salzes der Δ^5-Isoambrettolsäure (16-Hydroxy-hexadec-5-ensäure vom F: 61–62°) mit (±)-3-Chlor-propan-1,2-diol in Glycerin bei 115°, Versetzen des Reaktionsgemisches mit Natriummethylat in Methanol und Erhitzen des Reaktionsprodukts unter vermindertem Druck (*Colland*, Helv. **26** [1943] 849, 855).

Kp_2: 143°. D^{20}: 0,9556. n_D^{20}: 1,4799.

Oxacycloheptadec-7ξ-en-2-on, 16-Hydroxy-hexadec-6ξ-ensäure-lacton, Hexadec-6ξ-en-16-olid, Δ^6-Isoambrettolid $C_{16}H_{28}O_2$, Formel II.

B. Aus dem Natrium-Salz der Δ^6-Isoambrettolsäure (16-Hydroxy-hexadec-6-ensäure vom F: 77–77,5°) analog der im vorangehenden Artikel beschriebenen Verbindung (*Colland*, Helv. **25** [1942] 965, 976, **26** [1943] 849, 852).

F: 28,5° (*Co.*, Helv. **26** 852). $Kp_{2,5}$: 153°; D^{20}: 0,9555; n_D^{20}: 1,4807 [flüssiges Präparat] (*Co.*, Helv. **25** 977). D^{20}: 0,9563; n_D^{20}: 1,4807 [flüssiges Präparat] (*Co.*, Helv. **26** 852).

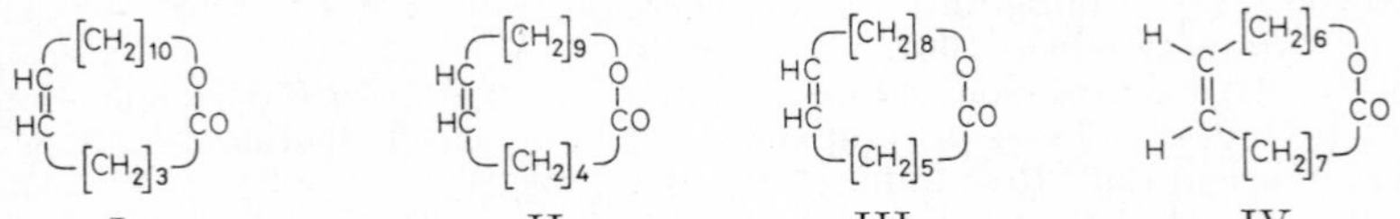

I II III IV

Oxacycloheptadec-8ξ-en-2-on, 16-Hydroxy-hexadec-7ξ-ensäure-lacton, Hexadec-7ξ-en-16-olid, Ambrettolid $C_{16}H_{28}O_2$, Formel III (vgl. E II 304)[1]).

B. Beim Erwärmen von Ambrettolsäure (16-Hydroxy-hexadec-7-ensäure vom F: 26–27°) mit Benzolsulfonsäure oder Toluol-4-sulfonsäure in viel Benzol (*Stoll, Gardner*, Helv. **17** [1934] 1609, 1611; *Firmenich & Cie.*, D.R.P. 681961 [1934]; Frdl. **24** 219). Beim Erhitzen von 16-Acetoxy-hexadec-7-ensäure-methylester (nicht charakterisiert) mit Natriummethylat unter 3 Torr bis auf 250° (*Établ. Roure-Bertrand Fils et Justin Dupont*, D.B.P. 820300 [1948]; D.R.B.P. Org. Chem. 1950–1951 **6** 1481, 1485).

1) Über 16-Hydroxy-hexadec-7*t*-ensäure-lacton ($Kp_{0,005}$: 94–95°; n_D^{26}: 1,4875) s. *Sabnis et al.*, Soc. **1963** 2477.

Kp_{15}: 186—190° (*Firmenich & Cie.*). Kp_3: 142—144°; D_4^{20}: 0,9577; n_D^{20}: 1,4816 (*Établ. Roure-Bertrand Fils et Justin Dupont*). Kp_1: 154—156°; D_4^{20}: 0,9580; n_D^{20}: 1,4815 (*St.*, *Ga.*).

Oxacycloheptadec-10-en-2-on, 16-Hydroxy-hexadec-9-ensäure-lacton, Hexadec-9-en-16-olid, Δ^9-Isoambrettolid $C_{16}H_{28}O_2$.

a) **Oxacycloheptadec-10*c*-en-2-on, 16-Hydroxy-hexadec-9*c*-ensäure-lacton** $C_{16}H_{28}O_2$, Formel IV.

B. Beim Erhitzen von 16-Brom-hexadec-9*c*-ensäure (aus der flüssigen opt.-inakt. 9,10,16-Tribrom-hexadecansäure [E III **2** 977] beim Erwärmen mit Zink-Pulver und Methanol erhalten) mit Kaliumcarbonat in Butanon (*Hunsdiecker*, Naturwiss. **30** [1942] 587).

Nicht rein erhalten.

b) **Oxacycloheptadec-10*t*-en-2-on, 16-Hydroxy-hexadec-9*t*-ensäure-lacton** $C_{16}H_{28}O_2$, Formel V.

B. Beim Erhitzen von 16-Brom-hexadec-9*t*-ensäure mit Kaliumcarbonat in Butanon (*Hunsdiecker*, Naturwiss. **30** [1942] 587).

$Kp_{0,7}$: 131°. D_4^{20}: 0,9556.

(±)-6-Undecyl-5,6-dihydro-pyran-2-on, (±)-5-Hydroxy-hexadec-2*c*-ensäure-lacton, (±)-Hexadec-2-en-5-olid $C_{16}H_{28}O_2$, Formel VI.

B. Beim Erhitzen von (±)-5-Hydroxy-hexadec-2*c*-ensäure-äthylester mit wss. Salz= säure (*Wailes*, Austral. J. chem. **12** [1959] 173, 188).

Krystalle (aus Me. oder PAe.); F: 27—29°. $Kp_{0,1}$: 140—142°.

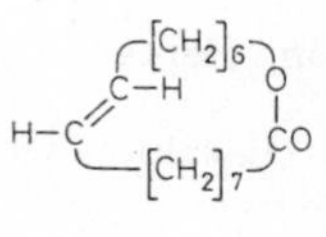

V 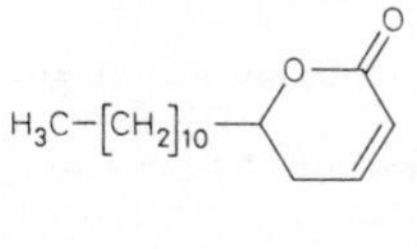 VI 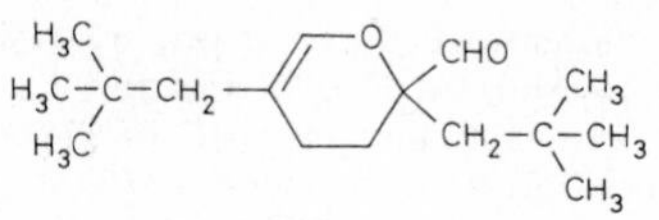 VII

(±)-2,5-Dineopentyl-3,4-dihydro-2*H*-pyran-2-carbaldehyd $C_{16}H_{28}O_2$, Formel VII.

B. Beim Erhitzen von 2-Neopentyl-acrylaldehyd in Gegenwart von Hydrochinon in Benzol auf 170° oder ohne Lösungsmittel auf 210° (*Shell Devel. Co.*, U.S.P. 2610193 [1949]).

Kp_1: 91,4—91,6°.

3-Methyl-5-undecyl-5*H*-furan-2-on, 4-Hydroxy-2-methyl-pentadec-2*c*-ensäure-lacton $C_{16}H_{28}O_2$, Formel VIII.

Ein Präparat (Krystalle; Kp_3: 185—189°) von unbekanntem opt. Drehungsvermögen ist beim Erhitzen von Isonephrosterinsäure (4-Methyl-5-oxo-2-undecyl-2,5-dihyro-furan-3-carbonsäure) unter 15 Torr auf 200° erhalten und durch Hydrolyse mit Hilfe von Alkali in Nephrosterylsäure (2-Methyl-4-oxo-pentadecansäure) übergeführt worden (*Asahina, Yanagita*, B. **70** [1937] 227, 228, 232; J. pharm. Soc. Japan **57** [1937] 558, 563).

(±)-4-[(Ξ)-Heptyliden]-3-hexyl-oxetan-2-on, (±)-2-Hexyl-3-hydroxy-dec-3ξ-ensäure-lacton $C_{16}H_{28}O_2$, Formel IX.

Diese Konstitution kommt dem E III **1** 3008 (im Artikel Hexylketen) und nachstehend beschriebenen „Dimeren des Hexylketens" zu.

B. Beim Behandeln einer Lösung von Octanoylchlorid in Äther mit Triäthylamin (*Piekarski*, J. Recherches Centre nation. **8** [1957] 197, 200; vgl. E III **1** 3008).

Kp_2: 133° (*Pi.*, l. c. S. 203).

Charakterisierung durch Überführung in 2-Hexyl-3-oxo-decansäure-äthylamid (F: 77,3—78,3°) mit Hilfe von Äthylamin in Äther: *Pi.*, l c. S. 205, 206.

VIII IX X XI

5-*p*-Menthan-4-yl-oxepan-2-on, 6-Hydroxy-4-*p*-menthan-4-yl-hexansäure-lacton $C_{16}H_{28}O_2$, Formel X.

Über eine aus nicht charakterisiertem 1'-Isopropyl-4'-methyl-bicyclohexyl-4-on beim Behandeln mit wss. Wasserstoffperoxid und Acetanhydrid erhaltene Verbindung (Krystalle [aus A.]; F: 137—138°) dieser Konstitution s. *Below, Cheĭfiz,* Ž. obšč. Chim. **27** [1957] 1377, 1380; engl. Ausg. S. 1459, 1462.

***Opt.-inakt. 8-Isovaleryl-3,3-dimethyl-hexahydro-isochroman, 1-[3,3-Dimethyl-hexahydro-isochroman-8-yl]-3-methyl-butan-1-on** $C_{16}H_{28}O_2$, Formel XI.

B. Bei der Hydrierung von opt.-inakt. 1-[3,3-Dimethyl-6,7,8,8a-tetrahydro-isochroman-8-yl]-3-methyl-but-2-en-1-on (Kp$_4$: 153—155°; n_D^{20}: 1,5175) an Platin in Äthanol (*Nasarow, Nagibina,* Ž. obšč. Chim. **23** [1953] 577, 586; engl. Ausg. S. 599, 608).

Kp$_7$: 127—129°. D_4^{20}: 0,9865. n_D^{20}: 1,4865.

Oxo-Verbindungen $C_{17}H_{30}O_2$

Oxacyclooctadec-9ξ-en-2-on, 17-Hydroxy-heptadec-8ξ-ensäure-lacton, Heptadec-8ξ-en-17-olid $C_{17}H_{30}O_2$, Formel I.

B. Beim Erwärmen von 17-Hydroxy-heptadec-8-ensäure (nicht charakterisiert) mit Benzolsulfonsäure in Benzol (*Firmenich & Cie.*, U.S.P. 2202437 [1934]).

Kp$_{15}$: 186—190°. D_4^{20}: 0,958.

Oxacyclooctadec-10ξ-en-2-on, 17-Hydroxy-heptadec-9ξ-ensäure-lacton, Heptadec-9ξ-en-17-olid $C_{17}H_{30}O_2$, Formel II.

B. In kleiner Menge beim Behandeln einer Lösung von Cycloheptadec-9-enon (nicht charakterisiert) in Benzin mit Natriumperoxodisulfat und konz. Schwefelsäure (*Stoll, Gardner,* Helv. **17** [1934] 1609, 1610).

Bei 135—145°/0,3 Torr destillierbar. D_4^{20}: 0,9660. n_D^{20}: 1,4813.

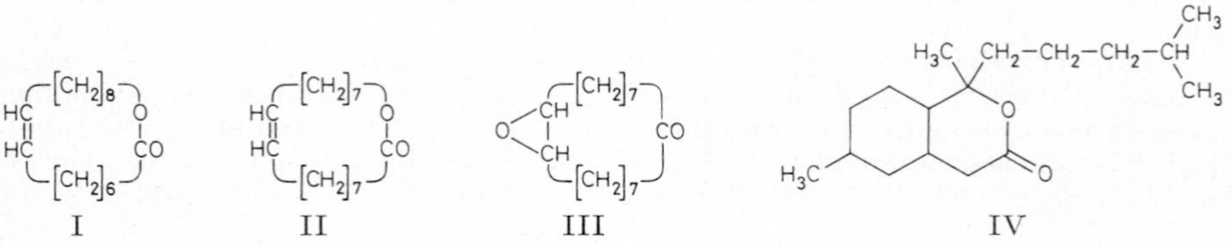

9,10-Epoxy-cycloheptadecanon $C_{17}H_{30}O_2$, Formel III.

B. Beim Erwärmen von opt.-inakt. 9-Acetoxy-10-brom-cycloheptadecanon (aus opt.-inakt. 1,4-Dioxa-spiro[4.16]heneicosan-13,14-diol vom F: 93—94° beim Behandeln mit Bromwasserstoff in Essigsäure und mit Acetylbromid erhalten) mit äthanol. Kalilauge (*Stoll et al.*, Helv. **31** [1948] 1176).

F: 61—62°.

Beim Erhitzen mit Silicagel auf 230° sowie beim Erwärmen mit Magnesiumbromid in Äther und Erhitzen des vom Äther befreiten Reaktionsgemisches auf 100° ist Cycloheptadecan-1,9-dion erhalten worden.

***Opt.-inakt. 1,6-Dimethyl-1-isohexyl-hexahydro-isochroman-3-on, [2-(1-Hydroxy-1,5-dimethyl-hexyl)-5-methyl-cyclohexyl]-essigsäure-lacton** $C_{17}H_{30}O_2$, Formel IV.

B. Bei der Hydrierung von opt.-inakt. 1,6-Dimethyl-1-[4-methyl-pent-4-enyl]-hexahydro-isochroman-3-on (n_D^{21}: 1,4965) an Raney-Nickel in Äthanol (*Collin-Asselineau*, C. r. **237** [1953] 1535; *Asselineau, Lederer*, Bl. **1959** 320, 322, 327).

Bei 160°/0,1 Torr destillierbar; D_4^{22}: 0,978; n_D^{22}: 1,4832 (*Co.-As.*). Bei 150°/0,1 Torr destillierbar; D_4^{20}: 0,978; n_D^{20}: 1,4832 (*As., Le.*).

Oxo-Verbindungen $C_{20}H_{36}O_2$

(±)-4-[(Ξ)-Nonyliden]-3-octyl-oxetan-2-on, (±)-3-Hydroxy-2-octyl-dodec-3ξ-ensäure-lacton $C_{20}H_{36}O_2$, Formel V (n = 6).

Diese Konstitution kommt dem nachstehend beschriebenen „Dimeren des Octylketens" zu.

B. Beim Behandeln einer Lösung von Decanoylchlorid in Äther mit Triäthylamin (*Piekarski*, J. Recherches Centre nation. **8** [1957] 197, 200).

Charakterisierung durch Überführung in 2-Octyl-3-oxo-dodecansäure-äthylamid (F: 86,5—87,5°) mit Hilfe von Äthylamin in Äther: *Pi.*, l. c. S. 205, 206.

Oxo-Verbindungen $C_{21}H_{38}O_2$

(±)-5-Heptadec-8*t*-enyl-dihydro-furan-2-on, (±)-4-Hydroxy-heneicos-12*t*-ensäure-lacton, (±)-Heneicos-12*t*-en-4-olid $C_{21}H_{38}O_2$, Formel VI.

B. Beim Erhitzen von 4-Oxo-heneicos-12*t*-ensäure mit Äthanol und Natrium auf 150° und Erwärmen des Reaktionsprodukts mit wss. Salzsäure (*Robinson*, Soc. **1930** 745, 750).

Krystalle (aus PAe.); F: 42°.

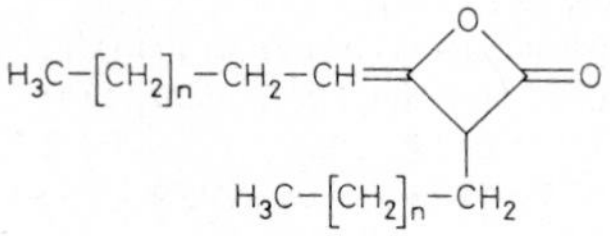

V 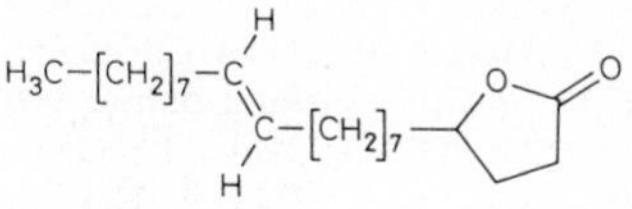 VI

Oxo-Verbindungen $C_{24}H_{44}O_2$

(±)-3-Decyl-4-[(Ξ)-undecyliden]-oxetan-2-on, (±)-2-Decyl-3-hydroxy-tetradec-3ξ-ensäure-lacton $C_{24}H_{44}O_2$, Formel V (n = 8).

Diese Konstitution kommt dem E III **1** 3031 (im Artikel Decylketen) und nachstehend beschriebenen „Dimeren des Decylketens" zu.

B. Beim Behandeln einer Lösung von Lauroylchlorid in Äther mit Triäthylamin (*Piekarski*, C. r. **238** [1954] 1241; J. Recherches Centre nation. **8** [1957] 197, 200, 201; *Oda, Okada*, J. chem. Soc. Japan Ind. Chem. Sect. **59** [1956] 1124; C. A. **1958** 14529).

Krystalle; F: 41—42° (*Oda, Ok.*), 41—41,6° [aus Acn.] (*Takei et al.*, J. chem. Soc. Japan Ind. Chem. Sect. **60** [1957] 1271; C. A. **1959** 13889).

Hydrierung an Raney-Nickel in Äthanol bei 230—300°/200—250 at unter Bildung von 2-Decyl-tetradecan-1,3-diol (F: 175—176°): *Hill et al.*, Am. Soc. **74** [1952] 3423.

Charakterisierung durch Überführung in 2-Decyl-3-oxo-tetradecansäure-äthylamid (F: 92,7—93,3°) mit Hilfe von Äthylamin in Äther: *Pi.*, J. Recherches Centre nation. **8** 205, 207.

Oxo-Verbindungen $C_{25}H_{46}O_2$

***(−)-4-Hexadecyl-3-methyl-2-oxa-bicyclo[3.3.1]nonan-7-on** $C_{25}H_{46}O_2$, Formel VII.

B. Beim Erwärmen von (+)-5-[1-Acetyl-heptadecyl]-3-methoxy-cyclohex-2-enon (F: 64—65°) mit Lithiumalanat in Äther (*Lamberton*, Austral. J. Chem. **11** [1958] 538, 543).

Krystalle (aus A.); F: 74,5—75,5°. $[\alpha]_D$: −4° [$CHCl_3$; c = 4].

Oxim $C_{25}H_{47}NO_2$. Krystalle (aus A.); F: 76—78°.

2,4-Dinitro-phenylhydrazon $C_{31}H_{50}N_4O_5$. Gelbe Krystalle (aus A.); F: 138—139°.

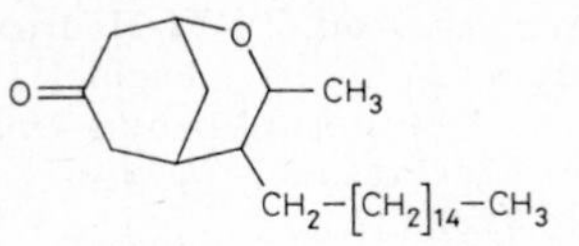

VII 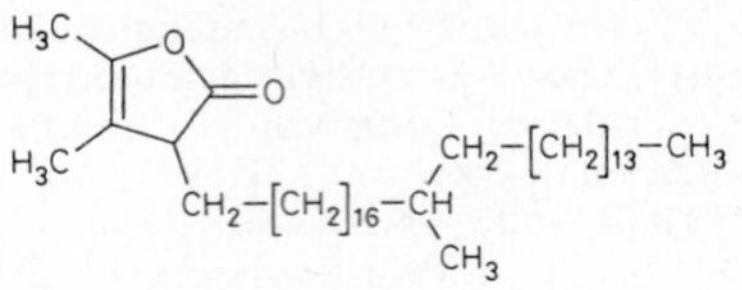 VIII

Oxo-Verbindungen $C_{28}H_{52}O_2$

(±)-3-Dodecyl-4-[(Ξ)-tridecyliden]-oxetan-2-on, (±)-2-Dodecyl-3-hydroxy-hexadec-3ξ-ensäure-lacton $C_{28}H_{52}O_2$, Formel V (n = 10).

Diese Konstitution kommt dem E III **1** 3034 (im Artikel Dodecylketen) und nachstehend beschriebenen „Dimeren des Dodecylketens" zu.

B. Beim Behandeln einer Lösung von Myristoylchlorid in Äther mit Triäthylamin (*Piekarski*, J. Recherches Centre nation. **8** [1957] 197, 200).

Krystalle [aus Ae.] (*Pi.*, l. c. S. 202). F: 49,9–50° (*Takei et al.*, J. chem. Soc. Japan Ind. Chem. Sect. **60** [1957] 1271; C. A. **1959** 13889).

Hydrierung an Raney-Nickel in Äthanol bei 230–300°/200–250 at unter Bildung von 2-Dodecyl-hexadecan-1,3-diol (F: 167–168°): *Hill et al.*, Am. Soc. **74** [1952] 3423.

Charakterisierung durch Überführung in 2-Dodecyl-3-oxo-hexadecansäure-äthylamid (F: 98–99°) mit Hilfe von Äthylamin in Äther: *Pi.*, l. c. S. 205, 207.

Oxo-Verbindungen $C_{32}H_{60}O_2$

(±)-4-[(Ξ)-Pentadecyliden]-3-tetradecyl-oxetan-2-on, (±)-3-Hydroxy-2-tetradecyl-octadec-3ξ-ensäure-lacton $C_{32}H_{60}O_2$, Formel V (n = 12).

Diese Konstitution kommt dem E III **1** 3036 (im Artikel Tetradecylketen) und nachstehend beschriebenen „Dimeren des Tetradecylketens" zu.

B. Beim Behandeln einer Lösung von Palmitoylchlorid in Äther mit Triäthylamin (*Piekarski*, C. r. **238** [1954] 1241; J. Recherches Centre nation. **8** [1957] 197, 200).

Krystalle [aus Ae.] (*Pi.*, J. Recherches Centre nation. **8** 202). F: 57–57,9° (*Takei et al.*, J. chem. Soc. Japan Ind. Chem. Sect. **60** [1957] 1271; C. A. **1959** 13889), 54–56° (*Pi.*, C. r. **238** 1242).

Charakterisierung durch Überführung in 3-Oxo-2-tetradecyl-octadecansäure-äthylamid (F: 102–103°) mit Hilfe von Äthylamin in Äther: *Pi.*, J. Recherches Centre nation. **8** 205, 207.

Oxo-Verbindungen $C_{36}H_{68}O_2$

(±)-4-[(Ξ)-Heptadecyliden]-3-hexadecyl-oxetan-2-on, (±)-2-Hexadecyl-3-hydroxy-eicos-3ξ-ensäure-lacton $C_{36}H_{68}O_2$, Formel V (n = 14).

Diese Konstitution kommt dem E III **1** 3037 (im Artikel Hexadecylketen) und nachstehend beschriebenen „Dimeren des Hexadecylketens" zu.

B. Beim Behandeln einer Lösung von Stearoylchlorid in Äther mit Triäthylamin (*Oda, Okada*, J. chem. Soc. Japan Ind. Chem. Sect. **59** [1956] 1124; C. A. **1958** 14529; *Piekarski*, J. Recherches Centre nation. **8** [1957] 197, 200).

Krystalle [aus Ae.] (*Pi.*). F: 62,3–63,3° (*Takei et al.*, J. chem. Soc. Japan Ind. Chem. Sect. **60** [1957] 1271; C. A. **1959** 13889), 61–62° (*Oda, Ok.*).

Charakterisierung durch Überführung in 2-Hexadecyl-3-oxo-eicosansäure-äthylamid (F: 106,9–108,1°) mit Hilfe von Äthylamin in Äther: *Pi.*, l. c. S. 205, 208.

Oxo-Verbindungen $C_{40}H_{76}O_2$

4,5-Dimethyl-3-[18-methyl-tritriacontyl]-3*H*-furan-2-on, 4-Hydroxy-3-methyl-2-[18-methyl-tritriacontyl]-pent-3*t*-ensäure-lacton $C_{40}H_{76}O_2$, Formel VIII.

Eine Verbindung (Krystalle [aus Eg.]; F: 80°) von unbekanntem opt. Drehungsvermögen, der möglicherweise diese Konstitution zukommt, ist neben anderen Substanzen beim Behandeln von Corynin (E III **3** 889) mit Chrom(VI)-oxid in Essigsäure erhalten worden (*Takahashi*, J. pharm. Soc. Japan **68** [1948] 292, 295; C. A. **1951** 9482).

[*K. Grimm*]

Monooxo-Verbindungen $C_nH_{2n-6}O_2$

Oxo-Verbindungen $C_5H_4O_2$

Pyran-2-on, 5c-Hydroxy-penta-2c,4-diensäure-lacton, Penta-2,4-dien-5-olid, Cumalin $C_5H_4O_2$, Formel I (H 271; E II 305; dort auch als 2-Pyron und als α-Pyron bezeichnet).

B. Beim Erhitzen von 6-Oxo-6*H*-pyran-2-carbonsäure mit Kupfer-Pulver (*Fried, Elderfield,* J. org. Chem. **6** [1941] 566, 573). Beim Leiten von auf 215° erhitzter 6-Oxo-6*H*-pyran-3-carbonsäure über Kupfer bei 650°/5 Torr (*Zimmermann et al.*, Org. Synth. Coll. Vol. V [1973] 982).

F: 8—9°; Kp_{20}: 102—103°; D_4^{20}: 1,1972; n_D^{20}: 1,5298 (*Mayer*, B. **90** [1957] 2362, 2366). n_D^{25}: 1,5272 (*Fr., El.*), 1,5270 (*Zi. et al.*). IR-Banden ($CHCl_3$ und CCl_4) im Bereich von 1752 cm^{-1} bis 1622 cm^{-1}: *Jones et al.*, Canad. J. Chem. **37** [1959] 2007, 2010. UV-Spektrum (A.; 200—400 nm): *Mangini, Passerini*, G. **87** [1957] 243, 253.

Überführung in 3-Hydroxy-pyran-2-on (Syst. Nr. 2476) durch Behandlung mit wss. Wasserstoffperoxid, Eisen(II)-sulfat und wss. Schwefelsäure: *Mayer*, B. **90** [1957] 2369, 2372. Beim Erhitzen mit Maleinsäure-anhydrid und Toluol ist (3a*r*,7a*c*)-3a,4,7,7a-Tetrahydro-4*t*,7*t*-ätheno-furo[3,4-*c*]pyran-1,3,6-trion (F: 187°; über die Konfiguration dieser Verbindung s. *Schuscherina et al.*, Ž. obšč. Chim. **40** [1970] 1418; engl. Ausg. S. 1402), beim Verschmelzen mit Maleinsäure-anhydrid ist Bicyclo[2.2.2]oct-7-en-2,3,5,6-tetracarbonsäure-dianhydrid (F: 349° [Zers.]) erhalten worden (*Diels, Alder*, A. **490** [1931] 257, 259, 264).

Verbindung mit Pikrinsäure $C_5H_4O_2 \cdot C_6H_3N_3O_7$. Gelbe Krystalle (aus A.); F: 106—107° [korr.] (*Ma.*, l. c. S. 2366).

Tetrachlor-pyran-2-on, 2,3,4,5t-Tetrachlor-5c-hydroxy-penta-2c,4-diensäure-lacton $C_5Cl_4O_2$, Formel II.

B. Beim Erhitzen von Pentachlor-penta-2,4-diensäure (F: 123°) auf 180—200° (*Eastman Kodak Co.*, U.S.P. 2629681 [1949]; *Roedig, Märkl*, A. **636** [1960] 1, 4, 14).

Krystalle (aus Bzn.); F: 81,5—83,5° (*Ro., Mä.*), 78,5—80° (*Eastman Kodak Co.*).

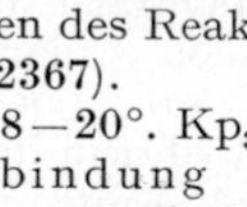

I 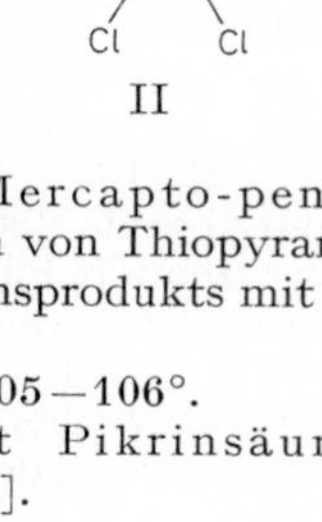 II 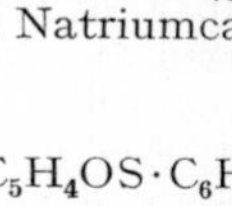 III 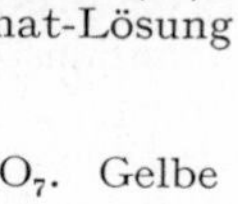 IV 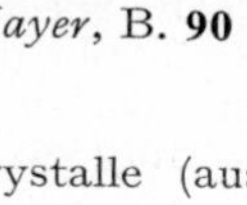 V

Thiopyran-2-on, 5*c*-Mercapto-penta-2*c*,4-diensäure-lacton C_5H_4OS, Formel III.

B. Beim Behandeln von Thiopyran-2-thion mit Quecksilber(II)-chlorid in Wasser und Erhitzen des Reaktionsprodukts mit wss. Natriumcarbonat-Lösung (*Mayer*, B. **90** [1957] 2362, 2367).

F: 18—20°. Kp_3: 105—106°.

Verbindung mit Pikrinsäure $C_5H_4OS \cdot C_6H_3N_3O_7$. Gelbe Krystalle (aus A.); F: 118—118,3° [korr.].

Thiopyran-2-thion $C_5H_4S_2$, Formel IV.

B. Beim Erhitzen von Tetrahydrothiopyran mit Schwefel (*Mayer*, B. **90** [1957] 2362, 2366).

Rote Krystalle, F: 53—53,9°; bei 100°/4 Torr sublimierbar (*Ma.*). Absorptionsmaxima (Cyclohexan): 238 nm, 328 nm und 432 nm (*Ma.*; *Zahradnik*, Collect. **24** [1959] 3193).

Pyran-4-on $C_5H_4O_2$, Formel V (H 271; E I 145; E II 305; dort auch als 4-Pyron und als γ-Pyron bezeichnet).

B. Aus Aceton und Ameisensäure-äthylester mit Hilfe von Natriumäthylat (*Neelakantan*, J. org. Chem. **22** [1957] 1584). Beim Erwärmen einer Lösung von 5,5-Diäthoxy-1-methoxy-pent-1-en-3-in (E IV **1** 4111) in Methanol mit wss. Quecksilber(II)-sulfat-Lösung (*Chem. Werke Hüls*, D.B.P. 953879 [1956]). Beim Erhitzen von 4-Oxo-4*H*-

pyran-2-carbonsäure mit Kupfer-Pulver bis auf 260° (*Traverso*, Ann. Chimica **45** [1955] 687, 691). Beim Erhitzen von 4-Oxo-4*H*-pyran-2,6-dicarbonsäure mit Kupfer-Pulver bis auf 350° (*Cornubert et al.*, Bl. **1950** 36, 37; s. a. H 271).

Dipolmoment (ε; Bzl.): 3,73 D (*Rolla et al.*, Ann. Chimica **42** [1952] 673, 677).

F: 33° (*Traverso*, Ann. Chimica **45** [1955] 687, 691), 32,5—32,6° (*Mayer*, B. **90** [1957] 2362, 2366), 32,5° (*Gibbs et al.*, Am. Soc. **52** [1930] 4895, 4902). Kp_{13}: 95—97° (*Tr.*); Kp_9: 91—91,5° (*Ma.*); Kp_7: 88,5° (*Gi. et al.*). $D_4^{66,6}$: 1,1650 (*v. Auwers*, B. **63** [1930] 2111, 2118). $n_{656,3}^{66,6}$: 1,50784; $n_{587,6}^{66,6}$: 1,51315; $n_{486,1}^{66,6}$: 1,52744; $n_{434,0}^{66,6}$: 1,54036 (*v. Au.*). IR-Banden ($CHCl_3$ und CCl_4) im Bereich von 1678 cm^{-1} bis 1613 cm^{-1}: *Jones et al.*, Canad. J. Chem. **37** [1959] 2007, 2010. UV-Spektrum von Lösungen in Hexan, in Cyclohexan, in Methanol und in Äthanol (220—280 nm): *Rolla, Franzosini*, Ann. Chimica **46** [1956] 582, 590; in Methanol (200—270 nm): *Eiden*, Ar. **292** [1959] 355, 358; in Äthanol (220—270 nm): *Franzosini et al.*, Ann. Chimica **45** [1955] 128, 132, 135; in Äthanol (225—265 nm) und in Chlorwasserstoff enthaltendem Äthanol (230—280 nm): *Gi. et al.*, l. c. S. 4897; Reduktionspotential: *Adkins, Cox*, Am. Soc. **60** [1938] 1151, 1153.

Überführung in 3-Hydroxy-pyran-4-on (Syst. Nr. 2476) durch Behandlung mit wss. Wasserstoffperoxid, Eisen(II)-sulfat und wss. Schwefelsäure (vgl. E I 145): *Mayer*, B. **90** [1957] 2369, 2371. Beim Behandeln einer Lösung in Chloroform mit Ozon und anschliessend mit wss. Jodwasserstoffsäure sind Ameisensäure (Hauptprodukt), Glyoxal, Glyoxylsäure und Mesoxalaldehyd erhalten worden (*Wibaut*, Ozone Chemistry and Technology (= Advances in Chemistry Series Nr. 21) [Washington 1959] S. 153, 159). Hydrierung an Raney-Nickel in Äthanol unter Bildung von Tetrahydro-pyran-4-on: *Cornubert et al.*, Bl. **1950** 36, 37. Hydrierung an Raney-Nickel in Methanol bei 110°/50 at unter Bildung von Tetrahydro-pyran-4-ol: *Naylor*, Soc. **1949** 2749, 2753. Hydrierung an Kupfer-Chromoxid in Äthanol bei 120°/100—200 at unter Bildung von Tetrahydro-pyran-4-ol (Hauptprodukt) und Tetrahydro-pyran-4-on: *Mozingo, Adkins*, Am. Soc. **60** [1938] 669, 671. Hydrierung an Raney-Nickel in methanol. Natriummethylat-Lösung bei 24°/100 at unter Bildung von 5-Methoxy-pentan-1,3-diol: *Paul, Tchelitcheff*, Bl. **1951** 550, 552. Beim Erwärmen mit Quecksilber(II)-acetat und wss. Essigsäure und Behandeln des Reaktionsprodukts mit wss. Salzsäure ist eine als x,x-Bis-chloromercurio-pyran-4-on angesehene Verbindung $C_5H_2Cl_2Hg_2O_2$ erhalten worden (*Files, Challenger*, Soc. **1940** 663, 666). Reaktion mit Hydroxylamin in wss. Lösung bei Lichtausschluss unter Bildung von 4-Hydroxyamino-pyridin-1-oxid: *Parisi et al.*, G. **90** [1960] 903, 905, 913.

Bildung von 1-[2-Diäthylamino-äthyl]-1*H*-pyridin-4-on beim Erhitzen mit *N,N*-Diäthyl-äthylendiamin und Wasser: *CIBA*, U.S.P. 1941312 [1930]. Bildung von 3-[4-Oxo-4*H*-[1]pyridyl]-propionsäure beim Erhitzen mit β-Alanin und Wasser: *Adams, Johnson*, Am. Soc. **71** [1949] 705, 707. Reaktion mit 1-Phenyl-biguanid in Äthanol unter Bildung von 1-[Phenylcarbamimidoyl-carbamimidoyl]-4-[phenylcarbamimidoyl-carbamimidoylimino]-1,4-dihydro-pyridin: *Neelakantan*, J. org. Chem. **22** [1957] 1584. Beim Behandeln mit Hydrazin-hydrat und Methanol ist Pyrazol-3-yl-acetaldehyd-hydrazon (*Jones, Mann*, Am. Soc. **75** [1953] 4048, 4049, 4051),beim Erhitzen mit Phenylhydrazin auf 120° und Hydrieren des Reaktionsprodukts an Raney-Nickel in Ammoniak enthaltendem Methanol bei 90°/70 at ist 5-[2-Amino-äthyl]-1-phenyl-pyrazol (*Ainsworth, Jones*, Am. Soc. **76** [1954] 3172) erhalten worden. Reaktion mit [4-Nitro-phenyl]-hydrazin in Essigsäure unter Bildung von [1-(4-Nitro-phenyl)-pyrazol-5-yl]-acetaldehyd-[4-nitro-phenylhydrazon]: *Ai., Jo.*

Verbindung mit Pikrinsäure $C_5H_4O_2 \cdot C_6H_3N_3O_7$ (H 273). Gelbe Krystalle (aus A.); F: 130,2—130,3° [korr.] (*Mayer*, B. **90** [1957] 2362, 2366).

2,6-Dideuterio-pyran-4-on $C_5H_2D_2O_2$, Formel VI.

B. Beim Erwärmen von Pyran-4-on mit Deuteriumoxid (*Lord, Phillips*, Am. Soc. **74** [1952] 2429; Org. Synth. Isotopes **1958** 1387).

3,5-Dideuterio-pyran-4-on $C_5H_2D_2O_2$, Formel VII.

B. Beim Erwärmen von Tetradeuterio-pyran-4-on mit Wasser (*Lord, Phillips*, Am. Soc. **74** [1952] 2429; Org. Synth. Isotopes **1958** 1387).

Tetradeuterio-pyran-4-on $C_5D_4O_2$, Formel VIII.

B. Beim Erhitzen von Tetradeuterio-4-oxo-4*H*-pyran-2,6-dicarbonsäure mit Kupfer-

Pulver auf 260° (*Lord, Phillips*, Am. Soc. **74** [1952] 2429; Org. Synth. Isotopes **1958** 1387).

Kp_{13}: 97°.

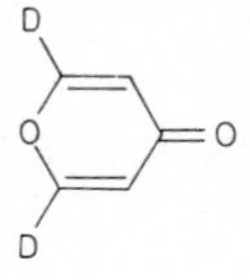

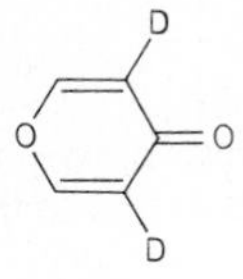

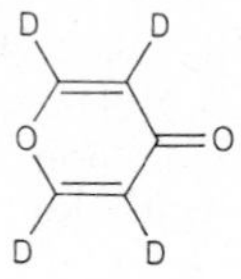

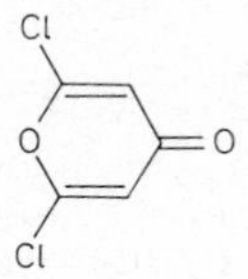

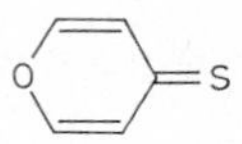

VI VII VIII IX X

2,6-Dichlor-pyran-4-on $C_5H_2Cl_2O_2$, Formel IX.

B. Beim Erwärmen von 2,6-Dihydroxy-pyran-4-on (Syst. Nr. 2490) mit Phosphor(V)-chlorid und Behandeln einer Lösung des Reaktionsprodukts in Äthanol mit wss. Natronlauge (*Kaushal*, J. Indian chem. Soc. **17** [1940] 138, 141).

Krystalle (aus E.); F: 78–80°.

Hydrochlorid $C_5H_2Cl_2O_2 \cdot HCl$. Krystalle (aus Bzl.); F: 105°.

Pyran-4-thion C_5H_4OS, Formel X (E II 305).

Dipolmoment (ε; Bzl.): 4,08 D (*Rolla et al.*, Ann. Chimica **42** [1952] 673, 677).

Ockergelbe Krystalle (aus Bzn.); F: 49,2–49,5° (*Ro. et al.*, l. c. S. 675). UV-Spektrum (200–400 nm) von Lösungen in Hexan und in Methanol: *Eiden*, Ar. **292** [1959] 461, 463, 464; in Äthanol: *Franzosini et al.*, Ann. Chimica **45** [1955] 128, 132, 135.

Thiopyran-4-on C_5H_4OS, Formel XI.

B. Beim Behandeln von 4*H*-Thiopyran-4-ol mit wss. Kalilauge und Kaliumpermanganat (*Putochin, Egorowa*, Doklady Akad. S.S.S.R. **96** [1954] 293; C. A. **1955** 5426). Beim Behandeln von Tetrahydro-thiopyran-4-on mit Phosphor(V)-chlorid in Benzol und Eintragen des Reaktionsprodukts in Wasser (*Arndt, Bekir*, B. **63** [1930] 2393, 2395; *Traverso*, B. **91** [1958] 1224, 1227). Beim Erwärmen von Pyran-4-on mit wss. Natriumhydrogensulfid-Lösung (*Mayer*, Chem. Tech. **10** [1958] 418). Beim Behandeln einer äther. Lösung von Thiopyran-4-thion mit äther. Quecksilber(II)-chlorid-Lösung und Erhitzen des Reaktionsprodukts mit wss. Natriumcarbonat-Lösung (*Mayer*, B. **90** [1957] 2362, 2367; *Tr.*, l. c. S. 1225, 1228). Beim Erhitzen von 4-Oxo-4*H*-thiopyran-3-carbonsäure mit Kupfer-Pulver in Chinolin (*Tarbell, Hoffman*, Am. Soc. **76** [1954] 2451).

Dipolmoment (ε; Bzl.): 3,96 D (*Rolla et al.*, Ann. Chimica **42** [1952] 673, 678).

Krystalle (aus CCl_4); F: 110,5–111° (*Ma.*, Chem. Tech. **10** 418), 110–110,2° (*Ro et al.*, l. c. S. 675), 110° (*Ar., Be.*). IR-Banden (Nujol) im Bereich von 1609 cm^{-1} bis 710 cm^{-1}: *Ta., Ho.* UV-Spektrum (220–320 nm) von Lösungen in Hexan, in Cyclohexan, in Methanol und in Äthanol: *Rolla, Franzosini*, Ann. Chimica **46** [1956] 582, 590, 591; in Äthanol: *Franzosini et al.*, Ann. Chimica **45** [1955] 128, 135.

Hydrochlorid $C_5H_4OS \cdot HCl$. F: ca. 135° (*Ar., Be.*). Bei 80°/1 Torr sublimierbar (*Ta., Ho.*).

Verbindung mit Quecksilber(II)-chlorid. Krystalle; F: 189° (*Ar., Be.*; *Pu., Eg.*).

Verbindung mit Kalium-hexacyanoferrat(II). Hellgrüne Krystalle (*Ar., Be.*).

1,1-Dioxo-1λ^6-thiopyran-4-on $C_5H_4O_3S$, Formel XII.

B. Beim mehrtägigen Behandeln von Thiopyran-4-on mit wss. Wasserstoffperoxid und Essigsäure (*Traverso*, B. **91** [1958] 1224, 1229). Beim Erhitzen von 3,5-Dibrom-1,1-dioxo-tetrahydro-1λ^6-thiopyran-4-on mit Pyridin (*Arndt, Bekir*, B. **63** [1930] 2393, 2396) oder mit Natriumacetat in Aceton (*Fehnel, Carmack*, Am. Soc. **70** [1948] 1813, 1815).

Gelbe Krystalle (aus Eg. bzw. Butan-1-ol); F: 174–175° [korr.] (*Fe., Ca.*), 174° (*Ar., Be.*). Bei 100–120°/1 Torr sublimierbar (*Tr.*). IR-Banden (Nujol) im Bereich von 1657 cm^{-1} bis 850 cm^{-1}: *Tarbell, Hoffman*, Am. Soc. **76** [1954] 2451. Absorptionsspektrum (Dioxan; 200–500 nm): *Fe., Ca.*

Beim Einleiten von Bromwasserstoff in eine Lösung in Essigsäure ist 2,6-Dibrom-1,1-dioxo-tetrahydro-1λ^6-thiopyran-4-on (F: 130–133° [Zers.]) erhalten worden (*Fe., Ca.*).

XI XII XIII XIV

Thiopyran-4-on-oxim C_5H_5NOS, Formel XIII (X = OH).

B. Beim Erwärmen von Thiopyran-4-thion mit Hydroxylamin-hydrochlorid und Natriumacetat in Methanol (*Traverso*, Ann. Chimica **45** [1955] 695, 704).

Krystalle (aus W.); F: 126–127°.

1,1-Dioxo-1λ⁶-thiopyran-4-on-oxim $C_5H_5NO_3S$, Formel XIV (X = OH).

B. Aus 1,1-Dioxo-1λ⁶-thiopyran-4-on und Hydroxylamin (*Fehnel, Carmack*, Am. Soc. **70** [1948] 1813, 1815).

Krystalle (aus W.); Zers. bei 196° [korr.].

Thiopyran-4-on-semicarbazon $C_6H_7N_3OS$, Formel XIII (X = NH-CO-NH_2).

B. Aus Thiopyran-4-on und Semicarbazid (*Putochin, Egorowa*, Doklady Akad. S.S.S.R. **96** [1954] 293; C. A. **1955** 5426).

Krystalle; F: 227°.

1,1-Dioxo-1λ⁶-thiopyran-4-on-semicarbazon $C_6H_7N_3O_3S$, Formel XIV (X = NH-CO-NH_2).

B. Aus 1,1-Dioxo-1λ⁶-thiopyran-4-on und Semicarbazid (*Fehnel, Carmack*, Am. Soc. **70** [1948] 1813, 1815).

Krystalle (aus W.); F: 237–239° [korr.; Zers.].

3-Brom-1,1-dioxo-1λ⁶-thiopyran-4-on $C_5H_3BrO_3S$, Formel I.

B. Beim Behandeln von 1,1-Dioxo-1λ⁶-thiopyran-4-on mit Brom (1 Mol) in Essigsäure (*Fehnel, Carmack*, Am. Soc. **70** [1948] 1813, 1815).

Krystalle (aus Me.); F: 189–190° [korr.; Zers.; im vorgeheizten Bad].

3,5-Dibrom-1,1-dioxo-1λ⁶-thiopyran-4-on $C_5H_2Br_2O_3S$, Formel II.

B. Beim Behandeln von 1,1-Dioxo-1λ⁶-thiopyran-4-on mit Brom (2 Mol) in Essigsäure (*Fehnel, Carmack*, Am. Soc. **70** [1948] 1813, 1815).

Krystalle (aus Me.); F: 160–162° [korr.; Zers.].

Thiopyran-4-thion $C_5H_4S_2$, Formel III.

B. Beim Erwärmen einer Lösung von Pyran-4-thion in Äthanol mit Kaliumhydrogensulfid in wss. Kalilauge (*Arndt et al.*, Rev. Fac. Sci. Istanbul [A] **13** [1948] 57, 69). Beim Erwärmen von Thiopyran-4-on mit Phosphor(V)-sulfid in Benzol (*Traverso*, B. **91** [1958] 1224, 1227). Beim Behandeln von 4-Methoxy-thiopyrylium-perchlorat mit Kaliumhydrogensulfid in wss. Kalilauge (*Tr.*, l. c. S. 1228).

Dipolmoment (ε; Bzl.): 4,41 D (*Rolla et al.*, Ann. Chimica **42** [1952] 673, 679).

Hellrote Krystalle (aus Bzn.); F: 48° (*Tr.*), 47° (*Ar. et al.*), 46,2–46,6° (*Ro. et al.*, l. c. S. 676). Absorptionsspektrum (A.; 200–450 nm): *Franzosini et al.*, Ann. Chimica **45** [1955] 128, 135.

Beim Behandeln mit Quecksilber(II)-chlorid in Äther und Erhitzen des Reaktionsprodukts mit wss. Natriumcarbonat-Lösung sind Thiopyran-4-on und eine von *Traverso* (l. c.) ursprünglich als [1,2]Dithiepin-5-on angesehene, von *Hertz et al.* (A. **625** [1959] 43, 44, 52) als (*Z*)-[1,2]Dithiol-3-yliden-acetaldehyd erkannte Verbindung (F: 9° bis 12°) erhalten worden. [*Staehle*]

I II III IV

2-Formyl-furan, Furan-2-carbaldehyd, Furfural, Furfurol $C_5H_4O_2$, Formel IV (H 272; E I 145; E II 305).

Übersicht: *A. P. Dunlop, F. N. Peters,* The Furans [New York 1953] S. 272; *Dunlop,* Kirk-Othmer, 2. Aufl. **10** [1966] 237.

Isolierung aus dem ätherischen Öl von Citrus aurantifolia: *Guenther, Langenau,* Am. Soc. **65** [1943] 959.

Bildungsweisen.

Bildung beim Behandeln von Furan mit *N,N*-Dimethyl-formamid und Phosphoryl= chlorid und anschliessend mit wss. Kaliumcarbonat: *Traynelis et al.,* J. org. Chem. **22** [1957] 1269; beim Behandeln von Furan mit Cyanwasserstoff, Äther und Chlorwasser= stoff und anschliessend mit Wasser: *Reichstein,* Helv. **13** [1930] 345, 346.

Struktur und Energiegrössen des Moleküls.

Konformation im festen und im flüssigen Zustand (aus dem IR-Spektrum und dem Raman-Spektrum): *Allen, Bernstein,* Canad. J. Chem. **33** [1955] 1055. Dipolmoment (ε; Bzl.): 3,63 D (*Calderbank, Le Fèvre,* Soc. **1949** 1462, 1466). Molpolarisation: *Ca., Le F.* ^{1}H-^{1}H-Spin-Spin-Kopplungskonstanten: *Abraham, Bernstein,* Canad. J. Chem. **37** [1959] 1056, 1059; *Leane, Richards,* Trans. Faraday Soc. **55** [1959] 518, 520. Grund-schwingungsfrequenzen des Moleküls: *Katritzky, Lagowski,* Soc. **1959** 657, 658. Energie-differenz der Konformeren: *Al., Be.,* l. c. S. 1060.

Physikalische Eigenschaften.

F: −38,8° (*Terres, Doerges,* Brennstoffch. **37** [1956] 385, 389; *Kenny,* Chem. eng. Sci. **6** [1956/57] 116). Kp_{760}: 160,0–160,5° [korr.] (*Murphy et al.,* Ind. eng. Chem. **49** [1957] 1035), 161,5° (*Kohlrausch et al.,* B. **66** [1933] 1, 11); Kp: 162° (*Buell, Boatright,* Ind. eng. Chem. **39** [1947] 695, 699); Kp_{20}: 65° (*Ko. et al.*). Dampfdruck bei Tempera-turen von 15,6° (0,0025 at) bis 232,2° (5,4 at): *Bu., Bo.,* l. c. S. 699; bei 37,8° (0,0668 at), bei 66° (0,262 at) und bei 93° (0,79 at): *McMillin et al.,* J. chem. eng. Data **3** [1958] 96, 102; bei Temperaturen von 55,9° (13,25 Torr) bis 160,7° (764,2 Torr): *Matthews et al.,* Trans. Faraday Soc. **46** [1950] 797, 798; bei 223,8° (3357 Torr), bei 239,8° (4551 Torr) und bei 253,8° (5777 Torr): *Curtis, Hatt,* Austral. J. scient. Res. [A] **1** [1949] 213, 223. Über die Assoziation im flüssigen Zustand und in Lösung s. *Chiorboli,* R.A.L. [8] **12** [1952] 92, 95; s. a. die Literatur über IR-Spektren und Raman-Spektren. D_4^{25}: 1,15482 (*Ke.*); Dichte bei Temperaturen von 15,6° (1,164) bis 149° (1,019): *Bu., Bo.* Molvolumen bei 37,8–93°: *Griswold et al.,* Chem. eng. Progr. Symp. Ser. Nr. 2 [1952] 62, 67; *McM. et al.,* l. c. S. 103. Zweiter Virialkoeffizient der Zustandsgleichung bei 37,8–93°: *Gr. et al.*; *McM. et al.* Oberflächenspannung [$g \cdot s^{-2}$] bei 14°: 44,5 (*Green, Olden,* J. appl. Chem. **1** [1951] 433, 435); bei 20°: 43,8 (*Moll,* Koll. Beih. **49** [1939] 1, 6); bei 25°: 42,95 (*Mu. et al.,* l. c. S. 1035); bei 30°: 41,09 (*Ray,* J. Indian chem. Soc. **11** [1934] 499). Schallgeschwindigkeit in Furfural bei 20°: *Baccaredda, Pino,* G. **81** [1951] 205, 207.

Viscosität [$g \cdot cm^{-1} \cdot s^{-1}$] bei 37,8° (0,0135), bei 54° (0,0109) und bei 99° (0,0068): *Buell, Boatright,* Ind. eng. Chem. **39** [1947] 695, 699. Wärmeleitfähigkeit bei 37,8°: *Bu., Bo.*

Schmelzenthalpie: 2,26 kcal·mol^{-1} (*Terres, Doerges,* Brennstoffch. **37** [1956] 385, 389), 3,4 kcal·mol^{-1} (*Miller,* Iowa Coll. J. **10** [1935] 91). Verdampfungswärme: 107,51 cal·g^{-1} (*Buell, Boatright,* Ind. eng. Chem. **39** [1947] 695, 699). Latente Verdampfungswärme bei 0° und bei 160,6°: *Matthews et al.,* Trans. Faraday Soc. **46** [1950] 797, 802. Wärme-kapazität C_p bei Temperaturen von 15,6° (0,39 cal·g^{-1}·grad^{-1}) bis 149° (0,565 cal·g^{-1}· grad^{-1}): *Bu., Bo.* Entropie und Bildungsenthalpie bei 25°: *Mi.* Verbrennungswärme bei konstantem Volumen: *Tanaka,* Mem. Coll. Sci. Kyoto [A] **13** [1930] 265, 276.

n_D^{20}: 1,5246 (*Hazlet, Callison,* Am. Soc. **66** [1944] 1248), 1,5255 (*Dunlop, Trimble,* Ind. eng. Chem. **32** [1940] 1000); $n_{589,3}^{35}$: 1,51879; $n_{546,0}^{35}$: 1,52481; $n_{435,8}^{35}$: 1,55385 (*Narasimhan,* J. Indian Inst. Sci. [A] **37** [1955] 30, 32).

^{1}H-NMR-Spektrum: *Abraham, Bernstein,* Canad. J. Chem. **37** [1959] 1056, 1060; *Leane, Richards,* Trans. Faraday Soc. **55** [1959] 518, 519; *Gronowitz, Hoffman,* Acta chem. scand. **13** [1959] 1687, 1689; s. a. *Corey et al.,* Am. Soc. **80** [1958] 1204. IR-Spektrum von festem Furfural (bei −70°) von 3,2 μ bis 13,3 μ: *Allen, Bernstein,* Canad. J. Chem. **33** [1955] 1055, 1058. IR-Spektrum von flüssigem Furfural von 2 μ bis 12 μ: *Rogers, Williams,* Am. Soc. **60** [1938] 2619; von 2,8 μ bis 15 μ: *Mirone,* R.A.L. [8] **16** [1954] 483, 485; von 3 μ bis 25 μ: *Suetaka,* G. **86** [1956] 783, 786; von 3 μ bis 14 μ bei −37° und bei +20°: *Al., Be.*; von 5 μ bis 10 μ: *Barnes et al.,* Ind. eng. Chem. Anal. **15** [1943]

659, 693; von 5,5 μ bis 15,5 μ: *Mantica et al.*, Rend. Ist. lomb. **91** [1957] 817, 823. IR-Spektrum von dampfförmigem Furfural von 3 μ bis 22 μ: *Su.*, l. c. S. 787. Feinstruktur der IR-Banden bei 2900 cm^{-1} bis 2800 cm^{-1} von festem, flüssigem und in Tetrachlormethan gelöstem Furfural bei −70° bis +90°: *Al.*, *Be.*, l. c. S. 1059. Einfluss von Schwefelkohlenstoff, Chloroform, Tetrachlormethan, Tribrommethan, Nitromethan, 1,1-Dichlor-äthan, Dioxan, Aceton und Acetonitril auf die IR-Banden bei 1695 cm^{-1}, 1675 cm^{-1} und 843 cm^{-1}: *Glusker et al.*, Spectrochim. Acta **6** [1954] 434, 437. Einfluss von Tetrachlormethan und von Phenol auf die IR-Banden bei 1695 cm^{-1} und 1675 cm^{-1}: *Mi.*, l. c. S. 488. Einfluss von Schwefelkohlenstoff, Chloroform, Tetrachlormethan, Cyclohexan, Benzol, Chlorbenzol, Nitrobenzol, Pyridin, Methanol, Diäthyläther, Phenol und Acetonitril auf die IR-Banden bei 1695 cm^{-1} und 1675 cm^{-1}: *Su.*, l. c. S. 792. Raman-Spektrum (3143−119 cm^{-1}) von festem Furfural: *Su.*, l. c. S. 789. Raman-Spektrum (3150−120 cm^{-1}) von flüssigem Furfural: *Médard*, Bl. [5] **1** [1931] 934, 939; *Matsuno, Han*, Bl. chem. Soc. Japan **9** [1934] 327, 335, 341; *Su.*; *Al.*, *Be.*, l. c. S. 1056, 1057. Raman-Spektrum (3150−166 cm^{-1}) von Lösungen in Tetrachlormethan: *Al.*, *Be.* Einfluss von Tetrachlormethan, Benzol, Dioxan, Methanol und Phenol auf die Raman-Banden bei 1690 cm^{-1} und 1669 cm^{-1}: *Rolla, Chiorboli*, G. **79** [1949] 513, 516. Einfluss von Benzol auf die Raman-Banden bei 1690 cm^{-1} und 1669 cm^{-1}: *Chiorboli, Manaresi*, G. **84** [1954] 1103, 1108. Depolarisationsgrad von Raman-Banden: *Al.*, *Be.*, l. c. S. 1057. UV-Spektrum (240−280 nm) von dampfförmigem Furfural: *Santhamma*, Pr. nation. Inst. Sci. India [A] **22** [1956] 256; *Berton*, Bl. **1949** 759. UV-Absorption von dampfförmigem (?) Furfural im Bereich von 51402 cm^{-1} bis 50055 cm^{-1}: *Walsh*, Trans. Faraday Soc. **42** [1946] 62. Absorptionsspektrum von Lösungen in Äthanol von 200 nm bis 425 nm: *Schmidt*, B. **90** [1957] 1352, 1354; *Bandow*, Bio. Z. **294** [1937] 124, 131. UV-Spektrum (200−380 nm) von Lösungen in Cyclohexan und in Äthanol: *Grammaticakis*, Bl. **1953** 821, 822, 826; von äthanol. Lösungen vom pH 2,9 und pH 12,8: *Dobrinškaja*, Doklady Akad. S.S.S.R. **63** [1948] 549; C. A. **1949** 2865; von Lösungen in Wasser: *Omata et al.*, J. agric. chem. Soc. Japan **29** [1955] 215, 216; C. A. **1958** 8448; *Turner et al.*, Anal. Chem. **26** [1954] 898; *Andrisano, Passerini*, G. **80** [1950] 730, 735; von Lösungen in Wasser und in wss. Salzsäure (1,3%ig): *Fuchs*, M. **81** [1950] 70, 73; in wss. Phosphorsäure (85%ig): *Choudhury*, J. scient. ind. Res. India **17** B [1958] 434; in wss. Schwefelsäure (80−90%ig): *Holzman et al.*, J. biol. Chem. **171** [1947] 27, 33; *Bowness*, Biochem. J. **70** [1958] 107, 108. Absorptionsspektrum (220−420 nm) von Lösungen in 96%ig. und 62%ig. wss. Schwefelsäure sowie in äthanol. Schwefelsäure: *Bandow*, Bio. Z. **294** [1937] 124, 131. UV-Absorptionsmaximum: 317 nm [96%ig. wss. Schwefelsäure], 310 nm [62%ig. wss. Schwefelsäure], 292 nm [83%ig. wss. Phosphorsäure] (*Bandow*, Bio. Z. **298** [1938] 81, 98).

Magnetische Susceptibilität: $-0{,}498 \cdot 10^{-6}$ $cm^3 \cdot g^{-1}$ (*Bhatnagar et al.*, Z. Phys. **100** [1936] 141, 143), $-47{,}1 \cdot 10^{-6}$ $cm^3 \cdot mol^{-1}$ (*Pacault*, A. ch. [12] **1** [1946] 527, 560).

Dielektrizitätskonstante bei 20°: 45 (*Moll*, Koll. Beih. **49** [1939] 1, 6), 39,4 (*Farkas*, Z. El. Ch. **38** [1932] 654, 656); bei 25°: 38 (*Buell, Boatright*, Ind. eng. Chem. **39** [1947] 695, 699). Elektrische Leitfähigkeit bei 20°: *Balkin*, Soc. **1931** 389, 397. Photopotential (Becquerel-Effekt) bei in Äthanol gelöstem Furfural: *Levin et al.*, J. chem. Physics **21** [1953] 1654, 1658. Oxydationspotential: *Adkins et al.*, Am. Soc. **71** [1949] 3622, 3624. Polarographie: *Tachi*, J. agric. chem. Soc. Japan **14** [1938] 1371; Bl. agric. chem. Soc. Japan **14** [1938] 107; *Korschunow, Jermolajewa*, Ž. obšč. Chim. **17** [1947] 181; C. A. **1948** 41; *Cappellina*, Ann. Chimica **48** [1958] 535, 543; *Nakaya et al.*, J. chem. Soc. Japan Pure Chem. Sect. **78** [1957] 935, 941; C. A. **1959** 21277; *Cappellina, Drusiani*, G. **84** [1954] 939, 946; *Imoto et al.*, J. chem. Soc. Japan Pure Chem. Sect. **77** [1956] 804, 812, 814; C. A. **1958** 9067; Bl. Naniwa Univ. [A] **3** [1955] 203, 205; *Ėkšter*, Ž. obšč. Chim. **29** [1959] 17, 18; engl. Ausg. S. 18.

Physikalische Eigenschaften von Furfural enthaltenden Mehrstoffsystemen. Lösungsvermögen für Distickstoffoxid bei 0°, 15° und 30°: *Suggitt et al.*, J. org. Chem. **12** [1947] 373, 377; für zahlreiche anorganische Säuren, Salze, Hydroxide und Oxide bei 25°: *Trimble*, Ind. eng. Chem. **33** [1941] 660; für Nickel(II)-chlorid und Kobalt(II)-chlorid bei 25°: *Garwin, Hixson*, Ind. eng. Chem. **41** [1949] 2298, 2299. Furfural ist mit flüssigem Kohlendioxid bei 21−26°/65 at unbegrenzt mischbar (*Francis*, J. phys. Chem. **58** [1954] 1099, 1104). Löslichkeit in Wasser bei 25°: 7,9 ml/100 ml (*Booth, Everson*, Ind.

eng. Chem. **40** [1948] 1491). Gegenseitige Löslichkeit von Furfural und Wasser bei 37,8° bis 120° (kritische Lösungstemperatur): *Griswold et al.*, Chem. eng. Progr. **44** [1948] 839, 841. Löslichkeit in 4,5%ig. bis 36%ig. wss. Salzsäure bei 20°: *Tschelinzew*, Doklady Akad. S.S.S.R. **1934** IV 304, 307; C. **1936** I 2537. Untere Grenztemperatur der Mischbarkeit mit wss. Lösungen von Natriumsulfat, Magnesiumsulfat, Aluminiumsulfat und Zinksulfat bei 52—195,5°: *Curtis, Hatt*, Austral. J. scient. Res. [A] **1** [1948] 213, 230. Gegenseitige Löslichkeit von Furfural und Butan bei 37,8—93°: *Gr. et al.*, l. c. S. 842; von Furfural und 2,2,4-Trimethyl-pentan bei 25° sowie von Furfural und Benzol bei 25°: *Kenny*, Chem. eng. Sci. **6** [1956/57] 116, 118, 119; von Furfural und Hexan, 2-Methyl-pentan, 2,2-Dimethyl-butan, 2,3-Dimethyl-butan, Heptan, 2,4-Dimethyl-pentan, 2,2,4-Trimethyl-pentan, 2,2,5-Trimethyl-hexan, Cyclopentan, Cyclohexan, Methylcyclopentan oder Methylcyclohexan: *Pennington, Marwil*, Ind. eng. Chem. **45** [1953] 1371, 1372. Löslichkeitsdiagramm der binären Systeme mit Hexadecan, Heptadecan, 11-Pentyl-heneicosan, 1-Cyclohexyl-3-[2-cyclohexyl-äthyl]-undecan, 1-Cyclopentyl-4-[3-cyclopentyl-propyl]-dodecan und (±)-8-*p*-Tolyl-nonadecan: *Schiessler et al.*, Pr. Am. Petr. Inst. **26** III [1946] 254, 300. Kritische Lösungstemperaturen der binären Systeme mit Schwefel, Kohlenwasserstoffen, Carbonsäuren und Carbonsäureestern: *A. W. Francis*, Critical Solution Temperatures (= Advances in Chemistry Series Nr. 31) [Washington 1961] S. 97, 189—208; mit Kohlenwasserstoffen: *A. P. Dunlop, F. N. Peters*, The Furans [New York 1953] S. 324—327; *Sch. et al.*, l. c. S. 281.

Löslichkeitsdiagramm der ternären Systeme mit Natriumjodid und Kaliumjodid bei 20°, 30° und 40°: *Šarkišow et al.*, Ž. obšč. Chim. **17** [1947] 2208; C. A. **1948** 4828; mit Wasser und Butan bei 37,8—93°: *Griswold et al.*, Chem. eng. Progr. **44** [1948] 839, 843; mit Wasser und But-1-en bei 37,8° und 66°: *Griswold et al.*, Chem. eng. Progr. Symp. Ser. Nr. 2 [1952] 62, 64; mit Wasser und Äthanol bei 25°: *Domanský*, Chem. Listy **46** [1952] 765; mit Wasser und Äthylenglykol bei 25°: *Conway, Norton*, Ind. eng. Chem. **43** [1951] 1433; mit Wasser als zweiter und Aceton, Äthylacetat oder Isoamylacetat als dritter Komponente bei 25°: *Lloyd et al.*, Canad. J. Res. [B] **15** [1937] 98, 99, 100, 101; mit Wasser und 4-Methyl-pentan-2-on bei 25°: *Conway, Philip*, Ind. eng. Chem. **45** [1953] 1083; mit Wasser und Essigsäure bei 21°: *Pegoraro, Guglielmi*, Chimica e Ind. **37** [1955] 1035, 1036. Lösungsgleichgewicht im ternären System mit Wasser und Essigsäure bei 26,7°; *Skrzec, Murphy*, Ind. eng. Chem. **46** [1954] 2245. Löslichkeitsdiagramm der ternären Systeme mit flüssigem Kohlendioxid als zweiter und Wasser, Hexadecan, Decalin oder Diphenylmethan als dritter Komponente bei 21—26°/65 at: *Francis*, J. phys. Chem. **58** [1954] 1099, 1104, 1110—1112. Kritische Lösungstemperatur der ternären Gemische mit Hexan und Benzol sowie mit Cyclohexan und Benzol: *Syono*, J. Soc. chem. Ind. Japan Spl. **41** [1938] 236; J. Soc. chem. Ind. Japan **41** [1938] 465, 467, 468. Gleichgewicht zwischen den flüssigen Phasen in den ternären Systemen mit Heptan und Cyclohexan bei 30°, mit Hexan und 2,2,4-Trimethyl-pentan bei 30° sowie mit Heptan und Methylcyclohexan bei 60°: *Pennington, Marwil*, Ind. eng. Chem. **45** [1953] 1371, 1374, 1375, 1376. Löslichkeitsdiagramm der ternären Systeme mit 2,2,4-Trimethyl-pentan und Benzol bei 25°: *Kenny*, Chem. eng. Sci. **6** [1956/57] 116, 121; mit Docosan und 1,6-Diphenyl-hexan bei 45—140°: *Briggs, Comings*, Ind. eng. Chem. **35** [1943] 411, 414—417; mit 2-Methyl-furan und Furfurylalkohol bei 20°, mit Tetrahydrofurfurylalkohol und Furfurylalkohol bei 20° sowie mit Wasser und Furfurylalkohol bei 10° und 20°: *Nagy*, Acta chim. hung. **12** [1957] 15, 18, 23; mit Glycerin und Benzaldehyd bei 20° und 50°: *Krupatkin*, Ž. obšč. Chim. **25** [1955] 1871, 1874, 1875; engl. Ausg. S. 1815, 1818; mit Ölsäure als zweiter und Heptan oder Cyclohexan als dritter Komponente bei 25°: *Sample et al.*, J. chem. eng. Data **1** [1956] 17, 20. Löslichkeitsdiagramm der quaternären Systeme mit Wasser, Butan und But-1-en sowie mit Wasser, Butan und Buta-1,3-dien bei 38°, 66° und 93°: *McMillin et al.*, J. chem. eng. Data **3** [1958] 96, 98, 100.

Schmelzdiagramm der binären Systeme mit Benzol, Toluol, *p*-Cymol, *o*-Xylol, *m*-Xylol, *p*-Xylol, Mesitylen, 1-Methyl-naphthalin, 2-Methyl-naphthalin, Fluoren, 2,3-Dimethyl-naphthalin und 2,6-Dimethyl-naphthalin: *Terres, Doerges*, Brennstoffch. **37** [1956] 385, 387. Kryoskopie in Benzol: *Chiorboli, Manaresi*, G. **84** [1954] 1103, 1104.

Flüssigkeit-Dampf-Gleichgewicht im System mit Wasser bei 3—18 at: *Melnikow, Zirlin*, Ž. prikl. Chim. **29** [1956] 1456; engl. Ausg. S. 1573; bei 4,5 at: *Buell, Boatright*, Ind. eng. Chem. **39** [1947] 695, 696; bei 6,17 at, 7,85 at und 9,83 at: *Curtis, Hatt*, Austral.

J. scient. Res. [A] **1** [1948] 213, 220, 221. Flüssigkeit-Dampf-Gleichgewicht in den binären Systemen mit Wasser bei 300 Torr und 760 Torr sowie mit Methanol bei 300 Torr und 755 Torr: *Andreew, Zirlin,* Ž. prikl. Chim. **27** [1954] 402, 404; engl. Ausg. S. 375, 380; mit Tetrachlormethan bei 760 Torr: *Wingard et al.*, Ind. eng. Chem. **47** [1955] 1757; s. a. *Wingard et al.*, Ind. eng. Chem. **48** [1956] 317, **48** [1956] 964; mit Butan, mit Isobutan und mit But-1-en bei 38°, 51,5°, 66° und 93°: *Mertes, Colburn,* Ind. eng. Chem. **39** [1947] 787; mit But-2*c*-en bei 38°, 66° und 93°: *Welty et al.*, Ind. eng. Chem. **43** [1951] 162, 163; mit 2,2,4-Trimethyl-pentan und mit Toluol bei 760 Torr: *Thornton, Garner,* J. appl. Chem. **1** [1951] Spl. 74; mit Toluol, mit Methylcyclohexan und mit Heptan bei 760 Torr: *Garner, Hall,* J. Inst. Petr. **41** [1955] 1, 8, 10, 20; mit Cyclohexan und mit Benzol bei 760 Torr: *Thornton, Garner,* J. appl. Chem. **1** [1951] Spl. 61; mit 2-Methyl-furan bei 738 Torr: *Holdren, Hixon,* Ind. eng. Chem. **38** [1946] 1061. Dampfdruck im System mit 2-Methyl-furan bei 20°, 25,6° und 30°: *Ho., Hi.* Flüssigkeit-Dampf-Gleichgewicht in den binären Systemen mit Furfurylalkohol bei 25 Torr: *Dunlop, Trimble,* Ind. eng. Chem. **32** [1940] 1000; *Wingard, Durant,* J. Alabama Acad. **27** [1955] 11, 12; mit Acetaldehyd und mit Essigsäure bei 760 Torr: *Othmer,* Ind. eng. Chem. **35** [1943] 614, 618, 619; mit Äthyl= acetat bei 760 Torr: *Wingard, Piazza,* Alabama polytech. Inst. Eng. Bl. Nr. 32 [1958] 1, 6; mit Octan-1-ol, mit Octansäure, mit Octansäure-methylester, mit Decansäure und mit Decansäure-methylester bei 25 Torr und bei 100 Torr: *Rigamonti, Spaccamela-Marchetti,* Chimica e Ind. **37** [1955] 1039, 1041. Dampfdruck in den binären Systemen mit 2,2,4-Trimethyl-pentan und mit Benzol bei 25°: *Kenny,* Chem. eng. Sci. **6** [1956/57] 116, 118, 119.

Flüssigkeit-Dampf-Gleichgewicht in den ternären Systemen mit Methanol und Wasser bei 300 Torr und 755 Torr: *Andreew, Zirlin,* Ž. prikl. Chim. **27** [1954] 402, 405, 411; engl. Ausg. S. 375, 378, 383; mit Butan und But-1-en sowie mit Isobutan und But-1-en bei 38°, 51,5°, 66° und 93°: *Gerster et al.*, Ind. eng. Chem. **39** [1947] 797–804; s. a. *Gerster et al.*, Ind. eng. Chem. **39** [1947] 1520; mit Butan und But-2*c*-en sowie mit But-2*c*-en und Wasser bei 38°, 66° und 93°: *Welty et al.*, Ind. eng. Chem. **43** [1951] 164, 166; mit Methyl= cyclohexan und Toluol, mit Heptan und Toluol sowie mit Heptan und Methylcyclohexan bei 760 Torr: *Garner et al.*, J. Inst. Petr. **41** [1955] 11, 21, 25; mit 2,2,4-Trimethyl-pentan und Toluol bei 760 Torr: *Thornton, Garner,* J. appl. Chem. **1** [1951] Spl. 74; mit Cyclo= hexan und Benzol bei 760 Torr: *Thornton, Garner,* J. appl. Chem. **1** [1951] Spl. 61. Dampfdruck von ternären Gemischen mit 2,2,4-Trimethyl-pentan und Benzol bei 25°: *Kenny,* Chem. eng. Sci. **6** [1956/57] 116, 122; mit Wasser als zweiter und Butan, Isobutan, But-1-en oder Buta-1,3-dien als dritter Komponente bei 38°, 66°, 93° und 121°: *Holloway, Thurber,* Ind. eng. Chem. **36** [1944] 980, 981, 982. Flüssigkeit-Dampf-Gleichgewicht in den quarternären Systemen mit Isobutan, But-1-en und Wasser bei 38°, 66° und 93°: *Jordan et al.*, Chem. eng. Progr. **46** [1950] 604; mit Butan, But-2*c*-en und Wasser bei 38°, 66° und 93°: *Welty et al.*, Ind. eng. Chem. **43** [1951] 162, 170; mit Me= thanol, Essigsäure und Wasser: *Melnikow, Zirlin,* Ž. prikl. Chim. **29** [1956] 1159, 1162; engl. Ausg. S. 1255, 1258.

Diffusion von Furfural-Dampf in Luft bei 17°: *Pasquill,* Pr. roy. Soc. [A] **182** [1943/44] 75, 89; bei 25° und 50°: *Brookfield et al.*, Pr. roy. Soc. [A] **190** [1947] 59, 64. Diffusionskoeffizient für das System mit Wasser bei 20° und 30°: *Lewis,* J. appl. Chem. **5** [1955] 228, 232.

Elektro-Endosmose durch Glasfritten bei 20°: *Fairbrother, Balkin,* Soc. **1931** 389, 397. Grenzflächenpotentiale gegen wss. Lösungen von Ammoniumchlorid, Ammoniumnitrat, Natriumnitrat, Silbernitrat und Kaliumacetat: *Farkas,* Z. El. Ch. **38** [1932] 654, 660. Grenzflächenspannung an der Phasengrenze von Gemischen mit Wasser sowie zwischen den flüssigen Phasen des ternären Systems mit Essigsäure und Wasser, jeweils bei 25°: *Murphy et al.*, Ind. eng. Chem. **49** [1957] 1035, 1036, 1037.

Assoziation mit *O*-Deuterio-methanol (IR-spektrographisch ermittelt): *Gordy, Stanford,* J. chem. Physics **8** [1940] 170.

Chemisches Verhalten.

Thermische Stabilität bei 140°, 180° und 230°: *Dunlop, Peters,* Ind. eng. Chem. **32** [1940] 1639. Pyrolyse bei 680–900° (Bildung von Furan, Benzol und Toluol): *Hurd et al.*, Am. Soc. **54** [1932] 2532, 2535. Beim Erhitzen mit wss. Schwefelsäure auf 160° ist Reduktinsäure (2,3-Dihydroxy-cyclopent-2-enon) erhalten worden (*Aso,* J. agric. chem.

Soc. Japan **15** [1939] 161, 165; C. A. **1940** 379). Geschwindigkeitskonstante der Zersetzung in wss. Salzsäure (0,05 n und 0,1 n) bei 160° sowie in wss. Schwefelsäure (0,05 n und 0,1 n) bei 150—210°: *Williams, Dunlop*, Ind. eng. Chem. **40** [1948] 239; in wss. Schwefel-säure (1 m bis 4 m) bei 120°, 125° und 130°: *Sánchez Cabello*, An. Soc. españ. [B] **48** [1952] 53, 56; in Wasser sowie in wss. Schwefelsäure (0,2 n und 0,7 n) bei 180°: *Curtis, Hatt*, Austral. J. scient. Res. [A] **1** [1948] 213, 233. Bildung von Furan beim Leiten von Furfural über Natronkalk bei 350—360° bzw. bei 350—600°: *Hurd et al.*, l. c. S. 2534; *Schur, Kosin*, Ž. prikl. Chim. **26** [1953] 442, 444; engl. Ausg. S. 407, 408. Kinetik der Disproportionierung (Bildung von Furfurylalkohol und Furan-2-car-bonsäure) beim Behandeln mit wss. Kalilauge (0,1 n bis 2,3 n), auch nach Zusatz von Kaliumchlorid und von Äthanol, bei 0° bis 40°, beim Behandeln mit wss. Natronlauge (0,2 n), auch nach Zusatz von Natriumchlorid, bei 0° sowie beim Behandeln mit wss. Bariumhydroxid-Lösung (0,18 n) bei 0°: *Geib*, Z. physik. Chem. [A] **169** [1934] 41, 44; beim Behandeln mit wss. Natronlauge (0,001 n bis 2,5 n), auch nach Zusatz von Dioxan, bei 25°: *Eitel*, M. **74** [1943] 124, 126, 132. Beim Leiten von Furfural im Gemisch mit Wasserdampf über Zinkoxid-Manganoxid-Chromoxid-Katalysatoren bei 400° ist Furan erhalten worden (*Du Pont de Nemours & Co.*, U.S.P. 2374149 [1943]; *Ceccotti, Martello*, Chim. et Ind. Sonderband 27. Congr. int. Chim. ind. Brüssel 1954 Bd. 3, S. 591, 594; *Karmil'tschik, Giller*, Latvijas Akad. mežsaimn. Probl. Inst. Raksti **12** [1957] 251; C. A. **1958** 20773; *Lie et al.*, Scientia Peking **9** [1958] 88; C. A. **1958** 20111; s. a. *Mizutani, Aikawa*, Chem. High Polymers Japan **7** [1950] 95, 97; C. A. **1952** 436). Geschwindigkeits-konstante dieser Reaktion in Gegenwart eines Zinkoxid-Chromoxid-Katalysators bei 415°: *Vándor*, Acta chim. hung. **3** [1953] 169, 171.

Elektrochemische Oxydation an Blei-Anoden in wss. Schwefelsäure unter Bildung von Maleinaldehydsäure und Maleinsäure (vgl. E II 306): *Hallström*, Svensk kem. Tidskr. **60** [1948] 214, 216. Flammpunkt: *Assoc. Factory Insurance Co.*, Ind. eng. Chem. **32** [1940] 880, 882; *Buell, Boatright*, Ind. eng. Chem. **39** [1947] 695, 699. Tropfzündpunkt: *Assoc. Factory Insurance Co.*; *Scott et al.*, Anal. Chem. **20** [1948] 238, 240. Untere Explosions-grenze von Gemischen mit Luft bei 125°: *Jones, Klick*, Ind. eng. Chem. **21** [1929] 791; *Bu., Bo.*; s. a. *Herbert*, J. Inst. Petr. **25** [1939] 323, 340. Brenngeschwindigkeit (stationäre Flamme) von Gemischen mit Luft: *Gibbs, Calcote*, J. chem. eng. Data **4** [1959] 226, 233, 237. Autoxydation, auch in Gegenwart von Inhibitoren: *A. P. Dunlop, F. N. Peters*, The Furans [New York 1953] S. 385; s. a. *Rice et al.*, Am. Soc. **69** [1947] 1798; *Dunlop*, Ind. eng. Chem. **40** [1948] 204, 206. Photosensibilisierte Reaktion mit Sauerstoff unter Bildung von 5-Äthoxy-5*H*-furan-2-on („Maleinaldehydsäure-pseudoäthylester") und von Ameisensäure-äthylester: *Schenk*, A. **584** [1953] 156, 163, 165, 175. Bildung von Maleinsäure und Maleinsäure-anhydrid beim Behandeln mit Luft in Gegenwart von Vanadium(V)-oxid-Katalysatoren bei 200—400° (vgl. E II 307): *C. F. Böhringer & Söhne*, D.R.P. 539269 [1927]; Frdl. **18** 803; *Milas, Walsh*, Am. Soc. **57** [1935] 1389, 1390; *Quaker Oats Co.*, U.S.P. 2421428 [1944]; *Tarwid et al.*, Latvijas Akad. Vēstis **1952** Nr. 11, S. 57, 71, 74; C. A. **1955** 278; *Costa Novella et al.*, An. Soc. españ. [B] **52** [1956] 63, 65. Bildung von Furan-2-carbonsäure beim Behandeln mit Luft oder Sauerstoff in Gegenwart von Silberoxid und wss. Natronlauge bei 50°: *Quaker Oats Co.*, U.S.P. 2041184 [1932]; *Andrisano*, Boll. scient. Fac. Chim. ind. Bologna **7** [1949] 66; *Taniyama*, J. chem. Soc. Japan Ind. Chem. Sect. **54** [1951] 248; C. A. **1953** 8725; s. a. *Dinelli*, Ann. Chimica applic. **29** [1939] 448, 449; *Narasaki, Ito*, Rep. Gov. chem. ind. Res. Inst. Tokyo **46** [1951] 199, 201; C. A. **1952** 4524. Beim Behandeln einer Lösung in Methanol mit Ozon sind Hydroxy-methoxy-essigsäure-methylester und kleinere Mengen Dioxobern-steinsäure-dimethylester erhalten worden (*Gen. Electric Co.*, U.S.P. 2793228 [1953]). Die beim Behandeln mit wss. Wasserstoffperoxid bei 40° erhaltenen, früher als 3-Hydroxy-furan-2-carbaldehyd und als 3-Hydroxy-furan-2-carbonsäure angesehenen Verbindungen (s. H 274) sind wahrscheinlich als Maleinaldehydsäure bzw. als 2,5-Dioxo-pent-3*c*-en-säure zu formulieren (*Clauson-Kaas, Fakstorp*, Acta chem. scand. **1** [1947] 415, 416). Bildung von Bernsteinsäure, Essigsäure, Acetaldehyd und Kohlendioxid beim Erhitzen mit wss. Wasserstoffperoxid auf 105°: *Šaltschinkin et al.*, Ž. prikl. Chim. **28** [1955] 216, 217; C. A. **1955** 7545. Beim Erwärmen mit wss. Wasserstoffperoxid und wss. Salzsäure auf 75° sind Maleinsäure, Fumarsäure, Maleinaldehydsäure und Ameisensäure, beim Erwärmen mit wss. Wasserstoffperoxid und wss. Schwefelsäure auf 75° sind hingegen Bernsteinsäure, Maleinsäure, Ameisensäure, Kohlendioxid und Kohlenmonoxid erhalten worden (*Kállay*, Acta chim. hung. **10** [1957] 157, 164, 165). Die beim Behandeln mit Peroxomonoschwefelsäure („Sulfomonopersäure") erhaltenen, als 5-Hydroxy-furan-2-carbaldehyd und 5-Hydroxy-furan-2-carbonsäure angesehenen Verbindungen (s. H 274) sind vermutlich als Maleinaldehydsäure bzw. als 2-Oxo-glutarsäure zu formulieren (*Cl.-Kaas, Fa.*). Reaktion mit Peroxyessigsäure unter Bildung von Maleinsäure, Maleinaldehydsäure, Essigsäure, Ameisensäure und 3(oder 2)-Hydroxy-4-oxo-buttersäure (E III **3** 1454): *Böeseken et al.*, R. **50** [1931] 1023, 1024, 1026, 1033. Bildung von Fumarsäure beim Erwärmen mit wss. Natriumchlorat-Lösung in Gegenwart von Vanadium(V)-oxid: *Bulygina*, Maslob. žir. Delo **10** [1934] Nr. 4, S. 43; C. **1934** II 4019; in Gegenwart von Vanadium-Eisen-Legierung oder von Vanadium-Aluminium-Legierung: *Šerdjukow*, Maslob. žir. Delo **10** [1934] Nr. 4, S. 43; C. **1934** II 4019. Bildung von Furan-2-carbonsäure beim Behandeln mit alkal. wss. Natriumhypobromit-Lösung: *Šaltschinkin, Lapkowa*, Ž. prikl. Chim. **29** [1956] 141, 143; engl. Ausg. S. 155, 156. Bildung von Oxalsäure beim Erwärmen mit wss. Salpetersäure (D: 1,37): *Šaltschinkin*, Trudy Kubansk selskochoz. Inst. Nr. 2 [1955] 220; C. A. **1961** 22128. Geschwindigkeit der Reaktion mit Silberoxid in Ammoniak enthaltender wss. Lösung bei 100° (Bildung von Furan-2-carbonsäure): *Löw*, Acta chem. scand. **4** [1950] 294, 296.

Beim Eintragen von Furfural in ein Gemisch von Brom und wss. Bromwasserstoffsäure bei 65° und Einleiten von Chlor in das Reaktionsgemisch bei 75° ist 3-Brom-2-chlor-4-oxo-*cis*-crotonsäure erhalten worden (*Kuh, Shepard*, Am. Soc. **75** [1953] 4597). Reaktion mit Brom in 1,2-Dichlor-äthan in Gegenwart von Schwefel und Hydrochinon unter Bildung von 5-Brom-furfural: *Nasarowa*, Ž. obšč. Chim. **24** [1954] 575, 576; engl. Ausg. S. 589, 590. Bildung von 2,5-Diäthoxy-2-diäthoxymethyl-2,5-dihydro-furan (Kp_2: 101°; n_D^{27}: 1,4343) beim Behandeln mit Brom und Äthanol bei −5°: *Fakstorp et al.*, Am. Soc. **72** [1950] 869, 870, 872. Beim Behandeln mit Salpetersäure und Acetanhydrid ist eine von *Michels, Hayes* (Am. Soc. **80** [1958] 1114; s. a. *Kimura*, J. pharm. Soc. Japan **75** [1955] 1175; C. A. **1956** 8586) als 2-Acetoxy-2-diacetoxymethyl-5-nitro-2,5-dihydro-furan, von *Holly et al.* (Acta chim. hung. **61** [1969] 45, 49) als 2-Acetoxy-5-diacetoxymethyl-2-nitro-2,5-dihydro-furan angesehene Verbindung (F: 107−108° bzw. F: 109° bis 111°) erhalten worden. Beim Behandeln mit wss. Quecksilber(II)-chlorid-Lösung sind 5-Chloromercurio-furan-2-carbaldehyd und eine Verbindung $2C_5H_4O_2 \cdot 3HgCl_2$ (?) (F: ca. 155°) erhalten worden (*Baroni, Marini-Bettolo*, G. **70** [1940] 670, 671).

Elektrochemische Reduktion an Blei-Kathoden in Kaliumdihydrogenphosphat enthaltender wss. Lösung unter Bildung von 1,2-Di-[2]furyl-äthan-1,2-diol (Kp_1: 134−136°; Stereoisomeren-Gemisch; Hauptprodukt) und Furfurylalkohol: *Albert, Lowy*, Trans. electroch. Soc. **75** [1939] 367, 370. Geschwindigkeitskonstante der Hydrierung an Platin in Essigsäure bei Temperaturen von 20° bis 50° und Drucken bis 5 at (Bildung von Furfurylalkohol): *Smith, Fuzek*, Am. Soc. **71** [1949] 415, 417. Hydrierung an Ruthenium bei 110°/150 at unter Bildung von Tetrahydrofurfurylalkohol: *Du Pont de Nemours & Co.*, U.S.P. 2487054 [1946]. Hydrierung an Molybdän(VI)-sulfid bei 220−320°/150 at unter Bildung von Pentan und anderen Kohlenwasserstoffen: *Orlow*, Doklady Akad. S.S.S.R. **1934** IV 286, 287; *Orlow, Radtschenko*, Ž. prikl. Chim. **9** [1936] 249, 251; C. **1936** II 1540. Hydrierung an Kupfer bei 130°/100 at unter Bildung von Furfurylalkohol: *Sugino, Furumi*, J. chem. Soc. Japan **62** [1941] 1057, 1060; C. A. **1947** 3092; *Sugino, Mizuguti*, J. chem. Soc. Japan **64** [1943] 1385, 1387; C. A. **1947** 4483; s. a. *Soc. An. Usines De Melle*, U.S.P. 2456187 [1945]. Geschwindigkeitskonstante der Hydrierung an Raney-Kupfer bei 130° und 147°/1 at: *Pşemeţchi et al.*, Rev. Chim. Bukarest **9** [1958] 435; C. A. **1961** 21090. Hydrierung an Kupfer-Aluminium-Legierung bei 80−150°/250 at unter Bildung von Furfurylalkohol, Pentan-1,2-diol, Pentan-1,5-diol und Pentanolen: *Imp. Chem. Ind.*, D.B.P. 827804 [1948]; D.R.B.P. Org. Chem. 1950−1951 **6** 2296; Hydrierung an Kupfer-Aluminium-Legierung bei 200−300° unter Bildung von Furfurylalkohol und 2-Methyl-furan: *Bremner, Keeys*, Soc. **1947** 1069; *Imp. Chem. Ind.*, D.B.P. 839642 [1948]; D.R.B.P. Org. Chem. 1950−1951 **6** 2291. Hydrierung an einem Kupfer-Siliciumdioxid-Katalysator bei 150° unter Bildung von Furfurylalkohol: *BASF*, D.B.P. 835148 [1944]; D.R.B.P. Org. Chem. 1950−1951 **6** 2295. Hydrierung an Zink-Kupfer-Aluminium-Katalysatoren bei 150°/50 at bzw. bei 250°/1 at unter Bildung von Furfurylalkohol und wenig 2-Methyl-furan bzw. von 2-Methyl-furan und wenig Furfurylalkohol: *Šultanow, Abduwaliew*, Doklady Akad. Uzbeksk. S.S.R. **1958** Nr. 7, S. 19; C. A. **1961** 8374; *Šultanow, Mašlennikowa*, Ž. prikl. Chim. **32** [1959] 595, 596; engl. Ausg. S. 623,

624. Hydrierung an Kupferoxid-Chromoxid bei 140—175°/80—200 at unter Bildung von Furfurylalkohol: *Adkins, Connor*, Am. Soc. **53** [1931] 1091, 1093; *Calingaert, Edgar*, Ind. eng. Chem. **26** [1934] 878; *Roberti*, Ann. Chimica applic. **25** [1935] 530, 538; *Katuno*, J. Soc. chem. Ind. Japan **46** [1943] 859, 861; J. Soc. chem. Ind. Japan Spl. **46** [1943] 180, 181; s. a. *Roberti et al.*, Ann. Chimica **45** [1955] 193, 195, 200; *Scipioni*, Atti Ist. veneto **116** [1958] 113, 120. Hydrierung an Calciumoxid enthaltendem Kupferoxid-Chromoxid bei 130° bzw. bei 220° unter Bildung von Furfurylalkohol bzw. von 2-Methylfuran: *Brown, Hixon*, Ind. eng. Chem. **41** [1949] 1382, 1383; *Burnette et al.*, Ind. eng. Chem. **40** [1948] 502, 503, 504. Hydrierung an Nickel bei 160°/100 at unter Bildung von Furfurylalkohol (Hauptprodukt), 2-Methyl-furan und Furan: *Komatsu, Masumoto*, Bl. chem. Soc. Japan **5** [1930] 241, 244, 248. Hydrierung an Raney-Nickel bei 190°/45 at unter Bildung von Furfurylalkohol: *Scipioni*, Tecnica ital. **8** [1953] 297, 299. Hydrierung an Raney-Nickel in Gegenwart von Essigsäure bei 150°/70—90 at unter Bildung von Pentan-1,2,5-triol: *Vranjican et al.*, Arh. Kemiju **25** [1953] 81, 83; C. A. **1955** 2419. Hydrierung an Nickel/Kieselgur bei 120—250°/100—125 at unter Bildung von Tetrahydrofurfurylalkohol: *Katuno*, J. Soc. chem. Ind. Japan **46** [1943] 114, 118; J. Soc. chem. Ind. Japan Spl. **46** [1943] 25, 27. Hydrierung an Kupferoxid-Chromoxid-Nickel-Kieselgur-Katalysatoren bei 120—140°/125 at unter Bildung von Tetrahydrofurfurylalkohol: *Katuno*, J. Soc. chem. Ind. Japan **47** [1944] 103, 105; C. A. **1949** 1719; Bl. chem. Soc. Japan **21** [1948] 69, 74; s. a. *Sc.*, Tecnica ital. **8** 299. Hydrierung an einem Aluminium-Nickel-Eisen-Katalysator bei 20—50°/80—100 at unter Bildung von Furfurylalkohol: *Šultanow et al.*, in Chimija Chlopkatnika [Taschkent 1959] S. 146, 148; C. A. **1961** 11385. Hydrierung an einem Nickel-Kupfer-Mangan-Katalysator bei 170°/200 at unter Bildung von Tetrahydrofurfurylalkohol, wenig Pentan-1,2-diol, Pentan-1,5-diol und Pentanolen: *Deutsche Hydrierwerke*, D.R.P. 746307 [1936]; D.R.P. Org. Chem. **6** 2309; *Patchem A.G.*, U.S.P. 2201347 [1937]. Hydrierung an Nickel-, Kobalt-, Eisen- oder Kupfer-Katalysatoren bei 200—400° unter Bildung von Furan und 2-Methylfuran: *Wilson*, Soc. **1945** 61; *Lukes, Wilson*, Am. Soc. **73** [1951] 4790, 4791; s. a. *Natta et al.*, Chimica e Ind. **23** [1941] 117, 119. Gibbs-Energie der Reaktion mit 1 Mol Wasserstoff (Bildung von Furfurylalkohol) sowie mit 8 Mol Wasserstoff (Bildung von Pentan-1,5-diol), jeweils bei 25°: *Miller*, Iowa Coll. J. **10** [1935] 91.

Bildung von Furfurylamin und Difurfurylamin bei der Hydrierung von Furfural im Gemisch mit Ammoniak an Raney-Nickel bei 40—90°/100 at: *Winans*, Am. Soc. **61** [1939] 3566; s. a. *Wingfoot Corp.*, U.S.P. 2109159 [1935]. Bildung von Piperidin bei der Hydrierung von Furfural im Gemisch mit Ammoniak und Methanol an einem Kobalt-Katalysator bei 150—250°/200 at: *I.G. Farbenind.*, D.R.P. 695472 [1938]; D.R.P. Org. Chem. **6** 2554; *Gen. Aniline & Film Corp.*, U.S.P. 2265201 [1939]. Überführung in Furan-2-carbamid durch Erhitzen mit Schwefel, wss. Ammoniumpolysulfid-Lösung und Dioxan auf 100°: *Blanchette, Brown*, Am. Soc. **74** [1952] 2098. Beim Behandeln mit flüssigem Ammoniak unter Zusatz von Ammoniumchlorid bei 10°/6 at ist Furfurin (2,4,5-Tri-[2]furyl-Δ^2-imidazolin), bei Abwesenheit von Ammoniumchlorid ist daneben Hydrofurfuramid (Bis-furfurylidenamino-[2]furyl-methan), beim Behandeln mit Ammoniak bei 100°/60 at sind Furfurin und kleine Mengen einer Verbindung $C_{11}H_9NO_2$ (Krystalle, F: 167—170°) erhalten worden (*Sugisawa, Aso*, J. agric. chem. Soc. Japan **28** [1954] 682; C. A. **1956** 16751). Zeitlicher Verlauf der Reaktion mit Ammoniak in wss. Lösung in Abhängigkeit von der Konzentration des Furfurals und des Ammoniaks, auch nach Zusatz von Natriumcarbonat, Kaliumcarbonat oder Kaliumacetat, bei 4,6—18,3°: *Nikitin, Abramowa*, Ž. obšč. Chim. **9** [1939] 1347, 1348—1354; C. **1940** I 30; der Reaktion mit Ammoniak in wss. Lösung in Abhängigkeit von der Konzentration des Furfurals und des Ammoniaks bei 20°: *Mel'nikow, Trawina*, Gidroliz. lesochim. Promyšl. **11** [1958] Nr. 3, S. 8; C. A. **1958** 15494. Geschwindigkeitskonstante der Reaktion mit Hydroxylamin in wss. Lösungen vom pH 4 bis pH 7,5 bei 25° sowie Gleichgewichtskonstante des Reaktionssystems: *Jencks*, Am. Soc. **81** [1959] 475, 477. Geschwindigkeitskonstante der Reaktion mit Hydroxylamin in wss. Lösung vom pH 7 bei 0° und 25°: *Fitzpatrick, Gettler*, Am. Soc. **78** [1956] 530, 533. Reaktion mit Nitramid unter Bildung von Furfural-nitroimin: *Suggitt et al.*, J. org. Chem. **12** [1947] 373, 376.

Reaktion mit Isopropylchlorid in Gegenwart von Aluminiumchlorid unter Bildung von 4-Isopropyl-furan-2-carbaldehyd: *Gilman et al.*, Am. Soc. **57** [1935] 906; *Elming*, Acta chem. scand. **6** [1952] 605. Beim Erhitzen mit Buta-1,3-dien und Wasser auf 126° ist

1,5a,6,9,9a,9b-Hexahydro-4*H*-dibenzofuran-4a-carbaldehyd (?) [$Kp_{1,1}$: 115°; Oxim, F: 97°] (*Hillyer et al.*, Ind. eng. Chem. **40** [1948] 2216), beim Erhitzen mit Buta-1,3-dien und Wasser bis auf 200° ist 3ξ-Hydroxy-4a,5,8,8a-tetrahydro-(4a*r*,8a*c*)-chroman-2-on (F: 135°) (*Hillyer, Edmonds*, J. org. Chem. **17** [1952] 600, 603, 605) erhalten worden. Gleichgewichtskonstante der Reaktionssysteme mit Methanol und mit Äthanol in Gegenwart von Chlorwasserstoff bei Raumtemperatur: *Adkins et al.*, Am. Soc. **53** [1931] 1853, 1856.

Reaktion mit Phosphonsäure-dimethylester in Gegenwart von Triäthylamin bzw. von Piperidin unter Bildung von [α-Hydroxy-furfuryl]-phosphonsäure-dimethylester: *Abramow, Kapuština*, Ž. obšč. Chim. **27** [1957] 173; engl. Ausg. S. 193, 194; *Kirilow, Nedkow*, Doklady Bolgarsk. Akad. **10** [1957] 309, 310; C. A. **1960** 6679. Bildung von Furan-2-thiocarbonsäure-*S*-phenylester beim Erwärmen mit Thiophenol und Dibenzoylperoxid in Tetrachlormethan unter Kohlendioxid: *Akashi et al.*, J. chem. Soc. Japan Ind. Chem. Sect. **56** [1953] 717; C. A. **1955** 7544. Beim Erwärmen mit Thymol und Phosphor(V)-oxid ist [2]Furyl-[2-hydroxy-3-isopropyl-6-methyl-phenyl]-methanol erhalten worden (*Strubell*, J. pr. [4] **9** [1959] 153, 156, 159). Bildung von [2]Furyl-bis-[4-hydroxy-[1]naphthyl]-methan ($C_{25}H_{18}O_3$) beim Erwärmen mit [1]Naphthol und wss. Natronlauge: *Bredereck*, B. **64** [1931] 2856, 2858.

Reaktion mit Aceton in Calciumhydroxid oder Kaliumcarbonat enthaltender wss. Lösung unter Bildung von 4-[2]Furyl-4-hydroxy-butan-2-on: *I.G. Farbenind.*, D.R.P. 702894 [1939]; D.R.P. Org. Chem. **6** 2345. Bildung von Buttersäure-furfurylester (Hauptprodukt), Buttersäure-butylester und kleinen Mengen Furan-2-carbonsäure-butylester beim Behandeln mit Butyraldehyd und Aluminiumisopropylat in Tetrachlormethan unter Stickstoff: *Lin, Day*, Am. Soc. **74** [1952] 5133. Beim Behandeln mit Butanon und wss. Natronlauge sind bei 0° 4-[2]Furyl-4-hydroxy-3-methyl-butan-2-on, bei 25° 1-[2]Furyl-pent-1-en-3-on (Semicarbazon, F: 183–184°), 4-[2]Furyl-3-methyl-but-3-en-2-on (Semicarbazon, F: 212–214°) und 4-[2]Furyl-4-hydroxy-3-methyl-butan-2-on, bei 60–65° 1-[2]Furyl-pent-1-en-3-on (Hauptprodukt) und 4-[2]Furyl-3-methyl-but-3-en-2-on erhalten worden (*Midorikawa*, Bl. chem. Soc. Japan **26** [1953] 460, 462, **27** [1954] 149; s. a. *Thewalt, Rudolph*, J. pr. [4] **26** [1964] 233, 241). Bildung von 1-[2]Furyl-hex-1-en-3-on (Semicarbazon, F: 143–144°; Hauptprodukt) und 3-Äthyl-4-[2]furyl-but-3-en-2-on (Semicarbazon, F: 223–225°) beim Behandeln mit Pentan-2-on und wss. Natronlauge: *Midorikawa*, Bl. chem. Soc. Japan **27** [1954] 143, 145. Bildung von 1-[2]Furyl-5-methyl-hexa-1,4-dien-3-on (Kp_5: 128–132°; Hauptprodukt), 4-[2]Furyl-but-3-en-2-on (Kp_6: 95–96°) und 1,5-Bis-[2]furyl-penta-1,4-dien-3-on (Kp_4: 181–184°) beim Erwärmen mit Mesityloxid (4-Methyl-pent-3-en-2-on) und wss. Natronlauge: *Terai, Tanaka*, Bl. chem. Soc. Japan **29** [1956] 822. Geschwindigkeit der Reaktion mit Acetophenon in 60%ig. wss. Kalilauge bei 15°: *Nikitin*, Ž. obšč. Chim. **7** [1937] 9, 10, 11; C. **1937** II 2333. Bildung von 3-[2]Furyl-1,5-di-[2]thienyl-pentan-1,5-dion (Hauptprodukt) und 3,5-Di-[2]furyl-1,7-di-[2]thienyl-4-[thiophen-2-carbonyl]-heptan-1,7-dion (F: 239°) beim Erwärmen mit 1-[2]Thienyl-äthanon und wss.-äthanol. Natronlauge: *Steinkopf, Popp*, A. **540** [1939] 24, 27. Bildung von 1-[2-[2]Furyl-2-hydroxy-äthyl]-pyridinium-bromid beim Behandeln mit 1-Phenacyl-pyridinium-bromid und wss.-äthanol. Natronlauge und Ansäuern des Reaktionsgemisches mit wss. Bromwasserstoffsäure: *Kröhnke*, B. **67** [1934] 656, 657, 664. Beim Behandeln mit dem Natriumhydrogensulfit-Addukt des Glyoxals in Dioxan und mit einer wss. Lösung von Kaliumcyanid und Kaliumcarbonat unter Kohlendioxid ist 5-Imino-2,5-dihydro-[2,2′]bifuryl-3,4-diol erhalten worden (*Dahn et al.*, Helv. **37** [1954] 1309, 1314). Bildung von 2,6-Difurfuryliden-cyclohexanon (F: 143–145°) beim Erwärmen mit 4a-Hydroxy-10-phenyl-dodecahydro-5,9-methano-benzocycloocten-11-on (F: 207–209°) und wss.-äthanol. Natronlauge: *Tilitschenko, Chartschenko*, Ž. obšč. Chim. **29** [1959] 1911, 1913; engl. Ausg. S. 1882.

Beim Erhitzen mit Diacetamid und Natriumacetat auf 180° ist 3-[2]Furyl-acrylsäure-amid (F: 168–169°) und Furan-2-carbonsäure, beim Erhitzen mit Acetyl-propionyl-amin und Natriumacetat auf 180° und Behandeln des Reaktionsprodukts mit wss. Natronlauge sind 3-[2]Furyl-acrylsäure (F: 140–141°; Hauptprodukt) und 3-[2]Furyl-2-methyl-acrylsäure (F: 106–107°) erhalten worden (*Polya, Spotswood*, R. **70** [1951] 146, 148, 152). Reaktion mit Nitroessigsäure-äthylester und Diäthylamin in Äthanol unter Bildung des Mono-diäthylamin-Salzes des 3-[2]Furyl-2,4-dinitro-glutarsäure-diäthylesters (F: 124–125° [Zers.]): *Dornow, Wiehler*, A. **578** [1952] 113, 114, 118. Reaktion mit Acrylonitril in Gegenwart von wss. Benzyl-trimethyl-ammonium-hydroxid-Lösung unter Bildung von 3*t*-[2]Furyl-2-hydroxymethyl-acrylonitril (Hauptprodukt) und 3*c*-[2]Furyl-2-hydroxymethyl-acrylonitril (über die Konstitution und Konfiguration dieser Verbindungen s. *Drechsler*, J. pr. [4] **27** [1965] 251) sowie kleinen Mengen 2-[(2-Cyan-äthoxy)-methyl]-3-[2]furyl-acrylonitril (n_D^{20}: 1,5614), Bis-[2-cyan-3-[2]furyl-allyl]-äther (F: 85–87°) und 3-Hydroxy-propionitril: *Treibs et al.*, J. pr. [4] **2** [1955] 6, 19. Bildung von 1,4-Di-[2]furyl-buta-1,3-dien (Hauptprodukt) und 4-Acetoxy-benzofuran beim Erhitzen mit Natriumsuccinat und Acetanhydrid auf 140°: *Reichstein, Hirt*, Helv. **16** [1933] 121, 122, 126. Beim Behandeln mit Ammoniumtrithiocarbonat in Äthanol ist 2,4,6-Tri-[2]furyl-dihydro-[1,3,5]dithiazin erhalten worden (*Levi*, G. **61** [1931] 673, 675, 679). Geschwindigkeitskonstante der Reaktion mit Semicarbazid in wss. Lösungen vom pH 4,4 und pH 7 bei 25° sowie Gleichgewichtskonstante des Reaktionssystems in wss. Lösungen vom pH –0,01 bis pH 7 bei 25°: *Conant, Bartlett*, Am. Soc. **54** [1932] 2881, 2890, 2896; Geschwindigkeitskonstante der Reaktion mit Semicarbazid in wss. Lösungen vom pH 5,7 bis pH 7,1 bei 25° sowie Gleichgewichtskonstante des Reaktionssystems: *Jencks*, Am. Soc. **81** [1959] 475, 477; Geschwindigkeitskonstante der Reaktion mit Semicarbazid in wss. Lösung vom pH 7 bei 0° und 25°: *Price, Hammett*, Am. Soc. **63** [1941] 2387, 2390; Geschwindigkeitskonstante der Reaktion mit Semicarbazid in gepufferten Wasser/2-Methoxy-äthanol-Gemischen vom pH 1,5 bis pH 5 bei 25°: *Westheimer*, Am. Soc. **56** [1934] 1962, 1964. Gleichgewichtskonstante der Reaktionssysteme mit Benzoesäure-hydrazid und mit Isonicotinsäure-hydrazid in wss. Lösungen vom pH 1,4 bis pH 5 bei 30°: *Fujiwara*, J. pharm. Soc. Japan **78** [1958] 1034, 1035–1037; C. A. **1959** 825. Beim Behandeln einer Lösung in Äthanol mit Di-*O*-nitro-L_g-Weinsäure und wss. Ammoniak ist 2-[2]Furyl-imidazol-4,5-dicarbonsäure erhalten worden (*Tamamushi*, J. pharm. Soc. Japan **53** [1933] 359; dtsch. Ref. S. 53; C. A. **1933** 3934). Reaktion mit 3-Oxo-3-phenyl-propionitril in Äthanol in Gegenwart von Piperidin unter Bildung von 2-Benzoyl-3-[2]furyl-acrylonitril (F: 110–112°): *Klosa*, Pharmazie **7** [1952] 299.

Hydrierung von Furfural im Gemisch mit Methylamin an Raney-Nickel in Äthanol bei 100°/100 at unter Bildung von Methyl-tetrahydrofurfuryl-amin: *Paul, Tchelitcheff*, C. r. **221** [1945] 560. Beim Erhitzen von Furfural mit Schwefel in Pyridin unter Einleiten von Dimethylamin ist Furan-2-thiocarbonsäure-dimethylamid erhalten worden (*Meltzer et al.*, Am. Soc. **77** [1955] 4062, 4063, 4065). Bildung von 1-Phenyl-pyrrol beim Leiten eines Gemisches mit Anilin über Aluminiumoxid bei 450°: *Jur'ew, Wendel'schtein*, Ž. obšč. Chim. **23** [1953] 2053, 2055; engl. Ausg. S. 2169, 2171. Die beim Behandeln mit Anilin in Äther erhaltene, ursprünglich (s. H 276) als 1,5-Bis-phenylimino-pentan-2-on angesehene Verbindung ist als 2,4-Dianilino-cyclopent-2-enon zu formulieren (*Lewis, Mulquiney*, Austral. J. Chem. **23** [1970] 2315, 2317, 2320). Furfural bildet mit Morpholin eine Additionsverbindung $C_5H_4O_2 \cdot C_4H_9NO$ (F: 49–50° [Zers.]), die sich allmählich in [2]Furyl-dimorpholino-methan umwandelt (*Henry, Dehn*, Am. Soc. **71** [1949] 2271). Reaktion mit Phenylisocyanid und Benzoesäure in Äther unter Bildung von Benzoyloxy-[2]furyl-essigsäure-anilid: *Ridi*, G. **71** [1941] 462, 464. Beim Behandeln mit 4-Anilino-but-3-en-2-on (F: 103,9°) in mit wss. Kaliumcarbonat-Lösung versetztem Äthanol und Behandeln des Reaktionsgemisches mit wss. Salzsäure ist 3,5-Diacetyl-4-[2]furyl-1-phenyl-1,4-dihydro-pyridin erhalten worden (*Inoue*, J. chem. Soc. Japan Pure Chem. Sect. **79** [1958] 1243, 1246; C. A. **1960** 24716). Absorptionsspektren (350–600 nm bzw. 350 nm bis 700 nm) der beim Behandeln von Furfural mit *N,N*-Dimethyl-*p*-phenylendiamin-tetrachlorostannat(II) in Methanol bzw. mit 4-[*N'*-Sulfo-hydrazino]-azobenzol in Methanol erhaltenen Reaktionslösungen: *Hünig, Utermann*, B. **88** [1955] 423; *Hünig et al.*, B. **88** [1955] 708.

Beim Erwärmen mit [α,α']Azoisobutyronitril auf 80–85° unter Kohlendioxid sind 5-[1-Cyan-1-methyl-äthyl]-4,5-dihydro-furan-2-carbaldehyd und Tetramethylsuccinonitril erhalten worden (*Nagasaka, Oda*, J. chem. Soc. Japan Ind. Chem. Sect. **56** [1953] 42; C. A. **1954** 7597). Bildung von 1-[2]Furyl-propan-1-ol und 3-Hydroxy-non-6-en-4-on (Kp_6: 77–79°; D_4^{20}: 0,9144) beim Behandeln mit Äthylmagnesiumbromid in Xylol unter Zusatz von *N,N*-Dimethyl-anilin und Diisoamyläther: *Kusnezow*, Ž. obšč. Chim. **9** [1939] 2263, 2264; C. **1940** I 2307.

Charakterisierung.

Charakterisierung als 2-Nitro-benzoylhydrazon (F: 176° [Kofler-App.]), als 4-Nitro-benzoylhydrazon (F: 257—260° [Kofler-App.]) und als Semicarbazon (F: 197—198° [Kofler-App.]): *Fischer*, Mikroch. **13** [1933] 123, 128; als 4-[4-Chlor-phenyl]-thiosemicarbazon (F: 166°): *Perpar, Tišler*, Z. anal. Chem. **155** [1957] 186, 188; als 4-[4-Brom-phenyl]-thiosemicarbazon (F: 188° [Zers.]): *Tišler*, Z. anal. Chem. **151** [1956] 187, 189. Charakterisierung durch Überführung in Bis-[2,6-dioxo-cyclohexyl]-[2]furyl-methan (F: 146°) mit Hilfe von Dihydroresorcin: *King, Felton*, Soc. **1948** 1371; in 5-[2]Furyl-imidazolidin-2,4-dion (F: 147°) mit Hilfe von Kaliumcyanid und Ammoniumcarbonat: *Henze, Speer*, Am. Soc. **64** [1942] 522; in 4-Furfurylidenamino-1,5-dimethyl-2-phenyl-Δ^4-pyrazolin-3-on (F: 210°) mit Hilfe von 4-Amino-antipyrin: *Manns, Pfeifer*, Mikroch. Acta **1958** 630, 634; in 1,3-Bis-[4-chlor-benzyl]-2-[2]furyl-imidazolidin (F: 81°) mit Hilfe von 1,2-Bis-[4-chlor-benzylamino]-äthan: *Billman et al.*, J. org. Chem. **22** [1957] 538; in 5-Furfuryliden-1,3-dimethyl-pyrimidin-2,4,6-trion (F: 195—196°) mit Hilfe von 1,3-Dimethyl-pyrimidin-2,4,6-trion: *Akabori*, B. **66** [1933] 139, 141.

Additionsverbindungen.

Verbindung mit Magnesiumchlorid $C_5H_4O_2 \cdot MgCl_2$: *Ossokin*, Ž. obšč. Chim. **8** [1938] 583, 586; C. **1939** I 1738.

Verbindung mit Cadmiumchlorid $C_5H_4O_2 \cdot CdCl_2$. Bis 350° beständig (*Marini-Bettòlo, Baroni*, Ric. scient. **17** [1947] 435). IR-Banden (Nujol) im Bereich von 1658 cm^{-1} bis 773 cm^{-1}: *Paoloni, Marini-Bettòlo*, G. **89** [1959] 1972, 1974, 1980. Feinstruktur der Carbonyl-Valenzschwingungsbande bei 1658 cm^{-1}: *Paoloni, Marini-Bettòlo*, XV. Congr. int. Quim. Lissabon 1956 Bd. 2, S. 936, 937; Rend. Ist. super. Sanità **22** [1959] 813, 815.

Verbindungen mit Quecksilber(II)-chlorid. a) $C_5H_4O_2 \cdot HgCl_2$. Krystalle; F: 100° (*Paoloni, Marini-Bettòlo*, G. **89** [1959] 1972, 2001). IR-Banden (Nujol) im Bereich von 1563 cm^{-1} bis 773 cm^{-1}: *Paoloni, Marini-Bettòlo*, G. **89** 1974, 1990. Feinstruktur der Carbonyl-Valenzschwingungsbande bei 1653 cm^{-1}: *Paoloni, Marini-Bettòlo*, XV. Congr. int. Quim. Lissabon 1956 Bd. 2, S. 936, 937; Rend. Ist. super. Sanità **22** [1959] 813, 815. — b) $2C_5H_4O_2 \cdot 3HgCl_2$. F: ca. 155° (*Baroni, Marini-Bettòlo*, G. **70** [1940] 670, 672).

Verbindung mit Hexacyanoeisen(II)-säure $C_5H_4O_2 \cdot H_4[Fe(CN)_6]$ (vgl. H 278). Krystalle [aus A.] (*Duprat*, Bl. Inst. Pin **1933** 17, 21). [*Koetter / Staehle*]

2-Dimethoxymethyl-furan, Furfural-dimethylacetal $C_7H_{10}O_3$, Formel V (R = CH_3) (E II 309).

B. Aus Furfural und Methanol in Gegenwart von Chlorwasserstoff (*Adkins et al.*, Am. Soc. **53** [1931] 1853, 1856). Aus Furfural und Orthoameisensäure-trimethylester (*Clauson-Kaas et al.*, Acta chem. scand. **6** [1952] 545, 549). Beim Erwärmen von Furfural mit Tetramethylsilicat (1 Mol) und Methanol (0,5 Mol) in Gegenwart von wasserhaltiger Phosphorsäure (*Nasarow et al.*, Ž. obšč. Chim. **29** [1959] 106, 109; engl. Ausg. S. 111, 112).

Kp_{14}: 57—58° (*Cl.-K. et al.*); Kp_{11}: 55—56° (*Na. et al.*). n_D^{20}: 1,4502 (*Na. et al.*); n_D^{25}: 1,4486 (*Cl.-K. et al.*).

Bei der Elektrolyse eines Gemisches mit Ammoniumbromid in Methanol ist 2,5-Dimethoxy-2,5-dihydro-furfural-dimethylacetal (n_D^{25}: 1,4428) erhalten worden (*Cl.-K. et al.*). Gleichgewichtskonstante des Reaktionssystems mit Wasser in Gegenwart von Chlorwasserstoff bei Raumtemperatur: *Ad. et al.*

2-Diäthoxymethyl-furan, Furfural-diäthylacetal $C_9H_{14}O_3$, Formel V (R = C_2H_5) (H 278; E II 309).

B. Aus Furfural und Äthanol in Gegenwart von Chlorwasserstoff (*Adkins et al.*, Am. Soc. **53** [1931] 1853, 1855). Beim Erwärmen von Furfural mit Tetraäthylsilicat (1 Mol), Äthanol (0,5 Mol) und Benzol in Gegenwart von wasserhaltiger Phosphorsäure (*Nasarow et al.*, Ž. obšč. Chim. **29** [1959] 106, 109; engl. Ausg. S. 111, 112).

Kp_{740}: 184—185°; Kp_{16}: 77—79° (*Ad. et al.*); Kp_{13}: 76—77° (*Na. et al.*). n_D^{20}: 1,4398 (*Na. et al.*).

Gleichgewichtskonstante des Reaktionssystems mit Wasser in Gegenwart von Chlorwasserstoff bei Raumtemperatur: *Ad. et al.*, l. c. S. 1856. Hydrierung an Nickel bei 175° unter Bildung von 2-Äthoxymethyl-tetrahydro-furan und Tetrahydrofurfural-diäthylacetal: *Covert et al.*, Am. Soc. **54** [1932] 1651, 1655, 1656; *Balandin*, Izv. Akad. S.S.S.R. Otd. chim. **1955** 624, 636; engl. Ausg. S. 557, 567; *Balandin, Ponomarew*, Doklady Akad. S.S.S.R. **100** [1955] 917, 919; C. A. **1956** 1746. Beim Behandeln mit Äthyl-vinyl-äther,

Zinkchlorid und Essigsäure ist 1,1,3-Triäthoxy-3-[2]furyl-propan, beim Behandeln mit 1*t*-Äthoxy-buta-1,3-dien, Zinkchlorid und Essigsäure sind 1,1,5-Triäthoxy-5-[2]furyl-pent-2-en (Kp_2: 124–126°; n_D^{20}: 1,4612) und 1,1,5,9-Tetraäthoxy-9-[2]furyl-nona-2,6-dien (Kp_4: 193–197°; n_D^{20}: 1,4697) erhalten worden (*Michaĭlow, Ter-Šarkišjan*, Ž. obšč. Chim. **29** [1959] 2560, 2563, 2564; engl. Ausg. S. 2524, 2526, 2527).

2-Dibutoxymethyl-furan, Furfural-dibutylacetal $C_{13}H_{22}O_3$, Formel V (R = $[CH_2]_3$-CH_3).

B. Beim Erhitzen von Furfural mit Butan-1-ol in Gegenwart eines sauren Ionenaustauschers (*Mastagli et al.*, Bl. **1953** 693). Beim Erwärmen von Furfural mit Acetaldehyd-dibutylacetal in Gegenwart von wss. Salzsäure (*Schoštakowškiĭ et al.*, Izv. Akad. S.S.S.R. Otd. chim. **1956** 378, 379; engl. Ausg. S. 365).

Kp: 244–245° (*Ma. et al.*); Kp_9: 122,5° (*Ma. et al.*); Kp_3: 95–95,2° (*Sch. et al.*). D_4^{20}: 0,94556 (*Sch. et al.*). n_D^{18}: 1,4500 (*Ma. et al.*); n_D^{20}: 1,4485 (*Sch. et al.*).

2-[Bis-hexyloxy-methyl]-furan, Furfural-dihexylacetal $C_{17}H_{30}O_3$, Formel V (R = $[CH_2]_5$-CH_3).

B. Beim Erhitzen von Furfural mit Hexan-1-ol in Gegenwart eines sauren Ionenaustauschers (*Mastagli et al.*, Bl. **1953** 693).

Kp_9: 174–177°. n_D^{18}: 1,4545.

2-[Bis-heptyloxy-methyl]-furan, Furfural-diheptylacetal $C_{19}H_{34}O_3$, Formel V (R = $[CH_2]_6$-CH_3).

B. Beim Erhitzen von Furfural mit Heptan-1-ol in Gegenwart eines sauren Ionenaustauschers (*Mastagli et al.*, Bl. **1953** 693).

Kp_{10}: 195–199°. $n_D^{18,5}$: 1,4559.

2-[Bis-cyclohexyloxy-methyl]-furan, Furfural-dicyclohexylacetal $C_{17}H_{26}O_3$, Formel V (R = C_6H_{11}).

B. Beim Erhitzen von Furfural mit Cyclohexanol in Gegenwart eines sauren Ionenaustauschers (*Mastagli et al.*, Bl. **1953** 693).

Kp_9: 173–179°. n_D^{18}: 1,4962.

Bis-[2-äthoxy-äthoxy]-[2]furyl-methan, Furfural-[bis-(2-äthoxy-äthyl)-acetal] $C_{13}H_{22}O_5$, Formel V (R = CH_2-CH_2-OC_2H_5).

B. Aus Furfural und 2-Äthoxy-äthanol in Gegenwart von Chlorwasserstoff (*Minné, Adkins*, Am. Soc. **55** [1933] 299, 306).

Kp_{740}: 259°; Kp_2: 131–132°. D_4^{25}: 1,0374. n_D: 1,4534.

Hydrierung an Nickel bei 150°/130–200 at unter Bildung von Tetrahydro-furfural-[bis-(2-äthoxy-äthyl)-acetal]: *Mi., Ad.*

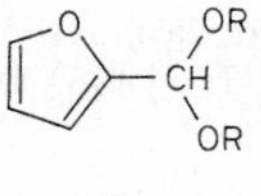

V 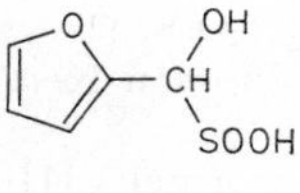 VI 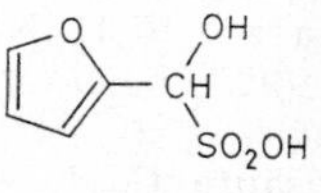 VII 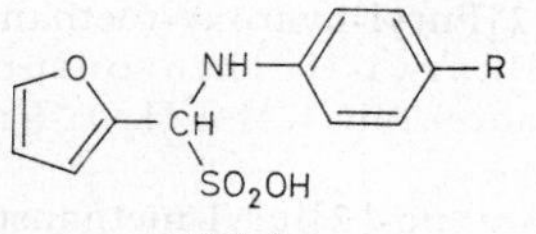 VIII

[2]Furyl-bis-[4-hydroxy-butoxy]-methan, Furfural-[bis-(4-hydroxy-butyl)-acetal] $C_{13}H_{22}O_5$, Formel V (R = $[CH_2]_4$-OH).

B. Neben grösseren Mengen 2-[2]Furyl-[1,3]dioxepan beim Erhitzen von Furfural mit Butan-1,4-diol unter Zusatz von Äthanol, Benzol und Toluol-4-sulfonsäure auf 120° (*Hinz et al.*, B. **76** [1943] 676, 680, 687).

Kp_4: 103°.

2-Diacetoxymethyl-furan, Furfurylidendiacetat $C_9H_{10}O_5$, Formel V (R = CO-CH_3) (H 278; E I 147; E II 309).

B. Beim Erwärmen von Furfural mit Acetanhydrid in Gegenwart eines sauren Ionenaustauschers (*Yamada et al.*, Pharm. Bl. **2** [1954] 62). Beim Behandeln von Furfural mit Acetanhydrid unter Zusatz von Schwefelsäure (*Bertz*, Org. Synth. Coll. Vol. IV [1963 489; vgl. H 278) oder unter Zusatz von Zinn(II)-chlorid (*Gilman, Wright*, R. **50** [1931

833; *Saikachi et al.*, Japan J. Pharm. Chem. **23** [1951] 270; C. A. **1952** 6120; *Sugisawa, Aso*, Tohoku J. agric. Res. **5** [1954] 147, 148; vgl. E I 147).

F: 52—53° (*Ya. et al.*; *Su., Aso*; *Be.*), 52—52,5° (*Sa. et al.*, Japan J. Pharm. Chem. **23** 270). Kp_{20}: 143—144° (*Gi., Wr.*, R. **50** 834), 142—144° (*Ya. et al.*), 140—142° (*Be.*); Kp_4: 110—112° (*Su., Aso*); Kp_3: 111° (*Sa. et al.*, Japan J. Pharm. Chem. **23** 270). IR-Spektrum (Nujol; 5,5—14 μ): *Kimura*, J. pharm. Soc. Japan **75** [1955] 1175; C. A. **1956** 8586.

Geschwindigkeit der Bildung von Furfural beim Behandeln mit Wasser bei 40—100°: *Saikachi et al.*, Japan J. Pharm. Chem. **23** [1951] 188; C. A. **1952** 964. Geschwindigkeitskonstante der Bildung von Furfural und Acetanhydrid beim Erhitzen auf 210—280°: *Dacey, Coffin*, Canad. J. Res. [B] **15** [1937] 260. Reaktion mit Peroxybenzoesäure in Chloroform unter Bildung einer als 1-Diacetoxymethyl-3,6-dioxa-tricyclo[3.1.0.$0^{2,4}$]hexan angesehenen Verbindung (F: 118—119°): *Scheibler et al.*, J. pr. [2] **137** [1933] 322, 323. Bildung von 2-Diacetoxymethyl-2,5-dimethoxy-2,5-dihydro-furan (F: 113°) beim Behandeln mit Brom und Methanol: *Clausen-Kaas, Fakstorp*, Acta chem. scand. **1** [1947] 415, 418, 420; *Potts, Robinson*, Soc. **1955** 2675, 2685. Überführung in 5-Brom-furfural durch Umsetzung mit Brom und anschliessende Hydrolyse: *Gilman, Wright*, Am. Soc. **52** [1930] 1170; *Scheibler et al.*, J. pr. [2] **136** [1933] 232, 233. Beim Erwärmen mit Sulfurylchlorid in Schwefelkohlenstoff und Erhitzen des Reaktionsprodukts mit Wasserdampf ist 5-Chlor-furfural erhalten worden (*Gi., Wr.*, R. **50** 835). Beim Behandeln mit Salpetersäure, Acetanhydrid und wenig Schwefelsäure unter Kühlung ist eine nach *Kimura* (J. pharm. Soc. Japan **75** [1955] 424, 1175; C. A. **1956** 2539, 8586) wahrscheinlich als 2-Acetoxy-2-diacetoxymethyl-5-nitro-2,5-dihydro-furan zu formulierende Verbindung $C_{11}H_{13}NO_9$ (F: 114,5—115,5° bzw. F: 106—107°) erhalten worden (*Gilman, Wright*, Am. Soc. **52** [1930] 2550, 2551; *Saikachi et al.*, J. pharm. Soc. Japan **73** [1953] 1132, 1135; C. A. **1954** 12072; *Su., Aso*; *Ki.*, l. c. S. 425; vgl. dazu aber auch *Holly et al.*, Acta chim. hung. **61** [1969] 45, 49). Hydrierung an Raney-Nickel in Äther bei 155° unter Bildung von 2-Acetoxymethyl-furan und Essigsäure: *Hinz et al.*, B. **76** [1943] 676. Hydrierung an Raney-Nickel in Essigsäure nach Zusatz von Natriumaluminat bei 90°/80 at unter Bildung von 2-Diacetoxymethyl-tetrahydro-furan: *Szarvasi*, C. r. **243** [1956] 907. Hydrierung an Nickel/Kieselgur bei 160° unter Bildung von 2-Diacetoxymethyl-tetrahydro-furan, 2-Acetoxymethyl-tetrahydro-furan und 2-Methyl-tetrahydrofuran: *Burdick, Adkins*, Am. Soc. **56** [1934] 438, 440.

(±)-[2]Furyl-hydroxy-methansulfinsäure $C_5H_6O_4S$, Formel VI.

B. Beim Behandeln des Natrium-Salzes der (±)-[2]Furyl-hydroxy-methansulfonsäure mit Essigsäure und Zink-Pulver (*Poraĭ-Koschiz, Itenberg*, Ž. prikl. Chim. **5** [1932] 761; C. **1933** I 3568).

(±)-[2]Furyl-hydroxy-methansulfonsäure $C_5H_6O_5S$, Formel VII (H 278).

S-Benzyl-isothiuronium-Salz $[C_8H_{11}N_2S]C_5H_5O_5S$. Krystalle (aus A. + wss. Salzsäure) mit 1 Mol H_2O; F: 87—92° (*Veibel et al.*, Suomen Kem. **31** B [1958] 10, 12).

(±)-Anilino-[2]furyl-methansulfonsäure $C_{11}H_{11}NO_4S$, Formel VIII (R = H).

Anilin-Salz $C_6H_7N \cdot C_{11}H_{11}NO_4S$. *B.* Beim Erwärmen von Furfural-phenylimin mit Anilin und einer mit Schwefeldioxid gesättigten wss. Natriumcarbonat-Lösung (*McGowan, Page*, Chem. and Ind. **1957** 1648). — Rote Krystalle (aus W.); F: 102° [Zers.].

(±)-[2]Furyl-*p*-toluidino-methansulfonsäure $C_{12}H_{13}NO_4S$, Formel VIII (R = CH_3).

Anilin-Salz $C_6H_7N \cdot C_{11}H_{11}NO_4S$. *B.* Aus Furfural-*p*-tolylimin analog dem im vorangehenden Artikel beschriebenen Salz (*McGowan, Page*, Chem. and Ind. **1957** 1648). — Rote Krystalle (aus W.); F: 101° [Zers.].

4,4′-Bis-[4-(α-sulfo-furfurylamino)-benzoylamino]-ξ-stilben-2,2′-disulfonsäure $C_{38}H_{32}N_4O_{16}S_4$, Formel IX.

Das Tetranatrium-Salz (im UV-Licht blau fluorescierend) einer Säure dieser Konstitution ist beim Erhitzen des Natrium-Salzes der (±)-[2]Furyl-hydroxy-methansulfonsäure mit dem Dinatrium-Salz einer 4,4′-Bis-[4-amino-benzoylamino]-ξ-stilben-2,2′-disulfonsäure in alkal. wss. Lösung erhalten worden (*CIBA*, U.S.P. 2567796 [1948]).

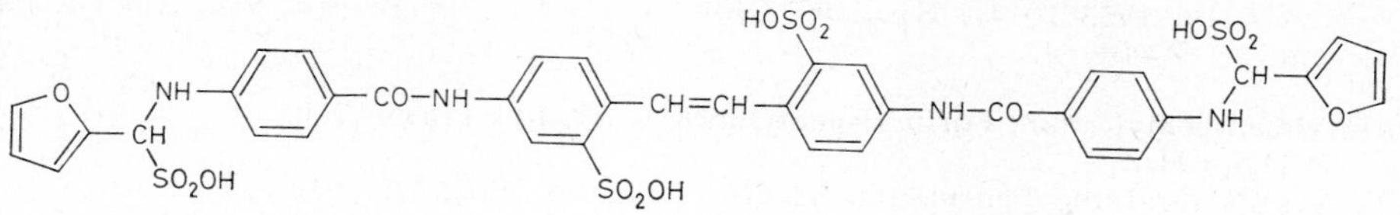

IX

(±)-2-Hydroxy-4-[α-sulfo-furfurylamino]-benzoesäure $C_{12}H_{11}NO_7S$, Formel X (X = H).

B. Beim Erwärmen des Natrium-Salzes der (±)-[2]Furyl-hydroxy-methansulfonsäure mit dem Natrium-Salz der 4-Amino-2-hydroxy-benzoesäure in Wasser (*Patnaik, Guha Sircar*, J. Indian chem. Soc. **30** [1953] 577, 578).

Krystalle (aus wss. A.); F: 237° [Zers.].

Dinatrium-Salz $Na_2C_{12}H_9NO_7S$: *Pa., Guha-Si.*

(±)-3-Carboxy-2-hydroxy-6-[α-sulfo-furfurylamino]-phenylquecksilber(1+), (±)-2-Hydr=oxy-3-mercurio(1+)-4-[α-sulfo-furfurylamino]-benzoesäure $[C_{12}H_{10}HgNO_7S]^+$, Formel X (X = Hg^+).

Betain $C_{12}H_9HgNO_7S$. *B.* Beim Behandeln von (±)-2-Hydroxy-4-[α-sulfo-fur=furylamino]-benzoesäure mit Quecksilber(II)-acetat in verd. wss. Essigsäure (*Patnaik, Guha Sircar*, J. Indian chem. Soc. **30** [1953] 577, 579). — Krystalle (aus Eg.); F: 252° [Zers.].

Furfuryliden-methyl-amin, Furfural-methylimin C_6H_7NO, Formel XI (R = CH_3) (H 278).

B. Aus Furfural und Methylamin (*Emling et al.*, Am. Soc. **71** [1949] 703; vgl. H 278).

Kp_{17}: 58° (*Krimm*, B. **91** [1958] 1057, 1066); Kp_{16}: 53° (*Em. et al.*). D_4^{20}: 1,025 (*Em. et al.*). n_D^{20}: 1,5269 (*Em. et al.*).

Beim Behandeln mit Mercaptoessigsäure-methylester (1 Mol) und anschliessenden Erhitzen im Stickstoff-Strom auf 165° ist 2-[2]Furyl-3-methyl-thiazolidin-4-on erhalten worden (*Troutman, Long*, Am. Soc. **70** [1948] 3436, 3438).

Furfuryliden-methyl-aminoxid, *C*-[2]Furyl-*N*-methyl-nitron, Furfural-[*N*-methyl-oxim] $C_6H_7NO_2$, Formel XII (H **27** 463; E II **17** 309; dort als Furfuraldoxim-*N*-methylester und als *N*-Methyl-isofurfuraldoxim bezeichnet).

B. Beim Behandeln von Furfural-methylimin mit Peroxyessigsäure in Äther (*Krimm*, B. **91** [1958] 1057, 1066).

$Kp_{0,6}$: 44–46°.

Äthyl-furfuryliden-amin, Furfural-äthylimin C_7H_9NO, Formel XI (R = C_2H_5) (H 279; E II 310).

B. Aus Furfural und Äthylamin (*Emling et al.*, Am. Soc. **71** [1949] 703; vgl. H. 279).

Kp_{22}: 70–71° (*Paul, Tchelitcheff*, Bl. **1953** 1014); Kp_{18}: 67° (*Em. et al.*). D_4^{20}: 0,988 (*Em. et al.*). n_D^{20}: 1,5170 (*Em. et al.*).

Furfuryliden-propyl-amin, Furfural-propylimin $C_8H_{11}NO$, Formel XI (R = CH_2-CH_2-CH_3).

B. Aus Furfural und Propylamin (*Emling et al.*, Am. Soc. **71** [1949] 703).

Kp_{21}: 87–88°. D_4^{20}: 0,967. n_D^{20}: 1,5105.

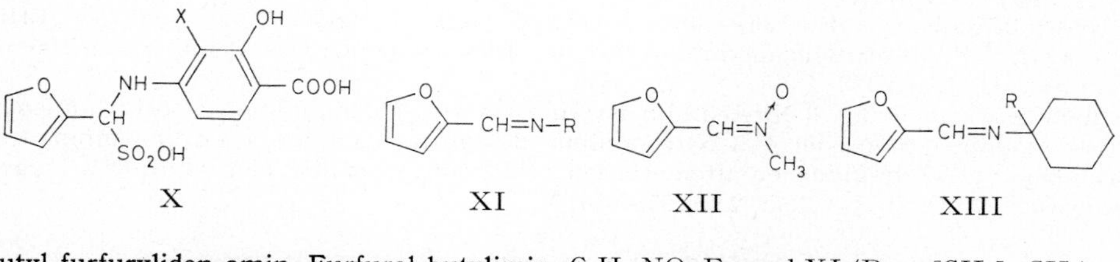

X XI XII XIII

Butyl-furfuryliden-amin, Furfural-butylimin $C_9H_{13}NO$, Formel XI (R = $[CH_2]_3$-CH_3).

B. Aus Furfural und Butylamin (*Emling et al.*, Am. Soc. **71** [1949] 703).

Kp_{32}: 110–115° (*Adkins, Winans*, U.S.P. 2175585 [1936]); Kp_{20}: 100–101° (*Paul*,

Tchelitcheff, Bl. **1953** 1014); Kp_{13}: 90° (*Em. et al.*). D_4^{20}: 0,950 (*Em. et al.*). n_D^{20}: 1,5057 (*Em. et al.*).

Furfuryliden-pentyl-amin, Furfural-pentylimin $C_{10}H_{15}NO$, Formel XI ($R = [CH_2]_4$-CH_3).

B. Aus Furfural und Pentylamin (*Emling et al.*, Am. Soc. **71** [1949] 703).

Kp_{10}: 104–105°. D_4^{20}: 0,940. n_D^{20}: 1,5024.

Furfuryliden-[1,1,3,3-tetramethyl-butyl]-amin, Furfural-[1,1,3,3-tetramethyl-butylimin] $C_{13}H_{21}NO$, Formel XI ($R = C(CH_3)_2$-CH_2-$C(CH_3)_3$).

B. Beim Erhitzen von Furfural mit 1,1,3,3-Tetramethyl-butylamin in Toluol unter Entfernen des entstehenden Wassers (*Rohm & Haas Co.*, U.S.P. 2582128 [1950]).

Kp_{30}: 138–141°.

Cyclohexyl-furfuryliden-amin, Furfural-cyclohexylimin $C_{11}H_{15}NO$, Formel XIII (R = H).

B. Aus Furfural und Cyclohexylamin ohne Lösungsmittel (*Skita, Pfeil*, A. **485** [1931] 152, 171) oder in mit Kohlendioxid gesättigtem Äthanol (*West*, J. Soc. chem. Ind. **61** [1942] 158).

Kp_{18}: 131–135,5° (*Sk., Pf.*); Kp_2: 100–102° (*West*). D_{15}^{15}: 1,0296 (*West*). n_D^{20}: 1,5354 (*West*).

Furfuryliden-[1-methyl-cyclohexyl]-amin, Furfural-[1-methyl-cyclohexylimin] $C_{12}H_{17}NO$, Formel XIII ($R = CH_3$).

B. Aus Furfural und 1-Methyl-cyclohexylamin in Gegenwart von Kaliumcarbonat (*Rohm & Haas Co.*, U.S.P. 2582128 [1950]).

Kp_{30}: 125–135°.

Furfuryliden-anilin, Furfural-phenylimin $C_{11}H_9NO$, Formel I (X = H) (H 279).

B. Aus Furfural und Anilin in mit Kohlendioxid gesättigtem Äthanol (*West*, J. Soc. chem. Ind. **61** [1942] 158). Aus Furfural und Anilin in Gegenwart von Kaliumcarbonat (*Tsuboyama*, Scient. Pap. Inst. phys. chem. Res. **53** [1959] 338, 345).

Krystalle; F: 58° [aus A.] (*Grammaticakis*, Bl. **1951** 965, 971), 57–58° (*Ts.*), 55–58° (*West*). Kp_{35}: 167° (*Gr.*); Kp_{17}: 157° (*Gr.*); Kp_2: 122–123° (*West*), 121–123° [unkorr.] (*Ts.*). UV-Spektrum (A.; 220–380 nm): *Gr.*

Beim Erhitzen mit Schwefel in Pyridin ist Furan-2-thiocarbanilid erhalten worden (*Fărcăşan, Makkay*, Acad. Romîne Stud. Cerc. Chim. **10** [1959] 145, 147; C. A. **1960** 17376). Bildung von 1-Phenyl-pyrrol beim Leiten im Gemisch mit Anilin über Aluminiumoxid bei 450°: *Jur'ew, Wendel'schteĭn*, Ž. obšč. Chim. **23** [1953] 2053, 2055; engl. Ausg. S. 2169.

4-Brom-*N*-furfuryliden-anilin, Furfural-[4-brom-phenylimin] $C_{11}H_8BrNO$, Formel I (X = Br).

B. Aus Furfural und 4-Brom-anilin bei 130° (*Brouillette et al.*, Am. Soc. **76** [1954] 4617).

Krystalle (aus Hexan); F: 62,5–63°. $Kp_{3,5}$: 89°. UV-Absorptionsmaxima (A.): 225 nm, 287 nm und 325 nm.

***N*-Furfuryliden-4-nitro-anilin, Furfural-[4-nitro-phenylimin]** $C_{11}H_8N_2O_3$, Formel I ($X = NO_2$) (E II 310).

Krystalle (aus A.); F: 139–140° (*Rombaut, Smets*, Bl. Soc. chim. Belg. **58** [1949] 421, 427). UV-Absorptionsmaximum (A.) der Base: 346 nm; des Perchlorats: 269 nm (*Ro., Sm.*, l. c. S. 423).

Beim Erwärmen mit 3-Nitro-anilin ist eine als 4-[3-Nitro-anilino]-2-[4-nitro-phenylimino]-cyclopentanon oder 4-[4-Nitro-anilino]-2-[3-nitro-phenylimino]-cyclopentanon zu formulierende Verbindung erhalten worden (*Ro., Sm.*; über die Konstitution s. *Lewis, Mulquincy*, Austral. J. Chem. **23** [1970] 2315).

Furfuryliden-anilin-*N*-oxid, *C*-[2]Furyl-*N*-phenyl-nitron, Furfural-[*N*-phenyl-oxim] $C_{11}H_9NO_2$, Formel II (H **27** 463; dort als *N*-Phenyl-isofurfuraldoxim bezeichnet).

B. Aus Furfural und *N*-Phenyl-hydroxylamin in Äthanol (*Grammaticakis*, Bl. **1951**

965, 971; vgl. H **27** 463).

Krystalle (aus wss. A.); F: 90°. UV-Spektrum (A.; 200–380 nm): *Gr.*

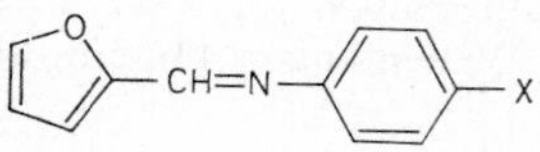

I 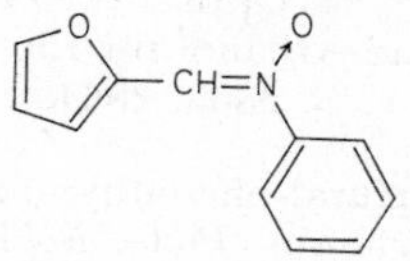 II 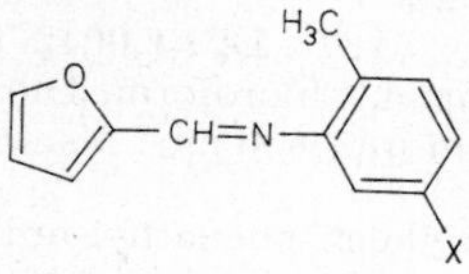 III

Furfuryliden-*o*-toluidin, Furfural-*o*-tolylimin $C_{12}H_{11}NO$, Formel III (X = H) (H 279).

Krystalle; F: 54° (*Hahn et al.*, Arh. Kemiju **26** [1954] 21, 23; C. A. **1956** 292). Kp_{16}: 162–166°.

***N*-Furfuryliden-2-methyl-5-nitro-anilin, Furfural-[2-methyl-5-nitro-phenylimin]** $C_{12}H_{10}N_2O_3$, Formel III (X = NO_2) (E II 310).

Krystalle (aus A. + Acn.); F: 153° (*McGookin*, Soc. **1934** 1743).

Furfuryliden-*m*-toluidin, Furfural-*m*-tolylimin $C_{12}H_{11}NO$, Formel IV.

B. Aus Furfural und *m*-Toluidin (*Bent et al.*, Am. Soc. **73** [1951] 3100, 3121, 3125).

Kp_{14}: 156–160° (*Hahn et al.*, Arh. Kemiju **26** [1954] 21, 23; C. A. **1956** 292); Kp_3: 130–132° (*Bent et al.*).

Furfuryliden-*p*-toluidin, Furfural-*p*-tolylimin $C_{12}H_{11}NO$, Formel V (X = H) (H 279).

F: 43° (*Hahn et al.*, Arh. Kemiju **26** [1954] 21, 23; C. A. **1956** 292). Kp_{15}: 166–168°.

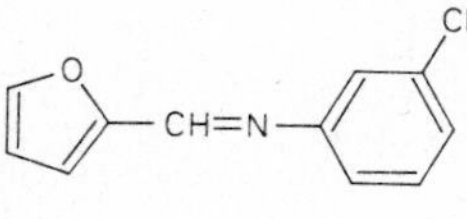

IV 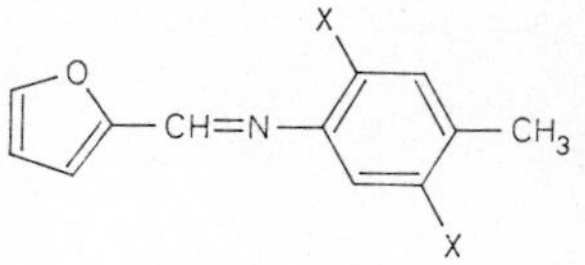 V 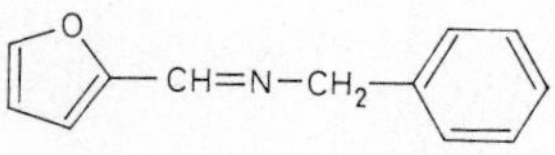 VI

***N*-Furfuryliden-4-methyl-2,5-dinitro-anilin, Furfural-[4-methyl-2,5-dinitro-phenylimin]** $C_{12}H_9N_3O_5$, Formel V (X = NO_2).

B. Aus Furfural und 4-Methyl-2,5-dinitro-anilin (*McGookin*, Soc. **1934** 1743).

Gelbe Krystalle; F: 208°.

Benzyl-furfuryliden-amin, Furfural-benzylimin $C_{12}H_{11}NO$, Formel VI (H 279).

Kp_{12}: 158–159° (*Hinman, Hamm*, J. org. Chem. **23** [1958] 529, 530); Kp_2: 129–131° (*Adkins, Winans*, U.S.P. 2175585 [1936]).

Furfuryliden-[1-phenyl-äthyl]-amin, Furfural-[1-phenyl-äthylimin] $C_{13}H_{13}NO$.

a) **Furfural-[(*R*)-1-phenyl-äthylimin]** $C_{13}H_{13}NO$, Formel VII.

B. Aus Furfural und (*R*)-1-Phenyl-äthylamin (*Terent'ew, Potapow*, Ž. obšč. Chim. **28** [1958] 1161, 1164; engl. Ausg. S. 1220, 1223).

Kp_9: 151–154°. D_4^{20}: 1,0681. n_D^{20}: 1,5788. $[\alpha]_D^{20}$: −96,0° [unverd.]; $[\alpha]_D^{20}$: −66,1° [Bzl.; c = 6]; $[\alpha]_D^{20}$: −84,2° [1,1-Dichlor-äthan; c = 3]; $[\alpha]_D^{20}$: −100,6° [Me.; c = 5]; $[\alpha]_D^{20}$: −108,3° [Acn.; c = 6].

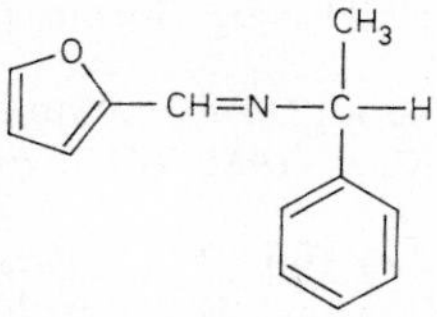

VII 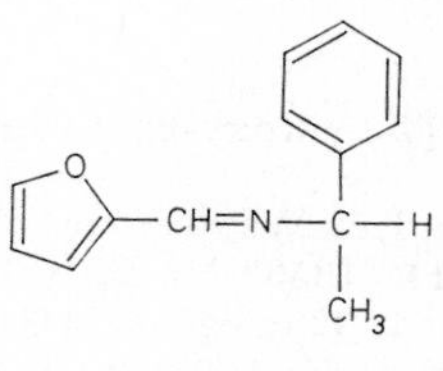 VIII 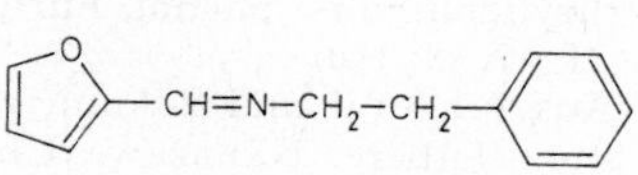 IX

b) **Furfural-[(*S*)-1-phenyl-äthylimin]** $C_{13}H_{13}NO$, Formel VIII.

B. Aus Furfural und (*S*)-1-Phenyl-äthylamin in Benzol (*Nerdel et al.*, B. **89** [1956] 2862, 2868).

$Kp_{0,4}$: 127°. D_4^{20}: 1,0642. n_D^{20}: 1,5784. Optisches Drehungsvermögen $[M]^{24}$ von Lösungen in Benzol, Chloroform, Dioxan und Äthanol für Licht der Wellenlängen 486 nm, 546 nm, 589 nm und 656 nm: *Ne. et al.*, l. c. S. 2863, 2864.

Furfuryliden-phenäthyl-amin, Furfural-phenäthylimin $C_{13}H_{13}NO$, Formel IX.

B. Aus Furfural und Phenäthylamin (*Potts, Robinson*, Soc. **1955** 2675, 2684).

Krystalle (aus PAe.); F: 33—34°. $Kp_{0,06}$: 94°. n_D^{17}: 1,6795.

Furfuryliden-[(*S*)-1-methyl-2-phenyl-äthyl]-amin, Furfural-[(*S*)-1-methyl-2-phenyl-äthylimin] $C_{14}H_{15}NO$, Formel X.

B. Aus Furfural und (*S*)-2-Amino-1-phenyl-propan in Benzol (*Potapow, Terent'ew*, Ž. obšč. Chim. **28** [1958] 3323, 3326; engl. Ausg. S. 3349, 3351).

Kp_4: 133—135°. D_4^{20}: 1,038. n_D^{20}: 1,5640. $[\alpha]_D^{20}$: +272° [Heptan; c = 2]; $[\alpha]_D^{20}$: +265° [Bzl.; c = 2]; $[\alpha]_D^{20}$: +243° [1,2-Dichlor-äthan; c = 2]; $[\alpha]_D^{20}$: +272° [Acn,; c = 2]; $[\alpha]$: +339° [Me.; c = 2].

Biphenyl-4-yl-furfuryliden-amin, Furfural-biphenyl-4-ylimin $C_{17}H_{13}NO$, Formel XI.

B. Aus Furfural und Biphenyl-4-ylamin in Äthanol (*Trefilowa, Poštowškiĭ*, Doklady Akad. S.S.S.R. **114** [1957] 116; Pr. Acad. Sci. U.S.S.R. Chem. Sect. **112–117** [1957] 461).

Gelbe Krystalle; F: 106—107°.

X XI XII

[4,2'-Dinitro-ξ-stilben-α-yl]-furfuryliden-amin, Furfural-[4,2'-dinitro-ξ-stilben-α-ylimin] $C_{19}H_{13}N_3O_5$, Formel XII.

B. Beim Erwärmen von Furfural mit 4,2'-Dinitro-stilben-α-ylamin (F: 135—136°) in Pyridin und wenig Piperidin (*Kröhnke, Vogt*, A. **589** [1954] 26, 39).

Gelbe Krystalle (aus A.); F: 163—165°.

2-Furfurylidenamino-äthanol, Furfural-[2-hydroxy-äthylimin] $C_7H_9NO_2$, Formel I.

B. Aus Furfural und 2-Amino-äthanol in mit Kohlendioxid gesättigtem Äthanol (*West*, J. Soc. chem. Ind. **61** [1942] 158). Aus Furfural und 2-Amino-äthanol unter Stickstoff bei 60—70° (*Ponomarew et al.*, Ž. obšč. Chim. **24** [1954] 718, 720; engl. Ausg. S. 727, 729).

Kp_8: 136°; Kp_4: 123—124°; $Kp_{1,5}$: 114°; D_4^{20}: 1,1524; n_D^{20}: 1,5561 (*Po. et al.*). Kp_2: 120—122°; D_{15}^{15}: 1,1562; n_D^{25}: 1,5562 (*West*).

Bei der Hydrierung an Kupferoxid-Chromoxid in Dioxan bei 110°/70 at oder an Platin in Äthanol bei Raumtemperatur/Normaldruck ist 2-Furfurylamino-äthanol, bei der Hydrierung an Raney-Nickel in Äthanol bei 150°/120 at ist 2-Tetrahydrofurfurylamino-äthanol erhalten worden (*Po. et al.*).

2-Furfurylidenamino-phenol, Furfural-[2-hydroxy-phenylimin] $C_{11}H_9NO_2$, Formel II (R = H) (E II 310).

B. Aus Furfural und 2-Amino-phenol in Wasser oder in Äthanol (*Simizu*, Ann. Rep. Res. Inst. Tuberc. Kanazawa Univ. **11** [1953] Nr. 2, S. 1, 2; C. A. **1955** 4617; *Fenech, Tommasini*, Ann. Chimica **44** [1954] 324, 328; vgl. E II 310).

Krystalle [aus wss. A.] (*Si.*; *Fe., To.*). F: 162° (*Si.*); Zers. bei 160—175° (*Fe., To.*).

Beim Behandeln mit Blei(IV)-acetat in Benzol oder Essigsäure ist 2-[2]Furyl-benzoxazol erhalten worden (*Stephens, Bower*, Soc. **1950** 1722, 1724, 1725).

N-Furfuryliden-o-anisidin, Furfural-[2-methoxy-phenylimin] $C_{12}H_{11}NO_2$, Formel II ($R = CH_3$).

B. Aus Furfural und *o*-Anisidin bei 105° (*Fenech, Tommasini*, Ann. Chimica **44** [1954] 324, 328).

Krystalle (aus Ae.); F: 70—71° (*Fe., To.*). Kp_{12}: 177—178° (*Hansal et al.*, Arh. Kemiju **27** [1955] 33; C. A. **1956** 4894).

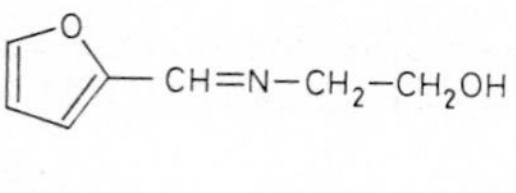

I 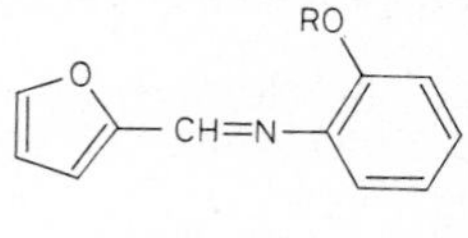 II 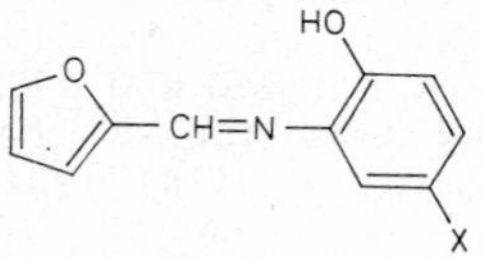 III

4-Chlor-2-furfurylidenamino-phenol, Furfural-[5-chlor-2-hydroxy-phenylimin] $C_{11}H_8ClNO_2$, Formel III (X = Cl).

B. Aus Furfural und 2-Amino-4-chlor-phenol in Wasser (*Simizu*, Ann. Rep. Res. Inst. Tuberc. Kanazawa Univ. **11** [1953] Nr. 2, S. 1, 2; C. A. **1955** 4617).

Krystalle (aus A.); F: 75°.

4-Brom-2-furfurylidenamino-phenol, Furfural-[5-brom-2-hydroxy-phenylimin] $C_{11}H_8BrNO_2$, Formel III (X = Br).

B. Aus Furfural und 2-Amino-4-brom-phenol in Wasser (*Simizu*, Ann. Rep. Res. Inst. Tuberc. Kanazawa Univ. **11** [1953] Nr. 2, S. 1, 3; C. A. **1955** 4617).

Krystalle (aus wss. A.); F: 150°.

2-Furfurylidenamino-4,6-dijod-phenol, Furfural-[2-hydroxy-3,5-dijod-phenylimin] $C_{11}H_7I_2NO_2$, Formel IV.

B. Beim Behandeln von Furfural mit 2-Amino-4,6-dijod-phenol-hydrochlorid in Wasser (*Simizu*, Ann. Rep. Res. Inst. Tuberc. Kanazawa Univ. **11** [1953] Nr. 2, S. 1, 3; C. A. **1955** 4617).

Krystalle (aus wss. A.); F: 192°.

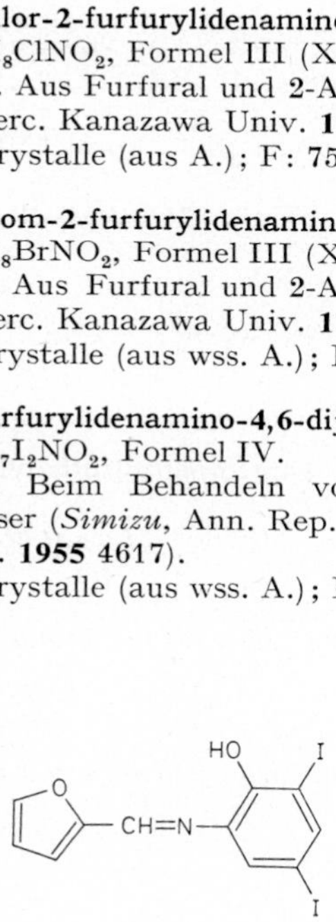

IV 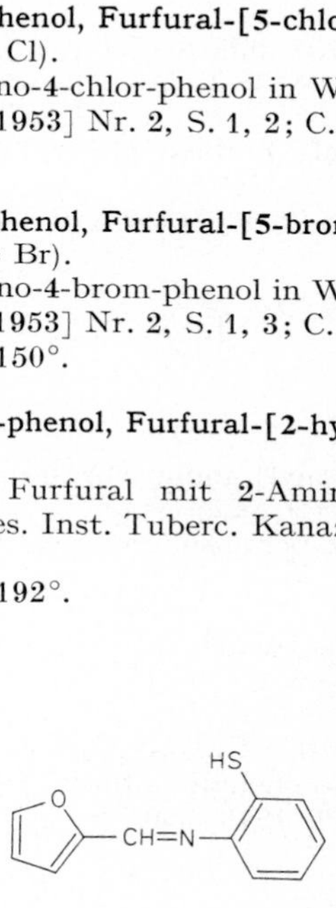 V 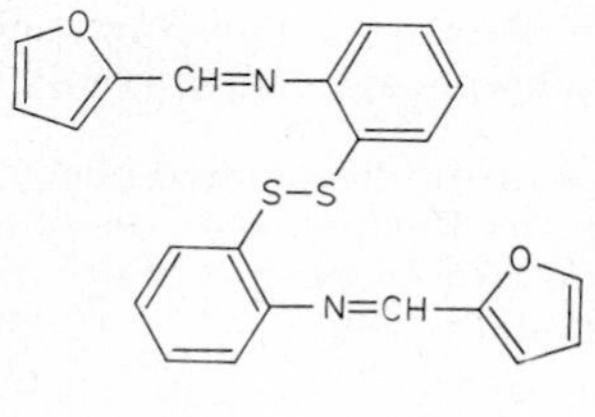 VI

2-Furfurylidenamino-thiophenol, Furfural-[2-mercapto-phenylimin] $C_{11}H_9NOS$, Formel V.

Zink-Salz $Zn(C_{11}H_8NOS)_2$. *B.* Beim kurzen Erhitzen von Furfural mit dem Zink-Salz des 2-Amino-thiophenols (*Bogert, Naiman*, Am. Soc. **57** [1935] 1529, 1532). — Rote Krystalle; Zers. bei 232—240°. — Beim Erhitzen mit Essigsäure oder Äthanol ist 2-[2]Furyl-benzothiazol erhalten worden.

Bis-[2-furfurylidenamino-phenyl]-disulfid $C_{22}H_{16}N_2O_2S_2$, Formel VI.

B. Beim Erwärmen von Furfural mit Bis-[2-amino-phenyl]-disulfid (0,5 Mol) in Äthanol (*Bogert, Naiman*, Am. Soc. **57** [1935] 1529, 1532).

Krystalle (aus A.); F: 134,5° [korr.].

Beim Erhitzen mit Furfural ist 2-[2]Furyl-benzothiazol erhalten worden.

4-Furfurylidenamino-phenol, Furfural-[4-hydroxy-phenylimin] $C_{11}H_9NO_2$, Formel VII (R = H) (H 279; E II 310).

B. Aus Furfural und 4-Amino-phenol in Äthanol oder Essigsäure (*Rombaut, Smets*

Bl. Soc. chim. Belg. **58** [1949] 421, 427; *Helferich, Mitrowsky*, B. **85** [1952] 1, 5; vgl. H 279).

F: 188° (*He., Mi.*), 187—188° [aus A.] (*Ro., Sm.*), 187—187,5° (*Adkins, Winans*, U.S.P. 2175585 [1936]). UV-Absorptionsmaxima (A.) der Base: 285 nm und 341 nm; des Perchlorats: 273 nm (*Ro., Sm.*).

***N*-Furfuryliden-*p*-anisidin, Furfural-[4-methoxy-phenylimin]** $C_{12}H_{11}NO_2$, Formel VII (R = CH_3).

B. Aus Furfural und *p*-Anisidin ohne Lösungsmittel (*Rombaut, Smets*, Bl. Soc. chim. Belg. **58** [1949] 421, 427; *Fenech, Tommasini*, Ann. Chimica **44** [1954] 324, 327) oder in Äthanol (*König*, B. **67** [1934] 1274, 1288).

Krystalle; F: 69—70° (*Hahn et al.*, Arh. Kemiju **26** [1954] 21, 23; C. A. **1956** 292), 68—70° [aus A. + Ae.] (*Ro., Sm.*), 68—69° [aus Ae.] (*Fe., To.*), 68° (*Kö.*). Kp_{12}: 185° bis 189° (*Hahn et al.*). UV-Absorptionsmaxima (A.): 227 nm, 291 nm und 337 nm (*Ro., Sm.*, l. c. S. 423).

Perchlorat $C_{12}H_{11}NO_2 \cdot HClO_4$. Krystalle (aus Eg.); F: 156° (*Kö.*). UV-Absorptionsmaxima: 221 nm und 272 nm [A.] (*Ro., Sm.*); 380 nm [Acetanhydrid] (*Kö.*, l. c. S. 1282).

***N*-Furfuryliden-*p*-phenetidin, Furfural-[4-äthoxy-phenylimin]** $C_{13}H_{13}NO_2$, Formel VII (R = C_2H_5) (H 279).

Krystalle, F: 70—71°; Kp_{18}: 203—206° (*Hahn et al.*, Arh. Kemiju **26** [1954] 21, 23; C. A. **1956** 292).

O CH=N OR

VII

O CH=N SO2 X

VIII

***N*-Furfuryliden-4-[4-nitro-benzolsulfonyl]-anilin, Furfural-[4-(4-nitro-benzolsulfonyl)-phenylimin]** $C_{17}H_{12}N_2O_5S$, Formel VIII (X = NO_2).

B. Aus Furfural und 4-[4-Nitro-benzolsulfonyl]-anilin in Äthanol (*Jain et al.*, J. Indian chem. Soc. **24** [1947] 191).

F: 150°.

Beim Erhitzen mit Natriumhydrogensulfit in wss. Äthanol sind Furfural und Bis-[4-amino-phenyl]-sulfon erhalten worden.

Bis-[4-furfurylidenamino-phenyl]-sulfid $C_{22}H_{16}N_2O_2S$, Formel IX.

B. Aus Furfural und Bis-[4-amino-phenyl]-sulfid in Äthanol in Gegenwart von Zinkchlorid (*Raghavan et al.*, Curr. Sci. **17** [1948] 330).

Krystalle (aus A.); F: 103—104°.

O CH=N S N=CH O

IX

***N*-Furfuryliden-4-sulfanilyl-anilin, Furfural-[4-sulfanilyl-phenylimin], [4-Amino-phenyl]-[4-furfurylidenamino-phenyl]-sulfon** $C_{17}H_{14}N_2O_3S$, Formel VIII (X = NH_2).

B. Aus Furfural und Bis-[4-amino-phenyl]-sulfon in Äthanol (*Jain et al.*, J. Indian chem. Soc. **24** [1947] 191).

F: 153°.

Bis-[4-furfurylidenamino-phenyl]-sulfon $C_{22}H_{16}N_2O_4S$, Formel X.

B. Aus Furfural und Bis-[4-amino-phenyl]-sulfon in Methanol (*Fel'dman, Šyrkin*, Ž. obšč. Chim. **19** [1949] 1369, 1371, 1372; engl. Ausg. S. 1371).

Zers. bei 300°.

O CH=N SO2 N=CH O

X

(±)-2-[Oxy-furfuryliden-amino]-1-phenyl-äthanol, (±)-*C*-[2]Furyl-*N*-[*β*-hydroxy-phenäthyl]-nitron, (±)-Furfural-[*N*-(*β*-hydroxy-phenäthyl)-oxim] $C_{13}H_{13}NO_3$, Formel XI.

B. Beim Behandeln von Furfural mit (±)-2-Hydroxyamino-1-phenyl-äthanol-oxalat und wss. Kalilauge (*Allais*, Bl. **1949** 536).

Krystalle (aus Bzl.); F: 126—127°.

1-Furfurylidenamino-[2]naphthol, Furfural-[2-hydroxy-[1]naphthylimin] $C_{15}H_{11}NO_2$, Formel XII.

B. Aus Furfural und 1-Amino-[2]naphthol in Benzol (*Kurzer*, Soc. **1949** 3434).

Gelbe Krystalle (aus Bzl. + PAe.); F: 174—176° [Zers.].

4-Furfurylidenamino-[1]naphthol, Furfural-[4-hydroxy-[1]naphthylimin] $C_{15}H_{11}NO_2$, Formel XIII (R = H).

B. Beim Behandeln von Furfural mit 4-Amino-[1]naphthol-hydrochlorid und Natriumacetat in Wasser (*Kurzer*, Soc. **1949** 3434).

Gelbe Krystalle (aus Bzl.); F: 156—157° [Zers.].

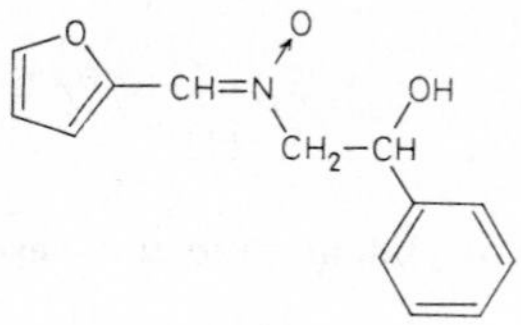

XI 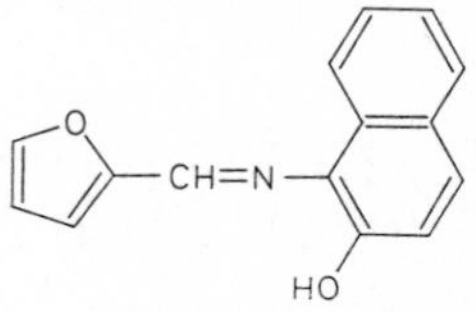 XII 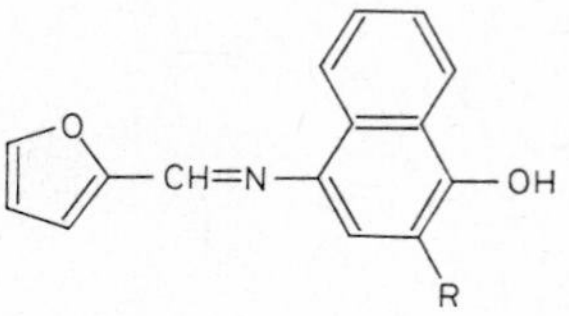 XIII

4-Furfurylidenamino-2-methyl-[1]naphthol, Furfural-[4-hydroxy-3-methyl-[1]naphthylimin] $C_{16}H_{13}NO_2$, Formel XIII (R = CH_3).

B. Aus Furfural und 4-Amino-2-methyl-[1]naphthol (*E. Merck*, D.B.P. 912222 [1941]).

Krystalle (aus A.); F: 143°.

4′-Furfurylidenamino-biphenyl-4-ol, Furfural-[4′-hydroxy-biphenyl-4-ylimin] $C_{17}H_{13}NO_2$, Formel I (R = H).

B. Aus Furfural und 4′-Amino-biphenyl-4-ol in Äthanol (*Trefilowa, Poštowškiĭ*, Doklady Akad. S.S.S.R. **114** [1957] 116; Pr. Acad. Sci. U.S.S.R. Chem. Sect. **112–117** [1957] 461).

Gelbe Krystalle; F: 266—267°.

Furfuryliden-[4′-methoxy-biphenyl-4-yl]-amin, Furfural-[4′-methoxy-biphenyl-4-ylimin] $C_{18}H_{15}NO_2$, Formel I (R = CH_3).

B. Aus Furfural und 4-Amino-4′-methoxy-biphenyl (*Trefilowa, Poštowškiĭ*, Doklady Akad. S.S.S.R. **114** [1957] 116; Pr. Acad. Sci. U.S.S.R. Chem. Sect. **112–117** [1957] 461).

Gelbe Krystalle; F: 126—127°.

[4′-Äthoxy-biphenyl-4-yl]-furfuryliden-amin, Furfural-[4′-äthoxy-biphenyl-4-ylimin] $C_{19}H_{17}NO_2$, Formel I (R = C_2H_5).

B. Aus Furfural und 4-Äthoxy-4′-amino-biphenyl (*Trefilowa, Poštowškiĭ*, Doklady Akad. S.S.S.R. **114** [1957] 116; Pr. Acad. Sci. U.S.S.R. Chem. Sect. **112–117** [1957] 461).

Gelbe Krystalle; F: 157—158°.

[4′-Butoxy-biphenyl-4-yl]-furfuryliden-amin, Furfural-[4′-butoxy-biphenyl-4-ylimin] $C_{21}H_{21}NO_2$, Formel I (R = $[CH_2]_3$-CH_3).

B. Aus Furfural und 4-Amino-4′-butoxy-biphenyl (*Trefilowa, Poštowškiĭ*, Doklady Akad. S.S.S.R. **114** [1957] 116; Pr. Acad. Sci. U.S.S.R. Chem. Sect. **112–117** [1957] 461).

Gelbe Krystalle; F: 165—166°.

(1*RS*,2*RS*)-2-Furfurylidenamino-1-[4-nitro-phenyl]-propan-1,3-diol, (±)-*threo*-2-Furfurylidenamino-1-[4-nitro-phenyl]-propan-1,3-diol $C_{14}H_{14}N_2O_5$, Formel II + Spiegelbild.

B. Aus Furfural und (1*RS*,2*RS*)-2-Amino-1-[4-nitro-phenyl]-propan-1,3-diol in Wasser (*Iliceto, Scoffone*, G. **81** [1951] 133, 140) oder in Äthanol (*Parke, Davis & Co.*, U.S.P. 2791595 [1953]).

Krystalle [aus A.] (*Parke, Davis* & Co.); F: 175° (*Cestari, Bezzi*, Farmaco **5** [1950] 649, 651; *Il., Sc.*; *Parke, Davis & Co.*).

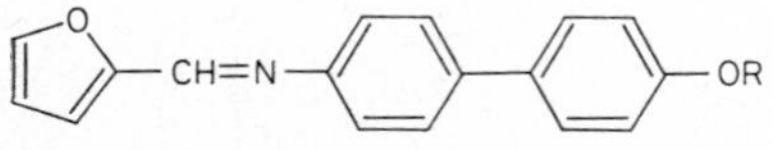

I 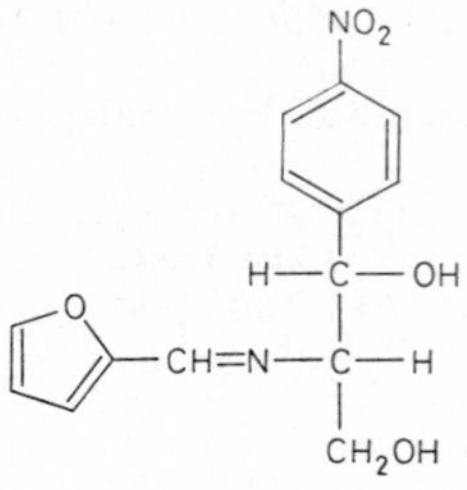 II 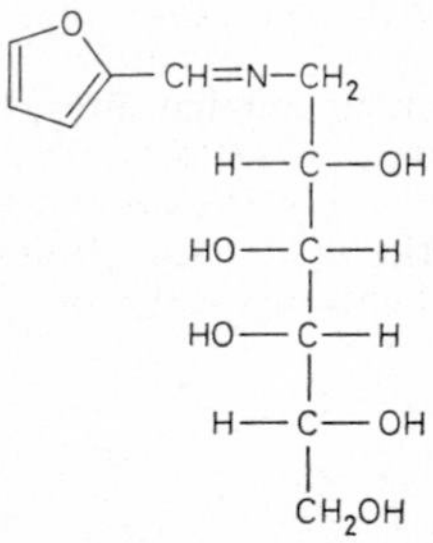 III

6-Furfurylidenamino-L-*galacto*-hexan-1,2,3,4,5-pentaol, 1-Furfurylidenamino-D-1-desoxy-galactit, *N*-Furfuryliden-D-galactamin $C_{11}H_{17}NO_6$, Formel III.

B. Aus Furfural und D-Galactamin (D-1-Amino-1-desoxy-galactit) in Wasser (*Upjohn Co.*, U.S.P. 2808403 [1955]).

F: 181—183° [Zers.].

(±)-2,2-Dichlor-1-furfurylidenamino-äthanol, (±)-Furfural-[2,2-dichlor-1-hydroxy-äthylimin] $C_7H_7Cl_2NO_2$, Formel IV.

B. Beim Behandeln von Furfural mit Dichloracetaldehyd, wss. Ammoniak und Benzol (*Špašow, Iwanow*, Godišnik Univ. Sofia **44** Chimija [1947/48] 157, 161; C. A. **1950** 3937). Beim Behandeln von Bis-furfurylidenamino-[2]furyl-methan mit Dichloracetaldehyd-hydrat in Benzol (*Šp., Iw.*).

Krystalle (aus Bzl.); F: 111—112°.

(±)-2,2,2-Trichlor-1-furfurylidenamino-äthanol, (±)-Furfural-[2,2,2-trichlor-1-hydroxy-äthylimin] $C_7H_6Cl_3NO_2$, Formel V (X = Cl).

B. Beim Behandeln von Furfural mit Chloral-hydrat, wss. Ammoniak und Benzol (*Špašow, Iwanow*, Godišnik Univ. Sofia **38** Chimija [1941] 85, 113; C. A. **1948** 2585).

Krystalle (aus Bzl.); F: 129°.

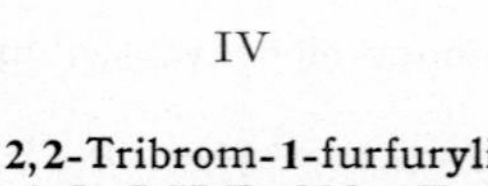

IV 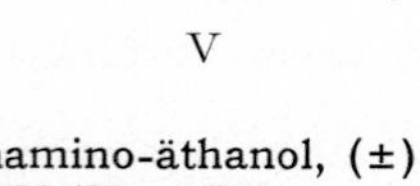 V 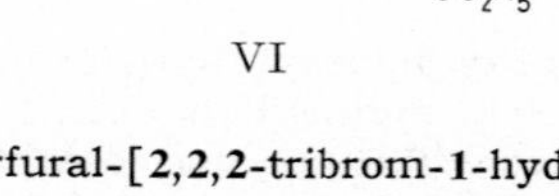 VI

(±)-2,2,2-Tribrom-1-furfurylidenamino-äthanol, (±)-Furfural-[2,2,2-tribrom-1-hydroxy-äthylimin] $C_7H_6Br_3NO_2$, Formel V (X = Br).

B. Beim Behandeln von Furfural mit Tribromacetaldehyd und wss. Ammoniak (*Špašow, Iwanow*, Izv. chim. Inst. Bulgarska Akad. **6** [1958] 103, 109; C. A. **1960** 20928).

Krystalle (aus Bzl.); F: 125—126°.

[2,2-Diäthoxy-äthyl]-furfuryliden-amin, Furfural-[2,2-diäthoxy-äthylimin], Furfuryliden-amino-acetaldehyd-diäthylacetal $C_{11}H_{17}NO_3$, Formel VI.

B. Aus Furfural und Aminoacetaldehyd-diäthylacetal ohne Lösungsmittel (*Vinot*, A. ch. [13] **3** [1958] 461, 465) oder in Benzol (*Herz, Tocker*, Am. Soc. **77** [1955] 3554).

Kp_{20}: 145—147°; D_4^{18}: 0,938; n_D^{18}: 1,493 (*Vi.*). Kp_2: 114°; $n_{D(?)}^{20}$: 1,4890 (*Herz, To.*).

4-Furfurylidenamino-benzaldehyd-thiosemicarbazon $C_{13}H_{12}N_4OS$, Formel VII.

B. Aus Furfural und 4-Amino-benzaldehyd-thiosemicarbazon in Methanol (*Farbenfabr. Bayer*, D.B.P. 874140 [1943]).

F: ca. 200°.

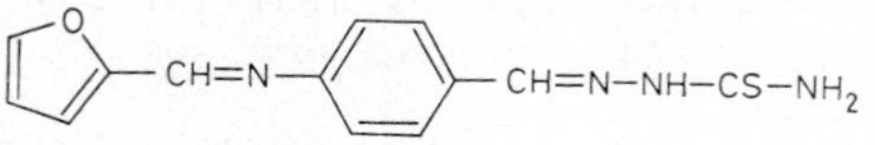

VII 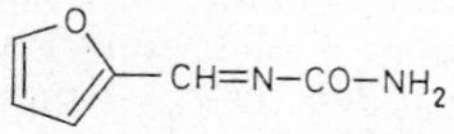 VIII

Furfurylidenharnstoff $C_6H_6N_2O_2$, Formel VIII.

In den von *Bellavita, Cagnoli* (G. **69** [1939] 602, 608) und von *Bellavita* (G. **70** [1940] 626, 629; s. a. *Bellavita, Cagnoli*, G. **69** [1939] 583, 593) unter dieser Konstitution beschriebenen Präparaten (F: 92°; Benzoyl-Derivat: F: 135°) hat Furfural-(*Z*)-oxim vorgelegen (vgl. *Dalton, Foley*, J. org. Chem. **38** [1973] 4200, 4202).

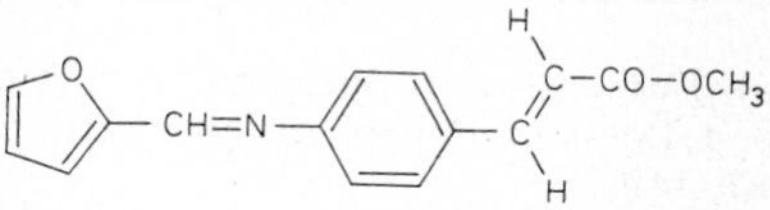

IX

4-Furfurylidenamino-*trans*-zimtsäure-methylester $C_{15}H_{13}NO_3$, Formel IX.

B. Aus Furfural und 4-Amino-*trans*-zimtsäure-methylester (*Vorländer*, B. **71** [1938] 501, 504, 517).

Gelbe Krystalle (aus Me. + PAe.); F: 108° [korr.].

4-Furfurylidenamino-2-hydroxy-benzoesäure $C_{12}H_9NO_4$, Formel X.

B. Aus Furfural und 4-Amino-2-hydroxy-benzoesäure in Äthanol (*Fenech, Tommasini*, Ann. Chimica **44** [1954] 324, 328).

Krystalle (aus wss. A.).

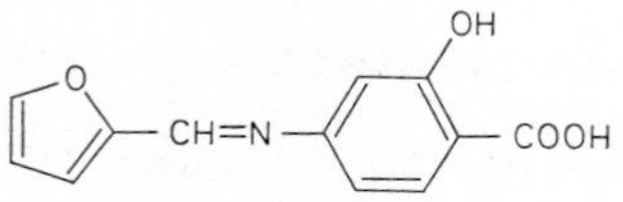

X 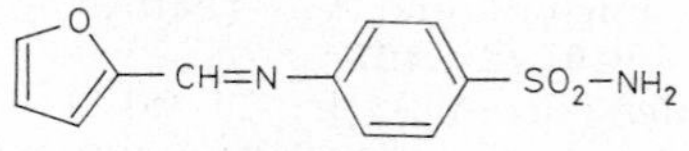 XI

***N*-Furfuryliden-sulfanilsäure-amid** $C_{11}H_{10}N_2O_3S$, Formel XI.

B. Aus Furfural und Sulfanilamid in Aceton (*Gray et al.*, Biochem. J. **31** [1937] 724, 729) oder in Äthanol (*Vignoli, Sicé*, Bl. [5] **12** [1945] 877, 878; *White et al.*, Anal. Chem. **22** [1950] 950; *Fenech, Tommasini*, Ann. Chimica **44** [1954] 324, 327).

Krystalle; F: 208° [Zers.; Block; aus A.] (*Vi., Sicé*), 196° [unkorr.; Block; aus A.] (*Wh. et al.*), 196° [aus Acn.] (*Gr. et al.*), 186–187° [aus A.] (*Fe., To.*). Monoklin (*Wh. et al.*). Krystalloptik: *Wh. et al.*

Hydrochlorid $C_{11}H_{10}N_2O_3S \cdot HCl$. F: 202° [Block; Zers.]; am Licht und an der Luft nicht beständig (*Vi., Sicé*).

Perchlorat. Krystalle (*Vi., Sicé*).

Phosphat $C_{11}H_{10}N_2O_3S \cdot H_3PO_4$. Krystalle; F: 161° [Zers.; Block] (*Vi., Sicé*).

Pikrat $C_{11}H_{10}N_2O_3S \cdot C_6H_3N_3O_7$. Krystalle (aus A.); F: 114° [Zers.; Block] (*Vi., Sicé*).

Styphnat $C_{11}H_{10}N_2O_3S \cdot C_6H_3N_3O_8$. Krystalle; F: 126° [Zers.; Block] (*Vi., Sicé*).

***N,N'*-Bis-[*N*-furfuryliden-sulfanilyl]-äthylendiamin** $C_{24}H_{22}N_4O_6S_2$, Formel XII.

B. Beim Erhitzen von Furfural mit *N,N'*-Disulfanilyl-äthylendiamin auf 150° (*Bami et al.*, J. Indian chem. Sco. **24** [1947] 129, 131).

F: 225°.

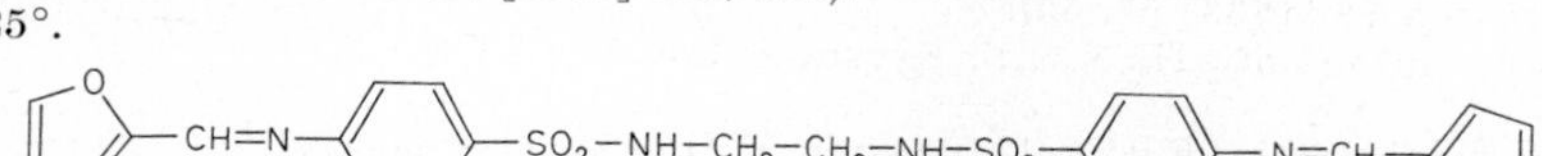

XII

***N,N'*-Difurfuryliden-äthylendiamin** $C_{12}H_{12}N_2O_2$, Formel I.

B. Beim Behandeln von Furfural mit Äthylendiamin (0,5 Mol) ohne Lösungsmittel (*Rameau*, R. **57** [1938] 194, 209), in Äthanol (*Frost, Freedman*, J. org. Chem. **24** [1959] 1905), in Benzol (*Wyeth Inc.*, U.S.P. 2627491 [1950]) oder in Äther in Gegenwart von Natriumsulfat (*Tanaka, Asami*, J. scient. Res. Inst. Tokyo **48** [1954] 197, 200).

Krystalle; F: 58° [aus PAe.] (*Ta., As.*), 53—54° [aus PAe. bzw. aus A.] (*Ra.*; *Fr., Fr.*). Kp_{30}: 205° (*Ra.*); Kp_{11}: 162,5° (*Ta., As.*).

Kupfer(II)-Komplexsalz $[Cu(C_{12}H_{12}N_2O_2)_2](NO_3)_2$. Grüne Krystalle (*Hoyer*, Naturwiss. **46** [1959] 14). — An feuchter Luft sowie beim Erwärmen mit 2 Mol Wasser enthaltendem Äthanol erfolgt Umwandlung in ein blauviolettes Komplexsalz $[Cu(C_{12}H_{12}N_2O_2)(C_2H_8N_2)](NO_3)_2$ ($C_2H_8N_2$ = Äthylendiamin), aus dem beim Behandeln mit Wasser oder wss. Äthanol das Salz $[Cu(C_2H_8N_2)_2](NO_3)_2$ ($C_2H_8N_2$ = Äthylendiamin) erhalten wird (*Ho.*).

***Opt.-inakt. 1-Furfurylidenamino-2-furfurylidenaminomethyl-cyclopentan** $C_{16}H_{18}N_2O_2$, Formel II.

B. Beim Behandeln von Furfural mit opt.-intakt. 1-Amino-2-aminomethyl-cyclopentan (Kp_{18}: 87—88°; n_D^{17}: 1,4896) in Benzol unter Zusatz von Kaliumhydroxid (*Lamant*, A. ch. [13] **4** [1959] 87, 119).

Kp_{22}: 230—232°. Wenig beständig (Umwandlung in makromolekulare Substanzen).

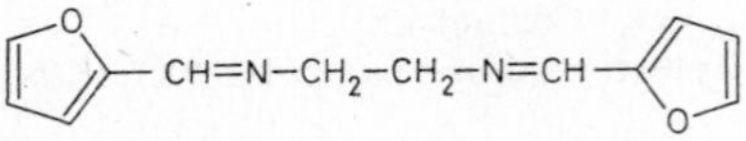

I 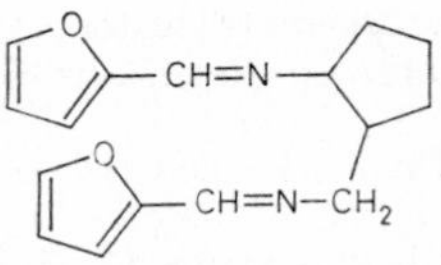 II 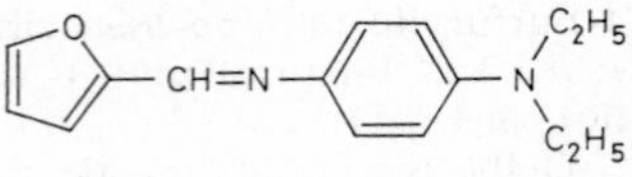 III

***N,N*-Diäthyl-*N'*-furfuryliden-*p*-phenylendiamin, Furfural-[4-diäthylamino-phenylimin]** $C_{15}H_{18}N_2O$, Formel III.

B. Aus Furfural und *N,N*-Diäthyl-*p*-phenylendiamin (*Rombaut, Smets*, Bl. Soc. chim. Belg. **58** [1949] 421, 427).

Krystalle (aus Ae.); F: 79—81°. Absorptionsmaxima (A.) der Base: 277 nm und 395 nm; des Perchlorats: 262 nm und 507 nm (*Ro., Sm.*, l. c. S. 423).

Difurfuryliden-*p*-phenylendiamin $C_{16}H_{12}N_2O_2$, Formel IV.

F: 164—165° (*Adkins, Winans*, U.S.P. 2175585 [1936]).

IV 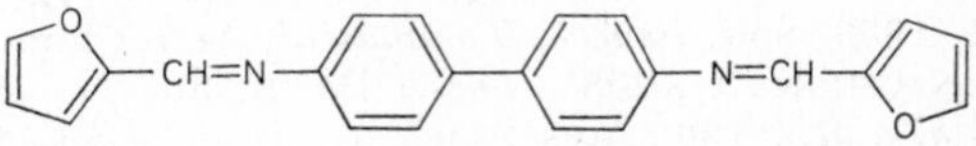 V

Difurfuryliden-benzidin $C_{22}H_{16}N_2O_2$, Formel V (H 280).

Gelbe Krystalle (aus Bzl.); F: 231—232° (*Ehrhardt*, B. **30** [1897] 2012, 2014), 231° (*Fenech, Tommasini*, Ann. Chimica **44** [1954] 324, 328); F: 212—213° (*Adkins, Winans*, U.S.P. 2175585 [1936]).

4'-Furfurylidenamino-azobenzol-4-sulfonsäure $C_{17}H_{13}N_3O_4S$, Formel VI.

B. Beim Behandeln von Furfural-phenylimin mit der aus Sulfanilsäure bereiteten Diazonium-Verbindung und wss.-äthanol. Kalilauge (*Mironescu, Nicolescu*, Bulet. Soc. Chim. România **15** [1933] 53, 55).

Natrium-Salz $NaC_{17}H_{12}N_3O_4S$. Krystalle (aus A.); F: 187°.

Chlor-furfuryliden-amin, Furfural-chlorimin C_5H_4ClNO, Formel VII.

B. Beim Behandeln von Furfural mit Chloramin in Wasser (*Hauser et al.*, Am. Soc. **57** [1935] 567).

Zers. bei ca. 165° [unreines Präparat] (*Ha. et al.*, l. c. S. 569).

Geschwindigkeitskonstante der Bildung von Furan-2-carbonitril beim Behandeln mit Natriumhydroxid in 92,5%ig. wss. Äthanol bei 0°: *Hauser et al.*, Am. Soc. **57** [1935] 1056, 1058.

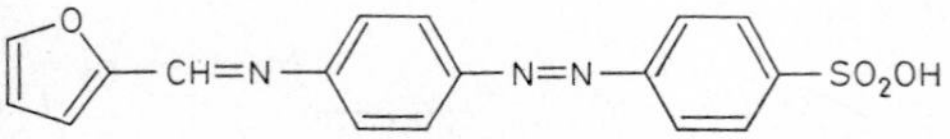

VI 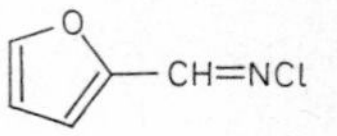 VII 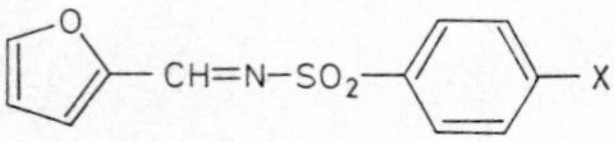 VIII

***N*-Furfuryliden-benzolsulfonamid** $C_{11}H_9NO_3S$, Formel VIII (X = H).

B. Beim Erwärmen von Furfural mit Benzolsulfonamid und Aluminiumchlorid in Benzol (*Kretow, Abrashanowa*, Ž. obšč. Chim. **27** [1957] 1993, 1996; engl. Ausg. S. 2051, 2053). Beim Erhitzen von Furfural mit Benzolsulfonamid und Zinkchlorid unter Kohlendioxid auf 110° (*Lichtenberger et al.*, Bl. **1955** 669, 670, 677). Beim Erwärmen von Bis-furfurylidenamino-[2]furyl-methan mit Benzolsulfonylchlorid und Pyridin (*Li. et al.*, l. c. S. 670, 677).

Krystalle; F: 127—128° [aus Bzl.] (*Li. et al.*), 126—127° [aus PAe.] (*Kr.*, *Ab.*). In warmem Wasser erfolgt Hydrolyse (*Li. et al.*).

4-Chlor-benzolsulfonsäure-furfurylidenamid $C_{11}H_8ClNO_3S$, Formel VIII (X = Cl).

B. Beim Erwärmen von Furfural mit 4-Chlor-benzolsulfonsäure-amid und Aluminiumchlorid in Benzol (*Kretow, Abrashanowa*, Ž. obšč. Chim. **27** [1957] 1993, 1996; engl. Ausg. S. 2051, 2053).

Krystalle (aus PAe); F: 101—102°.

***N*-Furfuryliden-toluol-2-sulfonamid** $C_{12}H_{11}NO_3S$, Formel IX.

B. Beim Erhitzen von Furfural mit Toluol-2-sulfonamid und Zinkchlorid unter Kohlendioxid auf 110° (*Lichtenberger et al.*, Bl. **1955** 669, 670, 677).

Krystalle (aus Bzl.); F: 73—74°. In warmem Wasser erfolgt Hydrolyse.

***N*-Furfuryliden-toluol-4-sulfonamid** $C_{12}H_{11}NO_3S$, Formel VIII (X = CH_3).

B. Beim Erhitzen von Furfural mit Toluol-4-sulfonamid und Zinkchlorid unter Kohlendioxid auf 110° (*Lichtenberger et al.*, Bl. **1955** 669, 670, 677). Beim Erwärmen von Bis-furfurylidenamino-[2]furyl-methan mit Toluol-4-sulfonylchlorid und Pyridin (*Li. et al.*, l. c. S. 670, 677).

Krystalle (aus Bzl.); F: 101—102°. In warmem Wasser erfolgt Hydrolyse.

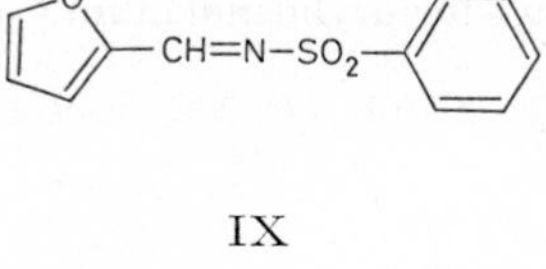

IX 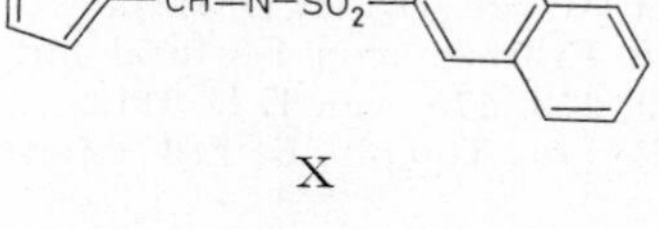 X

***N*-Furfuryliden-naphthalin-2-sulfonamid** $C_{15}H_{11}NO_3S$, Formel X.

B. Beim Erhitzen von Furfural mit Naphthalin-2-sulfonamid und Zinkchlorid unter Kohlendioxid auf 110° (*Lichtenberger et al.*, Bl. **1955** 669, 670, 677).

Krystalle (aus Bzl.); F: 149—150°. In warmem Wasser erfolgt Hydrolyse.

***N*-Acetyl-sulfanilsäure-furfurylidenamid, Essigsäure-[4-furfurylidensulfamoyl-anilid]** $C_{13}H_{12}N_2O_4S$, Formel VIII (X = NH-CO-CH_3).

B. Beim Erhitzen von Furfural mit *N*-Acetyl-sulfanilsäure-amid auf 150° (*Walter, Pollak*, Koll. Beih. **40** [1934] 1, 24).

Krystalle (aus Acn.); F: 200° [Zers.].

4-Acetylamino-toluol-2-sulfonsäure-furfurylidenamid, Essigsäure-[3-furfurylidensulfamoyl-4-methyl-anilid] $C_{14}H_{14}N_2O_4S$, Formel XI.

B. Beim Erhitzen von Furfural mit Essigsäure-[4-methyl-3-sulfamoyl-anilid] auf 150° (*Walter, Pollak*, Koll. Beih. **40** [1934] 1, 25).

Krystalle (aus Acn. + Bzl.); F: 142°.

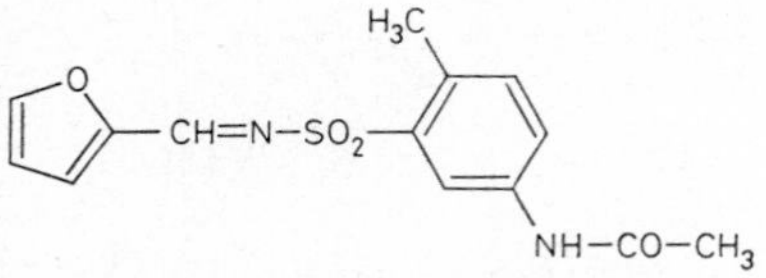

XI 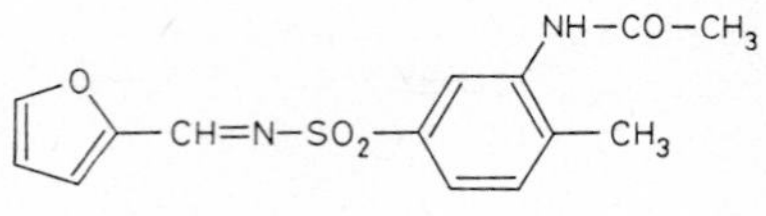 XII

2-Acetylamino-toluol-4-sulfonsäure-furfurylidenamid, Essigsäure-[5-furfurylidensulfamoyl-2-methyl-anilid] $C_{14}H_{14}N_2O_4S$, Formel XII.

B. Beim Erhitzen von Furfural mit Essigsäure-[2-methyl-5-sulfamoyl-anilid] auf 150° (*Walter, Pollak*, Koll. Beih. **40** [1934] 1, 25).

Krystalle (aus Acn. + Bzl.); F: 140°.

Di-*o*-anisidino-[2]furyl-methan, *N,N'*-Bis-[2-methoxy-phenyl]-furfurylidendiamin $C_{19}H_{20}N_2O_3$, Formel I.

Diese Konstitution wird für die nachstehend beschriebene Verbindung in Betracht gezogen.

B. Neben grösseren Mengen *N*-Furfuryliden-*o*-anisidin aus Furfural und *o*-Anisidin (*Hansal et al.*, Arh. Kemiju **27** [1955] 33; C. A. **1956** 4894).

Krystalle (aus PAe.); F: 48–49°.

Bis-acetylamino-[2]furyl-methan, *N,N'*-Diacetyl-furfurylidendiamin $C_9H_{12}N_2O_3$, Formel II ($R = CH_3$) (E II 311).

B. Beim Erwärmen von Furfural mit Acetamid (2 Mol) ohne Lösungsmittel (*Polya, Spotswood*, R. **70** [1951] 269, 273, 275; vgl. E II 311) oder in Benzol (*Paulson, Mersereau*, Trans. Illinois Acad. **47** [1955] 94).

Krystalle; F: 210° [Zers.; aus Toluol] (*Po., Sp.*), 206° [Zers.; aus A.] (*Pa., Me.*).

Acetylamino-[2]furyl-propionylamino-methan, *N*-Acetyl-*N'*-propionyl-furfurylidendiamin, *N*-[α-Acetylamino-furfuryl]-propionamid $C_{10}H_{14}N_2O_3$, Formel II ($R = C_2H_5$).

B. Beim Erhitzen von Furfural mit je 1 Mol Acetamid und Propionamid (*Polya, Spotswood*, R. **70** [1951] 269, 273, 275).

Krystalle (aus A.); F: 204–205°.

[2]Furyl-bis-propionylamino-methan, *N,N'*-Dipropionyl-furfurylidendiamin $C_{11}H_{16}N_2O_3$, Formel III ($R = C_2H_5$) (E II 311).

B. Beim Erhitzen von Furfural mit Propionamid [2 Mol] (*Polya, Spotswood*, R. **70** [1951] 269, 273, 275; vgl. E II 311).

Krystalle (aus Toluol); F: 216° [Zers.].

[2]Furyl-bis-heptanoylamino-methan, *N,N'*-Diheptanoyl-furfurylidendiamin $C_{19}H_{32}N_2O_3$, Formel III ($R = [CH_2]_5\text{-}CH_3$).

B. Beim Erwärmen von Furfural mit Heptanamid (2 Mol) unter Kohlendioxid (*Rathore, Ittyerah*, J. Indian chem. Soc. **36** [1959] 874).

Krystalle (aus A.); F: 136°.

Bis-benzoylamino-[2]furyl-methan, *N,N'*-Dibenzoyl-furfurylidendiamin $C_{19}H_{16}N_2O_3$, Formel III ($R = C_6H_5$) (E II 311).

B. Beim Erhitzen von Furfural mit Benzamid [2 Mol] (*Polya, Spotswood*, R. **70** [1951] 269, 273, 275; vgl. E II 311).

Krystalle (aus Toluol); F: 128°.

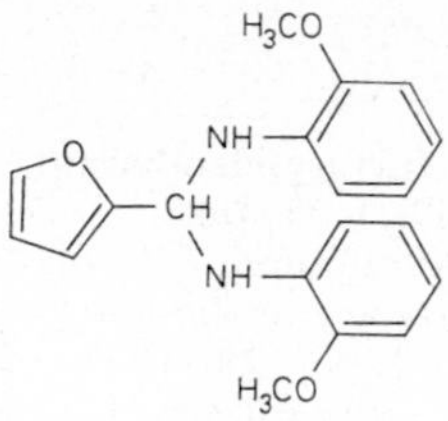

I 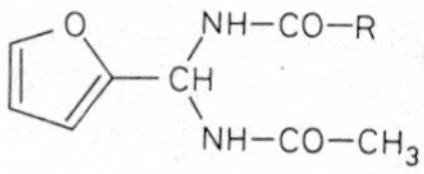 II 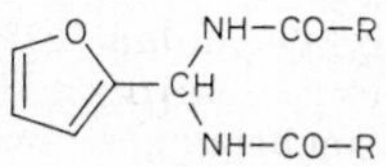 III

[2]Furyl-bis-[phenylacetyl-amino]-methan, *N,N'*-Bis-phenylacetyl-furfurylidendiamin $C_{21}H_{20}N_2O_3$, Formel III (R = CH_2-C_6H_5).

B. Beim Erhitzen von Furfural mit Phenylessigsäure-amid (2 Mol) in Äthanol auf 115° (*Rathore, Ittyerah*, J. Indian chem. Soc. **36** [1959] 874).

Krystalle (aus A.); F: 225°.

Acetylamino-*trans*-cinnamoylamino-[2]furyl-methan, *N*-Acetyl-*N'*-*trans*-cinnamoyl-furfurylidendiamin, *N*-[α-Acetylamino-furfuryl]-*trans*-cinnamamid $C_{16}H_{16}N_2O_3$, Formel II (R = CH$\overset{t}{=}$CH-C_6H_5).

B. Beim Erhitzen von Furfural mit je 1 Mol Acetamid und *trans*-Cinnamamid (*Polya, Spootswood*, R. **70** [1951] 269, 273, 275).

Krystalle (aus A.); F: 211–212°.

Bis-*trans*-cinnamoylamino-[2]furyl-methan, *N,N'*-Di-*trans*-cinnamoyl-furfurylidendiamin $C_{23}H_{20}N_2O_3$, Formel IV.

B. Beim Erwärmen von Furfural mit *trans*-Cinnamamid [2 Mol] (*Rathore, Ittyerah*, J. Indian chem. Soc. **36** [1959] 874).

Krystalle (aus A.); F: 225°.

Bis-[(2-fluor-äthoxycarbonyl)-amino]-[2]furyl-methan, *N,N'*-Furfuryliden-bis-carbamidsäure-bis-[2-fluor-äthylester] $C_{11}H_{14}F_2N_2O_5$, Formel V (R = CH_2-CH_2F).

B. Beim Behandeln von Furfural mit Carbamidsäure-[2-fluor-äthylester] (2 Mol) und kleinen Mengen wss. Salzsäure (*Oliverio, Sawicki*, J. org. Chem. **20** [1955] 1733, 1734).

F: 191–192° [unkorr.].

Bis-[(2-chlor-äthoxycarbonyl)-amino]-[2]furyl-methan, *N,N'*-Furfuryliden-bis-carbamidsäure-bis-[2-chlor-äthylester] $C_{11}H_{14}Cl_2N_2O_5$, Formel V (R = CH_2-CH_2Cl).

B. Beim Behandeln von Furfural mit Carbamidsäure-[2-chlor-äthylester] (2 Mol) und kleinen Mengen wss. Salzsäure (*Boucherle, Carraz*, Bl. **1958** 364).

Krystalle (aus A.).

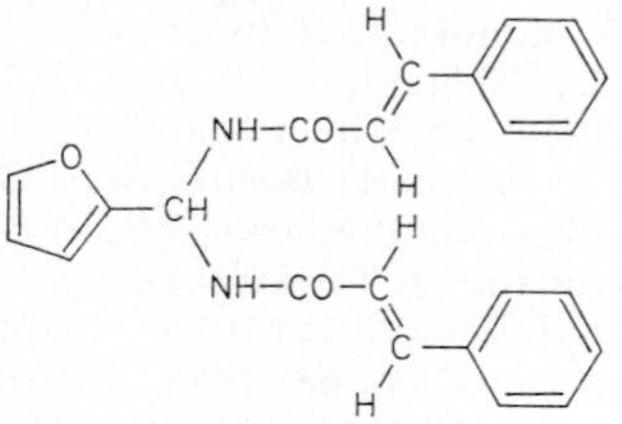

IV 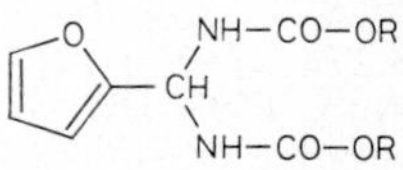 V 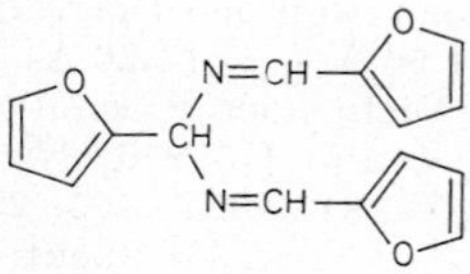 VI

Bis-[allyloxycarbonyl-amino]-[2]furyl-methan, *N,N'*-Furfuryliden-bis-carbamidsäure-diallylester $C_{13}H_{16}N_2O_5$, Formel V (R = CH_2-CH=CH_2).

B. Beim Behandeln von Furfural mit Carbamidsäure-allylester in Essigsäure (*Gleim*, Am. Soc. **76** [1954] 107, 108).

F: 140,5° [unkorr.].

Bis-[benzyloxycarbonyl-amino]-[2]furyl-methan, *N,N'*-Furfuryliden-bis-carbamidsäure-dibenzylester $C_{21}H_{20}N_2O_5$, Formel V (R = CH_2-C_6H_5).

B. Beim Erwärmen von Furfural mit Carbamidsäure-benzylester unter 15 Torr auf

100° (*Martell, Herbst*, J. org. Chem. **6** [1941] 878, 882).
F: 163°.

Bis-furfurylidenamino-[2]furyl-methan, *N,N'*-Difurfuryliden-furfurylidendiamin, Hydrofurfuramid $C_{15}H_{12}N_2O_3$, Formel VI (H 281; E I 147; E II 311).

B. Bei mehrtägigem Behandeln von Furfural mit wss. Ammoniak (*Strain*, Am. Soc. **52** [1930] 1216, 1217; vgl. H 281) oder mit flüssigem Ammoniak, in diesem Falle neben Furfurin [E II **27** 918] (*Sugisawa, Aso*, J. agric. chem. Soc. Japan **28** [1954] 682; C. A. **1956** 16751). Über die Isolierung s. *De la Infiesta et al.*, An. Soc. españ. [B] **54** [1958] 237, 238.

Dipolmoment (ε; Bzl.): 2,66 D (*Soundararajan, Anantakrishnan*, Pr. Indian Acad. [A] **38** [1953] 176, 178).

Krystalle (aus Bzl.); F: 117–121° (*Su., Aso*).

Hydrierung an Platin in Essigsäure und Äthanol unter Bildung von Trifurfurylamin: *Gilman, Dickey*, Iowa Coll. J. **5** [1931] 193. Hydrierung an Raney-Nickel in Äthanol bei 40–70°/90 at, auch nach Zusatz von Ammoniak, unter Bildung von Difurfurylamin und Furfurylamin: *Winans*, Am. Soc. **61** [1939] 3567. Hydrierung an Nickel in Äthanol bei 100°/100 at unter Bildung von Tetrahydrofurfurylamin und Difurfurylamin: *Adkins, Winans*, U.S.P. 2045574 [1932]. Hydrierung an Nickel/Kieselgur in Äthanol, Äther oder Methylcyclohexan bei 200°/100–150 at unter Bildung von Tetrahydrofurfurylamin und Bis-tetrahydrofurfuryl-amin: *Winans, Adkins*, Am. Soc. **55** [1933] 2051, 2056, 2057. Bildung von Furfurin (E II **27** 918) beim Behandeln mit flüssigem Ammoniak: *St.*; die Reaktion wird durch kleine Mengen Kaliumamid beschleunigt (*St.*). Beim Behandeln mit Malononitril in Äthanol ist 3-Oxo-hepta-1,5-dien-1,1,7,7-tetracarbonitril erhalten worden (*Boehm, Grohnwald*, Ar. **274** [1936] 318).

Furfural-oxim $C_5H_5NO_2$.

Über die Konfiguration der Stereosiomeren s. *Jensen, Jerslev*, Acta chem. scand. **21** [1967] 730; *Wasylishen, Schaefer*, Canad. J. Chem. **50** [1972] 274.

a) **Furfural-(*Z*)-oxim,** $C_5H_5NO_2$, Formel VII (R = H) auf S. **4431** (H 281; E II 311; dort als β-Furfuraldoxim bezeichnet).

B. Beim Eintragen von Furfural in eine wss. Lösung des Natrium-Salzes der Hydroxy-amidoschwefelsäure (*Nenitzescu, Bucur*, Rev. Chim. Acad. roum. **1** [1956] Nr. 1, S. 155, 159; vgl. E II 311).

Atomabstände und Bindungswinkel (aus dem Röntgen-Diagramm ermittelt): *Jensen, Jerslev*, Acta chem. scand. **21** [1967] 730. Dipolmoment (ε; Bzl.): 1,92 D (*Calderbank, Le Fèvre*, Soc. **1949** 1462, 1466).

Krystalle; F: 92–93° [aus wss. A.] (*Calderbank, Le Fèvre*, Soc. **1949** 1462, 1466), 92° [aus A.] (*Pschenizyn, Nekrašowa*, Ž. anal. Chim. **12** [1957] 205; C. A. **1958** 162), 91–92° (*Pallaud*, Chim. anal. **34** [1952] 39, 42), 91–91,5° (*Nakaya et al.*, J. chem. Soc. Japan Pure Chem. Sect. **80** [1959] 1212, 1213; C. A. **1961** 4197). Monoklin; Raumgruppe $P2_1/c$; aus dem Röntgen-Diagramm ermittelte Dimensionen der Elementarzelle: a = 9,74 Å; b = 4,96 Å; c = 14,26 Å; β = 128,8°; n = 4 (*Jensen, Jerslev*, Acta chem. scand. **21** [1967] 730). Dichte der Krystalle: 1,38 (*Je., Je.*). Kp_{12}: 100° (*Nenitzescu, Bucur*, Rev. Chim. Acad. roum. **1** [1956] Nr. 1, S. 155, 159). D^{90}: 1,140 [flüssiges Präparat] (*Baccaredda, Pino*, G. **81** [1951] 205, 209). Schallgeschwindigkeit in flüssigem Furfural-(*Z*)-oxim bei 90°: *Ba., Pino*. IR-Spektrum (3500–2500 cm^{-1}): *Na. et al.*, l. c. S. 1215. UV-Spektrum einer Lösung in Wasser von 230 nm bis 290 nm: *Raffauf*, Am. Soc. **68** [1946] 1765; von Lösungen in Äthanol von 200 nm bis 300 nm: *Grammaticakis*, Bl. **1948** 979, 985; *Ocskay, Vargha*, Tetrahedron **2** [1958] 140, 144. Elektrische Leitfähigkeit einer Lösung in flüssigem Schwefeldioxid bei −18°: *Patwardhan, Deshapande*, J. Indian chem. Soc. **21** [1944] 135, 138. Polarographie: *Tütülkoff, Panayotova*, Doklady Bolgarsk. Akad. **11** [1958] 201; *Tütülkoff, Bakărdžiev*, Doklady Bolgarsk. Akad. **12** [1959] 133; *Na. et al.*, l. c. S. 1212; *Nakaya et al.*, J. chem. Soc. Japan Pure Chem. Sect. **80** [1959] 1282; C. A. **1961** 5192). Assoziation in Benzol (kryoskopisch ermittelt): *Yuan, Hua*, J. Chin. chem. Soc. **7** [1940] 76, 81, 89, 92.

Überführung in Furan-2-carbonsäure-amid durch Erwärmen mit Raney-Nickel auf 100°: *Paul*, Bl. [5] **4** [1937] 1115, 1120; s. a. *Bryson, Dwyer*, J. Pr. Soc. N.S. Wales **74** [1940] 471, 472. Beim Erwärmen mit verd. wss. Natronlauge auf 100° sind Furfural-(*E*)-

oxim und Furan-2-carbonsäure erhalten worden (*Jordan, Hauser*, Am. Soc. **58** [1936] 1304; *Br., Dw.*). Geschwindigkeitskonstante der (partiellen) Umwandlung von in L_g-Weinsäure-diäthylester gelöstem Furfural-(*Z*)-oxim in Furfural-(*E*)-oxim bei 70° (Ausbildung eines Gleichgewichts mit ca. 45% Furfural-(*Z*)-oxim): *Patterson et al.*, Soc. **1941** 606. Bildung von 5-Nitro-furfural-(*Z*)-oxim und 5-Nitro-furfural-(*E*)-oxim beim Behandeln mit einem Gemisch von Salpetersäure und Schwefelsäure unterhalb 0°: *Nenitzescu, Bucur*, Rev. Chim. Acad. roum. **1** [1956] Nr. 1, S. 155, 159. Reaktion mit Salpetrigsäure in wss. Lösung unter Bildung von Stickstoff und Distickstoffmonoxid: *Kainz, Huber*, Mikroch. Acta **1959** 337, 338, 343. Hydrierung an Raney-Nickel in Äthanol oder Dioxan unter Bildung von Furfurylamin und Difurfurylamin: *Paul*, Bl. [5] **4** [1937] 1121, 1124; *Beregi*, Magyar kem. Folyoirat **56** [1950] 257. Hydrierung an Raney-Nickel oder Raney-Kobalt in Äthanol, in Ammoniak enthaltendem Äthanol oder in Dioxan bei 80–125°/50–220 at unter Bildung von Furfurylamin: *Reeve, Christian*, Am. Soc. **78** [1956] 860; *Eastman Kodak Co.*, U.S.P. 2338655 [1939]. Bildung von 1-[2]Furyl-6,7-dimethoxy-3-methyl-3,4-dihydro-isochinolin beim Erwärmen mit 4-Allyl-1,2-dimethoxy-benzol und Phosphorylchlorid in Benzol: *Kametani et al.*, Pharm. Bl. **3** [1955] 263, 265. Beim Behandeln mit Phenylisothiocyanat und wss.-äthanol. Kalilauge sind *N,N'*-Diphenyl-thioharnstoff, *N,N'*-Diphenyl-harnstoff, Kohlenoxidsulfid und Furan-2-carbonitril erhalten worden (*Obregia, Gheorghiu*, J. pr. [2] **128** [1930] 239, 263, 292; *Gheorghiu*, Ann. scient. Univ. Jassy **16** [1931] 389, 431).

[Bis-(furfural-(*Z*)-oxim)-kupfer(I)]-chlorid $[Cu(C_5H_5NO_2)_2]Cl$: *Bryson, Dwyer*, J. pr. Soc. N.S. Wales **74** [1940] 107. — [Bis-(furfural-(*Z*)-oxim)-kupfer(II)]-chlorid $[Cu(C_5H_5NO_2)_2]Cl_2$. Braune Krystalle (aus Me.) (*Br., Dw.*).

[Bis-(furfural-(*Z*)-oxim)-silber]-perchlorat $[Ag(C_5H_5NO_2)_2]ClO_4$. Krystalle (aus W.) (*Bryson, Dwyer*, J. Pr. Soc. N.S. Wales **74** [1940] 107). — [Tetrakis-(furfural-(*Z*)-oxim)-silber]-sulfat $[Ag_2(C_5H_5NO_2)_4]SO_4$. Krystalle (aus W.) (*Br., Dw.*). — [Bis-(furfural-(*Z*)-oxim)-silber]-nitrat $[Ag(C_5H_5NO_2)_2]NO_3$. Krystalle (aus W.), die beim Erhitzen explodieren (*Br., Dw.*).

Bis-[furfural-(*Z*)-oximato]-kobalt(II) $Co(C_5H_4NO_2)_2$. Rot (*Bryson, Dwyer*, J. Pr. Soc. N.S. Wales **74** [1940] 455, 462, 469). — [Tetrakis-(furfural-(*Z*)-oxim)-kobalt(II)]-chlorid $[Co(C_5H_5NO_2)_4]Cl_2$. Orangebraune Krystalle (*Bryson, Dwyer*, J. Pr. Soc. N.S. Wales **74** [1940] 107). — Tris-[furfural-(*Z*)-oximato]-kobalt(III) $Co(C_5H_4NO_2)_3$. Braunes amorphes Pulver (*Br., Dw.*, l. c. S. 462, 469).

Bis-[furfural-(*Z*)-oximato]-nickel(II) $Ni(C_5H_4NO_2)_2$. Gelbbraun (*Bryson, Dwyer*, J. Pr. Soc. N.S. Wales **74** [1940] 455, 461, 467). — Tris-[furfural-(*Z*)-oximato]-nickel(II)-säure $H[Ni(C_5H_4NO_2)_3]$. F: ca. 141° [Zers.] (*Br., Dw.*, l. c. S. 461, 468). — Hexakis-[furfural-(*Z*)-oximato]-dinickel(II)-säure $H_2[Ni_2(C_5H_4NO_2)_6]$. F: ca. 138–140° [Zers.] (*Br., Dw.*, l. c. S. 461, 467). — Tetrakis-[furfural-(*Z*)-oximato]-nickel(II)-säure $H_2[Ni(C_5H_4NO_2)_4]$. Krystalle (*Br., Dw.*, l. c. S. 461, 468). — Äthylendiamin-bis-[furfural-(*Z*)-oximato]-nickel(II) $[Ni(C_5H_4NO_2)_2(C_2H_8N_2)]$. Krystalle (*Br., Dw.*, l. c. S. 461, 468). — [Tetrakis-(furfural-(*Z*)-oxim)-nickel(II)]-chlorid $[Ni(C_5H_5NO_2)_4]Cl_2$. Blaue Krystalle (aus A.) (*Bryson, Dwyer*, J. Pr. Soc. N.S. Wales **74** [1940] 107).

[*cis*-Tris-(furfural-(*Z*)-oxim)-rhodium(III)]-chlorid $[Rh(C_5H_5NO_2)_3]Cl_3$. Gelbbraune Krystalle (*Pschenizyn, Nekrašowa*, Izv. Sektora Platiny Nr. 30 [1955] 142, 147, 156; C. A. **1956** 9926).

Bis-[furfural-(*Z*)-oximato]-palladium(II) $Pd(C_5H_4NO_2)_2$. Braungelbe Krystalle (*Bryson, Dwyer*, J. Pr. Soc. N.S. Wales **74** [1940] 455, 457, 463). — Tris-[furfural-(*Z*)-oximato]-palladium(II)-säure $H[Pd(C_5H_4NO_2)_3]$. Gelbe Krystalle (*Br., Dw.*, l. c. S. 457, 458, 463). — Hexakis-[furfural-(*Z*)-oximato]-dipalladium(II)-säure $H_2[Pd_2(C_5H_4NO_2)_6]$. Gelbe Krystalle (*Br., Dw.*, l. c. S. 458, 459, 464). — Tetrakis-[furfural-(*Z*)-oximato]-palladium(II)-säure $H_2[Pd(C_5H_4NO_2)_4]$: *Br., Dw.*, l. c. S. 459, 464. — *cis*-Bis-[furfural-(*Z*)-oxim]-bis-[furfural-(*Z*)-oximato]-palladium(II) $[Pd(C_5H_4NO_2)_2(C_5H_5NO_2)_2]$: *Pschenizyn, Nekrašowa*, Izv. Sektora Platiny Nr. 30 [1955] 142, 145, 151; C. A. **1956** 9926. — *cis*-Dichloro-bis-[furfural-(*Z*)-oximato]-palladium(II)-säure $H_2[Pd(C_5H_4NO_2)_2Cl_2]$ oder *cis*-Dichloro-bis-[furfural-(*Z*)-oxim]-palladium(II) $[Pd(C_5H_5NO_2)_2Cl_2]$. Gelbe Krystalle [aus wss. Acn.] (*Br., Dw.*, l. c. S. 456, 463; *Psch., Ne.*, l. c. S. 152). — *trans*-Dichloro-bis-[furfural-(*Z*)-oximato]-palladium(II)-säure $H_2[Pd(C_5H_4NO_2)_2Cl_2]$ oder *trans*-Dichloro-bis-[furfural-(*Z*)-oxim]-palladium(II) $[Pd(C_5H_5NO_2)_2Cl_2]$. Gelbe Krystalle [aus wss. Acn.] (*Br.*, *Dw.*, l. c. S. 456, 463; *Psch.*, *Ne.*, l. c. S. 144, 148). — [Tetrakis-(furfural-(*Z*)-oxim)-palladium(II)]-sulfat $[Pd(C_5H_5NO_2)_4]SO_4$. Krystalle (*Psch.*, *Ne.*, l. c. S. 154). — *cis*-Diammin-bis-[furfural-(*Z*)-oximato]-palladium(II) $[Pd(C_5H_4NO_2)_2(NH_3)_2]$. Krystalle (*Psch.*, *Ne.*, l. c. S. 153). — *trans*-Diammin-bis-[furfural-(*Z*)-oximato]-palladium(II) $[Pd(C_5H_4NO_2)_2(NH_3)_2]$. Krystalle (*Psch.*, *Ne.*, l. c. S. 142, 149). — Diammin-tetrakis-[furfural-(*Z*)-oxim]-oxalato-dipalladium(II)-oxalat $[Pd_2(C_5H_5NO_2)_4(NH_3)_2(C_2O_4)]C_2O_4$. Gelbe Krystalle (*Psch.*, *Ne.*, l. c. S. 150). — Äthylendiamin-bis-[furfural-(*Z*)-oximato]-palladium(II) $[Pd(C_5H_4NO_2)_2(C_2H_8N_2)]$. Krystalle (*Br.*, *Dw.*, l. c. S. 458, 465).

Bis-[furfural-(*Z*)-oximato]-platin(II) $Pt(C_5H_4NO_2)_2$: *Bryson*, *Dwyer*, J. Pr. Soc. N.S. Wales **74** [1940] 455, 460, 466. — Hexakis-[furfural-(*Z*)-oximato]-diplatin(II)-säure $H_2[Pt_2(C_5H_4NO_2)_6]$: *Br.*, *Dw.*, l. c. S. 460, 466. — Tetrakis-[furfural-(*Z*)-oximato]-platin(II)-säure $H_2[Pt(C_5H_4NO_2)_4]$. Krystalle (*Br.*, *Dw.*, l. c. S. 460, 466). — *cis*-Dichloro-bis-[furfural-(*Z*)-oximato]-platin(II)-säure $H_2[Pt(C_5H_4NO_2)_2Cl_2]$ oder *cis*-Dichloro-bis-[furfural-(*Z*)-oxim]-platin(II) $[Pt(C_5H_5NO_2)_2Cl_2]$. Hellbraune Krystalle (*Psch.*, *Ne.*, l. c. S. 146, 155). — *trans*-Dichloro-bis-[furfural-(*Z*)-oximato]-platin(II)-säure $H_2[Pt(C_5H_4NO_2)_2Cl_2]$ oder *trans*-Dichloro-bis-[furfural-(*Z*)-oxim]-platin(II) $[Pt(C_5H_5NO_2)_2Cl_2]$. Hellbraune Krystalle (*Br.*, *Dw.*, l. c. S. 460, 465).

b) **Furfural-(*E*)-oxim**, Formel VIII (R = H) (H 281; E II 311; dort als α-Furfuraldoxim bezeichnet).

Dipolmoment: 1,17 D [ε; Bzl.], 0,82 D [ε; $CHCl_3$] (*Calderbank*, *Le Fèvre*, Soc. **1949** 1462, 1466). Grundschwingungsfrequenzen des Moleküls: *Katritzky*, *Lagowski*, Soc. **1959** 657, 658.

Krystalle; F: 75–76° [aus PAe. + Bzl.] (*Ca.*, *Le Fè.*, l c. S. 1465), 75° (*Nakaya et al.*, J. chem. Soc. Japan Pure Chem. Sect. **80** [1959] 1212, 1213; C. A. **1961** 4197). D^{80}: 1,155; D^{90}: 1,145 (*Baccaredda*, *Pino*, G. **81** [1951] 205, 209). Schallgeschwindigkeit in Furfural-(*E*)-oxim bei 80° und 90°: *Ba.*, *Pino*. IR-Spektrum (3500–2500 cm^{-1}): *Na. et al.*, l. c. S. 1215. IR-Banden ($CHCl_3$) im Bereich von 1494 cm^{-1} bis 885 cm^{-1}: *Ka.*, *La.* UV-Spektrum einer Lösung in Wasser von 230 nm bis 290 nm: *Raffauf*, Am. Soc. **68** [1946] 1765; einer Lösung in Äthanol von 200 nm bis 300 nm: *Ocskay*, *Vargha*, Tetrahedron **2** [1958] 140, 144. Polarographie: *Tütülkoff*, *Panayotova*, Doklady Bolgarsk. Akad. **11** [1958] 201; *Tütülkoff*, *Bakărdžiev*, Doklady Bolgarsk. Akad. **12** [1959] 133; *Na. et al.* Assoziation in Benzol (kyroskopisch ermittelt): *Yuan*, *Hua*, J. Chin. chem. Soc. **7** [1940] 76, 81, 88, 92.

Geschwindigkeitskonstante der (partiellen) Umwandlung von in L_g-Weinsäure-diäthylester gelöstem Furfural-(*E*)-oxim in Furfural-(*Z*)-oxim bei 70° (Ausbildung eines Gleichgewichts mit ca. 55% Furfural-(*E*)-oxim): *Patterson et al.*, Soc. **1941** 606. Die beim Behandeln einer äther. Lösung mit Distickstofftrioxid erhaltene Verbindung (s. H **27** 463; dort als Furfuraldoximperoxyd bezeichnet) ist als Difurfuryliden-hydrazin-*N*,*N'*-dioxid zu formulieren (*Horner et al.*, B. **94** [1961] 290, 292, 296). Beim Behandeln mit Phenylisothiocyanat in Äthanol sind *N*,*N'*-Diphenyl-thioharnstoff, Kohlenoxidsulfid und wenig Furan-2-carbonitril, beim Behandeln mit Phenylisothiocyanat und äthanol. Kalilauge ist Furfural-[(*E*)-*O*-phenylcarbamoyl-oxim] erhalten worden (*Obregia*, *Gheorghiu*, J. pr. [2] **128** [1930] 239, 263, 294; *Gheorghiu*, Ann. scient. Univ. Jassy **16** [1931] 389, 429, 430).

Bis-äthylendiamin-bis-[furfural-(*E*)-oximato]-palladium(II) $[Pd(C_5H_4NO_2)_2(C_2H_8N_2)_2]$. Krystalle (aus Me.) (*Bryson*, *Dwyer*, J. Pr. Soc. N.S. Wales **74** [1940] 240, 246). — Bis-[furfural-(*E*)-oximato]-palladium(II) $Pd(C_5H_4NO_2)_2$. Orangegelb (*Br.*, *Dw.*, l. c. S. 243). — Trimeres des Bis-[furfural-(*E*)-oximato]-palladiums(II) $[Pd(C_5H_4NO_2)_2]_3$. Orangegelbe Krystalle [aus $CHCl_3$ + PAe.] (*Br.*, *Dw.*, l. c. S. 243). — Äthylendiamin-bis-[furfural-(*E*)-oximato]-palladium(II) $[Pd(C_5H_4NO_2)_2(C_2H_8N_2)]$. Hygroskopisches amorphes Pulver (*Br.*, *Dw.*, l. c. S. 245).

Furfural-[(*E*)-*O*-carbamoyl-oxim] $C_6H_6N_2O_3$, Formel VIII (R = CO-NH_2).

Diese Konstitution und Konfiguration kommt der früher (s. H **27** 463) als 3-[2]Furyl-oxaziridin-2-carbonsäure-amid („*N*-Aminoformyl-isofurfuraldoxim") angesehenen Verbindung zu (vgl. *Dalton, Foley*, J. org. Chem. **38** [1973] 4200, 4202).

Die von *Bellavita, Cagnoli* (G. **69** [1939] 583, 593) beim Erwärmen mit Kaliumcyanid in Methanol erhaltene, als Furfurylidenharnstoff angesehene Verbindung [F: 92° (*Bellavita*, G. **70** [1940] 626, 629)] ist als Furfural-(*Z*)-oxim zu formulieren (vgl. *Da., Fo.*).

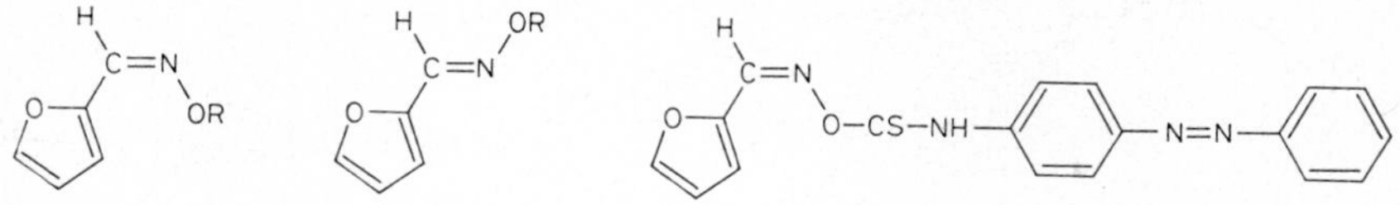

VII VIII IX

Furfural-[(*E*)-*O*-phenylcarbamoyl-oxim] $C_{12}H_{10}N_2O_3$, Formel VIII (R = CO-NH-C_6H_5) (H 282).

B. Beim Behandeln von Furfural-(*E*)-oxim mit Phenylisothiocyanat und äthanol. Kalilauge (*Obregia, Gheorghiu*, J. pr. [2] **128** [1930] 239, 294; *Gheorghiu*, Ann. scient. Univ. Jassy **16** [1931] 389, 430).

Krystalle (aus A.); F: 138° (*Ob., Gh.*; *Gh.*).

***N*-Furfuryliden-*O*-[4-phenylazo-phenylthiocarbamoyl]-hydroxylamin, Furfural-[*O*-(4-phenylazo-phenylthiocarbamoyl)-oxim]** $C_{18}H_{14}N_4O_2S$.

a) **Furfural-[(*Z*)-*O*-(4-phenylazo-phenylthiocarbamoyl)-oxim]** $C_{18}H_{14}N_4O_2S$, Formel IX.

B. Aus Furfural-(*Z*)-oxim und 4-Phenylazo-phenylisothiocyanat in Äthanol (*Gheorghiu, Rucinschi*, Rev. Chim. Acad. roum. **2** [1957] 1, 5, 10).

Gelbe Krystalle (aus wss. A.); F: 139°.

Ein wahrscheinlich als Furfural-[(*Z*)-*O*-(4-phenylazo-phenylthiocarbamoyl)-oxim]-perchlorat zu formulierendes Perchlorat $C_{18}H_{14}N_4O_2S \cdot HClO_4$ (braune Krystalle; F: ca. 148°) ist beim Behandeln von Lösungen von Furfural-[(*Z*)-*O*-(4-phenylazo-phenylthiocarbamoyl)-oxim] und von Furfural-[(*E*)-*O*-(4-phenylazo-phenylthiocarbamoyl)-oxim] in Äthanol mit wss. Perchlorsäure erhalten worden (*Gh., Ru.*). Über weitere Salze s. bei dem unter b) beschriebenen Stereoisomeren.

b) **Furfural-[(*E*)-*O*-(4-phenylazo-phenylthiocarbamoyl)-oxim]** $C_{18}H_{14}N_4O_2S$, Formel X.

B. Aus Furfural-(*E*)-oxim und 4-Phenylazo-phenylisothiocyanat in Äthanol (*Gheorghiu, Rucinschi*, Rev. Chim. Acad. roum. **2** [1957] 1, 5, 10).

Gelbe Krystalle (aus A.); F: 139°.

Beim Behandeln von Lösungen in Äther mit Chlorwasserstoff, Bromwasserstoff bzw. Jodwasserstoff sind ein Hydrochlorid $C_{18}H_{14}N_4O_2S \cdot HCl$ (rote Krystalle; F: 158–159°) ein Hydrobromid $C_{18}H_{14}N_4O_2S \cdot HBr$ (braune Krystalle; F: 169°) und ein Hydrojodid $C_{18}H_{14}N_4O_2S \cdot HI$ (braunes Pulver; F: 161–162°) erhalten worden, die sich vermutlich vom Furfural-[(*Z*)-*O*-(4-phenylazo-phenylthiocarbamoyl)-oxim] (s. o.) ableiten.

3-[(*Z*)-Furfurylidenaminooxy]-propionitril, Furfural-[(*Z*)-*O*-(2-cyan-äthyl)-oxim] $C_8H_8N_2O_2$, Formel VII (R = CH_2-CH_2-CN).

B. Beim Behandeln von Furfural-(*Z*)-oxim mit Natriummethylat in Dioxan und mit Acrylonitril (*Bruson, Riener*, Am. Soc. **65** [1943] 23, 27).

Krystalle (aus Bzl.); F: 116°.

Furfural-hydrazon $C_5H_6N_2O$, Formel XI (R = H) (E I 147).

B. Beim Behandeln von Furfural mit Hydrazin-hydrat wird zunächst das Hemihydrat erhalten, das sich durch Destillation in die wasserfreie Verbindung (Kp_{50}: 145°; Kp_{35}: 142°) überführen lässt (*Kishner*, Ž. obšč. Chim. **1** [1931] 1212, 1216; C. **1932** II 1173).

Beim Erhitzen des Hemihydrats mit Kaliumhydroxid in Gegenwart von platiniertem Ton sind 2-Methyl-furan, 2-Methylen-2,3-dihydro-furan und 2-Methylen-2,5-dihydro-furan erhalten worden (*Rice*, Am. Soc. **74** [1952] 3193; s. a. *Ki.*).

Furfural-methylhydrazon $C_6H_8N_2O$, Formel XI (R = CH_3).

B. Aus Furfural und Methylhydrazin in wss. Äthanol (*Todd*, Am. Soc. **71** [1949] 1353).

Kp_{15}: 113–116°. D_4^{25}: 1,0978. n_D^{25}: 1,5846. Wenig beständig.

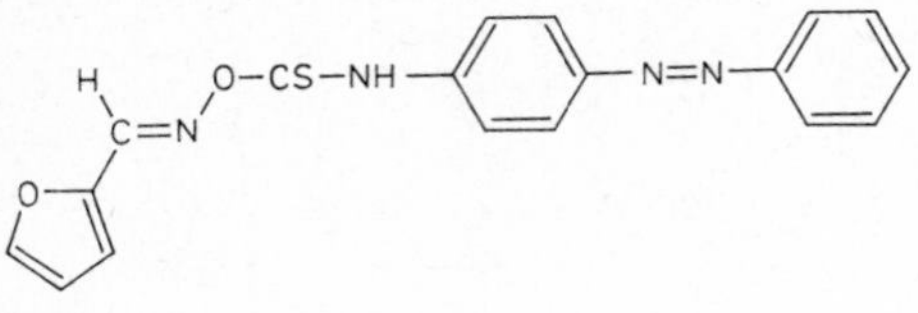

X 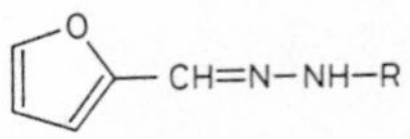 XI 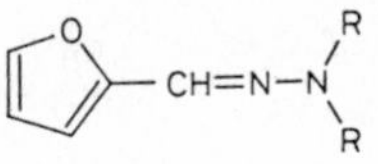 XII

Furfural-dimethylhydrazon $C_7H_{10}N_2O$, Formel XII (R = CH_3).

B. Aus Furfural und *N*,*N*-Dimethyl-hydrazin in wss. Äthanol (*Todd*, Am. Soc. **71** [1949] 1353).

$Kp_{9,5}$: 98° (*Todd*); $Kp_{4,5}$: 82° (*Wiley et al.*, J. org. Chem. **22** [1957] 204, 206). D_4^{24}: 1,0423 (*Todd*). n_D^{24}: 1,5748 (*Todd*); n_D^{26}: 1,5753 (*Wi. et al.*).

Pikrat $C_7H_{10}N_2O \cdot C_6H_3N_3O_7$. Krystalle (aus Bzl.); F: 124–125° [Zers.] (*Todd*).

Furfural-diäthylhydrazon $C_9H_{14}N_2O$, Formel XII (R = C_2H_5).

B. Aus Furfural und *N*,*N*-Diäthyl-hydrazin in Äther (*Todd*, Am. Soc. **71** [1949] 1353).

Kp_7: 113°. D_4^{25}: 1,0003. n_D^{25}: 1,5569.

Pikrat $C_9H_{14}N_2O \cdot C_6H_3N_3O_7$. Krystalle (aus Bzl.); F: 140–145° [Zers.].

Styphnat $C_9H_{14}N_2O \cdot C_6H_3N_3O_8$. F: 135–136° [Zers.].

Furfural-phenylhydrazon $C_{11}H_{10}N_2O$, Formel I (X = H) (H 282; E I 147; E II 312).

Grundschwingungsfrequenzen des Moleküls: *Katritzki*, *Lagowski*, Soc. **1959** 657, 658. Absorptionsspektrum (A.; 250–430 nm bzw. 230–400 nm): *Grammaticakis*, Bl. **1948** 979, 986; *Ramart-Lucas*, Bl. **1954** 1017, 1023.

Beim Behandeln mit Natriumäthylat in Äthanol sind Furfurylamin und Anilin erhalten worden (*Wil'jams*, C. r. Doklady **1930** 523, 525; C. **1931** II 56; vgl. E I 147).

Furfural-[4-chlor-phenylhydrazon] $C_{11}H_9ClN_2O$, Formel I (X = Cl).

B. Aus Furfural und [4-Chlor-phenyl]-hydrazin (*Sah et al.*, Sci. Rep. Tsing Hua Univ. [A] **2** [1933] 7, 9).

Krystalle (aus A.); F: 97–98°.

Furfural-[2-nitro-phenylhydrazon] $C_{11}H_9N_3O_3$, Formel II (H 283).

Rote Krystalle; F: 158° [aus A.] (*Grammaticakis*, Bl. **1954** 1372, 1379), 155–156° [aus wss. A.] (*Bredereck*, *Fritzsche*, B. **70** [1937] 802, 807), 148–149° [Kofler-App.] (*Fischer*, *Moor*, Mikroch. **15** [1934] 74, 78). Absorptionsspektrum (A.; 225–580 nm): *Gr.*, l. c. S. 1376.

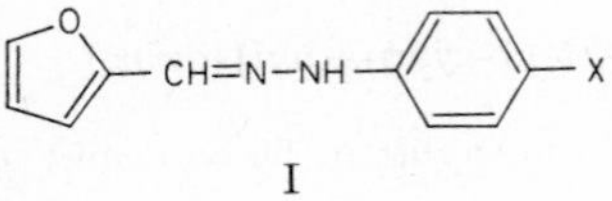

I 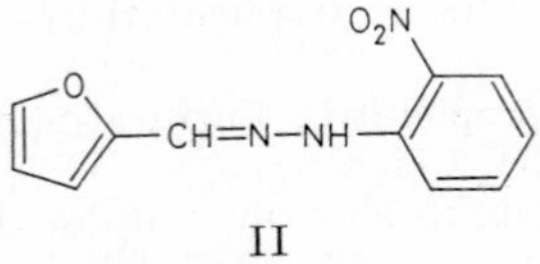 II 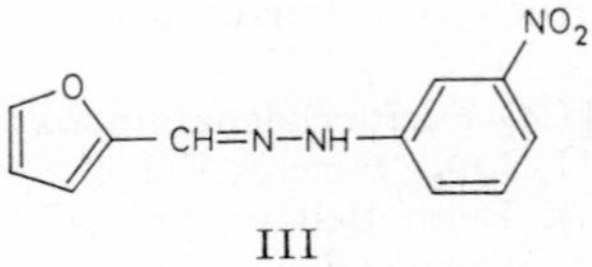 III

Furfural-[3-nitro-phenylhydrazon] $C_{11}H_9N_3O_3$, Formel III (H 283).

Rote Krystalle; F: 139° [aus A.] (*Grammaticakis*, Bl. **1954** 1372, 1379), 138° (Kofler-App.] (*Fischer*, *Moor*, Mikroch. **15** [1934] 74, 78). UV-Spektrum (A.; 230–400 nm): *Gr.*, l. c. S. 1373. Die roten äthanol. Lösungen werden bei Zusatz von Wasser gelb, färben sich aber schnell wieder rot (*Gr.*).

Furfural-[4-nitro-phenylhydrazon] $C_{11}H_9N_3O_3$, Formel I (X = NO_2) (H 283).

Rote Krystalle, F: 154° (*Maaskant*, R. **55** [1936] 1068); Krystalle (aus A.), F: 142° und (nach dem Wiedererstarren bei weiterem Erhitzen) F: 154° [Block] (*Grammaticakis*, Bl. **1954** 1372, 1380). Absorptionsspektrum (A.; 220–460 nm): *Gr.*, l. c. S. 1378.

Furfural-[5-chlor-2-nitro-phenylhydrazon] $C_{11}H_8ClN_3O_3$, Formel IV (X = Cl).

B. Aus Furfural und [5-Chlor-2-nitro-phenyl]-hydrazin (*Maaskant*, R. **56** [1937] 211, 228).

Braunrote Krystalle; F: 198°.

Furfural-[5-brom-2-nitro-phenylhydrazon] $C_{11}H_8BrN_3O_3$, Formel IV (X = Br).

B. Aus Furfural und [5-Brom-2-nitro-phenyl]-hydrazin (*Maaskant*, R. **56** [1937] 211, 230).

Braunrote Krystalle; F: 204°.

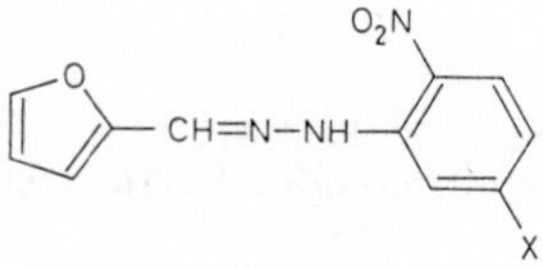

IV 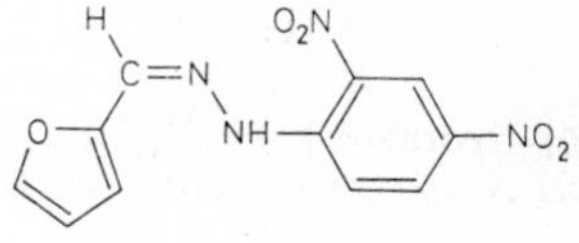 V 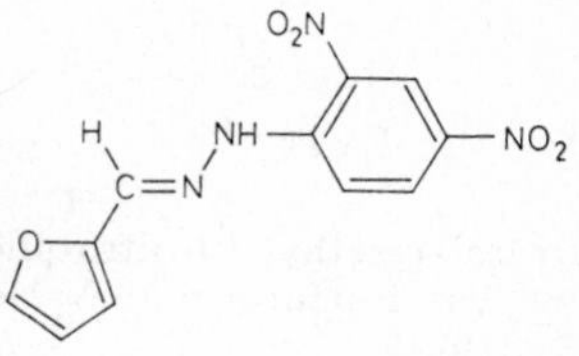 VI

Furfural-[2,4-dinitro-phenylhydrazon] $C_{11}H_8N_4O_5$ (vgl. H 283).

Über die Konfiguration der Stereoisomeren s. *Gasparič, Večeřa*, Collect. **22** [1957] 1426, 1429; s. a. *Bredereck, Fritzsche*, B. **70** [1937] 802, 804. Über die konfigurative Uneinheitlichkeit früher (s. H 283) beschriebener Präparate s. *Br., Fr.*; *Braddock et al.*, Anal. Chem. **25** [1953] 301, 303.

a) **Furfural-[(*Z*)-2,4-dinitro-phenylhydrazon]** $C_{11}H_8N_4O_5$, Formel V.

B. Neben dem unter b) beschriebenen Stereoisomeren beim Behandeln von Furfural mit [2,4-Dinitro-phenyl]-hydrazin und Chlorwasserstoff enthaltendem Äthanol (*Bredereck*, B. **65** [1932] 1833, 1837; s. a. *Braddock et al.*, Anal. Chem. **25** [1953] 301, 303; *Jones et al.*, Anal. Chem. **28** [1956] 191, 192; *Ōnishi, Nagasawa*, Bl. agric. chem. Soc. Japan **21** [1957] 38, 41). Chromatographische Trennung von dem unter b) beschriebenen Stereoisomeren: *Bra. et al.*; *Buyske et al.*, Anal. Chem. **28** [1956] 910, 912; *Gasparič, Večeřa*, Collect. **22** [1957] 1426, 1427; Mikroch. Acta **1958** 68, 78.

Gelbe Krystalle; F: 212–214° [korr.; aus A. + Acn.] (*Bre.*), 212° [unkorr.] (*Jo. et al.*), 210° (*Bra. et al.*), 207° (*Ga., Ve.*, Collect. **22** 1427), 206° (*Ōn., Na.*). Orthorhombisch (*Bra. et al.*). Krystalloptik: *Bra. et al.* IR-Spektrum (KBr; 2–15 μ): *Jo. et al.* UV-Spektrum (230–370 nm): *Bra. et al.* UV-Absorptionsmaximum: 379 nm [$CHCl_3$] (*Jo. et al.*), 380 nm [Me.] (*Bu. et al.*, l. c. S. 911). Polarographie: *Bra. et al.*

b) **Furfural-[(*E*)-2,4-dinitro-phenylhydrazon]** $C_{11}H_8N_4O_5$, Formel VI (vgl. H 283).

B. Neben dem unter a) beschriebenen Stereoisomeren beim Erwärmen von Furfural mit [2,4-Dinitro-phenyl]-hydrazin in Äthanol unter Zusatz von kleinen Mengen wss. Salzsäure (*Bredereck*, B. **65** [1932] 1833, 1836; s. a. *Braddock et al.*, Anal. Chem. **25** [1953] 301, 303; *Ōnishi, Nagasawa*, Bl. agric. chem. Soc. Japan **21** [1957] 38, 41). Chromatographische Trennung von dem unter a) beschriebenen Stereoisomeren s. o.

Rote Krystalle; F: 231° (*Ōn., Na.*), 230° [korr.; aus Py.] (*Bre.*), 229° (*Bra. et al.*; *Gasparič, Večeřa*, Collect. **22** [1957] 1426, 1427). Monoklin (*Bra. et al.*). Krystalloptik: *Bra. et al.* IR-Spektrum (KBr; 2–15 μ): *Jones et al.*, Anal. Chem. **28** [1956] 191, 192. Absorptionsspektrum (200–500 nm bzw. 220–370 nm): *Stadtman*, Am. Soc. **70** [1948] 3583, 3589; *Bra. et al.* UV-Absorptionsmaximum: 386 nm [$CHCl_3$] (*Jo. et al.*), 385 nm [Me.] (*Buyske et al.*, Anal. Chem. **28** [1956] 910, 911). Polarographie: *Bra. et al.*

Furfural-[5-chlor-2,4-dinitro-phenylhydrazon] $C_{11}H_7ClN_4O_5$, Formel VII (R = H).

B. Beim Behandeln von Furfural mit [5-Chlor-2,4-dinitro-phenyl]-hydrazin in Äthanol unter Zusatz von Schwefelsäure (*Robert*, R. **56** [1937] 413, 416).

Rot; F: 234° [Block] (*Ro.*, l. c. S. 421).

Furfural-pikrylhydrazon $C_{11}H_7N_5O_7$, Formel VIII (R = H) (H 283).

Rote Krystalle; F: 246° (*Blanksma, Wackers*, R. **55** [1936] 661, 665), 244–246° [aus Acn. + A.] (*Bredereck, Fritzsche*, B. **70** [1937] 802, 807).

Furfural-[methyl-(2-nitro-phenyl)-hydrazon] $C_{12}H_{11}N_3O_3$, Formel IX (X = H).
B. Beim Behandeln von Furfural mit *N*-Methyl-*N*-[2-nitro-phenyl]-hydrazin in Äthanol unter Zusatz von Schwefelsäure (*Maaskant*, R. **56** [1937] 211, 220).
Gelbbraune Krystalle; F: 180°.

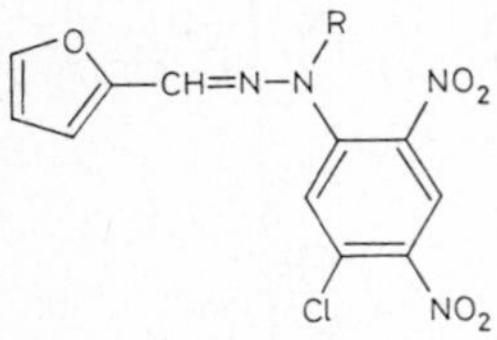

VII 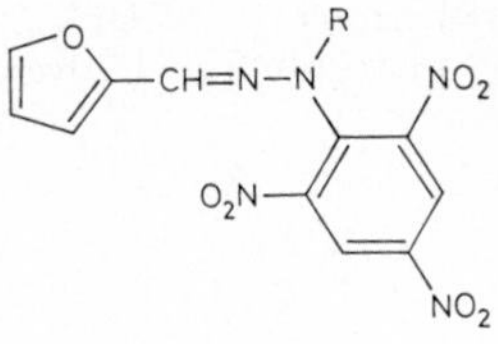 VIII 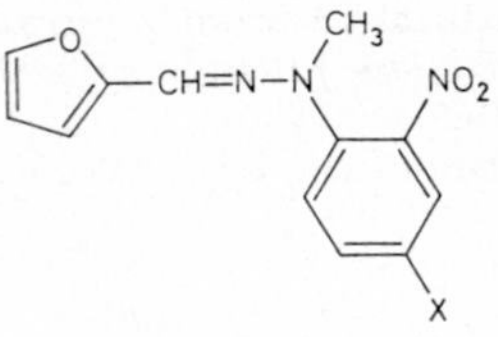 IX

Furfural-[methyl-(4-nitro-phenyl)-hydrazon] $C_{12}H_{11}N_3O_3$, Formel X (E II 312).
B. Aus Furfural und *N*-Methyl-*N*-[4-nitro-phenyl]-hydrazin (*Maaskant*, R. **56** [1937] 211, 219).
Orangegelbe Krystalle; F: 172°.

Furfural-[(4-chlor-2-nitro-phenyl)-methyl-hydrazon] $C_{12}H_{10}ClN_3O_3$, Formel IX (X = Cl).
B. Aus Furfural und *N*-[4-Chlor-2-nitro-phenyl]-*N*-methyl-hydrazin (*Maaskant*, R. **56** [1937] 211, 225).
Orangefarbene Krystalle; F: 134°.

Furfural-[(4-brom-2-nitro-phenyl)-methyl-hydrazon] $C_{12}H_{10}BrN_3O_3$, Formel IX (X = Br).
B. Aus Furfural und *N*-[4-Brom-2-nitro-phenyl]-*N*-methyl-hydrazin (*Maaskant*, R. **56** [1937] 211, 226).
Orangebraune Krystalle; F: 143°.

Furfural-[(2,4-dinitro-phenyl)-methyl-hydrazon] $C_{12}H_{10}N_4O_5$, Formel IX (X = NO_2).
B. Beim Behandeln von Furfural mit *N*-[2,4-Dinitro-phenyl]-*N*-methyl-hydrazin in Äthanol unter Zusatz von wss. Salzsäure (*Bredereck, Fritzsche*, B. **70** [1937] 802, 808) oder von Schwefelsäure (*Blanksma, Wackers*, R. **55** [1936] 655, 659; s. a. *Ragno*, G. **75** [1945] 188, 193, 199).
Orangebraune Krystalle; F: 190° (*Bl., Wa.*, l. c. S. 657), 187—189° [aus A. oder Eg.] (*Br., Fr.*; *Ra.*).

Furfural-[(5-chlor-2,4-dinitro-phenyl)-methyl-hydrazon] $C_{12}H_9ClN_4O_5$, Formel VII (R = CH_3).
B. Beim Behandeln von Furfural mit *N*-[5-Chlor-2,4-dinitro-phenyl]-*N*-methyl-hydrazin in Äthanol unter Zusatz von Schwefelsäure (*Robert*, R. **56** [1937] 413, 418).
Gelbe Krystalle; F: 205° [Block] (*Ro.*, l. c. S. 423).

Furfural-[methyl-pikryl-hydrazon] $C_{12}H_9N_5O_7$, Formel VIII (R = CH_3).
B. Aus Furfural und *N*-Methyl-*N*-pikryl-hydrazin (*Blanksma, Wakkers*, R. **55** [1936] 661, 666).
Rote Krystalle; F: 204° (*Bl., Wa.*, l. c. S. 663).

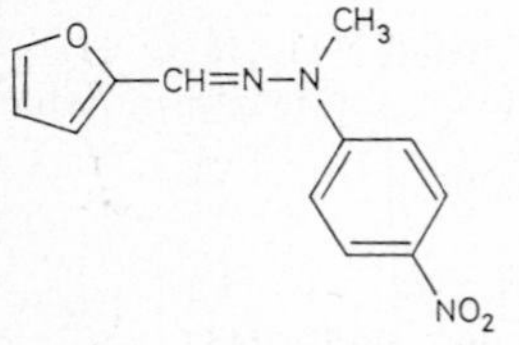

X 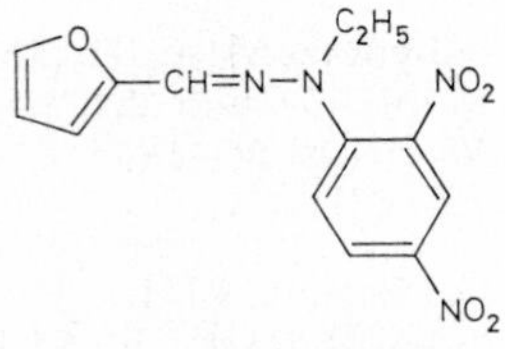 XI 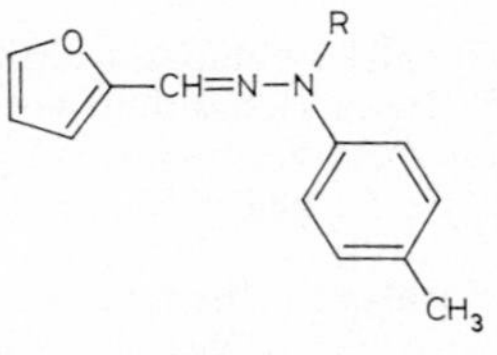 XII

Furfural-[äthyl-(2,4-dinitro-phenyl)-hydrazon] $C_{13}H_{12}N_4O_5$, Formel XI.
B. Aus Furfural und *N*-Äthyl-*N*-[2,4-dinitro-phenyl]-hydrazin (*Ragno*, G. **75** [1945] 200, 203).
Orangerote Krystalle (aus A. + Eg.); F: 185–186°.

Furfural-*p*-tolylhydrazon $C_{12}H_{12}N_2O$, Formel XII (R = H) (E I 147).
B. Beim Behandeln von Furfural mit *p*-Tolylhydrazin-hydrochlorid und Natrium=acetat in wss. Äthanol (*Sah*, *Lei*, Sci. Rep. Tsing Hua Univ. [A] **2** [1933] 1, 2).
Krystalle (aus Bzn.); F: 105–106°.

Furfural-[methyl-*p*-tolyl-hydrazon] $C_{13}H_{14}N_2O$, Formel XII (R = CH_3).
B. Aus Furfural und *N*-Methyl-*N*-*p*-tolyl-hydrazin in Äthanol (*Stroh*, B. **91** [1958] 2657, 2660).
Krystalle (aus wss. A.); F: 77–78°.

Furfural-[benzyl-phenyl-hydrazon] $C_{18}H_{16}N_2O$, Formel I (X = H) (H 283).
UV-Spektrum (A. und $CHCl_3$; 240–400 nm): *Grammaticakis*, Bl. **1948** 979, 987, 988.

Furfural-[(4-chlor-benzyl)-phenyl-hydrazon] $C_{18}H_{15}ClN_2O$, Formel I (X = Cl).
B. Aus Furfural und *N*-[4-Chlor-benzyl]-*N*-phenyl-hydrazin in Äthanol (*Votoček et al.*, Collect. **3** [1931] 250, 258).
Gelbe Krystalle (aus A.); F: 101–102°.

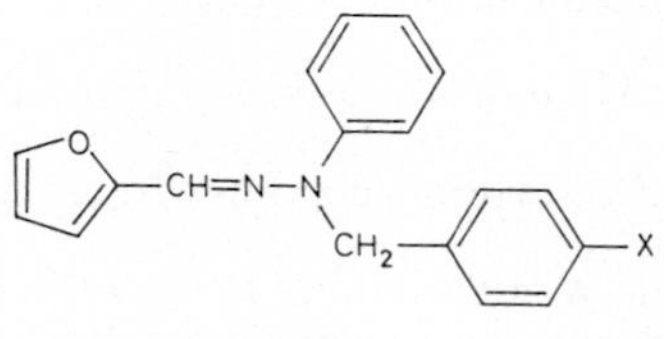

I 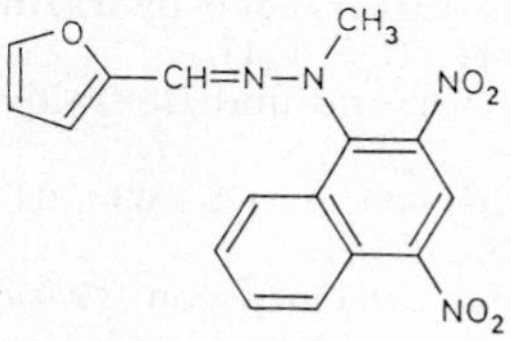 II

Furfural-[(2,4-dinitro-[1]naphthyl)-methyl-hydrazon] $C_{16}H_{12}N_4O_5$, Formel II.
Rote Krystalle; F: 202° [Block] (*Robert*, R. **56** [1937] 909, 917).

Furfural-[2]naphthylhydrazon $C_{15}H_{12}N_2O$, Formel III (E I 147).
B. Beim Behandeln von Furfural mit [2]Naphthylhydrazin in Äthanol unter Zusatz von wenig Essigsäure (*Lei et al.*, Sci. Rep. Tsing Hua Univ. [A] **2** [1934] 335, 337).
Orangegelbe Krystalle (aus A.); F: 134–135°.
Pikrat $C_{15}H_{12}N_2O \cdot C_6H_3N_3O_7$. Braune Krystalle (aus A.); F: 118°.

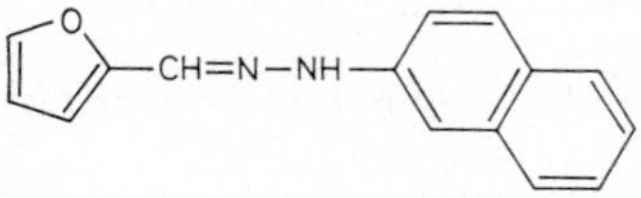

III 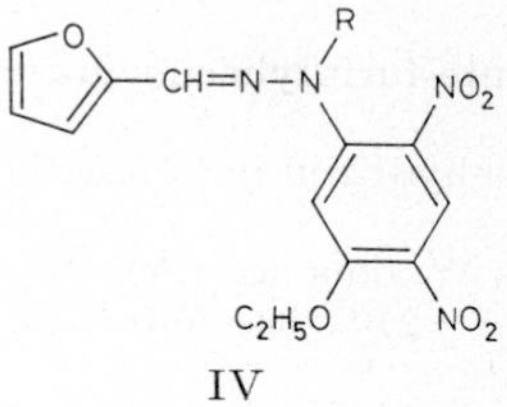 IV 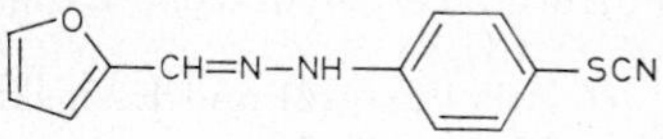 V

Furfural-[5-äthoxy-2,4-dinitro-phenylhydrazon] $C_{13}H_{12}N_4O_6$, Formel IV (R = H).
B. Beim Behandeln von Furfural mit [5-Äthoxy-2,4-dinitro-phenyl]-hydrazin in Äthanol unter Zusatz von Schwefelsäure (*Robert*, R. **56** [1937] 909, 911).
Rote Krystalle; F: 225–228° (*Ro.*, l. c. S. 913).

Furfural-[(5-äthoxy-2,4-dinitro-phenyl)-methyl-hydrazon] $C_{14}H_{14}N_4O_6$, Formel IV (R = CH_3).
B. Aus Furfural und *N*-[5-Äthoxy-2,4-dinitro-phenyl]-*N*-methyl-hydrazin (*Robert*, R. **56** [1937] 909, 911).
Orangefarbene Krystalle; F: 139° (*Ro.*, l. c. S. 915).

Furfural-[4-thiocyanato-phenylhydrazon] $C_{12}H_9N_3OS$, Formel V.

B. Aus Furfural und [4-Thiocyanato-phenyl]-hydrazin in Äthanol (*Horii*, J. pharm. Soc. Japan **55** [1935] 880, 883; dtsch. Ref. S. 165; C. A. **1936** 1763).

Gelbe Krystalle (aus A.); F: 124° (*Ho.*, l. c. S. 885).

Bis-[4-furfurylidenhydrazino-phenyl]-sulfon $C_{22}H_{18}N_4O_4S$, Formel VI.

B. Aus Furfural und Bis-[4-hydrazino-phenyl]-sulfon in wss. Äthanol (*Takubo et al.*, J. pharm. Soc. Japan **78** [1958] 482, 485; C. A. **1958** 17267).

Gelbe Krystalle (aus Dimethylformamid); F: 268°.

Äthyliden-furfuryliden-hydrazin, Furfural-äthylidenhydrazon $C_7H_8N_2O$, Formel VII (R = CH_3).

Über ein von *Tebinow* (Ž. obšč. Chim. **7** [1937] 656; C. A. **1937** 5783) unter dieser Konstitution beschriebenes, beim Erwärmen von Furfural mit Acetaldehyd, Hydrazin und Wasser erhaltenes Präparat (gelbe Krystalle [aus A.], F: 109°) s. *Ugrjumow*, Ž. obšč. Chim. **29** [1959] 4091; engl. Ausg. S. 4050.

CH=N–NH–C_6H_4–SO_2–C_6H_4–NH–N=CH– (furyl)

VI

CH=N–N=CH–R

VII

Benzyliden-furfuryliden-hydrazin, Furfural-benzylidenhydrazon $C_{12}H_{10}N_2O$, Formel VII (R = C_6H_5).

B. Aus Furfural und Benzaldehyd-hydrazon in Äthanol (*Barany et al.*, Soc. **1949** 1898, 1902).

Krystalle (aus A.); F: 63–64° (*Ba. et al.*). UV-Absorptionsmaxima (A.): 312 nm und 324 nm (*Ba. et al.*).

Die Identität eines von *Tebinow* (Ž. obšč. Chim. **6** [1936] 1902; C. A. **1937** 4315) aus Furfural, Benzaldehyd und Hydrazin erhaltenen, als Benzyliden-furfuryliden-hydrazin angesehenen Präparats (F: 99–100°) ist ungewiss (s. *Ugrjumow*, Ž. obšč. Chim. **29** [1959] 4091; engl. Ausg. S. 4050).

2-Diphenylacetyl-3-furfurylidenhydrazono-indan-1-on $C_{28}H_{20}N_2O_3$, Formel VIII, und Tautomere.

B. Beim Behandeln von Furfural mit 2-Diphenylacetyl-3-hydrazono-indan-1-on in Chloroform unter Zusatz von wss. Salzsäure (*Braun, Mosher*, Am. Soc. **80** [1958] 3048).

Gelbe Krystalle (aus Me. + $CHCl_3$) vom F: 209,5–210,5° [korr.], die im UV-Licht stark fluorescieren.

Furfural-acetylhydrazon, Essigsäure-furfurylidenhydrazid $C_7H_8N_2O_2$, Formel IX (R = CH_3).

B. Aus Furfural und Essigsäure-hydrazid in Wasser oder wss. Äthanol (*Grammaticakis*, Bl. **1950** 690, 697).

Krystalle; F: 141° [Block; aus W. oder wss. A.] (*Gr.*), 141° (*Offe et al.*, Z. Naturf. **7b** [1952] 446, 457). UV-Spektrum (A.; 240–340 nm): *Gr.*

CH=N–N=, CH, CO, =O

VIII

CH=N–NH–CO–R

IX

CH=N–N, CO–CH_3, NO_2, NO_2

X

Furfural-[acetyl-(2,4-dinitro-phenyl)-hydrazon], Essigsäure-[(2,4-dinitro-phenyl)-furfuryliden-hydrazid] $C_{13}H_{10}N_4O_6$, Formel X.

B. Beim Behandeln von Furfural-[(*Z*)-2,4-dinitro-phenylhydrazon] oder von Furfural-[(*E*)-2,4-dinitro-phenylhydrazon] mit Acetanhydrid und Pyridin (*Bredereck*, B. **65** [1932] 1833, 1837).

Krystalle (aus A.); F: 171–172° [korr.].

Furfural-propionylhydrazon, Propionsäure-furfurylidenhydrazid $C_8H_{10}N_2O_2$, Formel IX (R = C_2H_5).

B. Aus Furfural und Propionsäure-hydrazid in Wasser oder wss. Äthanol (*Grammaticakis*, Bl. **1950** 690, 697).

Krystalle (aus W.); F: 119° [Block].

Furfural-benzoylhydrazon, Benzoesäure-furfurylidenhydrazid $C_{12}H_{10}N_2O_2$, Formel XI (X = H) (H 283).

Krystalle; F: 183° [Block; aus A.] (*Grammaticakis*, Bl. **1950** 690, 698), 182° (*Offe et al.*, Z. Naturf. **7b** [1952] 446, 450), 177° [aus A.] (*Ried, Oertel*, A. **590** [1954] 136, 139), 176° bis 179° (*Fujiwara*, J. pharm. Soc. Japan **78** [1958] 817, 822; C. A. **1958** 20143). UV-Spektrum (A.; 230–380 nm): *Gr.* Scheinbare Dissoziationskonstante K'_a (Wasser) bei 30° (?): $6{,}44\cdot10^{-2}$ (*Fujiwara*, J. pharm. Soc. Japan **78** [1958] 1034, 1037; C. A. **1959** 825).

Gleichgewichtskonstante der Hydrolyse in wss. Lösungen vom pH 1,5 bis pH 5 bei 30°: *Fu.*, l. c. S. 1036, 1037.

Furfural-[2-chlor-benzoylhydrazon], 2-Chlor-benzoesäure-furfurylidenhydrazid $C_{12}H_9ClN_2O_2$, Formel XI (X = Cl).

B. Aus Furfural und 2-Chlor-benzoesäure-hydrazid in Äthanol (*Sun, Sah*, Sci. Rep. Tsing Hua Univ. [A] **2** [1934] 359, 361).

Krystalle; F: 163° (*Offe et al.*, Z. Naturf. **7b** [1952] 446, 451), 162–163° [aus A.] (*Sun, Sah*).

Furfural-[3-chlor-benzoylhydrazon], 3-Chlor-benzoesäure-furfurylidenhydrazid $C_{12}H_9ClN_2O_2$, Formel XII (X = Cl).

B. Aus Furfural und 3-Chlor-benzoesäure-hydrazid (*Sah, Wu*, Sci. Rep. Tsing Hua Univ. [A] **3** [1936] 443, 446).

Krystalle (aus A.); F: 184–185°.

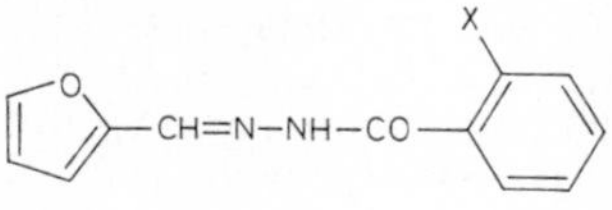

XI 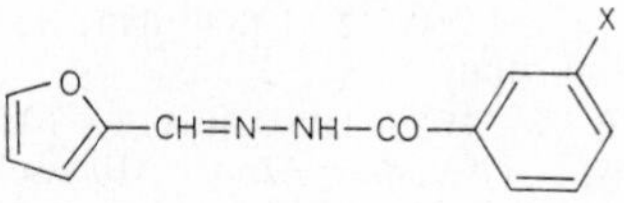 XII

Furfural-[4-chlor-benzoylhydrazon], 4-Chlor-benzoesäure-furfurylidenhydrazid $C_{12}H_9ClN_2O_2$, Formel XIII (X = Cl).

B. Aus Furfural und 4-Chlor-benzoesäure-hydrazid (*Shih, Sah*, Sci. Rep. Tsing Hua Univ. [A] **2** [1934] 353, 355).

Krystalle (aus A.); F: 210–212°.

Furfural-[2-brom-benzoylhydrazon], 2-Brom-benzoesäure-furfurylidenhydrazid $C_{12}H_9BrN_2O_2$, Formel XI (X = Br).

B. Aus Furfural und 2-Brom-benzoesäure-hydrazid (*Kao et al.*, Sci. Rep. Tsing Hua Univ. [A] **3** [1936] 555, 556).

Krystalle (aus A.); F: 162–163°.

Furfural-[3-brom-benzoylhydrazon], 3-Brom-benzoesäure-furfurylidenhydrazid $C_{12}H_9BrN_2O_2$, Formel XII (X = Br).

B. Aus Furfural und 3-Brom-benzoesäure-hydrazid (*Kao et al.*, J. Chin. chem. Soc. **4** [1936] 69, 71).

Krystalle (aus A.); F: 197–198°.

Furfural-[4-brom-benzoylhydrazon], 4-Brom-benzoesäure-furfurylidenhydrazid $C_{12}H_9BrN_2O_2$, Formel XIII (X = Br).

B. Aus Furfural und 4-Brom-benzoesäure-hydrazid (*Wang et al.*, Sci. Rep. Tsing Hua Univ. [A] **3** [1936] 279, 281.

Krystalle (aus A.); F: 218—219°.

Furfural-[3-jod-benzoylhydrazon], 3-Jod-benzoesäure-furfurylidenhydrazid $C_{12}H_9IN_2O_2$, Formel XII (X = I).

B. Aus Furfural und 3-Jod-benzoesäure-hydrazid (*Sah, Li*, J. Chin. chem. Soc. **14** [1946] 24, 27).

Krystalle (aus A.); F: 216° [korr.].

XIII

XIV

Furfural-[4-jod-benzoylhydrazon], 4-Jod-benzoesäure-furfurylidenhydrazid $C_{12}H_9IN_2O_2$, Formel XIII (X = I).

B. Aus Furfural und 4-Jod-benzoesäure-hydrazid (*Sah, Hsü*, R. **59** [1940] 349, 352, 354).

Krystalle (aus A.); F: 235° [korr.; Zers.].

Furfural-[2-nitro-benzoylhydrazon], 2-Nitro-benzoesäure-furfurylidenhydrazid $C_{12}H_9N_3O_4$, Formel XI (X = NO_2).

B. Aus Furfural und 2-Nitro-benzoesäure-hydrazid in Äthanol (*Sah, Kao*, Sci. Rep. Tsing Hua Univ. [A] **3** [1936] 461, 464; *Grammaticakis*, Bl. **1955** 659, 666).

Krystalle; F: 179—180° [korr.; aus A.] (*Sah, Kao*), 176° [Kofler-App.] (*Fischer*, Mikroch. **13** [1933] 123, 128; *Fischer, Moor*, Mikroch. **15** [1934] 74, 84). UV-Spektrum (A.; 210—400 nm): *Gr.*

Furfural-[3-nitro-benzoylhydrazon], 3-Nitro-benzoesäure-furfurylidenhydrazid $C_{12}H_9N_3O_4$, Formel XII (X = NO_2).

B. Aus Furfural und 3-Nitro-benzoesäure-hydrazid in Äthanol (*Meng, Sah*, Rep. Tsing Hua Univ. [A] **2** [1934] 347, 349; *Strain*, Am. Soc. **57** [1935] 758; *Grammaticakis*, Bl. **1955** 659, 666).

Krystalle; F: 197—198° [aus A.] (*Meng, Sah*), 195—197° [korr.; aus A.] (*St.*), ca. 190° [Kofler-App.] (*Fischer, Moor*, Mikroch. **15** [1934] 74, 84). UV-Spektrum (A.; 220 nm bis 400 nm): *Gr.*

Furfural-[4-nitro-benzoylhydrazon], 4-Nitro-benzoesäure-furfurylidenhydrazid $C_{12}H_9N_3O_4$, Formel XIII (X = NO_2).

B. Aus Furfural und 4-Nitro-benzoesäure-hydrazid in Äthanol (*Chen*, J. Chin. chem. Soc. **3** [1935] 251, 252; *Grammaticakis*, Bl. **1955** 659, 666).

Krystalle; F: 257—260° [Kofler-App.] (*Fischer*, Mikroch. **13** [1933] 123, 128; *Fischer, Moor*, Mikroch. **15** [1934] 74, 84), 249—250° [aus A.] (*Chen*). UV-Spektrum (A.; 220 nm bis 400 nm): *Gr.*

Furfural-[3,5-dinitro-benzoylhydrazon], 3,5-Dinitro-benzoesäure-furfurylidenhydrazid $C_{12}H_8N_4O_6$, Formel XIV.

B. Aus Furfural und 3,5-Dinitro-benzoesäure-hydrazid in wss. Äthanol (*Sah, Ma*, J. Chin. chem. Soc. **2** [1934] 40, 42).

Krystalle (aus A.); F: 234—235°.

Furfural-[phenylthioacetyl-hydrazon], Phenyl-thioessigsäure-furfurylidenhydrazid $C_{13}H_{12}N_2OS$, Formel I.

B. Aus Furfural und Phenyl-thioessigsäure-hydrazid (*Jensen, Jensen*, Acta chem.

scand. **6** [1952] 957).
F: 98°.

Furfural-[4-methyl-3-nitro-benzoylhydrazon], 4-Methyl-3-nitro-benzoesäure-furfuryliden-hydrazid $C_{13}H_{11}N_3O_4$, Formel II (X = H).
B. Aus Furfural und 4-Methyl-3-nitro-benzoesäure-hydrazid in Äthanol (*Sah, Wang*, J. Chin. chem. Soc. **14** [1946] 31, 33).
Krystalle (aus A.); F: 198° [korr.].

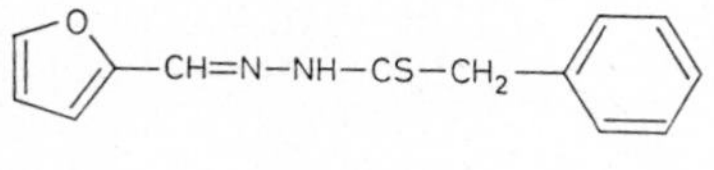

I

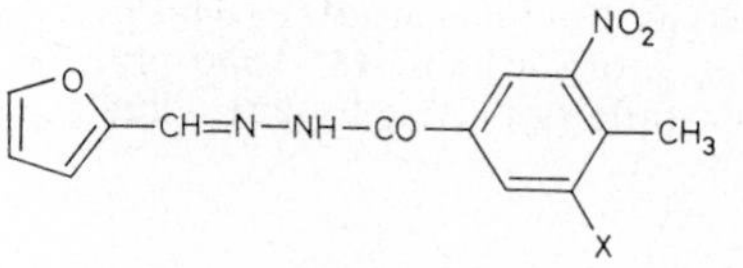

II

Furfural-[4-methyl-3,5-dinitro-benzoylhydrazon], 4-Methyl-3,5-dinitro-benzoesäure-furfurylidenhydrazid $C_{13}H_{10}N_4O_6$, Formel II (X = NO_2).
B. Aus Furfural und 4-Methyl-3,5-dinitro-benzoesäure-hydrazid (*Sah*, J. Chin. chem. Soc. **14** [1946] 45, 46).
Krystalle (aus E.); F: 229° [korr.].

Furfural-[3,5-dimethyl-4-nitro-benzoylhydrazon], 3,5-Dimethyl-4-nitro-benzoesäure-furfurylidenhydrazid $C_{14}H_{13}N_3O_4$, Formel III.
B. Aus Furfural und 3,5-Dimethyl-4-nitro-benzoesäure-hydrazid (*Sah, Liu*, J. Chin. chem. Soc. **14** [1946] 94, 96).
Krystalle (aus A.); F: 242–243° [korr.].

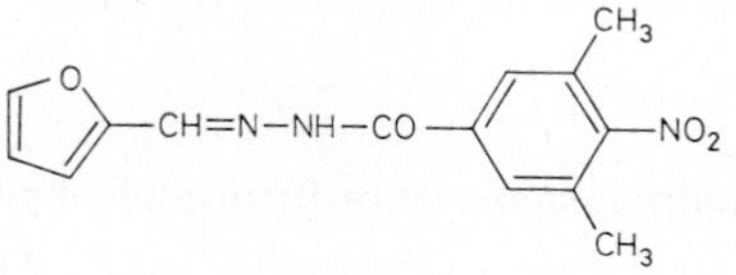

III

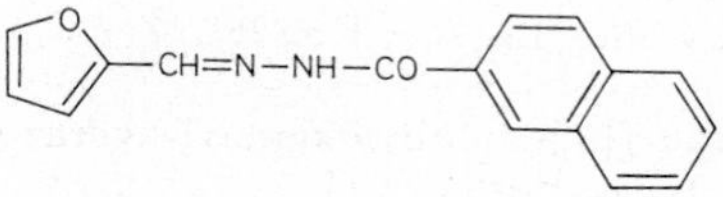

IV

Furfural-[2]naphthoylhydrazon, [2]Naphthoesäure-furfurylidenhydrazid $C_{16}H_{12}N_2O_2$, Formel IV.
B. Aus Furfural und [2]Naphthoesäure-hydrazid (*Chen, Sah*, J. Chin. chem. Soc. **4** [1936] 62, 65).
Krystalle (aus A.); F: 199–200°.

Furfural-oxamoylhydrazon, Oxamidsäure-furfurylidenhydrazon, Furfural-semioxamazon $C_7H_7N_3O_3$, Formel V (R = H) (H 284).
Krystalle; F: ca. 270° [Kofler-App.] (*Fischer, Moor*, Mikroch. **15** [1934] 74, 78).

Furfural-[methyloxamoyl-hydrazon], Methyloxamidsäure-furfurylidenhydrazid $C_8H_9N_3O_3$, Formel V (R = CH_3).
B. Aus Furfural und Methyloxamidsäure-hydrazid in Wasser (*Tierie*, R. **52** [1933] 357, 364).
Krystalle (aus Me.); Zers. bei 252–258°.

Furfural-[cyclohexyloxamoyl-hydrazon], Cyclohexyloxamidsäure-furfurylidenhydrazid $C_{13}H_{17}N_3O_3$, Formel V (R = C_6H_{11}).
B. Aus Furfural und Cyclohexyloxamidsäure-hydrazid in Wasser in Gegenwart von Schwefelsäure (*de Vries*, R. **61** [1942] 223, 243).
F: 263°.

Furfural-[phenyloxamoyl-hydrazon], Phenyloxamidsäure-furfurylidenhydrazid $C_{13}H_{11}N_3O_3$, Formel V ($R = C_6H_5$).

B. Aus Furfural und Phenyloxamidsäure-hydrazid in Wasser (*Tierie*, R. **52** [1933] 533, 534) oder in Essigsäure und Äthanol (*Sah, Han*, Sci. Rep. Tsing Hua Univ. [A] **3** [1936] 469, 473).

Krystalle; F: 259—260° [Zers.; aus A.] (*Sah, Han*), 258° [Zers.] (*Ti.*).

(±)-Furfural-[(1-phenyl-äthyloxamoyl)-hydrazon], (±)-[1-Phenyl-äthyl]-oxamidsäure-furfurylidenhydrazid $C_{15}H_{15}N_3O_3$, Formel V ($R = CH(CH_3)\text{-}C_6H_5$).

B. Aus Furfural und (±)-[1-Phenyl-äthyl]-oxamidsäure-hydrazid in Benzol (*Leonard, Boyer*, J. org. Chem. **15** [1950] 42).

Krystalle (aus A.); F: 221—222°.

CH=N—NH—CO—CO—NH—R

V

H_3C CH=N—NH—CO—CO—NH— CH_3 R

VI

Furfural-[(2,4-dimethyl-phenyloxamoyl)-hydrazon], [2,4-Dimethyl-phenyl]-oxamidsäure-furfurylidenhydrazid $C_{15}H_{15}N_3O_3$, Formel VI (R = H).

B. Aus Furfural und [2,4-Dimethyl-phenyl]-oxamidsäure-hydrazid in wss. Äthanol (*van Kleef*, R. **55** [1936] 765, 784).

Krystalle (aus A.); F: 206° (*v. Kl.*, l. c. S. 781).

Furfural-[(2,4,5-trimethyl-phenyloxamoyl)-hydrazon], [2,4,5-Trimethyl-phenyl]-oxamidsäure-furfurylidenhydrazid $C_{16}H_{17}N_3O_3$, Formel VI ($R = CH_3$).

B. Aus Furfural und [2,4,5-Trimethyl-phenyl]-oxamidsäure-hydrazid (*van Kleef*, R. **55** [1936] 765, 784).

Krystalle (aus A.); F: 228° [Zers.] (*v. Kl.*, l. c. S. 783).

Furfural-[[1]naphthyloxamoyl-hydrazon], [1]Naphthyloxamidsäure-furfurylidenhydrazid $C_{17}H_{13}N_3O_3$, Formel VII.

B. Aus Furfural und [1]Naphthyloxamidsäure-hydrazid in Äthanol in Gegenwart von Essigsäure (*Sah et al.*, J. Chin. chem. Soc. **14** [1946] 101, 103).

Krystalle (aus E.); F: 225° [korr.; Zers.].

CH=N—NH—CO—CO—NH—

VII

CH=N—NH—CO—CO—NH—

VIII

Furfural-[[2]naphthyloxamoyl-hydrazon], [2]Naphthyloxamidsäure-furfurylidenhydrazid $C_{17}H_{13}N_3O_3$, Formel VIII.

B. Aus Furfural und [2]Naphthyloxamidsäure-hydrazid in Äthanol in Gegenwart von Essigsäure (*Sah et al.*, J. Chin. chem. Soc. **14** [1946] 101, 103).

Krystalle (aus A.); F: 266° [korr.].

***N*-Äthoxyoxalyl-*N'*-furfurylidenhydrazinooxalyl-äthylendiamin, *N,N'*-Äthandiyl-bis-oxamidsäure-äthylester-furfurylidenhydrazid** $C_{13}H_{16}N_4O_6$, Formel V ($R = CH_2\text{-}CH_2\text{-}NH\text{-}CO\text{-}CO\text{-}OC_2H_5$).

B. Aus Furfural und *N*-Äthoxyoxalyl-*N'*-hydrazinooxalyl-äthylendiamin in Wasser (*van Alphen*, R. **53** [1934] 1159, 1163).

F: 247°.

N,N'-Bis-furfurylidenhydrazinooxalyl-äthylendiamin, N,N'-Äthandiyl-bis-oxamidsäure-bis-furfurylidenhydrazid $C_{16}H_{16}N_6O_6$, Formel IX.

B. Beim Behandeln eines Gemisches von Furfural und Äthanol mit *N,N'*-Bis-hydrazinooxalyl-äthylendiamin in Wasser (*van Alphen*, R. **53** [1934] 1159, 1161).

Unterhalb 360° nicht schmelzend.

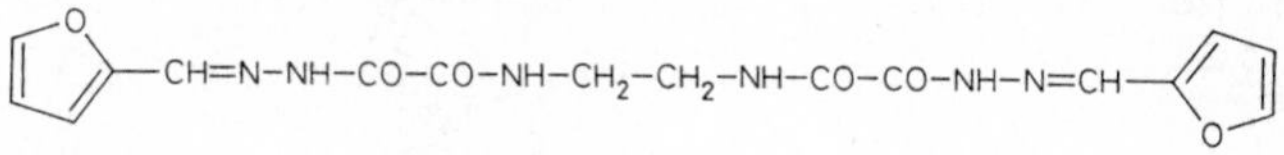

IX 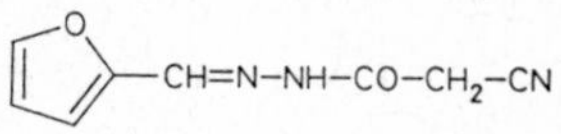 X

Oxalsäure-furfurylidenhydrazid-[N'-phenyl-hydrazid] $C_{13}H_{12}N_4O_3$, Formel V (R = NH-C_6H_5).

B. Beim Behandeln von Furfural mit Oxalsäure-hydrazid-[*N'*-phenyl-hydrazid] in Essigsäure und Äthanol (*Sah, Wang*, J. Chin. chem. Soc. **14** [1946] 39, 41).

Krystalle (aus Eg.); F: 252–253° [korr.].

Furfural-[cyanacetyl-hydrazon], Cyanessigsäure-furfurylidenhydrazid $C_8H_7N_3O_2$, Formel X.

B. Beim Behandeln von Furfural mit Cyanessigsäure-hydrazid in Äthanol (*Klosa*, Ar. **287** [1954] 302; *Havel, Vetešník*, Čsl. Farm. **5** [1956] 528; C. A. **1957** 8994) oder in wss. Äthanol (*Canbäck, Erne*, Svensk farm. Tidskr. **59** [1955] 89, 95).

Gelbe Krystalle; F: 210° [Zers.; aus wss. A.] (*Ca., Erne*), 200° [Zers.; aus A.] (*Kl.*), 190° [aus A.] (*Ha., Ve.*).

Malonsäure-bis-furfurylidenhydrazid $C_{13}H_{12}N_4O_4$, Formel XI.

B. Aus Furfural und Malonsäure-dihydrazid in Äthanol (*Blanksma, Bakels*, R. **58** [1939] 497, 498).

Krystalle; F: 243° [aus A.] (*Bl., Ba.*), 230° [Zers.] (*Offe et al.*, Z. Naturf. **7b** [1952] 446, 457).

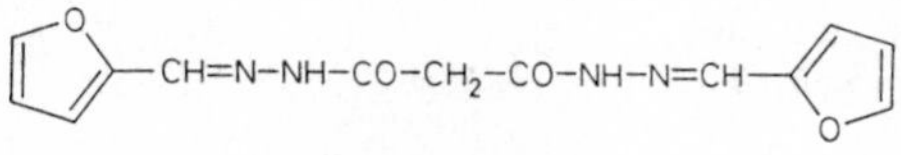

XI 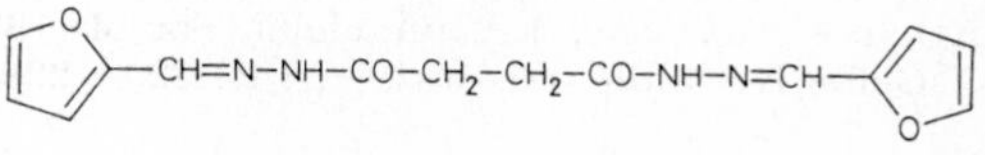 XII

Bernsteinsäure-bis-furfurylidenhydrazid $C_{14}H_{14}N_4O_4$, Formel XII.

B. Aus Furfural und Bernsteinsäure-dihydrazid in Äthanol oder Wasser (*Blanksma, Bakels*, R. **58** [1939] 497, 500).

Krystalle; F: 267°.

Maleinsäure-mono-[furfuryliden-phenyl-hydrazid] $C_{15}H_{12}N_2O_4$, Formel I.

B. Aus Furfural-phenylhydrazon und Maleinsäure-anhydrid in Äther (*Herz*, Am. Soc. **67** [1945] 1854).

Gelbe Krystalle (aus A. + Ae.); F: 113–114° [unkorr.].

Furfural-methoxycarbonylhydrazon, Furfuryliden-carbazinsäure-methylester $C_7H_8N_2O_3$, Formel II (X = OCH_3).

B. Aus Furfural und Carbazinsäure-methylester in Essigsäure enthaltendem wss. Äthanol (*Rabjohn, Barnstorff*, Am. Soc. **75** [1953] 2259).

Krystalle (aus wss. A. oder aus Bzl. + PAe.); F: 142–143° [korr.].

Furfural-äthoxycarbonylhydrazon, Furfuryliden-carbazinsäure-äthylester $C_8H_{10}N_2O_3$, Formel II (X = OC_2H_5).

B. Aus Furfural und Carbazinsäure-äthylester in wss. Äthanol (*Majumdar, Guha*, J. Indian chem. Soc. **10** [1933] 685, 690) oder in Äthanol (*Geigy*, D.B.P. 951503 [1956]).

Krystalle; F: 132,5–133,5° [aus A.] (*Ma., Guha*), 132–135° [Rohprodukt] (*Geigy*).

Furfural-semicarbazon $C_6H_7N_3O_2$, Formel II (X = NH_2) (E I 147; E II 312).

F: 197–198° [Kofler-App.] (*Fischer*, Mikroch. **13** [1933] 123, 128), 197–198° (*Raffauf*, Am. Soc. **72** [1950] 753), 196–197° (*Bohnsack*, B. **76** [1943] 564, 571). UV-Spektrum

(A.; 230—340 nm): *Grammaticakis*, C. r. **226** [1948] 729; Bl. **1948** 979, 986. UV-Absorptionsmaximum (W.): 290 nm (*Ra.*). Polarographie: *Tate*, Japan. J. Pharm. Chem. **20** [1948] 38; C. A. **1951** 3257; *Sasaki*, Pharm. Bl. **2** [1954] 99, 100.

Gleichgewichtskonstante der Hydrolyse in wss. Lösungen vom pH —0,01 bis pH 7 bei 25°: *Conant, Bartlett*, Am. Soc. **54** [1932] 2881, 2885, 2896; in wss. Lösung vom pH 6,4 bei 25°: *Jencks*, Am. Soc. **81** [1959] 475, 477.

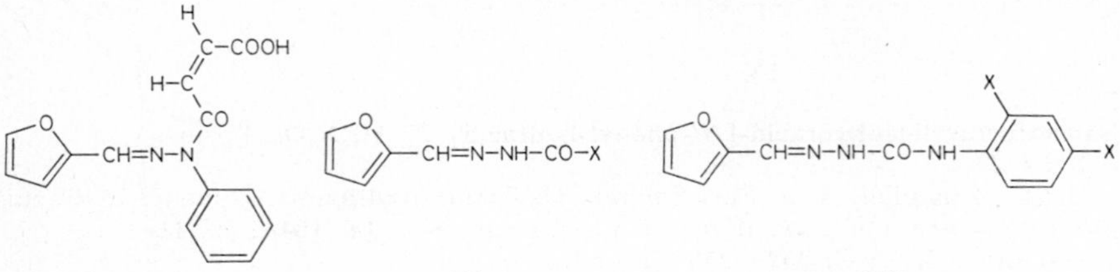

I II III

Furfural-[4-phenyl-semicarbazon] $C_{12}H_{11}N_3O_2$, Formel III (X = H).

B. Aus Furfural und 4-Phenyl-semicarbazid in Essigsäure enthaltendem Äthanol (*Sah, Ma*, J. Chin. chem. Soc. **2** [1934] 32, 34; *Grammaticakis*, Bl. **1949** 410, 414).

Krystalle; F: 185° [Block; aus A.] (*Gr.*), 180—181° [aus wss. A.] (*Sah, Ma*, l. c. S. 35). UV-Spektrum (A.; 220—350 nm): *Gr.*

Furfural-[4-(2,4-dinitro-phenyl)-semicarbazon] $C_{12}H_9N_5O_6$, Formel III (X = NO_2).

B. Beim Behandeln von Furfural mit 4-[2,4-Dinitro-phenyl]-semicarbazid in Äthanol unter Zusatz von wss. Salzsäure (*McVeigh, Rose*, Soc. **1945** 713).

Krystalle; F: 227° [unkorr.].

Furfural-[4-(3,5-dinitro-phenyl)-semicarbazon] $C_{12}H_9N_5O_6$, Formel IV.

B. Aus Furfural und 4-[3,5-Dinitro-phenyl]-semicarbazid in Essigsäure enthaltendem Äthanol (*Sah, Tao*, J. Chin. chem. Soc. **4** [1936] 506, 509).

Gelbe Krystalle (aus wss. A.); F: 225—226° (*Sah, Tao*, l. c. S. 510).

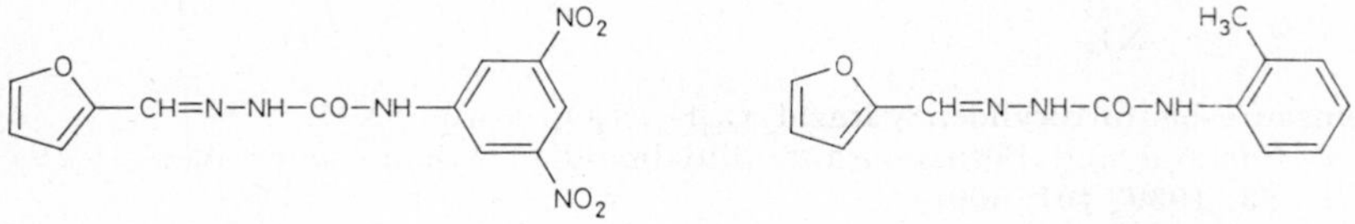

IV V

Furfural-[4-*o*-tolyl-semicarbazon] $C_{13}H_{13}N_3O_2$, Formel V.

B. Aus Furfural und 4-*o*-Tolyl-semicarbazid (*Lei et al.*, J. Chin. chem. Soc. **3** [1935] 246, 248).

Krystalle (aus wss. A.); F: 172—175°.

Furfural-[4-*m*-tolyl-semicarbazon] $C_{13}H_{13}N_3O_2$, Formel VI.

B. Aus Furfural und 4-*m*-Tolyl-semicarbazid (*Sah et al.*, J. Chin. chem. Soc. **4** [1936] 187, 189).

Krystalle (aus A.); F: 142—143° [korr.].

Furfural-[4-*p*-tolyl-semicarbazon] $C_{13}H_{13}N_3O_2$, Formel VII (R = CH_3).

B. Aus Furfural und 4-*p*-Tolyl-semicarbazid (*Sah, Lei*, J. Chin. chem. Soc. **2** [1934] 167, 170).

Krystalle (aus wss. A.); F: 156—157°.

Furfural-[4-[1]naphthyl-semicarbazon] $C_{16}H_{13}N_3O_2$, Formel VIII.

B. Aus Furfural und 4-[1]Naphthyl-semicarbazid (*Sah, Chiang*, J. Chin. chem. Soc. **4** [1936] 496, 498).

Krystalle (aus A.); F: 192—193°.

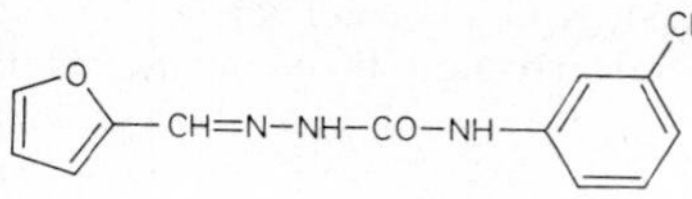

VI

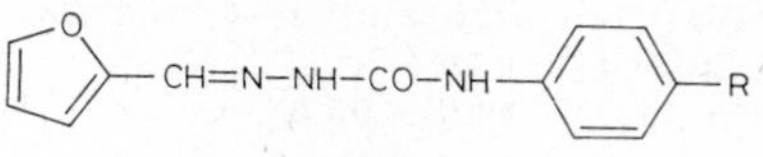

VII

Furfural-[4-[2]naphthyl-semicarbazon] $C_{16}H_{13}N_3O_2$, Formel IX (R = H).
B. Aus Furfural und 4-[2]Naphthyl-semicarbazid (*Sah, Tao,* J. Chin. chem. Soc. **4** [1936] 501, 503).
Krystalle (aus A.); F: 205–207°.

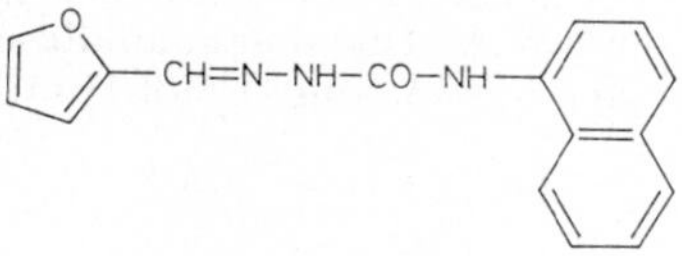

VIII

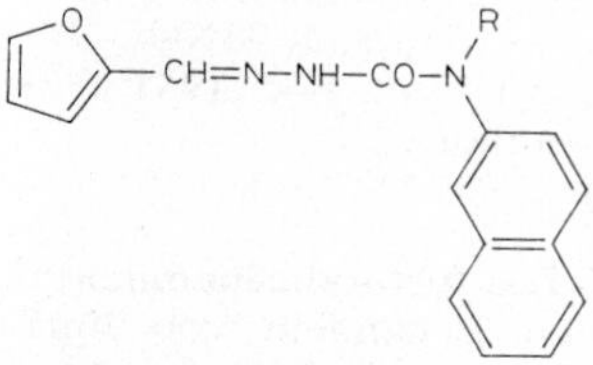

IX

Furfural-[4-[2]naphthyl-4-phenyl-semicarbazon] $C_{22}H_{17}N_3O_2$, Formel IX (R = C_6H_5).
B. Aus Furfural und 4-[2]Naphthyl-4-phenyl-semicarbazid in Methanol (*Ried, Hillenbrand,* A. **590** [1954] 128, 133).
F: 108° [Rohprodukt].

Furfural-[4,4-di-[2]naphthyl-semicarbazon] $C_{26}H_{19}N_3O_2$, Formel X.
B. Aus Furfural und 4,4-Di-[2]naphthyl-semicarbazid (*Ried, Hillenbrand,* A. **590** [1954] 128, 134).
Krystalle (aus A.); F: 178°.

Furfural-[4-biphenyl-4-yl-semicarbazon] $C_{18}H_{15}N_3O_2$, Formel VII (R = C_6H_5).
B. Aus Furfural und 4-Biphenyl-4-yl-semicarbazid in Essigsäure enthaltendem Äthanol (*Sah, Kao,* R. **58** [1939] 459, 461).
Krystalle (aus A.); F: 228–229°.

Furfural-[4-carbamimidoyl-semicarbazon], Furfurylidencarbazoyl-guanidin $C_7H_9N_5O_2$, Formel II (X = NH-C(NH_2)=NH) und Tautomeres.
B. Das Tetrachlorozincat (s. u.) ist beim Behandeln von *N*-Carbamimidoyl-*N'*-nitro-harnstoff mit Zink-Pulver und wss. Salzsäure und anschliessend mit wss. Ammoniak und Behandeln des Reaktionsgemisches mit Furfural bei pH 4,4 erhalten worden (*Nishikawa, Shimizu,* J. chem. Soc. Japan **75** [1954] 1247; C. A. **1958** 349).
Krystalle (aus W. oder Me.); F: 182–183° [Zers.].
Hydrochlorid $C_7H_9N_5O_2 \cdot HCl$. Krystalle (aus W.) mit 2 Mol H_2O; F: 91–96°.
Tetrachlorozincat $2C_7H_9N_5O_2 \cdot H_2ZnCl_4$. Krystalle (aus wss. Salzsäure enthaltendem Methanol) mit 2 Mol H_2O; F: 209° [Zers.]. Beim Erwärmen mit wss. Natronlauge ist eine krystalline Verbindung $2C_7H_9N_5O_2 \cdot ZnO$ erhalten worden.

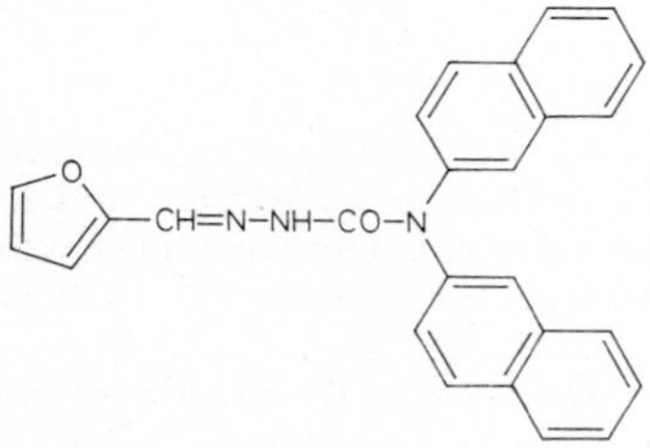

X

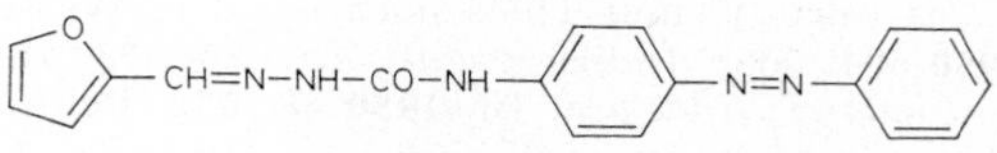

XI

Furfural-[4-(4-phenylazo-phenyl)-semicarbazon] $C_{18}H_{15}N_5O_2$, Formel XI.

B. Aus Furfural und 4-[4-Phenylazo-phenyl]-semicarbazid (*Winter et al.*, Helv. **40** [1957] 467, 472, 473).

Krystalle; F: 192—195,5° [unkorr.; Block].

Furfural-carbamimidoylhydrazon, Furfurylidenamino-guanidin $C_6H_8N_4O$, Formel XII (X = H) und Tautomeres.

Nitrat $C_6H_8N_4O \cdot HNO_3$. *B.* Aus Furfural und Aminoguanidin-nitrat in Wasser oder wss. Äthanol (*Grammaticakis*, Bl. **1952** 446, 453). — Krystalle (aus W.); F: 142° [Block]. UV-Spektrum (A.; 220—230 nm): *Gr.*

***N,N'*-Bis-furfurylidenamino-guanidin** $C_{11}H_{11}N_5O_2$, Formel XIII und Tautomeres.

Nitrat $C_{11}H_{11}N_5O_2 \cdot HNO_3$. *B.* Aus Furfural und *N,N'*-Diamino-guanidin-nitrat in Wasser (*Scott et al.*, Soc. **1951** 3508). — Krystalle (aus wss. A.) mit 1 Mol H_2O; F: 121° bis 122° [unkorr.].

Pikrat. F: 253° [unkorr.].

***N,N',N''*-Tris-furfurylidenamino-guanidin** $C_{16}H_{14}N_6O_3$, Formel XIV.

B. Beim Behandeln von Furfural mit *N,N',N''*-Triamino-guanidin-nitrat in wss. Äthanol (*Scott et al.*, Am. Soc. **74** [1952] 5802).

Krystalle (aus wss. A.) mit 1 Mol H_2O; F: 82°.

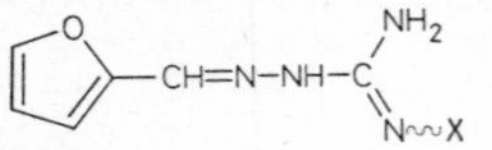

XII 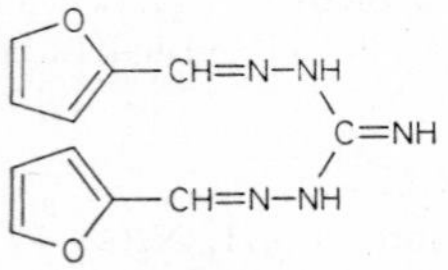 XIII 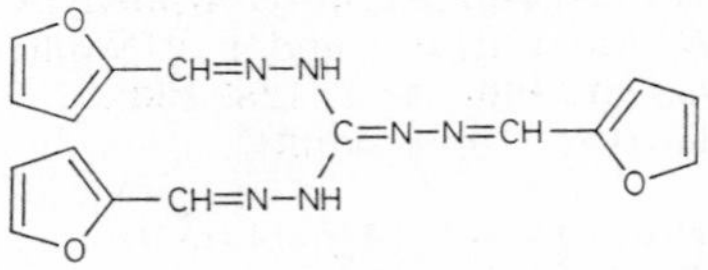 XIV

Furfural-[nitrocarbamimidoyl-hydrazon], *N*-Furfurylidenamino-*N'*-nitro-guanidin $C_6H_7N_5O_3$, Formel XII (X = NO_2) und Tautomere.

B. Beim Behandeln von Furfural mit *N*-Amino-*N'*-nitro-guanidin in einem Gemisch von Wasser, Äthanol und Essigsäure (*Kumler, Sah*, J. Am. pharm. Assoc. **41** [1952] 375; *Henry, Smith*, Am. Soc. **74** [1952] 278).

Gelbe Krystalle; F: 220—224° [korr.; aus Me. oder wss. A.] (*Ku., Sah*, l. c. S. 377), 213—214° [korr.; aus W., A. oder wss. A.] (*He., Sm.*). UV-Absorptionsmaxima: 254 nm und 326 nm (*Ku., Sah*).

Furfural-[äthoxythiocarbonyl-hydrazon], Furfuryliden-thiocarbazinsäure-*O*-äthylester $C_8H_{10}N_2O_2S$, Formel I (X = OC_2H_5).

B. Beim Behandeln von Furfural mit Thiocarbazinsäure-*O*-äthylester-hydrochlorid in Äthanol (*Wangel*, Ark. Kemi **1** [1949] 431, 436).

Krystalle (aus Bzl.); F: 128,5—129,5°.

Furfural-[benzyloxythiocarbonyl-hydrazon], Furfuryliden-thiocarbazinsäure-*O*-benzylester $C_{13}H_{12}N_2O_2S$, Formel I (X = O-CH_2-C_6H_5).

B. Analog der im vorangehenden Artikel beschriebenen Verbindung (*Wangel*, Ark. Kemi **1** [1949] 431, 442).

Krystalle (aus Bzl.); F: 120—121,5°.

Furfural-thiosemicarbazon $C_6H_7N_3OS$, Formel I (X = NH_2).

B. Aus Furfural und Thiosemicarbazid in Wasser oder wss. Äthanol (*Grammaticakis*, Bl. **1950** 504, 508; *Anderson et al.*, Am. Soc. **73** [1951] 4967) oder in Äthanol und Essigsäure (*Chabrier, Cattelain*, Bl. **1950** 48, 53). Beim Erhitzen von Difurfurylidenhydrazin mit Thiosemicarbazid in Essigsäure (*Miyatake*, J. pharm. Soc. Japan **72** [1952] 1162; C. A. **1953** 6885).

Krystalle; F: 162—163° [unkorr.; Zers.; Block] (*Hagenbach, Gysin*, Experientia **8** [1952] 184), 154° [Block; aus wss. A.] (*Gr.*), 153—154° [aus A.] (*Nasarowa*, Ž.obšč. Chim. **27** [1957] 2012; engl. Ausg. S. 2070), 152—154° [unkorr.; aus A. oder wss. A.] (*An. et al.*),

149—150° [unkorr.; aus wss. A.] (*Bernstein et al.*, Am. Soc. **73** [1951] 906, 908), 148—149° [aus Bzl.] (*Ch.*, *Ca.*). UV-Spektrum (A.; 230—370 nm): *Gr.*

Furfural-[4-phenyl-thiosemicarbazon] $C_{12}H_{11}N_3OS$, Formel II (X = H).

B. Aus Furfural und 4-Phenyl-thiosemicarbazid in wss. Äthanol (*Grammaticakis*, Bl. **1950** 504, 510) oder in Äthanol (*Tišler*, Experientia **12** [1956] 261; Z. anal. Chem. **149** [1956] 164, 165).

Krystalle (aus A.); F: 188° [Block] (*Gr.*), 186—187° (*Ti.*). IR-Spektrum (Nujol; 2—15 μ): *Ti.*, Z. anal. Chem. **149** 170. UV-Spektrum (A.; 230—400 nm): *Gr.*

Furfural-[4-(4-chlor-phenyl)-thiosemicarbazon] $C_{12}H_{10}ClN_3OS$, Formel II (X = Cl).

B. Aus Furfural und 4-[4-Chlor-phenyl]-thiosemicarbazid in Äthanol (*Perpar*, *Tišler*, Z. anal. Chem. **155** [1957] 186, 188).

Krystalle (aus A.); F: 166° [Kofler-App.].

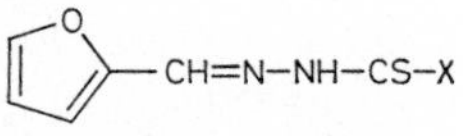

CH=N-NH-CS-X

I

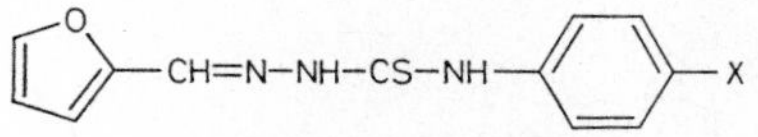

CH=N-NH-CS-NH-⟨C₆H₄⟩-X

II

Furfural-[4-(4-brom-phenyl)-thiosemicarbazon] $C_{12}H_{10}BrN_3OS$, Formel II (X = Br).

B. Aus Furfural und 4-[4-Brom-phenyl]-thiosemicarbazid (*Tišler*, Z. anal. Chem. **151** [1956] 187, 188).

Krystalle (aus A.); F: 185—188° [Zers.; Kofler-App.].

Furfural-[4-*p*-tolyl-thiosemicarbazon] $C_{13}H_{13}N_3OS$, Formel II (X = CH_3).

B. Aus Furfural und 4-*p*-Tolyl-thiosemicarbazid (*Tišler*, Experientia **12** [1956] 261; Z. anal. Chem. **150** [1956] 345).

Krystalle (aus A.); F: 162°.

Bis-[amino-furfurylidenhydrazono-methyl]-disulfid $C_{12}H_{12}N_6O_2S_2$, Formel III (X = NH_2), und Tautomere.

B. Beim Behandeln einer Suspension von Furfural-thiosemicarbazon in Äthanol mit Dibenzoylperoxid (*Hodosan*, Bl. **1958** 289).

Krystalle; F: 134—135° [Zers.] (Rohprodukt).

In siedendem Äthanol erfolgt Zersetzung.

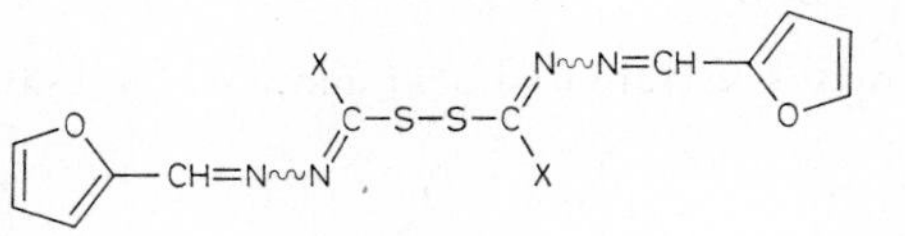

III

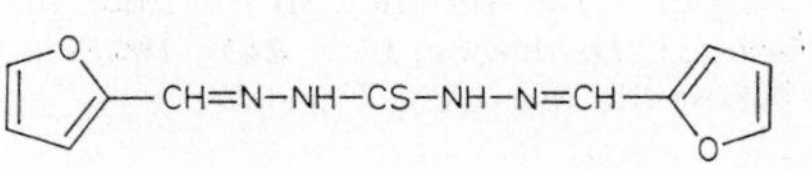

CH=N-NH-CS-NH-N=CH

IV

1,5-Difurfuryliden-thiocarbonohydrazid $C_{11}H_{10}N_4O_2S$, Formel IV (E II 312).

B. Beim Behandeln von Furfural mit Thiocarbonohydrazid in wss. Äthanol (*Duval*, *Xuong*, Mikroch. Acta **1956** 747; vgl. E II 312).

F: 106° [Block].

Furfuryliden-dithiocarbazinsäure-methylester $C_7H_8N_2OS_2$, Formel I (X = SCH_3).

B. Aus Furfural und Dithiocarbazinsäure-methylester in Methanol (*Ried*, *Oertel*, A. **590** [1954] 136, 137).

Krystalle (aus A.); F: 149°.

Furfuryliden-dithiocarbazinsäure-äthylester $C_8H_{10}N_2OS_2$, Formel I (X = SC_2H_5).

B. Aus Furfural und Dithiocarbazinsäure-äthylester in Äthanol (*Sandström*, Ark. Kemi **4** [1952] 297, 310).

Krystalle (aus A.); F: 133—134°.

Furfuryliden-dithiocarbazinsäure-benzylester $C_{13}H_{12}N_2OS_2$, Formel I ($X = S\text{-}CH_2\text{-}C_6H_5$).
B. Aus Furfural und Dithiocarbazinsäure-benzylester in Äthanol (*Ried, Oertel*, A. **590** [1954] 136, 138).
Krystalle (aus A.); F: 175°.

Bis-[äthylmercapto-furfurylidenhydrazono-methyl]-disulfid $C_{16}H_{18}N_4O_2S_4$, Formel III ($X = SC_2H_5$).
B. Beim Behandeln von Furfuryliden-dithiocarbazinsäure-äthylester mit wss.-äthanol. Natronlauge und mit Jod in Äthanol (*Sandström*, Ark. Kemi **4** [1952] 297, 310).
Gelbe Krystalle (aus Bzl. + A.); F: 133—134°.

Furfural-selenosemicarbazon $C_6H_7N_3OSe$, Formel V.
B. Beim Behandeln von Furfural mit Aceton-selenosemicarbazon in Wasser unter Zusatz von Essigsäure (*Bednarz*, Diss. pharm. **10** [1958] 93, 96; C. A. **1958** 20016).
Krystalle (aus A.); F: 173—174°.

CH=N—NH—CSe—NH$_2$

V

X, C—NH$_2$, CH=N—N, CH$_2$—CO—OC$_2$H$_5$

VI

[Carbamoyl-furfuryliden-hydrazino]-essigsäure-äthylester, 3-Furfurylidenamino-hydantoinsäure-äthylester $C_{10}H_{13}N_3O_4$, Formel VI ($X = O$).
B. Beim Behandeln von Hydrazinoessigsäure-äthylester-hydrochlorid mit Kaliumcyanat in Wasser und Erwärmen der mit Essigsäure neutralisierten Reaktionslösung mit Furfural und Äthanol (*Uoda et al.*, J. pharm. Soc. Japan **75** [1955] 117, 120; C. A. **1956** 1782).
Krystalle (aus A.); F: 123—124° [Zers.].

[Furfuryliden-thiocarbamoyl-hydrazino]-essigsäure-äthylester, 3-Furfurylidenamino-4-thio-hydantoinsäure-äthylester $C_{10}H_{13}N_3O_3S$, Formel VI ($X = S$).
B. Aus Furfural und [*N*-Thiocarbamoyl-hydrazino]-essigsäure-äthylester in Essigsäure enthaltendem Äthanol (*Uoda et al.*, J. pharm. Soc. Japan **75** [1955] 117, 120; C. A. **1956** 1782).
Krystalle (aus wss. A.); F: 142—143°.

Furfural-[phenoxyacetyl-hydrazon], Phenoxyessigsäure-furfurylidenhydrazid $C_{13}H_{12}N_2O_3$, Formel VII ($X = H$).
B. Beim Behandeln von Furfural mit Phenoxyessigsäure-hydrazid und wss. Essigsäure (*Baltazzi, Delavigne*, C. r. **241** [1955] 633).
Krystalle (aus A.); F: 133°.

Furfural-{[(2,4-dichlor-phenoxy)-acetyl]-hydrazon}, [2,4-Dichlor-phenoxy]-essigsäure-furfurylidenhydrazid $C_{13}H_{10}Cl_2N_2O_3$, Formel VII ($X = Cl$).
B. Aus Furfural und [2,4-Dichlor-phenoxy]-essigsäure-hydrazid in Äthanol (*Chung-Chin Chao et al.*, R. **68** [1949] 506).
Krystalle (aus A.); F: 166—167° [unkorr.].

CH=N—NH—CO—CH$_2$—O—, X, X

VII

H$_2$N—CO, CH=N—NH—CO—CH$_2$—O—

VIII

2-[Furfurylidencarbazoyl-methoxy]-benzoesäure-amid, [2-Carbamoyl-phenoxy]-essigsäure-furfurylidenhydrazid $C_{14}H_{13}N_3O_4$, Formel VIII.
B. Aus Furfural und 2-Carbazoylmethoxy-benzoesäure-amid in wss. Äthanol (*Klosa*, Ar. **288** [1955] 389, 391, 392).
Braune Krystalle; F: 211—213°.

Furfural-[(2-cyan-äthyl)-phenyl-hydrazon], 3-[Furfuryliden-phenyl-hydrazino]-propionitril $C_{14}H_{13}N_3O$, Formel IX.

B. Aus Furfural und 3-[*N*-Phenyl-hydrazino]-propionitril (*Hahn*, Roczniki Chem. **33** [1959] 1501).

F: 104–105°.

2-Furfurylidenhydrazino-benzoesäure $C_{12}H_{10}N_2O_3$, Formel X.

B. Aus Furfural und 2-Hydrazino-benzoesäure in wss. Äthanol (*Grammaticakis*, Bl. **1954** 1381, 1388).

Krystalle (aus Ae. + PAe.); F: ca. 190° [Block]. Absorptionsspektrum (A.; 220 nm bis 425 nm): *Gr.*, l. c. S. 1385.

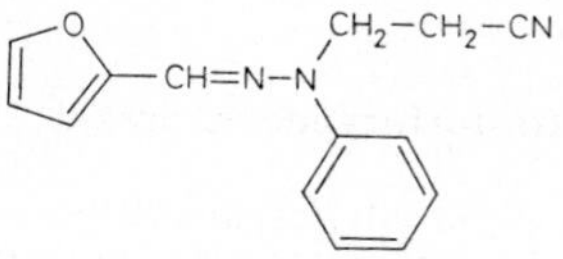

IX 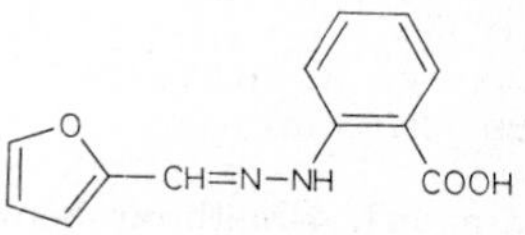 X 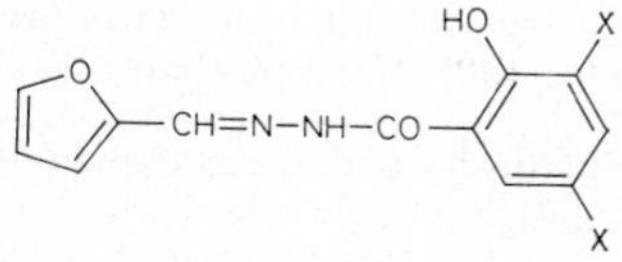 XI

Furfural-salicyloylhydrazon, Salicylsäure-furfurylidenhydrazid $C_{12}H_{10}N_2O_3$, Formel XI (X = H).

B. Aus Furfural und Salicylsäure-hydrazid in Äthanol oder wss. Äthanol (*Grammaticakis*, Bl. **1954** 1391, 1396; *Klosa*, Ar. **288** [1955] 49, 51).

Krystalle (aus A.); F: ca. 234° [Block] (*Gr.*), 225–227° (*Kl.*). UV-Spektrum (A.; 220–380 nm): *Gr.*

Furfural-[3,5-dibrom-2-hydroxy-benzoylhydrazon], 3,5-Dibrom-2-hydroxy-benzoesäure-furfurylidenhydrazid $C_{12}H_8Br_2N_2O_3$, Formel XI (X = Br).

B. Aus Furfural und 3,5-Dibrom-2-hydroxy-benzoesäure-hydrazid (*Klosa*, Ar. **288** [1955] 49, 52).

Krystalle (aus A.); F: 232°.

3-Furfurylidenhydrazino-benzoesäure $C_{12}H_{10}N_2O_3$, Formel XII.

B. Aus Furfural und 3-Hydrazino-benzoesäure in wss. Äthanol (*Grammaticakis*, Bl. **1954** 1381, 1388, 1389).

Krystalle (aus Ae. + PAe.); F: ca. 154° [Block]. Absorptionsspektrum (A.; 220 nm bis 430 nm): *Gr.* Wenig beständig.

4-Furfurylidenhydrazino-benzoesäure $C_{12}H_{10}N_2O_3$, Formel XIII.

B. Aus Furfural und 4-Hydrazino-benzoesäure (*Veibel et al.*, Dansk Tidsskr. Farm. **14** [1940] 184, 185; *Veibel*, Acta chem. scand. **1** [1947] 54, 55; *Grammaticakis*, Bl. **1954** 1381, 1388, 1390).

Krystalle (aus A.); F: ca. 220–222° [Block] (*Gr.*), 210–212° (*Ve. et al.*; *Ve.*). UV-Spektrum (A.; 230–400 nm): *Gr.*

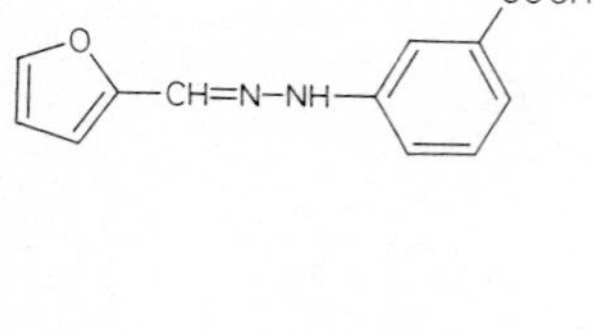

XII 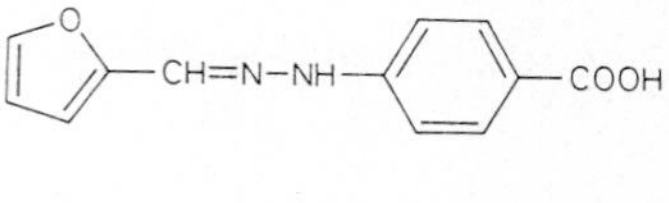 XIII 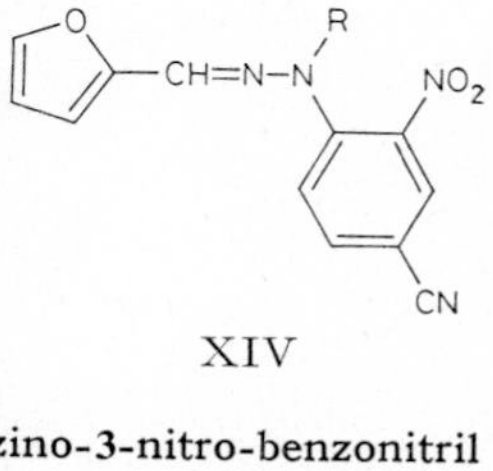 XIV

Furfural-[4-cyan-2-nitro-phenylhydrazon], 4-Furfurylidenhydrazino-3-nitro-benzonitril $C_{12}H_8N_4O_3$, Formel XIV (R = H).

B. Beim Behandeln von Furfural mit 4-Hydrazino-3-nitro-benzonitril in Äthanol unter

Zusatz von Schwefelsäure (*Blanksma*, *Witte*, R. **60** [1941] 811, 821).

Rotbraune Krystalle mit 1 Mol H_2O; die wasserfreie Verbindung schmilzt bei 204°.

Furfural-[(4-cyan-2-nitro-phenyl)-methyl-hydrazon], 4-[Furfuryliden-methyl-hydrazino]-3-nitro-benzonitril $C_{13}H_{10}N_4O_3$, Formel XIV (R = CH_3).

B. Aus Furfural und 4-[*N*-Methyl-hydrazino]-3-nitro-benzonitril (*Blanksma*, *Witte*, R. **60** [1941] 811, 823).

Gelb; F: 184°.

Furfural-[4-hydroxy-benzoylhydrazon], 4-Hydroxy-benzoesäure-furfurylidenhydrazid $C_{12}H_{10}N_2O_3$, Formel I (R = H).

B. Aus Furfural und 4-Hydroxy-benzoesäure-hydrazid in Äthanol oder wss. Äthanol (*Grammaticakis*, Bl. **1954** 1391, 1396).

Krystalle; F: ca. 245° [Block; aus A.] (*Gr.*), 243° (*Offe et al.*, Z. Naturf. **7b** [1952] 446, 453). UV-Spektrum (A.; 220–370 nm): *Gr.*

Furfural-[4-methoxy-benzoylhydrazon], 4-Methoxy-benzoesäure-furfurylidenhydrazid $C_{13}H_{12}N_2O_3$, Formel I (R = CH_3).

B. Aus Furfural und 4-Methoxy-benzoesäure-hydrazid in Äthanol (*Chišamutdinowa*, *Gorjaew*, Trudy Inst. klin. eksp. Chirurgii Akad. Kazachsk. S.S.R. **4** [1958] 122, 126; C. A. **1960** 380).

Krystalle; F: 212° (*Offe et al.*, Z. Naturf. **7b** [1952] 446, 453), 206–207° [aus A.] (*Ch.*, *Go.*).

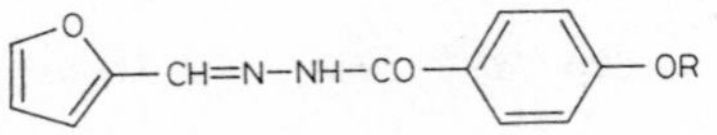

CH=N–NH–CO– –OR

I

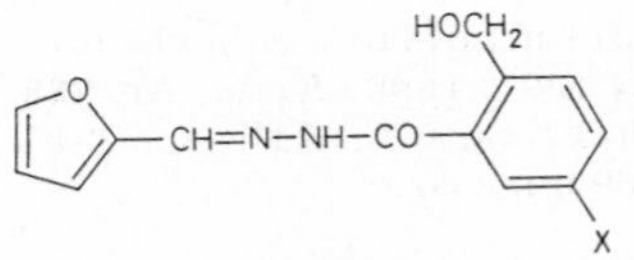

HOCH$_2$ CH=N–NH–CO– X

II

Furfural-[2-hydroxymethyl-benzoylhydrazon], 2-Hydroxymethyl-benzoesäure-furfurylidenhydrazid $C_{13}H_{12}N_2O_3$, Formel II (X = H).

B. Aus Furfural und 2-Hydroxymethyl-benzoesäure-hydrazid (*Blanksma*, *Bakels*, R. **58** [1939] 497, 505).

F: 168°.

Furfural-[2-hydroxymethyl-5-nitro-benzoylhydrazon], 2-Hydroxymethyl-5-nitro-benzoesäure-furfurylidenhydrazid $C_{13}H_{11}N_3O_5$, Formel II (X = NO_2).

B. Aus Furfural und 2-Hydroxymethyl-5-nitro-benzoesäure-hydrazid (*Blanksma*, *Bakels*, R. **58** [1939] 497, 505).

F: 181°.

3α,12α-Dihydroxy-5β-cholan-24-säure-furfurylidenhydrazid, Desoxycholsäure-furfurylidenhydrazid $C_{29}H_{44}N_2O_4$, Formel III (X = H).

B. Beim Behandeln von Furfural mit 3α,12α-Dihydroxy-5β-cholan-24-säure-hydrazid und wss. Salzsäure (*Vanghelovici*, Bulet. Soc. Chim. România **20** A [1938] 237, 241).

Krystalle; F: 136°.

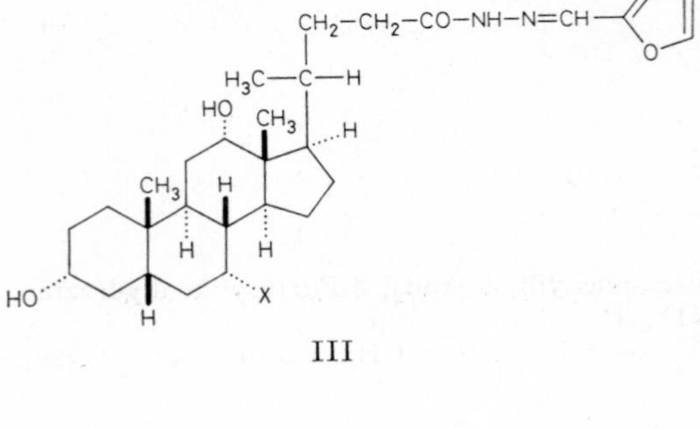

CH$_2$–CH$_2$–CO–NH–N=CH– H$_3$C–C–H HO CH$_3$ H CH$_3$ H H H HO X H

III

3α,7α,12α-Trihydroxy-5β-cholan-24-säure-furfurylidenhydrazid, Cholsäure-furfuryliden=hydrazid $C_{29}H_{44}N_2O_5$, Formel III (X = OH).

B. Analog der im vorangehenden Artikel beschriebenen Verbindung (*Vanghelovici*, Bulet. Soc. Chim. România **20** A [1938] 237, 240; *Čapka*, Chem. Zvesti **2** [1948] 1, 3; C. A. **1950** 1523).

Krystalle; F: 145° (*Va.*), 143° (*Ča.*).

2-Hydroxy-propan-1,2,3-tricarbonsäure-tris-furfurylidenhydrazid, Citronensäure-tris-fur=furylidenhydrazid $C_{21}H_{20}N_6O_7$, Formel IV.

B. Aus Furfural und Citronensäure-trihydrazid in wss. Äthanol (*Blanksma, Bakels*, R. **58** [1939] 497, 501).

F: 179°.

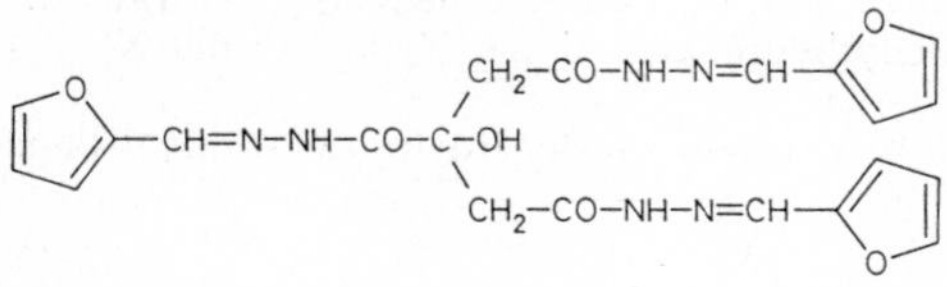

IV 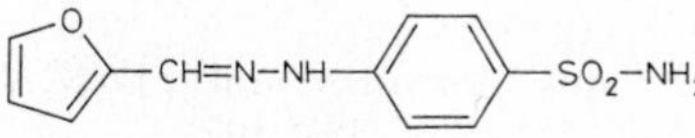 V

Furfural-[4-sulfamoyl-phenylhydrazon], 4-Furfurylidenhydrazino-benzolsulfonsäure-amid $C_{11}H_{11}N_3O_3S$, Formel V.

B. Aus Furfural und 4-Hydrazino-benzolsulfonsäure-amid in Äthanol (*Amorosa*, Farmaco **3** [1948] 389, 392).

Krystalle (aus A.); F: 200—201°.

Furfural-[(*N*-methyl-anthraniloyl)-hydrazon], *N*-Methyl-anthranilsäure-furfuryliden=hydrazid $C_{13}H_{13}N_3O_2$, Formel VI.

B. Aus Furfural und *N*-Methyl-anthranilsäure-hydrazid (*Grammaticakis*, Bl. **1957** 1242, 1253).

Gelbe Krystalle (aus A.); F: 213° [Zers.; Block]. Absorptionsspektrum (A.; 220 nm bis 430 nm): *Gr.*, l. c. S. 1246.

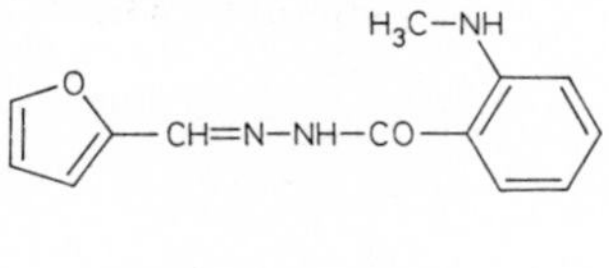

VI 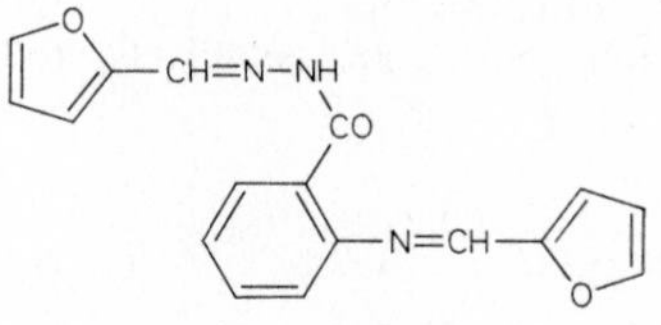 VII

***N*-Furfuryliden-anthranilsäure-furfurylidenhydrazid** $C_{17}H_{13}N_3O_3$, Formel VII.

B. Aus Furfural und Anthranilsäure-hydrazid (*Grammaticakis*, Bl. **1957** 1242, 1254).

Krystalle (aus A.); F: 159—160° [Block]. Absorptionsspektrum (A.; 230—420 nm): *Gr.*, l. c. S. 1249.

Furfural-[3-amino-benzoylhydrazon], 3-Amino-benzoesäure-furfurylidenhydrazid $C_{12}H_{11}N_3O_2$, Formel VIII.

B. Aus Furfural und 3-Amino-benzoesäure-hydrazid (*Grammaticakis*, Bl. **1957** 1242, 1252).

Krystalle (aus wss. Me.) mit 1 Mol H_2O, die bei 134° das Krystallwasser abgeben und dann bei 175° [Block] schmelzen. UV-Spektrum (A.; 220—380 nm): *Gr.*, l. c. S. 1243.

Furfural-[4-amino-benzoylhydrazon], 4-Amino-benzoesäure-furfurylidenhydrazid $C_{12}H_{11}N_3O_2$, Formel IX (R = H).

B. Aus Furfural und 4-Amino-benzoesäure-hydrazid (*Grammaticakis*, Bl. **1957** 1242, 1252).

Krystalle (aus wss. Me.); F: 206° [Block]. UV-Spektrum (A.; 215—400 nm): *Gr.*, l. c. S. 1245.

VIII IX

Furfural-[4-methylamino-benzoylhydrazon], 4-Methylamino-benzoesäure-furfurylidenhydrazid] $C_{13}H_{13}N_3O_2$, Formel IX (R = CH_3).

B. Aus Furfural und 4-Methylamino-benzoesäure-hydrazid (*Grammaticakis*, Bl. **1957** 1242, 1254).

Krystalle (aus A.); F: 173° [Block]. UV-Spektrum (A.; 220—400 nm): *Gr.*, l. c. S. 1248.

1-[*N,N'*-Dimethyl-hydrazino]-5-furfurylidenhydrazino-2,4-dinitro-benzol, Furfural-[5-(*N,N'*-dimethyl-hydrazino)-2,4-dinitro-phenylhydrazon] $C_{13}H_{14}N_6O_5$, Formel X (R = H).

B. Aus Furfural und 1-[*N,N'*-Dimethyl-hydrazino]-5-hydrazino-2,4-dinitro-benzol (*Vis*, R. **58** [1939] 387, 407).

Rote Krystalle; F: 209°.

1-[*N',N'*-Dimethyl-hydrazino]-5-furfurylidenhydrazino-2,4-dinitro-benzol, Furfural-[5-(*N',N'*-dimethyl-hydrazino)-2,4-dinitro-phenylhydrazon] $C_{13}H_{14}N_6O_5$, Formel XI (R = H).

B. Aus Furfural und 1-[*N',N'*-Dimethyl-hydrazino]-5-hydrazino-2,4-dinitro-benzol (*Vis*, R. **58** [1939] 387, 393).

Rot; F: 255° [Thiele-App.] bzw. F: 298° [Block].

1,5-Bis-furfurylidenhydrazino-2,4-dinitro-benzol $C_{16}H_{12}N_6O_6$, Formel XII (R = X = H).

B. Beim Behandeln von Furfural mit 1,5-Dihydrazino-2,4-dinitro-benzol in wss. Äthanol unter Zusatz von Schwefelsäure (*Robert*, R. **56** [1937] 413, 426, 432).

F: 293° [Block].

1-[*N,N'*-Dimethyl-hydrazino]-5-[furfuryliden-methyl-hydrazino]-2,4-dinitro-benzol $C_{14}H_{16}N_6O_5$, Formel X (R = CH_3).

B. Aus Furfural und 1-[*N,N'*-Dimethyl-hydrazino]-5-[*N*-methyl-hydrazino]-2,4-dinitro-benzol (*Vis*, R. **58** [1939] 387, 407).

Rot; F: 178°.

X XI XII

1-[*N',N'*-Dimethyl-hydrazino]-5-[furfuryliden-methyl-hydrazino]-2,4-dinitro-benzol $C_{14}H_{16}N_6O_5$, Formel XI (R = CH_3).

B. Aus Furfural und 1-[*N',N'*-Dimethyl-hydrazino]-5-[*N*-methyl-hydrazino]-2,4-dinitro-benzol (*Vis*, R. **58** [1939] 387, 393).

Gelb; F: 232°.

1-Furfurylidenhydrazino-5-[furfuryliden-methyl-hydrazino]-2,4-dinitro-benzol $C_{17}H_{14}N_6O_6$, Formel XII (R = CH_3, X = H).

B. Beim Behandeln von Furfural mit 1-Hydrazino-5-[*N*-methyl-hydrazino]-2,4-dinitro-benzol in wss. Äthanol unter Zusatz von Schwefelsäure (*Robert*, R. **56** [1937] 413, 431, 433).

Orangefarben und rot; F: 256° [Block].

1,5-Bis-[furfuryliden-methyl-hydrazino]-2,4-dinitro-benzol $C_{18}H_{16}N_6O_6$, Formel XII (R = X = CH_3).

B. Beim Behandeln von Furfural mit 1,5-Bis-[*N*-methyl-hydrazino]-2,4-dinitro-benzol in wss. Äthanol unter Zusatz von Schwefelsäure (*Robert*, R. **56** [1937] 413, 426, 432).

Gelb und orangerot; F: 162°, F: 203° und F: 213° [Block].

Difurfurylidenhydrazin, Furfural-azin $C_{10}H_8N_2O_2$, Formel I (H 284; E I 148).

Gelbe Krystalle; F: 115° [aus A.] (*Grammaticakis*, Bl. **1948** 979, 989), 112° (*Kishner*, Ž. obšč. Chim. **1** [1931] 1212, 1216; C. **1932** II 1173), 110–111,5° [korr.; aus A.] (*Blout, Gofstein*, Am. Soc. **67** [1945] 13, 16). IR-Spektrum ($CHCl_3$; 5–7,2 μ): *Blout et al.*, Am. Soc. **70** [1948] 194, 195, 197. Absorptionsspektrum einer Lösung in Äthanol (220–380 nm): *Bl., Go.*; einer Lösung in Dioxan (260–400 nm): *Blout, Fields*, Am. Soc. **70** [1948] 189, 190; einer Lösung in Chloroform (250–425 nm): *Gr.*, l. c. S. 987.

Beim Erhitzen mit Benzol oder Pyridin auf 420° ist 1,2-Di-[2]furyl-äthylen erhalten worden (*Schuĭkin et al.*, Sbornik Statei obšč. Chim. **2** [1953] 1112; C. A. **1955** 4616; vgl. E I 148).

Difurfuryliden-hydrazin-*N,N'*-dioxid, Furfural-azin-di-*N*-oxid $C_{10}H_8N_2O_4$, Formel II (H **27** 463; dort als Furfuraldoximperoxyd bezeichnet).

Bezüglich der Konstitutionszuordnung vgl. *Horner et al.*, B. **94** [1961] 290, 292.

B. Beim Behandeln einer äther. Lösung von Furfural-(*E*)-oxim mit Distickstofftrioxid (*Ho. et al.*, l. c. S. 296).

CH=N–N=CH

I

CH=N, N=CH

II

CH=N–NH–SO₂

III

Furfural-benzolsulfonylhydrazon, Benzolsulfonsäure-furfurylidenhydrazid $C_{11}H_{10}N_2O_3S$, Formel III (X = H).

B. Aus Furfural und Benzolsulfonsäure-hydrazid in Äthanol (*Grammaticakis*, Bl. **1952** 446, 452).

Krystalle (aus wss. A. oder aus Ae. + Cyclohexan); F: 134° [Block]. UV-Spektrum (A.; 220–350 nm): *Gr.*

Furfural-[2-nitro-benzolsulfonylhydrazon], 2-Nitro-benzolsulfonsäure-furfurylidenhydrazid $C_{11}H_9N_3O_5S$, Formel III (X = NO_2).

B. Aus Furfural und 2-Nitro-benzolsulfonsäure-hydrazid (*Cameron, Storrie*, Soc. **1934** 1330).

Bräunliche Krystalle (aus Me.); F: 118–120° [Zers.].

Furfural-[3-nitro-benzolsulfonylhydrazon], 3-Nitro-benzolsulfonsäure-furfurylidenhydrazid $C_{11}H_9N_3O_5S$, Formel IV.

B. Aus Furfural und 3-Nitro-benzolsulfonsäure-hydrazid (*Cameron, Storrie*, Soc. **1934** 1330).

Krystalle (aus A.); F: 156–157° [Zers.].

Furfural-[4-nitro-benzolsulfonylhydrazon], 4-Nitro-benzolsulfonsäure-furfurylidenhydrazid $C_{11}H_9N_3O_5S$, Formel V (X = NO_2).

B. Aus Furfural und 4-Nitro-benzolsulfonsäure-hydrazid (*Cameron, Storrie*, Soc. **1934** 1330).

Gelbe Krystalle; F: 152° [Zers.; aus A.] (*Ca., St.*), 150–151° [unkorr.; Zers.] (*Zimmer et al.*, J. org. Chem. **24** [1959] 1667, 1670).

CH=N–NH–SO₂ (NO₂)

IV

CH=N–NH–SO₂ (X)

V

Furfural-sulfanilylhydrazon, Sulfanilsäure-furfurylidenhydrazid $C_{11}H_{11}N_3O_3S$, Formel V ($X = NH_2$).

B. Aus Furfural und Sulfanilsäure-hydrazid (*Zimmer et al.*, J. org. Chem. **24** [1959] 1667, 1668).

Krystalle; F: 142—143° [unkorr.; Zers.].

Furfural-[(*N*-acetyl-sulfanilyl)-hydrazon], *N*-Acetyl-sulfanilsäure-furfurylidenhydrazid $C_{13}H_{13}N_3O_4S$, Formel V ($X = NH\text{-}CO\text{-}CH_3$).

B. Aus Furfural und *N*-Acetyl-sulfanilsäure-hydrazid (*Zimmer et al.*, J. org. Chem. **24** [1959] 1667, 1669).

Krystalle; F: 186—188° [unkorr.; Zers.].

Furfural-[methansulfonyl-trichlormethylmercapto-hydrazon], Methansulfonsäure-[furfuryliden-trichlormethylmercapto-hydrazid] $C_7H_7Cl_3N_2O_3S_2$, Formel VI.

B. Beim Behandeln von Furfural-methansulfonylhydrazon mit wss. Natronlauge und mit Trichlormethanthiol (*Geigy A.G.*, U.S.P. 2762741 [1955]).

Krystalle (aus Me.); F: 127—128°.

Furfural-[methyl-nitroso-hydrazon] $C_6H_7N_3O_2$, Formel VII.

B. Beim Erwärmen von Furfural-methylhydrazon mit Isoamylnitrit in Hexan (*Todd*, Am. Soc. **71** [1949] 1353).

Krystalle (aus wss. A.); F: 108—109,5°.

VI VII VIII IX

2-Diazomethyl-furan, Diazo-[2]furyl-methan $C_5H_4N_2O$, Formel VIII.

B. Beim Eintragen einer Lösung von 4-[Furfuryl-nitroso-amino]-4-methyl-pentan-2-on in Äther und Isopropylalkohol in eine heisse Lösung von Natriumisopropylat in Isopropylalkohol (*Adamson, Kenner*, Soc. **1935** 286, 289).

Furfuryliden-nitro-amin, Furfural-nitroimin $C_5H_4N_2O_3$, Formel IX.

B. Aus Furfural und Nitramid (*Suggitt et al.*, J. org. Chem. **12** [1947] 373, 376).

Krystalle; F: 117° [nach Sublimation im Vakuum], 116,5° [aus Bzl.] (*Su. et al.*). UV-Spektrum einer Lösung in Äthanol (220—360 nm) sowie einer Lösung in wss. Natronlauge (220—320 nm): *Jones, Thorn*, Canad. J. Res. [B] **27** [1949] 828, 850.

In wss. Lösung erfolgt Hydrolyse unter Bildung von Furfural und Nitramid (*Su. et al.*).

(±)-Dibenzylphosphinoyl-[2]furyl-methanol, (±)-Dibenzyl-[α-hydroxy-furfuryl]-phosphinoxid $C_{19}H_{19}O_3P$, Formel X.

B. Beim Behandeln von Furfural mit Dibenzylphosphinoxid und Natriumäthylat in Äthanol (*Miller et al.*, Am. Soc. **79** [1957] 424, 426).

Krystalle (aus wss. A.); F: 170,8—171,7° [unkorr.].

(±)-[α-Hydroxy-furfuryl]-phosphonsäure-dimethylester $C_7H_{11}O_5P$, Formel XI ($R = CH_3$).

B. Beim Behandeln von Furfural mit Phosphonsäure-dimethylester unter Zusatz von Piperidin (*Kirilow, Nedkow*, Doklady Bolgarsk. Akad. **10** [1957] 309, 310; C. A. **1960** 6679) oder von Triäthylamin (*Abramow, Kapuština*, Ž. obšč. Chim. **27** [1957] 173, 174; engl. Ausg. S. 193, 194).

Krystalle; F: 47—48° [aus Ae.] (*Ki., Ne.*), 47—48° [aus A. + Cyclohexan] (*Ab., Ka.*).

(±)-[α-Hydroxy-furfuryl]-phosphonsäure-diäthylester $C_9H_{15}O_5P$, Formel XII ($R = H$).

B. Beim Behandeln von Furfural mit Phosphonsäure-diäthylester unter Zusatz von Triäthylamin (*Research Corp.*, U.S.P. 2579810 [1949]; *Abramow, Kapuština*, Ž. obšč. Chim. **27** [1957] 173, 174; engl. Ausg. S. 193, 195), von Piperidin (*Kirilow, Nedkow*, Doklady Bolgarsk. Akad. **10** [1957] 309, 311; C. A. **1960** 6679) oder von methanol.

Natriummethylat (*Ab.*, *Ka.*, l. c. S. 174; *Ki.*, *Ne.*, l. c. S. 311).

Kp_3: 179—180° [geringfügige Zersetzung] (*Ab.*, *Ka.*); Kp_1: 158° (*Research Corp.*); $Kp_{0,7}$: 154° (*Ki.*, *Ne.*). D_4^{20}: 1,2155 (*Ab.*, *Ka.*). n_D^{20}: 1,4760 (*Ab.*, *Ka.*), 1,4823 (*Ki.*, *Ne.*).

(±)-[α-Hydroxy-furfuryl]-phosphonsäure-bis-[2-chlor-äthylester] $C_9H_{13}Cl_2O_5P$, Formel XI (R = CH_2-CH_2Cl).

B. Beim Behandeln von Furfural mit Phosphonsäure-bis-[2-chlor-äthylester] unter Zusatz von Natriummethylat in Methanol (*Chen*, *Chiu*, Acta chim. sinica **24** [1958] 203; C. A. **1959** 6197).

Krystalle (aus Bzl. + PAe.); F: 46—48°.

(±)-[α-Hydroxy-furfuryl]-phosphonsäure-dipropylester $C_{11}H_{19}O_5P$, Formel XI (R = CH_2-CH_2-CH_3).

B. Beim Behandeln von Furfural mit Phosphonsäure-dipropylester unter Zusatz von Natriummethylat in Methanol (*Kirilow*, *Nedkow*, Doklady Bolgarsk. Akad. **10** [1957] 309, 311; C. A. **1960** 6679).

$Kp_{0,1}$: 140°. n_D^{20}: 1,4760.

(±)-[α-Hydroxy-furfuryl]-phosphonsäure-diisopropylester $C_{11}H_{19}O_5P$, Formel XI (R = $CH(CH_3)_2$).

B. Beim Behandeln von Furfural mit Phosphonsäure-diisopropylester unter Zusatz von Natriummethylat in Methanol (*Abramow*, *Kapuština*, Ž. obšč. Chim. **27** [1957] 173, 174; engl. Ausg. S. 193, 195; *Kirilow*, *Nedkow*, Doklady Bolgarsk. Akad. **10** [1957] 309, 311; C. A. **1960** 6679).

Krystalle; F: 61—62° [aus A. + Cyclohexan] (*Ab.*, *Ka.*), 60,5—61,5° [aus Bzn.] (*Ki.*, *Ne.*).

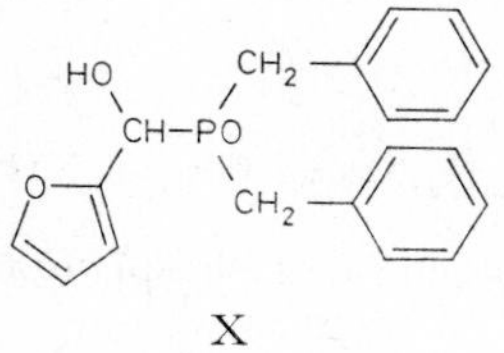

X 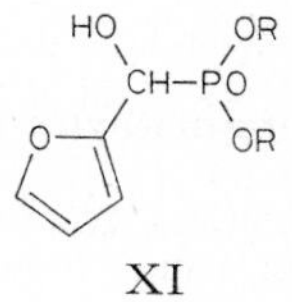 XI 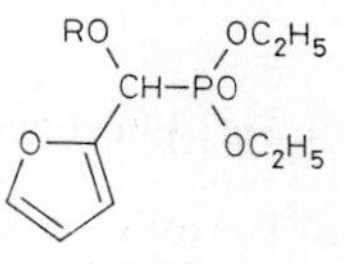 XII 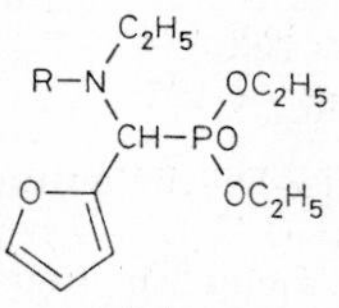 XIII

(±)-[α-Hydroxy-furfuryl]-phosphonsäure-dibutylester $C_{13}H_{23}O_5P$, Formel XI (R = $[CH_2]_3$-CH_3).

B. Beim Behandeln von Furfural mit Phosphonsäure-dibutylester unter Zusatz von Triäthylamin (*Abramow*, *Kapuština*, Ž. obšč. Chim. **27** [1957] 173, 175; engl. Ausg. S. 193, 195).

D_4^{20}: 1,1044. n_D^{20}: 1,4700.

(±)-[α-Hydroxy-furfuryl]-phosphonsäure-diisobutylester $C_{13}H_{23}O_5P$, Formel XI (R = CH_2-$CH(CH_3)_2$).

B. Beim Behandeln von Furfural mit Phosphonsäure-diisobutylester unter Zusatz von Triäthylamin (*Abramow*, *Kapuština*, Ž. obšč. Chim. **27** [1957] 173, 175; engl. Ausg. S. 193, 195) oder von Natriummethylat in Methanol (*Kirilow*, *Nedkow*, Doklady Bolgarsk. Akad. **10** [1957] 309, 311; C. A. **1960** 6679).

$Kp_{0,2}$: 143°; n_D^{20}: 1,4700 (*Ki.*, *Ne.*). D_4^{20}: 1,0945; n_D^{20}: 1,4655 (*Ab.*, *Ka.*).

(±)-[α-Hydroxy-furfuryl]-phosphonsäure-bis-[2,2,2-trichlor-1,1-dimethyl-äthylester] $C_{13}H_{17}Cl_6O_5P$, Formel XI (R = $C(CH_3)_2$-CCl_3).

B. Beim Behandeln von Furfural mit Phosphonsäure-bis-[2,2,2-trichlor-1,1-dimethyl-äthylester] und Natriummethylat in Methanol (*Abramow*, *Chaĭrullin*, Ž. obšč. Chim. **26** [1956] 811; engl. Ausg. S. 929).

Krystalle (aus A.); F: 143°.

(±)-[α-Acetoxy-furfuryl]-phosphonsäure-diäthylester $C_{11}H_{17}O_6P$, Formel XII (R = CO-CH_3).

B. Beim Erwärmen von (±)-[α-Hydroxy-furfuryl]-phosphonsäure-diäthylester mit

Acetylchlorid in Benzin unter Zusatz von Triäthylamin (*Alimow, Tscheplanowa*, Izv. Akad. S.S.S.R. Otd. chim. **1956** 939, 942; engl. Ausg. S. 959, 962).

$Kp_{0,5}$: 129–130°. D_4^{20}: 1,1946. n_D^{20}: 1,4694.

(±)-[α-Isobutyryloxy-furfuryl]-phosphonsäure-diäthylester $C_{13}H_{21}O_6P$, Formel XII (R = CO-CH$(CH_3)_2$).

B. Beim Erwärmen von (±)-[α-Hydroxy-furfuryl]-phosphonsäure-diäthylester mit Isobutyrylchlorid in Benzin unter Zusatz von Triäthylamin (*Alimow, Tscheplanowa*, Izv. Akad. S.S.S.R. Otd. chim. **1956** 939, 942; engl. Ausg. S. 959, 961).

$Kp_{1,5}$: 150–151°. D_4^{20}: 1,1383 oder 1,1387, n_D^{20}: 1,4637.

(±)-[α-Hexanoyloxy-furfuryl]-phosphonsäure-diäthylester $C_{15}H_{25}O_6P$, Formel XII (R = CO-$[CH_2]_4$-CH_3).

B. Beim Erwärmen von (±)-[α-Hydroxy-furfuryl]-phosphonsäure-diäthylester mit Hexanoylchlorid in Benzin unter Zusatz von Diäthylamin (*Alimow, Tscheplanowa*, Izv. Akad. S.S.S.R. Otd. chim. **1956** 939, 942; engl. Ausg. S. 959, 962).

$Kp_{0,5}$: 156–157°. D_4^{20}: 1,1088. n_D^{20}: 1,4640.

(±)-[α-Diäthoxyphosphinooxy-furfuryl]-phosphonsäure-diäthylester $C_{13}H_{24}O_7P_2$, Formel XII (R = P$(OC_2H_5)_2$).

B. Beim Erhitzen von Furfural mit Diphosphor(III)-säure-tetraäthylester auf 120° (*Arbusow, Alimow*, Izv. Akad. S.S.S.R. Otd. chim. **1951** 530, 533; C. A. **1953** 96).

$Kp_{1,5}$: 146–148°. D_4^{20}: 1,1666. n_D^{20}: 1,4697.

(±)-[α-Äthylamino-furfuryl]-phosphonsäure-diäthylester $C_{11}H_{20}NO_4P$, Formel XIII (R = H).

B. Aus Furfural-äthylimin und Phosphonsäure-diäthylester (*Fields*, Am. Soc. **74** [1952] 1528, 1530).

$Kp_{0,75}$: 127°.

(±)-[α-Diäthylamino-furfuryl]-phosphonsäure-diäthylester $C_{13}H_{24}NO_4P$, Formel XIII (R = C_2H_5).

B. Beim Eintragen von Furfural in ein Gemisch von Diäthylamin und Phosphonsäure-diäthylester (*Fields*, Am. Soc. **74** [1952] 1528, 1530).

Kp_2: 140°.

[*K. Grimm*]

4-Chlor-furan-2-carbaldehyd, 4-Chlor-furfural $C_5H_3ClO_2$, Formel I.

B. Bei der Hydrierung von 4-Chlor-furan-2-carbonylchlorid (vom Autor irrtümlich als 3-Chlor-furan-2-carbonylchlorid angesehen) an Palladium/Bariumsulfat in Xylol bei 140° (*Okuzumi*, J. chem. Soc. Japan Pure Chem. Sect. **79** [1958] 1366, 1370; C. A. **1960** 24633).

Krystalle; F: 28°.

4-Chlor-furfural-[2,4-dinitro-phenylhydrazon] $C_{11}H_7ClN_4O_5$, Formel II.

B. Aus 4-Chlor-furfural und [2,4-Dinitro-phenyl]-hydrazin (*Okuzumi*, J. chem. Soc. Japan Pure Chem. Sect. **79** [1958] 1366, 1368; C. A. **1960** 24633).

Orangefarbene Krystalle; F: 242–243°.

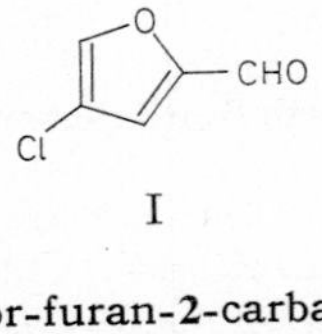

I 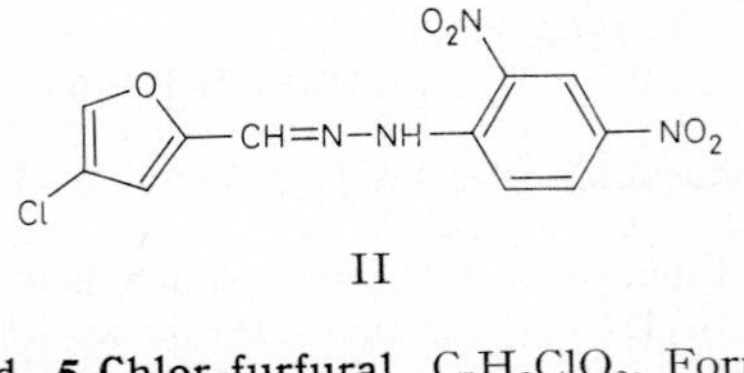 II 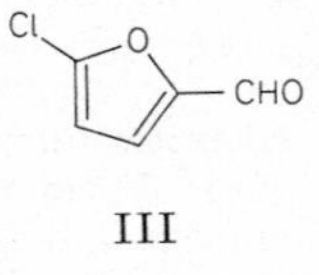 III

5-Chlor-furan-2-carbaldehyd, 5-Chlor-furfural $C_5H_3ClO_2$, Formel III.

B. Beim Behandeln einer warmen Lösung von Furfural in Schwefel und Dibenzoylperoxid enthaltendem Schwefelkohlenstoff mit Chlor (*Chute, Wright*, J. org. Chem. **10** [1945] 541). Beim Erwärmen von 2-Diacetoxymethyl-furan mit Sulfurylchlorid in Schwefelkohlenstoff und Erhitzen des Reaktionsprodukts mit Wasserdampf (*Gilman, Wright*, R. **50** [1931] 833, 835). Bei der Hydrierung von 5-Chlor-furan-2-carbonylchlorid an

Palladium/Bariumsulfat in Xylol bei 140° (*Okuzumi*, J. chem. Soc. Japan Pure Chem. Sect. **79** [1958] 1366, 1370; C. A. **1960** 24633).

Krystalle; F: 36° (*Gi.*, *Wr.*), 31,5—33° (*Ch.*, *Wr.*), 31—33° (*Ok.*). Kp_{30}: 92° (*Gi.*, *Wr.*); Kp_{10}: 70° (*Gi.*, *Wr.*). Polarographie: *Nakaya et al.*, J. chem. Soc. Japan Pure Chem. Sect. **80** [1959] 1334, 1335; C. A. **1961** 4471.

Beim Behandeln mit Anilin und Anilin-hydrobromid ist eine gelbe Verbindung $C_{17}H_{17}BrN_2O_2$ (F: 145°; möglicherweise 1,5-Bis-phenylimino-4-hydroxy-penta-1,3-dien-hydrobromid-monohydrat) erhalten worden (*Hewlett*, Iowa Coll. J. **6** [1932] 439, 444). Reaktion mit 4-Nitro-anilin in Äthanol unter Bildung einer Verbindung $C_{11}H_7ClN_2O_3$ (gelbe Krystalle [aus A.]; F: 92°) und einer Verbindung $C_{17}H_{13}ClN_4O_5$ (rote Krystalle [aus wss. Äthylenglykol]): *Fenech et al.*, Farmaco Ed. scient. **10** [1955] 413, 422. Reaktion mit 4-Amino-phenol in Äthanol unter Bildung einer Verbindung $C_{11}H_8ClNO_2$ (gelbe Krystalle [aus A.], die bei 147—157° schmelzen) und einer Verbindung $C_{17}H_{15}ClN_2O_3$ (rote Krystalle [aus A.]): *Fe. et al.*, l. c. S. **421**. Reaktion mit *p*-Anisidin in Äthanol unter Bildung einer Verbindung $C_{12}H_{10}ClNO_2$ (gelbe Krystalle [aus A.]; F: 95° bis 96°) und einer Verbindung $C_{19}H_{19}ClN_2O_3$ (rote Krystalle; F: 144—145°): *Fe. et al.* Beim Erwärmen mit Sulfanilamid in Äthanol ist eine Verbindung $C_{11}H_9ClN_2O_3S$ (gelbe Krystalle [aus A.], die bei 160° schwarz werden) erhalten worden, die sich durch Erhitzen mit 2-Methoxy-äthanol in eine Verbindung $C_{17}H_{17}ClN_4O_5S_2$ (Krystalle [aus wss. 2-Methoxy-äthanol]; F: 220—222° [Zers.]) hat überführen lassen (*Fe. et al.*, l. c. S. 423).

[5-Chlor-furfuryliden]-anilin, 5-Chlor-furfural-phenylimin $C_{11}H_8ClNO$, Formel IV (R = H).

B. Aus 5-Chlor-furfural und Anilin (*Fenech et al.*, Farmaco Ed. scient. **10** [1955] 413, 418).

Gelbe Krystalle (aus A.); F: 205—206° [Zers.].

***N*-[5-Chlor-furfuryliden]-*p*-toluidin, 5-Chlor-furfural-*p*-tolylimin** $C_{12}H_{10}ClNO$, Formel IV (R = CH_3).

B. Aus 5-Chlor-furfural und *p*-Toluidin (*Fenech et al.*, Farmaco Ed. scient. **10** [1955] 413, 418).

Rote Krystalle.

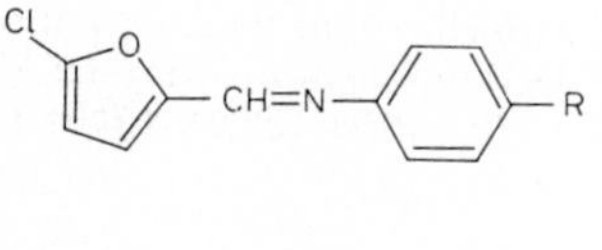

IV 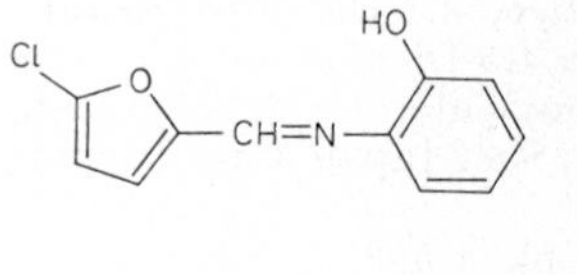 V 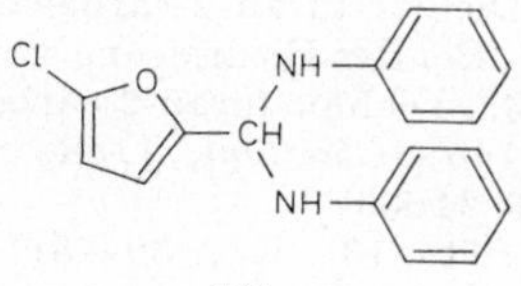 VI

2-[5-Chlor-furfurylidenamino]-phenol, 5-Chlor-furfural-[2-hydroxy-phenylimin] $C_{11}H_8ClNO_2$, Formel V.

B. Beim Erwärmen von 5-Chlor-furfural mit 2-Amino-phenol in Äthanol (*Fenech et al.*, Farmaco Ed. scient. **10** [1955] 413, 418).

Gelbe Krystalle (aus wss. Eg.); F: 110—115° [Zers.].

2-Chlor-5-dianilinomethyl-furan, 5-Chlor-*N*,*N'*-diphenyl-furfurylidendiamin $C_{17}H_{15}ClN_2O$, Formel VI.

Diese Konstitution ist der nachstehend beschriebenen Verbindung zugeordnet worden (*Drisko*, *McKennis*, Am. Soc. **74** [1952] 2626; s. dazu *Lewis*, *Mulquiney*, Austral. J. Chem. **23** [1970] 2315).

B. Beim Behandeln von 5-Chlor-furfural mit Anilin in Äthanol oder mit Anilin und Anilin-hydrochlorid (*Dr.*, *McK.*).

Orangefarbene Krystalle (aus A.) mit 1 Mol H_2O; F: 149—150° (*Dr.*, *McK.*). Absorptionsspektrum (A.; 230—520 nm): *Dr.*, *McK.*

5-Chlor-furfural-oxim $C_5H_4ClNO_2$, Formel VII (X = OH).

B. Aus 5-Chlor-furfural und Hydroxylamin (*Gilman*, *Wright*, R. **50** [1931] 833, 836).

Krystalle (aus wss. A.); F: 84°.

5-Chlor-furfural-[2,4-dinitro-phenylhydrazon] $C_{11}H_7ClN_4O_5$, Formel VII ($X = NH\text{-}C_6H_3(NO_2)_2$).

B. Aus 5-Chlor-furfural und [2,4-Dinitro-phenyl]-hydrazin (*Okuzumi*, J. chem. Soc. Japan Pure Chem. Sect. **79** [1958] 1366, 1368; C. A. **1960** 24633).

Rote Krystalle; F: 204°.

5-Chlor-furfural-semicarbazon $C_6H_6ClN_3O_2$, Formel VII ($X = NH\text{-}CO\text{-}NH_2$).

B. Aus 5-Chlor-furfural und Semicarbazid (*Takahashi et al.*, J. pharm. Soc. Japan **69** [1949] 284, 286; C. A. **1950** 5372).

Krystalle (aus A.); F: 203° [Zers.].

5-Chlor-furfural-thiosemicarbazon $C_6H_6ClN_3OS$, Formel VII ($X = NH\text{-}CS\text{-}NH_2$).

F: 153–154° [unkorr.; Zers.; Kofler-App.] (*Hagenbach, Gysin*, Experientia **8** [1952] 184).

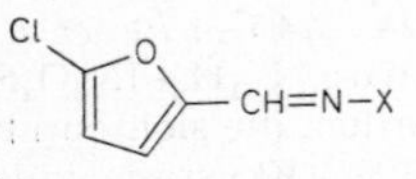

VII 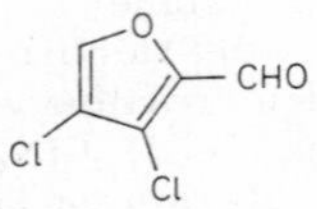 VIII 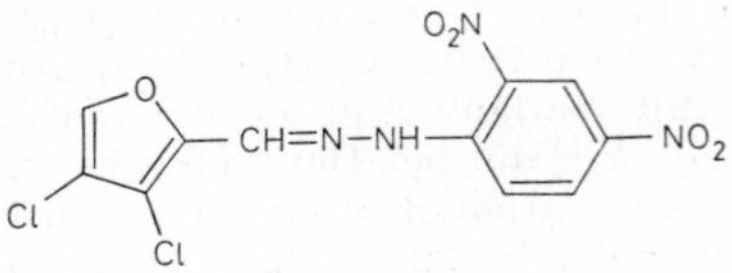 IX 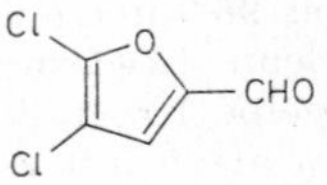 X

3,4-Dichlor-furan-2-carbaldehyd, 3,4-Dichlor-furfural $C_5H_2Cl_2O_2$, Formel VIII.

B. Bei der Hydrierung von 3,4-Dichlor-furan-2-carbonylchlorid an Palladium/Bariumsulfat in Xylol bei 140° (*Okuzumi*, J. chem. Soc. Japan Pure Chem. Sect. **79** [1958] 1366, 1370; C. A. **1960** 24633).

Krystalle; F: 52°.

3,4-Dichlor-furfural-[2,4-dinitro-phenylhydrazon] $C_{11}H_6Cl_2N_4O_5$, Formel IX.

B. Aus 3,4-Dichlor-furfural und [2,4-Dinitro-phenyl]-hydrazin (*Okuzumi*, J. chem. Soc. Japan Pure Chem. Sect. **79** [1958] 1366, 1368; C. A. **1960** 24633).

Rote Krystalle; F: 224–225°.

4,5-Dichlor-furan-2-carbaldehyd, 4,5-Dichlor-furfural $C_5H_2Cl_2O_2$, Formel X.

B. Bei der Hydrierung von 4,5-Dichlor-furan-2-carbonylchlorid (vom Autor irrtümlich als 3,5-Dichlor-furan-2-carbonylchlorid angesehen) an Palladium/Bariumsulfat in Xylol bei 140° (*Okuzumi*, J. chem. Soc. Japan Pure Chem. Sect. **79** [1958] 1366, 1370; C. A. **1960** 24633).

F: 11–13°. Kp_4: 59–61°. n_D^8: 1,5635.

4,5-Dichlor-furfural-[2,4-dinitro-phenylhydrazon] $C_{11}H_6Cl_2N_4O_5$, Formel XI.

B. Aus 4,5-Dichlor-furfural und [2,4-Dinitro-phenyl]-hydrazin (*Okuzumi*, J. chem. Soc. Japan Pure Chem. Sect. **79** [1958] 1366, 1368; C. A. **1960** 24633).

Rote Krystalle; F: 242°.

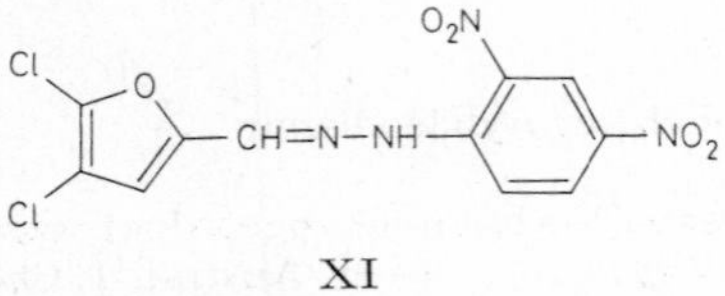

XI 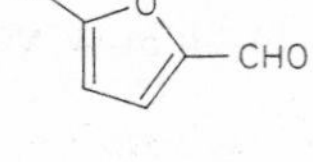 XII 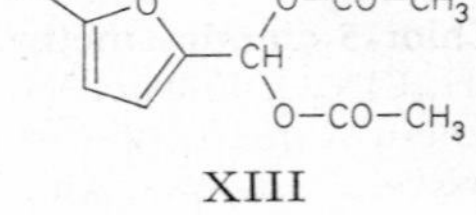 XIII

5-Brom-furan-2-carbaldehyd, 5-Brom-furfural $C_5H_3BrO_2$, Formel XII.

B. Beim Erwärmen von Furfural mit Brom in 1,2-Dichlor-äthan unter Zusatz von Schwefel und Hydrochinon im Sonnenlicht (*Nasarowa*, Ž. obšč. Chim. **24** [1954] 575, 576; engl. Ausg. S. 589, 590; Ž. obšč. Chim. **27** [1957] 2012; engl. Ausg. S. 2070). Beim Behandeln einer Suspension von 5-Chloromercurio-furfural in Chloroform mit Brom [1 Mol] (*Chute et al.*, J. org. Chem. **6** [1941] 157, 167). Bei 3-tägigem Behandeln von 2-Diacetoxymethyl-furan in Chloroform mit einem Pyridin-Brom-Komplex in Schwefelkohlenstoff (*Gilman, Wright*, Am. Soc. **52** [1930] 1170).

Krystalle; F: 85° [aus wss. A.] (*Scheibler et al.*, J. pr. [2] **136** [1933] 232, 233), 82–83° (*Nasarowa*, Ž. obšč. Chim. **25** [1955] 539, 542; engl. Ausg. S. 509, 511), 82° (*Gi.*, *Wr.*). Kp_{750}: 201–202° (*Na.*, Ž. obšč. Chim. **27** 2012); Kp_{16}: 112° (*Sch. et al.*). Polarographie: *Nakaya et al.*, J. chem. Soc. Japan Pure Chem. Sect. **80** [1959] 1334, 1335; C. A. **1961** 4471. Löslichkeit in Wasser bei 20°: 0,5 g/100 ml; bei 100°: 2,5 g/100 ml; Löslichkeit in Äthanol bei 20°: 5,0 g/100 ml, bei 78°: 120 g/100 ml; Löslichkeit in 1,2-Dichlor-äthan bei 20°: 3,7 g/100 ml, bei 83°: >360 g/100 ml (*Na.*, Ž. obšč. Chim. **27** 2012).

Beim Behandeln mit Butanon und wss.-äthanol. Kalilauge ist eine vermutlich als 1-[5-Brom-[2]furyl]-pent-1-en-3-on oder 4-[5-Brom-[2]furyl]-3-methyl-but-3-en-2-on] zu formulierende Verbindung $C_9H_9BrO_2$ (gelbe Krystalle; wenig beständig; 2,4-Dinitro-phenylhydrazon $C_{15}H_{13}BrN_4O_5$: rotes Pulver, F: 164° [Zers.]) erhalten worden (*Sakutškaja*, *Bobrik*, Doklady Akad. Uzbeksk. S.S.R. **1958** Nr. 10, S. 21, 23; C. A. **1959** 11335).

2-Brom-5-diacetoxymethyl-furan $C_9H_9BrO_5$, Formel XIII.

B. Beim Erhitzen von 5-Brom-furfural mit Acetanhydrid und Essigsäure (*Gilman*, *Wright*, Am. Soc. **52** [1930] 1170).

F: 51–52°. Kp_{5-6}: 128–130°.

2-Brom-5-dianilinomethyl-furan, 5-Brom-*N*,*N'*-diphenyl-furfurylidendiamin $C_{17}H_{15}BrN_2O$, Formel I.

Diese Konstitution ist der nachstehend beschriebenen Verbindung zugeordnet worden (*Drisko*, *McKennis*, Am. Soc. **74** [1952] 2626; s. dazu *Lewis*, *Mulquiney*, Austral. J. Chem. **23** [1970] 2315).

B. Beim Erwärmen von 5-Brom-furfural mit Anilin (*Dr.*, *McK.*).

Orangefarbene Krystalle (aus A.) mit 1 Mol H_2O; F: 123–125,5° (*Dr.*, *McK.*). Absorptionsspektrum (A.; 230–520 nm): *Dr.*, *McK.*

5-Brom-furfural-oxim $C_5H_4BrNO_2$, Formel II (X = OH).

a) **5-Brom-furfural-oxim** $C_5H_4BrNO_2$ **vom F: 152°.**

B. Beim Behandeln von 5-Brom-furfural mit Hydroxylamin-hydrochlorid und wss. Natronlauge (*Gilman*, *Wright*, Am. Soc. **52** [1930] 1170).

F: 150–152°.

b) **5-Brom-furfural-oxim** $C_5H_4BrNO_2$ **vom F: 101°.**

B. Beim Erwärmen einer äthanol. Lösung von 5-Brom-furfural mit einer wss. Lösung von Hydroxylamin-hydrochlorid und mit Natriumäthylat in Äthanol (*Scheibler et al.*, J. pr. [2] **136** [1933] 232, 235).

Krystalle (aus A.); F: 101°.

5-Brom-furfural-phenylhydrazon $C_{11}H_9BrN_2O$, Formel II (X = NH-C_6H_5).

B. Beim Behandeln von 5-Brom-furfural mit Phenylhydrazin und wss. Essigsäure (*Scheibler et al.*, J. pr. [2] **136** [1933] 232, 236).

Krystalle (aus A.); F: 80–85°.

5-Brom-furfural-[2,4-dinitro-phenylhydrazon] $C_{11}H_7BrN_4O_5$, Formel II (X = NH-$C_6H_3(NO_2)_2$).

B. Beim Erwärmen von 5-Brom-furfural mit [2,4-Dinitro-phenyl]-hydrazin und wss.-äthanol. Salzsäure (*Nasarowa*, Ž. obšč. Chim. **27** [1957] 2012; engl. Ausg. S. 2070).

Orangerote Krystalle (aus Bzl.); F: 204–205°.

Br, O, NH, CH, NH — I

Br, O, CH=N–X — II

Br, O, CH=N–NH–CO, HO — III

5-Brom-furfural-palmitoylhydrazon, Palmitinsäure-[5-brom-furfurylidenhydrazid] $C_{21}H_{35}BrN_2O_2$, Formel II (X = NH-CO-$[CH_2]_{14}$-CH_3).

B. Aus 5-Brom-furfural und Palmitinsäure-hydrazid (*Ivanov, Dodova*, Doklady Bolgarsk. Akad. **10** [1957] 477, 478).

F: 88–91°.

5-Brom-furfural-[cyanacetyl-hydrazon], Cyanessigsäure-[5-brom-furfurylidenhydrazid] $C_8H_6BrN_3O_2$, Formel II (X = NH-CO-CH_2-CN).

B. Aus 5-Brom-furfural und Cyanessigsäure-hydrazid (*Ivanov, Dodova*, Doklady Bolgarsk. Akad. **10** [1957] 477, 478).

F: 170–173°.

5-Brom-furfural-semicarbazon $C_6H_6BrN_3O_2$, Formel II (X = NH-CO-NH_2).

B. Aus 5-Brom-furfural und Semicarbazid (*Scheibler et al.*, J. pr. [2] **136** [1933] 232, 236; *Raffauf*, Am. Soc. **72** [1950] 753).

Krystalle; F: 215° [korr.; Zers.; aus Me.] (*Sch. et al*), 185° [Zers.] (*Ra.*). UV-Absorptionsmaximum (W.): 300 nm (*Ra.*).

5-Brom-furfural-thiosemicarbazon $C_6H_6BrN_3OS$, Formel II (X = NH-CS-NH_2).

B. Aus 5-Brom-furfural und Thiosemicarbazid (*Nasarowa*, Ž. obšč. Chim. **27** [1957] 2012; engl. Ausg. S. 2070; *Ivanov, Dodova*, Doklady Bolgarsk. Akad. **10** [1957] 477, 479).

Gelbe Krystalle (aus A.), F: 196–197° [Zers.]; Krystalle (aus W.) mit 3 Mol H_2O, F: 166° bis 168° (*Iv., Do.*).

5-Brom-furfural-salicyloylhydrazon, Salicylsäure-[5-brom-furfurylidenhydrazid] $C_{12}H_9BrN_2O_3$, Formel III.

B. Aus 5-Brom-furfural und Salicylsäure-hydrazid (*Ivanov, Dodova*, Doklady Bolgarsk. Akad. **10** [1957] 477, 478).

F: 228–232°.

5-Jod-furan-2-carbaldehyd, 5-Jod-furfural $C_5H_3IO_2$, Formel IV.

B. Beim Erhitzen von 5-Brom-furfural mit Kaliumjodid in Essigsäure unter Bestrahlung mit Sonnenlicht (*Nasarowa*, Ž. obšč. Chim. **25** [1955] 539, 541; engl. Ausg. S. 509, 511; Ž. obšč. Chim. **27** [1957] 2012; engl. Ausg. S. 2070). Bei 4-tägigem Behandeln von 5-Chloromercurio-furfural mit Jod in Dioxan (*Chute et al.*, J. org. Chem. **6** [1941] 157, 167).

Krystalle; F: 127,5–128° [aus A. oder Dioxan] (*Na.*, Ž. obšč. Chim. **25** 539, 541), 127,5° [aus wss. Dioxan] (*Ch. et al.*). Polarographie: *Nakaya et al.*, J. chem. Soc. Japan Pure Chem. Sect. **80** [1959] 1334, 1335; C. A. **1961** 4471. Löslichkeit in Wasser bei 100°: 0,5 g/100 ml; Löslichkeit in Äthanol bei 20°: 3,0 g/100 ml; bei 78°: 40,0 g/100 ml; Löslichkeit in 1,2-Dichlor-äthan bei 20°: 10,0 g/100 ml; bei 83°: 360,0 g/100 ml (*Na.*, Ž. obšč. Chim. **27** 2012).

Hydroxy-[5-jod-[2]furyl]-methansulfonsäure $C_5H_5IO_5S$, Formel V.

Natrium-Salz $NaC_5H_4IO_5S$. *B.* Beim Behandeln einer Lösung von 5-Jod-furfural in Äther mit wss. Natriumhydrogensulfit-Lösung (*Nasarowa*, Ž. obšč. Chim. **27** [1957] 2012; engl. Ausg. S. 2070). — Krystalle; F: 220°.

5-Jod-furfural-oxim $C_5H_4INO_2$, Formel VI (X = OH).

B. Aus 5-Jod-furfural und Hydroxylamin (*Nasarowa*, Ž. obšč. Chim. **25** [1955] 539, 542; engl. Ausg. S. 509, 511).

Krystalle (aus wss. A.); F: 167–168° [Zers.].

5-Jod-furfural-[2,4-dinitro-phenylhydrazon] $C_{11}H_7IN_4O_5$, Formel VI (X = NH-$C_6H_3(NO_2)_2$).

B. Aus 5-Jod-furfural und [2,4-Dinitro-phenyl]-hydrazin (*Nasarowa*, Ž. obšč. Chim. **27** [1957] 2012; engl. Ausg. S. 2070).

Rote Krystalle (aus Bzl.); F: 210–211°.

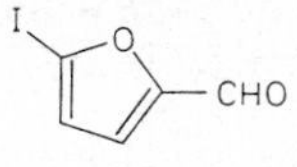

IV 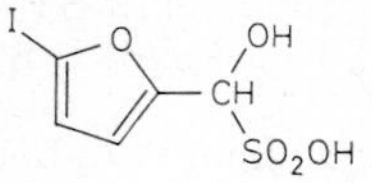 V 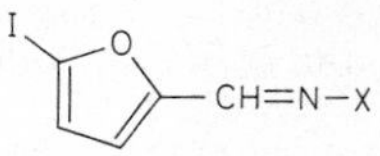 VI 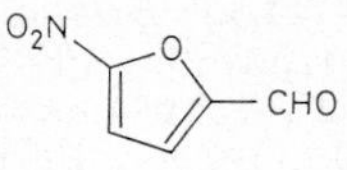 VII

5-Jod-furfural-semicarbazon $C_6H_6IN_3O_2$, Formel VI (X = NH-CO-NH_2).

B. Aus 5-Jod-furfural und Semicarbazid (*Nasarowa*, Ž. obšč. Chim. **25** [1955] 539, 542; engl. Ausg. S. 509, 511).

Krystalle (aus A.); Zers. bei 199—200°.

5-Jod-furfural-thiosemicarbazon $C_6H_6IN_3OS$, Formel VI (X = NH-CS-NH_2).

B. Aus 5-Jod-furfural und Thiosemicarbazid (*Nasarowa*, Ž. obšč. Chim. **27** [1957] 2012; engl. Ausg. S. 2070).

Krystalle (aus A.); Zers. bei 165°.

5-Nitro-furan-2-carbaldehyd, 5-Nitro-furfural $C_5H_3NO_4$, Formel VII.

B. Beim Erhitzen von 2-Diacetoxymethyl-5-nitro-furan mit wss. Schwefelsäure (*Gilman, Wright*, Am. Soc. **52** [1930] 2550, 2552). Beim Erwärmen von 5-Nitro-furfuryl=alkohol mit Mangan(IV)-oxid und wss. Schwefelsäure (*Gilman, Wright*, Am. Soc. **53** [1931] 1923). Bei 3-tägiger Einwirkung von Luft und Tageslicht auf 2-Jodmethyl-5-nitro-furan in Chloroform (*Howard, Klein*, J. org. Chem. **24** [1959] 255).

Dipolmoment (ε; Bzl.): 3,42 D (*Nasarow, Šyrkin*, Ž. obšč. Chim. **23** [1953] 478, 479; engl. Ausg. S. 493).

Krystalle; F: 36° [aus PAe.] (*Gi., Wr.*), 34,6—35,1° [korr.; aus Bzl.] (*Na., Šy.*). IR-Spektrum (KBr; 2—22 μ): *Daasch*, Chem. and Ind. **1958** 1113. IR-Banden (KBr) im Bereich von 1534 cm^{-1} bis 741 cm^{-1}: *Cross et al.*, J. appl. Chem. **7** [1957] 562, 564. UV-Spektrum (W.; 220—340 nm): *Giller, Šaldabolš*, Izv. Akad. S.S.S.R. Ser. fiz. **17** [1953] 708, 709; C. A. **1954** 6825; s. a. *Paul et al.*, J. biol. Chem. **180** [1949] 345, 354. Polarographie: *Sasaki*, Pharm. Bl. **2** [1954] 99, 100, 101, 104, 106; *Štradin' et al.*, Doklady Akad. S.S.S.R. **129** [1959] 816, 817; Pr. Acad. Sci. U.S.S.R. Chem. Sect. **124—129** [1959] 1077.

2-Dimethoxymethyl-5-nitro-furan, 5-Nitro-furfural-dimethylacetal $C_7H_9NO_5$, Formel VIII (R = CH_3).

B. Beim Erwärmen von 5-Nitro-furfural mit Orthoameisensäure-trimethylester in Gegenwart von Toluol-4-sulfonsäure (*Saikachi, Ogawa*, Am. Soc. **80** [1958] 3642, 3645). Beim Behandeln von 5-Nitro-furfural mit wss.-methanol. Salzsäure (*Carvajal, Erdos*, Arzneimittel-Forsch. **4** [1954] 580).

Kp_{11}: 135—140° (*Ca., Er.*); Kp_2: 113—115° (*Sa., Og.*). n_D^{20}: 1,5188 (*Sa., Og.*).

2-Diäthoxymethyl-5-nitro-furan, 5-Nitro-furfural-diäthylacetal $C_9H_{13}NO_5$, Formel VIII (R = C_2H_5).

B. Beim Erwärmen von 5-Nitro-furfural mit Orthoameisensäure-triäthylester in Gegenwart von Toluol-4-sulfonsäure (*Saikachi, Ogawa*, Am. Soc. **80** [1958] 3642, 3645).

Kp_3: 120—122°. n_D^{20}: 1,4994.

2-Diacetoxymethyl-5-nitro-furan $C_9H_9NO_7$, Formel VIII (R = CO-CH_3).

B. Beim Behandeln von Furfural mit Acetanhydrid und Salpetersäure und Erwärmen des Reaktionsprodukts mit wss. Natriumphosphat-Lösung (*Sanders et al.*, Ind. eng. Chem. **47** [1955] 358, 361; s. a. *Nishida et al.*, Rep. scient. Res. Inst. Tokyo **31** [1955] 430, 434; C. A. **1956** 15504. Beim Behandeln von Furfural mit Acetanhydrid und Salpeter=säure in Gegenwart von Phosphor(III)-chlorid und Behandeln des Reaktionsprodukts mit Pyridin, Wasser und Äthanol (*Allied Chem. & Dye Corp.*, U.S.P. 2502114 [1947]). Beim Behandeln von 2-Acetoxy-2-diacetoxymethyl-5-nitro-2,5-dihydro-furan (?) mit Wasser bei pH 3,4—3,8 (*Sugisawa, Aso*, Tohoku J. agric. Res. **5** [1954] 147, 148), mit Pyridin (*Gilman, Wright*, Am. Soc. **52** [1930] 2550, 2551) sowie mit Natriumacetat oder Natrium=carbonat in Äthanol (*Kimura*, J. pharm. Soc. Japan **75** [1955] 424; C. A. **1956** 2539).

Krystalle (aus A.); F: 92,5° (*Gi., Wr.*), 92—93° (*Su., Aso*), 92° (*Ni. et al.*). IR-Spektrum

(5,5—14 μ): *Kimura*, J. pharm. Soc. Japan **75** [1955] 1175, 1176; C. A. **1956** 8586. UV-Spektrum (A.; 260—340 nm): *Giller, Šaldabols*, Izv. Akad. S.S.S.R. Ser. fiz. **17** [1953] 708; C. A. **1954** 6825.

Bildung von Bernsteinsäure, Fumarsäure und einer Verbindung $C_6H_7N_2O_4$ vom F: 105—110° beim Erhitzen mit wss. Ammoniumsulfat-Lösung auf 150°: *Su., Aso*, l. c. S. 149, 150. Über die Reaktion mit Hydrazin in wss.-äthanol. Lösung s. *Fenech, Tommasini*, Atti Soc. peloritana **3** [1956/57] 413, 416; *Imp. Chem. Ind.*, Brit. P. 816886 [1959]. Beim Eintragen in eine Lösung von Furan-2-carbonsäure-äthylester in Schwefelsäure und Eintragen des Reaktionsgemisches in Wasser sind eine als 4-[Bis-(5-äthoxycarbonyl-[2]furyl)-methylen]-4-hydroxy-crotonsäure-lacton angesehene Verbindung vom F: 125° und eine blaue Substanz vom F: 215° erhalten worden (*Dinelli, Marini*, G. **68** [1938] 583, 587).

[5-Nitro-furfuryliden]-anilin, 5-Nitro-furfural-phenylimin $C_{11}H_8N_2O_3$, Formel IX (X = H).

B. Aus 5-Nitro-furfural und Anilin (*Drisko, McKennis*, Am. Soc. **74** [1952] 2626; *Beckett, Robinson*, J. med. pharm. Chem. **1** [1959] 135, 136). Beim Erwärmen von 2-Diacetoxymethyl-5-nitro-furan mit wss.-methanol. Schwefelsäure und anschliessenden Behandeln mit einer wss. Lösung von Anilin (*Fenech et al.*, Farmaco Ed. scient. **10** [1955] 398, 404).

Gelbe Krystalle; F: 129° [aus A.] (*Be., Ro.*), 127,5° [aus A.] (*Dr., McK.*), 127—128° [aus Bzl.] (*Fe. et al.*). Absorptionsspektrum (A; 210—400 nm): *Fe. et al.*, l. c. S. 402. Absorptionsmaxima (wss. Dimethylformamid): 228 nm und 310 nm (*Be., Ro.*, l. c. S. 139). Polarographie: *Sasaki*, Pharm. Bl. **2** [1954] 104, 105, 107.

4-Chlor-*N*-[5-nitro-furfuryliden]-anilin, 5-Nitro-furfural-[4-chlor-phenylimin] $C_{11}H_7ClN_2O_3$, Formel IX (X = Cl).

B. Beim Behandeln von 5-Nitro-furfural mit 4-Chlor-anilin in Äthanol oder in Äthanol, Wasser und Essigsäure (*Takahashi et al.*, J. pharm. Soc. Japan **69** [1949] 285; C. A. **1950** 5372).

F: 158°.

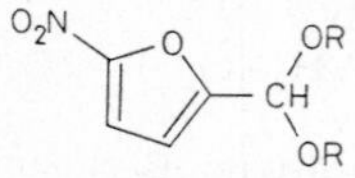

VIII 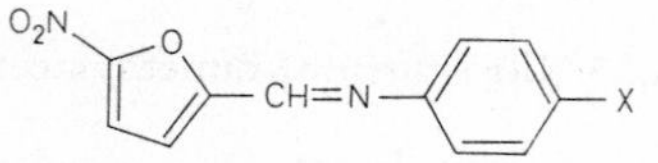 IX 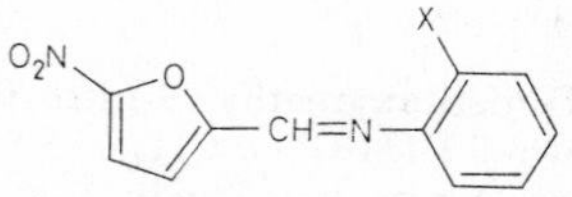 X

4-Nitro-*N*-[5-nitro-furfuryliden]-anilin, 5-Nitro-furfural-[4-nitro-phenylimin] $C_{11}H_7N_3O_5$, Formel IX (X = NO_2).

Präparate vom F: 209—210° bzw. vom F: 170° sind beim Behandeln von 5-Nitro-furfural mit 4-Nitro-anilin, Essigsäure und Acetanhydrid (*Ponomarew et al.*, Uč. Zap. Saratovsk. Univ. **43** [1956] 67, 71; C. A. **1960** 9877), bzw. mit 4-Nitro-anilin, Äthanol und Essigsäure (*Takahashi et al.*, J. pharm. Soc. Japan **69** [1949] 285; C. A. **1950** 5372) erhalten worden.

***N*-[5-Nitro-furfuryliden]-*o*-toluidin, 5-Nitro-furfural-*o*-tolylimin** $C_{12}H_{10}N_2O_3$, Formel X (X = CH_3).

B. Beim Erhitzen von 2-Diacetoxymethyl-5-nitro-furan mit wss.-methanol. Schwefelsäure und Behandeln des Reaktionsgemisches mit einer wss. Lösung von *o*-Toluidin (*Fenech et al.*, Farmaco Ed. scient. **10** [1955] 398, 406).

Gelbe Krystalle (aus Cyclohexan); F: 66—67°. Absorptionsspektrum (A.; 210 nm bis 400 nm): *Fe. et al.*, l. c. S. 402.

***N*-[5-Nitro-furfuryliden]-*p*-toluidin, 5-Nitro-furfural-*p*-tolylimin** $C_{12}H_{10}N_2O_3$, Formel IX (X = CH_3).

B. Beim Erwärmen von 2-Diacetoxymethyl-5-nitro-furan mit wss.-methanol. Schwefelsäure und Behandeln des Reaktionsgemisches mit einer wss. Lösung von *p*-Toluidin (*Fenech et al.*, Farmaco Ed. scient. **10** [1955] 398, 405).

Gelbe Krystalle (aus A.); F: 130—130,5°. Absorptionsspektrum (A.; 210—400 nm): *Fe. et al.*, l. c. S. 402.

[1]Naphthyl-[5-nitro-furfuryliden]-amin, 5-Nitro-furfural-[1]naphthylimin $C_{15}H_{10}N_2O_3$, Formel XI.

B. Beim Behandeln von 5-Nitro-furfural mit [1]Naphthylamin in Äthanol und Essigsäure (*Takahashi et al.*, J. pharm. Soc. Japan **69** [1949] 285; C. A. **1950** 5372).

F: 99—101°.

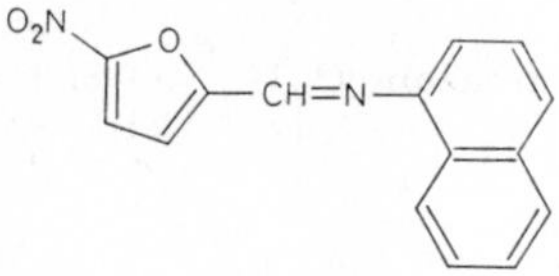

XI 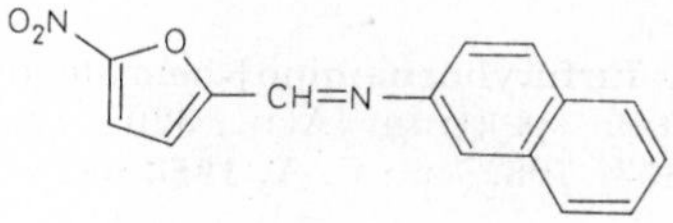 XII

[2]Naphthyl-[5-nitro-furfuryliden]-amin, 5-Nitro-furfural-[2]naphthylimin $C_{15}H_{10}N_2O_3$, Formel XII.

B. Beim Behandeln von 5-Nitro-furfural mit [2]Naphthylamin in Äthanol und Essigsäure (*Takahashi et al.*, J. pharm. Soc. Japan **69** [1949] 284; C. A. **1950** 5372).

F: 155—156°.

2-[5-Nitro-furfurylidenamino]-phenol, 5-Nitro-furfural-[2-hydroxy-phenylimin] $C_{11}H_8N_2O_4$, Formel X (X = OH).

B. Aus 5-Nitro-furfural und 2-Amino-phenol (*Dann, Möller*, B. **82** [1949] 76, 88).

Orangefarbene Krystalle (aus Me.); F: 167—169° [unkorr.; Block].

4-[5-Nitro-furfurylidenamino]-phenol, 5-Nitro-furfural-[4-hydroxy-phenylimin] $C_{11}H_8N_2O_4$, Formel I (R = H).

B. Beim Behandeln von 5-Nitro-furfural mit 4-Amino-phenol in Äthanol und Essigsäure (*Takahashi et al.*, J. pharm. Soc. Japan **69** [1949] 284; C. A. **1950** 5372).

F: 179° [Zers.].

***N*-[5-Nitro-furfuryliden]-*p*-anisidin, 5-Nitro-furfural-[4-methoxy-phenylimin]** $C_{12}H_{10}N_2O_4$, Formel I (R = CH_3).

B. Beim Behandeln von 5-Nitro-furfural mit *p*-Anisidin in Äthanol und Essigsäure (*Takahashi et al.*, J. pharm. Soc. Japan **69** [1949] 284; C. A. **1950** 5372).

F: 130°.

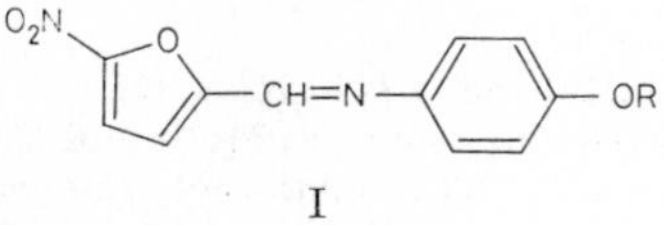

I 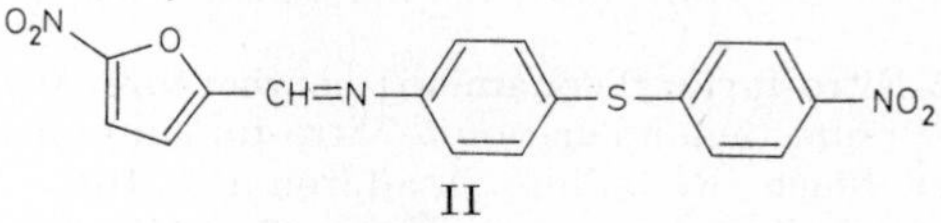 II

***N*-[5-Nitro-furfuryliden]-*p*-phenetidin, 5-Nitro-furfural-[4-äthoxy-phenylimin]** $C_{13}H_{12}N_2O_4$, Formel I (R = C_2H_5).

B. Aus 5-Nitro-furfural und *p*-Phenetidin (*Dann, Möller*, B. **82** [1949] 76, 88).

Gelbe Krystalle; F: 132—135° [unkorr.; Block].

***N*-[5-Nitro-furfuryliden]-4-[4-nitro-phenylmercapto]-anilin, 5-Nitro-furfural-[4-(4-nitro-phenylmercapto)-phenylimin]** $C_{17}H_{11}N_3O_5S$, Formel II.

B. Beim Behandeln von 5-Nitro-furfural mit 4-[4-Nitro-phenylmercapto]-anilin in Äthanol und Essigsäure (*Takahashi et al.*, J. pharm. Soc. Japan **69** [1949] 284; C. A. **1950** 5372).

F: 168° [Zers.].

1-[4-(5-Nitro-furfurylidenamino)-phenoxy]-4-[4-(5-nitro-furfurylidenamino)-phenylmercapto]-benzol $C_{28}H_{18}N_4O_7S$, Formel III.

B. Beim Erwärmen einer Lösung von 1-[4-Amino-phenoxy]-4-[4-amino-phenylmercapto]-benzol in Äthanol mit 5-Nitro-furfural (*Arcoria*, Boll. Acad. Gioenia Catania [4] **3** [1957] 533, 534, 535).

Gelbe Krystalle (aus Nitrobenzol); F: 207—208°.

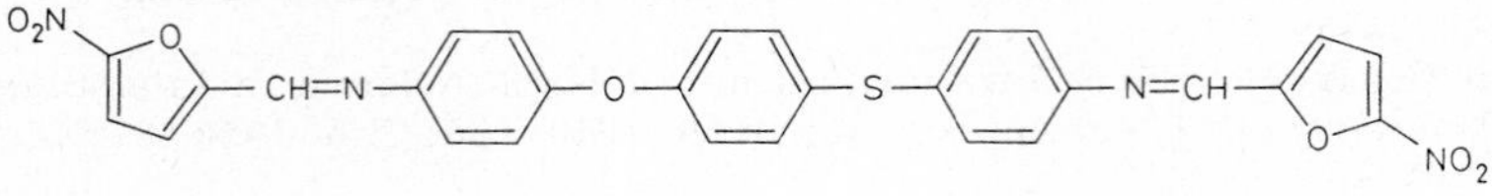

III

4-[5-Nitro-furfurylidenamino]-benzaldehyd-thiosemicarbazon $C_{13}H_{11}N_5O_3S$, Formel IV.

Absorptionsspektrum (Acn.; 320—420 nm): *Giller, Šaldabols*, Izv. Akad. S.S.S.R. Ser. fiz. **17** [1953] 708, 709; C. A. **1954** 6825.

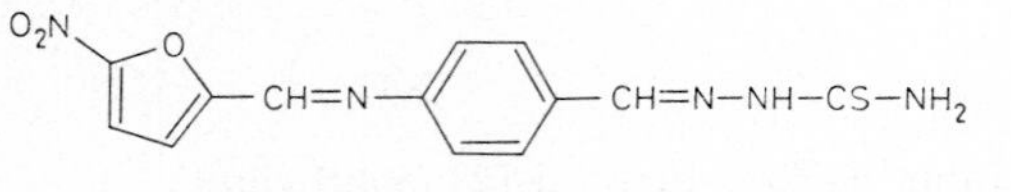

IV 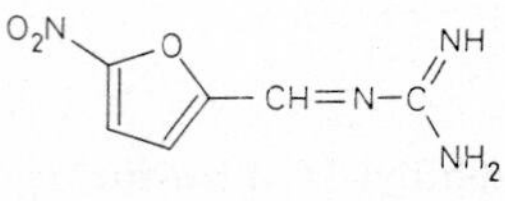 V

[5-Nitro-furfuryliden]-guanidin, 5-Nitro-furfural-carbamimidoylimin $C_6H_6N_4O_3$, Formel V.

B. Beim Behandeln von 5-Nitro-furfural in Methanol mit Guanidin-carbonat und wss. Salpetersäure (*Dann, Möller*, B. **82** [1949] 76, 88).

Krystalle (aus W.); F: 216° [unter Verpuffen].

***N*-[5-Nitro-furfuryliden]-anthranilsäure** $C_{12}H_8N_2O_5$, Formel VI.

B. Beim Behandeln von 5-Nitro-furfural mit Anthranilsäure in Essigsäure (*Ponomarew et al.*, Uč. Zap. Saratovsk. Univ. **43** [1956] 67, 70; C. A. **1960** 9877).

Krystalle (aus A.); F: 155—155,5°.

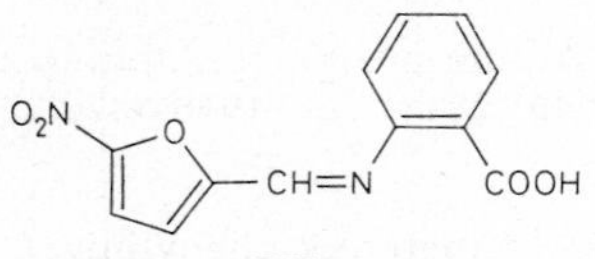

VI 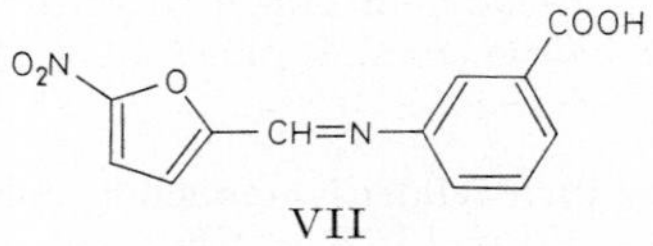 VII

3-[5-Nitro-furfurylidenamino]-benzoesäure $C_{12}H_8N_2O_5$, Formel VII.

B. Beim Behandeln von 5-Nitro-furfural mit 3-Amino-benzoesäure in Äthanol (*Ponomarew et al.*, Uč. Zap. Saratovsk. Univ. **43** [1956] 67, 70; C. A. **1960** 9877).

Gelbe Krystalle (aus A.); Zers. bei ca. 205°.

4-[5-Nitro-furfurylidenamino]-benzoesäure $C_{12}H_8N_2O_5$, Formel VIII (R = H).

B. Beim Behandeln von 5-Nitro-furfural mit 4-Amino-benzoesäure in Methanol (*Nenitzescu, Bucur*, Rev. Chim. Acad. roum. **1** [1956] Nr. 1, S. 155, 163), in Äthanol (*Ponomarew et al.*, Uč. Zap. Saratovsk. Univ. **43** [1956] 67, 70; C. A. **1960** 9877) oder in Äthanol und Essigsäure (*Takahashi et al.*, J. pharm. Soc. Japan **69** [1949] 284; C. A. **1950** 5372).

Zers. bei 234° [unkorr.] (*Ujiie*, Chem. pharm. Bl. **14** [1966] 461, 463), bei 227° (*Ta. et al.*) bei ca. 180° [aus A.] (*Po. et al.*).

4-[5-Nitro-furfurylidenamino]-benzoesäure-äthylester $C_{14}H_{12}N_2O_5$, Formel VIII (R = C_2H_5).

B. Beim Behandeln von 5-Nitro-furfural mit 4-Amino-benzoesäure-äthylester in Methanol (*Nenitzescu, Bucur*, Rev. Chim. Acad. roum. **1** [1956] Nr. 1, S. 155, 163).

Gelbe Krystalle (aus Me.); F: 145°.

***N*-[5-Nitro-furfuryliden]-sulfanilsäure-amid** $C_{11}H_9N_3O_5S$, Formel IX (R = H).

B. Beim Behandeln von 5-Nitro-furfural mit Sulfanilamid in Methanol oder in Äthanol und Essigsäure (*Nenitzescu, Bucur*, Rev. Chim. Acad. roum. **1** [1956] Nr. 1, S. 155, 163; *Takahashi et al.*, J. pharm. Soc. Japan **69** [1949] 284; C. A. **1950** 5372).

Gelbe Krystalle; F: 197—198° [Zers.; aus Acn.] (*Ne., Bu.*), 192° (*Ta. et al.*).

Acetyl-[*N*-(5-nitro-furfuryliden)-sulfanilyl]-amin, *N*-[*N*-(5-Nitro-furfuryliden)-sulfanilyl]-acetamid $C_{13}H_{11}N_3O_6S$, Formel IX (R = CO-CH_3).

B. Beim Behandeln von 5-Nitro-furfural mit *N*-Sulfanilyl-acetamid in Äthanol und Essigsäure (*Takahashi et al.*, J. pharm. Soc. Japan **69** [1949] 284; C. A. **1950** 5372).

F: 212° [Zers.].

[*N*-(5-Nitro-furfuryliden)-sulfanilyl]-guanidin $C_{12}H_{11}N_5O_5S$, Formel IX (R = C(NH_2)=NH) und Tautomeres.

B. Beim Behandeln von 5-Nitro-furfural mit Sulfanilylguanidin in Äthanol und Essigsäure (*Takahashi et al.*, J. pharm. Soc. Japan **69** [1949] 284; C. A. **1950** 5372).

F: 212° [Zers.].

Bis-[5-nitro-furfuryliden]-benzidin $C_{22}H_{14}N_4O_6$, Formel X (R = H).

B. Beim Erwärmen einer Lösung von 2-Diacetoxymethyl-5-nitro-furan in wss. Methanol mit Benzidin in Methanol unter Zusatz von Natriumacetat (*Fenech et al.*, Farmaco Ed. scient. **10** [1955] 398, 405).

Rote Krystalle (aus Me.). Absorptionsspektrum (A.; 210—400 nm): *Fe. et al.*, l. c. S. 402.

3,3'-Dimethyl-*N*,*N*'-bis-[5-nitro-furfuryliden]-benzidin $C_{24}H_{18}N_4O_6$, Formel X (R = CH_3).

B. Beim Eintragen einer warmen wss.-methanol. Lösung von 3,3'-Dimethyl-benzidin mit Natriumacetat in eine Lösung von 2-Diacetoxymethyl-5-nitro-furan in wss. Schwefelsäure (*Fenech et al.*, Farmaco Ed. scient. **10** [1955] 398, 406).

Rote Krystalle (aus wss. Äthylenglykol); F: 81—84°. Absorptionsspektrum (A.; 210—400 nm): *Fe. et al.*, l. c. S. 402.

5-Nitro-furfural-oxim $C_5H_4N_2O_4$.

a) **5-Nitro-furfural-(*Z*)-oxim** $C_5H_4N_2O_4$, Formel XI (R = H).

B. Beim Behandeln von 5-Nitro-furfural mit Hydroxylamin-hydrochlorid und wss. Natronlauge (*Gilman, Wright*, Am. Soc. **52** [1930] 2550, 2553; *Ikeda*, Ann. Rep. Fac. Pharm. Kanazawa Univ. **3** [1953] 25; C. A. **1956** 10701). Beim Behandeln einer wss. Lösung von 5-Nitro-furfural-(*E*)-oxim-hydrochlorid mit Natriumcarbonat in Wasser (*Gi., Wr.*). Beim Behandeln einer Lösung von 5-Nitro-furfural-(*E*)-oxim in Äther mit Chlorwasserstoff (*Ik.*). Neben 5-Nitro-furfural-(*E*)-oxim beim Behandeln von Furfural-(*Z*)-oxim mit Schwefelsäure und Salpetersäure (*Nenitzescu, Bucur*, Rev. Chim. Acad. roum. **1** [1956] Nr. 1, S. 155, 159).

Krystalle; F: 159—161° (*Raffauf*, Am. Soc. **68** [1946] 1765), 156° [aus A.] (*Ik.*), 154° [aus wss. Me.] (*Ne., Bu.*), 153° [aus A.] (*Gi., Wr.*). UV-Spektrum (W.; 220—380 nm): *Ra.* In Methanol schwerer löslich als das unter b) beschriebene Stereoisomere (*Gever*, J. org. Chem. **23** [1958] 754).

b) **5-Nitro-furfural-(*E*)-oxim** $C_5H_4N_2O_4$, Formel XII (R = H).

B. Beim Behandeln von 2-Diacetoxymethyl-5-nitro-furan mit Hydroxylamin-hydrochlorid und wss. Natronlauge (*Gilman, Wright*, Am. Soc. **52** [1930] 2550, 2553). Neben 5-Nitro-furfural-(*Z*)-oxim beim Behandeln von Furfural-(*Z*)-oxim mit Schwefelsäure und Salpetersäure (*Nenitzescu, Bucur*, Rev. Chim. Acad. roum. **1** [1956] Nr. 1, S. 155, 159).

Reinigung über die Verbindung mit Harnstoff (s. u.): *Gever*, J. org. Chem. **23** [1958] 754.

Krystalle; F: 129–130° [korr.; Fisher-Johns-App.] (*Ge.*). UV-Absorptionsmaxima (W.): 232,5 nm und 349 nm (*Ge.*). In Methanol leichter löslich als das unter a) beschriebene Stereoisomere (*Ge.*).

Verbindung mit Harnstoff $C_5H_4N_2O_4 \cdot CH_4N_2O$. Gelbe Krystalle; F: 123–125° [korr.; Fisher-Johns-App.] (*Ge.*).

5-Nitro-furfural-[*O*-acetyl-oxim] $C_7H_6N_2O_5$.

a) **5-Nitro-furfural-[(*Z*)-*O*-acetyl-oxim]** $C_7H_6N_2O_5$, Formel XI (R = CO-CH_3).

B. Beim Erwärmen von 5-Nitro-furfural-(*Z*)-oxim mit Acetanhydrid (*Raffauf*, Am. Soc. **68** [1946] 1765; *Ikeda*, Ann. Rep. Fac. Pharm. Kanazawa Univ. **3** [1953] 25, 26; C. A. **1956** 10701).

Krystalle; F: 107–109° [aus wss. Me.] (*Ra.*). UV-Spektrum (W.; 220–380 nm): *Ra.*

b) **5-Nitro-furfural-[(*E*)-*O*-acetyl-oxim]** $C_7H_6N_2O_5$, Formel XII (R = CO-CH_3).

B. Beim Erwärmen von 5-Nitro-furfural-(*E*)-oxim mit Acetanhydrid (*Raffauf*, Am. Soc. **68** [1946] 1765; *Ikeda*, Ann. Rep. Fac. Pharm. Kanazawa Univ. **3** [1953] 25, 26; C. A. **1956** 10701; *Nenitzescu, Bucur*, Rev. Chim. Acad. roum. **1** [1956] Nr. 1, S. 155, 161) oder mit Acetylchlorid (*Ne.*, *Bu.*).

Krystalle; F: 169–170° [aus wss. Me.] (*Ra.*), 161–162° [aus A.] (*Ne.*, *Bu.*). UV-Spektrum (W.; 220–380 nm): *Ra.*

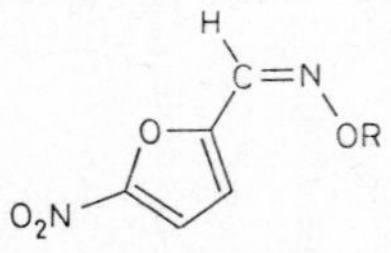

XI 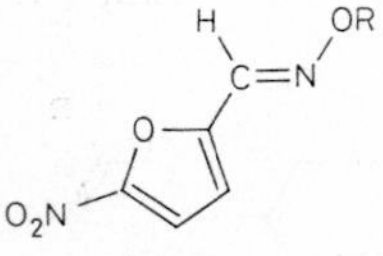 XII 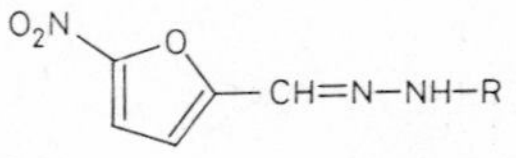 XIII

5-Nitro-furfural-hydrazon $C_5H_5N_3O_3$, Formel XIII (R = H).

B. Beim Behandeln einer Lösung von 5-Nitro-furfural in Methanol mit Hydrazin in Wasser sowie beim Erwärmen einer Lösung von 2-Diacetoxymethyl-5-nitro-furan in Äthanol mit Hydrazin in Wasser (*Imp. Chem. Ind.*, Brit. P. 816886 [1959]).

F: 164° [Zers.].

5-Nitro-furfural-[4-brom-phenylhydrazon] $C_{11}H_8BrN_3O_3$, Formel XIV.

F: 201° [Zers.] (*Takahashi et al.*, J. pharm. Soc. Japan **69** [1949] 284; C. A. **1950** 5372).

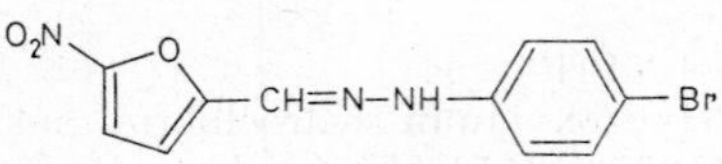

XIV 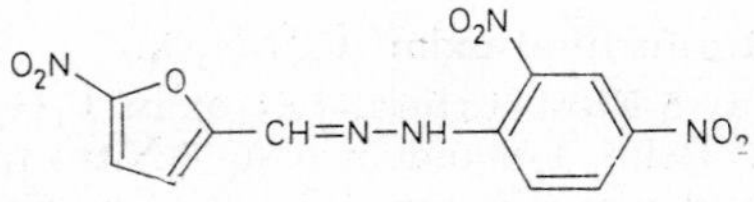 XV

5-Nitro-furfural-[2,4-dinitro-phenylhydrazon] $C_{11}H_7N_5O_7$, Formel XV.

B. Aus 5-Nitro-furfural und [2,4-Dinitro-phenyl]-hydrazin (*Sànchez, Bolaños*, An. Soc. españ. [B] **49** [1953] 51, 54; *Nagasawa, Ohkuma*, J. pharm. Soc. Japan **74** [1954] 410; C. A. **1954** 8700).

Orangefarbene Krystalle (aus Dioxan), F: 266° [Zers.] (*Na.*, *Oh.*); F: 268° (*Sà.*, *Bo.*).

5-Nitro-furfural-acetylhydrazon, Essigsäure-[5-nitro-furfurylidenhydrazid] $C_7H_7N_3O_4$, Formel XIII (R = CO-CH_3).

B. Beim Behandeln von 5-Nitro-furfural mit Essigsäure-hydrazid in Wasser (*Eaton Labor. Inc.*, U.S.P. 2416234 [1945]).

Gelbe Krystalle (aus äthanol. Eg.); F: 230–235° [Zers.] (*Eaton Labor. Inc.*). UV-Absorptionsmaxima (W.): 253 nm und 364 nm (*Beckett, Robinson*, J. med. pharm. Chem. **1** [1959] 135, 138).

5-Nitro-furfural-[dichloracetyl-hydrazon], Dichloressigsäure-[5-nitro-furfuryliden-hydrazid] $C_7H_5Cl_2N_3O_4$, Formel XIII (R = CO-CHCl$_2$).

UV-Absorptionsmaxima (W.): 250 nm und 375 nm (*Giller*, *Šaldabolš*, Izv. Akad. S.S.S.R. Ser. fiz. **17** [1953] 708, 711; C. A. **1954** 6825).

5-Nitro-furfural-benzoylhydrazon, Benzoesäure-[5-nitro-furfurylidenhydrazid] $C_{12}H_9N_3O_4$, Formel XIII (R = CO-C$_6$H$_5$).

B. Beim Erwärmen von 5-Nitro-furfural mit Benzoesäure-hydrazid in Methanol (*Saikachi et al.*, Pharm. Bl. **3** [1955] 194, 197).

Krystalle (aus wss. Py.); F: 218–220° [Zers.].

5-Nitro-furfural-[4-chlor-benzoylhydrazon], 4-Chlor-benzoesäure-[5-nitro-furfuryliden-hydrazid] $C_{12}H_8ClN_3O_4$, Formel I (X = H).

B. Beim Erwärmen von 5-Nitro-furfural mit 4-Chlor-benzoesäure-hydrazid in Methanol (*Saikachi et al.*, Pharm. Bl. **3** [1955] 194, 197).

Gelbe Krystalle (aus wss. A.); F: 216–219° [Zers.].

O_2N–(Furan)–CH=N–NH–CO–(C$_6$H$_3$X)–Cl

I

O_2N–(Furan)–CH=N–NH–CO–(C$_6$H$_4$)–NO$_2$

II

5-Nitro-furfural-[2,4-dichlor-benzoylhydrazon], 2,4-Dichlor-benzoesäure-[5-nitro-furfurylidenhydrazid] $C_{12}H_7Cl_2N_3O_4$, Formel I (X = Cl).

B. Beim Erwärmen einer Lösung von 5-Nitro-furfural in Äthanol mit 2,4-Dichlor-benzoesäure-hydrazid in Äthylacetat (*Saikachi et al.*, Pharm. Bl. **3** [1955] 194, 197).

Gelbe Krystalle (aus E.); F: 206° [Zers.].

5-Nitro-furfural-[3-nitro-benzoylhydrazon], 3-Nitro-benzoesäure-[5-nitro-furfuryliden-hydrazid] $C_{12}H_8N_4O_6$, Formel II.

F: 222° (*Štradyn' et al.*, Latvijas Akad. Vēstis **1958** Nr. 1, S. 113, 116; C. A. **1958** 14287). Löslichkeit in Wasser bei 18° (?): 3,1 mg/l (*Št. et al.*).

5-Nitro-furfural-cinnamoylhydrazon, Zimtsäure-[5-nitro-furfurylidenhydrazid] $C_{14}H_{11}N_3O_4$, Formel III (R = CH=CH-C$_6$H$_5$).

Eine von *Saikachi et al.* (Pharm. Bl. **3** [1955] 194, 197) unter dieser Konstitution beschriebene Verbindung (F: 217°) ist wahrscheinlich als 3-Hydroxy-1-[5-nitro-furfuryliden]-5-phenyl-Δ^2-pyrazolinium-betain zu formulieren (vgl. *Godtfredsen*, *Vangedal*, Acta chem. scand. **9** [1955] 1498, 1500).

5-Nitro-furfural-oxamoylhydrazon, Oxamidsäure-[5-nitro-furfurylidenhydrazid] $C_7H_6N_4O_5$, Formel III (R = CO-NH$_2$).

B. Beim Erwärmen einer Lösung von 5-Nitro-furfural in Äthanol mit Oxamidsäure-hydrazid in Wasser (*Eaton Labor. Inc.*, U.S.P. 2416238 [1945]).

Gelbe Krystalle (*Eaton Labor, Inc.*); F: 275° [unkorr.; Zers.] (*Beckett*, *Robinson*, J. med. pharm. Chem. **1** [1959] 135, 139), 260° [Zers.] (*Takahashi et al.*, J. pharm. Soc. Japan **69** [1949] 284; C. A. **1950** 5372), 250° (*Eaton Labor. Inc.*). UV-Absorptionsmaxima (W.): 253 nm und 362 nm (*Be.*, *Ro.*). Polarographie: *Sasaki*, Pharm. Bl. **2** [1954] 104, 107.

5-Nitro-furfural-[(2-hydroxy-äthyloxamoyl)-hydrazon], [2-Hydroxy-äthyl]-oxamidsäure-[5-nitro-furfurylidenhydrazid] $C_9H_{10}N_4O_6$, Formel III (R = CO-NH-CH$_2$-CH$_2$OH).

B. Beim Behandeln von 5-Nitro-furfural mit [2-Hydroxy-äthyl]-oxamidsäure-hydrazid in Wasser (*Eaton Labor. Inc.*, U.S.P. 2416237 [1945]).

Krystalle; F: 242–244° (*Eaton Labor. Inc.*), 242–244° [unkorr.; Zers.] (*Beckett*, *Robinson*, J. med. pharm. Chem. **1** [1959] 135, 139). UV-Absorptionsmaxima (W.): 253 nm und 362 nm (*Be.*, *Ro.*).

Oxalsäure-bis-[5-nitro-furfurylidenhydrazid] $C_{12}H_8N_6O_8$, Formel IV.

Zers. oberhalb 265° (*Takahashi et al.*, J. pharm. Soc. Japan **69** [1949] 284; C. A. **1950** 5372).

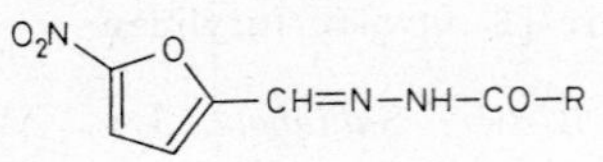

III 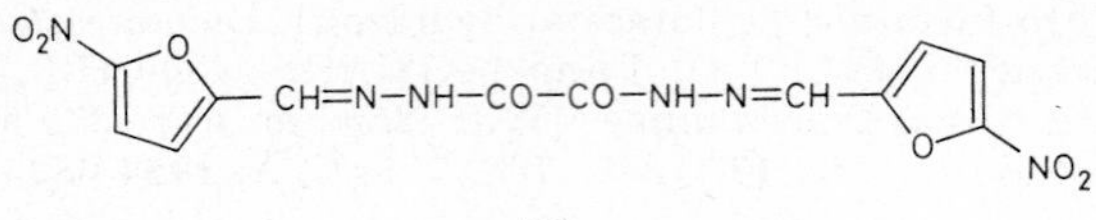 IV

5-Nitro-furfural-[(2-hydroxy-äthyl)-oxamoyl-hydrazon], Oxamidsäure-[(2-hydroxy-äthyl)-(5-nitro-furfuryliden)-hydrazid] $C_9H_{10}N_4O_6$, Formel V.

F: 241° (*Štradyn' et al.*, Latvijas Akad. Vēstis **1958** Nr. 1, S. 113, 116; C. A. **1958** 14287). Löslichkeit in Wasser bei 18° (?): 238,0 mg/l (*Št. et al.*).

5-Nitro-furfural-[cyanacetyl-hydrazon], Cyanessigsäure-[5-nitro-furfurylidenhydrazid] $C_8H_6N_4O_4$, Formel III (R = CH_2-CN).

B. Beim Behandeln von 5-Nitro-furfural mit Cyanessigsäure-hydrazid in Äthanol (*Ivanov et al.*, Doklady Bolgarsk. Akad. **10** [1957] 313, 314).

Gelb; F: 197–201° [Zers.] (Rohprodukt).

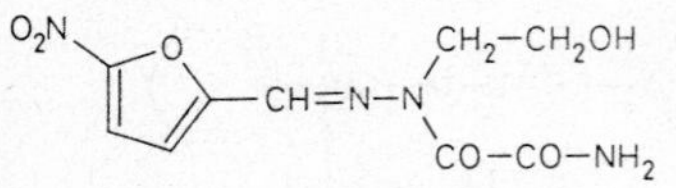

V 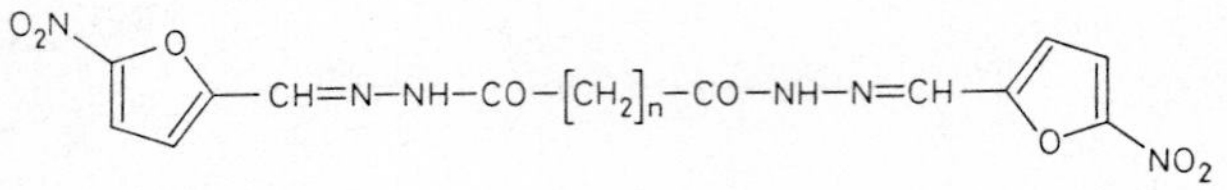 VI

Bernsteinsäure-bis-[5-nitro-furfurylidenhydrazid] $C_{14}H_{12}N_6O_8$, Formel VI (n = 2).

B. Beim Behandeln einer Lösung von 5-Nitro-furfural in Äthanol mit Bernsteinsäure-dihydrazid in Wasser (*Giller, Šokolow*, Latvijas Akad. Vēstis **1958** Nr. 12, S. 125, 127; C. A. **1960** 5241).

F: 236–237° [Zers.]. Absorptionsspektrum (A.; 220–490 nm): *Gi., Šo.*, l. c. S. 128.

Adipinsäure-bis-[5-nitro-furfurylidenhydrazid] $C_{16}H_{16}N_6O_8$, Formel VI (n = 4).

B. Beim Erwärmen von 5-Nitro-furfural mit Adipinsäure-dihydrazid in Äthanol (*Saikachi et al.*, Pharm. Bl. **3** [1955] 194, 198).

Gelbbraune Krystalle (aus wss. Py.); F: 216–218° [Zers.].

Fumarsäure-bis-[5-nitro-furfurylidenhydrazid] $C_{14}H_{10}N_6O_8$, Formel VII.

B. Beim Behandeln einer Lösung von 5-Nitro-furfural in Äthanol mit Fumarsäure-dihydrazid in Wasser (*Giller, Šokolow*, Latvijas Akad. Vēstis **1958** Nr. 12, S. 125, 128; C. A. **1960** 5241).

F: >300° [Zers.]. Absorptionsspektrum (A.; 220–520 nm): *Gi., Šo.*

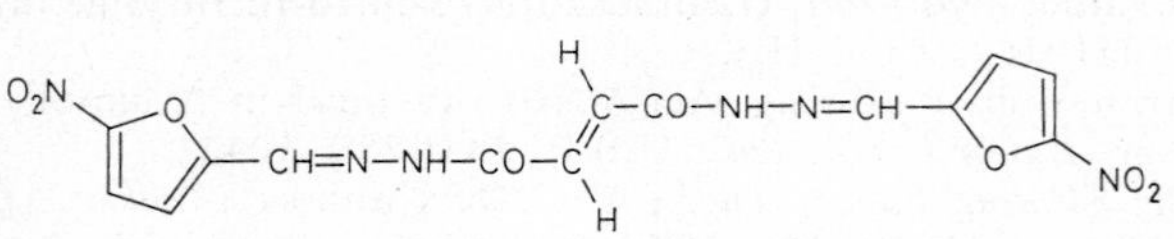

VII

Butindisäure-bis-[5-nitro-furfurylidenhydrazid] $C_{14}H_8N_6O_8$, Formel VIII auf S. 4468.

B. Beim Behandeln einer Lösung von 5-Nitro-furfural in Äthanol mit Butindisäure-dihydrazid in Wasser (*Giller, Šokolow*, Latvijas Akad. Vēstis **1958** Nr. 12, S. 125, 128; C. A. **1960** 5241).

F: 237–238° [Zers.]. Absorptionsspektrum (220–500 nm): *Gi., Šo.*

(±)-5-Nitro-furfural-[2-cyan-3-phenyl-propionylhydrazon], (±)-2-Cyan-3-phenyl-propionsäure-[5-nitro-furfurylidenhydrazid] $C_{15}H_{12}N_4O_4$, Formel III (R = CH(CN)-CH_2-C_6H_5).

B. Aus 5-Nitro-furfural und (±)-2-Cyan-3-phenyl-propionsäure-hydrazid (*Ivanov et al.*, Doklady Bolgarsk. Akad. **10** [1957] 313, 314).

Gelbe Krystalle (aus A.); F: 181–185° [Zers.].

[5-Nitro-furfuryliden]-carbazinsäure $C_6H_5N_3O_5$, Formel III (R = OH).
F: 179—183° (*Takahashi et al.*, J. pharm. Soc. Japan **69** [1949] 284; C. A. **1950** 5372).

[5-Nitro-furfuryliden]-carbazinsäure-äthylester $C_8H_9N_3O_5$, Formel III (R = OC_2H_5).
B. Beim Behandeln von 5-Nitro-furfural mit Carbazinsäure-äthylester in Äthanol (*Sasaki*, Pharm. Bl. **2** [1954] 123, 126).
Krystalle (aus wss. A.); F: 170°.

5-Nitro-furfural-semicarbazon $C_6H_6N_4O_4$, Formel IX (R = H) (in der Literatur auch als Nitrofurazon und als Furazin bezeichnet).
In den nachstehend beschriebenen Präparaten liegen wahrscheinlich polymorphe Formen von 5-Nitro-furfural-semicarbazon vor (*Raffauf, Austin*, Am. Soc. **72** [1950] 756).

a) **5-Nitro-furfural-semicarbazon** $C_6H_6N_4O_4$ **vom F: 240°.**
B. Beim Erwärmen von 2-Diacetoxymethyl-5-nitro-furan mit Semicarbazid oder Semicarbazid-hydrochlorid und wss. Mineralsäure (*Sanders et al.*, Ind. eng. Chem. **47** [1955] 358, 363; *Raffauf, Austin*, Am. Soc. **72** [1950] 756; *Nenitzescu, Bucur*, Rev. Chim. Acad. roum. **1** [1956] Nr. 1, S. 155, 160). Beim Erwärmen von 2-Diacetoxymethyl-5-nitro-furan mit Aceton-semicarbazon, Butanon-semicarbazon oder Benzaldehyd-semicarbazon und wss.-methanol. Schwefelsäure (*Imp. Chem. Ind.*, U.S.P. 2866795 [1956]). Beim Lösen des unter b) beschriebenen Stereoisomeren in warmem Furfurylalkohol und Behandeln der erhaltenen Lösung mit einem Gemisch von Äthanol und Äther bei Raumtemperatur unter Lichtausschluss (*Ra., Au.*).
Orangegelbe Krystalle (*Ra., Au.*); F: 240° [Zers.; aus Eg.] (*Ne., Bu.*), 238—240° [Zers.; aus Furfurylalkohol bei Raumtemperatur] (*Ra., Au.*), 238—240° [Zers.] (*Imp. Chem. Ind.*). Absorptionsspektrum von Lösungen in Wasser (240—400 nm): *Ra., Au.*; *Giller, Šaldabolš*, Izv. Akad. S.S.S.R. Ser. fiz. **17** [1953] 708, 709; C. A. **1954** 6825; in Äthanol (200—450 nm): *Brüggemann, Bronsch*, Z. anal. Chem. **167** [1959] 88, 97; in äthanol. Kalilauge (200—500 nm): *Br., Br.*; in einem Gemisch von Dimethylformamid und Kaliumhydroxid (420—590 nm): *Br., Br.*, l. c. S. 96; in einem Gemisch von Dimethylformamid, Äthanol und Kaliumhydroxid (350—450 nm): *Br., Br.*, l. c. S. 96. Löslichkeit bei Raumtemperatur (?) in Wasser: 210 mg/l; in 95% ig. wss. Äthanol: 920 mg/l; in Aceton: 1,83 g/l; in Dimethylformamid: 67,0 g/l; in Glycerin: 935 mg/l (*Sa. et al.*, l. c. S. 359); in Phenol: 6,87 g/100 g (*Ra., Au.*).

b) **5-Nitro-furfural-semicarbazon** $C_6H_6N_4O_4$ **vom F: 232°.**
B. Beim Behandeln einer Lösung von 5-Nitro-furfural in Äthanol bzw. Methanol mit einer gepufferten wss. Lösung von Semicarbazid-hydrochlorid (*Raffauf, Austin*, Am. Soc. **72** [1950] 756; *Dann, Möller*, B. **82** [1949] 76, 88). Beim Lösen des unter a) beschriebenen Semicarbazons in warmem Furfurylalkohol und Behandeln der erhaltenen Lösung mit einem Gemisch von Äthanol und Äther bei 0° unter Lichtausschluss (*Ra., Au.*).
Gelbe Krystalle; F: 232° [Zers.; aus 2-Äthoxy-äthanol] (*Dann, Mö.*), 230—232° [Zers.] (*Ra., Au.*). Monoklin; Raumgruppe C_{2h}^2 (= $P2_1/n$); aus dem Röntgen-Diagramm ermittelte Dimensionen der Elementarzelle: a = 17,21 Å; b = 7,91 Å; c = 8,03 Å; β = 129°18'; n = 4 (*Uno*, J. pharm. Soc. Japan **72** [1952] 28; C. A. **1952** 5397). Dichte der Krystalle: 1,546 (*Uno*). Krystalloptik: *Biles*, J. Am. pharm. Assoc. **44** [1955] 74. IR-Banden (KBr) eines nicht charakterisierten Präparats im Bereich von 1505 cm^{-1} bis 736 cm^{-1}: *Cross et al.*, J. appl. Chem. **7** [1957] 562, 564. UV-Spektrum (W.; 240—400 nm): *Ra., Au.* Polarographie: *Sasaki*, Pharm. Bl. **2** [1954] 99, 100, 101, 104, 105; *Štradin' et al.*, Doklady Akad. S.S.S.R. **129** [1959] 816, 817; Pr. Acad. Sci. U.S.S.R. Chem. Sect. **124–129** [1959] 1077; *Štradyn' et al.*, Latvijas Akad. Vēstis **1959** Nr. 12, S. 71, 73, 74; C. A. **1960** 20085. Löslichkeit bei Raumtemperatur (?) in Wasser: 1 g/4200 ml; in Benzol: 1 g/43500 ml; in Chloroform: 1 g/27000 ml; in 95% wss. Alkohol: 1 g/590 ml; in Äther: 1 g/12500 ml; in (±)-Propan-1,2-diol: 1 g/300 ml; in Aceton: 1 g/415 ml (*Main*, J. Am. pharm. Assoc. **36** [1947] 317).
Bei der Hydrierung an Raney-Nickel in Wasser und Einstellung der Reaktionslösung auf pH 8,5—9,2 ist 4-Oxo-5-semicarbazono-valeronitril (*Austin*, Chem. and Ind. **1957** 523), bei der Hydrierung an Palladium in Äthanol ist 5-Amino-furfural-semicarbazon (*Beckett, Robinson*, Chem. and Ind. **1957** 523) erhalten worden.

5-Nitro-furfural-[4-methyl-semicarbazon] $C_7H_8N_4O_4$, Formel IX (R = CH_3).
B. Aus 5-Nitro-furfural und 4-Methyl-semicarbazid in Essigsäure enthaltendem wss.

Äthanol (*Eaton Labor. Inc.*, U.S.P. 2416234 [1945]).

Krystalle [aus A.] (*Eaton Labor. Inc.*; F: 201—202° [Zers.] (*Eaton Labor. Inc.*; *Raffauf*, Am. Soc. **72** [1950] 753; *Beckett, Robinson*, J. med. pharm. Chem. **1** [1959] 135, 138). UV-Absorptionsmaxima (W.): 265 nm und 380 nm (*Ra.*), 265 nm und 381 nm (*Be., Ro.*). Polarographie: *Be., Ro.*, l. c. S. 143.

5-Nitro-furfural-[4-phenyl-semicarbazon] $C_{12}H_{10}N_4O_4$, Formel IX (R = C_6H_5).

B. Aus 5-Nitro-furfural und 4-Phenyl-semicarbazid (*Eaton Labor. Inc.*, U.S.P. 2656350 [1950]).

Gelb; F: 203° [Zers.] (*Takahashi et al.*, J. pharm. Soc. Japan **69** [1949] 284; C. A. **1950** 5372), 194—197° (*Eaton Labor. Inc.*). Polarographie: *Sasaki*, Pharm. Bl. **2** [1954] 104, 105.

5-Nitro-furfural-[4-(2-hydroxy-äthyl)-semicarbazon] $C_8H_{10}N_4O_5$, Formel IX (R = CH_2-CH_2OH).

B. Beim Erwärmen von 2-Diacetoxymethyl-5-nitro-furan mit 4-[2-Hydroxy-äthyl]-semicarbazid-sulfat (hergestellt aus Acetophenon-semicarbazon und 2-Amino-äthanol) und wss.-äthanol. Schwefelsäure (*Eaton Labor. Inc.*, U.S.P. 2656350 [1950]). Beim Erhitzen von [2-Hydroxy-äthyl]-carbamidsäure-äthylester mit Hydrazin-hydrat und Behandeln des Reaktionsprodukts mit 5-Nitro-furfural in Äthanol (*Kashiwara, Imoto*, J. chem. Soc. Japan Ind. Chem. Sect. **55** [1952] 593; C. A. **1955** 2309).

Gelbe Krystalle; F: 202—204° [aus A.] (*Eaton Labor. Inc.*), 195—196° [Zers.; aus Me. oder A.] (*Ka., Im.*). UV-Spektrum (W.; 210—310 nm): *Ka., Im.*

(±)-5-Nitro-furfural-[4-(3-hydroxy-butyl)-semicarbazon] $C_{10}H_{14}N_4O_5$, Formel IX (R = CH_2-CH_2-CH(OH)-CH_3).

B. Beim Erhitzen von (±)-Acetophenon-[4-(3-hydroxy-butyl)-semicarbazon] mit wss. Salzsäure und Behandeln einer wss. Lösung des Reaktionsprodukts mit 5-Nitro-furfural in Äthanol (*Eaton Labor. Inc.*, U.S.P. 2656350 [1950]).

Gelbe Krystalle (aus A.); F: 184° [Zers.].

O_2N–(furan-2-yl)–CH=N–NH–CO–C≡C–CO–NH–N=CH–(furan-2-yl)–NO_2

VIII

O_2N–(furan-2-yl)–CH=N–NH–CO–NH–R

IX

5-Nitro-furfural-[4-(4-methoxy-phenyl)-semicarbazon] $C_{13}H_{12}N_4O_5$, Formel X (X = OCH_3).

B. Aus 5-Nitro-furfural und 4-[4-Methoxy-phenyl]-semicarbazid in Äthanol (*Saikachi, Yoshina*, J. pharm. Soc. Japan **72** [1952] 30; C. A. **1952** 11176).

Gelbrote Krystalle (aus Acn.); F: 223° [Zers.].

5-Nitro-furfural-[4-(4-äthoxy-phenyl)-semicarbazon] $C_{14}H_{14}N_4O_5$, Formel X (X = OC_2H_5).

B. Aus 5-Nitro-furfural und 4-[4-Äthoxy-phenyl]-semicarbazid in Äthanol (*Saikachi, Yoshina*, J. pharm. Soc. Japan **72** [1952] 30; C. A. **1952** 11176).

Orangefarbene Krystalle (aus Acn.); F: 199—200°.

5-Nitro-furfural-[4-carbamoyl-semicarbazon], Allophansäure-[5-nitro-furfuryliden-hydrazid], 1-[5-Nitro-furfurylidenamino]-biuret $C_7H_7N_5O_5$, Formel IX (R = CO-NH_2).

B. Beim Behandeln von 5-Nitro-furfural mit Allophansäure-hydrazid und wss. Salzsäure (*Eaton Labor. Inc.*, U.S.P. 2416234 [1945]).

Gelbe Krystalle (aus Eg.); F: 210,5—211,5° [Zers.].

5-Nitro-furfural-[4-carbamimidoyl-semicarbazon] $C_7H_8N_6O_4$, Formel IX (R = C(NH_2)=NH) und Tautomeres.

Hydrochlorid $C_7H_8N_6O_4 \cdot HCl$. *B.* Beim Behandeln von 5-Nitro-furfural mit 4-Carbamimidoyl-semicarbazid (H **3** 100) und wss. Salzsäure (*Eaton Labor. Inc.*, U.S.P. 2416234 [1945]). — Gelbe Krystalle (aus W.); F: 221—225° [Zers.] (*Eaton Labor. Inc.*). Über ein Präparat vom F: 190° s. *Štradyn' et al.*, Latvijas Akad. Vēstis

1958 Nr. 1, S. 113, 116; C. A. **1958** 14287. Löslichkeit in Wasser bei 18° (?): 980,0 mg/l (*Št. et al.*).

Bis-[(5-nitro-furfuryliden)-carbazoyl]-amin, μ-Imido-dikohlensäure-bis-[5-nitro-furfurylidenhydrazid], 1,5-Bis-[5-nitro-furfurylidenamino]-biuret $C_{12}H_9N_7O_8$, Formel XI.

B. Beim Behandeln einer Lösung von 5-Nitro-furfural in Äthanol mit μ-Imido-dikohlensäure-dihydrazid in Wasser (*Sasaki*, Pharm. Bl. **2** [1954] 123, 127).

Gelbe Krystalle (aus A.); Zers. bei 240°.

X XI

5-Nitro-furfural-[4-(4-sulfamoyl-phenyl)-semicarbazon] $C_{12}H_{11}N_5O_6S$, Formel X ($X = SO_2\text{-}NH_2$).

B. Aus 5-Nitro-furfural und 4-[4-Sulfamoyl-phenyl]-semicarbazid in Äthanol (*Saikachi, Yoshina*, J. pharm. Soc. Japan **72** [1952] 30; C. A. **1952** 11176).

Gelbe Krystalle (aus Acn.); F: 204° [Zers.].

5-Nitro-furfural-[4-(2-diäthylamino-äthyl)-semicarbazon] $C_{12}H_{19}N_5O_4$, Formel IX ($R = CH_2\text{-}CH_2\text{-}N(C_2H_5)_2$).

Hydrochlorid $C_{12}H_{19}N_5O_4 \cdot HCl$. *B.* Beim Erhitzen von *N,N*-Diäthyl-äthylendiamin mit Acetophenon-semicarbazon auf 150°, Erwärmen des Reaktionsprodukts mit wss. Salzsäure und Behandeln des Reaktionsgemisches mit 5-Nitro-furfural in Äthanol (*Norwich Pharmacal Co.*, U.S.P. 2726241 [1954]). — Krystalle (aus A.) mit 2 Mol H_2O; F: 185°.

5-Nitro-furfural-[4-(3-dimethylamino-propyl)-semicarbazon] $C_{11}H_{17}N_5O_4$, Formel IX ($R = [CH_2]_3\text{-}N(CH_3)_2$).

Hydrochlorid $C_{11}H_{17}N_5O_4 \cdot HCl$. *B.* Beim Erhitzen von *N,N*-Dimethyl-propandiyldiamin mit Acetophenon-semicarbazon auf 150°, Erwärmen des Reaktionsprodukts mit wss. Salzsäure und Behandeln des Reaktionsgemisches mit 5-Nitro-furfural in Äthanol (*Norwich Pharmacal Co.*, U.S.P. 2726241 [1954]). — Krystalle (aus A.); F: 203—204°.

5-Nitro-furfural-[4-(3-diäthylamino-propyl)-semicarbazon] $C_{13}H_{21}N_5O_4$, Formel IX ($R = [CH_2]_3\text{-}N(C_2H_5)_2$).

Hydrochlorid $C_{13}H_{21}N_5O_4 \cdot HCl$. *B.* Beim Erwärmen von Acetophenon-[4-(3-diäthylamino-propyl)-semicarbazon] mit wss. Salzsäure und Behandeln des Reaktionsgemisches mit 5-Nitro-furfural in Äthanol (*Norwich Pharmacal Co.*, U.S.P. 2726241 [1954]). — Krystalle (aus A.); F: 166—167°.

5-Nitro-furfural-[4-(3-isopropylamino-propyl)-semicarbazon] $C_{12}H_{19}N_5O_4$, Formel IX ($R = [CH_2]_3\text{-}NH\text{-}CH(CH_3)_2$).

Hydrochlorid $C_{12}H_{19}N_5O_4 \cdot HCl$. *B.* Beim Erhitzen von *N*-Isopropyl-propandiyldiamin mit Acetophenon-semicarbazon auf 150°, Erwärmen des Reaktionsprodukts mit wss. Salzsäure und Behandeln des Reaktionsgemisches mit 5-Nitro-furfural in Äthanol (*Norwich Pharmacal Co.*, U.S.P. 2726241 [1954]). — Krystalle (aus A.); F: 215—217° [Zers.].

4-[4-Arsono-phenyl]-1-[5-nitro-furfuryliden]-semicarbazid, {4-[(5-Nitro-furfurylidencarbazoyl)-amino]-phenyl}-arsonsäure $C_{12}H_{11}AsN_4O_7$, Formel X ($X = AsO(OH)_2$).

B. Beim Behandeln von [4-Carbazoylamino-phenyl]-arsonsäure mit wss. Salzsäure und mit 5-Nitro-furfural in Äthanol (*Norwich Pharmacal Co.*, U.S.P. 2808414 [1956]).

Krystalle (aus wss. Dimethylformamid); F: 215° [Zers.].

[5-Nitro-furfurylidenamino]-guanidin, 5-Nitro-furfural-carbamimidoylhydrazon $C_6H_7N_5O_3$, Formel XII (X = H) und Tautomeres.

B. Als Sulfat (S. 4470) beim Erwärmen von 5-Nitro-furfural mit Aminoguanidin-sulfat in Wasser (*Eaton Labor. Inc.*, U.S.P. 2416233 [1944]).

Polarographie der Base und des Hydrochlorids: *Sasaki*, Pharm. Bl. **2** [1954] 104, 106.

Sulfat $2C_6H_7N_5O_3 \cdot H_2SO_4$. F: 262° [Zers.] (*Giller, Šaldabolš*, Izv. Akad. S.S.S.R. Ser. fiz. **17** [1953] 708, 710; C. A. **1954** 6825). UV-Absorptionsmaxima (W.): 285 nm und 385 nm (*Gi., Ša.*).

Cyclohexylamidosulfat $C_6H_7N_5O_3 \cdot C_6H_{13}NO_3S$. Gelbe Krystalle; F: 231° [Zers.] (*Miura et al.*, Ann. Rep. Fac. Pharm. Kanazowa Univ. **6** [1956] 33, 34; C. A. **1957** 3832).

***N*-Nitro-*N'*-[5-nitro-furfurylidenamino]-guanidin, 5-Nitro-furfural-[nitrocarbamimidoyl-hydrazon]** $C_6H_6N_6O_5$, Formel XII (X = NO_2) und Tautomere.

B. Beim Erwärmen einer Lösung von 5-Nitro-furfural in Äthanol mit *N*-Amino-*N'*-nitro-guanidin in wss. Äthanol unter Zusatz von Essigsäure (*Kumler, Sah*, J. Am. pharm. Assoc. **41** [1952] 375, 377).

Gelbe Krystalle (aus wss. A. oder A.); Zers. bei 249–250° [korr.]. UV-Absorptionsmaxima: 233 nm, 293 nm und 370 nm.

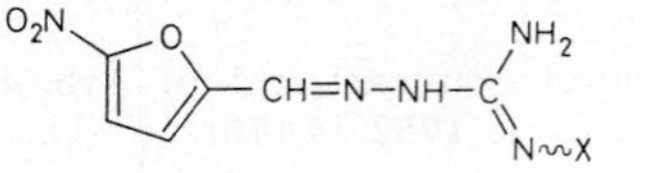

O_2N–(furan)–CH=N–NH–C(NH_2)=N~X XII

O_2N–(furan)–CH=N–NH–CS–NH–R XIII

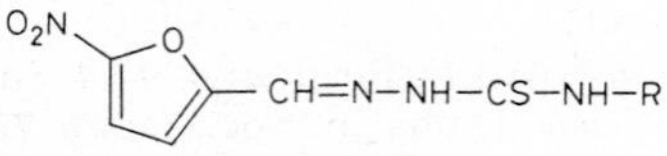

5-Nitro-furfural-thiosemicarbazon $C_6H_6N_4O_3S$, Formel XIII (R = H).

B. Beim Erwärmen von 5-Nitro-furfural mit Thiosemicarbazid in wss. Äthanol unter Zusatz von Essigsäure (*Sah, Daniels*, R. **69** [1950] 1545, 1549; s. a. *Eaton Labor. Inc.*, U.S.P. 2416234 [1945]). Beim Behandeln von 5-Nitro-furfural in Methanol mit Thiosemicarbazid-hydrochlorid und Natriumacetat in Wasser (*Dann, Möller*, B. **82** [1949] 76, 88; *Nenitzescu, Bucur*, Rev. Chim. Acad. roum. **1** [1956] Nr. 1, S. 155, 163). Beim Behandeln von Bis-[5-nitro-furfuryliden]-hydrazin mit Thiosemicarbazid (2 Mol) in Essigsäure (*Miyatake*, J. pharm. Soc. Japan **72** [1952] 1162; C. A. **1953** 6885).

Krystalle; Zers. bei 229° [unkorr.] (*Dann, Mö.*), 224–226° [aus Eg.] (*Ne., Bu.*). UV-Spektrum (W.; 255–400 nm): *Giller, Šaldabolš*, Izv. Akad. S.S.S.R. Ser. fiz. **17** [1953] 708, 709; C. A. **1954** 6825.

5-Nitro-furfural-[4-isobutyl-thiosemicarbazon] $C_{10}H_{14}N_4O_3S$, Formel XIII (R = CH_2-$CH(CH_3)_2$).

B. Beim Erwärmen von 5-Nitro-furfural mit 4-Isobutyl-thiosemicarbazid in wss. Äthanol unter Zusatz von Essigsäure (*Dodgen, Nobles*, J. Am. pharm. Assoc. **46** [1957] 437).

Krystalle (aus wss. A.); F: 179–181° [unkorr.].

2-Hydroxy-4-[(5-nitro-furfurylidenthiocarbazoyl)-amino]-benzoesäure $C_{13}H_{10}N_4O_6S$, Formel I.

B. Beim Behandeln von 2-Diacetoxymethyl-5-nitro-furan in Essigsäure mit einer Suspension von 2-Hydroxy-4-thiocarbazoylamino-benzoesäure in Wasser (*Seligman et al.*, Am. Soc. **75** [1953] 6334).

Krystalle (aus wss. Acn.); F: 205,5° [Zers.].

5-Nitro-furfural-[2-methyl-semicarbazon] $C_7H_8N_4O_4$, Formel II (R = CH_3).

B. Aus 5-Nitro-furfural und 2-Methyl-semicarbazid in Äthanol (*Eaton Labor. Inc.*, U.S.P. 2416234 [1945]).

Gelbe Krystalle (aus A.); F: 213–214° (*Eaton Labor. Inc.*), 213,5° [unkorr.; Zers.] (*Beckett, Robinson*, J. med. pharm. Chem. **1** [1959] 155, 157). UV-Absorptionsmaxima (W.): 265 nm und 385 nm (*Raffauf*, Am. Soc. **72** [1950] 753), 268 nm und 385 nm (*Be., Ro.*).

5-Nitro-furfural-[2,4-dimethyl-semicarbazon] $C_8H_{10}N_4O_4$, Formel III (R = CH_3) auf S. 4472.

B. Beim Erwärmen einer Lösung von 5-Nitro-furfural in Äthanol mit 2,4-Dimethyl-semicarbazid in Wasser (*Eaton Labor. Inc.*, U.S.P. 2656350 [1950]).

Krystalle (aus A.); F: 168—169° [Zers.] (*Eaton Labor. Inc.*). UV-Absorptionsmaxima (W.): 272 nm und 390 nm (*Beckett, Robinson*, J. med. pharm. Chem. **1** [1959] 155, 157).

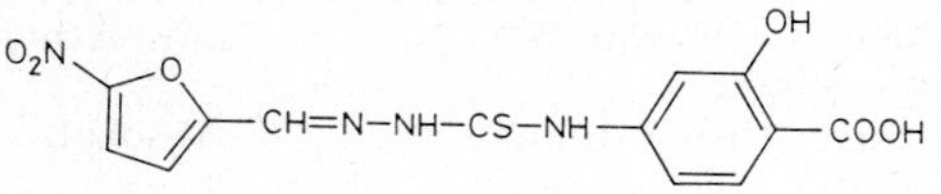

I

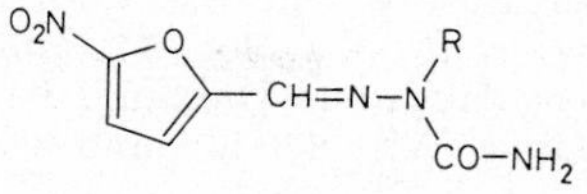

II

5-Nitro-furfural-[2-äthyl-semicarbazon] $C_8H_{10}N_4O_4$, Formel II (R = C_2H_5).

B. Beim Behandeln von Oxalsäure-[*N*-äthyl-hydrazid] mit Kaliumcyanat in Wasser und Behandeln des Reaktionsgemisches mit einer Lösung von 5-Nitro-furfural in Äthanol (*Gever, Hayes*, J. org. Chem. **14** [1949] 813, 818).

Krystalle (aus wss. A.); F: 203—204° [Fisher-Johns-App.]. UV-Absorptionsmaxima (W.): 270 nm und 385 nm. Löslichkeit in Wasser bei 25°: 260 mg/l.

5-Nitro-furfural-[2-propyl-semicarbazon] $C_9H_{12}N_4O_4$, Formel II (R = CH_2-CH_2-CH_3).

B. Beim Behandeln von Oxalsäure-[*N*-propyl-hydrazid] mit Kaliumcyanat in Wasser und Behandeln des Reaktionsgemisches mit einer Lösung von 5-Nitro-furfural in Äthanol (*Gever, Hayes*, J. org. Chem. **14** [1949] 813, 818).

Krystalle (aus wss. A.); F: 157—158° [Fisher-Johns-App.]. UV-Absorptionsmaxima (W.): 270 nm und 387,5 nm. Löslichkeit in Wasser bei 25°: 250 mg/l.

5-Nitro-furfural-[2-isopropyl-semicarbazon] $C_9H_{12}N_4O_4$, Formel II (R = $CH(CH_3)_2$).

B. Beim Behandeln von Oxalsäure-[*N*-isopropyl-hydrazid] mit Kaliumcyanat in Wasser und Behandeln des Reaktionsgemisches mit einer Lösung von 5-Nitro-furfural in Äthanol (*Gever, Hayes*, J. org. Chem. **14** [1949] 813, 818).

Krystalle (aus A.); F: 177° [Fisher-Johns-App.]. UV-Absorptionsmaxima (W.): 270 nm und 390 nm. Löslichkeit in Wasser bei 25°: 230 mg/l.

5-Nitro-furfural-[2-butyl-semicarbazon] $C_{10}H_{14}N_4O_4$, Formel II (R = $[CH_2]_3$-CH_3).

B. Beim Behandeln von Oxalsäure-[*N*-butyl-hydrazid] mit Kaliumcyanat in Wasser und Behandeln des Reaktionsgemisches mit einer Lösung von 5-Nitro-furfural in Äthanol (*Gever, Hayes*, J. org. Chem. **14** [1949] 813, 817).

Krystalle (aus wss. A.); F: 123° [Fisher-Johns-App.]. UV-Absorptionsmaxima (W.): 270 nm und 390 nm. Löslichkeit in Wasser bei 25°: 117 mg/l.

5-Nitro-furfural-[2-pentyl-semicarbazon] $C_{11}H_{16}N_4O_4$, Formel II (R = $[CH_2]_4$-CH_3).

B. Beim Behandeln von Oxalsäure-[*N*-pentyl-hydrazid] mit Kaliumcyanat in Wasser und Behandeln des Reaktionsgemisches mit einer Lösung von 5-Nitro-furfural in Äthanol (*Gever, Hayes*, J. org. Chem. **14** [1949] 813, 817).

Krystalle (aus wss. A.); F: 127—128° [Fisher-Johns-App.]. UV-Absorptionsmaxima (W.): 270 nm und 390 nm. Löslichkeit in Wasser bei 25°: 34 mg/l.

5-Nitro-furfural-[2-(2-hydroxy-äthyl)-semicarbazon] $C_8H_{10}N_4O_5$, Formel II (R = CH_2-CH_2OH).

B. Beim Behandeln von 2-Hydrazino-äthanol mit Kaliumcyanat in Wasser und anschliessend mit 5-Nitro-furfural (*Eaton Labor. Inc.*, U.S.P. 2416234 [1945]; *Kashiwara, Imoto*, J. chem. Soc. Japan Ind. Chem. Sect. **55** [1952] 593; C. A. **1955** 2309).

Orangefarbene Krystalle [aus A.] (*Eaton Labor. Inc.*); F: 216,5° [unkorr.; Zers.] (*Beckett, Robinson*, J. med. pharm. Chem. **1** [1959] 155, 157), 214—216° [Zers.] (*Eaton Labor. Inc.*). Absorptionsspektrum (W.; 210—330 nm): *Ka., Im.* Absorptionsmaxima (W.): 270 nm und 387 nm (*Be., Ro.*).

5-Nitro-furfural-[2-(2-hydroxy-äthyl)-4-methyl-semicarbazon] $C_9H_{12}N_4O_5$, Formel III (R = CH_2-CH_2OH).

B. Beim Behandeln einer Lösung von 5-Nitro-furfural in Äthanol mit 2-[2-Hydroxy-äthyl]-4-methyl-semicarbazid in wss. Äthanol (*Eaton Labor. Inc.*, U.S.P. 2656350 [1950]).

F: 223° [Zers.].

(±)-5-Nitro-furfural-[2-(2-hydroxy-propyl)-semicarbazon] $C_9H_{12}N_4O_5$, Formel II ($R = CH_2$-CH(OH)-CH_3).

B. Beim Behandeln von (±)-1-Hydrazino-propan-2-ol mit Kaliumcyanat in Wasser unter Zusatz von wss. Salzsäure und anschliessend mit 5-Nitro-furfural in Äthanol (*Gever et al.*, Am. Soc. **77** [1955] 2277, 2279).

Krystalle (aus Dioxan); F: 195–196° [korr.; Fisher-Johns-App.]. UV-Absorptionsmaxima (W.): 270 nm und 385 nm. Löslichkeit in Wasser bei 25°: 600 mg/l.

O_2N-[furan]-CH=N-N(R)-CO-NH-CH_3

III

O_2N-[furan]-CH=N-NH-CH_2-CO-OC_2H_5

IV

(±)-5-Nitro-furfural-[2-(β-hydroxy-isopropyl)-semicarbazon] $C_9H_{12}N_4O_5$, Formel II ($R = CH(CH_3)$-CH_2OH).

B. Beim Behandeln von (±)-2-Hydrazino-propan-1-ol mit wss. Salzsäure und Kaliumcyanat und anschliessend mit 5-Nitro-furfural in Äthanol (*Gever*, Am. Soc. **76** [1954] 1283).

Krystalle (aus wss. A.); F: 204–205° [korr.; Fisher-Johns-App.]. UV-Absorptionsmaximum (W.): 385 nm. Löslichkeit in Wasser bei 25°: 255 mg/l.

5-Nitro-furfural-[2-(3-hydroxy-propyl)-semicarbazon] $C_9H_{12}N_4O_5$, Formel II ($R = [CH_2]_3$-OH).

B. Beim Behandeln von 3-Hydrazino-propan-1-ol mit wss. Salzsäure und Kaliumcyanat und anschliessend mit 5-Nitro-furfural in Äthanol (*Gever*, Am. Soc. **76** [1954] 1283).

Krystalle (aus wss. A.); F: 162–163° [korr.; Fisher-Johns-App.]. UV-Absorptionsmaximum (W.): 387 nm. Löslichkeit in Wasser bei 25°: 650 mg/l.

5-Nitro-furfural-[2-(4-hydroxy-butyl)-semicarbazon] $C_{10}H_{14}N_4O_5$, Formel II ($R = [CH_2]_4$-OH).

B. Beim Behandeln von 4-Hydrazino-butan-1-ol mit wss. Salzsäure und Kaliumcyanat und anschliessend mit einer Lösung von 5-Nitro-furfural in Äthanol (*Gever*, Am. Soc. **76** [1954] 1283).

Krystalle (aus wss. A.); F: 157–158° [korr.; Fisher-Johns-App.]. UV-Absorptionsmaximum (W.): 385 nm. Löslichkeit in Wasser bei 25°: 575 mg/l.

(±)-5-Nitro-furfural-[2-(2-hydroxy-hexyl)-semicarbazon] $C_{12}H_{18}N_4O_5$, Formel II ($R = CH_2$-CH(OH)-$[CH_2]_3$-CH_3).

B. Beim Behandeln von (±)-1-Hydrazino-hexan-2-ol mit wss. Salzsäure und Kaliumcyanat und anschliessend mit einer Lösung von 5-Nitro-furfural in Äthanol (*Gever*, Am. Soc. **76** [1954] 1283).

Krystalle (aus wss. A.); F: 131–132° [korr.; Fisher-Johns-App.]. UV-Absorptionsmaximum (W.): 387 nm. Löslichkeit in Wasser bei 25°: 80 mg/l.

[5-Nitro-furfurylidenhydrazino]-essigsäure-äthylester $C_9H_{11}N_3O_5$, Formel IV.

B. Beim Behandeln einer Lösung von 5-Nitro-furfural in Äthanol mit Hydrazinoessigsäure-äthylester in Wasser (*Sasaki*, Pharm. Bl. **2** [1954] 123, 127).

Gelbe Krystalle (aus A.); F: 25°.

[Carbamoyl-(5-nitro-furfuryliden)-hydrazino]-essigsäure, 3-[5-Nitro-furfurylidenamino]-hydantoinsäure $C_8H_8N_4O_6$, Formel V (R = H).

B. Beim Behandeln von Hydrazinoessigsäure mit Kaliumcyanat in Wasser und Erhitzen des Reaktionsgemisches mit 5-Nitro-furfural-oxim und wss. Schwefelsäure (*Świrska*, Acta Polon. Pharm. **16** [1959] 1, 3; C. A. **1959** 11760).

Krystalle (aus Eg.); F: 234° [Zers.].

[Carbamoyl-(5-nitro-furfuryliden)-hydrazino]-essigsäure-methylester, 3-[5-Nitro-furfurylidenamino]-hydantoinsäure-methylester $C_9H_{10}N_4O_6$, Formel V ($R = CH_3$).

B. Beim Behandeln einer Lösung von Hydrazinoessigsäure-methylester-hydrochlorid mit Kaliumcyanat in Wasser und Erhitzen des Reaktionsgemisches mit 5-Nitro-furfural-oxim und wss. Schwefelsäure (*Świrska*, Acta Polon. Pharm. **16** [1959] 1, 6; C. A. **1959** 11760). Beim Erwärmen von [Carbamoyl-(5-nitro-furfuryliden)-hydrazino]-essigsäure mit Methanol und Schwefelsäure (*Św.*, l. c. S. 5).

Krystalle (aus wss. Eg.); F: 207°.

[Carbamoyl-(5-nitro-furfuryliden)-hydrazino]-essigsäure-äthylester, 3-[5-Nitro-furfurylidenamino]-hydantoinsäure-äthylester $C_{10}H_{12}N_4O_6$, Formel V ($R = C_2H_5$).

B. Beim Behandeln von Hydrazinoessigsäure-äthylester-hydrochlorid mit Kaliumcyanat in Wasser und Erwärmen des Reaktionsgemisches mit einer Lösung von 5-Nitro-furfural in Äthanol (*Uoda et al.*, J. pharm. Soc. Japan **75** [1955] 117, 119, 120; C. A. **1956** 1782) oder mit 5-Nitro-furfural-oxim und wss. Schwefelsäure (*Świrska*, Acta Polon. Pharm. **16** [1959] 1, 6; C. A. **1959** 11760). Beim Erwärmen von [Carbamoyl-(5-nitro-furfuryliden)-hydrazino]-essigsäure mit Äthanol und Schwefelsäure (*Św.*, l. c. S. 5).

Gelbe Krystalle; F: 178° [aus wss. A.] (*Uoda et al.*), 176° [aus wss. Eg.] (*Św.*).

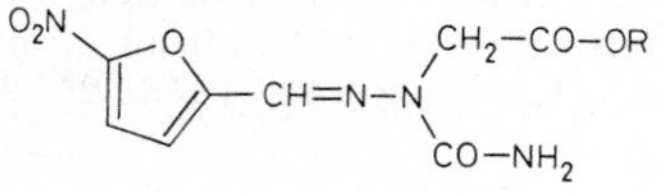

V 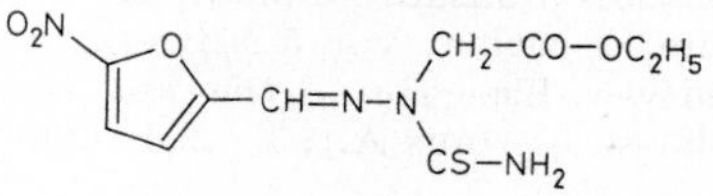 VI

[(5-Nitro-furfuryliden)-thiocarbamoyl-hydrazino]-essigsäure-äthylester, 3-[5-Nitro-furfurylidenamino]-4-thio-hydantoinsäure-äthylester $C_{10}H_{12}N_4O_5S$, Formel VI.

B. Beim Behandeln von 5-Nitro-furfural mit [*N*-Thiocarbamoyl-hydrazino]-essigsäure-äthylester in Äthanol unter Zusatz von Essigsäure (*Uoda et al.*, J. pharm. Soc. Japan **75** [1955] 117, 119, 120; C. A. **1956** 1782).

Gelbe Krystalle (aus wss. A.); F: 183—184°.

[Carbamoyl-(5-nitro-furfuryliden)-hydrazino]-essigsäure-propylester, 3-[5-Nitro-furfurylidenamino]-hydantoinsäure-propylester $C_{11}H_{14}N_4O_6$, Formel V ($R = CH_2$-CH_2-CH_3).

B. Beim Behandeln von Hydrazinoessigsäure-propylester-hydrochlorid mit Kaliumcyanat in Wasser und Erhitzen des Reaktionsgemisches mit 5-Nitro-furfural-oxim und wss. Schwefelsäure (*Świrska*, Acta Polon. Pharm. **16** [1959] 1, 6; C. A. **1959** 11760). Beim Erwärmen von [Carbamoyl-(5-nitro-furfuryliden)-hydrazino]-essigsäure mit Propan-1-ol in Gegenwart von Schwefelsäure (*Św.*, l. c. S. 5).

Krystalle (aus wss. Acn.); F: 165°.

[Carbamoyl-(5-nitro-furfuryliden)-hydrazino]-essigsäure-butylester, 3-[5-Nitro-furfurylidenamino]-hydantoinsäure-butylester $C_{12}H_{16}N_4O_6$, Formel V ($R = [CH_2]_3$-CH_3).

B. Beim Behandeln von Hydrazinoessigsäure-butylester-hydrochlorid mit Kaliumcyanat in Wasser und Erhitzen des Reaktionsgemisches mit 5-Nitro-furfural-oxim und wss. Schwefelsäure (*Świrska*, Acta Polon. Pharm. **16** [1959] 1, 6; C. A. **1959** 11760). Beim Erwärmen von [Carbamoyl-(5-nitro-furfuryliden)-hydrazino]-essigsäure mit Butan-1-ol in Gegenwart von Schwefelsäure (*Św.*, l. c. S. 5).

Krystalle (aus wss. Acn.); F: 159°.

[Carbamoyl-(5-nitro-furfuryliden)-hydrazino]-essigsäure-isobutylester, 3-[5-Nitro-furfurylidenamino]-hydantoinsäure-isobutylester $C_{12}H_{16}N_4O_6$, Formel V ($R = CH_2$-$CH(CH_3)_2$).

B. Beim Erwärmen von [Carbamoyl-(5-nitro-furfuryliden)-hydrazino]-essigsäure mit Isobutylalkohol in Gegenwart von Schwefelsäure (*Świrska*, Acta Polon. Pharm. **16** [1959] 1, 5; C. A. **1959** 11760).

Krystalle (aus wss. Acn.); F: 162°.

5-Nitro-furfural-salicyloylhydrazon, Salicylsäure-[5-nitro-furfurylidenhydrazid] $C_{12}H_9N_3O_5$, Formel VII.

B. Beim Behandeln von 5-Nitro-furfural mit Salicylsäure-hydrazid in Äthanol (*Ivanov et al.*, Doklady Bolgarsk. Akad. **10** [1957] 313, 314).

Gelbe Krystalle (aus A.); F: 246—250° [Zers.].

5-Nitro-furfural-[4-sulfamoyl-phenylhydrazon], 4-[5-Nitro-furfurylidenhydrazino]-benzolsulfonsäure-amid $C_{11}H_{10}N_4O_5S$, Formel VIII (R = H).

B. Beim Erwärmen von 5-Nitro-furfural mit 4-Hydrazino-benzolsulfonsäure-amid-hydrochlorid und Natriumacetat in wss. Essigsäure (*Amorosa, Davalli*, Farmaco Ed. scient. **11** [1956] 21, 25).

Rote Krystalle (aus A.); F: 243–246° [Zers.].

VII VIII

5-Nitro-furfural-[4-dimethylsulfamoyl-phenylhydrazon], 4-[5-Nitro-furfurylidenhydrazino]-benzolsulfonsäure-dimethylamid $C_{13}H_{14}N_4O_5S$, Formel VIII (R = CH_3).

B. Beim Erwärmen von 5-Nitro-furfural mit 4-Hydrazino-benzolsulfonsäure-dimethylamid und wss. Essigsäure (*Amorosa, Davalli*, Farmaco Ed. scient. **11** [1956] 21, 25).

Rote Krystalle (aus A.); F: 204–206° [Zers.].

5-Nitro-furfural-[2-(2-dimethylamino-äthyl)-semicarbazon] $C_{10}H_{15}N_5O_4$, Formel IX (R = CH_3).

B. Beim Behandeln von Oxalsäure-mono-[*N'*-(2-dimethylamino-äthyl)-hydrazid] mit wss. Kalilauge und Kaliumcyanat und Behandeln des Reaktionsgemisches mit wss. Salzsäure und einer Lösung von 5-Nitro-furfural in Äthanol (*Norwich Pharmacal Co.*, U.S.P. 2726241 [1954]).

Krystalle (aus A.); F: 162°.

Hydrochlorid $C_{10}H_{15}N_5O_4 \cdot HCl$. Krystalle (aus Chlorwasserstoff enthaltendem Äthanol); F: 226–227°.

5-Nitro-furfural-[2-(2-diäthylamino-äthyl)-semicarbazon] $C_{12}H_{19}N_5O_4$, Formel IX (R = C_2H_5).

B. In kleiner Menge beim Erwärmen einer wss. Lösung von Diäthyl-[2-chlor-äthyl]-amin-hydrochlorid mit Hydrazin-hydrat, anschliessenden Behandeln mit Kaliumcyanat und wss. Natronlauge und Behandeln des mit Schwefelsäure angesäuerten Reaktionsgemisches mit einer Lösung von 5-Nitro-furfural in Äthanol (*Norwich Pharmacal Co.*, U.S.P. 2726241 [1954]).

Hydrochlorid $C_{12}H_{19}N_5O_4 \cdot HCl$. Krystalle (aus A.); F: 227–228°.

5-Nitro-furfural-glycylhydrazon, Glycin-[5-nitro-furfurylidenhydrazid] $C_7H_8N_4O_4$, Formel X (R = CH_2-NH_2).

B. Beim Behandeln einer Lösung von 5-Nitro-furfural in Äthanol mit Glycin-hydrazid-dihydrochlorid in Wasser (*Eaton Labor. Inc.*, U.S.P. 2416234 [1945]).

Gelbe Krystalle (aus wss. A.); F: 206–208° [Zers.] (*Eaton Labor. Inc.*). Absorptionsmaximum (W.): 360 nm (*Giller, Šaldabols*, Izv. Akad. S.S.S.R. Ser. fiz. **17** [1953] 708, 711; C. A. **1954** 6825).

IX X

Trimethylammonio-essigsäure-[5-nitro-furfurylidenhydrazid], Trimethyl-[(5-nitro-furfurylidencarbazoyl)-methyl]-ammonium $[C_{10}H_{15}N_4O_4]^+$, Formel X (R = CH_2-$N(CH_3)_3]^+$).

Chlorid $[C_{10}H_{15}N_4O_4]Cl$. *B.* Beim Behandeln von 5-Nitro-furfural mit Trimethylammonio-essigsäure-hydrazid-chlorid in Äthanol (*Eaton Labor. Inc.*, U.S.P. 2626258 [1950]). — Krystalle (aus wss. A. oder Isopropylalkohol); F: 239–242° [Zers.].

11-Trimethylammonio-undecansäure-[5-nitro-furfurylidenhydrazid], Trimethyl-[10-(5-nitro-furfurylidencarbazoyl)-decyl]-ammonium $[C_{19}H_{33}N_4O_4]^+$, Formel X ($R = [CH_2]_{10}$-$N(CH_3)_3]^+$).

Bromid $[C_{19}H_{33}N_4O_4]Br$. *B.* Aus 5-Nitro-furfural und 11-Trimethylammonio-undecansäure-hydrazid-bromid (*Rabjohn, Cohen*, Am. Soc. **76** [1954] 1280). — Krystalle (aus Py.); F: 151—153° [unkorr.].

(±)-12-Methyl-15-trimethylammonio-pentadecansäure-[5-nitro-furfurylidenhydrazid] (±)-Trimethyl-[4-methyl-14-(5-nitro-furfurylidencarbazoyl)-tetradecyl]-ammonium $[C_{24}H_{43}N_4O_4]^+$, Formel X ($R = [CH_2]_{10}$-$CH(CH_3)$-$[CH_2]_3$-$N(CH_3)_3]^+$).

Bromid $[C_{24}H_{43}N_4O_4]Br$. *B.* Aus 5-Nitro-furfural und (±)-12-Methyl-15-trimethylammonio-pentadecansäure-hydrazid-bromid (*Rabjohn, Cohen*, Am. Soc. **76** [1954] 1280). — Gelbe Krystalle (aus A. + Ae.); F: 124—126° [unkorr.].

5-Nitro-furfural-[4-amino-2-hydroxy-benzoylhydrazon], 4-Amino-2-hydroxy-benzoesäure-[5-nitro-furfurylidenhydrazid] $C_{12}H_{10}N_4O_5$, Formel XI.

B. Beim Erwärmen von 5-Nitro-furfural mit 4-Amino-2-hydroxy-benzoesäure-hydrazid in Äthanol (*Saikachi et al.*, Pharm. Bl. **3** [1955] 194, 197).

Orangefarbene Krystalle (aus wss. Py.); F: 237° [Zers.].

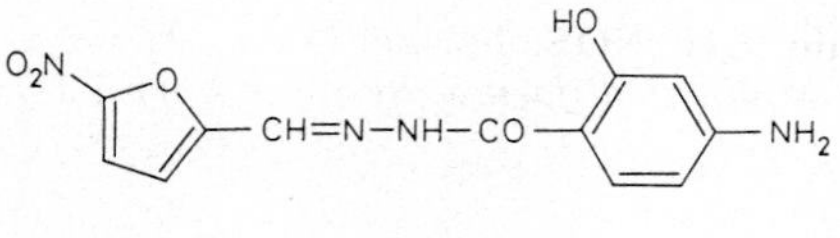

XI 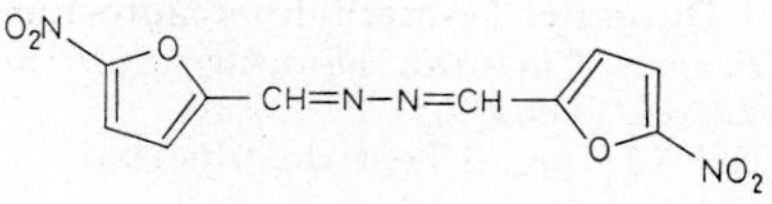 XII

Bis-[5-nitro-furfuryliden]-hydrazin, 5-Nitro-furfural-azin $C_{10}H_6N_4O_6$, Formel XII.

B. Beim Erwärmen einer Lösung von 5-Nitro-furfural in Methanol mit Hydrazin-sulfat und Natriumacetat bzw. Kaliumacetat in Wasser (*Dann, Möller*, B. **82** [1949] 76, 88; *Miyatake*, J. pharm. Soc. Japan **72** [1952] 1162; C. A. **1953** 6885).

Gelbe Krystalle; F: 239—240° [Zers.; aus 2-Methoxy-äthanol + Dioxan] (*Dann, Mö.*), 235—237° [aus Eg.] (*Mi.*).

5-Nitro-furfural-[4-nitro-benzolsulfonylhydrazon], 4-Nitro-benzolsulfonsäure-[5-nitro-furfurylidenhydrazid] $C_{11}H_8N_4O_7S$, Formel I ($X = NO_2$).

B. Aus 5-Nitro-furfural und 4-Nitro-benzolsulfonsäure-hydrazid (*Zimmer et al.*, J. org. Chem. **24** [1959] 1667, 1672).

F: 182—183° [unkorr.; Zers.].

5-Nitro-furfural-sulfanilylhydrazon, Sulfanilsäure-[5-nitro-furfurylidenhydrazid] $C_{11}H_{10}N_4O_5S$, Formel I ($X = NH_2$).

B. Aus 5-Nitro-furfural und Sulfanilsäure-hydrazid (*Zimmer et al.*, J. org. Chem. **24** [1959] 1667, 1668).

F: 160—161° [unkorr.; Zers.].

I 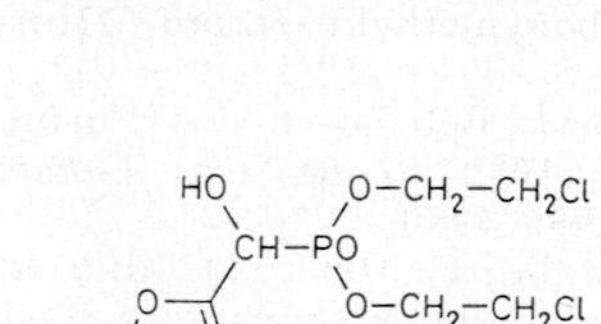 II

5-Nitro-furfural-[(*N*-acetyl-sulfanilyl)-hydrazon], *N*-Acetyl-sulfanilsäure-[5-nitro-furfurylidenhydrazid] $C_{13}H_{12}N_4O_6S$, Formel I ($X = NH$-CO-CH_3).

B. Aus 5-Nitro-furfural und *N*-Acetyl-sulfanilsäure-hydrazid (*Zimmer et al.*, J. org. Chem. **24** [1959] 1667, 1669).

F: 209—211° [unkorr.; Zers.].

(±)-[α-Hydroxy-5-nitro-furfuryl]-phosphonsäure-bis-[2-chlor-äthylester] $C_9H_{12}Cl_2NO_7P$, Formel II.

B. Beim Erwärmen von 5-Nitro-furfural mit Phosphonsäure-bis-[2-chlor-äthylester] und Natriummethylat in Methanol (*Chen, Chin*, Acta chim. sinica **24** [1958] 203; C. A. **1959** 6197).

Krystalle (aus Bzl.); F: 94–96°.

(±)-[Dodecan-1-sulfonyl]-[2]furyl-methanol, (±)-α-[Dodecan-1-sulfonyl]-furfurylalkohol $C_{17}H_{30}O_4S$, Formel III.

B. Beim Erwärmen von Furfural mit Dodecan-1-sulfinsäure in Äther (*Bredereck, Bäder*, B. **87** [1954] 129, 131, 137).

F: 93°.

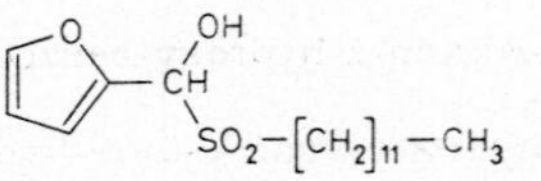

III 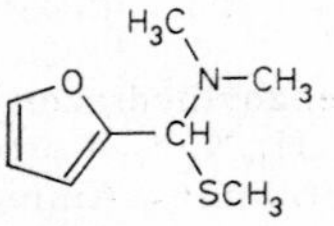 IV 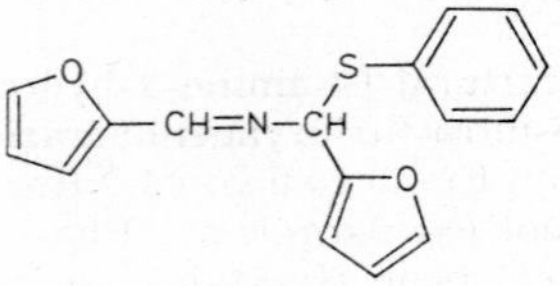 V

(±)-Dimethyl-[α-methylmercapto-furfuryl]-amin $C_8H_{13}NOS$, Formel IV.

B. Aus Furfural, Dimethylamin und Methanthiol (*California Research Corp.*, U.S.P. 2823515 [1954]).

Bei 75–88°/6 Torr destillierbar.

(±)-Furfuryliden-[α-phenylmercapto-furfuryl]-amin, (±)-Furfural-[α-phenylmercapto-furfurylimin] $C_{16}H_{13}NO_2S$, Formel V.

B. Beim Erhitzen von *N,N'*-Difurfuryliden-furfurylidendiamin mit Thiophenol in Dioxan (*Dougherty, Taylor*, Am. Soc. **55** [1933] 4588, 4592, 4593).

Krystalle (aus Bzn.); F: 49°.

2-[Bis-methylmercapto-methyl]-furan, Furfural-dimethyldithioacetal $C_7H_{10}OS_2$, Formel VI ($R = CH_3$).

B. Beim Behandeln von Furfural mit Methanthiol unter Einleiten von Chlorwasserstoff (*Yamanishi, Obata*, J. agric. chem. Soc. Japan **27** [1953] 652; C. A. **1955** 2300).

Kp_{25}: 131°.

2-[Bis-äthylmercapto-methyl]-furan, Furfural-diäthyldithioacetal $C_9H_{14}OS_2$, Formel VI ($R = C_2H_5$).

B. Beim Behandeln von Furfural mit Äthanthiol unter Einleiten von Chlorwasserstoff (*Yamanishi, Obata*, J. agric. chem. Soc. Japan **27** [1953] 652; C. A. **1955** 2300).

Kp_{17}: 135°.

Bis-carboxymethylmercapto-[2]furyl-methan, Furfurylidendimercapto-di-essigsäure $C_9H_{10}O_5S_2$, Formel VI ($R = CH_2\text{-}COOH$).

B. Beim Behandeln von Furfural mit Mercaptoessigsäure in Äther (*Holmberg*, J. pr. [2] **135** [1932] 57, 64; s. a. *Wakaki et al.*, J. agric. chem. Soc. Japan **28** [1954] 179, 180; C. A. **1956** 5986).

Krystalle; F: 108–111° (*Wa. et al.*), 108–109° [aus E.] (*Ho.*).

Geschwindigkeitskonstante der Reaktion des Natrium-Salzes mit Natrium-bromacetat in Wasser bei 25°: *Holmberg, Schjånberg*, Ark. Kemi **15**A Nr. 23 [1942] 1, 12, 21.

Bis-[2-carboxy-äthylmercapto]-[2]furyl-methan, 3,3'-Furfurylidendimercapto-di-propionsäure $C_{11}H_{14}O_5S_2$, Formel VI ($R = CH_2\text{-}CH_2\text{-}COOH$).

B. Beim Behandeln von Furfural mit 3-Mercapto-propionsäure in Äther (*Holmberg*, Ark. Kemi **15**A Nr. 8 [1942] 1, 8).

Krystalle (aus E. + Bzl.); F: 87–88°.

Geschwindigkeitskonstante der Reaktion des Natrium-Salzes mit Natrium-bromacetat in Wasser bei 25°: *Holmberg, Schjånberg*, Ark. Kemi **15**A Nr. 23 [1942] 1, 18, 21.

VI VII VIII

Bis-[2-amino-äthylmercapto]-[2]furyl-methan, Furfural-[bis-(2-amino-äthyl)-dithio-acetal] $C_9H_{16}N_2OS_2$, Formel VI ($R = CH_2$-CH_2-NH_2).

Dihydrochlorid $C_9H_{16}N_2OS_2 \cdot 2\,HCl$. *B.* Beim Behandeln von Furfural mit 2-Amino-äthanthiol-hydrochlorid in Äthanol (*Zukerman*, Ukr. chim. Ž. **19** [1953] 169, 177; C. A. **1955** 5439). — F: 174–175°.

Bis-furfurylmercapto-[2]furyl-methan, Furfural-difurfuryldithioacetal $C_{15}H_{14}O_3S_2$, Formel VII.

B. Beim Behandeln von Furfural mit Furfurylmercaptan unter Einleiten von Chlorwasserstoff (*Chierici, Sardella*, Chimica **8** [1953] 119).

Kp_3: 210–212°.

Bis-carboxymethylmercapto-[5-nitro-[2]furyl]-methan, [5-Nitro-furfuryliden-dimercapto]-di-essigsäure $C_9H_9NO_7S_2$, Formel VIII.

B. Aus 5-Nitro-furfural und Mercaptoessigsäure (*Kishimoto et al.*, J. pharm. Soc. Japan **78** [1958] 447, 449; C. A. **1958** 13862).

Krystalle (aus W.); F: 127–128°.

[*Schindler*]

Thiophen-2-carbaldehyd C_5H_4OS, Formel IX (H 285; E I 148; E II 313; dort als 2-Formyl-thiophen und als α-Thiophenaldehyd bezeichnet).

B. Beim Behandeln von Thiophen mit Phosphorylchlorid und *N*-Methyl-formanilid ohne Lösungsmittel (*King, Nord*, J. org. Chem. **13** [1948] 635, 638; *Weston, Michaels*, Am. Soc. **72** [1950] 1422; Org. Synth. Coll. Vol. IV [1963] 915; s. a. *Buu-Hoi et al.*, Soc. **1950** 2130, 2132) oder in Toluol (*Emerson, Patrick*, J. org. Chem. **14** [1949] 790, 792) sowie mit Dimethylformamid und Phosphorylchlorid (*Campaigne, Archer*, Am. Soc. **75** [1953] 989) und anschliessenden Hydrolysieren. Beim Behandeln von Orthoameisensäure-triäthylester mit [2]Thienylmagnesiumjodid in Toluol und anschliessend mit wss. Salzsäure (*Cagniant*, Bl. **1949** 847, 849). Beim Behandeln von [2]Thienylmethanol mit Aceton, Natriumdichromat und wss. Schwefelsäure (*Em., Pa.*, l. c. S. 793), mit aktiviertem Mangan(IV)-oxid in Äther (*Sugasawa, Mizukami*, Pharm. Bl. **3** [1955] 393) oder mit Kaliumperoxodisulfat in Wasser (*Horii et al.*, J. pharm. Soc. Japan **76** [1956] 1101; C. A. **1957** 3553). Beim Erwärmen von 2-Chlormethyl-thiophen mit Hexamethylentetramin in Chloroform und Behandeln des Reaktionsprodukts mit heissem Wasserdampf (*Dunn et al.*, Am. Soc. **68** [1946] 2118; *Wiberg*, Org. Synth. Coll. Vol. III [1955] 811). Beim Erhitzen von 2-Chlormethyl-thiophen mit Hexamethylentetramin und wss. Essigsäure und anschliessend mit wss. Salzsäure (*Angyal et al.*, Soc. **1953** 1742, 1747).

Dipolmoment (ε; Bzl.): 3,55 D (*Keswani, Freiser*, Am. Soc. **71** [1949] 1789). ^{1}H-^{1}H-Spin-Spin-Kopplungskonstanten: *Gronowitz, Hoffman*, Ark. Kemi **13** [1958/59] 279, 282. Grundschwingungsfrequenzen des Moleküls: *Katritzky, Boulton*, Soc. **1959** 3500.

Kp_{756}: 198° (*Jur'ew et al.*, Ž. obšč. Chim. **28** [1958] 1554, 1556; engl. Ausg. S. 1603); Kp_{630}: 187° (*Dunn et al.*, Am. Soc. **68** [1946] 2118); Kp_{25}: 91–92° (*Weston, Michaels*, Am. Soc. **72** [1950] 1422); Kp_{20}: 89–90° (*Keswani, Freiser*, Am. Soc. **71** [1949] 1789); Kp_{16}: 85–86° (*Emerson, Patrick*, J. org. Chem. **14** [1949] 790, 792); Kp_{12}: 80° (*Ju. et al.*); Kp_5: 66° (*Levi, Nicholls*, Ind. eng. Chem. **50** [1958] 1005); $Kp_{1,1}$: 44–45° (*Campaigne, Archer*, Am. Soc. **75** [1953] 989). D_4^{20}: 1,224 (*Ju. et al.*), 1,219 (*Levi, Ni.*); $D_4^{21,8}$: 1,270 (*Cagniant*, Bl. **1949** 847, 849); D_4^{30}: 1,2143 (*Ke., Fr.*). Schallabsorption bei 25°, 50° und 75° sowie Schallrelaxation bei 75°: *de Groot, Lamb*, Pr. roy. Soc. [A] **242** [1957] 36, 43, 48. n_D^{16}: 1,5950 (*Cag.*); n_D^{20}: 1,5890 (*Levi, Ni.*); n_D^{25}: 1,5880 (*Em., Pa.*), 1,5888 (*We., Mi.*); n_D^{30}: 1,5838 (*Ke., Fr.*). ^{1}H-NMR-Spektrum: *Gronowitz, Hoffman*, Ark. Kemi **13** [1958/59] 279, 286; *Takahashi et al.*, Bl. chem. Soc. Japan **32** [1959] 156, 160. IR-Spektrum ($CHCl_3$; 2–15 μ): *Gronowitz, Rosenberg*, Ark. Kemi **8** [1955/56] 23, 26. Raman-Spektrum von unverdünntem Thiophen-2-carbaldehyd sowie von Lösungen in Benzol und in Phenol: *Chiorboli, Drusiani,* R.A.L. [8] **12** [1952] 309, 310. UV-Spektrum (210—350 nm) von Lösungen in Äthanol: *Andrisano, Pappalardo,* Spectrochim. Acta **12** [1958] 350, 351; *Gronowitz,* Ark. Kemi **13** [1958/59] 239, 241; in Hexan: *Pappalardo,* G. **89** [1959] 540, 543. Polarographie: *Cappellina, Drusiani,* G. **84** [1954] 939, 946; *Cappellina,* Ann. Chimica **48** [1958] 535, 549; *Imoto et al.,* Bl. Naniwa Univ. [A] **3** [1955] 203; J. chem. Soc. Japan Pure Chem. Sect. **77** [1956] 804, 812, 816; C. A. **1955** 15557, **1958** 9067; *Tirouflet et al.,* C. r. **242** [1956] 1799; *Tirouflet, Chane,* C. r. **245** [1957] 80; *Nakaya et al.,* J. chem. Soc. Japan Pure Chem. Sect. **78** [1957] 940, 941; C. A. **1959** 21277.

Reaktion mit Brom in Chloroform unter Bildung von 5-Brom-thiophen-2-carbaldehyd: *Gronowitz,* Ark. Kemi **8** [1955/56] 87; *Buu-Hoi, Lavit,* Soc. **1958** 1721. Bei der Behandlung mit Salpetersäure, Acetanhydrid und Essigsäure und anschliessenden Hydrolyse sind 5-Nitro-thiophen-2-carbaldehyd und kleine Mengen 4-Nitro-thiophen-2-carbaldehyd (*Tirouflet, Fournari,* C. r. **243** [1956] 61, **246** [1958] 2003; *Fournari, Chane,* Bl. **1963** 479; s. a. *Buu-Hoi, La.*), beim Behandeln mit Salpetersäure und Schwefelsäure unterhalb 0° sind 4-Nitro-thiophen-2-carbaldehyd und kleine Mengen 5-Nitro-thiophen-2-carb= aldehyd (*Ti., Fo.*; *Fo., Ch.*; s. a. *Gever,* Am. Soc. **77** [1955] 577; *Foye et al.,* Am. Soc. **76** [1954] 1378) erhalten worden.

Charakterisierung durch Überführung in 1,3-Diphenyl-2-[2]thienyl-imidazolidin (F: 117—118°): *Veibel et al.,* Anal. chim. Acta **15** [1956] 15, 16. [*Koetter*]

2-Diäthoxymethyl-thiophen, Thiophen-2-carbaldehyd-diäthylacetal $C_9H_{14}O_2S$, Formel X ($R = C_2H_5$) (E I 148).

B. Beim Erwärmen von Thiophen-2-carbaldehyd mit Orthoameisensäure-triäthylester, Äthanol und kleinen Mengen wss. Salzsäure (*Gol'dfarb, Konštantinow,* Izv. Akad. S.S.S.R. Otd. chim. **1957** 217, 221; engl. Ausg. S. 229, 232).

Kp: 223° (*Yuan, Li,* J. Chin. chem. Soc. **5** [1937] 214, 216), 220° (*Putochin, Egorowa,* Ž. obšč. Chim. **10** [1940] 1873, 1874; C. A. **1941** 4377); Kp_{14}: 96—98° (*Go., Ko.*); Kp_9: 93—95° (*Yuan, Li*), 90—92° (*du Vigneaud et al.,* J. biol. Chem. **159** [1945] 385, 392). D_4^{17}: 1,0575 (*Pu., Eg.*). n_D^{17}: 1,4905 (*Pu., Eg.*); n_D^{20}: 1,4980 (*Go., Ko.*).

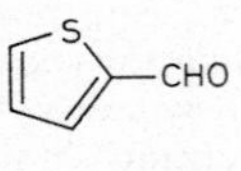

IX 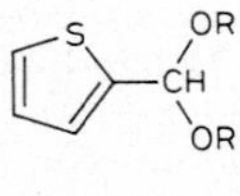 X 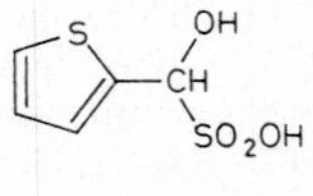 XI 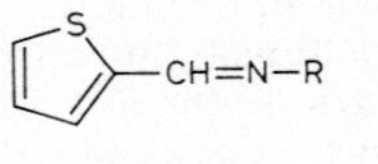 XII

2-Diacetoxymethyl-thiophen $C_9H_{10}O_4S$, Formel X ($R = CO\text{-}CH_3$).

B. Beim Behandeln von Thiophen-2-carbaldehyd mit Acetanhydrid unter Zusatz von Schwefelsäure (*Du Pont de Nemours & Co.,* U.S.P. 2680117 [1951]) oder von Zinn(II)-chlorid (*Patrick, Emerson,* Am. Soc. **74** [1952] 1356) sowie mit Acetanhydrid, Essigsäure und Zinkchlorid (*Cymerman-Craig, Willis,* Soc. **1955** 1071, 1074).

Krystalle; F: 67—68° [aus Ae.] (*Du Pont*), 66—68° [aus Bzn. + Hexan] (*Pa., Em.*), 65—67° (*Cy.-Cr., Wi.*). $Kp_{0,3}$: 98—104° (*Cy.-Cr., Wi.*).

Beim Behandeln mit Salpetersäure und Acetanhydrid sind 2-Diacetoxymethyl-5-nitro-thiophen und kleinere Mengen 2-Diacetoxymethyl-4-nitro-thiophen erhalten worden (*Gever,* Am. Soc. **75** [1953] 4585; *Tirouflet, Fournari,* C. r. **246** [1958] 2003).

2-[Bis-propionyloxy-methyl]-thiophen $C_{11}H_{14}O_4S$, Formel X ($R = CO\text{-}CH_2\text{-}CH_3$).

B. Beim Behandeln von Thiophen-2-carbaldehyd mit Propionsäure-anhydrid und wenig Schwefelsäure (*Du Pont de Nemours & Co.,* U.S.P. 2680117 [1951]).

$Kp_{0,1}$: 93—94°. n_D^{25}: 1,4905.

(±)-Hydroxy-[2]thienyl-methansulfonsäure $C_5H_6O_4S_2$, Formel XI.

B. Beim Behandeln von Thiophen-2-carbaldehyd mit Natriumhydrogensulfit in Wasser (*Veibel et al.,* Suomen Kem. **31** B [1958] 10, 12).

S-Benzyl-isothiuronium-Salz $[C_8H_{11}N_2S]C_5H_5O_4S_2$. Krystalle (aus Äthanol + wss. Salzsäure) mit 0,5 Mol H_2O, die bei 65—74° schmelzen.

Methyl-[2]thienylmethylen-amin, Thiophen-2-carbaldehyd-methylimin C_6H_7NS, Formel XII (R = CH_3).

B. Beim Behandeln von Thiophen-2-carbaldehyd mit Methylamin in Wasser (*Hartough, Dickert*, Am. Soc. **71** [1949] **3922**, **3924**).

Kp_{11}: 73—74° (*Troutman, Long*, Am. Soc. **70** [1948] **3436**, **3438**); $Kp_{1,5}$: 48—49° (*Ha.*, *Di.*). n_D^{20}: 1,5864 (*Ha.*, *Di.*).

An feuchter Luft erfolgt Hydrolyse (*Ha.*, *Di.*). Beim Behandeln mit Mercaptoessigsäure-methylester (1 Mol) und anschliessenden Erhitzen mit wenig Calciumchlorid unter Stickstoff ist 3-Methyl-2-[2]thienyl-thiazolidin-4-on erhalten worden (*Tr.*, *Lo.*).

Butyl-[2]thienylmethylen-amin, Thiophen-2-carbaldehyd-butylimin $C_9H_{13}NS$, Formel XII (R = $[CH_2]_3$-CH_3).

B. Aus Thiophen-2-carbaldehyd und Butylamin (*Emling et al.*, Am. Soc. **71** [1949] **703**).

Kp_{13}: 112—113°. D_4^{25}: 0,990. n_D^{25}: 1,5459.

[2]Thienylmethylen-anilin, Thiophen-2-carbaldehyd-phenylimin $C_{11}H_9NS$, Formel I (X = H).

B. Aus Thiophen-2-carbaldehyd und Anilin (*Drisko, McKennis*, Am. Soc. **74** [1952] **2626**; *Angert et al.*, Ž. prikl. Chim. **32** [1959] **408**, **409**; engl. Ausg. S. **427**).

Krystalle; F: 16° (*Dr.*, *McK.*). Kp_4: 141—143° (*An. et al.*); Kp_2: 122—125° (*Dr.*, *McK.*).

4-Chlor-*N*-[2]thienylmethylen-anilin, Thiophen-2-carbaldehyd-[4-chlor-phenylimin] $C_{11}H_8ClNS$, Formel I (X = Cl).

B. Aus Thiophen-2-carbaldehyd und 4-Chlor-anilin (*Angert et al.*, Ž. prikl. Chim. **32** [1959] **408**, **409**; engl. Ausg. S. **427**).

Krystalle (aus A.); F: 69—69,5°.

3-Nitro-*N*-[2]thienylmethylen-anilin, Thiophen-2-carbaldehyd-[3-nitro-phenylimin] $C_{11}H_8N_2O_2S$, Formel II.

B. Aus Thiophen-2-carbaldehyd und 3-Nitro-anilin (*Angert et al.*, Ž. prikl. Chim. **32** [1959] **408**, **409**; engl. Ausg. S. **427**).

Krystalle (aus A.); F: 112—113°.

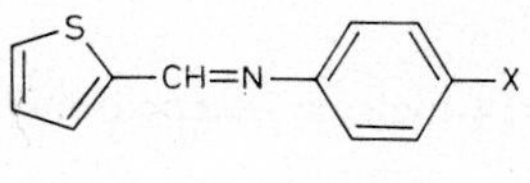

I 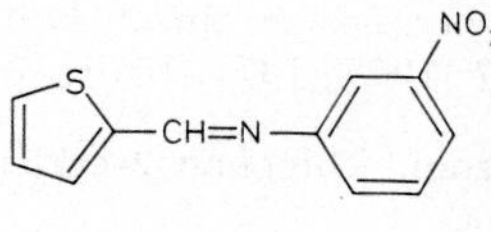 II 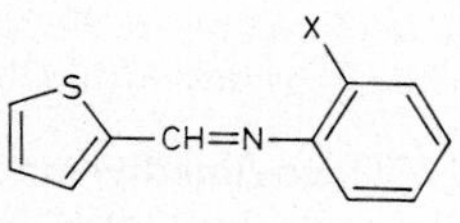 III

4-Nitro-*N*-[2]thienylmethylen-anilin, Thiophen-2-carbaldehyd-[4-nitro-phenylimin] $C_{11}H_8N_2O_2S$, Formel I (X = NO_2).

B. Aus Thiophen-2-carbaldehyd und 4-Nitro-anilin (*Angert et al.*, Ž. prikl. Chim. **32** [1959] **408**, **409**; engl. Ausg. S. **427**).

Krystalle (aus A.); F: 131,5—132,5°.

***N*-[2]Thienylmethylen-*o*-toluidin, Thiophen-2-carbaldehyd-*o*-tolylimin** $C_{12}H_{11}NS$, Formel III (X = CH_3).

B. Aus Thiophen-2-carbaldehyd und *o*-Toluidin (*Angert et al.*, Ž. prikl. Chim. **32** [1959] **408**, **409**; engl. Ausg. S. **427**).

Kp_9: 162—163°.

***N*-[2]Thienylmethylen-*p*-toluidin, Thiophen-2-carbaldehyd-*p*-tolylimin** $C_{12}H_{11}NS$, Formel I (X = CH_3) (H 285).

B. Aus Thiophen-2-carbaldehyd und *p*-Toluidin (*Angert et al.*, Ž. prikl. Chim. **32** [1959] **408**, **409**; engl. Ausg. S. **427**; vgl. H 285).

Krystalle (aus A.); F: 59—60°.

[(*S*)-1-Phenyl-äthyl]-[2]thienylmethylen-amin, Thiophen-2-carbaldehyd-[(*S*)-1-phenyl-äthylimin] $C_{13}H_{13}NS$, Formel IV.

B. Beim Erwärmen von Thiophen-2-carbaldehyd mit (*S*)-1-Phenyl-äthylamin in Benzol (*Nerdel et al.*, B. **89** [1956] 2862, 2869).

Krystalle (aus Me.); F: 52–53°. $Kp_{0,7}$: 153°. $[M]_D^{24}$: +285° [$CHCl_3$; c = 0,6]; optisches Drehungsvermögen $[M]^{24}$ von Lösungen in Dioxan, in Benzol, in Chloroform und in Äthanol für Licht der Wellenlängen 486 nm, 546 nm, 589 nm und 656 nm: *Ne. et al.*, l. c. S. 2863, 2864.

[2]Naphthyl-[2]thienylmethylen-amin, Thiophen-2-carbaldehyd-[2]naphthylimin $C_{15}H_{11}NS$, Formel V.

B. Beim Erwärmen von Thiophen-2-carbaldehyd mit [2]Naphthylamin in Benzol (*Angert et al.*, Ž. prikl. Chim. **32** [1959] 408, 409; engl. Ausg. S. 427).

Krystalle (aus A.); F: 107–108°.

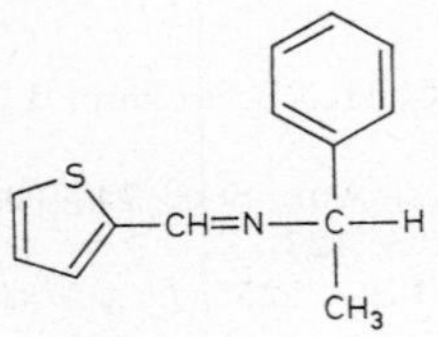

IV 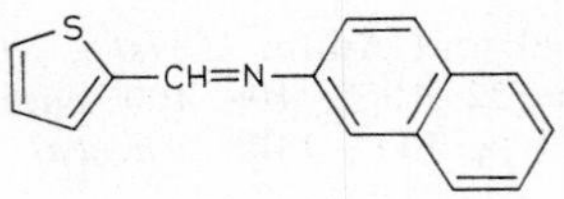 V 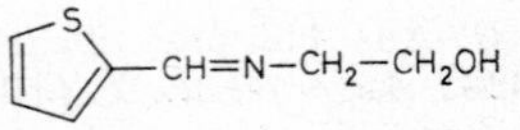 VI

2-[2]Thienylmethylenamino-äthanol, Thiophen-2-carbaldehyd-[2-hydroxy-äthylimin] C_7H_9NOS, Formel VI.

B. Aus Thiophen-2-carbaldehyd und 2-Amino-äthanol (*Angert et al.*, Ž. prikl. Chim. **32** [1959] 408, 409; engl. Ausg. S. 427).

Kp_6: 146–147°. n_D^{20}: 1,6042.

2-[2]Thienylmethylenamino-phenol, Thiophen-2-carbaldehyd-[2-hydroxy-phenylimin] $C_{11}H_9NOS$, Formel III (X = OH).

B. Beim Erwärmen von Thiophen-2-carbaldehyd mit 2-Amino-phenol und wenig Essigsäure (*Eichhorn*, *Bailar*, Am. Soc. **75** [1953] 2905).

Krystalle (aus A.); F: 81° (*Ei.*, *Ba.*).

Überführung in 2-[2]Thienyl-benzoxazol durch Erhitzen mit Blei(IV)-acetat in Essigsäure: *Parrini*, Ann. Chimica **47** [1957] 1374, 1376, 1379.

4-[2]Thienylmethylenamino-phenol, Thiophen-2-carbaldehyd-[4-hydroxy-phenylimin] $C_{11}H_9NOS$, Formel I (X = OH).

B. Aus Thiophen-2-carbaldehyd und 4-Amino-phenol in Äthanol oder Benzol (*Emerson*, *Patrick*, J. org. Chem. **14** [1949] 790, 794; *Angert et al.*, Ž. prikl. Chim. **32** [1959] 408, 409; engl. Ausg. S. 427).

Krystalle; F: 204–205° [aus A.] (*Em.*, *Pa.*), 203–204° (*An. et al.*).

***N*-[2]Thienylmethylen-*p*-anisidin, Thiophen-2-carbaldehyd-[4-methoxy-phenylimin]** $C_{12}H_{11}NOS$, Formel I (X = OCH_3).

B. Aus Thiophen-2-carbaldehyd und *p*-Anisidin in Benzol (*Angert et al.*, Ž. prikl. Chim. **32** [1959] 408, 409; engl. Ausg. S. 427).

Krystalle (aus Heptan); F: 45–46°.

Bis-[4-[2]thienylmethylenamino-phenyl]-sulfoxid $C_{22}H_{16}N_2OS_3$, Formel VII.

B. Beim Erhitzen von Thiophen-2-carbaldehyd mit Bis-[4-amino-phenyl]-sulfoxid in Isobutylalkohol (*Buu-Hoi et al.*, Bl. **1956** 1710).

Krystalle (aus A.); F: 203°.

Bis-[4-[2]thienylmethylenamino-phenyl]-sulfon $C_{22}H_{16}N_2O_2S_3$, Formel VIII.

B. Beim Erhitzen von Thiophen-2-carbaldehyd mit Bis-[4-amino-phenyl]-sulfon in Isobutylalkohol (*Buu-Hoi et al.*, Bl. **1956** 1710).

Krystalle (aus A.); F: 232°.

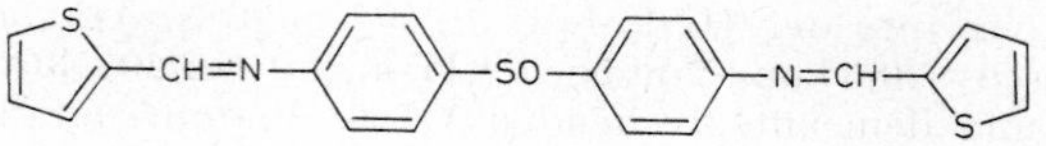

VII

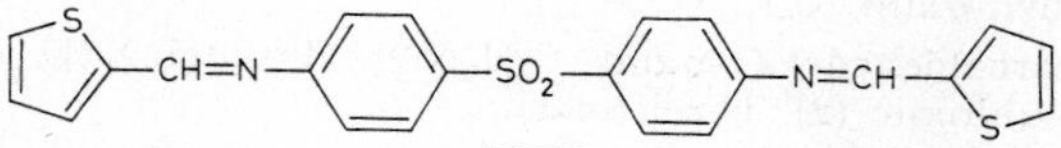

VIII

1-[4-Nitro-phenyl]-2-[2]thienylmethylenamino-propan-1,3-diol $C_{14}H_{14}N_2O_4S$.

a) **(1*R*,2*R*)-1-[4-Nitro-phenyl]-2-[2]thienylmethylenamino-propan-1,3-diol,** D$_g$-*threo*-1-[4-Nitro-phenyl]-2-[2]thienylmethylenamino-propan-1,3-diol $C_{14}H_{14}N_2O_4S$, Formel IX.

B. Beim Erwärmen von Thiophen-2-carbaldehyd mit (1*R*,2*R*)-2-Amino-1-[4-nitro-phenyl]-propan-1,3-diol in Wasser oder in Essigsäure und wenig Jod enthaltendem Benzol (*Pedrazzoli, Tricerri*, Helv. **39** [1956] 965, 972, 975).

Krystalle (aus A.); F: 156,5—158° [unkorr.]. $[\alpha]_D^{20}$: −210° [Me.; c = 1]. UV-Absorptionsmaximum (Me.): 265 nm.

b) **(1*S*,2*S*)-1-[4-Nitro-phenyl]-2-[2]thienylmethylenamino-propan-1,3-diol,** L$_g$-*threo*-1-[4-Nitro-phenyl]-2-[2]thienylmethylenamino-propan-1,3-diol $C_{14}H_{14}N_2O_4S$, Formel X.

B. Analog dem unter a) beschriebenen Stereoisomeren (*Pedrazzoli, Tricerri*, Helv. **39** [1956] 965, 972, 975).

Krystalle (aus A.); F: 157—158° [unkorr.]. $[\alpha]_D^{20}$: +210° [Me.; c = 1]. UV-Absorptionsmaximum (Me.): 265 nm.

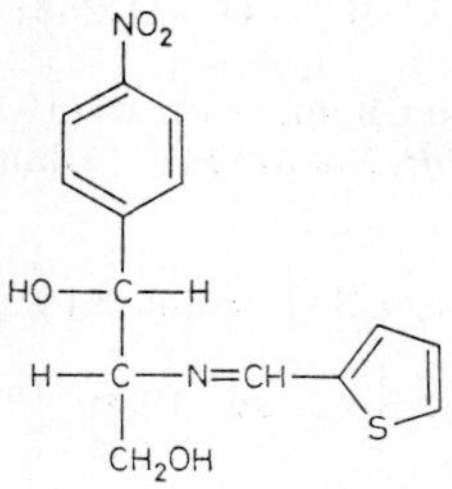

IX 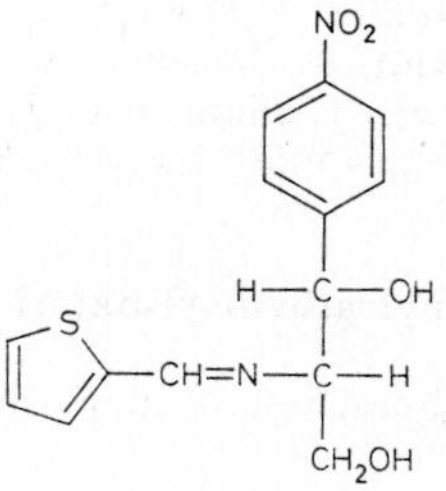 X 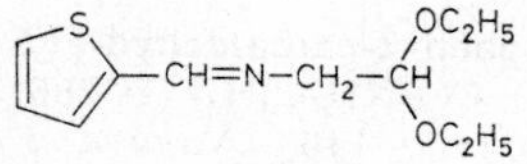 XI

[2,2-Diäthoxy-äthyl]-[2]thienylmethylen-amin, Thiophen-2-carbaldehyd-[2,2-diäthoxy-äthylimin], [2]Thienylmethylenamino-acetaldehyd-diäthylacetal $C_{11}H_{17}NO_2S$, Formel XI.

B. Aus Thiophen-2-carbaldehyd und 2,2-Diäthoxy-äthylamin (*Herz, Tsai*, Am. Soc. **75** [1953] 5122).

$Kp_{1,9}$: 115—118° [unkorr.]. n_D^{23}: 1,5231.

Beim Erhitzen mit Phosphorylchlorid und Schwefelsäure auf 160° oder mit Phosphorylchlorid und Polyphosphorsäure auf 120° sind Thieno[2,3-*c*]pyridin und kleine Mengen einer Verbindung vom F: 142—144° erhalten worden.

***N,N'*-Bis-[2]thienylmethylen-äthylendiamin** $C_{12}H_{12}N_2S_2$, Formel XII.

B. Beim Erwärmen von Thiophen-2-carbaldehyd mit Äthylendiamin in Benzol (*Emerson, Patrick*, J. org. Chem. **14** [1949] 790, 795; *Angert et al.*, Ž. prikl. Chim. **32** [1959] 408, 409; engl. Ausg. S. 427), in Äthanol (*An. et al.*; *Frost, Freedman*, J. org. Chem. **24** [1959] 1905) oder in Äthanol und wenig Essigsäure (*Eichhorn, Bailar*, Am. Soc. **75** [1953] 2905).

Krystalle; F: 92° [aus wss. A.] (*Ei., Ba.*), 91,5—93° [aus A.] (*Fr., Fr.*), 90—91° [aus Bzl. + Hexan] (*Em., Pa.*), 89—91° [aus A.] (*An. et al.*). Über die Komplexbildung mit Kupfer(II)-Ionen und mit Nickel(II)-Ionen in 50%ig. wss. Äthanol s. *Ei., Ba.*; *Eichhorn, Trachtenberg*, Am. Soc. **76** [1954] 5183.

Geschwindigkeitskonstante der Hydrolyse in 50%ig. wss. Äthanol nach Zusatz von Kupfer(II)-sulfat bei 10—30,5° und von Nickel(II)-nitrat bei 20—35° (Bildung von Thiophen-2-carbaldehyd und dem entsprechenden Äthylendiamin-Metallkomplex): *Ei.*, *Tr.*; s. a. *Ei.*, *Ba.*

Thiophen-2-carbaldehyd-oxim C_5H_5NOS.

a) **Thiophen-2-carbaldehyd-(*Z*)-oxim** C_5H_5NOS, Formel XIII (H 285; E II 313; dort als β-[Thiophen-aldoxim-(2)] bezeichnet).

B. Beim Erwärmen von Thiophen-2-carbaldehyd mit Hydroxylamin-hydrochlorid in Pyridin und Äthanol (*Reynaud*, *Delaby*, Bl. **1955** 1614).

^1H-^1H-Spin-Spin-Kopplungskonstanten: *Gronowitz*, *Hoffman*, Acta chem. scand. **13** [1959] 1687, 1690. Grundschwingungsfrequenzen des Moleküls: *Katritzky*, *Boulton*, Soc. **1959** 3500.

Krystalle; F: 142° [Block; aus W.] (*Re.*, *De.*), 136—138° (*Nakaya et al.*, J. chem. Soc. Japan Pure Chem. Sect. **80** [1959] 1212, 1213; C. A. **1961** 4197), 135—136° (*Grünanger*, *Vita Finzi*, G. **89** [1959] 1771, 1778), 132,5—134° (*Ka.*, *Bo.*). ^1H-NMR-Spektrum (Dimethylsulfoxid): *Gr.*, *Ho.* IR-Banden ($CHCl_3$) im Bereich von 1514 cm^{-1} bis 825 cm^{-1}: *Ka.*, *Bo.* UV-Spektrum (A.; 230—320 nm): *Ramart-Lucas*, Bl. **1954** 1017, 1024. Polarographie: *Tirouflet et al.*, C. r. **242** [1956] 1799; *Na. et al.*; *Tütülkoff*, *Bakărdžiev*, Doklady Bolgarsk. Akad. **12** [1959] 133.

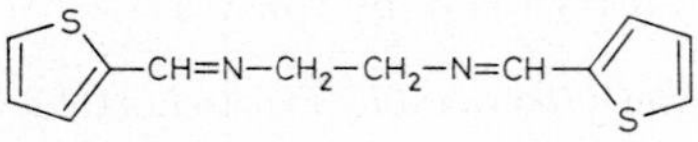

XII 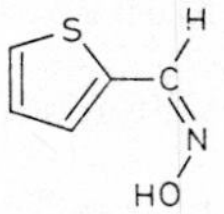 XIII 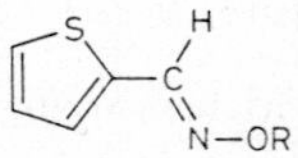 XIV 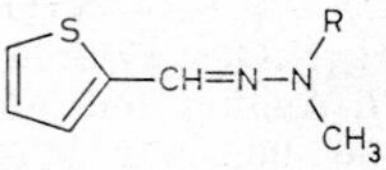 XV

b) **Thiophen-2-carbaldehyd-(*E*)-oxim** C_5H_5NOS, Formel XIV (R = H) (H 286; E II 313; dort als α-[Thiophen-aldoxim-(2)] bezeichnet).

D_4^{27}: 1,0973; n_D^{30}: 1,6127 (*Nakaya et al.*, J. chem. Soc. Japan Pure Chem. Sect. **80** [1959] 1212, 1213; C. A. **1961** 4197). Polarographie: *Na. et al.*; *Tütülkoff*, *Bakărdžiev*, Doklady Bolgarsk. Akad. **12** [1959] 133.

Thiophen-2-carbaldehyd-[(*E*)-*O*-phenylcarbamoyl-oxim] $C_{12}H_{10}N_2O_2S$, Formel XIV (R = CO-NH-C_6H_5) (H 286).

F: 145—146° (*Nakaya et al.*, J. chem. Soc. Japan Pure Chem. Sect. **80** [1959] 1212, 1213; C. A. **1961** 4197).

Thiophen-2-carbaldehyd-methylhydrazon $C_6H_8N_2S$, Formel XV (R = H).

B. Aus Thiophen-2-carbaldehyd (*Wiley*, *Irick*, J. org. Chem. **24** [1959] 1925, 1926).

Kp_{18}: 150°. n_D^{24}: 1,6489. UV-Absorptionsmaximum (Me.): 306 nm.

Thiophen-2-carbaldehyd-dimethylhydrazon $C_7H_{10}N_2S$, Formel XV (R = CH_3).

B. Aus Thiophen-2-carbaldehyd und *N*,*N*-Dimethyl-hydrazin (*Wiley et al.*, J. org. Chem. **22** [1957] 204, 206).

Kp_7: 125°. n_D^{27}: 1,6284. IR-Banden (CCl_4) im Bereich von 6 μ bis 12 μ: *Wi. et al.*

Thiophen-2-carbaldehyd-phenylhydrazon $C_{11}H_{10}N_2S$, Formel I (X = H) (H 286).

F: 138—139° (*Grünanger*, *Vita Finzi*, G. **89** [1959] 1771, 1777), 137—139° [unkorr.] (*Weston*, *Michaels*, Am. Soc. **72** [1950] 1422). Polarographie: *Ried*, *Wilk*, A. **581** [1953] 49, 53.

Thiophen-2-carbaldehyd-[4-brom-phenylhydrazon] $C_{11}H_9BrN_2S$, Formel I (X = Br).

F: 142° (*Tirouflet*, *Fournari*, C. r. **243** [1956] 61).

Thiophen-2-carbaldehyd-[2,4-dinitro-phenylhydrazon] $C_{11}H_8N_4O_4S$, Formel II.

B. Aus Thiophen-2-carbaldehyd und [2,4-Dinitro-phenyl]-hydrazin (*Bredereck*, *Fritzsche*, B. **70** [1937] 802, 808; *Dunn et al.*, Am. Soc. **68** [1946] 2118; *Wender et al.*, Am. Soc. **72** [1950] 4375, 4375).

Rote Krystalle [aus Py.] (*Br.*, *Fr.*); F: 242° (*Dunn et al.*), 237,8–239,5° [korr.] (*We. et al.*), 233–236° (*Br.*, *Fr.*).

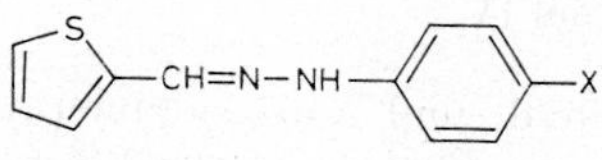

I 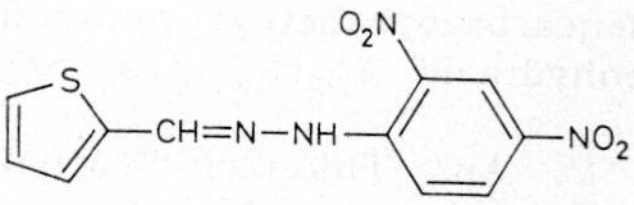 II 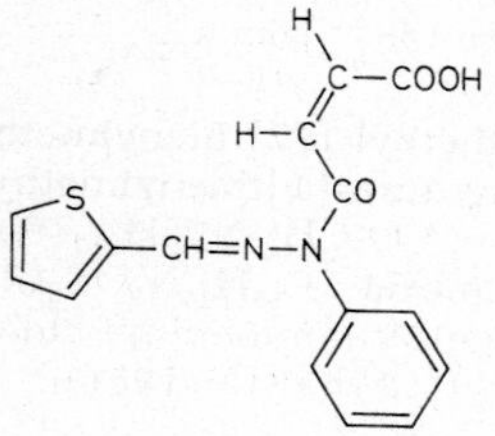 III

Maleinsäure-mono-[phenyl-[2]thienylmethylen-hydrazid] $C_{15}H_{12}N_2O_3S$, Formel III.

B. Aus Thiophen-2-carbaldehyd-phenylhydrazon und Maleinsäure-anhydrid in Äther (*Herz*, Am. Soc. **71** [1949] 2929).

Gelbe Krystalle (aus A.); F: 119–120°.

Thiophen-2-carbaldehyd-semicarbazon $C_6H_7N_3OS$, Formel IV (R = CO-NH_2) (E I 148; E II 313).

Krystalle; F: 227–228° [korr.; Zers.; aus A.] (*Reichstein*, Helv. **13** [1930] 349, 355), 223–224° [korr.] (*Hartough*, *Dickert*, Am. Soc. **71** [1949] 3922, 3924), 222–224° [Zers.] (*Sugasawa*, *Mizukami*, Pharm. Bl. **3** [1955] 393), 220–221° (*King*, *Nord*, J. org. Chem. **13** [1948] 635, 637). IR-Banden im Bereich von 1,8 μ bis 16 μ: *Hidalgo*, *Cheutin*, An. Soc. españ. [B] **48** [1952] 381.

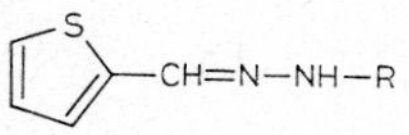

IV 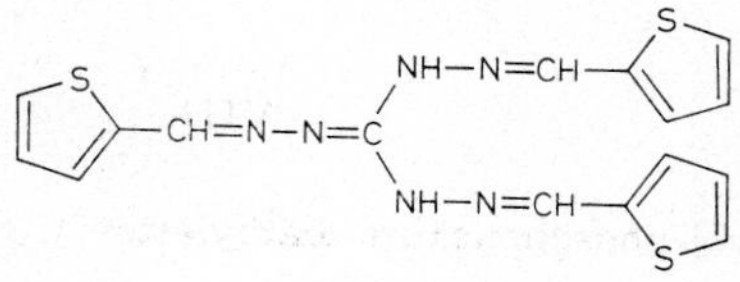 V 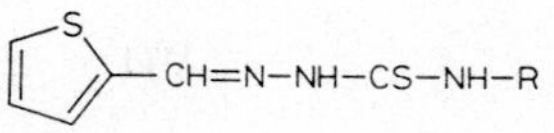 VI

***N*,*N*′,*N*″-Tris-[2]thienylmethylenamino-guanidin** $C_{16}H_{14}N_6S_3$, Formel V.

Nitrat $C_{16}H_{14}N_6S_3 \cdot HNO_3$. *B.* Aus Thiophen-2-carbaldehyd und *N*,*N*′,*N*″-Triamino-guanidin-nitrat in wss. Äthanol (*Scott et al.*, Am. Soc. **74** [1952] 5802). — Krystalle (aus wss. A.); F: 153° [unkorr.].

***N*-Nitro-*N*′-[2]thienylmethylenamino-guanidin, Thiophen-2-carbaldehyd-[nitrocarbamimidoyl-hydrazon]** $C_6H_7N_5O_2S$, Formel IV (R = C(NH_2)=N-NO_2) und Tautomere.

B. Aus Thiophen-2-carbaldehyd und *N*-Amino-*N*′-nitro-guanidin in wss.-äthanol. Essigsäure (*Scott et al.*, J. org. Chem. **22** [1957] 690).

Gelbe Krystalle (aus wss. A.); F: 199° [unkorr.].

Thiophen-2-carbaldehyd-thiosemicarbazon $C_6H_7N_3S_2$, Formel VI (R = H).

B. Aus Thiophen-2-carbaldehyd und Thiosemicarbazid in Äthanol oder Wasser (*Abbott Labor.*, U.S.P. 2746972 [1950]; *Anderson et al.*, Am. Soc. **73** [1951] 4967).

Krystalle; F: 191–192° [unkorr.; Zers.; Block] (*Hagenbach*, *Gysin*, Experientia **8** [1952] 184), 186–187° [unkorr.; aus A.] (*Bernstein et al.*, Am. Soc. **73** [1951] 906, 908), 185–186° [unkorr.; aus A. oder wss. A.] (*An. et al.*), 182–184° [aus A.] (*Abbott Labor.*).

Thiophen-2-carbaldehyd-[4-isobutyl-thiosemicarbazon] $C_{10}H_{15}N_3S_2$, Formel VI (R = CH_2-CH(CH_3)$_2$).

B. Aus Thiophen-2-carbaldehyd und 4-Isobutyl-thiosemicarbazid in wss. Äthanol und wenig Essigsäure (*Dodgen*, *Nobles*, J. Am. pharm. Assoc. **46** [1957] 437).

Krystalle (aus wss. A.); F: 150–151° [unkorr.].

1,5-Bis-[2]thienylmethylen-thiocarbonohydrazid $C_{11}H_{10}N_4S_3$, Formel VII.

B. Beim Behandeln von Thiophen-2-carbaldehyd und Thiocarbonohydrazid in wss. Äthanol (*Duval, Xuong*, Mikroch. Acta **1956** 747).

F: 158° [Block].

Trimethyl-[[2]thienylmethylencarbazoyl-methyl]-ammonium, Trimethylammonio-essigsäure-[2]thienylmethylenhydrazid $[C_{10}H_{16}N_3OS]^+$, Formel IV ($R = CO\text{-}CH_2\text{-}N(CH_3)_3]^+$).

Chlorid $[C_{10}H_{16}N_3OS]Cl$. *B.* Aus Thiophen-2-carbaldehyd und Carbazoylmethyl-trimethyl-ammonium-chlorid in Äthanol und Essigsäure (*Du Pont de Nemours & Co.*, U.S.P. 2769813 [1951]). — Krystalle; F: 243°.

Bis-[2]thienylmethylen-hydrazin, Thiophen-2-carbaldehyd-azin $C_{10}H_8N_2S_2$, Formel VIII.

B. Beim Behandeln von Thiophen-2-carbaldehyd mit Hydrazin-hydrat und Äthanol (*Miller, Nord*, J. org. Chem. **16** [1951] 1720, 1729).

Krystalle (aus A.); F: 157,5—158,5°.

(±)-[Hydroxy-[2]thienyl-methyl]-phosphonsäure-dimethylester $C_7H_{11}O_4PS$, Formel IX ($R = CH_3$).

B. Beim Behandeln von Thiophen-2-carbaldehyd mit Phosphonsäure-dimethylester und wenig Natriummethylat in Methanol (*Abramow, Kapuština*, Ž. obšč. Chim. **27** [1957] 173, 175; engl. Ausg. S. 193, 195).

Krystalle (aus A. + Cyclohexan); F: 65—66°.

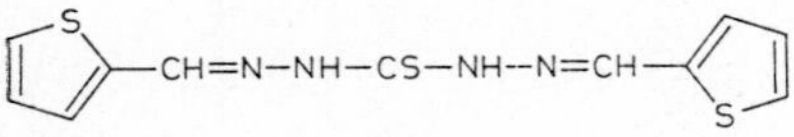

VII 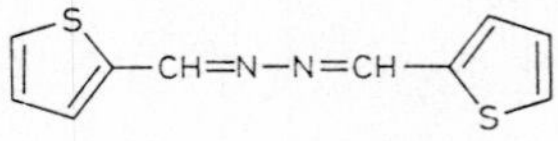 VIII 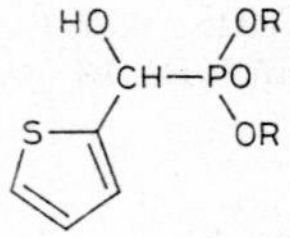 IX

(±)-[Hydroxy-[2]thienyl-methyl]-phosphonsäure-diäthylester $C_9H_{15}O_4PS$, Formel IX ($R = C_2H_5$).

B. Beim Behandeln von Thiophen-2-carbaldehyd mit Phosphonsäure-diäthylester und wenig Triäthylamin (*Abramow, Kapuština*, Ž. obšč. Chim. **27** [1957] 173, 175; engl. Ausg. S. 193, 195).

Flüssigkeit. D_4^{20}: 1,2451. n_D^{20}: 1,5135.

(±)-[Hydroxy-[2]thienyl-methyl]-phosphonsäure-diisopropylester $C_{11}H_{19}O_4PS$, Formel IX ($R = CH(CH_3)_2$).

B. Beim Behandeln von Thiophen-2-carbaldehyd mit Phosphonsäure-diisopropylester und wenig Triäthylamin (*Abramow, Kapuština*, Ž. obšč. Chim. **27** [1957] 173, 175; engl. Ausg. S. 193, 195).

Krystalle (aus A.); F: 71—72°.

(±)-[Hydroxy-[2]thienyl-methyl]-phosphonsäure-dibutylester $C_{13}H_{23}O_4PS$, Formel IX ($R = [CH_2]_3\text{-}CH_3$).

B. Beim Behandeln von Thiophen-2-carbaldehyd mit Phosphonsäure-dibutylester und wenig Triäthylamin (*Abramow, Kapuština*, Ž. obšč. Chim. **27** [1957] 173, 175; engl. Ausg. S. 193, 195).

Flüssigkeit. D_4^{20}: 1,1436. n_D^{20}: 1,5015.

(±)-[Hydroxy-[2]thienyl-methyl]-phosphonsäure-diisobutylester $C_{13}H_{23}O_4PS$, Formel IX ($R = CH_2\text{-}CH(CH_3)_2$).

B. Beim Behandeln von Thiophen-2-carbaldehyd mit Phosphonsäure-diisobutylester und wenig Triäthylamin (*Abramow, Kapuština*, Ž. obšč. Chim. **27** [1957] 173, 175; engl. Ausg. S. 193, 195).

Flüssigkeit. D_4^{20}: 1,1340. n_D^{20}: 1,4960.

(±)-[Hydroxy-[2]thienyl-methyl]-phosphonsäure-diallylester $C_{11}H_{15}O_4PS$, Formel IX (R = CH_2-CH=CH_2).

B. Beim Behandeln von Thiophen-2-carbaldehyd mit Phosphonsäure-diallylester und wenig Triäthylamin (*Abramow, Kapuština*, Ž. obšč. Chim. **27** [1957] 173, 175; engl. Ausg. S. 193, 195).

Flüssigkeit. D_4^{20}: 1,2321. n_D^{20}: 1,5280.

5-Chlor-thiophen-2-carbaldehyd C_5H_3ClOS, Formel X.

B. Beim Behandeln von 2-Chlor-thiophen mit *N*-Methyl-formanilid und Phosphorylchlorid ohne Lösungsmittel (*King, Nord*, J. org. Chem. **13** [1948] 635, 637; *Weston, Michaels*, Am. Soc. **72** [1950] 1422; *Monsanto Chem. Co.*, U.S.P. 2741622 [1951]) oder in Benzol (*Emerson, Patrick*, J. org. Chem. **14** [1949] 790, 792) sowie mit Dimethylformamid und Phosphorylchlorid (*Abbott Labor.*, D.B.P. 953082 [1953]; *Campaigne, Archer*, Am. Soc. **75** [1953] 989; *Fournari, Chane*, Bl. **1963** 479, 483) und anschliessenden Hydrolysieren. Beim Behandeln von 2-Chlor-thiophen mit wss. Formaldehyd und Ammoniumchlorid und Erhitzen der Reaktionslösung bei pH 4 unter Durchleiten von Wasserdampf (*Socony-Vacuum Oil Co.*, U.S.P. 2543318 [1948]; s. a. *Hartough, Dickert*, Am. Soc. **71** [1949] 3922, 3923). Aus 2-Chlor-5-methyl-thiophen über 2-Brommethyl-5-chlor-thiophen und *N*-[5-Chlor-[2]thienylmethyl]-hexamethylentetraminium-bromid (*Campaigne et al.*, Am. Soc. **75** [1953] 988).

Kp_{21}: 99° (*Monsanto Chem. Co.*); Kp_{13}: 91—92° (*We., Mi.*); $Kp_{6,5}$: 89—90° (*King, Nord*); $Kp_{0,7}$: 63—64° (*Ha., Di.*). n_D^{20}: 1,5942 (*Ha., Di.*); n_D^{25}: 1,5963 (*Monsanto Chem. Co.*), 1,6017 (*We., Mi.*). Polarographie: *Nakaya et al.*, J. chem. Soc. Japan Pure Chem. Sect. **80** [1959] 1334; C. A. **1961** 4471.

5-Chlor-thiophen-2-carbaldehyd-oxim C_5H_4ClNOS, Formel XI (X = OH).

B. Aus 5-Chlor-thiophen-2-carbaldehyd und Hydroxylamin (*Fournari, Chane*, Bl. **1963** 479, 483).

Krystalle; F: 140°.

5-Chlor-thiophen-2-carbaldehyd-phenylhydrazon $C_{11}H_9ClN_2S$, Formel XI (X = NH-C_6H_5).

B. Aus 5-Chlor-thiophen-2-carbaldehyd und Phenylhydrazin (*Weston, Michaels*, Am. Soc. **72** [1950] 1422).

Krystalle (aus A.); F: 109—110° [unkorr.].

5-Chlor-thiophen-2-carbaldehyd-semicarbazon $C_6H_6ClN_3OS$, Formel XI (X = NH-CO-NH_2).

B. Aus 5-Chlor-thiophen-2-carbaldehyd und Semicarbazid (*King, Nord*, J. org. Chem. **13** [1948] 635, 637; *Hartough, Dickert*, Am. Soc. **71** [1949] 3922, 3924).

F: 218—219° [korr.] (*Ha., Di.*), 199—200° (*King, Nord*).

5-Chlor-thiophen-2-carbaldehyd-thiosemicarbazon $C_6H_6ClN_3S_2$, Formel XI (X = NH-CS-NH_2).

B. Aus 5-Chlor-thiophen-2-carbaldehyd und Thiosemicarbazid (*Abbott Labor.*, U.S.P. 2746972 [1950]; *Campaigne et al.*, Am. Soc. **75** [1953] 988).

Krystalle (aus wss. A. oder Me.); F: 164—165° [unkorr.] (*Ca. et al.*), 157—158° (*Abbott Labor.*).

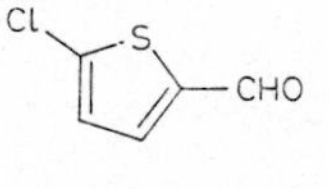

X 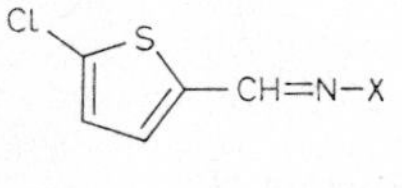 XI 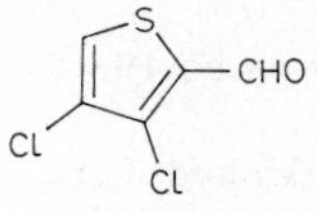 XII 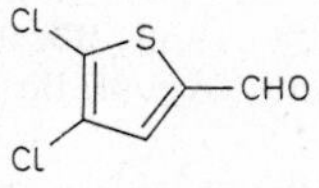 XIII

3,4-Dichlor-thiophen-2-carbaldehyd $C_5H_2Cl_2OS$, Formel XII.

B. Neben 3,4-Dichlor-thiophen-2,5-dicarbonsäure (Hauptprodukt) beim Behandeln von 3,4-Dichlor-thiophen-2,5-dicarbaldehyd mit wss. Wasserstoffperoxid und wss. Kalilauge (*Steinkopf, Köhler*, A. **532** [1937] 250, 277).

Krystalle (aus wss. A. und Bzn.) mit 0,5 Mol H_2O; F: 72°.

4,5-Dichlor-thiophen-2-carbaldehyd $C_5H_2Cl_2OS$, Formel XIII.

Diese Konstitution kommt der nachstehend beschriebenen, ursprünglich (*Profft, Wolf*, A. **628** [1959] 96, 99) als 3,5-Dichlor-thiophen-2-carbaldehyd angesehenen Verbindung zu (*Profft, Solf*, A. **649** [1961] 100, 102).

B. Beim Erhitzen von 2,3-Dichlor-5-chlormethyl-thiophen (S. 272) mit wss. Blei(II)-nitrat-Lösung (*Pr., Wolf*, l. c. S. 98).

Krystalle (aus wss. A.); F: 58° (*Pr., Wolf*).

***N*-[4,5-Dichlor-[2]thienylmethylen]-*p*-toluidin, 4,5-Dichlor-thiophen-2-carbaldehyd-*p*-tolylimin** $C_{12}H_9Cl_2NS$, Formel I (X = C_6H_4-CH_3).

B. Aus 4,5-Dichlor-thiophen-2-carbaldehyd (s. o.) und *p*-Toluidin in Äthanol (*Profft, Wolf*, A. **628** [1959] 96, 99).

Gelbe Krystalle (aus A.); F: 114°.

4,5-Dichlor-thiophen-2-carbaldehyd-oxim $C_5H_3Cl_2NOS$, Formel I (X = OH).

B. Aus 4,5-Dichlor-thiophen-2-carbaldehyd (s. o.) und Hydroxylamin (*Profft, Wolf*, A. **628** [1959] 96, 99).

Krystalle (aus A.); F: 153°.

4,5-Dichlor-thiophen-2-carbaldehyd-phenylhydrazon $C_{11}H_8Cl_2N_2S$, Formel I (X = NH-C_6H_5).

B. Aus 4,5-Dichlor-thiophen-2-carbaldehyd (s. o.) und Phenylhydrazin (*Profft, Wolf*, A. **628** [1959] 96, 99).

Gelbe Krystalle (aus A.); F: 140° [Zers.].

4,5-Dichlor-thiophen-2-carbaldehyd-[2,4-dinitro-phenylhydrazon] $C_{11}H_6Cl_2N_4O_4S$, Formel I (X = NH-$C_6H_3(NO_2)_2$).

B. Aus 4,5-Dichlor-thiophen-2-carbaldehyd (s. o.) und [2,4-Dinitro-phenyl]-hydrazin (*Profft, Wolf*, A. **628** [1959] 96, 99).

Rote Krystalle (aus A.); F: 272° [Zers.].

4,5-Dichlor-thiophen-2-carbaldehyd-semicarbazon $C_6H_5Cl_2N_3OS$, Formel I (X = NH-CO-NH_2).

B. Aus 4,5-Dichlor-thiophen-2-carbaldehyd (s. o.) und Semicarbazid (*Profft, Wolf*, A. **628** [1959] 96, 99).

Krystalle (aus A.); F: 227°.

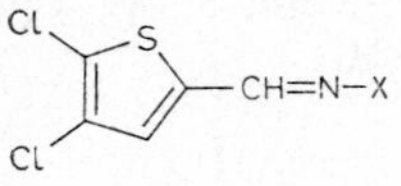

I 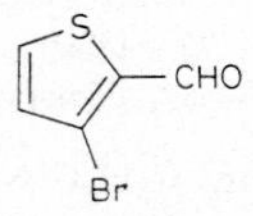 II 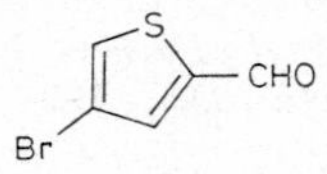 III 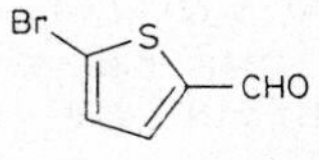 IV

4,5-Dichlor-thiophen-2-carbaldehyd-thiosemicarbazon $C_6H_5Cl_2N_3S_2$, Formel I (X = NH-CS-NH_2).

B. Aus 4,5-Dichlor-thiophen-2-carbaldehyd (s. o.) und Thiosemicarbazid (*Profft, Wolf*, A. **628** [1959] 96, 99).

Gelbe Krystalle (aus A.); F: 198°.

3-Brom-thiophen-2-carbaldehyd C_5H_3BrOS, Formel II.

B. Aus 3-Brom-thiophen mit Hilfe von Dimethylformamid und Phosphorylbromid (*Motoyama et al.*, J. chem. Soc. Japan Pure Chem. Sect. **78** [1957] 950, 957; C. A. **1960** 14223; *Nishimura et al.*, Bl. Univ. Osaka Prefect. [A] **6** [1958] 127, 131).

F: 24—25° (*Gronowitz et al.*, Ark. Kemi **17** [1961] 165, 172). Kp_{10}: 109—110° (*Gronowitz, Hoffman*, Acta chem. scand. **13** [1959] 1687, 1691); Kp_3: 91—92° (*Mo. et al.*; *Ni. et al.*). ^1H-NMR-Spektrum (Cyclohexan) sowie ^1H-^1H-Spin-Spin-Kopplungskonstanten: *Gr., Ho.*, l. c. S. 1688.

4-Brom-thiophen-2-carbaldehyd C_5H_3BrOS, Formel III.

B. Beim Behandeln von 2,4-Dibrom-thiophen mit Butyllithium in Äther und anschliessend mit Dimethylformamid (*Gronowitz et al.*, Ark. Kemi **17** [1961] 165, 172).

Krystalle (aus wss. A.); F: **44**—45° (*Gr. et al.*). Kp_{11}: 114—115° (*Gronowitz, Hoffman*, Acta chem. scand. **13** [1959] 1687, 1691; *Gr. et al.*). ^1H-^1H-Spin-Spin-Kopplungskonstanten: *Gr., Ho.*

5-Brom-thiophen-2-carbaldehyd C_5H_3BrOS, Formel IV (E I 148).

B. Beim Behandeln von 2-Brom-thiophen mit *N*-Methyl-formanilid und Phosphorylbromid (*King, Nord*, J. org. Chem. **14** [1949] 405, 409; *Weston, Michaels*, Am. Soc. **72** [1950] 1422) oder mit Dimethylformamid und Phosphorylbromid (*Abbott Labor.*, D.B.P. 953082 [1953]) und anschliessenden Hydrolysieren. Aus Thiophen-2-carbaldehyd und Brom in Chloroform (*Gronowitz*, Ark. Kemi **8** [1955/56] 87; *Buu-Hoi, Lavit*, Soc. **1958** 1721). Aus 2-Brom-5-chlormethyl-thiophen über *N*-[5-Brom-[2]thienylmethyl]-hexamethylentetraminium-chlorid (*Campaigne et al.*, Am. Soc. **75** [1953] 988).

Kp_{40}: 148—150° (*Buu-Hoi, La.*); Kp_{25}: 128—129° (*Abbott Labor.*, D.B.P. 938251 [1949]); Kp_{14}: 114—115° (*We., Mi.*); Kp_{11}: 105—107° (*Gr.*). n_D^{25}: 1,6328 (*We., Mi.*). UV-Spektrum (Hexan; 210—350 nm; λ_{max}: 265 nm und 291 nm): *Pappalardo*, G. **89** [1959] 540, 542, 544. UV-Absorptionsmaxima (A.): 267 nm und 295,5 nm (*Pa.*, l. c. S. 542). Polarographie: *Nakaya et al.*, J. chem. Soc. Japan Pure Chem. Sect. **80** [1959] 1334, 1335; C. A. **1961** 4471.

5-Brom-thiophen-2-carbaldehyd-phenylhydrazon $C_{11}H_9BrN_2S$, Formel V (R = C_6H_5) (E I 149).

B. Aus 5-Brom-thiophen-2-carbaldehyd und Phenylhydrazin (*Weston, Michaels*, Am. Soc. **72** [1950] 1422; *Gronowitz*, Ark. Kemi **8** [1955/56] 87).

Krystalle (aus A.); F: 112—113° (*We., Mi.*), 111—112° [Block] (*Gr.*).

5-Brom-thiophen-2-carbaldehyd-semicarbazon $C_6H_6BrN_3OS$, Formel V (R = CO-NH_2) (E I 149).

B. Aus 5-Brom-thiophen-2-carbaldehyd und Semicarbazid (*Gronowitz*, Ark. Kemi **8** [1955/56] 87).

F: 217—218° [Block].

5-Brom-thiophen-2-carbaldehyd-thiosemicarbazon $C_6H_6BrN_3S_2$, Formel V (R = CS-NH_2).

B. Aus 5-Brom-thiophen-2-carbaldehyd und Thiosemicarbazid (*Campaigne et al.*, Am. Soc. **75** [1953] 988; *Buu-Hoi, Lavit*, Soc. **1958** 1721).

Krystalle (aus wss. A.); F: 182—184° (*Ca. et al.*), 182° (*Buu-Hoi, La.*).

[(5-Brom-[2]thienylmethylencarbazoyl)-methyl]-trimethyl-ammonium, Trimethylammonio-essigsäure-[(5-brom-[2]thienylmethylen)-hydrazid] $[C_{10}H_{15}BrN_3OS]^+$, Formel V (R = CO-CH_2-N$(CH_3)_3]^+$).

Chlorid $[C_{10}H_{15}BrN_3OS]Cl$. *B.* Aus 5-Brom-thiophen-2-carbaldehyd und Carbazoylmethyl-trimethyl-ammonium-chlorid in Äthanol und wenig Essigsäure (*Du Pont de Nemours & Co.*, U.S.P. 2769813 [1951]). — Krystalle; F: 212° [Zers.].

3,4-Dibrom-thiophen-2-carbaldehyd $C_5H_2Br_2OS$, Formel VI.

F: 109—110° (*Sugimoto et al.*, J. chem. Soc. Japan Pure Chem. Sect. **82** [1961] 1407, 1408; Bl. Univ. Osaka Prefect. [A] **8** [1959] 71, 72). UV-Spektrum (Hexan; 215—300 nm): *Su. et al.*

V VI VII VIII

3,4,5-Tribrom-thiophen-2-carbaldehyd C_5HBr_3OS, Formel VII.

B. Beim Erhitzen von 2,3,4-Tribrom-5-dibrommethyl-thiophen (S. 273) mit Calcium=

carbonat und Wasser (*Steinkopf*, A. **513** [1934] 281, 293).
Krystalle (aus Bzn.); F: 141—142°.

3-Nitro-thiophen-2-carbaldehyd $C_5H_3NO_3S$, Formel VIII.
B. Beim Erwärmen von 2-Dibrommethyl-3-nitro-thiophen mit Natriumacetat in wss. Äthanol und anschliessend mit wss. Salzsäure (*Snyder et al.*, Am. Soc. **79** [1957] 2556, 2557).
Bei 113—127°/2—3 Torr destillierbar.

3-Nitro-thiophen-2-carbaldehyd-semicarbazon $C_6H_6N_4O_3S$, Formel IX.
B. Aus 3-Nitro-thiophen-2-carbaldehyd und Semicarbazid (*Snyder et al.*, Am. Soc. **79** [1957] 2556, 2557).
Krystalle (aus Dimethylformamid); F: 247—248° [Zers.].

4-Nitro-thiophen-2-carbaldehyd $C_5H_3NO_3S$, Formel X.
B. Neben 5-Nitro-thiophen-2-carbaldehyd beim Behandeln von Thiophen-2-carbaldehyd mit Salpetersäure und Schwefelsäure bei —5° (*Gever*, Am. Soc. **77** [1955] 577; s. a. *Fournari, Chane*, Bl. **1963** 479, 481; *Foye et al.*, Am. Soc. **76** [1954] 1378). Beim Behandeln von 2-Diacetoxymethyl-4-nitro-thiophen mit wss. Schwefelsäure (*Tirouflet, Fournari*, C. r. **243** [1956] 61; s. a. *Gever*, Am. Soc. **75** [1953] 4585) oder mit Äthanol und Schwefelsäure (*Fo., Ch.*). — Abtrennung aus dem bei 35—37° schmelzenden eutektischen Gemisch mit 5-Nitro-thiophen-2-carbaldehyd: *Tirouflet, Fournari*, C. r. **246** [1958] 2003; *Fo., Ch.*
Krystalle; F: 61° (*Fo., Ch.*), 56° (*Ti., Fo.*, C. r. **243** 62, **246** 2004), 55—56° [aus Isopropylalkohol] (*Ge.*, Am. Soc. **77** 578). Polarographie: *Tirouflet, Chané*, C. r. **243** [1956] 500; *Fo., Ch.* Eutektikum mit 5-Nitro-thiophen-2-carbaldehyd: *Ti., Fo.*, C. r. **246** 2004.

2-Diacetoxymethyl-4-nitro-thiophen $C_9H_9NO_6S$, Formel XI.
B. Neben 2-Diacetoxymethyl-5-nitro-thiophen (Hauptprodukt) beim Behandeln von Thiophen-2-carbaldehyd mit Salpetersäure, Acetanhydrid und Essigsäure (*Tirouflet, Fournari*, C. r. **243** [1956] 61; *Fournari, Chane*, Bl. **1963** 479, 481). Aus 4-Nitro-thiophen-2-carbaldehyd und Acetanhydrid (*Gever*, Am. Soc. **77** [1955] 577).
Krystalle; F: 79—80° [aus Me.] (*Ge.*), 78° [aus Ae. + Bzn.] (*Ti., Fo.; Fo., Ch.*). UV-Absorptionsmaximum (W.): 275 nm (*Ge.*). Eutektikum mit 2-Diacetoxymethyl-5-nitro-thiophen (F: 55—56°): *Ge.*

IX X XI XII

4-Nitro-thiophen-2-carbaldehyd-oxim $C_5H_4N_2O_3S$, Formel XII (X = OH).
B. Aus 4-Nitro-thiophen-2-carbaldehyd und Hydroxylamin (*Tirouflet, Fournari*, C. r. **243** [1956] 61; *Fournari, Chane*, Bl. **1963** 479, 482).
F: 172° [Zers.; Block].

4-Nitro-thiophen-2-carbaldehyd-phenylhydrazon $C_{11}H_9N_3O_2S$, Formel XII (X = NH-C_6H_5).
B. Aus 4-Nitro-thiophen-2-carbaldehyd und Phenylhydrazin (*Tirouflet, Fournari*, C. r. **243** [1956] 61; *Fournari, Chane*, Bl. **1963** 479, 482).
Krystalle; F: 200° (*Ti., Fo.; Fo., Ch.*). Über ein Präparat vom F: 192—194° [unkorr.] s. *Foye et al.*, Am. Soc. **76** [1954] 1378.

4-Nitro-thiophen-2-carbaldehyd-[4-brom-phenylhydrazon] $C_{11}H_8BrN_3O_2S$, Formel XII (X = NH-C_6H_4-Br).
B. Aus 4-Nitro-thiophen-2-carbaldehyd und [4-Brom-phenyl]-hydrazin (*Tirouflet, Fournari*, C. r. **243** [1956] 61; *Fournari, Chane*, Bl. **1963** 479, 482).
Orangefarbene Krystalle; F: 182—183° (*Fo., Ch.*), 182° (*Ti., Fo.*).

4-Nitro-thiophen-2-carbaldehyd-semicarbazon $C_6H_6N_4O_3S$, Formel XII (X = NH-CO-NH_2).

B. Aus 4-Nitro-thiophen-2-carbaldehyd und Semicarbazid (*Fournari, Chane*, Bl. **1963** 479, 482).

Krystalle; F: 270° [Block] (*Fo., Ch.*). Über Präparate vom F: 234—235° [korr.] bzw. vom F: 234—236° [unkorr.] s. *Gever*, Am. Soc. **75** [1953] 4585; *Foye et al.*, Am. Soc. **76** [1954] 1378.

4-Nitro-thiophen-2-carbaldehyd-thiosemicarbazon $C_6H_6N_4O_2S_2$, Formel XII (X = NH-CS-NH_2).

B. Aus 4-Nitro-thiophen-2-carbaldehyd und Thiosemicarbazid (*Fournari, Chane*, Bl. **1963** 479, 482).

Krystalle; F: 283° (*Fo., Ch.*). Über ein Präparat vom F: 247—248° [Zers.] s. *Campaigne et al.*, J. med. pharm. Chem. **1** [1959] 577, 594.

5-Nitro-thiophen-2-carbaldehyd $C_5H_3NO_3S$, Formel I.

B. Beim Erwärmen von 2-Diacetoxymethyl-5-nitro-thiophen mit Äthanol und Schwefelsäure (*Subarowškiĭ*, Doklady Akad. S.S.S.R. **83** [1952] 85, 86; C. A. **1953** 2166; *Fournari, Chane*, Bl. **1963** 479, 481) sowie mit wss. Schwefelsäure oder wss. Salzsäure (*Combes*, Bl. **1952** 701; *Tirouflet, Fournari*, C. r. **243** [1956] 61; *Patrick, Emerson*, Am. Soc. **74** [1952] 1356).

Krystalle; F: 77—77,5° [aus Bzn.] (*Su.*), 77° [aus A.] (*Buu-Hoi, Lavit*, Soc. **1958** 1721), 75—76° [aus W.] (*Pa., Em.*), 74° [aus wss. A.] (*Ti., Fo.*, C. r. **243** 62; *Fo., Ch.*). Absorptionsspektrum (200—400 nm) von Lösungen in Hexan und in Äthanol: *Pappalardo*, G. **89** [1959] 551, 552. Polarographie: *Tirouflet, Chané*, C. r. **243** [1956] 500; *Fo., Ch.* Über ein Eutektikum (F: 35—37°) mit 4-Nitro-thiophen-2-carbaldehyd s. *Tirouflet, Fournari*, C. r. **246** [1958] 2003.

2-Diacetoxymethyl-5-nitro-thiophen $C_9H_9NO_6S$, Formel II.

B. Beim Behandeln von Thiophen-2-carbaldehyd mit Salpetersäure und Acetanhydrid (*Combes*, Bl. **1952** 701), auch unter Zusatz von Essigsäure (*Subarowškiĭ*, Doklady Akad. S.S.S.R. **83** [1952] 85, 86; C. A. **1953** 2166; *Tirouflet, Fournari*, C. r. **243** [1956] 61; *Fournari, Chane*, Bl. **1963** 479, 481). Beim Behandeln einer Lösung von 2-Diacetoxymethyl-thiophen in Acetanhydrid mit Salpetersäure und Essigsäure (*Patrick, Emerson*, Am. Soc. **74** [1952] 1356; *Gever*, Am. Soc. **75** [1953] 4585).

Krystalle; F: 74° [aus A.] (*Su.*), 73° [aus A.] (*Ti., Fo.*; *Fo., Ch.*), 71—75° [aus Bzl. + Hexan] (*Pa., Em.*). Bei 155—165°/1,5 Torr destillierbar (*Pa., Em.*). Polarographie: *Tirouflet, Chané*, C. r. **243** [1956] 500. Über ein Eutektikum (F: 55—56°) mit 2-Diacetoxymethyl-4-nitro-thiophen-2-carbaldehyd s. *Gever*, Am. Soc. **77** [1955] 577.

5-Nitro-thiophen-2-carbaldehyd-oxim $C_5H_4N_2O_3S$, Formel III (X = OH).

B. Aus 5-Nitro-thiophen-2-carbaldehyd und Hydroxylamin (*Tirouflet, Fournari*, C. r. **243** [1956] 61; *Fournari, Chane*, Bl. **1963** 479, 482).

F: 164° [Zers.] (*Ti., Fo.*), 160—163° (*Fo., Ch.*). Polarographie: *Tirouflet, Chané*, C. r. **243** [1956] 500.

5-Nitro-thiophen-2-carbaldehyd-phenylhydrazon $C_{11}H_9N_3O_2S$, Formel III (X = NH-C_6H_5).

B. Aus 5-Nitro-thiophen-2-carbaldehyd und Phenylhydrazin (*Subarowškiĭ*, Doklady Akad. S.S.S.R. **83** [1952] 85, 87; C. A. **1953** 2166; *Tirouflet, Fournari*, C. r. **243** [1956] 61; *Fournari, Chane*, Bl. **1963** 479, 482).

Krystalle; F: 178° [Block] (*Ti., Fo.*; *Fo., Ch.*), 176—178° [aus A.] (*Su.*).

5-Nitro-thiophen-2-carbaldehyd-[4-brom-phenylhydrazon] $C_{11}H_8BrN_3O_2S$, Formel III (X = NH-C_6H_4-Br).

B. Aus 5-Nitro-thiophen-2-carbaldehyd und [4-Brom-phenyl]-hydrazin (*Tirouflet, Fournari*, C. r. **243** [1956] 61; *Fournari, Chane*, Bl. **1963** 479, 482).

Krystalle; F: 198° (*Ti., Fo.*), 196—198° [Block] (*Fo., Ch.*).

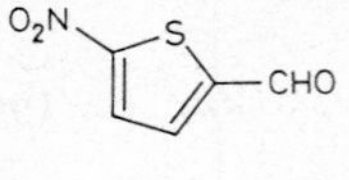

I 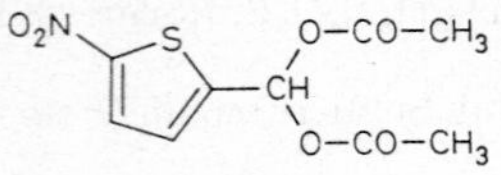 II 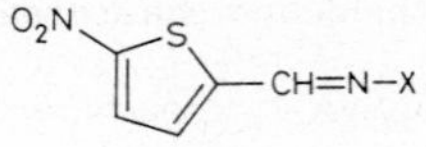 III 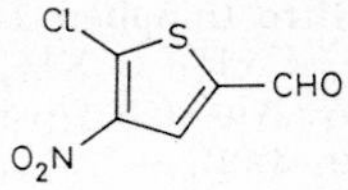 IV

5-Nitro-thiophen-2-carbaldehyd-[4-nitro-phenylhydrazon] $C_{11}H_8N_4O_4S$, Formel III ($X = NH\text{-}C_6H_4\text{-}NO_2$).

B. Aus 5-Nitro-thiophen-2-carbaldehyd und [4-Nitro-phenyl]-hydrazin (*Subarowškiĭ*, Doklady Akad. S.S.S.R. **83** [1952] 85, 87; C. A. **1953** 2166).

F: 254—255° [Zers.].

5-Nitro-thiophen-2-carbaldehyd-[2,4-dinitro-phenylhydrazon] $C_{11}H_7N_5O_6S$, Formel III ($X = NH\text{-}C_6H_3(NO_2)_2$).

B. Aus 5-Nitro-thiophen-2-carbaldehyd und [2,4-Dinitro-phenyl]-hydrazin (*Subarowškiĭ*, Doklady Akad. S.S.S.R. **83** [1952] 85, 88; C. A. **1953** 2166).

F: 325° [Zers.].

5-Nitro-thiophen-2-carbaldehyd-semicarbazon $C_6H_6N_4O_3S$, Formel III ($X = NH\text{-}CO\text{-}NH_2$).

B. Aus 5-Nitro-thiophen-2-carbaldehyd und Semicarbazid (*Patrick*, *Emerson*, Am. Soc. **74** [1952] 1356; *Combes*, Bl. **1952** 701).

Krystalle; F: 242—243° [korr.; aus Nitrobenzol] (*Pa.*, *Em.*), 233—235° [aus A. oder Dioxan] (*Co.*).

5-Nitro-thiophen-2-carbaldehyd-thiosemicarbazon $C_6H_6N_4O_2S_2$, Formel III ($X = NH\text{-}CS\text{-}NH_2$).

B. Aus 5-Nitro-thiophen-2-carbaldehyd und Thiosemicarbazid (*Combes*, Bl. **1952** 701; *Campaigne et al.*, Am. Soc. **75** [1953] 988; *Fournari*, *Chane*, Bl. **1963** 479, 482).

Gelbe Krystalle; F: 288—290° [Zers.] (*Fo.*, *Ch.*), 255—258° [aus Dioxan] (*Co.*), 252—255° [unkorr.; Zers.; aus wss. A. oder Me.] (*Ca. et al.*).

5-Nitro-thiophen-2-carbaldehyd-[4-isobutyl-thiosemicarbazon] $C_{10}H_{14}N_4O_2S_2$, Formel III ($X = NH\text{-}CS\text{-}NH\text{-}CH_2\text{-}CH(CH_3)_2$).

B. Aus 5-Nitro-thiophen-2-carbaldehyd und 4-Isobutyl-thiosemicarbazid (*Dodgen*, *Nobles*, J. Am. pharm. Assoc. **46** [1957] 437).

Krystalle (aus wss. A.); F: 188—190° [unkorr.].

[(5-Nitro-[2]thienylmethylen)-thiocarbamoyl-hydrazino]-essigsäure-äthylester, 3-[5-Nitro-[2]thienylmethylenamino]-4-thio-hydantoinsäure-äthylester $C_{10}H_{12}N_4O_4S_2$, Formel III ($X = N(CS\text{-}NH_2)\text{-}CH_2\text{-}CO\text{-}OC_2H_5$).

B. Aus 5-Nitro-thiophen-2-carbaldehyd und [*N*-Thiocarbamoyl-hydrazino]-essigsäure-äthylester in Äthanol (*Carrara et al.*, G. **83** [1953] 609, 610, 614).

Gelbe Krystalle; F: 212—214° [Zers.].

Trimethyl-[(5-nitro-[2]thienylmethylencarbazoyl)-methyl]-ammonium, Trimethylammonio-essigsäure-[(5-nitro-[2]thienylmethylen)-hydrazid] $[C_{10}H_{15}N_4O_3S]^+$, Formel III ($X = NH\text{-}CO\text{-}CH_2\text{-}N(CH_3)_3]^+$).

Chlorid $[C_{10}H_{15}N_4O_3S]Cl$. *B.* Aus 5-Nitro-thiophen-2-carbaldehyd und Carbazoylmethyl-trimethyl-ammonium-chlorid in Äthanol und wenig Essigsäure (*Du Pont de Nemours & Co.*, U.S.P. 2769813 [1951]). — Krystalle (aus wss. A.) mit 1 Mol Äthanol; F: 173° [Zers.].

5-Chlor-4-nitro-thiophen-2-carbaldehyd $C_5H_2ClNO_3S$, Formel IV.

F: 101—102° (*Sugimoto et al.*, J. chem. Soc. Japan Pure Chem. Sect. **82** [1961] 1407, 1408; Bl. Univ. Osaka Prefect. [A] **8** [1959] 71, 72). UV-Spektrum (Hexan; 215—310 nm): *Su. et al.*

3-Brom-4-nitro-thiophen-2-carbaldehyd $C_5H_2BrNO_3S$, Formel V.

B. Beim Behandeln von 3-Brom-thiophen-2-carbaldehyd mit Salpetersäure und Schwe=

felsäure unterhalb —10° (*Motoyama et al.*, J. chem. Soc. Japan Pure Chem. Sect. **78** [1957] 950, 957; C. A. **1960** 14223; *Nishimura et al.*, Bl. Univ. Osaka Prefect. [A] **6** [1958] 127, 132).

Krystalle (aus Bzn.); F: 108—110°.

Selenophen-2-carbaldehyd C_5H_4OSe, Formel VI.

B. Beim Behandeln von Selenophen mit Dimethylformamid und Phosphorylchlorid (*Jur'ew, Mesenzowa*, Ž. obšč. Chim. **27** [1957] 179, 180; engl. Ausg. S. 201, 202) oder mit *N*-Methyl-formanilid und Phosphorylchlorid (*Jur'ew, Saĭzewa*, Ž. obšč. Chim. **28** [1958] 2164, 2165; engl. Ausg. S. 2203, 2204; *Chierici, Pappalardo*, G. **88** [1958] 453, 460) und folgenden Hydrolysieren.

Kp_{14}: 92°; D_4^{22}: 1,680; n_D^{20}: 1,6309 (*Ch., Pa.*); Kp_7: 86—87°; D_4^{20}: 1,6688; n_D^{20}: 1,6292 (*Ju., Me.*). UV-Spektrum (Hexan; 200—350 nm): *Ch., Pa.*, l. c. S. 455.

Beim Behandeln mit Salpetersäure und Schwefelsäure unterhalb 0° sind annähernd gleiche Mengen 4-Nitro-selenophen-2-carbaldehyd und 2,4-Dinitro-selenophen sowie kleine Mengen 5-Nitro-selenophen-2-carbaldehyd (*Jur'ew, Saĭzewa*, Ž. obšč. Chim. **29** [1959] 1087, 1090; engl. Ausg. S. 1057, 1060), beim Behandeln mit Salpetersäure, Acetanhydrid und wenig Schwefelsäure bei —12° und anschliessenden Behandeln mit wss. Schwefelsäure ist nur 5-Nitro-selenophen-2-carbaldehyd erhalten worden (*Ju., Sa.*, Ž. obšč. Chim. **28** 2165; engl. Ausg. S. 2204).

Cyclohexyl-selenophen-2-ylmethylen-amin, Selenophen-2-carbaldehyd-cyclohexylimin $C_{11}H_{15}NSe$, Formel VII.

B. Aus Selenophen-2-carbaldehyd und Cyclohexylamin (*Jur'ew et al.*, Ž. obšč. Chim. **27** [1957] 2536, 2538; engl. Ausg. S. 2594, 2596).

Kp_8: 156°. D_4^{20}: 1,3082. n_D^{20}: 1,5920.

Selenophen-2-ylmethylen-anilin, Selenophen-2-carbaldehyd-phenylimin $C_{11}H_9NSe$, Formel VIII (X = H).

B. Aus Selenophen-2-carbaldehyd und Anilin in Methanol (*Jur'ew et al.*, Ž. obšč. Chim. **27** [1957] 2536, 2538; engl. Ausg. S. 2594, 2596).

Kp_{12}: 189—190°. D_4^{20}: 1,4262. n_D^{20}: 1,6855.

Hydrochlorid $C_{11}H_9NSe \cdot HCl$. Krystalle; F: 165° [Zers.].

3-Nitro-*N*-selenophen-2-ylmethylen-anilin, Selenophen-2-carbaldehyd-[3-nitro-phenyl-imin] $C_{11}H_8N_2O_2Se$, Formel VIII (X = NO_2).

B. Beim Erwärmen einer Lösung von Selenophen-2-carbaldehyd in Äthanol mit 3-Nitro-anilin in Methanol (*Jur'ew et al.*, Ž. obšč. Chim. **27** [1957] 2536, 2539; engl. Ausg. S. 2594, 2597).

Grüne Krystalle (aus A.); F: 93—94°.

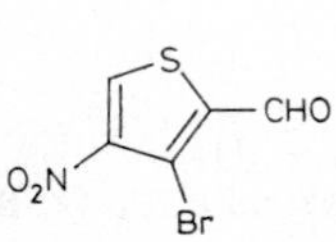

V 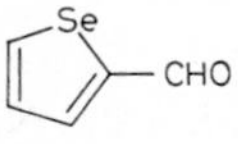 VI 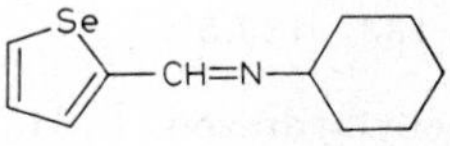 VII 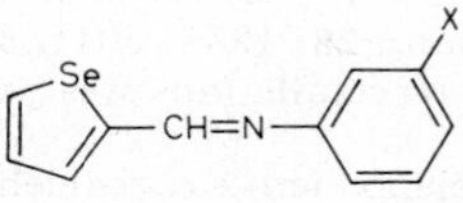 VIII

[1]Naphthyl-selenophen-2-ylmethylen-amin, Selenophen-2-carbaldehyd-[1]naphthylimin $C_{15}H_{11}NSe$, Formel IX.

B. Aus Selenophen-2-carbaldehyd und [1]Naphthylamin (*Jur'ew et al.*, Ž. obšč. Chim. **27** [1957] 2536, 2539; engl. Ausg. S. 2594, 2596).

Gelbe Krystalle (aus Me.); F: 74—75°. Bei 262°/12 Torr destillierbar.

2-Selenophen-2-ylmethylenamino-phenol, Selenophen-2-carbaldehyd-[2-hydroxy-phenyl-imin] $C_{11}H_9NOSe$, Formel X (X = OH).

B. Aus Selenophen-2-carbaldehyd und 2-Amino-phenol in Methanol (*Jur'ew et al.*, Ž. obšč. Chim. **27** [1957] 2536, 2539; engl. Ausg. S. 2594, 2597).

Gelbe Krystalle (aus Me.); F: 55°.

N-Selenophen-2-ylmethylen-anthranilsäure $C_{12}H_9NO_2Se$, Formel X (X = COOH).

B. Aus Selenophen-2-carbaldehyd und Anthranilsäure in Methanol (*Jur'ew et al.*, Ž. obšč. Chim. **27** [1957] 2536, 2539; engl. Ausg. S. 2594, 2596).

Rote Krystalle (aus A.); F: 132°.

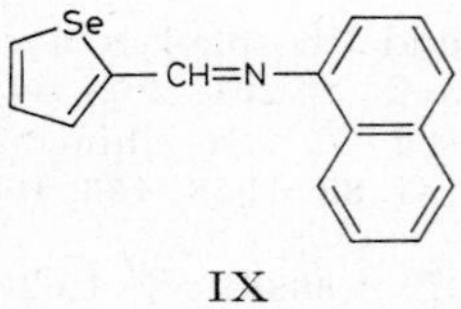

IX 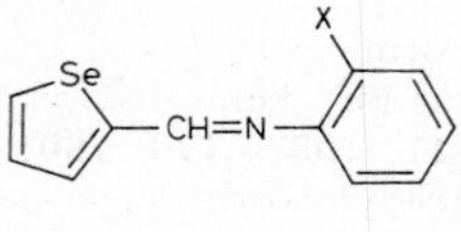 X 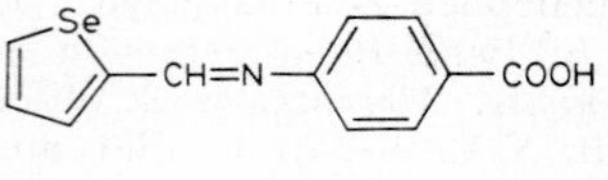 XI

4-Selenophen-2-ylmethylenamino-benzoesäure $C_{12}H_9NO_2Se$, Formel XI.

B. Aus Selenophen-2-carbaldehyd und 4-Amino-benzoesäure in Äthanol (*Jur'ew et al.*, Ž. obšč. Chim. **27** [1957] 2536, 2539; engl. Ausg. S. 2594, 2596).

Krystalle (aus Eg.); F: 200° [Zers.].

N,N'-Bis-selenophen-2-ylmethylen-äthylendiamin $C_{12}H_{12}N_2Se_2$, Formel XII.

B. Aus Selenophen-2-carbaldehyd und Äthylendiamin in wss. Äthanol (*Jur'ew et al.*, Ž. obšč. Chim. **27** [1957] 2536, 2539; engl. Ausg. S. 2594, 2597).

Krystalle (aus wss. A.); F: 110°.

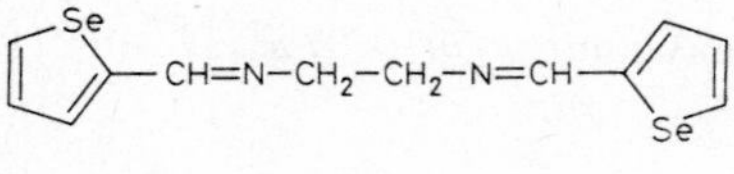

XII 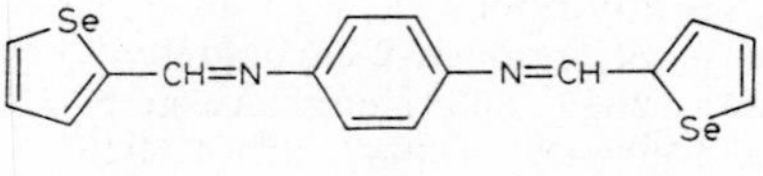 XIII

Bis-selenophen-2-ylmethylen-p-phenylendiamin $C_{16}H_{12}N_2Se_2$, Formel XIII.

B. Aus Selenophen-2-carbaldehyd und *p*-Phenylendiamin in Äthanol (*Jur'ew et al.*, Ž. obšč. Chim. **27** [1957] 2536, 2540; engl. Ausg. S. 2594, 2597).

Gelbe Krystalle (aus Butan-1-ol); F: 187–188°.

Selenophen-2-yl-bis-selenophen-2-ylmethylenamino-methan, C-Selenophen-2-yl-N,N'-bis-selenophen-2-ylmethylen-methylendiamin $C_{15}H_{12}N_2Se_3$, Formel XIV.

B. Beim Behandeln von Selenophen-2-carbaldehyd mit wss. Ammoniak (*Jur'ew et al.*, Ž. obšč. Chim. **27** [1957] 2536, 2538; engl. Ausg. S. 2594, 2596).

Krystalle (aus wss. Acn.); F: 100°.

Selenophen-2-carbaldehyd-oxim C_5H_5NOSe, Formel XV (X = OH).

B. Aus Selenophen-2-carbaldehyd und Hydroxylamin (*Jur'ew, Mesenzowa*, Ž. obšč. Chim. **28** [1958] 3041, 3044; engl. Ausg. S. 3071, 3073).

Krystalle (aus wss. A.); F: 133–133,5°.

Selenophen-2-carbaldehyd-phenylhydrazon $C_{11}H_{10}N_2Se$, Formel XVI (X = H).

B. Aus Selenophen-2-carbaldehyd und Phenylhydrazin (*Chierici, Pappalardo*, G. **88** [1958] 453, 460).

Gelbe Krystalle (aus A.); F: 151–152°.

Selenophen-2-carbaldehyd-[2,4-dinitro-phenylhydrazon] $C_{11}H_8N_4O_4Se$, Formel XVI (X = NO_2).

B. Aus Selenophen-2-carbaldehyd und [2,4-Dinitro-phenyl]-hydrazin (*Jur'ew, Mesenzowa*, Ž. obšč. Chim. **27** [1957] 179, 181; engl. Ausg. S. 201, 202).

Krystalle (aus Py.); F: 240°.

Selenophen-2-carbaldehyd-semicarbazon $C_6H_7N_3OSe$, Formel XV (X = NH-CO-NH_2).

B. Aus Selenophen-2-carbaldehyd und Semicarbazid (*Jur'ew, Mesenzowa*, Ž. obšč. Chim. **27** [1957] 179, 181; engl. Ausg. S. 201, 202; *Chierici, Pappalardo*, G. **88** [1958] 453, 460).

Krystalle; F: 221° [aus A.] (*Ch., Pa.*), 205° [aus wss. A.] (*Ju., Me.*).

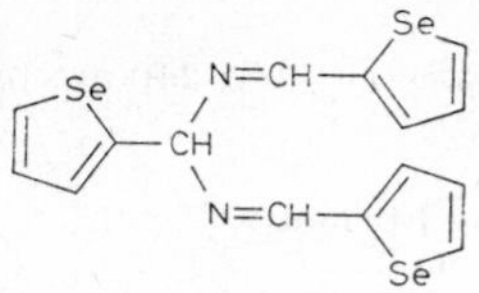

XIV 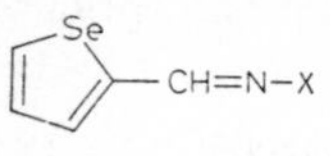 XV 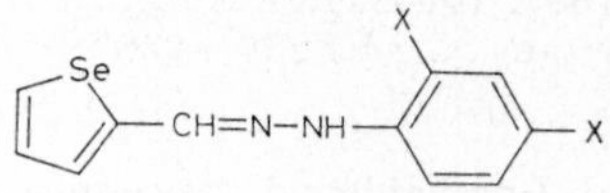 XVI 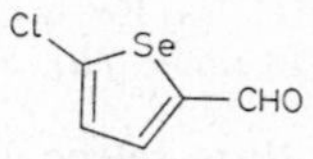 XVII

Selenophen-2-carbaldehyd-thiosemicarbazon $C_6H_7N_3SSe$, Formel XV (X = NH-CS-NH_2).
B. Aus Selenophen-2-carbaldehyd und Thiosemicarbazid (*Jur'ew, Mesenzowa*, Ž. obšč. Chim. **27** [1957] 179, 181; engl. Ausg. S. 201, 202).
Krystalle (aus wss. A.); F: 176°.

5-Chlor-selenophen-2-carbaldehyd C_5H_3ClOSe, Formel XVII.
B. Beim Behandeln von 2-Chlor-selenophen mit *N*-Methyl-formanilid und Phosphoryl=chlorid in Chlorbenzol und folgenden Hydrolysieren (*Chierici, Pappalardo*, G. **89** [1959] 1900, 1906).
Kp_{15}: 109°. UV-Spektrum (Hexan; 210—350 nm): *Ch., Pa.*, l. c. S. 1903.

5-Chlor-selenophen-2-carbaldehyd-phenylhydrazon $C_{11}H_9ClN_2Se$, Formel I (R = C_6H_5).
B. Aus 5-Chlor-selenophen-2-carbaldehyd (*Chierici, Pappalardo*, G. **89** [1959] 1900, 1907).
Gelbe Krystalle (aus A.); F: 131°.

5-Chlor-selenophen-2-carbaldehyd-semicarbazon $C_6H_6ClN_3OSe$, Formel I (R = CO-NH_2).
B. Aus 5-Chlor-selenophen-2-carbaldehyd und Semicarbazid (*Chierici, Pappalardo*, G. **89** [1959] 1900, 1907).
Krystalle (aus A.); F: 209°.

5-Brom-selenophen-2-carbaldehyd C_5H_3BrOSe, Formel II.
B. Beim Behandeln von 2-Brom-selenophen mit *N*-Methyl-formanilid und Phosphoryl=chlorid in Chlorbenzol und folgenden Hydrolysieren (*Chierici, Pappalardo*, G. **89** [1959] 560, 567).
Kp_{15}: 110°. UV-Spektrum (Hexan; 210—350 nm): *Ch., Pa.*, l. c. S. 562.

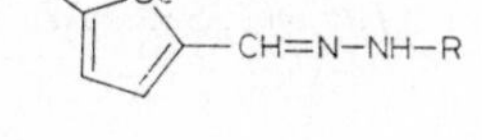

I 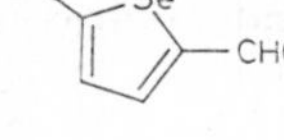 II 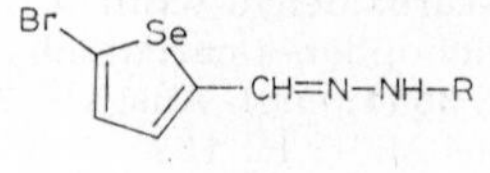 III 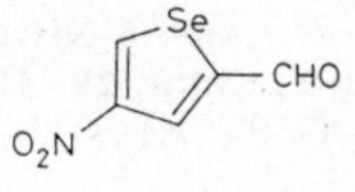 IV

5-Brom-selenophen-2-carbaldehyd-phenylhydrazon $C_{11}H_9BrN_2Se$, Formel III (R = C_6H_5).
B. Aus 5-Brom-selenophen-2-carbaldehyd (*Chierici, Pappalardo*, G. **89** [1959] 560, 567).
Krystalle (aus wss. A.); F: 121—122°.

5-Brom-selenophen-2-carbaldehyd-semicarbazon $C_6H_6BrN_3OSe$, Formel III (R = CO-NH_2).
B. Aus 5-Brom-selenophen-2-carbaldehyd und Semicarbazid (*Chierici, Pappalardo*, G. **89** [1959] 560, 567).
Krystalle (aus A.); F: 215°.

4-Nitro-selenophen-2-carbaldehyd $C_5H_3NO_3Se$, Formel IV.
B. Neben anderen Verbindungen beim Behandeln von Selenophen-2-carbaldehyd mit Salpetersäure und Schwefelsäure unterhalb 0° (*Jur'ew, Saĭzewa*, Ž. obšč. Chim. **29** [1959] 1087, 1090; engl. Ausg. S. 1057, 1060).
Krystalle (aus PAe.); F: 69—69,5° [über das Semicarbazon gereinigtes Präparat]. Absorptionsspektrum (Me.; 200—450 nm): *Ju., Sa.*

4-Nitro-selenophen-2-carbaldehyd-semicarbazon $C_6H_6N_4O_3Se$, Formel V (R = CO-NH_2).
B. Aus 4-Nitro-selenophen-2-carbaldehyd und Semicarbazid (*Jur'ew, Saĭzewa*, Ž. obšč.

Chim. **29** [1959] 1087, 1090; engl. Ausg. S. 1057, 1060).

Gelbe Krystalle (aus A.); F: 236–238° [Zers.]. Absorptionsspektrum (Me.; 200 nm bis 550 nm): *Ju.*, *Sa.*

4-Nitro-selenophen-2-carbaldehyd-thiosemicarbazon $C_6H_6N_4O_2SSe$, Formel V (R = CS-NH_2).

B. Aus 4-Nitro-selenophen-2-carbaldehyd und Thiosemicarbazid (*Jur'ew, Saĭzewa*, Ž. obšč. Chim. **29** [1959] 1087, 1091; engl. Ausg. S. 1057, 1061).

Orangefarbene Krystalle (aus wss. A.); F: 242–243° [Zers.].

5-Nitro-selenophen-2-carbaldehyd $C_5H_3NO_3Se$, Formel VI.

B. Beim Erwärmen von 2-Diacetoxymethyl-5-nitro-selenophen mit wss. Schwefelsäure (*Jur'ew, Saĭzewa*, Ž. obšč. Chim. **28** [1958] 2164, 2166; engl. Ausg. S. 2203, 2204). Neben grösseren Mengen 4-Nitro-selenophen-2-carbaldehyd und 2,4-Dinitro-selenophen beim Behandeln von Selenophen-2-carbaldehyd mit Salpetersäure und Schwefelsäure unterhalb 0° (*Jur'ew, Saĭzewa*, Ž. obšč. Chim. **29** [1959] 1087, 1090; engl. Ausg. S. 1057, 1060).

Krystalle (aus PAe.); F: 88,5–89° (*Ju.*, *Sa.*, Ž. obšč. Chim. **28** 2166). Absorptionsspektrum (Me.; 200–450 nm): *Ju.*, *Sa.*, Ž. obšč. Chim. **29** 1089. Polarographie: *Štradin' et al.*, Doklady Akad. S.S.S.R. **129** [1959] 816, 817; Pr. Acad. Sci. U.S.S.R. Chem. Sect. **124–129** [1959] 1077, 1078.

2-Diacetoxymethyl-5-nitro-selenophen $C_9H_9NO_6Se$, Formel VII.

B. Beim Behandeln von Selenophen-2-carbaldehyd mit Salpetersäure, Acetanhydrid und wenig Schwefelsäure bei −12° (*Jur'ew, Saĭzewa*, Ž. obšč. Chim. **28** [1958] 2164, 2165; engl. Ausg. S. 2203, 2204).

Krystalle (aus A.); F: 106,5–107°.

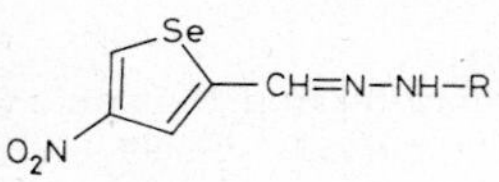

V 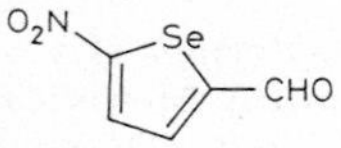 VI 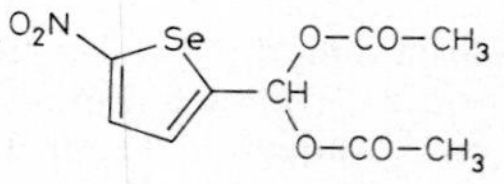 VII 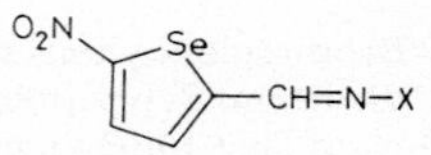 VIII

5-Nitro-selenophen-2-carbaldehyd-oxim $C_5H_4N_2O_3Se$, Formel VIII (X = OH).

B. Aus 5-Nitro-selenophen-2-carbaldehyd und Hydroxylamin (*Jur'ew, Saĭzewa*, Ž. obšč. Chim. **29** [1959] 3644; engl. Ausg. S. 3603).

Gelbe Krystalle (aus Me.); F: 152–153° [Zers.].

5-Nitro-selenophen-2-carbaldehyd-[2,4-dinitro-phenylhydrazon] $C_{11}H_7N_5O_6Se$, Formel VIII (X = NH-$C_6H_3(NO_2)_2$).

B. Aus 5-Nitro-selenophen-2-carbaldehyd und [2,4-Dinitro-phenyl]-hydrazin (*Jur'ew, Saĭzewa*, Ž. obšč. Chim. **28** [1958] 2164, 2166; engl. Ausg. S. 2203, 2204).

Orangerote Krystalle (aus Nitrobenzol); F: 305–307° [Zers.].

5-Nitro-selenophen-2-carbaldehyd-semicarbazon $C_6H_6N_4O_3Se$, Formel VIII (X = NH-CO-NH_2).

B. Aus 5-Nitro-selenophen-2-carbaldehyd und Semicarbazid (*Jur'ew, Saĭzewa*, Ž. obšč. Chim. **28** [1958] 2164, 2166; engl. Ausg. S. 2203, 2204).

Gelbe Krystalle (aus Dioxan); F: 252–254° [Zers.] (*Ju.*, *Sa.*, Ž. obšč. Chim. **28** 2166). Absorptionsspektrum (Me.; 200–550 nm): *Jur'ew, Saizewa*, Ž. obšč. Chim. **29** [1959] 1087, 1089; engl. Ausg. S. 1057, 1059. Polarographie: *Štradin' et al.*, Doklady Akad. S.S.S.R. **129** [1959] 816, 817; Pr. Acad. Sci. U.S.S.R. Chem. Sect. **124–129** [1959] 1077, 1078.

5-Nitro-selenophen-2-carbaldehyd-thiosemicarbazon $C_6H_6N_4O_2SSe$, Formel VIII (X = NH-CS-NH_2).

B. Aus 5-Nitro-selenophen-2-carbaldehyd und Thiosemicarbazid (*Jur'ew, Saĭzewa*, Ž. obšč. Chim. **28** [1958] 2164, 2166; engl. Ausg. S. 2203, 2204).

Orangegelbe Krystalle (aus Dioxan); F: 255–257° [Zers.].

5-Methylen-5*H*-furan-2-on, 4-Hydroxy-penta-2*c*,4-diensäure-lacton, Penta-2,4-dien-4-olid, Protoanemonin $C_5H_4O_2$, Formel IX (E II 313).

In einem von *Muskat et al.* (Am. Soc. **52** [1930] 326, 331) unter dieser Konstitution beschriebenen Präparat vom F: 143° hat Anemonin (1,7-Dioxa-dispiro[4.0.4.2]dodeca-3,9-dien-2,8-dion) vorgelegen (*Kipping*, Soc. **1935** 1145).

Isolierung aus dem Kraut von Ranunculus acer: *Zechner*, *Wohlmuth*, Scientia pharm. **22** [1954] 73, 84. Protoanemonin liegt wahrscheinlich nicht als solches in den Pflanzen vor, sondern bildet sich erst bei der Aufarbeitung (*Hill*, *van Heyningen*, Biochem. J. **49** [1951] 332; *Ze.*, *Wo.*, l. c. S. 75).

B. Beim Erwärmen von Pent-2*t*-en-4-insäure mit Bromwasserstoff in Essigsäure (*Schulte*, *Baranowsky*, Pharm. Zentralhalle **98** [1959] 403, 408). Beim Erwärmen von 4-Oxo-pent-2-ensäure (E III **3** 1310) mit Acetanhydrid, Essigsäure und wenig Schwefelsäure (*Shaw*, Am. Soc. **68** [1946] 2510, 2512). Beim Erwärmen von 5-Acetoxy-5-methyl-5*H*-furan-2-on mit Acetanhydrid und Essigsäure, auch nach Zusatz von Schwefelsäure (*Shaw*; *Sakuma*, J. pharm. Soc. Japan **73** [1953] 1137; C. A. **1954** 12070). Beim Behandeln von α-Angelicalacton (4-Hydroxy-pent-3*t*-ensäure-lacton [S. 4300]) mit Brom in Schwefelkohlenstoff und Behandeln einer Lösung des Reaktionsprodukts in Benzol oder Äther mit Chinolin (*Grundmann*, *Kober*, Am. Soc. **77** [1955] 2332). Aus Ranunculin ((4*S*)-5-β-D-Glucopyranosyloxy-4-hydroxy-pent-2*c*-ensäure-lacton) beim Erhitzen mit Wasserdampf (*Hill*, *v. He.*, l. c. S. 335; *Hellström*, Lantbruks Högskol. Ann. **25** [1959] 171, 182).

Stabilisierung durch Zusatz von Hydrochinon: *Shaw*; *Ze.*, *Wo.*

Krystalle (aus Ae. + PAe.); F: −5° (*Sa.*). Kp_{11}: 73°; Kp_8: 67° (*Sch.*, *Ba.*); Kp_8: 68° (*Gr.*, *Ko.*); $Kp_{1,5}$: 45° (*Shaw*); $Kp_{0,1}$: 32−36° (*Sa.*). UV-Spektrum (W.; 220−280 nm): *Shaw.*

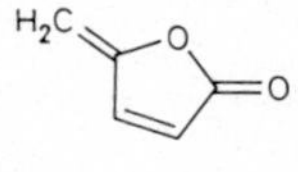

IX 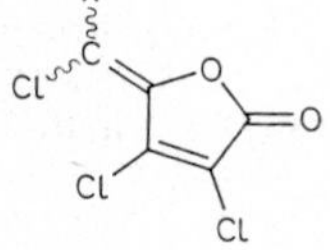 X 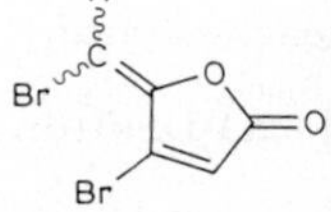 XI 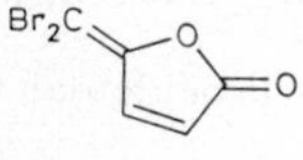 XII 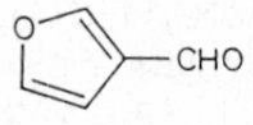 XIII

***3,4-Dichlor-5-chlormethylen-5*H*-furan-2-on, 2,3,5ξ-Trichlor-4-hydroxy-penta-2*c*,4-diensäure-lacton** $C_5HCl_3O_2$, Formel X (X = H).

Diese Konstitution ist wahrscheinlich der früher (s. H **7** 570) als 2,4,5-Trichlor-cyclopent-4-en-1,3-dion („1.2.4-Trichlor-cyclopenten-(1)-dion-(3.5)") formulierten Verbindung vom F: 49−50° zuzuordnen (*Roedig*, *Märkl*, A. **636** [1960] 1, 10).

3,4-Dichlor-5-dichlormethylen-5*H*-furan-2-on, 2,3,5,5-Tetrachlor-4-hydroxy-penta-2*c*,4-diensäure-lacton $C_5Cl_4O_2$, Formel X (X = Cl).

Diese Konstitution ist der früher (s. H **7** 571; s. a. E II **7** 545) als Tetrachlor-cyclopent-4-en-1,3-dion („Tetrachlor-cyclopenten-(1)-dion-(3.5)") formulierten Verbindung (F: 75° bis 76°) zuzuordnen (*Roedig*, *Märkl*, A. **636** [1960] 1, 3).

***4-Brom-5-brommethylen-5*H*-furan-2-on, 3,5ξ-Dibrom-4-hydroxy-penta-2*c*,4-diensäure-lacton** $C_5H_2Br_2O_2$, Formel XI.

Diese Konstitution ist der früher (s. H **7** 571) als 2,4-Dibrom-cyclopent-4-en-1,3-dion („1.4-Dibrom-cyclopenten-(1)-dion-(3.5)") formulierten Verbindung vom F: 98,5−99° zuzuordnen (*Wells*, Austral. J. Chem. **16** [1963] 165).

^{1}H-NMR-Absorption ($CDCl_3$) sowie ^{1}H-^{1}H-Spin-Spin-Kopplungskonstanten: *We.*, l. c. S. 168. IR-Banden (CCl_4) im Bereich von 3160 cm^{-1} bis 831 cm^{-1}: *We.*, l. c. S. 168. UV-Absorptionsmaximum (Isooctan): 290 nm.

5-Dibrommethylen-5*H*-furan-2-on, 5,5-Dibrom-4-hydroxy-penta-2*c*,4-diensäure-lacton $C_5H_2Br_2O_2$, Formel XII.

Diese Konstitution ist wahrscheinlich der früher (s. H **7** 571) als 2,2-Dibrom-cyclopent-4-en-1,3-dion („4.4-Dibrom-cyclopenten-(1)-dion-(3.5)") formulierten Verbindung vom F: 137° zuzuordnen (*Koch*, *Pirsch*, M. **93** [1962] 661; *Wells*, Austral. J. Chem. **16** [1963] 165).

^{1}H-NMR-Absorption ($CDCl_3$) sowie ^{1}H-^{1}H-Spin-Spin-Kopplungskonstanten: *We.*, l. c. S. 168. IR-Banden (CCl_4) im Bereich von 1805 cm^{-1} bis 826 cm^{-1}: *We.*, l. c. S. 168. UV-Absorptionsmaximum (Isooctan): 306 nm (*We.*).

Furan-3-carbaldehyd $C_5H_4O_2$, Formel XIII.

B. Bei der Hydrierung von Furan-3-carbonylchlorid an Palladium/Bariumsulfat in Xylol in Gegenwart von Thioharnstoff (*Hayes*, Am. Soc. **71** [1949] 2581; s. a. *Gilman, Burtner*, Am. Soc. **55** [1933] 2903, 2908).

Kp_{732}: 144°; Kp_{43}: 70–72° (*Gi., Bu.*); Kp_{39}: 66–68° (*Ha.*). D_{20}^{20}: 1,111; n_D^{20}: 1,4945 (*Gi., Bu.*).

Beim Behandeln mit Salpetersäure und Acetanhydrid ist 4-Diacetoxymethyl-2-nitrofuran erhalten worden (*Gi., Bu.*).

Charakterisierung durch Überführung in Bis-[4,4-dimethyl-2,6-dioxo-cyclohexyl]-[3]furyl-methan (F: 168–170°): *Kotake et al.*, A. **606** [1957] 148, 152.

3-Diacetoxymethyl-furan $C_9H_{10}O_5$, Formel I.

B. Beim Erhitzen von Furan-3-carbaldehyd mit Acetanhydrid und Essigsäure (*Gilman, Burtner*, Am. Soc. **55** [1933] 2903, 2908; *Hayes*, Am. Soc. **71** [1949] 2581).

Krystalle (aus PAe.); F: 50° (*Gi., Bu.*), 46–47° (*Ha.*). Kp_{15}: 118–119° (*Ha.*).

Furan-3-carbaldehyd-phenylhydrazon $C_{11}H_{10}N_2O$, Formel II (R = C_6H_5).

B. Aus Furan-3-carbaldehyd und Phenylhydrazin (*Gilman, Burtner*, Am. Soc. **55** [1933] 2903, 2908).

F: 149,5°.

Furan-3-carbaldehyd-[2,4-dinitro-phenylhydrazon] $C_{11}H_8N_4O_5$, Formel II (R = $C_6H_3(NO_2)_2$).

B. Aus Furan-3-carbaldehyd und [2,4-Dinitro-phenyl]-hydrazin (*Kotake et al.*, A. **606** [1957] 148, 152).

Krystalle (aus A.); F: 232–237°.

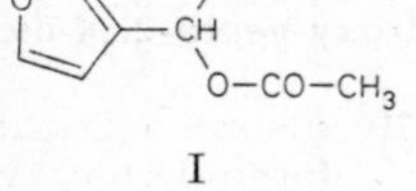

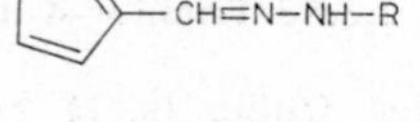

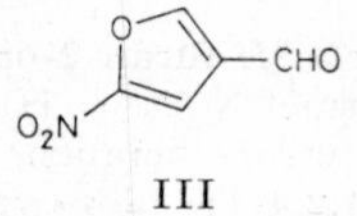

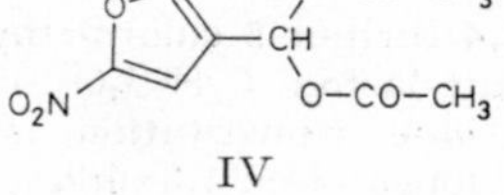

I II III IV

Furan-3-carbaldehyd-semicarbazon $C_6H_7N_3O_2$, Formel II (R = CO-NH_2).

B. Aus Furan-3-carbaldehyd und Semicarbazid (*Hayes*, Am. Soc. **71** [1949] 2581).

Krystalle (aus wss. A.); F: 210–211° [unkorr.].

5-Nitro-furan-3-carbaldehyd $C_5H_3NO_4$, Formel III.

B. Beim Behandeln von 3-Diacetoxymethyl-furan mit Salpetersäure und Acetanhydrid und Erwärmen des Reaktionsprodukts mit wss. Schwefelsäure (*Gilman, Burtner*, Am. Soc. **55** [1933] 2903, 2908).

Krystalle (aus PAe.); F: 76°.

4-Diacetoxymethyl-2-nitro-furan $C_9H_9NO_7$, Formel IV.

B. Beim Behandeln von Furan-3-carbaldehyd oder von 3-Diacetoxymethyl-furan mit Salpetersäure und Acetanhydrid (*Gilman, Burtner*, Am. Soc. **55** [1933] 2903, 2908; *Hayes*, Am. Soc. **71** [1949] 2581).

Krystalle (aus PAe.); F: 87° (*Gi., Bu.*).

Verbindung mit Essigsäure $C_9H_9NO_7 \cdot C_2H_4O_2$. Krystalle (aus Ae.); F: 133–134° [korr.] (*Ha.*).

5-Nitro-furan-3-carbaldehyd-hydrazon $C_5H_5N_3O_3$, Formel V (R = H).

B. Aus 5-Nitro-furan-3-carbaldehyd und Hydrazin (*Gilman, Burtner*, Am. Soc. **55** [1933] 2903, 2909).

F: 122° [Zers.].

5-Nitro-furan-3-carbaldehyd-semicarbazon $C_6H_6N_4O_4$, Formel V (R = CO-NH$_2$).

B. Beim Erwärmen von 4-Diacetoxymethyl-2-nitro-furan mit Semicarbazid-hydrochlorid und wss.-äthanol. Schwefelsäure (*Hayes*, Am. Soc. **71** [1949] 2581).

Gelbe Krystalle; F: 215° [unkorr.; Zers.].

Thiophen-3-carbaldehyd C_5H_4OS, Formel VI.

B. Beim Erwärmen von 3-Brommethyl-thiophen mit Hexamethylentetramin in Chloroform und Erhitzen des Reaktionsprodukts (*N*-[3]Thienylmethyl-hexamethylentetraminium-bromid, F: ca. 150°) mit Wasserdampf oder mit wss. Äthanol (*Campaigne, Le Suer*, Am. Soc. **70** [1948] 1555, 1557; *Campbell, Kaeding*, Am. Soc. **73** [1951] 4018; *Campaigne et al.*, Org. Synth. Coll. Vol. IV [1963] 918). Beim Behandeln von 3-Brom-thiophen mit Butyllithium in Äther, anschliessend mit Dimethylformamid und Hydrolysieren (*Gronowitz*, Ark. Kemi **8** [1955/56] 441, 446). Beim Erwärmen von Thiophen-3-carbonsäure-anilid mit Phosphor(V)-chlorid in Benzol, Behandeln einer Lösung des Reaktionsprodukts in Äther mit Zinn(II)-chlorid und Chlorwasserstoff und Erhitzen des vom Äther befreiten Reaktionsgemisches mit Wasser (*Nishimura et al.*, Bl. Univ. Osaka Prefect. [A] **6** [1958] 127, 133). Aus Thiophen-3-carbaldehyd-diäthylacetal (*Steinkopf, Schmitt*, A. **533** [1938] 264, 266).

Kp_{744}: 195—199° (*Campaigne, Le Suer*; *Campaigne et al.*); Kp_{20}: 86—87° (*Gr.*, l. c. S. 446); Kp_{18}: 89—89,5° (*Ni. et al.*); Kp_{14}: 80—81° (*Price, Dudley*, zit. bei *Campaigne et al.*, l. c. S. 918); Kp_{14}: 78° (*St., Sch.*; *Ca., Ka.*). D_4^{24}: 1,2800; n_D^{20}: 1,5860 (*Campaigne, Le Suer*); n_D^{23}: 1,5810 (*Campbell, Ka.*). ^{1}H-^{1}H-Spin-Spin-Kopplungskonstanten: *Gronowitz, Hoffman*, Ark. Kemi **13** [1958/59] 279, 282; *Gronowitz, Hoffman*, Acta chem. scand. **13** [1959] 1687, 1689. ^{1}H-NMR-Spektrum (Cyclohexan): *Gr., Ho.*, Acta chem. scand. **13** 1689. IR-Spektrum ($CHCl_3$; 2—15 μ): *Gronowitz, Rosenberg*, Ark. Kemi **8** [1955/56] 23, 26. UV-Spektrum (A.; 200—320 nm): *Gronowitz*, Ark. Kemi **13** [1958/59] 239, 241. Polarographie: *Tirouflet, Laviron*, C. r. **246** [1958] 274.

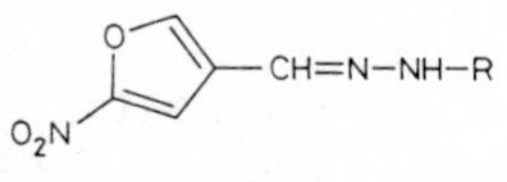

V 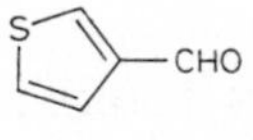 VI 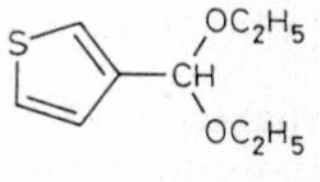 VII 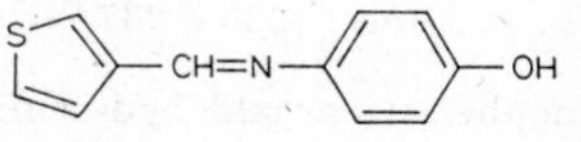 VIII

3-Diäthoxymethyl-thiophen, Thiophen-3-carbaldehyd-diäthylacetal $C_9H_{14}O_2S$, Formel VII.

B. Aus 3-Jod-thiophen durch Umsetzung mit Magnesium und anschliessend mit Orthoameisensäure-triäthylester (*Steinkopf, Schmitt*, A. **533** [1938] 264, 266).

Kp_{10}: 76°.

4-[3]Thienylmethylenamino-phenol, Thiophen-3-carbaldehyd-[4-hydroxy-phenylimin] $C_{11}H_9NOS$, Formel VIII.

B. Beim Erwärmen von Thiophen-3-carbaldehyd mit 4-Amino-phenol in Äthanol (*Mihailović, Tot*, J. org. Chem. **22** [1957] 652).

Krystalle (aus A.); F: 202,5° [unkorr.].

[2,2-Diäthoxy-äthyl]-[3]thienylmethylen-amin, Thiophen-3-carbaldehyd-[2,2-diäthoxy-äthylimin], [3]Thienylmethylenamino-acetaldehyd-diäthylacetal $C_{11}H_{17}NO_2S$, Formel IX (X = CH_2-$CH(OC_2H_5)_2$).

B. Beim Erwärmen von Thiophen-3-carbaldehyd mit Aminoacetaldehyd-diäthylacetal (*Herz, Tsai*, Am. Soc. **75** [1953] 5122).

Kp_3: 128°. n_D^{23}: 1,5179.

Bis-acetylamino-[3]thienyl-methan, *N,N'*-Diacetyl-*C*-[3]thienyl-methylendiamin $C_9H_{12}N_2O_2S$, Formel X (R = CH_3).

B. Beim Erwärmen von Thiophen-3-carbaldehyd mit Acetamid und Acetanhydrid (*Mihailović, Tot*, J. org. Chem. **22** [1957] 652).

Krystalle (aus Acn.); F: 231° [unkorr.].

Bis-benzoylamino-[3]thienyl-methan, *N,N'*-Dibenzoyl-*C*-[3]thienyl-methylendiamin $C_{19}H_{16}N_2O_2S$, Formel X (R = C_6H_5).

B. Beim Erwärmen von Thiophen-3-carbaldehyd mit Benzamid und Acetanhydrid

(*Mihailović, Tot,* J. org. Chem. **22** [1957] 652).
Krystalle (aus A.); F: 213° [unkorr.].

Thiophen-3-carbaldehyd-oxim C_5H_5NOS, Formel IX (X = OH).
B. Aus Thiophen-3-carbaldehyd und Hydroxylamin (*Steinkopf, Schmitt,* A. **533** [1938] 264, 267).
Gelbe Krystalle (aus W.); F: 111–112° (*St., Sch.*). Polarographie: *Tirouflet, Laviron,* C. r. **246** [1958] 274.

IX X XI

Thiophen-3-carbaldehyd-phenylhydrazon $C_{11}H_{10}N_2S$, Formel XI (X = H).
B. Aus Thiophen-3-carbaldehyd und Phenylhydrazin (*Steinkopf, Schmitt,* A. **533** [1938] 264, 266; *Campaigne, Le Suer,* Am. Soc. **70** [1948] 1555, 1557; *Gronowitz,* Ark. Kemi **8** [1955/56] 441, 446).
Krystalle (aus wss. A.); F: 138–139° (*St., Sch.*), 137–138° (*Gr.*), 136–137° (*Ca., Le Suer*).

Thiophen-3-carbaldehyd-[2,4-dinitro-phenylhydrazon] $C_{11}H_8N_4O_4S$, Formel XI ($X = NO_2$).
B. Aus Thiophen-3-carbaldehyd und [2,4-Dinitro-phenyl]-hydrazin (*Campaigne, Le Suer,* Am. Soc. **70** [1948] 1555, 1557; *Campbell, Kaeding,* Am. Soc. **73** [1951] 4018; *Gronowitz,* Ark. Kemi **8** [1955/56] 441, 446).
Orangefarbene Krystalle [aus Nitromethan] (*Ca., Le Suer*). F: 236–237° [unkorr.] (*Ca., Le Suer*), 235–237° (*Gr.*), 235° (*Ca., Ka.*).

Thiophen-3-carbaldehyd-semicarbazon $C_6H_7N_3OS$, Formel IX ($X = NH\text{-}CO\text{-}NH_2$).
B. Aus Thiophen-3-carbaldehyd und Semicarbazid (*Campaigne, Le Suer,* Am. Soc. **70** [1948] 1555, 1557).
Krystalle (aus wss. A.); F: 233–234° [unkorr.].

Thiophen-3-carbaldehyd-thiosemicarbazon $C_6H_7N_3S_2$, Formel IX ($X = NH\text{-}CS\text{-}NH_2$).
B. Aus Thiophen-3-carbaldehyd und Thiosemicarbazid (*Campaigne et al.,* Am. Soc. **75** [1953] 988; *Mihailović, Tot,* J. org. Chem. **22** [1957] 652).
Krystalle (aus wss. A.); F: 160° [unkorr.] (*Mi., Tot*), 151–152° [unkorr.] (*Ca. et al.*).

2-Chlor-thiophen-3-carbaldehyd C_5H_3ClOS, Formel XII.
B. Beim Erhitzen einer wss. Lösung von *N*-[2-Chlor-[3]thienylmethyl]-hexamethylentetraminium-bromid unter Durchleiten von Wasserdampf (*Campaigne, Le Suer,* Am. Soc. **71** [1949] 333).
Krystalle; F: 25°. Bei 100–102°/1–2 Torr destillierbar. n_D^{20}: 1,5908 [flüssiges Präparat].

2-Chlor-thiophen-3-carbaldehyd-[2,4-dinitro-phenylhydrazon] $C_{11}H_7ClN_4O_4S$, Formel XIII ($R = C_6H_3(NO_2)_2$).
B. Aus 2-Chlor-thiophen-3-carbaldehyd und [2,4-Dinitro-phenyl]-hydrazin (*Campaigne, Le Suer,* Am. Soc. **71** [1949] 333).
Orangefarbene Krystalle (aus $CHCl_3$); F: 214°.

2-Chlor-thiophen-3-carbaldehyd-thiosemicarbazon $C_6H_6ClN_3S_2$, Formel XIII ($R = CS\text{-}NH_2$).
B. Aus 2-Chlor-thiophen-3-carbaldehyd und Thiosemicarbazid (*Campaigne et al.,* Am. Soc. **75** [1953] 988).
Krystalle (aus wss. A.); F: 196–198° [unkorr.; Zers.].

2,5-Dichlor-thiophen-3-carbaldehyd $C_5H_2Cl_2OS$, Formel XIV.
B. Beim Erhitzen einer wss. Lösung von *N*-[2,5-Dichlor-[3]thienylmethyl]-hexa=

methylentetraminium-bromid unter Durchleiten von Wasserdampf (*Campaigne, Le Suer*, Am. Soc. **71** [1949] 333; s. a. *Campaigne et al.*, Am. Soc. **75** [1953] 988).

Als Thiosemicarbazon (s. u.) charakterisiert.

XII XIII XIV XV

2,5-Dichlor-thiophen-3-carbaldehyd-thiosemicarbazon $C_6H_5Cl_2N_3S_2$, Formel XV.

B. Aus 2,5-Dichlor-thiophen-3-carbaldehyd und Thiosemicarbazid (*Campaigne et al.*, Am. Soc. **75** [1953] 988).

Gelbe Krystalle (aus wss. A.); F: 232—233° [unkorr.; Zers.].

2-Brom-thiophen-3-carbaldehyd C_5H_3BrOS, Formel I.

B. Beim Erwärmen einer wss. Lösung von *N*-[2-Brom-[3]thienylmethyl]-hexa= methylentetraminium-bromid unter Durchleiten von Wasserdampf (*Campaigne, Le Suer*, Am. Soc. **71** [1949] 333).

Krystalle (aus Bzn.); F: 34°.

2-Brom-thiophen-3-carbaldehyd-[2,4-dinitro-phenylhydrazon] $C_{11}H_7BrN_4O_4S$, Formel II (R = $C_6H_3(NO_2)_2$).

B. Aus 2-Brom-thiophen-3-carbaldehyd und [2,4-Dinitro-phenyl]-hydrazin (*Campaigne, Le Suer*, Am. Soc. **71** [1949] 333).

Orangefarbene Krystalle (aus $CHCl_3$); F: 230,5°.

2-Brom-thiophen-3-carbaldehyd-thiosemicarbazon $C_6H_6BrN_3S_2$, Formel II (R = CS-NH_2).

B. Aus 2-Brom-thiophen-3-carbaldehyd und Thiosemicarbazid (*Campaigne et al.*, Am. Soc. **75** [1953] 988).

Gelbe Krystalle (aus wss. A.); F: 192—194° [unkorr.; Zers.].

I II III IV

2-Nitro-thiophen-3-carbaldehyd $C_5H_3NO_3S$, Formel III.

B. Beim Behandeln von [2-Nitro-[3]thienyl]-methanol mit *N*-Brom-succinimid und Calciumcarbonat in Tetrachlormethan (*Snyder et al.*, Am. Soc. **79** [1957] 2556, 2559). Neben 2-Nitro-thiophen-3-carbonsäure beim Behandeln von [2-Nitro-[3]thienyl]-methanol mit Salpetersäure (*Raich, Hamilton*, Am. Soc. **79** [1957] 3800, 3803).

Krystalle (aus Ae. + PAe.); F: 55,5—56,5° (*Sn. et al.*), 54—55° (*Ra., Ha.*).

2-Nitro-thiophen-3-carbaldehyd-phenylhydrazon $C_{11}H_9N_3O_2S$, Formel IV (R = C_6H_5).

B. Aus 2-Nitro-thiophen-3-carbaldehyd und Phenylhydrazin (*Raich, Hamilton*, Am. Soc. **79** [1957] 3800, 3803).

Rote Krystalle (aus A.); F: 213—215° [unkorr.; Zers.].

2-Nitro-thiophen-3-carbaldehyd-semicarbazon $C_6H_6N_4O_3S$, Formel IV (R = CO-NH_2).

B. Aus 2-Nitro-thiophen-3-carbaldehyd und Semicarbazid (*Snyder et al.*, Am. Soc. **79** [1957] 2556, 2559).

Gelbe Krystalle (aus Dimethylformamid); F: 265—266° [Zers.].

2-Nitro-thiophen-3-carbaldehyd-thiosemicarbazon $C_6H_6N_4O_2S_2$, Formel IV (R = CS-NH_2).

B. Aus 2-Nitro-thiophen-3-carbaldehyd und Thiosemicarbazid (*Raich, Hamilton*, Am.

Soc. **79** [1957] 3800, 3804).

Krystalle; F: 243–244° [unkorr.; Zers.]. [*Koetter*]

Oxo-Verbindungen $C_6H_6O_2$

6-Methyl-pyran-2-on, 5-Hydroxy-hexa-2*c*,4*t*-diensäure-lacton, Hexa-2,4-dien-5-olid $C_6H_6O_2$, Formel V.

B. In kleiner Menge neben anderen Verbindungen bei partieller Hydrierung von Hexa-2,4-diinsäure an einem Lindlar-Katalysator in Äthylacetat in Gegenwart von Chinolin (*Allan et al.*, Soc. **1955** 1862, 1872).

Krystalle (aus Pentan), die bei 13–21° [Block] schmelzen. n_D^{21}: 1,5175.

4-Chlor-6-methyl-pyran-2-on, 3-Chlor-5-hydroxy-hexa-2*c*,4*t*-diensäure-lacton $C_6H_5ClO_2$, Formel VI.

Diese Konstitution kommt der nachstehend beschriebenen, von *Wichterle, Vogel* (Collect. **19** [1954] 1197, 1201) als 2-Chlor-6-methyl-pyran-4-on $C_6H_5ClO_2$ oder 4-Chlor-6-methyl-pyran-2-on formulierten Verbindung zu (*van Dam, Kögl*, R. **83** [1964] 39, 41).

B. Neben grösseren Mengen 4,4-Dichlor-but-3-en-2-on beim Behandeln von Acetylchlorid mit 1,1-Dichlor-äthylen in Gegenwart von Aluminiumchlorid (*Wi.*, *Vo.*).

Krystalle (aus W.); F: 85–86° (*Wi.*, *Vo.*).

V VI VII VIII

2-Methyl-1,1-dioxo-1λ⁶-thiopyran-4-on $C_6H_6O_3S$, Formel VII.

B. Beim Erwärmen von 3,5-Dibrom-2-methyl-1,1-dioxo-1λ⁶-tetrahydro-thiopyran-4-on mit Natriumacetat in Aceton (*Nasarow et al.*, Ž. obšč. Chim. **22** [1952] 990, 995; engl. Ausg. S. 1045, 1046, 1049).

Gelbe Krystalle (aus A.); F: 141–141,5°.

Beim Erhitzen mit Buta-1,3-dien in Dioxan auf 150° ist 2-Methyl-1,1-dioxo-*cis*-4a,5,8,8a-tetrahydro-1λ⁶-thiochromen-4-on erhalten worden (*Na. et al.*, l. c. S. 997).

5-Methyl-pyran-2-on, 5*c*-Hydroxy-4-methyl-penta-2*c*,4-diensäure-lacton $C_6H_6O_2$, Formel VIII.

B. Aus 3-Methyl-6-oxo-6*H*-pyran-2-carbonsäure beim Erhitzen mit Kupfer-Pulver (*Fried, Elderfield*, J. org. Chem. **6** [1941] 566, 571).

F: 17–19°; n_D^{25}: 1,5210 (*Fr.*, *El.*). Feinstruktur der IR-Banden im Bereich von 1800 cm^{-1} bis 1500 cm^{-1} von Lösungen in Chloroform und in Tetrachlormethan sowie Feinstruktur der CO-Valenzschwingungsbande bei 1730 cm^{-1} eines flüssigen Films bei 23° und bei 130°: *Jones et al.*, Canad. J. Chem. **37** [1959] 2007, 2010, 2012, 2014. UV-Spektrum (A.; 230–340 nm): *Fr.*, *El.*, l. c. S. 569.

Beim Erhitzen mit Maleinsäure-anhydrid in Toluol ist eine wahrscheinlich als 6*t*-Hydroxy-5-methyl-cyclohex-4-en-1*r*,2*c*,3*t*-tricarbonsäure-1,2-anhydrid-3-lacton zu formulierende Verbindung (F: 194,5–195,5° [korr.; Zers.]) erhalten worden (*Fr.*, *El.*).

2-Acetyl-furan, 1-[2]Furyl-äthanon $C_6H_6O_2$, Formel IX auf S. 4502 (H 286; E I 149; E II 314).

B. Beim Behandeln von Furan mit Acetanhydrid unter Zusatz von wss. Jodwasserstoffsäure (*Hartough, Kosak*, Am. Soc. **68** [1946] 2639, **69** [1947] 3153), unter Zusatz von wasserhaltiger Phosphorsäure (*Hartough, Kosak*, Am. Soc. **69** [1947] 3093, 3095; *Terent'ew, Gratschewa*, Ž. obšč. Chim. **28** [1958] 1167; engl. Ausg. S. 1225), unter Zusatz des Borfluorid-Äther-Addukts (*Heid, Levine*, J. org. Chem. **13** [1948] 409, 411; s. a. *Hartough*,

Kosak, Am. Soc. **70** [1948] 867), unter Zusatz von Zinn(IV)-chlorid in Benzol (*Gol'dfarb, Šmorgonškii*, Ž. obšč. Chim. **8** [1938] 1523, 1525; C. **1939** II 4234) oder unter Zusatz von Zinkchlorid (*Hartough, Kosak*, Am. Soc. **69** [1947] 1012). Beim Behandeln von Furfural mit Diazomethan in Äther (*Ramonczai, Vargha*, Am. Soc. **72** [1950] 2737).

Krystalle; F: 33° (*Andrisano, Passerini*, G. **80** [1950] 735, 739), 31–33° (*Nakaya et al.*, J. chem. Soc. Japan Pure Chem. Sect. **78** [1957] 935, 940; C. A. **1959** 21277), 30–32° (*Hartough, Kosak*, Am. Soc. **68** [1946] 2639). Kp_{14}: 65° (*Na. et al.*); Kp_5: 45–48° (*Ha., Ko.*). ^{1}H-NMR-Spektrum sowie ^{1}H-^{1}H-Spin-Spin-Kopplungskonstanten: *Leane, Richards*, Trans. Faraday Soc. **55** [1959] 518. IR-Banden von flüssigem 1-[2]Furyl-äthanon im Bereich von 1779 cm^{-1} bis 659 cm^{-1}: *Mantica et al.*, Rend. Ist. lomb. **91** [1957] 817, 823, 825; von Lösungen in Chloroform im Bereich von 1575 cm^{-1} bis 834 cm^{-1}: *Katritzky, Lagowski*, Soc. **1959** 657, 658. Raman-Spektrum von flüssigem 1-[2]Furyl-äthanon sowie von Lösungen in Benzol und in Phenol: *Chiorboli*, R. A. L. [8] **11** [1951] 375, 376. UV-Spektrum (210–315 nm) von Lösungen in Wasser: *Andrisano, Passerini*, G. **80** [1950] 730, 734; in Methanol: *Yabuta, Tamura*, J. agric. chem. Soc. Japan **19** [1943] 546, 550; C. A. **1952** 965. UV-Absorptionsmaxima: 225 nm und 275 nm [W.] (*Raffauf*, Am. Soc. **72** [1950] 753), 226 nm und 270 nm [A.] (*Hammond, Schultz*, Am. Soc. **74** [1952] 329, 331), 225 nm und 269 nm [A.] (*Andrisano, Pappalardo*, R. A. L. [8] **15** [1953] 64, 66). Oxydationspotential: *Adkins et al.*, Am. Soc. **71** [1949] 3622, 3623. Polarographie: *Na. et al.*, l. c. S. 941.

Überführung in 5-Acetyl-furan-2-sulfonsäure durch Erhitzen mit 1-Sulfo-pyridinium-betain in 1,2-Dichlor-äthan auf 140°: *Terent'ew et al.*, Ž. obšč. Chim. **20** [1950] 185; engl. Ausg. S. 187. Bildung von 1-[5-Nitro-[2]furyl]-äthanon und 2-Nitro-furan beim Behandeln mit Salpetersäure und Acetanhydrid: *Rinkes*, R. **51** [1932] 349, 352; *Sasaki*, Bl. Inst. chem. Res. Kyoto **33** [1955] 39, 44; C. A. **1956** 14705. Überführung in Bis-[furan-2-carbonyl]-furoxan durch Behandlung mit Salpetersäure, Schwefelsäure und Essigsäure: *Hayes, O'Keefe*, J. org. Chem. **19** [1954] 1897, 1900. Beim Erhitzen mit wss. Ammoniak auf 150° (*Rapoport, Volcheck*, Am. Soc. **78** [1956] 2451, 2454) sowie beim Erhitzen mit Ammoniumsulfat auf 160° (*Aso*, Tohoku J. agric. Res. **1** [1950] 125; C. A. **1952** 506) ist 2-Methyl-pyridin-3-ol, beim Erhitzen mit Ammoniak und Ammoniumchlorid, mit Ammoniak in Methanol, mit Ammoniak in wss. Methanol oder mit Ammoniak und Ammoniumchlorid in Äthanol auf 180° (*Sugisawa, Aso*, J. agric. chem. Soc. Japan **33** [1959] 259; C. A. **59** [1963] 8695) sowie beim Erhitzen mit Ammoniak in Äthanol auf 160° (*Quaker Oats Co.*, U.S.P. 2655512 [1950]) sind 2-Methyl-pyridin-3-ol und 1-Pyrrol-2-yl-äthanon erhalten worden. Bildung von 2-Methyl-pyridin-3,6-diol beim Erhitzen mit Hydroxylamin-hydrochlorid in Wasser auf 160°: *Aso et al.*, Tohoku J. agric. Res. **2** [1952] 53, 55; C. A. **1953** 9972. Reaktion mit Butylamin bei 150° unter Bildung von 1-[1-Butyl-pyrrol-2-yl]-äthanon sowie Reaktion mit Äthylendiamin in Wasser bei 135–150° unter Bildung von 1-Methyl-3,4-dihydro-pyrrolo[1,2-*a*]pyrazin: *Quaker Oats Co.* Bildung von 3-Hydroxy-2-methyl-1-phenyl-pyridinium-Salz beim Erhitzen mit Anilin und Anilin-hydrochlorid in Äthanol auf 110°: *Borsche et al.*, B. **71** [1938] 957, 965). Bei der Behandlung mit Orthoameisensäure-trimethylester und wenig Toluol-4-sulfonsäure in Methanol und Elektrolyse des mit Ammoniumbromid versetzten Reaktionsgemisches an einer Nickel-Kathode ist 2,5-Dimethoxy-2-[1,1-dimethoxy-äthyl]-2,5-dihydro-furan (Kp_{14}: 112–113°; n_D^{25}: 1,4498) erhalten worden (*Nielsen et al.*, Acta chem. scand. **9** [1955] 9, 11). Bildung von 2,3-Epoxy-3-[2]furyl-buttersäure (Kp_2: 122–129°) beim Behandeln mit Bromessigsäure-äthylester und Natriumäthylat in Toluol: *Kipnis et al.*, Am. Soc. **70** [1948] 4265.

1-[2]Furyl-äthanon-oxim $C_6H_7NO_2$.

Über die Konfiguration der Stereoisomeren s. *Dullien*, Canad. J. Chem. **35** [1957] 1366, 1373; *Schay et al.*, Acta chim. hung. **15** [1958] 273, 282.

a) **1-[2]Furyl-äthanon-(*Z*)-oxim** $C_6H_7NO_2$, Formel X (R = H).

B. Beim Behandeln des unter b) beschriebenen Stereoisomeren mit Chlorwasserstoff in Äther (*Ocskay, Vargha*, Tetrahedron **2** [1958] 140, 146; *Vargha, Ocskay*, Acta chim. hung. **19** [1959] 143, 147).

Krystalle (aus W.), F: 74° (*Dullien*, Canad. J. Chem. **35** [1957] 1366, 1370; *Oc., Va.*; *Va., Oc.*, l. c. S. 149). Raman-Banden von Lösungen in Pyridin und in Benzol: *Du.*, l. c. S. 1370; *Schay et al.*, Acta chim. hung. **15** [1958] 273, 277. UV-Spektrum (A.; 200–300 nm): *Oc., Va.*, l. c. S. 144; *Va., Oc.*

Hydrochlorid $C_6H_7NO_2 \cdot HCl$. F: 128–129° (*Oc.*, *Va.*). Gegen Wasser nicht beständig (*Oc.*, *Va.*).

b) **1-[2]Furyl-äthanon-(*E*)-oxim** $C_6H_7NO_2$, Formel XI (R = H) (E I 149; vgl. H 286).

B. Beim Behandeln von 1-[2]Furyl-äthanon mit Hydroxylamin-hydrochlorid und Natriumacetat in Äthanol (*Vargha et al.*, Am. Soc. **70** [1948] 371, 373) oder mit Hydroxylamin-hydrochlorid und wss. Natronlauge (*Ocskay*, *Vargha*, Tetrahedron **2** [1958] 140, 145). Beim Behandeln von 1-[2]Furyl-äthanon-(*Z*)-oxim mit wss. Schwefelsäure (*Oc.*, *Va.*, l. c. S. 146).

Krystalle; F: 104° [aus Me.] (*Va. et al.*), [aus A.] (*Oc.*, *Va.*), [aus wss. A.] (*Yabuta*, *Tamura*, J. agric. chem. Soc. Japan **19** [1943] 546, 548; C. A. **1952** 965). IR-Banden ($CHCl_3$) im Bereich von 1498 cm^{-1} bis 942 cm^{-1}: *Katritzky*, *Lagowski*, Soc. **1959** 657, 658. Raman-Banden (Py.): *Dullien*, Canad. J. Chem. **35** [1957] 1366, 1370; *Schay et al.*, Acta chim. hung. **15** [1958] 273, 277. UV-Spektrum (A.; 200–300 nm): *Oc.*, *Va.*, l. c. S. 144.

Hydrochlorid $C_6H_7NO_2 \cdot HCl$. F: 85–90° (*Oc.*, *Va.*). Gegen Wasser nicht beständig (*Oc.*, *Va.*).

1-[2]Furyl-äthanon-[*O*-acetyl-oxim] $C_8H_9NO_3$.

a) **1-[2]Furyl-äthanon-[(*Z*)-*O*-acetyl-oxim]** $C_8H_9NO_3$, Formel X (R = CO-CH_3).

B. Beim Behandeln von 1-[2]Furyl-äthanon-(*Z*)-oxim mit Acetanhydrid (*Ocskay*, *Vargha*, Tetrahedron **2** [1958] 140, 148).

Krystalle (aus W.); F: 75°.

b) **1-[2]Furyl-äthanon-[(*E*)-*O*-acetyl-oxim]** $C_8H_9NO_3$, Formel XI (R = CO-CH_3) (H 286).

B. Beim Behandeln von 1-[2]Furyl-äthanon-(*E*)-oxim mit Acetanhydrid (*Ocskay*, *Vargha*, Tetrahedron **2** [1958] 140, 143).

Krystalle (aus Bzn.); F: 96°.

1-[2]Furyl-äthanon-[(*E*)-*O*-trichloracetyl-oxim] $C_8H_6Cl_3NO_3$, Formel XI (R = CO-CCl_3).

B. Beim Behandeln von 1-[2]Furyl-äthanon-(*E*)-oxim mit Trichloracetylchlorid, Pyridin und Chloroform bei –10° (*Vargha*, *Gönczy*, Am. Soc. **72** [1950] 2738).

Krystalle (aus Bzl.); F: 98°.

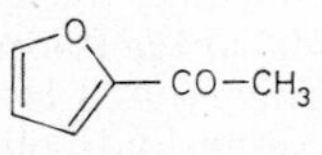

IX 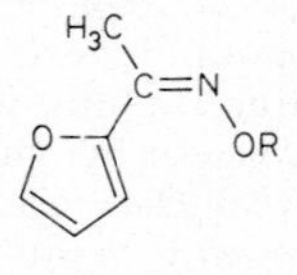 X 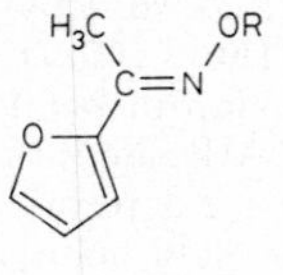 XI 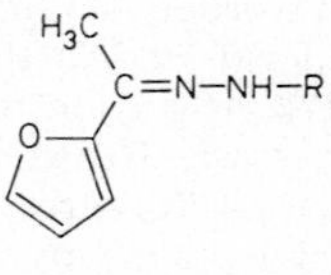 XII

1-[2]Furyl-äthanon-[*O*-benzoyl-oxim] $C_{13}H_{11}NO_3$.

a) **1-[2]Furyl-äthanon-[(*Z*)-*O*-benzoyl-oxim]** $C_{13}H_{11}NO_3$, Formel X (R = CO-C_6H_5).

B. Beim Behandeln von 1-[2]Furyl-äthanon-(*Z*)-oxim mit Benzoylchlorid und Pyridin (*Ocskay*, *Vargha*, Tetrahedron **2** [1958] 140, 148).

F: 84° [aus Bzn.].

b) **1-[2]Furyl-äthanon-[(*E*)-*O*-benzoyl-oxim]** $C_{13}H_{11}NO_3$, Formel XI (R = CO-C_6H_5) (H 287).

B. Beim Behandeln von 1-[2]Furyl-äthanon-(*E*)-oxim mit Benzoylchlorid und Pyridin (*Vargha*, *Ocskay*, Acta chim. hung. **19** [1959] 143, 149).

F: 97–98°.

1-[2]Furyl-äthanon-[*O*-(toluol-4-sulfonyl)-oxim] $C_{13}H_{13}NO_4S$.

a) **1-[2]Furyl-äthanon-[(*Z*)-*O*-(toluol-4-sulfonyl)-oxim]** $C_{13}H_{13}NO_4S$, Formel X (R = SO_2-C_6H_4-CH_3).

B. Beim Behandeln von 1-[2]Furyl-äthanon-(*Z*)-oxim mit Toluol-4-sulfonylchlorid und

Pyridin (*Ocskay, Vargha*, Tetrahedron **2** [1958] 140, 148).
F: 88° [aus Bzl. + Bzn.].

b) **1-[2]Furyl-äthanon-[(*E*)-*O*-(toluol-4-sulfonyl)-oxim]** $C_{13}H_{13}NO_4S$, Formel XI ($R = SO_2$-C_6H_4-CH_3).

B. Beim Behandeln von 1-[2]Furyl-äthanon-(*E*)-oxim mit Toluol-4-sulfonylchlorid und Pyridin (*Vargha et al.*, Am. Soc. **70** [1948] 371, 373).

Krystalle (aus Bzl. + PAe.); F: 80° [Zers.] (*Va. et al.*).

Bei mehrtägigem Behandeln mit Methanol sind 6,6-Dimethoxy-hex-4*c*-en-2,3-dion und Ammonium-[toluol-4-sulfonat] erhalten worden (*Va. et al.*; s. a. *Vargha, Gönczy*, Am. Soc. **72** [1950] 2738).

1-[2]Furyl-äthanon-phenylhydrazon $C_{12}H_{12}N_2O$, Formel XII ($R = C_6H_5$) (H 286).

B. Aus 1-[2]Furyl-äthanon und Phenylhydrazin (*Katritzky, Lagowski*, Soc. **1959** 657, 658).

F: 85—86°. IR-Banden ($CHCl_3$) im Bereich von 1480 cm^{-1} bis 883 cm^{-1}: *Ka., La.*

1-[2]Furyl-äthanon-[2,4-dinitro-phenylhydrazon] $C_{12}H_{10}N_4O_5$, Formel XII ($R = C_6H_3(NO_2)_2$).

B. Aus 1-[2]Furyl-äthanon und [2,4-Dinitro-phenyl]-hydrazin (*Chute et al.*, J. org. Chem. **6** [1941] 157, 165; *Wilson*, Soc. **1945** 61; *Hartough, Kosak*, Am. Soc. **68** [1946] 2639).

Krystalle; F: 223° [aus E. + A.] (*Ch. et al.*), 222° (*Wi.*), 219—220° (*Ha., Ko.*). Über ein ebenfalls aus 1-[2]Furyl-äthanon hergestelltes Präparat vom F: 158° (rote Krystalle [aus Me.]) s. *Borsche et al.*, B. **71** [1938] 957, 961.

1-[2]Furyl-äthanon-[4-nitro-benzoylhydrazon], 4-Nitro-benzoesäure-[1-[2]furyl-äthylidenhydrazid] $C_{13}H_{11}N_3O_4$, Formel XII ($R = CO$-C_6H_4-NO_2).

B. Aus 1-[2]Furyl-äthanon und 4-Nitro-benzoesäure-hydrazid in Äthanol (*Miyatake et al.*, J. pharm. Soc. Japan **75** [1955] 1066, 1068; C. A. **1956** 5616).

Gelbe Krystalle (aus A.); F: 211—213,5°.

1-[2]Furyl-äthanon-[cyanacetyl-hydrazon], Cyanessigsäure-[1-[2]furyl-äthyliden-hydrazid] $C_9H_9N_3O_2$, Formel XII ($R = CO$-CH_2-CN).

B. Aus 1-[2]Furyl-äthanon und Cyanessigsäure-hydrazid in Äthanol (*Giannini, Fedi*, Farmaco Ed. scient. **13** [1958] 385, 389).

Krystalle (aus Bzl.); F: 166—167°.

1-[2]Furyl-äthanon-semicarbazon $C_7H_9N_3O_2$, Formel XII ($R = CO$-NH_2) (H 287; E I 149).

B. Aus 1-[2]Furyl-äthanon und Semicarbazid (*Yabuta, Tamura*, J. agric. chem. Soc. Japan **19** [1943] 546, 548; C. A. **1952** 965; *Heid, Levine*, J. org. Chem. **13** [1948] 409, 412).

Krystalle; F: 152° [aus Me.] (*Ya., Ta.*), 149—150° [korr.] (*Heid, Le.*).

1-[2]Furyl-äthanon-thiosemicarbazon $C_7H_9N_3OS$, Formel XII ($R = CS$-NH_2).

B. Aus 1-[2]Furyl-äthanon und Thiosemicarbazid (*Nepera Chem. Co.*, U.S.P. 2639287 [1950]; *Anderson et al.*, Am. Soc. **73** [1951] 4967).

Krystalle; F: 142—144° [unkorr.; aus A. oder wss. A.] (*An. et al.*), 142—144° [aus W.] (*Nepera Chem. Co.*).

Bis-[1-[2]furyl-äthyliden]-hydrazin, 1-[2]Furyl-äthanon-azin $C_{12}H_{12}N_2O_2$, Formel I.

B. Neben 1-[2]Furyl-äthanon-hydrazon (nicht näher beschrieben) beim Erwärmen von 1-[2]Furyl-äthanon mit Hydrazin-hydrat und Äthanol (*Schuikin et al.*, Izv. Akad. S.S.S.R. Otd. chim. **1956** 622; engl. Ausg. S. 623).

Gelbe Krystalle; F: 95—96°.

2-Acetyl-3-chlor-furan, 1-[3-Chlor-[2]furyl]-äthanon $C_6H_5ClO_2$, Formel II.

B. Beim Behandeln von 3-Chlor-furan-2-carbonylchlorid mit einer aus Malonsäure-diäthylester, und Magnesiumäthylat in Äthanol und Äther bereiteten Lösung und Erwärmen des Reaktionsprodukts mit Essigsäure und wss. Schwefelsäure (*Okuzumi*,

J. chem. Soc. Japan Pure Chem. Sect. **79** [1958] 1366, 1369, 1371; C. A. **1960** 24633).
Krystalle; F: 42°.

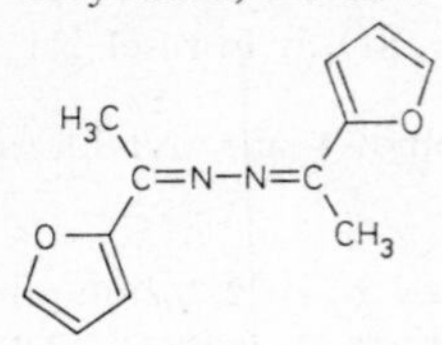

I 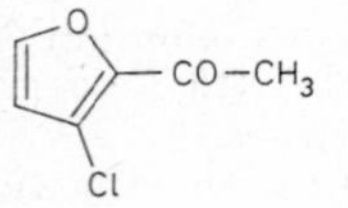 II 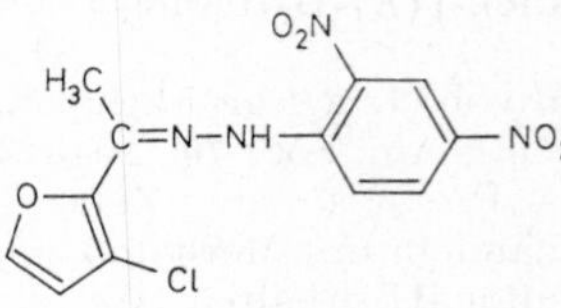 III 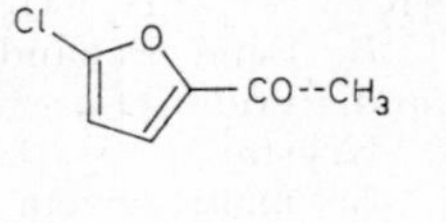 IV

1-[3-Chlor-[2]furyl]-äthanon-[2,4-dinitro-phenylhydrazon] $C_{12}H_9ClN_4O_5$, Formel III.
B. Aus 1-[3-Chlor-[2]furyl]-äthanon und [2,4-Dinitro-phenyl]-hydrazin (*Okuzumi*, J. chem. Soc. Japan Pure Chem. Sect. **79** [1958] 1366, 1369; C. A. **1960** 24633).
Orangefarbene Krystalle; F: 218°.

2-Acetyl-5-chlor-furan, 1-[5-Chlor-[2]furyl]-äthanon $C_6H_5ClO_2$, Formel IV.
B. Beim Behandeln von 5-Chlor-furan-2-carbonylchlorid mit einer aus Malonsäurediäthylester und Magnesiumäthylat in Äthanol und Äther bereiteten Lösung und Erwärmen des Reaktionsprodukts mit Essigsäure und wss. Schwefelsäure (*Okuzumi*, J. chem. Soc. Japan Pure Chem. Sect. **79** [1958] 1366, 1369, 1371; C. A. **1960** 24633).
Krystalle; F: 78–79°.

1-[5-Chlor-[2]furyl]-äthanon-[2,4-dinitro-phenylhydrazon] $C_{12}H_9ClN_4O_5$, Formel V.
B. Aus 1-[5-Chlor-[2]furyl]-äthanon und [2,4-Dinitro-phenyl]-hydrazin (*Okuzumi*, J. chem. Soc. Japan Pure Chem. Sect. **79** [1958] 1366, 1369; C. A. **1960** 24633).
Rote Krystalle; F: 238–239°.

2-Chloracetyl-furan, 2-Chlor-1-[2]furyl-äthanon $C_6H_5ClO_2$, Formel VI.
B. Beim Behandeln von Furan mit Chloracetylchlorid und Aluminiumchlorid in Benzol (*Gilman*, *Burtner*, Am. Soc. **57** [1935] 909, 911). Beim Behandeln von Furan-2-carbonylchlorid mit Diazomethan in Äther und Behandeln des Reaktionsgemisches mit wss. Salzsäure (*Burger*, *Harnest*, Am. Soc. **65** [1943] 2382) oder mit Chlorwasserstoff (*Eastman Kodak Co.*, U.S.P. 2481673 [1946]; *Knott*, Soc. **1947** 1656, 1658).
Krystalle (aus Bzl. + Bzn.); F: 30,5°; Kp_{18}: 125° (*Eastman Kodak Co.*; *Kn.*); Kp_{27}: 127–129°; D_{25}^{25}: 1,340; n_D^{25}: 1,5091 (*Gi.*, *Bu.*).

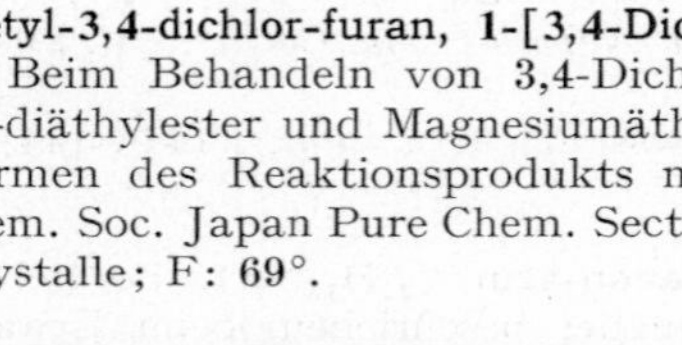

V 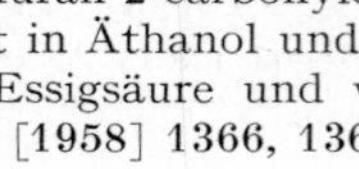 VI 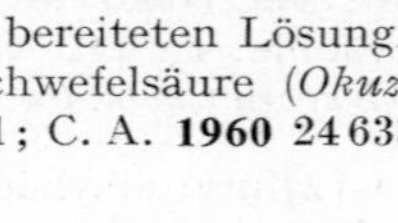 VII

2-Acetyl-3,4-dichlor-furan, 1-[3,4-Dichlor-[2]furyl]-äthanon $C_6H_4Cl_2O_2$, Formel VII.
B. Beim Behandeln von 3,4-Dichlor-furan-2-carbonylchlorid mit einer aus Malonsäure-diäthylester und Magnesiumäthylat in Äthanol und Äther bereiteten Lösung und Erwärmen des Reaktionsprodukts mit Essigsäure und wss. Schwefelsäure (*Okuzumi*, J. chem. Soc. Japan Pure Chem. Sect. **79** [1958] 1366, 1369, 1371; C. A. **1960** 24633).
Krystalle; F: 69°.

1-[3,4-Dichlor-[2]furyl]-äthanon-[2,4-dinitro-phenylhydrazon] $C_{12}H_8Cl_2N_4O_5$, Formel VIII.
B. Aus 1-[3,4-Dichlor-[2]furyl]-äthanon und [2,4-Dinitro-phenyl]-hydrazin (*Okuzumi*, J. chem. Soc. Japan Pure Chem. Sect. **79** [1958] 1366, 1369; C. A. **1960** 24633).
Rote Krystalle; F: 236°.

2-Acetyl-5-brom-furan, 1-[5-Brom-[2]furyl]-äthanon $C_6H_5BrO_2$, Formel IX.
B. Aus 5-Brom-furan-2-carbaldehyd und Diazomethan (*Gilman et al.*, Am. Soc. **53**

[1931] 4192, 4196). Bei der Umsetzung von 5-Brom-furan-2-carbonsäure-äthylester mit Äthylacetat und Behandlung des Reaktionsprodukts mit wss. Schwefelsäure (*Brown*, Iowa Coll. J. **11** [1937] 221, 223). Beim Behandeln von 2,3-Dibrom-3-[5-brom-[2]furyl]-propionsäure-äthylester mit wss. Natronlauge (*Gi. et al.*).

Krystalle; F: 96° [aus A.] (*Gi. et al.*), 95° [aus Bzn.] (*Andrisano, Pappalardo*, G. **85** [1955] 391, 399), 94–94,5° (*Nakaya et al.*, J. chem. Soc. Japan Pure Chem. Sect. **80** [1959] 1334; C. A. **1961** 4471). UV-Spektrum (A.; 210–330 nm): *An.*, *Pa.*, l. c. S. 394. Polarographie: *Na. et al.*

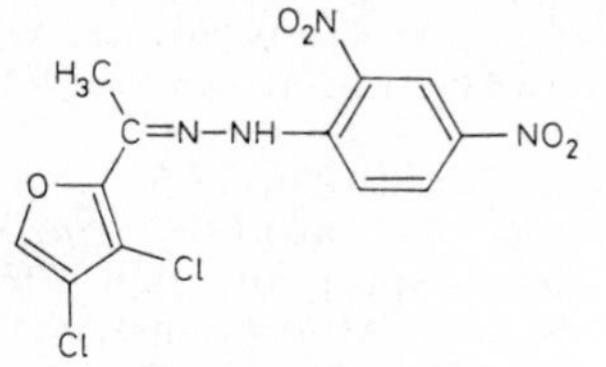

VIII 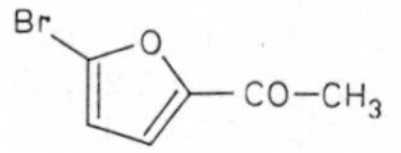 IX 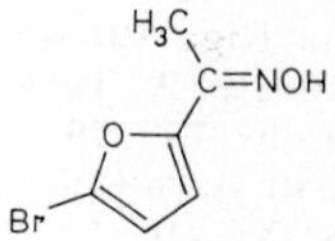 X 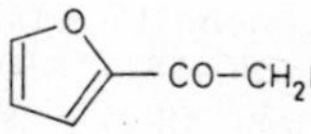 XI

1-[5-Brom-[2]furyl]-äthanon-oxim $C_6H_6BrNO_2$, Formel X.

B. Aus 1-[5-Brom-[2]furyl]-äthanon und Hydroxylamin (*Gilman et al.*, Am. Soc. **53** [1931] 4192, 4196).

Krystalle (aus wss. A.); F: 79,5°.

2-Bromacetyl-furan, 2-Brom-1-[2]furyl-äthanon $C_6H_5BrO_2$, Formel XI.

B. Beim Behandeln von Furan mit Bromacetylbromid und Aluminiumchlorid in Schwefelkohlenstoff (*Brown*, Iowa Coll. J. **11** [1937] 221, 222). Beim Behandeln von Furan-2-carbonylchlorid mit Diazomethan in Äther und Behandeln des Reaktionsprodukts mit Bromwasserstoff (*Knott*, Soc. **1947** 1656, 1658). Beim Behandeln von 1-[2]Furyl-äthanon mit Brom (1 Mol) in Schwefelkohlenstoff (*Br.*) oder in Dioxan und Äther (*Šaldabol, Giller*, Latvijas Akad. Vēstis **1958** Nr. 11, S. 91, 93; C. A. **1959** 14077).

Krystalle; F: 36–37° [aus PAe.] (*Br.*, l. c. S. 222, 223), 34° [aus Bzl. + PAe.] (*Kn.*). Kp_{22}: 126° (*Kn.*). $Kp_{0,1}$: 66–67°; n_D^{25}: 1,5718 (*Elming*, Acta chem. scand. **11** [1957] 1493).

Beim Erwärmen mit Pyridin und Äther und Erwärmen des Reaktionsprodukts mit wss. Natronlauge ist Furan-2-carbonsäure erhalten worden (*Br.*).

2-Brom-1-[2]furyl-äthanon-semicarbazon $C_7H_8BrN_3O_2$, Formel XII.

B. Aus 2-Brom-1-[2]furyl-äthanon und Semicarbazid (*Šaldabol, Giller*, Trudy Sovešč. Vopr. Ispolz. Pentozan. Syrja Riga 1955 S. 379, 390; C. A. **1959** 15039).

Krystalle; F: 155–157° [Zers.] (*Ša.*, *Gi.*, l. c. S. 389).

2-Brom-5-bromacetyl-furan, 2-Brom-1-[5-brom-[2]furyl]-äthanon $C_6H_4Br_2O_2$, Formel XIII.

B. Beim Behandeln von 1-[5-Brom-[2]furyl]-äthanon mit Brom (1 Mol) in Schwefelkohlenstoff (*Brown*, Iowa Coll. J. **11** [1937] 221, 223).

Krystalle; F: 98,5–99,5°.

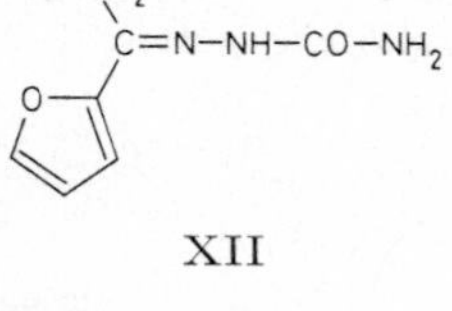

XII 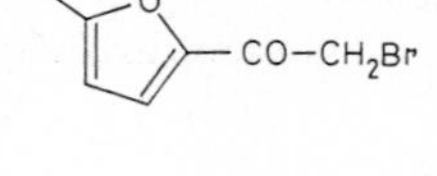 XIII 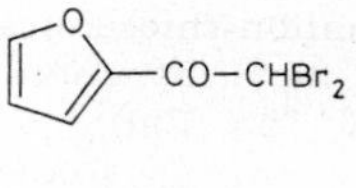 XIV 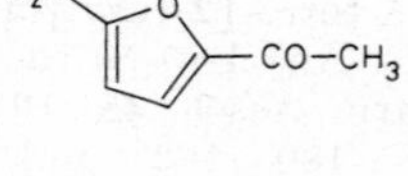 XV

2-Dibromacetyl-furan, 2,2-Dibrom-1-[2]furyl-äthanon $C_6H_4Br_2O_2$, Formel XIV.

B. Beim Behandeln von 1-[2]Furyl-äthanon mit Brom (2 Mol) in Schwefelkohlenstoff (*Brown*, Iowa Coll. J. **11** [1937] 221, 223).

Kp_{15}: 145–147°. D_4^{25}: 2,0040. n_D^{25}: 1,6070.

2-Acetyl-5-nitro-furan, 1-[5-Nitro-[2]furyl]-äthanon $C_6H_5NO_4$, Formel XV.

B. Beim Behandeln von 5-Nitro-furan-2-carbonylchlorid mit einer durch Erwärmen von Malonsäure-diäthylester mit Magnesium, Äthanol, Tetrachlormethan und Chlorbenzol bereiteten Lösung und Erwärmen des Reaktionsprodukts mit Essigsäure und wss. Schwefelsäure (*Funahashi, Nishida,* J. scient. Res. Inst. Tokyo **45** [1951] 108, 110). Beim Behandeln von 5-Nitro-furan-2-carbaldehyd mit Diazomethan in Äther (*Fu., Ni.,* l. c. S. 109). Beim Behandeln von 1-[2]Furyl-äthanon mit Salpetersäure und Schwefelsäure unterhalb −4° (*Hayes, O'Keefe,* J. org. Chem. **19** [1954] 1897, 1900). Neben 2-Nitro-furan beim Behandeln von 1-[2]Furyl-äthanon mit Salpetersäure und Acetanhydrid (*Rinkes,* R. **51** [1932] 349, 352; s. a. *Šaldabol, Giller,* Trudy Soveščč. Vopr. Ispolz. Pentozan. Syrja Riga 1955 S. 379, 382; C. A. **1959** 15039; Latvijas Akad. Vēstis **1958** Nr. 10, S. 101, 106; C. A. **1959** 11334).

Gelbliche Krystalle; F: 78—79° [aus wss. A.] (*Fu., Ni.,* l. c. S. 109), 78,5° [aus A.] (*Ri.*), 78—78,5° (*Brown,* Iowa Coll. J. **11** [1957] 221, 224), 77—78° [aus CCl_4] (*Ša., Gi.,* Latvijas Akad. Vēstis Nr. 10, S. 108), 74—75° [Fisher-Johns-App.; aus Bzn.] (*Ha., O'Ke.*). Kp_{10}: 127° (*Ri.*); Kp_6: 121—122° (*Fu., Ni.,* l. c. S. 109). Absorptionsspektrum (A.; 210—420 nm): *Andrisano, Pappalardo,* R.A.L. [8] **18** [1953] 64, 66, 67. UV-Absorptionsmaxima (W.): 225 nm und 310 nm (*Raffauf,* Am. Soc. **72** [1950] 753). Polarographie: *Stradin' et al.,* Doklady Akad. S.S.S.R. **129** [1959] 816; Pr. Acad. Sci. U.S.S.R. Chem. Sect. **124–129** [1959] 1077.

1-[5-Nitro-[2]furyl]-äthanon-oxim $C_6H_6N_2O_4$, Formel I (X = OH).

B. Aus 1-[5-Nitro-[2]furyl]-äthanon und Hydroxylamin (*Brown,* Iowa Coll. J. **11** [1937] 221, 224).

F: 167—168°.

1-[5-Nitro-[2]furyl]-äthanon-semicarbazon $C_7H_8N_4O_4$, Formel I (X = NH-CO-NH_2).

B. Aus 1-[5-Nitro-[2]furyl]-äthanon und Semicarbazid (*Rinkes,* R. **51** [1932] 349, 353; *Funahashi, Nishida,* J. scient. Res. Inst. Tokyo **45** [1951] 108, 110; *Raffauf,* Am. Soc. **72** [1950] 753; *Beckett, Robinson,* J. med. pharm. Chem. **1** [1959] 135, 138).

Gelbliche Krystalle; F: 256° [Zers.; aus Eg.] (*Fu., Ni.*), 248—250° [Zers.] (*Ra.*), 248—250° (*Be., Ro.*). Absorptionsspektrum (W.; 220—400 nm): *Ra.* UV-Absorptionsmaxima (W.): 261 nm und 377 nm (*Be., Ro.*). Polarographie: *Be., Ro.,* l. c. S. 143.

1-[5-Nitro-[2]furyl]-äthanon-[4-(3-diäthylamino-propyl)-semicarbazon] $C_{14}H_{23}N_5O_4$, Formel I (X = NH-CO-NH-$[CH_2]_3$-$N(C_2H_5)_2$).

B. Beim Erwärmen von Acetophenon-[4-(3-diäthylamino-propyl)-semicarbazon] mit wss. Salzsäure und Behandeln des vom Acetophenon befreiten Reaktionsprodukts mit 1-[5-Nitro-[2]furyl]-äthanon in Äthanol (*Norwich Pharmacal Co.,* U.S.P. 2726241 [1954]).

Hydrochlorid $C_{14}H_{23}N_5O_4 \cdot HCl$. F: 212—213°.

1-[5-Nitro-[2]furyl]-äthanon-[4-(3-isopropylamino-propyl)-semicarbazon] $C_{13}H_{21}N_5O_4$, Formel I (X = NH-CO-NH-$[CH_2]_3$-NH-$CH(CH_3)_2$).

B. Beim Erhitzen von Acetophenon-semicarbazon mit 4-[3-Isopropylamino-propyl]-semicarbazid auf 150°, Erhitzen des Reaktionsprodukts mit wss. Salzsäure und Behandeln des vom Acetophenon befreiten Reaktionsprodukts mit 1-[5-Nitro-[2]furyl]-äthanon (*Norwich Pharmacal Co.,* U.S.P. 2726241 [1954]).

Hydrochlorid $C_{13}H_{21}N_5O_4 \cdot HCl$. F: 260°.

1-[5-Nitro-[2]furyl]-äthanon-thiosemicarbazon $C_7H_8N_4O_3S$, Formel I (X = NH-CS-NH_2).

B. Aus 1-[5-Nitro-[2]furyl]-äthanon und Thiosemicarbazid (*Caldwell, Nobles,* J. Am. pharm. Assoc. **45** [1956] 729, 730).

F: 180—182° [unkorr.; Fisher-Johns-App.].

H_3C C=N—X O_2N O

O_2N O CO—CH_2Cl

O_2N O CO—CH_2Br

O SC_2H_5 C—CH_3 SC_2H_5

I II III IV

1-[5-Nitro-[2]furyl]-äthanon-[4-isobutyl-thiosemicarbazon] $C_{11}H_{16}N_4O_3S$, Formel I ($X = NH\text{-}CS\text{-}NH\text{-}CH_2\text{-}CH(CH_3)_2$).

B. Beim Erwärmen von 1-[5-Nitro-[2]furyl]-äthanon mit 4-Isobutyl-thiosemicarbazid in wss. Äthanol unter Zusatz von Essigsäure (*Dodgen, Nobles*, J. Am. pharm. Assoc. **46** [1957] 437).

Krystalle (aus wss. A.); F: 176—177° [unkorr.].

1-[5-Nitro-[2]furyl]-äthanon-[2-methyl-semicarbazon] $C_8H_{10}N_4O_4$, Formel I ($X = N(CH_3)\text{-}CO\text{-}NH_2$).

B. Aus 1-[5-Nitro-[2]furyl]-äthanon und 2-Methyl-semicarbazid (*Raffauf*, Am. Soc. **72** [1950] 753).

F: 187—190° [Zers.]. UV-Spektrum (W.; 220—400 nm): *Ra.*

2-Chloracetyl-5-nitro-furan, 2-Chlor-1-[5-nitro-[2]furyl]-äthanon $C_6H_4ClNO_4$, Formel II.

B. Beim Behandeln von 2-Diazo-1-[5-nitro-[2]furyl]-äthanon mit Chlorwasserstoff in Äther (*Šaldabol*, Latvijas Akad. Vēstis **1958** Nr. 7, S. 75; C. A. **1959** 10164).

F: 92,5—94°.

2-Bromacetyl-5-nitro-furan, 2-Brom-1-[5-nitro-[2]furyl]-äthanon $C_6H_4BrNO_4$, Formel III.

B. Beim Behandeln von 1-[5-Nitro-[2]furyl]-äthanon mit Brom in Dioxan (*Šaldabol, Giller*, Latvijas Akad. Vēstis **1958** Nr. 11, S. 91, 94; C. A. **1959** 14077) oder in Essigsäure (*Funahashi, Nishida*, J. scient. Res. Inst. Tokyo **45** [1951] 108, 111; *Dann et al.*, Z. Naturf. **7b** [1952] 344, 351; *Ša., Gi.*, l. c. S. 95). Beim Erwärmen einer Lösung von 1-[5-Nitro-[2]furyl]-äthanon in Benzol mit Brom und Bromwasserstoff in Essigsäure (*Portelli, Bartolini*, Ann. Chimica **53** [1963] 1180, 1182). Beim Behandeln einer Lösung von 2-Diazo-1-[5-nitro-[2]furyl]-äthanon in Äther mit wss. Bromwasserstoffsäure (*Šaldabol*, Latvijas Akad. Vēstis **1958** Nr. 7, S. 75; C. A. **1959** 10164).

Gelbe Krystalle; F: 81,5—82° [aus A.] (*Fu., Ni.; Ša.*), 78,5—80° (*Dann et al.*), 78,5° bis 79,5° [aus Bzl. + PAe.] (*Po., Ba.*), 77° [aus wss. A.] (*Ša., Gi.*). $Kp_{1,5}$: 144—145° (*Dann et al.*).

1,1-Bis-äthylmercapto-1-[2]furyl-äthan, 1-[2]Furyl-äthanon-diäthyldithioacetal $C_{10}H_{16}OS_2$, Formel IV.

B. Beim Behandeln von 1-[2]Furyl-äthanon mit Äthanthiol und Chlorwasserstoff enthaltendem Toluol (*Kipnis, Ornfelt*, Am. Soc. **71** [1949] 2271).

$Kp_{2,5}$: 93—96°.

[*Rogge*]

2-Acetyl-thiophen, 1-[2]Thienyl-äthanon C_6H_6OS, Formel V auf S. 4509 (H 287; E I 148; E II 314).

B. Beim Erwärmen von Thiophen mit Acetanhydrid unter Zusatz von wasserhaltiger Phosphorsäure (*Hartough, Kosak*, Am. Soc. **69** [1947] 3093, 3095; *Profft*, Ch. Z. **82** [1958] 295, 297; *Socony-Vacuum Oil Co.*, U.S.P. 2458514 [1946]), von Eisen(III)-chlorid (*Farrar, Levine*, Am. Soc. **72** [1950] 4433, 4436), von Jod (*Hartough, Kosak*, Am. Soc. **68** [1946] 2639), von Zinkchlorid (*Hartough, Kosak*, Am. Soc. **69** [1947] 1012), unter Zusatz des Borfluorid-Äther-Addukts (*Heid, Levine*, J. org. Chem. **13** [1948] 409, 412; s. a. *Hartough, Kosak*, Am. Soc. **70** [1948] 867), unter Zusatz von Montmorillonit (*Hartough et al.*, Am. Soc. **69** [1947] 1014) sowie in Gegenwart eines sauren Kationenaustauschers (*Dow Chem. Co.*, U.S.P. 2711414 [1951]). Beim Behandeln von Thiophen mit Acetoxytrichlor-silan und Zinn(IV)-chlorid in Benzol (*Jur'ew et al.*, Ž. obšč. Chim. **29** [1959] 3873, 3877, 3879; engl. Ausg. S. 3831, 3834, 3835) oder mit Essigsäure-Kieselsäureanhydrid und Titan(IV)-chlorid (oder Zinn(IV)-chlorid) in Benzol (*Jur'ew et al.*, Ž. obšč. Chim. **27** [1957] 3264, 3268; engl. Ausg. S. 3299, 3302). Beim Erwärmen von Thiophen mit Essigsäure in Gegenwart von Polyphosphorsäure (*Snyder, Elston*, Am. Soc. **77** [1955] 364).

Dipolmoment (ε; Bzl.): 3,37 D (*Keswani, Freiser*, Am. Soc. **71** [1949] 1789). ^1H-^1H-Spin-Spin-Kopplungskonstanten: *Gronowitz, Hoffman*, Ark. Kemi **13** [1958/59] 279, 282. Grundschwingungsfrequenzen des Moleküls: *Katritzky, Boulton*, Soc. **1959** 3500; *Hidalgo*, J. Phys. Rad. [8] **16** [1955] 366, 368.

F: 10—11° (*Hartough, Kosak*, Am. Soc. **69** [1947] 3093, 3095). E: 10,45° (*Johnson*, Am. Soc. **69** [1947] 150). Kp_{760}: 213,90°; $Kp_{755,2}$: 213,62° (*Jo.*); Druckabhängigkeit (709—807 Torr) des Siedepunkts: *Jo.* D^{20}: 1,1709 (*Jo.*); D_4^{30}: 1,1606 (*Keswani, Freiser*, Am. Soc. **71** [1949] 1789). Oberflächenspannung bei 30°: 44,5 g·s^{-2} (*Jo.*). Viscosität bei 30°: 0,0232 g·cm^{-1}·s^{-1} (*Jo.*). n_D^{20}: 1,5667 (*Jo.*), 1,5666 (*Ha., Ko.*, l. c. S. 3095); $n_{527,0}^{20}$: 1,5727 (*Jo.*); $n_{430,8}^{20}$: 1,6017 (*Jo.*). ^{1}H-NMR-Spektrum (CCl_4 bzw. Cyclohexan): *Takahashi et al.*, Bl. chem. Soc. Japan **32** [1959] 156, 158, 160; *Gronowitz, Hoffman*, Ark. Kemi **13** [1958/59] 279, 286. IR-Spektrum von unverdünntem 1-[2]Thienyl-äthanon von 2 μ bis 14 μ: A.P.I. Res. Project **44** Nr. 546 [1947]; von 3 μ bis 15 μ: *Chiorboli, Mirone*, R.A.L. [8] **16** [1954] 243, 244, 248; von 3,8 μ bis 25 μ: *Hidalgo*, J. Phys. Rad. [8] **16** [1955] 366, 369; von 15 μ bis 24 μ: A.P.I. Res. Project **44** Nr. 972 [1949]; einer Lösung in Tetrachlor= methan von 2 μ bis 12 μ: *Gronowitz*, Ark. Kemi **12** [1958] 533, 541. Raman-Spektrum (3200—100 cm^{-1}) von unverdünntem 1-[2]Thienyl-äthanon: *Ch., Mi.*, l. c. S. 245. UV-Spektrum (220—320 nm) von Lösungen in Äthanol: *Campaigne, Diedrich*, Am. Soc. **73** [1951] 5240, 5241; *Huebner et al.*, J. org. Chem. **18** [1953] 21, 24; *Andrisano, Pappalardo*, Spectrochim. Acta **12** [1958] 350, 351, 353; *Pappalardo*, G. **89** [1959] 540, 541, 546; in Hexan: *Pa.*, l. c. S. 543. Magnetische Susceptibilität: $-71{,}7\cdot10^{-6}$ cm^3·mol^{-1} (*Pacault*, A. ch. [12] **1** [1946] 527, 562). Polarographie: *Elving, Callahan*, Am. Soc. **77** [1955] 2077, 2078; *Tirouflet et al.*, C. r. **242** [1956] 1799; *Nakaya et al.*, J. chem. Soc. Japan Pure Chem. Sect. **78** [1957] 940, 941; C. A. **1959** 21277.

In 100 g Wasser lösen sich bei 30° 1,4 g 1-[2]Thienyl-äthanon; in 100 g 1-[2]Thienyl-äthanon lösen sich bei 30° 2,4 g Wasser (*Johnson*, Am. Soc. **69** [1947] 150). 1-[2]Thienyl-äthanon ist oberhalb 60,8° mit dem gleichen Volumen Heptan mischbar, oberhalb 31,1° mit dem gleichen Volumen Äthylenglykol (*Jo.*).

Hydrierung an Kobaltpolysulfid in Essigsäure bei 200°/100 at oder an einem Gemisch von Octacarbonyldikobalt und Kobalt(II)-carbonat in Benzol bei 185°/250 at unter Bildung von 2-Äthyl-tetrahydro-thiophen und 2-Äthyl-thiophen: *Campaigne, Diedrich*, Am. Soc. **73** [1951] 5240, 5241, 5243; *Greenfield et al.*, J. org. Chem. **23** [1958] 1054. Beim Erwärmen mit Aluminiumisopropylat in Isopropylalkohol sind 1-[2]Thienyl-äthanol [Hauptprodukt] (*Nattaro, Bullock*, Am. Soc. **68** [1946] 2121) sowie 1-Isopropoxy-1-[2]thienyl-äthan und Bis-[1-[2]thienyl-äthyl]-äther [n_D^{20}: 1,5580] (*Kuhn, Dann*, A. **547** [1941] 293, 296) erhalten worden; die Ausbeute an Bis-[1-[2]thienyl-äthyl]-äther steigt mit zunehmender Reaktionsdauer (*Kuhn, Dann*). Bildung von 3-Phenyl-1,5-di-[2]thienyl-pentan-1,5-dion und kleineren Mengen 3,5-Diphenyl-1,7-di-[2]thienyl-4-[thiophen-2-carb= onyl]-heptan-1,7-dion (F: 266°) beim Erhitzen mit Benzaldehyd und wss.-äthanol. Natronlauge: *Steinkopf, Popp*, A. **540** [1939] 24, 27. Über eine beim Erhitzen mit Isatin in Essigsäure und Schwefelsäure auf 140° erhaltene, als 2,6-Diacetyl-4-[2-amino-phenyl]-8-[2-sulfoamino-phenyl]-4,8-dihydro-benzo[1,2-*b*;4,5-*b'*]dithiophen-4,8-dicarbonsäure-dilactam angesehene blauschwarze Substanz s. *Steinkopf, Hempel*, A. **495** [1932] 144, 161. Beim Behandeln mit Acetanhydrid und dem Borfluorid-Äther-Addukt ist 4-Difluor= boryloxy-4-[2]thienyl-but-3-en-2-on (F: 174—175°) erhalten worden (*Badger, Sasse*, Soc. **1961** 746; *Hartough, Kosak*, Am. Soc. **70** [1948] 867). Geschwindigkeitskonstante der Reaktion mit Quecksilber(II)-acetat in Essigsäure bei 35°, 42° und bei 50°: *Motoyama et al.*, J. chem. Soc. Japan Pure Chem. Sect. **78** [1957] 950, 964; C. A. **1960** 14223.

(±)-[2-Äthyl-hexyl]-[1-[2]thienyl-äthyliden]-amin, (±)-1-[2]Thienyl-äthanon-[2-äthyl-hexylimin] $C_{14}H_{23}NS$, Formel VI (X = CH_2-$CH(C_2H_5)$-$[CH_2]_3$-CH_3).

B. Beim Erhitzen von 1-[2]Thienyl-äthanon mit (±)-2-Äthyl-hexylamin in Toluol (*Hartough*, Am. Soc. **70** [1948] 1282).

Bei 150—157°/4 Torr destillierbar.

[1-[2]Thienyl-äthyliden]-anilin, 1-[2]Thienyl-äthanon-phenylimin $C_{12}H_{11}NS$, Formel VI (X = C_6H_5).

B. Beim Erhitzen von 1-[2]Thienyl-äthanon mit Anilin und Toluol unter Zusatz von Phosphorylchlorid (*Weston, Michaels*, Am. Soc. **73** [1951] 1381) oder von Zinkchlorid (*Hansch et al.*, Am. Soc. **73** [1951] 704).

Krystalle; F: 70° (*Ha. et al.*), 69—70° [aus A.] (*We., Mi.*; *Hartough*, Am. Soc. **70** [1948] 1282). Kp_5: 155° (*Ha.*); $Kp_{1,5}$: 137—138° (*We., Mi.*). Gegen Wasser nicht beständig (*Ha.*).

1-[1-[2]Thienyl-äthyliden]-dithiobiuret $C_8H_9N_3S_3$, Formel VI (X = CS-NH-CS-NH_2).
B. Beim Erhitzen von 1-[2]Thienyl-äthanon mit Dithiobiuret in Essigsäure (*Britton, Nobles*, J. Am. pharm. Assoc. **43** [1954] 54).
Krystalle (aus Eg.); F: 219° [unkorr.].

1-[2]Thienyl-äthanon-oxim C_6H_7NOS, Formel VI (X = OH) (H 287; E I 150; E II 314).
Die folgenden Angaben beziehen sich wahrscheinlich auf Präparate, die aus 1-[2]Thienyl-äthanon hergestellt worden sind.
Krystalle; F: 117,5—118° (*Katritzky, Boulton*, Soc. **1959** 3500), 114—115° [aus Bzl.] (*Hurd, Moffat*, Am. Soc. **73** [1951] 613, 614), 113° [aus W. oder Bzn.] (*Steinkopf*, A. **540** [1939] 14, 15 Anm. 4), 112—113° (*Hartough, Kosak*, Am. Soc. **69** [1947] 3093, 3095). Grundschwingungsfrequenzen des Moleküls: *Ka., Bo.* UV-Spektrum (230—330 nm): *Ramart-Lucas*, Bl. **1954** 1017, 1024. Polarographie: *Tirouflet et al.*, C. r. **242** [1956] 1799.

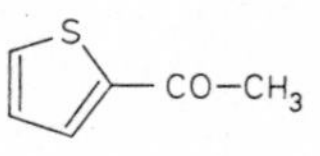

V 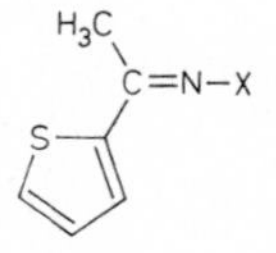 VI 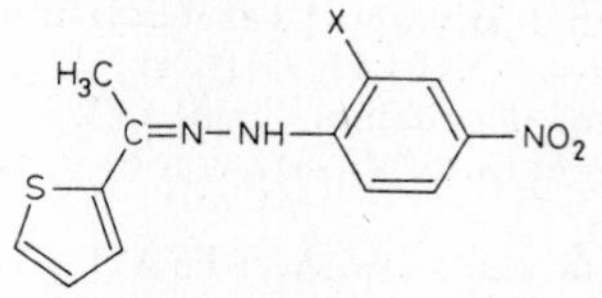 VII

1-[2]Thienyl-äthanon-[*O*-acetyl-oxim] $C_8H_9NO_2S$, Formel VI (X = O-CO-CH_3).
B. Beim Behandeln von 1-[2]Thienyl-äthanon-oxim mit Acetanhydrid und Essigsäure (*Hurd, Moffat*, Am. Soc. **73** [1951] 613, 614).
F: 129—130°.

1-[2]Thienyl-äthanon-[4-nitro-phenylhydrazon] $C_{12}H_{11}N_3O_2S$, Formel VII (X = H) (E I 150).
B. Aus 1-[2]Thienyl-äthanon und [4-Nitro-phenyl]-hydrazin (*Hartough*, Am. Soc. **73** [1951] 4033).
F: 182,5—183,5°.

1-[2]Thienyl-äthanon-[2,4-dinitro-phenylhydrazon] $C_{12}H_{10}N_4O_4S$, Formel VII (X = NO_2).
B. Aus 1-[2]Thienyl-äthanon und [2,4-Dinitro-phenyl]-hydrazin (*Szmant, Planinsek*, Am. Soc. **72** [1950] 4042; *Johnson*, Am. Soc. **73** [1951] 5888).
Rote Krystalle; F: 245° [unkorr.; aus A.] (*Sz., Pl.*), 243—244° [korr.; aus A. oder $CHCl_3$] (*Johnson*, Am. Soc. **73** 5888, **75** [1953] 2720, 2721). Absorptionsspektrum (A.; 220—450 nm): *Sz., Pl.*

2-Diphenylacetyl-3-[1-[2]thienyl-äthylidenhydrazono]-indan-1-on $C_{29}H_{22}N_2O_2S$, Formel VIII, und Tautomere.
B. Beim Erwärmen von 1-[2]Thienyl-äthanon mit 2-Diphenylacetyl-3-hydrazono-indan-1-on in Chloroform unter Zusatz von wss. Salzsäure (*Braun, Mosher*, Am. Soc. **80** [1958] 3048).
Gelbe Krystalle (aus Me. + $CHCl_3$); F: 268,5—269° [korr.]. Im UV-Licht fluorescierend.

***N,N',N''*-Tris-[1-[2]thienyl-äthylidenamino]-guanidin** $C_{19}H_{20}N_6S_3$, Formel IX.
B. Beim Erwärmen von 1-[2]Thienyl-äthanon mit *N,N',N''*-Triamino-guanidin-nitrat in wss. Äthanol (*Scott et al.*, Am. Soc. **75** [1953] 1510).
Krystalle (aus Py.); F: 217°.

1-[2]Thienyl-äthanon-thiosemicarbazon $C_7H_9N_3S_2$, Formel VI (X = NH-CS-NH_2).
B. Aus 1-[2]Thienyl-äthanon und Thiosemicarbazid (*Chabrier, Cattelain*, Bl. **1950** 48, 55; *Anderson et al.*, Am. Soc. **73** [1951] 4967; *Campaigne et al.*, Am. Soc. **75** [1953] 988; *Nobles, Burckhalter*, J. Am. pharm. Assoc. **42** [1953] 176).
Krystalle; F: 148—149° [unkorr.; aus W. oder wss. A.] (*An. et al.*), 147—148° [unkorr.; aus wss. A. oder Me.] (*Ca. et al.*), 136° [unkorr.; aus A. oder wss. A.] (*No., Bu.*), 134—135° [aus Bzl.] (*Ch., Ca.*).

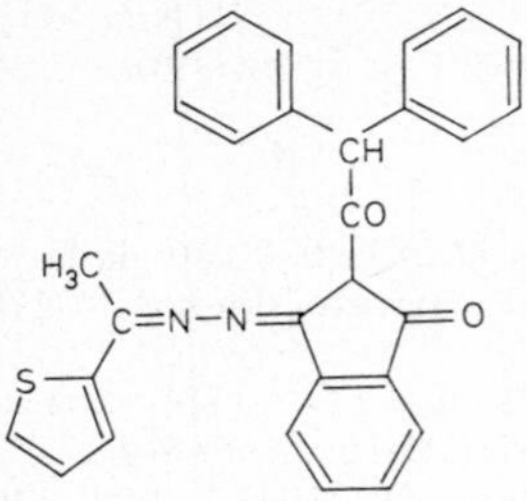

VIII 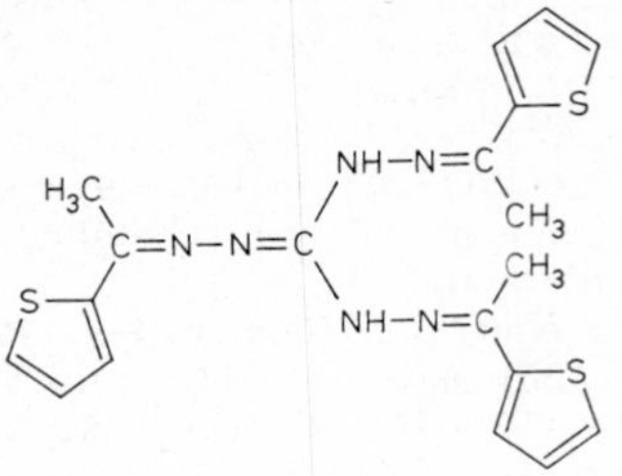 IX 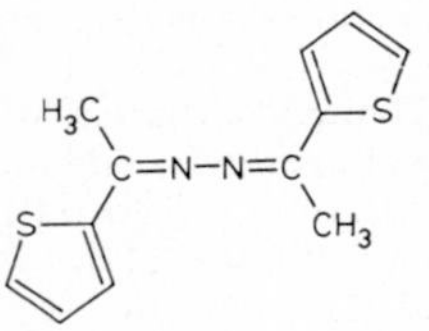 X

1-[2]Thienyl-äthanon-[4-isobutyl-thiosemicarbazon] $C_{11}H_{17}N_3S_2$, Formel VI (X = NH-CS-NH-CH_2-$CH(CH_3)_2$).

B. Beim Erwärmen von 1-[2]Thienyl-äthanon mit 4-Isobutyl-thiosemicarbazid in wss. Äthanol unter Zusatz von Essigsäure (*Dodgen, Nobles*, J. Am. pharm. Assoc. **46** [1957] 437).

Krystalle (aus wss. A.); F: 121—123° [unkorr.].

Bis-[1-[2]thienyl-äthyliden]-hydrazin, 1-[2]Thienyl-äthanon-azin $C_{12}H_{12}N_2S_2$, Formel X.

B. Beim Erwärmen von 1-[2]Thienyl-äthanon mit Hydrazin-hydrat, wenig Essigsäure und Benzol (*Szmant, Planinsek*, Am. Soc. **72** [1950] 4981).

Krystalle (aus A.); F: 93°. UV-Spektrum (A.; 220—370 nm): *Sz., Pl.*, l. c. S. 4982.

1-[2]Thienyl-äthanon-[4-nitro-benzolsulfonylhydrazon], 4-Nitro-benzolsulfonsäure-[1-[2]thienyl-äthylidenhydrazid] $C_{12}H_{11}N_3O_4S_2$, Formel XI (X = NO_2).

B. Beim Erwärmen von 1-[2]Thienyl-äthanon mit 4-Nitro-benzolsulfonsäure-hydrazid in wss. Methanol (*Zimmer et al.*, J. org. Chem. **24** [1959] 1667, 1670, 1673).

Krystalle; F: 167—168° [unkorr.; Zers.].

1-[2]Thienyl-äthanon-sulfanilylhydrazon, Sulfanilsäure-[1-[2]thienyl-äthylidenhydrazid] $C_{12}H_{13}N_3O_2S_2$, Formel XI (X = NH_2).

B. Beim Erwärmen von 1-[2]Thienyl-äthanon mit Sulfanilsäure-hydrazid in wss. Methanol (*Zimmer et al.*, J. org. Chem. **24** [1959] 1667, 1668, 1673).

Krystalle; F: 206—207° [unkorr.; Zers.].

2-Acetyl-5-chlor-thiophen, 1-[5-Chlor-[2]thienyl]-äthanon C_6H_5ClOS, Formel XII (H 287).

B. Beim Erwärmen von 2-Chlor-thiophen mit Acetanhydrid unter Zusatz von wasserhaltiger Phosphorsäure (*Hartough, Kosak*, Am. Soc. **69** [1947] 3093, 3095), unter Zusatz von Jod (*Emerson, Patrick*, J. org. Chem. **13** [1948] 722, 724), unter Zusatz von Montmorillonit (*Hartough et al.*, Am. Soc. **69** [1947] 1014) oder unter Zusatz des Borfluorid-Äther-Addukts (*Farrar, Levine*, Am. Soc. **72** [1950] 3695, 3696, 3697). Beim Eintragen von Acetylchlorid und von 2-Chlor-thiophen in eine Suspension von Aluminiumchlorid in Tetrachlormethan (*Britten et al.*, J. Am. pharm. Assoc. **43** [1954] 641; *Em., Pa.*; vgl. H 287).

Krystalle (aus wss. A.); F: 47° (*Em., Pa.*), 46,5—47° (*Ha., Ko.*), 45—47° (*Br. et al.*). Kp_{17}: 117—118° (*Em., Pa.*); Kp_4: 88° (*Ha., Ko.*). IR-Spektrum (3,8—25 μ): *Hidalgo*, J. Phys. Rad. [8] **16** [1955] 366, 370, 371. IR-Spektrum (CS_2 und CCl_4; 2—15 μ): A.P.I. Res. Project **44** Nr. 973 [1949]. UV-Absorptionsmaximum (A.): 292 nm (*Szmant, Basso*, Am. Soc. **73** [1951] 4521).

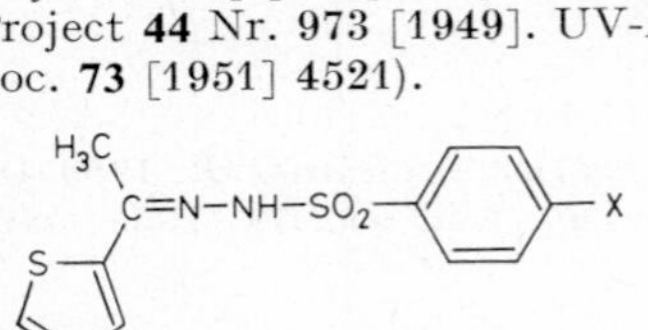

XI 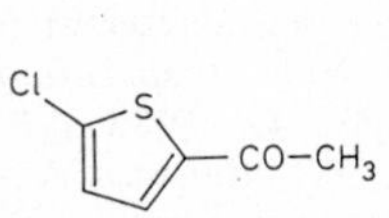 XII 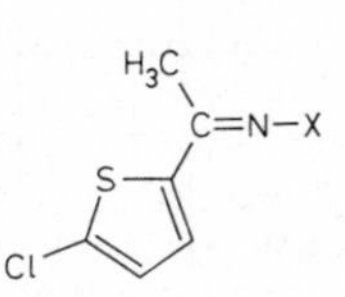 XIII 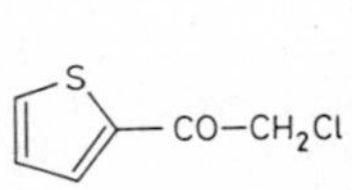 XIV

1-[5-Chlor-[2]thienyl]-äthanon-oxim C_6H_6ClNOS, Formel XIII (X = OH).

B. Aus 1-[5-Chlor-[2]thienyl]-äthanon und Hydroxylamin (*Hartough, Kosak*, Am. Soc. **69** [1947] 3093, 3095).

F: 159,5—160,5°.

1-[5-Chlor-[2]thienyl]-äthanon-semicarbazon $C_7H_8ClN_3OS$, Formel XIII (X = NH-CO-NH_2).

B. Aus 1-[5-Chlor-[2]thienyl]-äthanon und Semicarbazid (*Hartough, Conley*, Am. Soc. **69** [1947] 3096).

Krystalle; F: 232,5—233,5° [aus A. oder aus Bzl. + A.] (*Ha., Co.*), 223—224° (*Farrar, Levine*, Am. Soc. **72** [1950] 3695, 3696).

1-[5-Chlor-[2]thienyl]-äthanon-[4-isobutyl-thiosemicarbazon] $C_{11}H_{16}ClN_3S_2$, Formel XIII (X = NH-CS-NH-CH_2-$CH(CH_3)_2$).

B. Beim Erwärmen von 1-[5-Chlor-[2]thienyl]-äthanon mit 4-Isobutyl-thiosemicarb= azid in wss. Äthanol unter Zusatz von wenig Essigsäure (*Dodgen, Nobles*, J. Am. pharm. Assoc. **46** [1957] 437).

Krystalle (aus wss. A.); F: 162—163° [unkorr.].

2-Chloracetyl-thiophen, 2-Chlor-1-[2]thienyl-äthanon C_6H_5ClOS, Formel XIV (H 288; E I 150).

B. Beim Einleiten von Chlor in warmes 1-[2]Thienyl-äthanon unter Belichtung (*Emerson, Patrick*, J. org. Chem. **13** [1948] 722, 724).

F: 47—48°. Kp_5: 111—113°.

2-Chlor-5-trifluoracetyl-thiophen, 1-[5-Chlor-[2]thienyl]-2,2,2-trifluor-äthanon $C_6H_2ClF_3OS$, Formel I.

B. Beim Behandeln von 2-Chlor-thiophen in Petroläther mit Trifluoracetylchlorid, anfangs bei —45° (*Eastman Kodak Co.*, U.S.P. 2805218 [1954]).

Kp_{21}: 80—86°. n_D^{20}: 1,5088.

2-Acetyl-3,4-dichlor-thiophen, 1-[3,4-Dichlor-[2]thienyl]-äthanon $C_6H_4Cl_2OS$, Formel II.

B. Beim Behandeln von 3,4-Dichlor-thiophen mit Acetylchlorid und Aluminium= chlorid in Petroläther (*Steinkopf, Köhler*, A. **532** [1937] 250, 279).

Krystalle (aus wss. A.); F: 56°.

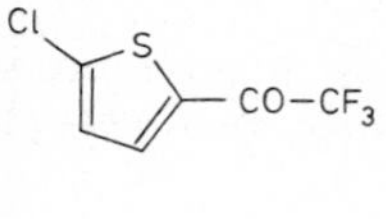

Cl S CO—CF$_3$ — I; S CO—CH$_3$ Cl Cl — II; Cl S CO—CH$_3$ Cl — III; Cl S CO—CH$_2$Cl — IV

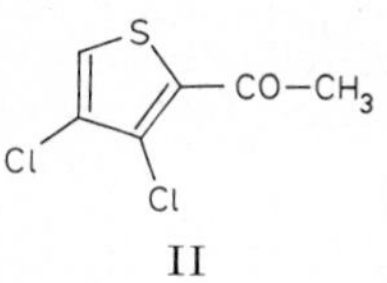

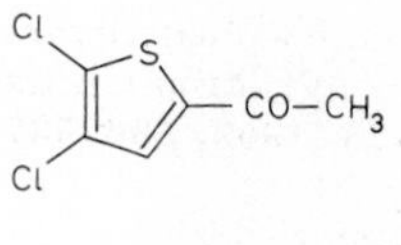

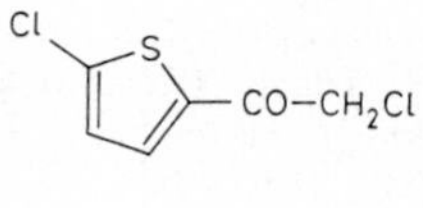

5-Acetyl-2,3-dichlor-thiophen, 1-[4,5-Dichlor-[2]thienyl]-äthanon $C_6H_4Cl_2OS$, Formel III.

B. Beim Behandeln von 2,3-Dichlor-thiophen mit Acetylchlorid und Aluminiumchlorid in Petroläther (*Steinkopf, Köhler*, A. **532** [1937] 250, 272).

Krystalle (aus A.); F: 68°.

2-Chlor-5-chloracetyl-thiophen, 2-Chlor-1-[5-chlor-[2]thienyl]-äthanon $C_6H_4Cl_2OS$, Formel IV.

B. Beim Eintragen von Chloracetylchlorid und von 2-Chlor-thiophen in eine Suspension von Aluminiumchlorid in Tetrachlormethan (*Emerson, Patrick*, J. org. Chem. **13** [1948] 722, 724). Beim Einleiten von Chlor in ein Gemisch von 1-[5-Chlor-[2]thienyl]-äthanon und Tetrachlormethan (*Em., Pa.*).

Krystalle (aus Hexan oder aus Bzl. + Hexan); F: 80—81°.

2-Acetyl-3,4,5-trichlor-thiophen, 1-[Trichlor-[2]thienyl]-äthanon $C_6H_3Cl_3OS$, Formel V.

B. Beim Behandeln von 2,3,4-Trichlor-thiophen mit Acetylchlorid und Aluminium=

chlorid in Petroläther (*Steinkopf, Köhler*, A. **532** [1937] 250, 270).

Krystalle (aus A.); F: 80° (*St., Kö.*).

Diese Konstitution kommt auch der von *Steinkopf, Köhler* (l. c. S. 267) als 1-[Tri=chlor-[3]thienyl]-äthanon angesehenen Verbindung zu (vgl. diesbezüglich *Coonradt et al.*, Am. Soc. **70** [1948] 2564, 2565).

2-Acetyl-3-brom-thiophen, 1-[3-Brom-[2]thienyl]-äthanon C_6H_5BrOS, Formel VI.

B. Beim Behandeln von 3-Brom-thiophen mit Acetylchlorid und Zinn(IV)-chlorid in Benzol (*Gol'dfarb, Wol'kenschteĭn*, Doklady Akad. S.S.S.R. **128** [1959] 536, 538; Pr. Acad. Sci. U.S.S.R. Chem. Sect. **124–129** [1959] 767, 769) oder mit Acetylchlorid und Aluminiumchlorid in Petroläther (*Steinkopf et al.*, A. **512** [1934] 136, 160).

Kp_{11}: 130° (*St. et al.*); Kp_4: 102–105° (*Go., Wo.*). n_D^{20}: 1,6108 (*Go., Wo.*).

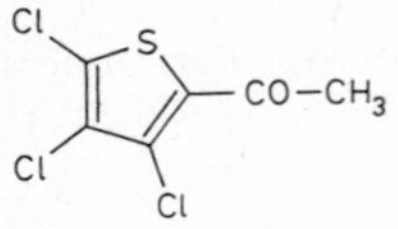

V 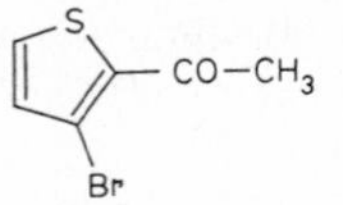 VI 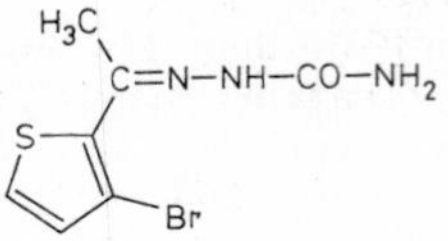 VII 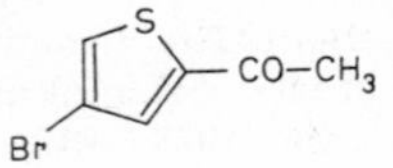 VIII

1-[3-Brom-[2]thienyl]-äthanon-semicarbazon $C_7H_8BrN_3OS$, Formel VII.

B. Aus 1-[3-Brom-[2]thienyl]-äthanon und Semicarbazid (*Gol'dfarb, Wol'kenschteĭn*, Doklady Akad. S.S.S.R. **128** [1959] 536, 538; Pr. Acad. Sci. U.S.S.R. Chem. Sect. **124–129** [1959] 767, 769).

Krystalle (aus A.); F: 196,5–198°.

2-Acetyl-4-brom-thiophen, 1-[4-Brom-[2]thienyl]-äthanon C_6H_5BrOS, Formel VIII.

B. Beim Behandeln von 1-[2]Thienyl-äthanon mit Aluminiumchlorid und anschliessend mit Brom (*Gol'dfarb, Wol'kenschteĭn*, Doklady Akad. S.S.S.R. **128** [1959] 536, 537; Pr. Acad. Sci. U.S.S.R. Chem. Sect. **124–129** [1959] 767, 768). Beim Erhitzen von 1-[4,5-Di=brom-[2]thienyl]-äthanon mit Kupfer-Pulver in Chinolin auf 200° (*Motoyama et al.*, J. chem. Soc. Japan Pure Chem. Sect. **78** [1957] 950, 957; C. A. **1960** 14223; *Nishimura et al.*, Bl. Univ. Osaka Prefect. [A] **6** [1958] 127, 128, 130).

Kp_{15}: 133–135°; Kp_{11}: 125–127°; Kp_7: 117–119° (*Go., Wo.*); Kp_1: 90–100° (*Mo. et al.*; *Ni. et al.*). n_D^{20}: 1,6080 (*Go., Wo.*); n_D^{24}: 1,5982 (*Mo. et al.*).

1-[4-Brom-[2]thienyl]-äthanon-phenylhydrazon $C_{12}H_{11}BrN_2S$, Formel IX (R = C_6H_5).

B. Aus 1-[4-Brom-[2]thienyl]-äthanon und Phenylhydrazin (*Gol'dfarb, Wol'kenschteĭn*, Doklady Akad. S.S.S.R. **128** [1959] 536, 537; Pr. Acad. Sci. U.S.S.R. Chem. Sect. **124–129** [1959] 767, 768).

Krystalle (aus A.); F: 109,5–110°.

1-[4-Brom-[2]thienyl]-äthanon-semicarbazon $C_7H_8BrN_3OS$, Formel IX (R = CO-NH_2).

B. Aus 1-[4-Brom-[2]thienyl]-äthanon und Semicarbazid (*Gol'dfarb, Wol'kenschteĭn*, Doklady Akad. S.S.S.R. **128** [1959] 536, 537; Pr. Acad. Sci. U.S.S.R. Chem. Sect. **124–129** [1959] 767, 768; *Motoyama et al.*, J. chem. Soc. Japan Pure Chem. Sect. **78** [1957] 950, 957; C. A. **1960** 14223; *Nishimura et al.*, Bl. Univ. Osaka Prefect. [A] **6** [1958] 127, 128).

Krystalle; F: 214,5–215° [aus A.] (*Go., Wo.*), 210–212° (*Mo. et al.*; *Ni. et al.*).

2-Acetyl-5-brom-thiophen, 1-[5-Brom-[2]thienyl]-äthanon C_6H_5BrOS, Formel X (H 288).

B. Beim Erhitzen von 2-Brom-thiophen mit Acetanhydrid unter Zusatz von wasser=haltiger Phosphorsäure (*Hartough, Conley*, Am. Soc. **69** [1947] 3096) oder unter Zusatz des Borfluorid-Äther-Addukts (*Farrar, Levine*, Am. Soc. **72** [1950] 3695, 3696, 3697).

Krystalle; F: 95° (*Campaigne, Diedrich*, Am. Soc. **73** [1951] 5240, 5241), 94–95° [aus Bzl. + Hexan] (*Emerson, Patrick*, J. org. Chem. **13** [1948] 722, 724). Kp_4: 103° (*Em., Pa.*). IR-Spektrum (3,8–25 μ): *Hidalgo*, J. Phys. Rad. [8] **16** [1955] 366, 371. IR-Spektrum (CS_2 und CCl_4; 2–15 μ): A.P.I. Res. Project **44** Nr. 974 [1949]. UV-Spektrum (Hexan und A.; 240–340 nm): *Pappalardo*, G. **89** [1959] 540, 542, 544. Polarographie:

Nakaya et al., J. chem. Soc. Japan Pure Chem. Sect. **80** [1959] 1334, 1337; C. A. **1961** 4471.

Geschwindigkeitskonstante der Reaktion mit Brom in wss. Salzsäure (2n) und in Essigsäure bei 25°, 35° und 45°: *Imoto et al.*, J. chem. Soc. Japan Pure Chem. Sect. **77** [1956] 804, 807; C. A. **1958** 9066.

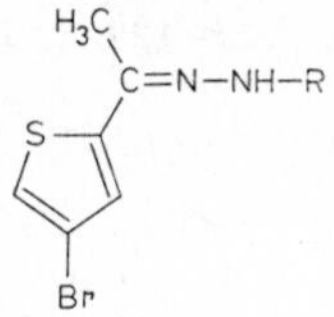

IX 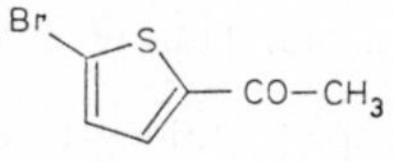 X 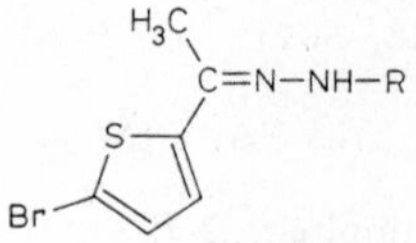 XI 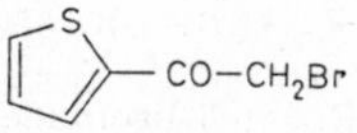 XII

1-[5-Brom-[2]thienyl]-äthanon-semicarbazon $C_7H_8BrN_3OS$, Formel XI (R = CO-NH_2).

B. Aus 1-[5-Brom-[2]thienyl]-äthanon und Semicarbazid (*Hartough, Conley*, Am. Soc. **69** [1947] 3096; *Farrar, Levine*, Am. Soc. **72** [1950] 3695, 3696).

Krystalle; F: 234–235° [korr.] (*Fa., Le.*), 232–233° [aus A. oder aus Bzl. + A.] (*Ha., Co.*).

1-[5-Brom-[2]thienyl]-äthanon-thiosemicarbazon $C_7H_8BrN_3S_2$, Formel XI (R = CS-NH_2).

B. Aus 1-[5-Brom-[2]thienyl]-äthanon und Thiosemicarbazid (*Campaigne et al.*, Am. Soc. **75** [1953] 988).

Krystalle (aus Me. oder wss. A.); F: 200–201° [unkorr.].

2-Bromacetyl-thiophen, 2-Brom-1-[2]thienyl-äthanon C_6H_5BrOS, Formel XII (H 288; E II 314).

B. Beim Behandeln von 1-[2]Thienyl-äthanon mit Brom in Tetrachlormethan unter Zusatz von Eisen-Pulver (*Kipnis et al.*, Am. Soc. **71** [1949] 10) oder mit Brom in Äther (*Buu-Hoi, Hoán*, R. **68** [1949] 441, 467).

Kp_{20}: 162–163°; Kp_{13}: 145–150° (*Buu-Hoi, Hoán*); Kp_7: 127–130° [unkorr.] (*Kaye et al.*, Am. Soc. **74** [1952] 3676, 3678). D_4^{29}: 1,6657 (*Kaye et al.*). n_D^{20}: 1,6258 (*Ki. et al.*); n_D^{29}: 1,6168 (*Kaye et al.*).

2-Bromacetyl-5-chlor-thiophen, 2-Brom-1-[5-chlor-[2]thienyl]-äthanon $C_6H_4BrClOS$, Formel I.

B. Beim Behandeln von 1-[5-Chlor-[2]thienyl]-äthanon mit Brom in Äther (*Buu-Hoi, Hoán*, R. **68** [1949] 441, 467).

Krystalle (aus PAe.); F: 72°.

2-Acetyl-3,4-dibrom-thiophen, 1-[3,4-Dibrom-[2]thienyl]-äthanon $C_6H_4Br_2OS$, Formel II.

B. Beim Behandeln von 3,4-Dibrom-thiophen mit Acetylchlorid und Aluminiumchlorid in Petroläther (*Steinkopf et al.*, A. **512** [1934] 136, 153).

Krystalle (aus A.); F: 83–85°.

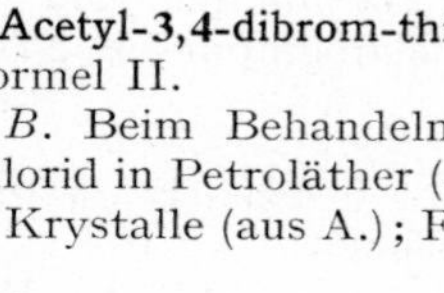

I 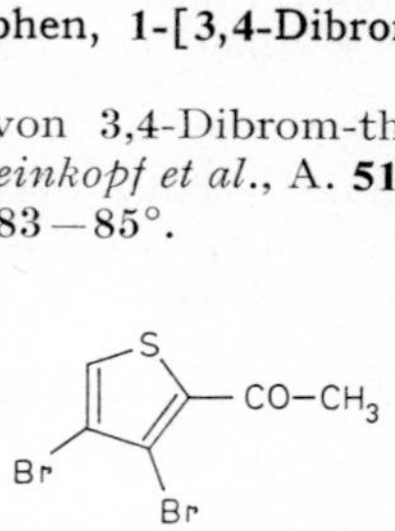 II 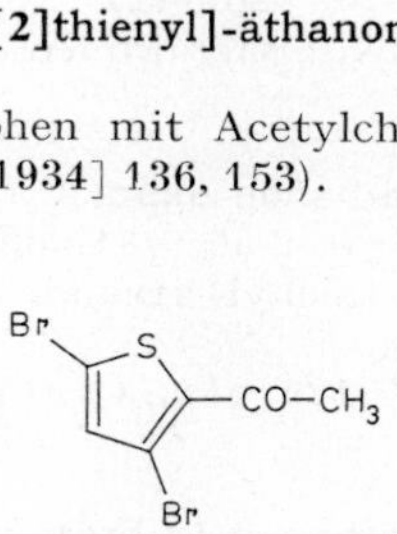 III 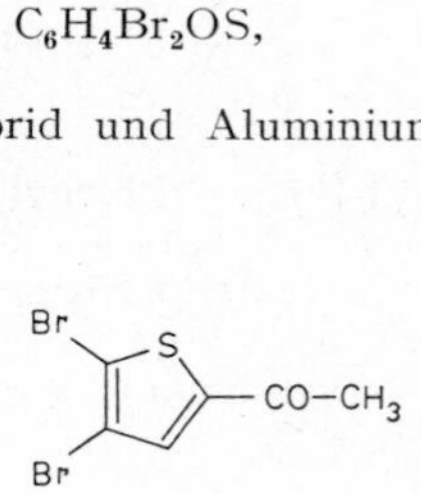 IV

2-Acetyl-3,5-dibrom-thiophen, 1-[3,5-Dibrom-[2]thienyl]-äthanon $C_6H_4Br_2OS$, Formel III.

B. Beim Behandeln von 2,4-Dibrom-thiophen mit Acetylchlorid und Aluminiumchlorid in Petroläther (*Steinkopf et al.*, A. **512** [1934] 136, 157).

Krystalle (aus A.); F: 45°.

5-Acetyl-2,3-dibrom-thiophen, 1-[4,5-Dibrom-[2]thienyl]-äthanon $C_6H_4Br_2OS$, Formel IV.

B. Beim Behandeln von 2,3-Dibrom-thiophen mit Acetylchlorid und Aluminiumchlorid in Petroläther (*Steinkopf et al.*, A. **512** [1934] 136, 156). Neben grösseren Mengen 1-[4-Brom-[2]thienyl]-äthanon beim Behandeln von 1-[2]Thienyl-äthanon mit Aluminiumchlorid und anschliessend mit Brom (*Gol'dfarb, Wol'kenschteĭn*, Doklady Akad. S.S.S.R. **128** [1959] 536, 537; Pr. Acad. Sci. U.S.S.R. Chem. Sect. **124–129** [1959] 767, 768).

Krystalle; F: 85–86° [aus PAe.] (*St. et al.*), 85–86° [aus wss. A.] (*Go., Wo.*).

2-Brom-5-bromacetyl-thiophen, 2-Brom-1-[5-brom-[2]thienyl]-äthanon $C_6H_4Br_2OS$, Formel V.

B. Beim Behandeln von 1-[5-Brom-[2]thienyl]-äthanon mit Brom in Äther (*Buu-Hoi, Hoán*, R. **68** [1949] 441, 467).

Krystalle (aus Ae.); F: 91°.

2-Acetyl-3,4,5-tribrom-thiophen, 1-[Tribrom-[2]thienyl]-äthanon $C_6H_3Br_3OS$, Formel VI.

B. Beim Behandeln von 2,3,4-Tribrom-thiophen mit Acetylchlorid und Aluminiumchlorid in Petroläther (*Steinkopf et al.*, A. **512** [1934] 136, 162).

Krystalle (aus A.); F: 131°.

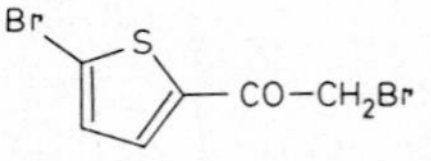

V 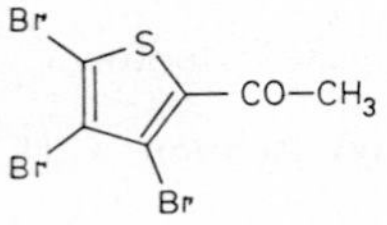 VI 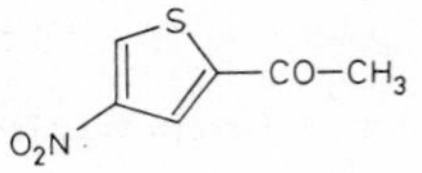 VII 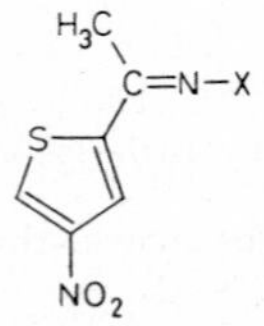 VIII

2-Acetyl-4-nitro-thiophen, 1-[4-Nitro-[2]thienyl]-äthanon $C_6H_5NO_3S$, Formel VII.

Diese Konstitution kommt dem früher (s. H 288 und E I 150) beschriebenen 2-Acetyl-x-nitro-thiophen vom F: 127° zu (*Rinkes*, R. **52** [1933] 538); in dem früher (s. H 289) beschriebenen 2-Acetyl-x-nitro-thiophen-Präparat vom F: 88–89° hat ein Gemisch von 2-Acetyl-4-nitro-thiophen und 2-Acetyl-5-nitro-thiophen vorgelegen (*Ri.*; *Fournari, Chane*, Bl. **1963** 479, 481).

B. Beim Erwärmen von 4-Nitro-thiophen-2-carbonsäure mit Thionylchlorid, Erwärmen des Reaktionsprodukts mit der Natrium-Verbindung des Acetessigsäure-äthylesters in Äther und Erwärmen des danach isolierten Reaktionsprodukts mit Äthanol und Schwefelsäure (*Ri.*, l. c. S. 544).

Krystalle (aus A.); F: 126–127°. UV-Absorptionsmaxima: 248 nm und 273 nm (*Sugimoto et al.*, Bl. Univ. Osaka Prefect. [A] **8** [1959] 71, 72). Polarographie: *Fo., Ch.*, l. c. S. 480.

1-[4-Nitro-[2]thienyl]-äthanon-oxim $C_6H_6N_2O_3S$, Formel VIII (X = OH) (E I 150; dort als „Oxim des x-Nitro-2-acetyl-thiophens vom F: 127°" bezeichnet).

B. Aus 1-[4-Nitro-[2]thienyl]-äthanon und Hydroxylamin (*Fournari, Chane*, Bl. **1963** 479, 482).

Krystalle (aus A.); F: 129° (*Fo., Ch.*). Polarographie: *Tirouflet, Chané*, C. r. **243** [1956] 500.

1-[4-Nitro-[2]thienyl]-äthanon-[4-brom-phenylhydrazon] $C_{12}H_{10}BrN_3O_2S$, Formel VIII (X = NH-C_6H_4-Br).

B. Aus 1-[4-Nitro-[2]thienyl]-äthanon und [4-Brom-phenyl]-hydrazin (*Tirouflet, Fournari*, C. r. **243** [1956] 61).

F: 198°.

2-Acetyl-5-nitro-thiophen, 1-[5-Nitro-[2]thienyl]-äthanon $C_6H_5NO_3S$, Formel IX.

B. Neben 1-[4-Nitro-[2]thienyl]-äthanon beim Behandeln von 1-[2]Thienyl-äthanon mit Acetanhydrid, Salpetersäure und Essigsäure (*Fournari, Chane*, Bl. **1963** 479, 483; s. a. *Rinkes*, R. **52** [1933] 538, 544). Beim Erwärmen von 5-Nitro-thiophen-2-carbonylchlorid mit der Natrium-Verbindung des Acetessigsäure-äthylesters in Äther und Erwärmen des Reaktionsprodukts mit Äthanol und Schwefelsäure (*Ri.*).

Krystalle; F: 108–109° [aus Ae. + PAe.] (*Fo.*, *Ch.*), 106–107° [aus A.] (*Ri.*). IR-Spektrum (4900–400 cm^{-1}): *Hidalgo*, J. Phys. Rad. [8] **16** [1955] 366, 371. UV-Spektrum (Hexan und A.; 220–380 nm): *Pappalardo*, G. **89** [1959] 551, 552. Polarographie: *Imoto et al.*, Bl. Naniwa Univ. [A] **3** [1955] 203, 205; J. chem. Soc. Japan Pure Chem. Sect. **77** [1956] 812, 813; C. A. **1958** 9067.

Geschwindigkeitskonstante der Reaktion mit Brom in wss. Salzsäure (2n) und Essigsäure bei 25°, 35° und 45°: *Imoto et al.*, J. chem. Soc. Japan Pure Chem. Sect. **77** [1956] 804, 807; C. A. **1958** 9066.

1-[5-Nitro-[2]thienyl]-äthanon-oxim $C_6H_6N_2O_3S$, Formel X (X = OH).

Beim Erwärmen von 1-[5-Nitro-[2]thienyl]-äthanon mit Hydroxylamin-hydrochlorid in Äthanol und Pyridin haben *Fournari, Chane* (Bl. **1963** 479, 482, 483) ein Oxim vom F: 218° und ein in Äthanol leichter lösliches Oxim vom F: 190° erhalten. Über ein ebenfalls aus 1-[5-Nitro-[2]thienyl]-äthanon hergestelltes Präparat vom F: 189° s. *Rinkes*, R. **52** [1933] 538, 544. Polarographie eines Präparats vom F: 218°: *Tirouflet, Chané*, C. r. **243** [1956] 500.

1-[5-Nitro-[2]thienyl]-äthanon-[4-brom-phenylhydrazon] $C_{12}H_{10}BrN_3O_2S$, Formel X (X = NH-C_6H_4-Br).

B. Aus 1-[5-Nitro-[2]thienyl]-äthanon und [4-Brom-phenyl]-hydrazin (*Tirouflet, Fournari*, C. r. **243** [1956] 61).

Rot; F: 222°.

1-[5-Nitro-[2]thienyl]-äthanon-thiosemicarbazon $C_7H_8N_4O_2S_2$, Formel X (X = NH-CS-NH_2).

Präparate vom F: 238° (Krystalle) bzw. vom F: 152° (orangefarbene Krystalle [aus wss. A.]) sind beim Erwärmen von 1-[5-Nitro-[2]thienyl]-äthanon mit Thiosemicarbazid in wss. Äthanol ohne Zusatz bzw. unter Zusatz von Essigsäure erhalten worden (*Bellenghi et al.*, G. **82** [1952] 773, 790; *Chabrier, Cattelain*, Bl. **1950** 48, 55).

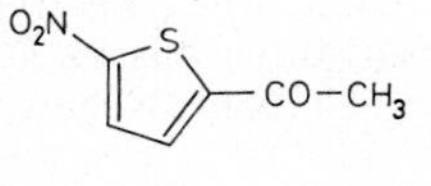

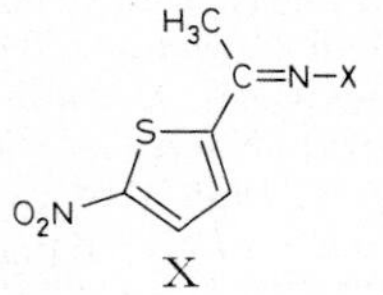

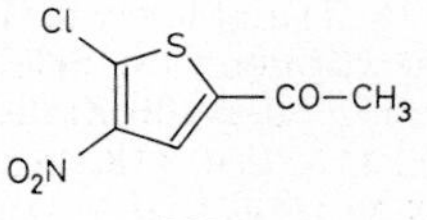

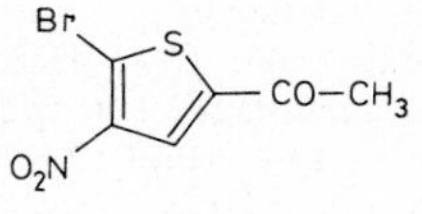

IX X XI XII

5-Acetyl-2-chlor-3-nitro-thiophen, 1-[5-Chlor-4-nitro-[2]thienyl]-äthanon $C_6H_4ClNO_3S$, Formel XI.

B. Beim Behandeln von 1-[5-Chlor-[2]thienyl]-äthanon mit Schwefelsäure und Salpetersäure (*Hurd, Kreuz*, Am. Soc. **74** [1952] 2965, 2967; *Jean, Nord*, J. org. Chem. **20** [1955] 1363, 1368).

Krystalle; F: 85–87° [aus A.] (*Hurd, Kr.*), 84–86,5° (*Jean, Nord*). UV-Spektrum (Hexan; 220–310 nm): *Sugimoto et al.*, Bl. Univ. Osaka Prefect. [A] **8** [1959] 71, 79.

5-Acetyl-2-brom-3-nitro-thiophen, 1-[5-Brom-4-nitro-[2]thienyl]-äthanon $C_6H_4BrNO_3S$, Formel XII.

B. Beim Behandeln von 1-[5-Brom-[2]thienyl]-äthanon mit Schwefelsäure und Salpetersäure bei –10° bis –5° (*Motoyama et al.*, J. chem. Soc. Japan Pure Chem. Sect. **78** [1957] 779, 783; C. A. **1960** 22559).

Krystalle (aus Bzn.); F: 105–106° (*Mo. et al.*). UV-Spektrum (Hexan; 220–320 nm): *Sugimoto et al.*, Bl. Univ. Osaka Prefect. [A] **8** [1959] 71, 79.

2-Bromacetyl-4-nitro-thiophen, 2-Brom-1-[4-nitro-[2]thienyl]-äthanon $C_6H_4BrNO_3S$, Formel I.

B. Beim Behandeln von 1-[4-Nitro-[2]thienyl]-äthanon mit Brom in Essigsäure

(*Bellenghi et al.*, G. **82** [1952] 773, 785; *Dann et al.*, Z. Naturf. **7b** [1952] 344, 349).
Krystalle (aus A.); F: 108° (*Be. et al.*), 99–101° (*Dann et al.*).

2-Bromacetyl-5-nitro-thiophen, 2-Brom-1-[5-nitro-[2]thienyl]-äthanon $C_6H_4BrNO_3S$, Formel II.

B. Beim Behandeln von 1-[5-Nitro-[2]thienyl]-äthanon mit Brom in Essigsäure (*Carrara, Weitnauer*, G. **81** [1951] 142, 149).

Gelbe Krystalle (aus $CHCl_3$ oder Ae.); F: 103–104°.

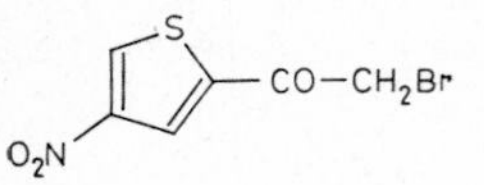

I 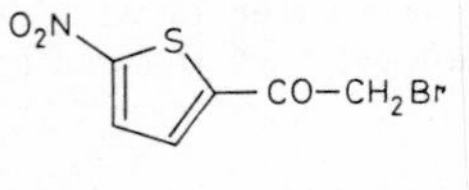 II 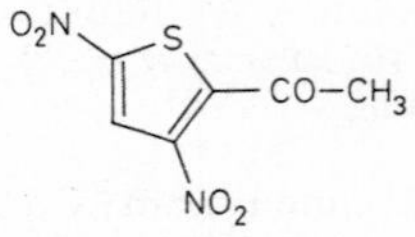 III 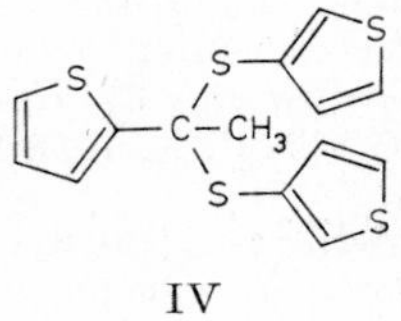 IV

2-Acetyl-3,5-dinitro-thiophen, 1-[3,5-Dinitro-[2]thienyl]-äthanon $C_6H_4N_2O_5S$, Formel III.

B. Beim Behandeln von 3,5-Dinitro-thiophen-2-carbonsäure mit Phosphor(V)-chlorid, Erwärmen des Reaktionsprodukts mit einer Lösung von Äthoxomagnesio-malonsäure-diäthylester in Äthanol und Chlorbenzol und Erhitzen des danach isolierten Reaktionsprodukts mit Essigsäure und wss. Schwefelsäure (*Bellenghi et al.*, G. **82** [1952] 773, 783).

Krystalle (aus A.); F: 78°.

1-[2]Thienyl-1,1-bis-[3]thienylmercapto-äthan, 1-[2]Thienyl-äthanon-[di-[3]thienyl-dithioacetal] $C_{14}H_{12}S_5$, Formel IV.

B. Beim Behandeln von 1-[2]Thienyl-äthanon mit Thiophen-3-thiol unter Einleiten von Chlorwasserstoff (*Brooks et al.*, Am. Soc. **72** [1950] 1289).

Krystalle (aus Cyclohexan); F: 85–86°.

2-Acetyl-selenophen, 1-Selenophen-2-yl-äthanon C_6H_6OSe, Formel V.

B. Beim Behandeln von Selenophen mit Zinn(IV)-chlorid und dem aus Essigsäure und Tetrachlorsilan in Benzol erhaltenen Reaktionsprodukt (*Jur'ew et al.*, Ž. obšč. Chim. **28** [1958] 3036, 3038; engl. Ausg. S. 3066, 3067). Beim Behandeln von Selenophen mit Acetylchlorid und Zinn(IV)-chlorid in Benzol (*Umezawa*, Bl. chem. Soc. Japan **14** [1939] 155, 157). Beim Erwärmen von Selenophen mit Acetanhydrid unter Zusatz von wasserhaltiger Phosphorsäure oder von Zinkchlorid (*Kataew, Palkina*, Uč. Zap. Kazansk. Univ. **113** [1953] Nr. 8, S. 115, 116, 118, 119; C. A. **1958** 3762).

$Kp_{14,5}$: 107°; Kp_{12}: 103,5° (*Um.*), 105–106° (*Ka., Pa.*); Kp_{10}: 103–104° (*Ju. et al.*). D_4^{20}: 1,5460 (*Ju. et al.*), 1,5444 (*Ka., Pa.*); D_4^{25}: 1,5530 (*Um.*). n_D^{18}: 1,601 (*Um.*); n_D^{20}: 1,5920 (*Ka., Pa.*), 1,5908 (*Ju. et al.*). UV-Spektrum (Hexan; 210–350 nm): *Chierici, Pappalardo*, G. **89** [1959] 560, 563, 564.

1-Selenophen-2-yl-äthanon-phenylhydrazon $C_{12}H_{12}N_2Se$, Formel VI (R = C_6H_5).

B. Aus 1-Selenophen-2-yl-äthanon und Phenylhydrazin (*Umezawa*, Bl. chem. Soc. Japan **14** [1939] 155, 158).

Krystalle (aus A.); F: 114–116°. Wenig beständig.

1-Selenophen-2-yl-äthanon-semicarbazon $C_7H_9N_3OSe$, Formel VI (R = CO-NH_2).

Präparate vom F: 215–216° bzw. vom F: 195–196° (jeweils Krystalle [aus A.]) sind aus 1-Selenophen-2-yl-äthanon und Semicarbazid erhalten worden (*Chierici, Pappalardo*, G. **88** [1958] 453, 460; *Kataew, Palkina*, Uč. Zap. Kazansk. Univ. **113** [1953] Nr. 8, S. 115, 119; C. A. **1958** 3762).

V VI VII VIII

2-Acetyl-5-chlor-selenophen, 1-[5-Chlor-selenophen-2-yl]-äthanon C_6H_5ClOSe, Formel VII.

B. Beim Erhitzen von 2-Chlor-selenophen mit Acetanhydrid und wasserhaltiger Phosphorsäure auf 130° (*Chierici, Pappalardo*, G. **89** [1959] 1900, 1907).

Krystalle (aus wss. A.); F: 57–58°. UV-Spektrum (Hexan; 220–350 nm): *Ch., Pa.,* l. c. S. 1903.

1-[5-Chlor-selenophen-2-yl]-äthanon-phenylhydrazon $C_{12}H_{11}ClN_2Se$, Formel VIII ($R = C_6H_5$).

B. Aus 1-[5-Chlor-selenophen-2-yl]-äthanon und Phenylhydrazin (*Chierici, Pappalardo*, G. **89** [1959] 1900, 1907).

Krystalle (aus A.); F: 128°.

1-[5-Chlor-selenophen-2-yl]-äthanon-semicarbazon $C_7H_8ClN_3OSe$, Formel VIII (R = CO-NH_2).

B. Aus 1-[5-Chlor-selenophen-2-yl]-äthanon und Semicarbazid (*Chierici, Pappalardo*, G. **89** [1959] 1900, 1908).

Krystalle (aus wss. A.); F: 228°.

2-Acetyl-5-brom-selenophen, 1-[5-Brom-selenophen-2-yl]-äthanon C_6H_5BrOSe, Formel IX.

B. Beim Erhitzen von 2-Brom-selenophen mit Acetanhydrid und wasserhaltiger Phosphorsäure auf 130° (*Chierici, Pappalardo*, G. **89** [1959] 560, 567).

Gelbe Krystalle (aus A.); F: 88–89°. UV-Spektrum (Hexan; 210–340 nm): *Ch., Pa.,* l. c. S. 562, 563.

1-[5-Brom-selenophen-2-yl]-äthanon-phenylhydrazon $C_{12}H_{11}BrN_2Se$, Formel X ($R = C_6H_5$).

B. Aus 1-[5-Brom-selenophen-2-yl]-äthanon und Phenylhydrazin (*Chierici, Pappalardo*, G. **89** [1959] 560, 568).

Gelbe Krystalle (aus A.); F: 123–124°.

1-[5-Brom-selenophen-2-yl]-äthanon-semicarbazon $C_7H_8BrN_3OSe$, Formel X (R = CO-NH_2).

B. Aus 1-[5-Brom-selenophen-2-yl]-äthanon und Semicarbazid (*Chierici, Pappalardo*, G. **89** [1959] 560, 568).

Gelbe Krystalle (aus A.); F: 238°.

IX X XI XII

2-Acetyl-5-nitro-selenophen, 1-[5-Nitro-selenophen-2-yl]-äthanon $C_6H_5NO_3Se$, Formel XI.

B. Beim Erwärmen von 5-Nitro-selenophen-2-carbonylchlorid mit Äthoxomagnesiomalonsäure-diäthylester in Äther und Erhitzen des Reaktionsprodukts mit Essigsäure und wss. Schwefelsäure (*Jur'ew, Saïzewa*, Ž. obšč. Chim. **29** [1959] 3644; engl. Ausg. S. 3603).

Gelbe Krystalle (aus Bzn.); F: 120,5–121° (*Ju., Sa.*). Polarographie: *Stradin' et al.*, Doklady Akad. S.S.S.R. **129** [1959] 816, 817; Pr. Acad. Sci. U.S.S.R. Chem. Sect. **124–129** [1959] 1077, 1078.

1-[5-Nitro-selenophen-2-yl]-äthanon-semicarbazon $C_7H_8N_4O_3Se$, Formel XII.

B. Aus 1-[5-Nitro-selenophen-2-yl]-äthanon und Semicarbazid (*Jur'ew, Saïzewa*, Ž. obšč. Chim. **29** [1959] 3644; engl. Ausg. S. 3603).

Gelbe Krystalle (aus A.); F: 258–259° [Zers.].

[2]Furyl-acetaldehyd $C_6H_6O_2$, Formel I (E II 314).

B. Beim Behandeln des Natrium-Salzes der 2,3-Epoxy-3-[2]furyl-propionsäure mit Oxalsäure in Wasser (*Reichstein*, B. **63** [1930] 749, 753).

Kp_{10}: ca. 58°. Leicht polymerisierbar.

[2]Furyl-acetaldehyd-semicarbazon $C_7H_9N_3O_2$, Formel II (E II 314).

B. Aus [2]Furyl-acetaldehyd und Semicarbazid (*Reichstein*, B. **63** [1930] 749, 753).

Krystalle (aus W.); F: 131—132° [korr.].

$CH_2{-}CHO$ I; $CH_2{-}CH{=}N{-}NH{-}CO{-}NH_2$ II; $CH_2{-}CHO$ III

[2]Thienyl-acetaldehyd C_6H_6OS, Formel III.

B. Beim Erwärmen von 1,1-Bis-äthoxycarbonylamino-2-[2]thienyl-äthan mit wss. Schwefelsäure (*Mason, Nord*, J. org. Chem. **16** [1951] 1869, 1872). Beim Erwärmen von [2-[2]Thienyl-vinyl]-carbamidsäure-methylester mit Oxalsäure in wss. Äthanol (*Ma.*, *Nord*, l. c. S. 1871). Beim Behandeln des Natrium-Salzes der 2,3-Epoxy-3-[2]thienyl-propionsäure mit wss. Essigsäure (*Dullaghan, Nord*, J. org. Chem. **18** [1953] 878, 879, 880).

Kp_4: 52—54°; n_D^{20}: 1,5167 (*Ma., Nord*).

[2]Thienyl-acetaldehyd-acetylimin, *N*-[2-[2]Thienyl-äthyliden]-acetamid C_8H_9NOS, Formel IV (R = CH_3), und ***N*-[2-[2]Thienyl-vinyl]-acetamid** C_8H_9NOS, Formel V (R = CH_3).

B. Beim Behandeln von 4*t*(?)-[2]Thienyl-but-3-en-2-on-(*E*)-oxim (S. 4718) mit Phosphor(V)-chlorid in Äther oder mit Toluol-4-sulfonylchlorid und Pyridin (*Pappalardo*, G. **89** [1959] 1736, 1741).

Krystalle (aus wss. A.); F: 124—125°.

[2]Thienyl-acetaldehyd-benzoylimin, *N*-[2-[2]Thienyl-äthyliden]-benzamid $C_{13}H_{11}NOS$, Formel IV (R = C_6H_5), und ***N*-[2-[2]Thienyl-vinyl]-benzamid** $C_{13}H_{11}NOS$, Formel V (R = C_6H_5).

B. Beim Erhitzen von 2-Benzoylamino-3-[2]thienyl-acrylsäure mit Kupfer-Pulver in Chinolin auf 180° (*Crowe, Nord*, J. org. Chem. **15** [1950] 1177, 1182).

Krystalle (aus wss. A.); F: 144,5—145,5° [nach Sintern bei 135°].

$CH_2{-}CH{=}N{-}CO{-}R$ IV; $CH{=}CH{-}NH{-}CO{-}R$ V; $CH_2{-}CH(NH{-}CO{-}OC_2H_5)_2$ VI

[2-[2]Thienyl-äthyliden]-carbamidsäure-methylester $C_8H_9NO_2S$, Formel IV (R = OCH_3), und **[2-[2]Thienyl-vinyl]-carbamidsäure-methylester** $C_8H_9NO_2S$, Formel V (R = OCH_3).

B. Beim Behandeln von 3*t*-[2]Thienyl-acrylsäure-amid mit Methanol, wss. Kalilauge und wss. Kaliumhypochlorit-Lösung (*Mason, Nord*, J. org. Chem. **16** [1951] 1869, 1871).

Krystalle (aus wss. A.); F: 115—116°.

1,1-Bis-äthoxycarbonylamino-2-[2]thienyl-äthan, *N,N'*-[2-[2]Thienyl-äthyliden]-bis-carbamidsäure-diäthylester $C_{12}H_{18}N_2O_4S$, Formel VI.

B. Beim Behandeln von [2]Thienylmethyl-malonsäure-dihydrazid mit wss. Schwefelsäure und Natriumnitrit und Erwärmen des Reaktionsprodukts mit Äthanol und Äther (*Mason, Nord*, J. org. Chem. **16** [1951] 1869, 1872).

Krystalle (aus PAe.); F: 125—126°.

[2]Thienyl-acetaldehyd-[2,4-dinitro-phenylhydrazon] $C_{12}H_{10}N_4O_4S$, Formel VII (R = $C_6H_3(NO_2)_2$).

B. Aus [2]Thienyl-acetaldehyd und [2,4-Dinitro-phenyl]-hydrazin (*Mason, Nord*, J.

org. Chem. **16** [1951] 1869, 1872).
F: 100—101°.

[2]Thienyl-acetaldehyd-semicarbazon $C_7H_9N_3OS$, Formel VII (R = CO-NH$_2$).
B. Aus [2]Thienyl-acetaldehyd und Semicarbazid (*Mason, Nord*, J. org. Chem. **16** [1951] 1869, 1871; *Pappalardo*, G. **89** [1959] 1736, 1742).
Krystalle; F: 132° (*Pa.*), 131—132° [aus W. oder wss. A.] (*Ma., Nord*).

[5-Chlor-[2]thienyl]-acetaldehyd C_6H_5ClOS, Formel VIII.
B. Beim Erwärmen von [2-(5-Chlor-[2]thienyl)-vinyl]-carbamidsäure-methylester (s. u.) mit Oxalsäure in wss. Äthanol (*Mason, Nord*, J. org. Chem. **16** [1951] 1869, 1871).
Kp_5: 55—60°.

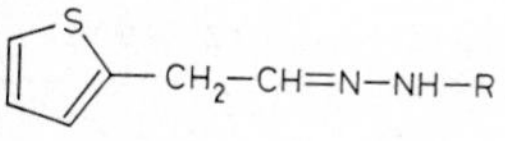

VII 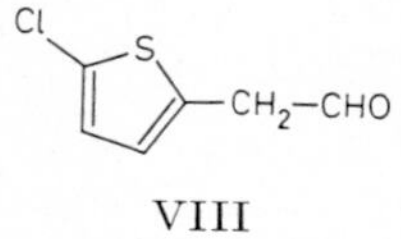 VIII 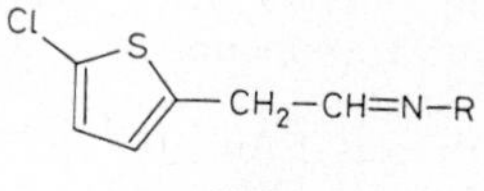 IX 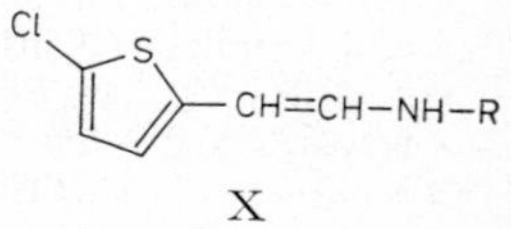 X

[2-(5-Chlor-[2]thienyl)-äthyliden]-carbamidsäure-methylester $C_8H_8ClNO_2S$, Formel IX (R = CO-OCH$_3$), und **[2-(5-Chlor-[2]thienyl)-vinyl]-carbamidsäure-methylester** $C_8H_8ClNO_2S$, Formel X (R = CO-OCH$_3$).
B. Beim Behandeln von 3*t*-[5-Chlor-[2]thienyl]-acrylsäure-amid mit Methanol, wss. Kalilauge und wss. Kaliumhypochlorit-Lösung (*Mason, Nord*, J. org. Chem. **16** [1951] 1869, 1871).
Krystalle; F: 88—89°.

[5-Chlor-[2]thienyl]-acetaldehyd-semicarbazon $C_7H_8ClN_3OS$, Formel IX (R = NH-CO-NH$_2$).
B. Aus [5-Chlor-[2]thienyl]-acetaldehyd und Semicarbazid (*Mason, Nord*, J. org. Chem. **16** [1951] 1869, 1872).
F: 147—147,5°.

5-[(Ξ)-Äthyliden]-5*H*-furan-2-on, 4-Hydroxy-hexa-2*c*,4ξ-diensäure-lacton, Hexa-2,4ξ-dien-4-olid $C_6H_6O_2$, Formel XI.
B. Beim Behandeln von opt.-inakt. 3-Propionyl-norborn-5-en-2-carbonsäure (F: 102° bis 103°) mit Acetanhydrid und konz. wss. Salzsäure und Erhitzen des Reaktionsprodukts unter vermindertem Druck (*Walton*, J. org. Chem. **22** [1957] 312, 314).
Kp_{10}: 94—95°. n_D^{25}: 1,5316.

3-Acetyl-furan, 1-[3]Furyl-äthanon $C_6H_6O_2$, Formel XII.
B. Beim Behandeln von Furan-3-carbonylchlorid mit Äthoxomagnesio-malonsäure-diäthylester in Äthanol und Erhitzen des Reaktionsprodukts mit Essigsäure und wss. Schwefelsäure (*Naya*, J. chem. Soc. Japan Pure Chem. Sect. **77** [1956] 759; C. A. **1958** 348; s. a. *Kubota, Naya*, Chem. and Ind. **1954** 1427). Beim Erwärmen von Furan-3-carbonylchlorid mit Dimethylcadmium in Benzol (*Grünanger, Mantegani*, G. **89** [1959] 913, 916).
Krystalle; F: 53—54° [aus PAe.] (*Gr., Ma.*), 51,5—52° [aus wss. A.] (*Na.*). Kp_8: 59° (*Gr., Ma.*). IR-Banden im Bereich von 3,2 μ bis 13,1 μ: *Kubota*, Tetrahedron **4** [1958] 68, 82.

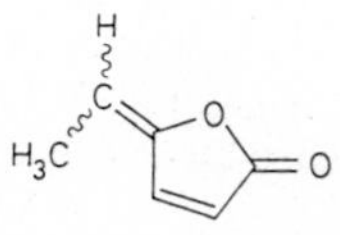

XI 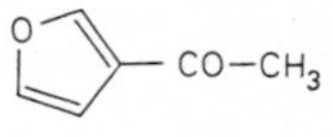 XII 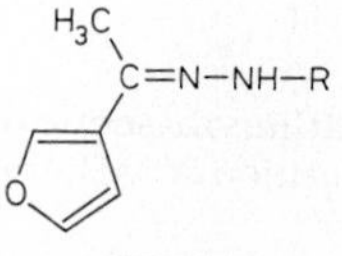 XIII 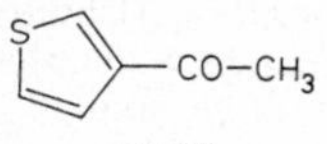 XIV

1-[3]Furyl-äthanon-[4-nitro-phenylhydrazon] $C_{12}H_{11}N_3O_3$, Formel XIII ($R = C_6H_4\text{-}NO_2$).

B. Aus 1-[3]Furyl-äthanon und [4-Nitro-phenyl]-hydrazin (*Grünanger, Mantegani*, G. **89** [1959] 913, 917).

Krystalle (aus Eg.); F: 215°.

1-[3]Furyl-äthanon-semicarbazon $C_7H_9N_3O_2$, Formel XIII ($R = CO\text{-}NH_2$).

B. Aus 1-[3]Furyl-äthanon und Semicarbazid (*Naya*, J. chem. Soc. Japan Pure Chem. Sect. **77** [1956] 759; C. A. **1958** 348; *Grünanger, Mantegani*, G. **89** [1959] 913, 917).

Krystalle; F: 161–162° [aus Me.] (*Gr., Ma.*), 160–161° [aus A.] (*Naya*).

3-Acetyl-thiophen, 1-[3]Thienyl-äthanon C_6H_6OS, Formel XIV.

B. Beim Erwärmen von Thiophen-3-carbonylchlorid mit Dimethylcadmium in Äther (*Campaigne, Le Suer*, Am. Soc. **70** [1948] 1555, 1557). Beim Behandeln von (±)-1-[3]Thienyl-äthanol mit Chrom(VI)-oxid und wss. Essigsäure (*Gronowitz*, Ark. Kemi **12** [1958] 533, 543).

Krystalle; F: 58–59° [aus PAe.] (*Gr.*), 57° [aus PAe.] (*Ca., Le Suer*), 57° [aus A.] (*Troyanowsky*, Bl. **1955** 424). Kp_{748}: 208–210° (*Ca., Le Suer*); Kp_{25}: 106–107° (*Gr.*). ^{1}H-NMR-Absorption: *Gronowitz, Hoffman*, Ark. Kemi **13** [1958/59] 279, 281. ^{1}H-^{1}H-Spin-Spin-Kopplungskonstanten: *Gr., Ho.*, l. c. S. 282. IR-Spektrum (CCl_4; 2–12 μ): *Gr.*, l. c. S. 541. UV-Spektrum einer Lösung in Äthanol von 210 nm bis 280 nm: *Andrisano, Pappalardo*, Spectrochim. Acta **12** [1958] 350, 351, 352, 353; einer Lösung in Cyclohexan von 225 nm bis 340 nm: *Ramart-Lucas*, Bl. **1954** 1017, 1022.

1-[3]Thienyl-äthanon-phenylhydrazon $C_{12}H_{12}N_2S$, Formel I ($R = C_6H_5$).

B. Aus 1-[3]Thienyl-äthanon und Phenylhydrazin (*Troyanowsky*, Bl. **1955** 424, 426).

F: 114°.

1-[3]Thienyl-äthanon-[2,4-dinitro-phenylhydrazon] $C_{12}H_{10}N_4O_4S$, Formel I ($R = C_6H_3(NO_2)_2$).

B. Aus 1-[3]Thienyl-äthanon und [2,4-Dinitro-phenyl]-hydrazin (*Campaigne, Le Suer*, Am. Soc. **70** [1948] 1555, 1557; *Johnson*, Am. Soc. **75** [1953] 2720, 2721).

Rote Krystalle; F: 265–266° (*Jo.*), 265° [aus $CHCl_3$] (*Ca., Le Suer*). Absorptionsmaximum ($CHCl_3$): 383 nm (*Jo.*).

1-[3]Thienyl-äthanon-semicarbazon $C_7H_9N_3OS$, Formel I ($R = CO\text{-}NH_2$).

B. Aus 1-[3]Thienyl-äthanon und Semicarbazid (*Campaigne, Le Suer*, Am. Soc. **70** [1948] 1555, 1557; *Troyanowsky*, Bl. **1955** 424, 426).

Krystalle; F: 174–175° [aus W.] (*Ca., Le Suer*), 173–174° (*Tr.*).

3-Acetyl-2,5-dichlor-thiophen, 1-[2,5-Dichlor-[3]thienyl]-äthanon $C_6H_4Cl_2OS$, Formel II.

B. Beim Behandeln von 2,5-Dichlor-thiophen mit Acetylchlorid und Aluminiumchlorid in Petroläther (*Hartough, Conley*, Am. Soc. **69** [1947] 3096; s. a. *Steinkopf, Köhler*, A. **532** [1937] 250, 265).

Krystalle; F: 39° [aus PAe.] (*St., Kö.*), 38–38,5° (*Ha., Co.*). Kp_3: 87° (*Ha., Co.*).

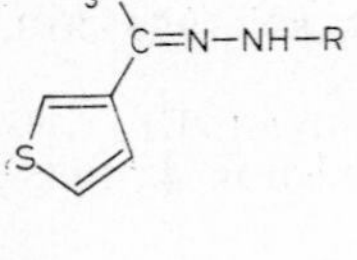

I 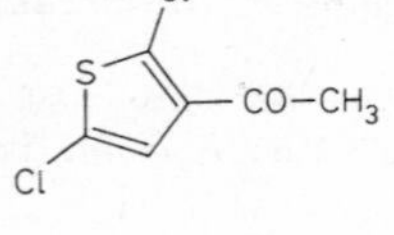 II 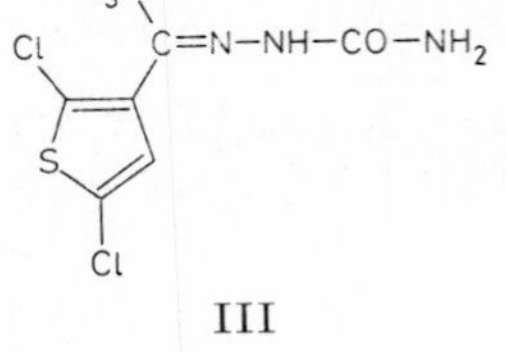 III 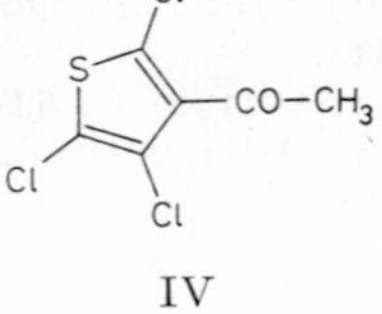 IV

1-[2,5-Dichlor-[3]thienyl]-äthanon-semicarbazon $C_7H_7Cl_2N_3OS$, Formel III.

B. Aus 1-[2,5-Dichlor-[3]thienyl]-äthanon und Semicarbazid (*Hartough, Conley*, Am. Soc. **69** [1947] 3096).

Krystalle (aus A. oder aus Bzl. + A.); F: 212–213° [Zers.].

3-Acetyl-2,4,5-trichlor-thiophen, 1-[Trichlor-[3]thienyl]-äthanon $C_6H_3Cl_3OS$, Formel IV.

Eine von *Steinkopf, Köhler* (A. **532** [1937] 250, 267) unter dieser Konstitution beschriebene Verbindung (F: 80°) ist als 1-[Trichlor-[2]thienyl]-äthanon (S. 4511) zu formulieren (vgl. diesbezüglich *Coonradt et al.*, Am. Soc. **70** [1948] 2564, 2565).

3-Acetyl-2,5-dibrom-thiophen, 1-[2,5-Dibrom-[3]thienyl]-äthanon $C_6H_4Br_2OS$, Formel V.

B. Beim Behandeln von 2,5-Dibrom-thiophen mit Acetylchlorid und Aluminiumchlorid in Petroläther [nur einmal erhalten] (*Steinkopf, Jacob*, A. **515** [1935] 273, 282).

Krystalle (aus A.); F: 55°. [*Schindler*]

3-Methyl-furan-2-carbaldehyd $C_6H_6O_2$, Formel VI.

B. Beim Behandeln einer Lösung von 3-Methyl-furan und Cyanwasserstoff in Äther mit Chlorwasserstoff und Behandeln des Reaktionsprodukts mit wss. Kaliumcarbonat (*Reichstein et al.*, Helv. **14** [1931] 1277, 1280).

Kp_{12}: 60—61°.

3-Methyl-furan-2-carbaldehyd-oxim $C_6H_7NO_2$, Formel VII (X = OH).

B. Aus 3-Methyl-furan-2-carbaldehyd und Hydroxylamin (*Reichstein et al.*, Helv. **14** [1931] 1277, 1282).

Krystalle; F: 73—76°. Kp_{12}: ca. 106°.

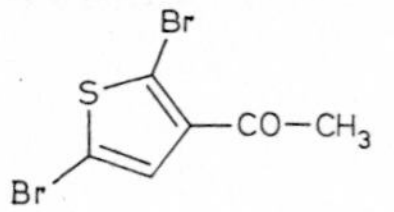

V 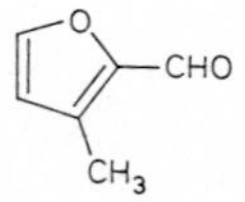 VI 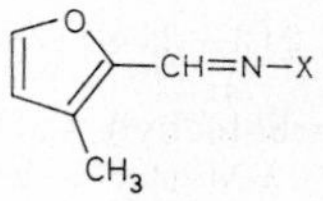 VII 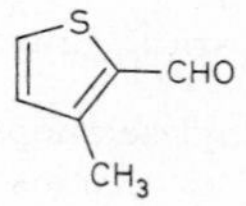 VIII

3-Methyl-furan-2-carbaldehyd-semicarbazon $C_7H_9N_3O_2$, Formel VII (X = NH-CO-NH$_2$).

B. Aus 3-Methyl-furan-2-carbaldehyd und Semicarbazid (*Reichstein et al.*, Helv. **14** [1931] 1277, 1280).

Krystalle (aus A.); F: 216—218° [Zers.] (im Hochvakuum bei 110° getrocknetes Präparat).

3-Methyl-thiophen-2-carbaldehyd C_6H_6OS, Formel VIII.

B. Beim Erwärmen von 3-Methyl-thiophen mit *N*-Methyl-formanilid und Phosphorylchlorid (*King, Nord*, J. org. Chem. **13** [1948] 635, 638; *Weston, Michaels*, Am. Soc. **72** [1950] 1422) oder mit Dimethylformamid und Phosphorylchlorid (*Campaigne, Archer*, Am. Soc. **75** [1953] 989) und anschliessenden Hydrolysieren.

Kp_{25}: 113—114° (*We., Mi.*); Kp_{24}: 112—113° (*Lamy et al.*, Soc. **1958** 4202, 4203); Kp_5: 83—85° (*King, Nord*, l. c. S. 637). $n_D^{20,5}$: 1,6013 (*Lamy et al.*); n_D^{25}: 1,5833 (*We., Mi.*).

[3-Methyl-[2]thienylmethylen]-anilin, 3-Methyl-thiophen-2-carbaldehyd-phenylimin $C_{12}H_{11}NS$, Formel IX (X = C_6H_5).

B. Beim Erhitzen von 3-Methyl-thiophen-2-carbaldehyd mit Anilin (*Miller, Nord*, J. org. Chem. **16** [1951] 1720, 1729).

Krystalle (aus A.); F: 80—80,5°.

3-Methyl-thiophen-2-carbaldehyd-phenylhydrazon $C_{12}H_{12}N_2S$, Formel IX (X = NH-C_6H_5).

B. Aus 3-Methyl-thiophen-2-carbaldehyd und Phenylhydrazin (*Weston, Michaels*, Am. Soc. **72** [1950] 1422).

Krystalle (aus A.); F: 148—149° [unkorr.].

3-Methyl-thiophen-2-carbaldehyd-semicarbazon $C_7H_9N_3OS$, Formel IX (X = NH-CO-NH$_2$).

B. Aus 3-Methyl-thiophen-2-carbaldehyd und Semicarbazid (*King, Nord*, J. org. Chem. **13** [1948] 635, 637; *Hartough, Dickert*, Am. Soc. **71** [1949] 3922, 3924).

F: 211—212° [korr.] (*Ha., Di.*), 208—209° (*King, Nord*).

3-Methyl-thiophen-2-carbaldehyd-thiosemicarbazon $C_7H_9N_3S_2$, Formel IX ($X = NH\text{-}CS\text{-}NH_2$).

B. Aus 3-Methyl-thiophen-2-carbaldehyd und Thiosemicarbazid (*Campaigne et al.*, Am. Soc. **75** [1953] 988).

Krystalle (aus wss. A. oder Me.); F: 185—187° [unkorr.].

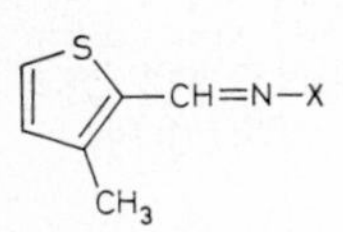

IX 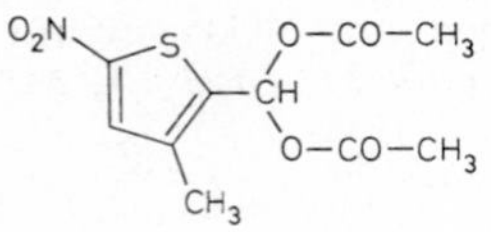 X 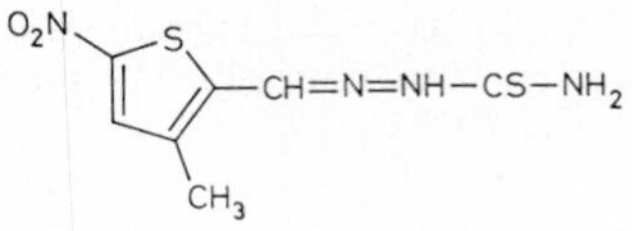 XI 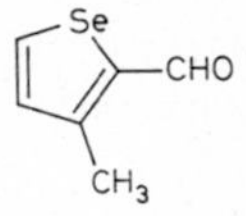 XII

2-Diacetoxymethyl-3-methyl-5-nitro-thiophen $C_{10}H_{11}NO_6S$, Formel X.

B. Beim Behandeln von 3-Methyl-thiophen-2-carbaldehyd mit Acetanhydrid und anschliessend mit Salpetersäure und Essigsäure (*Abbott Labor.*, U.S.P. 2746972 [1950]).

Gelbe Krystalle; F: 43—44°.

3-Methyl-5-nitro-thiophen-2-carbaldehyd-thiosemicarbazon $C_7H_8N_4O_2S_2$, Formel XI.

B. Beim Erwärmen von 2-Diacetoxymethyl-3-methyl-5-nitro-thiophen mit Thiosemicarbazid in wss. Äthanol unter Zusatz von Schwefelsäure (*Abbott Labor.*, U.S.P. 2746972 [1950]).

Krystalle (aus A.); F: 212—215° [Zers.].

3-Methyl-selenophen-2-carbaldehyd C_6H_6OSe, Formel XII.

B. Beim Erwärmen von 3-Methyl-selenophen mit Dimethylformamid und Phosphorylchlorid und Behandeln mit wss. Natriumacetat (*Jur'ew et al.*, Ž. obšč. Chim. **28** [1958] 620, 622; engl. Ausg. S. 602, 604).

Kp_{12}: 111°. D_4^{20}: 1,5602. n_D^{20}: 1,6198.

3-Methyl-selenophen-2-carbaldehyd-[2,4-dinitro-phenylhydrazon] $C_{12}H_{10}N_4O_4Se$, Formel I ($R = C_6H_3(NO_2)_2$).

B. Aus 3-Methyl-selenophen-2-carbaldehyd und [2,4-Dinitro-phenyl]-hydrazin (*Jur'ew, et al.*, Ž. obšč. Chim. **28** [1958] 620, 622; engl. Ausg. S. 602, 604).

Krystalle (aus A. + E.); F: 212—213°.

3-Methyl-selenophen-2-carbaldehyd-semicarbazon $C_7H_9N_3OSe$, Formel I ($R = CO\text{-}NH_2$).

B. Aus 3-Methyl-selenophen-2-carbaldehyd und Semicarbazid (*Jur'ew et al.*, Ž. obšč. Chim. **28** [1958] 620, 622; engl. Ausg. S. 602, 604).

Krystalle (aus wss. A.); F: 202—202,5°.

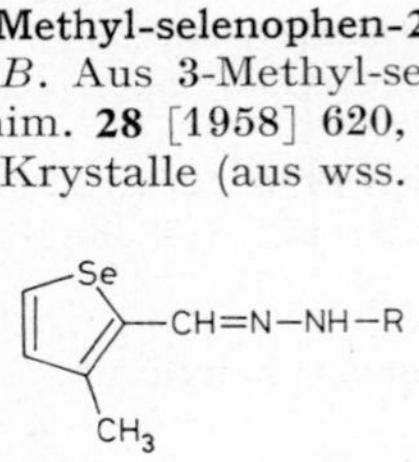

I 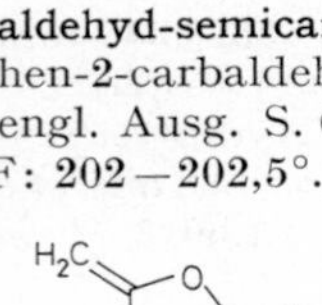 II 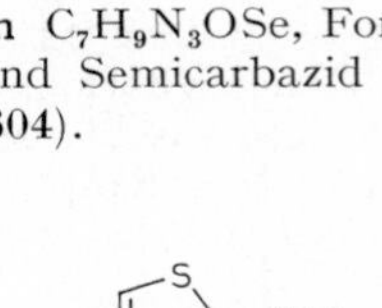 III 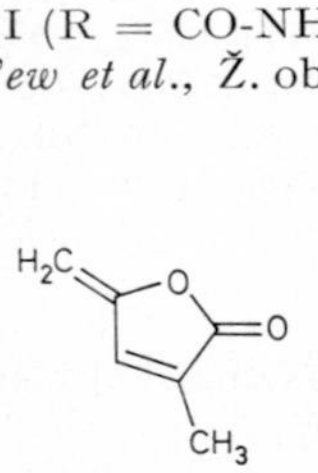 IV

3-Methyl-selenophen-2-carbaldehyd-thiosemicarbazon $C_7H_9N_3SSe$, Formel I ($R = CS\text{-}NH_2$).

B. Aus 3-Methyl-selenophen-2-carbaldehyd und Thiosemicarbazid (*Jur'ew et al.*, Ž. obšč. Chim. **28** [1958] 620, 622; engl. Ausg. S. 602, 604).

Krystalle (aus A.); F: 197°.

4-Methyl-5-methylen-5*H*-furan-2-on, 4-Hydroxy-3-methyl-penta-2*c*,4-diensäure-lacton $C_6H_6O_2$, Formel II.

B. Beim Erwärmen von 3-Methyl-4-oxo-pent-2-ensäure (Kp: 111—113° [Luftbad]) mit Acetanhydrid und Essigsäure unter Zusatz von Schwefelsäure in einer Stickstoff-Atmosphäre (*Stöcklmayer, Meinhard*, Scientia pharm. **23** [1955] 212, 226).

$Kp_{0,1}$: 50–55°. UV-Spektrum (A.; 210–290 nm): *St.*, *Me.*, l. c. S. 219.
Beim Aufbewahren erfolgt Umwandlung in eine makromolekulare Substanz.
Wirkt schleimhautreizend.

4-Methyl-thiophen-2-carbaldehyd C_6H_6OS, Formel III.

In dem nachstehend beschriebenen Präparat hat ein Gemisch dieser Verbindung mit kleineren Mengen 3-Methyl-thiophen-2-carbaldehyd vorgelegen (*Hoffman, Gronowitz*, Ark. Kemi **16** [1960/61] 563, 564, 584).

B. Beim Behandeln von 3-Methyl-thiophen mit Butyllithium in Äther, mit Dimethylformamid und folgenden Hydrolysieren (*Sicé*, J. org. Chem. **19** [1954] 70, 71).

Kp_8: 84–86°; D_4^{20}: 1,160; n_D^{20}: 1,5740 (*Sicé*).

4-Nitro-phenylhydrazon $C_{12}H_{11}N_3O_2S$. Rote Krystalle (aus A.); F: 179–181° [korr.; evakuierte Kapillare] (*Sicé*).

3-Methyl-5-methylen-5*H*-furan-2-on, 4-Hydroxy-2-methyl-penta-2*c*,4-diensäure-lacton $C_6H_6O_2$, Formel IV.

B. Beim Erwärmen von 2-Methyl-4-oxo-pent-2*c*-ensäure mit Acetylchlorid und wenig Schwefelsäure (*Buchta, Satzinger*, B. **92** [1959] 471, 473).

Kp_{10}: 74°. UV-Absorptionsmaximum (W.): 262 nm (*Bu.*, *Sa.*, l. c. S. 472).

Beim Aufbewahren erfolgt Umwandlung in eine makromolekulare Substanz. Bei 10-tägigem Aufbewahren unter Ausschluss von Licht und Luft ist eine als 3,9-Dimethyl-1,7-dioxa-dispiro[4.0.4.2]dodeca-3,9-dien-2,8-dion angesehene Verbindung vom F: 135° bis 136° erhalten worden.

5-Methyl-furan-2-carbaldehyd $C_6H_6O_2$, Formel V (H 289; E I 150; E II 315).

B. Beim Behandeln von 2-Methyl-furan mit Dimethylformamid und Phosphorylchlorid (*Mndshojan et al.*, Doklady Akad. Armjansk. S.S.R. **27** [1958] 301, 302; C. A. **1960** 481; *Traynelis et al.*, J. org. Chem. **22** [1957] 1269; *Taylor*, Soc. **1959** 2767) oder mit *N*-Methyl-formanilid und Phosphorylchlorid (*Tr. et al.*, l. c. S. 1270 Anm. 10) und folgenden Hydrolysieren. Beim Behandeln eines Gemisches von 2-Methyl-furan und Cyanwasserstoff in Äther mit Chlorwasserstoff und folgenden Hydrolysieren (*Reichstein*, Helv. **13** [1930] 345, 347). Beim Behandeln von 5-Methyl-furan-2-carbonitril mit einer Lösung von Zinn(II)-chlorid und Chlorwasserstoff in Äther und Behandeln des Reaktionsprodukts mit wss. Natriumacetat-Lösung (*Lukeš, Dienstbierová*, Collect. **19** [1954] 609). Beim Erwärmen von Saccharose (S. 3786) mit wss. Schwefelsäure, Zinn(IV)-chlorid und Natriumchlorid (*Scott, Johnson*, Am. Soc. **54** [1932] 2549, 2553).

Kp_{26}: 89–90° (*Tanaka*, Mem. Coll. Sci. Kyoto [A] **13** [1930] 265, 276); Kp_{15}: 79° (*Tr. et al.*); Kp_{12}: 80–81° (*Mn.*). D_4^{20}: 1,1126 (*Mn.*); D_{25}^{25}: 1,1902 (*Tan.*). n_D^{20}: 1,5993 (*Mn.*), 1,531 (*Tr. et al.*); n_D^{25}: 1,5270 (*Bell et al.*, Soc. **1958** 1313, 1319), 1,5073 (*Tan.*). UV-Spektrum (A. (?); 240–330 nm): *Maekawa*, Scient. Rep. Matsuyama agric. Coll. Nr. 3 [1950] 113, 122; C. A. **1952** 4523. UV-Absorptionsmaxima: 225 nm und 283,5 nm [CS_2 oder A.] (*Bell et al.*), 285 nm [W.] (*Tan.*, l. c. S. 274, 276). Polarographie: *Nakaya et al.*, J. chem. Soc. Japan Pure Chem. Sect. **80** [1959] 1334, 1337; C. A. **1961** 4471.

Beim Erhitzen mit Ammoniumsulfat in Wasser auf 160° sind kleine Mengen 6-Methyl-pyridin-3-ol (*Aso*, Bl. Inst. phys. chem. Res. Tokyo **18** [1939] 182; Bl. Inst. phys. chem. Res. Abstr. Tokyo **12** [1939] 10; C. A. **1940** 3273), beim Erhitzen mit Hydroxylamin-hydrochlorid in Wasser auf 160° sind kleine Mengen 6-Methyl-pyridin-2,3-diol (*Aso*, J. agric. chem. Soc. Japan **16** [1940] 253, 263; C. A. **1940** 6940) erhalten worden. Bildung von 5-[2-(5-Methyl-[2]furyl)-vinyl]-furan-2-carbaldehyd (F: 93,5°) beim Behandeln mit wss. Natriumhypojodit-Lösung: *Maekawa*, J. Fac. Agric. Kyushu Univ. **9** [1949] 159, 161; C. A. **1954** 2028. Über eine beim Behandeln mit wss. Brom-Lösung und anschliessend mit wss. Alkalilauge erhaltene Verbindung $C_{12}H_{10}O_4$ (gelbe Krystalle; F: 110° [korr.]) s. *Maekawa*, Scient. Rep. Matsuyama agric. Coll. Nr. **3** [1950] 93, 96; C. A. **1952** 4523.

[5-Methyl-furfuryliden]-anilin, 5-Methyl-furan-2-carbaldehyd-phenylimin $C_{12}H_{11}NO$, Formel VI.

B. Beim Erhitzen von 5-Methyl-furan-2-carbaldehyd mit Anilin (*Drisko, McKennis*,

Am. Soc. **74** [1952] 2626).
F: 17°. Kp_1: 112–114°.

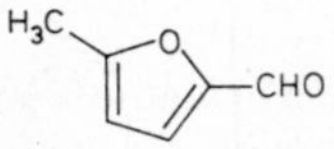

V 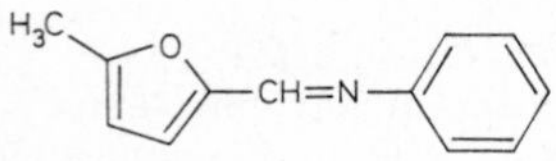 VI 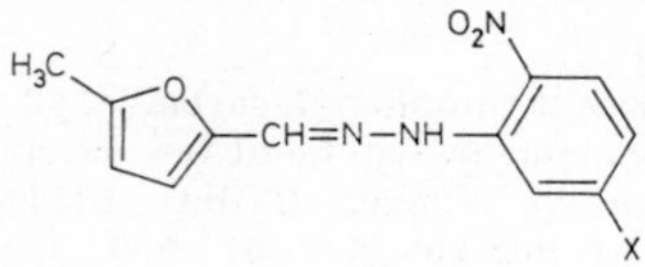 VII

5-Methyl-furan-2-carbaldehyd-[5-chlor-2-nitro-phenylhydrazon] $C_{12}H_{10}ClN_3O_3$, Formel VII (X = Cl).

B. Aus 5-Methyl-furan-2-carbaldehyd und [5-Chlor-2-nitro-phenyl]-hydrazin (*Maaskant*, R. **56** [1937] 211, 228).

Braune Krystalle; F: 194°.

5-Methyl-furan-2-carbaldehyd-[5-brom-2-nitro-phenylhydrazon] $C_{12}H_{10}BrN_3O_3$, Formel VII (X = Br).

B. Aus 5-Methyl-furan-2-carbaldehyd und [5-Brom-2-nitro-phenyl]-hydrazin (*Maaskant*, R. **56** [1937] 211, 230).

Orangebraune Krystalle; F: 164–172°.

5-Methyl-furan-2-carbaldehyd-[2,4-dinitro-phenylhydrazon] $C_{12}H_{10}N_4O_5$, Formel VIII (X = H).

B. Aus 5-Methyl-furan-2-carbaldehyd und [2,4-Dinitro-phenyl]-hydrazin (*Simon*, Bio. Z. **247** [1932] 171, 176; *Paul, Tchelitcheff*, Bl. **1957** 1059, 1063; *Bell et al.*, Soc. **1958** 1313, 1319).

Rote Krystalle (aus Eg.), F: 224° (*Paul, Tch.*); Krystalle (aus A.), F: 211,5–213,5° (*Bell et al.*); braunrote Krystalle (aus Eg.) vom F: ca. 180°, die sich bei 4-tägigem Aufbewahren unter Essigsäure in rote Krystalle vom F: 212° [korr.] umwandeln (*Si*; s. a. *Wahhab*, Am. Soc. **70** [1948] 3580). IR-Spektrum (2,6–14,4 μ): *Paul, Tch.*, l. c. S. 1064. IR-Banden (KBr) im Bereich von 3 μ bis 15 μ: *Jones et al.*, Anal. Chem. **28** [1956] 191, 195. Absorptionsmaxima: 220 nm, 264 nm, 300 nm und 383 nm [CS_2 oder A.] (*Bell et al.*); 267 nm, 302 nm und 389 nm [$CHCl_3$] (*Jo. et al.*, l. c. S. 192); 278 nm und 478 nm [$CHCl_3$ + äthanol. Natronlauge] (*Jo. et al.*, l. c. S. 192).

5-Methyl-furan-2-carbaldehyd-[5-chlor-2,4-dinitro-phenylhydrazon] $C_{12}H_9ClN_4O_5$, Formel VIII (X = Cl).

B. Aus 5-Methyl-furan-2-carbaldehyd und [5-Chlor-2,4-dinitro-phenyl]-hydrazin (*Robert*, R. **56** [1937] 413, 416).

Rot; F: 202° [Block] (*Ro.*, l. c. S. 421).

5-Methyl-furan-2-carbaldehyd-pikrylhydrazon $C_{12}H_9N_5O_7$, Formel IX (R = H).

B. Aus 5-Methyl-furan-2-carbaldehyd und Pikrylhydrazin (*Blanksma, Waekers*, R. **55** [1936] 661, 667).

Rot; F: 218° (*Bl., Wa.*, l. c. S. 665).

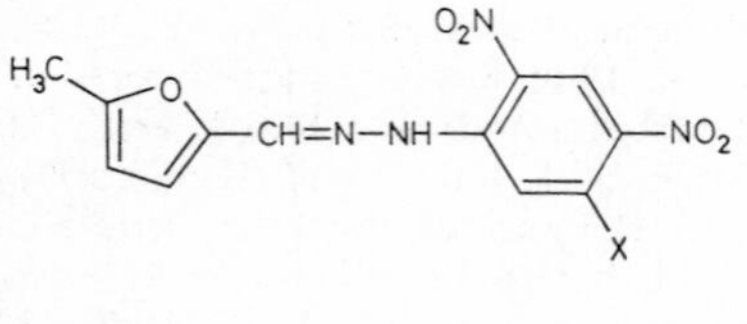

VIII 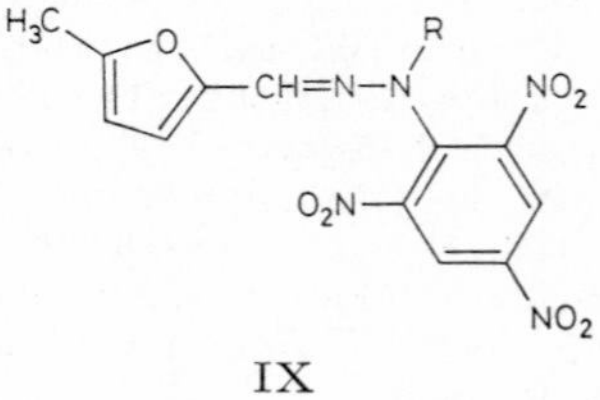 IX

5-Methyl-furan-2-carbaldehyd-[methyl-(2-nitro-phenyl)-hydrazon] $C_{13}H_{13}N_3O_3$, Formel X (X = H).

B. Aus 5-Methyl-furan-2-carbaldehyd und *N*-Methyl-*N*-[2-nitro-phenyl]-hydrazin

(*Maaskant*, R. **56** [1937] 211, 218).
Gelbbraune Krystalle; F: 61° (*Ma.*, l. c. S. 220).

5-Methyl-furan-2-carbaldehyd-[methyl-(4-nitro-phenyl)-hydrazon] $C_{13}H_{13}N_3O_3$, Formel XI (X = H).

B. Aus 5-Methyl-furan-2-carbaldehyd und *N*-Methyl-*N*-[4-nitro-phenyl]-hydrazin (*Maaskant*, R. **56** [1937] 211, 218).
Gelbbraune Krystalle; F: 120° (*Ma.*, l. c. S. 219).

5-Methyl-furan-2-carbaldehyd-[(4-chlor-2-nitro-phenyl)-methyl-hydrazon] $C_{13}H_{12}ClN_3O_3$, Formel X (X = Cl).

B. Aus 5-Methyl-furan-2-carbaldehyd und *N*-[4-Chlor-2-nitro-phenyl]-*N*-methyl-hydrazin (*Maaskant*, R. **56** [1937] 211, 222).
Orangebraune Krystalle; F: 105° (*Ma.*, l. c. S. 225).

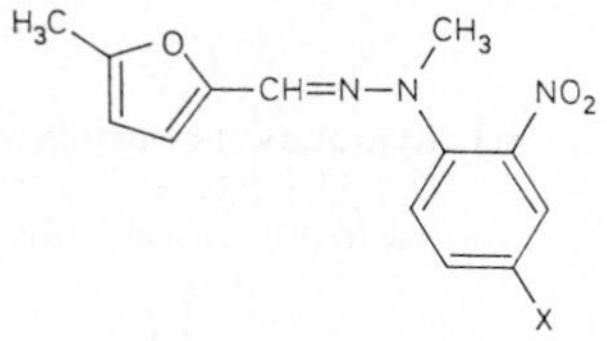

X

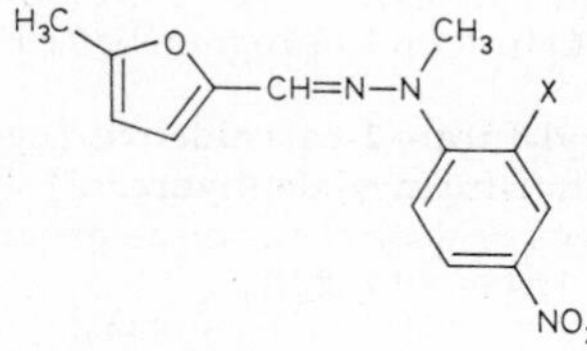

XI

5-Methyl-furan-2-carbaldehyd-[(4-brom-2-nitro-phenyl)-methyl-hydrazon] $C_{13}H_{12}BrN_3O_3$, Formel X (X = Br).

B. Aus 5-Methyl-furan-2-carbaldehyd und *N*-[4-Brom-2-nitro-phenyl]-*N*-methyl-hydrazin (*Maaskant*, R. **56** [1937] 211, 223).
Gelbbraune Krystalle; F: 93° (*Ma.*, l. c. S. 226).

5-Methyl-furan-2-carbaldehyd-[(2,4-dinitro-phenyl)-methyl-hydrazon] $C_{13}H_{12}N_4O_5$, Formel XI (X = NO_2).

B. Aus 5-Methyl-furan-2-carbaldehyd und *N*-[2,4-Dinitro-phenyl]-*N*-methyl-hydrazin (*Blanksma*, *Waekers*, R. **55** [1936] 655, 659).
Orangerot; F: 171° (*Bl.*, *Wa.*, l. c. S. 657).

5-Methyl-furan-2-carbaldehyd-[(5-chlor-2,4-dinitro-phenyl)-methyl-hydrazon] $C_{13}H_{11}ClN_4O_5$, Formel XII (R = CH_3, X = Cl).

Zwei unter dieser Konstitution beschriebene Präparate (a) dunkelrot, F: 173° [Block]; b) hellrot, F: 132° [Block]) sind beim Erwärmen von 5-Methyl-furan-2-carbaldehyd mit *N*-[5-Chlor-2,4-dinitro-phenyl]-*N*-methyl-hydrazin in Äthanol unter Zusatz von Schwefelsäure erhalten worden (*Robert*, R. **56** [1937] 413, 418, 423).

5-Methyl-furan-2-carbaldehyd-[methyl-pikryl-hydrazon] $C_{13}H_{11}N_5O_7$, Formel IX (R = CH_3).

B. Aus 5-Methyl-furan-2-carbaldehyd und *N*-Methyl-*N*-pikryl-hydrazin (*Blanksma*, *Waekers*, R. **55** [1936] 661, 667).
Rot; F: 182° (*Bl.*, *Wa.*, l. c. S. 663).

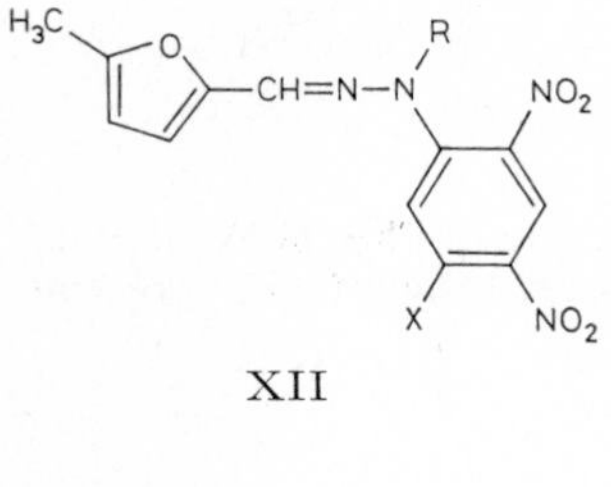

XII

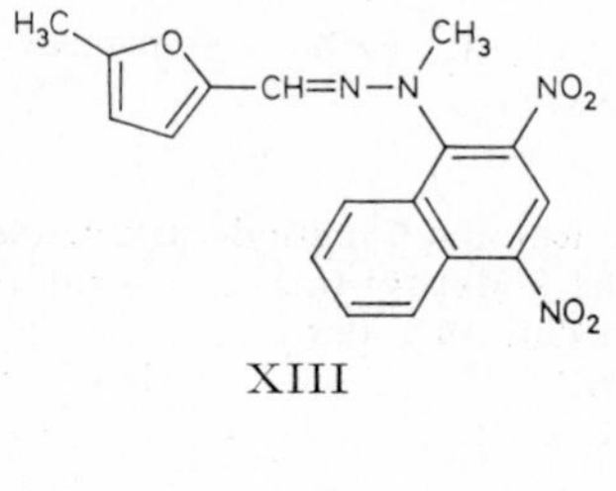

XIII

5-Methyl-furan-2-carbaldehyd-[(2,4-dinitro-[1]naphthyl)-methyl-hydrazon] $C_{17}H_{14}N_4O_5$, Formel XIII.

Zwei unter dieser Konstitution beschriebene Präparate (a) rotviolett, F: 175° [Block]; b) rot, F: 167° [Block]) sind aus 5-Methyl-furan-2-carbaldehyd und *N*-[2,4-Dinitro-[1]naphthyl]-*N*-methyl-hydrazin erhalten worden (*Robert*, R. **56** [1937] 909, 917).

5-Methyl-furan-2-carbaldehyd-[5-äthoxy-2,4-dinitro-phenylhydrazon] $C_{14}H_{14}N_4O_6$, Formel XII (R = H, X = OC_2H_5).

Zwei unter dieser Konstitution beschriebene Präparate (a) dunkelrot, F: 237—239° [Block]; b) orangefarben, F: 199°) sind aus 5-Methyl-furan-2-carbaldehyd und [5-Äthoxy-2,4-dinitro-phenyl]-hydrazin erhalten worden (*Robert*, R. **56** [1937] 909, 913).

5-Methyl-furan-2-carbaldehyd-[(5-äthoxy-2,4-dinitro-phenyl)-methyl-hydrazon] $C_{15}H_{16}N_4O_6$, Formel XII (R = CH_3, X = OC_2H_5).

B. Aus 5-Methyl-furan-2-carbaldehyd und *N*-[5-Äthoxy-2,4-dinitro-phenyl]-*N*-methyl-hydrazin (*Robert*, R. **56** [1937] 909, 915).

Dunkelrot und orangefarben; F: 173°.

5-Methyl-furan-2-carbaldehyd-[cyclohexyloxamoyl-hydrazon], Cyclohexyloxamidsäure-[5-methyl-furfurylidenhydrazid] $C_{14}H_{19}N_3O_3$, Formel I (R = CO-NH-C_6H_{11}).

B. Aus 5-Methyl-furan-2-carbaldehyd und Cyclohexyloxamidsäure-hydrazid (*de Vries*, R. **61** [1942] 223, 243).

F: 231° (*de Vr.*, l. c. S. 241).

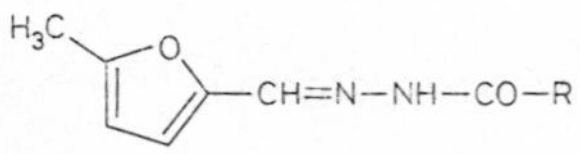

H3C–(furan)–CH=N–NH–CO–R

I

H3C–(furan)–CH=N–NH–CO–CO–NH–(C6H2(CH3)2R)

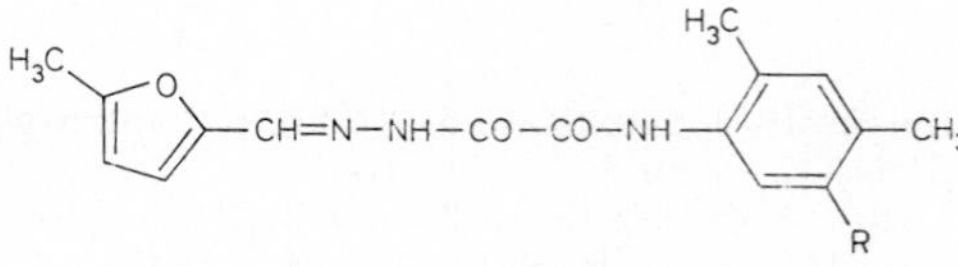

II

5-Methyl-furan-2-carbaldehyd-[(2,4-dimethyl-phenyloxamoyl)-hydrazon], [2,4-Dimethyl-phenyl]-oxamidsäure-[5-methyl-furfurylidenhydrazid] $C_{16}H_{17}N_3O_3$, Formel II (R = H).

B. Aus 5-Methyl-furan-2-carbaldehyd und [2,4-Dimethyl-phenyl]-oxamidsäure-hydrazid (*van Kleef*, R. **55** [1936] 765, 784).

Krystalle (aus A.); F: 182° (*van Kl.*, l. c. S. 781).

5-Methyl-furan-2-carbaldehyd-[(2,4,5-trimethyl-phenyloxamoyl)-hydrazon], [2,4,5-Trimethyl-phenyl]-oxamidsäure-[5-methyl-furfurylidenhydrazid] $C_{17}H_{19}N_3O_3$, Formel II (R = CH_3).

B. Aus 5-Methyl-furan-2-carbaldehyd und [2,4,5-Trimethyl-phenyl]-oxamidsäure-hydrazid (*van Kleef*, R. **55** [1936] 765, 784).

Gelbe Krystalle (aus A.); F: 180° [Zers.] (*van Kl.*, l. c. S. 783).

***N*-Äthoxyoxalyl-*N'*-[(5-methyl-furfurylidenhydrazino)-oxalyl]-äthylendiamin, *N,N'*-Äthandiyl-bis-oxamidsäure-äthylester-[5-methyl-furfurylidenhydrazid]** $C_{14}H_{18}N_4O_6$, Formel III.

B. Aus 5-Methyl-furan-2-carbaldehyd und *N*-Äthoxyoxalyl-*N'*-hydrazinooxalyl-äthylendiamin (*Gaade*, R. **55** [1936] 541, 548).

Braungelb; F: 199° (*Ga.*, l. c. S. 556).

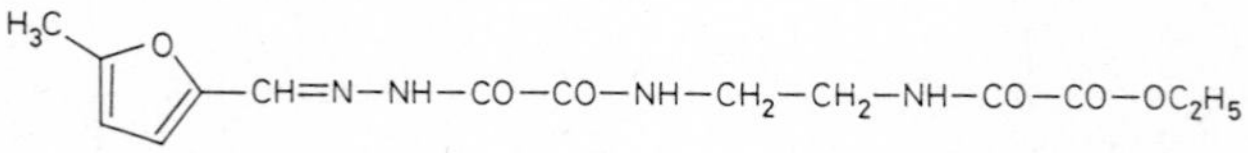

H3C–(furan)–CH=N–NH–CO–CO–NH–CH_2–CH_2–NH–CO–CO–OC_2H_5

III

Malonsäure-bis-[5-methyl-furfurylidenhydrazid] $C_{15}H_{16}N_4O_4$, Formel IV (n = 1).

B. Aus 5-Methyl-furan-2-carbaldehyd und Malonsäure-dihydrazid (*Blanksma, Bakels*, R. **58** [1939] 497, 498).

F: 207°.

Bernsteinsäure-bis-[5-methyl-furfurylidenhydrazid] $C_{16}H_{18}N_4O_4$, Formel IV (n = 2).
B. Aus 5-Methyl-furan-2-carbaldehyd und Bernsteinsäure-dihydrazid (*Blanksma, Bakels*, R. **58** [1939] 497, 500).
F: 235°.

5-Methyl-furan-2-carbaldehyd-semicarbazon $C_7H_9N_3O_2$, Formel I (R = NH_2) (H 290).
B. Aus 5-Methyl-furan-2-carbaldehyd und Semicarbazid (*Reichstein*, Helv. **13** [1930] 345, 347; *Traynelis et al.*, J. org. Chem. **22** [1957] 1269).
Krystalle; F: 197° [aus wss. A.] (*Tr. et al.*), 197° [korr.] (*Re.*). UV-Absorptionsmaximum (W.): 300 nm (*Raffauf*, Am. Soc. **72** [1950] 753).

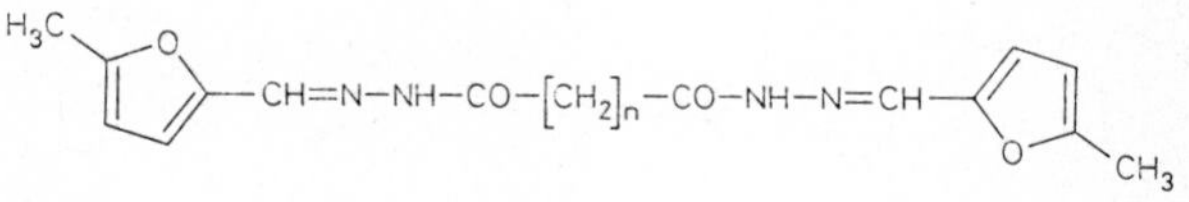

IV 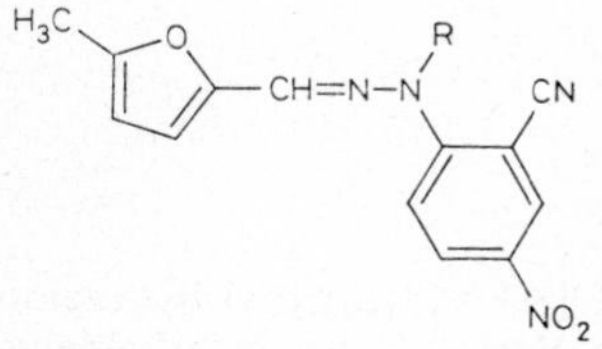 V

2-[5-Methyl-furfurylidenhydrazino]-5-nitro-benzonitril $C_{13}H_{10}N_4O_3$, Formel V (R = H).
Eine von *Hartmans* (R. **65** [1946] 468, 474) unter dieser Konstitution beschriebene Verbindung vom F: 151° ist wahrscheinlich als 3-[5-Methyl-furfurylidenamino]-5-nitroindazol zu formulieren; Entsprechendes gilt für die von *Hartmans* (l. c.) als 2-[Methyl-(5-methyl-furfuryliden)-hydrazino]-5-nitro-benzonitril (Formel V [R = CH_3]) angesehene Verbindung $C_{14}H_{12}N_4O_3$ vom F: 195° (*Parnell*, Soc. **1959** 2363).

4-[5-Methyl-furfurylidenhydrazino]-3-nitro-benzonitril $C_{13}H_{10}N_4O_3$, Formel VI (R = H).
B. Aus 5-Methyl-furan-2-carbaldehyd und 4-Hydrazino-3-nitro-benzonitril (*Blanksma, Witte*, R. **60** [1941] 811, 821).
Braun; F: 199° (*Bl., Wi.*, l. c. S. 822).

4-[Methyl-(5-methyl-furfuryliden)-hydrazino]-3-nitro-benzonitril $C_{14}H_{12}N_4O_3$, Formel VI (R = CH_3).
B. Aus 5-Methyl-furan-2-carbaldehyd und 4-[*N*-Methyl-hydrazino]-3-nitro-benzonitril (*Blanksma, Witte*, R. **60** [1941] 811, 823).
Orangefarben; F: 169° (*Bl., Wi.*, l. c. S. 824).

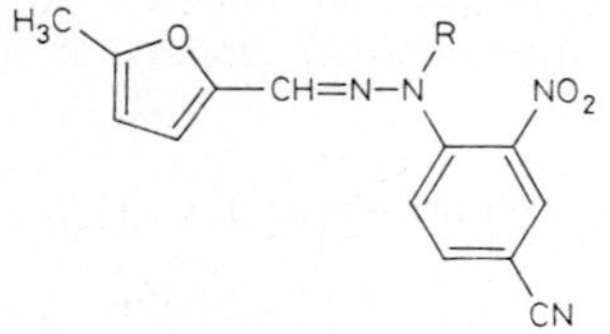

VI 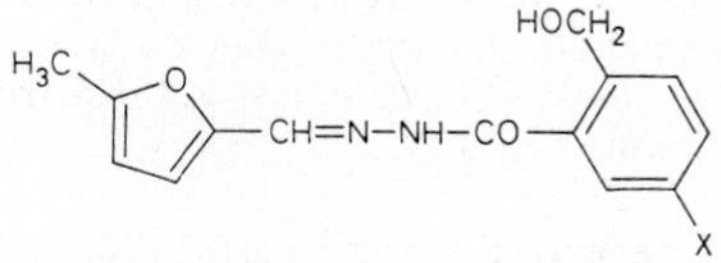 VII

2-Hydroxymethyl-benzoesäure-[5-methyl-furfurylidenhydrazid] $C_{14}H_{14}N_2O_3$, Formel VII (X = H).
B. Aus 5-Methyl-furan-2-carbaldehyd und 2-Hydroxymethyl-benzoesäure-hydrazid (*Blanksma, Bakels*, R. **58** [1939] 497, 505).
F: 183°.

2-Hydroxymethyl-5-nitro-benzoesäure-[5-methyl-furfurylidenhydrazid] $C_{14}H_{13}N_3O_5$, Formel VII (X = NO_2).
B. Aus 5-Methyl-furan-2-carbaldehyd und 2-Hydroxymethyl-5-nitro-benzoesäurehydrazid (*Blanksma, Bakels*, R. **58** [1939] 497, 506).
Krystalle (aus A.) mit 1 Mol Äthanol; F: 161° (*Bl., Ba.*, l. c. S. 505).

3-Hydroxy-propan-1,2,3-tricarbonsäure-tris-[5-methyl-furfurylidenhydrazid], Citronensäure-tris-[5-methyl-furfurylidenhydrazid] $C_{24}H_{26}N_6O_7$, Formel VIII.

B. Aus 5-Methyl-furan-2-carbaldehyd und Citronensäure-trihydrazid (*Blanksma, Bakels*, R. **58** [1939] 497, 501).

F: 178° (*Bl., Ba.*, l. c. S. 502).

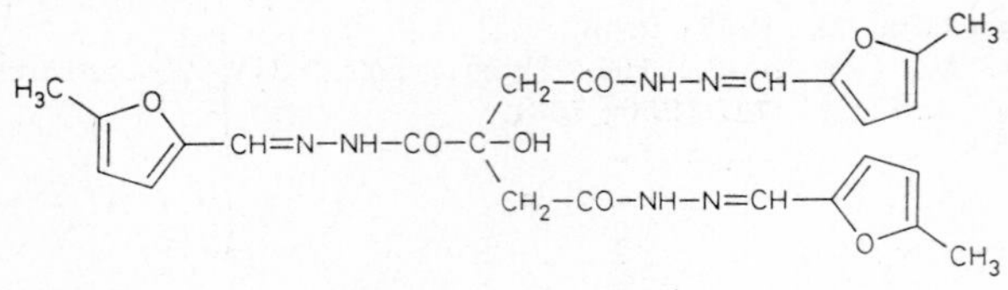

VIII 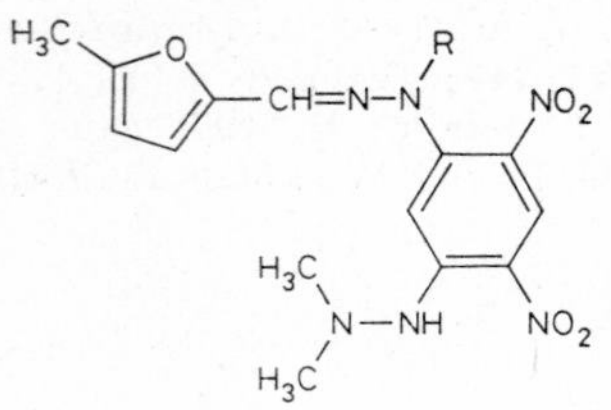 IX

1-[N',N'-Dimethyl-hydrazino]-5-[5-methyl-furfurylidenhydrazino]-2,4-dinitro-benzol, 5-Methyl-furan-2-carbaldehyd-[5-(N',N'-dimethyl-hydrazino)-2,4-dinitro-phenylhydrazon] $C_{14}H_{16}N_6O_5$, Formel IX (R = H).

B. Aus 5-Methyl-furan-2-carbaldehyd und 1-[N',N'-Dimethyl-hydrazino]-5-hydrazino-2,4-dinitro-benzol (*Vis*, R. **58** [1939] 387, 403).

Rot; F: 263° [Block] (*Vis*, l. c. S. 393).

1,5-Bis-[5-methyl-furfurylidenhydrazino]-2,4-dinitro-benzol $C_{18}H_{16}N_6O_6$, Formel X (R = X = H).

B. Aus 5-Methyl-furan-2-carbaldehyd und 1,5-Dihydrazino-2,4-dinitro-benzol (*Vis*, R. **58** [1939] 387, 395).

Rot; F: 252° [Block] (*Vis*, l. c. S. 392).

1-[N',N'-Dimethyl-hydrazino]-5-[methyl-(5-methyl-furfuryliden)-hydrazino]-2,4-dinitro-benzol $C_{15}H_{18}N_6O_5$, Formel IX (R = CH_3).

B. Aus 5-Methyl-furan-2-carbaldehyd und 1-[N',N'-Dimethyl-hydrazino]-5-[N-methyl-hydrazino]-2,4-dinitro-benzol (*Vis*, R. **58** [1939] 387, 405).

Orangerot; F: 184° (*Vis*, l. c. S. 393).

1-[5-Methyl-furfurylidenhydrazino]-5-[methyl-(5-methyl-furfuryliden)-hydrazino]-2,4-dinitro-benzol $C_{19}H_{18}N_6O_6$, Formel X (R = CH_3, X = H).

Zwei unter dieser Konstitution beschriebene Präparate (a) rot, F: 223° [Block]; b) orangefarben, F: 190° [Block]) sind aus 5-Methyl-furan-2-carbaldehyd und 1-Hydrazino-5-[N-methyl-hydrazino]-2,4-dinitro-benzol erhalten worden (*Robert*, R. **56** [1937] 413, 431, 433).

1,5-Bis-[methyl-(5-methyl-furfuryliden)-hydrazino]-2,4-dinitro-benzol $C_{20}H_{20}N_6O_6$, Formel X (R = X = CH_3).

B. Aus 5-Methyl-furan-2-carbaldehyd und 1,5-Bis-[N-methyl-hydrazino]-2,4-dinitro-benzol (*Vis*, R. **58** [1939] 387, 396).

Gelb; F: 231° [Block] (*Vis*, l. c. S. 392).

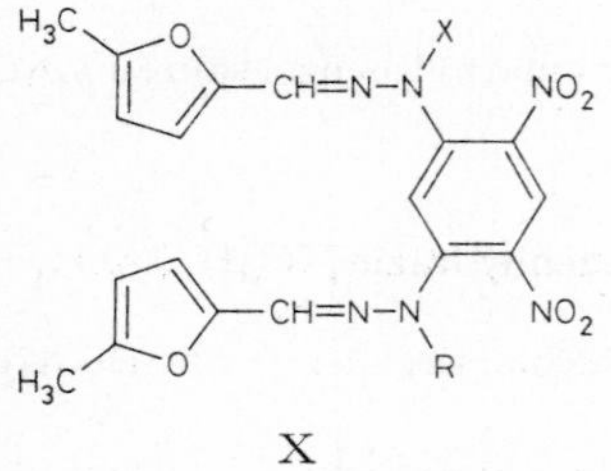

X 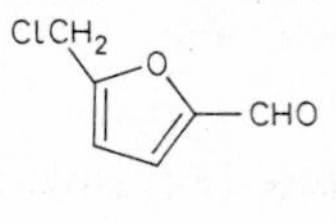 XI 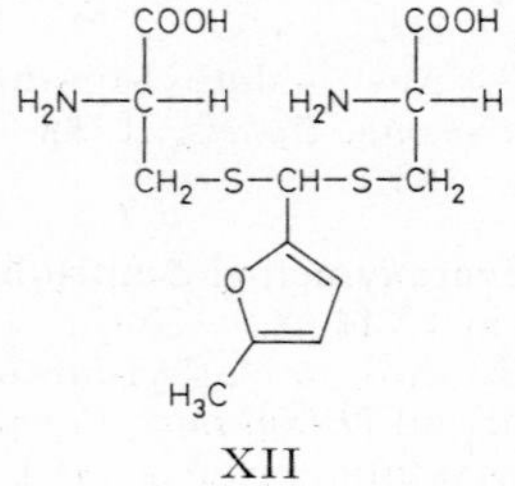 XII

5-Chlormethyl-furan-2-carbaldehyd $C_6H_5ClO_2$, Formel XI (H 290; E I 151).

B. Beim Behandeln von 5-Hydroxymethyl-furan-2-carbaldehyd mit Äther und mit Chlorwasserstoff (*Reichstein, Zschokke*, Helv. **15** [1932] 249, 251).

^{1}H-NMR-Absorption sowie ^{1}H-^{1}H-Spin-Spin-Kopplungskonstante: *Abraham, Bernstein*, Canad. J. Chem. **37** [1959] 1056, 1059.

Bis-[(*S*)-2-amino-2-carboxy-äthylmercapto]-[5-methyl-[2]furyl]-methan, *S,S'*-[5-Methyl-furfuryliden]-bis-L-cystein $C_{12}H_{18}N_2O_5S_2$, Formel XII.

B. Beim Behandeln von 5-Methyl-furan-2-carbaldehyd mit L-Cystein-hydrochlorid in Wasser (*Kuhn, Hammer*, B. **84** [1951] 91, 94).

Krystalle (aus W. + A.); F: 181° [Zers.].

Hydrochlorid $C_{12}H_{18}N_2O_5S_2 \cdot HCl$. F: 173° [Zers.]. $[\alpha]_D^{20}$: −6,0° [wss. Salzsäure (1n); c = 1].

5-Methyl-thiophen-2-carbaldehyd C_6H_6OS, Formel I (E I 151).

B. Beim Behandeln von 2-Methyl-thiophen mit Dimethylformamid und Phosphorylchlorid (*Campaigne, Archer*, Am. Soc. **75** [1953] 989) oder mit *N*-Methyl-formanilid und Phosphorylchlorid (*King, Nord*, J. org. Chem. **13** [1948] 635, 638; *Buu-Hoi et al.*, Soc. **1950** 2130, 2132; *Weston, Michaels*, Am. Soc. **72** [1950] 1422; s. a. *Emerson, Patrick*, J. org. Chem. **14** [1949] 790, 792) und folgenden Hydrolysieren.

Kp_{25}: 113–114° (*We., Mi.*); Kp_6: 81–82° (*King, Nord*, l. c. S. 637); $Kp_{0,7}$: 52,5° (*Hartough, Dickert*, Am. Soc. **71** [1949] 3922, 3924). n_D^{20}: 1,5742 (*Ha., Di.*); n_D^{20}: 1,5782 (*We., Mi.*). Polarographie: *Nakaya et al.*, J. chem. Soc. Japan Pure Chem. Sect. **80** [1959] 1334, 1337; C. A. **1961** 4471.

[5-Methyl-[2]thienylmethylen]-anilin, 5-Methyl-thiophen-2-carbaldehyd-phenylimin $C_{12}H_{11}NS$, Formel II (R = C_6H_5).

B. Beim Erwärmen einer Lösung von 5-Methyl-thiophen-2-carbaldehyd in Benzol mit Anilin (*Angert et al.*, Ž. prikl. Chim. **32** [1959] 408, 409; engl. Ausg. S. 427).

Krystalle (aus A.); F: 60–61°.

2-[5-Methyl-[2]thienylmethylenamino]-äthanol, 5-Methyl-thiophen-2-carbaldehyd-[2-hydroxy-äthylimin] $C_8H_{11}NOS$, Formel II (R = CH_2-CH_2OH).

B. Beim Erwärmen einer Lösung von 5-Methyl-thiophen-2-carbaldehyd in Benzol mit 2-Amino-äthanol (*Angert et al.*, Ž. prikl. Chim. **32** [1959] 408, 409; engl. Ausg. S. 427).

Kp_4: 120–121°. n_D^{20}: 1,5960.

4-[5-Methyl-[2]thienylmethylenamino]-phenol, 5-Methyl-thiophen-2-carbaldehyd-[4-hydroxy-phenylimin] $C_{12}H_{11}NOS$, Formel III (R = H).

B. Beim Erwärmen einer Lösung von 5-Methyl-thiophen-2-carbaldehyd in Benzol mit 4-Amino-phenol (*Angert et al.*, Ž. prikl. Chim. **32** [1959] 408, 409; engl. Ausg. S. 427).

F: 225–226°.

***N*-[5-Methyl-[2]thienylmethylen]-*p*-anisidin, 5-Methyl-thiophen-2-carbaldehyd-[4-methoxy-phenylimin]** $C_{13}H_{13}NOS$, Formel III (R = CH_3).

B. Beim Erwärmen einer Lösung von 5-Methyl-thiophen-2-carbaldehyd in Benzol mit *p*-Anisidin (*Angert et al.*, Ž. prikl. Chim. **32** [1959] 408, 409; engl. Ausg. S. 427).

F: 76–77°.

5-Methyl-thiophen-2-carbaldehyd-phenylhydrazon $C_{12}H_{12}N_2S$, Formel II (R = NH-C_6H_5) (E I 151).

B. Aus 5-Methyl-thiophen-2-carbaldehyd und Phenylhydrazin (*Weston, Michaels*, Am. Soc. **72** [1950] 1422).

Krystalle (aus A.); F: 125–126°.

5-Methyl-thiophen-2-carbaldehyd-semicarbazon $C_7H_9N_3OS$, Formel II (R = NH-CO-NH_2).

B. Aus 5-Methyl-thiophen-2-carbaldehyd und Semicarbazid (*King, Nord*, J. org. Chem. **13** [1948] 635, 637; *Hartough, Dickert*, Am. Soc. **71** [1949] 3922, 3924).

F: 207–208° [korr.] (*Ha., Di.*), 207–208° (*King, Nord*).

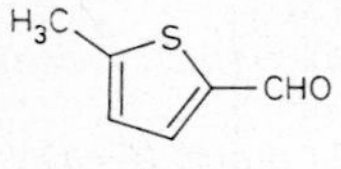

I 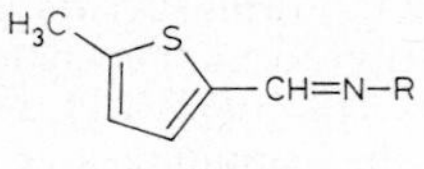 II 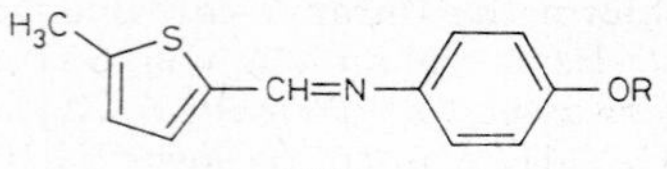 III

5-Methyl-thiophen-2-carbaldehyd-thiosemicarbazon $C_7H_9N_3S_2$, Formel II ($R = NH\text{-}CS\text{-}NH_2$).

B. Aus 5-Methyl-thiophen-2-carbaldehyd und Thiosemicarbazid (*Abbott Labor.*, U.S.P. 2746972 [1950]; *Campaigne et al.*, Am. Soc. **75** [1953] 988).

Krystalle; F: 160–161° [unkorr.; aus wss. A. oder Me.] (*Ca. et al.*), 142–144° [aus A.] (*Abbott Labor.*).

Trimethyl-[(5-methyl-[2]thienylmethylencarbazoyl)-methyl]-ammonium, Trimethyl-ammonio-essigsäure-[(5-methyl-[2]thienylmethylen)-hydrazid] $[C_{11}H_{18}N_3OS]^+$, Formel II ($R = NH\text{-}CO\text{-}CH_2\text{-}N(CH_3)_3]^+$).

Chlorid $[C_{11}H_{18}N_3OS]Cl$. *B.* Beim Erwärmen von 5-Methyl-thiophen-2-carbaldehyd mit Carbazoylmethyl-trimethyl-ammonium-chlorid in Äthanol und Essigsäure (*Du Pont de Nemours & Co.*, U.S.P. 2769813 [1951]). — Krystalle (aus A.) mit 0,5 Mol Äthanol; F: 225° [Zers.].

5-Methyl-selenophen-2-carbaldehyd C_6H_6OSe, Formel IV.

B. Beim Behandeln einer Lösung von 2-Methyl-selenophen in 1,2-Dichlor-äthan mit Dimethylformamid und Phosphorylchlorid und Behandeln mit wss. Natriumacetat (*Jur'ew et al.*, Ž. obšč. Chim. **27** [1957] 3155, 3158; engl. Ausg. S. 3193, 3196).

Kp_7: 96–97°. D_4^{20}: 1,5427. n_D^{20}: 1,6160.

5-Methyl-selenophen-2-carbaldehyd-[2,4-dinitro-phenylhydrazon] $C_{12}H_{10}N_4O_4Se$, Formel V ($R = C_6H_3(NO_2)_2$).

B. Aus 5-Methyl-selenophen-2-carbaldehyd und [2,4-Dinitro-phenyl]-hydrazin (*Jur'ew et al.*, Ž. obšč. Chim. **27** [1957] 3155, 3159; engl. Ausg. S. 3193, 3196).

Krystalle (aus Py.); F: 241°.

5-Methyl-selenophen-2-carbaldehyd-semicarbazon $C_7H_9N_3OSe$, Formel V ($R = CO\text{-}NH_2$).

B. Aus 5-Methyl-selenophen-2-carbaldehyd und Semicarbazid (*Jur'ew et al.*, Ž. obšč. Chim. **27** [1957] 3155, 3159; engl. Ausg. S. 3193, 3196).

Krystalle (aus wss. A.); F: 209°.

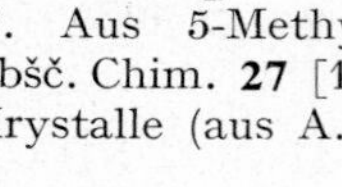

IV 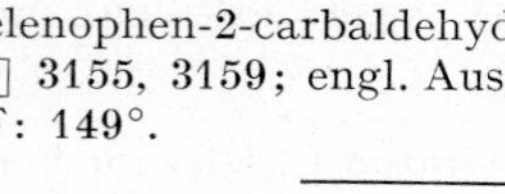 V 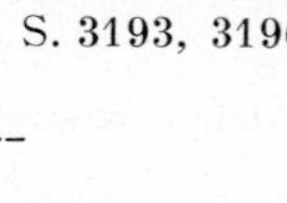 VI 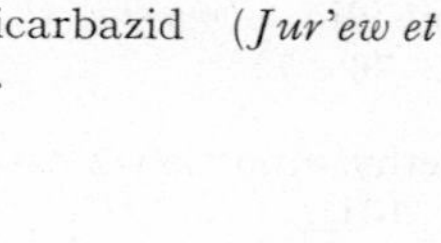 VII

5-Methyl-selenophen-2-carbaldehyd-thiosemicarbazon $C_7H_9N_3SSe$, Formel V ($R = CS\text{-}NH_2$).

B. Aus 5-Methyl-selenophen-2-carbaldehyd und Thiosemicarbazid (*Jur'ew et al.*, Ž. obšč. Chim. **27** [1957] 3155, 3159; engl. Ausg. S. 3193, 3196).

Krystalle (aus A.); F: 149°.

4-Methyl-furan-3-carbaldehyd $C_6H_6O_2$, Formel VI.

B. Bei der Hydrierung von 4-Methyl-furan-3-carbonylchlorid an Palladium/Bariumsulfat in Xylol bei 150° (*Reichstein, Grüssner*, Helv. **16** [1933] 28, 35).

Kp_{11}: 55°.

4-Methyl-furan-3-carbaldehyd-hydrazon $C_6H_8N_2O$, Formel VII ($R = H$).

B. Beim Behandeln einer Lösung von 4-Methyl-furan-3-carbaldehyd in Methanol mit einer wss. Lösung von Hydrazin (*Reichstein, Grüssner*, Helv. **16** [1933] 28, 36).

F: 44–45°.

4-Methyl-furan-3-carbaldehyd-semicarbazon $C_7H_9N_3O_2$, Formel VII (R = CO-NH_2).

B. Aus 4-Methyl-furan-3-carbaldehyd und Semicarbazid (*Reichstein, Grüssner*, Helv. **16** [1933] 28, 36).

Krystalle (aus A. + W.); F: 217–218° [korr.; Zers.]. [*Appelt*]

Oxo-Verbindungen $C_7H_8O_2$

5-Äthyl-pyran-2-on, 4-Äthyl-5*c*-hydroxy-penta-2*c*,4-diensäure-lacton $C_7H_8O_2$, Formel VIII.

B. Beim Erhitzen von 3-Äthyl-6-oxo-6*H*-pyran-2-carbonsäure mit Kupfer-Pulver (*Fried, Elderfield*, J. org. Chem. **6** [1941] 566, 573; *E. Lilly & Co.*, U.S.P. 2334180 [1941]).

Flüssigkeit; n_D^{25}: 1,5137 (*Fr., El.*), 1,5118 (*E. Lilly & Co.*).

5,6-Dimethyl-pyran-2-on, 5-Hydroxy-4-methyl-hexa-2*c*,4*t*-diensäure-lacton $C_7H_8O_2$, Formel IX.

B. Beim Erhitzen von 5,6-Dibrom-5,6-dimethyl-tetrahydro-pyran-2-on unter vermindertem Druck auf 130° (*Schuscherina et al.*, Ž. obšč. Chim. **29** [1959] 403, 404; engl. Ausg. S. 405, 406).

Krystalle (aus Bzn.); F: 62–63°.

Charakterisierung durch Überführung in 1,7-Dimethyl-bicyclo[2.2.2]oct-7-en-2,3,5,6-tetracarbonsäure-2,3;5,6-dianhydrid (F: 290°): *Sch. et al.*

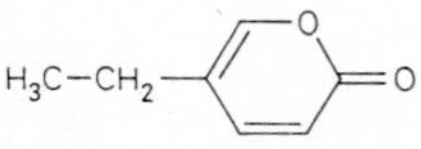

VIII 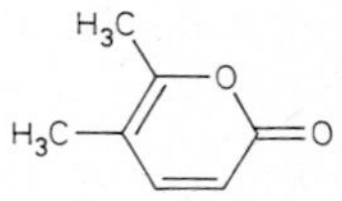 IX 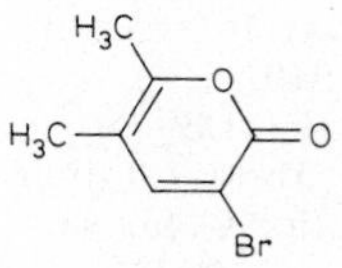 X 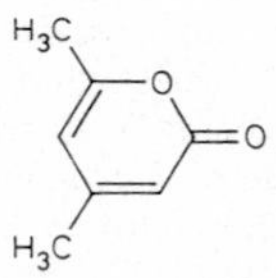 XI

3-Brom-5,6-dimethyl-pyran-2-on, 2-Brom-5-hydroxy-4-methyl-hexa-2*c*,4*t*-diensäure-lacton $C_7H_7BrO_2$, Formel X.

B. Aus 5,6-Dimethyl-pyran-2-on und Brom in Äther (*Schuscherina et al.*, Doklady Akad. S.S.S.R. **126** [1959] 589; Pr. Acad. Sci. U.S.S.R. Chem. Sect. **124–129** [1959] 385).

Krystalle (aus A.); F: 97–98°.

Charakterisierung durch Überführung in 4-Brom-1,7-dimethyl-bicyclo[2.2.2]oct-7-en-2,3,5,6-tetracarbonsäure-2,3;5,6-dianhydrid (F: 289–290°): *Sch. et al.*

4,6-Dimethyl-pyran-2-on, 5-Hydroxy-3-methyl-hexa-2*c*,4*t*-diensäure-lacton $C_7H_8O_2$, Formel XI (H 291).

B. Beim Erhitzen von Isodehydracetsäure (2,4-Dimethyl-6-oxo-6*H*-pyran-3-carbon≈säure) mit Kupfer-Pulver auf 230° (*Smith, Wiley*, Org. Synth. Coll. Vol. IV [1963] 337; vgl. H 291). Beim Erhitzen von [4-Methyl-6-oxo-6*H*-pyran-2-yl]-essigsäure (*Rice, Vogel*, Chem. and Ind. **1959** 992). Beim Erhitzen von 2(oder/und 4)-Acetyl-3-methyl-*cis*-pentendisäure-anhydrid (F: 131–132°) auf Temperaturen oberhalb des Schmelzpunkts (*Wiley, Smith*, Am. Soc. **74** [1952] 3893).

F: 50° (*Sm., Wi.*). IR-Banden (CCl_4) im Bereich von 1736 cm^{-1} bis 846 cm^{-1}: *Wiley, Esterle*, J. org. Chem. **22** [1957] 1257. UV-Spektrum (A.; 220–335 nm): *Chemielewska, Cieslak*, Przem. chem. **31** [1952] 196; C. A. **1954** 5185. Löslichkeitsdiagramm des Systems mit Wasser: *Wiley, Smith*, Am. Soc. **73** [1951] 1383. Kryoskopie in Schwefelsäure: *Wiley, Moyer*, Am. Soc. **76** [1954] 5706.

Charakterisierung durch Überführung in 1,8-Dimethyl-bicyclo[2.2.2]oct-7-en-2,3,5,6-tetracarbonsäure-2,3;5,6-dianhydrid (F: 274°): *Diels, Alder*, A. **490** [1931] 257, 263.

3-Brom-4,6-dimethyl-pyran-2-on, 2-Brom-5-hydroxy-3-methyl-hexa-2*c*,4*t*-diensäure-lacton $C_7H_7BrO_2$, Formel XII (H 291; dort als 3 oder 5-Brom-4,6-dimethyl-pyron-(2) bezeichnet).

B. Neben 5-Brom-2,4-dimethyl-6-oxo-6*H*-pyran-3-carbonsäure beim Erwärmen von

5-Brom-2,4-dimethyl-6-oxo-6*H*-pyran-3-carbonsäure-äthylester mit konz. Schwefelsäure (*Wiley, Smith*, Am. Soc. **73** [1951] 3531).

Krystalle; F: 105,5–106,5° (*Rice, Vogel*, Chem. and Ind. **1959** 992), 104–105° [korr.; aus PAe.] (*Wiley, Smith*, Am. Soc. **74** [1952] 3893). IR-Banden (KBr) im Bereich von 1712 cm^{-1} bis 846 cm^{-1}: *Wiley, Esterle*, J. org. Chem. **22** [1957] 1257.

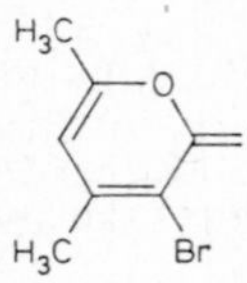

XII 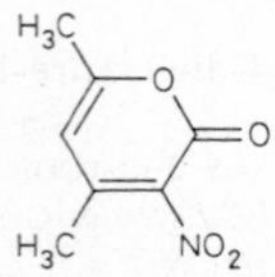 XIII 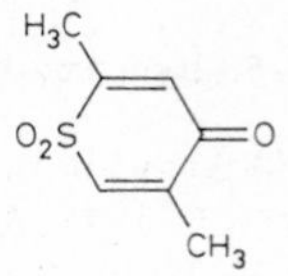 XIV 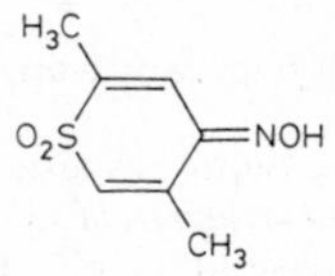 XV

4,6-Dimethyl-3-nitro-pyran-2-on, 5-Hydroxy-3-methyl-2-nitro-hexa-2*c*,4*t*-diensäure-lacton $C_7H_7NO_4$, Formel XIII.

B. Beim Behandeln von 4,6-Dimethyl-pyran-2-on mit Schwefelsäure und Salpetersäure (*Wiley, de Silva*, J. org. Chem. **21** [1956] 841).

Krystalle (aus Bzl. + PAe.); F: 108°.

2,5-Dimethyl-1,1-dioxo-1λ⁶-thiopyran-4-on $C_7H_8O_3S$, Formel XIV.

B. Beim Erwärmen von 3,5-Dibrom-2,5-dimethyl-1,1-dioxo-tetrahydro-1λ⁶-thiopyran-4-on mit Natriumacetat in Aceton (*Nasarow et al.*, Ž. obšč. Chim. **22** [1952] 990, 995; engl. Ausg. S. 1045, 1049).

Krystalle (aus A.); F: 139°.

Beim Erhitzen mit Buta-1,3-dien in Dioxan unter Zusatz von Pyrogallol auf 210° ist 2,4a-Dimethyl-1,1-dioxo-(4a*r*,8a*c*)-4a,5,8,8a-tetrahydro-1λ⁶-thiochromen-4-on erhalten worden (*Na. et al.*, l. c. S. 997).

2,5-Dimethyl-1,1-dioxo-1λ⁶-thiopyran-4-on-oxim $C_7H_9NO_3S$, Formel XV.

B. Beim Erwärmen von 2,5-Dimethyl-1,1-dioxo-1λ⁶-thiopyran-4-on mit Hydroxylamin-hydrochlorid in Äthanol (*Nasarow et al.*, Ž. obšč. Chim. **22** [1952] 990, 996; engl. Ausg. S. 1045, 1049).

Krystalle (aus W.); F: 177,5–178°.

2,6-Dimethyl-pyran-4-on $C_7H_8O_2$, Formel I auf S. 4534 (H 291; E I 152; E II 315).

B. Beim Erwärmen von Pentan-2,4-dion mit Diketen [3-Hydroxy-but-3-ensäure-lacton] (*Hamamoto et al.*, J. chem. Soc. Japan Pure Chem. Sect. **79** [1958] 840; C. A. **1960** 4552). Beim Erhitzen von Hepta-2,5-diin-4-on mit wss. Schwefelsäure (*Chauvelier*, C. r. **226** [1948] 927). Beim Erhitzen von Dehydracetsäure (3-Acetyl-6-methyl-pyran-2,4-dion) mit wss. Salzsäure (*Arndt et al.*, B. **69** [1936] 2373, 2379; *Ohta, Kato*, Bl. chem. Soc. Japan **32** [1959] 707, 709; vgl. H 291; E II 315).

Atomabstände und Bindungswinkel (aus dem Röntgen-Diagramm): *Brown et al.*, Acta cryst. **10** [1957] 806. Dipolmoment (ε; Bzl.): 4,50 D (*Lüttringhaus, Grohmann*, Z. Naturf. **10b** [1955] 365), 4,58 D (*Rolla et al.*, Ann. Chimica **42** [1952] 673, 677, 679), 4,62 D (*Wassiliew, Syrkin*, Acta physicoch. U.R.S.S. **6** [1937] 639, 651), 4,65 D (*Le Fèvre, Le Fèvre*, Soc. **1937** 1088), 4,48 D (*Rau*, Pr. Indian Acad. [A] **4** [1936] 687, 690), 4,05 D (*Hunter, Partington*, Soc. **1933** 87, 89, 90).

Krystalle; F: 135° (*L.* u. *A. Kofler*, Thermo-Mikro-Methoden, 3. Aufl. [Weinheim 1954] S. 477), 131,8–132,4° [aus Bzl.] (*Rolla et al.*, Ann. Chimica **42** [1952] 673, 675), 132,1° [korr.; aus Ae.] (*Gibbs et al.*, Am. Soc. **52** [1930] 4895, 4902). Monoklin; Raumgruppe $P2_1/c$; aus dem Röntgen-Diagramm ermittelte Dimensionen der Elementarzelle: a = 7,672 Å; b = 7,212 Å; c = 13,92 Å; β = 120° 59′; n = 4 (*Brown, Norment*, Acta cryst. **8** [1955] 363; vgl. *Toussaint*, Bl. Soc. chim. Belg. **65** [1956] 213, 216). Wachstumsfiguren bei der Krystallisation aus der Dampfphase: *Brandstätter*, Z. El. Ch. **56** [1952] 968, 971. Dichte der Krystalle: 1,254 (*Br., No.*). Krystalloptik: *To.*, l. c. S. 217. IR-Banden (Nujol) im Bereich von 1669 cm^{-1} bis 1457 cm^{-1}: *Tsubomura*, J. chem. Soc. Japan Pure Chem. Sect. **78** [1957] 1528, 1530; C. A. **1958** 5124; J. chem. Physics **28** [1958]

355. Raman-Spektrum der Krystalle: *Kahovec, Kohlrausch*, B. **75** [1942] 627; von Lösungen in Wasser: *Ka.*, *Ko.*; *Wolkenstein, Syrkin*, Ž. fiz. Chim. **13** [1939] 948, 949; Acta physicoch. U.R.S.S. **10** [1939] 677, 678; einer Lösung in Dioxan: *Wo.*, *Sy.* UV-Spektrum von Lösungen in Hexan, Cyclohexan, Äthanol und Methanol (200–290 nm): *Rolla, Franzosini*, Ann. Chimica **46** [1956] 582, 590; in Hexan, Äther, Äthylacetat und Äthanol (220–350 nm): *Giua, Civera*, G. **81** [1951] 875, 877–879; in Äther, Äthanol, Natriumäthylat enthaltendem Äthanol, Wasser, konz. Schwefelsäure und Dimethylsulfat (220–280 nm): *Gi. et al.*, l. c. S. 4897, 4899; in Wasser (205–270 nm): *Ts.*, J. chem. Soc. Japan Pure Chem. Sect. **78** 1530. Magnetische Susceptibilität: $-70{,}5 \cdot 10^{-6}$ $cm^3 \cdot mol^{-1}$ (*Müller, Teschner*, A. **525** [1936] 1, 5). Elektrolytische Dissoziation im eutektischen Gemisch von Wasser und Kaliumnitrat: *Schaal*, J. Chim. phys. **52** [1955] 719, 725; in Nitrobenzol: *Sch.*, l. c. S. 736; in Essigsäure: *Hall*, Am. Soc. **52** [1930] 5115, 5117, 5124. Elektrische Leitfähigkeit der Schmelze bei 137° sowie von Gemischen mit Hydrazin bei 0°: *Walden*, Z. physik. Chem. [A] **162** [1932] 1, 22. Elektrische Leitfähigkeit von Lösungen in Arsen(III)-chlorid sowie in Gemischen von Arsen(III)-chlorid und Benzol bei 25°: *Finkelschteĭn*, Ž. russ. fiz.-chim. Obšč. **62** [1930] 161; C. A. **1930** 5587.

Thermische Analyse des Systems mit Palmitinsäure (Eutektikum): *Mod et al.*, J. Am. Oil Chemists Soc. **36** [1959] 102. Assoziation mit Jod in Schwefelkohlenstoff und in Tetrachlormethan sowie mit Jodcyan in Schwefelkohlenstoff bei 25°: *Glusker, Thompson*, Soc. **1955** 471. Komplexbildung mit Arsen(III)-chlorid in Benzol (aus der elektrischen Leitfähigkeit und durch Kryoskopie ermittelt): *Finkelschteĭn*, Ž. russ. fiz.-chim. Obšč. **62** [1930] 161; C. A. **1930** 5587; mit Arsen(III)-chlorid, Arsen(III)-bromid, Antimon(III)-chlorid und Antimon(III)-bromid in Benzol (ebullioskopisch ermittelt): *Finkelschteĭn, Kurnošowa*, Ž. obšč. Chim. **3** [1933] 121; C. A. **1934** 1592. Über die Bildung von Komplexen mit Schwefelsäure und mit Dimethylsulfat s. *Gibbs et al.*, Am. Soc. **52** [1930] 4895.

Das bei der Bestrahlung mit UV-Licht erhaltene Dimere vom F: 183° (s. E I 152, 154; s. a. *Giua, Civera*, G. **81** [1951] 875) ist als 2,4,8,10-Tetramethyl-3,9-dioxa-pentacyclo[6.4.0.$0^{2,7}$.$0^{4,11}$.$0^{5,10}$]dodecan-6,12-dion zu formulieren (*Yates, Jorgenson*, Am. Soc. **85** [1963] 2956). Bildung von Essigsäure, Ameisensäure, Brenztraubenaldehyd und Glyoxylsäure beim Behandeln einer Lösung in Chloroform mit Ozon bei –20° und anschliessend mit wss. Jodwasserstoffsäure: *Wibaut, Herzberg*, Pr. Akad. Amsterdam [B] **56** [1953] 333. Über ein beim Behandeln mit wss. Wasserstoffperoxid und Schwefelsäure erhaltenes Peroxid $C_7H_8O_4$ (Krystalle [aus Bzl.], F: 95–96,5° [bei langsamem Erhitzen]) s. *Woods*, J. org. Chem. **22** [1957] 341; vgl. aber H 292. Reaktion mit *N*-Brom-succinimid in Tetrachlormethan unter Bildung von 2-Brommethyl-6-methyl-pyran-4-on: *Lecocq*, A. ch. [12] **3** [1948] 62, 84. Bei 24-stdg. Erwärmen mit Deuteriumoxid auf 95° erfolgt kein Protium-Deuterium-Austausch (*Lord, Phillips*, Am. Soc. **74** [1952] 2429). Beim Erwärmen mit Quecksilber(II)-chlorid und Natriumacetat in Wasser ist eine als 3,5-Bis-chloromercurio-2-chloromercuriomethyl-6-methyl-pyran-4-on angesehene Verbindung (Zers. bei 200°) erhalten worden (*Files, Challenger*, Soc. **1940** 663, 666); über eine beim Erwärmen mit Quecksilber(II)-chlorid in Äthanol erhaltene Verbindung vom F: 150–151° s. *Wo.* Hydrierung an Raney-Nickel in Äthanol unter Bildung von 2*r*,6*c*-Dimethyl-tetrahydro-pyran-4*c*-ol (S. 1145), 2*r*,6*c*-Dimethyl-tetrahydro-pyran-4*t*-ol (S. 1145) und Heptan-2,4-diol (n_D^{15}: 1,4431): *de Vrieze*, R. **66** [1947] 486, 488; vgl. *Cornubert et al.*, Bl. **1950** 40, 41; *de Vrieze*, R. **78** [1959] 91. Bildung von 2,6-Dimethyl-2,3-dihydro-pyran-4-on bzw. von *cis*-2,6-Dimethyl-tetrahydro-pyran-4-on (S. 4211) bei partieller bzw. vollständiger Hydrierung an Palladium in Methanol bzw. Äthanol bei 60°: *de Vr.*, R. **78** 91. Das beim Behandeln einer äther. Lösung mit Kalium und flüssigem Ammoniak erhältliche Kalium-Addukt („Dimethylpyron-kalium") der vermeintlichen Zusammensetzung $KC_7H_8O_2$ (s. E I 152, letzte Textzeile) ist als Dikalium-[2,6,2′,6′-tetramethyl-[4,4′]bipyranyl-4,4′-diolat] ($K_2C_{14}H_{16}O_4$) zu formulieren (*Müller, Teschner*, A. **525** [1936] 1,5,9); über den Nachweis von 2,6-Dimethyl-4-dehydro-4*H*-pyran-4-olat-Ionen in einer beim Behandeln von 2,6-Dimethyl-pyran-4-on mit Natrium und flüssigem Ammoniak bei –69° erhaltenen Lösung s. *Elson et al.*, J. C. S. Faraday II **69** [1973] 665, 673. Die beim Erhitzen mit Bariumhydroxid in Wasser und Behandeln des Reaktionsprodukts mit Brom bzw. Jod erhaltene Verbindung $C_7H_7BrO_3$ (s. H 295 und E II 317 im Artikel 3,5-Dibrom-2,6-dimethyl-pyran-4-on) bzw. Verbindung $C_7H_7IO_3$ (s. H 294 und E II 316) ist als 1-[4-Brom-3-hydroxy-5-methyl-[2]furyl]-äthanon bzw. als 1-[3-Hydroxy-4-jod-5-methyl-[2]furyl]-äthanon zu formulieren (*Anderton, Rickards*, Soc. **1965** 2543). Bei der

Behandlung mit Hydrazin (2 Mol) und Methanol und anschliessenden Hydrierung ist 5-[2-Amino-propyl]-3-methyl-pyrazol erhalten worden (*Ainsworth, Jones*, Am. Soc. **76** [1954] 3172; vgl. E II 315).

Bildung von 2-[2,6-Dimethyl-pyran-4-ylidenmethyl]-4-methoxy-6-methyl-pyrylium-trijodid beim Erwärmen mit Dimethylsulfat und anschliessenden Behandeln mit Kalium= jodid in Wasser: *Szuchnik*, Roczniki Chem. **30** [1956] 73, 81; C. A. **1956** 12483; s. dagegen *Anker, Cook*, Soc. **1946** 117, 119). Beim Behandeln mit 3-Nitro-benzaldehyd (1 Mol) und methanol. Kalilauge ist 2-Methyl-6-[3-nitro-styryl]-pyran-4-on [F: 166–169°] (*Woods*, Am. Soc. **80** [1958] 1440), beim Erhitzen mit 3-Nitro-benzaldehyd (1 Mol) und Kaliumacetat ist hingegen 3-[α-Hydroxy-3-nitro-benzyl]-2,6-dimethyl-pyran-4-on (*Woods, Dix*, J. org. Chem. **24** [1959] 1126) erhalten worden. Reaktion mit Benzoylchlorid in Tri= fluoressigsäure unter Bildung von 3-Benzoyl-2,6-dimethyl-pyran-4-on: *Wo., Dix*. Bildung von [2,6-Dimethyl-pyran-4-yliden]-malononitril beim Erhitzen mit Malononitril und Acetanhydrid: *Wo.*; *Ohta, Kato*, Bl. chem. Soc. Japan **32** [1959] 707, 709. In einem beim Behandeln mit Acetyltetrafluoroborat in Chloroform erhaltenen, von *Seel* (Z. anorg. Ch. **250** [1943] 331, 349) als 4-Acetoxy-2,6-dimethyl-pyrylium-tetrafluoroborat angesehenen Präparat vom F: 139° [Zers.] hat ein Borfluorid-Addukt des 2,6-Dimethyl-pyran-4-ons vorgelegen (*Meerwein et al.*, A. **632** [1960] 38, 55 Anm. 19). Beim Behandeln mit Benzylamin in Wasser ist bei Raumtemperatur 2,6-Bis-benzylamino-hepta-2,5-dien-4-on (*Conley et al.*, Chem. and Ind. **1959** 1157), bei Siedetemperatur hingegen 1-Benzyl-2,6-dimethyl-1*H*-pyridin-4-on (*Carbide & Carbon Chem. Corp.*, U.S.P. 2185243 [1936]) erhalten worden.

Verbindung mit Chlorwasserstoff $C_7H_8O_2 \cdot HCl$; 4-Hydroxy-2,6-dimethyl-pyrylium-chlorid $[C_7H_9O_2]Cl$ (H 293; E I 153; E II 316). Krystalle mit 2 Mol H_2O, F: 87°; die wasserfreie Verbindung schmilzt bei 152–154° [Zers.] (*Kahovec, Kohlrausch*, B. **75** [1942] 627). IR-Banden (Nujol) der wasserfreien Verbindung im Bereich von 1654 cm^{-1} bis 1487 cm^{-1}: *Tsubomura*, J. chem. Soc. Japan Pure Chem. Sect. **78** [1957] 1528, 1530; C. A. **1958** 5124. Raman-Spektrum der wasserfreien Verbindung: *Ka., Ko.*, l. c. S. 629; von Lösungen in Wasser: *Ka., Ko.*, l. c. S. 629; *Wolkenstein, Syrkin*, Ž. fiz. Chim. **13** [1939] 948, 951; Acta physicoch. U.R.S.S. **10** [1939] 677, 682. UV-Spektrum (210–280 nm) von Lösungen in Äther und in Äthanol: *Gibbs et al.*, Am. Soc. **52** [1930] 4895, 4897; von Lösungen in wss. Salzsäure verschiedener Konzentration: *Ts.*

Verbindung mit Bromwasserstoff $C_7H_8O_2 \cdot HBr$; 4-Hydroxy-2,6-dimethyl-pyrylium-bromid $[C_7H_9O_2]Br$ (H 293; E I 153; E II 316). Raman-Spektrum (W.): *Wolkenstein, Syrkin*, Ž. fiz. Chim. **13** [1939] 948, 951; Acta physicoch. U.R.S.S. **10** [1939] 677, 682.

Verbindung mit Antimon(V)-chlorid $C_7H_8O_2 \cdot SbCl_5$. Krystalle [aus $CHCl_3$] (*Meerwein, Maier-Hüser*, J. pr. [2] **134** [1932] 51, 67).

Über eine Verbindung mit Antimon(V)-chlorid und Acetylchlorid $C_7H_8O_2 \cdot C_2H_3ClO \cdot SbCl_5$ (Krystalle; vielleicht 4-Acetoxy-2,6-dimethyl-pyrylium-hexa= chloroantimonat(V)), eine Verbindung mit Antimon(V)-chlorid und Benzoyl= chlorid $C_7H_8O_2 \cdot C_7H_5ClO \cdot SbCl_5$ (Krystalle [aus Benzoylchlorid], F: 175° [Zers.]; vielleicht 4-Benzoyloxy-2,6-dimethyl-pyrylium-hexachloroantimonat(V)), eine Verbindung mit Zinn(IV)-chlorid und Acetylchlorid $2C_7H_8O_2 \cdot 2C_2H_3ClO \cdot SnCl_4$ (vielleicht 4-Acetoxy-2,6-dimethyl-pyrylium-hexachlorostannat(IV)) sowie eine Verbindung mit Zinn(IV)-chlorid und Benzoylchlorid $2C_7H_8O_2 \cdot 2C_7H_5ClO \cdot SnCl_4$ (vielleicht 4-Benzoyloxy-2,6-dimethyl-pyrylium-hexachloro= stannat(IV)) s. *Me., Ma.-H.*, l. c. S. 64, 71.

Über eine Verbindung mit Borfluorid s. o.

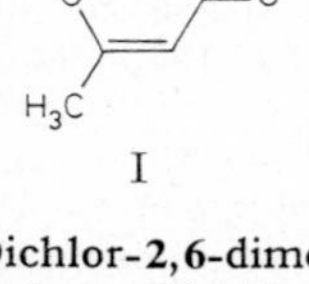

I 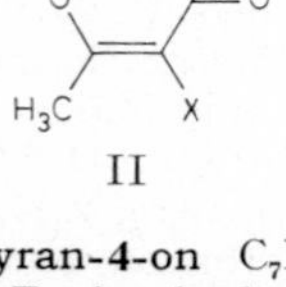 II 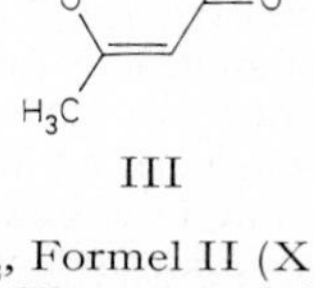 III 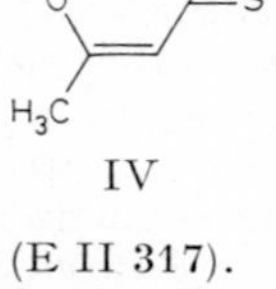 IV

3,5-Dichlor-2,6-dimethyl-pyran-4-on $C_7H_6Cl_2O_2$, Formel II (X = Cl). (E II 317).

Die beim Erhitzen mit Bariumhydroxid in Wasser und Behandeln des Reaktionsprodukts mit Chlorwasserstoff in Äther erhaltene Verbindung $C_7H_7ClO_3$ (s. E II 317) ist als 1-[4-Chlor-3-hydroxy-5-methyl-[2]furyl]-äthanon zu formulieren (*Anderton, Rickards*, Soc. **1965** 2543, 2544).

2-Brommethyl-6-methyl-pyran-4-on $C_7H_7BrO_2$, Formel III.

B. Beim Erwärmen von 2,6-Dimethyl-pyran-4-on mit *N*-Brom-succinimid in Tetra⸗chlormethan (*Lecocq*, A. ch. [12] **3** [1948] 62, 84).

Krystalle (aus Ae.); F: 112°. Beim Aufbewahren erfolgt Rotfärbung.

3,5-Dibrom-2,6-dimethyl-pyran-4-on $C_7H_6Br_2O_2$, Formel II (X = Br) (H 294; E II 317).

Die beim Erwärmen mit wss. Kalilauge, mit Calciumcarbonat und Wasser oder mit Natriumäthylat und Äthanol erhaltene Verbindung $C_7H_7BrO_3$ (H 294; s. a. E II 317) ist als 1-[4-Brom-3-hydroxy-5-methyl-[2]furyl]-äthanon zu formulieren (*Anderton, Rickards*, Soc. **1965** 2543, 2544).

2,6-Dimethyl-pyran-4-thion C_7H_8OS, Formel IV (E I 156; E II 317).

B. Beim Erwärmen von 2,6-Dimethyl-pyran-4-on mit Phosphor(V)-sulfid in Benzol (*King et al.*, Am. Soc. **73** [1951] 300; vgl. E I 156). Beim Erwärmen von 2,6-Dimethyl-pyran-4-on mit Dimethylsulfat und Behandeln des Reaktionsprodukts mit wss. Natrium⸗sulfid-Lösung (*Traverso*, Ann. Chimica **46** [1956] 821, 828). Beim Behandeln von 4-Meth⸗oxy-2,6-dimethyl-pyrylium-perchlorat (S. 2054) mit wss. Natriumsulfid-Lösung (*Tr.*).

Atomabstände und Bindungswinkel (aus dem Röntgendiagramm): *Toussaint*, Bl. Soc. chim. Belg. **65** [1956] 213, 219). Dipolmoment (ε; Bzl.): 5,19 D (*Lüttringhaus, Grohmann*, Z. Naturf. **10**b [1955] 365), 5,12 D (*Rolla et al.*, Ann. Chimica **42** [1952] 673, 678), 5,05 D (*Hunter, Partington*, Soc. **1933** 87, 89, 90).

Orangegelbe Krystalle (aus Me.); F: 144,2—144,9° (*Ro. et al.*, l. c. S. 675). Triklin; Raumgruppe $P\bar{1}$; aus dem Röntgen-Diagramm ermittelte Dimensionen der Elementar-zelle: a = 7,66 Å; b = 9,69 Å; c = 5,39 Å; α = 88,5°; β = 105,25°; γ=108,75°; n=2 (*To.*, l. c. S. 218). IR-Banden ($CHCl_3$) im Bereich von 3000 cm^{-1} bis 870 cm^{-1}: *Woods*, Texas J. Sci. **11** [1959] 28. UV-Spektrum einer Lösung in Hexan (210—380 nm): *Eiden*, Ar. **292** [1959] 461, 464; einer Lösung in Äthanol (220—380 nm): *Franzosini et al.*, Ann. Chimica **45** [1955] 128, 132, 135. Absorptionsmaxima: 522 nm, 534 nm und 560 nm [Hexan], 521 nm, 533 nm und 559 nm [Cyclohexan], 506 nm [Bzl.], 493 [1,2-Dibrom-äthan], 500 nm [Chlorbenzol], 487 nm [1,2-Dichlor-äthan], 455 nm [Butan-1-ol], 456 nm [Propan-1-ol], 488 nm [Acn.], 455 nm [A.], 443 nm [Me.], 488 [Nitrobenzol] (*Franzosini*, G. **88** [1958] 1109, 1116).

Über ein beim Erwärmen mit wss. Salzsäure und Eisen(III)-chlorid und Behandeln des Reaktionsprodukts mit wss. Perchlorsäure erhaltenes rotes Perchlorat $[C_{14}H_{16}O_2S_2]ClO_4$ s. *Arndt*, Rev. Fac. Sci. Istanbul [A] **13** [1948] 57, 68, 70. Beim Erhitzen mit Kupfer-Pulver bis auf 160° ist 2,6,2′,6′-Tetramethyl-[4,4′]bipyranyliden erhalten worden (*Woods*, Texas J. Sci. **11** [1959] 28, 31). Bildung von [5-Methyl-[1,2]dithiol-3-yliden]-aceton (F: 102°; über die Konstitution s. *Bezzi et al.*, G. **88** [1958] 1226, 1232; *Hertz et al.*, A. **625** [1959] 43; *Behringer et al.*, Ang. Ch. **72** [1960] 415) beim Behandeln einer Lösung in Aceton mit wss. Natriumsulfid-Lösung und Leiten von Luft durch die angesäuerte Reaktions-lösung: *Traverso*, Ann. Chimica **46** [1956] 821, 835. Bildung einer als 2,6-Dimethyl-pyridin-4-thiol angesehenen Verbindung (F: 207—208,5°) beim Behandeln mit Ammoniak in wss. Äthanol: *Wo.*, l. c. S. 29.

Reaktion mit 2-Chlor-benzaldehyd in Gegenwart von methanol. Kalilauge unter Bil-dung von 2-[2-Chlor-styryl]-6-methyl-pyran-4-thion (F: 142—144°): *Wo.*, l. c. S. 30. Geschwindigkeitskonstante der Reaktion mit Phenacylbromid in Benzol und in Aceton (Bildung von 2,6-Dimethyl-4-phenacylmercapto-pyrylium-bromid) bei 14,8° und 25,4°: *Ozog et al.*, Am. Soc. **74** [1952] 6225. Geschwindigkeitskonstante der Reaktionen mit 2-Brom-1-[4-chlor-phenyl]-äthanon, mit weiteren substituierten Phenacylbromiden und mit 2-Brom-1-[2]naphthyl-äthanon, jeweils in Benzol bei 14,8° und 25,4°: *Ozog et al.* Reaktion mit Benzoylchlorid in Trifluoressigsäure unter Bildung von 3-Benzoyl-2,6-di⸗methyl-thiopyran-4-on: *Woods, Dix*, J. org. Chem. **24** [1959] 1126. Beim Erhitzen mit Malononitril und Acetanhydrid ist [2,6-Dimethyl-pyran-4-yliden]-malononitril erhalten worden (*Ohta, Kato*, Bl. chem. Soc. Japan **32** [1959] 707, 709).

2,6-Dimethyl-pyran-4-selon C_7H_8OSe, Formel V.

B. Beim Behandeln von 4-Methoxy-2,6-dimethyl-pyrylium-perchlorat oder von 2,6-Dimethyl-4-methylmercapto-pyrylium-perchlorat mit wss. Natriumhydrogenselenid-Lösung oder mit wss. Natriumselenid-Lösung (*Traverso*, Ann. Chimica **47** [1957] 3, 11).

Rote Krystalle; F: 137—138° [aus wss. Me.] (*Tr.*, l. c. S. 11), 132,8—134,4° [aus A.] (*Franzosini*, G. **88** [1958] 1109, 1110). Die Schmelze ist grün (*Tr.*, l. c. S. 11). Bei vermindertem Druck sublimierbar (*Traverso*, Ann. Chimica **47** [1957] 1244, 1246). Absorptionsspektrum (220—700 nm) von Lösungen in Hexan, Cyclohexan, Benzol, Propan-1-ol, Aceton, Äthanol und Wasser sowie von Lösungen in binären Gemischen von Hexan und Benzol, von Hexan und Propan-1-ol, von Cyclohexan und Äthanol, von Aceton und Äthanol, von Aceton und Wasser sowie von Äthanol und Wasser: *Rolla, Franzosini*, G. **88** [1958] 837. Absorptionsmaximum: 650 nm [Hexan], 648 nm [Cyclohexan], 602 nm [Bzl.], 582 nm [1,2-Dibrom-äthan], 593 nm [Chlorbenzol], 570 nm [1,2-Dichlor-äthan], 538 nm [Isopentylalkohol], 537 nm [Butan-1-ol], 536 nm [Propan-1-ol], 575 nm [Acn.], 532 nm [A.], 519 nm [Me.], 576 nm [Nitrobenzol], 452 nm [W.] (*Fr.*, l. c. S. 1114). Stabilitätskonstante des Komplexes mit Äthanol in Cyclohexan bei 20°: *Ro.*, *Fr.*, l. c. S. 841.

Beim Behandeln einer Lösung in Aceton mit wss. Natriumselenid-Lösung unter Wasserstoff sind 4,6-Diselenoxo-heptan-2-on $C_7H_{10}OSe_2$ (oder Tautomere; Krystalle [aus Bzl. + Bzn.], F: 135—136° [unter Umwandlung in 2,6-Dimethyl-pyran-4-selon]) und kleine Mengen [5-Methyl-[1,2]diselenol-3-yliden]-aceton (F: 83°; über die Konstitution dieser Verbindungen s. *Bezzi et al.*, G. **88** [1958] 1226, 1232), beim Behandeln mit wss. Natriumsulfid-Lösung ist 2,6-Dimethyl-pyran-4-thion erhalten worden (*Tr.*, l. c. S. 13). Bildung von 2,6-Dimethyl-thiopyran-4-thion beim Erwärmen einer Lösung in Äthanol mit wss. Natriumhydrogensulfid-Lösung sowie Bildung von 2,6-Dimethyl-pyran-4-thion beim Erwärmen mit Phosphor(V)-sulfid in Benzol: *Tr.*, l. c. S. 12.

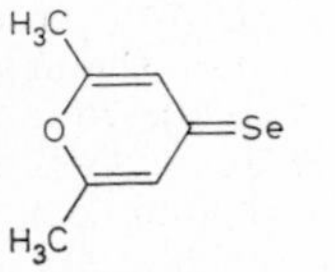

V 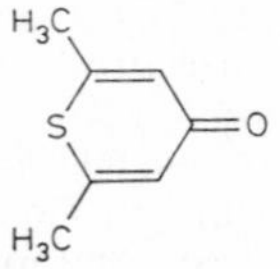 VI 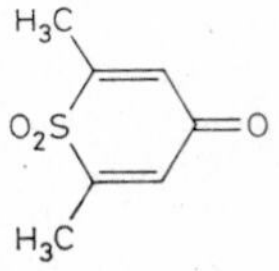 VII 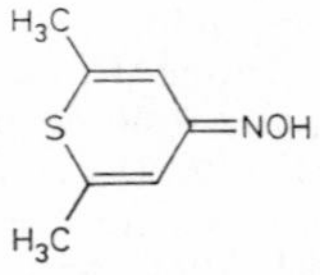 VIII

2,6-Dimethyl-thiopyran-4-on C_7H_8OS, Formel VI.

B. Beim Erwärmen von Hepta-2,5-diin-4-on mit Schwefelwasserstoff in Äthanol (*Gaudemar-Bardone*, A. ch. [13] **3** [1958] 52, 76). Beim Erhitzen von 2,6-Dimethyl-thiopyran-4-selon mit wss. Schwefelsäure (*Traverso*, Ann. Chimica **47** [1957] 1244, 1254). Beim Behandeln von 2,6-Dimethyl-thiopyran-4-thion mit Quecksilber(II)-chlorid in Äther und Erhitzen des Reaktionsprodukts mit wss. Natriumcarbonat-Lösung (*Arndt*, Rev. Fac. Sci. Istanbul [A] **13** [1948] 57, 69).

Dipolmoment (ε; Bzl.): 4,30 D (*Rolla et al.*, Ann. Chimica **42** [1952] 673, 678).

Krystalle; F: 104° [aus Cyclohexan] (*Ga.-Ba.*), 104° [durch Sublimation unter vermindertem Druck gereinigtes Präparat] (*Ar.*), 102,6—103,4° [aus Bzn.] (*Ro. et al.*). UV-Spektrum (220—320 nm) von Lösungen in Hexan, Cyclohexan, Äthanol und Methanol: *Rolla, Franzosini*, Ann. Chimica **46** [1956] 582, 590.

2,6-Dimethyl-1,1-dioxo-1λ^6-thiopyran-4-on $C_7H_8O_3S$, Formel VII.

B. Beim Behandeln einer Lösung von 2,6-Dimethyl-thiopyran-4-on in Essigsäure mit wss. Wasserstoffperoxid (*Arndt*, Rev. Fac. Sci. Istanbul [A] **13** [1948] 57, 69). Beim Erhitzen von 3,5-Dibrom-2,6-dimethyl-1,1-dioxo-tetrahydro-1λ^6-thiopyran-4-on mit Pyridin (*Ar.*, l. c. S. 66; *Rolla et al.*, Ann. Chimica **42** [1952] 507, 516).

Krystalle; F: 142—143° (*Ro. et al.*), 142° [aus W.] (*Ar.*).

2,6-Dimethyl-thiopyran-4-on-oxim C_7H_9NOS, Formel VIII.

B. Beim Behandeln von 2,6-Dimethyl-thiopyran-4-thion (*Traverso*, Ann. Chimica **45** [1955] 695, 704) oder von 2,6-Dimethyl-thiopyran-4-selon (*Traverso*, Ann. Chimica **47** [1957] 1244, 1254) mit Hydroxylamin-hydrochlorid und Natriumacetat in Methanol.

Krystalle (aus Me.); F: 148°.

3-Chlor-2,6-dimethyl-thiopyran-4-on C_7H_7ClOS, Formel IX.

B. Beim Behandeln von 2,6-Dimethyl-tetrahydro-thiopyran-4-on mit Chlor in Tetrachlormethan oder mit Sulfurylchlorid in Äther (*Arndt*, Rev. Fac. Sci. Istanbul [A] **13** [1948] 57, 63, 65; s. a. *Arndt, Bekir*, B. **63** [1930] 2393, 2397; *Rolla et al.*, Ann. Chimica **42** [1952] 507, 516).

Krystalle (aus W.); F: 96° (*Ar.*), 95–96° (*Ro. et al.*).

2,6-Dimethyl-thiopyran-4-thion $C_7H_8S_2$, Formel X.

B. Beim Erwärmen einer Lösung von 2,6-Dimethyl-pyran-4-thion in Äthanol mit wss. Kaliumhydrogensulfid-Lösung und Erhitzen des Reaktionsprodukts mit konz. Schwefelsäure (*Arndt*, Rev. Fac. Sci. Istanbul [A] **13** [1948] 57, 68). Beim Erwärmen von 2,6-Dimethyl-thiopyran-4-on mit Phosphor(V)-sulfid in Benzol (*Gaudemar-Bardone*, A. ch. [13] **3** [1958] 52, 77). Beim Behandeln einer Lösung von 4-Methoxy-2,6-dimethyl-pyrylium-perchlorat in Aceton mit Natriumsulfid in Wasser (*Traverso*, Ann. Chimica **46** [1956] 821, 835).

Dipolmoment (ε; Bzl.): 4,90 D (*Rolla et al.*, Ann. Chimica **42** [1952] 673, 679).

Orangerote Krystalle; F: 116–117° [aus Bzn.] (*Ar.*), 115° [aus Cyclohexan] (*Ga.-Ba.*), 114,2–114,8° [aus Bzn. oder CCl_4] (*Ro. et al.*, l. c. S. 676). Lösungen in Benzin sind violett mit grünem Schimmer (*Ar.*; *Traverso*, Ann. Chimica **44** [1954] 1018, 1027). Absorptionsspektrum (A.; 220–420 nm): *Franzosini et al.*, Ann. Chimica **45** [1955] 128, 134, 135. Absorptionsmaximum: 585 nm [Hexan], 585 nm [Cyclohexan], 550 nm [Bzl.], 537 nm [1,2-Dibrom-äthan], 543 nm [Chlorbenzol], 527 nm [1,2-Dichlor-äthan], 531 nm [Acn.], 486 nm [A.], 471 nm [Me.], 531 nm [Nitrobenzol] (*Franzosini*, G. **88** [1958] 1109, 1116).

An der Luft erfolgt Blaufärbung (*Ga.-Ba.*, l. c. S. 78). Beim Erhitzen einer Lösung in wss. Salzsäure mit Eisen(III)-chlorid und Behandeln des Reaktionsprodukts mit wss. Perchlorsäure ist ein blaues Perchlorat $[C_{14}H_{16}S_4]ClO_4$ erhalten worden (*Ar.*, l. c. S. 67, 69).

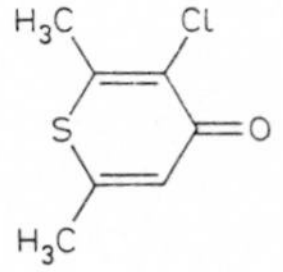

IX 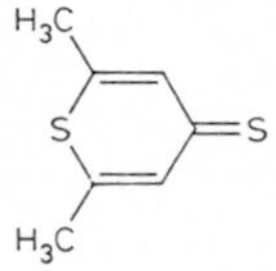 X 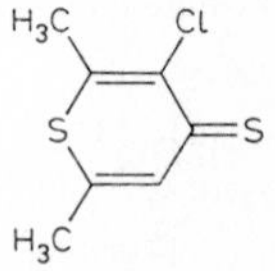 XI 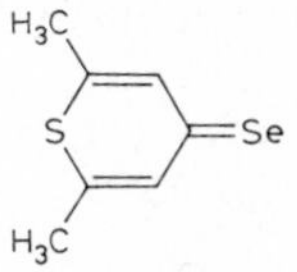 XII

3-Chlor-2,6-dimethyl-thiopyran-4-thion $C_7H_7ClS_2$, Formel XI.

B. Beim Erwärmen einer Lösung von 3-Chlor-2,6-dimethyl-thiopyran-4-on in Benzol mit Phosphor(V)-sulfid (*Arndt*, Rev. Fac. Sci. Istanbul [A] **13** [1948] 57, 65; s. a. *Rolla et al.*, Ann. Chimica **42** [1952] 507, 516).

Krystalle [aus A.] (*Ar.*); F: 108° (*Ar.*; *Ro. et al.*).

2,6-Dimethyl-thiopyran-4-selon C_7H_8SSe, Formel XII.

B. Beim Behandeln von 2,6-Dimethyl-4-methylmercapto-thiopyrylium-jodid mit Natriumhydrogenselenid in Wasser (*Traverso*, Ann. Chimica **47** [1957] 1244, 1253).

Grüne, gelb schimmernde Krystalle (aus PAe.); F: 108–109°.

Wenig beständig. Beim Erwärmen in Benzin erfolgt Umwandlung in 2,6,2',6'-Tetramethyl-[4,4']bithiopyranyliden. Beim Erwärmen mit wss. Schwefelsäure ist 2,6-Dimethyl-thiopyran-4-on erhalten worden. [*H.-H. Müller*]

2-Propionyl-furan, 1-[2]Furyl-propan-1-on $C_7H_8O_2$, Formel I (E I 157).

B. Beim Behandeln von Furan mit Propionsäure-anhydrid unter Zusatz von Zinkchlorid (*Emling et al.*, Am. Soc. **71** [1949] 703), unter Zusatz des Borfluorid-Äther-Addukts (*Heid, Levine*, J. org. Chem. **13** [1948] 409, 412) oder unter Zusatz von wasserhaltiger Phosphorsäure bei 60° (*Ocskay, Vargha*, Tetrahedron **2** [1958] 140, 146). Beim Behandeln von Furan mit Propionylchlorid und Aluminiumchlorid in Schwefelkohlenstoff (*Gilman, Calloway*, Am. Soc. **55** [1933] 4197, 4200). Beim Behandeln einer Lösung von Furfural in Äther mit Diazoäthan (*Ramonczai, Vargha*, Am. Soc. **72** [1950] 2737). Beim Erwärmen von Furan-2-carbonsäure-diäthylamid mit Äthylmagnesiumbromid in

Äther (*Maxim*, Bulet. Soc. Chim. România **12** [1930] 33).

Krystalle; F: 28° (*Em.*). Kp: 192° (*Ma.*); Kp_{17}: 77—77,5° (*Em.*); Kp_{11}: 74—75° (*Oc.*, *Va.*). UV-Spektrum (A. [220—360 nm] und Cyclohexan [210—370 nm]): *Grammaticakis*, Bl. **1953** 865, 866, 870.

Beim Erhitzen mit Ammoniumchlorid und Ammoniak in Äthanol auf 200° ist 2-Äthyl-pyridin-3-ol erhalten worden (*Leditschke*, B. **86** [1953] 123, 124).

Charakterisierung als 2,4-Dinitro-phenylhydrazon (F: 163°): *Borsche et al.*, B. **71** [1938] 957, 961.

1-[2]Furyl-propan-1-on-oxim $C_7H_9NO_2$.

a) **1-[2]Furyl-propan-1-on-(*Z*)-oxim** $C_7H_9NO_2$, Formel II (R = H).

Konfigurationszuordnung: *Ocskay*, *Vargha*, Tetrahedron **2** [1958] 140, 141; *Vargha*, *Ocskay*, Acta chim. hung. **19** [1959] 143, 149; s. a. *Dullien*, Canad. J. Chem. **35** [1957] 1366.

B. Beim Behandeln von 1-[2]Furyl-propan-1-on mit Hydroxylamin-hydrochlorid und Natriumacetat in Äthanol (*Vargha*, *Gönczy*, Am. Soc. **72** [1950] 2738). Beim Behandeln einer Lösung von 1-[2]Furyl-propan-1-on-(*E*)-oxim in Äther mit Chlorwasserstoff (*Oc.*, *Va.*, l. c. S. 146).

Krystalle; F: 78° (*Du.*), 77—78° [aus wss. A.] (*Oc.*, *Va.*, l. c. S. 146), 77° [aus W.] (*Va.*, *Gö.*). Raman-Spektrum (Bzl. und Py.): *Du.*, l. c. S. 1370; *Schay et al.*, Acta chim. hung. **15** [1958] 273, 277. UV-Spektrum (A.; 200—300 nm): *Oc.*, *Va.*, l. c. S. 144; s. a. *Ramart-Lucas et al.*, C. r. **232** [1951] 336.

b) **1-[2]Furyl-propan-1-on-(*E*)-oxim** $C_7H_9NO_2$, Formel III (R = H).

B. Beim Behandeln von 1-[2]Furyl-propan-1-on mit Hydroxylamin-hydrochlorid und wss. Natronlauge (*Ocskay*, *Varha*, Tetrahedron **2** [1958] 140, 146).

Krystalle (aus wss. A.); F: 73° (*Oc.*, *Va.*). Raman-Spektrum (Bzl. und Py.): *Dullien*, Canad. J. Chem. **35** [1957] 1366, 1370; *Schay et al.*, Acta chim. hung. **15** [1958] 273, 277. UV-Spektrum (A.; 200—300 nm): *Oc.*, *Va.*, l. c. S. 144.

I: CO—CH₂—CH₃ ; II: RO—N=C(CH₂—CH₃) ; III: N—OR ; IV: H₃C—CH₂ C=N—NH— X X

I II III IV

1-[2]Furyl-propan-1-on-[*O*-acetyl-oxim] $C_9H_{11}NO_3$.

a) **1-[2]Furyl-propan-1-on-[(*Z*)-*O*-acetyl-oxim]** $C_9H_{11}NO_3$, Formel II (R = CO-CH_3).

B. Aus 1-[2]Furyl-propan-1-on-(*Z*)-oxim und Acetanhydrid (*Ocskay*, *Vargha*, Tetrahedron **2** [1958] 140, 148).

Öl; nicht näher beschrieben.

b) **1-[2]Furyl-propan-1-on-[(*E*)-*O*-acetyl-oxim]** $C_9H_{11}NO_3$, Formel III (R = CO-CH_3).

B. Aus 1-[2]Furyl-propan-1-on-(*E*)-oxim und Acetanhydrid (*Ocskay*, *Vargha*, Tetrahedron **2** [1958] 140, 148).

Krystalle (aus Bzn.); F: 94°.

1-[2]Furyl-propan-1-on-[*O*-benzoyl-oxim] $C_{14}H_{13}NO_3$.

a) **1-[2]Furyl-propan-1-on-[(*Z*)-*O*-benzoyl-oxim]** $C_{14}H_{13}NO_3$, Formel II (R = CO-C_6H_5).

B. Beim Behandeln von 1-[2]Furyl-propan-1-on-(*Z*)-oxim mit Pyridin und Benzoyl⸗chlorid (*Ocskay*, *Vargha*, Tetrahedron **2** [1958] 140, 149).

Krystalle (aus Bzn.); F: 63°.

b) **1-[2]Furyl-propan-1-on-[(*E*)-*O*-benzoyl-oxim]** $C_{14}H_{13}NO_3$, Formel III (R = CO-C_6H_5).

B. Beim Behandeln von 1-[2]Furyl-propan-1-on-(*E*)-oxim mit Pyridin und Benzoyl⸗

chlorid (*Ocskay*, *Vargha*, Tetrahedron **2** [1958] 140, 148).
Krystalle (aus Bzn.); F: 93°.

1-[2]Furyl-propan-1-on-[*O*-(toluol-4-sulfonyl)-oxim] $C_{14}H_{15}NO_4S$.

a) **1-[2]Furyl-propan-1-on-[(*Z*)-*O*-(toluol-4-sulfonyl)-oxim]** $C_{14}H_{15}NO_4S$, Formel II (R = SO_2-C_6H_4-CH_3).

Konfigurationszuordnung: *Ocskay*, *Vargha*, Tetrahedron **2** [1958] 140, 143; *Vargha*, *Ocskay*, Acta chim. hung. **19** [1959] 143, 147.

B. Beim Behandeln von 1-[2]Furyl-propan-1-on-(*Z*)-oxim mit Pyridin und Toluol-4-sulfonylchlorid (*Vargha*, *Gönczy*, Am. Soc. **72** [1950] 2738).

Krystalle (aus PAe.); F: 68° (*Va*., *Gö*.).

b) **1-[2]Furyl-propan-1-on-[(*E*)-*O*-(toluol-4-sulfonyl)-oxim]** $C_{14}H_{15}NO_4S$, Formel III (R = SO_2-C_6H_4-CH_3).

B. Beim Behandeln von 1-[2]Furyl-propan-1-on-(*E*)-oxim mit Pyridin und Toluol-4-sulfonylchlorid (*Ocskay*, *Vargha*, Tetrahedron **2** [1958] 140, 148).

F: 70–71° [Zers.; aus Bzl. + Bzn.] (*Oc*., *Va*., Tetrahedron **2** 148).

Beim Aufbewahren erfolgt gelegentlich explosionsartige Zersetzung (*Oc*., *Va*., Tetrahedron **2** 148). Beim Behandeln mit Äthanol sind 7,7-Diäthoxy-hept-5*c*-en-3,4-dion (E IV **1** 3786) und Ammonium-[toluol-4-sulfonat] erhalten worden (*Vargha*, *Ocskay*, Tetrahedron **2** [1958] 151, 155; Acta chim. hung. **19** [1959] 143, 155).

1-[2]Furyl-propan-1-on-phenylhydrazon $C_{13}H_{14}N_2O$, Formel IV (X = H).

Absorptionsspektrum (A.; 230–400 nm) eines aus 1-[2]Furyl-propan-1-on hergestellten Präparats: *Ramart-Lucas*, Bl. **1954** 1017, 1023.

1-[2]Furyl-propan-1-on-[2,4-dinitro-phenylhydrazon] $C_{13}H_{12}N_4O_5$, Formel IV (X = NO_2).

B. Aus 1-[2]Furyl-propan-1-on und [2,4-Dinitro-phenyl]-hydrazin (*Borsche et al.*, B. **71** [1938] 957, 961).

Rote Krystalle (aus Me.); F: 163°.

1-[2]Furyl-propan-1-on-[cyanacetyl-hydrazon], Cyanessigsäure-[1-[2]furyl-propylidenhydrazid] $C_{10}H_{11}N_3O_2$, Formel V (X = CH_2-CN).

B. Aus 1-[2]Furyl-propan-1-on und Cyanessigsäure-hydrazid in Äthanol (*Giannini*, *Fedi*, Farmaco Ed. scient. **13** [1958] 385, 390).

Krystalle (aus Bzl.); F: 155–156°.

1-[2]Furyl-propan-1-on-semicarbazon $C_8H_{11}N_3O_2$, Formel V (X = NH_2) (E I 157).

B. Aus 1-[2]Furyl-propan-1-on und Semicarbazid (*Ramonczai*, *Vargha*, Am. Soc. **72** [1950] 2737).

F: 189°.

2-Chlor-5-propionyl-furan, 1-[5-Chlor-[2]furyl]-propan-1-on $C_7H_7ClO_2$, Formel VI.

B. Beim Behandeln von 2-Chlor-furan mit Propionsäure-anhydrid und Zinn(IV)-chlorid in Benzol (*Gilman et al.*, Am. Soc. **57** [1935] 907). Beim Behandeln von 2-Nitro-furan mit Propionylchlorid und Titan(IV)-chlorid in Schwefelkohlenstoff (*Gi. et al.*).

Krystalle (aus wss. A.); F: 55°.

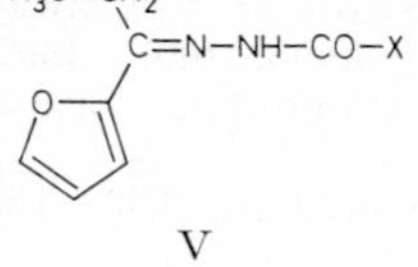

V 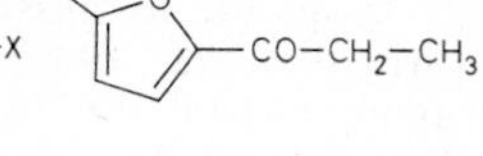 VI 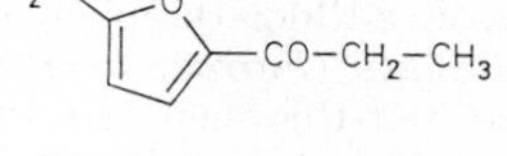 VII 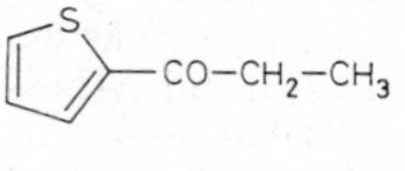 VIII

2-Nitro-5-propionyl-furan, 1-[5-Nitro-[2]furyl]-propan-1-on $C_7H_7NO_4$, Formel VII.

B. Beim Behandeln einer Lösung von 1-[2]Furyl-propan-1-on in Essigsäure mit Salpetersäure (*Norwich Pharmacal Co.*, U.S.P. 2319481 [1941]).

Krystalle (aus PAe.); F: 69–70° [durch Sublimation gereinigtes Präparat].

2-Propionyl-thiophen, 1-[2]Thienyl-propan-1-on C_7H_8OS, Formel VIII (H 295; E I 157; E II 317).

B. Beim Erhitzen von Thiophen mit Propionsäure-anhydrid unter Zusatz von wasserhaltiger Phosphorsäure (*Hartough, Kosak*, Am. Soc. **69** [1947] 3093, 3095). Beim Behandeln von Thiophen mit Propionsäure-anhydrid in Gegenwart des Borfluorid-Äther-Addukts (*Heid, Levine*, J. org. Chem. **13** [1948] 409, 412) oder beim Behandeln von Thiophen mit Propionylchlorid und Zinn(IV)-chlorid in Benzol (*Blicke, Burckhalter*, Am. Soc. **64** [1932] 451, 452 Anm. 10). Beim Erwärmen von Thiophen mit Trichlorpropionyloxy-silan und Zinn(IV)-chlorid in Benzol und Behandeln des Reaktionsgemisches mit Wasser (*Jur'ew et al.*, Ž. obšč. Chim. **29** [1959] 3873, 3879; engl. Ausg. S. 3831, 3834).

Kp_7: 88°; n_D^{20}: 1,5539 (*Ha., Ko.*). Kp_5: 82—83°; D_4^{20}: 1,1381; n_D^{20}: 1,5545 (*Ju. et al.*). UV-Spektrum (Cyclohexan; 240—365 nm): *Ramart-Lucas*, Bl. **1954** 1017, 1022. UV-Absorptionsmaxima (A.): 260 nm und 282 nm (*Campaigne, Diedrich*, Am. Soc. **73** [1951] 5240, 5242).

Beim aufeinanderfolgenden Erhitzen mit Formamid auf 180° und mit wss. Natronlauge auf 130° sind 1-[2]Thienyl-propylamin und eine nach *Hill, Loev* (J. org. Chem. **38** [1973] 2102) als 5-Methyl-4-[2]thienyl-pyrimidin zu formulierende Verbindung erhalten worden (*Blicke, Burckhalter*, Am. Soc. **64** [1942] 477, 479).

[1-[2]Thienyl-propyliden]-anilin, 1-[2]Thienyl-propan-1-on-phenylimin $C_{13}H_{13}NS$, Formel IX (X = C_6H_5).

B. Beim Erhitzen von 1-[2]Thienyl-propan-1-on mit Anilin, Phosphorylchlorid und Toluol (*Weston, Michaels*, Am. Soc. **73** [1951] 1381).

Kp_1: 130—133°. n_D^{24}: 1,6347.

1-[2]Thienyl-propan-1-on-oxim C_7H_9NOS, Formel IX (X = OH) (H 295).

UV-Spektrum (240—340 nm) eines aus 1-[2]Thienyl-propan-1-on hergestellten Präparats: *Ramart-Lucas et al.*, C. r. **232** [1951] 336.

1-[2]Thienyl-propan-1-on-[2,4-dinitro-phenylhydrazon] $C_{13}H_{12}N_4O_4S$, Formel IX (X = NH-$C_6H_3(NO_2)_2$).

B. Aus 1-[2]Thienyl-propan-1-on und [2,4-Dinitro-phenyl]-hydrazin (*Campaigne, Diedrich*, Am. Soc. **73** [1951] 5240, 5241).

F: 220° [korr.].

1-[2]Thienyl-propan-1-on-semicarbazon $C_8H_{11}N_3OS$, Formel IX (X = NH-CO-HH_2) (E II 317).

B. Aus 1-[2]Thienyl-propan-1-on und Semicarbazid (*Heid, Levine*, J. org. Chem. **13** [1948] 409, 412; *Schulte, Jantos*, Ar. **292** [1959] 536, 539).

Krystalle; F: 173—174° [aus A.] (*Sch., Ja.*), 172,5—173,5° [korr.] (*Heid, Le.*).

1-[2]Thienyl-propan-1-on-thiosemicarbazon $C_8H_{11}N_3S_2$, Formel IX (X = NH-CS-NH_2).

B. Aus 1-[2]Thienyl-propan-1-on und Thiosemicarbazid (*Anderson et al.*, Am. Soc. **73** [1951] 4967).

Krystalle; F: 128° [aus A., Bzl. oder Eg.] (*Buu-Hoi et al.*, Soc. **1956** 713, 714), 127—128° [unkorr.] (*An. et al.*).

2-Chlor-5-propionyl-thiophen, 1-[5-Chlor-[2]thienyl]-propan-1-on C_7H_7ClOS, Formel X.

B. Beim Erwärmen von 2-Chlor-thiophen mit Propionsäure-anhydrid in Gegenwart des Borfluorid-Äther-Addukts (*Farrar, Levine*, Am. Soc. **72** [1950] 3695, 3696, 3697). Beim Behandeln von 2-Chlor-thiophen mit Propionylchlorid und Aluminiumchlorid in Schwefelkohlenstoff (*Buu-Hoi, Hoán*, R. **68** [1949] 441, 459).

Krystalle; F: 46,5—47,5° (*Fa., Le.*), 47° [aus Me.] (*Buu-Hoi, Hoán*). Kp_{15}: 132—133° (*Buu-Hoi, Hoán*); $Kp_{4,5}$: 96—97° (*Fa., Le.*).

1-[5-Chlor-[2]thienyl]-propan-1-on-semicarbazon $C_8H_{10}ClN_3OS$, Formel XI.

B. Aus 1-[5-Chlor-[2]thienyl]-propan-1-on und Semicarbazid (*Farrar, Levine*, Am. Soc. **72** [1950] 3695, 3696).

Krystalle (aus A.); F: 217—218° [korr.].

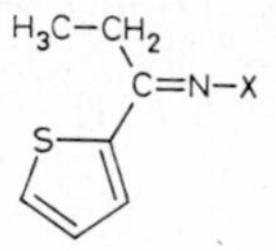

IX 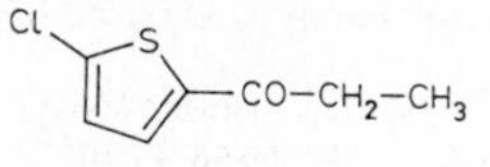 X 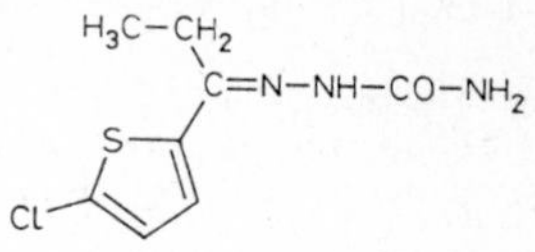 XI 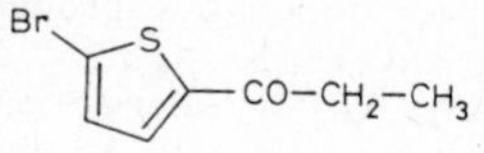 XII

2-Brom-5-propionyl-thiophen, 1-[5-Brom-[2]thienyl]-propan-1-on C_7H_7BrOS, Formel XII.

B. Beim Erwärmen von 2-Brom-thiophen mit Propionsäure-anhydrid in Gegenwart des Borfluorid-Äther-Addukts (*Farrar, Levine*, Am. Soc. **72** [1950] 3695, 3696, 3697). Beim Behandeln von 2-Brom-thiophen mit Propionylchlorid und Aluminiumchlorid (oder Zinn(IV)-chlorid) in Schwefelkohlenstoff (*Buu-Hoi, Hoán*, R. **68** [1949] 5, 12, 26).

Krystalle; F: 57° [aus A.] (*Buu-Hoi, Hoán*), 52–53° (*Fa., Le.*). Kp_{13}: 142° (*Buu-Hoi, Hoán*); Kp_5: 112–113° (*Fa., Le.*).

1-[5-Brom-[2]thienyl]-propan-1-on-semicarbazon $C_8H_{10}BrN_3OS$, Formel I.

B. Aus 1-[5-Brom-[2]thienyl]-propan-1-on und Semicarbazid (*Farrar, Levine*, Am. Soc. **72** [1950] 3695, 3696).

Krystalle (aus A.); F: 215–216° [korr.].

(±)-2,3-Dibrom-1-[2]thienyl-propan-1-on $C_7H_6Br_2OS$, Formel II.

B. Beim Behandeln einer Lösung von 1-[2]Thienyl-propenon in Äther mit Brom (*Putochin, Iwanowa*, Ž. obšč. Chim. **29** [1959] 3658; engl. Ausg. S. 3616).

Krystalle.

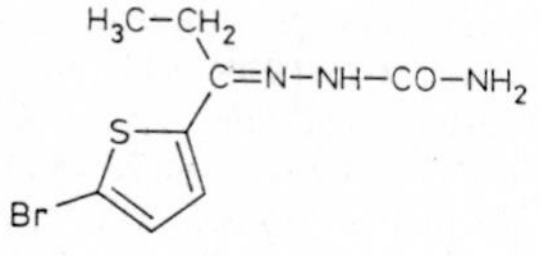

I 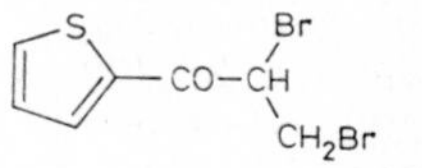 II 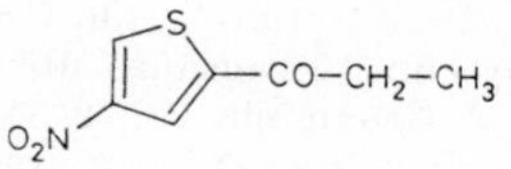 III

4-Nitro-2-propionyl-thiophen, 1-[4-Nitro-[2]thienyl]-propan-1-on $C_7H_7NO_3S$, Formel III.

B. Neben 1-[5-Nitro-[2]thienyl]-propan-1-on beim Behandeln von 1-[2]Thienyl-propan-1-on mit Salpetersäure (*Bellenghi et al.*, G. **82** [1952] 773, 788).

Krystalle (aus A.); F: 140–141°.

2-Nitro-5-propionyl-thiophen, 1-[5-Nitro-[2]thienyl]-propan-1-on $C_7H_7NO_3S$, Formel IV.

B. Neben 1-[4-Nitro-[2]thienyl]-propan-1-on beim Behandeln von 1-[2]Thienyl-propan-1-on mit Salpetersäure (*Bellenghi et al.*, G. **82** [1952] 773, 788).

Krystalle (aus A.); F: 83–87°.

2-Propionyl-selenophen, 1-Selenophen-2-yl-propan-1-on C_7H_8OSe, Formel V.

B. Beim Erwärmen von Propionsäure mit Tetrachlorsilan in Benzol, und anschliessend mit Zinn(IV)-chlorid und Behandeln des Reaktionsgemisches mit Selenophen in Benzol (*Jur'ew, Eljakow*, Doklady Akad. S.S.S.R. **102** [1955] 763, 764; C. A. **1956** 4796). Beim Behandeln von Selenophen mit Propionylchlorid und Zinn(IV)-chlorid in Benzol (*Umezawa*, Bl. chem. Soc. Japan **14** [1939] 155, 158).

Kp_{14}: 115°; D_4^{25}: 1,4687; n_D^{14}: 1,587 (*Um.*). Kp_{10}: 110°; D_4^{20}: 1,4657; n_D^{20}: 1,5840 (*Ju., El.*).

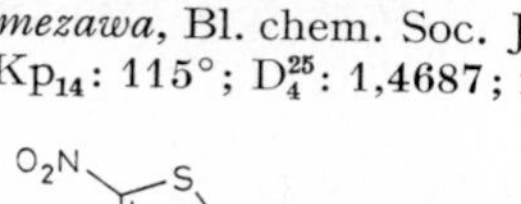

IV 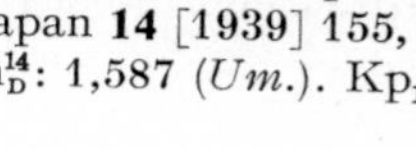 V 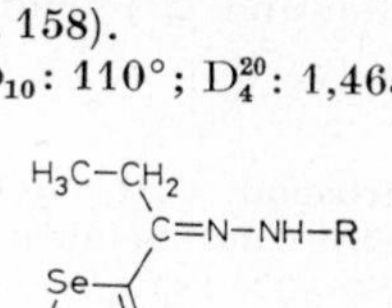 VI 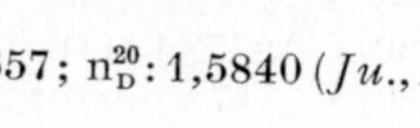 VII

1-Selenophen-2-yl-propan-1-on-[2,4-dinitro-phenylhydrazon] $C_{13}H_{12}N_4O_4Se$, Formel VI ($R = C_6H_3(NO_2)_2$).

B. Aus 1-Selenophen-2-yl-propan-1-on und [2,4-Dinitro-phenyl]-hydrazin (*Jur'ew, Eljakow*, Doklady Akad. S.S.S.R. **102** [1955] 763, 764; C. A. **1956** 4796).

Krystalle; F: 214–215°.

1-Selenophen-2-yl-propan-1-on-semicarbazon $C_8H_{11}N_3OSe$, Formel VI ($R = CO\text{-}NH_2$).

B. Aus 1-Selenophen-2-yl-propan-1-on und Semicarbazid (*Umezawa*, Bl. chem. Soc. Japan **14** [1939] 155, 158).

Krystalle (aus wss. A.); F: 175–176°.

2-Acetonyl-furan, [2]Furylaceton $C_7H_8O_2$, Formel VII (H 295).

B. Beim Erwärmen von 1-[2]Furyl-2-nitro-propen mit wss. Salzsäure, Eisen und Eisen(III)-chlorid (*Hass et al.*, J. org. Chem. **15** [1950] 8, 11). Beim Behandeln von 2,3-Epoxy-3-[2]furyl-2-methyl-propionsäure-methylester mit wss. methanol. Natronlauge und Ansäuern des Reaktionsgemisches (*Acheson*, Soc. **1956** 4232, 4235).

Kp_{33}: 90°; n_D^{19}: 1,4779 (*Fétizon, Baranger*, Bl. **1957** 1311, 1314). Kp_{23}: 82°; $n_D^{13,2}$: 1,4741 (*Fétizon, Baranger*, C. r. **234** [1952] 2296). Kp_{13}: 70–72° (*Ach.*). UV-Absorptionsmaxima (Cyclohexan): 268 nm, 276 nm und 297 nm (*Marsocci, MacKenzie*, Am. Soc. **81** [1959] 4513, 4515).

1-[2]Furylaceton-oxim $C_7H_9NO_2$, Formel VIII (H 295).

B. Aus [2]Furylaceton und Hydroxylamin (*Erlenmeyer, Simon*, Helv. **24** [1941] 1210, 1212; *Acheson*, Soc. **1956** 4232, 4235).

Krystalle; F: 19–20° (*Er., Si.*). Kp_8: 110° (*Ach.*).

2-Acetonyl-thiophen, [2]Thienylaceton C_7H_8OS, Formel IX.

B. Aus Thiophen und Diazoaceton in Gegenwart von Kupfer(II)-sulfat (*Novák et al.*, Collect. **22** [1957] 1836, 1843, 1850). Beim Leiten eines Gemisches von [2]Thienylessigsäure und Essigsäure über Thoriumoxid bei 430–450° (*Cagniant*, Bl. **1949** 847, 851). Beim Behandeln von 2-Nitro-1-[2]thienyl-propen mit Lithiumalanat in Äther bei –40° und anschliessend mit wss. Salzsäure (*Gilsdorf, Nord*, Am. Soc. **74** [1952] 1837, 1841). Beim Erwärmen von 2,3-Epoxy-2-methyl-3-[2]thienyl-propionsäure-äthylester mit äthanol. Natronlauge und Erhitzen des Reaktionsprodukts auf 120° (*Ca.*, l. c. S. 849).

Kp_{12}: 105–106°; D_4^{19}: 1,130; $n_D^{13,5}$: 1,5366 (*Ca.*, l. c. S. 849). Kp_9: 95–97° (*No. et al.*).

Beim Behandeln mit Quecksilber(II)-chlorid und Natriumacetat in Äthanol ist eine krystalline Verbindung vom F: 255° erhalten worden (*Ca.*, l. c. S. 850).

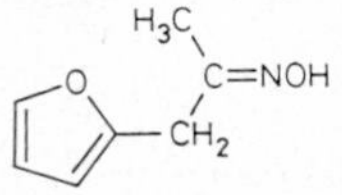

H$_3$C–C=NOH–CH$_2$ (VIII) CH$_2$–CO–CH$_3$ (IX) H$_3$C–C=N–X–CH$_2$ (X) CH$_2$–CH$_2$–CHO (XI)

VIII 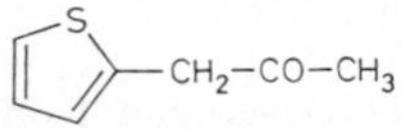 IX 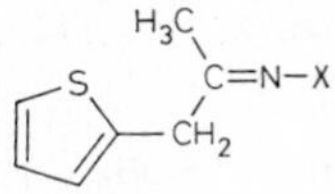 X 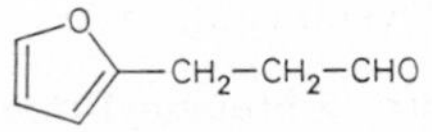 XI

[2]Thienylaceton-oxim C_7H_9NOS, Formel X (X = OH).

B. Aus [2]Thienylaceton und Hydroxylamin (*Gilsdorf, Nord*, Am. Soc. **74** [1952] 1837, 1841). Aus 2-Nitro-1-[2]thienyl-propen mit Hilfe von Aluminium-Amalgam (*Gi., Nord*).

Krystalle (aus PAe.); F: 91–92°.

[2]Thienylaceton-[2,4-dinitro-phenylhydrazon] $C_{13}H_{12}N_4O_4S$, Formel X ($X = NH\text{-}C_6H_3(NO_2)_2$).

B. Aus [2]Thienylaceton und [2,4-Dinitro-phenyl]-hydrazin (*Gilsdorf, Nord*, Am. Soc. **74** [1952] 1837, 1841).

F: 116–117° [unkorr.].

[2]Thienylaceton-semicarbazon $C_8H_{11}N_3OS$, Formel X ($X = NH\text{-}CO\text{-}NH_2$).

B. Aus [2]Thienylaceton und Semicarbazid (*Cagniant*, Bl. **1949** 847, 850; *Gilsdorf, Nord*, Am. Soc. **74** [1952] 1837, 1841; *Novák et al.*, Collect. **22** [1957] 1836, 1850).

Krystalle; F: 194,5° [Block; aus A.] (*Ca.*), 186° [unkorr.; aus Dioxan] (*No. et al.*), 179–180° [unkorr.] (*Gi., Nord*).

3-[2]Furyl-propionaldehyd $C_7H_8O_2$, Formel XI.

B. Bei der Hydrierung von 3-[2]Furyl-acrylaldehyd an Raney-Nickel in Äthanol (*Burdick, Adkins*, Am. Soc. **56** [1934] 438, 440; *Ponomarew, Til'*, Ž. obšč. Chim. **27** [1957] 1075; engl. Ausg. S. 1159; s. a. *Wienhaus, Leonhardi*, Ber. Schimmel **1929** 223, 226). Beim Behandeln von 3-[2]Furyl-propionaldehyd-dimethylacetal oder von 3-[2]Furyl-propion= aldehyd-diäthylacetal mit wss. äthanol. Salzsäure (*Rallings, Smith*, Soc. **1953** 618, 622). Bildung von kleinen Mengen aus Furan und Acrylaldehyd: *Scherlin et al.*, Ž. obšč. Chim. **8** [1938] 7, 11; C. A. **1938** 5397; *Webb, Borcherdt*, Am. Soc. **73** [1951] 752.

Kp_{760}: 179—180°; Kp_{14}: 69—70°; D_4^{25}: 1,0690; n_D^{25}: 1,4470 (*Bu., Ad.*). Kp_{17}: 81°; D_4^{19}: 1,0574; D_{19}^{19}: 1,0591; n_D^{19}: 1,4772 (*Sch. et al.*). Kp_4: 59—61°; D^{20}: 1,074; n_D^{20}: 1,47818 (*Wi., Le.*).

Bei der Hydrierung an Nickel/Kieselgur in Äthanol sind 3-Tetrahydro[2]furyl-propan-1-ol und eine nach *Farlow et al.* (Am. Soc. **56** [1934] 2498) als 1,6-Dioxa-spiro[4.4]nonan zu formulierende Verbindung erhalten worden (*Bu., Ad.*).

3-[2]Furyl-1,1-dimethoxy-propan, 3-[2]Furyl-propionaldehyd-dimethylacetal $C_9H_{14}O_3$, Formel XII (R = CH_3).

B. Beim Behandeln von 3-[2]Furyl-propionaldehyd mit wss.-methanol. Salzsäure (*Wienhaus, Leonhardi*, Ber. Schimmel **1929** 223, 227). Bei der Hydrierung von 3-[2]Furyl-acrylaldehyd-dimethylacetal an Palladium/Strontiumcarbonat (*Rallings, Smith*, Soc. **1953** 618, 622).

Kp_{30}: 109°; n_D^{20}: 1,4546 (*Ra., Sm.*). Kp_4: 77°; D^{20}: 1,026; n_D^{20}: 1,45502 (*Wi., Le.*).

1,1-Diäthoxy-3-[2]furyl-propan, 3-[2]Furyl-propionaldehyd-diäthylacetal $C_{11}H_{18}O_3$, Formel XII (R = C_2H_5).

B. Bei der Hydrierung von 3-[2]Furyl-acrylaldehyd-diäthylacetal an Palladium/Stron= tiumcarbonat (*Rallings, Smith*, Soc. **1953** 618, 622).

Kp_{22}: 110—115°. n_D^{20}: 1,4586.

XII XIII XIV

3-[2]Furyl-propionaldehyd-semicarbazon $C_8H_{11}N_3O_2$, Formel XIII.

B. Aus 3-[2]Furyl-propionaldehyd und Semicarbazid (*Wienhaus, Leonhardi*, Ber. Schimmel **1929** 223, 227).

Krystalle (aus A.); F: 82—83°.

3-Propionyl-furan, 1-[3]Furyl-propan-1-on $C_7H_8O_2$, Formel XIV.

B. Beim Erwärmen von Furan-3-carbonylchlorid mit Äthylmagnesiumbromid und Cadmiumchlorid in Äther (*Gardner et al.*, J. org. Chem. **23** [1958] 823, 826; *Grünanger, Mantegani*, G. **89** [1959] 913, 917).

Kp_4: 70°; n_D^{26}: 1,4770 (*Ga. et al.*). $Kp_{2,5}$: 48—49°; n_D^{20}: 1,4799 (*Gr., Ma.*).

1-[3]Furyl-propan-1-on-[4-nitro-phenylhydrazon] $C_{13}H_{13}N_3O_3$, Formel I (R = $C_6H_4NO_2$).

B. Aus 1-[3]Furyl-propan-1-on und [4-Nitro-phenyl]-hydrazin (*Grünanger, Mantegani*, G. **89** [1959] 913, 918).

Rotbraune Krystalle (aus Eg.); F: 140—142°.

1-[3]Furyl-propan-1-on-semicarbazon $C_8H_{11}N_3O_2$, Formel I (R = CO-NH_2).

B. Aus 1-[3]Furyl-propan-1-on und Semicarbazid (*Grünanger, Mantegani*, G. **89** [1959] 913, 918).

Krystalle (aus A.); F: 169—171°.

1-[3]Furyl-propan-1-on-[4-phenyl-semicarbazon] $C_{14}H_{15}N_3O_2$, Formel I (R = CO-NH-C_6H_5).

B. Aus 1-[3]Furyl-propan-1-on und 4-Phenyl-semicarbazid (*Grünanger, Mantegani*,

G. **89** [1959] 913, 918).
Krystalle (aus Me.); F: 176–177°.

3-Propionyl-thiophen, 1-[3]Thienyl-propan-1-on C_7H_8OS, Formel II.
B. Aus [3]Thienylmagnesiumbromid und Propionitril (*Hoch*, C. r. **234** [1952] 1981). Beim Erwärmen von Thiophen-3-carbonylchlorid mit Äthylmagnesiumbromid und Cadmiumchlorid in Benzol (*Campaigne, Thomas*, Am. Soc. **77** [1955] 5365, 5368) oder in Äther (*Gardner et al.*, J. org. Chem. **23** [1958] 823, 826). Beim Behandeln von 1-[3]Thienyl-propan-1-ol mit Chrom(VI)-oxid und wss. Essigsäure (*Gronowitz*, Ark. Kemi **12** [1958] 533, 543).
Kp_{42}: 125°; n_D^{25}: 1,5460 (*Ga. et al.*). Kp_4: 72–74°; D_4^{20}: 1,1187; n_D^{18}: 1,5471 (*Ca., Th.*, l. c. S. 5366). IR-Spektrum (3–14,6 μ): *Gr.*, l. c. S. 537.

1-[3]Thienyl-propan-1-on-oxim C_7H_9NOS, Formel III (X = OH).
B. Aus 1-[3]Thienyl-propan-1-on und Hydroxylamin (*Hoch*, C. r. **234** [1952] 1981).
F: 67–68° (*Hoch*). UV-Spektrum (230–300 nm): *Ramart-Lucas*, Bl. **1954** 1017, 1022.

1-[3]Thienyl-propan-1-on-phenylhydrazon $C_{13}H_{14}N_2S$, Formel III (X = NH-C_6H_5).
UV-Spektrum (230–390 nm) eines aus 1-[3]Thienyl-propan-1-on hergestellten Präparats: *Ramart-Lucas*, Bl. **1954** 1017, 1022.

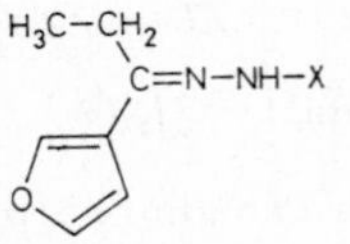

I 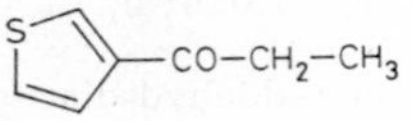 II 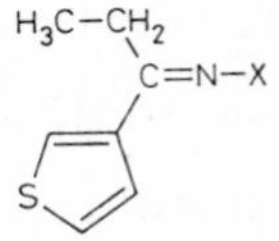 III 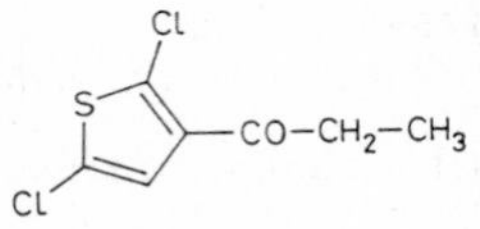 IV

1-[3]Thienyl-propan-1-on-[2,4-dinitro-phenylhydrazon] $C_{13}H_{12}N_4O_4S$, Formel III (X = NH-$C_6H_3(NO_2)_2$).
B. Aus 1-[3]Thienyl-propan-1-on und [2,4-Dinitro-phenyl]-hydrazin (*Campaigne, Thomas*, Am. Soc. **77** [1955] 5365, 5366, 5369).
Rote Krystalle; F: 214–215°.

1-[3]Thienyl-propan-1-on-semicarbazon $C_8H_{11}N_3OS$, Formel III (X = NH-CO-NH_2).
B. Aus 1-[3]-Thienyl-propan-1-on und Semicarbazid (*Hoch*, C. r. **234** [1952] 1981; *Campaigne, Thomas*, Am. Soc. **77** [1955] 5365, 5366, 5369; *Gronowitz*, Ark. Kemi **12** [1958] 533, 543).
Krystalle; F: 195–196° (*Hoch*), 186–188° (*Gr.*), 186–187° (*Ca., Th.*).

1-[3]Thienyl-propan-1-on-thiosemicarbazon $C_8H_{11}N_3S_2$, Formel III (X = NH-CS-NH_2).
B. Aus 1-[3]Thienyl-propan-1-on und Thiosemicarbazid (*Campaigne, Thomas*, Am. Soc. **77** [1955] 5365, 5366, 5369).
F: 154–154,5°.

2,5-Dichlor-3-propionyl-thiophen, 1-[2,5-Dichlor-[3]thienyl]-propan-1-on $C_7H_6Cl_2OS$, Formel IV.
B. Beim Behandeln von 2,5-Dichlor-thiophen mit Propionylchlorid und Aluminium=chlorid in Schwefelkohlenstoff (*Buu-Hoi, Lavit*, Soc. **1958** 1721).
Krystalle (aus A.); F: 70°.

3-Acetonyl-thiophen, [3]Thienylaceton C_7H_8OS, Formel V.
B. Beim Erwärmen von 2-Nitro-1-[3]thienyl-propen mit wss. Salzsäure, Eisen-Spänen und Eisen(III)-chlorid (*Campaigne, McCarthy*, Am. Soc. **76** [1954] 4466).
Kp_5: 83°. D_4^{20}: 1,116. n_D^{20}: 1,5335.

[3]Thienylaceton-oxim C_7H_9NOS, Formel VI (X = OH).
B. Aus [3]Thienylaceton und Hydroxylamin (*Campaigne, McCarthy*, Am. Soc. **76**

[1954] 4466).

Krystalle (aus Bzl.); F: 73—73,5°.

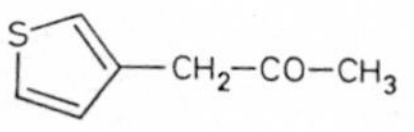

V 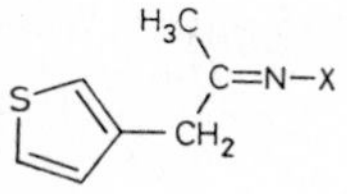 VI 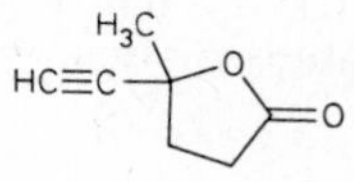 VII 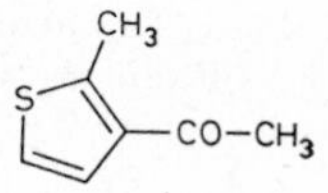 VIII

[3]Thienylaceton-[2,4-dinitro-phenylhydrazon] $C_{13}H_{12}N_4O_4S$, Formel VI ($X = NH\text{-}C_6H_3(NO_2)_2$).

B. Aus [3]Thienylaceton und [2,4-Dinitro-phenyl]-hydrazin (*Campaigne, McCarthy*, Am. Soc. **76** [1954] 4466).

Krystalle (aus Nitromethan); F: 111,5—112° [unkorr.].

(±)-5-Äthinyl-5-methyl-dihydro-furan-2-on, (±)-4-Hydroxy-4-methyl-hex-5-insäure-lacton $C_7H_8O_2$, Formel VII.

B. Beim Behandeln von Lävulinsäure mit Mononatriumacetylenid in flüssigem Ammoniak, Behandeln des Reaktionsprodukts mit wss. Schwefelsäure und Erhitzen der erhaltenen Carbonsäure unter vermindertem Druck (*Du Pont de Nemours & Co.*, U.S.P. 2122719 [1936]; s. a. *Papa et al.*, Am. Soc. **76** [1954] 4446, 4450).

Kp_{21}: 108—109° (*Du Pont*). Kp_{15}: 105—107°; n_D^{20}: 1,4553 (*Weichet et al.*, Collect. **24** [1959] 1689, 1691). Kp_5: 93—94°; n_D^{23}: 1,4550 (*Papa et al.*).

3-Acetyl-2-methyl-thiophen, 1-[2-Methyl-[3]thienyl]-äthanon C_7H_8OS, Formel VIII.

B. Neben einer als 2-Methyl-1,3-di-[2]thienyl-propen angesehenen Verbindung (D_4^{20}: 1,6660; n_D^{20}: 1,5999) beim Behandeln von Acetylchlorid mit [2]Thienylmethylmagnesiumchlorid in Äther (*Gaertner*, Am. Soc. **73** [1951] 3934, 3936).

Kp_2: 58—61°. D_4^{20}: 1,1427. n_D^{20}: 1,5485.

1-[2-Methyl-[3]thienyl]-äthanon-oxim C_7H_9NOS, Formel IX.

B. Aus 1-[2-Methyl-[3]thienyl]-äthanon und Hydroxylamin (*Gaertner*, Am. Soc. **73** [1951] 3934, 3936).

Krystalle (aus Hexan); F: 68,5—69,5°. Bei 56°/1 Torr sublimierbar.

4-Äthyl-5-methylen-5*H*-furan-2-on, 3-Äthyl-4-hydroxy-penta-2*c*,4-diensäure-lacton $C_7H_8O_2$, Formel X.

B. Beim Erwärmen von 3-Äthyl-4-oxo-pent-2-ensäure mit Acetanhydrid, Essigsäure und wenig Stickstoff (*Stöcklmayer, Meinhard*, Scientia pharm. **23** [1955] 212, 228).

Bei 70—73°/0,1 Torr destillierbar. UV-Spektrum (A.; 215—300 nm): *St., Me.*, l. c. S. 220.

2-Acetyl-3-methyl-thiophen, 1-[3-Methyl-[2]thienyl]-äthanon C_7H_8OS, Formel XI (H 295).

B. Neben kleineren Mengen 1-[4-Methyl-[2]thienyl]-äthanon beim Erhitzen von 3-Methyl-thiophen mit Acetanhydrid in Gegenwart von Phosphorsäure (*Hartough, Kosak*, Am. Soc. **69** [1947] 3093, 3095; *Lamy et al.*, Soc. **1958** 4202, 4203) oder in Gegenwart des Borfluorid-Äther-Addukts (*Farrar, Levine*, Am. Soc. **72** [1950] 3695, 3696, 3697). Beim Behandeln von 3-Methyl-thiophen mit Acetylchlorid und Zinn(IV)-chlorid in Schwefelkohlenstoff (*Buu-Hoi, Hoán*, R. **68** [1949] 5, 29). Beim Erwärmen von 3-Methyl-thiophen-2-carbonylchlorid (hergestellt aus 3-Methyl-thiophen-2-carbonsäure und Thionylchlorid) mit Dimethylcadmium in Äther (*Blanchette, Brown*, Am. Soc. **73** [1951] 2779).

Kp: 212° (*Buu-Hoi, Hoán*); Kp_{14}: 98—99° (*Bl., Br.*; *Lamy et al.*); Kp_4: 79° (*Ha., Ko.*). $D^{22,5}$: 1,1331 (*Steinkopf et al.*, A. **545** [1940] 45, 50 Anm. 1). n_D^{20}: 1,5618 (*Ha., Ko.*); $n_D^{22,5}$: 1,5585 (*St. et al.*). IR-Spektrum (2—14 μ): A.P.I. Res. Project **44** Nr. 547 [1947];

IR-Banden im Bereich von 3120 cm^{-1} bis 691 cm^{-1}: *Hidalgo*, J. Phys. Rad. [8] **16** [1955] 366, 371. UV-Absorptionsmaximum (A.): 273–274 nm (*Szmant, Basso*, Am. Soc. **73** [1951] 4521).

Beim Erwärmen mit Isatin und Kaliumhydroxid in Äthanol ist 2-[3-Methyl-[2]thienyl]-chinolin-4-carbonsäure erhalten worden (*Buu-Hoi, Hoán*, l. c. S. 30).

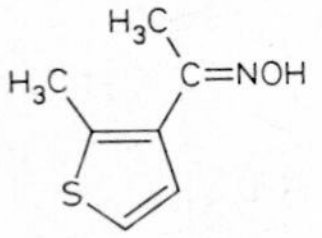

IX 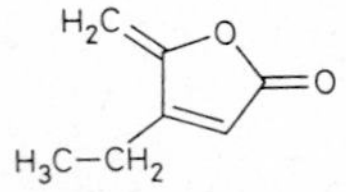 X 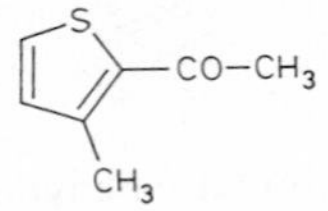 XI 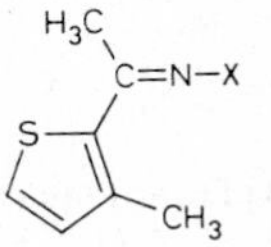 XII

1-[3-Methyl-[2]thienyl]-äthanon-oxim C_7H_9NOS, Formel XII (X = OH) (H 295).

B. Aus 1-[3-Methyl-[2]thienyl]-äthanon und Hydroxylamin (*Hartough, Kosak*, Am. Soc. **69** [1947] 3093, 3095).

Krystalle (aus wss. A.); F: 84,5–86° und (nach Wiedererstarren) F: 88–89°.

1-[3-Methyl-[2]thienyl]-äthanon-[4-nitro-phenylhydrazon] $C_{13}H_{13}N_3O_2S$, Formel XII ($X = NH\text{-}C_6H_4\text{-}NO_2$).

B. Aus 1-[3-Methyl-[2]thienyl]-äthanon und [4-Nitro-phenyl]-hydrazin (*Steinkopf, Nitschke*, Ar. **278** [1940] 360, 374; *Hartough*, Am. Soc. **73** [1951] 4033).

Krystalle; F: 195–196° [korr.] (*Ha.*), 193,5–194° (*St., Ni.*).

1-[3-Methyl-[2]thienyl]-äthanon-semicarbazon $C_8H_{11}N_3OS$, Formel XII ($X = NH\text{-}CO\text{-}NH_2$).

B. Aus 1-[3-Methyl-[2]thienyl]-äthanon und Semicarbazid (*Steinkopf, Nitschke*, Ar. **278** [1940] 360, 373; *Hartough, Conley*, Am. Soc. **69** [1947] 3096).

Krystalle; F: 207–208° [aus A. oder aus A. + Bzl.] (*Ha., Co.*), 206,5–207,5° (*St., Ni.*).

2-Acetyl-4,5-dibrom-3-methyl-thiophen, 1-[4,5-Dibrom-3-methyl-[2]thienyl]-äthanon $C_7H_6Br_2OS$, Formel I, und **2-Acetyl-3,5-dibrom-4-methyl-thiophen, 1-[3,5-Dibrom-4-methyl-[2]thienyl]-äthanon** $C_7H_6Br_2OS$, Formel II.

Diese beiden Formeln kommen für die nachstehend beschriebene Verbindung in Betracht.

B. Beim Behandeln von 2,3,5-Tribrom-4-methyl-thiophen oder von 2,3-Dibrom-4-methyl-thiophen (im Gemisch mit 2,4-Dibrom-3-methyl-thiophen eingesetzt [s. *Steinkopf, Nitschke*, A. **536** [1938] 135, 136]) mit Acetylchlorid und Aluminiumchlorid in Petroläther (*Steinkopf, Jacob*, A. **515** [1935] 273, 281).

Krystalle (aus A.); F: 126–127° (*St., Ja.*).

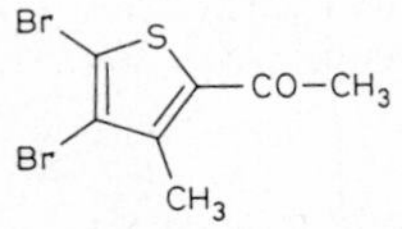

I 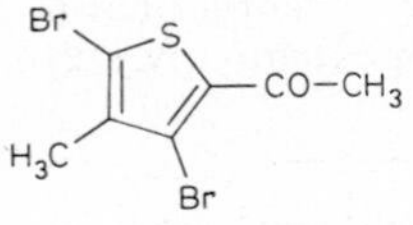 II 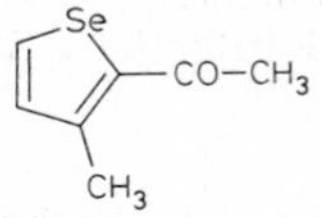 III 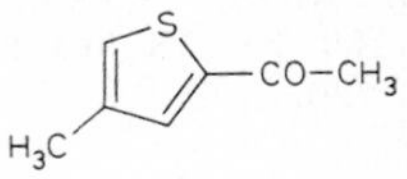 IV

2-Acetyl-3-methyl-selenophen, 1-[3-Methyl-selenophen-2-yl]-äthanon C_7H_8OSe, Formel III.

Kp_{20}: 119–120°; D_4^{20}: 1,4802; n_D^{20}: 1,5930 (*Jur'ew, Šadowaja*, Ž. obšč. Chim. **27** [1957] 1587, 1589; engl. Ausg. S. 1659).

2-Acetyl-4-methyl-thiophen, 1-[4-Methyl-[2]thienyl]-äthanon C_7H_8OS, Formel IV.

B. In kleiner Menge neben 1-[3-Methyl-[2]thienyl]-äthanon beim Erhitzen von 3-Methyl-thiophen mit Acetanhydrid in Gegenwart von Phosphorsäure (*Hartough, Kosak*, Am. Soc. **69** [1947] 3093, 3095; *Lamy et al.*, Soc. **1958** 4202, 4203) oder in Gegenwart des Borfluorid-Äther-Addukts (*Farrar, Levine*, Am. Soc. **72** [1950] 3695, 3696).

Kp_{14}: 108–109° (*Lamy et al.*); Kp_4: 85–85,5° (*Fa., Le.*); Kp_3: 86° (*Ha., Ko.*). n_D^{20}:

1,5600 (*Ha.*, *Ko.*). IR-Spektrum von (2–14 μ): A.P.I. Res. Project **44** Nr. 548 [1947]; (3,7–17,5 μ): *Hidalgo*, J. Phys. Rad. [8] **16** [1955] 366, 370. UV-Absorptionsmaxima (A.): 261 nm und 295–297 nm (*Szmant*, *Basso*, Am. Soc. **73** [1951] 4521).

1-[4-Methyl-[2]thienyl]-äthanon-oxim C_7H_9NOS, Formel V (X = OH).
B. Aus 1-[4-Methyl-[2]thienyl]-äthanon und Hydroxylamin (*Hartough*, *Kosak*, Am. Soc. **69** [1947] 3093, 3095).
Krystalle (aus wss. A.); F: 132,5–134° und (nach Wiedererstarren) F: 135,5–137°.

1-[4-Methyl-[2]thienyl]-äthanon-[4-nitro-phenylhydrazon] $C_{13}H_{13}N_3O_2S$, Formel V (X = NH-C_6H_4-NO_2).
B. Aus 1-[4-Methyl-[2]thienyl]-äthanon und [4-Nitro-phenyl]-hydrazin (*Hartough*, Am. Soc. **73** [1951] 4033).
F: 181–182° [korr.].

1-[4-Methyl-[2]thienyl]-äthanon-semicarbazon $C_8H_{11}N_3OS$, Formel V (X = NH-CO-NH_2).
B. Aus 1-[4-Methyl-[2]thienyl]-äthanon und Semicarbazid (*Hartough*, *Conley*, Am. Soc. **69** [1947] 3096).
Krystalle (aus A. oder A. + Bzl.); F: 219–220°.

5-Acetyl-2-brom-3-methyl-thiophen, 1-[5-Brom-4-methyl-[2]thienyl]-äthanon C_7H_7BrOS, Formel VI.
B. Beim Behandeln von 2-Brom-3-methyl-thiophen mit Acetylchlorid und Aluminium=chlorid in Petroläther (*Steinkopf*, *Jacob*, A. **515** [1935] 273, 278).
Krystalle (aus Bzn.); F: 67–68°.

5-Äthyl-furan-2-carbaldehyd $C_7H_8O_2$, Formel VII.
B. Beim Behandeln von 2-Äthyl-furan mit Dimethylformamid und Phosphorylchlorid (*Traynelis et al.*, J. org. Chem. **22** [1957] 1269) sowie beim Behandeln eines Gemisches von 2-Äthyl-furan, Cyanwasserstoff und Äther mit Chlorwasserstoff (*Reichstein*, Helv. **13** [1930] 345, 348) und folgenden Hydrolysieren.
Kp_{12}: 79–81° (*Re.*). Kp_{11}: 82–83°; n_D^{20}: 1,5220 (*Tr. et al.*).

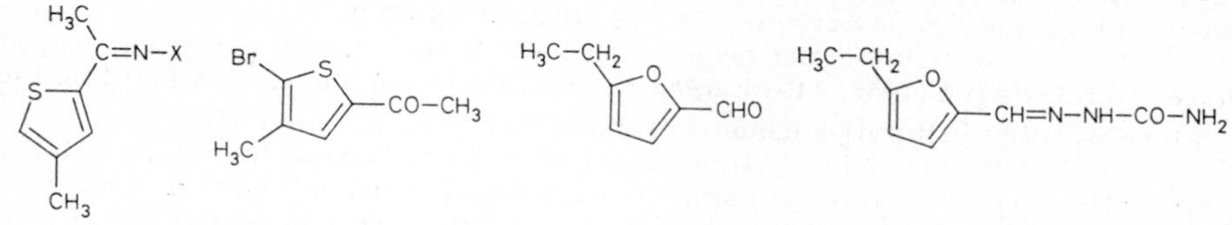

V VI VII VIII

5-Äthyl-furan-2-carbaldehyd-semicarbazon $C_8H_{11}N_3O_2$, Formel VIII.
B. Aus 5-Äthyl-furan-2-carbaldehyd und Semicarbazid (*Traynelis et al.*, J. org. Chem. **22** [1957] 1269).
Krystalle (aus wss. A.); F: 176–177° [korr.] (*Reichstein*, Helv. **13** [1930] 345, 348), 167–168° (*Tr. et al.*).

5-Äthyl-thiophen-2-carbaldehyd C_7H_8OS, Formel IX.
B. Beim Erwärmen von 2-Äthyl-thiophen mit Hilfe von *N*-Methyl-formanilid und Phosphorylchlorid (*King*, *Nord*, J. org. Chem. **13** [1948] 635, 637). Beim Erwärmen von 5-Äthyl-[2]thienylmagnesium-bromid mit Orthoameisensäure-triäthylester in Toluol (*Cagniant*, *Cagniant*, Bl. **1952** 713, 716). Aus 2-Äthyl-5-chlormethyl-thiophen mit Hilfe von Hexamethylentetramin (*Ca.*, *Ca.*).
Kp_{20}: 121,5–122°; D_4^{19}: 1,117; $n_D^{17,8}$: 1,5691 (*Ca.*, *Ca.*). Kp_5: 91–92° (*King*, *Nord*).

5-Äthyl-thiophen-2-carbaldehyd-[2,4-dinitro-phenylhydrazon] $C_{13}H_{12}N_4O_4S$, Formel X (R = $C_6H_3(NO_2)_2$).
B. Aus 5-Äthyl-thiophen-2-carbaldehyd und [2,4-Dinitro-phenyl]-hydrazin (*Cagniant*,

Cagniant, Bl. **1952** 713, 716).

Hellrote Krystalle (aus Bzl.); F: 220° [Block].

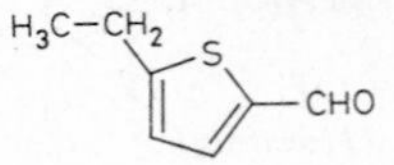

IX 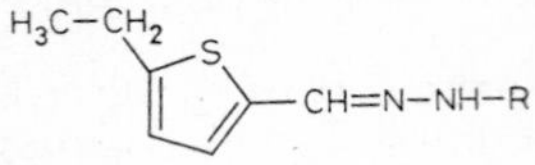 X 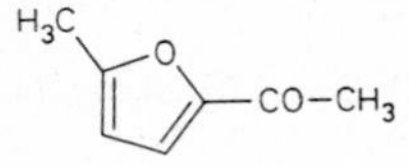 XI

5-Äthyl-thiophen-2-carbaldehyd-semicarbazon $C_8H_{11}N_3OS$, Formel X (R = CO-NH_2).

B. Aus 5-Äthyl-thiophen-2-carbaldehyd und Semicarbazid (*Cagniant, Cagniant*, Bl. **1952** 713, 716).

Krystalle; F: 194—195° (*King, Nord*, J. org. Chem. **13** [1948] 635, 637), 194° [Block; aus A.] (*Ca., Ca.*).

2-Acetyl-5-methyl-furan, 1-[5-Methyl-[2]furyl]-äthanon $C_7H_8O_2$, Formel XI.

B. Beim Behandeln von 2-Methyl-furan mit Acetanhydrid in Gegenwart von Phosphorsäure (*Schuĭkin, Bel'skiĭ*, Ž. obšč. Chim. **29** [1959] 1096, 1098; engl. Ausg. S. 1066), in Gegenwart von Zinn(IV)-chlorid (*Fétizon, Baranger*, Bl. **1957** 1311, 1314) oder in Gegenwart des Borfluorid-Äther-Addukts (*Farrar, Levine*, Am. Soc. **72** [1950] 3695, 3696, 3697).

Kp_{25}: 100—101°; n_D^{15}: 1,5157 (*Fé., Ba.*). Kp_7: 69—70°; D_4^{19}: 1,0574; n_D^{19}: 1,5123 (*Schuĭkin et al.*, Ž. obšč. Chim. **8** [1938] 676, 677; C. A. **1939** 1316). Kp_7: 68—69°; D_4^{20}: 1,0655; n_D^{20}: 1,5090 (*Sch., Be.*, Ž. obšč. Chim. **29** 1098). Schallabsorption bei 25°, 75° und 100°: *de Groot, Lamb*, Pr. roy. Soc. [A] **242** [1957] 36, 48. UV-Spektrum (W.; 210—330 nm): *Andrisano, Passerini*, G. **80** [1950] 730, 734. UV-Absorptionsmaximum (A.): 283 nm (*Fé., Ba.*).

Bei der Hydrierung an Nickel-Katalysatoren bei 250° sind 2-Äthyl-5-methyl-furan und Heptan-2-on (*Sch., Be.*, Ž. obšč. Chim. **29** 1099), bei der Hydrierung an Platin oberhalb 200° sind 3-Methyl-cyclohexanon, 3-Methyl-cyclohexanol und *m*-Kresol als Hauptprodukte (*Schuĭkin, Bel'skiĭ*, Doklady Akad. S.S.S.R. **127** [1959] 359; Pr. Acad. Sci. U.S.S.R. Chem. Sect. **124–129** [1959] 557) erhalten worden.

1-[5-Methyl-[2]furyl]-äthanon-oxim $C_7H_9NO_2$.

In einem von *Vargha, Gönczy* (Am. Soc. **72** [1950] 2738, 2739) beschriebenen Präparat (F: 78—79°) hat ein Gemisch der beiden folgenden Stereoisomeren vorgelegen (*Ocskay, Vargha*, Tetrahedron **2** [1958] 140; *Vargha, Ocskay*, Acta chim. hung. **19** [1959] 143, 146).

a) **1-[5-Methyl-[2]furyl]-äthanon-(*Z*)-oxim** $C_7H_9NO_2$, Formel I (R = H).

B. Neben 1-[5-Methyl-[2]furyl]-äthanon-(*E*)-oxim beim Behandeln von 1-[5-Methyl-[2]furyl]-äthanon mit Hydroxylamin-hydrochlorid und Natriumacetat in Wasser und Behandeln einer Lösung des Reaktionsgemisches in Äther mit Chlorwasserstoff (*Ocskay, Vargha*, Tetrahedron **2** [1958] 140, 147).

Krystalle (aus Bzn.); F: 109° (*Oc., Va.*). Raman-Banden (Py.): *Dullien*, Canad. J. Chem. **35** [1957] 1366, 1370; *Schay et al.*, Acta chim. hung. **15** [1958] 273, 277. UV-Spektrum (A.; 200—310 nm): *Oc., Va.*, l. c. S. 144.

b) **1-[5-Methyl-[2]furyl]-äthanon-(*E*)-oxim** $C_7H_9NO_2$, Formel II (R = H).

B. Neben 1-[5-Methyl-[2]furyl]-äthanon-(*Z*)-oxim beim Behandeln von 1-[5-Methyl-[2]furyl]-äthanon mit Hydroxylamin-hydrochlorid und Natriumacetat in Wasser (*Ocskay, Vargha*, Tetrahedron **2** [1958] 140, 147).

Krystalle (aus Bzn.); F: 83° (*Oc., Va.*). Raman-Banden (Bzl. oder Py.): *Dullien*, Canad. J. Chem. **35** [1957] 1366, 1370; *Schay et al.*, Acta chim. hung. **15** [1958] 273, 277. UV-Spektrum (A.; 210—310 nm): *Oc., Va.*, l. c. S. 144.

1-[5-Methyl-[2]furyl]-äthanon-[*O*-acetyl-oxim] $C_9H_{11}NO_3$.

a) **1-[5-Methyl-[2]furyl]-äthanon-[(*Z*)-*O*-acetyl-oxim]** $C_9H_{11}NO_3$, Formel I (R = CO-CH_3).

B. Aus 1-[5-Methyl-[2]furyl]-äthanon-(*Z*)-oxim und Acetanhydrid (*Ocskay, Vargha*, Tetrahedron **2** [1958] 140, 148, 149).

Krystalle (aus Bzn.); F: 94°.

b) **1-[5-Methyl-[2]furyl]-äthanon-[(*E*)-*O*-acetyl-oxim]** $C_9H_{11}NO_3$, Formel II (R = $CO\text{-}CH_3$).

B. Aus 1-[5-Methyl-[2]furyl]-äthanon-(*E*)-oxim und Acetanhydrid (*Ocskay, Vargha,* Tetrahedron **2** [1958] 140, 148, 149).

Krystalle (aus Bzn.); F: 66°.

1-[5-Methyl-[2]furyl]-äthanon-[*O*-benzoyl-oxim] $C_{14}H_{13}NO_3$.

a) **1-[5-Methyl-[2]furyl]-äthanon-[(*Z*)-*O*-benzoyl-oxim]** $C_{14}H_{13}NO_3$, Formel I (R = $CO\text{-}C_6H_5$).

B. Beim Behandeln von 1-[5-Methyl-[2]furyl]-äthanon-(*Z*)-oxim mit Pyridin und Benzoylchlorid (*Ocskay, Vargha,* Tetrahedron **2** [1958] 140, 148, 149).

Krystalle (aus Bzn.); F: 95°.

b) **1-[5-Methyl-[2]furyl]-äthanon-[(*E*)-*O*-benzoyl-oxim]** $C_{14}H_{13}NO_3$, Formel II (R = $CO\text{-}C_6H_5$).

B. Beim Behandeln von 1-[5-Methyl-[2]furyl]-äthanon-(*E*)-oxim mit Pyridin und Benzoylchlorid (*Ocskay, Vargha,* Tetrahedron **2** [1958] 140, 148, 149).

Krystalle (aus Bzn.); F: 86°.

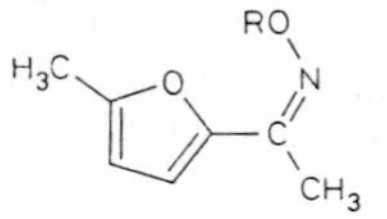

I 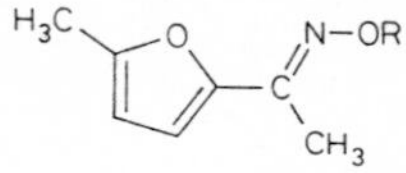 II 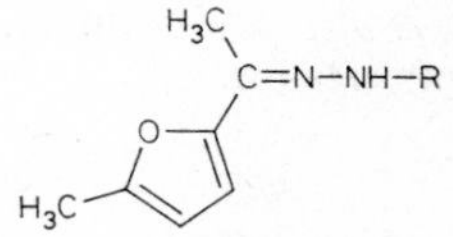 III 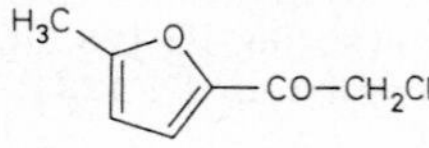 IV

1-[5-Methyl-[2]furyl]-äthanon-[*O*-(toluol-4-sulfonyl)-oxim] $C_{14}H_{15}NO_4S$.

a) **1-[5-Methyl-[2]furyl]-äthanon-[(*Z*)-*O*-(toluol-4-sulfonyl)-oxim]** $C_{14}H_{15}NO_4S$, Formel I (R = $SO_2\text{-}C_6H_4\text{-}CH_3$).

Konfigurationszuordnung: *Ocskay, Vargha,* Tetrahedron **2** [1958] 140, 143; *Vargha, Ocskay,* Acta chim. hung. **19** [1959] 143, 147.

B. Beim Behandeln von 1-[5-Methyl-[2]furyl]-äthanon-(*Z*)-oxim mit Pyridin und Toluol-4-sulfonylchlorid (*Oc., Va.*).

Krystalle; F: 112° (*Oc., Va.*), 111° [Zers.; aus Bzl. + PAe.] (*Vargha, Gönczy,* Am. Soc. **72** [1950] 2738, 2739).

b) **1-[5-Methyl-[2]furyl]-äthanon-[(*E*)-*O*-(toluol-4-sulfonyl)-oxim]** $C_{14}H_{15}NO_4S$, Formel II (R = $SO_2\text{-}C_6H_4\text{-}CH_3$).

B. Beim Behandeln von 1-[5-Methyl-[2]furyl]-äthanon-(*E*)-oxim mit Pyridin und Toluol-4-sulfonylchlorid (*Ocskay, Vargha,* Tetrahedron **2** [1958] 140, 148).

Krystalle (aus Bzl. + Bzn.); F: 72° [Zers.] (*Oc., Va.,* l. c. S. 149).

Beim Behandeln mit wasserhaltigem Äthanol sind Lävulinsäure-äthylester, Ammonium-[toluol-4-sulfonat] und Äthylacetat erhalten worden (*Vargha, Ocskay,* Tetrahedron **2** [1958] 151, 153, 157).

1-[5-Methyl-[2]furyl]-äthanon-[2,4-dinitro-phenylhydrazon] $C_{13}H_{12}N_4O_5$, Formel III (R = $C_6H_3(NO_2)_2$).

B. Aus 1-[5-Methyl-[2]furyl]-äthanon und [2,4-Dinitro-phenyl]-hydrazin (*Fétizon, Baranger,* Bl. **1957** 1311, 1314).

Rote Krystalle (aus $CHCl_3$ + A.); F: 210° [korr.]. Absorptionsmaximum ($CHCl_3$): 396 nm.

1-[5-Methyl-[2]furyl]-äthanon-semicarbazon $C_8H_{11}N_3O_2$, Formel III (R = $CO\text{-}NH_2$).

B. Aus 1-[5-Methyl-[2]furyl]-äthanon und Semicarbazid (*Reichstein,* Helv. **13** [1930] 356, 358; *Farrar, Levine,* Am. Soc. **72** [1950] 3695, 3696; *Fétizon, Baranger,* Bl. **1957** 1311, 1314).

Krystalle; F: 190,5–191,5° (*Fa., Le.*), 190–191° [korr.; aus wss. A.] (*Re.; Fé., Ba.*).

2-Chloracetyl-5-methyl-furan, 2-Chlor-1-[5-methyl-[2]furyl]-äthanon $C_7H_7ClO_2$, Formel IV.

B. Beim Behandeln einer Lösung von 2-Methyl-furan und Chloracetonitril in Äther mit Chlorwasserstoff und Behandeln des Reaktionsprodukts (blaue Krystalle) mit Wasser (*Taylor*, Soc. **1959** 2767).

Krystalle (aus Ae.); F: 70°.

2-Acetyl-5-methyl-thiophen, 1-[5-Methyl-[2]thienyl]-äthanon C_7H_8OS, Formel V (H 296; E II 318).

B. Beim Erwärmen von 2-Methyl-thiophen mit Acetanhydrid in Gegenwart von Phosphorsäure (*Hartough, Kosak*, Am. Soc. **69** [1947] 3093, 3095) oder in Gegenwart des Borfluorid-Äther-Addukts (*Farrar, Levine*, Am. Soc. **72** [1950] 3695, 3696, 3697).

F: 27–28° (*Ha., Ko.*). Kp_2: 84,5°; n_D^{20}: 1,5622 [flüssiges Präparat] (*Ha., Ko.*). Kp_8: 98–100° (*Fa., Le.*). IR-Spektrum (2–14 μ): A.P.I. Res. Project **44** Nr. 549 [1947]. IR-Banden im Bereich von 3120 cm^{-1} bis 698 cm^{-1}: *Hidalgo*, J. Phys. Rad. [8] **16** [1955] 366, 371. UV-Absorptionsmaxima (A.): 264 nm und 294 nm (*Campaigne, Diedrich*, Am. Soc. **73** [1951] 5240, 5242; *Szmant, Basso*, Am. Soc. **73** [1951] 4521). Magnetische Susceptibilität: $-83 \cdot 10^{-6}$ $cm^3 \cdot mol^{-1}$ (*Pacault*, A. ch. [12] **1** [1946] 527, 562).

1-[5-Methyl-[2]thienyl]-äthanon-oxim C_7H_9NOS, Formel VI (X = OH) (H 296).

B. Aus 1-[5-Methyl-[2]-thienyl]-äthanon und Hydroxylamin (*Chabrier et al.*, Bl. **1946** 332, 337; *Hartough, Kosak*, Am. Soc. **69** [1947] 3093, 3095).

Krystalle, F: 128° (*Ch. et al.*); Krystalle (aus wss. A.), F: 124–125,5° und (nach Wiedererstarren) F: 128–129° (*Ha., Ko.*).

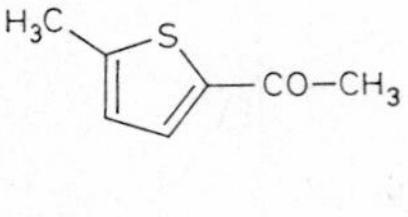

V 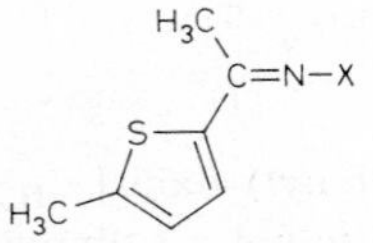 VI 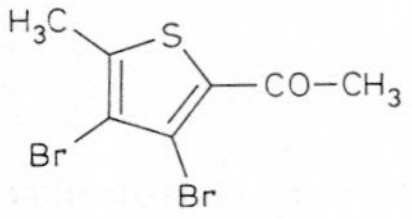 VII 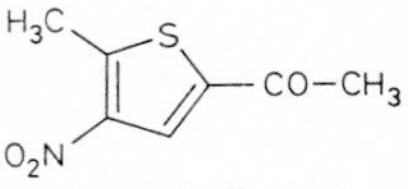 VIII

1-[5-Methyl-[2]thienyl]-äthanon-[4-nitro-phenylhydrazon] $C_{13}H_{13}N_3O_2S$, Formel VI (X = NH-C_6H_4-NO_2).

B. Aus 1-[5-Methyl-[2]thienyl]-äthanon und [4-Nitro-phenyl]-hydrazin (*Chabrier et al.*, Bl. **1946** 332, 337).

Krystalle; F: 209,5–210,5° [korr.] (*Hartough*, Am. Soc. **73** [1951] 4033), 209° (*Ch. et al.*), 206,5–207° (*Steinkopf, Nitschke*, Ar. **278** [1940] 360, 374).

1-[5-Methyl-[2]thienyl]-äthanon-semicarbazon $C_8H_{11}N_3OS$, Formel VI (X = NH-CO-NH_2) (E II 318).

B. Aus 1-[5-Methyl-[2]thienyl]-äthanon und Semicarbazid (*Steinkopf, Nitschke*, Ar. **278** [1940] 360, 365; *Chabrier et al.*, Bl. [5] **1946** 332, 337; *Hartough, Conley*, Am. Soc. **69** [1947] 3096).

Krystalle; F: 232° (*Ch. et al.*), 223,5–225° [aus Eg.] (*St., Ni.*), 215–217° [Zers.; aus A. oder aus A. + Bzl.] (*Ha., Co.*).

1-[5-Methyl-[2]thienyl]-äthanon-thiosemicarbazon $C_8H_{11}N_3S_2$, Formel VI (X = NH-CO-NH_2).

B. Aus 1-[5-Methyl-[2]thienyl]-äthanon und Thiosemicarbazid (*Campaigne et al.*, Am. Soc. **75** [1953] 988).

Krystalle (aus wss. A. oder Me.); F: 161–163° [unkorr.].

2-Acetyl-3,4-dibrom-5-methyl-thiophen, 1-[3,4-Dibrom-5-methyl-[2]thienyl]-äthanon $C_7H_6Br_2OS$, Formel VII.

B. Beim Behandeln von 2,3,4-Tribrom-5-methyl-thiophen mit Acetylchlorid und Aluminiumchlorid in Petroläther (*Steinkopf*, A. **513** [1934] 281, 286).

Krystalle (aus A.); F: 115°.

5-Acetyl-2-methyl-3-nitro-thiophen, 1-[5-Methyl-4-nitro-[2]thienyl]-äthanon $C_7H_7NO_3S$, Formel VIII.

B. Beim Behandeln von 1-[5-Methyl-[2]thienyl]-äthanon mit Salpetersäure, Acetan=

hydrid und Essigsäure (*Campaigne, Diedrich*, Am. Soc. **73** [1951] 5240, 5242).
F: 123° [korr.].

1-[5-Methyl-4-nitro-[2]thienyl]-äthanon-thiosemicarbazon $C_8H_{10}N_4O_2S_2$, Formel IX.
B. Aus 1-[5-Methyl-4-nitro-[2]thienyl]-äthanon und Thiosemicarbazid (*Campaigne et al.*, Am. Soc. **75** [1953] 988).
Krystalle (aus wss. A. oder Me.); F: 232—235° [unkorr.; Zers.].

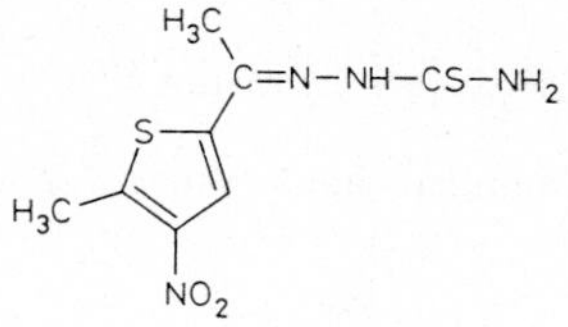

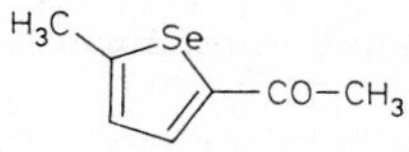

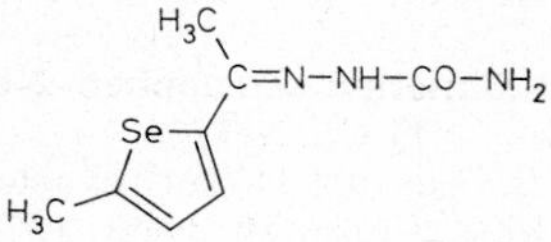

IX X XI

2-Acetyl-5-methyl-selenophen, 1-[5-Methyl-selenophen-2-yl]-äthanon C_7H_8OSe, Formel X.
B. Beim Erwärmen von 2-Methyl-selenophen mit Acetanhydrid unter Zusatz von Phosphorsäure (*Kataew, Palkina*, Uč. Zap. Kazansk. Univ. **113** [1953] Nr. 8, S. 115, 121; C. A. **1958** 3762).
Kp_{12}: 114—115°. D_4^{20}: 1,4540. n_D^{20}: 1,5909.

1-[5-Methyl-selenophen-2-yl]-äthanon-semicarbazon $C_8H_{11}N_3OSe$, Formel XI.
B. Aus 1-[5-Methyl-selenophen-2-yl]-äthanon und Semicarbazid (*Kataew, Palkina*, Uč. Zap. Kazansk. Univ. **113** [1953] Nr. 8, S. 115, 122; C. A. **1958** 3762).
Krystalle; F: 219—220°.

3,4-Dimethyl-furan-2-carbaldehyd $C_7H_8O_2$, Formel XII.
B. Beim Behandeln eines Gemisches von 3,4-Dimethyl-furan, Cyanwasserstoff und Äther mit Chlorwasserstoff und folgenden Hydrolysieren (*Reichstein, Grüssner*, Helv. **16** [1933] 28, 37).
Kp_{11}: ca. 84°.

3,4-Dimethyl-thiophen-2-carbaldehyd C_7H_8OS, Formel XIII.
B. Aus 3,4-Dimethyl-thiophen mit Hilfe von *N*-Methyl-formanilid und Phosphoryl= chlorid (*Crowe, Nord*, J. org. Chem. **15** [1950] 1177, 1182).
Krystalle; F: 71,5—72° (*Hartough*, Am. Soc. **73** [1951] 4033), 69—70° [aus A.] (*Cr., Nord*).

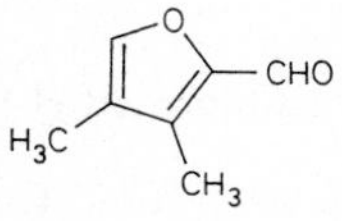

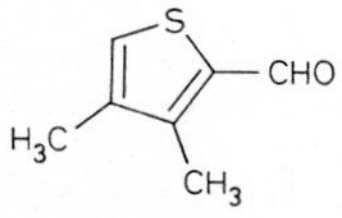

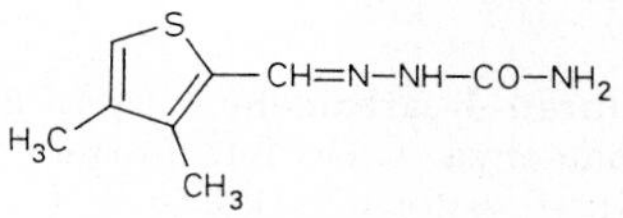

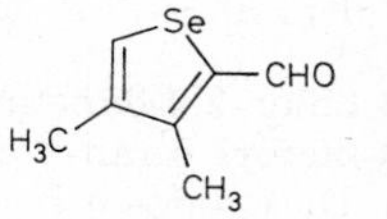

XII XIII XIV XV

3,4-Dimethyl-thiophen-2-carbaldehyd-semicarbazon $C_8H_{11}N_3OS$, Formel XIV.
B. Aus 3,4-Dimethyl-thiophen-2-carbaldehyd und Semicarbazid (*Hartough*, Am. Soc. **73** [1951] 4033).
F: 238—240° [korr.; Zers.].

3,4-Dimethyl-selenophen-2-carbaldehyd C_7H_8OSe, Formel XV.
B. Aus 3,4-Dimethyl-selenophen mit Hilfe von Dimethylformamid und Phosphoryl= chlorid (*Jur'ew et al.*, Ž. obšč. Chim. **29** [1959] 1970, 1971; engl. Ausg. S. 1940, 1941).
Krystalle (aus wss. A.); F: 91—91,5°.

3,4-Dimethyl-selenophen-2-carbaldehyd-[2,4-dinitro-phenylhydrazon] $C_{13}H_{12}N_4O_4Se$, Formel I (X = NH-$C_6H_3(NO_2)_2$).
B. Aus 3,4-Dimethyl-selenophen-2-carbaldehyd und [2,4-Dinitro-phenyl]-hydrazin

(*Jur'ew et al.*, Ž. obšč. Chim. **29** [1959] 1970, 1971; engl. Ausg. S. 1940, 1942).
Krystalle (aus A. + E.); F: 254,5—255°.

3,4-Dimethyl-selenophen-2-carbaldehyd-semicarbazon $C_8H_{11}N_3OSe$, Formel I (X = NH-CO-NH$_2$).
B. Aus 3,4-Dimethyl-selenophen-2-carbaldehyd und Semicarbazid (*Jur'ew et al.*, Ž. obšč. Chim. **29** [1959] 1970, 1971; engl. Ausg. S. 1940, 1942).
Krystalle (aus wss. A.); F: 213,5—214°.

3,4-Dimethyl-selenophen-2-carbaldehyd-thiosemicarbazon $C_8H_{11}N_3SSe$, Formel I (X = NH-CS-NH$_2$).
B. Aus 3,4-Dimethyl-selenophen-2-carbaldehyd und Thiosemicarbazid (*Jur'ew et al.*, Ž. obšč. Chim. **29** [1959] 1970, 1971; engl. Ausg. S. 1940, 1942).
Krystalle (aus wss. A.); F: 209—210° [Zers.].

2,4-Dimethyl-furan-3-carbaldehyd $C_7H_8O_2$, Formel II.
B. Beim Behandeln einer Lösung von [2,4-Dimethyl-[3]furyl]-glyoxylonitril in Essigsäure mit Zink-Pulver und anschliessend mit wss. Kaliumcarbonat-Lösung (*Reichstein, Zschokke*, Helv. **15** [1932] 1105, 1108). Beim Behandeln von 2,4-Dimethyl-*N*-phenyl-furan-3-carbimidoylchlorid mit Zinkchlorid und Chlorwasserstoff in Äther und Behandeln des Reaktionsprodukts mit wss. Schwefelsäure (*Re., Zsch.*, l. c. S. 1109).
Kp_{11}: 73°.

2,4-Dimethyl-furan-3-carbaldehyd-oxim $C_7H_9NO_2$, Formel III (X = OH).
B. Aus 2,4-Dimethyl-furan-3-carbaldehyd und Hydroxylamin (*Reichstein, Zschokke*, Helv. **15** [1932] 1105, 1108).
F: 74—76°. Kp_{11}: 105—110°.

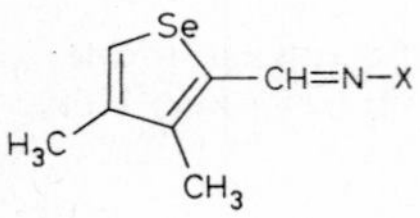

I 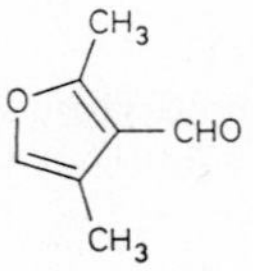 II 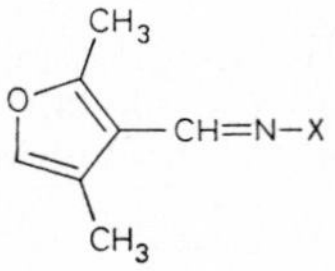 III 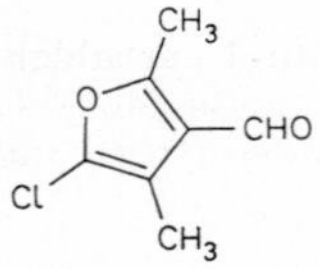 IV 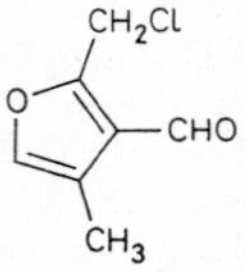 V

2,4-Dimethyl-furan-3-carbaldehyd-semicarbazon $C_8H_{11}N_3O_2$, Formel III (X = NH-CO-NH$_2$).
B. Aus 2,4-Dimethyl-furan-3-carbaldehyd und Semicarbazid (*Reichstein, Zschokke*, Helv. **15** [1932] 1105, 1108).
Krystalle (aus A.); F: 168° [korr.].

5-Chlor-2,4-dimethyl-furan-3-carbaldehyd $C_7H_7ClO_2$, Formel IV, und **2-Chlormethyl-4-methyl-furan-3-carbaldehyd** $C_7H_7ClO_2$, Formel V.
Diese beiden Konstitutionsformeln kommen für die nachstehend beschriebene Verbindung in Betracht.
B. Beim Erwärmen einer Lösung von 2,4-Dimethyl-furan-3-carbonsäure-anilid in Toluol mit Phosphor(V)-chlorid (Überschuss), Behandeln des Reaktionsprodukts mit Zinn(II)-chlorid und Chlorwasserstoff in Äther und anschliessenden Erhitzen mit wss. Schwefelsäure (*Reichstein, Zschokke*, Helv. **15** [1932] 1105, 1109).
Krystalle (aus Ae. + Pentan); F: 42° [durch Sublimation im Hochvakuum gereinigtes Präparat].
Semicarbazon $C_8H_{10}ClN_3O_2$. F: 189° [korr.].

3,5-Dimethyl-furan-2-carbaldehyd $C_7H_8O_2$, Formel VI.
B. Beim Behandeln eines Gemisches von 2,4-Dimethyl-furan, Cyanwasserstoff und Äther mit Chlorwasserstoff und folgenden Hydrolysieren (*Reichstein et al.*, Helv. **14** [1931] 1277, 1279).
Kp_{13}: 78°.

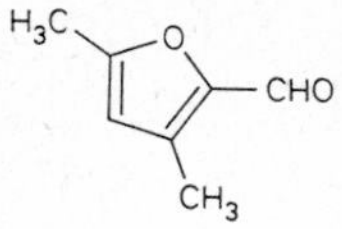

VI 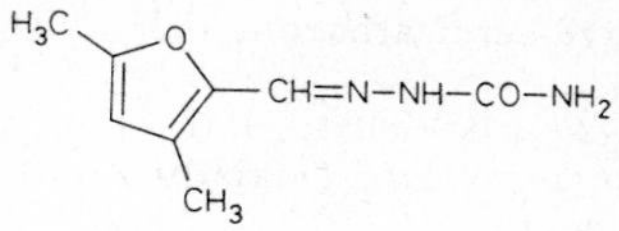 VII 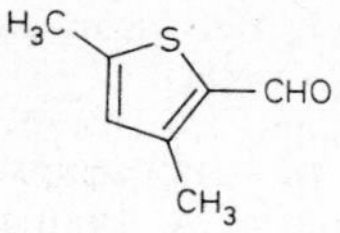 VIII

3,5-Dimethyl-furan-2-carbaldehyd-semicarbazon $C_8H_{11}N_3O_2$, Formel VII.

B. Aus 3,5-Dimethyl-furan-2-carbaldehyd und Semicarbazid (*Reichstein et al.*, Helv. **14** [1931] 1277, 1279).

Krystalle (aus A.); F: 220—221° [korr.; Zers.].

3,5-Dimethyl-thiophen-2-carbaldehyd C_7H_8OS, Formel VIII.

B. Beim Behandeln von 2,4-Dimethyl-thiophen mit Butyllithium in Äther, mit Dimethylformamid in Äther und folgenden Hydrolysieren (*Sicé*, J. org. Chem. **19** [1954] 70, 72).

Kp_8: 101—102°. D_4^{23}: 1,138. n_D^{23}: 1,5797.

3,5-Dimethyl-thiophen-2-carbaldehyd-[4-nitro-phenylhydrazon] $C_{13}H_{13}N_3O_2S$, Formel IX.

B. Aus 3,5-Dimethyl-thiophen-2-carbaldehyd und [4-Nitro-phenyl]-hydrazin (*Sicé*, J. org. Chem. **19** [1954] 70, 72).

Rote Krystalle (aus A.); F: 221—223°.

2,5-Dimethyl-thiophen-3-carbaldehyd C_7H_8OS, Formel X.

B. Beim Behandeln von 2,5-Dimethyl-thiophen mit *N*-Methyl-formanilid und Phosphorylchlorid und anschliessend mit wss. Natriumacetat (*King, Nord*, J. org. Chem. **14** [1949] 638, 641). Bei der Hydrierung von 2,5-Dimethyl-thiophen-3-carbonylchlorid an Palladium/Kohle in heissem Xylol (*Brown, Blanchette*, Am. Soc. **72** [1950] 3414).

Kp_{25}: 116—117°; n_D^{25}: 1,5599 (*Weston, Michaels*, Am. Soc. **72** [1950] 1422). Kp_{10}: 99° bis 101° (*Br., Bl.*). Kp_4: 77—82°; n_D^{20}: 1,5620 (*King, Nord.*).

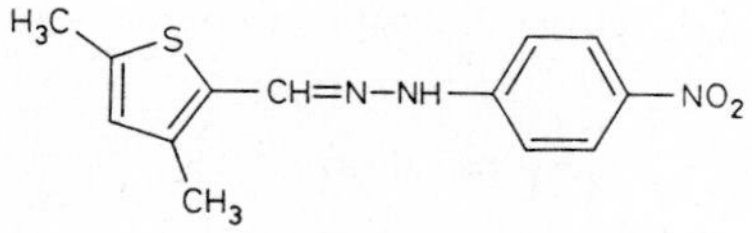

IX 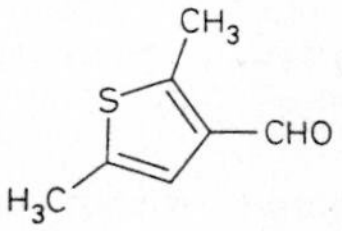 X 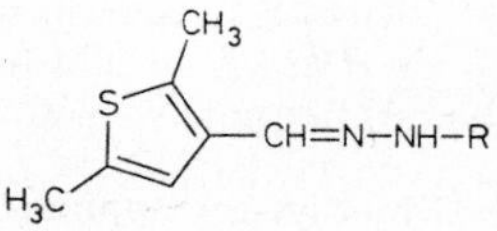 XI

2,5-Dimethyl-thiophen-3-carbaldehyd-phenylhydrazon $C_{13}H_{14}N_2S$, Formel XI ($R = C_6H_5$).

B. Aus 2,5-Dimethyl-thiophen-3-carbaldehyd und Phenylhydrazin (*Weston, Michaels*, Am. Soc. **72** [1950] 1422).

Krystalle (aus A.); F: 95—96°.

2,5-Dimethyl-thiophen-3-carbaldehyd-semicarbazon $C_8H_{11}N_3OS$, Formel XI ($R = CO\text{-}NH_2$).

B. Aus 2,5-Dimethyl-thiophen-3-carbaldehyd und Semicarbazid (*King, Nord*, J. org. Chem. **14** [1949] 638, 641; *Brown, Blanchette*, Am. Soc. **72** [1950] 3414).

Krystalle; F: 234—236° [Zers. aus wss. A.] (*Br., Bl.*), 228—230° [Zers.] (*King, Nord*).

4,5-Dimethyl-furan-2-carbaldehyd $C_7H_8O_2$, Formel XII.

B. Beim Behandeln eines Gemisches von 2,3-Dimethyl-furan, Cyanwasserstoff und Äther mit Chlorwasserstoff und anschliessenden Hydrolysieren (*Reichstein, Grüssner*, Helv. **16** [1933] 28, 33). Beim Behandeln von 2,3-Dimethyl-furan mit Dimethylformamid und Phosphorylchlorid und anschliessend mit Wasser (*Mndshojan et al.*, Doklady Akad. Armjansk. S.S.R. **27** [1958] 301, 303; C. A. **1960** 481).

Kp_{12}: 98—100°; D_4^{20}: 1,0160; n_D^{20}: 1,5130 (*Mn. et al.*).

4,5-Dimethyl-furan-2-carbaldehyd-semicarbazon $C_8H_{11}N_3O_2$, Formel XIII (R = $CO-NH_2$).

B. Aus 4,5-Dimethyl-furan-2-carbaldehyd und Semicarbazid (*Reichstein, Grüssner*, Helv. **16** [1933] 28, 33; *Mndshojan et al.*, Doklady Akad. Armjansk. S.S.R. **27** [1958] 301, 303; C. A. **1960** 481).

Krystalle; F: 220,5–221,5° [korr.; aus A.] (*Re.*, *Gr.*), 220–221° [Zers.] (*Mn. et al.*).

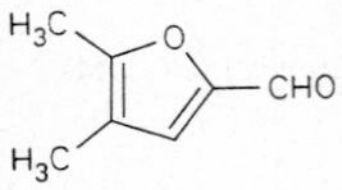

XII 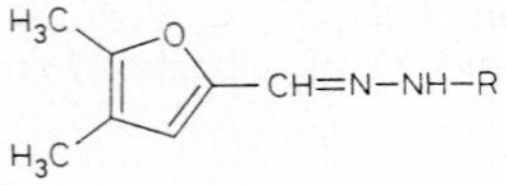 XIII 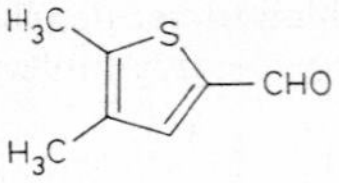 XIV 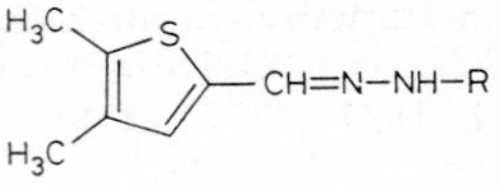 XV

4,5-Dimethyl-thiophen-2-carbaldehyd C_7H_8OS, Formel XIV.

B. Beim Behandeln von 2,3-Dimethyl-thiophen mit *N*-Methyl-formanilid und Phosphorylchlorid und anschliessend mit wss. Natriumacetat (*King, Nord*, J. org. Chem. **14** [1949] 638, 641).

Kp_3: 80–85°. n_D^{20}: 1,5770.

4,5-Dimethyl-thiophen-2-carbaldehyd-semicarbazon $C_8H_{11}N_3OS$, Formel XV (R = $CO-NH_2$).

B. Aus 4,5-Dimethyl-thiophen-2-carbaldehyd und Semicarbazid (*King, Nord*, J. org. Chem. **14** [1949] 638, 641).

F: 222–225° [Zers.].

4,5-Dimethyl-selenophen-2-carbaldehyd C_7H_8OSe, Formel I.

B. Aus 2,3-Dimethyl-selenophen mit Hilfe von Dimethylformamid und Phosphorylchlorid (*Jur'ew et al.*, Ž. obšč. Chim. **29** [1959] 1970, 1971; engl. Ausg. S. 1940, 1941).

Kp_{12}: 114–115°. D_4^{20}: 1,4683. n_D^{20}: 1,6106.

4,5-Dimethyl-selenophen-2-carbaldehyd-[2,4-dinitro-phenylhydrazon] $C_{13}H_{12}N_4O_4Se$, Formel II (R = $C_6H_3(NO_2)_2$).

B. Aus 4,5-Dimethyl-selenophen-2-carbaldehyd und [2,4-Dinitro-phenyl]-hydrazin (*Jur'ew et al.*, Ž. obšč. Chim. **29** [1959] 1970, 1971; engl. Ausg. S. 1940, 1941).

Krystalle (aus A. + E.); F: 268–269°.

4,5-Dimethyl-selenophen-2-carbaldehyd-semicarbazon $C_8H_{11}N_3OSe$, Formel II (R = $CO-NH_2$).

B. Aus 4,5-Dimethyl-selenophen-2-carbaldehyd und Semicarbazid (*Jur'ew et al.*, Ž. obšč. Chim. **29** [1959] 1970, 1971; engl. Ausg. S. 1940, 1941).

Krystalle (aus wss. A.); F: 242–243°.

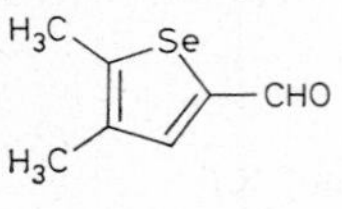

I 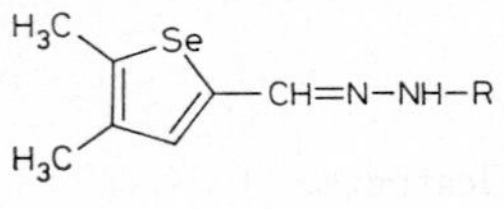 II 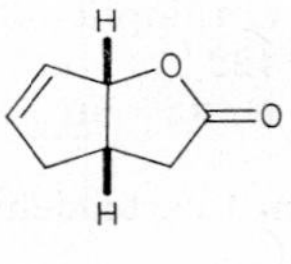 III 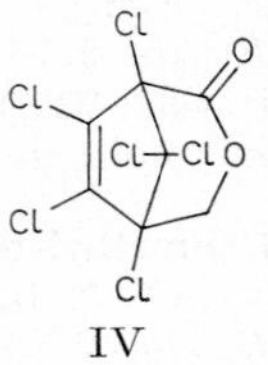 IV

4,5-Dimethyl-selenophen-2-carbaldehyd-thiosemicarbazon $C_8H_{11}N_3SSe$, Formel II (R = $CS-NH_2$).

B. Aus 4,5-Dimethyl-selenophen-2-carbaldehyd und Thiosemicarbazid (*Jur'ew et al.*, Ž. obšč. Chim. **29** [1959] 1970, 1971; engl. Ausg. S. 1940, 1941).

Krystalle (aus wss. A.); F: 194,5–195°.

(±)-*cis*-3,3a,4,6a-Tetrahydro-cyclopenta[*b*]furan-2-on, (±)-[*cis*-2-Hydroxy-cyclopent-3-enyl]-essigsäure-lacton $C_7H_8O_2$, Formel III + Spiegelbild.

B. Beim Erwärmen von (±)-2-Nitroso-(4a*r*,7a*c*)-4,4a,5,7a-tetrahydro-cyclopent[*e*]=

[1,2]oxazin-3-on in Äthanol (*Noland et al.*, Am. Soc. **81** [1959] 1209, 1214).

F: −10° bis −9°. Kp_1: 83°. n_D^{25}: 1,4881. IR-Absorptionsbanden (flüssiges Präparat) im Bereich von 3500 cm^{-1} bis 1612 cm^{-1}: *No. et al.* UV-Absorption (A.): *No. et al.*

(±)-1,5,6,7,8,8-Hexachlor-3-oxa-bicyclo[3.2.1]oct-6-en-2-on, (±)-1,2,3,4*t*,5,5-Hexachlor-4*c*-hydroxymethyl-cyclopent-2-en-*r*-carbonsäure-lacton $C_7H_2Cl_6O_2$, Formel IV.

B. Beim Behandeln von 1,2,3,4,7,7-Hexachlor-bicyclo[2.2.1]hepta-2,5-dien mit Sauerstoff oberhalb 75° (*Velsicol Corp.*, U.S.P. 2871255 [1957]).

Kp_1: 144−147°. [*Appelt*]

Oxo-Verbindungen $C_8H_{10}O_2$

5-Äthyl-6-methyl-pyran-2-on, 4-Äthyl-5-hydroxy-hexa-2*c*,4*t*-diensäure-lacton $C_8H_{10}O_2$, Formel V.

B. Beim Behandeln von 5-Äthyl-6-methyl-3,4-dihydro-pyran-2-on mit Brom in Äther und Erhitzen des Reaktionsprodukts im Stickstoff-Strom unter vermindertem Druck auf 130° (*Schuscherina et al.*, Ž. obšč. Chim. **29** [1959] 403, 405; engl. Ausg. S. 405, 407).

Kp_{12}: 130−131,5°; Kp_7: 121−123°; D_4^{20}: 1,0780; n_D^{20}: 1,5182 (*Sch. et al.*, l. c. S. 405).

Beim Erhitzen mit Maleinsäure-anhydrid in Xylol ist 7-Äthyl-1-methyl-bicyclo[2.2.2]oct-7-en-2,3,5,6-tetracarbonsäure-2,3;5,6-dianhydrid [F: 276−277°] (*Sch. et al.*, l. c. S. 406), beim Erhitzen mit Butindisäure-diäthylester bis auf 180° ist 4-Äthyl-3-methyl-phthalsäure-diäthylester (*Schuscherina et al.*, Ž. obšč. Chim. **29** [1959] 3237; engl. Ausg. S. 3200) erhalten worden.

5-Äthyl-3-brom-6-methyl-pyran-2-on, 4-Äthyl-2-brom-5-hydroxy-hexa-2*c*,4*t*-diensäure-lacton $C_8H_9BrO_2$, Formel VI.

B. Beim Behandeln von 5-Äthyl-6-methyl-pyran-2-on mit Brom in Äther (*Schuscherina et al.*, Doklady Akad. S.S.S.R. **126** [1959] 589; Pr. Acad. Sci. U.S.S.R. Chem. Sect. **124–129** [1959] 385).

Krystalle (aus wss. A.); F: 66−67°.

6-Äthyl-4-methyl-pyran-2-on, 5-Hydroxy-3-methyl-hepta-2*c*,4*t*-diensäure-lacton $C_8H_{10}O_2$, Formel VII.

B. Beim Erhitzen von 3-Methyl-2(oder/und 4)-propionyl-*cis*-pentendisäure-anhydrid (F: 114−115°) auf Temperaturen oberhalb des Schmelzpunkts (*Wiley, Smith*, Am. Soc. **74** [1952] 3893).

Bei 100−115°/4 Torr destillierbar; n_D^{25}: 1,5176 [Präparat von zweifelhafter Einheitlichkeit]. Hygroskopisch. An der Luft nicht beständig.

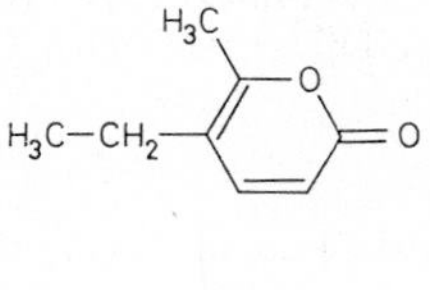

V 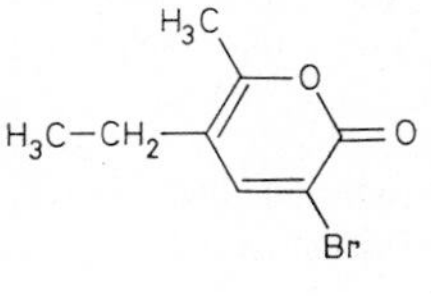 VI 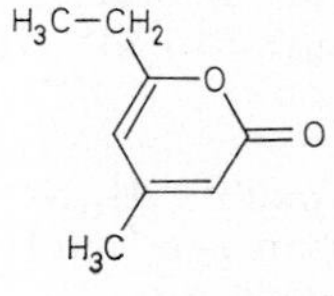 VII 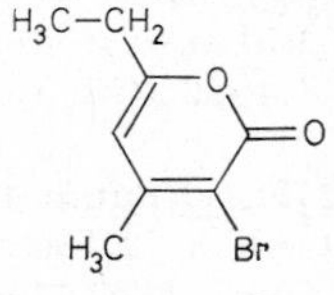 VIII

6-Äthyl-3-brom-4-methyl-pyran-2-on, 2-Brom-5-hydroxy-3-methyl-hepta-2*c*,4*t*-diensäure-lacton $C_8H_9BrO_2$, Formel VIII.

B. Beim Behandeln des im vorangehenden Artikel beschriebenen Präparats mit Brom in Tetrachlormethan (*Wiley, Smith*, Am. Soc. **74** [1952] 3893).

Krystalle (aus PAe.); F: 57°.

3-Äthyl-6-methyl-pyran-2-on, 2-Äthyl-5-hydroxy-hexa-2*c*,4*t*-diensäure-lacton $C_8H_{10}O_2$, Formel IX.

B. Beim Erwärmen von (±)-2-Acetyl-2-äthyl-5-oxo-hex-3-ensäure-äthylester (Kp_1: 108−110°; n_D^{20}: 1,4670) mit einem Gemisch von Essigsäure und wss. Salzsäure (*Kot-*

schetkow, Gottich, Ž. obšč. Chim. **29** [1959] 1324, 1326; engl. Ausg. S. 1297, 1299).
Kp_4: 87—88°. D_4^{20}: 1,0643. n_D^{20}: 1,5168.

2-Äthyl-6-methyl-1,1-dioxo-1λ⁶-thiopyran-4-on $C_8H_{10}O_3S$, Formel X.

B. Beim Behandeln von 2-Äthyl-6-methyl-tetrahydro-thiopyran-4-on mit Essigsäure und wss. Wasserstoffperoxid, Erwärmen des Reaktionsprodukts mit Brom in Essigsäure und Behandeln des danach isolierten Reaktionsprodukts mit Pyridin (*Traverso*, Ann. Chimica **45** [1955] 657, 667).

Krystalle; F: 125—127°. Bei vermindertem Druck sublimierbar. Hygroskopisch.

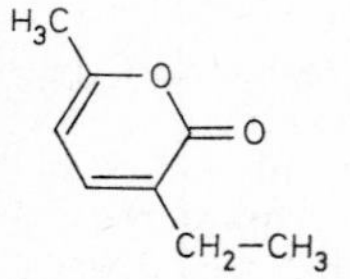

IX 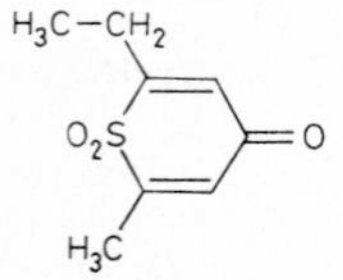 X 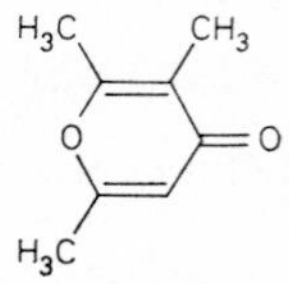 XI 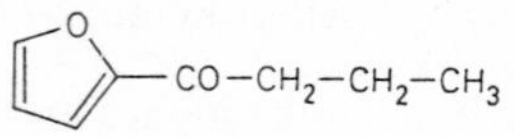 XII

2,3,6-Trimethyl-pyran-4-on $C_8H_{10}O_2$, Formel XI (H 296; E II 318).

Beim Abbau mit Hilfe von Ozon sind Essigsäure, Glyoxylsäure, Brenztraubensäure, Brenztraubenaldehyd, Butandion und Ameisensäure erhalten worden (*J. P. Wibaut*, Ozone Chemistry and Technology (= Advances in Chemistry Series Nr. 21) [Washington 1959] S. 153, 160).

2-Butyryl-furan, 1-[2]Furyl-butan-1-on $C_8H_{10}O_2$, Formel XII (E I 157).

B. Beim Behandeln von Furan mit Buttersäure-anhydrid unter Zusatz von Borfluorid in Äther (*Heid, Levine,* J. org. Chem. **13** [1948] 409, 412), von wss. Jodwasserstoffsäure (*Bruson, Riener,* Am. Soc. **70** [1948] 214), von wasserhaltiger Phosphorsäure (*Gruber,* Canad. J. Chem. **31** [1953] 564, 566) oder von Zinn(IV)-chlorid in Benzol (*Gol'dfarb, Šmorgonškiĭ,* Ž. obšč. Chim. **8** [1938] 1523, 1524, 1525; C. **1939** II 4234). Beim Behandeln von Furan mit Butyrylchlorid und Aluminiumchlorid in Schwefelkohlenstoff (*Gilman, Calloway,* Am. Soc. **55** [1933] 4197, 4200). Neben anderen Verbindungen beim Leiten des Dampfes von 1-[2]Furyl-butan-1-ol im Gemisch mit Stickstoff über Aluminiumoxid bei 400° (*Paul,* Bl. [5] **2** [1935] 2220, 2226). Beim Erwärmen von Furan-2-carbonsäure-diäthylamid mit Propylmagnesiumjodid in Äther (*Maxim,* Bulet. Soc. Chim. România **12** [1930] 33, 35). Beim Behandeln von 2-Äthyl-3-[2]furyl-3-oxo-propionsäure-äthylester mit wss. Salzsäure (*Mironesco, Joanid,* Bulet. Soc. Chim. România **17** [1935] 107, 120).

Kp_{767}: 198° (*Kusnezow,* Ž. obšč. Chim. **12** [1942] 631, 633; C. A. **1944** 1494); Kp_{19}: 95—97° (*Gi., Ca.*); Kp_{10}: 83—84° (*Br., Ri.*). D_4^{20}: 1,0535 (*Ku.*); D_{25}^{25}: 1,041 (*Gi., Ca.*). n_D^{25}: 1,4922 (*Gi., Ca.*).

1-[2]Furyl-butan-1-on-oxim $C_8H_{11}NO_2$, Formel I (X = OH).

B. Aus 1-[2]Furyl-butan-1-on und Hydroxylamin (*Terent'ew, Gratschewa,* Ž. obšč. Chim. **28** [1958] 1167, 1168; engl. Ausg. S. 1225).

Kp_{10}: 119°.

1-[2]Furyl-butan-1-on-[cyanacetyl-hydrazon], Cyanessigsäure-[1-[2]furyl-butyliden-hydrazid] $C_{11}H_{13}N_3O_2$, Formel I (X = NH-CO-CH_2-CN).

B. Aus 1-[2]Furyl-butan-1-on und Cyanessigsäure-hydrazid in Äthanol (*Giannini, Fedi,* Farmaco Ed. scient. **13** [1958] 385, 390; C. A. **1959** 6226).

Krystalle (aus A.); F: 139—140°.

1-[2]Furyl-butan-1-on-semicarbazon $C_9H_{13}N_3O_2$, Formel I (X = NH-CO-NH_2) (E I 157).

B. Aus 1-[2]Furyl-butan-1-on und Semicarbazid (*Heid, Levine,* J. org. Chem. **13** [1948] 409, 412; *Webb, Webb,* Am. Soc. **71** [1949] 2285).

F: 190,7—191,7° [korr.] (*Webb, Webb*), 190—191° [korr.] (*Heid, Le.*).

1-[2]Furyl-butan-1-on-thiosemicarbazon $C_9H_{13}N_3OS$, Formel I (X = NH-CS-NH_2).

B. Aus 1-[2]Furyl-butan-1-on und Thiosemicarbazid (*Anderson et al.*, Am. Soc. **73** [1951] 4967).

Krystalle (aus A. oder wss. A.); F: 127—129° [unkorr.].

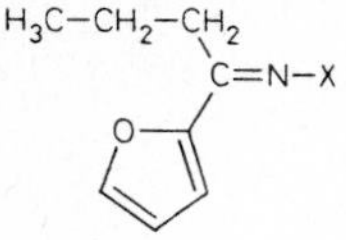

I 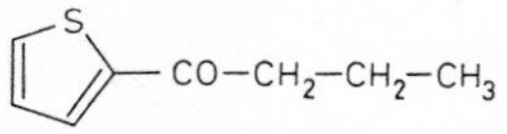 II 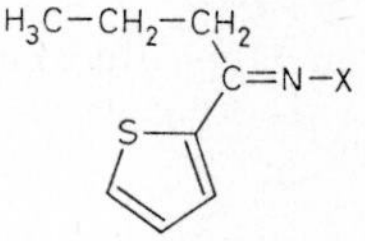 III 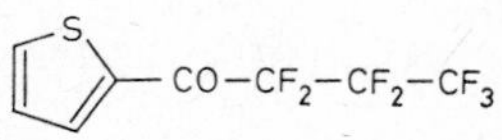 IV

2-Butyryl-thiophen, 1-[2]Thienyl-butan-1-on $C_8H_{10}OS$, Formel II (E II 318).

B. Beim Behandeln von Thiophen mit Buttersäure-anhydrid unter Zusatz von wasserhaltiger Phosphorsäure (*Hartough, Kosak*, Am. Soc. **69** [1947] 3093, 3095) oder unter Zusatz des Borfluorid-Äther-Addukts (*Heid, Levine*, J. org. Chem. **13** [1948] 409, 412; *Pines et al.*, Am. Soc. **73** [1951] 5173). Beim Behandeln von Thiophen mit Butyrylchlorid und Zinn(IV)-chlorid in Benzol (*Spurlock*, Am. Soc. **75** [1953] 1115; *Campaigne, Diedrich*, Am. Soc. **73** [1951] 5240, 5241). Beim Erwärmen von Buttersäure mit Tetrachlorsilan in Benzol und Erwärmen der Reaktionslösung mit Thiophen und Zinn(IV)-chlorid (*Jur'ew, Eljakow*, Doklady Akad. S.S.S.R. **86** [1952] 337, 339; C. A. **1953** 8725). Beim Erwärmen von Thiophen mit Butyryloxy-trichlor-silan und Zinn(IV)-chlorid in Benzol (*Jur'ew et al.*, Ž. obšč. Chim. **29** [1959] 3873, 3879; engl. Ausg. S. 3831, 3834).

Kp: 240° (*Sp.*); Kp_{18}: 122—123° (*Profft*, Ch. Z. **82** [1958] 295, 297); Kp_{15}: 120° (*Buu-Hoi, Hoán*, R. **68** [1949] 441, 458); Kp_5: 96—97° (*Ju. et al.*). D_4^{20}: 1,1025 (*Ju. et al.*), 1,0941 (*Sp.*). n_D^{20}: 1,5461 (*Pr.*), 1,5444 (*Ju. et al.*), 1,5434 (*Sp.*). UV-Absorptionsmaxima (A.): 260 nm und 282 nm (*Ca., Di.*).

Hydrierung an einem Wolframsulfid-Nickelsulfid-Katalysator bei 300°/100 at unter Bildung von Octan: *Truitt et al.*, J. org. Chem. **22** [1957] 1107. Beim Erwärmen mit Methylmagnesiumjodid in Äther, Erhitzen des Reaktionsprodukts unter vermindertem Druck und Erwärmen des danach isolierten Reaktionsprodukts mit Raney-Nickel und Äthanol ist ein Kohlenwasserstoff $C_{18}H_{38}$ (Kp_{740}: 263—266°; n_D^{23}: 1,450) erhalten worden (*Wynberg, Logothetis*, Am. Soc. **78** [1956] 1958, 1961). Bildung von 3-Äthyl-2-[2]thienyl-chinolin-4-carbonsäure beim Erwärmen mit Isatin und Kaliumcarbonat in wss. Äthanol: *Cagniant, Deluzarche*, C. r. **223** [1946] 1148.

[1-[2]Thienyl-butyliden]-anilin, 1-[2]Thienyl-butan-1-on-phenylimin $C_{14}H_{15}NS$, Formel III (X = C_6H_5).

B. Beim Erhitzen von 1-[2]Thienyl-butan-1-on mit Anilin und Toluol unter Zusatz von Jod (*Hartough*, Am. Soc. **70** [1948] 1282) oder von Phosphorylchlorid (*Weston, Michaels*, Am. Soc. **73** [1951] 1381).

Kp_1: 128—130° (*Ha.*); $Kp_{0,8}$: 130—132° (*We., Mi.*). n_D^{25}: 1,6199 (*We., Mi.*).

An feuchter Luft erfolgt Hydrolyse (*Ha.*).

1-[2]Thienyl-butan-1-on-[2,4-dinitro-phenylhydrazon] $C_{14}H_{14}N_4O_4S$, Formel III (X = NH-$C_6H_3(NO_2)_2$).

B. Aus 1-[2]Thienyl-butan-1-on und [2,4-Dinitro-phenyl]-hydrazin (*Campaigne, Diedrich*, Am. Soc. **73** [1951] 5240, 5241).

F: 167° [korr.].

1-[2]Thienyl-butan-1-on-semicarbazon $C_9H_{13}N_3OS$, Formel III (X = NH-CO-NH_2) (E II 318).

B. Aus 1-[2]Thienyl-butan-1-on und Semicarbazid (*Hartough, Kosak*, Am. Soc. **69** [1947] 3093, 3095; *Heid, Levine*, J. org. Chem. **13** [1948] 409, 412; *Pines et al.*, Am. Soc. **73** [1951] 5173).

Krystalle; F: 177° [korr.] (*Heid, Le.*), 175—176° (*Ha., Ko.*), 173,5—174° [aus wss. A.] (*Pi. et al.*).

1-[2]Thienyl-butan-1-on-thiosemicarbazon $C_9H_{13}N_3S_2$, Formel III (X = NH-CS-NH_2).

B. Aus 1-[2]Thienyl-butan-1-on und Thiosemicarbazid (*Anderson et al.*, Am. Soc. **73**

[1951] 4967).

Krystalle (aus A. oder wss. A.); F: 170—171° [unkorr.].

2-Heptafluorbutyryl-thiophen, Heptafluor-1-[2]thienyl-butan-1-on $C_8H_3F_7OS$, Formel IV.

B. Beim Erwärmen von Heptafluorbutyrylchlorid mit [2]Thienylmagnesiumbromid in Äther (*Portnoy, Gisser*, J. org. Chem. **22** [1957] 1752).

Kp_{32}: 91,5—92,1°.

Heptafluor-1-[2]thienyl-butan-1-on-[2,4-dinitro-phenylhydrazon] $C_{14}H_7F_7N_4O_4S$, Formel V.

B. Aus Heptafluor-1-[2]thienyl-butan-1-on und [2,4-Dinitro-phenyl]-hydrazin (*Portnoy, Gisser*, J. org. Chem. **22** [1957] 1752).

F: 90,2—90,8°.

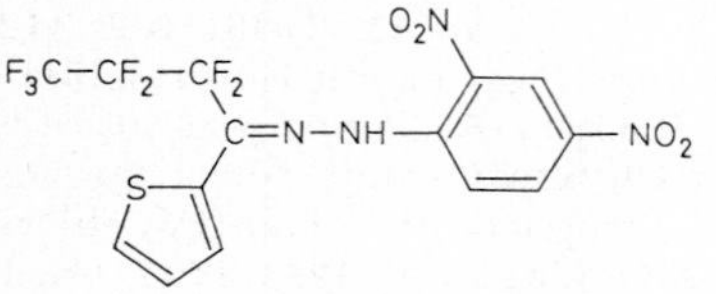

V 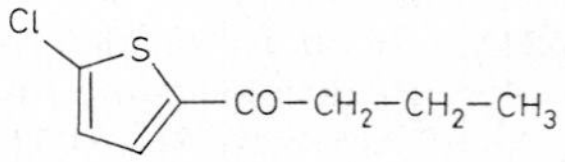 VI 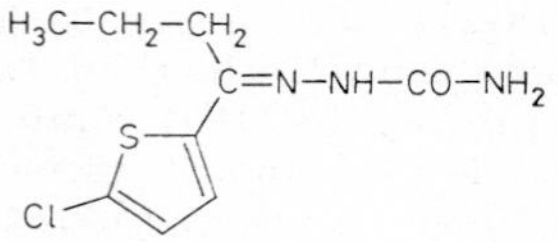 VII

2-Butyryl-5-chlor-thiophen, 1-[5-Chlor-[2]thienyl]-butan-1-on C_8H_9ClOS, Formel VI.

B. Beim Behandeln von 2-Chlor-thiophen mit Butyrylchlorid und Aluminiumchlorid in Schwefelkohlenstoff (*Buu-Hoi, Hoán*, R. **68** [1949] 441, 459). Beim Erwärmen von 2-Chlor-thiophen mit Buttersäure-anhydrid und dem Borfluorid-Äther-Addukt (*Farrar, Levine*, Am. Soc. **72** [1950] 3695, 3696).

F: 38—39° (*Fa., Le.*). Kp_{14}: 137—138° (*Buu-Hoi, Hoán*); $Kp_{4,5}$: 106—107° (*Fa., Le.*).

1-[5-Chlor-[2]thienyl]-butan-1-on-semicarbazon $C_9H_{12}ClN_3OS$, Formel VII.

B. Aus 1-[5-Chlor-[2]thienyl]-butan-1-on und Semicarbazid (*Farrar, Levine*, Am. Soc. **72** [1950] 3695, 3696).

Krystalle (aus A.); F: 210,5—211,5° [korr.].

2-Brom-5-butyryl-thiophen, 1-[5-Brom-[2]thienyl]-butan-1-on C_8H_9BrOS, Formel VIII.

B. Beim Behandeln von 2-Brom-thiophen mit Butyrylchlorid und Aluminiumchlorid (oder Zinn(IV)-chlorid) in Schwefelkohlenstoff (*Buu-Hoi, Hoán*, R. **68** [1949] 5, 12, 26). Beim Erwärmen von 2-Brom-thiophen mit Buttersäure-anhydrid und dem Borfluorid-Äther-Addukt (*Farrar, Levine*, Am. Soc. **72** [1950] 3695, 3696).

Krystalle; F: 38—39° [aus A.] (*Buu-Hoi, Hoán*), 34—35° (*Fa., Le.*). Kp_{13}: 155° (*Buu-Hoi, Hoán*); Kp_5: 124—125° (*Fa., Le.*).

Am Licht und an der Luft nicht beständig (*Buu-Hoi, Hoán*).

1-[5-Brom-[2]thienyl]-butan-1-on-semicarbazon $C_9H_{12}BrN_3OS$, Formel IX.

B. Aus 1-[5-Brom-[2]thienyl]-butan-1-on und Semicarbazid (*Farrar, Levine*, Am. Soc. **72** [1950] 3695, 3696).

Krystalle (aus A.); F: 208—209° [korr.].

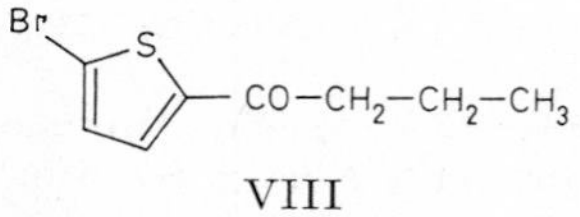

VIII 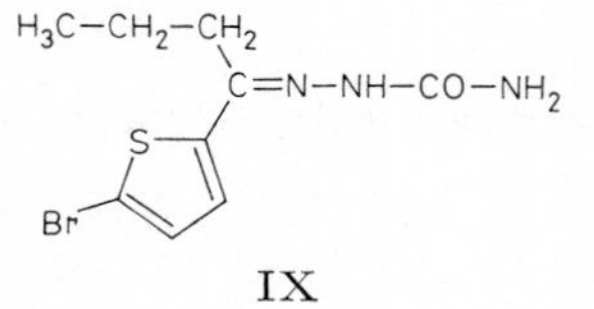 IX 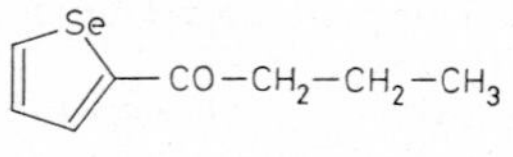 X

2-Butyryl-selenophen, 1-Selenophen-2-yl-butan-1-on $C_8H_{10}OSe$, Formel X.

B. Beim Erwärmen von Selenophen mit Buttersäure-anhydrid und wasserhaltiger Phosphorsäure (*Kataew, Palkina*, Uč. Zap. Kazansk. Univ. **113** [1953] Nr. 8, S. 115, 120; C. A. **1958** 3762).

Kp_{11}: 120—121°. D_4^{20}: 1,4201. n_D^{20}: 1,5720.

1-Selenophen-2-yl-butan-1-on-semicarbazon $C_9H_{13}N_3OSe$, Formel XI.
B. Aus 1-Selenophen-2-yl-butan-1-on und Semicarbazid (*Kataew, Palkina*, Uč. Zap. Kazansk. Univ. **113** [1953] Nr. 8, S. 115, 120; C. A. **1958** 3762).
Krystalle (aus Me.); F: 163°.

1-[2]Furyl-butan-2-on $C_8H_{10}O_2$, Formel XII.
B. Beim Behandeln von Furfural mit 2-Brom-buttersäure-äthylester und Natrium=methylat, Behandeln des Reaktionsprodukts mit methanol. Kalilauge und Versetzen des Reaktionsgemisches mit Wasser, Äther und Phosphorsäure (*Fétizon, Baranger*, C. r. **234** [1952] 2296). Beim Erwärmen von 1-[2]Furyl-2-nitro-but-1-en mit Eisen, Eisen(III)-chlorid und wss. Salzsäure (*Hass et al.*, J. org. Chem. **15** [1950] 8, 11).
Kp_{27}: 98–100° [unter Stickstoff] (*Fé., Ba.*); Kp_{27}: 99°; Kp_{11-12}: 76° (*Hass et al.*). D_{25}^{25}: 1,032 (*Hass et al.*). n_D^{18}: 1,4719 (*Fé., Ba.*); n_D^{25}: 1,4680 (*Hass et al.*).

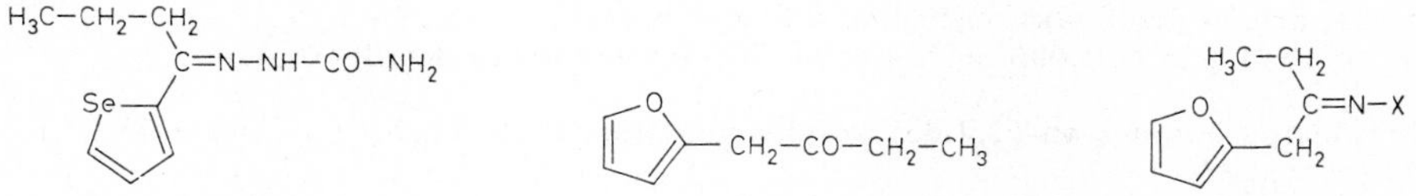

XI XII XIII

1-[2]Furyl-butan-2-on-oxim $C_8H_{11}NO_2$, Formel XIII (X = OH).
B. Aus 1-[2]Furyl-butan-2-on und Hydroxylamin (*Hass et al.*, J. org. Chem. **15** [1950] 8, 12).
Kp_{10}: 119–120°. D_{25}^{25}: 1,082. n_D^{25}: 1,4980.

1-[2]Furyl-butan-2-on-semicarbazon $C_9H_{13}N_3O_2$, Formel XIII (X = NH-CO-NH_2).
B. Aus 1-[2]Furyl-butan-2-on und Semicarbazid (*Fétizon, Baranger*, C. r. **234** [1952] 2296).
F: 120–121°.

4-[2]Furyl-butan-2-on $C_8H_{10}O_2$, Formel I (H 297; E II 318).
B. Neben 2,5-Bis-[3-oxo-butyl]-furan beim Erhitzen von Furan mit But-3-en-2-on in Wasser in Gegenwart von Schwefeldioxid auf 130° (*Du Pont de Nemours & Co.*, U.S.P. 2640057 [1950]; s. a. *Webb, Borcherdt*, Am. Soc. **73** [1951] 752). Bei der Hydrierung von 4-[2]Furyl-but-3-en-2-on an Raney-Nickel in wenig Wasser unter 10 at (*Matsui et al.*, Am. Soc. **74** [1952] 2181; s. a. *Ponomarew, Til'*, Ž. obšč. Chim. **27** [1957] 1075, 1076; engl. Ausg. S. 1159). Bei elektrochemischer Reduktion von 4-[2]Furyl-but-3-en-2-on in wss.-äthanol. Schwefelsäure an einer mit Nickel überzogenen Kupfer-Kathode (*Ishiwata et al.*, J. pharm. Soc. Japan **70** [1950] 193; C. A. **1950** 6751).
Kp_{23}: 100–104° (*Ma. et al.*); Kp_{15}: 95° (*Hughes, Johnson*, Am. Soc. **53** [1951] 737, 744, 745), 94–96° (*Po., Til'*); $Kp_{1,5}$: 55° (*Webb, Bo.*). D_4^{15}: 1,0319 (*Ma. et al.*); D_4^{20}:1,0323 (*Po., Til'*); D_4^{25}: 1,0258 (*Hu., Jo.*). n_D^{17}: 1,4696 (*Ma. et al.*); n_D^{20}: 1,4710 (*Po., Til'*); n_D^{25}: 1,4729 (*Webb, Bo.*); n_D^{25}: 1,4697; $n_{643,8}^{25}$: 1,4653; $n_{579,0}^{25}$: 1,4703; $n_{546,1}^{25}$: 1,4725; $n_{435,9}^{25}$: 1,4847 (*Hu., Jo.*). UV-Spektrum (Cyclohexan; 230–330 nm): *Marsocci, MacKenzie*, Am. Soc. **81** [1959] 4513, 4514.

4-[2]Furyl-butan-2-on-oxim $C_8H_{11}NO_2$, Formel II (X = OH) (E II 319).
B. Aus 4-[2]Furyl-butan-2-on und Hydroxylamin (*Erlenmeyer, Simon*, Helv. **24** [1941] 1210, 1212).
Kp_{120}: 136–137° (*Er., Si.*; s. dagegen E II 319).

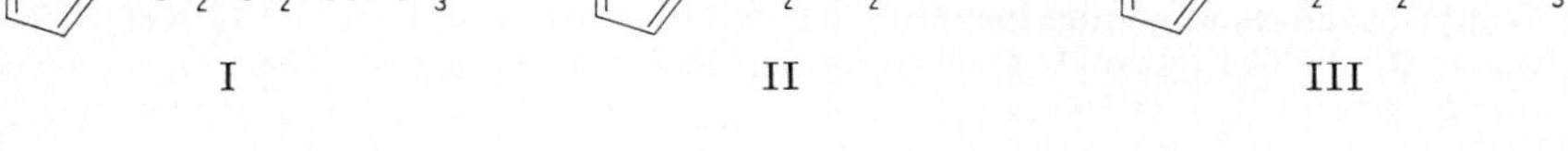

I II III

4-[2]Furyl-butan-2-on-[2,4-dinitro-phenylhydrazon] $C_{14}H_{14}N_4O_5$, Formel II (X = NH-$C_6H_3(NO_2)_2$).

B. Aus 4-[2]Furyl-butan-2-on und [2,4-Dinitro-phenyl]-hydrazin (*Matsui et al.*, Am. Soc. **74** [1952] 2181).

Rote Krystalle; F: 106–107°.

4-[2]Furyl-butan-2-on-thiosemicarbazon $C_9H_{13}N_3OS$, Formel II (X = NH-CS-NH_2).

B. Aus 4-[2]Furyl-butan-2-on und Thiosemicarbazid (*Barry, McCormick*, Pr. Irish Acad. **59** B [1958] 345, 348).

Krystalle (aus wss. A.); F: 113–114°.

4-[2]Thienyl-butan-2-on $C_8H_{10}OS$, Formel III.

B. Beim Leiten eines Gemisches der Dämpfe von Essigsäure und von 3-[2]Thienyl-propionsäure über Thoriumoxid bei 400° (*Cagniant, Cagniant*, Bl. **1954** 1349, 1354). Beim Behandeln von 2-[2]Thienylmethyl-acetessigsäure-äthylester mit wss. Natronlauge und Erwärmen der Reaktionslösung mit wss. Salzsäure (*Ca., Ca.*).

$Kp_{15,5}$: 121°. $D_4^{22,6}$: 1,095. $n_D^{19,6}$: 1,5285. Mit Wasserdampf destillierbar.

4-[2]Thienyl-butan-2-on-[2,4-dinitro-phenylhydrazon] $C_{14}H_{14}N_4O_4S$, Formel IV (R = $C_6H_3(NO_2)_2$).

B. Aus 4-[2]Thienyl-butan-2-on und [2,4-Dinitro-phenyl]-hydrazin (*Cagniant, Cagniant*, Bl. **1954** 1349, 1354).

Hellrote Krystalle (aus Bzl. + A.); F: 145°.

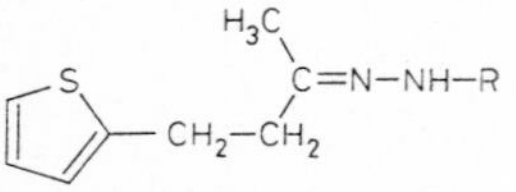

IV 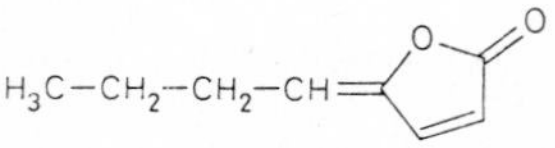 V 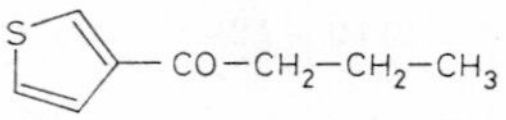 VI

4-[2]Thienyl-butan-2-on-semicarbazon $C_9H_{13}N_3OS$, Formel IV (R = CO-NH_2).

B. Aus 4-[2]Thienyl-butan-2-on und Semicarbazid (*Cagniant, Cagniant*, Bl. **1954** 1349, 1354).

Krystalle (aus A.); F: 156°.

5-[(Ξ)-Butyliden]-5*H*-furan-2-on, 4-Hydroxy-octa-2*c*,4ξ-diensäure-lacton, Octa-2,4ξ-dien-4-olid $C_8H_{10}O_2$, Formel V.

B. Beim Erhitzen von 3-Valeryl-norborn-5-en-2-carbonsäure (F: 87–88°) mit Acetanhydrid und Natriumacetat und Erhitzen des Reaktionsprodukts unter vermindertem Druck (*Walton*, J. org. Chem. **22** [1957] 312, 314). Beim Erhitzen von 12-[1-Hydroxy-pent-1-enyl]-9,10-dihydro-9,10-äthano-anthracen-11-carbonsäure-lacton (F: 176°) unter 12 Torr auf 250° (*Wa.*, l. c. S. 315).

Kp_{15}: 119–121°; Kp_{10}: 110–111°; Kp_1: 65–67°. n_D^{25}: 1,5182.

3-Butyryl-thiophen, 1-[3]Thienyl-butan-1-on $C_8H_{10}OS$, Formel VI.

B. Beim Erwärmen von Thiophen-3-carbonylchlorid mit (aus Propylmagnesiumbromid und Cadmiumchlorid in Äther bereiteten) Dipropylcadmium in Benzol (*Campaigne, Thomas*, Am. Soc. **77** [1955] 5365, 5368).

Kp_4: 80–83°; D_{20}^{20}: 1,1433; n_D^{19}: 1,5268 (*Ca., Th.*, l. c. S. 5366).

1-[3]Thienyl-butan-1-on-[2,4-dinitro-phenylhydrazon] $C_{14}H_{14}N_4O_4S$, Formel VII (R = $C_6H_3(NO_2)_2$).

B. Aus 1-[3]Thienyl-butan-1-on und [2,4-Dinitro-phenyl]-hydrazin (*Campaigne, Thomas*, Am. Soc. **77** [1955] 5365, 5369).

Rote Krystalle; F: 166–166,5° (*Ca., Th.*, l. c. S. 5366).

1-[3]Thienyl-butan-1-on-semicarbazon $C_9H_{13}N_3OS$, Formel VII (R = CO-NH_2).

B. Aus 1-[3]Thienyl-butan-1-on und Semicarbazid (*Campaigne, Thomas*, Am. Soc. **77**

[1955] 5365, 5369).

Krystalle; F: 170–171° (*Ca.*, *Th.*, l. c. S. 5366).

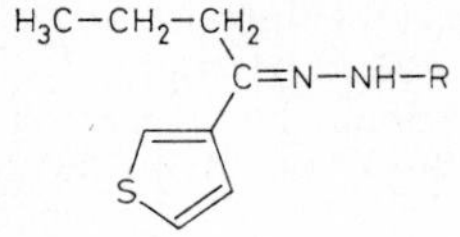

VII 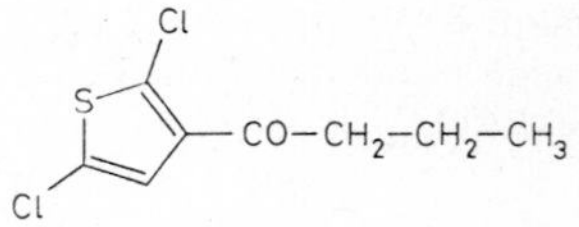 VIII 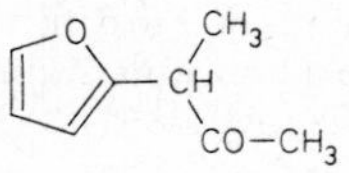 IX

3-Butyryl-2,5-dichlor-thiophen, 1-[2,5-Dichlor-[3]thienyl]-butan-1-on $C_8H_8Cl_2OS$, Formel VIII.

B. Beim Behandeln von 2,5-Dichlor-thiophen mit Butyrylchlorid und Aluminiumchlorid in Schwefelkohlenstoff (*Buu-Hoi*, *Lavit*, Soc. **1958** 1721).

Kp_{17}: 143–144°. n_D^{21}: 1,5720.

(±)-3-[2]Furyl-butan-2-on $C_8H_{10}O_2$, Formel IX.

B. Beim Behandeln von 1-[2]Furyl-äthanon mit (±)-2-Brom-propionsäure-äthylester und Natriummethylat und Behandeln des Reaktionsgemisches mit methanol. Kalilauge, mit Wasser, Phosphorsäure und Äther (*Fétizon*, *Baranger*, C. r. **234** [1952] 2296).

Kp_{18}: 102° [unter Stickstoff]. n_D^{15}: 1,473.

(±)-3-[2]Furyl-butan-2-on-semicarbazon $C_9H_{13}N_3O_2$, Formel X.

B. Aus (±)-3-[2]Furyl-butan-2-on und Semicarbazid (*Fétizon*, *Baranger*, C. r. **234** [1952] 2296).

F: 166–167°.

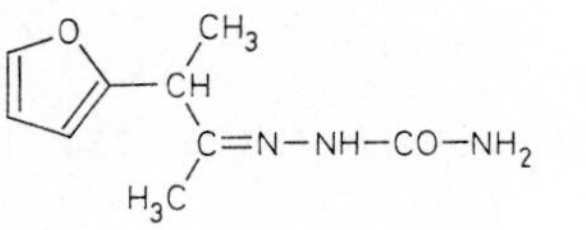

X 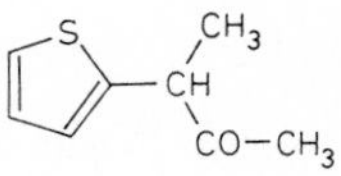 XI 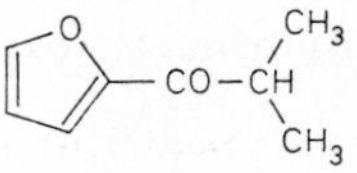 XII 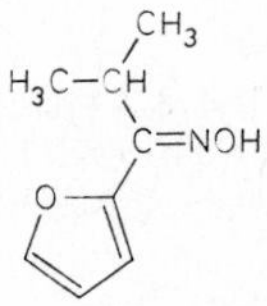 XIII

(±)-3-[2]Thienyl-butan-2-on $C_8H_{10}OS$, Formel XI.

B. Beim Behandeln von (±)-3-Chlor-butan-2-on mit [2]Thienylmagnesiumbromid in Äther (*Merrell Co.*, U.S.P. 2367702 [1941]).

Kp_{8-9}: 91–92°.

Beim Erhitzen mit Ammoniumformiat auf 170° ist 2-Amino-3-[2]thienyl-butan (Kp_{11}: 91–92°) erhalten worden.

2-Isobutyryl-furan, 1-[2]Furyl-2-methyl-propan-1-on $C_8H_{10}O_2$, Formel XII.

B. Beim Erwärmen von Furan mit Isobuttersäure-anhydrid und wasserhaltiger Phosphorsäure (*Gruber*, Canad. J. Chem. **31** [1953] 564, 566). Beim Behandeln von Furan mit Isobutyrylchlorid und Aluminiumchlorid in Schwefelkohlenstoff (*Gilman*, *Calloway*, Am. Soc. **55** [1933] 4197, 4200). Beim Behandeln von Furan-2-carbonitril mit Isopropylmagnesiumbromid in Äther und anschliessend mit wss. Salzsäure (*Terent'ew et al.*, Ž. obšč. Chim. **29** [1959] 3474, 3475; engl. Ausg. S. 3438, 3440).

Kp_{20}: 91–92° (*Te. et al.*); Kp_{18}: 86–87° (*Gi.*, *Ca.*, l. c. S. 4201); Kp_{3-4}: 51–53° (*Gr.*). D_{25}^{25}: 1,032 (*Gi.*, *Ca.*, l. c. S. 4201). n_D^{20}: 1,4885 (*Te. et al.*); n_D^{25}: 1,4888 (*Gi.*, *Ca.*, l. c. S. 4201).

Beim Erhitzen mit Ammoniak in Äthanol auf 160° ist 2-Isopropyl-pyridin-3-ol erhalten worden (*Gr.*, l. c. S. 566, 568).

1-[2]Furyl-2-methyl-propan-1-on-oxim $C_8H_{11}NO_2$, Formel XIII.

B. Aus 1-[2]Furyl-2-methyl-propan-1-on und Hydroxylamin in Äthanol (*Terent'ew et al.*, Ž. obšč. Chim. **29** [1959] 3474, 3476; engl. Ausg. S. 3438, 3439).

Kp_7: 120–122°.

2-Isobutyryl-thiophen, 2-Methyl-1-[2]thienyl-propan-1-on $C_8H_{10}OS$, Formel I (H 297).

B. Beim Behandeln von Thiophen mit Isobutyrylchlorid und Zinn(IV)-chlorid in Benzol (*Hoch*, C. r. **234** [1952] 1981; *Gol'dfarb et al.*, Ž. obšč. Chim. **29** [1959] 3636, 3638; engl. Ausg. S. 3596, 3597). Beim Erwärmen von Thiophen mit Isobuttersäure-anhydrid und wasserhaltiger Phosphorsäure (*Profft*, Ch. Z. **82** [1958] 295, 297). Beim Behandeln von Isobuttersäure mit Tetrachlorsilan in Benzol und Erwärmen der Reaktionslösung mit Thiophen und Zinn(IV)-chlorid (*Jur'ew et al.*, Ž. obšč. Chim. **29** [1959] 3873, 3879; engl. Ausg. S. 3831, 3834).

Kp_{745}: 228° [korr.] (*Spurlock*, Am. Soc. **75** [1953] 1115); Kp_{18}: 115—117° (*Hoch*); Kp_{10}: 110—111° (*Ju. et al.*, l. c. S. 3877). D_4^{20}: 1,0894 (*Sp.*), 1,1070 (*Ju. et al.*, l. c. S. 3877). n_D^{20}: 1,5405 (*Sp.*), 1,5459 (*Ju. et al.*, l. c. S. 3877).

2-Methyl-1-[2]thienyl-propan-1-on-oxim $C_8H_{11}NOS$, Formel II (X = OH) (H 297).

B. Aus 2-Methyl-1-[2]thienyl-propan-1-on und Hydroxylamin (*Hoch*, C. r. **234** [1952] 1981).

F: 99—100° (*Hoch*). UV-Spektrum (230—325 nm): *Ramart-Lucas*, Bl. **1954** 1017, 1024.

2-Methyl-1-[2]thienyl-propan-1-on-phenylhydrazon $C_{14}H_{16}N_2S$, Formel II (X = NH-C_6H_5).

B. Aus 2-Methyl-1-[2]thienyl-propan-1-on und Phenylhydrazin (*Hoch*, C. r. **234** [1952] 1981).

Kp_{22}: 210—213°.

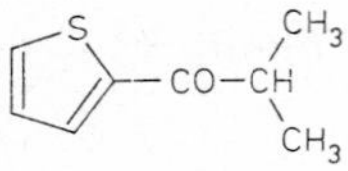

I 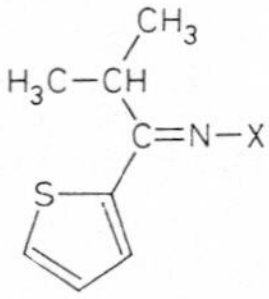 II 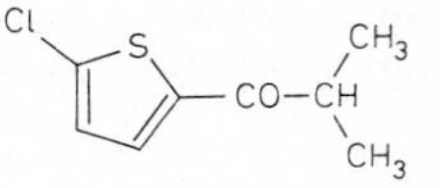 III 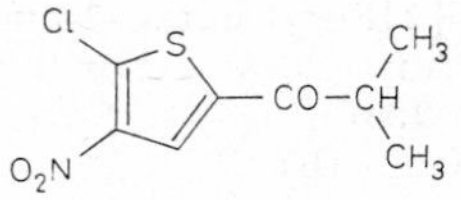 IV

2-Methyl-1-[2]thienyl-propan-1-on-semicarbazon $C_9H_{13}N_3OS$, Formel II (X = NH-CO-NH_2).

B. Aus 2-Methyl-1-[2]thienyl-propan-1-on und Semicarbazid (*Hoch*, C. r. **234** [1952] 1981).

F: 150°.

2-Chlor-5-isobutyryl-thiophen, 1-[5-Chlor-[2]thienyl]-2-methyl-propan-1-on C_8H_9ClOS, Formel III.

B. Beim Behandeln von 2-Chlor-thiophen mit Isobutyrylchlorid und Zinn(IV)-chlorid in Benzol (*Eastman Kodak Co.*, U.S.P. 2805218 [1954]).

Kp_3: 100—102°.

2-Chlor-5-isobutyryl-3-nitro-thiophen, 1-[5-Chlor-4-nitro-[2]thienyl]-2-methyl-propan-1-on $C_8H_8ClNO_3S$, Formel IV.

B. Beim Behandeln von 1-[5-Chlor-[2]thienyl]-2-methyl-propan-1-on mit Salpetersäure und Schwefelsäure (*Eastman Kodak Co.*, U.S.P. 2805218 [1954]).

Gelbe Krystalle; F: 61—63°.

2-Isobutyryl-selenophen, 2-Methyl-1-selenophen-2-yl-propan-1-on $C_8H_{10}OSe$, Formel V.

B. Beim Erwärmen von Isobuttersäure mit Tetrachlorsilan in Benzol und Erwärmen des Reaktionsgemisches mit Selenophen und Zinn(IV)-chlorid (*Jur'ew et al.*, Ž. obšč. Chim. **28** [1958] 3036, 3038; engl. Ausg. S. 3066, 3067).

Kp_8: 109—109,5°. D_4^{20}: 1,3855. n_D^{20}: 1,5680.

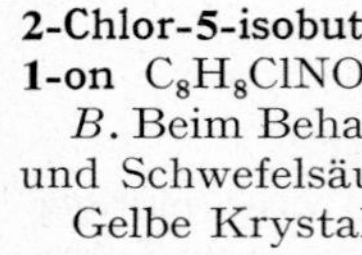

V 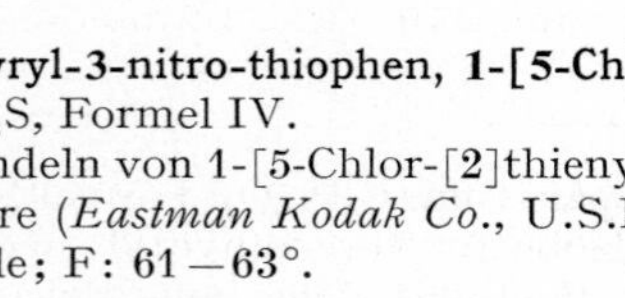 VI 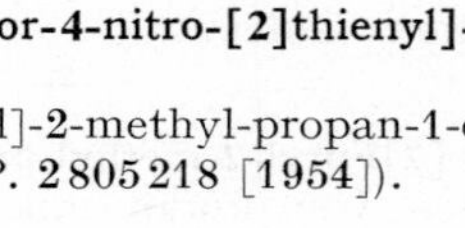 VII 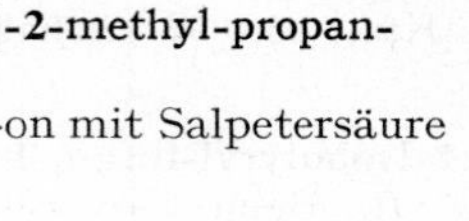 VIII

2-Methyl-1-selenophen-2-yl-propan-1-on-[2,4-dinitro-phenylhydrazon] $C_{14}H_{14}N_4O_4Se$, Formel VI.

B. Aus 2-Methyl-1-[2]thienyl-propan-1-on und [2,4-Dinitro-phenyl]-hydrazin (*Jur'ew et al.*, Ž. obšč. Chim. **28** [1958] 3036, 3038; engl. Ausg. S. 3066, 3068).

Rote Krystalle (aus A. + E.); F: 149,5–150°.

5-[(Ξ)-Isobutyliden]-5*H*-furan-2-on, 4-Hydroxy-6-methyl-hepta-2*c*,4ξ-diensäure-lacton $C_8H_{10}O_2$, Formel VII.

B. Aus 3-Isovaleryl-norborn-5-en-2-carbonsäure (F: 122°) beim Behandeln mit Acetanhydrid unter Zusatz von wss. Salzsäure sowie beim Erhitzen mit Acetanhydrid unter Zusatz von Natriumacetat und Erhitzen des jeweiligen Reaktionsprodukts unter vermindertem Druck (*Walton*, J. org. Chem. **22** [1957] 312, 314).

Kp_{11}: 110–113°. n_D^{25}: 1,5085.

(±)-5-Methyl-5-prop-2-inyl-dihydro-furan-2-on, (±)-4-Hydroxy-4-methyl-hept-6-insäure-lacton $C_8H_{10}O_2$, Formel VIII.

B. Beim Erwärmen von Lävulinsäure-äthylester mit 3-Brom-propin und Zink in Äther und Tetrahydrofuran und Erhitzen des Reaktionsprodukts unter vermindertem Druck (*Karrer et al.*, B. **89** [1956] 366, 369).

Kp_{12}: ca. 113–115°; Kp_1: 86–87°; $Kp_{0,07}$: 58,5–59°. n_D^{20}: 1,4720.

3-Methyl-2-propionyl-thiophen, 1-[3-Methyl-[2]thienyl]-propan-1-on $C_8H_{10}OS$, Formel IX.

B. Beim Behandeln von 3-Methyl-thiophen mit Propionylchlorid und Aluminium=chlorid in Schwefelkohlenstoff (*Buu-Hoi, Hoán*, R. **68** [1949] 441, 460). Beim Behandeln von 3-Methyl-thiophen mit Propionsäure-anhydrid unter Zusatz des Borfluorid-Äther-Addukts (*Farrar, Levine*, Am. Soc. **72** [1950] 3695, 3696).

Kp_4: 85–86°.

1-[3-Methyl-[2]thienyl]-propan-1-on-semicarbazon $C_9H_{13}N_3OS$, Formel X.

B. Aus 1-[3-Methyl-[2]thienyl]-propan-1-on und Semicarbazid (*Farrar, Levine*, Am. Soc. **72** [1950] 3695, 3696).

Krystalle (aus A.); F: 189–190° [korr.].

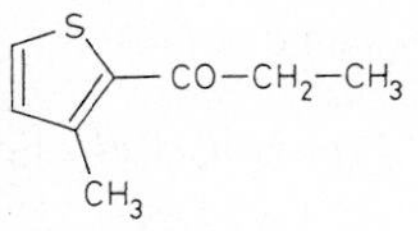

IX 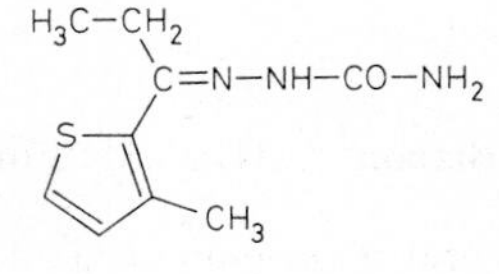 X 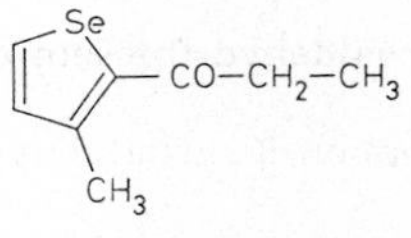 XI 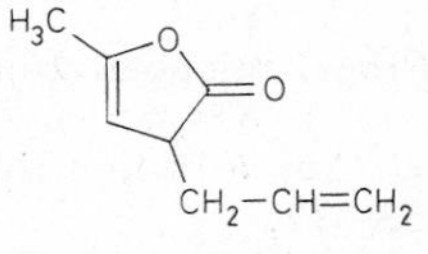 XII

3-Methyl-2-propionyl-selenophen, 1-[3-Methyl-selenophen-2-yl]-propan-1-on $C_8H_{10}OSe$, Formel XI.

F: 38–39° (*Jur'ew, Šadowaja*, Ž. obšč. Chim. **27** [1957] 1587, 1589; engl. Ausg. S. 1659, 1660).

(±)-3-Allyl-5-methyl-3*H*-furan-2-on, (±)-2-Allyl-4-hydroxy-pent-3*t*-ensäure-lacton $C_8H_{10}O_2$, Formel XII.

B. Beim Erwärmen von Allyl-prop-2-inyl-malonsäure mit Zinkcarbonat (*Schulte et al.*, Ar. **291** [1958] 227, 236). Bei der Hydrierung von (±)-5-Methyl-3-prop-2-inyl-3*H*-furan-2-on an einem Lindlar-Katalysator in Methanol (*Schulte, Nimke*, Ar. **290** [1957] 597, 603).

Kp_{15}: 85–87°; n_D^{19}: 1,4647 (*Sch. et al.*).

4-Methyl-2-propionyl-thiophen, 1-[4-Methyl-[2]thienyl]-propan-1-on $C_8H_{10}OS$, Formel I.

B. Neben grösseren Mengen 1-[3-Methyl-[2]thienyl]-propan-1-on beim Behandeln von 3-Methyl-thiophen mit Propionsäure-anhydrid unter Zusatz des Borfluorid-Äther-Addukts (*Farrar, Levine,* Am. Soc. **72** [1950] 3695, 3696).

Kp_5: 98–99°.

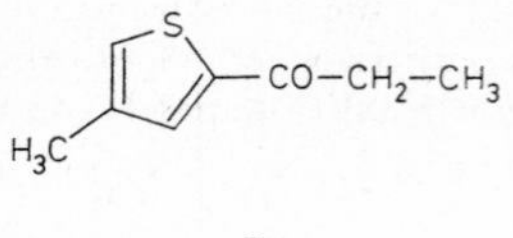

I 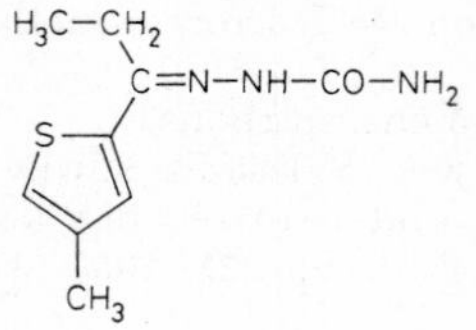 II 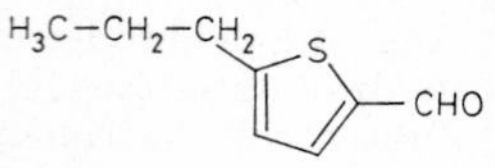 III

1-[4-Methyl-[2]thienyl]-propan-1-on-semicarbazon $C_9H_{13}N_3OS$, Formel II.

B. Aus 1-[4-Methyl-[2]thienyl]-propan-1-on und Semicarbazid (*Farrar, Levine,* Am. Soc. **72** [1950] 3695, 3696).

Krystalle (aus A.); F: 204–205° [korr.].

5-Propyl-thiophen-2-carbaldehyd $C_8H_{10}OS$, Formel III.

B. Beim Erwärmen von 2-Propyl-thiophen mit *N*-Methyl-formanilid und Phosphorylchlorid und folgenden Hydrolysieren (*King, Nord,* J. org. Chem. **13** [1948] 635, 638; *Buu-Hoi et al.,* Soc. **1953** 547; *Smith et al.,* Canad. J. Chem. **35** [1957] 156, 157).

Kp_{15}: 129° (*Buu-Hoi et al.*); Kp_5: 108–109° (*King, Nord,* l. c. S. 637). n_D^{24}: 1,5555 (*Buu-Hoi et al.*).

5-Propyl-thiophen-2-carbaldehyd-[2,4-dinitro-phenylhydrazon] $C_{14}H_{14}N_4O_4S$, Formel IV ($R = C_6H_3(NO_2)_2$).

B. Aus 5-Propyl-thiophen-2-carbaldehyd und [2,4-Dinitro-phenyl]-hydrazin (*Buu-Hoi et al.,* Soc. **1953** 547).

Krystalle (aus A. + Bzl.); F: 202°.

5-Propyl-thiophen-2-carbaldehyd-semicarbazon $C_9H_{13}N_3OS$, Formel IV ($R = CO\text{-}NH_2$).

B. Aus 5-Propyl-thiophen-2-carbaldehyd und Semicarbazid (*King, Nord,* J. org. Chem. **13** [1948] 635, 637).

F: 186–187°.

5-Propyl-thiophen-2-carbaldehyd-thiosemicarbazon $C_9H_{13}N_3S_2$, Formel IV ($R = CS\text{-}NH_2$).

B. Aus 5-Propyl-thiophen-2-carbaldehyd und Thiosemicarbazid (*Buu-Hoi et al.,* Soc. **1953** 547).

Krystalle (aus A.); F: 119°.

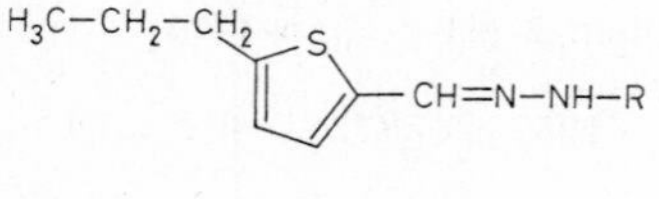

IV 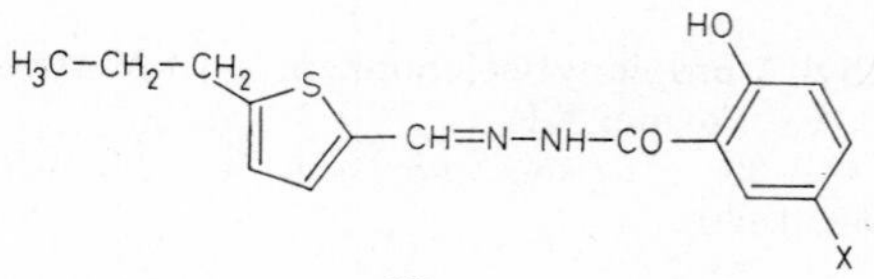 V

5-Propyl-thiophen-2-carbaldehyd-[5-chlor-2-hydroxy-benzoylhydrazon], 5-Chlor-2-hydroxy-benzoesäure-[5-propyl-[2]thienylmethylenhydrazid] $C_{15}H_{15}ClN_2O_2S$, Formel V ($X = Cl$).

B. Aus 5-Propyl-thiophen-2-carbaldehyd und 5-Chlor-2-hydroxy-benzoesäure-hydrazid (*Buu-Hoi et al.,* Soc. **1953** 1358, 1359).

F: 216°.

5-Propyl-thiophen-2-carbaldehyd-[5-brom-2-hydroxy-benzoylhydrazon], 5-Brom-2-hydroxy-benzoesäure-[5-propyl-[2]thienylmethylenhydrazid] $C_{15}H_{15}BrN_2O_2S$, Formel V (X = Br).

B. Aus 5-Propyl-thiophen-2-carbaldehyd und 5-Brom-2-hydroxy-benzoesäure-hydrazid (*Buu-Hoi et al.*, Soc. **1953** 1358, 1359).

F: 222°.

2-Methyl-5-propionyl-furan, 1-[5-Methyl-[2]furyl]-propan-1-on $C_8H_{10}O_2$, Formel VI.

B. Beim Behandeln von 2-Methyl-furan mit Propionsäure-anhydrid und dem Borfluorid-Äther-Addukt (*Farrar, Levine*, Am. Soc. **72** [1950] 3695, 3696). Beim Erwärmen von 2-Methyl-furan mit Propionsäure-anhydrid unter Zusatz von wasserhaltiger Phosphorsäure (*Gruber*, Canad. J. Chem. **31** [1953] 564, 565) oder von Zinn(IV)-chlorid (*Fétizon, Baranger*, Bl. **1957** 1311, 1314). Beim Behandeln von 5-Methyl-furan-2-carbaldehyd mit Diazoäthan in Äther (*Ramonczai, Vargha*, Am. Soc. **72** [1950] 2737).

Kp_{22}: 100° (*Fé., Ba.*); Kp_{14}: 94—96° (*Ra., Va.*); $Kp_{4,5}$: 69,5—70° (*Fa., Le.*). n_D^{14}: 1,5072 (*Fé., Ba.*). UV-Absorptionsmaximum (A.): 282 nm (*Fé., Ba.*).

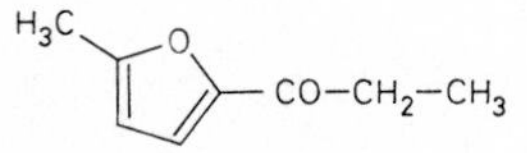

VI 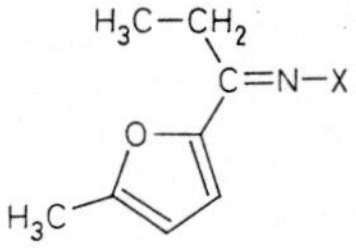 VII 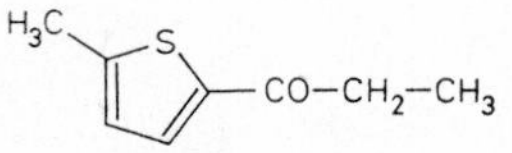 VIII

1-[5-Methyl-[2]furyl]-propan-1-on-oxim $C_8H_{11}NO_2$, Formel VII (X = OH).

B. Aus 1-[5-Methyl-[2]furyl]-propan-1-on und Hydroxylamin (*Ramonczai, Vargha*, Am. Soc. **72** [1950] 2737).

F: 110°.

1-[5-Methyl-[2]furyl]-propan-1-on-[2,4-dinitro-phenylhydrazon] $C_{14}H_{14}N_4O_5$, Formel VII (X = NH-$C_6H_3(NO_2)_2$).

B. Aus 1-[5-Methyl-[2]furyl]-propan-1-on und [2,4-Dinitro-phenyl]-hydrazin (*Fétizon, Baranger*, Bl. **1957** 1311, 1314).

F: 225—227° [korr.; aus $CHCl_3$ + A.]. UV-Absorptionsmaximum ($CHCl_3$): 398 nm.

1-[5-Methyl-[2]furyl]-propan-1-on-semicarbazon $C_9H_{13}N_3O_2$, Formel VII (X = NH-CO-NH_2).

B. Aus 1-[5-Methyl-[2]furyl]-propan-1-on und Semicarbazid (*Ramonczai, Vargha*, Am. Soc. **72** [1950] 2737; *Farrar, Levine*, Am. Soc. **72** [1950] 3695, 3696; *Fétizon, Baranger*, Bl. **1957** 1311, 1314).

Krystalle; F: 162—164° [aus wss. A.] (*Ra., Va.*), 158° [korr.; aus wss. A.] (*Fé., Ba.*), 156—157° [korr.; aus Bzl. + A.] (*Fa., Le.*).

2-Methyl-5-propionyl-thiophen, 1-[5-Methyl-[2]thienyl]-propan-1-on $C_8H_{10}OS$, Formel VIII.

B. Beim Behandeln von 2-Methyl-thiophen mit Propionylchlorid und Aluminiumchlorid in Schwefelkohlenstoff (*Buu-Hoi, Hoán*, R. **68** [1949] 441, 460) oder mit Propionsäure-anhydrid und dem Borfluorid-Äther-Addukt (*Farrar, Levine*, Am. Soc. **72** [1950] 3695, 3696).

Krystalle (aus Bzn.); F: 31° (*Buu-Hoi, Hoán*). Kp_{13}: 127—128° (*Buu-Hoi, Hoán*). $Kp_{4,5}$: 93—94° (*Fa., Le.*).

1-[5-Methyl-[2]thienyl]-propan-1-on-semicarbazon $C_9H_{13}N_3OS$, Formel IX.

B. Aus 1-[5-Methyl-[2]thienyl]-propan-1-on und Semicarbazid (*Farrar, Levine*, Am. Soc. **72** [1950] 3695, 3696).

Krystalle (aus Bzl. + A.); F: 203—204° [korr.].

4-Isopropyl-5-methylen-5*H*-furan-2-on, 4-Hydroxy-3-isopropyl-penta-2*c*,4-diensäure-lacton $C_8H_{10}O_2$, Formel X.

B. Beim Erwärmen von 3-Acetyl-4-methyl-pent-2-ensäure (Semicarbazon: Zers. bei

183—184°) mit Acetanhydrid, Essigsäure und wenig Schwefelsäure (*Stöcklmayer, Meinhard*, Scientia pharm. **23** [1955] 212, 230).

Flüssigkeit. UV-Spektrum (A.; 215—300 nm): *St., Me.*, l. c. S. 221.

4-Isopropyl-furan-2-carbaldehyd $C_8H_{10}O_2$, Formel XI.

Konstitutionszuordnung: *Gilman et al.*, Am. Soc. **57** [1935] 906.

B. Beim Behandeln von Furfural mit Isopropylchlorid und Aluminiumchlorid in Schwefelkohlenstoff (*Gilman, Calloway*, Am. Soc. **55** [1933] 4197, 4200; *Elming*, Acta chem. scand. **6** [1952] 605).

Kp_{21}: 101—103° (*Gi., Ca.*); Kp_{13}: 92—95° (*El.*). D_{25}^{25}: 1,023 (*Gi., Ca.*). n_D^{25}: 1,5041 (*Gi., Ca.*), 1,5032 (*El.*).

An der Luft tritt Dunkelfärbung ein (*Gi., Ca.*).

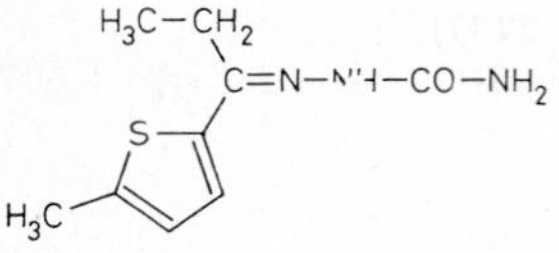

IX 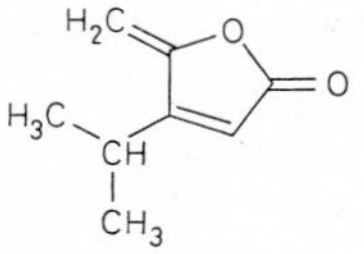 X 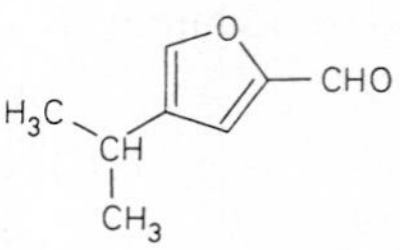 XI 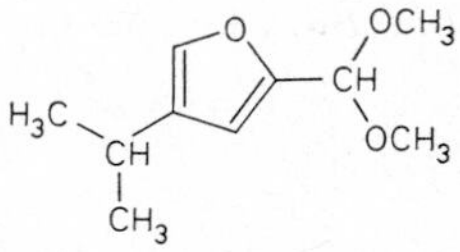 XII

2-Dimethoxymethyl-4-isopropyl-furan, 4-Isopropyl-furan-2-carbaldehyd-dimethylacetal $C_{10}H_{16}O_3$, Formel XII.

B. Beim Erwärmen von 4-Isopropyl-furan-2-carbaldehyd mit Orthoameisensäure-trimethylester, Methanol und wenig Ammoniumchlorid (*Elming*, Acta chem. scand. **6** [1952] 605).

Kp_{13}: 97—99°; n_D^{25}: 1,4524 (*El.*, l. c. S. 606).

Bei der Elektrolyse eines Gemisches mit Methanol und Ammoniumbromid ist 4-Isopropyl-2(?),5(?)-dimethoxy-2,5-dihydro-furan-2-carbaldehyd-dimethylacetal (n_D^{25}: 1,4440) erhalten worden (*Elming*, Acta chem. scand. **6** [1952] 572, 575).

4-Isopropyl-furan-2-carbaldehyd-semicarbazon $C_9H_{13}N_3O_2$, Formel I.

B. Aus 4-Isopropyl-furan-2-carbaldehyd (s. o.) und Semicarbazid (*Gilman, Calloway*, Am. Soc. **55** [1933] 4197, 4200).

Krystalle (aus wss. A.); F: 174—176°.

5-Isopropyl-furan-2-carbaldehyd $C_8H_{10}O_2$, Formel II.

B. Aus 2-Isopropyl-furan mit Hilfe von Cyanwasserstoff und Chlorwasserstoff in Äther (*Reichstein et al.*, Helv. **15** [1932] 1118, 1121). Bei der Hydrierung von 5-Isopropyl-furan-2-carbonylchlorid an einem mit Schwefel vorbehandelten Palladium/Bariumsulfat-Katalysator in einem Kohlenwasserstoff bei Siedetemperatur (*Gilman, Burtner*, Am. Soc. **57** [1935] 909, 910).

Kp_{11}: 91° (*Gi., Bu.*), 86—87° (*Re. et al.*). D_{25}^{25}: 1,0330; n_D^{25}: 1,5085 (*Gi., Bu.*).

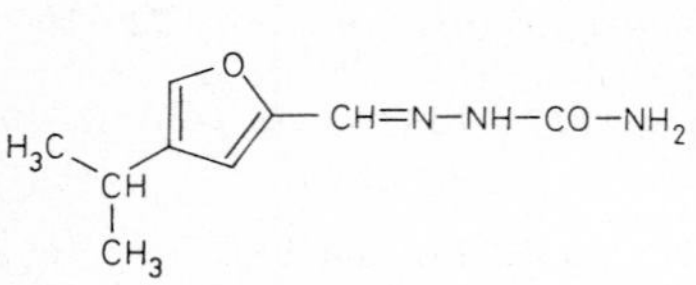

I 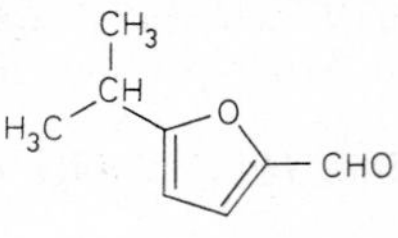 II 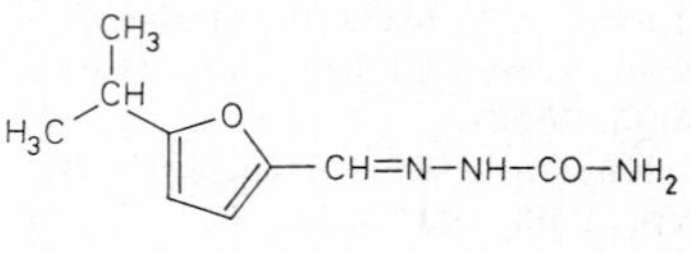 III

5-Isopropyl-furan-2-carbaldehyd-semicarbazon $C_9H_{13}N_3O_2$, Formel III.

B. Aus 5-Isopropyl-furan-2-carbaldehyd und Semicarbazid (*Reichstein et al.*, Helv. **15** [1932] 1118, 1121; *Gilman, Burtner*, Am. Soc. **57** [1935] 909, 910).

Krystalle; F: 167° [korr.; aus wss. A. oder aus Toluol + Bzn.] (*Re. et al.*), 159° [aus wss. A.] (*Gi., Bu.*).

5-Isopropyl-thiophen-2-carbaldehyd $C_8H_{10}OS$, Formel IV.

B. Aus 2-Isopropyl-thiophen mit Hilfe von *N*-Methyl-formanilid und Phosphorylchlorid (*Sy et al.*, Soc. **1955** 21, 23).

Kp: 239°. n_D^{19}: 1,5604.

5-Isopropyl-thiophen-2-carbaldehyd-semicarbazon $C_9H_{13}N_3OS$, Formel V (R = CO-NH$_2$).

B. Aus 5-Isopropyl-thiophen-2-carbaldehyd und Semicarbazid (*Sy et al.*, Soc. **1955** 21, 23).

Krystalle (aus A.); F: 219°.

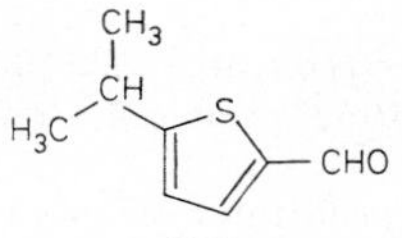

IV 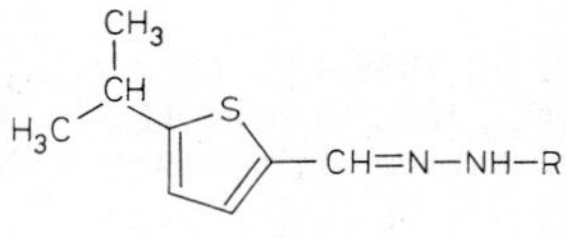 V 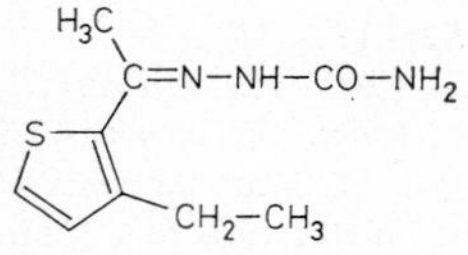 VI

5-Isopropyl-thiophen-2-carbaldehyd-thiosemicarbazon $C_9H_{13}N_3S_2$, Formel V (R = CS-NH$_2$).

B. Aus 5-Isopropyl-thiophen-2-carbaldehyd und Thiosemicarbazid (*Sy et al.*, Soc. **1955** 21, 23).

Krystalle (aus A.); F: 203°.

1-[3-Äthyl-[2]thienyl]-äthanon-semicarbazon $C_9H_{13}N_3OS$, Formel VI.

B. Aus 1-[3-Äthyl-[2]thienyl]-äthanon (H 297) und Semicarbazid (*Steinkopf, Nitschke*, Ar. **278** [1940] 360, 374).

Krystalle (aus A.); F: 156–157°.

3-Acetyl-2-äthyl-5-brom-thiophen, 1-[2-Äthyl-5-brom-[3]thienyl]-äthanon C_8H_9BrOS, Formel VII, und **3-Acetyl-5-äthyl-2-brom-thiophen, 1-[5-Äthyl-2-brom-[3]thienyl]-äthanon** C_8H_9BrOS, Formel VIII.

Diese beiden Konstitutionsformeln kommen für die nachstehend beschriebene Verbindung in Betracht.

B. Neben 1-[5-Äthyl-[2]thienyl]-äthanon (Hauptprodukt) beim Behandeln von 2-Äthyl-5-brom-thiophen mit Acetylchlorid und Zinn(IV)-chlorid in Benzol (*Gol'dfarb et al.*, Ž. obšč. Chim. **29** [1959] 2034, 2041; engl. Ausg. S. 2003, 2009).

Krystalle (aus Octan); F: 37–37,5°.

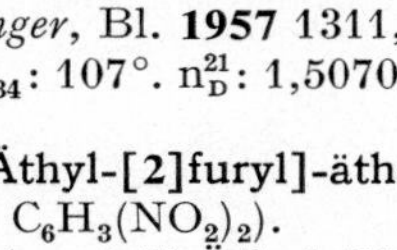

VII 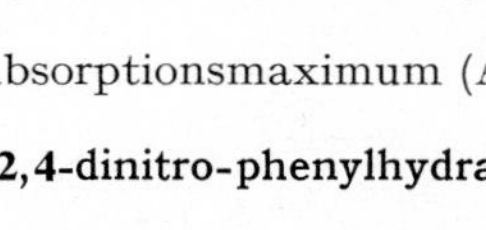 VIII 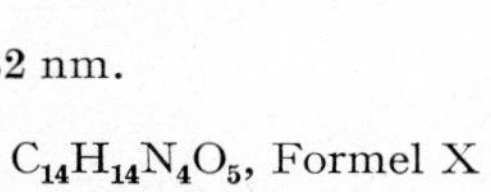 IX

2-Acetyl-5-äthyl-furan, 1-[5-Äthyl-[2]furyl]-äthanon $C_8H_{10}O_2$, Formel IX.

B. Beim Erwärmen von 2-Äthyl-furan mit Acetanhydrid und Zinn(IV)-chlorid (*Fétizon, Baranger*, Bl. **1957** 1311, 1315).

Kp$_{34}$: 107°. n_D^{21}: 1,5070. UV-Absorptionsmaximum (A.): 282 nm.

1-[5-Äthyl-[2]furyl]-äthanon-[2,4-dinitro-phenylhydrazon] $C_{14}H_{14}N_4O_5$, Formel X (R = $C_6H_3(NO_2)_2$).

B. Aus 1-[5-Äthyl-[2]furyl]-äthanon und [2,4-Dinitro-phenyl]-hydrazin (*Fétizon, Baranger*, Bl. **1957** 1311, 1315).

Krystalle (aus E.); F: 206° [korr.]. UV-Absorptionsmaximum ($CHCl_3$): 398 nm.

1-[5-Äthyl-[2]furyl]-äthanon-semicarbazon $C_9H_{13}N_3O_2$, Formel X (R = CO-NH$_2$).

B. Aus 1-[5-Äthyl-[2]furyl]-äthanon und Semicarbazid (*Fétizon, Baranger*, Bl. **1957**

1311, 1315).

Krystalle; F: 162° [korr.].

2-Acetyl-5-äthyl-thiophen, 1-[5-Äthyl-[2]thienyl]-äthanon $C_8H_{10}OS$, Formel XI (H 297; E II 319).

B. Beim Behandeln von 2-Äthyl-thiophen mit Acetanhydrid und wasserhaltiger Phosphorsäure (*Profft*, Ch. Z. **82** [1958] 295, 297), mit Acetanhydrid, Benzol und wasserhaltiger Phosphorsäure (*Hartough*, Am. Soc. **73** [1951] 4033) oder mit Acetylchlorid, Benzol und Zinn(IV)-chlorid (*Steinkopf et al.*, A. **546** [1941] 199, 201). Beim Behandeln von 5-Äthyl-thiophen-2-carbonylchlorid mit Dimethylcadmium in Äther (*Cagniant, Cagniant*, Bl. **1952** 713, 717).

Kp_{12}: 120—121° (*Teste, Lozac'h*, Bl. **1955** 437, 439); $Kp_{0,2}$: 67° (*Ha.*). n_D^{20}: 1,5516 (*Ha.*). IR-Spektrum von 2 μ bis 15 μ: A.P.I. Res. Project **44** Nr. 1441 [1952]; von 2,5 μ bis 5,3 μ sowie von 15 μ bis 22 μ: A.P.I. Res. Project **44** Nr. 1442 [1952].

Beim Erwärmen mit Raney-Nickel in Methanol ist Octan-2-on erhalten worden (*Badger, Sasse*, Soc. **1957** 3862, 3866).

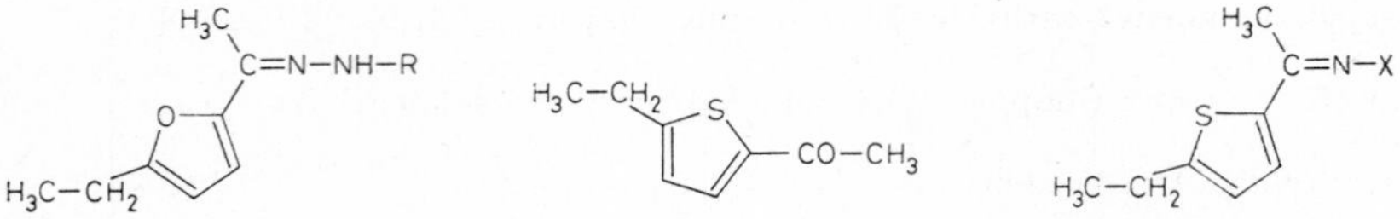

X XI XII

1-[5-Äthyl-[2]thienyl]-äthanon-oxim $C_8H_{11}NOS$, Formel XII (X = OH) (H 297).

B. Aus 1-[5-Äthyl-[2]thienyl]-äthanon und Hydroxylamin (*Chabrier et al.*, Bl. **1946** 332, 338).

F: 112°.

1-[5-Äthyl-[2]thienyl]-äthanon-[4-nitro-phenylhydrazon] $C_{14}H_{15}N_3O_2S$, Formel XII (X = NH-C_6H_4-NO_2).

B. Aus 1-[5-Äthyl-[2]thienyl]-äthanon und [4-Nitro-phenyl]-hydrazin in Äthanol (*Steinkopf et al.*, A. **546** [1941] 199, 201; *Hartough*, Am. Soc. **73** [1951] 4033).

Rote Krystalle; F: 196,5—197,5° [korr.] (*Ha.*), 194—195,5° [aus A.] (*St. et al.*).

1-[5-Äthyl-[2]thienyl]-äthanon-[2,4-dinitro-phenylhydrazon] $C_{14}H_{14}N_4O_4S$, Formel XII (X = NH-$C_6H_3(NO_2)_2$).

B. Aus 1-[5-Äthyl-[2]thienyl]-äthanon und [2,4-Dinitro-phenyl]-hydrazin (*Badger, Sasse*, Soc. **1957** 3862, 3866).

F: 192—194°.

2-Acetyl-5-äthyl-3-brom-thiophen, 1-[5-Äthyl-3-brom-[2]thienyl]-äthanon C_8H_9BrOS, Formel I.

B. Beim Behandeln von 2-Äthyl-4-brom-thiophen mit Acetylchlorid, Benzol und Zinn(IV)-chlorid (*Gol'dfarb, Wol'kenschteĭn*, Doklady Akad. S.S.S.R. **128** [1959] 536, 539; Pr. Acad. Sci. U.S.S.R. Chem. Sect. **124–129** [1959] 767, 770).

Kp_3: 122—125°. n_D^{20}: 1,5893.

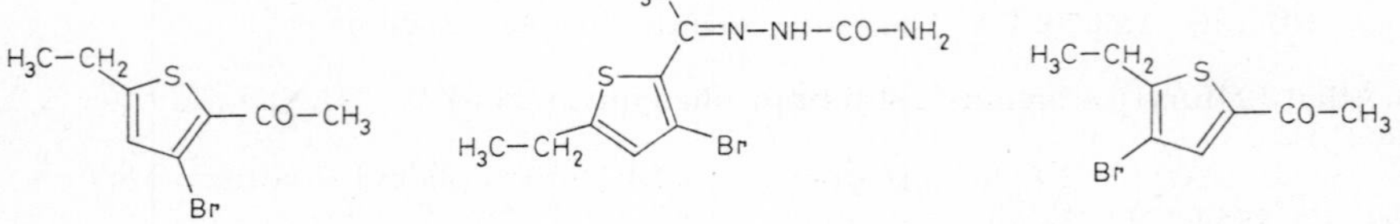

I II III

1-[5-Äthyl-3-brom-[2]thienyl]-äthanon-semicarbazon $C_9H_{12}BrN_3OS$, Formel II.

B. Aus 1-[5-Äthyl-3-brom-[2]thienyl]-äthanon und Semicarbazid (*Gol'dfarb, Wol'ken-*

schteĭn, Doklady Akad. S.S.S.R. **128** [1959] 536, 539; Pr. Acad. Sci. U.S.S.R. Chem. Sect. **124–129** [1959] 767, 770).

Krystalle (aus A.); F: 188–191° [geschlossene Kapillare].

5-Acetyl-2-äthyl-3-brom-thiophen, 1-[5-Äthyl-4-brom-[2]thienyl]-äthanon C_8H_9BrOS, Formel III.

B. Beim Behandeln von 2-Äthyl-3-brom-thiophen mit Acetylchlorid, Benzol und Zinn(IV)-chlorid (*Gol'dfarb, Wol'kenschteĭn*, Doklady Akad. S.S.S.R. **128** [1959] 536, 539; Pr. Acad. Sci. U.S.S.R. Chem. Sect. **124–129** [1959] 767, 770). Beim Behandeln von 1-[5-Äthyl-[2]thienyl]-äthanon mit Brom und Aluminiumchlorid (*Go., Wo.*).

Kp_4: 124–126° [partielle Zers.]; n_D^{20}: 1,5800 [Präparat aus 2-Äthyl-3-brom-thiophen]. Kp_4: 119–121° [partielle Zers.]; n_D^{20}: 1,5882. [Präparat aus 1-[5-Äthyl-[2]thienyl]-äthanon].

1-[5-Äthyl-4-brom-[2]thienyl]-äthanon-semicarbazon $C_9H_{12}BrN_3OS$, Formel IV.

B. Aus 1-[5-Äthyl-4-brom-[2]thienyl]-äthanon und Semicarbazid (*Gol'dfarb, Wol'kenschtein*, Doklady Akad. S.S.S.R. **128** [1959] 536, 539; Pr. Acad. Sci. U.S.S.R. Chem. Sect. **124–129** [1959] 767, 770).

Krystalle (aus A.); F: 235–236° [geschlossene Kapillare].

2-Acetyl-3,4-bis-chlormethyl-furan, 1-[3,4-Bis-chlormethyl-[2]furyl]-äthanon $C_8H_8Cl_2O_2$, Formel V.

B. Beim Behandeln einer Lösung von 1-[3,4-Bis-hydroxymethyl-[2]furyl]-äthanon in Äther und Pyridin mit Thionylchlorid in Hexan (*Williams et al.*, J. org. Chem. **20** [1955] 1139, 1144).

Kp: 120–122° [partielle Zers.]. n_D^{20}: 1,5420.

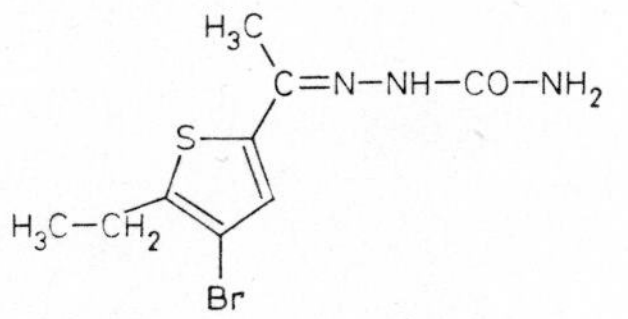

IV 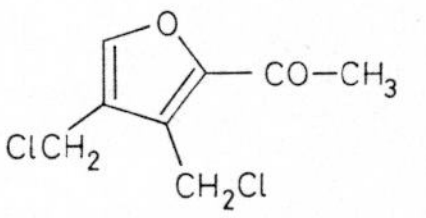 V 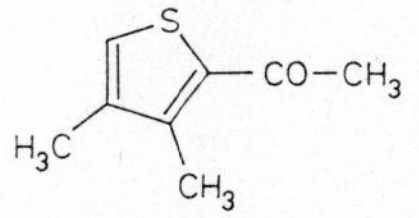 VI 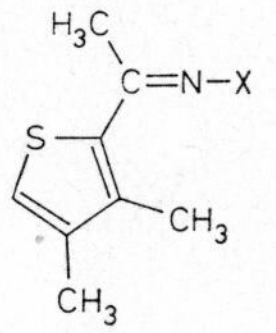 VII

2-Acetyl-3,4-dimethyl-thiophen, 1-[3,4-Dimethyl-[2]thienyl]-äthanon $C_8H_{10}OS$, Formel VI.

B. Beim Erwärmen von 3,4-Dimethyl-thiophen mit Acetanhydrid, Benzol und wasserhaltiger Phosphorsäure (*Hartough*, Am. Soc. **73** [1951] 4033). Beim Behandeln von 3,4-Dimethyl-thiophen mit Acetylchlorid, Benzol und Zinn(IV)-chlorid (*Blanchette, Brown*, Am. Soc. **73** [1951] 2779).

Kp_{13}: 113–116° (*Teste, Lozac'h*, Bl. **1954** 492, 496); $Kp_{0,15}$: 61,5° (*Ha.*). n_D^{20}: 1,5602 (*Ha.*). IR-Spektrum von 2 μ bis 15 μ: A.P.I. Res. Project **44** Nr. 1443 [1952]; von 2,5 μ bis 5,3 μ sowie von 15 μ bis 22 μ: A.P.I. Res. Project **44** Nr. 1444 [1952].

1-[3,4-Dimethyl-[2]thienyl]-äthanon-oxim $C_8H_{11}NOS$, Formel VII (X = OH).

B. Aus 1-[3,4-Dimethyl-[2]thienyl]-äthanon und Hydroxylamin (*Hartough*, Am. Soc. **73** [1951] 4033).

F: 122–123° [korr.].

1-[3,4-Dimethyl-[2]thienyl]-äthanon-[4-nitro-phenylhydrazon] $C_{14}H_{15}N_3O_2S$, Formel VII (X = NH-C_6H_4-NO_2).

B. Aus 1-[3,4-Dimethyl-[2]thienyl]-äthanon und [4-Nitro-phenyl]-hydrazin (*Hartough*, Am. Soc. **73** [1951] 4033).

F: 202–203° [korr.].

1-[3,4-Dimethyl-[2]thienyl]-äthanon-semicarbazon $C_9H_{13}N_3OS$, Formel VII (X = NH-CO-NH_2).

B. Aus 1-[3,4-Dimethyl-[2]thienyl]-äthanon und Semicarbazid (*Hartough*, Am. Soc.

73 [1951] 4033).
F: 234—235° [korr.; Zers.].

2-Acetyl-3,4-dimethyl-selenophen, 1-[3,4-Dimethyl-selenophen-2-yl]-äthanon $C_8H_{10}OSe$, Formel VIII.

B. Beim Erwärmen von Tetrachlorsilan mit Essigsäure und Benzol und anschliessend mit 3,4-Dimethyl-selenophen und Zinn(IV)-chlorid (*Jur'ew, Šadowaja,* Ž. obšč. Chim. **26** [1956] 930; engl. Ausg. S. 1057).

F: 52—53°.

1-[3,4-Dimethyl-selenophen-2-yl]-äthanon-[2,4-dinitro-phenylhydrazon] $C_{14}H_{14}N_4O_4Se$, Formel IX.

B. Aus 1-[3,4-Dimethyl-selenophen-2-yl]-äthanon und [2,4-Dinitro-phenyl]-hydrazin (*Jur'ew, Šadowaja,* Ž. obšč. Chim. **26** [1956] 930; engl. Ausg. S. 1057).

Rote Krystalle; F: 223°.

5-Acetyl-2,3-dimethyl-thiophen, 1-[4,5-Dimethyl-[2]thienyl]-äthanon $C_8H_{10}OS$, Formel X.

B. Beim Behandeln von 2,3-Dimethyl-thiophen mit Acetylchlorid, Benzol und Zinn(IV)-chlorid (*Steinkopf, Nitschke,* Ar. **278** [1940] 360, 374) oder mit Acetanhydrid, Benzol und wasserhaltiger Phosphorsäure (*Hartough,* Am. Soc. **73** [1951] 4033).

Kp_{17}: 131—133° (*St., Ni.*); $Kp_{0,2}$: 76° (*Ha.*). n_D^{20}: 1,5618 (*Ha.*). IR-Spektrum von 2 μ bis 15 μ: A.P.I. Res. Project **44** Nr. 1447 [1952]; von 2,5 μ bis 5,2 μ sowie von 15 μ bis 22 μ: A.P.I. Res. Project **44** Nr. 1448 [1952].

VIII IX X XI

1-[4,5-Dimethyl-[2]thienyl]-äthanon-oxim $C_8H_{11}NOS$, Formel XI (X = OH).

B. Aus 1-[4,5-Dimethyl-[2]thienyl]-äthanon und Hydroxylamin (*Hartough,* Am. Soc. **73** [1951] 4033).

F: 143—144,5° [korr.].

1-[4,5-Dimethyl-[2]thienyl]-äthanon-[4-nitro-phenylhydrazon] $C_{14}H_{15}N_3O_2S$, Formel XI (X = NH-C_6H_4-NO_2).

B. Aus 1-[4,5-Dimethyl-[2]thienyl]-äthanon und [4-Nitro-phenyl]-hydrazin (*Steinkopf, Nitschke,* Ar. **278** [1940] 360, 374; *Hartough,* Am. Soc. **73** [1951] 4033).

Orangefarbene Krystalle; F: 207—208,5° [korr.] (*Ha.*), 204—205° [aus A.] (*St., Ni.*).

1-[4,5-Dimethyl-[2]thienyl]-äthanon-semicarbazon $C_9H_{13}N_3OS$, Formel XI (X = NH-CO-NH_2).

B. Aus 1-[4,5-Dimethyl-[2]thienyl]-äthanon und Semicarbazid (*Steinkopf, Nitschke,* Ar. **278** [1940] 360, 375; *Hartough,* Am. Soc. **73** [1951] 4033).

Krystalle; F: 245—245,5° [aus Pentan-1-ol] (*St., Ni.*), 238—240° [korr.; Zers.] (*Ha.*).

3-Acetyl-2,5-dimethyl-furan, 1-[2,5-Dimethyl-[3]furyl]-äthanon $C_8H_{10}O_2$, Formel XII (H 298).

B. Beim Behandeln von 2,5-Dimethyl-furan mit Acetanhydrid und Zinn(IV)-chlorid (*Hurd, Wilkinson,* Am. Soc. **70** [1948] 739), mit Acetanhydrid und dem Borfluorid-Äther-Addukt (*Levine et al.,* Am. Soc. **71** [1949] 1207) oder mit Acetanhydrid und Eisen(III)-chlorid in Schwefelkohlenstoff (*Gilman, Calloway,* Am. Soc. **55** [1933] 4197, 4204).

Kp: 196° (*Hurd, Wi.*); Kp_{23}: 95° (*Le. et al.*); Kp_{19}: 90° (*Fétizon, Baranger*, Bl. **1957** 1311, 1315). n_D^{20}: 1,4882 (*Fé., Ba.*). UV-Absorptionsmaximum (A.?): 272 nm (*Fé., Ba.*).

1-[2,5-Dimethyl-[3]furyl]-äthanon-oxim $C_8H_{11}NO_2$, Formel XIII (X = OH) (H 298).
UV-Spektrum (230—300 nm): *Ramart-Lucas*, Bl. **1954** 1017, 1022, 1023.

1-[2,5-Dimethyl-[3]furyl]-äthanon-phenylhydrazon $C_{14}H_{16}N_2O$, Formel XIII (X = NH-C_6H_5) (H 298).
UV-Spektrum (230—375 nm): *Ramart-Lucas*, Bl. **1954** 1017, 1024.

1-[2,5-Dimethyl-[3]furyl]-äthanon-semicarbazon $C_9H_{13}N_3O_2$, Formel XIII (X = NH-CO-NH_2).
B. Aus 1-[2,5-Dimethyl-[3]furyl]-äthanon und Semicarbazid (*Fétizon, Baranger*, Bl. **1957** 1311, 1315).
F: 199—201° [korr.].

1-[2,5-Dimethyl-[3]furyl]-äthanon-thiosemicarbazon $C_9H_{13}N_3OS$, Formel XIII (X = NH-CS-NH_2).
B. Aus 1-[2,5-Dimethyl-[3]furyl]-äthanon und Thiosemicarbazid (*Anderson et al.*, Am. Soc. **73** [1951] 4967).
Krystalle (aus A. oder wss. A.); F: 162—163° [unkorr.].

XII XIII XIV XV

3-Acetyl-2,5-dimethyl-thiophen, 1-[2,5-Dimethyl-[3]thienyl]-äthanon $C_8H_{10}OS$, Formel XIV (H 298; E I 157; E II 319).
B. Beim Erwärmen von 2,5-Dimethyl-thiophen mit Acetanhydrid, Benzol und wasserhaltiger Phosphorsäure (*Hartough*, Am. Soc. **73** [1951] 4033) oder mit Acetanhydrid und dem Borfluorid-Äther-Addukt (*Farrar, Levine*, Am. Soc. **72** [1950] 4433, 4435). Beim Behandeln von 2,5-Dimethyl-thiophen mit Acetylchlorid und Zinn(IV)-chlorid in Benzol (*Dann, Distler*, B. **84** [1951] 423, 425; *Gol'dfarb, Koršakowa*, Izv. Akad. S.S.S.R. Otd. chim. **1954** 564, 566, 568; engl. Ausg. S. 481, 484, 485) oder in Schwefelkohlenstoff (*Buu-Hoi, Hoán*, R. **68** [1949] 441, 457).
$Kp_{12,5}$: 108,5—109° (*Go., Ko.*); $Kp_{0,25}$: 62° (*Ha.*). n_D^{20}: 1,5452 (*Ha.*). IR-Spektrum von 2 μ bis 15 μ: A.P.I. Res. Project **44** Nr. 1449 [1952]; von 2,5 μ bis 5,2 μ sowie von 15 μ bis 23 μ: A.P.I. Res. Project **44** Nr. 1450 [1952].
Beim Erhitzen mit wss. Ammoniumpolysulfid-Lösung, Schwefel und Dioxan (*Brown, Blanchette*, Am. Soc. **72** [1950] 3414) oder mit wss. Ammoniak, Schwefel und Dioxan (*Blanchette, Brown*, Am. Soc. **74** [1952] 1066) auf 160° ist [2,5-Dimethyl-[3]thienyl]-acetamid erhalten worden.

1-[2,5-Dimethyl-[3]thienyl]-äthanon-oxim $C_8H_{11}NOS$, Formel XV (X = OH) (E I 157).
B. Aus 1-[2,5-Dimethyl-[3]thienyl]-äthanon und Hydroxylamin (*Chabrier et al.*, Bl. **1946** 332, 338; *Hartough*, Am. Soc. **73** [1951] 4033; *Gol'dfarb et al.*, Izv. Akad. S.S.S.R. Otd. chim. **1956** 340, 347; engl. Ausg. S. 327).
Krystalle; F: 83,5—85° (*Ha.*), 83° (*Ch. et al.*), 82—83° [aus A.] (*Go. et al.*). Kp_{15}: 161—162° (*Ch. et al.*). UV-Spektrum (230—300 nm): *Ramart-Lucas*, Bl. **1954** 1017, 1022, 1025.

1-[2,5-Dimethyl-[3]thienyl]-äthanon-phenylhydrazon $C_{14}H_{16}N_2S$, Formel XV (X = NH-C_6H_5).
B. Aus 1-[2,5-Dimethyl-[3]thienyl]-äthanon und Phenylhydrazin (*Hoch*, C. r. **234** [1952] 1981).

F: 70° (*Hoch*). UV-Spektrum (230—380 nm): *Ramart-Lucas*, Bl. **1954** 1017, 1022, 1025.

1-[2,5-Dimethyl-[3]thienyl]-äthanon-[4-nitro-phenylhydrazon] $C_{14}H_{15}N_3O_2S$, Formel XV (X = NH-C_6H_4-NO_2).

B. Aus 1-[2,5-Dimethyl-[3]thienyl]-äthanon und [4-Nitro-phenyl]-hydrazin (*Steinkopf, Nitschke*, Ar. **278** [1940] 360, 374; *Hartough*, Am. Soc. **73** [1951] 4033).

Rotbraune Krystalle; F: 175—175,5° [aus A.] (*St., Ni.*), 173—174° [korr.] (*Ha.*).

1-[2,5-Dimethyl-[3]thienyl]-äthanon-semicarbazon $C_9H_{13}N_3OS$, Formel XV (X = NH-CO-NH_2) (E I 157; E II 319).

B. Aus 1-[2,5-Dimethyl-[3]thienyl]-äthanon und Semicarbazid (*Farrar, Levine*, Am. Soc. **72** [1950] 4433; *Hartough*, Am. Soc. **73** [1951] 4033; *Hoch*, C. r. **234** [1952] 1981).

F: 216—218° [korr.] (*Ha.*), 214—215° [korr.] (*Fa., Le.*), 215° (*Hoch*).

1-[2,5-Dimethyl-[3]thienyl]-äthanon-thiosemicarbazon $C_9H_{13}N_3S_2$, Formel XV (X = NH-CS-NH_2).

B. Aus 1-[2,5-Dimethyl-[3]thienyl]-äthanon und Thiosemicarbazid (*Anderson et al.*, Am. Soc. **73** [1951] 4967).

Krystalle (aus A. oder wss. A.); F: 157° [unkorr.].

3-Acetyl-2,5-dimethyl-selenophen, 1-[2,5-Dimethyl-selenophen-3-yl]-äthanon $C_8H_{10}OSe$, Formel I.

B. Beim Erwärmen von 2,5-Dimethyl-selenophen mit Acetanhydrid und wasserhaltiger Phosphorsäure (*Kataew, Palkina*, Uč. Zap. Kazansk. Univ. **113** [1953] Nr. 8, S. 115, 122; C. A. **1958** 3762).

Orangefarbenes Öl. Kp_{12}: 124—125°. D_4^{20}: 1,3382, 1,3882. n_D^{20}: 1,5799.

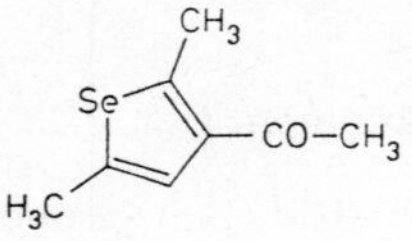

I 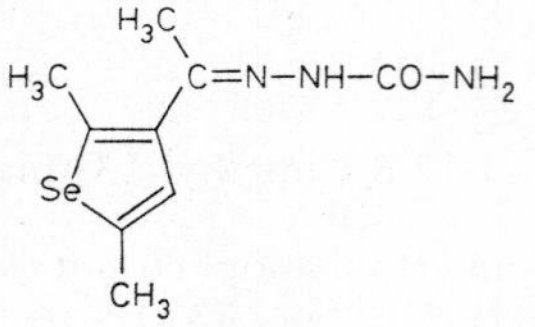 II 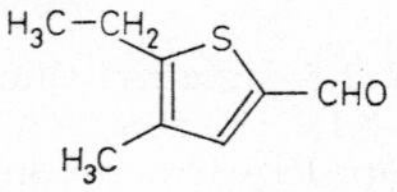 III

1-[2,5-Dimethyl-selenophen-3-yl]-äthanon-semicarbazon $C_9H_{13}N_3OSe$, Formel II.

B. Aus 1-[2,5-Dimethyl-selenophen-3-yl]-äthanon und Semicarbazid (*Kataew, Palkina*, Uč. Zap. Kazansk. Univ. **113** [1953] Nr. 8, S. 115, 122; C. A. **1958** 3762).

Krystalle (aus Me.); F: 189—190°.

5-Äthyl-4-methyl-thiophen-2-carbaldehyd $C_8H_{10}OS$, Formel III.

B. Aus 2-Äthyl-3-methyl-thiophen mit Hilfe von Dimethylformamid und Phosphorylchlorid (*Lamy et al.*, Soc. **1958** 4202; s. a. *Smith et al.*, Canad. J. Chem. **35** [1957] 156, 159).

Kp_{14}: 126—127°; n_D^{22}: 1,5809 (*Lamy et al.*).

5-Äthyl-4-methyl-thiophen-2-carbaldehyd-thiosemicarbazon $C_9H_{13}N_3S_2$, Formel IV.

B. Aus 5-Äthyl-4-methyl-thiophen-2-carbaldehyd und Thiosemicarbazid in Äthanol (*Lamy et al.*, Soc. **1958** 4202).

Krystalle (aus A.); F: 203°.

2-Acetyl-3,5-dimethyl-thiophen, 1-[3,5-Dimethyl-[2]thienyl]-äthanon $C_8H_{10}OS$, Formel V (H 298; dort als 2-Acetyl-3,5-dimethyl-thiophen oder 3-Acetyl-2,4-dimethyl-thiophen formuliert).

B. Beim Erwärmen von 2,4-Dimethyl-thiophen mit Acetanhydrid, Benzol und wasserhaltiger Phosphorsäure (*Hartough*, Am. Soc. **73** [1951] 4033).

$Kp_{0,15}$: 61°; n_D^{20}: 1,5568 (*Ha.*). IR-Spektrum von 2 μ bis 15 μ: A.P.I. Res. Project **44**

Nr. 1445 [1952]; von 2,5 μ bis 5,2 μ sowie von 15 μ bis 22 μ: A.P.I. Res. Project **44** Nr. 1446 [1952].

1-[3,5-Dimethyl-[2]thienyl]-äthanon-oxim $C_8H_{11}NOS$, Formel VI (X = OH) (H 299).

B. Aus 1-[3,5-Dimethyl-[2]thienyl]-äthanon und Hydroxylamin (*Hartough*, Am. Soc. **73** [1951] 4033; *Parham et al.*, Am. Soc. **81** [1959] 5993, 5996).

F: 63,5–64,5° (*Ha.*), 65° [nach Sublimation] (*Pa. et al.*).

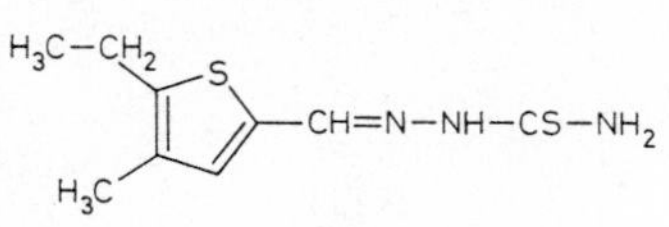

IV 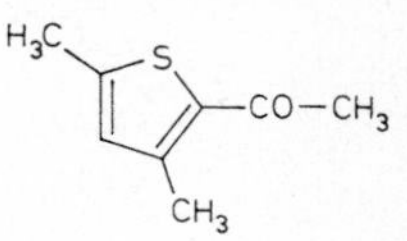 V 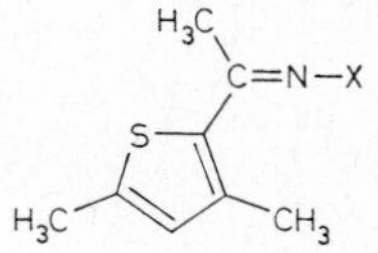 VI

1-[3,5-Dimethyl-[2]thienyl]-äthanon-[4-nitro-phenylhydrazon] $C_{14}H_{15}N_3O_2S$, Formel VI (X = NH-C_6H_4-NO_2).

B. Aus 1-[3,5-Dimethyl-[2]thienyl]-äthanon und [4-Nitro-phenyl]-hydrazin (*Hartough*, Am. Soc. **73** [1951] 4033).

F: 207–207,5° [korr.].

1-[3,5-Dimethyl-[2]thienyl]-äthanon-semicarbazon $C_9H_{13}N_3OS$, Formel VI (X = NH-CO-NH_2).

B. Aus 1-[3,5-Dimethyl-[2]thienyl]-äthanon und Semicarbazid (*Hartough*, Am. Soc. **73** [1951] 4033).

F: 217–219,5° [korr.].

2-Acetyl-3,5-dimethyl-selenophen, 1-[3,5-Dimethyl-selenophen-2-yl]-äthanon $C_8H_{10}OSe$, Formel VII.

Kp_{10}: 121,5–122°; D_4^{20}: 1,4042; n_D^{20}: 1,5849 (*Jur'ew, Šadowaja*, Ž. obšč. Chim. **27** [1957] 1587, 1589; engl. Ausg. S. 1659, 1661).

3,4,5-Trimethyl-furan-2-carbaldehyd $C_8H_{10}O_2$, Formel VIII.

B. Beim Einleiten von Chlorwasserstoff in eine Lösung von 2,3,4-Trimethyl-furan und Cyanwasserstoffsäure in Äther und folgenden Hydrolysieren (*Reichstein et al.*, Helv. **15** [1932] 1112, 1117).

F: 31–32°. $Kp_{0,3}$: 68°.

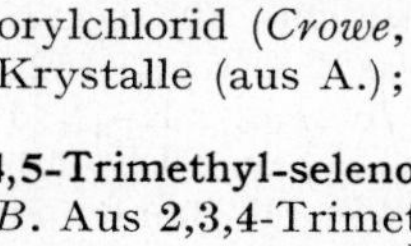

VII 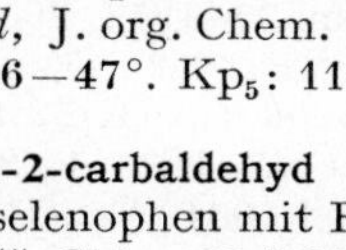 VIII 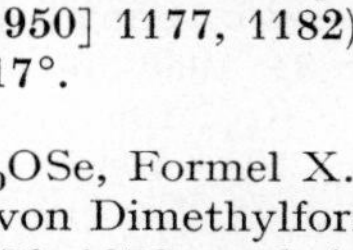 IX 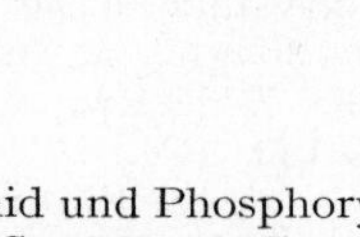 X

3,4,5-Trimethyl-thiophen-2-carbaldehyd $C_8H_{10}OS$, Formel IX.

B. Aus 2,3,4-Trimethyl-thiophen mit Hilfe von *N*-Methyl-formanilid und Phosphorylchlorid (*Crowe, Nord*, J. org. Chem. **15** [1950] 1177, 1182).

Krystalle (aus A.); F: 46–47°. Kp_5: 116–117°.

3,4,5-Trimethyl-selenophen-2-carbaldehyd $C_8H_{10}OSe$, Formel X.

B. Aus 2,3,4-Trimethyl-selenophen mit Hilfe von Dimethylformamid und Phosphorylchlorid (*Jur'ew et al.*, Ž. obšč. Chim. **29** [1959] 1970, 1972; engl. Ausg. S. 1940, 1942).

F: 60–61° [aus wss. A.].

3,4,5-Trimethyl-selenophen-2-carbaldehyd-[2,4-dinitro-phenylhydrazon] $C_{14}H_{14}N_4O_4Se$, Formel XI (R = $C_6H_3(NO_2)_2$).

B. Aus 3,4,5-Trimethyl-selenophen-2-carbaldehyd und [2,4-Dinitro-phenyl]-hydrazin (*Jur'ew et al.*, Ž. obšč. Chim. **29** [1959] 1970, 1972; engl. Ausg. S. 1940, 1942).

F: 259,5–260° [aus Dioxan].

3,4,5-Trimethyl-selenophen-2-carbaldehyd-semicarbazon $C_9H_{13}N_3OSe$, Formel XI (R = CO-NH_2).

B. Aus 3,4,5-Trimethyl-selenophen-2-carbaldehyd und Semicarbazid (*Jur'ew et al.*, Ž. obšč. Chim. **29** [1959] 1970, 1972; engl. Ausg. S. 1940, 1942).

F: 249–250° [Zers.; aus Dioxan].

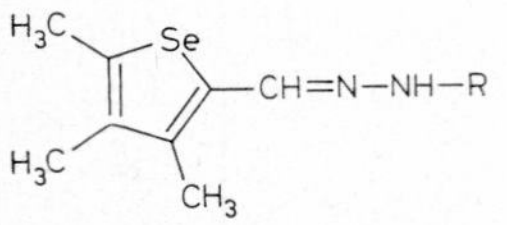

XI 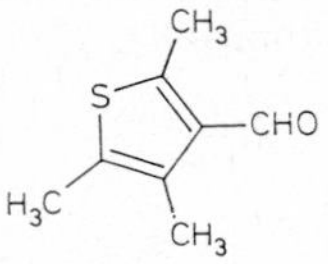 XII 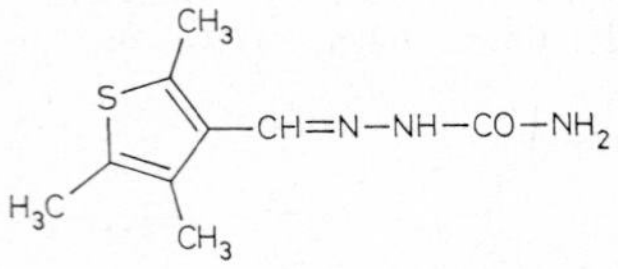 XIII

3,4,5-Trimethyl-selenophen-2-carbaldehyd-thiosemicarbazon $C_9H_{13}N_3SSe$, Formel XI (R = CS-NH_2).

B. Aus 3,4,5-Trimethyl-selenophen-2-carbaldehyd und Thiosemicarbazid (*Jur'ew et al.*, Ž. obšč. Chim. **29** [1959] 1970, 1972; engl. Ausg. S. 1940, 1942).

F: 242–243° [aus Dioxan].

2,4,5-Trimethyl-thiophen-3-carbaldehyd $C_8H_{10}OS$, Formel XII.

B. Aus 2,3,5-Trimethyl-thiophen mit Hilfe von *N*-Methyl-formanilid und Phosphorylchlorid (*King, Nord*, J. org. Chem. **14** [1949] 638, 641).

Kp_3: 87–91°. n_D^{20}: 1,5553.

2,4,5-Trimethyl-thiophen-3-carbaldehyd-semicarbazon $C_9H_{13}N_3OS$, Formel XIII.

B. Aus 2,4,5-Trimethyl-thiophen-3-carbaldehyd und Semicarbazid (*King, Nord*, J. org. Chem. **14** [1949] 638, 641).

F: 179–180°.

4,5,6,7-Tetrahydro-3*H*-cyclopenta[*b*]pyran-2-on, 3-[2-Hydroxy-cyclopent-1-enyl]-propionsäure-lacton $C_8H_{10}O_2$, Formel I.

B. Beim Erwärmen von 3-[2-Oxo-cyclopentyl]-propionsäure mit Acetylchlorid (*Rapson, Robinson*, Soc. **1935** 1533, 1543) oder mit Acetanhydrid (*Schuscherina et al.*, Vestnik Moskovsk. Univ. **10** [1955] Nr. 10, S. **123**; C. A. **1956** 13887).

Kp_{17}: 116–117° (*Ra., Ro.*). Kp_{13}: 118–119°; D_4^{20}: 1,1272; n_D^{20}: 1,4990 (*Sch. et al.*).

(±)-5,6,7,7a-Tetrahydro-4*H*-benzofuran-2-on, (±)-[(*Z*)-2-Hydroxy-cyclohexyliden]-essigsäure-lacton $C_8H_{10}O_2$, Formel II.

B. Aus (±)-[2-Oxo-cyclohexyl]-essigsäure beim Erhitzen auf 280° (*Kuehl et al.*, Soc. **1950** 2213, 2217), beim Erhitzen unter vermindertem Druck auf 200° (*McRae et al.*, Canad. J. Res. [B] **21** [1943] 1, 9), beim Erhitzen mit Polyphosphorsäure auf 150° (*Jilek, Protiva*, Collect. **20** [1955] 765, 774) sowie beim Erhitzen mit Acetanhydrid und Natriumacetat (*Newman, VanderWerf*, Am. Soc. **67** [1945] 233, 236). Beim Erhitzen von (±)-[2-Oxo-cyclohexyl]-malonsäure mit Acetanhydrid (*Cocker, Hornsby*, Soc. **1947** 1157, 1164).

Krystalle; F: 30° (*Jones et al.*, Canad. J. Chem. **37** [1959] 2007, 2010), 29–30° (*Co., Ho.*), 28–30° (*Klein*, Am. Soc. **81** [1959] 3611, 3613). E: 31,2° (*Ne., Vander W.*). Kp_{30}: 152° bis 153° (*Kl.*); Kp_{20}: 160,5°; Kp_6: 136° (*Ne., Vander W.*); Kp_5: 130° (*Jo. et al.*); Kp_{3-4}: 131° bis 133° (*Co., Ho.*); Kp_1: 108–108,5° (*Ku. et al.*). $D_4^{24,1}$: 1,1245 (*Ku. et al.*); D_4^{35}: 1,1194 (*Ne., VanderW.*). $n_D^{24,1}$: 1,5094 (*Ku. et al.*); n_D^{35}: 1,5064 (*Ne., VanderW.*). IR-Banden einer Lösung in Chloroform im Bereich von 1750 cm^{-1} bis 845 cm^{-1}: *Kl.*; von Lösungen in Schwefelkohlenstoff, Chloroform und Tetrachlormethan im Bereich von 1779 cm^{-1} bis 881 cm^{-1}: *Jo. et al.*, l. c. S. 2010, 2018. UV-Absorptionsmaximum: 221,5 nm [Heptan] (*Jo. et al.*, l. c. S. 2009), 216 nm [A.] (*Kl.*).

Beim Erwärmen mit Pyridin und Äthanol erfolgt in geringem Umfang Isomerisierung zu [2-Hydroxy-cyclohex-1-enyl]-essigsäure-lacton (*Ne., VanderW.*). Zeitlicher Verlauf der Hydrierung an Palladium/Kohle in Essigsäure bei 18° (Bildung von *cis*-Hexahydrobenzofuran-2-on): *Co., Ho.*, l. c. S. 1160, 1164. Zeitlicher Verlauf der Reaktion mit Brom in Tetrachlormethan und Essigsäure unter Lichtausschluss bei 16—17°: *Co.*, *Ho.*, l. c. S. 1161.

I II III IV V

4,5,6,7-Tetrahydro-3*H*-benzofuran-2-on, [2-Hydroxy-cyclohex-1-enyl]-essigsäure-lacton $C_8H_{10}O_2$, Formel III.

B. Beim Erhitzen des im vorangehenden Artikel beschriebenen Lactons (*Kuehl et al.*, Soc. **1950** 2213, 2217). In kleiner Menge neben dem im vorangehenden Artikel beschriebenen Lacton beim Erhitzen von (±)-[2-Oxo-cyclohexyl]-essigsäure mit Acetanhydrid und Natriumacetat (*Newman, VanderWerf*, Am. Soc. **67** [1945] 233, 236).

E: —37,4° (*Ne., VanderW.*). Kp_{20}: 133,5—134°; Kp_6: 117° (*Ne., VanderW.*); Kp_5: 110° (*Jones et al.*, Canad. J. Chem. **37** [1959] 2007, 2009). D_4^{35}: 1,1148; n_D^{35}: 1,4903 (*Ne., VanderW.*). IR-Banden ($CHCl_3$ und CCl_4) im Bereich von 1819 cm^{-1} bis 1708 cm^{-1}: *Jo. et al.*, l. c. S. 2011.

Beim Erwärmen mit Pyridin und Äthanol erfolgt Isomerisierung zu [(*Z*)-2-Hydroxy-cyclohexyliden]-essigsäure-lacton (*Ne., VanderW.*).

Charakterisierung durch Überführung in [2-Oxo-cyclohexyl]-essigsäure-anilid (F: 119,2—120°): *Ku. et al.*, l. c. S. 2218.

(±)-*cis*-3a,4,5,7a-Tetrahydro-3*H*-benzofuran-2-on, (±)-[*cis*-2-Hydroxy-cyclohex-3-enyl]-essigsäure-lacton $C_8H_{10}O_2$, Formel IV + Spiegelbild.

B. Neben Cyclohex-2-enyl-essigsäure beim Erhitzen von (±)-[2*c*-Hydroxy-3*t*-jod-cyclohex-*r*-yl]-essigsäure-lacton mit Pyridin (*Klein*, Am. Soc. **81** [1959] 3611, 3614).

Kp_4: 109—112°. IR-Banden im Bereich von 1765 cm^{-1} bis 885 cm^{-1}: *Kl.*

(±)-*trans*-3a,4,7,7a-Tetrahydro-3*H*-isobenzofuran-1-on, (±)-*trans*-6-Hydroxymethyl-cyclohex-3-encarbonsäure-lacton $C_8H_{10}O_2$, Formel V + Spiegelbild.

Konfigurationszuordnung: *Christol et al.*, Bl. **1966** 2535, 2536.

B. In kleiner Menge beim Behandeln von (±)-*cis*(?)-Cyclohex-4-en-1,2-dicarbaldehyd ($Kp_{0,3}$: 56°; n_D^{20}: 1,4936) mit wss.-äthanol. Natronlauge (*Hufford et al.*, Am. Soc. **74** [1952] 3014, 3018).

Krystalle (aus Heptan); F: 99—100° (*Hu. et al.*).

Charakterisierung durch Überführung in *trans*-6-Hydroxymethyl-cyclohex-3-encarbonsäure-hydrazid (F: 169—170°): *Hu. et al.*

(±)-1-Acetyl-4,5-epoxy-cyclohexen, (±)-1-[4,5-Epoxy-cyclohex-1-enyl]-äthanon $C_8H_{10}O_2$, Formel VI.

B. Beim Behandeln von 1-Cyclohexa-1,4-dienyl-äthanon mit Peroxybenzoesäure in Chloroform unter Lichtausschluss (*Braude et al.*, Soc. **1949** 607, 612).

Krystalle (aus Ae. + PAe.); F: 35°. $Kp_{0,05}$: 69—71°. n_D^{21}: 1,5122 [unterkühlte Schmelze]. UV-Absorptionsmaximum (A.): 229 nm (*Br. et al.*, l. c. S. 610).

Beim Behandeln mit Natriumamid in Äther ist Acetophenon erhalten worden.

H_3C C=N—NH—CO—NH_2 CO—CH_3 CHO CH=N—X

VI VII VIII IX

(±)-1-[4,5-Epoxy-cyclohex-1-enyl]-äthanon-semicarbazon $C_9H_{13}N_3O_2$, Formel VII.

B. Aus (±)-1-[4,5-Epoxy-cyclohex-1-enyl]-äthanon und Semicarbazid (*Braude et al.*, Soc. **1949** 607, 612).

Krystalle (aus A.); F: 228°.

(±)-*cis*-3,3a,6,6a-Tetrahydro-1*H*-cyclopenta[*c*]furan-4-carbaldehyd $C_8H_{10}O_2$, Formel VIII + Spiegelbild.

B. Beim Behandeln von (±)-(3a*r*,7a*c*)-Octahydro-isobenzofuran-5*c*(?),6*c*(?)-diol (S. 2041) mit Blei(IV)-acetat in Essigsäure (*Eliel, Pillar*, Am. Soc. **77** [1955] 3600, 3603).

Als 2,4-Dinitro-phenylhydrazon (s. u.) isoliert.

(±)-*cis*-3,3a,6,6a-Tetrahydro-1*H*-cyclopenta[*c*]furan-4-carbaldehyd-[2,4-dinitro-phenylhydrazon] $C_{14}H_{14}N_4O_5$, Formel IX (X = NH-$C_6H_3(NO_2)_2$) + Spiegelbild.

B. Beim Behandeln von (±)-*cis*-3,3a,6,6a-Tetrahydro-1*H*-cyclopenta[*c*]furan-4-carbaldehyd mit [2,4-Dinitro-phenyl]-hydrazin und wss.-äthanol. Schwefelsäure (*Eliel, Pillar*, Am. Soc. **77** [1955] 3600, 3603).

Krystalle (aus A.); F: 204–205° [unkorr.].

***Opt.-inakt. 4-Methyl-7-oxa-norborn-5-en-2-carbaldehyd** $C_8H_{10}O_2$, Formel X.

B. Beim Erhitzen von 2-Methyl-furan mit Acrylaldehyd auf 150° (*Sfiras, Demeilliers*, Recherches Nr. 7 [1957] 36).

Kp_{15}: 82°. D_{15}^{15}: 1,045. n_D^{20}: 1,4758.

***Opt.-inakt. 4-Methyl-7-oxa-norborn-5-en-2-carbaldehyd-oxim** $C_8H_{11}NO_2$, Formel XI (X = OH).

B. Aus opt.-inakt. 4-Methyl-7-oxa-norborn-5-en-2-carbaldehyd (s. o.) und Hydroxylamin (*Sfiras, Demeilliers*, Recherches Nr. 7 [1957] 36).

F: 65°.

***Opt.-inakt. 4-Methyl-7-oxa-norborn-5-en-2-carbaldehyd-[2,4-dinitro-phenylhydrazon]** $C_{14}H_{14}N_4O_5$, Formel XI (X = NH-$C_6H_3(NO_2)_2$).

B. Aus opt.-inakt. 4-Methyl-7-oxa-norborn-5-en-2-carbaldehyd (s. o.) und [2,4-Dinitro-phenyl]-hydrazin (*Sfiras, Demeilliers*, Recherches Nr. 7 [1957] 36).

F: 113°.

CHO CH₃ — X; CH=N–X CH₃ — XI; XII; XIII; XIV

***Opt.-inakt. 4-Methyl-7-oxa-norborn-5-en-2-carbaldehyd-semicarbazon** $C_9H_{13}N_3O_2$, Formel XI (X = NH-CO-NH_2).

B. Aus opt.-inakt. 4-Methyl-7-oxa-norborn-5-en-2-carbaldehyd (s. o.) und Semicarbazid (*Sfiras, Demeilliers*, Recherches Nr. 7 [1957] 36).

F: 91°.

(±)-Hexahydro-1,4-methano-cyclopenta[*c*]furan-3-on, (±)-Hexahydro-3,6-cyclo-benzofuran-2-on, (±)-2*exo*-Hydroxy-norbornan-7*syn*-carbonsäure-lacton $C_8H_{10}O_2$, Formel XII + Spiegelbild.

B. Neben 6*endo*-Hydroxy-norbornan-2*endo*-carbonsäure-lacton beim Behandeln von (±)-Norborn-5-en-2*endo*-carbonsäure oder von (±)-Norborn-5-en-2*exo*-carbonsäure (*Beckmann, Geiger*, B. **94** [1961] 48, 54, 55) sowie von (±)-2,6-Cyclo-norbornan-3-carbonsäure (*Roberts et al.*, Am. Soc. **72** [1950] 3116, 3122; *Be., Ge.*) mit wss. Schwefelsäure.

Krystalle (nach Sublimation); F: 120–121° (*Be., Ge.*), 119–120° (*Ro. et al.*).

(±)-Hexahydro-3,5-methano-cyclopenta[*b*]furan-2-on, (±)-6*endo*-Hydroxy-norbornan-2*endo*-carbonsäure-lacton $C_8H_{10}O_2$, Formel XIII (X = H) + Spiegelbild.

B. Beim Behandeln von (±)-Norborn-5-en-2*endo*-carbonsäure oder von (±)-Norborn-5-en-2*exo*-carbonsäure mit wss. Schwefelsäure (*Beckmann, Geiger*, B. **94** [1961] 48, 54; s. a. *Alder, Stein*, A. **514** [1934] 197, 207; *Roberts et al.*, Am. Soc. **72** [1950] 3116, 3122). Beim Behandeln einer Lösung von (±)-Hexahydro-3,5-methano-cyclopenta[*b*]furan in Aceton mit Chrom(VI)-oxid und Schwefelsäure (*Henbest, Nicholls*, Soc. **1959** 227, 233). Beim Erwärmen von (±)-5*exo*-Chloromercurio-6*endo*-hydroxy-norbornan-2*endo*-carbon⸗säure-lacton mit Natriumboranat in Methanol und Äther (*He., Ni.*).

Dipolmoment (ε; Dioxan): 4,7 D (*Kwart, Kaplan*, Am. Soc. **76** [1954] 4078, 4080).

Krystalle; F: 155—156° [aus Bzn.] (*Al., St.*), 154—155,5° [Block; aus Bzn.] (*He., Ni.*), 154,2—155,2° [aus Pentan] (*Ro. et al.*). Bei vermindertem Druck sublimierbar (*He., Ni.*).

(±)-6*c*-Brom-(3a*r*)-hexahydro-3,5-methano-cyclopenta[*b*]furan-2-on, (±)-5*exo*-Brom-6*endo*-hydroxy-norbornan-2*endo*-carbonsäure-lacton $C_8H_9BrO_2$, Formel XIII (X = Br) + Spiegelbild.

Konfigurationszuordnung: *Singh, Hodgson*, Acta cryst. [B] **30** [1974] 828.

B. Beim Behandeln von (±)-6*endo*-Hydroxy-norbornan-2*endo*-carbonsäure-lacton mit Brom und wss. Natriumhydrogencarbonat-Lösung (*Roberts et al.*, Am. Soc. **72** [1950] 3116, 3122).

Krystalle; F: 67,5—68,5° [aus PAe.] (*Ver Nooy, Rondestvedt*, Am. Soc. **77** [1955] 3583, 3585), 64,8—65,9° [aus Bzl. + Hexan] (*Ro. et al.*). Monoklin; Raumgruppe $P2_1/c$; aus dem Röntgen-Diagramm ermittelte Dimensionen der Elementarzelle: a = 6,383 Å; b = 11,180 Å; c = 11,430 Å; β = 95,76°; n = 4 (*Si., Ho.*). Dichte der Krystalle: 1,76 (*Si., Ho.*).

(±)-4ξ-Brom-hexahydro-3,5-methano-cyclopenta[*b*]furan-2-on, (±)-7ξ-Brom-6*endo*-hydroxy-norbornan-2*endo*-carbonsäure-lacton $C_8H_9BrO_2$, Formel XIV + Spiegelbild.

B. In kleiner Menge neben anderen Verbindungen beim Behandeln von (±)-Norborn-5-en-2*exo*-carbonsäure mit Brom und wss. Natriumhydrogencarbonat-Lösung (*Ver Nooy, Rondestvedt*, Am. Soc. **77** [1955] 3583, 3585).

Krystalle (aus E. + PAe.); F: 89—89,5°.

(±)-6*c*-Jod-(3a*r*)-hexahydro-3,5-methano-cyclopenta[*b*]furan-2-on, (±)-6*endo*-Hydroxy-5*exo*-jod-norbornan-2*endo*-carbonsäure-lacton $C_8H_9IO_2$, Formel XIII (X = I) + Spiegelbild.

Konfigurationszuordnung: *Singh, Hodgson*, Acta cryst. [B] **30** [1974] 828.

B. Beim Behandeln des Natrium-Salzes der (±)-Norborn-5-en-2*exo*-carbonsäure mit Jod und wss. Natriumhydrogencarbonat-Lösung (*Ver Nooy, Rondestvedt*, Am. Soc. **77** [1955] 3583, 3585).

Krystalle (aus E. + PAe.); F: 58—59° (*Ver N., Ro.*). Orthorhombisch; Raumgruppe *Pbca*; aus dem Röntgen-Diagramm ermittelte Dimensionen der Elementarzelle: a = 11,825 Å; b = 15,609 Å; c = 11,310 Å; n = 16 (*Si., Ho.*). Dichte der Krystalle: 2,11 (*Si., Ho.*).

(±)-3-Chlor-6*c*-jod-(3a*r*)-hexahydro-3,5-methano-cyclopenta[*b*]furan-2-on, (±)-2*exo*-Chlor-6*endo*-hydroxy-5*exo*-jod-norbornan-2*endo*-carbonsäure-lacton $C_8H_8ClIO_2$, Formel I (X = Cl) + Spiegelbild.

B. Beim Behandeln von (±)-2*exo*-Chlor-norborn-5-en-2*endo*-carbonsäure mit Natrium⸗hydrogencarbonat in Wasser und anschliessend mit einer Lösung von Jod und Kalium⸗jodid in Wasser (*Alder et al.*, A. **613** [1958] 6, 16).

F: 118° [aus Bzl. + Bzn.].

7-Chlor-6-jod-hexahydro-3,5-methano-cyclopenta[*b*]furan-2-on $C_8H_8ClIO_2$.

a) **(±)-7*syn*-Chlor-6*c*-jod-(3a*r*)-hexahydro-3,5-methano-cyclopenta[*b*]furan-2-on, (±)-3*endo*-Chlor-6*endo*-hydroxy-5*exo*-jod-norbornan-2*endo*-carbonsäure-lacton** $C_8H_8ClIO_2$, Formel II (X = Cl) + Spiegelbild.

B. Beim Behandeln von (±)-3*endo*-Chlor-norborn-5-en-2*endo*-carbonsäure mit Natrium⸗hydrogencarbonat in Wasser und anschliessend mit einer Lösung von Jod und Kalium⸗

jodid in Wasser (*Alder et al.*, A. **613** [1958] 6, 18).
F: 118° [aus Bzl. + Bzn.].

b) **(±)-7*anti*-Chlor-6*c*-jod-(3a*r*)-hexahydro-3,5-methano-cyclopenta[*b*]furan-2-on, (±)-3*exo*-Chlor-6*endo*-hydroxy-5*exo*-jod-norbornan-2*endo*-carbonsäure-lacton** $C_8H_8ClIO_2$, Formel III (X = Cl) + Spiegelbild.

B. Beim Behandeln von (±)-3*exo*-Chlor-norborn-5-en-2*endo*-carbonsäure mit Natrium=hydrogencarbonat in Wasser und anschliessend mit einer Lösung von Jod und Kalium=jodid in Wasser (*Alder et al.*, A. **613** [1958] 6, 19).
F: 113° [aus Bzl. + Bzn.].

(±)-3,7ξ-Dichlor-6*c*-jod-(3a*r*)-hexahydro-3,5-methano-cyclopenta[*b*]furan-2-on, (±)-2*exo*,3ξ-Dichlor-6*endo*-hydroxy-5*exo*-jod-norbornan-2*endo*-carbonsäure-lacton $C_8H_7Cl_2IO_2$, Formel IV (X = Cl) + Spiegelbild.

B. Beim Behandeln von (±)-2*exo*,3ξ-Dichlor-norborn-5-en-2*endo*-carbonsäure (F: 130°) mit Natriumhydrogencarbonat in Wasser und anschliessend mit einer Lösung von Jod und Kaliumjodid in Wasser (*Alder et al.*, A. **613** [1958] 6, 21).
F: 141° [aus Bzl. + Bzn.].

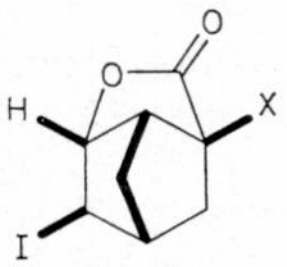

I 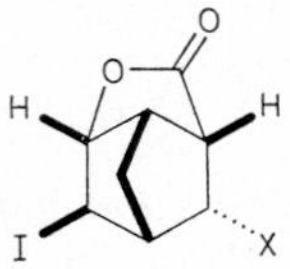 II 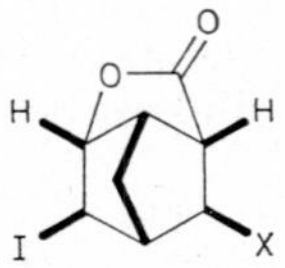 III 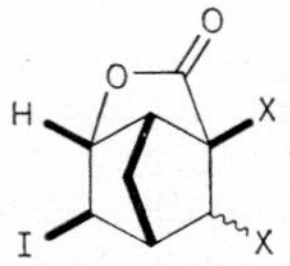 IV

(±)-3-Brom-6*c*-jod-(3a*r*)-hexahydro-3,5-methano-cyclopenta[*b*]furan-2-on, (±)-2*exo*-Brom-6*endo*-hydroxy-5*exo*-jod-norbornan-2*endo*-carbonsäure-lacton $C_8H_8BrIO_2$, Formel I (X = Br) + Spiegelbild.

B. Beim Behandeln von (±)-2*exo*-Brom-norborn-5-en-2*endo*-carbonsäure mit wss. Natriumhydrogencarbonat-Lösung und anschliessend mit einer Lösung von Jod und Kaliumjodid in Wasser (*Alder et al.*, A. **613** [1958] 6, 17).
Krystalle (aus Bzl. + Bzn.); F: 132°.

7-Brom-6-jod-hexahydro-3,5-methano-cyclopenta[*b*]furan-2-on $C_8H_8BrIO_2$.

a) **(±)-7*syn*-Brom-6*c*-jod-(3a*r*)-hexahydro-3,5-methano-cyclopenta[*b*]furan-2-on, (±)-3*endo*-Brom-6*endo*-hydroxy-5*exo*-jod-norbornan-2*endo*-carbonsäure-lacton** $C_8H_8BrIO_2$, Formel II (X = Br) + Spiegelbild.

B. Beim Behandeln von (±)-3*endo*-Brom-norborn-5-en-2*endo*-carbonsäure mit Natrium=hydrogencarbonat in Wasser und anschliessend mit einer Lösung von Jod und Kalium=jodid in Wasser (*Alder et al.*, A. **613** [1958] 6, 19).
F: 124° [aus Bzl. + Bzn.].

b) **(±)-7*anti*-Brom-6*c*-jod-(3a*r*)-hexahydro-3,5-methano-cyclopenta[*b*]furan-2-on, (±)-3*exo*-Brom-6*endo*-hydroxy-5*exo*-jod-norbornan-2*endo*-carbonsäure-lacton** $C_8H_8BrIO_2$, Formel III (X = Br) + Spiegelbild.

B. Beim Behandeln von (±)-3*exo*-Brom-norborn-5-en-2*endo*-carbonsäure mit Natrium=hydrogencarbonat in Wasser und anschliessend mit einer Lösung von Jod und Kalium=jodid in Wasser (*Alder et al.*, A. **613** [1958] 6, 19).
F: 96° [aus Bzl. + Bzn.].

(±)-3,7ξ-Dibrom-6*c*-jod-(3a*r*)-hexahydro-3,5-methano-cyclopenta[*b*]furan-2-on, (±)-2*exo*,3ξ-Dibrom-6*endo*-hydroxy-5*exo*-jod-norbornan-2*endo*-carbonsäure-lacton $C_8H_7Br_2IO_2$, Formel IV (X = Br) + Spiegelbild.

B. Beim Behandeln von (±)-2*exo*,3ξ-Dibrom-norborn-5-en-2*endo*-carbonsäure (F: 138°) mit Natriumhydrogencarbonat in Wasser und anschliessend mit einer Lösung von Jod und Kaliumjodid in Wasser (*Alder et al.*, A. **613** [1958] 6, 22).
F: 171° [aus Bzl. + Bzn.].

(±)-6*c*,7*syn*-Dijod-(3a*r*)-hexahydro-3,5-methano-cyclopenta[*b*]furan-2-on, (±)-6*endo*-Hydroxy-3*endo*,5*exo*-dijod-norbornan-2*endo*-carbonsäure-lacton $C_8H_8I_2O_2$, Formel II (X = I) + Spiegelbild.

B. Beim Behandeln von (±)-3*endo*-Jod-norborn-5-en-2*endo*-carbonsäure mit Natrium=

hydrogencarbonat in Wasser und anschliessend mit einer Lösung von Jod und Kalium= jodid in Wasser (*Alder et al.*, A. **613** [1958] 6, 20).

F: 129° [aus Bzl. + Bzn.]. [*Rogge*]

Oxo-Verbindungen $C_9H_{12}O_2$

6-Methyl-5-propyl-pyran-2-on, 5-Hydroxy-4-propyl-hexa-2*c*,4*t*-diensäure-lacton $C_9H_{12}O_2$, Formel V.

B. Beim Behandeln von 6-Methyl-5-propyl-3,4-dihydro-pyran-2-on mit Brom in Äther und Erhitzen des Reaktionsprodukts unter vermindertem Druck auf 130° (*Schuscherina et al.*, Ž. obšč. Chim. **29** [1959] 403, 405; engl. Ausg. S. 405, 407).

Kp_6: 120–121°. D_4^{20}: 1,0515. n_D^{20}: 1,5170 (*Sch. et al.*, l. c. S. 405).

Beim Erhitzen mit Butindisäure-diäthylester bis auf 190° ist 3-Methyl-4-propyl-phthalsäure-diäthylester (*Schuscherina et al.*, Ž. obšč. Chim. **29** [1959] 3237; engl. Ausg. S. 3200), beim Erhitzen mit Maleinsäure-anhydrid in Xylol ist 1-Methyl-7-propyl-bicyclo[2.2.2]oct-7-en-2,3,5,6-tetracarbonsäure-2,3;5,6-dianhydrid [F: 231–232°] (*Sch. et al.*, l. c. S. 406) erhalten worden.

4-Methyl-6-propyl-pyran-2-on, 5-Hydroxy-3-methyl-octa-2*c*,4*t*-diensäure-lacton $C_9H_{12}O_2$, Formel VI.

B. Beim Erhitzen von 2(oder/und 4)-Butyryl-3-methyl-*cis*-pentendisäure-anhydrid [F: 67°] (*Wiley, Smith*, Am. Soc. **74** [1952] 3893).

Bei 110–120°/5 Torr destillierbar. n_D^{25}: 1,5094. Hygroskopisch.

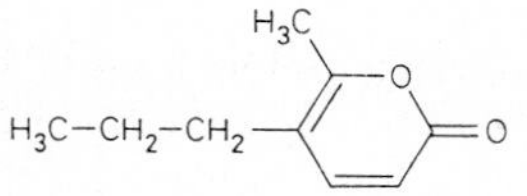

V 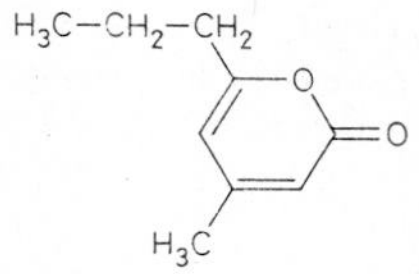 VI 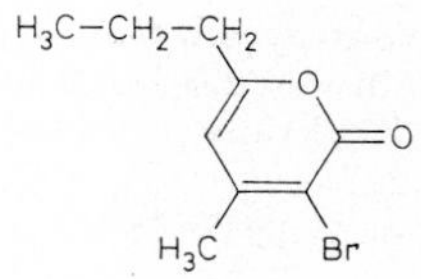 VII 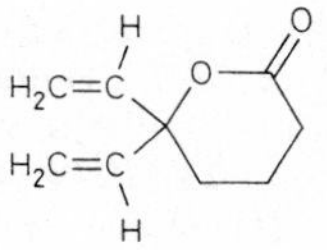 VIII

3-Brom-4-methyl-6-propyl-pyran-2-on, 2-Brom-5-hydroxy-3-methyl-octa-2*c*,4*t*-diensäure-lacton $C_9H_{11}BrO_2$, Formel VII.

B. Beim Behandeln von 4-Methyl-6-propyl-pyran-2-on mit Brom in Tetrachlormethan (*Wiley, Smith*, Am. Soc. **74** [1952] 3893).

Krystalle (aus PAe.); F: 65°.

6,6-Divinyl-tetrahydro-pyran-2-on, 5-Hydroxy-5-vinyl-hept-6-ensäure-lacton $C_9H_{12}O_2$, Formel VIII.

B. Beim Behandeln von 5-Hydroxy-5-vinyl-hept-6-ensäure-methylamid mit Barium= hydroxid in Wasser und Behandeln des Reaktionsprodukts mit wss. Schwefelsäure (*Lukeš, Černý*, Collect. **23** [1958] 946, 951).

$Kp_{0,04}$: 75–78°. D_4^{20}: 1,0424. n_D^{20}: 1,4866.

3,6-Diäthyl-pyran-2-on, 2-Äthyl-5-hydroxy-hepta-2*c*,4*t*-diensäure-lacton $C_9H_{12}O_2$, Formel IX.

B. Beim Erhitzen von 2-Acetyl-2-äthyl-5-oxo-hept-3-ensäure-äthylester mit wss. Salzsäure und Essigsäure (*Kotschetkow, Gottich*, Ž. obšč. Chim. **29** [1959] 1324, 1326; engl. Ausg. S. 1297, 1299).

Kp_1: 74–76°. D_4^{20}: 1,0492. n_D^{20}: 1,5105.

2,6-Diäthyl-pyran-4-on $C_9H_{12}O_2$, Formel X.

B. Beim Erhitzen von 6-Äthyl-3-propionyl-pyran-2,4-dion mit wss. Salzsäure (*Deshapande*, J. Indian chem. Soc. **9** [1932] 303, 305).

F: 10° (*De.*). Kp_{10}: 115–120° (*Deshapande et al.*, J. Indian chem. Soc. **19** [1942] 153, 154); Kp_7: 126° (*De.*).

Beim Behandeln mit Brom und wenig Jod im Tageslicht und Erwärmen des Reaktionsprodukts sind 2,6-Diäthyl-3,5-dibrom-pyran-4-on und 3,4,6,7-Tetrabrom-nona-3,6-dien-5-on (F: 165°) erhalten worden (*Maheshwari et al.*, J. Indian chem. Soc. **23** [1946] 24, 25). Reaktion mit Phosphor(V)-sulfid in Benzol unter Bildung von 2,6-Diäthyl-pyran-4-thion: *Traverso*, Ann. Chimica **45** [1955] 687, 693. Bildung von Nonan-3,5,7-trion beim Erhitzen mit Bariumhydroxid in Wasser: *Deshapande et al.*, J. Indian chem. Soc. **11** [1934] 595, 599; *Tr.*

Verbindung mit Chlorwasserstoff; 2,6-Diäthyl-4-hydroxy-pyrylium-chlorid $[C_9H_{13}O_2]Cl$. Hygroskopische Krystalle (aus Ae.); F: 77–78° (*De.*).

Verbindung mit Quecksilber(II)-chlorid $C_9H_{12}O_2 \cdot HgCl_2$. Krystalle (aus W.); F: 72° [Zers.] (*De.*, l. c. S. 306).

Verbindung mit Hexachloroplatin(IV)-säure; 2,6-Diäthyl-4-hydroxy-pyrylium-hexachloroplatinat(IV) $[C_9H_{13}O_2]_2PtCl_6$. Krystalle; F: 188° [Zers.] (*De.*).

Verbindung mit Pikrinsäure; 2,6-Diäthyl-4-hydroxy-pyrylium-pikrat $[C_9H_{13}O_2]C_6H_2N_3O_7$. Gelbe Krystalle (aus W.); F: 110° (*De.*; *Balenović*, R. **67** [1948] 282).

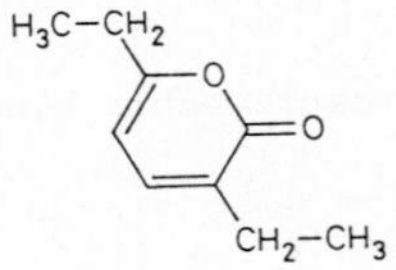

IX 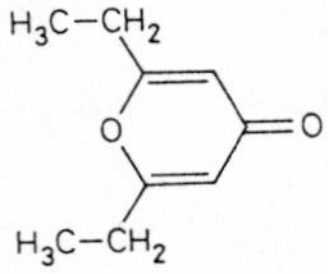 X 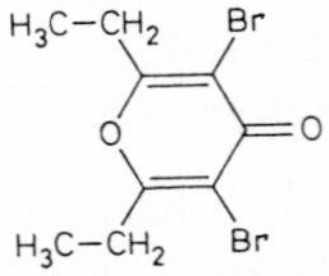 XI 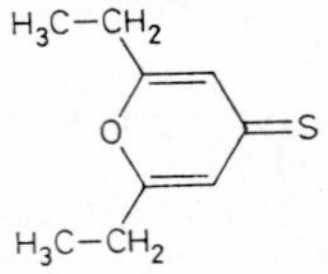 XII

2,6-Diäthyl-3,5-dibrom-pyran-4-on $C_9H_{10}Br_2O_2$, Formel XI.

B. Beim Behandeln von 2,6-Diäthyl-pyran-4-on mit Brom und wenig Jod im Tageslicht und Erhitzen des Reaktionsprodukts mit Wasser (*Maheshwari et al.*, J. Indian chem. Soc. **23** [1946] 24, 25).

Krystalle (aus wss. A.); F: 78°.

2,6-Diäthyl-pyran-4-thion $C_9H_{12}OS$, Formel XII.

B. Neben 1-[5-Äthyl-[1,2]dithiol-3-yliden]-butan-2-on (F: 56°; zur Konstitution s. *Hertz et al.*, A. **625** [1959] 43) beim Erwärmen von Nonan-3,5,7-trion mit Phosphor(V)-sulfid in Benzol (*Traverso*, Ann. Chimica **45** [1955] 687, 694). Beim Erwärmen von 2,6-Diäthyl-pyran-4-on mit Phosphor(V)-sulfid in Benzol (*Tr.*, l. c. S. 693).

Orangegelbe Krystalle (aus PAe.); F: 45°.

2-Valeryl-furan, 1-[2]Furyl-pentan-1-on $C_9H_{12}O_2$, Formel I.

B. Beim Behandeln von Furan mit Valerylchlorid und Aluminiumchlorid in Schwefelkohlenstoff (*Gilman, Calloway*, Am. Soc. **55** [1933] 4197, 4200). Beim Erwärmen von Furan mit Valeriansäure-anhydrid und dem Borfluorid-Äther-Addukt (*Gruber*, Canad. J. Chem. **31** [1953] 564, 565). Beim Behandeln von Furan-2-carbonitril mit Butylmagnesiumbromid in Äther und anschliessend mit wss. Salzsäure (*Terent'ew, Gratschewa*, Ž. obšč. Chim. **28** [1958] 1167; engl. Ausg. S. 1225).

Kp_{18}: 108–109° (*Gi., Ca.*); Kp_{10}: 100–101° (*Te., Gr.*); Kp_{2-3}: 72–75° (*Gr.*). D_{25}^{25}: 1,012 (*Gi., Ca.*). n_D^{25}: 1,4900 (*Gi., Ca.*); n_D: 1,4929 (*Te., Gr.*).

Beim Erhitzen mit Ammoniak in Äthanol auf 170° (*Gr.*) oder auf 200° unter Zusatz von Ammoniumchlorid (*Leditschke*, B. **86** [1953] 123, 124) ist 2-Butyl-pyridin-3-ol erhalten worden.

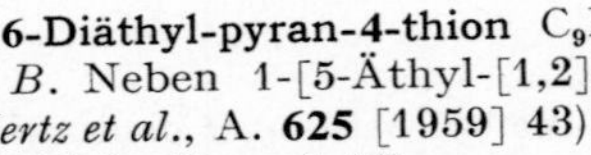

I 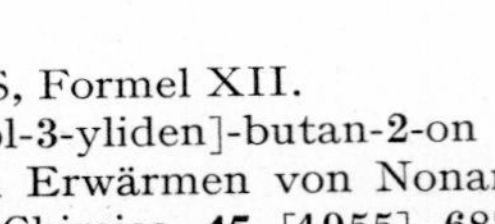 II 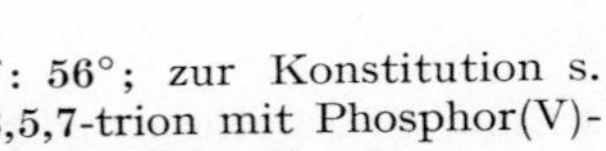 III

1-[2]Furyl-pentan-1-on-oxim $C_9H_{13}NO_2$, Formel II (X = OH).

B. Aus 1-[2]Furyl-pentan-1-on und Hydroxylamin (*Terent'ew, Gratschewa*, Ž. obšč.

Chim. **28** [1958] 1167; engl. Ausg. S. 1225).
Kp_{10}: 131–132°.

1-[2]Furyl-pentan-1-on-[cyanacetyl-hydrazon], Cyanessigsäure-[1-[2]furyl-pentyliden-hydrazid] $C_{12}H_{15}N_3O_2$, Formel II (X = NH-CO-CH_2-CN).
B. Aus 1-[2]Furyl-pentan-1-on und Cyanessigsäure-hydrazid in Äthanol (*Giannini, Fedi*, Farmaco Ed. scient. **13** [1958] 385, 390).
Krystalle (aus W. oder A.); F: 148–150°.

1-[2]Furyl-pentan-1-on-semicarbazon $C_{10}H_{15}N_3O_2$, Formel II (X = NH-CO-NH_2).
B. Aus 1-[2]Furyl-pentan-1-on und Semicarbazid (*Gilman, Calloway*, Am. Soc. **55** [1933] 4197, 4201).
F: 158–159°.

2-Valeryl-thiophen, 1-[2]Thienyl-pentan-1-on $C_9H_{12}OS$, Formel III.
B. Beim Erwärmen von Thiophen mit Trichlor-valeryloxy-silan und Zinn(IV)-chlorid in Benzol und Behandeln des Reaktionsgemisches mit Wasser (*Jur'ew et al.*, Ž. obšč. Chim. **29** [1959] 3873, 3879; engl. Ausg. S. 3831, 3834; s. a. *Jur'ew, Eljakow*, Doklady Akad. S.S.S.R. **86** [1952] 337, 339; C. A. **1953** 8725). Beim Erwärmen von Thiophen mit Valeriansäure-anhydrid und wasserhaltiger Phosphorsäure (*Profft*, Ch. Z. **82** [1958] 295, 297). Beim Behandeln von Thiophen mit Valerylchlorid und Aluminiumchlorid in Schwefelkohlenstoff (*Cagniant, Deluzarche*, C. r. **223** [1946] 1148, 1150).
Kp_{760}: 258° (*Spurlock*, Am. Soc. **75** [1953] 1115); Kp_{25}: 141°; $Kp_{19,5}$: 135° (*Ca., De.*); Kp_{17}: 127–129° (*Pr.*); Kp_6: 106–107° (*Ju. et al.*, l. c. S. 3877). D_4^{20}: 1,0664 (*Sp.*), 1,0749 (*Ju. et al.*), 1,0740 (*Ju., El.*). n_D^{18}: 1,5373 (*Ca., De.*); n_D^{20}: 1,5363 (*Ju., El.*), 1,5357 (*Sp.*), 1,5355 (*Ju. et al.*), 1,5349 (*Pr.*).

2-Valeryl-selenophen, 1-Selenophen-2-yl-pentan-1-on $C_9H_{12}OSe$, Formel IV.
B. Beim Erwärmen von Selenophen mit Valeriansäure, Tetrachlorsilan und Zinn(IV)-chlorid in Benzol und Behandeln des Reaktionsgemisches mit Wasser (*Jur'ew, Eljakow*, Doklady Akad. S.S.S.R. **102** [1955] 763, 765; C. A. **1956** 4796).
Kp_8: 129,5°. D_4^{20}: 1,3350. n_D^{20}: 1,5615.

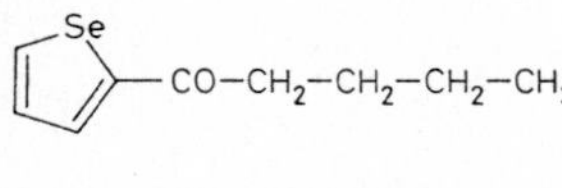

IV 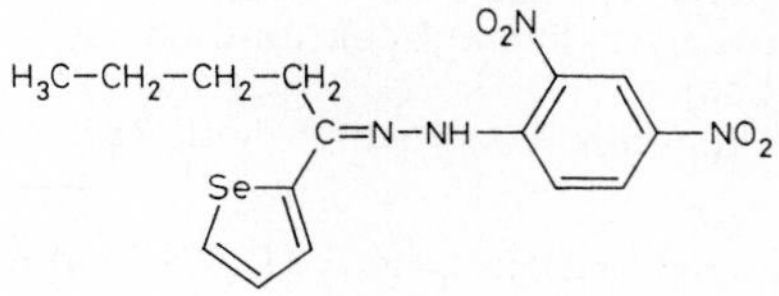 V

1-Selenophen-2-yl-pentan-1-on-[2,4-dinitro-phenylhydrazon] $C_{15}H_{16}N_4O_4Se$, Formel V.
B. Aus 1-Selenophen-2-yl-pentan-1-on und [2,4-Dinitro-phenyl]-hydrazin (*Jur'ew, Eljakow*, Doklady Akad. S.S.S.R. **102** [1955] 763, 765; C. A. **1956** 4796).
Rote Krystalle; F: 156,2–157°.

1-[2]Furyl-pentan-2-on $C_9H_{12}O_2$, Formel VI.
B. Beim Erwärmen von 1-[2]Furyl-2-nitro-pent-1-en mit Eisen, Eisen(III)-chlorid und wss. Salzsäure (*Hass et al.*, J. org. Chem. **15** [1950] 8, 11).
Kp_{15}: 95°. D_{25}^{25}: 0,999. n_D^{25}: 1,4629.

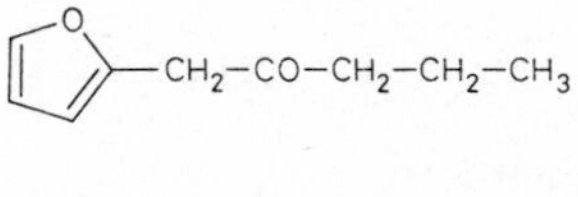

VI 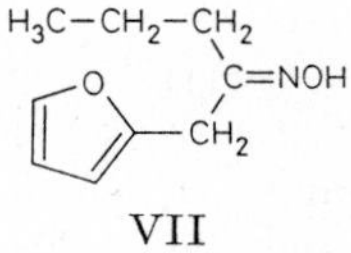 VII 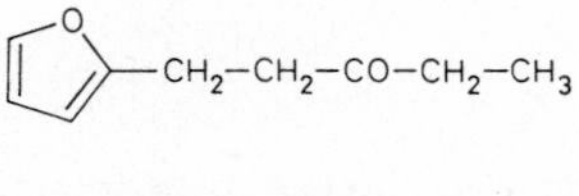 VIII

1-[2]Furyl-pentan-2-on-oxim $C_9H_{13}NO_2$, Formel VII.
B. Aus 1-[2]Furyl-pentan-2-on und Hydroxylamin (*Hass et al.*, J. org. Chem. **15**

[1950] 8, 12).
Kp_4: 118°. D_{25}^{25}: 1,054. n_D^{25}: 1,4935.

1-[2]Furyl-pentan-3-on $C_9H_{12}O_2$, Formel VIII.
B. Aus 1-[2]Furyl-pent-1-en-3-on (Kp_{15}: 126°; n_D^{25}: 1,627) mit Hilfe von Natrium-Amalgam (*Kasiwagi*, Bl. chem. Soc. Japan **1** [1926] 90, 93) sowie bei der Hydrierung an Raney-Nickel in Äthanol bei 20 at (*Ponomarew, Til'*, Ž. obšč. Chim. **27** [1957] 1075, 1076, 1077; engl. Ausg. S. 1159).
Kp_{760}: 206–208° (*Ka.*); Kp_{10}: 88° (*Ka.*), 88–89° (*Po., Til'*), 88,5° (*Hughes, Johnson*, Am. Soc. **53** [1931] 737, 744). D_4^{20}: 1,0105 (*Po., Til'*); D_4^{25}: 1,003 (*Ka.*), 1,0029 (*Hu., Jo.*, l. c. S. 745). n_D^{20}: 1,4698 (*Po., Til'*); n_D^{25}: 1,468 (*Ka.*); $n_{643,8}^{25}$: 1,4628; n_D^{25}: 1,4670; $n_{579,0}^{25}$: 1,4675; $n_{546,1}^{25}$: 1,4697; $n_{435,9}^{25}$: 1,4816 (*Hu., Jo.*, l. c. S. 745).

1-[2]Thienyl-pentan-3-on $C_9H_{12}OS$, Formel IX.
B. Beim Erhitzen von 3-[2]Thienyl-propionsäure mit Propionsäure unter Kohlendioxid auf 390–400° in Gegenwart von Thorium(IV)-oxid (*Cagniant, Cagniant*, Bl. **1954** 1349, 1355).
Kp_{11}: 125–127°. $D_4^{19,4}$: 1,069. $n_D^{19,1}$: 1,5242.

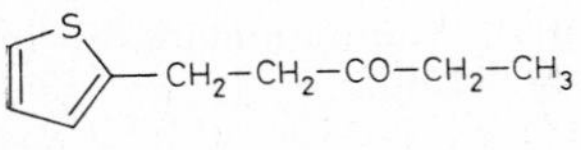

IX 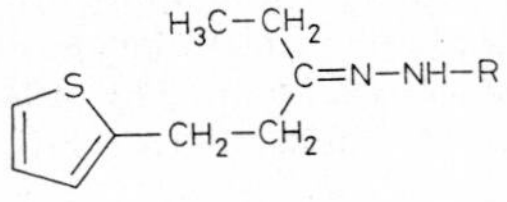 X 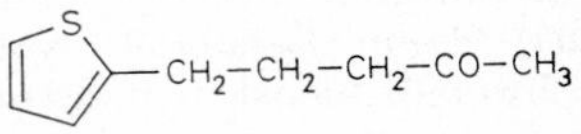 XI

1-[2]Thienyl-pentan-3-on-[2,4-dinitro-phenylhydrazon] $C_{15}H_{16}N_4O_4S$, Formel X ($R = C_6H_3(NO_2)_2$).
B. Aus 1-[2]Thienyl-pentan-3-on und [2,4-Dinitro-phenyl]-hydrazin (*Cagniant, Cagniant*, Bl. **1954** 1349, 1355).
Orangegelbe Krystalle (aus A. + Bzl.); F: 138° [unkorr.].

1-[2]Thienyl-pentan-3-on-semicarbazon $C_{10}H_{15}N_3OS$, Formel X (R = CO-NH_2).
B. Aus 1-[2]Thienyl-pentan-3-on und Semicarbazid (*Cagniant, Cagniant*, Bl. **1954** 1349, 1355).
Krystalle (aus A.); F: 137° [unkorr.].

5-[2]Thienyl-pentan-2-on $C_9H_{12}OS$, Formel XI.
B. In kleiner Menge beim Leiten eines Gemisches von 4-[2]Thienyl-buttersäure und Essigsäure über Thorium(IV)-oxid bei 450–480° (*Cagniant, Cagniant*, Bl. **1954** 1349, 1355).
Als 2,4-Dinitro-phenylhydrazon (s. u.) und als Semicarbazon (s. u.) charakterisiert.

5-[2]Thienyl-pentan-2-on-[2,4-dinitro-phenylhydrazon] $C_{15}H_{16}N_4O_4S$, Formel XII ($R = C_6H_3(NO_2)_2$).
B. Aus 5-[2]Thienyl-pentan-2-on und [2,4-Dinitro-phenyl]-hydrazin (*Cagniant, Cagniant*, Bl. **1954** 1349, 1355).
Rote Krystalle (aus A. + Bzl.); F: 259° [unkorr.; im vorgeheizten Block].

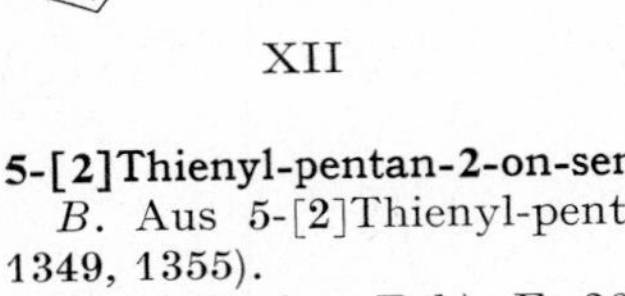

XII 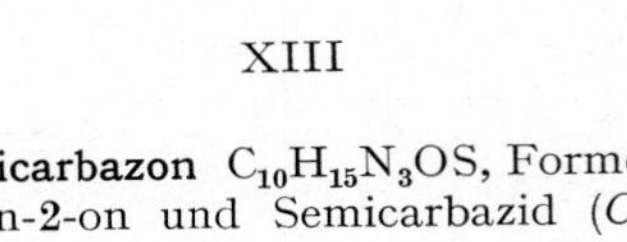 XIII 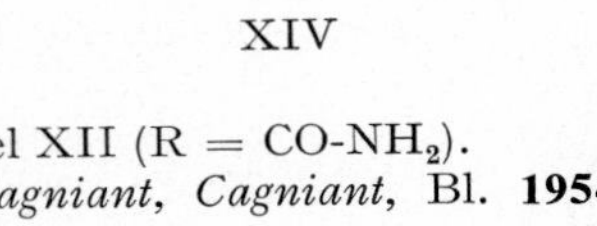 XIV

5-[2]Thienyl-pentan-2-on-semicarbazon $C_{10}H_{15}N_3OS$, Formel XII (R = CO-NH_2).
B. Aus 5-[2]Thienyl-pentan-2-on und Semicarbazid (*Cagniant, Cagniant*, Bl. **1954** 1349, 1355).
Krystalle (aus Bzl.); F: 266° [unkorr.; im vorgeheizten Block].

5-[(Ξ)-Pentyliden]-5*H*-furan-2-on, 4-Hydroxy-nona-2*c*,4ξ-diensäure-lacton, Nona-2,4ξ-dien-4-olid $C_9H_{12}O_2$, Formel XIII.

B. Beim Erhitzen von opt.-inakt. 3-Hexanoyl-bicyclo[2.2.1]hept-5-en-2-carbonsäure (F: 93—94°) mit Acetanhydrid und Natriumacetat und Erhitzen des Reaktionsprodukts unter vermindertem Druck (*Walton*, J. org. Chem. **22** [1957] 312, 314).

Kp_{18}: 131—132°. UV-Absorptionsmaximum (Isopropylalkohol): 275 nm.

3-Valeryl-furan, 1-[3]Furyl-pentan-1-on $C_9H_{12}O_2$, Formel XIV.

B. Beim Behandeln von Furan-3-carbonylchlorid mit Dibutylcadmium in Äther (*Grünanger, Mantegani*, G. **89** [1959] 913, 919).

Krystalle; F: 20—21°. $Kp_{2,5}$: 71—72°. n_D^{20}: 1,4741.

1-[3]Furyl-pentan-1-on-[2,4-dinitro-phenylhydrazon] $C_{15}H_{16}N_4O_5$, Formel I ($R = C_6H_3(NO_2)_2$).

B. Aus 1-[3]Furyl-pentan-1-on und [2,4-Dinitro-phenyl]-hydrazin (*Grünanger, Mantegani*, G. **89** [1959] 913, 920).

Rote Krystalle (aus Eg.).

1-[3]Furyl-pentan-1-on-semicarbazon $C_{10}H_{15}N_3O_2$, Formel I (R = CO-NH_2).

B. Aus 1-[3]Furyl-pentan-1-on und Semicarbazid (*Grünanger, Mantegani*, G. **89** [1959] 913, 919).

Krystalle (aus wss. Me.); F: 121—123°.

1-[3]Furyl-pentan-1-on-[4-phenyl-semicarbazon] $C_{16}H_{19}N_3O_2$, Formel I (R = CO-NH-C_6H_5).

B. Aus 1-[3]Furyl-pentan-1-on und 4-Phenyl-semicarbazid (*Grünanger, Mantegani*, G. **89** [1959] 913, 919).

Krystalle; F: 140,5°.

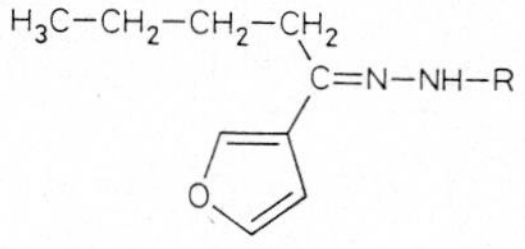

$H_3C-CH_2-CH_2-CH_2$ C=N—NH—R (I); CO—CH_2—CH_2—CH_2—CH_3 (II); $H_3C-CH_2-CH_2-CH_2$ C=N—NH—R (III)

I 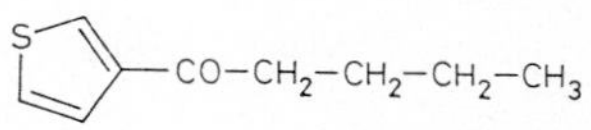 II 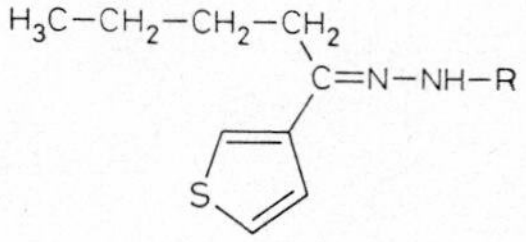 III

3-Valeryl-thiophen, 1-[3]Thienyl-pentan-1-on $C_9H_{12}OS$, Formel II.

B. Beim Erwärmen von Thiophen-3-carbonylchlorid mit Dibutylcadmium in Benzol (*Campaigne, Thomas*, Am. Soc. **77** [1955] 5365, 5368).

Kp_2: 80—81°; D_{20}^{20}: 1,098; n_D^{23}: 1,5258 (*Ca., Th.*, l. c. S. 5366).

1-[3]Thienyl-pentan-1-on-[2,4-dinitro-phenylhydrazon] $C_{15}H_{16}N_4O_4S$, Formel III ($R = C_6H_3(NO_2)_2$).

B. Aus 1-[3]Thienyl-pentan-1-on und [2,4-Dinitro-phenyl]-hydrazin (*Campaigne, Thomas*, Am. Soc. **77** [1955] 5365, 5366).

F: 164—165°.

1-[3]Thienyl-pentan-1-on-semicarbazon $C_{10}H_{15}N_3OS$, Formel III (R = CO-NH_2).

B. Aus 1-[3]Thienyl-pentan-1-on und Semicarbazid (*Campaigne, Thomas*, Am. Soc. **77** [1955] 5365, 5366).

F: 133—133,5°.

(±)-2-[2]Furyl-pentan-3-on $C_9H_{12}O_2$, Formel IV.

B. Beim Behandeln von 1-[2]Furyl-äthanon mit (±)-2-Brom-buttersäure-äthylester und Natriummethylat bei —10° und anschliessend mit methanol. Kalilauge und Versetzen des Reaktionsgemisches mit Wasser, Äther und Phosphorsäure (*Fétizon, Baranger*, C. r. **234** [1952] 2296).

Kp_{40}: 120—122°. n_D^{17}: 1,472.

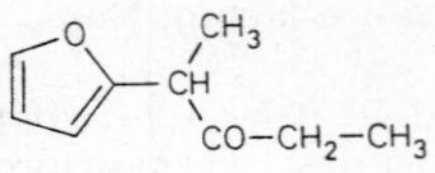

IV 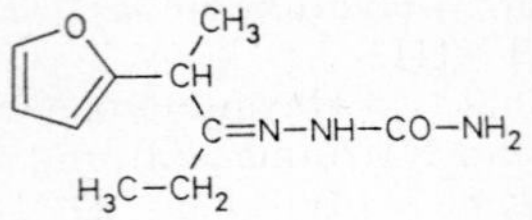 V 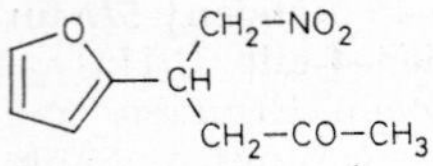 VI

(±)-2-[2]Furyl-pentan-3-on-semicarbazon $C_{10}H_{15}N_3O_2$, Formel V.

B. Aus (±)-2-[2]Furyl-pentan-3-on und Semicarbazid (*Fétizon*, *Baranger*, C. r. **234** [1952] 2296).

F: 146,5°.

(±)-4-[2]Furyl-5-nitro-pentan-2-on $C_9H_{11}NO_4$, Formel VI.

B. Beim Erwärmen von 4-[2]Furyl-but-3-en-2-on mit Nitromethan und Kaliumcarbonat in Methanol (*Koslow*, *Fink*, Trudy Kazansk. chim. technol. Inst. Nr. 21 [1956] 163, 165; C. A. **1957** 11983).

Kp_{12}: 162°. D_0^{18}: 1,150. n_D^{18}: 1,490.

(±)-1-[2]Furyl-2-methyl-butan-1-on $C_9H_{12}O_2$, Formel VII.

B. Beim Erwärmen von opt.-inakt. 2-Methyl-buttersäure-anhydrid mit Furan und wasserhaltiger Phosphorsäure (*Gruber*, Canad. J. Chem. **31** [1953] 564, 565). Beim Behandeln von opt.-inakt. 2-[Furan-2-carbonyl]-2-methyl-buttersäure-äthylester mit wss. Salzsäure (*Mironesco*, *Joanid*, Bulet. Soc. Chim. România **17** [1935] 107, 121).

Kp_{16}: 96° (*Mi.*, *Jo.*); Kp_{3-4}: 67–70° (*Gr.*).

Beim Erhitzen mit Ammoniak in Äthanol auf 170° ist 2-*sec*-Butyl-pyridin-3-ol erhalten worden (*Gr.*, l. c. S. 566, 568).

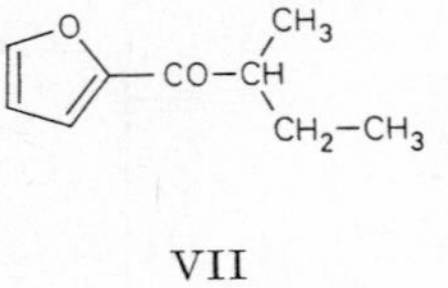

VII 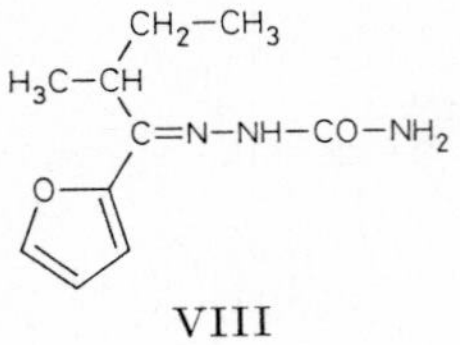 VIII 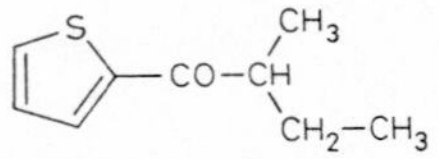 IX

(±)-1-[2]Furyl-2-methyl-butan-1-on-semicarbazon $C_{10}H_{15}N_3O_2$, Formel VIII.

B. Aus (±)-1-[2]Furyl-2-methyl-butan-1-on und Semicarbazid (*Mironesco*, *Joanid*, Bulet. Soc. Chim. România **17** [1935] 107, 121).

F: 174°.

(±)-2-Methyl-1-[2]thienyl-butan-1-on $C_9H_{12}OS$, Formel IX.

B. Beim Erwärmen von Thiophen mit (±)-2-Methyl-buttersäure, Tetrachlorsilan und Zinn(IV)-chlorid in Benzol und Behandeln des Reaktionsgemisches mit Wasser (*Jur'ew et al.*, Ž. obšč. Chim. **26** [1956] 3341, 3342; engl. Ausg. S. 3717).

Kp_{12}: 116°. D_4^{20}: 1,0640. n_D^{20}: 1,5370.

(±)-2-Methyl-1-[2]thienyl-butan-1-on-[2,4-dinitro-phenylhydrazon] $C_{15}H_{16}N_4O_4S$, Formel X.

B. Aus (±)-2-Methyl-1-[2]thienyl-butan-1-on und [2,4-Dinitro-phenyl]-hydrazin (*Jur'ew et al.*, Ž. obšč. Chim. **26** [1956] 3341, 3343; engl. Ausg. S. 3717).

Gelbe Krystalle; F: 127,3–127,4°.

(±)-2-Methyl-1-selenophen-2-yl-butan-1-on $C_9H_{12}OSe$, Formel XI.

B. Beim Erwärmen von Selenophen mit (±)-2-Methyl-buttersäure, Tetrachlorsilan und Zinn(IV)-chlorid in Benzol und Behandeln des Reaktionsgemisches mit Wasser (*Jur'ew*, *Eljakow*, Doklady Akad. S.S.S.R. **102** [1955] 763, 765; C. A. **1956** 4796).

Kp_9: 118–119°. D_4^{20}: 1,3308. n_D^{20}: 1,5600.

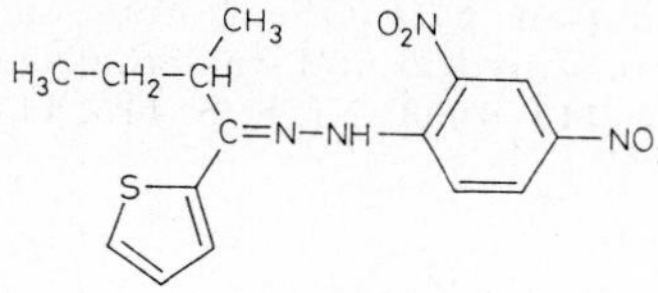

X 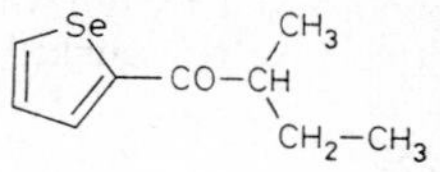 XI 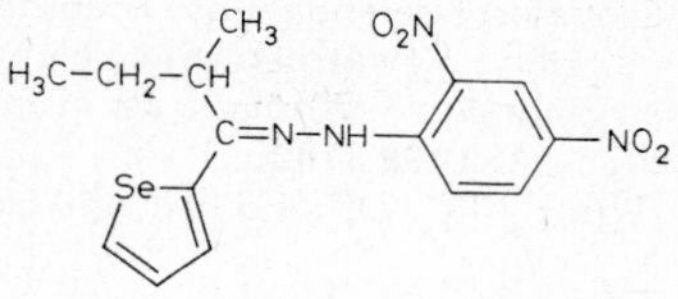 XII

(±)-2-Methyl-1-selenophen-2-yl-butan-1-on-[2,4-dinitro-phenylhydrazon] $C_{15}H_{16}N_4O_4Se$, Formel XII.

B. Aus (±)-2-Methyl-1-selenophen-2-yl-butan-1-on und [2,4-Dinitro-phenyl]-hydrazin (*Jur'ew, Eljakow*, Doklady Akad. S.S.S.R. **102** [1955] 763, 765; C. A. **1956** 4796).

Orangefarbene Krystalle; F: 137,2—137,8°.

2-Isovaleryl-furan, 1-[2]Furyl-3-methyl-butan-1-on $C_9H_{12}O_2$, Formel I (E I 158).

B. Neben anderen Verbindungen beim Erhitzen von Furan-2-carbonsäure mit Isobutylmagnesiumjodid in Xylol und Behandeln des Reaktionsgemisches mit wss. Salzsäure (*Kusnezow*, Ž. obšč. Chim. **12** [1942] 631, 632, 634; C. A. **1944** 1494). Beim Behandeln von Furan-2-carbonsäure-[*N*-methyl-anilid] oder von Furan-2-carbonsäure-diphenylamid mit Isobutylmagnesiumchlorid in Äther (*Maxim et al.*, Bl. [5] **6** [1939] 1339, 1344, 1345, 1346).

Kp_{752}: 208—210° (*Ku.*); Kp_{26}: 110° (*Ma. et al.*); Kp_{20}: 93—95° (*Terent'ew et al.*, Ž. obšč. Chim. **29** [1959] 3474, 3476; engl. Ausg. S. 3438, 3439). D_4^{20}: 1,0166 (*Ku.*). n_D^{20}: 1,4890 (*Te. et al.*).

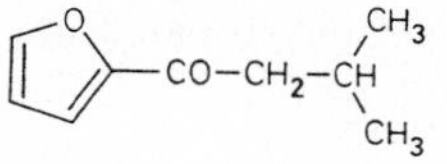

I 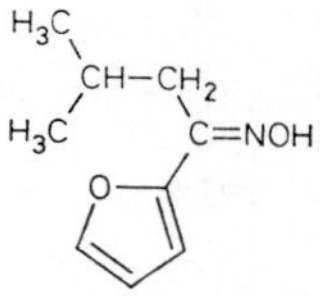 II 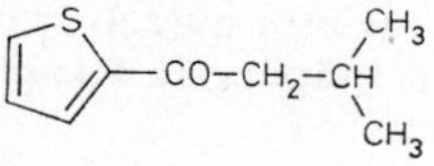 III

1-[2]Furyl-3-methyl-butan-1-on-oxim $C_9H_{13}NO_2$, Formel II.

B. Aus 1-[2]Furyl-3-methyl-butan-1-on und Hydroxylamin (*Terent'ew et al.*, Ž. obšč. Chim. **29** [1959] 3474, 3476; engl. Ausg. S. 3438, 3439).

Kp_7: 130—132°.

2-Isovaleryl-thiophen, 3-Methyl-1-[2]thienyl-butan-1-on $C_9H_{12}OS$, Formel III (E II 320).

B. Beim Erwärmen von Thiophen mit Isovaleriansäure und Phosphor(V)-oxid in Benzol und Essigsäure (*Pines et al.*, Am. Soc. **73** [1951] 5173). Beim Erwärmen von Thiophen mit Isovaleriansäure-anhydrid und wasserhaltiger Phosphorsäure (*Profft*, Ch. Z. **82** [1958] 295). Beim Erwärmen von Thiophen mit Trichlor-isovaleryloxy-silan (oder Tetrakis-isovaleryloxy-silan) und Zinn(IV)-chlorid in Benzol und Behandeln des Reaktionsgemisches mit Wasser (*Jur'ew et al.*, Ž. obšč. Chim. **29** [1959] 3873, 3877; engl. Ausg. S. 3831, 3835).

Kp_{760}: 245° (*Spurlock*, Am. Soc. **75** [1953] 1115); Kp_{15}: 123—125° (*Pr.*); Kp_5: 92° bis 93° (*Ju. et al.*); Kp_2: 77—79° (*Pi. et al.*). D_4^{20}: 1,0659 (*Ju. et al.*), 1,0619 (*Sp.*). n_D^{20}: 1,5332 (*Pr.*), 1,5330 (*Sp.*), 1,5329 (*Pi. et al.*), 1,5323 (*Ju. et al.*).

Beim Erhitzen mit Isatin in Essigsäure und Schwefelsäure auf 140° ist eine vermutlich als 4,8-Bis-[2-amino-phenyl]-2,6-diisovaleryl-4,8-dihydro-benzo[1,2-*b*;4,5-*b'*]dithiophen-4,8-dicarbonsäure-dilactam zu formulierende Verbindung erhalten worden (*Steinkopf, Hempel*, A. **495** [1932] 144, 162).

3-Methyl-1-[2]thienyl-butan-1-on-semicarbazon $C_{10}H_{15}N_3OS$, Formel IV.

B. Aus 3-Methyl-1-[2]thienyl-butan-1-on und Semicarbazid (*Pines et al.*, Am. Soc. **73** [1951] 5173).

F: 165—166°.

2-Isovaleryl-selenophen, 3-Methyl-1-selenophen-2-yl-butan-1-on $C_9H_{12}OSe$, Formel V.

B. Beim Erwärmen von Selenophen mit Isovaleriansäure-anhydrid und wasserhaltiger Phosphorsäure (*Kataew, Palkina*, Uč. Zap. Kazansk. Univ. **113** [1953] Nr. 8, S. 115, 117, 120; C. A. **1958** 3762).

Kp_{15}: 133°. D_4^{20}: 1,3397. n_D^{20}: 1,5585.

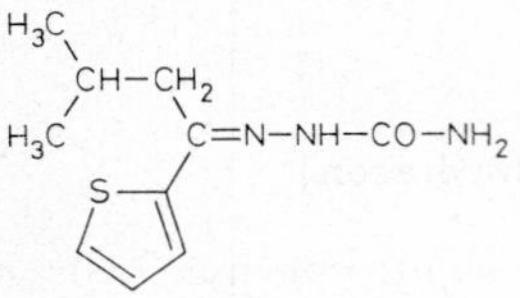

IV 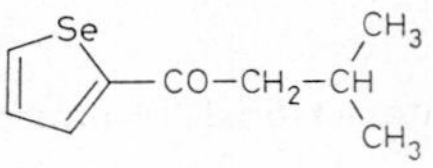 V 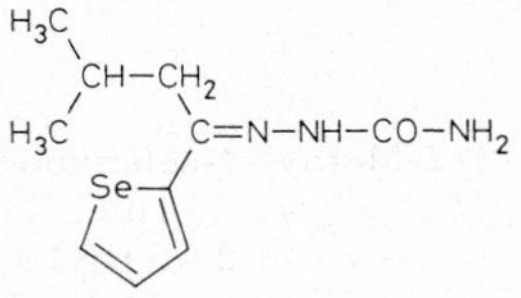 VI

3-Methyl-1-selenophen-2-yl-butan-1-on-semicarbazon $C_{10}H_{15}N_3OSe$, Formel VI.

B. Aus 3-Methyl-1-selenophen-2-yl-butan-1-on und Semicarbazid (*Kataew, Palkina*, Uč. Zap. Kazansk. Univ. **113** [1953] Nr. 8, S. 115, 121; C. A. **1958** 3762).

Krystalle (aus Me.); F: 165—166°.

2-Pivaloyl-furan, 1-[2]Furyl-2,2-dimethyl-propan-1-on $C_9H_{12}O_2$, Formel VII.

B. Beim Erwärmen von Furan mit Pivalinsäure-anhydrid und dem Borfluorid-Äther-Addukt (*Gruber*, Canad. J. Chem. **31** [1953] 564, 565).

Kp_{2-3}: 57—60°.

Beim Erhitzen mit Ammoniak in Äthanol auf 170° ist 2-*tert*-Butyl-pyridin-3-ol erhalten worden (*Gr.*, l. c. S. 568).

1-[2]Furyl-2,2-dimethyl-propan-1-on-oxim $C_9H_{13}NO_2$, Formel VIII (X = OH).

UV-Spektrum (230—300 nm) eines aus 1-[2]Furyl-2,2-dimethyl-propan-1-on hergestellten Präparats: *Ramart-Lucas*, Bl. **1954** 1017, 1023.

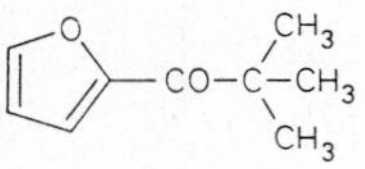

VII 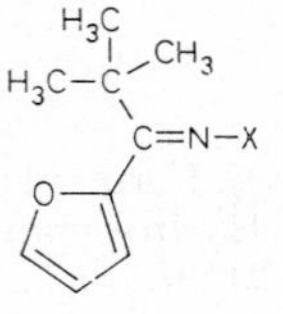 VIII 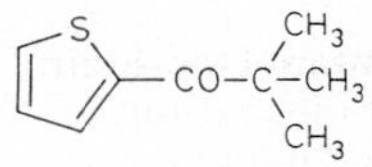 IX 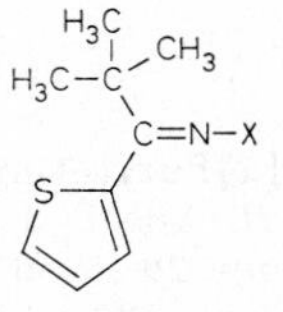 X

1-[2]Furyl-2,2-dimethyl-propan-1-on-phenylhydrazon $C_{15}H_{18}N_2O$, Formel VIII (X = NH-C_6H_5).

UV-Spektrum (230—380 nm) eines aus 1-[2]Furyl-2,2-dimethyl-propan-1-on hergestellten Präparats: *Ramart-Lucas*, Bl. **1954** 1017, 1023.

2-Pivaloyl-thiophen, 2,2-Dimethyl-1-[2]thienyl-propan-1-on $C_9H_{12}OS$, Formel IX.

B. Beim Erwärmen von Thiophen mit Pivalinsäure, Tetrachlorsilan und Zinn(IV)-chlorid in Benzol und Behandeln des Reaktionsgemisches mit Wasser (*Jur'ew et al.*, Ž. obšč. Chim. **26** [1956] 3341, 3343; engl. Ausg. S. 3717; *Jur'ew et al.*, Ž. obšč. Chim. **29** [1959] 3873, 3877; engl. Ausg. S. 3831, 3835). Beim Behandeln von Thiophen mit Pivaloylchlorid und Zinn(IV)-chlorid in Benzol (*Hoch*, C. r. **234** [1952] 1981). Beim Behandeln von 2-Methyl-1-[2]thienyl-propan-1-on mit Natriumamid in Benzol und anschliessend mit Methyljodid (*Buu-Hoi, Hiong-Ki-Wei*, C. r. **220** [1945] 175).

Kp_{16}: 115—116° (*Hoch*); Kp_{15}: 116° (*Buu-Hoi, Hiong-Ki-Wei*); Kp_{14}: 113—114° (*Ju. et al.*, Ž. obšč. Chim. **26** 3343); Kp_5: 101—102° (*Ju. et al.*, Ž. obšč. Chim. **29** 3877). D_4^{20}: 1,0723 (*Ju. et al.*, Ž. obšč. Chim. **26** 3343). n_D^{20}: 1,5363 (*Ju. et al.*, Ž. obšč. Chim. **26** 3343).

2,2-Dimethyl-1-[2]thienyl-propan-1-on-oxim $C_9H_{13}NOS$, Formel X (X = OH).

B. Aus 2,2-Dimethyl-1-[2]thienyl-propan-1-on und Hydroxylamin (*Hoch*, C. r. **234** [1952] 1981).

F: 143° (*Hoch*). UV-Spektrum (230—320 nm): *Ramart-Lucas*, Bl. **1954** 1017, 1024.

2,2-Dimethyl-1-[2]thienyl-propan-1-on-phenylhydrazon $C_{15}H_{18}N_2S$, Formel X (X = NH-C_6H_5).

B. Aus 2,2-Dimethyl-1-[2]thienyl-propan-1-on und Phenylhydrazin (*Hoch*, C. r. **234** [1952] 1981).

Kp_{15}: 206—207°.

2,2-Dimethyl-1-[2]thienyl-propan-1-on-[2,4-dinitro-phenylhydrazon] $C_{15}H_{16}N_4O_4S$, Formel X (X = NH-$C_6H_3(NO_2)_2$).

B. Aus 2,2-Dimethyl-1-[2]thienyl-propan-1-on und [2,4-Dinitro-phenyl]-hydrazin (*Jur'ew et al.*, Ž. obšč. Chim. **26** [1956] 3341, 3343; engl. Ausg. S. 3717).

Orangefarbene Krystalle; F: 169°.

2,2-Dimethyl-1-[2]thienyl-propan-1-on-[2]naphthylhydrazon $C_{19}H_{20}N_2S$, Formel XI.

Absorptionsspektrum (240—400 nm) eines aus 2,2-Dimethyl-1-[2]thienyl-propan-1-on hergestellten Präparats: *Ramart-Lucas*, Bl. **1954** 1017, 1025.

2,2-Dimethyl-1-[2]thienyl-propan-1-on-semicarbazon $C_{10}H_{15}N_3OS$, Formel X (X = NH-CO-NH_2).

B. Aus 2,2-Dimethyl-1-[2]thienyl-propan-1-on und Semicarbazid (*Hoch*, C. r. **234** [1952] 1981; *Jur'ew et al.*, Ž. obšč. Chim. **26** [1956] 3341, 3343; engl. Ausg. S. 3717).

Krystalle; F: 132—133° (*Hoch*), 130,2—130,6° (*Ju. et al.*).

3-Pivaloyl-thiophen, 2,2-Dimethyl-1-[3]thienyl-propan-1-on $C_9H_{12}OS$, Formel XII.

B. Beim Erwärmen von 2,2-Dimethyl-1-[3]thienyl-propan-1-on-imin mit wss. Salzsäure (*Hoch*, C. r. **234** [1952] 1981).

Kp_{23}: 118—119°.

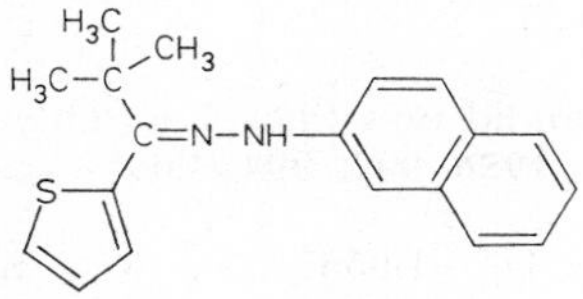

XI 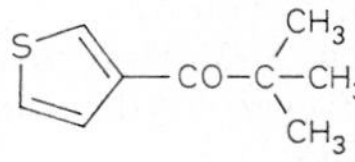 XII 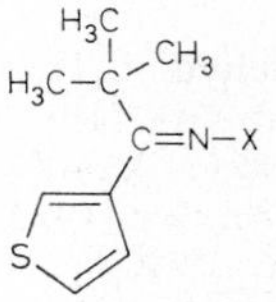 XIII 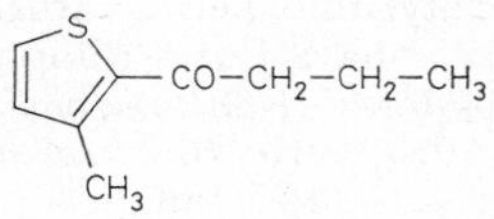 XIV

2,2-Dimethyl-1-[3]thienyl-propan-1-on-imin $C_9H_{13}NS$, Formel XIII (X = H).

B. Beim Erwärmen von Pivalonitril mit [3]Thienylmagnesiumbromid in Toluol und Behandeln des Reaktionsgemisches mit wss. Ammoniumchlorid-Lösung (*Hoch*, C. r. **234** [1952] 1981).

Kp_{15}: 118—125°.

2,2-Dimethyl-1-[3]thienyl-propan-1-on-oxim $C_9H_{13}NOS$, Formel XIII (X = OH).

B. Aus 2,2-Dimethyl-1-[3]thienyl-propan-1-on und Hydroxylamin (*Hoch*, C. r. **234** [1952] 1981).

F: 143°.

2,2-Dimethyl-1-[3]thienyl-propan-1-on-semicarbazon $C_{10}H_{15}N_3OS$, Formel XIII (X = NH-CO-NH_2).

B. Aus 2,2-Dimethyl-1-[3]thienyl-propan-1-on und Semicarbazid (*Hoch*, C. r. **234** [1952] 1981).

F: 139—140°.

2-Butyryl-3-methyl-thiophen, 1-[3-Methyl-[2]thienyl]-butan-1-on $C_9H_{12}OS$, Formel XIV.

B. Beim Behandeln von 3-Methyl-thiophen mit Butyrylchlorid und Aluminiumchlorid in Schwefelkohlenstoff (*Buu-Hoi, Hoán*, R. **68** [1949] 441, 460). Neben 1-[4-Methyl-[2]thienyl]-butan-1-on beim Behandeln von 3-Methyl-thiophen mit Buttersäureanhydrid und dem Borfluorid-Äther-Addukt (*Farrar, Levine*, Am. Soc. **72** [1950] 3695,

3696, 3697).

Kp_{13}: 133—134° (*Buu-Hoi, Hoán*); Kp_5: 98—99° (*Fa., Le.*).

1-[3-Methyl-[2]thienyl]-butan-1-on-semicarbazon $C_{10}H_{15}N_3OS$, Formel I.

B. Aus 1-[3-Methyl-[2]thienyl]-butan-1-on und Semicarbazid (*Farrar, Levine*, Am. Soc. **72** [1950] **3695, 3696**).

Krystalle (aus Bzl. + A.); F: **147—148°** [korr.].

2-Butyryl-4-methyl-thiophen, 1-[4-Methyl-[2]thienyl]-butan-1-on $C_9H_{12}OS$, Formel II.

B. Neben 1-[3-Methyl-[2]thienyl]-butan-1-on beim Behandeln von 3-Methyl-thiophen mit Buttersäure-anhydrid und dem Borfluorid-Äther-Addukt (*Farrar, Levine*, Am. Soc. **72** [1950] **3695, 3696**).

Kp_5: 108,5—109°.

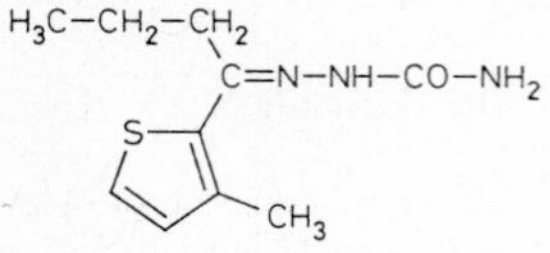

I 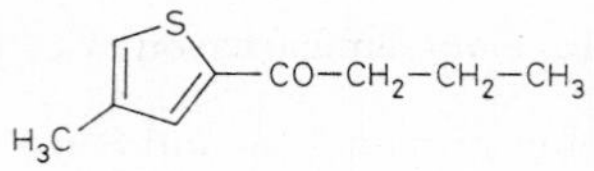 II 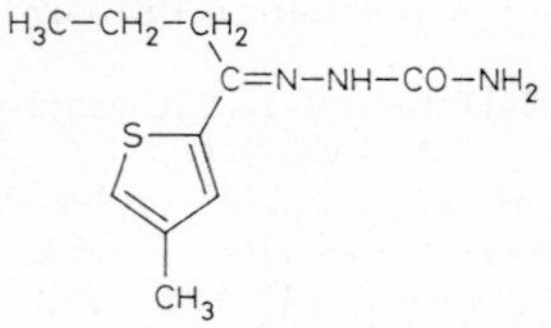 III

1-[4-Methyl-[2]thienyl]-butan-1-on-semicarbazon $C_{10}H_{15}N_3OS$, Formel III.

B. Aus 1-[4-Methyl-[2]thienyl]-butan-1-on und Semicarbazid (*Farrar, Levine*, Am. Soc. **72** [1950] **3695, 3696**).

Krystalle (aus Bzl. + A.); F: **192—193°** [korr.].

5-Butyl-thiophen-2-carbaldehyd $C_9H_{12}OS$, Formel IV.

B. Aus 2-Butyl-thiophen mit Hilfe von *N*-Methyl-formanilid und Phosphorylchlorid (*Gol'dfarb, Konštantinow*, Izv. Akad. S.S.S.R. Otd. chim. **1956** **992, 994**; engl. Ausg. S. **1013, 1015**; *Buu-Hoi et al.*, Soc. **1955** **1581**).

Kp_{22}: 143—146° (*Go., Ko.*); Kp_{18}: 145° (*Buu-Hoi et al.*). D_4^{20}: 1,0557 (*Go., Ko.*). n_D^{20}: 1,5490 (*Go., Ko.*); n_D^{26}: 1,5517 (*Buu-Hoi et al.*).

Beim Erwärmen mit Raney-Nickel in Äthanol ist Nonan-1-ol erhalten worden (*Go., Ko.*, l. c. S. 997).

2-Butyl-5-diäthoxymethyl-thiophen, 5-Butyl-thiophen-2-carbaldehyd-diäthylacetal $C_{13}H_{22}O_2S$, Formel V ($R = C_2H_5$).

B. Beim Erwärmen von 5-Butyl-thiophen-2-carbaldehyd mit Orthoameisensäure-triäthylester in Äthanol in Gegenwart von wss. Salzsäure (*Gol'dfarb, Konštantinow*, Izv. Akad. S.S.S.R. Otd. chim. **1957** **217, 221**; engl. Ausg. S. **229, 232**).

Kp_5: 109—110°. n_D^{20}: 1,4840.

Beim Erwärmen mit Raney-Nickel in Äther sind Nonanal-diäthylacetal und Äthyl-nonyl-äther (?) erhalten worden (*Go., Ko.*, l. c. S. 222).

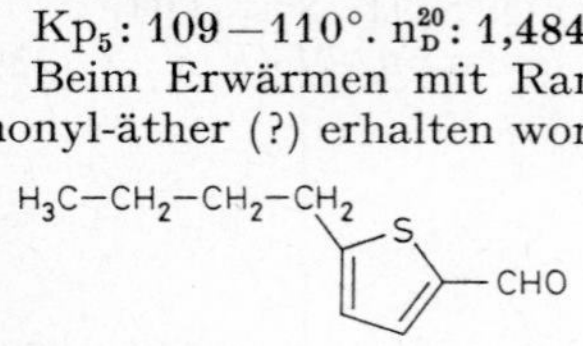

IV 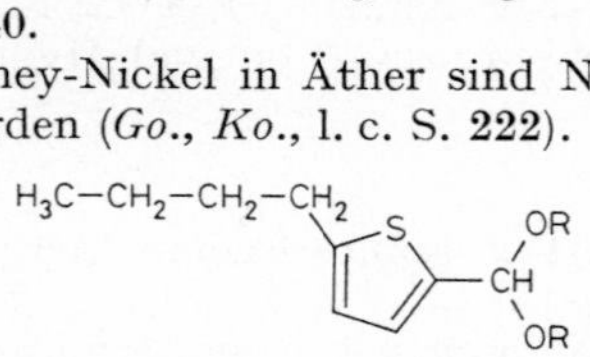 V 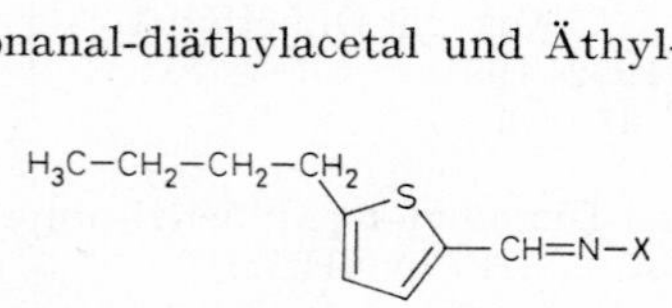 VI

5-Butyl-thiophen-2-carbaldehyd-oxim $C_9H_{13}NOS$, Formel VI (X = OH).

B. Aus 5-Butyl-thiophen-2-carbaldehyd und Hydroxylamin (*Gol'dfarb, Konštantinow*, Izv. Akad. S.S.S.R. Otd. chim. **1956** **992, 995**; engl. Ausg. S. **1013, 1015**).

Krystalle (aus wss. A.); F: 61—62°.

5-Butyl-thiophen-2-carbaldehyd-thiosemicarbazon $C_{10}H_{15}N_3S_2$, Formel VI ($X = NH\text{-}CS\text{-}NH_2$).

B. Aus 5-Butyl-thiophen-2-carbaldehyd und Thiosemicarbazid (*Buu-Hoi et al.*, Soc.

1955 1581).
Krystalle (aus A.); F: 105°.

2-Butyryl-5-methyl-furan, 1-[5-Methyl-[2]furyl]-butan-1-on $C_9H_{12}O_2$, Formel VII.
B. Beim Erwärmen von 2-Methyl-furan mit Buttersäure-anhydrid und Zinn(IV)-chlorid (*Fétizon, Baranger*, C. r. **236** [1953] 499; Bl. **1957** 1311, 1314). Beim Behandeln von 2-Methyl-furan mit Buttersäure-anhydrid und dem Borfluorid-Äther-Addukt (*Farrar, Levine*, Am. Soc. **72** [1950] 3695, 3696).
Kp_{28}: 116—117° (*Fé., Ba.*, Bl. **1957** 1314); Kp_4: 80—81° (*Fa., Le.*); Kp_3: 110° (*Fé., Ba.*, C. r. **236** 499). n_D^{18}: 1,5028 (*Fé., Ba.*, Bl. **1957** 1314).

1-[5-Methyl-[2]furyl]-butan-1-on-[2,4-dinitro-phenylhydrazon] $C_{15}H_{16}N_4O_5$, Formel VIII ($R = C_6H_3(NO_2)_2$).
B. Aus 1-[5-Methyl-[2]furyl]-butan-1-on und [2,4-Dinitro-phenyl]-hydrazin (*Fétizon, Baranger*, Bl. **1957** 1311, 1315).
Rote Krystalle; F: 170° [korr.]. Absorptionsmaximum ($CHCl_3$): 398 nm.

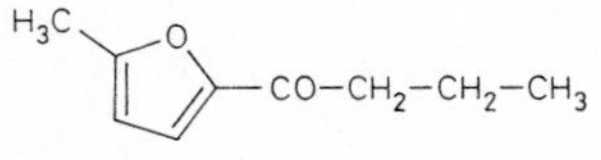

VII 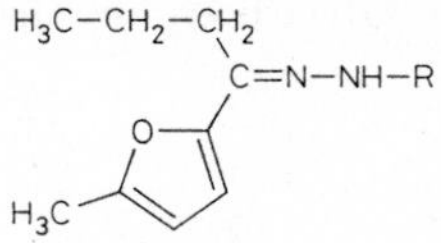 VIII 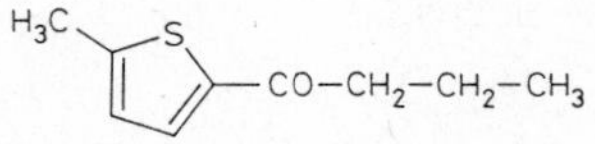 IX

1-[5-Methyl-[2]furyl]-butan-1-on-semicarbazon $C_{10}H_{15}N_3O_2$, Formel VIII ($R = CO\text{-}NH_2$).
B. Aus 1-[5-Methyl-[2]furyl]-butan-1-on und Semicarbazid (*Farrar, Levine*, Am. Soc. **72** [1950] 3695, 3696; *Fétizon, Baranger*, Bl. **1957** 1311, 1314).
Krystalle; F: 151° [korr.] (*Fé., Ba.*), 149—150° [korr.; aus wss. A.] (*Fa., Le.*).

2-Butyryl-5-methyl-thiophen, 1-[5-Methyl-[2]thienyl]-butan-1-on $C_9H_{12}OS$, Formel IX.
B. Beim Behandeln von 2-Methyl-thiophen mit Buttersäure-anhydrid und dem Borfluorid-Äther-Addukt (*Farrar, Levine*, Am. Soc. **72** [1950] 3695, 3696). Beim Behandeln von 2-Methyl-thiophen mit Butyrylchlorid und Aluminiumchlorid in Schwefelkohlenstoff (*Buu-Hoi, Hoán*, R. **68** [1949] 441, 460).
Kp_{13}: 136—137° (*Buu-Hoi, Hoán*); $Kp_{4,5}$: 105—106° (*Fa., Le.*).

1-[5-Methyl-[2]thienyl]-butan-1-on-semicarbazon $C_{10}H_{15}N_3OS$, Formel X.
B. Aus 1-[5-Methyl-[2]thienyl]-butan-1-on und Semicarbazid (*Farrar, Levine*, Am. Soc. **72** [1950] 3695, 3696).
Krystalle (aus Bzl. + A.); F: 199—200° [korr.].

4-[5-Methyl-[2]furyl]-butan-2-on $C_9H_{12}O_2$, Formel XI.
B. Beim Behandeln von 2-Methyl-furan mit But-3-en-2-on (mit Hydrochinon stabilisiert) in Gegenwart von wss. Schwefeldioxid (*Alder, Schmidt*, B. **76** [1943] 183, 192). Bei der Hydrierung von 4-[5-Methyl-[2]furyl]-but-3-en-2-on an Palladium in Methanol (*Al., Sch.*, l. c. S. 196).
Kp_{12}: 97—98° (*Al., Sch.*).
Beim Erwärmen mit wss.-methanol. Salzsäure ist Nonan-2,5,8-trion erhalten worden (*Al., Sch.*, l. c. S. 196). Hydrierung an Platin in Äthylacetat unter Bildung von Nonan-2,5-dion und Nonan-2,8-dion: *Al., Sch.*, l. c. S. 187, 193. Reaktion mit Maleinsäure-anhydrid in Äther unter Bildung von 1-Methyl-4-[3-oxo-butyl]-7-oxa-norborn-5-en-2,3-dicarbonsäure-anhydrid (Zers. bei 84°): *Al., Sch.*, l. c. S. 194.

X XI XII

4-[5-Methyl-[2]furyl]-butan-2-on-[2,4-dinitro-phenylhydrazon] $C_{15}H_{16}N_4O_5$, Formel XII ($R = C_6H_3(NO_2)_2$).

B. Aus 4-[5-Methyl-[2]furyl]-butan-2-on und [2,4-Dinitro-phenyl]-hydrazin (*Alder, Schmidt*, B. **76** [1943] 183, 192).

Rote Krystalle (aus Acetonitril); F: 140°.

4-[5-Methyl-[2]furyl]-butan-2-on-semicarbazon $C_{10}H_{15}N_3O_2$, Formel XII ($R = CO\text{-}NH_2$).

B. Aus 4-[5-Methyl-[2]furyl]-butan-2-on und Semicarbazid (*Alder, Schmidt*, B. **76** [1943] 183, 192).

Krystalle (aus Me.); F: 132°.

(±)-3-[5-Methyl-[2]furyl]-butyraldehyd $C_9H_{12}O_2$, Formel I.

B. Beim Behandeln von 2-Methyl-furan mit *trans*-Crotonaldehyd in Gegenwart von Toluol-4-sulfinsäure-methylester (*Alder, Schmidt*, B. **76** [1943] 183, 202).

Kp_{14}: 88°.

Reaktion mit Maleinsäure-anhydrid in Äther unter Bildung von 1-Methyl-4-[1-methyl-3-oxo-propyl]-7-oxa-norborn-5-en-2,3-dicarbonsäure-anhydrid (F: 84—85°): *Al., Sch.*, l. c. S. 203.

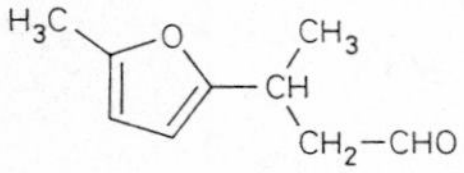

I 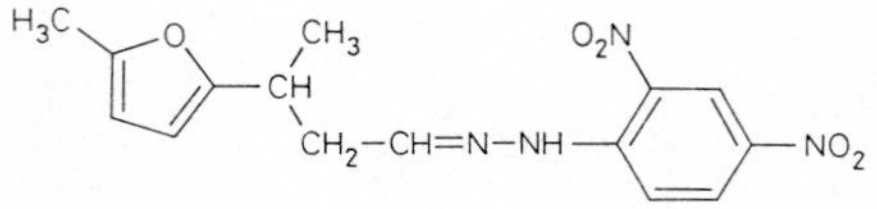 II 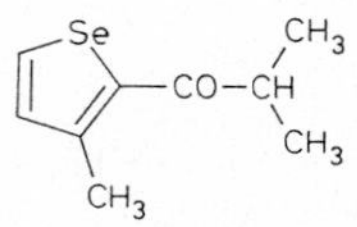 III

(±)-3-[5-Methyl-[2]furyl]-butyraldehyd-[2,4-dinitro-phenylhydrazon] $C_{15}H_{16}N_4O_5$, Formel II.

B. Aus (±)-3-[5-Methyl-[2]furyl]-butyraldehyd und [2,4-Dinitro-phenyl]-hydrazin (*Alder, Schmidt*, B. **76** [1943] 183, 203).

Orangefarbene Krystalle (aus A.); F: 98°.

2-Isobutyryl-3-methyl-selenophen, 2-Methyl-1-[3-methyl-selenophen-2-yl]-propan-1-on $C_9H_{12}OSe$, Formel III.

B. Beim Erwärmen von 3-Methyl-selenophen mit Isobuttersäure, Tetrachlorsilan und Zinn(IV)-chlorid in Benzol (*Jur'ew et al.*, Ž. obšč. Chim. **28** [1958] 3036, 3038; engl. Ausg. S. 3066, 3068).

Kp_{13}: 122—123°. D_4^{20}: 1,3135. n_D^{20}: 1,5578.

2-Methyl-1-[3-methyl-selenophen-2-yl]-propan-1-on-[2,4-dinitro-phenylhydrazon] $C_{15}H_{16}N_4O_4Se$, Formel IV.

B. Aus 2-Methyl-1-[3-methyl-selenophen-2-yl]-propan-1-on und [2,4-Dinitro-phenyl]-hydrazin (*Jur'ew et al.*, Ž. obšč. Chim. **28** [1958] 3036, 3038; engl. Ausg. S. 3066, 3068).

Rote Krystalle (aus A. + E.); F: 146—147°.

5-Isobutyl-thiophen-2-carbaldehyd $C_9H_{12}OS$, Formel V.

B. Beim Erwärmen von 2-Isobutyl-thiophen mit *N*-Methyl-formanilid und Phosphoryl=chlorid und anschliessenden Behandeln mit wss. Natriumcarbonat-Lösung (*Buu-Hoi et al.*, Soc. **1952** 4590, 4591).

Kp_{20}: 133°.

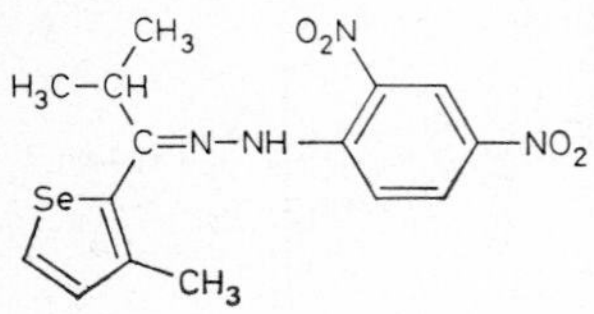

IV 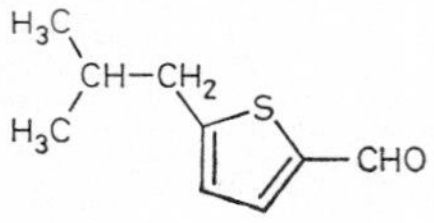 V 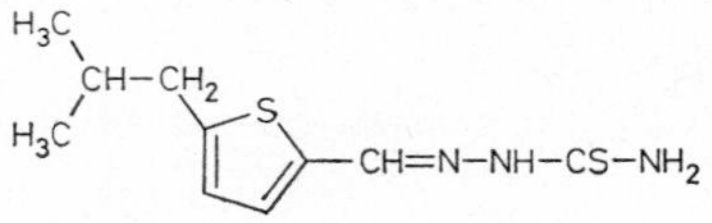 VI

5-Isobutyl-thiophen-2-carbaldehyd-thiosemicarbazon $C_{10}H_{15}N_3S_2$, Formel VI.

B. Aus 5-Isobutyl-thiophen-2-carbaldehyd und Semicarbazid (*Buu-Hoi et al.*, Soc. **1952** 4590, 4591).

Krystalle (aus A.); F: 152°.

4-*tert*-Butyl-furan-2-carbaldehyd $C_9H_{12}O_2$, Formel VII.

B. Bei der Hydrierung von 4-*tert*-Butyl-furan-2-carbonylchlorid mit Hilfe von Palladium (*Gilman, Burtner*, Am. Soc. **57** [1935] 909, 910).

Kp_{13}: 93–95°.

4-*tert*-Butyl-furan-2-carbaldehyd-semicarbazon $C_{10}H_{15}N_3O_2$, Formel VIII.

B. Aus 4-*tert*-Butyl-furan-2-carbaldehyd und Semicarbazid (*Gilman, Burtner*, Am. Soc. **57** [1935] 909, 910).

F: 187°.

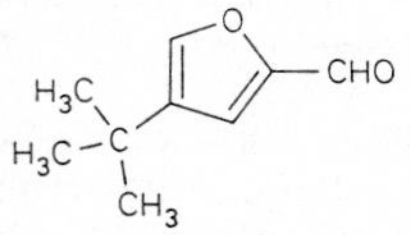

VII 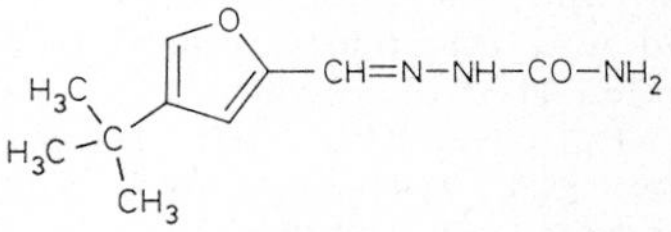 VIII 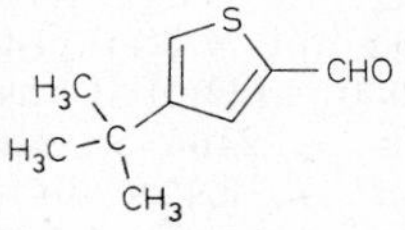 IX

4-*tert*-Butyl-thiophen-2-carbaldehyd $C_9H_{12}OS$, Formel IX.

B. Beim Erhitzen von 3-*tert*-Butyl-thiophen mit *N*-Methyl-formanilid und Phosphorylchlorid und anschliessenden Behandeln mit wss. Natriumcarbonat-Lösung (*Sy et al.*, Soc. **1955** 21, 22).

Kp: 249–250°. n_D^{22}: 1,5320.

4-*tert*-Butyl-thiophen-2-carbaldehyd-oxim $C_9H_{13}NOS$, Formel X (X = OH).

B. Aus 4-*tert*-Butyl-thiophen-2-carbaldehyd und Hydroxylamin (*Sy et al.*, Soc. **1955** 21, 22).

Krystalle (aus Me.); F: 79°.

4-*tert*-Butyl-thiophen-2-carbaldehyd-[2,4-dinitro-phenylhydrazon] $C_{15}H_{16}N_4O_4S$, Formel X (X = NH-$C_6H_3(NO_2)_2$).

B. Aus 4-*tert*-Butyl-thiophen-2-carbaldehyd und [2,4-Dinitro-phenyl]-hydrazin (*Sy et al.*, Soc. **1955** 21, 22).

Rote Krystalle (aus Eg.); F: 221°.

4-*tert*-Butyl-thiophen-2-carbaldehyd-semicarbazon $C_{10}H_{15}N_3OS$, Formel X (X = NH-CO-NH_2).

B. Aus 4-*tert*-Butyl-thiophen-2-carbaldehyd und Semicarbazid (*Sy et al.*, Soc. **1955** 21, 22).

Krystalle (aus A.); F: 221°.

4-*tert*-Butyl-thiophen-2-carbaldehyd-thiosemicarbazon $C_{10}H_{15}N_3S_2$, Formel X (X = NH-CS-NH_2).

B. Aus 4-*tert*-Butyl-thiophen-2-carbaldehyd und Thiosemicarbazid (*Sy et al.*, Soc. **1955** 21, 22).

Krystalle (aus A.); F: 186°.

5-*tert*-Butyl-furan-2-carbaldehyd $C_9H_{12}O_2$, Formel XI.

B. Beim Behandeln von Furan-2-carbaldehyd mit Butylchlorid, Isobutylchlorid oder *tert*-Butylchlorid in Schwefelkohlenstoff unter Zusatz von Aluminiumchlorid (*Gilman, Burtner*, Am. Soc. **57** [1935] 909, 910). Bei der Hydrierung von 5-*tert*-Butyl-furan-2-carbonylchlorid mit Hilfe von Palladium (*Gi., Bu.*).

Kp_{13}: 93–95°. D_{25}^{25}: 1,001. n_D^{25}: 1,5001.

5-*tert*-Butyl-furan-2-carbaldehyd-semicarbazon $C_{10}H_{15}N_3O_2$, Formel XII.

B. Aus 5-*tert*-Butyl-furan-2-carbaldehyd und Semicarbazid (*Gilman, Burtner*, Am. Soc.

57 [1935] 909, 910).
Krystalle (aus wss. A.); F: 205°.

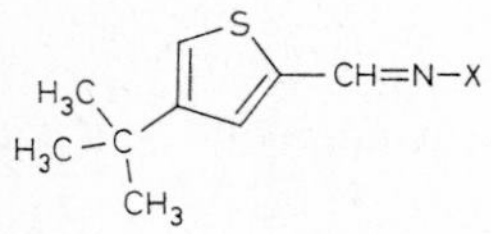

X 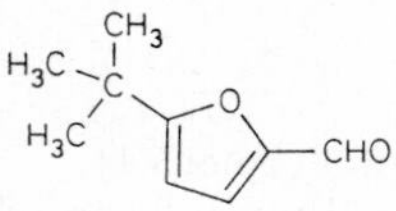 XI 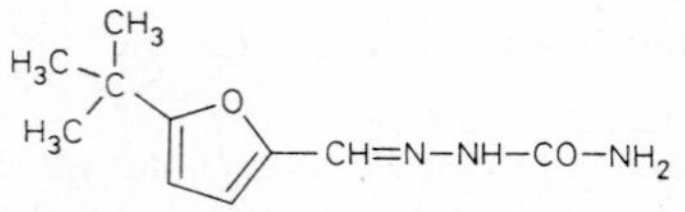 XII

5-*tert*-Butyl-thiophen-2-carbaldehyd $C_9H_{12}OS$, Formel I.

B. Beim Erwärmen von 2-*tert*-Butyl-thiophen mit Dimethylformamid und Phosphorylchlorid (*Abbott Labor.*, U.S.P. 2853493 [1952]; *Campaigne, Archer*, Am. Soc. **75** [1953] 989), mit *N*-Methyl-formanilid und Phosphorylchlorid (*Sy et al.*, Soc. **1954** 1975, 1976) oder mit *N*-Methyl-formanilid und Phosphorylbromid (*Weston, Michaels*, Am. Soc. **72** [1950] 1422) und anschliessenden Hydrolysieren.

Kp_{760}: 246° (*Sy et al.*); Kp_{25}: 135—136° (*We., Mi.*; *Abbott Labor.*); Kp_{23}: 133° (*Gol'dfarb et al.*, Ž. obšč. Chim. **28** [1958] 213, 218; engl. Ausg. S. 213, 217); $Kp_{3,6}$: 107—108° (*Ca., Ar.*). n_D^{20}: 1,5462; n_D^{22}: 1,5451; n_D^{26}: 1,5436 (*Go. et al.*); n_D^{22}: 1,5495 (*Sy et al.*); n_D^{25}: 1,5428 (*We., Mi.*).

Beim Erwärmen mit Raney-Nickel in Äthanol ist 6,6-Dimethyl-heptan-1-ol erhalten worden (*Gol'dfarb, Konštantinow*, Izv. Akad. S.S.S.R. Otd. chim. **1956** 992, 998; engl. Ausg. S. 1013, 1018).

5-*tert*-Butyl-thiophen-2-carbaldehyd-oxim $C_9H_{13}NOS$, Formel II (X = OH).

Beim Erwärmen von 5-*tert*-Butyl-thiophen-2-carbaldehyd mit Hydroxylamin-hydrochlorid und Natriumcarbonat in wss. Äthanol ist ein Oxim vom F: 73—74° (Krystalle [aus wss. A.]), beim Erwärmen von 5-*tert*-Butyl-thiophen -2-carbaldehyd mit Hydroxylamin-hydrochlorid und Natriumcarbonat in wss. Äthanol und Behandeln der Reaktionslösung mit wss. Salzsäure ist ein Oxim vom F: 118—119° (Krystalle [aus wss. A.]) erhalten worden (*Gol'dfarb et al.*, Ž. obšč. Chim. **28** [1958] 213, 218; engl. Ausg. S. 213, 217). Über ein aus 5-*tert*-Butyl-thiophen-2-carbaldehyd erhaltenes Präparat vom F: 86° (Krystalle [aus wss. Me.]) s. *Sy et al.*, Soc. **1954** 1975, 1977.

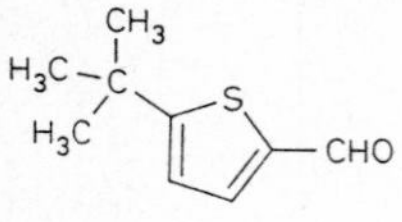

I 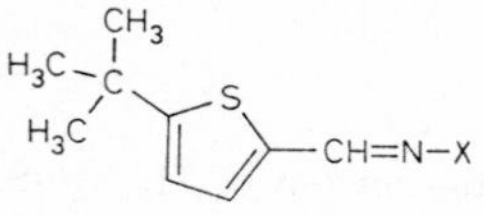 II 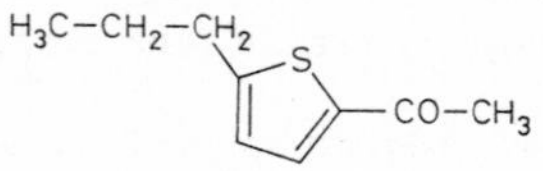 III

5-*tert*-Butyl-thiophen-2-carbaldehyd-phenylhydrazon $C_{15}H_{18}N_2S$, Formel II (X = NH-C_6H_5).

B. Aus 5-*tert*-Butyl-thiophen-2-carbaldehyd und Phenylhydrazin (*Weston, Michaels*, Am. Soc. **72** [1950] 1422).

Krystalle (aus A.); F: 153—155° [unkorr.].

5-*tert*-Butyl-thiophen-2-carbaldehyd-semicarbazon $C_{10}H_{15}N_3OS$, Formel II (X = NH-CO-NH_2).

B. Aus 5-*tert*-Butyl-thiophen-2-carbaldehyd und Semicarbazid (*Messina, Brown*, Am. Soc. **74** [1952] 920, 923; *Sy et al.*, Soc. **1954** 1975, 1976; *Gol'dfarb, Konštantinow*, Izv. Akad. S.S.S.R. Otd. chim. **1956** 992, 996; engl. Ausg. S. 1013, 1016; *Gol'dfarb et al.*, Izv. Akad. S.S.S.R. Otd. chim. **1956** 624; engl. Ausg. S. 627).

Krystalle; F: 249° [aus Me.] (*Sy et al.*), 215—216° [aus A.] (*Me., Br.*; *Go., Ko.*; *Go. et al.*).

5-*tert*-Butyl-thiophen-2-carbaldehyd-thiosemicarbazon $C_{10}H_{15}N_3S_2$, Formel II (X = NH-CS-NH_2).

B. Aus 5-*tert*-Butyl-thiophen-2-carbaldehyd und Thiosemicarbazid (*Campaigne et al.*,

Am. Soc. **75** [1953] 988; *Sy et al.*, Soc. **1954** 1975, 1976; *Gol'dfarb et al.*, Ž. obšč. Chim. **26** [1956] 2595, 2599; engl. Ausg. S. 2893, 2896).

Krystalle; F: 197° [aus A.] (*Sy et al.*), 194° [nach Erweichen] (*Go. et al.*), 182–183° [unkorr.; aus wss. A. oder wss. Me.] (*Ca. et al.*).

2-Acetyl-5-propyl-thiophen, 1-[5-Propyl-[2]thienyl]-äthanon $C_9H_{12}OS$, Formel III (H 300; E II 320).

B. Beim Erwärmen von 2-Propyl-thiophen mit Acetanhydrid und Phosphorsäure (*Profft*, Ch. Z. **82** [1958] 295, 297).

Kp_{12}: 125–127°. n_D^{20}: 1,5424.

1-[5-Propyl-[2]thienyl]-äthanon-[2,4-dinitro-phenylhydrazon] $C_{15}H_{16}N_4O_4S$, Formel IV.

B. Aus 1-[5-Propyl-[2]thienyl]-äthanon und [2,4-Dinitro-phenyl]-hydrazin (*Pines et al.*, Am. Soc. **72** [1950] 1568, 1571).

F: 175°.

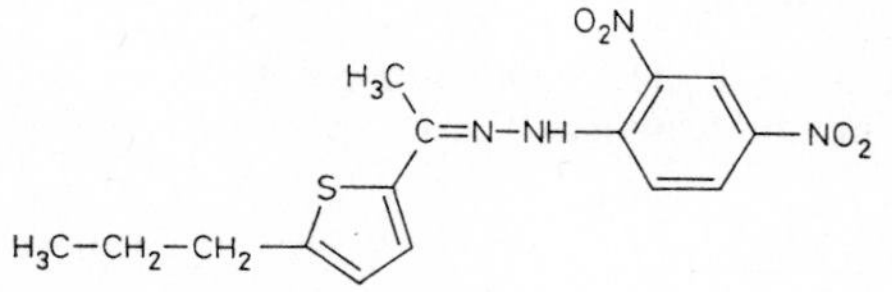

IV 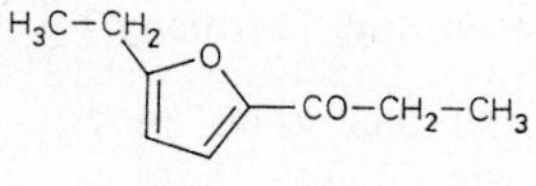 V

2-Äthyl-5-propionyl-furan, 1-[5-Äthyl-[2]furyl]-propan-1-on $C_9H_{12}O_2$, Formel V.

B. Beim Erwärmen von 2-Äthyl-furan mit Propionsäure-anhydrid und Zinn(IV)-chlorid (*Fétizon, Baranger*, C. r. **236** [1953] 499).

Kp_7: 93–94°.

1-[5-Äthyl-[2]furyl]-propan-1-on-semicarbazon $C_{10}H_{15}N_3O_2$, Formel VI.

B. Aus 1-[5-Äthyl-[2]furyl]-propan-1-on und Semicarbazid (*Fétizon, Baranger*, C. r. **236** [1953] 499).

F: 154°.

2-Äthyl-5-propionyl-thiophen, 1-[5-Äthyl-[2]thienyl]-propan-1-on $C_9H_{12}OS$, Formel VII (E II 321).

B. Aus 5-Äthyl-thiophen-2-carbonylchlorid und Diäthylcadmium (*Cagniant, Cagniant*, Bl. **1952** 713, 717).

Kp_{14}: 131°. D_4^{21}: 1,064. n_D^{21}: 1,5418.

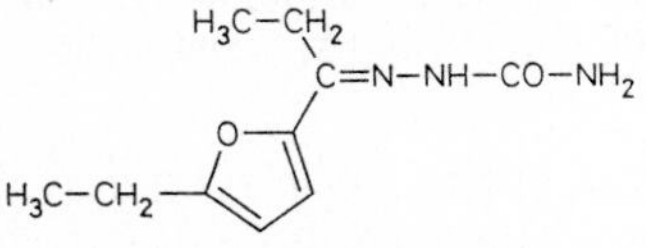

VI 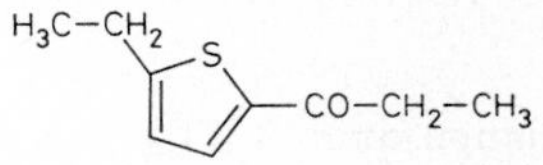 VII 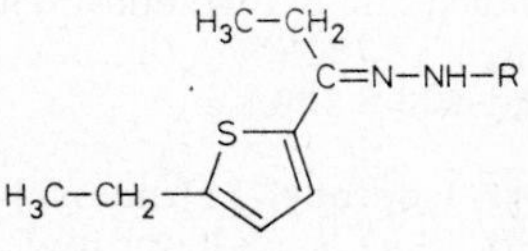 VIII

1-[5-Äthyl-[2]thienyl]-propan-1-on-[2,4-dinitro-phenylhydrazon] $C_{15}H_{16}N_4O_4S$, Formel VIII ($R = C_6H_3(NO_2)_2$).

B. Aus 1-[5-Äthyl-[2]thienyl]-propan-1-on und [2,4-Dinitro-phenyl]-hydrazin (*Cagniant, Cagniant*, Bl. **1952** 713, 717).

Rote Krystalle (aus A.); F: 192,5° [unkorr.; im vorgeheizten Block].

1-[5-Äthyl-[2]thienyl]-propan-1-on-semicarbazon $C_{10}H_{15}N_3OS$, Formel VIII ($R = CO\text{-}NH_2$) (E II 321).

B. Aus 1-[5-Äthyl-[2]thienyl]-propan-1-on und Semicarbazid (*Cagniant, Cagniant*, Bl. **1952** 713, 717).

Krystalle (aus A.); F: 213° [unkorr.; im vorgeheizten Block].

2-Acetyl-3-isopropyl-thiophen, 1-[3-Isopropyl-[2]thienyl]-äthanon $C_9H_{12}OS$, Formel IX.

In dem aus 3-Isopropyl-thiophen und Acetylchlorid erhaltenen, von *Scheibler* und *Schmidt* (s. H 300; E II 321) als 2-Acetyl-3(oder 4)-isopropyl-thiophen angesehenen Präparat hat ein Gemisch von 1-[3-Isopropyl-[2]thienyl]-äthanon und 1-[4-Isopropyl-[2]thienyl]-äthanon vorgelegen, das durch fraktionierte Destillation zerlegt worden ist (*Spaeth, Germain*, Am. Soc. **77** [1955] 4066, 4067).

$Kp_{0,6}$: 58°; n_D^{20}: 1,5422 (*Sp., Ge.*). UV-Absorptionsmaximum (A.): 274–275 nm (*Sp., Ge.*).

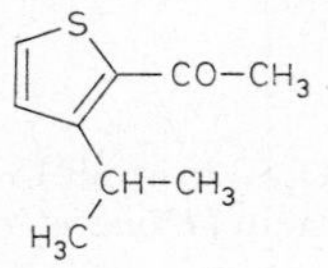

IX 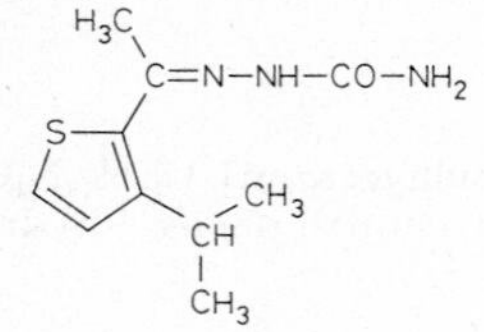 X 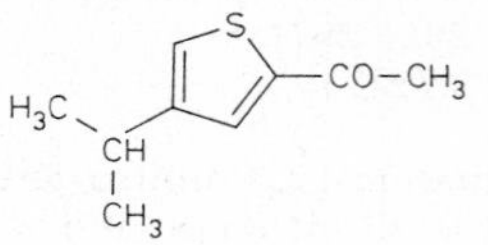 XI 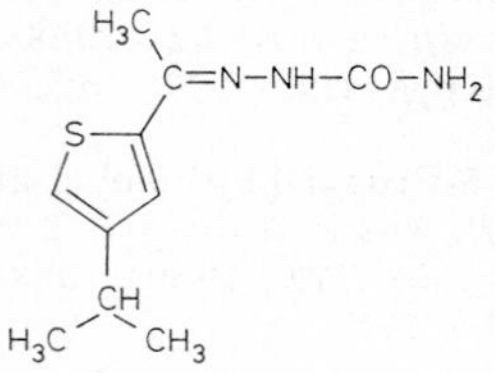 XII

1-[3-Isopropyl-[2]thienyl]-äthanon-semicarbazon $C_{10}H_{15}N_3OS$, Formel X.

B. Aus 1-[3-Isopropyl-[2]thienyl]-äthanon und Semicarbazid (*Spaeth, Germain*, Am. Soc. **77** [1955] 4066, 4067).

F: 183–185,5° [korr.].

2-Acetyl-4-isopropyl-thiophen, 1-[4-Isopropyl-[2]thienyl]-äthanon $C_9H_{12}OS$, Formel XI.

B. Neben kleinen Mengen 1-[5-Isopropyl-[2]thienyl]-äthanon beim Behandeln von 1-[2]Thienyl-äthanon mit Isopropylchlorid und Aluminiumchlorid in Schwefelkohlenstoff (*Spaeth, Germain*, Am. Soc. **77** [1955] 4066, 4067). Weitere Bildungsweise s. o. im Artikel 1-[3-Isopropyl-[2]thienyl]-äthanon.

$Kp_{0,5}$: 73°. n_D^{20}: 1,5422. UV-Absorptionsmaxima (A.): 262 nm und 295–297 nm.

1-[4-Isopropyl-[2]thienyl]-äthanon-semicarbazon $C_{10}H_{15}N_3OS$, Formel XII.

B. Aus 1-[4-Isopropyl-[2]thienyl]-äthanon und Semicarbazid (*Spaeth, Germain*, Am. Soc. **77** [1955] 4066, 4067).

F: 210,5–211,5° [korr.].

2-Acetyl-5-isopropyl-thiophen, 1-[5-Isopropyl-[2]thienyl]-äthanon $C_9H_{12}OS$, Formel I (E II 321).

B. In kleiner Menge neben 1-[4-Isopropyl-[2]thienyl]-äthanon beim Behandeln von 1-[2]Thienyl-äthanon mit Isopropylchlorid und Aluminiumbromid (oder Aluminiumchlorid) in Schwefelkohlenstoff (*Spaeth, Germain*, Am. Soc. **77** [1955] 4066, 4067, 4068).

$Kp_{0,4}$: 72° (*Sp., Ge.*, l. c. S. 4067, Anm. 13). UV-Absorptionsmaxima (A.): 264–265 nm und 293–296 nm.

1-[5-Isopropyl-[2]thienyl]-äthanon-oxim $C_9H_{13}NOS$, Formel II (X = OH) (E II 321).

B. Aus 1-[5-Isopropyl-[2]thienyl]-äthanon und Hydroxylamin (*Kutz, Corson*, Am. Soc. **68** [1946] 1477).

Krystalle (aus PAe.); F: 74–75°.

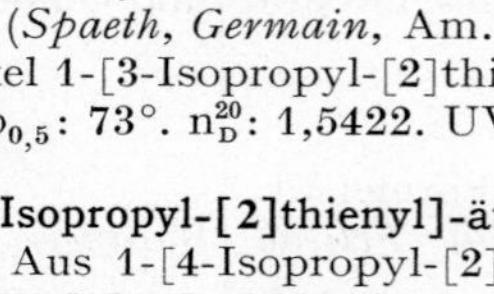

I 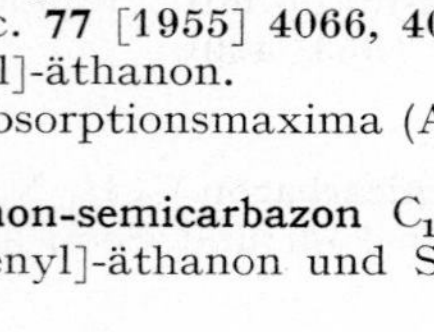 II 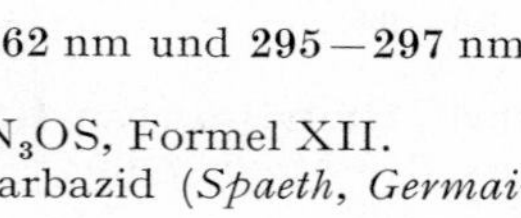 III

1-[5-Isopropyl-[2]thienyl]-äthanon-[4-nitro-phenylhydrazon] $C_{15}H_{17}N_3O_2S$, Formel II (X = NH-C_6H_4-NO_2) (E II 321).

B. Aus 1-[5-Isopropyl-[2]thienyl]-äthanon und [4-Nitro-phenyl]-hydrazin (*Kutz,*

Corson, Am. Soc. **68** [1946] 1477).

Krystalle (aus Me.); F: 193—194,5° [korr.].

1-[5-Isopropyl-[2]thienyl]-äthanon-[2,4-dinitro-phenylhydrazon] $C_{15}H_{16}N_4O_4S$, Formel II (X = NH-$C_6H_3(NO_2)_2$).

B. Aus 1-[5-Isopropyl-[2]thienyl]-äthanon und [2,4-Dinitro-phenyl]-hydrazin (*Pines et al.*, Am. Soc. **72** [1950] 1568, 1571).

F: 181°.

1-[5-Isopropyl-[2]thienyl]-äthanon-semicarbazon $C_{10}H_{15}N_3OS$, Formel II (X = NH-CO-NH_2).

B. Aus 1-[5-Isopropyl-[2]thienyl]-äthanon und Semicarbazid (*Pines et al.*, Am. Soc. **72** [1950] 1568, 1571; *Spaeth, Germain*, Am. Soc. **77** [1955] 4066, 4067).

F: 208—209° [korr.] (*Sp., Ge.*), 202° (*Pi. et al.*).

3,4-Dimethyl-2-propionyl-selenophen, 1-[3,4-Dimethyl-selenophen-2-yl]-propan-1-on $C_9H_{12}OSe$, Formel III.

B. Beim Erwärmen von 3,4-Dimethyl-selenophen mit Propionsäure, Tetrachlorsilan und Zinn(IV)-chlorid in Benzol (*Jur'ew, Šadowaja*, Ž. obšč. Chim. **26** [1956] 930; engl. Ausg. S. 1057).

Krystalle (aus wss. A.); F: 53—54°.

1-[3,4-Dimethyl-selenophen-2-yl]-propan-1-on-[2,4-dinitro-phenylhydrazon] $C_{15}H_{16}N_4O_4Se$, Formel IV.

B. Aus 1-[3,4-Dimethyl-selenophen-2-yl]-propan-1-on und [2,4-Dinitro-phenyl]-hydrazin (*Jur'ew, Šadowaja*, Ž. obšč. Chim. **26** [1956] 930; engl. Ausg. S. 1057).

Rotviolette Krystalle; F: 214°.

2,5-Dimethyl-3-propionyl-furan, 1-[2,5-Dimethyl-[3]furyl]-propan-1-on $C_9H_{12}O_2$, Formel V.

B. Beim Erwärmen von 2,5-Dimethyl-furan mit Propionsäure-anhydrid und Zinn(IV)-chlorid (*Fétizon, Baranger*, Bl. **1957** 1311, 1315). Beim Behandeln von 2,5-Dimethyl-furan mit Propionsäure-anhydrid und dem Borfluorid-Äther-Addukt in Essigsäure (*Levine et al.*, Am. Soc. **71** [1949] 1207).

F: 22° (*Fé., Ba.*). Kp_{23}: 105—108° (*Le. et al.*); Kp_{21}: 102—103°; Kp_2: 94—95° (*Fé., Ba.*). UV-Absorptionsmaximum (A.): 272 nm (*Fé., Ba.*).

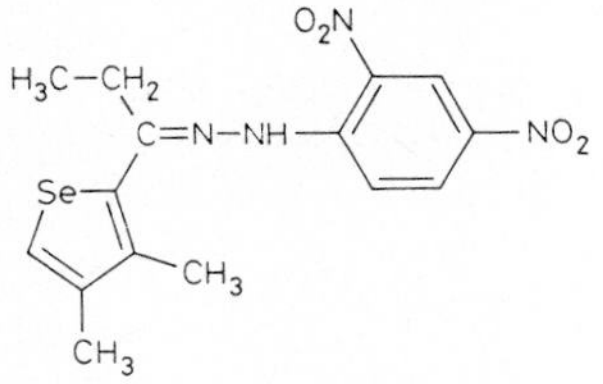

H_3C-CH_2 / C=N—NH— / O_2N / NO_2 / Se / CH_3 / CH_3

IV

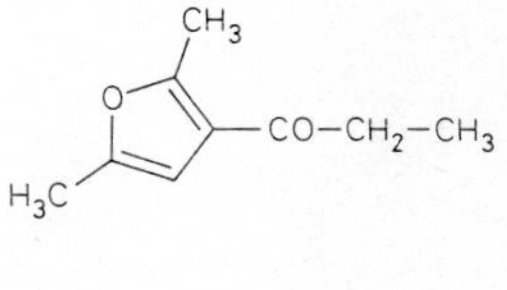

CH_3 / O / CO—CH_2—CH_3 / H_3C

V

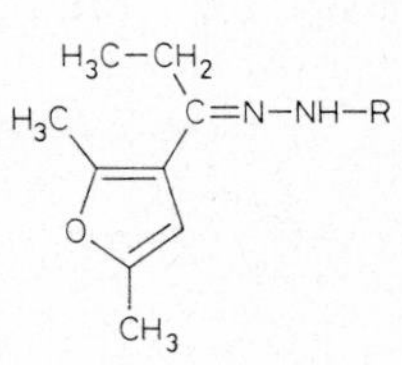

H_3C-CH_2 / H_3C / C=N—NH—R / O / CH_3

VI

1-[2,5-Dimethyl-[3]furyl]-propan-1-on-[2,4-dinitro-phenylhydrazon] $C_{15}H_{16}N_4O_5$, Formel VI (R = $C_6H_3(NO_2)_2$).

B. Aus 1-[2,5-Dimethyl-[3]furyl]-propan-1-on und [2,4-Dinitro-phenyl]-hydrazin (*Levine et al.*, Am. Soc. **71** [1949] 1207; *Fétizon, Baranger*, Bl. **1957** 1311, 1315).

Rote Krystalle (*Fé., Ba.*). F: 171—172° (*Le. et al.*), 171° [korr.; aus $CHCl_3$ + A.] (*Fé., Ba.*). Absorptionsmaximum ($CHCl_3$): 393 nm (*Fé., Ba.*).

1-[2,5-Dimethyl-[3]furyl]-propan-1-on-semicarbazon $C_{10}H_{15}N_3O_2$, Formel VI (R = CO-NH_2).

B. Aus 1-[2,5-Dimethyl-[3]furyl]-propan-1-on und Semicarbazid (*Fétizon, Baranger*, Bl. **1957** 1311, 1315).

Krystalle; F: 163° [korr.].

2,5-Dimethyl-3-propionyl-thiophen, 1-[2,5-Dimethyl-[3]thienyl]-propan-1-on $C_9H_{12}OS$, Formel VII.

B. Beim Behandeln von 2,5-Dimethyl-thiophen mit Propionylchlorid und Aluminium=chlorid in Schwefelkohlenstoff (*Buu-Hoi, Hoán,* R. **67** [1948] 309, 320). Beim Erhitzen von 2,5-Dimethyl-thiophen mit Propionsäure-anhydrid und dem Borfluorid-Äther-Addukt (*Farrar, Levine,* Am. Soc. **72** [1950] 4433, 4435).

Krystalle (aus PAe.); F: ca. 25° (*Buu-Hoi, Hoán*). Kp_{15}: 128–134° (*Buu-Hoi, Hoán*); Kp_1: 78–79° (*Fa., Le.*).

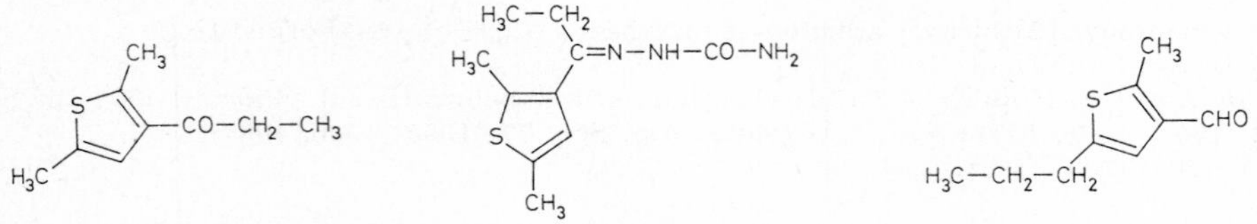

VII VIII IX

1-[2,5-Dimethyl-[3]thienyl]-propan-1-on-semicarbazon $C_{10}H_{15}N_3OS$, Formel VIII.

B. Aus 1-[2,5-Dimethyl-[3]thienyl]-propan-1-on und Semicarbazid (*Buu-Hoi, Hoán,* R. **67** [1948] 309, 320; *Farrar, Levine,* Am. Soc. **72** [1950] 4433, 4435).

Krystalle; F: 181–182° [korr.] (*Fa., Le.*), 178° [aus A.] (*Buu-Hoi, Hoán*).

2-Methyl-5-propyl-thiophen-3-carbaldehyd $C_9H_{12}OS$, Formel IX, und **5-Methyl-2-propyl-thiophen-3-carbaldehyd** $C_9H_{12}OS$, Formel X.

Diese beiden Konstitutionsformeln kommen für die nachstehend beschriebene Verbindung in Betracht.

B. Aus 2-Methyl-5-propyl-thiophen mit Hilfe von *N*-Methyl-formanilid und Phos=phorylchlorid (*Buu-Hoi et al.,* Soc. **1953** 547).

Kp_{15}: 130–132°. $n_D^{28,5}$: 1,5450.

2,4-Dinitro-phenylhydrazon $C_{15}H_{16}N_4O_4S$. Krystalle (aus A.); F: 182°.

Semicarbazon $C_{10}H_{15}N_3OS$. F: ca. 228° [Zers.].

5-Acetyl-3-äthyl-2-methyl-thiophen, 1-[4-Äthyl-5-methyl-[2]thienyl]-äthanon $C_9H_{12}OS$, Formel XI.

B. Beim Behandeln von 3-Äthyl-2-methyl-thiophen mit Acetylchlorid und Aluminium=chlorid in Petroläther (*Steinkopf et al.,* A. **545** [1940] 45, 48).

Kp_{16}: 132–134°.

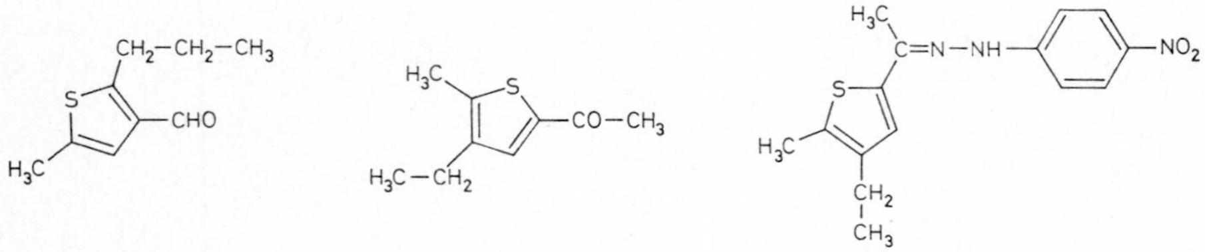

X XI XII

1-[4-Äthyl-5-methyl-[2]thienyl]-äthanon-[4-nitro-phenylhydrazon] $C_{15}H_{17}N_3O_2S$, Formel XII.

B. Aus 1-[4-Äthyl-5-methyl-[2]thienyl]-äthanon und [4-Nitro-phenyl]-hydrazin in Äthanol (*Steinkopf et al.,* A. **545** [1940] 45, 48).

Krystalle (aus A.); F: 189,5°.

2,5-Diäthyl-thiophen-3-carbaldehyd $C_9H_{12}OS$, Formel I.

B. Beim Behandeln von Orthoameisensäure-triäthylester mit 2,5-Diäthyl-[3]thienyl=magnesium-jodid in Toluol (*Cagniant, Cagniant,* Bl. **1953** 713, 721). Beim Erwärmen von 2,5-Diäthyl-3-chlormethyl-thiophen mit Hexamethylentetramin in Chloroform und

Erhitzen des Reaktionsprodukts mit Wasser (*Ca.*, *Ca.*).
$Kp_{8,5}$: 114,5–115°. D_4^{21}: 1,052. $n_D^{18,6}$: 1,5372.

2,5-Diäthyl-thiophen-3-carbaldehyd-[2,4-dinitro-phenylhydrazon] $C_{15}H_{16}N_4O_4S$, Formel II (R = $C_6H_3(NO_2)_2$).

B. Aus 2,5-Diäthyl-thiophen-3-carbaldehyd und [2,4-Dinitro-phenyl]-hydrazin (*Cagniant*, *Cagniant*, Bl. **1953** 713, 721).

Rote Krystalle (aus Bzl. + A.); F: 188°.

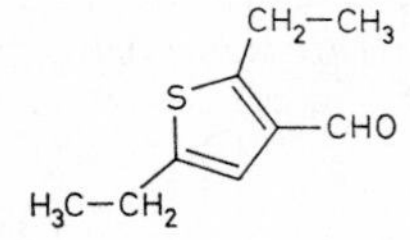

I 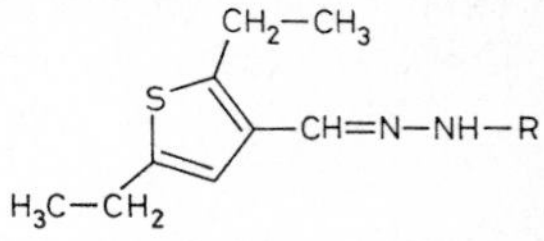 II 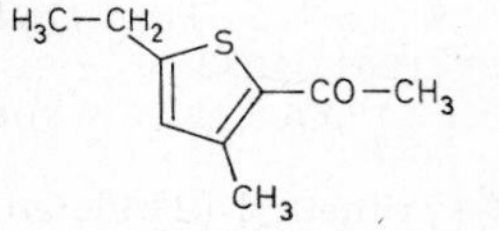 III

2,5-Diäthyl-thiophen-3-carbaldehyd-semicarbazon $C_{10}H_{15}N_3OS$, Formel II (R = CO-NH_2).

B. Aus 2,5-Diäthyl-thiophen-3-carbaldehyd und Semicarbazid (*Cagniant*, *Cagniant*, Bl. **1953** 713, 721).

Krystalle (aus Bzl.); F: 178°.

2-Acetyl-5-äthyl-3-methyl-thiophen, 1-[5-Äthyl-3-methyl-[2]thienyl]-äthanon $C_9H_{12}OS$, Formel III.

B. Beim Behandeln von 2-Äthyl-4-methyl-thiophen mit Acetanhydrid, Benzol und Zinn(IV)-chlorid (*Blanchette*, *Brown*, Am. Soc. **74** [1952] 1848).

Kp_{15}: 125–126°.

1-[5-Äthyl-3-methyl-[2]thienyl]-äthanon-semicarbazon $C_{10}H_{15}N_3OS$, Formel IV.

B. Aus 1-[5-Äthyl-3-methyl-[2]thienyl]-äthanon und Semicarbazid (*Blanchette*, *Brown*, Am. Soc. **74** [1952] 1848).

Krystalle (aus A.); F: 185–186°.

5-Acetyl-2-äthyl-3-methyl-thiophen, 1-[5-Äthyl-4-methyl-[2]thienyl]-äthanon $C_9H_{12}OS$, Formel V.

B. Beim Behandeln von 2-Äthyl-3-methyl-thiophen mit Acetylchlorid und Aluminiumchlorid in Petroläther (*Steinkopf et al.*, A. **545** [1940] 45, 51).

Kp_{14}: 140–143,5°.

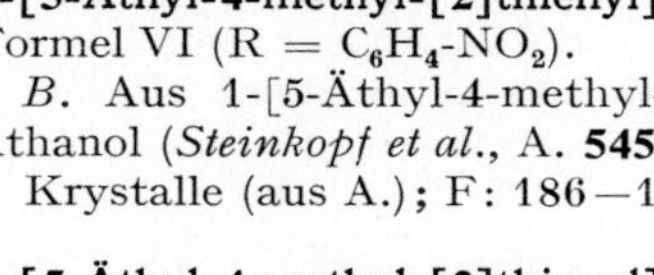

IV 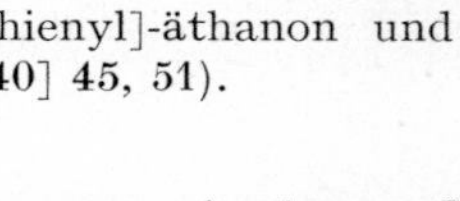 V 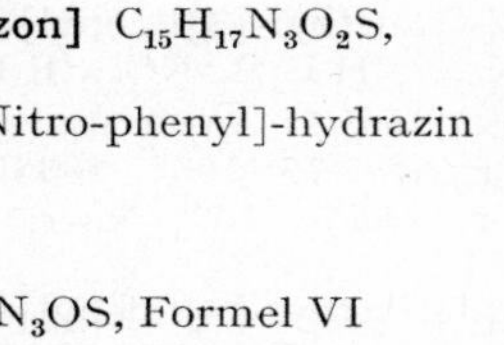 VI

1-[5-Äthyl-4-methyl-[2]thienyl]-äthanon-[4-nitro-phenylhydrazon] $C_{15}H_{17}N_3O_2S$, Formel VI (R = C_6H_4-NO_2).

B. Aus 1-[5-Äthyl-4-methyl-[2]thienyl]-äthanon und [4-Nitro-phenyl]-hydrazin in Äthanol (*Steinkopf et al.*, A. **545** [1940] 45, 51).

Krystalle (aus A.); F: 186–187°.

1-[5-Äthyl-4-methyl-[2]thienyl]-äthanon-semicarbazon $C_{10}H_{15}N_3OS$, Formel VI (R = CO-NH_2).

B. Aus 1-[5-Äthyl-4-methyl-[2]thienyl]-äthanon und Semicarbazid (*Steinkopf et al.*, A. **545** [1940] 45, 51).

Krystalle (aus Äthylbenzoat); F: 228,5–229° [Zers.].

2-Acetyl-3,4,5-trimethyl-thiophen, 1-[Trimethyl-[2]thienyl]-äthanon $C_9H_{12}OS$, Formel VII.

B. Beim Erwärmen von 2,3,4-Trimethyl-thiophen mit Acetanhydrid, Benzol und wasserhaltiger Phosphorsäure (*Hartough*, Am. Soc. **73** [1951] 4033).

$Kp_{0,15}$: 76°; n_D^{20}: 1,5632 (*Ha.*). IR-Spektrum von 2 μ bis 15 μ: A. P. I. Res. Project **44** Nr. 1451 [1952]; von 2,5 μ bis 5,2 μ sowie von 15 μ bis 22 μ: A. P. I. Res. Project **44** Nr. 1452 [1952].

1-[Trimethyl-[2]thienyl]-äthanon-oxim $C_9H_{13}NOS$, Formel VIII (X = OH).

B. Aus 1-[Trimethyl-[2]thienyl]-äthanon und Hydroxylamin (*Hartough*, Am. Soc. **73** [1951] 4033).

F: 126,5–127,5° [korr.].

1-[Trimethyl-[2]thienyl]-äthanon-[4-nitro-phenylhydrazon] $C_{15}H_{17}N_3O_2S$, Formel VIII (X = NH-C_6H_4-NO_2).

B. Aus 1-[Trimethyl-[2]thienyl]-äthanon und [4-Nitro-phenyl]-hydrazin (*Hartough*, Am. Soc. **73** [1951] 4033).

F: 197,5–198,5° [korr.].

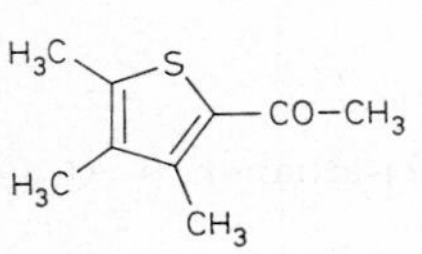

VII 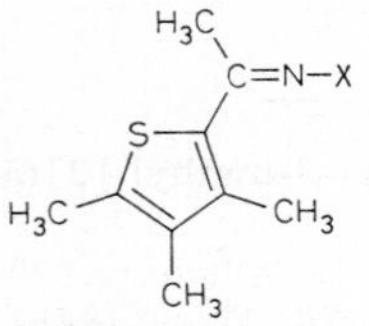 VIII 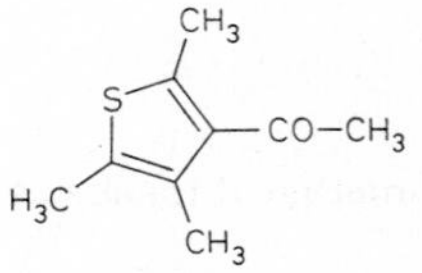 IX 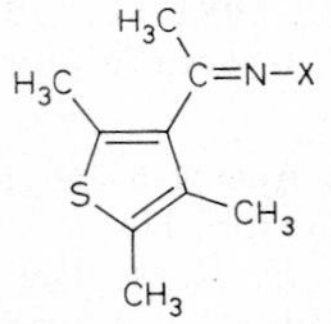 X

1-[Trimethyl-[2]thienyl]-äthanon-semicarbazon $C_{10}H_{15}N_3OS$, Formel VIII (X = NH-CO-NH_2).

B. Aus 1-[Trimethyl-[2]thienyl]-äthanon und Semicarbazid (*Hartough*, Am. Soc. **73** [1951] 4033).

F: 239,5–241,5° [korr.; Zers.].

3-Acetyl-2,4,5-trimethyl-thiophen, 1-[Trimethyl-[3]thienyl]-äthanon $C_9H_{12}OS$, Formel IX (E II 321).

B. Beim Erwärmen von 2,3,5-Trimethyl-thiophen mit Acetanhydrid, Benzol und wasserhaltiger Phosphorsäure (*Hartough*, Am. Soc. **73** [1951] 4033).

$Kp_{0,3}$: 80° (*Ha.*). n_D^{20}: 1,5454 (*Ha.*). IR-Spektrum von 2 μ bis 15 μ: A. P. I. Res. Project **44** Nr. 1453 [1952]; von 2,5 μ bis 5,3 μ sowie von 15 μ bis 22 μ: A. P. I. Res. Project **44** Nr. 1454 [1952].

1-[Trimethyl-[3]thienyl]-äthanon-oxim $C_9H_{13}NOS$, Formel X (X = OH).

B. Aus 1-[Trimethyl-[3]thienyl]-äthanon und Hydroxylamin (*Hartough*, Am. Soc. **73** [1951] 4033).

F: 111,5–112,5° [korr.].

1-[Trimethyl-[3]thienyl]-äthanon-[4-nitro-phenylhydrazon] $C_{15}H_{17}N_3O_2S$, Formel X (X = NH-C_6H_4-NO_2) (E II 322).

B. Aus 1-[Trimethyl-[3]thienyl]-äthanon und [4-Nitro-phenyl]-hydrazin (*Hartough*, Am. Soc. **73** [1951] 4033).

F: 156,5–157° [korr.].

1-[Trimethyl-[3]thienyl]-äthanon-semicarbazon $C_{10}H_{15}N_3OS$, Formel X (X = NH-CO-NH_2) (E II 322).

B. Aus 1-[Trimethyl-[3]thienyl]-äthanon und Semicarbazid (*Hartough*, Am. Soc. **73** [1951] 4033).

F: 159–160° [korr.].

(±)-5-Cyclopent-1-enyl-dihydro-furan-2-on, (±)-4-Cyclopent-1-enyl-4-hydroxy-buttersäure-lacton $C_9H_{12}O_2$, Formel XI.

B. Beim Erhitzen von 4-Cyclopent-1-enyl-4-oxo-buttersäure-methylester mit Aluminiumisopropylat in Isopropylalkohol und Behandeln des Reaktionsprodukts mit wss. Salzsäure (*English, Dayan*, Am. Soc. **72** [1950] 4187).

Kp_3: 109,5–110°. n_D^{20}: 1,4950.

Charakterisierung durch Überführung in das *S*-Benzyl-isothiuronium-Salz (F: 122,5° [korr.]) der (±)-4-Cyclopent-1-enyl-4-hydroxy-buttersäure: *En., Da.*

4-Cyclopentyl-5*H*-furan-2-on, 3-Cyclopentyl-4-hydroxy-*cis*-crotonsäure-lacton $C_9H_{12}O_2$, Formel XII.

B. Beim Erhitzen von (±)-3-Cyclopentyl-3-hydroxy-4-methoxy-buttersäure mit Bromwasserstoff in Essigsäure (*Rubin et al.*, J. org. Chem. **6** [1941] 260, 268; *E. Lilly & Co.*, U.S.P. 2359208 [1941]; s. a. *Ranganathan*, Curr. Sci. **9** [1940] 458).

Kp_5: 155° (*Ra.*); Kp_2: 120–121° (*Jones et al.*, Canad. J. Chem. **37** [1959] 2007, 2009); $Kp_{1,5}$: 130–132° (*Ru. et al.*). n_D^{25}: 1,5049 (*Ru. et al.*). IR-Spektrum (1800–1600 cm^{-1}) von Lösungen in Chloroform und in Tetrachlormethan: *Jo. et al.*, l. c. S. 2012.

XI XII XIII XIV

1-Oxa-spiro[4.5]dec-3-en-2-on, 3*c*-[1-Hydroxy-cyclohexyl]-acrylsäure-lacton $C_9H_{12}O_2$, Formel XIII.

B. Beim Hydrieren von [1-Hydroxy-cyclohexyl]-propiolsäure an Palladium/Bariumsulfat in Methanol und Erhitzen des Reaktionsprodukts unter vermindertem Druck (*Haynes, Jones*, Soc. **1946** 954, 957).

$Kp_{0,1}$: 84°. n_D^{16}: 1,4972. UV-Absorptionsmaximum (A.): 214 nm (*Ha., Jo.*, l. c. S. 955).

4,5,6,7,8,8a-Hexahydro-cyclohepta[*b*]furan-2-on, [(*Z*)-2-Hydroxy-cycloheptyliden]-essigsäure-lacton $C_9H_{12}O_2$, Formel XIV.

B. Neben anderen Verbindungen beim Erwärmen von [2-Oxo-cycloheptyl]-essigsäure-äthylester mit Bromessigsäure-äthylester und Zink in Benzol (*Plattner et al.*, Helv. **29** [1946] 730, 736).

Krystalle (aus Ae. + Hexan); F: 55–56°.

5,6,7,8-Tetrahydro-chroman-2-on, 3-[2-Hydroxy-cyclohex-1-enyl]-propionsäure-lacton $C_9H_{12}O_2$, Formel I.

B. Beim Erhitzen von 3-[2-Oxo-cyclohexyl]-propionsäure mit Acetanhydrid (*Mannich, Koch*, B. **75** [1942] 803; *Schuscherina et al.*, Ž. obšč. Chim. **26** [1956] 750, 752; engl. Ausg. S. 861, 863; Vestnik Moskovsk. Univ. **12** [1957] Nr. 6, S. 173, 176; C. A. **1959** 2174) oder mit Acetylchlorid unter vermindertem Druck (*Sch. et al.*, Ž. obšč. Chim. **26** 752; Vestnik Moskovsk. Univ. **12** Nr. 6, S. 176). Beim Behandeln von 3-[2-Oxo-cyclohexyl]-propionitril mit Chlorwasserstoff in Äther (*Terent'ew et al.*, Ž. obšč. Chim. **26** [1956] 2925, 2926; engl. Ausg. S. 3251).

Kp_{15}: 141–142° (*Ma., Koch*); Kp_8: 117–118° (*Te. et al.*); Kp_5: 117–118° (*Sch. et al.*, Ž. obšč. Chim. **26** 752). D_4^{20}: 1,1166 (*Sch. et al.*, Ž. obšč. Chim. **26** 752). n_D^{20}: 1,5050 (*Sch. et al.*, Ž. obšč. Chim. **26** 752), 1,5057 (*Te. et al.*).

(±)-1,5,6,7,8,8a-Hexahydro-isochromen-3-on, (±)-[(*Z*)-2-Hydroxymethyl-cyclohexyliden]-essigsäure-lacton $C_9H_{12}O_2$, Formel II.

B. Beim Erwärmen von Cyclohex-1-enyl-essigsäure mit Paraformaldehyd in Dioxan unter Zusatz von Schwefelsäure (*Belleau*, Canad. J. Chem. **35** [1957] 673).

Krystalle (aus Ae. + Hexan), F: 59–60°; Kp_7: 150–152°; UV-Absorptionsmaximum (A.): 223 nm (*Be.*).

*B*eim Behandeln mit Lithiumalanat in Äther ist 2-[(*Z*)-2-Hydroxymethyl-cyclohexyl-iden]-äthanol erhalten worden (*Harrison, Lithgoe*, Soc. **1958** 843, 846).

8,8a-Dihydro-7*H*-isothiochroman-6-on $C_9H_{12}OS$, Formel III.

B. Beim Behandeln von 4-Oxo-3-[3-oxo-butyl]-tetrahydro-thiopyran-3-carbonsäure-methylester mit Essigsäure und wss. Salzsäure (*Georgian*, Chem. and Ind. **1957** 1480).

F: 90,5—91,5°. UV-Absorptionsmaximum: 230 nm.

I II III IV

2,2-Dioxo-8,8a-dihydro-7*H*-2λ⁶-isothiochroman-6-on $C_9H_{12}O_3S$, Formel IV.

B. Beim Behandeln von 8,8a-Dihydro-7*H*-isothiochroman-6-on mit wss. Wasserstoffperoxid und Essigsäure (*Georgian*, Chem. and Ind. **1957** 1480).

F: 219—220,5°. UV-Absorptionsmaximum: 228 nm.

2-Methyl-6-oxo-6,7,8,8a-tetrahydro-isothiochromanium $[C_{10}H_{15}OS]^+$, Formel V.

Jodid $[C_{10}H_{15}OS]I$. *B*. Aus 8,8a-Dihydro-7*H*-isothiochroman-6-on und Methyljodid (*Georgian*, Chem. and Ind. **1957** 1480). — F: 106—108° [Zers.]. UV-Absorptionsmaximum: 222 nm.

5,6,7,8-Tetrahydro-isochroman-3-on, [2-Hydroxymethyl-cyclohex-1-enyl]-essigsäure-lacton $C_9H_{12}O_2$, Formel VI.

B. Beim Behandeln von Cyclohex-1-enyl-essigsäure mit Paraformaldehyd in Trifluoressigsäure (*Belleau*, Canad. J. Chem. **35** [1957] 673, 675; *Ban et al.*, Chem. pharm. Bl. **16** [1968] 516, 518, 521).

Kp_8: 145—147° (*Be.*).

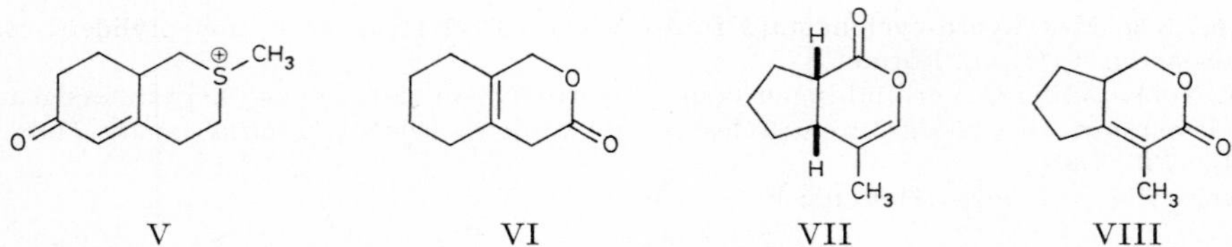

(±)-4-Methyl-(4a*r*,7a*c*)-5,6,7,7a-tetrahydro-4a*H*-cyclopenta[*c*]pyran-1-on, (±)-*cis*-2-[(*Z*)-2-Hydroxy-1-methyl-vinyl]-cyclopentancarbonsäure-lacton, (±)-*cis*-Nornepetalacton $C_9H_{12}O_2$, Formel VII + Spiegelbild.

B. Beim Erhitzen von (±)-*trans*-Nornepetalsäure ((±)-*trans*-2-[(Ξ)-Oxo-isopropyl]-cyclopentancarbonsäure) auf 280° (*Trave et al.*, Chimica e Ind. **40** [1958] 887, 894).

$Kp_{0,05}$: 55—56°. n_D^{20}: 1,4900.

(±)-4-Methyl-5,6,7,7a-tetrahydro-1*H*-cyclopenta[*c*]pyran-3-on, (±)-2-[(*Z*)-2-Hydroxymethyl-cyclopentyliden]-propionsäure-lacton $C_9H_{12}O_2$, Formel VIII.

B. Beim Erhitzen von (±)-2-Cyclopent-1-enyl-propionsäure mit Paraformaldehyd in Essigsäure unter Zusatz von Schwefelsäure (*Korte et al.*, Tetrahedron **6** [1959] 201, 211).

$Kp_{0,05}$: 84—85°. UV-Absorptionsmaximum (Me.): 223 nm.

***Opt.-inakt. 3-Methyl-3a,4,5,6-tetrahydro-3*H*-benzofuran-2-on, 2-[2-Hydroxy-cyclohex-2-enyl]-propionsäure-lacton** $C_9H_{12}O_2$, Formel IX.

B. Bei der Hydrierung von 2-[(*Z*)-2-Hydroxy-cyclohex-2-enyliden]-propionsäure-lacton an Palladium/Bariumsulfat in Essigsäure (*Rosenmund et al.*, Ar. **287** [1954] 441, 446).

Kp_5: 141—142°.

(±)-3-Methyl-4,5,6,7-tetrahydro-3*H*-benzofuran-2-on, (±)-2-[2-Hydroxy-cyclohex-1-enyl]-propionsäure-lacton $C_9H_{12}O_2$, Formel X.

B. Bei der Hydrierung von 2-[(*Z*)-3-Acetoxy-2-hydroxy-cyclohex-2-enyliden]-propionsäure-lacton an Palladium/Kohle in Essigsäure (*Abe et al.*, J. pharm. Soc. Japan **72** [1952] 1451, 1455; C. A. **1953** 8023).

Bei 134—140°/4 Torr destillierbar.

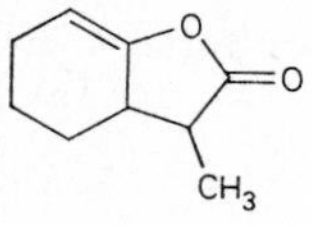

IX 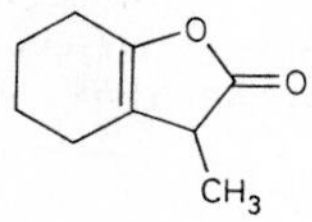 X 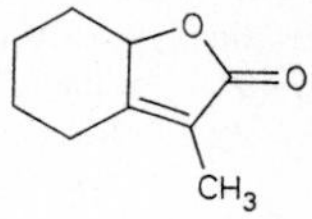 XI 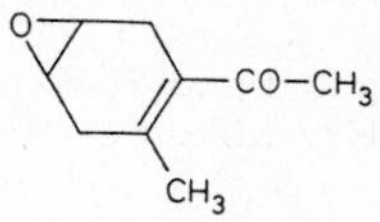 XII

(±)-3-Methyl-5,6,7,7a-tetrahydro-4*H*-benzofuran-2-on, (±)-2-[(*Z*)-2-Hydroxy-cyclohexyliden]-propionsäure-lacton $C_9H_{12}O_2$, Formel XI.

B. Beim Erhitzen von opt.-inakt. 2-[2-Oxo-cyclohexyl]-propionsäure (F: 134,5° bis 135,5°) mit Acetanhydrid (*Cocker, Hornsby*, Soc. **1947** 1157, 1164).

Kp_3: 133—134° (*Co., Ho.*); Kp_3: 121—124° (*Dauben, Hance*, Am. Soc. **75** [1953] 3352, 3356). n_D^{25}: 1,5060 (*Da., Ha.*). IR-Spektrum (CCl_4; 1775—1640 cm^{-1}): *Da., Ha.*, l. c. S. 3354. UV-Spektrum (A.; 210—250 nm): *Da., Ha.*, l. c. S. 3353. UV-Absorptionsmaximum (A.): 220 nm (*Co., Ho.*, l. c. S. 1162).

Zeitlicher Verlauf der Reaktion mit Brom in Tetrachlormethan in Gegenwart von Essigsäure bei 17°: *Co., Ho.*, l. c. S. 1161.

(±)-1-Acetyl-4,5-epoxy-2-methyl-cyclohexen, (±)-1-[4,5-Epoxy-2-methyl-cyclohex-1-enyl]-äthanon $C_9H_{12}O_2$, Formel XII.

B. Beim Behandeln von 1-[2-Methyl-cyclohexa-1,4-dienyl]-äthanon mit Peroxybenzoesäure in Chloroform unter Lichtausschluss (*Braude et al.*, Soc. **1949** 607, 613).

$Kp_{0,1}$: 71—72°. n_D^{25}: 1,5030. UV-Absorptionsmaximum (A.): 244 nm (*Br. et al.*, l. c. S. 610).

(3a*S*)-6*c*-Methyl-3-methylen-(3a*r*,6a*c*)-hexahydro-cyclopenta[*c*]furan-1-on, (1*R*)-2*c*-[1-Hydroxy-vinyl]-5*t*-methyl-cyclopentan-*r*-carbonsäure-lacton, Nepetonolacton $C_9H_{12}O_2$, Formel I.

Konfigurationszuordnung: *Bates et al.*, Am. Soc. **80** [1958] 3420.

B. Beim Erhitzen von (—)-Nepetonsäure ((1*R*)-2*t*-Acetyl-5*t*-methyl-cyclopentan-*r*-carbonsäure [E III **10** 2846]) mit Acetanhydrid auf 155° (*McElvain, Eisenbraun*, Am. Soc. **77** [1955] 1599, 1604).

$Kp_{0,05}$: 52—54°; n_D^{25}: 1,4790—1,4799 (*McE., Ei.*).

Beim Abbau mit Hilfe von Ozon ist Nepetsäure-anhydrid ((1*S*)-3*t*-Methyl-cyclopentan-1*r*,2*c*-dicarbonsäure-anhydrid) erhalten worden (*McE., Ei.*).

(±)-5-Methyl-(3a*r*,6a*c*)-3,3a,6,6a-tetrahydro-1*H*-cyclopenta[*c*]furan-4-carbaldehyd $C_9H_{12}O_2$, Formel II + Spiegelbild.

B. Beim Behandeln einer Lösung von (±)-5*t*(?)-Methyl-(3a*r*,7a*c*)-octahydro-isobenzofuran-5*c*(?),6*c*(?)-diol (S. 2043) in Tetrahydrofuran mit Natriumperjodat in Wasser und Erwärmen einer Lösung des Reaktionsprodukts in Benzol mit Pyridin und Essigsäure (*Wendler, Slates*, Am. Soc. **80** [1958] 3937).

Bei 100°/0,7 Torr destillierbar. UV-Absorptionsmaximum (Me.): 248 nm.

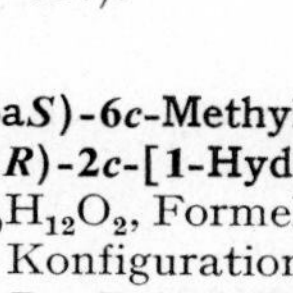

I 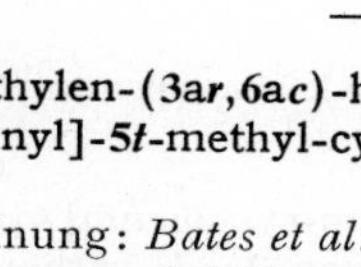 II 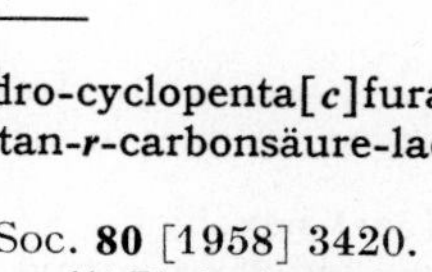 III 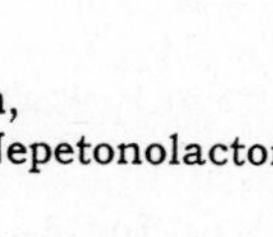 IV

(±)-5-Methyl-(3a*r*,6a*c*)-3,3a,6,6a-tetrahydro-1*H*-cyclopenta[*c*]furan-4-carbaldehyd-[2,4-dinitro-phenylhydrazon] $C_{15}H_{16}N_4O_5$, Formel III (R = $C_6H_3(NO_2)_2$) + Spiegelbild.

B. Aus (±)-5-Methyl-(3a*r*,6a*c*)-3,3a,6,6a-tetrahydro-1*H*-cyclopenta[*c*]furan-4-carb= aldehyd und [2,4-Dinitro-phenyl]-hydrazin (*Wendler, Slates*, Am. Soc. **80** [1958] 3937).

Rote Krystalle (aus E. + Me.); F: 214–214,5° [korr.].

(±)-5-Methyl-(3a*r*,6a*c*)-3,3a,6,6a-tetrahydro-1*H*-cyclopenta[*c*]furan-4-carbaldehyd-semicarbazon $C_{10}H_{15}N_3O_2$, Formel III (R = CO-NH_2) + Spiegelbild.

B. Aus (±)-5-Methyl-(3a*r*,6a*c*)-3,3a,6,6a-tetrahydro-1*H*-cyclopenta[*c*]furan-4-carb= aldehyd und Semicarbazid (*Wendler, Slates*, Am. Soc. **80** [1958] 3937).

Krystalle (aus Me.); F: 215–220° [korr.].

(±)-(3a*r*,7a*c*)-Hexahydro-4*c*,7*c*-methano-isobenzofuran-1-on, (±)-3*endo*-Hydroxymethyl-norbornan-2*endo*-carbonsäure-lacton $C_9H_{12}O_2$, Formel IV + Spiegelbild.

B. Beim Erwärmen von (±)-2*endo*,3*endo*-Bis-hydroxymethyl-norbornan mit Raney-Nickel in Benzol (*Berson, Jones*, J. org. Chem. **21** [1956] 1325).

Krystalle (aus Hexan); F: 145–146°.

(±)-3-Methyl-hexahydro-3,5-methano-cyclopenta[*b*]furan-2-on, (±)-6*endo*-Hydroxy-2*exo*-methyl-norbornan-2*endo*-carbonsäure-lacton $C_9H_{12}O_2$, Formel V (X = H) + Spiegelbild.

B. Beim Behandeln von (±)-2*endo*-Methyl-norborn-5-en-2*exo*-carbonsäure oder von (±)-2*exo*-Methyl-norborn-5-en-2*endo*-carbonsäure mit wss. Schwefelsäure [75%ig] (*Meek, Trapp*, Am. Soc. **79** [1957] 3909, 3911).

Krystalle (aus wss. A.); F: 125–126°.

(±)-6*c*-Brom-3-methyl-(3a*r*)-hexahydro-3,5-methano-cyclopenta[*b*]furan-2-on, (±)-5*exo*-Brom-6*endo*-hydroxy-2*exo*-methyl-norbornan-2*endo*-carbonsäure-lacton $C_9H_{11}BrO_2$, Formel V (X = Br) + Spiegelbild.

B. Beim Behandeln von (±)-2*exo*-Methyl-norborn-5-en-2*endo*-carbonsäure mit wss. Natriumcarbonat-Lösung, wss. Brom-Lösung und Kaliumbromid (*Meek, Trapp*, Am. Soc. **79** [1957] 3909, 3911).

F: 74–75°.

Beim Erwärmen mit wss.-methanol. Kalilauge ist 5*endo*,6*endo*-Dihydroxy-2*exo*-methyl-norbornan-2*endo*-carbonsäure-6-lacton erhalten worden.

(±)-6*c*-Jod-3-methyl-(3a*r*)-hexahydro-3,5-methano-cyclopenta[*b*]furan-2-on, (±)-6*endo*-Hydroxy-5*exo*-jod-2*exo*-methyl-norbornan-2*endo*-carbonsäure-lacton $C_9H_{11}IO_2$, Formel V (X = I) + Spiegelbild.

B. Beim Behandeln von (±)-2*exo*-Methyl-norborn-5-en-2*endo*-carbonsäure mit wss.-methanol. Natronlauge, wss. Natriumhydrogencarbonat-Lösung und einer wss. Lösung von Kaliumjodid und Jod (*Meek, Trapp*, Am. Soc. **79** [1957] 3909, 3911).

F: 83–86°.

Beim Erwärmen mit wss.-methanol. Kalilauge ist 5*endo*,6*endo*-Dihydroxy-2*exo*-methyl-norbornan-2*endo*-carbonsäure-6-lacton erhalten worden.

(±)-7*anti*-Methyl-hexahydro-3,5-methano-cyclopenta[*b*]furan-2-on, (±)-6*endo*-Hydroxy-3*exo*-methyl-norbornan-2*endo*-carbonsäure-lacton $C_9H_{12}O_2$, Formel VI (X = H) + Spiegelbild.

In einem von *Alder, Stein* (A. **514** [1934] 197, 210) unter dieser Konstitution beschriebenen Präparat (F: 70–71°) hat ein Gemisch von (±)-6*endo*-Hydroxy-3*exo*-methyl-norbornan-2*endo*-carbonsäure-lacton und (±)-2*exo*-Hydroxy-1-methyl-norbornan-7*syn*-carbonsäure-lacton vorgelegen (*Beckmann et al.*, B. **92** [1959] 2419, 2420).

B. Beim Behandeln von (±)-3*exo*-Methyl-6-oxo-norbornan-2*endo*-carbonsäure mit Natriumboranat und methanol. Natronlauge und folgenden Ansäuern (*Be. et al.*, l. c. S. 2425). Neben anderen Verbindungen beim Erwärmen von (±)-3*exo*-Methyl-norborn-5-en-2*endo*-carbonsäure mit Ameisensäure oder mit Essigsäure und wss. Schwefelsäure (*Be. et al.*, l. c. S. 2423).

Kp_{17}: 132°. IR-Spektrum (4000–700 cm^{-1}): *Be. et al.*, l. c. S. 2422.

Beim Erwärmen mit Kaliumpermanganat in wss. Natronlauge ist 3*exo*-Methyl-6-oxo-norbornan-2*endo*-carbonsäure erhalten worden (*Be. et al.*, l. c. S. 2424).

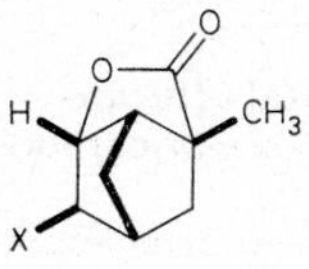

V 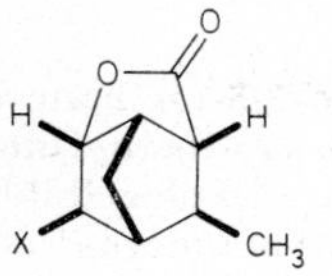 VI 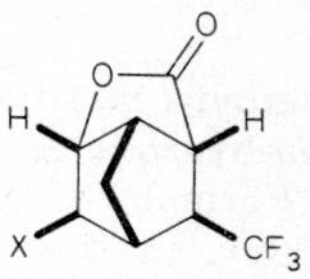 VII 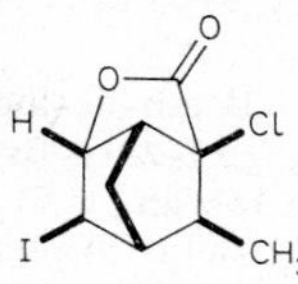 VIII

(±)-7*anti*-Trifluormethyl-hexahydro-3,5-methano-cyclopenta[*b*]furan-2-on, (±)-6*endo*-Hydroxy-3*exo*-trifluormethyl-norbornan-2*endo*-carbonsäure-lacton $C_9H_9F_3O_2$, Formel VII (X = H) + Spiegelbild.

B. Neben 6*endo*-Hydroxy-3*endo*-trifluormethyl-norbornan-2*exo*-carbonsäure beim Behandeln eines Gemisches von (±)-3*exo*-Trifluormethyl-norborn-5-en-2*endo*-carbonsäure und (±)-3*endo*-Trifluormethyl-norborn-5-en-2*exo*-carbonsäure (aus 4,4,4-Trifluor-*trans*-crotonsäure und Cyclopenta-1,3-dien hergestellt) mit wss. Schwefelsäure [85%ig] (*McBee et al.*, Am. Soc. **78** [1956] 3389, 3391).

$Kp_{1,8}$: 97°. n_D^{25}: 1,4378.

Beim Behandeln mit verd. wss. Natronlauge ist 6*endo*-Hydroxy-3*exo*-trifluormethyl-norbornan-2*endo*-carbonsäure erhalten worden.

(±)-6*c*-Brom-7*anti*-trifluormethyl-(3a*r*)-hexahydro-3,5-methano-cyclopenta[*b*]furan-2-on, (±)-5*exo*-Brom-6*endo*-hydroxy-3*exo*-trifluormethyl-norbornan-2*endo*-carbonsäure-lacton $C_9H_8BrF_3O_2$, Formel VII (X = Br) + Spiegelbild.

B. Neben 5ξ,6ξ-Dibrom-3*endo*-trifluormethyl-norbornan-2*exo*-carbonsäure (F: 162° bis 163°) beim Behandeln eines Gemisches von (±)-3*exo*-Trifluormethyl-norborn-5-en-2*endo*-carbonsäure und (±)-3*endo*-Trifluormethyl-norborn-5-en-2*exo*-carbonsäure (aus 4,4,4-Trifluor-*trans*-crotonsäure und Cyclopenta-1,3-dien hergestellt) mit Brom in Chloroform (*McBee et al.*, Am. Soc. **78** [1956] 3389, 3391).

Krystalle (aus Hexan); F: 70–72°. $Kp_{1,8}$: 120–124°.

Beim Erwärmen mit verd. wss. Natronlauge ist 5*endo*,6*endo*-Epoxy-3*exo*-trifluormethyl-norbornan-2*endo*-carbonsäure erhalten worden (*McBee et al.*, l. c. S. 3392).

(±)-6*c*-Jod-7*anti*-methyl-(3a*r*)-hexahydro-3,5-methano-cyclopenta[*b*]furan-2-on, (±)-6*endo*-Hydroxy-5*exo*-jod-3*exo*-methyl-norbornan-2*endo*-carbonsäure-lacton $C_9H_{11}IO_2$, Formel VI (X = I) + Spiegelbild.

B. Beim Behandeln von (±)-3*exo*-Methyl-norborn-5-en-2*endo*-carbonsäure mit wss. Natriumhydrogencarbonat-Lösung und mit einer wss. Lösung von Kaliumjodid und Jod (*Beckmann, Mezger*, B. **90** [1957] 1559, 1561).

Krystalle (aus Bzl. + Bzn.); F: 55°.

Beim Erwärmen mit Zink und Äthanol ist 3*exo*-Methyl-norborn-5-en-2*endo*-carbonsäure wieder erhalten worden (*Be., Me.*, l. c. S. 1562). Überführung in 3*exo*-Methyl-6-oxo-norbornan-2*endo*-carbonsäure durch Erwärmen mit wss. Natronlauge: *Beckmann et al.*, B. **92** [1959] 2419, 2425.

3-Chlor-6-jod-7-methyl-hexahydro-3,5-methano-cyclopenta[*b*]furan-2-on $C_9H_{10}ClIO_2$.

a) **(±)-3-Chlor-6*c*-jod-7*anti*-methyl-(3a*r*)-hexahydro-3,5-methano-cyclopenta[*b*]furan-2-on, (±)-2*exo*-Chlor-6*endo*-hydroxy-5*exo*-jod-3*exo*-methyl-norbornan-2*endo*-carbonsäure-lacton** $C_9H_{10}ClIO_2$, Formel VIII + Spiegelbild.

B. Neben kleinen Mengen 2*endo*-Chlor-3*endo*-methyl-norborn-5-en-2*exo*-carbonsäure beim Erwärmen von 2-Chlor-*trans*-crotonsäure mit Cyclopenta-1,3-dien und Behandeln des Reaktionsprodukts mit wss. Natriumhydrogencarbonat-Lösung und mit einer wss. Lösung von Kaliumjodid und Jod (*Alder et al.*, A. **613** [1958] 6, 23).

Krystalle (aus Bzn.); F: 107°.

b) **(±)-3-Chlor-6*c*-jod-7*syn*-methyl-(3a*r*)-hexahydro-3,5-methano-cyclopenta[*b*]furan-2-on, (±)-2*exo*-Chlor-6*endo*-hydroxy-5*exo*-jod-3*endo*-methyl-norbornan-2*endo*-carbonsäure-lacton** $C_9H_{10}ClIO_2$, Formel IX (X = Cl) + Spiegelbild.

B. Beim Behandeln von (±)-2*exo*-Chlor-3*endo*-methyl-norborn-5-en-2*endo*-carbonsäure mit wss. Natriumhydrogencarbonat-Lösung und mit einer wss. Lösung von Kaliumjodid und Jod (*Alder et al.*, A. **613** [1958] 6, 22).

Krystalle (aus Bzn.); F: 113°.

(±)-3-Brom-6*c*-jod-7*syn*-methyl-(3a*r*)-hexahydro-3,5-methano-cyclopenta[*b*]furan-2-on, (±)-2*exo*-Brom-6*endo*-hydroxy-5*exo*-jod-3*endo*-methyl-norbornan-2*endo*-carbonsäure-lacton $C_9H_{10}BrIO_2$, Formel IX (X = Br) + Spiegelbild.

B. Beim Behandeln von (±)-2*exo*-Brom-3*endo*-methyl-norborn-5-en-2*endo*-carbonsäure mit wss. Natriumhydrogencarbonat-Lösung und mit einer wss. Lösung von Kaliumjodid und Jod (*Alder et al.*, A. **613** [1958] 6, 23).

Krystalle (aus Bzn.); F: 92°.

(±)-Hexahydro-3,6-methano-benzofuran-2-on, (±)-6*endo*-Hydroxy-bicyclo[2.2.2]octan-2*endo*-carbonsäure-lacton $C_9H_{12}O_2$, Formel X (X = H) + Spiegelbild.

B. Beim Behandeln von (±)-Bicyclo[2.2.2]oct-5-en-2*endo*-carbonsäure mit wss. Schwefelsäure [50%ig] (*Boehme et al.*, Am. Soc. **80** [1958] 5488, 5493).

Krystalle (aus Pentan + Hexan); F: 207–208° [unkorr.].

IX X XI XII

(±)-7*c*-Jod-(3a*r*)-hexahydro-3,6-methano-benzofuran-2-on, (±)-6*endo*-Hydroxy-5*exo*-jod-bicyclo[2.2.2]octan-2*endo*-carbonsäure-lacton $C_9H_{11}IO_2$, Formel X (X = I) + Spiegelbild.

B. Beim Behandeln von (±)-Bicyclo[2.2.2]oct-5-en-2*endo*-carbonsäure mit wss. Natronlauge und mit einer aus Jod, Natriumhydrogencarbonat und Wasser bereiteten Lösung (*Boehme et al.*, Am. Soc. **80** [1958] 5488, 5493).

Krystalle (aus Hexan); F: 81–82°.

(±)-6a-Methyl-hexahydro-1,4-methano-cyclopenta[*c*]furan-3-on, (±)-3a-Methyl-hexahydro-3,6-cyclo-benzofuran-2-on, (±)-2*exo*-Hydroxy-1-methyl-norbornan-7*syn*-carbonsäure-lacton $C_9H_{12}O_2$, Formel XI + Spiegelbild.

B. Beim Behandeln von (±)-3*endo*-Methyl-norborn-5-en-2*exo*-carbonsäure mit wss. Schwefelsäure [75%ig] (*Beckmann et al.*, B. **92** [1959] 2419, 2424). Neben 6*endo*-Hydroxy-3*exo*-methyl-norbornan-2*endo*-carbonsäure-lacton bei 3-tägigem Behandeln von (±)-3*exo*-Methyl-norborn-5-en-2*endo*-carbonsäure mit wss. Schwefelsäure (*Be. et al*). Neben 2*endo*-Hydroxy-1-methyl-norbornan-7*syn*-carbonsäure beim Erwärmen von 1-Methyl-2-oxo-norbornan-7*syn*-carbonsäure mit Natrium in Äther (*Be. et al.*, l. c. S. 2425).

Krystalle (aus Hexan); F: 125–126°. IR-Spektrum (KBr; 4000–700 cm^{-1}): *Be. et al.*, l. c. S. 2422.

Beim Erwärmen mit Lithiumalanat in Äther ist 7*syn*-Hydroxymethyl-1-methyl-norbornan-2*exo*-ol erhalten worden (*Be. et al.*, l. c. S. 2426).

(±)-8*c*-Jod-(4a*r*)-hexahydro-3,7-cyclo-chroman-2-on, (±)-5*endo*-Hydroxy-6*exo*-jod-bicyclo[2.2.2]octan-2*endo*-carbonsäure-lacton $C_9H_{11}IO_2$, Formel XII + Spiegelbild.

Eine von *Boehme et al.* (Am. Soc. **80** [1958] 5488, 5494) unter dieser Konstitution beschriebene, aus (±)-Bicyclo[2.2.2]oct-5-en-2*endo*-carbonsäure durch Behandlung mit wss. Natronlauge und mit einer aus Jod, Natriumhydrogencarbonat und Wasser bereiteten Lösung hergestellte Verbindung (Krystalle [aus Hexan]; F: 74–75°) ist von *Whitlock* (Am. Soc. **84** [1962] 3412) und von *Adams, Moriarty* (Am. Soc. **95** [1973] 4072) nicht wieder erhalten worden. [*Baumberger*]

Oxo-Verbindungen $C_{10}H_{14}O_2$

4-Isopropyl-7-methyl-5*H*-oxepin-2-on, 6-Hydroxy-3-isopropyl-hepta-2*c*,5*t*-diensäure-lacton $C_{10}H_{14}O_2$, Formel I.

B. Beim Erhitzen von [(1*S*)-2*c*-Acetyl-1-isopropyl-cycloprop-*r*-yl]-essigsäure bis auf 325° (*Naves, Ardizio*, Bl. **1953** 296, 300).

Kp_4: 107—108°. D_4^{20}: 1,0295. $n_{656,3}^{20}$: 1,50203; n_D^{20}: 1,50722; $n_{486,1}^{20}$: 1,51981. IR-Banden im Bereich von 1665 cm^{-1} bis 745 cm^{-1}: *Na., Ar.* UV-Absorptionsmaxima (A.): 236 nm und 300 nm.

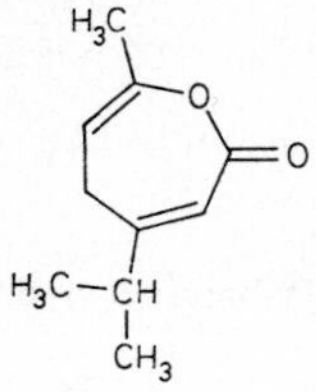

I 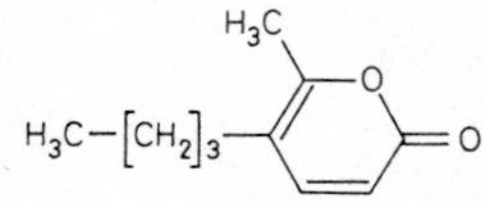 II 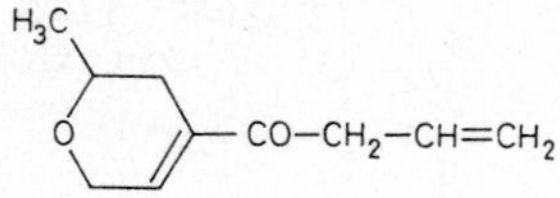 III

5-Butyl-6-methyl-pyran-2-on, 4-Butyl-5-hydroxy-hexa-2*c*,4*t*-diensäure-lacton $C_{10}H_{14}O_2$, Formel II.

B. Beim Behandeln von 5-Butyl-6-methyl-3,4-dihydro-pyran-2-on mit Brom in Äther und Erhitzen des Reaktionsprodukts unter vermindertem Druck bis auf 140° (*Schuscherina et al.*, Ž. obšč. Chim. **29** [1959] 403, 405; engl. Ausg. S. 405, 407).

Kp_3: 119—121°. D_4^{20}: 1,0275. n_D^{20}: 1,5128.

(±)-4-But-3-enoyl-2-methyl-3,6-dihydro-2*H*-pyran, (±)-1-[2-Methyl-3,6-dihydro-2*H*-pyran-4-yl]-but-3-en-1-on $C_{10}H_{14}O_2$, Formel III.

B. Beim Erwärmen von (±)-4-But-3-en-1-inyl-2-methyl-3,6-dihydro-2*H*-pyran mit Quecksilber(II)-sulfat in wss. Methanol unter Zusatz von Pyrogallol und Schwefelsäure (*Nasarow, Wartanjan*, Ž. obšč. Chim. **21** [1951] 374, 378; engl. Ausg. S. 413, 416).

Kp_3: 94—95°. D_4^{20}: 1,0080. n_D^{20}: 1,5050.

(±)-1-[(*Ξ*)-2-Methyl-tetrahydro-pyran-4-yliden]-but-3-en-2-on $C_{10}H_{14}O_2$, Formel IV.

B. Beim Erhitzen von (±)-4-Methoxy-1-[2-methyl-tetrahydro-pyran-4-yliden]-butan-2-on (Kp_1: 109—111°; n_D^{20}: 1,4800) in Gegenwart von Toluol-4-sulfonsäure unter 12 Torr bis auf 110° (*Nasarow, Wartanjan*, Izv. Akad. S.S.S.R. Otd. chim. **1953** 314, 317; engl. Ausg. S. 287, 289).

Kp_4: 101—104°. D_4^{20}: 1,0050. n_D^{20}: 1,4919.

6-Butyl-4-methyl-pyran-2-on, 5-Hydroxy-3-methyl-nona-2*c*,4*t*-diensäure-lacton $C_{10}H_{14}O_2$, Formel V (X = H).

B. Beim Behandeln von 3-Methyl-*cis*-pentendisäure-anhydrid mit Valerylchlorid, Äther und Pyridin und Erhitzen des Reaktionsprodukts bis auf 350° (*Wiley, Esterle*, J. org. Chem. **22** [1957] 1257).

Kp_1: 108°. n_D^{25}: 1,5040. IR-Banden (CCl_4) im Bereich von 1730 cm^{-1} bis 846 cm^{-1}: *Wi., Es.*

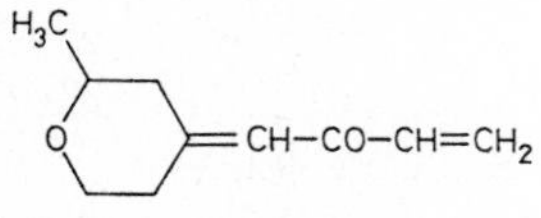

IV 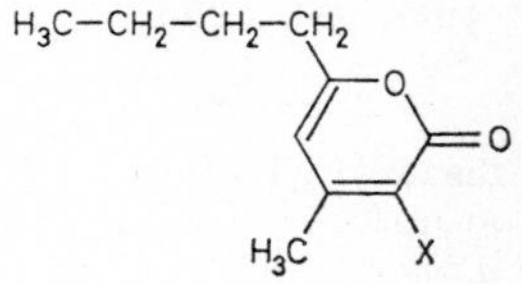 V 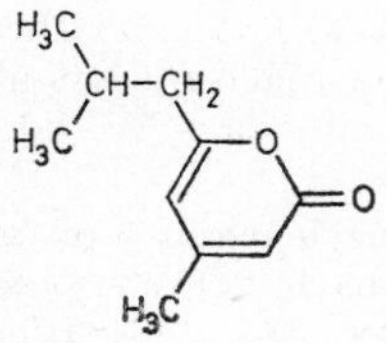 VI

3-Brom-6-butyl-4-methyl-pyran-2-on, 2-Brom-5-hydroxy-3-methyl-nona-2*c*,4*t*-diensäure-lacton $C_{10}H_{13}BrO_2$, Formel V (X = Br).

B. Beim Behandeln von 6-Butyl-4-methyl-pyran-2-on mit Brom in Tetrachlormethan (*Wiley, Esterle,* J. org. Chem. **22** [1957] 1257).

Krystalle (aus Bzn.); F: 35–36°. IR-Banden (CCl_4) im Bereich von 1739 cm^{-1} bis 1168 cm^{-1}: *Wi., Es.*

6-Isobutyl-4-methyl-pyran-2-on, 5-Hydroxy-3,7-dimethyl-octa-2*c*,4*t*-diensäure-lacton $C_{10}H_{14}O_2$, Formel VI.

B. Beim Behandeln von 3-Methyl-*cis*-pentendisäure-anhydrid mit Isovalerylchlorid, Äther und Pyridin und Erhitzen des Reaktionsprodukts bis auf 350° (*Wiley, Esterle,* J. org. Chem. **22** [1957] 1257).

Kp_1: 101°. n_D^{25}: 1,4999. IR-Banden (CCl_4) im Bereich von 1736 cm^{-1} bis 842 cm^{-1}: *Wi., Es.*

(±)-3-Brom-6-[α,β-dibrom-isobutyl]-4-methyl-pyran-2-on, (±)-2,6,7-Tribrom-5-hydroxy-3,7-dimethyl-octa-2*c*,4*t*-diensäure-lacton $C_{10}H_{11}Br_3O_2$, Formel VII.

B. Beim Behandeln von 4-Methyl-6-[2-methyl-propenyl]-pyran-2-on mit Brom in Tetrachlormethan (*Wiley, Esterle,* J. org. Chem. **22** [1957] 1257).

Krystalle (aus Bzn.); F: 121–122°. IR-Banden (KBr) im Bereich von 1724 cm^{-1} bis 836 cm^{-1}: *Wi., Es.*

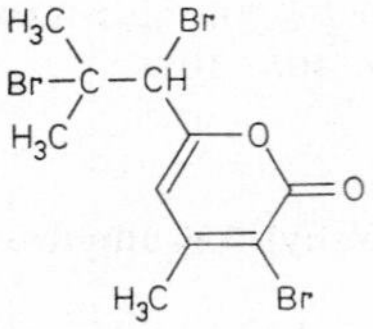

VII 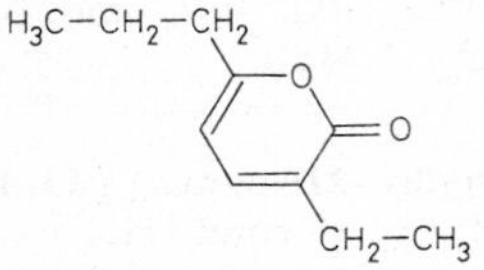 VIII 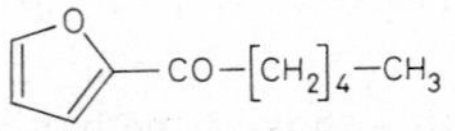 IX

3-Äthyl-6-propyl-pyran-2-on, 2-Äthyl-5-hydroxy-octa-2*c*,4*t*-diensäure-lacton $C_{10}H_{14}O_2$, Formel VIII.

B. Beim Erhitzen von (±)-2-Acetyl-2-äthyl-5-oxo-oct-3*t*-ensäure-äthylester mit wss. Salzsäure und Essigsäure (*Kotschetkow, Gottich,* Ž. obšč. Chim. **29** [1959] 1324, 1326; engl. Ausg. S. 1297, 1299).

Kp_1: 79–81°. D_4^{20}: 1,0171 bzw. 1,0167. n_D^{20}: 1,5073 bzw. 1,5060.

2-Hexanoyl-furan, 1-[2]Furyl-hexan-1-on $C_{10}H_{14}O_2$, Formel IX.

B. Beim Behandeln von Hexanoylchlorid mit Furan und Aluminiumchlorid in Schwefelkohlenstoff (*Gilman, Calloway,* Am. Soc. **55** [1933] 4197, 4200). Beim Erwärmen von Furan-2-carbonitril mit Pentylmagnesiumbromid in Äther und folgenden Hydrolysieren (*Giannini, Fedi,* Farmaco Ed. scient. **13** [1958] 385, 388).

Kp_{16}: 116–119° (*Gi., Ca.*); Kp_{15}: 125° (*Gi., Fedi*). D_{25}^{25}: 0,9954 (*Gi., Ca.*). n_D^{25}: 1,4864 (*Gi., Ca.*).

1-[2]Furyl-hexan-1-on-[cyanacetyl-hydrazon], Cyanessigsäure-[1-[2]furyl-hexyliden-hydrazid] $C_{13}H_{17}N_3O_2$, Formel X (X = CH_2-CN).

B. Aus 1-[2]Furyl-hexan-1-on und Cyanessigsäure-hydrazid in Äthanol (*Giannini, Fedi,* Farmaco Ed. scient. **13** [1958] 385, 390).

Krystalle (aus W. oder A.); F: 149°.

1-[2]Furyl-hexan-1-on-semicarbazon $C_{11}H_{17}N_3O_2$, Formel X (X = NH_2).

B. Aus 1-[2]Furyl-hexan-1-on und Semicarbazid (*Giannini, Fedi,* Farmaco Ed. scient. **13** [1958] 385, 388; *Gilman, Calloway,* Am. Soc. **55** [1933] 4197, 4201).

Krystalle; F: 110–112° (*Gi., Ca.*), 110–111° [aus A.] (*Gi., Fedi*).

2-Hexanoyl-thiophen, 1-[2]Thienyl-hexan-1-on $C_{10}H_{14}OS$, Formel XI (X = H).

B. Beim Behandeln von Thiophen mit Hexanoylchlorid unter Zusatz von Aluminium⸗chlorid in Schwefelkohlenstoff (*Cagniant, Deluzarche,* C. r. **225** [1947] 455) oder unter Zusatz von Zinn(IV)-chlorid in Benzol (*Campaigne, Diedrich,* Am. Soc. **70** [1948] 391; s. a. *Spurlock,* Am. Soc. **75** [1953] 1115). Beim Erwärmen von Hexansäure mit Tetra⸗chlorsilan und anschliessend mit Thiophen und Zinn(IV)-chlorid (*Jur'ew, Eljakow,* Doklady Akad. S.S.S.R. **86** [1952] 337, 339; C. A. **1953** 8725).

Kp_{760}: 275° (*Sp.*); Kp_{11}: 136° (*Ca., De.*); Kp_{6}: 119–120° (*Jur'ew et al.,* Ž. obšč. Chim. **29** [1959] 3873, 3878; engl. Ausg. S. 3831, 3836). D_4^{17}: 1,0463 (*Ca., De.*); D_4^{20}: 1,0473 (*Sp.*), 1,0520 (*Ju., El.*), 1,0528 (*Ju. et al.*). n_D^{17}: 1,5299 (*Ca., De.*); n_D^{20}: 1,5301 (*Sp.*), 1,5300 (*Ju., El.*), 1,5291 (*Ju. et al.*). UV-Absorptionsmaxima (A.): 260 nm und 283 nm (*Campaigne, Diedrich,* Am. Soc. **73** [1951] 5240, 5242).

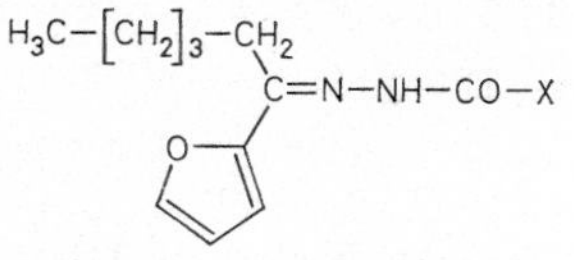

X 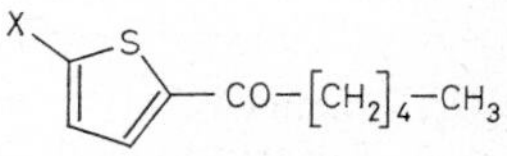 XI 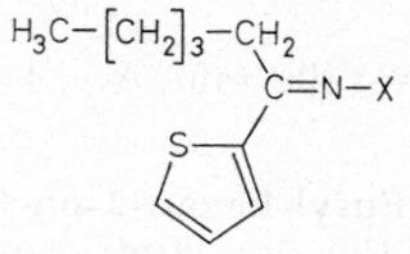 XII

1-[2]Thienyl-hexan-1-on-oxim $C_{10}H_{15}NOS$, Formel XII (X = OH).

B. Aus 1-[2]Thienyl-hexan-1-on und Hydroxylamin (*Campaigne, Diedrich,* Am. Soc. **70** [1948] 391).

F: 53–54°.

1-[2]Thienyl-hexan-1-on-[2,4-dinitro-phenylhydrazon] $C_{16}H_{18}N_4O_4S$, Formel XII (X = NH-$C_6H_3(NO_2)_2$).

B. Aus 1-[2]Thienyl-hexan-1-on und [2,4-Dinitro-phenyl]-hydrazin (*Campaigne, Diedrich,* Am. Soc. **73** [1951] 5240, 5241).

F: 156° [korr.].

1-[2]Thienyl-hexan-1-on-semicarbazon $C_{11}H_{17}N_3OS$, Formel XII (X = NH-CO-NH_2).

B. Aus 1-[2]Thienyl-hexan-1-on und Semicarbazid (*Campaigne, Diedrich,* Am. Soc. **70** [1948] 391).

F: 133–134° [unkorr.].

2-Brom-5-hexanoyl-thiophen, 1-[5-Brom-[2]thienyl]-hexan-1-on $C_{10}H_{13}BrOS$, Formel XI (X = Br).

B. Beim Behandeln von 2-Brom-thiophen mit Hexanoylchlorid und Aluminiumchlorid (oder Zinn(IV)-chlorid) in Schwefelkohlenstoff (*Buu-Hoi, Hoán,* R. **68** [1949] 5, 12, 26).

Krystalle (aus A. oder Bzn.); F: 42°. Kp_{14}: 179–180°. Am Licht und an der Luft nicht beständig.

2-Hexanoyl-selenophen, 1-Selenophen-2-yl-hexan-1-on $C_{10}H_{14}OSe$, Formel I.

B. Beim Erwärmen von Selenophen mit Hexansäure-anhydrid und Phosphorsäure (*Kataew, Palkina,* Uč. Zap. Kazansk. Univ. **113** [1953] Nr. 8, S. 115, 121; C. A. **1958** 3762).

Kp_{20}: 158–160°; Kp_{3}: 123–124°. D_4^{20}: 1,2950. n_D^{20}: 1,5530.

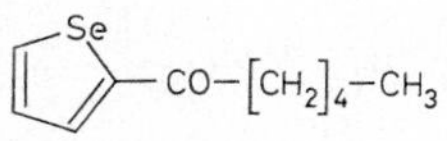

I 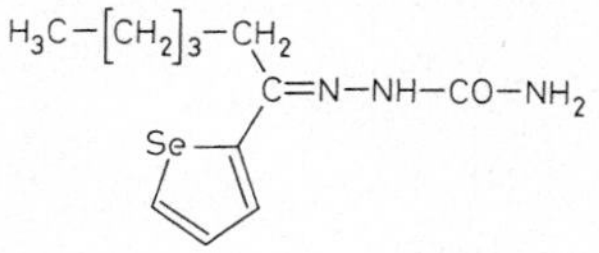 II 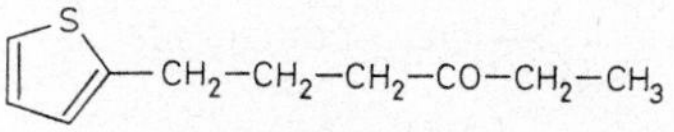 III

1-Selenophen-2-yl-hexan-1-on-semicarbazon $C_{11}H_{17}N_3OSe$, Formel II.

B. Aus 1-Selenophen-2-yl-hexan-1-on und Semicarbazid (*Kataew, Palkina,* Uč. Zap. Kazansk. Univ. **113** [1953] Nr. 8, S. 115, 121; C. A. **1958** 3762).

Krystalle (aus Me.); F: 135°.

6-[2]Thienyl-hexan-3-on $C_{10}H_{14}OS$, Formel III.

B. In kleiner Menge beim Leiten eines Gemisches von 4-[2]Thienyl-buttersäure und Propionsäure über Thoriumoxid bei 450° (*Cagniant, Cagniant,* Bl. **1954** 1349, 1355).

Als 2,4-Dinitro-phenylhydrazon (s. u.) und als Semicarbazon (s. u.) charakterisiert.

6-[2]Thienyl-hexan-3-on-[2,4-dinitro-phenylhydrazon] $C_{16}H_{18}N_4O_4S$, Formel IV ($R = C_6H_3(NO_2)_2$).

B. Aus 6-[2]Thienyl-hexan-3-on und [2,4-Dinitro-phenyl]-hydrazin (*Cagniant, Cagniant,* Bl. **1954** 1349, 1355).

Rote Krystalle; F: 259° [unkorr.; im vorgeheizten Block].

6-[2]Thienyl-hexan-3-on-semicarbazon $C_{11}H_{17}N_3OS$, Formel IV ($R = CO\text{-}NH_2$).

B. Aus 6-[2]Thienyl-hexan-3-on und Semicarbazid (*Cagniant, Cagniant,* Bl. **1954** 1349, 1355).

Krystalle (aus A.); F: 228,5° [unkorr.; im vorgeheizten Block].

6-[2]Furyl-hexan-2-on $C_{10}H_{14}O_2$, Formel V.

B. Bei der Hydrierung von 6-[2]Furyl-hexa-3,5-dien-2-on an Nickel in Äthanol bei 100°/20 at (*Wienhaus, Leonhardi,* Ber. Schimmel **1929** 224, 228). Bei der Hydrierung von 6-[2]Furyl-hexa-3,5-dien-2-on an Raney-Nickel, Palladium oder Platin in Äthanol (*Ponomarew, Til',* Ž. obšč. Chim. **27** [1957] 1075, 1077; engl. Ausg. S. 1159, 1160; *Ponomarew, Selenkowa,* Sbornik Statei obšč. Chim. **1953** 1115, 1117; C. A. **1955** 5425).

Kp_6: 110–112° (*Po., Se.*); Kp_2: 94–96° (*Po., Til'*), 93–95° (*Wi., Le.*). D^{20}: 0,995 (*Wi., Le.*). n_D^{20}: 1,47023 (*Wi., Le.*), 1,4750 (*Po., Se.*).

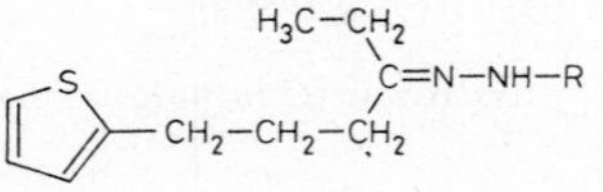

IV 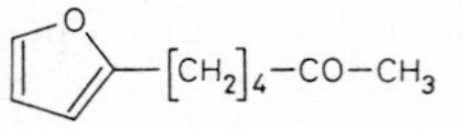 V 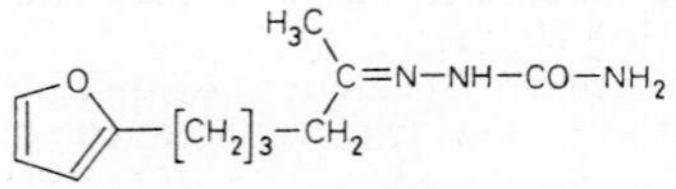 VI

6-[2]Furyl-hexan-2-on-semicarbazon $C_{11}H_{17}N_3O_2$, Formel VI.

B. Aus 6-[2]Furyl-hexan-2-on und Semicarbazid (*Wienhaus, Leonhardi,* Ber. Schimmel **1929** 224, 229; *Ponomarew, Til',* Ž. obšč. Chim. **27** [1957] 1075, 1077; engl. Ausg. S. 1159, 1160).

Krystalle (aus A.); F: 121–122° (*Wi., Le.*), 119–120° (*Po., Til'*).

6-[2]Thienyl-hexan-2-on $C_{10}H_{14}OS$, Formel VII.

B. Beim Leiten eines Gemisches von 5-[2]Thienyl-valeriansäure und Essigsäure über Thoriumoxid bei 400° (*Cagniant, Cagniant,* Bl. **1954** 1349, 1355).

Kp_{10}: 140–141° [unkorr.]. D_4^{21}: 1,062. $n_D^{18,4}$: 1,5269.

6-[2]Thienyl-hexan-2-on-[2,4-dinitro-phenylhydrazon] $C_{16}H_{18}N_4O_4S$, Formel VIII ($R = C_6H_3(NO_2)_2$).

B. Aus 6-[2]Thienyl-hexan-2-on und [2,4-Dinitro-phenyl]-hydrazin (*Cagniant, Cagniant,* Bl. **1954** 1349, 1355).

Orangegelbe Krystalle; F: 84–85°.

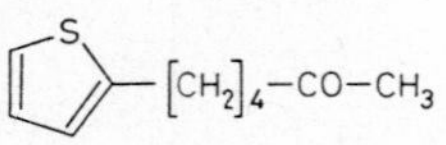

VII 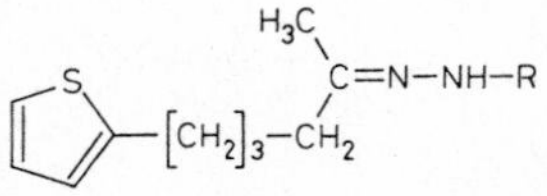 VIII 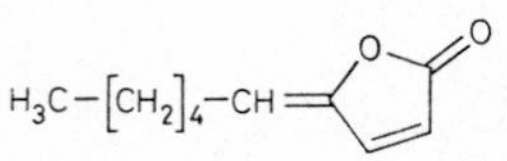 IX

6-[2]Thienyl-hexan-2-on-semicarbazon $C_{11}H_{17}N_3OS$, Formel VIII ($R = CO\text{-}NH_2$).

B. Aus 6-[2]Thienyl-hexan-2-on und Semicarbazid (*Cagniant, Cagniant,* Bl. **1954** 1349, 1355).

Krystalle (aus A.); F: 134° [unkorr.; Block].

5-[(Ξ)-Hexyliden]-furan-2-on, 4-Hydroxy-deca-2c,4ξ-diensäure-lacton, Deca-2,4ξ-dien-4-olid $C_{10}H_{14}O_2$, Formel IX.

B. Beim Erhitzen von opt.-inakt. 3-Heptanoyl-norborn-5-en-2-carbonsäure (F: 85°) mit Acetanhydrid und wenig Natriumacetat und Erhitzen des Reaktionsprodukts unter 110 Torr bis auf 200° (*Walton*, J. org. Chem. **22** [1957] 312, 313, 314).

Kp_{18}: 154–156°. n_D^{25}: 1,5088.

1-[2]Furyl-4-methyl-pentan-1-on $C_{10}H_{14}O_2$, Formel X (E I 158; dort als 2-Isocapronyl-furan bezeichnet).

B. Beim Behandeln von Furan-2-carbonylchlorid mit Diisopentylcadmium in Benzol (*Grünanger*, *Piozzi*, G. **89** [1959] 897, 908).

Kp_{20}: 115° (*Terent'ew et al.*, Ž. obšč. Chim. **29** [1959] 3474, 3476; engl. Ausg. S. 3438, 3439); $Kp_{0,8}$: 68–70° (*Gr.*, *Pi.*). n_D^{19}: 1,4870 (*Gr.*, *Pi.*); n_D^{20}: 1,4842 (*Te. et al.*).

1-[2]Furyl-4-methyl-pentan-1-on-oxim $C_{10}H_{15}NO_2$, Formel XI (X = OH).

B. Aus 1-[2]Furyl-4-methyl-pentan-1-on und Hydroxylamin (*Terent'ew et al.*, Ž. obšč. Chim. **29** [1959] 3474, 3476; engl. Ausg. S. 3438, 3439).

Kp_{20}: 144–145°.

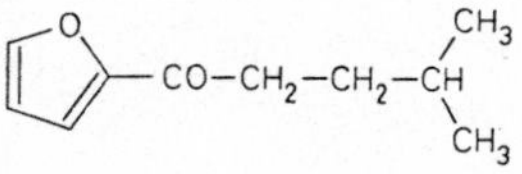

X 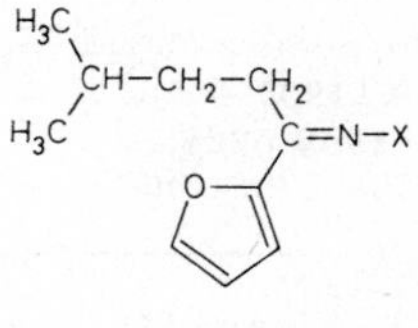 XI 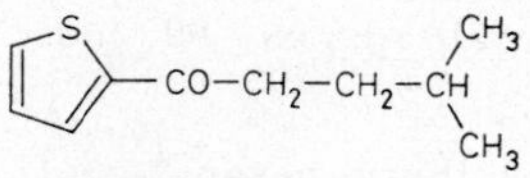 XII

1-[2]Furyl-4-methyl-pentan-1-on-semicarbazon $C_{11}H_{17}N_3O_2$, Formel XI (X = NH-CO-NH_2) (E I 158).

B. Aus 1-[2]Furyl-4-methyl-pentan-1-on und Semicarbazid (*Grünanger*, *Piozzi*, G. **89** [1959] 897, 909).

Krystalle (aus wss. Me.); F: 101–102°.

4-Methyl-1-[2]thienyl-pentan-1-on $C_{10}H_{14}OS$, Formel XII.

B. Beim Behandeln von Thiophen mit 4-Methyl-valerylchlorid und Zinn(IV)-chlorid in Benzol (*Spurlock*, Am. Soc. **75** [1953] 1115).

Kp_{745}: 267°. D_4^{20}: 1,0419. n_D^{20}: 1,5273.

1-[3]Furyl-4-methyl-pentan-1-on, Perillaketon $C_{10}H_{14}O_2$, Formel I.

Isolierung aus dem ätherischen Öl von Perilla frutescens: *Goto*, J. pharm. Soc. Japan **57** [1937] 77; dtsch. Ref. Nr. 2, S. 17; C. A. **1937** 4056; *Sebe*, J. chem. Soc. Japan **64** [1943] 1130; C. A. **1947** 3785.

B. Beim Behandeln von Furan-3-carbonylchlorid mit Diisopentylcadmium in Benzol (*Matsuura*, Bl. chem. Soc. Japan **30** [1957] 430). Beim Erhitzen von [Furan-3-carbonyl]-isobutyl-malonsäure-diäthylester mit wss. Schwefelsäure und Essigsäure (*Arata*, *Achiwa*, Ann. Rep. Fac. Pharm. Kanazawa Univ. **8** [1958] 29; C. A. **1959** 5228).

F: 13–14° (*Sebe*, l. c. S. 1132). Kp_{30}: 130° (*Ar.*, *Ach.*); Kp_{17}: 118–119° (*Goto*, l. c. S. 84); Kp_7: 95–97° (*Sebe*); Kp_3: 72–73° (*Ma.*). D_4^{17}: 0,9897 (*Sebe*); D_4^{24}: 0,9924 (*Ma.*); D_{24}^{25}: 0,9900 (*Goto*). n_D^{17}: 1,4741 (*Ma.*), 1,4759 (*Sebe*); n_D^{24}: 1,4781 (*Goto*). IR-Banden im Bereich von 3,18 μ bis 13,48 μ: *Ma*.

1-[3]Furyl-4-methyl-pentan-1-on-oxim, Perillaketon-oxim $C_{10}H_{15}NO_2$, Formel II (X = OH).

B. Aus Perillaketon (s. o.) und Hydroxylamin (*Goto*, J. pharm. Soc. Japan **57** [1937] 77, 85; dtsch. Ref. Nr. 2, S. 17; C. A. **1937** 4056; *Sebe*, J. chem. Soc. Japan **64** [1943] 1130, 1132; C. A. **1947** 3785; *Matsuura*, Bl. chem. Soc. Japan **30** [1957] 430).

Krystalle; F: 67° [aus A.] (*Goto*), 66–67° (*Sebe*), 65–66° [aus PAe.] (*Ma.*).

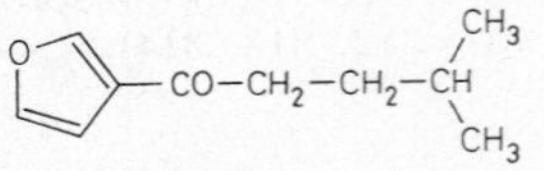

I 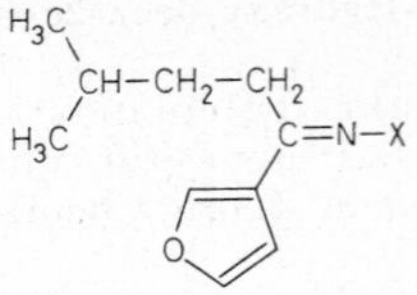 II 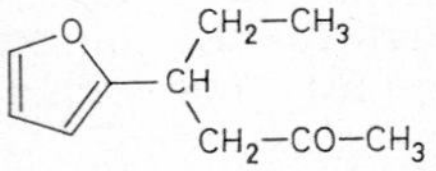 III

1-[3]Furyl-4-methyl-pentan-1-on-[2,4-dinitro-phenylhydrazon], Perillaketon-[2,4-dinitro-phenylhydrazon] $C_{16}H_{18}N_4O_5$, Formel II (X = NH-$C_6H_3(NO_2)_2$).

B. Aus Perillaketon (S. 4609) und [2,4-Dinitro-phenyl]-hydrazin (*Sebe*, J. chem. Soc. Japan **64** [1943] 1130, 1132; C. A. **1947** 3785; *Matsuura*, Bl. chem. Soc. Japan **30** [1957] 430; *Arata, Achiwa*, Ann. Rep. Fac. Pharm. Kanazawa Univ. **8** [1958] 29; C. A. **1959** 5228).

Krystalle; F: 151—153° (*Sebe*), 149—150° [aus A.] (*Ma.*; *Ar.*, *Ach.*).

1-[3]Furyl-4-methyl-pentan-1-on-semicarbazon, Perillaketon-semicarbazon $C_{11}H_{17}N_3O_2$, Formel II (X = NH-CO-NH_2).

B. Aus Perillaketon (S. 4609) und Semicarbazid (*Goto*, J. pharm. Soc. Japan **57** [1937] 77, 86; dtsch. Ref. Nr. 2, S. 17; C. A. **1937** 4056; *Arata, Achiwa*, Ann. Rep. Fac. Pharm. Kanazawa Univ. **8** [1958] 29; C. A. **1959** 5228).

Krystalle; F: 98—99° [aus A.] (*Goto*), 95—96° [aus wss. A.] (*Ar.*, *Ach.*).

(±)-4-[2]Furyl-hexan-2-on $C_{10}H_{14}O_2$, Formel III.

B. Beim Behandeln von 4-[2]Furyl-but-3-en-2-on mit Äthylmagnesiumbromid in Äther (*Maxim*, Bl. [4] **49** [1931] 887, 889; *Ponomarew, Šedawkina*, Uč. Zap. Saratovsk. Univ. **71** [1959] 143, 144; C. A. **1961** 27255). Beim Erwärmen von opt.-inakt. 2-Acetyl-3-[2]furyl-valeriansäure-äthylester (Kp_{21}: 152°) mit äthanol. Kaliumhydroxid (*Maxim, Georgescu*, Bl. [5] **3** [1936] 1114, 1123).

Kp_{20}: 120° (*Ma.*, l. c. S. 889), 108—110° (*Po.*, *Še.*); Kp_{12}: 95° (*Ma.*, *Ge.*). D^{20}: 0,9879 (*Po.*, *Še.*). n_D^{20}: 1,4669 (*Po.*, *Še.*).

(±)-4-[2]Furyl-hexan-2-on-semicarbazon $C_{11}H_{17}N_3O_2$, Formel IV.

B. Aus (±)-4-[2]Furyl-hexan-2-on und Semicarbazid (*Maxim*, Bl. [4] **49** [1931] 887, 889).

Krystalle (aus A.); F: 112°.

2-Äthyl-1-[2]furyl-butan-1-on $C_{10}H_{14}O_2$, Formel V.

B. Beim Erhitzen von 2,2-Diäthyl-3-[2]furyl-3-oxo-propionsäure-äthylester mit wss. Salzsäure (*Mironesco, Joanid*, Bulet. Soc. Chim. România **17** [1935] 107, 121).

Kp_{17}: 97°.

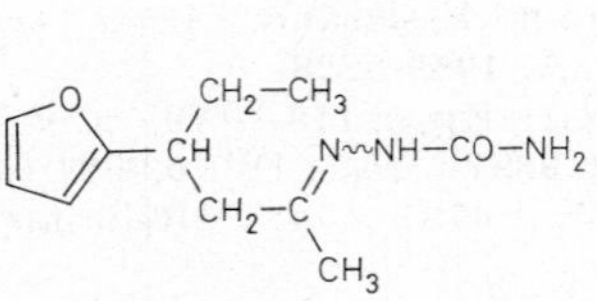

IV 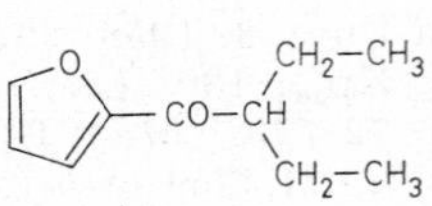 V 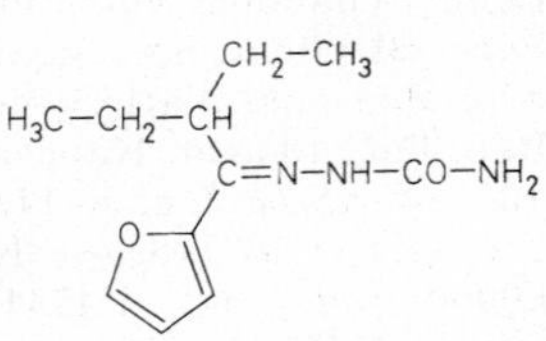 VI

2-Äthyl-1-[2]furyl-butan-1-on-semicarbazon $C_{11}H_{17}N_3O_2$, Formel VI.

B. Aus 2-Äthyl-1-[2]furyl-butan-1-on und Semicarbazid (*Mironesco, Joanid*, Bulet. Soc. Chim. România **17** [1935] 107, 121).

F: 162°.

2-Äthyl-1-[2]thienyl-butan-1-on $C_{10}H_{14}OS$, Formel VII.

B. Beim Erwärmen von Thiophen mit 2-Äthyl-buttersäure und Phosphor(V)-oxid in Benzol (*Hartough, Kosak*, Am. Soc. **69** [1947] 3098).

Kp_2: 91–93°. n_D^{20}: 1,5390; n_D^{30}: 1,5268.

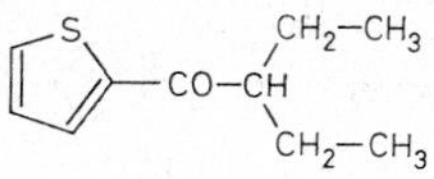

VII 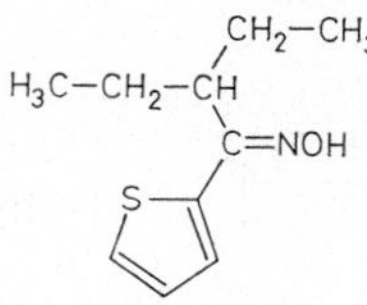 VIII 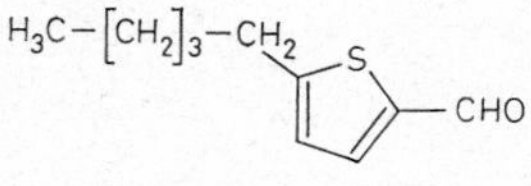 IX

2-Äthyl-1-[2]thienyl-butan-1-on-oxim $C_{10}H_{15}NOS$, Formel VIII.

B. Aus 2-Äthyl-1-[2]thienyl-butan-1-on und Hydroxylamin (*Hartough, Kosak*, Am. Soc. **69** [1947] 3098).

F: 78–79°.

5-Pentyl-thiophen-2-carbaldehyd $C_{10}H_{14}OS$, Formel IX.

B. Beim Behandeln von 2-Pentyl-thiophen mit *N*-Methyl-formanilid und Phosphorylchlorid und anschliessend mit wss. Natriumacetat-Lösung (*Buu-Hoi et al.*, Soc. **1955** 1581).

Kp_{14}: 150°. n_D^{19}: 1,5480.

5-Pentyl-thiophen-2-carbaldehyd-thiosemicarbazon $C_{11}H_{17}N_3S_2$, Formel X.

B. Aus 5-Pentyl-thiophen-2-carbaldehyd und Thiosemicarbazid (*Buu-Hoi et al.*, Soc. **1955** 1581).

Krystalle (aus A.); F: 106°.

2-Isovaleryl-3-methyl-furan, 3-Methyl-1-[3-methyl-[2]furyl]-butan-1-on, Elsholtziaketon $C_{10}H_{14}O_2$, Formel XI (E I 158; E II 322).

B. Beim Erwärmen von 3-Methyl-furan-2-carbonitril mit Isobutylmagnesiumbromid in Äther und anschliessenden Behandeln mit wss. Salzsäure (*Reichstein et al.*, Helv. **14** [1931] 1277, 1282).

Kp_{12}: 91–94°.

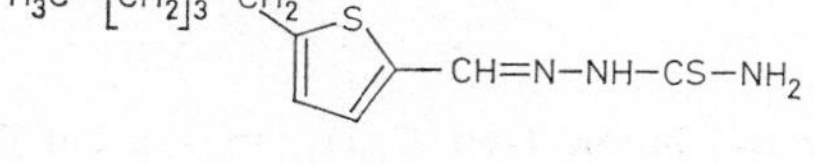

X 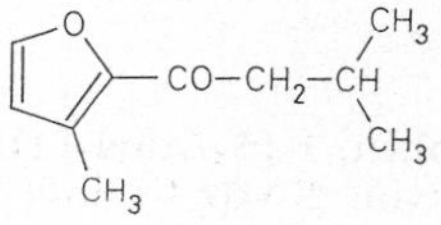 XI 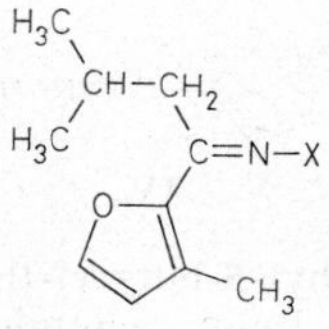 XII

3-Methyl-1-[3-methyl-[2]furyl]-butan-1-on-oxim, Elsholtziaketon-oxim $C_{10}H_{15}NO_2$, Formel XII (X = OH) (E I 158).

B. Aus Elsholtziaketon (s. o.) und Hydroxylamin (*Reichstein et al.*, Helv. **14** [1931] 1277, 1283).

Krystalle (aus wss. Me.); F: 54–54,5°.

3-Methyl-1-[3-methyl-[2]furyl]-butan-1-on-semicarbazon, Elsholtziaketon-semicarbazon $C_{11}H_{17}N_3O_2$, Formel XII (X = NH-CO-NH_2) (E I 158).

B. Aus Elsholtziaketon (s. o.) und Semicarbazid (*Reichstein et al.*, Helv. **14** [1931] 1277, 1283).

Krystalle (aus A.); F: 171,5–172° [korr.].

5-Isopentyl-thiophen-2-carbaldehyd $C_{10}H_{14}OS$, Formel I.

B. Beim Behandeln von 2-Isopentyl-thiophen mit *N*-Methyl-formanilid und Phosphorylchlorid und anschliessend mit wss. Natriumacetat-Lösung (*Buu-Hoi et al.*, Soc. **1955** 1581).

Kp_{18}: 152—154°. n_D^{25}: 1,5460.

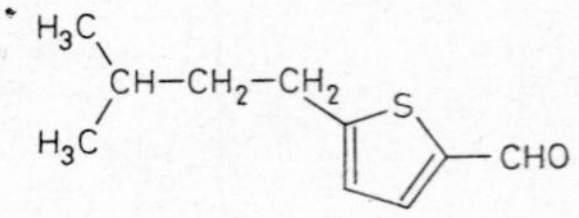

I 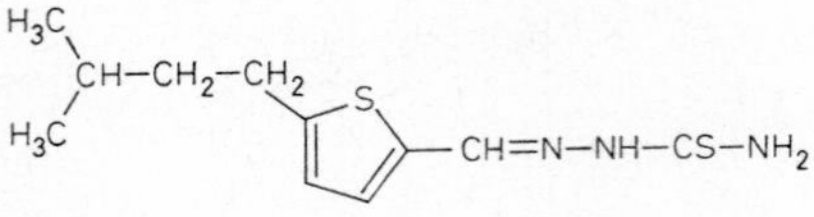 II 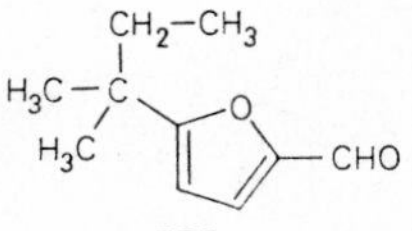 III

5-Isopentyl-thiophen-2-carbaldehyd-thiosemicarbazon $C_{11}H_{17}N_3S_2$, Formel II.

B. Aus 5-Isopentyl-thiophen-2-carbaldehyd und Thiosemicarbazid (*Buu-Hoi et al.*, Soc. **1955** 1581).

Krystalle (aus A.); F: 121°.

5-*tert*-Pentyl-furan-2-carbaldehyd $C_{10}H_{14}O_2$, Formel III.

Diese Konstitution wird für die nachstehend beschriebene Verbindung in Betracht gezogen.

B. In kleiner Menge beim Behandeln von Furan-2-carbaldehyd mit Pentylchlorid und Aluminiumchlorid in Schwefelkohlenstoff (*Gilman, Burtner*, Am. Soc. **57** [1935] 909, 911).

Kp_{15}: 95—98°. D_{25}^{25}: 0,9204. n_D^{25}: 1,4870.

5-*tert*-Pentyl-furan-2-carbaldehyd-semicarbazon $C_{11}H_{17}N_3O_2$, Formel IV.

B. Aus 5-*tert*-Pentyl-furan-2-carbaldehyd (s. o.) und Semicarbazid (*Gilman, Burtner*, Am. Soc. **57** [1935] 909, 911).

F: 196°.

2-Acetyl-5-butyl-thiophen, 1-[5-Butyl-[2]thienyl]-äthanon $C_{10}H_{14}OS$, Formel V (E II 322).

B. Beim Behandeln von 2-Butyl-thiophen mit Acetanhydrid und Phosphorsäure (*Profft*, Ch. Z. **82** [1958] 295, 297).

Kp_{10}: 138—140°. n_D^{20}: 1,5358.

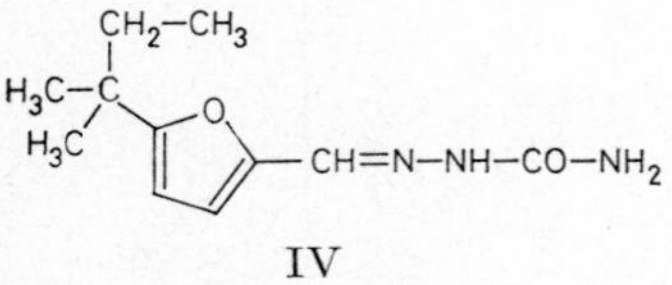

IV 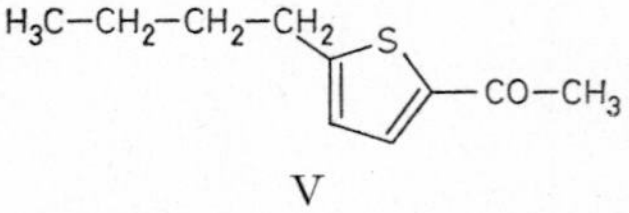 V 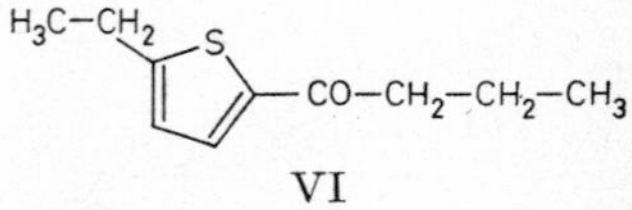 VI

2-Äthyl-5-butyryl-thiophen, 1-[5-Äthyl-[2]thienyl]-butan-1-on $C_{10}H_{14}OS$, Formel VI.

B. Beim Behandeln von 2-Äthyl-thiophen mit Butyrylchlorid und Aluminiumchlorid in Schwefelkohlenstoff (*Cagniant, Cagniant*, Bl. **1952** 713, 718).

Kp_{14}: 137°. D_4^{15}: 1,048. n_D^{15}: 1,5378.

1-[5-Äthyl-[2]thienyl]-butan-1-on-[2,4-dinitro-phenylhydrazon] $C_{16}H_{18}N_4O_4S$, Formel VII ($R = C_6H_3(NO_2)_2$).

B. Aus 1-[5-Äthyl-[2]thienyl]-butan-1-on und [2,4-Dinitro-phenyl]-hydrazin (*Cagniant, Cagniant*, Bl. **1952** 713, 718).

Rote Krystalle (aus A.); F: 172° [unkorr.; im vorgeheizten Block].

1-[5-Äthyl-[2]thienyl]-butan-1-on-semicarbazon $C_{11}H_{17}N_3OS$, Formel VII ($R = CO\text{-}NH_2$).

B. Aus 1-[5-Äthyl-[2]thienyl]-butan-1-on und Semicarbazid (*Cagniant, Cagniant*, Bl. **1952** 713, 718).

Krystalle (aus A.); F: 197° [unkorr.; im vorgeheizten Block].

(±)-2-Acetyl-5-*sec*-butyl-thiophen, (±)-1-[5-*sec*-Butyl-[2]thienyl]-äthanon $C_{10}H_{14}OS$, Formel VIII.

B. Beim Behandeln von (±)-2-*sec*-Butyl-thiophen mit Acetylchlorid und Aluminiumchlorid in Petroläther (*Pines et al.*, Am. Soc. **72** [1950] 1568, 1571).

Als 2,4-Dinitro-phenylhydrazon (s. u.) und als Semicarbazon (s. u.) charakterisiert.

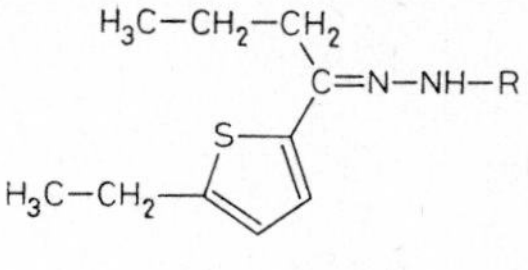

VII 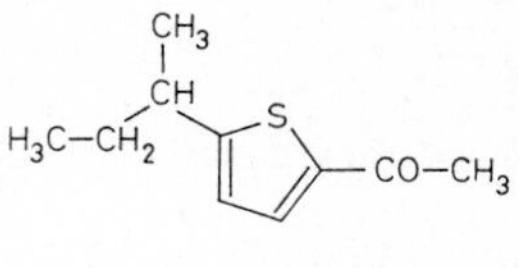 VIII 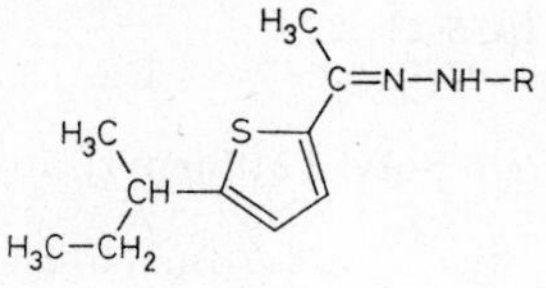 IX

(±)-1-[5-*sec*-Butyl-[2]thienyl]-äthanon-[2,4-dinitro-phenylhydrazon] $C_{16}H_{18}N_4O_4S$, Formel IX (R = $C_6H_3(NO_2)_2$).

B. Aus (±)-1-[5-*sec*-Butyl-[2]thienyl]-äthanon und [2,4-Dinitro-phenyl]-hydrazin (*Pines et al.*, Am. Soc. **72** [1950] 1568, 1571).

F: 145°.

(±)-1-[5-*sec*-Butyl-[2]thienyl]-äthanon-semicarbazon $C_{11}H_{17}N_3OS$, Formel IX (R = CO-NH_2).

B. Aus (±)-1-[5-*sec*-Butyl-[2]thienyl]-äthanon und Semicarbazid (*Pines et al.*, Am. Soc. **72** [1950] 1568, 1571).

F: 182°.

2-Acetyl-5-isobutyl-thiophen, 1-[5-Isobutyl-[2]thienyl]-äthanon $C_{10}H_{14}OS$, Formel X.

B. Beim Behandeln von 2-Isobutyl-thiophen mit Acetylchlorid und Zinn(IV)-chlorid in Benzol (*Gol'dfarb et al.*, Ž. obšč. Chim. **29** [1959] 3636, 3638; engl. Ausg. S. 3596, 3597) oder mit Acetanhydrid und Phosphorsäure (*Profft*, Ch. Z. **82** [1958] 295, 297).

Kp_{21}: 146—148° (*Go. et al.*); Kp_{10}: 130—132° (*Pr.*). D_4^{20}: 1,0317 (*Go. et al.*). n_D^{20}: 1,5349 (*Go. et al.*), 1,5333 (*Pr.*).

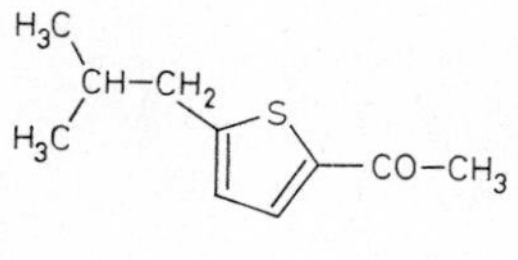

X 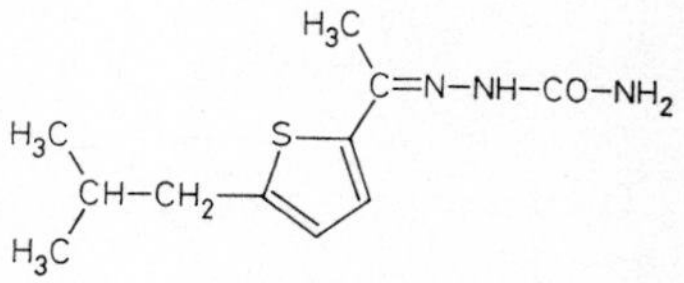 XI 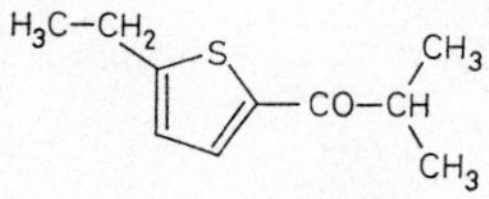 XII

1-[5-Isobutyl-[2]thienyl]-äthanon-semicarbazon $C_{11}H_{17}N_3OS$, Formel XI.

B. Aus 1-[5-Isobutyl-[2]thienyl]-äthanon und Semicarbazid (*Gol'dfarb et al.*, Ž. obšč. Chim. **29** [1959] 3636, 3638; engl. Ausg. S. 3596, 3597).

F: 204—205° [aus A.].

2-Äthyl-5-isobutyryl-thiophen, 1-[5-Äthyl-[2]thienyl]-2-methyl-propan-1-on $C_{10}H_{14}OS$, Formel XII.

B. Beim Behandeln von 2-Äthyl-thiophen mit Isobutyrylchlorid und Aluminiumchlorid (*Buu-Hoi*, Soc. **1958** 2418).

Kp_{20}: 146—148°.

2-Acetyl-4-*tert*-butyl-thiophen, 1-[4-*tert*-Butyl-[2]thienyl]-äthanon $C_{10}H_{14}OS$, Formel I.

B. Beim Behandeln von 3-*tert*-Butyl-thiophen mit Acetylchlorid und Zinn(IV)-chlorid in Schwefelkohlenstoff (*Sy et al.*, Soc. **1955** 21, 22).

Kp: 259°. n_D^{23}: 1,5322.

1-[4-*tert*-Butyl-[2]thienyl]-äthanon-oxim $C_{10}H_{15}NOS$, Formel II (X = OH).

B. Aus 1-[4-*tert*-Butyl-[2]thienyl]-äthanon und Hydroxylamin (*Sy et al.*, Soc. **1955**

21, 22).

Krystalle (aus A.); F: 113°.

1-[4-*tert*-Butyl-[2]thienyl]-äthanon-[2,4-dinitro-phenylhydrazon] $C_{16}H_{18}N_4O_4S$, Formel II (X = NH-$C_6H_3(NO_2)_2$).

B. Aus 1-[4-*tert*-Butyl-[2]thienyl]-äthanon und [2,4-Dinitro-phenyl]-hydrazin (*Sy et al.*, Soc. **1955** 21, 22).

Rote Krystalle (aus Eg.); F: 226°.

1-[4-*tert*-Butyl-[2]thienyl]-äthanon-semicarbazon $C_{11}H_{17}N_3OS$, Formel II (X = NH-CO-NH_2).

B. Aus 1-[4-*tert*-Butyl-[2]thienyl]-äthanon und Semicarbazid (*Sy et al.*, Soc. **1955** 21, 22).

F: 249°.

1-[4-*tert*-Butyl-[2]thienyl]-äthanon-thiosemicarbazon $C_{11}H_{17}N_3S_2$, Formel II (X = NH-CS-NH_2).

B. Aus 1-[4-*tert*-Butyl-[2]thienyl]-äthanon und Thiosemicarbazid (*Sy et al.*, Soc. **1955** 21, 22).

F: 192°.

2-Acetyl-5-*tert*-butyl-thiophen, 1-[5-*tert*-Butyl-[2]thienyl]-äthanon $C_{10}H_{14}OS$, Formel III (X = H).

B. Beim Behandeln von 2-*tert*-Butyl-thiophen mit Acetylchlorid und Zinn(IV)-chlorid in Schwefelkohlenstoff (*Sy et al.*, Soc. **1954** 1975, 1977). Beim Erhitzen von 2-*tert*-Butyl-thiophen mit Acetanhydrid unter Zusatz von wasserhaltiger Phosphorsäure (*Hartough, Conley*, Am. Soc. **69** [1947] 3096) oder unter Zusatz eines Aluminiumsilicat-Katalysators (*Ford et al.*, Am. Soc. **72** [1950] 2109, 2111).

Kp: 255°; Kp_{13}: 146° (*Sy et al.*). Kp_4: 114° (*Ha., Co.*). n_D^{20}: 1,5343 (*Ha., Co.*); n_D^{25}: 1,5363 (*Sy et al.*).

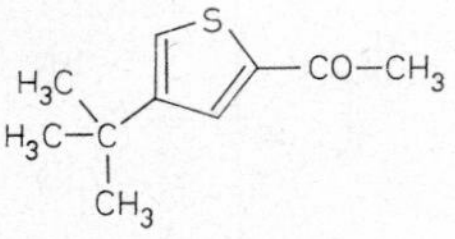

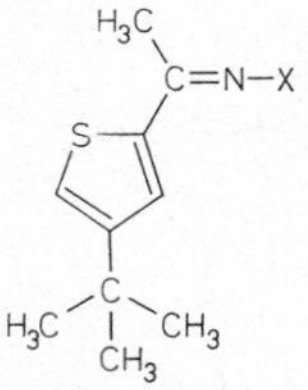

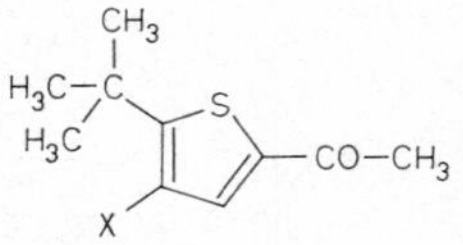

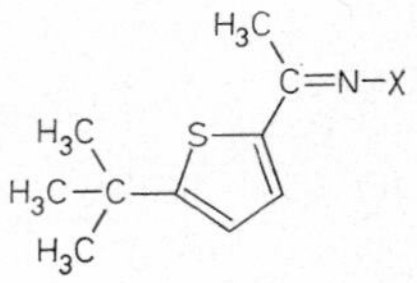

I II III IV

1-[5-*tert*-Butyl-[2]thienyl]-äthanon-oxim $C_{10}H_{15}NOS$, Formel IV (X = OH).

B. Aus 1-[5-*tert*-Butyl-[2]thienyl]-äthanon und Hydroxylamin (*Sy et al.*, Soc. **1954** 1975, 1977).

Krystalle (aus Me.); F: 118°.

1-[5-*tert*-Butyl-[2]thienyl]-äthanon-[2,4-dinitro-phenylhydrazon] $C_{16}H_{18}N_4O_4S$, Formel IV (X = NH-$C_6H_3(NO_2)_2$).

B. Aus 1-[5-*tert*-Butyl-[2]thienyl]-äthanon und [2,4-Dinitro-phenyl]-hydrazin (*Pines et al.*, Am. Soc. **72** [1950] 1568, 1571; *Sy et al.*, Soc. **1954** 1975, 1977).

Orangerote Krystalle [aus Eg.] (*Sy et al.*). F: 222° (*Sy et al.*). F: 221° (*Pi. et al.*).

1-[5-*tert*-Butyl-[2]thienyl]-äthanon-semicarbazon $C_{11}H_{17}N_3OS$, Formel IV (X = NH-CO-NH_2).

B. Aus 1-[5-*tert*-Butyl-[2]thienyl]-äthanon und Semicarbazid (*Hartough, Conley*, Am. Soc. **69** [1947] 3096, 3097; *Pines et al.*, Am. Soc. **72** [1950] 1568, 1571; *Sy et al.*, Soc. **1954** 1975, 1977).

Krystalle; F: 252° [aus A.] (*Sy et al.*), 219° (*Pi. et al.*), 209–210° (*Ha., Co.*).

1-[5-*tert*-Butyl-[2]thienyl]-äthanon-thiosemicarbazon $C_{11}H_{17}N_3S_2$, Formel IV (X = NH-CS-NH_2).

B. Aus 1-[5-*tert*-Butyl-[2]thienyl]-äthanon und Thiosemicarbazid (*Sy et al.*, Soc. **1954** 1975, 1977).

Krystalle (aus A.); F: 194°.

5-Acetyl-2-*tert*-butyl-3-nitro-thiophen, 1-[5-*tert*-Butyl-4-nitro-[2]thienyl]-äthanon $C_{10}H_{13}NO_3S$, Formel III (X = NO_2).

B. Beim Behandeln von 1-[5-*tert*-Butyl-[2]thienyl]-äthanon mit Salpetersäure und Acetanhydrid (*Sy et al.*, Soc. **1954** 1975, 1977).

Gelbe Krystalle (aus Bzn.); F: 80°.

2-Propionyl-5-propyl-furan, 1-[5-Propyl-[2]furyl]-propan-1-on $C_{10}H_{14}O_2$, Formel V.

B. Beim Behandeln von 2-Propyl-furan mit Propionsäure-anhydrid und Zinn(IV)-chlorid (*Fétizon, Baranger*, Bl. **1957** 1311, 1315).

Kp_{13}: 112—113°. n_D^{21}: 1,4991. UV-Absorptionsmaximum (A.): 274 nm.

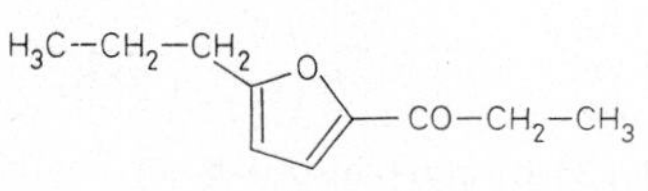

V 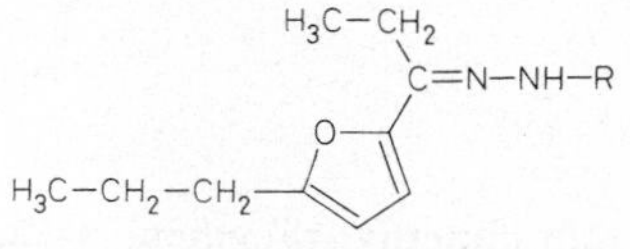 VI

1-[5-Propyl-[2]furyl]-propan-1-on-[2,4-dinitro-phenylhydrazon] $C_{16}H_{18}N_4O_5$, Formel VI (R = $C_6H_3(NO_2)_2$).

B. Aus 1-[5-Propyl-[2]furyl]-propan-1-on und [2,4-Dinitro-phenyl]-hydrazin (*Fétizon, Baranger*, Bl. **1957** 1311, 1315).

Krystalle; F: 134° [korr.]. Absorptionsmaximum ($CHCl_3$): 398 nm.

1-[5-Propyl-[2]furyl]-propan-1-on-semicarbazon $C_{11}H_{17}N_3O_2$, Formel VI (R = CO-NH_2).

B. Aus 1-[5-Propyl-[2]furyl]-propan-1-on und Semicarbazid (*Fétizon, Baranger*, Bl. **1957** 1311, 1315).

Krystalle; F: 141°.

2-Butyryl-3,4-dimethyl-selenophen, 1-[3,4-Dimethyl-selenophen-2-yl]-butan-1-on $C_{10}H_{14}OSe$, Formel VII.

B. Beim Erwärmen von Buttersäure mit Tetrachlorsilan in Benzol und Behandeln des Reaktionsgemisches mit Zinn(IV)-chlorid und mit 3,4-Dimethyl-selenophen in Benzol (*Jur'ew, Šadowaja*, Ž. obšč. Chim. **26** [1956] 930, 932; engl. Ausg. S. 1057).

Kp_{10}: 134,5—135,5°. D_4^{20}: 1,2952. n_D^{20}: 1,5568.

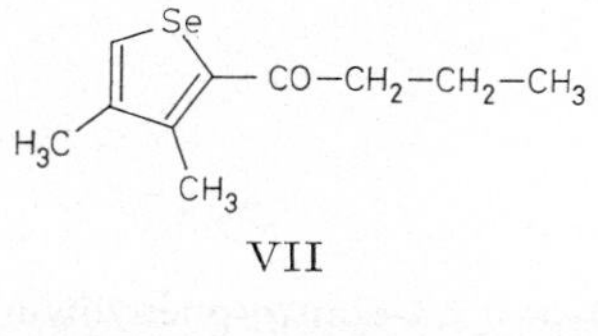

VII 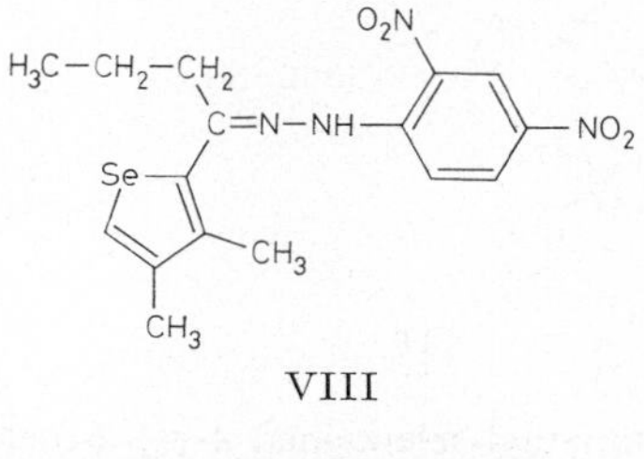 VIII

1-[3,4-Dimethyl-selenophen-2-yl]-butan-1-on-[2,4-dinitro-phenylhydrazon] $C_{16}H_{18}N_4O_4Se$, Formel VIII.

B. Aus 1-[3,4-Dimethyl-selenophen-2-yl]-butan-1-on und [2,4-Dinitro-phenyl]-hydr=azin (*Jur'ew, Šadowaja*, Ž. obšč. Chim. **26** [1956] 930, 932; engl. Ausg. S. 1057).

Rote Krystalle; F: 146°.

3-Butyryl-2,5-dimethyl-furan, 1-[2,5-Dimethyl-[3]furyl]-butan-1-on $C_{10}H_{14}O_2$, Formel IX.

B. Beim Behandeln von 2,5-Dimethyl-furan mit Buttersäure-anhydrid und dem Borfluorid-Äther-Addukt (*Levine et al.*, Am. Soc. **71** [1949] 1207).

Kp_{23}: 115–117°.

1-[2,5-Dimethyl-[3]furyl]-butan-1-on-[2,4-dinitro-phenylhydrazon] $C_{16}H_{18}N_4O_5$, Formel X.

B. Aus 1-[2,5-Dimethyl-[3]furyl]-butan-1-on und [2,4-Dinitro-phenyl]-hydrazin (*Levine et al.*, Am. Soc. **71** [1949] 1207).

F: 146–147°.

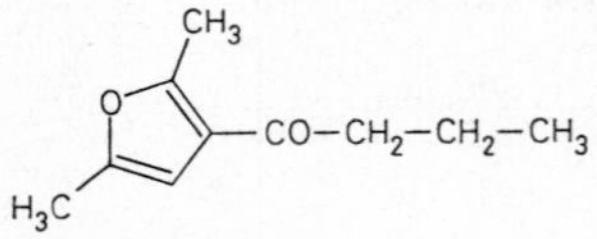

IX 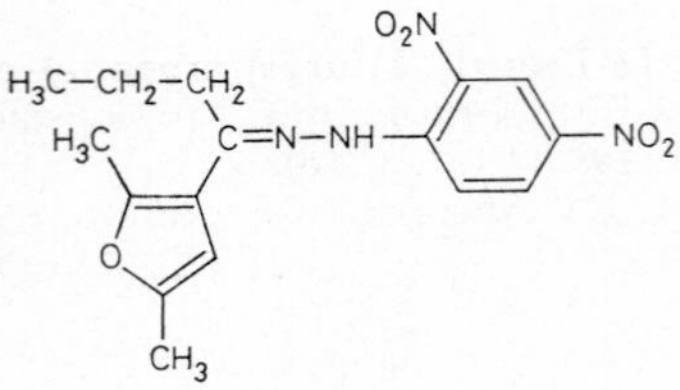 X 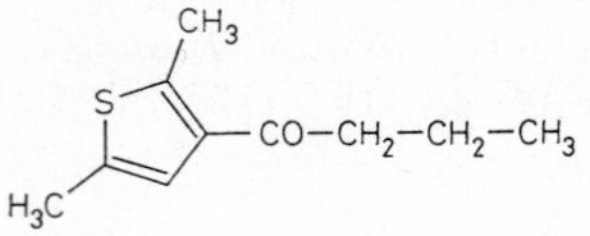 XI

3-Butyryl-2,5-dimethyl-thiophen, 1-[2,5-Dimethyl-[3]thienyl]-butan-1-on $C_{10}H_{14}OS$, Formel XI.

B. Beim Erhitzen von 2,5-Dimethyl-thiophen mit Buttersäure-anhydrid und dem Borfluorid-Äther-Addukt auf 110° (*Farrar, Levine*, Am. Soc. **72** [1950] 4433, 4435). Beim Behandeln von 2,5-Dimethyl-thiophen mit Butyrylchlorid und Aluminiumchlorid in Schwefelkohlenstoff (*Buu-Hoi, Hoán*, R. **67** [1948] 309, 320).

Kp_{13}: 136° (*Buu-Hoi, Hoán*); Kp_2: 95–97° (*Fa., Le.*).

1-[2,5-Dimethyl-[3]thienyl]-butan-1-on-semicarbazon $C_{11}H_{17}N_3OS$, Formel XII.

B. Aus 1-[2,5-Dimethyl-[3]thienyl]-butan-1-on und Semicarbazid (*Farrar, Levine*, Am. Soc. **72** [1950] 4433, 4435).

F: 183–184° [korr.].

2-Isobutyryl-3,4-dimethyl-selenophen, 1-[3,4-Dimethyl-selenophen-2-yl]-2-methyl-propan-1-on $C_{10}H_{14}OSe$, Formel XIII.

B. Beim Erwärmen von Isobuttersäure mit Tetrachlorsilan in Benzol und Behandeln des Reaktionsgemisches mit Zinn(IV)-chlorid und mit 3,4-Dimethyl-selenophen in Benzol (*Jur'ew et al.*, Ž. obšč. Chim. **28** [1958] 3036, 3038; engl. Ausg. S. 3066, 3068).

Kp_{13}: 134–135°. D_4^{20}: 1,3034. n_D^{20}: 1,5628.

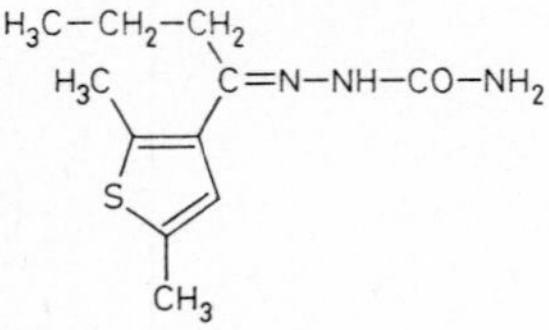

XII 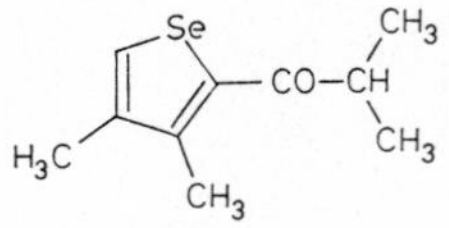 XIII 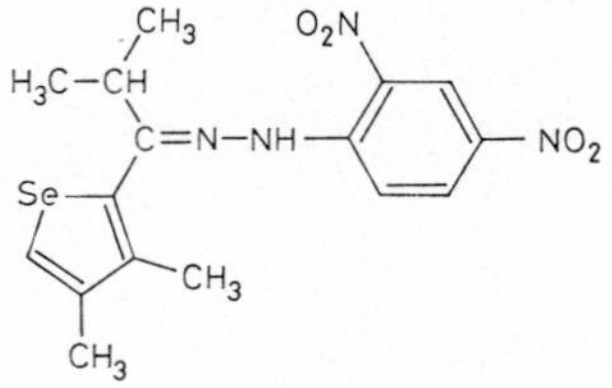 XIV

1-[3,4-Dimethyl-selenophen-2-yl]-2-methyl-propan-1-on-[2,4-dinitro-phenylhydrazon] $C_{16}H_{18}N_4O_4Se$, Formel XIV.

B. Aus 1-[3,4-Dimethyl-selenophen-2-yl]-2-methyl-propan-1-on und [2,4-Dinitro-phenyl]-hydrazin (*Jur'ew et al.*, Ž. obšč. Chim. **28** [1958] 3036, 3038; engl. Ausg. S. 3066, 3068).

Rote Krystalle (aus A. + E.); F: 206–207°.

3-Isobutyryl-2,5-dimethyl-thiophen, 1-[2,5-Dimethyl-[3]thienyl]-2-methyl-propan-1-on $C_{10}H_{14}OS$, Formel I.

B. Beim Behandeln von 2,5-Dimethyl-thiophen mit Isobutyrylchlorid und Zinn(IV)-chlorid (*Hoch*, C. r. **234** [1952] 1981) oder mit Isobutyrylchlorid und Aluminiumchlorid in Schwefelkohlenstoff (*Buu-Hoi, Hoán*, R. **67** [1948] 309, 321).

Kp_{15}: 126—127° (*Hoch*); Kp_{14}: 128—130° (*Buu-Hoi, Hoán*).

1-[2,5-Dimethyl-[3]thienyl]-2-methyl-propan-1-on-oxim $C_{10}H_{15}NOS$, Formel II (X = OH).

B. Aus 1-[2,5-Dimethyl-[3]thienyl]-2-methyl-propan-1-on und Hydroxylamin (*Hoch*, C. r. **234** [1952] 1981).

F: 97°.

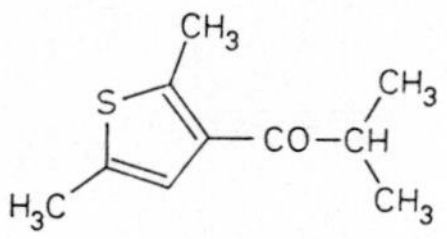

I 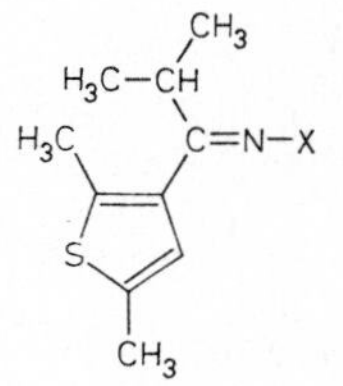 II 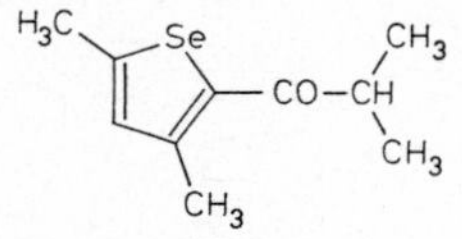 III

1-[2,5-Dimethyl-[3]thienyl]-2-methyl-propan-1-on-semicarbazon $C_{11}H_{17}N_3OS$, Formel II (X = NH-CO-NH_2).

B. Aus 1-[2,5-Dimethyl-[3]thienyl]-2-methyl-propan-1-on und Semicarbazid (*Hoch*, C. r. **234** [1952] 1981).

F: 109°.

2-Isobutyryl-3,5-dimethyl-selenophen, 1-[3,5-Dimethyl-selenophen-2-yl]-2-methyl-propan-1-on $C_{10}H_{14}OSe$, Formel III.

B. Beim Erwärmen von Isobuttersäure mit Tetrachlorsilan in Benzol und Behandeln des Reaktionsgemisches mit Zinn(IV)-chlorid und mit 2,4-Dimethyl-selenophen in Benzol (*Jur'ew et al.*, Ž. obšč. Chim. **28** [1958] 3036, 3039; engl. Ausg. S. 3066, 3068).

Kp_{10}: 120—121°. D_4^{20}: 1,2877. n_D^{20}: 1,5617.

1-[3,5-Dimethyl-selenophen-2-yl]-2-methyl-propan-1-on-[2,4-dinitro-phenylhydrazon] $C_{16}H_{18}N_4O_4Se$, Formel IV.

B. Aus 1-[3,5-Dimethyl-selenophen-2-yl]-2-methyl-propan-1-on und [2,4-Dinitro-phenyl]-hydrazin (*Jur'ew et al.*, Ž. obšč. Chim. **28** [1958] 3036, 3039; engl. Ausg. S. 3066, 3068).

Rote Krystalle (aus A. + E.); F: 175—176°.

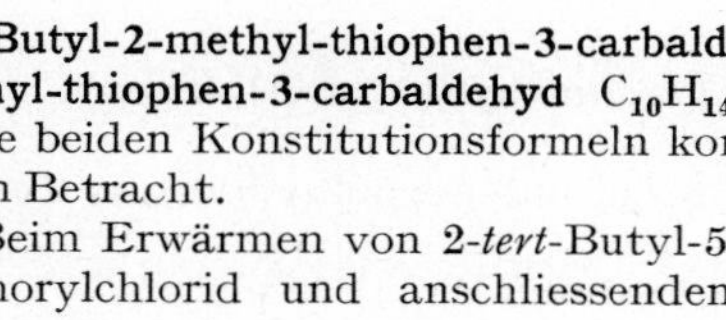

IV 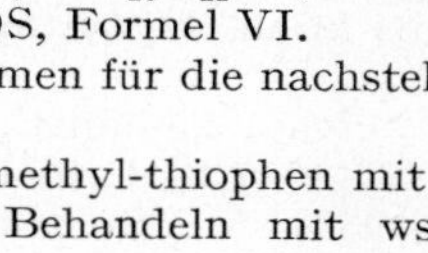 V 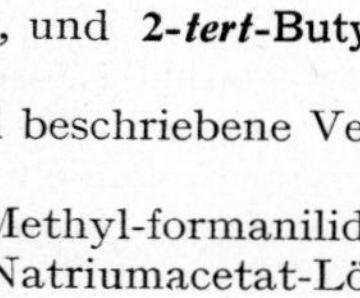 VI

5-*tert*-Butyl-2-methyl-thiophen-3-carbaldehyd $C_{10}H_{14}OS$, Formel V, und **2-*tert*-Butyl-5-methyl-thiophen-3-carbaldehyd** $C_{10}H_{14}OS$, Formel VI.

Diese beiden Konstitutionsformeln kommen für die nachstehend beschriebene Verbindung in Betracht.

B. Beim Erwärmen von 2-*tert*-Butyl-5-methyl-thiophen mit *N*-Methyl-formanilid und Phosphorylchlorid und anschliessenden Behandeln mit wss. Natriumacetat-Lösung

(*Gol'dfarb, Konštantinow,* Izv. Akad. S.S.S.R. Otd. chim. **1956** 992, 996; engl. Ausg. S. 1013, 1017).

Kp_4: 96–97°. D_4^{20}: 1,0553. n_D^{20}: 1,5350.

Semicarbazon $C_{11}H_{17}N_3OS$. Krystalle (aus A.); F: 215,5–217°.

2-Acetyl-3,4-diäthyl-thiophen, 1-[3,4-Diäthyl-[2]thienyl]-äthanon $C_{10}H_{14}OS$, Formel VII.

B. Beim Behandeln von 3,4-Diäthyl-thiophen mit Acetylchlorid und Titan(IV)-chlorid in Benzol (*Steinkopf et al.,* A. **546** [1941] 199, 204).

$Kp_{12,5}$: 128–130°. n_D^{17}: 1,5448.

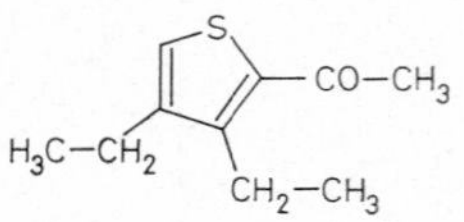

VII 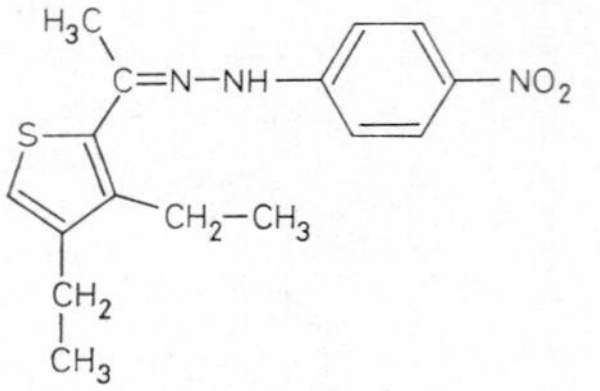 VIII 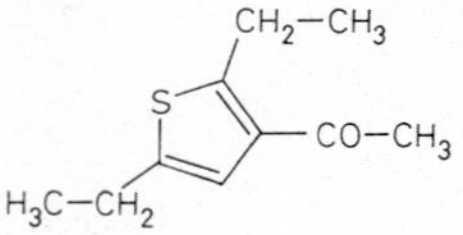 IX

1-[3,4-Diäthyl-[2]thienyl]-äthanon-[4-nitro-phenylhydrazon] $C_{16}H_{19}N_3O_2S$, Formel VIII.

B. Aus 1-[3,4-Diäthyl-[2]thienyl]-äthanon und [4-Nitro-phenyl]-hydrazin (*Steinkopf et al.,* A. **546** [1941] 199, 204).

Rote Krystalle (aus A.); F: 140°.

3-Acetyl-2,5-diäthyl-thiophen, 1-[2,5-Diäthyl-[3]thienyl]-äthanon $C_{10}H_{14}OS$, Formel IX (H 301).

B. Beim Behandeln von 2,5-Diäthyl-thiophen mit Acetylchlorid unter Zusatz von Zinn(IV)-chlorid in Benzol (*Gol'dfarb, Koršakowa,* Izv. Akad. S.S.S.R. Otd. chim. **1954** 564, 568; C. A. **1955** 9615) oder unter Zusatz von Aluminiumchlorid in Schwefelkohlenstoff (*Cagniant, Cagniant,* Bl. **1953** 62, 69; vgl. H 301).

$Kp_{14,5}$: 135°; $Kp_{12,2}$: 131° (*Ca., Ca.*); $Kp_{11-11,5}$: 123–124° (*Go., Ko.*). D_4^{24}: 1,045 (*Ca., Ca.*). $n_D^{24,2}$: 1,5302 (*Ca., Ca.*).

1-[2,5-Diäthyl-[3]thienyl]-äthanon-[2,4-dinitro-phenylhydrazon] $C_{16}H_{18}N_4O_4S$, Formel X (R = $C_6H_3(NO_2)_2$).

B. Aus 1-[2,5-Diäthyl-[3]thienyl]-äthanon und [2,4-Dinitro-phenyl]-hydrazin (*Cagniant, Cagniant,* Bl. **1953** 62, 69).

Rote Krystalle [aus A.] (*Ca., Ca.*). F: 153° [unkorr.; Block] (*Ca., Ca.*), 147–148° (*Gol'dfarb, Koršakowa,* Izv. Akad. S.S.S.R. Otd. chim. **1954** 564, 568; C. A. **1955** 9615).

1-[2,5-Diäthyl-[3]thienyl]-äthanon-semicarbazon $C_{11}H_{17}N_3OS$, Formel X (R = $CO\text{-}NH_2$).

B. Aus 1-[2,5-Diäthyl-[3]thienyl]-äthanon und Semicarbazid (*Steinkopf et al.,* A. **546** [1941] 199, 202 Anm. 1; *Cagniant, Cagniant,* Bl. **1953** 62, 69; *Gol'dfarb, Koršakowa,* Izv. Akad. S.S.S.R. Otd. chim. **1954** 564, 568; C. A. **1955** 9615).

Krystalle; F: 170° [Block; aus A.] (*Ca., Ca.*), 167–168° (*Go., Ko.*), 167° [nach Sintern; aus A.] (*St. et al.*).

3-Acetyl-4-äthyl-2,5-dimethyl-furan, 1-[4-Äthyl-2,5-dimethyl-[3]furyl]-äthanon $C_{10}H_{14}O_2$, Formel XI.

B. Beim Behandeln von 3-Äthyl-2,5-dimethyl-furan mit Acetanhydrid und Zinn(IV)-chlorid (*Fétizon, Baranger,* Bl. **1957** 1311, 1316).

F: 14°. Kp_{13}: 108°. n_D^{19}: 1,4933. UV-Absorptionsmaximum (A.): 279 nm.

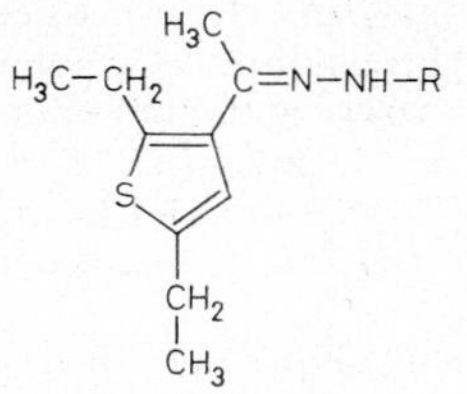

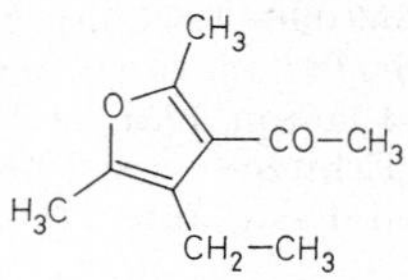

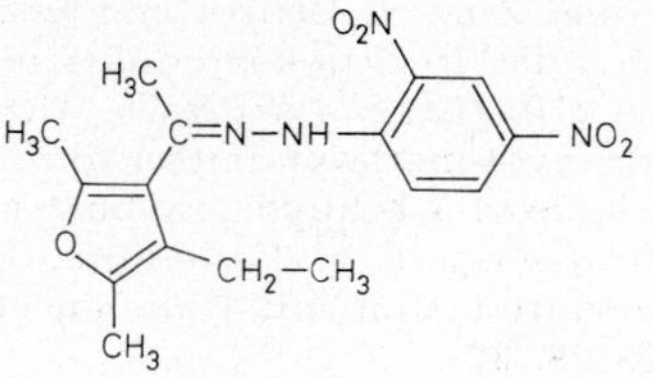

X XI XII

1-[4-Äthyl-2,5-dimethyl-[3]furyl]-äthanon-[2,4-dinitro-phenylhydrazon] $C_{16}H_{18}N_4O_5$, Formel XII.

B. Aus 1-[4-Äthyl-2,5-dimethyl-[3]furyl]-äthanon und [2,4-Dinitro-phenyl]-hydrazin (*Fétizon, Baranger*, Bl. **1957** 1311, 1316).

Rote Krystalle (aus $CHCl_3$ + A.); F: 154°.

3-Acetyl-4-äthyl-2,5-dimethyl-thiophen, 1-[4-Äthyl-2,5-dimethyl-[3]thienyl]-äthanon $C_{10}H_{14}OS$, Formel I.

B. Beim Behandeln von 3-Äthyl-2,5-dimethyl-thiophen mit Acetylchlorid und Aluminiumchlorid in Petroläther (*Messina, Brown*, Am. Soc. **74** [1952] 920, 921).

Kp_{20}: 134–136°.

(±)-6-Cyclopent-1-enyl-tetrahydro-pyran-2-on, (±)-5-Cyclopent-1-enyl-5-hydroxy-valeriansäure-lacton $C_{10}H_{14}O_2$, Formel II.

B. Beim Erwärmen von 5-Cyclopent-1-enyl-5-oxo-valeriansäure-methylester mit Aluminiumisopropylat in Isopropylalkohol und anschliessenden Behandeln mit wss. Salzsäure (*English, Dayan*, Am. Soc. **72** [1950] 4187).

Kp_3: 125–126°. n_D^{20}: 1,4940.

Charakterisierung durch Überführung in das *S*-Benzyl-isothiuronium-Salz (F: 137° [korr.]) der (±)-5-Cyclopent-1-enyl-5-hydroxy-valeriansäure: *En., Da.*

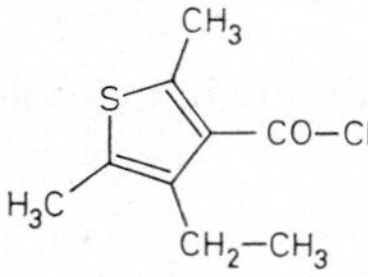

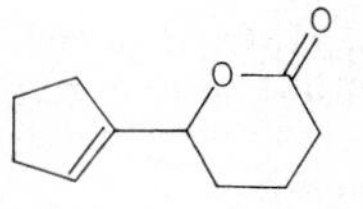

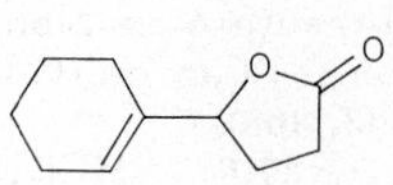

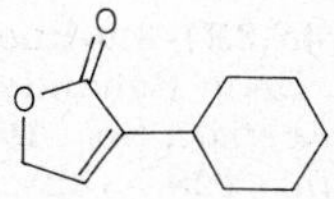

I II III IV

(±)-5-Cyclohex-1-enyl-dihydro-furan-2-on, (±)-4-Cyclohex-1-enyl-4-hydroxy-buttersäure-lacton $C_{10}H_{14}O_2$, Formel III.

B. Beim Erwärmen von 4-Cyclohex-1-enyl-4-oxo-buttersäure-methylester mit Aluminiumisopropylat in Isopropylalkohol und anschliessenden Behandeln mit wss. Salzsäure (*English, Dayan*, Am. Soc. **72** [1950] 4187).

Kp_3: 125–127°. n_D^{20}: 1,5041.

Charakterisierung durch Überführung in das *S*-Benzyl-isothiuronium-Salz (F: 120° [korr.]) der (±)-4-Cyclohex-1-enyl-4-hydroxy-buttersäure: *En., Da.*

3-Cyclohexyl-5*H*-furan-2-on, 2-Cyclohexyl-4-hydroxy-*cis*-crotonsäure-lacton $C_{10}H_{14}O_2$, Formel IV.

B. Beim Erhitzen von (±)-2-Cyclohexyl-4-oxo-buttersäure mit Bromwasserstoff in Essigsäure (*Swain et al.*, Soc. **1944** 548, 552).

$Kp_{0,5}$: 120°.

4-Cyclohexyl-5*H*-furan-2-on, 3-Cyclohexyl-4-hydroxy-*cis*-crotonsäure-lacton $C_{10}H_{14}O_2$, Formel V.

B. Beim Behandeln von 2-Acetoxy-1-cyclohexyl-äthanon mit Bromessigsäure-äthyl=

ester und Zink in Benzol und Erhitzen des Reaktionsprodukts unter 0,7 Torr oder Erwärmen des Reaktionsprodukts mit wss. Salzsäure (*Linville, Elderfield*, J. org. Chem. **6** [1941] 270, 272; *E. Lilly & Co.*, U.S.P. 2359096 [1941]). Beim Erhitzen von 3-Cyclohexyl-3-hydroxy-4-methoxy-buttersäure (*Rubin et al.*, J. org. Chem. **6** [1941] 260, 266) oder von 3-Cyclohexyl-3,4-dihydroxy-buttersäure-4-lacton (*Ru. et al.*, l. c. S. 267; *Li.*, *El.*) mit Bromwasserstoff in Essigsäure. Beim Erhitzen von 2-Chlor-3-cyclohexyl-4-hydroxy-buttersäure-lacton mit Kaliumacetat und Essigsäure (*Blout, Elderfield*, J. org. Chem. **8** [1943] 29, 32).

Kp_5: 143–144° (*Jones et al.*, Canad. J. Chem. **37** [1959] 2007, 2009); Kp_4: 134° (*Ru. et al*); $Kp_{0,1}$: 115–117° (*Bl.*, *El.*). D_4^{25}: 1,0985 (*Ru. et al.*). n_D^{25}: 1,5002 (*Bl.*, *El.*), 1,5059 (*Ru. et al.*). IR-Banden von Lösungen in Chloroform und in Tetrachlormethan im Bereich von 1785 cm^{-1} bis 1633 cm^{-1}: *Jo. et al.*, l. c. S. 2010. UV-Spektrum (A.; 210–290 nm): *Paist et al.*, J. org. Chem. **6** [1941] 273, 280. UV-Absorptionsmaximum (Heptan): 221,5 nm (*Jo. et al.*).

Beim Behandeln mit methanol. Kalilauge ist 3-Cyclohexyl-4-oxo-buttersäure, beim Erhitzen mit wss.-äthanol. Natronlauge ist ein Gemisch dieser Säure mit 3-Cyclohexyl-4-hydroxy-crotonsäure erhalten worden (*Pa. et al.*, l. c. S. 284).

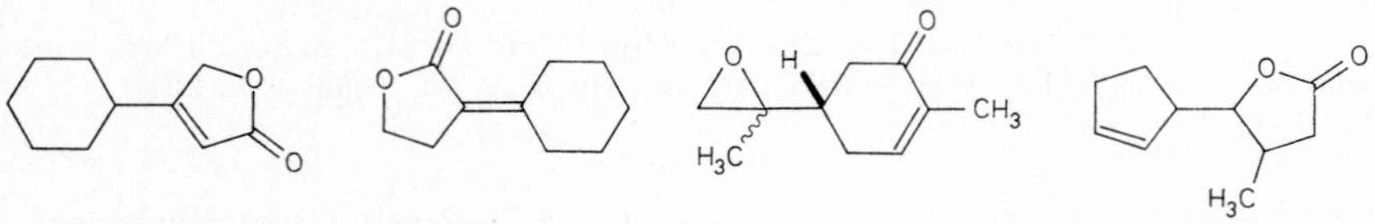

V VI VII VIII

3-Cyclohexyliden-dihydro-furan-2-on, 2-Cyclohexyliden-4-hydroxy-buttersäure-lacton $C_{10}H_{14}O_2$, Formel VI.

B. Beim Behandeln von 4-Hydroxy-buttersäure-lacton mit Cyclohexanon und Natriummethylat in Benzol (*Reppe et al.*, A. **596** [1955] 1, 183).

Bei 170–180°/19 Torr destillierbar.

(+)(4*S*,8Ξ)-8,9-Epoxy-*p*-menth-6-en-2-on $C_{10}H_{14}O_2$, Formel VII.

B. Beim Behandeln von (+)-Carvon (E III **7** 561) mit Peroxybenzoesäure in Chloroform (*Howe et al.*, Soc. **1959** 363, 368).

Kp_{16}: 128–132°. $[\alpha]_D$: +37,6° [$CHCl_3$; c = 5].

Semicarbazon $C_{11}H_{17}N_3O_2$. Krystalle (aus Me.); F: 155°.

Verbindung des Semicarbazons mit Semicarbazid $C_{11}H_{17}N_3O_2 \cdot CH_5N_3O$. Krystalle (aus Me.); F: 137°.

***Opt.-inakt. 5-Cyclopent-2-enyl-4-methyl-dihydro-furan-2-on, 4-Cyclopent-2-enyl-4-hydroxy-3-methyl-buttersäure-lacton** $C_{10}H_{14}O_2$, Formel VIII.

B. Beim Behandeln von (±)-4-Cyclopent-2-enyl-3-methyl-crotonsäure (Kp_{13}: 160° bis 161°; n_D^{15}: 1,5082 [Präparat von zweifelhafter konfigurativer Einheitlichkeit]) mit Schwefelsäure (*v. Braun, Rudolph*, B. **67** [1934] 269, 279).

Krystalle (aus PAe.); F: 39°.

(±)-1-Cyclopropyl-2-[5-methyl-4,5-dihydro-[2]furyl]-äthanon $C_{10}H_{14}O_2$, Formel IX, und **(±)-1-Cyclopropyl-2-[5-methyl-4,5-dihydro-[2]furyl]-vinylalkohol** $C_{10}H_{14}O_2$, Formel X.

Die nachstehend beschriebene Verbindung liegt wahrscheinlich überwiegend als (±)-1-Cyclopropyl-2-[5-methyl-4,5-dihydro-[2]furyl]-vinylalkohol (Formel X) vor (*Cannon et al.*, J. org. Chem. **17** [1952] 1245, 1246).

B. Beim Behandeln von (±)-4-Hydroxy-valeriansäure-lacton mit 1-Cyclopropyl-äthanon und Natriumamid in Äther (*Ca. et al.*, l. c. S. 1249).

Kp_4: 94–95°. n_D^{25}: 1,434.

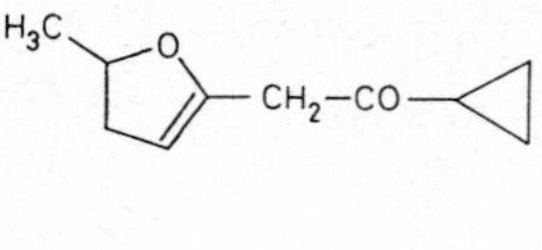

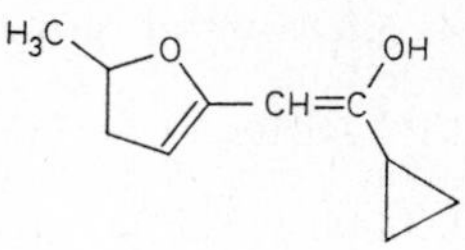

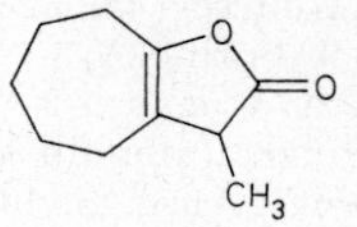

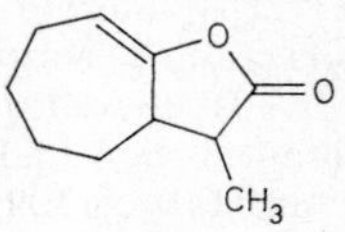

IX X XI XII

(±)-3-Methyl-3,4,5,6,7,8-hexahydro-cyclohepta[*b*]furan-2-on, (±)-2-[2-Hydroxy-cyclohept-1-enyl]-propionsäure-lacton $C_{10}H_{14}O_2$, Formel XI, und **opt.-inakt. 3-Methyl-3,3a,4,5,6,7-hexahydro-cyclohepta[*b*]furan-2-on, 2-[2-Hydroxy-cyclohept-2-enyl]-propionsäure-lacton** $C_{10}H_{14}O_2$, Formel XII.

Eine dieser Verbindungen oder ein Gemisch beider hat vermutlich in dem nachstehend beschriebenen Präparat vorgelegen.

B. Beim Erwärmen von opt.-inakt. 2-[2-Oxo-cycloheptyl]-propionsäure ($Kp_{0,2}$: 128° bis 130°) mit Thionylchlorid in Benzol (*Dutta*, J. Indian chem. Soc. **34** [1957] 761, 766).

$Kp_{0,2}$: 112–115°.

(±)-2,3-Epoxy-2,6,6-trimethyl-cyclohept-4-enon $C_{10}H_{14}O_2$, Formel I.

Diese Verbindung hat vermutlich in dem nachstehend beschriebenen Präparat vorgelegen.

B. Beim Behandeln von 2,6,6-Trimethyl-cyclohepta-2,4-dienon mit methanol. Kalilauge und mit wss. Wasserstoffperoxid (*Treibs*, B. **66** [1933] 1483, 1490).

Kp_{20}: 105–110°. D^{20}: 1,026. n_D: 1,4822.

2-Methyl-1,1-dioxo-4a,5,6,7,8,8a-hexahydro-1λ⁶-thiochromen-4-on $C_{10}H_{14}O_3S$.

a) **(±)-2-Methyl-1,1-dioxo-(4a*r*,8a*c*)-4a,5,6,7,8,8a-hexahydro-1λ⁶-thiochromen-4-on** $C_{10}H_{14}O_3S$, Formel II + Spiegelbild.

B. Neben 2*c*(?)-Methyl-1,1-dioxo-(4a*r*,8a*t*)-hexahydro-1λ⁶-thiochroman-4-on (F: 158°) und 2*c*(?)-Methyl-1,1-dioxo-(4a*r*,8a*c*)-hexahydro-1λ⁶-thiochroman-4ξ-ol (F: 140–140,5°) bei der Hydrierung von (±)-2-Methyl-1,1-dioxo-(4a*r*,8a*c*)-4a,5,8,8a-tetrahydro-1λ⁶-thiochromen-4-on an Platin in Essigsäure in Gegenwart von wss. Salzsäure (*Nasarow et al.*, Ž. obšč. Chim. **22** [1952] 1236, 1241; engl. Ausg. S. 1283, 1287).

Krystalle (aus A.); F: 130,5°.

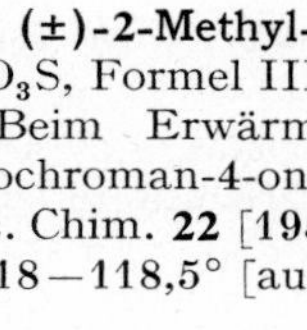

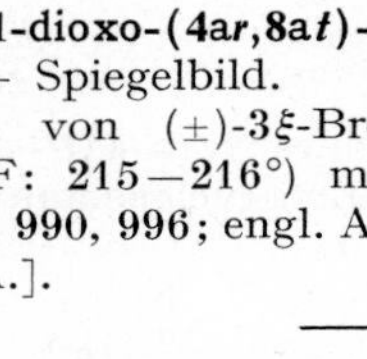

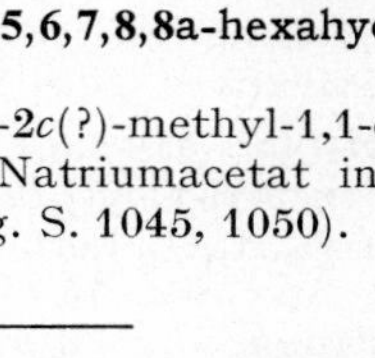

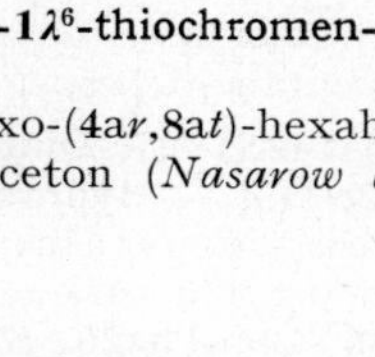

I II III IV

b) **(±)-2-Methyl-1,1-dioxo-(4a*r*,8a*t*)-4a,5,6,7,8,8a-hexahydro-1λ⁶-thiochromen-4-on** $C_{10}H_{14}O_3S$, Formel III + Spiegelbild.

B. Beim Erwärmen von (±)-3ξ-Brom-2*c*(?)-methyl-1,1-dioxo-(4a*r*,8a*t*)-hexahydro-1λ⁶-thiochroman-4-on (F: 215–216°) mit Natriumacetat in Aceton (*Nasarow et al.*, Ž. obšč. Chim. **22** [1952] 990, 996; engl. Ausg. S. 1045, 1050).

F: 118–118,5° [aus A.].

(±)-2-Methyl-1,1-dioxo-5,6,7,8-tetrahydro-1λ⁶-thiochroman-4-on $C_{10}H_{14}O_3S$, Formel IV.

B. Aus 2-Methyl-1,1-dioxo-5,6,7,8-tetrahydro-1λ⁶-thiochromen-4-on bei der Hydrierung an Palladium in Äthanol und Aceton oder beim Erhitzen mit Zink (7,5 Grammatom) und Essigsäure (*Nasarow et al.*, Ž. obšč. Chim. **22** [1952] 1236, 1242; engl. Ausg. S. 1283, 1288).

Krystalle (aus Ae.); F: 85–85,5°.

(±)-2*t*(?)-Methyl-1,1-dioxo-(4a*r*,8a*c*)-4a,5,8,8a-tetrahydro-1λ⁶-thiochroman-4-on $C_{10}H_{14}O_3S$, vermutlich Formel V + Spiegelbild.

B. Beim Erhitzen von (±)-2-Methyl-1,1-dioxo-2,3-dihydro-1λ⁶-thiopyran-4-on mit Buta-1,3-dien in Dioxan unter Zusatz von Pyrogallol (*Nasarow et al.*, Ž. obšč. Chim. **22** [1952] 1405, 1409; engl. Ausg. S. 1449, 1452).

Krystalle (aus A.); F: 163–164,5°.

4-Methyl-5,6,7,8-tetrahydro-chroman-2-on, 3-[2-Hydroxy-cyclohex-1-enyl]-buttersäure-lacton $C_{10}H_{14}O_2$, Formel VI, und **4-Methyl-4a,5,6,7-tetrahydro-chroman-2-on, 3-[2-Hydroxy-cyclohex-2-enyl]-buttersäure-lacton** $C_{10}H_{14}O_2$, Formel VII.

Eine opt.-inakt. Verbindung oder ein Gemisch von opt.-inakt. Verbindungen, für die diese Konstitutionsformeln in Betracht kommen, hat vermutlich in einem Präparat (Kp_3: 123°; $n_D^{26,5}$: 1,4930) vorgelegen, das beim Erhitzen von (±)-3-[2-Oxo-cyclohexyl]-buttersäure erhalten worden ist (*Jacob, Dev*, J. Indian chem. Soc. **36** [1959] 429, 432).

V VI VII VIII

(±)-4a-Methyl-4a,5,6,7-tetrahydro-chroman-2-on, (±)-3-[2-Hydroxy-1-methyl-cyclohex-2-enyl]-propionsäure-lacton $C_{10}H_{14}O_2$, Formel VIII.

B. Beim Erhitzen von (±)-3-[1-Methyl-2-oxo-cyclohexyl]-propionsäure mit Acetanhydrid und Natriumacetat (*Woodward et al.*, Am. Soc. **74** [1952] 4223, 4243).

$Kp_{0,2}$: 82°.

(±)-4-Methyl-1,5,6,7,8,8a-hexahydro-isochromen-3-on, (±)-2-[(*Z*)-2-Hydroxymethyl-cyclohexyliden]-propionsäure-lacton $C_{10}H_{14}O_2$, Formel IX.

B. Beim Erhitzen von (±)-2-Cyclohex-1-enyl-propionsäure mit Paraformaldehyd in Essigsäure unter Zusatz von Schwefelsäure (*Korte et al.*, Tetrahedron **6** [1959] 201, 210).

$Kp_{0,3}$: 97–98°. UV-Absorptionsmaximum (Me.): 223 nm.

4,4-Dimethyl-4,5,6,7-tetrahydro-1*H*-cyclopenta[*c*]pyran-3-on, 2-[2-Hydroxymethyl-cyclopent-1-enyl]-2-methyl-propionsäure-lacton $C_{10}H_{14}O_2$, Formel X.

B. Beim Erhitzen von 2-Cyclopent-1-enyl-2-methyl-propionsäure mit Paraformaldehyd in Essigsäure unter Zusatz von Schwefelsäure (*Korte et al.*, Tetrahedron **6** [1959] 201, 213).

$Kp_{0,01}$: 58–60°. UV-Absorptionsmaximum (Me.): 210 nm.

4,7-Dimethyl-5,6,7,7a-tetrahydro-4a*H*-cyclopenta[*c*]pyran-1-on, 2-[2-Hydroxy-1-methyl-vinyl]-5-methyl-cyclopentancarbonsäure-lacton $C_{10}H_{14}O_2$.

Zusammenfassende Darstellung über Nepetalactone: *W. I. Taylor, A. R. Battersby*, Cyclopentanoid Terpene Derivatives [New York 1969] S. 203, 206.

a) **(4a*S*)-4,7*c*-Dimethyl-(4a*r*,7a*c*)-5,6,7,7a-tetrahydro-4a*H*-cyclopenta[*c*]pyran-1-on, (1*R*)-2*c*-[(*Z*)-2-Hydroxy-1-methyl-vinyl]-5*t*-methyl-cyclopentan-*r*-carbonsäure-lacton**, *cis,trans*-Nepetalacton $C_{10}H_{14}O_2$, Formel XI.

Konstitution: *Meinwald*, Am. Soc. **76** [1954] 4571. Konfiguration: *Bates et al.*, Am. Soc. **80** [1958] 3420; *Eisenbraun, McElvain*, Am. Soc. **77** [1955] 3383.

Isolierung aus dem ätherischen Öl von Nepeta cataria: *McElvain et al.*, Am. Soc. **63** [1941] 1558, 1562; *Bates, Sigel*, Experientia **19** [1963] 564.

B. Beim Erhitzen von (+)-Nepetalsäure [(1*R*)-2*t*-Methyl-5*c*-[(*R*)-oxo-isopropyl]-cyclopentan-*r*-carbonsäure] (*McE. et al.*, Am. Soc. **63** 1561). Beim Erhitzen von (+)-Nepetalsäure-anhydrid (Bis-[(4a*R*)-4*c*,7*c*-dimethyl-1-oxo-(4a*r*,7a*c*)-octahydro-cyclopenta[*c*]pyran-3ξ-yl]-äther (*McElvain et al.*, Am. Soc. **64** [1942] 1828, 1831).

$Kp_{0,05}$: 71—72° (*McE. et al.*, Am. Soc. **63** 1562). D_4^{25}: 1,0663 (*McE. et al.*, Am. Soc. **63** 1562). n_D^{25}: 1,4878 (*Ba.*, *Si.*), 1,4859 (*McE. et al.*, Am. Soc. **63** 1562). $[\alpha]_D^{25}$: +3,3° [$CHCl_3$; c = 10] (*Trave et al.*, G. **98** [1968] 1132, 1136, 1144); $[\alpha]_D^{27,5}$: +11,1° [$CHCl_3$] (*Ba.*, *Si.*). ¹H-NMR-Absorption ($CDCl_3$): *Ba.*, *Si.* IR-Spektrum (Film; 4000—700 cm^{-1}): *Tr. et al.*, l. c. S. 1140. IR-Bande bei 1200 cm^{-1} (*Ba.*, *Si.*).

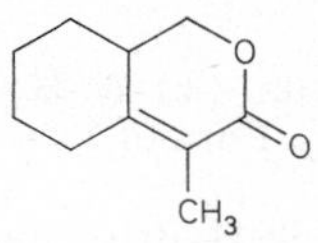

IX 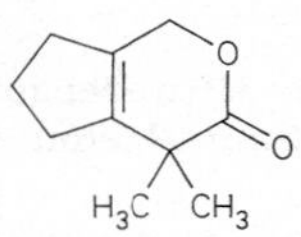 X 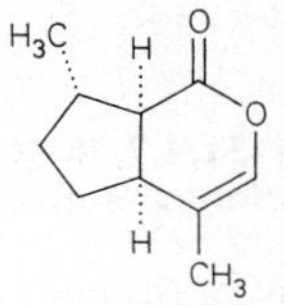 XI 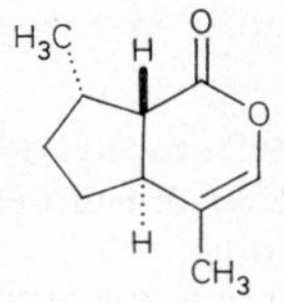 XII

b) **(4a*S*)-4,7*c*-Dimethyl-(4a*r*,7a*t*)-5,6,7,7a-tetrahydro-4a*H*-cyclopenta[*c*]pyran-1-on, (1*S*)-2*t*-[(*Z*)-2-Hydroxy-1-methyl-vinyl]-5*c*-methyl-cyclopentan-*r*-carbonsäure-lacton,** *trans,cis*-Nepetalacton $C_{10}H_{14}O_2$, Formel XII.

Isolierung aus dem ätherischen Öl von Nepeta cataria: *McElvain et al.*, Am. Soc. **63** [1941] 1558, 1562; *Bates*, *Sigel*, Experientia **19** [1963] 564.

F: 24—26° [Präparat von 95%ig. Reinheit] (*Trave et al.*, G. **98** [1968] 1132, 1146). n_D^{25}: 1,4878 (*Ba.*, *Si.*). $[\alpha]_D^{25}$: —20,1° [$CHCl_3$; c = 10 (für die reine Verbindung berechnet)] (*Tr. et al.*). $[\alpha]_D^{27,5}$: +21,9° [$CHCl_3$ (für die reine Verbindung berechnet)] (*Ba.*, *Si.*). ¹H-NMR-Absorption ($CDCl_3$): *Ba.*, *Si.* IR-Spektrum (Film; 4000—700 cm^{-1}): *Tr. et al.*, l. c. S. 1140. IR-Banden bei 1065 cm^{-1} und 905 cm^{-1} (*Ba.*, *Si.*).

3,3-Dimethyl-4,5,6,7-tetrahydro-3*H*-benzofuran-2-on, 2-[2-Hydroxy-cyclohex-1-enyl]-2-methyl-propionsäure-lacton $C_{10}H_{14}O_2$, Formel I.

B. Beim Erhitzen von (±)-2-Methyl-2-[2-oxo-cyclohexyl]-propionsäure mit Acetanhydrid (*Cocker*, *Hornsby*, Soc. **1947** 1157, 1166).

Kp_{10-11}: 119—120°.

Bei der Hydrierung an Platin in Essigsäure ist 2-Cyclohexyl-2-methyl-propionsäure erhalten worden.

***Opt.-inakt. 3,5-Dimethyl-3a,4,5,6-tetrahydro-3*H*-benzofuran-2-on, 2-[2-Hydroxy-5-methyl-cyclohex-2-enyl]-propionsäure-lacton** $C_{10}H_{14}O_2$, Formel II.

B. Bei der Hydrierung von (±)-2-[(*Z*)-2-Hydroxy-5-methyl-cyclohex-2-enyliden]-propionsäure-lacton an Palladium/Bariumsulfat in Essigsäure (*Rosenmund et al.*, Ar. **287** [1954] 441, 447).

Kp_{10}: 156—158°.

3,3-Dimethyl-3a,4,7,7a-tetrahydro-3*H*-isobenzofuran-1-on, 6-[α-Hydroxy-isopropyl]-cyclohex-3-encarbonsäure-lacton $C_{10}H_{14}O_2$.

a) **(±)-3,3-Dimethyl-(3a*r*,7a*c*)-3a,4,7,7a-tetrahydro-3*H*-isobenzofuran-1-on, (±)-*cis*-6-[α-Hydroxy-isopropyl]-cyclohex-3-encarbonsäure-lacton** $C_{10}H_{14}O_2$, Formel III + Spiegelbild.

B. Aus (±)-*cis*-6-Acetyl-cyclohex-3-encarbonsäure-methylester und Methylmagnesiumbromid (*Mousseron et al.*, C. r. **247** [1958] 665, 668).

F: 67—68°.

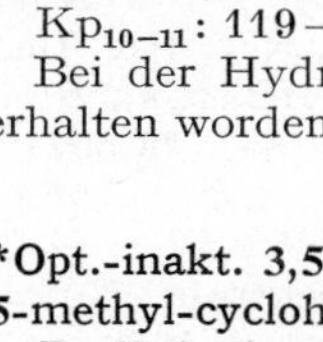

I 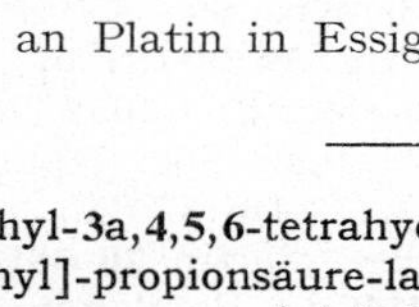 II 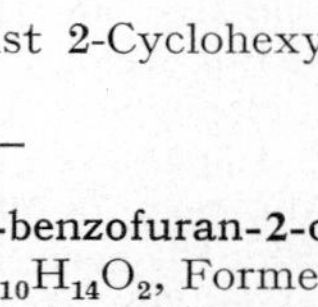 III 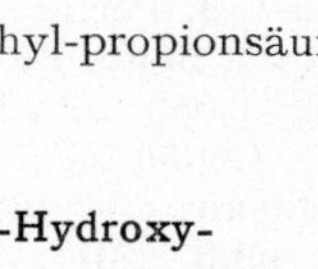 IV

b) **(±)-3,3-Dimethyl-(3a*r*,7a*t*)-3a,4,7,7a-tetrahydro-3*H*-isobenzofuran-1-on, (±)-*trans*-6-[α-Hydroxy-isopropyl]-cyclohex-3-encarbonsäure-lacton** $C_{10}H_{14}O_2$, Formel IV + Spiegelbild.

Konfigurationszuordnung: *Mousseron et al.*, C. r. **247** [1958] 665, 666.

B. Beim Behandeln von (±)-*trans*-6-Acetyl-cyclohex-3-encarbonsäure mit Methylmagnesiumjodid in Äther (*Dixon, Wiggins*, Soc. **1954** 594, 596).

Krystalle (aus wss. A.); F: 114° (*Di.*, *Wi.*).

(±)-5,6-Dimethyl-(3a*r*,7a*c*)-3a,4,7,7a-tetrahydro-3*H*-isobenzofuran-1-on, (±)-6*c*-Hydroxymethyl-3,4-dimethyl-cyclohex-3-en-*r*-carbonsäure-lacton $C_{10}H_{14}O_2$, Formel V + Spiegelbild.

B. Neben 3,4-Dimethyl-6-methylen-cyclohex-3-encarbonsäure und 6*t*-Hydroxymethyl-3,4-dimethyl-cyclohex-3-en-*r*-carbonsäure beim Erwärmen von opt.-inakt. 6-Brommethyl-3,4-dimethyl-cyclohex-3-encarbonsäure-methylester (Kp_{24}: 157—161°) mit methanol. Kalilauge (*Buchta, Scheuerer*, B. **89** [1956] 1002, 1010).

Kp_{15}: 154,5—156°.

(1*S*)-1,2-Epoxy-*p*-menth-4(8)-en-3-on, Lippion, Rotundifolon $C_{10}H_{14}O_2$, Formel VI.

Konstitution: *Reitsema*, Am. Soc. **78** [1956] 5022, 5023, **79** [1957] 4465, 4467; *Shimizu*, Bl. agric. chem. Soc. Japan **21** [1957] 107. Konfiguration: *Klein, Ohloff*, Tetrahedron **19** [1963] 1091, 1096.

Isolierung aus dem ätherischen Öl von Lippia alba: *Fester et al.*, Rev. Fac. Ing. Quim. Santa Fé **24** [1955] 37; von Lippia turbinata: *Fester et al.*, Rev. Fac. Ing. Quim. Santa Fé **21/22** [1952/53] 43, 48; An. Asoc. quim. arg. **42** [1954] 43; von Mentha rotundifolia: *Shimizu*, Bl. agric. chem. Soc. Japan **20** [1956] 84, 87; *Re.*, Am. Soc. **78** 5024; von Mentha sylvestris: *Reitsema*, J. Am. pharm. Assoc. **47** [1958] 265; von Satureja odora: *Fester et al.*, Bol. Acad. Córdoba Arg. **39** [1956] 375, 381; von Satureja parvifolia: *Fester et al.*, Rev. Fac. Ing. Quim. Santa Fé **23** [1954] 15, 19.

Krystalle; F: 27,5° [aus PAe.] (*Sh.*, Bl. agric. chem. Soc. Japan **20** 88), 25,5—26° [aus Hexan] (*Re.*, Am. Soc. **78** 5024). Erstarrungspunkt: 22,6° (*Chakravarti, Bhattacharyya*, Perfum. essent. Oil Rec. **46** [1955] 256). Kp_4: 80—85° (*Fe. et al.*, Rev. Fac. Ing. Quim. Santa Fé **21/22** 48; Bol. Acad. Córdoba Arg. **39** 391); Kp_{2-3}: 100—102° (*Ch.*, *Bh.*). D_4^{30}: 1,053 (*Sh*, Bl. agric. chem. Soc. Japan **20** 88). n_D^{28}: 1,5052 (*Re.*, Am. Soc. **78** 5024); n_D^{29}: 1,5050 (*Ch.*, *Bh.*); n_D^{30}: 1,5045 (*Sh.*, Bl. agric. chem. Soc. Japan **20** 88). $[\alpha]_D^{25}$: +150,6° [Hexan; c = 10] (*Re.*, Am. Soc. **78** 5024); $[\alpha]_D$: +181,3° [A.; c = 6] (*Ch.*, *Bh.*); $[\alpha]_D^{10}$: +199,6° [Me.; c = 2] (*Sh.*, Bl. agric. chem. Soc. Japan **20** 88). IR-Spektrum (Nujol; 2—15 μ): *Sh.*, Bl. agric. chem. Soc. Japan **21** 109. IR-Banden im Bereich von 1673 cm^{-1} bis 772 cm^{-1}: *Fester et al.*, An. Asoc. quim. arg. **45** [1957] 176, 177. UV-Spektrum (A.; 200—340 nm): *Fe. et al.*, Rev. Fac. Ing. Quim. Santa Fé **21/22** 50; An. Asoc. quim. arg. **45** 178; *Sh.*, Bl. agric. chem. Soc. Japan **20** 86.

Beim Erwärmen mit wss. Schwefelsäure ist Lippiophenol (2-Hydroxy-6-isopropyliden-3-methyl-cyclohex-2-enon) erhalten worden (*Re.*, Am. Soc. **78** 5024; s. a. *Sh.*, Bl. agric. chem. Soc. Japan **21** 107).

Hautreizende Wirkung: *Fe. et al.*, Rev. Fac. Ing. Quim. Santa Fé **23** 20.

(1*S*)-1,2-Epoxy-*p*-menth-4(8)-en-3-on-oxim, Lippion-oxim $C_{10}H_{15}NO_2$, Formel VII (X = OH).

B. Aus Lippion (s. o.) und Hydroxylamin (*Fester et al.*, An. Asoc. quim. arg. **42** [1954] 43, 44).

Krystalle (aus A.); F: 173°.

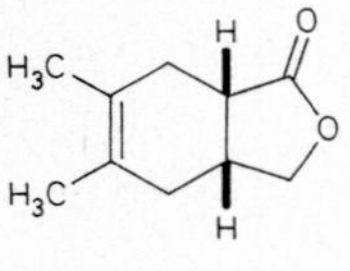

V 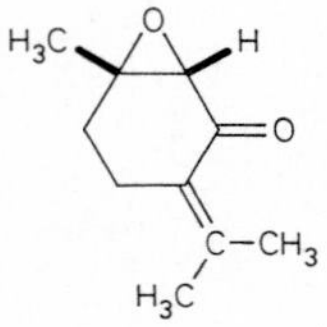 VI 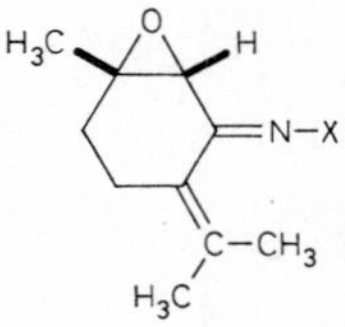 VII 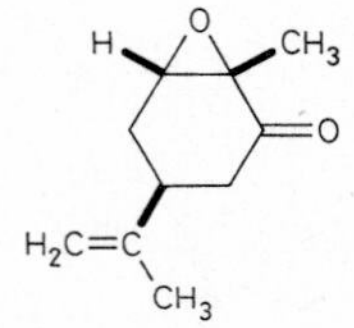 VIII

1,2-Epoxy-*p*-menth-4(8)-en-3-on-semicarbazon $C_{11}H_{17}N_3O_2$.

a) **(1*S*)-1,2-Epoxy-*p*-menth-4(8)-en-3-on-semicarbazon, Lippion-semicarbazon** $C_{11}H_{17}N_3O_2$, Formel VII (X = NH-CO-NH$_2$).

B. Aus Lippion (S. 4624) und Semicarbazid (*Shimizu*, Bl. agric. chem. Soc. Japan **20** [1956] 84, 88; *Reitsema*, Am. Soc. **78** [1956] 5022, 5024).

Krystalle; F: 180° [aus Me.] (*Sh.*, Bl. agric. chem. Soc. Japan **20** 88), 176–182° [Zers.; aus A. oder Me.] (*Fester et al.*, Bol. Acad. Córdoba Arg. **39** [1956] 375, 391; Rev. Fac. Ing. Quim. Santa Fé **21/22** [1952/53] 43, 49), 177,5–178° [aus Me.] (*Re.*). $[\alpha]_D^{32}$: +208,5° [CHCl$_3$; c = 0,5] (*Fester et al.*, An. Asoc. quim. arg. **42** [1954] 43, 44); $[\alpha]_D^{25}$: +176,5° [A.; c = 0,5] (*Re.*). UV-Spektrum (A.; 210–340 nm): *Sh.*, Bl. agric. chem. Soc. Japan **20** 86; *Fe. et al.*, Bol. Acad. Córdoba Arg. **39** 392; Rev. Fac. Ing. Quim. Santa Fé **21/22** 50.

Beim Erwärmen mit wss. Schwefelsäure ist Lippiophenol (2-Hydroxy-6-isopropyliden-3-methyl-cyclohex-2-enon) erhalten worden (*Fe. et al.*, Bol. Acad. Córdoba Arg. **39** 393; Rev. Fac. Ing. Quim. Santa Fé **23** [1954] 15, 29; *Shimizu*, Bl. agric. chem. Soc. Japan **21** [1957] 107, 112; *Re.*).

b) **(±)-1,2-Epoxy-*p*-menth-4(8)-en-3-on-semicarbazon** $C_{11}H_{17}N_3O_2$, Formel VII (X = NH-CO-NH$_2$) + Spiegelbild.

B. Beim Behandeln von (±)-*p*-Menth-4(8)-en-3-on in Isopropylalkohol mit wss. Wasserstoffperoxid und wss. Kalilauge und Behandeln des Reaktionsprodukts mit Semicarbazid-hydrochlorid und Natriumacetat in Wasser (*Reitsema*, Am. Soc. **79** [1957] 4465, 4467).

Krystalle (aus Me.); F: 168–171°.

(1*S*)-1,2-Epoxy-*p*-menth-4(8)-en-3-on-[4-phenyl-semicarbazon], Lippion-[4-phenyl-semicarbazon] $C_{17}H_{21}N_3O_2$, Formel VII (X = NH-CO-NH-C$_6$H$_5$).

B. Aus Lippion (S. 4624) und 4-Phenyl-semicarbazid (*Fester et al.*, Rev. Fac. Ing. Quim. Santa Fé **21/22** [1952/53] 43, 52; An. Asoc. quim. arg. **42** [1954] 43, 44).

Krystalle (aus A.); F: 133° (*Fe. et al.*, Rev. Fac. Ing. Quim. Santa Fé **21/22** 52; An. Asoc. quim. arg. **42** 44). UV-Spektrum (A.; 210–300 nm): *Fester et al.*, Rev. Fac. Ing. Quim. Santa Fé **25** [1956] 37, 41.

(1*S*)-1,2-Epoxy-*p*-menth-4(8)-en-3-on-thiosemicarbazon, Lippion-thiosemicarbazon $C_{11}H_{17}N_3OS$, Formel VII (X = NH-CS-NH$_2$).

B. Aus Lippion (S. 4624) und Thiosemicarbazid (*Fester et al.*, Rev. Fac. Ing. Quim. Santa Fé **21/22** [1952/53] 43, 52; An. Asoc. quim. arg. **42** [1954] 43, 44).

Krystalle (aus wss. A.); F: 181,5°.

(1*S*,4*S*)-1,6-Epoxy-*p*-menth-8-en-2-on, (1*S*)-1,6-Epoxy-*cis*-*p*-menth-8-en-2-on, (–)-Carvonepoxid $C_{10}H_{14}O_2$, Formel VIII.

Konfigurationszuordnung: *Klein, Ohloff*, Tetrahedron **19** [1963] 1091, 1093, 1096.

B. Beim Behandeln eines Gemisches von (+)-Carvon (E III **7** 561) und Methanol mit wss. Wasserstoffperoxid und methanol. Kalilauge (*Treibs*, B. **65** [1932] 1314, 1319) oder mit wss. Wasserstoffperoxid und wss. Natronlauge (*Rupe, Gysin*, Helv. **21** [1938] 1413, 1416).

Kp$_{15}$: 120–122° (*Tr.*, B. **65** 1320); Kp$_{11}$: 112–115° (*Rupe, Gy.*). D^{20}: 1,033 (*Tr.*, B. **65** 1320). n_D: 1,4812 (*Tr.*, B. **65** 1320); n_D^{20}: 1,4809 (*Kl., Oh.*, l. c. S. 1093). $[\alpha]_D^{20}$: –88° [unverd.] (*Kl., Oh.*, l. c. S. 1093); $[\alpha]_D$: –85,4° [unverd.] (*Rupe, Gy.*); $[\alpha]_D$: –83,6° [unverd.?] (*Tr.*, B. **65** 1320).

Beim Erhitzen mit wss.-methanol. Kalilauge sind 2-Methyl-5-isopropenyl-dihydro-resorcin und kleine Mengen einer Verbindung $C_{10}H_{16}O_3$ (F: 132°) erhalten worden (*Tr.*, B. **65** 1320, 1324). Verhalten gegen methanol. Kalilauge: *Tr.*, B. **65** 1320. Verhalten beim Erhitzen mit wss. Schwefelsäure: *Treibs*, B. **66** [1933] 610, 618. Verhalten beim Erwärmen mit Essigsäure und wss. Salzsäure: *Treibs*, B. **70** [1937] 384, 387.

***Opt.-inakt. 3-Allyl-hexahydro-cyclopenta[*b*]furan-2-on, 2-[2-Hydroxy-cyclopentyl]-pent-4-ensäure-lacton** $C_{10}H_{14}O_2$, Formel IX.

B. Beim Behandeln von opt.-inakt. 2-Cyclopent-2-enyl-pent-4-ensäure (Kp$_{16}$: 150° bis

152°) mit wss. Schwefelsäure (*Horclois*, Chim. et Ind. Sonderband 13. Congr. Chim. ind. Lille 1933 S. 357, 363).

Kp_{4-5}: 132–134°.

1-Acetyl-1,2-epoxy-4-isopropenyl-cyclopentan, 1-[1,2-Epoxy-4-isopropenyl-cyclopentyl]-äthanon $C_{10}H_{14}O_2$, Formel X.

Ein Racemat oder ein Gemisch der Racemate dieser Konstitution hat vermutlich in dem nachstehend beschriebenen Präparat vorgelegen.

B. Beim Behandeln von (±)-1-[4-Isopropenyl-cyclopent-1-enyl]-äthanon mit Methanol, wss. Natronlauge und wss. Wasserstoffperoxid (*Schmidt*, B. **80** [1947] 533, 538).

Öl; im Vakuum destillierbar. D^{15}: 1,043; n_D^{20}: 1,47830 (unreines Präparat).

Semicarbazon $C_{11}H_{17}N_3O_2$. Krystalle (aus Me.); F: 181° (unreines Präparat).

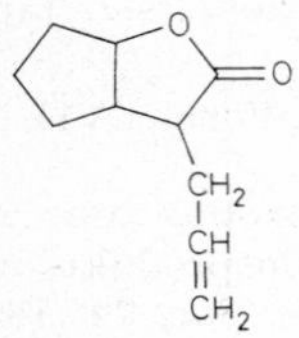

IX 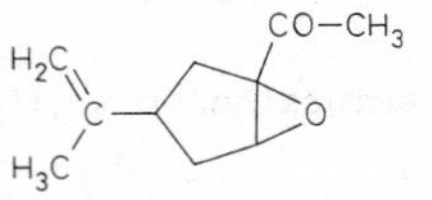 X 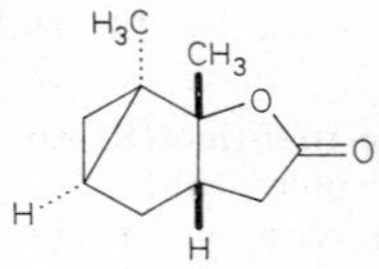 XI 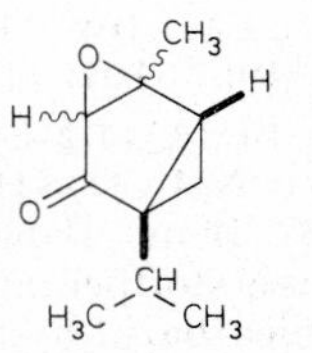 XII

(3a*S*)-5a,5b-Dimethyl-(3a*r*,4a*t*,5a*t*,5b*c*)-tetrahydro-cyclopropa[4,5]cyclopenta[1,2-*b*]furan-2-on, [(1*R*,2*R*,3*S*)-2-Hydroxy-1,2-dimethyl-bicyclo[3.1.0]hex-3-yl]-essigsäure-lacton $C_{10}H_{14}O_2$, Formel XI.

B. Beim Behandeln von (+)-Carvoncampher ((1*S*)-1,6a-Dimethyl-hexahydro-3*H*-1,5-cyclo-pentalen-2-on [E III 7 595]) mit Peroxybenzoesäure in Benzol unter Zusatz von Toluol-4-sulfonsäure (*Büchi, Goldman*, Am. Soc. **79** [1957] 4741, 4746).

Krystalle (aus PAe.); F: 65–65,5° [durch Sublimation gereinigtes Präparat]. IR-Banden (CS_2) im Bereich von 3,3 μ bis 14,8 μ: *Bü., Go.*

(–) (1*R*,3Ξ)-3,4-Epoxy-thujan-2-on $C_{10}H_{14}O_2$, Formel XII.

Diese Konstitution und Konfiguration kommt dem nachstehend beschriebenen **Epoxyumbellulon** zu.

B. Beim Behandeln einer Lösung von (1*R*)-Thuj-3-en-2-on in Methanol mit wss. Wasserstoffperoxid und methanol. Natronlauge (*Eastman, Selover*, Am. Soc. **76** [1954] 4118, 4120).

Krystalle (aus wss. A.); F: 25–26° (*Ea., Se.*). Kp_{7-8}: 96,5–99° (*Ea., Se.*). n_D^{20}: 1,4662 (*Ea., Se.*). $[\alpha]_D^{25}$: –20,4° [unverd.] (*Ea., Se.*). Optisches Drehungsvermögen einer Lösung in Dioxan für Licht der Wellenlängen von 290 nm bis 700 nm: *Djerassi et al.*, Am. Soc. **78** [1956] 6377, 6379, 6387. UV-Absorptionsmaxima (A.): 208 nm und 301 nm (*Ea., Se.*, l. c. S. 4119).

2,3-Epoxy-pinan-4-on $C_{10}H_{14}O_2$.

a) **(1*R*,2*R*)-2,3-Epoxy-pinan-4-on,** (–)-Verbenonoxid $C_{10}H_{14}O_2$, Formel I.

Konfigurationszuordnung: *Klein, Ohloff*, Tetrahedron **19** [1963] 1091, 1092, 1097.

B. Aus (–)-Verbenon [(1*S*)-Pin-2-en-4-on] (*Treibs*, B. **66** [1933] 1483, 1491).

Krystalle (aus PAe.); F: 18,4° (*Kl., Oh.*). Kp_{20}: 118–120° (*Tr.*). D^{20}: 1,063 (*Tr.*). $[\alpha]_D$: –105,6° [unverd.] (*Tr.*); $[\alpha]_D^{20}$: –139,4° [$CHCl_3$] (*Kl., Oh.*).

Beim Erwärmen mit methanol. Kalilauge sind geringe Mengen (1*R*)-3-Hydroxy-pin-2-en-4-on erhalten worden (*Tr.*).

b) **(1*S*,2*S*)-2,3-Epoxy-pinan-4-on,** (+)-Verbenonoxid $C_{10}H_{14}O_2$, Formel II (E II 323).

Konfigurationszuordnung: *Klein, Ohloff*, Tetrahedron **19** [1963] 1091, 1092, 1097.

F: 18° (*Kl., Oh.*, l. c. S. 1093).

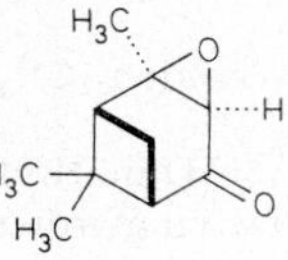

I 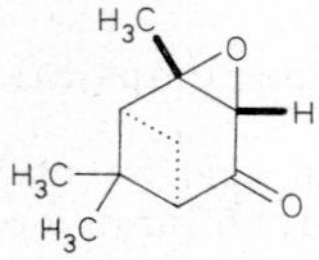 II 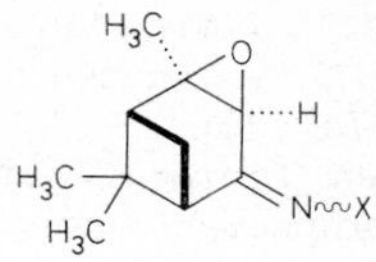 III 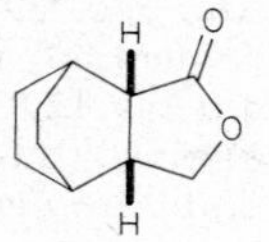 IV 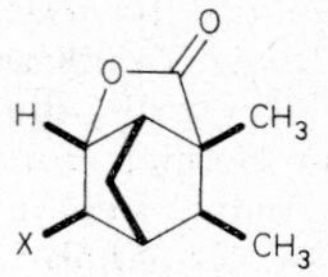 V

(1*R*,2*R*)-2,3-Epoxy-pinan-4-on-semicarbazon $C_{11}H_{17}N_3O_2$, Formel III (X = NH-CO-NH_2).

B. Aus (1*R*,2*R*)-2,3-Epoxy-pinan-4-on und Semicarbazid (*Treibs*, B. **66** [1933] 1483, 1491).

Krystalle (aus Me.); Zers. bei 216°.

(±)-(3a*r*,7a*c*)-Hexahydro-4,7-äthano-isobenzofuran-1-on, (±)-*cis*-3-Hydroxymethyl-bicyclo[2.2.2]octan-2-carbonsäure-lacton $C_{10}H_{14}O_2$, Formel IV + Spiegelbild.

B. Beim Erhitzen von *cis*-Bicyclo[2.2.2]oct-5-en-2,3-dicarbonsäure-anhydrid oder von (±)-5,5;7,7-Bis-äthandiyldimercapto-bicyclo[2.2.2]octan-2*r*,3*c*-dicarbonsäure-anhydrid mit Raney-Nickel in Dioxan (*Takeda et al.*, Pharm. Bl. **4** [1956] 12, 15).

Krystalle (aus Ae. + PAe.); F: 147° [unkorr.]. IR-Spektrum (Nujol; 2–15 μ): *Ta. et al.*, l. c. S. 14.

(±)-3,7*anti*-Dimethyl-hexahydro-3,5-methano-cyclopenta[*b*]furan-2-on, (±)-6*endo*-Hydroxy-2*exo*,3*exo*-dimethyl-norbornan-2*endo*-carbonsäure-lacton $C_{10}H_{14}O_2$, Formel V (X = H) + Spiegelbild.

B. Bei der Hydrierung der im folgenden Artikel beschriebenen Verbindung an Raney-Nickel in Pyridin enthaltendem Methanol (*Beckmann, Geiger*, B. **92** [1959] 2411, 2418).

Krystalle (aus Pentan); F: 64–66° [durch Sublimation gereinigtes Präparat]. IR-Spektrum (KBr; 2,5–15 μ): *Be., Ge.*, l. c. S. 2414.

(±)-6*c*(?)-Jod-3,7*anti*-dimethyl-(3a*r*)-hexahydro-3,5-methano-cyclopenta[*b*]furan-2-on, (±)-6*endo*-Hydroxy-5*exo*(?)-jod-2*exo*,3*exo*-dimethyl-norbornan-2*endo*-carbonsäure-lacton $C_{10}H_{13}IO_2$, vermutlich Formel V (X = I) + Spiegelbild.

B. Beim Behandeln eines Gemisches von (±)-2*exo*,3*exo*-Dimethyl-norborn-5-en-2*endo*-carbonsäure und (±)-2*endo*,3*endo*-Dimethyl-norborn-5-en-2*exo*-carbonsäure (aus Cyclopentadien und Tiglinsäure bei 180° hergestellt) mit wss. Natriumhydrogencarbonat-Lösung und mit einer wss. Lösung von Jod und Natriumjodid (*Beckmann, Geiger*, B. **92** [1959] 2411, 2416).

Krystalle (aus E. + Hexan); F: 71–72°.

Beim Erhitzen mit wss.-methanol. Kalilauge ist 2*exo*,3*exo*-Dimethyl-6-oxo-norbornan-2*endo*-carbonsäure erhalten worden (*Be., Ge.*, l. c. S. 2418).

(±)-6*c*(?)-Jod-7,7-dimethyl-(3a*r*)-hexahydro-3,5-methano-cyclopenta[*b*]furan-2-on, (±)-6*endo*-Hydroxy-5*exo*(?)-jod-3,3-dimethyl-norbornan-2*endo*-carbonsäure-lacton $C_{10}H_{13}IO_2$, vermutlich Formel VI.

B. Beim Erhitzen von 3-Methyl-crotonsäure mit Cyclopentadien und Behandeln des Reaktionsprodukts (Gemisch von 3,3-Dimethyl-norborn-5-en-2*endo*-carbonsäure und 3,3-Dimethyl-norborn-5-en-2*exo*-carbonsäure) mit wss. Natriumhydrogencarbonat-Lösung und einer wss. Lösung von Jod und Kaliumjodid (*Alder, Roth*, B. **90** [1957] 1830, 1834).

Krystalle (aus Bzl. + PAe.); F: 45°.

(1*S*)-1,9-Dimethyl-2-oxa-tricyclo[5.2.0.0^{5,9}]nonan-3-on, (4a*S*)-1,7a-Dimethyl-hexahydro-1,6-cyclo-cyclopenta[*c*]pyran-3-on, [(1*S*)-5*endo*-Hydroxy-1,5*exo*-dimethyl-bicyclo[2.1.1]hex-2*endo*-yl]-essigsäure-lacton $C_{10}H_{14}O_2$, Formel VII.

B. Neben (3a*S*)-5a,5b-Dimethyl-(3a*r*,4a*t*,5a*t*,5b*c*)-tetrahydro-cyclopropa[4,5]cyclopenta[1,2-*b*]furan-2-on bei 5-tägigem Behandeln von (+)-Carvoncampher ((1*S*)-1,6a-Dimethyl-hexahydro-3*H*-1,5-cyclo-pentalen-2-on [E III **7** 595]) mit Peroxybenzoesäure in Benzol (*Büchi, Goldman*, Am. Soc. **79** [1957] 4741, 4746).

Krystalle, die zwischen 55° und 77° schmelzen (unreines Präparat). IR-Banden (CS_2) im Bereich von 3,4 μ bis 12,7 μ: *Bü., Go.*

Beim Behandeln eines flüssigen Präparats mit Silicagel ist (3a*S*)-5a,5b-Dimethyl-(3a*r*,4a*t*,5a*t*,5b*c*)-tetrahydro-cyclopropa[4,5]cyclopenta[1,2-*b*]furan-2-on erhalten worden.

(±)-7*c*(?)-Jod-3-methyl-(3a*r*)-hexahydro-3,6-methano-benzofuran-2-on, (±)-6*endo*-Hydroxy-5*exo*(?)-jod-2*exo*-methyl-bicyclo[2.2.2]octan-2*endo*-carbonsäure-lacton $C_{10}H_{13}IO_2$, vermutlich Formel VIII + Spiegelbild.

B. Beim Erhitzen von Cyclohexa-1,3-dien mit Methacrylsäure unter Zusatz von Hydrochinon auf 160° und Behandeln des Reaktionsprodukts mit wss. Natriumhydrogencarbonat-Lösung und einer wss. Lösung von Jod und Kaliumjodid (*Boehme et al.*, Am. Soc. **80** [1958] 5488, 5494).

Krystalle (aus Pentan); F: 112—113° [unkorr.].

3a,6a-Dimethyl-hexahydro-1,4-methano-cyclopenta[*c*]furan-3-on, 3,3a-Dimethyl-hexahydro-3,6-cyclo-benzofuran-2-on $C_{10}H_{14}O_2$.

In dem früher (s. H 303) mit Vorbehalt unter dieser Konstitution (als „Lacton der 1,7-Dimethyl-bicyclo-[1.2.2]-heptanol-(2)-carbonsäure-(7)") beschriebenen Präparat vom F: 103° hat vermutlich ein Gemisch von (1*S*)-3*exo*-Hydroxy-2*endo*,3*endo*-dimethyl-norbornan-2*exo*-carbonsäure-lacton $C_{10}H_{14}O_2$ und (1*R*)-3*endo*-Hydroxy-2*exo*,3*exo*-dimethyl-norbornan-2*endo*-carbonsäure-lacton $C_{10}H_{14}O_2$ vorgelegen (*Asahina et al.*, B. **68** [1935] 559, 560).

a) **(1*R*)-2*exo*-Hydroxy-1,7*anti*-dimethyl-norbornan-7*syn*-carbonsäure-lacton, (1*R*)-2*exo*-Hydroxy-bornan-9-säure-lacton** $C_{10}H_{14}O_2$, Formel IX.

B. Beim Erwärmen von (1*R*)-2*endo*-Hydroxy-1,7*anti*-dimethyl-norbornan-7*syn*-carbonsäure mit Essigsäure und wss. Salzsäure oder mit Phosphor(V)-bromid in Petroläther (*Asahina, Ishidate*, B. **68** [1935] 555, 557; J. pharm. Soc. Japan **55** [1935] 667, 671). In kleiner Menge neben (1*R*)-2*endo*-Hydroxy-1,7*anti*-dimethyl-norbornan-7*syn*-carbonsäure beim Erwärmen von (1*R*)-1,7*anti*-Dimethyl-2-oxo-norbornan-7*syn*-carbonsäure mit Äthanol und Natrium (*Asahina et al.*, B. **69** [1936] 343, 347; J. pharm. Soc. Japan **56** [1936] 381, 385).

Krystalle (aus PAe.); F: 196° (*As. et al.*). $[\alpha]_D^{19}$: +116,8° [A.; c = 2] (*As., Ish.*).

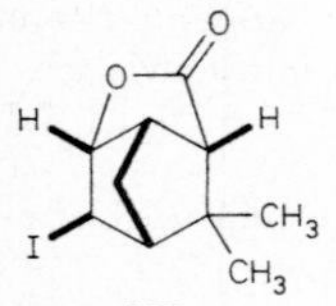

VI 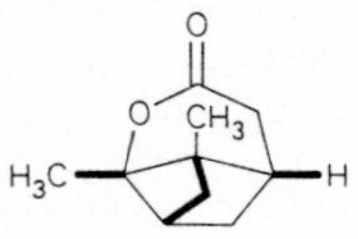 VII 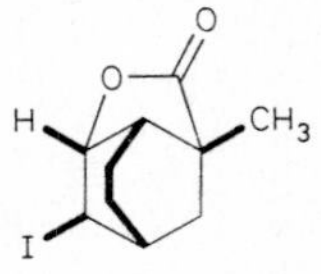 VIII 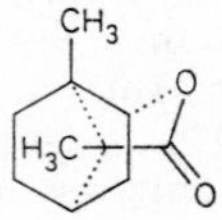 IX 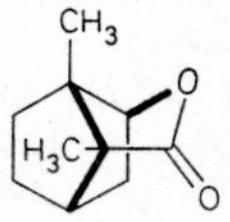 X

b) **(1*S*)-2*exo*-Hydroxy-1,7*anti*-dimethyl-norbornan-7*syn*-carbonsäure-lacton, (1*S*)-2*exo*-Hydroxy-bornan-9-säure-lacton** $C_{10}H_{14}O_2$, Formel X (H 302; dort als „Lacton der 1.7-Dimethyl-bicyclo-[1.2.2]-heptanol-(7)-carbonsäure-(2) (?)" bezeichnet).

B. Beim Behandeln von (−)-Teresantalsäure ((*R*)-2,3-Dimethyl-2,6-cyclo-norbornan-3-carbonsäure [E III **9** 315]) mit Schwefelsäure und anschliessend mit Wasser (*Steiger, Rupe*, Helv. **20** [1937] 1117, 1141). Beim Erhitzen von (−)-Teresantalsäure-methylester mit wss. Ameisensäure (*Hasselström*, Am. Soc. **53** [1931] 1097, 1101). Neben (1*R*)-2*exo*-Acetoxy-1,7*syn*-dimethyl-norbornan-7*anti*-carbonsäure beim Erwärmen von (1*S*)-3*exo*-Methyl-2-methylen-norbornan-3*endo*-carbonsäure (E III **9** 313) mit wss. Schwefelsäure und Essigsäure (*Asahina et al.*, B. **68** [1935] 83, 89; J. pharm. Soc. Japan **55** [1935] 358, 367). Beim Behandeln des Kalium-Salzes der (1*R*)-1,7*syn*-Dimethyl-2-oxo-norbornan-7*anti*-carbonsäure mit Natriumboranat in Methanol und Erhitzen des Reaktionsprodukts mit Trifluoressigsäure und Schwefelsäure (*Corey et al.*, Am. Soc. **81** [1959] 6305, 6309).

Krystalle (aus Ae. oder Bzn.); F: 196° (*St., Rupe*, l. c. S. 1130). $Kp_{11,5}$: 133° (*St.*,

Rupe, l. c. S. 1130). $[\alpha]_D^{17}$: $-117,9°$ [A.; c = 2] (*Asahina et al.*, B. **68** [1935] 559, 562; J. pharm. Soc. Japan **55** [1935] 673, 678).

Beim Erhitzen mit wss. Natronlauge ist (1*S*)-2*exo*-Hydroxy-1,7*anti*-dimethyl-norbornan-7*syn*-carbonsäure erhalten worden (*Ha.*; *St.*, *Rupe*; vgl. H 302).

c) **(±)-2*exo*-Hydroxy-1,7*anti*-dimethyl-norbornan-7*syn*-carbonsäure-lacton, (±)-2*exo*-Hydroxy-bornan-9-säure-lacton** $C_{10}H_{14}O_2$, Formel X + Spiegelbild.

B. Beim Behandeln von (±)-2*endo*,3*endo*-Dimethyl-norborn-5-en-2*exo*-carbonsäure mit wss. Schwefelsäure (*Beckmann, Geiger*, B. **92** [1959] 2411, 2417). Beim Erhitzen von (±)-2*exo*-Hydroxy-1,7*anti*-dimethyl-norbornan-7*syn*-carbonsäure auf Temperaturen oberhalb des Schmelzpunkts (*Be.*, *Ge.*).

Krystalle (aus Hexan); F: 192—194°. IR-Spektrum (KBr; 2,5—15 μ): *Be.*, *Ge.*, l. c. S. 2414. [*Haltmeier*]

Oxo-Verbindungen $C_{11}H_{16}O_2$

4-Methyl-6-pentyl-pyran-2-on, 5-Hydroxy-3-methyl-deca-2*c*,4*t*-diensäure-lacton $C_{11}H_{16}O_2$, Formel I.

B. Beim Behandeln von 3-Methyl-*cis*-pentendisäure-anhydrid mit Pyridin und einer Lösung von Hexanoylchlorid in Äther und Erhitzen des Reaktionsprodukts auf 350° (*Wiley, Esterle*, J. org. Chem. **22** [1957] 1257, 1258).

Kp_1: 103°. n_D^{25}: 1,5035. IR-Banden (CS_2) im Bereich von 1730 cm^{-1} bis 845 cm^{-1}: *Wi.*, *Es.*

I II III

4-Methyl-3-pent-2ξ-enyl-5,6-dihydro-pyran-2-on, 2-[(*Z*)-3-Hydroxy-1-methyl-propyliden]-hept-4ξ-ensäure-lacton, 5-Hydroxy-3-methyl-2-pent-2ξ-enyl-pent-2*c*-ensäure-lacton $C_{11}H_{16}O_2$, Formel II.

B. Aus 4-Benzoyloxy-butan-2-on und 2,4,5-Tribrom-heptansäure-äthylester (E III **2** 773) über mehrere Stufen (*Ruzicka et al.*, Helv. **26** [1943] 673, 678).

$D_4^{21,5}$: 1,0116. n_D^{17}: 1,4991. UV-Absorptionsmaximum: 228 nm.

6-Isopentyl-4-methyl-pyran-2-on, 5-Hydroxy-3,8-dimethyl-nona-2*c*,4*t*-diensäure-lacton $C_{11}H_{16}O_2$, Formel III.

B. Beim Behandeln von 3-Methyl-*cis*-pentendisäure-anhydrid mit Pyridin und einer Lösung von 4-Methyl-valerylchlorid in Äther und Erhitzen des Reaktionsprodukts auf 350° (*Wiley, Esterle*, J. org. Chem. **22** [1957] 1257, 1258).

Kp_3: 128°. n_D^{25}: 1,5004. IR-Banden (CS_2) im Bereich von 1730 cm^{-1} bis 846 cm^{-1}: *Wi.*, *Es.*

2,6-Dipropyl-pyran-4-on $C_{11}H_{16}O_2$, Formel IV.

B. Beim Erhitzen von 3-Butyryl-6-propyl-pyran-2,4-dion mit wss. Salzsäure (*Deshapande*, J. Indian chem. Soc. **9** [1932] 303, 307).

Kp_5: 136°.

Verbindung mit Quecksilber(II)-chlorid $C_{11}H_{16}O_2 \cdot HgCl_2$. F: 88—89° [Zers.].

Verbindung mit Hexachloroplatin(IV)-säure; 4-Hydroxy-2,6-dipropyl-pyrylium-hexachloroplatinat(IV) $[C_{11}H_{17}O_2]_2PtCl_6$. F: 162—164°.

Verbindung mit Pikrinsäure; 4-Hydroxy-2,6-dipropyl-pyrylium-pikrat $[C_{11}H_{17}O_2]C_6H_2N_3O_7$. Krystalle (aus wss. A.); F: 61°.

4-ξ-Crotonoyl-2,2-dimethyl-3,6-dihydro-2*H*-pyran, 1-[2,2-Dimethyl-3,6-dihydro-2*H*-pyran-4-yl]-but-2ξ-en-1-on $C_{11}H_{16}O_2$, Formel V.

Diese Konstitution ist der nachstehend beschriebenen, ursprünglich (*Nasarow, Torgow*, Ž. obšč. Chim. **18** [1948] 1338, 1344; C. A. **1949** 2162) als 1-[2,2-Dimethyl-3,6-dihydro-2*H*-pyran-4-yl]-but-3-en-1-on angesehenen Verbindung zuzuordnen (vgl. *Nasarow, Sarezkaja*, Ž. obšč. Chim. **27** [1957] 624, 627, 632; engl. Ausg. S. 693).

B. Beim Erwärmen von 4-But-3-en-1-inyl-2,2-dimethyl-3,6-dihydro-2*H*-pyran mit Methanol, Quecksilber(II)-sulfat und wss. Schwefelsäure und Erhitzen des Reaktionsprodukts mit Toluol-4-sulfonsäure unter 17 Torr auf 150° (*Na., To.*).

Kp_8: 117–120°; D_4^{20}: 1,0050; n_D^{20}: 1,5014 (*Na., To.*). Wenig beständig (Polymerisation) (*Na., To.*).

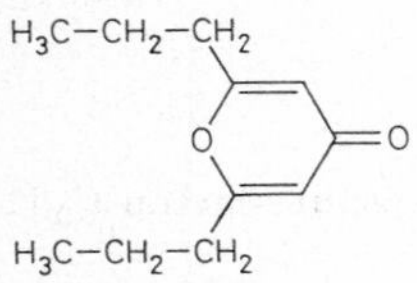

IV 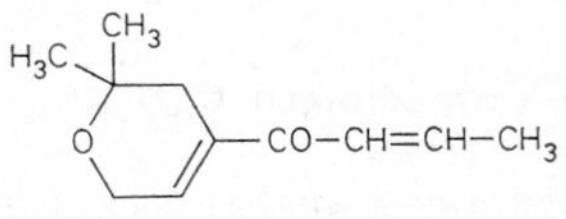 V 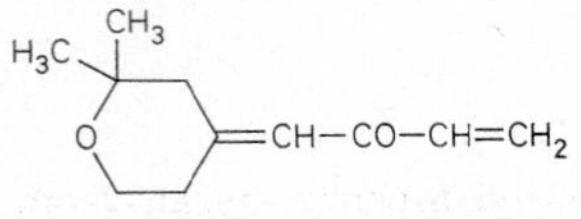 VI

1-[(Ξ)-2,2-Dimethyl-tetrahydro-pyran-4-yliden]-but-3-en-2-on $C_{11}H_{16}O_2$, Formel VI.

B. Beim Erhitzen von 1-[(Ξ)-2,2-Dimethyl-tetrahydro-pyran-4-yliden]-4-methoxy-butan-2-on (n_D^{20}: 1,4820) in Gegenwart von Toluol-4-sulfonsäure unter 17 Torr auf 150° (*Nasarow, Torgow*, Ž. obšč. Chim. **18** [1948] 1338, 1341; C. A. **1949** 2162).

Kp_{19}: 127–130°. D_4^{20}: 0,9995. n_D^{20}: 1,4925.

3,5-Diäthyl-2,6-dimethyl-pyran-4-on $C_{11}H_{16}O_2$, Formel VII.

Diese Konstitution kommt der früher (s. H 303) irrtümlich als 2,6-Diäthyl-3,5-dimethyl-pyran-4-on („3.5-Dimethyl-2.6-diäthyl-pyron-(4)") formulierten Verbindung vom F: 64° zu; die dort beschriebene Verbindung mit Hexachloroplatin(IV)-säure ist als 3,5-Diäthyl-4-hydroxy-2,6-dimethyl-pyrylium-hexachloroplatinat(IV) ($[C_{11}H_{17}O_2]_2PtCl_6$) zu formulieren.

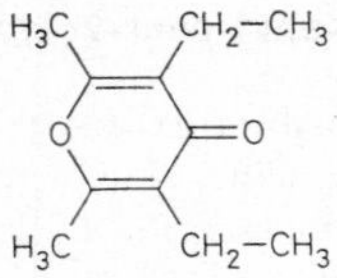

VII 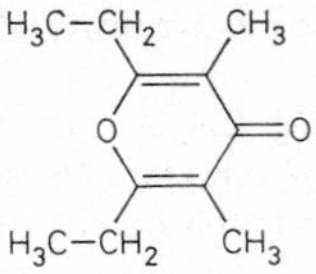 VIII 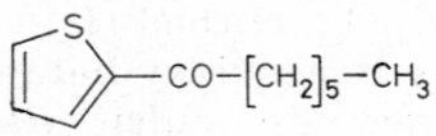 IX

2,6-Diäthyl-3,5-dimethyl-pyran-4-on $C_{11}H_{16}O_2$, Formel VIII.

Die früher (s. H 303) unter dieser Konstitution beschriebene Verbindung ist als 3,5-Diäthyl-2,6-dimethyl-pyran-4-on zu formulieren (s. im vorangehenden Artikel).

B. Beim Erhitzen von Propionsäure-anhydrid mit Borsäure oder Boroxid bis auf 300° unter Rückfluss (*v. Mikusch*, Ang. Ch. **71** [1959] 311).

F: 38,7°.

2-Heptanoyl-thiophen, 1-[2]Thienyl-heptan-1-on $C_{11}H_{16}OS$, Formel IX (H 303).

B. Beim Behandeln von Thiophen mit Heptanoylchlorid und Zinn(IV)-chlorid in Benzol (*Badger et al.*, Soc. **1954** 4162, 4163) oder in Schwefelkohlenstoff (*Buu-Hoi et al.*, Soc. **1955** 1581, 1582).

Kp_{22}: 170–171° (*Ba. et al.*); Kp_{13}: 159° (*Buu-Hoi et al.*). n_D^{24}: 1,5285 (*Buu-Hoi et al.*).

1-[2]Thienyl-heptan-1-on-semicarbazon $C_{12}H_{19}N_3OS$, Formel X.

B. Aus 1-[2]Thienyl-heptan-1-on und Semicarbazid (*Buu-Hoi et al.*, Soc. **1955** 1581, 1582).

Krystalle (aus A.); F: 117°.

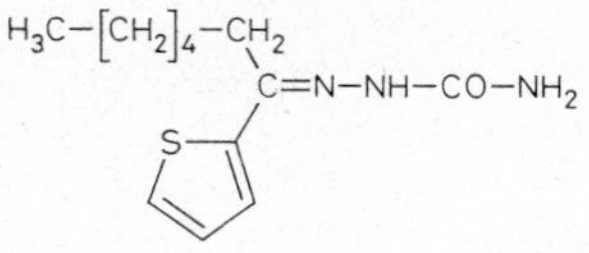

X 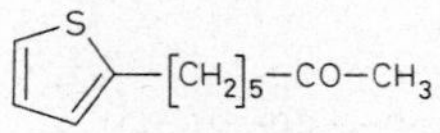 XI

7-[2]Thienyl-heptan-2-on $C_{11}H_{16}OS$, Formel XI.

B. Beim Leiten eines Gemisches von 6-[2]Thienyl-hexansäure und Essigsäure über Thoriumoxid bei 400° (*Cagniant, Cagniant*, Bl. **1954** 1349, 1356).

Kp_{11}: 151–152°. $D_4^{21,2}$: 1,039. $n_D^{18,8}$: 1,5221.

7-[2]Thienyl-heptan-2-on-semicarbazon $C_{12}H_{19}N_3OS$, Formel XII.

B. Aus 7-[2]Thienyl-heptan-2-on und Semicarbazid (*Cagniant, Cagniant*, Bl. **1954** 1349, 1356).

Krystalle (aus Bzl.); F: 128,5–129°.

3-Heptanoyl-furan, 1-[3]Furyl-heptan-1-on $C_{11}H_{16}O_2$, Formel XIII.

B. Beim Erwärmen von Furan-3-carbonylchlorid mit Dihexylcadmium in Benzol (*Grünanger, Mantegani*, G. **89** [1959] 913, 920).

Krystalle (aus PAe.); F: 30–31°. IR-Spektrum (2–15,5 μ) der Schmelze: *Gr., Ma.*, l. c. S. 915.

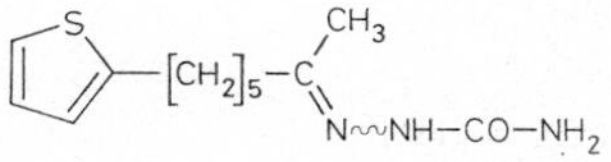

XII 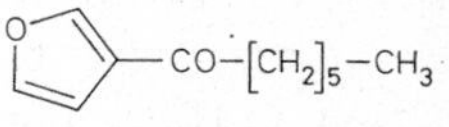 XIII 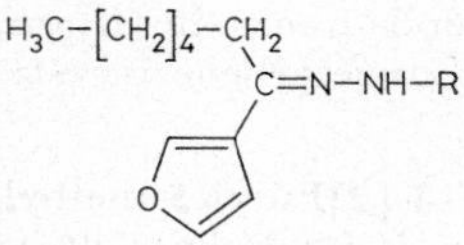 XIV

1-[3]Furyl-heptan-1-on-[4-nitro-phenylhydrazon] $C_{17}H_{21}N_3O_3$, Formel XIV ($R = C_6H_4$-NO_2).

B. Aus 1-[3]Furyl-heptan-1-on und [4-Nitro-phenyl]-hydrazin (*Grünanger, Mantegani*, G. **89** [1959] 913, 920).

Gelbe Krystalle (aus wss. A.); F: 111–113°.

1-[3]Furyl-heptan-1-on-[4-phenyl-semicarbazon] $C_{18}H_{23}N_3O_2$, Formel XIV ($R = CO$-NH-C_6H_5).

B. Aus 1-[3]Furyl-heptan-1-on und 4-Phenyl-semicarbazid (*Grünanger, Mantegani*, G. **89** [1959] 913, 920).

Krystalle (aus Me.); F: 115–116°.

1-[2]Furyl-5-methyl-hexan-3-on $C_{11}H_{16}O_2$, Formel I.

B. Bei der Hydrierung von 1-[2]Furyl-5-methyl-hex-1-en-3-on an Raney-Nickel in Äthanol unter 60 at (*Ponomarew, Til'*, Ž. obšč. Chim. **27** [1957] 1075, 1077; engl. Ausg. S. 1159, 1160).

Kp_9: 111–112°. D_4^{20}: 0,9706. n_D^{20}: 1,4630.

(±)-4-[2]Furyl-heptan-2-on $C_{11}H_{16}O_2$, Formel II (X = H).

B. Beim Behandeln von 4-[2]Furyl-but-3-en-2-on mit Propylmagnesiumbromid in Äther (*Maxim*, Bl. [4] **49** [1931] 887, 890). Aus opt.-inakt. 2-Acetyl-3-[2]furyl-hexansäure-äthylester (Kp_{15}: 155°) mit Hilfe von äthanol. Kalilauge (*Maxim, Georgescu*, Bl. [5] **3** [1936] 1114, 1124).

Kp_{18}: 115° (*Ma.*); Kp_{16}: 113° (*Ma., Ge.*).

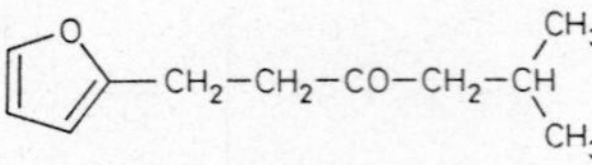

I 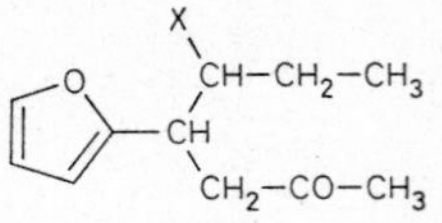 II 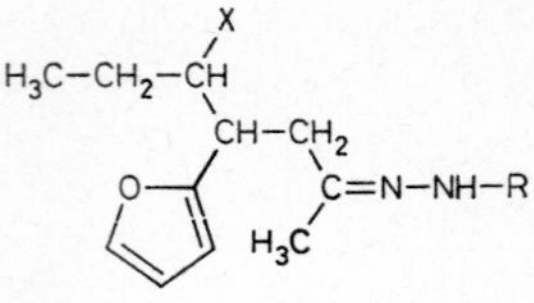 III

(±)-4-[2]Furyl-heptan-2-on-semicarbazon $C_{12}H_{19}N_3O_2$, Formel III (R = CO-NH$_2$, X = H).

B. Aus (±)-4-[2]Furyl-heptan-2-on und Semicarbazid (*Maxim*, Bl. [4] **49** [1931] 887, 890).

Krystalle (aus A.); F: 90°.

***Opt.-inakt. 4-[2]Furyl-5-nitro-heptan-2-on** $C_{11}H_{15}NO_4$, Formel II (X = NO$_2$).

B. Beim Behandeln von 4-[2]Furyl-but-3-en-2-on mit 1-Nitro-propan unter Zusatz von Kaliumcarbonat und Natriummethylat in Methanol (*Koslow, Fink*, Trudy Kazansk. chim. technol. Inst. Nr. 21 [1956] 163, 165; C. A. **1957** 11983) oder unter Zusatz von Diäthylamin (*Kloetzel*, Am. Soc. **69** [1947] 2271, 2273).

Gelbe Flüssigkeit; Kp_{11}: 165°; D_0^{18}: 1,142; n_D^{18}: 1,497 (*Ko., Fink*). Kp_1: 116–117°; D_{20}^{20}: 1,1414; n_D^{20}: 1,4859 (*Kl.*).

***Opt.-inakt. 4-[2]Furyl-5-nitro-heptan-2-on-[2,4-dinitro-phenylhydrazon]** $C_{17}H_{19}N_5O_7$, Formel III (R = $C_6H_3(NO_2)_2$, X = NO$_2$).

B. Aus opt.-inakt. 4-[2]Furyl-5-nitro-heptan-2-on (Kp_1: 116–117°) und [2,4-Dinitro-phenyl]-hydrazin (*Kloetzel*, Am. Soc. **69** [1947] 2271, 2273).

Orangefarbene Krystalle (aus A.); F: 146–147° [unkorr.].

(±)-4-[2]Furyl-5-methyl-hexan-2-on $C_{11}H_{16}O_2$, Formel IV (X = H).

B. Beim Behandeln von 4-[2]Furyl-but-3-en-2-on mit Isopropylmagnesiumbromid in Äther (*Maxim*, Bl. [4] **49** [1931] 887, 890; *Ponomarew, Šedawkina*, Uč. Zap. Saratovsk. Univ. **71** [1959] 143, 145; C. A. **1961** 27255).

Kp_{55}: 135° (*Ma.*). Kp_{18}: 112–113°; D^{20}: 0,9829; n_D^{20}: 1,4698 (*Po., Še.*).

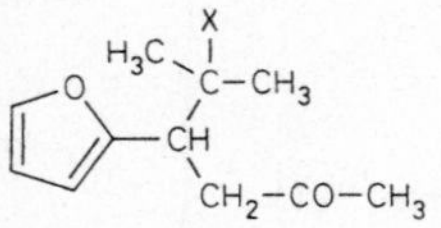

IV 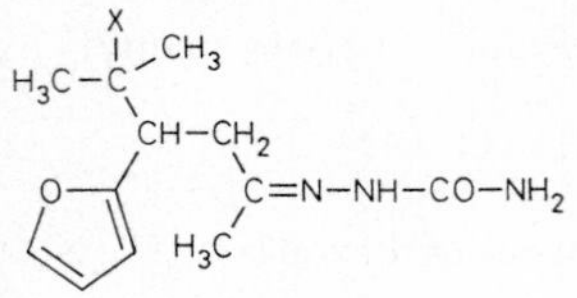 V 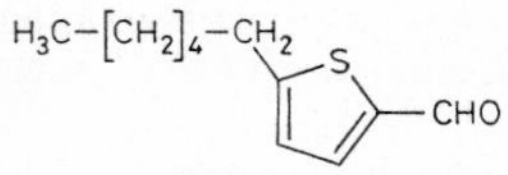 VI

(±)-4-[2]Furyl-5-methyl-hexan-2-on-semicarbazon $C_{12}H_{19}N_3O_2$, Formel V (X = H).

B. Aus (±)-4-[2]Furyl-5-methyl-hexan-2-on und Semicarbazid (*Maxim*, Bl. [4] **49** [1931] 887, 890; *Ponomarew, Šedawkina*, Uč. Zap. Saratovsk. Univ. **71** [1959] 143, 146, Anm. 2; C. A. **1961** 27255).

Krystalle [aus A.] (*Ma.*); F: 148° (*Ma.*; *Po., Še.*).

(±)-4-[2]Furyl-5-methyl-5-nitro-hexan-2-on $C_{11}H_{15}NO_4$, Formel IV (X = NO$_2$).

B. Bei mehrwöchigem Behandeln von 4-[2]Furyl-but-3-en-2-on mit 2-Nitro-propan in Methanol in Gegenwart von Diäthylamin (*Kloetzel*, Am. Soc. **69** [1947] 2271, 2273).

Gelbe Flüssigkeit. Kp: 114–115°. D_{20}^{20}: 1,1558. n_D^{20}: 1,4905.

(±)-4-[2]Furyl-5-methyl-5-nitro-hexan-2-on-semicarbazon $C_{12}H_{18}N_4O_4$, Formel V (X = NO$_2$).

B. Aus (±)-4-[2]Furyl-5-methyl-5-nitro-hexan-2-on und Semicarbazid (*Kloetzel*, Am. Soc. **69** [1947] 2271, 2273).

Krystalle (aus A.); F: 157–158° [unkorr.].

5-Hexyl-thiophen-2-carbaldehyd $C_{11}H_{16}OS$, Formel VI.

Bildung aus 2-Hexyl-thiophen, *N*-Methyl-formanilid und Phosphorylchlorid: *Buu-Hoi et al.*, Soc. **1955** 1581.

Kp_{13}: 160°. n_D^{23}: 1,5415.

5-Hexyl-thiophen-2-carbaldehyd-thiosemicarbazon $C_{12}H_{19}N_3S_2$, Formel VII.

B. Aus 5-Hexyl-thiophen-2-carbaldehyd und Thiosemicarbazid (*Buu-Hoi et al.*, Soc. **1955** 1581).

Krystalle (aus A.); F: 99°.

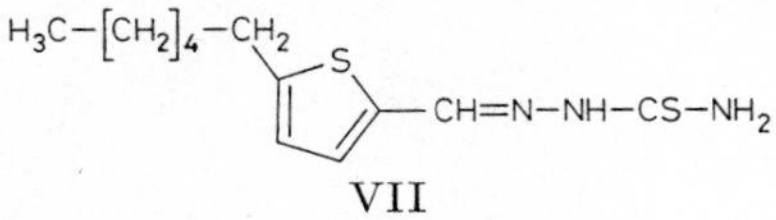

VII 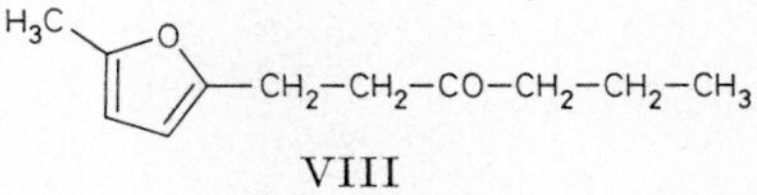 VIII

1-[5-Methyl-[2]furyl]-hexan-3-on $C_{11}H_{16}O_2$, Formel VIII.

B. Beim Behandeln einer Lösung von 1-[5-Methyl-[2]furyl]-hex-1-en-3-on in Äthanol mit Natrium-Amalgam unter Zusatz von Essigsäure (*Hunsdiecker*, B. **75** [1942] 447, 452).

$Kp_{1,5}$: 89–90°.

2-Acetyl-5-pentyl-thiophen, 1-[5-Pentyl-[2]thienyl]-äthanon $C_{11}H_{16}OS$, Formel IX.

B. Beim Behandeln von 2-Pentyl-thiophen mit Acetylchlorid und Aluminiumchlorid in Schwefelkohlenstoff (*Cagniant, Cagniant*, Bl. **1955** 359, 363). Beim Erwärmen von 2-Pentyl-thiophen mit Acetanhydrid und Phosphorsäure (*Profft*, Ch. Z. **82** [1958] 295, 297).

$Kp_{11,5}$: 154,5–155° (*Ca., Ca.*); Kp_{10}: 155° (*Pr.*). $D_4^{24,5}$: 1,020 (*Ca., Ca.*). n_D^{20}: 1,5304 (*Pr.*); n_D^{23}: 1,5288 (*Ca., Ca.*).

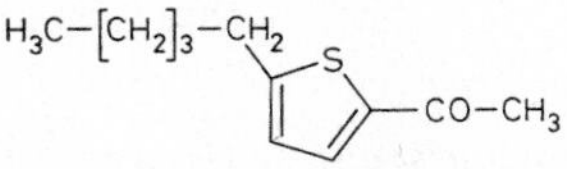

IX 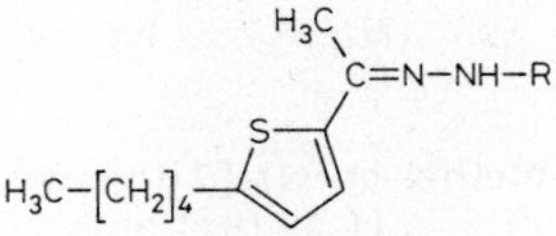 X

1-[5-Pentyl-[2]thienyl]-äthanon-[2,4-dinitro-phenylhydrazon] $C_{17}H_{20}N_4O_4S$, Formel X ($R = C_6H_3(NO_2)_2$).

B. Aus 1-[5-Pentyl-[2]thienyl]-äthanon und [2,4-Dinitro-phenyl]-hydrazin (*Cagniant, Cagniant*, Bl. **1955** 359, 364).

Rote Krystalle; F: 127,5°.

1-[5-Pentyl-[2]thienyl]-äthanon-semicarbazon $C_{12}H_{19}N_3OS$, Formel X (R = CO-NH_2).

B. Aus 1-[5-Pentyl-[2]thienyl]-äthanon und Semicarbazid (*Cagniant, Cagniant*, Bl. **1955** 359, 363).

Krystalle; F: 212° [Zers.; Block].

Bis-[1-(5-pentyl-[2]thienyl)-äthyliden]-hydrazin, 1-[5-Pentyl-[2]thienyl]-äthanon-azin $C_{22}H_{32}N_2S_2$, Formel XI.

B. Aus 1-[5-Pentyl-[2]thienyl]-äthanon und Hydrazin (*Cagniant, Cagniant*, Bl. **1955** 359, 364).

Krystalle; F: 76,5–77° [nach Erweichen bei 75°].

XI 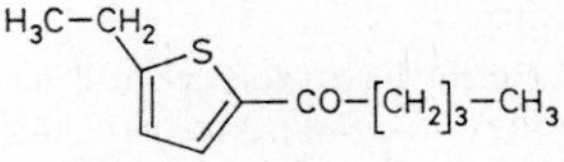 XII

2-Äthyl-5-valeryl-thiophen, 1-[5-Äthyl-[2]thienyl]-pentan-1-on $C_{11}H_{16}OS$, Formel XII.

B. Beim Behandeln von 2-Äthyl-thiophen mit Valerylchlorid und Aluminiumchlorid in Schwefelkohlenstoff (*Cagniant, Cagniant*, Bl. **1952** 713, 718).

Kp_{17}: 153°. $D_4^{20,2}$: 1,027. n_D^{19}: 1,5309.

1-[5-Äthyl-[2]thienyl]-pentan-1-on-[2,4-dinitro-phenylhydrazon] $C_{17}H_{20}N_4O_4S$, Formel I (R = $C_6H_3(NO_2)_2$).

B. Aus 1-[5-Äthyl-[2]thienyl]-pentan-1-on und [2,4-Dinitro-phenyl]-hydrazin (*Cagniant, Cagniant*, Bl. **1952** 713, 718).

Rote Krystalle (aus A.); F: 167,5° [Block].

$H_3C-CH_2-CH_2-CH_2$ C=N−NH−R S H_3C-CH_2

I

CH_3 CH $H_3C-CH_2-CH_2$ S CO−CH_3

II

1-[5-Äthyl-[2]thienyl]-pentan-1-on-semicarbazon $C_{12}H_{19}N_3OS$, Formel I (R = CO-NH_2).

B. Aus 1-[5-Äthyl-[2]thienyl]-pentan-1-on und Semicarbazid (*Cagniant, Cagniant*, Bl. **1952** 713, 718).

Krystalle (aus A.); F: 173° [Block].

(±)-2-Acetyl-5-[1-methyl-butyl]-thiophen, (±)-1-[5-(1-Methyl-butyl)-[2]thienyl]-äthanon $C_{11}H_{16}OS$, Formel II.

B. Beim Erhitzen von (±)-2-[1-Methyl-butyl]-thiophen mit Acetanhydrid in Gegenwart von aktiviertem Aluminiumsilicat (*Hartough et al.*, Am. Soc. **69** [1947] 1014, 1015) oder unter Zusatz von Phosphorsäure (*Hartough, Conley*, Am. Soc. **69** [1947] 3096, 3097).

Kp_6: 121–125° (*Ha., Co.*); Kp_5: 125–127° (*Ha. et al.*). n_D^{20}: 1,5321 (*Ha. et al.*), 1,5313 (*Ha., Co.*).

(±)-1-[5-(1-Methyl-butyl)-[2]thienyl]-äthanon-semicarbazon $C_{12}H_{19}N_3OS$, Formel III.

B. Aus (±)-1-[5-(1-Methyl-butyl)-[2]thienyl]-äthanon und Semicarbazid (*Hartough et al.*, Am. Soc. **69** [1947] 1014, 1015 Anm. e; *Hartough, Conley*, Am. Soc. **69** [1947] 3096, 3097).

Krystalle; F: 184–186° [aus A. oder aus Bzl. + A.] (*Ha., Co.*), 167,5–168° (*Ha. et al.*).

H_3C C=N−NH−CO−NH_2 H_3C S CH $H_3C-CH_2-CH_2$

III

H_3C CH−CH_2−CH_2 H_3C S CO−CH_3

IV

2-Acetyl-5-isopentyl-thiophen, 1-[5-Isopentyl-[2]thienyl]-äthanon $C_{11}H_{16}OS$, Formel IV (E II 323).

B. Beim Erwärmen von 2-Isopentyl-thiophen mit Acetanhydrid in Gegenwart von Phosphorsäure (*Profft*, Ch. Z. **82** [1958] 295, 297).

Kp_{10}: 146–147°. n_D^{20}: 1,5275.

2-Acetyl-5-*tert*-pentyl-thiophen, 1-[5-*tert*-Pentyl-[2]thienyl]-äthanon $C_{11}H_{16}OS$, Formel V.

B. Beim Erhitzen von 2-*tert*-Pentyl-thiophen mit Acetanhydrid und Phosphorsäure (*Hartough, Conley*, Am. Soc. **69** [1947] 3096). Beim Behandeln von 2-*tert*-Pentyl-thiophen mit Acetylchlorid und Aluminiumchlorid in Petroläther (*Pines et al.*, Am. Soc. **72** [1950] 1568, 1571 Anm. 5).

Kp_2: 111°; n_D^{20}: 1,5356 (*Ha., Co.*).

1-[5-*tert*-Pentyl-[2]thienyl]-äthanon-[2,4-dinitro-phenylhydrazon] $C_{17}H_{20}N_4O_4S$, Formel VI (R = $C_6H_3(NO_2)_2$).

B. Aus 1-[5-*tert*-Pentyl-[2]thienyl]-äthanon und [2,4-Dinitro-phenyl]-hydrazin (*Pines et al.*, Am. Soc. **72** [1950] 1568, 1571).

F: 189°.

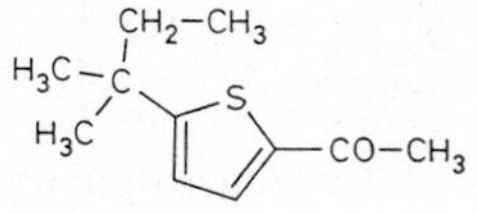

V 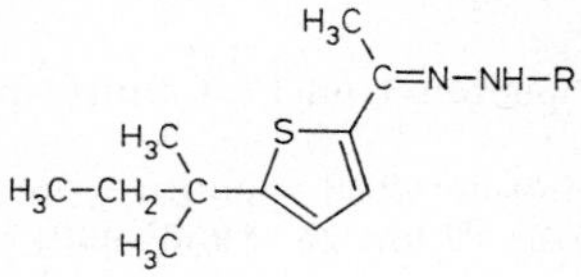 VI 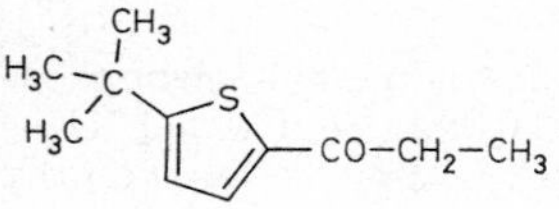 VII

1-[5-*tert*-Pentyl-[2]thienyl]-äthanon-semicarbazon $C_{12}H_{19}N_3OS$, Formel VI (R = CO-NH_2).

B. Aus 1-[5-*tert*-Pentyl-[2]thienyl]-äthanon und Semicarbazid (*Hartough, Conley*, Am. Soc. **69** [1947] 3096; *Pines et al.*, Am. Soc. **72** [1950] 1568, 1571).

Krystalle; F: 214–215° [aus A. oder aus Bzl. + A.] (*Ha., Co.*), 214° (*Pi. et al.*).

2-*tert*-Butyl-5-propionyl-thiophen, 1-[5-*tert*-Butyl-[2]thienyl]-propan-1-on $C_{11}H_{16}OS$, Formel VII.

B. Beim Behandeln von 2-*tert*-Butyl-thiophen mit Propionylchlorid und Zinn(IV)-chlorid in Schwefelkohlenstoff (*Sy et al.*, Soc. **1954** 1975, 1977).

Kp: 269°; Kp_{13}: 152°. n_D^{22}: 1,5313.

1-[5-*tert*-Butyl-[2]thienyl]-propan-1-on-oxim $C_{11}H_{17}NOS$, Formel VIII (X = OH).

B. Aus 1-[5-*tert*-Butyl-[2]thienyl]-propan-1-on und Hydroxylamin (*Sy et al.*, Soc. **1954** 1975, 1977).

Krystalle; F: 116°.

1-[5-*tert*-Butyl-[2]thienyl]-propan-1-on-semicarbazon $C_{12}H_{19}N_3OS$, Formel VIII (X = NH-CO-NH_2).

B. Aus 1-[5-*tert*-Butyl-[2]thienyl]-propan-1-on und Semicarbazid (*Sy et al.*, Soc. **1954** 1975, 1977).

Krystalle (aus A.); F: 235°.

1-[5-*tert*-Butyl-[2]thienyl]-propan-1-on-thiosemicarbazon $C_{12}H_{19}N_3S_2$, Formel VIII (X = NH-CS-NH_2).

B. Aus 1-[5-*tert*-Butyl-[2]thienyl]-propan-1-on und Thiosemicarbazid (*Sy et al.*, Soc. **1954** 1975, 1977).

Krystalle (aus A.); F: 187°.

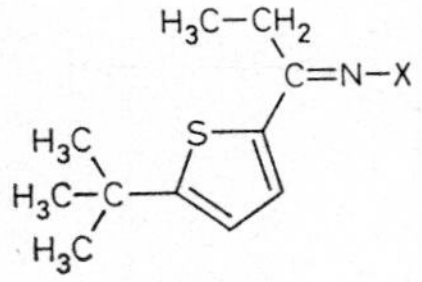

VIII 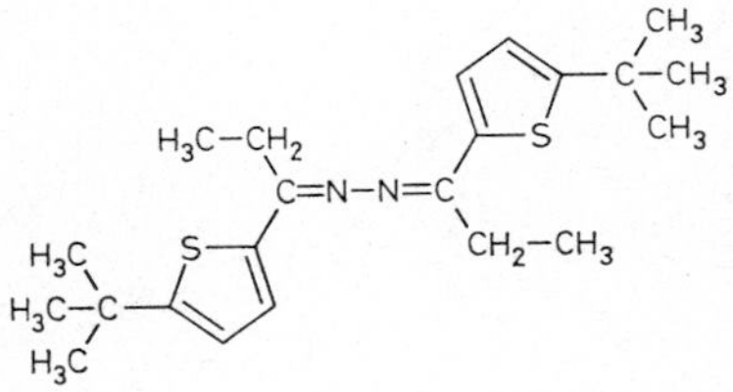 IX 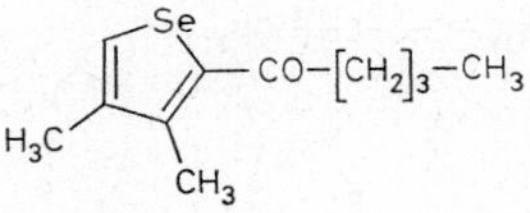 X

Bis-[1-(5-*tert*-butyl-[2]thienyl)-propyliden]-hydrazin, 1-[5-*tert*-Butyl-[2]thienyl]-propan-1-on-azin $C_{22}H_{32}N_2S_2$, Formel IX.

B. Neben 2-*tert*-Butyl-5-propyl-thiophen beim Erhitzen von 1-[5-*tert*-Butyl-[2]thienyl]-propan-1-on mit Hydrazin-hydrat und mit Kaliumhydroxid in Diäthylenglykol (*Sy et al.*, Soc. **1954** 1975, 1977).

Krystalle (aus Me.); F: 121°.

3,4-Dimethyl-2-valeryl-selenophen, 1-[3,4-Dimethyl-selenophen-2-yl]-pentan-1-on $C_{11}H_{16}OSe$, Formel X.

B. Beim Erwärmen von Valeriansäure mit Tetrachlorsilan in Benzol, Behandeln des Reaktionsgemisches mit Zinn(IV)-chlorid und anschliessenden Erwärmen mit 3,4-Dimethyl-selenophen (*Jur'ew, Šadowaja,* Ž. obšč. Chim. **26** [1956] 930; engl. Ausg. S. 1057).

Kp_{14}: 151,5–152,5°. D_4^{20}: 1,2660. n_D^{20}: 1,5548.

1-[3,4-Dimethyl-selenophen-2-yl]-pentan-1-on-[2,4-dinitro-phenylhydrazon] $C_{17}H_{20}N_4O_4Se$, Formel XI.

B. Aus 1-[3,4-Dimethyl-selenophen-2-yl]-pentan-1-on und [2,4-Dinitro-phenyl]-hydrazin (*Jur'ew, Šadowaja,* Ž. obšč. Chim. **26** [1956] 930; engl. Ausg. S. 1057).

Orangerote Krystalle; F: 125°.

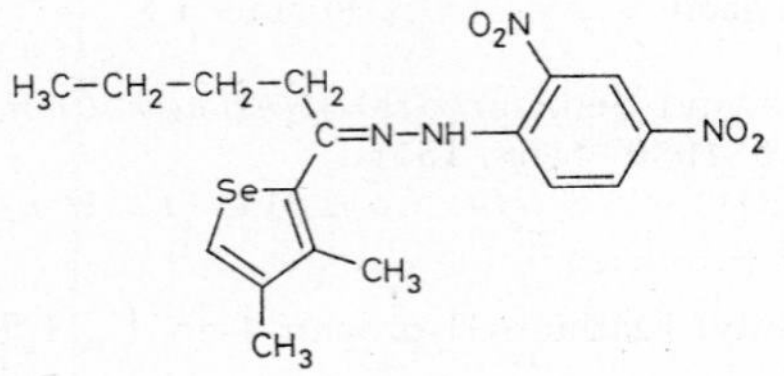

XI

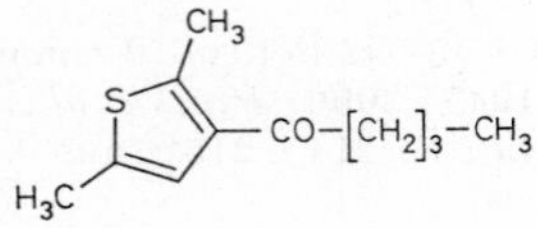

XII

2,5-Dimethyl-3-valeryl-thiophen, 1-[2,5-Dimethyl-[3]thienyl]-pentan-1-on $C_{11}H_{16}OS$, Formel XII.

B. Beim Behandeln von 2,5-Dimethyl-thiophen mit Valerylchlorid und Aluminiumchlorid in Schwefelkohlenstoff (*Buu-Hoi, Hoán,* R. **67** [1948] 309, 321).

Kp_{16}: 153–155°.

1-[2,5-Dimethyl-[3]thienyl]-pentan-1-on-semicarbazon $C_{12}H_{19}N_3OS$, Formel I.

B. Aus 1-[2,5-Dimethyl-[3]thienyl]-pentan-1-on und Semicarbazid (*Buu-Hoi, Hoán,* R. **67** [1948] 309, 321).

Krystalle (aus A.); F: ca. 135°.

3-Isovaleryl-2,5-dimethyl-thiophen, 1-[2,5-Dimethyl-[3]thienyl]-3-methyl-butan-1-on $C_{11}H_{16}OS$, Formel II.

B. Beim Behandeln von 2,5-Dimethyl-thiophen mit Isovalerylchlorid und Aluminiumchlorid in Schwefelkohlenstoff (*Buu-Hoi, Hoán,* R. **67** [1948] 309, 321).

Kp: 258–260°.

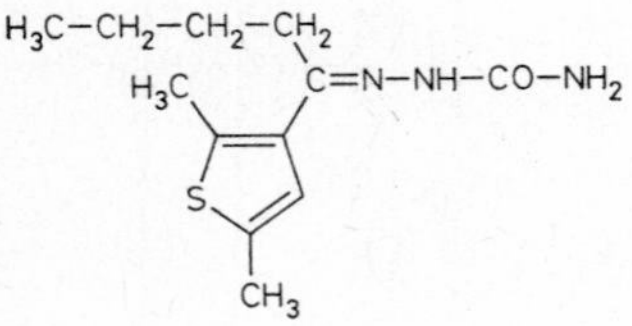

I

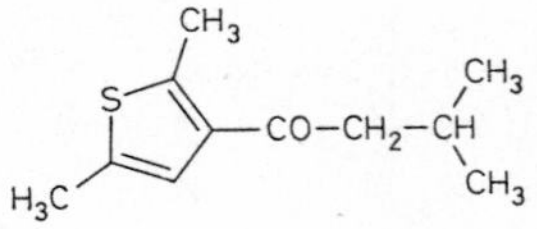

II

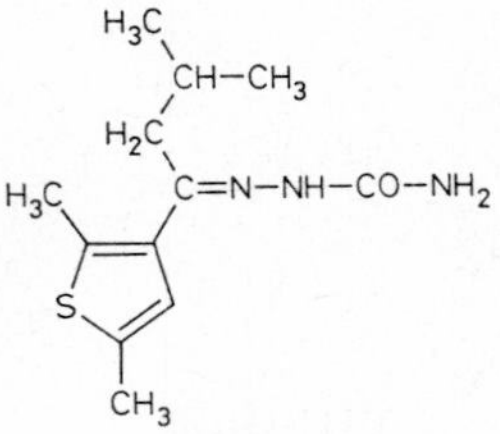

III

1-[2,5-Dimethyl-[3]thienyl]-3-methyl-butan-1-on-semicarbazon $C_{12}H_{19}N_3OS$, Formel III.

B. Aus 1-[2,5-Dimethyl-[3]thienyl]-3-methyl-butan-1-on und Semicarbazid (*Buu-Hoi, Hoán,* R. **67** [1948] 309, 321).

Krystalle (aus A.); F: 151°.

1-[2,5-Dimethyl-[3]furyl]-2,2-dimethyl-propan-1-on-oxim $C_{11}H_{17}NO_2$, Formel IV (X = OH).

UV-Spektrum (225—275 nm) eines Präparats unbekannter Herkunft: *Ramart-Lucas*, Bl. **1954** 1017, 1023.

1-[2,5-Dimethyl-[3]furyl]-2,2-dimethyl-propan-1-on-phenylhydrazon $C_{17}H_{22}N_2O$, Formel IV (X = NH-C_6H_5).

UV-Spektrum (225—375 nm) eines Präparats unbekannter Herkunft: *Ramart-Lucas*, Bl. **1954** 1017, 1024.

2,5-Dimethyl-3-pivaloyl-thiophen, 1-[2,5-Dimethyl-[3]thienyl]-2,2-dimethyl-propan-1-on $C_{11}H_{16}OS$, Formel V.

B. Beim Behandeln von 2,5-Dimethyl-thiophen mit Pivaloylchlorid und Zinn(IV)-chlorid in Benzol (*Hoch*, C. r. **234** [1952] 1981).

Kp_{15}: 129—130°.

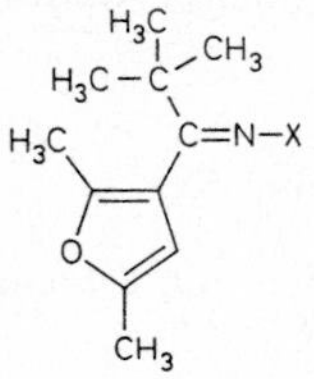

IV 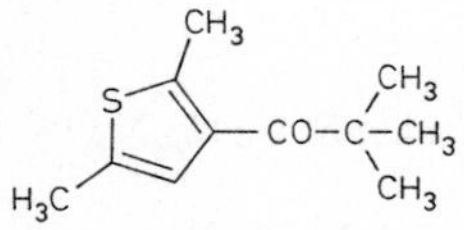 V 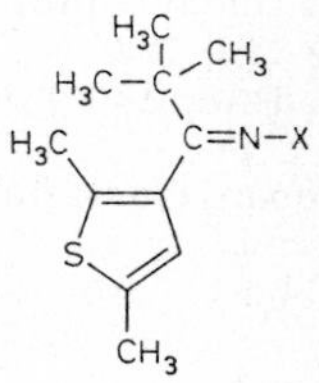 VI 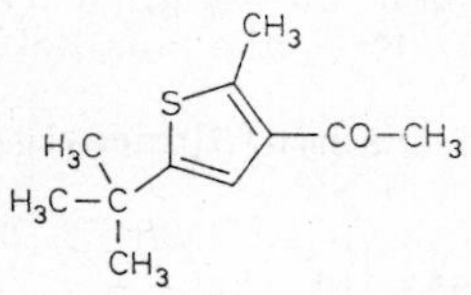 VII

1-[2,5-Dimethyl-[3]thienyl]-2,2-dimethyl-propan-1-on-oxim $C_{11}H_{17}NOS$, Formel VI (X = OH).

B. Aus 1-[2,5-Dimethyl-[3]thienyl]-2,2-dimethyl-propan-1-on und Hydroxylamin (*Hoch*, C. r. **234** [1952] 1981).

F: 146° (*Hoch*). UV-Spektrum (225—275 nm): *Ramart-Lucas*, Bl. **1954** 1017, 1025.

1-[2,5-Dimethyl-[3]thienyl]-2,2-dimethyl-propan-1-on-phenylhydrazon $C_{17}H_{22}N_2S$, Formel VI (X = NH-C_6H_5).

B. Aus 1-[2,5-Dimethyl-[3]thienyl]-2,2-dimethyl-propan-1-on und Phenylhydrazin (*Hoch*, C. r. **234** [1952] 1981).

Kp_{25}: 219—220° (*Hoch*). UV-Spektrum (240—340 nm): *Ramart-Lucas*, Bl. **1954** 1017, 1025.

1-[2,5-Dimethyl-[3]thienyl]-2,2-dimethyl-propan-1-on-semicarbazon $C_{12}H_{19}N_3OS$, Formel VI (X = NH-CO-NH_2).

B. Aus 1-[2,5-Dimethyl-[3]thienyl]-2,2-dimethyl-propan-1-on und Semicarbazid (*Hoch*, C. r. **234** [1952] 1981).

F: 177—178°.

3-Acetyl-5-*tert*-butyl-2-methyl-thiophen, 1-[5-*tert*-Butyl-2-methyl-[3]thienyl]-äthanon $C_{11}H_{16}OS$, Formel VII.

Für die nachstehend beschriebene Verbindung wird neben dieser Konstitution auch die Formulierung als 1-[2-*tert*-Butyl-5-methyl-[3]thienyl]-äthanon (Formel VIII) in Betracht gezogen (*Gol'dfarb, Koršakowa*, Izv. Akad. S.S.S.R. Otd. chim. **1954** 564, 566; engl. Ausg. S. 481, 482).

B. Beim Behandeln von 2-*tert*-Butyl-5-methyl-thiophen oder von 3,5-Di-*tert*-butyl-2-methyl-thiophen mit Acetylchlorid und Zinn(IV)-chlorid in Benzol (*Go.*, *Ko.*).

Kp_{11}: 123—124°; Kp_{10}: 122—122,5°.

2,4-Dinitro-phenylhydrazon $C_{17}H_{20}N_4O_4S$. F: 158,5—159,5°.

Semicarbazon $C_{12}H_{19}N_3OS$. F: 219—220° [bei schnellem Erhitzen] bzw. F: 214° bis 215° [bei langsamem Erhitzen].

2,5-Diäthyl-3-propionyl-thiophen, 1-[2,5-Diäthyl-[3]thienyl]-propan-1-on $C_{11}H_{16}OS$, Formel IX.

B. Beim Behandeln von 2,5-Diäthyl-thiophen mit Propionylchlorid und Aluminium=

chlorid in Schwefelkohlenstoff (*Cagniant, Cagniant*, Bl. **1953** 713, 722).

$Kp_{11,3}$: 133,5°. $D_4^{19,8}$: 1,034; D_4^{21}: 1,032. $n_D^{19,3}$: 1,5272.

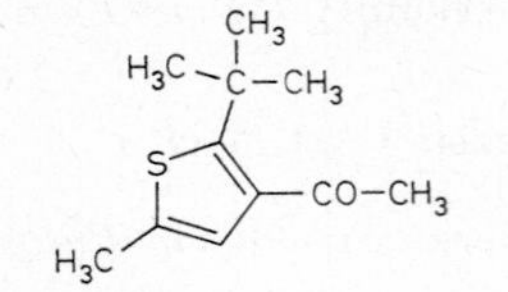

VIII 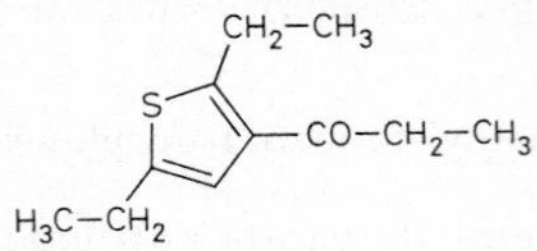 IX 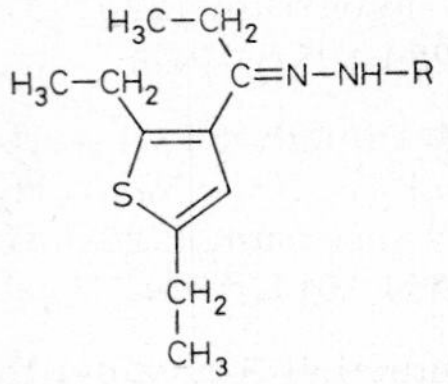 X

1-[2,5-Diäthyl-[3]thienyl]-propan-1-on-[2,4-dinitro-phenylhydrazon] $C_{17}H_{20}N_4O_4S$, Formel X (R = $C_6H_3(NO_2)_2$).

B. Aus 1-[2,5-Diäthyl-[3]thienyl]-propan-1-on und [2,4-Dinitro-phenyl]-hydrazin (*Cagniant, Cagniant*, Bl. **1953** 713, 722).

Rote Krystalle (aus Bzl. + PAe.); F: 146°.

1-[2,5-Diäthyl-[3]thienyl]-propan-1-on-semicarbazon $C_{12}H_{19}N_3OS$, Formel X (R = $CO\text{-}NH_2$).

B. Aus 1-[2,5-Diäthyl-[3]thienyl]-propan-1-on und Semicarbazid (*Cagniant, Cagniant*, Bl. **1953** 713, 722).

Krystalle (aus Bzl. + PAe.); F: 142°.

(±)-3-ξ-Crotonoyl-2,2,5-trimethyl-2,5-dihydro-furan, (±)-1-[2,2,5-Trimethyl-2,5-dihydro-[3]furyl]-but-2ξ-en-1-on $C_{11}H_{16}O_2$, Formel XI.

B. Beim Erwärmen von opt.-inakt. 3-Methoxy-1-[2,2,5-trimethyl-2,5-dihydro-[3]furyl]-butan-1-on (n_D^{20}: 1,466) in Gegenwart von Toluol-4-sulfonsäure unter 12 Torr (*Nasarow et al.*, Ž. obšč. Chim. **27** [1957] 2961, 2968; engl. Ausg. S. 2992, 2997).

Kp_5: 88–90°. D_4^{20}: 0,9511. n_D^{20}: 1,4890.

(±)-1-[(Ξ)-2,2,5-Trimethyl-dihydro-[3]furyliden]-but-3-en-2-on $C_{11}H_{16}O_2$, Formel XII.

B. Beim Erwärmen von (±)-4-Methoxy-1-[2,2,5-trimethyl-dihydro-[3]furyliden]-butan-2-on (n_D^{20}: 1,4710) in Gegenwart von Toluol-4-sulfonsäure unter 15 Torr (*Nasarow et al.*, Ž. obšč. Chim. **27** [1957] 2961, 2967; engl. Ausg. S. 2992, 2997).

Kp_4: 85–87°. D_4^{20}: 0,9793. n_D^{20}: 1,4800.

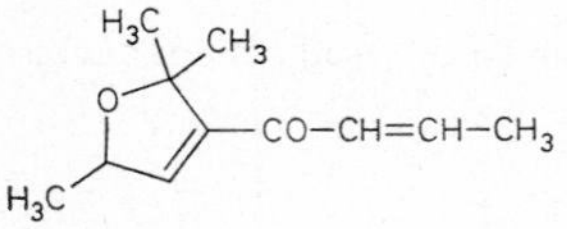

XI 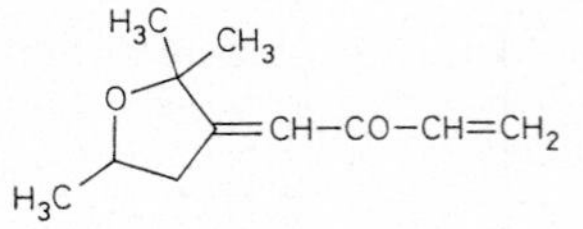 XII 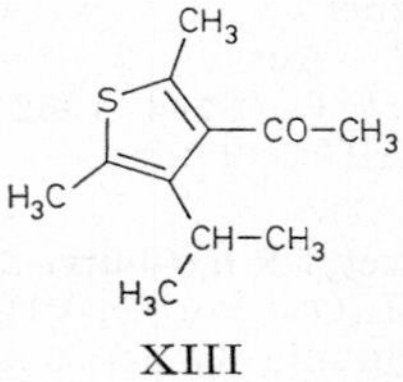 XIII

3-Acetyl-4-isopropyl-2,5-dimethyl-thiophen, 1-[4-Isopropyl-2,5-dimethyl-[3]thienyl]-äthanon $C_{11}H_{16}OS$, Formel XIII.

B. Aus 3-Isopropyl-2,5-dimethyl-thiophen (*Messina, Brown*, Am. Soc. **74** [1952] 920, 922).

Kp_{18}: 135–137°.

(±)-6-Cyclohex-1-enyl-tetrahydro-pyran-2-on, (±)-5-Cyclohex-1-enyl-5-hydroxy-valeriansäure-lacton $C_{11}H_{16}O_2$, Formel I.

B. Beim Erwärmen von 5-Cyclohex-1-enyl-5-oxo-valeriansäure-methylester mit Aluminiumisopropylat in Isopropylalkohol und Behandeln des Reaktionsprodukts mit wss. Salzsäure (*English, Dayan*, Am. Soc. **72** [1950] 4187).

Kp_3: 123–124°. n_D^{20}: 1,4940.

4-Cyclohexylmethyl-5*H*-furan-2-on, 4-Cyclohexyl-3-hydroxymethyl-*trans*-crotonsäure-lacton, 3-Cyclohexylmethyl-4-hydroxy-*cis*-crotonsäure-lacton $C_{11}H_{16}O_2$, Formel II.

B. Beim Erwärmen von 1-Acetoxy-3-cyclohexyl-aceton mit Zink und Bromessigsäure-äthylester in Benzol und Erhitzen des Reaktionsprodukts mit Bromwasserstoff in Essigsäure (*Conine, Jones*, J. Am. Pharm. Assoc. **43** [1954] 670, 672).

Kp_3: 145—147°. UV-Spektrum (A.; 220—260 nm): *Co., Jo.*

2,2-Dimethyl-7,8-dihydro-6*H*-chroman-5-on $C_{11}H_{16}O_2$, Formel III.

B. Beim Erhitzen von 2-[3-Methyl-but-2-enyl]-cyclohexan-1,3-dion mit Phosphor(V)-oxid unter 10 Torr (*Nasarow et al.*, Ž. obšč. Chim. **26** [1956] 819, 827; engl. Ausg. S. 939, 945).

Kp_2: 93—94°. D_4^{20}: 1,0930. n_D^{20}: 1,5220.

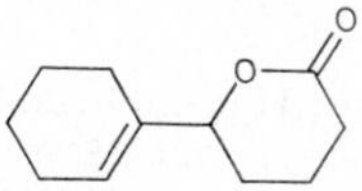

I 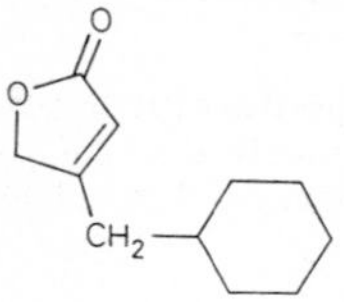 II 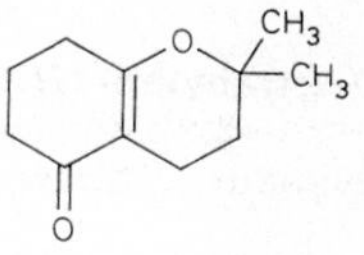 III 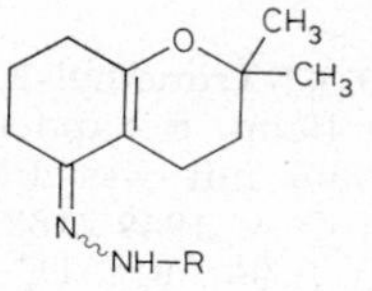 IV

2,2-Dimethyl-7,8-dihydro-6*H*-chroman-5-on-[2,4-dinitro-phenylhydrazon] $C_{17}H_{20}N_4O_5$, Formel IV (R = $C_6H_3(NO_2)_2$).

B. Aus 2,2-Dimethyl-7,8-dihydro-6*H*-chroman-5-on und [2,4-Dinitro-phenyl]-hydrazin (*Nasarow et al.*, Ž. obšč. Chim. **26** [1956] 819, 827; engl. Ausg. S. 939, 945).

F: 240—241°. UV-Absorptionsmaximum (Isooctan): 373 nm.

2,2-Dimethyl-7,8-dihydro-6*H*-chroman-5-on-semicarbazon $C_{12}H_{19}N_3O_2$, Formel IV (R = CO-NH_2).

B. Aus 2,2-Dimethyl-7,8-dihydro-6*H*-chroman-5-on und Semicarbazid (*Nasarow et al.*, Ž. obšč. Chim. **26** [1956] 819, 827; engl. Ausg. S. 939, 945).

Krystalle (aus A. + Dioxan); F: 219°.

2,4a-Dimethyl-1,1-dioxo-4a,5,8,8a-tetrahydro-1λ^6-thiochroman-4-on $C_{11}H_{16}O_3S$.

a) **(±)-2*c*(?),4a-Dimethyl-1,1-dioxo-(4a*r*,8a*c*)-4a,5,8,8a-tetrahydro-1λ^6-thiochroman-4-on** $C_{11}H_{16}O_3S$, vermutlich Formel V + Spiegelbild.

B. Neben dem unter b) beschriebenen Stereoisomeren beim Erhitzen von (±)-2,5-Dimethyl-1,1-dioxo-2,3-dihydro-1λ^6-thiopyran-4-on mit Buta-1,3-dien in Dioxan in Gegenwart von Pyrogallol auf 200° (*Nasarow et al.*, Ž. obšč. Chim. **22** [1952] 990, 997; engl. Ausg. S. 1045, 1050). Bei der Hydrierung von (±)-2,4a-Dimethyl-1,1-dioxo-(4a*r*,8a*c*)-4a,5,8,8a-tetrahydro-1λ^6-thiochromen-4-on an Palladium in Dioxan bei 20°/740 Torr (*Nasarow et al.*, Ž. obšč. Chim. **22** [1952] 1236, 1243; engl. Ausg. S. 1283, 1288).

Krystalle (aus A.); F: 194,5—195,5° (*Na. et al.*, l. c. S. 997).

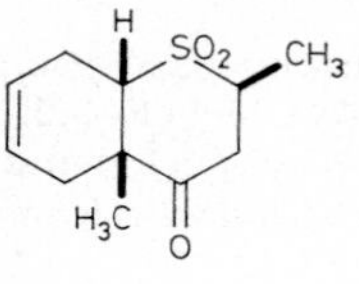

V 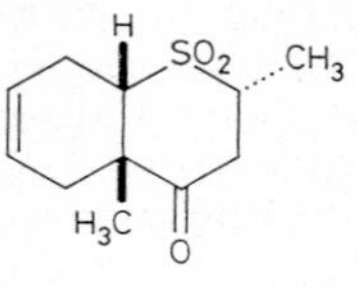 VI 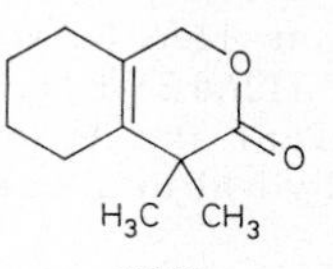 VII 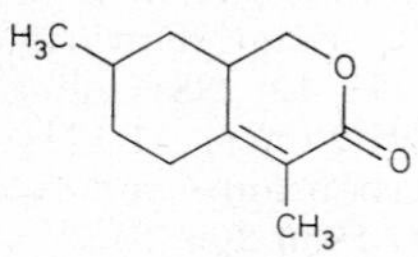 VIII

b) **(±)-2*t*(?),4a-Dimethyl-1,1-dioxo-(4a*r*,8a*c*)-4a,5,8,8a-tetrahydro-1λ^6-thiochroman-4-on** $C_{11}H_{16}O_3S$, vermutlich Formel VI + Spiegelbild.

B. Beim Erhitzen von (±)-2,4a-Dimethyl-1,1-dioxo-(4a*r*,8a*c*)-4a,5,8,8a-tetrahydro-1λ^6-thiochromen-4-on mit Zink-Pulver und Essigsäure (*Nasarow et al.*, Ž. obšč. Chim. **22** [1952] 1236, 1242; engl. Ausg. S. 1283, 1288). Weitere Bildungsweise s. bei dem unter a) beschriebenen Stereoisomeren.

Krystalle (aus A.); F: 127—128°.

4,4-Dimethyl-5,6,7,8-tetrahydro-isochroman-3-on, 2-[2-Hydroxymethyl-cyclohex-1-enyl]-2-methyl-propionsäure-lacton $C_{11}H_{16}O_2$, Formel VII.

B. Beim Erhitzen von 2-Cyclohex-1-enyl-2-methyl-propionsäure mit Paraformaldehyd in Essigsäure unter Zusatz von Schwefelsäure (*Korte et al.*, Tetrahedron **6** [1959] 201, 212).

$Kp_{0,2}$: 82—83°. UV-Absorptionsmaximum (Me.): 209,5 nm.

***Opt.-inakt. 4,7-Dimethyl-1,5,6,7,8,8a-hexahydro-isochromen-3-on, 2-[(*Z*)-2-Hydroxy-methyl-4-methyl-cyclohexyliden]-propionsäure-lacton** $C_{11}H_{16}O_2$, Formel VIII.

B. Beim Erhitzen von opt.-inakt. 2-[4-Methyl-cyclohex-1-enyl]-propionsäure (nicht charakterisiert) mit Paraformaldehyd in Essigsäure unter Zusatz von Schwefelsäure (*Korte et al.*, Tetrahedron **6** [1959] 201, 210).

$Kp_{0,1}$: 88°. UV-Absorptionsmaximum (Me.): 223 nm.

(±)-3,3,7-Trimethyl-3,4,6,7-tetrahydro-1*H*-cyclopenta[*c*]pyran-5-on $C_{11}H_{16}O_2$, Formel IX.

B. Beim Behandeln von 1-[2,2-Dimethyl-3,6-dihydro-2*H*-pyran-4-yl]-but-2ξ-en-1-on (S. 4630) mit wss. Phosphorsäure (*Nasarow, Torgow*, Ž. obšč. Chim. **18** [1948] 1338, 1344; C. A. **1949** 2162).

$Kp_{2,5}$: 90—91°. D_4^{20}: 1,0364. n_D^{20}: 1,4985.

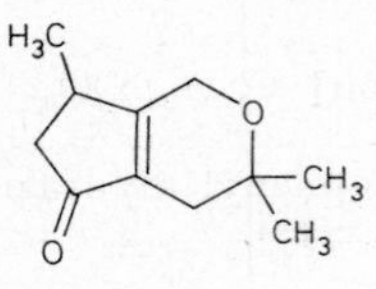

IX 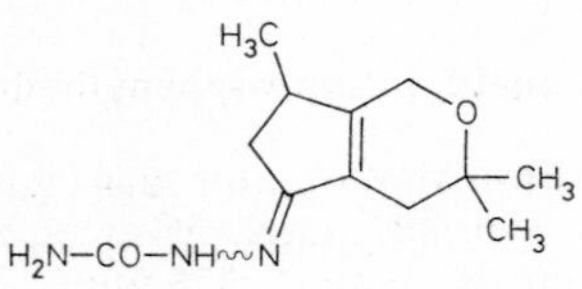 X 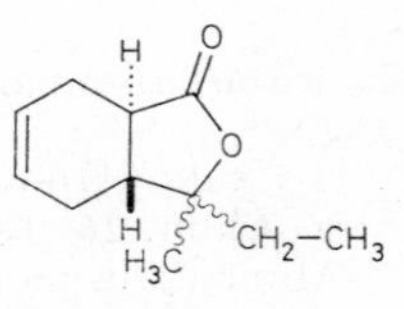 XI 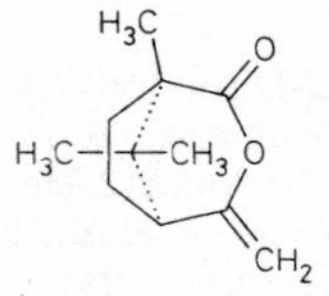 XII

(±)-3,3,7-Trimethyl-3,4,6,7-tetrahydro-1*H*-cyclopenta[*c*]pyran-5-on-semicarbazon $C_{12}H_{19}N_3O_2$, Formel X.

B. Aus dem im vorangehenden Artikel beschriebenen Keton und Semicarbazid (*Nasarow, Torgow*, Ž. obšč. Chim. **18** [1948] 1338, 1344; C. A. **1949** 2162).

F: 190—193° [Zers.].

(±)-3ξ-Äthyl-3ξ-methyl-(3a*r*,7a*t*)-3a,4,7,7a-tetrahydro-3*H*-isobenzofuran-1-on $C_{11}H_{16}O_2$, Formel XI + Spiegelbild.

B. Beim Erwärmen von (±)-*trans*-6-Acetyl-cyclohex-3-encarbonsäure (über die Konfiguration dieser Verbindung s. *Mousseron et al.*, C. r. **247** [1958] 665, 668) mit Äthyl-magnesiumjodid in Äther (*Dixon, Wiggins*, Soc. **1954** 594, 596).

Kp_{15}: 175°; n_D^{18}: 1,4898 (*Di., Wi.*).

(1*R*)-1,8,8-Trimethyl-4-methylen-3-oxa-bicyclo[3.2.1]octan-2-on, (1*R*)-3*c*-[1-Hydroxy-vinyl]-1,2,2-trimethyl-cyclopentan-*r*-carbonsäure-lacton $C_{11}H_{16}O_2$, Formel XII.

Über die Konstitution s. *Bredt*, J. pr. [2] **133** [1932] 87, 90 Anm.

B. Beim Erwärmen von (1*R*)-3*c*-Acetyl-1,2,2-trimethyl-cyclopentan-*r*-carbonsäure (E III **10** 2881) oder von (1*R*,4Ξ)-4-Hydroxy-1,4,8,8-tetramethyl-3-oxa-bicyclo[3.2.1]-octan-2-on(?) (E III **10** 2881 im Artikel (1*R*)-3*c*-Acetyl-1,2,2-trimethyl-cyclopentan-*r*-carbonsäure) mit Acetanhydrid und Erhitzen des Reaktionsprodukts (*Qudrat-i-Khuda*, Soc. **1930** 206, 212).

F: 62°; Kp_{22}: 136°; $[\alpha]_D^{27,5}$: +77,7° [$CHCl_3$; p = 3] (*Qu.-i-Kh.*).

(3a*R*,7aΞ)-8,8-Dimethyl-tetrahydro-3a,6-methano-benzofuran-2-on, [(1*R*)-2ξ-Hydroxy-7,7-dimethyl-[1]norbornyl]-essigsäure-lacton $C_{11}H_{16}O_2$, Formel I.

Die Konfiguration ergibt sich aus der genetischen Beziehung zu (−)-Camphen ((1*S*)-2,2-Dimethyl-3-methylen-norbornan).

B. Neben (−)-Camphen beim Erwärmen von [(1*R*)-2*endo*-Chlor-7,7-dimethyl-[1]norbornyl]-essigsäure mit wss. Natronlauge (*Bain et al.*, Am. Soc. **72** [1950] 3124, 3126).

Krystalle (aus Heptan); F: 199,5°. $[\alpha]_D^{25}$: −40° [CCl_4; c = 5].

Ein [2-Hydroxy-7,7-dimethyl-[1]norbornyl]-essigsäure-lacton-Präparat (Krystalle [aus Hexan], F: 201,5—202,5° [korr.]) von unbekanntem opt. Drehungsvermögen ist beim Erhitzen eines [2-Hydroxy-7,7-dimethyl-[1]norbornyl]-essigsäure-anilid-Präparats (E III **12** 943) mit wss. Kalilauge und Behandeln des Reaktionsprodukts mit Acetylchlorid erhalten und durch Erwärmen mit wss. Kalilauge und Kaliumpermanganat in [7,7-Dimethyl-2-oxo-[1]norbornyl]-essigsäure (E III **10** 2925) übergeführt worden (*Hasselstrom, Hampton*, Am. Soc. **61** [1939] 3445, 3447).

(±)-(4a*r*)-Tetrahydro-3*c*,8a*c*-äthano-isochroman-1-on, (±)-2*c*-Hydroxy-(8a*t*)-octahydro-naphthalin-4a*r*-carbonsäure-lacton $C_{11}H_{16}O_2$, Formel II + Spiegelbild.

B. Beim Erwärmen von (±)-2-Oxo-(8a*t*)-octahydro-naphthalin-4a*r*-carbonsäure-äthylester (über die Konfiguration dieser Verbindung s. *Dauben et al.*, Am. Soc. **77** [1955] 48, 49) mit Aluminiumisopropylat in Isopropylalkohol unter Entfernen des entstehenden Acetons (*Hussay et al.*, Am. Soc. **75** [1953] 4727, 4729). Bei der Hydrierung von (±)-2-Oxo-(8a*t*)-octahydro-naphthalin-4a*r*-carbonsäure-äthylester an Platin in Äthanol (*Da. et al.*, l. c. S. 54).

Kp_2: 128—131° (*Hu. et al.*); $Kp_{1,7}$: 125—126° (*Da. et al.*). n_D^{25}: 1,5010 (*Hu. et al.*), 1,5000 (*Da. et al.*).

I II III IV

(±)-(8a*t*)-Octahydro-4a*r*,1*c*-oxaäthano-naphthalin-10-on, (±)-(3a*r*)-Hexahydro-3*c*,7a*c*-propano-benzofuran-2-on, (±)-4a-Hydroxy-(4a*r*,8a*t*)-decahydro-[1*c*]naphthoesäure-lacton $C_{11}H_{16}O_2$, Formel III + Spiegelbild.

B. Beim Erwärmen einer Lösung von (±)-*trans*-1,2,3,5,6,7,8,8a-Octahydro-[1]naphthoesäure in Essigsäure mit Chlorwasserstoff (*Nasarow et al.*, Izv. Akad. S.S.S.R. Otd. chim. **1956** 559, 567; engl. Ausg. S. 557, 564).

Krystalle (aus Ae. + PAe.); F: 80—81°.

(3a*R*)-1,7,7-Trimethyl-hexahydro-1,4-methano-cyclopenta[*c*]furan-3-on, (3a*S*)-7,7,7a-Trimethyl-hexahydro-3,6-cyclo-benzofuran-2-on, (1*S*)-2*exo*-Hydroxy-2*endo*,3,3-trimethyl-norbornan-7*syn*-carbonsäure-lacton $C_{11}H_{16}O_2$, Formel IV.

Diese Konfiguration ist dem früher (s. H 303) beschriebenen 3-Hydroxy-2,2,3-trimethyl-norbornan-7-carbonsäure-lacton („Lacton der 2.2.3-Trimethyl-bicyclo-[1.2.2]-heptanol-(3)-carbonsäure-(7)") vom F: 183° auf Grund seiner genetischen Beziehung zu (+)(1*R*)-3ξ-Brom-4,7,7-trimethyl-norbornan-2ξ-carbonsäure (E III **9** 247) zuzuordnen.

Oxo-Verbindungen $C_{12}H_{18}O_2$

6-Hexyl-4-methyl-pyran-2-on, 5-Hydroxy-3-methyl-undeca-2*c*,4*t*-diensäure-lacton $C_{12}H_{18}O_2$, Formel V (X = H).

B. Beim Behandeln einer Lösung von 3-Methyl-*cis*-pentendisäure-anhydrid in Pyridin und Äther mit Heptanoylchlorid in Äther und Erhitzen des Reaktionsprodukts auf 350° (*Wiley, Esterle*, J. org. Chem. **22** [1957] 1257, 1258).

Kp_1: 109°. n_D^{25}: 1,5003. IR-Banden (CS_2) im Bereich von 1736 cm^{-1} bis 847 cm^{-1}: *Wi., Es.*

3-Brom-6-hexyl-4-methyl-pyran-2-on, 2-Brom-5-hydroxy-3-methyl-undeca-2*c*,4*t*-diensäure-lacton $C_{12}H_{17}BrO_2$, Formel V (X = Br).

B. Beim Behandeln einer Lösung von 6-Hexyl-4-methyl-pyran-2-on in Tetrachlor-

methan mit Brom (*Wiley, Esterle*, J. org. Chem. **22** [1957] 1257, 1258).
Krystalle (aus Bzn.); F: 49–49,5°.

2-Octanoyl-thiophen, 1-[2]Thienyl-octan-1-on $C_{12}H_{18}OS$, Formel VI.

B. Beim Erwärmen von Octansäure mit Thiophen und Phosphor(V)-oxid in Benzol (*Wynberg, Logothetis*, Am. Soc. **78** [1956] 1958). Beim Erwärmen von Octansäure mit Tetrachlorsilan in Benzol und anschliessend mit Thiophen und Zinn(IV)-chlorid und Behandeln des Reaktionsgemisches mit Wasserdampf bei 300° (*Jur'ew et al.*, Ž. obšč. Chim. **26** [1956] 3341; engl. Ausg. S. 1317). Beim Behandeln von Thiophen mit Octanoyl=chlorid unter Zusatz von Zinn(IV)-chlorid in Benzol (*Campaigne, Diedrich*, Am. Soc. **70** [1948] 391) oder unter Zusatz von Aluminiumchlorid in Schwefelkohlenstoff (*Cagniant, Deluzarche*, C. r. **225** [1947] 445).

Kp_{20}: 183–189° (*Wy., Lo.*); Kp_8: 152–153° (*Ju. et al.*); Kp_1: 140–143° (*Ca., Di.*). D_4^{20}: 1,0110 (*Ju. et al.*), 1,005 (*Ca., Di.*). n_D^{20}: 1,5214 (*Ca., Di.*), 1,5192 (*Ju. et al.*), 1,5125 (*Wy., Lo.*).

$H_3C-[CH_2]_4-CH_2$ … H_3C … X … O … O

V

CO–$[CH_2]_6$–CH_3

VI

$H_3C-[CH_2]_5-CH_2$ … C=N–X

VII

1-[2]Thienyl-octan-1-on-oxim $C_{12}H_{19}NOS$, Formel VII (X = OH).

B. Aus 1-[2]Thienyl-octan-1-on und Hydroxylamin (*Campaigne, Diedrich*, Am. Soc. **70** [1948] 391).

F: 56–57°.

1-[2]Thienyl-octan-1-on-[2,4-dinitro-phenylhydrazon] $C_{18}H_{22}N_4O_4S$, Formel VII (X = NH-$C_6H_3(NO_2)_2$).

B. Aus 1-[2]Thienyl-octan-1-on und [2,4-Dinitro-phenyl]-hydrazin (*Campaigne, Diedrich*, Am. Soc. **70** [1948] 391).

F: 123–125° [unkorr.].

1-[2]Thienyl-octan-1-on-semicarbazon $C_{13}H_{21}N_3OS$, Formel VII (X = NH-CO-NH_2).

B. Aus 1-[2]Thienyl-octan-1-on und Semicarbazid (*Campaigne, Diedrich*, Am. Soc. **70** [1948] 391).

F: 127–129° [unkorr.].

8-[2]Thienyl-octan-2-on $C_{12}H_{18}OS$, Formel VIII.

B. Beim Leiten eines Gemisches von 7-[2]Thienyl-heptansäure und Essigsäure über Thoriumoxid bei 400° (*Cagniant, Cagniant*, Bl. **1954** 1349, 1356).

$Kp_{11,8}$: 161,5–162°. $D_4^{20,8}$: 1,018. n_D^{19}: 1,5200.

8-[2]Thienyl-octan-2-on-[2,4-dinitro-phenylhydrazon] $C_{18}H_{22}N_4O_4S$, Formel IX (R = $C_6H_3(NO_2)_2$).

B. Aus 8-[2]Thienyl-octan-2-on und [2,4-Dinitro-phenyl]-hydrazin (*Cagniant, Cagniant*, Bl. **1954** 1349, 1356).

Gelbe Krystalle (aus A.); F: 93°.

$[CH_2]_6$–CO–CH_3

VIII

H_3C … C=N–NH–R … $[CH_2]_5$–CH_2

IX

CO–CH … CH_2-CH_3 … $CH_2-CH_2-CH_2-CH_3$

X

8-[2]Thienyl-octan-2-on-semicarbazon $C_{13}H_{21}N_3OS$, Formel IX (R = CO-NH_2).

B. Aus 8-[2]Thienyl-octan-2-on und Semicarbazid (*Cagniant, Cagniant,* Bl. **1954** 1349, 1356).

Krystalle (aus A.); F: 131,5°.

(±)-2-Äthyl-1-[2]thienyl-hexan-1-on $C_{12}H_{18}OS$, Formel X.

B. Beim Erwärmen von Thiophen mit (±)-2-Äthyl-hexansäure und Phosphor(V)-oxid (*Hartough, Kosak,* Am. Soc. **69** [1947] 3098).

Kp_4: 116–117°. n_D^{20}: 1,5176.

(±)-2-Äthyl-1-[2]thienyl-hexan-1-on-oxim $C_{12}H_{19}NOS$, Formel XI.

B. Aus (±)-2-Äthyl-1-[2]thienyl-hexan-1-on und Hydroxylamin (*Hartough, Kosak,* Am. Soc. **69** [1947] 3098).

F: 53–55°.

(±)-4-[2]Furyl-6-methyl-heptan-2-on $C_{12}H_{18}O_2$, Formel XII.

B. Beim Behandeln von 4-[2]Furyl-but-3-en-2-on mit Isobutylmagnesiumbromid in Äther (*Maxim,* Bl. [4] **49** [1931] 887, 890).

Kp_{18}: 116°.

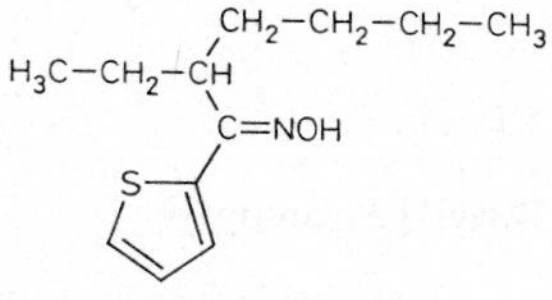

XI 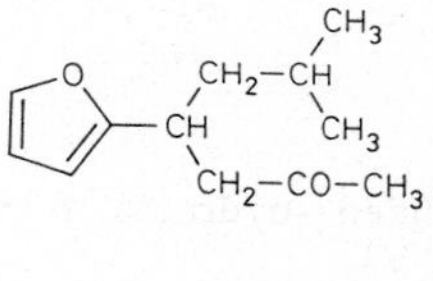 XII 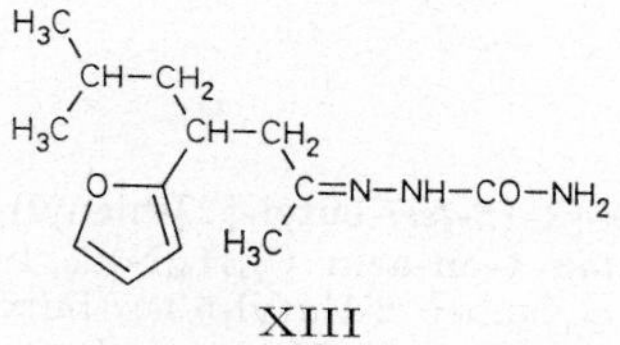 XIII

(±)-4-[2]Furyl-6-methyl-heptan-2-on-semicarbazon $C_{13}H_{21}N_3O_2$, Formel XIII.

B. Aus (±)-4-[2]Furyl-6-methyl-heptan-2-on und Semicarbazid (*Maxim,* Bl. [4] **49** [1931] 887, 891).

Krystalle (aus A.); F: 100°.

5-Heptyl-thiophen-2-carbaldehyd $C_{12}H_{18}OS$, Formel I.

Bildung aus 2-Heptyl-thiophen, *N*-Methyl-formanilid und Phosphorylchlorid: *Buu-Hoi et al.,* Soc. **1955** 1581.

Kp_{13}: 173°. n_D^{26}: 1,5338.

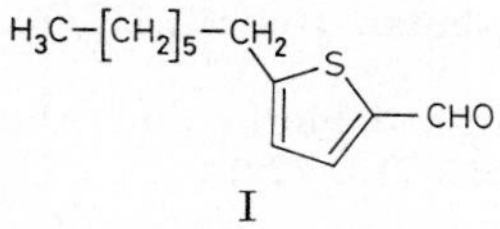

I 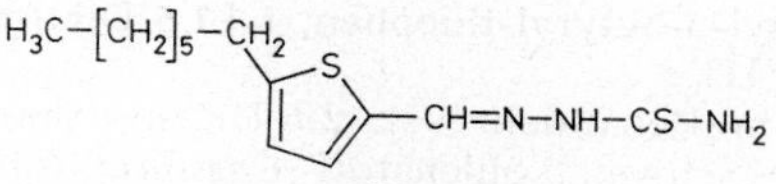 II

5-Heptyl-thiophen-2-carbaldehyd-thiosemicarbazon $C_{13}H_{21}N_3S_2$, Formel II.

B. Aus 5-Heptyl-thiophen-2-carbaldehyd und Thiosemicarbazid (*Buu-Hoi et al.,* Soc. **1955** 1581).

Krystalle (aus A.); F: 102°.

5-Methyl-1-[5-methyl-[2]furyl]-hexan-3-on $C_{12}H_{18}O_2$, Formel III.

B. Bei der Hydrierung von 5-Methyl-1-[5-methyl-[2]furyl]-hex-4-en-3-on an Platin in Äthanol (*Nasarow, Nagibina,* Izv. Akad. S.S.S.R. Otd. chim. **1947** 641, 645; C. A. **1948** 7736).

Kp_{20}: 134–135°. D_4^{20}: 0,9569. n_D^{20}: 1,4640.

2-*tert*-Butyl-5-butyryl-thiophen, 1-[5-*tert*-Butyl-[2]thienyl]-butan-1-on $C_{12}H_{18}OS$, Formel IV.

B. Beim Behandeln von 2-*tert*-Butyl-thiophen mit Butyrylchlorid und Zinn(IV)-

chlorid in Schwefelkohlenstoff (*Sy et al.*, Soc. **1954** 1975, 1978).

Kp_{13}: 159°. n_D^{22}: 1,5293.

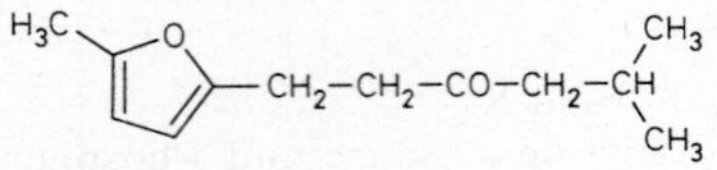

III 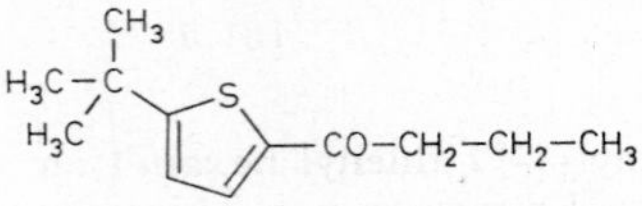 IV

1-[5-*tert*-Butyl-[2]thienyl]-butan-1-on-semicarbazon $C_{13}H_{21}N_3OS$, Formel V.

B. Aus 1-[5-*tert*-Butyl-[2]thienyl]-butan-1-on und Semicarbazid (*Sy et al.*, Soc. **1954** 1975, 1978).

Krystalle (aus A.); F: 205°.

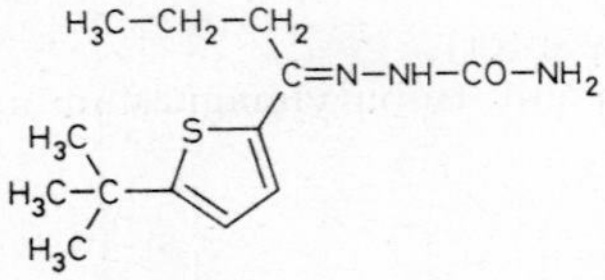

V 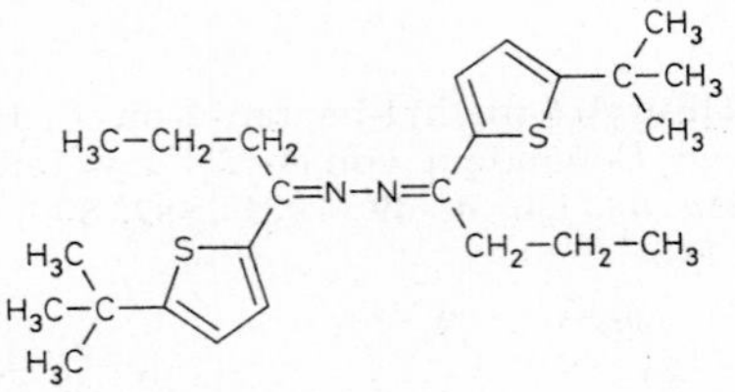 VI

Bis-[1-(5-*tert*-butyl-[2]thienyl)-butyliden]-hydrazin, 1-[5-*tert*-Butyl-[2]thienyl]-butan-1-on-azin $C_{24}H_{36}N_2S_2$, Formel VI.

B. Neben 2-Butyl-5-*tert*-butyl-thiophen beim Erhitzen von 1-[5-*tert*-Butyl-[2]thienyl]-butan-1-on mit Hydrazin-hydrat und mit Kaliumhydroxid in Diäthylenglykol (*Sy et al.*, Soc. **1954** 1975, 1978).

Krystalle (aus Me.); F: 119°.

3-Hexanoyl-2,5-dimethyl-thiophen, 1-[2,5-Dimethyl-[3]thienyl]-hexan-1-on $C_{12}H_{18}OS$, Formel VII.

B. Beim Behandeln von 2,5-Dimethyl-thiophen mit Hexanoylchlorid und Aluminiumchlorid in Schwefelkohlenstoff (*Buu-Hoi, Hoán*, R. **67** [1948] 309, 321).

Kp: 284–285°. Kp_{15}: 160–165°.

2,5-Diäthyl-3-butyryl-thiophen, 1-[2,5-Diäthyl-[3]thienyl]-butan-1-on $C_{12}H_{18}OS$, Formel VIII.

B. Beim Behandeln von 2,5-Diäthyl-thiophen mit Butyrylchlorid und Aluminiumchlorid in Schwefelkohlenstoff (*Cagniant, Cagniant*, Bl. **1953** 713, 722).

$Kp_{11,7}$: 147,5°. D_4^{22}: 1,014. $n_D^{20,8}$: 1,5213.

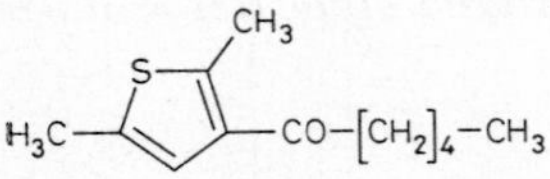

VII 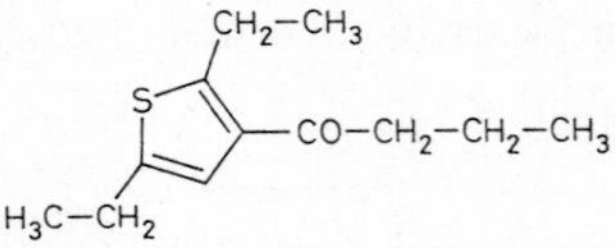 VIII 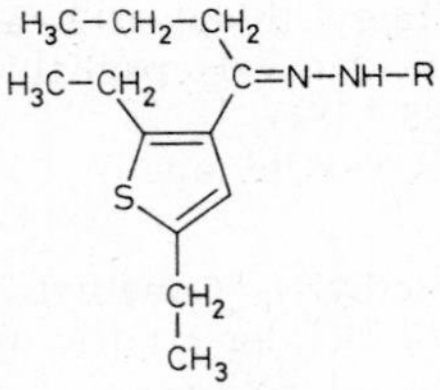 IX

1-[2,5-Diäthyl-[3]thienyl]-butan-1-on-[2,4-dinitro-phenylhydrazon] $C_{18}H_{22}N_4O_4S$, Formel IX ($R = C_6H_3(NO_2)_2$).

B. Aus 1-[2,5-Diäthyl-[3]thienyl]-butan-1-on und [2,4-Dinitro-phenyl]-hydrazin (*Cagniant, Cagniant*, Bl. **1953** 713, 722).

Rote Krystalle (aus Bzl. + A.); F: 109°.

1-[2,5-Diäthyl-[3]thienyl]-butan-1-on-semicarbazon $C_{13}H_{21}N_3OS$, Formel IX (R = CO-NH$_2$).

B. Aus 1-[2,5-Diäthyl-[3]thienyl]-butan-1-on und Semicarbazid (*Cagniant, Cagniant*, Bl. **1953** 713, 722).

Krystalle; F: 142°.

3-Acetyl-2-äthyl-5-*tert*-butyl-thiophen, 1-[2-Äthyl-5-*tert*-butyl-[3]thienyl]-äthanon $C_{12}H_{18}OS$, Formel X.

Für die nachstehend beschriebene Verbindung wird neben dieser Konstitution auch die Formulierung als 1-[5-Äthyl-2-*tert*-butyl-[3]thienyl]-äthanon (Formel XI) in Betracht gezogen (*Gol'dfarb, Koršakowa*, Izv. Akad. S.S.S.R. Otd. chim. **1954** 564, 566; engl. Ausg. S. 481, 482).

B. Beim Behandeln von 2-Äthyl-5-*tert*-butyl-thiophen oder von 2-Äthyl-3,5-di-*tert*-butyl-thiophen mit Acetylchlorid und Zinn(IV)-chlorid in Benzol (*Go., Ko.*).

Kp$_{10}$: 129—129,5°; Kp$_9$: 127—128°.

2,4-Dinitro-phenylhydrazon $C_{18}H_{22}N_4O_4S$. F: 152—153°.

Semicarbazon $C_{13}H_{21}N_3OS$. F: 177°.

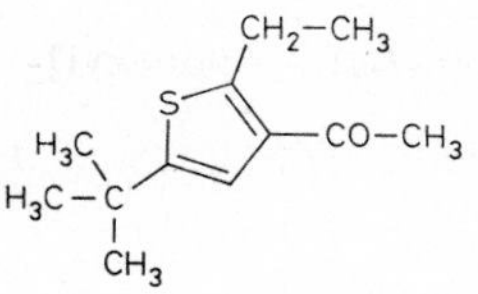

X 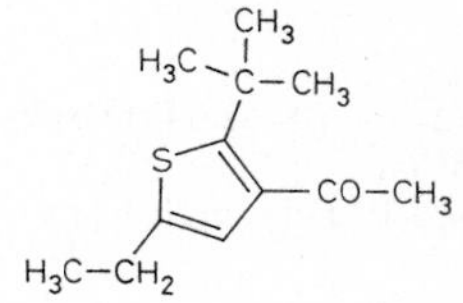 XI 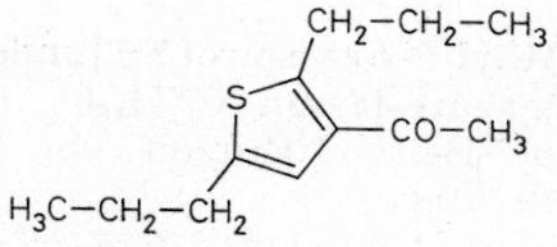 XII

3-Acetyl-2,5-dipropyl-thiophen, 1-[2,5-Dipropyl-[3]thienyl]-äthanon $C_{12}H_{18}OS$, Formel XII.

Kp$_{23}$: 163—165°; n_D^{26}: 1,5271 (*Sy et al.*, C. r. **239** [1954] 1224).

1-[2,5-Dipropyl-[3]thienyl]-äthanon-semicarbazon $C_{13}H_{21}N_3OS$, Formel I.

B. Aus 1-[2,5-Dipropyl-[3]thienyl]-äthanon (*Sy et al.*, C. r. **239** [1954] 1224).

Krystalle (aus A.); F: 192—193°.

3-Acetyl-2,4,5-triäthyl-thiophen, 1-[Triäthyl-[3]thienyl]-äthanon $C_{12}H_{18}OS$, Formel II.

B. Beim Behandeln von 2,3,5-Triäthyl-thiophen mit Acetylchlorid und Aluminiumchlorid in Schwefelkohlenstoff (*Cagniant, Cagniant*, Bl. **1953** 62, 69).

Kp$_{18,3}$: 154°. $D_4^{24,2}$: 1,022. $n_D^{24,2}$: 1,5242.

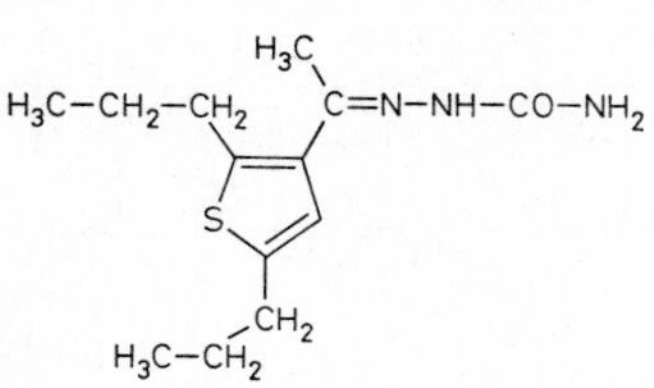

I 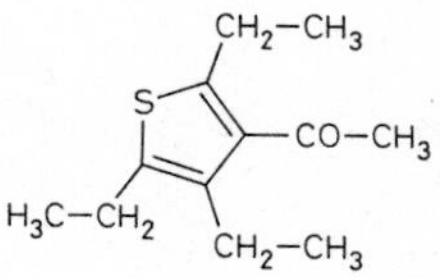 II 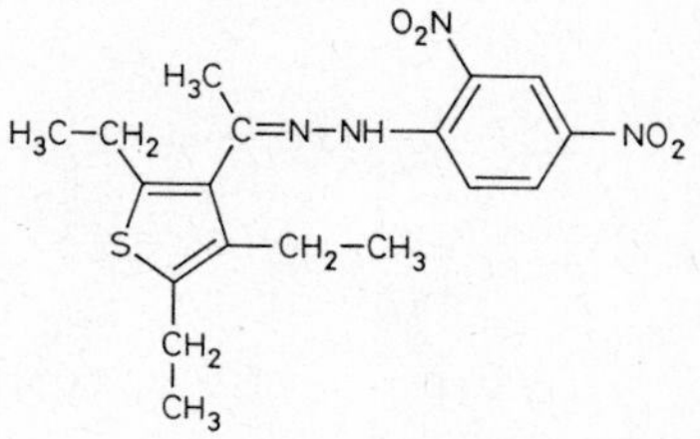 III

1-[Triäthyl-[3]thienyl]-äthanon-[2,4-dinitro-phenylhydrazon] $C_{18}H_{22}N_4O_4S$, Formel III.

B. Aus 1-[Triäthyl-[3]thienyl]-äthanon und [2,4-Dinitro-phenyl]-hydrazin (*Cagniant, Cagniant*, Bl. **1953** 62, 69).

Rötliche Krystalle (aus A.) mit 2 Mol Äthanol; F: 140° [Block].

3-ξ-Crotonoyl-2,2,5,5-tetramethyl-2,5-dihydro-furan, 1-[2,2,5,5-Tetramethyl-2,5-dihydro-[3]furyl]-but-2ξ-en-1-on $C_{12}H_{18}O_2$, Formel IV.

B. Beim Erhitzen von 3-Methoxy-1-[2,2,5,5-tetramethyl-2,5-dihydro-[3]furyl]-butan-

1-on in Gegenwart von Toluol-4-sulfonsäure und Pyrogallol unter 6 Torr bis auf 110° (*Nasarow et al.*, Ž. obšč. Chim. **27** [1957] 2961, 2967; engl. Ausg. S. 2992, 2996).

Kp_2: 80—81°. D_4^{20}: 0,9411. n_D^{20}: 1,4800.

1-[(Ξ)-2,2,5,5-Tetramethyl-dihydro-[3]furyliden]-but-3-en-2-on $C_{12}H_{18}O_2$, Formel V.

B. Beim Erwärmen von 4-Methoxy-1-[(Ξ)-2,2,5,5-tetramethyl-dihydro-[3]furyliden]-butan-2-on (n_D^{20}: 1,4600) in Gegenwart von Toluol-4-sulfonsäure und Pyrogallol unter 25 Torr (*Nasarow et al.*, Ž. obšč. Chim. **27** [1957] 2961, 2966; engl. Ausg. S. 2992, 2995).

Kp_1: 73—74°. D_4^{20}: 0,9461. n_D^{20}: 1,4690.

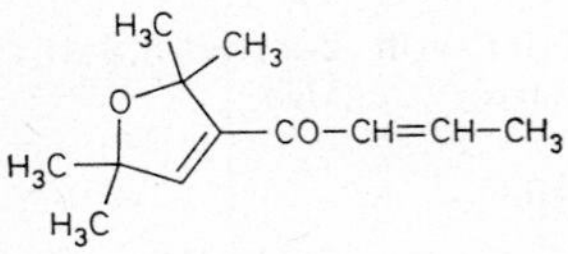

IV 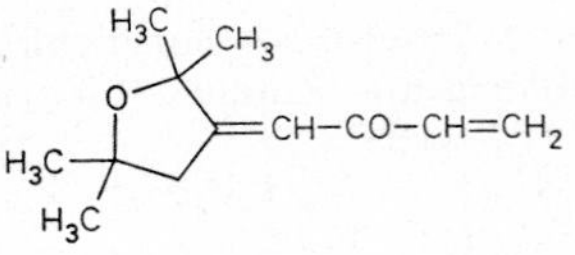 V 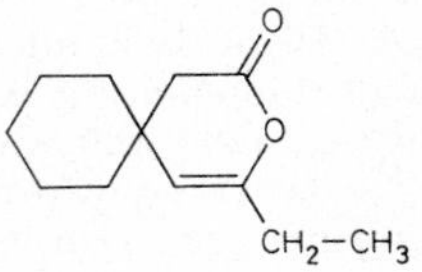 VI

4-Äthyl-3-oxa-spiro[5.5]undec-4-en-2-on, [1-(2-Hydroxy-but-1-en-*t*-yl)-cyclohexyl]-essigsäure-lacton $C_{12}H_{18}O_2$, Formel VI.

B. Beim Erhitzen von [1-(2-Oxo-butyl)-cyclohexyl]-essigsäure (*Desai*, Soc. **1932** 1079, 1088).

Kp_{15}: 153°. D_4^{20}: 1,035. n_D^{20}: 1,4930.

***Opt.-inakt. 6,6,10-Trimethyl-1-oxa-spiro[4.5]dec-3-en-2-on, 3*c*-[1-Hydroxy-2,2,6-trimethyl-cyclohexyl]-acrylsäure-lacton** $C_{12}H_{18}O_2$, Formel VII.

B. Bei der Hydrierung von opt.-inakt. [1-Hydroxy-2,2,6-trimethyl-cyclohexyl]-propiolsäure-methylester (n_D^{20}: 1,4940) an Palladium/Kohle in Äthanol (*Newman et al.*, J. org. Chem. **17** [1952] 962, 968).

Krystalle; F: 107,8—108,2°.

4,4-Dimethyl-4,5,6,7,8,9-hexahydro-1*H*-cyclohepta[*c*]pyran-3-on, 2-[2-Hydroxymethyl-cyclohept-1-enyl]-2-methyl-propionsäure-lacton $C_{12}H_{18}O_2$, Formel VIII.

B. Beim Erhitzen von 2-Cyclohept-1-enyl-2-methyl-propionsäure mit Paraformaldehyd in Essigsäure unter Zusatz von Schwefelsäure (*Korte et al.*, Tetrahedron **6** [1959] 201, 213).

$Kp_{0,1}$: 90—91°. UV-Absorptionsmaximum (Me.): 210 nm.

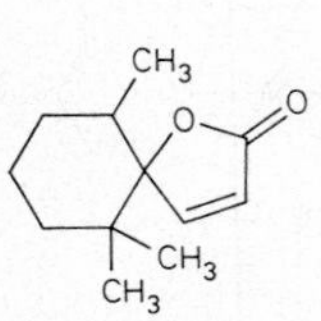

VII 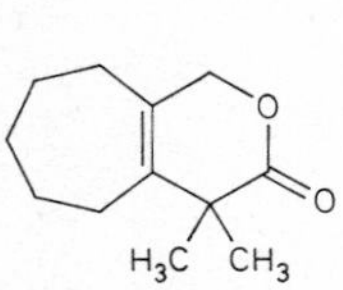 VIII 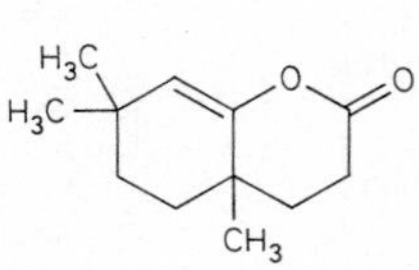 IX 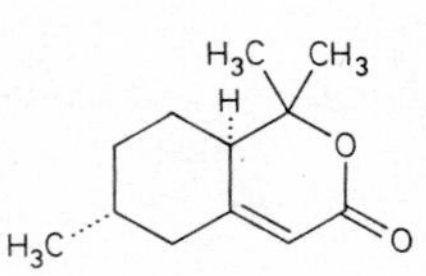 X

(±)-4a,7,7-Trimethyl-4a,5,6,7-tetrahydro-chroman-2-on, (±)-3-[2-Hydroxy-1,4,4-trimethyl-cyclohex-2-enyl]-propionsäure-lacton $C_{12}H_{18}O_2$, Formel IX.

B. Aus (±)-3-[1,4,4-Trimethyl-2-oxo-cyclohexyl]-propionsäure mit Hilfe von Phosphor(V)-chlorid (*Corey et al.*, Am. Soc. **81** [1959] 5258, **85** [1963] 3979, 3983).

F: 64—65° (*Co. et al.* Am. Soc. **81** 5259, **85** 3980).

(8a*R*)-1,1,6*c*-Trimethyl-(8a*r*)-1,5,6,7,8,8a-hexahydro-isochromen-3-on, [(1*R*,3*Z*)-8-Hydroxy-*trans*-*p*-menthan-3-yliden]-essigsäure-lacton $C_{12}H_{18}O_2$, Formel X.

Diese Konfiguration ist der nachstehend beschriebenen Verbindung auf Grund ihrer genetischen Beziehung zu (*R*)-Citronellal (E IV 1 3515) zuzuordnen.

B. Beim Erwärmen von [(1*R*,3*Ξ*,4*S*)-3-Hydroxy-*p*-menth-8-en-3-yl]-essigsäure (F: 97°) mit Bromwasserstoff in Essigsäure und Erwärmen des bromhaltigen Reaktionsprodukts mit Pyridin (*de Tribolet et al.*, Helv. **41** [1958] 1587, 1600).

$Kp_{0,3}$: 105—108°. D_4^{20}: 1,0280. n_D^{20}: 1,4974. UV-Absorptionsmaximum: 220 nm.

(±)-1,1,6-Trimethyl-(4a*r*,8a*c*)-4a,7,8,8a-tetrahydro-isochroman-3-on, [(3*RS*,4*SR*)-8-Hydroxy-*p*-menth-1-en-3-yl]-essigsäure-lacton $C_{12}H_{18}O_2$, Formel XI + Spiegelbild.

Über Konstitution und Konfiguration s. *Berkoff*, *Crombie*, Soc. **1960** 3734, 3736.

B. Als Hauptprodukt beim Erwärmen von *trans*-Citral (3,7-Dimethyl-octa-2*t*,6-dienal) [Präparat von 80—90% Reinheit] mit Bromessigsäure-äthylester und Zink in Benzol und Erwärmen des Reaktionsprodukts mit methanol. Kalilauge (*de Tribolet et al.*, Helv. **41** [1958] 1587, 1599). Beim Behandeln von (±)-6*t*-Hydroxy-1,1,6*c*-trimethyl-(4a*r*,8a*c*)-hexahydro-isochroman-3-on mit Pyridin und Thionylchlorid (*Be.*, *Cr.*, Soc. **1960** 3745).

Krystalle (aus PAe.); F: 64° [unkorr.; Block] (*de Tr. et al.*).

5,7-Dimethyl-5,8-dihydro-4a*H*-isochroman-8a-carbaldehyd $C_{12}H_{18}O_2$, Formel XII, und **6,8-Dimethyl-5,8-dihydro-4a*H*-isochroman-8a-carbaldehyd** $C_{12}H_{18}O_2$, Formel XIII.

Diese beiden Konstitutionsformeln kommen für die nachstehend beschriebene opt.-inakt. Verbindung in Betracht.

B. Beim Erhitzen von 5,6-Dihydro-2*H*-pyran-3-carbaldehyd mit einem 2-Methyl-penta-1,3-dien enthaltendem Methylpentadien-Gemisch (*Shell Devel. Co.*, U.S.P. 2483824 [1947]).

Kp_1: 79—80°. D_4^{20}: 1,04. n_D^{20}: 1,5021.

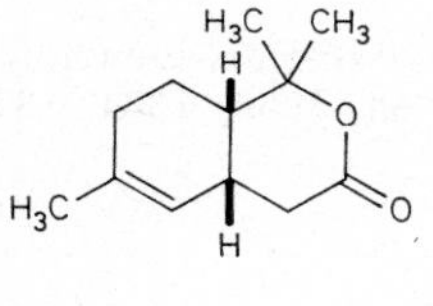

XI 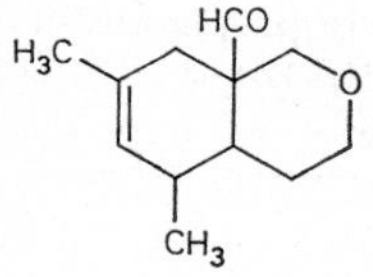 XII 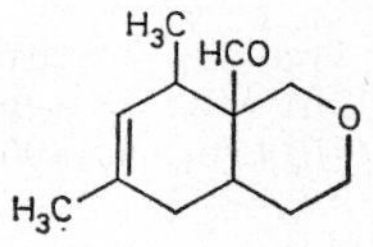 XIII 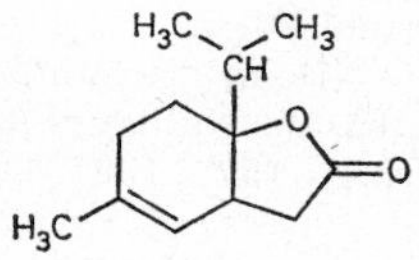 XIV

***Opt.-inakt. 7a-Isopropyl-5-methyl-3a,6,7,7a-tetrahydro-3*H*-benzofuran-2-on, [4-Hydroxy-*p*-menth-1-en-3-yl]-essigsäure-lacton** $C_{12}H_{18}O_2$, Formel XIV.

B. Beim Erwärmen von (±)-*p*-Menth-1-en-3-yliden-essigsäure (F: 127°) mit Bromwasserstoff in Essigsäure (*de Tribolet et al.*, Helv. **41** [1958] 1587, 1601).

$Kp_{0,05}$: 92—96°. D_4^{19}: 1,0475. n_D^{19}: 1,4944.

Beim Behandeln mit Lithiumalanat ist ein Diol $C_{12}H_{22}O_2$ ($Kp_{0,07}$: 112—114°) erhalten worden.

3-Butyl-3a,4,5,6-tetrahydro-3*H*-isobenzofuran-1-on, 6-[1-Hydroxy-pentyl]-cyclohex-1-encarbonsäure-lacton $C_{12}H_{18}O_2$.

a) **(3a*R*)-3*c*-Butyl-(3a*r*)-3a,4,5,6-tetrahydro-3*H*-isobenzofuran-1-on, (*R*)-6-[(*S*)-1-Hydroxy-pentyl]-cyclohex-1-encarbonsäure-lacton, Sedanolid, Neocnidilid** $C_{12}H_{18}O_2$, Formel I (H 304; dort als 3-Butyl-5,6,7,7a-tetrahydro-3*H*-isobenzofuran-1-on formuliert).

Über Konstitution und Konfiguration s. *Mitsuhashi*, *Muramatsu*, Tetrahedron **20** [1964] 1971, 1976; *Nagai*, *Mitsuhashi*, Tetrahedron **21** [1965] 1433, 1435; *Nagai et al.*, Tetrahedron **21** [1965] 1701, 1704.

Isolierung aus dem ätherischen Öl der Samen von Apium graveolens: *Noguchi*, J. pharm. Soc. Japan **54** [1934] 913, 933; dtsch. Ref. S. 171, 178; *Mi.*, *Mu.*

Kp_4: 147—148°; n_D^{21}: 1,5010; $[\alpha]_D^{11}$: —62,5° [$CHCl_3$; c = 1] (*Mi.*, *Mu.*). Kp_3: 147—149°; D^{15}: 1,0511; n_D^{15}: 1,5095; $[\alpha]_D^{14}$: —50,2° [$CHCl_3$; c = 5] (*No.*, l. c. S. 935). Absorptionsspektrum (340—430 nm): *No.*, l. c. S. 919.

I II III

b) **(3a*S*)-3*t*-Butyl-(3a*r*)-3a,4,5,6-tetrahydro-3*H*-isobenzofuran-1-on, (*S*)-6-[(*S*)-1-Hydroxy-pentyl]-cyclohex-1-encarbonsäure-lacton, Isocnidilid** $C_{12}H_{18}O_2$, Formel II.

Diese Verbindung hat wahrscheinlich neben Neocnidilid (S. **4647**), Cnidilid (s. u.) und (*S*)-3-Butyl-phthalid in dem aus dem ätherischen Öl der Wurzeln von Cnidium officinale isolierten Cnidiumlacton (s. E II **17** 324; *Noguchi*, J. pharm. Soc. Japan **54** [1934] 913, 923; dtsch. Ref. S. 171, 176) vorgelegen (*Mitsuhashi*, *Muramatsu*, Tetrahedron **20** [1964] 1971, 1973); über die Konfiguration s. *Nagai*, *Mitsuhashi*, Tetrahedron **21** [1965] 1433, 1435.

(3a*S*)-3*t*-Butyl-(3a*r*,7a*c*)-3a,4,5,7a-tetrahydro-3*H*-isobenzofuran-1-on, (1*R*)-*cis*-6-[(*S*)-1-Hydroxy-pentyl]-cyclohex-2-encarbonsäure-lacton, Cnidilid $C_{12}H_{18}O_2$, Formel III.

Diese Verbindung ist wahrscheinlich ein Bestandteil des als Cnidiumlacton bezeichneten Präparats aus dem ätherischen Öl der Wurzeln von Cnidium officinale (s. E II **17** 324; *Noguchi*, J. pharm. Soc. Japan **54** [1934] 913, 923; dtsch. Ref. S. 171, 176) gewesen (*Mitsuhashi*, *Muramatsu*, Tetrahedron **20** [1964] 1971, 1974); über die Konfiguration s. *Nagai*, *Mitsuhashi*, Tetrahedron **21** [1965] 1433; *Nagai et al.*, Tetrahedron **21** [1965] 1701.

***Opt.-inakt. 3-Äthyl-2,3-epoxy-5-isopropenyl-2-methyl-cyclohexanon** $C_{12}H_{18}O_2$, Formel IV.

B. Beim Behandeln von (±)-3-Äthyl-5-isopropenyl-2-methyl-cyclohex-2-enon mit methanol. Kalilauge und mit wss. Wasserstoffperoxid (*Treibs*, B. **65** [1932] 1324, 1328).

Kp_{13}: 137–139°. D^{20}: 1,014. n_D: 1,4895.

IV V VI

(±)-6-Isopropyliden-1-methyl-2-oxa-bicyclo[3.3.1]nonan-3-on, [(1*RS*, 3*SR*)-1-Hydroxy-*p*-menth-4(8)-en-3-yl]-essigsäure-lacton $C_{12}H_{18}O_2$, Formel V + Spiegelbild.

B. Beim Erhitzen von [(1*RS*,3*SR*,4*SR*)-8-Chlor-1-hydroxy-*p*-menthan-3-yl]-essigsäure-lacton mit Pyridin (*Berkoff*, *Crombie*, Soc. **1960** 3734, 3744; s. a. *Berkoff*, *Crombie*, Pr. chem. Soc. **1959** 400).

Krystalle (aus Pentan); F: 59,5–60°.

(±)-6*endo*-Isopropenyl-1-methyl-2-oxa-bicyclo[3.3.1]nonan-3-on, [(1*RS*,3*SR*,4*SR*)-1-Hydroxy-*p*-menth-8-en-3-yl]-essigsäure-lacton $C_{12}H_{18}O_2$, Formel VI + Spiegelbild.

B. Beim Erhitzen von [(1*RS*,3*SR*,4*SR*)-8-Chlor-1-hydroxy-*p*-menthan-3-yl]-essigsäure-lacton unter vermindertem Druck auf 200° (*Berkoff*, *Crombie*, Soc. **1960** 3734, 3744; s. a. *Berkoff*, *Crombie*, Pr. chem. Soc. **1959** 400).

Krystalle (aus Acn. + Pentan); F: 75°.

(±)-13-Oxa-dispiro[5.0.5.1]tridecan-1-on $C_{12}H_{18}O_2$, Formel VII.

B. Beim Behandeln einer Lösung von Bicyclohexyliden-2-on in Methanol mit wss.

Wasserstoffperoxid und wss. Natronlauge (*Reese*, B. **75** [1942] 384, 391).

Krystalle (aus PAe.); F: 98° (*Re.*), 96,5–97° (*House, Wasson*, Am. Soc. **78** [1956] 4394, 4399). UV-Absorptionsmaxima (A.): 253 nm und 259 nm (*Ho., Wa.*).

Beim Erhitzen auf 260° ist eine von *House, Wasson* als Spiro[5.6]dodecan-7,12-dion (s. E III **7** 3336) angesehene, nach *Hawkins, Large* (J. C. S. Perkin I **1973** 2169, 2170) sowie *Williams et al.* (J. org. Chem. **39** [1974] 1028, 1029) aber als Spiro[5.6]dodecan-1,7-dion zu formulierende Verbindung erhalten worden (*Re.*, l. c. S. 387, 392).

6-Oxa-dispiro[4.1.4.2]tridecan-12-on $C_{12}H_{18}O_2$, Formel VIII.

B. Beim Erwärmen von Bis-[1-hydroxy-cyclopentyl]-acetylen mit Quecksilber(II)-sulfat in Wasser (*Korobizyna et al.*, Ž. obšč. Chim. **25** [1955] 734, 737; engl. Ausg. S. 699, 701).

Kp_9: 111,5–112°; D_4^{20}: 1,0446; n_D^{20}: 1,4855 (*Ko. et al.*, l. c. S. 737). UV-Absorptionsmaximum (wss. A.): 280 nm (*Korobizyna et al.*, Ž. obšč. Chim. **25** [1955] 1394, 1397; engl. Ausg. S. 1341, 1343).

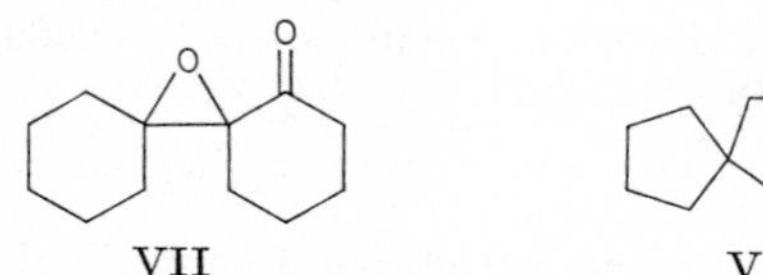

VII

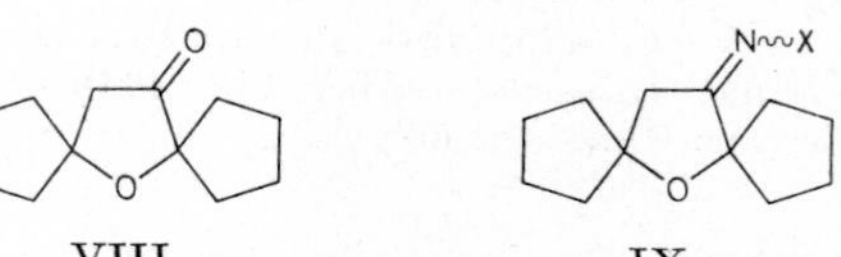

VIII IX

6-Oxa-dispiro[4.1.4.2]tridecan-12-on-oxim $C_{12}H_{19}NO_2$, Formel IX (X = OH).

B. Aus 6-Oxa-dispiro[4.1.4.2]tridecan-12-on und Hydroxylamin (*Korobizyna et al.*, Ž. obšč. Chim. **25** [1955] 734, 737; engl. Ausg. S. 699, 701).

Krystalle (aus wss. A.); F: 59°.

6-Oxa-dispiro[4.1.4.2]tridecan-12-on-semicarbazon $C_{13}H_{21}N_3O_2$, Formel IX (X = NH-CO-NH_2).

B. Aus 6-Oxa-dispiro[4.1.4.2]tridecan-12-on und Semicarbazid (*Korobizyna et al.*, Ž. obšč. Chim. **25** [1955] 734, 737; engl. Ausg. S. 699, 701).

Krystalle (aus wss. A.); F: 149,5–150°.

6-Oxa-dispiro[4.1.4.2]tridecan-12-on-thiosemicarbazon $C_{13}H_{21}N_3OS$, Formel IX (X = NH-CS-NH_2).

B. Aus 6-Oxa-dispiro[4.1.4.2]tridecan-12-on und Thiosemicarbazid (*Korobizyna et al.*, Ž. obšč. Chim. **25** [1955] 734, 737; engl. Ausg. S. 699, 701).

Krystalle (aus Me.); F: 193–194°.

***Opt.-inakt. Decahydro-azuleno[4.5-*b*]furan-2-on, [4-Hydroxy-decahydro-azulen-5-yl]-essigsäure-lacton** $C_{12}H_{18}O_2$, Formel X.

B. Beim Erwärmen von opt.-inakt. [4-Oxo-decahydro-azulen-5-yl]-essigsäure-methylester ($Kp_{0,2}$: 145–147°) mit wss. Natronlauge, Behandeln des Reaktionsprodukts mit wss. Natronlauge und Natriumboranat und Erwärmen des Reaktionsgemisches mit wss. Schwefelsäure (*Mangoni, Belardini*, Ann. Chimica **50** [1960] 322, 331; s. a. *Mangoni, Belardini*, Ric. scient. **29** [1959] 1542, 1543).

$Kp_{0,4}$: 168–170° (*Ma., Be.*, Ann. Chimica **50** 331); $Kp_{0,3}$: 168–170° (*Ma., Be.*, Ric. scient. **29** 1543). IR-Spektrum (2,5–15 μ): *Ma., Be.*, Ann. Chimica **50** 328.

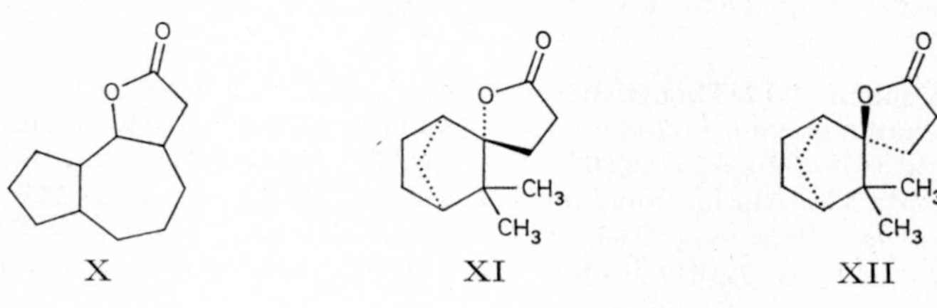

X XI XII

(2*S*,1'*R*)-3',3'-Dimethyl-3,4-dihydro-spiro[furan-2,2'-norbornan]-5-on, 3-[(1*R*)-2*exo*-Hydroxy-3,3-dimethyl-[2*endo*]norbornyl]-propionsäure-lacton $C_{12}H_{18}O_2$, Formel XI, und **(2*R*,1'*R*)-3',3'-Dimethyl-3,4-dihydro-spiro[furan-2,2'-norbornan]-5-on, 3-[(1*R*)-2*endo*-Hydroxy-3,3-dimethyl-[2*exo*]norbornyl]-propionsäure-lacton** $C_{12}H_{18}O_2$, Formel XII.

Gemische dieser beiden Verbindungen haben nach *Gream, Wege* (Tetrahedron **22** [1966] 2583, 2588) in den nachstehend beschriebenen Präparaten vorgelegen.

B. Beim Erhitzen von (−)-Bicycloekasantalsäure (Präparat vom F: 63° bzw. F: 64° [E III **9** 335]) mit Ameisensäure (*Ruzicka, Thomann*, Helv. **18** [1935] 355, 361; *Bhattacharyya*, Sci. Culture **13** [1947] 158). Beim Erhitzen von (+)-Tricycloekasantalsäure (E III **9** 336) mit Ameisensäure (*Ru., Th.*) oder mit wss. Schwefelsäure (*Bh.*).

F: 103—104° (*Ru., Th.*; *Bh.*).

(3a*RS*,10a*SR*)-(3a*r*,6a*t*)-Octahydro-naphtho[1,8a-*b*]furan-2-on, (±)-[4*c*-Hydroxy-(8a*c*)-octahydro-[4a*r*]naphthyl]-essigsäure-lacton $C_{12}H_{18}O_2$, Formel XIII + Spiegelbild.

B. Neben [4*t*-Hydroxy-(8a*c*)-octahydro-[4a*r*]naphthyl]-essigsäure beim Erwärmen von (±)-[4-Oxo-*cis*-octahydro-[4a]naphthyl]-essigsäure mit wss. Natronlauge und Natriumboranat (*Haworth, Turner*, Soc. **1958** 1240, 1247).

Krystalle (aus PAe.); F: 66°.

***Opt.-inakt. 7,8,8-Trimethyl-hexahydro-4,7-methano-benzofuran-3-on** $C_{12}H_{18}O_2$, Formel XIV.

B. Beim Erwärmen von opt.-inakt. [2-Hydroxy-bornan-3-yl]-äthan-1,2-diol (F: 64—65°) mit Chrom(VI)-oxid in Essigsäure (*Jäger, Färber*, B. **92** [1959] 2492, 2498).

Als Semicarbazon (s. u.) isoliert.

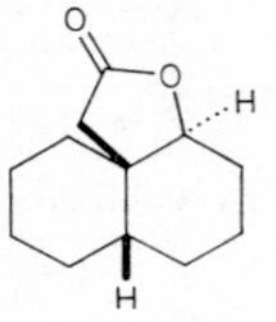

XIII 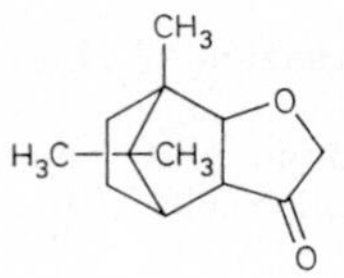 XIV 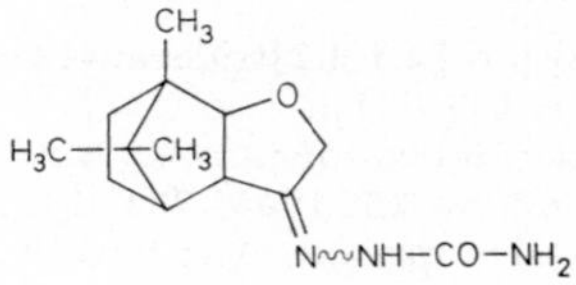 XV

***Opt.-inakt. 7,8,8-Trimethyl-hexahydro-4,7-methano-benzofuran-3-on-semicarbazon** $C_{13}H_{21}N_3O_2$, Formel XV.

B. Aus dem im vorangehenden Artikel aufgeführten Keton (*Jäger, Färber*, B. **92** [1959] 2492, 2498).

Krystalle (aus Me.); F: 224—228°. [*Tarrach*]

Oxo-Verbindungen $C_{13}H_{20}O_2$

3,5-Di-*tert*-butyl-pyran-2-on, 2,4-Di-*tert*-butyl-5*c*-hydroxy-penta-2*c*,4-diensäure-lacton $C_{13}H_{20}O_2$, Formel I.

B. Beim Erhitzen von 3,5-Di-*tert*-butyl-6-oxo-6*H*-pyran-2-carbonsäure (*Campbell*, Am. Soc. **73** [1951] 4190, 4194).

Krystalle (aus Isooctan); F: 67,5—68° (*Ca. et al.*). IR-Spektrum der festen Verbindung von 2 μ bis 15 μ: *Stitt et al.*, Am. Soc. **76** [1954] 3642, 3645; einer Lösung in Tetrachlormethan von 2 μ bis 7,7 μ und sowie einer Lösung in Schwefelkohlenstoff von 7,7 μ bis 15 μ: *St. et al.*, l. c. S. 3645. UV-Spektrum (Me.; 225—350 nm): *St. et al.*, l. c. S. 3644.

2-Nonanoyl-thiophen, 1-[2]Thienyl-nonan-1-on $C_{13}H_{20}OS$, Formel II.

B. Beim Behandeln von Thiophen mit Nonanoylchlorid in Benzol unter Zusatz von Zinn(IV)-chlorid (*Campaigne, Diedrich*, Am. Soc. **70** [1948] 391) oder in Schwefelkohlenstoff unter Zusatz von Aluminiumchlorid (*Cagniant, Deluzarche*, C. r. **225** [1947] 455).

Kp_{18}: 185° (*Cag., De.*); Kp_1: 155—157° [unkorr.] (*Cam., Di.*). D_4^{20}: 0,970 (*Cam., Di.*); D_4^{26}: 1,00 (*Cag., De.*). n_D^{20}: 1,4917 (*Cam., Di.*), 1,5150 (*Cag., De.*).

Reaktion mit 5-Methyl-indolin-2,3-dion unter Bildung von 3-Heptyl-6-methyl-2-[2]thienyl-chinolin-4-carbonsäure: *Cag.*, *De.*

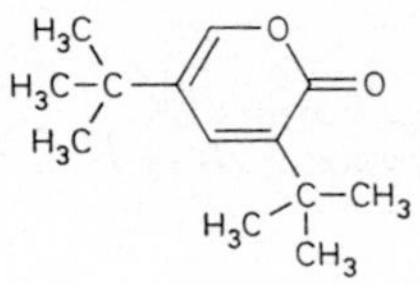

I 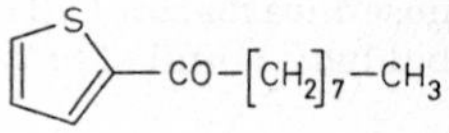 II 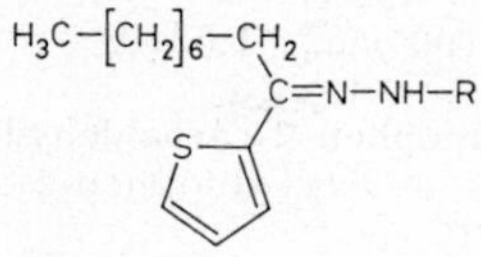 III

1-[2]Thienyl-nonan-1-on-[2,4-dinitro-phenylhydrazon] $C_{19}H_{24}N_4O_4S$, Formel III ($R = C_6H_3(NO_2)_2$).

B. Aus 1-[2]Thienyl-nonan-1-on und [2,4-Dinitro-phenyl]-hydrazin (*Campaigne*, *Diedrich*, Am. Soc. **70** [1948] 391; *Cagniant*, *Cagniant*, Bl. **1954** 1349, 1356).

Rote Krystalle; F: 108—109° (*Ca.*, *Di.*), 106—106,5° (*Ca.*, *Ca.*).

1-[2]Thienyl-nonan-1-on-semicarbazon $C_{14}H_{23}N_3OS$, Formel III ($R = CO\text{-}NH_2$).

B. Aus 1-[2]Thienyl-nonan-1-on und Semicarbazid (*Campaigne*, *Diedrich*, Am. Soc. **70** [1948] 391).

F: 134—135° [unkorr.].

2-Nonanoyl-selenophen, 1-Selenophen-2-yl-nonan-1-on $C_{13}H_{20}OSe$, Formel IV.

B. Beim Erwärmen von Selenophen mit Nonansäure-anhydrid und wasserhaltiger Phosphorsäure (*Kataew*, *Palkina*, Uč. Zap. Kazansk. Univ. **113** [1953] Nr. 8, S. 115, 121; C. A. **1958** 3762).

Kp_3: 155—156°. D_4^{20}: 1,1884. n_D^{20}: 1,5330.

1-Selenophen-2-yl-nonan-1-on-semicarbazon $C_{14}H_{23}N_3OSe$, Formel V.

B. Aus 1-Selenophen-2-yl-nonan-1-on und Semicarbazid (*Kataew*, *Palkina*, Uč. Zap. Kazansk. Univ. **113** [1953] Nr. 8, S. 115, 121; C. A. **1958** 3762).

Krystalle (aus Me.); F: 142°.

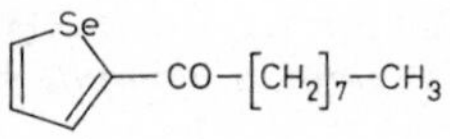

IV 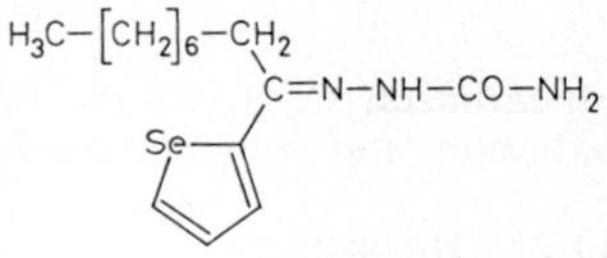 V 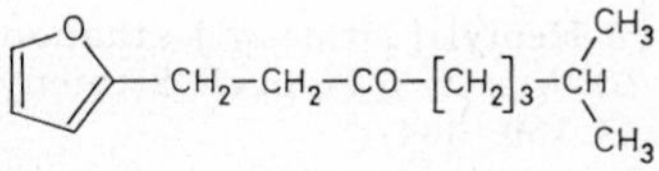 VI

1-[2]Furyl-7-methyl-octan-3-on $C_{13}H_{20}O_2$, Formel VI.

B. Bei der Hydrierung von 1-[2]Furyl-7-methyl-oct-1-en-3-on an Raney-Nickel in Äthanol (*Ponomarew*, *Til'*, Ž. obšč. Chim. **27** [1957] 1075, 1078; engl. Ausg. S. 1159).

$Kp_{1,5}$: 117—118°. D_4^{20}: 0,9532. n_D^{20}: 1,6338.

(±)-4-[2]Furyl-7-methyl-octan-2-on $C_{13}H_{20}O_2$, Formel VII.

B. Beim Erwärmen von 4-[2]Furyl-but-3-en-2-on mit Isopentylmagnesiumjodid in Äther (*Tschelinzew*, *Til'*, Uč. Zap. Saratovsk. Univ. **15** [1940] Nr. 4, S. 24, 27, 29; C. A. **1941** 6953).

Kp_{10}: 125—130° [im CO_2-Strom]. D_4^{13}: 0,9682. n_D^{13}: 1,4808.

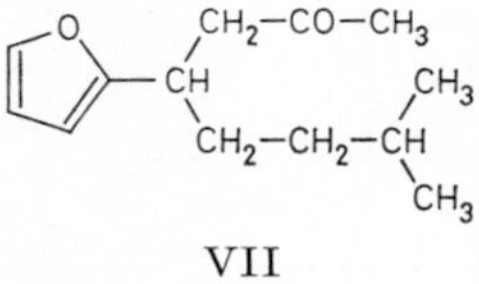

VII 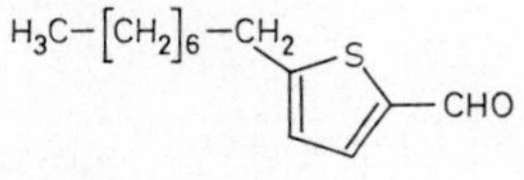 VIII

5-Octyl-thiophen-2-carbaldehyd $C_{13}H_{20}OS$, Formel VIII.

Bildung aus 2-Octyl-thiophen, *N*-Methyl-formanilid und Phosphorylchlorid: *Buu-Hoi et al.*, Soc. **1955** 1581.

Kp_{14}: 190°. n_D^{25}: 1,5310.

5-Octyl-thiophen-2-carbaldehyd-thiosemicarbazon $C_{14}H_{23}N_3S_2$, Formel IX.

B. Aus 5-Octyl-thiophen-2-carbaldehyd und Thiosemicarbazid (*Buu-Hoi et al.*, Soc. **1955** 1581).

Krystalle (aus A.); F: 94°.

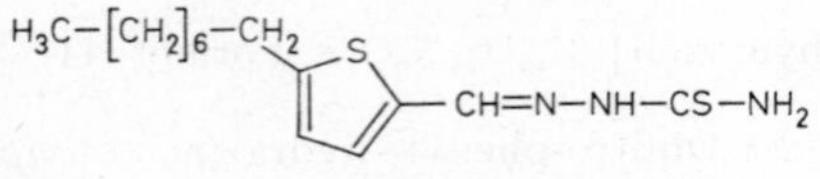

IX 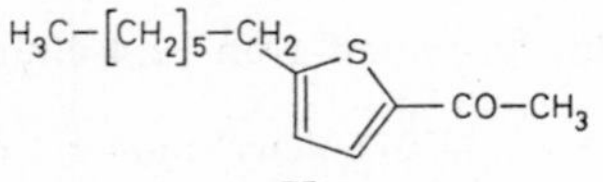 X

2-Acetyl-5-heptyl-thiophen, 1-[5-Heptyl-[2]thienyl]-äthanon $C_{13}H_{20}OS$, Formel X.

B. Beim Behandeln von 2-Heptyl-thiophen mit Acetylchlorid und Aluminiumchlorid in Schwefelkohlenstoff (*Cagniant, Cagniant,* Bl. **1955** 359, 364).

$Kp_{11,5}$: 179,5°. D_4^{20}: 0,999. n_D^{19}: 1,5227.

1-[5-Heptyl-[2]thienyl]-äthanon-[2,4-dinitro-phenylhydrazon] $C_{19}H_{24}N_4O_4S$, Formel XI ($R = C_6H_3(NO_2)_2$).

B. Aus 1-[5-Heptyl-[2]thienyl]-äthanon und [2,4-Dinitro-phenyl]-hydrazin (*Cagniant, Cagniant,* Bl. **1955** 359, 364).

Rote Krystalle (aus Bzl. + A.); F: 127,5–128°.

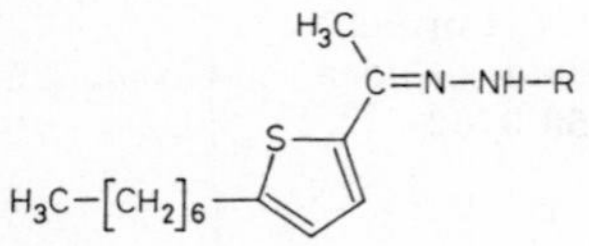

XI 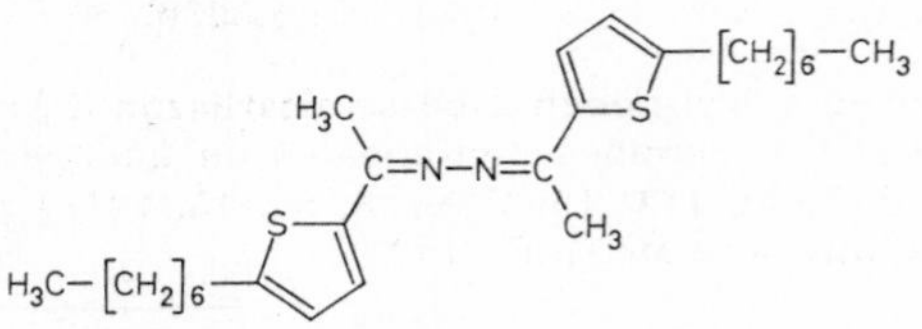 XII

1-[5-Heptyl-[2]thienyl]-äthanon-semicarbazon $C_{14}H_{23}N_3OS$, Formel XI ($R = CO\text{-}NH_2$).

B. Aus 1-[5-Heptyl-[2]thienyl]-äthanon und Semicarbazid (*Cagniant, Cagniant,* Bl. **1955** 359, 364).

Krystalle (aus Bzl. + A.); F: 211,5° [Block].

Bis-[1-(5-heptyl-[2]thienyl)-äthyliden]-hydrazin, 1-[5-Heptyl-[2]thienyl]-äthanon-azin $C_{26}H_{40}N_2S_2$, Formel XII.

B. Aus 1-[5-Heptyl-[2]thienyl]-äthanon (*Cagniant, Cagniant,* Bl. **1955** 359, 364).

Gelbe Krystalle (aus A. + Bzl.); F: 87°.

2-Äthyl-5-heptanoyl-thiophen, 1-[5-Äthyl-[2]thienyl]-heptan-1-on $C_{13}H_{20}OS$, Formel I.

B. Beim Behandeln von 2-Äthyl-thiophen mit Heptanoylchlorid in Schwefelkohlenstoff unter Zusatz von Aluminiumchlorid (*Cagniant, Cagniant,* Bl. **1955** 359, 365) oder unter Zusatz von Zinn(IV)-chlorid (*Badger et al.*, Soc. **1954** 4162, 4163).

$Kp_{12,8}$: 180° (*Ca., Ca.*); $Kp_{0,05}$: 102–104° (*Ba. et al.*). $D_4^{20,5}$: 1,000 (*Ca., Ca.*). $n_D^{19,2}$: 1,5212 (*Ca., Ca.*).

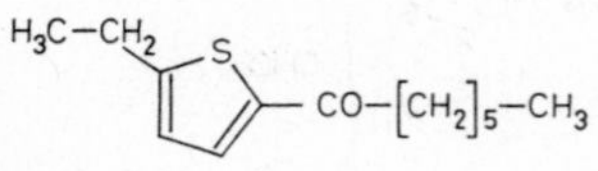

I 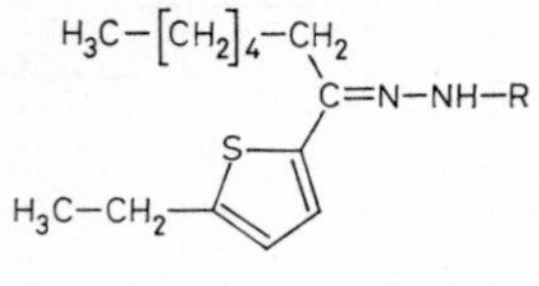 II 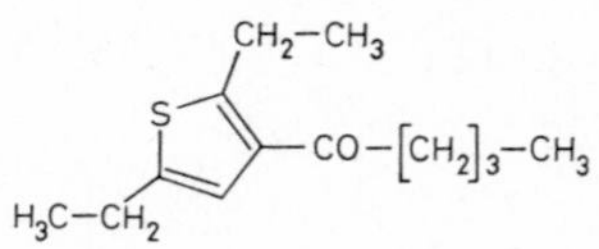 III

1-[5-Äthyl-[2]thienyl]-heptan-1-on-[2,4-dinitro-phenylhydrazon] $C_{19}H_{24}N_4O_4S$, Formel II ($R = C_6H_3(NO_2)_2$).

B. Aus 1-[5-Äthyl-[2]thienyl]-heptan-1-on und [2,4-Dinitro-phenyl]-hydrazin (*Cagniant, Cagniant*, Bl. **1955** 359, 365).

Rote Krystalle (aus A.); F: 129°.

1-[5-Äthyl-[2]thienyl]-heptan-1-on-semicarbazon $C_{14}H_{23}N_3OS$, Formel II (R = CO-NH_2).

B. Aus 1-[5-Äthyl-[2]thienyl]-heptan-1-on und Semicarbazid (*Cagniant, Cagniant*, Bl. **1955** 359, 365).

Krystalle (aus A.); F: 155° [Block].

2,5-Diäthyl-3-valeryl-thiophen, 1-[2,5-Diäthyl-[3]thienyl]-pentan-1-on $C_{13}H_{20}OS$, Formel III.

B. Beim Behandeln von 2,5-Diäthyl-thiophen mit Valerylchlorid und Aluminium= chlorid in Schwefelkohlenstoff (*Cagniant, Cagniant*, Bl. **1953** 713, 722).

Kp_{11}: 154°. D_4^{19}: 1,003. $n_D^{19,8}$: 1,5171.

1-[2,5-Diäthyl-[3]thienyl]-pentan-1-on-[2,4-dinitro-phenylhydrazon] $C_{19}H_{24}N_4O_4S$, Formel IV ($R = C_6H_3(NO_2)_2$).

B. Aus 1-[2,5-Diäthyl-[3]thienyl]-pentan-1-on und [2,4-Dinitro-phenyl]-hydrazin (*Cagniant, Cagniant*, Bl. **1953** 713, 723).

Rote Krystalle (aus A.); F: 112°.

1-[2,5-Diäthyl-[3]thienyl]-pentan-1-on-semicarbazon $C_{14}H_{23}N_3OS$, Formel IV (R = CO-NH_2).

B. Aus 1-[2,5-Diäthyl-[3]thienyl]-pentan-1-on und Semicarbazid (*Cagniant, Cagniant*, Bl. **1953** 713, 723).

Krystalle (aus Bzl. + Bzn.); F: 113°.

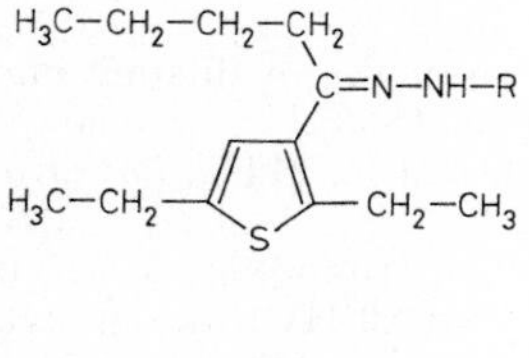

IV 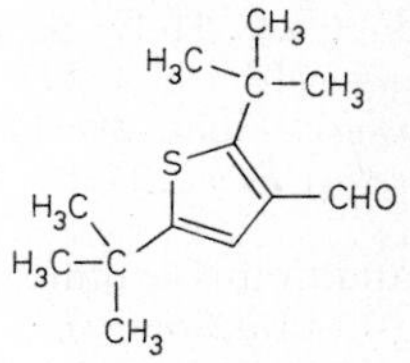 V 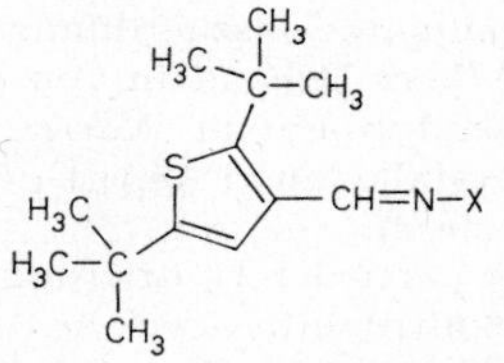 VI

2,5-Di-*tert*-butyl-thiophen-3-carbaldehyd $C_{13}H_{20}OS$, Formel V.

B. Beim Erwärmen von 2,5-Di-*tert*-butyl-thiophen mit *N*-Methyl-formanilid und Phos= phorylchlorid und anschliessenden Behandeln mit wss. Natriumacetat-Lösung (*Sy et al.*, Soc. **1955** 21, 23; *Gol'dfarb, Konštantinow*, Izv. Akad. S.S.S.R. Otd. chim. **1956** 992, 996; engl. Ausg. S. 1013, 1016).

Kp_{13}: 137° (*Sy et al.*); Kp_{10}: 144–145,5° (*Go., Ko.*). D_4^{20}: 1,0139 (*Go., Ko.*). n_D^{20}: 1,5368 (*Go., Ko.*); n_D^{21}: 1,5147 (*Sy et al.*).

2,5-Di-*tert*-butyl-thiophen-3-carbaldehyd-oxim $C_{13}H_{21}NOS$, Formel VI (X = OH).

B. Aus 2,5-Di-*tert*-butyl-thiophen-3-carbaldehyd und Hydroxylamin (*Sy et al.*, Soc. **1955** 21, 23; *Gol'dfarb, Konštantinow*, Izv. Akad. S.S.S.R. Otd. chim. **1956** 992, 996; engl. Ausg. S. 1013, 1016).

Krystalle; F: 131–132° [aus wss. A.] (*Go., Ko*), 106° [aus A.] (*Sy et al.*).

2,5-Di-*tert*-butyl-thiophen-3-carbaldehyd-[2,4-dinitro-phenylhydrazon] $C_{19}H_{24}N_4O_4S$, Formel VI ($X = NH\text{-}C_6H_3(NO_2)_2$).

B. Aus 2,5-Di-*tert*-butyl-thiophen-3-carbaldehyd und [2,4-Dinitro-phenyl]-hydrazin (*Sy et al.*, Soc. **1955** 21, 23).

Rote Krystalle (aus Eg.); F: 219°.

2,5-Di-*tert*-butyl-thiophen-3-carbaldehyd-semicarbazon $C_{14}H_{23}N_3OS$, Formel VI (X = NH-CO-NH_2).

B. Aus 2,5-Di-*tert*-butyl-thiophen-3-carbaldehyd und Semicarbazid (*Sy et al.*, Soc. **1955** 21, 23).

Krystalle; F: 231°.

3-Acetyl-2,5-diäthyl-4-propyl-thiophen, 1-[2,5-Diäthyl-4-propyl-[3]thienyl]-äthanon $C_{13}H_{20}OS$, Formel VII.

B. Beim Behandeln von 2,5-Diäthyl-3-propyl-thiophen mit Acetylchlorid und Aluminiumchlorid in Schwefelkohlenstoff (*Cagniant, Cagniant,* Bl. **1953** 713, 724).

$Kp_{9,5}$: 141°. $n_D^{20,5}$: 1,5202.

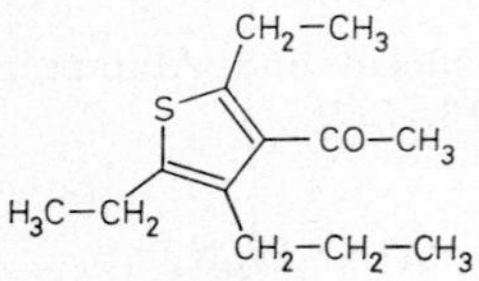

VII 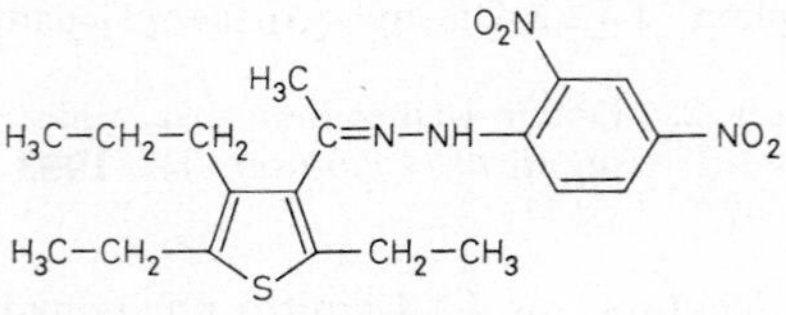 VIII 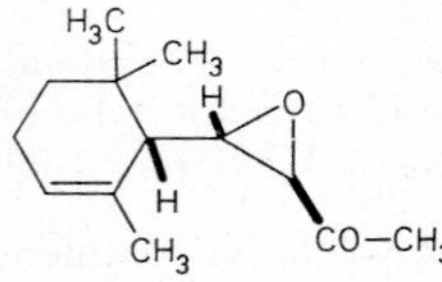 IX

1-[2,5-Diäthyl-4-propyl-[3]thienyl]-äthanon-[2,4-dinitro-phenylhydrazon] $C_{19}H_{24}N_4O_4S$, Formel VIII.

B. Aus 1-[2,5-Diäthyl-4-propyl-[3]thienyl]-äthanon und [2,4-Dinitro-phenyl]-hydrazin (*Cagniant, Cagniant,* Bl. **1953** 713, 724).

Rote Krystalle (aus A.); F: 109°.

(2*RS*)-*trans*-2-Acetyl-3-[(*SR*)-2,6,6-trimethyl-cyclohex-2-enyl]-oxiran, (3*RS*,4*SR*)-3,4-Epoxy-4-[(*SR*)-2,6,6-trimethyl-cyclohex-2-enyl]-butan-2-on $C_{13}H_{20}O_2$, Formel IX + Spiegelbild (in der Literatur auch als α-Jonon-α′,β′-epoxid bezeichnet).

Konfigurationszuordnung: *Ohloff, Uhde,* Helv. **53** [1970] 531.

B. Beim Behandeln von (±)-*trans*-α-Jonon (E III **7** 641) mit wss. Kalilauge und wss. Wasserstoffperoxid (*Karrer, Stürzinger,* Helv. **29** [1946] 1829, 1833).

Krystalle (aus PAe.); F: 58° (*Prelog, Frick,* Helv. **31** [1948] 2135, 2141), 38° (*Ka., St.; Oh., Uhde*).

Bei partieller Hydrierung an Palladium/Bariumcarbonat in Äthanol sind 4-Hydroxy-4-[2,6,6-trimethyl-cyclohex-2-enyl]-butan-2-on (F: 63°) und 3-Hydroxy-4-[2,6,6-trimethyl-cyclohex-2-enyl]-butan-2-on(?) ($Kp_{0,1}$: 77–80°) erhalten worden (*Pr., Fr.,* l. c. S. 2135, 2136, 2141).

(3*RS*,4*SR*)-3,4-Epoxy-4-[(*SR*)-2,6,6-trimethyl-cyclohex-2-enyl]-butan-2-on-[4-phenyl-semicarbazon] $C_{20}H_{27}N_3O_2$, Formel X + Spiegelbild.

B. Aus dem im vorangehenden Artikel beschriebenen Keton und 4-Phenyl-semicarbazid (*Prelog, Frick,* Helv. **31** [1948] 2135, 2137, 2141).

Krystalle (aus $CHCl_3$ + Me.); F: 176° [korr.]. UV-Spektrum (A.; 220–300 nm): *Pr., Fr.,* l. c. S. 2137.

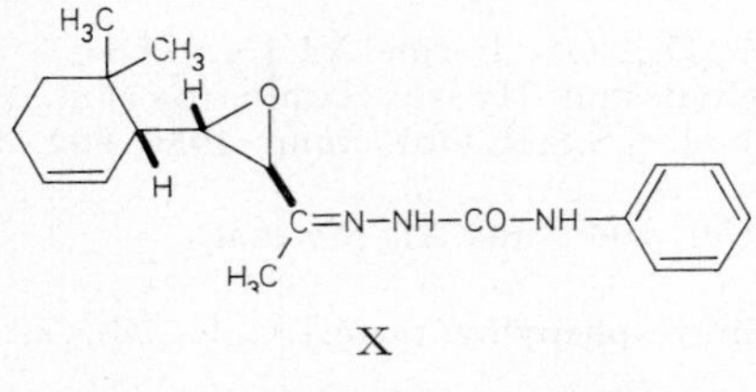

X 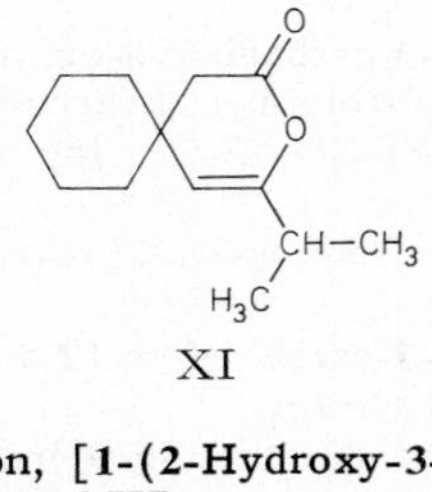 XI 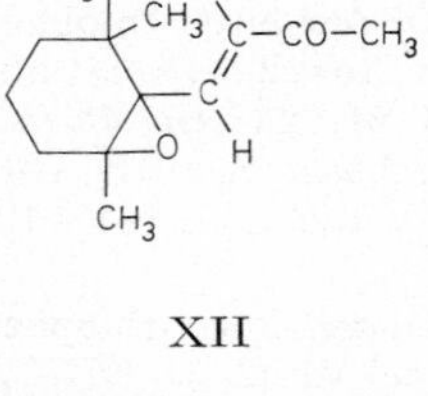 XII

4-Isopropyl-3-oxa-spiro[5.5]undec-4-en-2-on, [1-(2-Hydroxy-3-methyl-but-2-en-*t*-yl)-cyclohexyl]-essigsäure-lacton $C_{13}H_{20}O_2$, Formel XI.

B. Beim Erwärmen von [1-(3-Methyl-2-oxo-butyl)-cyclohexyl]-essigsäure mit Acetyl=

chlorid (*Desai*, Soc. **1932** 1079, 1088).
Kp_{20}: 163°. D_4^{19}: 1,012. n_D^{19}: 1,4882.

(±)-4*t*-[1,2-Epoxy-2,6,6-trimethyl-cyclohexyl]-but-3-en-2-on $C_{13}H_{20}O_2$, Formel XII (in der Literatur auch als *β*-Jonon-2,3-epoxid bezeichnet).

B. Beim Behandeln von *trans-β*-Jonon (E III **7** 634) mit Peroxybenzoesäure in Chloroform (*Naves et al.*, Helv. **30** [1947] 880) oder mit Monoperoxyphthalsäure in Äther (*Karrer, Stürzinger*, Helv. **29** [1946] 1829, 1835).

Krystalle (aus Ae. + PAe.); F: 49° (*Karrer, Rodmann*, Helv. **31** [1948] 1074, 1076), 46–48° (*Na. et al.*). $Kp_{0,8}$: 97–100° (*Na. et al.*); $Kp_{0,4}$: 83–84° (*Na. et al.*). n_D^{25}: 1,4870 (*Na. et al.*). UV-Absorptionsmaximum: 230 nm [Hexan], 234 nm [A.] (*Na. et al.*).

(±)-4*t*-[2*c*,3*c*-Epoxy-2*t*,6,6-trimethyl-cyclohex-*r*-yl]-but-3-en-2-on $C_{13}H_{20}O_2$, Formel I + Spiegelbild (in der Literatur auch als *α*-Jonon-3,4-epoxid bezeichnet).

Über die Konfiguration s. *Ohloff, Mignat*, A. **652** [1962] 115, 119.

B. Beim Behandeln von (±)-*trans-α*-Jonon (E III **7** 641) mit Peroxybenzoesäure in Chloroform (*Naves et al.*, Helv. **30** [1947] 880) oder mit Monoperoxyphthalsäure in Äther (*Karrer, Stürzinger*, Helv. **29** [1946] 1829, 1832; *Na. et al.*).

$Kp_{2,7}$: 113–114° (*Na. et al.*); $Kp_{0,8}$: 107,5° (*Na. et al.*); $Kp_{0,2}$: 80° (*Prelog, Frick*, Helv. **31** [1948] 2135, 2140). D_4^{20}: 0,9954 (*Na. et al.*). n_D^{20}: 1,49032; n_D^{25}: 1,4882; $n_{656,3}^{20}$: 1,48669; $n_{486,1}^{20}$: 1,49911 (*Na. et al.*). UV-Spektrum (A. + Hexan; 210–280 nm): *Na. et al.*

Bei der Hydrierung an Platin in Essigsäure ist 4-[5-Hydroxy-2,2,6-trimethyl-cyclohexyl]-butan-2-ol (F: 129°), bei der Hydrierung an Palladium/Bariumcarbonat in Äthanol ist 4-[2*c*,3*c*-Epoxy-2*t*,6,6-trimethyl-cyclohex-*r*-yl]-butan-2-on erhalten worden (*Pr.*, *Fr.*, l. c. S. 2140).

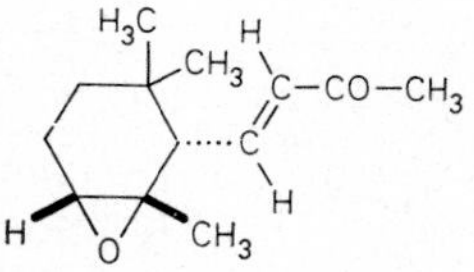

I 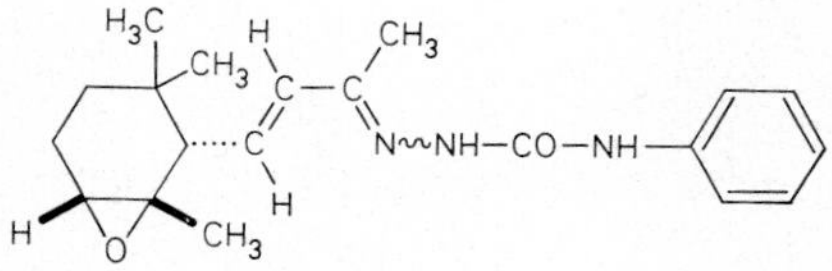 II 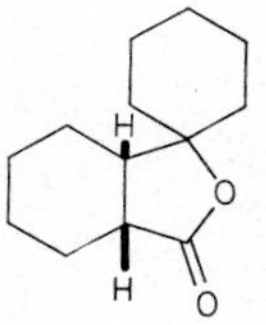 III 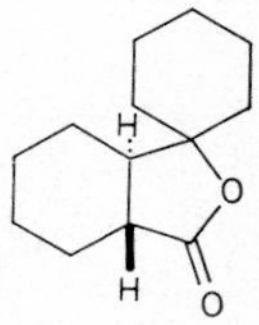 IV

(±)-4*t*-[2*c*,3*c*-Epoxy-2*t*,6,6-trimethyl-cyclohex-*r*-yl]-but-3-en-2-on-[4-phenyl-semicarbazon] $C_{20}H_{27}N_3O_2$, Formel II + Spiegelbild.

B. Aus dem im vorangehenden Artikel beschriebenen Keton und 4-Phenyl-semicarbazid (*Prelog, Frick*, Helv. **31** [1948] 2135, 2140).

Krystalle (aus $CHCl_3$ + Me.); F: 196°. UV-Spektrum (A.; 220–340 nm): *Pr.*, *Fr.*, l. c. S. 2137.

Hexahydro-spiro[cyclohexan-1,1′-isobenzofuran]-3′-on, 1′-Hydroxy-bicyclohexyl-2-carbonsäure-lacton $C_{13}H_{20}O_2$.

a) **(±)-*cis*-Hexahydro-spiro[cyclohexan-1,1′-isobenzofuran]-3′-on, (±)-1′-Hydroxy-(1*rH*)-bicyclohexyl-2*t*-carbonsäure-lacton** $C_{13}H_{20}O_2$, Formel III + Spiegelbild.

B. Bei der Hydrierung von 2-[1-Hydroxy-cyclohexyl]-cyclohex-1-encarbonsäure-lacton oder von (±)-6-[1-Hydroxy-cyclohexyl]-cyclohex-1-encarbonsäure-lacton an Raney-Nickel bei 150°/100 at (*Overberger, Kabasakalian*, Am. Soc. **79** [1957] 3182, 3185). Bei der Elektrolyse von *meso*-(1*rH*,1′*r*′*H*)-Bicyclohexyl-2*t*,2′*t*′-dicarbonsäure in Natriummethylat enthaltendem Methanol (*Ov.*, *Ka.*, l. c. S. 3184). Beim Erwärmen des unter b) beschriebenen Stereoisomeren mit Natriummethylat in Methanol (*Ov.*, *Ka.*).

Krystalle (aus PAe.); F: 55–56°.

Beim Erwärmen mit Natriummethylat in Methanol erfolgt partielle (10%) Umwandlung in das unter b) beschriebene Stereoisomere (*Ov.*, *Ka.*, l. c. S. 3186).

b) **(±)-*trans*-Hexahydro-spiro[cyclohexan-1,1′-isobenzofuran]-3′-on, (±)-1′-Hydroxy-(1*rH*)-bicyclohexyl-2*c*-carbonsäure-lacton** $C_{13}H_{20}O_2$, Formel IV + Spiegelbild.

B. In kleiner Menge beim Erwärmen von (±)-*trans*-2-Brom-cyclohexancarbonsäureäthylester mit Cyclohexanon, Magnesium und wenig Quecksilber(II)-chlorid in Tetrahydrofuran und Behandeln des Reaktionsgemisches mit wss. Salzsäure (*Overberger, Kabasakalian*, Am. Soc. **79** [1957] 3182, 3185). Bei der Elektrolyse von *racem.*-(1*rH*,1'*r'H*)-Bicyclohexyl-2*c*,2'*c'*-dicarbonsäure oder von *meso*-(1*rH*,1'*r'H*)-Bicyclohexyl-2*c*,2'*c'*-dicarbonsäure in Natriummethylat enthaltendem Methanol (*Ov., Ka.*).

Krystalle; F: 99—99,5°.

Beim Erwärmen mit Natriummethylat in Methanol erfolgt Umwandlung in das unter a) beschriebene Stereoisomere.

***Opt.-inakt. 6-Methyl-decahydro-azuleno[4,5-*b*]furan-2-on, [4-Hydroxy-8-methyl-decahydro-azulen-5-yl]-essigsäure-lacton** $C_{13}H_{20}O_2$, Formel V.

B. Beim Erwärmen von opt.-inakt. [8-Methyl-4-oxo-decahydro-azulen-5-yl]-essigsäure-methylester ($Kp_{0,4}$: 156—157°) mit wss. Natronlauge, Behandeln des Reaktionsprodukts mit wss. Natronlauge und mit Natriumboranat und Erwärmen des Reaktionsgemisches mit wss. Schwefelsäure (*Mangoni, Belardini*, Ann. Chimica **50** [1960] 322, 331; s. a. *Mangoni, Belardini*, Ric. scient. **29** [1959] 1542, 1544).

$Kp_{0,2}$: 159—160°. IR-Spektrum (2,5—15 μ): *Ma., Be.*, Ann. Chimica **50** 328.

***Opt.-inakt. Dodecahydro-benzo[*h*]chromen-2-on, 3-[1-Hydroxy-decahydro-[2]naphthyl]-propionsäure-lacton** $C_{13}H_{20}O_2$, Formel VI.

B. Beim Erhitzen von opt.-inakt. 3-[1-Hydroxy-decahydro-[2]naphthyl]-propionsäure [*S*-Benzyl-isothiuronium-Salz: F: 155°] (*Nakabayashi*, J. pharm. Soc. Japan **77** [1957] 523, 526; C. A. **1957** 14708).

Kp: 282—285°. D_4^{24}: 1,0952. n_D^{24}: 1,5288.

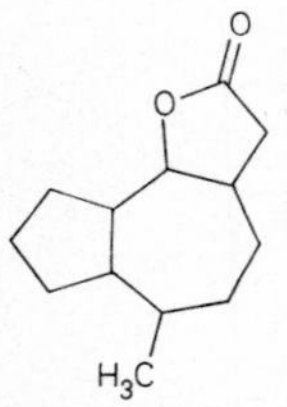

V 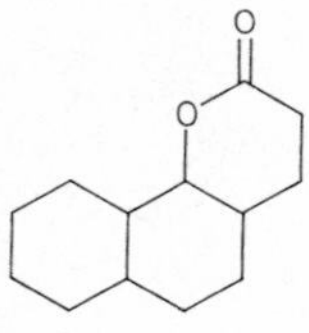 VI 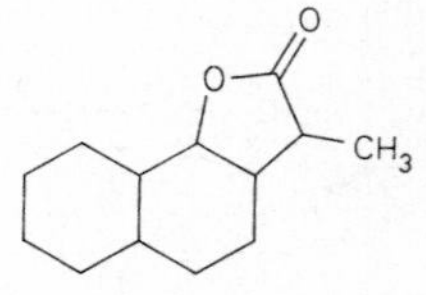 VII 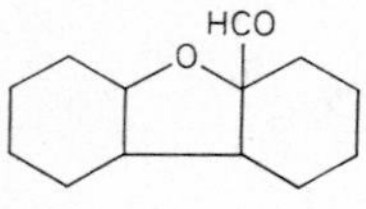 VIII

3-Methyl-decahydro-naphtho[1,2-*b*]furan-2-on, 2-[1-Hydroxy-decahydro-[2]naphthyl]-propionsäure-lacton $C_{13}H_{20}O_2$, Formel VII.

Unter dieser Konstitution beschriebene opt.-inakt. Präparate ($Kp_{0,6}$: 145°) sind beim Erwärmen von opt.-inakt. 2-[1-Hydroxy-decahydro-[2]naphthyl]-propionsäure(?) [$Kp_{0,9}$: 153°] (*C. H. Boehringer Sohn*, D.R.P. 575023 [1930]; Frdl. **19** 1523; U.S.P. 2007813 [1931]) oder von opt.-inakt. 2-[3,4,4a,5,6,7,8,8a-Octahydro-[2]naphthyl]-propionsäure(?) [$Kp_{0,9}$: 143°] (*C. H. Boehringer Sohn*, D.R.P. 575023) mit wss. Schwefelsäure erhalten worden.

***Opt.-inakt. Decahydro-dibenzofuran-4a-carbaldehyd** $C_{13}H_{20}O_2$, Formel VIII.

B. Bei der Hydrierung von opt.-inakt. 1,5a,6,9,9a,9b-Hexahydro-4*H*-dibenzofuran-4a-carbaldehyd (hergestellt aus Furfural und Buta-1,3-dien) an Palladium/Kohle in Äthanol (*Phillips Petr. Co.*, U.S.P. 2795592 [1953]).

Krystalle (aus A.); F: 58—58,5°.

***Opt.-inakt. Decahydro-dibenzofuran-4a-carbaldehyd-[2,4-dinitro-phenylhydrazon]** $C_{19}H_{24}N_4O_5$, Formel IX.

B. Aus opt.-inakt. Decahydro-dibenzofuran-4a-carbaldehyd (s. o.) und [2,4-Dinitro-phenyl]-hydrazin (*Phillips Petr. Co.*, U.S.P. 2795592 [1953]).

F: 183—184°.

IX X

(2Ξ,1'R)-1',7',7'-Trimethyl-dihydro-spiro[furan-2,2'-norbornan]-5-on, 3-[(1R,2Ξ)-2-Hydroxy-bornan-2-yl]-propionsäure-lacton $C_{13}H_{20}O_2$, Formel X.

B. Bei der Hydrierung von 3-[(1*R*,2*Ξ*)-2-Hydroxy-bornan-2-yl]-propiolsäure (F: 164°; aus (1*R*,2*Ξ*)-2-Äthinyl-1,7,7-trimethyl-norbornan-2-ol [E III **6** 2025] hergestellt) an Platin in Äthanol (*Cuingnet*, Bl. **1955** 221, 223).

Krystalle (aus PAe.); F: 85,5°. Kp_1: 120–122°.

***Opt.-inakt. 9,9-Dimethyl-octahydro-3,9a-methano-benz[*b*]oxepin-2-on, 8a-Hydroxy-8,8-dimethyl-decahydro-[2]naphthoesäure-lacton** $C_{13}H_{20}O_2$, Formel XI.

B. Beim Erwärmen von (±)-8,8-Dimethyl-1,2,3,4,5,6,7,8-octahydro-[2]naphthoesäure mit wasserhaltiger Ameisensäure (*Mousseron, Mousseron-Canet*, C. r. **245** [1957] 2156, 2158).

$Kp_{0,5}$: 120°. IR-Spektrum (CCl_4; 2–12 μ): *Mo., Mo.-Ca.*

***Opt.-inakt. 2,5,5-Trimethyl-tetrahydro-2,8a-methano-chroman-8-on** $C_{13}H_{20}O_2$, Formel XII.

B. Beim Behandeln von (±)-8*t*,8a-Epoxy-2*c*,5,5-trimethyl-(4a*r*,8a*t*)-decahydro-[2*t*]naphthol (S. 1315) mit Ameisensäure und Behandeln einer Lösung der bei 118–128°/9 Torr siedenden Anteile des Reaktionsprodukts in Essigsäure und Benzol mit Chrom(VI)-oxid unter Zusatz von Kaliumhydrogensulfat; Reinigung über das Semicarbazon (*Stoll et al.*, Helv. **39** [1956] 183, 198).

Krystalle; F: 49–51°. Kp_7: 125–126° [unreines Präparat]. IR-Spektrum (2–15 μ): *St. et al.*, l. c. S. 188, 190.

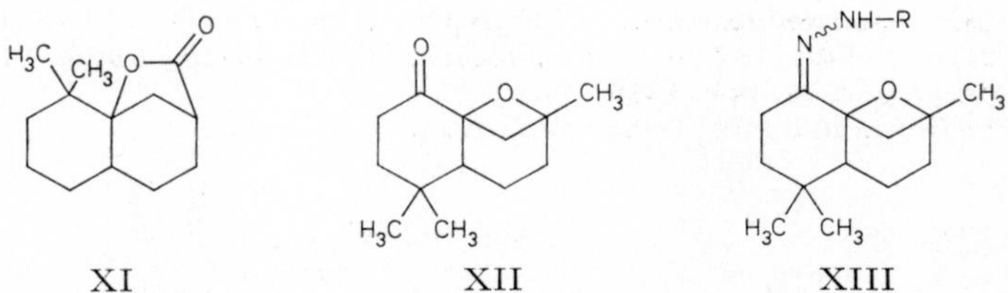

XI XII XIII

***Opt.-inakt. 2,5,5-Trimethyl-tetrahydro-2,8a-methano-chroman-8-on-[2,4-dinitro-phenylhydrazon]** $C_{19}H_{24}N_4O_5$, Formel XIII ($R = C_6H_3(NO_2)_2$).

B. Aus dem im vorangehenden Artikel beschriebenen Keton und [2,4-Dinitro-phenyl]-hydrazin (*Stoll et al.*, Helv. **39** [1956] 183, 198).

Orangegelbe Krystalle; F: 184–184,5° [Block].

***Opt.-inakt. 2,5,5-Trimethyl-tetrahydro-2,8a-methano-chroman-8-on-semicarbazon** $C_{14}H_{23}N_3O_2$, Formel XIII ($R = CO\text{-}NH_2$).

B. Aus opt.-inakt. 2,5,5-Trimethyl-tetrahydro-2,8a-methano-chroman-8-on (s. o.) und Semicarbazid (*Stoll et al.*, Helv. **39** [1956] 183, 198).

F: 192–193° [Block]. [*Lim*]

Oxo-Verbindungen $C_{14}H_{22}O_2$

2-Decanoyl-furan, 1-[2]Furyl-decan-1-on $C_{14}H_{22}O_2$, Formel I.

B. Beim Erwärmen von Decansäure mit Phosphor(V)-oxid in Benzol und anschlies-

senden Behandeln mit Furan (*Hartough, Kosak*, Am. Soc. **69** [1947] 3098).
Kp_4: 150—154°.

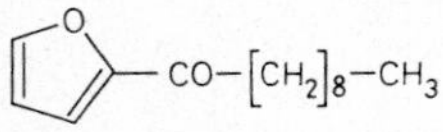

1-[2]Furyl-decan-1-on-[2,4-dinitro-phenylhydrazon] $C_{20}H_{26}N_4O_5$, Formel II.
B. Aus 1-[2]Furyl-decan-1-on und [2,4-Dinitro-phenyl]-hydrazin (*Hartough, Kosak*, Am. Soc. **69** [1947] 3098).
F: 90,5—91,5°.

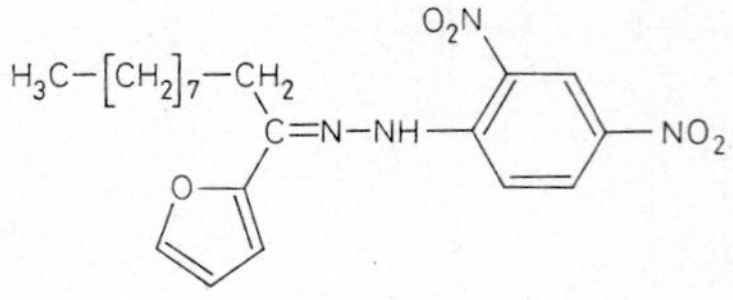

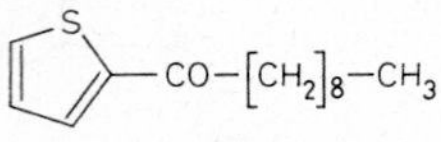

2-Decanoyl-thiophen, 1-[2]Thienyl-decan-1-on $C_{14}H_{22}OS$, Formel III.
B. Neben 2,5-Didecanoyl-thiophen beim Erwärmen von Thiophen mit Decansäure und Phosphor(V)-oxid ohne Lösungsmittel oder in Benzol (*Hartough, Kosak*, Am. Soc. **69** [1947] 3098). Beim Erwärmen von Decansäure mit Tetrachlorsilan in Benzol und anschliessend mit Thiophen und Zinn(IV)-chlorid (*Jur'ew et al.*, Ž. obšč. Chim. **26** [1956] 3341, 3343; engl. Ausg. S. 3717). Beim Behandeln von Thiophen mit Decanoylchlorid und Aluminiumchlorid in Schwefelkohlenstoff (*Cagniant, Deluzarche*, C. r. **225** [1947] 455) oder mit Decanoylchlorid und Zinn(IV)-chlorid in Schwefelkohlenstoff (*Buu-Hoi et al.*, Soc. **1955** 1581, 1582).
Kp_{22}: 205° (*Buu-Hoi et al.*); Kp_{17}: 194° (*Ca., De.*); Kp_9: 184° (*Ju. et al.*); Kp_8: 179° bis 180° (*Ha., Ko.*). D_4^{20}: 0,9911 (*Ju. et al.*); D_4^{26}: 0,989 (*Ca., De.*). n_D^{20}: 1,5083 (*Ha., Ko.*), 1,5138 (*Ju. et al.*), 1,5120 (*Ca., De.*); n_D^{27}: 1,5170 (*Buu-Hoi et al.*).

1-[2]Thienyl-decan-1-on-[2,4-dinitro-phenylhydrazon] $C_{20}H_{26}N_4O_4S$, Formel IV ($R = C_6H_3(NO_2)_2$).
B. Aus 1-[2]Thienyl-decan-1-on und [2,4-Dinitro-phenyl]-hydrazin (*Hartough, Kosak*, Am. Soc. **69** [1947] 3098; *Cagniant, Cagniant*, Bl. **1956** 1152, 1160).
Hellrote Krystalle; F: 119,5—120,5° (*Ha., Ko.*), 118,5—119° [unkorr.; aus A.] (*Ca., Ca.*).

1-[2]Thienyl-decan-1-on-semicarbazon $C_{15}H_{25}N_3OS$, Formel IV ($R = CO\text{-}NH_2$).
B. Aus 1-[2]Thienyl-decan-1-on und Semicarbazid (*Hartough, Kosak*, Am. Soc. **69** [1947] 3098; *Buu-Hoi et al.*, Soc. **1955** 1581).
F: 114° (*Buu-Hoi et al.*), 110—110,5° (*Ha., Ko.*).

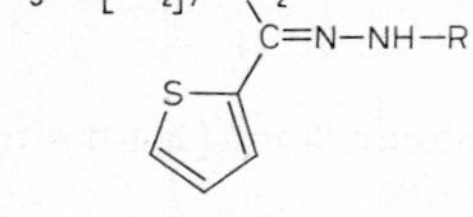

Bis-[1-[2]thienyl-decyliden]-hydrazin, 1-[2]Thienyl-decan-1-on-azin $C_{28}H_{44}N_2S_2$, Formel V.
B. Neben 2-Decyl-thiophen beim Erhitzen von 1-[2]Thienyl-decan-1-on mit Hydrazinhydrat und mit Kaliumcarbonat in Diäthylenglykol (*Cagniant, Cagniant*, Bl. **1956** 1152, 1160).
Krystalle (aus A.); F: 48°.

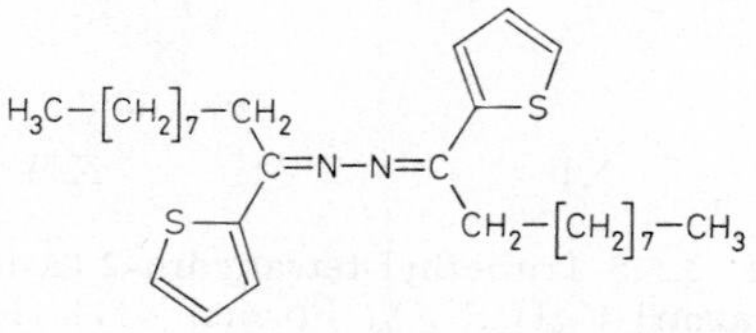

(±)-5-Äthyl-1-[2]thienyl-octan-1-on $C_{14}H_{22}OS$, Formel VI.
B. Beim Behandeln von Thiophen mit (±)-5-Äthyl-octanoylchlorid und Zinn(IV)-chlorid in Benzol (*Badger et al.*, Soc. **1954** 4162, 4163).
$Kp_{0,04}$: 105°.

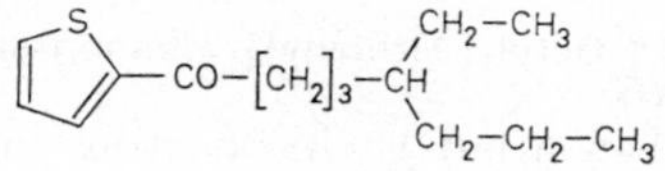

VI 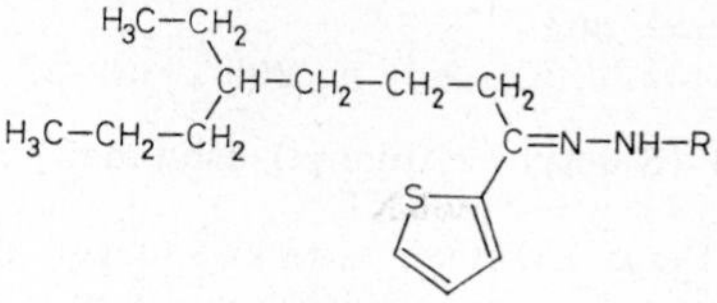 VII

(±)-5-Äthyl-1-[2]thienyl-octan-1-on-[2,4-dinitro-phenylhydrazon] $C_{20}H_{26}N_4O_4S$, Formel VII (R = $C_6H_3(NO_2)_2$).

B. Aus (±)-5-Äthyl-1-[2]thienyl-octan-1-on und [2,4-Dinitro-phenyl]-hydrazin (*Badger et al.*, Soc. **1954** 4162, 4164).

Orangerote Krystalle (aus A.); F: 96°.

(±)-5-Äthyl-1-[2]thienyl-octan-1-on-semicarbazon $C_{15}H_{25}N_3OS$, Formel VII (R = CO-NH_2).

B. Aus (±)-5-Äthyl-1-[2]thienyl-octan-1-on und Semicarbazid (*Badger et al.*, Soc. **1954** 4162, 4164).

Krystalle (aus A.); F: 143°.

(±)-3-[3,7-Dimethyl-octa-2*t*,6-dienyl]-dihydro-furan-2-on, (±)-3-Geranyl-dihydro-furan-2-on, (±)-2-[2-Hydroxy-äthyl]-5,9-dimethyl-deca-4*t*,8-diensäure-lacton $C_{14}H_{22}O_2$, Formel VIII.

B. Beim Behandeln einer Suspension der Natrium-Verbindung des Geranyl-malonsäure-diäthylesters in Äthanol mit Äthylenoxid, anschliessendem Erhitzen mit wss. Kalilauge und Erhitzen des Reaktionsprodukts unter vermindertem Druck (*Rothstein*, Bl. [5] **2** [1935] 80, 86).

$Kp_{0,72}$: 145°. D_4^{24}: 0,9715. n_D^{24}: 1,4842.

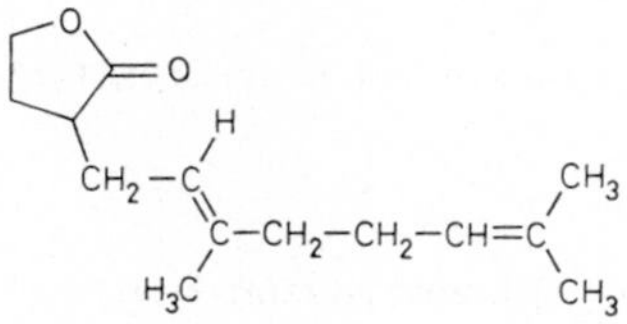

VIII 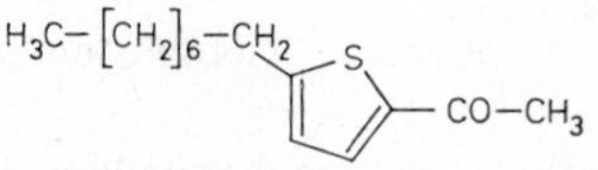 IX

2-Acetyl-5-octyl-thiophen, 1-[5-Octyl-[2]thienyl]-äthanon $C_{14}H_{22}OS$, Formel IX (H 304).

Krystalle; F: ca. 15° (*Cagniant, Cagniant*, Bl. **1955** 359, 364). $Kp_{13,5}$: 195°; Kp_{12}: 190°. D_4^{20}: 0,988. $n_D^{17,4}$: 1,5180.

1-[5-Octyl-[2]thienyl]-äthanon-[2,4-dinitro-phenylhydrazon] $C_{20}H_{26}N_4O_4S$, Formel X (R = $C_6H_3(NO_2)_2$).

B. Aus 1-[5-Octyl-[2]thienyl]-äthanon und [2,4-Dinitro-phenyl]-hydrazin (*Cagniant, Cagniant*, Bl. **1955** 359, 364).

Orangerote Krystalle (aus A.); F: 125° [unkorr.].

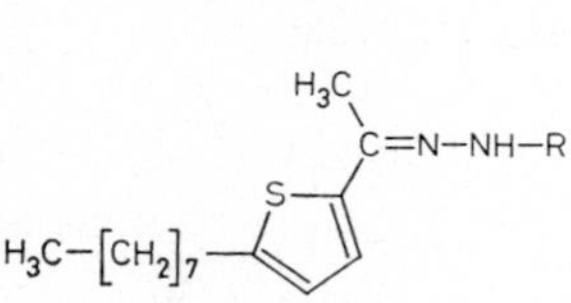

X 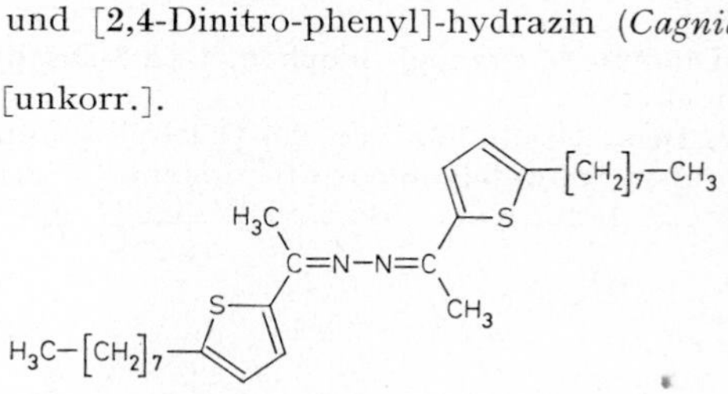 XI

1-[5-Octyl-[2]thienyl]-äthanon-semicarbazon $C_{15}H_{25}N_3OS$, Formel X (R = CO-NH_2).

B. Aus 1-[5-Octyl-[2]thienyl]-äthanon und Semicarbazid (*Cagniant, Cagniant*, Bl.

1955 359, 364).
Krystalle (aus A.); F: 209° [unkorr.; Zers.; Block].

Bis-[1-(5-octyl-[2]thienyl)-äthyliden]-hydrazin, 1-[5-Octyl-[2]thienyl]-äthanon-azin $C_{28}H_{44}N_2S_2$, Formel XI.
B. Beim Erhitzen von 1-[5-Octyl-[2]thienyl]-äthanon mit Hydrazin-hydrat und mit Kaliumcarbonat in Diäthylenglykol (*Cagniant, Cagniant*, Bl. **1955** 359, 364).
Gelb; mikrokrystallin (aus A.); F: 82°.

2-Äthyl-5-octanoyl-thiophen, 1-[5-Äthyl-[2]thienyl]-octan-1-on $C_{14}H_{22}OS$, Formel XII.
B. Beim Behandeln von 2-Äthyl-thiophen mit Octanoylchlorid und Aluminiumchlorid in Schwefelkohlenstoff (*Cagniant, Cagniant*, Bl. **1955** 359, 365).
Kp_{21}: 196—198° (*Buu-Hoi*, Soc. **1958** 2418). $Kp_{12,6}$: 191° (*Ca., Ca.*). $D_4^{18,2}$: 0,990 (*Ca., Ca.*). n_D^{18}: 1,5181 (*Ca., Ca.*).

1-[5-Äthyl-[2]thienyl]-octan-1-on-[2,4-dinitro-phenylhydrazon] $C_{20}H_{26}N_4O_4S$, Formel XIII (R = $C_6H_3(NO_2)_2$).
B. Aus 1-[5-Äthyl-[2]thienyl]-octan-1-on und [2,4-Dinitro-phenyl]-hydrazin (*Cagniant, Cagniant*, Bl. **1955** 359, 365).
Rote Krystalle (aus A.); F: 124° [unkorr.].

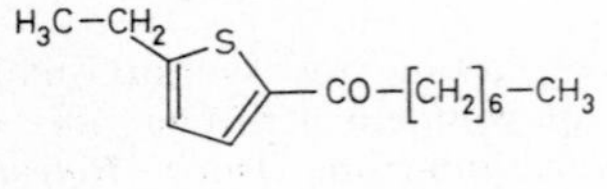

XII 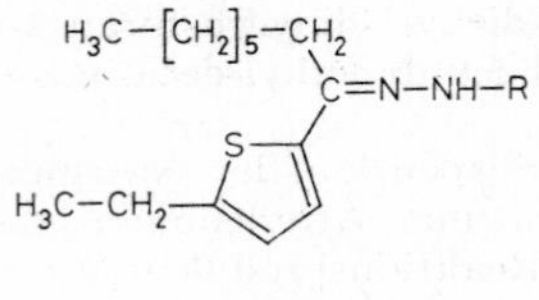 XIII 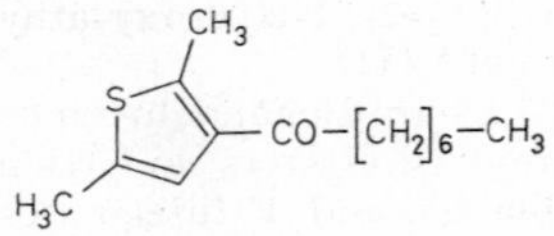 XIV

1-[5-Äthyl-[2]thienyl]-octan-1-on-semicarbazon $C_{15}H_{25}N_3OS$, Formel XIII (R = CO-NH_2).
B. Aus 1-[5-Äthyl-[2]thienyl]-octan-1-on und Semicarbazid (*Cagniant, Cagniant*, Bl. **1955** 359, 365).
Krystalle (aus A.); F: 139° [unkorr.].

2,5-Dimethyl-3-octanoyl-thiophen, 1-[2,5-Dimethyl-[3]thienyl]-octan-1-on $C_{14}H_{22}OS$, Formel XIV.
B. Beim Behandeln von 2,5-Dimethyl-thiophen mit Octanoylchlorid und Aluminiumchlorid in Schwefelkohlenstoff (*Buu-Hoi, Hoán*, R. **67** [1948] 309, 322).
Kp_{15}: 195—197°.

1-[2,5-Dimethyl-[3]thienyl]-octan-1-on-semicarbazon $C_{15}H_{25}N_3OS$, Formel I.
B. Aus 1-[2,5-Dimethyl-[3]thienyl]-octan-1-on und Semicarbazid (*Buu-Hoi, Hoán*, R. **67** [1948] 309, 322).
Krystalle (aus A.); F: 85°.

2,5-Diäthyl-3-hexanoyl-thiophen, 1-[2,5-Diäthyl-[3]thienyl]-hexan-1-on $C_{14}H_{22}OS$, Formel II.
B. Beim Behandeln von 2,5-Diäthyl-thiophen mit Hexanoylchlorid und Aluminiumchlorid in Schwefelkohlenstoff (*Cagniant, Cagniant*, Bl. **1953** 713, 723).
$Kp_{17,5}$: 182°; $Kp_{4,7}$: 162,5°. $D_4^{18,7}$: 0,992. n_D^{18}: 1,5151.

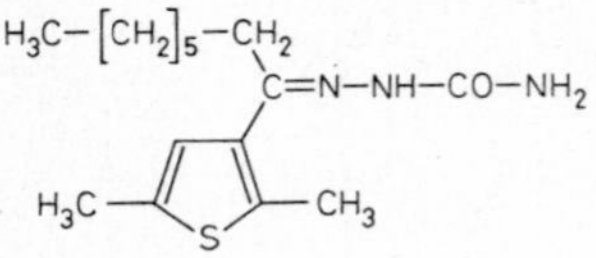

I 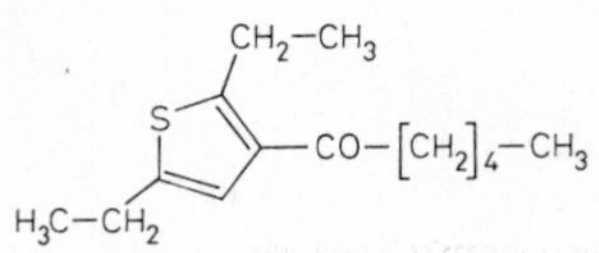 II 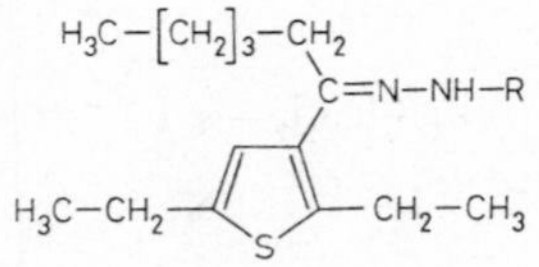 III

1-[2,5-Diäthyl-[3]thienyl]-hexan-1-on-[2,4-dinitro-phenylhydrazon] $C_{20}H_{26}N_4O_4S$, Formel III (R = $C_6H_3(NO_2)_2$).

B. Aus 1-[2,5-Diäthyl-[3]thienyl]-hexan-1-on und [2,4-Dinitro-phenyl]-hydrazin (*Cagniant, Cagniant*, Bl. **1953** 713, 723).

Hellrote Krystalle (aus A.); F: 97,5° [Block].

1-[2,5-Diäthyl-[3]thienyl]-hexan-1-on-semicarbazon $C_{15}H_{25}N_3OS$, Formel III (R = CO-NH_2).

B. Aus 1-[2,5-Diäthyl-[3]thienyl]-hexan-1-on und Semicarbazid (*Cagniant, Cagniant*, Bl. **1953** 713, 723).

Krystalle (aus PAe.); F: 92° [Block].

3-Acetyl-2,5-di-*tert*-butyl-thiophen, 1-[2,5-Di-*tert*-butyl-[3]thienyl]-äthanon $C_{14}H_{22}OS$, Formel IV.

B. Beim Behandeln von 2,5-Di-*tert*-butyl-thiophen mit Acetylchlorid und Zinn(IV)-chlorid in Schwefelkohlenstoff bzw. in Petroläther (*Sy et al.*, Soc. **1954** 1975, 1978; *Hartough, Conley*, Am. Soc. **69** [1947] 3096). Beim Erhitzen von 2,5-Di-*tert*-butyl-thiophen mit Acetanhydrid unter Zusatz von Phosphorsäure (*Ha., Co.*). Beim aufeinanderfolgenden Behandeln von 3-Brom-2,5-di-*tert*-butyl-thiophen mit Magnesium in Äther, mit Acetanhydrid bei −70° und mit wss. Ammoniumchlorid-Lösung (*Gol'dfarb, Konštantinow*, Izv. Akad. S.S.S.R. Otd. chim. **1957** 112, 116; engl. Ausg. S. 113, 117).

Krystalle; F: 78° [aus Bzn.] (*Sy et al.*), 76−77° [aus A. + Heptan] (*Go., Ko.*). Kp_{13}: 162° (*Sy et al.*); Kp_{12}: 141−144° (*Go., Ko.*); Kp_3: 105° (*Ha., Co.*).

2,5-Di-*tert*-butyl-4-methyl-thiophen-3-carbaldehyd $C_{14}H_{22}OS$, Formel V.

B. Beim Erhitzen von 2,5-Di-*tert*-butyl-3-methyl-thiophen mit *N*-Methyl-formanilid und Phosphorylchlorid und anschliessenden Behandeln mit wss. Natriumacetat-Lösung (*Sy et al.*, Soc. **1955** 21, 23).

Kp_{13}: 155°. n_D^{21}: 1,5091.

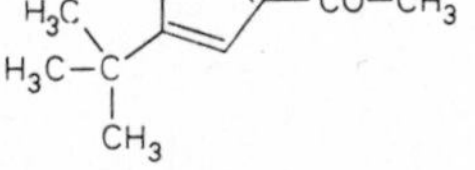

IV 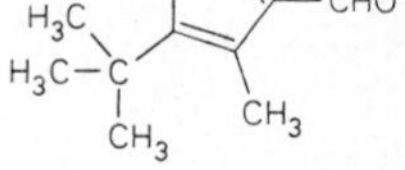 V 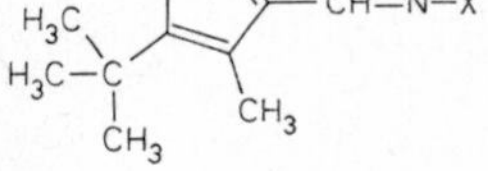 VI

2,5-Di-*tert*-butyl-4-methyl-thiophen-3-carbaldehyd-oxim $C_{14}H_{23}NOS$, Formel VI (X = OH).

B. Aus 2,5-Di-*tert*-butyl-4-methyl-thiophen-3-carbaldehyd und Hydroxylamin (*Sy et al.*, Soc. **1955** 21, 23).

Krystalle (aus A.); F: 95°.

2,5-Di-*tert*-butyl-4-methyl-thiophen-3-carbaldehyd-[2,4-dinitro-phenylhydrazon] $C_{20}H_{26}N_4O_4S$, Formel VI (X = NH-$C_6H_3(NO_2)_2$).

B. Aus 2,5-Di-*tert*-butyl-4-methyl-thiophen-3-carbaldehyd und [2,4-Dinitro-phenyl]-hydrazin (*Sy et al.*, Soc. **1955** 21, 23).

Orangerot; F: 221°.

2,5-Di-*tert*-butyl-4-methyl-thiophen-3-carbaldehyd-semicarbazon $C_{15}H_{25}N_3OS$, Formel VI (X = NH-CO-NH_2).

B. Aus 2,5-Di-*tert*-butyl-4-methyl-thiophen-3-carbaldehyd und Semicarbazid (*Sy et al.*, Soc. **1955** 21, 23).

Krystalle (aus A.); F: 225°.

3-Acetyl-2,5-diäthyl-4-butyl-thiophen, 1-[2,5-Diäthyl-4-butyl-[3]thienyl]-äthanon $C_{14}H_{22}OS$, Formel VII.

B. Beim Behandeln von 2,5-Diäthyl-3-butyl-thiophen mit Acetylchlorid und Aluminiumchlorid in Schwefelkohlenstoff (*Cagniant, Cagniant*, Bl. **1953** 713, 724).

$Kp_{8,5}$: 150—151°. D_4^{19}: 0,995. $n_D^{19,8}$: 1,5179.

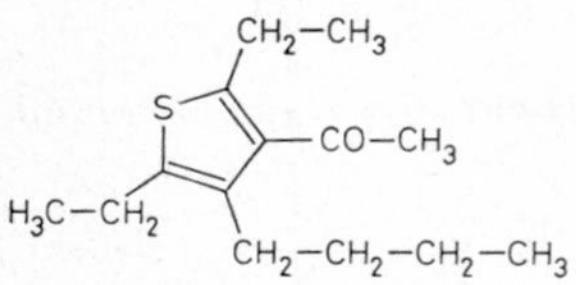

VII 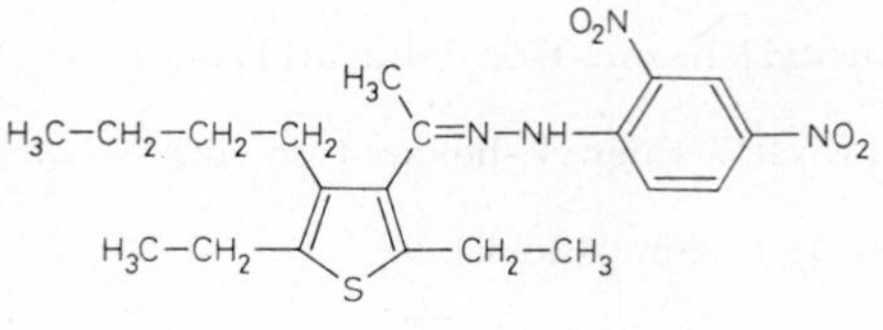 VIII 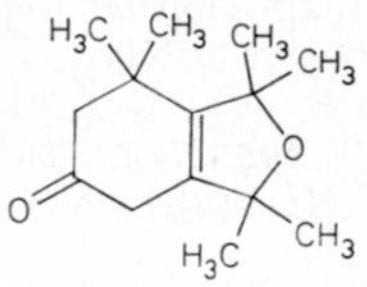 IX

1-[2,5-Diäthyl-4-butyl-[3]thienyl]-äthanon-[2,4-dinitro-phenylhydrazon] $C_{20}H_{26}N_4O_4S$, Formel VIII.

B. Aus 1-[2,5-Diäthyl-4-butyl-[3]thienyl]-äthanon und [2,4-Dinitro-phenyl]-hydrazin (*Cagniant, Cagniant*, Bl. **1953** 713, 724).

Orangerote Krystalle (aus A.); F: 90—91° [nach Erweichen bei 85°].

1,1,3,3,7,7-Hexamethyl-1,4,6,7-tetrahydro-3*H*-isobenzofuran-5-on $C_{14}H_{22}O_2$, Formel IX.

B. Beim Erwärmen von 4-Isopropyliden-2,2,5,5-tetramethyl-dihydro-furan-3-on mit Aceton und Natriumäthylat in Benzol (*Tamate*, J. chem. Soc. Japan Pure Chem. Sect. **79** [1958] 494, 498; C. A. **1960** 4530).

Krystalle (aus A.); F: 61—62°. IR-Banden (CCl_4) im Bereich von 1725 cm^{-1} bis 990 cm^{-1}: *Ta.*, l. c. S. 496.

Beim Behandeln mit Kaliumpermanganat in Wasser und Benzol ist eine Verbindung $C_{28}H_{42}O_4$ (rosarote Krystalle [aus PAe.]; F: 165—167°) erhalten worden.

1,1,3,3,7,7-Hexamethyl-1,4,6,7-tetrahydro-3*H*-isobenzofuran-5-on-[2,4-dinitro-phenylhydrazon] $C_{20}H_{26}N_4O_5$, Formel X.

B. Aus 1,1,3,3,7,7-Hexamethyl-1,4,6,7-tetrahydro-3*H*-isobenzofuran-5-on und [2,4-Dinitro-phenyl]-hydrazin (*Tamate*, J. chem. Soc. Japan Pure Chem. Sect. **79** [1958] 494, 498; C. A. **1960** 4530).

F: 186—187°.

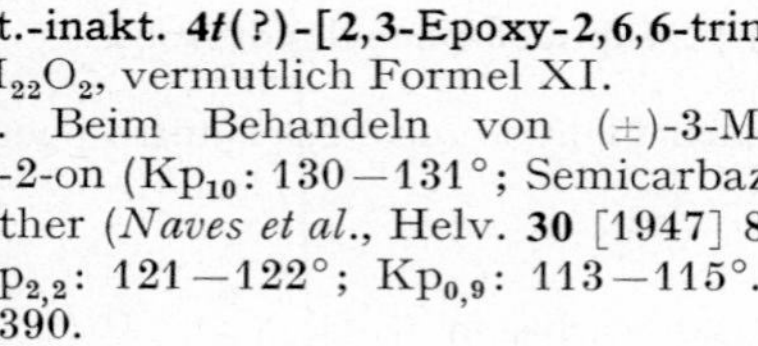

X 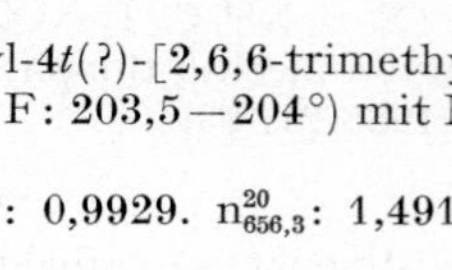 XI 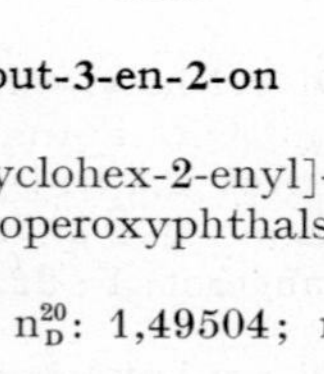 XII

***Opt.-inakt. 4*t*(?)-[2,3-Epoxy-2,6,6-trimethyl-cyclohexyl]-3-methyl-but-3-en-2-on** $C_{14}H_{22}O_2$, vermutlich Formel XI.

B. Beim Behandeln von (±)-3-Methyl-4*t*(?)-[2,6,6-trimethyl-cyclohex-2-enyl]-but-3-en-2-on (Kp_{10}: 130—131°; Semicarbazon: F: 203,5—204°) mit Monoperoxyphthalsäure in Äther (*Naves et al.*, Helv. **30** [1947] 880).

$Kp_{2,2}$: 121—122°; $Kp_{0,9}$: 113—115°. D_4^{20}: 0,9929. $n_{656,3}^{20}$: 1,49139; n_D^{20}: 1,49504; $n_{486,1}^{20}$: 1,50390.

***Opt.-inakt. 7-Cyclohexyl-hexahydro-benzofuran-2-on, [2-Hydroxy-bicyclohexyl-3-yl]-essigsäure-lacton** $C_{14}H_{22}O_2$, Formel XII.

B. Beim Erhitzen von [2-Hydroxy-bicyclohexyl-3-yl]-malonsäure auf 170° (*Rosenmund*

et al., Ar. **287** [1954] 441, 445).

Krystalle (aus Bzn.); F: 94°. Kp_3: 181°.

7-Oxa-dispiro[5.1.5.2]pentadecan-14-on $C_{14}H_{22}O_2$, Formel I (X = H) (E I 158; dort als 3-Oxo-2.2;5.5-di-pentamethylen-tetrahydrofuran bezeichnet).

B. Beim Erwärmen von Bis-[1-hydroxy-cyclohexyl]-acetylen mit wss. Quecksilber(II)-sulfat-Lösung (*Korobizyna et al.*, Ž. obšč. Chim. **25** [1955] 734, 735; engl. Ausg. S. 699; E I 158).

Kp_9: 141—142° (*Ko. et al.*, l. c. S. 735); Kp_2: 110—120° (*Pinkney et al.*, Am. Soc. **58** [1936] 972, 975). D_4^{20}: 1,0336 (*Ko. et al.*, l. c. S. 735). n_D^{20}: 1,4911 (*Ko. et al.*, l. c. S. 735). UV-Absorptionsmaxima (Heptan): 298 nm, 308 nm und 319 nm (*Korobizyna et al.*, Ž. obšč. Chim. **25** [1955] 1394, 1397; engl. Ausg. S. 1341, 1343).

7-Oxa-dispiro[5.1.5.2]pentadecan-14-on-oxim $C_{14}H_{23}NO_2$, Formel II (X = OH).

B. Aus 7-Oxa-dispiro[5.1.5.2]pentadecan-14-on und Hydroxylamin (*Korobizyna et al.*, Ž. obšč. Chim. **25** [1955] 734, 736; engl. Ausg. S. 699, 700).

F: 125° [aus A.].

7-Oxa-dispiro[5.1.5.2]pentadecan-14-on-[2,4-dinitro-phenylhydrazon] $C_{20}H_{26}N_4O_5$, Formel II (X = NH-$C_6H_3(NO_2)_2$).

B. Aus 7-Oxa-dispiro[5.1.5.2]pentadecan-14-on und [2,4-Dinitro-phenyl]-hydrazin (*Pinkney et al.*, Am. Soc. **58** [1936] 972, 975).

Krystalle (aus A.); F: 162—162,5°.

7-Oxa-dispiro[5.1.5.2]pentadecan-14-on-thiosemicarbazon $C_{15}H_{25}N_3OS$, Formel II (X = NH-CS-NH_2).

B. Aus 7-Oxa-dispiro[5.1.5.2]pentadecan-14-on und Thiosemicarbazid (*Korobizyna et al.*, Ž. obšč. Chim. **25** [1955] 734, 735; engl. Ausg. S. 699, 700).

F: 190—191° [aus wss. A.].

I II III

(±)-15-Brom-7-oxa-dispiro[5.1.5.2]pentadecan-14-on $C_{14}H_{21}BrO_2$, Formel I (X = Br).

B. Beim Behandeln von 7-Oxa-dispiro[5.1.5.2]pentadecan-14-on mit dem Dioxan-Brom-Addukt (*Korobizyna et al.*, Ž. obšč. Chim. **25** [1955] 734, 736; engl. Ausg. S. 699, 700).

Kp_4: 152—153°; D_4^{20}: 1,2930; n_D^{20}: 1,5250 (*Ko. et al.*, Ž. obšč. Chim. **25** 736).

Beim Erhitzen mit Natriumsulfid-nonahydrat auf 110° ist [14,14′]Bi[7-oxa-dispiro[5.1.5.2]pentadecanyliden]-15,15′-dion (F: 203—203,5°) erhalten worden (*Korobizyna et al.*, Ž. obšč. Chim. **29** [1959] 2190, 2193; engl. Ausg. S. 2157, 2160).

***Opt.-inakt. Hexahydro-spiro[chroman-2,1′-cyclohexan]-4-on** $C_{14}H_{22}O_2$, Formel III.

B. Beim Erhitzen von 1,2-Di-cyclohex-1-enyl-äthanon mit wss. Salzsäure und Isopropylalkohol (*Nasarow, Sarezkaja*, Ž. obšč. Chim. **29** [1959] 1558, 1563; engl. Ausg. S. 1532, 1536).

Krystalle (aus A.); F: 68—69°. UV-Absorptionsmaximum (A.): 285 nm.

Beim Erhitzen mit Kaliumhydrogensulfat auf 160° sind 1,2-Di-cyclohex-1-enyl-äthanon (Hauptprodukt), Cyclohexanon und 1-Cyclohex-1-enyl-äthanon erhalten worden. Bildung von 5′,6′,7′,7′a-Tetrahydro-spiro[cyclohexan-1,1′-indan]-3′-on und 4′,5′,6′,7′-Tetrahydro-spiro[cyclohexan-1,1′-indan]-3′-on beim Erwärmen mit wasserhaltiger Phosphorsäure: *Na., Sa.*

***Opt.-inakt. Hexahydro-spiro[chroman-2,1′-cyclohexan]-4-on-[2,4-dinitro-phenylhydrazon]** $C_{20}H_{26}N_4O_5$, Formel IV (R = $C_6H_3(NO_2)_2$).

B. Aus opt.-inakt. Hexahydro-spiro[chroman-2,1′-cyclohexan]-4-on (s. o.) und

[2,4-Dinitro-phenyl]-hydrazin (*Nasarow, Sarezkaja,* Ž. obšč. Chim. **29** [1959] 1558, 1564; engl. Ausg. S. 1532, 1536).

Gelbe Krystalle (aus A. + E.); F: 205—206°. UV-Absorptionsmaximum (Isooctan): 349 nm.

***Opt.-inakt. Hexahydro-spiro[chroman-2,1′-cyclohexan]-4-on-semicarbazon** $C_{15}H_{25}N_3O_2$, Formel IV (R = CO-NH_2).

B. Aus opt.-inakt. Hexahydro-spiro[chroman-2,1′-cyclohexan]-4-on (S. 4663) und Semicarbazid (*Nasarow, Sarezkaja,* Ž. obšč. Chim. **29** [1959] 1558, 1564; engl. Ausg. S. 1532, 1536).

F: 227—228° [aus A.].

5,6-Epoxy-6,10,10-trimethyl-bicyclo[7.2.0]undecan-2-on $C_{14}H_{22}O_2$.

a) **(1*S*)-5*c*,6*t*-Epoxy-6*c*,10,10-trimethyl-(1*r*,9*t*)-bicyclo[7.2.0]undecan-2-on** $C_{14}H_{22}O_2$, Formel V.

Konstitution und Konfiguration: *Mazhar-Ul-Haque, Rogers,* J. C. S. Perkin II **1974** 228.

B. Beim Behandeln von (−)-Caryophyllenoxid ((1*S*)-5*c*,6*t*-Epoxy-6*c*,10,10-trimethyl-2-methylen-(1*r*,9*t*)-bicyclo[7.2.0]undecan) mit Kaliumpermanganat in wasserhaltigem Aceton (*Treibs,* B. **80** [1947] 56, 62; s. a. *Ramage, Whitehead,* Soc. **1954** 4336, 4339).

Krystalle; F: 62—63° [aus PAe.] (*Barton, Lindsey,* Soc. **1951** 2988, 2990), 61—62° [aus Bzl.] (*Tr.*). Kp_{12}: 154—158° (*Ra., Wh.*); Kp_9: 154—158° (*Tr.*). D_4^{20}: 1,0339 (*Tr.*). n_D^{20}: 1,495 (*Tr.*). α_D^{20}: −124,9° [Me.; c = 30; l = 1(?)] (*Tr.*). $[\alpha]_D$: −134° [$CHCl_3$; c = 5] (*Ba., Li.*). UV-Absorptionsmaximum (A.): 294—297 nm (*Ba., Li.*).

Semicarbazon $C_{15}H_{25}N_3O_2$. Krystalle; F: 246,5° (*Šorm et al.,* Collect. **15** [1950] 186, 192), 235—236° [unkorr.; aus $CHCl_3$ + A.] (*Ba., Li.*).

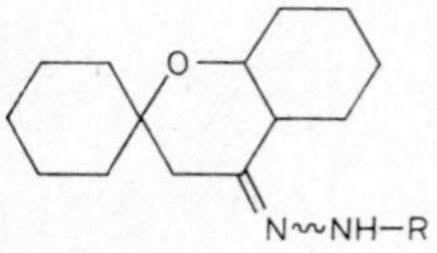

IV 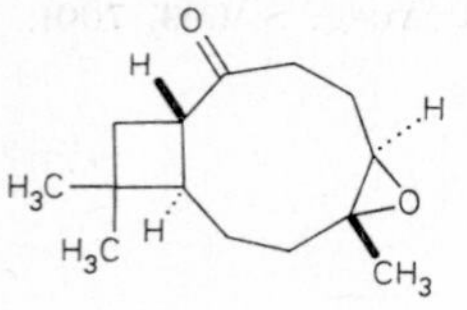 V 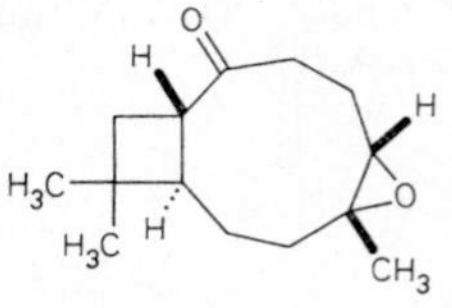 VI 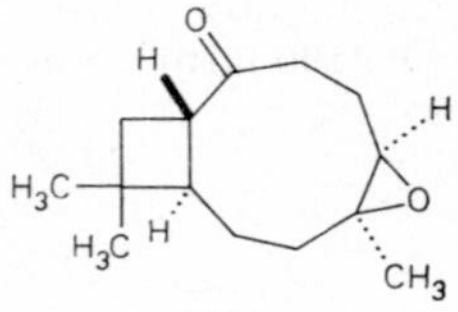 VII

b) **(1*S*)-5*t*,6*t*-Epoxy-6*c*,10,10-trimethyl-(1*r*,9*t*)-bicyclo[7.2.0]undecan-2-on** $C_{14}H_{22}O_2$, Formel VI.

B. Beim Behandeln von Isocaryophyllenoxid-a ((1*S*)-5*t*,6*t*-Epoxy-6*c*,10,10-trimethyl-2-methylen-(1*r*,9*t*)-bicyclo[7.2.0]undecan) mit Kaliumpermanganat in wasserhaltigem Aceton (*Ramage, Whitehead,* Soc. **1954** 4336, 4338).

Krystalle (aus wss. Me.); F: 31—34°. Kp_3: 140°. $[\alpha]_D^{21}$: −72° [Me.; c = 2].

Semicarbazon $C_{15}H_{25}N_3O_2$. Krystalle (aus wss. A.); F: 209° (*Ra., Wh.,* l. c. S. 4339).

c) **(1*S*)-5*c*,6*c*-Epoxy-6*t*,10,10-trimethyl-(1*r*,9*t*)-bicyclo[7.2.0]undecan-2-on** $C_{14}H_{22}O_2$, Formel VII.

B. Beim Behandeln von Isocaryophyllenoxid-b ((1*S*)-5*c*,6*c*-Epoxy-6*t*,10,10-trimethyl-2-methylen-(1*r*,9*t*)-bicyclo[7.2.0]undecan) mit Kaliumpermanganat in wasserhaltigem Aceton (*Ramage, Whitehead,* Soc. **1954** 4336, 4339).

Krystalle (aus PAe.); F: 78—79°. $[\alpha]_D^{15}$: −13° [Me.; c = 2].

Semicarbazon $C_{15}H_{25}N_3O_2$. Krystalle (aus A.); F: 216°.

(5a*S*)-5a,8,8-Trimethyl-(5a*r*,7a*c*,8a*c*,8b*t*)-decahydro-cyclopropa[5,6]benz[1,2-*b*]oxepin-2-on, 4-[(1*S*,2*S*,3*S*)-2-Hydroxy-caran-3-yl]-buttersäure-lacton $C_{14}H_{22}O_2$, Formel VIII.

B. Beim Behandeln von Normaalion ((1a*R*)-1,1,3a*c*-Trimethyl-(1a*r*,7a*t*,7b*c*)-decahydro-cyclopropa[*a*]naphthalin-7-on) mit Peroxybenzoesäure in Chloroform in Gegenwart von Toluol-4-sulfonsäure (*Büchi et al.,* Am. Soc. **81** [1959] 1968, 1975).

Krystalle (aus wss. A.); F: 113,2—114,0° [korr.; Kofler-App.; nach Sublimation]. IR-Banden (CCl_4) im Bereich von 2840 cm^{-1} bis 1022 cm^{-1}: *Bü. et al.*

***Opt.-inakt. 4-Methyl-dodecahydro-benzo[*h*]chromen-2-on, 3-[1-Hydroxy-decahydro-[2]naphthyl]-buttersäure-lacton** $C_{14}H_{22}O_2$, Formel IX.

B. Aus opt.-inakt. 3-[1-Hydroxy-decahydro-[2]naphthyl]-buttersäure (*S*-Benzyl-isothiuronium-Salz, F: 167,5—168,5°) beim Erhitzen (*Nahabayashi*, J. Pharm. Soc. Japan **77** [1957] 523, 526; C. A. **1957** 14708).

Kp: 288—290°. D_4^{24}: 1,0473. n_D^{24}: 1,5062.

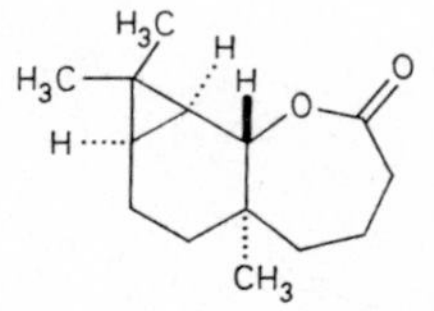

VIII 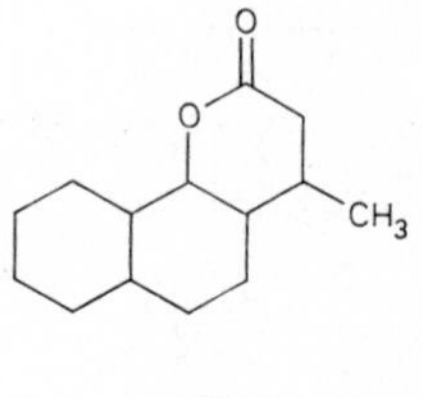 IX 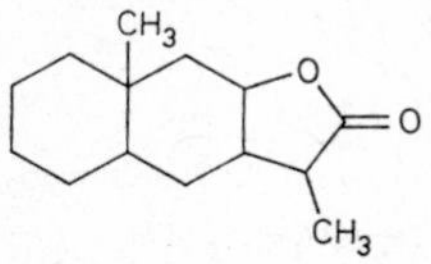 X

***Opt.-inakt. 3,8a-Dimethyl-decahydro-naphtho[2,3-*b*]furan-2-on, 2-[3-Hydroxy-4a-methyl-decahydro-[2]naphthyl]-propionsäure-lacton** $C_{14}H_{22}O_2$, Formel X.

B. Beim Erwärmen von opt.-inakt. 2-[4a-Methyl-1,4,4a,5,6,7,8,8a-octahydro-[2]naphthyl]-propionsäure (Kp_{10}: 184°) mit wss. Schwefelsäure (*Rosenmund, Herzberg*, B. **87** [1954] 1878, 1881).

Kp_{13}: 172—175°.

(4a*R*)-4*c*-Isopropyl-1*t*-methyl-(8a*t*)-hexahydro-1*c*,4a*r*-epoxido-naphthalin-6-on $C_{14}H_{22}O_2$, Formel XI.

B. Beim Erhitzen von (4a*S*)-5*t*,8a-Dihydroxy-8*t*-isopropyl-5*c*-methyl-(4a*r*,8a*t*)-octahydro-naphthalin-2-on (über diese Verbindung s. *Iguchi et al.*, Chem. Commun. **1970** 1323) mit Acetanhydrid (*Treibs*, B. **82** [1949] 530, 533).

Kp_6: 172—185°; D_4^{20}: 1,0610; n_D^{20}: 1,51649; α_D^{20}: −10° [unverd.; l = 1 (?)] (*Tr.*).

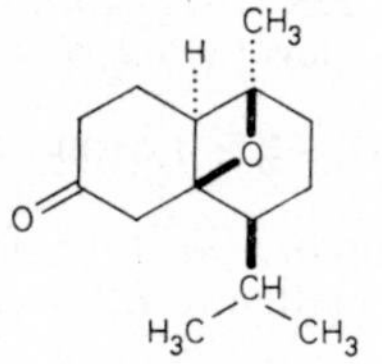

XI 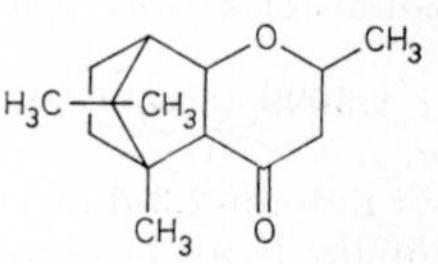 XII 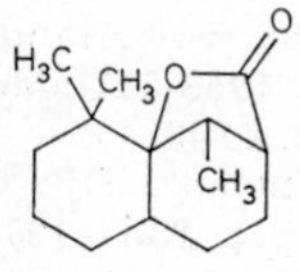 XIII

2,5,9,9-Tetramethyl-hexahydro-5,8-methano-chroman-4-on $C_{14}H_{22}O_2$, Formel XII.

Diese Konstitution wird der nachstehend beschriebenen Verbindung zugeordnet (*Nasarow, Burmištrowa*, Ž. obšč. Chim. **20** [1950] 2173, 2177; engl. Ausg. S. 2255, 2256).

B. Beim Behandeln von 1-[3,3-Dimethyl-2-methylen-[1]norbornyl]-but-3-en-1-on (n_D^{20}: 1,5068; aus Campher [nicht charakterisiert] hergestellt) mit wasserhaltiger Phosphorsäure (*Na., Bu.*).

Krystalle (aus PAe.); F: 94,5—96°. Kp_3: 121—123°.

***Opt.-inakt. 9,9,10-Trimethyl-octahydro-3,9a-methano-benz[*b*]oxepin-2-on, 8a-Hydroxy-1,8,8-trimethyl-decahydro-[2]naphthoesäure-lacton** $C_{14}H_{22}O_2$, Formel XIII.

B. Beim Erwärmen von (±)-2*c*(?)-Methyl-4-[4-methyl-pent-3-enyl]-cyclohex-3-en-1*r*-carbonsäure [aus 2-Methyl-6-methylen-nona-2,7*t*-dien und Acrylsäure hergestellt] (*Mousseron et al.*, C. r. **247** [1958] 2073, 2075) oder von (±)-1*r*,8,8-Trimethyl-1,2,3,4,5,6,7,8-octahydro-[2*c*(?)]naphthoesäure (*S*-Benzyl-isothiuronium-Salz, F: 127°) mit Ameisensäure (*Mousseron-Canet et al.*, Bl. **1959** 601, 605).

$Kp_{0,5}$: 125° (*Mo.-Ca. et al.*). [*Haltmeier*]

Oxo-Verbindungen $C_{15}H_{24}O_2$

(±)-6-[2,6-Dimethyl-heptyl]-4-methyl-pyran-2-on, (±)-5-Hydroxy-3,7,11-trimethyl-dodeca-2*c*,4*t*-diensäure-lacton $C_{15}H_{24}O_2$, Formel I.

B. Beim Behandeln einer Lösung von 3-Methyl-*cis*-pentendisäure-anhydrid in Pyridin mit (±)-3,7-Dimethyl-octanoylchlorid in Äther und Erhitzen des Reaktionsprodukts auf 350° (*Wiley, Esterle*, J. org. Chem. **22** [1957] 1257).

Kp_1: 92°. n_D^{25}: 1,4936. IR-Banden (CCl_4) im Bereich von 5,8 μ bis 11,8 μ: *Wi., Es.*

I II III

(Ξ)-6-[(*R*)-2,6-Dimethyl-hept-5-enyl]-4-methyl-5,6-dihydro-pyran-2-on, (5Ξ,7*R*)-5-Hydroxy-3,7,11-trimethyl-dodeca-2*c*,10-diensäure-lacton $C_{15}H_{24}O_2$, Formel II.

B. Beim Behandeln von 3-Methyl-*trans*(?)-pentendisäure-dimethylester (Kp_{30}: 142°) mit (*R*)-Citronellal ((*R*)-3,7-Dimethyl-oct-6-enal) und methanol. Kalilauge und Erhitzen der erhaltenen 4-[(1Ξ,3*R*)-3,7-Dimethyl-oct-6-enyliden]-3-methyl-*trans*-pentendisäure ($C_{16}H_{24}O_4$) mit Kupfer auf 165° (*Wiley, Ellert*, Am. Soc. **79** [1957] 2266, 2270).

Kp_3: 155°. IR-Banden (CCl_4) im Bereich von 5,8 μ bis 8,0 μ: *Wi., El.*, l. c. S. 2268.

2-Undecanoyl-thiophen, 1-[2]Thienyl-undecan-1-on $C_{15}H_{24}OS$, Formel III.

B. Beim Behandeln von Thiophen mit Undecanoylchlorid in Schwefelkohlenstoff unter Zusatz von Aluminiumchlorid (*Cagniant, Deluzarche*, C. r. **225** [1947] 455; *Buu-Hoi et al.*, Soc. **1953** 547) oder in Benzol unter Zusatz von Zinn(IV)-chlorid (*Badger et al.*, Soc. **1954** 4162, 4163).

$Kp_{15,5}$: 205,5°; D_4^{26}: 0,980; n_D^{20}: 1,5099 (*Ca., De.*). Kp_{15}: 206°; $n_D^{26,5}$: 1,5139 (*Buu-Hoi et al.*). $Kp_{0,05}$: 136–137° (*Ba. et al.*).

Beim Erwärmen mit 5-Methyl-indolin-2,3-dion und Kaliumäthylat in Äthanol ist 6-Methyl-3-nonyl-2-[2]thienyl-chinolin-4-carbonsäure erhalten worden (*Ca., De.*).

1-[2]Thienyl-undecan-1-on-[2,4-dinitro-phenylhydrazon] $C_{21}H_{28}N_4O_4S$, Formel IV ($R = C_6H_3(NO_2)_2$).

B. Aus 1-[2]Thienyl-undecan-1-on und [2,4-Dinitro-phenyl]-hydrazin (*Cagniant, Cagniant*, Bl. **1955** 357, 362).

Rote Krystalle (aus A.); F: 98,5–99°.

1-[2]Thienyl-undecan-1-on-semicarbazon $C_{16}H_{27}N_3OS$, Formel IV (R = CO-NH_2).

B. Aus 1-[2]Thienyl-undecan-1-on und Semicarbazid (*Buu-Hoi et al.*, Soc. **1953** 547).

Krystalle (aus Me.). F: 95–96°.

IV V VI

11-[2]Thienyl-undecan-2-on $C_{15}H_{24}OS$, Formel V.

B. Neben 2-Nonyl-thiophen beim Leiten eines Gemisches von 10-[2]Thienyl-decansäure

und Essigsäure über Thoriumoxid bei 420° (*Cagniant, Cagniant,* Bl. **1954** 1349, 1356).
$Kp_{15,5}$: 205° [unkorr.]. $D_4^{20,8}$: 1,004. $n_D^{18,5}$: 1,5140.

11-[2]Thienyl-undecan-2-on-semicarbazon $C_{16}H_{27}N_3OS$, Formel VI.
B. Aus 11-[2]Thienyl-undecan-2-on und Semicarbazid (*Cagniant, Cagniant,* Bl. **1954** 1349, 1356).
Krystalle (aus A.); F: 103—103,5° [unkorr.; Block].

(±)-2-Methyl-1-[2]thienyl-decan-1-on $C_{15}H_{24}OS$, Formel VII.
B. Beim Behandeln von Thiophen mit dem aus (±)-2-Methyl-decansäure hergestellten Säurechlorid und Zinn(IV)-chlorid in Schwefelkohlenstoff (*Sy et al.,* C. r. **239** [1954] 1813).
Kp_{18}: 197—199°. n_D^{24}: 1,4897.

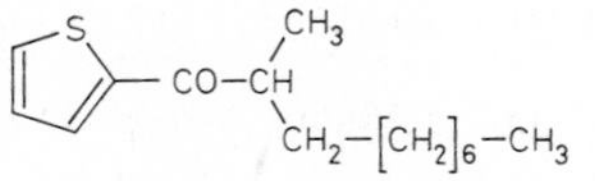

VII 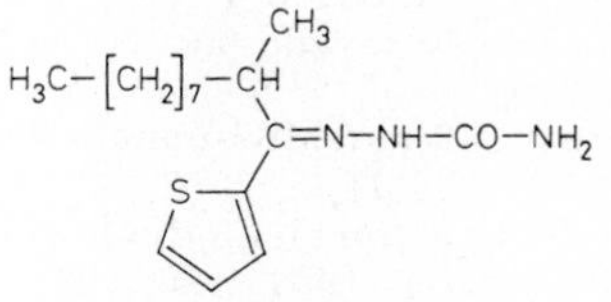 VIII

(±)-2-Methyl-1-[2]thienyl-decan-1-on-semicarbazon $C_{16}H_{27}N_3OS$, Formel VIII.
B. Aus (±)-2-Methyl-1-[2]thienyl-decan-1-on und Semicarbazid (*Sy et al.,* C. r. **239** [1954] 1813).
Krystalle (aus A.); F: 130°.

(±)-1-[2]Furyl-4,8-dimethyl-nonan-1-on $C_{15}H_{24}O_2$, Formel IX.
B. Neben Furan-2-carbonsäure-[3,7-dimethyl-octylester] und 2,6,11,15-Tetramethyl-hexadecan ($Kp_{0,6}$: 121°; n_D^{21}: 1,4392) beim Erwärmen von Furan-2-carbonylchlorid mit (±)-3,7-Dimethyl-octylcadmium-bromid in Äther (*Grünanger, Piozzi,* G. **89** [1959] 897, 904).
$Kp_{0,6}$: 125°. n_D^{21}: 1,4824. IR-Spektrum (Film; 2—15,5 μ): *Gr., Pi.,* l. c. S. 899.

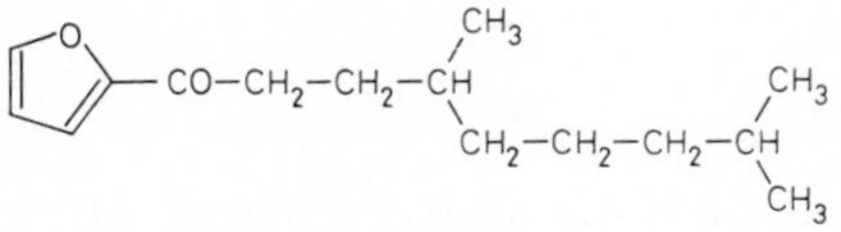

IX 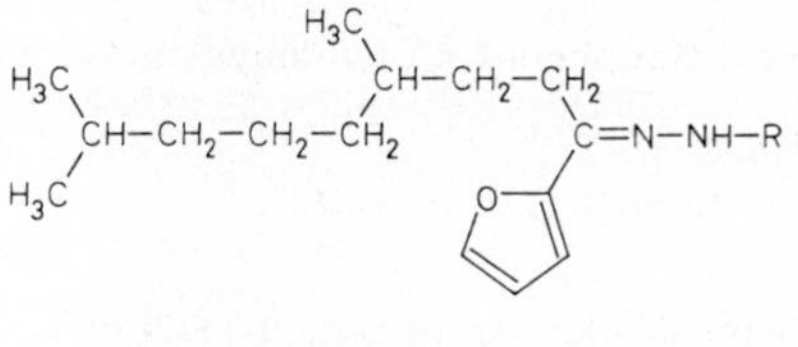 X

(±)-1-[2]Furyl-4,8-dimethyl-nonan-1-on-[2,4-dinitro-phenylhydrazon] $C_{21}H_{28}N_4O_5$, Formel X (R = $C_6H_3(NO_2)_2$).
B. Aus (±)-1-[2]Furyl-4,8-dimethyl-nonan-1-on und [2,4-Dinitro-phenyl]-hydrazin (*Grünanger, Piozzi,* G. **89** [1959] 897, 906).
Rote Krystalle (aus A.); F: 102—103°.

(±)-1-[2]Furyl-4,8-dimethyl-nonan-1-on-[4-phenyl-semicarbazon] $C_{22}H_{31}N_3O_2$, Formel X (R = CO-NH-C_6H_5).
B. Aus (±)-1-[2]Furyl-4,8-dimethyl-nonan-1-on und 4-Phenyl-semicarbazid in Methanol (*Grünanger, Piozzi,* G. **89** [1959] 897, 906).
Krystalle (aus Me.); F: 111—112°.

(±)-1-[3]Furyl-4,8-dimethyl-nonan-1-on $C_{15}H_{24}O_2$, Formel XI.
B. Beim Erwärmen einer Lösung von Furan-3-carbonylchlorid in Benzol mit (±)-3,7-Dimethyl-octylcadmium-bromid in Äther (*Quilico et al.,* Tetrahedron **1** [1957] 186, 192).
$Kp_{0,05}$: 115—116°. n_D^{20}: 1,4747. IR-Spektrum (Film; 2—15,5 μ): *Qu. et al.,* l. c. S. **189**.

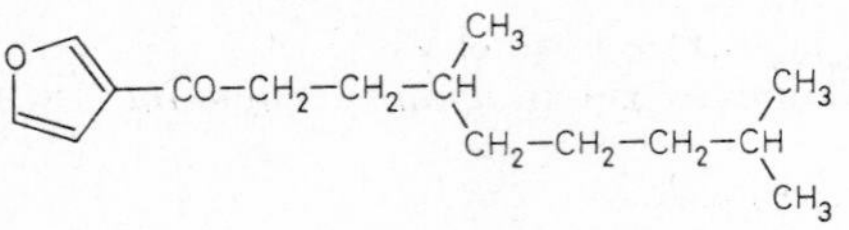

XI 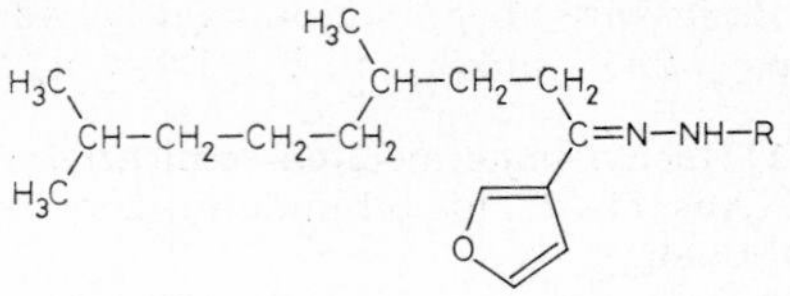 XII

(±)-1-[3]Furyl-4,8-dimethyl-nonan-1-on-[2,4-dinitro-phenylhydrazon] $C_{21}H_{28}N_4O_5$, Formel XII (R = $C_6H_3(NO_2)_2$).

B. Aus (±)-1-[3]Furyl-4,8-dimethyl-nonan-1-on und [2,4-Dinitro-phenyl]-hydrazin (*Quilico et al.*, Tetrahedron **1** [1957] 186, 193).

Orangefarbene Krystalle (aus Eg.); F: 98–99°.

(±)-1-[3]Furyl-4,8-dimethyl-nonan-1-on-[4-phenyl-semicarbazon] $C_{22}H_{31}N_3O_2$, Formel XII (R = CO-NH-C_6H_5).

B. Aus (±)-1-[3]Furyl-4,8-dimethyl-nonan-1-on und 4-Phenyl-semicarbazid (*Quilico et al.*, Tetrahedron **1** [1957] 186, 193).

Krystalle (aus Me.); F: 125°.

5-Decyl-thiophen-2-carbaldehyd $C_{15}H_{24}OS$, Formel I.

B. Beim Behandeln von 2-Decyl-thiophen mit *N*-Methyl-formanilid und Phosphoryl=chlorid und anschliessend mit wss. Natriumacetat-Lösung (*Buu-Hoi et al.*, Soc. **1955** 1581).

Kp_{14}: 210–212°. n_D^{24}: 1,5250.

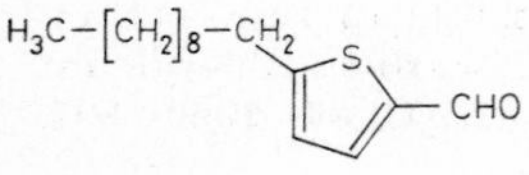

I 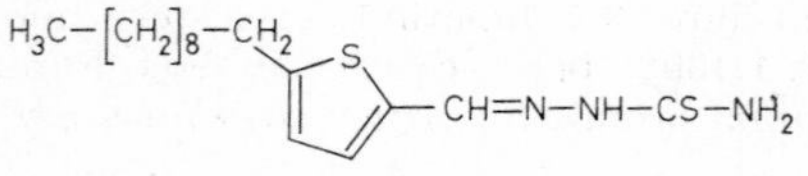 II 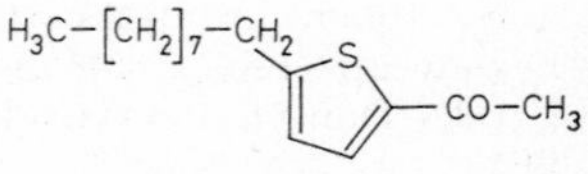 III

5-Decyl-thiophen-2-carbaldehyd-thiosemicarbazon $C_{16}H_{27}N_3S_2$, Formel II.

B. Aus 5-Decyl-thiophen-2-carbaldehyd und Thiosemicarbazid (*Buu-Hoi et al.*, Soc. **1955** 1581).

Krystalle (aus A.); F: 92°.

2-Acetyl-5-nonyl-thiophen, 1-[5-Nonyl-[2]thienyl]-äthanon $C_{15}H_{24}OS$, Formel III.

B. Beim Behandeln von 2-Nonyl-thiophen mit Acetylchlorid und Aluminiumchlorid in Schwefelkohlenstoff (*Cagniant, Cagniant*, Bl. **1954** 1349, 1356).

Krystalle (aus PAe.); F: 32–32,5°. $Kp_{17,7}$: 213–214° [unkorr.].

1-[5-Nonyl-[2]thienyl]-äthanon-[2,4-dinitro-phenylhydrazon] $C_{21}H_{28}N_4O_4S$, Formel IV (R = $C_6H_3(NO_2)_2$).

B. Aus 1-[5-Nonyl-[2]thienyl]-äthanon und [2,4-Dinitro-phenyl]-hydrazin (*Cagniant, Cagniant*, Bl. **1954** 1349, 1356).

Rote Krystalle (aus Bzl. + A.); F: 120° [unkorr.; Block].

1-[5-Nonyl-[2]thienyl]-äthanon-semicarbazon $C_{16}H_{27}N_3OS$, Formel IV (R = CO-NH_2).

B. Aus 1-[5-Nonyl-[2]thienyl]-äthanon und Semicarbazid (*Cagniant, Cagniant*, Bl. **1954** 1349, 1356).

Krystalle (aus A.); F: 204° [unkorr.; Block].

2,5-Diäthyl-3-heptanoyl-thiophen, 1-[2,5-Diäthyl-[3]thienyl]-heptan-1-on $C_{15}H_{24}OS$, Formel V.

B. Beim Behandeln von 2,5-Diäthyl-thiophen mit Heptanoylchlorid und Aluminium=

chlorid in Schwefelkohlenstoff (*Cagniant, Cagniant*, Bl. **1953** 713, 723).
$Kp_{8,8}$: 174° [unkorr.]. $D_4^{19,8}$: 0,985. n_D^{20}: 1,5110.

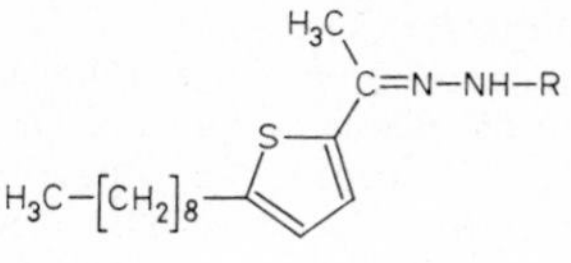

IV 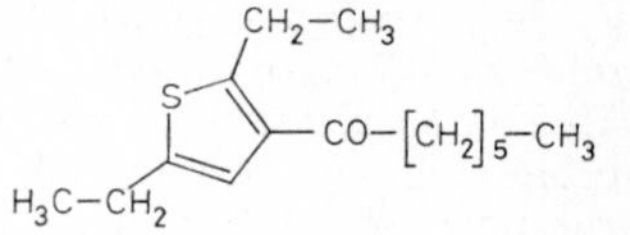 V 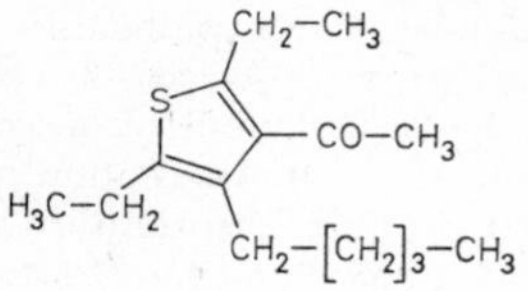 VI

3-Acetyl-2,5-diäthyl-4-pentyl-thiophen, 1-[2,5-Diäthyl-4-pentyl-[3]thienyl]-äthanon $C_{15}H_{24}OS$, Formel VI.

B. Beim Behandeln von 2,5-Diäthyl-3-pentyl-thiophen mit Acetylchlorid und Aluminiumchlorid in Schwefelkohlenstoff (*Cagniant, Cagniant*, Bl. **1953** 713, 725).
Kp_9: 160° [unkorr.]. D_4^{19}: 0,986. $n_D^{19,3}$: 1,5148.

1-[2,5-Diäthyl-4-pentyl-[3]thienyl]-äthanon-[2,4-dinitro-phenylhydrazon] $C_{21}H_{28}N_4O_4S$, Formel VII.

B. Aus 1-[2,5-Diäthyl-4-pentyl-[3]thienyl]-äthanon und [2,4-Dinitro-phenyl]-hydrazin (*Cagniant, Cagniant*, Bl. **1953** 713, 725).
Hellrote Krystalle (aus A.), die bei ca. 105° schmelzen [nach Erweichen bei 95°].

***Opt.-inakt. 1,1,3,3-Tetramethyl-7-propyl-1,6,7,7a-tetrahydro-3*H*-isobenzofuran-5-on** $C_{15}H_{24}O_2$, Formel VIII.

B. Beim Erwärmen einer Lösung von 4-Butyliden-2,2,5,5-tetramethyl-dihydro-furan-3-on (Kp_6: 70–71°; n_D^{16}: 1,4550; 2,4-Dinitro-phenylhydrazon, F: 98–100°) in Benzol mit Aceton und Natriumäthylat in Äthanol (*Tamate*, J. chem. Soc. Japan Pure Chem. Sect. **80** [1959] 942; C. A. **1961** 4470).
Krystalle (aus A.); F: 83,5–84,5°. Kp_1: 130–134°. IR-Spektrum (CCl_4; 2,5–16,7 μ): *Ta.* UV-Absorptionsmaximum (A.): 233 nm.

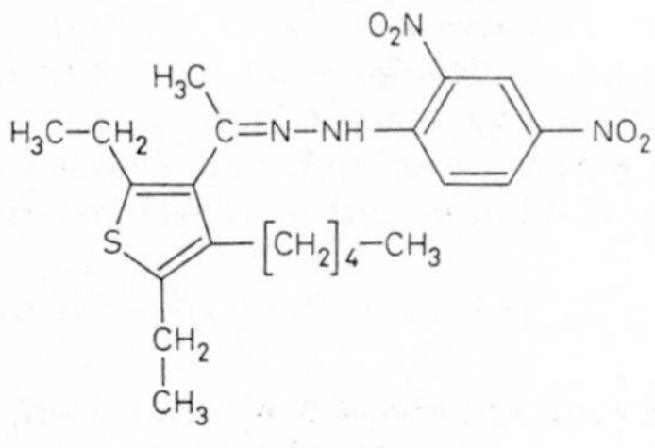

VII 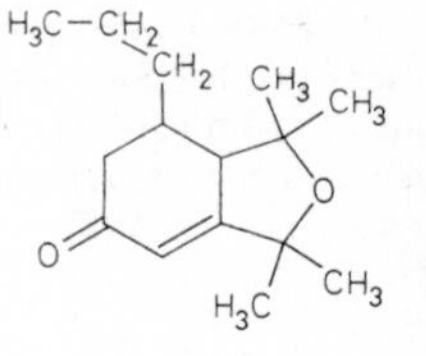 VIII 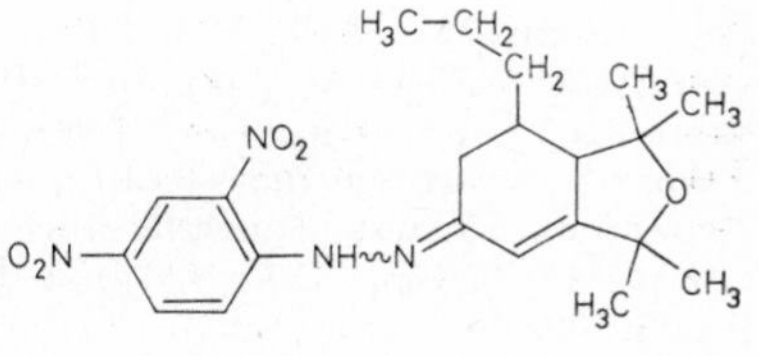 IX

***Opt.-inakt. 1,1,3,3-Tetramethyl-7-propyl-1,6,7,7a-tetrahydro-3*H*-isobenzofuran-5-on-[2,4-dinitro-phenylhydrazon]** $C_{21}H_{28}N_4O_5$, Formel IX.

B. Aus dem im vorangegangenen Artikel beschriebenen Keton und [2,4-Dinitro-phenyl]-hydrazin (*Tamate*, J. chem. Soc. Japan Pure Chem. Sect. **80** [1959] 942; C. A. **1961** 4470).
Orangefarbene Krystalle; F: 171–173°.

***Opt.-inakt. 7-Cyclohexyl-3-methyl-hexahydro-benzofuran-2-on, 2-[2-Hydroxy-bicyclohexyl-3-yl]-propionsäure-lacton** $C_{15}H_{24}O_2$, Formel X.

B. Bei der Hydrierung von opt.-inakt. 2-[3-Cyclohexyl-2-hydroxy-cyclohex-2-enyl]-propionsäure-lacton (F: 119°) oder von 2-[(*Z*)-3-Cyclohexyl-2-hydroxy-cyclohex-2-enyliden]-propionsäure-lacton an Palladium/Bariumsulfat in Essigsäure (*Rosenmund et al.*, Ar. **287** [1954] 441, 448).
Krystalle (aus Bzn.); F: 92°.

(+)(4a*S*)-3ξ,4a,8*t*-Trimethyl-(3aξ,4a*r*,7a*t*,9aξ)-decahydro-azuleno[6,5-*b*]furan-2-on, (+)(Ξ)-2-[(3a*S*)-6ξ-Hydroxy-3a,8*t*-dimethyl-(3a*r*,8a*t*)-decahydro-azulen-5ξ-yl]-propionsäure-lacton, (11Ξ)-8ξ-Hydroxy-7ξ*H*-ambrosan-12-säure-lacton[1] $C_{15}H_{24}O_2$, Formel XI.

B. Neben grösseren Mengen von (+)(Ξ)-2-[(3a*S*)-3a,8*t*-Dimethyl-(3a*r*,8a*t*)-decahydro-azulen-5ξ-yl]-propionsäure (F: 120–120,5°) bei der Hydrierung einer als 2-[(3a*S*,5Ξ)-3a,8*t*-Dimethyl-6-oxo-(3a*r*,8a*t*)-octahydro-azulen-5-yliden]-propionsäure oder als (*R*)-2-[(3a*R*)-3a,8*t*-Dimethyl-6-oxo-(3a*r*,8a*t*)-1,2,3,3a,6,7,8,8a-octahydro-azulen-5-yl]-propionsäure zu formulierenden Verbindung (F: 125,5–126° [unkorr.]; $[\alpha]_D$: –53,4° [A.]; aus Dihydroalloisotenulin hergestellt [über die Konstitution s. *Herz et al.*, Am. Soc. **84** [1962] 3857, 3860]) an Platin in Äthylacetat (*Braun et al.*, Am. Soc. **78** [1956] 4423, 4429).

Krystalle (aus Me.); F: 90,5–91° (*Br. et al.*). $[\alpha]_D$: +13,1° und +13,8° [A.; c = 0,7 bzw. 0,9] (*Br. et al.*).

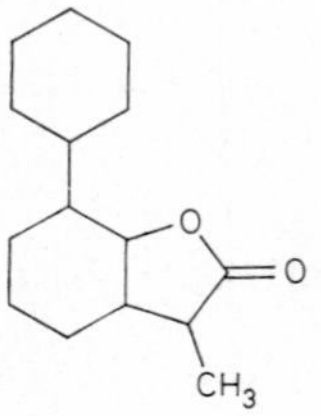

X 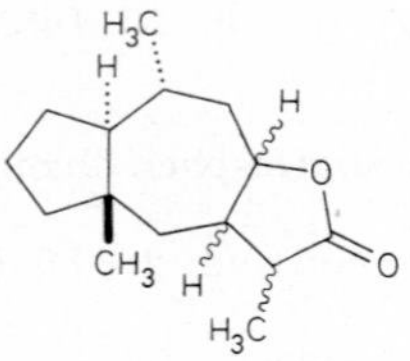 XI 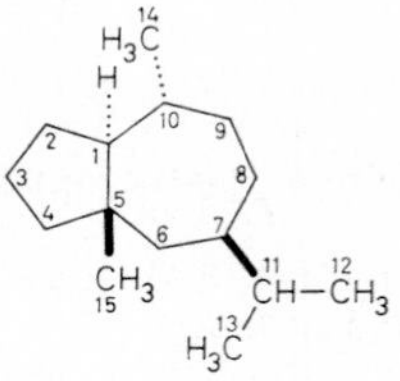 XII 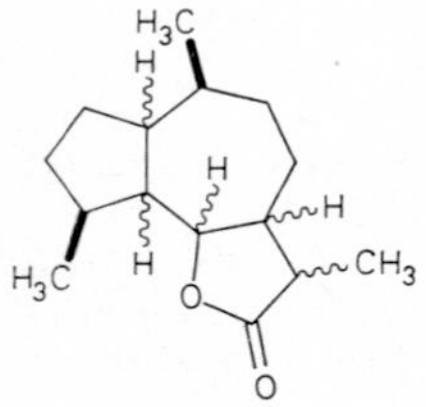 XIII

3,6,9-Trimethyl-decahydro-azuleno[4,5-*b*]furan-2-on, 2-[4-Hydroxy-3,8-dimethyl-decahydro-azulen-5-yl]-propionsäure-lacton $C_{15}H_{24}O_4$.

a) **(+)(6*S*)-3ξ,6*r*,9*c*-Trimethyl-(3aξ,6aξ,9aξ,9bξ)-decahydro-azuleno[4,5-*b*]furan-2-on, (+)(Ξ)-2-[(3*S*)-4ξ-Hydroxy-3*r*,8*c*-dimethyl-(3aξ,8aξ)-decahydro-azulen-5ξ-yl]-propionsäure-lacton** $C_{15}H_{24}O_4$, Formel XIII.

B. Beim Behandeln von (+)(Ξ)-2-[(3*S*)-5ξ-Hydroxy-3*r*,8*c*-dimethyl-(3aξ,8aξ)-decahydro-azulen-5ξ-yl]-propionsäure-äthylester (Kp_5: 142–143°; aus (–)-Guajol [E III **6** 412] hergestellt) mit wss. Schwefelsäure und anschliessenden Erwärmen (*Naito*, J. pharm. Soc. Japan **75** [1955] 325, 329; C. A. **1956** 1680). In kleiner Menge beim Hydrieren von 2-[(3*S*,5Ξ)-4ξ-Acetoxy-3*r*,8*c*-dimethyl-(3aξ,8aξ)-octahydro-azulen-5-yliden]-propionsäure-äthylester (Kp_4: 158–160°; aus (–)-Guajol [E III **6** 412] hergestellt) an Platin in Äthanol, Erwärmen des Reaktionsprodukts mit äthanol. Kalilauge und anschliessenden Behandeln mit wss. Schwefelsäure (*Na.*, l. c. S. 328).

Kp_5: 160°; Kp_4: 155–157°. $[\alpha]_D^{18}$: +5,4° [A.; c = 2]. IR-Spektrum (2,5–16 μ): *Na.*, l. c. S. 326.

b) **(3a*S*)-3*c*,6ξ,9ξ-Trimethyl-(3a*r*,6aξ,9aξ,9b*t*)-decahydro-azuleno[4,5-*b*]furan-2-on, (*S*)-2-[(4*S*)-4*r*-Hydroxy-3ξ,8ξ-dimethyl-(3aξ,8aξ)-decahydro-azulen-5*t*-yl]-propionsäure-lacton** $C_{15}H_{24}O_2$, Formel I.

Zwei Lactone (a) Krystalle [aus PAe.], F: 90°; b) $Kp_{1,2}$: 148–150°; D_4^{20}: 1,0485; n_D^{20}: 1,5009; $[\alpha]_D^{20}$: –13,2° [$CHCl_3$]) dieser Konstitution und Konfiguration sind neben anderen Verbindungen bei der Hydrierung von Artabsin („Prochamazulenogen"; (*S*)-2-[(4*S*)-4*r*,8*t*-Dihydroxy-3,8*c*-dimethyl-2,4,5,6,7,8-hexahydro-azulen-5*t*-yl]-propionsäure-4-lacton) an Platin in Essigsäure erhalten worden (*Herout et al.*, Collect. **22** [1957] 1914, 1915, 1918; s. a. *Herout*, *Šorm*, Collect. **18** [1953] 854, 867).

c) **(+)(3a*S*)-3ξ,6ξ,9ξ-Trimethyl-(3a*r*,6aξ,9aξ,9b*t*)-decahydro-azuleno[4,5-*b*]furan-2-on, (+)(Ξ)-2-[(4*S*)-4*r*-Hydroxy-3ξ,8ξ-dimethyl-(3aξ,8aξ)-decahydro-azulen-5*t*-yl]-propionsäure-lacton** $C_{15}H_{24}O_2$, Formel II.

Verbindungen dieser Konstitution und Konfiguration haben in den nachstehend

[1]) Für den Kohlenwasserstoff (3a*S*)-5*c*-Isopropyl-3a,8*t*-dimethyl-(3a*r*,8a*t*)-decahydro-azulen (Formel XII) ist die Bezeichnung **Ambrosan** vorgeschlagen worden. Die Stellungsbezeichnung bei von Ambrosan abgeleiteten Namen entspricht der in Formel XII angegebenen.

beschriebenen als Hexahydrodehydrocostuslacton und als Tetrahydrocostuslacton bezeichneten Präparaten vorgelegen (*Hikino et al.*, Chem. pharm. Bl. **12** [1964] 632; *Mathur et al.*, Tetrahedron **21** [1965] 3575, 3577).

B. Bei der Hydrierung von Dehydrocostuslacton ((−)-2-[(3a*R*)-4*c*-Hydroxy-3,8-dimethylen-(3a*r*,8a*ξ*)-decahydro-azulen-5*t*-yl]-acrylsäure-lacton; F: 61,5° bzw. F: 63,5−64° bzw. F: 61°) an Raney-Nickel in Äthanol (*Crabalona*, Bl. **1948** 357), an Platin in Äthylacetat (*Naves*, Helv. **31** [1948] 1172, 1175) oder an Platin in Essigsäure (*Romaňuk et al.*, Collect. **21** [1956] 894, 899). Bei der Hydrierung von Costuslacton ((+)(*Ξ*)-2-[(3a*R*)-4*c*-Hydroxy-3,8-dimethylen-(3a*r*,8a*ξ*)-decahydro-azulen-5*t*-yl]-propionsäure-lacton; Kp_{13}: 205−211°; n_D: 1,5304) an Platin in Äther (*Semmler, Feldstein*, B. **47** [1914] 2433, 2436). Bei der Hydrierung von Dihydrodehydrocostuslacton ((+)(*Ξ*)-2-[(3a*R*)-4*c*-Hydroxy-3,8-dimethylen-(3a*r*,8a*ξ*)-decahydro-azulen-5*t*-yl]-propionsäure-lacton; $Kp_{1,6}$: 167−168°; n_D^{20}: 1,5314) an Platin in Äthylacetat (*Na.*). Bei der Hydrierung von Dihydrocostuslacton (Kp_{19}: 210−213°; α_D: +48° [unverd.; l = 1]; möglicherweise (*Ξ*)-2-[(4*S*)-4*r*-Hydroxy-3,8*ξ*-dimethyl-(8a*ξ*)-1,2,4,5,6,7,8,8a-octahydro-azulen-5*t*-yl]-propionsäure-lacton [S.4763]) an Platin in Äther (*Se., Fe.*).

Kp_{13}: 198−202°; D^{21}: 1,0451; n_D: 1,5051; α_D: +33° [unverd.; l = 1] (*Se., Fe.*). Kp_3: 173−174°; D_4^{20}: 1,0552; $n_{656,3}^{20}$: 1,5017; n_D^{20}: 1,5042; $n_{486,1}^{20}$: 1,5104; $[\alpha]_D$: +54,4° [unverd.] (*Na.*). Kp_3: 135−135,5°; D_4^{20}: 1,067; n_D^{20}: 1,5120 (*Cr.*). $Kp_{1,8}$: 158−159°; D_4^{20}: 1,0437; $n_{656,3}^{20}$: 1,5007; n_D^{20}: 1,5032; $n_{486,1}^{20}$: 1,5094; $[\alpha]_D^{20}$: +47,0° [unverd.] (*Na.*). $Kp_{0,4}$: 135−137°; n_D^{20}: 1,5076; $[\alpha]_D^{20}$: +46,5° [unverd.] (*Ro. et al.*). IR-Spektrum ($CHCl_3$; 2,7−15,4 μ): *Ro. et al.*, l. c. S. 896.

d) **(+)-2-[4-Hydroxy-3,8-dimethyl-decahydro-azulen-5-yl]-propionsäure-lacton** $C_{15}H_{24}O_2$ aus Dihydrocarpesialacton; Desoxydihydrocarpesialacton.

B. Beim Behandeln von Dihydrocarpesialacton ((+)-2-[4-Hydroxy-3,8-dimethyl-1-oxo-decahydro-azulen-5-yl]-propionsäure-lacton; Kp_5: 205−207° [vermutlich unreines Präparat]; 2,4-Dinitro-phenylhydrazon: F: 191°) mit Äthanthiol, Zinkchlorid und Natriumacetat und Erwärmen des Reaktionsprodukts mit Raney-Nickel in Äthanol (*Naito*, J. pharm. Soc. Japan **75** [1955] 93, 96; C. A. **1956** 891).

Kp_4: 162°. $[\alpha]_D^{22}$: +38,9° [A.; c = 3]. IR-Spektrum (2,3−16 μ): *Na.*, l. c. S. 95.

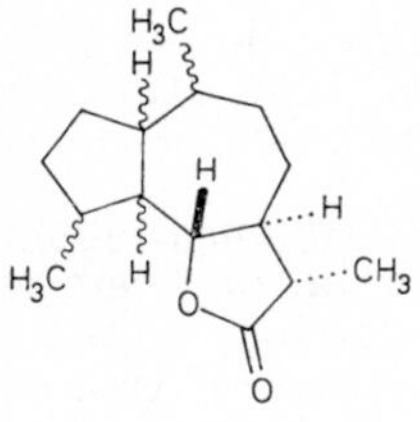

I 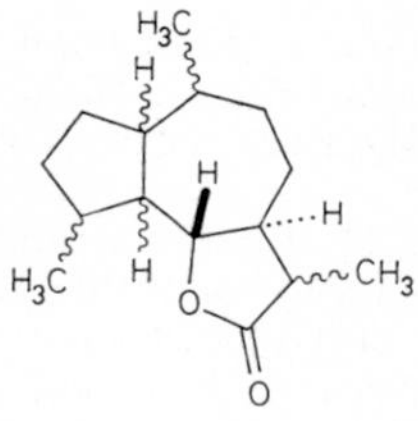 II 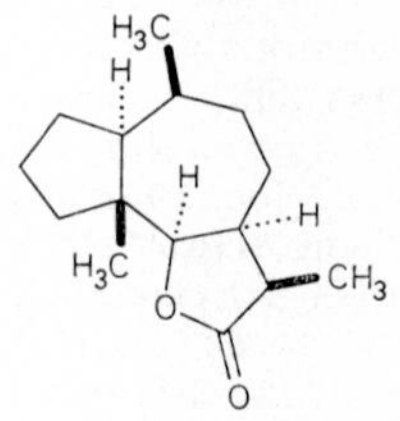 III 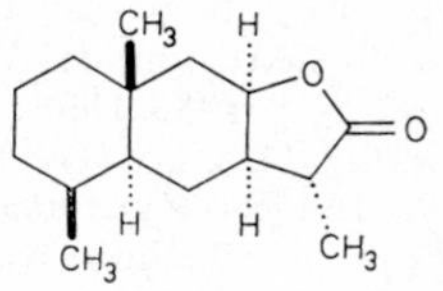 IV

e) **(−)-2-[4-Hydroxy-3,8-dimethyl-decahydro-azulen-5-yl]-propionsäure-lacton** $C_{15}H_{24}O_2$ aus Tetrahydromatricin.

B. Beim Erhitzen von 2-[6,6-Äthandiyldimercapto-4-hydroxy-3,8-dimethyl-decahydro-azulen-5-yl]-propionsäure-lacton (F: 145−146°; aus Tetrahydromatricin [Syst. Nr. 2477] hergestellt) mit Raney-Nickel in Dioxan (*Čekan et al.*, Collect. **22** [1957] 1921, 1927).

$Kp_{0,4}$: 130−135°. D_4^{20}: 1,0525. $[\alpha]_D^{20}$: −52,6° [$CHCl_3$; c = 4]. IR-Spektrum ($CHCl_3$; 2,7−12,4 μ): *Če. et al.*, l. c. S. 1923.

(3a*S*)-3*t*,6*t*,9a-Trimethyl-(3a*r*,6a*c*,9a*t*,9b*c*)-decahydro-azuleno[4,5-*b*]furan-2-on, (*R*)-2-[(3a*R*)-4*c*-Hydroxy-3a,8*c*-dimethyl-(3a*r*,8a*t*)-decahydro-azulen-5*c*-yl]-propionsäure-lacton, (11*R*)-6β-Hydroxy-10α*H*-ambrosan-12-säure-lacton[1]) $C_{15}H_{24}O_2$, Formel III.

B. Beim Erhitzen von (*R*)-2-[(3a*R*)-3,3-Äthandiyldimercapto-4*c*-hydroxy-3a,8*c*-dimethyl-(3a*r*,8a*t*)-decahydro-azulen-5*c*-yl]-propionsäure-lacton (aus Tetrahydroambrosin [Syst. Nr. 2477] hergestellt) mit Raney-Nickel in Dioxan (*Šorm et al.*, Collect. **24** [1959] 1548, 1552).

Krystalle (aus PAe.); F: 85°. $[\alpha]_D^{20}$: −31,4° [$CHCl_3$; c = 4].

---

[1]) Stellungsbezeichnung bei von Ambrosan abgeleiteten Namen s. S. 4670.

3,5,8a-Trimethyl-decahydro-naphtho[2,3-*b*]furan-2-on, 2-[3-Hydroxy-4a,8-dimethyl-decahydro-[2]naphthyl]-propionsäure-lacton $C_{15}H_{24}O_2$.

a) **(3a*R*)-3*c*,5*t*,8a-Trimethyl-(3a*r*,4a*c*,8a*t*,9a*c*)-decahydro-naphtho[2,3-*b*]furan-2-on, (11*R*)-8β-Hydroxy-eudesman-12-säure-lacton**[1]) $C_{15}H_{24}O_2$, Formel IV.

Über die Konfiguration s. *Tsuda et al.*, Am. Soc. **79** [1957] 5721, 5722 Anm. 13; *Cocker et al.*, Soc. **1959** 1998, **1960** 4721, 4722.

B. Beim Erhitzen von Tetrahydroalantolacton (s. u.) mit Kaliumhydroxid auf 210° und Ansäuern des Reaktionsgemisches (*Asselineau et al.*, Bl. **1955** 1524, 1528; vgl. *Hansen*, J. pr. [2] **136** [1933] 176, 186).

Krystalle (aus wss. Me.); F: 70—71° (*As. et al.*). $[\alpha]_{578}$: +26° [A.; c = 2] (*As. et al.*). IR-Spektrum (Nujol) von 2 μ bis 15 μ: *As. et al.*, l. c. S. 1525; von 7 μ bis 12,5 μ: *Tsuda, Tanabe*, J. pharm. Soc. Japan **77** [1957] 558.

Beim Erwärmen mit Natriumäthylat in Äthanol ist Tetrahydroalantolacton (s. u.) erhalten worden (*As. et al.*).

b) **(3a*R*)-3*t*,5*c*,8a-Trimethyl-(3a*r*,4a*c*,8a*t*,9a*c*)-decahydro-naphtho[2,3-*b*]furan-2-on, (11*S*)-8β-Hydroxy-4β*H*-eudesman-12-säure-lacton**[1]), β-Tetrahydroalantolacton $C_{15}H_{24}O_2$, Formel V.

Über die Konfiguration am C-Atom 4 (Eudesman-Bezifferung) s. *Tanabe*, Chem. pharm. Bl. **6** [1958] 218; *Nakazawa*, Am. Soc. **82** [1960] 2229.

B. Beim Erhitzen einer Lösung von (11*S*)-8β-Hydroxy-3-oxo-4β*H*-eudesman-12-säure-lacton in Toluol mit wss. Salzsäure und amalgamiertem Zink (*Matsumura et al.*, J. pharm. Soc. Japan **74** [1954] 738, 741; C. A. **1955** 3090). Beim Erhitzen von (11*S*)-3,3-Äthandiyldimercapto-8β-hydroxy-4β*H*-eudesman-12-säure-lacton mit Raney-Nickel in Dioxan (*Ta.*, l. c. S. 221).

Krystalle; F: 120—121° [aus Hexan] (*Ta.*), 117—119° [unkorr.; aus Bzl. + PAe.] (*Ma. et al.*). $[\alpha]_D^{21}$: —22,6° [$CHCl_3$; c = 2] (*Ma. et al.*); $[\alpha]_D$: —37,5° [$CHCl_3$; c = 2] (*Ta.*).

c) **(3a*R*)-3*t*,5*t*,8a-Trimethyl-(3a*r*,4a*c*,8a*t*,9a*c*)-decahydro-naphtho[2,3-*b*]furan-2-on, (11*S*)-8β-Hydroxy-eudesman-12-säure-lacton**[1]), **Tetrahydroalantolacton** $C_{15}H_{24}O_2$, Formel VI.

Über die Konfiguration an den C-Atomen 5 und 7 (Eudesman-Bezifferung) s. *Benešová et al.*, Chem. and Ind. **1958** 363; *Tanabe*, Chem. pharm. Bl. **6** [1958] 214, 218; *Cocker et al.*, Soc. **1959** 1998; *Nakazawa*, Am. Soc. **82** [1960] 2229; über die Konfiguration am C-Atom 11 s. *Cocker, Nisbet*, Soc. **1963** 534.

B. Bei der Hydrierung von Alantolacton (8β-Hydroxy-eudesma-5,11(13)-dien-12-säure-lacton) an Platin in warmem Äthylacetat (*Ruzicka, van Melsen*, Helv. **14** [1931] 397, 405, 406), in Essigsäure (*Hansen*, B. **64** [1931] 943, 945) oder in warmem Äthanol (*Tsuda et al.*, Am. Soc. **79** [1957] 5721, 5723). Bei der Hydrierung von Isoalantolacton (8β-Hydroxy-eudesma-4(15),11(13)-dien-12-säure-lacton) an Platin in warmem Äthylacetat (*Ru., v. Me.*). Bei der Hydrierung eines aus den Wurzeln von Inula helenium erhaltenen Gemisches von Alantolacton, Isoalantolacton und Dihydroalantolacton ((11*S*)-8β-Hydroxy-eudesm-5-en-12-säure-lacton) an Platin in Äthylacetat bei 45° (*Kovács et al.*, Collect. **21** [1956] 225, 238) oder an Raney-Nickel in Äthanol bei 120°/100 at (*Asselineau et al.*, Bl. **1955** 1524, 1528). Beim Behandeln des aus (11*S*)-8α-Hydroxy-eudesman-12-säure mit Hilfe von Diazomethan hergestellten Methylesters mit Kaliumdichromat und Essigsäure und Behandeln einer methanol. Lösung der erhaltenen Oxo-Verbindung mit Natriumboranat in Wasser und anschliessend mit wss. Essigsäure (*Co. et al.*, l. c. S. 2002).

Krystalle; F: 147—148° [korr.; Kofler-App.; aus A.] (*As. et al.*), 147,5° [aus A.] (*Ha.*, B. **64** 945), 146—147,5° [unkorr.; aus A.] (*Ko. et al.*), 144—145° [unkorr.; aus A.] (*Sýkora, Romaňuk*, Collect. **22** [1957] 1909, 1912), 143—144° [korr.; aus A.] (*Ru., v. Me.*), 142—143° [unkorr.; aus A. bzw. Hexan] (*Ts. et al.*; *Ta.*, l. c. S. 217). $[\alpha]_D^{20}$: +14,6° bzw. +18,3° [$CHCl_3$; c = 2] (*Ko. et al.*; *Sý., Ro.*); $[\alpha]_D^{25}$: +11,5° [$CHCl_3$; c = 5] (*Ts. et al.*); $[\alpha]_D$: +15,2° und +16,0° [A.; c = 5] (*Ru., v. Me.*); $[\alpha]_D^{20}$: +17,0° [Me.; c = 0,5] (*Sý., Ro.*). $[\alpha]_{578}$: +16° [A.; c = 2] (*As. et al.*). IR-Spektrum (Nujol) von 2 μ bis 16 μ: *Matsumura et al.*, J. pharm. Soc. Japan **74** [1954] 1029; C. A. **1955** 3090; *As. et al.*, l. c. S. 1525; von 7 μ bis 12,5 μ: *Tsuda, Tanabe*, J. pharm. Soc. Japan **77** [1957] 558. IR-

---

[1]) Stellungsbezeichnung bei von Eudesman abgeleiteten Namen s. E III **7** 515, 516.

Spektrum ($CHCl_3$) von 2,6 μ bis 15,4 μ: *Ko. et al.*, l. c. S. 227; von 5,2 μ bis 11,9 μ: *J. Plíva, M. Horák, V. Herout, F. Šorm,* Die Terpene, Tl. 1 [Berlin 1960] Nr. S 100.

Beim Erhitzen mit Kaliumhydroxid auf 210° und Ansäuern des Reaktionsgemisches ist (11*R*)-8β-Hydroxy-eudesman-12-säure-lacton (S. 4672) erhalten worden (*As. et al.*). Reaktion mit Phenylmagnesiumbromid in Äther unter Bildung von (11*S*)-8ξ,12-Epoxy-12,12-diphenyl-eudesman (F: 161° bzw. F: 157–158° [E III/IV **17** 708]): *Hansen,* J. pr. [2] **136** [1933] 176, 186; *Ta.*

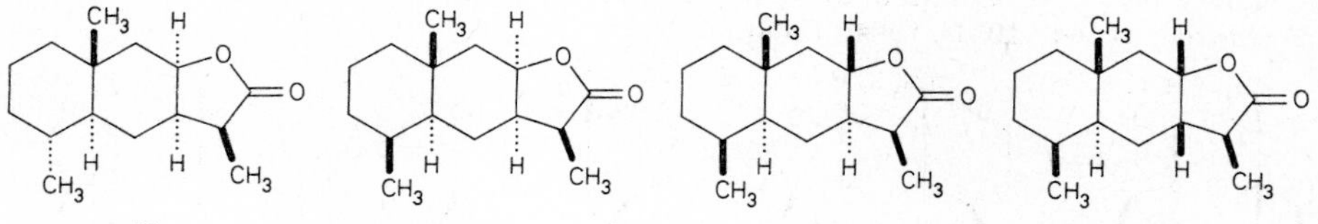

V VI VII VIII

d) **(3a*R*)-3*t*,5*t*,8a-Trimethyl-(3a*r*,4a*c*,8a*t*,9a*t*)-decahydro-naphtho[2,3-*b*]furan-2-on, (11*S*)-8α-Hydroxy-eudesman-12-säure-lacton**[1]) $C_{15}H_{24}O_2$, Formel VII.

Über die Konfiguration an den C-Atomen 8 und 11 (Eudesman-Bezifferung) s. *Tsuda et al.*, Am. Soc. **79** [1957] 5721, 5723; *Cocker et al.*, Soc. **1959** 1998, 2001, **1961** 4721, 4722.

B. Beim Erwärmen von (11*S*)-8α-Hydroxy-eudesman-12-säure (hergestellt aus Tetrahydroalantolacton [S. 4672]) mit Toluol-4-sulfonsäure enthaltendem Benzol (*Ts. et al.*, l. c. S. 5724; *Co. et al.*, Soc. **1961** 4725) oder mit wss. Salzsäure enthaltendem Methanol (*Ts. et al.*). Beim Erhitzen von (11*S*)-1,1-Äthandiyldimercapto-8α-hydroxy-eudesman-12-säure-lacton mit Raney-Nickel in Dioxan (*Cocker, McMurry,* Pr. chem. Soc. **1958** 147; s. a. *Co. et al.*, Soc. **1959** 1999).

Krystalle; F: 74–75° [aus Hexan] (*Ts. et al.*), 38° [aus Me.] (*Co. et al.*, Soc. **1961** 4725). $[\alpha]_D^{14,5}$: –70,9° [$CHCl_3$; c = 0,4] (*Co. et al.*, Soc. **1961** 4725); $[\alpha]_D^{25}$: –29,3° [$CHCl_3$; c = 2] (*Ts. et al.*). IR-Spektrum (Nujol; 7–12,5 μ): *Tsuda, Tanabe,* J. pharm. Soc. Japan **77** [1957] 558.

e) **(3a*S*)-3*c*,5*c*,8a-Trimethyl-(3a*r*,4a*t*,8a*c*,9a*c*)-decahydro-naphtho[2,3-*b*]furan-2-on, (11*S*)-8α-Hydroxy-7β*H*-eudesman-12-säure-lacton**[1]) $C_{15}H_{24}O_2$, Formel VIII.

Über die Konfiguration an den C-Atomen 7 und 8 (Eudesman-Bezifferung) s. *Cocker et al.*, Soc. **1960** 4721, 4723.

B. In kleiner Menge neben (11*S*)-8α-Hydroxy-eudesman-12-säure beim Erwärmen einer Lösung von (11*S*)-8-Oxo-eudesman-12-säure (hergestellt aus Tetrahydroalantolacton [S. 4672]) in Isopropylalkohol mit Natrium (*Tsuda et al.*, Am. Soc. **79** [1957] 5721, 5724). Beim Behandeln von 8α-Hydroxy-eudesm-7(11)-en-12-säure-lacton (hergestellt aus Tetrahydroalantolacton) mit Äthanol und Natrium-Amalgam (*Matsumura et al.*, J. pharm. Soc. Japan **74** [1954] 1029, 1031; C. A. **1955** 3090).

Krystalle; F: 111–112° (*Cocker et al.*, Soc. **1959** 1998, 2001), 108–109° [unkorr.; aus wss. Me.] (*Ts. et al.*), 105–108° [unkorr.; aus Bzn.] (*Ma. et al.*). $[\alpha]_D^{17}$: –19,5° [$CHCl_3$; c = 2] (*Ma. et al.*). IR-Spektrum (Nujol; 7–12,7 μ): *Tsuda, Tanabe,* J. pharm. Soc. Japan **77** [1957] 558.

f) **(3a*R*)-3*t*,5*t*,8a-Trimethyl-(3a*r*,4a*t*,8a*t*,9a*c*)-decahydro-naphtho[2,3-*b*]furan-2-on, (11*S*)-8β-Hydroxy-5β-eudesman-12-säure-lacton**[1]), **Isotetrahydroalantolacton** $C_{15}H_{24}O_2$, Formel IX.

B. Beim Behandeln von (11*S*)-5β-Eudesman-8β,12-diol (hergestellt aus Dihydroalantolacton [S. 4763]) mit Natriumdichromat und Essigsäure (*Ukita, Nakazawa,* Am. Soc. **82** [1960] 2224, 2227; s. a. *Ukita, Nakazawa,* Pharm. Bl. **2** [1954] 299).

Krystalle (aus A.); F: 136–137° (*Uk., Na.*, Am. Soc. **82** 2227). $[\alpha]_D^{20}$: +37,9° [A.; c = 3] (*Uk., Na.*, Am. Soc. **82** 2227).

5-Chlor-3,5,8a-trimethyl-decahydro-naphtho[2,3-*b*]furan-2-on, 2-[8-Chlor-3-hydroxy-4a,8-dimethyl-decahydro-[2]naphthyl]-propionsäure-lacton $C_{15}H_{23}ClO_2$.

Über die Konfiguration der beiden folgenden Stereoisomeren s. *Marshall, Cohen,* J. org. Chem. **29** [1964] 3727.

---

[1]) Stellungsbezeichnung bei von Eudesman abgeleiteten Namen s. E III **7** 515, 516.

a) **(3a*R*)-5*t*-Chlor-3*t*,5*c*,8a-trimethyl-(3a*r*,4a*c*,8a*t*,9a*c*)-decahydro-naphtho[2,3-*b*]furan-2-on, (11*S*)-4-Chlor-8*β*-hydroxy-4*βH*-eudesman-12-säure-lacton** [1]) $C_{15}H_{23}ClO_2$, Formel X.

Bei 127—136° [korr.] bzw. bei 135° schmelzende, mit dem unter b) beschriebenen Stereoisomeren verunreinigte Präparate sind neben grösseren Mengen des unter b) beschriebenen Stereoisomeren beim Behandeln von äther. Lösungen von Dihydroisoalantolacton ((11*S*)-8*β*-Hydroxy-eudesm-4(15)-en-12-säure-lacton [S. 4764]) mit Chlorwasserstoff bei —10° erhalten worden (*Marshall, Cohen,* J. org. Chem. **29** [1964] 3727; s. a. *Hansen,* B. **64** [1931] 1904, 1908).

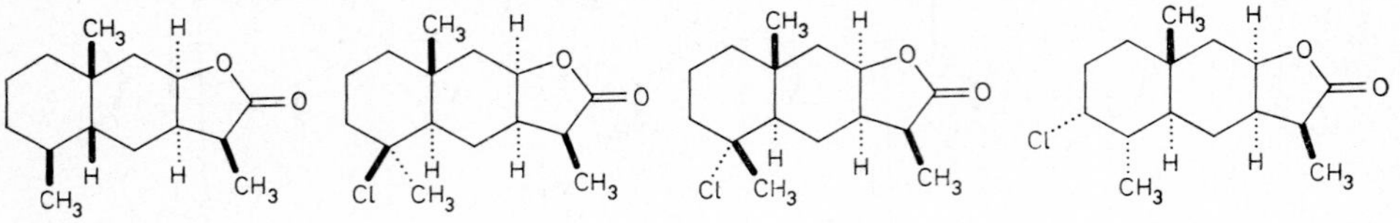

IX X XI XII

b) **(3a*R*)-5*c*-Chlor-3*t*,5*t*,8a-trimethyl-(3a*r*,4a*c*,8a*t*,9a*c*)-decahydro-naphtho[2,3-*b*]furan-2-on, (11*S*)-4-Chlor-8*β*-hydroxy-eudesman-12-säure-lacton** [1]) $C_{15}H_{23}ClO_2$, Formel XI.

B. s. bei dem unter a) beschriebenen Stereoisomeren.

Krystalle (aus A.); F: 145° (*Hansen,* B. **64** [1931] 1904, 1908), 142—145° [korr.; Fisher-Johns-App.] (*Marshall, Cohen,* J. org. Chem. **29** [1964] 3727).

(3a*R*)-6*c*-Chlor-3*t*,5*c*,8a-trimethyl-(3a*r*,4a*c*,8a*t*,9a*c*)-decahydro-naphtho[2,3-*b*]furan-2-on, (11*S*)-3*α*-Chlor-8*β*-hydroxy-4*βH*-eudesman-12-säure-lacton [1]) $C_{15}H_{23}ClO_2$, Formel XII.

B. Beim Behandeln von (11*S*)-3*β*,8*β*-Dihydroxy-4*βH*-eudesman-12-säure-8-lacton (aus Dihydroisoalantolacton [S. 4764] hergestellt) mit Phosphorylchlorid und Pyridin (*Tanabe,* Chem. pharm. Bl. **6** [1958] 218, 221).

Krystalle (aus Bzl. + Hexan); F: 209—212° [Zers.]. $[\alpha]_D^{23}$: —60,5° [$CHCl_3$; c = 2].

3,5a,9-Trimethyl-decahydro-naphtho[1,2-*b*]furan-2-on, 2-[1-Hydroxy-4a,8-dimethyl-decahydro-[2]naphthyl]-propionsäure-lacton $C_{15}H_{24}O_2$.

a) **(3a*S*)-3*c*,5a,9*c*-Trimethyl-(3a*r*,5a*t*,9a*c*,9b*t*)-decahydro-naphtho[1,2-*b*]furan-2-on, (11*S*)-6*α*-Hydroxy-4*βH*-eudesman-12-säure-lacton** [1]), Desoxy-α-tetrahydrosantonin $C_{15}H_{24}O_2$, Formel I.

B. Beim Erwärmen von α-Tetrahydrosantonin ((11*S*)-6α-Hydroxy-3-oxo-4*βH*-eudesman-12-säure-lacton) mit wss. Salzsäure und amalgamiertem Zink (*Clemo, Haworth,* Soc. **1930** 2579, 2581; *Wedekind, Tettweiler,* B. **64** [1931] 387, 398; *Matsumura et al.,* J. pharm. Soc. Japan **74** [1954] 1206; C. A. **1955** 3091; *Kovács et al.,* Collect. **21** [1956] 225, 235) oder mit wss. Salzsäure, amalgamiertem Zink und Toluol (*Yanagita, Ogura,* J. org. Chem. **23** [1958] 1268, 1274). Beim Erwärmen von γ-Tetrahydrosantonin ((11*S*)-6α-Hydroxy-3-oxo-eudesman-12-säure-lacton) mit wss. Salzsäure und amalgamiertem Zink (*Ko. et al.*). Beim Erhitzen von (11*S*)-3,3-Äthandiyldimercapto-6α-hydroxy-4*βH*-eudesman-12-säure-lacton mit Raney-Nickel in Dioxan (*Ko. et al.*; *Iwai et al.,* J. pharm. Soc. Japan **76** [1956] 1381, 1383; C. A. **1957** 6559). Beim Erwärmen von Desoxo-γ-tetrahydroartemisin ((11*S*)-6α,8α-Dihydroxy-4*βH*-eudesman-12-säure-6-lacton) mit Phosphor(V)-bromid und Erwärmen des Reaktionsprodukts mit Essigsäure und Zink (*Sumi,* Am. Soc. **80** [1958] 4869, 4875). Neben Desoxo-γ-tetrahydroartemisin beim Erwärmen von Artemisin ((11*S*)-6α,8α-Dihydroxy-3-oxo-eudesma-1,4-dien-12-säure-6-lacton) mit wss. Salzsäure und amalgamiertem Zink (*Suchý et al.,* Collect. **24** [1959] 1542, 1545). Neben grösseren Mengen Desoxy-γ-tetrahydrosantonin (S. 4675) bei der Hydrierung von Cyclodihydrocostunolid ((11*S*)-6α-Hydroxy-eudesm-3-en-12-säure-lacton [S. 4765]) an Platin in Essigsäure (*Herout et al.,* Collect. **26** [1961] 2612, 2621; s. a. *Herout, Šorm,* Chem. and Ind. **1959** 1067). Beim Erhitzen von Des-

---

[1]) Stellungsbezeichnung bei von Eudesman abgeleiteten Namen s. E III **7** 515, 516.

oxytetrahydro-β-santonin-b (s. u.) mit Natriummethylat in Methanol auf 180° und Erwärmen des Reaktionsgemisches mit wss. Salzsäure (*Ya., Og.*).

Krystalle; F: 154° [unkorr.; aus wss. A. bzw. A.] (*Ko. et al.*; *Ya., Og.*; *Ma. et al.*; *Iwai et al.*), 153—154° [aus A.] (*We., Te.*). $[\alpha]_D^8$: +27,6° [$CHCl_3$; c = 2] (*Iwai et al.*); $[\alpha]_D^{20}$: +26,8° [$CHCl_3$; c = 4] (*Ko. et al.*); $[\alpha]_D^{20}$: +26,5° [$CHCl_3$; c = 3] (*Sýkora, Romaňuk*, Collect. **22** [1957] 1909, 1912); $[\alpha]_D^{21}$: +28,8° [$CHCl_3$; c = 3] (*Ma. et al.*). $[\alpha]_D^{18}$: +21,9° [A.; c = 2] (*Ya., Og.*); $[\alpha]_D^{31}$: +20,8° [A.; c = 1] (*Ya., Og.*); $[\alpha]_D^{20}$: +19,4° [Me.; c = 0,5] (*Sý., Ro.*). IR-Spektrum ($CHCl_3$) von 2,5 μ bis 15,4 μ: *Ko. et al.*, l. c. S. 227; von 5,3 μ bis 12,1 μ: *J. Plíva, M. Horák, V. Herout, F. Šorm*, Die Terpene, Tl. 1 [Berlin 1960] Nr. S 106.

b) **(3a*S*)-3*c*,5a,9*t*-Trimethyl-(3a*r*,5a*t*,9a*c*,9b*t*)-decahydro-naphtho[1,2-*b*]furan-2-on, (11*S*)-6α-Hydroxy-eudesman-12-säure-lacton** [1]), Desoxy-γ-tetrahydrosantonin $C_{15}H_{24}O_2$, Formel II.

B. Als Hauptprodukt bei der Hydrierung von Costunolid (2-[(1*S*)-2*t*-Hydroxy-4,8-dimethyl-cyclodeca-3*t*,7*t*-dien-*r*-yl]-acrylsäure-lacton) an Platin in Perchlorsäure enthaltender Essigsäure (*Herout et al.*, Collect. **26** [1961] 2612, 2621; s. a. *Herout, Šorm*, Chem. and Ind. **1959** 1067). Beim Erhitzen von (11*S*)-3,3-Äthandiyldimercapto-6α-hydroxy-eudesman-12-säure-lacton mit Raney-Nickel in Dioxan (*Kovács et al.*, Collect. **21** [1956] 225, 237).

Krystalle (aus A.); F: 155° [Kofler-App.] (*He. et al.*). $[\alpha]_D^{20}$: +50,1° [$CHCl_3$; c = 4] (*He. et al.*). IR-Spektrum ($CHCl_3$) von 2,5 μ bis 15,4 μ: *Ko. et al.*, l. c. S. 227; von 2 μ bis 12,5 μ: *M. Horák, O. Motl, J. Plíva, F. Šorm*, Die Terpene, Tl. 2 [Berlin 1963] Nr. S 108.

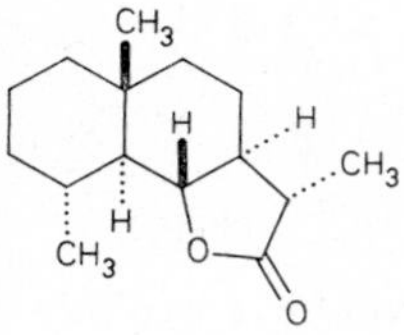

I 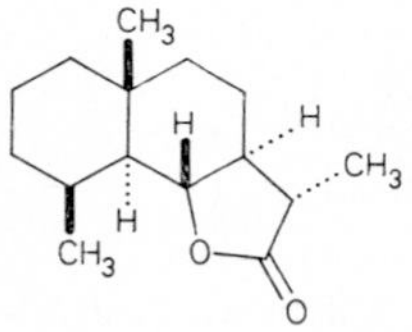 II 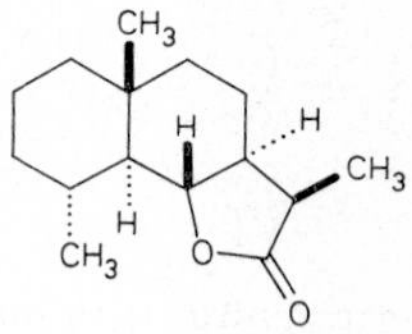 III 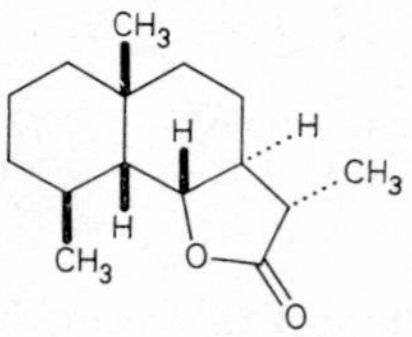 IV

c) **(3a*S*)-3*t*,5a,9*c*-Trimethyl-(3a*r*,5a*t*,9a*c*,9b*t*)-decahydro-naphtho[1,2-*b*]furan-2-on, (11*R*)-6α-Hydroxy-4β*H*-eudesman-12-säure-lacton** [1]), Desoxytetrahydro-β-santonin-b $C_{15}H_{24}O_2$, Formel III.

B. Beim Erhitzen von Tetrahydro-β-santonin-b ((11*R*)-6α-Hydroxy-3-oxo-4β*H*-eudesman-12-säure-lacton) mit wss. Salzsäure und amalgamiertem Zink (*Clemo*, Soc. **1934** 1343, 1345) oder mit wss. Salzsäure, amalgamiertem Zink und Toluol (*Yanagita, Ogura*, J. org. Chem. **23** [1958] 1268, 1273). Beim Erwärmen von Tetrahydro-β-santonin-a ((11*R*)-6α-Hydroxy-3-oxo-eudesman-12-säure-lacton) mit wss. Salzsäure und amalgamiertem Zink (*Cl.*).

Krystalle (aus PAe.); F: 76° (*Ya., Og.*), 75—76° (*Cl.*). $[\alpha]_D^{17}$: +87,6° [A.; c = 2] (*Ya., Og.*).

Beim Erhitzen mit Natriummethylat in Methanol auf 180° und Erwärmen des Reaktionsgemisches mit wss. Salzsäure ist Desoxy-α-tetrahydrosantonin (S. 4674) erhalten worpen (*Ya., Og.*).

d) **(3a*S*)-3*c*,5a,9*t*-Trimethyl-(3a*r*,5a*t*,9a*t*,9b*t*)-decahydro-naphtho[1,2-*b*]furan-2-on, (11*S*)-6α-Hydroxy-5β-eudesman-12-säure-lacton** [1]), Desoxy-β-tetrahydrosantonin $C_{15}H_{24}O_2$, Formel IV.

B. Beim Erwärmen von β-Tetrahydrosantonin ((11*S*)-6α-Hydroxy-3-oxo-5β-eudesman-12-säure-lacton) mit wss. Salzsäure und amalgamiertem Zink (*Kovács et al.*, Collect. **21** [1956] 225, 236). Beim Erhitzen von (11*S*)-3,3-Äthandiyldimercapto-6α-hydroxy-5β-eudesman-12-säure-lacton mit Raney-Nickel in Dioxan (*Ko. et al.*).

Krystalle (aus A.); F: 86—87° (*Ko. et al.*), 85—86° (*Yanagita, Yamakawa*, J. org. Chem. **24** [1959] 903, 907). $[\alpha]_D^{20}$: —27,9° und —27,2° [$CHCl_3$; c = 4] (*Ko. et al.*). IR-Spektrum ($CHCl_3$) von 2,5 μ bis 15,4 μ: *Ko. et al.*, l. c. S. 227; von 5,2 μ bis 15,4 μ: *J. Plíva, M. Horák, V. Herout, F. Šorm*, Die Terpene, Tl. 1 [Berlin 1960] Nr. S 107.

[1]) Stellungsbezeichnung bei von Eudesman abgeleiteten Namen s. E III **7** 515, 516.

e) **(3aS)-3t,5a,9t-Trimethyl-(3ar,5at,9at,9bt)-decahydro-naphtho[1,2-b]furan-2-on, (11R)-6α-Hydroxy-5β-eudesman-12-säure-lacton** [1]), Desoxytetrahydro-β-santonin-d $C_{15}H_{24}O_2$, Formel V.

B. Beim Erhitzen einer Lösung von Tetrahydro-β-santonin-d ((11*R*)-6α-Hydroxy-3-oxo-5β-eudesman-12-säure-lacton) in Toluol mit amalgamiertem Zink und wss. Salzsäure (*Yanagita, Ogura*, J. org. Chem. **23** [1958] 1268, 1274).

F: 88–89°. $[\alpha]_D^{19}$: +60° [$CHCl_3$; c = 1].

(5aR)-3ξ,5a,9c-Trimethyl-(3aξ,5ar,9at,9bξ)-decahydro-naphtho[1,2-b]furan-2-on, (11Ξ)-6ξ-Hydroxy-7ξH-eudesman-12-säure-lacton $C_{15}H_{24}O_2$, Formel VI, und **(4aS)-3ξ,5t,8a-Trimethyl-(3aξ,4ar,8at,9aξ)-decahydro-naphtho[2,3-b]furan-2-on, (11Ξ)-8ξ-Hydroxy-7ξH-eudesman-12-säure-lacton** [1]) $C_{15}H_{24}O_2$, Formel VII.

Diese beiden Formeln werden für das nachstehend beschriebene Lacton in Betracht gezogen.

B. Beim Erwärmen von (11Ξ)-7-Hydroxy-7ξ*H*-eudesman-12-säure-äthylester ($Kp_{0,1}$: 94–95°; aus (+)-Dihydroeudesmol [E III **6** 357] hergestellt) mit Phosphor(V)-oxid in Benzol, Behandeln des Reaktionsprodukts mit methanol. Kalilauge und Behandeln der danach erhaltenen Säure mit wss. Schwefelsäure (70%ig) oder mit Ameisensäure (*Popli*, J. scient. ind. Res. India **14** B [1955] 308).

$Kp_{0,1}$: 135–140°.

V VI VII VIII

8-Chlor-3,5a,9-trimethyl-decahydro-naphtho[1,2-b]furan-2-on, 2-[7-Chlor-1-hydroxy-4a,8-dimethyl-decahydro-[2]naphthyl]-propionsäure-lacton $C_{15}H_{23}ClO_2$.

a) **(3aS)-8c-Chlor-3c,5a,9c-trimethyl-(3ar,5at,9ac,9bt)-decahydro-naphtho[1,2-b]furan-2-on, (11S)-3α-Chlor-6α-hydroxy-4βH-eudesman-12-säure-lacton** [1]) $C_{15}H_{23}ClO_2$, Formel VIII.

B. Beim Behandeln von (11*S*)-3β,6α-Dihydroxy-4β*H*-eudesman-12-säure-6-lacton mit Phosphorylchlorid und Pyridin (*Cocker, McMurry*, Soc. **1956** 4549, 4556).

Krystalle (aus A.); F: 147–148°. $[\alpha]_D^{17}$: −22,2° [$CHCl_3$; c = 1].

b) **(3aS)-8t-Chlor-3c,5a,9t-trimethyl-(3ar,5at,9at,9bt)-decahydro-naphtho[1,2-b]furan-2-on, (11S)-3β-Chlor-6α-hydroxy-5β-eudesman-12-säure-lacton** [1]) $C_{15}H_{23}ClO_2$, Formel IX.

B. Beim Behandeln von (11*S*)-3α,6α-Dihydroxy-5β-eudesman-12-säure-6-lacton mit Phosphorylchlorid und Pyridin (*Cocker, McMurry*, Soc. **1956** 4549, 4557).

Krystalle (aus E. + PAe.); F: 160°. $[\alpha]_D^{15}$: +30,5° [$CHCl_3$; c = 0,4].

(3aS)-6,6,9a-Trimethyl-(3ar,5ac,9at,9bc)-decahydro-naphtho[1,2-c]furan-1-on, (4aS)-2t-Hydroxymethyl-5,5,8a-trimethyl-(4ar,8at)-decahydro-[1t]naphthoesäure-lacton, 12-Hydroxy-driman-11-säure-lacton [2]), **Dihydrodrimenin** $C_{15}H_{24}O_2$, Formel X.

Über die Konfiguration s. *Appel et al.*, Soc. **1960** 4685, 4688.

B. Neben Isodrimenin (12-Hydroxy-drim-8-en-11-säure-lacton) bei der Hydrierung von Drimenin (12-Hydroxy-drim-7-en-11-säure-lacton) an Platin in Äthylacetat sowie an Platin in Salzsäure oder Perchlorsäure enthaltender Essigsäure (*Ap. et al.*, l. c. S. 4691).

Krystalle (aus Hexan); F: 71–73° (*Ap. et al.*). $[\alpha]_D$: −79° [Bzl.; c = 1] (*Ap. et al.*).

In einem von *Appel, Dohr* (Scientia Valparaiso **25** [1958] 137, 141) als Dihydrodrimenin beschriebenen Präparat (F: 132–134°; $[\alpha]_D^{15}$: +55,6° [Bzl.]) hat wahrscheinlich mit Dihydrodrimenin verunreinigtes Isodrimenin vorgelegen.

---

[1]) Stellungsbezeichnung bei von Eudesman abgeleiteten Namen s. E III **7** 515, 516.

[2]) Stellungsbezeichnung bei von Driman abgeleiteten Namen s. E III **9** 273 Anm. 3.

IX X XI XII

(3aS)-6,6,9a-Trimethyl-(3ar,5at,9ac,9bt)-decahydro-naphtho[1,2-c]furan-3-on, (4aR)-1t-Hydroxymethyl-5,5,8a-trimethyl-(4ar,8at)-decahydro-[2c]naphthoesäure-lacton, *ent*-11-Hydroxy-8βH-driman-12-säure-lacton [1]) $C_{15}H_{24}O_2$, Formel XI.

B. Beim Behandeln von *ent*-11-Hydroxy-14-oxo-8βH-driman-12-säure-lacton ((4aS)-5t-Formyl-1t-hydroxymethyl-5c,8a-dimethyl-(4ar,8at)-decahydro-[2c]naphthoesäure-lactـon; aus Isodihydroiresin [Syst. Nr. 2529] hergestellt) mit Äthan-1,2-dithiol und dem Borfluorid-Äther-Addukt und Erwärmen einer Lösung des Reaktionsprodukts in Aceton mit Raney-Nickel (*Djerassi et al.*, Am. Soc. **80** [1958] 1972, 1976).

Krystalle (nach Sublimation im Hochvakuum); F: 90—96°. $[\alpha]_D$: —71° [$CHCl_3$].

(—)(4aR)-8ξ,8a-Epoxy-3c-isopropyl-4a,5c-dimethyl-(4ar,8aξ)-octahydro-naphthalin-1-on $C_{15}H_{24}O_2$, Formel XII.

Diese Konstitution und Konfiguration kommt dem nachstehend beschriebenen **Dihydroeremophilonoxid** zu.

B. Bei der Hydrierung von Eremophilonoxid ((—)(4aR)-8ξ,8a-Epoxy-3c-isopropenyl-4a,5c-dimethyl-(4ar,8aξ)-octahydro-naphthalin-1-on [S. 4767]) an Palladium/Kohle in Äthanol (*Bradfield et al.*, Soc. **1932** 2744, 2754).

Krystalle (aus wss. Me.); F: 53—54° (*Br. et al.*). $[\alpha]_{546}$: —205° [Me.; c = 2] (*Br. et al.*). UV-Spektrum (A.; 250—330 nm): *Gillam et al.*, Soc. **1941** 60, 64.

(3aS)-3c-Isopropyl-6t,8a-dimethyl-(8ac)-hexahydro-3ar,6c-epoxido-azulen-7-on, Daucon $C_{15}H_{24}O_2$, Formel I.

B. Beim Behandeln von (—)-Daucol ((3aS)-3c-Isopropyl-6t,8a-dimethyl-(8ac)-octahydro-3ar,6c-epoxido-azulen-7t-ol [S. 1320]) mit Chrom(VI)-oxid und Pyridin (*Sýkora et al.*, Collect. **26** [1961] 788, 801; s. a. *Sýkora et al.*, Tetrahedron Letters **1959** Nr. 14, S. 24, 28).

Krystalle (nach Destillation bei 80—100°/0,1 Torr); F: 44—45° (*Sý. et al.*, Collect. **26** 801).

(—)(3aS)-7ξ-Isopropyl-1t,4ξ-dimethyl-(3ar,8ac)-octahydro-4ξ,7ξ-epoxido-azulen-3-on, *ent*-7,10-Epoxy-7ξH,10ξH-guajan-2-on [2]) $C_{15}H_{24}O_2$, Formel II.

Diese Konstitution und Konfiguration kommt dem nachstehend beschriebenen **β-Kessylketon** zu (*Hikino et al.*, Chem. pharm. Bl. **15** [1967] 485.

B. Aus α-Kessylketon (S. 4678) beim Behandeln mit Salzsäure enthaltendem Äthanol (*Asahina, Hongo*, J. pharm. Soc. Japan **1924** Nr. 506, S. 227, 235; dtsch. Ref. S. 13, 15; C. **1924** II 673; *Asahina, Nakanishi*, J. pharm. Soc. Japan **1926** Nr. 536, S. 823, 825; dtsch. Ref. S. 75, 77; C. **1927** I 429; *Treibs*, A. **570** [1950] 165, 175) sowie beim Erhitzen mit Ameisensäure (*Tr.*).

Krystalle; F: 112° [aus A.] (*As., Na.*), 111—112° [aus A.] (*Tr.*), 109—110° [unkorr.; aus PAe.] (*Hi. et al.*, l. c. S. 488). $[\alpha]_D$: —182,7° [$CHCl_3$; c = 5] (*Hi. et al.*); $[\alpha]_D^{21}$: —164,1° [A.; c = 5] (*As., Ho.*).

---

[1]) Stellungsbezeichnung bei von Driman abgeleiteten Namen s. E III **9** 273 Anm. 3.

[2]) Für den Kohlenwasserstoff (3aS)-7t-Isopropyl-1t,4t-dimethyl-(3ar,8ac)-decahydro-azulen (Formel III) ist die Bezeichnung **Guajan** vorgeschlagen worden. Die Stellungsbezeichnung bei von Guajan abgeleiteten Namen entspricht der in Formel III angegebenen.

Semicarbazon $C_{16}H_{27}N_3O_2$. Krystalle (aus wss. A.); F: 190—191° (*As.*, *Ho.*).

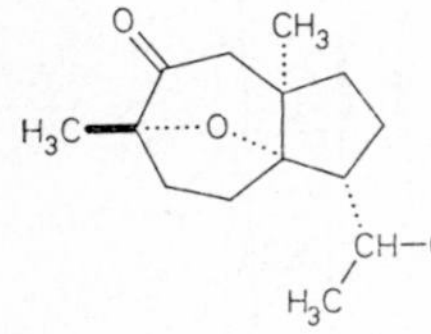

I 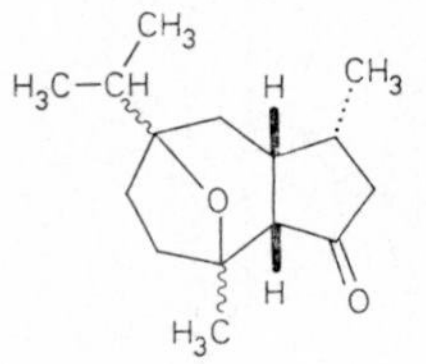 II 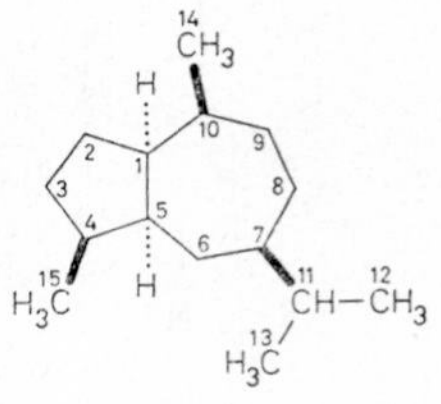 III 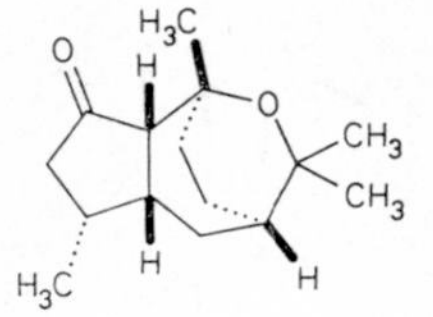 IV

1,3,3,6-Tetramethyl-octahydro-1,4-äthano-cyclopent[*c*]oxepin-8-on $C_{15}H_{24}O_2$.

a) **(5a*R*)-1*c*,3,3,6*t*-Tetramethyl-(5a*r*,8a*c*)-octahydro-1*t*,4*t*-äthano-cyclopent[*c*]oxepin-8-on, *ent*-10,11-Epoxy-7*βH*-guajan-2-on**[1]**), Isokessylketon** $C_{15}H_{24}O_2$, Formel IV.

B. Beim Erwärmen von Isokessylalkohol ((5a*R*)-1*c*,3,3,6*t*-Tetramethyl-(5a*r*,8a*c*)-octahydro-1*t*,4*t*-äthano-cyclopent[*c*]oxepin-8*c*-ol [S. 1320]) mit Natriumdichromat-dihydrat und Essigsäure (*Asahina, Nakanishi*, J. pharm. Soc. Japan **1926** Nr. 536, S. 823, 827; dtsch. Ref. S. 75, 77; C. **1927** I 429). Neben anderen Verbindungen beim Behandeln von α-Kessylketon (s. u.) mit Isopentylformiat und mit Natrium in Äther (*Asahina, Nakanishi*, J. pharm. Soc. Japan **1927** Nr. 544, S. 485, 496; dtsch. Ref. S. 65; C. **1927** II 1036).

Krystalle; F: 56° [aus wss. A. oder PAe.] (*As.*, *Na.*, J. pharm. Soc. Japan **1926** Nr. 536, S. 827), 51—52° [aus PAe.] (*Itô et al.*, Tetrahedron **23** [1967] 553, 561). $[\alpha]_D$: −171° [$CHCl_3$; c = 5] (*Itô et al.*); $[\alpha]_D$: −133,6° [A.; c = 2] (*As.*, *Na.*, J. pharm. Soc. Japan **1926** Nr. 536, S. 827).

b) **(5a*R*)-1*c*,3,3,6*t*-Tetramethyl-(5a*r*,8a*t*)-octahydro-1*t*,4*t*-äthano-cyclopent[*c*]oxepin-8-on, *ent*-10,11-Epoxy-1*β*,7*βH*-guajan-2-on**[1]**), α-Kessylketon** $C_{15}H_{24}O_2$, Formel V.

B. Aus α-Kessylalkohol ((5a*R*)-1*c*,3,3,6*t*-Tetramethyl-(5a*r*,8a*t*)-octahydro-1*t*,4*t*-äthano-cyclopent[*c*]oxepin-8*c*-ol [S. 1320]) beim Erwärmen mit Kaliumdichromat und wss. Schwefelsäure (*Asahina, Hongo*, J. pharm. Soc. Japan **1924** Nr. 506, S. 227, 231; dtsch. Ref. S. 13, 14; C. **1924** II 673), beim Erwärmen mit Natriumdichromat-dihydrat und Essigsäure (*Asahina, Nakanishi*, J. pharm. Soc. Japan **1926** Nr. 536, S. 823, 825; dtsch. Ref. S. 75, 76; C. **1927** I 429) sowie beim Behandeln mit Chrom(VI)-oxid und Essigsäure (*Treibs*, A. **570** [1950] 165, 175).

Krystalle; F: 105° [aus wss. A. bzw. aus A.] (*As.*, *Ho.*; *As.*, *Na.*, J. pharm. Soc. Japan **1926** Nr. 536, S. 825), 104—105° [aus Me.] (*Tr.*). $[\alpha]_D^{25}$: +226,1° [A.; c = 10] (*As.*, *Na.*, J. pharm. Soc. Japan **1926** Nr. 536, S. 825).

Überführung in *β*-Kessylketon (S. 4677) durch Erwärmen mit Salzsäure enthaltendem Äthanol sowie durch Erhitzen mit Ameisensäure: *As.*, *Ho.*, l. c. S. 235; *As.*, *Na.*, J. pharm. Soc. Japan **1926** Nr. 536, S. 825; *Tr.* Beim Behandeln mit wss. Salzsäure ist eine als Pseudokessylketon bezeichnete Verbindung $C_{15}H_{24}O_2$ (Krystalle [aus wss. A.], F: 70°; $[\alpha]_D^{18}$: +133,5° [A.]; Semicarbazon $C_{16}H_{27}N_3O_2$: F: 177°) erhalten worden, die sich durch Erwärmen mit wss. Salzsäure in *β*-Kessylketon (S. 4677) hat überführen lassen (*Asahina, Nakanishi*, J. pharm. Soc. Japan **1927** Nr. 544, S. 485, 487; dtsch. Ref. S. 65, 67; C. **1927** II 1036). Bildung von Desoxy-α-kessylenketon ((3a*R*)-5-Isopropyliden-3*t*,8-dimethyl-(3a*r*)-3,3a,4,5,6,7-hexahydro-2*H*-azulen-1-on) beim Erhitzen mit Acetanhydrid und wenig Schwefelsäure: *Tr.*, l. c. S. 177. Bildung einer als Isodesoxy-α-kessylenketon bezeichneten Verbindung $C_{15}H_{22}O$ (Kp_{10}: 160—165°; D_4^{18}: 1,0031; n_D^{18}: 1,5201; $[\alpha]_D^{18}$: +42,6° [A.]; Semicarbazon $C_{16}H_{25}N_3O$: F: 183—185°) beim Erhitzen mit Palladium/Kohle auf 240°: *Asahina, Nakanishi*, J. pharm. Soc. Japan **48** [1928] 1, 8; dtsch. Ref. S. 1, 5; C. **1928** I 1861. Beim Behandeln einer äther. Lösung mit Äthylnitrit und anschliessend mit Natrium ist eine bei 100—108° schmelzende Säure $C_{15}H_{25}NO_4$ (Kupfer(II)-Salz $Cu(C_{15}H_{24}NO_4)_2$: grünes Pulver [aus Acn.]; F: 168° bis 169°) erhalten worden (*As.*, *Ho.*, l. c. S. 237).

---

[1]) Stellungsbezeichnung bei von Guajan abgeleiteten Namen s. Formel III.

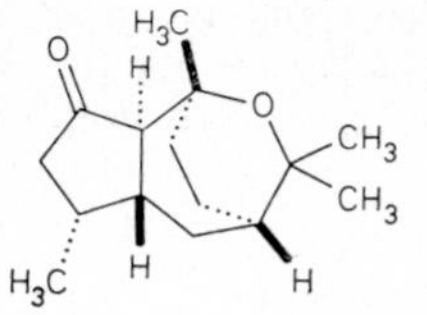

(5a*R*)-1*c*,3,3,6*t*-Tetramethyl-(5a*r*,8a*t*)-octahydro-1*t*,4*t*-äthano-cyclopent[*c*]oxepin-8-on-oxim, *ent*-10,11-Epoxy-1*β*,7*βH*-guajan-2-on-oxim, α-Kessylketon-oxim $C_{15}H_{25}NO_2$, Formel VI (X = OH).

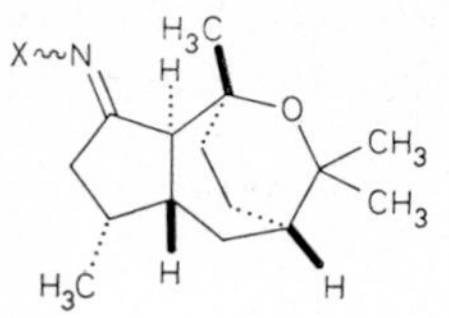

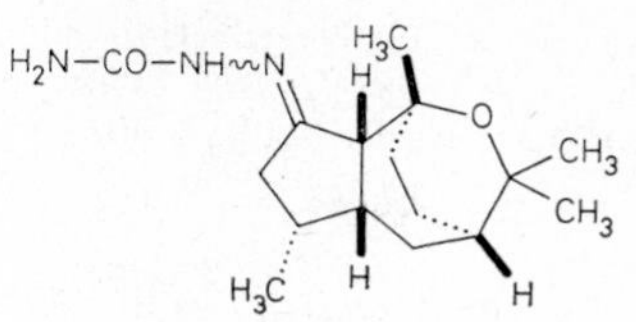

a) Höherschmelzendes Oxim.

B. Neben dem unter b) beschriebenen Oxim beim Erwärmen von α-Kessylketon (S. 4678) mit Hydroxylamin-hydrochlorid und Natriumhydroxid in Äthanol (*Asahina, Hongo,* J. pharm. Soc. Japan **1924** Nr. 506, S. 227, 232; dtsch. Ref. S. 13, 15; C. **1924** II 673).

Krystalle (aus wss. A.); F: 153—154°.

b) Niedrigerschmelzendes Oxim.

B. Beim Behandeln von α-Kessylketon (S. 4678) mit Hydroxylamin-hydrochlorid und Natriumacetat in Aceton (*Asahina, Hongo,* J. pharm. Soc. Japan **1924** Nr. 506, S. 227, 233; dtsch. Ref. S. 13, 15; C. **1924** II 673).

Krystalle (aus wss. A.) mit 0,5 Mol H_2O; F: 65—70°.

Beim Behandeln mit konz. Schwefelsäure bei Raumtemperatur bzw. in der Wärme ist eine wahrscheinlich als (2*S*)-4*c*-[(*S*)-*β*-Amino-isopropyl]-2,7,7-trimethyl-hexahydro-2*r*,6*c*-äthano-oxepin-3*t*-carbonsäure-lactam oder (*R*)-3-[(2*S*)-3ξ-Amino-2,7,7-trimethyl-hexahydro-2*r*,6*c*-äthano-oxepin-4*c*-yl]-buttersäure-lactam zu formulierende Verbindung $C_{15}H_{25}NO_2$ vom F: 160° bzw. eine wahrscheinlich als (2*S*)-4*c*-Isopropenyl-2,7,7-trimethyl-hexahydro-2*r*,6*c*-äthano-oxepin-3*t*-carbonitril oder (*S*)-2-[(2*S*)-2,7,7-Trimethyl-3-methylen-hexahydro-2*r*,6*c*-äthano-oxepin-4*c*-yl]-propionitril zu formulierende Verbindung $C_{15}H_{23}NO$ vom F: 155° [Zers.] erhalten worden.

1,3,3,6-Tetramethyl-octahydro-1,4-äthano-cyclopent[*c*]oxepin-8-on-semicarbazon $C_{16}H_{27}N_3O_2$.

a) **(5a*R*)-1*c*,3,3,6*t*-Tetramethyl-(5a*r*,8a*c*)-octahydro-1*t*,4*t*-äthano-cyclopent[*c*]oxepin-8-on-semicarbazon, *ent*-10,11-Epoxy-7*βH*-guajan-2-on-semicarbazon, Isokessylketon-semicarbazon** $C_{16}H_{27}N_3O_2$, Formel VII.

B. Aus Isokessylketon (S. 4678) und Semicarbazid in Äthanol (*Asahina, Nakanishi,* J. pharm. Soc. Japan **1926** Nr. 536, S. 823, 827; dtsch. Ref. S. 75, 77; C. **1927** I 429).

Zers. bei 263—265°.

b) **(5a*R*)-1*c*,3,3,6*t*-Tetramethyl-(5a*r*,8a*t*)-octahydro-1*t*,4*t*-äthano-cyclopent[*c*]oxepin-8-on-semicarbazon, *ent*-10,11-Epoxy-1*β*,7*βH*-guajan-2-on-semicarbazon, α-Kessylketon-semicarbazon** $C_{16}H_{27}N_3O_2$, Formel VI (X = NH-CO-NH_2).

B. Aus α-Kessylketon (S. 4678) und Semicarbazid in Äthanol (*Asahina, Hongo,* J. pharm. Soc. Japan **1924** Nr. 506, S. 227, 232; dtsch. Ref. S. 13, 15; C. **1924** II 673).

Krystalle (aus wss. A.); F: 234—235°. [*Otto*]

Oxo-Verbindungen $C_{16}H_{26}O_2$

2-Lauroyl-furan, 1-[2]Furyl-dodecan-1-on $C_{16}H_{26}O_2$, Formel VIII.

B. Beim Behandeln von Furan mit Lauroylchlorid und Aluminiumchlorid in Schwefelkohlenstoff (*Ralston, Christensen,* Ind. eng. Chem. **29** [1937] 194). Aus Lauronitril und [2]Furylmagnesiumjodid (*Ra., Ch.*).

Öl; Kp_5: 167—168°.

2-Lauroyl-thiophen, 1-[2]Thienyl-dodecan-1-on $C_{16}H_{26}OS$, Formel IX.

B. Beim Behandeln von Thiophen mit Lauroylchlorid in Benzol unter Zusatz von Zinn(IV)-chlorid (*Miller et al.,* J. org. Chem. **24** [1959] 622; *Ralston, Christensen,* Ind. eng. Chem. **29** [1937] 194) oder in Schwefelkohlenstoff unter Zusatz von Aluminiumchlorid (*Cagniant, Deluzarche,* C. r. **225** [1947] 455).

Krystalle (nach Destillation); F: ca. 22° (*Cagniant, Cagniant,* Bl. **1955** 359, 362). Kp_{17}: 217° (*Ca., De.*); $Kp_{1,4}$: 187–190° (*Mi. et al.*). D_{25}^{25}: 0,9632 (*Ra., Ch.*); $D_4^{24,7}$: 0,970 (*Ca., Ca.*); D_4^{26}: 0,9742 (*Ca., De.*). n_D^{20}: 1,5058 (*Ca., De.*); n_D^{24}: 1,5055 (*Ca., Ca.*); n_D^{25}: 1,5019 (*Ra., Ch.*).

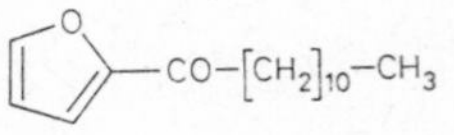

VIII 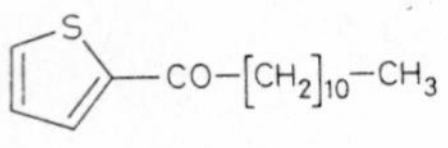 IX 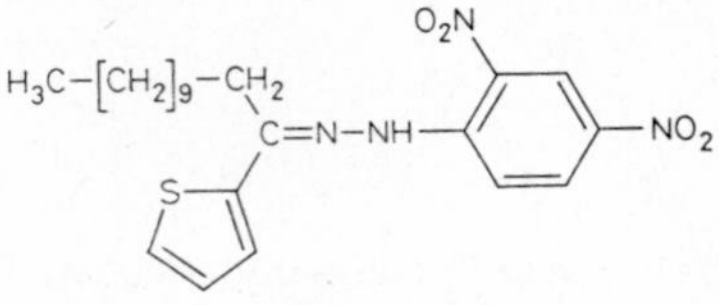 X

1-[2]Thienyl-dodecan-1-on-[2,4-dinitro-phenylhydrazon] $C_{22}H_{30}N_4O_4S$, Formel X.

B. Aus 1-[2]Thienyl-dodecan-1-on und [2,4-Dinitro-phenyl]-hydrazin (*Cagniant, Cagniant,* Bl. **1955** 359, 362).

Hellrote Krystalle (aus A.); F: 95° [Block].

Bis-[1-[2]thienyl-dodecyliden]-hydrazin, 1-[2]Thienyl-dodecan-1-on-azin $C_{32}H_{52}N_2S_2$, Formel XI.

B. In kleiner Menge neben 2-Dodecyl-thiophen beim Erhitzen von 1-[2]Thienyl-dodecan-1-on mit Hydrazin-hydrat und mit Kaliumhydroxid in Diäthylenglykol bis auf 200° (*Cagniant, Cagniant,* Bl. **1955** 359, 362).

Gelbe Krystalle (aus A.); F: 56,5°.

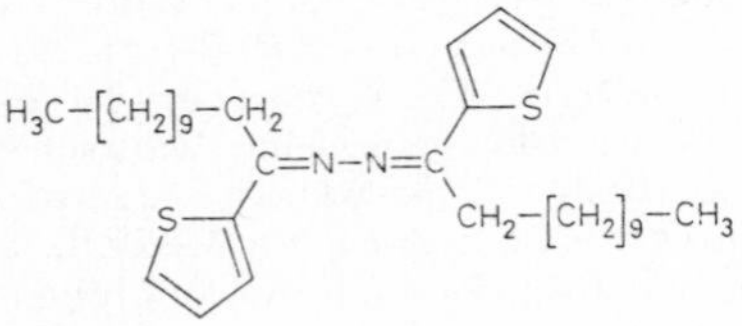

XI 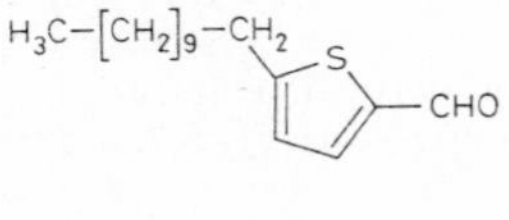 XII

5-Undecyl-thiophen-2-carbaldehyd $C_{16}H_{26}OS$, Formel XII.

B. Aus 2-Undecyl-thiophen mit Hilfe von *N*-Methyl-formanilid und Phosphorylchlorid (*Buu-Hoi et al.,* Soc. **1953** 547).

Kp_{18}: 225–226°. n_D^{28}: 1,5191.

5-Undecyl-thiophen-2-carbaldehyd-[2,4-dinitro-phenylhydrazon] $C_{22}H_{30}N_4O_4S$, Formel XIII (R = $C_6H_3(NO_2)_2$).

B. Aus 5-Undecyl-thiophen-2-carbaldehyd und [2,4-Dinitro-phenyl]-hydrazin (*Buu-Hoi et al.,* Soc. **1953** 547).

Krystalle (aus A.); F: 167°.

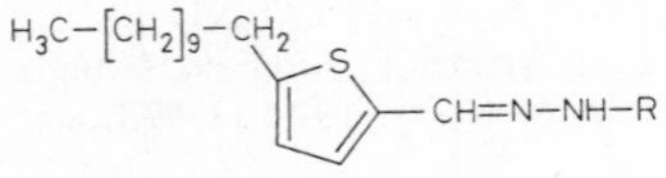

XIII 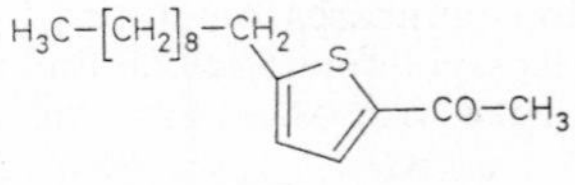 XIV

5-Undecyl-thiophen-2-carbaldehyd-thiosemicarbazon $C_{17}H_{29}N_3S_2$, Formel XIII (R = CS-NH_2).

B. Aus 5-Undecyl-thiophen-2-carbaldehyd und Thiosemicarbazid (*Buu-Hoi et al.,* Soc. **1953** 547).

Krystalle (aus A.); F: 97°.

2-Acetyl-5-decyl-thiophen, 1-[5-Decyl-[2]thienyl]-äthanon $C_{16}H_{26}OS$, Formel XIV.

B. Beim Behandeln von 2-Decyl-thiophen mit Essigsäure, Phosphor(V)-oxid und Benzol (*Wynberg, Logothetis,* Am. Soc. **78** [1956] 1958, 1960).

Kp_3: 181°; n_D^{27}: 1,5096 (*Wy., Lo.,* l. c. S. 1959).

2,5-Diäthyl-3-octanoyl-thiophen, 1-[2,5-Diäthyl-[3]thienyl]-octan-1-on $C_{16}H_{26}OS$, Formel I.

B. Beim Behandeln von 2,5-Diäthyl-thiophen mit Octanoylchlorid und Aluminiumchlorid in Schwefelkohlenstoff (*Cagniant, Cagniant*, Bl. **1953** 713, 723).

$Kp_{8,7}$: 184—184,5°. $D_4^{20,5}$: 0,973. $n_D^{19,2}$: 1,5091.

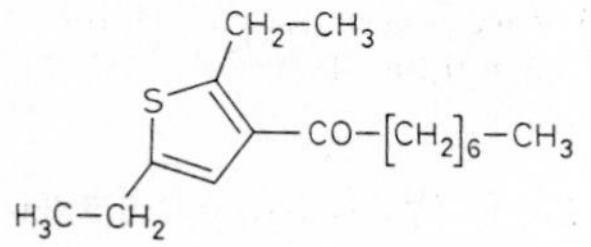

I 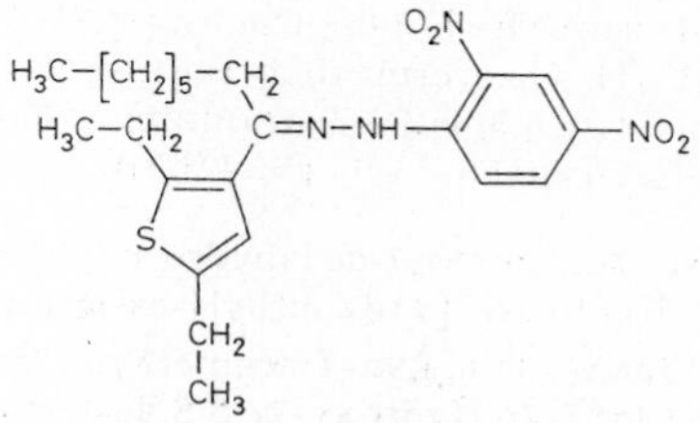 II

1-[2,5-Diäthyl-[3]thienyl]-octan-1-on-[2,4-dinitro-phenylhydrazon] $C_{22}H_{30}N_4O_4S$, Formel II.

B. Aus 1-[2,5-Diäthyl-[3]thienyl]-octan-1-on und [2,4-Dinitro-phenyl]-hydrazin (*Cagniant, Cagniant*, Bl. **1953** 713, 723).

Rote Krystalle (aus A.); F: 58°.

(8′a*S*)-2′*t*,5′ξ,8′a-Trimethyl-(1*tO*,4′aξ,8′a*r*)-decahydro-spiro[furan-2,1′-naphthalin]-5-on, 3-[(8a*S*)-1*t*-Hydroxy-2*t*,5ξ,8a-trimethyl-(4aξ,8a*r*)-decahydro-[1*c*]naphthyl]-propionsäure-lacton, 9-Hydroxy-14,15,16,19-tetranor-4ξ*H*,5ξ,8β*H*-labdan-13-säure-lacton[1]) $C_{16}H_{26}O_2$, Formel III.

B. Bei der Hydrierung von 9-Hydroxy-14,15,16,19-tetranor-8β*H*-labd-4-en-13-säure-lacton (F: 121,5—123,5°; $[\alpha]_D^{26}$: +81° [$CHCl_3$] [S. 4769]) mit Hilfe von Platin (*Burn, Rigby*, Soc. **1957** 2964, 2972).

F: 97,5—99,5°.

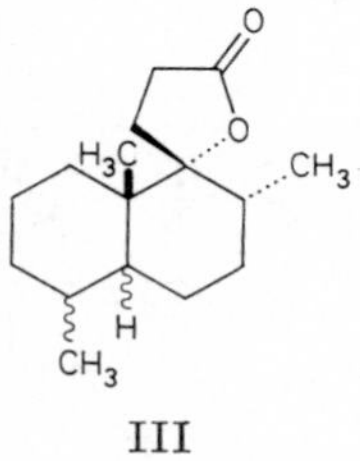

III 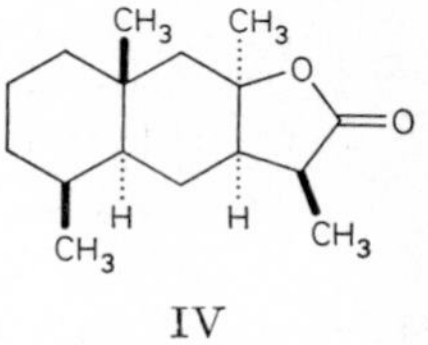 IV 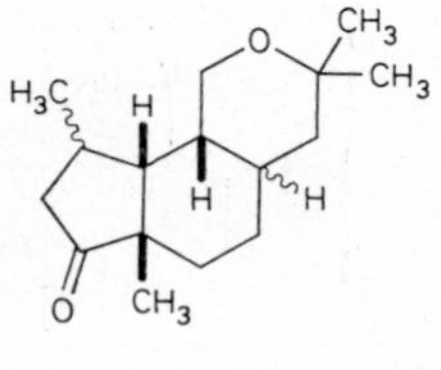 V

(3a*R*)-3*t*,5*t*,8a,9a-Tetramethyl-(3a*r*,4a*c*,8a*t*,9a*c*(?))-decahydro-naphtho[2,3-*b*]furan-2-on, (*S*)-2-[(4a*R*)-3*c*(?)-Hydroxy-3*t*(?),4a,8*c*-trimethyl-(4a*r*,8a*t*)-decahydro-[2*c*]naphthyl]-propionsäure-lacton, (11*S*)-8β(?)-Hydroxy-8α(?)-methyl-eudesman-12-säure-lacton[2]) $C_{16}H_{26}O_2$, vermutlich Formel IV.

Bezüglich der Zuordnung der Konfiguration am C-Atom 8 (Eudesman-Bezifferung) vgl. *D. N. Kirk, M. P. Hartshorn*, Steroid Reaction Mechanisms [Amsterdam 1968] S. 147.

B. Neben kleinen Mengen (4a*S*)-3*t*-[(*S*)-2-Hydroxy-1,2-dimethyl-propyl]-2ξ,5*t*,8a-trimethyl-(4a*r*,8a*t*)-decahydro-[2ξ]naphthol (F: 199—200°) beim Behandeln von (11*S*)-8-Oxo-eudesman-12-säure-methylester (aus (+)-Tetrahydroalantolacton [S. 4672] hergestellt) mit Methylmagnesiumjodid in Äther (*Tsuda et al.*, Am. Soc. **79** [1957] 5721, 5723).

Krystalle (aus Hexan); F: 99—100°. $[\alpha]_D^{25}$: −0,8° [$CHCl_3$; c = 5].

---

[1]) Stellungsbezeichnung bei von Labdan abgeleiteten Namen s. E III **5** 297.

[2]) Stellungsbezeichnung bei von Eudesman abgeleiteten Namen s. E III **7** 515, 516.

(±)-3,3,6a,9ξ-Tetramethyl-(4aξ,6ar,9ac,9bc)-decahydro-cyclopent[*h*]isochromen-7-on $C_{16}H_{26}O_2$, Formel V + Spiegelbild.

In einem von *Nasarow, Torgow* (Ž. obšč. Chim. **19** [1949] 1766, 1768; engl. Ausg. S. a 211, a 214) unter dieser Konstitution und Konfiguration beschriebenen Präparat ($Kp_{2,5}$: 131° bis 133°; D_4^{20}: 1,0370; n_D^{20}: 1,5007; Semicarbazon $C_{17}H_{29}N_3O_2$, F: 232–235° [Zers.]) hat vermutlich ein Gemisch der genannten Verbindung mit grösseren Mengen (±)-3,3,7ξ,9a-Tetramethyl-(4aξ,6ar,9ac(?),9bc(?))-decahydro-cyclopent[*h*]isochromen-9-on ($C_{16}H_{26}O_2$; vermutlich Formel VI + Spiegelbild) vorgelegen (s. die Bemerkung im Artikel (±)-3,3,6a,9ξ-Tetramethyl-(6ar,9ac,9bc)-3,4,6,6a,8,9,9a,9b-octahydro-1*H*-cyclopent[*h*]isochromen-7-on [S. 4769]).

3a,6,6,9a-Tetramethyl-decahydro-naphtho[2,1-*b*]furan-2-on, [2-Hydroxy-2,5,5,8a-tetramethyl-decahydro-[1]naphthyl]-essigsäure-lacton $C_{16}H_{26}O_2$.

a) **(3aS)-3a,6,6,9a-Tetramethyl-(3ar,5ac,9at,9bc)-decahydro-naphtho[2,1-*b*]furan-2-on, [(4aS)-2t-Hydroxy-2c,5,5,8a-tetramethyl-(4ar,8at)-decahydro-[1t]naphthyl]-essigsäure-lacton, 8-Hydroxy-13,14,15,16-tetranor-8βH-labdan-12-säure-lacton**[1]), 8-Epi-norambreinolid $C_{16}H_{26}O_2$, Formel VII.

Über die Konfiguration an den C-Atomen 8 und 9 (Labdan-Bezifferung) s. *Corey, Sauers*, Am. Soc. **81** [1959] 1739, 1740; s. a. *Klyne*, Soc. **1953** 3072, 3078; *Stoll, Hinder*, Helv. **37** [1954] 1859, 1860 Anm. 1.

B. Beim Behandeln von 13,14,15,16-Tetranor-8β*H*-labdan-8,12-diol mit Chrom(VI)-oxid und wss. Essigsäure unter Zusatz von Kaliumhydrogensulfat (*Hinder, Stoll*, Helv. **36** [1953] 1995, 2008). Beim Erwärmen des unter e) beschriebenen Isomeren mit Schwefelsäure enthaltender Essigsäure (*Hi., St.*, Helv. **36** 2005; *Co., Sa.*, l. c. S. 1742).

Krystalle (aus PAe.); F: 92–94° (*Co., Sa.*), 92,5–93,5° (*Hi., St.*, Helv. **36** 2005). $[\alpha]_D^{23}$: −34,8° [Bzl.] (*Hi., St.*, Helv. **36** 2003); $[\alpha]_D^{26}$: −34,6° [Bzl.; c = 2] (*Co., Sa.*). IR-Spektrum (Nujol; 4000–750 cm^{-1}): *Hi., St.*, Helv. **36** 2000.

Beim Behandeln mit Lithiumalanat in Äther bei −30° sind (3a*S*)-3a,6,6,9a-Tetramethyl-(3ar,5ac,9at,9bc)-dodecahydro-naphtho[2,1-*b*]furan-2ξ-ol (2-[(4a*S*)-2t-Hydroxy-2c,5,5,8a-tetramethyl-(4ar,8at)-decahydro-[1t]naphthyl]-acetaldehyd; F: 94°) und 13,14,15,16-Tetranor-8β*H*-labdan-8,12-diol erhalten worden (*Hinder, Stoll*, Helv. **37** [1954] 1866, 1869, 1871). Zeitlicher Verlauf der Hydrolyse in wss.-äthanol. (1:1) Kalilauge (0,25n) bei 25° und 45°: *Hi., St.*, Helv. **36** 2005; *St., Hi.*, l. c. S. 1860.

VI VII VIII IX

b) **(±)-3a,6,6,9a-Tetramethyl-(3ar,5ac,9at,9bc)-decahydro-naphtho[2,1-*b*]furan-2-on, (±)-[2t-Hydroxy-2c,5,5,8a-tetramethyl-(4ar,8at)-decahydro-[1t]naphthyl]-essigsäure-lacton, *rac*-8-Hydroxy-13,14,15,16-tetranor-8βH-labdan-12-säure-lacton**[1]), *rac*-8-Epi-norambreinolid $C_{16}H_{26}O_2$, Formel VII + Spiegelbild.

B. Neben dem unter d) beschriebenen Stereoisomeren und einem weiteren Stereo(?)-isomeren (Krystalle [aus PAe.], F: 100°) beim Erwärmen von 4-Methyl-6-[2,6,6-trimethyl-cyclohex-1-enyl]-hex-3ξ-ensäure-äthylester ($Kp_{0,3}$: 131–141°; n_D^{20}: 1,4853) oder von (±)-4-Methyl-6-[2,6,6-trimethyl-cyclohex-2-enyl]-hex-3ξ-ensäure-äthylester ($Kp_{0,2}$: 117–121°; n_D^{20}: 1,4822) mit einem Gemisch von Schwefelsäure und Ameisensäure (*Lucius*, Ar. **291** [1958] 57, 64, 65). Neben dem unter d) beschriebenen Stereoisomeren und dem Stereo(?)isomeren vom F: 100° (s. o.) beim Erwärmen von 4ξ,8t,12-Trimethyl-trideca-3,7,11-triensäure ($Kp_{0,3}$: 153–154°; n_D^{20}: 1,4883) mit einem Gemisch von Schwefelsäure und Ameisensäure (*Lucius*, B. **93** [1960] 2663, 2667).

Krystalle (aus PAe.); F: 78–79° (*Lu.*, Ar. **291** 65; *Lu.*, B. **93** 2667).

Zeitlicher Verlauf der Hydrolyse in methanol. Kalilauge: *Lu.*, Ar. **291** 59.

---

[1]) Stellungsbezeichnung bei von Labdan abgeleiteten Namen s. E III **5** 2 97.

c) **(3a*R*)-3a,6,6,9a-Tetramethyl-(3a*r*,5a*t*,9a*c*,9b*c*)-decahydro-naphtho[2,1-*b*]furan-2-on, [(4a*S*)-2*c*-Hydroxy-2*t*,5,5,8a-tetramethyl-(4a*r*,8a*t*)-decahydro-[1*c*]naphthyl]-essigsäure-lacton, 8-Hydroxy-13,14,15,16-tetranor-9*βH*-labdan-12-säure-lacton** [1]), 9-Epi-norambreinolid $C_{16}H_{26}O_2$, Formel VIII.

Bezüglich der Zuordnung der Konfiguration an den C-Atomen 8 und 9 (Labdan-Bezifferung) s. *Lucius*, Ar. **291** [1958] 57.

B. Beim Erwärmen einer äthanol. Lösung von (+)-Norambreinolid (s. u.) mit Bromwasserstoff (*Ruzicka et al.*, Helv. **25** [1942] 621, 628).

Krystalle (aus Hexan); F: 133–134°. $[\alpha]_D$: −55,3° [$CHCl_3$; c = 6].

d) **(±)-3a,6,6,9a-Tetramethyl-(3a*r*,5a*t*,9a*c*,9b*c*)-decahydro-naphtho[2,1-*b*]furan-2-on, (±)-[2*c*-Hydroxy-2*t*,5,5,8a-tetramethyl-(4a*r*,8a*t*)-decahydro-[1*c*]naphthyl]-essigsäure-lacton, *rac*-8-Hydroxy-13,14,15,16-tetranor-9*βH*-labdan-12-säure-lacton** [1]), *rac*-9-Epi-norambreinolid $C_{16}H_{26}O_2$, Formel VIII + Spiegelbild.

B. s. bei dem unter b) beschriebenen Isomeren.

Krystalle (aus PAe.); F: 97–98° (*Lucius*, Ar. **291** [1958] 57, 64, 65).

Zeitlicher Verlauf der Hydrolyse in methanol. Kalilauge: *Lu.*, l. c. S. 59.

e) **(3a*R*)-3a,6,6,9a-Tetramethyl-(3a*r*,5a*t*,9a*c*,9b*t*)-decahydro-naphtho[2,1-*b*]furan-2-on, [(4a*S*)-2*c*-Hydroxy-2*t*,5,5,8a-tetramethyl-(4a*r*,8a*t*)-decahydro-[1*t*]naphthyl]-essigsäure-lacton, 8-Hydroxy-13,14,15,16-tetranor-labdan-12-säure-lacton** [1]), **(+)-Norambreinolid** $C_{16}H_{26}O_2$, Formel IX (E II 325).

Über die Konfiguration am C-Atom 8 (Labdan-Bezifferung) s. *Corey*, *Sauers*, Am. Soc. **81** [1959] 1739, 1740; s. a. *Klyne*, Soc. **1953** 3072, 3078; *Stoll*, *Hinder*, Helv. **37** [1954] 1859, 1860 Anm. 1.

B. Beim Erhitzen von 8-Hydroxy-13,14,15,16-tetranor-labdan-12-säure (E III **10** 78) unter vermindertem Druck (*Ruzicka et al.*, Helv. **25** [1942] 621, 628; *Stoll*, *Hinder*, Helv. **33** [1950] 1251, 1256). Neben (+)-Ambreinolid (S. 4686) beim Behandeln von Ambrein (E III **6** 2715) mit Chrom(VI)-oxid in Essigsäure (*Lederer*, *Mercier*, Experientia **3** [1947] 188). Beim Behandeln einer Lösung von (12*Ξ*)-8-Hydroxy-13-oxo-15,16-dinor-labdan-12-carbonsäure-lacton (F: 152°; aus (−)-Sclareol [E III **6** 4185] hergestellt) in Tetrachlormethan mit Ozon und Erwärmen der Reaktionslösung mit Wasser (*Lederer et al.*, Helv. **34** [1951] 789, 792).

Krystalle; F: 123–124° [nach Sublimation] (*Ru. et al.*, l. c. S. 629), 121–123° [korr.; aus wss. A.] (*Le. et al.*). $[\alpha]_D^{23}$: +40,8° [Bzl.] (*Hinder*, *Stoll*, Helv. **36** [1953] 1995, 2003); $[\alpha]_D$: +47° [$CHCl_3$] (*Le.*, *Me.*); $[\alpha]_D^{20}$: +48,4° [$CHCl_3$; c = 2] (*Le. et al.*); $[\alpha]_D$: +45,9° [$CHCl_3$; c = 3] (*Ru. et al.*). IR-Spektrum (Nujol; 4000–800 cm^{-1}): *Hi.*, *St.*, Helv. **36** 2000.

Beim Erwärmen mit Schwefelsäure enthaltender Essigsäure erfolgt Umwandlung in das unter a) beschriebene Isomere (*Hi.*, *St.*, Helv. **36** 2005; *Co.*, *Sa.*, l. c. S. 1742). Bildung von 13,14,15,16-Tetranor-labd-8-en-12-säure-methylester, 13,14,15,16-Tetranor-labd-7-en-12-säure-methylester und wenig 8-Hydroxy-13,14,15,16-tetranor-8*βH*-labdan-12-säure-lacton beim Erwärmen mit Schwefelsäure enthaltendem Methanol: *St.*, *Hi.*, Helv. **37** 1859. Überführung in das unter c) beschriebene Isomere durch Erwärmen einer äthanol. Lösung mit Bromwasserstoff: *Ru. et al.* Beim Behandeln mit Lithiumalanat in Äther bei −30° ist 13,14,15,16-Tetranor-labdan-8,12-diol als einziges Produkt erhalten worden (*Hinder*, *Stoll*, Helv. **37** [1954] 1866, 1871). Zeitlicher Verlauf der Hydrolyse in wss.-äthanol. (1:1) Kalilauge (0,25n) bei 20–25°: *Hi.*, *St.*, Helv. **36** 2005; *St.*, *Hi.*, Helv. **37** 1860.

Oxo-Verbindungen $C_{17}H_{28}O_2$

5-Dodecyl-thiophen-2-carbaldehyd $C_{17}H_{28}OS$, Formel X.

B. Aus 2-Dodecyl-thiophen mit Hilfe von *N*-Methyl-formanilid und Phosphorylchlorid (*Buu-Hoi et al.*, Soc. **1953** 547).

Krystalle (aus Me.); F: 34°. Kp_{15}: 224–228°.

$H_3C-[CH_2]_{10}-CH_2$ ... S ... CHO

X

$H_3C-[CH_2]_{10}-CH_2$ ... S ... CH=N−NH−R

XI

[1]) Stellungsbezeichnung bei von Labdan abgeleiteten Namen s. E III **5** 297.

5-Dodecyl-thiophen-2-carbaldehyd-[2,4-dinitro-phenylhydrazon] $C_{23}H_{32}N_4O_4S$, Formel XI ($R = C_6H_3(NO_2)_2$).

B. Aus 5-Dodecyl-thiophen-2-carbaldehyd und [2,4-Dinitro-phenyl]-hydrazin (*Buu-Hoi et al.*, Soc. **1953** 547).

Krystalle (aus A.); F: 162°.

5-Dodecyl-thiophen-2-carbaldehyd-thiosemicarbazon $C_{18}H_{31}N_3S_2$, Formel XI ($R = CS\text{-}NH_2$).

B. Aus 5-Dodecyl-thiophen-2-carbaldehyd und Thiosemicarbazid (*Buu-Hoi et al.*, Soc. **1953** 547).

Krystalle (aus A.); F: 95°.

2-Acetyl-5-undecyl-thiophen, 1-[5-Undecyl-[2]thienyl]-äthanon $C_{17}H_{28}OS$, Formel XII.

B. Beim Behandeln von 2-Undecyl-thiophen mit Acetylchlorid und Aluminiumchlorid in Schwefelkohlenstoff (*Cagniant, Cagniant*, Bl. **1955** 359, 364).

Krystalle; F: 44,5—45°. $Kp_{11,8}$: 224°.

1-[5-Undecyl-[2]thienyl]-äthanon-[2,4-dinitro-phenylhydrazon] $C_{23}H_{32}N_4O_4S$, Formel XIII ($R = C_6H_3(NO_2)_2$).

B. Aus 1-[5-Undecyl-[2]thienyl]-äthanon und [2,4-Dinitro-phenyl]-hydrazin (*Cagniant, Cagniant*, Bl. **1955** 359, 364).

Rote Krystalle (aus Bzl. + A.); F: 123°.

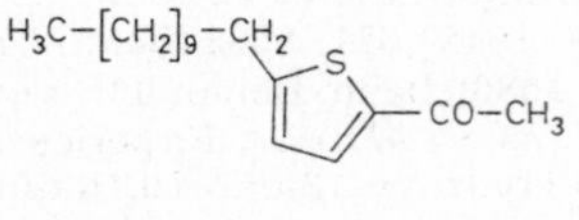

XII 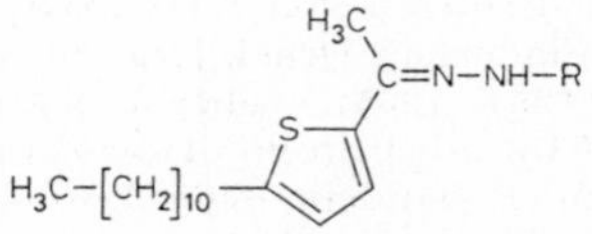 XIII

1-[5-Undecyl-[2]thienyl]-äthanon-semicarbazon $C_{18}H_{31}N_3OS$, Formel XIII ($R = CO\text{-}NH_2$).

B. Aus 1-[5-Undecyl-[2]thienyl]-äthanon und Semicarbazid (*Cagniant, Cagniant*, Bl. **1955** 359, 364).

Krystalle (aus Bzl. + A.); F: 203° [Zers.; Block].

Bis-[1-(5-undecyl-[2]thienyl)-äthyliden]-hydrazin, 1-[5-Undecyl-[2]thienyl]-äthanon-azin $C_{34}H_{56}N_2S_2$, Formel I.

B. Neben 2-Äthyl-5-undecyl-thiophen beim Erhitzen von 1-[5-Undecyl-[2]thienyl]-äthanon mit Hydrazin-hydrat und mit Kaliumhydroxid in Diäthylenglykol (*Cagniant, Cagniant*, Bl. **1955** 359, 364).

Gelbe Krystalle (aus A.); F: 79°.

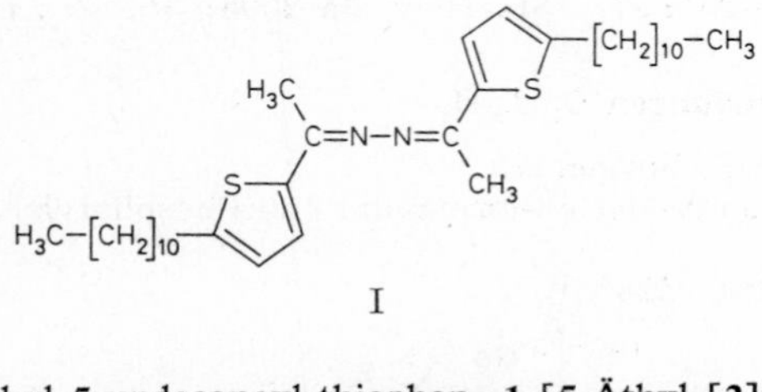

I 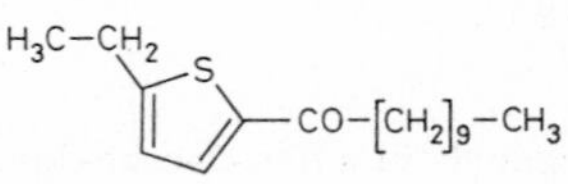 II

2-Äthyl-5-undecanoyl-thiophen, 1-[5-Äthyl-[2]thienyl]-undecan-1-on $C_{17}H_{28}OS$, Formel II.

B. Beim Behandeln von 2-Äthyl-thiophen mit Undecanoylchlorid und Aluminiumchlorid in Schwefelkohlenstoff (*Cagniant, Cagniant*, Bl. **1955** 359, 366).

Kp_{13}: 223°. D_4^{25}: 0,959. $n_D^{21,2}$: 1,5069.

1-[5-Äthyl-[2]thienyl]-undecan-1-on-[2,4-dinitro-phenylhydrazon] $C_{23}H_{32}N_4O_4S$, Formel III (R = $C_6H_3(NO_2)_2$).

B. Aus 1-[5-Äthyl-[2]thienyl]-undecan-1-on und [2,4-Dinitro-phenyl]-hydrazin (*Cagniant, Cagniant*, Bl. **1955** 359, 366).

Rote Krystalle (aus A.); F: 103° [Block].

1-[5-Äthyl-[2]thienyl]-undecan-1-on-semicarbazon $C_{18}H_{31}N_3OS$, Formel III (R = CO-NH_2).

B. Aus 1-[5-Äthyl-[2]thienyl]-undecan-1-on und Semicarbazid (*Cagniant, Cagniant*, Bl. **1955** 359, 366).

Krystalle (aus A.); F: 145—146°.

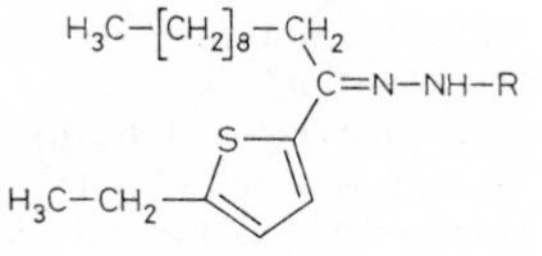

III 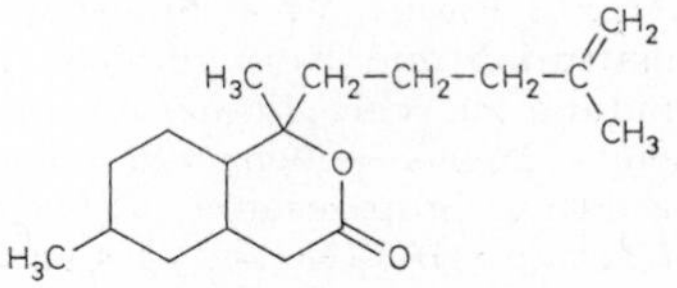 IV

***Opt.-inakt. 1,6-Dimethyl-1-[4-methyl-pent-4-enyl]-hexahydro-isochroman-3-on, [2-(1-Hydroxy-1,5-dimethyl-hex-5-enyl)-5-methyl-cyclohexyl]-essigsäure-lacton** $C_{17}H_{28}O_2$, Formel IV.

B. Beim Erhitzen von opt.-inakt. 1-[4-Acetoxy-4-methyl-pentyl]-1,6-dimethyl-hexahydro-isochroman-3-on (aus opt.-inakt. 1-[4-Hydroxy-4-methyl-pentyl]-1,6-dimethyl-4a,7,8,8a-tetrahydro-isochroman-3-on vom F: 116° hergestellt) unter vermindertem Druck bis auf 250° (*Asselineau, Lederer*, Bl. **1959** 320, 326).

Bei 160°/0,1 Torr destillierbar. D_4^{21}: 0,994. n_D^{21}: 1,4965.

2′,5′,5′,8′a-Tetramethyl-decahydro-spiro[furan-2,1′-naphthalin]-5-on, 3-[1-Hydroxy-2,5,5,8a-tetramethyl-decahydro-[1]naphthyl]-propionsäure-lacton $C_{17}H_{28}O_2$.

a) **(4′a*S*)-2′*c*,5′,5′,8′a-Tetramethyl-(2*cO*,4′a*r*,8′a*t*)-decahydro-spiro[furan-2,1′-naphthalin]-5-on, 3-[(4a*S*)-1*c*-Hydroxy-2*c*,5,5,8a-tetramethyl-(4a*r*,8a*t*)-decahydro-[1*t*]naphthyl]-propionsäure-lacton, 9-Hydroxy-14,15,16-trinor-8*βH*-labdan-13-säure-lacton** [1]), **(−)-Isoambreinolid** $C_{17}H_{28}O_2$, Formel V.

Konstitution: *Dietrich, Lederer*, Helv. **35** [1952] 1148, 1151; s. a. *Mangoni, Belardini*, G. **93** [1963] 465. Konfiguration: *Mangoni, Adinolfi*, G. **97** [1967] 66; *Wheeler*, Tetrahedron **23** [1967] 3909, 3917.

B. Neben 14,15,16-Trinor-labd-8-en-13-säure(?) (*S*-Benzyl-thiuronium-Salz, F: 172° bis 175°) beim Erwärmen von (+)-Ambreinolid (S. 4686) mit Chlorwasserstoff enthaltendem Methanol, Erwärmen der neutralen Anteile des Reaktionsprodukts mit äthanol. Kalilauge und anschliessenden Ansäuern der Reaktionslösung (*Lederer et al.*, Bl. **1947** 345, 348). Neben einer Säure $C_{17}H_{28}O_2$ (Öl; $[\alpha]_D^{18}$: −36° [$CHCl_3$]; *S*-Benzyl-isothiuronium-Salz, F: 140—143°) und 8-Hydroxy-14,15,16-trinor-8*ξH*,9*ξH*-labdan-13-säure-lacton(?) (F: 143°) beim Erwärmen von (+)-Ambreinolid mit wss. Schwefelsäure (80%ig) auf 60° (*Collin-Asselineau et al.*, Bl. **1950** 720, 725). Neben 14,15,16-Trinor-labd-8-en-13-säure beim Erwärmen von 9-Hydroxy-19-oxo-14,15,16-trinor-8*βH*-labdan-13-säure-lacton (aus Marrubiin [15,16-Epoxy-6*β*,9-dihydroxy-8*βH*-labda-13(16),14-dien-19-säure-6-lacton] hergestellt) mit Hydrazin, äthanol. Natriumäthylat und Diäthylenglykol (*Burn, Rigby*, Soc. **1957** 2964, 2974).

Krystalle; F: 96—98° [aus wss. A.] (*Co.-As. et al.*), 96,5—97,5° [aus Me.] (*Burn, Ri.*). $[\alpha]_D^{20}$: −13° [$CHCl_3$] (*Co.-As. et al.*); $[\alpha]_D^{26}$: −10,1° [$CHCl_3$; c = 2] (*Burn, Ri.*); $[\alpha]_D^{18}$: −5° [A.; c = 2] (*Le. et al.*); $[\alpha]_D^{20}$: −5° [A.] (*Co.-As. et al.*). IR-Spektrum (Nujol; 4000—650 cm^{-1}): *Di., Le.*

---

[1]) Stellungsbezeichnung bei von Labdan abgeleiteten Namen s. E III **5** 297.

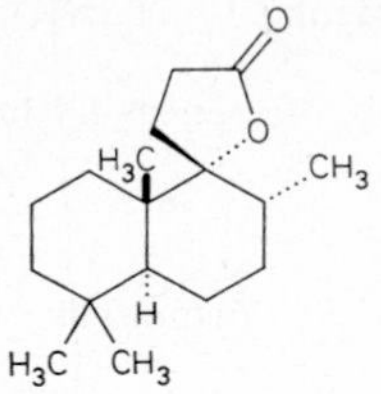

V 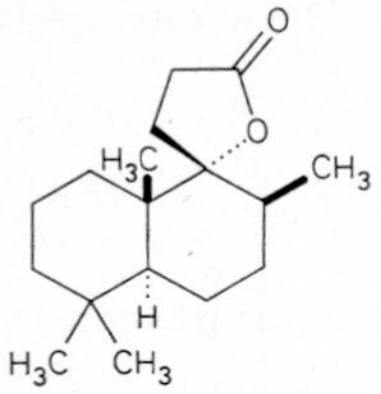 VI 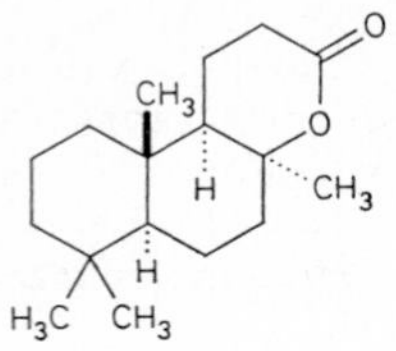 VII

b) **(±)-2′t,5′,5′,8′a-Tetramethyl-(2cO,4′ar,8′at)-decahydro-spiro[furan-2,1′-naphthalin]-5-on, (±)-3-[1c-Hydroxy-2t,5,5,8a-tetramethyl-(4ar,8at)-decahydro-[1t]naphthyl]-propionsäure-lacton, *rac*-9-Hydroxy-14,15,16-trinor-labdan-13-säure-lacton**[1]) $C_{17}H_{28}O_2$, Formel VI + Spiegelbild.

Diese Konstitution und Konfiguration kommt vermutlich der nachstehend beschriebenen Verbindung zu (vgl. *Adinolfi*, *Mangoni*, G. **98** [1968] 97).

B. In kleiner Menge neben 3-[2,5,5,8a-Tetramethyl-(4ar,8at)-1,4,4a,5,6,7,8,8a-octahydro-[1ξ]naphthyl]-propionsäure (Stereoisomeren-Gemisch) beim Behandeln von (±)-[2,5,5,8a-Tetramethyl-(4ar,8at)-1,4,4a,5,6,7,8,8a-octahydro-[1ξ]naphthylmethyl]-malonsäure-diäthylester (Stereoisomeren-Gemisch; aus (±)-4-[2,6,6-Trimethyl-cyclohex-2-enyl]-butan-2-on hergestellt) mit äthanol. Kalilauge und Erhitzen der sauren Anteile des Reaktionsprodukts unter vermindertem Druck auf 150° (*Wolff*, *Lederer*, Bl. **1955** 1466, 1470).

Krystalle (aus wss. Me.); F: 135—136°. CO-Valenzschwingungsbande: 1777 cm^{-1}.

4a,7,7,10a-Tetramethyl-dodecahydro-benzo[f]chromen-3-on, 3-[2-Hydroxy-2,5,5,8a-tetramethyl-decahydro-[1]naphthyl]-propionsäure-lacton $C_{17}H_{28}O_2$.

a) **(±)-4a,7,7,10a-Tetramethyl-(4ar,6ac,10at,10bc)-dodecahydro-benzo[f]chromen-3-on, (±)-3-[2t-Hydroxy-2c,5,5,8a-tetramethyl-(4ar,8at)-decahydro-[1t]naphthyl]-propionsäure-lacton, *rac*-8-Hydroxy-14,15,16-trinor-8βH-labdan-13-säure-lacton**[1]), *rac*-8-Epi-ambreinolid $C_{17}H_{28}O_2$, Formel VII + Spiegelbild.

B. Neben anderen Verbindungen beim Behandeln von *rac*-8-Oxo-14,15,16,20-tetranor-labdan-13-säure (oder *rac*-8-Oxo-14,15,16,20-tetranor-labdan-13-säure-methylester) mit Methylmagnesiumjodid in Äther (*Bigley et al.*, Soc. **1960** 4613, 4621; s. a. *Bigley et al.*, Chem. and Ind. **1958** 558).

Krystalle (aus PAe.); F: 144—146° (*Bi. et al.*, Soc. **1960** 4621).

b) **(±)-4a,7,7,10a-Tetramethyl-(4ar,6at,10ac,10bc)-dodecahydro-benzo[f]chromen-3-on, (±)-3-[2c-Hydroxy-2t,5,5,8a-tetramethyl-(4ar,8at)-decahydro-[1c]naphthyl]-propionsäure-lacton, *rac*-8-Hydroxy-14,15,16-trinor-9βH-labdan-13-säure-lacton**[1]), *rac*-9-Epi-ambreinolid $C_{17}H_{28}O_2$, Formel VIII + Spiegelbild.

Konfiguration: *Stork*, *Burgstahler*, Am. Soc. **77** [1955] 5068, 5073.

B. In kleiner Menge beim Behandeln von sog. α-Monocyclofarnesylessigsäure ((±)-5-Methyl-7-[2,6,6-trimethyl-cyclohex-2-enyl]-hept-4-en-säure; n_D^{25}: 1,4950) mit Zinn(IV)-bromid in Benzol und Petroläther (*St.*, *Bu.*, l. c. S. 5077).

Krystalle (aus Bzl. + PAe.); F: 103—104°.

c) **(4aR)-4a,7,7,10a-Tetramethyl-(4ar,6at,10ac,10bt)-dodecahydro-benzo[f]chromen-3-on, 3-[(4aS)-2c-Hydroxy-2t,5,5,8a-tetramethyl-(4ar,8at)-decahydro-[1t]naphthyl]-propionsäure-lacton, 8-Hydroxy-14,15,16-trinor-labdan-13-säure-lacton**[1]), **(+)-Ambreinolid** $C_{17}H_{28}O_2$, Formel IX.

Über Konstitution und Konfiguration s. die entsprechenden Zitate im Artikel Ambrein (E III **6** 2715).

B. Beim Behandeln von 14,15,16-Trinor-labd-8(20)-en-13-säure (aus (+)-Manool [E III **6** 2104] hergestellt) mit Essigsäure (oder Ameisensäure) und Schwefelsäure (*Schenk et al.*, Helv. **35** [1952] 817, 823). Neben anderen Verbindungen beim Behandeln einer Lösung von Ambrein (E III **6** 2715) in Tetrachlormethan mit Ozon und Erwärmen des Reaktionsprodukts mit Wasser (*Ruzicka*, *Lardon*, Helv. **29** [1946] 912, 919). Neben anderen Verbindungen beim Erwärmen von Ambrein mit Kaliumpermanganat in Aceton (*Le-*

[1]) Stellungsbezeichnung bei von Labdan abgeleiteten Namen s. E III **5** 297.

derer et al., Helv. **29** [1946] 1354, 1362) oder mit Chrom(VI)-oxid in Essigsäure (*Lederer, Mercier*, Experientia **3** [1947] 188). Beim Erwärmen von (12Ξ)-8-Hydroxy-13-oxo-15,16-dinor-labdan-12-carbonsäure-lacton (F: 151—152,5°; aus (–)-Sclareol [E III **6** 4185] hergestellt) mit äthanol. Kalilauge und Ansäuern der Reaktionslösung (*Lederer, Stoll*, Helv. **33** [1950] 1345, 1349). Beim Behandeln von (–)(13Ξ,14Ξ,18Ξ)-Ambran-8,13,14,18,28-pentaol (F: 202,5—203° [E III **6** 6880]) mit Blei(IV)-acetat in Essigsäure (*Ruzicka et al.*, Helv. **30** [1947] 353, 356).

Krystalle; F: 142° [korr.; aus A.] (*Le. et al.*, Helv. **29** 1362), 141° [korr.; aus E.] (*Ru., La.*), 139° [korr.; aus CH_2Cl_2 + PAe.] (*Sch. et al.*). $[\alpha]_D$: + 32° [$CHCl_3$; c = 1] (*Sch. et al.*); $[\alpha]_D$: +30,8° [$CHCl_3$; c = 1] (*Le., St.*); $[\alpha]_D^{16}$: +34° [A.] (*Le. et al.*, Helv. **29** 1362). IR-Spektrum (Nujol; 4000—650 cm^{-1}): *Sch. et al.*, l. c. S. 821; *Dietrich, Lederer*, Helv. **35** [1952] 1148, 1151.

Bildung von 1,2,5-Trimethyl-naphthalin beim Erhitzen mit Selen im geschlossenen Gefäss auf 350°: *Ru., La.*, l. c. S. 920; Bildung von 1,2,5,6-Tetramethyl-naphthalin beim Erhitzen mit Palladium/Kohle im geschlossenen Gefäss auf 330: *Le. et al.*, Helv. **29** 1362; s. dazu *Ru. et al.*, l. c. S. 353 Anm. 2; *Lederer et al.*, Bl. **1947** 345, 347. Bei langem Erwärmen mit Schwefelsäure enthaltendem Methanol, Erhitzen der neutralen Anteile des Reaktionsprodukts auf 120° und Erwärmen des erhaltenen Esters mit methanol. Natronlauge ist 14,15,16-Trinor-labd-8-en-13-säure erhalten worden (*Ru., La.*; *Dietrich et al.*, Helv. **37** [1954] 705, 708). Bildung eines nach *Büchi et al.* (Experientia **12** [1956] 136) als 3a,4,7,7-Tetramethyl-2,3,3a,4,5,6,6a,7,8,9-decahydro-phenalen-1-on zu formulierenden Ketons (Öl; n_D^{20}: 1,531; $[\alpha]_D^{18}$: +68° [$CHCl_3$]; 2,4-Dinitro-phenylhydrazon, F: 196—200°): *Collin-Asselineau et al.*, Bl. **1950** 720, 725, 728.

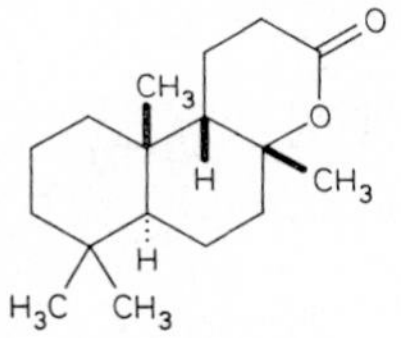

VIII 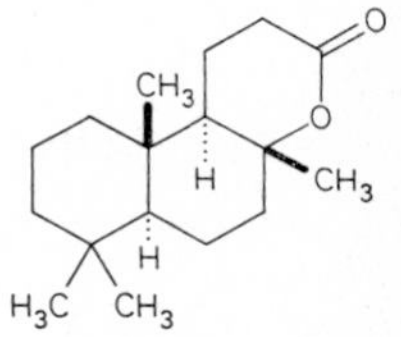 IX 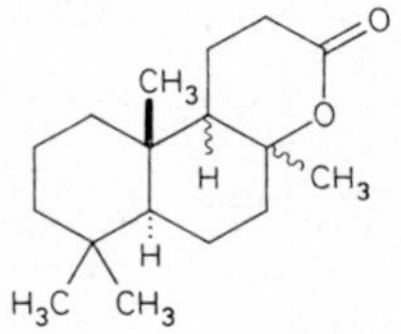 X

d) **(±)-4a,7,7,10a-Tetramethyl-(4a*r*,6a*t*,10a*c*,10b*t*)-dodecahydro-benzo[*f*]chromen-3-on, (±)-3-[2*c*-Hydroxy-2*t*,5,5,8a-tetramethyl-(4a*r*,8a*t*)-decahydro-[1*t*]naphthyl]-propionsäure-lacton, *rac*-8-Hydroxy-14,15,16-trinor-labdan-13-säure-lacton** [1]), ***rac*-Ambreinolid** $C_{17}H_{28}O_2$, Formel IX + Spiegelbild.

B. Beim Behandeln von *rac*-14,15,16-Trinor-labd-8-en-13-säure (aus *rac*-Podocarp-8(14)-en-13-on [E III **7** 1290] hergestellt) mit Schwefelsäure und Essigsäure (*Bigley et al.*, Soc. **1960** 4613, 4623; s. a. *Bigley et al.*, Chem. and Ind. **1958** 558). Beim Erwärmen von sog. α-Bicyclofarnesyl-essigsäure ((±)-3-[2,5,5,8a-Tetramethyl-(4a*r*,8a*t*)-1,4,4a,5,6,7,8,8a-octahydro-[1ξ]naphthyl]-propionsäure; Stereoisomeren-Gemisch) mit Ameisensäure (*Wolff, Lederer*, Bl. **1955** 1466, 1470). In kleiner Menge aus sog. „Farnesylessigsäure" (5,9,13-Trimethyl-tetradeca-4,8,12-triensäure; n_D^{19}: 1,4870 bzw. n_D^{25}: 1,4865) beim Erhitzen mit Ameisensäure (*Dietrich, Lederer*, Helv. **35** [1952] 1148, 1154) sowie beim Behandeln mit Zinn(IV)-bromid in Benzol und Petroläther (*Stork, Burgstahler*, Am. Soc. **77** [1955] 5068, 5076). In kleiner Menge beim Erhitzen von sog. β-Monocyclofarnesylessigsäure (5-Methyl-7-[2,6,6-trimethyl-cyclohex-1-enyl]-hept-4-ensäure; n_D^{25}: 1,4953 [aus 4-[2,6,6-Trimethyl-cyclohex-1-enyl]-butan-2-on hergestellt]) mit Ameisensäure (*St., Bu.*, l. c. S. 5077). In kleiner Menge beim Behandeln von sog. α-Monocyclofarnesylessigsäure ((±)-5-Methyl-7-[2,6,6-trimethyl-cyclohex-2-enyl]-hept-4-ensäure; n_D^{25}: 1,4950 [aus (±)-4-[2,6,6-Trimethyl-cyclohex-2-enyl]-butan-2-on hergestellt]) mit Zinn(IV)-chlorid in Benzol und Petroläther (*St., Bu.*, l. c. S. 5077).

Krystalle (aus PAe.); F: 138—140° [korr.; Kofler-App.] (*Wo., Le.*), 136,5—138,5° [korr.; Kofler-App.] (*Bi. et al.*, Soc. **1960** 4623), 135,5—137° (*St., Bu.*). IR-Spektrum (CS_2; 3—14 μ): *Dietrich, Lederer*, C. r. **234** [1952] 637.

Ein unter der gleichen Konstitution und Konfiguration beschriebenes Präparat (Krystalle [aus Bzl.], F: 140—143°) ist neben einer als 8,13-Epoxy-14,15,16-trinor-labdan

[1]) Stellungsbezeichnung bei von Labdan abgeleiteten Namen s. E III **5** 297.

angesehenen Verbindung (F: 84—85°) bei der Hydrierung von (±)-3*c*-[2ξ-Hydroxy-2ξ,5,5,8a-tetramethyl-(4a*r*,8a*t*)-decahydro-[1ξ]naphthyl]-acrylsäure-lacton (F: 222°) an Platin in Essigsäure bei 120°/170 at erhalten worden (*Asselineau, Lederer*, Bl. **1959** 320, 328).

e) **(6a*S*)-4a,7,7,10a-Tetramethyl-(4aξ,6a*r*,10a*t*,10bξ)-dodecahydro-benzo[*f*]chromen-3-on, 3-[(4a*S*)-2ξ-Hydroxy-2ξ,5,5,8a-tetramethyl-(4a*r*,8a*t*)-decahydro-[1ξ]naphthyl]-propionsäure-lacton, 8-Hydroxy-14,15,16-trinor-8ξ*H*,9ξ*H*-labdan-13-säure-lacton**[1]) $C_{17}H_{28}O_2$, vermutlich Formel X.

Diese Konstitution kommt möglicherweise der nachstehend beschriebenen Verbindung zu (*Dietrich, Lederer*, Helv. **35** [1952] 1148, 1151).

B. Beim Behandeln von (+)-Ambreinolid (S. 4686) mit wss. Schwefelsäure (80%ig) bei 20° (*Collin-Asselineau et al.*, Bl. **1950** 720, 725).

Krystalle (aus wss. A.); F: 143° [korr.; Kofler-App.]. $[\alpha]_D^{20}$: +20° [$CHCl_3$; c = 0,5]. IR-Spektrum (Nujol; 4000—650 cm^{-1}): *Di., Le.*

Oxo-Verbindungen $C_{18}H_{30}O_2$

2-Myristoyl-thiophen, 1-[2]Thienyl-tetradecan-1-on $C_{18}H_{30}OS$, Formel I.

B. Beim Behandeln von Thiophen mit Myristoylchlorid in Benzol unter Zusatz von Zinn(IV)-chlorid (*Armour & Co.*, U.S.P. 2101560 [1936]; *Ralston, Christensen*, Ind. eng. Chem. **29** [1937] 194) oder in Schwefelkohlenstoff unter Zusatz von Aluminiumchlorid (*Buu-Hoi et al.*, Soc. **1953** 547).

Krystalle (aus Bzn.); F: 36° (*Buu-Hoi et al.*). Kp_4: 205—210°; D_{25}^{25}: 0,9506; n_D^{25}: 1,4961 (*Armour & Co.*; *Ra., Ch.*).

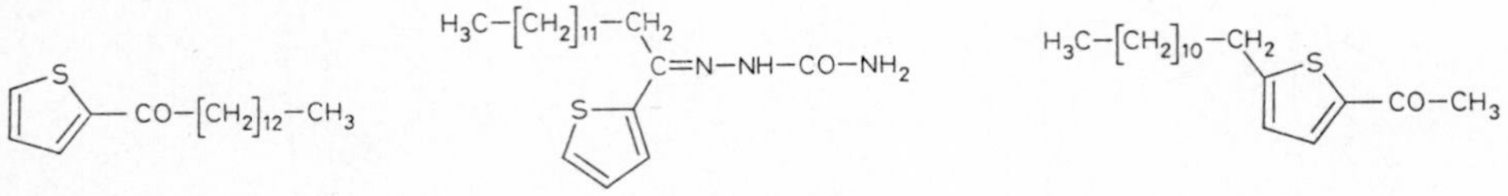

I II III

1-[2]Thienyl-tetradecan-1-on-semicarbazon $C_{19}H_{33}N_3OS$, Formel II.

B. Aus 1-[2]Thienyl-tetradecan-1-on und Semicarbazid (*Buu-Hoi et al.*, Soc. **1953** 547).

Krystalle (aus A.); F: 108°.

2-Acetyl-5-dodecyl-thiophen, 1-[5-Dodecyl-[2]thienyl]-äthanon $C_{18}H_{30}OS$, Formel III.

B. Beim Behandeln von 2-Dodecyl-thiophen mit Acetylchlorid und Aluminiumchlorid in Schwefelkohlenstoff (*Cagniant, Cagniant*, Bl. **1955** 359, 365).

Krystalle (aus PAe.); F: 36,5°. Kp_{14}: 234—235°.

1-[5-Dodecyl-[2]thienyl]-äthanon-[2,4-dinitro-phenylhydrazon] $C_{24}H_{34}N_4O_4S$, Formel IV (R = $C_6H_3(NO_2)_2$).

B. Aus 1-[5-Dodecyl-[2]thienyl]-äthanon und [2,4-Dinitro-phenyl]-hydrazin (*Cagniant, Cagniant*, Bl. **1955** 359, 365).

Rote Krystalle (aus A. + Bzl.); F: 113,5—114°.

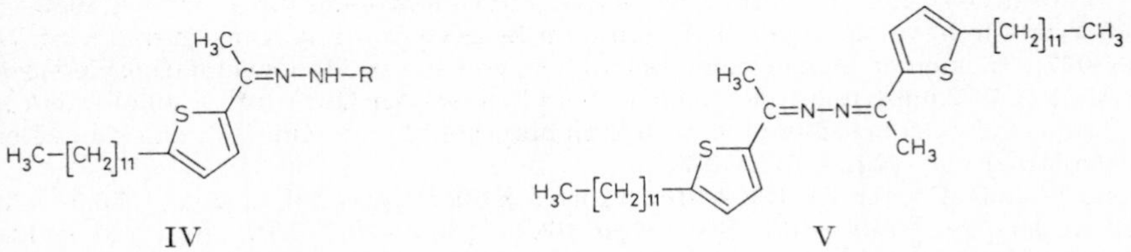

IV V

1-[5-Dodecyl-[2]thienyl]-äthanon-semicarbazon $C_{19}H_{33}N_3OS$, Formel IV (R = CO-NH_2).

B. Aus 1-[5-Dodecyl-[2]thienyl]-äthanon und Semicarbazid (*Cagniant, Cagniant*, Bl.

---

[1]) Stellungsbezeichnung bei von Labdan abgeleiteten Namen s. E III **5** 297.

1955 359, 365).
Krystalle (aus A. + Bzl.); F: 200° [Block].

Bis-[1-(5-dodecyl-[2]thienyl)-äthyliden]-hydrazin, 1-[5-Dodecyl-[2]thienyl]-äthanon-azin $C_{36}H_{60}N_2S_2$, Formel V.

B. Neben 2-Äthyl-5-dodecyl-thiophen beim Erhitzen von 1-[5-Dodecyl-[2]thienyl]-äthanon mit Hydrazin-hydrat und mit Kaliumhydroxid in Diäthylenglykol (*Cagniant, Cagniant,* Bl. **1955** 359, 365).

Krystalle (aus A. + Bzl.); F: 69—70°.

2-Äthyl-5-lauroyl-thiophen, 1-[5-Äthyl-[2]thienyl]-dodecan-1-on $C_{18}H_{30}OS$, Formel VI.

B. Beim Behandeln von 2-Äthyl-thiophen mit Lauroylchlorid und Aluminiumchlorid in Schwefelkohlenstoff (*Cagniant, Cagniant,* Bl. **1955** 359, 366).

Krystalle (aus wss. A.); F: 31°. Kp_{15}: 226—227°.

H_3C-CH_2 S CO–$[CH_2]_{10}$–CH_3 VI

$H_3C-[CH_2]_9-CH_2$ C=N–NH–R S H_3C-CH_2 VII

CH_2-CH_3 S CO–$[CH_2]_8$–CH_3 H_3C-CH_2 VIII

1-[5-Äthyl-[2]thienyl]-dodecan-1-on-[2,4-dinitro-phenylhydrazon] $C_{24}H_{34}N_4O_4S$, Formel VII (R = $C_6H_3(NO_2)_2$).

B. Aus 1-[5-Äthyl-[2]thienyl]-dodecan-1-on und [2,4-Dinitro-phenyl]-hydrazin (*Cagniant, Cagniant,* Bl. **1955** 359, 366).

Rote Krystalle (aus A.); F: 96°.

1-[5-Äthyl-[2]thienyl]-dodecan-1-on-semicarbazon $C_{19}H_{33}N_3OS$, Formel VII (R = CO-NH_2).

B. Aus 1-[5-Äthyl-[2]thienyl]-dodecan-1-on und Semicarbazid (*Cagniant, Cagniant,* Bl. **1955** 359, 366).

Krystalle (aus A.); F: 125—126°.

2,5-Diäthyl-3-decanoyl-thiophen, 1-[2,5-Diäthyl-[3]thienyl]-decan-1-on $C_{18}H_{30}OS$, Formel VIII.

B. Beim Behandeln von 2,5-Diäthyl-thiophen mit Decanoylchlorid und Aluminiumchlorid in Schwefelkohlenstoff (*Cagniant, Cagniant,* Bl. **1953** 713, 723).

$Kp_{10,5}$: 209,5°. $D_4^{20,5}$: 0,959. $n_D^{20,5}$: 1,5055.

1-[2,5-Diäthyl-[3]thienyl]-decan-1-on-[2,4-dinitro-phenylhydrazon] $C_{24}H_{34}N_4O_4S$, Formel IX.

B. Aus 1-[2,5-Diäthyl-[3]thienyl]-decan-1-on und [2,4-Dinitro-phenyl]-hydrazin (*Cagniant, Cagniant,* Bl. **1953** 713, 723).

Orangerote Krystalle (aus A.); F: 61°.

(±)-2'ξ,5',5',6'c,8'a-Pentamethyl-(2ξO,4'ar,8'at)-decahydro-spiro[furan-2,1'-naphthalin]-5-on, (±)-3-[1ξ-Hydroxy-2ξ,5,5,6c,8a-pentamethyl-(4ar,8at)-decahydro-[1ξ]naphthyl]-propionsäure-lacton, *rac*-9-Hydroxy-3α-methyl-14,15,16-trinor-8ξ*H*,9ξ*H*-labdan-13-säure-lacton[1] $C_{18}H_{30}O_2$, Formel X + Spiegelbild.

Eine Verbindung dieser Konstitution und Konfiguration hat vermutlich in dem nachstehend beschriebenen Präparat vorgelegen (*Wolff, Lederer,* Bl. **1956** 772, 774).

B. In kleiner Menge neben *rac*-3α(?)-Methyl-14,15,16-trinor-9ξ*H*-labd-7-en-13-säure ($Kp_{0,05}$: 135°) beim Erwärmen von (±)-[2,5,5,6*c*(?),8a-Pentamethyl-(4a*r*,8a*t*)-1,4,4a,5,6,7,8,8a-octahydro-[1ξ]naphthylmethyl]-malonsäure-diäthylester (Stereoisomeren-Gemisch; $Kp_{0,06}$: 135°; n_D^{24}: 1,4870; aus (±)-4-[2,5*t*,6,6-Tetramethyl-cyclohex-2-en-*r*-yl]-butan-2-on hergestellt) mit äthanol. Kalilauge und Erhitzen der sauren Anteile des Reaktionsprodukts

[1]) Stellungsbezeichnung bei von Labdan abgeleiteten Namen s. E III **5** 297.

unter vermindertem Druck auf 135° (*Wo.*, *Le.*, l. c. S. 775).

Krystalle (aus Acn. + Hexan); F: 142—144°.

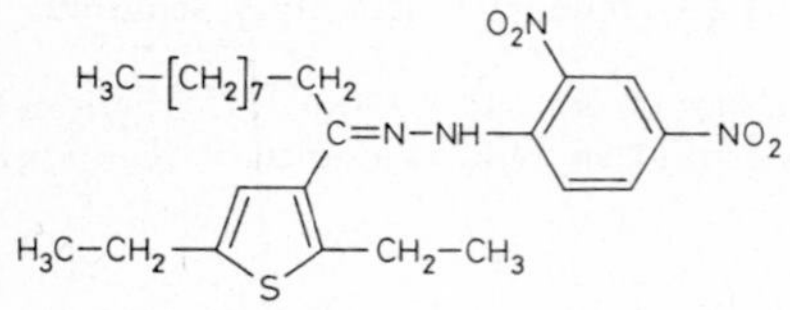

IX 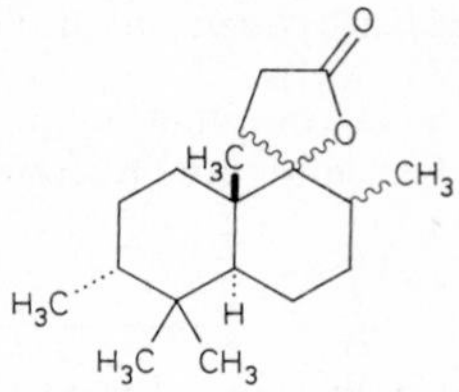 X 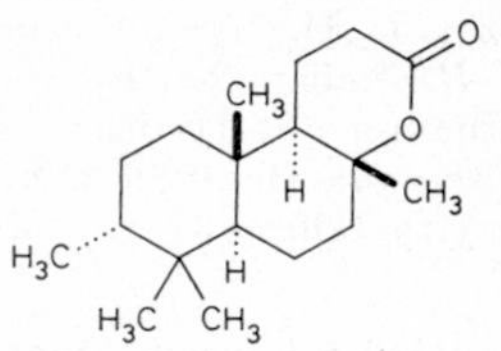 XI

(±)-4a,7,7,8*t*(?),10a-Pentamethyl-(4a*r*,6a*t*,10a*c*,10b*t*)-dodecahydro-benzo[*f*]chromen-3-on, (±)-3-[2*c*-Hydroxy-2*t*,5,5,6*c*(?),8a-pentamethyl-(4a*r*,8a*t*)-decahydro-[1*t*]naphthyl]-propionsäure-lacton, *rac*-8-Hydroxy-3α(?)-methyl-14,15,16-trinor-labdan-13-säure-lacton[1]), *rac*-3α-Methyl-ambreinolid $C_{18}H_{30}O_2$, vermutlich Formel XI + Spiegelbild.

Die Zuordnung der relativen Konfiguration an den C-Atomen 8 und 9 (Labdan-Bezifferung) ist auf Grund der Bildungsweise erfolgt (*Wolff*, *Lederer*, Bl. **1956** 772, 774).

B. Beim Erhitzen von *rac*-3α(?)-Methyl-14,15,16-trinor-9ξ*H*-labd-7-en-13-säure ($Kp_{0,05}$: 135°; s. im vorangehenden Artikel) mit Ameisensäure (*Wo.*, *Le.*, l. c. S. 775).

Krystalle (aus Acn. + Hexan); F: 139—141°.

Oxo-Verbindungen $C_{19}H_{32}O_2$

5-Tetradecyl-thiophen-2-carbaldehyd $C_{19}H_{32}OS$, Formel XII.

B. Aus 2-Tetradecyl-thiophen mit Hilfe von *N*-Methyl-formanilid und Phosphorylchlorid (*Buu-Hoi et al.*, Soc. **1953** 547).

Krystalle (aus A.); F: 43°. Kp_{20}: 250—252°.

5-Tetradecyl-thiophen-2-carbaldehyd-[2,4-dinitro-phenylhydrazon] $C_{25}H_{36}N_4O_4S$, Formel XIII (R = $C_6H_3(NO_2)_2$).

B. Aus 5-Tetradecyl-thiophen-2-carbaldehyd und [2,4-Dinitro-phenyl]-hydrazin (*Buu-Hoi et al.*, Soc. **1953** 547).

Krystalle (aus A.); F: 158°.

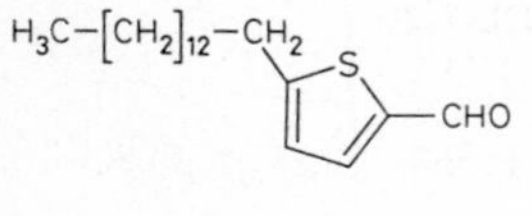

XII 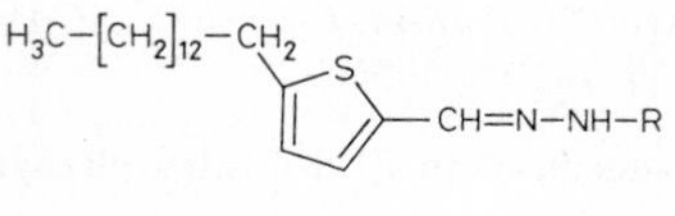 XIII 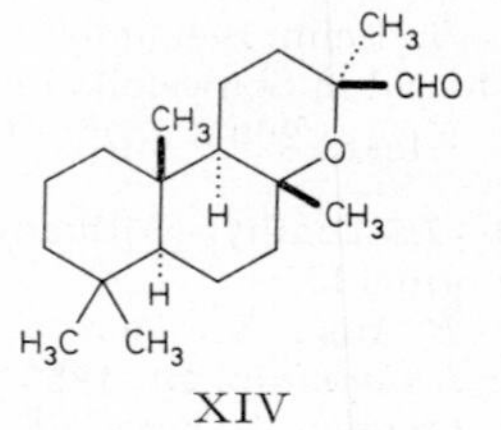 XIV

5-Tetradecyl-thiophen-2-carbaldehyd-thiosemicarbazon $C_{20}H_{35}N_3S_2$, Formel XIII (R = CS-NH_2).

B. Aus 5-Tetradecyl-thiophen-2-carbaldehyd und Thiosemicarbazid (*Buu-Hoi et al.*, Soc. **1953** 547).

Krystalle (aus A.); F: 97°.

(4a*R*)-3*t*,4a,7,7,10a-Pentamethyl-(4a*r*,6a*t*,10a*c*,10b*t*)-dodecahydro-benzo[*f*]chromen-3*c*-carbaldehyd, (13*S*)-8,13-Epoxy-15-nor-labdan-14-al[1]) $C_{19}H_{32}O_2$, Formel XIV.

B. Beim Behandeln von Epimanoyloxid ((13*S*)-8,13-Epoxy-labd-14-en [S. 395]) in Tetrachlormethan mit Ozon und anschliessenden Erwärmen mit Wasser (*Ohloff*, A. **617** [1958] 134, 146).

[1]) Stellungsbezeichnung bei von Labdan abgeleiteten Namen s. E III **5** 297.

n_D^{20}: 1,5115. $[\alpha]_D^{20}$: +43° [$CHCl_3$; c = 10]. IR-Banden (Film) im Bereich von 1740 cm^{-1} bis 1105 cm^{-1}: *Oh.*

Semicarbazon $C_{20}H_{35}N_3O_2$. F: 210–212° [korr.].

Oxo-Verbindungen $C_{20}H_{34}O_2$

2-Palmitoyl-thiophen, 1-[2]Thienyl-hexadecan-1-on $C_{20}H_{34}OS$, Formel I.

B. Beim Erwärmen von Thiophen mit Palmitinsäure und Phosphor(V)-oxid in Benzol (*Wynberg, Logothetis*, Am. Soc. **78** [1956] 1958, 1960). Beim Behandeln von Thiophen mit Palmitoylchlorid in Schwefelkohlenstoff unter Zusatz von Aluminiumchlorid (*Cagniant, Cagniant*, Bl. **1955** 359, 363) oder in Benzol unter Zusatz von Zinn(IV)-chlorid (*Miller et al.*, J. org. Chem. **24** [1959] 622). Beim Behandeln von Thiophen mit Tetrakis-palmitoyl=oxy-silan (aus Palmitinsäure und Tetrachlorsilan hergestellt) in Benzol unter Zusatz von Zinn(IV)-chlorid (*Jur'ew et al.*, Ž. obšč. Chim. **26** [1956] 3341, 3343; engl. Ausg. S. 3717).

Krystalle; F: 42,5° [aus PAe.] (*Ca., Ca.*), 42° [aus Me.] (*Wy., Lo.*), 36° (*Ju. et al.*). Kp_4: 211° (*Ju. et al.*); $Kp_{2,5}$: 214–215° (*Ca., Ca.*).

1-[2]Thienyl-hexadecan-1-on-[2,4-dinitro-phenylhydrazon] $C_{26}H_{38}N_4O_4S$, Formel II (X = NH-$C_6H_3(NO_2)_2$).

B. Aus 1-[2]Thienyl-hexadecan-1-on und [2,4-Dinitro-phenyl]-hydrazin (*Cagniant, Cagniant*, Bl. **1955** 359, 363; *Jur'ew et al.*, Ž. obšč. Chim. **26** [1956] 3341, 3343; engl. Ausg. S. 3717).

Rote Krystalle; F: 93–94° [nach Erweichen bei 90°; aus A.] (*Ca., Ca.*), 86° (*Ju. et al.*).

1-[2]Thienyl-hexadecan-1-on-semicarbazon $C_{21}H_{37}N_3OS$, Formel II (X = NH-CO-NH_2).

B. Aus 1-[2]Thienyl-hexadecan-1-on und Semicarbazid (*Cagniant, Cagniant*, Bl. **1955** 359, 363).

Krystalle (aus A.); F: 100,5–101°.

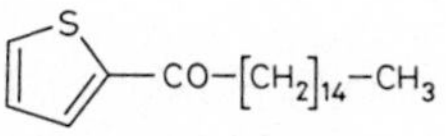

I 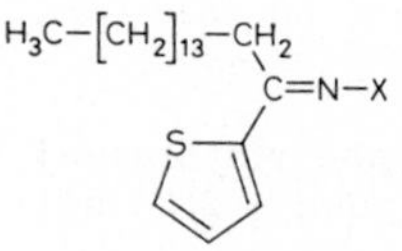 II 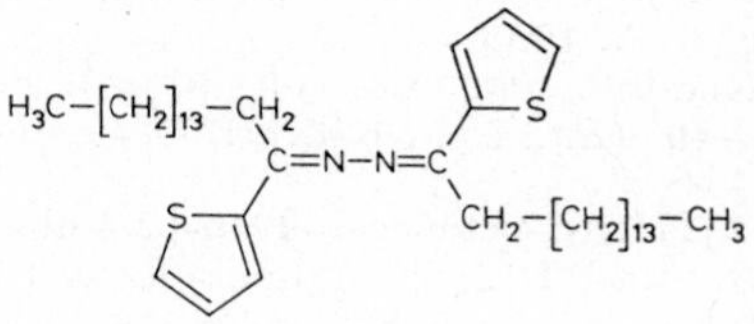 III

Bis-[1-[2]thienyl-hexadecyliden]-hydrazin, 1-[2]Thienyl-hexadecan-1-on-azin $C_{40}H_{68}N_2S_2$, Formel III.

B. Neben 2-Hexadecyl-thiophen beim Erhitzen von 1-[2]Thienyl-hexadecan-1-on mit Hydrazin-hydrat und mit Kaliumhydroxid in Diäthylenglykol bis auf 200° (*Cagniant, Cagniant*, Bl. **1955** 359, 363).

Gelbe Krystalle; F: 68–68,5°.

2-Octanoyl-5-octyl-thiophen, 1-[5-Octyl-[2]thienyl]-octan-1-on $C_{20}H_{34}OS$, Formel IV.

B. Beim Erwärmen von 2-Octyl-thiophen mit Octansäure-anhydrid und Phosphor(V)-oxid in Benzol (*Wynberg, Logothetis*, Am. Soc. **78** [1956] 1958, 1960).

Krystalle (aus Me.); F: 32°.

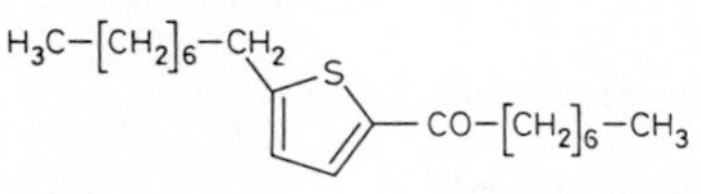

IV 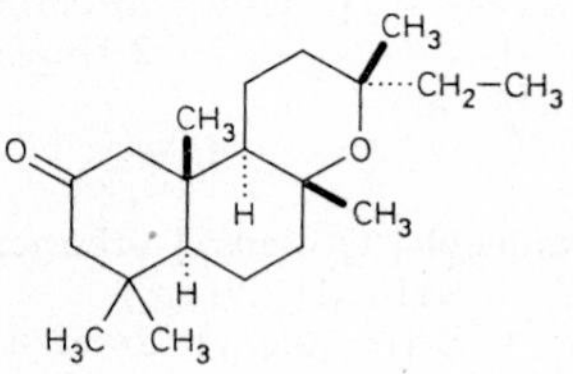 V

(4a*R*)-3*t*-Äthyl-3*c*,4a,7,7,10a-pentamethyl-(4a*r*,6a*t*,10a*c*,10b*t*)-dodecahydro-benzo[*f*]chromen-9-on, (13*S*)-8,13-Epoxy-labdan-2-on[1]) $C_{20}H_{34}O_2$, Formel V.

B. Bei der Hydrierung von 2-Oxo-manoyloxid ((13*R*)-8,13-Epoxy-labd-14-en-2-on [S. 4774]) an Platin in Äthylacetat (*Hosking, Brandt*, B. **67** [1934] 1173, 1176; s. a. *Grant*, Soc. **1959** 860, 862).

Krystalle (aus wss. Me.); F: 91–92° (*Gr.*), 89–90° (*Ho., Br.*). IR-Banden (Nujol bzw. CCl_4) im Bereich von 2720 cm^{-1} bis 690 cm^{-1} bzw. von 1495 cm^{-1} bis 1369 cm^{-1}: *Gr.*

Oxo-Verbindungen $C_{22}H_{38}O_2$

2-Stearoyl-furan, 1-[2]Furyl-octadecan-1-on $C_{22}H_{38}O_2$, Formel VI.

B. Beim Behandeln von Furan mit Stearoylchlorid und Aluminiumchlorid in Schwefelkohlenstoff (*Ralston, Christensen*, Ind. eng. Chem. **29** [1937] 194).

Wachsartig; F: 56–57°.

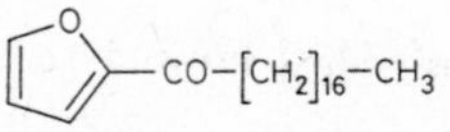

VI 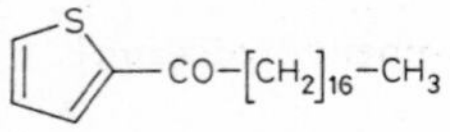 VII 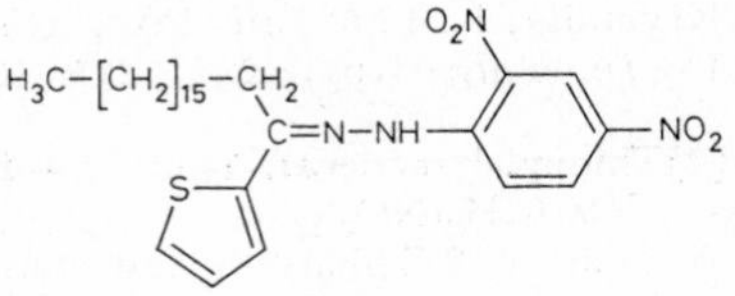 VIII

2-Stearoyl-thiophen, 1-[2]Thienyl-octadecan-1-on $C_{22}H_{38}OS$, Formel VII.

B. Beim Erwärmen von Thiophen mit Stearinsäure und Phosphor(V)-oxid in Benzol (*Wynberg, Logothetis*, Am. Soc. **78** [1956] 1958, 1960). Beim Behandeln von Thiophen mit Stearoylchlorid und Zinn(IV)-chlorid in Benzol (*Miller et al.*, J. org. Chem. **24** [1959] 622; s. a. *Ralston, Christensen*, Ind. eng. Chem. **29** [1937] 194). Beim Behandeln von Thiophen mit Tetrakis-stearoyloxy-silan (aus Stearinsäure und Tetrachlorsilan hergestellt) und Zinn(IV)-chlorid in Benzol (*Jur'ew, Eljakow*, Doklady Akad. S.S.S.R. **86** [1952] 337, 339; C. A. **1953** 8725).

Krystalle (aus Me.); F: 51° (*Wy., Lo.*), 50–51° (*Mi. et al.*), 48,5–49,2° (*Ju., El.*); 48–49° (*Ra., Ch.*). Kp_3: 213° (*Ju., El.*).

1-[2]Thienyl-octadecan-1-on-[2,4-dinitro-phenylhydrazon] $C_{28}H_{42}N_4O_4S$, Formel VIII.

B. Aus 1-[2]Thienyl-octadecan-1-on und [2,4-Dinitro-phenyl]-hydrazin (*Socony-Vacuum Oil Co.*, U.S.P. 2458519 [1945]).

F: 78°.

2-Acetyl-5-hexadecyl-thiophen, 1-[5-Hexadecyl-[2]thienyl]-äthanon $C_{22}H_{38}OS$, Formel IX.

B. Beim Behandeln von 2-Hexadecyl-thiophen mit Acetylchlorid und Aluminiumchlorid in Schwefelkohlenstoff (*Cagniant, Cagniant*, Bl. **1955** 359, 365).

Krystalle (aus PAe.); F: 53,5°. Kp_3: 226–228°.

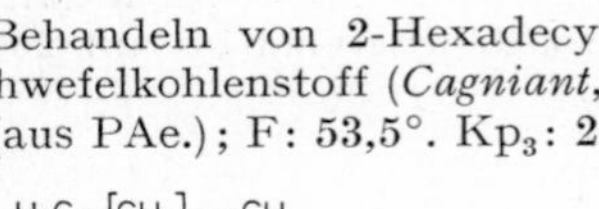

IX 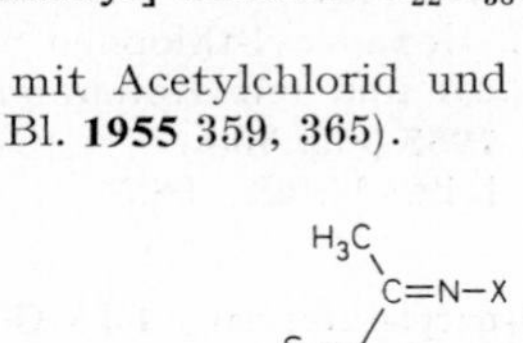 X

1-[5-Hexadecyl-[2]thienyl]-äthanon-oxim $C_{22}H_{39}NOS$, Formel X (X = OH).

B. Aus 1-[5-Hexadecyl-[2]thienyl]-äthanon und Hydroxylamin (*Cagniant, Cagniant*, Bl. **1955** 359, 365).

Krystalle (aus Bzl. + PAe.); F: 82–83° [nach Erweichen bei 80°].

1-[5-Hexadecyl-[2]thienyl]-äthanon-[2,4-dinitro-phenylhydrazon] $C_{28}H_{42}N_4O_4S$, Formel X (X = $NH-C_6H_3(NO_2)_2$).

B. Aus 1-[5-Hexadecyl-[2]thienyl]-äthanon und [2,4-Dinitro-phenyl]-hydrazin (*Cag-*

[1]) Stellungsbezeichnung bei von Labdan abgeleiteten Namen s. E III **5** 297.

niant, Cagniant, Bl. **1955** 359, 365).
Rote Krystalle (aus Bzl. + A.); F: 118°.

1-[5-Hexadecyl-[2]thienyl]-äthanon-semicarbazon $C_{23}H_{41}N_3OS$, Formel X (X = NH-CO-NH_2).

B. Aus 1-[5-Hexadecyl-[2]thienyl]-äthanon und Semicarbazid (*Cagniant, Cagniant*, Bl. **1955** 359, 365).

Krystalle (aus A. + Bzl.); F: 193° [Block].

2-Äthyl-5-palmitoyl-thiophen, 1-[5-Äthyl-[2]thienyl]-hexadecan-1-on $C_{22}H_{38}OS$, Formel XI.

B. Beim Behandeln von 2-Äthyl-thiophen mit Palmitoylchlorid und Aluminium=chlorid in Schwefelkohlenstoff (*Cagniant, Cagniant*, Bl. **1955** 359, 366).

Krystalle (aus PAe.); F: 46,5–47,5°. $Kp_{3,2}$: 235°.

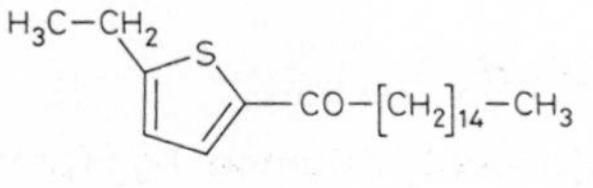

XI 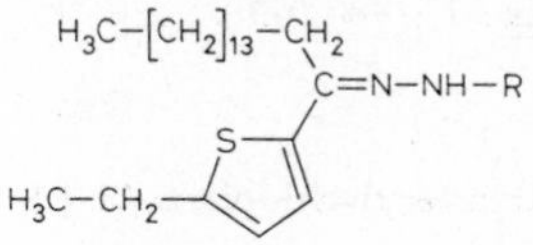 XII

1-[5-Äthyl-[2]thienyl]-hexadecan-1-on-[2,4-dinitro-phenylhydrazon] $C_{28}H_{42}N_4O_4S$, Formel XII (R = $C_6H_3(NO_2)_2$).

B. Aus 1-[5-Äthyl-[2]thienyl]-hexadecan-1-on und [2,4-Dinitro-phenyl]-hydrazin (*Cagniant, Cagniant*, Bl. **1955** 359, 366).

Dunkelrote Krystalle (aus A.); F: 87° [nach Erweichen bei 85°].

1-[5-Äthyl-[2]thienyl]-hexadecan-1-on-semicarbazon $C_{23}H_{41}N_3OS$, Formel XII (R = CO-NH_2).

B. Aus 1-[5-Äthyl-[2]thienyl]-hexadecan-1-on und Semicarbazid (*Cagniant, Cagniant*, Bl. **1955** 359, 366).

Krystalle (aus A.); F: 123–124° [nach Erweichen bei 117°].

Bis-[1-(5-äthyl-[2]thienyl)-hexadecyliden]-hydrazin, 1-[5-Äthyl-[2]thienyl]-hexadecan-1-on-azin $C_{44}H_{76}N_2S_2$, Formel XIII.

B. Neben 2-Äthyl-5-hexadecyl-thiophen beim Erhitzen von 1-[5-Äthyl-[2]thienyl]-hexadecan-1-on mit Hydrazin-hydrat und mit Kaliumhydroxid in Diäthylenglykol (*Cagniant, Cagniant*, Bl. **1955** 359, 366).

Gelbe Krystalle (aus A.); F: 61,5–63° [nach Sintern].

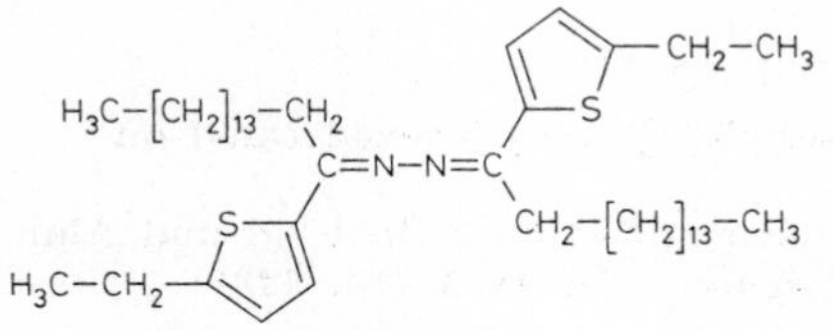

XIII 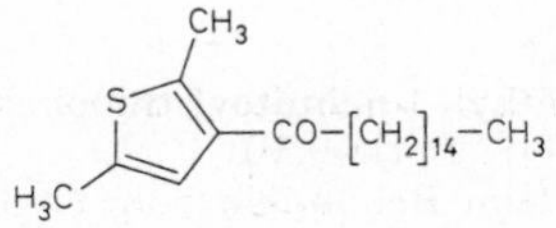 XIV

2,5-Dimethyl-3-palmitoyl-thiophen, 1-[2,5-Dimethyl-[3]thienyl]-hexadecan-1-on $C_{22}H_{38}OS$, Formel XIV.

B. Beim Behandeln von 2,5-Dimethyl-thiophen mit Palmitoylchlorid und Aluminium=chlorid in Schwefelkohlenstoff (*Buu-Hoi, Hoán*, R. **67** [1948] 309, 322).

Krystalle (aus PAe.); F: ca. 30°. Kp_{18}: 255–260°.

Oxo-Verbindungen $C_{23}H_{40}O_2$

3,5-Dibutyl-2,6-dipentyl-pyran-4-on $C_{23}H_{40}O_2$, Formel I.

B. Beim Erhitzen von Hexansäure-anhydrid mit Borsäure bis auf 300° (*v. Mikusch*,

Ang. Ch. **71** [1959] 311).

Krystalle; F: ca. −12°. n_D^{20}: 1,486.

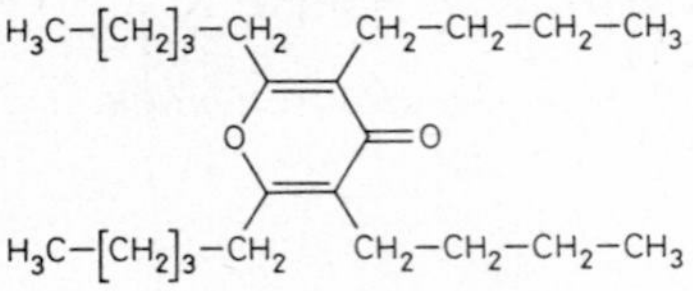

I 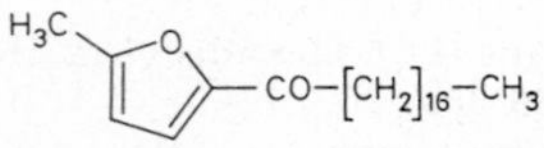 II

2-Methyl-5-stearoyl-furan, 1-[5-Methyl-[2]furyl]-octadecan-1-on $C_{23}H_{40}O_2$, Formel II.

B. Beim Behandeln von 2-Methyl-furan mit Stearoylchlorid und Aluminiumchlorid in Schwefelkohlenstoff (*Ralston, Christensen*, Ind. eng. Chem. **29** [1937] 194).

Wachsartig; F: 68−69°.

Oxo-Verbindungen $C_{24}H_{42}O_2$

2-Acetyl-5-octadecyl-thiophen, 1-[5-Octadecyl-[2]thienyl]-äthanon $C_{24}H_{42}OS$, Formel III.

B. Beim Behandeln von 2-Octadecyl-thiophen mit Essigsäure, Phosphor(V)-oxid und Benzol (*Wynberg, Logothetis*, Am. Soc. **78** [1956] 1958, 1960).

Krystalle (aus Me.); F: 62°.

2,5-Dimethyl-3-stearoyl-thiophen, 1-[2,5-Dimethyl-[3]thienyl]-octadecan-1-on $C_{24}H_{42}OS$, Formel IV.

B. Beim Behandeln von 2,5-Dimethyl-thiophen mit Stearoylchlorid und Aluminium=chlorid in Schwefelkohlenstoff (*Buu-Hoi, Hoán*, R. **67** [1948] 309, 322).

Krystalle (aus A.); F: 42°. Kp_{18}: 268−270°.

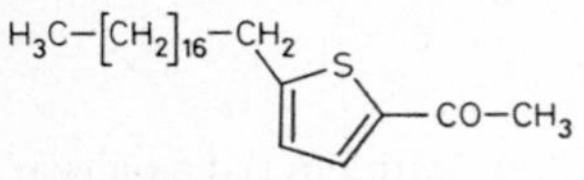

III 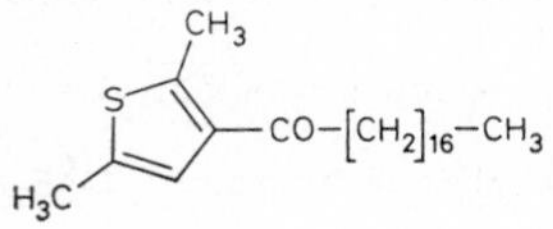 IV 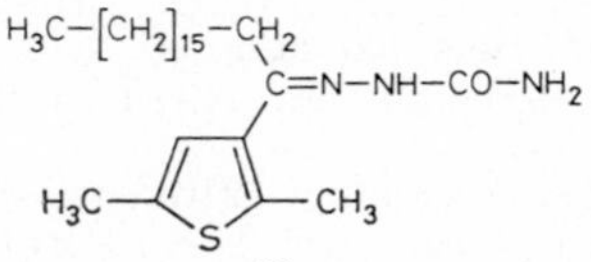 V

1-[2,5-Dimethyl-[3]thienyl]-octadecan-1-on-semicarbazon $C_{25}H_{45}N_3OS$, Formel V.

B. Aus 1-[2,5-Dimethyl-[3]thienyl]-octadecan-1-on und Semicarbazid (*Buu-Hoi, Hoán*, R. **67** [1948] 309, 322).

Krystalle; F: 68°.

2,5-Diäthyl-3-palmitoyl-thiophen, 1-[2,5-Diäthyl-[3]thienyl]-hexadecan-1-on $C_{24}H_{42}OS$, Formel VI.

B. Beim Behandeln von 2,5-Diäthyl-thiophen mit Palmitoylchlorid und Aluminium=chlorid in Schwefelkohlenstoff (*Cagniant, Cagniant*, Bl. **1953** 713, 723).

Krystalle (aus A.); F: 34°. Kp_3: 214°.

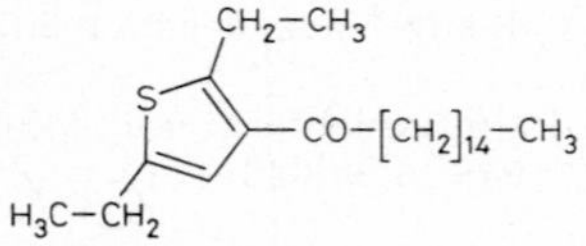

VI 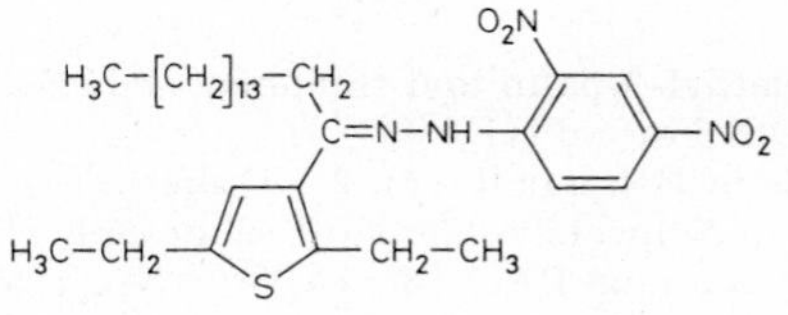 VII

1-[2,5-Diäthyl-[3]thienyl]-hexadecan-1-on-[2,4-dinitro-phenylhydrazon] $C_{30}H_{46}N_4O_4S$, Formel VII.

B. Aus 1-[2,5-Diäthyl-[3]thienyl]-hexadecan-1-on und [2,4-Dinitro-phenyl]-hydrazin

(*Cagniant, Cagniant*, Bl. **1953** 713, 724).
Orangerote Krystalle (aus A.); F: 71,5—72°.

Bis-[1-(2,5-diäthyl-[3]thienyl)-hexadecyliden]-hydrazin, 1-[2,5-Diäthyl-[3]thienyl]-hexadecan-1-on-azin $C_{48}H_{84}N_2S_2$, Formel VIII.

B. Neben 2,5-Diäthyl-3-hexadecyl-thiophen beim Erhitzen von 1-[2,5-Diäthyl-[3]thienyl]-hexadecan-1-on mit Hydrazin-hydrat und mit Kaliumhydroxid in Diäthylenglykol (*Cagniant, Cagniant*, Bl. **1953** 713, 724).

Gelbe Krystalle (aus A.); F: 44°.

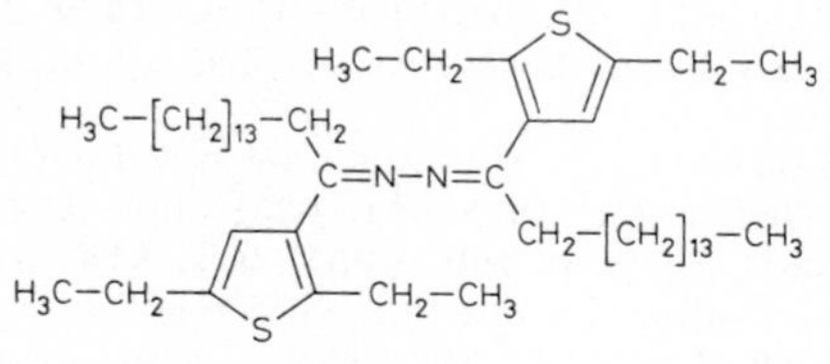

VIII 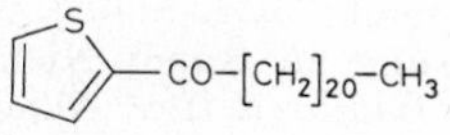 IX

Oxo-Verbindungen $C_{26}H_{46}O_2$

2-Docosanoyl-thiophen, 2-Behenoyl-thiophen, 1-[2]Thienyl-docosan-1-on $C_{26}H_{46}OS$, Formel IX.

B. Beim Behandeln von Thiophen mit Docosanoylchlorid und Zinn(IV)-chlorid in Schwefelkohlenstoff (*Buu-Hoi et al.*, J. org. Chem. **21** [1956] 621).

Krystalle (aus Bzn.); F: 67°.

Oxo-Verbindungen $C_{31}H_{56}O_2$

3,6-Ditridecyl-pyran-2-on, 5-Hydroxy-2-tridecyl-octadeca-2*c*,4*t*-diensäure-lacton $C_{31}H_{56}O_2$, Formel X.

B. Beim Erhitzen von (±)-6-Tridecyl-3-myristoyl-pyran-2,4-dion mit wss. Jodwasserstoffsäure auf 170° (*Asano, Azumi*, B. **72** [1939] 35, 38).

Krystalle (aus Ae.); F: 65—66°.

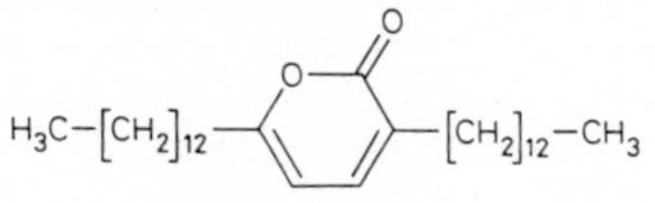

X 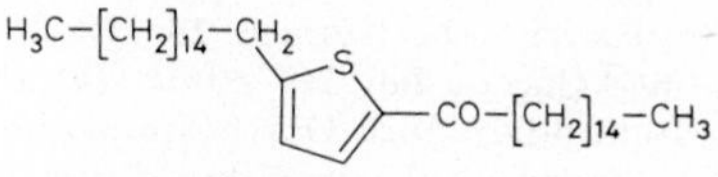 XI

Oxo-Verbindungen $C_{36}H_{66}O_2$

2-Hexadecyl-5-palmitoyl-thiophen, 1-[5-Hexadecyl-[2]thienyl]-hexadecan-1-on $C_{36}H_{66}OS$, Formel XI.

B. Beim Erwärmen von 2-Hexadecyl-thiophen mit Palmitinsäure und Phosphor(V)-oxid in Benzol (*Wynberg, Logothetis*, Am. Soc. **78** [1956] 1958, 1960).

Krystalle (aus Me.); F: 71°. [*Henseleit*]

Monooxo-Verbindungen $C_nH_{2n-8}O_2$

Oxo-Verbindungen $C_7H_6O_2$

3*t*(?)-[2]Furyl-acrylaldehyd $C_7H_6O_2$, vermutlich Formel I auf S. 4697 (H 305; E I 159; E II 325).

B. Beim Erhitzen von Furfural mit Acetaldehyd in Gegenwart eines basischen Ionenaustauschers auf 110° (*Mastagli et al.*, Bl. **1953** 693; *Durr*, A. ch. [13] **1** [1956] 84, 104). Beim Erhitzen von (±)-1,1,3-Triäthoxy-3-[2]furyl-propan mit Natriumacetat und Essigsäure (*Michaĭlow, Ter-Šarkišjan*, Ž. obšč. Chim. **29** [1959] 2560, 2563; engl. Ausg. S. 2524, 2526).

Krystalle; F: 54° (*Schmidt*, Naturwiss. **40** [1953] 581; *Lipp, Dallacker*, B. **90** [1957] 1730, 1732), 53° [aus Bzl. + PAe.] (*Rallings, Smith*, Soc. **1953** 618, 619), 52–53° [aus Hexan + Bzl.] (*Michaĭlow, Ter-Šarkišjan*, Ž. obšč. Chim. **29** [1959] 2560, 2563; engl. Ausg. S. 2524, 2526). Kp_{15}: 110–115° (*Ra., Sm.*); Kp_{12}: 100–102° (*Schmidt; Lipp, Da.*), 100° (*Schmitt*, A. **547** [1941] 270, 282). Schallabsorption und Schallrelaxation bei 60°, 80° und 100°: *de Groot, Lamb*, Pr. roy. Soc. [A] **242** [1957] 36, 42, 48. IR-Spektrum ($CHCl_3$; 1800–1400 cm^{-1}): *Blout et al.*, Am. Soc. **70** [1948] 194, 196. Absorptionsspektrum (Dioxan; 260–460 nm; λ_{max}: 312 nm): *Blout, Fields*, Am. Soc. **70** [1948] 189, 190. Polarographie: *Giacometti*, Ric. scient. **27** [1957] 1146, 1149, 1151; *Nakaya et al.*, J. chem. Soc. Japan Pure Chem. Sect. **78** [1957] 935, 940, 942; C. A. **1959** 21277. In 1000 ml Wasser lösen sich bei 0° ca. 2 g (*Lichoscherštow et al.*, Ž. obšč. Chim. **20** [1950] 627, 632; engl. Ausg. S. 663, 667).

Hydrierung an Raney-Nickel bei 25°/100 at unter Bildung von 3-[2]Furyl-propionaldehyd: *Balandin*, Izv. Akad. S.S.S.R. Otd. chim. **1955** 624, 635; engl. Ausg. S. 557, 566; *Balandin, Ponomarew*, Doklady Akad. S.S.S.R. **100** [1955] 917, 918; C. A. **1956** 1746. Bei der Hydrierung an Raney-Nickel ohne Lösungsmittel bei 80° (*Ba.*) oder in Äthanol bei 20° (*Hofmann et al.*, Am. Soc. **69** [1947] 191, 193) ist 3-[2]Furyl-propan-1-ol, bei der Hydrierung an Raney-Nickel in Äthanol bei 23°/100–200 at (*Burdick, Adkins*, Am. Soc. **56** [1934] 438, 440) ist daneben 3-[2]Furyl-propionaldehyd erhalten worden. Hydrierung an Raney-Nickel bei 100°/100 at bzw. bei 160°/150 at unter Bildung von 3-Tetrahydro[2]furyl-propan-1-ol: *Szarvasi et al.*, Chim. et Ind. **62** [1949] 143; *Ba.* Bildung von 3-Tetrahydro[2]furyl-propan-1-ol und Heptan-1,4,7-triol bei der Hydrierung an Raney-Nickel in Ameisensäure enthaltender wss. Lösung bei 200°: *Russell et al.*, Am. Soc. **74** [1952] 4543, 4545; in Essigsäure enthaltender wss.-äthanol. Lösung bei 190°/85 at: *Vranjican et al.*, Arh. Kemiju **25** [1953] 81, 83; C. A. **1955** 2419. Bei der Hydrierung an Nickel in Äthanol bei 160°/100–200 at sind 3-Tetrahydro[2]furyl-propan-1-ol und Hexahydro-furo[3,2-*b*]pyran (n_D^{25}: 1,4461) (*Bu., Ad.*), bei 180°/200–250 at ist zusätzlich Heptan-1,4,7-triol (*Hinz et al.*, B. **76** [1943] 676, 685) erhalten worden. Hydrierung an Raney-Nickel bei 175°/150 at unter Bildung von 1,6-Dioxa-spiro[4.4]nonan: *Ba.*; *Ba., Po.* Hydrierung an Nickel bei 310°/100 at unter Bildung von Heptan: *Ba.* Bildung von Heptan bei der Hydrierung an Nickeloxid-Molybdänsulfid bei 310°/100 at: *Ba.*; s. a. *Orlow et al.*, Ž. prikl. Chim. **8** [1935] 1170, 1172; C. **1936** 3410. Hydrierung an Kupferoxid-Chromoxid in Äthanol bei 120–200°/100–200 at unter Bildung von 3-[2]Furyl-propan-1-ol, 3-Tetrahydro[2]furyl-propan-1-ol, Heptan-1,4-diol und anderen Verbindungen: *Bu., Ad.*; *Alaupovic*, Arh. Kemiju **25** [1953] 257. Hydrierung an Nickel in Ammoniak enthaltendem Äthanol bei 70–100°/100 at unter Bildung von 3-[2]Furyl-propylamin: *Al.*

Beim Behandeln mit Diäthylphosphonat und Natriumäthylat in Äthanol ist [3-[2]Furyl-1-hydroxy-allyl]-phosphonsäure-diäthylester (F: 106–107°) erhalten worden (*Pudowik, Kitaew*, Ž. obšč. Chim. **22** [1952] 467, 472; engl. Ausg. S. 531, 534). Reaktion mit Butandion in Äthanol in Gegenwart von Piperidin unter Bildung von 1,10-Di-[2]furyl-decan-1,3,7,9-tetraen-5,6-dion: *Karrer et al.*, Helv. **29** [1946] 1836, 1840. Bildung von 2-[2-[2]Furyl-vinyl]-chinolin-4-carbonsäure (F: 170–171°) beim Erwärmen mit Brenztraubensäure, Anilin und Methanol: *Richter, Boyde*, J. pr. [4] **9** [1959] 124, 129, 134. Beim Behandeln mit *trans*(?)-Crotonaldehyd in Äthanol unter Zusatz von Piperidinacetat sind 7-[2]Furyl-heptan-2,4,6-trienal (F: 111°) und 11-[2]Furyl-undecan-2,4,6,8,10-pentaenal (F: 194° bzw. F: 195–196°) erhalten worden (*Schmitt*, A. **547** [1941] 270, 282; *Blout, Fields*, Am. Soc. **70** [1948] 189, 191).

3,3-Dimethoxy-1*t*(?)-[2]furyl-propen, 3*t*(?)-[2]Furyl-acrylaldehyd-dimethylacetal $C_9H_{12}O_3$, vermutlich Formel II (R = CH_3).

B. Beim Behandeln von 3*t*(?)-[2]Furyl-acrylaldehyd (F: 53°) mit Methanol und Phosphorsäure (*Rallings, Smith*, Soc. **1953** 618, 622).

Kp_{25}: 112–114°. n_D^{20}: 1,5014.

3,3-Diäthoxy-1*t*(?)-[2]furyl-propen, 3*t*(?)-[2]Furyl-acrylaldehyd-diäthylacetal $C_{11}H_{16}O_3$, vermutlich Formel II (R = C_2H_5).

B. Beim Behandeln von 3*t*(?)-[2]Furyl-acrylaldehyd (F: 53° bzw. F: 52–53°) mit Orthoameisensäure-triäthylester in Äthanol in Gegenwart von Ammoniumnitrat bzw.

Ammoniumchlorid (*Rallings, Smith,* Soc. **1953** 618, 622; *Michaĭlow, Ter-Šarkišjan,* Ž. obšč. Chim. **29** [1959] 2560, 2563; engl. Ausg. S. 2524, 2526).

Kp_{22}: 110—114°; n_D^{20}: 1,4973 (*Ra., Sm.*). Kp_3: 98—99°; D_4^{20}: 1,0053; n_D^{20}: 1,4920 (*Mi., Ter-Ša.*).

[3t(?)-[2]Furyl-allyliden]-anilin, 3t(?)-[2]Furyl-acrylaldehyd-phenylimin $C_{13}H_{11}NO$, vermutlich Formel III (X = H).

B. Beim Erwärmen von 3*t*(?)-[2]Furyl-acrylaldehyd (F: 54°) mit Anilin und Äthanol (*Rudtschenko,* Ž. obšč. Chim. **10** [1940] 1953, 1954; C. **1942** II 1345).

Hellgelbe Krystalle (aus wss. A.); F: 65,5° (*Ru.*).

Perchlorat $C_{13}H_{11}NO \cdot HClO_4$. Orangefarbene Krystalle (aus Eg.); F: 184° (*König,* B. **67** [1934] 1274, 1289). Absorptionsmaximum: 410 nm (*Kö.,* l. c. S. 1282).

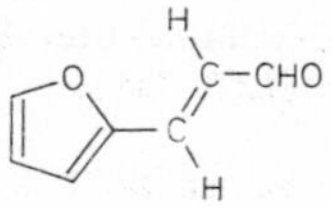

I 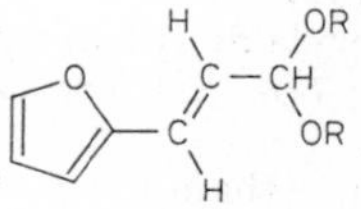 II 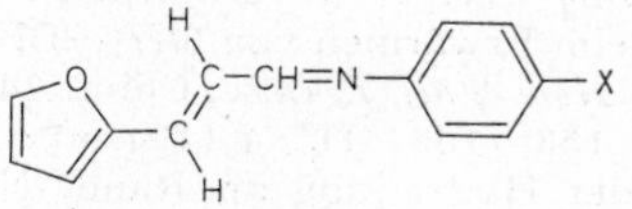 III

***N*-[3t(?)-[2]Furyl-allyliden]-4-nitro-anilin, 3t(?)-[2]Furyl-acrylaldehyd-[4-nitro-phenylimin]** $C_{13}H_{10}N_2O_3$, vermutlich Formel III (X = NO_2).

B. Beim Erwärmen von 3*t*(?)-[2]Furyl-acrylaldehyd mit 4-Nitro-anilin und Äthanol (*Rombaut, Smets,* Bl. Soc. chim. Belg. **58** [1949] 421, 427).

Krystalle (aus A.); F: 138—140°. UV-Absorptionsmaxima: 366 nm [A.] bzw. 319 nm und 377 nm [A. + wenig Perchlorsäure] (*Ro., Sm.,* l. c. S. 423).

***N*-[3t(?)-[2]Furyl-allyliden]-*N*-methyl-anilinium** $[C_{14}H_{14}NO]^+$, vermutlich Formel IV (X = H).

Perchlorat $[C_{14}H_{14}NO]ClO_4$. *B.* Aus 3*t*(?)-[2]Furyl-acrylaldehyd (*König,* B. **67** [1934] 1274, 1282). Absorptionsmaximum (Eg.): 398 nm.

***N*-[3t(?)-[2]Furyl-allyliden]-*o*-toluidin, 3t(?)-[2]Furyl-acrylaldehyd-*o*-tolylimin** $C_{14}H_{13}NO$, vermutlich Formel V (X = CH_3).

B. Beim Erwärmen von 3*t*(?)-[2]Furyl-acrylaldehyd (F: 54°) mit *o*-Toluidin und Äthanol (*Rudtschenko,* Ž. obšč. Chim. **10** [1940] 1953, 1955; C. **1942** II 1345).

Kp_6: 180—181°.

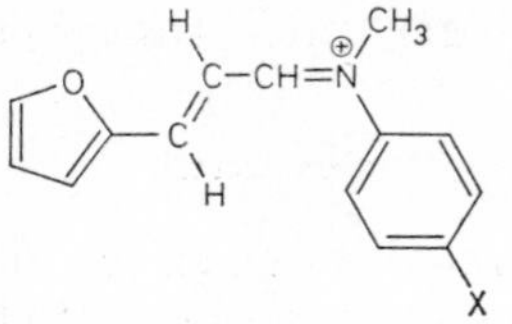

IV 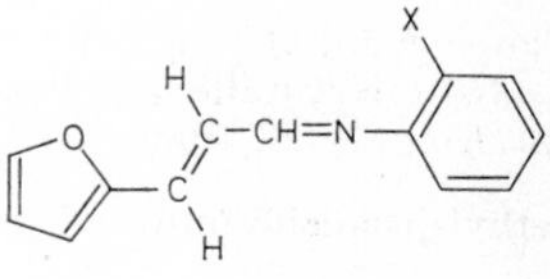 V 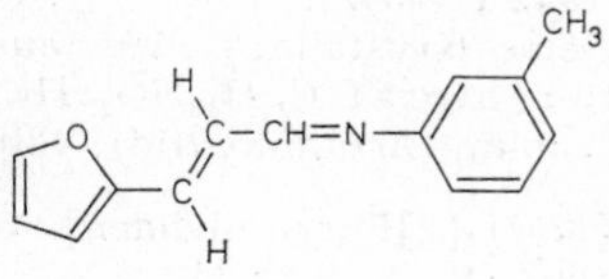 VI

***N*-[3t(?)-[2]Furyl-allyliden]-*m*-toluidin, 3t(?)-[2]Furyl-acrylaldehyd-*m*-tolylimin** $C_{14}H_{13}NO$, vermutlich Formel VI.

B. Beim Erwärmen von 3*t*(?)-[2]Furyl-acrylaldehyd (F: 54°) mit *m*-Toluidin und Äthanol (*Rudtschenko,* Ž. obšč. Chim. **10** [1940] 1953, 1955; C. **1942** II 1345).

Kp_8: 188—189°. D_4^{20}: 1,08556.

***N*-[3t(?)-[2]Furyl-allyliden]-*p*-toluidin, 3t(?)-[2]Furyl-acrylaldehyd-*p*-tolylimin** $C_{14}H_{13}NO$, vermutlich Formel III (X = CH_3).

B. Beim Erwärmen von 3*t*(?)-[2]Furyl-acrylaldehyd (F: 54°) mit *p*-Toluidin und Äthanol (*Rudtschenko,* Ž. obšč. Chim. **10** [1940] 1953, 1955; C. **1942** II 1345).

Krystalle (aus wss. A.); F: 74,5—75°. Kp_3: 181—183°.

N-[3t(?)-[2]Furyl-allyliden]-2,4-dimethyl-anilin, 3t(?)-[2]Furyl-acrylaldehyd-[2,4-dimethyl-phenylimin] $C_{15}H_{15}NO$, vermutlich Formel VII (R = H).

B. Beim Erwärmen von 3*t*(?)-[2]Furyl-acrylaldehyd (F: 54°) mit 2,4-Dimethyl-anilin und Äthanol (*Rudtschenko*, Ž. obšč. Chim. **10** [1940] 1953, 1955; C. **1942** II 1345).

Krystalle (aus A.); F: 49,5—50°.

N-[3t(?)-[2]Furyl-allyliden]-2,4,6-trimethyl-anilin, 3t(?)-[2]Furyl-acrylaldehyd-mesitylimin $C_{16}H_{17}NO$, vermutlich Formel VII (R = CH_3).

B. Beim Erwärmen von 3*t*(?)-[2]Furyl-acrylaldehyd (F: 54°) mit 2,4,6-Trimethyl-anilin und Äthanol (*Rudtschenko*, Ž. obšč. Chim. **10** [1940] 1953, 1956; C. **1942** II 1345).

Hellgelbe Krystalle (aus Ae.); F: 77—77,5°. Kp_3: 191—192°.

2-[3t(?)-[2]Furyl-allylidenamino]-äthanol, 3t(?)-[2]Furyl-acrylaldehyd-[2-hydroxy-äthylimin] $C_9H_{11}NO_2$, vermutlich Formel VIII.

B. Beim Erwärmen von 3*t*(?)-[2]Furyl-acrylaldehyd mit 2-Amino-äthanol und Äthanol (*Ponomarew et al.*, Ž. obšč. Chim. **24** [1954] 718, 723; engl. Ausg. S. 727, 731).

Kp_3: 153—156°. D_4^{20}: 1,1194. n_D^{20}: 1,6190.

Bei der Hydrierung an Raney-Nickel in Äthanol bei 150°/100 at ist 2-[3-[2]Furyl-propylamino]-äthanol, bei der Hydrierung an Raney-Nickel in Dioxan bei 170°/125 at ist daneben 2,2-Bis-[3-[2]furyl-propylamino]-äthanol erhalten worden.

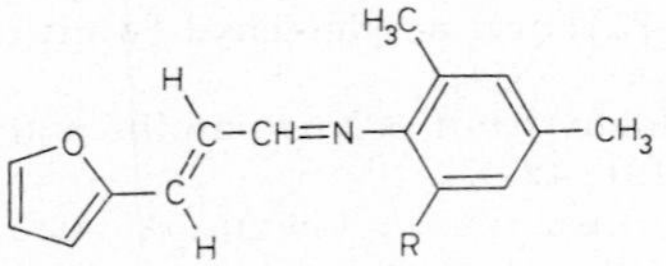

VII 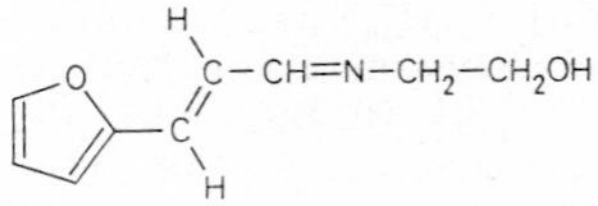 VIII

N-[3t(?)-[2]Furyl-allyliden]-o-anisidin, 3t(?)-[2]Furyl-acrylaldehyd-[2-methoxy-phenylimin] $C_{14}H_{13}NO_2$, vermutlich Formel V (X = OCH_3).

B. Beim Erwärmen von 3*t*(?)-[2]Furyl-acrylaldehyd (F: 54°) mit *o*-Anisidin und Äthanol (*Rudtschenko*, Ž. obšč. Chim. **10** [1940] 1953, 1956; C. **1942** II 1345).

Hellgelbe Krystalle (aus A.); F: 77,5—78°. Kp_5: 188—190°.

N-[3t(?)-[2]Furyl-allyliden]-p-anisidin, 3t(?)-[2]Furyl-acrylaldehyd-[4-methoxy-phenylimin] $C_{14}H_{13}NO_2$, vermutlich Formel III (X = OCH_3).

B. Beim Erwärmen von 3*t*(?)-[2]Furyl-acrylaldehyd mit *p*-Anisidin und Äthanol (*König*, B. **67** [1934] 1274, 1289; *Rudtschenko*, Ž. obšč. Chim. **10** [1940] 1953, 1956; C. **1942** II 1345).

Gelbe Krystalle; F: 70° [aus Bzn.] (*Kö.*), 66° [aus Ae.] (*Ru.*). Kp_{10}: 188—192° (*Ru.*).

Perchlorat $C_{14}H_{13}NO_2 \cdot HClO_4$. Rote Krystalle (aus Eg.); F: 211° (*Kö.*). Absorptionsmaximum (Acetanhydrid): 430 nm (*Kö.*, l. c. S. 1282).

N-[3t(?)-[2]Furyl-allyliden]-N-methyl-p-anisidinium $[C_{15}H_{16}NO_2]^+$, vermutlich Formel IV (X = OCH_3).

Perchlorat $[C_{15}H_{16}NO_2]ClO_4$. *B.* Aus 3*t*(?)-[2]Furyl-acrylaldehyd (*König*, B. **67** [1934] 1274, 1289). — Gelbe Krystalle (aus Eg.); F: 191°. Absorptionsmaximum (Eg.): 410 nm (*Kö.*, l. c. S. 1282).

Bis-[3t(?)-[2]furyl-allyliden]-p-phenylendiamin $C_{20}H_{16}N_2O_2$, vermutlich Formel IX.

B. Beim Erwärmen von 3*t*(?)-[2]Furyl-acrylaldehyd (F: 54°) mit *p*-Phenylendiamin in Äthanol (*Rudtschenko*, Ž. obšč. Chim. **10** [1940] 1953, 1957; C. **1942** II 1345).

Gelbe Krystalle (aus A.); F: 188°.

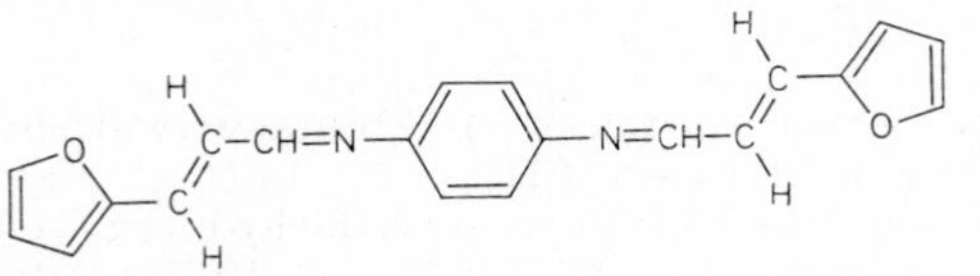

IX

Bis-[3t(?)-[2]furyl-allyliden]-benzidin $C_{26}H_{20}N_2O_2$, vermutlich Formel X.

B. Beim Erwärmen von 3t(?)-[2]Furyl-acrylaldehyd (F: 54°) mit Benzidin in Äthanol (*Rudtschenko*, Ž. obšč. Chim. **10** [1940] 1953, 1957; C. **1942** II 1345).

Gelbe Krystalle; F: 197—198° [Zers.].

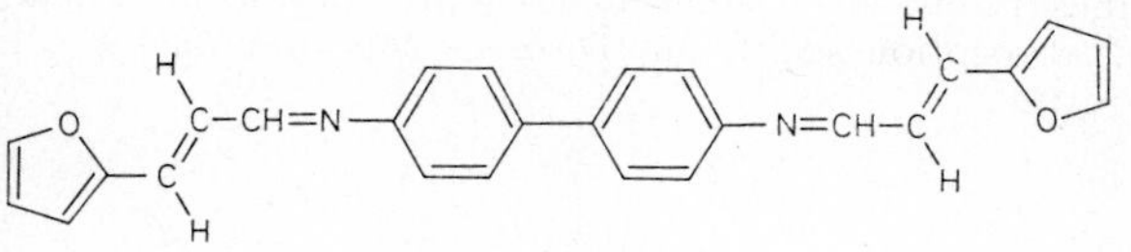

X

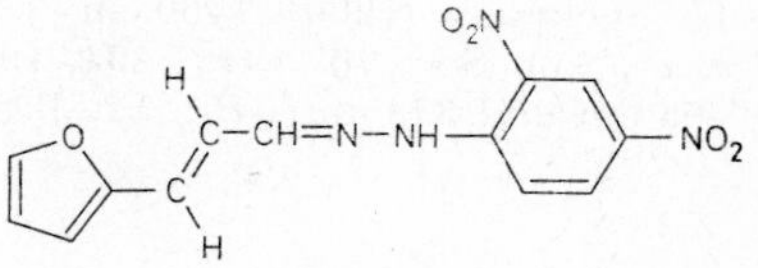

XI

3t(?)-[2]Furyl-acrylaldehyd-[2,4-dinitro-phenylhydrazon] $C_{13}H_{10}N_4O_5$, vermutlich Formel XI.

B. Aus 3t(?)-[2]Furyl-acrylaldehyd und [2,4-Dinitro-phenyl]-hydrazin (*Jones et al.*, Anal. Chem. **28** [1956] 191, 192).

F: 215° [unkorr.]. IR-Spektrum (KBr; 2—15 μ): *Jo. et al.*, l. c. S. 195. Absorptionsmaxima: 322 nm und 400 nm [$CHCl_3$] bzw. 310 nm und 490 nm [$CHCl_3$ + äthanol. Natronlauge].

3t(?)-[2]Furyl-acrylaldehyd-semicarbazon $C_8H_9N_3O_2$, vermutlich Formel XII (R = CO-NH_2).

B. Aus 3t(?)-[2]Furyl-acrylaldehyd (F: 53°) und Semicarbazid (*Rallings, Smith*, Soc. **1953** 618, 619).

Krystalle (aus A.); F: 212—213°.

3t(?)-[2]Furyl-acrylaldehyd-thiosemicarbazon $C_8H_9N_3OS$, vermutlich Formel XII (R = CS-NH_2).

B. Aus 3t(?)-[2]Furyl-acrylaldehyd und Thiosemicarbazid (*Sah, Daniels*, R. **69** [1950] 1545, 1550; *Bernstein et al.*, Am. Soc. **73** [1951] 906, 908).

Gelbe Krystalle; F: 157—158° [korr.; aus A. + Me.] (*Sah, Da.*), 155—156° [unkorr.; Zers.; aus wss. Propan-1-ol] (*Be. et al.*).

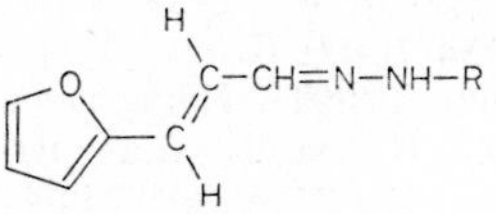

XII

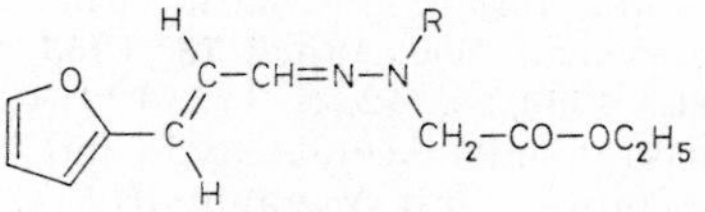

XIII

[Carbamoyl-(3t(?)-[2]furyl-allyliden)-hydrazino]-essigsäure-äthylester, 3-[3t(?)-[2]Furyl-allylidenamino]-hydantoinsäure-äthylester $C_{12}H_{15}N_3O_4$, vermutlich Formel XIII (R = CO-NH_2).

B. Beim Behandeln von Hydrazinoessigsäure-äthylester-hydrochlorid mit Kaliumcyanat in Wasser und Erwärmen des Reaktionsgemisches mit 3t(?)-[2]Furyl-acrylaldehyd in Essigsäure enthaltendem Äthanol (*Uoda et al.*, J. pharm. Soc. Japan **75** [1955] 117, 120; C. A. **1956** 1782).

Krystalle (aus wss. A.); F: 132° (*Uoda et al.*, l. c. S. 119).

[(3t(?)-[2]Furyl-allyliden)-thiocarbamoyl-hydrazino]-essigsäure-äthylester, 3-[3t(?)-[2]Furyl-allylidenamino]-4-thio-hydantoinsäure-äthylester $C_{12}H_{15}N_3O_3S$, vermutlich Formel XIII (R = CS-NH_2).

B. Beim Erwärmen von 3t(?)-[2]Furyl-acrylaldehyd mit [*N*-Thiocarbamoyl-hydrazino]-essigsäure-äthylester in Essigsäure enthaltendem Äthanol (*Uoda et al.*, J. pharm. Soc. Japan **75** [1955] 117, 120; C. A. **1956** 1782).

Hellgelbe Krystalle (aus wss. A.); F: 154° (*Uoda et al.*, l. c. S. 119).

Bis-[3t(?)-[2]furyl-allyliden]-hydrazin, 3t(?)-[2]Furyl-acrylaldehyd-azin $C_{14}H_{12}N_2O_2$, vermutlich Formel XIV.

B. Aus 3t(?)-[2]Furyl-acrylaldehyd und Hydrazin (*Hinz et al.*, B. **76** [1943] 676, 681; *Blout, Fields*, Am. Soc. **70** [1948] 189, 191).

Gelbe Krystalle (aus A.); F: 167—168° (*Hinz et al.*), 164—165° [korr.] (*Bl.*, *Fi.*). IR-Spektrum (1900—1400 cm^{-1}) eines Films sowie einer Lösung in Chloroform: *Blout et al.*, Am. Soc. **70** [1948] 194, 195. Absorptionsspektrum (Dioxan; 260—480 nm; λ_{max}: 364 nm und 378 nm): *Bl.*, *Fi.*, l. c. S. 190.

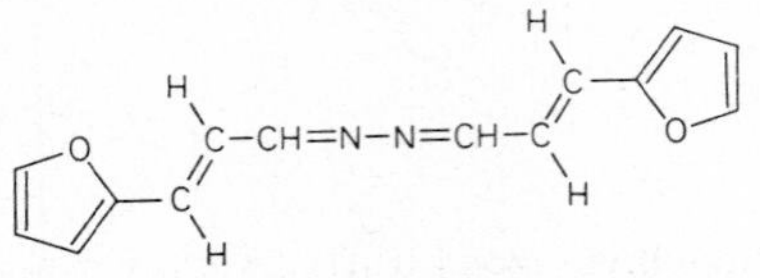

XIV 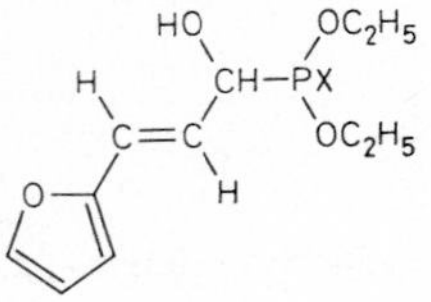 XV

(±)-[3t(?)-[2]Furyl-1-hydroxy-allyl]-phosphonsäure-diäthylester $C_{11}H_{17}O_5P$, vermutlich Formel XV (X = O).

B. Beim Behandeln von 3t(?)-[2]Furyl-acrylaldehyd (F: 52,5°) mit Phosphonsäurediäthylester und Natriumäthylat in Äthanol (*Pudowik, Kitaew*, Ž. obšč. Chim. **22** [1952] 467, 470, 472; engl. Ausg. S. 531, 533, 534).

Krystalle; F: 106—107°.

(±)-[3t(?)-[2]Furyl-1-hydroxy-allyl]-thiophosphonsäure-*O,O'*-diäthylester $C_{11}H_{17}O_4PS$, vermutlich Formel XV (X = S).

B. Beim Behandeln von 3t(?)-[2]Furyl-acrylaldehyd mit Thiophosphonsäure-*O,O'*-diäthylester und Natriumäthylat in Äthanol (*Pudowik, Sametaewa*, Izv. Akad. S.S.S.R. Otd. chim. **1952** 932, 938; engl. Ausg. S. 825, 829).

Krystalle; F: 25—26°. Kp_{10}: 101—102°. D_4^{40}: 1,0785. n_D^{24}: 1,5280.

3t(?)-[5-Nitro-[2]furyl]-acrylaldehyd $C_7H_5NO_4$, vermutlich Formel I.

B. Beim Erwärmen von 5-Nitro-furfural mit Acetaldehyd ohne Lösungsmittel unter Zusatz von Piperidin (*Takahashi et al.*, J. pharm. Soc. Japan **69** [1949] 284; C. A. **1950** 5372) oder in Benzol unter Zusatz von Piperidin bzw. von Piperidin und Essigsäure (*Saikachi et al.*, Japan. J. Pharm. Chem. **22** [1950] 258; C. A. **1951** 4887; *Saikachi, Kimura*, J. pharm. Soc. Japan **73** [1953] 716; C. A. **1954** 7002; *Giller, Wenter*, Latvijas Akad. Vēstis **1958** Nr. 12, S. 115, 122; C. A. **1959** 17090, 17091). Beim Behandeln von 5-Nitro-furfural mit Acetaldehyd und wss.-methanol. Kalilauge und Erhitzen des Reaktionsgemisches mit Acetanhydrid (*Lepetit S.p.A.*, U.S.P. 2799686 [1954]).

Gelbe bis rotbraune Krystalle; F: 119° [aus E.] (*Saikachi, Ogawa*, Am. Soc. **80** [1958] 3642, 3643), 118° [aus E.] (*Sa.*, *Ki.*), 117—118° [aus A.] (*Ta. et al.*), 116—118° [aus A.] (*Gi.*, *We.*). Absorptionsspektrum (A.; 225—375 nm): *Sa.*, *Og.* Polarographie: *Sasaki*, Pharm. Bl. **2** [1954] 104, 106; *Stradin' et al.*, Doklady Akad. S.S.S.R. **129** [1959] 816; Pr. Acad. Sci. U.S.S.R. Chem. Sect. **124–129** [1959] 1077.

2-[3,3-Dimethoxy-*trans*(?)-propenyl]-5-nitro-furan, 3t(?)-[5-Nitro-[2]furyl]-acrylaldehyd-dimethylacetal $C_9H_{11}NO_5$, vermutlich Formel II (R = CH_3).

B. Beim Erwärmen von 3t(?)-[5-Nitro-[2]furyl]-acrylaldehyd (F: 119°) mit Orthoameisensäure-trimethylester in Gegenwart von Toluol-4-sulfonsäure (*Saikachi, Ogawa*, Am. Soc. **80** [1958] 3642, 3644, 3645).

Hellgelbe Krystalle (aus Me.); F: 58—59,5°.

2-[3,3-Diäthoxy-*trans*(?)-propenyl]-5-nitro-furan, 3t(?)-[5-Nitro-[2]furyl]-acrylaldehyd-diäthylacetal $C_{11}H_{15}NO_5$, vermutlich Formel II (R = C_2H_5).

B. Beim Erwärmen von 3t(?)-[5-Nitro-[2]furyl]-acrylaldehyd (F: 119°) mit Orthoameisensäure-triäthylester in Gegenwart von Toluol-4-sulfonsäure (*Saikachi, Ogawa*, Am. Soc. **80** [1958] 3642, 3644, 3645).

Hellgelbe Krystalle (aus A.); F: 56—56,8°.

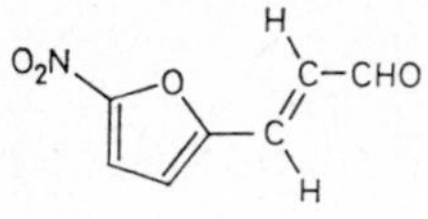

I 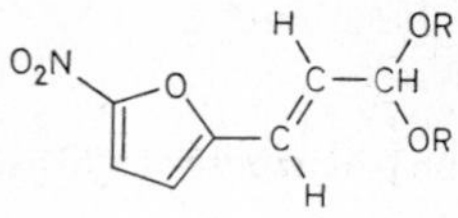 II 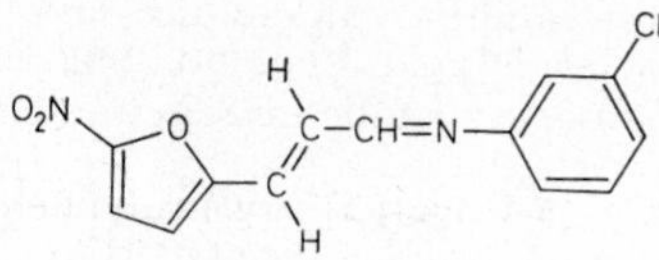 III

3-Chlor-*N*-[3*t*(?)-(5-nitro-[2]furyl)-allyliden]-anilin, 3*t*(?)-[5-Nitro-[2]furyl]-acryl-aldehyd-[3-chlor-phenylimin] $C_{13}H_9ClN_2O_3$, vermutlich Formel III.

B. Beim Behandeln von 3*t*(?)-[5-Nitro-[2]furyl]-acrylaldehyd (F: 118°) mit 3-Chlor-anilin und Äthanol (*Saikachi, Hoshida*, J. pharm. Soc. Japan **71** [1951] 982; C. A. **1952** 8082).

Hellgelbe Krystalle (aus Bzl.); F: 131°.

4-Chlor-*N*-[3*t*(?)-(5-nitro-[2]furyl)-allyliden]-anilin, 3*t*(?)-[5-Nitro-[2]furyl]-acrylaldehyd-[4-chlor-phenylimin] $C_{13}H_9ClN_2O_3$, vermutlich Formel IV (X = Cl).

B. Beim Behandeln von 3*t*(?)-[5-Nitro-[2]furyl]-acrylaldehyd (F: 118°) mit 4-Chlor-anilin und Äthanol (*Saikachi, Hoshida*, J. pharm. Soc. Japan **71** [1951] 982; C. A. **1952** 8082).

Orangefarbene Krystalle (aus Acn.); F: 179°.

***N*-[3*t*(?)-(5-Nitro-[2]furyl)-allyliden]-*p*-toluidin, 3*t*(?)-[5-Nitro-[2]furyl]-acrylaldehyd-*p*-tolylimin** $C_{14}H_{12}N_2O_3$, vermutlich Formel IV (X = CH_3).

B. Beim Erwärmen von 3*t*(?)-[5-Nitro-[2]furyl]-acrylaldehyd (F: 118°) mit *p*-Toluidin und Äthanol (*Saikachi, Hoshida*, J. pharm. Soc. Japan **71** [1951] 982; C. A. **1952** 8082).

Orangegelbe Krystalle (aus Acn.); F: 179°.

2-[3*t*(?)-(5-Nitro-[2]furyl)-allylidenamino]-phenol, 3*t*(?)-[5-Nitro-[2]furyl]-acryl-aldehyd-[2-hydroxy-phenylimin] $C_{13}H_{10}N_2O_4$, vermutlich Formel V.

B. Beim Behandeln von 3*t*(?)-[5-Nitro-[2]furyl]-acrylaldehyd (F: 118°) mit 2-Amino-phenol in wss. Äthanol (*Saikachi, Hoshida*, J. pharm. Soc. Japan **71** [1951] 982; C. A. **1952** 8082).

Orangerote Krystalle (aus A. oder Acn.); F: 162°.

***N*-[3*t*(?)-(5-Nitro-[2]furyl)-allyliden]-*p*-anisidin, 3*t*(?)-[5-Nitro-[2]furyl]-acrylaldehyd-[4-methoxy-phenylimin]** $C_{14}H_{12}N_2O_4$, vermutlich Formel IV (X = OCH_3).

B. Beim Behandeln von 3*t*(?)-[5-Nitro-[2]furyl]-acrylaldehyd (F: 118°) mit *p*-Anisidin und Äthanol (*Saikachi, Hoshida*, J. pharm. Soc. Japan **71** [1951] 982; C. A. **1952** 8082).

Rote Krystalle (aus A. + Acn.); F: 171°.

***N*-[3*t*(?)-(5-Nitro-[2]furyl)-allyliden]-*p*-phenetidin, 3*t*(?)-[5-Nitro-[2]furyl]-acryl-aldehyd-[4-äthoxy-phenylimin]** $C_{15}H_{14}N_2O_4$, vermutlich Formel IV (X = OC_2H_5).

B. Beim Behandeln von 3*t*(?)-[5-Nitro-[2]furyl]-acrylaldehyd (F: 118°) mit *p*-Phene-tidin und Äthanol (*Saikachi, Hoshida*, J. pharm. Soc. Japan **71** [1951] 982; C. A. **1952** 8082).

Orangerote Krystalle (aus Acn.); F: 148°.

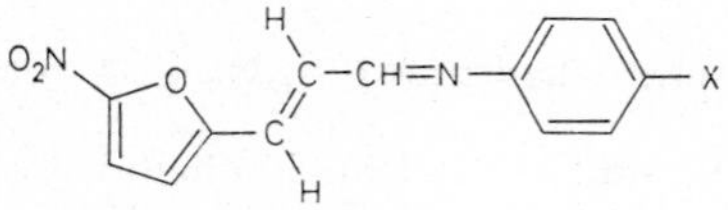

IV 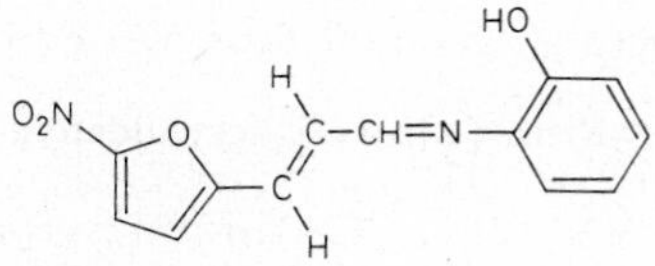 V

4-Äthylmercapto-*N*-[3*t*(?)-(5-nitro-[2]furyl)-allyliden]-anilin, 3*t*(?)-[5-Nitro-[2]furyl]-acrylaldehyd-[4-äthylmercapto-phenylimin] $C_{15}H_{14}N_2O_3S$, vermutlich Formel IV (X = SC_2H_5).

B. Beim Behandeln von 3*t*(?)-[5-Nitro-[2]furyl]-acrylaldehyd (F: 118°) mit 4-Äthyl-

mercapto-anilin-hydrochlorid und Natriumacetat in Äthanol (*Saikachi*, *Hoshida*, J. pharm. Soc. Japan **71** [1951] 982; C. A. **1952** 8082).
Gelbrote Krystalle (aus Acn.); F: 139°.

4-[3*t*(?)-(5-Nitro-[2]furyl)-allylidenamino]-benzoesäure-äthylester $C_{16}H_{14}N_2O_5$, vermutlich Formel IV (X = CO-OC_2H_5).
B. Beim Behandeln von 3*t*(?)-[5-Nitro-[2]furyl]-acrylaldehyd (F: 118°) mit 4-Amino-benzoesäure-äthylester in Äthanol (*Saikachi*, *Hoshida*, J. pharm. Soc. Japan **71** [1951] 982; C. A. **1952** 8082).
Hellgelbe Krystalle (aus A.); F: 153°.

3-[5-Nitro-[2]furyl]-acrylaldehyd-oxim $C_7H_6N_2O_4$.

a) **3*t*(?)-[5-Nitro-[2]furyl]-acrylaldehyd-(*Z*)-oxim** $C_7H_6N_2O_4$, vermutlich Formel VI (R = H).
B. Neben grösseren Mengen des unter b) beschriebenen Stereoisomeren beim Erwärmen von 3*t*(?)-[5-Nitro-[2]furyl]-acrylaldehyd (F: 118°) mit Hydroxylamin in wss. Äthanol (*Ikeda*, Ann. Rep. Fac. Pharm. Kanazawa Univ. **3** [1953] 25, 26; C. A. **1956** 10701). Beim Behandeln einer äthanol. Lösung des unter b) beschriebenen Stereoisomeren mit Chlorwasserstoff (*Ik.*).
Orangefarbene Krystalle (aus A.); F: 163°.

b) **3*t*(?)-[5-Nitro-[2]furyl]-acrylaldehyd-(*E*)-oxim** $C_7H_6N_2O_4$, vermutlich Formel VII (R = H).
B. s. bei dem unter a) beschriebenen Stereoisomeren.
Orangerote Krystalle (aus A.); F: 156° (*Ikeda*, Ann. Rep. Fac. Pharm. Kanazawa Univ. **3** [1953] 25, 26; C. A. **1956** 10701).

3-[5-Nitro-[2]furyl]-acrylaldehyd-[*O*-acetyl-oxim] $C_9H_8N_2O_5$.

a) **3*t*(?)-[5-Nitro-[2]furyl]-acrylaldehyd-[(*Z*)-*O*-acetyl-oxim]** $C_9H_8N_2O_5$, vermutlich Formel VI (R = CO-CH_3).
B. Beim Erwärmen von 3*t*(?)-[5-Nitro-[2]furyl]-acrylaldehyd-(*Z*)-oxim (s. o.) mit Acetanhydrid (*Ikeda*, Ann. Rep. Fac. Pharm. Kanazawa Univ. **3** [1953] 25, 26; C. A. **1956** 10701).
Gelbe Krystalle (aus A.); F: 125—126°.

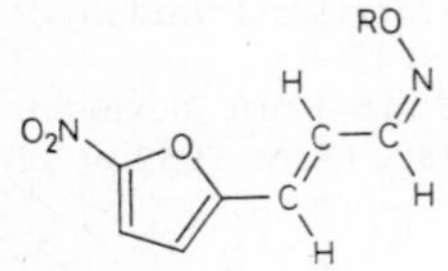

VI 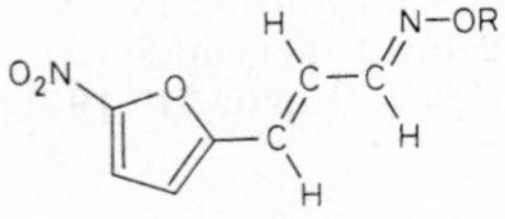 VII 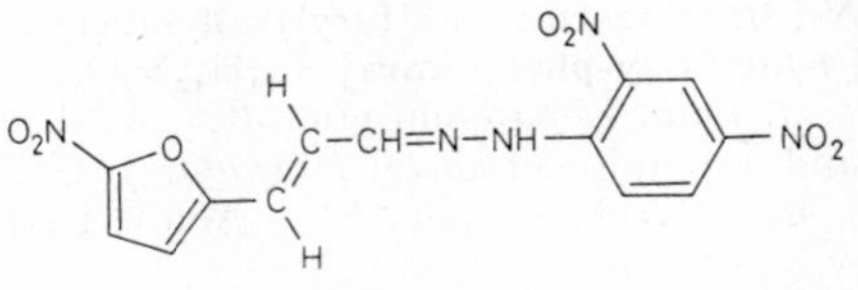 VIII

b) **3*t*(?)-[5-Nitro-[2]furyl]-acrylaldehyd-[(*E*)-*O*-acetyl-oxim]** $C_9H_8N_2O_5$, vermutlich Formel VII (R = CO-CH_3).
B. Beim Erwärmen von 3*t*(?)-[5-Nitro-[2]furyl]-acrylaldehyd-(*E*)-oxim (s. o.) mit Acetanhydrid (*Ikeda*, Ann. Rep. Fac. Pharm. Kanazawa Univ. **3** [1953] 25, 26; C. A. **1956** 10701).
Gelbgrüne Krystalle (aus A.); F: 143°.

3*t*(?)-[5-Nitro-[2]furyl]-acrylaldehyd-[2,4-dinitro-phenylhydrazon] $C_{13}H_9N_5O_7$, vermutlich Formel VIII.
B. Aus 3*t*(?)-[5-Nitro-[2]furyl]-acrylaldehyd und [2,4-Dinitro-phenyl]-hydrazin (*Štradyn' et al.*, Latvijas Akad. Vēstis **1958** Nr. 1, S. 113, 115; C. A. **1958** 14287).
F: 274°. Löslichkeit in Wasser bei 18° (?): 3 mg/l.

3*t*(?)-[5-Nitro-[2]furyl]-acrylaldehyd-[dichloracetyl-hydrazon], Dichloressigsäure-[3*t*(?)-(5-nitro-[2]furyl)-allylidenhydrazid] $C_9H_7Cl_2N_3O_4$, vermutlich Formel IX (R = $CHCl_2$).
Zers. oberhalb 220° (*Štradyn' et al.*, Latvijas Akad. Vēstis **1958** Nr. 1, S. 113, 115; C. A.

1958 14287). Absorptionsmaxima: 238 nm, 260 nm, 296 nm, 315 nm und 410 nm (*Giller*, Trudy Sovešč. Vopr. Ispolz. Pentozan. Syrja Riga 1955 S. 451, 472e). Löslichkeit in Wasser bei 18° (?): 20 mg/l (*Št. et al.*).

3*t*(?)-[5-Nitro-[2]furyl]-acrylaldehyd-benzoylhydrazon, Benzoesäure-[3*t*(?)-(5-nitro-[2]furyl)-allylidenhydrazid] $C_{14}H_{11}N_3O_4$, vermutlich Formel IX (R = C_6H_5).

B. Beim Erwärmen einer Lösung von 3*t*(?)-[5-Nitro-[2]furyl]-acrylaldehyd in Äthanol mit Benzoesäure-hydrazid in Äthylacetat (*Saikachi et al.*, Pharm. Bl. **3** [1955] 194, 198).

Rotbraune Krystalle (aus Me.); F: 242(?)–245° [Zers.].

3*t*(?)-[5-Nitro-[2]furyl]-acrylaldehyd-[4-chlor-benzoylhydrazon], 4-Chlor-benzoesäure-[3*t*(?)-(5-nitro-[2]furyl)-allylidenhydrazid] $C_{14}H_{10}ClN_3O_4$, vermutlich Formel X (X = H).

B. Beim Erwärmen von 3*t*(?)-[5-Nitro-[2]furyl]-acrylaldehyd mit 4-Chlor-benzoesäure-hydrazid in Äthylacetat (*Saikachi et al.*, Pharm. Bl. **3** [1955] 194, 198).

Gelbe Krystalle (aus wss. Me.); F: 232° [Zers.].

3*t*(?)-[5-Nitro-[2]furyl]-acrylaldehyd-[2,4-dichlor-benzoylhydrazon], 2,4-Dichlor-benzoesäure-[3*t*(?)-(5-nitro-[2]furyl)-allylidenhydrazid] $C_{14}H_9Cl_2N_3O_4$, vermutlich Formel X (X = Cl).

B. Beim Erwärmen von 3*t*(?)-[5-Nitro-[2]furyl]-acrylaldehyd mit 2,4-Dichlor-benzoesäure-hydrazid in Äthylacetat (*Saikachi et al.*, Pharm. Bl. **3** [1955] 194, 198).

Hellgelbe Krystalle (aus wss. Py.); F: 203° [Zers.].

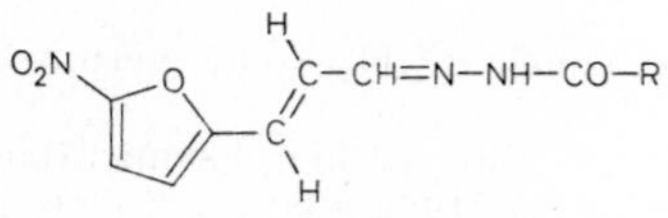

IX

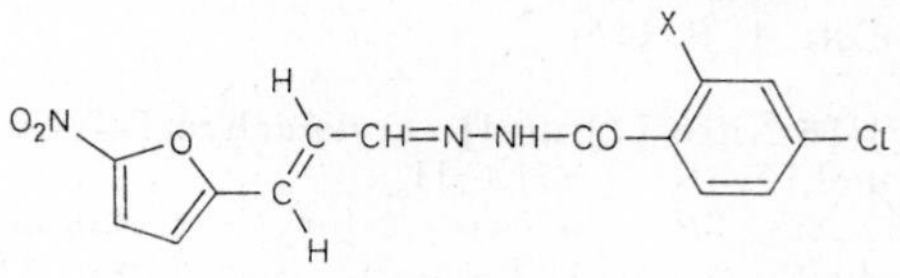

X

3-[5-Nitro-[2]furyl]-acrylaldehyd-cinnamoylhydrazon, Zimtsäure-[3-(5-nitro-[2]furyl)-allylidenhydrazid] $C_{16}H_{13}N_3O_4$.

Eine von *Saikachi et al.* (Pharm. Bl. **3** [1955] 194, 198) unter dieser Konstitution beschriebene, aus 3*t*(?)-[5-Nitro-[2]furyl]-acrylaldehyd und *trans*(?)-Zimtsäure-hydrazid in Methanol hergestellte Verbindung (F: 176–178° [Zers.]) ist wahrscheinlich als 3-Hydroxy-1-[3*t*(?)-(5-nitro-[2]furyl)-allyliden]-5-phenyl-Δ^2-pyrazolinium-betain zu formulieren (vgl. das analog hergestellte 1-Benzyliden-3-hydroxy-5-phenyl-Δ^2-pyrazolinium-betain [*Godtfredsen, Vangedal*, Acta chem. scand. **9** [1955] 1498, 1500]).

3*t*(?)-[5-Nitro-[2]furyl]-acrylaldehyd-oxamoylhydrazon, Oxamidsäure-[3*t*(?)-(5-nitro-[2]furyl)-allylidenhydrazid] $C_9H_8N_4O_5$, vermutlich Formel IX (R = CO-NH_2).

F: 265° [Zers.] (*Štradyn' et al.*, Latvijas Akad. Vēstis **1958** Nr. 1, S. 113, 115; C. A. **1958** 14287; *Giller*, Trudy Sovešč. Vopr. Ispolz. Pentozan. Syrja Riga 1955 S. 451, 472d).

UV-Absorptionsmaxima: 248 nm, 255 nm, 300 nm, 322 nm und 383 nm (*Gi.*, l. c. S. 472e). Löslichkeit in Wasser bei 18° (?): 4 mg/l (*Št. et al.*).

3*t*(?)-[5-Nitro-[2]furyl]-acrylaldehyd-[(2-hydroxy-äthyl)-oxamoyl-hydrazon], Oxamidsäure-{[2-hydroxy-äthyl]-[3*t*(?)-(5-nitro-[2]furyl)-allyliden]-hydrazid} $C_{11}H_{12}N_4O_6$, vermutlich Formel XI.

F: 225° [Zers.] (*Štradyn' et al.*, Latvijas Akad. Vēstis **1958** Nr. 1, S. 113, 115; C. A. **1958** 14287; *Giller*, Trudy Sovešč. Vopr. Ispolz. Pentozan. Syrja Riga 1955 S. 451, 472d).

UV-Absorptionsmaxima: 244 nm, 263 nm, 295 nm, 322 nm und 383 nm (*Gi.*, l. c. S. 472e). Löslichkeit in Wasser bei 18° (?): 112 mg/l (*Št. et al.*).

3*t*(?)-[5-Nitro-[2]furyl]-acrylaldehyd-[cyanacetyl-hydrazon], Cyanessigsäure-[3*t*(?)-(5-nitro-[2]furyl)-allylidenhydrazid] $C_{10}H_8N_4O_4$, vermutlich Formel IX (R = CH_2-CN).

F: 221° [Zers.] (*Štradyn' et al.*, Latvijas Akad. Vēstis **1958** Nr. 1, S. 113, 115; C. A.

1958 14287; *Giller*, Trudy Soveščc. Vopr. Ispolz. Pentozan. Syrja Riga 1955 S. 451, 472d). UV-Absorptionsmaxima: 245 nm, 255 nm, 288 nm, 318 nm und 382 nm (*Gi.*, l. c. S. 472e). Löslichkeit in Wasser bei 18° (?): 44,2 mg/l (*Št. et al.*).

[3*t*(?)-(5-Nitro-[2]furyl)-allyliden]-carbazinsäure-äthylester $C_{10}H_{11}N_3O_5$, vermutlich Formel IX (R = OC_2H_5).

B. Beim Erwärmen von 3*t*(?)-[5-Nitro-[2]furyl]-acrylaldehyd (F: 115—117°) mit Carbazinsäure-äthylester in Äthanol (*Sasaki*, Pharm. Bl. **2** [1954] 123, 127).

Gelbe Krystalle (aus A.); F: 179—180°.

3*t*(?)-[5-Nitro-[2]furyl]-acrylaldehyd-semicarbazon $C_8H_8N_4O_4$, vermutlich Formel IX (R = NH_2).

B. Aus 3*t*(?)-[5-Nitro-[2]furyl]-acrylaldehyd und Semicarbazid (*Takahashi et al.*, J. pharm. Soc. Japan **69** [1949] 284; C. A. **1950** 5372; *Ikegaki*, Japan. J. Pharm. Chem. **22** [1950] 148; C. A. **1951** 5231; *Saikachi et al.*, Japan. J. Pharm. Chem. **22** [1950] 258; C.A. **1951** 4887; *Giller*, Trudy Soveščc. Vopr. Ispolz. Pentozan. Syrja Riga 1955 S. 451, 472a; *Štradyn' et al.*, Latvijas Akad. Vēstis **1958** Nr. 1, S. 113, 115; C.A. **1958** 14287).

Krystalle; F: 243—244° [Zers.; aus Me. oder wss. Acn.] (*Sa. et al.*), 242° [Zers.] (*Ik.*), 238—240° [Zers.; aus A.] (*Ta. et al.*), 236° [Zers.] (*Gi.*; *Št. et al.*, Latvijas Akad. Vēstis **1958** Nr. 1, S. 115). UV-Absorptionsmaxima: 247 nm, 262 nm, 292 nm, 325 nm und 392 nm (*Gi.*, l. c. S. 472b). Polarographie: *Sasaki*, Pharm. Bl. **2** [1954] 104, 107; *Štradyn' et al.*, Latvijas Akad. Vēstis **1959** Nr. 12, S. 71, 74, 75; C. A. **1960** 20085; *Štradin' et al.*, Doklady Akad. S.S.S.R. **129** [1959] 816; Pr. Acad. Sci. U.S.S.R. Chem. Sect. **124–129** [1959] 1077. Löslichkeit in Wasser bei 18° (?): 161 mg/l (*Št. et al.*, Latvijas Akad. Vēstis **1958** Nr. 1, S. 115).

3*t*(?)-[5-Nitro-[2]furyl]-acrylaldehyd-[4-phenyl-semicarbazon] $C_{14}H_{12}N_4O_4$, vermutlich Formel IX (R = NH-C_6H_5).

B. Aus 3*t*(?)-[5-Nitro-[2]furyl]-acrylaldehyd (F: 118°) und 4-Phenyl-semicarbazid (*Saikachi*, *Hoshida*, J. Pharm. Soc. Japan **71** [1951] 982; C. A. **1952** 8082; *Giller*, Trudy Soveščc. Vopr. Ispolz. Pentozan. Syrja Riga 1955 S. 451, 472; *Štradyn' et al.*, Latvijas Akad. Vēstis **1958** Nr. 1, S. 113, 115; C. A. **1958** 14287).

Orangefarbene Krystalle (aus A.); F: 213° (*Sa.*, *Ho.*), 202° [Zers.] (*Gi.*; *Št. et al.*). UV-Absorptionsmaxima: 237 nm, 265 nm, 292 nm, 335 nm und 395 nm (*Gi.*, l. c. S. 472b). Löslichkeit in Wasser bei 18° (?): 24,5 mg/l (*Št. et al.*).

3*t*(?)-[5-Nitro-[2]furyl]-acrylaldehyd-[4-(2-hydroxy-äthyl)-semicarbazon] $C_{10}H_{12}N_4O_5$, vermutlich Formel IX (R = NH-CH_2-CH_2OH).

B. Aus 3*t*(?)-[5-Nitro-[2]furyl]-acrylaldehyd und Aceton-[4-(2-hydroxy-äthyl)-semicarbazon] in Äthanol (*Saikachi et al.*, Pharm. Bl. **3** [1955] 194, 198).

Braune Krystalle (aus Me.); F: 115°.

XI   XII

3*t*(?)-[5-Nitro-[2]furyl]-acrylaldehyd-[4-(4-äthoxy-phenyl)-semicarbazon] $C_{16}H_{16}N_4O_5$, vermutlich Formel XII.

B. Aus 3*t*(?)-[5-Nitro-[2]furyl]-acrylaldehyd (F: 118°) und 4-[4-Äthoxy-phenyl]-semicarbazid in Äthanol (*Saikachi*, *Hoshida*, J. Pharm. Soc. Japan **71** [1951] 982; C. A. **1952** 8082).

Gelbbraune Krystalle (aus A.); F: 224° [Zers.].

3*t*(?)-[5-Nitro-[2]furyl]-acrylaldehyd-[4-carbamimidoyl-semicarbazon], [3*t*(?)-(5-Nitro-[2]furyl)-allylidencarbazoyl]-guanidin $C_9H_{10}N_6O_4$, vermutlich Formel IX (R = NH-C(NH_2)=NH) und Tautomeres.

Hydrochlorid $C_9H_{10}N_6O_4 \cdot HCl$. F: 212° (*Štradyn' et al.*, Latvijas Akad. Vēstis **1958** Nr. 1, S. 113, 116; C. A. **1958** 14287). Löslichkeit in Wasser bei 18° (?): 250 mg/l.

Bis-{[3t(?)-(5-nitro-[2]furyl)-allyliden]-carbazoyl}-amin, μ-Imido-dikohlensäure-bis-[3t(?)-(5-nitro-[2]furyl)-allylidenhydrazid], 1,5-Bis-[3t(?)-(5-nitro-[2]furyl)-allylidenamino]-biuret $C_{16}H_{13}N_7O_8$, vermutlich Formel XIII.

B. Beim Erwärmen von 3t(?)-[5-Nitro-[2]furyl]-acrylaldehyd mit μ-Imido-dikohlensäure-dihydrazid in wss. Äthanol (*Sasaki*, Pharm. Bl. **2** [1954] 123, 127).

Braune Krystalle (aus A.), die unterhalb 250° nicht schmelzen.

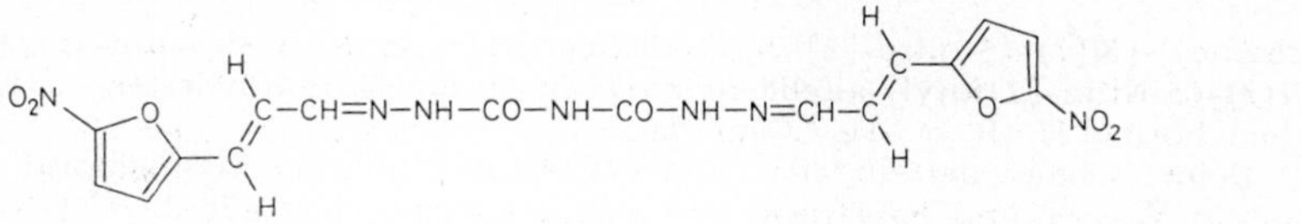

XIII

3t(?)-[5-Nitro-[2]furyl]-acrylaldehyd-carbamimidoylhydrazon, [3t(?)-(5-Nitro-[2]furyl)-allylidenamino]-guanidin $C_8H_9N_5O_3$, vermutlich Formel I (R = $C(NH_2)$=NH) und Tautomeres.

Hydrochlorid $C_8H_9N_5O_3 \cdot HCl$. *B.* Beim Behandeln von 3t(?)-[5-Nitro-[2]furyl]-acrylaldehyd (F: 118°) mit Aminoguanidin-hydrochlorid in wss. Äthanol (*Saikachi, Hoshida*, J. Pharm. Soc. Japan **71** [1951] 982; C. A. **1952** 8082). — Hellgelbe Krystalle (aus W.); F: 259—260° [Zers.] (*Saikachi et al.*, Japan. J. Pharm. Chem. **22** [1950] 258, 260; C. A. **1951** 4887), 255° [Zers.] (*Ikegaki*, Japan. J. Pharm. Chem. **22** [1950] 148; C. A. **1951** 5231). Polarographie: *Sasaki*, Pharm. Bl. **2** [1954] 104, 107.

Sulfat $C_8H_9N_5O_3 \cdot H_2SO_4 \cdot H_2O$. F: 250° [Zers.] (*Štradyn' et al.*, Latvijas Akad. Vēstis **1958** Nr. 1, S. 113, 116; C. A. **1958** 14287). Löslichkeit in Wasser bei 18°(?): 136,4 mg/l (*Št. et al.*).

3t(?)-[5-Nitro-[2]furyl]-acrylaldehyd-thiosemicarbazon $C_8H_8N_4O_3S$, vermutlich Formel I (R = $CS\text{-}NH_2$).

B. Aus 3t(?)-[5-Nitro-[2]furyl]-acrylaldehyd (F: 117—118°) und Thiosemicarbazid (*Takahashi et al.*, J. pharm. Soc. Japan **69** [1949] 284; C. A. **1950** 5373; *Giller*, Trudy Sovešč. Vopr. Ispolz. Pentozan. Syrja Riga 1955 S. 451, 472a; *Štradyn' et al.*, Latvijas Akad. Vēstis **1958** Nr. 1, S. 113, 115; C. A. **1958** 14287).

F: oberhalb 250° [Zers.] (*Ta. et al.*), 216° [Zers.] (*Gi.*; *Št. et al.*). UV-Absorptionsmaxima: 255 nm, 270 nm, 308 nm und 400 nm (*Gi.*, l. c. S. 472b). Löslichkeit in Wasser bei 18°(?): 27 mg/l (*Št. et al.*, l. c. S. 115).

3t(?)-[5-Nitro-[2]furyl]-acrylaldehyd-[4-isobutyl-thiosemicarbazon] $C_{12}H_{16}N_4O_3S$, vermutlich Formel I (R = $CS\text{-}NH\text{-}CH_2\text{-}CH(CH_3)_2$).

B. Beim Erwärmen von 3t(?)-[5-Nitro-[2]furyl]-acrylaldehyd mit 4-Isobutyl-thiosemicarbazid in Essigsäure enthaltendem wss. Äthanol (*Dodgen, Nobles*, J. Am. pharm. Assoc. **46** [1957] 437).

Krystalle (aus wss. A.); F: 176—178° [unkorr.].

3t(?)-[5-Nitro-[2]furyl]-acrylaldehyd-[2-(2-hydroxy-äthyl)-semicarbazon] $C_{10}H_{12}N_4O_5$, vermutlich Formel II (R = $CH_2\text{-}CH_2OH$).

B. Beim Behandeln von 3t(?)-[5-Nitro-[2]furyl]-acrylaldehyd mit 2-[2-Hydroxy-äthyl]-semicarbazid-hydrochlorid und Natriumacetat in Äthanol (*Hayes et al.*, Am. Soc. **77** [1955] 2282; s. a. *Giller*, Trudy Sovešč. Vopr. Ispolz. Pentozan. Syrja Riga 1955 S. 451, 472a; *Štradyn' et al.*, Latvijas Akad. Vēstis **1958** Nr. 1, S. 113, 115; C. A. **1958** 14287).

F: 209—210° [korr.; Fischer-Johns-App.] (*Ha. et al.*), 206° [Zers.] (*Gi.*; *Št. et al.*). UV-Absorptionsmaxima: 248 nm, 260 nm, 294 nm, 330 nm und 395 nm (*Gi.*, l. c. S. 473b). Löslichkeit in Wasser bei 18°(?): 208 mg/l (*Št. et al.*).

[3t(?)-(5-Nitro-[2]furyl)-allylidenhydrazino]-essigsäure-äthylester $C_{11}H_{13}N_3O_5$, vermutlich Formel I (R = $CH_2\text{-}CO\text{-}OC_2H_5$).

B. Beim Erwärmen von 3t(?)-[5-Nitro-[2]furyl]-acrylaldehyd (F: 115—117°) mit Hydrazinoessigsäure-äthylester in Äthanol (*Sasaki*, Pharm. Bl. **2** [1954] 123, 127).

Rote Krystalle (aus A.); F: 153°.

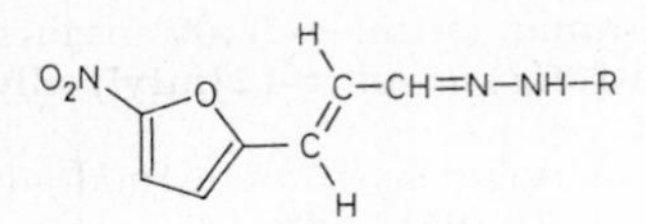

I 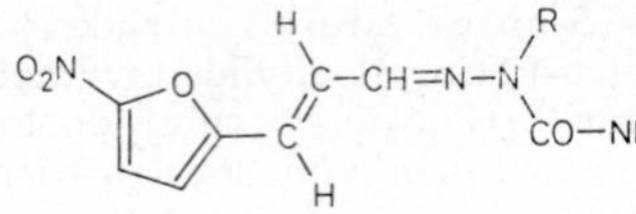 II

{Carbamoyl-[3t(?)-(5-nitro-[2]furyl)-allyliden]-hydrazino}-essigsäure-äthylester, 3-[3t(?)-(5-Nitro-[2]furyl)-allylidenamino]-hydantoinsäure-äthylester $C_{12}H_{14}N_4O_6$, vermutlich Formel II (R = CH_2-CO-OC_2H_5).

B. Beim Behandeln von Hydrazinoessigsäure-äthylester-hydrochlorid mit Kalium-cyanat in Wasser und Erwärmen des Reaktionsgemisches mit 3t(?)-[5-Nitro-[2]furyl]-acrylaldehyd in Äthanol (*Uoda et al.*, J. pharm. Soc. Japan **75** [1955] 117, 120; C. A. **1956** 1782).

Gelbe Krystalle (aus wss. A.); F: 204° [Zers.].

{[3t(?)-(5-Nitro-[2]furyl)-allyliden]-thiocarbamoyl-hydrazino}-essigsäure-äthylester, 3-[3t(?)-(5-Nitro-[2]furyl)-allylidenamino]-4-thio-hydantoinsäure-äthylester $C_{12}H_{14}N_4O_5S$, vermutlich Formel III.

B. Beim Erwärmen von 3t(?)-[5-Nitro-[2]furyl]-acrylaldehyd mit [*N*-Thiocarbamoyl-hydrazino]-essigsäure-äthylester in Äthanol unter Zusatz von Essigsäure (*Uoda et al.*, J. pharm. Soc. Japan **75** [1955] 117, 120; C. A. **1956** 1782).

Gelbe Krystalle (aus wss. A.); F: 169° [Zers.].

3t(?)-[5-Nitro-[2]furyl]-acrylaldehyd-glycylhydrazon, Glycin-[3t(?)-(5-nitro-[2]furyl)-allylidenhydrazid] $C_9H_{10}N_4O_4$, vermutlich Formel I (R = CO-CH_2-NH_2).

Hydrochlorid $C_9H_{10}N_4O_4 \cdot HCl$. F: 245° (*Štradyn' et al.*, Latvijas Akad. Vēstis **1958** Nr. 1, S. 113, 116; C. A. **1958** 14287). Löslichkeit in Wasser bei 18°(?): 250 mg/l.

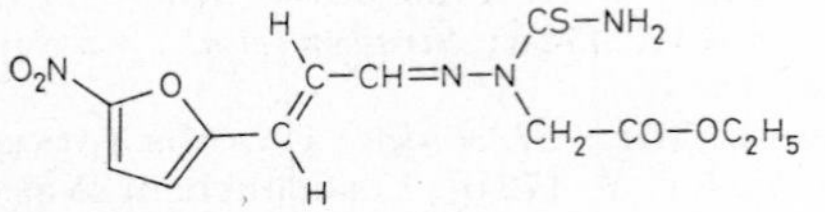

III 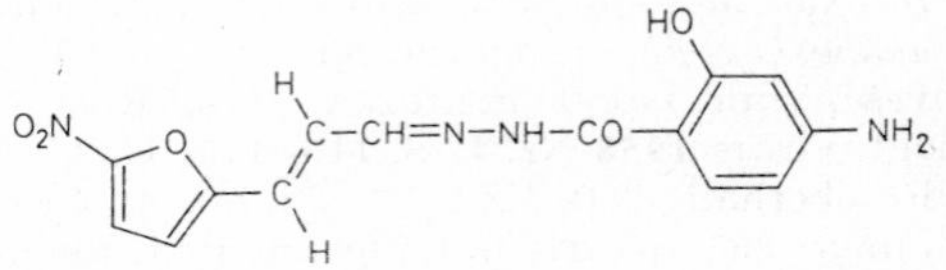 IV

3t(?)-[5-Nitro-[2]furyl]-acrylaldehyd-[4-amino-2-hydroxy-benzoylhydrazon], 4-Amino-2-hydroxy-benzoesäure-[3t(?)-(5-nitro-[2]furyl)-allylidenhydrazid] $C_{14}H_{12}N_4O_5$, vermutlich Formel IV.

B. Beim Erwärmen von 3t(?)-[5-Nitro-[2]furyl]-acrylaldehyd (F: 119°) mit 4-Amino-2-hydroxy-benzoesäure-hydrazid in Methanol (*Saikachi et al.*, Pharm. Bl. **3** [1955] 194, 198).

Rötliche Krystalle (aus wss. Py.); F: 300° [Zers.].

Bis-[3t(?)-(5-nitro-[2]furyl)-allyliden]-hydrazin, 3t(?)-[5-Nitro-[2]furyl]-acrylaldehyd-azin $C_{14}H_{10}N_4O_6$, vermutlich Formel V.

B. Beim Behandeln von 3t(?)-[5-Nitro-[2]furyl]-acrylaldehyd (F: 118°) mit Hydrazin-hydrochlorid und Natriumacetat in wss. Äthanol (*Saikachi, Hoshida*, J. pharm. Soc. Japan **71** [1951] 982; C. A. **1952** 8082).

Orangefarbene Krystalle (aus Acn.); F: 226–227° [Zers.].

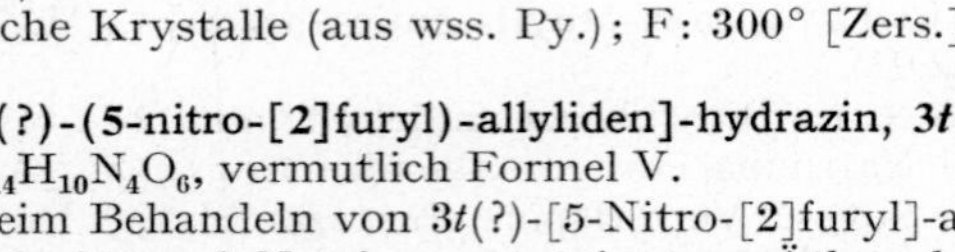

V 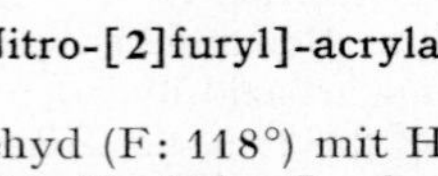 VI

2-Brom-3ξ-[5-nitro-[2]furyl]-acrylaldehyd $C_7H_4BrNO_4$, Formel VI.

B. Beim Erwärmen von 3*t*(?)-[5-Nitro-[2]furyl]-acrylaldehyd (F: 119°) mit Brom in Essigsäure und anschliessend mit Kaliumcarbonat (*Saikachi et al.*, Pharm. Bl. **3** [1955] 407, 410).

Gelbe Krystalle (aus A.); F: 113°.

4-[2-Brom-3ξ-(5-nitro-[2]furyl)-allylidenamino]-2-hydroxy-benzoesäure-methylester $C_{15}H_{11}BrN_2O_6$, Formel VII.

B. Beim Erwärmen von 2-Brom-3ξ-[5-nitro-[2]furyl]-acrylaldehyd (F: 113°) mit 4-Amino-2-hydroxy-benzoesäure-methylester in Äthanol (*Saikachi et al.*, Pharm. Bl. **3** [1955] 407, 412).

Gelbe Krystalle (aus E.); F: 185–186°.

2-Brom-3ξ-[5-nitro-[2]furyl]-acrylaldehyd-oxim $C_7H_5BrN_2O_4$, Formel VIII (X = OH).

B. Beim Behandeln von 2-Brom-3ξ-[5-nitro-[2]furyl]-acrylaldehyd (F: 113°) mit Hydroxylamin-hydrochlorid und Natriumacetat in wss. Äthanol (*Saikachi et al.*, Pharm. Bl. **3** [1955] 407, 412).

Hellgelbe Krystalle (aus A.); F: 207° [Zers.].

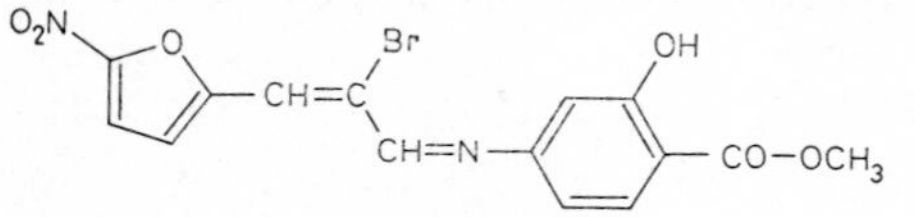

VII 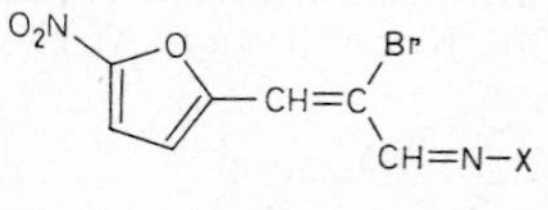 VIII

2-Brom-3ξ-[5-nitro-[2]furyl]-acrylaldehyd-phenylhydrazon $C_{13}H_{10}BrN_3O_3$, Formel IX (R = C_6H_5).

B. Aus 2-Brom-3ξ-[5-nitro-[2]furyl]-acrylaldehyd (F: 113°) und Phenylhydrazin in Äthanol (*Saikachi et al.*, Pharm. Bl. **3** [1955] 407, 412).

Rote Krystalle (aus A.); F: 107° [Zers.].

2-Brom-3ξ-[5-nitro-[2]furyl]-acrylaldehyd-benzoylhydrazon, Benzoesäure-[2-brom-3ξ-(5-nitro-[2]furyl)-allylidenhydrazid] $C_{14}H_{10}BrN_3O_4$, Formel IX (R = CO-C_6H_5).

B. Beim Erwärmen einer Lösung von 2-Brom-3ξ-[5-nitro-[2]furyl]-acrylaldehyd (F: 113°) in Äthanol mit Benzoesäure-hydrazid in Äthylacetat (*Saikachi et al.*, Pharm. Bl. **3** [1955] 407, 412).

Hellgelbe Krystalle (aus A.); F: 182°.

2-Brom-3ξ-[5-nitro-[2]furyl]-acrylaldehyd-semicarbazon $C_8H_7BrN_4O_4$, Formel IX (R = CO-NH_2).

B. Aus 2-Brom-3ξ-[5-nitro-[2]furyl]-acrylaldehyd (F: 113°) und Semicarbazid (*Saikachi et al.*, Pharm. Bl. **3** [1955] 407, 411).

Gelbe Krystalle (aus A.); F: 250° [Zers.].

2-Brom-3ξ-[5-nitro-[2]furyl]-acrylaldehyd-carbamimidoylhydrazon, [2-Brom-3ξ-(5-nitro-[2]furyl)-allylidenamino]-guanidin $C_8H_8BrN_5O_3$, Formel IX (R = C(NH_2)=NH) und Tautomeres.

Hydrochlorid $C_8H_8BrN_5O_3 \cdot HCl$. *B.* Beim Behandeln von 2-Brom-3ξ-[5-nitro-[2]furyl]-acrylaldehyd (F: 113°) mit Aminoguanidin-hydrochlorid in wss. Äthanol (*Saikachi et al.*, Pharm. Bl. **3** [1955] 407, 411). — Gelbe Krystalle (aus A.); F: 258° [Zers.].

{[2-Brom-3ξ-(5-nitro-[2]furyl)-allyliden]-carbamoyl-hydrazino}-essigsäure-äthylester, 3-[2-Brom-3ξ-(5-nitro-[2]furyl)-allylidenamino]-hydantoinsäure-äthylester $C_{12}H_{13}BrN_4O_6$, Formel VIII (X = N(CO-NH_2)-CH_2-CO-OC_2H_5).

B. Beim Erwärmen von Hydrazinoessigsäure-äthylester-hydrochlorid mit Kaliumcyanat in Wasser und Behandeln des Reaktionsgemisches mit 2-Brom-3ξ-[5-nitro-[2]furyl]-acrylaldehyd (F: 113°) in Äthanol (*Saikachi et al.*, Pharm. Bl. **3** [1955] 407, 412).

Hellgelbe Krystalle (aus A.); F: 235° [Zers.].

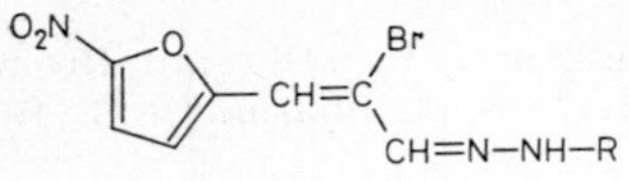

IX 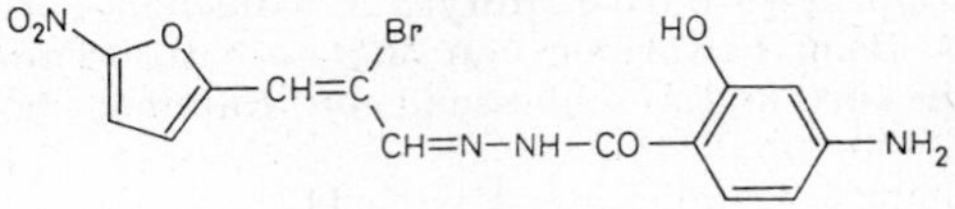 X

2-Brom-3ξ-[5-nitro-[2]furyl]-acrylaldehyd-[4-amino-2-hydroxy-benzoylhydrazon], 4-Amino-2-hydroxy-benzoesäure-[2-brom-3ξ-(5-nitro-[2]furyl)-allylidenhydrazid] $C_{14}H_{11}BrN_4O_5$, Formel X.

B. Beim Erwärmen von 2-Brom-3ξ-[5-nitro-[2]furyl]-acrylaldehyd (F: 113°) mit 4-Amino-2-hydroxy-benzoesäure-hydrazid in Äthanol (*Saikachi et al.*, Pharm. Bl. **3** [1955] 407, 412).

Orangerot (aus E. + Acn.); F: 207° [Zers.].

Bis-[2-brom-3ξ-(5-nitro-[2]furyl)-allyliden]-hydrazin, 2-Brom-3ξ-[5-nitro-[2]furyl]-acrylaldehyd-azin $C_{14}H_8Br_2N_4O_6$, Formel XI.

B. Beim Erwärmen von 2-Brom-3ξ-[5-nitro-[2]furyl]-acrylaldehyd (F: 113°) mit Hydrazin-hydrat und wss. Äthanol (*Saikachi et al.*, Pharm. Bl. **3** [1955] 407, 412).

Gelbe Krystalle (aus A.); F: 211—212° [Zers.].

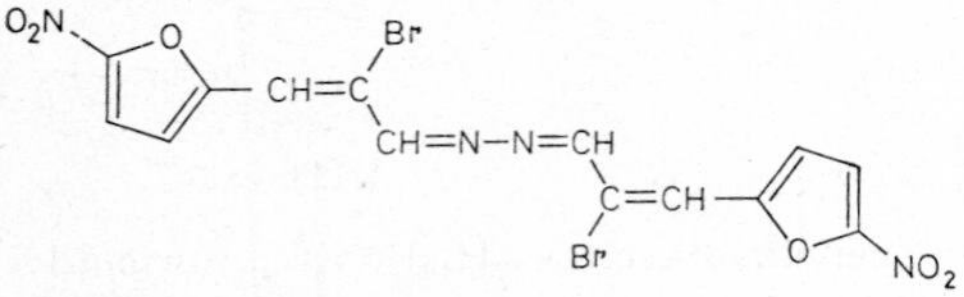

XI 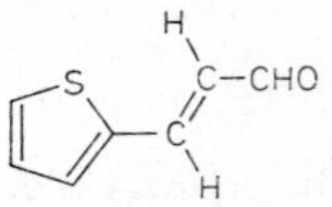 XII 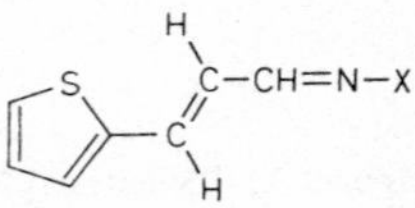 XIII

3t(?)-[2]Thienyl-acrylaldehyd C_7H_6OS, vermutlich Formel XII.

B. Beim Behandeln von Thiophen-2-carbaldehyd mit Acetaldehyd in wss. Natronlauge (*Braude et al.*, Soc. **1952** 4155, 4157), in wss.-äthanol. Natronlauge (*Keskin et al.*, J. org. Chem. **16** [1951] 199, 204) oder in wss. Äthanol unter Zusatz von Piperidin-acetat (*Miller, Nord*, J. org. Chem. **16** [1951] 1380, 1384). Beim Behandeln von 3*t*(?)-[*N*-Methyl-anilino]-acrylaldehyd (aus Propiolaldehyd und *N*-Methyl-anilin hergestellt) mit [2]Thienylmagnesiumbromid in Äther, Tetrahydrofuran und Benzol (*Jutz*, B. **91** [1958] 1867, 1876).

Kp_5: 108—112° (*Mi., Nord*). Kp_4: 105—108°; Kp_1: 85—90°; n_D^{20}: 1,6638 (*Ke. et al.*). Kp_2: 101—102° (*Jutz*). $Kp_{0,05}$: 55° (*Br. et al.*). UV-Absorptionsmaximum (A.): 320 nm (*Br. et al.*).

3t(?)-[2]Thienyl-acrylaldehyd-oxim C_7H_7NOS, vermutlich Formel XIII (X = OH).

B. Beim Erwärmen von 3*t*(?)-[2]Thienyl-acrylaldehyd mit Hydroxylamin-hydrochlorid in wss. Äthanol (*Pappalardo*, G. **89** [1959] 1736, 1747).

Krystalle (aus Bzl.); F: 147—148°.

3t(?)-[2]Thienyl-acrylaldehyd-[2,4-dinitro-phenylhydrazon] $C_{13}H_{10}N_4O_4S$, vermutlich Formel XIII (X = NH-$C_6H_3(NO_2)_2$).

B. Aus 3*t*(?)-[2]Thienyl-acrylaldehyd und [2,4-Dinitro-phenyl]-hydrazin (*Braude et al.*, Soc. **1952** 4155, 4157; *Jutz*, B. **91** [1958] 1867, 1876).

Rote Krystalle; F: 249° [Zers.; aus Eg.] (*Jutz*), 243° [Zers.; unkorr.; aus E.] (*Br. et al.*). Absorptionsmaxima ($CHCl_3$): 324 nm und 406 nm (*Br. et al.*).

3t(?)-[2]Thienyl-acrylaldehyd-semicarbazon $C_8H_9N_3OS$, vermutlich Formel XIII (X = NH-CO-NH_2).

B. Aus 3*t*(?)-[2]Thienyl-acrylaldehyd und Semicarbazid (*Miller, Nord*, J. org. Chem. **16** [1951] 1720, 1727; *Jutz*, B. **91** [1958] 1867, 1876; *Braude et al.*, Soc. **1952** 4155, 4157).

Krystalle; F: 219—221° [Zers.; aus A.] (*Jutz*), 218,5—219° [aus A.] (*Mi., Nord*), 216° [Zers.; aus wss. Eg.] (*Br. et al.*). UV-Absorptionsmaximum (Dioxan): 330 nm (*Br. et al.*).

3t(?)-[2]Thienyl-acrylaldehyd-thiosemicarbazon $C_8H_9N_3S_2$, vermutlich Formel XIII (X = NH-CS-NH_2).

B. Aus 3t(?)-[2]Thienyl-acrylaldehyd und Thiosemicarbazid (*Caldwell, Nobles*, Am. Soc. **76** [1954] 1159; J. Am. pharm. Assoc. **45** [1956] 729, 730).

Orangefarbene Krystalle (aus wss. A.); F: 102°.

3t(?)-[5-Chlor-[2]thienyl]-acrylaldehyd C_7H_5ClOS, vermutlich Formel I.

B. Beim Behandeln von 5-Chlor-thiophen-2-carbaldehyd mit Acetaldehyd und wss.-äthanol. Natronlauge (*Miller, Nord*, J. org. Chem. **16** [1951] 1720, 1728).

F: 35–36°. Kp_3: 135–136°.

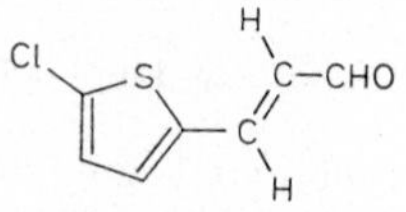

I

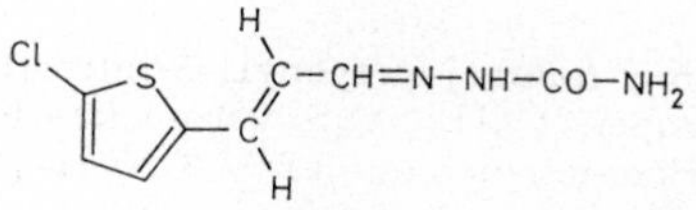

II

3t(?)-[5-Chlor-[2]thienyl]-acrylaldehyd-semicarbazon $C_8H_8ClN_3OS$, vermutlich Formel II.

B. Aus 3t(?)-[5-Chlor-[2]thienyl]-acrylaldehyd und Semicarbazid (*Miller, Nord*, J. org. Chem. **16** [1951] 1720, 1728).

F: 200–201°.

Bis-[3t(?)-(5-chlor-[2]thienyl)-allyliden]-hydrazin, 3t(?)-[5-Chlor-[2]thienyl]-acrylaldehyd-azin $C_{14}H_{10}Cl_2N_2S_2$, vermutlich Formel III.

B. Beim Erwärmen von 3t(?)-[5-Chlor-[2]thienyl]-acrylaldehyd mit Hydrazin-hydrat und Äthanol (*Miller, Nord*, J. org. Chem. **16** [1951] 1720, 1729).

F: 155,5–156,5°.

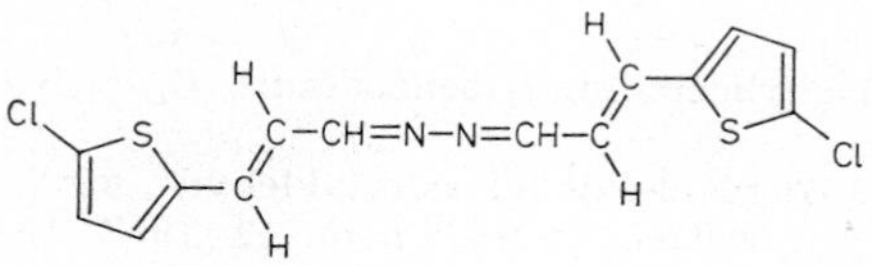

III

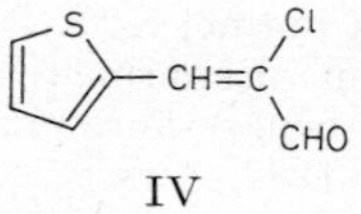

IV

2-Chlor-3ξ-[2]thienyl-acrylaldehyd C_7H_5ClOS, Formel IV.

B. Beim Behandeln von Thiophen-2-carbaldehyd mit Chloracetaldehyd und wss.-äthanol. Natronlauge (*Miller, Nord*, J. org. Chem. **16** [1951] 1720, 1728).

Kp_6: 131–139° [unter partieller Zersetzung].

2-Chlor-3ξ-[2]thienyl-acrylaldehyd-semicarbazon $C_8H_8ClN_3OS$, Formel V.

B. Aus 2-Chlor-3ξ-[2]thienyl-acrylaldehyd (s. o.) und Semicarbazid (*Miller, Nord*, J. org. Chem. **16** [1951] 1720, 1728).

F: 238–239°.

3t(?)-[4-Nitro-[2]thienyl]-acrylaldehyd $C_7H_5NO_3S$, vermutlich Formel VI.

B. Aus 4-Nitro-thiophen-2-carbaldehyd und Acetaldehyd (*Tirouflet, Fournari*, C. r. **246** [1958] 2003).

F: 154°.

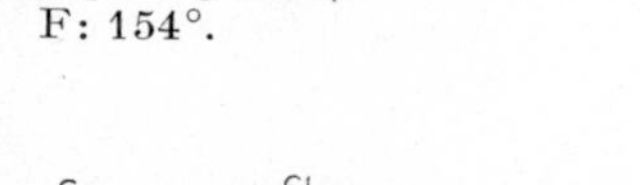

V

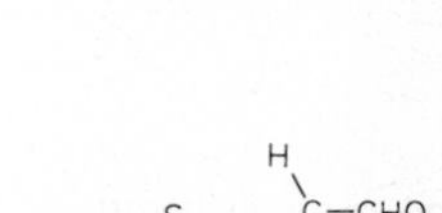

VI

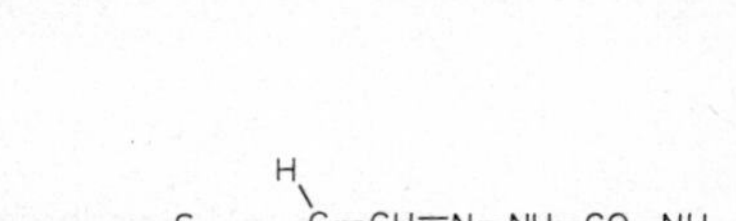

VII

3t(?)-[4-Nitro-[2]thienyl]-acrylaldehyd-semicarbazon $C_8H_8N_4O_3S$, vermutlich Formel VII.

B. Aus 3*t*(?)-[4-Nitro-[2]thienyl]-acrylaldehyd und Semicarbazid (*Tirouflet, Fournari*, C. r. **246** [1958] 2003).

F: 250–255°.

3t(?)-[5-Nitro-[2]thienyl]-acrylaldehyd $C_7H_5NO_3S$, vermutlich Formel VIII.

B. Beim Behandeln von 5-Nitro-thiophen-2-carbaldehyd mit Acetaldehyd und methanol. Kalilauge und Erhitzen des Reaktionsgemisches mit Acetanhydrid (*Carrara et al.*, Am. Soc. **76** [1954] 4391, 4393).

Krystalle (aus wss. Eg.); F: 129–130°. UV-Absorptionsmaximum (Me.): 356 nm.

2-[3,3-Diacetoxy-*trans*(?)-propenyl]-5-nitro-thiophen, 3,3-Diacetoxy-1*t*(?)-[5-nitro-[2]thienyl]-propen $C_{11}H_{11}NO_6S$, vermutlich Formel IX.

B. Beim Behandeln von 3*t*(?)-[5-Nitro-[2]thienyl]-acrylaldehyd mit Schwefelsäure enthaltendem Acetanhydrid (*Carrara et al.*, Am. Soc. **76** [1954] 4391, 4393).

F: 92–93°.

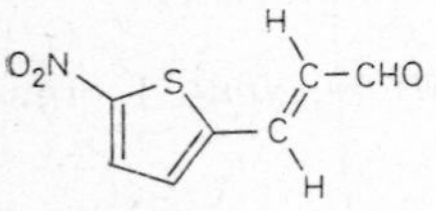

VIII 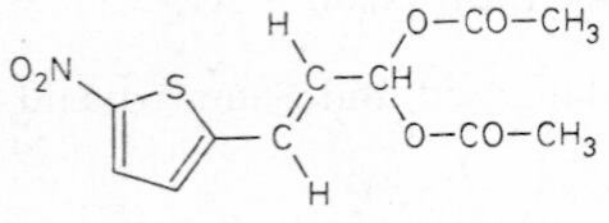 IX 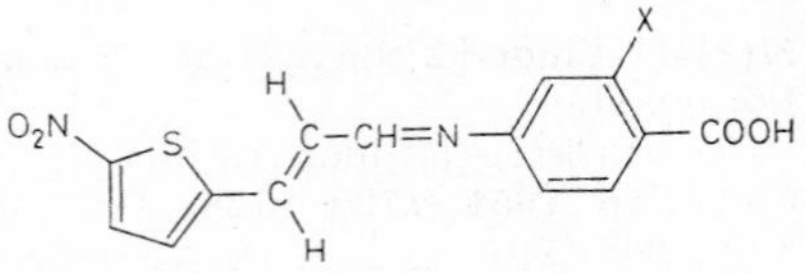 X

4-[3*t*(?)-(5-Nitro-[2]thienyl)-allylidenamino]-benzoesäure $C_{14}H_{10}N_2O_4S$, vermutlich Formel X (X = H).

B. Beim Erwärmen von 3*t*(?)-[5-Nitro-[2]thienyl]-acrylaldehyd mit 4-Amino-benzoesäure in Äthanol (*Vecchi, Melone*, J. org. Chem. **22** [1957] 1636, 1638).

Rote Krystalle; F: 221–223°.

2-Hydroxy-4-[3*t*(?)-(5-nitro-[2]thienyl)-allylidenamino]-benzoesäure $C_{14}H_{10}N_2O_5S$, vermutlich Formel X (X = OH).

B. Beim Erwärmen von 3*t*(?)-[5-Nitro-[2]thienyl]-acrylaldehyd mit 4-Amino-2-hydroxy-benzoesäure in Äthanol (*Vecchi, Melone*, J. org. Chem. **22** [1957] 1636, 1638).

F: 187–188° [Zers.].

***N*-[3*t*(?)-(5-Nitro-[2]thienyl)-allyliden]-sulfanilsäure** $C_{13}H_{10}N_2O_5S_2$, vermutlich Formel XI (X = OH).

B. Beim Erwärmen von 3*t*(?)-[5-Nitro-[2]thienyl]-acrylaldehyd mit Sulfanilsäure in Äthanol (*Vecchi, Melone*, J. org. Chem. **22** [1957] 1636, 1638).

Unterhalb 300° nicht schmelzend.

***N*-[3*t*(?)-(5-Nitro-[2]thienyl)-allyliden]-sulfanilsäure-amid** $C_{13}H_{11}N_3O_4S_2$, vermutlich Formel XI (X = NH_2).

B. Beim Erwärmen von 3*t*(?)-[5-Nitro-[2]thienyl]-acrylaldehyd mit Sulfanilamid in Äthanol (*Vecchi, Melone*, J. org. Chem. **22** [1957] 1636, 1638).

F: 198–199°.

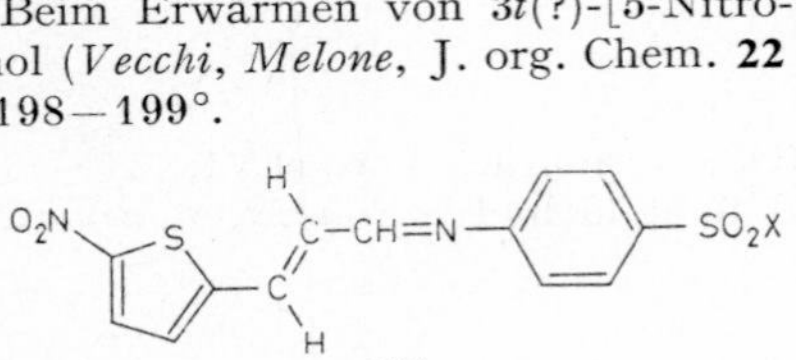

XI 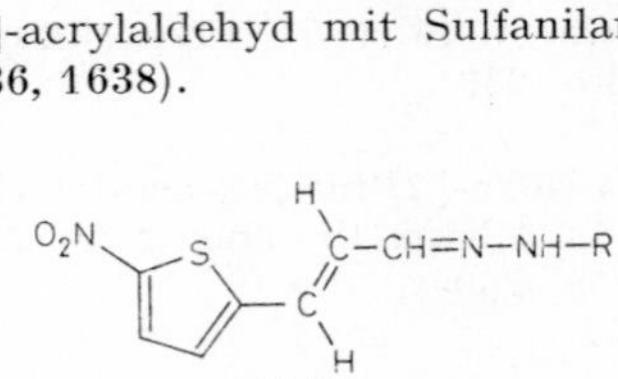 XII

3*t*(?)-[5-Nitro-[2]thienyl]-acrylaldehyd-semicarbazon $C_8H_8N_4O_3S$, vermutlich Formel XII (R = CO-NH_2).

B. Aus 3*t*(?)-[5-Nitro-[2]thienyl]-acrylaldehyd und Semicarbazid (*Lepetit S. p. A.*, U.S.P. 2836600 [1954]; *Carrara et al.*, Am. Soc. **76** [1954] 4391, 4393).

Gelbe Krystalle; F: 215–217° (*Lepetit S. p. A.*; *Ca. et al.*).

3t(?)-[5-Nitro-[2]thienyl]-acrylaldehyd-thiosemicarbazon $C_8H_8N_4O_2S_2$, vermutlich Formel XII (R = CS-NH$_2$).

B. Aus 3t(?)-[5-Nitro-[2]thienyl]-acrylaldehyd und Thiosemicarbazid (*Carrara et al.*, Am. Soc. **76** [1954] 4391, 4393).

F: 238—239°.

2-Brom-3ξ-[5-nitro-[2]thienyl]-acrylaldehyd $C_7H_4BrNO_3S$, Formel I.

B. Beim Erwärmen von 3t(?)-[5-Nitro-[2]thienyl]-acrylaldehyd mit Brom in Essigsäure und Behandeln des Reaktionsgemisches mit Kaliumcarbonat (*Carrara et al.*, Am. Soc. **76** [1954] 4391, 4393).

Gelbe Krystalle; F: 186—188° [aus A.] (*Ca. et al.*), 186—187° [aus Acn.; Zers.] (*Ancona et al.*, Farmaco Ed. scient. **9** [1954] 438). Absorptionsspektrum (Me.; 220—440 nm): *An. et al.*, l. c. S. 440.

2-[3,3-Diacetoxy-2-brom-ξ-propenyl]-5-nitro-thiophen, 3,3-Diacetoxy-2-brom-1ξ-[5-nitro-[2]thienyl]-propen $C_{11}H_{10}BrNO_6S$, Formel II (X = OCO-CH$_3$).

B. Beim Behandeln von 2-Brom-3ξ-[5-nitro-[2]thienyl]-acrylaldehyd (s. o.) mit Schwefelsäure enthaltendem Acetanhydrid (*Carrara et al.*, Am. Soc. **76** [1954] 4391, 4394).

Krystalle (aus wss. A.); F: 170—171°.

[2-Brom-3ξ-(5-nitro-[2]thienyl)-allyliden]-anilin, 2-Brom-3ξ-[5-nitro-[2]thienyl]-acrylaldehyd-phenylimin $C_{13}H_9BrN_2O_2S$, Formel III (X = H).

B. Beim Erwärmen von 2-Brom-3ξ-[5-nitro-[2]thienyl]-acrylaldehyd (s. o.), Anilin, Methanol und Dioxan (*Carrara et al.*, Am. Soc. **76** [1954] 4391, 4395).

Orangefarbene Krystalle (aus Me.); F: 143—144°.

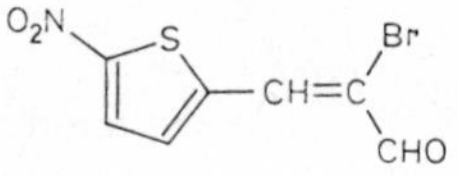

I 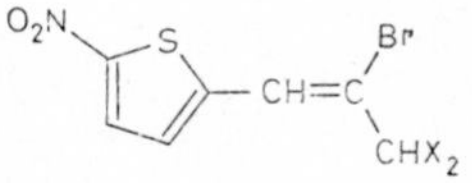 II 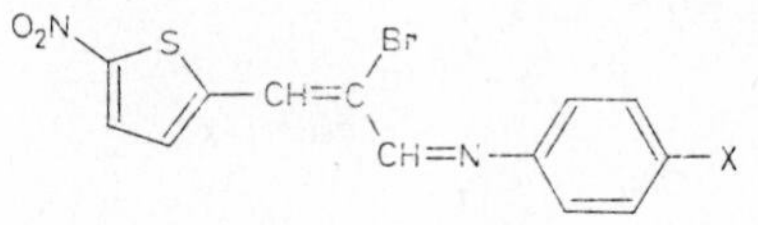 III

4-[2-Brom-3ξ-(5-nitro-[2]thienyl)-allylidenamino]-benzoesäure $C_{14}H_9BrN_2O_4S$, Formel Formel III (X = COOH).

B. Beim Erwärmen von 2-Brom-3ξ-[5-nitro-[2]thienyl]-acrylaldehyd (s. o.) mit 4-Amino-benzoesäure in Essigsäure (*Carrara et al.*, Am. Soc. **76** [1954] 4391, 4395).

Gelbe Krystalle (aus Dioxan + W.); F: 223°.

***N*-[2-Brom-3ξ-(5-nitro-[2]thienyl)-allyliden]-sulfanilsäure-amid** $C_{13}H_{10}BrN_3O_4S_2$, Formel III (X = SO$_2$-NH$_2$).

B. Beim Erwärmen von 2-Brom-3ξ-[5-nitro-[2]thienyl]-acrylaldehyd mit Sulfanilamid in Äthanol (*Vecchi, Melone*, J. org. Chem. **22** [1957] 1636, 1638).

F: 163—164°.

3-[4-Acetylsulfamoyl-phenylimino]-2-brom-1ξ-[5-nitro-[2]thienyl]-propen, *N*-[2-Brom-3ξ-(5-nitro-[2]thienyl)-allyliden]-sulfanilsäure-acetylamid $C_{15}H_{12}BrN_3O_5S_2$, Formel III (X = SO$_2$-NH-CO-CH$_3$).

B. Beim Erwärmen von 2-Brom-3ξ-[5-nitro-[2]thienyl]-acrylaldehyd mit Sulfanilamid in Essigsäure (*Vecchi, Melone*, J. org. Chem. **22** [1957] 1636, 1638).

F: 217° [Zers.].

3,3-Bis-äthoxycarbonylamino-2-brom-1ξ-[5-nitro-[2]thienyl]-propen, *N,N'*-[2-Brom-3ξ-(5-nitro-[2]thienyl)-allyliden]-bis-carbamidsäure-diäthylester $C_{13}H_{16}BrN_3O_6S$, Formel II (X = NH-CO-OC$_2$H$_5$).

B. Beim Behandeln von 2-Brom-3ξ-[5-nitro-[2]thienyl]-acrylaldehyd (s. o.) mit Carbamidsäure-äthylester und Natriumäthylat in Äthanol (*Carrara et al.*, Am. Soc. **76** [1954] 4391, 4395).

Gelbliche Krystalle (aus Bzl.); F: 200—201°.

2-Brom-3ξ-[5-nitro-[2]thienyl]-acrylaldehyd-oxim $C_7H_5BrN_2O_3S$, Formel IV (X = OH).

B. Aus 2-Brom-3ξ-[5-nitro-[2]thienyl]-acrylaldehyd (S. 4711) und Hydroxylamin (*Carrara et al.*, Am. Soc. **76** [1954] 4391, 4395; *Lepetit S.p.A.*, U.S.P. 2836600 [1954]).

Orangefarbene Krystalle (aus A.); F: 225–226° (*Ca. et al.*; *Lepetit S.p.A.*).

2-Brom-3ξ-[5-nitro-[2]thienyl]-acrylaldehyd-hydrazon $C_7H_6BrN_3O_2S$, Formel IV (X = NH_2).

B. Beim Erwärmen von 2-Brom-3ξ-[5-nitro-[2]thienyl]-acrylaldehyd (S. 4711) mit Hydrazin und wss. Essigsäure (*Carrara et al.*, Am. Soc. **76** [1954] 4391, 4395; *Lepetit S.p.A.*, U.S.P. 2836600 [1954]).

Orangefarbene Krystalle; F: 232° (*Ca. et al.*; *Lepetit S.p.A.*).

2-Brom-3ξ-[5-nitro-[2]thienyl]-acrylaldehyd-semicarbazon $C_8H_7BrN_4O_3S$, Formel IV (X = NH-CO-NH_2).

B. Aus 2-Brom-3ξ-[5-nitro-[2]thienyl]-acrylaldehyd (S. 4711) und Semicarbazid (*Carrara et al.*, Am. Soc. **76** [1954] 4391, 4394).

F: 246–248°.

2-Brom-3ξ-[5-nitro-[2]thienyl]-acrylaldehyd-thiosemicarbazon $C_8H_7BrN_4O_2S_2$, Formel IV (X = NH-CS-NH_2).

B. Aus 2-Brom-3ξ-[5-nitro-[2]thienyl]-acrylaldehyd (S. 4711) und Thiosemicarbazid in Äthanol (*Lepetit S.p.A.*, U.S.P. 2836600 [1954]).

Gelb; F: 227–228° (*Lepetit S.p.A.*; *Carrara et al.*, Am. Soc. **76** [1954] 4391, 4394).

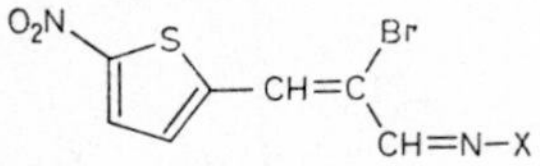

IV 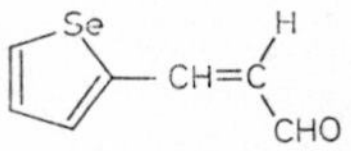 V 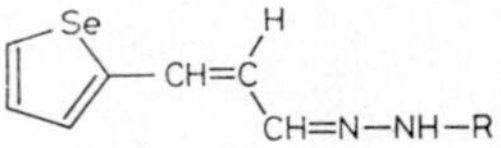 VI

3ξ-Selenophen-2-yl-acrylaldehyd C_7H_6OSe, Formel V.

B. Beim Erwärmen von 2-Vinyl-selenophen mit Dimethylformamid, Phosphorylchlorid und 1,2-Dichlor-äthan und anschliessend mit wss. Natriumacetatlösung (*Jur'ew et al.*, Ž. obšč. Chim. **28** [1958] 3262, 3264; engl. Ausg. S. 3288).

Kp_{15}: 155–155,5°; Kp_9: 148–149°. D_4^{20}: 1,5495. n_D^{20}: 1,7006.

Beim Behandeln mit Silbernitrat in wss.-äthanol. Natronlauge ist 3ξ-Selenophen-2-yl-acrylsäure (F: 139–140°), beim Erwärmen mit wss. Natronlauge und wss. Wasserstoffperoxid ist Selenophen-2-carbonsäure erhalten worden.

3ξ-Selenophen-2-yl-acrylaldehyd-semicarbazon $C_8H_9N_3OSe$, Formel VI (R = CO-NH_2).

B. Aus 3ξ-Selenophen-2-yl-acrylaldehyd und Semicarbazid (*Jur'ew et al.*, Ž. obšč. Chim. **28** [1958] 3262, 3264; engl. Ausg. S. 3288).

Krystalle (aus wss. A.); F: 213–214° [Zers.].

3ξ-Selenophen-2-yl-acrylaldehyd-thiosemicarbazon $C_8H_9N_3SSe$, Formel VI (R = CS-NH_2).

B. Aus 3ξ-Selenophen-2-yl-acrylaldehyd und Thiosemicarbazid (*Jur'ew et al.*, Ž. obšč. Chim. **28** [1958] 3262, 3264; engl. Ausg. S. 3288).

Krystalle (aus A.); F: 146–147°.

3*t*(?)-[5-Nitro-selenophen-2-yl]-acrylaldehyd $C_7H_5NO_3Se$, vermutlich Formel VII.

B. Beim Behandeln von 5-Nitro-selenophen-2-carbaldehyd mit Acetaldehyd und methanol. Kalilauge und Erwärmen des Reaktionsgemisches mit Acetanhydrid (*Jur'ew, Saĭzewa*, Ž. obšč. Chim. **29** [1959] 1965, 1967; engl. Ausg. S. 1935, 1937).

Gelbe Krystalle (aus A.); F: 137,5–138°. Polarographie: *Štradin' et al.*, Doklady Akad. S.S.S.R. **129** [1959] 816; Pr. Acad. Sci. U.S.S.R. Chem. Sect. **124–129** [1959] 1077.

3t(?)-[5-Nitro-selenophen-2-yl]-acrylaldehyd-semicarbazon $C_8H_8N_4O_3Se$, vermutlich Formel VIII (R = CO-NH_2).

B. Aus 3t(?)-[5-Nitro-selenophen-2-yl]-acrylaldehyd und Semicarbazid (*Jur'ew, Saĭzewa*, Ž. obšč. Chim. **29** [1959] 1965, 1967; engl. Ausg. S. 1935, 1937).

Orangegelbe Krystalle (aus Dioxan); F: 228–229° [Zers.].

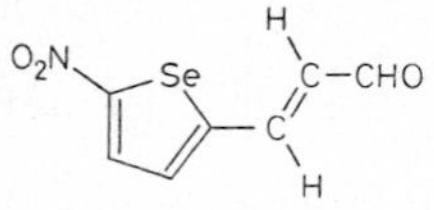

VII 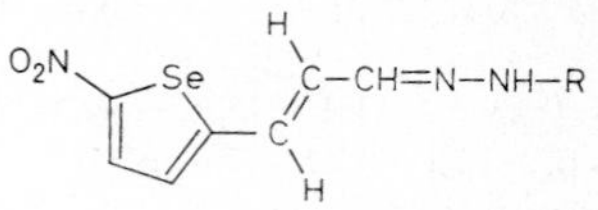 VIII 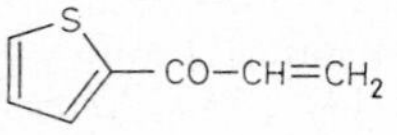 IX

3t(?)-[5-Nitro-selenophen-2-yl]-acrylaldehyd-thiosemicarbazon $C_8H_8N_4O_2SSe$, vermutlich Formel VIII (R = CS-NH_2).

B. Aus 3t(?)-[5-Nitro-selenophen-2-yl]-acrylaldehyd und Thiosemicarbazid (*Jur'ew, Saĭzewa*, Ž. obšč. Chim. **29** [1959] 1965, 1967; engl. Ausg. S. 1935, 1937).

Orangefarbene Krystalle (aus Dioxan); F: 240–242° [Zers.].

2-Acryloyl-thiophen, 1-[2]Thienyl-propenon C_7H_6OS, Formel IX.

B. Beim Erhitzen von 3-Dimethylamino-1-[2]thienyl-propan-1-on-hydrochlorid oder von 3-Diäthylamino-1-[2]thienyl-propan-1-on-hydrochlorid (*Blicke, Burckhalter*, Am. Soc. **64** [1942] 451, 453) sowie von Tris-[3-oxo-3-[2]thienyl-propyl]-amin-hydrochlorid (*Putochin, Iwanowa*, Ž. obšč. Chim. **29** [1959] 3658; engl. Ausg. S. 3616), jeweils unter Durchleiten von Wasserdampf.

Kp_{12}: 108–110° (*Bl., Bu.*). D^{18}: 1,1755 (*Pu., Iw.*). n_D^{18}: 1,5870 (*Pu., Iw.*).

Wenig beständig [Polymerisation] (*Bl., Bu.*). Reaktion mit Phenylhydrazin unter Bildung von 1-Phenyl-3-[2]thienyl-Δ^2-pyrazolin: *Bl., Bu.*

1-[2]Thienyl-propenon-semicarbazon $C_8H_9N_3OS$, Formel X.

B. Aus 1-[2]Thienyl-propenon und Semicarbazid (*Putochin, Iwanowa*, Ž. obšč. Chim. **29** [1959] 3658; engl. Ausg. S. 3616).

Gelbe Krystalle; F: 135–137°.

3-Acryloyl-furan, 1-[3]Furyl-propenon $C_7H_6O_2$, Formel XI.

B. Bei der Umsetzung von 1-[3]Furyl-äthanon mit Formaldehyd in Gegenwart von Kaliumcarbonat und Behandlung des Reaktionsprodukts mit Jod in Gegenwart von Calciumcarbonat (*Du Pont de Nemours & Co.*, U.S.P. 2309727 [1938]). Beim Behandeln von 1-[3]Furyl-äthanon mit Formaldehyd und Dimethylamin-hydrochlorid und Erhitzen des Reaktionsprodukts unter Durchleiten von Wasserdampf (*Du Pont*).

Kp_{10}: 85°.

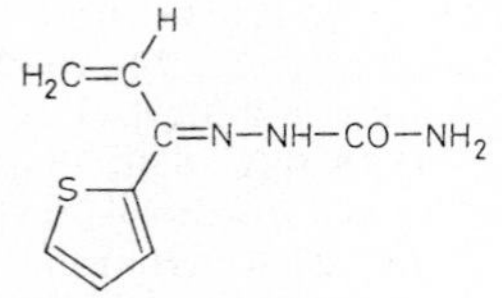

X 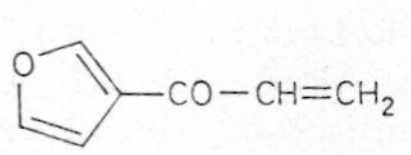 XI 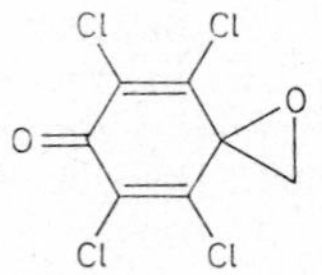 XII

4,5,7,8-Tetrachlor-1-oxa-spiro[2.5]octa-4,7-dien-6-on $C_7H_2Cl_4O_2$, Formel XII.

B. Beim Behandeln von Chloranil mit Diazomethan in Methanol und Äther (*Eistert, Bock*, B. **92** [1959] 1247, 1254).

Krystalle (aus Bzl.); F: 165–166°. IR-Spektrum (KBr; 4000–700 cm^{-1}): *Ei., Bock*, l. c. S. 1253. UV-Absorptionsmaximum (Me.): 267 nm (*Ei., Bock*, l. c. S. 1252).

Bei der Hydrierung an Platin in Methanol ist 2,3,5,6-Tetrachlor-4-hydroxy-benzylalkohol erhalten worden. [*Baumberger*]

Oxo-Verbindungen $C_8H_8O_2$

6-[2,2-Dichlor-vinyl]-4-methyl-pyran-2-on, 7,7-Dichlor-5-hydroxy-3-methyl-hepta-2c,4t,6-triensäure-lacton $C_8H_6Cl_2O_2$, Formel I.

B. Aus 4,4-Dichlor-but-3-en-2-on beim Aufbewahren (*Sacharkin et al.*, Izv. Akad. S.S.S.R. Otd. chim. **1956** 313, 316; engl. Ausg. S. 303, 305) sowie beim Erwärmen mit konz. Schwefelsäure (*Wichterle, Vogel*, Collect. **19** [1954] 1197, 1201; *Rice, Vogel*, Chem. and Ind. **1959** 992).

Krystalle; F: 66—67° [aus PAe. + Bzl.] (*Sa. et al.*), 65—66° [aus Me.] (*Wi., Vo.*). Kp_2: 143—145° (*Wi., Vo.*); Kp_8: 173—174° (*Sa. et al.*).

Hydrierung an Platin in Methanol: *Wi., Vo.*; *Rice, Vo.* Beim Behandeln mit Brom in Tetrachlormethan ist eine Verbindung $C_8H_5BrCl_2O_2$ (gelbe Krystalle [aus Bzl.], F: 142—143°) erhalten worden (*Wi., Vo.*).

4t(?)-[2]Furyl-but-3-en-2-on, (*E*?)-Furfurylidenaceton $C_8H_8O_2$, vermutlich Formel II (H 306; E I 159; E II 326).

B. Beim Erwärmen von Furfurylalkohol mit Aceton und Aluminium-*tert*-butylat in Benzol (*Batty et al.*, Soc. **1938** 175, 178). Beim Behandeln von Furfural mit Aceton und wss. Kalilauge (*Soc. An. Usines de Melle*, U.S.P. 2848498 [1954]). Beim Erwärmen von Furfural mit Aceton in Gegenwart eines basischen Ionenaustauschers (*Mastagli et al.*, Bl. **1953** 693).

^1H-^1H-Spin-Spin-Kopplungskonstanten: *Huckerby*, Tetrahedron Letters **1971** 353. Grundschwingungsfrequenzen des Moleküls: *Katritzky, Lagowski*, Soc. **1959** 657, 658.

F: 39,7°; Kp_{10}: 116° (*Hughes, Johnson*, Am. Soc. **53** [1931] 737, 744). D_4^{45}: 1,0572 (*Hu., Jo.*). $n_{643,8}^{55}$: 1,5635; n_D^{45}: 1,5788; $n_{579,0}^{45}$: 1,5813; $n_{546,1}^{45}$: 1,5909; $n_{435,9}^{45}$: 1,6588 (*Hu., Jo.*). Schallabsorption und Schallrelaxation bei 50° und 75°: *de Groot, Lamb*, Pr. roy. Soc. [A] **242** [1957] 36, 43, 48. IR-Banden ($CHCl_3$) im Bereich von 1558 cm^{-1} bis 803 cm^{-1}: *Ka., La.* UV-Spektrum (A.; 210—380 nm bzw. 270—360 nm): *Pappalardo*, G. **89** [1959] 540, 546; *Hu., Jo.*, l. c. S. 740. Polarographie: *Adkins, Cox*, Am. Soc. **60** [1938] 1151, 1153; *Nakaya et al.*, J. chem. Soc. Japan Pure Chem. Sect. **78** [1957] 935, 942; C. A. **1959** 21277. Schmelzdiagramme der binären Systeme mit Brenzcatechin, Resorcin und Hydrochinon: *Tschelinzeff, Kusnezow*, Bl. [5] **6** [1939] 256, 259, 261; *Tschelinzew et al.*, Ž. obšč. Chim. **9** [1939] 160, 162, 163.

Beim Erhitzen mit Kaliumdisulfit in Wasser ist Kalium-[1-[2]furyl-3-oxo-butan-1-sulfonat] erhalten worden (*Am. Cyanamid Co.*, U.S.P. 2385314 [1942]). Bildung von 1-[2]Furyl-3-oxo-butylphosphonsäure-dimethylester beim Erwärmen mit Dimethylphosphonat und Natriummethylat in Methanol: *Pudowik*, Ž. obšč. Chim. **22** [1952] 462, 466; engl. Ausg. S. 525, 529. Hydrierung an Raney-Nickel in Äthanol bei 180°/150—200 at unter Bildung von 4-Tetrahydro[2]furyl-butan-2-ol (Kp_{10}: 105—106°) und 2-Methyl-oxocan-5-on: *Hinz et al.*, B. **76** [1943] 676, 686. Hydrierung an Kupferoxid-Chromoxid in Äthanol bei 110—135°/115 at unter Bildung von 4-[2]Furyl-butan-2-ol (Hauptprodukt) und 2-Methyl-oxocan-5-on: *Alexander et al.*, Am. Soc. **72** [1950] 5506. Hydrierung an Nickel oder an Kupferoxid-Chromoxid in Ameisensäure enthaltendem Wasser bei 215—235°/170—200 at unter Bildung von Octan-1,4,7-triol ($Kp_{0,16}$: 148°; n_D^{25}: 1,4748) und 4-Tetrahydro[2]furyl-butan-2-ol (nicht charakterisiert): *Russell et al.*, Am. Soc. **74** [1952] 4543, 4545. Hydrierung an Raney-Nickel bei 175°/150 at unter Bildung von 2-Methyl-1,6-dioxa-spiro[4.4]nonan: *Balandin*, Izv. Akad. S.S.S.R. Otd. chim. **1955** 624, 636; engl. Ausg. S. 557, 567. Bei der elektrochemischen Reduktion an mit Nickel überzogener Kupfer-Kathode in wss.-äthanol. Schwefelsäure ist 4-[2]Furyl-butan-2-on erhalten worden (*Ishiwata et al.*, J. pharm. Soc. Japan **70** [1950] 193; C. A. **1950** 6751). Reaktion mit Äthylmagnesiumbromid in Äther unter Bildung von 4-[2]Furyl-hexan-2-on: *Maxim*, Bl. [4] **49** [1931] 887, 889.

Verbindung mit Quecksilber(II)-chlorid $C_8H_8O_2 \cdot HgCl_2 \cdot H_2O$. Gelbe Krystalle; F: 90° (*Baroni, Marini-Bettolo*, G. **70** [1940] 670, 675).

4t(?)-[2]Furyl-but-3-en-2-on-oxim $C_8H_9NO_2$, vermutlich Formel III (X = OH).

B. Aus 4*t*(?)-[2]Furyl-but-3-en-2-on und Hydroxylamin (*Kleene*, Am. Soc. **63** [1941] 3538).

Krystalle (aus wss. A.); F: 88—90°.

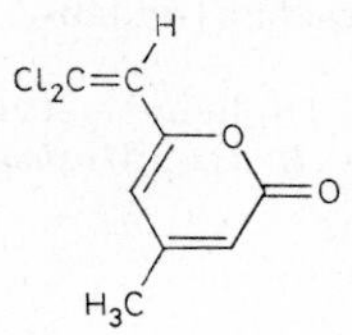

I 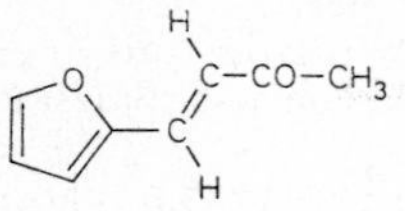 II 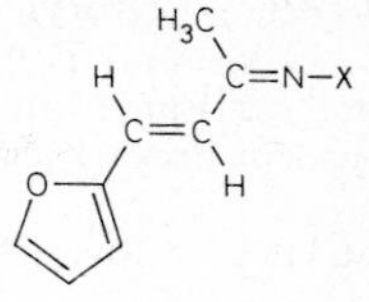 III 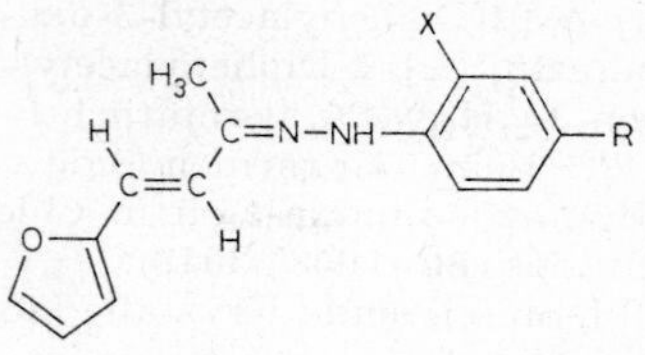 IV

4t(?)-[2]Furyl-but-3-en-2-on-[4-chlor-phenylhydrazon] $C_{14}H_{13}ClN_2O$, vermutlich Formel IV (R = Cl, X = H).

B. Aus 4t(?)-[2]Furyl-but-3-en-2-on und [4-Chlor-phenyl]-hydrazin (*Sah et al.*, Sci. Rep. Tsing Hua Univ. [A] **2** [1933] 7, 9).

Orangegelbe Krystalle (aus A.); F: 179–180° [korr.].

4t(?)-[2]Furyl-but-3-en-2-on-[2,4-dinitro-phenylhydrazon] $C_{14}H_{12}N_4O_5$, vermutlich Formel IV (R = X = NO_2).

B. Aus 4t(?)-[2]Furyl-but-3-en-2-on und [2,4-Dinitro-phenyl]-hydrazin (*Ferrante, Bloom*, Am. J. Pharm. **105** [1933] 381, 382; *Braude et al.*, Soc. **1952** 4155, 4157; *Jones et al.*, Anal. Chem. **28** [1956] 191, 196).

Rote Krystalle; F: 248° [aus Py.] (*Br. et al.*), 241° [korr.] (*Fe., Bl.*). IR-Spektrum (2–15 μ): *Jo. et al.* Absorptionsspektrum einer Lösung in Chloroform (250–600 nm) sowie einer Lösung in wss. Natronlauge (300–700 nm): *Jo. et al.*, l. c. S. 192, 193.

4t(?)-[2]Furyl-but-3-en-2-on-*o*-tolylhydrazon $C_{15}H_{16}N_2O$, vermutlich Formel IV (R = H, X = CH_3).

B. Aus 4t(?)-[2]Furyl-but-3-en-2-on und *o*-Tolylhydrazin (*Sah, Ma*, Sci. Rep. Tsing Hua Univ. [A] **1** [1932] 259, 262, 265).

Orangefarbene Krystalle (aus PAe.); F: 83–85°.

4t(?)-[2]Furyl-but-3-en-2-on-*p*-tolylhydrazon $C_{15}H_{16}N_2O$, vermutlich Formel IV (R = CH_3, X = H).

B. Aus 4t(?)-[2]Furyl-but-3-en-2-on und *p*-Tolylhydrazin (*Sah, Lei*, Sci. Rep. Tsing Hua Univ. [A] **2** [1933] 1, 2, 4).

Orangegelbe Krystalle (aus Bzl. oder A.); F: 187–188° (nach Sintern bei 181°).

4t(?)-[2]Furyl-but-3-en-2-on-[2]naphthylhydrazon $C_{18}H_{16}N_2O$, vermutlich Formel V.

B. Aus 4t(?)-[2]Furyl-but-3-en-2-on und [2]Naphthylhydrazin (*Lei et al.*, Sci. Rep. Tsing Hua Univ. [A] **2** [1934] 335, 337, 338).

Gelbe Krystalle (aus wss. A.); F: 163–164°.

Pikrat $C_{18}H_{16}N_2O \cdot C_6H_3N_3O_7$. Violettrote Krystalle (aus A.); F: 118–119°.

4t(?)-[2]Furyl-but-3-en-2-on-[4-thiocyanato-phenylhydrazon] $C_{15}H_{13}N_3OS$, vermutlich Formel IV (R = SCN, X = H).

B. Aus 4t(?)-[2]Furyl-but-3-en-2-on und [4-Thiocyanato-phenyl]-hydrazin (*Horii*, J. pharm. Soc. Japan **56** [1936] 53, 56; dtsch. Ref. S. 18).

Krystalle; F: 143–143,5°.

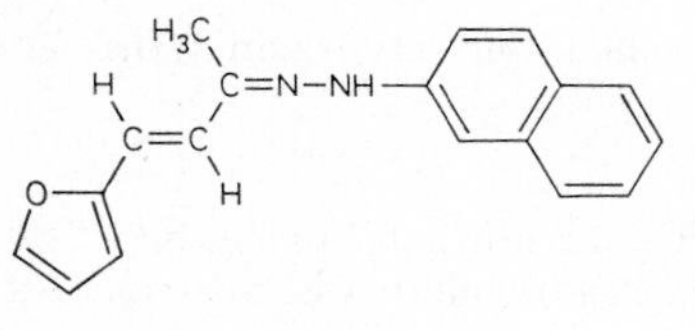

V 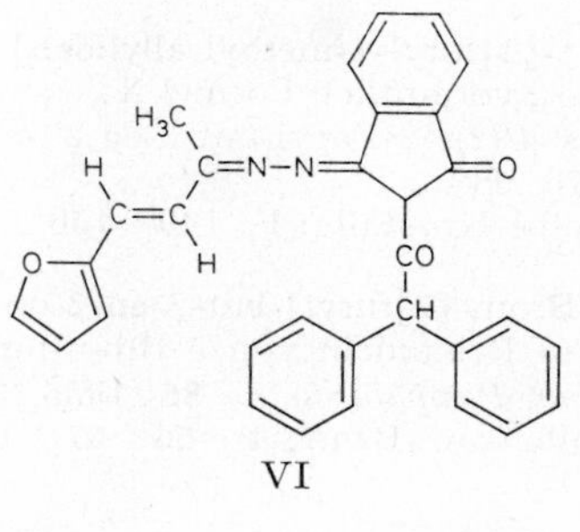 VI

(±)-*N*-[2-Diphenylacetyl-3-oxo-indanyliden]-*N'*-[3*t*(?)-[2]furyl-1-methyl-allyliden]-hydrazin, (±)-2-Diphenylacetyl-3-[3*t*(?)-[2]furyl-1-methyl-allylidenhydrazono]-indan-1-on $C_{31}H_{24}N_2O_3$, vermutlich Formel VI, und Tautomere.

B. Beim Erwärmen von 4*t*(?)-[2]Furyl-but-3-en-2-on mit (±)-2-Diphenylacetyl-3-hydrazono-indan-1-on in Chloroform unter Zusatz von wss. Salzsäure (*Braun, Mosher*, Am. Soc. **80** [1958] 3048).

Fluorescierende Krystalle (aus $CHCl_3$ + Me.); F: 233—233,5° [korr.].

4*t*(?)-[2]Furyl-but-3-en-2-on-[3-nitro-benzoylhydrazon], 3-Nitro-benzoesäure-[3*t*(?)-[2]furyl-1-methyl-allylidenhydrazid] $C_{15}H_{13}N_3O_4$, vermutlich Formel VII.

B. Aus 4*t*(?)-[2]Furyl-but-3-en-2-on und 3-Nitro-benzoesäure-hydrazid (*Meng, Sah*, Sci. Rep. Tsing Hua Univ. [A] **2** [1934] 347, 349).

Gelbe Krystalle (aus A.); F: 186—187°.

4*t*(?)-[2]Furyl-but-3-en-2-on-semicarbazon $C_9H_{11}N_3O_2$, vermutlich Formel III (X = NH-CO-NH_2).

B. Aus 4*t*(?)-[2]Furyl-but-3-en-2-on und Semicarbazid (*Breusch, Ulusoy*, Rev. Fac. Sci. Istanbul [A] **13** [1948] 51, 53; *Ishiwata et al.*, J. pharm. Soc. Japan **70** [1950] 193; C. A. **1950** 6751).

Hellgelbe Krystalle; F: 194—195° [aus A.] (*Br., Ul.*), 193° (*Is. et al.*).

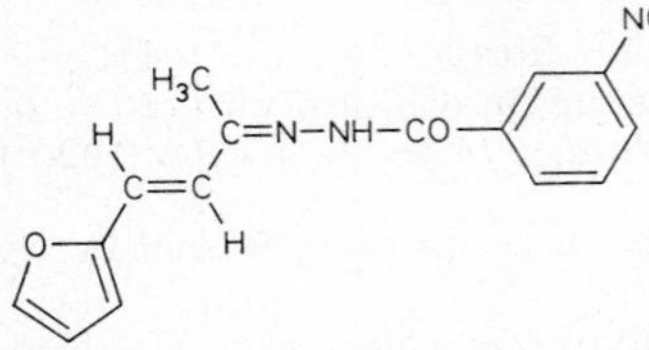

VII

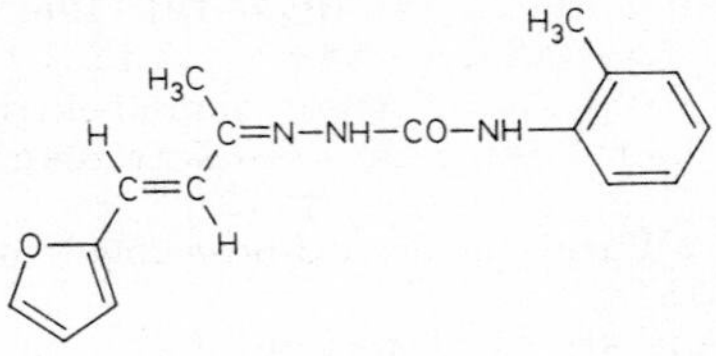

VIII

4*t*(?)-[2]Furyl-but-3-en-2-on-[4-*o*-tolyl-semicarbazon] $C_{16}H_{17}N_3O_2$, vermutlich Formel VIII.

B. Aus 4*t*(?)-[2]Furyl-but-3-en-2-on und 4-*o*-Tolyl-semicarbazid (*Lei et al.*, J. Chin. chem. Soc. **3** [1935] 246, 247, 248).

Gelbe Krystalle (aus A.); F: 176—178°.

4*t*(?)-[2]Furyl-but-3-en-2-on-thiosemicarbazon $C_9H_{11}N_3OS$, vermutlich Formel IX (R = H).

B. Aus 4*t*(?)-[2]Furyl-but-3-en-2-on und Thiosemicarbazid (*Combes et al.*, Bl. **1953** 315, 317; *Caldwell, Nobles*, J. Am. pharm. Assoc. **45** [1956] 729, 730).

Gelbe Krystalle (aus A.); F: 145—146° (*Co. et al.*), 135° [unkorr.; Fisher-Johns-App.] (*Ca., No.*).

4*t*(?)-[2]Furyl-but-3-en-2-on-[4-isobutyl-thiosemicarbazon] $C_{13}H_{19}N_3OS$, vermutlich Formel IX (R = CH_2-$CH(CH_3)_2$).

B. Aus 4*t*(?)-[2]Furyl-but-3-en-2-on und 4-Isobutyl-thiosemicarbazid (*Dodgen, Nobles*, J. Am. pharm. Assoc. **46** [1957] 437).

Krystalle (aus wss. A.); F: 103—106° [unkorr.].

Bis-[3*t*(?)-[2]furyl-1-methyl-allyliden]-hydrazin, 4*t*(?)-[2]Furyl-but-3-en-2-on-azin $C_{16}H_{16}N_2O_2$, vermutlich Formel X.

B. Aus 4*t*(?)-[2]Furyl-but-3-en-2-on (F: 37—39°) und Hydrazin (*Hinz et al.*, B. **76** [1943] 676, 682).

Grüngelbe Krystalle; F: 149—150°.

4*t*(?)-[5-Brom-[2]furyl]-but-3-en-2-on $C_8H_7BrO_2$, vermutlich Formel XI.

B. Beim Behandeln von 5-Brom-furfural mit Aceton und wss.-äthanol. Natronlauge (*Andrisano, Pappalardo*, G. **85** [1955] 391, 398).

Krystalle (aus Bzn.); F: 56—57°. UV-Spektrum (A.; 210—390 nm): *An., Pa.*, l. c. S. 394.

Über ein unter der gleichen Konstitution beschriebenes, als 2,4-Dinitro-phenylhydrazon ($C_{14}H_{11}BrN_4O_5$; F: 190° [Zers.]) charakterisiertes Präparat s. *Sakutškaja, Bobrik*, Doklady Akad. Uzbeksk. S.S.R. **1958** Nr. 10, S. 21, 22; C. A. **1959** 11335).

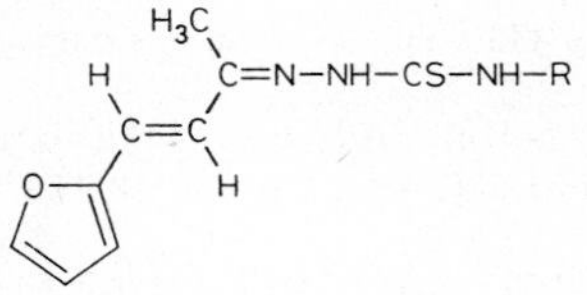

IX 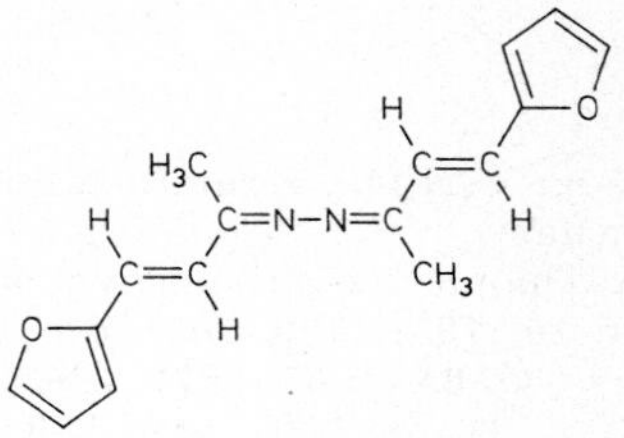 X 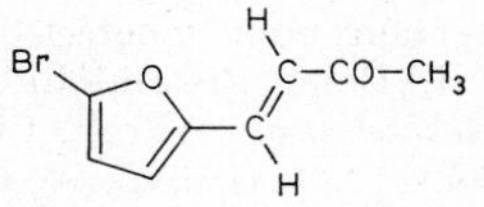 XI

4t(?)-[5-Nitro-[2]furyl]-but-3-en-2-on $C_8H_7NO_4$, vermutlich Formel XII.

B. Beim Behandeln von 4t(?)-[2]Furyl-but-3-en-2-on (F: 37–38°) mit Salpetersäure und Acetanhydrid bei –30° (*Eaton Labor. Inc.*, U.S.P. 2599509 [1950]; *Wenter et al.*, Latvijas Akad. Vēstis **1959** Nr. 8, S. 99, 100, 103; C. A. **1960** 17363; s. a. *Sasaki*, Bl. chem. Soc. Japan **27** [1954] 398).

Gelbe Krystalle; F: 114–115° [aus A.] (*We. et al.*), 113–114° [aus Bzn.] (*Eaton Labor. Inc.*). Absorptionsspektrum (A.; 210–420 nm bzw. 220–450 nm): *Andrisano, Pappalardo*, R. A. L. [8] **15** [1953] 64, 67; *We. et al.* Polarographie: *Štradin' et al.*, Doklady Akad. S.S.S.R. **129** [1959] 816, 817; Pr. Acad. Sci. U.S.S.R. Chem. Sect. **124**–**129** [1959] 1077, 1078.

4t(?)-[5-Nitro-[2]furyl]-but-3-en-2-on-semicarbazon $C_9H_{10}N_4O_4$, vermutlich Formel XIII.

B. Aus 4t(?)-[5-Nitro-[2]furyl]-but-3-en-2-on und Semicarbazid (*Eaton Labor. Inc.*, U.S.P. 2599509 [1950]; *Wenter et al.*, Latvijas Akad. Vēstis **1959** Nr. 8, S. 99, 104; C. A. **1960** 17363).

Krystalle; F: 242° [Zers.; aus A.] (*We. et al.*), 234° [Zers.; aus Eg.] (*Eaton Labor. Inc.*).

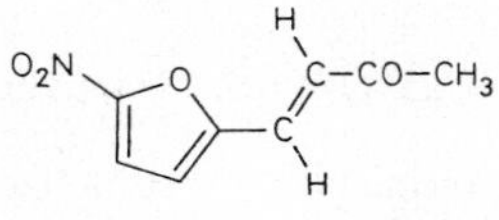

XII 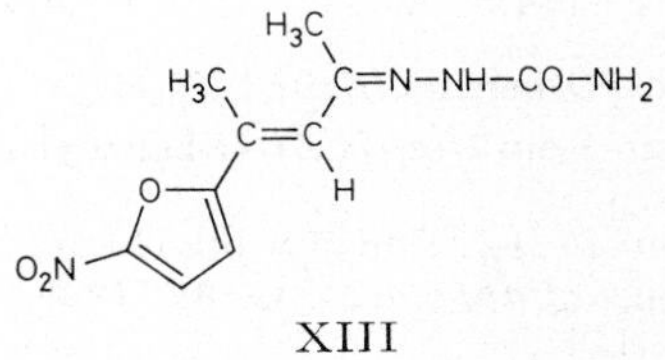 XIII 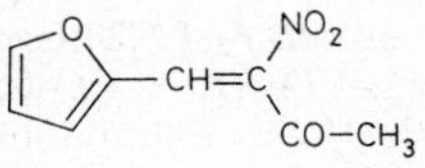 XIV

4ξ-[2]Furyl-3-nitro-but-3-en-2-on $C_8H_7NO_4$, Formel XIV.

B. Beim Behandeln von Furfural-methylimin mit Acetanhydrid und Nitroaceton (*Dornow, Sassenberg*, A. **602** [1957] 14, 20).

Gelbliche Krystalle (aus Dibutyläther); F: 142°.

Beim Behandeln mit wss. Natronlauge ist 1-[2]Furyl-2-nitro-äthylen (F: 75°) erhalten worden.

4t(?)-[2]Furyl-1-nitro-but-3-en-2-on $C_8H_7NO_4$, vermutlich Formel I.

B. Beim Behandeln von Furfural mit Nitroaceton und wss. Natronlauge (*Dornow, Sassenberg*, A. **602** [1957] 14, 18).

Gelbe Krystalle (aus Me. oder Dibutyläther); F: 120° (*Do., Sa.*, A. **602** 18).

Beim Behandeln einer Lösung in Pyridin mit Benzoylchlorid bei –15° ist *N*-Benzoyloxy-4-[2]furyl-2-oxo-but-3-enimidoylchlorid (F: 158–159°) erhalten worden (*Dornow, Sassenberg*, A. **606** [1957] 61, 66).

4t(?)-[2]Furyl-1-nitro-but-3-en-2-on-phenylhydrazon $C_{14}H_{13}N_3O_3$, vermutlich Formel II.

B. Aus 4t(?)-[2]Furyl-1-nitro-but-3-en-2-on und Phenylhydrazin (*Dornow, Sassenberg*, A. **602** [1957] 14, 19).

Gelbe Krystalle (aus Bzl. + Bzn.); F: 130–131° [Zers.].

I II III

4t(?)-[2]Thienyl-but-3-en-2-on C_8H_8OS, vermutlich Formel III (E I 159; dort als [α-Thenyliden]-aceton bezeichnet).

B. Beim Behandeln von Thiophen-2-carbaldehyd mit Aceton und wss. Alkalilauge (*Keskin et al.*, J. org. Chem. **16** [1951] 199, 205; *Marvel et al.*, J. org. Chem. **18** [1953] 1730, 1734; *Grünanger, Grasso*, G. **85** [1955] 1271, 1283).

Krystalle; F: 36° (*Gr., Gr.*), 34—35° (*Ke. et al.*). Kp_{14}: 151—153°; n_D^{20}: 1,6367 (*Ma. et al.*). $Kp_{0,7}$: 94,5° (*Combes et al.*, Bl. **1953** 315, 317). UV-Spektrum (A. und Hexan; 210—370 nm): *Pappalardo*, G. **89** [1959] 540, 543, 544. Polarographie: *Nakaya et al.*, J. chem. Soc. Japan Pure Chem. Sect. **78** [1957] 935, 942; C. A. **1959** 21277.

Beim Erwärmen mit Benzonitriloxid in Äther ist 4-Acetyl-3-phenyl-5-[2]thienyl-4,5-dihydro-isoxazol (F: 74—75°) erhalten worden (*Gr., Gr.*).

4-[2]Thienyl-but-3-en-2-on-oxim C_8H_9NOS.

a) **4t(?)-[2]Thienyl-but-3-en-2-on-(Z)-oxim** C_8H_9NOS, vermutlich Formel IV (R = H).

B. Beim Behandeln des unter b) beschriebenen Stereoisomeren mit Chlorwasserstoff enthaltendem Äthanol (*Pappalardo*, G. **89** [1959] 1736, 1742).

Krystalle (aus A.); F: 123,5—124,5°.

Beim Behandeln mit Phosphor(V)-chlorid in Äthanol ist 3-[2]Thienyl-acrylsäure-methylamid (F: 136—137°) erhalten worden.

b) **4t(?)-[2]Thienyl-but-3-en-2-on-(E)-oxim** C_8H_9NOS, vermutlich Formel V (R = H).

B. Beim Behandeln einer äthanol. Lösung von 4*t*(?)-[2]Thienyl-but-3-en-2-on mit Hydroxylamin-hydrochlorid und wss. Kalilauge (*Pappalardo*, G. **89** [1959] 1736, 1740).

Krystalle (aus wss. A.); F: 114,5—115°.

4-[2]Thienyl-but-3-en-2-on-[O-benzoyl-oxim] $C_{15}H_{13}NO_2S$.

a) **4t(?)-[2]Thienyl-but-3-en-2-on-[(Z)-O-benzoyl-oxim]** $C_{15}H_{13}NO_2S$, vermutlich Formel IV (R = CO-C_6H_5).

B. Beim Behandeln von 4*t*(?)-[2]Thienyl-but-3-en-2-on-(*Z*)-oxim (s. o.) mit Benzoylchlorid und wss. Natronlauge (*Pappalardo*, G. **89** [1959] 1736, 1742).

Krystalle (aus PAe.); F: 114°.

b) **4t(?)-[2]Thienyl-but-3-en-2-on-[(E)-O-benzoyl-oxim]** $C_{15}H_{13}NO_2S$, vermutlich Formel V (R = CO-C_6H_5).

B. Beim Behandeln von 4*t*(?)-[2]Thienyl-but-3-en-2-on-(*E*)-oxim (s. o.) mit Benzoylchlorid und wss. Natronlauge (*Pappalardo*, G. **89** [1959] 1736, 1741).

Krystalle (aus Bzl.); F: 132—133°.

4t(?)-[2]Thienyl-but-3-en-2-on-[2,4-dinitro-phenylhydrazon] $C_{14}H_{12}N_4O_4S$, vermutlich Formel VI (R = $C_6H_3(NO_2)_2$).

B. Aus 4*t*(?)-[2]Thienyl-but-3-en-2-on und [2,4-Dinitro-phenyl]-hydrazin (*Keskin et al.*, J. org. Chem. **16** [1951] 199, 204). Beim Behandeln von (±)-1-[2]Thienyl-but-3-in-1-ol mit [2,4-Dinitro-phenyl]-hydrazin-sulfat in Methanol (*Ke. et al.*).

Krystalle (aus E.); F: 215—218°.

IV V VI VII

4t(?)-[2]Thienyl-but-3-en-2-on-semicarbazon $C_9H_{11}N_3OS$, vermutlich Formel VI (R = CO-NH$_2$).

B. Aus 4t(?)-[2]Thienyl-but-3-en-2-on und Semicarbazid (*Keskin et al.*, J. org. Chem. **16** [1951] 199, 205; *Combes et al.*, Bl. **1953** 315, 317).

Krystalle; F: 176,5—177,5° (*Ke. et al.*), 176—177° [aus A.] (*Co. et al.*).

4t(?)-[2]Thienyl-but-3-en-2-on-thiosemicarbazon $C_9H_{11}N_3S_2$, vermutlich Formel VI (R = CS-NH$_2$).

B. Aus 4t(?)-[2]Thienyl-but-3-en-2-on und Thiosemicarbazid (*Combes et al.*, Bl. **1953** 315, 317; *Caldwell, Nobles*, J. Am. pharm. Assoc. **45** [1956] 729, 730).

Gelbe Krystalle (aus A.); F: 136—138° (*Co. et al.*), 125° [unkorr.; Fisher-Johns-App.] (*Ca., No.*).

4t(?)-[2]Thienyl-but-3-en-2-on-[4-isobutyl-thiosemicarbazon] $C_{13}H_{19}N_3S_2$, vermutlich Formel VI (R = CS-NH-CH$_2$-CH(CH$_3$)$_2$).

B. Aus 4t(?)-[2]Thienyl-but-3-en-2-on und 4-Isobutyl-thiosemicarbazid (*Dodgen, Nobles*, J. Am. pharm. Assoc. **46** [1957] 437).

Krystalle (aus wss. A.); F: 115—116° [unkorr.].

4t(?)-[5-Chlor-[2]thienyl]-but-3-en-2-on C_8H_7ClOS, vermutlich Formel VII.

B. Beim Behandeln von 5-Chlor-thiophen-2-carbaldehyd mit Aceton und wss. Natronlauge (*Britten et al.*, J. Am. pharm. Assoc. **43** [1954] 641).

Kp$_1$: 125—128°.

4t(?)-[5-Brom-[2]thienyl]-but-3-en-2-on C_8H_7BrOS, vermutlich Formel VIII.

B. Beim Behandeln von 5-Brom-thiophen-2-carbaldehyd mit Aceton und wss. Natronlauge (*Pappalardo*, G. **89** [1959] 540, 549).

Krystalle (aus A.); F: 63,5—64°. Kp$_5$: 140—145°. UV-Spektrum (A. und Hexan; 210—370 nm): *Pa.*, l. c. S. 544.

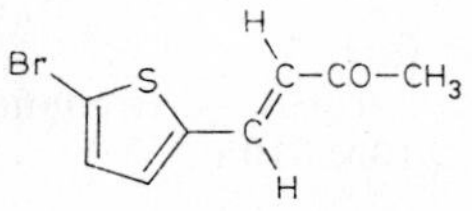

VIII 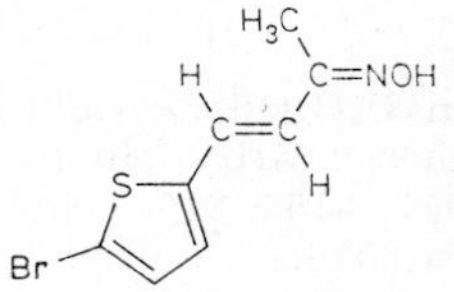 IX 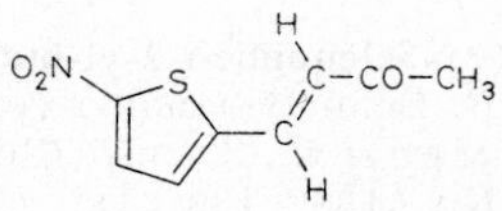 X

4t(?)-[5-Brom-[2]thienyl]-but-3-en-2-on-oxim C_8H_8BrNOS, vermutlich Formel IX.

B. Aus 4t(?)-[5-Brom-[2]thienyl]-but-3-en-2-on und Hydroxylamin (*Pappalardo*, G. **89** [1959] 540, 550).

Krystalle (aus wss. A.); F: 132—134°.

4t(?)-[5-Nitro-[2]thienyl]-but-3-en-2-on $C_8H_7NO_3S$, vermutlich Formel X.

B. Beim Behandeln von 4t(?)-[2]Thienyl-but-3-en-2-on mit Salpetersäure und Acetanhydrid bei —5° (*Combes et al.*, Bl. **1953** 315, 318) oder mit Salpetersäure und Schwefelsäure bei —10° (*Pappalardo*, G. **89** [1959] 551, 558).

Gelbe Krystalle (aus A.); F: 131,5° (*Pa.*), 127° (*Co. et al.*). Absorptionsspektrum (A. und Hexan; 210—420 nm): *Pa.*, l. c. S. 553.

4t(?)-[5-Nitro-[2]thienyl]-but-3-en-2-on-oxim $C_8H_8N_2O_3S$, vermutlich Formel XI (X = OH).

B. Aus 4t(?)-[5-Nitro-[2]thienyl]-but-3-en-2-on und Hydroxylamin (*Pappalardo*, G. **89** [1959] 551, 558).

Gelbe Krystalle (aus wss. A.); F: 173—174°.

4t(?)-[5-Nitro-[2]thienyl]-but-3-en-2-on-phenylhydrazon $C_{14}H_{13}N_3O_2S$, vermutlich Formel XI (X = NH-C$_6$H$_5$).

B. Aus 4t(?)-[5-Nitro-[2]thienyl]-but-3-en-2-on und Phenylhydrazin (*Pappalardo*, G. **89** [1959] 551, 558).

Krystalle (aus Bzl.); F: 192—193° [Zers.].

4t(?)-[5-Nitro-[2]thienyl]-but-3-en-2-on-semicarbazon $C_9H_{10}N_4O_3S$, vermutlich Formel XI (X = NH-CO-NH_2).

B. Aus 4t(?)-[5-Nitro-[2]thienyl]-but-3-en-2-on und Semicarbazid (*Combes et al.*, Bl. **1953** 315, 318).

Gelbe Krystalle (aus A.); Zers. bei 225—228°.

4t(?)-[5-Nitro-[2]thienyl]-but-3-en-2-on-thiosemicarbazon $C_9H_{10}N_4O_2S_2$, vermutlich Formel XI (X = NH-CS-NH_2).

B. Aus 4t(?)-[5-Nitro-[2]thienyl]-but-3-en-2-on und Thiosemicarbazid (*Combes et al.*, Bl. **1953** 315, 318).

Gelbe Krystalle (aus Dioxan); Zers. bei 228—230°.

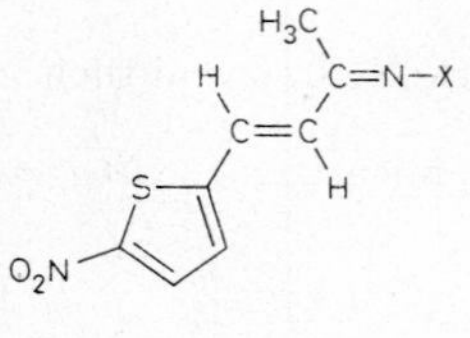

XI 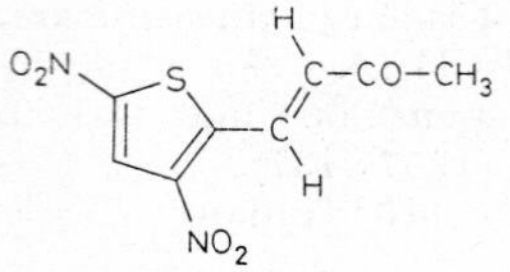 XII 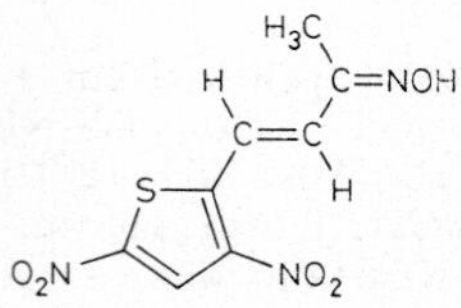 XIII

4t(?)-[3,5-Dinitro-[2]thienyl]-but-3-en-2-on $C_8H_6N_2O_5S$, vermutlich Formel XII.

B. Beim Behandeln von 4t(?)-[2]Thienyl-but-3-en-2-on mit Schwefelsäure und mit Salpetersäure bei —10° (*Pappalardo*, G. **89** [1959] 551, 559).

Gelbe Krystalle (aus wss. Acn.); F: 126,5°.

4t(?)-[3,5-Dinitro-[2]thienyl]-but-3-en-2-on-oxim $C_8H_7N_3O_5S$, vermutlich Formel XIII.

B. Aus 4t(?)-[3,5-Dinitro-[2]thienyl]-but-3-en-2-on und Hydroxylamin (*Pappalardo*, G. **89** [1959] 551, 559).

Gelbe Krystalle (aus A.); F: 210—211°.

4t(?)-Selenophen-2-yl-but-3-en-2-on C_8H_8OSe, vermutlich Formel I.

B. Beim Behandeln von Selenophen-2-carbaldehyd mit Aceton und wss. Natronlauge (*Jur'ew et al.*, Ž. obšč. Chim. **27** [1957] 3155, 3157; engl. Ausg. S. 3193, 3195).

Kp_5: 138—139°. D_4^{20}: 1,4632. n_D^{20}: 1,6578.

2-*trans*(?)-Crotonoyl-thiophen, 1-[2]Thienyl-but-2t(?)-en-1-on C_8H_8OS, vermutlich Formel II.

B. Beim Behandeln von Thiophen mit *trans*(?)-Crotonoylchlorid in Benzol unter Zusatz von Zinn(IV)-chlorid (*Bradsher et al.*, Am. Soc. **71** [1949] 3542; s. a. *Hartough et al.*, Am. Soc. **69** [1947] 1014) oder in Schwefelkohlenstoff unter Zusatz von Aluminiumchlorid (*Hirao et al.*, J. pharm. Soc. Japan **74** [1954] 105; C. A. **1955** 1696).

Kp_{14}: 134,5—135,5° (*Br. et al.*); Kp_7: 111—112° (*Hi. et al.*); Kp_5: 109—116° (*Ha. et al.*). n_D^{25}: 1,5949 (*Br. et al.*).

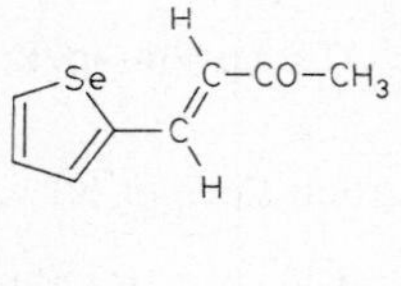

I 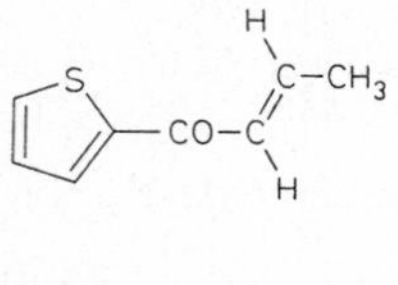 II 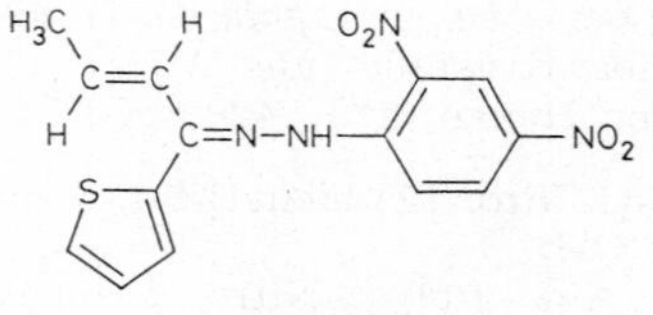 III

1-[2]Thienyl-but-2t(?)-en-1-on-[2,4-dinitro-phenylhydrazon] $C_{14}H_{12}N_4O_4S$, vermutlich Formel III.

B. Aus 1-[2]Thienyl-but-2t(?)-en-1-on und [2,4-Dinitro-phenyl]-hydrazin (*Hartough et al.*, Am. Soc. **69** [1947] 1074; *Hirao et al.*, J. pharm. Soc. Japan **74** [1954] 105; C. A. **1955** 1696).

F: 198—199° (*Hi. et al.*), 183—185° [Zers.] (*Ha. et al.*).

5-Chlor-2-*trans*(?)-crotonoyl-thiophen, 1-[5-Chlor-[2]thienyl]-but-2*t*(?)-en-1-on C_8H_7ClOS, vermutlich Formel IV.

B. Beim Behandeln von 2-Chlor-thiophen mit *trans*(?)-Crotonoylchlorid und Zinn(IV)-chlorid in Benzol (*Bradsher et al.*, Am. Soc. **71** [1949] 3542).

F: 72–73°. Kp_{14}: 151–152°.

4,4,4-Trichlor-1-[2]thienyl-but-2ξ-en-1-on $C_8H_5Cl_3OS$, Formel V (X = H).

B. Beim Erhitzen von (±)-4,4,4-Trichlor-3-hydroxy-1-[2]thienyl-butan-1-on mit Phosphor(V)-oxid auf 100° (*CIBA*, U.S.P. 2583508 [1951]).

Gelbe Krystalle (aus A. + PAe.); F: 63°.

4,4,4-Trichlor-1-[5-chlor-[2]thienyl]-but-2ξ-en-1-on $C_8H_4Cl_4OS$, Formel V (X = Cl).

B. Beim Erhitzen von (±)-4,4,4-Trichlor-1-[5-chlor-[2]thienyl]-3-hydroxy-butan-1-on mit Phosphor(V)-oxid auf 100° (*CIBA*, U.S.P. 2583508 [1951]).

Gelbe Krystalle (aus PAe.); F: 78°.

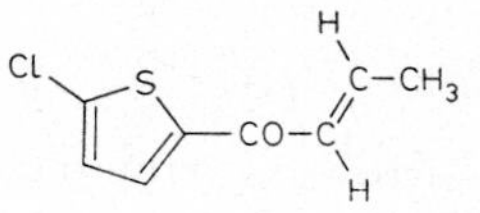

IV 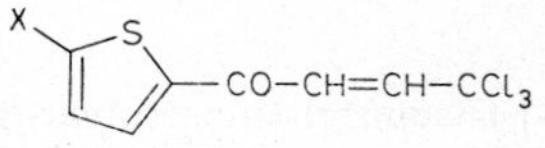 V 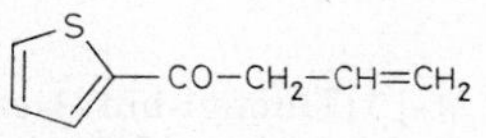 VI

1-[5-Brom-[2]thienyl]-4,4,4-trichlor-but-2ξ-en-1-on $C_8H_4BrCl_3OS$, Formel V (X = Br).

B. Beim Erhitzen von (±)-1-[5-Brom-[2]thienyl]-4,4,4-trichlor-3-hydroxy-butan-1-on mit Phosphor(V)-oxid auf 100° (*CIBA*, U.S.P. 2583508 [1951]).

Gelbe Krystalle (aus PAe.); F: 74°.

2-But-3-enoyl-thiophen, 1-[2]Thienyl-but-3-en-1-on C_8H_8OS, Formel VI.

B. Beim Erwärmen von But-3-ensäure mit Tetrachlorsilan in Benzol und Behandeln des Reaktionsgemisches mit Thiophen und Zinn(IV)-chlorid (*Jur'ew et al.*, Ž. obšč. Chim. **26** [1956] 3194, 3196; engl. Ausg. S. 3559, 3561).

Kp_3: 104,5–105°. D_4^{20}: 1,1420. n_D^{20}: 1,5945.

1-[2]Thienyl-but-3-en-1-on-[2,4-dinitro-phenylhydrazon] $C_{14}H_{12}N_4O_4S$, Formel VII.

B. Aus 1-[2]Thienyl-but-3-en-1-on und [2,4-Dinitro-phenyl]-hydrazin (*Jur'ew et al.*, Ž. obšč. Chim. **26** [1956] 3194, 3196; engl. Ausg. S. 3559, 3561).

Rote Krystalle; F: 170–171°.

2-But-3-enoyl-selenophen, 1-Selenophen-2-yl-but-3-en-1-on C_8H_8OSe, Formel VIII.

B. Beim Erwärmen von But-3-ensäure mit Tetrachlorsilan in Benzol und Behandeln des Reaktionsgemisches mit Zinn(IV)-chlorid und mit Selenophen in Benzol (*Jur'ew et al.*, Ž. obšč. Chim. **26** [1956] 3194, 3197; engl. Ausg. S. 3559, 3562).

Kp_{11}: 128°. D_4^{20}: 1,4220. n_D^{20}: 1,5990.

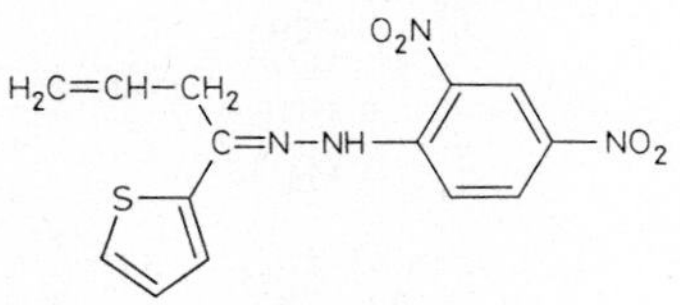

VII 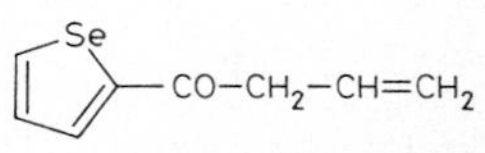 VIII 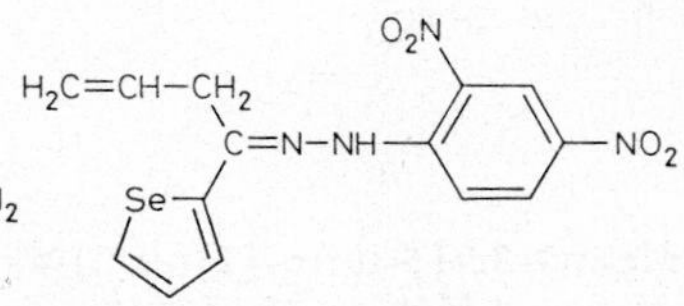 IX

1-Selenophen-2-yl-but-3-en-1-on-[2,4-dinitro-phenylhydrazon] $C_{14}H_{12}N_4O_4Se$, Formel IX.

B. Aus 1-Selenophen-2-yl-but-3-en-1-on und [2,4-Dinitro-phenyl]-hydrazin (*Jur'ew et al.*, Ž. obšč. Chim. **26** [1956] 3194, 3197; engl. Ausg. S. 3559, 3562).

Rote Krystalle; F: 174–175°.

4*t*(?)-[3]Thienyl-but-3-en-2-on C_8H_8OS, vermutlich Formel X.

B. Beim Behandeln von Thiophen-3-carbaldehyd mit Aceton und wss. Natronlauge (*Nobles*, Am. Soc. **77** [1955] 6675).

Gelb; F: 52–53°. Kp_{20-24}: 148–152°.

4*t*(?)-[3]Thienyl-but-3-en-2-on-thiosemicarbazon $C_9H_{11}N_3S_2$, vermutlich Formel XI (R = H).

B. Aus 4*t*(?)-[3]Thienyl-but-3-en-2-on und Thiosemicarbazid (*Nobles*, Am. Soc. **77** [1955] 6675).

Krystalle (aus wss. A.); F: 128–129° [unkorr.].

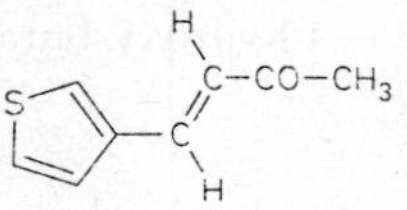

X 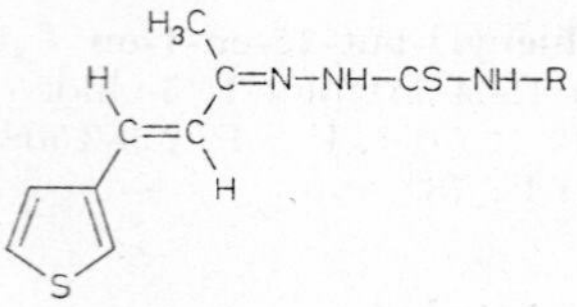 XI 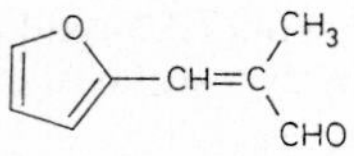 XII

4*t*(?)-[3]Thienyl-but-3-en-2-on-[4-isobutyl-thiosemicarbazon] $C_{13}H_{19}N_3S_2$, vermutlich Formel XI (R = CH_2-$CH(CH_3)_2$).

B. Aus 4*t*(?)-[3]Thienyl-but-3-en-2-on und 4-Isobutyl-thiosemicarbazid (*Dodgen, Nobles*, J. Am. pharm. Assoc. **46** [1957] 437).

Krystalle (aus wss. A.); F: 101–103° [unkorr.].

3ξ-[2]Furyl-2-methyl-acrylaldehyd $C_8H_8O_2$, Formel XII (vgl. H 307; E II 326; dort als α-Furfuryliden-propionaldehyd bezeichnet).

Die folgenden Angaben beziehen sich auf Präparate, die aus Furfural und Propion= aldehyd hergestellt worden sind.

Kp_{55}: 141–142° (*Pommer*, A. **579** [1953] 47, 68); Kp_{30}: 124°; Kp_{20}: 116–118° (*Lipp, Dallacker*, B. **90** [1957] 1730, 1732, 1734).

Cyclohexyl-[3ξ-[2]furyl-2-methyl-allyliden]-amin, 3ξ-[2]Furyl-2-methyl-acrylaldehyd-cyclohexylimin $C_{14}H_{19}NO$, Formel I.

B. Aus 3ξ-[2]Furyl-2-methyl-acrylaldehyd (vermutlich aus Furfural und Propion= aldehyd hergestellt) und Cyclohexylamin (*Skita, Pfeil*, A. **485** [1931] 152, 170).

Kp_{12}: 158–162°.

Verhalten bei der Hydrierung an Platin in Äthanol und Essigsäure: *Sk., Pf.*

2-Methyl-3ξ-[5-nitro-[2]furyl]-acrylaldehyd $C_8H_7NO_4$, Formel II.

B. Beim Behandeln von 5-Nitro-furfural mit Propionaldehyd in Benzol unter Zusatz von Piperidin-acetat (*Saikachi et al.*, Pharm. Bl. **3** [1955] 407, 409).

Gelbe Krystalle (aus Me.); F: 94,5–95°. Kp_2: 145°.

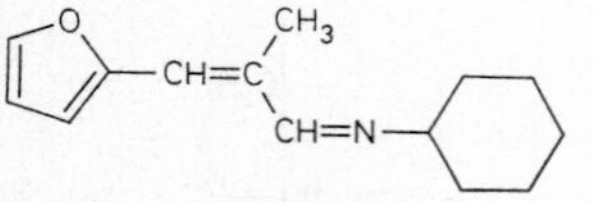

I 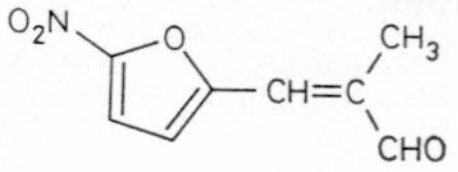 II 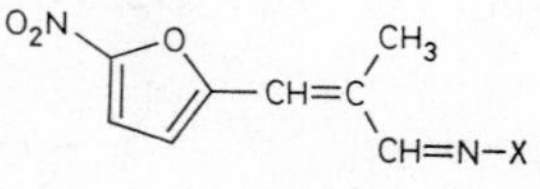 III

2-Methyl-3ξ-[5-nitro-[2]furyl]-acrylaldehyd-oxim $C_8H_8N_2O_4$, Formel III (X = OH).

B. Aus 2-Methyl-3ξ-[5-nitro-[2]furyl]-acrylaldehyd (s. o.) und Hydroxylamin (*Saikachi et al.*, Pharm. Bl. **3** [1955] 407, 411).

Gelbe Krystalle (aus wss. A.); F: 149°.

2-Methyl-3ξ-[5-nitro-[2]furyl]-acrylaldehyd-semicarbazon $C_9H_{10}N_4O_4$, Formel III (X = NH-CO-NH_2).

B. Aus 2-Methyl-3ξ-[5-nitro-[2]furyl]-acrylaldehyd (s. o.) und Semicarbazid (*Saikachi et al.*, Pharm. Bl. **3** [1955] 407, 410).

Gelbe Krystalle (aus A.); F: 240–242° [Zers.].

[2-Methyl-3ξ-(5-nitro-[2]furyl)-allylidenamino]-guanidin, 2-Methyl-3-[5-nitro-[2]furyl]-acrylaldehyd-carbamimidoylhydrazon $C_9H_{11}N_5O_3$, Formel III (X = NH-C(NH$_2$)=NH) und Tautomeres.

B. Aus 2-Methyl-3ξ-[5-nitro-[2]furyl]-acrylaldehyd (S. 4722) und Aminoguanidin (*Saikachi et al.*, Pharm. Bl. **3** [1955] 407, 410).

Hydrochlorid $C_9H_{11}N_5O_3 \cdot HCl$. Gelbe Krystalle (aus Me.); F: 276° [Zers.].

2-Methyl-3ξ-[5-nitro-[2]furyl]-acrylaldehyd-thiosemicarbazon $C_9H_{10}N_4O_3S$, Formel III (X = NH-CS-NH$_2$).

B. Aus 2-Methyl-3ξ-[5-nitro-[2]furyl]-acrylaldehyd (S. 4722) und Thiosemicarbazid (*Saikachi et al.*, Pharm. Bl. **3** [1955] 407, 410).

Braune Krystalle (aus A.); F: 198° [Zers.].

[2-Methyl-3ξ-(5-nitro-[2]furyl)-allylidenhydrazino]-essigsäure-äthylester $C_{12}H_{15}N_3O_5$, Formel IV (R = H).

B. Aus 2-Methyl-3ξ-[5-nitro-[2]furyl]-acrylaldehyd (S. 4722) und Hydrazinoessigsäure-äthylester (*Saikachi et al.*, Pharm. Bl. **3** [1955] 407, 410).

Orangerote Krystalle (aus wss. A.); F: 127–128° [Zers.].

{Carbamoyl-[2-methyl-3ξ-(5-nitro-[2]furyl)-allyliden]-hydrazino}-essigsäure-äthylester, 3-[2-Methyl-3ξ-(5-nitro-[2]furyl)-allylidenamino]-hydantoinsäure-äthylester $C_{13}H_{16}N_4O_6$, Formel IV (R = CO-NH$_2$).

B. Beim Erwärmen einer Lösung von 2-Methyl-3ξ-[5-nitro-[2]furyl]-acrylaldehyd (S. 4722) in Äthanol mit Hydrazinoessigsäure-äthylester-hydrochlorid und Kaliumcyanat in Wasser (*Saikachi et al.*, Pharm. Bl. **3** [1955] 407, 410).

Gelbgrüne Krystalle (aus wss. A.); F: 236°.

IV V

2-Methyl-3ξ-[5-nitro-selenophen-2-yl]-acrylaldehyd $C_8H_7NO_3Se$, Formel V.

B. Beim Behandeln von 5-Nitro-selenophen-2-carbaldehyd mit Propionaldehyd und methanol Kalilauge (*Jur'ew, Saĭzewa*, Ž. obšč. Chim. **29** [1959] 1965, 1967; engl. Ausg. S. 1935, 1937).

Gelbe Krystalle (aus A.); F: 139–139,5°. Bei 130–135°/12 Torr sublimierbar.

2-Methyl-3ξ-[5-nitro-selenophen-2-yl]-acrylaldehyd-semicarbazon $C_9H_{10}N_4O_3Se$, Formel VI.

B. Aus 2-Methyl-3ξ-[5-nitro-selenophen-2-yl]-acrylaldehyd (s. o.) und Semicarbazid (*Jur'ew, Saĭzewa*, Ž. obšč. Chim. **29** [1959] 1965, 1968; engl. Ausg. S. 1935, 1937).

Orangefarbene Krystalle (aus A.); F: 251–252° [Zers.].

VI VII VIII

2-Methacryloyl-thiophen, 2-Methyl-1-[2]thienyl-propenon C_8H_8OS, Formel VII.

B. Beim Erhitzen von (±)-3-Dimethylamino-2-methyl-1-[2]thienyl-propan-1-on-hydrochlorid mit Wasserdampf (*Blicke, Burckhalter*, Am. Soc. **64** [1942] 451, 453).

Kp_{19}: 118–120°.

Beim Erwärmen mit Phenylhydrazin ist 4-Methyl-1-phenyl-3-[2]thienyl-Δ^2-pyrazolin(?) (F: 81–83°) erhalten worden.

3*t*(?)-[3-Methyl-[2]thienyl]-acrylaldehyd C_8H_8OS, vermutlich Formel VIII.

B. Beim Behandeln von 3-Methyl-thiophen-2-carbaldehyd mit Acetaldehyd und wss.-äthanol. Natronlauge (*Miller, Nord*, J. org. Chem. **16** [1951] 1720, 1728).

Kp_3: 133–136°.

3*t*(?)-[3-Methyl-[2]thienyl]-acrylaldehyd-semicarbazon $C_9H_{11}N_3OS$, vermutlich Formel IX.

B. Aus 3*t*(?)-[3-Methyl-[2]thienyl]-acrylaldehyd und Semicarbazid (*Miller, Nord*, J. org. Chem. **16** [1951] 1720, 1728).

F: 203–204°.

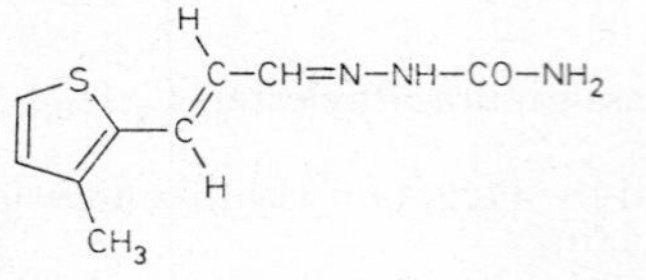

IX 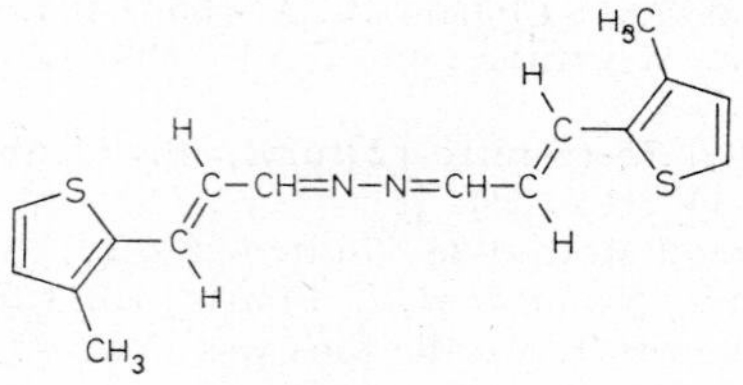 X

Bis-[3*t*(?)-(3-methyl-[2]thienyl)-allyliden]-hydrazin, 3*t*(?)-[3-Methyl-[2]thienyl]-acrylaldehyd-azin $C_{16}H_{16}N_2S_2$, vermutlich Formel X.

B. Beim Behandeln einer Lösung von 3*t*(?)-[3-Methyl-[2]thienyl]-acrylaldehyd in Äthanol mit Hydrazin-hydrat (*Miller, Nord*, J. org. Chem. **16** [1951] 1720, 1729).

Gelbe Krystalle; F: 134,5–135,5°.

(±)-5-Methyl-3-prop-2-inyl-3*H*-furan-2-on, (±)-4-Hydroxy-2-prop-2-inyl-pent-3*t*-ensäure-lacton $C_8H_8O_2$, Formel XI.

B. Als Hauptprodukt beim Erhitzen von Di-prop-2-inyl-malonsäure mit Zinkcarbonat (*Schulte, Nimke*, Ar. **290** [1957] 597, 602).

Kp_9: 89–91°. n_D^{20}: 1,476. IR-Spektrum (CS_2; 2–16 μ): *Sch., Ni.*, l. c. S. 599.

Geschwindigkeit der Hydrolyse in methanol. Kalilauge bei 0°: *Sch., Ni.*, l. c. S. 598.

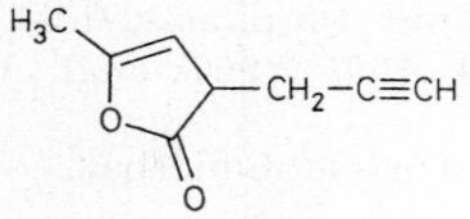

XI 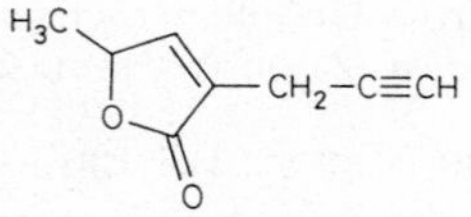 XII 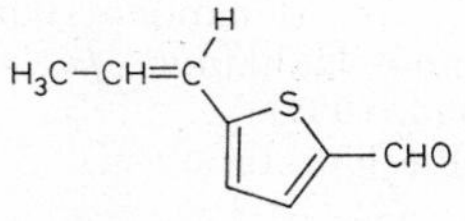 XIII

(±)-5-Methyl-3-prop-2-inyl-5*H*-furan-2-on, (±)-4-Hydroxy-2-prop-2-inyl-pent-2*c*-en-säure-lacton $C_8H_8O_2$, Formel XII.

B. Aus 2-Prop-2-inyl-pent-4-insäure bei mehrtägigem Aufbewahren (*Schulte et al.*, Ar. **291** [1958] 227, 236).

Kp_9: 103–105°; n_D^{20}: 1,484 (*Schulte, Nimke*, Ar. **290** [1957] 597, 602; *Sch. et al.*). IR-Spektrum (2–15 μ): *Sch., Ni.*, l. c. S. 599.

Geschwindigkeit der Hydrolyse in methanol. Kalilauge bei 0°: *Sch., Ni.*, l. c. S. 598.

5-ξ-Propenyl-thiophen-2-carbaldehyd C_8H_8OS, Formel XIII.

B. Beim Erwärmen von 2-ξ-Propenyl-thiophen (n_D^{20}: 1,5730) mit Dimethylformamid und Phosphorylchlorid und anschliessenden Behandeln mit wss. Natriumcarbonat-Lösung (*Schulte, Jantos*, Ar. **292** [1959] 536, 538).

$Kp_{0,15}$: 68–69°.

5-ξ-Propenyl-thiophen-2-carbaldehyd-phenylhydrazon $C_{14}H_{14}N_2S$, Formel I (R = C_6H_5).

B. Aus 5-ξ-Propenyl-thiophen-2-carbaldehyd (s. o.) und Phenylhydrazin (*Schulte, Jantos*, Ar. **292** [1959] 536, 538).

Gelbe Krystalle (aus Me.); F: 171–172°.

5-ξ-Propenyl-thiophen-2-carbaldehyd-semicarbazon $C_9H_{11}N_3OS$, Formel I ($R = CO\text{-}NH_2$).

B. Aus 5-ξ-Propenyl-thiophen-2-carbaldehyd (S. 4724) und Semicarbazid (*Schulte, Jantos*, Ar. **292** [1959] 536, 538).

Gelbe Krystalle (aus Me.); F: 210–212°.

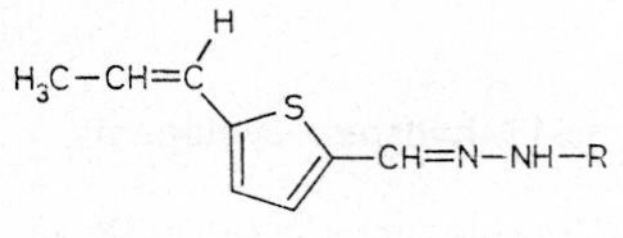

I 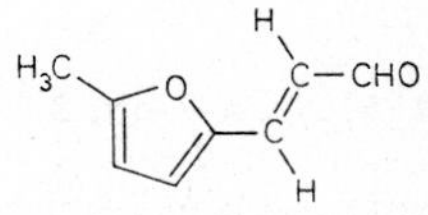 II 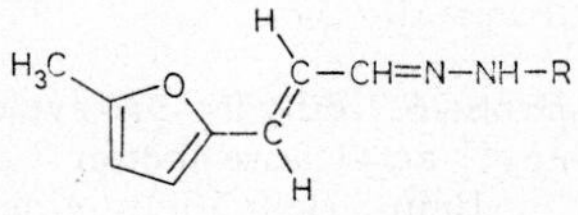 III

5-ξ-Propenyl-thiophen-2-carbaldehyd-thiosemicarbazon $C_9H_{11}N_3S_2$, Formel I ($R = CS\text{-}NH_2$).

B. Aus 5-ξ-Propenyl-thiophen-2-carbaldehyd (S. 4724) und Thiosemicarbazid (*Schulte, Jantos*, Ar. **292** [1959] 536, 538).

Gelbe Krystalle (aus wss. A.); F: 168–170°.

3*t*(?)-[5-Methyl-[2]furyl]-acrylaldehyd $C_8H_8O_2$, vermutlich Formel II.

B. Beim Behandeln von 5-Methyl-furan-2-carbaldehyd mit wss. Natronlauge und mit Acetaldehyd in Wasser (*Ponomarew et al.*, Ž. obšč. Chim. **23** [1953] 1426, 1428; engl. Ausg. S. 1493, 1496; *Ponomarew, Lipanowa*, Ž. obšč. Chim. **23** [1953] 1719, 1723; engl. Ausg. S. 1811, 1812; s. a. *Maekawa*, Scient. Rep. Matsuyama agric. Coll. Nr. 3 [1950] 113, 116).

$Kp_{2,5}$: 92° (*Ma.*). Kp_5: 100–102°; D_4^{20}: 1,1006; n_D^{20}: 1,0089 (*Po. et al.*). UV-Spektrum (230–360 nm): *Ma.*, l. c. S. 122.

3*t*(?)-[5-Methyl-[2]furyl]-acrylaldehyd-[2,4-dinitro-phenylhydrazon] $C_{14}H_{12}N_4O_5$, vermutlich Formel III ($R = C_6H_3(NO_2)_2$).

B. Aus 3*t*(?)-[5-Methyl-[2]furyl]-acrylaldehyd und [2,4-Dinitro-phenyl]-hydrazin (*Ponomarew, Lipanowa*, Ž. obšč. Chim. **23** [1953] 1719, 1723; engl. Ausg. S. 1811, 1812).

Krystalle (aus A. + E.); F: 216–216,5°.

3*t*(?)-[5-Methyl-[2]furyl]-acrylaldehyd-semicarbazon $C_9H_{11}N_3O_2$, vermutlich Formel III ($R = CO\text{-}NH_2$).

B. Aus 3*t*(?)-[5-Methyl-[2]furyl]-acrylaldehyd und Semicarbazid (*Ponomarew, Lipanowa*, Ž. obšč. Chim. **23** [1953] 1719, 1723; engl. Ausg. S. 1811, 1812).

Krystalle (aus A.); F: 191°.

2-Cyclopropancarbonyl-furan, Cyclopropyl-[2]furyl-keton $C_8H_8O_2$, Formel IV.

B. Beim Behandeln von 1-[Furan-2-carbonyl]-cyclopropancarbonsäure-äthylester mit wss. Salzsäure (*Mironesco, Ioanid*, Bulet. Soc. Chim. România **17** [1935] 107, 121).

Kp_{23}: 75°.

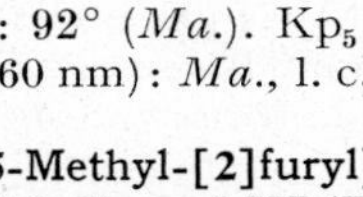

IV 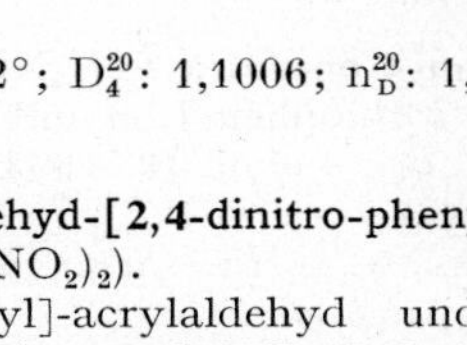 V 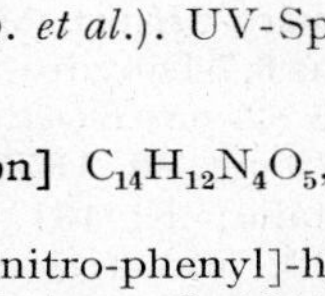 VI

Cyclopropyl-[2]furyl-keton-semicarbazon $C_9H_{11}N_3O_2$, Formel V.

B. Aus Cyclopropyl-[2]furyl-keton und Semicarbazid (*Mironesco, Ioanid*, Bulet. Soc. Chim. România **17** [1935] 107, 122).

F: 167°.

6,7-Dihydro-5*H*-cyclopenta[*b*]pyran-2-on, 3*c*-[2-Hydroxy-cyclopent-1-enyl]-acrylsäure-lacton $C_8H_8O_2$, Formel VI (X = H).

B. Beim Behandeln von 4,5,6,7-Tetrahydro-3*H*-cyclopenta[*b*]pyran-2-on mit Brom in Äther und Erwärmen des Reaktionsprodukts unter vermindertem Druck (*Schuscherina et al.*, Doklady Akad. S.S.S.R. **109** [1956] 117, 119; Pr. Acad. Sci. U.S.S.R. Chem. Sect. **106–111** [1956] 367).

Krystalle (wss. A.); F: 87–88°.

3-Brom-6,7-dihydro-5*H*-cyclopenta[*b*]pyran-2-on, 2-Brom-3*c*-[2-hydroxy-cyclopent-1-enyl]-acrylsäure-lacton $C_8H_7BrO_2$, Formel VI (X = Br).

B. Beim Behandeln einer Lösung von 6,7-Dihydro-5*H*-cyclopenta[*b*]pyran-2-on in Äther mit Brom (*Schuscherina et al.*, Doklady Akad. S.S.S.R. **126** [1959] 589; Pr. Acad. Sci. U.S.S.R. Chem. Sect. **124–129** [1959] 385).

Krystalle (aus A.); F: 140–141°.

6,7-Dihydro-5*H*-benzo[*b*]thiophen-4-on C_8H_8OS, Formel VII (X = H).

B. Beim Behandeln von 4-[2]Thienyl-butyrylchlorid mit Zinn(IV)-chlorid in Schwefelkohlenstoff (*Fieser, Kennelly*, Am. Soc. **57** [1935] 1611, 1615) oder in Benzol (*Gol'dfarb et al.*, Ž. obšč. Chim. **29** [1959] 3564, 3572; engl. Ausg. S. 3526, 3532).

F: 35,5–37° (*Fi., Ke.*), 34,5–35,5° (*Go. et al.*). Kp_2: 102–110° (*Fi., Ke.*); $Kp_{0,3}$: 81–84° (*Go. et al.*).

Beim Erwärmen mit Phenylhydrazin in Äthanol und Erhitzen des Reaktionsprodukts mit wss. Salzsäure ist 4,5-Dihydro-10*H*-thieno[3,2-*a*]carbazol erhalten worden (*Buu-Hoi et al.*, J. org. Chem. **14** [1949] 802, 809).

6,7-Dihydro-5*H*-benzo[*b*]thiophen-4-on-oxim C_8H_9NOS, Formel VIII (X = OH).

B. Aus 6,7-Dihydro-5*H*-benzo[*b*]thiophen-4-on und Hydroxylamin (*Cagniant, Cagniant*, Bl. **1953** 62, 65; *Kloetzel et al.*, J. org. Chem. **18** [1953] 1511, 1512; *Hansch, Schmidhalter*, J. org. Chem. **20** [1955] 1056, 1060).

Krystalle; F: 131–132° [aus A.] (*Ha., Sch.*), 129° [aus Bzl. + PAe.] (*Ca., Ca.*), 128–129° [unkorr.; aus wss. A.] (*Kl. et al.*).

6,7-Dihydro-5*H*-benzo[*b*]thiophen-4-on-[*O*-acetyl-oxim] $C_{10}H_{11}NO_2S$, Formel VIII (X = O-CO-CH_3).

B. Beim Behandeln einer Lösung von 6,7-Dihydro-5*H*-benzo[*b*]thiophen-4-on-oxim in Benzol mit Acetanhydrid und mit Chlorwasserstoff (*Kloetzel et al.*, J. org. Chem. **18** [1953] 1511, 1513).

Krystalle (aus wss. A.); F: 133–134° [unkorr.].

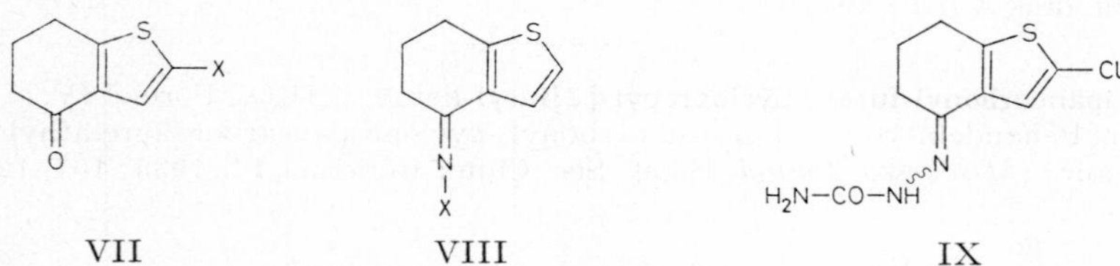

VII VIII IX

6,7-Dihydro-5*H*-benzo[*b*]thiophen-4-on-[2,4-dinitro-phenylhydrazon] $C_{14}H_{12}N_4O_4S$, Formel VIII (X = NH-$C_6H_3(NO_2)_2$).

B. Aus 6,7-Dihydro-5*H*-benzo[*b*]thiophen-4-on und [2,4-Dinitro-phenyl]-hydrazin (*Cagniant, Cagniant*, Bl. **1953** 62, 65).

Rote Krystalle (aus A.); F: 258° [Block].

6,7-Dihydro-5*H*-benzo[*b*]thiophen-4-on-semicarbazon $C_9H_{11}N_3OS$, Formel VIII (X = NH-CO-NH_2).

B. Aus 6,7-Dihydro-5*H*-benzo[*b*]thiophen-4-on und Semicarbazid (*Cagniant, Cagniant*, Bl. **1953** 62, 65).

Krystalle (aus A.), F: 235° [Block]; beim langsamen Erhitzen erfolgt bei ca. 213° Zersetzung.

2-Chlor-6,7-dihydro-5*H*-benzo[*b*]thiophen-4-on C_8H_7ClOS, Formel VII (X = Cl).

B. Beim Erwärmen von 4-[5-Chlor-[2]thienyl]-butyrylchlorid mit Zinn(IV)-chlorid in Schwefelkohlenstoff (*Buu-Hoi et al.*, R. **69** [1950] 1083, 1108).

Kp_{20}: ca. 170°.

2-Chlor-6,7-dihydro-5*H*-benzo[*b*]thiophen-4-on-semicarbazon $C_9H_{10}ClN_3OS$, Formel IX.

B. Aus 2-Chlor-6,7-dihydro-5*H*-benzo[*b*]thiophen-4-on und Semicarbazid (*Buu-Hoi et al.*, R. **69** [1950] 1083, 1108).

Krystalle (aus A.); F: 219°.

5,6-Dihydro-4*H*-benzofuran-2-on, [(*Z*)-2-Hydroxy-cyclohex-2-enyliden]-essigsäure-lacton $C_8H_8O_2$, Formel X.

B. Beim Erhitzen von [(*Z*)-2-Oxo-cyclohexyliden]-essigsäure mit Acetanhydrid (*Schemjakin et al.*, Doklady Akad. S.S.S.R. **128** [1959] 744, 745, 746; Pr. Acad. Sci. U.S.S.R. Chem. Sect. **124**–**129** [1959] 835, 836, 837).

$Kp_{0,03}$: 66°. n_D^{20}: 1,5630. UV-Absorptionsmaximum (A.): 274 nm.

(±)-5-Methyl-4,5-dihydro-cyclopenta[*b*]thiophen-6-on C_8H_8OS, Formel XI.

B. Beim Behandeln von 2-Methyl-1-[2]thienyl-propenon mit konz. Schwefelsäure (*Burckhalter, Sam*, Am. Soc. **73** [1951] 4460).

Kp_2: 95,5°. D_{20}^{20}: 1,1890. n_D^{20}: 1,5808.

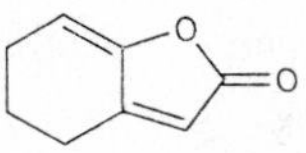

X 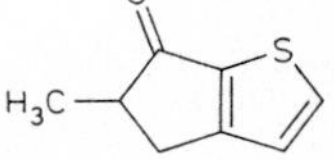 XI 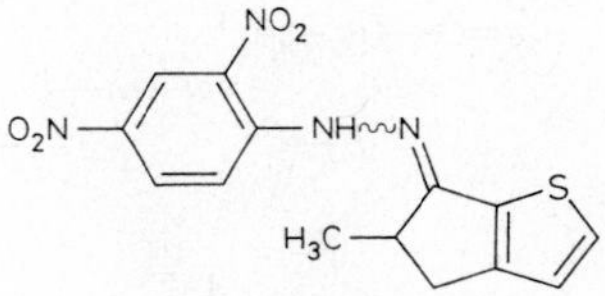 XII

(±)-5-Methyl-4,5-dihydro-cyclopenta[*b*]thiophen-6-on-[2,4-dinitro-phenylhydrazon] $C_{14}H_{12}N_4O_4S$, Formel XII.

B. Aus (±)-5-Methyl-4,5-dihydro-cyclopenta[*b*]thiophen-6-on und [2,4-Dinitro-phenyl]-hydrazin (*Burckhalter, Sam*, Am. Soc. **73** [1951] 4460).

Rote Krystalle (aus E.); Zers. bei 248°. [*Schindler*]

Oxo-Verbindungen $C_9H_{10}O_2$

1*t*(?)-[2]Furyl-pent-1-en-3-on $C_9H_{10}O_2$, vermutlich Formel I.

B. Beim Behandeln von Furfural mit Butanon und wss.-äthanol. Natronlauge (*Am. Cyanamid Co.*, U.S.P. 2385314 [1942]; *Thewalt, Rudolph*, J. pr. [4] **26** [1964] 233, 241 Anm. 18; s. a. *Midorikawa*, Bl. chem. Soc. Japan **26** [1953] 460, **27** [1954] 149).

Kp_{19}: 126° (*Mi.*, Bl. chem. Soc. Japan **27** [1954] 145). Kp_{12}: 119–120°; D_4^{20}: 1,066; n_D^{20}: 1,5808 (*Til' et al.*, Ž. obšč. Chim. **27** [1957] 110, 114; engl. Ausg. S. 125, 129). Kp_1: 98° (*Am. Cyanamid Co.*). D_4^{25}: 1,0685; $n_{643,8}^{25}$: 1,5651; n_D^{25}: 1,5787; $n_{579,0}^{25}$: 1,5912; $n_{546,1}^{25}$: 1,5901; $n_{435,9}^{25}$: 1,6496 (*Hughes et al.*, Am. Soc. **53** [1931] 737, 745). UV-Absorptions-maximum (A.): 310 nm (*Hu. et al.*, l. c. S. 741).

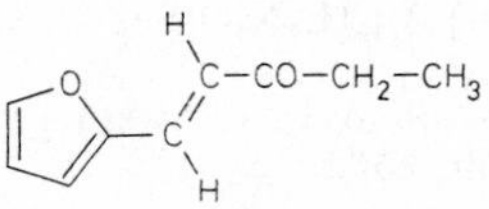

I 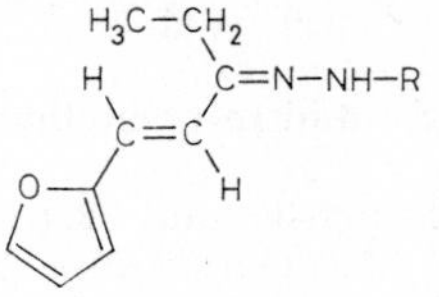 II 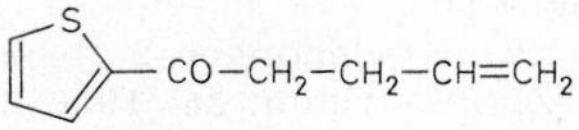 III

1*t*(?)-[2]Furyl-pent-1-en-3-on-[2,4-dinitro-phenylhydrazon] $C_{15}H_{14}N_4O_5$, vermutlich Formel II (R = $C_6H_3(NO_2)_2$).

B. Aus 1*t*(?)-[2]Furyl-pent-1-en-3-on und [2,4-Dinitro-phenyl]-hydrazin (*Midorikawa*,

Bl. chem. Soc. Japan **26** [1953] 460).
F: 206–207°.

1*t*(?)-[2]Furyl-pent-1-en-3-on-semicarbazon $C_{10}H_{13}N_3O_2$, vermutlich Formel II (R = CO-NH_2).

B. Aus 1*t*(?)-[2]Furyl-pent-1-en-3-on und Semicarbazid (*Midorikawa*, Bl. chem. Soc. Japan **26** [1953] 460).

Nadeln (aus Me.) vom F: 183–184° sowie Tafeln (aus Me.) vom F: 166–167°. Die Tafeln sind in Methanol schwerer löslich als die Nadeln.

2-Pent-4-enoyl-thiophen, 1-[2]Thienyl-pent-4-en-1-on $C_9H_{10}OS$, Formel III.

B. Beim Erwärmen von Pent-4-ensäure mit Tetrachlorsilan in Benzol und Behandeln des Reaktionsgemisches mit Thiophen und Zinn(IV)-chlorid (*Jur'ew et al.*, Ž. obšč. Chim. **26** [1956] 3194, 3196; engl. Ausg. S. 3559, 3561).

Kp_{10}: 123–124°. D_4^{20}: 1,1130. n_D^{20}: 1,5585.

1-[2]Thienyl-pent-4-en-1-on-[2,4-dinitro-phenylhydrazon] $C_{15}H_{14}N_4O_4S$, Formel IV.

B. Aus 1-[2]Thienyl-pent-4-en-1-on und [2,4-Dinitro-phenyl]-hydrazin (*Jur'ew et al.*, Ž. obšč. Chim. **26** [1956] 3194, 3196; engl. Ausg. S. 3559, 3561).

Rote Krystalle; F: 136–137°.

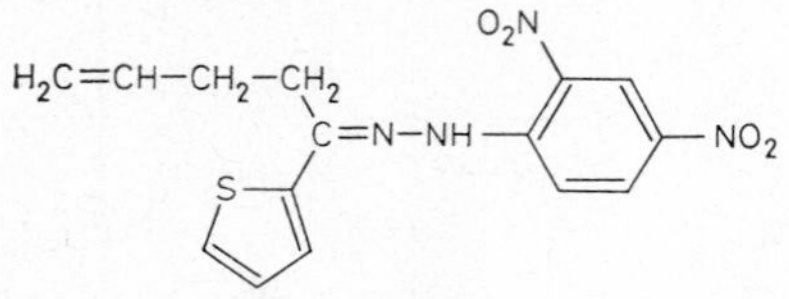

IV 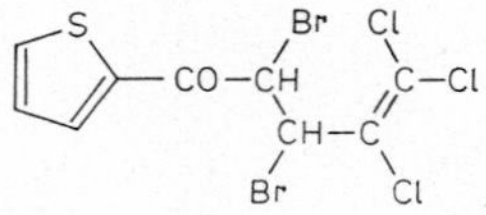 V

***Opt.-inakt. 2,3-Dibrom-4,5,5-trichlor-1-[2]thienyl-pent-4-en-1-on** $C_9H_5Br_2Cl_3OS$, Formel V.

B. Beim Behandeln von 4,5,5-Trichlor-1-[2]thienyl-penta-2,4-dien-1-on (F: 120°) mit Brom in Tetrachlormethan (*Roedig, Schödel*, B. **91** [1958] 320, 326).

Krystalle (aus A. oder Eg.); F: 135°.

2-Pent-4-enoyl-selenophen, 1-Selenophen-2-yl-pent-4-en-1-on $C_9H_{10}OSe$, Formel VI.

B. Beim Erwärmen von Pent-4-ensäure mit Tetrachlorsilan in Benzol und Behandeln des Reaktionsgemisches mit Selenophen und Zinn(IV)-chlorid (*Jur'ew et al.*, Ž. obšč. Chim. **26** [1956] 3194, 3197; engl. Ausg. S. 3559, 3562).

Kp_5: 116–117°. D_4^{20}: 1,3640. n_D^{20}: 1,5760.

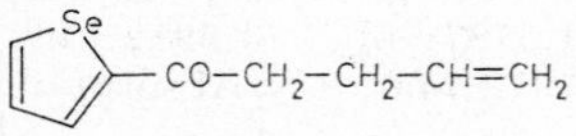

VI 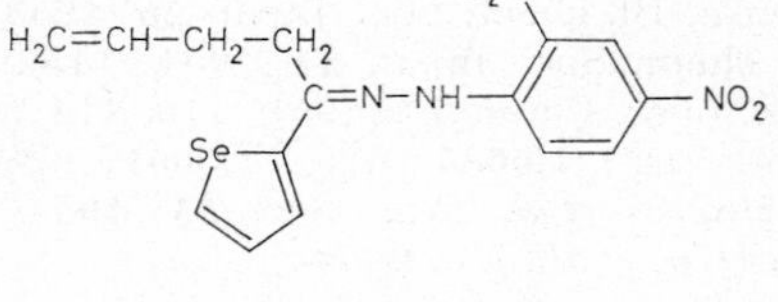 VII 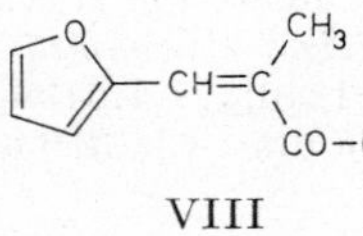 VIII

1-Selenophen-2-yl-pent-4-en-1-on-[2,4-dinitro-phenylhydrazon] $C_{15}H_{14}N_4O_4Se$, Formel VII.

B. Aus 1-Selenophen-2-yl]-pent-4-en-1-on und [2,4-Dinitro-phenyl]-hydrazin (*Jur'ew et al.*, Ž. obšč. Chim. **26** [1956] 3194, 3197; engl. Ausg. S. 3559, 3562).

Rote Krystalle; F: 155°.

4ξ-[2]Furyl-3-methyl-but-3-en-2-on $C_9H_{10}O_2$, Formel VIII.

In dem früher (s. E II 327) unter dieser Konstitution beschriebenen Präparat hat vermutlich ein Gemisch von 4ξ-[2]Furyl-3-methyl-but-3-en-2-on mit 1ξ-[2]Furyl-pent-

1-en-3-on vorgelegen (*Breusch, Ulusoy*, Rev. Fac. Sci. Istanbul [A] **17** [1952] 39, 41; *Midorikawa*, Bl. chem. Soc. Japan **26** [1953] 460, 462).

B. Beim Erwärmen von opt.-inakt. 4-[2]Furyl-4-hydroxy-3-methyl-butan-2-on (Kp_{10}: 117–118°) mit Acetanhydrid oder mit wss. Salzsäure (*Mi.*, Bl. chem. Soc. Japan **26** 462).

Kp_{19}: 124° [über das Semicarbazon isoliertes Präparat] (*Midorikawa*, Bl. chem. Soc. Japan **27** [1954] 149). 2,4-Dinitro-phenylhydrazon und Semicarbazon s. u.

Ein Präparat (Kp: 234–235°; Kp_{12}: 124–125°; n_D^{22}: 1,5761; n_D^{16}: 1,5795), in dem möglicherweise 4ξ-[2]Furyl-3-methyl-but-3-en-2-on im Gemisch mit 1ξ-[2]Furfuryl-pent-1-en-3-on vorgelegen hat, ist beim Erhitzen von Furfural mit Butanon in Gegenwart eines basischen Ionenaustauschers auf 135° erhalten worden (*Mastagli et al.*, Bl. **1953** 693).

4ξ-[2]Furyl-3-methyl-but-3-en-2-on-[2,4-dinitro-phenylhydrazon] $C_{15}H_{14}N_4O_5$, Formel IX (R = $C_6H_3(NO_2)_2$).

B. Aus 4ξ-[2]Furyl-3-methyl-but-3-en-2-on (S. 4728) und [2,4-Dinitro-phenyl]-hydrazin (*Midorikawa*, Bl. chem. Soc. Japan **26** [1953] 460, 462).

Hellrote Tafeln (aus Py. + Me.) vom F: 212–213° sowie rote Nadeln (aus Py. + Me.) vom F: 184–185°.

4ξ-[2]Furyl-3-methyl-but-3-en-2-on-semicarbazon $C_{10}H_{13}N_3O_2$, Formel IX (R = CO-NH_2).

B. Aus 4ξ-[2]Furyl-3-methyl-but-3-en-2-on (S. 4728) und Semicarbazid (*Midorikawa*, Bl. chem. Soc. Japan **26** [1953] 460, 462).

Krystalle; F: 212–214°.

2-Äthyl-3ξ-[2]furyl-acrylaldehyd $C_9H_{10}O_2$, Formel X (vgl. E II 327; dort als α-Furfuryl=iden-butyraldehyd bezeichnet).

B. Beim Erhitzen von Furfural mit Butyraldehyd in Gegenwart eines basischen Ionenaustauschers auf 135° (*Mastagli et al.*, Bl. **1953** 693; *Durr*, A. ch. [13] **1** [1956] 84, 105).

Kp_{760}: 228–229,5° Kp_2: 94–96,5°; n_D^{20}: 1,5690 (*Ma. et al.*; *Durr*). Raman-Spektrum: *Donzelot, Brunel*, Bl. [5] **7** [1940] 37.

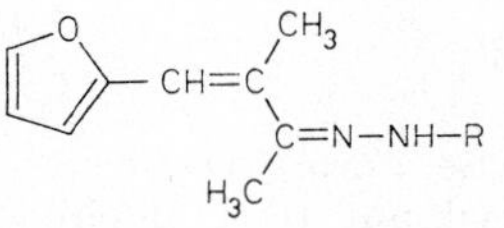

IX 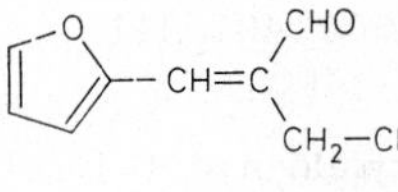 X 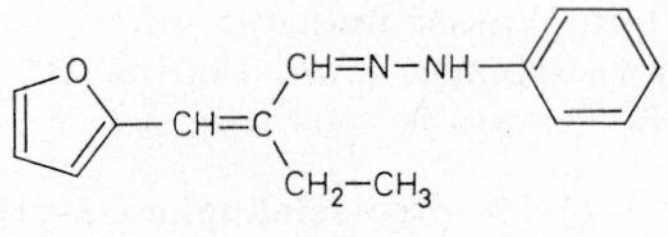 XI

2-Äthyl-3ξ-[2]furyl-acrylaldehyd-phenylhydrazon $C_{15}H_{16}N_2O$, Formel XI (vgl. E II 327).

B. Aus 2-Äthyl-3ξ-[2]furyl-acrylaldehyd und Phenylhydrazin (*Hinz et al.*, B. **76** [1943] 676, 682).

Hellgelbe Krystalle (aus A.); F: 109–110°.

Bis-[2-äthyl-3ξ-[2]furyl-allyliden]-hydrazin, 2-Äthyl-3ξ-[2]furyl-acrylaldehyd-azin $C_{18}H_{20}N_2O_2$, Formel XII.

B. Beim Behandeln von 2-Äthyl-3ξ-[2]furyl-acrylaldehyd mit Hydrazin-sulfat und wss.-äthanol. Natronlauge (*Hinz et al.*, B. **76** [1943] 676, 682).

Gelbe Krystalle (aus A.); F: 120°.

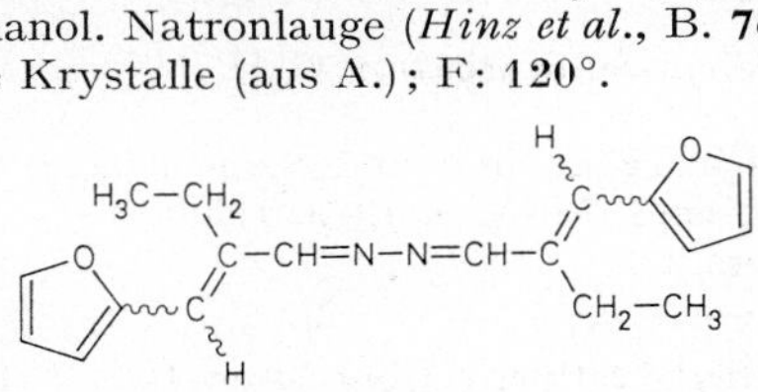

XII 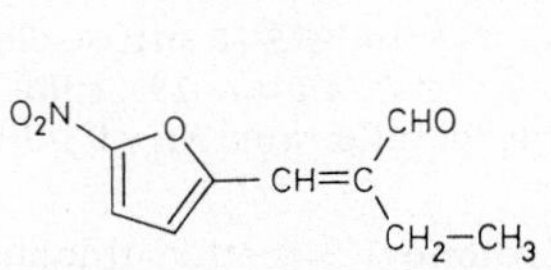 XIII

2-Äthyl-3ξ-[5-nitro-[2]furyl]-acrylaldehyd $C_9H_9NO_4$, Formel XIII.

B. Beim Behandeln einer Lösung von 5-Nitro-furfural und Butyraldehyd in Benzol

mit Piperidin-acetat (*Saikachi et al.*, Pharm. Bl. **3** [1955] 407, 410).
Gelbe Krystalle (aus Me.); F: 74,5—75°.

2-Äthyl-3ξ-[5-nitro-[2]furyl]-acrylaldehyd-semicarbazon $C_{10}H_{12}N_4O_4$, Formel I (R = $CO\text{-}NH_2$).

B. Aus 2-Äthyl-3ξ-[5-nitro-[2]furyl]-acrylaldehyd (S. 4729) und Semicarbazid (*Saikachi et al.*, Pharm. Bl. **3** [1955] 407, 411).

Gelbe Krystalle (aus A.); F: 209°.

2-Äthyl-3ξ-[5-nitro-[2]furyl]-acrylaldehyd-thiosemicarbazon $C_{10}H_{12}N_4O_3S$, Formel I (R = $CS\text{-}NH_2$).

B. Aus 2-Äthyl-3ξ-[5-nitro-[2]furyl]-acrylaldehyd (S. 4729) und Thiosemicarbazid (*Saikachi et al.*, Pharm. Bl. **3** [1955] 407, 411).

Orangegelbe Krystalle (aus Me.); F: 205° [Zers.].

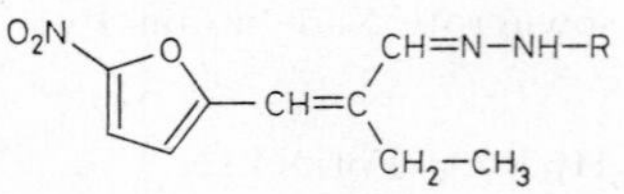

I 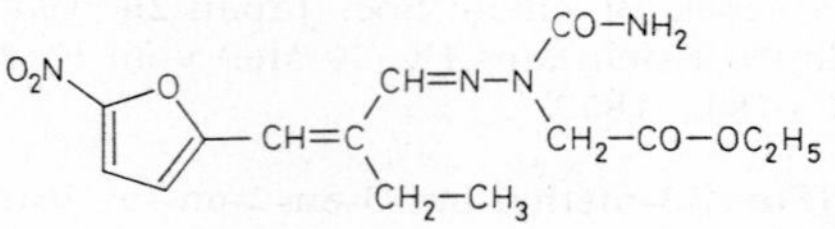 II

[2-Äthyl-3ξ-(5-nitro-[2]furyl)-acrylidenamino]-guanidin, 2-Äthyl-3ξ-[5-nitro-[2]furyl]-acrylaldehyd-carbamimidoylhydrazon $C_{10}H_{13}N_5O_3$, Formel I (R = $C(NH_2){=}NH$) und Tautomeres.

B. Aus 2-Äthyl-3ξ-[5-nitro-[2]furyl]-acrylaldehyd (S. 4729) und Aminoguanidin (*Saikachi et al.*, Pharm. Bl. **3** [1955] 407, 411).

Hydrochlorid $C_{10}H_{13}N_5O_3 \cdot HCl$. Gelbe Krystalle (aus Me.); F: 212—214° [Zers.].

{[2-Äthyl-3ξ-(5-nitro-[2]furyl)-allyliden]-carbamoyl-hydrazino}-essigsäure-äthylester, 3-[2-Äthyl-3ξ-(5-nitro-[2]furyl)-allylidenamino]-hydantoinsäure-äthylester $C_{14}H_{18}N_4O_6$, Formel II.

B. Beim Erwärmen von Hydrazinoessigsäure-äthylester-hydrochlorid mit Kaliumcyanat in Wasser und mit einer Lösung von 2-Äthyl-3ξ-[2]furyl-acrylaldehyd (S. 4729) in Äthanol (*Saikachi et al.*, Pharm. Bl. **3** [1955] 407, 411).

Gelbe Krystalle (aus wss. A.); F: 212° [Zers.].

2-Äthyl-3ξ-[5-nitro-selenophen-2-yl]-acrylaldehyd $C_9H_9NO_3Se$, Formel III.

B. Beim Erwärmen von 5-Nitro-selenophen-2-carbaldehyd mit Butyraldehyd unter Zusatz von methanol. Kalilauge und anschliessend mit Acetanhydrid (*Jur'ew, Saĭzewa*, Ž. obšč. Chim. **29** [1959] 1965, 1968; engl. Ausg. S. 1935, 1938).

Gelbe Krystalle (aus A.); F: 106,5—107° [durch Sublimation bei 145—150°/12 Torr gereinigtes Präparat].

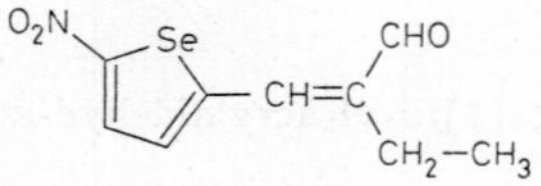

III 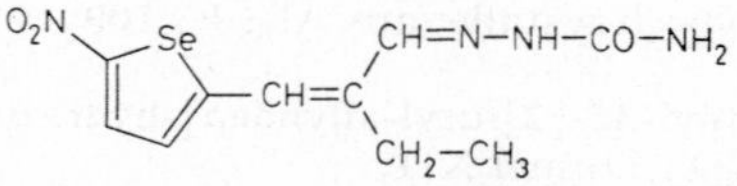 IV

2-Äthyl-3ξ-[5-nitro-selenophen-2-yl]-acrylaldehyd-semicarbazon $C_{10}H_{12}N_4O_3Se$, Formel IV.

B. Aus 2-Äthyl-3ξ-[5-nitro-selenophen-2-yl]-acrylaldehyd und Semicarbazid (*Jur'ew, Saĭzewa*, Ž. obšč. Chim. **29** [1959] 1965, 1968; engl. Ausg. S. 1935, 1938).

Gelbe Krystalle (aus A.); F: 205—206° [Zers.].

2-*trans*-Crotonoyl-3-methyl-thiophen, 1-[3-Methyl-[2]thienyl]-but-2*t*-en-1-on $C_9H_{10}OS$, Formel V, und **2-*trans*-Crotonoyl-4-methyl-thiophen, 1-[4-Methyl-[2]thienyl]-but-2*t*-en-1-on** $C_9H_{10}OS$, Formel VI.

Diese beiden Formeln kommen für die nachstehend beschriebene Verbindung in Betracht.

B. Beim Behandeln einer Lösung von 3-Methyl-thiophen und *trans*(?)-Crotonoylchlorid in Benzol mit Zinn(IV-chlorid (*Bradsher et al.*, Am. Soc. **71** [1949] 3542).

Kp_{14}: 135—136,5°. n_D^{25}: 1,5836.

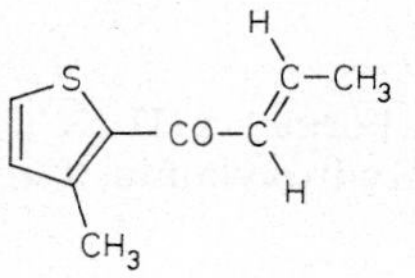

V 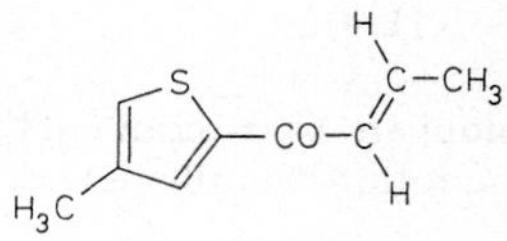 VI 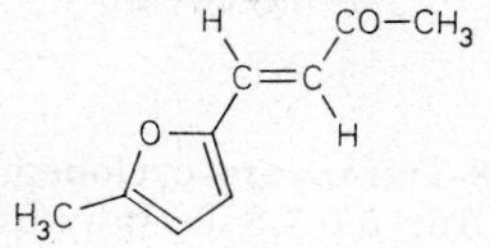 VII

4*t*(?)-[5-Methyl-[2]furyl]-but-3-en-2-on $C_9H_{10}O_2$, vermutlich Formel VII.

B. Beim Behandeln von 5-Methyl-furan-2-carbaldehyd mit Aceton und wss. Natronlauge (*Alder, Schmidt*, B. **76** [1943] 183, 195; *Maekawa*, Scient. Rep. Matsuyama agric. Coll. Nr. 3 [1950] 113, 149).

F: 40° (*Ma.*), 35—36° (*Al., Sch.*; *Ponomarew et al.*, Ž. obšč. Chim. **23** [1953] 1426, 1429; engl. Ausg. S. 1493, 1496). Kp_{12}: 124° (*Al., Sch.*). Absorptionsspektrum (250 bis 420 nm): *Ma.*, l. c. S. 123; Absorptionsspektrum (W.; 210—390 nm): *Andrisano, Tundo*, R. A. L. [8] **13** [1952] 158, 161.

2-Methyl-3ξ-[5-methyl-[2]furyl]-acrylaldehyd $C_9H_{10}O_2$, Formel VIII.

B. Beim Behandeln von 5-Methyl-furan-2-carbaldehyd mit Propionaldehyd und wss. Natronlauge (*Pommer*, A. **579** [1953] 47, 72).

Krystalle (aus A.); F: 39—40°. Kp_{30}: 143—145°.

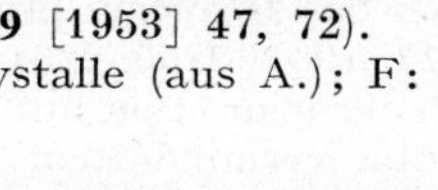

VIII  IX 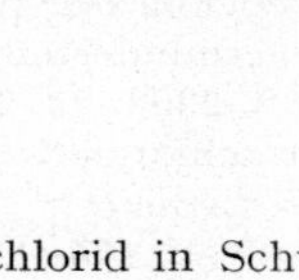 X

2-Methyl-3ξ-[5-methyl-[2]furyl]-acrylaldehyd-semicarbazon $C_{10}H_{13}N_3O_2$, Formel IX.

B. Aus 2-Methyl-3ξ-[5-methyl-[2]furyl]-acrylaldehyd (s. o.) und Semicarbazid (*Pommer*, A. **579** [1953] 47, 72).

Krystalle (aus A.); F: 236—237° [Zers.].

5,6,7,8-Tetrahydro-cyclohepta[*b*]furan-4-on $C_9H_{10}O_2$, Formel X.

B. Beim Erwärmen von 5-[2]Furyl-valerylchlorid mit Zinn(IV)-chlorid in Schwefelkohlenstoff (*Treibs, Heyer*, B. **87** [1954] 1197, 1200).

Krystalle; F: 43—44°.

5,6,7,8-Tetrahydro-cyclohepta[*b*]furan-4-on-semicarbazon $C_{10}H_{13}N_3O_2$, Formel XI.

B. Aus 5,6,7,8-Tetrahydro-cyclohepta[*b*]furan-4-on und Semicarbazid (*Treibs, Heyer*, B. **87** [1954] 1197, 1200).

Krystalle; F: 189—190° [Zers.].

5,6,7,8-Tetrahydro-cyclohepta[*b*]thiophen-4-on $C_9H_{10}OS$, Formel XII.

B. Beim Behandeln von 5-[2]Thienyl-valerylchlorid mit Zinn(IV)-chlorid in Benzol bzw. Schwefelkohlenstoff (*Gol'dfarb et al.*, Ž. obšč. Chim. **29** [1959] 3564, 3572; engl. Ausg. S. 3526, 3532; *Cagniant, Cagniant*, Bl. **1955** 680, 683). Bei kurzem Erwärmen von 5-[2]Thienyl-valeriansäure mit Polyphosphorsäure (*Heyer, Treibs*, A. **595** [1955] 203, 206).

Kp_{13}: 156° (*Ca., Ca.*); Kp_3: 114,5—115,5°; D_4^{20}: 1,2006; n_D^{20}: 1,5875 (*Go. et al.*).

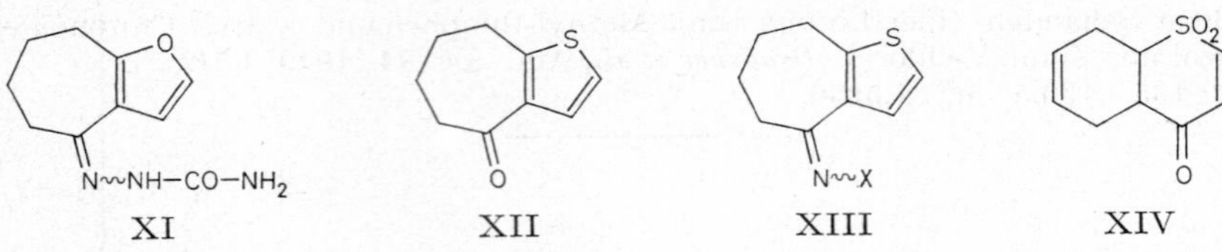

5,6,7,8-Tetrahydro-cyclohepta[*b*]thiophen-4-on-oxim $C_9H_{11}NOS$, Formel XIII (X = OH).

B. Aus 5,6,7,8-Tetrahydro-cyclohepta[*b*]thiophen-4-on und Hydroxylamin (*Cagniant, Cagniant,* Bl. **1955** 680, 683).

Krystalle (aus Bzl. + PAe.); F: 100–101°.

5,6,7,8-Tetrahydro-cyclohepta[*b*]thiophen-4-on-[2,4-dinitro-phenylhydrazon] $C_{15}H_{14}N_4O_4S$, Formel XIII (X = NH-$C_6H_3(NO_2)_2$).

B. Aus 5,6,7,8-Tetrahydro-cyclohepta[*b*]thiophen-4-on und [2,4-Dinitro-phenyl]-hydrazin (*Cagniant, Cagniant,* Bl. **1955** 680, 683).

Rote Krystalle (aus Bzl. + A.); F: 233°.

5,6,7,8-Tetrahydro-cyclohepta[*b*]thiophen-4-on-semicarbazon $C_{10}H_{13}N_3OS$, Formel XIII (X = NH-CO-NH_2).

B. Aus 5,6,7,8-Tetrahydro-cyclohepta[*b*]thiophen-4-on und Semicarbazid (*Cagniant, Cagniant,* Bl. **1955** 680, 683; *Gol'dfarb et al.,* Ž. obšč. Chim. **29** [1959] 3564, 3572; engl. Ausg. S. 3526, 3532).

Krystalle; F: 187–188° (*Go. et al.*), 187° [Block; aus A.] (*Ca., Ca.*).

***Opt.-inakt. 1,1-Dioxo-4a,5,8,8a-tetrahydro-1λ⁶-thiochromen-4-on** $C_9H_{10}O_3S$, Formel XIV.

B. Neben kleinen Mengen 10,10-Dioxo-1,4,4a,5,8,8a,9a,10a-octahydro-10λ⁶-thioxanthen-9-on (F: 236°) beim Erhitzen von 1,1-Dioxo-1λ⁶-thiopyran-4-on mit Buta-1,3-dien in Dioxan auf 100° (*Fehnel, Carmack,* Am. Soc. **70** [1948] 1813, 1816).

Krystalle (aus A.); F: 157–159° [korr.].

5,6,7,8-Tetrahydro-chromen-2-on, 5,6,7,8-Tetrahydro-cumarin, 3*c*-[2-Hydroxy-cyclohex-1-enyl]-acrylsäure-lacton $C_9H_{10}O_2$, Formel I (X = H).

B. Neben anderen Verbindungen beim Erwärmen von 2-Oxo-cyclohexancarbaldehyd (2-Hydroxymethylen-cyclohexanon) mit Bromessigsäure-methylester und Zink in Äther (*Dreiding, Tomasewski,* Am. Soc. **76** [1954] 6388, 6390). Beim Behandeln von (±)3-[1-Brom-2-oxo-cyclohexyl]-propionsäure mit Acetylchlorid und Erhitzen des Reaktionsprodukts unter vermindertem Druck (*Schuscherina et al.,* Ž. obšč. Chim. **27** [1957] 2250, 2254; engl. Ausg. S. 2309, 2312). Beim Behandeln von 5,6,7,8-Tetrahydro-chroman-2-on mit Brom in Tetrachlormethan und Erhitzen des Reaktionsprodukts unter vermindertem Druck (*Schuscherina et al.,* Doklady Akad. S.S.S.R. **109** [1956] 117; Pr. Acad. Sci. U.S.S.R. Chem. Sect. **106–111** [1956] 367).

Krystalle; F: 64,5–65° [Fisher-Johns-Block; aus Ae. + PAe.] (*Dr., To.*), 63–64° [aus A.] (*Sch. et al.,* Doklady Akad. S.S.S.R. **109** 118). Kp_4: 123–124° (*Sch. et al.,* Doklady Akad. S.S.S.R. **109** 118). IR-Banden (Mineralöl) im Bereich von 5,8 μ bis 14,1 μ: *Dr., To.* UV-Absorptionsmaximum (A.): 309 nm (*Dr., To.*).

3-Chlor-5,6,7,8-tetrahydro-chromen-2-on, 3-Chlor-5,6,7,8-tetrahydro-cumarin, 2-Chlor-3*c*-[2-hydroxy-cyclohex-1-enyl]-acrylsäure-lacton $C_9H_9ClO_2$, Formel I (X = Cl).

B. Beim Erwärmen einer Lösung von 3-Chlor-7,8-dihydro-6*H*-chromen-2,5-dion in Dioxan mit amalgamiertem Zink und wss. Salzsäure (*Roedig, Schödel,* B. **91** [1958] 330, 336).

Krystalle (aus Me.); F: 124°. Bei 100°/0,1 Torr sublimierbar.

3-Brom-5,6,7,8-tetrahydro-chromen-2-on, 3-Brom-5,6,7,8-tetrahydro-cumarin, 2-Brom-3*c*-[2-hydroxy-cyclohex-1-enyl]-acrylsäure-lacton $C_9H_9BrO_2$, Formel I (X = Br).

B. Beim Behandeln einer Lösung von 5,6,7,8-Tetrahydro-chromen-2-on in Äther mit

Brom (*Schuscherina et al.*, Doklady Acad. S.S.S.R. **126** [1959] 589; Pr. Acad. Sci. U.S.S.R. Chem. Sect. **124–129** [1959] 385).
Krystalle (aus A.); F: 131–132°.

5,6,7,8-Tetrahydro-isochromen-3-on, [(*Z*)-2-((*Z*)-Hydroxymethylen)-cyclohexyliden]-essigsäure-lacton $C_9H_{10}O_2$, Formel II.
B. Beim Erwärmen von opt.-inakt. [2-Benzoyloxymethylen-1-hydroxy-cyclohexyl]-essigsäure-äthylester (F: 86°) mit wss. Salzsäure (*Plattner et al.*, Helv. **28** [1945] 771, 773).
Flüssigkeit; D_4^{15}: 1,170. n_D^{15}: 1,558.

2-Methyl-6,7-dihydro-5*H*-benzofuran-4-on $C_9H_{10}O_2$, Formel III.
B. Beim Behandeln von 4-[5-Methyl-[2]furyl]-buttersäure mit Phosphor(V)-chlorid und anschliessend mit Zinn(IV)-chlorid in Benzol (*Taylor*, Soc. **1959** 2767).
Kp_2: 104°. n_D^{24}: 1,5235.

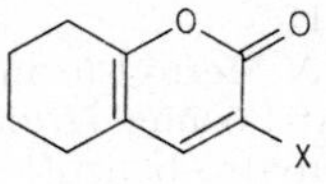

I 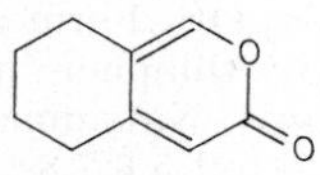 II 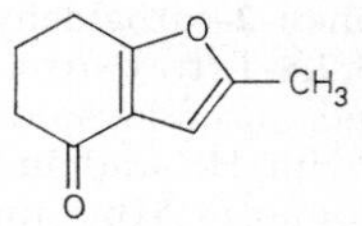 III 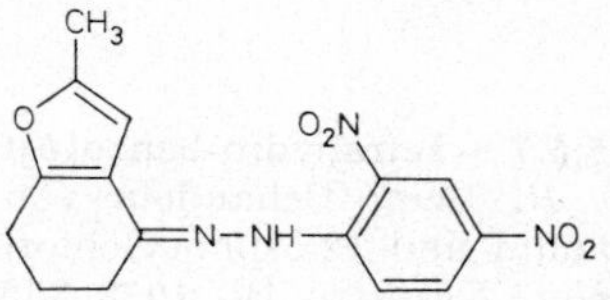 IV

2-Methyl-6,7-dihydro-5*H*-benzofuran-4-on-[2,4-dinitro-phenylhydrazon] $C_{15}H_{14}N_4O_5$, Formel IV.
B. Aus 2-Methyl-6,7-dihydro-5*H*-benzofuran-4-on und [2,4-Dinitro-phenyl]-hydrazin (*Taylor*, Soc. **1959** 2767).
Rote Krystalle (aus $CHCl_3$ + A.); F: 255–257°.

2-Methyl-6,7-dihydro-5*H*-benzo[*b*]thiophen-4-on $C_9H_{10}OS$, Formel V.
B. Beim Behandeln von 4-[5-Methyl-[2]thienyl]-butyrylchlorid mit Zinn(IV)-chlorid in Schwefelkohlenstoff (*Buu-Hoi et al.*, R. **69** [1950] 1053, 1069).
Krystalle (aus PAe.); F: 29–30° (*Buu-Hoi et al.*), 28,5° (*Cagniant, Cagniant*, Bl. **1955** 1252, 1257). Kp_{14}: 149–150° (*Buu-Hoi et al.*). Kp_{12}: 148° (*Ca., Ca.*, Bl. **1955** 1256). $D_4^{18,2}$: 1,176; $n_D^{18,6}$: 1,5796 (*Ca., Ca.*, Bl. **1955** 1256). IR-Spektrum (CS_2; 5–15 μ): *Cagniant, Cagniant*, Bl. **1956** 1152, 1154. UV-Spektrum (Isooctan; 220–360 nm): *Ca., Ca.*, Bl. **1956** 1153.

2-Methyl-6,7-dihydro-5*H*-benzo[*b*]thiophen-4-on-oxim $C_9H_{11}NOS$, Formel VI (X = OH).
B. Aus 2-Methyl-6,7-dihydro-5*H*-benzo[*b*]thiophen-4-on und Hydroxylamin (*Cagniant, Cagniant*, Bl. **1955** 1252, 1257).
Krystalle (aus Bzl. + PAe.); F: 101°.

2-Methyl-6,7-dihydro-5*H*-benzo[*b*]thiophen-4-on-[2,4-dinitro-phenylhydrazon] $C_{15}H_{14}N_4O_4S$, Formel VI (X = NH-$C_6H_3(NO_2)_2$).
B. Aus 2-Methyl-6,7-dihydro-5*H*-benzo[*b*]thiophen-4-on und [2,4-Dinitro-phenyl]-hydrazin (*Cagniant, Cagniant*, Bl. **1955** 1252, 1257).
Rote Krystalle (aus A. + Bzl.); F: 284° [Block].

2-Methyl-6,7-dihydro-5*H*-benzo[*b*]thiophen-4-on-semicarbazon $C_{10}H_{13}N_3OS$, Formel VI (X = NH-CO-NH_2).
B. Aus 2-Methyl-6,7-dihydro-5*H*-benzo[*b*]thiophen-4-on und Semicarbazid (*Cagniant, Cagniant*, Bl. **1955** 1252, 1257).
Krystalle (aus A.); F: 254° [Block].

Bis-[2-methyl-6,7-dihydro-5*H*-benzo[*b*]thiophen-4-yliden]-hydrazin, 2-Methyl-6,7-dihydro-5*H*-benzo[*b*]thiophen-4-on-azin $C_{18}H_{20}N_2S_2$, Formel VII.
B. In kleiner Menge neben 2-Methyl-4,5,6,7-tetrahydro-benzo[*b*]thiophen beim Er-

hitzen von 2-Methyl-6,7-dihydro-5*H*-benzo[*b*]thiophen-4-on mit Hydrazin-hydrat und mit Kaliumhydroxid in Diäthylenglykol bis auf 215° (*Cagniant, Cagniant*, Bl. **1955** 1252, 1257).

Gelbes Pulver; F: 207° [Block; nach Sublimation von 204° an].

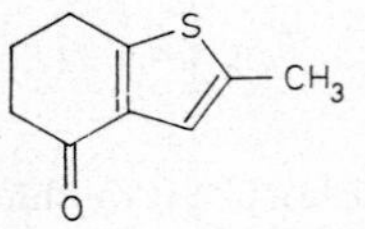

V 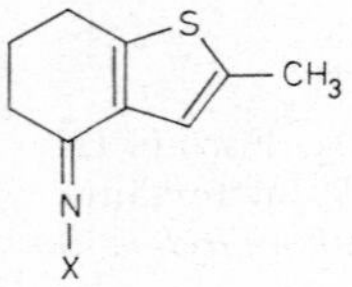 VI 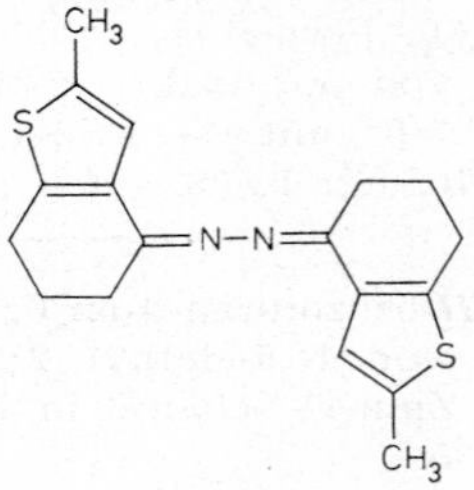 VII 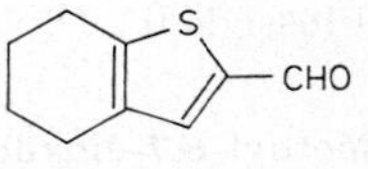 VIII

5,6,7,8-Tetrahydro-benzo[*b*]thiophen-2-carbaldehyd $C_9H_{10}OS$, Formel VIII.

B. Beim Behandeln von 5,6,7,8-Tetrahydro-benzo[*b*]thiophen mit *N*-Methyl-form= anilid und Phosphorylchlorid und anschliessend mit wss. Natriumacetat-Lösung (*Buu-Hoi, Khenissi*, Bl. **1958** 359). Beim Behandeln von 2-Jod-5,6,7,8-tetrahydro-benzo[*b*]= thiophen mit Äthylmagnesiumbromid in Äther und Erhitzen des Reaktionsgemisches mit Orthoameisensäure-triäthylester in Toluol (*Cagniant, Cagniant*, Bl. **1955** 1252, 1255).

Kp_{13}: 145—147° (*Buu-Hoi, Kh.*); Kp_5: 127—128° (*Ca., Ca.*). $D_4^{21,5}$: 1,115 (*Ca., Ca.*). $n_D^{20,6}$: 1,5888 (*Ca., Ca.*).

5,6,7,8-Tetrahydro-benzo[*b*]thiophen-2-carbaldehyd-[2,4-dinitro-phenylhydrazon] $C_{15}H_{14}N_4O_4S$, Formel IX (R = $C_6H_3(NO_2)_2$).

B. Aus 5,6,7,8-Tetrahydro-benzo[*b*]thiophen-2-carbaldehyd und [2,4-Dinitro-phenyl]-hydrazin (*Cagniant, Cagniant*, Bl. **1955** 1252, 1255).

Rote Krystalle (aus Bzl.); F: 254° [Zers.; Block].

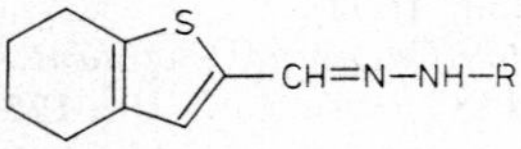

IX 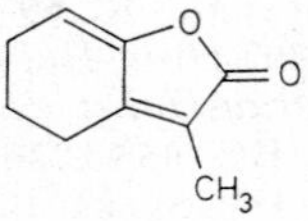 X 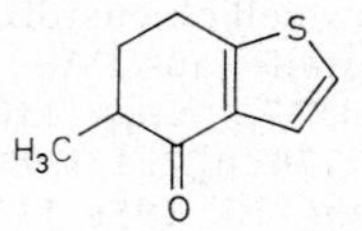 XI

5,6,7,8-Tetrahydro-benzo[*b*]thiophen-2-carbaldehyd-semicarbazon $C_{10}H_{13}N_3OS$, Formel IX (R = CO-NH_2).

B. Aus 5,6,7,8-Tetrahydro-benzo[*b*]thiophen-2-carbaldehyd und Semicarbazid (*Cagniant, Cagniant*, Bl. **1955** 1252, 1255).

Krystalle (aus A.); F: 264° [Zers.; Block].

3-Methyl-5,6-dihydro-4*H*-benzofuran-2-on, 2-[(*Z*)-2-Hydroxy-cyclohex-2-enyliden]-propionsäure-lacton $C_9H_{10}O_2$, Formel X.

B. Beim Erwärmen von 2-Hydroxy-2-[2-oxo-cyclohexyl]-propionsäure-äthylester mit Acetylchlorid (*Rosenmund et al.*, Ar. **287** [1954] 441, 446).

Krystalle (aus A.); F: 28°. Kp_6: 136—138°. An der Luft nicht beständig.

(±)-5-Methyl-6,7-dihydro-5*H*-benzo[*b*]thiophen-4-on $C_9H_{10}OS$, Formel XI.

B. Beim Behandeln des aus (±)-2-Methyl-4-[2]thienyl-buttersäure mit Hilfe von Thionylchlorid hergestellten Säurechlorids mit Zinn(IV)-chlorid in Schwefelkohlenstoff (*Kitchen, Sandin*, Am. Soc. **67** [1945] 1645).

Krystalle; F: 35—36°.

(±)-6-Methyl-6,7-dihydro-5*H*-benzo[*b*]thiophen-4-on $C_9H_{10}OS$, Formel XII.

B. Aus (±)-3-Methyl-4-[2]thienyl-butyrylchlorid mit Hilfe von Zinn(IV)-chlorid (*Cagniant*, C. r. **232** [1951] 734).

Krystalle (aus PAe.); F: 69°. $Kp_{10,7}$: 141–141,5°.

(±)-6-Methyl-6,7-dihydro-5*H*-benzo[*b*]thiophen-4-on-oxim $C_9H_{11}NOS$, Formel XIII (X = OH).

B. Aus (±)-6-Methyl-6,7-dihydro-5*H*-benzo[*b*]thiophen-4-on und Hydroxylamin (*Cagniant*, C. r. **232** [1951] 734).

Krystalle (aus Bzl.); F: 149–149,5°.

(±)-6-Methyl-6,7-dihydro-5*H*-benzo[*b*]thiophen-4-on-[2,4-dinitro-phenylhydrazon] $C_{15}H_{14}N_4O_4S$, Formel XIII (X = NH-$C_6H_3(NO_2)_2$).

B. Aus (±)-6-Methyl-6,7-dihydro-5*H*-benzo[*b*]thiophen-4-on und [2,4-Dinitro-phenyl]-hydrazin (*Cagniant*, C. r. **232** [1951] 734).

Rote Krystalle (aus Bzl.); F: 259,5° [Block].

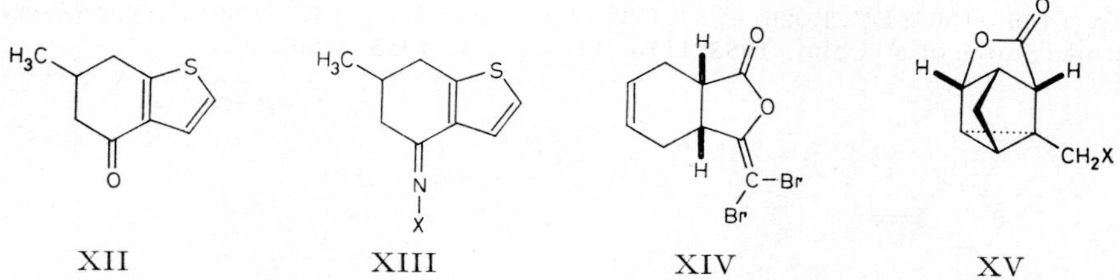

XII XIII XIV XV

(±)-6-Methyl-6,7-dihydro-5*H*-benzo[*b*]thiophen-4-on-semicarbazon $C_{10}H_{13}N_3OS$, Formel XIII (X = NH-CO-NH_2).

B. Aus (±)-6-Methyl-6,7-dihydro-5*H*-benzo[*b*]thiophen-4-on und Semicarbazid (*Cagniant*, C. r. **232** [1951] 734).

Krystalle (aus A.); F: 188–189°.

(±)-3-Dibrommethylen-(3a*r*,7a*c*)-3a,4,7,7a-tetrahydro-3*H*-isobenzofuran-1-on, (±)-*cis*-6-[2,2-Dibrom-1-hydroxy-vinyl]-cyclohex-3-encarbonsäure-lacton $C_9H_8Br_2O_2$, Formel XIV + Spiegelbild.

Diese Konstitution und Konfiguration ist vermutlich der nachstehend beschriebenen, von *Dane, Eder* (A. **539** [1939] 207, 212) als 2,2-Dibrom-3a,4,7,7a-tetrahydro-indan-1,3-dion formulierten Verbindung auf Grund ihrer Bildungsweise zuzuordnen.

B. Beim Erhitzen von 5-Dibrommethylen-5*H*-furan-2-on (über die Konstitution s. *Koch, Pirsch*, M. **93** [1962] 661, 662, 664; *Wells*, Austral. J. Chem. **16** [1963] 165) mit Buta-1,3-dien in Dioxan auf 110° (*Dane, Eder*).

Krystalle (aus Ae.); F: 92° (*Dane, Eder*).

(±)-5*endo*-Hydroxy-2-methyl-2,6-cyclo-norbornan-3*endo*-carbonsäure-lacton $C_9H_{10}O_2$, Formel XV (X = H) + Spiegelbild.

Diese Konstitution kommt der von *Jones et al.* (Soc. **1956** 4073, 4080) als (±)-6*endo*-Hydroxy-3-methylen-norbornan-2*endo*-carbonsäure-lacton beschriebenen Verbindung zu (*Crundwell, Kofi-Tsekpo*, Tetrahedron **25** [1969] 5535).

B. Beim Behandeln von (±)-3-Methylen-norborn-5-en-2*endo*-carbonsäure mit wss. Schwefelsäure (*Jo. et al.*; *Cr., Ko.-T.*).

Krystalle (aus Pentan); F: 50–52,5° (*Cr., Ko.-T.*), 49,5–50,5° (*Jo. et al.*).

(±)-2-Brommethyl-5*endo*-hydroxy-2,6-cyclo-norbornan-3*endo*-carbonsäure-lacton $C_9H_9BrO_2$, Formel XV (X = Br) + Spiegelbild.

Diese Konstitution kommt der von *Jones et al.* (Soc. **1956** 4073, 4080) als (±)-5ξ-Brom-6*endo*-hydroxy-3-methylen-norbornan-2*endo*-carbonsäure-lacton beschriebenen Verbindung zu (*Crundwell, Kofi-Tsekpo*, Tetrahedron **25** [1969] 5535).

B. Beim Behandeln von (±)-3-Methylen-norborn-5-en-2*endo*-carbonsäure mit Natriumhydrogencarbonat in Wasser und mit Brom in Tetrachlormethan (*Jo. et al.*; *Cr., Ko.-T.*).

Krystalle (aus Bzl. + PAe.); F: 77–78° (*Jo. et al.*; *Cr., Ko.-T.*).

Oxo-Verbindungen $C_{10}H_{12}O_2$

4-Methyl-6-[2-methyl-propenyl]-pyran-2-on, 5-Hydroxy-3,7-dimethyl-octa-2*c*,4*t*,6-triensäure-lacton $C_{10}H_{12}O_2$, Formel I.

B. Beim Erhitzen von 3-Methyl-*cis*-pentendisäure auf 250° und, nach Zusatz von Kupfer-Pulver, auf 350° (*Wiley et al.*, J. org. Chem. **22** [1957] 1737). Beim Erhitzen von 4,7,7-Trimethyl-7,8-dihydro-pyrano[4,3-*b*]pyran-2,5-dion mit Kupfer-Pulver bis auf 350° (*Wi. et al.*).

Krystalle [aus Ae.] (*Wi. et al.*); F: 46,5–47,5° (*Wiley, Esterle*, J. org. Chem. **21** [1956] 1335). IR-Banden (CCl_4) im Bereich von 1730 cm^{-1} bis 840 cm^{-1}: *Wiley, Esterle*, J. org. Chem. **22** [1957] 1257.

1*t*(?)-[2]Furyl-hex-1-en-3-on $C_{10}H_{12}O_2$, vermutlich Formel II.

B. Beim Behandeln von Furfural mit Pentan-2-on und wss.-äthanol. Natronlauge (*Til' et al.*, Ž. obšč. Chim. **27** [1957] 110, 114; engl. Ausg. S. 125, 129; s. a. *Midorikawa*, Bl. chem. Soc. Japan **27** [1954] 143, 145).

Kp_{15}: 135–136°; D_4^{20}: 1,026; n_D^{20}: 1,5592 (*Til' et al.*). Kp_{14}: 137° (*Ponomarew, Selenkowa*, Sbornik Statei obšč. Chim. **1953** 1115, 1118; C. A. **1955** 5425).

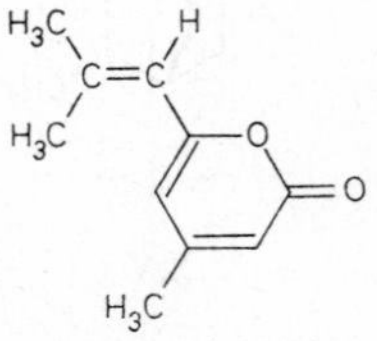

I 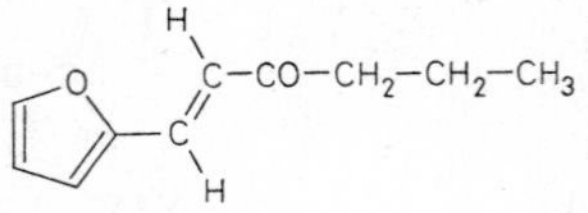 II 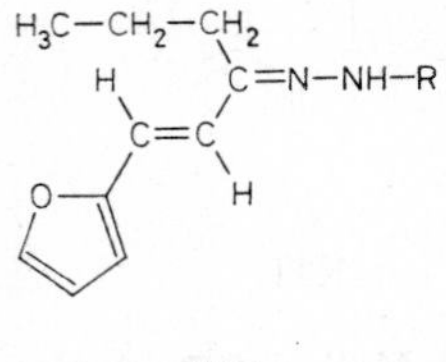 III

1*t*(?)-[2]Furyl-hex-1-en-3-on-[2,4-dinitro-phenylhydrazon] $C_{16}H_{16}N_4O_5$, vermutlich Formel III ($R = C_6H_3(NO_2)_2$).

B. Aus 1*t*(?)-[2]Furyl-hex-1-en-3-on und [2,4-Dinitro-phenyl]-hydrazin (*Midorikawa*, Bl. chem. Soc. Japan **27** [1954] 143, 145).

Rote Krystalle (aus Py.); F: 171–172°.

1*t*(?)-[2]Furyl-hex-1-en-3-on-semicarbazon $C_{11}H_{15}N_3O_2$, vermutlich Formel III ($R = CO-NH_2$).

B. Aus 1*t*(?)-[2]Furyl-hex-1-en-3-on und Semicarbazid (*Ponomarew, Selenkowa*, Sbornik Statei obšč. Chim. **1953** 1115, 1118; C. A. **1955** 5425; *Midorikawa*, Bl. chem. Soc. Japan **27** [1954] 143, 145).

Krystalle; F: 143,5–144° (*Po., Se.*), 143–144° (*Mi.*).

1ξ-[2]Furyl-2-methyl-pent-1-en-3-on $C_{10}H_{12}O_2$, Formel IV (vgl. E II 328).

B. Beim Erwärmen von Furfurylalkohol mit Pentan-3-on und Aluminium-*tert*-butylat in Benzol (*Heilbron et al.*, Soc. **1939** 1560, 1563).

Als 2,4-Dinitro-phenylhydrazon (s. u.) isoliert.

1ξ-[2]Furyl-2-methyl-pent-1-en-3-on-[2,4-dinitro-phenylhydrazon] $C_{16}H_{16}N_4O_5$, Formel V ($R = C_6H_3(NO_2)_2$).

B. Aus 1ξ-[2]Furyl-2-methyl-pent-1-en-3-on und [2,4-Dinitro-phenyl]-hydrazin (*Heilbron et al.*, Soc. **1939** 1560, 1563).

Rotviolette Krystalle (aus Eg.); F: 188°. Absorptionsmaxima (A. und $CHCl_3$): *Braude, Jones*, Soc. **1945** 498, 501.

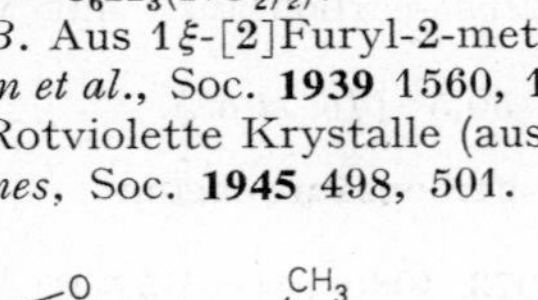

IV 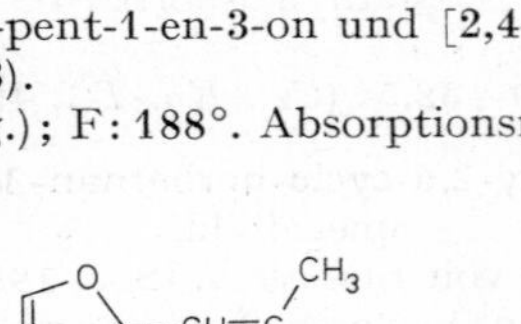 V 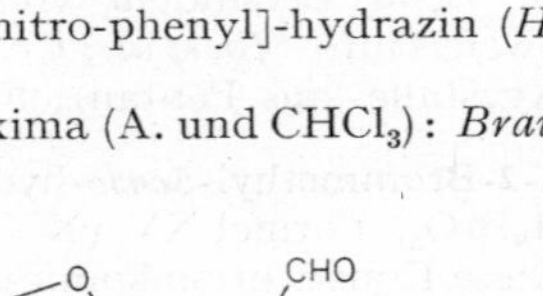 VI

1ξ-[2]Furyl-2-methyl-pent-1-en-3-on-semicarbazon $C_{11}H_{15}N_3O_2$, Formel V (R = CO-NH$_2$).
B. Aus 1ξ-[2]Furyl-2-methyl-pent-1-en-3-on und Semicarbazid (*Heilbron et al.*, Soc. **1939** 1560, 1563).
Krystalle (aus Me.); F: 181°. UV-Absorptionsmaximum (A.): 316 nm.

3ξ-[2]Furyl-2-propyl-acrylaldehyd $C_{10}H_{12}O_2$, Formel VI (vgl. E II 328; dort als α-Furfuryliden-*n*-valeraldehyd bezeichnet).
Raman-Spektrum eines vermutlich aus Furfural und Valeraldehyd hergestellten Präparats: *Donzelot, Brunel*, Bl. [5] **7** [1940] 38.

1*t*(?)-[2]Furyl-4-methyl-pent-1-en-3-on $C_{10}H_{12}O_2$, vermutlich Formel VII (vgl. E II 328).
Für ein wahrscheinlich aus Furfural und 3-Methyl-butan-2-on hergestelltes Präparat ist Kp$_5$: 101—102° angegeben worden (*Midorikawa*, Bl. chem. Soc. Japan **27** [1954] 143, 145).

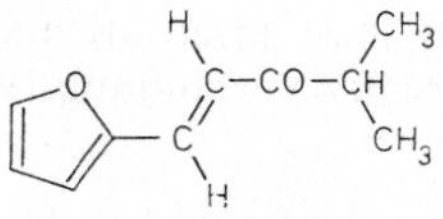

VII 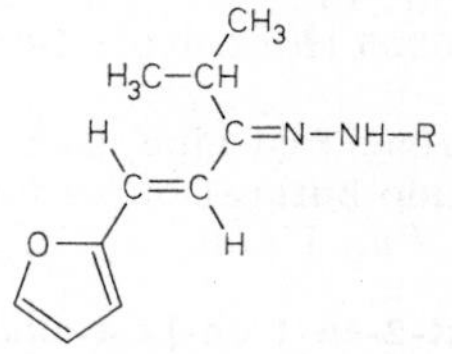 VIII 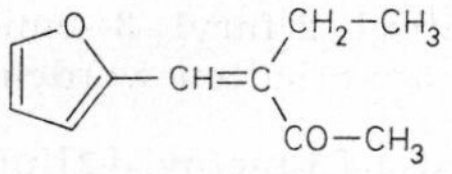 IX

1*t*(?)-[2]Furyl-4-methyl-pent-1-en-3-on-[2,4-dinitro-phenylhydrazon] $C_{16}H_{16}N_4O_5$, vermutlich Formel VIII (R = $C_6H_3(NO_2)_2$).
B. Aus 1*t*(?)-[2]Furyl-4-methyl-pent-1-en-3-on und [2,4-Dinitro-phenyl]-hydrazin (*Midorikawa*, Bl. chem. Soc. Japan **27** [1954] 143, 145).
Orangefarbene Krystalle (aus Py.); F: 175—176°.

1*t*(?)-[2]Furyl-4-methyl-pent-1-en-3-on-semicarbazon $C_{11}H_{15}N_3O_2$, vermutlich Formel VIII (R = CO-NH$_2$).
B. Aus 1*t*(?)-[2]Furyl-4-methyl-pent-1-en-3-on und Semicarbazid (*Midorikawa*, Bl. chem. Soc. Japan **27** [1954] 143, 145).
Krystalle (aus W. + Me.); F: 148—149° (*Mi.*).

3-Äthyl-4ξ-[2]furyl-but-3-en-2-on $C_{10}H_{12}O_2$, Formel IX.
B. In kleiner Menge neben 1-[2]Furyl-hex-1-en-3-on (S. 4736) beim Behandeln von Furfural mit Pentan-2-on und wss. Natronlauge (*Midorikawa*, Bl. chem. Soc. Japan **27** [1954] 143, 145).

3-Äthyl-4ξ-[2]furyl-but-3-en-2-on-[2,4-dinitro-phenylhydrazon] $C_{16}H_{16}N_4O_5$, Formel X (R = $C_6H_3(NO_2)_2$).
B. Aus 3-Äthyl-4ξ-[2]furyl-but-3-en-2-on und [2,4-Dinitro-phenyl]-hydrazin (*Midorikawa*, Bl. chem. Soc. Japan **27** [1954] 143, 145).
Rote Krystalle (aus Py.); F: 183—184°.

3-Äthyl-4ξ-[2]furyl-but-3-en-2-on-semicarbazon $C_{11}H_{15}N_3O_2$, Formel X (R = CO-NH$_2$).
B. Aus 3-Äthyl-4ξ-[2]furyl-but-3-en-2-on und Semicarbazid (*Midorikawa*, Bl. chem. Soc. Japan **27** [1954] 143, 145).
Krystalle (aus Me.); F: 223—225° (*Mi.*).

3ξ-[2]Furyl-2-isopropyl-acrylaldehyd $C_{10}H_{12}O_2$, Formel XI.
Diese Konstitution kommt vermutlich einer von *Obata, Yamanishi* (J. agric. chem. Soc. Japan **24** [1950] 479; C. A. **1952** 11475) und von *Yamanishi, Obata* (J. agric. chem. Soc. Japan **27** [1953] 657; C. A. **1955** 2300) als 5ξ-[2]Furyl-3-methyl-pent-4-enal angesehenen, beim Behandeln von Furfural mit Isovaleraldehyd und wss. Natronlauge erhaltenen Verbindung (Kp$_{15}$: 128°) zu.

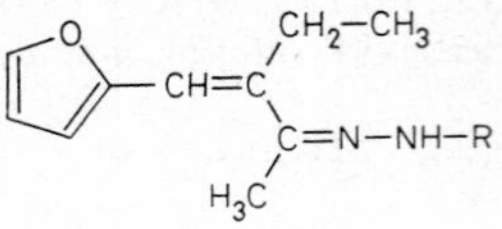

X 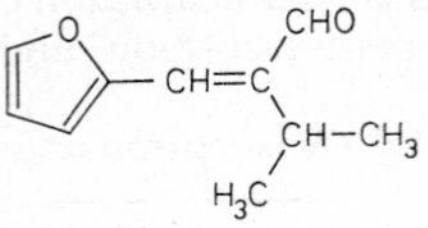 XI 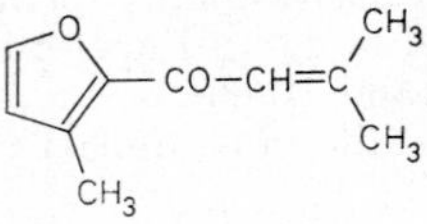 XII

3-Methyl-1-[3-methyl-[2]furyl]-but-2-en-1-on $C_{10}H_{12}O_2$, Formel XII.

Diese Konstitution kommt dem nachstehend beschriebenen, ursprünglich (*Fujita*, Ogawa Perfume Times Nr. 202 [1951] 427, 431; *Fujita, Ueda*, J. chem. Soc. Japan Pure Chem. Sect. **79** [1958] 1067, 1068; C. A. **1960** 25596) als 4-Methyl-1-[3-methyl-[2]furyl]-pent-3-en-1-on ($C_{11}H_{14}O_2$) formulierten **Naginataketon** zu (*Fujita, Ueda*, Chem. and Ind. **1960** 236; *Ueda*, J. chem. Soc. Japan Pure Chem. Sect. **81** [1960] 1751, 1754; C. A. **56** [1962] 10300; *Yeh*, J. Chin. chem. Soc. [II] **8** [1961] 114, 116, 123).

Isolierung aus Elsholtzia oldhami: *Fu.*

Kp_{761}: 237°; D_4^{30}: 0,9978; n_D^{30}: 1,5255 (*Fu.*). Kp_1: 78°; n_D^{25}: 1,5403 (*Büchi et al.*, J. org. Chem. **33** [1968] 1227).

Bei der Umsetzung mit Semicarbazid ist eine nach *Ueda* (l. c. S. 1753) als 3-Methyl-1-[3-methyl-[2]furyl]-3-semicarbazido-butan-1-on zu formulierende Verbindung (F: 141° bis 141,5°) erhalten worden (*Fu.*; *Fu., Ueda*).

3-Methyl-1-[3-methyl-[2]furyl]-but-2-en-1-on-[2,4-dinitro-phenylhydrazon] $C_{16}H_{16}N_4O_5$.

In einem von *Fujita* (Ogawa Perfume Times Nr. 202 [1951] 427, 431) und *Fujita, Ueda* (J. chem. Soc. Japan Pure Chem. Sect. **79** [1958] 1067, 1068; C. A. **1960** 25596) beschriebenen Präparat vom F: 147–148° hat ein Gemisch der beiden folgenden Stereoisomeren vorgelegen.

a) **3-Methyl-1-[3-methyl-[2]furyl]-but-2-en-1-on-[(*Z*)-2,4-dinitro-phenylhydrazon]** $C_{16}H_{16}N_4O_5$, Formel XIII.

B. s. bei dem unter b) beschriebenen Stereoisomeren.

Krystalle (aus Me. + E.); F: 163–164° (*Naves, Ochsner*, Helv. **43** [1960] 568, 572). Absorptionsmaximum ($CHCl_3$): 406 nm.

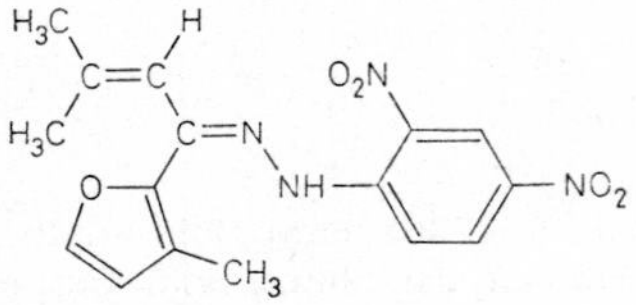

XIII 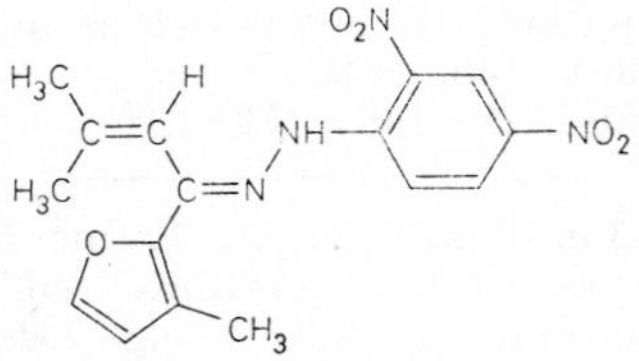 XIV 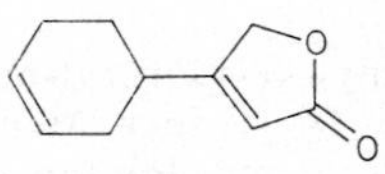 XV

b) **3-Methyl-1-[3-methyl-[2]furyl]-but-2-en-1-on-[(*E*)-2,4-dinitro-phenylhydrazon]** $C_{16}H_{16}N_4O_5$, Formel XIV.

B. Neben dem unter a) beschriebenen Stereoisomeren beim Behandeln von 3-Methyl-1-[3-methyl-[2]furyl]-but-2-en-1-on mit [2,4-Dinitro-phenyl]-hydrazin in Äthanol unter Zusatz von Schwefelsäure (*Naves, Ochsner*, Helv. **43** [1960] 568, 572).

Krystalle (aus Me. + E.); F: 175–176°. Absorptionsmaximum ($CHCl_3$): 398 nm. In Methanol-Äthylacetat-Gemischen leichter löslich als das unter a) beschriebene Stereoisomere.

(±)-4-Cyclohex-3-enyl-5*H*-furan-2-on, (±)-3-Cyclohex-3-enyl-4-hydroxy-*cis*-crotonsäure-lacton $C_{10}H_{12}O_2$, Formel XV.

B. In kleiner Menge neben 4-[*cis*-4-Acetoxy-cyclohexyl]-5*H*-furan-2-on beim Erhitzen von 4-[*trans*-4-(Toluol-4-sulfonyloxy)-cyclohexyl]-5*H*-furan-2-on mit Natriumacetat und Essigsäure (*Hardegger et al.*, Helv. **29** [1946] 477, 482).

n_D^{20}: 1,5268 (*Ha. et al.*). UV-Absorptionsmaximum: 217 nm (*Wa. et al.*, l. c. S. 479).

Beim Behandeln mit Osmium(VIII)-oxid in Äther und Behandeln des Reaktionsprodukts mit Acetanhydrid und wenig Acetylchlorid sind zwei 4-[3*r*,4*c*-Diacetoxy-cyclo=

hex-ξ-yl]-5*H*-furan-2-on-Präparate vom F: 116° bzw. vom F: 95°, beim Behandeln mit Peroxybenzoesäure in Chloroform und Erhitzen des Reaktionsprodukts mit Acetanhydrid und wenig Eisen(III)-chlorid sind ein 4-[3*r*,4*t*-Diacetoxy-cyclohex-ξ-yl]-5*H*-furan-2-on-Präparat vom F: 100−101° und ein weiteres Stereoisomeres erhalten worden (*Hardegger*, Helv. **29** [1946] 1195, 1196, 1198).

2-Cyclopentancarbonyl-thiophen, Cyclopentyl-[2]thienyl-keton $C_{10}H_{12}OS$, Formel I.

B. Beim Erwärmen von Cyclopentancarbonsäure mit Tetrachlorsilan und Benzol und anschliessenden Behandeln mit Thiophen und Zinn(IV)-chlorid (*Jur'ew et al.*, Ž. obšč. Chim. **26** [1956] 3341, 3343; engl. Ausg. S. 3717).

Kp_7: 128−129°. D_4^{20}: 1,1378. n_D^{20}: 1,5660.

Cyclopentyl-[2]thienyl-keton-[2,4-dinitro-phenylhydrazon] $C_{16}H_{16}N_4O_4S$, Formel II.

B. Aus Cyclopentyl-[2]thienyl-keton und [2,4-Dinitro-phenyl]-hydrazin (*Jur'ew et al.*, Ž. obšč. Chim. **26** [1956] 3341, 3343; engl. Ausg. S. 3717).

Gelbe Krystalle; F: 157°.

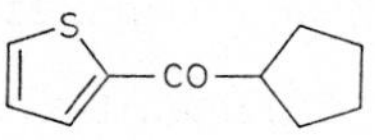

I 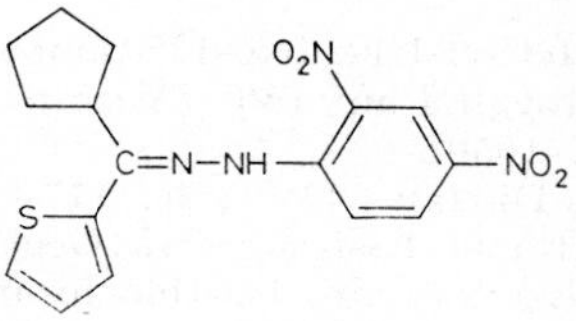 II 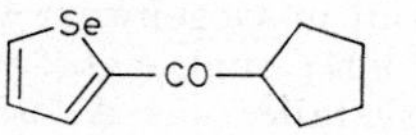 III

2-Cyclopentancarbonyl-selenophen, Cyclopentyl-selenophen-2-yl-keton $C_{10}H_{12}OSe$, Formel III.

B. Beim Erwärmen von Cyclopentancarbonsäure mit Tetrachlorsilan und Benzol und anschliessenden Behandeln mit Selenophen und Zinn(IV)-chlorid (*Jur'ew*, *Eljakow*, Doklady Akad. S.S.S.R. **102** [1955] 763, 765; C. A. **1956** 4796).

Kp_8: 149°. $D_{9\frac{1}{4}}^{20}$: 1,3916. n_D^{20}: 1,5885.

Cyclopentyl-selenophen-2-yl-keton-[2,4-dinitro-phenylhydrazon] $C_{16}H_{16}N_4O_4Se$, Formel IV.

B. Aus Cyclopentyl-selenophen-2-yl-keton und [2,4-Dinitro-phenyl]-hydrazin (*Jur'ew*, *Eljakow*, Doklady Akad. S.S.S.R. **102** [1955] 763, 765; C. A. **1956** 4796).

Orangefarbene Krystalle; F: 157,2−158,2°.

2-Methyl-5,6,7,8-tetrahydro-cyclohepta[*b*]thiophen-4-on $C_{10}H_{12}OS$, Formel V.

B. Beim Behandeln von 5-[5-Methyl-[2]thienyl]-valerylchlorid mit Zinn(IV)-chlorid in Schwefelkohlenstoff (*Cagniant*, *Cagniant*, Bl. **1956** 1152, 1156).

Kp_{13}: 162°; Kp_7: 157°. $D_4^{22,5}$: 1,157. $n_D^{20,8}$: 1,5749. IR-Spektrum (CS_2; 5−15 μ): *Ca.*, *Ca.*, l. c. S. 1154. UV-Spektrum (Isooctan; 220−350 nm): *Ca.*, *Ca.*, l. c. S. 1153.

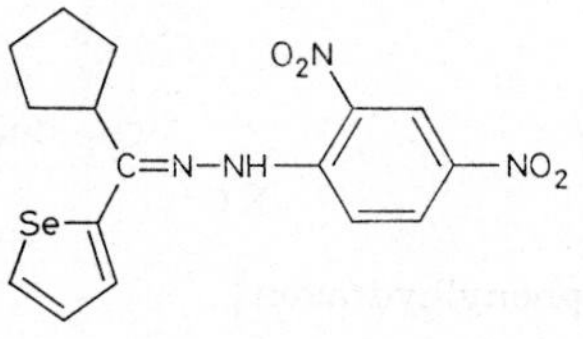

IV 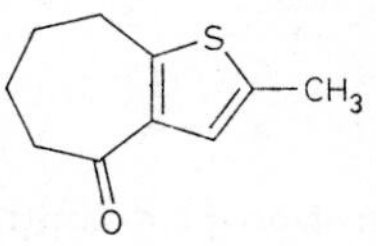 V 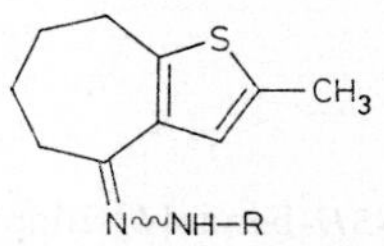 VI 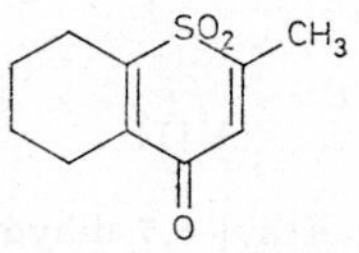 VII

2-Methyl-5,6,7,8-tetrahydro-cyclohepta[*b*]thiophen-4-on-[2,4-dinitro-phenylhydrazon] $C_{16}H_{16}N_4O_4S$, Formel VI ($R = C_6H_3(NO_2)_2$).

B. Aus 2-Methyl-5,6,7,8-tetrahydro-cyclohepta[*b*]thiophen-4-on und [2,4-Dinitro-phenyl]-hydrazin (*Cagniant*, *Cagniant*, Bl. **1956** 1152, 1157).

Rote Krystalle (aus A. + Bzl.); F: 245° [Block].

2-Methyl-5,6,7,8-tetrahydro-cyclohepta[*b*]thiophen-4-on-semicarbazon $C_{11}H_{15}N_3OS$, Formel VI (R = CO-NH$_2$).

B. Aus 2-Methyl-5,6,7,8-tetrahydro-cyclohepta[*b*]thiophen-4-on und Semicarbazid (*Cagniant, Cagniant,* Bl. **1956** 1152, 1157).

Krystalle (aus wss. A.); F: 198° [Block].

2-Methyl-1,1-dioxo-5,6,7,8-tetrahydro-1λ^6-thiochromen-4-on $C_{10}H_{12}O_3S$, Formel VII.

B. Beim Erwärmen von 3ξ,4a-Dibrom-2*t*(?)-methyl-1,1-dioxo-(4aξ,8a*r*)-hexahydro-1λ^6-thiochroman-4-on mit Natriumacetat in Aceton (*Nasarow et al.,* Ž. obšč. Chim. **22** [1952] 990, 996; engl. Ausg. S. 1045, 1050).

F: 87—87,5° [aus A.] (*Na. et al.,* l. c. S. 996).

Beim Erkitzen mit Zink und Essigsäure unter Zusatz von wss. Salzsäure ist 2*c*(?)-Methyl-1,1-dioxo-(4a*r*,8a*t*)-hexahydro-1λ^6-thiochroman-4-on (F: 157°) erhalten worden (*Nasarow et al.,* Ž obšč. Chim. **22** [1952] 1236, 1240, 1242; engl. Ausg. S. 1283, 1288).

(±)-2-Methyl-1,1-dioxo-(4a*r*,8a*c*)-4a,5,8,8a-tetrahydro-1λ^6-thiochromen-4-on $C_{10}H_{12}O_3S$, Formel VIII + Spiegelbild.

B. Beim Erhitzen von 2-Methyl-1,1-dioxo-1λ^6-thiopyran-4-on mit Buta-1,3-dien in Dioxan in Gegenwart von Pyrogallol auf 150° (*Nasarow et al.,* Ž. obšč. Chim. **22** [1952] 990, 997; engl. Ausg. S. 1045, 1050).

Krystalle (aus A. oder aus Dioxan + W.); F: 177—177,5° (*Na. et al.,* l. c. S. 997).

Bei der Hydrierung an Platin in Essigsäure in Gegenwart von wss. Salzsäure sind 2*c*(?)-Methyl-1,1-dioxo-(4a*r*,8a*t*)-hexahydro-1λ^6-thiochroman-4-on (F: 158°), 2*c*(?)-Methyl-1,1-dioxo-(4a*r*,8a*c*)-hexahydro-1λ^6-thiochroman-4ξ-ol (F: 140—140,5°) und 2-Methyl-1,1-dioxo-(4a*r*,8a*c*)-4a,5,6,7,8,8a-hexahydro-1λ^6-thiochromen-4-on erhalten worden (*Nasarow et al.,* Ž. obšč. Chim. **22** [1952] 1236, 1241; engl. Ausg. S. 1283, 1287).

2-Äthyl-6,7-dihydro-5*H*-benzo[*b*]thiophen-4-on $C_{10}H_{12}OS$, Formel IX.

B. Beim Behandeln von 4-[5-Äthyl-[2]thienyl]-butyrylchlorid mit Zinn(IV)-chlorid in Schwefelkohlenstoff (*Buu-Hoi et al.,* J. org. Chem. **15** [1950] 957, 959; *Cagniant, Cagniant,* Bl. **1953** 62, 67).

Kp_{16}: 161° (*Buu-Hoi et al.*); Kp_{14}: 165° (*Ca., Ca.*). D_4^{20}: 1,144; n_D^{20}: 1,5692 (*Ca., Ca.*).

2-Äthyl-6,7-dihydro-5*H*-benzo[*b*]thiophen-4-on-oxim $C_{10}H_{13}NOS$, Formel X (X = OH).

B. Aus 2-Äthyl-6,7-dihydro-5*H*-benzo[*b*]thiophen-4-on und Hydroxylamin (*Cagniant, Cagniant,* Bl. **1953** 62, 67).

Krystalle (aus PAe.); F: 91—92°.

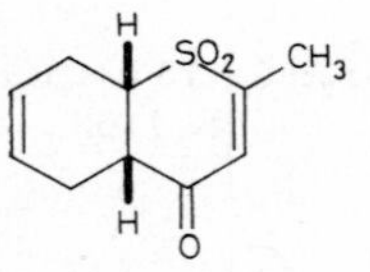

VIII 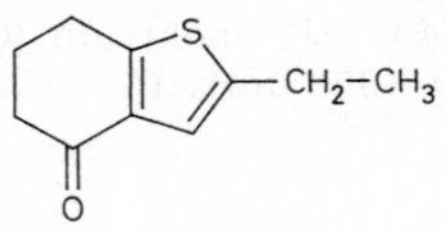 IX 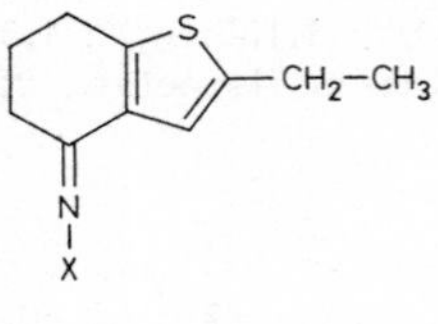 X 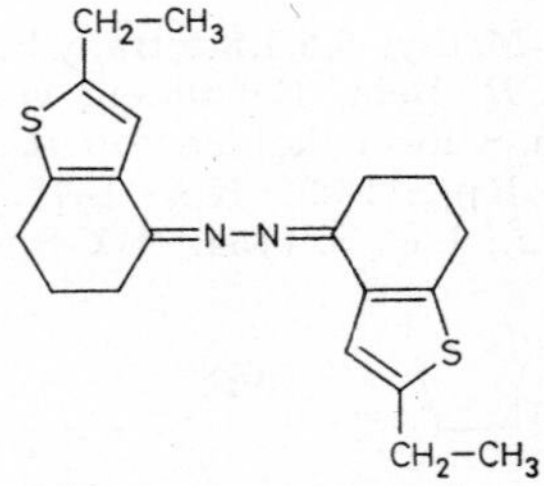 XI

2-Äthyl-6,7-dihydro-5*H*-benzo[*b*]thiophen-4-on-[2,4-dinitro-phenylhydrazon] $C_{16}H_{16}N_4O_4S$, Formel X (X = NH-$C_6H_3(NO_2)_2$).

B. Aus 2-Äthyl-6,7-dihydro-5*H*-benzo[*b*]thiophen-4-on und [2,4-Dinitro-phenyl]-hydrazin (*Cagniant, Cagniant,* Bl. **1953** 62, 67).

Rote Krystalle; F: 249,5° [Block].

2-Äthyl-6,7-dihydro-5*H*-benzo[*b*]thiophen-4-on-semicarbazon $C_{11}H_{15}N_3OS$, Formel X (X = NH-CO-NH$_2$).

B. Aus 2-Äthyl-6,7-dihydro-5*H*-benzo[*b*]thiophen-4-on und Semicarbazid (*Buu-Hoi*

et al., J. org. Chem. **15** [1950] 957, 960; *Cagniant, Cagniant*, Bl. **1953** 62, 67).
Krystalle; F: 233° [Block; aus A.] (*Ca., Ca.*), 219° [unkorr.; Block; aus Me.] (*Buu-Hoi et al.*, l. c. S. 960).

Bis-[2-äthyl-6,7-dihydro-5*H*-benzo[*b*]thiophen-4-yliden]-hydrazin, 2-Äthyl-6,7-dihydro-5*H*-benzo[*b*]thiophen-4-on-azin $C_{20}H_{24}N_2S_2$, Formel XI.

B. In kleiner Menge neben 2-Äthyl-4,5,6,7-tetrahydro-benzo[*b*]thiophen beim Erhitzen von 2-Äthyl-6,7-dihydro-5*H*-benzo[*b*]thiophen-4-on mit Hydrazin-hydrat und mit Kaliumhydroxid in Diäthylenglykol bis auf 215° (*Cagniant, Cagniant*, Bl. **1953** 62, 68).
Krystalle (aus A.); F: 143°.

2-Acetyl-4,5,6,7-tetrahydro-benzo[*b*]thiophen, 1-[4,5,6,7-Tetrahydro-benzo[*b*]thiophen-2-yl]-äthanon $C_{10}H_{12}OS$, Formel XII.

B. Beim Behandeln von 4,5,6,7-Tetrahydro-benzo[*b*]thiophen mit Acetylchlorid und Aluminiumchlorid (*Cagniant, Cagniant*, Bl. **1953** 62, 66; *Cagniant*, C. r. **230** [1950] 100).
Kp_{15}: 171°; D_4^{24}: 1,149; $n_D^{23,4}$: 1,5819 (*Ca., Ca.*).

1-[4,5,6,7-Tetrahydro-benzo[*b*]thiophen-2-yl]-äthanon-oxim $C_{10}H_{13}NOS$, Formel XIII (X = OH).

B. Aus 1-[4,5,6,7-Tetrahydro-benzo[*b*]thiophen-2-yl]-äthanon und Hydroxylamin (*Cagniant, Cagniant*, Bl. **1953** 62, 66).
Krystalle (aus A.); F: 154° (*Cagniant*, C. r. **230** [1950] 100), 152° (*Ca., Ca.*).

1-[4,5,6,7-Tetrahydro-benzo[*b*]thiophen-2-yl]-äthanon-[2,4-dinitro-phenylhydrazon] $C_{16}H_{16}N_4O_4S$, Formel XIII (X = NH-$C_6H_3(NO_2)_2$).

B. Aus 1-[4,5,6,7-Tetrahydro-benzo[*b*]thiophen-2-yl]-äthanon und [2,4-Dinitro-phenyl]-hydrazin (*Cagniant, Cagniant*, Bl. **1953** 62, 66).
Rote Krystalle (aus Bzl.); F: 265° [Block].

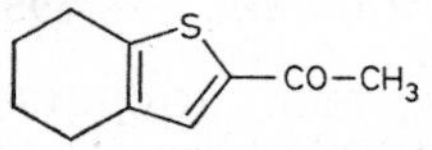

XII 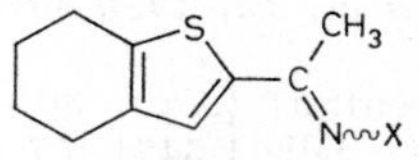 XIII 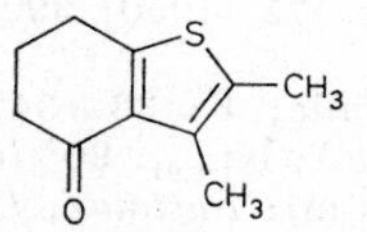 XIV

1-[4,5,6,7-Tetrahydro-benzo[*b*]thiophen-2-yl]-äthanon-semicarbazon $C_{11}H_{15}N_3OS$, Formel XIII (X = NH-$C_6H_3(NO_2)_2$).

B. Aus 1-[4,5,6,7-Tetrahydro-benzo[*b*]thiophen-2-yl]-äthanon und Semicarbazid (*Cagniant, Cagniant*, Bl. **1953** 62, 66).
Krystalle (aus A.); F: 266° [Block] (*Cagniant*, C. r. **230** [1950] 100), 264° [Block] (*Ca., Ca.*).

2,3-Dimethyl-6,7-dihydro-5*H*-benzo[*b*]thiophen-4-on $C_{10}H_{12}OS$, Formel XIV.

B. Beim Erwärmen von 4-[4,5-Dimethyl-[2]thienyl]-butyrylchlorid mit Zinn(IV)-chlorid in Schwefelkohlenstoff (*Lamy et al.*, Soc. **1958** 4202, 4204).
Krystalle (aus Cyclohexan); F: 48–49°. Kp: 153–154°.

2,3-Dimethyl-6,7-dihydro-5*H*-benzo[*b*]thiophen-4-on-semicarbazon $C_{11}H_{15}N_3OS$, Formel I.

B. Aus 2,3-Dimethyl-6,7-dihydro-5*H*-benzo[*b*]thiophen-4-on und Semicarbazid (*Lamy et al.*, Soc. **1958** 4202, 4204).
Krystalle (aus A.); F: 199°.

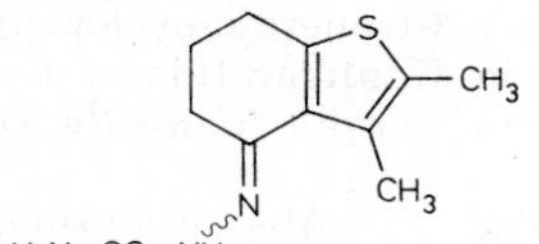

I 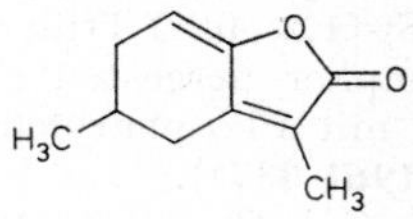 II 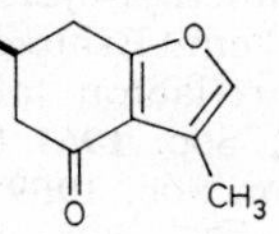 III

(±)-3,5-Dimethyl-5,6-dihydro-4*H*-benzofuran-2-on, (±)-2-[(*Z*)-2-Hydroxy-5-methyl-cyclohex-2-enyliden]-propionsäure-lacton $C_{10}H_{12}O_2$, Formel II.

B. Beim Erwärmen von opt.-inakt. 2-Hydroxy-2-[5-methyl-2-oxo-cyclohexyl]-propionsäure-äthylester ($Kp_{0,3}$: 101–102°) mit Acetylchlorid (*Rosenmund et al.*, Ar. **287** [1954] 441, 447).

$Kp_{0,25}$: 95–96°.

(−)-3,6-Dimethyl-6,7-dihydro-5*H*-benzofuran-4-on $C_{10}H_{12}O_2$, Formel III oder Spiegelbild.

Diese Konstitution kommt dem nachstehend beschriebenen, ursprünglich (*van Hulssen*, Ing. Nederl.-Indië **8** [1941] Nr. 9, S. 89) als 6-Methyl-3-methylen-2,3,6,7-tetrahydro-4*H*-benzofuran-5-on formulierten **Evodon** zu (*Birch, Richards*, Austral. J. Chem. **9** [1956] 241; *Stetter, Lauterbach*, B. **93** [1960] 603).

Isolierung aus dem ätherischen Öl von Evodia hortensis: *v. Hu.*

B. Beim Erhitzen von (−)-3,6-Dimethyl-4-oxo-4,5,6,7-tetrahydro-benzofuran-2-carbonsäure ($[\alpha]_D^{25}$: −46,5° [A.]) mit wenig Kupfer-Pulver in Äthylenglykol unter Zusatz von Pyridin auf 180° (*St., La.*, l. c. S. 607; s. a. *Stetter, Lauterbach*, Ang. Ch. **71** [1959] 673).

Krystalle; F: 74,5° (*St., La.*, B. **93** 607), 73° [aus Me.] (*v. Hu.*). Kp_8: 80° (*v. Hu.*). $[\alpha]_D^{25}$: −59,8° [A.] (*St., La.*, B. **93** 607); $[\alpha]_D^{26}$: −53,9° [Me.] (*v. Hu.*). UV-Spektrum (A.; 225–320 nm): *v. Hu.*; UV-Absorptionsmaximum (Me.): 266 nm (*St., La.*, B. **93** 607).

2,4-Dinitro-phenylhydrazon $C_{16}H_{16}N_4O_5$. F: 258–260° (*v. Hu.*; *St., La.*, B. **93** 607).

Semicarbazon $C_{11}H_{15}N_3O_2$. F: 188° (*v. Hu.*; *St., La.*, B. **93** 607).

(6*R*)-3,6-Dimethyl-5,6-dihydro-4*H*-benzofuran-2-on, 2-[(1*Z*,4*R*)-2-Hydroxy-4-methyl-cyclohex-2-enyliden]-propionsäure-lacton $C_{10}H_{12}O_2$, Formel IV.

B. Beim Erhitzen von Peperinsäure ((6*R*,7a*Ξ*)-7a-Hydroxy-3,6-dimethyl-5,6,7,7a-tetrahydro-4*H*-benzofuran-2-on [E III **10** 2906]) in Gegenwart von Natriumhydrogensulfat oder Kaliumhydrogensulfat unter vermindertem Druck (*Woodward, Eastman*, Am. Soc. **72** [1950] 399, 402; *Naves*, Bl. **1950** 801; *Clemo, McQuillin*, Soc. **1952** 3835, 3837).

Krystalle; F: 33–34° [aus Pentan] (*Na.*), 30–32° (*Wo., Ea.*). Kp_{24}: 166–167° (*Wo., Ea.*); $Kp_{0,01}$: 90° (*Cl., McQ.*); D^{17}: 1,5471 (*Cl., McQ.*). UV-Spektrum (A.; 220 nm bis 310 nm): *Eastman, Detert*, Am. Soc. **73** [1951] 4511, 4512; s. a. *Cl., McQ.*

1,3-Dimethyl-6,7-dihydro-5*H*-benzo[*c*]thiophen-4-on $C_{10}H_{12}OS$, Formel V.

B. Beim Erwärmen von 4-[2,5-Dimethyl-[3]thienyl]-buttersäure mit konz. Schwefelsäure (*Steinkopf et al.*, A. **536** [1938] 128, 133). Beim Erwärmen von 4-[2,5-Dimethyl-[3]thienyl]-butyrylchlorid mit Zinn(IV)-chlorid in Schwefelkohlenstoff (*Buu-Hoi et al.*, R. **69** [1950] 1053, 1069).

Krystalle; F: 46° [aus Ae. + Bzn.] (*Buu-Hoi et al.*), 39,5–41° (*St. et al.*). Kp_{13}: 152–153° (*Buu-Hoi et al.*).

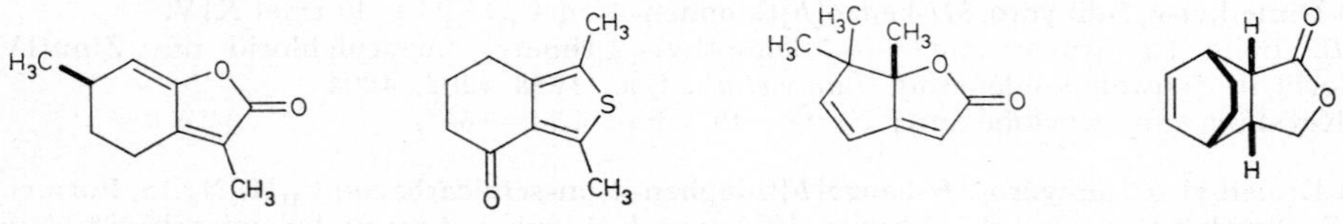

IV V VI VII

(6a*R*)-6,6,6a-Trimethyl-6,6a-dihydro-cyclopenta[*b*]furan-2-on, [(1*Z*,5*R*)-5-Hydroxy-4,4,5-trimethyl-cyclopent-2-enyliden]-essigsäure-lacton $C_{10}H_{12}O_2$, Formel VI.

B. Beim Erhitzen von (1*S*)-[1,2*c*,4*c*(?)-Trihydroxy-2*t*,3,3-trimethyl-cyclopent-*r*-yl]-essigsäure-lacton (aus (1*R*)-Campher hergestellt; über die Konfiguration s. *Connolly, Overton*, Soc. **1961** 3366, 3368) mit Phosphorylchlorid und Pyridin (*Connolly, Overton*, Pr. chem. Soc. **1959** 188; Soc. **1961** 3371).

$Kp_{0,7}$: 77–80°; n_D^{22}: 1,5129 (*Co., Ov.*, Soc. **1961** 3371). UV-Absorptionsmaximum (CCl_4): 262 nm (*Co., Ov.*, Pr. chem. Soc. **1959** 188; Soc. **1961** 3367).

(±)-(3a*r*,7a*c*)-3a,4,7,7a-Tetrahydro-3*H*-4*c*,7*c*-äthano-isobenzofuran-1-on, (±)-3*endo*-Hydroxymethyl-bicyclo[2.2.2]oct-5-en-2*endo*-carbonsäure-lacton $C_{10}H_{12}O_2$, Formel VII.

Diese Konstitution und Konfiguration kommt vermutlich der nachstehend beschriebenen Verbindung zu.

B. Neben 5*endo*,6*endo*-Bis-hydroxymethyl-bicyclo[2.2.2]oct-2-en aus Bicyclo[2.2.2]oct-5-en-2*endo*,3*endo*-dicarbonsäure-anhydrid mit Hilfe von Lithiumalanat (*Birch et al.*, J. org. Chem. **21** [1956] 970, 974).

Krystalle (aus Ae. + Pentan); F: 91—92,5°.

Oxo-Verbindungen $C_{11}H_{14}O_2$

1*t*(?)-[2]Furyl-hept-1-en-3-on $C_{11}H_{14}O_2$, vermutlich Formel VIII.

B. Beim Behandeln von Furfural mit Hexan-2-on und wss. bzw. wss.-äthanol. Natronlauge (*Breusch, Ulusoy*, Rev. Fac. Sci. Istanbul [A] **13** [1948] 51, 54; *Til' et al.*, Ž. obšč. Chim. **27** [1957] 110, 114; engl. Ausg. S. 125, 129). Beim Behandeln von 3*t*(?)-[2]Furyl-acryloylchlorid (Kp_{10}: 105—106°) mit Butylzinkjodid in Äthylacetat und Toluol (*Breusch, Ulusoy*, Rev. Fac. Sci. Istanbul [A] **17** [1952] 39, 44).

Krystalle; F: 45—46° [aus PAe.] (*Br., Ul.*, Rev. Fac. Sci. Istanbul [A] **13** 54), 45° bis 46° [aus A.] (*Br., Ul.*, Rev. Fac. Sci. Istanbul [A] **17** 45), 41,5—42° (*Til' et al.*). Kp_{15}: 136—137°; D_4^{42}: 1,0015; n_D^{42}: 1,5434 [unterkühlte Schmelze] (*Til' et al.*).

An der Luft erfolgt Rotfärbung (*Br., Ul.*, Rev. Fac. Sci. Istanbul [A] **13** 54).

1*t*(?)-[2]Furyl-hept-1-en-3-on-phenylhydrazon $C_{17}H_{20}N_2O$, vermutlich Formel IX (R = C_6H_5).

B. Aus 1*t*(?)-[2]Furyl-hept-1-en-3-on und Phenylhydrazin (*Breusch, Ulusoy*, Rev. Fac. Sci. Istanbul [A] **13** [1948] 51, 54, [A] **17** [1952] 39, 44).

Braungelbe Krystalle (aus A.); F: 82—83°.

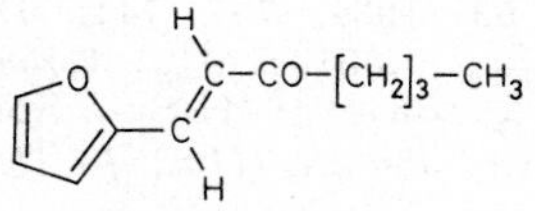

VIII 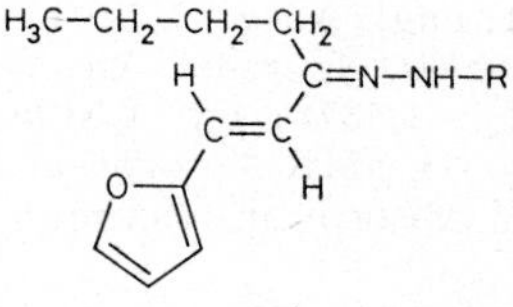 IX 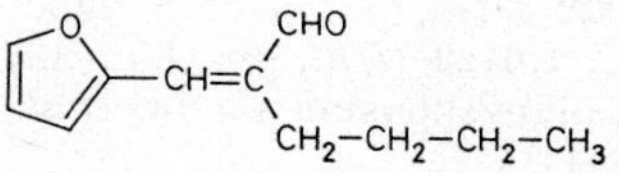 X

1*t*(?)-[2]Furyl-hept-1-en-3-on-semicarbazon $C_{12}H_{17}N_3O_2$, vermutlich Formel IX (R = CO-NH_2).

B. Aus 1*t*(?)-[2]Furyl-hept-1-en-3-on und Semicarbazid (*Breusch, Ulusoy*, Rev. Fac. Sci. Istanbul [A] **13** [1948] 51, 55).

Hellgelbe Krystalle (aus A.); F: 96—98°.

2-Butyl-3ξ-[2]furyl-acrylaldehyd $C_{11}H_{14}O_2$, Formel X.

B. Beim Erhitzen von Furfural mit Hexanal in Gegenwart eines basischen Ionenaustauschers bis auf 135° (*Mastagli et al.*, Bl. **1953** 693; *Durr*, A. ch. [13] **1** [1956] 84, 105).

Kp_{760}: 258—259,5°; Kp_{10}: 129° (*Ma. et al.*). D_4^{14}: 1,019 (*Ma. et al.*; *Durr*). n_D^{16}: 1,5689 (*Ma. et al.*); $n_D^{17,5}$: 1,5681 (*Ma. et al.*). Raman-Spektrum: *Donzelot, Brunel*, Bl. [5] **7** [1940] 38.

1*t*(?)-[2]Furyl-5-methyl-hex-1-en-3-on $C_{11}H_{14}O_2$, vermutlich Formel XI.

B. Beim Behandeln von Furfural mit 4-Methyl-pentan-2-on und alkohol. oder wss. Natronlauge (*Wienhaus, Leonhardi*, Ber. Schimmel **1929** 223, 229; *Wachs, Hedenburg*, Am. Soc. **70** [1948] 2695; *Midorikawa*, Bl. chem. Soc. Japan **27** [1954] 210).

Kp_6: 124—126° (*Mi.*); Kp_3: 115—116° (*Wi., Le.*); $Kp_{1,4}$: 108° (*Wa., He.*). D^{20}: 1,011; n_D^{20}: 1,5528 (*Wi., Le.*).

XI XII XIII

1t(?)-[2]Furyl-5-methyl-hex-1-en-3-on-[2,4-dinitro-phenylhydrazon] $C_{17}H_{18}N_4O_5$, vermutlich Formel XII (R = $C_6H_3(NO_2)_2$).

B. Aus 1t(?)-[2]Furyl-5-methyl-hex-1-en-3-on und [2,4-Dinitro-phenyl]-hydrazin (*Midorikawa*, Bl. chem. Soc. Japan **27** [1954] 210).

Orangefarbene Krystalle (aus Py.) vom F: 196–197° sowie rote Krystalle (aus Py.) vom F: 145–146°; die niedrigerschmelzende Modifikation ist in Pyridin leichter löslich als die höherschmelzende und wandelt sich beim Behandeln mit wss.-äthanol. Schwefelsäure in die höherschmelzende um.

1t(?)-[2]Furyl-5-methyl-hex-1-en-3-on-semicarbazon $C_{12}H_{17}N_3O_2$, vermutlich Formel XII (R = CO-NH_2).

B. Aus 1t(?)-[2]Furyl-5-methyl-hex-1-en-3-on und Semicarbazid (*Wienhaus, Leonhardi*, Ber. Schimmel **1929** 223, 229; *Midorikawa*, Bl. chem. Soc. Japan **27** [1954] 210).

Krystalle; F: 177–178° [aus W. + Me.] (*Mi.*), 175–176° [aus A.] (*Wi., Le.*).

1t-[2]Furyl-4,4-dimethyl-pent-1-en-3-on $C_{11}H_{14}O_2$, Formel XIII (E II 328; dort auch als Furfurylidenpinakolin bezeichnet).

Konfigurationszuordnung sowie Konformation in Lösung: *Šawin et al.*, Chimija geterocikl. Soedin. **1972** 1331, 1334; engl. Ausg. S. 1204.

Kp_3: 122° (*Ša. et al.*), 120° (*Hughes, Johnson*, Am. Soc. **53** [1931] 737, 744). D_4^{25}: 1,0022 (*Hu., Jo.*, l. c. S. 745). $n_{643,8}^{25}$: 1,5373; n_D^{25}: 1,5495; $n_{579,0}^{25}$: 1,5513; $n_{546,1}^{25}$: 1,5588; $n_{435,9}^{25}$: 1,6124 (*Hu., Jo.*, l. c. S. 745). ^1H-NMR-Absorption (CCl_4) sowie ^1H-^1H-Spin-Spin-Kopplungskonstante: *Ša. et al.* UV-Absorptionsmaximum (A.): 320 nm (*Hu., Jo.*, l. c. S. 741).

Aus einem konfigurativ vermutlich nicht einheitlichen Präparat (Kp_5: 101–102°) ist ein 2,4-Dinitro-phenylhydrazon ($C_{17}H_{18}N_4O_5$; rote Krystalle [aus Py. + Me.]; F: 121–123°) erhalten worden (*Midorikawa*, Bl. chem. Soc. Japan **27** [1954] 143, 145).

1t(?)-[5-Methyl-[2]furyl]-hex-1-en-3-on $C_{11}H_{14}O_2$, vermutlich Formel I.

B. Beim Behandeln von 5-Methyl-furan-2-carbaldehyd mit Pentan-2-on und wss. Natronlauge (*Hunsdiecker*, B. **75** [1942] 447, 451).

Kp_5: 138,5°.

2-Cyclohexancarbonyl-furan, Cyclohexyl-[2]furyl-keton $C_{11}H_{14}O_2$, Formel II.

B. Aus Furan-2-carbonitril mit Hilfe von Cyclohexylmagnesiumbromid in Äther (*Leditschke*, B. **86** [1953] 123, 124).

Krystalle (aus PAe.); F: 47°. Kp_{18}: 139–140°.

I II III

2-Cyclohexancarbonyl-thiophen, Cyclohexyl-[2]thienyl-keton $C_{11}H_{14}OS$, Formel III.

B. Beim Erwärmen von Cyclohexancarbonsäure mit Tetrachlorsilan und Benzol und anschliessenden Behandeln mit Thiophen und Zinn(IV)-chlorid (*Jur'ew et al.*, Ž. obšč. Chim. **26** [1956] 3341, 3343; engl. Ausg. S. 3717). Beim Behandeln von Cyclohexan=

carbonylchlorid mit Thiophen und Zinn(IV)-chlorid in Schwefelkohlenstoff (*Buu-Hoi et al.*, Soc. **1955** 1581).

Krystalle; F: 44° [aus PAe.] (*Buu-Hoi et al.*), 43—44° (*Ju. et al.*), 43—43,5° (*Spurlock*, Am. Soc. **75** [1953] 1115). Kp_{13}: 162° (*Buu-Hoi et al.*).

Cyclohexyl-[2]thienyl-keton-semicarbazon $C_{12}H_{17}N_3OS$, Formel IV.

B. Aus Cyclohexyl-[2]thienyl-keton und Semicarbazid (*Buu-Hoi et al.*, Soc. **1955** 1581; *Jur'ew et al.*, Ž. obšč. Chim. **26** [1956] 3341, 3344; engl. Ausg. S. 3717).

Krystalle; F: 152° [aus A.] (*Buu-Hoi et al.*), 152° (*Ju. et al.*).

***Opt.-inakt. 3-[2]Furyl-5-methyl-cyclohexanon** $C_{11}H_{14}O_2$, Formel V.

B. Bei der Hydrierung von (±)-5-[2]Furyl-3-methyl-cyclohex-2-enon an Platin in Äthanol (*Henze et al.*, Am. Soc. **65** [1943] 963).

Kp_{22}: 147—148°. D_4^{20}: 1,0619. n_D^{20}: 1,4998.

C=N-NH-CO-NH₂ IV | V | N∿NH-CO-NH₂ CH₃ VI

***Opt.-inakt. 3-[2]Furyl-5-methyl-cyclohexanon-semicarbazon** $C_{12}H_{17}N_3O_2$, Formel VI.

B. Aus dem im vorangehenden Artikel beschriebenen Keton und Semicarbazid (*Henze et al.*, Am. Soc. **65** [1943] 963).

F: 172—173°.

2-Äthyl-5,6,7,8-tetrahydro-cyclohepta[*b*]thiophen-4-on $C_{11}H_{14}OS$, Formel VII.

B. Beim Behandeln von 5-[5-Äthyl-[2]thienyl]-valerylchlorid mit Zinn(IV)-chlorid in Schwefelkohlenstoff (*Cagniant, Cagniant*, Bl. **1955** 680, 685).

$Kp_{12,9}$: 170°. $D_4^{21,2}$: 1,128. n_D^{20}: 1,5668. IR-Spektrum (CS_2; 5—15 μ): *Ca., Ca.*, l. c. S. 682. UV-Spektrum (Isooctan; 220—350 nm): *Ca., Ca.*, l. c. S. 681.

2-Äthyl-5,6,7,8-tetrahydro-cyclohepta[*b*]thiophen-4-on-[2,4-dinitro-phenylhydrazon] $C_{17}H_{18}N_4O_4S$, Formel VIII (R = $C_6H_3(NO_2)_2$).

B. Aus 2-Äthyl-5,6,7,8-tetrahydro-cyclohepta[*b*]thiophen-4-on und [2,4-Dinitro-phenyl]-hydrazin (*Cagniant, Cagniant*, Bl. **1955** 680, 685).

Rote Krystalle (aus A. + Bzl.); F: 184° [Block].

CH₂-CH₃ VII | CH₂-CH₃ N∿NH-R VIII | CO-CH₃ IX

2-Äthyl-5,6,7,8-tetrahydro-cyclohepta[*b*]thiophen-4-on-semicarbazon $C_{12}H_{17}N_3OS$, Formel VIII (R = CO-NH₂).

B. Aus 2-Äthyl-5,6,7,8-tetrahydro-cyclohepta[*b*]thiophen-4-on und Semicarbazid (*Cagniant, Cagniant*, Bl. **1955** 680, 685).

Krystalle (aus A.); F: 191° [Block].

2-Acetyl-5,6,7,8-tetrahydro-4*H*-cyclohepta[*b*]thiophen, 1-[5,6,7,8-Tetrahydro-4*H*-cyclohepta[*b*]thiophen-2-yl]-äthanon $C_{11}H_{14}OS$, Formel IX.

B. Beim Behandeln von 5,6,7,8-Tetrahydro-4*H*-cyclohepta[*b*]thiophen mit Acetyl=

chlorid und Aluminiumchlorid in Schwefelkohlenstoff (*Cagniant, Cagniant*, Bl. **1955** 680, 683).

F: 53–53,5° [aus PAe.]. $Kp_{11,3}$: 174°.

1-[5,6,7,8-Tetrahydro-4*H*-cyclohepta[*b*]thiophen-2-yl]-äthanon-oxim $C_{11}H_{15}NOS$, Formel X (X = OH).

B. Aus 1-[5,6,7,8-Tetrahydro-4*H*-cyclohepta[*b*]thiophen-2-yl]-äthanon und Hydroxylamin (*Cagniant, Cagniant*, Bl. **1955** 680, 683).

Krystalle (aus Bzl. + PAe.); F: 145–146°.

1-[5,6,7,8-Tetrahydro-4*H*-cyclohepta[*b*]thiophen-2-yl]-äthanon-[2,4-dinitro-phenylhydrazon] $C_{17}H_{18}N_4O_4S$, Formel X (X = NH-$C_6H_3(NO_2)_2$).

B. Aus 1-[5,6,7,8-Tetrahydro-4*H*-cyclohepta[*b*]thiophen-2-yl]-äthanon und [2,4-Dinitro-phenyl]-hydrazin (*Cagniant, Cagniant*, Bl. **1955** 680, 684).

Hellrote Krystalle (aus Bzl.); F: 241° [Block].

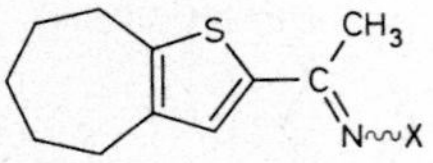

X 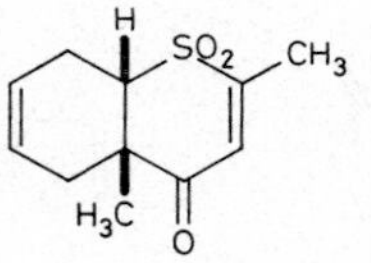 XI 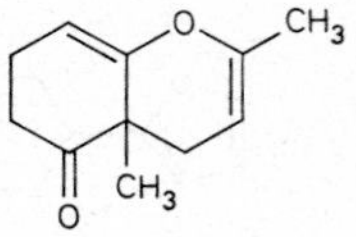 XII 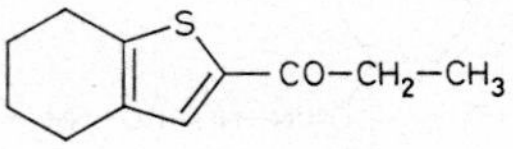 XIII

1-[5,6,7,8-Tetrahydro-4*H*-cyclohepta[*b*]thiophen-2-yl]-äthanon-semicarbazon $C_{12}H_{17}N_3OS$, Formel X (X = NH-CO-NH_2).

B. Aus 1-[5,6,7,8-Tetrahydro-4*H*-cyclohepta[*b*]thiophen-2-yl]-äthanon und Semicarbazid (*Cagniant, Cagniant*, Bl. **1955** 680, 683).

Krystalle (aus A.); F: 260° [Block].

(±)-2,4a-Dimethyl-1,1-dioxo-(4a*r*,8a*c*)-4a,5,8,8a-tetrahydro-1λ⁶-thiochromen-4-on $C_{11}H_{14}O_3S$, Formel XI + Spiegelbild.

B. Beim Erhitzen von 2,5-Dimethyl-1,1-dioxo-1λ⁶-thiopyran-4-on mit Buta-1,3-dien in Dioxan in Gegenwart von Pyrogallol auf 210° (*Nasarow et al.*, Ž. obšč. Chim. **22** [1952] 990, 997; engl. Ausg. S. 1045, 1050).

Krystalle (aus A.); F: 101–102°.

(±)-2,4a-Dimethyl-4,4a,6,7-tetrahydro-chromen-5-on $C_{11}H_{14}O_2$, Formel XII.

B. Beim Erwärmen von (±)-2-Methyl-2-[3-oxo-butyl]-cyclohexan-1,3-dion mit Phosphor(V)-oxid auf 100° (*Nasarow, Saw'jalow*, Izv. Akad. S.S.S.R. Otd. chim. **1952** 300, 309; engl. Ausg. S. 309, 315).

Kp_2: 121–124°. n_D^{20}: 1,5338.

2-Propionyl-4,5,6,7-tetrahydro-benzo[*b*]thiophen, 1-[4,5,6,7-Tetrahydro-benzo[*b*]thiophen-2-yl]-propan-1-on $C_{11}H_{14}OS$, Formel XIII.

B. Beim Behandeln von 4,5,6,7-Tetrahydro-benzo[*b*]thiophen mit Propionylchlorid und Aluminiumchlorid in Schwefelkohlenstoff (*Cagniant, Cagniant*, Bl. **1955** 1252, 1255).

Krystalle (aus PAe.); F: 33,5°. Kp_{13}: 177–178°. D_4^{25}: 1,121. $n_D^{23,6}$: 1,5689.

1-[4,5,6,7-Tetrahydro-benzo[*b*]thiophen-2-yl]-propan-1-on-[2,4-dinitro-phenylhydrazon] $C_{17}H_{18}N_4O_4S$, Formel I (R = $C_6H_3(NO_2)_2$).

B. Aus 1-[4,5,6,7-Tetrahydro-benzo[*b*]thiophen-2-yl]-propan-1-on und [2,4-Dinitro-phenyl]-hydrazin (*Cagniant, Cagniant*, Bl. **1955** 1252, 1256).

Rote Krystalle (aus Bzl. + A.); F: 251° [Block].

1-[4,5,6,7-Tetrahydro-benzo[*b*]thiophen-2-yl]-propan-1-on-semicarbazon $C_{12}H_{17}N_3OS$, Formel I (R = CO-NH_2).

B. Aus 1-[4,5,6,7-Tetrahydro-benzo[*b*]thiophen-2-yl]-propan-1-on und Semicarbazid

(*Cagniant, Cagniant,* Bl. **1955** 1252, 1256).
Krystalle; F: 275° [Block] (*Cagniant,* C. r. **230** [1950] 101), 259° [Block; aus A.] (*Ca., Ca.*).

3-Acetyl-2-methyl-4,5,6,7-tetrahydro-benzo[*b*]thiophen, 1-[2-Methyl-4,5,6,7-tetrahydro-benzo[*b*]thiophen-3-yl]-äthanon $C_{11}H_{14}OS$, Formel II.

B. Beim Behandeln von 2-Methyl-4,5,6,7-tetrahydro-benzo[*b*]thiophen mit Acetylchlorid und Zinn(IV)-chlorid in Schwefelkohlenstoff (*Buu-Hoi, Khenissi,* Bl. **1958** 359).

Kp_{12}: 155—157°. n_D^{23}: 1,5640.

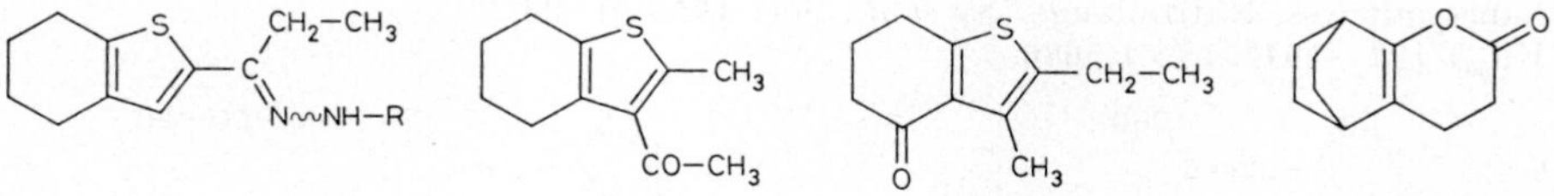

I II III IV

2-Äthyl-3-methyl-6,7-dihydro-5*H*-benzo[*b*]thiophen-4-on $C_{11}H_{14}OS$, Formel III.

B. Beim Behandeln von 4-[5-Äthyl-4-methyl-[2]thienyl]-butyrylchlorid mit Zinn(IV)-chlorid in Schwefelkohlenstoff (*Lamy et al.,* Soc. **1958** 4202, 4205).

Kp_{16}: 164—165°.

5,6,7,8-Tetrahydro-5,8-äthano-chroman-2-on, 3-[3-Hydroxy-bicyclo[2.2.2]oct-2-en-2-yl]-propionsäure-lacton $C_{11}H_{14}O_2$, Formel IV.

B. Beim Erhitzen des aus 1,2,3,4,4a,5,6,8a-Octahydro-1,4-äthano-naphthalin mit Hilfe von Permanganat erhaltenen Reaktionsprodukts mit Acetanhydrid (*Alder, Stein,* A. **496** [1932] 197, 201).

Krystalle (aus PAe.); F: 68—69°.

Oxo-Verbindungen $C_{12}H_{16}O_2$

1*t*(?)-[2]Furyl-oct-1-en-3-on $C_{12}H_{16}O_2$, vermutlich Formel V.

B. Beim Behandeln von Furfural mit Heptan-2-on und wss. bzw. wss.-äthanol. Natronlauge (*Breusch, Ulusoy,* Rev. Fac. Sci. Istanbul [A] **13** [1948] 51, 55; *Til' et al.,* Ž. obšč. Chim. **27** [1957] 110, 114; engl. Ausg. S. 125, 129).

F: 44° (*Br., Ul.*), 43—44° (*Til' et al.*). Kp_8: 146—147° (*Til' et al.*).

1*t*(?)-[2]Furyl-oct-1-en-3-on-phenylhydrazon $C_{18}H_{22}N_2O$, vermutlich Formel VI ($R = C_6H_5$).

B. Aus 1*t*(?)-[2]Furyl-oct-1-en-3-on und Phenylhydrazin (*Breusch, Ulusoy,* Rev. Fac. Sci. Istanbul [A] **13** [1948] 51, 56).

Krystalle (aus wss. A.); F: 71—72°.

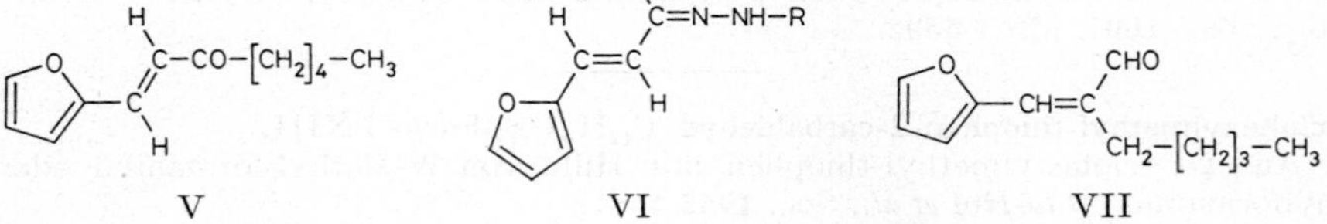

V VI VII

1*t*(?)-[2]Furyl-oct-1-en-3-on-semicarbazon $C_{13}H_{19}N_3O_2$, vermutlich Formel VI ($R = CO\text{-}NH_2$).

B. Aus 1*t*(?)-[2]Furyl-oct-1-en-3-on und Semicarbazid (*Breusch, Ulusoy,* Rev. Fac. Sci. Istanbul [A] **13** [1948] 51, 56).

Krystalle (aus wss. A.); F: 103—105°.

3ξ-[2]Furyl-2-pentyl-acrylaldehyd $C_{12}H_{16}O_2$, Formel VII (vgl. E II 329; dort als α-Furfuryliden-önanthol bezeichnet).

B. Beim Erhitzen von Furfural mit Heptanal in Gegenwart eines basischen Ionenaustauschers bis auf 130° (*Mastagli et al.*, Bl. **1953** 693; *Durr*, A. ch. [13] **1** [1956] 84, 105).

Kp_{760}: 274–275° (*Durr*); Kp_{17}: 151,5° (*Ma. et al.*; *Durr*). D_4^{15}: 1,003 (*Ma. et al.*; *Durr*). n_D^{17}: 1,5597 (*Ma. et al.*). n_D^{20}: 1,5575 (*Ma. et al.*; *Durr*). Raman-Spektrum: *Donzelot, Brunel*, Bl. [5] **7** [1940] 37.

2-Pentyl-3ξ-[2]thienyl-acrylaldehyd $C_{12}H_{16}OS$, Formel VIII.

B. Beim Behandeln einer Lösung von Thiophen-2-carbaldehyd und Heptanal in wss. Äthanol mit wss. Natronlauge (*Sy et al.*, Soc. **1955** 21, 23).

Kp_{35}: 192–194°. n_D^{25}: 1,5686.

VIII IX

2-Pentyl-3ξ-[2]thienyl-acrylaldehyd-semicarbazon $C_{13}H_{19}N_3OS$, Formel IX.

B. Aus 2-Pentyl-3ξ-[2]thienyl-acrylaldehyd und Semicarbazid (*Sy et al.*, Soc. **1955** 21, 23).

Krystalle (aus A.); F: 132–133°.

5-Methyl-1-[5-methyl-[2]furyl]-hex-4-en-3-on $C_{12}H_{16}O_2$, Formel X.

B. Beim Behandeln von 2-Methyl-furan mit 5-Methyl-hexa-1,4-dien-3-on in Gegenwart von Pyrogallol und wss. Schwefeldioxid (*Nasarow, Nagibina*, Izv. Akad. S.S.S.R. Otd. chim. **1947** 641, 644; C. A. **1948** 7736).

Krystalle; F: 37–38°. Kp_6: 116°.

X XI

5-Methyl-1-[5-methyl-[2]furyl]-hex-4-en-3-on-semicarbazon $C_{13}H_{19}N_3O_2$, Formel XI.

B. Aus 5-Methyl-1-[5-methyl-[2]furyl]-hex-4-en-3-on und Semicarbazid (*Nasarow, Nagibina*, Izv. Akad. S.S.S.R. Otd. chim. **1947** 641, 644; C. A. **1948** 7736).

Krystalle (aus Me.); F: 162°.

2-*tert*-Butyl-5-*trans*(?)-crotonoyl-thiophen, 1-[5-*tert*-Butyl-[2]thienyl]-but-2*t*(?)-en-1-on $C_{12}H_{16}OS$, vermutlich Formel XII.

B. Beim Behandeln einer Lösung von 2-*tert*-Butyl-thiophen und *trans*(?)-Crotonoylchlorid in Benzol mit Zinn(IV)-chlorid (*Bradsher et al.*, Am. Soc. **71** [1949] 3542).

Kp_{14}: 168–169°. n_D^{25}: 1,5592.

5-Cyclohexylmethyl-thiophen-2-carbaldehyd $C_{12}H_{16}OS$, Formel XIII.

B. Aus 2-Cyclohexylmethyl-thiophen mit Hilfe von *N*-Methyl-formanilid oder Dimethylformamid (*Buu-Hoi et al.*, Soc. **1955** 1581).

Kp_{13}: 180°. n_D^{23}: 1,5708.

Charakterisierung als Isonicotinoylhydrazon (F: 187°): *Buu-Hoi et al.*

5-Cyclohexylmethyl-thiophen-2-carbaldehyd-thiosemicarbazon $C_{13}H_{19}N_3S_2$, Formel XIV.

B. Aus 5-Cyclohexylmethyl-thiophen-2-carbaldehyd und Thiosemicarbazid (*Buu-Hoi et al.*, Soc. **1955** 1581).

Krystalle (aus A.); F: 147°.

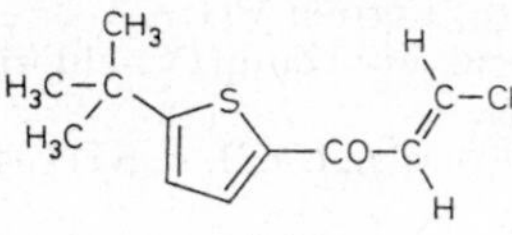

XII 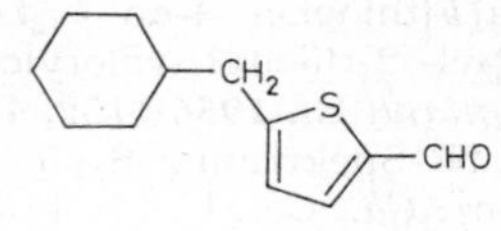 XIII 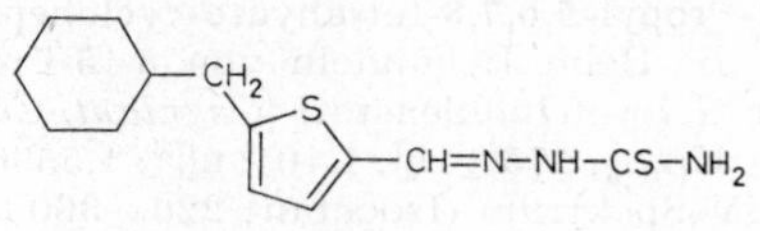 XIV

3-Cyclopentyl-1-[2]thienyl-propan-1-on $C_{12}H_{16}OS$, Formel I.

B. Beim Behandeln von Thiophen mit 3-Cyclopentyl-propionylchlorid und Zinn(IV)-chlorid in Schwefelkohlenstoff (*Buu-Hoi et al.*, C. r. **240** [1955] 785).

Kp_{16}: 191—192°. n_D^{21}: 1,5535.

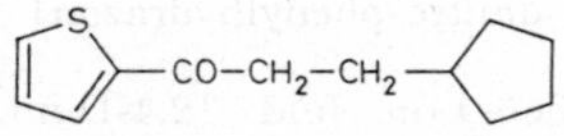

I 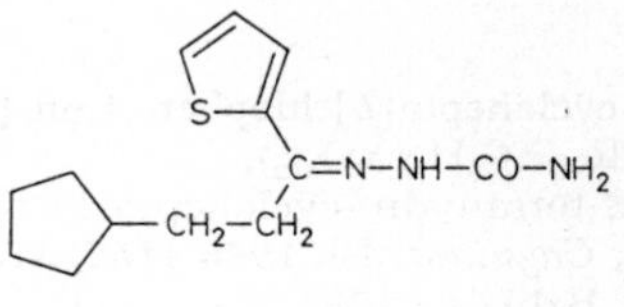 II 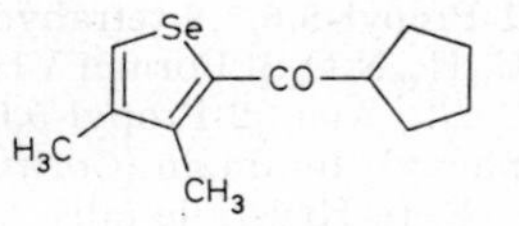 III

3-Cyclopentyl-1-[2]thienyl-propan-1-on-semicarbazon $C_{13}H_{19}N_3OS$, Formel II.

B. Aus 3-Cyclopentyl-1-[2]thienyl-propan-1-on und Semicarbazid (*Buu-Hoi et al.*, C. r. **240** [1955] 785).

Krystalle (aus A.); F: 148°.

2-Cyclopentancarbonyl-3,4-dimethyl-selenophen, Cyclopentyl-[3,4-dimethyl-selenophen-2-yl]-keton $C_{12}H_{16}OSe$, Formel III.

B. Beim Erwärmen von Cyclopentancarbonsäure mit Tetrachlorsilan und Benzol und Behandeln des Reaktionsgemisches mit 3,4-Dimethyl-selenophen und Zinn(IV)-chlorid (*Jur'ew, Šadowaja*, Ž. obšč. Chim. **26** [1956] 930, 932; engl. Ausg. S. 1057).

Kp_{11}: 172,5—173°. D_4^{20}: 1,3170. n_D^{20}: 1,5792.

Cyclopentyl-[3,4-dimethyl-selenophen-2-yl]-keton-[2,4-dinitro-phenylhydrazon] $C_{18}H_{20}N_4O_4Se$, Formel IV.

B. Aus Cyclopentyl-[3,4-dimethyl-selenophen-2-yl]-keton und [2,4-Dinitro-phenyl]-hydrazin (*Jur'ew, Šadowaja*, Ž. obšč. Chim. **26** [1956] 930, 932; engl. Ausg. S. 1057).

Gelbe Krystalle; F: 103°.

2-Äthyl-6,7,8,9-tetrahydro-5*H*-cycloocta[*b*]thiophen-4-on $C_{12}H_{16}OS$, Formel V.

B. In kleiner Menge beim Behandeln von 6-[5-Äthyl-[2]thienyl]-hexanoylchlorid mit Zinn(IV)-chlorid in Schwefelkohlenstoff (*Cagniant, Cagniant*, Bl. **1956** 1152, 1162).

Kp_{17}: 190°.

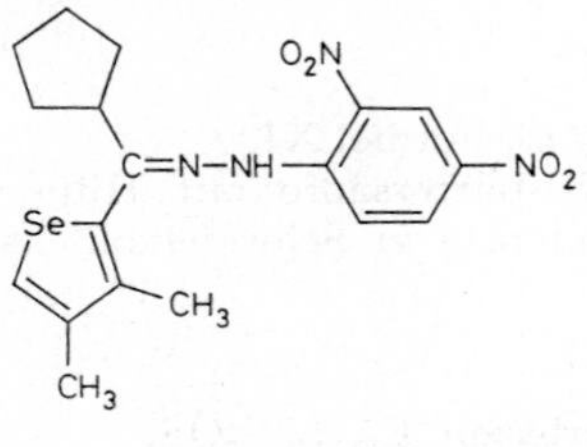

IV 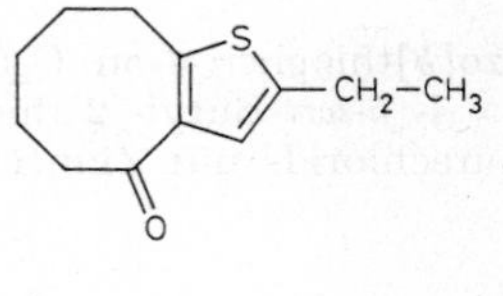 V 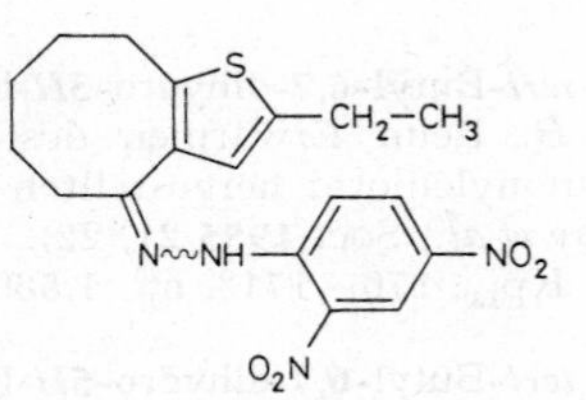 VI

2-Äthyl-6,7,8,9-tetrahydro-5*H*-cycloocta[*b*]thiophen-4-on-[2,4-dinitro-phenylhydrazon] $C_{18}H_{20}N_4O_4S$, Formel VI.

B. Aus 2-Äthyl-6,7,8,9-tetrahydro-5*H*-cycloocta[*b*]thiophen-4-on und [2,4-Dinitro-phenyl]-hydrazin (*Cagniant, Cagniant*, Bl. **1956** 1152, 1162).

Orangerote Krystalle (aus A. + Bzl.); F: 205° [Block].

2-Propyl-5,6,7,8-tetrahydro-cyclohepta[*b*]thiophen-4-on $C_{12}H_{16}OS$, Formel VII.

B. Beim Behandeln von 5-[5-Propyl-[2]thienyl]-valerylchlorid mit Zinn(IV)-chlorid in Schwefelkohlenstoff (*Cagniant, Cagniant,* Bl. **1956** 1152, 1157).

$Kp_{13,5}$: 175°. D_4^{17}: 1,101. $n_D^{17,6}$: 1,5590. IR-Spektrum (CS_2; 5—15 μ): *Ca., Ca.,* l. c. S. 1154. UV-Spektrum (Isooctan; 220—360 nm): *Ca., Ca.,* l. c. S. 1153.

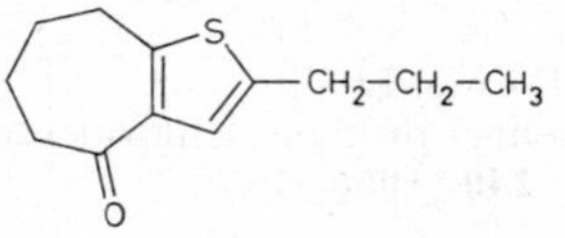

VII 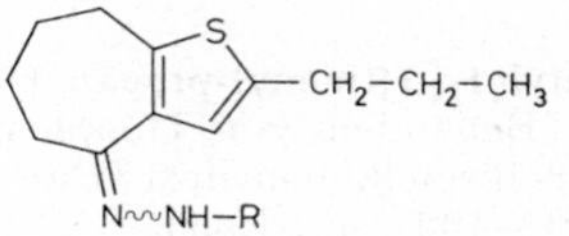 VIII

2-Propyl-5,6,7,8-tetrahydro-cyclohepta[*b*]thiophen-4-on-[2,4-dinitro-phenylhydrazon] $C_{18}H_{20}N_4O_4S$, Formel VIII (R = $C_6H_3(NO_2)_2$).

B. Aus 2-Propyl-5,6,7,8-tetrahydro-cyclohepta[*b*]thiophen-4-on und [2,4-Dinitro-phenyl]-hydrazin (*Cagniant, Cagniant,* Bl. **1956** 1152, 1157).

Rote Krystalle (aus A. + Bzl.); F: 173°.

2-Propyl-5,6,7,8-tetrahydro-cyclohepta[*b*]thiophen-4-on-semicarbazon $C_{13}H_{19}N_3OS$, Formel VIII (R = CO-NH_2).

B. Aus 2-Propyl-5,6,7,8-tetrahydro-cyclohepta[*b*]thiophen-4-on und Semicarbazid (*Cagniant, Cagniant,* Bl. **1956** 1152, 1157).

Krystalle (aus A. + Bzl.); F: 167—168°.

2-Butyryl-4,5,6,7-tetrahydro-benzo[*b*]thiophen, 1-[4,5,6,7-Tetrahydro-benzo[*b*]thiophen-2-yl]-butan-1-on $C_{12}H_{16}OS$, Formel IX.

B. Aus 4,5,6,7-Tetrahydro-benzo[*b*]thiophen und Butyrylchlorid mit Hilfe von Aluminiumchlorid (*Cagniant,* C. r. **230** [1950] 100).

Kp_{23}: 199—200°.

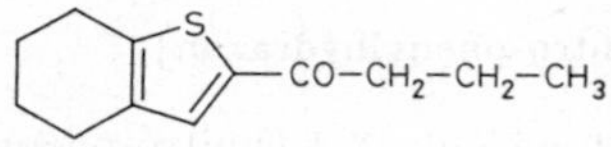

IX 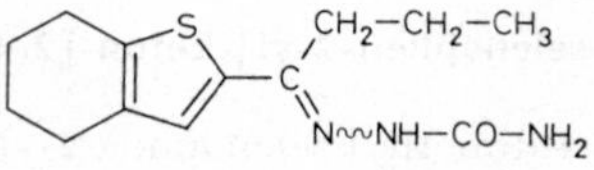 X 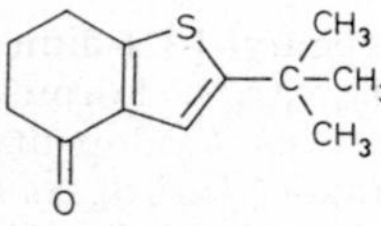 XI

1-[4,5,6,7-Tetrahydro-benzo[*b*]thiophen-2-yl]-butan-1-on-semicarbazon $C_{13}H_{19}N_3OS$, Formel X.

B. Aus 1-[4,5,6,7-Tetrahydro-benzo[*b*]thiophen-2-yl]-butan-1-on und Semicarbazid (*Cagniant,* C. r. **230** [1950] 100).

Krystalle (aus A.); F: 245° [Block].

2-*tert*-Butyl-6,7-dihydro-5*H*-benzo[*b*]thiophen-4-on $C_{12}H_{16}OS$, Formel XI.

B. Beim Erwärmen des aus 4-[5-*tert*-Butyl-[2]thienyl]-buttersäure mit Hilfe von Thionylchlorid hergestellten Säurechlorids mit Zinn(IV)-chlorid in Schwefelkohlenstoff (*Sy et al.,* Soc. **1955** 21, 22).

Kp_{13}: 170—171°. n_D^{25}: 1,5699.

2-*tert*-Butyl-6,7-dihydro-5*H*-benzo[*b*]thiophen-4-on-semicarbazon $C_{13}H_{19}N_3OS$, Formel XII.

B. Aus 2-*tert*-Butyl-6,7-dihydro-5*H*-benzo[*b*]thiophen-4-on und Semicarbazid (*Sy et al.,* Soc. **1955** 21, 22).

Krystalle (aus A.); F: 249°.

3-*tert*-Butyl-6,7-dihydro-5*H*-benzo[*b*]thiophen-4-on $C_{12}H_{16}OS$, Formel XIII.

B. Beim Behandeln des aus 4-[4-*tert*-Butyl-[2]thienyl]-buttersäure hergestellten

Säurechlorids mit Zinn(IV)-chlorid in Schwefelkohlenstoff (*Sy et al.*, Soc. **1955** 21, 23).
Kp_{13}: 179°. n_D^{25}: 1,5669.

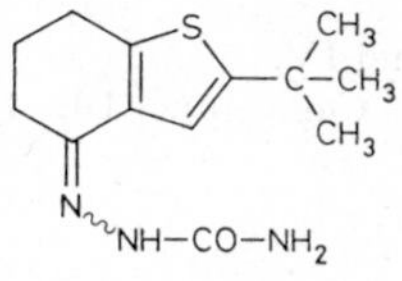

XII 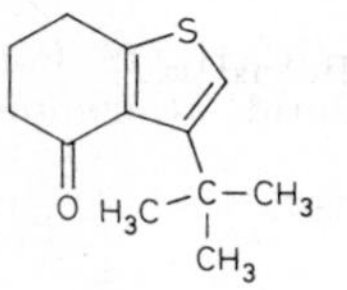 XIII 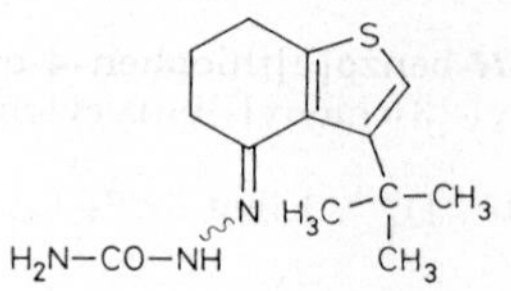 XIV 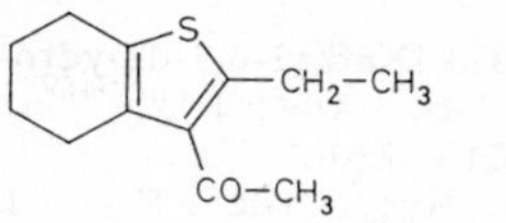 XV

3-*tert*-Butyl-6,7-dihydro-5*H*-benzo[*b*]thiophen-4-on-semicarbazon $C_{13}H_{19}N_3OS$, Formel XIV.

B. Aus 3-*tert*-Butyl-6,7-dihydro-5*H*-benzo[*b*]thiophen-4-on und Semicarbazid (*Sy et al.*, Soc. **1955** 21, 23).

Krystalle; F: 238°.

3-Acetyl-2-äthyl-4,5,6,7-tetrahydro-benzo[*b*]thiophen, 1-[2-Äthyl-4,5,6,7-tetrahydro-benzo[*b*]thiophen-3-yl]-äthanon $C_{12}H_{16}OS$, Formel XV.

B. Aus 2-Äthyl-4,5,6,7-tetrahydro-benzo[*b*]thiophen und Acetylchlorid (*Cagniant, Cagniant*, Bl. **1953** 62, 68).

Kp_{11}: 169—170°. $D_4^{22,6}$: 1,107. $n_D^{22,6}$: 1,5591.

1-[2-Äthyl-4,5,6,7-tetrahydro-benzo[*b*]thiophen-3-yl]-äthanon-oxim $C_{12}H_{17}NOS$, Formel I (X = OH).

B. Aus 1-[2-Äthyl-4,5,6,7-tetrahydro-benzo[*b*]thiophen-3-yl]-äthanon und Hydroxyl= amin (*Cagniant, Cagniant*, Bl. **1953** 62, 68).

Krystalle (aus PAe.); F: 108,5°.

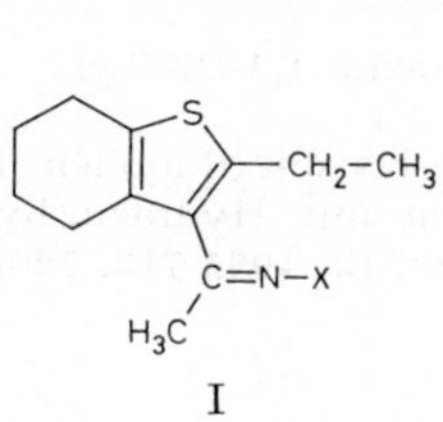

I 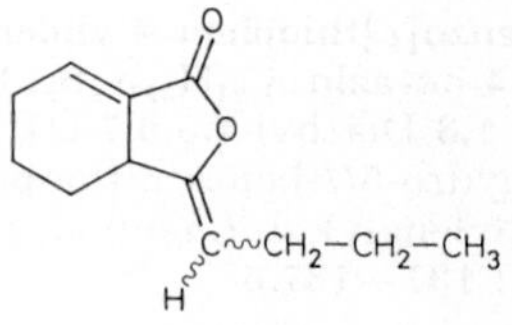 II 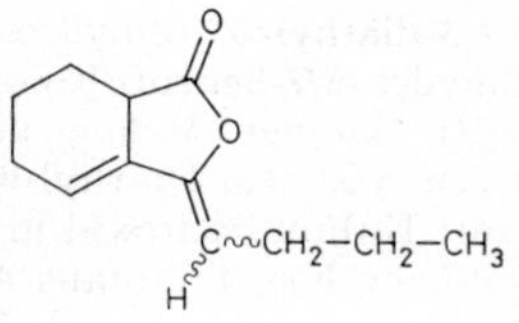 III

1-[2-Äthyl-4,5,6,7-tetrahydro-benzo[*b*]thiophen-3-yl]-äthanon-[2,4-dinitro-phenyl= hydrazon] $C_{18}H_{20}N_4O_4S$, Formel I (X = NH-$C_6H_3(NO_2)_2$).

B. Aus 1-[2-Äthyl-4,5,6,7-tetrahydro-benzo[*b*]thiophen-3-yl]-äthanon und [2,4-Di= nitro-phenyl]-hydrazin (*Cagniant, Cagniant*, Bl. **1953** 62, 68).

Rote Krystalle (aus A. + Bzl.) mit 1 Mol Äthanol; F: 172° [Block]. Das Äthanol wird bei 100° im Hochvakuum abgegeben.

(±)-3-[(Ξ)-Butyliden]-3a,4,5,6-tetrahydro-3*H*-isobenzofuran-1-on, (±)-6-[1-Hydroxy-pent-1-en-ξ-yl]-cyclohex-1-encarbonsäure-lacton $C_{12}H_{16}O_2$, Formel II.

Diese Konstitution kommt dem nachstehend beschriebenen (±)-Sedanonsäure-lacton zu.

B. Beim Erhitzen von (±)-Sedanonsäure((±)-6-Valeryl-cyclohex-1-encarbonsäure [E III **10** 2933]) auf 320° (*Noguchi, Kawanami*, J. pharm. Soc. Japan **57** [1937] 778, 782; dtsch. Ref. S. 191, 194; C. A. **1938** 3360).

$Kp_{3,5}$: 161°. D_4^{20}: 1,0362. n_D^{20}: 1,50313.

(±)-3-[(Ξ)-Butyliden]-5,6,7,7a-tetrahydro-3*H*-isobenzofuran-1-on, (±)-2-[1-Hydroxy-pent-1-en-ξ-yl]-cyclohex-2-encarbonsäure-lacton $C_{12}H_{16}O_2$, Formel III.

B. Beim Behandeln von (±)-Cyclohex-2-en-1,2-dicarbonsäure-anhydrid mit Dibutyl= cadmium in Äther und Erwärmen des Reaktionsprodukts mit wss. Schwefelsäure

(*Kariyone, Shimizu,* J. pharm. Soc. Japan **73** [1953] 336; C. A. **1954** 2661).
Kp_7: 140—142° [unreines Präparat].

1,3-Diäthyl-6,7-dihydro-5*H*-benzo[*c*]thiophen-4-on $C_{12}H_{16}OS$, Formel IV.
B. Aus 4-[2,5-Diäthyl-[3]thienyl]-butyrylchlorid (*Cagniant, Cagniant,* Bl. **1953** 713, 720).
$Kp_{10,5}$: 162°; $Kp_{3,5}$: 140°. $D_4^{19,2}$: 1,099. $n_D^{18,2}$: 1,5587.

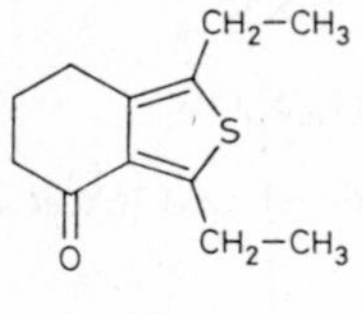

IV 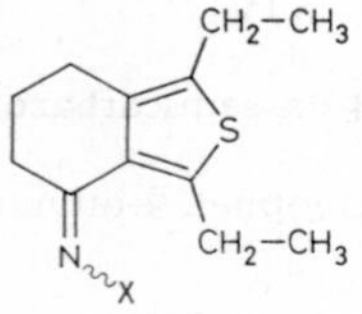 V 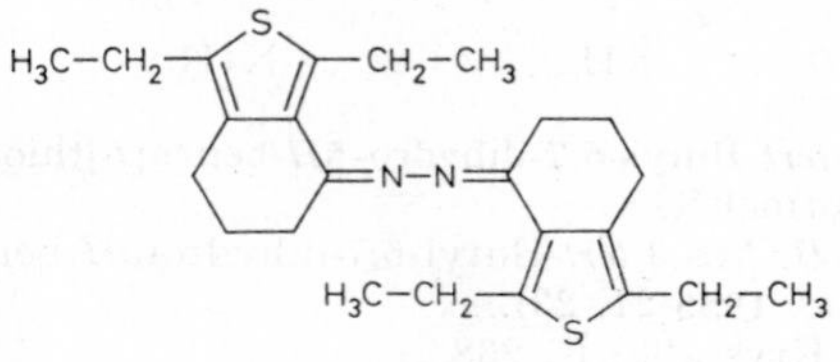 VI

1,3-Diäthyl-6,7-dihydro-5*H*-benzo[*c*]thiophen-4-on-oxim $C_{12}H_{17}NOS$, Formel V (X = OH).
B. Aus 1,3-Diäthyl-6,7-dihydro-5*H*-benzo[*c*]thiophen-4-on und Hydroxylamin (*Cagniant, Cagniant,* Bl. **1953** 713, 720).
Krystalle (aus Bzl. + PAe.); F: 122°.

1,3-Diäthyl-6,7-dihydro-5*H*-benzo[*c*]thiophen-4-on-[2,4-dinitro-phenylhydrazon] $C_{18}H_{20}N_4O_4S$, Formel V (X = NH-$C_6H_3(NO_2)_2$).
B. Aus 1,3-Diäthyl-6,7-dihydro-5*H*-benzo[*c*]thiophen-4-on und [2,4-Dinitro-phenyl]-hydrazin (*Cagniant, Cagniant,* Bl. **1953** 713, 720).
Rote Krystalle (aus A. + Bzl.); F: 217°.

Bis-[1,3-diäthyl-6,7-dihydro-5*H*-benzo[*c*]thiophen-4-yliden]-hydrazin, 1,3-Diäthyl-6,7-dihydro-5*H*-benzo[*c*]thiophen-4-on-azin $C_{24}H_{32}N_2S_2$, Formel VI.
B. In kleiner Menge neben 1,3-Diäthyl-4,5,6,7-tetrahydro-benzo[*c*]thiophen beim Erhitzen von 1,3-Diäthyl-6,7-dihydro-5*H*-benzo[*c*]thiophen-4-on mit Hydrazin-hydrat und mit Kaliumhydroxid in Diäthylenglykol (*Cagniant, Cagniant,* Bl. **1953** 713, 720).
Gelbliche Krystalle (aus A.); F: 137—137,5°.

***Opt.-inakt. 3a-Cyclopent-2-enyl-hexahydro-cyclopenta[*b*]furan-2-on, [1-Cyclopent-2-enyl-2-hydroxy-cyclopentyl]-essigsäure-lacton** $C_{12}H_{16}O_2$, Formel VII.
B. Beim Behandeln von opt.-inakt. Di-cyclopent-2-enyl-essigsäure (F: 34—35°) mit konz. Schwefelsäure (*Horclois,* Chim. et Ind. Sonderband 13. Congr. Chim. ind. Lille 1933 S. 357, 363).
Kp_{17-18}: 193—194°.

(±)-3a,7a-Dimethyl-(3a*r*,7a*c*)-3a,4,5,6,7,7a-hexahydro-4*t*,7*t*-epoxido-inden-3-carbaldehyd $C_{12}H_{16}O_2$, Formel VIII + Spiegelbild.
B. Beim Behandeln einer Lösung von 4a,8a-Dimethyl-(4a*r*,8a*c*)-decahydro-1*t*,4*t*-epoxido-naphthalin-6*t*,7*t*-diol in Dioxan mit Perjodsäure-dihydrat und Erwärmen einer Lösung des Reaktionsprodukts in Benzol mit Piperidin-acetat (*Stork et al.,* Am. Soc. **75** [1953] 384, 391).
F: 75—77° [nach Sublimation]. UV-Absorptionsmaximum (A.): 237—238 nm.

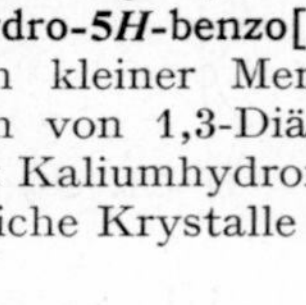

VII 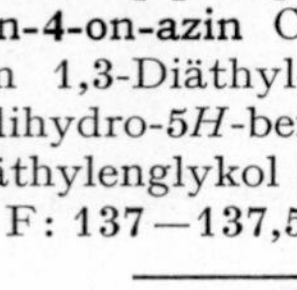 VIII 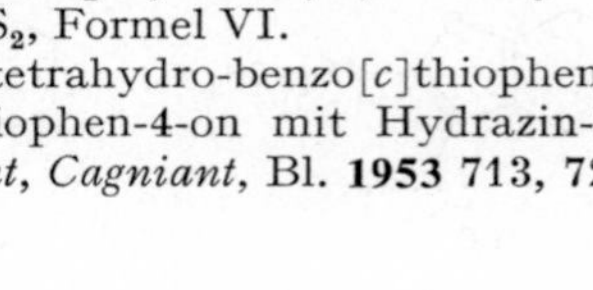 IX

(±)-3a,7a-Dimethyl-(3ar,7ac)-3a,4,5,6,7,7a-hexahydro-4t,7t-epoxido-inden-3-carbaldehyd-phenylhydrazon $C_{18}H_{22}N_2O$, Formel IX + Spiegelbild.

B. Aus (±)-3a,7a-Dimethyl-(3ar,7ac)-3a,4,5,6,7,7a-hexahydro-4t,7t-epoxido-inden-3-carbaldehyd und Phenylhydrazin (*Stork et al.*, Am. Soc. **75** [1953] 384, 391).

Orangefarbene Krystalle (aus A.); F: 190–192°.

Oxo-Verbindungen $C_{13}H_{18}O_2$

3ξ-[2]Furyl-2-hexyl-acrylaldehyd $C_{13}H_{18}O_2$, Formel X.

B. Beim Behandeln von Octanal mit Furfural und wss. Natronlauge (*Ueno et al.*, J. chem. Soc. Japan Ind. Chem. Sect. **52** [1949] 142; C. A. **1951** 2150). Beim Erhitzen von Octanal mit Furfural in Gegenwart eines basischen Ionenaustauschers bis auf 135° (*Mastagli et al.*, Bl. **1953** 693; *Durr*, A. ch. [13] **1** [1956] 84, 106).

Kp_{13}: 160–161°; D_4^{14}: 0,9849; n_D^{18}: 1,5465 (*Ma. et al.*; *Durr*). Kp_{10}: 146°; D_4^{15}: 0,9857; n_D^{15}: 1,5431 (*Ueno et al.*).

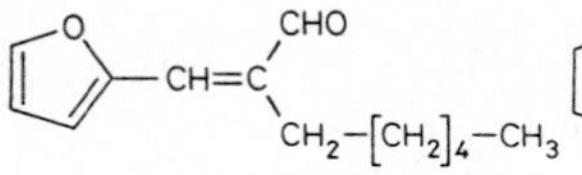

X 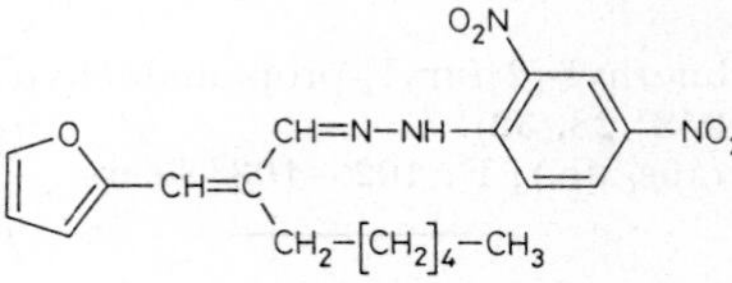 XI 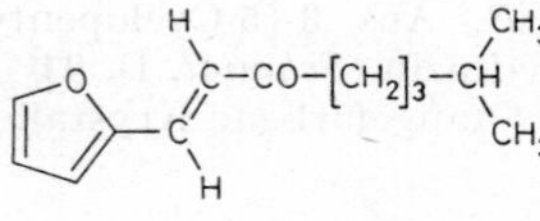 XII

3ξ-[2]Furyl-2-hexyl-acrylaldehyd-[2,4-dinitro-phenylhydrazon] $C_{19}H_{22}N_4O_5$, Formel XI.

B. Aus 3ξ-[2]Furyl-2-hexyl-acrylaldehyd und [2,4-Dinitro-phenyl]-hydrazin (*Ueno et al.*, J. chem. Soc. Japan Ind. Chem. Sect. **52** [1949] 142; C. A. **1951** 2150).

Rotbraune Krystalle; F: 147°.

1t(?)-[2]Furyl-7-methyl-oct-1-en-3-on $C_{13}H_{18}O_2$, vermutlich Formel XII.

B. Beim Behandeln einer Lösung von Furfural und 6-Methyl-heptan-2-on in wss. Äthanol mit wss. Natronlauge (*Til' et al.*, Ž. obšč. Chim. **27** [1957] 110, 114; engl. Ausg. S. 125, 129).

Kp_7: 155,5–156°. D_4^{20}: 0,9862. n_D^{20}: 1,5370.

1t(?)-[2]Furyl-7-methyl-oct-1-en-3-on-[2,4-dinitro-phenylhydrazon] $C_{19}H_{22}N_4O_5$, vermutlich Formel XIII (R = $C_6H_3(NO_2)_2$).

B. Aus 1t(?)-[2]Furyl-7-methyl-oct-1-en-3-on und [2,4-Dinitro-phenyl]-hydrazin (*Til' et al.*, Ž. obšč. Chim. **27** [1957] 110, 114; engl. Ausg. S. 125, 129).

F: 132°.

1t(?)-[2]Furyl-7-methyl-oct-1-en-3-on-semicarbazon $C_{14}H_{21}N_3O_2$, vermutlich Formel XIII (R = CO-NH$_2$).

B. Aus 1t(?)-[2]Furyl-7-methyl-oct-1-en-3-on und Semicarbazid (*Til' et al.*, Ž. obšč. Chim. **27** [1957] 110, 114; engl. Ausg. S. 125, 129).

F: 114°.

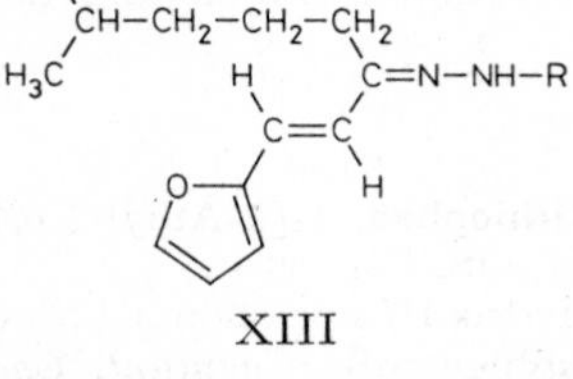

XIII 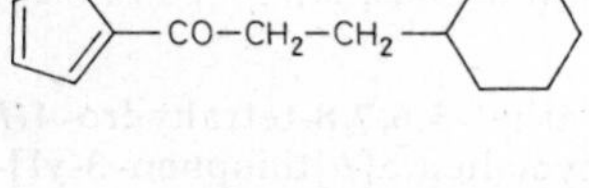 XIV

3-Cyclohexyl-1-[2]thienyl-propan-1-on $C_{13}H_{18}OS$, Formel XIV.

B. Beim Behandeln von Thiophen mit 3-Cyclohexyl-propionylchlorid und Zinn(IV)-

chlorid in Schwefelkohlenstoff (*Buu-Hoi et al.*, Soc. **1955** 1581).
Kp_{13}: 188°. n_D^{18}: 1,5542.

3-[5-Cyclopentylmethyl-[2]furyl]-propionaldehyd $C_{13}H_{18}O_2$, Formel I.
B. Beim Erwärmen von 2-Cyclopentylmethyl-furan mit Acrylaldehyd in Gegenwart von wss. Salzsäure (*Schmidt*, B. **91** [1958] 28, 32).
Kp_1: 107–108°.

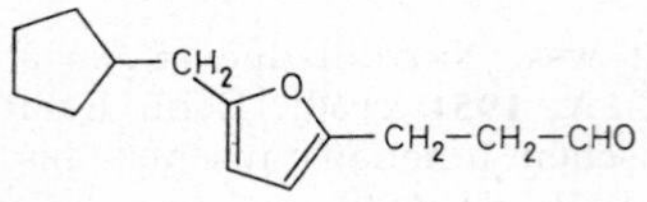

I

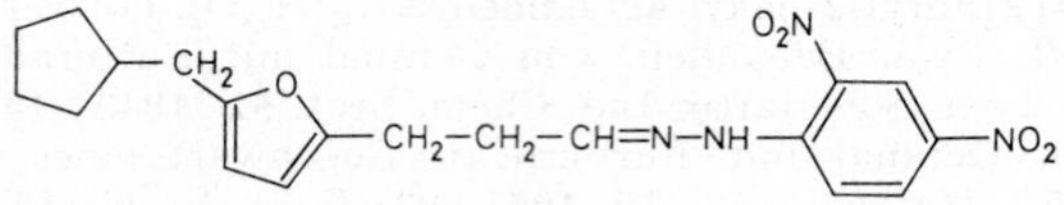

II

3-[5-Cyclopentylmethyl-[2]furyl]-propionaldehyd-[2,4-dinitro-phenylhydrazon] $C_{19}H_{22}N_4O_5$, Formel II.
B. Aus 3-[5-Cyclopentylmethyl-[2]furyl]-propionaldehyd und [2,4-Dinitro-phenyl]-hydrazin (*Schmidt*, B. **91** [1958] 28, 32).
Orangefarbene Krystalle (aus Me.); F: 102–103° [Zers.].

2-*tert*-Butyl-5,6,7,8-tetrahydro-cyclohepta[*b*]thiophen-4-on $C_{13}H_{18}OS$, Formel III.
B. Beim Behandeln von 5-[5-*tert*-Butyl-[2]thienyl]-valerylchlorid mit Zinn(IV)-chlorid in Schwefelkohlenstoff (*Cagniant, Cagniant*, Bl. **1956** 1152, 1159).
Krystalle (aus PAe.); F: 60,5°. Kp_{15}: 182°. IR-Spektrum (CS_2; 5–15 μ): *Ca., Ca.*, l.c. S. 1154. UV-Spektrum (Isooctan; 220–350 nm): *Ca., Ca.*, l. c. S. 1153.

2-*tert*-Butyl-5,6,7,8-tetrahydro-cyclohepta[*b*]thiophen-4-on-oxim $C_{13}H_{19}NOS$, Formel IV (X = OH).
B. Aus 2-*tert*-Butyl-5,6,7,8-tetrahydro-cyclohepta[*b*]thiophen-4-on und Hydroxylamin (*Cagniant, Cagniant*, Bl. **1956** 1152, 1159).
Krystalle (aus PAe.); F: 102–103°.

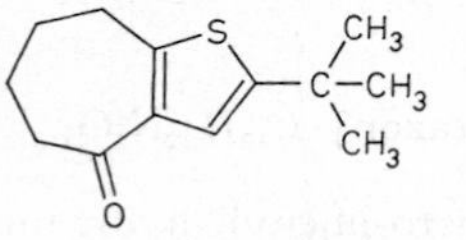

III

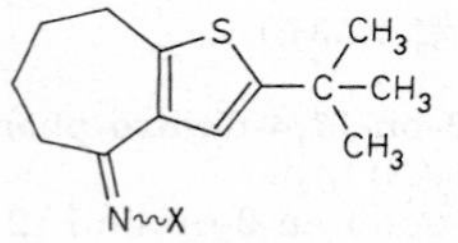

IV

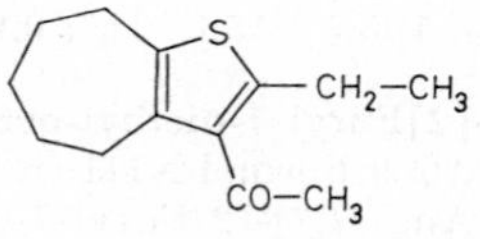

V

2-*tert*-Butyl-5,6,7,8-tetrahydro-cyclohepta[*b*]thiophen-4-on-[2,4-dinitro-phenylhydrazon] $C_{19}H_{22}N_4O_4S$, Formel IV (X = NH-$C_6H_3(NO_2)_2$).
B. Aus 2-*tert*-Butyl-5,6,7,8-tetrahydro-cyclohepta[*b*]thiophen-4-on und [2,4-Dinitro-phenyl]-hydrazin (*Cagniant, Cagniant*, Bl. **1956** 1152, 1159).
Rote Krystalle (aus A. + Bzl.); F: 187°.

2-*tert*-Butyl-5,6,7,8-tetrahydro-cyclohepta[*b*]thiophen-4-on-semicarbazon $C_{14}H_{21}N_3OS$, Formel IV (X = NH-CO-NH_2).
B. Aus 2-*tert*-Butyl-5,6,7,8-tetrahydro-cyclohepta[*b*]thiophen-4-on und Semicarbazid (*Cagniant, Cagniant*, Bl. **1956** 1152, 1159).
Krystalle (aus wss. A.); F: 170–171°.

3-Acetyl-2-äthyl-5,6,7,8-tetrahydro-4*H*-cyclohepta[*b*]thiophen, 1-[2-Äthyl-5,6,7,8-tetrahydro-4*H*-cyclohepta[*b*]thiophen-3-yl]-äthanon $C_{13}H_{18}OS$, Formel V.
B. Beim Behandeln von 2-Äthyl-5,6,7,8-tetrahydro-4*H*-cyclohepta[*b*]thiophen mit Acetylchlorid und Aluminiumchlorid in Schwefelkohlenstoff (*Cagniant, Cagniant*, Bl. **1955** 680, 684).
$Kp_{11,5}$: 178°. D_4^{19}: 1,106. n_D^{19}: 1,5570.

1-[2-Äthyl-5,6,7,8-tetrahydro-4*H*-cyclohepta[*b*]thiophen-3-yl]-äthanon-oxim $C_{13}H_{19}NOS$, Formel VI (X = OH).

B. Aus 1-[2-Äthyl-5,6,7,8-tetrahydro-4*H*-cyclohepta[*b*]thiophen-3-yl]-äthanon und Hydroxylamin (*Cagniant, Cagniant*, Bl. **1955** 680, 684).

Krystalle (aus PAe.); F: 131°.

1-[2-Äthyl-5,6,7,8-tetrahydro-4*H*-cyclohepta[*b*]thiophen-3-yl]-äthanon-[2,4-dinitro-phenylhydrazon] $C_{19}H_{22}N_4O_4S$, Formel VI (X = NH-$C_6H_3(NO_2)_2$).

B. Aus 1-[2-Äthyl-5,6,7,8-tetrahydro-4*H*-cyclohepta[*b*]thiophen-3-yl]-äthanon und [2,4-Dinitro-phenyl]-hydrazin (*Cagniant, Cagniant*, Bl. **1955** 680, 684).

Ockergelbes Pulver; F: 147° [Block].

1,3-Diäthyl-5,6,7,8-tetrahydro-cyclohepta[*c*]thiophen-4-on $C_{13}H_{18}OS$, Formel VII.

B. Beim Behandeln von 5-[2,5-Diäthyl-[3]thienyl]-valerylchlorid mit Zinn(IV)-chlorid in Schwefelkohlenstoff (*Cagniant, Cagniant*, Bl. **1953** 713, 720).

$Kp_{11,5}$: 176–177°. n_D^{18}: 1,5522.

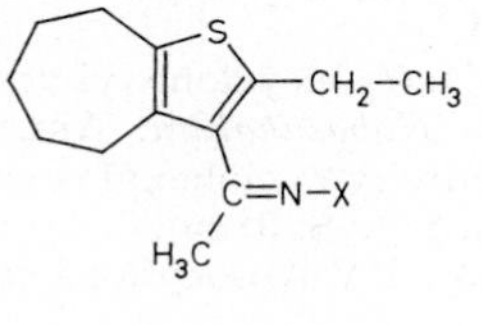

VI 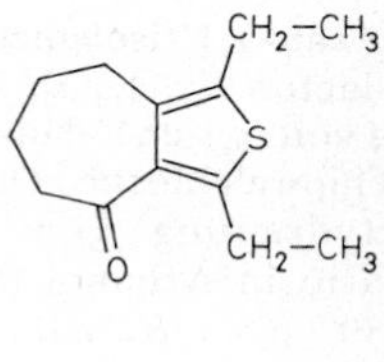 VII 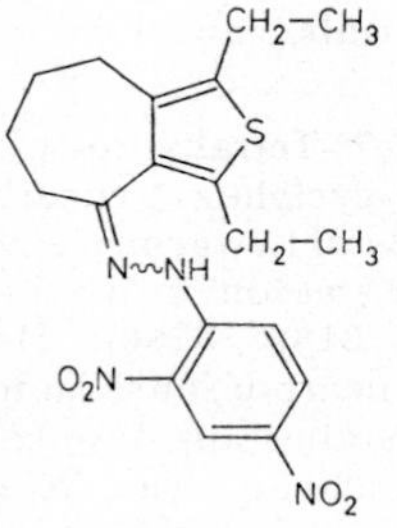 VIII

1,3-Diäthyl-5,6,7,8-tetrahydro-cyclohepta[*c*]thiophen-4-on-[2,4-dinitro-phenylhydrazon] $C_{19}H_{22}N_4O_4S$, Formel VIII.

B. Aus 1,3-Diäthyl-5,6,7,8-tetrahydro-cyclohepta[*c*]thiophen-4-on und [2,4-Dinitro-phenyl]-hydrazin (*Cagniant, Cagniant*, Bl. **1953** 713, 720).

Hellrote Krystalle (aus A.); F: 150°.

(±)-2-Isopropenyl-6,6-dimethyl-2,3,6,7-tetrahydro-5*H*-benzofuran-4-on $C_{13}H_{18}O_2$, Formel IX.

B. Beim Erwärmen von 1,4-Dibrom-2-methyl-but-2-en mit der Dinatrium-Verbindung des 5,5-Dimethyl-dihydroresorcins in Methanol (*Nickl*, B. **91** [1958] 553, 562).

$Kp_{0,2}$: 112°; $n_D^{21,5}$: 1,5100 [unreines Präparat]. UV-Spektrum (A.; 210–310 nm): *Ni.*, l. c. S. 558.

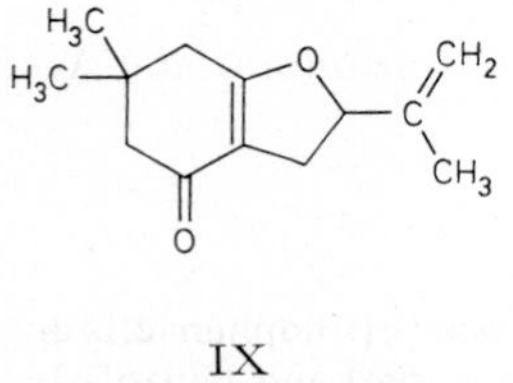

IX 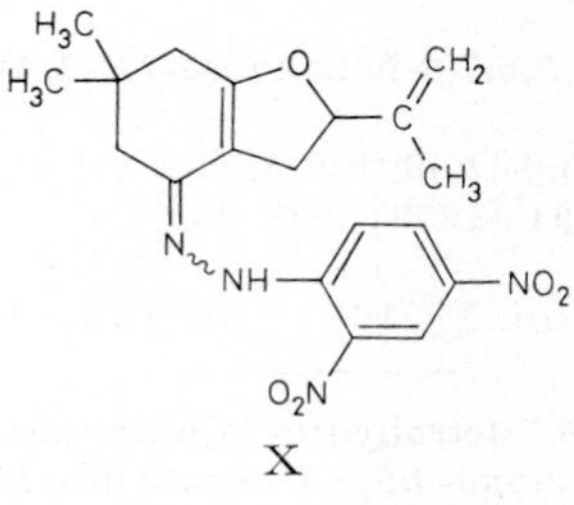 X 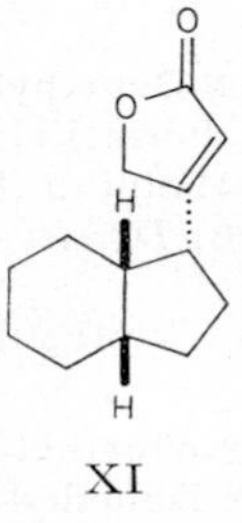 XI 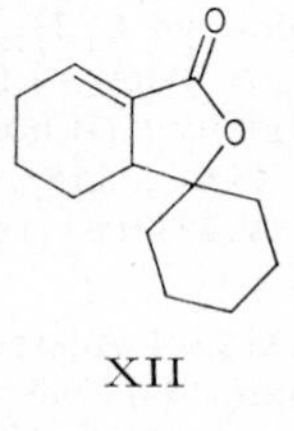 XII

(±)-2-Isopropenyl-6,6-dimethyl-2,3,6,7-tetrahydro-5*H*-benzofuran-4-on-[2,4-dinitro-phenylhydrazon] $C_{19}H_{22}N_4O_5$, Formel X.

B. Aus (±)-2-Isopropenyl-6,6-dimethyl-2,3,6,7-tetrahydro-5*H*-benzofuran-4-on und

[2,4-Dinitro-phenyl]-hydrazin (*Nickl*, B. **91** [1958] 553, 563).
Rote Krystalle; F: 180°.

(±)-4-[(3a*r*,7a*c*)-Hexahydro-indan-1*t*-yl]-5*H*-furan-2-on, (±)-3-[(3a*r*,7a*c*)-Hexahydro-indan-1*t*-yl]-4-hydroxy-*cis*-crotonsäure-lacton $C_{13}H_{18}O_2$, Formel XI + Spiegelbild.

B. Beim Erwärmen von (±)-2-Acetoxy-1-[(3a*r*,7a*c*)-hexahydro-indan-1*t*-yl]-äthanon (E III **8** 94) mit Bromessigsäure-äthylester und Zink in Benzol und Erhitzen des Reaktionsprodukts mit Bromwasserstoff in Essigsäure (*Knowles et al.*, J. org. Chem. **7** [1942] 374, 379).

Krystalle (aus PAe.); F: 94–95°. Bei 100–130°/0,3–0,4 Torr sublimierbar.

(±)-5′,6′,7′,7′a-Tetrahydro-spiro[cyclohexan-1,1′-isobenzofuran]-3′-on, (±)-6-[1-Hydroxy-cyclohexyl]-cyclohex-1-encarbonsäure-lacton $C_{13}H_{18}O_2$, Formel XII.

B. Beim Erwärmen einer Lösung von (±)-2*c*,1′-Dihydroxy-(1*rH*)-bicyclohexyl-2*t*-carbonsäure-1′-lacton (aus (±)-1′-Hydroxy-bicyclohexyl-2-on mit Hilfe von Kaliumcyanid hergestellt) in Pyridin mit Thionylchlorid (*Overberger, Kabasakalian*, Am. Soc. **79** [1957] 3182, 3186).

Krystalle (aus PAe.); F: 71–72°. UV-Absorptionsmaximum (Me.): 220 nm.

4′,5′,6′,7′-Tetrahydro-spiro[cyclohexan-1,1′-isobenzofuran]-3′-on, 2-[1-Hydroxy-cyclohexyl]-cyclohex-1-encarbonsäure-lacton $C_{13}H_{18}O_2$, Formel I.

B. Beim Erwärmen einer Lösung von (±)-2*t*,1′-Dihydroxy-(1*rH*)-bicyclohexyl-2*c*-carbonsäure-1′-lacton in Pyridin mit Thionylchlorid (*Overberger, Kabasakalian*, Am. Soc. **79** [1957] 3182, 3186). Bei der Hydrierung von 2-[1-Hydroxy-cyclohexyl]-cyclohexa-1,4-diencarbonsäure-lacton an Platin in Äthanol (*Ov., Ka.*, l. c. S. 3185).

Krystalle (aus PAe.); F: 79–80° (*Ov., Ka.*, l. c. S. 3185). UV-Absorptionsmaximum (Me.): 220 nm (*Ov., Ka.*, l. c. S. 3185).

(2Ξ,1′*R*)-1′,7′,7′-Trimethyl-spiro[furan-2,2′-norbornan]-5-on, 3*c*-[(1*R*,2Ξ)-2-Hydroxy-bornan-2-yl]-acrylsäure-lacton $C_{13}H_{18}O_2$, Formel II.

B. Bei der Hydrierung von 3-[(1*R*,2Ξ)-2-Hydroxy-bornan-2-yl]-propiolsäure (F: 164°; aus (1*R*,2Ξ)-2-Äthinyl-1,7,7-trimethyl-norbornan-2-ol [E III **6** 2025] hergestellt) an Palladium/Kohle (*Cuingnet*, Bl. **1955** 221, 223).

Krystalle (aus PAe.); F: 87,5°. Kp_1: 120°.

I II III IV

(2Ξ,4Ξ,4aΞ,6*R*)-1,6-Dimethyl-3,4,5,6,7,8-hexahydro-2*H*-2,4a-epoxido-naphthalin-4-carbaldehyd $C_{13}H_{18}O_2$, Formel III.

B. Aus (+)-Menthofuran ((*R*)-3,6-Dimethyl-4,5,6,7-tetrahydro-benzofuran) und Acrylaldehyd (*Wienhaus, Dässler*, B. **91** [1958] 260, 265).

Kp_{23}: 118°.

2,4-Dinitro-phenylhydrazon. F: 121–123° (*Wi., Dä.*).

(3a*S*)-1-Acetyl-8,8-dimethyl-4,5,6,7-tetrahydro-3a,6-methano-benzo[*c*]thiophen-2,2-dioxid, 1-[(3a*S*)-8,8-Dimethyl-2,2-dioxo-4,5,6,7-tetrahydro-2λ⁶-3a,6-methano-benzo[*c*]thiophen-1-yl]-äthanon $C_{13}H_{18}O_3S$, Formel IV.

B. Aus dem Natrium-Salz der (1*S*)-2-Oxo-bornan-10-sulfinsäure und Chloraceton (*Cowie, Gibson*, Soc. **1933** 306, 308).

Krystalle (aus wss. Eg.); F: 178°. $[\alpha]_{546}^{20}$: −115° [A.; c = 0,5].

Oxo-Verbindungen $C_{14}H_{20}O_2$

5-[3-Cyclohexyl-propyl]-thiophen-2-carbaldehyd $C_{14}H_{20}OS$, Formel V.

B. Aus 2-[3-Cyclohexyl-propyl]-thiophen mit Hilfe von *N*-Methyl-formanilid oder Dimethylformamid (*Buu-Hoi et al.*, Soc. **1955** 1581).

Kp_{18}: 215°. n_D^{24}: 1,5550.

V VI

5-[3-Cyclohexyl-propyl]-thiophen-2-carbaldehyd-thiosemicarbazon $C_{15}H_{23}N_3S_2$, Formel VI.

B. Aus 5-[3-Cyclohexyl-propyl]-thiophen-2-carbaldehyd und Thiosemicarbazid (*Buu-Hoi et al.*, Soc. **1955** 1581).

Krystalle (aus A.); F: 150°.

(±)-4*t*,5-Dimethyl-7*t*-[2-methyl-propenyl]-(3a*r*,7a*c*)-3a,4,7,7a-tetrahydro-3*H*-isobenzofuran-1-on, (±)-6*c*-Hydroxymethyl-4,5*c*-dimethyl-2*c*-[2-methyl-propenyl]-cyclohex-3-en-*r*-carbonsäure-lacton $C_{14}H_{20}O_2$, Formel VII + Spiegelbild, und **(±)-6,7*t*-Dimethyl-4*t*-[2-methyl-propenyl]-(3a*r*,7a*c*)-3a,4,7,7a-tetrahydro-3*H*-isobenzofuran-1-on, (±)-6*c*-Hydroxymethyl-2*c*,3-dimethyl-5*c*-[2-methyl-propenyl]-cyclohex-3-en-*r*-carbonsäure-lacton** $C_{14}H_{20}O_2$, Formel VIII + Spiegelbild.

Diese Formeln kommen für die nachstehend beschriebene Verbindung in Betracht.

B. Neben 4*c*,5*c*-Bis-hydroxymethyl-1,6*c*-dimethyl-3*r*-[2-methyl-propenyl]-cyclohexen beim Behandeln von (±)-3*c*,4-Dimethyl-6*c*-[2-methyl-propenyl]-cyclohex-4-en-1*r*,2*c*-dicarbonsäure-anhydrid mit Lithiumalanat in Äther (*Chretien-Bessière*, A. ch. [13] **2** [1957] 301, 350, 356).

$Kp_{0,5}$: 144°. n_D^{19}: 1,511 [unreines Produkt].

15-Thia-bicyclo[10.2.1]pentadeca-12,14-dien-2-on, [10](2,5)Thienophan-1-on, [2,5]Thiena-cycloundecan-2-on [1]) $C_{14}H_{20}OS$, Formel IX.

B. Neben 29,30-Dithia-tricyclo[24.2.1.1^{12,15}]triaconta-12,14,26,28-tetraen-2,16-dion beim Behandeln von 10-[2]Thienyl-decanoylchlorid mit Aluminiumchlorid in Schwefelkohlenstoff und Äther (*Gol'dfarb et al.*, Ž. obšč. Chim. **29** [1959] 3564, 3574; engl. Ausg. S. 3526, 3534).

Krystalle [aus Hexan] (*Go. et al.*); F: 40–41° (*Belen'kiĭ et al.*, Doklady Akad. S.S.S.R. **139** [1961] 1356; Pr. Acad. Sci. U.S.S.R. Chem. Sect. **139–141** [1961] 838). Kp_1: 149° bis 152° (*Go. et al.*; *Be. et al.*).

VII VIII IX X

15-Thia-bicyclo[10.2.1]pentadeca-12,14-dien-2-on-oxim $C_{14}H_{21}NOS$, Formel X.

B. Aus 15-Thia-bicyclo[10.2.1]pentadeca-12,14-dien-2-on und Hydroxylamin (*Gol'dfarb et al.*, Ž. obšč. Chim. **29** [1959] 3564, 3574; engl. Ausg. S. 3526, 3534).

Krystalle (aus wss. Me.); F: 133–134,5° (*Go. et al.*).

***Opt.-inakt. 4-Decahydro[2]naphthyl-5*H*-furan-2-on, 3-Decahydro[2]naphthyl-4-hydroxy-*cis*-crotonsäure-lacton** $C_{14}H_{20}O_2$, Formel XI.

B. Beim Erwärmen von opt.-inakt. 2-Acetoxy-1-decahydro[2]naphthyl-äthanon

[1]) Über diese Bezeichnung s. *Kauffmann*, Tetrahedron **28** [1972] S. 183.

(n_D^{25}: 1,4886) mit Bromessigsäure-äthylester und Zink in Benzol und Erhitzen des Reaktionsprodukts mit Bromwasserstoff in Essigsäure (*Knowles et al.*, J. org. Chem. **7** [1942] 374, 382).

Bei 100—118°/10^{-4} Torr destillierbar. n_D^{25}: 1,521.

(±)-5,6,7,8-Tetrahydro-spiro[chroman-2,1'-cyclohexan]-2'-on $C_{14}H_{20}O_2$, Formel XII (E II 329; dort als „dimeres 1-Methylen-cyclohexan-2-on" bezeichnet).

B. Beim Erhitzen von (±)-2-Dimethylaminomethyl-cyclohexanon auf 150° (*Mannich*, B. **74** [1941] 557, 560).

Kp_{14}: 160—161° (*Ma.*; *Takemoto, Nakajima*, J. pharm. Soc. Japan **77** [1957] 1157; C. A. **1958** 4734). D_4^{29}: 1,071; n_D^{29}: 1,5083 (*Ta.*, *Na.*).

Beim Erhitzen mit wss. Schwefelsäure ist Dispiro[4.1.5.2]tetradecan-6,8-dion (E III 7 3430) erhalten worden (*Ma.*, l. c. S. 565, 566). Bildung von 2-Hydroxy-2-[2-oxo-cyclopentyl]-1-oxa-spiro[4.5]decan-6-on (E III **8** 3453) beim Erwärmen mit Chrom(VI)-oxid und wss. Essigsäure sowie beim Behandeln einer Lösung in Chloroform mit Ozon: *Ma.*, l. c. S. 559, 562.

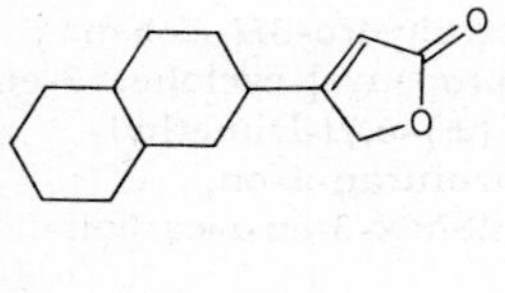

XI 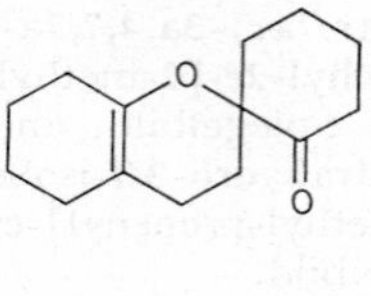 XII 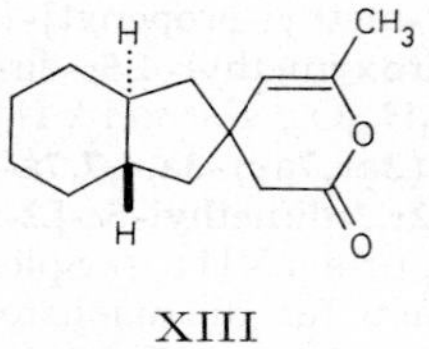 XIII 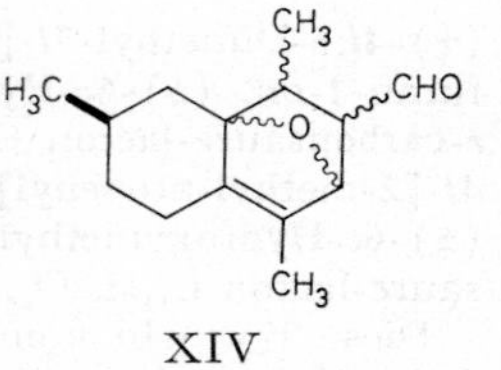 XIV

(±)-6'-Methyl-(3a*r*,7a*t*)-3a,4,5,6,7,7a-hexahydro-3'*H*-spiro[indan-2,4'-pyran]-2'-on, (±)-[2-(2-Hydroxy-*trans*-propenyl)-(3a*r*,7a*t*)-hexahydro-indan-2-yl]-essigsäure-lacton $C_{14}H_{20}O_2$, Formel XIII + Spiegelbild.

B. Beim Erwärmen von (±)-[2-Acetonyl-(3a*r*,7a*t*)-hexahydro-indan-2-yl]-essigsäure mit Acetanhydrid (*Kandiah*, Soc. **1931** 952, 974).

Krystalle (aus Bzn.); F: 58—59°.

(2Ξ,3Ξ,4Ξ,4aΞ,6*R*)-1,4,6-Trimethyl-3,4,5,6,7,8-hexahydro-2*H*-2,4a-epoxido-naphthalin-3-carbaldehyd $C_{14}H_{20}O_2$, Formel XIV.

B. Beim Erhitzen von (+)-Menthofuran ((*R*)-3,6-Dimethyl-4,5,6,7-tetrahydro-benzo=furan) mit *trans*(?)-Crotonaldehyd auf 150° (*Wienhaus, Dässler*, B. **91** [1958] 260, 266).

Kp_{11}: 161°. [*Appelt*]

Oxo-Verbindungen $C_{15}H_{22}O_2$

3ξ-[2]Furyl-2-octyl-acrylaldehyd $C_{15}H_{22}O_2$, Formel I.

B. Beim Erhitzen von Furfural mit Decanal in Gegenwart eines basischen Ionenaustauschers auf 135° (*Mastagli et al.*, Bl. **1953** 693, 694; *Durr*, A. ch. [13] **1** [1956] 84, 106).

Kp_{13}: 187—188°; n_D^{16}: 1,5365 (*Ma. et al.*; *Durr*).

(±)-4-Methyl-6-[2,6,6-trimethyl-cyclohex-1-enyl]-5,6-dihydro-pyran-2-on, (±)-5-Hydr=oxy-3-methyl-5-[2,6,6-trimethyl-cyclohex-1-enyl]-pent-2*c*-ensäure-lacton $C_{15}H_{22}O_2$, Formel II.

B. Beim Erwärmen von *β*-Cyclocitral (2,6,6-Trimethyl-cyclohex-1-encarbaldehyd [E III **7** 343]) mit 3-Brommethyl-crotonsäure-methylester (Kp_{12}: 90—92° [E III **2** 1315]), Zink und wenig Jod in Benzol (*Tanabe*, Pharm. Bl. **3** [1955] 25, 29).

Krystalle (aus wss. A.); F: 65—66°. IR-Spektrum (Nujol; 2—16 μ): *Ta.*, l. c. S. 27. UV-Spektrum (A.; 220—270 nm): *Ta.*, l. c. S. 25.

1-Cyclohex-1-enyl-2-[(Ξ)-2,2-dimethyl-tetrahydro-pyran-4-yliden]-äthanon $C_{15}H_{22}O_2$, Formel III.

B. Beim Erwärmen von (±)-4-Cyclohex-1-enyläthinyl-2,2-dimethyl-tetrahydro-pyran-

4-ol mit Quecksilber(II)-sulfat und Schwefelsäure enthaltendem wss. Methanol (*Wartanjan, Tschuchadshjan*, Izv. Armjansk. Akad. Ser. chim. **12** [1959] 179, 181, 183; C. A. **1960** 7707).

Kp_2: 128—130°. D^{20}: 1,015. n_D^{20}: 1,5128.

I II III

(1R)-1r-Acetyl-2t-[3-isopropyl-[2]furyl]-3t-methyl-cyclopentan, 1-[(1R)-2t-(3-Isopropyl-[2]furyl)-3t-methyl-cyclopent-r-yl]-äthanon, Furopelargon-A, Pelargon-A $C_{15}H_{22}O_2$, Formel IV.

Konstitution und Konfiguration: *Lukas et al.*, Tetrahedron **20** [1964] 1789; *Romaňuk et al.*, Collect. **29** [1964] 1048.

Isolierung aus dem ätherischen Öl von Geranium bourbon: *Sfiras*, Ind. Parfum. **1** [1946] 154.

Kp_3: 112—114° (*Sf.*); Kp_2: 99° (*Ro. et al.*, l. c. S. 1053); $Kp_{0,05}$: 60—62° (*Lu. et al.*, l. c. S. 1798). D_4^{20}: 0,986 (*Ro. et al.*); D_{15}^{15}: 0,9839 (*Sf.*). n_D^{20}: 1,4856 (*Sf.*), 1,4840 (*Ro. et al.*). $[\alpha]_D^{20}$: —124,2° [$CHCl_3$] (*Ro. et al.*); $[\alpha]_D^{26}$: —105° [$CHCl_3$; c = 0,6] (*Lu. et al.*).

IV V VI VII

1-[(1R)-2t-(3-Isopropyl-[2]furyl)-3t-methyl-cyclopent-r-yl]-äthanon-semicarbazon, Furopelargon-A-semicarbazon $C_{16}H_{25}N_3O_2$, Formel V.

B. Aus Furopelargon-A (s. o.) und Semicarbazid (*Sfiras*, Ind. Parfum **1** [1946] 154; *Lukas et al.*, Tetrahedron **20** [1964] 1789, 1798; *Romaňuk et al.*, Collect. **29** [1964] 1048, 1053).

Krystalle; F: 153—154° [Block bzw. Kofler-App.; aus Bzl.] (*Sf.*; *Ro. et al.*), 152—153° [aus Me.] (*Lu. et al.*). $[\alpha]_D^{21}$: —170,0° [$CHCl_3$; c = 2] (*Ro. et al.*).

(3aS,6E,10E)-3c,6,10-Trimethyl-(3ar,11at)-3a,4,5,8,9,11a-hexahydro-3H-cyclodeca[b]furan-2-on, (S)-2-[(1S)-2t-Hydroxy-4,8-dimethyl-cyclodeca-3t,7t-dien-r-yl]-propionsäure-lacton, (11S)-6α-Hydroxy-germacra-1(10)t,4t-dien-12-säure-lacton [1]), **Dihydrocostunolid** $C_{15}H_{22}O_2$, Formel VI.

Die Konfiguration ergibt sich aus der genetischen Beziehung zu Desoxy-γ-tetrahydrosantonin ((11*S*)-6α-Hydroxy-eudesman-12-säure-lacton [S. 4675]) und Desoxy-α-tetrahydrosantonin ((11*S*)-6α-Hydroxy-4β*H*-eudesman-12-säure-lacton [S. 4674]); über die Konfiguration am C-Atom 2 der Propionsäure s. *Joshi et al.*, Tetrahedron **22** [1966] 2331.

B. Bei der Hydrierung von Costunolid (2-[(1*S*)-2*t*-Hydroxy-4,8-dimethyl-cyclodeca-3*t*,7*t*-dien-*r*-yl]-acrylsäure-lacton) an Palladium/Kohle in Äthanol (*Rao et al.*, Tetrahedron **9** [1960] 275, 280; Chem. and. Ind. **1958** 1359) oder in Methanol (*Herout et al.*, Collect. **26** [1961] 2612, 2621; *Herout, Šorm*, Chem. and. Ind. **1959** 1067).

Krystalle; F: 79—80° [aus Me.] (*He. et al.*), 77—78° [aus PAe.] (*Rao et al.*, Tetrahedron **9** 280). $[\alpha]_D$: +113,6° [$CHCl_3$; c = 3] (*Rao et al.*, Tetrahedron **9** 280). IR-Spektrum

[1]) Stellungsbezeichnung bei von Germacran abgeleiteten Namen s. S. 4393.

(Nujol; 3,5—14 μ): *Rao et al.*, Tetrahedron **9** 277, 280. UV-Spektrum (A.; 212—242 nm): *Rao et al.*, Tetrahedron **9** 278.

Beim Erhitzen mit Essigsäure und Acetanhydrid ist Cyclodihydrocostunolid ((11*S*)-6α-Hydroxy-eudesm-3-en-12-säure-lacton [S. 4765]) erhalten worden (*Rao et al.*, Tetrahedron **9** 283; *He. et al.*).

6-Äthyl-5-isopropyl-3,6-dimethyl-5,6-dihydro-4*H*-benzofuran-2-on, 2-[4-Äthyl-2-hydroxy-5-isopropyl-4-methyl-cyclohex-2-enyliden]-propionsäure-lacton $C_{15}H_{22}O_2$, Formel VII.

a) Rechtsdrehendes Stereoisomeres vom F: 145°.

B. Beim Erhitzen von Tetrahydrotemison ((−)-2-[4-Äthyl-2-hydroxy-3-isopropyl-4-methyl-6-oxo-cyclohexyl]-propionsäure-lacton; F: 109,5°) mit Acetanhydrid und Natriumacetat (*Asahina, Ukita*, B. **74** [1941] 952, 959).

Krystalle (aus A.); F: 145°. $[\alpha]_D^{13}$: +15,6° [Bzl.; c = 2].

b) Rechtsdrehendes Stereoisomeres vom F: 82°.

B. Beim Erhitzen von Tetrahydroisotemison ((+)-2-[4-Äthyl-2-hydroxy-3-isopropyl-4-methyl-6-oxo-cyclohexyl]-propionsäure-lacton; Kp_3: 170°) mit Acetanhydrid und Natriumacetat (*Asahina, Ukita*, Bl. chem. Soc. Japan **18** [1943] 338, 346; J. pharm. Soc. Japan **63** [1943] 29, 35; C. A. **1947** 4482).

Krystalle (aus wss. A.); F: 75—82°. $[\alpha]_D^{18}$: +10,9° [A.; c = 1].

(3a*S*)-7*t*-Isopropenyl-3*c*,6*t*-dimethyl-6*c*-vinyl-(3a*r*,7a*t*)-hexahydro-benzofuran-2-on, (*S*)-2-[(1*S*)-2*t*-Hydroxy-3*c*-isopropenyl-4*c*-methyl-4*t*-vinyl-cyclohex-*r*-yl]-propionsäure-lacton, Saussurealacton $C_{15}H_{22}O_2$, Formel VIII.

Über Konstitution und Konfiguration s. *Rao et al.*, Tetrahedron **13** [1961] 319; über die Konfiguration am C-Atom 2 der Propionsäure s. *Simonović et al.*, Tetrahedron **19** [1963] 1061 Anm. †.

Isolierung aus Wurzeln von Saussurea lappa: *Rao, Varma*, J. scient. ind. Res. India [B] **10** [1951] 166.

Krystalle; F: 146—147° [nach Sublimation im Vakuum] (*Rao et al.*, J. scient. ind. Res. India [B] **17** [1958] 228), 145—147° [aus wss. A.] (*Rao, Va.*). $[\alpha]_D^{30}$: +62,3° [A.; c = 1] (*Rao, Va.*). IR-Spektrum (3—12 μ): *Rao et al.*, J. scient. ind. Res. India [B] **17** [1958] 228.

Bei der Behandlung einer Lösung in Äthylacetat mit Ozon und anschliessenden Hydrierung an Palladium/Kohle ist eine vermutlich als (*S*)-2-[(1*S*)-3*c*-Acetyl-2*t*-hydroxy-4*c*-methyl-4*t*-vinyl-cyclohex-*r*-yl]-propionsäure-lacton oder als (*S*)-2-[(1*S*)-4*t*-Formyl-2*t*-hydroxy-3*c*-isopropenyl-4*c*-methyl-cyclohex-*r*-yl]-propionsäure-lacton zu formulierende Verbindung $C_{14}H_{20}O_3$ (Krystalle; F: 135—136°; 2,4-Dinitro-phenylhydrazon $C_{20}H_{24}N_4O_6$: gelbe Krystalle [aus E.], F: 206°) erhalten worden (*Rao et al.*, J. scient. ind. Res. India [B] **17** 228). Bildung einer Verbindung $C_{15}H_{23}ClO_2$ (Krystalle [aus A.], F: 152—154°; $[\alpha]_D^{25}$: +38,0° [A.]) beim Behandeln einer äther. Lösung mit Chlorwasserstoff: *Rao, Va.* Reaktion mit Brom in Essigsäure unter Bildung einer Verbindung $C_{15}H_{22}Br_2O_2$ (Krystalle [aus Eg.], F: 124—125°; $[\alpha]_D^{25}$: +5° [CCl_4]): *Rao, Va.*

(1*Z*,4*Z*,8*Ξ*,9*Ξ*)-8-Isopropyl-5-methyl-10-oxa-bicyclo[7.2.1]dodeca-1(12),4-dien-11-on, (3*Ξ*,4*Ξ*)-3-Hydroxy-4-isopropyl-7-methyl-cyclodeca-1*t*,7*c*-diencarbonsäure-lacton $C_{15}H_{22}O_2$, Formel IX.

Diese Konstitution und Konfiguration kommt dem nachstehend beschriebenen **Dihydroaristolacton (Isodihydroisoaristolacton)** zu; über die Position der Doppelbindungen und die Konfiguration an den Doppelbindungen s. *Steele et al.*, Soc. **1959** 3289; *Martin-Smith et al.*, Tetrahedron Letters **1964** 2391.

B. Bei der Hydrierung von Aristolacton ((3*Ξ*,4*Ξ*)-3-Hydroxy-4-isopropenyl-7-methyl-cyclodeca-1*t*,7*t*-diencarbonsäure-lacton) oder von Isoaristolacton ((3*Ξ*,4*Ξ*)-3-Hydroxy-4-isopropenyl-7-methyl-cyclodeca-1*t*,7*c*-diencarbonsäure-lacton) an Platin in Äthanol (*Stenlake, Williams*, Soc. **1955** 2114, 2118, 2119).

Krystalle (aus A.); F: 79—80,5° (*St., Wi.*). $[\alpha]_D^{17}$: −77° und −75° [A.] (*St., Wi.*). IR-

Banden (CCl_4) im Bereich von 5,6 μ bis 11,9 μ: *St.*, *Wi.* UV-Spektrum (A.; 205—290 nm): *St.*, *Wi.*, l. c. S. 2117.

8-Isopropenyl-5-methyl-10-oxa-bicyclo[7.2.1]dodec-4-en-11-on, 9-Hydroxy-8-isopropenyl-5-methyl-cyclodec-4-encarbonsäure-lacton $C_{15}H_{22}O_2$.

a) **(1Ξ,8Ξ,9Ξ)-9-Hydroxy-8-isopropenyl-5-methyl-cyclodec-4*c*-encarbonsäure-lacton** $C_{15}H_{22}O_2$, Formel X.

Diese Konstitution und Konfiguration kommt dem nachstehend beschriebenen **Dihydroisoneoaristolacton** zu (*Martin-Smith et al.*, Tetrahedron Letters **1963** 1639, **1964** 2391).

B. Beim Erwärmen von Isoaristolacton ((3Ξ,4Ξ)-3-Hydroxy-4-isopropenyl-7-methyl-cyclodeca-1*t*,7*c*-diencarbonsäure-lacton) mit Lithiumalanat in Äther (*Steele et al.*, Soc. **1959** 3289, 3296).

Krystalle (aus Me.); F: 211—213° [Block] (*St. et al.*). $[\alpha]_D^{20}$: —50,1° [$CHCl_3$; c = 0,4] (*St. et al.*). UV-Absorptionsmaximum (A.): 290 nm (*St. et al.*).

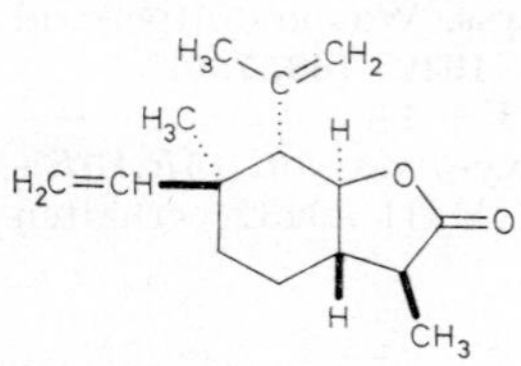

VIII 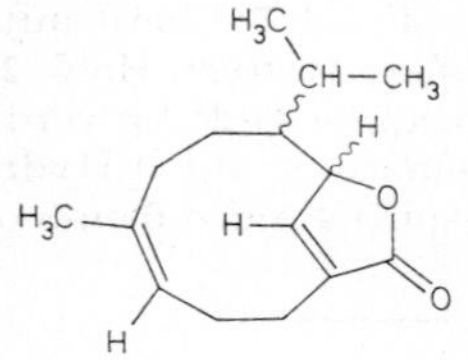 IX 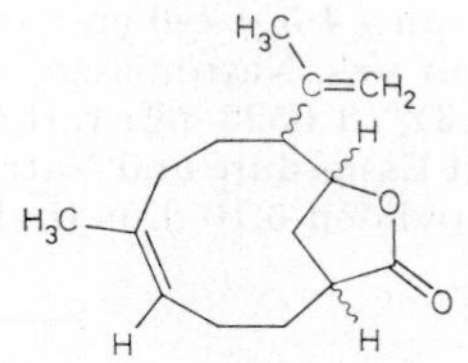 X 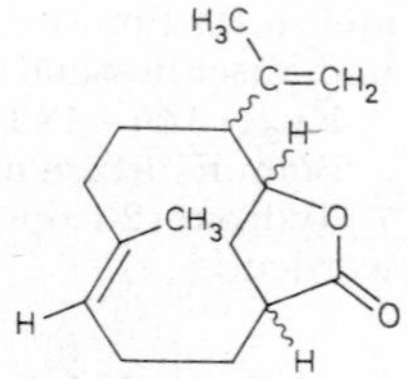 XI

b) **(1Ξ,8Ξ,9Ξ)-9-Hydroxy-8-isopropenyl-5-methyl-cyclodec-4*t*-encarbonsäure-lacton** $C_{15}H_{22}O_2$, Formel XI.

Diese Konstitution und Konfiguration kommt dem nachstehend beschriebenen **Dihydroneoaristolacton** zu (*Martin-Smith et al.*, Tetrahedron Letters **1963** 1639, **1964** 2391).

B. Beim Erwärmen von Aristolacton ((3Ξ,4Ξ)-3-Hydroxy-4-isopropenyl-7-methyl-cyclodeca-1*t*,7*t*-diencarbonsäure-lacton) mit Lithiumalanat in Äther (*Steele et al.*, Soc. **1959** 3289, 3296).

Krystalle (aus Acn.); F: 197—198° [Block] (*St. et al.*). $[\alpha]_D^{16,5}$: +82° [A.; c = 0,5] (*St. et al.*). UV-Absorptionsmaximum (A.): 284 nm (*St. et al.*).

(±)-3-Cyclohexylmethyl-4,5,6,7-tetrahydro-3*H*-benzofuran-2-on, (±)-3-Cyclohexyl-2-[2-hydroxy-cyclohex-1-enyl]-propionsäure-lacton $C_{15}H_{22}O_2$, Formel XII.

B. Bei der Hydrierung von (±)-2-[2-Hydroxy-cyclohex-1-enyl]-3-phenyl-propionsäure-lacton an Platin in Essigsäure (*Grewe*, B. **72** [1939] 426, 430).

$Kp_{0,35}$: 162°.

***Opt.-inakt. 7-Cyclohexyl-3-methyl-3a,4,5,6-tetrahydro-3*H*-benzofuran-2-on, 2-[3-Cyclohexyl-2-hydroxy-cyclohex-2-enyl]-propionsäure-lacton** $C_{15}H_{22}O_2$, Formel XIII.

B. Bei der Hydrierung von 2-[(*Z*)-3-Cyclohexyl-2-hydroxy-cyclohex-2-enyliden]-propionsäure-lacton an Palladium/Bariumsulfat in Essigsäure (*Rosenmund et al.*, Ar. **227** [1954] 441, 448).

Krystalle (aus Bzn.); F: 119°.

(4a*S*)-7*c*-[(Ξ)-α,β-Epoxy-isopropyl]-1,4a-dimethyl-(4a*r*)-4,4a,5,6,7,8-hexahydro-3*H*-naphthalin-2-on, (11Ξ)-11,12-Epoxy-eudesm-4-en-3-on [1]) $C_{15}H_{22}O_2$, Formel XIV.

Diese Konstitution und Konfiguration kommt dem nachstehend beschriebenen **(+)-α-Cyperonoxid** zu.

B. Beim Behandeln von (+)-α-Cyperon (Eudesma-4,11-dien-3-on [E III **7** 1261]) mit Peroxybenzoesäure in Chloroform (*Howe et al.*, Soc. **1959** 363, 370).

$Kp_{0,3}$: 125°. n_D^{20}: 1,5238. $[\alpha]_D$: +108° [$CHCl_3$; c = 3].

---

[1]) Stellungsbezeichnung bei von Eudesman abgeleiteten Namen s. E III **7** 515, 516.

XII XIII XIV XV

(−)(5*R*,6*Ξ*,10*R*)-6,7-Epoxy-2-isopropyliden-6,10-dimethyl-spiro[4.5]decan-8-on $C_{15}H_{22}O_2$, Formel XV.

Diese Konstitution und Konfiguration kommt dem nachstehend beschriebenen **(−)-β-Vetivonoxid** zu.

B. Beim Behandeln einer methanol. Lösung von (−)-β-Vetivon ((5*R*,10*R*)-2-Isopropyliden-6,10-dimethyl-spiro[4.5]dec-6-en-8-on [E III **7** 1256]) mit wss. Wasserstoffperoxid und anschliessend mit wss. Natronlauge (*Pfau, Plattner,* Helv. **23** [1940] 768, 789).

$Kp_{3,5}$: 146–149°. D_4^{20}: 1,0523. n_D^{20}: 1,5126. α_D: −67,2° [unverd.; l = 1].

Beim Erhitzen mit Essigsäure und Natriumacetat ist (−)-Hydroxy-β-vetivon ((5*R*,10*R*)-7-Hydroxy-2-isopropyliden-6,10-dimethyl-spiro[4.5]dec-6-en-8-on [E III **7** 3432]) erhalten worden.

3,6,9-Trimethyl-3a,4,5,7,8,9,9a,9b-octahydro-3*H*-azuleno[4,5-*b*]furan-2-on, 2-[4-Hydroxy-3,8-dimethyl-1,2,3,3a,4,5,6,7-octahydro-azulen-5-yl]-propionsäure-lacton $C_{15}H_{22}O_2$.

a) **(*S*)-2-[(3a*S*)-4*c*-Hydroxy-3*t*,8-dimethyl-(3a*r*)-1,2,3,3a,4,5,6,7-octahydro-azulen-5*t*-yl]-propionsäure-lacton, (11*S*)-6α-Hydroxy-guaj-1(10)-en-12-säure-lacton**[1]) $C_{15}H_{22}O_2$, Formel I.

Über die Konstitution sowie über die Konfiguration am C-Atom 3a s. *Suchý et al.,* Collect. **29** [1964] 1829; *Vokáč et al.,* Collect. **37** [1972] 1346.

B. Beim Behandeln von Tetrahydrocarborescin (Tetrahydroartabsin-c; (*S*)-2-[(3a*S*)-4*c*,8ξ-Dihydroxy-3*t*,8ξ-dimethyl-(3a*r*,8aξ)-decahydro-azulen-5*t*-yl]-propionsäure-lacton) mit Phosphorylchlorid und Pyridin (*Mazur, Meisels,* Chem. and Ind. **1956** 492).

Krystalle; F: 133° [Kofler-App.] (*Su. et al.,* l. c. S. 1832), 132° (*Ma., Me.*). $[\alpha]_D^{20}$: +37,4° [$CHCl_3$; c = 4] (*Su. et al.*); $[\alpha]_D$ +38° [$CHCl_3$] (*Ma., Me.*).

I II III IV

b) **(*S*)-2-[(4*S*)-4*r*-Hydroxy-3ξ,8-dimethyl-(3aξ)-1,2,3,3a,4,5,6,7-octahydro-azulen-5*t*-yl]-propionsäure-lacton,** Formel II, und **(*S*)-2-[(4*S*)-4*r*-Hydroxy-3ξ-methyl-8-methylen-(3aξ,8aξ)-decahydro-azulen-5*t*-yl]-propionsäure-lacton** $C_{15}H_{22}O_2$, Formel III.

Ein Gemisch von Verbindungen dieser beiden Formeln hat vermutlich in dem nachstehend beschriebenen Präparat vorgelegen (vgl. dazu *Vokáč et al.,* [Collect. **37** [1972] 1346, 1349, 1354] über die Bildung von (*S*)-2-[(3a*S*)-4*c*-Hydroxy-3*c*,8-dimethyl-(3a*r*)-1,2,3,3a,4,5,6,7-octahydro-azulen-5*t*-yl]-propionsäure-lacton und von (*S*)-2-[(3a*S*)-4*c*-Hydroxy-3*c*-methyl-8-methylen-(3a*r*,8a*c*)-decahydro-azulen-5*t*-yl]-propionsäure-lacton aus (*S*)-2-[(3a*S*)-4*c*,8*c*-Dihydroxy-3*c*,8*t*-dimethyl-(3a*r*,8a*c*)-decahydro-azulen-5*t*-yl]-propionsäure-lacton beim Behandeln mit Thionylchlorid und Pyridin).

B. Beim Behandeln von Tetrahydroartabsin-a ((*S*)-2-[(4*S*)-4*r*,8ξ-Dihydroxy-3ξ,8ξ-di-

[1]) Stellungsbezeichnung bei von Guajan abgeleiteten Namen s. S. 4677.

methyl-(3aξ,8aξ)-decahydro-azulen-5*t*-yl]-propionsäure-4-lacton) mit Thionylchlorid und Pyridin (*Herout et al.*, Collect. **22** [1957] 1914, 1919).

$Kp_{1,2}$: 128—129° (*He. et al.*).

(3a*S*)-3ξ,6ξ,9-Trimethyl-(3a*r*,6aξ,9b*t*)-3a,4,5,6,6a,7,8,9b-octahydro-3*H*-azuleno[4,5-*b*]furan-2-on, (*Ξ*)-2-[(4*S*)-4*r*-Hydroxy-3,8ξ-dimethyl-(8aξ)-1,2,4,5,6,7,8,8a-octahydro-azulen-5*t*-yl]-propionsäure-lacton $C_{15}H_{22}O_2$, Formel IV.

Diese Konstitution und Konfiguration ist für das nachstehend beschriebene **Dihydrocostuslacton** in Betracht zu ziehen.

Isolierung aus Wurzeln von Saussurea lappa: *Semmler, Feldstein*, B. **47** [1914] 2433, 2435.

B. Beim Erwärmen von Costussäure (vermutlich 2-[3,8-Dimethyl-1,2,6,7,8,8a-hexahydro-azulen-5-yl]-propionsäure; n_D: 1,51912; α_D: +40° [unverd.]) mit wss. Schwefelsäure [33%ig] (*Se., Fe.*).

Kp_{19}: 210—213°. D^{22}: 1,0776. n_D: 1,52289. α_D: +48° [unverd.; l = 1].

(4a*S*)-3,5*t*,8a-Trimethyl-(4a*r*,8a*t*,9a*t*)-4a,5,6,7,8,8a,9,9a-octahydro-4*H*-naphtho[2,3-*b*]furan-2-on, 8α-Hydroxy-eudesm-7(11)-en-12-säure-lacton [1]) $C_{15}H_{22}O_2$, Formel V.

Über die Konfiguration am C-Atom 8 (Eudesman-Bezifferung) s. *Cocker et al.*, Soc. **1961** 4721, 4723.

B. Aus (11*S*)-8-Oxo-eudesman-12-säure (hergestellt aus Tetrahydroalantolacton [S. 4672]) beim Erhitzen mit Acetanhydrid (*Tsuda et al.*, Am. Soc. **79** [1957] 5721, 5724) sowie beim Behandeln einer methanol. Lösung mit Chlorwasserstoff oder einer äther. Lösung mit Diazomethan und Chromatographieren des erhaltenen Methylesters (*Matsumura et al.*, J. pharm. Soc. Japan **74** [1954] 1029, 1031; C. A. **1955** 3090). Aus (11*S*)-8,8-Dihydroxy-7β*H*-eudesman-12-säure-8α-lacton (hergestellt aus Tetrahydroalantolacton) beim Behandeln mit Phosphorylchlorid und Pyridin sowie beim Erwärmen mit Toluol-4-sulfonsäure in Benzol (*Ts. et al.*).

Krystalle; F: 113—114° [unkorr.; aus PAe.] (*Ma. et al.*), 111—112° [unkorr.; aus Hexan] (*Ts. et al.*). $[\alpha]_D^{22}$: +124,6° [$CHCl_3$; c = 2] (*Ma. et al.*). IR-Spektrum (Nujol; 2—16 μ): *Ma. et al.*, l. c. S. 1030. UV-Absorptionsmaximum (A.): 225 nm (*Ma. et al.*).

(3a*R*)-3*t*,5*t*,8a-Trimethyl-(3a*r*,8a*t*,9a*c*)-3a,5,6,7,8,8a,9,9a-octahydro-3*H*-naphtho[2,3-*b*]furan-2-on, (11*S*)-8β-Hydroxy-eudesm-5-en-12-säure-lacton [1]), **Dihydroalantolacton** $C_{15}H_{22}O_2$, Formel VI (H 308).

Über die Konstitution s. *Asselineau, Bory*, C. r. **246** [1958] 1874; *Marshall, Cohen*, J. org. Chem. **29** [1964] 3727. Die Konfiguration an den C-Atomen 7 und 11 (Eudesman-Bezifferung) ergibt sich aus der genetischen Beziehung zu Tetrahydroalantolacton ((11*S*)-8β-Hydroxy-eudesman-12-säure-lacton [S. 4672]).

B. Neben Tetrahydroalantolacton bei der Hydrierung von Alantolacton (8β-Hydroxy-eudesma-5,11(13)-dien-12-säure-lacton) an Platin in Äthylacetat (*Ruzicka, van Melsen*, Helv. **14** [1931] 397, 405) oder an Raney-Nickel in Äthanol (*As., Bory*, l. c. S. 1876). Neben Dihydroisoalantolacton (S. 4764) beim Behandeln eines aus den Wurzeln von Inula helenium erhaltenen Gemisches von Alantolacton, Isoalantolacton (8β-Hydroxy-eudesma-4(15),11(13)-dien-12-säure-lacton) und Dihydroisoalantolacton (S. 4764) mit Aluminium-Amalgam und Äthanol (*Ukita et al.*, J. pharm. Soc. Japan **72** [1952] 796, 799; C. A. **1953** 3280). Beim Erwärmen von Dihydroisoalantolacton (S. 4764) in Aceton oder Methanol mit wss. Schwefelsäure (*Fujita et al.*, Kumamoto pharm. Bl. **3** [1958] 86, 88).

Krystalle; F: 133,5—134° [aus A.] (*Uk. et al.*), 132° [aus Me.] (*Fu. et al.*), 126° [aus A.] (*Hansen*, B. **64** [1931] 943, 945). $[\alpha]_D^{26}$: —49,5° [A.; c = 3] (*Uk. et al.*).

(3a*R*)-3*t*,5,8a-Trimethyl-(3a*r*,4a*c*,8a*t*,9a*c*)-3a,4,4a,7,8,8a,9,9a-octahydro-3*H*-naphtho[2,3-*b*]furan-2-on, (11*S*)-8β-Hydroxy-eudesm-3-en-12-säure-lacton [1]) $C_{15}H_{22}O_2$, Formel VII.

Diese Konstitution und Konfiguration kommt für die nachstehend beschriebene Verbindung in Betracht.

---

[1]) Stellungsbezeichnung bei von Eudesman abgeleiteten Namen s. E III **7** 515, 516.

B. In kleiner Menge beim Behandeln von (11*S*)-3β,8β-Dihydroxy-eudesman-12-säure-8-lacton (hergestellt aus Dihydroisoalantolacton [s. u.]) mit Phosphorylchlorid und Pyridin (*Tanabe*, Chem. pharm. Bl. **6** [1958] 218, 221).

Krystalle (aus wss. A.); F: 103—105° (*Ta.*).

Die gleiche Verbindung hat möglicherweise auch in einem Präparat (Krystalle [aus wss. A.]; F: 90—91°) vorgelegen, das von *Hansen* (B. **64** [1931] 1904, 1908) beim Erhitzen von (11*S*)-4-Chlor-8β-hydroxy-4β*H*-eudesman-12-säure-lacton (S. 4674) auf 135° erhalten worden ist.

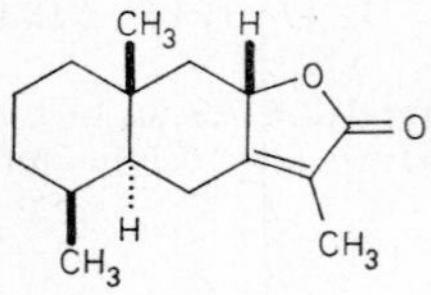

V 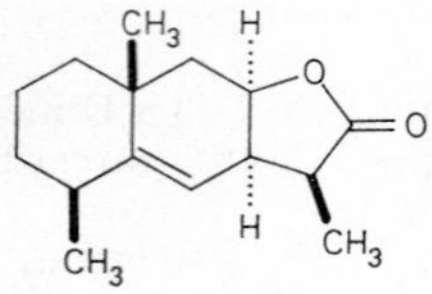 VI 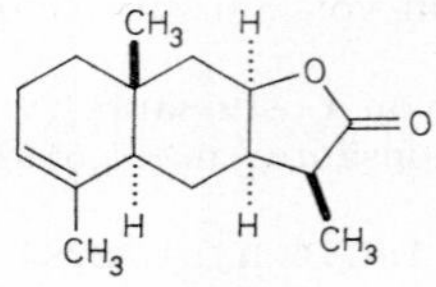 VII 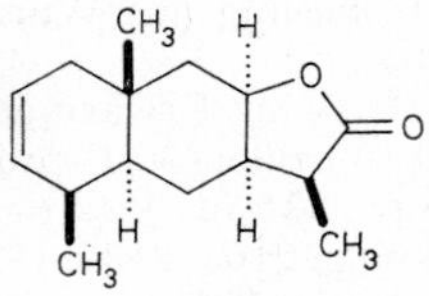 VIII

(3a*R*)-3*t*,5*t*,8a-Trimethyl-(3a*r*,4a*c*,8a*t*,9a*c*)-3a,4,4a,5,8,8a,9,9a-octahydro-3*H*-naphtho[2,3-*b*]furan-2-on, (11*S*)-8β-Hydroxy-eudesm-2-en-12-säure-lacton[1]) $C_{15}H_{22}O_2$, Formel VIII.

B. Beim Behandeln von (11*S*)-3α,8β-Dihydroxy-eudesman-12-säure-8-lacton (hergestellt aus Dihydroisoalantolacton [s. u.]) mit Phosphorylchlorid und Pyridin (*Tanabe*, Chem. pharm. Bl. **6** [1958] 218, 220).

Krystalle (aus Hexan); F: 139—142° [unreines Präparat].

(3a*R*)-3*t*,8a-Dimethyl-5-methylen-(3a*r*,4a*c*,8a*t*,9a*c*)-decahydro-naphtho[2,3-*b*]furan-2-on, (11*S*)-8β-Hydroxy-eudesm-4(15)-en-12-säure-lacton[1]), **Dihydroisoalantolacton** $C_{15}H_{22}O_2$, Formel IX (H 308).

Konstitution: *Asselineau, Bory*, C. r. **246** [1958] 1874; *Tanabe*, Chem. pharm. Bl. **6** [1958] 218; *Marshall, Cohen*, J. org. Chem. **29** [1964] 3727. Die Konfiguration an den C-Atomen 7 und 11 (Eudesman-Bezifferung) ergibt sich aus der genetischen Beziehung zu Tetrahydroalantolacton ((11*S*)-8β-Hydroxy-eudesman-12-säure-lacton [S. 4672]).

Isolierung aus Wurzeln von Inula helenium: *Hansen*, B. **64** [1931] 67, 69; *Ruzicka, Pieth*, Helv. **14** [1931] 1090, 1096; *Go*, Japan. J. med. Sci. [IV] **13** [1941] Nr. 3, S. 75, 77; *Ta.*, l. c. S. 220.

B. Beim Behandeln von Isoalantolacton (8β-Hydroxy-eudesma-4(15),11(13)-dien-12-säure-lacton) mit Wasser und Natrium-Amalgam und Erwärmen des Reaktionsgemisches mit wss. Schwefelsäure (*Ha.*; vgl. H 308). Beim Erhitzen von Isoalantolacton mit äthanol. Natronlauge und mit Natrium auf 125° und Erwärmen des vom Äthanol befreiten Reaktionsgemisches mit wss. Salzsäure (*Ru.*, *Pi.*, l. c. S. 1098). Neben Tetrahydroalantolacton (S. 4672) bei der Hydrierung von Isoalantolacton an Platin in Äthylacetat (*Ruzicka, van Melsen*, Helv. **14** [1931] 397, 406). Neben Dihydroalantolacton (S. 4763) beim Behandeln eines aus den Wurzeln von Inula helenium erhaltenen Gemisches von Alantolacton (8β-Hydroxy-eudesma-5,11(13)-dien-12-säure-lacton), Isoalantolacton und Dihydroisoalantolacton mit Aluminium-Amalgam und Äthanol (*Ukita et al.*, J. pharm. Soc. Japan **72** [1952] 796, 799; C. A. **1953** 3280) oder mit Wasser und Natrium-Amalgam und anschliessend mit wss. Salzsäure (*Matsumura et al.*, J. pharm. Soc. Japan **74** [1954] 738, 740; C. A. **1955** 3090) sowie bei der Hydrierung eines solchen Gemisches an Raney-Nickel in Methanol (*Cocker et al.*, Soc. **1959** 1998, 2003).

Krystalle; F: 174° [unkorr.; aus A.] (*Ha.*; *Co. et al.*), 173—174° [aus Eg.] (*Go*), 172—174° [unkorr.; aus A.] (*Ma. et al.*), 171—172° [aus A.] (*Uk. et al.*), 170—171° [aus A.] (*Ta.*). $[\alpha]_D^{15,6}$: +39,6° [$CHCl_3$; c = 2] (*Ma. et al.*); $[\alpha]_D^{23}$: +39,5° [$CHCl_3$; c = 2] (*Ta.*); $[\alpha]_D^{15}$: +42,2° [A.; c = 2] (*Ma. et al.*); $[\alpha]_D^{26}$: +44,1° [A.; c = 1] (*Uk. et al.*). IR-Spektrum (Nujol; 2—16 μ): *Ma. et al.*, l. c. S. 739. IR-Banden (KBr) im Bereich von 5,7 μ bis 11,2 μ: *Co. et al.*, l. c. S. 2002.

---

[1]) Stellungsbezeichnung bei von Eudesman abgeleiteten Namen s. E III **7** 515, 516.

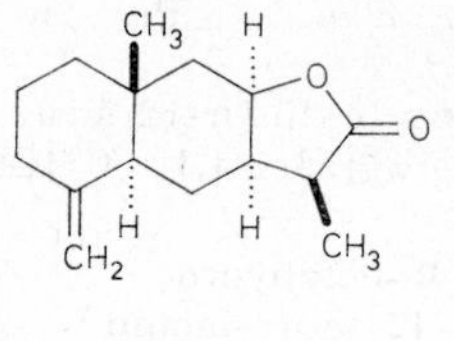

IX 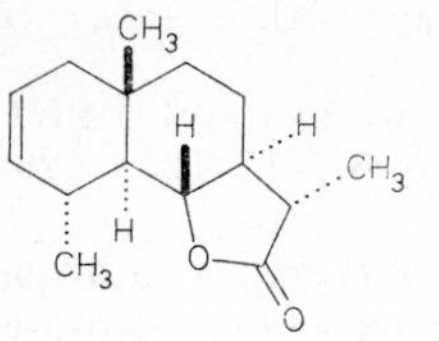 X 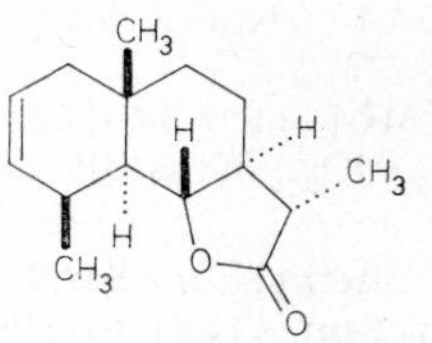 XI 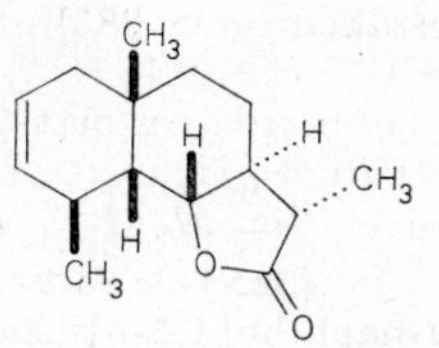 XII

3,5a,9-Trimethyl-3a,4,5,5a,6,9,9a,9b-octahydro-3*H*-naphtho[1,2-*b*]furan-2-on, 2-[1-Hydroxy-4a,8-dimethyl-1,2,3,4,4a,5,8,8a-octahydro-[2]naphthyl]-propionsäure-lacton $C_{15}H_{22}O_2$.

a) **(3a*S*)-3*c*,5a,9*c*-Trimethyl-(3a*r*,5a*t*,9a*c*,9b*t*)-3a,4,5,5a,6,9,9a,9b-octahydro-3*H*-naphtho[1,2-*b*]furan-2-on, (11*S*)-6α-Hydroxy-4β*H*-eudesm-2-en-12-säure-lacton**[1]) $C_{15}H_{22}O_2$, Formel X.

B. Beim Erhitzen von (11*S*)-2α-Brom-3α,6α-dihydroxy-4β*H*-eudesman-12-säure-6-lacton mit Zink und Essigsäure (*Yamakawa*, J. org. Chem. **24** [1959] 897, 900).

Krystalle (aus PAe.); F: 143—144,5° [unkorr.]. $[\alpha]_D^{22}$: +6,4° [A.; c = 1]. IR-Banden (Nujol) im Bereich von 5,6 μ bis 14,6 μ: *Ya*.

b) **(3a*S*)-3*c*,5a,9*t*-Trimethyl-(3a*r*,5a*t*,9a*c*,9b*t*)-3a,4,5,5a,6,9,9a,9b-octahydro-3*H*-naphtho[1,2-*b*]furan-2-on, (11*S*)-6α-Hydroxy-eudesm-2-en-12-säure-lacton**[1]) $C_{15}H_{22}O_2$, Formel XI.

B. Neben (11*S*)-6α-Hydroxy-eudesm-3-en-12-säure-lacton (s. u.) beim Behandeln von (11*S*)-3β,6α-Dihydroxy-eudesman-12-säure-6-lacton (über die Konfiguration dieser aus α-Santonin hergestellten Verbindung s. *Siscovic et al.*, Tetrahedron Letters **1966** 1471; s. a. *Kadival*, *Kulkarni*, Chem. and Ind. **1967** 2084) mit Phosphorylchlorid und Pyridin (*Cocker*, *McMurry*, Soc. **1956** 4549, 4555).

Krystalle; F: 107—108° (*Co.*, *McM.*). $[\alpha]_D^{21}$: +98,0° [$CHCl_3$; c = 0,6] (*Co.*, *McM.*).

c) **(3a*S*)-3*c*,5a,9*t*-Trimethyl-(3a*r*,5a*t*,9a*t*,9b*t*)-3a,4,5,5a,6,9,9a,9b-octahydro-3*H*-naphtho[1,2-*b*]furan-2-on, (11*S*)-6α-Hydroxy-5β-eudesm-2-en-12-säure-lacton**[1]) $C_{15}H_{22}O_2$, Formel XII.

B. Beim Erhitzen von (11*S*)-2β-Brom-3β,6α-dihydroxy-5β-eudesman-12-säure-6-lacton mit Zink und Essigsäure (*Yanagita*, *Yamakawa*, J. org. Chem. **24** [1959] 903, 907).

Krystalle (aus PAe.); F: 88—90°. $[\alpha]_D^{26}$: +20,0° [$CHCl_3$; c = 1]. IR-Banden (Nujol) im Bereich von 5,6 μ bis 14,5 μ: *Ya.*, *Ya*.

3,5a,9-Trimethyl-3a,4,5,5a,6,7,9a,9b-octahydro-3*H*-naphtho[1,2-*b*]furan-2-on, 2-[1-Hydroxy-4a,8-dimethyl-1,2,3,4,4a,5,6,8a-octahydro-[2]naphthyl]-propionsäure-lacton $C_{15}H_{22}O_2$.

Die Identität eines von *Cocker et al.* (Soc. **1957** 3416, 3427) unter dieser Konstitution beschriebenen Präparats vom F: 93—94° ist ungewiss.

a) **(3a*S*)-3*c*,5a,9-Trimethyl-(3a*r*,5a*t*,9a*c*,9b*t*)-3a,4,5,5a,6,7,9a,9b-octahydro-3*H*-naphtho[1,2-*b*]furan-2-on, (11*S*)-6α-Hydroxy-eudesm-3-en-12-säure-lacton**[1]), Cyclodihydrocostunolid, $C_{15}H_{22}O_2$, Formel I.

B. Beim Erhitzen von Dihydrocostunolid ((*S*)-2-[(1*S*)-2*t*-Hydroxy-4,8-dimethyl-cyclodeca-3*t*,7*t*-dien-*r*-yl]-propionsäure-lacton [S. 4759]) mit Acetanhydrid und Essigsäure (*Rao et al.*, Chem. and Ind. **1958** 1359; Tetrahedron **9** [1960] 275, 283; *Herout et al.*, Collect. **26** [1961] 2612, 2621; s. a. *Herout*, *Šorm*, Chem. and Ind. **1959** 1067). Neben (11*S*)-6α-Hydroxy-eudesm-2-en-12-säure-lacton (s. o.) beim Behandeln von (11*S*)-3β,6α-Dihydroxy-eudesman-12-säure-6-lacton (über die Konfiguration dieser aus α-Santonin hergestellten Verbindung s. *Siscovic et al.*, Tetrahedron Letters **1966** 1471; s. a. *Kadival*, *Kulkarni*, Chem. and Ind. **1967** 2084) mit Phosphorylchlorid und Pyridin (*Cocker*, *McMurry*, Soc. **1956** 4549, 4555). Neben (11*S*)-3β-Chlor-6α-hydroxy-4β*H*-eudesman-12-säure-lacton ($C_{15}H_{23}ClO_2$; als Additionsverbindung [S. 4766] isoliert) beim Behandeln von (11*S*)-3α,6α-Dihydroxy-4β*H*-eudesman-12-säure-6-lacton mit Phosphorylchlorid und Pyridin (*Co.*, *McM.*).

Krystalle; F: 136—137° (*Co.*, *McM.*), 134—136° [unkorr.; aus PAe.] (*Rao et al.*,

[1]) Stellungsbezeichnung bei von Eudesman abgeleiteten Namen s. E III **7** 515, 516.

Tetrahedron **9** 283), 135,5° [Kofler-App.; aus Bzl. + PAe.] (*He. et al.*). $[\alpha]_D^{20}$: +90,6° [$CHCl_3$; c = 0,1] (*Co., McM.*).

Verbindung mit 1 Mol (11*S*)-3β-Chlor-6α-hydroxy-4β*H*-eudesman-12-säure-lacton $C_{15}H_{22}O_2 \cdot C_{15}H_{23}ClO_2$. Krystalle (aus A.), F: 127–128°; $[\alpha]_D^{17}$: +84,1° [$CHCl_3$; c = 1] (*Co., McM.*).

b) **(3a*S*)-3*c*,5a,9-Trimethyl-(3a*r*,5a*t*,9a*t*,9b*t*)-3a,4,5,5a,6,7,9a,9b-octahydro-3*H*-naphtho[1,2-*b*]furan-2-on, (11*S*)-6α-Hydroxy-5β-eudesm-3-en-12-säure-lacton** [1]) $C_{15}H_{22}O_2$, Formel II.

B. Beim Behandeln von (11*S*)-3β,6α-Dihydroxy-5β-eudesman-12-säure-6-lacton oder von (+)(11*S*)-3ξ,6α-Dihydroxy-4β*H*,5β-eudesman-12-säure-6-lacton (F: 153–154°; über die Konfiguration dieser aus β-Santonansäure hergestellten Verbindung s. *Banerji et al.*, Soc. **1957** 5041, 5042) mit Phosphorylchlorid und Pyridin (*Cocker, McMurry*, Soc. **1956** 4549, 4556, 4557).

Krystalle (aus wss. A.); F: 118–119° (*Co., McM.*). $[\alpha]_D$: –61,2° [$CHCl_3$; c = 1] (*Co., McM.*).

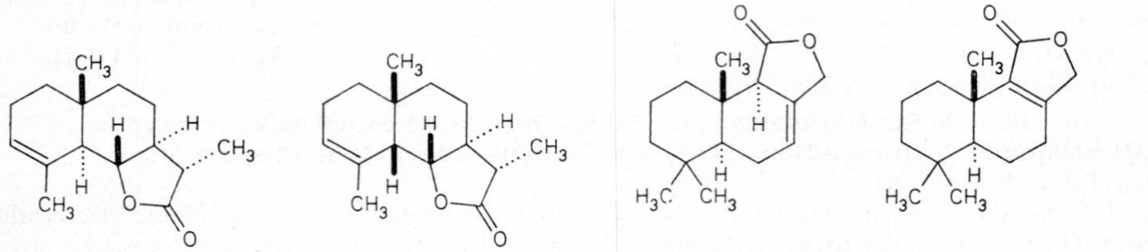

I II III IV

(5a*S*)-6,6,9a-Trimethyl-(5a*r*,9a*t*,9b*c*)-5,5a,6,7,8,9,9a,9b-octahydro-3*H*-naphtho[1,2-*c*]furan-1-on, (4a*S*)-2-Hydroxymethyl-5,5,8a-trimethyl-(4a*r*,8a*t*)-1,4,4a,5,6,7,8,8a-octahydro-[1*t*]naphthoesäure-lacton, 12-Hydroxy-drim-7-en-11-säure-lacton [2]), **Drimenin** $C_{15}H_{22}O_2$, Formel III.

Konstitution und Konfiguration: *Appel et al.*, Soc. **1960** 4685.

Isolierung aus der Rinde von Drimys winteri: *Appel, Dohr*, Scientia Valparaiso **25** [1958] 137, 139.

Krystalle (nach Sublimation bei 110°/0,1 Torr); F: 133° [Kofler-App.] (*Ap. et al.*, l. c. S. 4690; s. a. *Ap., Dohr*). $[\alpha]_D$: –42° [Bzl.; c = 0,8] (*Ap. et al.*); $[\alpha]_D^{20}$: –35,8° [$CHCl_3$] (*Ap., Dohr*).

Bildung von Isodrimenin (s. u.) beim Behandeln mit äthanol. Kalilauge und anschliessenden Ansäuern: *Ap. et al.* Beim Behandeln einer Lösung in Essigsäure mit Kaliumdichromat und wss. Schwefelsäure ist 12-Hydroxy-7-oxo-drim-8-en-11-säure-lacton ((4a*S*)-2-Hydroxymethyl-5,5,8a-trimethyl-3-oxo-(4a*r*,8a*t*)-3,4,4a,5,6,7,8,8a-octahydro-[1]naphthoesäure-lacton) erhalten worden (*Ap. et al.*; *Ap., Dohr*).

(5a*S*)-6,6,9a-Trimethyl-(5a*r*,9a*t*)-4,5,5a,6,7,8,9,9a-octahydro-3*H*-naphtho[1,2-*c*]furan-1-on, (4a*S*)-2-Hydroxymethyl-5,5,8a-trimethyl-(4a*r*,8a*t*)-3,4,4a,5,6,7,8,8a-octahydro-[1]naphthoesäure-lacton, 12-Hydroxy-drim-8-en-11-säure-lacton [2]), **Isodrimenin** $C_{15}H_{22}O_2$, Formel IV.

Konstitution und Konfiguration: *Appel et al.*, Soc. **1960** 4685.

Diese Verbindung hat wahrscheinlich neben Dihydrodrimenin (12-Hydroxy-driman-11-säure-lacton [S. 4676]) in einem von *Appel, Dohr*, (Scientia Valparaiso **25** [1958] 137, 141) bei der Hydrierung von Drimenin (s. o.) erhaltenen Präparat (F: 132–134°; $[\alpha]_D^{15}$: +55,6° [Bzl.]) vorgelegen.

B. Neben Dihydrodrimenin bei der Hydrierung von Drimenin an Platin in Äthylacetat sowie an Platin in mit wss. Salzsäure oder wss. Perchlorsäure versetzter Essigsäure (*Ap. et al.*, l. c. S. 4691).

Krystalle (aus Bzl. + Hexan sowie nach Sublimation bei 100°/0,1 Torr); F: 131–132° [Kofler-App.] (*Ap. et al.*). $[\alpha]_D$: +78° bzw. $[\alpha]_D$: +79° [Bzl.; c = 0,8 bzw. 1]; $[\alpha]_D$: +87° [$CHCl_3$; c = 2] (*Ap. et al.*).

[1]) Stellungsbezeichnung bei von Eudesman abgeleiteten Namen s. E III **7** 515, 516.

[2]) Stellungsbezeichnung bei von Driman abgeleiteten Namen s. E III **9** 273 Anm. 3.

(5aS)-6,6,9a-Trimethyl-(5ar,9at)-4,5,5a,6,7,8,9,9a-octahydro-1H-naphtho[1,2-c]furan-3-on, (4aS)-1-Hydroxymethyl-5,5,8a-trimethyl-(4ar,8at)-3,4,4a,5,6,7,8,8a-octahydro-[2]naphthoesäure-lacton, 11-Hydroxy-drim-8-en-12-säure-lacton[1]**, Confertifolin** $C_{15}H_{22}O_2$, Formel V.

Konstitution und Konfiguration: *Appel et al.*, Soc. **1960** 4685.

Isolierung aus der Rinde von Drimys confertifolia: *Appel, Dohr*, Scientia Valparaiso **25** [1958] 137, 142.

Krystalle; F: 152° [Kofler-App.; aus PAe.] (*Ap. et al.*, l. c. S. 4690), 150° [aus Me.] (*Ap., Dohr*). $[\alpha]_D$: +93° [Bzl.; c = 2]; $[\alpha]_D$: +72° [$CHCl_3$; c = 2] (*Ap. et al.*).

(−)(4aR)-8ξ,8a-Epoxy-3c-isopropenyl-4a,5c-dimethyl-(4ar,8aξ)-octahydro-naphthalin-1-on $C_{15}H_{22}O_2$, Formel VI.

Diese Konstitution und Konfiguration kommt dem nachstehend beschriebenen **Eremophilonoxid** zu (*Djerassi et al.*, Am. Soc. **81** [1959] 3424).

B. Beim Behandeln einer methanol. Lösung von (−)-Eremophilon ((4aR)-3c-Isoprop⸗enyl-4a,5c-dimethyl-(4ar)-3,4,4a,5,6,7-hexahydro-2H-naphthalin-1-on [E III **7** 1266]) mit einem Gemisch von wss. Natronlauge und wss. Wasserstoffperoxid unterhalb 2° (*Bradfield et al.*, Soc. **1932** 2744, 2754).

Krystalle (aus PAe.); F: 63−64° (*Br. et al.*). $[\alpha]_{546}$: −208° [Me.; c = 2] (*Br. et al.*). UV-Spektrum (A.; 250−330 nm): *Gillam et al.*, Soc. **1941** 60, 64.

Beim Erhitzen mit Essigsäure und Natriumacetat und Erwärmen der Reaktions⸗produkte mit wss.-äthanol. Natronlauge ist Hydroxyeremophilon ((4aR)-1-Hydroxy-3-isopropyliden-4a,5c-dimethyl-(4ar)-4,4a,5,6,7,8-hexahydro-3H-naphthalin-2-on [E III **7** 3433]) erhalten worden (*Br. et al.*).

V VI VII VIII

(2aS)-2a,5a,7c-Trimethyl-6-methylen-(2ar,5at,8ac,8bc)-decahydro-naphtho[1,8-bc]furan-2-on, (4aS)-8c-Hydroxy-1t,4a,6t-trimethyl-5-methylen-(4ar,8at)-decahydro-[1c]naphthoe⸗säure-lacton $C_{15}H_{22}O_2$, Formel VII.

B. Neben [(2aS)-2a,5a,7c-Trimethyl-2-oxo-(2ar,5at,8ac,8bc)-decahydro-naphtho[1,8-bc]⸗furan-6-yliden]-essigsäure beim Erhitzen von (4′aR)-4′t-Hydroxy-2′c,5′c,8′a-trimeth⸗yl-2,6-dioxo-(1cO,4′ar,8′at)-octahydro-spiro[[1,3]dioxan-4,1′-naphthalin]-5′t-carbonsäure-lacton (aus Marrubiin [Syst. Nr. 2806] hergestellt) auf 220° (*Burn, Rigby*, Soc. **1957** 2964, 2971). Beim Erhitzen von [(2aS)-2a,5a,7c-Trimethyl-2-oxo-(2ar,5at,8ac,8bc)-decahydro-naphtho[1,8-bc]furan-6-yliden]-essigsäure auf 250° (*Burn, Ri.*).

Krystalle (aus wss. Me.); F: 117−118,5°. $[\alpha]_D$: +2,0° [$CHCl_3$; c = 2]. UV-Absorptions⸗maximum (A.): 208 nm.

1-Cyclopropyl-2-[2,4-dicyclopropyl-4-methyl-oxetan-2-yl]-äthanon, 1,3,5-Tricyclopropyl-3,5-epoxy-hexan-1-on $C_{15}H_{22}O_2$, Formel VIII.

Diese Konstitution wird für die nachstehend beschriebene opt.-inakt. Verbindung in Betracht gezogen.

B. Beim Erhitzen von 1-Cyclopropyl-äthanon mit Kaliumhydroxid bis auf 180° (*Meschtscherjakow, Gluchowzew*, Izv. Akad. S.S.S.R. Otd. chim. **1958** 780, 782; engl. Ausg. S. 758, 760).

Kp_3: 156−157°. D_4^{20}: 1,0215. n_D^{20}: 1,4960. [*Otto*]

[1]) Stellungsbezeichnung bei von Driman abgeleiteten Namen s. E III **9** 273 Anm. 3.

Oxo-Verbindungen $C_{16}H_{24}O_2$

(±)-4-Cyclohexyl-1-[2]thienyl-hexan-1-on $C_{16}H_{24}OS$, Formel I.

B. Beim Behandeln von Thiophen mit (±)-4-Cyclohexyl-hexanoylchlorid und Zinn(IV)-chlorid in Schwefelkohlenstoff (*Buu-Hoi et al.*, Soc. **1955** 1581).

Kp_{14}: 217°. n_D^{24}: 1,5428.

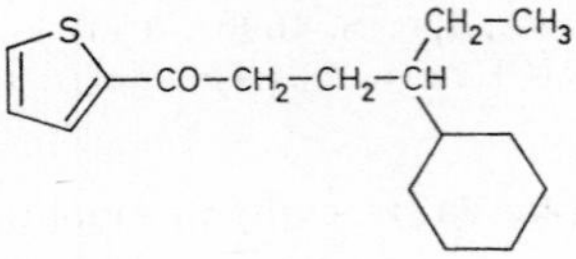

I

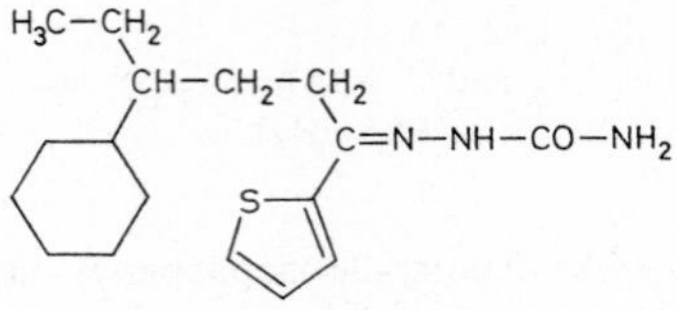

II

(±)-4-Cyclohexyl-1-[2]thienyl-hexan-1-on-semicarbazon $C_{17}H_{27}N_3OS$, Formel II.

B. Aus (±)-4-Cyclohexyl-1-[2]thienyl-hexan-1-on und Semicarbazid (*Buu-Hoi et al.*, Soc. **1955** 1581).

Krystalle (aus Me.); F: 149°.

2-Heptyl-5,6,7,8-tetrahydro-cyclohepta[*b*]thiophen-4-on $C_{16}H_{24}OS$, Formel III.

B. Beim Behandeln von 5-[5-Heptyl-[2]thienyl]-valerylchlorid (aus 5-[5-Heptyl-[2]thienyl]-valeriansäure hergestellt) mit Zinn(IV)-chlorid in Schwefelkohlenstoff (*Cagniant, Cagniant*, Bl. **1956** 1152, 1160).

$Kp_{14,5}$: 217–218°. $n_D^{17,6}$: 1,5358.

2-Heptyl-5,6,7,8-tetrahydro-cyclohepta[*b*]thiophen-4-on-[2,4-dinitro-phenylhydrazon] $C_{22}H_{28}N_4O_4S$, Formel IV (R = $C_6H_3(NO_2)_2$).

B. Aus 2-Heptyl-5,6,7,8-tetrahydro-cyclohepta[*b*]thiophen-4-on und [2,4-Dinitro-phenyl]-hydrazin (*Cagniant, Cagniant*, Bl. **1956** 1152, 1160).

Hellrote Krystalle (aus A. + Bzl.); F: 107°.

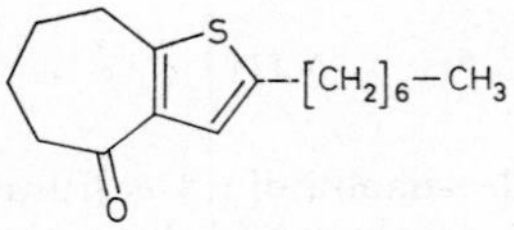

III 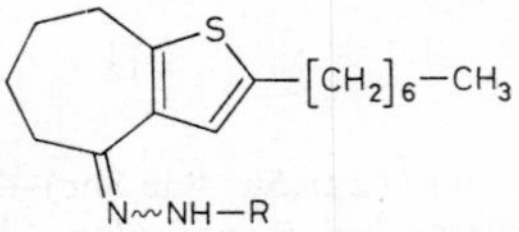 IV 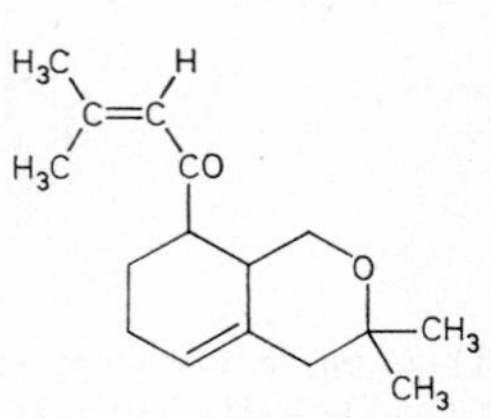 V

2-Heptyl-5,6,7,8-tetrahydro-cyclohepta[*b*]thiophen-4-on-semicarbazon $C_{17}H_{27}N_3OS$, Formel IV (R = $CO\text{-}NH_2$).

B. Aus 2-Heptyl-5,6,7,8-tetrahydro-cyclohepta[*b*]thiophen-4-on und Semicarbazid (*Cagniant, Cagniant*, Bl. **1956** 1152, 1160).

Krystalle (aus A.); F: 118–118,5°.

***Opt.-inakt. 1-[3,3-Dimethyl-6,7,8,8a-tetrahydro-isochroman-8-yl]-3-methyl-but-2-en-1-on** $C_{16}H_{24}O_2$, Formel V.

Die Konstitutionszuordnung ist auf Grund der Bildungsweise in Analogie zu 1,2,3,5,6,7,8,8a-Octahydro-[1]naphthaldehyd erfolgt (*Nasarow, Nagibina*, Ž. obšč. Chim. **23** [1953] 577, 586; engl. Ausg. S. 599, 607).

B. Beim Erhitzen von (±)-2,2-Dimethyl-4-vinyl-3,6-dihydro-2*H*-pyran mit 5-Methyl-hexa-1,4-dien-3-on in Gegenwart von Pyrogallol (*Na., Na.*).

Kp_4: 153–155°. D_4^{20}: 1,0279. n_D^{20}: 1,5175.

4-[(Ξ)-Äthyliden]-1,1,3,3,7,7-hexamethyl-1,4,6,7-tetrahydro-3*H*-isobenzofuran-5-on $C_{16}H_{24}O_2$, Formel VI.

Diese Konstitution wird für die nachstehend beschriebene Verbindung in Betracht gezogen (*Tamate*, J. chem. Soc. Japan Pure Chem. Sect. **80** [1959] 942; C. A. **1961** 4470).

B. In kleiner Menge beim Behandeln von 4-Isopropyliden-2,2,5,5-tetramethyl-dihydrofuran-3-on mit Acetessigsäure-äthylester und Natriumäthylat in Äthanol bei 50° (*Ta.*).

Gelbe Krystalle (aus wss. A.); F: 81–82°. Bei 109–118°/1 Torr destillierbar.

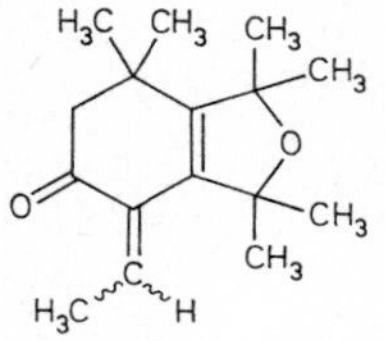

VI 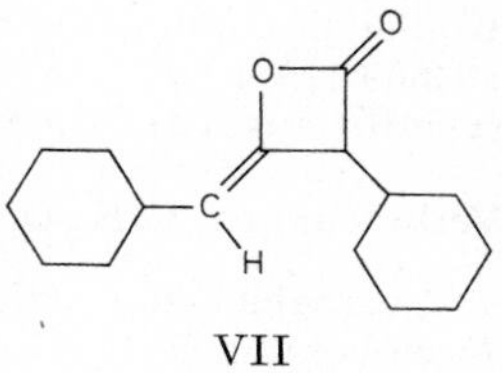 VII 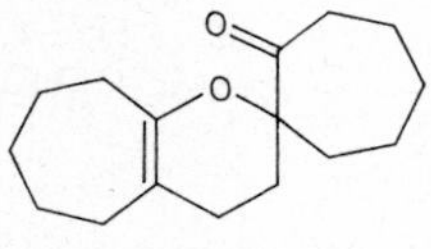 VIII

(±)-3-Cyclohexyl-4-[(*Z*?)-cyclohexylmethylen]-oxetan-2-on, (±)-2,4*t*(?)-Dicyclohexyl-3-hydroxy-but-3-ensäure-lacton $C_{16}H_{24}O_2$, vermutlich Formel VII.

Diese Konstitution kommt dem nachstehend beschriebenen „Dimeren des Cyclohexylketens" zu (*Hill et al.*, Am. Soc. **74** [1952] 166; s. a. *Johnson, Shiner*, Am. Soc. **75** [1953] 1350); bezüglich der Konfigurationszuordnung vgl. *Baldwin*, J. org. Chem. **29** [1964] 1882.

B. Beim Behandeln von Cyclohexylacetylchlorid mit Triäthylamin in Äther (*Hill, Senter*, Am. Soc. **71** [1949] 364).

Kp_2: 108–111°; n_D^{20}: 1,5001 (*Hill, Se.*).

(±)-4',5',6',7',8',9'-Hexahydro-3'*H*-spiro[cycloheptan-1,2'-cyclohepta[*b*]pyran]-2-on $C_{16}H_{24}O_2$, Formel VIII.

B. Beim Erhitzen von 2-Methylen-cycloheptanon im geschlossenen Gefäss auf 150° (*Treibs, Mühlstaedt*, B. **87** [1954] 407, 410).

$Kp_{1-1,5}$: 142°. n_D^{24}: 1,5148.

(8'a*S*)-2'*t*,5',8'a-Trimethyl-3,4,3',4',6',7',8',8'a-octahydro-(1*tO*,8'a*r*)-2'*H*-spiro[furan-2,1'-naphthalin]-5-on, 3-[(8a*S*)-1*t*-Hydroxy-2*t*,5,8a-trimethyl-(8a*r*)-1,2,3,4,6,7,8,8a-octahydro-[1*c*]naphthyl]-propionsäure-lacton, 9-Hydroxy-14,15,16,19-tetranor-8*βH*-labd-4-en-13-säure-lacton [1]) $C_{16}H_{24}O_2$, Formel IX.

Bezüglich der Zuordnung der Konfiguration an den C-Atomen 8 und 9 (Labdan-Bezifferung) s. *Mangoni, Adinolfi*, G. **98** [1968] 122, 124, 130.

B. Beim Erhitzen von 9-Hydroxy-14,15,16-trinor-8*βH*-labd-5-en-13,19-disäure-13-lacton (F: 249–251°; $[\alpha]_D^{25}$: +32,1° [$CHCl_3$]; aus Marrubiin [Syst. Nr. 2806] hergestellt) unter Stickstoff auf 260° (*Burn, Rigby*, Soc. **1957** 2964, 2972).

Krystalle (aus wss. Me.); F: 121,5–123,5°. $[\alpha]_D^{26}$: +81° [$CHCl_3$; c = 2]. UV-Absorptionsmaximum (A.): 212 nm.

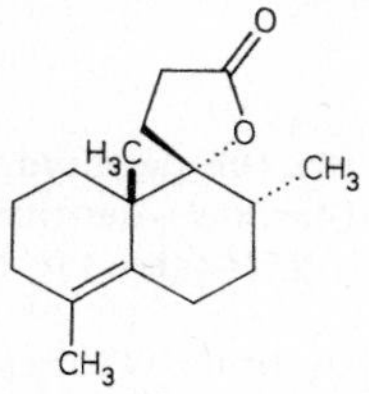

IX 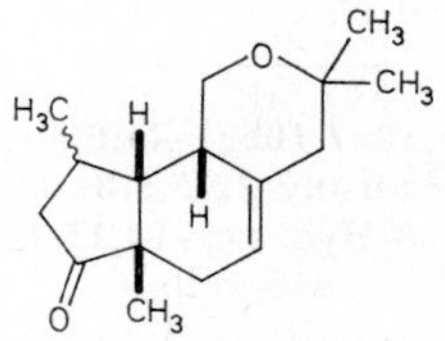 X 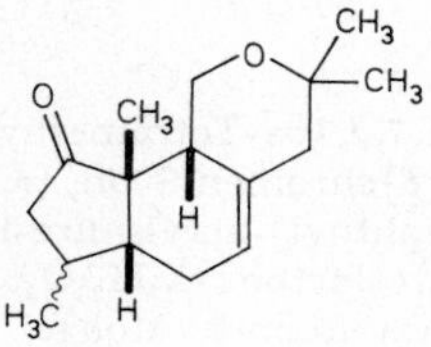 XI

(±)-3,3,6a,9ξ-Tetramethyl-(6a*r*,9a*c*,9b*c*)-3,4,6,6a,8,9,9a,9b-octahydro-1*H*-cyclopent[*h*]isochromen-7-on $C_{16}H_{24}O_2$, Formel X + Spiegelbild.

In dem von *Nasarow, Torgow* (Ž. obšč. Chim. **19** [1949] 1766, 1767; engl. Ausg. S. a 211, a 213) unter dieser Konstitution (und Konfiguration) beschriebenen Präparat hat vermutlich ein Gemisch der genannten Verbindung mit grösseren Mengen (±)-3,3,7ξ,9a-Tetramethyl-(6a*r*,9a*c*(?),9b*c*(?))-3,6,6a,7,8,9a,9b-octahydro-1*H*-cyclopent[*h*]iso-

[1]) Stellungsbezeichnung bei von Labdan abgeleiteten Namen s. E III **5** 297.

chromen-9-on ($C_{16}H_{24}O_2$; Formel XI + Spiegelbild) vorgelegen (vgl. das analog hergestellte 3,9b-Dimethyl-2,3,3a,4,6,7,8,9,9a,9b-decahydro-cyclopenta[*a*]naphthalin-1-on [E III **7** 1272]; s. a. *Sauer*, Ang. Ch. **79** [1967] 76, 82).

B. Neben kleinen Mengen 8*t*-[2,2-Dimethyl-3,6-dihydro-2*H*-pyran-4-yl]-3,3-dimethyl-(8a*r*)-6,7,8,8a-tetrahydro-3*H*-isochroman(?) (Kp_2: 131—132°; n_D^{20}: 1,5078) beim Erhitzen von 2,2-Dimethyl-4-vinyl-3,6-dihydro-2*H*-pyran mit (±)-2,4-Dimethyl-cyclopent-2-enon in Gegenwart von Pyrogallol unter Kohlendioxid auf 180° (*Na.*, *To.*, l. c. S. 1773).

Kp_2: 123—125°; D_4^{20}: 1,0434; n_D^{20}: 1,5091 (*Na.*, *To.*).

Semicarbazon $C_{17}H_{27}N_3O_2$. Krystalle (aus A.); F: 219—220° (*Na.*, *To.*, l. c. S. 1773).

Oxo-Verbindungen $C_{17}H_{26}O_2$

(±)-5-[4-Cyclohexyl-hexyl]-thiophen-2-carbaldehyd $C_{17}H_{26}OS$, Formel I.

B. Beim Erwärmen von (±)-2-[4-Cyclohexyl-hexyl]-thiophen mit *N*-Methyl-formanilid und Phosphorylchlorid und anschliessenden Behandeln mit wss. Natriumacetat-Lösung (*Buu-Hoi et al.*, Soc. **1955** 1581).

Kp_{17}: 236°. n_D^{23}: 1,5470.

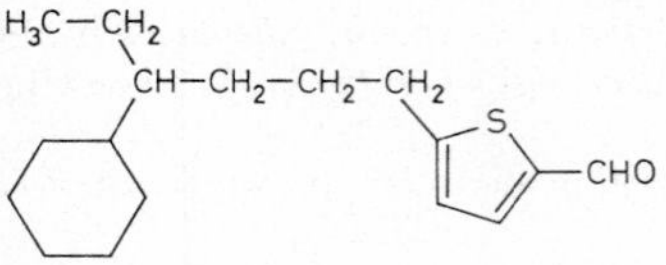

I 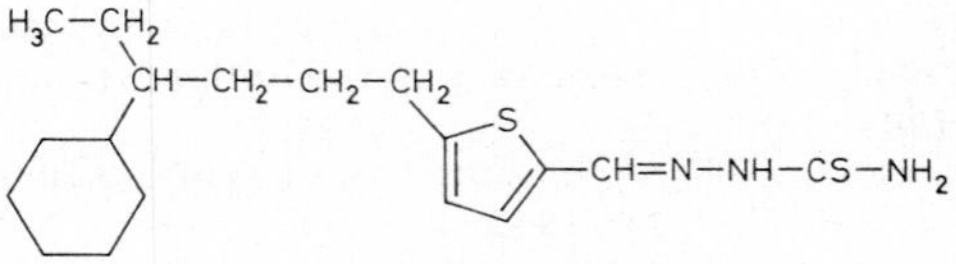 II

(±)-5-[4-Cyclohexyl-hexyl]-thiophen-2-carbaldehyd-thiosemicarbazon $C_{18}H_{29}N_3S_2$, Formel II.

B. Aus (±)-5-[4-Cyclohexyl-hexyl]-thiophen-2-carbaldehyd und Thiosemicarbazid (*Buu-Hoi et al.*, Soc. **1955** 1581).

Krystalle (aus A.); F: 91°.

(4′a*S*)-5′,5′,8′a-Trimethyl-2′-methylen-(1*tO*,4′a*r*,8′a*t*)-decahydro-spiro[furan-2,1′-naphthalin]-5-on, 3-[(4a*S*)-1*c*-Hydroxy-5,5,8a-trimethyl-2-methylen-(4a*r*,8a*t*)-decahydro-[1*t*]naphthyl]-propionsäure-lacton, 9-Hydroxy-14,15,16-trinor-labd-8(20)-en-13-säure-lacton[1] $C_{17}H_{26}O_2$, Formel III.

Diese Konstitution und Konfiguration kommt der nachstehend beschriebenen, ursprünglich (*Dietrich et al.*, Helv. **37** [1954] 705, 707) als 9-Hydroxy-14,15,16-trinor-9β*H*(?)-labd-7-en-13-säure-lacton ($C_{17}H_{26}O_2$) formulierten Verbindung zu (*Mangoni, Belardini*, G. **93** [1963] 465, 469).

B. Beim Behandeln von 8,9-Dihydroxy-14,15,16-trinor-labdan-13-säure-9-lacton mit Thionylchlorid und Pyridin (*Di. et al.*, l. c. S. 709; *Ma.*, *Be.*, l. c. S. 475).

Krystalle (aus Ae. + PAe.); F: 105—106° [unkorr.; Kofler-App.] (*Ma.*, *Be.*), 104° [korr.] (*Di. et al.*). $[\alpha]_D^{20}$: +51,8° [$CHCl_3$; c = 1] (*Ma.*, *Be.*).

(±)-4a,7,7,10a-Tetramethyl-(4aξ,6a*r*,10a*t*,10bξ)-4a,5,6,6a,7,8,9,10,10a,10b-decahydro-benzo[*f*]chromen-3-on, (±)-3*c*-[2ξ-Hydroxy-2ξ,5,5,8a-tetramethyl-(4a*r*,8a*t*)-decahydro-[1ξ]naphthyl]-acrylsäure-lacton, *rac*-8-Hydroxy-14,15,16-trinor-8ξ*H*,9ξ*H*-labd-11*c*-en-13-säure-lacton $C_{17}H_{26}O_2$, Formel IV + Spiegelbild.

B. In kleiner Menge neben 1-[4-Hydroxy-4-methyl-pentyl]-1,6-dimethyl-4a,7,8,8a-tetrahydro-isochroman-3-on (F: 116°) und anderen Verbindungen beim Erhitzen von 3-Hydroxy-5,9,13-trimethyl-tetradeca-4,8,12-triensäure-äthylester (n_D^{19}: 1,4900; aus Farnesal [E IV **1** 3603] hergestellt) mit Ameisensäure, Erwärmen der neutralen Anteile des Reaktionsprodukts mit äthanol. Kalilauge und Behandeln der sauren Anteile des danach isolierten Reaktionsprodukts mit Ameisensäure (*Asselineau, Lederer*, Bl. **1959** 320, 326). In kleiner Menge neben anderen Verbindungen beim Erhitzen eines aus dem erwähnten 3-Hydroxy-5,9,13-trimethyl-tetradeca-4,8,12-triensäure-äthylester hergestell-

[1]) Stellungsbezeichnung bei von Labdan abgeleiteten Namen s. E III **5** 297.

ten, 5,9,13-Trimethyl-tetradeca-2,4,8,12-tetraensäure-äthylester enthaltenden Isomeren-Gemisches (λ_{max}: 235 nm und 277 nm) mit Ameisensäure, Erwärmen des Reaktionsprodukts mit äthanol. Kalilauge und Erhitzen der sauren Anteile des danach isolierten Reaktionsprodukts mit Ameisensäure (*As.*, *Le.*, l. c. S. 326).

Krystalle (aus A., Bzl. oder Eg.); F: 222° (*As.*, *Le.*, l. c. S. 328). UV-Absorptionsmaximum: 216 nm (*As.*, *Le.*, l. c. S. 323).

III IV V

Oxo-Verbindungen $C_{18}H_{28}O_2$

(±)-4-[(*Z*?)-2-Cyclohexyl-äthyliden]-3-cyclohexylmethyl-oxetan-2-on, (±)-5-Cyclohexyl-2-cyclohexylmethyl-3-hydroxy-pent-3*t*(?)-ensäure-lacton $C_{18}H_{28}O_2$, vermutlich Formel V.

Diese Konstitution kommt dem nachstehend beschriebenen „Dimeren des Cyclohexylmethylketens" zu (*Hill et al.*, Am. Soc. **74** [1952] 166; s. a. *Johnson*, *Shiner*, Am. Soc. **75** [1953] 1350; bezüglich der Konfigurationszuordnung vgl. *Baldwin*, J. org. Chem. **29** [1964] 1882).

B. Beim Behandeln von 3-Cyclohexyl-propionylchlorid mit Triäthylamin in Äther (*Hill*, *Senter*, Am. Soc. **71** [1949] 364).

Kp_6: 190–191°. n_D^{20}: 1,4925.

Dispiro[cyclohexan-1,2'-(3-oxa-bicyclo[3.3.1]nonan)-4',1''-cyclohexan]-9'-on $C_{18}H_{28}O_2$, Formel VI.

Die früher (s. E II 330) mit Vorbehalt unter dieser Konstitution (als „3.5-Trimethylen-2.6;6.6-bis-pentamethylen-tetrahydropyron-(4)") beschriebene Verbindung (F: 186°) ist vermutlich als 4'a-Hydroxy-(4'a*r*,10'a*t*)-decahydro-spiro[cyclohexan-1,10'-(5*c*,9*c*-methano-benzocycloocten)]-11'-on (Formel VII + Spiegelbild) zu formulieren (vgl. *Pettit*, *Thomas*, Chem. and. Ind. **1963** 1758; *Rollin*, *Setton*, C. r. **263** [C] [1966] 1080; bezüglich der Konfiguration vgl. *Pitha et al.*, Collect. **26** [1961] 1209).

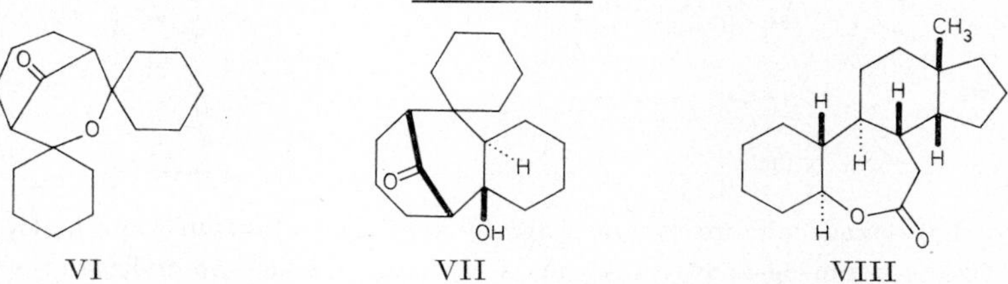

VI VII VIII

(±)-12a-Methyl-(3a*r*,3b*c*,6a*t*,10a*c*,10b*t*,12a*c*)-hexadecahydro-benz[*b*]indeno[5,4-*d*]oxepin-5-on, *rac*-6-Oxa-*B*-homo-5α,14β-östran-7-on, *rac*-5β-Hydroxy-5,6-seco-14β-östran-6-säure-lacton $C_{18}H_{28}O_2$, Formel VIII + Spiegelbild.

Diese Konstitution und Konfiguration kommt vermutlich der nachstehend beschriebenen Verbindung zu (*Banerjee et al.*, J. Indian chem. Soc. **34** [1957] 715, 716, 717).

B. Beim Behandeln einer vermutlich als *rac*-5α,14β-Östran-6-on zu formulierenden Verbindung (F: 73–74°) mit Peroxybenzoesäure in Chloroform (*Ba. et al.*, l. c. S. 719).

Krystalle (aus Hexan); F: 147–148° [unkorr.].

Oxo-Verbindungen $C_{19}H_{30}O_2$

2-Decyl-5,6,7,8-tetrahydro-cyclohepta[*b*]thiophen-4-on $C_{19}H_{30}OS$, Formel IX.

B. Beim Behandeln von 5-[5-Decyl-[2]thienyl]-valerylchlorid (aus 5-[5-Decyl-[2]thienyl]-valeriansäure hergestellt) mit Zinn(IV)chlorid in Schwefelkohlenstoff (*Cagniant*,

Cagniant, Bl. **1956** 1152, 1160).
Kp_5: 198°. D_4^{19}: 1,011. $n_D^{17,7}$: 1,5304.

2-Decyl-5,6,7,8-tetrahydro-cyclohepta[*b*]thiophen-4-on-[2,4-dinitro-phenylhydrazon] $C_{25}H_{34}N_4O_4S$, Formel X (R = $C_6H_3(NO_2)_2$).
B. Aus 2-Decyl-5,6,7,8-tetrahydro-cyclohepta[*b*]thiophen-4-on und [2,4-Dinitro-phenyl]-hydrazin (*Cagniant, Cagniant*, Bl. **1956** 1152, 1161).
Rote Krystalle (aus A.); F: 107°.

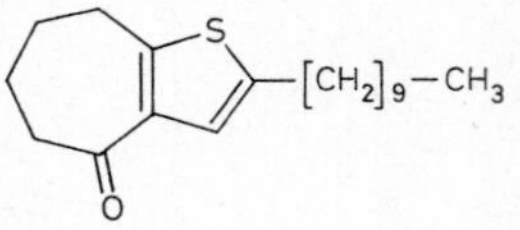

IX 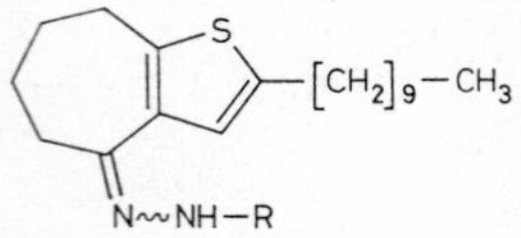 X 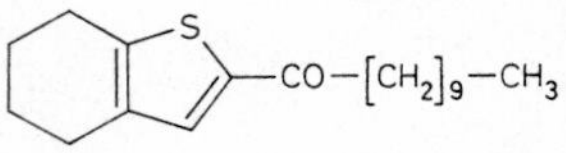 XI

2-Decyl-5,6,7,8-tetrahydro-cyclohepta[*b*]thiophen-4-on-semicarbazon $C_{20}H_{33}N_3OS$, Formel X (R = $CO-NH_2$).
B. Aus 2-Decyl-5,6,7,8-tetrahydro-cyclohepta[*b*]thiophen-4-on und Semicarbazid (*Cagniant, Cagniant*, Bl. **1956** 1152, 1160).
Krystalle (aus A.); F: 114°.

2-Undecanoyl-4,5,6,7-tetrahydro-benzo[*b*]thiophen, 1-[4,5,6,7-Tetrahydro-benzo[*b*]thiophen-2-yl]-undecan-1-on $C_{19}H_{30}OS$, Formel XI.
B. Aus 4,5,6,7-Tetrahydro-benzo[*b*]thiophen und Undecanoylchlorid mit Hilfe von Aluminiumchlorid (*Cagniant*, C. r. **230** [1950] 101).
$Kp_{18,5}$: 258°.

1-[4,5,6,7-Tetrahydro-benzo[*b*]thiophen-2-yl]-undecan-1-on-semicarbazon $C_{20}H_{33}N_3OS$, Formel XII.
B. Aus 2-Undecanoyl-4,5,6,7-tetrahydro-benzo[*b*]thiophen und Semicarbazid (*Cagniant*, C. r. **230** [1950] 101).
Krystalle (aus A.); F: 156° [Block].

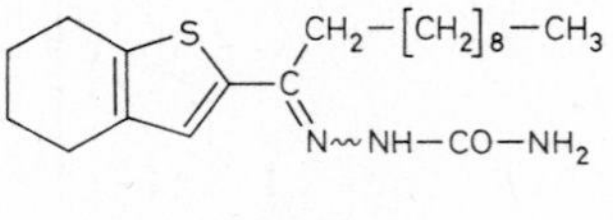

XII 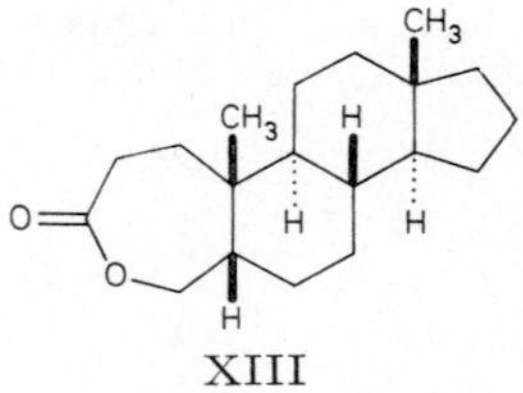 XIII

5a,7a-Dimethyl-hexadecahydro-cyclopenta[5,6]naphth[2,1-*c*]oxepin-3-on $C_{19}H_{30}O_2$.

a) **4-Oxa-*A*-homo-5*β*-androstan-3-on, 4-Hydroxy-3,4-seco-5*β*-androstan-3-säure-lacton** $C_{19}H_{30}O_2$, Formel XIII.
B. Bei mehrtägigem Behandeln von 5*β*-Androstan-3-on mit Peroxybenzoesäure in Chloroform bei −10° (*Ruzicka et al.*, Helv. **28** [1945] 1651, 1658). Bei der Hydrierung von 4-Oxa-*A*-homo-5*β*-androst-16-en-3-on an Platin in Äthanol (*Ru. et al.*, l. c. S. 1657).
Krystalle (aus PAe.); F: 142—143° [korr.]. Bei 100—105/0,01 Torr sublimierbar. $[\alpha]_D^{20}$: +33,4° [$CHCl_3$; c = 1].

b) **4-Oxa-*A*-homo-5*α*-androstan-3-on, 4-Hydroxy-3,4-seco-5*α*-androstan-3-säure-lacton** $C_{19}H_{30}O_2$, Formel I.
B. Bei 2-tägigem Behandeln von 5α-Androstan-3-on mit Peroxybenzoesäure in Chloroform bei −10° (*Prelog et al.*, Helv. **28** [1945] 618, 626). Bei der Hydrierung von 4-Oxa-*A*-homo-5α-androst-16-en-3-on an Platin in Äthanol (*Pr. et al.*).
Krystalle (nach Sublimation bei 124°/0,01 Torr); F: 185,5—186° [korr.]. $[\alpha]_D^{17}$: −37,8° [$CHCl_3$; c = 0,8].

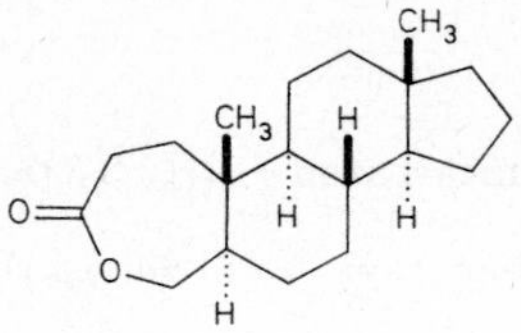

I 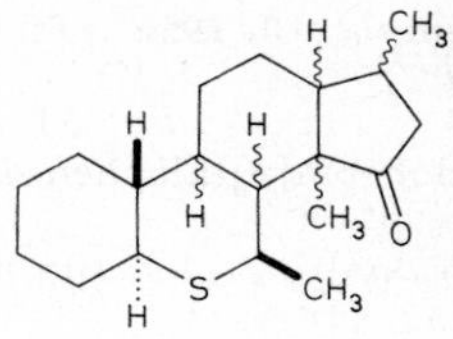 II 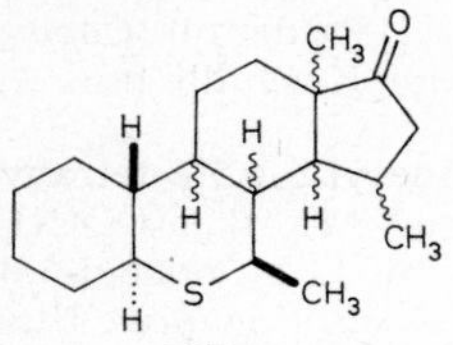 III

(±)-1ξ,3a,4t(?)-Trimethyl-(3aξ,3bξ,5ar,9at,9bξ,11aξ)-tetradecahydro-indeno[4,5-c]thiochromen-3-on $C_{19}H_{30}OS$, Formel II + Spiegelbild, und **(±)-3ξ,4t(?),11a-Trimethyl-(3aξ,3bξ,5ar,9at,9bξ,11aξ)-tetradecahydro-indeno[4,5-c]thiochromen-1-on** $C_{19}H_{30}OS$, Formel III + Spiegelbild.

Diese beiden Formeln kommen für die nachstehend beschriebene Verbindung in Betracht (*Nasarow et al.*, Ž. obšč. Chim. **22** [1952] 982; engl. Ausg. S. 1035).

B. Bei der Hydrierung einer als 1ξ,3a,4t(?)-Trimethyl-(3aξ,3bξ,5ar,9at,11aξ)-Δ^{9b}-dodecahydro-indeno[4,5-c]thiochromen-3-on oder als 3ξ,4t(?),11a-Trimethyl-(3aξ,3bξ,5ar,9at,11aξ)-Δ^{9b}-dodecahydro-indeno[4,5-c]thiochromen-1-on angesehenen Verbindung (F: 142°) an Palladium/Calciumcarbonat in Dioxan, zuletzt bei 100° (*Na. et al.*).

Krystalle (aus PAe.); F: 135,5—136°.

Beim Behandeln einer Lösung in Aceton mit Kaliumpermanganat und wss. Schwefelsäure ist eine als (±)-1ξ,3a,4t(?)-Trimethyl-5,5-dioxo-(3aξ,3bξ,5ar,9at,9bξ,11aξ)-tetradecahydro-5λ⁶-indeno[4,5-c]thiochromen-3-on (Formel IV + Spiegelbild) oder als (±)-3ξ,4t(?),11a-Trimethyl-5,5-dioxo-(3aξ,3bξ,5ar,9at,9bξ,11aξ)-tetradecahydro-5λ⁶-indeno[4,5-c]thiochromen-1-on (Formel V + Spiegelbild) zu formulierende Verbindung $C_{19}H_{30}O_3S$ (Krystalle [aus A.], F: 186—186,5°; 2,4-Dinitrophenylhydrazon $C_{25}H_{34}N_4O_6S$, F: 265—266°) erhalten worden.

2,4-Dinitro-phenylhydrazon $C_{25}H_{34}N_4O_4S$. Krystalle (aus A.); F: 220—222° (*Na. et al.*, l. c. S. 983).

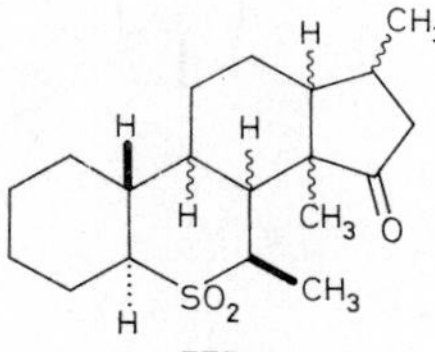

IV 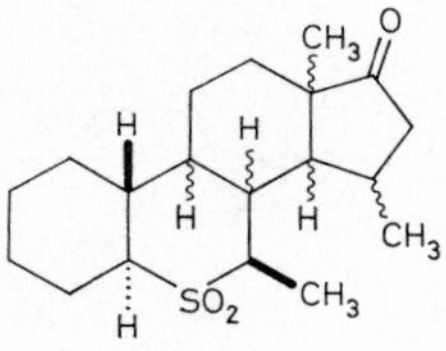 V

Oxo-Verbindungen $C_{20}H_{32}O_2$

2-Undecyl-5,6,7,8-tetrahydro-cyclohepta[b]thiophen-4-on $C_{20}H_{32}OS$, Formel VI.

B. Beim Behandeln von 5-[5-Undecyl-[2]thienyl]-valerylchlorid (aus 5-[5-Undecyl-[2]thienyl]-valeriansäure hergestellt) mit Zinn(IV)-chlorid in Schwefelkohlenstoff (*Cagniant, Cagniant*, Bl. **1956** 1152, 1161).

Kp_5: 223—225°. $n_D^{17,3}$: 1,5259.

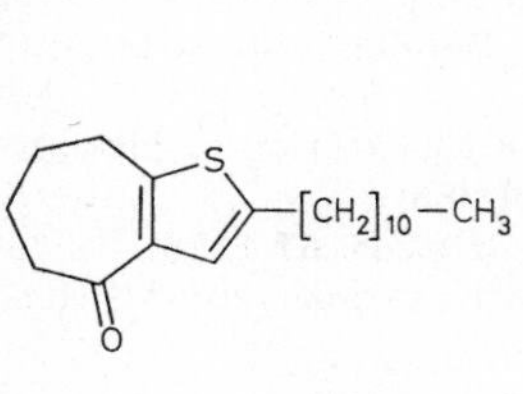

VI 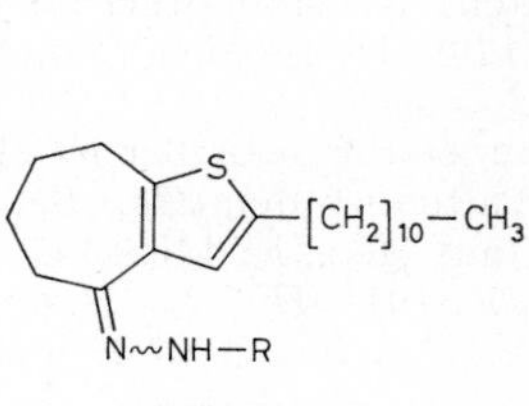 VII 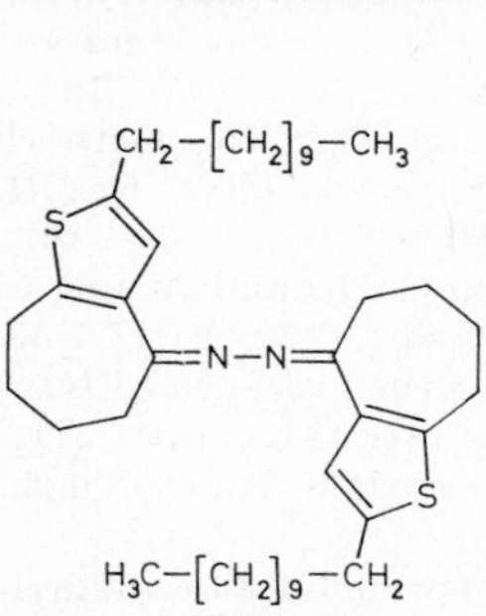 VIII

2-Undecyl-5,6,7,8-tetrahydro-cyclohepta[b]thiophen-4-on-[2,4-dinitro-phenylhydrazon] $C_{26}H_{36}N_4O_4S$, Formel VII (R = $C_6H_3(NO_2)_2$).

B. Aus 2-Undecyl-5,6,7,8-tetrahydro-cyclohepta[b]thiophen-4-on und [2,4-Dinitro-

phenyl]-hydrazin (*Cagniant, Cagniant,* Bl. **1956** 1152, 1161).
Rote Krystalle (aus A.); F: 102°.

2-Undecyl-5,6,7,8-tetrahydro-cyclohepta[*b*]thiophen-4-on-semicarbazon $C_{21}H_{35}N_3OS$, Formel VII (R = CO-NH_2).

B. Aus 2-Undecyl-5,6,7,8-tetrahydro-cyclohepta[*b*]thiophen-4-on und Semicarbazid (*Cagniant, Cagniant,* Bl. **1956** 1152, 1161).

Krystalle (aus A.); F: 118°.

Bis-[2-undecyl-5,6,7,8-tetrahydro-cyclohepta[*b*]thiophen-4-yliden]-hydrazin, 2-Undecyl-5,6,7,8-tetrahydro-cyclohepta[*b*]thiophen-4-on-azin $C_{40}H_{64}N_2S_2$, Formel VIII.

B. Neben 2-Undecyl-5,6,7,8-tetrahydro-4*H*-cyclohepta[*b*]thiophen beim Erhitzen von 2-Undecyl-5,6,7,8-tetrahydro-cyclohepta[*b*]thiophen-4-on mit Hydrazin-hydrat und mit Kaliumhydroxid in Diäthylenglykol (*Cagniant, Cagniant,* Bl. **1956** 1152, 1161).

Hellgelbe Krystalle (aus A.); F: 63°.

(±)-3-[2-Cyclohexyl-äthyl]-4-[(*Z*?)-3-cyclohexyl-propyliden]-oxetan-2-on, (±)-6-Cyclohexyl-2-[2-cyclohexyl-äthyl]-3-hydroxy-hex-3*t*(?)-ensäure-lacton $C_{20}H_{32}O_2$, vermutlich Formel IX.

Diese Konstitution kommt dem nachstehend beschriebenen „Dimeren des [2-Cyclohexyl-äthyl]-ketens" zu (*Hill et al.,* Am. Soc. **74** [1952] 166; s. a. *Johnson, Shiner,* Am. Soc. **75** [1953] 1350); bezüglich der Konfigurationszuordnung vgl. *Baldwin,* J. org. Chem. **29** [1964] 1882.

B. Beim Behandeln von 4-Cyclohexyl-butyrylchlorid mit Triäthylamin in Äther (*Hill, Senter,* Am. Soc. **71** [1949] 364).

Kp_2: 115—120°; n_D^{20}: 1,4850 (*Hi., Se.*).

IX X

(4a*R*)-3*c*,4a,7,7,10a-Pentamethyl-3*t*-vinyl-(4a*r*,6a*t*,10a*c*,10b*t*)-dodecahydro-benzo[*f*]chromen-9-on, (13*R*)-8,13-Epoxy-labd-14-en-2-on [1]), 2-Oxo-manoyloxid $C_{20}H_{32}O_2$, Formel X.

Über die Konstitution s. *Hosking,* B. **69** [1936] 781; *Grant,* Soc. **1959** 860, 861; *Grant, Hodges,* Chem. and Ind. **1960** 1300; die Konfiguration ergibt sich aus der genetischen Beziehung zu Manoyloxid (S. 395).

Isolierung aus Harz von Dacrydium colensoi: *Hosking, Brandt,* B. **67** [1934] 1173; Gr.

Krystalle; F: 77—78° [aus wss. Me.] (*Gr.*); 76—77° [aus wss. Me. oder wss. Acn.] (*Ho., Br.,* B. **67** 1176). Orthorhombisch; Krystalloptik: *Ho., Br.,* B. **67** 1176). $[\alpha]_D^{13}$: +40,4° [A.; c = 6] (*Ho., Br.,* B. **67** 1176). IR-Banden (Nujol) im Bereich von 3044 cm^{-1} bis 846 cm^{-1}: *Gr.,* l. c. S. 862.

Beim Behandeln mit Chlorwasserstoff in Äther ist (13*Ξ*)-8,13,15-Trichlor-labdan-2-on (F: 144—145° [E III 7 532]) erhalten worden (*Ho., Br.,* B. **68** 288).

Oxim $C_{20}H_{33}NO_2$. Krystalle (aus Me.); F: 146—147° (*Ho., Br.,* B. **67** 1176).

Semicarbazon $C_{21}H_{35}N_3O_2$. F: 161° (*Ho., Br.* B. **68** 288); Krystalle (aus A.), F: 135° [vermutlich Äthanol enthaltend] (*Ho., Br.,* B. **67** 1176).

7-Isopropyl-1,4b-dimethyl-dodecahydro-4a,1-oxaäthano-phenanthren-12-on, 4a-Hydroxy-7-isopropyl-1,4b-dimethyl-tetradecahydro-phenanthren-1-carbonsäure-lacton $C_{20}H_{32}O_2$.

a) **(4a*S*)-7*c*-Isopropyl-1*t*,4*b*-dimethyl-(4b*t*,8a*c*,10a*t*)-dodecahydro-4a*r*,1*c*-oxaäthano-phenanthren-12-on, *ent*-10-Hydroxy-13*β*-isopropyl-9-methyl-17-nor-podocarpan-**

[1]) Stellungsbezeichnung bei von Labdan abgeleiteten Namen s. E III **5** 297.

16-säure-lacton[1]**,** ***ent*-10-Hydroxy-9-methyl-20-nor-13α*H*-abietan-19-säure-lacton**[2] $C_{20}H_{32}O_2$, Formel XI.

B. Bei kurzem Behandeln einer Lösung von 13α-Isopropyl-podocarp-8-en-15-säure (E III **9** 2636) in Chloroform mit Schwefelsäure (*Burgstahler et al.*, J. org. Chem. **34** [1969] 1550, 1559).

Krystalle (aus Me.); F: 101–102°. $[\alpha]_D^{25}$: –45° [A.; c = 1]. ^{1}H-NMR-Absorption (CCl_4) sowie ^{1}H-^{1}H-Spin-Spin-Kopplungskonstante der Isopropyl-Gruppe: *Bu. et al.*, l. c. S. 1559.

Bei 24-stdg. Behandeln mit konz. Schwefelsäure bei 25° ist ein 99% 9-Hydroxy-13α-isopropyl-5β-podocarpan-15-säure-lacton (S. 4778) enthaltendes Gleichgewichtsgemisch erhalten worden (*Bu. et al.*, l. c. S. 1559).

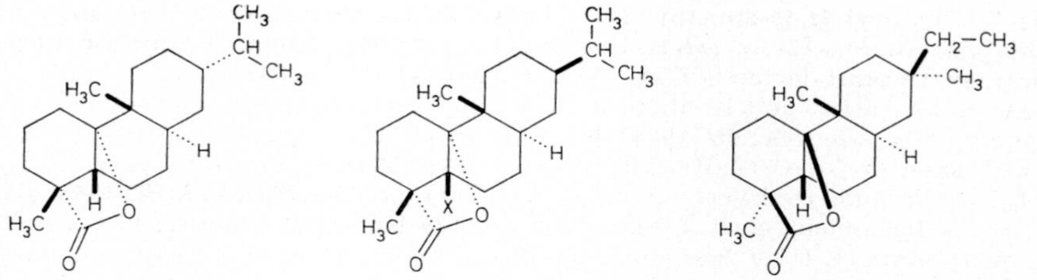

XI XII XIII

b) **(4a*S*)-7*t*-Isopropyl-1*t*,4b-dimethyl-(4b*t*,8a*c*,10a*t*)-dodecahydro-4a*r*,1*c*-oxaäthano-phenanthren-12-on, *ent*-10-Hydroxy-13α-isopropyl-9-methyl-17-nor-podocarpan-16-säure-lacton**[1]**, *ent*-10-Hydroxy-9-methyl-20-nor-13β*H*-abietan-19-säure-lacton**[2] $C_{20}H_{32}O_2$, Formel XII (X = H) (E II 331; dort als „Lacton $C_{20}H_{32}O_2$ aus Dihydroabietinsäure" bezeichnet).

Über Konstitution und Konfiguration s. *Subluskey, Sanderson*, Am. Soc. **76** [1954] 3512; s. a. *Gough et al.*, J. org. Chem. **25** [1960] 1269. Bestätigung der Zuordnung der Konfiguration am C-Atom 8 (Podocarpan-Bezifferung): *Herz, Wahlborg*, J. org. Chem. **30** [1965] 1881, 1884.

B. Neben kleinen Mengen 9-Hydroxy-13β-isopropyl-5β-podocarpan-15-säure-lacton beim Behandeln von 13β-Isopropyl-podocarp-8-en-15-säure (E III **9** 2636) mit Schwefelsäure (*Burgstahler et al.*, J. org. Chem. **34** [1969] 1550, 1559; s. a. *Velluz et al.*, Bl. **1954** 401, 406; *Lombard, Ebelin*, Bl. **1953** 930, 933). Beim Behandeln von 13β-Isopropyl-podocarp-8(14)-en-15-säure (E III **9** 2637) oder von 13β-Isopropyl-podocarp-7-en-15-säure (E III **9** 2638) mit Schwefelsäure (*Ve. et al.*). Neben 13-Isopropyl-12-sulfo-podocarpa-8,11,13-trien-15-säure beim Erhitzen von Abietinsäure (E III **9** 2904) mit wenig Jod auf 170° und Behandeln des Reaktionsprodukts mit konz. Schwefelsäure (*Hasselstrom et al.*, Am. Soc. **63** [1941] 1759). Bei der Hydrierung von *ent*-10-Hydroxy-13-isopropyliden-9-methyl-17-nor-podocarpan-16-säure-lacton an Platin in Essigsäure (*Edwards, Howe*, Canad. J. Chem. **37** [1959] 760, 773). Beim Erhitzen von *ent*-10-Hydroxy-13α-isopropyl-9-methyl-17-nor-podocarpan-16-säure (E III **10** 85) auf 165° (*Royals et al.*, J. org. Chem. **23** [1958] 151).

Isolierung aus Harzsäure-Gemischen aus Pinus palustris und Pinus caribaea nach Behandlung mit Schwefelsäure bei –5°: *Fleck, Palkin*, Am. Soc. **61** [1939] 1230.

Krystalle; F: 133° [Block; aus Me.] (*Ve. et al.*), 131–132° [aus wss. Me. oder Hexan] (*Ed., Ho.*; *Fl., Pa.*). $[\alpha]_D^{20}$: –4° [A.; c = 2] (*Fl., Pa.*); $[\alpha]_D^{25}$: –3° [A.; c = 1] (*Bu. et al.*); $[\alpha]_D$: –6° [A.; c = 1] (*Ve. et al.*); $[\alpha]_D$: –5° [A.; c = 0,8] (*Ed., Ho.*). ^{1}H-NMR-Absorption (CCl_4) der Methyl-Gruppen und der Isopropyl-Gruppe sowie ^{1}H-^{1}H-Spin-Spin-Kopplungskonstante der Isopropyl-Gruppe: *Bu. et al.* IR-Spektrum: (KBr; 2,5–15 μ): *Bruun*, Finnish Paper Timber J. **39** [1957] 221, 223; Raman-Spektrum (CCl_4; 1776 bis 606 cm^{-1}): *Le-Van-Thoi*, Peintures **29** [1953] 125, 130.

Bei 24-stdg. Behandeln mit konz. Schwefelsäure bei 25° ist ein 45% 9-Hydroxy-13β-isopropyl-5β-podocarpan-15-säure-lacton enthaltendes Gleichgewichtsgemisch erhalten

[1]) Stellungsbezeichnung bei von Podocarpan abgeleiteten Namen s. E III **6** 2098, Anm. 2.

[2]) Stellungsbezeichnung bei von Abietan abgeleiteten Namen s. E III **5** 1310, Anm. 1.

worden (*Bu. et al.*, l. c. S. 1559). Bildung einer wahrscheinlich als *ent*-13ξ-Hydroperoxy-10-hydroxy-13ξ-isopropyl-9-methyl-17-nor-podocarpan-16-säure-lacton zu formulierenden Verbindung $C_{20}H_{32}O_4$ beim Behandeln mit Sauerstoff unter Bestrahlung mit UV-Licht (336 nm) bei 133–134°: *Minn et al.*, Am. Soc. **78** [1956] 630, 632. Bildung von *ent*-10-Hydroxy-13α-[α-hydroxy-isopropyl]-9-methyl-17-nor-podocarpan-16-säure-10-lacton beim Behandeln mit Chrom(VI)-oxid und Acetanhydrid: *Minn et al.*, l. c. S. 632. Beim Behandeln einer Lösung in Benzol mit äther. Methylmagnesiumjodid-Lösung sind *ent*-13α-Isopropyl-9-methyl-17-nor-podocarp-1(10)-en-16-säure (E III **9** 2640) und *ent*-13α-Isopropyl-9-methyl-17-nor-podocarp-5(10)-en-16-säure (E III **9** 2641) erhalten worden (*Cox*, Am. Soc. **66** [1944] 865, 867; *Ve. et al.*). Über die Hydrolyse s. *Johnson, Lawrence*, Anal. Chem. **27** [1955] 1345.

(4a*R*)-7*t*-Isopropyl-1*t*,4b-dimethyl-10a-nitroso-(4b*t*,8a*c*,10a*t*)-dodecahydro-4a*r*,1*c*-oxaäthano-phenanthren-12-on, *ent*-10-Hydroxy-13α-isopropyl-9-methyl-5-nitroso-17-nor-podocarpan-16-säure-lacton [1]) $C_{20}H_{31}NO_3$, Formel XII (X = NO).

Diese Konstitution und Konfiguration kommt vermutlich der nachstehend beschriebenen, von *Cox* (Am. Soc. **66** [1944] 865, 867) als 4b-Hydroxy-7-isopropyl-1,4a-dimethyl-8a-nitroso-tetradecahydro-phenanthren-1-carbonsäure-lacton ($C_{20}H_{31}NO_3$) formulierten Verbindung zu (vgl. *Le-Van-Thoi, Ourgaud*, Bl. **1956** 205, 206).

B. Beim Behandeln einer Lösung von *ent*-13α-Isopropyl-9-methyl-17-nor-podocarp-5(10)-en-16-säure (E III **9** 2641) in Essigsäure mit Butylnitrit und Chlorwasserstoff oder mit Butylnitrit und Salpetersäure (*Cox*, l. c. S. 868).

Blaue Krystalle (aus Me.); F: 91,5–92° (*Cox*). $[\alpha]_D$: –925° [A.; c = 2]; $[\alpha]_D$: –920° [A.; c = 0,2] (*Cox*).

7-Äthyl-1,4b,7-trimethyl-dodecahydro-4a,1-oxaäthano-phenanthren-12-on, 7-Äthyl-4a-hydroxy-1,4b,7-trimethyl-tetradecahydro-phenanthren-1-carbonsäure-lacton $C_{20}H_{32}O_2$.

a) **(4a*R*)-7*c*-Äthyl-1*t*,4b,7*t*-trimethyl-(4b*c*,8a*t*,10a*c*)-dodecahydro-4a*r*,1*c*-oxaäthano-phenanthren-12-on, 10-Hydroxy-5β,10β-rosan-19-säure-lacton** [2]) $C_{20}H_{32}O_2$, Formel XIII.

Diese Konstitution und Konfiguration kommt wahrscheinlich dem nachstehend bebeschriebenen **Neohydroxyrosanolacton** zu (*McCreadie et al.*, Soc. [C] **1971** 317, 318, 321).

B. Neben Allohydroxyrosanolacton ($C_{20}H_{32}O_2$; Krystalle [aus Me.], F: 138°; $[\alpha]_D^{21}$: +26,7° [A.]) beim Behandeln von Ros-5(10)-en-19-säure mit konz. Schwefelsäure bei –5° (*Harris et al.*, Soc. **1958** 1799, 1806) oder mit Toluol-4-sulfonsäure in Benzol bei 80° (*McC. et al.*, l. c. S. 321). Neben Allohydroxyrosanolacton ($[\alpha]_D^{20}$: +28,9° [A.]) beim Behandeln von Tetrahydrorosensäure (F: 151°; $[\alpha]_D^{26}$: –15° [$CHCl_3$]; wahrscheinlich 10ξ-Ros-5-en-19-säure) mit konz. Schwefelsäure bei –10° (*Harris et al.*, Soc. **1958** 1807, 1813).

Krystalle; F: 124–125° (*McC. et al.*), 123° [aus wss. Me.]; $[\alpha]_D^{24}$: –19° [A.; c = 3] (*Ha. et al.*, l. c. S. 1813). $[\alpha]_D$: –21° [$CHCl_3$; c = 0,3] (*McC. et al.*).

b) **(4a*R*)-7*c*-Äthyl-1*t*,4b,7*t*-trimethyl-(4b*c*,8a*t*,10a*t*)-dodecahydro-4a*r*,1*c*-oxaäthano-phenanthren-12-on, 10-Hydroxy-10β-rosan-19-säure-lacton** [2]) $C_{20}H_{32}O_2$, Formel II.

Konstitution: *Harris et al.*, Soc. **1958** 1799, 1803. Konfiguration: *Ellestad et al.*, Soc. **1965** 7246, 7249.

B. Bei mehrtägigem Erwärmen von 6,6-Äthandiyldimercapto-10-hydroxy-10β-rosan-19-säure-lacton in Dioxan und Äthanol mit Raney-Nickel (*Ha. et al.*, l. c. S. 1805).

Krystalle (aus Me.); F: 101° (*Ha. et al.*). $[\alpha]_D^{22}$: +51° [$CHCl_3$(?)] (*Ha. et al.*).

Beim Erwärmen mit wss.-äthanol. Salzsäure sowie beim Erhitzen mit wenig Naphthalin-2-sulfonsäure ist Ros-5(10)-en-19-säure erhalten worden (*Ha. et al.*, l. c. S. 1805).

---

[1]) Stellungsbezeichnung bei von Podocarpan abgeleiteten Namen s. E III **6** 2098 Anm. 2.

[2]) Für den Kohlenwasserstoff (4a*S*)-7*c*-Äthyl-1,1,4b,7*t*-tetramethyl-(4a*r*,4b*c*,8a*t*,10a*t*)-tetradecahydro-phenanthren (Formel I) ist die Bezeichnung **Rosan** (10β-Rosan) vorgeschlagen worden (*Ellestad et al.*, Soc. **1965** 7246, 7248). Der früher für den Kohlenwasserstoff (13*S*)-10α-Rosan gebräuchliche Name Rimuan (s. E III **5** 1311 Anm.) wird im Beilstein-Handbuch nicht mehr verwendet. Die Stellungsbezeichnung bei von Rosan abgeleiteten Namen im Beilstein-Handbuch entspricht der in Formel I angegebenen.

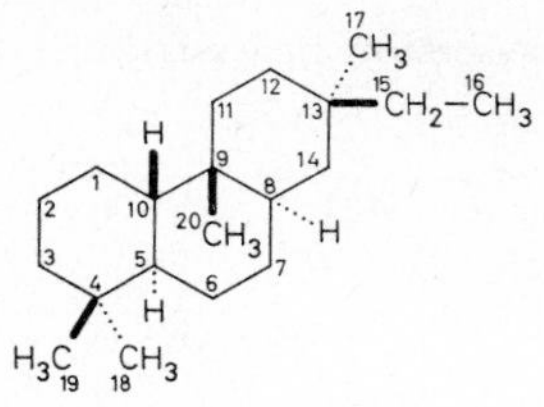

I 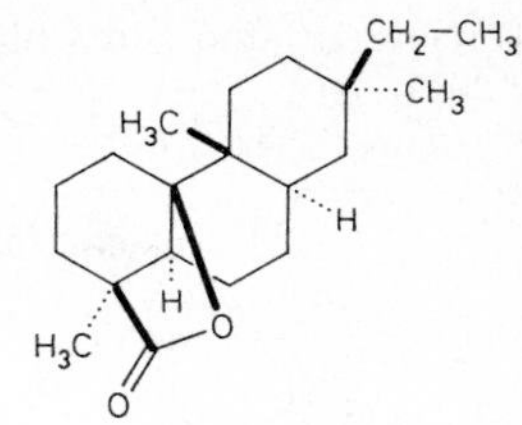 II 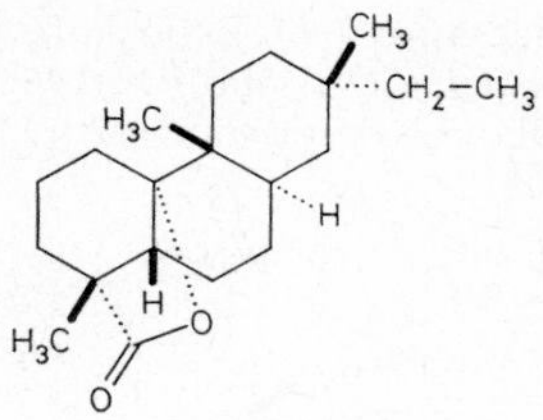 III

c) **(4a*S*)-7*c*-Äthyl-1*t*,4b,7*t*-trimethyl-(4b*t*,8a*c*,10a*t*)-dodecahydro-4a*r*,1*c*-oxaäthano-phenanthren-12-on, (13*S*)-10-Hydroxy-5β,10α-rosan-18-säure-lacton**[1]) $C_{20}H_{32}O_2$, Formel III.

Über die Konstitution und Konfiguration dieser in der Literatur auch als Dihydroisopimarsäure-γ-lacton bezeichneten Verbindung s. *Green et al.*, Soc. **1958** 4715, 4716.

B. Bei 1-stdg. Behandeln von 13α-Äthyl-13β-methyl-podocarp-7-en-15-säure (E III **9** 2644) mit konz. Schwefelsäure bei −5° (*Edwards, Howe*, Canad. J. Chem. **37** [1959] 760, 770; s. a. *Le-Van-Thoi*, C. r. **247** [1958] 1343, 1345). Neben 13α-Äthyl-9-hydroxy-13β-methyl-5β-podocarpan-15-säure-lacton bei 1/4-stdg. Behandeln von 13α-Äthyl-13β-methyl-podocarp-7-en-15-säure mit konz. Schwefelsäure bei 20° (*Gr. et al.*, l. c. S. 4718; *Wenkert, Chamberlin*, Am. Soc. **81** [1959] 688, 692; s. a. *Harris, Sanderson*, Am. Soc. **70** [1948] 2081, 2084). Bei 1-stdg. Behandeln von 13α-Äthyl-13β-methyl-podocarp-8-en-15-säure mit konz. Schwefelsäure bei −5° (*Ed., Howe*, l. c. S. 771; s. a. *Gr. et al.*, l. c. S. 4719).

Krystalle; F: 109−110° [korr.] (*Ha., Sa.*), 108−110° [aus wss. Acn.] (*We., Ch.*), 108° [aus Me.] (*Gr. et al.*, l. c. S. 4718), 105−106° [aus wss. Me.] (*Ed., Howe*). $[\alpha]_D^{20}$: −14° [A.] (*Gr. et al.*); $[\alpha]_D$: −15° [A.] (*We., Ch.*); $[\alpha]_D$: −9° [A.; c = 2] (*Ed., Howe*); $[\alpha]_{578}$: −12° [A.] (*Le-Van-Thoi*).

Bei 19-stdg. Behandeln mit konz. Schwefelsäure bei 25° ist ein 96% 13α-Äthyl-9-hydroxy-13β-methyl-5β-podocarpan-15-säure-lacton enthaltendes Gleichgewichtsgemisch erhalten worden (*We., Ch.*).

d) **(4a*S*)-7*t*-Äthyl-1*t*,4b,7*c*-trimethyl-(4b*t*,8a*c*,10a*t*)-dodecahydro-4a*r*,1*c*-oxaäthano-phenanthren-12-on, 10-Hydroxy-5β,10α-rosan-18-säure-lacton**[1]) $C_{20}H_{32}O_2$, Formel IV (X = H).

Über die Konstitution und Konfiguration dieser in der Literatur auch als Dihydropimarsäure-γ-lacton bezeichneten Verbindung s. *Le-Van-Thoi, Ourgaud*, Bl. **1956** 202, 205.

B. Beim Behandeln von 13β-Äthyl-13α-methyl-podocarp-8(14)-en-15-säure (E III **9** 2642) mit konz. Schwefelsäure bei −5° (*Le-Van-Thoi, Ou.*, l. c. S. 204; s. a. *Harris, Sanderson*, Am. Soc. **70** [1948] 2081, 2084; *Edwards, Howe*, Canad. J. Chem. **37** [1959] 760, 770). Neben kleineren Mengen 13β-Äthyl-9-hydroxy-13α-methyl-5β-podocarpan-15-säure-lacton bei kurzem Behandeln von 13β-Äthyl-13α-methyl-podocarp-8(14)-en-15-säure mit konz. Schwefelsäure bei 20° (*Wenkert, Chamberlin*, Am. Soc. **81** [1959] 688, 692). Bei 1-stdg. Behandeln von 13β-Äthyl-13α-methyl-podocarp-8-en-15-säure mit konz. Schwefelsäure bei −5° (*Ed., Howe.*).

Krystalle; F: 100° [aus A., Me. oder wss. Me.] (*Le-Van-Thoi, Ou.*; *Ed., Howe*), 98° bis 99° [aus wss. Acn.] (*We., Ch.*; s. a. *Ha., Sa.*). $[\alpha]_D$: −15° [A.; c = 1] (*Ed., Howe*); $[\alpha]_D$ −21° [A.] (*We., Ch.*); $[\alpha]_{578}$: −17° [A.] (*Le-Van-Thoi, Ou.*). Raman-Spektrum (CCl_4; 1778−609 cm^{-1}): *Le-Van-Thoi*, Peintures **29** [1953] 125, 130.

Bei 19-stdg. Behandeln mit konz. Schwefelsäure ist ein 95% 13β-Äthyl-9-hydroxy-13α-methyl-5β-podocarpan-15-säure-lacton enthaltendes Gleichgewichtsgemisch erhalten worden (*We., Ch.*).

(4a*R*)-7*t*-Äthyl-1*t*,4b,7*c*-trimethyl-10a-nitroso-(4b*t*,8a*c*,10a*t*)-dodecahydro-4a*r*,1*c*-oxaäthano-phenanthren-12-on, 10-Hydroxy-5-nitroso-5β,10α-rosan-18-säure-lacton [1]) $C_{20}H_{31}NO_3$, Formel IV (X = NO).

B. Beim Behandeln einer Lösung von Ros-5(10)-en-18-säure („Dihydropseudodextro=

[1]) Stellungsbezeichnung bei von Rosan abgeleiteten Namen s. Formel I.

pimarsäure") in Essigsäure mit Butylnitrit und mit Chlorwasserstoff in Essigsäure (*Le-Van-Thoi, Ourgaud*, Bl. **1956** 205, 209).

Blaue Krystalle (aus A.); F: 68°. $[\alpha]_{578}$: −875° [A.].

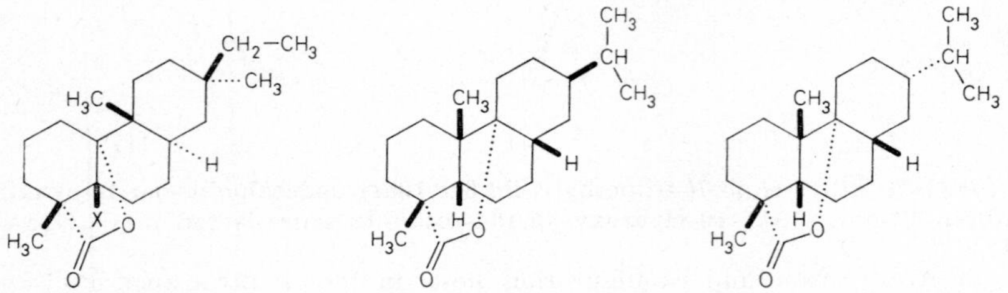

IV V VI

7-Isopropyl-1,4a-dimethyl-dodecahydro-4b,1-oxaäthano-phenanthren-12-on, 4b-Hydroxy-7-isopropyl-1,4a-dimethyl-tetradecahydro-phenanthren-1-carbonsäure-lacton $C_{20}H_{32}O_2$.

a) **(4a*S*)-7*c*-Isopropyl-1*c*,4a-dimethyl-(4a*r*,8a*c*,10a*c*)-dodecahydro-4b*t*,1*t*-oxaäthano-phenanthren-12-on, 9-Hydroxy-13β-isopropyl-5β-podocarpan-15-säure-lacton**[1], **9-Hydroxy-5β,13α*H*-abietan-18-säure-lacton**[2] $C_{20}H_{32}O_2$, Formel V.

Über die Konstitution und Konfiguration dieser in der Literatur auch als Dihydro-abietinsäure-δ-lacton bezeichneten Verbindung s. *Le-Van-Thoi*, Bl. **1955** 761; s. a. *Gough et al.*, J. org. Chem. **25** [1960] 1269. Zuordnung der Konfiguration am C-Atom 8 (Podocarpan-Bezifferung): *Herz, Wahlborg*, J. org. Chem. **30** [1965] 1881, 1884.

B. Bei 24-stdg. Behandeln von *ent*-10-Hydroxy-13α-isopropyl-9-methyl-17-nor-podocarpan-16-säure-lacton (S. 4775) mit konz. Schwefelsäure bei 25° (*Burgstahler et al.*, J. org. Chem. **34** [1969] 1550, 1559; s. a. *Le-Van-Thoi*). Neben *ent*-10-Hydroxy-13α-isopropyl-9-methyl-17-nor-podocarpan-16-säure-lacton beim Behandeln von 13β-Isopropyl-podocarp-8-en-15-säure (E III **9** 2636) mit konz. Schwefelsäure bei 20° (*Herz, Wa.*, l. c. S. 1886).

Krystalle; F: 151—152° [unkorr.; aus wss. A.] (*Herz, Wa.*), 149° (*Le-Van-Thoi*), 147—149° [Hershberg-App.; aus Me.] (*Bu. et al.*). $[\alpha]_D^{23}$: +42,6° [A.; c = 1] (*Herz, Wa.*); $[\alpha]_D^{25}$: +42° [A.; c = 1] (*Bu. et al.*); $[\alpha]_{578}$: +42° [A.] (*Le-Van-Thoi*). ^{1}H-NMR-Absorption ($CDCl_3$) der Methyl-Gruppen und der Isopropyl-Gruppe: *Herz, Wa.*, l. c. S. 1886.

Bei 24-stdg. Behandeln mit konz. Schwefelsäure bei 25° ist ein 55% *ent*-10-Hydroxy-13α-isopropyl-9-methyl-17-nor-podocarpan-16-säure-lacton enthaltendes Gleichgewichtsgemisch erhalten worden (*Bu. et al.*).

b) **(4a*S*)-7*t*-Isopropyl-1*c*,4a-dimethyl-(4a*r*,8a*c*,10a*c*)-dodecahydro-4b*t*,1*t*-oxaäthano-phenanthren-12-on, 9-Hydroxy-13α-isopropyl-5β-podocarpan-15-säure-lacton**[1], **9-Hydroxy-5β,13β*H*-abietan-18-säure-lacton**[2] $C_{20}H_{32}O_2$, Formel VI.

B. Bei mehrtägigem Behandeln von *ent*-10-Hydroxy-13β-isopropyl-9-methyl-17-nor-podocarpan-16-säure-lacton (S. 4774) mit konz. Schwefelsäure bei 20° (*Burgstahler et al.*, J. org. Chem. **34** [1969] 1550, 1559). Beim Behandeln eines Gemisches von 13α-Isopropyl-podocarp-8(14)-en-15-säure (E III **9** 2638) und wenig 13-Isopropyl-podocarp-13(14)-en-15-säure (s. diesbezüglich *Bu. et al.*, l. c. S. 1551, 1557, 1559) mit konz. Schwefelsäure (*Royals et al.*, J. org. Chem. **23** [1958] 151).

Öl. $[\alpha]_D^{25}$: −43° [A. c = 1] (*Ro. et al.*); $[\alpha]_D^{25}$: −38° [A.; c = 1] (*Bu. et al.*). ^{1}H-NMR-Absorption (CCl_4) der Methyl-Gruppen und der Isopropyl-Gruppe sowie ^{1}H-^{1}H-Spin-Spin-Kopplungskonstante der Isopropyl-Gruppe: *Bu. et al.*, l. c. S. 1559.

Bei 24-stdg. Behandeln mit konz. Schwefelsäure bei 25° ist ein 1% *ent*-10-Hydroxy-13β-isopropyl-9-methyl-17-nor-podocarpan-16-säure-lacton enthaltendes Gleichgewichtsgemisch erhalten worden (*Bu. et al.*).

---

[1]) Stellungsbezeichnung bei von Podocarpan abgeleiteten Namen s. E III **6** 2098 Anm. 2.

[2]) Stellungsbezeichnung bei von Abietan abgeleiteten Namen s. E III **5** 1310 Anm. 1.

7-Äthyl-1,4a,7-trimethyl-dodecahydro-4b,1-oxaäthano-phenanthren-12-on, 7-Äthyl-4b-hydroxy-1,4a,7-trimethyl-tetradecahydro-phenanthren-1-carbonsäure-lacton $C_{20}H_{32}O_2$.

a) **(4a*S*)-7*c*-Äthyl-1*c*,4a,7*t*-trimethyl-(4a*r*,8a*c*,10a*c*)-dodecahydro-4b*t*,1*t*-oxaäthano-phenanthren-12-on, 13*β*-Äthyl-9-hydroxy-13*α*-methyl-5*β*-podocarpan-15-säure-lacton** [1]), **(13*R*)-9-Hydroxy-5*β*-pimaran-18-säure-lacton** [2]) $C_{20}H_{32}O_2$, Formel VII.

Über die Konstitution und Konfiguration s. *Le-Van-Thoi, Ourgaud*, Bl. **1956** 202, 205.

B. Beim Behandeln von 13*β*-Äthyl-13α-methyl-podocarp-8(14)-en-15-säure (E III **9** 2642) mit konz. Schwefelsäure bei 20° (*Le-Van-Thoi, Ou.*, l. c. S. 204; s. a. *Hasselstrom, Hampton*, Am. Soc. **61** [1939] 967). Beim Behandeln von 10-Hydroxy-5*β*,10α-rosan-18-säure-lacton (S. 4777) mit konz. Schwefelsäure bei 20° (*Le-Van-Thoi, Ou.*, l. c. S. 204). Neben grösseren Mengen 10-Hydroxy-5*β*,10α-rosan-18-säure-lacton bei kurzem Behandeln von 13*β*-Äthyl-13α-methyl-podocarp-8(14)-en-15-säure mit konz. Schwefelsäure bei 20° (*Wenkert, Chamberlin*, Am. Soc. **81** [1959] 688, 692).

Krystalle; F: 143—144° [korr.; aus Acn.] (*Ha., Ha.*), 142° [aus Me.] (*Le-Van-Thoi, Ou.*, l. c. S. 204), 139—140° [aus wss. Acn.] (*We., Ch.*). $[\alpha]_D$: —40° [A.] (*Ha., Ha.*; *We., Ch.*); $[\alpha]_{578}$: —45° [A.] (*Le-Van-Thoi, Ou.*, l. c. S. 204).

Bei 19-stdg. Behandeln mit konz. Schwefelsäure bei 25° ist ein 5% 10-Hydroxy-5*β*,10α-rosan-18-säure-lacton enthaltendes Gleichgewichtsgemisch erhalten worden (*We., Ch.*).

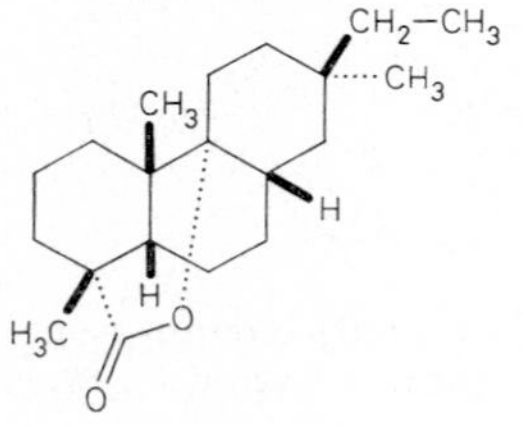

VII 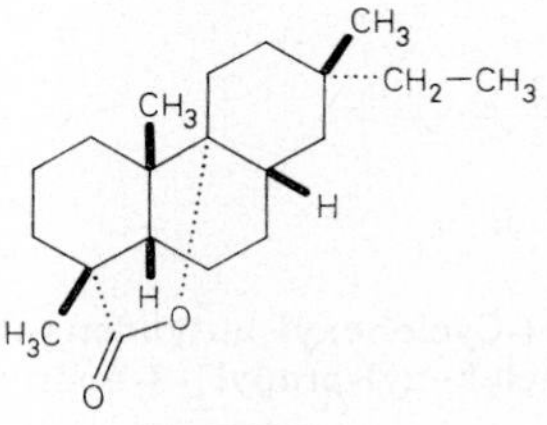 VIII

b) **(4a*S*)-7*t*-Äthyl-1*c*,4a,7*c*-trimethyl-(4a*r*,8a*c*,10a*c*)-dodecahydro-4b*t*,1*t*-oxaäthano-phenanthren-12-on, 13*α*-Äthyl-9-hydroxy-13*β*-methyl-5*β*-podocarpan-15-säure-lacton** [1]), **(13*S*)-9-Hydroxy-5*β*-pimaran-18-säure-lacton** [2]) $C_{20}H_{32}O_2$, Formel VIII.

Über die Konstitution und Konfiguration s. *Green et al.*, Soc. **1958** 4715, 4716.

B. Beim Behandeln von 13α-Äthyl-13*β*-methyl-podocarp-7-en-15-säure (E III **9** 2644) mit konz. Schwefelsäure bei 20° (*Gr. et al.*, Soc. **1958** 4718; *Edwards, Howe*, Canad. J. Chem. **37** [1959] 760, 771). Neben (13*S*)-10-Hydroxy-5*β*,10α-rosan-18-säure-lacton (S. 4777) bei kurzem Behandeln von 13α-Äthyl-13*β*-methyl-podocarp-7-en-15-säure mit konz. Schwefelsäure bei 20° (*Wenkert, Chamberlin*, Am. Soc. **81** [1959] 688, 692; s. a. *Gr. et al.*, Soc. **1958** 4718).

Krystalle; F: 74—75° [aus wss. Me.] (*Ed., Howe*), 60—65° (*We., Ch.*), 62° [aus wss. Me. oder PAe.] (*Gr. et al.*, Soc. **1958** 4718). $[\alpha]_D^{18}$: —37° [A.] (*Gr. et al.*, Soc. **1958** 4718); $[\alpha]_D$: —40° [A.; c = 1] (*Ed., Howe*; s. a. *We., Ch.*); $[\alpha]_D$: —34° [Me.] (*Green et al.*, Chem. and Ind. **1958** 1084).

Bei 19-stdg. Behandeln mit konz. Schwefelsäure bei 25° ist ein 4% (13*S*)-10-Hydroxy-5*β*,10α-rosan-18-säure-lacton enthaltendes Gleichgewichtsgemisch erhalten worden (*We., Ch.*).

Oxo-Verbindungen $C_{22}H_{36}O_2$

2-Oleoyl-thiophen, 1-[2]Thienyl-octadec-9*c*-en-1-on $C_{22}H_{36}OS$, Formel IX.

B. Neben einer Verbindung $C_{44}H_{72}O_2S_2$ (Öl) beim Erwärmen von Thiophen mit Ölsäure und Phosphor(V)-oxid in Benzol (*Hartough, Kosak*, Am. Soc. **69** [1947] 3098).

Kp_2: 250—255°.

[1]) Stellungsbezeichnung bei von Podocarpan abgeleiteten Namen s. E III **6** 2098 Anm. 2.

[2]) Stellungsbezeichnung bei von Pimaran abgeleiteten Namen s. E III **9** 354, 355.

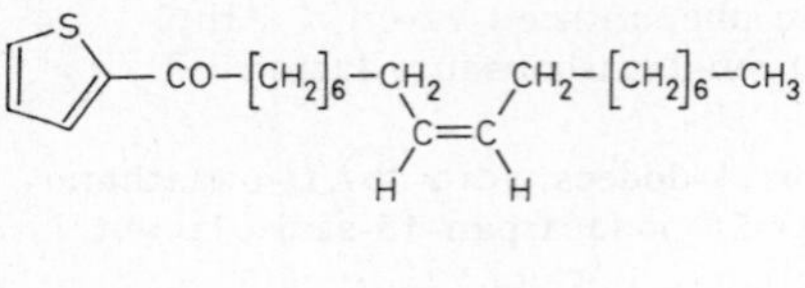

IX 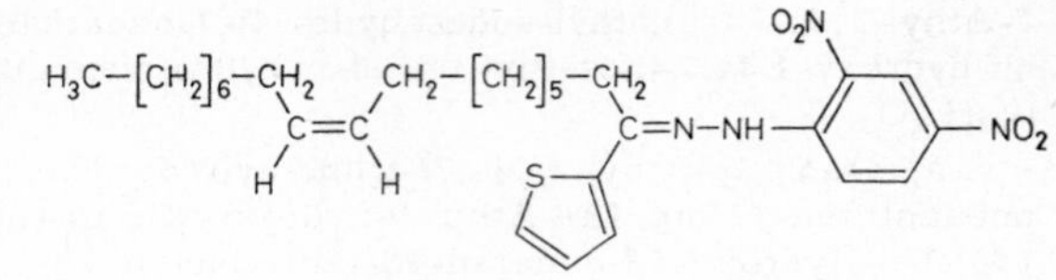 X

1-[2]Thienyl-octadec-9*c*-en-1-on-[2,4-dinitro-phenylhydrazon] $C_{28}H_{40}N_4O_4S$, Formel X.

B. Aus 1-[2]Thienyl-octadec-9*c*-en-1-on und [2,4-Dinitro-phenyl]-hydrazin (*Hartough*, *Kosak*, Am. Soc. **69** [1947] 3098).

Rote Krystalle; F: 68–68,5°.

13-Cyclopentyl-1-[2]thienyl-tridecan-1-on $C_{22}H_{36}OS$, Formel XI.

B. Beim Behandeln von Thiophen mit 13-Cyclopentyl-tridecanoylchlorid und Zinn(IV)-chlorid in Schwefelkohlenstoff (*Buu-Hoi et al.*, Soc. **1955** 1581).

Kp_{13}: 260–263°. n_D^{25}: 1,5205.

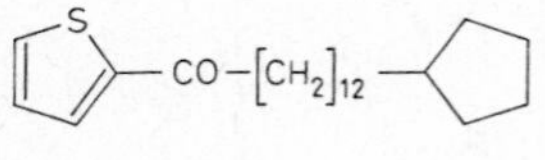

XI 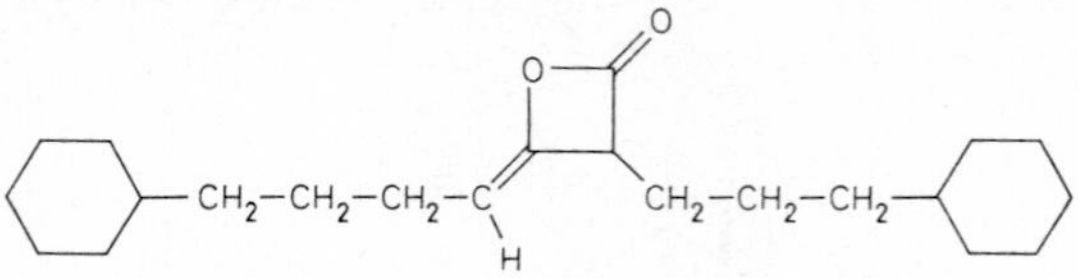 XII

(±)-4-[(*Z*?)-4-Cyclohexyl-butyliden]-3-[3-cyclohexyl-propyl]-oxetan-2-on, (±)-7-Cyclohexyl-2-[3-cyclohexyl-propyl]-3-hydroxy-hept-3*t*(?)-ensäure-lacton $C_{22}H_{36}O_2$, vermutlich Formel XII.

Diese Konstitution kommt dem nachstehend beschriebenen „Dimeren des [3-Cyclohexyl-propyl]-ketens" zu (*Hill et al.*, Am. Soc. **74** [1952] 166; s. a. *Johnson, Shiner*, Am. Soc. **75** [1953] 1350); bezüglich der Konfiguration vgl. *Baldwin*, J. org. Chem. **29** [1964] 1882.

B. Beim Behandeln von 5-Cyclohexyl-valerylchlorid mit Triäthylamin in Äther (*Hill*, *Senter*, Am. Soc. **71** [1949] 364).

F: 16–17°; Kp_1: 150–152°; n_D^{20}: 1,4860 (*Hill*, *Se.*).

Oxo-Verbindungen $C_{23}H_{38}O_2$

5-[13-Cyclopentyl-tridecyl]-thiophen-2-carbaldehyd $C_{23}H_{38}OS$, Formel I.

B. Beim Erwärmen von 2-[13-Cyclopentyl-tridecyl]-thiophen mit *N*-Methyl-formanilid und Phosphorylchlorid und anschliessenden Behandeln mit wss. Natriumacetat-Lösung (*Buu-Hoi et al.*, Soc. **1955** 1581).

Kp_{15}: 270–275°; n_D^{22}: 1,5219 (*Buu-Hoi et al.*, Soc. **1955** 1583).

Charakterisierung als Isonicotinoylhydrazon (F: 116°): *Buu-Hoi et al.*, Soc. **1957** Errata.

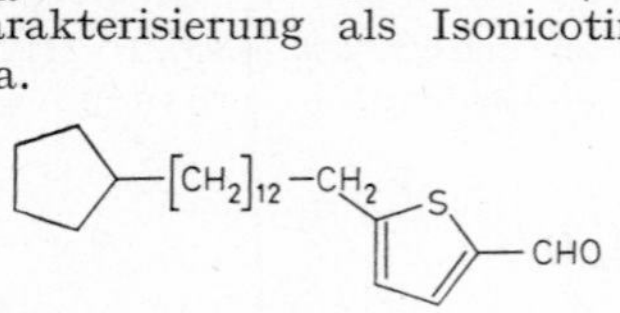

I 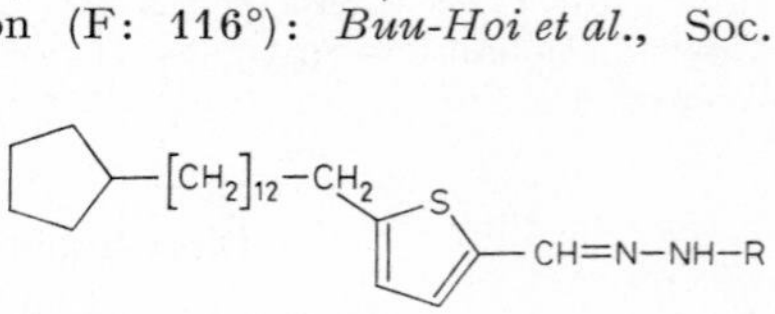 II

5-[13-Cyclopentyl-tridecyl]-thiophen-2-carbaldehyd-[2,4-dinitro-phenylhydrazon] $C_{29}H_{42}N_4O_4S$, Formel II (R = $C_6H_3(NO_2)_2$).

B. Aus 5-[13-Cyclopentyl-tridecyl]-thiophen-2-carbaldehyd und [2,4-Dinitro-phenyl]-hydrazin (*Buu-Hoi et al.*, Soc. **1955** 1581).

Rote Krystalle (aus Eg.); F: 155°.

5-[13-Cyclopentyl-tridecyl]-thiophen-2-carbaldehyd-[4-chlor-benzoylhydrazon], 4-Chlor-benzoesäure-[5-(13-cyclopentyl-tridecyl)-[2]thienylmethylenhydrazid] $C_{30}H_{43}ClN_2OS$, Formel III.

B. Aus 5-[13-Cyclopentyl-tridecyl]-thiophen-2-carbaldehyd und 4-Chlor-benzoesäure-hydrazid (*Buu-Hoi et al.*, Soc. **1955** 1581).

Krystalle (aus A.); F: 126°.

5-[13-Cyclopentyl-tridecyl]-thiophen-2-carbaldehyd-thiosemicarbazon $C_{24}H_{41}N_3S_2$, Formel II (R = CS-NH$_2$).

B. Aus 5-[13-Cyclopentyl-tridecyl]-thiophen-2-carbaldehyd und Thiosemicarbazid (*Buu-Hoi et al.*, Soc. **1955** 1581).

Krystalle (aus A.); F: 82°.

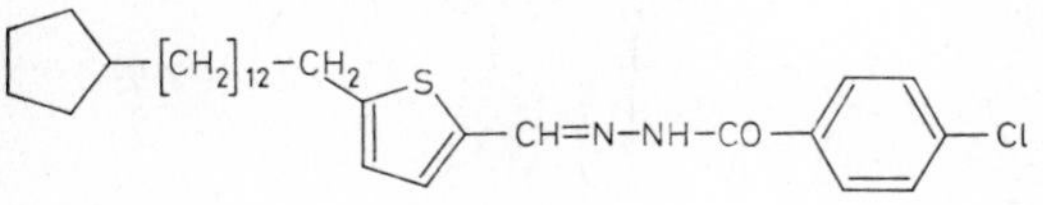

III 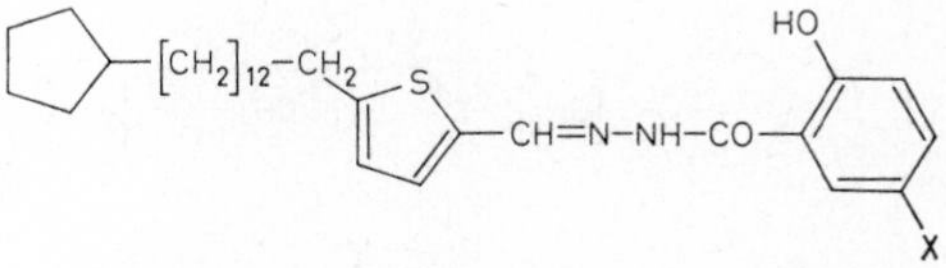 IV

5-[13-Cyclopentyl-tridecyl]-thiophen-2-carbaldehyd-salicyloylhydrazon, Salicylsäure-[5-(13-cyclopentyl-tridecyl)-[2]thienylmethylenhydrazid] $C_{30}H_{44}N_2O_2S$, Formel IV (X = H).

B. Aus 5-[13-Cyclopentyl-tridecyl]-thiophen-2-carbaldehyd und Salicylsäure-hydrazid (*Buu-Hoi et al.*, Soc. **1955** 1581).

Krystalle (aus A.); F: 151°.

5-[13-Cyclopentyl-tridecyl]-thiophen-2-carbaldehyd-[5-chlor-2-hydroxy-benzoylhydrazon], 5-Chlor-2-hydroxy-benzoesäure-[5-(13-cyclopentyl-tridecyl)-[2]thienylmethylenhydrazid] $C_{30}H_{43}ClN_2O_2S$, Formel IV (X = Cl).

B. Aus 5-[13-Cyclopentyl-tridecyl]-thiophen-2-carbaldehyd und 5-Chlor-2-hydroxy-benzoesäure-hydrazid (*Buu-Hoi et al.*, Soc. **1955** 1581).

Krystalle (aus A.); F: 170°.

Oxo-Verbindungen $C_{24}H_{40}O_2$

2-Palmitoyl-4,5,6,7-tetrahydro-benzo[*b*]thiophen, 1-[4,5,6,7-Tetrahydro-benzo[*b*]thiophen-2-yl]-hexadecan-1-on $C_{24}H_{40}OS$, Formel V.

B. Aus 4,5,6,7-Tetrahydro-benzo[*b*]thiophen und Palmitoylchlorid mit Hilfe von Aluminiumchlorid (*Cagniant*, C. r. **230** [1950] 101).

Krystalle (aus PAe.); F: 30°.

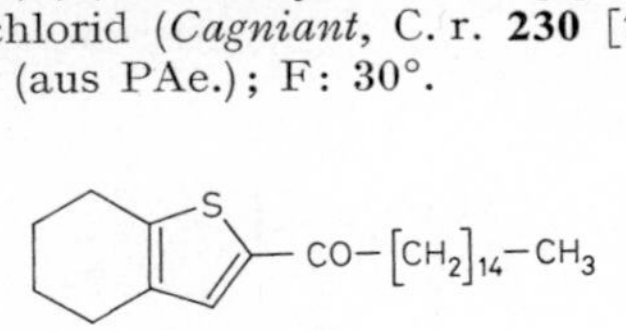

V 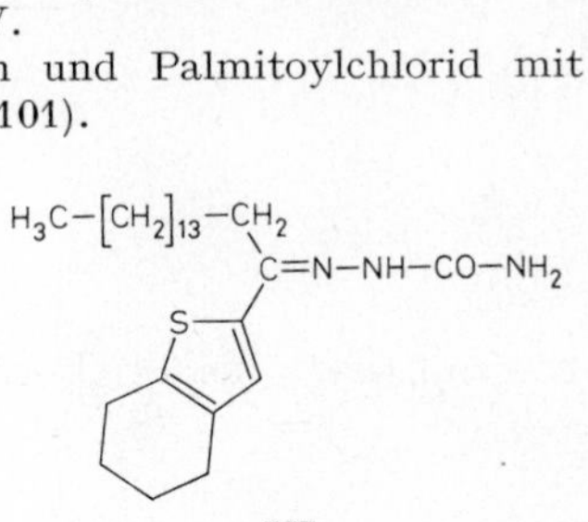 VI

1-[4,5,6,7-Tetrahydro-benzo[*b*]thiophen-2-yl]-hexadecan-1-on-semicarbazon $C_{25}H_{43}N_3OS$, Formel VI.

B. Aus 1-[4,5,6,7-Tetrahydro-benzo[*b*]thiophen-2-yl]-hexadecan-1-on und Semicarbazid (*Cagniant*, C. r. **230** [1950] 101).

Krystalle (aus A.); F: 119°.

(±)-3-[4-Cyclohexyl-butyl]-4-[(*Z*?)-5-cyclohexyl-pentyliden]-oxetan-2-on, (±)-8-Cyclohexyl-2-[4-cyclohexyl-butyl]-3-hydroxy-oct-3*t*(?)-ensäure-lacton $C_{24}H_{40}O_2$, vermutlich Formel VII.

Diese Konstitution kommt dem nachstehend beschriebenen „Dimeren des [4-Cyclohexyl-butyl]-ketens" zu (*Hill et al.*, Am. Soc. **74** [1952] 166; s. a. *Johnson*, *Shiner*, Am. Soc. **75** [1953] 1350); bezüglich der Konfiguration vgl. *Baldwin*, J. org. Chem. **29** [1964] 1882.

B. Beim Behandeln von 6-Cyclohexyl-hexanoylchlorid mit Triäthylamin in Äther (*Hill*, *Senter*, Am. Soc. **71** [1949] 364).

F: 33–35°; Kp_1: 128–130° (*Hill*, *Se.*).

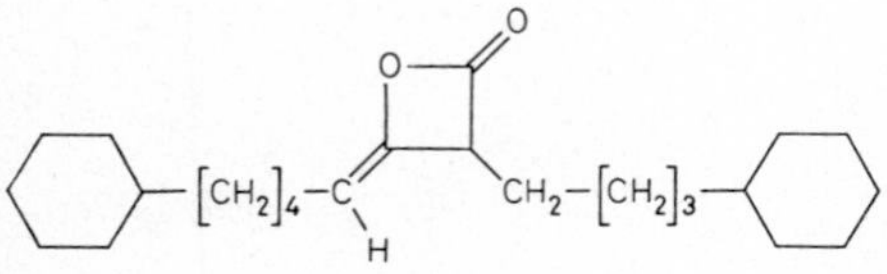

VII

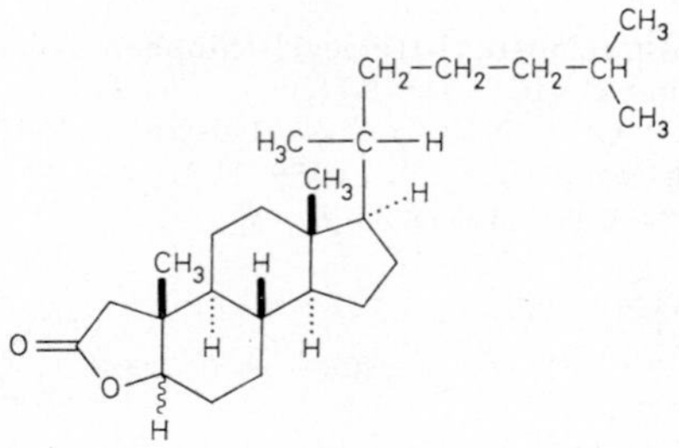

VIII

Oxo-Verbindungen $C_{25}H_{42}O_2$

3-Oxa-*A*-nor-5ξ-cholestan-2-on, 5ξ-Hydroxy-2,5-seco-*A*,*A*-dinor-cholestan-2-säure-lacton $C_{25}H_{42}O_2$, Formel VIII.

Diese Konstitution (und Konfiguration) kommt wahrscheinlich der nachstehend beschriebenen Verbindung zu (*Jacobs*, *Takahashi*, Am. Soc. **80** [1958] 4865, 4868).

B. Neben 2,5-Seco-*A*,*A*-dinor-cholestan-2-säure (F: 155–156°) bei der Hydrierung von 3-Oxa-*A*-nor-cholest-5-en-2-on an Platin in Essigsäure (*Ja.*, *Ta.*).

Krystalle (aus Me.); F: 126–127° [unkorr.]. $[\alpha]_D^{25}$: +8,8° [$CHCl_3$].

Oxo-Verbindungen $C_{26}H_{44}O_2$

2-Docos-13*c*-enoyl-thiophen, 2-Erucaoyl-thiophen, 1-[2]Thienyl-docos-13*c*-en-1-on $C_{26}H_{44}OS$, Formel IX.

B. Beim Behandeln von Thiophen mit Erucaoylchlorid und Zinn(IV)-chlorid in Schwefelkohlenstoff (*Buu-Hoi et al.*, J. org. Chem. **21** [1956] 621).

Krystalle (aus A.); F: 50°.

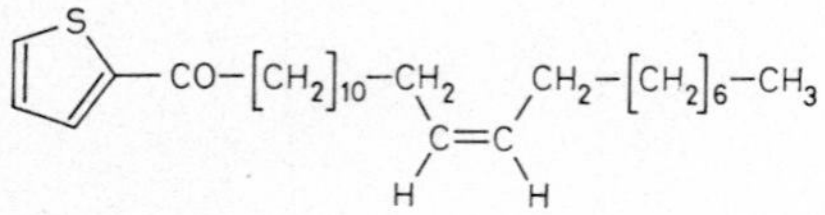

IX

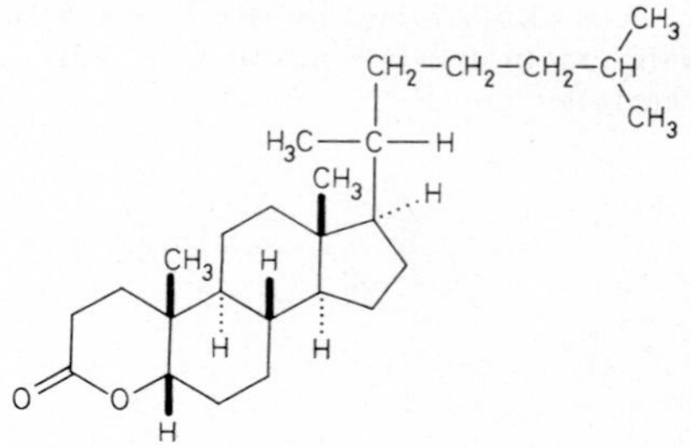

X

7-[1,5-Dimethyl-hexyl]-4a,6a-dimethyl-tetradecahydro-indeno[5,4-*f*]chromen-2-on $C_{26}H_{44}O_2$.

a) **4-Oxa-5β-cholestan-3-on, 5α-Hydroxy-3,5-seco-*A*-nor-cholestan-3-säure-lacton** $C_{26}H_{44}O_2$, Formel X.

Über die Konfiguration am C-Atom 5 s. *Edward*, *Morand*, Canad. J. Chem. **38** [1960] 1325.

B. Neben dem unter b) beschriebenen Stereoisomeren (Hauptprodukt) bei der Hydrierung von 5-Oxo-3,5-seco-*A*-nor-cholestan-3-säure an Platin in Essigsäure (*Turner*, Am. Soc. **72** [1950] 579, 582) sowie beim Erwärmen dieser Säure mit Natriumboranat in wss.-äthanol. Natronlauge und Erwärmen der angesäuerten Reaktionslösung (*Ed.*, *Mo.*, l. c. S. 1328).

Krystalle (aus wss. Me.); F: 109,5—110° [korr.] (*Tu.*), 107—107,5° (*Ed.*, *Mo.*). $[\alpha]_D^{24}$: +18,6° [$CHCl_3$; c = 6] (*Ed.*, *Mo.*); $[\alpha]_D$: +18,3° [$CHCl_3$] (*Tu.*). IR-Banden (CCl_4) im Bereich von 2940 cm^{-1} bis 1016 cm^{-1}: *Ed.*, *Mo.*, l. c. S. 1328.

b) **4-Oxa-5α-cholestan-3-on, 5β-Hydroxy-3,5-seco-*A*-nor-cholestan-3-säure-lacton** $C_{26}H_{44}O_2$, Formel XI.

Über die Konfiguration am C-Atom 5 s. *Edward*, *Morand*, Canad. J. Chem. **38** [1960] 1325.

B. Neben kleineren Mengen 3,5-Seco-*A*-nor-cholestan-3-säure bei der Hydrierung von 4-Oxa-cholest-5-en-3-on an Platin in Essigsäure (*Turner*, Am. Soc. **72** [1950] 579, 583). Beim Erwärmen von 5-Oxo-3,5-seco-*A*-nor-cholestan-3-säure mit Äthanol und Natrium und Ansäuern der Reaktionslösung (*Bolt*, R. **70** [1951] 940, 946). Neben kleinen Mengen 3,4-Seco-5α-cholestan-3,4-disäure bei mehrtägigem Behandeln einer Lösung von Cholest-4-en-3-on in Essigsäure mit Kaliumperoxodisulfat und Schwefelsäure (*Tu.*, l. c. S. 585; s. a. *Salamon*, Z. physiol. Chem. **272** [1942] 61, 63).

Krystalle; F: 116—116,5° [korr.; aus PAe. und Acn.] (*Tu.*), 115—115,5° [korr.; aus A. oder Me.] (*Bolt*), 114—115° [aus PAe.] (*Ed.*, *Mo.*, l. c. S. 1328). $[\alpha]_D^{24}$: +80,0° [$CHCl_3$; c = 2] (*Ed.*, *Mo.*, l. c. S. 1328); $[\alpha]_D$: +80,5° [$CHCl_3$] (*Tu.*); $[\alpha]_D$: +88,6° [A.; c = 1] (*Bolt*). IR-Spektrum (CCl_4; 1500—1300 cm^{-1}): *Jones*, *Gallagher*, Am. Soc. **81** [1959] 5242, 5247. IR-Banden einer Lösung in Tetrachlormethan im Bereich von 2940 cm^{-1} bis 1047 cm^{-1}: *Ed.*, *Mo.*, l. c. S. 1328; einer Lösung in Schwefelkohlenstoff im Bereich von 1744 cm^{-1} bis 1040 cm^{-1}: *Jo.*, *Ga.*, l. c. S. 5244.

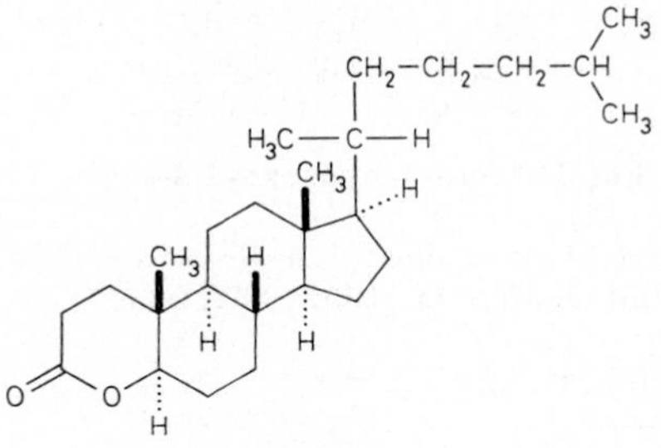

XI 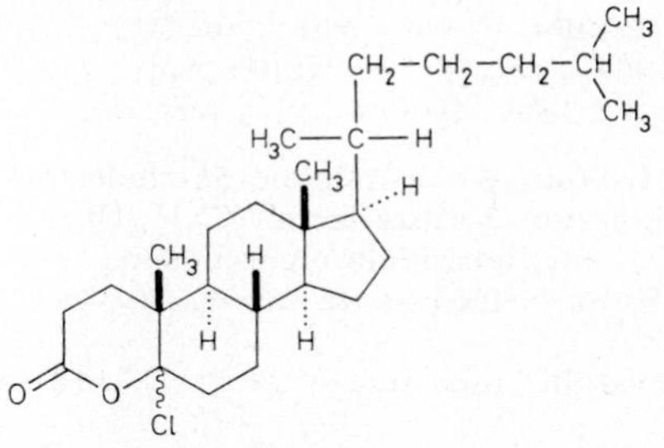 XII

5-Chlor-4-oxa-5ξ-cholestan-3-on, 5ξ-Chlor-5ξ-hydroxy-3,5-seco-*A*-nor-cholestan-3-säure-lacton $C_{26}H_{43}ClO_2$, Formel XII.

B. Beim Behandeln einer Lösung von 5-Oxo-3,5-seco-*A*-nor-cholestan-3-säure in Benzol mit Thionylchlorid (*Turner*, Am. Soc. **72** [1950] 579, 583).

Krystalle (aus CH_2Cl_2 + PAe.); F: 141—142° [korr.]. $[\alpha]_D$: +30,9° [$CHCl_3$].

Oxo-Verbindungen $C_{27}H_{46}O_2$

8-[1,5-Dimethyl-hexyl]-5a,7a-dimethyl-hexadecahydro-cyclopenta[5,6]naphth[2,1-*c*]oxepin-3-on $C_{27}H_{46}O_2$.

a) **4-Oxa-*A*-homo-5β-cholestan-3-on, 4-Hydroxy-3,4-seco-5β-cholestan-3-säure-lacton** $C_{27}H_{46}O_2$, Formel I.

B. Neben 3-Oxa-*A*-homo-5β-cholestan-4-on (s. diesbezüglich *Hara et al.*, Chem. and Ind. **1962** 2086; *Hara*, *Matsumoto*, J. pharm. Soc. Japan **85** [1965] 48; C. A. **62** [1965] 14769) beim Behandeln von 5β-Cholestan-3-on mit Peroxybenzoesäure in Chloroform unter Lichtausschluss (*Burckhardt*, *Reichstein*, Helv. **25** [1942] 1434, 1449; *Shoppee*, *Sly*, Soc. **1958** 3458, 3464; s. a. *Lederer et al.*, Helv. **29** [1946] 1354, 1364). Neben einem Lacton $C_{27}H_{46}O_2$(?) vom F: 183—184° beim Erwärmen von 5β-Cholestan-3-on mit Ammoniumperoxodisulfat in wss. Essigsäure (*Gardner*, *Godden*, Biochem. J. **7** [1913] 588, 590). Neben einer bei 125—127° schmelzenden Substanz bei der Hydrierung von 4-Oxa-*A*-homo-cholest-5-en-3-on an Platin in Essigsäure und Äther (*Mori*, *Mukawa*, Pr. Acad. Tokyo **31** [1955] 532, 534; C. A. **1956** 11359).

Krystalle; F: 163—165° (*Le. et al.*), 158° [Kofler-App.; aus Me.] (*Sh., Sly*), 157—158° [aus A.] (*Ga., Go.*), 156—157° [unkorr.] (*Mori, Mu.*), 155—157° [korr.; Kofler-App.; aus wss. Me.] (*Bu., Re.*). $[\alpha]_D$: +49° [$CHCl_3$; c = 1] (*Sh., Sly*); $[\alpha]_D^{20}$: +49,2° [Acn.; c = 1] (*Bu., Re.*); $[\alpha]_D^{16}$: +50° [A.] (*Le. et al.*).

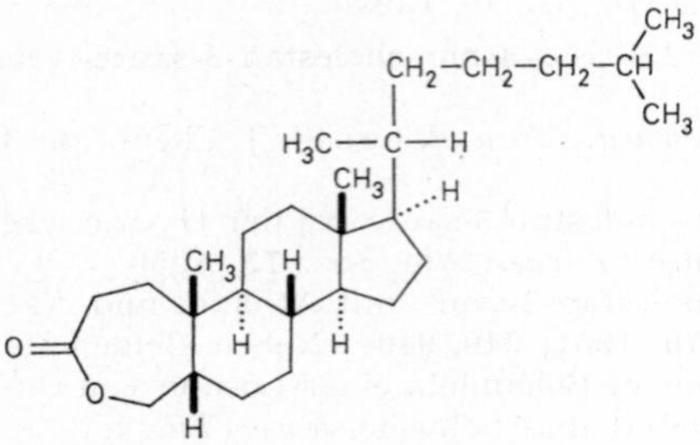

I 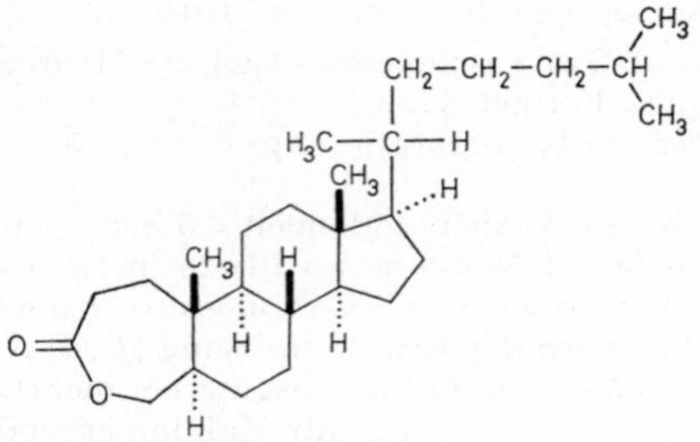 II

b) **4-Oxa-*A*-homo-5α-cholestan-3-on, 4-Hydroxy-3,4-seco-5α-cholestan-3-säure-lacton** $C_{27}H_{46}O_2$, Formel II.

B. Neben 3-Oxa-*A*-homo-5α-cholestan-4-on (s. diesbezüglich *Hara et al.*, Chem. and Ind. **1962** 2086; *Hara, Matsumoto*, J. pharm. Soc. Japan **85** [1965] 48, 54; C. A. **62** [1965] 14769) beim Behandeln von 5α-Cholestan-3-on (E III **7** 1330) mit Peroxybenzoe-säure in Chloroform unter Lichtausschluss (*Burckhardt, Reichstein*, Helv. **25** [1942] 1434, 1441; *Shoppee, Sly*, Soc. **1958** 3458, 3463).

Krystalle, F: 188—191° [aus Me. + Ae.]; $[\alpha]_D^{26}$: +10,8° [$CHCl_3$; c = 0,5] (*Hara, Ma.*). F: 186—187° [korr.; Kofler-App.; aus Bzl. + PAe.]; $[\alpha]_D^{15}$: +1,2° [Acn.; c = 1] (*Bu., Re.*). F: 186° [Kofler-App.; aus Me. + Ae.]; $[\alpha]_D$: +4° [$CHCl_3$] (*Sh., Sly*).

5,6ξ-Dibrom-4-oxa-*A*-homo-5ξ-cholestan-3-on, 5,6ξ-Dibrom-4-hydroxy-3,4-seco-5ξ-cholestan-3-säure-lacton $C_{27}H_{44}Br_2O_2$, Formel III.

B. Beim Behandeln einer Lösung von 4-Oxa-*A*-homo-cholest-5-en-3-on in Chloroform mit Brom in Essigsäure (*Mori, Mukawa*, Pr. Acad. Tokyo **31** [1955] 532, 534; C. A. **1956** 11359).

Krystalle (aus Acn. + Me.); F: 142—144° [unkorr.; Zers.].

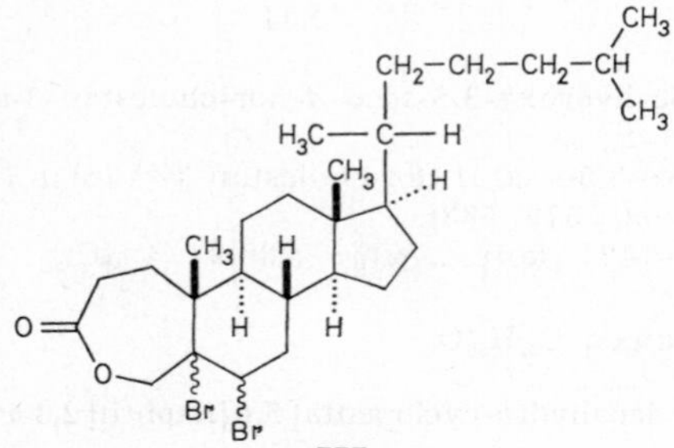

III 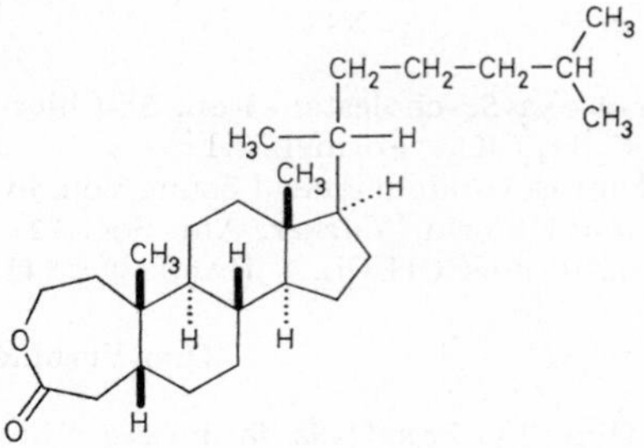 IV

8-[1,5-Dimethyl-hexyl]-5a,7a-dimethyl-hexadecahydro-cyclopenta[5,6]naphth[1,2-*d*]-oxepin-2-on $C_{27}H_{46}O_2$.

a) **3-Oxa-*A*-homo-5β-cholestan-4-on, 2-Hydroxy-2,3-seco-5β-cholestan-3-säure-lacton** $C_{27}H_{46}O_2$, Formel IV.

B. Beim Behandeln von 2-Amino-2,3-seco-5β-cholestan-3-säure-hydrochlorid (F: 223° bis 229°; vermutlich Gemisch mit 4-Amino-3,4-seco-5β-cholestan-3-säure-hydrochlorid [vgl. *Shoppee et al.*, Soc. **1962** 1050, 1051]) mit Natriumnitrit und wss. Essigsäure (*Shoppee, Sly*, Soc. **1958** 3458, 3464). Weitere Bildungsweise s. S. 4783 im Artikel 4-Oxa-*A*-homo-5β-cholestan-3-on.

Krystalle (aus Ae. + Me.), F: 182—183° [Kofler-App.]; $[\alpha]_D$: +50° [$CHCl_3$; c = 1] (*Sh., Sly*).

b) **3-Oxa-*A*-homo-5α-cholestan-4-on, 2-Hydroxy-2,3-seco-5α-cholestan-3-säure-lacton** $C_{27}H_{46}O_2$, Formel V.

B. Beim Behandeln von 2-Amino-2,3-seco-5α-cholestan-3-säure-hydrochlorid (F: 220° bis 225°; vermutlich Gemisch mit 4-Amino-3,4-seco-5α-cholestan-3-säure-hydrochlorid [vgl. *Shoppee et al.*, Soc. **1962** 1050, 1051]) mit Natriumnitrit und wss. Essigsäure (*Shoppee, Sly*, Soc. **1958** 3458, 3463). Neben 3-Oxa-*A*-homo-5α-cholestan-2-on beim Behandeln von 2,3-Seco-5α-cholestan-2,3-diol mit Chrom(VI)-oxid in Essigsäure (*Nes, Lettré*, A. **598** [1956] 65, 68).

Krystalle; F: 184–185° (*Nes*, zit. bei *Sh., Sly*), 181–183° [Kofler-App.; aus A. + Me.] (*Sh., Sly*). $[\alpha]_D$: +46° [$CHCl_3$; c = 0,7] (*Sh., Sly*); $[\alpha]_D$: +47° [$CHCl_3$] (*Nes*, zit. bei *Sh., Sly*).

V VI

3-Oxa-*A*-homo-5α-cholestan-2-on, 3-Hydroxy-2,3-seco-5α-cholestan-2-säure-lacton $C_{27}H_{46}O_2$, Formel VI.

B. Neben 3-Oxa-*A*-homo-5α-cholestan-4-on beim Behandeln von 2,3-Seco-5α-cholestan-2,3-diol mit Chrom(VI)-oxid in Essigsäure (*Nes, Lettré*, A. **598** [1956] 65, 68; *Nes*, zit. bei *Shoppee, Sly*, Soc. **1958** 3458, 3463).

F: 154–155° [Kofler-App.]; $[\alpha]_D$: +28° [$CHCl_3$] (*Nes*, zit. bei *Sh., Sly*).

VII VIII

7-Oxa-*B*-homo-5α-cholestan-6-on, 7-Hydroxy-6,7-seco-5α-cholestan-6-säure-lacton $C_{27}H_{46}O_2$, Formel VII, und **7-Oxa-*B*-homo-5α-cholestan-7a-on, 6-Hydroxy-6,7-seco-5α-cholestan-7-säure-lacton** $C_{27}H_{46}O_2$, Formel VIII.

Diese beiden Formeln kommen für die nachstehend beschriebene Verbindung in Betracht.

B. Neben 6(oder 7)-Hydroxy-6,7-seco-5α-cholestan-7(oder 6)-säure (F: 212° [E III **10** 86]) beim Erwärmen einer Lösung von 3α-Chlor-6,7-seco-5α-cholestan-6,7-disäure (E III **9** 4087) in Essigsäure mit Zink und wss. Salzsäure (*Windaus, v. Staden*, B. **54** [1921] 1059, 1063).

Krystalle (aus PAe.); F: 118°. [*Henseleit*]

Sachregister

Das Register enthält die Namen der in diesem Band abgehandelten Verbindungen mit Ausnahme von Salzen, deren Kationen aus Metallionen oder protonierten Basen bestehen, und von Additionsverbindungen.

Die im Register aufgeführten Namen („Registernamen") unterscheiden sich von den im Text verwendeten Namen im allgemeinen dadurch, dass Substitutionspräfixe und Hydrierungsgradpräfixe hinter den Stammnamen gesetzt („invertiert") sind, und dass alle zur Konfigurationskennzeichnung dienenden genormten Präfixe und Symbole (s. „Stereochemische Bezeichnungsweisen") weggelassen sind.

Der Registername enthält demnach die folgenden Bestandteile in der angegebenen Reihenfolge:

1. den Register-Stammnamen (in Fettdruck); dieser setzt sich zusammen aus
   a) dem Stammvervielfachungsaffix (z. B. Bi in [1,2′]Binaphthyl),
   b) stammabwandelnden Präfixen [1]),
   c) dem Namensstamm (z. B. Hex in Hexan; Pyrr in Pyrrol),
   d) Endungen (z. B. -an, -en, -in zur Kennzeichnung des Sättigungszustandes von Kohlenstoff-Gerüsten; -ol, -in, -olin, -olidin usw. zur Kennzeichnung von Ringgrösse und Sättigungszustand bei Heterocyclen),
   e) dem Funktionssuffix zur Kennzeichnung der Hauptfunktion (z. B. -ol, -dion, -säure, -tricarbonsäure),
   f) Additionssuffixen (z. B. oxid in Äthylenoxid).
2. Substitutionspräfixe, d. h. Präfixe, die den Ersatz von Wasserstoff-Atomen durch andere Substituenten kennzeichnen (z. B. Äthyl-chlor in 1-Äthyl-2-chlornaphthalin; Epoxy in 1,4-Epoxy-*p*-menthan [vgl. dagegen das Brückenpräfix Epoxido].
3. Hydrierungsgradpräfixe (z. B. Tetrahydro in 1,2,3,4-Tetrahydro-naphthalin; Didehydro in 4,4′-Didehydro-*β*-carotin-3,3′-dion.
4. Funktionsabwandlungssuffixe (z. B. oxim in Aceton-oxim; dimethylester in Bernsteinsäure-dimethylester).

Beispiele:

Dibrom-chlor-methan wird registriert als **Methan,** Dibrom-chlor-;

meso-1,6-Diphenyl-hex-3-in-2,5-diol wird registriert als **Hex-3-in-2,5-diol,** 1,6-Diphenyl-;

4a,8a-Dimethyl-octahydro-1*H*-naphthalin-2-on-semicarbazon wird registriert als **Naphthalin-2-on,** 4a,8a-Dimethyl-octahydro-1*H*-, semicarbazon;

8-Hydroxy-4,5,6,7-tetramethyl-3a,4,7,7a-tetrahydro-4,7-äthano-inden-9-on wird registriert als **4,7-Äthano-inden-9-on,** 8-Hydroxy-4,5,6,7-tetramethyl-3a,4,7,7a-tetrahydro-.

---

[1]) Zu den stammabwandelnden Präfixen gehören:

Austauschpräfixe (z. B. Dioxa in 3,9-Dioxa-undecan; Thio in Thioessigsäure),

Gerüstabwandlungspräfixe (z. B. Cyclo in 2,5-Cyclo-benzocyclohepten; Bicyclo in Bicyclo[2.2.2]octan; Spiro in Spiro[4.5]octan; Seco in 5,6-Seco-cholestan-5-on),

Brückenpräfixe (nur zulässig in Namen, deren Stamm ein Ringgerüst ohne Seitenkette bezeichnet; z. B. Methano in 1,4-Methano-naphthalin; Epoxido in 4,7-Epoxido-inden [vgl. dagegen das Substitutionspräfix Epoxy]),

Anellierungspräfixe (z. B. Benzo in Benzocyclohepten; Cyclopenta in Cyclopenta[*a*]phenanthren),

Erweiterungspräfixe (z. B. Homo in *D*-Homo-androst-5-en),

Subtraktionspräfixe (z. B. Nor in *A*-Nor-cholestan; Desoxy in 2-Desoxy-glucose).

Besondere Regelungen gelten für Radikofunktionalnamen, d. h. Namen, die aus einer oder mehreren Radikalbezeichnungen und der Bezeichnung einer Funktionsklasse oder eines Ions zusammengesetzt sind:

Bei Radikofunktionalnamen von Verbindungen, deren Funktionsgruppe (oder ional bezeichnete Gruppe) mit nur einem Radikal unmittelbar verknüpft ist, umfasst der (in Fettdruck gesetzte) Register-Stammname die Bezeichnung dieses Radikals und die Funktionsklassenbezeichnung (oder Ionenbezeichnung) in unveränderter Reihenfolge; Präfixe, die eine Veränderung des Radikals ausdrücken, werden hinter den Stammnamen gesetzt.

Beispiele:

Äthylbromid, Phenylbenzoat, Phenyllithium und Butylamin werden unverändert registriert;
4′-Brom-3-chlor-benzhydrylchlorid wird registriert als **Benzhydrylchlorid,** 4′-Brom-3-chlor-;
1-Methyl-butylamin wird registriert als **Butylamin,** 1-Methyl-.

Bei Radikofunktionalnamen von Verbindungen mit einem mehrwertigen Radikal, das unmittelbar mit den Funktionsgruppen (oder ional bezeichneten Gruppen) verknüpft ist, umfasst der Register-Stammname die Bezeichnung dieses Radikals und die (gegebenenfalls mit einem Vervielfachungsaffix versehene) Funktionsklassenbezeichnung (oder Ionenbezeichnung), nicht aber weitere im Namen enthaltene Radikalbezeichnungen, auch wenn sie sich auf unmittelbar mit einer der Funktionsgruppen verknüpfte Radikale beziehen.

Beispiele:

Benzylidendiacetat, Äthylendiamin und Äthylenchlorid werden unverändert registriert;
1,2,3,4-Tetrahydro-naphthalin-1,4-diyldiamin wird registriert als **Naphthalin-1,4-diyldiamin,** Tetrahydro-;
N,N-Diäthyl-äthylendiamin wird registriert als **Äthylendiamin,** *N,N*-Diäthyl-.

Bei Radikofunktionalnamen, deren (einzige) Funktionsgruppe mit mehreren Radikalen unmittelbar verknüpft ist, besteht hingegen der Register-Stammname nur aus der Funktionsklassenbezeichnung (oder Ionenbezeichnung); die Radikalbezeichnungen werden sämtlich hinter dieser angeordnet.

Beispiele:

Benzyl-methyl-amin wird registriert als **Amin,** Benzyl-methyl-;
Äthyl-trimethyl-ammonium wird registriert als **Ammonium,** Äthyl-trimethyl-;
Diphenyläther wird registriert als **Äther,** Diphenyl-;
[2-Äthyl-1-naphthyl]-phenyl-keton-oxim wird registriert als **Keton,** [2-Äthyl-1-naphthyl]-phenyl-, oxim.

Massgebend für die alphabetische Anordnung von Verbindungsnamen sind in erster Linie der Register-Stammname (wobei die durch Kursivbuchstaben oder Ziffern repräsentierten Differenzierungsmarken in erster Näherung unberücksichtigt bleiben), in zweiter Linie die nachgestellten Präfixe, in dritter Linie die Funktionsabwandlungssuffixe.

Beispiele:

o-**Phenylendiamin,** 3-Brom- erscheint unter dem Buchstaben P nach *m*-**Phenylendiamin,** 2,4,6-Trinitro-;
Cyclopenta[*b*]naphthalin, 3-Brom- erscheint nach **Cyclopenta[*a*]naphthalin,** 3-Methyl-.

Von griechischen Zahlwörtern abgeleitete Namen oder Namensteile sind einheitlich mit c (nicht mit k) geschrieben.

Die Buchstaben i und j werden unterschieden.

Die Umlaute ä, ö und ü gelten hinsichtlich ihrer alphabetischen Einordnung als ae, oe bzw. ue.

A

Abietan-18-säure
—, 9-Hydroxy-,
— lacton 4778
Abietinsäure
—, Dihydro-,
— δ-lacton 4778
Acetaldehyd
—, [5-Chlor-[2]thienyl]- 4519
— semicarbazon 4519
—, Furfurylidenamino-,
— diäthylacetal 4422
—, [2]Furyl- 4518
— semicarbazon 4518
—, [3-Methyl-tetrahydro-[2]furyl]- 4208
—, [2]Thienyl- 4518
— acetylimin 4518
— benzoylimin 4518
— [2,4-dinitro-phenylhydrazon] 4518
— semicarbazon 4519
—, [2]Thienylmethylenamino-,
— diäthylacetal 4481
—, [3]Thienylmethylenamino-,
— diäthylacetal 4497
Acetamid
s. a. Essigsäure-amid
—, *N*-[4-Brom-5-jod-3-nitro-[2]thienyl]- 4291
—, *N*-[4-Brom-5-jod-3-nitro-3*H*-[2]thienyliden]- 4291
—, *N*-[3-Brom-5-jod-[2]thienyl]- 4290
—, *N*-[4-Brom-5-jod-[2]thienyl]- 4290
—, *N*-[3-Brom-5-jod-3*H*-[2]thienyliden]- 4290
—, *N*-[4-Brom-5-jod-3*H*-[2]thienyliden]- 4290
—, *N*-[3-Brom-5-nitro-[2]thienyl]- 4291
—, *N*-[3-Brom-5-nitro-3*H*-[2]thienyliden]- 4291
—, *N*-[3-Brom-[2]thienyl]- 4289
—, *N*-[4-Brom-[2]thienyl]- 4289
—, *N*-[3-Brom-3*H*-[2]thienyliden]- 4289
—, *N*-[4-Brom-3*H*-[2]thienyliden]- 4289
—, *N*-[5-Chlor-[2]thienyl]- 4288
—, *N*-[5-Chlor-3*H*-[2]thienyliden]- 4288
—, *N*-[3,4-Dibrom-5-nitro-[2]thienyl]- 4291
—, *N*-[3,4-Dibrom-5-nitro-3*H*-[2]thienyliden]- 4291
—, *N*-[3,5-Dibrom-[2]thienyl]- 4289
—, *N*-[3,5-Dibrom-3*H*-[2]thienyliden]- 4289
—, *N*-[3,5-Dichlor-[2]thienyl]- 4288
—, *N*-[3,5-Dichlor-3*H*-[2]thienyliden]- 4288
—, *N*-[3,4-Dijod-5-nitro-[2]thienyl]- 4291
—, *N*-[3,4-Dijod-5-nitro-3*H*-[2]thienyliden]- 4291
—, *N*-[3,5-Dijod-[2]thienyl]- 4290
—, *N*-[3,5-Dijod-3*H*-[2]thienyliden]- 4290
—, *N*-[3,5-Dinitro-[2]furyl]- 4286
—, *N*-[3,5-Dinitro-3*H*-furyliden]- 4286
—, *N*-[3,5-Dinitro-[2]thienyl]- 4292
—, *N*-[3,5-Dinitro-3*H*-[2]thienyliden]- 4292
—, *N*-[2]Furyl- 4285
—, *N*-[3*H*-[2]Furyliden]- 4285
—, *N*-[4-Jod-3,5-dinitro-[2]thienyl]- 4293
—, *N*-[4-Jod-3,5-dinitro-3*H*-[2]thienyliden]- 4293
—, *N*-[5-Jod-[2]thienyl]- 4290
—, *N*-[5-Jod-3*H*-[2]thienyliden]- 4290
—, *N*-[3-Methyl-[2]thienyl]- 4303
—, *N*-[5-Methyl-[2]thienyl]- 4302
—, *N*-[3-Methyl-3*H*-[2]thienyliden]- 4303
—, *N*-[5-Methyl-3*H*-[2]thienyliden]- 4302
—, *N*-[*N*-(5-Nitro-furfuryliden)-sulfanilyl]- 4463
—, *N*-[5-Nitro-[2]thienyl]- 4290
—, *N*-[5-Nitro-3*H*-[2]thienyliden]- 4290
—, *N*-[2]Thienyl- 4286
—, *N*-[2-[2]Thienyl-äthyliden]- 4518
—, *N*-[3*H*-[2]Thienyliden]- 4286
—, *N*-[2-[2]Thienyl-vinyl]- 4518
—, *N*-[Tribrom-[2]thienyl]- 4289
—, *N*-[3,4,5-Tribrom-3*H*-[2]thienyliden]- 4289
—, *N*-[Trijod-[2]thienyl]- 4290
—, *N*-[3,4,5-Trijod-3*H*-[2]thienyliden]- 4290
—, *N*-[Trinitro-[2]thienyl]- 4293
—, *N*-[3,4,5-Trinitro-3*H*-[2]thienyliden]- 4293
Acetessigsäure
— [2]thienylamid 4288
— [3*H*-[2]thienylidenamid] 4288
Acetimidsäure
—, [2-Hydroxy-2,3,3-trimethyl-cyclopentyl]-,
— lacton 4365
Aceton
—, [4,5-Dihydro-[2]furyl]- 4313

Äthanon *(Fortsetzung)*
—, 1-[Trichlor-[3]thienyl]- 4521
—, 1-[2,5,6-Trimethyl-3,4-dihydro-2*H*-pyran-2-yl]- 4348
— oxim 4348
— semicarbazon 4348
—, 1-[2,5,6-Trimethyl-tetrahydro-pyran-2-yl]- 4250
— semicarbazon 4250
—, 1-[Trimethyl-[2]thienyl]- 4598
— [4-nitro-phenylhydrazon] 4598
— oxim 4598
— semicarbazon 4598
—, 1-[Trimethyl-[3]thienyl]- 4598
— [4-nitro-phenylhydrazon] 4598
— oxim 4598
— semicarbazon 4598
—, 1-[5-Undecyl-[2]thienyl]- 4684
— azin 4684
— [2,4-dinitro-phenylhydrazon] 4684
— semicarbazon 4684
2,6-Äthano-oxepin-3-carbonitril
—, 4-Isopropenyl-2,7,7-trimethyl-hexahydro- 4679
2,6-Äthano-oxepin-3-carbonsäure
—, 4-[β-Amino-isopropyl]-2,7,7-trimethyl-hexahydro-,
— lactam 4679
Äthylendiamin
—, *N*-Äthoxyoxalyl-*N*-furfurylidenhydrazinooxalyl- 4440
—, *N*-Äthoxyoxalyl-*N'*-[(5-methyl-furfurylidenhydrazino)-oxalyl]- 4526
—, *N,N'*-Bis-furfurylidenhydrazinooxalyl- 4441
—, *N,N'*-Bis-[*N*-furfuryliden-sulfanilyl]- 4423
—, *N,N'*-Bis-selenophen-2-ylmethylen- 4492
—, *N,N'*-Bis-[2]thienylmethylen- 4481
—, *N,N'*-Difurfuryliden- 4424
Alantolacton
—, Dihydro- 4763
—, Tetrahydro- 4672
Allohydroxyrosanolacton 4776
Allophansäure
— [5-nitro-furfurylidenhydrazid] 4468
Ambreinolid 4686
—, 3-Methyl- 4690
Ambrettolid 4394
Ambrosan 4670 Anm.
Ambrosan-12-säure
—, 6-Hydroxy-,
— lacton 4671
—, 8-Hydroxy-,
— lacton 4670
Amin
—, Acetyl-[*N*-(5-nitro-furfuryliden)-sulfanilyl]- 4463
—, [4'-Äthoxy-biphenyl-4-yl]-furfuryliden- 4421
—, Äthyl-[2,6-dimethyl-5,6-dihydro-2*H*-pyran-3-ylmethylen]- 4324
—, Äthyl-furfuryliden- 4415
—, [2-Äthyl-hexyl]-[1-[2]thienyl-äthyliden]- 4508
—, Benzyl-furfuryliden- 4417
—, Biphenyl-4-yl-furfuryliden- 4418
—, Bis-[(5-nitro-furfuryliden)-carbazoyl]- 4469
—, Bis-{[3-(5-nitro-[2]furyl)-allyliden]-carbazoyl}- 4705
—, [5-Brom-3,4-dinitro-[2]thienyl]-phenyl- 4293
—, [4'-Butoxy-biphenyl-4-yl]-furfuryliden- 4421
—, Butyl-furfuryliden- 4415
—, Butyl-[2]thienylmethylen- 4479
—, Chlor-furfuryliden- 4424
—, Cyclohexyl-furfuryliden- 4416
—, Cyclohexyl-[3-[2]furyl-2-methyl-allyliden]- 4722
—, Cyclohexyl-selenophen-2-ylmethylen- 4491
—, [2,2-Diäthoxy-äthyl]-furfuryliden- 4422
—, [2,2-Diäthoxy-äthyl]-[2]-thienylmethylen- 4481
—, [2,2-Diäthoxy-äthyl]-[3]-thienylmethylen- 4497
—, [3,4-Dihydro-2*H*-pyran-2-ylmethylen]-methallyl- 4306
—, [2,5-Dimethyl-3,4-dihydro-2*H*-pyran-2-ylmethylen]-methallyl- 4323
—, Dimethyl-[α-methylmercapto-furfuryl]- 4476
—, [4,2'-Dinitro-stilben-α-yl]-furfuryliden- 4418
—, [3,5-Dinitro-[2]thienyl]-[4-nitro-phenyl]- 4292
—, [3,5-Dinitro-[2]thienyl]-phenyl- 4292
—, [3,5-Dinitro-[2]thienyl]-*p*-tolyl- 4292
—, Furfuryliden-[4'-methoxy-biphenyl-4-yl]- 4421
—, Furfuryliden-methyl- 4415
—, Furfuryliden-[1-methyl-cyclohexyl]- 4416
—, Furfuryliden-[1-methyl-2-phenyl-äthyl]- 4418
—, Furfuryliden-nitro- 4452

p-Anisidin
—, N-Furfuryliden- 4420
—, N-[3-[2]Furyl-allyliden]- 4698
—, N-[5-Methyl-[2]thienylmethylen]- 4529
—, N-[5-Nitro-furfuryliden]- 4461
—, N-[3-(5-Nitro-[2]furyl)-allyliden]- 4701
—, N-[2]Thienylmethylen- 4480
p-Anisidinium
—, N-[3-[2]Furyl-allyliden]-N-methyl- 4698
Anissäure
s. Benzoesäure, Methoxy-
Anthranilsäure
—, N-Furfuryliden-,
— furfurylidenhydrazid 4449
—, N-Methyl-,
— furfurylidenhydrazid 4449
—, N-[5-Nitro-furfuryliden]- 4462
—, N-Selenophen-2-ylmethylen- 4492
Aparajitin 4284
Apocampholid
—, Dimethyl- 4378
Aristolacton
—, Dihydro- 4760
—, Hexahydro- 4394
Arsonsäure
—, {4-[(5-Nitro-furfurylidencarbazoyl)-amino]-phenyl}- 4469
Azobenzol-4-sulfonsäure
—, 4'-Furfurylidenamino- 4424
Azulen
—, 5-Isopropyl-3a,8-dimethyl-decahydro- 4670 Anm.
—, 7-Isopropyl-1,4-dimethyl-decahydro- 4677 Anm.
Azuleno[4,5-b]furan-2-on
—, Decahydro- 4649
—, 6-Methyl-decahydro- 4656
—, 3,6,9-Trimethyl-decahydro- 4670
—, 3,6,9a-Trimethyl-decahydro- 4671
—, 3,6,9-Trimethyl-3a,4,5,6,6a,7,8,9b-octahydro-3H- 4763
—, 3,6,9-Trimethyl-3a,4,5,7,8,9,9a,9b-octahydro-3H- 4762
Azuleno[6,5-b]furan-2-on
—, 3,4a,8-Trimethyl-decahydro- 4670

B

Benzaldehyd
—, 4-Furfurylidenamino-,
— thiosemicarbazon 4423
—, 4-[5-Nitro-furfurylidenamino]-,
— thiosemicarbazon 4462
Benzamid
s. a. Benzoesäure-amid
—, N-[2]Furyl- 4285
—, N-[3H-[2]Furyliden]- 4285
—, N-[5-Methyl-[2]furyl]- 4301
—, N-[5-Methyl-3H-[2]furyliden]- 4301
—, N-[2-[2]Thienyl-äthyliden]- 4518
—, N-[2-[2]Thienyl-vinyl]- 4518
Benzidin
—, Bis-[3-[2]furyl-allyliden]- 4699
—, Bis-[5-nitro-furfuryliden]- 4463
—, Difurfuryliden- 4424
—, 3,3'-Dimethyl-N,N'-bis-[5-nitro-furfuryliden]- 4463
Benz[b]indeno[5,4-d]oxepin-5-on
—, 12a-Methyl-hexadecahydro- 4771
Benzo[f]chromen-3-carbaldehyd
—, 3,4a,7,7,10a-Pentamethyl-dodecahydro- 4690
— semicarbazon 4691
Benzo[f]chromen-3-on
—, 4a,7,7,8,10a-Pentamethyl-dodecahydro- 4690
—, 4a,7,7,10a-Tetramethyl-4a,5,6,6a,7,8,9,10,10a,10b-decahydro- 4770
—, 4a,7,7,10a-Tetramethyl-dodecahydro- 4686
Benzo[f]chromen-9-on
—, 3-Äthyl-3,4a,7,7,10a-pentamethyl-dodecahydro- 4692
—, 3,4a,7,7,10a-Pentamethyl-3-vinyl-dodecahydro- 4774
— oxim 4774
— semicarbazon 4774
Benzo[h]chromen-2-on
—, Dodecahydro- 4656
—, 4-Methyl-dodecahydro- 4665
Benzoesäure
— [2-brom-3-(5-nitro-[2]furyl)-allylidenhydrazid] 4707
— furfurylidenhydrazid 4437
— [5-nitro-furfurylidenhydrazid] 4465
— [3-(5-nitro-[2]furyl)-allylidenhydrazid] 4703
—, 2-Amino- s. Anthranilsäure
—, 3-Amino-,
— furfurylidenhydrazid 4449
—, 4-Amino-,
— furfurylidenhydrazid 4449
—, 4-Amino-2-hydroxy-,
— [2-brom-3-(5-nitro-[2]furyl)-allylidenhydrazid] 4708
— [5-nitro-furfurylidenhydrazid] 4475
— [3-(5-nitro-[2]furyl)-allylidenhydrazid] 4706
—, 2-Brom-,
— furfurylidenhydrazid 4437

Benzoesäure *(Fortsetzung)*
—, 3-Brom-,
— furfurylidenhydrazid 4437
—, 4-Brom-,
— furfurylidenhydrazid 4438
—, 5-Brom-2-hydroxy-,
— [5-propyl-[2]thienylmethylenhydrazid] 4565
—, 4-[2-Brom-3-(5-nitro-[2]furyl)-allylidenamino]-2-hydroxy-,
— methylester 4707
—, 4-[2-Brom-3-(5-nitro-[2]thienyl)-allylidenamino]- 4711
—, 2-Chlor-,
— furfurylidenhydrazid 4437
—, 3-Chlor-,
— furfurylidenhydrazid 4437
—, 4-Chlor-,
— [5-(13-cyclopentyl-tridecyl)-[2]thienylmethylenhydrazid] 4781
— furfurylidenhydrazid 4437
— [5-nitro-furfurylidenhydrazid] 4465
— [3-(5-nitro-[2]furyl)-allylidenhydrazid] 4703
—, 5-Chlor-2-hydroxy-,
— [5-(13-cyclopentyl-tridecyl)-[2]thienylmethylenhydrazid] 4781
— [5-propyl-[2]thienylmethylenhydrazid] 4564
—, 3,5-Dibrom-2-hydroxy-,
— furfurylidenhydrazid 4447
—, 2,4-Dichlor-,
— [5-nitro-furfurylidenhydrazid] 4465
— [3-(5-nitro-[2]furyl)-allylidenhydrazid] 4703
—, 4-[2,6-Dimethyl-5,6-dihydro-2*H*-pyran-3-ylmethylenamino]-2-hydroxy- 4325
—, 3,5-Dimethyl-4-nitro-,
— furfurylidenhydrazid 4439
—, 3,5-Dinitro-,
— furfurylidenhydrazid 4438
—, 4-Furfurylidenamino-2-hydroxy- 4423
—, 2-[Furfurylidencarbazoyl-methoxy]-,
— amid 4446
—, 2-Furfurylidenhydrazino- 4447
—, 3-Furfurylidenhydrazino- 4447
—, 4-Furfurylidenhydrazino- 4447
—, 4-Hydroxy-,
— furfurylidenhydrazid 4448
—, 2-Hydroxy-3-mercurio(1$^+$)-4-[α-sulfo-furfurylamino]-,
Betain 4415
—, 2-Hydroxymethyl-,
— furfurylidenhydrazid 4448
— [5-methyl-furfurylidenhydrazid] 4527
—, 2-Hydroxymethyl-5-nitro-,
— furfurylidenhydrazid 4448
— [5-methyl-furfurylidenhydrazid] 4527
—, 2-Hydroxy-4-[(5-nitro-furfurylidenthiocarbazoyl)-amino]- 4470
—, 2-Hydroxy-4-[3-(5-nitro-[2]thienyl)-allylidenamino]- 4710
—, 2-Hydroxy-4-[α-sulfo-furfurylamino]- 4415
—, 3-Jod-,
— furfurylidenhydrazid 4438
—, 4-Jod-,
— furfurylidenhydrazid 4438
—, 4-Methoxy-,
— furfurylidenhydrazid 4448
—, 4-Methylamino-,
— furfurylidenhydrazid 4450
—, 4-Methyl-3,5-dinitro-,
— furfurylidenhydrazid 4439
—, 4-Methyl-3-nitro-,
— furfurylidenhydrazid 4439
—, 2-Nitro-,
— furfurylidenhydrazid 4438
—, 3-Nitro-,
— furfurylidenhydrazid 4438
— [3-[2]furyl-1-methyl-allylidenhydrazid] 4716
— [5-nitro-furfurylidenhydrazid] 4465
—, 4-Nitro-,
— furfurylidenhydrazid 4438
— [1-[2]furyl-äthylidenhydrazid] 4503
— [2]thienylamid 4287
— [3*H*-[2]thienylidenamid] 4287
—, 3-[5-Nitro-furfurylidenamino]- 4462
—, 4-[5-Nitro-furfurylidenamino]- 4462
— äthylester 4462
—, 4-[3-(5-Nitro-[2]furyl)-allylidenamino]-,
— äthylester 4702
—, 4-[3-(5-Nitro-[2]thienyl)-allylidenamino]- 4710
—, 4-Selenophen-2-ylmethylenamino- 4492

Benzofuran
—, 2-[Toluol-4-sulfonylimino]-octahydro- 4333

Benzofuran-2-on
—, 3-Äthyl-hexahydro- 4361
—, **6-Äthyl-5-isopropyl-3,6-dimethyl-**5,6-dihydro-4*H*- 4760
—, **6-Äthyl-7-isopropyl-3,6-dimethyl-**hexahydro- 4393

Benzofuran-2-on *(Fortsetzung)*
—, 3a-Brom-3,3-dimethyl-hexahydro- 4361
—, 7-Brom-3-methyl-hexahydro- 4342
—, 7-Cyclohexyl-hexahydro- 4662
—, 7-Cyclohexyl-3-methyl-hexahydro- 4669
—, 3-Cyclohexylmethyl-4,5,6,7-tetrahydro-3*H*- 4761
—, 7-Cyclohexyl-3-methyl-3a,4,5,6-tetrahydro-3*H*- 4761
—, 5,6-Dihydro-4*H*- 4727
—, 3,5-Dimethyl-5,6-dihydro-4*H*- 4742
—, 3,6-Dimethyl-5,6-dihydro-4*H*- 4742
—, 3,3-Dimethyl-hexahydro- 4361
—, 3,5-Dimethyl-hexahydro- 4361
—, 3,7-Dimethyl-hexahydro- 4362
—, 3a,7a-Dimethyl-hexahydro- 4362
—, 5,5-Dimethyl-hexahydro- 4362
—, 6,6-Dimethyl-hexahydro- 4362
—, 6,7a-Dimethyl-hexahydro- 4363
—, 3,3-Dimethyl-4,5,6,7-tetrahydro-3*H*- 4623
—, 3,5-Dimethyl-3a,4,5,6-tetrahydro-3*H*- 4623
—, Hexahydro- 4332
—, 7-Isopropenyl-3,6-dimethyl-6-vinyl-hexahydro- 4760
—, 3-Isopropyl-hexahydro- 4376
—, 3-Isopropyl-6-methyl-hexahydro- 4385
—, 7a-Isopropyl-5-methyl-hexahydro- 4385
—, 7a-Isopropyl-5-methyl-3a,6,7,7a-tetrahydro-3*H*- 4647
—, 3a-Jod-hexahydro- 4333
—, 7-Jod-hexahydro- 4333
—, 3-Methyl-5,6-dihydro-4*H*- 4734
—, 3-Methyl-hexahydro- 4341
—, 7-Methyl-hexahydro- 4342
—, 7a-Methyl-hexahydro- 4343
—, 3-Methyl-3a,4,5,6-tetrahydro-3*H*- 4600
—, 3-Methyl-4,5,6,7-tetrahydro-3*H*- 4601
—, 3-Methyl-5,6,7,7a-tetrahydro-4*H*- 4601
—, 3a,4,5,7a-Tetrahydro-3*H*- 4575
—, 4,5,6,7-Tetrahydro-3*H*- 4575
—, 5,6,7,7a-Tetrahydro-4*H*- 4574
—, 4,4,7a-Trimethyl-hexahydro- 4376
Benzofuran-4-on
—, 3,6-Dimethyl-6,7-dihydro-5*H*- 4742
— [2,4-dinitro-phenylhydrazon] 4742
— semicarbazon 4742
—, 2-Isopropenyl-6,6-dimethyl-2,3,6,7-tetrahydro-5*H*- 4755
— [2,4-dinitro-phenylhydrazon] 4755
—, 2-Methyl-6,7-dihydro-5*H*- 4733
— [2,4-dinitro-phenylhydrazon] 4733
Benzofuran-5-on
—, 6-Methyl-3-methylen-2,3,6,7-tetrahydro-4*H*- 4742
Benzol
—, 1,5-Bis-furfurylidenhydrazino-2,4-dinitro- 4450
—, 1,5-Bis-[furfuryliden-methyl-hydrazino]-2,4-dinitro- 4451
—, 1,5-Bis-[5-methyl-furfurylidenhydrazino]-2,4-dinitro- 4528
—, 1,5-Bis-[methyl-(5-methyl-furfuryliden)-hydrazino]-2,4-dinitro- 4528
—, 1-[*N*,*N'*-Dimethyl-hydrazino]-5-furfurylidenhydrazino-2,4-dinitro- 4450
—, 1-[*N*,*N'*-Dimethyl-hydrazino]-5-[furfuryliden-methyl-hydrazino]-2,4-dinitro- 4450
—, 1-[*N'*,*N'*-Dimethyl-hydrazino]-5-furfurylidenhydrazino-2,4-dinitro- 4450
—, 1-[*N'*,*N'*-Dimethyl-hydrazino]-5-[furfuryliden-methyl-hydrazino]-2,4-dinitro- 4450
—, 1-[*N'*,*N'*-Dimethyl-hydrazino]-5-[5-methyl-furfurylidenhydrazino]-2,4-dinitro- 4528
—, 1-[*N'*,*N'*-Dimethyl-hydrazino]-5-[methyl-(5-methyl-furfuryliden)-hydrazino]-2,4-dinitro- 4528
—, 1-Furfurylidenhydrazino-5-[furfuryliden-methyl-hydrazino]-2,4-dinitro- 4450
—, 1-[5-Methyl-furfurylidenhydrazino]-5-[methyl-(5-methyl-furfuryliden)-hydrazino]-2,4-dinitro- 4528
—, 1-[4-(5-Nitro-furfurylidenamino)-phenoxy]-4-[4-(5-nitro-furfurylidenamino)-phenylmercapto]- 4461
Benzolsulfonamid
—, *N*-[3,3-Diäthyl-5-methyl-dihydro-[2]furyliden]- 4246
—, *N*-Furfuryliden- 4425
Benzolsulfonsäure
— furfurylidenhydrazid 4451
—, 4-Chlor-,
— furfurylidenamid 4425
— [2]thienylamid 4288
— [3*H*-[2]thienylidenamid] 4288

Butan-1-on *(Fortsetzung)*
—, 1-[2,2,5,5-Tetramethyl-tetrahydro-[3]furyl]- 4269
— [2,4-dinitro-phenylhydrazon] 4269
—, 1-[2]Thienyl- 4557
— [2,4-dinitro-phenylhydrazon] 4557
— phenylimin 4557
— semicarbazon 4557
— thiosemicarbazon 4557
—, 1-[3]Thienyl- 4560
— [2,4-dinitro-phenylhydrazon] 4560
— semicarbazon 4560
—, 1-[2,2,5-Trimethyl-tetrahydro-[3]-furyl]- 4263
Butan-2-on
—, 1-[4,5-Dihydro-[2]furyl]- 4327
—, 1-[2,2-Dimethyl-tetrahydro-pyran-4-yl]- 4259
— semicarbazon 4259
—, 3,4-Epoxy- 4168
—, 3,4-Epoxy-3-methyl- 4185
—, 3,4-Epoxy-4-[2,6,6-trimethyl-cyclohex-2-enyl]- 4654
— [4-phenyl-semicarbazon] 4654
—, 4-[2,3-Epoxy-2,6,6-trimethyl-cyclohexyl]- 4389
— [4-phenyl-semicarbazon] 4389
— semicarbazon 4389
—, 1-[2]Furyl- 4559
— oxim 4559
— semicarbazon 4559
—, 3-[2]Furyl- 4561
— semicarbazon 4561
—, 4-[2]Furyl- 4559
— [2,4-dinitro-phenylhydrazon] 4560
— oxim 4559
— thiosemicarbazon 4560
—, 1-[5-Methyl-4,5-dihydro-[2]furyl]- 4338
—, 4-[5-Methyl-[2]furyl]- 4589
— [2,4-dinitro-phenylhydrazon] 4590
— semicarbazon 4590
—, 3-Methyl-1-[5-methyl-4,5-dihydro-[2]furyl]- 4350
—, 4-[5-Methyl-tetrahydro-[2]furyl]- 4244
—, 4-Tetrahydro[2]furyl- 4228
— [2,4-dinitro-phenylhydrazon] 4229
— oxim 4229
—, 1-Tetrahydropyran-4-yl- 4238
— [2,4-dinitro-phenylhydrazon] 4238
— oxim 4238
—, 3-Tetrahydropyran-2-yl- 4238
—, 1-[2,2,5,5-Tetramethyl-tetrahydro-[3]furyl]- 4269
— [2,4-dinitro-phenylhydrazon] 4270
—, 3-[2]Thienyl- 4561
—, 4-[2]Thienyl- 4560
— [2,4-dinitro-phenylhydrazon] 4560
— semicarbazon 4560
—, 4-[1,3,3-Trimethyl-7-oxa-[2]norbornyl]- 4390
— semicarbazon 4390
3a,9b-Butano-naphtho[2,1-*b*]furan s. 10a,4a-[1]Oxapropano-phenanthren
But-1-en-2-ol
—, 1-[4,5-Dihydro-[2]furyl]- 4327
—, 1-[5-Methyl-4,5-dihydro-[2]furyl]- 4338
—, 3-Methyl-1-[5-methyl-4,5-dihydro-[2]furyl]- 4350
But-2-en-4-olid 4293
But-3-en-3-olid 4297
But-3-en-4-olid 4284
But-2-en-1-on
—, 1-[5-Brom-[2]thienyl]-4,4,4-trichlor- 4721
—, 1-[5-*tert*-Butyl-[2]thienyl]- 4748
—, 1-[5-Chlor-[2]thienyl]- 4721
—, 1-[2,2-Dimethyl-3,6-dihydro-2*H*-pyran-4-yl]- 4630
—, 1-[3,3-Dimethyl-6,7,8,8a-tetrahydro-isochroman-8-yl]-3-methyl- 4768
—, 3-Methyl-1-[3-methyl-[2]furyl]- 4738
— [2,4-dinitro-phenylhydrazon] 4738
—, 3-Methyl-1-oxiranyl- 4316
—, 1-[3-Methyl-[2]thienyl]- 4730
—, 1-[4-Methyl-[2]thienyl]- 4730
—, 1-[2,2,5,5-Tetramethyl-2,5-dihydro-[3]furyl]- 4645
—, 1-[2]Thienyl- 4720
— [2,4-dinitro-phenylhydrazon] 4720
—, 4,4,4-Trichlor-1-[5-chlor-[2]-thienyl]- 4721
—, 4,4,4-Trichlor-1-[2]thienyl- 4721
—, 1-[2,2,5-Trimethyl-2,5-dihydro-[3]furyl]- 4638
But-3-en-1-on
—, 1-[2,2-Dimethyl-3,6-dihydro-2*H*-pyran-4-yl]- 4630
—, 1-[2-Methyl-3,6-dihydro-2*H*-pyran-4-yl]- 4605
—, 1-Selenophen-2-yl- 4721
— [2,4-dinitro-phenylhydrazon] 4721

Buttersäure *(Fortsetzung)*
—, 2-Butyl-4-hydroxy-3-methyl-,
— lacton 4244
—, 2-[2-Chlor-äthyl]-4-hydroxy-,
— lacton 4196
—, 2-Chlor-3-cyclohexyl-4-hydroxy-,
— lacton 4353
—, 2-Chlor-4-hydroxy-,
— lacton 4163
—, 2-Chlor-4-hydroxy-3,3-dimethyl-,
— lacton 4199
—, 2-Chlormethyl-4-hydroxy-,
— lacton 4183
—, 4-Cyclohex-1-enyl-4-hydroxy-,
— lacton 4619
—, 2-Cyclohexyl-4-hydroxy-,
— lacton 4352
—, 3-Cyclohexyl-4-hydroxy-,
— lacton 4353
—, 3-Cyclohexyl-4-hydroxy-2,2-dimethyl-,
— lacton 4383
—, 2-Cyclohexyliden-4-hydroxy-,
— lacton 4353, 4620
—, 4-Cyclopent-1-enyl-4-hydroxy-,
— lacton 4599
—, 4-Cyclopent-2-enyl-4-hydroxy-3-methyl-,
— lacton 4620
—, 4-Cyclopentyl-4-hydroxy-,
— lacton 4339
—, 4-Cyclopentyl-4-hydroxy-3-methyl-,
— lacton 4353
—, 2-Decyl-4-hydroxy-,
— lacton 4272
—, 2,2-Dichlor-4-hydroxy-,
— lacton 4164
—, 2-Dodecyl-4-hydroxy-,
— lacton 4278
—, 2-Heptyl-4-hydroxy-,
— lacton 4261
—, Hexafluor-4-hydroxy-,
— lacton 4163
—, 2-Hexyl-4-hydroxy-,
— lacton 4252
—, 3-Hexyl-4-hydroxy-,
— lacton 4252
—, 3-Hydroxy-,
— lacton 4167
—, 4-Hydroxy-,
— lacton 4159
—, 4-[2-Hydroxy-caran-3-yl]-,
— lacton 4664
—, 3-[2-Hydroxy-cycloheptyl]-,
— lacton 4374
—, 3-[2-Hydroxy-cyclohex-1-enyl]-,
— lacton 4622
—, 3-[2-Hydroxy-cyclohex-2-enyl]-,
— lacton 4622
—, 2-[2-Hydroxy-cyclohexyl]-,
— lacton 4361
—, 3-[2-Hydroxy-cyclohexyl]-,
— lacton 4357
—, 2-[2-Hydroxy-cyclohexyl]-3-methyl-,
— lacton 4376
—, 2-[Hydroxy-cyclopentyl]-,
— lacton 4344
—, 3-[2-Hydroxy-cyclopentyl]-,
— lacton 4341
—, 3-[3-Hydroxy-cyclopentyl]-3-methyl-,
— lacton 4366
—, 3-[1-Hydroxy-decahydro-[2]naphthyl]-,
— lacton 4665
—, 4-Hydroxy-2,2-dimethyl-,
— lacton 4198
—, 4-Hydroxy-2,3-dimethyl-,
— lacton 4199
—, 4-Hydroxy-3,3-dimethyl-,
— lacton 4199
—, 3-[1-Hydroxy-2,2-dimethyl-cyclopentyl]-,
— lacton 4374
—, 4-Hydroxy-2-isobutyl-,
— lacton 4229
—, 4-Hydroxy-2-isopentyl-,
— lacton 4244
—, 4-Hydroxy-3-isopropyl-,
— lacton 4215
—, 4-Hydroxy-2-isopropyl-3-methyl-,
— lacton 4231
—, 4-Hydroxy-3-isopropyl-2-methyl-,
— lacton 4231
—, 3-[2-Hydroxy-6-isopropyl-3-methyl-cycloheptyl]-,
— lacton 4393
—, 4-Hydroxy-2-jod-,
— lacton 4164
—, 4-Hydroxy-2-[2-jod-äthyl]-,
— lacton 4196
—, 3-Hydroxy-2-methyl-,
— lacton 4185
—, 4-Hydroxy-2-methyl-,
— lacton 4182
—, 3-[2-Hydroxy-4-methyl-cyclohexyl]-,
— lacton 4375
—, 4-[1-Hydroxy-2-methyl-cyclohexyl]-,
— lacton 4373
—, 2-[2-Hydroxy-4-methyl-cyclohexyl]-3-methyl-,
— lacton 4385
—, 4-Hydroxy-2-nonyl-,
— lacton 4271
—, 4-Hydroxy-2-octyl-,
— lacton 4266
—, 4-Hydroxy-2-propyl-,
— lacton 4214

Cyclohexancarbonsäure
—, 1-Äthyl-3-hydroxy-,
— lacton 4345
—, 1-Äthyl-4-hydroxy-,
— lacton 4345
—, 3-Äthyl-3-hydroxy-1,5,5-trimethyl-,
— lacton 4387
—, 4-Brom-3-hydroxy-,
— lacton 4319
—, 3,4-Dibrom-3-hydroxy-1,2,2-trimethyl-,
— lacton 4369
—, 3,4-Dibrom-4-hydroxy-1,2,2-trimethyl-,
— lacton 4369
—, 3-Hydroxy-,
—lacton 4319
—, 4-Hydroxy-,
— lacton 4320
—, 3-Hydroxy-1,3-dimethyl-,
— lacton 4345
—, 3-Hydroxy-2,3-dimethyl-,
— lacton 4346
—, 3-Hydroxy-3,4-dimethyl-,
— lacton 4345
—, 4-Hydroxy-1,4-dimethyl-,
— lacton 4346
—, 3-Hydroxy-4-isohexyl-,
— lacton 4390
—, 3-[α-Hydroxy-isopropyl]-,
— lacton 4366
—, 3-Hydroxy-3-isopropyl-1,5,5-trimethyl-,
— lacton 4390
—, 3-Hydroxy-4-jod-,
— lacton 4319
—, 2-Hydroxymethyl-,
— lacton 4333
—, 3-Hydroxymethyl-,
— lacton 4335
—, 3-Hydroxy-3-methyl-,
— lacton 4336
—, 3-Hydroxy-4-methyl-,
— lacton 4336
—, 4-Hydroxy-4-methyl-,
— lacton 4337
—, 2-Hydroxymethyl-1-methyl-,
— lacton 4343
—, 2-Hydroxymethyl-2-methyl-,
— lacton 4343
—, 2-[1-Hydroxy-pentyl]-,
— lacton 4385
—, 3-Hydroxy-1,3,5,5-tetramethyl-,
— lacton 4378
—, 5-Hydroxy-1,3,3-trimethyl-,
— lacton 4367
—, 2-Mercaptomethyl-,
—lacton 4334

Cyclohexanon
—, 3-Äthyl-2,3-epoxy-5-isopropenyl-2-methyl- 4648
—, 2,3-Epoxy- 4310
— semicarbazon 4310
—, 2,3-Epoxy-3,5-dimethyl- 4335
—, 2,3-Epoxy-2-methyl- 4317
— semicarbazon 4317
—, 2,3-Epoxy-3-methyl- 4317
—, 2,3-Epoxy-3,5,5-trimethyl-4343
—, 3-[2]Furyl-5-methyl- 4745
— semicarbazon 4745
—, 6-Isopropyl-3-methyl-2-tetrahydrofurfuryl- 4392
—, 2-Tetrahydrofurfuryl- 4372

Cyclohexen
—, 1-Acetyl-4,5-epoxy- 4575
—, 1-Acetyl-4,5-epoxy-2-methyl-4601

Cyclohex-1-encarbonsäure
—, 2-[1-Hydroxy-cyclohexyl]-,
— lacton 4756
—, 6-[1-Hydroxy-cyclohexyl]-,
— lacton 4756
—, 6-[1-Hydroxy-pent-1-enyl]-,
— lacton 4751
—, 6-[1-Hydroxy-pentyl]-,
— lacton 4647

Cyclohex-2-encarbonsäure
—, 2-[1-Hydroxy-pent-1-enyl]-,
— lacton 4751
—, 6-[1-Hydroxy-pentyl]-,
— lacton 4648

Cyclohex-3-encarbonsäure
—, 6-[2,2-Dibrom-1-hydroxy-vinyl]-,
— lacton 4735
—, 6-[α-Hydroxy-isopropyl]-,
— lacton 4623
—, 6-Hydroxymethyl-,
— lacton 4575
—, 6-Hydroxymethyl-3,4-dimethyl-,
— lacton 4624
—, 6-Hydroxymethyl-2,3-dimethyl-5-[2-methyl-propenyl]-,
— lacton 4757
—, 6-Hydroxymethyl-4,5-dimethyl-2-[2-methyl-propenyl]-,
— lacton 4757

Cyclononancarbonsäure
—, 4-Hydroxy-,
— lacton 4368

2,6-Cyclo-norbornan-3-carbonsäure
—, 2-Brommethyl-5-hydroxy-,
— lacton 4735
—, 5-Hydroxy-2-methyl-,
— lacton 4735

Cyclooctanon
—, 2,3-Epoxy- 4331

Cycloocta[*b*]thiophen-4-on
—, 2-Äthyl-6,7,8,9-tetrahydro-5*H*- 4749
— [2,4-dinitro-phenylhydrazon] 4749
Cyclopenta[*b*]furan
—, 2-Imino-6,6,6a-trimethyl-hexahydro- 4365
Cyclopenta[*c*]furan-4-carbaldehyd
—, 5-Methyl-3,3a,6,6a-tetrahydro-1*H*- 4601
— [2,4-dinitro-phenylhydrazon] 4602
— semicarbazon 4602
—, 3,3a,6,6a-Tetrahydro-1*H*- 4576
— [2,4-dinitro-phenylhydrazon] 4576
Cyclopenta[*b*]furan-2-on
—, 3-Äthyl-hexahydro- 4344
—, 3-Allyl-hexahydro- 4625
—, 3-Butyl-hexahydro- 4376
—, 3a-Cyclopent-2-enyl-hexahydro- 4752
—, Hexahydro- 4317
—, 3-Isobutyl-hexahydro- 4376
—, 3-Isopentyl-hexahydro- 4386
—, 3-Methyl-hexahydro- 4335
—, 6a-Methyl-hexahydro- 4335
—, 3-Propyl-hexahydro- 4365
—, 3,3a,4,6a-Tetrahydro- 4554
—, 6,6,6a-Trimethyl-6,6a-dihydro- 4742
—, 6,6,6a-Trimethyl-hexahydro- 4365
— imin 4365
Cyclopenta[*c*]furan-1-on
—, 3,6-Dimethyl-hexahydro- 4344
—, 6-Methyl-3-methylen-hexahydro- 4601
Cyclopenta[*b*]furan-2-thion
—, 6,6,6a-Trimethyl-hexahydro- 4366
Cyclopentan
—, 1-Acetyl-1,2-epoxy-4-isopropenyl- 4626
—, 1-Acetyl-2-[3-isopropyl-[2]furyl]-3-methyl- 4759
—, 1-Furfurylidenamino-2-furfurylidenaminomethyl- 4424
—, 4-[1-Hydroxy-äthyl]-3-hydroxymethyl-1,2,2-trimethyl- 4377
Cyclopenta[5,6]naphth[1,2-*d*]oxepin-2-on
—, 8-[1,5-Dimethyl-hexyl]-5a,7a-dimethyl-hexadecahydro- 4784
Cyclopenta[5,6]naphth[2,1-*c*]oxepin-3-on
—, 5a,7a-Dimethyl-hexadecahydro- 4772
—, 8-[1,5-Dimethyl-hexyl]-5a,7a-dimethyl-hexadecahydro- 4783
Cyclopentancarbonsäure
—, 3-Hydroxy-,
— lacton 4311
—, 1-[2-Hydroxy-äthyl]-,
— lacton 4331
—, 2-[1-Hydroxy-äthyl]-5-methyl-,
— lacton 4344
—, 3-[1-Hydroxy-äthyl]-1,2,2-trimethyl-,
— lacton 4377
—, 3-[1-Hydroxy-äthyl]-2,2,3-trimethyl-,
— lacton 4377
—, 3-[1-Hydroxy-butyl]-2,2,3-trimethyl-,
— lacton 4389
—, 3-[α-Hydroxy-isobutyl]-2,2,3-trimethyl-,
— lacton 4390
—, 3-[α-Hydroxy-isopropyl]-,
— lacton 4345
—, 3-[α-Hydroxy-isopropyl]-2,2-dimethyl-,
— lacton 4378
—, 3-[α-Hydroxy-isopropyl]-2,3-dimethyl-,
— lacton 4377
—, 3-[α-Hydroxy-isopropyl]-3-methyl-,
— lacton 4367
—, 3-Hydroxy-1-isopropyl-3-methyl-,
— lacton 4368
—, 3-Hydroxy-3-isopropyl-1-methyl-,
— lacton 4368
—, 3-[α-Hydroxy-isopropyl]-1,2,2-trimethyl-,
— lacton 4387
—, 3-Hydroxy-2-methyl-,
— lacton 4320
—, 3-Hydroxymethyl-,
— lacton 4318
—, 3-Hydroxymethyl-1,2-dimethyl-,
— lacton 4344
—, 4-Hydroxymethyl-3,3-dimethyl-,
— lacton 4344
—, 3-Hydroxymethyl-1,2,2,3-tetramethyl-,
— lacton 4377
—, 3-Hydroxymethyl-1,2,2-trimethyl-,
— lacton 4367
—, 3-Hydroxymethyl-2,2,3-trimethyl-,
— lacton 4367
—, 2-[2-Hydroxy-1-methyl-vinyl]-,
— lacton 4600
—, 2-[2-Hydroxy-1-methyl-vinyl]-5-methyl-,
— lacton 4622
—, 3-[1-Hydroxy-pentyl]-2,2,3-trimethyl-,
— lacton 4392
—, 3-[1-Hydroxy-propyl]-2,2,3-trimethyl-,
— lacton 4387
—, 2-[1-Hydroxy-vinyl]-5-methyl-,
— lacton 4601

Cyclopentancarbonsäure *(Fortsetzung)*
—, 3-[1-Hydroxy-vinyl]-1,2,2-trimethyl-,
— lacton 4640
Cyclopentanon
—, 2,3-Epoxy-2,4-dimethyl- 4318
—, 2,3-Epoxy-3,5-dimethyl- 4318
— semicarbazon 4318
—, 2,3-Epoxy-2-methyl- 4310
—, 2,3-Epoxy-3-methyl- 4311
Cyclopenta[*b*]pyran-2-on
—, 3-Brom-6,7-dihydro-5*H*- 4726
—, 6,7-Dihydro-5*H*- 4726
—, Hexahydro- 4331
—, 4-Methyl-hexahydro- 4341
—, 4,5,6,7-Tetrahydro-3*H*- 4574
Cyclopenta[*b*]pyran-4-on
—, 2-Methyl-hexahydro- 4341
— semicarbazon 4341
—, 2,6,7a-Trimethyl-hexahydro- 4375
— semicarbazon 4375
Cyclopenta[*c*]pyran-1-on
—, 4,7-Dimethyl-5,6,7,7a-tetrahydro-4a*H*- 4622
—, 4-Methyl-5,6,7,7a-tetrahydro-4a*H*- 4600
Cyclopenta[*c*]pyran-3-on
—, 4,4-Dimethyl-hexahydro- 4359
—, 4,7-Dimethyl-hexahydro- 4359
—, 4,4-Dimethyl-4,5,6,7-tetrahydro-1*H*- 4622
—, Hexahydro- 4331
—, 4-Methyl-hexahydro- 4341
—, 4-Methyl-5,6,7,7a-tetrahydro-1*H*- 4600
Cyclopenta[*c*]pyran-5-on
—, 3,3,7-Trimethyl-hexahydro- 4376
—, 3,3,7-Trimethyl-3,4,6,7-tetrahydro-1*H*- 4640
— semicarbazon 4640
Cyclopenta[*b*]thiophen-2-on
—, 6,6,6a-Trimethyl-hexahydro- 4366
Cyclopenta[*b*]thiophen-6-on
—, 5-Methyl-4,5-dihydro- 4727
— [2,4-dinitro-phenylhydrazon] 4727
Cyclopent-2-encarbonsäure
—, 1,2,3,4,5,5-Hexachlor-4-hydroxymethyl-,
— lacton 4555
Cyclopent[*h*]isochromen-7-on
—, 3,3,6a,9-Tetramethyl-decahydro- 4682
— semicarbazon 4682
—, 3,3,6a,9-Tetramethyl-3,4,6,6a,8,9,9a,9b-octahydro-1*H*- 4769
— semicarbazon 4770
Cyclopent[*h*]isochromen-9-on
—, 3,3,7,9a-Tetramethyl-decahydro- 4682
—, 3,3,7,9a-Tetramethyl-3,6,6a,7,8,9a,9b-octahydro-1*H*- 4769
— semicarbazon 4770
Cyclopropa[5,6]benz[1,2-*b*]oxepin-2-on
—, 5a,8,8-Trimethyl-decahydro- 4664
Cyclopropa[4,5]cyclopenta[1,2-*b*]furan-2-on
—, 5a,5b-Dimethyl-tetrahydro- 4626
Cyclopropa[*c*]furan
—, Tetrahydro- s. 3-Oxa-bicyclo[3.1.0]hexan
Cyclopropancarbonsäure
—, 3-[*β*-Hydroxy-isobutyl]-2,2-dimethyl-,
— lacton 4364
—, 2-Hydroxymethyl-,
— lacton 4304
***α*-Cyperonoxid** 4761
Cystein
—, *S,S'*-[5-Methyl-furfuryliden]-bis- 4529

D

Daucon 4677
Deca-2,4-dien-4-olid 4609
Deca-2,4-diensäure
—, 4-Hydroxy-,
— lacton 4609
—, 5-Hydroxy-3-methyl-,
— lacton 4629
Deca-4,8-diensäure
—, 2-[2-Hydroxy-äthyl]-5,9-dimethyl-,
— lacton 4659
Decanolid-(5.1)
—, 4-Methyl- 4258
Decan-4-olid 4251
Decan-5-olid 4248
Decan-6-olid 4247
Decan-10-olid 4247
Decan-1-on
—, 1-[2,5-Diäthyl-[3]thienyl]- 4689
— [2,4-dinitro-phenylhydrazon] 4689
—, 1-[2]Furyl- 4657
— [2,4-dinitro-phenylhydrazon] 4658
—, 2-Methyl-1-[2]thienyl- 4667
— semicarbazon 4667
—, 1-[2]Thienyl- 4658
— azin 4658
— [2,4-dinitro-phenylhydrazon] 4658
— semicarbazon 4658
Decan-4-on
—, 1-Tetrahydro[2]furyl- 4272
Decansäure
—, 2-Äthyl-2-hydroxy-,
— lacton 4268
—, 2-Brom-4-hydroxy-4-methyl-,
— lacton 4262
—, 4-Hydroxy-,
— lacton 4251

E

Essigsäure *(Fortsetzung)*
—, [2-(1-Hydroxy-1,5-dimethyl-hex-5-enyl)-5-methyl-cyclohexyl]-,
— lacton 4685
—, [2-(1-Hydroxy-1,5-dimethyl-hexyl)-5-methyl-cyclohexyl]-,
— lacton 4397
—, [2-Hydroxy-7,7-dimethyl-[1]norbornyl]-,
— lacton 4640
—, [1-(β-Hydroxy-isobutyl)-3-methyl-cyclohexyl]-,
— lacton 4389
—, [1-Hydroxy-isomenthyl]-,
— lacton 4386
—, [2-Hydroxy-1-jod-cyclohexyl]-,
— lacton 4333
—, [2-Hydroxy-3-jod-cyclohexyl]-,
— lacton 4333
—, [1-Hydroxy-*p*-menthan-3-yl]-,
— lacton 4386
—, [4-Hydroxy-*p*-menthan-3-yl]-,
— lacton 4385
—, [8-Hydroxy-*p*-menthan-3-yl]-,
— lacton 4384
—, [8-Hydroxy-*p*-menthan-3-yliden]-,
— lacton 4646
—, [1-Hydroxy-*p*-menth-4(8)-en-3-yl]-,
— lacton 4648
—, [1-Hydroxy-*p*-menth-8-en-3-yl]-,
— lacton 4648
—, [4-Hydroxy-*p*-menth-1-en-3-yl]-,
— lacton 4647
—, [8-Hydroxy-*p*-menth-1-en-3-yl]-,
— lacton 4647
—, [1-(2-Hydroxy-3-methyl-but-2-enyl)-cyclohexyl]-,
— lacton 4654
—, [2-Hydroxymethyl-cyclohex-1-enyl]-,
— lacton 4600
—, [2-Hydroxymethyl-cyclohexyl]-,
— lacton 4340
—, [2-Hydroxy-2-methyl-cyclohexyl]-,
— lacton 4343
—, [2-Hydroxy-3-methyl-cyclohexyl]-,
— lacton 4342
—, [2-Hydroxymethyl-cyclohexyliden]-,
— lacton 4599
—, [2-Hydroxymethyl-cyclopentyl]-,
— lacton 4331
—, [2-Hydroxy-2-methyl-cyclopentyl]-,
— lacton 4335
—, [4-Hydroxy-8-methyl-decahydro-azulen-5-yl]-,
— lacton 4656
—, [2-Hydroxymethylen-cyclohexyliden]-,
— lacton 4733
—, [1-Hydroxymethyl-4-methyl-cyclohexyl]-,
— lacton 4354
—, [1-Hydroxy-neomenthyl]-,
— lacton 4386
—, [4-Hydroxy-octahydro-[4a]naphthyl]-,
— lacton 4650
—, [2-(2-Hydroxy-propenyl)-hexahydro-indan-2-yl]-,
— lacton 4758
—, [1-(2-Hydroxy-propyl)-3-methyl-cyclohexyl]-,
— lacton 4383
—, [1-(2-Hydroxy-propyl)-4-methyl-cyclohexyl]-,
— lacton 4383
—, [2-Hydroxy-2,5,5,8a-tetramethyl-decahydro-[1]naphthyl]-,
— lacton 4682
—, [2-Hydroxy-2,6,6-trimethyl-cyclohexyl]-,
— lacton 4376
—, [5-Hydroxy-2,2,6-trimethyl-cyclohexyl]-,
— lacton 4377
—, [5-Hydroxy-4,4,5-trimethyl-cyclopent-2-enyliden]-,
— lacton 4742
—, [2-Hydroxy-2,3,3-trimethyl-cyclopentyl]-,
— lacton 4365
—, [3-Hydroxy-2,2,3-trimethyl-cyclopentyl]-,
— lacton 4367
—, [4-Hydroxy-2,2,3-trimethyl-cyclopentyl]-,
— lacton 4365
—, [2-Methyl-3-(5-nitro-[2]furyl)-allylidenhydrazino]-,
— äthylester 4723
—, [5-Nitro-furfuryliden-dimercapto]-di- 4477
—, [5-Nitro-furfurylidenhydrazino]-,
— äthylester 4472
—, [(5-Nitro-furfuryliden)-thiocarbamoyl-hydrazino]-,
— äthylester 4473
—, [3-(5-Nitro-[2]furyl)-allylidenhydrazino]-,
— äthylester 4705
—, {[3-(5-Nitro-[2]furyl)-allyliden]-thiocarbamoyl-hydrazino}-,
— äthylester 4706
—, [(5-Nitro-[2]thienylmethylen)-thiocarbamoyl-hydrazino]-,
— äthylester 4490
—, Phenoxy-,
— furfurylidenhydrazid 4446

Essigsäure *(Fortsetzung)*
—, Trimethylammonio-,
— [(5-brom-[2]thienylmethylen)-hydrazid] 4487
— [5-nitro-furfurylidenhydrazid] 4474
— [(5-nitro-[2]thienylmethylen)-hydrazid] 4490
— [2]thienylmethylenhydrazid 4484
Eudesman-12-säure
—, 3-Chlor-6-hydroxy-,
— lacton 4676, 4765
—, 3-Chlor-8-hydroxy-,
— lacton 4674
—, 4-Chlor-8-hydroxy-,
— lacton 4674
—, 6-Hydroxy-,
— lacton 4674, 4676
—, 8-Hydroxy-,
— lacton 4672, 4676
—, 8-Hydroxy-8-methyl-,
— lacton 4681
Eudesm-4-en-3-on, 11,12-Epoxy- 4761
Eudesm-2-en-12-säure
—, 6-Hydroxy-,
— lacton 4765
—, 8-Hydroxy-,
— lacton 4764
Eudesm-3-en-12-säure
—, 6-Hydroxy-,
— lacton 4765
—, 8-Hydroxy-,
— lacton 4763
Eudesm-4(15)-en-12-säure
—, 8-Hydroxy-,
— lacton 4764
Eudesm-5-en-12-säure
—, 8-Hydroxy-,
— lacton 4763
Eudesm-7(11)-en-12-säure
—, 8-Hydroxy-,
— lacton 4763
Evodon 4742
Exaltolid 4273

F

Formamid
—, *N*-[3-Methyl-[2]thienyl]- 4303
—, *N*-[3-Methyl-3*H*-[2]thienyliden]-4303
Fumarsäure
— bis-[5-nitro-furfurylidenhydrazid] 4466
Furan
—, 2-Acetonyl- 4542
—, 2-Acetyl- 4500
—, 3-Acetyl- 4519
—, 2-Acetyl-5-äthyl- 4567
—, 3-Acetyl-4-äthyl-2,5-dimethyl-4618
—, 2-Acetylamino- 4285
—, 2-Acetylamino-3,5-dinitro- 4286
—, 2-Acetyl-3,4-bis-chlormethyl- 4569
—, 2-Acetyl-5-brom- 4504
—, 2-Acetyl-3-chlor- 4503
—, 2-Acetyl-5-chlor- 4504
—, 2-Acetyl-3,4-dichlor- 4504
—, 3-Acetyl-2,5-dimethyl- 4570
—, 2-Acetylimino-2,3-dihydro- 4285
—, 2-Acetylimino-3,5-dinitro-2,3-dihydro- 4286
—, 2-Acetyl-5-methyl- 4548
—, 2-Acetyl-5-nitro- 4506
—, 2-Acetyl-tetrahydro- 4195
—, 3-Acryloyl- 4713
—, 2-Äthyl-5-propionyl- 4593
—, 2-Benzoylamino- 4285
—, 2-Benzoylamino-5-methyl- 4301
—, 2-Benzoylimino-2,3-dihydro- 4285
—, 2-Benzoylimino-5-methyl-2,3-dihydro- 4301
—, 3,3-Bis-äthansulfonyl-tetrahydro-4166
—, 2-[Bis-äthylmercapto-methyl]-4476
—, 3,3-Bis-äthylmercapto-tetrahydro-4166
—, 2-[Bis-cyclohexyloxy-methyl]-4413
—, 2-[Bis-heptyloxy-methyl]- 4413
—, 2-[Bis-hexyloxy-methyl]- 4413
—, 2-[Bis-hexyloxy-methyl]-tetrahydro- 4180
—, 2-[Bis-methylmercapto-methyl]-4476
—, 2-[Bis-pentyloxy-methyl]-tetrahydro- 4180
—, 2-Bromacetyl- 4505
—, 2-Bromacetyl-5-nitro- 4507
—, 2-Brom-5-bromacetyl- 4505
—, 2-Brom-5-diacetoxymethyl- 4457
—, 2-Brom-5-dianilinomethyl- 4457
—, 2-Butyryl- 4556
—, 3-Butyryl-2,5-dimethyl- 4616
—, 2-Butyryl-5-methyl- 4589
—, 3-Butyryl-2,2,5,5-tetramethyl-tetrahydro- 4269
—, 3-Butyryl-2,2,5-trimethyl-tetrahydro- 4263
—, 2-Chloracetyl- 4504
—, 2-Chloracetyl-5-methyl- 4549
—, 2-Chloracetyl-5-nitro- 4507
—, 2-Chlor-5-dianilinomethyl- 4455
—, 2-Chlor-5-propionyl- 4539
—, 3-Crotonoyl-2,2,5,5-tetramethyl-2,5-dihydro- 4645

Furan *(Fortsetzung)*
—, 3-Crotonoyl-2,2,5-trimethyl-2,5-dihydro- 4638
—, 2-Cyclohexancarbonyl- 4744
—, 2-Cyclopropancarbonyl- 4725
—, 2-Decanoyl- 4657
—, 2-Diacetoxymethyl- 4413
—, 3-Diacetoxymethyl- 4496
—, 2-Diacetoxymethyl-5-nitro- 4459
—, 4-Diacetoxymethyl-2-nitro- 4496
—, 2-Diacetoxymethyl-tetrahydro- 4181
—, 2-Diäthoxymethyl- 4412
—, 2-Diäthoxymethyl-5-nitro- 4459
—, 2-Diäthoxymethyl-tetrahydro- 4180
—, 2-[3,3-Diäthoxy-propenyl]-5-nitro- 4700
—, 2,2-Diäthoxy-tetrahydro- 4162
—, 3,3-Diäthoxy-tetrahydro- 4165
—, 3,3-Diäthyl-2-benzolsulfonylimino-5-methyl-tetrahydro- 4246
—, 3,3-Diäthyl-2-imino-5-methyl-tetrahydro- 4246
—, 2-Diazomethyl- 4452
—, 2-Dibromacetyl- 4505
—, 2-Dibutoxymethyl- 4413
—, 2-Dibutoxymethyl-tetrahydro- 4180
—, 2-Dimethoxymethyl- 4412
—, 2-Dimethoxymethyl-4-isopropyl- 4566
—, 2-Dimethoxymethyl-5-nitro- 4459
—, 2-[3,3-Dimethoxy-propenyl]-5-nitro- 4700
—, 2,2-Dimethoxy-tetrahydro- 4162
—, 2,5-Dimethyl-3-propionyl- 4595
—, 2-Formyl- 4403
—, 3-Heptanoyl- 4631
—, 2-Hexanoyl- 4606
—, 2-Imino-tetrahydro- 4163
—, 2-Isobutyryl- 4561
—, 2-Isovaleryl- 4585
—, 2-Isovaleryl-3-methyl- 4611
—, 2-Lauroyl- 4679
—, 2-Methyl-5-propionyl- 4565
—, 2-Methyl-5-stearoyl- 4694
—, 2-Nitro-5-propionyl- 4539
—, 2-Pivaloyl- 4586
—, 2-Propionyl- 4537
—, 3-Propionyl- 4543
—, 2-Propionylamino- 4285
—, 2-Propionylimino-2,3-dihydro- 4285
—, 2-Propionyl-5-propyl- 4615
—, 2-Stearoyl- 4692
—, 2-Valeryl- 4580
—, 3-Valeryl- 4583

Furan-2-carbaldehyd 4403
s. a. Furfural
—, 5-Äthyl- 4547
— semicarbazon 4547
—, 5-Brom- 4456
—, 4-*tert*-Butyl- 4591
— semicarbazon 4591
—, 5-*tert*-Butyl- 4591
— semicarbazon 4591
—, 4-Chlor- 4454
—, 5-Chlor- 4454
—, 5-Chlormethyl- 4529
—, 3,4-Dichlor- 4456
—, 4,5-Dichlor- 4456
—, 3,4-Dimethyl- 4551
—, 3,5-Dimethyl- 4552
— semicarbazon 4553
—, 4,5-Dimethyl- 4553
— semicarbazon 4554
—, 4-Isopropyl- 4566
— dimethylacetal 4566
— semicarbazon 4566
—, 5-Isopropyl- 4566
— semicarbazon 4566
—, 5-Jod- 4458
—, 3-Methyl- 4521
— oxim 4521
— semicarbazon 4521
—, 5-Methyl- 4523
—[5-äthoxy-2,4-dinitro-phenylhydrazon] 4526
— [(5-äthoxy-2,4-dinitro-phenyl)-methyl-hydrazon] 4526
— [5-brom-2-nitro-phenylhydrazon] 4524
— [(4-brom-2-nitro-phenyl)-methyl-hydrazon] 4525
— [5-chlor-2,4-dinitro-phenylhydrazon] 4524
— [(5-chlor-2,4-dinitro-phenyl)-methyl-hydrazon] 4525
— [5-chlor-2-nitro-phenylhydrazon] 4524
— [(4-chlor-2-nitro-phenyl)-methyl-hydrazon] 4525
— [cyclohexyloxamoyl-hydrazon] 4526
— [5-(*N'*,*N'*-dimethyl-hydrazino)-2,4-dinitro-phenylhydrazon] 4528
— [(2,4-dimethyl-phenyloxamoyl)-hydrazon] 4526
— [(2,4-dinitro-[1]naphthyl)-methyl-hydrazon] 4526
— [2,4-dinitro-phenylhydrazon] 4524
— [(2,4-dinitro-phenyl)-methyl-hydrazon] 4525
— [methyl-(2-nitro-phenyl)-hydrazon] 4524

Furan-2-on *(Fortsetzung)*
—, 4-Isobutyl-5-isobutyliden-dihydro- 4379
—, 3-Isobutyl-5-methyl-3*H*- 4338
—, 5-Isobutyl-5-methyl-dihydro- 4245
—, 5-Isohexyl-dihydro- 4252
—, 5-Isohexyl-5-methyl-dihydro- 4262
—, 3-Isopentyl-dihydro- 4244
—, 5-Isopentyl-dihydro- 4243
—, 5-Isopentyl-3,4-dimethyl-dihydro- 4262
—, 3-Isopentyliden-dihydro- 4338
—, 5-Isopentyl-3-isopropyl-4-methyl-dihydro- 4271
—, 3-Isopentyl-5-methyl-3*H*- 4349
—, 3-Isopentyl-5-methyl-dihydro- 4253
—, 5-Isopentyl-4-methyl-dihydro- 4253
—, 5-Isopentyl-5-methyl-dihydro- 4253
—, 4-Isopropyl-dihydro- 4215
—, 5-Isopropyl-dihydro- 4215
—, 3-Isopropyl-4,5-dimethyl-dihydro- 4246
—, 4-Isopropyl-5-isopropyliden-dihydro- 4350
—, 5-Isopropyl-4-methyl-5*H*- 4328
—, 3-Isopropyl-4-methyl-dihydro- 4231
—, 4-Isopropyl-3-methyl-dihydro- 4231
—, 5-Isopropyl-5-methyl-dihydro- 4231
—, 4-Isopropyl-5-methylen-5*H*- 4565
—, 3-[2-Jod-äthyl]-dihydro- 4196
—, 3-Jod-dihydro- 4164
—, 4-Jod-5-methyl-dihydro- 4179
—, 5-Jodmethyl-dihydro- 4179
—, 3-Methallyl-dihydro- 4328
—, 3-Methyl-5*H*- 4303
—, 4-Methyl-5*H*- 4303
—, 5-Methyl-3*H*- 4300
—, 5-Methyl-5*H*- 4302
—, 3-Methyl-dihydro- 4182
—, 4-Methyl-dihydro- 4183
—, 5-Methyl-dihydro- 4176
—, 5-Methylen-5*H*- 4495
—, 3-Methylen-dihydro- 4304
—, 3-[1-Methyl-heptyl]-dihydro- 4266
—, 5-[5-Methyl-hexyl]-dihydro- 4261
—, 5-Methyl-5-[4-methyl-decyl]-dihydro- 4278
—, 3-Methyl-5-methylen-5*H*- 4523
—, 4-Methyl-5-methylen-5*H*- 4522
—, 5-Methyl-3-methylen-dihydro- 4309
—, 5-Methyl-5-[5-methyl-hexyl]-dihydro- 4268
—, 5-Methyl-3-octyl-3*H*- 4388
—, 5-Methyl-3-octyl-dihydro- 4271
—, 5-Methyl-5-octyl-dihydro- 4271
—, 3-Methyl-5-pentyl-dihydro- 4253
—, 4-Methyl-5-pentyl-dihydro- 4253
—, 5-Methyl-3-pentyl-dihydro- 4253
—, 5-Methyl-5-pentyl-dihydro- 4252
—, 5-Methyl-3-prop-2-inyl-3*H*- 4724
—, 5-Methyl-3-prop-2-inyl-5*H*- 4724
—, 5-Methyl-5-prop-2-inyl-dihydro- 4563
—, 5-Methyl-3-propyl-3*H*- 4328
—, 4-Methyl-5-propyl-dihydro- 4230
—, 5-Methyl-3-propyl-dihydro- 4230
—, 5-Methyl-5-propyl-dihydro- 4230
—, 5-Methyl-5-tetradecyl-dihydro- 4282
—, 5-Methyl-5-[4,8,12-trimethyl-tridecyl]-dihydro- 4283
—, 3-Methyl-5-undecyl-5*H*- 4395
—, 5-Methyl-5-vinyl-dihydro- 4315
—, 5-Nitro-3*H*- 4285
—, 5-Nitroso-3*H*- 4285
—, 3-Nonyl-dihydro- 4271
—, 5-Nonyl-dihydro- 4270
—, 3-Nonyliden-dihydro- 4388
—, 3-Octyl-dihydro- 4266
—, 5-Octyl-dihydro- 4266
—, 5-Pentadecyl-4-tetradecyl-dihydro- 4284
—, 5-Pentyl-dihydro- 4242
—, 5-Pentyliden-5*H*- 4583
—, 4-Pentyl-5-pentyliden-dihydro- 4391
—, 3-Propyl-5*H*- 4314
—, 5-Propyl-5*H*- 4314
—, 3-Propyl-dihydro- 4214
—, 4-Propyl-dihydro- 4215
—, 5-Propyl-dihydro- 4213
—, 3-Propyliden-4,5-dihydro- 4314
—, 4-Propyl-5-propyliden-dihydro- 4350
—, Tetrachlor-5*H*- 4295
—, 5-Tetradecyl-dihydro- 4281
—, 3,3,4,5-Tetramethyl-3*H*- 4329
—, 3,3,4,5-Tetramethyl-dihydro- 4235
—, 4,4,5,5-Tetramethyl-dihydro- 4232
—, 3,3,4-Tribrom-dihydro- 4164
—, 3,4,4-Tribrom-dihydro- 4164
—, 4,5,5-Tributyl-dihydro- 4278
—, 4,5,5-Tributyl-3-methyl-dihydro- 4280
—, 4,5,5-Tributyl-4-methyl-dihydro- 4280
—, 3,4,5-Trichlor-5*H*- 4295

Furfural *(Fortsetzung)*
— diäthyldithioacetal 4476
— diäthylhydrazon 4432
— [3,5-dibrom-2-hydroxy-benzoylhydrazon] 4447
— dibutylacetal 4413
— [2,2-dichlor-1-hydroxy-äthylimin] 4422
— {[(2,4-dichlor-phenoxy)-acetyl]-hydrazon} 4446
— dicyclohexylacetal 4413
— difurfuryldithioacetal 4477
— diheptylacetal 4413
— dihexylacetal 4413
— dimethylacetal 4412
— dimethyldithioacetal 4476
— [5-(*N*,*N'*-dimethyl-hydrazino)-2,4-dinitro-phenylhydrazon] 4450
— [5-(*N'*,*N'*-dimethyl-hydrazino)-2,4-dinitro-phenylhydrazon] 4450
— dimethylhydrazon 4432
— [3,5-dimethyl-4-nitro-benzoylhydrazon] 4439
— [(2,4-dimethyl-phenyloxamoyl)-hydrazon] 4440
— [4,4-di[2]naphthyl-semicarbazon] 4443
— [3,5-dinitro-benzoylhydrazon] 4438
— [(2,4-dinitro-[1]naphthyl)-methyl-hydrazon] 4435
— [2,4-dinitro-phenylhydrazon] 4433
— [(2,4-dinitro-phenyl)-methyl-hydrazon] 4434
— [4-(2,4-dinitro-phenyl)-semicarbazon] 4442
— [4-(3,5-dinitro-phenyl)-semicarbazon] 4442
— [4,2'-dinitro-stilben-α-ylimin] 4418
— hydrazon 4431
— [2-hydroxy-äthylimin] 4418
— [4-hydroxy-benzoylhydrazon] 4448
— [4'-hydroxy-biphenyl-4-ylimin] 4421
— [2-hydroxy-3,5-dijod-phenylimin] 4419
— [2-hydroxymethyl-benzoylhydrazon] 4448
— [4-hydroxy-3-methyl-[1]-naphthylimin] 4421
— [2-hydroxymethyl-5-nitro-benzoylhydrazon] 4448
— [2-hydroxy-[1]naphthylimin] 4421
— [4-hydroxy-[1]naphthylimin] 4421
— [*N*-(β-hydroxy-phenäthyl)-oxim] 4421
— [2-hydroxy-phenylimin] 4418
— [4-hydroxy-phenylimin] 4419
— [3-jod-benzoylhydrazon] 4438
— [4-jod-benzoylhydrazon] 4438
— [2-mercapto-phenylimin] 4419
— [methansulfonyl-trichlormethylmercapto-hydrazon] 4452
— [4-methoxy-benzoylhydrazon] 4448
— [4'-methoxy-biphenyl-4-ylimin] 4421
— methoxycarbonylhydrazon 4441
— [2-methoxy-phenylimin] 4419
— [4-methoxy-phenylimin] 4420
— [4-methylamino-benzoylhydrazon] 4450
— [(*N*-methyl-anthraniloyl)-hydrazon] 4449
— [1-methyl-cyclohexylimin] 4416
— [4-methyl-3,5-dinitro-benzoylhydrazon] 4439
— [4-methyl-2,5-dinitro-phenylimin] 4417
— methylhydrazon 4432
— methylimin 4415
— [4-methyl-3-nitro-benzoylhydrazon] 4439
— [methyl-(2-nitro-phenyl)-hydrazon] 4434
— [methyl-(4-nitro-phenyl)-hydrazon] 4434
— [2-methyl-5-nitro-phenylimin] 4417
— [methyl-nitroso-hydrazon] 4452
— [methyloxamoyl-hydrazon] 4439
— [*N*-methyl-oxim] 4415
— [1-methyl-2-phenyl-äthylimin] 4418
— [methyl-pikryl-hydrazon] 4434
— [methyl-*p*-tolyl-hydrazon] 4435
— [2]naphthoylhydrazon 4439
— [2]naphthylhydrazon 4435
— [[1]naphthyloxamoyl-hydrazon] 4440
— [[2]naphthyloxamoyl-hydrazon] 4440
— [4-[2]naphthyl-4-phenyl-semicarbazon] 4443
— [4-[1]naphthyl-semicarbazon] 4442
— [4-[2]naphthyl-semicarbazon] 4443
— [2-nitro-benzolsulfonylhydrazon] 4451

Heptansäure *(Fortsetzung)*
—, 5-Hydroxy-6-methyl-,
— lacton 4225
—, 6-Hydroxy-2-methyl-,
— lacton 4222
—, 3-Hydroxymethyl-2-methyl-,
— lacton 4244
—, 2-[2-Hydroxy-propyl]-,
— lacton 4253
—, 5-Hydroxy-3,3,6-trimethyl-,
— lacton 4250
Hepta-2,4,6-triensäure
—, 7,7-Dichlor-5-hydroxy-3-methyl-,
—lacton 4714
Hept-1-en-2-ol
—, 1-[4,5-Dihydro-[2]furyl]- 4371
—, 1-[5-Methyl-4,5-dihydro-[2]furyl]- 4379
Hept-2-en-4-olid 4314
Hept-1-en-3-on
—, 1-[2]Furyl- 4743
— phenylhydrazon 4743
— semicarbazon 4743
Hept-2-en-4-on
—, 5,6-Epoxy-3-methyl- 4330
— [2,4-dinitro-phenylhydrazon] 4330
—, 5,6-Epoxy-5-methyl- 4330
Hept-2-ensäure
—, 4-Hydroxy-,
— lacton 4314
—, 3-Hydroxymethyl-,
— lacton 4327
Hept-3-ensäure
—, 7-Cyclohexyl-2-[3-cyclohexyl-propyl]-3-hydroxy-,
— lacton 4780
—, 3-Hydroxy-2-propyl-,
— lacton 4352
Hept-4-ensäure
—, 3-Äthyl-5-hydroxy-3,6-dimethyl-,
— lacton 4371
—, 4-Hydroxy-3,3-dimethyl-,
— lacton 4338
—, 5-Hydroxy-3,3-dimethyl-,
— lacton 4337
—, 4-Hydroxy-3-isobutyl-6-methyl-,
— lacton 4379
—, 2-[3-Hydroxy-1-methyl-propyliden]-,
— lacton 4629
—, 4-Hydroxy-3-propyl-,
— lacton 4350
—, 4-Hydroxy-3,3,6-trimethyl-,
— lacton 4351
—, 5-Hydroxy-3,3,6-trimethyl-,
— lacton 4348
—, 5-Hydroxy-3,4,6-trimethyl-,
— lacton 4348
Hept-5-ensäure
—, 4-[α-Hydroxy-isopropyl]-6-methyl-,
— lacton 4370
—, 5-Hydroxy-4,4,6-trimethyl-,
— lacton 4347
Hept-6-ensäure
—, 5-Hydroxy-5-vinyl-,
— lacton 4579
Hept-6-insäure
—, 4-Hydroxy-4-methyl-,
— lacton 4563
Hexadecanolid-(16.1) 4276 Anm.
Hexadecan-4-olid 4277
Hexadecan-5-olid 4277
Hexadecan-14-olid 4277
Hexadecan-15-olid 4277
Hexadecan-16-olid 4276
Hexadecan-1-on
—, 1-[5-Äthyl-[2]thienyl]- 4693
— azin 4693
— [2,4-dinitro-phenylhydrazon] 4693
— semicarbazon 4693
—, 1-[2,5-Diäthyl-[3]thienyl]- 4694
— azin 4695
— [2,4-dinitro-phenylhydrazon] 4694
—, 1-[2,5-Dimethyl-[3]thienyl]- 4693
—, 1-[5-Hexadecyl-[2]thienyl]- 4695
—, 1-[4,5,6,7-Tetrahydro-benzo[*b*]thiophen-2-yl]- 4781
— semicarbazon 4781
—, 1-[2]Thienyl- 4691
— azin 4691
— [2,4-dinitro-phenylhydrazon] 4691
— semicarbazon 4691
Hexadecansäure
—, 4-Äthyl-4-hydroxy-,
— lacton 4282
—, 4-Hydroxy-,
— lacton 4277, 4278
—, 5-Hydroxy-,
— lacton 4277
—, 14-Hydroxy-,
— lacton 4277
—, 15-Hydroxy-,
— lacton 4277
—, 16-Hydroxy-,
— lacton 4276
—, 4-Hydroxy-4-methyl-,
— lacton 4280
—, 16-Hydroxy-3-methyl-,
— lacton 4279
—, 4-Hydroxy-2,3,4-trimethyl-,
— lacton 4282
Hexadec-2-en-5-olid 4395
Hexadec-5-en-16-olid 4394

Hexan-3-on
—, 1,2-Epoxy-2-methyl- 4220
— [2,4-dinitro-phenylhydrazon] 4220
—, 1,2-Epoxy-5-methyl- 4220
— semicarbazon 4220
—, 4,5-Epoxy-2-methyl- 4220
— [2,4-dinitro-phenylhydrazon] 4220
—, 4,5-Epoxy-5-methyl- 4221
—, 1-[2]Furyl-5-methyl- 4631
—, 1-[5-Methyl-[2]furyl]- 4633
—, 5-Methyl-1-[5-methyl-[2]furyl]- 4643
—, 5-Methyl-1-tetrahydro[2]furyl- 4261
—, 1-Oxiranyl- 4235
—, 1-Tetrahydro[2]furyl- 4251
— [2,4-dinitro-phenylhydrazon] 4251
— oxim 4251
—, 6-[2]Thienyl- 4608
— [2,4-dinitro-phenylhydrazon] 4608
— semicarbazon 4608
Hexanoylchlorid
—, 4-Oxo- 4194
Hexan-1,2,3,4,5-pentaol
—, 6-Furfurylidenamino- 4422
Hexansäure
—, 4-Äthyl-4-butyl-5-hydroxy-,
— lacton 4265
—, 2-Äthyl-4-hydroxy-,
— lacton 4232
—, 2-Äthyl-5-hydroxy-,
— lacton 4226
—, 4-Äthyl-4-hydroxy-,
— lacton 4232
—, 4-Äthyl-2-[2-hydroxy-äthyl]-,
— lacton 4252
—, 2-Äthyl-4-hydroxy-5-methyl-,
— lacton 4245
—, 3-Äthyl-4-hydroxymethyl-,
— lacton 4239
—, 4-Äthyl-4-hydroxymethyl-,
— lacton 4239
—, 2-Äthyl-4-hydroxymethyl-3-propyl-,
— lacton 4266
—, 2-Äthyl-2-[3-hydroxy-propyl]-,
— lacton 4258
—, 6-Brom-4-hydroxy-2-methyl-,
— lacton 4217
—, 2-*tert*-Butyl-4-hydroxy-5,5-dimethyl-,
— lacton 4268
—, 3-Chlor-4-hydroxy-,
— lacton 4195
—, 4-Chlor-4-hydroxy-,
— lacton 4194
—, 5-Chlor-4-hydroxy-,
— lacton 4195
—, 3-Cyclohexyl-5-hydroxy-,
— lacton 4382
—, 6-Cyclohexyl-6-hydroxy-,
— lacton 4382
—, 6-Cyclohexyl-4-hydroxy-4-methyl-,
— lacton 4388
—, 3,4-Dibrom-2-*tert*-butyl-4-hydroxy-5,5-dimethyl-,
— lacton 4268
—, 4,5-Dibrom-5-hydroxy-4-methyl-,
— lacton 4208
—, 4-Heptyl-5-hydroxy-,
— lacton 4270
—, 4-Hexyl-5-hydroxy-,
—lacton 4265
—, 3-Hydroxy-,
— lacton 4199
—, 4-Hydroxy-,
— lacton 4194
—, 5-Hydroxy-,
— lacton 4190
—, 6-Hydroxy-,
— lacton 4186
—, 2-[2-Hydroxy-äthyl]-,
— lacton 4229
—, 2-[2-Hydroxy-äthyl]-5-methyl-,
— lacton 4244
—, 2-[2-Hydroxy-cyclopentyl]-,
— lacton 4376
—, 2-[2-Hydroxy-cyclopentyl]-5-methyl-,
— lacton 4386
—, 4-Hydroxy-4,5-dimethyl-,
— lacton 4231
—, 4-Hydroxy-5,5-dimethyl-,
— lacton 4229
—, 5-Hydroxy-3,5-dimethyl-,
— lacton 4227
—, 6-Hydroxy-3,5-dimethyl-,
— lacton 4222
—, 5-Hydroxy-4-isobutyl-5-methyl-,
— lacton 4259
—, 2-[β-Hydroxy-isopropyl]-,
— lacton 4244
—, 4-Hydroxy-2-isopropyl-,
— lacton 4245
—, 3-[α-Hydroxy-isopropyl]-5-methyl-,
— lacton 4255
—, 4-Hydroxy-2-isopropyl-5-methyl-,
— lacton 4254
—, 5-Hydroxy-6-jod-,
— lacton 4191
—, 4-Hydroxy-3-jod-2-methyl-,
— lacton 4217
—, 6-Hydroxy-4-*p*-menthan-4-yl-,
— lacton 4396
—, 3-Hydroxymethyl-,
— lacton 4215

Hexansäure *(Fortsetzung)*
—, 4-Hydroxymethyl-,
— lacton 4205
—, 4-Hydroxy-2-methyl-,
— lacton 4217
—, 4-Hydroxy-4-methyl-,
— lacton 4216
—, 4-Hydroxy-5-methyl-,
— lacton 4215
—, 5-Hydroxy-3-methyl-,
— lacton 4208
—, 5-Hydroxy-4-methyl-,
— lacton 4208
—, 5-Hydroxy-5-methyl-,
— lacton 4207
—, 6-Hydroxy-4-methyl-,
— lacton 4203
—, 2-[2-Hydroxy-propyl]-5-methyl-,
— lacton 4253
—, 4-Hydroxy-4,5,5-trimethyl-,
— lacton 4245
—, 5-Hydroxy-2,2,5-trimethyl-,
— lacton 4241
—, 4-Mercapto-,
— lacton 4195
Hex-2-en-4-olid 4308
Hex-2-en-5-olid 4305
Hex-3-en-4-olid 4308
Hex-4-en-5-olid 4304
Hex-5-en-4-olid 4308
Hex-1-en-3-on
—, 4,5-Epoxy-2-methyl- 4317
—, 1-[2]Furyl- 4736
— [2,4-dinitro-phenylhydrazon] 4736
— semicarbazon 4736
—, 1-[2]Furyl-5-methyl- 4743
— [2,4-dinitro-phenylhydrazon] 4744
— semicarbazon 4744
—, 1-[5-Methyl-[2]furyl]- 4744
Hex-4-en-3-on
—, 1,2-Epoxy-2-methyl- 4317
—, 1,2-Epoxy-5-methyl- 4316
— semicarbazon 4316
—, 5-Methyl-1-[5-methyl-[2]furyl]- 4748
— semicarbazon 4748
Hex-2-ensäure
—, 6-Brom-5-hydroxy-3,5-dimethyl-,
—lacton 4322
—, 3-*tert*-Butyl-4-chlor-4-hydroxy-5,5-dimethyl-,
— lacton 4380
—, 2-*tert*-Butyl-4-hydroxy-5,5-dimethyl-,
— lacton 4380
—, 6-Chlor-5-hydroxy-3,5-dimethyl-,
— lacton 4322
—, 6-Chlor-5-hydroxy-3-methyl-,
— lacton 4312
—, 2,3-Dichlor-4-hydroxy-5-methyl-5-nitro-,
— lacton 4315
—, 2,3-Dichlor-4-hydroxy-5-nitro-,
— lacton 4308
—, 4-Hydroxy-,
— lacton 4308
—, 5-Hydroxy-,
— lacton 4305
—, 2-[2-Hydroxy-äthyl]-5-methyl-,
— lacton 4338
—, 4-Hydroxy-3,5-dimethyl-,
— lacton 4328
—, 4-Hydroxy-5,5-dimethyl-,
— lacton 4328
—, 5-Hydroxy-3,5-dimethyl-,
— lacton 4322
—, 4-Hydroxy-4-methyl-,
— lacton 4315
—, 5-Hydroxy-3-methyl-,
— lacton 4312
Hex-3-ensäure
—, 2-Äthyl-3-hydroxy-,
— lacton 4329
—, 2-*tert*-Butyl-4-hydroxy-5,5-dimethyl-,
— lacton 4380
—, 6-Cyclohexyl-2-[2-cyclohexyl-äthyl]-3-hydroxy-,
— lacton 4774
—, 4-Hydroxy-,
— lacton 4308
—, 5-Hydroxy-3,5-dimethyl-,
— lacton 4322
—, 3-Hydroxy-2-isopropyl-5-methyl-,
— lacton 4352
—, 5-Hydroxy-3-methyl-,
— lacton 4312
Hex-4-ensäure
—, 3-Äthyl-4-hydroxy-,
— lacton 4329
—, 4-Äthyl-5-hydroxy-,
— lacton 4320
—, 4-Butyl-5-hydroxy-,
— lacton 4347
—, 5-Chlor-2-[2-hydroxy-äthyl]-,
— lacton 4327
—, 6-Chlor-5-hydroxy-3,3-dimethyl-,
— lacton 4327
—, 5-Hydroxy-,
— lacton 4304
—, 3-[α-Hydroxy-isopropyl]-5-methyl-,
— lacton 4350
—, 4-Hydroxy-3-isopropyl-5-methyl-,
— lacton 4350
—, 5-Hydroxy-3-methyl-,
— lacton 4312

I

Indan-1-on
—, 2-Diphenylacetyl-3-furfurylidenhydrazono- 4436
—, 2-Diphenylacetyl-3-[3-[2]furyl-1-methyl-allylidenhydrazono]- 4716
—, 2-Diphenylacetyl-3-[1-[2]thienyl-äthylidenhydrazono]- 4509
Indeno[5,4-*f*]chromen-2-on
—, 7-[1,5-Dimethyl-hexyl]-4a,6a-dimethyl-tetradecahydro- 4782
Indeno[4,5-*c*]thiochromen-1-on
—, 3,4,11a-Trimethyl-tetradecahydro- 4773
— [2,4-dinitro-phenylhydrazon] 4773
Indeno[4,5-*c*]thiochromen-3-on
—, 1,3a,4-Trimethyl-tetradecahydro- 4773
— [2,4-dinitro-phenylhydrazon] 4773
5λ^6-Indeno[4,5-*c*]thiochromen-1-on
—, 3,4,11a-Trimethyl-5,5-dioxo-tetradecahydro- 4773
5λ^6-Indeno-[4,5-*c*]thiochromen-3-on
—, 1,3a,4-Trimethyl-5,5-dioxo-tetradecahydro- 4773
Iridolacton 4359
Iridomyrmecin 4360
Isoalantolacton
—, Dihydro- 4764
Isoambreinolid 4685
Δ^5-Isoambrettolid 4394
Δ^6-Isoambrettolid 4394
Δ^9-Isoambrettolid 4395
Isoaminocampher 4365
Isobenzofuran-1-on
—, 3-Äthyl-3-methyl-3a,4,7,7a-tetrahydro-3*H*- 4640
—, 3-Butyl-hexahydro- 4385
—, 3-Butyliden-3a,4,5,6-tetrahydro-3*H*- 4751
—, 3-Butyliden-5,6,7,7a-tetrahydro-3*H*- 4751
—, 3-Butyl-3a,4,5,6-tetrahydro-3*H*- 4647
—, 3-Butyl-3a,4,5,7a-tetrahydro-3*H*- 4648
—, 3-Dibrommethylen-3a,4,7,7a-tetrahydro-3*H*- 4735
—, 4,5-Dimethyl-7-[2-methyl-propenyl]-3a,4,7,7a-tetrahydro-3*H*- 4757
—, 6,7-Dimethyl-4-[2-methyl-propenyl]-3a,4,7,7a-tetrahydro-3*H*- 4757
—, 3,3-Dimethyl-3a,4,7,7a-tetrahydro-3*H*- 4623
—, 5,6-Dimethyl-3a,4,7,7a-tetrahydro-3*H*- 4624
—, Hexahydro- 4333
—, 3a-Methyl-hexahydro- 4343
—, 7a-Methyl-hexahydro- 4343
—, 3a,4,7,7a-Tetrahydro-3*H*- 4575
Isobenzofuran-5-on
—, 4-Äthyliden-1,1,3,3,7,7-hexamethyl-1,4,6,7-tetrahydro-3*H*- 4768
—, 1,1,3,3,7,7-Hexamethyl-1,4,6,7-tetrahydro-3*H*- 4662
— [2,4-dinitro-phenylhydrazon] 4662
—, 1,1,3,3-Tetramethyl-7-propyl-1,6,7,7a-tetrahydro-3*H*- 4669
— [2,4-dinitro-phenylhydrazon] 4669
Isobutyraldehyd
—, α,β-Epoxy- 4168
— [2,4-dinitro-phenylhydrazon] 4168
Isocaprolacton 4197
Isochroman
—, 8-Isovaleryl-3,3-dimethyl-hexahydro- 4396
Isochroman-8a-carbaldehyd
—, 5,7-Dimethyl-5,8-dihydro-4a*H*- 4647
—, 6,8-Dimethyl-5,8-dihydro-4a*H*- 4647
Isochroman-3-on
—, 6-Chlor-1,1,6-trimethyl-hexahydro- 4385
—, 4,4-Dimethyl-hexahydro- 4375
—, 4,7-Dimethyl-hexahydro- 4375
—, 1,6-Dimethyl-1-isohexyl-hexahydro- 4397
—, 1,6-Dimethyl-1-[4-methyl-pent-4-enyl]-hexahydro- 4685
—, 4,4-Dimethyl-5,6,7,8-tetrahydro- 4640
—, Hexahydro- 4340
—, 1,5,6,7,8,8a-Hexahydro- 4599
—, 4-Methyl-hexahydro- 4359
—, 5,6,7,8-Tetrahydro- 4600
—, 1,1,6-Trimethyl-hexahydro- 4384
—, 1,1,6-Trimethyl-4a,7,8,8a-tetrahydro- 4647
Isochromen-3-on
—, 4,7-Dimethyl-1,5,6,7,8,8a-hexahydro- 4640
—, 4-Methyl-1,5,6,7,8,8a-hexahydro- 4622
—, 5,6,7,8-Tetrahydro- 4733
—, 1,1,6-Trimethyl-1,5,6,7,8,8a-hexahydro- 4646
Isocnidilid 4648
Isocumarin
—, 3,4-Dihydro- s. Isochroman-1-on
—, Octahydro- s. Isochroman-1-on, Hexahydro-

J

K

L

3,6-Methano-benzofuran-2-on *(Fortsetzung)*
—, 7-Jod-hexahydro- 4604
—, 7-Jod-3-methyl-hexahydro- 4628
3a,6-Methano-benzofuran-2-on
—, 8,8-Dimethyl-tetrahydro- 4640
4,7-Methano-benzofuran-3-on
—, 7,8,8-Trimethyl-hexahydro- 4650
— semicarbazon 4650
3a,6-Methano-benzo[*c*]thiophen-2,2-dioxid
—, 1-Acetyl-8,8-dimethyl-4,5,6,7-tetrahydro- 4756
3,9a-Methano-benz[*b*]oxepin-2-on
—, 9,9-Dimethyl-octahydro- 4657
—, 9,9,10-Trimethyl-octahydro- 4665
2,8a-Methano-chroman-8-on
—, 2,5,5-Trimethyl-tetrahydro- 4657
— [2,4-dinitro-phenylhydrazon] 4657
— semicarbazon 4657
5,8-Methano-chroman-4-on
—, 2,5,9,9-Tetramethyl-hexahydro- 4665
1,4-Methano-cyclopenta[*c*]furan
s. a. 3,6-Cyclo-benzofuran
1,4-Methano-cyclopenta[*c*]furan-3-on
—, 3a,6a-Dimethyl-hexahydro- 4628
—, Hexahydro- 4576
—, 6a-Methyl-hexahydro- 4604
—, 1,7,7-Trimethyl-hexahydro- 4641
3,5-Methano-cyclopenta[*b*]furan-2-on
—, 4-Brom-hexahydro- 4577
—, 6-Brom-hexahydro- 4577
—, 3-Brom-6-jod-hexahydro- 4578
—, 7-Brom-6-jod-hexahydro- 4578
—, 3-Brom-6-jod-7-methyl-hexahydro- 4604
—, 6-Brom-3-methyl-hexahydro- 4602
—, 6-Brom-7-trifluormethyl-hexahydro- 4603
—, 3-Chlor-6-jod-hexahydro- 4577
—, 7-Chlor-6-jod-hexahydro- 4577
—, 3-Chlor-6-jod-7-methyl-hexahydro- 4603
—, 3,7-Dibrom-6-jod-hexahydro- 4578
—, 3,7-Dichlor-6-jod-hexahydro- 4578
—, 6,7-Dijod-hexahydro- 4578
—, 3,7-Dimethyl-hexahydro- 4627
—, Hexahydro- 4577
—, 6-Jod-3,7-dimethyl-hexahydro- 4627
—, 6-Jod-7,7-dimethyl-hexahydro- 4627
—, 6-Jod-hexahydro- 4577
—, 6-Jod-3-methyl-hexahydro- 4602
—, 6-Jod-7-methyl-hexahydro- 4603
—, 3-Methyl-hexahydro- 4602
—, 7-Methyl-hexahydro- 4602
—, 7-Trifluormethyl-hexahydro- 4603
4,7-Methano-isobenzofuran-1-on
—, Hexahydro- 4602
Methanol
—, Dibenzylphosphinoyl-[2]furyl- 4452
—, [Dodecan-1-sulfonyl]-[2]furyl- 4476
Methansulfinsäure
—, [2]Furyl-hydroxy- 4414
Methansulfonsäure
— [furfuryliden-trichlormethylmercapto-hydrazid] 4452
—, Anilino-[2]furyl- 4414
—, [2]Furyl-hydroxy- 4414
—, [2]Furyl-*p*-toluidino- 4414
—, Hydroxy-[5-jod-[2]furyl]- 4458
—, Hydroxy-[2]thienyl- 4478
Methylendiamin
—, *N,N'*-Diacetyl-*C*-[3]thienyl- 4497
—, *N,N'*-Dibenzoyl-*C*-[3]thienyl- 4497
—, *C*-Selenophen-2-yl-*N,N'*-bis-selenophen-2-ylmethylen- 4492
Mucochlorsäure
— chlorid 4295

N

Naginataketon 4738
Naphthalin-4a-carbonsäure
—, 2-Hydroxy-octahydro-,
— lacton 4641
Naphthalin-1-on
—, 8,8a-Epoxy-3-isopropenyl-4a,5-dimethyl-octahydro- 4767
—, 8,8a-Epoxy-3-isopropyl-4a,5-dimethyl-octahydro- 4677
Naphthalin-2-on
—, 7-[α,β-Epoxy-isopropyl]-1,4a-dimethyl-4,4a,5,6,7,8-hexahydro-3*H*- 4761
Naphthalin-2-sulfonamid
—, *N*-Furfuryliden- 4425
[1]Naphthoesäure
—, 4a-Hydroxy-decahydro-,
— lacton 4641
—, 2-Hydroxymethyl-5,5,8a-trimethyl-decahydro-,
— lacton 4676
—, 2-Hydroxymethyl-5,5,8a-trimethyl-1,4,4a,5,6,7,8,8a-octahydro-,
— lacton 4766
—, 2-Hydroxymethyl-5,5,8a-trimethyl-3,4,4a,5,6,7,8,8a-octahydro-,
— lacton 4766

[1]Naphthoesäure *(Fortsetzung)*
—, 8-Hydroxy-1,4a,6-trimethyl-5-methylen-decahydro-,
— lacton 4767
[2]Naphthoesäure
— furfurylidenhydrazid 4439
—, 3-Hydroxy-,
— [2]thienylamid 4288
— [3*H*-[2]thienylidenamid] 4288
—, 8a-Hydroxy-8,8-dimethyl-decahydro-,
— lacton 4657
—, 1-Hydroxymethyl-5,5,8a-trimethyl-decahydro-,
— lacton 4677
—, 1-Hydroxymethyl-5,5,8a-trimethyl-3,4,4a,5,6,7,8,8a-octahydro-,
— lacton 4767
—, 8a-Hydroxy-1,8,8-trimethyl-decahydro-,
— lacton 4665
Naphtho[1,2-*b*]furan-2-on
—, 8-Chlor-3,5a,9-trimethyl-decahydro- 4676
—, 3-Methyl-decahydro- 4656
—, 3,5a,9-Trimethyl-decahydro- 4674
—, 3,5a,9-Trimethyl-3a,4,5,5a,6,7,9a,9b-octahydro-3*H*- 4765
—, 3,5a,9-Trimethyl-3a,4,5,5a,6,9,9a,9b-octahydro-3*H*- 4765
Naphtho[1,2-*c*]furan-1-on
—, 6,6,9a-Trimethyl-decahydro- 4676
—, 6,6,9a-Trimethyl-4,5,5a,6,7,8,9,9a-octahydro-3*H*- 4766
—, 6,6,9a-Trimethyl-5,5a,6,7,8,9,9a,9b-octahydro-3*H*- 4766
Naphtho[1,2-*c*]furan-3-on
—, 6,6,9a-Trimethyl-decahydro- 4677
—, 6,6,9a-Trimethyl-4,5,5a,6,7,8,9,9a-octahydro-1*H*- 4767
Naphtho[1,8-*bc*]furan-2-on
—, 2a,5a,7-Trimethyl-6-methylen-decahydro- 4767
Naphtho[1,8a-*b*]furan-2-on
—, Octahydro- 4650
Naphtho[2,1-*b*]furan-2-on
—, 3a,6,6,9a-Tetramethyl-decahydro- 4682
Naphtho[2,3-*b*]furan-2-on
—, 5-Chlor-3,5,8a-trimethyl-decahydro- 4673
—, 6-Chlor-3,5,8a-trimethyl-decahydro- 4674
—, 3,8a-Dimethyl-decahydro- 4665
—, 3,8a-Dimethyl-5-methylen-decahydro- 4764
—, 3,5,8a,9a-Tetramethyl-decahydro- 4681
—, 3,5,8a-Trimethyl-decahydro- 4672, 4676
—, 3,5,8a-Trimethyl-3a,4,4a,5,8,8a,9,9a-octahydro-3*H*- 4764
—, 3,5,8a-Trimethyl-3a,4,4a,7,8,8a,9,9a-octahydro-3*H*- 4762
—, 3,5,8a-Trimethyl-3a,5,6,7,8,8a,9,9a-octahydro-3*H*- 4762
—, 3,5,8a-Trimethyl-4a,5,6,7,8,8a,9,9a-octahydro-4*H*- 4762
[1]Naphthol
—, 4-Furfurylidenamino- 4421
—, 4-Furfurylidenamino-2-methyl- 4421
[2]Naphthol
—, 1-Furfurylidenamino- 4421
Neoaristolacton
—, Dihydro- 4761
Neocnidilid 4647
Neohydroxyrosanolacton 4776
Nepetalacton 4622
Nepetolacton 4344
Nepetonolacton 4601
Nitrofurazon 4467
Nitron
—, *C*-[2]Furyl-*N*-[*β*-hydroxy-phenäthyl]- 4421
—, *C*-[2]Furyl-*N*-methyl- 4415
—, *C*-[2]Furyl-*N*-phenyl- 4416
Nonadecansäure
—, 4-Hydroxy-3-tetradecyl-,
— lacton 4284
Nona-2,4-dien-4-olid 4583
Nona-2,4-diensäure
—, 2-Brom-5-hydroxy-3-methyl-,
— lacton 4606
—, 4-Hydroxy-,
— lacton 4583
—, 5-Hydroxy-3,8-dimethyl-,
— lacton 4629
—, 5-Hydroxy-3-methyl-,
— lacton 4605
Nonan-3-olid 4247
Nonan-4-olid 4242
Nonan-5-olid 4237
Nonan-9-olid 4237
Nonan-1-on
—, 1-[2]Furyl-4,8-dimethyl- 4667
— [2,4-dinitro-phenylhydrazon] 4667
— [4-phenyl-semicarbazon] 4667
—, 1-[3]Furyl-4,8-dimethyl- 4667
— [2,4-dinitro-phenylhydrazon] 4668
— [4-phenyl-semicarbazon] 4668
—, 1-Selenophen-2-yl- 4651
— semicarbazon 4651
—, 1-[2]Thienyl- 4650
— [2,4-dinitro-phenylhydrazon] 4651
— semicarbazon 4651

O

3-Oxa-spiro[5.5]undec-4-en-2-on
—, 4-Äthyl- 4646
—, 4-Isopropyl- 4654
2-Oxa-tricyclo[5.2.0.0^5,9]nonan-3-on
—, 1,9-Dimethyl- 4627
Oxaziridin-2-carbonsäure
—, 3-[2]Furyl-,
— amid 4430
Oxecan-2-on 4237
Oxepan-2-on 4186
—, 7-Butyl- 4247
—, 7-*sec*-Butyl- 4247
—, 7-Cyclohexyl- 4382
—, 3,7-Dimethyl- 4222
—, 4,6-Dimethyl- 4222
—, 4-Isopropenyl-7-methyl- 4346
—, 7-Isopropyl- 4237
—, 7-Isopropyl-4-methyl- 4248
—, 5-*p*-Menthan-4-yl- 4396
—, 5-Methyl- 4203
—, 7-Methyl- 4203
Oxepan-4-on 4187
— [2,4-dinitro-phenylhydrazon] 4187
— [4-phenyl-semicarbazon] 4187
Oxepin-2-on
—, 4-Isopropyl-7-methyl-5*H*- 4605
Oxetan-3-carbonsäure
—, 2,2,4,4-Tetramethyl- 4234
Oxetan-2-on 4157
—, 4-Äthyl- 4184
—, 4-Äthyliden-3-methyl- 4310
—, 4-Äthyl-4-methyl- 4200
—, 3-Äthyl-4-propyliden- 4329
—, 3,3-Bis-chlormethyl- 4185
—, 4-Butyliden-3-propyl- 4352
—, 3-Butyl-4-pentyliden- 4381
—, 4-[1-Chlor-äthyl]-4-methyl- 4200
—, 4-Chlormethyl-4-methyl- 4185
—, 3-[2-Cyclohexyl-äthyl]-4-[3-cyclohexyl-propyliden]- 4774
—, 4-[2-Cyclohexyl-äthyliden]-3-cyclohexylmethyl- 4771
—, 3-[4-Cyclohexyl-butyl]-4-[5-cyclohexyl-pentyliden]- 4781
—, 4-[4-Cyclohexyl-butyliden]-3-[3-cyclohexyl-propyl]- 4780
—, 3-Cyclohexyl-4-cyclohexylmethylen- 4769
—, 3-Decyl-4-undecyliden- 4397
—, 3,4-Dimethyl- 4185
—, 4,4-Dimethyl- 4184
—, 3-Dodecyl-4-tridecyliden- 4398
—, 4-Heptadecyliden-3-hexadecyl- 4398
—, 4-Heptyliden-3-hexyl- 4395
—, 4-Hexyl- 4247
—, 4-Hexyliden-3-pentyl- 4392
—, 4-Isobutyliden-3-isopropyl- 4352
—, 4-Isopropyl- 4199
—, 4-Methyl- 4167
—, 4-Methylen- 4297
—, 4-Nonyliden-3-octyl- 4397
—, 4-Pentadecyliden-3-tetradecyl- 4398
—, 4-Propyl- 4199
Oxetan-3-on 4158
— [2,4-dinitro-phenylhydrazon] 4158
—, 2,2,4,4-Tetramethyl- 4219
— [2,4-dinitro-phenylhydrazon] 4219
— oxim 4219
Oxiran
—, Acetyl- 4168
—, 2-Acetyl-2,3-dimethyl- 4202
—, 3-Acetyl-2,2-dimethyl- 4202
—, 2-Acetyl-3-isobutyl- 4235
—, 2-Acetyl-3-isopropyl- 4221
—, 2-Acetyl-2-methyl- 4185
—, 2-Acetyl-3-methyl- 4186
—, 2-Acetyl-2-methyl-3-propyl- 4236
—, 2-Acetyl-3-propyl- 4221
—, 2-Acetyl-3-[2,6,6-trimethyl-cyclohex-2-enyl]- 4654
—, 2,2-Bis-äthansulfonyl-3-methyl- 4158
—, 2-Butyryl-2-methyl- 4220
—, 2-Crotonoyl-2,3-dimethyl- 4330
—, 2-Crotonoyl-2-methyl- 4317
—, 2-Diacetoxymethyl-3-methyl- 4168
—, 2-[2,2-Diäthoxy-äthyl]-2-methyl- 4185
—, 2,2-Dimethyl-3-propionyl- 4221
—, 2-Isobutyryl-3-methyl- 4220
—, Isovaleryl- 4220
—, 2-Methacryloyl-3-methyl- 4317
Oxirancarbaldehyd 4159
— [O-acetyl-oxim] 4159
— diäthylacetal 4159
— [2,4-dinitro-phenylhydrazon] 4159
— oxim 4159
—, 3-Äthyl-2-methyl- 4201
— diäthylacetal 4201
— dimethylacetal 4201
— dipropylacetal 4201
—, 2-Äthyl-3-propyl- 4235
— diäthylacetal 4236
— dibutylacetal 4236
— dimethylacetal 4236
— dipropylacetal 4236
—, 2-Methyl- 4168
— [2,4-dinitro-phenylhydrazon] 4168
—, 3-Methyl- 4168
— diäthylacetal 4168
—, 3-Propyl- 4200
— semicarbazon 4201

Oxocan-2-on 4202
Oxocan-5-on
—, 2-Methyl- 4222
[1]Oxolin
—, Tetrapropyl-*2H,5H*- 4279
Oxonan-2-on 4221

P

Palmitinsäure
— [5-brom-furfurylidenhydrazid] 4458
8-Palmitolacton
s. Hexadecansäure, 4-Hydroxy-, lacton
γ-Palmitolacton
s. Hexadecansäure, 4-Hydroxy-, lacton
Parasorbinsäure 4305
Pelargon-A 4759
Pentacosansäure
—, 3-Eicosyl-4-hydroxy-,
— lacton 4284
—, 5-Hydroxy-3-methyl-,
— lacton 4284
Pentadecan-4-olid 4275
Pentadecan-14-olid 4274
Pentadecan-15-olid 4273
Pentadecansäure
—, 4-Hydroxy-,
— lacton 4275
—, 14-Hydroxy-,
— lacton 4274
—, 15-Hydroxy-,
— lacton 4273
—, 15-Hydroxy-2-methyl-,
— lacton 4277
—, 15-Hydroxy-3-methyl-,
— lacton 4277
—, 15-Hydroxy-14-methyl-,
— lacton 4277
—, 12-Methyl-15-trimethylammonio-,
— [5-nitro-furfurylidenhydrazid] 4475
Pentadec-2-ensäure
—, 4-Hydroxy-2-methyl-,
— lacton 4395
Penta-2,4-dien-4-olid 4495
Penta-2,4-dien-5-olid 4399
Penta-2,4-diensäure
—, 3-Äthyl-4-hydroxy-,
— lacton 4545
—, 4-Äthyl-5-hydroxy-,
— lacton 4531
—, 3,5-Dibrom-4-hydroxy-,
— lacton 4495
—, 5,5-Dibrom-4-hydroxy-,
— lacton 4495
—, 2,4-Di-*tert*-butyl-5-hydroxy-,
— lacton 4650
—, 4-Hydroxy-,
— lacton 4495
—, 5-Hydroxy-,
— lacton 4399
—, 4-Hydroxy-3-isopropyl-,
— lacton 4565
—, 4-Hydroxy-2-methyl-,
— lacton 4523
—, 4-Hydroxy-3-methyl-,
— lacton 4522
—, 5-Hydroxy-4-methyl-,
— lacton 4500
—, 5-Mercapto-,
— lacton 4399
—, 2,3,4,5-Tetrachlor-5-hydroxy-,
— lacton 4399
—, 2,3,5,5-Tetrachlor-4-hydroxy-,
— lacton 4495
—, 2,3,5-Trichlor-4-hydroxy-,
— lacton 4495
Pentan
—, 1,1-Diäthoxy-2,3-epoxy-2-methyl- 4201
—, 2,3-Epoxy-1,1-dimethoxy-2-methyl- 4201
—, 2,3-Epoxy-2-methyl-1,1-dipropoxy- 4201
Pentan-3-olid 4184
Pentan-4-olid 4176
Pentan-5-olid 4169
Pentan-1-on
—, 1-[5-Äthyl-[2]thienyl]- 4634
— [2,4-dinitro-phenylhydrazon] 4634
— semicarbazon 4634
—, 1-[2,5-Diäthyl-[3]thienyl]- 4653
— [2,4-dinitro-phenylhydrazon] 4653
— semicarbazon 4653
—, 1-[3,4-Dimethyl-selenophen-2-yl]- 4636
—[2,4-dinitro-phenylhydrazon] 4636
—, 1-[2,5-Dimethyl-[3]thienyl]- 4636
— semicarbazon 4636
—, 1-[2]Furyl- 4580
— [cyanacetyl-hydrazon] 4581
— oxim 4580
— semicarbazon 4581
—, 1-[3]Furyl- 4583
— [2,4-dinitro-phenylhydrazon] 4583
— [4-phenyl-semicarbazon] 4583
— semicarbazon 4583
—, 1-[2]Furyl-4-methyl- 4609
— oxim 4609
— semicarbazon 4609

Pentan-1-on *(Fortsetzung)*
—, 1-[3]Furyl-4-methyl- 4609
— [2,4-dinitro-phenylhydrazon] 4610
— oxim 4609
— semicarbazon 4610
—, 4-Methyl-1-tetrahydropyran-4-yl- 4257
— [2,4-dinitro-phenylhydrazon] 4257
— semicarbazon 4258
—, 4-Methyl-1-[2]thienyl- 4609
—, 1-Selenophen-2-yl- 4581
— [2,4-dinitro-phenylhydrazon] 4581
—, 1-Tetrahydropyran-4-yl- 4248
— [2,4-dinitro-phenylhydrazon] 4248
— semicarbazon 4248
—, 1-[2]Thienyl- 4581
—, 1-[3]Thienyl- 4583
— [2,4-dinitro-phenylhydrazon] 4583
— semicarbazon 4583

Pentan-2-on
—, 1-[4,5-Dihydro-[2]furyl]- 4337
—, 1-[4,5-Dihydro-[2]furyl]-4-methyl- 4349
—, 3,4-Epoxy- 4186
— [2,4-dinitro-phenylhydrazon] 4186
—, 3,4-Epoxy-3-methyl- 4202
—, 3,4-Epoxy-4-methyl- 4202
— [2,4-dinitro-phenylhydrazon] 4202
—, 4,5-Epoxy-4-methyl- 4200
—, 1-[2]Furyl- 4581
— oxim 4581
—, 4-[2]Furyl-5-nitro- 4584
—, 1-[5-Methyl-4,5-dihydro-[2]furyl]- 4349
—, 4-Methyl-1-[5-methyl-4,5-dihydro-[2]furyl]- 4372
—, 5-Tetrahydro[2]furyl- 4243
— semicarbazon 4243
—, 5-Tetrahydro[3]furyl- 4243
— semicarbazon 4243
—, 5-[2]Thienyl- 4582
— [2,4-dinitro-phenylhydrazon] 4582
— semicarbazon 4582

Pentan-3-on
—, 1-[2]Furyl- 4582
—, 2-[2]Furyl- 4583
— semicarbazon 4584
—, 1-Tetrahydro[2]furyl- 4243
— oxim 4243
—, 1-[2]Thienyl- 4582
— [2,4-dinitro-phenylhydrazon] 4582
— semicarbazon 4582

Pent-4-enal
—, 5-[2]Furyl-3-methyl- 4737

Pentendisäure
—, 4-[3,7-Dimethyl-oct-6-enyliden]-3-methyl- 4666

Pent-1-en-2-ol
—, 1-[4,5-Dihydro-[2]furyl]- 4337
—, 1-[4,5-Dihydro-[2]furyl]-4-methyl- 4349
—, 1-[5-Methyl-4,5-dihydro-[2]furyl]- 4349
—, 4-Methyl-1-[5-methyl-4,5-dihydro-[2]furyl]- 4372

Pent-2-en-4-olid 4302
Pent-2-en-5-olid 4300
Pent-3-en-4-olid 4300

Pent-1-en-3-on
—, 1-[5-Brom-[2]furyl]- 4457
—, 1-[2]Furyl- 4727
— [2,4-dinitro-phenylhydrazon] 4727
— semicarbazon 4728
—, 1-[2]Furyl-4,4-dimethyl- 4744
— [2,4-dinitro-phenylhydrazon] 4744
—, 1-[2]Furyl-2-methyl- 4736
— [2,4-dinitro-phenylhydrazon] 4736
— semicarbazon 4737
—, 1-[2]Furyl-4-methyl- 4737
— [2,4-dinitro-phenylhydrazon] 4737
— semicarbazon 4737

Pent-3-en-1-on
—, 4-Methyl-1-[3-methyl-[2]furyl]- 4738

Pent-4-en-1-on
—, 2,3-Dibrom-4,5,5-trichlor-1-[2]-thienyl- 4728
—, 1-Selenophen-2-yl- 4728
— [2,4-dinitro-phenylhydrazon] 4728
—, 1-[2]Thienyl- 4728
— [2,4-dinitro-phenylhydrazon] 4728

Pent-2-ensäure
—, 4-Acetoxy-3,4-dimethyl-,
— äthylester 4315
—, 3-Brom-4-hydroxy-,
— lacton 4302
—, 2,3-Dibrom-4-hydroxy-,
— lacton 4303
—, 2,3-Dibrom-4-hydroxy-4-methyl-,
— lacton 4309
—, 2,3-Dichlor-4-hydroxy-4-methyl-,
— lacton 4309
—, 2,3-Dichlor-4-hydroxy-5-nitro-,
— lacton 4303

Pent-2-ensäure *(Fortsetzung)*
—, 4-Hydroxy-,
— lacton 4302
—, 5-Hydroxy-,
— lacton 4300
—, 2-[2-Hydroxy-äthyl]-,
— lacton 4314
—, 4-Hydroxy-2,4-dimethyl-,
— lacton 4315
—, 4-Hydroxy-3,4-dimethyl-,
— lacton 4315
—, 5-Hydroxy-3,4-dimethyl-,
— lacton 4313
—, 5-Hydroxy-4,4-dimethyl-,
— lacton 4313
—, 4-Hydroxy-2-methyl- 4198
— [4-nitro-benzylester] 4198
—, 4-Hydroxy-3-methyl-,
— lacton 4309
—, 4-Hydroxy-4-methyl-,
— lacton 4308
—, 5-Hydroxy-3-methyl-,
— lacton 4307
—, 5-Hydroxy-3-methyl-2-pent-2-enyl-,
— lacton 4629
—, 5-Hydroxy-3-methyl-2-pentyl-,
— lacton 4370
—, 5-Hydroxy-3-methyl-5-[2,6,6-trimethyl-cyclohex-1-enyl]-,
— lacton 4758
—, 4-Hydroxy-2-prop-2-inyl-,
— lacton 4724
—, 5,5,5-Trifluor-4-hydroxy-,
— lacton 4302

Pent-3-ensäure
—, 2-Äthyl-4-hydroxy-,
— lacton 4315
—, 2-Allyl-4-hydroxy-,
— lacton 4563
—, 2-Butyl-4-hydroxy-,
— lacton 4338
—, 5-Cyclohexyl-2-cyclohexylmethyl-3-hydroxy-,
— lacton 4771
—, 4-Hydroxy-,
— lacton 4300
—, 5-Hydroxy-,
— lacton 4300
—, 4-Hydroxy-2,2-dimethyl-,
— lacton 4316
—, 4-Hydroxy-2,3-dimethyl-,
— lacton 4316
—, 4-Hydroxy-2-isobutyl-,
— lacton 4338
—, 4-Hydroxy-2-isopentyl-,
— lacton 4349
—, 3-Hydroxy-2-methyl-,
— lacton 4310
—, 4-Hydroxy-2-methyl-,
— lacton 4309
—, 4-Hydroxy-3-methyl-,
— lacton 4309
—, 5-Hydroxy-3-methyl-,
— lacton 4307
—, 4-Hydroxy-3-methyl-2-[18-methyl-tritriacontyl]-,
— lacton 4398
—, 4-Hydroxy-2-octyl-,
— lacton 4388
—, 4-Hydroxy-2-prop-2-inyl-,
— lacton 4724
—, 4-Hydroxy-2-propyl-,
— lacton 4328
—, 4-Hydroxy-2,2,3-trimethyl-,
— lacton 4329

Pent-4-ensäure
—, 2-[2-Hydroxy-äthyl]-,
— lacton 4314
—, 2-[2-Hydroxy-äthyl]-4-methyl-,
— lacton 4328
—, 2-[2-Hydroxy-cyclopentyl]-,
— lacton 4625
—, 2-[2-Hydroxy-propyl]-,
— lacton 4328

Perillaketon 4609
— [2,4-dinitro-phenylhydrazon] 4610
— oxim 4609
— semicarbazon 4610

Phenanthren
—, 7-Äthyl-1,1,4b,7-tetramethyl-tetradecahydro- 4776 Anm.

Phenanthren-1-carbonsäure
—, 7-Äthyl-4a-hydroxy-1,4b,7-trimethyl-tetradecahydro-,
— lacton 4776
—, 7-Äthyl-4b-hydroxy-1,4a,7-trimethyl-tetradecahydro-,
— lacton 4779
—, 4b-Hydroxy-7-isopropyl-1,4a-dimethyl-8a-nitroso-tetradecahydro-,
— lacton 4776
—, 4b-Hydroxy-7-isopropyl-1,4a-dimethyl-tetradecahydro-,
— lacton 4778
—, 7-Isopropyl-1,4b-dimethyl-tetradecahydro-,
— lacton 4774

***p*-Phenetidin**
—, *N*-[2,6-Dimethyl-5,6-dihydro-2*H*-pyran-3-ylmethylen]- 4325
—, *N*-Furfuryliden- 4420
—, *N*-[5-Nitro-furfuryliden]- 4461
—, *N*-[3-(5-Nitro-[2]furyl)-allyliden]- 4701

Phenol
—, 4-Brom-2-furfurylidenamino- 4419
—, 2-[5-Chlor-furfurylidenamino]- 4455

Propan-1-on *(Fortsetzung)*
—, 2-Methyl-1-[2]thienyl- 4562
— oxim 4562
— phenylhydrazon 4562
— semicarbazon 4562
—, 1-[5-Nitro-[2]furyl]- 4539
—, 1-[4-Nitro-[2]thienyl]- 4541
—, 1-[5-Nitro-[2]thienyl]- 4541
—, 1-[5-Propyl-[2]furyl]- 4615
— [2,4-dinitro-phenylhydrazon] 4615
— semicarbazon 4615
—, 1-Selenophen-2-yl- 4541
— [2,4-dinitro-phenylhydrazon] 4542
— semicarbazon 4542
—, 1-[4,5,6,7-Tetrahydro-benzo[*b*]thiophen-2-yl]- 4746
— [2,4-dinitro-phenylhydrazon] 4746
— semicarbazon 4746
—, 1-Tetrahydropyran-4-yl- 4224
— [2,4-dinitro-phenylhydrazon] 4224
— oxim 4224
— semicarbazon 4224
—, 1-Tetrahydrothiopyran-4-yl- 4224
— [2,4-dinitro-phenylhydrazon] 4224
—, 1-[2]Thienyl- 4540
— [2,4-dinitro-phenylhydrazon] 4540
— oxim 4540
— phenylimin 4540
— semicarbazon 4540
— thiosemicarbazon 4540
—, 1-[3]Thienyl- 4544
— [2,4-dinitro-phenylhydrazon] 4544
— oxim 4544
— phenylhydrazon 4544
— semicarbazon 4544
— thiosemicarbazon 4544

Propan-2-on
s. Aceton

Propan-1,2,3-tricarbonsäure
—, 2-Hydroxy-,
— tris-furfurylidenhydrazid 4449
—, 3-Hydroxy-,
— tris-[5-methyl-furfurylidenhydrazid] 4528

Propen
—, 3-[4-Acetylsulfamoyl-phenylimino]-2-brom-1-[5-nitro-[2]thienyl]- 4711
—, 3,3-Bis-äthoxycarbonylamino-2-brom-1-[5-nitro-[2]thienyl]- 4711
—, 3,3-Diacetoxy-2-brom-1-[5-nitro-[2]thienyl]- 4711
—, 3,3-Diacetoxy-1-[5-nitro-[2]thienyl]- 4710
—, 3,3-Diäthoxy-1-[2]furyl- 4696
—, 3,3-Dimethoxy-1-[2]furyl- 4696

Propen-2-ol
—, 1-[4,5-Dihydro-[2]furyl]- 4313
—, 1-[5-Methyl-4,5-dihydro-[2]furyl]-4328

Propenon
—, 1-[3]Furyl- 4713
—, 2-Methyl-1-[2]thienyl- 4723
—, 1-[2]Thienyl- 4713
— semicarbazon 4713

β-Propiolacton 4157

Propionaldehyd
—, 3-[5-Cyclopentylmethyl-[2]furyl]-4754
— [2,4-dinitro-phenylhydrazon] 4754
—, 2,3-Epithio-,
— diäthylacetal 4159
—, 2,3-Epoxy- 4159
— [O-acetyl-oxim] 4159
— diäthylacetal 4159
— [2,4-dinitro-phenylhydrazon] 4159
— oxim 4159
—, 3-[2]Furyl- 4543
— diäthylacetal 4543
— dimethylacetal 4543
— semicarbazon 4543

Propionamid
—, *N*-[α-Acetylamino-furfuryl]- 4426
—, *N*-[2]Furyl- 4285
—, *N*-[3*H*-[2]Furyliden]- 4285

Propionitril
—, 3-Furfurylidenaminooxy- 4431
—, 3-[Furfuryliden-phenyl-hydrazino]-4447
—, 2-[2,7,7-Trimethyl-3-methylen-hexahydro-2,6-äthano-oxepin-4-yl]-4679

Propionsäure
— furfurylidenhydrazid 4437
—, 2-[3-Acetyl-2-hydroxy-4-methyl-4-vinyl-cyclohexyl]-,
— lacton 4760
—, 2-[4-Äthyl-2-hydroxy-5-isopropyl-4-methyl-cyclohex-2-enyliden]-,
— lacton 4760
—, 2-[4-Äthyl-2-hydroxy-3-isopropyl-4-methyl-cyclohexyl]-,
— lacton 4393
—, 2,2-Bis-chlormethyl-3-hydroxy-,
— lacton 4185
—, 2-[3-Brom-2-hydroxy-cyclohexyl]-,
— lacton 4342
—, 2-[1-Brom-2-hydroxy-cyclohexyl]-2-methyl-,
— lacton 4361

Propionsäure *(Fortsetzung)*
—, 2-[5-Butyl-2-hydroxy-4-methyl-cycloheptyl]-,
— lacton 4393
—, 2-[7-Chlor-1-hydroxy-4a,8-dimethyl-decahydro-[2]naphthyl]-,
— lacton 4676
—, 2-[8-Chlor-3-hydroxy-4a,8-dimethyl-decahydro-[2]naphthyl]-,
— lacton 4673
—, 2-Cyan-3-phenyl-,
— [5-nitro-furfurylidenhydrazid] 4466
—, 2-[3-Cyclohexyl-2-hydroxy-cyclohex-2-enyl]-,
— lacton 4761
—, 3-Cyclohexyl-2-[2-hydroxy-cyclohex-1-enyl]-,
— lacton 4761
—, 2-[4-Formyl-2-hydroxy-3-isopropenyl-4-methyl-cyclohexyl]-,
— lacton 4760
—, 3,3′-Furfurylidendimercapto-di- 4476
—, 3-Hydroxy-,
— lacton 4157
—, 2-[2-Hydroxy-bicyclohexyl-3-yl]-,
— lacton 4669
—, 3-[3-Hydroxy-bicyclo[2.2.2]oct-2-en-2-yl]-,
— lacton 4747
—, 3-[2-Hydroxy-bornan-2-yl]-,
— lacton 4657
—, 2-[2-Hydroxy-cyclohept-1-enyl]-,
— lacton 4621
—, 2-[2-Hydroxy-cyclohept-2-enyl]-,
— lacton 4621
—, 2-[2-Hydroxy-cyclohex-1-enyl]-,
— lacton 4601
—, 2-[2-Hydroxy-cyclohex-2-enyl]-,
— lacton 4600
—, 3-[2-Hydroxy-cyclohex-1-enyl]-,
— lacton 4599
—, 2-[2-Hydroxy-cyclohex-2-enyliden]-,
— lacton 4734
—, 2-[2-Hydroxy-cyclohex-1-enyl]-2-methyl-,
— lacton 4623
—, 2-[2-Hydroxy-cyclohexyl]-,
— lacton 4341
—, 3-[1-Hydroxy-cyclohexyl]-,
— lacton 4339
—, 3-[2-Hydroxy-cyclohexyl]-,
— lacton 4340
—, 2-[2-Hydroxy-cyclohexyliden]-,
— lacton 4601
—, 2-[2-Hydroxy-cyclohexyl]-2-methyl-,
— lacton 4361
—, 3-[2-Hydroxy-cyclohexyl]-2-methyl-,
— lacton 4357
—, 3-[2-Hydroxy-cyclopent-1-enyl]-,
— lacton 4574
—, 2-[2-Hydroxy-cyclopentyl]-,
— lacton 4335
—, 3-[2-Hydroxy-cyclopentyl]-,
— lacton 4331
—, 2-[1-Hydroxy-decahydro-[2]naphthyl]-,
— lacton 4656
—, 3-[1-Hydroxy-decahydro-[2]naphthyl]-,
— lacton 4656
—, 2-[2-Hydroxy-4,8-dimethyl-cyclodeca-3,7-dienyl]-,
— lacton 4759
—, 2-[2-Hydroxy-4,8-dimethyl-cyclodecyl]-,
— lacton 4393
—, 2-[4-Hydroxy-3,8-dimethyl-decahydro-azulen-5-yl]-,
— lacton 4670
—, 2-[4-Hydroxy-3a,8-dimethyl-decahydro-azulen-5-yl]-,
— lacton 4671
—, 2-[6-Hydroxy-3a,8-dimethyl-decahydro-azulen-5-yl]-,
— lacton 4670
—, 2-[1-Hydroxy-4a,8-dimethyl-decahydro-[2]naphthyl]-,
— lacton 4674
—, 2-[3-Hydroxy-4a,8-dimethyl-decahydro-[2]naphthyl]-,
— lacton 4672
—, 3-[2-Hydroxy-3,3-dimethyl-[2]norbornyl]-,
— lacton 4650
—, 2-[4-Hydroxy-3,8-dimethyl-1,2,4,5,6,7,8,8a-octahydro-azulen-5-yl]-,
— lacton 4762
—, 2-[4-Hydroxy-3,8-dimethyl-1,2,4,5,6,7,8,8a-octahydro-azulen-5-yl]-,
— lacton 4762
—, 2-[1-Hydroxy-4a,8-dimethyl-1,2,3,4,4a,5,6,8a-octahydro-[2]naphthyl]-,
— lacton 4765
—, 2-[1-Hydroxy-4a,8-dimethyl-1,2,3,4,4a,5,8,8a-octahydro-[2]naphthyl]-,
— lacton 4765
—, 2-[2-Hydroxy-3-isopropenyl-4-methyl-4-vinyl-cyclohexyl]-,
— lacton 4760
—, 2-[2-Hydroxymethyl-cyclohept-1-enyl]-2-methyl-
— lacton 4646

Propionsäure *(Fortsetzung)*
—, 2-[2-Hydroxymethyl-cycloheptyl]-2-methyl-,
— lacton 4383
—, 2-[2-Hydroxy-5-methyl-cyclohex-2-enyl]-,
— lacton 4623
—, 3-[2-Hydroxy-1-methyl-cyclohex-2-enyl]-,
— lacton 4622
—, 2-[2-Hydroxy-4-methyl-cyclohex-2-enyliden]-,
— lacton 4742
—, 2-[2-Hydroxy-5-methyl-cyclohex-2-enyliden]-,
— lacton 4742
—, 2-[2-Hydroxymethyl-cyclohex-1-enyl]-2-methyl-,
— lacton 4640
—, 2-[2-Hydroxymethyl-cyclohexyl]-,
— lacton 4359
—, 2-[2-Hydroxy-3-methyl-cyclohexyl]-,
— lacton 4362
—, 2-[2-Hydroxy-5-methyl-cyclohexyl]-,
— lacton 4361
—, 3-[1-Hydroxymethyl-cyclohexyl]-,
— lacton 4353
—, 3-[1-Hydroxy-2-methyl-cyclohexyl]-,
— lacton 4354
—, 3-[2-Hydroxy-1-methyl-cyclohexyl]-,
— lacton 4358
—, 3-[2-Hydroxy-2-methyl-cyclohexyl]-,
— lacton 4358
—, 3-[2-Hydroxy-3-methyl-cyclohexyl]-,
— lacton 4358
—, 3-[2-Hydroxy-4-methyl-cyclohexyl]-,
— lacton 4358
—, 3-[2-Hydroxy-5-methyl-cyclohexyl]-,
— lacton 4358
—, 3-[2-Hydroxy-6-methyl-cyclohexyl]-,
— lacton 4358
—, 2-[2-Hydroxymethyl-cyclohexyliden]-,
— lacton 4622
—, 2-[2-Hydroxymethyl-cyclohexyl]-2-methyl-,
— lacton 4375
—, 2-[2-Hydroxymethyl-cyclopent-1-enyl]-2-methyl-,
— lacton 4622
—, 2-[2-Hydroxymethyl-cyclopentyl]-,
— lacton 4341
—, 2-[2-Hydroxymethyl-cyclopentyliden]-,
— lacton 4600
—, 2-[2-Hydroxymethyl-cyclopentyl]-2-methyl-,
— lacton 4359
—, 2-[3-Hydroxy-3-methyl-cyclopentyl]-2-methyl-,
— lacton 4366
—, 2-[3-Hydroxy-4a-methyl-decahydro-[2]naphthyl]-,
— lacton 4665
—, 2-[2-Hydroxymethyl-4-methyl-cyclohexyl]-,
— lacton 4375
—, 2-[2-Hydroxymethyl-4-methyl-cyclohexyliden]-,
— lacton 4640
—, 2-[2-Hydroxymethyl-3-methyl-cyclopentyl]-,
— lacton 4359
—, 2-[4-Hydroxy-3-methyl-8-methylen-decahydro-azulen-5-yl]-,
— lacton 4762
—, 3-[1-Hydroxy-2,5,5,6,8a-pentamethyl-decahydro-[1]naphthyl]-,
— lacton 4689
—, 3-[2-Hydroxy-2,5,5,6,8a-pentamethyl-decahydro-[1]naphthyl]-,
— lacton 4690
—, 3-[1-Hydroxy-2,5,5,8a-tetramethyl-decahydro-[1]naphthyl]-,
— lacton 4685
—, 3-[2-Hydroxy-2,5,5,8a-tetramethyl-decahydro-[1]naphthyl]-,
— lacton 4686
—, 3-[2-Hydroxy-1,4,4-trimethyl-cyclohex-2-enyl]-,
— lacton 4646
—, 3-[1-Hydroxy-2,2,6-trimethyl-cyclohexyl]-,
— lacton 4383
—, 3-[2-Hydroxy-2,6,6-trimethyl-cyclohexyl]-,
— lacton 4384
—, 2-[3-Hydroxy-3,4a,8-trimethyl-decahydro-[2]naphthyl]-,
— lacton 4681
—, 3-[1-Hydroxy-2,5,8a-trimethyl-decahydro-[1]naphthyl]-,
— lacton 4681
—, 3-[1-Hydroxy-5,5,8a-trimethyl-2-methylen-decahydro-[1]naphthyl]-,
— lacton 4770
—, 3-[1-Hydroxy-2,5,8a-trimethyl-1,2,3,4,6,7,8,8a-octahydro-[1]-naphthyl]-,
— lacton 4769
Protoanemonin 4495
Pseudokessylketon 4678
— semicarbazon 4678
Pulegonoxyd 4354
Pyran
—, 2-Acetonyl-tetrahydro- 4223
—, 4-Acetonyl-tetrahydro- 4224

Pyran-4-on *(Fortsetzung)*
—, 2,6-Dipropyl- 4629
—, 5-Isopropenyl-2,2-dimethyl-tetrahydro- 4347
—, 2-Isopropyl-tetrahydro- 4225
— semicarbazon 4225
—, 3-Isopropyl-2,2,6-trimethyl-tetrahydro-,
— [2,4-dinitro-phenylhydrazon] 4259
—, 2-Methyl-2-propyl-tetrahydro- 4238
— semicarbazon 4239
—, 2-Methyl-tetrahydro- 4188
— [2,4-dinitro-phenylhydrazon] 4188
— [4-phenyl-semicarbazon] 4189
— semicarbazon 4188
— thiosemicarbazon 4189
—, 3-Methyl-tetrahydro- 4192
— [2,4-dinitro-phenylhydrazon] 4192
— semicarbazon 4192
— thiosemicarbazon 4192
—, 2-Propyl-tetrahydro- 4222
— [2,4-diintro-phenylhydrazon] 4222
— [4-phenyl-semicarbazon] 4222
— semicarbazon 4222, 4223
— thiosemicarbazon 4222
—, Tetradeuterio- 4400
—, Tetrahydro- 4171
— [2,4-dinitro-phenylhydrazon] 4172
— [4-nitro-phenylhydrazon] 4171
— oxim 4171
— [4-phenyl-semicarbazon] 4172
— semicarbazon 4172
— thiosemicarbazon 4172
—, 2,2,6,6-Tetramethyl-tetrahydro- 4241
— [2,4-dinitro-phenylhydrazon] 4241
— oxim 4241
— semicarbazon 4241
—, 2,3,6-Trimethyl- 4556
—, 2,2,5-Trimethyl-tetrahydro- 4227
— semicarbazon 4227
Pyran-4-selon
—, 2,6-Dimethyl- 4536
Pyran-4-thion 4401
—, 2,6-Diäthyl- 4580
—, 2,6-Dimethyl- 4535
Pyrocin 4350
2-Pyron 4399
4-Pyron 4399
α-Pyron 4399
γ-Pyron 4399
Pyrylium
—, 4-Acetoxy-2,6-dimethyl- 4534
—, 4-Benzoyloxy-2,6-dimethyl- 4534
—, 2,6-Diäthyl-4-hydroxy- 4580
—, 3,5-Diäthyl-4-hydroxy-2,6-dimethyl- 4630
—, 4-Hydroxy-2,6-dimethyl- 4534
—, 4-Hydroxy-2,6-dipropyl- 4629

R

Rimuan
s. Rosan
Rosan 4776 Anm.
Rosan-18-säure
—, 10-Hydroxy-5-nitroso-,
— lacton 4777
Rosan-19-säure
—, 10-Hydroxy-,
— lacton 4776
Rotundifolon 4624
—, Dihydro- 4363

S

Salicylsäure
— [5-brom-furfurylidenhydrazid] 4458
— [5-(13-cyclopentyl-tridecyl)-[2]thienylmethylenhydrazid] 4781
— furfurylidenhydrazid 4447
— [5-nitro-furfurylidenhydrazid] 4473
Santencampholid 4344
Santolid 4344
—, Dimethyl- 4377
Saussurealacton 4760
—, Tetrahydro- 4393
3,4-Seco-androstan-3-säure
—, 4-Hydroxy-,
— lacton 4772
2,3-Seco-cholestan-2-säure
—, 3-Hydroxy-,
— lacton 4785
2,3-Seco-choletsan-3-säure
—, 2-Hydroxy-,
— lacton 4784
3,4-Seco-cholestan-3-säure
—, 5,6-Dibrom-4-hydroxy-,
— lacton 4784
—, 4-Hydroxy-,
— lacton 4783
6,7-Seco-cholestan-6-säure
—, 7-Hydroxy-,
— lacton 4785
6,7-Seco-cholestan-7-säure
—, 6-Hydroxy-,
— lacton 4785
2,5-Seco-A,A-dinor-cholestan-2-säure
—, 5-Hydroxy-,
— lacton 4782

T

Thiophen *(Fortsetzung)*
—, 2-Acetyl-5-äthyl-3-methyl- 4597
—, 5-Acetyl-2-äthyl-3-methyl- 4597
—, 5-Acetyl-3-äthyl-2-methyl- 4596
—, 2-Acetylamino- 4286
—, 2-Acetylamino-3-brom- 4289
—, 2-Acetylamino-4-brom- 4289
—, 2-Acetylamino-3-brom-5-jod- 4290
—, 5-Acetylamino-3-brom-2-jod- 4290
—, 2-Acetylamino-4-brom-5-jod-3-nitro- 4291
—, 2-Acetylamino-3-brom-5-nitro- 4291
—, 2-Acetylamino-5-chlor- 4288
—, 2-Acetylamino-3,5-dibrom- 4289
—, 2-Acetylamino-3,4-dibrom-5-nitro- 4291
—, 2-Acetylamino-3,5-dichlor- 4288
—, 2-Acetylamino-3,5-dijod- 4290
—, 2-Acetylamino-3,4-dijod-5-nitro- 4291
—, 2-Acetylamino-3,5-dinitro- 4292
—, 2-Acetylamino-5-jod- 4290
—, 2-Acetylamino-4-jod-3,5-dinitro- 4293
—, 2-Acetylamino-3-methyl- 4303
—, 2-Acetylamino-5-methyl- 4302
—, 2-Acetylamino-3-nitro- 4290
—, 2-Acetylamino-5-nitro- 4290
—, 2-Acetylamino-3,4,5-tribrom- 4289
—, 2-Acetylamino-3,4,5-trijod- 4290
—, 2-Acetylamino-3,4,5-trinitro- 4293
—, 2-Acetyl-3-brom- 4512
—, 2-Acetyl-4-brom- 4512
—, 2-Acetyl-5-brom- 4512
—, 5-Acetyl-2-brom-3-methyl- 4547
—, 5-Acetyl-2-brom-3-nitro- 4515
—, 2-Acetyl-4-*tert*-butyl- 4613
—, 2-Acetyl-5-butyl- 4612
—, 2-Acetyl-5-*sec*-butyl- 4613
—, 2-Acetyl-5-*tert*-butyl- 4614
—, 3-Acetyl-5-*tert*-butyl-2-methyl- 4637
—, 5-Acetyl-2-*tert*-butyl-3-nitro- 4615
—, 2-Acetyl-5-chlor- 4510
—, 5-Acetyl-2-chlor-3-nitro- 4515
—, 2-Acetyl-5-decyl- 4680
—, 2-Acetyl-3,4-diäthyl- 4618
—, 3-Acetyl-2,5-diäthyl- 4618
—, 3-Acetyl-2,5-diäthyl-4-butyl- 4662
—, 3-Acetyl-2,5-diäthyl-4-pentyl- 4669
—, 3-Acetyl-2,5-diäthyl-4-propyl- 4654
—, 2-Acetyl-3,4-dibrom- 4513
—, 2-Acetyl-3,5-dibrom- 4513
—, 3-Acetyl-2,5-dibrom- 4521
—, 5-Acetyl-2,3-dibrom- 4514
—, 2-Acetyl-3,4-dibrom-5-methyl- 4550
—, 2-Acetyl-3,5-dibrom-4-methyl- 4546
—, 2-Acetyl-4,5-dibrom-3-methyl- 4546
—, 3-Acetyl-2,5-di-*tert*-butyl- 4661
—, 2-Acetyl-3,4-dichlor- 4511
—, 3-Acetyl-2,5-dichlor- 4520
—, 5-Acetyl-2,3-dichlor- 4511
—, 2-Acetyl-3,4-dimethyl- 4569
—, 2-Acetyl-3,5-dimethyl- 4572
—, 3-Acetyl-2,5-dimethyl- 4571
—, 5-Acetyl-2,3-dimethyl- 4570
—, 2-Acetyl-3,5-dinitro- 4516
—, 3-Acetyl-2,5-dipropyl- 4645
—, 2-Acetyl-5-dodecyl- 4688
—, 2-Acetyl-5-heptyl- 4652
—, 2-Acetyl-5-hexadecyl- 4692
—, 2-Acetylimino-3-brom-2,3-dihydro- 4289
—, 2-Acetylimino-4-brom-2,3-dihydro- 4289
—, 2-Acetylimino-3-brom-5-jod-2,3-dihydro- 4290
—, 2-Acetylimino-4-brom-5-jod-2,3-dihydro- 4290
—, 2-Acetylimino-4-brom-5-jod-3-nitro-2,3-dihydro- 4291
—, 2-Acetylimino-3-brom-5-nitro-2,3-dihydro- 4291
—, 2-Acetylimino-5-chlor-2,3-dihydro- 4288
—, 2-Acetylimino-3,5-dibrom-2,3-dihydro- 4289
—, 2-Acetylimino-3,4-dibrom-5-nitro-2,3-dihydro- 4291
—, 2-Acetylimino-3,5-dichlor-2,3-dihydro- 4288
—, 2-Acetylimino-2,3-dihydro- 4286
—, 2-Acetylimino-3,5-dijod-2,3-dihydro- 4290
—, 2-Acetylimino-3,4-dijod-5-nitro-2,3-dihydro- 4291
—, 2-Acetylimino-3,5-dinitro-2,3-dihydro- 4292
—, 2-Acetylimino-5-jod-2,3-dihydro- 4290
—, 2-Acetylimino-4-jod-3,5-dinitro-2,3-dihydro- 4293
—, 2-Acetylimino-3-methyl-2,3-dihydro- 4303
—, 2-Acetylimino-5-methyl-2,3-dihydro- 4302
—, 2-Acetylimino-3-nitro-2,3-dihydro- 4290

Thiophen-2-carbaldehyd
—, 5-Propyl- *(Fortsetzung)*
— [2,4-dinitro-phenylhydrazon] 4564
— semicarbazon 4564
— thiosemicarbazon 4564
—, 5-Tetradecyl- 4690
— [2,4-dinitro-phenyhydrazon] 4690
— thiosemicarbazon 4690
—, 3,4,5-Tribrom- 4487
—, 3,4,5-Trimethyl- 4573
—, 5-Undecyl- 4680
— [2,4-dinitro-phenylhydrazon] 4680
— thiosemicarbazon 4680
Thiophen-3-carbaldehyd 4497
— [2,2-diäthoxy-äthylimin] 4497
— diäthylacetal 4497
— [2,4-dinitro-phenylhydrazon] 4498
— [4-hydroxy-phenylimin] 4497
— oxim 4498
— phenylhydrazon 4498
— semicarbazon 4498
— thiosemicarbazon 4498
—, 2-Brom- 4499
— [2,4-dinitro-phenylhydrazon] 4499
— thiosemicarbazon 4499
—, 2-*tert*-Butyl-5-methyl- 4617
— semicarbazon 4618
—, 5-*tert*-Butyl-2-methyl- 4617
— semicarbazon 4618
—, 2-Chlor- 4498
— [2,4-dinitro-phenylhydrazon] 4498
— thiosemicarbazon 4498
—, 2,5-Diäthyl- 4596
— [2,4-dinitro-phenylhydrazon] 4597
— semicarbazon 4597
—, 2,5-Di-*tert*-butyl- 4653
— [2,4-dinitro-phenylhydrazon] 4653
— oxim 4653
— semicarbazon 4654
—, 2,5-Di-*tert*-butyl-4-methyl- 4661
— [2,4-dinitro-phenylhydrazon] 4661
— oxim 4661
— semicarbazon 4661
—, 2,5-Dichlor- 4498
— thiosemicarbazon 4499
—, 2,5-Dimethyl- 4553
— phenylhydrazon 4553
— semicarbazon 4553
—, 2-Methyl-5-propyl- 4596
— [2,4-dinitro-phenylhydrazon] 4596
— semicarbazon 4596
—, 5-Methyl-2-propyl- 4596
— [2,4-dinitro-phenylhydrazon] 4596
— semicarbazon 4596
—, 2-Nitro- 4499
— phenylhydrazon 4499
— semicarbazon 4499
— thiosemicarbazon 4499
—, 2,4,5-Trimethyl- 4574
— semicarbazon 4574
Thiophen-1,1-dioxid
—, 3,3-Bis-äthansulfonyl-tetrahydro- 4167
Thiophenol
—, 2-Furfurylidenamino- 4419
Thiophen-2-ol 4286
—, 3,5-Dinitro- 4291
—, 5-Methyl- 4301
Thiophen-2-on
—, 3*H*- 4286
—, 5*H*- 4286
—, 5-Äthyl-dihydro- 4195
—, 5-Brom-3,4-dinitro-3*H*-,
— phenylimin 4293
—, Dihydro- 4164
—, 5,5-Dimethyl-dihydro- 4198
—, 3,5-Dinitro-3*H*- 4291
— imin 4292
— [4-nitro-phenylimin] 4292
— phenylimin 4292
— *p*-tolylimin 4292
—, 5-Methyl-3*H*- 4301
— imin 4301
—, 5-Methyl-dihydro- 4179
Thiophen-3-on
—, 4-Äthyl-dihydro- 4196
— [2,4-dinitro-phenylhydrazon] 4196
—, 5-Äthyl-dihydro- 4194
—, Dihydro- 4166
— diäthyldithioacetal 4167
— [2,4-dinitro-phenylhydrazon] 4167
— oxim 4166
— semicarbazon 4167
—, 4,4-Dimethyl-dihydro- 4199
—, 2-Methyl-dihydro- 4175
— [2,4-dinitro-phenylhydrazon] 4175
— semicarbazon 4175
—, 4-Methyl-dihydro- 4183
— semicarbazon 4183
—, 5-Methyl-dihydro- 4176
— semicarbazon 4176
—, 5-Propyl-dihydro- 4213
— semicarbazon 4213
—, 2-Tetradecyl-dihydro- 4281
— semicarbazon 4281
1λ⁶-Thiophen-3-on
—, 4-Chlor-4-methyl-1,1-dioxo-dihydro-,
— oxim 4183

U

V

Valeriansäure

—, 4-Acetoxy-3-hydroxy-3,4-dimethyl-,
— äthylester 4315
—, 2-Äthyl-5-brom-3-hydroxymethyl-,
— lacton 4232
—, 4-Äthyl-4-butyl-5-chlor-5-hydroxy-,
— lacton 4258
—, 2-Äthyl-2-butyl-5-hydroxy-,
— lacton 4258
—, 3-Äthyl-3-butyl-4-hydroxy-,
— lacton 4263
—, 4-Äthyl-4-butyl-5-hydroxy-,
— lacton 4258
—, 4-Äthyl-5-hydroxy-,
— lacton 4205
—, 3-Äthyl-5-hydroxy-2,4-dimethyl-,
— lacton 4240
—, 2-Äthyl-4-hydroxy-3-methyl-,
— lacton 4232
—, 3-Äthyl-5-hydroxy-2,4,4-trimethyl-,
— lacton 4250
—, 2-Brom-2-[3-brom-propyl]-5-hydroxy-,
— lacton 4224
—, 2-Brom-5-chlor-4-hydroxy-,
— lacton 4178
—, 5-Brom-2-chlor-4-hydroxy-,
— lacton 4178
—, 2-Brom-4-hydroxy-,
— lacton 4178
—, 5-Brom-4-hydroxy-,
— lacton 4178
—, 3-Butyl-4-hydroxy-4-methyl-,
— lacton 4255
—, 4-Chlor-4-hydroxy-,
— lacton 4177
—, 5-Chlor-4-hydroxy-,
— lacton 4178
—, 4-Chlor-3-hydroxy-3-methyl-,
— lacton 4200
—, 5-Cyclohex-1-enyl-5-hydroxy-,
— lacton 4638
—, 2-Cyclohexyl-4-hydroxy-,
— lacton 4373
—, 4-Cyclohexyl-4-hydroxy-,
— lacton 4373
—, 5-Cyclohexyl-5-hydroxy-,
— lacton 4372
—, 5-Cyclohexyl-4-hydroxy-4-methyl-,
— lacton 4382
—, 5-Cyclopent-1-enyl-5-hydroxy-,
— lacton 4619
—, 5-Cyclopentyl-5-hydroxy-,
— lacton 4352
—, 2-Decyl-4-hydroxy-,
— lacton 4276
—, 2,2-Diäthyl-4-hydroxy-,
— lacton 4246
—, 3,3-Diäthyl-5-hydroxy-,
— lacton 4240
—, 3,4-Diäthyl-5-hydroxy-,
— lacton 4239
—, 2,4-Diäthyl-5-hydroxy-3-propyl-,
— lacton 4266
—, 2,3-Dibrom-4-hydroxy-,
— lacton 4178
—, 2-[2,3-Dibrom-propyl]-4-hydroxy-,
— lacton 4231
—, 2,5-Dichlor-4-hydroxy-,
— lacton 4178
—, 2,2-Dichlor-4-hydroxy-4-methyl-,
— lacton 4197
—, 2-Heptyl-4-hydroxy-,
— lacton 4267
—, 2-Hexyl-4-hydroxy-,
— lacton 4262
—, 3-Hexyl-5-hydroxy-2,4-dipentyl-,
— lacton 4282
—, 3-Hydroxy-,
— lacton 4184
—, 4-Hydroxy-,
— lacton 4176
—, 5-Hydroxy-,
— lacton 4169
—, 2-[2-Hydroxy-äthyl]-,
— lacton 4214
—, 2-[2-Hydroxy-äthyl]-4-methyl-,
— lacton 4229
—, 2-[2-Hydroxy-cyclopentyl]-,
— lacton 4365
—, 2-[2-Hydroxy-cyclopentyl]-4-methyl-,
— lacton 4376
—, 4-Hydroxy-2,2-dimethyl-,
— lacton 4219
—, 4-Hydroxy-2,3-dimethyl-,
— lacton 4219
—, 4-Hydroxy-2,4-dimethyl-,
— lacton 4218
—, 4-Hydroxy-3,3-dimethyl-,
— lacton 4219
—, 4-Hydroxy-3,4-dimethyl-,
— lacton 4217
—, 5-Hydroxy-3,3-dimethyl-,
— lacton 4213
—, 5-Hydroxy-4,4-dimethyl-,
— lacton 4213
—, 5-Hydroxy-4,4-dinitro-,
— lacton 4170
—, 4-Hydroxy-3-isobutyl-4-methyl-,
— lacton 4255
—, 5-Hydroxy-3-isohexyl-3-methyl-,
— lacton 4265
—, 4-Hydroxy-2-isopentyl-,
— lacton 4253
—, 4-Hydroxy-2-isopropyl-3-methyl-,
— lacton 4246

Valeriansäure *(Fortsetzung)*
—, 4-Hydroxy-3-jod-,
— lacton 4179
—, 4-Hydroxy-5-jod-,
— lacton 4179
—, 5-Hydroxy-4-jod-,
— lacton 4170
—, 3-Hydroxy-3-methyl-,
— lacton 4200
—, 3-Hydroxy-4-methyl-,
— lacton 4199
—, 4-Hydroxy-2-methyl-,
— lacton 4198
—, 4-Hydroxy-3-methyl-,
— lacton 4198
—, 4-Hydroxy-4-methyl-,
— lacton 4197
—, 5-Hydroxy-3-methyl-,
— lacton 4193
—, 3-Hydroxymethyl-2,4-dimethyl-,
— lacton 4231
—, 3-Hydroxymethyl-4,4-dimethyl-,
— lacton 4229
—, 3-Hydroxymethyl-4-methyl-,
— lacton 4215
—, 4-Hydroxy-2-octyl-,
— lacton 4271
—, 4-Hydroxy-2-pentyl-,
— lacton 4253
—, 4-Hydroxy-2-propyl-,
— lacton 4230
—, 5-Hydroxy-2-propyl-,
— lacton 4223
—, 4-Hydroxy-2,2,3-trimethyl-,
— lacton 4235
—, 4-Hydroxy-3,3,4-trimethyl-,
— lacton 4232
—, 4-Mercapto-,
— lacton 4179
—, 5-Mercapto-,
— lacton 4170
—, 5,5,5-Trifluor-4-hydroxy-,
— lacton 4177
Valerimidsäure
—, 2,2-Diäthyl-4-hydroxy-,
— lacton 4246
δ-Valerolacton 4169
γ-Valerolacton 4176
Verbenonoxid 4626
β-Vetivonoxid 4762
Vinylalkohol
—, 1-Cyclopropyl-2-[5-methyl-4,5-dihydro-[2]furyl]- 4620

Z

Zimtsäure
— [5-nitro-furfurylidenhydrazid] 4465
— [3-(5-nitro-[2]furyl)-allylidenhydrazid] 4703
—, 4-Furfurylidenamino-,
— methylester 4423

Formelregister

Im Formelregister sind die Verbindungen entsprechend dem System von *Hill* (Am. Soc. 22 [1900] 478—494)

1. nach der Anzahl der C-Atome,
2. nach der Anzahl der H-Atome,
3. nach der Anzahl der übrigen Elemente

in alphabetischer Reihenfolge angeordnet. Isomere sind in Form des „Registernamens" (s. diesbezüglich die Erläuterungen zum Sachregister) in alphabetischer Reihenfolge aufgeführt. Verbindungen unbekannter Konstitution finden sich am Schluß der jeweiligen Isomeren-Reihe.

C_3-Gruppe

$C_3H_4O_2$
Oxetan-2-on 4157
Oxetan-3-on 4158
Oxirancarbaldehyd 4159
$C_3H_5NO_2$
Oxirancarbaldehyd-oxim 4159

C_4-Gruppe

$C_4Cl_4O_2$
Furan-2-on, Tetrachlor-5*H*- 4295
Maleinsäure, Dichlor-, dichlorid 4295
$C_4F_6O_2$
Furan-2-on, Hexafluor-dihydro- 4163
$C_4HCl_3O_2$
Furan-2-on, 3,4,5-Trichlor-5*H*- 4295
$C_4H_2BrIO_2$
Furan-2-on, 3-Brom-4-jod-5*H*- 4297
—, 4-Brom-3-jod-5*H*- 4297
$C_4H_2Br_2O_2$
Furan-2-on, 3,4-Dibrom-5*H*- 4297
$C_4H_2ClIO_2$
Furan-2-on, 3-Chlor-4-jod-5*H*- 4297
—, 4-Chlor-3-jod-5*H*- 4297
$C_4H_2Cl_2O_2$
Furan-2-on, 3,4-Dichlor-5*H*- 4295
—, 5,5-Dichlor-5*H*- 4295
$C_4H_2N_2O_5S$
Thiophen-2-ol, 3,5-Dinitro- 4291
Thiophen-2-on, 3,5-Dinitro-3*H*- 4291
$C_4H_3BrO_2$
Furan-2-on, 3-Brom-5*H*- 4296
—, 4-Brom-5*H*- 4296
—, 5-Brom-5*H*- 4297
$C_4H_3Br_3O_2$
Furan-2-on, 3,3,4-Tribrom-dihydro- 4164
—, 3,4,4-Tribrom-dihydro- 4164
$C_4H_3ClO_2$
Furan-2-ol, 4-Chlor- 4295
Furan-2-on, 3-Chlor-5*H*- 4294
—, 4-Chlor-3*H*- 4295
—, 4-Chlor-5*H*- 4294
—, 5-Chlor-5*H*- 4295
$C_4H_3NO_3$
Furan-2-ol, 5-Nitroso- 4285
Furan-3-ol, 2-Nitroso- 4296
Furan-2-on, 5-Nitroso-3*H*- 4285
Furan-3-on, 2-Hydroxyimino- 4296
$C_4H_3NO_4$
Furan-2-ol, 5-Nitro- 4285
Furan-3-ol, 2-Nitro- 4296
Furan-2-on, 5-Nitro-3*H*- 4285
$C_4H_3N_3O_4S$
Thiophen, 2-Amino-3,5-dinitro- 4292
Thiophen-2-on, 3,5-Dinitro-3*H*-, imin 4292
$C_4H_4Cl_2O_2$
Furan-2-on, 3,3-Dichlor-dihydro- 4164
C_4H_4OS
Thiophen-2-ol 4286
Thiophen-2-on, 3*H*- 4286
—, 5*H*- 4286
$C_4H_4O_2$
Furan-2-ol 4284
Furan-3-ol 4296
Furan-2-on, 3*H*- 4284
—, 5*H*- 4293
Oxetan-2-on, 4-Methylen- 4297
$C_4H_4S_2$
Thiophen-2-thiol 4293
Thiophen-2-thion, 3*H*- 4293
$C_4H_5BrO_2$
Furan-2-on, 3-Brom-dihydro- 4164
$C_4H_5ClO_2$
Furan-2-on, 3-Chlor-dihydro- 4163
$C_4H_5IO_2$
Furan-2-on, 3-Jod-dihydro- 4164

$C_4H_5NO_2$
Furan-2-ol, 5-Amino- 4285
Furan-3-ol, 2-Amino- 4296
—, 2-Imino-2,3-dihydro- 4296
$C_4H_5N_3O_2$
Furan-2-on, 3-Azido-dihydro- 4164
C_4H_6OS
Thiophen-2-on, Dihydro- 4164
Thiophen-3-on, Dihydro- 4166
$C_4H_6O_2$
Furan-2-on, Dihydro- 4159
Furan-3-on, Dihydro- 4165
Oxetan-2-on, 4-Methyl- 4167
Oxiran, 2-Acetyl- 4168
Oxirancarbaldehyd, 2-Methyl- 4168
—, 3-Methyl- 4168
C_4H_7NO
Furan-2-on, Dihydro-, imin 4163
C_4H_7NOS
Thiophen-3-on, Dihydro-, oxim 4166
$C_4H_7NO_2$
Furan-3-on, Dihydro-, oxim 4165

C_5-Gruppe

$C_5Cl_4O_2$
Furan-2-on, 3,4-Dichlor-5-dichlormethylen-5*H*- 4495
Pyran-2-on, Tetrachlor- 4399
$C_5Cl_{10}S_2$
Thiophen, 2,2,3,3,4,5,5-Heptachlor-4-trichlormethylmercapto-tetrahydro- 4167
$C_5D_4O_2$
Pyran-4-on, Tetradeuterio- 4400
C_5HBr_3OS
Thiophen-2-carbaldehyd, 3,4,5-Tribrom- 4487
$C_5HCl_3O_2$
Furan-2-on, 3,4-Dichlor-5-chlormethylen-5*H*- 4495
$C_5H_2BrNO_3S$
Thiophen-2-carbaldehyd, 3-Brom-4-nitro- 4490
$C_5H_2Br_2OS$
Thiophen-2-carbaldehyd, 3,4-Dibrom- 4487
$C_5H_2Br_2O_2$
Furan-2-on, 4-Brom-5-brommethylen-5*H*- 4495
—, 5-Dibrommethylen-5*H*- 4495
$C_5H_2Br_2O_3S$
1λ⁶-Thiopyran-4-on, 3,5-Dibrom-1,1-dioxo- 4402
$C_5H_2ClNO_3S$
Thiophen-2-carbaldehyd, 5-Chlor-4-nitro- 4490
$C_5H_2Cl_2OS$
Thiophen-2-carbaldehyd, 3,4-Dichlor- 4485
—, 3,5-Dichlor- 4486
—, 4,5-Dichlor- 4486
Thiophen-3-carbaldehyd, 2,5-Dichlor- 4498
$C_5H_2Cl_2O_2$
Furfural, 3,4-Dichlor- 4456
—, 4,5-Dichlor- 4456
Pyran-4-on, 2,6-Dichlor- 4401
$C_5H_2D_2O_2$
Pyran-4-on, 2,6-Dideuterio- 4400
—, 3,5-Dideuterio- 4400
C_5H_3BrOS
Thiophen-2-carbaldehyd, 3-Brom- 4486
—, 4-Brom- 4487
—, 5-Brom- 4487
Thiophen-3-carbaldehyd, 2-Brom- 4499
C_5H_3BrOSe
Selenophen-2-carbaldehyd, 5-Brom- 4493
$C_5H_3BrO_2$
Furfural, 5-Brom- 4456
$C_5H_3BrO_3S$
1λ⁶-Thiopyran-4-on, 3-Brom-1,1-dioxo- 4402
C_5H_3ClOS
Thiophen-2-carbaldehyd, 5-Chlor- 4485
Thiophen-3-carbaldehyd, 2-Chlor- 4498
C_5H_3ClOSe
Selenophen-2-carbaldehyd, 5-Chlor- 4493
$C_5H_3ClO_2$
Furfural, 4-Chlor- 4454
—, 5-Chlor- 4454
$C_5H_3Cl_2NOS$
Thiophen-2-carbaldehyd, 4,5-Dichlor-, oxim 4486
$C_5H_3Cl_2NO_4$
Furan-2-on, 3,4-Dichlor-5-nitromethyl-5*H*- 4303
$C_5H_3F_3O_2$
Furan-2-on, 5-Trifluormethyl-5*H*- 4302
$C_5H_3IO_2$
Furfural, 5-Jod- 4458
$C_5H_3NO_3S$
Thiophen-2-carbaldehyd, 3-Nitro- 4488
—, 4-Nitro- 4488
—, 5-Nitro- 4489
Thiophen-3-carbaldehyd, 2-Nitro- 4499
$C_5H_3NO_3Se$
Selenophen-2-carbaldehyd, 4-Nitro- 4493
—, 5-Nitro- 4494
$C_5H_3NO_4$
Furan-3-carbaldehyd, 5-Nitro- 4496
Furfural, 5-Nitro- 4459

$C_5H_4BrNO_2$
Furfural, 5-Brom-, oxim 4457
$C_5H_4Br_2O_2$
Furan-2-on, 3,4-Dibrom-5-methyl-5*H*- 4303
$C_5H_4Br_2O_3S$
1λ⁶-Thiopyran-4-on, 2,3-Dibrom-1,1-dioxo-2,3-dihydro- 4299
$C_5H_4Br_4O_3S$
1λ⁶-Thiopyran-4-on, 2,3,5,6-Tetrabrom-1,1-dioxo-tetrahydro- 4175
C_5H_4ClNO
Furfural-chlorimin 4424
C_5H_4ClNOS
Thiophen-2-carbaldehyd, 5-Chlor-, oxim 4485
$C_5H_4ClNO_2$
Furfural, 5-Chlor-, oxim 4455
$C_5H_4INO_2$
Furfural, 5-Jod-, oxim 4458
$C_5H_4N_2O$
Furan, 2-Diazomethyl- 4452
$C_5H_4N_2O_3$
Furfural-nitroimin 4452
$C_5H_4N_2O_3S$
Thiophen-2-carbaldehyd, 4-Nitro-, oxim 4488
—, 5-Nitro-, oxim 4489
$C_5H_4N_2O_3Se$
Selenophen-2-carbaldehyd, 5-Nitro-, oxim 4494
$C_5H_4N_2O_4$
Furfural, 5-Nitro-, oxim 4463
C_5H_4OS
Pyran-4-thion 4401
Thiophen-2-carbaldehyd 4477
Thiophen-3-carbaldehyd 4497
Thiopyran-2-on 4399
Thiopyran-4-on 4401
C_5H_4OSe
Selenophen-2-carbaldehyd 4491
$C_5H_4O_2$
Furan-3-carbaldehyd 4496
Furan-2-on, 5-Methylen-5*H*- 4495
Furfural 4403
Pyran-2-on 4399
Pyran-4-on 4399
$C_5H_4O_3S$
1λ⁶-Thiopyran-4-on, 1,1-Dioxo- 4401
$C_5H_4S_2$
Thiopyran-2-thion 4399
Thiopyran-4-thion 4402
$C_5H_5BrO_2$
Furan-2-on, 3-Brom-4-methyl-5*H*- 4303
—, 4-Brom-5-methyl-5*H*- 4302
$C_5H_5F_3O_2$
Furan-2-on, 5-Trifluormethyl-dihydro- 4177
$C_5H_5IO_5S$
Methansulfonsäure, Hydroxy-[5-jod-[2]furyl]- 4458
C_5H_5NOS
Thiophen-2-carbaldehyd-oxim 4482
Thiophen-3-carbaldehyd-oxim 4498
Thiopyran-4-on-oxim 4402
C_5H_5NOSe
Selenophen-2-carbaldehyd-oxim 4492
$C_5H_5NO_2$
Furfural-oxim 4428
$C_5H_5NO_3$
Carbamidsäure, [2]Furyl- 4285
—, [3*H*-[2]Furyliden]- 4285
$C_5H_5NO_3S$
1λ⁶-Thiopyran-4-on, 1,1-Dioxo-, oxim 4402
$C_5H_5N_3O_3$
Furan-3-carbaldehyd, 5-Nitro-, hydrazon 4496
Furfural, 5-Nitro-, hydrazon 4464
$C_5H_6BrClO_2$
Furan-2-on, 3-Brom-5-chlormethyl-dihydro- 4178
—, 5-Brommethyl-3-chlor-dihydro- 4178
$C_5H_6Br_2O_2$
Furan-2-on, 3-Brom-5-brommethyl-dihydro- 4178
Pyran-4-on, 3,5-Dibrom-tetrahydro- 4172
$C_5H_6Br_2O_3S$
1λ⁶-Thiopyran-4-on, 2,6-Dibrom-1,1-dioxo-tetrahydro- 4174
—, 3,5-Dibrom-1,1-dioxo-tetrahydro- 4174
$C_5H_6Cl_2O_2$
Furan-2-on, 3-Chlor-5-chlormethyl-dihydro- 4178
Oxetan-2-on, 3,3-Bis-chlormethyl- 4185
$C_5H_6N_2O$
Furfural-hydrazon 4431
$C_5H_6N_2OS$
Thiophen, 2-Carbamoylimino-2,3-dihydro- 4287
—, 2-Ureido- 4287
$C_5H_6N_2O_6$
Pyran-2-on, 5,5-Dinitro-tetrahydro- 4170
C_5H_6OS
Thiophen-2-ol, 5-Methyl- 4301
Thiophen-2-on, 5-Methyl-3*H*- 4301
$C_5H_6O_2$
Furan-2-ol, 5-Methyl- 4300
Furan-2-on, 3-Methyl-5*H*- 4303
—, 4-Methyl-5*H*- 4303
—, 5-Methyl-3*H*- 4300
—, 5-Methyl-5*H*- 4302
—, 3-Methylen-dihydro- 4304

$C_5H_6O_2$ *(Fortsetzung)*
3-Oxa-bicyclo[3.1.0]hexan-2-on 4304
Pyran-2-on, 3,6-Dihydro- 4300
—, 5,6-Dihydro- 4300

$C_5H_6O_3S$
1λ⁶-Thiopyran-4-on, 1,1-Dioxo-2,3-dihydro- 4299

$C_5H_6O_4S$
Methansulfinsäure, [2]Furyl-hydroxy- 4414

$C_5H_6O_4S_2$
Methansulfonsäure, Hydroxy-[2]thienyl- 4478

$C_5H_6O_5S$
Methansulfonsäure, [2]Furyl-hydroxy- 4414

C_5H_7BrOS
Thiopyran-4-on, 3-Brom-tetrahydro- 4174

$C_5H_7BrO_2$
Furan-2-on, 3-Brom-5-methyl-dihydro- 4178
—, 5-Brommethyl-dihydro- 4178
Pyran-4-on, 3-Brom-tetrahydro- 4172

$C_5H_7BrO_3S$
1λ⁶-Thiopyran-4-on, 3-Brom-1,1-dioxo-tetrahydro- 4174

$C_5H_7ClO_2$
Furan-2-on, 3-Chlormethyl-dihydro- 4183
—, 3-Chlor-4-methyl-dihydro- 4184
—, 5-Chlormethyl-dihydro- 4178
—, 5-Chlor-5-methyl-dihydro- 4177
Oxetan-2-on, 4-Chlormethyl-4-methyl- 4185

$C_5H_7IO_2$
Furan-2-on, 4-Jod-5-methyl-dihydro- 4179
—, 5-Jodmethyl-dihydro- 4179
Pyran-2-on, 5-Jod-tetrahydro- 4170

$C_5H_7NO_3$
Oxirancarbaldehyd-[O-acetyl-oxim] 4159

$C_5H_7NO_3S$
1λ⁶-Thiopyran-4-on, 1,1-Dioxo-2,3-dihydro-, oxim 4299

C_5H_7NS
[2]Thienylamin, 5-Methyl- 4301
Thiophen-2-on, 5-Methyl-3*H*-, imin 4301

$C_5H_8ClNO_3S$
1λ⁶-Thiophen-3-on, 4-Chlor-4-methyl-1,1-dioxo-dihydro-, oxim 4183

C_5H_8OS
Thietan, 2-Acetyl- 4184
Thietan-2-on, 4,4-Dimethyl- 4185
Thiophen-2-on, 5-Methyl-dihydro- 4179
Thiophen-3-on, 2-Methyl-dihydro- 4175
—, 4-Methyl-dihydro- 4183
—, 5-Methyl-dihydro- 4176
Thiopyran-2-on, Tetrahydro- 4170
Thiopyran-3-on, Dihydro- 4170
Thiopyran-4-on, Tetrahydro- 4172

$C_5H_8O_2$
Furan-2-carbaldehyd, Tetrahydro- 4179
Furan-3-carbaldehyd, Tetrahydro- 4184
Furan-2-on, 3-Methyl-dihydro- 4182
—, 4-Methyl-dihydro- 4183
—, 5-Methyl-dihydro- 4176
Oxetan-2-on, 4-Äthyl- 4184
—, 3,4-Dimethyl- 4185
—, 4,4-Dimethyl- 4184
Oxiran, 2-Acetyl-2-methyl- 4185
—, 2-Acetyl-3-methyl- 4186
Pyran-2-on, Tetrahydro- 4169
Pyran-4-on, Tetrahydro- 4171

$C_5H_8O_3S$
1λ⁶-Thiophen-3-on, 4-Methyl-1,1-dioxo-dihydro- 4183
1λ⁶-Thiopyran-3-on, 1,1-Dioxo-dihydro- 4171
1λ⁶-Thiopyran-4-on, 1,1-Dioxo-tetrahydro- 4173

C_5H_9NOS
Thiopyran-3-on, Dihydro-, oxim 4170
Thiopyran-4-on, Tetrahydro-, oxim 4173

$C_5H_9NO_2$
Furan-2-carbaldehyd, Tetrahydro-, oxim 4181
Pyran-4-on, Tetrahydro-, oxim 4171

$C_5H_9NO_3S$
1λ⁶-Thiopyran-4-on, 1,1-Dioxo-tetrahydro-, oxim 4173

$C_5H_9N_3OS$
Furan-3-on, Dihydro-, thiosemicarbazon 4166
Thiophen-3-on, Dihydro-, semicarbazon 4167

$C_5H_9N_3O_2$
Furan-3-on, Dihydro-, semicarbazon 4166

$[C_5H_9O_2]^+$
Furanylium, 2-Methoxy-dihydro- 4162
$[C_5H_9O_2]BF_4$ 4162

$C_5H_{10}O_2S$
Furan-2-ol, 2-Methylmercapto-tetrahydro- 4161

C_6-Gruppe

$C_6H_2ClF_3OS$
Äthanon, 1-[5-Chlor-[2]thienyl]-2,2,2-trifluor- 4511

$C_6H_6IN_3OS$
Furfural, 5-Jod-, thiosemicarbazon 4459
$C_6H_6IN_3O_2$
Furfural, 5-Jod-, semicarbazon 4459
$C_6H_6N_2O_2$
Harnstoff, Furfuryliden- 4423
$C_6H_6N_2O_3$
Furfural-[O-carbamoyl-oxim] 4430
$C_6H_6N_2O_3S$
Äthanon, 1-[4-Nitro-[2]thienyl]-, oxim 4514
—, 1-[5-Nitro-[2]thienyl]-, oxim 4515
Thiophen, 2-Acetylamino-3-nitro- 4290
—, 2-Acetylamino-5-nitro- 4290
—, 2-Acetylimino-3-nitro-2,3-dihydro- 4290
—, 2-Acetylimino-5-nitro-2,3-dihydro- 4290
$C_6H_6N_2O_4$
Äthanon, 1-[5-Nitro-[2]furyl]-, oxim 4506
$C_6H_6N_4O_2SSe$
Selenophen-2-carbaldehyd, 4-Nitro-, thiosemicarbazon 4494
—, 5-Nitro-, thiosemicarbazon 4494
$C_6H_6N_4O_2S_2$
Thiophen-2-carbaldehyd, 4-Nitro-, thiosemicarbazon 4489
—, 5-Nitro-, thiosemicarbazon 4490
Thiophen-3-carbaldehyd, 2-Nitro-, thiosemicarbazon 4499
$C_6H_6N_4O_3$
Furfural, 5-Nitro-, carbamimidoylimin 4462
$C_6H_6N_4O_3S$
Furfural, 5-Nitro-, thiosemicarbazon 4470
Thiophen-2-carbaldehyd, 3-Nitro-, semicarbazon 4488
—, 4-Nitro-, semicarbazon 4489
—, 5-Nitro-, semicarbazon 4490
Thiophen-3-carbaldehyd, 2-Nitro-, semicarbazon 4499
$C_6H_6N_4O_3Se$
Selenophen-2-carbaldehyd, 4-Nitro-, semicarbazon 4493
—, 5-Nitro-, semicarbazon 4494
$C_6H_6N_4O_4$
Furan-3-carbaldehyd, 5-Nitro-, semicarbazon 4497
Furfural, 5-Nitro-, semicarbazon 4467
$C_6H_6N_6O_5$
Furfural, 5-Nitro-, [nitrocarbamimidoyl-hydrazon] 4470
C_6H_6OS
Acetaldehyd, [2]Thienyl- 4518
Äthanon, 1-[2]Thienyl- 4507
—, 1-[3]Thienyl- 4520
Thiophen-2-carbaldehyd, 3-Methyl- 4521
—, 4-Methyl- 4523
—, 5-Methyl- 4529
C_6H_6OSe
Äthanon, 1-Selenophen-2-yl- 4516
Selenophen-2-carbaldehyd, 3-Methyl- 4522
—, 5-Methyl- 4530
$C_6H_6O_2$
Acetaldehyd, [2]Furyl- 4518
Äthanon, 1-[2]Furyl- 4500
—, 1-[3]Furyl- 4519
Furan-2-carbaldehyd, 3-Methyl- 4521
—, 5-Methyl- 4523
Furan-3-carbaldehyd, 4-Methyl- 4530
Furan-2-on, 5-Äthyliden-5*H*- 4519
—, 3-Methyl-5-methylen-5*H*- 4523
—, 4-Methyl-5-methylen-5*H*- 4522
Pyran-2-on, 5-Methyl- 4500
—, 6-Methyl- 4500
$C_6H_6O_3S$
$1\lambda^6$-Thiopyran-4-on, 2-Methyl-1,1-dioxo- 4500
C_6H_7NO
Furfural-methylimin 4415
C_6H_7NOS
Äthanon, 1-[2]Thienyl-, oxim 4509
Thiophen, 2-Acetylamino- 4286
—, 2-Acetylimino-2,3-dihydro- 4286
—, 2-Formylamino-3-methyl- 4303
—, 2-Formylimino-3-methyl-2,3-dihydro- 4303
$C_6H_7NO_2$
Äthanon, 1-[2]Furyl-, oxim 4501
Furan, 2-Acetylamino- 4285
—, 2-Acetylimino-2,3-dihydro- 4285
Furan-2-carbaldehyd, 3-Methyl-, oxim 4521
Furfural-[*N*-methyl-oxim] 4415
$C_6H_7NO_3$
Carbamidsäure, [2]Furyl-, methylester 4285
—, [3*H*-[2]Furyliden]-, methylester 4285
C_6H_7NS
Thiophen-2-carbaldehyd-methylimin 4479
$C_6H_7NS_2$
Thiophen, 2-Thioacetylamino- 4287
—, 2-Thioacetylimino-2,3-dihydro- 4287
$C_6H_7N_2O_4$
Verbindung $C_6H_7N_2O_4$ aus 2-Diacetoxymethyl-5-nitro-furan 4460

$C_6H_{10}OS$ *(Fortsetzung)*
Thiophen-2-on, 5-Äthyl-dihydro- 4195
—, 5,5-Dimethyl-dihydro- 4198
Thiophen-3-on, 4-Äthyl-dihydro- 4196
—, 5-Äthyl-dihydro- 4194
—, 4,4-Dimethyl-dihydro- 4199
Thiopyran-4-on, 2-Methyl-tetrahydro- 4189
—, 3-Methyl-tetrahydro- 4192

$C_6H_{10}O_2$
Furan, 2-Acetyl-tetrahydro- 4195
Furan-2-on, 3-Äthyl-dihydro- 4195
—, 5-Äthyl-dihydro- 4194
—, 3,3-Dimethyl-dihydro- 4198
—, 3,4-Dimethyl-dihydro- 4199
—, 3,5-Dimethyl-dihydro- 4198
—, 4,4-Dimethyl-dihydro- 4199
—, 4,5-Dimethyl-dihydro- 4198
—, 5,5-Dimethyl-dihydro- 4197
Furan-3-on, 2,2-Dimethyl-dihydro- 4197
—, 2,5-Dimethyl-dihydro- 4198
—, 5,5-Dimethyl-dihydro- 4197
Hexan-2-on, 3,4-Epoxy- 4201
Oxepan-2-on 4186
Oxepan-4-on 4187
Oxetan-2-on, 4-Äthyl-4-methyl- 4200
—, 4-Isopropyl- 4199
—, 4-Propyl- 4199
Oxiran, 2-Acetyl-2,3-dimethyl- 4202
—, 3-Acetyl-2,2-dimethyl- 4202
Oxirancarbaldehyd, 3-Äthyl-2-methyl- 4201
—, 3-Propyl- 4200
Pentan-2-on, 4,5-Epoxy-4-methyl- 4200
Pyran-2-carbaldehyd, Tetrahydro- 4191
Pyran-3-carbaldehyd, Tetrahydro- 4193
Pyran-4-carbaldehyd, Tetrahydro- 4193
Pyran-2-on, 4-Methyl-tetrahydro- 4193
—, 6-Methyl-tetrahydro- 4190
Pyran-3-on, 6-Methyl-dihydro- 4190
Pyran-4-on, 2-Methyl-tetrahydro- 4188
—, 3-Methyl-tetrahydro- 4192

$C_6H_{10}O_3$
Pent-2-ensäure, 4-Hydroxy-2-methyl- 4198

$C_6H_{10}O_3S$
1λ⁶-Thiepan-4-on, 1,1-Dioxo- 4188
1λ⁶-Thiophen-3-on, 4,4-Dimethyl-1,1-dioxo-dihydro- 4199
1λ⁶-Thiopyran-4-on, 2-Methyl-1,1-dioxo-tetrahydro- 4189
—, 3-Methyl-1,1-dioxo-tetrahydro- 4192

$C_6H_{11}NOS$
Thiepan-3-on-oxim 4187

$C_6H_{11}NO_2$
Pyran-2-carbaldehyd, Tetrahydro-, oxim 4191

$C_6H_{11}N_3OS$
Pyran-4-on, Tetrahydro-, thiosemicarbazon 4172
Thiophen-3-on, 2-Methyl-dihydro-, semicarbazon 4175
—, 4-Methyl-dihydro-, semicarbazon 4183
—, 5-Methyl-dihydro-, semicarbazon 4176
Thiopyran-3-on, Dihydro-, semicarbazon 4170

$C_6H_{11}N_3O_2$
Pyran-4-on, Tetrahydro-, semicarbazon 4172

$C_6H_{11}N_3O_3S$
1λ⁶-Thiopyran-3-on, 1,1-Dioxo-dihydro-, semicarbazon 4171

$C_6H_{11}N_3S_2$
Thiopyran-4-on, Tetrahydro-, thiosemicarbazon 4173

$[C_6H_{11}OS]^+$
Thiophenylium, 2-Äthoxy-dihydro- 4165
$[C_6H_{11}OS]BF_4$ 4165
Thiopyranium, 1-Methyl-4-oxo-tetrahydro- 4174
$[C_6H_{11}OS]I$ 4174

$[C_6H_{11}O_2]^+$
Furanylium, 2-Äthoxy-dihydro- 4162
$[C_6H_{11}O_2]BF_4$ 4162

$C_6H_{12}O_3$
Furan, 2,2-Dimethoxy-tetrahydro- 4162

$C_6H_{14}O_4S_2$
Verbindung $C_6H_{14}O_4S_2$ aus 2,2-Bis-äthansulfonyl-3-methyl-oxiran 4159

C_7-Gruppe

$C_7H_2Cl_4O_2$
1-Oxa-spiro[2.5]octa-4,7-dien-6-on, 4,5,7,8-Tetrachlor- 4713

$C_7H_2Cl_6O_2$
3-Oxa-bicyclo[3.2.1]oct-6-en-2-on, 1,5,6,7,8,8-Hexachlor- 4555

$C_7H_4BrNO_3S$
Acrylaldehyd, 2-Brom-3-[5-nitro-[2]thienyl]- 4711

$C_7H_4BrNO_4$
Acrylaldehyd, 2-Brom-3-[5-nitro-[2]furyl]- 4707

$C_7H_5BrN_2O_3S$
Acrylaldehyd, 2-Brom-3-[5-nitro-[2]thienyl]-, oxim 4712

$C_7H_5BrN_2O_4$
Acrylaldehyd, 2-Brom-3-[5-nitro-[2]furyl]-, oxim 4707
C_7H_5ClOS
Acrylaldehyd, 2-Chlor-3-[2]thienyl- 4709
—, 3-[5-Chlor-[2]thienyl]- 4709
$C_7H_5Cl_2N_3O_4$
Furfural, 5-Nitro-, [dichloracetylhydrazon] 4465
$C_7H_5NO_3S$
Acrylaldehyd, 3-[4-Nitro-[2]thienyl]- 4709
—, 3-[5-Nitro-[2]thienyl]- 4710
$C_7H_5NO_3Se$
Acrylaldheyd, 3-[5-Nitro-selenophen-2-yl]- 4712
$C_7H_5NO_4$
Acrylaldehyd, 3-[5-Nitro-[2]furyl]- 4700
$C_7H_6BrN_3O_2S$
Acrylaldehyd, 2-Brom-3-[5-nitro-[2]thienyl]-, hydrazon 4712
$C_7H_6Br_2OS$
Äthanon, 1-[3,4-Dibrom-5-methyl-[2]thienyl]- 4550
—, 1-[3,5-Dibrom-4-methyl-[2]thienyl]- 4546
—, 1-[4,5-Dibrom-3-methyl-[2]thienyl]- 4546
Propan-1-on, 2,3-Dibrom-1-[2]thienyl- 4541
$C_7H_6Br_2O_2$
Pyran-4-on, 3,5-Dibrom-2,6-dimethyl- 4535
$C_7H_6Br_3NO_2$
Furfural-[2,2,2-tribrom-1-hydroxyäthylimin] 4422
$C_7H_6Cl_2OS$
Propan-1-on, 1-[2,5-Dichlor-[3]thienyl]- 4544
$C_7H_6Cl_2O_2$
Pyran-4-on, 3,5-Dichlor-2,6-dimethyl- 4534
$C_7H_6Cl_3NO_2$
Furfural-[2,2,2-trichlor-1-hydroxyäthylimin] 4422
$C_7H_6Cl_6O_2$
Pyran-4-on, 2,6-Bis-trichlormethyltetrahydro- 4212
$C_7H_6N_2O_4$
Acrylaldehyd, 3-[5-Nitro-[2]furyl]-, oxim 4702
$C_7H_6N_2O_5$
Furfural, 5-Nitro-, [*O*-acetyl-oxim] 4464
$C_7H_6N_4O_5$
Furfural, 5-Nitro-, oxamoylhydrazon 4465
C_7H_6OS
Acrylaldehyd, 3-[2]Thienyl- 4708
Propenon, 1-[2]Thienyl- 4713
C_7H_6OSe
Acrylaldehyd, 3-Selenophen-2-yl- 4712
$C_7H_6O_2$
Acrylaldehyd, 3-[2]Furyl- 4695
Propenon, 11-[3]Furyl- 4713
C_7H_7BrOS
Äthanon, 1-[5-Brom-4-methyl-[2]thienyl]- 4547
Propan-1-on, 1-[5-Brom-[2]thienyl]- 4541
$C_7H_7BrO_2$
Pyran-2-on, 3-Brom-4,6-dimethyl- 4531
—, 3-Brom-5,6-dimethyl- 4531
Pyran-4-on, 2-Brommethyl-6-methyl- 4535
$C_7H_7BrO_3$
Verbindung $C_7H_7BrO_3$ aus 3,5-Dibrom-2,6-dimethyl-pyran-4-on 4535
C_7H_7ClOS
Propan-1-on, 1-[5-Chlor-[2]thienyl]- 4540
Thiopyran-4-on, 3-Chlor-2,6-dimethyl- 4537
$C_7H_7ClO_2$
Äthanon, 2-Chlor-1-[5-methyl-[2]furyl]- 4549
Furan-3-carbaldehyd, 5-Chlor-2,4-dimethyl -4552
—, 2-Chlormethyl-4-methyl- 4552
Propan-1-on, 1-[5-Chlor-[2]furyl]- 4539
$C_7H_7ClO_3$
Verbindung $C_7H_7ClO_3$ aus 3,5-Dichlor-2,6-dimethyl-pyran-4-on 4535
$C_7H_7ClS_2$
Thiopyran-4-thion, 3-Chlor-2,6-dimethyl- 4537
$C_7H_7Cl_2NO_2$
Furfural-[2,2-dichlor-1-hydroxyäthylimin] 4422
$C_7H_7Cl_2NO_4$
Furan-2-on, 3,4-Dichlor-5-[α-nitroisopropyl]-5*H*- 4315
$C_7H_7Cl_2N_3OS$
Äthanon, 1-[2,5-Dichlor-[3]thienyl]-, semicarbazon 4520
$C_7H_7Cl_3N_2O_3S_2$
Furfural-[methansulfonyltrichlormethylmercapto-hydrazon] 4452
$C_7H_7IO_3$
Verbindung $C_7H_7IO_3$ aus 2,6-Dimethylpyran-4-on 4533

$C_7H_8O_2$ *(Fortsetzung)*
Furan-2-carbaldehyd, 5-Äthyl- 4547
—, 3,4-Dimethyl- 4551
—, 3,5-Dimethyl- 4552
—, 4,5-Dimethyl- 4553
Furan-3-carbaldehyd, 2,4-Dimethyl- 4552
Furan-2-on, 5-Äthinyl-5-methyl-dihydro- 4545
—, 4-Äthyl-5-methylen-5*H*- 4545
Propan-1-on, 1-[2]Furyl- 4537
—, 1-[3]Furyl- 4543
Propionaldehyd, 3-[2]Furyl- 4543
Pyran-2-on, 5-Äthyl- 4531
—, 4,6-Dimethyl- 4531
—, 5,6-Dimethyl- 4531
Pyran-4-on, 2,6-Dimethyl- 4532

$C_7H_8O_3S$
1λ⁶-Thiopyran-4-on, 2,5-Dimethyl-1,1-dioxo- 4532
—, 2,6-Dimethyl-1,1-dioxo- 4536

C_7H_8SSe
Thiopyran-4-selon, 2,6-Dimethyl- 4537

$C_7H_8S_2$
Thiopyran-4-thion, 2,6-Dimethyl- 4537

$C_7H_9BrO_2$
6-Oxa-bicyclo[3.2.1]octan-7-on, 4-Brom- 4319

$C_7H_9ClO_2$
Pyran-2-on, 6-Chlormethyl-4-methyl-5,6-dihydro- 4312

$C_7H_9IO_2$
6-Oxa-bicyclo[3.2.1]octan-7-on, 4-Jod- 4319

C_7H_9NO
Furfural-äthylimin 4415

C_7H_9NOS
Aceton, [2]Thienyl-, oxim 4542
—, [3]Thienyl-, oxim 4544
Äthanon, 1-[2-Methyl-[3]thienyl]-, oxim 4545
—, 1-[3-Methyl-[2]thienyl]-, oxim 4546
—, 1-[4-Methyl-[2]thienyl]-, oxim 4547
—, 1-[5-Methyl-[2]thienyl]-, oxim 4550
Propan-1-on, 1-[2]Thienyl-, oxim 4540
—, 1-[3]Thienyl-, oxim 4544
Thiophen, 2-Acetylamino-3-methyl- 4303
—, 2-Acetylamino-5-methyl- 4302
—, 2-Acetylimino-3-methyl-2,3-dihydro- 4303
—, 2-Acetylimino-5-methyl-2,3-dihydro- 4302
Thiophen-2-carbaldehyd-[2-hydroxy-äthylimin] 4480
Thiopyran-4-on, 2,6-Dimethyl-, oxim 4536

$C_7H_9NO_2$
Aceton, [2]Furyl-, oxim 4542
Äthanon, 1-[5-Methyl-[2]furyl]-, oxim 4548
Furan, 2-Propionylamino- 4285
—, 2-Propionylimino-2,3-dihydro- 4285
Furan-3-carbaldehyd, 2,4-Dimethyl-, oxim 4552
Furfural-[2-hydroxy-äthylimin] 4418
Propan-1-on, 1-[2]Furyl-, oxim 4538

$C_7H_9NO_3$
Carbamidsäure, [5-Methyl-[2]furyl]-, methylester 4301
—, [5-Methyl-3*H*-[2]furyliden]-, methylester 4301

$C_7H_9NO_3S$
1λ⁶-Thiopyran-4-on, 2,5-Dimethyl-1,1-dioxo-, oxim 4532

$C_7H_9NO_5$
Furfural, 5-Nitro-, dimethylacetal 4459

$C_7H_9N_3OS$
Acetaldehyd, [2]Thienyl-, semicarbazon 4519
Äthanon, 1-[2]Furyl-, thiosemicarbazon 4503
—, 1-[3]Thienyl-, semicarbazon 4520
Thiophen-2-carbaldehyd, 3-Methyl-, semicarbazon 4521
—, 5-Methyl-, semicarbazon 4529

$C_7H_9N_3OSe$
Äthanon, 1-Selenophen-2-yl-, semicarbazon 4516
Selenophen-2-carbaldehyd, 3-Methyl-, semicarbazon 4522
—, 5-Methyl-, semicarbazon 4530

$C_7H_9N_3O_2$
Acetaldehyd, [2]Furyl-, semicarbazon 4518
Äthanon, 1-[2]Furyl-, semicarbazon 4503
—, 1-[3]Furyl-, semicarbazon 4520
Furan-2-carbaldehyd, 3-Methyl-, semicarbazon 4521
—, 5-Methyl-, semicarbazon 4527
Furan-3-carbaldehyd, 4-Methyl-, semicarbazon 4531

$C_7H_9N_3SSe$
Selenophen-2-carbaldehyd, 3-Methyl-, thiosemicarbazon 4522
—, 5-Methyl-, thiosemicarbazon 4530

$C_7H_9N_3S_2$
Äthanon, 1-[2]Thienyl-, thiosemicarbazon 4509

$C_7H_9N_3S_2$ *(Fortsetzung)*
Thiophen-2-carbaldehyd, 3-Methyl-, thiosemicarbazon 4522
—, 5-Methyl-, thiosemicarbazon 4530
$C_7H_9N_5O_2$
Furfural-[4-carbamimidoyl-semicarbazon] 4443
$[C_7H_9O_2]^+$
Pyrylium, 4-Hydroxy-2,6-dimethyl- 4534
$[C_7H_9O_2]Cl$ 4534
$[C_7H_9O_2]Br$ 4534
$C_7H_{10}Br_2O_2$
Pyran-2-on, 5,6-Dibrom-5,6-dimethyl-tetrahydro- 4208
$C_7H_{10}Br_2O_3S$
1λ6-Thiopyran-4-on, 3,5-Dibrom-2,5-dimethyl-1,1-dioxo-tetrahydro- 4211
—, 3,5-Dibrom-2,6-dimethyl-1,1-dioxo-tetrahydro- 4212
$C_7H_{10}Cl_2O_2$
Furan-2-on, 3-Chlor-5-[3-chlor-propyl]-dihydro- 4214
$C_7H_{10}N_2O$
Furfural-dimethylhydrazon 4432
$C_7H_{10}N_2S$
Thiophen-2-carbaldehyd-dimethylhydrazon 4482
$C_7H_{10}OS$
Äthanon, 1-[5,6-Dihydro-2*H*-thiopyran-3-yl]- 4311
8-Thia-bicyclo[3.2.1]octan-3-on 4319
$C_7H_{10}OS_2$
Furfural-dimethyldithioacetal 4476
$C_7H_{10}OSe_2$
Heptan-2-on, 4,6-Diselenoxo- 4536
$C_7H_{10}O_2$
Aceton, [4,5-Dihydro-[2]furyl]- 4313
Cyclohexanon, 2,3-Epoxy-2-methyl- 4317
—, 2,3-Epoxy-3-methyl- 4317
Cyclopenta[*b*]furan-2-on, Hexahydro- 4317
Cyclopentanon, 2,3-Epoxy-2,4-dimethyl- 4318
—, 2,3-Epoxy-3,5-dimethyl- 4318
Furan-2-on, 3-Äthyl-5-methyl-3*H*- 4315
—, 5-Äthyl-5-methyl-5*H*- 4315
—, 3-Allyl-4,5-dihydro- 4314
—, 5,5-Dimethyl-3-methylen-dihydro- 4315
—, 5-Methyl-5-vinyl-dihydro- 4315
—, 3-Propyl-5*H*- 4314
—, 5-Propyl-5*H*- 4314
—, 3-Propyliden-4,5-dihydro- 4314
—, 3,3,4-Trimethyl-3*H*- 4316
—, 3,3,5-Trimethyl-3*H*- 4316
—, 3,4,5-Trimethyl-3*H*- 4316
—, 3,5,5-Trimethyl-5*H*- 4315
—, 4,5,5-Trimethyl-5*H*- 4315
Hex-4-en-3-on, 1,2-Epoxy-5-methyl- 4316
2-Oxa-bicyclo[2.2.2]octan-3-on 4320
2-Oxa-bicyclo[3.2.1]octan-3-on 4318
3-Oxa-bicyclo[3.2.1]octan-2-on 4318
6-Oxa-bicyclo[3.2.1]octan-7-on 4319
2-Oxa-norbornan-3-on, 7-Methyl- 4320
Oxiran, 2-Crotonoyl-2-methyl- 4317
—, 2-Methacryloyl-3-methyl- 4317
Propen-2-ol, 1-[4,5-Dihydro-[2]furyl]- 4313
Pyran-2-carbaldehyd, 2-Methyl-3,4-dihydro-2*H*- 4311
Pyran-2-on, 4,5-Dimethyl-5,6-dihydro- 4313
—, 4,6-Dimethyl-3,4-dihydro- 4312
—, 4,6-Dimethyl-3,6-dihydro- 4312
—, 4,6-Dimethyl-5,6-dihydro- 4312
—, 5,5-Dimethyl-5,6-dihydro- 4313
—, 5,6-Dimethyl-3,4-dihydro- 4311
Pyran-4-on, 2,6-Dimethyl-2,3-dihydro- 4313
$C_7H_{10}O_3$
Furfural-dimethylacetal 4412
$C_7H_{10}O_3S$
1λ6-Thiopyran-4-on, 2,5-Dimethyl-1,1-dioxo-2,3-dihydro- 4313
—, 3,6-Dimethyl-1,1-dioxo-2,3-dihydro- 4312
$C_7H_{11}BrO_2$
Äthanon, 2-Brom-1-tetrahydropyran-4-yl- 4205
Furan-2-on, 3-Äthyl-4-brommethyl-dihydro- 4217
—, 5-[2-Brom-äthyl]-3-methyl-dihydro- 4217
—, 3-Brom-5-propyl-dihydro- 4214
—, 5-[3-Brom-propyl]-dihydro- 4214
$C_7H_{11}BrO_3S$
1λ6-Thiopyran-4-on, 3-Brom-2,5-dimethyl-1,1-dioxo-tetrahydro- 4211
—, 5-Brom-2,5-dimethyl-1,1-dioxo-tetrahydro- 4211
$C_7H_{11}ClO_2$
Furan, 3-Äthyl-4-chlor-methyl-dihydro- 4217
Furan-2-on, 5-[3-Chlor-propyl]-dihydro- 4214
Heptanoylchlorid, 4-Oxo- 4204
Pyran-2-on, 6-Äthyl-6-chlor-tetrahydro- 4204
$C_7H_{11}IO_2$
Furan-2-on, 3-Äthyl-4-jodmethyl-dihydro- 4217
—, 5-Äthyl-4-jod-3-methyl-dihydro- 4217

$C_7H_{11}N_3OS$
Thiopyran-3-carbaldehyd, 5,6-Dihydro-2*H*-, semicarbazon 4307
$C_7H_{11}N_3O_2$
Cyclohexanon, 2,3-Epoxy-, semicarbazon 4310
Pyran-2-carbaldehyd, 3,4-Dihydro-2*H*-, semicarbazon 4306
Pyran-3-carbaldehyd, 5,6-Dihydro-2*H*-, semicarbazon 4307
$C_7H_{11}O_4PS$
Phosphonsäure, [Hydroxy-[2]thienyl-methyl]-, dimethylester 4484
$C_7H_{11}O_5P$
Phosphonsäure, [α-Hydroxy-furfuryl]-, dimethylester 4452
$C_7H_{12}OS$
Thiocan-5-on 4203
Thiophen-3-on, 5-Propyl-dihydro- 4213
Thiopyran-4-on, 2-Äthyl-tetrahydro- 4204
—, 2,2-Dimethyl-tetrahydro- 4207
—, 2,5-Dimethyl-tetrahydro- 4209
—, 2,6-Dimethyl-tetrahydro- 4212
$C_7H_{12}O_2$
Acetaldehyd, [3-Methyl-tetrahydro-[2]furyl]- 4208
Äthanon, 1-Tetrahydropyran-2-yl- 4205
—, 1-Tetrahydropyran-4-yl- 4205
Furan-2-on, 5-Äthyl-3-methyl-dihydro- 4217
—, 5-Äthyl-5-methyl-dihydro- 4216
—, 4-Isopropyl-dihydro- 4215
—, 5-Isopropyl-dihydro- 4215
—, 3-Propyl-dihydro- 4214
—, 4-Propyl-dihydro- 4215
—, 5-Propyl-dihydro- 4213
—, 3,3,4-Trimethyl-dihydro- 4219
—, 3,3,5-Trimethyl-dihydro- 4219
—, 3,4,5-Trimethyl-dihydro- 4219
—, 3,5,5-Trimethyl-dihydro- 4218
—, 4,4,5-Trimethyl-dihydro- 4219
—, 4,5,5-Trimethyl-dihydro- 4217
Furan-3-on, 5-Äthyl-5-methyl-dihydro- 4216
—, 2-Isopropyl-dihydro- 4215
—, 2,2,5-Trimethyl-dihydro- 4218
—, 2,4,5-Trimethyl-dihydro- 4219
Oxepan-2-on, 5-Metyl- 4203
—, 7-Methyl- 4203
Oxetan-3-on, 2,2,4,4-Tetramethyl- 4219
Oxiran, 2-Acetyl-3-isopropyl- 4221
—, 2-Acetyl-3-propyl- 4221
—, 2-Butyryl-2-methyl- 4220
—, 2,2-Dimethyl-3-propionyl- 4221
—, 2-Isobutyryl-3-methyl- 4220
—, Isovaleryl- 4220
Oxocan-2-on 4202
Pyran-2-carbaldehyd, 4-Methyl-tetrahydro- 4208
Pyran-2-on, 5-Äthyl-tetrahydro- 4205
—, 6-Äthyl-tetrahydro- 4204
—, 4,4-Dimethyl-tetrahydro- 4213
—, 4,6-Dimethyl-tetrahydro- 4208
—, 5,5-Dimethyl-tetrahydro- 4213
—, 5,6-Dimethyl-tetrahydro- 4208
—, 6,6-Dimethyl-tetrahydro- 4207
Pyran-4-on, 2-Äthyl-tetrahydro- 4203
—, 2,2-Dimethyl-tetrahydro- 4206
—, 2,5-Dimethyl-tetrahydro- 4208
—, 2,6-Dimethyl-tetrahydro- 4211
$C_7H_{12}O_3$
Pyran, 2,2-Dimethoxy-3,4-dihydro-2*H*- 4299
Verbindung $C_7H_{12}O_3$ aus 1,2-Epoxy-5-methyl-hex-4-en-3-on 4316
$C_7H_{12}O_3S$
Aceton, [1,1-Dioxo-tetrahydro-1λ^6-[3]thienyl]- 4215
1λ^6-Thiopyran-4-on, 2,2-Dimethyl-1,1-dioxo-tetrahydro- 4207
—, 2,5-Dimethyl-1,1-dioxo-tetrahydro- 4210
$C_7H_{13}NOS$
Thiopyran-4-on, 2,5-Dimethyl-tetrahydro-, oxim 4209
$C_7H_{13}NO_2$
Äthanon, 1-Tetrahydropyran-4-yl-, oxim 4205
Oxetan-3-on, 2,2,4,4-Tetramethyl-, oxim 4219
Pyran-4-on, 2,6-Dimethyl-tetrahydro-, oxim 4211
$C_7H_{13}NO_3S$
1λ^6-Thiopyran-4-on, 2,5-Dimethyl-1,1-dioxo-tetrahydro-, oxim 4210
$C_7H_{13}N_3OS$
Pyran-4-on, 2-Methyl-tetrahydro-, thiosemicarbazon 4189
—, 3-Methyl-tetrahydro-, thiosemicarbazon 4192
Thiepan-3-on-semicarbazon 4187
Thiopyran-4-on, 2-Methyl-tetrahydro-, semicarbazon 4189
$C_7H_{13}N_3O_2$
Furan-3-on, 5,5-Dimethyl-dihydro-, semicarbazon 4197
Oxiran-2-carbaldehyd, 3-Propyl-, semicarbazon 4201
Pyran-2-carbaldehyd, Tetrahydro-, semicarbazon 4191
Pyran-4-carbaldehyd, Tetrahydro-, semicarbazon 4194
Pyran-3-on, 6-Methyl-dihydro-, semicarbazon 4190

$C_7H_{13}N_3O_2$ *(Fortsetzung)*
Pyran-4-on, 2-Methyl-tetrahydro-, semicarbazon 4188
—, 3-Methyl-tetrahydro-, semicarbazon 4192
$[C_7H_{13}O_2]^+$
Furanylium, 2-Isopropoxy-dihydro- 4163
$[C_7H_{13}O_2]BF_4$ 4163
$C_7H_{14}O_2S$
Thiirancarbaldehyd-diäthylacetal 4159
$C_7H_{14}O_3$
Oxirancarbaldehyd-diäthylacetal 4159
Pyran, 2,2-Dimethoxy-tetrahydro- 4170
$C_7H_{14}O_5S_2$
Oxiran, 2,2-Bis-äthansulfonyl-3-methyl- 4158

C_8-Gruppe

$C_8H_3F_7OS$
Butan-1-on, Heptafluor-1-[2]thienyl- 4558
$C_8H_4BrCl_3OS$
But-2-en-1-on, 1-[5-Brom-[2]thienyl]-4,4,4-trichlor- 4721
$C_8H_4Cl_4OS$
But-2-en-1-on, 4,4,4-Trichlor-1-[5-chlor-[2]thienyl]- 4721
$C_8H_5BrCl_2O_2$
Verbindung $C_8H_5BrCl_2O_2$ aus 6-[2,2-Dichlor-vinyl]-4-methyl-pyran-2-on 4714
$C_8H_5Cl_3OS$
But-2-en-1-on, 4,4,4-Trichlor-1-[2]thienyl- 4721
$C_8H_6BrN_3O_2$
Furfural, 5-Brom-, [cyanacetyl-hydrazon] 4458
$C_8H_6Cl_2O_2$
Pyran-2-on, 6-[2,2-Dichlor-vinyl]-4-methyl- 4714
$C_8H_6Cl_3NO_3$
Äthanon, 1-[2]Furyl-, [O-trichloracetyl-oxim] 4502
$C_8H_6N_2O_5S$
But-3-en-2-on, 4-[3,5-Dinitro-[2]thienyl]- 4720
$C_8H_6N_4O_4$
Furfural, 5-Nitro-, [cyanacetyl-hydrazon] 4466
$C_8H_7BrN_4O_2S_2$
Acrylaldehyd, 2-Brom-3-[5-nitro-[2]thienyl]-, thiosemicarbazon 4712
$C_8H_7BrN_4O_3S$
Acrylaldehyd, 2-Brom-3-[5-nitro-[2]thienyl]-, semicarbazon 4712
$C_8H_7BrN_4O_4$
Acrylaldehyd, 2-Brom-3-[5-nitro-[2]furyl]-, semicarbazon 4707
C_8H_7BrOS
But-3-en-2-on, 4-[5-Brom-[2]thienyl]- 4719
$C_8H_7BrO_2$
But-3-en-2-on, 4-[5-Brom-[2]furyl]- 4716
Cyclopenta[*b*]pyran-2-on, 3-Brom-6,7-dihydro-5*H*- 4726
$C_8H_7Br_2IO_2$
Norbornan-2-carbonsäure, 2,3-Dibrom-6-hydroxy-5-jod-, lacton 4578
C_8H_7ClOS
Benzo[*b*]thiophen-4-on, 2-Chlor-6,7-dihydro-5*H*- 4727
But-2-en-1-on, 1-[5-Chlor-[2]thienyl]- 4721
But-3-en-2-on, 4-[5-Chlor-[2]thienyl]- 4719
$C_8H_7Cl_2IO_2$
Norbornan-2-carbonsäure, 2,3-Dichlor-6-hydroxy-5-jod-, lacton 4578
$C_8H_7NO_3S$
But-3-en-2-on, 4-[5-Nitro-[2]thienyl]- 4719
$C_8H_7NO_3Se$
Acrylaldehyd, 2-Methyl-3-[5-nitro-selenophen-2-yl]- 4723
$C_8H_7NO_4$
Acrylaldehyd, 2-Methyl-3-[5-nitro-[2]furyl]- 4722
But-3-en-2-on, 4-[2]Furyl-1-nitro- 4717
—, 4-[2]Furyl-3-nitro- 4717
—, 4-[5-Nitro-[2]furyl]- 4717
$C_8H_7N_3O_2$
Furfural-[cyanacetyl-hydrazon] 4441
$C_8H_7N_3O_5S$
But-3-en-2-on, 4-[3,5-Dinitro-[2]thienyl]-, oxim 4720
$C_8H_8BrIO_2$
Norbornan-2-carbonsäure, 2-Brom-6-hydroxy-5-jod-, lacton 4578
—, 3-Brom-6-hydroxy-5-jod-, lacton 4578
C_8H_8BrNOS
But-3-en-2-on, 4-[5-Brom-[2]thienyl]-, oxim 4719
$C_8H_8BrN_5O_3$
Guanidin, [2-Brom-3-(5-nitro-[2]furyl)-allylidenamino]- 4707
$C_8H_8ClIO_2$
Norbornan-2-carbonsäure, 2-Chlor-6-hydroxy-5-jod-, lacton 4577
—, 3-Chlor-6-hydroxy-5-jod-, lacton 4577

$C_8H_8ClNO_2S$
Carbamidsäure, [2-(5-Chlor-[2]thienyl)-äthyliden]-, methylester 4519
—, [2-(5-Chlor-[2]thienyl)-vinyl]-, methylester 4519
$C_8H_8ClNO_3S$
Propan-1-on, 1-[5-Chlor-4-nitro-[2]thienyl]-2-methyl- 4562
$C_8H_8ClN_3OS$
Acrylaldehyd, 2-Chlor-3-[2]thienyl-, semicarbazon 4709
—, 3-[5-Chlor-[2]thienyl]-, semicarbazon 4709
$C_8H_8Cl_2OS$
Butan-1-on, 1-[2,5-Dichlor-[3]thienyl]- 4561
$C_8H_8Cl_2O_2$
Äthanon, 1-[3,4-Bis-chlormethyl-[2]furyl]- 4569
$C_8H_8I_2O_2$
Norbornan-2-carbonsäure, 6-Hydroxy-3,5-dijod-, lacton 4578
$C_8H_8N_2O_2$
Furfural-[O-(2-cyan-äthyl)-oxim] 4431
$C_8H_8N_2O_3S$
But-3-en-2-on, 4-[5-Nitro-[2]thienyl]-, oxim 4719
$C_8H_8N_2O_4$
Acrylaldehyd, 2-Methyl-3-[5-nitro-[2]furyl]-, oxim 4722
$C_8H_8N_4O_2SSe$
Acrylaldehyd, 3-[5-Nitro-selenophen-2-yl]-, thiosemicarbazon 4713
$C_8H_8N_4O_2S_2$
Acrylaldehyd, 3-[5-Nitro-[2]thienyl]-, thiosemicarbazon 4711
$C_8H_8N_4O_3S$
Acrylaldehyd, 3-[5-Nitro-[2]furyl]-, thiosemicarbazon 4705
—, 3-[4-Nitro-[2]thienyl]-, semicarbazon 4710
—, 3-[5-Nitro-[2]thienyl]-, semicarbazon 4710
$C_8H_8N_4O_3Se$
Acrylaldehyd, 3-[5-Nitro-selenophen-2-yl]-, semicarbazon 4713
$C_8H_8N_4O_4$
Acrylaldehyd, 3-[5-Nitro-[2]furyl]-, semicarbazon 4704
$C_8H_8N_4O_6$
Hydantoinsäure, 3-[5-Nitro-furfurylidenamino]- 4472
C_8H_8OS
Acrylaldehyd, 3-[3-Methyl-[2]thienyl]- 4724
Benzo[*b*]thiophen-4-on, 6,7-Dihydro-5*H*- 4726
But-2-en-1-on, 1-[2]Thienyl- 4720
But-3-en-1-on, 1-[2]Thienyl- 4721
But-3-en-2-on, 4-[2]Thienyl- 4718
—, 4-[3]Thienyl- 4722
Cyclopenta[*b*]thipohen-6-on, 5-Methyl-4,5-dihydro- 4727
Propenon, 2-Methyl-1-[2]thienyl- 4723
Thiophen-2-carbaldehyd, 5-Propenyl- 4724
C_8H_8OSe
But-3-en-1-on, 1-Selenophen-2-yl- 4721
But-3-en-2-on, 4-Selenophen-2-yl- 4720
$C_8H_8O_2$
Acrylaldehyd, 3-[2]Furyl-2-methyl- 4722
—, 3-[5-Methyl-[2]furyl]- 4725
Benzofuran-2-on, 5,6-Dihydro-4*H*- 4727
But-3-en-2-on, 4-[2]Furyl- 4714
Cyclopenta[*b*]pyran-2-on, 6,7-Dihydro-5*H*- 4726
Furan-2-on, 5-Methyl-3-prop-2-inyl-3*H*- 4724
—, 5-Methyl-3-prop-2-inyl-5*H*- 4724
Keton, Cyclopropyl-[2]furyl- 4725
C_8H_9BrOS
Äthanon, 1-[2-Äthyl-5-brom-[3]thienyl]- 4567
—, 1-[5-Äthyl-2-brom-[3]thienyl]- 4567
—, 1-[5-Äthyl-3-brom-[2]thienyl]- 4568
—, 1-[5-Äthyl-4-brom-[2]thienyl]- 4569
Butan-1-on, 1-[5-Brom-[2]thienyl]- 4558
$C_8H_9BrO_2$
Norbornan-2-carbonsäure, 5-Brom-6-hydroxy-, lacton 4577
—, 7-Brom-6-hydroxy-, lacton 4577
Pyran-2-on, 5-Äthyl-3-brom-6-methyl- 4555
—, 6-Äthyl-3-brom-4-methyl- 4555
C_8H_9ClOS
Butan-1-on, 1-[5-Chlor-[2]thienyl]- 4558
Propan-1-on, 1-[5-Chlor-[2]thienyl]-2-methyl- 4562
$C_8H_9IO_2$
Norbornan-2-carbonsäure, 6-Hydroxy-5-jod-, lacton 4577
C_8H_9NOS
Acetaldehyd, [2]Thienyl-, acetylimin 4518
Acetamid, *N*-[2-[2]Thienyl-vinyl]- 4518
Benzo[*b*]thiophen-4-on, 6,7-Dihydro-5*H*-, oxim 4726

C_8H_9NOS *(Fortsetzung)*
But-3-en-2-on, 4-[2]Thienyl-, oxim 4718
$C_8H_9NO_2$
But-3-en-2-on, 4-[2]Furyl-, oxim 4714
$C_8H_9NO_2S$
Acetessigsäure-[2]thienylamid 4288
— [3*H*-[2]thienylidenamid] 4288
Äthanon, 1-[2]Thienyl-, [O-acetyl-oxim] 4509
Carbamidsäure, [2-[2]Thienyl-äthyliden]-, methylester 4518
—, [2-[2]Thienyl-vinyl]-, methylester 4518
$C_8H_9NO_3$
Äthanon, 1-[2]Furyl-, [O-acetyl-oxim] 4502
$C_8H_9NO_3S$
Succinamidsäure, *N*-[2]Thienyl- 4287
—, *N*-[3*H*-[2]Thienyliden]- 4287
$C_8H_9N_3OS$
Acrylaldehyd, 3-[2]Furyl-, thiosemicarbazon 4699
—, 3-[2]Thienyl-, semicarbazon 4708
Propenon, 1-[2]Thienyl-, semicarbazon 4713
$C_8H_9N_3OSe$
Acrylaldehyd, 3-Selenophen-2-yl-, semicarbazon 4712
$C_8H_9N_3O_2$
Acrylaldehyd, 3-[2]Furyl-, semicarbazon 4699
$C_8H_9N_3O_3$
Furfural-[methyloxamoyl-hydrazon] 4439
$C_8H_9N_3O_5$
Carbazinsäure, [5-Nitro-furfuryliden]-, äthylester 4467
$C_8H_9N_3SSe$
Acrylaldehyd, 3-Selenophen-2-yl-, thiosemicarbazon 4712
$C_8H_9N_3S_2$
Acrylaldehyd, 3-[2]Thienyl-, thiosemicarbazon 4709
$C_8H_9N_3S_3$
Dithiobiuret, 1-[1-[2]Thienyl-äthyliden]- 4509
$C_8H_9N_5O_3$
Guanidin, [3-(5-Nitro-[2]furyl)-allylidenamino]- 4705
$C_8H_{10}BrN_3OS$
Propan-1-on, 1-[5-Brom-[2]thienyl]-, semicarbazon 4541
$C_8H_{10}ClN_3OS$
Propan-1-on, 1-[5-Chlor-[2]thienyl]-, semicarbazon 4540
$C_8H_{10}ClN_3O_2$
Furan-3-carbaldehyd, 5-Chlor-2,4-dimethyl-, semicarbazon 4552
—, 2-Chlormethyl-4-methyl-, semicarbazon 4552
$C_8H_{10}N_2OS_2$
Dithiocarbazinsäure, Furfuryliden-, äthylester 4445
$C_8H_{10}N_2O_2$
Furfural-propionylhydrazon 4437
$C_8H_{10}N_2O_2S$
Furfural-[äthoxythiocarbonyl-hydrazon] 4444
$C_8H_{10}N_2O_3$
Furfural-äthoxycarbonylhydrazon 4441
$C_8H_{10}N_4O_2S_2$
Äthanon, 1-[5-Methyl-4-nitro-[2]-thienyl]-, thiosemicarbazon 4551
$C_8H_{10}N_4O_4$
Äthanon, 1-[5-Nitro-[2]furyl]-, [2-methyl-semicarbazon] 4507
Furfural, 5-Nitro-, [2-äthyl-semicarbazon] 4471
—, 5-Nitro-, [2,4-dimethyl-semicarbazon] 4470
$C_8H_{10}N_4O_5$
Furfural, 5-Nitro-, [2-(2-hydroxy-äthyl)-semicarbazon] 4471
—, 5-Nitro-, [4-(2-hydroxy-äthyl)-semicarbazon] 4468
$C_8H_{10}OS$
Äthanon, 1-[5-Äthyl-[2]thienyl]- 4568
—, 1-[2,5-Dimethyl-[3]thienyl]- 4571
—, 1-[3,4-Dimethyl-[2]thienyl]- 4569
—, 1-[3,5-Dimethyl-[2]thienyl]- 4572
—, 1-[4,5-Dimethyl-[2]thienyl]- 4570
Butan-1-on, 1-[2]Thienyl- 4557
—, 1-[3]Thienyl- 4560
Butan-2-on, 3-[2]Thienyl- 4561
—, 4-[2]Thienyl- 4560
Propan-1-on, 1-[3-Methyl-[2]thienyl]- 4563
—, 1-[4-Methyl-[2]thienyl]- 4564
—, 1-[5-Methyl-[2]thienyl]- 4565
—, 2-Methyl-1-[2]thienyl- 4562
Thiophen-2-carbaldehyd, 5-Äthyl-4-methyl- 4572
—, 5-Isopropyl- 4567
—, 5-Propyl- 4564
—, 3,4,5-Trimethyl- 4573
Thiophen-3-carbaldehyd, 2,4,5-Trimethyl- 4574
$C_8H_{10}OSe$
Äthanon, 1-[2,5-Dimethyl-selenophen-3-yl]- 4572
—, 1-[3,4-Dimethyl-selenophen-2-yl]- 4570
—, 1-[3,5-Dimethyl-selenophen-2-yl]- 4573
Butan-1-on, 1-Selenophen-2-yl- 4558
Propan-1-on, 1-[3-Methyl-selenophen-2-yl]- 4563

$C_8H_{10}OSe$ *(Fortsetzung)*
Propan-1-on, 2-Methyl-1-selenophen-2-yl- 4562
Selenophen-2-carbaldehyd, 3,4,5-Trimethyl- 4573

$C_8H_{10}O_2$
Äthanon, 1-[5-Äthyl-[2]furyl]- 4567
—, 1-[2,5-Dimethyl-[3]furyl]- 4570
—, 1-[4,5-Epoxy-cyclohex-1-enyl]- 4575
Benzofuran-2-on, 3a,4,5,7a-Tetrahydro-3*H*- 4575
—, 4,5,6,7-Tetrahydro-3*H*- 4575
—, 5,6,7,7a-Tetrahydro-4*H*- 4574
Butan-1-on, 1-[2]Furyl- 4556
Butan-2-on, 1-[2]Furyl- 4559
—, 3-[2]Furyl- 4561
—, 4-[2]Furyl- 4559
Cyclopenta[*c*]furan-4-carbaldehyd, 3,3a,6,6a-Tetrahydro-1*H*- 4576
Cyclopenta[*b*]pyran-2-on, 4,5,6,7-Tetrahydro-3*H*- 4574
Furan-2-carbaldehyd, 4-Isopropyl- 4566
—, 5-Isopropyl- 4566
—, 3,4,5-Trimethyl- 4573
Furan-2-on, 3-Allyl-5-methyl-3*H*- 4563
—, 5-Butyliden-5*H*- 4560
—, 5-Isobutyliden-5*H*- 4563
—, 4-Isopropyl-5-methylen-5*H*- 4565
—, 5-Methyl-5-prop-2-inyl-dihydro- 4563
Isobenzofuran-1-on, 3a,4,7,7a-Tetrahydro-3*H*- 4575
Norbornan-2-carbonsäure, 6-Hydroxy-, lacton 4577
Norbornan-7-carbonsäure, 2-Hydroxy-, lacton 4576
7-Oxa-norborn-5-en-2-carbaldehyd, 4-Methyl- 4576
Propan-1-on, 1-[2]Furyl-2-methyl- 4561
—, 1-[5-Methyl-[2]furyl]- 4565
Pyran-2-on, 3-Äthyl-6-methyl- 4555
—, 5-Äthyl-6-methyl- 4555
—, 6-Äthyl-4-methyl- 4555
Pyran-4-on, 2,3,6-Trimethyl- 4556

$C_8H_{10}O_3S$
1λ⁶-Thiopyran-4-on, 2-Äthyl-6-methyl-1,1-dioxo- 4556

$C_8H_{11}BrO_2$
Pyran-2-on, 6-Brommethyl-4,6-dimethyl-5,6-dihydro- 4322

$C_8H_{11}ClO_2$
Furan-2-on, 3-[3-Chlor-but-2-enyl]-dihydro- 4327
Pyran-2-on, 6-Chlormethyl-4,4-dimethyl-3,4-dihydro- 4327
—, 6-Chlormethyl-4,6-dimethyl-5,6-dihydro- 4322

$C_8H_{11}IO_2$
Benzofuran-2-on, 3a-Jod-hexahydro- 4333
—, 7-Jod-hexahydro- 4333

$C_8H_{11}NO$
Furfural-propylimin 4415

$C_8H_{11}NOS$
Äthanon, 1-[5-Äthyl-[2]thienyl]-, oxim 4568
—, 1-[2,5-Dimethyl-[3]thienyl]-, oxim 4571
—, 1-[3,4-Dimethyl-[2]thienyl]-, oxim 4569
—, 1-[3,5-Dimethyl-[2]thienyl]-, oxim 4573
—, 1-[4,5-Dimethyl-[2]thienyl]-, oxim 4570
Propan-1-on, 2-Methyl-1-[2]thienyl-, oxim 4562
Thiophen-2-carbaldehyd, 5-Methyl-, [2-hydroxy-äthylimin] 4529

$C_8H_{11}NO_2$
Äthanon, 1-[2,5-Dimethyl-[3]furyl]-, oxim 4571
Butan-1-on, 1-[2]Furyl-, oxim 4556
Butan-2-on, 1-[2]Furyl-, oxim 4559
—, 4-[2]Furyl-, oxim 4559
7-Oxa-norborn-5-en-2-carbaldehyd, 4-Methyl-, oxim 4576
Propan-1-on, 1-[2]Furyl-2-methyl-, oxim 4561
—, 1-[5-Methyl-[2]furyl]-, oxim 4565

$C_8H_{11}N_3OS$
Aceton, [2]Thienyl-, semicarbazon 4542
Äthanon, 1-[3-Methyl-[2]thienyl]-, semicarbazon 4546
—, 1-[4-Methyl-[2]thienyl]-, semicarbazon 4547
—, 1-[5-Methyl-[2]thienyl]-, semicarbazon 4550
Propan-1-on, 1-[2]Thienyl-, semicarbazon 4540
—, 1-[3]Thienyl-, semicarbazon 4544
Thiophen-2-carbaldehyd, 5-Äthyl-, semicarbazon 4548
—, 3,4-Dimethyl-, semicarbazon 4551
—, 4,5-Dimethyl-, semicarbazon 4554
Thiophen-3-carbaldehyd, 2,5-Dimethyl-, semicarbazon 4553

$C_8H_{11}N_3OSe$
Äthanon, 1-[5-Methyl-selenophen-2-yl]-, semicarbazon 4551
Propan-1-on, 1-Selenophen-2-yl-, semicarbazon 4542
Selenophen-2-carbaldehyd, 3,4-Dimethyl-, semicarbazon 4552
—, 4,5-Dimethyl-, semicarbazon 4554

$C_8H_{11}N_3O_2$
Äthanon, 1-[5-Methyl-[2]furyl]-, semicarbazon 4549

$C_8H_{11}N_3O_2$ *(Fortsetzung)*
Furan-2-carbaldehyd, 5-Äthyl-, semicarbazon 4547
—, 3,5-Dimethyl-, semicarbazon 4553
—, 4,5-Dimethyl-, semicarbazon 4554
Furan-3-carbaldehyd, 2,4-Dimethyl-, semicarbazon 4552
Propan-1-on, 1-[2]Furyl-, semicarbazon 4539
—, 1-[3]Furyl-, semicarbazon 4543
Propionaldehyd, 3-[2]Furyl-, semicarbazon 4543

$C_8H_{11}N_3SSe$
Selenophen-2-carbaldehyd, 3,4-Dimethyl-, thiosemicarbazon 4552
—, 4,5-Dimethyl-, thiosemicarbazon 4554

$C_8H_{11}N_3S_2$
Äthanon, 1-[5-Methyl-[2]thienyl]-, thiosemicarbazon 4550
Propan-1-on, 1-[2]Thienyl-, thiosemicrabazon 4540
—, 1-[3]Thienyl-, thiosemicarbazon 4544

$C_8H_{12}Br_2O_2$
Furan-2-on, 3-[2,3-Dibrom-propyl]-5-methyl-dihydro- 4231
Furan-3-on, 4,4-Dibrom-2,2,5,5-tetramethyl-dihydro- 4234
Pyran-2-on, 6-Brom-6-brommethyl-5,5-dimethyl-tetrahydro- 4323
—, 3-Brom-3-[3-brom-propyl]-tetrahydro- 4224

$C_8H_{12}Cl_2O_2$
Furan-3-on, 4,4-Dichlor-2,2,5,5-tetramethyl-dihydro- 4234

$C_8H_{12}OS$
Äthanon, 1-[4-Methyl-5,6-dihydro-2*H*-thiopyran-3-yl]- 4321
Benzo[*c*]thiophen-1-on, Hexahydro- 4334
9-Thia-bicyclo[3.3.1]nonan-3-on 4336

$C_8H_{12}O_2$
Aceton, [5-Methyl-4,5-dihydro-[2]furyl]- 4328
Äthanon, 1-[1,2-Epoxy-cyclohexyl]- 4334
—, 1-[4-Methyl-5,6-dihydro-2*H*-pyran-3-yl]- 4321
—, 1-[6-Methyl-3,4-dihydro-2*H*-pyran-2-yl]- 4320
—, 1-[2-Oxa-norcaran-7-yl]- 4334
Benzofuran-2-on, Hexahydro- 4332
Butan-2-on, 1-[4,5-Dihydro-[2]furyl]- 4327
But-1-en-2-ol, 1-[4,5-Dihydro-[2]furyl]- 4327
But-3-en-2-on, 4-Tetrahydro[2]furyl- 4327
Crotonaldehyd, Dimerer 4324
Cyclohexanon, 2,3-Epoxy-3,5-dimethyl- 4335
Cyclooctanon, 2,3-Epoxy- 4331
Cyclopenta[*b*]furan-2-on, 3-Methyl-hexahydro- 4335
—, 6a-Methyl-hexahydro- 4335
Cyclopenta[*b*]pyran-2-on, Hexahydro- 4331
Cyclopenta[*c*]pyran-3-on, Hexahydro- 4331
Furan-3-ol, 4,5-Dimethyl-2-vinyl-4,5-dihydro- 4329
Furan-2-on, 4-Äthyl-5-äthyliden-dihydro- 4329
—, 3-Äthyl-5-vinyl-dihydro- 4329
—, 3-Allyl-5-methyl-dihydro- 4328
—, 4-Butyl-5*H*- 4327
—, 5-*tert*-Butyl-5*H*- 4328
—, 5-Isopropyl-4-methyl-5*H*- 4328
—, 3-Methallyl-dihydro- 4328
—, 5-Methyl-3-propyl-3*H*- 4328
—, 3,3,4,5-Tetramethyl-3*H*- 4329
Furan-3-on, 4,5-Dimethyl-2-vinyl-dihydro- 4329
Hept-2-en-4-on, 5,6-Epoxy-3-methyl- 4330
Isobenzofuran-1-on, Hexahydro- 4333
Keten, Äthyl-, Dimeres 4329
3-Oxa-bicyclo[3.3.1]nonan-2-on 4335
3-Oxa-bicyclo[3.3.1]nonan-9-on 4336
9-Oxa-bicyclo[4.2.1]nonan-3-on 4335
2-Oxa-bicyclo[2.2.2]octan-3-on, 1-Methyl- 4337
6-Oxa-bicyclo[3.2.1]octan-7-on, 4-Methyl- 4336
—, 5-Methyl- 4336
3-Oxa-norpinan-2-on, 6,6-Dimethyl- 4336
1-Oxa-spiro[3.5]nonan-3-on 4330
2-Oxa-spiro[4.4]nonan-1-on 4331
Oxetan-2-on, 3-Äthyl-4-propyliden- 4329
Oxiran, 2-Crotonoyl-2,3-dimethyl- 4330
Propen-2-ol, 1-[5-Methyl-4,5-dihydro-[2]furyl]- 4328
Pyran-2-carbaldehyd, 2,5-Dimethyl-3,4-dihydro-2*H*- 4322
—, 3,4-Dimethyl-3,4-dihydro-2*H*- 4323
Pyran-3-carbaldehyd, 2,4-Dimethyl-3,4-dihydro-2*H*- 4324
—, 2,6-Dimethyl-5,6-dihydro-2*H*- 4324
Pyran-2-on, 3-Äthyliden-6-methyl-tetrahydro- 4320
—, 5-Äthyl-6-methyl-3,4-dihydro- 4320
—, 5,5-Dimethyl-6-methylen-tetrahydro- 4323

$C_8H_{12}O_2$ *(Fortsetzung)*
Pyran-2-on, 4,6,6-Trimethyl-3,6-dihydro- 4322
—, 4,6,6-Trimethyl-5,6-dihydro- 4322
$C_8H_{12}O_5$
Oxiran, 2-Diacetoxymethyl-3-methyl- 4168
$C_8H_{13}BrO_2$
Furan-2-on, 3-Äthyl-4-[2-brom-äthyl]-dihydro- 4232
Furan-3-on, 4-Brom-2,2,5,5-tetramethyl-dihydro- 4234
$C_8H_{13}BrO_3$
Verbindung $C_8H_{13}BrO_3$ aus 4-Äthyliden-3-methyl-oxetan-2-on 4310
$C_8H_{13}ClO_2$
Furan-3-on, 4-Chlor-2,2,5,5-tetramethyl-dihydro- 4234
$C_8H_{13}NOS$
Amin, Dimethyl-[α-methylmercapto-furfuryl]- 4476
$C_8H_{13}NO_2$
Furan-3-on, 4,5-Dimethyl-2-vinyl-dihydro-, oxim 4329
Pyran-2-carbaldehyd, 2,5-Dimethyl-3,4-dihydro-2*H*-, oxim 4323
Pyran-3-carbaldehyd, 2,6-Dimethyl-5,6-dihydro-2*H*-, oxim 4325
$C_8H_{13}N_3OS$
Äthanon, 1-[5,6-Dihydro-2*H*-thiopyran-3-yl]-, semicarbazon 4311
8-Thia-bicyclo[3.2.1]octan-3-on-semicarbazon 4320
$C_8H_{13}N_3O_2$
Cyclohexanon, 2,3-Epoxy-2-methyl-, semicarbazon 4317
Cyclopentanon, 2,3-Epoxy-3,5-dimethyl-, semicarbazon 4318
Hex-4-en-3-on, 1,2-Epoxy-5-methyl-, semicarbazon 4316
Pyran-2-carbaldehyd, 2-Methyl-3,4-dihydro-2*H*-, semicarbazon 4311
$C_8H_{13}N_3O_3S$
1λ⁶-Thiopyran-4-on, 2,5-Dimethyl-1,1-dioxo-2,3-dihydro-, semicarbazon 4313
—, 3,6-Dimethyl-1,1-dioxo-2,3-dihydro-, semicarbazon 4312
$C_8H_{14}N_2O$
Pyran-2-carbaldehyd, 3,4-Dihydro-2*H*-, dimethylhydrazon 4306
$C_8H_{14}OS$
Propan-1-on, 1-Tetrahydrothiopyran-4-yl- 4224
Thiopyran-4-on, 2-Äthyl-6-methyl-tetrahydro- 4226
—, 2,3,6-Trimtehyl-tetrahydro- 4228
$C_8H_{14}O_2$
Aceton, Tetrahydropyran-2-yl- 4223
—, Tetrahydropyran-4-yl- 4224
Äthanon, 1-[6-Methyl-tetrahydro-pyran-2-yl]- 4226
Butan-2-on, 4-Tetrahydro[2]furyl- 4228
Furan-2-on, 3-Äthyl-4,5-dimethyl-dihydro- 4232
—, 3-Butyl-dihydro- 4229
—, 4-*tert*-Butyl-dihydro- 4229
—, 5-Butyl-dihydro- 4228
—, 5-*tert*-Butyl-dihydro- 4229
—, 3,5-Diäthyl-dihydro- 4232
—, 5,5-Diäthyl-dihydro- 4232
—, 3-Isobutyl-dihydro- 4229
—, 5-Isobutyl-dihydro- 4229
—, 3-Isopropyl-4-methyl-dihydro- 4231
—, 4-Isopropyl-3-methyl-dihydro- 4231
—, 5-Isopropyl-5-methyl-dihydro- 4231
—, 4-Methyl-5-propyl-dihydro- 4230
—, 5-Methyl-3-propyl-dihydro- 4230
—, 5-Methyl-5-propyl-dihydro- 4230
—, 3,3,4,5-Tetramethyl-dihydro- 4235
—, 4,4,5,5-Tetramethyl-dihydro- 4232
Furan-3-on, 2-Äthyl-2,5-dimethyl-dihydro- 4232
—, 2-Isopropyl-5-methyl-dihydro- 4231
—, 2,2,5,5-Tetramethyl-dihydro- 4233
Hexan-3-on, 1-Oxiranyl- 4235
Oxepan-2-on, 3,7-Dimethyl- 4222
—, 4,6-Dimethyl- 4222
Oxiran, 2-Acetyl-3-isobutyl- 4235
—, 2-Acetyl-2-methyl-3-propyl- 4236
Oxiran-2-carbaldehyd, 2-Äthyl-3-propyl- 4235
Oxocan-5-on, 2-Methyl- 4222
Oxonan-2-on 4221
Propan-1-on, 1-Tetrahydropyran-4-yl- 4224
Pyran-3-carbaldehyd, 2,6-Dimethyl-tetrahydro- 4228
Pyran-2-on, 3-Äthyl-6-methyl-tetrahydro- 4226
—, 6-Isopropyl-tetrahydro- 4225
—, 3-Propyl-tetrahydro- 4223
—, 6-Propyl-tetrahydro- 4223
—, 4,6,6-Trimethyl-tetrahydro- 4227
Pyran-3-on, 2,2,6-Trimethyl-dihydro- 4227
Pyran-4-on, 2-Äthyl-2-methyl-tetrahydro- 4225
—, 2-Isopropyl-tetrahydro- 4225
—, 2-Propyl-tetrahydro- 4222
—, 2,2,5-Trimethyl-tetrahydro- 4227
$C_8H_{14}O_3$
Oxetan-3-carbonsäure, 2,2,4,4-Tetramethyl- 4234

$C_8H_{14}O_3S$
1λ⁶-Thiopyran-4-on, 2-Äthyl-6-methyl-1,1-dioxo-tetrahydro- 4226
—, 2,3,6-Trimethyl-1,1-dioxo-tetrahydro- 4228

$C_8H_{15}NO_2$
Aceton, Tetrahydropyran-4-yl-, oxim 4225
Butan-2-on, 4-Tetrahydro[2]furyl-, oxim 4229
Furan-3-on, 2,2,5,5-Tetramethyl-dihydro-, oxim 4233
Propan-1-on, 1-Tetrahydropyran-4-yl-, oxim 4224

$C_8H_{15}N_3OS$
Thiophen-3-on, 5-Propyl-dihydro-, semicarbazon 4213
Thiopyran-4-on, 2,2-Dimethyl-tetrahydro-, semicarbazon 4207
—, 2,5-Dimethyl-tetrahydro-, semicarbazon 4210
—, 2,6-Dimethyl-tetrahydro-, semicarbazon 4212

$C_8H_{15}N_3O_2$
Äthanon, Tetrahydropyran-4-yl-, semicarbazon 4205
Furan-3-on, 5-Äthyl-5-methyl-dihydro-, semicarbazon 4216
—, 2-Isopropyl-dihydro-, semicarbazon 4215
—, 2,2,5-Trimethyl-dihydro-, semicarbazon 4218
Hexan-3-on, 1,2-Epoxy-5-methyl-, semicarbazon 4220
Pyran-4-on, 2-Äthyl-tetrahydro-, semicarbazon 4204
—, 2,2-Dimethyl-tetrahydro-, semicarbazon 4206
—, 2,5-Dimethyl-tetrahydro-, semicarbazon 4209
—, 2,6-Dimethyl-tetrahydro-, semicarbazon 4212

$C_8H_{15}N_3O_2S_2$
1λ⁶-Thiopyran-4-on, 2,5-Dimethyl-1,1-dioxo-tetrahydro-, thiosemicarbazon 4210

$C_8H_{15}N_3O_3S$
1λ⁶-Thiopyran-4-on, 2,5-Dimethyl-1,1-dioxo-tetrahydro-, semicarbazon 4210

$C_8H_{15}N_3S_2$
Thiopyran-4-on, 2,5-Dimethyl-tetrahydro-, thiosemicarbazon 4210

$[C_8H_{15}O_2]^+$
Furanylium, 2-*sec*-Butoxy-dihydro- 4163
$[C_8H_{15}O_2]BF_4$ 4163

$C_8H_{16}OS_2$
Furan, 3,3-Bis-äthylmercapto-tetrahydro- 4166

$C_8H_{16}O_2S$
Thiophen, 2,2-Diäthoxy-tetrahydro- 4165

$C_8H_{16}O_3$
Furan, 2,2-Diäthoxy-tetrahydro- 4162
Oxirancarbaldehyd, 3-Äthyl-2-methyl-, dimethylacetal 4201
—, 3-Methyl-, diäthylacetal 4168

$C_8H_{16}O_5S_2$
Furan, 3,3-Bis-äthansulfonyl-tetrahydro- 4166

$C_8H_{16}O_6S_3$
1λ⁶-Thiophen, 3,3-Bis-äthansulfonyl-1,1-dioxo-tetrahydro- 4167

$C_8H_{16}S_3$
Thiophen, 3,3-Bis-äthylmercapto-tetrahydro- 4167

$[C_8H_{17}O_2S]^+$
Thiopyranium, 4,4-Dimethoxy-1-methyl-tetrahydro- 4174
$[C_8H_{17}O_2S]I$ 4174

C_9-Gruppe

$C_9H_5Br_2Cl_3OS$
Pent-4-en-1-on, 2,3-Dibrom-4,5,5-trichlor-1-[2]thienyl- 4728

$C_9H_7Cl_2N_3O_4$
Essigsäure, Dichlor-, [3-(5-nitro-[2]furyl)-allylidenhydrazid] 4702

$C_9H_8BrF_3O_2$
Norbornan-2-carbonsäure, 5-Brom-6-hydroxy-3-trifluormethyl-, lacton 4603

$C_9H_8Br_2O_2$
Isobenzofuran-1-on, 3-Dibrommethylen-3a,4,7,7a-tetrahydro-3*H*- 4735

$C_9H_8N_2O_3$
Harnstoff, *N,N'*-Di-[2]furyl- 4285
—, *N,N'*-Di-[3*H*-[2]furyliden]- 4285

$C_9H_8N_2O_5$
Acrylaldehyd, 3-[5-Nitro-[2]furyl]-, [*O*-acetyl-oxim] 4702

$C_9H_8N_4O_5$
Oxamidsäure-[3-(5-nitro-[2]furyl)-allylidenhydrazid] 4703
Oxetan-3-on-[2,4-dinitro-phenylhydrazon] 4158
Oxirancarbaldehyd-[2,4-dinitro-phenylhydrazon] 4159

$C_9H_9BrO_2$
But-3-en-2-on, 4-[5-Brom-[2]furyl]-3-methyl- 4457
Chromen-2-on, 3-Brom-5,6,7,8-tetrahydro- 4732
Norbornan-2-carbonsäure, 5-Brom-6-hydroxy-3-methylen-, lacton 4735

$C_9H_9BrO_2$ *(Fortsetzung)*
Pent-1-en-3-on, 1-[5-Brom-[2]furyl]- 4457
$C_9H_9BrO_5$
Furan, 2-Brom-5-diacetoxymethyl- 4457
$C_9H_9ClO_2$
Chromen-2-on, 3-Chlor-5,6,7,8-tetrahydro- 4732
$C_9H_9F_3O_2$
Norbornan-2-carbonsäure, 6-Hydroxy-3-trifluormethyl-, lacton 4603
$C_9H_9NO_3Se$
Acrylaldehyd, 2-Äthyl-3-[5-nitro-selenophen-2-yl]- 4730
$C_9H_9NO_4$
Acrylaldehyd, 2-Äthyl-3-[5-nitro-[2]furyl]- 4729
$C_9H_9NO_6S$
Thiophen, 2-Diacetoxymethyl-4-nitro- 4488
—, 2-Diacetoxymethyl-5-nitro- 4489
$C_9H_9NO_6Se$
Selenophen, 2-Diacetoxymethyl-5-nitro- 4494
$C_9H_9NO_7$
Furan, 2-Diacetoxymethyl-5-nitro- 4459
—, 4-Diacetoxymethyl-2-nitro- 4496
$C_9H_9NO_7S_2$
Essigsäure, [5-Nitro-furfuryliden-dimercapto]-di- 4477
$C_9H_9N_3O_2$
Äthanon, 1-[2]Furyl-, [cyanacetyl-hydrazon] 4503
$C_9H_{10}BrIO_2$
Norbornan-2-carbonsäure, 2-Brom-6-hydroxy-5-jod-3-methyl-, lacton 4604
$C_9H_{10}Br_2O_2$
Pyran-4-on, 2,6-Diäthyl-3,5-dibrom- 4580
$C_9H_{10}ClIO_2$
Norbornan-2-carbonsäure, 2-Chlor-6-hydroxy-5-jod-3-methyl-, lacton 4603
$C_9H_{10}ClN_3OS$
Benzo[*b*]thiophen-4-on, 2-Chlor-6,7-dihydro-5*H*-, semicarbazon 4727
$C_9H_{10}N_4O_2S_2$
But-3-en-2-on, 4-[5-Nitro-[2]thienyl]-, thiosemicarbazon 4720
$C_9H_{10}N_4O_3S$
Acrylaldehyd, 2-Methyl-3-[5-nitro-[2]furyl]-, thiosemicarbazon 4723
But-3-en-2-on, 4-[5-Nitro-[2]thienyl]-, semicarbazon 4720
$C_9H_{10}N_4O_3Se$
Acrylaldehyd, 2-Methyl-3-[5-nitro-selenophen-2-yl]-, semicarbazon 4723
$C_9H_{10}N_4O_4$
Acrylaldehyd, 2-Methyl-3-[5-nitro-[2]furyl]-, semicarbazon 4722
But-3-en-2-on, 4-[5-Nitro-[2]furyl]-, semicarbazon 4717
Glycin-[3-(5-nitro-[2]furyl)-allylidenhydrazid] 4706
$C_9H_{10}N_4O_6$
Furfural, 5-Nitro-, [(2-hydroxy-äthyloxamoyl)-hydrazon] 4465
—, 5-Nitro-, [(2-hydroxy-äthyl)-oxamoyl-hydrazon] 4466
Hydantoinsäure, 3-[5-Nitro-furfurylidenamino]-, methylester 4472
$C_9H_{10}N_6O_4$
Acrylaldehyd, 3-[5-Nitro-[2]furyl]-, [4-carbamimidoyl-semicarbazon] 4704
$C_9H_{10}OS$
Benzo[*b*]thiophen-2-carbaldehyd, 5,6,7,8-Tetrahydro- 4734
Benzo[*b*]thiophen-4-on, 2-Methyl-6,7-dihydro-5*H*- 4733
—, 5-Methyl-6,7-dihydro-5*H*- 4734
—, 6-Methyl-6,7-dihydro-5*H*- 4735
But-2-en-1-on, 1-[3-Methyl-[2]thienyl]- 4730
—, 1-[4-Methyl-[2]thienyl]- 4730
Cyclohepta[*b*]thiphen-4-on, 5,6,7,8-Tetrahydro- 4731
Pent-4-en-1-on, 1-[2]Thienyl- 4728
$C_9H_{10}OSe$
Pent-4-en-1-on, 1-Selenophen-2-yl- 4728
$C_9H_{10}O_2$
Acrylaldehyd, 2-Äthyl-3-[2]furyl- 4729
—, 2-Methyl-3-[5-methyl-[2]furyl]- 4731
Benzofuran-2-on, 3-Methyl-5,6-dihydro-4*H*- 4734
Benzofuran-4-on, 2-Methyl-6,7-dihydro-5*H*- 4733
But-3-en-2-on, 4-[2]Furyl-3-methyl- 4728
—, 4-[5-Methyl-[2]furyl]- 4731
Chromen-2-on, 5,6,7,8-Tetrahydro- 4732
Cyclohepta[*b*]furan-4-on, 5,6,7,8-Tetrahydro- 4731
Isochromen-3-on, 5,6,7,8-Tetrahydro- 4733
Norbornan-2-carbonsäure, 6-Hydroxy-3-methylen-, lacton 4735
Pent-1-en-3-on, 1-[2]Furyl- 4727
$C_9H_{10}O_3S$
1λ^6-Thiochromen-4-on, 1,1-Dioxo-4a,5,8,8a-tetrahydro- 4732

$C_9H_{10}O_4S$
Thiophen, 2-Diacetoxymethyl- 4478
$C_9H_{10}O_5$
Furan, 3-Diacetoxymethyl- 4496
Furfurylidendiacetat 4413
$C_9H_{10}O_5S_2$
Essigsäure, Furfurylidendimercapto-di- 4476
$C_9H_{11}BrO_2$
Norbornan-2-carbonsäure, 5-Brom-6-hydroxy-2-methyl-, lacton 4602
Pyran-2-on, 3-Brom-4-methyl-6-propyl- 4579
$C_9H_{11}IO_2$
Bicyclo[2.2.2]octan-2-carbonsäure, 5-Hydroxy-6-jod-, lacton 4604
—, 6-Hydroxy-5-jod-, lacton 4604
Norbornan-2-carbonsäure, 6-Hydroxy-5-jod-2-methyl-, lacton 4602
—, 6-Hydroxy-5-jod-3-methyl-, lacton 4603
$C_9H_{11}NOS$
Benzo[*b*]thiophen-4-on, 2-Methyl-6,7-dihydro-5*H*-, oxim 4733
—, 6-Methyl-6,7-dihydro-5*H*-, oxim 4735
Cyclohepta[*b*]thiophen-4-on, 5,6,7,8-Tetrahydro-, oxim 4732
$C_9H_{11}NO_2$
Äthanol, 2-[3-[2]Furyl-allylidenamino]- 4698
$C_9H_{11}NO_3$
Äthanon, 1-[5-Methyl-[2]furyl]-, [*O*-acetyl-oxim] 4548
Propan-1-on, 1-[2]Furyl-, [*O*-acetyl-oxim] 4538
$C_9H_{11}NO_4$
Pentan-2-on, 4-[2]Furyl-5-nitro- 4584
$C_9H_{11}NO_5$
Acrylaldehyd, 3-[5-Nitro-[2]furyl]-, dimethylacetal 4700
$C_9H_{11}N_3OS$
Acrylaldehyd, 3-[3-Methyl-[2]thienyl]-, semicarbazon 4724
Benzo[*b*]thiophen-4-on, 6,7-Dihydro-5*H*-, semicarbazon 4726
But-3-en-2-on, 4-[2]Furyl-, thiosemicarbazon 4716
—, 4-[2]Thienyl-, semicarbazon 4719
Thiophen-2-carbaldehyd, 5-Propenyl-, semicarbazon 4725
$C_9H_{11}N_3O_2$
Acrylaldehyd, 3-[5-Methyl-[2]furyl]-, semicarbazon 4725
But-3-en-2-on, 4-[2]Furyl-, semicarbazon 4716
Keton, Cyclopropyl-[2]furyl-, semicarbazon 4725
$C_9H_{11}N_3O_5$
Essigsäure, [5-Nitro-furfurylidenhydrazino]-, äthylester 4472
$C_9H_{11}N_3S_2$
But-3-en-2-on, 4-[2]Thienyl-, thiosemicarbazon 4719
—, 4-[3]Thienyl-, thiosemicarbazon 4722
Thiophen-2-carbaldehyd, 5-Propenyl-, thiosemicarbazon 4725
$C_9H_{11}N_5O_3$
Guanidin, [2-Methyl-3-(5-nitro-[2]furyl)-allylidenamino]- 4723
$[C_9H_{11}O_3]^+$
Pyrylium, 4-Acetoxy-2,6-dimethyl- 4534
$[C_9H_{11}O_3]SbCl_6$ 4534
$[C_9H_{11}O_3]_2SnCl_6$ 4534
$C_9H_{12}BrN_3OS$
Äthanon, 1-[5-Äthyl-3-brom-[2]thienyl]-, semicarbazon 4568
—, 1-[5-Äthyl-4-brom-[2]thienyl]-, semicarbazon 4569
Butan-1-on, 1-[5-Brom-[2]thienyl]-, semicarbazon 4558
$C_9H_{12}ClN_3OS$
Butan-1-on, 1-[5-Chlor-[2]thienyl]-, semicarbazon 4558
$C_9H_{12}Cl_2NO_7P$
Phosphonsäure, [α-Hydroxy-5-nitro-furfuryl]-, bis-[2-chlor-äthylester] 4476
$C_9H_{12}N_2O_2S$
Methylendiamin, *N,N'*-Diacetyl-*C*-[3]thienyl- 4497
$C_9H_{12}N_2O_3$
Furfurylidendiamin, *N,N'*-Diacetyl- 4426
$C_9H_{12}N_4O_4$
Furfural, 5-Nitro-, [2-isopropyl-semicarbazon] 4471
—, 5-Nitro-, [2-propyl-semicarbazon] 4471
$C_9H_{12}N_4O_5$
Furfural, 5-Nitro-, [2-(2-hydroxy-äthyl)-4-methyl-semicarbazon] 4471
—, 5-Nitro-, [2-(β-hydroxy-isopropyl)-semicarbazon] 4472
—, 5-Nitro-, [2-(2-hydroxy-propyl)-semicarbazon] 4472
—, 5-Nitro-, [2-(3-hydroxy-propyl)-semicarbazon] 4472
$C_9H_{12}OS$
Äthanon, 1-[4-Äthyl-5-methyl-[2]thienyl]- 4596
—, 1-[5-Äthyl-3-methyl-[2]thienyl]- 4597
—, 1-[5-Äthyl-4-methyl-[2]thienyl]- 4597

$C_9H_{12}OS$ *(Fortsetzung)*
Äthanon, 1-[3-Isopropyl-[2]thienyl]- 4594
—, 1-[4-Isopropyl-[2]thienyl]- 4594
—, 1-[5-Isopropyl-[2]thienyl]- 4594
—, 1-[5-Propyl-[2]thienyl]- 4593
—, 1-[Trimethyl-[2]thienyl]- 4598
—, 1-[Trimethyl-[3]thienyl]- 4598
Butan-1-on, 1-[3-Methyl-[2]thienyl]- 4587
—, 1-[4-Methyl-[2]thienyl]- 4588
—, 1-[5-Methyl-[2]thienyl]- 4589
—, 2-Methyl-1-[2]thienyl- 4584
—, 3-Methyl-1-[2]thienyl- 4585
Isothiochroman-6-on, 8,8a-Dihydro-7*H*- 4600
Pentan-1-on, 1-[2]Thienyl- 4581
—, 1-[3]Thienyl- 4583
Pentan-2-on, 5-[2]Thienyl- 4582
Pentan-3-on, 1-[2]Thienyl- 4582
Propan-1-on, 1-[5-Ätyhl-[2]thienyl]- 4593
—, 1-[2,5-Dimethyl-[3]thienyl]- 4596
—, 2,2-Dimethyl-1-[2]thienyl- 4586
—, 2,2-Dimethyl-1-[3]thienyl- 4587
Pyran-4-thion, 2,6-Diäthyl- 4580
Thiophen-2-carbaldehyd, 4-*tert*-Butyl- 4591
—, 5-Butyl- 4588
—, 5-*tert*-Butyl- 4592
—, 5-Isobutyl- 4590
Thiophen-3-carbaldehyd, 2,5-Diäthyl- 4596
—, 2-Methyl-5-propyl- 4596
—, 5-Methyl-2-propyl- 4596

$C_9H_{12}OSe$
Butan-1-on, 2-Methyl-1-selenophen-2-yl- 4584
—, 3-Methyl-1-selenophen-2-yl- 4586
Pentan-1-on, 1-Selenophen-2-yl- 4581
Propan-1-on, 1-[3,4-Dimethyl-selenophen-2-yl]- 4595
—, 2-Methyl-1-[3-methyl-selenophen-2-yl]- 4590

$C_9H_{12}O_2$
Äthanon, 1-[4,5-Epoxy-2-methyl-cyclohex-1-enyl]- 4601
Benzofuran-2-on, 3-Methyl-3a,4,5,6-tetrahydro-3*H*- 4600
—, 3-Methyl-4,5,6,7-tetrahydro-3*H*- 4601
—, 3-Methyl-5,6,7,7a-tetrahydro-4*H*- 4601
Bicyclo[2.2.2]octan-2-carbonsäure, 6-Hydroxy-, lacton 4604
Butan-1-on, 1-[2]Furyl-2-methyl- 4584
—, 1-[2]Furyl-3-methyl- 4585
—, 1-[5-Methyl-[2]furyl]- 4589
Butan-2-on, 4-[5-Methyl-[2]furyl]- 4589
Butyraldehyd, 3-[5-Methyl-[2]furyl]- 4590
Chroman-2-on, 5,6,7,8-Tetrahydro- 4599
Cyclohepta[*b*]furan-2-on, 4,5,6,7,8,8a-Hexahydro- 4599
Cyclopenta[*c*]furan-4-carbaldehyd, 5-Methyl-3,3a,6,6a-tetrahydro-1*H*- 4601
Cyclopenta[*c*]furan-1-on, 6-Methyl-3-methylen-hexahydro- 4601
Cyclopenta[*c*]pyran-1-on, 4-Methyl-5,6,7,7a-tetrahydro-4a*H*- 4600
Cyclopenta[*c*]pyran-3-on, 4-Methyl-5,6,7,7a-tetrahydro-1*H*- 4600
Furan-2-carbaldehyd, 4-*tert*-Butyl- 4591
—, 5-*tert*-Butyl- 4591
Furan-2-on, 5-Cyclopent-1-enyl-dihydro- 4599
—, 4-Cyclopentyl-5*H*- 4599
—, 5-Pentyliden-5*H*- 4583
Isochroman-3-on, 1,5,6,7,8,8a-Hexahydro- 4599
—, 5,6,7,8-Tetrahydro- 4600
Norbornan-2-carbonsäure, 3-Hydroxymethyl-, lacton 4602
—, 6-Hydroxy-2-methyl-, lacton 4602
—, 6-Hydroxy-3-methyl-, lacton 4602
Norbornan-7-carbonsäure, 2-Hydroxy-1-methyl-, lacton 4604
1-Oxa-spiro[4.5]dec-3-en-2-on 4599
Pentan-1-on, 1-[2]Furyl- 4580
—, 1-[3]Furyl- 4583
Pentan-2-on, 1-[2]Furyl- 4581
Pentan-3-on, 1-[2]Furyl- 4582
—, 2-[2]Furyl- 4583
Propan-1-on, 1-[5-Äthyl-[2]furyl]- 4593
—, 1-[2,5-Dimethyl-[3]furyl]- 4595
—, 1-[2]Furyl-2,2-dimethyl- 4586
Pyran-2-on, 3,6-Diäthyl- 4579
—, 6,6-Divinyl-tetrahydro- 4579
—, 4-Methyl-6-propyl- 4579
—, 6-Methyl-5-propyl- 4579
Pyran-4-on, 2,6-Diäthyl- 4579

$C_9H_{12}O_3$
Acrylaldehyd, 3-[2]Furyl-, dimethylacetal 4696

$C_9H_{12}O_3S$
$2\lambda^6$-Isothiochroman-6-on, 2,2-Dioxo-8,8a-dihydro-7*H*- 4600

$C_9H_{13}BrO_2$
Benzofuran-2-on, 7-Brom-3-methyl-hexahydro- 4342

$C_9H_{13}Cl_2O_5P$
Phosphonsäure, [α-Hydroxy-furfuryl]-, bis-[2-chlor-äthylester] 4453

$C_9H_{13}NO$
Furfural-butylimin 4415

$C_9H_{14}O_2$ *(Fortsetzung)*
Benzofuran-2-on, 7-Methyl-hexahydro- 4342
—, 7a-Methyl-hexahydro- 4343
Butan-2-on, 1-[5-Methyl-4,5-dihydro-[2]furyl]- 4338
But-1-en-2-ol, 1-[5-Methyl-4,5-dihydro-[2]furyl]- 4338
Chroman-2-on, Hexahydro- 4340
Cyclohexanon, 2,3-Epoxy-3,5,5-trimethyl- 4343
Cyclopenta[*b*]furan-2-on, 3-Äthyl-hexahydro- 4344
Cyclopenta[*c*]furan-1-on, 3,6-Dimethyl-hexahydro- 4344
Cyclopenta[*b*]pyran-2-on, 4-Methyl-hexahydro- 4341
Cyclopenta[*b*]pyran-4-on, 2-Methyl-hexahydro- 4341
Cyclopenta[*c*]pyran-3-on, 4-Methyl-hexahydro- 4341
Furan-2-on, 3-Butyl-5-methyl-3*H*- 4338
—, 5-Cyclopentyl-dihydro- 4339
—, 4,4-Dimethyl-5-propyliden-dihydro- 4338
—, 3-Isobutyl-5-methyl-3*H*- 4338
—, 3-Isopentyliden-dihydro- 4338
Isobenzofuran-1-on, 3a-Methyl-hexahydro- 4343
—, 7a-Methyl-hexahydro- 4343
Isochroman-3-on, Hexahydro- 4340
Nepetolacton 4344
2-Oxa-bicyclo[2.2.2]octan-3-on, 4-Äthyl- 4345
—, 1,4-Dimethyl- 4346
2-Oxa-bicyclo[3.2.1]octan-3-on, 6,6-Dimethyl- 4344
3-Oxa-bicyclo[3.2.1]octan-2-on, 1,8-Dimethyl- 4344
—, 4,4-Dimethyl- 4345
—, 6,6-Dimethyl- 4344
3-Oxa-bicyclo[4.1.1]octan-2-on, 7,7-Dimethyl- 4344
3-Oxa-bicyclo[4.2.0]octan-2-on, 7,7-Dimethyl- 4343
6-Oxa-bicyclo[3.2.1]octan-7-on, 1-Äthyl- 4345
—, 1,5-Dimethyl- 4345
—, 4,5-Dimethyl- 4345
—, 5,8-Dimethyl- 4346
1-Oxa-spiro[4.5]decan-2-on 4339
1-Oxa-spiro[4.5]decan-3-on 4339
6-Oxa-spiro[4.5]decan-9-on 4340
Pentan-2-on, 1-[4,5-Dihydro-[2]furyl]- 4337
Pent-1-en-2-ol, 1-[4,5-Dihydro-[2]furyl]- 4337
Pyran-2-on, 6-Äthyl-4,4-dimethyl-3,4-dihydro- 4337
—, 4-Methyl-6-propyl-3,6-dihydro- 4337
—, 4-Methyl-6-propyl-5,6-dihydro- 4337
—, 6-Methyl-5-propyl-3,4-dihydro- 4337

$C_9H_{14}O_2S$
Thiophen-2-carbaldehyd-diäthylacetal 4478
Thiophen-3-carbaldehyd-diäthylacetal 4497

$C_9H_{14}O_3$
Furfural-diäthylacetal 4412
Propionaldehyd, 3-[2]Furyl-, dimethylacetal 4543

$C_9H_{14}O_3S$
Thiepan-2-carbonsäure, 3-Oxo-, äthylester 4187
Thiepan-4-carbonsäure, 3-Oxo-, äthylester 4187

$C_9H_{14}O_5$
Furan, 2-Diacetoxymethyl-tetrahydro- 4181

$C_9H_{15}N_3OS$
Äthanon, 1-[4-Methyl-5,6-dihydro-2*H*-thiopyran-3-yl]-, semicarbazon 4321
9-Thia-bicyclo[3.3.1]nonan-3-on-semicarbazon 4336

$C_9H_{15}N_3O_2$
Äthanon, 1-[4-Methyl-5,6-dihydro-2*H*-pyran-3-yl]-, semicarbazon 4321
—, 1-[6-Methyl-3,4-dihydro-2*H*-pyran-2-yl]-, semicarbazon 4321
—, 1-[2-Oxa-norcaran-7-yl]-, semicarbazon 4334
But-3-en-2-on, 4-Tetrahydro[2]furyl-, semicarbazon 4327
3-Oxa-bicyclo[3.3.1]nonan-9-on-semicarbazon 4336
1-Oxa-spiro[3.5]nonan-3-on-semicarbazon 4331
Pyran-2-carbaldehyd, 2,5-Dimethyl-3,4-dihydro-2*H*-, semicarbazon 4323
Pyran-3-carbaldehyd, 2,6-Dimethyl-5,6-dihydro-2*H*-, semicarbazon 4326

$C_9H_{15}O_4PS$
Phosphonsäure, [Hydroxy-[2]thienyl-methyl]-, diäthylester 4484

$C_9H_{15}O_5P$
Phosphonsäure, [α-Hydroxy-furfuryl]-, diäthylester 4452

$C_9H_{16}N_2OS_2$
Furfural-[bis-(2-amino-äthyl)-dithioacetal] 4477

$C_9H_{16}OS$
Thiopyran-4-on, 2-Äthyl-3,6-dimethyl-tetrahydro- 4240

$C_9H_{16}OS$ *(Fortsetzung)*
Thiopyran-4-on, 2,6-Diäthyl-tetrahydro- 4239
—, 2,2,6,6-Tetramethyl-tetrahydro- 4242

$C_9H_{16}O_2$
Butan-1-on, 1-Tetrahydropyran-4-yl- 4237
Butan-2-on, 4-[5-Methyl-tetrahydro-[2]furyl]- 4244
—, 1-Tetrahydropyran-4-yl- 4238
—, 3-Tetrahydropyran-2-yl- 4238
Furan-2-on, 3-Äthyl-5-isopropyl-dihydro- 4245
—, 5-Äthyl-3-isopropyl-dihydro- 4245
—, 3-Butyl-4-methyl-dihydro- 4244
—, 4-Butyl-3-methyl-dihydro- 4244
—, 5-Butyl-4-methyl-dihydro- 4244
—, 5-Butyl-5-methyl-dihydro- 4244
—, 5-*tert*-Butyl-5-methyl-dihydro- 4245
—, 3,3-Diäthyl-5-methyl-dihydro- 4246
—, 3,3-Dimethyl-5-propyl-dihydro- 4246
—, 5-Isobutyl-5-methyl-dihydro- 4245
—, 3-Isopentyl-dihydro- 4244
—, 5-Isopentyl-dihydro- 4243
—, 3-Isopropyl-4,5-dimethyl-dihydro- 4246
—, 5-Pentyl-dihydro- 4242
Furan-3-on, 5-*tert*-Butyl-5-methyl-dihydro- 4245
—, 2,5-Dimethyl-2-propyl-dihydro- 4246
Oxecan-2-on 4237
Oxepan-2-on, 7-Isopropyl- 4237
Oxetan-2-on, 4-Hexyl- 4247
Pentan-2-on, 5-Tetrahydro[2]furyl- 4243
—, 5-Tetrahydro[3]furyl- 4243
Pentan-3-on, 1-Tetrahydro[2]furyl- 4243
Pyran-2-on, 4-Äthyl-3,5-dimethyl-tetrahydro- 4240
—, 6-Butyl-tetrahydro- 4237
—, 4,4-Diäthyl-tetrahydro- 4240
—, 4,5-Diäthyl-tetrahydro- 4239
—, 5,5-Diäthyl-tetrahydro- 4239
—, 6,6-Diäthyl-tetrahydro- 4239
—, 6-Isobutyl-tetrahydro- 4238
—, 3,3,6,6-Tetramethyl-tetrahydro- 4241
Pyran-3-on, 2,2,6,6-Tetramethyl-dihydro- 4241
Pyran-4-on, 2-Methyl-2-propyl-tetrahydro- 4238
—, 2,2,6,6-Tetramethyl-tetrahydro- 4241

$C_9H_{16}O_3S$
1λ⁶-Thiopyran-4-on, 2-Äthyl-3,6-dimethyl-1,1-dioxo-tetrahydro- 4240
—, 2,2,6,6-Tetramethyl-1,1-dioxo-tetrahydro- 4242

$C_9H_{17}NO$
Furan, 3,3-Diäthyl-2-imino-5-methyl-tetrahydro- 4246

$C_9H_{17}NO_2$
Butan-2-on, 1-Tetrahydropyran-4-yl-, oxim 4238
Pentan-3-on, 1-Tetrahydro[2]furyl-, oxim 4243
Pyran-4-on, 2,2,6,6-Tetramethyl-tetrahydro-, oxim 4241

$C_9H_{17}N_3OS$
Pyran-4-on, 2-Propyl-tetrahydro-, thiosemicarbazon 4222
Thiopyran-4-on, 2,3,6-Trimethyl-tetrahydro-, semicarbazon 4228

$C_9H_{17}N_3O_2$
Aceton, Tetrahydropyran-2-yl-, semicarbazon 4223
Äthanon, 1-[6-Methyl-tetrahydro-pyran-2-yl]-, semicarbazon 4227
Furan-3-on, 2-Äthyl-2,5-dimethyl-dihydro-, semicarbazon 4232
—, 2-Isopropyl-5-methyl-dihydro-, semicarbazon 4231
—, 2,2,5,5-Tetramethyl-dihydro-, semicarbazon 4234
Propan-1-on, 1-Tetrahydropyran-4-yl-, semicarbazon 4224
Pyran-3-on, 2,2,6-Trimethyl-dihydro-, semicarbazon 4227
Pyran-4-on, 2-Äthyl-2-methyl-tetrahydro-, semicarbazon 4225
—, 2-Isopropyl-tetrahydro-, semicarbazon 4225
—, 2-Propyl-tetrahydro-, semicarbazon 4222, 4223
—, 2,2,5-Trimethyl-tetrahydro-, semicarbazon 4227

$C_9H_{18}O_2S_3$
1λ⁶-Thiopyran-4-on, 1,1-Dioxo-tetrahydro-, diäthyldithioacetal 4175

$C_9H_{18}O_3$
Furan, 2-Diäthoxymethyl-tetrahydro- 4180
Oxiran, 2-[2,2-Diäthoxy-äthyl]-2-methyl- 4185

$C_9H_{18}O_6S_3$
1λ⁶-Thiopyran, 4,4-Bis-äthansulfonyl-1,1-dioxo-tetrahydro- 4175

$C_9H_{18}S_3$
Thiopyran, 4,4-Bis-äthylmercapto-tetrahydro- 4175

C_{10}-Gruppe

$C_{10}H_6BrN_3O_4S$
Thiophen, 2-Anilino-5-brom-3,4-dinitro- 4293

$C_{10}H_{6}BrN_{3}O_{4}S$ *(Fortsetzung)*
Thiophen-2-on, 5-Brom-3,4-dinitro-3*H*-, phenylimin 4293
$C_{10}H_{6}N_{4}O_{6}$
Furfural, 5-Nitro-, azin 4475
$C_{10}H_{6}N_{4}O_{6}S$
Thiophen, 3,5-Dinitro-2-[4-nitro-anilino]- 4292
Thiophen-2-on, 3,5-Dinitro-3*H*-, [4-nitro-phenylimin] 4292
$C_{10}H_{7}N_{3}O_{4}S$
Thiophen, 2-Anilino-3,5-dinitro- 4292
Thiophen-2-on, 3,5-Dinitro-3*H*-, phenylimin 4292
$C_{10}H_{8}ClNO_{2}S_{2}$
Thiophen, 2-[4-Chlor-benzolsulfonylamino]- 4288
—, 2-[4-Chlor-benzolsulfonylimino]-2,3-dihydro- 4288
$C_{10}H_{8}N_{2}O_{2}$
Furfural-azin 4451
$C_{10}H_{8}N_{2}O_{4}$
Furfural-azin-di-*N*-oxid 4451
$C_{10}H_{8}N_{2}S_{2}$
Thiophen-2-carbaldehyd-azin 4484
$C_{10}H_{8}N_{4}O_{4}$
Essigsäure, Cyan-, [3-(5-nitro-[2]furyl)-allylidenhydrazid] 4703
$C_{10}H_{10}N_{2}O_{2}S_{2}$
Thiophen, 2-Sulfanilylamino- 4288
—, 2-Sulfanilylimino-2,3-dihydro- 4288
$C_{10}H_{10}N_{4}O_{4}S$
Thiophen-3-on, Dihydro-, [2,4-dinitro-phenylhydrazon] 4167
$C_{10}H_{10}N_{4}O_{5}$
Furan-3-on, Dihydro-, [2,4-dinitro-phenylhydrazon] 4166
Oxirancarbaldehyd, 2-Methyl-, [2,4-dinitro-phenylhydrazon] 4168
$C_{10}H_{11}Br_{3}O_{2}$
Pyran-2-on, 3-Brom-6-[α,β-dibrom-isobutyl]-4-methyl- 4606
$C_{10}H_{11}NO_{2}S$
Benzo[*b*]thiophen-4-on, 6,7-Dihydro-5*H*-, [*O*-acetyl-oxim] 4726
$C_{10}H_{11}NO_{6}S$
Thiophen, 2-Diacetoxymethyl-3-methyl-5-nitro- 4522
$C_{10}H_{11}N_{3}O_{2}$
Propan-1-on, 1-[2]Furyl-, [cyanacetyl-hydrazon] 4539
$C_{10}H_{11}N_{3}O_{5}$
Carbazinsäure, [3-(5-Nitro-[2]furyl)-allyliden]-, äthylester 4704
$C_{10}H_{12}N_{4}O_{3}S$
Acrylaldehyd, 2-Äthyl-3-[5-nitro-[2]furyl]-, thiosemicarbazon 4730
$C_{10}H_{12}N_{4}O_{3}Se$
Acrylaldehyd, 2-Äthyl-3-[5-nitro-selenophen-2-yl]-, semicarbazon 4730
$C_{10}H_{12}N_{4}O_{4}$
Acrylaldehyd, 2-Äthyl-3-[5-nitro-[2]furyl]-, semicarbazon 4730
$C_{10}H_{12}N_{4}O_{4}S_{2}$
4-Thio-hydantoinsäure, 3-[5-Nitro-[2]thienylmethylenamino]-, äthylester 4490
$C_{10}H_{12}N_{4}O_{5}$
Acrylaldehyd, 3-[5-Nitro-[2]furyl]-, [2-(2-hydroxy-äthyl)-semicarbazon] 4705
—, 3-[5-Nitro-[2]furyl]-, [4-(2-hydroxy-äthyl)-semicarbazon] 4704
$C_{10}H_{12}N_{4}O_{5}S$
4-Thio-hydantoinsäure, 3-[5-Nitro-furfurylidenamino]-, äthylester 4473
$C_{10}H_{12}N_{4}O_{6}$
Hydantoinsäure, 3-[5-Nitro-furfurylidenamino]-, äthylester 4473
$C_{10}H_{12}OS$
Äthanon, 1-[4,5,6,7-Tetrahydro-benzo[*b*]thiophen-2-yl]- 4741
Benzo[*b*]thiophen-4-on, 2-Äthyl-6,7-dihydro-5*H*- 4740
—, 2,3-Dimethyl-6,7-dihydro-5*H*- 4741
Benzo[*c*]thiophen-4-on, 1,3-Dimethyl-6,7-dihydro-5*H*- 4742
Cyclohepta[*b*]thiophen-4-on, 2-Methyl-5,6,7,8-tetrahydro- 4739
Keton, Cyclopentyl-[2]thienyl- 4739
$C_{10}H_{12}OSe$
Keton, Cyclopentyl-selenophen-2-yl- 4739
$C_{10}H_{12}O_{2}$
Acrylaldehyd, 3-[2]Furyl-2-isopropyl- 4737
—, 3-[2]Furyl-2-propyl- 4737
4,7-Äthano-isobenzofuran-1-on, 3a,4,7,7a-Tetrahydro-3*H*- 4743
Benzofuran-2-on, 3,5-Dimethyl-5,6-dihydro-4*H*- 4742
—, 3,6-Dimethyl-5,6-dihydro-4*H*- 4742
Benzofuran-4-on, 3,6-Dimethyl-6,7-dihydro-5*H*- 4742
Benzofuran-5-on, 6-Methyl-3-methylen-2,3,6,7-tetrahydro-4*H*- 4742
But-2-en-1-on, 3-Methyl-1-[3-methyl-[2]furyl]- 4738
But-3-en-2-on, 3-Äthyl-4-[2]furyl- 4737
Cyclopenta[*b*]furan-2-on, 6,6,6a-Trimethyl-6,6a-dihydro- 4742

$C_{10}H_{12}O_2$ *(Fortsetzung)*
Furan-2-on, 4-Cyclohex-3-enyl-5*H*- 4738
Hex-1-en-3-on, 1-[2]Furyl- 4736
Pent-4-enal, 5-[2]Furyl-3-methyl- 4737
Pent-1-en-3-on, 1-[2]Furyl-2-methyl- 4736
—, 1-[2]Furyl-4-methyl- 4737
Pyran-2-on, 4-Methyl-6-[2-methyl-propenyl]- 4736

$C_{10}H_{12}O_3S$
1λ⁶-Thiochromen-4-on, 2-Methyl-1,1-dioxo-4a,5,8,8a-tetrahydro- 4740
—, 2-Methyl-1,1-dioxo-5,6,7,8-tetrahydro- 4740

$C_{10}H_{13}BrOS$
Hexan-1-on, 1-[5-Brom-[2]thienyl]- 4607

$C_{10}H_{13}BrO_2$
Pyran-2-on, 3-Brom-6-butyl-4-methyl- 4606

$C_{10}H_{13}IO_2$
3,6-Methano-benzofuran-2-on, 7-Jod-3-methyl-hexahydro- 4628
Norbornan-2-carbonsäure, 6-Hydroxy-5-jod-2,3-dimethyl-, lacton 4627
—, 6-Hydroxy-5-jod-3,3-dimethyl-, lacton 4627

$C_{10}H_{13}NOS$
Äthanon, 1-[4,5,6,7-Tetrahydro-benzo[*b*]thiophen-2-yl]-, oxim 4741
Benzo[*b*]thiophen-4-on, 2-Äthyl-6,7-dihydro-5*H*-, oxim 4740

$C_{10}H_{13}NO_3S$
Äthanon, 1-[5-*tert*-Butyl-4-nitro-[2]thienyl]- 4615

$C_{10}H_{13}N_3OS$
Benzo[*b*]thiophen-2-carbaldehyd, 5,6,7,8-Tetrahydro-, semicarbazon 4734
Benzo[*b*]thiophen-4-on, 2-Methyl-6,7-dihydro-5*H*-, semicarbazon 4733
—, 6-Methyl-6,7-dihydro-5*H*-, semicarbazon 4735
Cyclohepta[*b*]thiophen-4-on, 5,6,7,8-Tetrahydro-, semicarbazon 4732

$C_{10}H_{13}N_3O_2$
Acrylaldehyd, 2-Methyl-3-[5-methyl-[2]furyl]-, semicarbazon 4731
But-3-en-2-on, 4-[2]Furyl-3-methyl-, semicarbazon 4729
Cyclohepta[*b*]furan-4-on, 5,6,7,8-Tetrahydro-, semicarbazon 4731
Pent-1-en-3-on, 1-[2]Furyl-, semicarbazon 4728

$C_{10}H_{13}N_3O_3S$
4-Thio-hydantoinsäure, 3-Furfurylidenamino-, äthylester 4446

$C_{10}H_{13}N_3O_4$
Hydantoinsäure, 3-Furfurylidenamino-, äthylester 4446

$C_{10}H_{13}N_5O_3$
Guanidin, [2-Äthyl-3-(5-nitro-[2]furyl)-acrylidenamino]- 4730

$C_{10}H_{14}Br_2O_2$
Campholid, Dibrom- 4369
2-Oxa-bicyclo[2.2.2]octan-3-on, 1,6-Dibrom-4,5,5-trimethyl- 4369

$C_{10}H_{14}Br_2O_3S$
1λ⁶-Thiochroman-4-on, 3,4a-Dibrom-2-methyl-1,1-dioxo-hexahydro- 4357

$C_{10}H_{14}N_2O_3$
Furfurylidendiamin, *N*-Acetyl-*N'*-propionyl- 4426

$C_{10}H_{14}N_4O_2S_2$
Thiophen-2-carbaldehyd, 5-Nitro-, [4-isobutyl-thiosemicarbazon] 4490

$C_{10}H_{14}N_4O_3S$
Furfural, 5-Nitro-, [4-isobutyl-thiosemicarbazon] 4470

$C_{10}H_{14}N_4O_4$
Furfural, 5-Nitro-, [2-butyl-semicarbazon] 4471

$C_{10}H_{14}N_4O_5$
Furfural, 5-Nitro-, [2-(4-hydroxy-butyl)-semicarbazon] 4472
—, 5-Nitro-, [4-(3-hydroxy-butyl)-semicarbazon] 4468

$C_{10}H_{14}OS$
Äthanon, 1-[4-Äthyl-2,5-dimethyl-[3]thienyl]- 4619
—, 1-[4-*tert*-Butyl-[2]thienyl]- 4613
—, 1-[5-Butyl-[2]thienyl]- 4612
—, 1-[5-*sec*-Butyl-[2]thienyl]- 4613
—, 1-[5-*tert*-Butyl-[2]thienyl]- 4614
—, 1-[2,5-Diäthyl-[3]thienyl]- 4618
—, 1-[3,4-Diäthyl-[2]thienyl]- 4618
—, 1-[5-Isobutyl-[2]thienyl]- 4613
Butan-1-on, 1-[5-Äthyl-[2]thienyl]- 4612
—, 2-Äthyl-1-[2]thienyl- 4611
—, 1-[2,5-Dimethyl-[3]thienyl]- 4616
Hexan-1-on, 1-[2]Thienyl- 4607
Hexan-2-on, 6-[2]Thienyl- 4608
Hexan-3-on, 6-[2]Thienyl- 4608
Pentan-1-on, 4-Metyl-1-[2]thienyl- 4609
Propan-1-on, 1-[5-Äthyl-[2]thienyl]-2-methyl- 4613
—, 1-[2,5-Dimethyl-[3]thienyl]-2-methyl- 4617
Thiophen-2-carbaldehyd, 5-Isopentyl- 4612
—, 5-Pentyl- 4611
Thiophen-3-carbaldehyd, 2-*tert*-Butyl-5-methyl- 4617
—, 5-*tert*-Butyl-2-methyl- 4617

$C_{10}H_{14}OSe$
Butan-1-on, 1-[3,4-Dimethyl-selenophen-2-yl]- 4615
Hexan-1-on, 1-Selenophen-2-yl- 4607
Propan-1-on, 1-[3,4-Dimethyl-selenophen-2-yl]-2-methyl- 4616
—, 1-[3,5-Dimethyl-selenophen-2-yl]-2-methyl- 4617

$C_{10}H_{14}O_2$
4,7-Äthano-isobenzofuran-1-on, Hexahydro- 4627
Äthanon, 1-[4-Äthyl-2,5-dimethyl-[3]furyl]- 4618
—, 1-Cyclopropyl-2-[5-methyl-4,5-dihydro-[2]furyl]- 4620
—, 1-[1,2-Epoxy-4-isopropenyl-cyclopentyl]- 4626
Benzofuran-2-on, 3,3-Dimethyl-4,5,6,7-tetrahydro-3*H*- 4623
—, 3,5-Dimethyl-3a,4,5,6-tetrahydro-3*H*- 4623
Butan-1-on, 2-Äthyl-1-[2]furyl- 4610
—, 1-[2,5-Dimethyl-[3]furyl]- 4616
—, 3-Methyl-1-[3-methyl-[2]furyl]- 4611
But-3-en-1-on, 1-[2-Methyl-3,6-dihydro-2*H*-pyran-4-yl]- 4605
But-3-en-2-on, 1-[2-Methyl-tetrahydro-pyran-4-yliden]- 4605
Buttersäure, 2-Cyclohexyliden-4-hydroxy-, lacton 4353, 4620
Chroman-2-on, 4-Methyl-5,6,7,8-tetrahydro- 4622
—, 4-Methyl-4a,5,6,7-tetrahydro- 4622
—, 4a-Methyl-4a,5,6,7-tetrahydro- 4622
3,6-Cyclo-benzofuran-2-on, 3,3a-Dimethyl-hexahydro- 4628
Cyclohepta[*b*]furan-2-on, 3-Methyl-3,4,5,6,7,8-hexahydro- 4621
—, 3-Methyl-3,3a,4,5,6,7-hexahydro- 4621
Cyclohept-4-enon, 2,3-Epoxy-2,6,6-trimethyl- 4621
Cyclopenta[*b*]furan-2-on, 3-Allyl-hexahydro- 4625
Cyclopenta[*c*]pyran-1-on, 4,7-Dimethyl-5,6,7,7a-tetrahydro-4a*H*- 4622
Cyclopenta[*c*]pyran-3-on, 4,4-Dimethyl-4,5,6,7-tetrahydro-1*H*- 4622
Cyclopropa[4,5]cyclopenta[1,2-*b*]furan-2-on, 5a,5b-Dimethyl-tetrahydro- 4626
Furan-2-carbaldehyd, 5-*tert*-Pentyl- 4612
Furan-2-on, 5-Cyclohex-1-enyl-dihydro- 4619
—, 3-Cyclohexyl-5*H*- 4619
—, 4-Cyclohexyl-5*H*- 4619
—, 3-Cyclohexyliden-dihydro- 4620
—, 5-Cyclopent-2-enyl-4-methyl-dihydro- 4620
—, 5-Hexyliden- 4609
Hexan-1-on, 1-[2]Furyl- 4606
Hexan-2-on, 4-[2]Furyl- 4610
—, 6-[2]Furyl- 4608
Isobenzofuran-1-on, 3,3-Dimethyl-3a,4,7,7a-tetrahydro-3*H*- 4623
—, 5,6-Dimethyl-3a,4,7,7a-tetrahydro-3*H*- 4624
Isochromen-3-on, 4-Methyl-1,5,6,7,8,8a-hexahydro- 4622
p-Menth-4(8)-en-3-on, 1,2-Epoxy- 4624
p-Menth-6-en-2-on, 8,9-Epoxy- 4620
p-Menth-8-en-2-on, 1,6-Epoxy- 4625
Norbornan-2-carbonsäure, 3-Hydroxy-2,3-dimethyl-, lacton 4628
—, 6-Hydroxy-2,3-dimethyl-, lacton 4627
2-Oxa-tricyclo[5.2.0.0^{5,9}]nonan-3-on, 1,9-Dimethyl- 4627
Oxepin-2-on, 4-Isopropyl-7-methyl-5*H*- 4605
Pentan-1-on, 1-[2]Furyl-4-methyl- 4609
—, 1-[3]Furyl-4-methyl- 4609
Pinan-4-on, 2,3-Epoxy- 4626
Propan-1-on, 1-[5-Propyl-[2]furyl]- 4615
Pyran-2-on, 3-Äthyl-6-propyl- 4606
—, 5-Butyl-6-methyl- 4605
—, 6-Butyl-4-methyl- 4605
—, 6-Cyclopent-1-enyl-tetrahydro- 4619
—, 6-Isobutyl-4-methyl- 4606
Thujan-2-on, 3,4-Epoxy- 4626
Vinylalkohol, 1-Cyclopropyl-2-[5-methyl-4,5-dihydro-[2]furyl]- 4620

$C_{10}H_{14}O_3S$
1λ^6-Thiochroman-4-on, 2-Methyl-1,1-dioxo-5,6,7,8-tetrahydro- 4621
—, 2-Methyl-1,1-dioxo-4a,5,8,8a-tetrahydro- 4622
1λ^6-Thiochromen-4-on, 2-Methyl-1,1-dioxo-4a,5,6,7,8,8a-hexahydro- 4621

$C_{10}H_{15}BrN_2O_3$
Verbindung $C_{10}H_{15}BrN_2O_3$ aus 3-Brom-1,8-epoxy-*p*-menthan-2-on-oxim 4369

$[C_{10}H_{15}BrN_3OS]^+$
Ammonium, [(5-Brom-[2]thienylmethylen-carbazoyl)-methyl]-trimethyl- 4487
$[C_{10}H_{15}BrN_3OS]Cl$ 4487

$C_{10}H_{15}BrO_2$
Benzofuran-2-on, 3a-Brom-3,3-dimethyl-hexahydro- 4361
Buttersäure, 3-[x-Brom-cyclohexyl]-4-hydroxy-, lacton 4353

$C_{10}H_{15}N_5O_4$
Furfural, 5-Nitro-, [2-(2-dimethylamino-äthyl)-semicarbazon] 4474

$[C_{10}H_{15}OS]^+$
Isothiochromanium, 2-Methyl-6-oxo-6,7,8,8a-tetrahydro- 4600
$[C_{10}H_{15}OS]I$ 4600

$C_{10}H_{16}BrNO_2$
p-Menthan-2-on, 3-Brom-1,8-epoxy-, oxim 4369

$C_{10}H_{16}Br_2O_2$
Pyran-2-on, 6-Brom-6-[*α*-brom-isopropyl]-5,5-dimethyl-tetrahydro- 4250

$[C_{10}H_{16}N_3OS]^+$
Ammonium, Trimethyl-[[2]thienyl-methylencarbazoyl-methyl]- 4484
$[C_{10}H_{16}N_3OS]Cl$ 4484

$C_{10}H_{16}OS$
Cyclopenta[*b*]furan-2-thion, 6,6,6a-Trimethyl-hexahydro- 4366
Cyclopenta[*b*]thiophen-2-on, 6,6,6a-Trimethyl-hexahydro- 4366
Thiochroman-4-on, 2-Methyl-hexahydro- 4355

$C_{10}H_{16}OS_2$
Äthanon, 1-[2]Furyl-, diäthyldithioacetal 4507

$C_{10}H_{16}O_2$
Äthanon, 1-[2,5,6-Trimethyl-3,4-dihydro-2*H*-pyran-2-yl]- 4348
Benzofuran-2-on, 3-Äthyl-hexahydro- 4361
—, 3,3-Dimethyl-hexahydro- 4361
—, 3,5-Dimethyl-hexahydro- 4361
—, 3,7-Dimethyl-hexahydro- 4362
—, 3a,7a-Dimethyl-hexahydro- 4362
—, 5,5-Dimethyl-hexahydro- 4362
—, 6,6-Dimethyl-hexahydro- 4362
—, 6,7a-Dimethyl-hexahydro- 4363
Butan-2-on, 3-Methyl-1-[5-methyl-4,5-dihydro-[2]furyl]- 4350
But-1-en-2-ol, 3-Methyl-1-[5-methyl-4,5-dihydro-[2]furyl]- 4350
Carvonoxid, Dihydro- 4353
Chroman-2-on, 3-Methyl-hexahydro- 4357
—, 4-Methyl-hexahydro- 4357
—, 4a-Methyl-hexahydro- 4358
—, 5-Methyl-hexahydro- 4358
—, 6-Methyl-hexahydro- 4358
—, 7-Methyl-hexahydro- 4358
—, 8-Methyl-hexahydro- 4358
—, 8a-Methyl-hexahydro- 4358
Chroman-4-on, 2-Methyl-hexahydro- 4355
Cyclopenta[*b*]furan-2-on, 3-Propyl-hexahydro- 4365
—, 6,6,6a-Trimethyl-hexahydro- 4365
Cyclopenta[*c*]pyran-3-on, 4,4-Dimethyl-hexahydro- 4359
—, 4,7-Dimethyl-hexahydro- 4359
Dihydrocarvonoxid 4353
Furan-2-on, 3-Butyl-5-vinyl-dihydro- 4350
—, 3-Cyclohexyl-dihydro- 4352
—, 4-Cyclohexyl-dihydro- 4353
—, 5-Cyclopentyl-4-methyl-dihydro- 4353
—, 5,5-Dimethyl-4-[2-methyl-propenyl]-dihydro- 4350
—, 5-Hex-3-enyl-dihydro- 4349
—, 4-Hexyl-5*H*- 4349
—, 5-Isobutyliden-4,4-dimethyl-dihydro- 4351
—, 3-Isopentyl-5-methyl-3*H*- 4349
—, 4-Isopropyl-5-isopropyliden-dihydro- 4350
—, 4-Propyl-5-propyliden-dihydro- 4350
Furan-3-on, 2-Isobutyliden-5,5-dimethyl-dihydro- 4351
—, 5-Isopropenyl-2,2,5-trimethyl-dihydro- 4352
Isochroman-3-on, 4-Methyl-hexahydro- 4359
Keten, Isopropyl-, dimeres 4352
—, Propyl-, dimeres 4352
p-Menthan-2-on, 1,6-Epoxy- 4363
—, 1,8-Epoxy- 4368
—, 3,4-Epoxy- 4364
—, 8,9-Epoxy- 4353
p-Menthan-3-on, 1,2-Epoxy- 4363
—, 4,8-Epoxy- 4354
2-Oxa-bicyclo[4.2.1]nonan-3-on, 5,5-Dimethyl- 4366
3-Oxa-bicyclo[3.3.1]nonan-2-on, 4,4-Dimethyl- 4366
2-Oxa-bicyclo[3.2.1]octan-3-on, 1,4,4-Trimethyl- 4366
—, 1,8,8-Trimethyl- 4367
—, 6,6,7-Trimethyl- 4365
3-Oxa-bicyclo[3.2.1]octan-2-on, 1,8,8-Trimethyl- 4367
—, 4,4,5-Trimethyl- 4367
—, 5,8,8-Trimethyl- 4367
6-Oxa-bicyclo[3.2.1]octan-7-on, 1,3,3-Trimethyl- 4367
8-Oxa-bicyclo[5.2.2]undecan-9-on 4368
2-Oxa-norbornan-3-on, 1-Isopropyl-4-methyl- 4368
—, 4-Isopropyl-1-methyl- 4368
3-Oxa-norcaran-2-on, 4,4,7,7-Tetramethyl- 4364

$C_{10}H_{16}O_2$ *(Fortsetzung)*
1-Oxa-spiro[4.5]decan-2-on, 6-Methyl- 4354
1-Oxa-spiro[4.5]decan-4-on, 2-Methyl- 4354
2-Oxa-spiro[4.5]decan-3-on, 8-Methyl- 4354
2-Oxa-spiro[5.5]undecan-3-on 4353
Oxepan-2-on, 4-Isopropenyl-7-methyl- 4346
Oxetan-2-on, 4-Butyliden-3-propyl- 4352
—, 4-Isobutyliden-3-isopropyl- 4352
Pentan-2-on, 1-[4,5-Dihydro-[2]furyl]-4-methyl- 4349
—, 1-[5-Methyl-4,5-dihydro-[2]furyl]- 4349
Pent-1-en-2-ol, 1-[4,5-Dihydro-[2]furyl]-4-methyl- 4349
—, 1-[5-Methyl-4,5-dihydro-[2]furyl]- 4349
Pulegonoxyd 4354
Pyran-2-carbaldehyd, 2,5-Diäthyl-3,4-dihydro-2*H*- 4348
Pyran-2-on, 5-Butyl-6-methyl-3,4-dihydro- 4347
—, 6-Butyl-4-methyl-5,6-dihydro- 4347
—, 6-Cyclopentyl-tetrahydro- 4352
—, 6-Isobutyl-4-methyl-5,6-dihydro- 4347
—, 6-Isopropyl-4,4-dimethyl-3,4-dihydro- 4348
—, 6-Isopropyl-4,5-dimethyl-3,4-dihydro- 4348
—, 6-Isopropyliden-5,5-dimethyl-tetrahydro- 4347
—, 6-Pentyl-3,4-dihydro- 4346
—, 6-Pentyl-5,6-dihydro- 4346
Pyran-4-on, 5-Isopropenyl-2,2-dimethyl-tetrahydro- 4347

$C_{10}H_{16}O_3$
Furan-2-carbaldehyd, 4-Isopropyl-, dimethylacetal 4566
Verbindung $C_{10}H_{16}O_3$ aus 1,6-Epoxy-*p*-menth-8-en-2-on 4625

$C_{10}H_{16}O_3S$
1λ⁶-Thiochroman-4-on, 2-Methyl-1,1-dioxo-hexahydro- 4356

$C_{10}H_{17}BrO_2$
Furan-3-on, 4-Äthyl-4-brom-2,2,5,5-tetramethyl-dihydro- 4256
—, 2,5-Diäthyl-4-brom-2,5-dimethyl-dihydro- 4256

$C_{10}H_{17}NO$
Cyclopenta[*b*]furan-2-on, 6,6,6a-Trimethyl-hexahydro-, imin 4365
Isoaminocampher 4365
Pyran-3-carbaldehyd, 2,6-Dimethyl-5,6-dihydro-2*H*-, äthylimin 4324

$C_{10}H_{17}NO_2$
Äthanon, 1-[2,5,6-Trimethyl-3,4-dihydro-2*H*-pyran-2-yl]-, oxim 4348
p-Menthan-2-on, 1,8-Epoxy-, oxim 4369
Verbindung $C_{10}H_{17}NO_2$ aus 6,6,6a-Trimethyl-hexahydro-cyclopenta[*b*]furan-2-on-imin 4365

$C_{10}H_{17}N_3O_2$
Cyclopenta[*b*]pyran-4-on, 2-Methyl-hexahydro-, semicarbazon 4341
1-Oxa-spiro[4.5]decan-3-on-semicarbazon 4339
6-Oxa-spiro[4.5]decan-9-on-semicarbazon 4340

$C_{10}H_{18}O_2$
Äthanon, 1-[2,5,6-Trimethyl-tetrahydro-pyran-2-yl]- 4250
Butan-1-on, 1-[2-Methyl-tetrahydro-pyran-4-yl]- 4249
—, 3-Methyl-1-tetrahydropyran-4-yl- 4248
Furan-2-on, 3-[2-Äthyl-butyl]-dihydro- 4252
—, 5-Äthyl-5-butyl-dihydro- 4254
—, 4-Butyl-5,5-dimethyl-dihydro- 4255
—, 5-Butyl-3,4-dimethyl-dihydro- 4255
—, 3,5-Diisopropyl-dihydro- 4254
—, 3-Hexyl-dihydro- 4252
—, 4-Hexyl-dihydro- 4252
—, 5-Hexyl-dihydro- 4251
—, 4-Isobutyl-5,5-dimethyl-dihydro- 4255
—, 5-Isohexyl-dihydro- 4252
—, 3-Isopentyl-5-methyl-dihydro- 4253
—, 5-Isopentyl-4-methyl-dihydro- 4253
—, 5-Isopentyl-5-methyl-dihydro- 4253
—, 3-Methyl-5-pentyl-dihydro- 4253
—, 4-Methyl-5-pentyl-dihydro- 4253
—, 5-Methyl-3-pentyl-dihydro- 4253
—, 5-Methyl-5-pentyl-dihydro- 4252
Furan-3-on, 2,5-Diäthyl-2,5-dimethyl-dihydro- 4256
—, 2,5-Dipropyl-dihydro- 4254
—, 2-Isobutyl-5,5-dimethyl-dihydro- 4255
Hexan-2-on, 6-Tetrahydro[2]furyl- 4251
Hexan-3-on, 1-Tetrahydro[2]furyl- 4251
Oxacycloundecan-2-on 4247
Oxacycloundecan-6-on 4247
Oxepan-2-on, 7-Butyl- 4247
—, 7-*sec*-Butyl- 4247
—, 7-Isopropyl-4-methyl- 4248

$C_{10}H_{18}O_2$ *(Fortsetzung)*
Pentan-1-on, 1-Tetrahydropyran-4-yl- 4248
Pyran-2-on, 3-Äthyl-6-propyl-tetrahydro- 4250
—, 4-Äthyl-3,5,5-trimethyl-tetrahydro- 4250
—, 6-Butyl-4-methyl-tetrahydro- 4249
—, 6-Isobutyl-4-methyl-tetrahydro- 4249
—, 6-Isopropyl-4,4-dimethyl-tetrahydro- 4250
—, 6-Pentyl-tetrahydro- 4248

$C_{10}H_{19}NO_2$
Hexan-3-on, 1-Tetrahydro[2]furyl-, oxim 4251

$C_{10}H_{19}N_3OS$
Thiopyran-4-on, 2-Äthyl-3,6-dimethyl-tetrahydro-, semicarbazon 4240
—, 2,2,6,6-Tetramethyl-tetrahydro-, semicarbazon 4242

$C_{10}H_{19}N_3O_2$
Butan-1-on, 1-Tetrahydropyran-4-yl-, semicarbazon 4238
Furan-3-on, 5-*tert*-Butyl-5-methyl-dihydro-, semicarbazon 4245
—, 2,5-Dimethyl-2-propyl-dihydro-, semicarbazon 4246
Pentan-2-on, 5-Tetrahydro[2]furyl-, semicarbazon 4243
—, 5-Tetrahydro[3]furyl-, semicarbazon 4243
Pyran-3-on, 2,2,6,6-Tetramethyl-dihydro-, semicarbazon 4241
Pyran-4-on, 2-Methyl-2-propyl-tetrahydro-, semicarbazon 4239
—, 2,2,6,6-Tetramethyl-tetrahydro-, semicarbazon 4241

$C_{10}H_{19}N_3O_3S$
1λ⁶-Thiopyran-4-on, 2-Äthyl-3,6-dimethyl-1,1-dioxo-tetrahydro-, semicarbazon 4240

$C_{10}H_{20}O_3$
Oxiran-2-carbaldehyd, 3-Äthyl-2-methyl-, diäthylacetal 4201
—, 2-Äthyl-3-propyl-, dimethylacetal 4236

$C_{10}H_{20}O_6S_3$
1λ⁶-Thiopyran, 4,4-Bis-äthansulfonyl-2-methyl-1,1-dioxo-tetrahydro- 4190
—, 4,4-Bis-äthansulfonyl-3-methyl-1,1-dioxo-tetrahydro- 4193

$C_{10}H_{20}S_3$
Thiopyran, 4,4-Bis-äthylmercapto-2-methyl-tetrahydro- 4190
—, 4,4-Bis-äthylmercapto-3-methyl-tetrahydro- 4193

$[C_{10}H_{21}O_2S]^+$
Thiopyranium, 4,4-Diäthoxy-1-methyl-tetrahydro- 4174
$[C_{10}H_{21}O_2S]I$ 4174

C_{11}-Gruppe

$C_{11}H_6Cl_2N_4O_4S$
Thiophen-2-carbaldehyd, 4,5-Dichlor-, [2,4-dinitro-phenylhydrazon] 4486

$C_{11}H_6Cl_2N_4O_5$
Furfural, 3,4-Dichlor-, [2,4-dinitro-phenylhydrazon] 4456
—, 4,5-Dichlor-, [2,4-dinitro-phenylhydrazon] 4456

$C_{11}H_7BrN_4O_4S$
Thiophen-3-carbaldehyd, 2-Brom-, [2,4-dinitro-phenylhydrazon] 4499

$C_{11}H_7BrN_4O_5$
Furfural, 5-Brom-, [2,4-dinitro-phenylhydrazon] 4457

$C_{11}H_7ClN_2O_3$
Furfural, 5-Nitro-, [4-chlor-phenylimin] 4460
Verbindung $C_{11}H_7ClN_2O_3$ aus 5-Chlor-furfural 4455

$C_{11}H_7ClN_4O_4S$
Thiophen-3-carbaldehyd, 2-Chlor-, [2,4-dinitro-phenylhydrazon] 4498

$C_{11}H_7ClN_4O_5$
Furfural, 4-Chlor-, [2,4-dinitro-phenylhydrazon] 4454
—, 5-Chlor-, [2,4-dinitro-phenylhydrazon] 4456
Furfural-[5-chlor-2,4-dinitro-phenylhydrazon] 4433

$C_{11}H_7IN_4O_5$
Furfural, 5-Jod-, [2,4-dinitro-phenylhydrazon] 4458

$C_{11}H_7I_2NO_2$
Furfural-[2-hydroxy-3,5-dijod-phenylimin] 4419

$C_{11}H_7N_3O_5$
Furfural, 5-Nitro-, [4-nitro-phenylimin] 4460

$C_{11}H_7N_5O_6S$
Thiophen-2-carbaldehyd, 5-Nitro-, [2,4-dinitro-phenylhydrazon] 4490

$C_{11}H_7N_5O_6Se$
Selenophen-2-carbaldehyd, 5-Nitro-, [2,4-dinitro-phenylhydrazon] 4494

$C_{11}H_7N_5O_7$
Furfural, 5-Nitro-, [2,4-dinitro-phenylhydrazon] 4464
Furfural-pikrylhydrazon 4433

$C_{11}H_8BrNO$
Furfural-[4-brom-phenylimin] 4416
$C_{11}H_8BrNO_2$
Furfural-[5-brom-2-hydroxy-phenylimin] 4419
$C_{11}H_8BrN_3O_2S$
Thiophen-2-carbaldehyd, 4-Nitro-, [4-brom-phenylhydrazon] 4488
—, 5-Nitro-, [4-brom-phenylhydrazon] 4489
$C_{11}H_8BrN_3O_3$
Furfural, 5-Nitro-, [4-brom-phenylhydrazon] 4464
Furfural-[5-brom-2-nitro-phenylhydrazon] 4433
$C_{11}H_8ClNO$
Furfural, 5-Chlor-, phenylimin 4455
$C_{11}H_8ClNO_2$
Furfural, 5-Chlor-, [2-hydroxy-phenylimin] 4455
Furfural-[5-chlor-2-hydroxy-phenylimin] 4419
Verbindung $C_{11}H_8ClNO_2$ aus 5-Chlor-furfural 4455
$C_{11}H_8ClNO_3S$
Benzolsulfonsäure, 4-Chlor-, furfurylidenamid 4425
$C_{11}H_8ClNS$
Thiophen-2-carbaldehyd-[4-chlor-phenylimin] 4479
$C_{11}H_8ClN_3O_3$
Furfural-[5-chlor-2-nitro-phenylhydrazon] 4433
$C_{11}H_8Cl_2N_2S$
Thiophen-2-carbaldehyd, 4,5-Dichlor-, phenylhydrazon 4486
$C_{11}H_8N_2O_2S$
Thiophen-2-carbaldehyd-[3-nitro-phenylimin] 4479
— [4-nitro-phenylimin] 4479
$C_{11}H_8N_2O_2Se$
Selenophen-2-carbaldehyd-[3-nitro-phenylimin] 4491
$C_{11}H_8N_2O_3$
Furfural, 5-Nitro-, phenylimin 4460
Furfural-[4-nitro-phenylimin] 4416
$C_{11}H_8N_2O_3S$
Thiophen, 2-[4-Nitro-benzoylamino]- 4287
—, 2-[4-Nitro-benzoylimino]-2,3-dihydro- 4287
$C_{11}H_8N_2O_4$
Furfural, 5-Nitro-, [2-hydroxy-phenylimin] 4461
—, 5-Nitro-, [4-hydroxy-phenylimin] 4461
$C_{11}H_8N_4O_4S$
Thiophen-2-carbaldehyd, 5-Nitro-, [4-nitro-phenylhydrazon] 4490
Thiophen-2-carbaldehyd-[2,4-dinitro-phenylhydrazon] 4482
Thiophen-3-carbaldehyd-[2,4-dinitro-phenylhydrazon] 4498
$C_{11}H_8N_4O_4Se$
Selenophen-2-carbaldehyd-[2,4-dinitro-phenylhydrazon] 4492
$C_{11}H_8N_4O_5$
Furan-3-carbaldehyd-[2,4-dinitro-phenylhydrazon] 4496
Furfural-[2,4-dinitro-phenylhydrazon] 4433
$C_{11}H_8N_4O_7S$
Furfural, 5-Nitro-, [4-nitro-benzolsulfonylhydrazon] 4475
$C_{11}H_9BrN_2O$
Furfural, 5-Brom-, phenylhydrazon 4457
$C_{11}H_9BrN_2S$
Thiophen-2-carbaldehyd, 5-Brom-, phenylhydrazon 4487
Thiophen-2-carbaldehyd-[4-brom-phenylhydrazon] 4482
$C_{11}H_9BrN_2Se$
Selenophen-2-carbaldehyd, 5-Brom-, phenylhydrazon 4493
$C_{11}H_9ClN_2O$
Furfural-[4-chlor-phenylhydrazon] 4432
$C_{11}H_9ClN_2O_3S$
Verbindung $C_{11}H_9ClN_2O_3S$ aus 5-Chlor-furfural 4455
$C_{11}H_9ClN_2S$
Thiophen-2-carbaldehyd, 5-Chlor-, phenylhydrazon 4485
$C_{11}H_9ClN_2Se$
Selenophen-2-carbaldehyd, 5-Chlor-, phenylhydrazon 4493
$C_{11}H_9NO$
Furfural-phenylimin 4416
$C_{11}H_9NOS$
Furfural-[2-mercapto-phenylimin] 4419
Thiophen-2-carbaldehyd-[2-hydroxy-phenylimin] 4480
— [4-hydroxy-phenylimin] 4480
Thiophen-3-carbaldehyd-[4-hydroxy-phenylimin] 4497
$C_{11}H_9NOSe$
Selenophen-2-carbaldehyd-[2-hydroxy-phenylimin] 4491
$C_{11}H_9NO_2$
Furan, 2-Benzoylamino- 4285
—, 2-Benzoylimino-2,3-dihydro- 4285
Furfural-[2-hydroxy-phenylimin] 4418
— [4-hydroxy-phenylimin] 4419
— [*N*-phenyl-oxim] 4416
Verbindung $C_{11}H_9NO_2$ aus Furfural 4409

$C_{11}H_{13}N_3O_5$
Essigsäure, [3-(5-Nitro-[2]furyl)-allylidenhydrazino]-, äthylester 4705
$C_{11}H_{14}Cl_2N_2O_5$
Carbamidsäure, *N*,*N'*-Furfuryliden-bis-, bis-[2-chlor-äthylester] 4427
$C_{11}H_{14}F_2N_2O_5$
Carbamidsäure, *N*,*N'*-Furfuryliden-bis-, bis-[2-fluor-äthylester] 4427
$C_{11}H_{14}N_2O_2S$
1λ⁶-Thiophen-3-on, 4-Methyl-1,1-dioxo-dihydro-, phenylhydrazon 4183
$C_{11}H_{14}N_4O_6$
Hydantoinsäure, 3-[5-Nitro-furfurylidenamino]-, propylester 4473
$C_{11}H_{14}OS$
Äthanon, 1-[2-Methyl-4,5,6,7-tetrahydro-benzo[*b*]thiophen-3-yl]- 4747
—, 1-[5,6,7,8-Tetrahydro-4*H*-cyclohepta[*b*]thiophen-2-yl]- 4745
Benzo[*b*]thiophen-4-on, 2-Äthyl-3-methyl-6,7-dihydro-5*H*- 4747
Cyclohepta[*b*]thiophen-4-on, 2-Äthyl-5,6,7,8-tetrahydro- 4745
Keton, Cyclohexyl-[2]thienyl- 4744
Propan-1-on, 1-[4,5,6,7-Tetrahydro-benzo[*b*]thiophen-2-yl]- 4746
$C_{11}H_{14}O_2$
Acrylaldehyd, 2-Butyl-3-[2]furyl- 4743
5,8-Äthano-chroman-2-on, 5,6,7,8-Tetrahydro- 4747
Chromen-5-on, 2,4a-Dimethyl-4,4a,6,7-tetrahydro- 4746
Cyclohexanon, 3-[2]Furyl-5-methyl- 4745
Hept-1-en-3-on, 1-[2]Furyl- 4743
Hex-1-en-3-on, 1-[2]Furyl-5-methyl- 4743
—, 1-[5-Methyl-[2]furyl]- 4744
Keton, Cyclohexyl-[2]furyl- 4744
Pent-1-en-3-on, 1-[2]Furyl-4,4-dimethyl- 4744
Pent-3-en-1-on, 4-Methyl-1-[3-methyl-[2]furyl]- 4738
$C_{11}H_{14}O_3S$
1λ⁶-Thiochromen-4-on, 2,4a-Dimethyl-1,1-dioxo-4a,5,8,8a-tetrahydro- 4746
$C_{11}H_{14}O_4S$
Thiophen, 2-[Bis-propionyloxy-methyl]- 4478
$C_{11}H_{14}O_5S_2$
Propionsäure, 3,3'-Furfurylidendimercapto-di- 4476
$C_{11}H_{15}ClO_4$
Furan-3-carbonsäure, 3-[3-Chlor-but-2-enyl]-2-oxo-tetrahydro-, äthylester 4327
$C_{11}H_{15}NO$
Furfural-cyclohexylimin 4416
$C_{11}H_{15}NOS$
Äthanon, 1-[5,6,7,8-Tetrahydro-4*H*-cyclohepta[*b*]thiophen-2-yl]-, oxim 4746
$C_{11}H_{15}NO_4$
Heptan-2-on, 4-[2]Furyl-5-nitro- 4632
Hexan-2-on, 4-[2]Furyl-5-methyl-5-nitro- 4632
$C_{11}H_{15}NO_5$
Acrylaldehyd, 3-[5-Nitro-[2]furyl]-, diäthylacetal 4700
$C_{11}H_{15}NSe$
Selenophen-2-carbaldehyd-cyclohexylimin 4491
$C_{11}H_{15}N_3OS$
Äthanon, 1-[4,5,6,7-Tetrahydro-benzo[*b*]thiophen-2-yl]-, semicarbazon 4741
Benzo[*b*]thiophen-4-on, 2-Äthyl-6,7-dihydro-5*H*-, semicarbazon 4740
—, 2,3-Dimethyl-6,7-dihydro-5*H*-, semicarbazon 4741
Cyclohepta[*b*]thiophen-4-on, 2-Methyl-5,6,7,8-tetrahydro-, semicarbazon 4740
$C_{11}H_{15}N_3O_2$
Benzofuran-4-on, 3,6-Dimethyl-6,7-dihydro-5*H*-, semicarbazon 4742
But-3-en-2-on, 3-Äthyl-4-[2]furyl-, semicarbazon 4737
Hex-1-en-3-on, 1-[2]Furyl-, semicarbazon 4736
Pent-1-en-3-on, 1-[2]Furyl-2-methyl-, semicarbazon 4737
—, 1-[2]Furyl-4-methyl-, semicarbazon 4737
$C_{11}H_{15}O_4PS$
Phosphonsäure, [Hydroxy-[2]thienyl-methyl]-, diallylester 4485
$C_{11}H_{16}ClN_3S_2$
Äthanon, 1-[5-Chlor-[2]thienyl]-, [4-isobutyl-thiosemicarbazon] 4511
$C_{11}H_{16}N_2O_3$
Furfurylidendiamin, *N*,*N'*-Dipropionyl- 4426
$C_{11}H_{16}N_4O_3S$
Äthanon, 1-[5-Nitro-[2]furyl]-, [4-isobutyl-thiosemicarbazon] 4507
$C_{11}H_{16}N_4O_4$
Furfural, 5-Nitro-, [2-pentyl-semicarbazon] 4471

$C_{11}H_{16}OS$
Äthanon, 1-[2-*tert*-Butyl-5-methyl-[3]thienyl]- 4637
—, 1-[5-*tert*-Butyl-2-methyl-[3]thienyl]- 4637
—, 1-[5-Isopentyl-[2]thienyl]- 4634
—, 1-[4-Isopropyl-2,5-dimethyl-[3]thienyl]- 4638
—, 1-[5-(1-Methyl-butyl)-[2]thienyl]- 4634
—, 1-[5-Pentyl-[2]thienyl]- 4633
—, 1-[5-*tert*-Pentyl-[2]thienyl]- 4634
Butan-1-on, 1-[2,5-Dimethyl-[3]thienyl]-3-methyl- 4636
Heptan-1-on, 1-[2]Thienyl- 4630
Heptan-2-on, 7-[2]Thienyl- 4631
Pentan-1-on, 1-[5-Äthyl-[2]thienyl]- 4634
—, 1-[2,5-Dimethyl-[3]thienyl]- 4636
Propan-1-on, 1-[5-*tert*-Butyl-[2]thienyl]- 4635
—, 1-[2,5-Diäthyl-[3]thienyl]- 4637
—, 1-[2,5-Dimethyl-[3]thienyl]-2,2-dimethyl- 4637
Thiophen-2-carbaldehyd, 5-Hexyl- 4633
$C_{11}H_{16}OSe$
Pentan-1-on, 1-[3,4-Dimethyl-selenophen-2-yl]- 4636
$C_{11}H_{16}O_2$
3,8a-Äthano-isochroman-1-on, Tetrahydro- 4641
But-2-en-1-on, 1-[2,2-Dimethyl-3,6-dihydro-2*H*-pyran-4-yl]- 4630
—, 1-[2,2,5-Trimethyl-2,5-dihydro-[3]furyl]- 4638
But-3-en-1-on, 1-[2,2-Dimethyl-3,6-dihydro-2*H*-pyran-4-yl]- 4630
But-3-en-2-on, 1-[2,2-Dimethyl-tetrahydro-pyran-4-yliden]- 4630
—, 1-[2,2,5-Trimethyl-dihydro-[3]furyliden]- 4638
Chroman-5-on, 2,2-Dimethyl-7,8-dihydro-6*H*- 4639
Cyclopenta[*c*]pyran-5-on, 3,3,7-Trimethyl-3,4,6,7-tetrahydro-1*H*- 4640
Furan-2-on, 4-Cyclohexylmethyl-5*H*- 4639
Heptan-1-on, 1-[3]Furyl- 4631
Heptan-2-on, 4-[2]Furyl- 4631
Hexan-2-on, 4-[2]Furyl-5-methyl- 4632
Hexan-3-on, 1-[2]Furyl-5-methyl- 4631
—, 1-[5-Methyl-[2]furyl]- 4633
Isobenzofuran-1-on, 3-Äthyl-3-methyl-3a,4,7,7a-tetrahydro-3*H*- 4640
Isochroman-3-on, 4,4-Dimethyl-5,6,7,8-tetrahydro- 4640
Isochromen-3-on, 4,7-Dimethyl-1,5,6,7,8,8a-hexahydro- 4640
3a,6-Methano-benzofuran-2-on, 8,8-Dimethyl-tetrahydro- 4640
1,4-Methano-cyclopenta[*c*]furan-3-on, 1,7,7-Trimethyl-hexahydro- 4641
4a,1-Oxaäthano-naphthalin-10-on, Octahydro- 4641
3-Oxa-bicyclo[3.2.1]octan-2-on, 1,8,8-Trimethyl-4-methylen- 4640
Pyran-2-on, 6-Cyclohex-1-enyl-tetrahydro- 4638
—, 6-Isopentyl-4-methyl- 4629
—, 4-Methyl-3-pent-2-enyl-5,6-dihydro- 4629
—, 4-Methyl-6-pentyl- 4629
Pyran-4-on, 2,6-Diäthyl-3,5-dimethyl- 4630
—, 3,5-Diäthyl-2,6-dimethyl- 4630
—, 2,6-Dipropyl- 4629
$C_{11}H_{16}O_3$
Acrylaldehyd, 3-[2]Furyl-, diäthylacetal 4696
$C_{11}H_{16}O_3S$
1λ⁶-Thiochroman-4-on, 2,4a-Dimethyl-1,1-dioxo-4a,5,8,8a-tetrahydro- 4639
$C_{11}H_{17}NOS$
Propan-1-on, 1-[5-*tert*-Butyl-[2]thienyl]-, oxim 4635
—, 1-[2,5-Dimethyl-[3]thienyl]-2,2-dimethyl-, oxim 4637
$C_{11}H_{17}NO_2$
Propan-1-on, 1-[2,5-Dimethyl-[3]furyl]-2,2-dimethyl-, oxim 4637
$C_{11}H_{17}NO_2S$
Thiophen-2-carbaldehyd-[2,2-diäthoxy-äthylimin] 4481
Thiophen-3-carbaldehyd-[2,2-diäthoxy-äthylimin] 4497
$C_{11}H_{17}NO_3$
Furfural-[2,2-diäthoxy-äthylimin] 4422
$C_{11}H_{17}NO_6$
Hexan-1,2,3,4,5-pentaol, 6-Furfurylidenamino- 4422
$C_{11}H_{17}N_3OS$
Äthanon, 1-[4-*tert*-Butyl-[2]thienyl]-, semicarbazon 4614
—, 1-[5-*sec*-Butyl-[2]thienyl]-, semicarbazon 4613
—, 1-[5-*tert*-Butyl-[2]thienyl]-, semicarbazon 4614
—, 1-[2,5-Diäthyl-[3]thienyl]-, semicarbazon 4618
—, 1-[5-Isobutyl-[2]thienyl]-, semicarbazon 4613
Butan-1-on, 1-[5-Äthyl-[2]thienyl]-, semicarbazon 4612

$C_{11}H_{17}N_3OS$ *(Fortsetzung)*
Butan-1-on, 1-[2,5-Dimethyl-[3]thienyl]-, semicarbazon 4616
Hexan-1-on, 1-[2]Thienyl-, semicarbazon 4607
Hexan-2-on, 6-[2]Thienyl-, semicarbazon 4608
Hexan-3-on, 6-[2]Thienyl-, semicarbazon 4608
p-Menth-4(8)-en-3-on, 1,2-Epoxy-, thiosemicarbazon 4625
Propan-1-on, 1-[2,5-Dimethyl-[3]thienyl]-2-methyl-, semicarbazon 4617
Thiophen-3-carbaldehyd, 2-*tert*-Butyl-5-methyl-, semicarbazon 4618
—, 5-*tert*-Butyl-2-methyl-, semicarbazon 4618

$C_{11}H_{17}N_3OSe$
Hexan-1-on, 1-Selenophen-2-yl-, semicarbazon 4607

$C_{11}H_{17}N_3O_2$
Äthanon, 1-[1,2-Epoxy-4-isopropenyl-cyclopentyl]-, semicarbazon 4626
Butan-1-on, 2-Äthyl-1-[2]furyl-, semicarbazon 4610
—, 3-Methyl-1-[3-methyl-[2]furyl]-, semicarbazon 4611
Furan-2-carbaldehyd, 5-*tert*-Pentyl-, semicarbazon 4612
Hexan-1-on, 1-[2]Furyl-, semicarbazon 4606
Hexan-2-on, 4-[2]Furyl-, semicarbazon 4610
—, 6-[2]Furyl-, semicarbazon 4608
p-Menth-6-en-2-on, 8,9-Epoxy-, semicarbazon 4620
p-Menth-4(8)-en-3-on, 1,2-Epoxy-, semicarbazon 4625
Pentan-1-on, 1-[2]Furyl-4-methyl-, semicarbazon 4609
—, 1-[3]Furyl-4-methyl-, semicarbazon 4610
Pinan-4-on, 2,3-Epoxy-, semicarbazon 4627
Propan-1-on, 1-[5-Propyl-[2]furyl]-, semicarbazon 4615

$C_{11}H_{17}N_3S_2$
Äthanon, 1-[4-*tert*-Butyl-[2]thienyl]-, thiosemicarbazon 4614
—, 1-[5-*tert*-[2]Butyl-thienyl]-, thiosemicarbazon 4615
—, 1-[2]Thienyl-, [4-isobutyl-thiosemicarbazon] 4510
Thiophen-2-carbaldehyd, 5-Isopentyl-, thiosemicarbazon 4612
—, 5-Pentyl-, thiosemicarbazon 4611

$C_{11}H_{17}N_5O_4$
Furfural, 5-Nitro-, [4-(3-dimethylamino-propyl)-semicarbazon] 4469

$[C_{11}H_{17}O_2]^+$
Pyrylium, 3,5-Diäthyl-4-hydroxy-2,6-dimethyl- 4630
$[C_{11}H_{17}O_2]_2PtCl_6$ 4630
—, 4-Hydroxy-2,6-dipropyl- 4629
$[C_{11}H_{17}O_2]_2PtCl_6$ 4629
$[C_{11}H_{17}O_2]C_6H_2N_3O_7$ 4629

$C_{11}H_{17}O_4PS$
Thiophosphonsäure, [3-[2]Furyl-1-hydroxy-allyl]-, O'-diäthylester 4700

$C_{11}H_{17}O_5P$
Phosphonsäure, [3-[2]Furyl-1-hydroxy-allyl]-, diäthylester 4700

$C_{11}H_{17}O_6P$
Phosphonsäure, [α-Acetoxy-furfuryl]-, diäthylester 4453

$C_{11}H_{18}BrN_3O_2$
p-Menthan-2-on, 3-Brom-1,8-epoxy-, semicarbazon 4369

$[C_{11}H_{18}N_3OS]^+$
Ammonium, Trimethyl-[(5-methyl-[2]thienylmethylencarbazoyl)-methyl]- 4530
$[C_{11}H_{18}N_3OS]Cl$ 4530

$C_{11}H_{18}O_2$
Benzofuran-2-on, 3-Isopropyl-hexahydro- 4376
—, 4,4,7a-Trimethyl-hexahydro- 4376
Campholid, Methyl- 4377
β-Campholid, *β*-Methyl- 4377
Chroman-2-on, 4,7-Dimethyl-hexahydro- 4375
Chroman-4-on, 2,2-Dimethyl-hexahydro- 4374
Cyclohepta[*b*]pyran-2-on, 4-Methyl-octahydro- 4374
Cyclohexanon, 2-Tetrahydrofurfuryl- 4372
Cyclopenta[*b*]furan-2-on, 3-Butyl-hexahydro- 4376
—, 3-Isobutyl-hexahydro- 4376
Cyclopenta[*b*]pyran-4-on, 2,6,7a-Trimethyl-hexahydro- 4375
Cyclopenta[*c*]pyran-5-on, 3,3,7-Trimethyl-hexahydro- 4376
Furan-2-on, 5-Äthyl-5-butyl-3-methyl-5*H*- 4372
—, 3-Cyclohexyl-5-methyl-dihydro- 4373
—, 5-Cyclohexyl-5-methyl-dihydro- 4373
—, 5-Hept-4-enyl-dihydro- 4371
—, 5-Heptyl-3*H*- 4371
—, 3-Hex-3-enyl-5-methyl-dihydro- 4371
—, 5-Hex-3-enyl-5-methyl-dihydro- 4371
Furan-3-on, 4-Isopropyliden-2,2,5,5-tetramethyl-dihydro- 4372

$C_{11}H_{18}O_2$ *(Fortsetzung)*
Heptan-2-on, 1-[4,5-Dihydro-[2]furyl]- 4371
Hept-1-en-2-ol, 1-[4,5-Dihydro-[2]-furyl]- 4371
Isochroman-3-on, 4,4-Dimethyl-hexahydro- 4375
—, 4,7-Dimethyl-hexahydro- 4375
2-Oxa-bicyclo[3.3.1]nonan-3-on, 6,6,9-Trimethyl- 4377
3-Oxa-bicyclo[3.2.1]octan-2-on, 1,4,8,8-Tetramethyl- 4377
—, 1,5,8,8-Tetramethyl- 4377
—, 4,4,5,8-Tetramethyl- 4377
—, 4,4,8,8-Tetramethyl- 4378
—, 4,5,8,8-Tetramethyl- 4377
6-Oxa-bicyclo[3.2.1]octan-7-on, 1,3,3,5-Tetramethyl- 4378
1-Oxa-spiro[4.5]decan-3-on, 2,2-Dimethyl- 4373
1-Oxa-spiro[4.5]decan-4-on, 2,2-Dimethyl- 4373
1-Oxa-spiro[4.4]nonan-2-on, 4,6,6-Trimethyl- 4374
1-Oxa-spiro[5.5]undecan-2-on, 7-Methyl- 4373
Pentan-2-on, 4-Methyl-1-[5-methyl-4,5-dihydro-[2]furyl]- 4372
Pent-1-en-2-ol, 4-Methyl-1-[5-methyl-4,5-dihydro-[2]furyl]- 4372
Pyran-2-on, 4-Äthyl-6-isopropyl-4-methyl-3,4-dihydro- 4371
—, 6-Cyclohexyl-tetrahydro- 4372
—, 6,6-Dimethyl-5-[2-methyl-propenyl]-tetrahydro- 4370
—, 6-Hexyl-5,6-dihydro- 4370
—, 4-Methyl-3-pentyl-5,6-dihydro- 4370
—, 4-Methyl-6-pentyl-5,6-dihydro- 4370

$C_{11}H_{18}O_3$
Propionaldehyd, 3-[2]Furyl-, diäthylacetal 4543

$C_{11}H_{18}O_3S$
1λ⁶-Thiochroman-4-on, 2,4a-Dimethyl-1,1-dioxo-hexahydro- 4374

$C_{11}H_{18}O_4$
Pent-2-ensäure, 4-Acetoxy-3,4-dimethyl-, äthylester 4315

$C_{11}H_{18}O_6$
Methan, Acetoxy-[2-acetoxy-äthoxy]-tetrahydro[2]furyl- 4180

$C_{11}H_{19}BrO_2$
Furan-2-on, 3-Brom-5-hexyl-5-methyl-dihydro- 4262

$C_{11}H_{19}ClO_2$
Pyran-2-on, 5-Äthyl-5-butyl-6-chlor-tetrahydro- 4258

$C_{11}H_{19}NO_2$
1-Oxa-spiro[4.5]decan-4-on, 2,2-Dimethyl-, oxim 4373

$C_{11}H_{19}N_3OS$
Thiochroman-4-on, 2-Methyl-hexahydro-, semicarbazon 4357

$C_{11}H_{19}N_3O_2$
Äthanon, 1-[2,5,6-Trimethyl-3,4-dihydro-2*H*-pyran-2-yl]-, semicarbazon 4348
Furan-3-on, 5-Isopropenyl-2,2,5-trimethyl-dihydro-, semicarbazon 4352
p-Menthan-2-on, 8,9-Epoxy-, semicarbazon 4353
p-Menthan-3-on, 1,2-Epoxy-, semicarbazon 4364
1-Oxa-spiro[4.5]decan-4-on, 2-Methyl-, semicarbazon 4354
Verbindung $C_{11}H_{19}N_3O_2$ aus 6,6,6a-Trimethyl-hexahydro-cyclopenta[*b*]furan-2-on-imin 4365

$C_{11}H_{19}O_4PS$
Phosphonsäure, [Hydroxy-[2]thienyl-methyl]-, diisopropylester 4484

$C_{11}H_{19}O_5P$
Phosphonsäure, [α-Hydroxy-furfuryl]-, diisopropylester 4453
—, [α-Hydroxy-furfuryl]-, dipropylester 4453

$C_{11}H_{20}NO_4P$
Phosphonsäure, [α-Äthylamino-furfuryl]-, diäthylester 4454

$C_{11}H_{20}N_4O$
p-Menthan-2-on, 1,8-Epoxy-, carbamimidoylhydrazon 4369

$C_{11}H_{20}OS$
Thiopyran-4-on, 2-Äthyl-6-methyl-3-propyl-tetrahydro- 4259

$C_{11}H_{20}O_2$
Butan-1-on, 1-[2,2-Dimethyl-tetrahydro-pyran-4-yl]- 4258
—, 1-[2,2,5-Trimethyl-tetrahydro-[3]-furyl]- 4263
Butan-2-on, 1-[2,2-Dimethyl-tetrahydro-pyran-4-yl]- 4259
Furan-2-on, 3-Äthyl-5-butyl-4-methyl-dihydro- 4263
—, 4-Äthyl-4-butyl-5-methyl-dihydro- 4263
—, 5-Äthyl-5-butyl-3-methyl-dihydro- 4263
—, 5-[4,4-Dimethyl-pentyl]-dihydro- 4261
—, 3-Heptyl-dihydro- 4261
—, 5-Heptyl-dihydro- 4260
—, 3-Hexyl-5-methyl-dihydro- 4262
—, 5-Hexyl-3-methyl-dihydro- 4262
—, 5-Hexyl-5-methyl-dihydro- 4261

$C_{11}H_{20}O_2$ *(Fortsetzung)*
Furan-2-on, 5-Isohexyl-5-methyl-dihydro- 4262
—, 5-Isopentyl-3,4-dimethyl-dihydro- 4262
—, 5-[5-Methyl-hexyl]-dihydro- 4261
Heptan-3-on, 1-Tetrahydro[2]furyl- 4260
Heptan-4-on, 1-Tetrahydro[2]furyl- 4260
Hexan-1-on, 1-Tetrahydropyran-4-yl- 4257
Hexan-3-on, 5-Methyl-1-tetrahydro[2]-furyl- 4261
Oxacyclododecan-2-on 4256
Pentan-1-on, 4-Methyl-1-tetrahydropyran-4-yl- 4257
Pyran-2-on, 3-Äthyl-3-butyl-tetrahydro- 4258
—, 5-Äthyl-5-butyl-tetrahydro- 4258
—, 6,6-Diäthyl-4,4-dimethyl-tetrahydro- 4259
—, 6-Hexyl-tetrahydro- 4257
—, 5-Isobutyl-6,6-dimethyl-tetrahydro- 4259
—, 6-Isopentyl-4-methyl-tetrahydro- 4258

$C_{11}H_{20}O_5$
Valeriansäure, 4-Acetoxy-3-hydroxy-3,4-dimethyl-, äthylester 4315

$C_{11}H_{21}NO_2$
Heptan-3-on, 1-Tetrahydro[2]furyl-, oxim 4260

$C_{11}H_{21}N_3O_2$
Äthanon, 1-[2,5,6-Trimethyl-tetrahydro-pyran-2-yl]-, semicarbazon 4250
Butan-1-on, 3-Methyl-1-tetrahydropyran-4-yl-, semicarbazon 4249
Furan-3-on, 2,5-Dipropyl-dihydro-, semicarbazon 4254
Hexan-2-on, 6-Tetrahydro[2]furyl-, semicarbazon 4251
Oxacycloundecan-6-on-semicarbazon 4247
Pentan-1-on, 1-Tetrahydropyran-4-yl-, semicarbazon 4248

$C_{11}H_{21}N_3O_3$
Verbindung $C_{11}H_{21}N_3O_3$ s. bei 6,6,6a-Trimethyl-hexahydro-cyclopenta[*b*]furan-2-on-imin 4365

$C_{11}H_{22}O_2$
Cyclopentan, 4-[1-Hydroxy-äthyl]-3-hydroxymethyl-1,2,2-trimethyl- 4377

$C_{11}H_{22}O_6S_3$
Thiopyran-1,1-dioxid, 4,4-Bis-äthansulfonyl-2,6-dimethyl-tetrahydro- 4212

$C_{11}H_{22}S_3$
Thiopyran-4-on, 2,6-Dimethyl-tetrahydro-, diäthyldithioacetal 4212

$C_{11}H_{23}O_5P$
Phosphonsäure, [4-Hydroxy-2,2-dimethyl-tetrahydro-pyran-4-yl]-, diäthylester 4206

$C_{11}H_{24}NO_4P$
Phosphonsäure, [4-Amino-2,2-dimethyl-tetrahydro-pyran-4-yl]-, diäthylester 4206

C_{12}-Gruppe

$C_{12}H_7Cl_2N_3O_4$
Furfural, 5-Nitro-, [2,4-dichlor-benzoylhydrazon] 4465

$C_{12}H_8Br_2N_2O_3$
Furfural-[3,5-dibrom-2-hydroxy-benzoylhydrazon] 4447

$C_{12}H_8ClN_3O_4$
Furfural, 5-Nitro-, [4-chlor-benzoylhydrazon] 4465

$C_{12}H_8Cl_2N_4O_5$
Äthanon, 1-[3,4-Dichlor-[2]furyl]-, [2,4-dinitro-phenylhydrazon] 4504

$C_{12}H_8N_2O_5$
Anthranilsäure, *N*-[5-Nitro-furfuryliden]- 4462
Benzoesäure, 3-[5-Nitro-furfurylidenamino]- 4462
—, 4-[5-Nitro-furfurylidenamino]- 4462

$C_{12}H_8N_4O_3$
Furfural-[4-cyan-2-nitro-phenylhydrazon] 4447

$C_{12}H_8N_4O_6$
Furfural, 5-Nitro-, [3-nitro-benzoylhydrazon] 4465
Furfural-[3,5-dinitro-benzoylhydrazon] 4438

$C_{12}H_8N_6O_8$
Oxalsäure-bis-[5-nitro-furfurylidenhydrazid] 4465

$C_{12}H_9BrN_2O_2$
Furfural-[2-brom-benzoylhydrazon] 4437
— [3-brom-benzoylhydrazon] 4437
— [4-brom-benzoylhydrazon] 4438

$C_{12}H_9BrN_2O_3$
Furfural, 5-Brom-, salicyloylhydrazon 4458

$C_{12}H_9ClN_2O_2$
Furfural-[2-chlor-benzoylhydrazon] 4437
— [3-chlor-benzoylhydrazon] 4437
— [4-chlor-benzoylhydrazon] 4437

$C_{12}H_9ClN_4O_5$
Äthanon, 1-[3-Chlor-[2]furyl]-, [2,4-dinitro-phenylhydrazon] 4504
—, 1-[5-Chlor-[2]furyl]-, [2,4-dinitro-phenylhydrazon] 4504
Furan-2-carbaldehyd, 5-Methyl-, [5-chlor-2,4-dinitro-phenylhydrazon] 4524
Furfural-[(5-chlor-2,4-dinitro-phenyl)-methyl-hydrazon] 4434

$C_{12}H_9Cl_2NS$
Thiophen-2-carbaldehyd, 4,5-Dichlor-, *p*-tolylimin 4486

$C_{12}H_9HgNO_7S$
Benzoesäure, 2-Hydroxy-3-mercurio(1⁺)-4-[α-sulfo-furfurylamino]-, Betain 4415

$C_{12}H_9IN_2O_2$
Furfural-[3-jod-benzoylhydrazon] 4438
— [4-jod-benzoylhydrazon] 4438

$C_{12}H_9NO_2Se$
Anthranilsäure, *N*-Selenophen-2-ylmethylen- 4492
Benzoesäure, 4-Selenophen-2-ylmethylenamino- 4492

$C_{12}H_9NO_3S$
Phthalamidsäure, *N*-[2]Thienyl- 4287
—, *N*-[3*H*-[2]Thienyliden]- 4287

$C_{12}H_9NO_4$
Benzoesäure, 4-Furfurylidenamino-2-hydroxy- 4423

$C_{12}H_9N_3OS$
Furfural-[4-thicoyanato-phenylhydrazon] 4436

$C_{12}H_9N_3O_4$
Furfural, 5-Nitro-, benzoylhydrazon 4465
Furfural-[2-nitro-benzoylhydrazon] 4438
— [3-nitro-benzoylhydrazon] 4438
— [4-nitro-benzoylhydrazon] 4438

$C_{12}H_9N_3O_5$
Furfural, 5-Nitro-, salicyloylhydrazon 4473
Furfural-[4-methyl-2,5-dinitro-phenylimin] 4417

$C_{12}H_9N_5O_6$
Furfural-[4-(2,4-dinitro-phenyl)-semicarbazon] 4442
— [4-(3,5-dinitro-phenyl)-semicarbazon] 4442

$C_{12}H_9N_5O_7$
Furan-2-carbaldehyd, 5-Methyl-, pikrylhydrazon 4524
Furfural-[methyl-pikryl-hydrazon] 4434

$C_{12}H_9N_7O_8$
Amin, Bis-[(5-nitro-furfuryliden)-carbazoyl]- 4469

$C_{12}H_{10}BrN_3OS$
Furfural-[4-(4-brom-phenyl)-thiosemicarbazon] 4445

$C_{12}H_{10}BrN_3O_2S$
Äthanon, 1-[4-Nitro-[2]thienyl]-, [4-brom-phenylhydrazon] 4514
—, 1-[5-Nitro-[2]thienyl]-, [4-brom-phenylhydrazon] 4515

$C_{12}H_{10}BrN_3O_3$
Furan-2-carbaldehyd, 5-Methyl-, [5-brom-2-nitro-phenylhydrazon] 4524
Furfural-[(4-brom-2-nitro-phenyl)-methyl-hydrazon] 4434

$C_{12}H_{10}ClNO$
Furfural, 5-Chlor-, *p*-tolylimin 4455

$C_{12}H_{10}ClNO_2$
Verbindung $C_{12}H_{10}ClNO_2$ aus 5-Chlor-furfural 4455

$C_{12}H_{10}ClN_3OS$
Furfural-[4-(4-chlor-phenyl)-thiosemicarbazon] 4445

$C_{12}H_{10}ClN_3O_3$
Furan-2-carbaldehyd, 5-Methyl-, [5-chlor-2-nitro-phenylhydrazon] 4524
Furfural-[(4-chlor-2-nitro-phenyl)-methyl-hydrazon] 4434

$[C_{12}H_{10}HgNO_7S]^+$
Benzoesäure, 2-Hydroxy-3-mercurio(1⁺)-4-[α-sulfo-furfurylamino]- 4415

$C_{12}H_{10}N_2O$
Furfural-benzylidenhydrazon 4436

$C_{12}H_{10}N_2O_2$
Furfural-benzoylhydrazon 4437

$C_{12}H_{10}N_2O_2S$
Thiophen-2-carbaldehyd-[*O*-phenylcarbamoyl-oxim] 4482

$C_{12}H_{10}N_2O_3$
Benzoesäure, 2-Furfurylidenhydrazino- 4447
—, 3-Furfurylidenhydrazino- 4447
—, 4-Furfurylidehydrazino- 4447
Furfural, 5-Nitro-, *o*-tolylimin 4460
—, 5-Nitro-, *p*-tolylimin 4460
Furfural-[4-hydroxy-benzoylhydrazon] 4448
— [2-methyl-5-nitro-phenylimin] 4417
— [*O*-phenylcarbamoyl-oxim] 4431
— salicyloylhydrazon 4447

$C_{12}H_{10}N_2O_4$
Furfural, 5-Nitro-, [4-methoxy-phenylimin] 4461

$C_{12}H_{10}N_4O_4$
Furfural, 5-Nitro-, [4-phenyl-semicarbazon] 4468

$C_{12}H_{10}N_4O_4S$
Acetaldehyd, [2]Thienyl-, [2,4-dinitro-phenylhydrazon] 4518

$C_{12}H_{10}N_4O_4S$ *(Fortsetzung)*
Äthanon, 1-[2]Thienyl-, [2,4-dinitro-phenylhydrazon] 4509
—, 1-[3]Thienyl-, [2,4-dinitro-phenylhydrazon] 4520

$C_{12}H_{10}N_4O_4Se$
Selenophen-2-carbaldehyd, 3-Methyl-, [2,4-dinitro-phenylhydrazon] 4522
—, 5-Methyl-, [2,4-dinitro-phenylhydrazon] 4530

$C_{12}H_{10}N_4O_5$
Äthanon, 1-[2]Furyl-, [2,4-dinitro-phenylhydrazon] 4503
Furan-2-carbaldehyd, 5-Methyl-, [2,4-dinitro-phenylhydrazon] 4524
Furfural, 5-Nitro-, [4-amino-2-hydroxy-benzoylhydrazon] 4475
Furfural-[(2,4-dinitro-phenyl)-methyl-hydrazon] 4434

$C_{12}H_{10}O_4$
Verbindung $C_{12}H_{10}O_4$ aus 5-Methyl-furan-2-carbaldehyd 4523

$C_{12}H_{11}AsN_4O_7$
Semicarbazid, 4-[4-Arsono-phenyl]-1-[5-nitro-furfuyrliden]- 4469

$C_{12}H_{11}BrN_2S$
Äthanon, 1-[4-Brom-[2]thienyl]-, phenylhydrazon 4512

$C_{12}H_{11}BrN_2Se$
Äthanon, 1-[5-Brom-selenophen-2-yl]-, phenylhydrazon 4517

$C_{12}H_{11}ClN_2Se$
Äthanon, 1-[5-Chlor-selenophen-2-yl]-, phenylhydrazon 4517

$C_{12}H_{11}NO$
Furan-2-carbaldehyd, 5-Methyl-, phenylimin 4523
Furfural-benzylimin 4417
— *m*-tolylimin 4417
— *o*-tolylimin 4417
— *p*-tolylimin 4417

$C_{12}H_{11}NOS$
Thiophen-2-carbaldehyd, 5-Methyl-, [4-hydroxy-phenylimin] 4529
Thiophen-2-carbaldehyd-[4-methoxy-phenylimin] 4480

$C_{12}H_{11}NO_2$
Furan, 2-Benzoylamino-5-methyl- 4301
—, 2-Benzoylimino-5-methyl-2,3-dihydro- 4301
Furfural-[2-methoxy-phenylimin] 4419
— [4-methoxy-phenylimin] 4420

$C_{12}H_{11}NO_3S$
Toluol-2-sulfonamid, *N*-Furfuryliden- 4425
Toluol-4-sulfonamid, *N*-Furfuryliden- 4425

$C_{12}H_{11}NO_7S$
Benzoesäure, 2-Hydroxy-4-[α-sulfo-furfurylamino]- 4415

$C_{12}H_{11}NS$
Äthanon, 1-[2]Thienyl-, phenylimin 4508
Thiophen-2-carbaldehyd, 3-Methyl-, phenylimin 4521
—, 5-Methyl-, phenylimin 4529
Thiophen-2-carbaldehyd-*o*-tolylimin 4479
— *p*-tolylimin 4479

$C_{12}H_{11}N_3OS$
Furfural-[4-phenyl-thiosemicarbazon] 4445

$C_{12}H_{11}N_3O_2$
Furfural-[3-amino-benzoylhydrazon] 4449
— [4-amino-benzoylhydrazon] 4449
— [4-phenyl-semicarbazon] 4442

$C_{12}H_{11}N_3O_2S$
Äthanon, 1-[2]Thienyl-, [4-nitro-phenylhydrazon] 4509
Thiophen-2-carbaldehyd, 4-Methyl-, [4-nitro-phenylhydrazon] 4523

$C_{12}H_{11}N_3O_3$
Äthanon, 1-[3]Furyl-, [4-nitro-phenylhydrazon] 4520
Furfural-[methyl-(2-nitro-phenyl)-hydrazon] 4434
— [methyl-(4-nitro-phenyl)-hydrazon] 4434

$C_{12}H_{11}N_3O_4S_2$
Äthanon, 1-[2]Thienyl-, [4-nitro-benzolsulfonylhydrazon] 4510

$C_{12}H_{11}N_5O_5S$
Guanidin, [*N*-(5-Nitro-furfuryliden)-sulfanilyl]- 4463

$C_{12}H_{11}N_5O_6S$
Furfural, 5-Nitro-, [4-(4-sulfamoyl-phenyl)-semicarbazon] 4469

$C_{12}H_{12}N_2O$
Äthanon, 1-[2]Furyl-, phenylhydrazon 4503
Furfural-*p*-tolylhydrazon 4435

$C_{12}H_{12}N_2OS$
Harnstoff, *N*-[3-Methyl-[2]thienyl]-*N'*-phenyl- 4304
—, *N*-[3-Methyl-3*H*-[2]thienyliden]-*N'*-phenyl- 4304

$C_{12}H_{12}N_2O_2$
Äthanon, 1-[2]Furyl-, azin 4503
Äthylendiamin, *N,N'*-Difurfuryliden- 4424

$C_{12}H_{12}N_2O_3S_2$
Thiophen, 2-[(*N*-Acetyl-sulfanilyl)-amino]- 4288
—, 2-[*N*-Acetyl-sulfanilylimino]-2,3-dihydro- 4288

$C_{12}H_{12}N_2S$
Äthanon, 1-[3]Thienyl-, phenylhydrazon 4520

$C_{12}H_{18}O_2$ *(Fortsetzung)*
Isochroman-8a-carbaldehyd, 6,8-Dimethyl-5,8-dihydro-4a*H*- 4647
Isochroman-3-on, 1,1,6-Trimethyl-4a,7,8,8a-tetrahydro- 4647
Isochromen-3-on, 1,1,6-Trimethyl-1,5,6,7,8,8a-hexahydro- 4646
4,7-Methano-benzofuran-3-on, 7,8,8-Trimethyl-hexahydro- 4650
Naphtho[1,8a-*b*]furan-2-on, Octahydro- 4650
2-Oxa-bicyclo[3.3.1]nonan-3-on, 6-Isopropenyl-1-methyl- 4648
—, 6-Isopropyliden-1-methyl- 4648
6-Oxa-dispiro[4.1.4.2]tridecan-12-on 4649
13-Oxa-dispiro[5.0.5.1]tridecan-1-on 4648
1-Oxa-spiro[4.5]dec-3-en-2-on, 6,6,10-Trimethyl- 4646
3-Oxa-spiro[5.5]undec-4-en-2-on, 4-Äthyl- 4646
Pyran-2-on, 6-Hexyl-4-methyl- 4641
Spiro[5.6]dodecan-1,7-dion 4649
Spiro[5.6]dodecan-7,12-dion 4649
Spiro[furan-2,2'-norbornan]-5-on, 3',3'-Dimethyl-3,4-dihydro- 4650

$C_{12}H_{19}ClO_2$
Furan-2-on, 4,5-Di-*tert*-butyl-5-chlor-5*H*- 4380
Isochroman-3-on, 6-Chlor-1,1,6-trimethyl-hexahydro- 4385
2-Oxa-bicyclo[3.3.1]nonan-3-on, 6-[α-Chlor-isopropyl]-1-methyl- 4386

$C_{12}H_{19}NO$
Pyran-2-carbaldehyd, 2,5-Dimethyl-3,4-dihydro-2*H*-, methallylimin 4323

$C_{12}H_{19}NOS$
Hexan-1-on, 2-Äthyl-1-[2]thienyl-, oxim 4643
Octan-1-on, 1-[2]Thienyl-, oxim 4642

$C_{12}H_{19}NO_2$
6-Oxa-dispiro[4.1.4.2]tridecan-12-on-oxim 4649

$C_{12}H_{19}N_3OS$
Äthanon, 1-[5-*tert*-Butyl-2-methyl-[3]thienyl]-, semicarbazon 4637
—, 1-[5-(1-Methyl-butyl)-[2]thienyl]-, semicarbazon 4634
—, 1-[5-Pentyl-[2]thienyl]-, semicarbazon 4633
—, 1-[5-*tert*-Pentyl-[2]thienyl]-, semicarbazon 4635
Butan-1-on, 1-[2,5-Dimethyl-[3]thienyl]-3-methyl-, semicarbazon 4636
Heptan-1-on, 1-[2]Thienyl-, semicarbazon 4630
Heptan-2-on, 7-[2]Thienyl-, semicarbazon 4631
Pentan-1-on, 1-[5-Äthyl-[2]thienyl]-, semicarbazon 4634
—, 1-[2,5-Dimethyl-[3]thienyl]-, semicarbazon 4636
Propan-1-on, 1-[5-*tert*-Butyl-[2]thienyl]-, semicarbazon 4635
—, 1-[2,5-Diäthyl-[3]thienyl]-, semicarbazon 4638
—, 1-[2,5-Dimethyl-[3]thienyl]-2,2-dimethyl-, semicarbazon 4637

$C_{12}H_{19}N_3O_2$
Chroman-5-on, 2,2-Dimethyl-7,8-dihydro-6*H*-, semicarbazon 4639
Cyclopenta[*c*]pyran-5-on, 3,3,7-Trimethyl-3,4,6,7-tetrahydro-1*H*-, semicarbazon 4640
Heptan-2-on, 4-[2]Furyl-, semicarbazon 4632
Hexan-2-on, 4-[2]Furyl-5-methyl-, semicarbazon 4632

$C_{12}H_{19}N_3S_2$
Propan-1-on, 1-[5-*tert*-Butyl-[2]thienyl]-, thiosemicarbazon 4635
Thiophen-2-carbaldehyd, 5-Hexyl-, thiosemicarbazon 4633

$C_{12}H_{19}N_5O_4$
Furfural, 5-Nitro-, [2-(2-diäthylamino-äthyl)-semicarbazon] 4474
—, 5-Nitro-, [4-(2-diäthylamino-äthyl)-semicarbazon] 4469
—, 5-Nitro-, [4-(3-isopropylamino-propyl)-semicarbazon] 4469

$C_{12}H_{20}Br_2O_2$
Furan-2-on, 4,5-Dibrom-3,5-di-*tert*-butyl-dihydro- 4268

$C_{12}H_{20}O_2$
Äthanon, 1-[2,5-Diäthyl-6-methyl-3,4-dihydro-2*H*-pyran-2-yl]- 4379
Benzofuran-2-on, 3-Isopropyl-6-methyl-hexahydro- 4385
—, 7a-Isopropyl-5-methyl-hexahydro- 4385
Campholid, β-Äthyl- 4387
—, Dimethyl- 4387
Chroman-2-on, 5,5,8a-Trimethyl-hexahydro- 4384
Cyclohepta[*c*]pyran-3-on, 4,4-Dimethyl-octahydro- 4383
Cyclopenta[*b*]furan-2-on, 3-Isopentyl-hexahydro- 4386
Dihydrosedanolid 4385
Furan-2-on, 4-Cyclohexyl-3,3-dimethyl-dihydro- 4383
—, 5-Cyclohexylmethyl-5-methyl-dihydro- 4382

$C_{12}H_{20}O_2$ *(Fortsetzung)*
Furan-2-on, 3,5-Di-*tert*-butyl-3*H*- 4380
—, 3,5-Di-*tert*-butyl-5*H*- 4380
—, 5-Hexyliden-4,4-dimethyl-dihydro- 4380
—, 4-Isobutyl-5-isobutyliden-dihydro- 4379
Furan-3-on, 4-Butyliden-2,2,5,5-tetramethyl-dihydro- 4380
—, 4-*sec*-Butyliden-2,2,5,5-tetramethyl-dihydro- 4381
—, 4-Isobutyliden-2,2,5,5-tetramethyl-dihydro- 4381
Heptan-2-on, 1-[5-Methyl-4,5-dihydro-[2]furyl]- 4379
Hept-1-en-2-ol, 1-[5-Methyl-4,5-dihydro-[2]furyl]- 4379
Isobenzofuran-1-on, 3-Butyl-hexahydro- 4385
Isochroman-3-on, 1,1,6-Trimethyl-hexahydro- 4384
Keten, Butyl-, Dimeres 4381
Keton, Cyclohexyl-tetrahydropyran-4-yl- 4382
2-Oxa-bicyclo[3.3.1]nonan-3-on, 6-Isopropyl-1-methyl- 4386
3-Oxa-bicyclo[3.2.1]octan-2-on, 4-Äthyl-5,8,8-trimethyl- 4387
—, 1,4,4,8,8-Pentamethyl- 4387
6-Oxa-bicyclo[3.2.1]octan-7-on, 5-Äthyl-1,3,3-trimethyl- 4387
1-Oxa-spiro[4.5]decan-2-on, 6,6,10-Trimethyl- 4383
3-Oxa-spiro[5.5]undecan-2-on, 4,8-Dimethyl- 4383
—, 4,9-Dimethyl- 4383
Oxepan-2-on, 7-Cyclohexyl- 4382
Oxetan-2-on, 3-Butyl-4-pentyliden- 4381
Pyran, 5-[1,1,4-Trimethyl-pent-2-enyl]-dihydro- 4379
Pyran-2-on, 4-Cyclohexyl-6-methyl-tetrahydro- 4382
—, 6-Methyl-6-[4-methyl-pent-3-enyl]-tetrahydro- 4378
Pyran-4-on, 2-Äthyl-2-methyl-5-[1-methyl-propenyl]-tetrahydro- 4378

$C_{12}H_{20}O_4$
Verbindung $C_{12}H_{20}O_4$ aus Tetrahydropyran-4-carbaldehyd 4193

$C_{12}H_{21}ClO_3S$
1λ[6]-Thiophen-3-on, 2,4-Di-*tert*-butyl-4-chlor-1,1-dioxo-dihydro- 4268

$C_{12}H_{21}N_3O_2$
Chroman-4-on, 2,2-Dimethyl-hexahydro-, semicarbazon 4374
Cyclopenta[*b*]pyran-4-on, 2,6,7a-Trimethyl-hexahydro-, semicarbazon 4375
1-Oxa-spiro[4.5]decan-4-on, 2,2-Dimethyl-, semicarbazon 4374

$C_{12}H_{22}O_2$
Butan-1-on, 1-[2,2,5,5-Tetramethyl-tetrahydro-[3]furyl]- 4269
Butan-2-on, 1-[2,2,5,5-Tetramethyl-tetrahydro-[3]furyl]- 4269
Furan-2-on, 3-Äthyl-5-hexyl-dihydro- 4268
—, 3-Äthyl-5-isopentyl-4-methyl-dihydro- 4268
—, 5-Butyl-3-isopropyl-4-methyl-dihydro- 4269
—, 3,5-Di-*tert*-butyl-dihydro- 4268
—, 3-[1,5-Dimethyl-hexyl]-dihydro- 4267
—, 5-[1,5-Dimethyl-hexyl]-dihydro- 4267
—, 3-Heptyl-5-methyl-dihydro- 4267
—, 5-Heptyl-5-methyl-dihydro- 4267
—, 5-Hexyl-3,3-dimethyl-dihydro- 4268
—, 3-[1-Methyl-heptyl]-dihydro- 4266
—, 5-Methyl-5-[5-methyl-hexyl]-dihydro- 4268
—, 3-Octyl-dihydro- 4266
—, 5-Octyl-dihydro- 4266
—, 5-[1,1,4-Trimethyl-pentyl]-dihydro- 4267
Furan-3-on, 2,5-Dimethyl-2,5-dipropyl-dihydro- 4269
Heptan-1-on, 1-Tetrahydropyran-4-yl- 4264
Octan-4-on, 1-Tetrahydro-[2]furyl- 4266
Oxacyclotridecan-2-on 4263
Oxacyclotridecan-7-on 4264
Pyran-2-on, 5-Äthyl-5-butyl-6-methyl-tetrahydro- 4265
—, 3,5-Diäthyl-4-propyl-tetrahydro- 4266
—, 5-Hexyl-6-methyl-tetrahydro- 4265
—, 6-Hexyl-4-methyl-tetrahydro- 4265
—, 4-Isohexyl-4-methyl-tetrahydro- 4265
—, 6-Isohexyl-6-methyl-tetrahydro- 4265
Pyran-4-on, 2-Äthyl-5-*sec*-butyl-2-methyl-tetrahydro- 4265
—, 2-[1-Äthyl-pentyl]-tetrahydro- 4264

$C_{12}H_{23}N_3O_2$
Butan-2-on, 1-[2,2-Dimethyl-tetrahydro-pyran-4-yl]-, semicarbazon 4259
Hexan-1-on, 1-Tetrahydropyran-4-yl-, semicarbazon 4257

$C_{12}H_{23}N_3O_2$ *(Fortsetzung)*
Pentan-1-on, 4-Methyl-1-tetrahydropyran-4-yl-, semicarbazon 4258

$C_{12}H_{24}O_3$
Oxiran-2-carbaldehyd, 3-Äthyl-2-methyl-, dipropylacetal 4201
—, 2-Äthyl-3-propyl-, diäthylacetal 4236

$[C_{12}H_{26}O_2P]^+$
Phosphonium, [2-Äthoxy-tetrahydro-[2]furyl]-triäthyl- 4163
$[C_{12}H_{26}O_2P]BF_4$ 4163

C_{13}-Gruppe

$C_{13}H_9BrN_2O_2S$
Anilin, [2-Brom-3-(5-nitro-[2]thienyl)-allyliden]- 4711

$C_{13}H_9ClN_2O_3$
Anilin, 3-Chlor-*N*-[3-(5-nitro-[2]furyl)-allyliden]- 4701
—, 4-Chlor-*N*-[3-(5-nitro-[2]furyl)-allyliden]- 4701

$C_{13}H_9N_5O_7$
Acrylaldehyd, 3-[5-Nitro-[2]furyl]-, [2,4-dinitro-phenylhydrazon] 4702

$C_{13}H_{10}BrN_3O_3$
Acrylaldehyd, 2-Brom-3-[5-nitro-[2]furyl]-, phenylhydrazon 4707

$C_{13}H_{10}BrN_3O_4S_2$
Sulfanilsäure, *N*-[2-Brom-3-(5-nitro-[2]thienyl)-allyliden]-, amid 4711

$C_{13}H_{10}Cl_2N_2O_3$
Furfural-{[(2,4-dichlor-phenoxy)-acetyl]-hydrazon} 4446

$C_{13}H_{10}N_2O_3$
Anilin, *N*-[3-[2]Furyl-allyliden]-4-nitro- 4697

$C_{13}H_{10}N_2O_4$
Phenol, 2-[3-(5-Nitro-[2]furyl)-allylidenamino]- 4701

$C_{13}H_{10}N_2O_5S_2$
Sulfanilsäure, *N*-[3-(5-Nitro-[2]thienyl)-allyliden]- 4710

$C_{13}H_{10}N_4O_3$
Benzonitril, 2-[5-Methyl-furfurylidenhydrazino]-5-nitro- 4527
—, 4-[5-Methyl-furfurylidenhydrazino]-3-nitro- 4527
Furfural-[(4-cyan-2-nitro-phenyl)-methyl-hydrazon] 4448

$C_{13}H_{10}N_4O_4S$
Acrylaldehyd, 3-[2]Thienyl-, [2,4-dinitro-phenylhydrazon] 4708

$C_{13}H_{10}N_4O_5$
Acrylaldehyd, 3-[2]Furyl-, [2,4-dinitro-phenylhydrazon] 4699

$C_{13}H_{10}N_4O_6$
Furfural-[acetyl-(2,4-dinitro-phenyl)-hydrazon] 4437
— [4-methyl-3,5-dinitro-benzoylhydrazon] 4439

$C_{13}H_{10}N_4O_6S$
Benzoesäure, 2-Hydroxy-4-[(5-nitro-furfurylidenthiocarbazoyl)-amino]- 4470

$C_{13}H_{11}ClN_4O_5$
Furan-2-carbaldehyd, 5-Methyl-, [(5-chlor-2,4-dinitro-phenyl)-methyl-hydrazon] 4525

$C_{13}H_{11}NO$
Anilin, [3-[2]Furyl-allyliden]- 4697

$C_{13}H_{11}NOS$
Acetaldehyd, [2]Thienyl-, benzoylimin 4518
Benzamid, *N*-[2-[2]Thienyl-vinyl]- 4518

$C_{13}H_{11}NO_3$
Äthanon, 1-[2]Furyl-, [O-benzoyl-oxim] 4502

$C_{13}H_{11}N_3O_3$
Furfural-[phenyloxamoyl-hydrazon] 4440

$C_{13}H_{11}N_3O_4$
Äthanon, 1-[2]Furyl-, [4-nitro-benzoylhydrazon] 4503
Furfural-[4-methyl-3-nitro-benzoylhydrazon] 4439

$C_{13}H_{11}N_3O_4S_2$
Sulfanilsäure, *N*-[3-(5-Nitro-[2]thienyl)-allyliden]-, amid 4710

$C_{13}H_{11}N_3O_5$
Furfural-[2-hydroxymethyl-5-nitro-benzoylhydrazon] 4448

$C_{13}H_{11}N_3O_6S$
Acetamid, *N*-[*N*-(5-Nitro-furfuryliden)-sulfanilyl]- 4463

$C_{13}H_{11}N_5O_3S$
Benzaldehyd, 4-[5-Nitro-furfurylidenamino]-, thiosemicarbazon 4462

$C_{13}H_{11}N_5O_7$
Furan-2-carbaldehyd, 5-Methyl-, [methyl-pikryl-hydrazon] 4525

$C_{13}H_{12}BrN_3O_3$
Furan-2-carbaldehyd, 5-Methyl-, [(4-brom-2-nitro-phenyl)-methyl-hydrazon] 4525

$C_{13}H_{12}ClN_3O_3$
Furan-2-carbaldehyd, 5-Methyl-, [(4-chlor-2-nitro-phenyl)-methyl-hydrazon] 4525

$C_{13}H_{12}N_2OS$
Furfural-[phenylthioacetyl-hydrazon] 4438

$C_{13}H_{12}N_2OS_2$
Dithiocarbazinsäure, Furfuryliden-, benzylester 4446
$C_{13}H_{12}N_2O_2S$
Furfural-[benzyloxythiocarbonyl-hydrazon] 4444
$C_{13}H_{12}N_2O_3$
Furfural-[2-hydroxymethyl-benzoylhydrazon] 4448
— [4-methoxy-benzoylhydrazon] 4448
— [phenoxyacetyl-hydrazon] 4446
$C_{13}H_{12}N_2O_4$
Furfural, 5-Nitro-, [4-äthoxy-phenylimin] 4461
$C_{13}H_{12}N_2O_4S$
Sulfanilsäure, *N*-Acetyl-, furfurylidenamid 4425
$C_{13}H_{12}N_4OS$
Benzaldehyd, 4-Furfurylidenamino-, thiosemicarbazon 4423
$C_{13}H_{12}N_4O_3$
Oxalsäure-furfurylidenhydrazid-[*N'*-phenylhydrazid] 4441
$C_{13}H_{12}N_4O_4$
Malonsäure-bis-furfurylidenhydrazid 4441
$C_{13}H_{12}N_4O_4S$
Aceton, [2]Thienyl-, [2,4-dinitro-phenylhydrazon] 4542
—, [3]Thienyl-, [2,4-dinitro-phenyl-hydrazon] 4545
Propan-1-on, 1-[2]Thienyl-, [2,4-dinitro-phenylhydrazon] 4540
—, 1-[3]Thienyl-, [2,4-dinitro-phenylhydrazon] 4544
Thiophen-2-carbaldehyd, 5-Äthyl-, [2,4-dinitro-phenylhydrazon] 4547
$C_{13}H_{12}N_4O_4Se$
Propan-1-on, 1-Selenophen-2-yl-, [2,4-dinitro-phenylhydrazon] 4542
Selenophen-2-carbaldehyd, 3,4-Dimethyl-, [2,4-dinitro-phenylhydrazon] 4551
—, 4,5-Dimethyl-, [2,4-dinitro-phenylhydrazon] 4554
$C_{13}H_{12}N_4O_5$
Äthanon, 1-[5-Methyl-[2]furyl]-, [2,4-dinitro-phenylhydrazon] 4549
Furan-2-carbaldehyd, 5-Methyl-, [(2,4-dinitro-phenyl)-methyl-hydrazon] 4525
Furfural, 5-Nitro-, [4-(4-methoxy-phenyl)-semicarbazon] 4468
Furfural-[äthyl-(2,4-dinitro-phenyl)-hydrazon] 4435
Propan-1-on, 1-[2]Furyl-, [2,4-dinitro-phenylhydrazon] 4539
$C_{13}H_{12}N_4O_6$
Furfural-[5-äthoxy-2,4-dinitro-phenylhydrazon] 4435
$C_{13}H_{12}N_4O_6S$
Furfural, 5-Nitro-, [(*N*-acetyl-sulfanilyl)-hydrazon] 4475
$C_{13}H_{13}NO$
Furfural-phenäthylimin 4418
— [1-phenyl-äthylimin] 4417
Verbindung $C_{13}H_{13}NO$ aus Hexahydro-cyclopenta[*b*]furan-2-on 4318
$C_{13}H_{13}NOS$
Thiophen-2-carbaldehyd, 5-Methyl-, [4-methoxy-phenylimin] 4529
$C_{13}H_{13}NO_2$
Furfural-[4-äthoxy-phenylimin] 4420
$C_{13}H_{13}NO_3$
Furfural-[*N*-(*β*-hydroxy-phenäthyl)-oxim] 4421
$C_{13}H_{13}NO_4S$
Äthanon, 1-[2]Furyl-, [*O*-(toluol-4-sulfonyl)-oxim] 4502
$C_{13}H_{13}NS$
Propan-1-on, 1-[2]Thienyl-, phenylimin 4540
Thiophen-2-carbaldehyd-[1-phenyl-äthylimin] 4480
$C_{13}H_{13}N_3OS$
Furfural-[4-*p*-tloyl-thiosemicarbazon] 4445
$C_{13}H_{13}N_3O_2$
Furfural-[4-methylamino-benzoylhydrazon] 4450
— [(*N*-methyl-anthraniloyl)-hydrazon] 4449
— [4-*m*-tolyl-semicarbazon] 4442
— [4-*o*-tolyl-semicarbazon] 4442
— [4-*p*-tolyl-semicarbazon] 4442
$C_{13}H_{13}N_3O_2S$
Äthanon, 1-[3-Methyl-[2]thienyl]-, [4-nitro-phenylhydrazon] 4546
—, 1-[4-Methyl-[2]thienyl]-, [4-nitro-phenylhydrazon] 4547
—, 1-[5-Methyl-[2]thienyl]-, [4-nitro-phenylhydrazon] 4550
$C_{13}H_{13}N_3O_3$
Furan-2-carbaldehyd, 5-Methyl-, [methyl-(2-nitro-phenyl)-hydrazon] 4524
—, 5-Methyl-, [methyl-(4-nitro-phenyl)-hydrazon] 4525
Propan-1-on, 1-[3]Furyl-, [4-nitro-phenylhydrazon] 4543
$C_{13}H_{13}N_3O_3S$
Thiophen-2-carbaldehyd, 3,5-Dimethyl-, [4-nitro-phenylhydrazon] 4553
$C_{13}H_{13}N_3O_4S$
Furfural-[(*N*-acetyl-sulfanilyl)-hydrazon] 4452
$C_{13}H_{14}N_2O$
Furfural-[methyl-*p*-tolyl-hydrazon] 4435

$C_{13}H_{21}N_3O_2$ *(Fortsetzung)*
4,7-Methano-benzofuran-3-on, 7,8,8-Trimethyl-hexahydro-, semicarbazon 4650
6-Oxa-dispiro[4.1.4.2]tridecan-12-on-semicarbazon 4649

$C_{13}H_{21}N_3S_2$
Thiophen-2-carbaldehyd, 5-Heptyl-, thiosemicarbazon 4643

$C_{13}H_{21}N_5O_4$
Äthanon, 1-[5-Nitro-[2]furyl]-, [4-(3-isopropylamino-propyl)-semicarbazon] 4506
Furfural, 5-Nitro-, [4-(3-diäthylamino-propyl)-semicarbazon] 4469

$C_{13}H_{21}O_6P$
Phosphonsäure, [α-Isobutyryloxy-furfuryl]-, diäthylester 4454

$C_{13}H_{22}O_2$
Butan-2-on, 4-[2,3-Epoxy-2,6,6-trimethyl-cyclohexyl]- 4389
—, 4-[1,3,3-Trimethyl-7-oxa-[2]norbornyl]- 4390
β-Campholid, β-Isopropyl- 4390
—, β-Propyl- 4389
Furan-2-on, 5-[2-Cyclohexyl-äthyl]-5-methyl-dihydro- 4388
—, 3-Cyclohexyl-5-propyl-dihydro- 4388
—, 5-Methyl-3-octyl-3*H*- 4388
—, 3-Nonyliden-dihydro- 4388
Furan-3-on, 2,2,5,5-Tetramethyl-4-[1-methyl-butyliden]-dihydro- 4388
3-Oxa-bicyclo[3.2.1]octan-2-on, 4-Isopropyl-5,8,8-trimethyl- 4390
—, 5,8,8-Trimethyl-4-propyl- 4389
6-Oxa-bicyclo[3.2.1]octan-7-on, 4-Isohexyl- 4390
—, 5-Isopropyl-1,3,3-trimethyl- 4390
3-Oxa-spiro[5.5]undecan-2-on, 4,4,8-Trimethyl- 4389
Pyran-2-on, 6-[1-Äthyl-pentyl]-4-methyl-5,6-dihydro- 4387
—, 4-Heptyl-3-methylen-tetrahydro- 4387

$C_{13}H_{22}O_2S$
Thiophen-2-carbaldehyd, 5-Butyl-, diäthylacetal 4588

$C_{13}H_{22}O_3$
Furfural-dibutylacetal 4413

$C_{13}H_{22}O_5$
Furfural-[bis-(2-äthoxy-äthyl)-acetal] 4413
— [bis-(4-hydroxy-butyl)-acetal] 4413

$C_{13}H_{23}N_3O_2$
Äthanon, 1-[2,5-Diäthyl-6-methyl-3,4-dihydro-2*H*-pyran-2-yl]-, semicarbazon 4379
Keton, Cyclohexyl-tetrahydropyran-4-yl-, semicarbazon 4382

$C_{13}H_{23}O_4PS$
Phosphonsäure, [Hydroxy-[2]thienyl-methyl]-, dibutylester 4484
—, [Hydroxy-[2]thienyl-methyl]-, diisobutylester 4484

$C_{13}H_{23}O_5P$
Phosphonsäure, [α-Hydroxy-furfuryl]-, dibutylester 4453
—, [α-Hydroxy-furfuryl]-, diisobutylester 4453

$C_{13}H_{24}NO_4P$
Phosphonsäure, [α-Diäthylamino-furfuryl]-, diäthylester 4454

$C_{13}H_{24}O_2$
Furan-2-on, 5-Hexyl-3-isopropyl-dihydro- 4271
—, 5-Isopentyl-3-isopropyl-4-methyl-dihydro- 4271
—, 5-Methyl-3-octyl-dihydro- 4271
—, 5-Methyl-5-octyl-dihydro- 4271
—, 3-Nonyl-dihydro- 4271
—, 5-Nonyl-dihydro- 4270
Nonan-2-on, 1-Tetrahydro[2]furyl- 4270
Oxacyclotetradecan-2-on 4270
Pyran-2-on, 5-Heptyl-6-methyl-tetrahydro- 4270

$C_{13}H_{24}O_7P_2$
Phosphonsäure, [α-Diäthoxyphosphinooxy-furfuryl]-, diäthylester 4454

$C_{13}H_{25}N_3O_2$
Heptan-1-on, 1-Tetrahydropyran-4-yl-, semicarbazon 4264
Oxacyclotridecan-7-on-semicarbazon 4264

$C_{13}H_{26}O_3$
Furan, 2-Dibutoxymethyl-tetrahydro- 4180

$C_{13}H_{26}O_5$
Methan, Bis-[2-äthoxy-äthoxy]-tetrahydro[2]furyl- 4180

C_{14}-Gruppe

$C_{14}H_7F_7N_4O_4S$
Butan-1-on, Heptafluor-1-[2]thienyl-, [2,4-dinitro-phenylhydrazon] 4558

$C_{14}H_8Br_2N_4O_6$
Hydrazin, Bis-[2-brom-3-(5-nitro-[2]furyl)-allyliden]- 4708

$C_{14}H_8N_6O_8$
Butindisäure-bis-[5-nitro-furfurylidenhydrazid] 4466

$C_{14}H_9BrN_2O_4S$
Benzoesäure, 4-[2-Brom-3-(5-nitro-[2]thienyl)-allylidenamino]- 4711

$C_{14}H_9Cl_2N_3O_4$
Benzoesäure, 2,4-Dichlor-, [3-(5-nitro-[2]furyl)-allylidenhydrazid] 4703

$C_{14}H_{10}BrN_3O_4$
Benzoesäure-[2-brom-3-(5-nitro-[2]furyl)-allylidenhydrazid] 4707

$C_{14}H_{10}ClN_3O_4$
Benzoesäure, 4-Chlor-, [3-(5-nitro-[2]furyl)-allylidenhydrazid] 4703

$C_{14}H_{10}Cl_2N_2S_2$
Hydrazin, Bis-[3-(5-chlor-[2]thienyl)-allyliden]- 4709

$C_{14}H_{10}N_2O_4S$
Benzoesäure, 4-[3-(5-Nitro-[2]thienyl)-allylidenamino]- 4710

$C_{14}H_{10}N_2O_5S$
Benzoesäure, 2-Hydroxy-4-[3-(5-nitro-[2]thienyl)-allylidenamino]- 4710

$C_{14}H_{10}N_4O_6$
Hydrazin, Bis-[3-(5-nitro-[2]furyl)-allyliden]- 4706

$C_{14}H_{10}N_6O_8$
Fumarsäure-bis-[5-nitro-furfurylidenhydrazid] 4466

$C_{14}H_{11}BrN_4O_5$
Benzoesäure, 4-Amino-2-hydroxy-, [2-brom-3-(5-nitro-[2]furyl)-allylidenhydrazid] 4708
But-3-en-2-on, 4-[5-Brom-[2]furyl]-, [2,4-dinitro-phenylhydrazon] 4717

$C_{14}H_{11}N_3O_4$
Benzoesäure-[3-(5-nitro-[2]furyl)-allylidenhydrazid] 4703
Furfural, 5-Nitro-, cinnamoylhydrazon 4465

$C_{14}H_{12}N_2O_2$
Hydrazin, Bis-[3-[2]furyl-allyliden]- 4700

$C_{14}H_{12}N_2O_3$
p-Toluidin, *N*-[3-(5-Nitro-[2]furyl)-allyliden]- 4701

$C_{14}H_{12}N_2O_4$
p-Anisidin, *N*-[3-(5-Nitro-[2]furyl)-allyliden]- 4701

$C_{14}H_{12}N_2O_5$
Benzoesäure, 4-[5-Nitro-furfurylidenamino]-, äthylester 4462

$C_{14}H_{12}N_4O_3$
Benzonitril, 2-[Methyl-(5-methyl-furfuryliden)-hydrazino]-5-nitro- 4527
—, 4-[Methyl-(5-methyl-[2]furfuryliden)-hydrazino]-3-nitro- 4527

$C_{14}H_{12}N_4O_4$
Acrylaldehyd, 3-[5-Nitro-[2]furyl]-, [4-phenyl-semicarbazon] 4704

$C_{14}H_{12}N_4O_4S$
Benzo[*b*]thiophen-4-on, 6,7-Dihydro-5*H*-, [2,4-dinitro-phenylhydrazon] 4726
But-2-en-1-on, 1-[2]Thienyl-, [2,4-dinitro-phenylhydrazon] 4720
But-3-en-1-on, 1-[2]Thienyl-, [2,4-dinitro-phenylhydrazon] 4721
But-3-en-2-on, 4-[2]Thienyl-, [2,4-dinitro-phenylhydrazon] 4718
Cyclopenta[*b*]thiophen-6-on, 5-Methyl-4,5-dihydro-, [2,4-dinitro-phenylhydrazon] 4727

$C_{14}H_{12}N_4O_4Se$
But-3-en-1-on, 1-Selenophen-2-yl-, [2,4-dinitro-phenylhydrazon] 4721

$C_{14}H_{12}N_4O_5$
Acrylaldehyd, 3-[5-Methyl-[2]furyl]-, [2,4-dinitro-phenylhydrazon] 4725
Benzoesäure, 4-Amino-2-hydroxy-, [3-(5-nitro-[2]furyl)-allylidenhydrazid] 4706
But-3-en-2-on, 4-[2]Furyl-, [2,4-dinitro-phenylhydrazon] 4715

$C_{14}H_{12}N_6O_8$
Bernsteinsäure-bis-[5-nitro-furfurylidenhydrazid] 4466

$C_{14}H_{12}S_5$
Äthanon, 1-[2]Thienyl-, [di-[3]thienyl-dithioacetal] 4516

$C_{14}H_{13}ClN_2O$
But-3-en-2-on, 4-[2]Furyl-, [4-chlor-phenylhydrazon] 4715

$C_{14}H_{13}NO$
m-Toluidin, *N*-[3-[2]Furyl-allyliden]- 4697
o-Toluidin, *N*-[3-[2]Furyl-allyliden]- 4697
p-Toluidin, *N*-[3-[2]Furyl-allyliden]- 4697

$C_{14}H_{13}NO_2$
o-Anisidin, *N*-[3-[2]Furyl-allyliden]- 4698
p-Anisidin, *N*-[3-[2]Furyl-allyliden]- 4698

$C_{14}H_{13}NO_3$
Äthanon, 1-[5-Methyl-[2]furyl]-, [*O*-benzoyl-oxim] 4549
Propan-1-on, 1-[2]Furyl-, [*O*-benzoyl-oxim] 4538

$C_{14}H_{13}N_3O$
Furfural-[(2-cyan-äthyl)-phenylhydrazon] 4447

$C_{14}H_{13}N_3O_2S$
But-3-en-2-on, 4-[5-Nitro-[2]thienyl]-, phenylhydrazon 4719

$C_{14}H_{13}N_3O_3$
But-3-en-2-on, 4-[2]Furyl-1-nitro-, phenylhydrazon 4717

$C_{14}H_{13}N_3O_4$
Benzoesäure, 2-[Furfurylidencarbazoyl-methoxy]-, amid 4446
Furfural-[3,5-dimethyl-4-nitro-benzoylhydrazon] 4439

$C_{14}H_{13}N_3O_5$
Benzoesäure, 2-Hydroxymethyl-5-nitro-, [5-methyl-furfurylidenhydrazid] 4527

$[C_{14}H_{13}O_3]^+$
Pyrylium, 4-Benzoyloxy-2,6-dimethyl- 4534
$[C_{14}H_{13}O_3]_2SnCl_6$ 4534
$[C_{14}H_{13}O_3]SbCl_6$ 4534

$[C_{14}H_{14}NO]^+$
Anilinium, *N*-[3-[2]Furyl-allyliden]-*N*-methyl- 4697
$[C_{14}H_{14}NO]ClO_4$ 4697

$C_{14}H_{14}N_2O_3$
Benzoesäure, 2-Hydroxymethyl-, [5-methyl-furfurylidenhydrazid] 4527

$C_{14}H_{14}N_2O_4S$
Propan-1,3-diol, 1-[4-Nitro-phenyl]-2-[2]thienylmethylenamino- 4481
Toluol-2-sulfonsäure, 4-Acetylamino-, furfurylidenamid 4426
Toluol-4-sulfonsäure, 2-Acetylamino-, furfurylidenamid 4426

$C_{14}H_{14}N_2O_5$
Propan-1,3-diol, 2-Furfurylidenamino-1-[4-nitro-phenyl]- 4422

$C_{14}H_{14}N_2S$
Thiophen-2-carbaldehyd, 5-Propenyl-, phenylhydrazon 4724

$C_{14}H_{14}N_4O_4$
Bernsteinsäure-bis-furfurylidenydrazid 4441

$C_{14}H_{14}N_4O_4S$
Äthanon, 1-[5-Äthyl-[2]thienyl]-, [2,4-dinitro-phenylhydrazon] 4568
Butan-1-on, 1-[2]Thienyl-, [2,4-dinitro-phenylhydrazon] 4557
—, 1-[3]Thienyl-, [2,4-dinitro-phenylhydrazon] 4560
Butan-2-on, 4-[2]Thienyl-, [2,4-dinitro-phenylhydrazon] 4560
Thiophen-2-carbaldehyd, 5-Propyl-, [2,4-dinitro-phenylhydrazon] 4564

$C_{14}H_{14}N_4O_4Se$
Äthanon, 1-[3,4-Dimethyl-selenophen-2-yl]-, [2,4-dinitro-phenylhydrazon] 4570
Propan-1-on, 2-Methyl-1-selenophen-2-yl-, [2,4-dinitro-phenylhydrazon] 4563
Selenophen-2-carbaldehyd, 3,4,5-Trimethyl-, [2,4-dinitro-phenylhydrazon] 4573

$C_{14}H_{14}N_4O_5$
Äthanon, 1-[5-Äthyl-[2]furyl]-, [2,4-dinitro-phenylhydrazon] 4567
Butan-2-on, 4-[2]Furyl-, [2,4-dinitro-phenylhydrazon] 4560
Cyclopenta[*c*]furan-4-carbaldehyd, 3,3a,6,6a-Tetrahydro-1*H*-, [2,4-dinitro-phenylhydrazon] 4576
Furfural, 5-Nitro-, [4-(4-äthoxy-phenyl)-semicarbazon] 4468
7-Oxa-norborn-5-en-2-carbaldehyd, 4-Methyl-, [2,4-dinitro-phenylhydrazon] 4576
Propan-1-on, 1-[5-Methyl-[2]furyl]-, [2,4-dinitro-phenylhydrazon] 4565

$C_{14}H_{14}N_4O_6$
Furan-2-carbaldehyd, 5-Methyl-, [5-äthoxy-2,4-dinitro-phenylhydrazon] 4526
Furfural-[(5-äthoxy-2,4-dinitro-phenyl)-methyl-hydrazon] 4435

$C_{14}H_{15}NO$
Furfural-[1-methyl-2-phenyl-äthylimin] 4418

$C_{14}H_{15}NO_4S$
Äthanon, 1-[5-Methyl-[2]furyl]-, [*O*-(toluol-4-sulfonyl)-oxim 4549
Propan-1-on, 1-[2]Furyl-, [*O*-(toluol-4-sulfonyl)-oxim] 4539

$C_{14}H_{15}NS$
Butan-1-on, 1-[2]Thienyl-, phenylimin 4557

$C_{14}H_{15}N_3O_2$
Propan-1-on, 1-[3]Furyl-, [4-phenyl-semicarbazon] 4543

$C_{14}H_{15}N_3O_2S$
Äthanon, 1-[5-Äthyl-[2]thienyl]-, [4-nitro-phenylhydrazon] 4568
—, 1-[2,5-Dimethyl-[3]thienyl]-, [4-nitro-phenylhydrazon] 4572
—, 1-[3,4-Dimethyl-[2]thienyl]-, [4-nitro-phenylhydrazon] 4569
—, 1-[3,5-Dimethyl-[2]thienyl]-, [4-nitro-phenylhydrazon] 4573
—, 1-[4,5-Dimethyl-[2]thienyl]-, [4-nitro-phenylhydrazon] 4570

$C_{14}H_{16}N_2O$
Äthanon, 1-[2,5-Dimethyl-[3]furyl]-, phenylhydrazon 4571

$C_{14}H_{16}N_2S$
Äthanon, 1-[2,5-Dimethyl-[3]thienyl]-, phenylhydrazon 4571
Propan-1-on, 2-Methyl-1-[2]thienyl-, phenylhydrazon 4562

$C_{14}H_{16}N_4O_4S$
Äthanon, 1-[4-Methyl-5,6-dihydro-2*H*-thiopyran-3-yl]-, [2,4-dinitro-phenylhydrazon] 4321

$C_{14}H_{16}N_4O_5$
Hept-2-en-4-on, 5,6-Epoxy-3-methyl-, [2,4-dinitro-phenylhydrazon] 4330
3-Oxa-bicyclo[3.3.1]nonan-9-on- [2,4-dinitro-phenylhydrazon] 4336
1-Oxa-spiro[3.5]nonan-3-on- [2,4-dinitro-phenylhydrazon] 4330

$C_{14}H_{16}N_6O_5$
Benzol, 1-[*N*,*N'*-Dimethyl-hydrazino]-5-[furfuryliden-methyl-hydrazino]-2,4-dinitro- 4450
—, 1-[*N'*,*N'*-Dimethyl-hydrazino]-5-[furfuryliden-methyl-hydrazino]-2,4-dinitro- 4450
Furan-2-carbaldehyd, 5-Methyl-, [5-(*N'*,*N'*-dimethyl-hydrazino)-2,4-dinitro-phenylhydrazon] 4528

$C_{14}H_{17}BrN_2O$
Pyran-3-carbaldehyd, 2,6-Dimethyl-5,6-dihydro-2*H*-, [4-brom-phenylhydrazon] 4326

$C_{14}H_{17}NO$
Pyran-2-carbaldehyd, 2,5-Dimethyl-3,4-dihydro-2*H*-, phenylimin 4323
Pyran-3-carbaldehyd, 2,6-Dimethyl-5,6-dihydro-2*H*-, phenylimin 4325

$C_{14}H_{17}N_3O_3$
Pyran-3-carbaldehyd, 2,6-Dimethyl-5,6-dihydro-2*H*-, [4-nitro-phenylhydrazon] 4326

$C_{14}H_{18}N_2O$
Äthanon, 1-[4-Methyl-5,6-dihydro-2*H*-pyran-3-yl]-, phenylhydrazon 4321
Pyran-3-carbaldehyd, 2,6-Dimethyl-5,6-dihydro-2*H*-, phenylhydrazon 4325

$C_{14}H_{18}N_4O_4S$
Propan-1-on, 1-Tetrahydrothiopyran-4-yl-, [2,4-dinitro-phenylhydrazon] 4224
Thiopyran-4-on, 2-Äthyl-6-methyl-tetrahydro-, [2,4-dinitro-phenylhydrazon] 4226

$C_{14}H_{18}N_4O_5$
Aceton, Tetrahydropyran-2-yl-, [2,4-dinitro-phenylhydrazon] 4223
—, Tetrahydropyran-4-yl-, [2,4-dinitro-phenylhydrazon] 4225
Butan-2-on, 4-Tetrahydro[2]furyl-, [2,4-dinitro-phenylhydrazon] 4229
Furan-3-on, 2,2,5,5-Tetramethyl-dihydro-, [2,4-dinitro-phenylhydrazon] 4234
Heptan-2-on, 3,4-Epoxy-3-methyl-, [2,4-dinitro-phenylhydrazon] 4237
—, 3,4-Epoxy-6-methyl-, [2,4-dinitro-phenylhydrazon] 4235
Hexanal, 2-Äthyl-2,3-epoxy-, [2,4-dinitro-phenylhydrazon] 4235
Propan-1-on, 1-Tetrahydropyran-4-yl-, [2,4-dinitro-phenylhydrazon] 4224
Pyran-4-on, 2-Propyl-tetrahydro-, [2,4-dinitro-phenylhydrazon] 4222

$C_{14}H_{18}N_4O_6$
Essigsäure, {[2-Äthyl-3-(5-nitro-[2]furyl)-allyliden]-carbamoyl-hydrazino}-, äthylester 4730
Oxamidsäure, *N*,*N'*-Äthandiyl-bis-, äthylester-[5-methyl-furfurylidenhydrazid] 4526

$C_{14}H_{19}NO$
Amin, Cyclohexyl-[3-[2]furyl-2-methyl-allyliden]- 4722

$C_{14}H_{19}N_3O_2$
Pyran-4-on, 2-Äthyl-tetrahydro-, [4-phenyl-semicarbazon] 4204

$C_{14}H_{19}N_3O_3$
Furan-2-carbaldehyd, 5-Methyl-, [cyclohexyloxamoyl-hydrazon] 4526

$C_{14}H_{20}OS$
15-Thia-bicyclo[10.2.1]pentadeca-12,14-dien-2-on 4757
Thiophen-2-carbaldehyd, 5-[3-Cyclohexyl-propyl]- 4757

$C_{14}H_{20}O_2$
2,4a-Epoxido-naphthalin-3-carbaldehyd, 1,4,6-Trimethyl-3,4,5,6,7,8-hexahydro-2*H*- 4758
Furan-2-on, 4-Decahydro[2]naphthyl-5*H*- 4757
Isobenzofuran-1-on, 4,5-Dimethyl-7-[2-methyl-propenyl]-3a,4,7,7a-tetrahydro-3*H*- 4757
—, 6,7-Dimethyl-4-[2-methyl-propenyl]-3a,4,7,7a-tetrahydro-3*H*- 4757
Spiro[chroman-2,1'-cyclohexan]-2'-on, 5,6,7,8-Tetrahydro- 4758
Spiro[indan-2,4'-pyran]-2'-on, 6'-Methyl-3a,4,5,6,7,7a-hexahydro-3'*H*- 4758

$C_{14}H_{20}O_3$
Propionsäure, 2-[3-Acetyl-2-hydroxy-4-methyl-4-vinyl-cyclohexyl]-, lacton 4760
—, 2-[4-Formyl-2-hydroxy-3-isopropenyl-4-methyl-cyclohexyl]-, lacton 4760

$C_{14}H_{21}BrO_2$
7-Oxa-dispiro[5.1.5.2]pentadecan-14-on, 15-Brom- 4663

$C_{14}H_{21}NOS$
15-Thia-bicyclo[10.2.1]pentadeca-12,14-dien-2-on-oxim 4757

$C_{14}H_{21}N_3OS$
Cyclohepta[*b*]thiophen-4-on, 2-*tert*-Butyl-5,6,7,8-tetrahydro-, semicarbazon 4754

$C_{14}H_{21}N_3O_2$
Oct-1-en-3-on, 1-[2]Furyl-7-methyl-, semicarbazon 4753
$C_{14}H_{22}OS$
Äthanon, 1-[2,5-Diäthyl-4-butyl-[3]thienyl]- 4662
—, 1-[2,5-Di-*tert*-butyl-[3]thienyl]- 4661
—, 1-[5-Octyl-[2]thienyl]- 4659
Decan-1-on, 1-[2]Thienyl- 4658
Hexan-1-on, 1-[2,5-Diäthyl-[3]thienyl]- 4660
Octan-1-on, 1-[5-Äthyl-[2]thienyl]- 4660
—, 5-Äthyl-1-[2]thienyl- 4658
—, 1-[2,5-Dimethyl-[3]thienyl]- 4660
Thiophen-3-carbaldehyd, 2,5-Di-*tert*-butyl-4-methyl- 4661
$C_{14}H_{22}O_2$
Benzo[*b*]chromen-2-on, 4-Methyl-dodecahydro- 4665
Benzofuran-2-on, 7-Cyclohexyl-hexahydro- 4662
Bicyclo[7.2.0]undecan-2-on, 5,6-Epoxy-6,10,10-trimethyl- 4664
But-3-en-2-on, 4-[2,3-Epoxy-2,6,6-trimethyl-cyclohexyl]-3-methyl- 4662
Cyclopropa[5,6]benz[1,2-*b*]oxepin-2-on, 5a,8,8-Trimethyl-decahydro- 4664
Decan-1-on, 1-[2]Furyl- 4657
1,4a-Epoxido-naphthalin-6-on, 4-Isopropyl-1-methyl-hexahydro- 4665
Furan-2-on, 3-Geranyl-dihydro- 4659
Isobenzofuran-5-on, 1,1,3,3,7,7-Hexamethyl-1,4,6,7-tetrahydro-3*H*- 4662
3,9a-Methano-benz[*b*]oxepin-2-on, 9,9,10-Trimethyl-octahydro- 4665
5,8-Methano-chroman-4-on, 2,5,9,9-Tetramethyl-hexahydro- 4665
Naphtho[2,3-*b*]furan-2-on, 3,8a-Dimethyl-decahydro- 4665
7-Oxa-dispiro[5.1.5.2]pentadecan-14-on 4663
Spiro[chroman-2,1′-cyclohexan]-4-on, Hexahydro- 4663
$C_{14}H_{23}NOS$
Thiophen-3-carbaldehyd, 2,5-Di-*tert*-butyl-4-methyl-, oxim 4661
$C_{14}H_{23}NO_2$
7-Oxa-dispiro[5.1.5.2]pentadecan-14-on-oxim 4663
$C_{14}H_{23}NS$
Äthanon, 1-[2]Thienyl-, [2-äthyl-hexylimin] 4508
$C_{14}H_{23}N_3OS$
Äthanon, 1-[5-Heptyl-[2]thienyl]-, semicarbazon 4652
Heptan-1-on, 1-[5-Äthyl-[2]thienyl]-, semicarbazon 4653
Nonan-1-on, 1-[2]Thienyl-, semicarbazon 4651
Pentan-1-on, 1-[2,5-Diäthyl-[3]thienyl]-, semicarbazon 4653
Thiophen-3-carbaldehyd, 2,5-Di-*tert*-butyl-, semicarbazon 4654
$C_{14}H_{23}N_3OSe$
Nonan-1-on, 1-Selenophen-2-yl-, semicarbazon 4651
$C_{14}H_{23}N_3O_2$
2,8a-Methano-chroman-8-on, 2,5,5-Trimethyl-terahydro-, semicarbazon 4657
$C_{14}H_{23}N_3S_2$
Thiophen-2-carbaldehyd, 5-Octyl-, thiosemicarbazon 4652
$C_{14}H_{23}N_5O_4$
Äthanon, 1-[5-Nitro-[2]furyl]-, [4-(3-diäthylamino-propyl)-semicarbazon] 4506
$C_{14}H_{24}O_2$
Äthanon, 1-[2,5-Diisopropyl-6-methyl-3,4-dihydro-2*H*-pyran-2-yl]- 4391
β-Campholid, β-Butyl- 4392
Furan-2-on, 5-Dec-9-enyl-dihydro- 4391
—, 3-[3,7-Dimethyl-oct-6-enyl]-dihydro- 4391
—, 4-Pentyl-5-pentyliden-dihydro- 4391
Furan-3-on, 2,2,5,5-Tetramethyl-4-[1,2,2-trimethyl-propyliden]-dihydro- 4391
Keten, Pentyl-, Dimeres 4392
3-Oxa-bicyclo[3.2.1]octan-2-on, 4-Butyl-5,8,8-trimethyl- 4392
Oxetan-2-on, 4-Hexyliden-3-pentyl- 4392
$C_{14}H_{25}N_3O_2$
Butan-2-on, 4-[2,3-Epoxy-2,6,6-trimethyl-cyclohexyl]-, semicarbazon 4389
—, 4-[1,3,3-Trimethyl-7-oxa-[2]norbornyl]-, semicarbazon 4390
$C_{14}H_{26}O_2$
Decan-4-on, 1-Tetrahydro[2]furyl- 4272
Furan-2-on, 3-Decyl-dihydro- 4272
—, 5-Decyl-dihydro- 4272
—, 5-[2,6-Dimethyl-heptyl]-5-methyl-dihydro- 4273
—, 5-[3,7-Dimethyl-octyl]-dihydro- 4273
Furan-3-on, 2,5-Diisobutyl-2,5-dimethyl-dihydro- 4273
Nonan-2-on, 6-Methyl-9-[tetrahydro[3]furyl]- 4272
Oxacyclopentadecan-2-on 4271

$C_{14}H_{28}NO_5P$
Phosphonsäure, [2,2-Dimethyl-4-propionylamino-tetrahydro-pyran-4-yl]-, diäthylester 4207
$C_{14}H_{28}O_3$
Oxiran-2-carbaldehyd, 2-Äthyl-3-propyl-, dipropylacetal 4236

C_{15}-Gruppe

$C_{15}H_{10}N_2O_3$
Furfural, 5-Nitro-, [1]naphthylimin 4461
—, 5-Nitro-, [2]naphthylimin 4461
$C_{15}H_{11}BrN_2O_6$
Benzoesäure, 4-[2-Brom-3-(5-nitro-[2]furyl)-allylidenamino]-2-hydroxy-, methylester 4707
$C_{15}H_{11}NO_2$
Furfural-[2-hydroxy-[1]naphthylimin] 4421
— [4-hydroxy-[1]naphthylimin] 4421
$C_{15}H_{11}NO_2S$
[2]Naphthoesäure, 3-Hydroxy-, [2]thienylamid 4288
—, 3-Hydroxy-, [3*H*-[2]thienylidenamid] 4288
$C_{15}H_{11}NO_3S$
Naphthalin-2-sulfonamid, *N*-Furfuryliden- 4425
$C_{15}H_{11}NS$
Thiophen-2-carbaldehyd-[2]naphthylimin 4480
$C_{15}H_{11}NSe$
Selenophen-2-carbaldehyd-[1]naphthylimin 4491
$C_{15}H_{12}BrN_3O_5S_2$
Sulfanilsäure, *N*-[2-Brom-3-(5-nitro-[2]thienyl)-allyliden]-, acetylamid 4711
$C_{15}H_{12}N_2O$
Furfural-[2]naphthylhydrazon 4435
$C_{15}H_{12}N_2O_3$
Furfurylidendiamin, *N,N'*-Difurfuryliden- 4428
$C_{15}H_{12}N_2O_3S$
Maleinsäure-mono-[phenyl-[2]thienylmethylen-hydrazid] 4483
$C_{15}H_{12}N_2O_4$
Maleinsäure-mono-[furfuryliden-phenylhydrazid] 4441
$C_{15}H_{12}N_2Se_3$
Methylendiamin, *C*-Selenophen-2-yl-*N,N'*-bis-selenophen-2-ylmethylen- 4492
$C_{15}H_{12}N_4O_4$
Furfural, 5-Nitro-, [2-cyan-3-phenyl-propionylhydrazon] 4466
$C_{15}H_{13}NO_2S$
But-3-en-2-on, 4-[2]Thienyl-, [*O*-benzoyl-oxim] 4718
$C_{15}H_{13}NO_3$
Zimtsäure, 4-Furfurylidenamino-, methylester 4423
$C_{15}H_{13}N_3OS$
But-3-en-2-on, 4-[2]Furyl-, [4-thiocyanato-phenylhydrazon] 4715
$C_{15}H_{13}N_3O_4$
Benzoesäure, 3-Nitro-, [3-[2]furyl-1-methyl-allylidenhydrazid] 4716
$C_{15}H_{14}N_2O_3S$
Anilin, 4-Äthylmercapto-*N*-[3-(5-nitro-[2]furyl)-allyliden]- 4701
$C_{15}H_{14}N_2O_4$
p-Phenetidin, *N*-[3-(5-Nitro-[2]furyl)-allyliden]- 4701
$C_{15}H_{14}N_4O_4S$
Benzo[*b*]thiophen-2-carbaldehyd, 5,6,7,8-Tetrahydro-, [2,4-dinitro-phenylhydrazon] 4734
Benzo[*b*]thiophen-4-on, 2-Methyl-6,7-dihydro-5*H*-, [2,4-dinitro-phenylhydrazon] 4733
—, 6-Methyl-6,7-dihydro-5*H*-, [2,4-dinitro-phenylhydrazon] 4735
Cyclohepta[*b*]thiophen-4-on, 5,6,7,8-Tetrahydro-, [2,4-dinitro-phenylhydrazon] 4732
Pent-4-en-1-on, 1-[2]Thienyl-, [2,4-dinitro-phenylhydrazon] 4728
$C_{15}H_{14}N_4O_4Se$
Pent-4-en-1-on, 1-Selenophen-2-yl-, [2,4-dinitro-phenylhydrazon] 4728
$C_{15}H_{14}N_4O_5$
Benzofuran-4-on, 2-Methyl-6,7-dihydro-5*H*-, [2,4-dinitro-phenylhydrazon] 4733
But-3-en-2-on, 4-[2]Furyl-3-methyl-, [2,4-dinitro-phenylhydrazon] 4729
Pent-1-en-3-on, 1-[2]Furyl-, [2,4-dinitro-phenylhydrazon] 4727
$C_{15}H_{14}O_3S_2$
Furfural-difurfuryldithioacetal 4477
$C_{15}H_{14}S_3$
Thiiran, 3-Methyl-2,2-bis-phenylmercapto- 4159
$C_{15}H_{15}BrN_2O_2S$
Thiophen-2-carbaldehyd, 5-Propyl-, [5-brom-2-hydroxy-benzoylhydrazon] 4565
$C_{15}H_{15}ClN_2O_2S$
Thiophen-2-carbaldehyd, 5-Propyl-, [5-chlor-2-hydroxy-benzoylhydrazon] 4564
$C_{15}H_{15}NO$
Anilin, *N*-[3-[2]Furyl-allyliden]-2,4-dimethyl- 4698

$C_{15}H_{20}N_4O_5$
Butan-2-on, 1-Tetrahydropyran-4-yl-, [2,4-dinitro-phenylhydrazon] 4238
Pyran-4-on, 2,2,6,6-Tetramethyl-tetrahydro-, [2,4-dinitro-phenylhydrazon] 4241

$C_{15}H_{21}NO_3S$
Furan, 3,3-Diäthyl-2-benzolsulfonylimino-5-methyl-tetrahydro- 4246

$C_{15}H_{21}N_3O_2$
Pyran-4-on, 2-Propyl-tetrahydro-, [4-phenyl-semicarbazon] 4222

$C_{15}H_{22}Br_2O_2$
Verbindung $C_{15}H_{22}Br_2O_2$ aus 7-Isopropenyl-3,6-dimethyl-6-vinyl-hexahydro-benzofuran-2-on 4760

$C_{15}H_{22}O$
Isodesoxy-*α*-kessylenketon 4678

$C_{15}H_{22}O_2$
Acrylaldehyd, 3-[2]Furyl-2-octyl- 4758
Äthanon, 1-Cyclohex-1-enyl-2-[2,2-dimethyl-tetrahydro-pyran-4-yliden]- 4758
—, 1-[2-(3-Isopropyl-[2]furyl)-3-methyl-cyclopentyl]- 4759
Azuleno[4,5-*b*]furan-2-on, 3,6,9-Trimethyl-3a,4,5,6,6a,7,8,9b-octahydro-3*H*- 4763
—, 3,6,9-Trimethyl-3a,4,5,7,8,9,9a,9b-octahydro-3*H*- 4762
Benzofuran-2-on, 6-Äthyl-5-isopropyl-3,6-dimethyl-5,6-dihydro-4*H*- 4760
—, 3-Cyclohexylmethyl-4,5,6,7-tetrahydro-3*H*- 4761
—, 7-Cyclohexyl-3-methyl-3a,4,5,6-tetrahydro-3*H*- 4761
—, 7-Isopropenyl-3,6-dimethyl-6-vinyl-hexahydro- 4760
Cyclodeca[*b*]furan-2-on, 3,6,10-Trimethyl-3a,4,5,8,9,11a-hexahydro-3*H*- 4759
α-Cyperonoxid 4761
Dihydroaristolacton 4760
Dihydroisoneoaristolacton 4761
Dihydroneoaristolacton 4761
Eremophilonoxid 4767
Hexan-1-on, 1,3,5-Tricyclopropyl-3,5-epoxy- 4767
Naphthalin-1-on, 8,8a-Epoxy-3-isopropenyl-4a,5-dimethyl-octahydro- 4767
Naphthalin-2-on, 7-[*α*,*β*-Epoxy-isopropyl]-1,4a-dimethyl-4,4a,5,6,7,8-hexahydro-3*H*- 4761
Naphtho[1,2-*b*]furan-2-on, 3,5a,9-Trimethyl-3a,4,5,5a,6,7,9a,9b-octahydro-3*H*- 4765
—, 3,5a,9-Trimethyl-3a,4,5,5a,6,9,9a,9b-octahydro-3*H*- 4765
Naphtho[1,2-*c*]furan-1-on, 6,6,9a-Trimethyl-4,5,5a,6,7,8,9,9a-octahydro-3*H*- 4766
—, 6,6,9a-Trimethyl-5,5a,6,7,8,9,9a,9b-octahydro-3*H*- 4766
Naphtho[1,2-*c*]furan-3-on, 6,6,9a-Trimethyl-4,5,5a,6,7,8,9,9a-octahydro-1*H*- 4767
Naphtho[1,8-*bc*]furan-2-on, 2a,5a,7-Trimethyl-6-methylen-decahydro- 4767
Naphtho[2,3-*b*]furan-2-on, 3,8a-Dimethyl-5-methylen-decahydro- 4764
—, 3,5,8a-Trimethyl-3a,4,4a,5,8,8a,9,9a-octahydro-3*H*- 4764
—, 3,5,8a-Trimethyl-3a,4,4a,7,8,8a,9,9a-octahydro-3*H*- 4763
—, 3,5,8a-Trimethyl-3a,5,6,7,8,8a,9,9a-octahydro-3*H*- 4763
—, 3,5,8a-Trimethyl-4a,5,6,7,8,8a,9,9a-octahydro-3*H*- 4763
10-Oxa-bicyclo[7.2.1]dodeca-1(12),4-dien-11-on, 8-Isopropyl-5-methyl- 4760
10-Oxa-bicyclo[7.2.1]dodec-4-en-11-on, 8-Isopropenyl-5-methyl- 4761
Propionsäure, 2-[4-Hydroxy-3-methyl-8-methylen-decahydro-azulen-5-yl]-, lacton 4762
Pyran-2-on, 4-Methyl-6-[2,6,6-trimethyl-cyclohex-1-enyl]-5,6-dihydro- 4758
Spiro[4.5]decan-8-on, 6,7-Epoxy-2-isopropyliden-6,10-dimethyl- 4762
β-Vetivonoxid 4762

$C_{15}H_{23}ClO_2$
Eudesman-12-säure, 3-Chlor-6-hydroxy-, lacton 4765
Naphtho[1,2-*b*]furan-2-on, 8-Chlor-3,5a,9-trimethyl-decahydro- 4676
Naphtho[2,3-*b*]furan-2-on, 5-Chlor-3,5,8a-trimethyl-decahydro- 4673
—, 6-Chlor-3,5,8a-trimethyl-decahydro- 4674
Verbindung $C_{15}H_{23}ClO_2$ aus 7-Isopropenyl-3,6-dimethyl-6-vinyl-hexahydro-benzofuran-2-on 4760

$C_{15}H_{23}NO$
2,6-Äthano-oxepin-3-carbonitril, 4-Isopropenyl-2,7,7-trimethyl-hexahydro- 4679
Propionitril, 2-[2,7,7-Trimethyl-3-methylen-hexahydro-2,6-äthano-oxepin-4-yl]- 4679

$C_{15}H_{23}NO_3$
Verbindung $C_{15}H_{23}NO_3$ aus Hexahydro-cyclopenta[*b*]furan-2-on 4318
$C_{15}H_{23}N_3S_2$
Thiophen-2-carbaldehyd, 5-[3-Cyclohexyl-propyl]-, thiosemicarbazon 4757
$C_{15}H_{24}OS$
Äthanon, 1-[2,5-Diäthyl-4-pentyl-[3]thienyl]- 4669
—, 1-[5-Nonyl-[2]thienyl]- 4668
Decan-1-on, 2-Methyl-1-[2]thienyl- 4667
Heptan-1-on, 1-[2,5-Diäthyl-[3]thienyl]- 4668
Thiophen-2-carbaldehyd, 5-Decyl- 4668
Undecan-1-on, 1-[2]Thienyl- 4666
Undecan-2-on, 11-[2]Thienyl- 4666
$C_{15}H_{24}O_2$
1,4-Äthano-cyclopent[*c*]oxepin-8-on, 1,3,3,6-Tetramethyl-octahydro- 4678
Azuleno[4,5-*b*]furan-2-on, 3,6,9a-Trimethyl-decahydro- 4671
Azuleno[6,5-*b*]furan-2-on, 3,4a,8-Trimethyl-decahydro- 4670
Benzofuran-2-on, 7-Cyclohexyl-3-methyl-hexahydro- 4669
Dihydroeremophilonoxid 4677
4,7-Epoxido-azulen-3-on, 7-Isopropyl-1,4-dimethyl-octahydro- 4677
3a,6-Epoxido-azulen-7-on, 3-Isopropyl-6,8a-dimethyl-hexahydro- 4677
Isobenzofuran-5-on, 1,1,3,3-Tetramethyl-7-propyl-1,6,7,7a-tetrahydro-3*H*- 4669
β-Kessylketon 4677
Naphthalin-1-on, 8,8a-Epoxy-3-isopropyl-4a,5-dimethyl-octahydro- 4677
Naphtho[1,2-*b*]furan-2-on, 3,5a,9-Trimethyl-decahydro- 4674
Naphtho[1,2-*c*]furan-1-on, 6,6,9a-Trimethyl-decahydro- 4676
Naphtho[1,2-*c*]furan-3-on, 6,6,9a-Trimethyl-decahydro- 4677
Naphtho[2,3-*b*]furan-2-on, 3,5,8a-Trimethyl-decahydro- 4672, 4676
Nonan-1-on, 1-[2]Furyl-4,8-dimethyl- 4667
—, 1-[3]Furyl-4,8-dimethyl- 4667
Pseudokessylketon 4678
Pyran-2-on, 6-[2,6-Dimethyl-hept-5-enyl]-4-methyl-5,6-dihydro- 4666
—, 6-[2,6-Dimethyl-heptyl]-4-methyl- 4666
$C_{15}H_{24}O_4$
Azuleno[4,5-*b*]furan-2-on, 3,6,9-Trimethyl-decahydro- 4670
$C_{15}H_{25}NO_2$
1,4-Äthano-cyclopent[*c*]oxepin-8-on, 1,3,3,6-Tetramethyl-octahydro-, oxim 4679
2,6-Äthano-oxepin-3-carbonsäure, 4-[*β*-Amino-isopropyl]-2,7,7-trimethyl-hexahydro-, lactam 4679
Buttersäure, 3-[3-Amino-2,7,7-trimethyl-hexahydro-2,6-äthano-oxepin-4-yl]-, lactam 4679
$C_{15}H_{25}NO_4$
Säure $C_{15}H_{25}NO_4$ aus 1,3,3,6-Tetramethyl-octahydro-1,4-äthano-cyclopent[*c*]oxepin-8-on 4678
$C_{15}H_{25}N_3OS$
Äthanon, 1-[5-Octyl-[2]thienyl]-, semicarbazon 4659
Decan-1-on, 1-[2]Thienyl-, semicarbazon 4658
Hexan-1-on, 1-[2,5-Diäthyl-[3]thienyl]-, semicarbazon 4661
Octan-1-on, 1-[5-Äthyl-[2]thienyl]-, semicarbazon 4660
—, 5-Äthyl-1-[2]thienyl-, semicarbazon 4659
—, 1-[2,5-Dimethyl-[3]thienyl]-, semicarbazon 4660
7-Oxa-dispiro[5.1.5.2]pentadecan-14-on-thiosemicarbazon 4663
Thiophen-3-carbaldehyd, 2,5-Di-*tert*-butyl-4-methyl-, semicarbazon 4661
$C_{15}H_{25}N_3O_2$
Bicyclo[7.2.0]undecan-2-on, 5,6-Epoxy-6,10,10-trimethyl-, semicarbazon 4664
Spiro[chroman-2,1'-cyclohexan]-4-on, Hexahydro-, semicarbazon 4664
$C_{15}H_{25}O_6P$
Phosphonsäure, [*α*-Hexanoyloxy-furfuryl]-, diäthylester 4454
$C_{15}H_{26}O_2$
Benzofuran-2-on, 6-Äthyl-7-isopropyl-3,6-dimethyl-hexahydro- 4393
Cyclodeca[*b*]furan-2-on, 3,6,10-Trimethyl-decahydro- 4393
Cyclohepta[*b*]furan-2-on, 6-Butyl-3,7-dimethyl-octahydro- 4393
Cyclohepta[*b*]pyran-2-on, 6-Isopropyl-4,9-dimethyl-octahydro- 4393
Cyclohexanon, 6-Isopropyl-3-methyl-2-tetrahydrofurfuryl- 4392
Hexahydrocostunolid 4393
$C_{15}H_{26}O_3$
10-Oxa-bicyclo[7.2.1]dodecan-11-on, 8-Isopropyl-5-methyl- 4394

$C_{15}H_{26}O_5$
Methan, Bis-tetrahydrofurfuryloxy-tetrahydro[2]furyl- 4181
$C_{15}H_{27}N_3O_2$
Furan-3-on, 2,2,5,5-Tetramethyl-4-[1,2,2-trimethyl-propyliden]-dihydro-, semicarbazon 4392
$C_{15}H_{28}O_2$
Furan-2-on, 3-Decyl-5-methyl-dihydro- 4276
—, 5-Decyl-5-methyl-dihydro- 4275
—, 4-[4,8-Dimethyl-nonyl]-dihydro- 4275
—, 3-[3,7-Dimethyl-octyl]-5-methyl-dihydro- 4276
—, 5-[3,7-Dimethyl-octyl]-4-methyl-dihydro- 4276
—, 3-Undecyl-dihydro- 4275
—, 5-Undecyl-dihydro- 4275
Oxacyclohexadecan-2-on 4273
Oxacyclohexadecan-6-on 4274
Oxacyclopentadecan-2-on, 14-Methyl- 4274
—, 15-Methyl- 4274
Pyran-2-on, 5-Äthyl-5,6-dibutyl-tetrahydro- 4275
$C_{15}H_{29}N_3O_2$
Nonan-2-on, 6-Methyl-9-tetrahydro[3]furyl-, semicarbazon 4272
$C_{15}H_{30}O_3$
Furan, 2-[Bis-pentyloxy-methyl]-tetrahydro- 4180

C_{16}-Gruppe

$C_{16}H_{12}N_2O_2$
Furfural-[2]naphthoylhydrazon 4439
p-Phenylendiamin, Difurfuryliden- 4424
$C_{16}H_{12}N_2Se_2$
p-Phenylendiamin, Bis-selenophen-2-ylmethylen- 4492
$C_{16}H_{12}N_4O_5$
Furfural-[(2,4-dinitro-[1]naphthyl)-methyl-hydrazon] 4435
$C_{16}H_{12}N_6O_6$
Benzol, 1,5-Bis-furfurylidenhydrazino-2,4-dinitro- 4450
$C_{16}H_{13}NO_2$
Furfural-[4-hydroxy-3-methyl-[1]naphthylimin] 4421
$C_{16}H_{13}NO_2S$
Furfural-[α-phenylmercapto-furfurylimin] 4476
$C_{16}H_{13}N_3O_2$
Furfural-[4-[1]naphthyl-semicarbazon] 4442
— [4-[2]naphthyl-semicarbazon] 4443
$C_{16}H_{13}N_3O_4$
Zimtsäure-[3-(5-nitro-[2]furyl)-allylidenhydrazid] 4703
$C_{16}H_{13}N_7O_8$
Biuret, 1,5-Bis-3-[(5-nitro-[2]furyl)-allylidenamino]- 4705
$C_{16}H_{14}N_2O_5$
Benzoesäure, 4-[3-(5-Nitro-[2]furyl)-allylidenamino]-, äthylester 4702
$C_{16}H_{14}N_6O_3$
Guanidin, *N*,*N'*,*N''*-Tris-furfurylidenamino- 4444
$C_{16}H_{14}N_6S_3$
Guanidin, *N*,*N'*,*N''*-Tris-[2]thienylmethylenamino- 4483
$C_{16}H_{16}N_2O_2$
Hydrazin, *N*,*N'*-Bis-[3-[2]furyl-1-methyl-allyliden]- 4716
$C_{16}H_{16}N_2O_3$
Furfurylidendiamin, *N*-Acetyl-*N'*-cinnamoyl- 4427
$C_{16}H_{16}N_2S_2$
Hydrazin, *N*,*N'*-Bis-[3-(3-methyl-[2]thienyl)-allyliden]- 4724
$C_{16}H_{16}N_4O_4S$
Äthanon, 1-[4,5,6,7-Tetrahydro-benzo[*b*]thiophen-2-yl]-, [2,4-dinitro-phenylhydrazon] 4741
Benzo[*b*]thiophen-4-on, 2-Äthyl-6,7-dihydro-5*H*-, [2,4-dinitro-phenylhydrazon] 4740
Cyclohepta[*b*]thiophen-4-on, 2-Methyl-5,6,7,8-tetrahydro-, [2,4-dinitro-phenylhydrazon] 4739
Keton, Cyclopentyl-[2]thienyl-, [2,4-dinitro-phenylhydrazon] 4739
$C_{16}H_{16}N_4O_4Se$
Keton, Cyclopentyl-selenophen-2-yl-, [2,4-dinitro-phenylhydrazon] 4739
$C_{16}H_{16}N_4O_5$
Acrylaldehyd, 3-[5-Nitro-[2]furyl]-, [4-(4-äthoxy-phenyl)-semicarbazon] 4704
Benzofuran-4-on, 3,6-Dimethyl-6,7-dihydro-5*H*-, [2,4-dinitro-phenylhydrazon] 4742
But-2-en-1-on, 3-Methyl-1-[3-methyl-[2]furyl]-, [2,4-dinitro-phenylhydrazon] 4738
But-3-en-2-on, 3-Äthyl-4-[2]furyl-, [2,4-dinitro-phenylhydrazon] 4737
Hex-1-en-3-on, 1-[2]Furyl-, [2,4-dinitro-phenylhydrazon] 4736
Pent-1-en-3-on, 1-[2]Furyl-2-methyl-, [2,4-dinitro-phenylhydrazon] 4736
—, 1-[2]Furyl-4-methyl-, [2,4-dinitro-phenylhydrazon] 4737
$C_{16}H_{16}N_6O_6$
Oxamidsäure, *N*,*N'*-Äthandiyl-bis-, bis-furfurylidenhydrazid 4441

$C_{16}H_{24}O_2$ *(Fortsetzung)*
Cyclopent[*b*]isochromen-9-on, 3,3,7,9a-Tetramethyl-3,6,6a,7,8,9a,9b-octahydro-1*H*- 4769
Isobenzofuran-5-on, 4-Äthyliden-1,1,3,3,7,7-hexamethyl-1,4,6,7-tetrahydro-3*H*- 4768
Keten, Cyclohexyl-, dimeres 4769
Oxetan-2-on, 3-Cyclohexyl-4-cyclohexylmethylen- 4769
Spiro[cycloheptan-1,2'-cyclohepta[*b*]pyran]-2-on, 4',5',6',7',8',9'-Hexahydro-3'*H*- 4769
Spiro[furan-2,1'-naphthalin]-5-on, 2',5',8'a-Trimethyl-3,4,3',4',6',7',8',8'a-octahydro-2'*H*- 4769

$C_{16}H_{24}O_4$
Pentendisäure, 4-[3,7-Dimethyl-oct-6-enyliden]-3-methyl- 4666

$C_{16}H_{25}N_3O$
Isodesoxy-*α*-kessylenketon-semicarbazon 4678

$C_{16}H_{25}N_3O_2$
Äthanon, 1-[2-(3-Isopropyl-[2]furyl)-3-methyl-cyclopentyl]-, semicarbazon 4759

$C_{16}H_{26}OS$
Äthanon, 1-[5-Decyl-[2]thienyl]- 4680
Dodecan-1-on, 1-[2]Thienyl- 4679
Octan-1-on, 1-[2,5-Diäthyl-[3]thienyl]- 4681
Thiophen-2-carbaldehyd, 5-Undecyl- 4680

$C_{16}H_{26}O_2$
Cyclopent[*b*]isochromen-7-on, 3,3,6a,9-Tetramethyl-decahydro- 4682
Cyclopent[*b*]isochromen-9-on, 3,3,7,9a-Tetramethyl-decahydro- 4682
Dodecan-1-on, 1-[2]Furyl- 4679
Naphtho[2,1-*b*]furan-2-on, 3a,6,6,9a-Tetramethyl-decahydro- 4682
Naphtho[2,3-*b*]furan-2-on, 3,5,8a,9a-Tetramethyl-decahydro- 4681
Spiro[furan-2,1'-naphthalin]-5-on, 2',5',8'a-Trimethyl-decahydro- 4681

$C_{16}H_{27}N_3OS$
Äthanon, 1-[5-Nonyl-[2]thienyl]-, semicarbazon 4668
Decan-1-on, 2-Methyl-1-[2]thienyl-, semicarbazon 4667
Undecan-1-on, 1-[2]Thienyl-, semicarbazon 4666
Undecan-2-on, 11-[2]Thienyl-, semicarbazon 4667

$C_{16}H_{27}N_3O_2$
1,4-Äthano-cyclopent[*c*]oxepin-8-on, 1,3,3,6-Tetramethyl-octahydro-, semicarbazon 4679
4,7-Epoxido-azulen-3-on, 7-Isopropyl-1,4-dimethyl-octahydro-, semicarbazon 4678
Pseudokessylketon-semicarbazon 4678

$C_{16}H_{27}N_3S_2$
Thiophen-2-carbaldehyd, 5-Decyl-, thiosemicarbazon 4668

$C_{16}H_{28}O$
[1]Oxolin, Tetrapropyl-2*H*,5*H*- 4279

$C_{16}H_{28}O_2$
Furan-2-on, 3-Methyl-5-undecyl-5*H*- 4395
Isochroman, 8-Isovaleryl-3,3-dimethyl-hexahydro- 4396
Keten, Hexyl-, dimeres 4395
Oxacycloheptadec-6-en-2-on 4394
Oxacycloheptadec-7-en-2-on 4394
Oxacycloheptadec-8-en-2-on 4394
Oxacycloheptadec-10-en-2-on 4395
Oxepan-2-on, 5-*p*-Menthan-4-yl- 4396
Oxetan-2-on, 4-Heptyliden-3-hexyl- 4395
Pyran-2-carbaldehyd, 2,5-Dineopentyl-3,4-dihydro-2*H*- 4395
Pyran-2-on, 6-Undecyl-5,6-dihydro- 4395

$C_{16}H_{30}O_2$
Furan-2-on, 5-Decyl-3,5-dimethyl-dihydro- 4278
—, 5-[4,8-Dimethyl-nonyl]-5-methyl-dihydro- 4278
—, 3-Dodecyl-dihydro- 4278
—, 5-Dodecyl-dihydro- 4277
—, 5-Methyl-5-[4-methyl-decyl]-dihydro- 4278
—, 4,5,5-Tributyl-dihydro- 4278
Furan-3-on, 2,5-Dimethyl-2,5-dipentyl-dihydro- 4279
—, 2,2,5,5-Tetrapropyl-dihydro- 4279
Oxacycloheptadecan-2-on 4276
Oxacyclohexadecan-2-on, 3-Methyl- 4277
—, 4-Methyl- 4277
—, 15-Methyl- 4277
—, 16-Methyl- 4277
Oxacyclopentadecan-2-on, 15-Äthyl- 4277
Pyran-2-on, 6-Undecyl-tetrahydro- 4277

$C_{16}H_{31}N_3O_2$
Oxacyclohexadecan-6-on-semicarbazon 4274

$C_{16}H_{32}O_3$
Oxiran-2-carbaldehyd, 2-Äthyl-3-propyl-, dibutylacetal 4236

C_{17}-Gruppe

$C_{17}H_{11}N_3O_5S$
Furfural, 5-Nitro-, [4-(4-nitro-phenylmercapto)-phenylimin] 4461

$C_{17}H_{12}N_2O_5S$
Furfural-[4-(4-nitro-benzolsulfonyl)-phenylimin] 4420
$C_{17}H_{13}ClN_4O_5$
Verbindung $C_{17}H_{13}ClN_4O_5$ aus 5-Chlor-furfural 4455
$C_{17}H_{13}NO$
Furfural-biphenyl-4-ylimin 4418
$C_{17}H_{13}NO_2$
Furfural-[4'-hydroxy-biphenyl-4-ylimin] 4421
$C_{17}H_{13}N_3O_3$
Anthranilsäure, *N*-Furfuryliden-, furfurylidenhydrazid 4449
Furfural-[[1]naphthyloxamoyl-hydrazon] 4440
— [[2]naphthyloxamoyl-hydrazon] 4440
$C_{17}H_{13}N_3O_4S$
Azobenzol-4-sulfonsäure, 4'-Furfurylidenamino- 4424
$C_{17}H_{14}N_2O_3S$
Furfural-[4-sulfanilyl-phenylimin] 4420
$C_{17}H_{14}N_4O_5$
Furan-2-carbaldehyd, 5-Methyl-, [(2,4-dinitro-[1]naphthyl)-methyl-hydrazon] 4526
$C_{17}H_{14}N_6O_6$
Benzol, 1-Furfurylidenhydrazino-5-[furfuryliden-methyl-hydrazino]-2,4-dinitro- 4450
$C_{17}H_{15}BrN_2O$
Furan, 2-Brom-5-dianilinomethyl- 4457
$C_{17}H_{15}ClN_2O$
Furan, 2-Chlor-5-dianilinomethyl- 4455
$C_{17}H_{15}ClN_2O_3$
Verbindung $C_{17}H_{15}ClN_2O_3$ aus 5-Chlor-furfural 4455
$C_{17}H_{17}BrN_2O_2$
Verbindung $C_{17}H_{17}BrN_2O_2$ aus 5-Chlor-furfural 4455
$C_{17}H_{17}ClN_4O_5S_2$
Verbindung $C_{17}H_{17}ClN_4O_5S_2$ s. bei 5-Chlor-furfural 4455
$C_{17}H_{18}N_4O_4S$
Äthanon, 1-[5,6,7,8-Tetrahydro-4*H*-cyclohepta[*b*]thiophen-2-yl]-, [2,4-dinitro-phenylhydrazon] 4746
Cyclohepta[*b*]thiophen-4-on, 2-Äthyl-5,6,7,8-tetrahydro-, [2,4-dinitro-phenylhydrazon] 4745
Propan-1-on, 1-[4,5,6,7-Tetrahydro-benzo[*b*]thiophen-2-yl]-, [2,4-dinitro-phenylhydrazon] 4746
$C_{17}H_{18}N_4O_5$
Hex-1-en-3-on, 1-[2]Furyl-5-methyl-, [2,4-dinitro-phenylhydrazon] 4744
Pent-1-en-3-on, 1-[2]Furyl-4,4-dimethyl-, [2,4-dinitro-phenylhydrazon] 4744
$C_{17}H_{19}N_3O_3$
Furan-2-carbaldehyd, 5-Methyl-, [(2,4,5-trimethyl-phenyloxamoyl)-hydrazon] 4526
$C_{17}H_{19}N_3O_9$
s. bei $[C_{11}H_{17}O_2]^+$
$C_{17}H_{19}N_5O_7$
Heptan-2-on, 4-[2]Furyl-5-nitro-, [2,4-dinitro-phenylhydrazon] 4632
$C_{17}H_{20}N_2O$
Hept-1-en-3-on, 1-[2]Furyl-, phenylhydrazon 4743
$C_{17}H_{20}N_4O_4S$
Äthanon, 1-[5-*tert*-Butyl-2-methyl-[3]thienyl]-, [2,4-dinitro-phenylhydrazon] 4637
—, 1-[5-Pentyl-[2]thienyl]-, [2,4-dinitro-phenylhydrazon] 4633
—, 1-[5-*tert*-Pentyl-[2]thienyl]-, [2,4-dinitro-phenylhydrazon] 4635
Pentan-1-on, 1-[5-Äthyl-[2]thienyl]-, [2,4-dinitro-phenylhydrazon] 4634
Propan-1-on, 1-[2,5-Diäthyl-[3]thienyl]-, [2,4-dinitro-phenylhydrazon] 4638
$C_{17}H_{20}N_4O_4Se$
Pentan-1-on, 1-[3,4-Dimethyl-selenophen-2-yl]-, [2,4-dinitro-phenylhydrazon] 4636
$C_{17}H_{20}N_4O_5$
Chroman-5-on, 2,2-Dimethyl-7,8-dihydro-6*H*-, [2,4-dinitro-phenylhydrazon] 4639
$C_{17}H_{21}N_3O_2$
p-Menth-4(8)-en-3-on, 1,2-Epoxy-, [4-phenyl-semicarbazon] 4625
$C_{17}H_{21}N_3O_3$
Heptan-1-on, 1-[3]Furyl-, [4-nitro-phenylhydrazon] 4631
$C_{17}H_{22}N_2O$
Propan-1-on, 1-[2,5-Dimethyl-[3]furyl]-2,2-dimethyl-, phenylhydrazon 4637
$C_{17}H_{22}N_2S$
Propan-1-on, 1-[2,5-Dimethyl-[3]thienyl]-2,2-dimethyl-, phenylhydrazon 4637
$C_{17}H_{22}N_4O_5$
Furan-3-on, 4-Isopropyliden-2,2,5,5-tetramethyl-dihydro-, [2,4-dinitro-phenylhydrazon] 4372
1-Oxa-spiro[4.5]decan-3-on, 2,2-Dimethyl-, [2,4-dinitro-phenylhydrazon] 4373
1-Oxa-spiro[4.5]decan-4-on, 2,2-Dimethyl-, [2,4-dinitro-phenylhydrazon] 4373

$C_{17}H_{23}N_3O_2$
p-Menthan-3-on, 1,2-Epoxy-, [4-phenyl-semicarbazon] 4364

$C_{17}H_{24}N_4O_5$
Hexan-1-on, 1-Tetrahydropyran-4-yl-, [2,4-dinitro-phenylhydrazon] 4257
Pentan-1-on, 4-Methyl-1-tetrahydropyran-4-yl-, [2,4-dinitro-phenylhydrazon] 4257
Pyran-4-on, 3-Isopropyl-2,2,6-trimethyl-tetrahydro-, [2,4-dinitro-phenylhydrazon] 4259

$C_{17}H_{26}OS$
Thiophen-2-carbaldehyd, 5-[4-Cyclohexyl-hexyl]- 4770

$C_{17}H_{26}O_2$
Benzo[*f*]chromen-3-on, 4a,7,7,10a-Tetramethyl-4a,5,6,6a,7,8,9,10,10a,10b-decahydro- 4770
Spiro[furan-2,1′-naphthalin]-5-on, 5′,5′,8′a-Trimethyl-2′-methylen-decahydro- 4770
14,15,16-Trinor-labd-7-en-13-säure, 9-Hydroxy-, lacton 4770

$C_{17}H_{26}O_3$
Furfural-dicyclohexylacetal 4413

$C_{17}H_{27}N_3OS$
Cyclohepta[*b*]thiophen-4-on, 2-Heptyl-5,6,7,8-tetrahydro-, semicarbazon 4768
Hexan-1-on, 4-Cyclohexyl-1-[2]thienyl-, semicarbazon 4768

$C_{17}H_{27}N_3O_2$
Cyclopent[*h*]isochromen-7-on, 3,3,6a,9-Tetramethyl-3,4,6,6a,8,9,9a,9b-octahydro-1*H*-, semicarbazon 4770
Cyclopent[*h*]isochromen-9-on, 3,3,7,9a-Tetramethyl-3,6,6a,7,8,9a,9b-octahydro-1*H*-, semicarbazon 4770

$C_{17}H_{28}OS$
Äthanon, 1-[5-Undecyl-[2]thienyl]- 4684
Thiophen-2-carbaldehyd, 5-Dodecyl- 4683
Undecan-1-on, 1-[5-Äthyl-[2]thienyl]- 4684

$C_{17}H_{28}O_2$
Benzo[*f*]chromen-3-on, 4a,7,7,10a-Tetramethyl-dodecahydro- 4686
Isochroman-3-on, 1,6-Dimethyl-1-[4-methyl-pent-4-enyl]-hexahydro- 4685
Spiro[furan-2,1′-naphthalin]-5-on, 2′,5′,5′,8′a-Tetramethyl-decahydro- 4685
Säure $C_{17}H_{28}O_2$ s. bei 2′,5′,5′,8′a-Tetramethyl-decahydro-spiro[furan-2,1′-naphthalin]-5-on 4685

$C_{17}H_{29}N_3O_2$
Cyclopent[*h*]isochromen-7-on, 3,3,6a,9-Tetramethyl-decahydro-, semicarbazon 4682

$C_{17}H_{29}N_3S_2$
Thiophen-2-carbaldehyd, 5-Undecyl-, thiosemicarbazon 4680

$C_{17}H_{30}O_2$
Cycloheptadecanon, 9,10-Epoxy- 4396
Isochroman-3-on, 1,6-Dimethyl-1-isohexyl-hexahydro- 4397
Oxacyclooctadec-9-en-2-on 4396
Oxacyclooctadec-10-en-2-on 4396

$C_{17}H_{30}O_3$
Furfural-dihexylacetal 4413

$C_{17}H_{30}O_4S$
Furfurylalkohol, α-[Dodecan-1-sulfonyl]- 4476

$C_{17}H_{32}O_2$
Furan-2-on, 5-Dodecyl-5-methyl-dihydro- 4280
—, 4,5,5-Tributyl-3-methyl-dihydro- 4280
—, 4,5,5-Tributyl-4-methyl-dihydro- 4280
Oxacycloheptadecan-2-on, 4-Methyl- 4279
Oxacyclooctadecan-2-on 4279
Pyran-2-on, 6-[4,8-Dimethyl-nonyl]-6-methyl-tetrahydro- 4280

$C_{17}H_{34}O_3$
Furan, 2-[Bis-hexyloxy-methyl]-tetrahydro- 4180

C_{18}-Gruppe

$C_{18}H_{14}N_4O_2S$
Furfural-[O-(4-phenylazo-phenylthiocarbamoyl)-oxim] 4431

$C_{18}H_{15}ClN_2O$
Furfural-[(4-chlor-benzyl)-phenyl-hydrazon] 4435

$C_{18}H_{15}NO_2$
Furfural-[4′-methoxy-biphenyl-4-ylimin] 4421

$C_{18}H_{15}N_3O_2$
Furfural-[4-biphenyl-4-yl-semicarbazon] 4443

$C_{18}H_{15}N_5O_2$
Furfural-[4-(4-phenylazo-phenyl)-semicarbazon] 4444

$C_{18}H_{16}N_2O$
But-3-en-2-on, 4-[2]Furyl-, [2]naphthylhydrazon 4715
Furfural-[benzyl-phenyl-hydrazon] 4435

$C_{18}H_{16}N_6O_6$
Benzol, 1,5-Bis-[furfuryliden-methyl-hydrazino]-2,4-dinitro- 4451

$C_{18}H_{16}N_6O_6$ *(Fortsetzung)*
Benzol, 1,5-Bis-[5-methyl-furfurylidenhydrazino]-2,4-dinitro- 4528
$C_{18}H_{20}N_2O$
Furan-2-carbaldehyd, Tetrahydro-, [benzyl-phenyl-hydrazon] 4182
$C_{18}H_{20}N_2O_2$
Hydrazin, Bis-[2-äthyl-3-[2]furyl-allyliden]- 4729
$C_{18}H_{20}N_2S_2$
Hydrazin, Bis-[2-methyl-6,7-dihydro-5*H*-benzo[*b*]thiophen-4-yliden]- 4733
$C_{18}H_{20}N_4O_4S$
Äthanon, 1-[2-Äthyl-4,5,6,7-tetrahydro-benzo[*b*]thiophen-3-yl]-, [2,4-dinitro-phenylhydrazon] 4751
Benzo[*c*]thiophen-4-on, 1,3-Diäthyl-6,7-dihydro-5*H*-, [2,4-dinitro-phenylhydrazon] 4752
Cyclohepta[*b*]thiophen-4-on, 2-Propyl-5,6,7,8-tetrahydro-, [2,4-dinitro-phenylhydrazon] 4750
Cycloocta[*b*]thiophen-4-on, 2-Äthyl-6,7,8,9-tetrahydro-5*H*-, [2,4-dinitro-phenylhydrazon] 4749
$C_{18}H_{20}N_4O_4Se$
Keton, Cyclopentyl-[3,4-dimethyl-selenophen-2-yl]-, [2,4-dinitro-phenylhydrazon] 4749
$C_{18}H_{22}N_2O$
4,7-Epoxido-inden-3-carbaldehyd, 3a,7a-Dimethyl-3a,4,5,6,7,7a-hexahydro-, phenylhydrazon 4753
Oct-1-en-3-on, 1-[2]Furyl-, phenylhydrazon 4747
$C_{18}H_{22}N_4O_4S$
Äthanon, 1-[2-Äthyl-5-*tert*-butyl-[3]-thienyl]-, [2,4-dinitro-phenylhydrazon] 4645
—, 1-[Triäthyl-[3]thienyl]-, [2,4-dinitro-phenylhydrazon] 4645
Butan-1-on, 1-[2,5-Diäthyl-[3]thienyl]-, [2,4-dinitro-phenylhydrazon] 4644
Octan-1-on, 1-[2]Thienyl-, [2,4-dinitro-phenylhydrazon] 4642
Octan-2-on, 8-[2]Thienyl-, [2,4-dinitro-phenylhydrazon] 4642
$C_{18}H_{23}N_3O_2$
Heptan-1-on, 1-[3]Furyl-, [4-phenyl-semicarbazon] 4631
$C_{18}H_{24}N_4O_5$
Furan-3-on, 4-Butyliden-2,2,5,5-tetramethyl-dihydro-, [2,4-dinitro-phenylhydrazon] 4380
—, 4-*sec*-Butyliden-2,2,5,5-tetramethyl-dihydro-, [2,4-dinitro-phenylhydrazon] 4381
—, 4-Isobutyliden-2,2,5,5-tetramethyl-dihydro-, [2,4-dinitro-phenylhydrazon] 4381
$C_{18}H_{26}N_4O_5$
Butan-1-on, 1-[2,2,5,5-Tetramethyl-tetrahydro-[3]furyl]-, [2,4-dinitro-phenylhydrazon] 4269
Butan-2-on, 1-[2,2,5,5-Tetramethyl-tetrahydro-[3]furyl]-, [2,4-dinitro-phenylhydrazon] 4270
$C_{18}H_{28}O_2$
Benz[*b*]indeno[5,4-*d*]oxepin-5-on, 12a-Methyl-hexadecahydro- 4771
Dispiro[cyclohexan-1,2′-(3-oxa-bicyclo[3.3.1]nonan)-4′,1″-cyclohexan]-9′-on 4771
Keten, Cyclohexylmethyl-, dimeres 4771
Oxetan-2-on, 4-[2-Cyclohexyl-äthyliden]-3-cyclohexylmethyl- 4771
$C_{18}H_{29}N_3S_2$
Thiophen-2-carbaldehyd, 5-[4-Cyclohexyl-hexyl]-, thiosemicarbazon 4770
$C_{18}H_{30}OS$
Äthanon, 1-[5-Dodecyl-[2]thienyl]- 4688
Decan-1-on, 1-[2,5-Diäthyl-[3]-thienyl]- 4689
Dodecan-1-on, 1-[5-Äthyl-[2]thienyl]- 4689
Tetradecan-1-on, 1-[2]Thienyl- 4688
Benzo[*f*]chromen-3-on, 4a,7,7,8,10a-Pentamethyl-dodecahydro- 4690
Spiro[furan-2,1′-naphthalin]-5-on, 2′,5′,5′,6′,8′a-Pentamethyl-decahydro- 4689
$C_{18}H_{30}O_6$
Verbindung $C_{18}H_{30}O_6$ aus Tetrahydro-pyran-4-carbaldehyd 4193
$C_{18}H_{31}N_3OS$
Äthanon, 1-[5-Undecyl-[2]thienyl]-, semicarbazon 4684
Undecan-1-on, 1-[5-Äthyl-[2]thienyl]-, semicarbazon 4685
$C_{18}H_{31}N_3S_2$
Thiophen-2-carbaldehyd, 5-Dodecyl-, thiosemicarbazon 4684
$C_{18}H_{33}BrO_2$
Furan-2-on, 5-[1-Brom-tetradecyl]-dihydro- 4281
$C_{18}H_{34}OS$
Thiophen-3-on, 2-Tetradecyl-dihydro- 4281
$C_{18}H_{34}O_2$
Furan-2-on, 5-Äthyl-5-dodecyl-dihydro- 4282

$C_{18}H_{34}O_2$ *(Fortsetzung)*
Furan-2-on, 5-Tetradecyl-dihydro- 4281
Oxacyclononadecan-2-on 4280
Oxacyclotridecan-2-on, 13-Hexyl- 4280
$C_{18}H_{38}$
Kohlenwasserstoff $C_{18}H_{38}$ aus 1-[2]Thienyl-butan-1-on 4557

C_{19}-Gruppe

$C_{19}H_{13}N_3O_5$
Furfural-[4,2′-dinitro-stilben-α-ylimin] 4418
$C_{19}H_{16}N_2O_2S$
Methylendiamin, *N,N′*-Dibenzoyl-*C*-[3]thienyl- 4497
$C_{19}H_{16}N_2O_3$
Furfurylidendiamin, *N,N′*-Dibenzoyl- 4426
$C_{19}H_{16}O_6$
Verbindung $C_{19}H_{16}O_6$ aus 4-Methylen-oxetan-2-on 4298
$C_{19}H_{17}NO_2$
Furfural-[4′-äthoxy-biphenyl-4-ylimin] 4421
$C_{19}H_{18}N_6O_6$
Benzol, 1-[5-Methyl-furfurylidenhydrazino]-5-[methyl-(5-methyl-furfuryliden)-hydrazino]-2,4-dinitro- 4528
$C_{19}H_{19}ClN_2O_3$
Verbindung $C_{19}H_{19}ClN_2O_3$ aus 5-Chlor-furfural 4455
$C_{19}H_{19}O_3P$
Phosphinoxid, Dibenzyl-[α-hydroxy-furfuryl]- 4452
$C_{19}H_{20}N_2O_3$
Furfurylidendiamin, *N,N′*-Bis-[2-methoxy-phenyl]- 4426
$C_{19}H_{20}N_2S$
Propan-1-on, 2,2-Dimethyl-1-[2]thienyl-, [2]naphthylhydrazon 4587
$C_{19}H_{20}N_6S_3$
Guanidin, *N,N′,N″*-Tris-[1-[2]thienyl-äthylidenamino]- 4509
$C_{19}H_{22}N_4O_4S$
Äthanon, 1-[2-Äthyl-5,6,7,8-tetrahydro-4*H*-cyclohepta[*b*]thiophen-3-yl]-, [2,4-dinitro-phenylhydrazon] 4755
Cyclohepta[*b*]thiophen-4-on, 2-*tert*-Butyl-5,6,7,8-tetrahydro-, [2,4-dinitro-phenylhydrazon] 4754
Cyclohepta[*c*]thiophen-4-on, 1,3-Diäthyl-5,6,7,8-tetrahydro-, [2,4-dinitro-phenylhydrazon] 4755
$C_{19}H_{22}N_4O_5$
Acrylaldehyd, 3-[2]Furyl-2-hexyl-, [2,4-dinitro-phenylhydrazon] 4753
Benzofuran-4-on, 2-Isopropenyl-6,6-dimethyl-2,3,6,7-tetrahydro-5*H*-, [2,4-dinitro-phenylhydrazon] 4755
Oct-1-en-3-on, 1-[2]Furyl-7-methyl-, [2,4-dinitro-phenylhydrazon] 4753
Propionaldehyd, 3-[5-Cyclopentylmethyl-[2]furyl]-, [2,4-dinitro-phenylhydrazon] 4754
$C_{19}H_{24}N_4O_4S$
Äthanon, 1-[2,5-Diäthyl-4-propyl-[3]thienyl]-, [2,4-dinitro-phenylhydrazon] 4654
—, 1-[5-Heptyl-[2]thienyl]-, [2,4-dinitro-phenylhydrazon] 4652
Heptan-1-on, 1-[5-Äthyl-[2]thienyl]-, [2,4-dinitro-phenylhydrazon] 4653
Nonan-1-on, 1-[2]Thienyl-, [2,4-dinitro-phenylhydrazon] 4651
Pentan-1-on, 1-[2,5-Diäthyl-[3]thienyl]-, [2,4-dinitro-phenylhydrazon] 4653
Thiophen-3-carbaldehyd, 2,5-Di-*tert*-butyl-, [2,4-dinitro-phenylhydrazon] 4653
$C_{19}H_{24}N_4O_5$
Dibenzofuran-4a-carbaldehyd, Decahydro-, [2,4-dinitro-phenylhydrazon] 4656
2,8a-Methano-chroman-8-on, 2,5,5-Trimethyl-tetrahydro-, [2,4-dinitro-phenylhydrazon] 4657
$C_{19}H_{26}N_4O_5$
Furan-3-on, 2,2,5,5-Tetramethyl-4-[1-methyl-butyliden]-dihydro-, [2,4-dinitro-phenylhydrazon] 4388
$C_{19}H_{29}N_3O_2$
Pyran-4-on, 2-[1-Äthyl-pentyl]-tetrahydro-, [4-phenyl-semicarbazon] 4264
$C_{19}H_{30}OS$
Cyclohepta[*b*]thiophen-4-on, 2-Decyl-5,6,7,8-tetrahydro- 4771
Indeno[4,5-*c*]thiochromen-1-on, 3,4,11a-Trimethyl-tetradecahydro- 4773
Indeno[4,5-*c*]thiochromen-3-on, 1,3a,4-Trimethyl-tetradecahydro- 4773
Undecan-1-on, 1-[4,5,6,7-Tetrahydro-benzo[*b*]thiophen-2-yl]- 4772
$C_{19}H_{30}O_2$
Cyclopenta[5,6]naphth[2,1-*c*]oxepin-3-on, 5a,7a-Dimethyl-hexadecahydro- 4772
$C_{19}H_{30}O_3S$
5λ⁶-Indeno[4,5-*c*]thiochromen-1-on, 3,4,11a-Trimethyl-5,5-dioxo-tetradecahydro- 4773
5λ⁶-Indeno[4,5-*c*]thiochromen-3-on, 1,3a,4-Trimethyl-5,5-dioxo-tetradecahydro- 4773

$C_{19}H_{32}N_2O_3$
Furfurylidendiamin, *N,N'*-Diheptanoyl- 4426
$C_{19}H_{32}OS$
Thiophen-2-carbaldehyd, 5-Tetradecyl- 4690
$C_{19}H_{32}O_2$
Benzo[*f*]chromen-3-carbaldehyd, 3,4a,7,7,10a-Pentamethyl-dodecahydro- 4690
$C_{19}H_{33}N_3OS$
Äthanon, 1-[5-Dodecyl-[2]thienyl]-, semicarbazon 4688
Dodecan-1-on, 1-[5-Äthyl-[2]thienyl]-, semicarbazon 4689
Tetradecan-1-on, 1-[2]Thienyl-, semicarbazon 4688
$[C_{19}H_{33}N_4O_4]^+$
Ammonium, Trimethyl-[10-(5-nitro-furfurylidencarbazoyl)-decyl]- 4475
$[C_{19}H_{33}N_4O_4]Br$ 4475
$C_{19}H_{34}O_3$
Furfural-diheptylacetal 4413
$C_{19}H_{36}O_2$
Furan-2-on, 5,5-Diheptyl-3-methyl-dihydro- 4282
—, 5-Dodecyl-3,4,5-trimethyl-dihydro- 4282
—, 5-Methyl-5-tetradecyl-dihydro- 4282
$C_{19}H_{37}N_3OS$
Thiophen-3-on, 2-Tetradecyl-dihydro-, semicarbazon 4281

C_{20}-Gruppe

$C_{20}H_{16}N_2O_2$
p-Phenylendiamin, Bis-[3-[2]furyl-allyliden]- 4698
$C_{20}H_{20}N_6O_6$
Benzol, 1,5-Bis-[methyl-(5-methyl-furfuryliden)-hydrazino]-2,4-dinitro- 4528
$C_{20}H_{24}N_2S_2$
Hydrazin, Bis-[2-äthyl-6,7-dihydro-5*H*-benzo[*b*]thiophen-4-yliden]- 4741
$C_{20}H_{24}N_4O_6$
2,4-Dinitro-phenylhydrazon $C_{20}H_{24}N_4O_6$ aus 2-[3-Acetyl-2-hydroxy-4-methyl-4-vinyl-cyclohexyl]-propionsäure-lacton oder 2-[4-Formyl-2-hydroxy-3-isopropenyl-4-methyl-cyclohexyl]-propionsäure-lacton 4760
$C_{20}H_{26}N_4O_4S$
Äthanon, 1-[2,5-Diäthyl-4-butyl-[3]thienyl]-, [2,4-dinitro-phenylhydrazon] 4662
—, 1-[5-Octyl-[2]thienyl]-, [2,4-dinitro-phenylhydrazon] 4659
Decan-1-on, 1-[2]Thienyl-, [2,4-dinitro-phenylhydrazon] 4658
Hexan-1-on, 1-[2,5-Diäthyl-[3]thienyl]-, [2,4-dinitro-phenylhydrazon] 4661
Octan-1-on, 1-[5-Äthyl-[2]thienyl]-, [2,4-dinitro-phenylhydrazon] 4660
—, 5-Äthyl-1-[2]thienyl-, [2,4-dinitro-phenylhydrazon] 4659
Thiophen-3-carbaldehyd, 2,5-Di-*tert*-butyl-4-methyl-, [2,4-dinitro-phenylhydrazon] 4661
$C_{20}H_{26}N_4O_5$
Decan-1-on, 1-[2]Furyl-, [2,4-dinitro-phenylhydrazon] 4658
Isobenzofuran-5-on, 1,1,3,3,7,7-Hexamethyl-1,4,6,7-tetrahydro-3*H*-, [2,4-dinitro-phenylhydrazon] 4662
7-Oxa-dispiro[5.1.5.2]pentadecan-14-on-[2,4-dinitro-phenylhydrazon] 4663
Spiro[chroman-2,1'-cyclohexan]-4-on, Hexahydro-, [2,4-dinitro-phenylhydrazon] 4663
$C_{20}H_{27}N_3O_2$
Butan-2-on, 3,4-Epoxy-4-[2,6,6-trimethyl-cyclohex-2-enyl]-, [4-phenyl-semicarbazon] 4654
But-3-en-2-on, 4-[2,3-Epoxy-2,6,6-trimethyl-cyclohexyl]-, [4-phenyl-semicarbazon] 4655
$C_{20}H_{28}N_4O_5$
Furan-3-on, 2,2,5,5-Tetramethyl-4-[1,2,2-trimethyl-propyliden]-dihydro-, [2,4-dinitro-phenylhydrazon] 4391
$C_{20}H_{29}N_3O_2$
Butan-2-on, 4-[2,3-Epoxy-2,6,6-trimethyl-cyclohexyl]-, [4-phenyl-semicarbazon] 4389
$C_{20}H_{31}NO_3$
4a,1-Oxaäthano-phenanthren-12-on, 7-Äthyl-1,4b,7-trimethyl-10a-nitroso-dodecahydro- 4777
—, 7-Isopropyl-1,4b-dimethyl-10a-nitroso-dodecahydro- 4776
Phenanthren-1-carbonsäure, 4b-Hydroxy-7-isopropyl-1,4a-dimethyl-8a-nitroso-tetradecahydro-, lacton 4776
$C_{20}H_{32}OS$
Cyclohepta[*b*]thiophen-4-on, 2-Undecyl-5,6,7,8-tetrahydro- 4773
$C_{20}H_{32}O_2$
Allohydroxyrosanolacton 4776
Benzo[*f*]chromen-9-on, 3,4a,7,7,10a-Pentamethyl-3-vinyl-dodecahydro- 4774
Keten, [2-Cyclohexyl-äthyl]-, dimeres 4774

$C_{20}H_{32}O_2$ *(Fortsetzung)*
4a,1-Oxaäthano-phenanthren-12-on, 7-Äthyl-1,4b,7-trimethyl-dodecahydro- 4776
4b,1-Oxaäthano-phenanthren-12-on, 7-Äthyl-1,4a,7-trimethyl-dodecahydro- 4779
—, 7-Isopropyl-1,4a-dimethyl-dodecahydro- 4778
—, 7-Isopropyl-1,4b-dimethyl-dodecahydro- 4774
Oxetan-2-on, 3-[2-Cyclohexyl-äthyl]-4-[3-cyclohexyl-propyliden]- 4774

$C_{20}H_{32}O_4$
17-Nor-podocarpan-16-säure, 13-Hydroperoxy-10-hydroxy-13-isopropyl-9-methyl-, lacton 4776

$C_{20}H_{33}NO_2$
Benzo[*f*]chromen-9-on, 3,4a,7,7,10a-Pentamethyl-3-vinyl-dodecahydro-, oxim 4774

$C_{20}H_{33}N_3OS$
Cyclohepta[*b*]thiophen-4-on, 2-Decyl-5,6,7,8-tetrahydro-, semicarbazon 4772
Undecan-1-on, 1-[4,5,6,7-Tetrahydro-benzo[*b*]thiophen-2-yl]-, semicarbazon 4772

$C_{20}H_{34}OS$
Hexadecan-1-on, 1-[2]Thienyl- 4691
Octan-1-on, 1-[5-Octyl-[2]thienyl]- 4691

$C_{20}H_{34}O_2$
Benzo[*f*]chromen-9-on, 3-Äthyl-3,4a,7,7,10a-pentamethyl-dodecahydro- 4692

$C_{20}H_{35}N_3O_2$
Benzo[*f*]chromen-3-carbaldehyd, 3,4a,7,7,10a-Pentamethyl-dodecahydro-, semicarbazon 4691

$C_{20}H_{35}N_3S_2$
Thiophen-2-carbaldehyd, 5-Tetradecyl-, thiosemicarbazon 4690

$C_{20}H_{36}O_2$
Keten, Octyl-, dimeres 4397
Oxetan-2-on, 4-Nonyliden-3-octyl- 4397

C_{21}-Gruppe

$C_{21}H_{20}N_2O_3$
Furfurylidendiamin, *N,N'*-Bis-phenylacetyl- 4427

$C_{21}H_{20}N_2O_5$
Carbamidsäure, *N,N'*-Furfuryliden-bis-, dibenzylester 4427

$C_{21}H_{20}N_6O_7$
Propan-1,2,3-tricarbonsäure, 2-Hydroxy-, tris-furfurylidenhydrazid 4449

$C_{21}H_{21}NO_2$
Furfural-[4'-butoxy-biphenyl-4-ylimin] 4421

$C_{21}H_{26}O_3$
Methan, Bis-phenäthyloxy-tetrahydro-[2]furyl- 4180

$C_{21}H_{28}N_4O_4S$
Äthanon, 1-[2,5-Diäthyl-4-pentyl-[3]thienyl]-, [2,4-dinitro-phenylhydrazon] 4669
—, 1-[5-Nonyl-[2]thienyl]-, [2,4-dinitro-phenylhydrazon] 4668
Undecan-1-on, 1-[2]Thienyl-, [2,4-dinitro-phenylhydrazon] 4666

$C_{21}H_{28}N_4O_5$
Isobenzofuran-5-on, 1,1,3,3-Tetramethyl-7-propyl-1,6,7,7a-tetrahydro-3*H*-, [2,4-dinitro-phenylhydrazon] 4669
Nonan-1-on, 1-[2]Furyl-4,8-dimethyl-, [2,4-dinitro-phenylhydrazon] 4667
—, 1-[3]Furyl-4,8-dimethyl-, [2,4-dinitro-phenylhydrazon] 4668

$C_{21}H_{35}BrN_2O_2$
Furfural, 5-Brom-, palmitoylhydrazon 4458

$C_{21}H_{35}N_3OS$
Cyclohepta[*b*]thiophen-4-on, 2-Undecyl-5,6,7,8-tetrahydro-, semicarbazon 4774

$C_{21}H_{35}N_3O_2$
Benzo[*f*]chromen-9-on, 3,4a,7,7,10a-Pentamethyl-3-vinyl-dodecahydro-, semicarbazon 4774

$C_{21}H_{37}N_3OS$
Hexadecan-1-on, 1-[2]Thienyl-, semicarbazon 4691

$C_{21}H_{38}O_2$
Furan-2-on, 5-Heptadec-8-enyl-dihydro- 4397

$C_{21}H_{40}O_2$
Furan-2-on, 5-[4,8-Dimethyl-tetradecyl]-5-methyl-dihydro- 4283
—, 5-Methyl-5-[4,8,12-trimethyl-tridecyl]-dihydro- 4283
Pyran-2-on, 4-Hexyl-3,5-dipentyl-tetrahydro- 4282

C_{22}-Gruppe

$C_{22}H_{14}N_4O_6$
Benzidin, Bis-[5-nitro-furfuryliden]- 4463

$C_{22}H_{16}N_2OS_3$
Sulfoxid, Bis-[4-[2]thienylmethylenamino-phenyl]- 4480

$C_{22}H_{16}N_2O_2$
Benzidin, Difurfuryliden- 4424

$C_{22}H_{16}N_2O_2S$
Sulfid, Bis-[4-furfurylidenamino-phenyl]- 4420
$C_{22}H_{16}N_2O_2S_2$
Disulfid, Bis-[2-furfurylidenamino-phenyl]- 4419
$C_{22}H_{16}N_2O_2S_3$
Sulfon, Bis-[4-[2]thienylmethylenamino-phenyl]- 4480
$C_{22}H_{16}N_2O_4S$
Sulfon, Bis-[4-furfurylidenamino-phenyl]- 4420
$C_{22}H_{17}N_3O_2$
Furfural-[4-[2]naphthyl-4-phenyl-semicarbazon] 4443
$C_{22}H_{18}N_4O_4S$
Sulfon, Bis-[4-furfurylidenhydrazino-phenyl]- 4436
$C_{22}H_{28}N_2O_2$
p-Phenylendiamin, Bis-[2,6-dimethyl-5,6-dihydro-2*H*-pyran-3-ylmethylen]- 4325
$C_{22}H_{28}N_4O_4S$
Cyclohepta[*b*]thiophen-4-on, 2-Heptyl-5,6,7,8-tetrahydro-, [2,4-dinitro-phenylhydrazon] 4768
$C_{22}H_{30}N_4O_4S$
Dodecan-1-on, 1-[2]Thienyl-, [2,4-dinitro-phenylhydrazon] 4680
Octan-1-on, 1-[2,5-Diäthyl-[3]thienyl]-, [2,4-dinitro-phenylhydrazon] 4681
Thiophen-2-carbaldehyd, 5-Undecyl-, [2,4-dinitro-phenylhydrazon] 4680
$C_{22}H_{31}N_3O_2$
Nonan-1-on, 1-[2]Furyl-4,8-dimethyl-, [4-phenyl-semicarbazon] 4667
—, 1-[3]Furyl-4,8-dimethyl-, [4-phenyl-semicarbazon] 4668
$C_{22}H_{32}N_2S_2$
Äthanon, 1-[5-Pentyl-[2]thienyl]-, azin 4633
Propan-1-on, 1-[5-*tert*-Butyl-[2]thienyl]-, azin 4635
$C_{22}H_{36}OS$
Octadec-9-en-1-on, 1-[2]Thienyl- 4779
Tridecan-1-on, 13-Cyclopentyl-1-[2]thienyl- 4780
$C_{22}H_{36}O_2$
Keten, [3-Cyclohexyl-propyl]-, dimeres 4780
Oxetan-2-on, 4-[4-Cyclohexyl-butyliden]-3-[3-cyclohexyl-propyl]- 4780
$C_{22}H_{38}OS$
Äthanon, 1-[5-Hexadecyl-[2]thienyl]- 4692
Hexadecan-1-on, 1-[5-Äthyl-[2]thienyl]- 4693
—, 1-[2,5-Dimethyl-[3]thienyl]- 4693
Octadecan-1-on, 1-[2]Thienyl- 4692
$C_{22}H_{38}O_2$
Octadecan-1-on, 1-[2]Furyl- 4692
$C_{22}H_{39}NOS$
Äthanon, 1-[5-Hexadecyl-[2]thienyl]-, oxim 4692
$C_{22}H_{42}O_2$
Oxacyclotricosan-12-on 4283

C_{23}-Gruppe

$C_{23}H_{20}N_2O_3$
Furfurylidendiamin, *N,N'*-Dicinnamoyl- 4427
$C_{23}H_{30}O_3$
Methan, Bis-[3-phenyl-propoxy]-tetrahydro[2]furyl- 4180
$C_{23}H_{32}N_4O_4S$
Äthanon, 1-[5-Undecyl-[2]thienyl]-, [2,4-dinitro-phenylhydrazon] 4684
Thiophen-2-carbaldehyd, 5-Dodecyl-, [2,4-dinitro-phenylhydrazon] 4684
Undecan-1-on, 1-[5-Äthyl-[2]thienyl]-, [2,4-dinitro-phenylhydrazon] 4685
$C_{23}H_{38}OS$
Thiophen-2-carbaldehyd, 5-[13-Cyclopentyl-tridecyl]- 4780
$C_{23}H_{40}O_2$
Octadecan-1-on, 1-[5-Methyl-[2]furyl]- 4694
Pyran-4-on, 3,5-Dibutyl-2,6-dipentyl- 4693
$C_{23}H_{41}N_3OS$
Äthanon, 1-[5-Hexadecyl-[2]thienyl]-, semicarbazon 4693
Hexadecan-1-on, 1-[5-Äthyl-[2]thienyl]-, semicarbazon 4693
$C_{23}H_{44}O_2$
Oxacyclotetracosan-2-on 4283
$C_{23}H_{45}N_3O_2$
Oxacyclotricosan-12-on-semicarbazon 4283

C_{24}-Gruppe

$C_{24}H_{18}N_4O_6$
Benzidin, 3,3'-Dimethyl-*N,N'*-bis-[5-nitro-furfuryliden]- 4463
$C_{24}H_{22}N_4O_6S_2$
Äthylendiamin, *N,N'*-Bis-[*N*-furfuryliden-sulfanilyl]- 4423
$C_{24}H_{26}N_6O_7$
Citronensäure-tris-[5-methyl-furfurylidenhydrazid] 4528
$C_{24}H_{32}N_2S_2$
Hydrazin, Bis-[1,3-diäthyl-6,7-dihydro-5*H*-benzo[*c*]thiophen-4-yliden]- 4752
$C_{24}H_{34}N_4O_4S$
Äthanon, 1-[5-Dodecyl-[2]thienyl]-, [2,4-dinitro-phenylhydrazon] 4688

$C_{24}H_{34}N_4O_4S$ *(Fortsetzung)*
Decan-1-on, 1-[2,5-Diäthyl-[3]thienyl]-, [2,4-dinitro-phenylhydrazon] 4689
Dodecan-1-on, 1-[5-Äthyl-[2]thienyl]-, [2,4-dinitro-phenylhydrazon] 4689

$C_{24}H_{36}N_2S_2$
Butan-1-on, 1-[5-*tert*-Butyl-[2]thienyl]-, azin 4644

$C_{24}H_{40}OS$
Hexadecan-1-on, 1-[4,5,6,7-Tetrahydro-benzo[*b*]thiophen-2-yl]- 4781

$C_{24}H_{40}O_2$
Keten, [4-Cyclohexyl-butyl]-, dimeres 4781
Oxetan-2-on, 3-[4-Cyclohexyl-butyl]-4-[5-cyclohexyl-pentyliden]- 4781

$C_{24}H_{41}N_3S_2$
Thiophen-2-carbaldehyd, 5-[13-Cyclopentyl-tridecyl]-, thiosemicarbazon 4781

$C_{24}H_{42}OS$
Äthanon, 1-[5-Octadecyl-[2]thienyl]- 4694
Hexadecan-1-on, 1-[2,5-Diäthyl-[3]thienyl]- 4694
Octadecan-1-on, 1-[2,5-Dimethyl-[3]thienyl]- 4694

$[C_{24}H_{43}N_4O_4]^+$
Ammonium, Trimethyl-[4-methyl-14-(5-nitro-furfurylidencarbazoyl)-tetradecyl]- 4475
$[C_{24}H_{43}N_4O_4]Br$ 4475

$C_{24}H_{44}O_2$
Keten, Decyl-, dimeres 4397
Oxetan-2-on, 3-Decyl-4-undecyliden- 4397

C_{25}-Gruppe

$C_{25}H_{18}O_3$
Methan, [2]Furyl-bis-[4-hydroxy-[1]naphthyl]- 4410

$[C_{25}H_{28}O_2P]^+$
Phosphonium, [2-Isopropoxy-tetrahydro-[2]furyl]-triphenyl- 4163
$[C_{25}H_{28}O_2P]BF_4$ 4163

$C_{25}H_{34}N_4O_4S$
Cyclohepta[*b*]thiophen-4-on, 2-Decyl-5,6,7,8-tetrahydro-, [2,4-dinitro-phenylhydrazon] 4772
Indeno[4,5-*c*]thiochromen-1-on, 3,4,11a-Trimethyl-tetradecahydro-, [2,4-dinitro-phenylhydrazon] 4773
Indeno[4,5-*c*]thiochromen-3-on, 1,3a,4-Trimethyl-tetradecahydro-, [2,4-dinitro-phenylhydrazon] 4773

$C_{25}H_{34}N_4O_6S$
2,4-Dinitro-phenylhydrazon $C_{25}H_{34}N_4O_6S$ aus 1,3a,4-Trimethyl-5,5-dioxo-tetradecahydro-5λ⁶-indeno[4,5-*c*]thiochromen-3-on oder 3,4,11a-Trimethyl-5,5-dioxo-tetradecahydro-5λ⁶-indeno[4,5-*c*]thiochromen-1-on 4773

$C_{25}H_{36}N_4O_4S$
Thiophen-2-carbaldehyd, 5-Tetradecyl-, [2,4-dinitro-phenyhydrazon] 4690

$C_{25}H_{42}O_2$
3-Oxa-*A*-nor-cholestan-2-on 4782

$C_{25}H_{43}N_3OS$
Hexadecan-1-on, 1-[4,5,6,7-Tetrahydro-benzo[*b*]thiophen-2-yl]-, semicarbazon 4781

$C_{25}H_{45}N_3OS$
Octadecan-1-on, 1-[2,5-Dimethyl-[3]thienyl]-, semicarbazon 4694

$C_{25}H_{46}O_2$
2-Oxa-bicyclo[3.3.1]nonan-7-on, 4-Hexadecyl-3-methyl- 4397

$C_{25}H_{47}NO_2$
2-Oxa-bicyclo[3.3.1]nonan-7-on, 4-Hexadecyl-3-methyl-, oxim 4397

C_{26}-Gruppe

$C_{26}H_{19}N_3O_2$
Furfural-[4,4-di-[2]naphthyl-semicarbazon] 4443

$C_{26}H_{20}N_2O_2$
Benzidin, Bis-[3-[2]furyl-allyliden]- 4699

$C_{26}H_{36}N_4O_4S$
Cyclohepta[*b*]thiophen-4-on, 2-Undecyl-5,6,7,8-tetrahydro-, [2,4-dinitro-phenylhydrazon] 4773

$C_{26}H_{38}N_4O_4S$
Hexadecan-1-on, 1-[2]Thienyl-, [2,4-dinitro-phenylhydrazon] 4691

$C_{26}H_{40}N_2S_2$
Äthanon, 1-[5-Heptyl-[2]thienyl]-, azin 4652

$C_{26}H_{43}ClO_2$
4-Oxa-cholestan-3-on, 5-Chlor- 4783

$C_{26}H_{44}OS$
Docos-13-en-1-on, 1-[2]Thienyl- 4782

$C_{26}H_{44}O_2$
Indeno[5,4-*f*]chromen-2-on, 7-[1,5-Dimethyl-hexyl]-4a,6a-dimethyl-tetradecahydro- 4782

$C_{26}H_{46}OS$
Docosan-1-on, 1-[2]Thienyl- 4695

$C_{26}H_{50}O_2$
Pyran-2-on, 6-Eicosyl-4-methyl-tetrahydro- 4284

C_{27}-Gruppe

C_{28}-Gruppe

C_{29}-Gruppe

C_{30}-Gruppe

C_{31}-Gruppe

C_{32}-Gruppe

C_{33}-Gruppe

C_{34}-Gruppe

C_{36}-Gruppe

C_{38}-Gruppe

C_{40}-Gruppe

C_{44}-Gruppe

C_{45}-Gruppe

C_{48}-Gruppe